더 쉽게 더 빠르게 합격 플러스

핵심이론 & 핵심공식 + 17개년 기출문제

산업위생관리기사
기출문제집 필기

서영민, 조만희 지음

BM (주)도서출판 성안당

■ 도서 A/S 안내

성안당에서 발행하는 모든 도서는 저자와 출판사, 그리고 독자가 함께 만들어 나갑니다.

좋은 책을 펴내기 위해 많은 노력을 기울이고 있습니다. 혹시라도 내용상의 오류나 오탈자 등이 발견되면 **"좋은 책은 나라의 보배"**로서 우리 모두가 함께 만들어 간다는 마음으로 연락주시기 바랍니다. 수정 보완하여 더 나은 책이 되도록 최선을 다하겠습니다.

성안당은 늘 독자 여러분들의 소중한 의견을 기다리고 있습니다. 좋은 의견을 보내주시는 분께는 성안당 쇼핑몰의 포인트(3,000포인트)를 적립해 드립니다.

잘못 만들어진 책이나 부록 등이 파손된 경우에는 교환해 드립니다.

저자 문의 e-mail : po2505ten@hanmail.net (서영민)
본서 기획자 e-mail : coh@cyber.co.kr (최옥현)
홈페이지 : http://www.cyber.co.kr   전화 : 031) 950-6300

스터디플래너

기출문제 위주의 빠르고 확실한 합격

산업위생관리기사 필기 기출문제집

		Plan 1 60일 완성 확실한 합격 플랜			Plan 2 30일 완성 최단기 합격 플랜	
핵심요점 정리 핵심요점은 문제를 풀어보기에 앞서 반드시 공부해야 하는 필수이론입니다. 일주일 정도의 시간을 두고 꼼꼼하게 학습하시기 바랍니다.	산업위생관리기사 핵심이론 & 핵심공식	☐ DAY 01	☐ DAY 02		☐ DAY 01	☐ DAY 02
		☐ DAY 03	☐ DAY 04		☐ DAY 03	☐ DAY 04
		☐ DAY 05	☐ DAY 06		☐ DAY 05	☐ DAY 06
		☐ DAY 07			☐ DAY 07	
17개년 기출문제 풀이 평균 60점만 맞으면 합격할 수 있는 필기시험을 짧은 시간 안에 준비하는 데 가장 중요한 것은 반복하여 출제되는 기출문제를 공략하는 것입니다. 이 책에는 2009년부터 2025년까지 17년간 출제된 모든 기출문제가 정확하고 상세하게 풀이되어 있습니다. 다년간의 기출문제를 풀다 보면 회차가 거듭될수록 문제들이 반복되는 것을 알 수 있습니다. 특히 자주 출제되는 문제들도 파악할 수 있는데, 이러한 문제는 다시 출제될 가능성이 높은 중요한 문제이므로 반복 학습을 통해 확실하게 알고 넘어가야 하며, 반복해도 자꾸 틀리거나 암기가 되지 않는 문제는 별도로 체크해두고 시험 전에 반드시 확인하셔야 합니다.	2009년 1회 ǀ 2회 ǀ 3회	☐ DAY 08	☐ DAY 09	☐ DAY 10	☐ DAY 08	
	2010년 1회 ǀ 2회 ǀ 3회	☐ DAY 11	☐ DAY 12	☐ DAY 13	☐ DAY 09	
	2011년 1회 ǀ 2회 ǀ 3회	☐ DAY 14	☐ DAY 15	☐ DAY 16	☐ DAY 10	
	2012년 1회 ǀ 2회 ǀ 3회	☐ DAY 17	☐ DAY 18	☐ DAY 19	☐ DAY 11	
	2013년 1회 ǀ 2회 ǀ 3회	☐ DAY 20	☐ DAY 21	☐ DAY 22	☐ DAY 12	
	2014년 1회 ǀ 2회 ǀ 3회	☐ DAY 23	☐ DAY 24	☐ DAY 25	☐ DAY 13	
	2015년 1회 ǀ 2회 ǀ 3회	☐ DAY 26	☐ DAY 27	☐ DAY 28	☐ DAY 14	
	2016년 1회 ǀ 2회 ǀ 3회	☐ DAY 29	☐ DAY 30	☐ DAY 31	☐ DAY 15	
	2017년 1회 ǀ 2회 ǀ 3회	☐ DAY 32	☐ DAY 33	☐ DAY 34	☐ DAY 16	
	2018년 1회 ǀ 2회 ǀ 3회	☐ DAY 35	☐ DAY 36	☐ DAY 37	☐ DAY 17	
	2019년 1회 ǀ 2회 ǀ 3회	☐ DAY 38	☐ DAY 39	☐ DAY 40	☐ DAY 18	
	2020년 1회 ǀ 2회 ǀ 3회	☐ DAY 41	☐ DAY 42	☐ DAY 43	☐ DAY 19	
	2021년 1·2회 ǀ 3회 ǀ 4회	☐ DAY 44	☐ DAY 45	☐ DAY 46	☐ DAY 20	
	2022년 1회 ǀ 2회 ǀ 3회	☐ DAY 47	☐ DAY 48	☐ DAY 49	☐ DAY 21	
	2023년 1회 ǀ 2회 ǀ 3회	☐ DAY 50	☐ DAY 51	☐ DAY 52	☐ DAY 22	
	2024년 1회 ǀ 2회 ǀ 3회	☐ DAY 53	☐ DAY 54	☐ DAY 55	☐ DAY 23	☐ DAY 24
	2025년 1회 ǀ 2회 ǀ 3회	☐ DAY 56	☐ DAY 57	☐ DAY 58	☐ DAY 25	☐ DAY 26
최종 마무리 시험이 일주일 앞으로 다가왔습니다. 기출문제는 그동안 체크해둔 오답 문제와 빈출 문제 위주로 정리하시고, 마지막으로 핵심요점을 잘 숙지하고 있는지 꼼꼼하게 확인 후 시험에 임하시기 바랍니다.	과년도 복습		☐ DAY 59		☐ DAY 27	☐ DAY 28
	핵심요점 복습		☐ DAY 60		☐ DAY 29	☐ DAY 30

산업위생관리기사 필기 기출문제집

스터디플래너
기출문제 위주의 빠르고 확실한 합격

Plan 3 나만의 합격플랜

		1회독	2회독
핵심요점 정리	산업위생관리기사 핵심이론 & 핵심공식	☐ __월__일 ~ __월__일	☐ __월__일 ~ __월__일
17개년 기출문제 풀이	2009년 1회 ㅣ 2회 ㅣ 3회	☐ __월__일 ~ __월__일	☐ __월__일 ~ __월__일
	2010년 1회 ㅣ 2회 ㅣ 3회	☐ __월__일 ~ __월__일	☐ __월__일 ~ __월__일
	2011년 1회 ㅣ 2회 ㅣ 3회	☐ __월__일 ~ __월__일	☐ __월__일 ~ __월__일
	2012년 1회 ㅣ 2회 ㅣ 3회	☐ __월__일 ~ __월__일	☐ __월__일 ~ __월__일
	2013년 1회 ㅣ 2회 ㅣ 3회	☐ __월__일 ~ __월__일	☐ __월__일 ~ __월__일
	2014년 1회 ㅣ 2회 ㅣ 3회	☐ __월__일 ~ __월__일	☐ __월__일 ~ __월__일
	2015년 1회 ㅣ 2회 ㅣ 3회	☐ __월__일 ~ __월__일	☐ __월__일 ~ __월__일
	2016년 1회 ㅣ 2회 ㅣ 3회	☐ __월__일 ~ __월__일	☐ __월__일 ~ __월__일
	2017년 1회 ㅣ 2회 ㅣ 3회	☐ __월__일 ~ __월__일	☐ __월__일 ~ __월__일
	2018년 1회 ㅣ 2회 ㅣ 3회	☐ __월__일 ~ __월__일	☐ __월__일 ~ __월__일
	2019년 1회 ㅣ 2회 ㅣ 3회	☐ __월__일 ~ __월__일	☐ __월__일 ~ __월__일
	2020년 1회 ㅣ 2회 ㅣ 3회	☐ __월__일 ~ __월__일	☐ __월__일 ~ __월__일
	2021년 1·2회 ㅣ 3회 ㅣ 4회	☐ __월__일 ~ __월__일	☐ __월__일 ~ __월__일
	2022년 1회 ㅣ 2회 ㅣ 3회	☐ __월__일 ~ __월__일	☐ __월__일 ~ __월__일
	2023년 1회 ㅣ 2회 ㅣ 3회	☐ __월__일 ~ __월__일	☐ __월__일 ~ __월__일
	2024년 1회 ㅣ 2회 ㅣ 3회	☐ __월__일 ~ __월__일	☐ __월__일 ~ __월__일
	2025년 1회 ㅣ 2회 ㅣ 3회	☐ __월__일 ~ __월__일	☐ __월__일 ~ __월__일
최종 마무리	과년도 복습	☐ __월__일 ~ __월__일	☐ __월__일 ~ __월__일
	핵심요점 복습	☐ __월__일 ~ __월__일	☐ __월__일 ~ __월__일

머리말

    이 책은 한국산업인력공단의 최근 출제기준에 맞추어 구성하였으며, 산업위생관리기사 필기시험을 준비하시는 수험생 여러분들이 가장 효율적으로 공부하실 수 있도록 핵심요점 및 지난 17년간의 기출문제를 상세하게 풀이하여 정성껏 실었습니다.

    이 책은 다음과 같은 내용으로 구성하였습니다.

    첫째, 필수이론만을 정리하여 핵심요점을 간결하게 수록하였다.
    둘째, 최근 17년간 기출문제를 수록하였으며, 모든 문제는 상세한 해설을 통하여 이해도를 높였다.
    셋째, 가장 최근에 개정된 산업안전보건법의 내용을 정확하게 수록하고, 기출문제에도 개정내용을 철저히 반영하여 해설하였다.

    차후 실시되는 기출문제 해설을 통해 미흡하고 부족한 점을 계속 보완해 나가도록 노력하겠습니다.
    끝으로, 이 책을 출간하기까지 끊임없는 성원과 배려를 해주신 성안당 관계자 여러분과 주경야독 윤동기 이사님, 노영준·김원식 프로님, 그리고 인천에 친구 김성기님에게 깊은 감사를 드립니다.

저자 **서영민**

시험안내

1 기본 정보

(1) 개요

산업현장에서 쾌적한 작업환경의 조성과 근로자의 건강보호 및 증진을 위하여 작업과정이나 작업장에서 발생되는 화학적, 물리적, 인체공학적 혹은 생물학적 유해요인을 측정·평가하여 관리, 감소 및 제거할 수 있는 고도의 전문인력 양성이 시급하게 되어 전문적인 지식을 소유한 인력을 양성하고자 자격제도를 제정하였다.

(2) 진로 및 전망

① 환경 및 보건 관련 공무원, 각 산업체의 보건관리자, 작업환경 측정업체 등으로 진출할 수 있다.

② 종래 직업병 발생 등 사회문제가 야기된 후에야 수습대책을 모색하는 사후관리차원에서 벗어나 사전의 근본적 관리제도를 도입, 산업안전보건 사항에 대한 국제적 규제 움직임에 대응하기 위해 안전인증제도의 정착, 질병 발생의 원인을 찾아내기 위하여 역학조사를 실시할 수 있는 근거(「산업안전보건법」 제6차 개정)를 신설, 산업인구의 중·고령화와 과중한 업무 및 스트레스 증가 등 작업조건의 변화에 의하여 신체부담작업 관련 뇌·심혈관계 질환 등 작업 관련성 질병이 점차 증가, 물론 유기용제 등 유해화학물질 사용 증가에 따른 신종 직업병 발생에 대한 예방대책이 필요하는 등 증가 요인으로 인하여 산업위생관리 기사 자격취득자의 고용은 증가할 예정이나, 사업주에 대한 안전·보건관련 행정규제 폐지 및 완화에 의하여 공공부문보다 민간부문에서 인력수요가 증가할 것이다.

(3) 연도별 검정현황

연 도	필 기			실 기		
	응 시	합 격	합격률	응 시	합 격	합격률
2024	12,197명	5,925명	48.6%	8,354명	3,926명	47%
2023	10,554명	5,084명	48.2%	5,598명	3,274명	58.5%
2022	7,027명	3,343명	47.6%	4,613명	2,630명	57%
2021	5,474명	2,825명	51.6%	3,316명	1,967명	59.3%
2020	4,203명	2,088명	49.7%	2,964명	1,801명	60.8%
2019	4,084명	2,088명	51.1%	3,327명	1,692명	50.9%
2018	3,706명	1,766명	47.7%	3,114명	1,029명	33%
2017	3,910명	1,916명	49%	3,216명	1,419명	44.1%
2016	3,585명	1,772명	49.4%	2,518명	894명	35.5%
2015	3,163명	1,299명	41.1%	2,374명	1,191명	50.2%
2014	2,976명	1,346명	45.2%	1,944명	490명	25.2%

2 시험 정보

(1) 시험 일정

회 차	필기시험 원서접수	필기시험	필기시험 합격 예정자 발표	실기시험 원서접수	실기시험	최종합격자 발표
제1회	1월	2월	3월	3월	4월	6월
제2회	4월	5월	6월	6월	7월	9월
제3회	7월	8월	9월	9월	11월	12월

[비고] 1. 원서접수 시간 : 원서접수 첫날 10시~마지막 날 18시까지입니다.
       (가끔 마지막 날 밤 24:00까지로 알고 접수를 놓치는 경우도 있으니 주의하기 바람!)
    2. 필기시험 합격예정자 및 최종합격자 발표시간은 해당 발표일 9시입니다.

※ 원서 접수 및 시험일정 등에 대한 자세한 사항은 Q-net 홈페이지(www.q-net.or.kr)에서 확인하시기 바랍니다.

(2) 시험 수수료

- 필기 : 19,400원
- 실기 : 22,600원

(3) 취득 방법

① 시행처 : 한국산업인력공단
② 관련학과 : 대학 및 전문대학의 보건관리학, 보건위생학 관련학과
③ 시험과목
- 필기 : [제1과목] 산업위생학 개론
       [제2과목] 작업위생 측정 및 평가
       [제3과목] 작업환경 관리대책
       [제4과목] 물리적 유해인자 관리
       [제5과목] 산업 독성학
- 실기 : 작업환경관리 실무

④ 검정방법
- 필기 : 객관식(4지 택일형) / 100문제(과목당 20문항) / 2시간 30분(과목당 30분)
- 실기 : 필답형 / 10~20문제 / 3시간

⑤ 합격기준
- 필기 : 100점을 만점으로 하여 과목당 40점 이상, 전 과목 평균 60점 이상
- 실기 : 100점을 만점으로 하여 60점 이상

출제기준

산업위생관리기사(필기)

• 적용기간 : 2026.01.01. ~ 2029.12.31.

[제1과목] 산업위생학 개론

주요 항목	세부 항목	세세 항목
1. 산업위생	(1) 정의 및 목적	① 산업위생의 정의 ② 산업위생의 목적 ③ 산업위생의 범위
	(2) 역사	① 외국의 산업위생 역사 ② 한국의 산업위생 역사
	(3) 산업위생 윤리강령	① 윤리강령의 목적 ② 책임과 의무
2. 인간과 작업환경	(1) 인간공학	① 들기작업 ② 단순 및 반복 작업 ③ VDT 증후군 ④ 노동 생리 ⑤ 근골격계 질환 ⑥ 작업부하 평가방법 ⑦ 작업환경의 개선
	(2) 산업피로	① 피로의 정의 및 종류 ② 피로의 원인 및 증상 ③ 에너지 소비량 ④ 작업강도 ⑤ 작업시간과 휴식 ⑥ 교대 작업 ⑦ 산업피로의 예방과 대책
	(3) 산업심리	① 산업심리의 정의 ② 산업심리의 영역 ③ 직무 스트레스 원인 ④ 직무 스트레스 평가 ⑤ 직무 스트레스 관리 ⑥ 조직과 집단 ⑦ 직업과 적성
	(4) 직업성 질환	① 직업성 질환의 정의와 분류 ② 직업성 질환의 원인 ③ 직업성 질환의 진단과 인정방법 ④ 직업성 질환의 예방대책

주요 항목	세부 항목	세세 항목
3. 실내환경	(1) 실내오염의 원인	① 물리적 요인 ② 화학적 요인 ③ 생물학적 요인
	(2) 실내오염의 건강장애	① 빌딩증후군 ② 복합화학물질 민감 증후군 ③ 실내오염 관련 질환
	(3) 실내오염 평가 및 관리	① 유해인자 조사 및 평가 ② 실내오염 관리기준 ③ 관리적 대책
4. 관련 법규	(1) 산업안전보건법	① 법에 관한 사항 ② 시행령에 관한 사항 ③ 시행규칙에 관한 사항 ④ 산업보건기준에 관한 사항
	(2) 산업위생 관련 고시에 관한 사항	① 노출기준 고시 ② 작업환경측정 및 지정측정기관 평가 등에 관한 고시 ③ 물질안전보건자료(MSDS)에 관한 고시 ④ 기타 관련 고시
5. 산업재해	(1) 산업재해 발생원인 및 분석	① 산업재해의 개념 ② 산업재해의 분류 ③ 산업재해의 원인 ④ 산업재해의 분석 ⑤ 산업재해의 통계
	(2) 산업재해 대책	① 산업재해의 보상 ② 산업재해의 대책

[제2과목] 작업위생 측정 및 평가

주요 항목	세부 항목	세세 항목
1. 측정 및 분석	(1) 시료채취 계획	① 측정의 정의 ② 작업환경 측정의 목적 ③ 작업환경 측정의 종류 ④ 작업환경 측정의 흐름도 ⑤ 작업환경 측정 순서와 방법 ⑥ 준비작업 ⑦ 유사 노출군의 결정 ⑧ 유사 노출군의 설정방법 ⑨ 단위작업장소의 측정설계
	(2) 시료분석 기술	① 보정의 원리 및 종류 ② 정도관리 ③ 측정치의 오차 ④ 화학 및 기기 분석법의 종류 ⑤ 유해물질 분석절차 ⑥ 포집시료의 처리방법 ⑦ 기기분석의 감도와 검출한계 ⑧ 표준액 제조, 검량선, 탈착효율 작성
2. 유해인자 측정	(1) 물리적 유해인자 측정	① 노출기준의 종류 및 적용 ② 고온과 한랭 ③ 이상기압 ④ 소음 ⑤ 진동 ⑥ 방사선
	(2) 화학적 유해인자 측정	① 노출기준의 종류 및 적용 ② 화학적 유해인자의 측정원리 ③ 입자상 물질의 측정 ④ 가스 및 증기상 물질의 측정
	(3) 생물학적 유해인자 측정	① 생물학적 유해인자의 종류 ② 생물학적 유해인자의 측정원리 ③ 생물학적 유해인자의 분석 및 평가
3. 평가 및 통계	(1) 통계학 기본 지식	① 통계의 필요성 ② 용어의 이해 ③ 자료의 분포 ④ 평균 및 표준편차의 계산
	(2) 측정자료 평가 및 해석	① 자료 분포의 이해 ② 측정 결과에 대한 평가 ③ 노출기준의 보정 ④ 작업환경 유해위험성 평가

[제3과목] 작업환경 관리대책

주요 항목	세부 항목	세세 항목
1. 산업환기	(1) 환기 원리	① 산업환기의 의미와 목적 ② 환기의 기본원리 ③ 유체흐름의 기본개념 ④ 유체의 역학적 원리 ⑤ 공기의 성질과 오염물질 ⑥ 공기압력 ⑦ 압력손실 ⑧ 흡기와 배기
	(2) 전체환기	① 전체환기의 개념 ② 전체환기의 종류 ③ 건강보호를 위한 전체환기 ④ 화재 및 폭발 방지를 위한 전체환기 ⑤ 혼합물질 발생 시의 전체환기 ⑥ 온열관리와 환기
	(3) 국소환기	① 국소배기시설의 개요 ② 국소배기시설의 구성 ③ 국소배기시설의 역할 ④ 후드 ⑤ 덕트 ⑥ 송풍기 ⑦ 공기정화장치 ⑧ 배기구
	(4) 환기시스템 설계	① 설계 개요 및 과정 ② 단순 국소배기시설의 설계 ③ 다중 국소배기시설의 설계 ④ 특수 국소배기시설의 설계 ⑤ 필요환기량의 설계 및 계산 ⑥ 공기공급시스템
	(5) 성능검사 및 유지관리	① 점검의 목적과 형태 ② 점검 사항과 방법 ③ 검사장비 ④ 필요환기량 측정 ⑤ 압력 측정 ⑥ 자체점검
2. 작업공정 관리	작업공정 관리	① 분진공정 관리 ② 유해물질 취급공정 관리 ③ 기타 공정 관리
3. 개인보호구	(1) 호흡용 보호구	① 개념의 이해 ② 호흡기의 구조와 호흡 ③ 호흡용 보호구의 종류 ④ 호흡용 보호구의 선정방법 ⑤ 호흡용 보호구의 검정규격
	(2) 기타 보호구	① 눈 보호구 ② 피부 보호구 ③ 기타 보호구

[제4과목] 물리적 유해인자 관리

주요 항목	세부 항목	세세 항목
1. 온열조건	(1) 고온	① 온열요소와 지적온도 ② 고열장애와 생체 영향 ③ 고열 측정 및 평가 ④ 고열에 대한 대책
	(2) 저온	① 한랭의 생체 영향 ② 한랭에 대한 대책
2. 이상기압	(1) 이상기압	① 이상기압의 정의 ② 고압환경에서의 생체 영향 ③ 감압환경에서의 생체 영향 ④ 기압의 측정 ⑤ 이상기압에 대한 대책
	(2) 산소결핍	① 산소결핍의 개념 ② 산소결핍의 노출기준 ③ 산소결핍의 인체 장애 ④ 산소결핍 위험 작업장의 작업환경 측정 및 관리대책
3. 소음·진동	(1) 소음	① 소음의 정의와 단위 ② 소음의 물리적 특성 ③ 소음의 생체 작용 ④ 소음에 대한 노출기준 ⑤ 소음의 측정 및 평가 ⑥ 청력 보호구 ⑦ 소음 관리 및 예방 대책
	(2) 진동	① 진동의 정의 및 구분 ② 진동의 물리적 성질 ③ 진동의 생체 작용 ④ 진동의 평가 및 노출기준 ⑤ 방진 보호구
4. 방사선	(1) 전리방사선	① 전리방사선의 개요 ② 전리방사선의 종류 ③ 전리방사선의 물리적 특성 ④ 전리방사선의 생물학적 작용 ⑤ 관리대책
	(2) 비전리방사선	① 비전리방사선의 개요 ② 비전리방사선의 종류 ③ 비전리방사선의 물리적 특성 ④ 비전리방사선의 생물학적 작용 ⑤ 관리대책
	(3) 조명	① 조명의 필요성 ② 빛과 밝기의 단위 ③ 채광 및 조명방법 ④ 적정조명수준 ⑤ 조명의 생물학적 작용 ⑥ 조명의 측정방법 및 평가

[제5과목] 산업 독성학

주요 항목	세부 항목	세세 항목
1. 입자상 물질	(1) 종류, 발생, 성질	① 입자상 물질의 정의 ② 입자상 물질의 종류 ③ 입자상 물질의 모양 및 크기 ④ 입자상 물질별 특성
	(2) 인체 영향	① 인체 내 축적 및 제거 ② 입자상 물질의 노출기준 ③ 입자상 물질에 의한 건강장애 ④ 진폐증 ⑤ 석면에 의한 건강장애 ⑥ 인체 방어기전
2. 유해화학물질	(1) 종류, 발생, 성질	① 유해물질의 정의 ② 유해물질의 종류 및 발생원 ③ 유해물질의 물리적 특성 ④ 유해물질의 화학적 특성
	(2) 인체 영향	① 인체 내 축적 및 제거 ② 유해화학물질에 의한 건강장애 ③ 감작물질과 질환 ④ 유해화학물질의 노출기준 ⑤ 독성물질의 생체 작용 ⑥ 표적장기 독성 ⑦ 인체의 방어기전
3. 중금속	(1) 종류, 발생, 성질	① 중금속의 종류　② 중금속의 발생원 ③ 중금속의 성상　④ 중금속별 특성
	(2) 인체 영향	① 인체 내 축적 및 제거　② 중금속에 의한 건강장애 ③ 중금속의 노출기준　④ 중금속의 표적장기 ⑤ 인체의 방어기전
4. 인체 구조 및 대사	(1) 인체구조	① 인체의 구성　② 근골격계 해부학적 구조 ③ 순환계 및 호흡계　④ 청각기관의 구조
	(2) 유해물질 대사 및 축적	① 생체 내 이동경로　② 화학반응의 용량-반응 ③ 생체막 투과　④ 흡수경로 ⑤ 분포작용　⑥ 대사기전
	(3) 유해물질 방어기전	① 유해물질의 해독작용　② 유해물질의 배출
	(4) 생물학적 모니터링	① 정의와 목적 ② 검사방법의 분류 ③ 체내 노출량 ④ 노출과 모니터링의 비교 ⑤ 생물학적 지표 ⑥ 생체 시료 채취 및 분석방법 ⑦ 생물학적 모니터링의 평가기준

차 례

PART 01. 핵심이론 & 핵심공식

CHAPTER 01 필기 핵심이론

01. 산업위생 일반 ·· 3
02. 피로(산업피로) ······································ 7
03. 인간공학 ·· 10
04. 작업환경, 작업생리와 근골격계 질환 ········ 11
05. 직무 스트레스와 적성 ··························· 13
06. 직업성 질환과 건강관리 ························ 14
07. 실내오염과 사무실 관리 ························ 16
08. 평가 및 통계 ··· 17
09. 「산업안전보건법」의 주요 내용 ··············· 18
10. 「산업안전보건기준에 관한 규칙」의 주요 내용 ·· 20
11. 「화학물질 및 물리적 인자의 노출기준」의 주요 내용 ··· 22
12. 「화학물질의 분류·표시 및 물질안전보건자료에 관한 기준」의 주요 내용 ·················· 22
13. 산업재해 ·· 23
14. 작업환경측정 ··· 24
15. 표준기구(보정기구)의 종류 ···················· 26
16. 가스상 물질의 시료채취 ························ 27
17. 입자상 물질의 시료채취 ························ 31
18. 가스상 물질의 분석 ······························· 34
19. 입자상 물질의 분석 ······························· 36
20. 「작업환경측정 및 정도관리 등에 관한 고시」의 주요 내용 ··································· 39
21. 산업환기와 유체역학 ····························· 42
22. 압력 ··· 43
23. 전체환기(희석환기, 강제환기) ··············· 45
24. 국소배기 ·· 47
25. 후드 ··· 48
26. 덕트 ··· 52
27. 송풍기 ··· 54
28. 공기정화장치 ··· 55
29. 국소배기장치의 유지관리 ······················ 59
30. 작업환경 개선 ······································· 61
31. 개인보호구 ·· 63
32. 고온 작업과 저온 작업 ·························· 66
33. 이상기압과 산소결핍 ····························· 69
34. 소음진동 ·· 71
35. 방사선 ··· 76
36. 조명 ··· 80
37. 입자상 물질과 관련 질환 ······················ 81
38. 유해화학물질과 관련 질환 ···················· 84
39. 중금속 ··· 90
40. 독성과 독성실험 ···································· 96
41. 생물학적 모니터링, 산업역학 ················ 99

CHAPTER 02 필기 핵심공식

01. 표준상태와 농도단위 환산 ·················· 103
02. 보일-샤를의 법칙 ································ 104
03. 허용기준(노출기준, 허용농도) ············· 104
04. 체내흡수량(안전흡수량) ······················· 105
05. 중량물 취급의 기준(NIOSH) ··············· 106
06. 작업강도와 작업시간 및 휴식시간 ········ 107
07. 작업대사율(에너지대사율) ···················· 108
08. 습구흑구온도지수(WBGT) ··················· 108
09. 산업재해의 평가와 보상 ······················ 109
10. 시료의 채취 ··· 110
11. 누적오차(총 측정오차) ························· 111
12. 램버트-비어 법칙 ································ 111
13. 기하평균과 기하표준편차 ···················· 112
14. 유해·위험성 평가 ································ 113
15. 압력단위 환산 ····································· 113
16. 점성계수와 동점성계수의 관계 ············ 114
17. 유체 흐름과 레이놀즈수 ······················ 114
18. 밀도보정계수 ······································· 114
19. 압력 관련식 ··· 115
20. 압력손실 ·· 115
21. 전체환기량(필요환기량, 희석환기량) ··· 118
22. 열평형 방정식(열역학적 관계식) ········· 121
23. 후드의 필요송풍량 ······························· 121
24. 송풍기의 전압, 정압 및 소요동력 ········ 123
25. 송풍기 상사법칙 ·································· 124
26. 집진장치와 집진효율 관련식 ··············· 125
27. 헨리 법칙 ·· 125
28. 보호구 관련식 ····································· 126
29. 공기 중 습도와 산소 ··························· 127
30. 소음의 단위와 계산 ····························· 127
31. 음의 압력레벨·세기레벨, 음향파워레벨 ·· 128
32. 주파수 분석 ··· 130
33. 평균청력손실 평가방법 ························ 130
34. 소음의 평가 ··· 131
35. 실내소음 관련식 ·································· 132
36. 진동가속도레벨(VAL) ·························· 133
37. 증기위험지수(VHI) ······························ 133
38. 산업역학 관련식 ·································· 134

PART 02. 과년도 출제문제 (17개년 기출문제 풀이)

2009년 제1회 산업위생관리기사 / 09-1
2009년 제2회 산업위생관리기사 / 09-24
2009년 제3회 산업위생관리기사 / 09-48

2010년 제1회 산업위생관리기사 / 10-1
2010년 제2회 산업위생관리기사 / 10-23
2010년 제3회 산업위생관리기사 / 10-47

2011년 제1회 산업위생관리기사 / 11-1
2011년 제2회 산업위생관리기사 / 11-24
2011년 제3회 산업위생관리기사 / 11-50

2012년 제1회 산업위생관리기사 / 12-1
2012년 제2회 산업위생관리기사 / 12-24
2012년 제3회 산업위생관리기사 / 12-46

2013년 제1회 산업위생관리기사 / 13-1
2013년 제2회 산업위생관리기사 / 13-23
2013년 제3회 산업위생관리기사 / 13-46

2014년 제1회 산업위생관리기사 / 14-1
2014년 제2회 산업위생관리기사 / 14-23
2014년 제3회 산업위생관리기사 / 14-46

2015년 제1회 산업위생관리기사 / 15-1
2015년 제2회 산업위생관리기사 / 15-24
2015년 제3회 산업위생관리기사 / 15-46

2016년 제1회 산업위생관리기사 / 16-1
2016년 제2회 산업위생관리기사 / 16-23
2016년 제3회 산업위생관리기사 / 16-45

2017년 제1회 산업위생관리기사 / 17-1
2017년 제2회 산업위생관리기사 / 17-24
2017년 제3회 산업위생관리기사 / 17-45

2018년 제1회 산업위생관리기사 / 18-1
2018년 제2회 산업위생관리기사 / 18-23
2018년 제3회 산업위생관리기사 / 18-45

2019년 제1회 산업위생관리기사 / 19-1
2019년 제2회 산업위생관리기사 / 19-24
2019년 제3회 산업위생관리기사 / 19-46

2020년 제1·2회 산업위생관리기사 / 20-1
2020년 제3회 산업위생관리기사 / 20-25
2020년 제4회 산업위생관리기사 / 20-48

2021년 제1회 산업위생관리기사 / 21-1
2021년 제2회 산업위생관리기사 / 21-25
2021년 제3회 산업위생관리기사 / 21-48

2022년 제1회 산업위생관리기사 / 22-1
2022년 제2회 산업위생관리기사 / 22-24
2022년 제3회 산업위생관리기사 / 22-46

2023년 제1회 산업위생관리기사 / 23-1
2023년 제2회 산업위생관리기사 / 23-24
2023년 제3회 산업위생관리기사 / 23-45

2024년 제1회 산업위생관리기사 / 24-1
2024년 제2회 산업위생관리기사 / 24-24
2024년 제3회 산업위생관리기사 / 24-47

2025년 제1회 산업위생관리기사 / 25-1
2025년 제2회 산업위생관리기사 / 25-22
2025년 제3회 산업위생관리기사 / 25-43

산업위생관리기사는 2022년 3회 시험부터 CBT(Computer Based Test) 방식으로 시행되었습니다. 이에 따라, 2022년 3회부터는 수험생의 기억 등에 의해 복원된 기출복원문제를 수록하였으며, 성안당 문제은행서비스(exam.cyber.co.kr)에서 실제 CBT 형태의 산업위생관리기사 온라인 모의고사를 제공하고 있습니다.
※ 온라인 모의고사 응시방법은 이 책의 표지 안쪽에 수록된 쿠폰에서 확인하실 수 있습니다.

산업위생관리기사 필기 기출문제집
www.cyber.co.kr

PART 01

산업위생관리기사 필기
핵심이론 & 핵심공식

- Chapter 01. 필기 핵심이론
- Chapter 02. 필기 핵심공식

산업위생관리기사 필기 기출문제집

PART 01. 핵심이론 & 핵심공식

CHAPTER 01 필기 핵심이론

핵심이론 01 산업위생 일반

1 산업위생의 정의 및 관리 목적

① 산업위생의 정의 - 미국산업위생학회(AIHA, 1994)
   근로자나 일반 대중(지역주민)에게 질병, 건강장애와 안녕방해, 심각한 불쾌감 및 능률 저하 등을 초래하는 작업환경 요인과 스트레스를 예측·측정·평가하고 관리하는 과학과 기술이다.

② 산업위생관리의 목적
   ㉠ 작업환경과 근로조건의 개선 및 직업병의 근원적 예방
   ㉡ 작업환경 및 작업조건의 인간공학적 개선
   ㉢ 작업자의 건강보호 및 작업능률(생산성) 향상
   ㉣ 근로자의 육체적·정신적·사회적 건강을 유지 및 증진
   ㉤ 산업재해의 예방 및 직업성 질환 유소견자의 작업 전환

2 한국 산업위생의 주요 역사

연도	주요 역사
1953년	「근로기준법」 제정·공포(우리나라 산업위생에 관한 최초의 법령) ※ 근로기준법의 주요 내용 : 안전과 위생에 관한 조항 규정 및 산업재해를 방지하기 위하여 사업주로 하여금 의무 강요
1981년	「산업안전보건법」 제정·공포 ※ 산업안전보건법의 목적 : 근로자의 안전과 보건을 유지·증진, 산업재해 예방, 쾌적한 작업환경 조성
1986년	유해물질의 허용농도 제정
1987년	한국산업안전공단 및 한국산업안전교육원 설립
1991년	원진레이온㈜ 이황화탄소(CS_2) 중독 발생 (1991년에 중독을 발견, 1998년에 집단적 직업병 유발)

3 외국 산업위생의 시대별 주요 인물

시대	인물	내용
B.C. 4세기	Hippocrates	광산에서의 납중독 보고(※ 납중독 : 역사상 최초로 기록된 직업병)
1493~1541년	Philippus Paracelsus	"모든 화학물질은 독물이며, 독물이 아닌 화학물질은 없다. 따라서 적절한 양을 기준으로 독물 또는 치료약으로 구별된다"고 주장(독성학의 아버지)
1633~1714년	Bernardino Ramazzini	• 이탈리아의 의사로, 산업보건의 시조, 산업의학의 아버지로 불림 • 1700년에 「직업인의 질병(De Morbis Artificum Diatriba)」을 저술 • 직업병의 원인을 크게 두 가지로 구분(작업장에서 사용하는 유해물질, 근로자들의 불완전한 작업이나 과격한 동작)
18세기	Percivall Pott	• 영국의 외과의사로, 직업성 암을 최초로 보고 • 어린이 굴뚝청소부에게 많이 발생하는 음낭암(scrotal cancer) 발견하고, 원인물질은 검댕 속 여러 종류의 다환방향족 탄화수소(PAH)라고 규명
20세기	Alice Hamilton	• 미국 최초의 산업위생학자 · 산업의학자이자, 현대적 의미의 최초 산업위생전문가(최초 산업의학자) • 20세기 초 미국 산업보건 분야에 크게 공헌

4 산업위생 분야 종사자의 윤리강령(윤리적 행위의 기준) – 미국산업위생학술원(AAIH)

구분	주요 역사
산업위생 전문가로서의 책임	• 성실성과 학문적 실력 면에서 최고수준을 유지한다. • 과학적 방법의 적용과 자료의 해석에서 경험을 통한 전문가의 객관성을 유지한다. • 전문 분야로서의 산업위생을 학문적으로 발전시킨다. • 근로자, 사회 및 전문 직종의 이익을 위해 과학적 지식을 공개하고 발표한다. • 산업위생활동을 통해 얻은 개인 및 기업체의 기밀은 누설하지 않는다. • 전문적 판단이 타협에 의하여 좌우될 수 있거나 이해관계가 있는 상황에는 개입하지 않는다.
근로자에 대한 책임	• 근로자의 건강보호가 산업위생전문가의 일차적 책임임을 인지한다. • 근로자와 기타 여러 사람의 건강과 안녕이 산업위생전문가의 판단에 좌우된다는 것을 깨달아야 한다. • 위험요인의 측정·평가 및 관리에 있어서 외부 영향력에 굴하지 않고 중립적(객관적) 태도를 취한다. • 건강의 유해요인에 대한 정보(위험요소)와 필요한 예방조치에 대해 근로자와 상담(대화)한다.
기업주와 고객에 대한 책임	• 결과 및 결론을 뒷받침할 수 있도록 정확한 기록을 유지하고, 산업위생 사업의 전문가답게 전문부서들을 운영·관리한다. • 기업주와 고객보다는 근로자의 건강보호에 궁극적 책임을 두고 행동한다. • 쾌적한 작업환경을 조성하기 위하여 산업위생 이론을 적용하고 책임감 있게 행동한다. • 신뢰를 바탕으로 정직하게 권하고, 성실한 자세로 충고하며, 결과와 개선점 및 권고사항을 정확히 보고한다.
일반 대중에 대한 책임	• 일반 대중에 관한 사항은 학술지에 정직하게 사실 그대로 발표한다. • 적정(정확)하고도 확실한 사실(확인된 지식)을 근거로 전문적인 견해를 발표한다.

5 산업위생 단체와 산업보건 허용기준의 표현

① 미국정부산업위생전문가협의회(ACGIH ; American Conference of Governmental Industrial Hygienists)
   매년 화학물질과 물리적 인자에 대한 노출기준(TLV) 및 생물학적 노출지수(BEI)를 발간하여 노출기준 제정에 있어서 국제적으로 선구적인 역할을 담당하고 있는 기관
② 미국산업안전보건청(OSHA ; Occupational Safety and Health Administration)
   PEL(Permissible Exposure Limits) 기준 사용(법적 기준, 우리나라 고용노동부 성격과 유사함)
③ 미국국립산업안전보건연구원(NIOSH ; National Institute for Occupational Safety and Health)
   REL(Recommended Exposure Limits) 기준 사용(권고사항)
④ 미국산업위생학회(AIHA ; American Industrial Hygiene Association) : WEEL 사용
⑤ 우리나라 고용노동부 : 노출기준 사용

6 ACGIH에서 권고하는 허용농도(TLV) 적용상 주의사항

① 대기오염 평가 및 지표(관리)에 사용할 수 없다.
② 24시간 노출 또는 정상작업시간을 초과한 노출에 대한 독성 평가에는 적용할 수 없다.
③ 기존 질병이나 신체적 조건을 판단(증명 또는 반증자료)하기 위한 척도로 사용할 수 없다.
④ 작업조건이 다른 나라에서 ACGIH-TLV를 그대로 사용할 수 없다.
⑤ 안전농도와 위험농도를 정확히 구분하는 경계선이 아니다.
⑥ 독성의 강도를 비교할 수 있는 지표는 아니다.
⑦ 피부로 흡수되는 양은 고려하지 않은 기준이다.

7 주요 허용기준(노출기준)의 특징

구분	특징
시간가중 평균농도 (TWA ; Time Weighted Average)	1일 8시간, 주 40시간 동안의 평균농도로서, 거의 모든 근로자가 평상 작업에서 반복하여 노출되더라도 건강장애를 일으키지 않는 공기 중 유해물질의 농도
단시간 노출농도 (STEL ; Short Term Exposure Limits)	근로자가 1회 15분간 유해인자에 노출되는 경우의 기준(허용농도)
최고노출기준 (최고허용농도, C ; Ceiling)	근로자가 작업시간 동안 잠시라도 노출되어서는 안 되는 기준(허용농도)
시간가중 평균노출기준 (TLV-TWA)	ACGIH에서의 노출상한선과 노출시간 권고사항 • TLV-TWA의 3배 : 30분 이하 • TLV-TWA의 5배 : 잠시라도 노출 금지

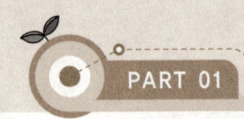

8 노출기준에 피부(SKIN) 표시를 하여야 하는 물질

① 손이나 팔에 의한 흡수가 몸 전체 흡수에 지대한 영향을 주는 물질
② 반복하여 피부에 도포했을 때 전신작용을 일으키는 물질
③ 급성 동물실험 결과 피부 흡수에 의한 치사량(LD_{50})이 비교적 낮은 물질
④ 옥탄올-물 분배계수가 높아 피부 흡수가 용이한 물질
⑤ 다른 노출경로에 비하여 피부 흡수가 전신작용에 중요한 역할을 하는 물질

9 공기 중 혼합물질의 화학적 상호작용(혼합작용) 구분

구분	상대적 독성수치 표현
상가작용(additive effect)	2+3=5
상승작용(synergism effect)	2+3=20
잠재작용(potentiation effect, 가승작용)	2+0=10
길항작용(antagonism effect, 상쇄작용)	2+3=1

10 ACGIH에서 유해물질의 TLV 설정·개정 시 이용 자료(노출기준 설정 이론적 배경)

① 화학구조상 유사성
② 동물실험 자료
③ 인체실험 자료
④ 사업장 역학조사 자료 ◀ 가장 신뢰성 있음

11 기관장애 3단계

① 항상성(homeostasis) 유지단계 : 정상적인 상태
② 보상(compensation) 유지단계 : 노출기준 설정단계
③ 고장(breakdown) 장애단계 : 비가역적 단계

핵심이론 02 피로(산업피로)

1 피로(산업피로)의 일반적 특징

① 피로는 고단하다는 주관적 느낌이라 할 수 있다.
② 피로 자체는 질병이 아니라, 가역적인 생체변화이다.
③ 피로는 작업강도에 반응하는 육체적·정신적 생체현상이다.
④ 정신적 피로와 신체적 피로는 보통 함께 나타나 구별하기 어렵다.
⑤ 피로현상은 개인차가 심하므로 작업에 대한 개체의 반응을 어디서부터 피로현상이라고 타각적 수치로 나타내기 어렵다.
⑥ 피로의 자각증상은 피로의 정도와 반드시 일치하지는 않는다.
⑦ 노동수명(turn over ratio)으로도 피로를 판정할 수 있다.
⑧ 작업시간이 등차급수적으로 늘어나면 피로회복에 요하는 시간은 등비급수적으로 증가하게 된다.
⑨ 정신 피로는 중추신경계의 피로를, 근육 피로는 말초신경계의 피로를 의미한다.

2 피로의 3단계

① 1단계 – 보통피로 : 하룻밤 자고 나면 완전히 회복
② 2단계 – 과로 : 단기간 휴식 후 회복
③ 3단계 – 곤비 : 병적 상태(과로가 축적되어, 단시간에 회복될 수 없는 단계)

3 피로물질의 종류

크레아티닌, 젖산, 초성포도당, 시스테인, 시스틴, 암모니아, 잔여질소

4 피로 측정방법의 구분

① 산업피로 기능검사(객관적 피로 측정방법)
  ㉠ 연속측정법
  ㉡ 생리심리학적 검사법 : 역치측정, 근력검사, 행위검사
  ㉢ 생화학적 검사법 : 혈액검사, 뇨단백검사
  ㉣ 생리적 방법 : 연속반응시간, 호흡순환기능, 대뇌피질활동
② 피로의 주관적 측정을 위해 사용하는 방법
   CMI(Cornell Medical Index)로 피로의 자각증상을 측정

5 지적속도의 의미

작업자의 체격과 숙련도, 작업환경에 따라 피로를 가장 적게 하고 생산량을 최고로 올릴 수 있는 가장 경제적인 작업속도

6 전신피로의 원인(전신피로의 생리학적 현상)

① 혈중 포도당 농도 저하 ◀ 가장 큰 원인
② 산소공급 부족
③ 혈중 젖산 농도 증가
④ 근육 내 글리코겐 양의 감소
⑤ 작업강도의 증가

7 전신피로·국소피로의 평가

구분	전신피로	국소피로
평가방법	작업종료 후 심박수(heart rate)	근전도(EMG)
평가결과	심한 전신피로상태 : HR_1이 110을 초과하고 HR_3와 HR_2의 차이가 10 미만인 경우	정상근육과 비교하여 피로한 근육에서 나타나는 EMG의 특징 • 저주파(0~40Hz) 영역에서 힘(전압)의 증가 • 고주파(40~200Hz) 영역에서 힘(전압)의 감소 • 평균주파수 영역에서 힘(전압)의 감소 • 총 전압의 증가

8 산소부채의 의미

산소부채(oxygen debt)란 운동이 격렬하게 진행될 때 산소 섭취량이 수요량에 미치지 못하여 일어나는 산소부족현상으로, 산소부채량은 원래대로 보상되어야 하므로 운동이 끝난 뒤에도 일정 시간 산소를 소비한다.

9 산소 소비량과 작업대사량

① 근로자의 산소 소비량 구분
　㉠ 휴식 중 산소 소비량 : 0.25L/min
　㉡ 운동 중 산소 소비량 : 5L/min
② 산소 소비량 – 작업대사량의 환산
　산소 소비량 1L ≒ 5kcal(에너지량)

10 육체적 작업능력(PWC)

① 젊은 남성이 일반적으로 평균 16kcal/min(여성은 평균 12kcal/min) 정도의 작업을 피로를 느끼지 않고 하루에 4분간 계속할 수 있는 작업강도이다.
② 하루 8시간(480분) 작업 시에는 PWC의 1/3에 해당된다. 즉, 남성은 5.3kcal/min, 여성은 4kcal/min이다.
③ PWC를 결정할 수 있는 기능은 개인의 심폐기능이다.

11 RMR에 의한 작업강도 분류

RMR	작업(노동)강도	실노동률(%)
0~1	경작업	80 이상
1~2	중등작업	80~76
2~4	강작업	76~67
4~7	중작업	67~50
7 이상	격심작업	50 이하

12 교대근무제 관리원칙(바람직한 교대제)

① 각 반의 근무시간은 8시간씩 교대로 하고, 야근은 가능한 짧게 한다.
② 2교대인 경우 최소 3조의 정원을, 3교대인 경우 4조를 편성한다.
③ 채용 후 건강관리로 체중, 위장증상 등을 정기적으로 기록해야 하며, 근로자의 체중이 3kg 이상 감소하면 정밀검사를 받아야 한다.
④ 평균 주작업시간은 40시간을 기준으로, '갑반 → 을반 → 병반'으로 순환하게 한다.
⑤ 근무시간의 간격은 15~16시간 이상으로 하는 것이 좋다.
⑥ 야근 주기는 4~5일로 한다.
⑦ 신체 적응을 위하여 야간근무의 연속일수는 2~3일로 하며, 야간근무를 3일 이상 연속으로 하는 경우에는 피로 축적현상이 나타나게 되므로 연속하여 3일을 넘기지 않도록 한다.
⑧ 야근 후 다음 반으로 가는 간격은 최소 48시간 이상의 휴식시간을 갖도록 하여야 한다.
⑨ 야근 교대시간은 상오 0시 이전에 하는 것이 좋다(심야시간을 피함).
⑩ 야근 시 가면은 반드시 필요하며, 보통 2~4시간(1시간 30분 이상)이 적합하다.

13 플렉스타임(flex-time) 제도

작업장의 기계화, 생산의 조직화, 기업의 경제성을 고려하여 모든 근로자가 근무를 하지 않으면 안 되는 중추시간(core time)을 설정하고, 지정된 주간 근무시간 내에서 자유 출퇴근을 인정하는 제도, 즉 작업상 전 근로자가 일하는 중추시간을 제외하고 주당 40시간 내외의 근로조건하에서 자유롭게 출퇴근하는 제도

14 산업피로의 예방과 대책

① 불필요한 동작을 피하고, 에너지 소모를 적게 한다.
② 동적인 작업을 늘리고, 정적인 작업을 줄인다.
③ 장시간 한 번 휴식하는 것보다 단시간씩 여러 번 나누어 휴식하는 것이 피로회복에 도움이 된다.
④ 작업에 주로 사용하는 팔은 심장 높이에 두도록 하며, 작업물체와 눈과의 거리는 명시거리로 30cm 정도를 유지하도록 한다.
⑤ 원활한 혈액의 순환을 위해 작업에 사용하는 신체부위를 심장 높이보다 위에 두도록 한다.

핵심이론 03 인간공학

1 인간공학 활용 3단계

① 1단계 – 준비단계
   인간공학에서 인간과 기계 관계 구성인자의 특성이 무엇인지를 알아야 하는 단계
② 2단계 – 선택단계
   세부 설계를 하여야 하는 인간공학의 활용단계
③ 3단계 – 검토단계
   인간공학적으로 인간과 기계 관계의 비합리적인 면을 수정·보완하는 단계

2 인간공학에 적용되는 인체측정방법

① 정적 치수(구조적 인체치수)
   동적인 치수에 비하여 데이터 수가 많아 표(table) 형태로 제시 가능
② 동적 치수(기능적 인체치수)
   정적인 치수에 비해 상대적으로 데이터가 적어 표(table) 형태로 제시 어려움

3 동작경제의 3원칙

① 신체의 사용에 관한 원칙
② 작업장의 배치에 관한 원칙
③ 공구 및 설비의 설계에 관한 원칙

핵심이론 04 | 작업환경, 작업생리와 근골격계 질환

1 L_5/S_1 디스크

L_5/S_1 디스크는 척추의 디스크(disc) 중 앉을 때와 서 있을 때, 물체를 들어 올릴 때와 쥘 때 발생하는 압력이 가장 많이 흡수되는 디스크이다.

2 수평 작업영역의 구분

구분	내용
정상작업역 (표준영역, normal area)	• 상박부를 자연스런 위치에서 몸통부에 접하고 있을 때 전박부가 수평면 위에서 쉽게 도착할 수 있는 운동범위 • 위팔(상완)을 자연스럽게 수직으로 늘어뜨린 채 아래팔(전완)만으로 편안하게 뻗어 파악할 수 있는 영역 • 앉은 자세에서 위팔은 몸에 붙이고, 아래팔만 곧게 뻗어 닿는 범위
최대작업역 (최대영역, maximum area)	• 팔 전체가 수평상에 도달할 수 있는 작업영역 • 어깨에서 팔을 뻗어 도달할 수 있는 최대영역 • 움직이지 않고 상지를 뻗어서 닿는 범위

3 바람직한 VDT 작업자세

① 위쪽 팔과 아래쪽 팔이 이루는 각도(내각)는 90° 이상이 적당하다.
② 화면을 향한 눈의 높이는 화면보다 약간 높은 것이 좋고, 작업자의 시선은 수평선상으로부터 아래로 5~10°(10~15°) 이내여야 한다.

4 노동에 필요한 에너지원

대사의 종류	구분	내용
혐기성 대사 (anaerobic metabolism)	정의	근육에 저장된 화학적 에너지
	대사의 순서 (시간대별)	ATP(아데노신삼인산) → CP(크레아틴인산) → $\begin{bmatrix} \text{Glycogen(글리코겐)} \\ \text{or} \\ \text{Glucose(포도당)} \end{bmatrix}$
호기성 대사 (aerobic metabolism)	정의	대사과정(구연산 회로)을 거쳐 생성된 에너지
	대사의 과정	$\begin{bmatrix} \text{포도당(탄수화물)} \\ \text{단백질} \\ \text{지방} \end{bmatrix}$ + 산소 ⇨ 에너지원

※ 혐기성과 호기성 대사에 모두 에너지원으로 작용하는 것은 포도당(glucose)이다.

5 비타민 B_1의 역할

작업강도가 높은 근로자의 근육에 호기적 산화를 촉진시켜 근육의 열량 공급을 원활히 해주는 영양소로, 근육운동(노동) 시 보급해야 한다.

6 ACGIH의 작업 시 소비열량(작업대사량)에 따른 작업강도 분류(고용노동부 적용)

① 경작업 : 200kcal/hr까지 작업
② 중등도작업 : 200~350kcal/hr까지 작업
③ 중작업(심한 작업) : 350~500kcal/hr까지 작업

7 근골격계 질환 발생요인

① 반복적인 동작
② 부적절한 작업자세
③ 무리한 힘의 사용
④ 날카로운 면과의 신체 접촉
⑤ 진동 및 온도(저온)

8 근골격계 질환 관련 용어

① 누적외상성 질환(CTDs ; Cumulative Trauma Disorders)
② 근골격계 질환(MSDs ; Musculo Skeletal Disorders)
③ 반복성 긴장장애(RSI ; Repetitive Strain Injuries)
④ 경견완증후군(고용노동부, 1994, 업무상 재해 인정기준)

9 근골격계 질환을 줄이기 위한 작업관리방법

① 수공구의 무게는 가능한 줄이고, 손잡이는 접촉면적을 크게 한다.
② 손목, 팔꿈치, 허리가 뒤틀리지 않도록 한다. 즉, 부자연스러운 자세를 피한다.
③ 작업시간을 조절하고, 과도한 힘을 주지 않는다.
④ 동일한 자세로 장시간 하는 작업을 피하고 작업대사량을 줄인다.
⑤ 근골격계 질환을 예방하기 위한 작업환경 개선의 방법으로 인체 측정치를 이용한 작업환경 설계 시 가장 먼저 고려하여야 할 사항은 조절가능 여부이다.

10 근골격계 부담작업에 근로자를 종사하도록 하는 경우 유해요인 조사

① 설비·작업공정·작업량·작업속도 등 작업장 상황
② 작업시간·작업자세·작업방법 등 작업조건
③ 작업과 관련된 근골격계 질환 징후 및 증상 유무 등
※ 유해요인 조사는 위 사항을 포함하며 3년마다 실시한다.

핵심이론 05 | 직무 스트레스와 적성

1 NIOSH에서 제시한 직무 스트레스 모형에서 직무 스트레스 요인

작업요인	환경요인(물리적 환경)	조직요인
• 작업부하 • 작업속도 • 교대근무	• 소음 · 진동 • 고온 · 한랭 • 환기 불량 • 부적절한 조명	• 관리유형 • 역할요구 • 역할 모호성 및 갈등 • 경력 및 직무 안전성

2 직무 스트레스 관리

개인 차원의 관리	집단(조직) 차원의 관리
• 자신의 한계와 문제 징후를 인식하여 해결방안 도출 • 신체검사를 통하여 스트레스성 질환 평가 • 긴장이완훈련(명상, 요가 등)으로 생리적 휴식상태 경험 • 규칙적인 운동으로 스트레스를 줄이고, 직무 외적인 취미, 휴식 등에 참여하여 대처능력 함양	• 개인별 특성요인을 고려한 작업근로환경 • 작업계획 수립 시 적극적 참여 유도 • 사회적 지위 및 일 재량권 부여 • 근로자 수준별 작업 스케줄 운영 • 적절한 작업과 휴식시간 • 조직구조와 기능의 변화 • 우호적인 직장 분위기 조성 • 사회적 지원 시스템 가동

3 산업 스트레스의 발생요인으로 작용하는 집단 갈등 해결방법

집단 간의 갈등이 심한 경우	집단 간의 갈등이 너무 낮은 경우(갈등 촉진방법)
• 상위의 공동 목표 설정 • 문제의 공동 해결법 토의 • 집단 구성원 간의 직무 순환 • 상위층에서 전제적 명령 및 자원의 확대	• 경쟁의 자극(성과에 대한 보상) • 조직구조의 변경(경쟁부서 신설) • 의사소통(커뮤니케이션)의 증대 • 자원의 축소

4 적성검사의 분류

① 신체검사(신체적 적성검사, 체격검사)
② 생리적 기능검사(생리적 적성검사) : 감각기능검사, 심폐기능검사, 체력검사
③ 심리학적 검사(심리학적 적성검사) : 지능검사, 지각동작검사, 인성검사, 기능검사

핵심이론 06 | 직업성 질환과 건강관리

1 직업병의 원인물질(직업성 질환 유발물질, 작업환경의 유해요인)

① 물리적 요인 : 소음·진동, 유해광선(전리·비전리 방사선), 온도(온열), 이상기압, 한랭, 조명 등
② 화학적 요인 : 화학물질(유기용제 등), 금속증기, 분진, 오존 등
③ 생물학적 요인 : 각종 바이러스, 진균, 리케차, 쥐 등
④ 인간공학적 요인 : 작업방법, 작업자세, 작업시간, 중량물 취급 등

2 직업성 질환의 예방

① 1차 예방 : 원인 인자의 제거나 원인이 되는 손상을 막는 것
② 2차 예방 : 근로자가 진료를 받기 전 단계인 초기에 질병을 발견하는 것
③ 3차 예방 : 치료와 재활 과정

3 작업공정별 발생 직업성 질환

① 용광로 작업 : 고온장애(열경련 등)
② 제강, 요업 : 열사병
③ 갱내 착암작업 : 산소 결핍
④ 채석, 채광 : 규폐증
⑤ 샌드블라스팅 : 호흡기 질환
⑥ 도금작업 : 비중격천공
⑦ 축전지 제조 : 납중독

4 유해인자별 발생 직업병

① 크롬 : 폐암
② 수은 : 무뇨증
③ 망간 : 신장염
④ 석면 : 악성중피종
⑤ 이상기압 : 폐수종
⑥ 고열 : 열사병
⑦ 한랭 : 동상
⑧ 방사선 : 피부염, 백혈병
⑨ 소음 : 소음성 난청
⑩ 진동 : 레이노(Raynaud) 현상
⑪ 조명 부족 : 근시, 안구진탕증

5 건강진단의 종류

① 일반 건강진단
② 특수 건강진단
③ 배치 전 건강진단
④ 수시 건강진단
⑤ 임시 건강진단

6 건강진단 결과 건강관리 구분

건강관리 구분		건강관리 구분 내용
A		건강한 근로자
C	C_1	직업병 요관찰자
	C_2	일반 질병 요관찰자
D_1		직업병 유소견자
D_2		일반 질병 유소견자
R		제2차 건강진단 대상자

※ "U"는 2차 건강진단 대상임을 통보하고 30일을 경과하여 해당 검사가 이루어지지 않아 건강관리 구분을 판정할 수 없는 근로자를 말한다.

7 신체적 결함에 따른 부적합 작업

① **간기능 장애** : 화학공업(유기용제 취급 작업)
② **편평족** : 서서 하는 작업
③ **심계항진** : 격심 작업, 고소 작업
④ **고혈압** : 이상기온·이상기압에서의 작업
⑤ **경견완증후군** : 타이핑 작업
⑥ **빈혈증** : 유기용제 취급 작업
⑦ **당뇨증** : 외상 입기 쉬운 작업

핵심이론 07 실내오염과 사무실 관리

1 실내오염 관련 질환의 종류

① 빌딩증후군(SBS)
② 복합화학물질 민감 증후군(MCS)
③ 새집증후군(SHS)
④ 빌딩 관련 질병현상(BRI) : 레지오넬라병

2 실내오염인자 중 주요 화학물질

① 포름알데히드
 ㉠ 페놀수지의 원료로서 각종 합판, 칩보드, 가구, 단열재 등으로 사용된다.
 ㉡ 눈과 상부 기도를 자극하여 기침과 눈물을 야기하고, 어지러움, 구토, 피부질환, 정서불안정의 증상을 나타낸다.
 ㉢ 접착제 등의 원료로 사용되며, 피부나 호흡기에 자극을 준다.
 ㉣ 자극적인 냄새가 나고, 메틸알데히드라고도 한다.
 ㉤ 일반주택 및 공공건물에 많이 사용하는 건축자재와 섬유 옷감이 그 발생원이다.
 ㉥ 「산업안전보건법」상 사람에 충분한 발암성 증거가 있는 물질(1A)로 분류한다.
② 라돈
 ㉠ 자연적으로 존재하는 암석이나 토양에서 발생하는 토륨(thorium), 우라늄(uranium)의 붕괴로 인해 생성되는 자연방사성 가스로, 공기보다 9배 정도 무거워 지표에 가깝게 존재한다.
 ㉡ 무색·무취·무미한 가스로, 인간의 감각으로 감지할 수 없다.
 ㉢ 라듐의 α 붕괴에서 발생하며, 호흡하기 쉬운 방사성 물질이다.
 ㉣ 라돈의 동위원소에는 Rn^{222}, Rn^{220}, Rn^{219}가 있고, 이 중 반감기가 긴 Rn^{222}가 실내공간의 인체 위해성 측면에서 주요 관심대상이며, 지하공간에서 더 높은 농도를 보인다.
 ㉤ 방사성 기체로서 지하수, 흙, 석고실드(석고보드), 콘크리트, 시멘트나 벽돌, 건축자재 등에서 발생하여 폐암 등을 발생시킨다.

3 실내환경에서 이산화탄소의 특징

① 환기의 지표물질 및 실내오염의 주요 지표로 사용된다.
② CO_2의 증가는 산소의 부족을 초래하기 때문에 주요 실내오염물질로 적용된다.
③ 직독식 또는 검지관 kit로 측정한다.
④ 쾌적한 사무실 공기를 유지하기 위해 CO_2는 1,000ppm 이하로 관리해야 한다.

4 사무실 오염물질 관리기준

오염물질	관리기준
미세먼지(PM 10)	$100\mu g/m^3$ 이하
초미세먼지(PM 2.5)	$50\mu g/m^3$ 이하
이산화탄소(CO_2)	1,000ppm 이하
일산화탄소(CO)	10ppm 이하
이산화질소(NO_2)	0.1ppm 이하
포름알데히드(HCHO)	$100\mu g/m^3$ 이하
총휘발성 유기화합물(TVOC)	$500\mu g/m^3$ 이하
라돈(radon)	$148Bq/m^3$ 이하
총부유세균	$800CFU/m^3$ 이하
곰팡이	$500CFU/m^3$ 이하

※ 1. 관리기준은 8시간 시간가중 평균농도 기준이다.
　2. 라돈은 지상 1층을 포함한 지하에 위치한 사무실에만 적용한다.

5 베이크아웃

베이크아웃(bake out)이란 새로운 건물이나 새로 지은 집에 입주하기 전 실내를 모두 닫고 30℃ 이상으로 5~6시간 유지시킨 후 1시간 정도 환기를 하는 방식을 여러 번 하여 실내의 VOC나 포름알데히드의 저감효과를 얻는 방법이다.

핵심이론 08 ┃ 평가 및 통계

1 산업위생 통계의 대푯값

기하평균, 중앙값, 산술평균값, 가중평균값, 최빈값

2 중앙값의 의미

중앙값(median)이란 N개의 측정치를 크기 중앙값 순서로 배열 시 $X_1 \leq X_2 \leq X_3 \leq \cdots \leq X_n$이라 할 때 중앙에 오는 값이다. 값이 짝수일 때는 중앙값이 유일하지 않고 두 개가 될 수 있는데, 이 경우 중앙 두 값의 평균을 중앙값(중앙치)으로 한다.

3 위해도 평가 결정의 우선순위

① 화학물질의 위해성
② 공기 중으로의 확산 가능성
③ 노출 근로자 수
④ 물질 사용시간

핵심이론 09 「산업안전보건법」의 주요 내용

1 중대재해의 정의

① 사망자가 1명 이상 발생한 재해
② 3개월 이상의 요양을 요하는 부상자가 동시에 2명 이상 발생한 재해
③ 부상자 또는 직업성 질병자가 동시에 10명 이상 발생한 재해

2 작업환경 측정 주기 및 횟수

① 사업주는 작업장 또는 작업공정이 신규로 가동되거나 변경되는 등으로 작업환경 측정대상 작업장이 된 경우에는 그 날부터 30일 이내에 작업환경 측정을 실시하고, 그 후 반기에 1회 이상 정기적으로 작업환경을 측정하여야 한다. 다만, 작업환경 측정결과가 다음의 어느 하나에 해당하는 작업장 또는 작업공정은 해당 유해인자에 대하여 그 측정일부터 3개월에 1회 이상 작업환경을 측정해야 한다.
  ㉠ 화학적 인자(고용노동부장관이 정하여 고시하는 물질만 해당)의 측정치가 노출기준을 초과하는 경우
  ㉡ 화학적 인자(고용노동부장관이 정하여 고시하는 물질은 제외)의 측정치가 노출기준을 2배 이상 초과하는 경우
② 제①항에도 불구하고 사업주는 최근 1년간 작업공정에서 공정 설비의 변경, 작업방법의 변경, 설비의 이전, 사용 화학물질의 변경 등으로 작업환경 측정결과에 영향을 주는 변화가 없는 경우 1년에 1회 이상 작업환경 측정을 할 수 있는 경우
  ㉠ 작업공정 내 소음의 작업환경 측정결과가 최근 2회 연속 85dB 미만인 경우
  ㉡ 작업공정 내 소음 외의 다른 모든 인자의 작업환경 측정결과가 최근 2회 연속 노출기준 미만인 경우

3 보건관리자의 업무

① 산업안전보건위원회 또는 노사협의체에서 심의·의결한 업무와 안전보건관리규정 및 취업규칙에서 정한 업무
② 안전인증대상 기계 등과 자율안전확인대상 기계 등 중 보건과 관련된 보호구(保護具) 구입 시 적격품 선정에 관한 보좌 및 지도·조언
③ 위험성평가에 관한 보좌 및 지도·조언
④ 작성된 물질안전보건자료의 게시 또는 비치에 관한 보좌 및 지도·조언
⑤ 산업보건의의 직무
⑥ 해당 사업장 보건교육계획의 수립 및 보건교육 실시에 관한 보좌 및 지도·조언
⑦ 해당 사업장의 근로자를 보호하기 위한 다음의 조치에 해당하는 의료행위
　㉠ 자주 발생하는 가벼운 부상에 대한 치료
　㉡ 응급처치가 필요한 사람에 대한 처치
　㉢ 부상·질병의 악화를 방지하기 위한 처치
　㉣ 건강진단 결과 발견된 질병자의 요양 지도 및 관리
　㉤ ㉠부터 ㉣까지의 의료행위에 따르는 의약품의 투여
⑧ 작업장 내에서 사용되는 전체환기장치 및 국소배기장치 등에 관한 설비의 점검과 작업방법의 공학적 개선에 관한 보좌 및 지도·조언
⑨ 사업장 순회점검, 지도 및 조치 건의
⑩ 산업재해 발생의 원인 조사·분석 및 재발 방지를 위한 기술적 보좌 및 지도·조언
⑪ 산업재해에 관한 통계의 유지·관리·분석을 위한 보좌 및 지도·조언
⑫ 법 또는 법에 따른 명령으로 정한 보건에 관한 사항의 이행에 관한 보좌 및 지도·조언
⑬ 업무 수행 내용의 기록·유지
⑭ 그 밖에 보건과 관련된 작업관리 및 작업환경관리에 관한 사항으로서 고용노동부장관이 정하는 사항

4 보건관리자의 자격

① 「의료법」에 따른 의사
② 「의료법」에 따른 간호사
③ 산업보건지도사
④ 「국가기술자격법」에 따른 산업위생관리산업기사 또는 대기환경산업기사 이상의 자격을 취득한 사람
⑤ 「국가기술자격법」에 따른 인간공학기사 이상의 자격을 취득한 사람
⑥ 「고등교육법」에 따른 전문대학 이상의 학교에서 산업보건 또는 산업위생 분야의 학위를 취득한 사람

핵심이론 10 「산업안전보건기준에 관한 규칙」의 주요 내용

1 특별관리물질의 정의

특별관리물질이란 발암성 물질, 생식세포 변이원성 물질, 생식독성 물질 등 근로자에게 중대한 건강장애를 일으킬 우려가 있는 물질을 말한다.

① 벤젠
② 1,3-부타디엔
③ 1-브로모프로판
④ 2-브로모프로판
⑤ 사염화탄소
⑥ 에피클로로히드린
⑦ 트리클로로에틸렌
⑧ 페놀
⑨ 포름알데히드
⑩ 납 및 그 무기화합물
⑪ 니켈 및 그 화합물
⑫ 안티몬 및 그 화합물
⑬ 카드뮴 및 그 화합물
⑭ 6가크롬 및 그 화합물
⑮ pH 2.0 이하 황산
⑯ 산화에틸렌 외 20종

2 허가대상 유해물질 제조·사용 시 근로자에게 알려야 할 유해성 주지사항

① 물리적·화학적 특성
② 발암성 등 인체에 미치는 영향과 증상
③ 취급상의 주의사항
④ 착용하여야 할 보호구와 착용방법
⑤ 위급상황 시의 대처방법과 응급조치 요령
⑥ 그 밖에 근로자의 건강장애 예방에 관한 사항

3 국소배기장치 사용 전 점검사항

① 덕트 및 배풍기의 분진상태
② 덕트 접속부가 헐거워졌는지 여부
③ 흡기 및 배기 능력
④ 그 밖에 국소배기장치의 성능을 유지하기 위하여 필요한 사항

4 허가대상 유해물질(베릴륨 및 석면 제외) 국소배기장치의 제어풍속

물질의 상태	제어풍속(m/sec)
가스 상태	0.5
입자 상태	1.0

5 소음작업의 구분

구분	관리기준
소음작업	1일 8시간 작업을 기준으로 85dB 이상의 소음이 발생하는 작업
강렬한 소음작업	• 90dB 이상의 소음이 1일 8시간 이상 발생되는 작업 • 95dB 이상의 소음이 1일 4시간 이상 발생되는 작업 • 100dB 이상의 소음이 1일 2시간 이상 발생되는 작업 • 105dB 이상의 소음이 1일 1시간 이상 발생되는 작업 • 110dB 이상의 소음이 1일 30분 이상 발생되는 작업 • 115dB 이상의 소음이 1일 15분 이상 발생되는 작업
충격 소음작업	소음이 1초 이상의 간격으로 발생하는 작업으로서 다음의 1에 해당하는 작업 • 120dB을 초과하는 소음이 1일 1만 회 이상 발생되는 작업 • 130dB을 초과하는 소음이 1일 1천 회 이상 발생되는 작업 • 140dB을 초과하는 소음이 1일 1백 회 이상 발생되는 작업

6 소음작업, 강렬한 소음작업, 충격 소음작업 시 근로자에게 알려야 할 주지사항

① 해당 작업장소의 소음수준
② 인체에 미치는 영향과 증상
③ 보호구의 선정과 착용방법
④ 그 밖에 소음으로 인한 건강장애 방지에 필요한 사항

7 적정공기와 산소결핍

구분	정의
적정공기	• 산소 농도의 범위가 18% 이상 23.5% 미만인 수준의 공기 • 탄산가스 농도가 1.5% 미만인 수준의 공기 • 황화수소 농도가 10ppm 미만인 수준의 공기 • 일산화탄소의 농도가 30ppm 미만인 수준의 공기
산소결핍	공기 중의 산소 농도가 18% 미만인 상태

8 밀폐공간 작업 프로그램의 수립·시행 시 포함사항

① 사업장 내 밀폐공간의 위치 파악 및 관리방안
② 밀폐공간 내 질식·중독 등을 일으킬 수 있는 유해·위험 요인의 파악 및 관리방안
③ 밀폐공간 작업 시 사전 확인이 필요한 사항에 대한 확인절차
④ 안전보건 교육 및 훈련
⑤ 그 밖에 밀폐공간 작업 근로자의 건강장애 예방에 관한 사항

핵심이론 11 「화학물질 및 물리적 인자의 노출기준」의 주요 내용

1 노출기준 표시단위

① 가스 및 증기 : ppm 또는 mg/m^3
② 분진 : mg/m^3
③ 석면 및 내화성 세라믹 섬유 : 세제곱센티미터당 개수(개/cm^3)
④ 고온 : 습구흑구온도지수(WBGT)
④ 소음 : dB(A)

2 발암성 정보물질의 표기

① 1A : 사람에게 충분한 발암성 증거가 있는 물질
② 1B : 실험동물에서 발암성 증거가 충분히 있거나, 실험동물과 사람 모두에게 제한된 발암성 증거가 있는 물질
③ 2 : 사람이나 동물에서 제한된 증거가 있지만, 구분 1로 분류하기에는 증거가 충분하지 않은 물질

핵심이론 12 「화학물질의 분류·표시 및 물질안전보건자료에 관한 기준」의 주요 내용

1 경고표지의 색상

경고표지 전체의 바탕은 흰색, 글씨와 테두리는 검은색으로 한다.

2 물질안전보건자료 작성 시 포함되어야 할 항목 및 그 순서

① 화학제품과 회사에 관한 정보
② 유해성·위험성
③ 구성 성분의 명칭 및 함유량
④ 응급조치 요령
⑤ 폭발·화재 시 대처방법
⑥ 누출사고 시 대처방법
⑦ 취급 및 저장 방법
⑧ 노출 방지 및 개인보호구
⑨ 물리·화학적 특성
⑩ 안정성 및 반응성
⑪ 독성에 관한 정보
⑫ 환경에 미치는 영향
⑬ 폐기 시 주의사항
⑭ 운송에 필요한 정보
⑮ 법적 규제 현황
⑯ 그 밖의 참고사항

핵심이론 13 산업재해

1 ILO(국제노동기구)의 상해 분류

① 사망
② 영구 전노동 불능 상해(신체장애등급 1~3급)
③ 영구 일부 노동 불능 상해(신체장애등급 4~14급)
④ 일시 전노동 불능 상해
⑤ 일시 일부 노동 불능 상해
⑥ 응급조치 상해
⑦ 무상해 사고

2 산업재해의 기본 원인(4M)

① Man(사람)
② Machine(기계, 설비)
③ Media(작업환경, 작업방법)
④ Management(법규 준수, 관리)

3 재해 발생비율

하인리히(Heinrich)	버드(Bird)
1 : 29 : 300	1 : 10 : 30 : 600
• 1 : 중상 또는 사망(중대사고, 주요 재해) • 29 : 경상해(경미한 사고, 경미 재해) • 300 : 무상해사고(near accident), 유사 재해	• 1 : 중상 또는 폐질 • 10 : 경상 • 30 : 무상해사고 • 600 : 무상해, 무사고, 무손실 고장(위험순간)

4 하인리히의 도미노이론(사고 연쇄반응)

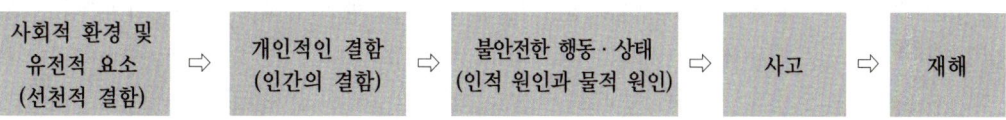

사회적 환경 및 유전적 요소(선천적 결함) ⇨ 개인적인 결함(인간의 결함) ⇨ 불안전한 행동·상태(인적 원인과 물적 원인) ⇨ 사고 ⇨ 재해

5 산업재해 예방(방지) 4원칙

① 예방가능의 원칙
② 손실우연의 원칙
③ 원인계기의 원칙
④ 대책선정의 원칙

6 하인리히의 사고 예방(방지) 대책의 기본원리 5단계

① 제1단계 : 안전관리조직 구성(조직)
② 제2단계 : 사실의 발견
③ 제3단계 : 분석 평가
④ 제4단계 : 시정방법의 선정(대책의 선정)
⑤ 제5단계 : 시정책의 적용(대책 실시)

핵심이론 14  작업환경측정

1 보일-샤를의 법칙

① 보일의 법칙
일정한 온도에서 기체 부피는 그 압력에 반비례한다. 즉, 압력이 2배 증가하면 부피는 처음의 1/2배로 감소한다.
② 샤를의 법칙
일정한 압력에서 기체를 가열하면 온도가 1℃ 증가함에 따라 부피는 0℃ 부피의 1/273만큼 증가한다.
③ 보일-샤를의 법칙
온도와 압력이 동시에 변하면 일정량의 기체 부피는 압력에 반비례하고, 절대온도에 비례한다.

2 게이-뤼삭의 기체반응 법칙

게이-뤼삭(Gay-Lussac)의 기체반응 법칙이란 일정한 부피에서 압력과 온도는 비례한다는 표준가스 법칙이다.

3 작업환경측정의 목적 – AIHA

① 근로자 노출에 대한 기초자료 확보를 위한 측정
② 진단을 위한 측정
③ 법적인 노출기준 초과 여부를 판단하기 위한 측정

4 작업환경측정의 종류

구분	내용
개인시료 (personal sampling)	• 작업환경측정을 실시할 경우 시료채취의 한 방법으로서, 개인시료채취기를 이용하여 가스·증기, 흄, 미스트 등을 근로자 호흡위치(호흡기를 중심으로 반경 30cm인 반구)에서 채취하는 것 • 작업환경측정은 개인시료채취를 원칙으로 하고 있으며, 개인시료채취가 곤란한 경우에 한하여 지역시료를 채취 • 대상이 근로자일 경우 노출되는 유해인자의 양이나 강도를 간접적으로 측정하는 방법
지역시료 (area sampling)	• 작업환경측정을 실시할 경우 시료채취의 한 방법으로서, 시료채취기를 이용하여 가스·증기, 분진, 흄, 미스트 등 유해인자를 근로자의 정상 작업위치 또는 작업행동범위에서 호흡기 높이에 고정하여 채취 • 단위작업장소에 시료채취기를 설치하여 시료를 채취하는 방법

5 작업환경측정의 예비조사

① 예비조사의 측정계획서 작성 시 포함사항
  ㉠ 원재료의 투입과정부터 최종제품 생산공정까지의 주요 공정 도식
  ㉡ 해당 공정별 작업내용, 측정대상 공정 및 공정별 화학물질 사용실태
  ㉢ 측정대상 유해인자, 유해인자 발생주기, 종사 근로자 현황
  ㉣ 유해인자별 측정방법 및 측정소요기간 등 필요한 사항
② 예비조사의 목적
  ㉠ 유사노출그룹(동일노출그룹, SEG ; HEG)의 설정
  ㉡ 정확한 시료채취전략 수립

6 유사노출그룹(SEG) 설정의 목적

① 시료채취 수를 경제적으로 할 수 있다.
② 모든 작업의 근로자에 대한 노출농도를 평가할 수 있다.
③ 역학조사 수행 시 해당 근로자가 속한 동일노출그룹의 노출농도를 근거로, 노출 원인 및 농도를 추정할 수 있다.
④ 작업장에서 모니터링하고 관리해야 할 우선적인 그룹을 결정하기 위함이다.

핵심이론 15 표준기구(보정기구)의 종류

1 1차 표준기구

표준기구	정확도
비누거품미터(soap bubble meter) ◀ 주로 사용	±1% 이내
폐활량계(spirometer)	±1% 이내
가스치환병(mariotte bottle)	±0.05~0.25%
유리 피스톤미터(glass piston meter)	±2% 이내
흑연 피스톤미터(frictionless piston meter)	±1~2%
피토튜브(pitot tube)	±1% 이내

2 2차 표준기구

표준기구	정확도
로터미터(rotameter) ◀ 주로 사용	±1~25%
습식 테스트미터(wet-test meter)	±0.5% 이내
건식 가스미터(dry-gas meter)	±1% 이내
오리피스미터(orifice meter)	±0.5% 이내
열선식 풍속계(열선기류계, thermo anemometer)	±0.1~0.2%

핵심이론 16 | 가스상 물질의 시료채취

1 증기의 의미

임계온도 25℃ 이상인 액체·고체 물질이 증기압에 따라 휘발 또는 승화하여 기체상태로 변한 것을 증기라고 한다.

2 시료채취방법의 종류별 활용

구분	내용
연속시료채취를 활용하는 경우	• 오염물질의 농도가 시간에 따라 변할 때 • 공기 중 오염물질의 농도가 낮을 때 • 시간가중평균치로 구하고자 할 때
순간시료채취를 활용하는 경우	• 미지 가스상 물질의 동정을 알려고 할 때 • 간헐적 공정에서의 순간 농도변화를 알고자 할 때 • 오염 발생원 확인을 요할 때 • 직접 포집해야 하는 메탄, 일산화탄소, 산소 측정에 사용
순간시료채취를 적용할 수 없는 경우	• 오염물질의 농도가 시간에 따라 변할 때 • 공기 중 오염물질의 농도가 낮을 때 • 시간가중평균치를 구하고자 할 때

3 일반적으로 사용하는 순간시료채취기

① 진공 플라스크
② 검지관
③ 직독식 기기
④ 스테인리스 스틸 캐니스터(수동형 캐니스터)
⑤ 시료채취백(플라스틱 bag)

4 다이내믹 매소드(dynamic method)의 특징

① 희석공기와 오염물질을 연속적으로 흘려보내 일정한 농도를 유지하면서 만드는 방법이다.
② 알고 있는 공기 중 농도를 만드는 방법이다.
③ 농도변화를 줄 수 있고 온도·습도 조절이 가능하다.
④ 제조가 어렵고, 비용도 많이 든다.
⑤ 다양한 농도범위에서 제조가 가능하다.
⑥ 가스, 증기, 에어로졸 실험도 가능하다.
⑦ 소량의 누출이나 벽면에 의한 손실은 무시할 수 있다.
⑧ 지속적인 모니터링이 필요하다.
⑨ 매우 일정한 농도를 유지하기가 곤란하다.

5 흡착의 종류별 주요 특징

① 물리적 흡착
  ㉠ 흡착제와 흡착분자(흡착질) 간 반데르발스(Van der Waals)형의 비교적 약한 인력에 의해서 일어난다.
  ㉡ 가역적 현상이므로 재생이나 오염가스 회수에 용이하다.
  ㉢ 일반적으로 작업환경측정에 사용한다.
② 화학적 흡착
  ㉠ 흡착제와 흡착된 물질 사이에 화학결합이 생성되는 경우로서, 새로운 종류의 표면 화합물이 형성된다.
  ㉡ 비가역적 현상이므로 재생되지 않는다.
  ㉢ 흡착과정 중 발열량이 많다.

6 파과

① 파과는 공기 중 오염물이 시료채취 매체에 포함되지 않고 빠져나가는 현상이다.
② 흡착관의 앞층에 포화된 후 뒤층에 흡착되기 시작하여 결국 흡착관을 빠져나가고 파과가 일어나면 유해물질 농도를 과소평가할 우려가 있다.
③ 일반적으로 앞층의 1/10 이상이 뒤층으로 넘어가면 파과가 일어났다고 하고, 측정결과로 사용할 수 없다.

7 흡착제 이용 시료채취 시 영향인자

영향인자	세부 영향
온도	온도가 낮을수록 흡착에 좋다.
습도	극성 흡착제를 사용할 때 수증기가 흡착되기 때문에 파과가 일어나기 쉬우며, 비교적 높은 습도는 활성탄의 흡착용량을 저하시킨다.
시료채취속도 (시료채취량)	시료채취속도가 크고 코팅된 흡착제일수록 파과가 일어나기 쉽다.
유해물질 농도 (포집된 오염물질의 농도)	농도가 높으면 파과용량(흡착제에 흡착된 오염물질량)은 증가하나, 파과공기량은 감소한다.
혼합물	혼합기체의 경우 각 기체의 흡착량은 단독 성분이 있을 때보다 적어진다.
흡착제의 크기 (비표면적)	입자 크기가 작을수록 표면적과 채취효율이 증가하지만, 압력강하가 심하다.
흡착관의 크기 (튜브의 내경, 흡착제의 양)	흡착제의 양이 많아지면 전체 흡착제의 표면적이 증가하여 채취용량이 증가하므로 파과가 쉽게 발생되지 않는다.

8 탈착방법의 구분

① **용매탈착** : 비극성 물질의 탈착용매로는 이황화탄소를 사용하고, 극성 물질에는 이황화탄소와 다른 용매를 혼합하여 사용한다.
② **열탈착** : 흡착관에 열을 가하여 탈착하는 방법으로 탈착이 자동으로 수행되며, 분자체 탄소, 다공중합체에서 주로 사용한다.

9 흡착관의 종류별 특징

흡착관의 종류	구분	내용
활성탄관 (charcoal tube)	활성탄관을 사용하여 채취하기 용이한 시료	• 비극성류의 유기용제 • 각종 방향족 유기용제(방향족 탄화수소류) • 할로겐화 지방족 유기용제(할로겐화 탄화수소류) • 에스테르류, 알코올류, 에테르류, 케톤류
	탈착용매	이황화탄소(CS_2)를 주로 사용
실리카겔관 (silica gel tube)	실리카겔관을 사용하여 채취하기 용이한 시료	• 극성류의 유기용제, 산(무기산 : 불산, 염산) • 방향족 아민류, 지방족 아민류 • 아미노에탄올, 아마이드류 • 니트로벤젠류, 페놀류
	장점	• 극성이 강하여 극성 물질을 채취한 경우 물, 메탄올 등 다양한 용매로 쉽게 탈착함 • 추출용액(탈착용매)가 화학분석이나 기기분석에 방해물질로 작용하는 경우는 많지 않음 • 활성탄으로 채취가 어려운 아닐린, 오르토-톨루이딘 등의 아민류나 몇몇 무기물질의 채취가 가능 • 매우 유독한 이황화탄소를 탈착용매로 사용하지 않음
	실리카겔의 친화력 (극성이 강한 순서)	물>알코올류>알데히드류>케톤류>에스테르류>방향족 탄화수소류>올레핀류>파라핀류
다공성 중합체 (porous polymer)	장점	• 아주 적은 양도 흡착제로부터 효율적으로 탈착이 가능 • 고온에서 열안정성이 매우 뛰어나기 때문에 열탈착이 가능 • 저농도 측정이 가능
	단점	• 비휘발성 물질(이산화탄소 등)에 의하여 치환반응이 일어남 • 시료가 산화·가수·결합 반응이 일어날 수 있음 • 아민류 및 글리콜류는 비가역적 흡착이 발생함 • 반응성이 강한 기체(무기산, 이산화황)가 존재 시 시료가 화학적으로 변함
분자체 탄소	특징	• 비극성(포화결합) 화합물 및 유기물질을 잘 흡착하는 성질 • 거대 공극 및 무산소 열분해로 만들어지는 구형의 다공성 구조 • 사용 시 가장 큰 제한요인 : 습도

10 액체 포집법에서 흡수효율(채취효율)을 높이기 위한 방법

① 포집액의 온도를 낮추어 오염물질의 휘발성을 제한한다.
② 두 개 이상의 임핀저나 버블러를 연속적(직렬)으로 연결하여 사용하는 것이 좋다.
③ 시료채취속도(채취물질이 흡수액을 통과하는 속도)를 낮춘다.
④ 기포의 체류시간을 길게 한다.
⑤ 기포와 액체의 접촉면적을 크게 한다(가는 구멍이 많은 fritted 버블러 사용).
⑥ 액체의 교반을 강하게 한다.
⑦ 흡수액의 양을 늘려준다.
⑧ 액체에 포집된 오염물질의 휘발성을 제거한다.

11 수동식 시료채취기의 특징

① **원리** : 공기채취 펌프가 필요하지 않고, 공기층을 통한 확산 또는 투과되는 현상을 이용한다.
② **적용원리** : Fick의 제1법칙(확산)
③ **결핍(starvation)현상**
　㉠ 수동식 시료채취기(passive sampler) 사용 시 최소한의 기류가 있어야 하는데, 최소기류가 없어 채취가 표면에서 일단 확산에 의하여 오염물질이 제거되면 농도가 없어지거나 감소하는 현상이다.
　㉡ 결핍현상을 제거하는 데 필요한 가장 중요한 요소는 최소한의 기류 유지(0.05~0.1m/sec)이다.

12 검지관의 장단점

구분	내용
장점	• 사용이 간편함 • 반응시간이 빨라 현장에서 바로 측정 결과를 알 수 있음 • 비전문가도 어느 정도 숙지하면 사용할 수 있지만, 산업위생전문가의 지도 아래 사용되어야 함 • 맨홀, 밀폐공간에서의 산소부족 또는 폭발성 가스로 인한 안전이 문제가 될 때 유용하게 사용 • 다른 측정방법이 복잡하거나 빠른 측정이 요구될 때 사용
단점	• 민감도가 낮아 비교적 고농도에만 적용이 가능 • 특이도가 낮아 다른 방해물질의 영향을 받기 쉽고, 오차가 큼 • 대개 단시간 측정만 가능 • 한 검지관으로 단일물질만 측정이 가능하여 각 오염물질에 맞는 검지관을 선정함에 따른 불편함이 있음 • 색변화에 따라 주관적으로 읽을 수 있어 판독자에 따라 변이가 심하며, 색변화가 시간에 따라 변하므로 제조자가 정한 시간에 읽어야 함 • 미리 측정대상 물질의 동정이 되어 있어야 측정이 가능함

핵심이론 17 | 입자상 물질의 시료채취

1 흄의 생성기전 3단계

① 1단계 : 금속의 증기화
② 2단계 : 증기물의 산화
③ 3단계 : 산화물의 응축

2 공기역학적 직경과 기하학적 직경

구분		내용
공기역학적 직경 (aero-dynamic diameter)		대상 먼지와 침강속도가 같고 단위밀도가 $1g/cm^3$이며, 구형인 먼지의 직경으로 환산된 직경
기하학적(물리적) 직경	마틴 직경 (Martin diameter)	• 먼지의 면적을 2등분하는 선의 길이로 선의 방향은 항상 일정하여야 함 • 과소평가할 수 있는 단점이 있음
	페렛 직경 (Feret diameter)	• 먼지의 한쪽 끝 가장자리와 다른 쪽 가장자리 사이의 거리 • 과대평가될 가능성이 있는 입자상 물질의 직경
	등면적 직경 (projected area diameter)	• 먼지의 면적과 동일한 면적을 가진 원의 직경으로, 가장 정확한 직경 • 측정은 현미경 접안경에 porton reticle을 삽입하여 측정

3 ACGIH의 입자 크기별 기준(TLV)

입자상 물질	정의	평균입경
흡입성 입자상 물질 (IPM ; Inspirable Particulates Mass)	호흡기의 어느 부위(비강, 인후두, 기관 등 호흡기의 상기도 부위)에 침착하더라도 독성을 유발하는 분진	$100\mu m$
흉곽성 입자상 물질 (TPM ; Thoracic Particulates Mass)	기도나 하기도(가스교환 부위)에 침착하여 독성을 나타내는 물질	$10\mu m$
호흡성 입자상 물질 (RPM ; Respirable Particulates Mass)	가스교환 부위, 즉 폐포에 침착할 때 유해한 물질	$4\mu m$

※ 평균입경 : 폐 침착의 50%에 해당하는 입자의 크기

4 여과 포집 원리(6가지)

① 직접차단(간섭)
② 관성충돌
③ 확산
④ 중력 침강
⑤ 정전기 침강
⑥ 체질

5 각 여과기전에 대한 입자 크기별 포집효율

① 입경 0.1μm 미만 입자 : 확산
② 입경 0.1~0.5μm : 확산, 직접차단(간섭)
③ 입경 0.5μm 이상 : 관성충돌, 직접차단(간섭)
※ 가장 낮은 포집효율의 입경은 0.3μm이다.

6 입자상 물질 채취기구

기구	구분	내용
10mm nylon cyclone (사이클론 분립장치)	정의/원리	• 호흡성 입자상 물질을 측정하는 기구 • 원심력을 이용하여 채취하는 원리
	특징	10mm nylon cyclone과 여과지가 연결된 개인시료채취 펌프의 채취유량은 1.7L/min이 가장 적절(이 채취유량으로 채취하여야만 호흡성 입자상 물질에 대한 침착률을 평가할 수 있기 때문)
	입경분립 충돌기에 비해 갖는 장점	• 사용이 간편하고 경제적임 • 호흡성 먼지에 대한 자료를 쉽게 얻을 수 있음 • 시료 입자의 되튐으로 인한 손실 염려가 없음 • 매체의 코팅과 같은 별도의 특별한 처리가 필요 없음
Cascade impactor (입경분립충돌기, 직경분립충돌기, anderson impactor)	정의/원리	• 흡입성 입자상 물질, 흉곽성 입자상 물질, 호흡성 입자상 물질의 크기별로 측정하는 기구 • 공기 흐름이 층류일 경우 입자가 관성력에 의해 시료채취 표면에 충돌하여 채취하는 원리
	장점	• 입자의 질량 크기 분포를 얻을 수 있음 • 호흡기의 부분별로 침착된 입자 크기의 자료를 추정 • 흡입성·흉곽성·호흡성 입자의 크기별로 분포와 농도를 계산
	단점	• 시료채취가 까다로움 • 비용이 많이 듦 • 채취준비시간이 과다 • 되튐으로 인한 시료의 손실이 일어나 과소분석 결과를 초래할 수 있어 유량을 2L/min 이하로 채취

7 여과지(여과재) 선정 시 고려사항(구비조건)

① 포집대상 입자의 입도분포에 대하여 포집효율이 높을 것
② 포집 시의 흡인저항은 될 수 있는 대로 낮을 것
③ 접거나 구부리더라도 파손되지 않고 찢어지지 않을 것
④ 될 수 있는 대로 가볍고 1매당 무게의 불균형이 적을 것
⑤ 될 수 있는 대로 흡습률이 낮을 것
⑥ 측정대상 물질의 분석상 방해가 되는 것과 같은 불순물을 함유하지 않을 것

8 막여과지의 종류별 특징

① MCE막 여과지(Mixed Cellulose Ester membrane filter)
  ㉠ 산에 쉽게 용해되고 가수분해되며, 습식 회화되기 때문에 공기 중 입자상 물질 중의 금속을 채취하여 원자흡광법으로 분석하는 데 적당하다.
  ㉡ 흡습성(원료인 셀룰로오스가 수분 흡수)이 높아 오차를 유발할 수 있어 중량분석에는 적합하지 않다.
  ㉢ NIOSH에서는 금속, 석면, 살충제, 불소화합물 및 기타 무기물질에 추천한다.
② PVC막 여과지(Polyvinyl chloride membrane filter)
  ㉠ 가볍고 흡습성이 낮기 때문에 분진의 중량분석에 사용한다.
  ㉡ 수분에 영향이 크지 않아 공해성 먼지, 총 먼지 등의 중량분석을 위한 측정에 사용하며, 금속 중 6가크롬 채취에도 적용한다.
  ㉢ 유리규산을 채취하여 X선 회절법으로 분석하는 데 적절하다.
③ PTFE막 여과지(Polytetrafluoroethylene membrane filter, 테프론)
  열, 화학물질, 압력 등에 강한 특성을 가지고 있어 석탄 건류나 증류 등의 고열 공정에서 발생하는 다핵방향족 탄화수소를 채취하는 데 이용한다.
④ 은막 여과지(silver membrane filter)
  균일한 금속은을 소결하여 만들며, 열적·화학적 안정성이 있다.

9 계통오차의 종류

① 외계오차(환경오차) : 보정값을 구하여 수정함으로써 오차를 제거
② 기계오차(기기오차) : 기계의 교정에 의하여 오차를 제거
③ 개인오차 : 두 사람 이상 측정자의 측정을 비교하여 오차를 제거

핵심이론 18 | 가스상 물질의 분석

1 가스 크로마토그래피(gas chromatography)

① 원리

기체 시료 또는 기화한 액체나 고체 시료를 운반기체(carrier gas)에 의해 분리관(칼럼) 내 충전물의 흡착성 또는 용해성 차이에 따라 전개(분석시료의 휘발성을 이용)시켜 분리관 내에서 이동속도가 달라지는 것을 이용, 각 성분의 크로마토그래피적(크로마토그램)을 이용하여 성분을 정성 및 정량하는 분석기기이다.

② 장치 구성

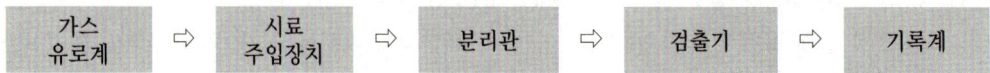

㉠ 분리관(column ; 칼럼, 칼럼오븐)

ⓐ 역할

분리관은 주입된 시료가 각 성분에 따라 분리(분배)가 일어나는 부분으로 G.C에서 분석하고자 하는 물질을 지체시키는 역할을 한다.

ⓑ 분리관 충전물질(액상) 조건
- 분석대상 성분을 완전히 분리할 수 있어야 한다.
- 사용온도에서 증기압이 낮고 점성이 작은 것이어야 한다.
- 화학적 성분이 일정하고 안정된 성질을 가진 물질이어야 한다.

ⓒ 분리관 선정 시 고려사항
- 극성
- 분리관 내경
- 도포물질 두께
- 도포물질 길이

ⓓ 분리관의 분해능을 높이기 위한 방법
- 시료와 고정상의 양을 적게 한다.
- 고체지지체의 입자 크기를 작게 한다.
- 온도를 낮춘다.
- 분리관의 길이를 길게 한다(분해능은 길이의 제곱근에 비례).

㉡ 검출기(detector)

ⓐ 불꽃이온화 검출기(FID)
- 분석물질을 운반기체와 함께 수소와 공기의 불꽃 속에 도입함으로써 생기는 이온의 증가를 이용하는 원리이다.
- 유기용제 분석 시 가장 많이 사용하는 검출기이다(운반기체 : 질소, 헬륨).
- 매우 안정한 보조가스(수소-공기)의 기체 흐름이 요구된다.
- 큰 범위의 직선성, 비선택성, 넓은 용융성, 안정성, 높은 민감성이 있다.

- 할로겐 함유 화합물에 대하여 민감도가 낮다.
- 주분석대상 가스는 다핵방향족 탄화수소류, 할로겐화 탄화수소류, 알코올류, 방향족 탄화수소류, 이황화탄소, 니트로메탄, 메르캅탄류이다.

ⓑ 전자포획형 검출기(ECD)
- 유기화합물의 분석에 많이 사용하는 검출기이다(운반기체 : 순도 99.8% 이상 헬륨).
- 검출한계는 50pg이다.
- 주분석대상 가스는 할로겐화 탄화수소화합물, 사염화탄소, 벤조피렌 니트로화합물, 유기금속화합물이며, 염소를 함유한 농약의 검출에 널리 사용된다.
- 불순물 및 온도에 민감하다.

ⓒ 열전도도 검출기(TCD)
ⓓ 불꽃광도검출기(FPD) : 이황화탄소, 니트로메탄, 유기황화합물 분석에 이용한다.
ⓔ 광이온화검출기(PID)
ⓕ 질소인 검출기(NPD)

2 고성능 액체 크로마토그래피(HPLC ; High Performance Liquid Chromatography)

① 원리
물질을 이동상과 충진제와의 분배에 따라 분리하므로 분리물질별로 적당한 이동상으로 액체를 사용하는 분석기이며, 고정상과 액체 이동상 사이의 물리화학적 반응성의 차이를 이용하여 분리한다.

② 검출기 종류
㉠ 자외선검출기
㉡ 형광검출기
㉢ 전자화학검출기

③ 장치 구성

3 이온 크로마토그래피(IC ; Ion Chromatography)

① 원리
이동상 액체 시료를 고정상의 이온교환수지가 충전된 분리관 내로 통과시켜 시료 성분의 용출상태를 전기전도도 검출기로 검출하여 그 농도를 정량하는 기기로, 음이온 및 무기산류(염산, 불산, 황산, 크롬산) 분석에 이용한다.

② 검출기 : 전기전도도 검출기

③ 장치 구성

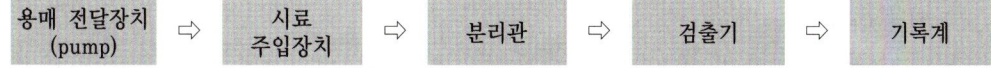

핵심이론 19 | 입자상 물질의 분석

1 금속 분석 시 정량법
① 검량선법
② 표준첨가법
③ 내부표준법

2 흡광광도법(분광광도계, absorptiometric analysis)
① 원리
빛(백색광)이 시료 용액을 통과할 때 흡수나 산란 등에 의하여 강도가 변화하는 것을 이용하는 것으로서 시료물질의 용액 또는 여기에 적당한 시약을 넣어 발색시킨 용액의 흡광도를 측정하여 시료 중의 목적성분을 정량하는 방법이다.

② 기기 구성

| 광원부 | ⇨ | 파장선택부 | ⇨ | 시료부 | ⇨ | 검출기, 지시기 |

㉠ 광원부
  ⓐ 가시부와 근적외부 광원 : 텅스텐램프
  ⓑ 자외부의 광원 : 중수소방전관
㉡ 시료부 – 흡수셀의 재질
  ⓐ 유리 : 가시부·근적외부 파장에 사용
  ⓑ 석영 : 자외부 파장에 사용
  ⓒ 플라스틱 : 근적외부 파장에 사용
㉢ 측광부(검출기, 지시기)
  ⓐ 자외부·가시부 파장 : 광전관, 광전자증배관 사용
  ⓑ 근적외부 파장 : 광전도셀 사용
  ⓒ 가시부 파장 : 광전지 사용

3 원자흡광광도법(atomic absorption spectrophotometry)
① 원리
시료를 적당한 방법으로 해리시켜 중성원자로 증기화하여 생긴 기저상태의 원자가 이 원자 증기층을 투과하는 특유 파장의 빛을 흡수하는 현상을 이용하여 광전 측광과 같은 개개의 특유 파장에 대한 흡광도를 측정하여 시료 중의 원소 농도를 정량하는 방법이다.
② 적용 이론
램버트-비어(Lambert-Beer) 법칙

③ 기기 구성

㉠ 광원부 : 속빈 음극램프(중공음극램프, hollow cathode lamp)
㉡ 시료 원자화부 - 불꽃원자화장치
  ⓐ 빠르고 정밀도가 좋으며, 매질 효과에 의한 영향이 적다는 장점이 있다.
  ⓑ 금속화합물을 원자화시키는 것으로, 가장 일반적인 방법이다.
  ⓒ 불꽃을 만들기 위한 조연성 가스와 가연성 가스의 조합 : 아세틸렌-공기
    • 대부분의 연소 분석 ◀ 일반적으로 많이 사용
    • 불꽃의 화염온도는 2,300℃ 부근

④ 장점
  ㉠ 쉽고 간편하다.
  ㉡ 가격이 흑연로장치나 유도결합플라스마-원자발광분석기보다 저렴하다.
  ㉢ 분석시간이 빠르다(흑연로 장치에 비해 적게 소요됨).
  ㉣ 기질의 영향이 작다.
  ㉤ 정밀도가 높다.

⑤ 단점
  ㉠ 많은 양의 시료가 필요하며, 감도가 제한되어 있어 저농도에서 사용이 곤란하다.
  ㉡ 점성이 큰 용액은 분무구를 막을 수 있다.

4 유도결합플라스마 분광광도계(ICP ; Inductively Coupled Plasma, 원자발광분석기)

① 원리
금속원자마다 그들이 흡수하는 고유한 특정 파장이 있다. 이 원리를 이용한 분석이 원자흡광광도계이고, 원자가 내놓는 고유한 발광에너지를 이용한 것이 유도결합플라스마 분광광도계이다.

② 기기 구성

③ 장점
  ㉠ 비금속을 포함한 대부분의 금속을 ppb 수준까지 측정할 수 있다.
  ㉡ 적은 양의 시료를 가지고 한 번에 많은 금속을 분석할 수 있는 것이 가장 큰 장점이다.
  ㉢ 한 번에 시료를 주입하여 10~20초 내에 30개 이상의 원소를 분석한다.
  ㉣ 화학물질에 의한 방해로부터 거의 영향을 받지 않는다.
  ㉤ 검량선의 직선성 범위가 넓다. 즉, 직선성 확보가 유리하다.

④ 단점
  ㉠ 분광학적 방해 영향이 있다.
  ㉡ 컴퓨터 처리과정에서 교정이 필요하다.
  ㉢ 유지관리 비용 및 기기 구입가격이 높다.

5 섬유의 정의와 분류

① 섬유(석면)의 정의
  공기 중에 있는 길이가 5μm 이상이고, 너비가 5μm보다 얇으면서 길이와 너비의 비가 3 : 1 이상의 형태를 가진 고체로서, 석면섬유, 식물섬유, 유리섬유, 암면 등이 있다.

② 섬유의 구분
  ㉠ 인조섬유
  ㉡ 자연섬유(석면)
    ⓐ 사문석 계통 : 백석면(크리소타일)
    ⓑ 각섬석 계통 : 청석면(크로시돌라이트), 갈석면(아모사이트), 액티노라이트, 트레모라이트, 안토필라이트

6 석면 측정방법의 종류별 특징

측정방법	특징
위상차 현미경법	• 석면 측정에 가장 많이 사용 • 다른 방법에 비해 간편하나, 석면의 감별이 어려움
전자 현미경법	• 석면시료를 가장 정확하게 분석 • 석면의 성분 분석(감별분석)이 가능 • 값이 비싸고, 분석시간이 많이 소요
편광 현미경법	석면 광물이 가지는 고유한 빛의 편광성을 이용
X선 회절법	• 단결정 또는 분말시료(석면 포함 물질을 은막 여과지에 놓고 X선 조사)에 의한 단색 X선의 회절각을 변화시켜 가며 회절선의 세기를 계수관으로 측정하여 X선의 세기나 각도를 자동적으로 기록하는 장치를 이용하는 방법 • 석면의 1차 · 2차 분석에 적용 가능

핵심이론 20 「작업환경측정 및 정도관리 등에 관한 고시」의 주요 내용

1 정확도와 정밀도

① 정확도
정확도란 분석치가 참값에 얼마나 접근하였는가 하는 수치상의 표현이다.
② 정밀도
정밀도란 일정한 물질에 대해 반복 측정·분석을 했을 때 나타나는 자료 분석치의 변동 크기가 얼마나 작은가 하는 수치상의 표현이다.

2 단위작업장소

작업환경측정대상이 되는 작업장 또는 공정에서 정상적인 작업을 수행하는 동일노출집단의 근로자가 작업을 행하는 장소이다.

3 시료채취 근로자 수

① 단위작업장소에서 최고 노출근로자 2명 이상에 대하여 동시에 개인시료방법으로 측정하되, 단위작업장소에 근로자가 1명인 경우에는 그러하지 아니하며, 동일 작업 근로자 수가 10명을 초과하는 경우에는 매 5명당 1명 이상 추가하여 측정하여야 한다. 다만, 동일 작업 근로자 수가 100명을 초과하는 경우에는 최대 시료채취 근로자 수를 20명으로 조정할 수 있다.
② 지역시료채취방법으로 측정을 하는 경우 단위작업장소 내에서 2개 이상의 지점에 대하여 동시에 측정하여야 한다. 다만, 단위작업장소의 넓이가 50평방미터 이상인 경우에는 매 30평방미터마다 1개 지점 이상을 추가로 측정하여야 한다.

4 농도 단위

① 가스상 물질 : ppm, mg/m^3
② 입자상 물질 : mg/m^3
③ 석면 : 개/cm^3
④ 소음 : dB(A)
⑤ 고열(복사열) : WBGT(℃)

5 입자상 물질 측정위치

① 개인시료 채취방법으로 작업환경측정을 하는 경우에는 측정기기를 작업 근로자의 호흡기 위치에 장착한다.
② 지역시료 채취방법의 경우에는 측정기기를 분진 발생원의 근접한 위치 또는 작업근로자의 주작업 행동범위 내의 작업 근로자 호흡기 높이에 설치한다.

6 검지관 방식의 측정

① 검지관 방식으로 측정할 수 있는 경우
  ㉠ 예비조사 목적인 경우
  ㉡ 검지관 방식 외에 다른 측정방법이 없는 경우
  ㉢ 발생하는 가스상 물질이 단일물질인 경우
② 검지관 방식의 측정위치
  ㉠ 해당 작업근로자의 호흡기 및 가스상 물질 발생원에 근접한 위치
  ㉡ 근로자 작업행동범위의 주작업위치에서, 근로자의 호흡기 높이

7 소음계

① 소음계의 청감보정회로 : A특성
② 소음계의 지시침 동작 : 느림(slow)

8 누적소음노출량 측정기의 기기설정

① criteria = 90dB
② exchange rate = 5dB
③ threshold = 80dB

9 소음측정 위치 및 시간

① 소음측정위치
  ㉠ 개인시료 채취방법으로 작업환경측정을 하는 경우에는 소음측정기의 센서 부분을 작업근로자의 귀 위치(귀를 중심으로 반경 30cm인 반구)에 장착한다.
  ㉡ 지역시료 채취방법의 경우에는 소음측정기를 측정대상이 되는 근로자의 주작업행동범위 내의 작업 근로자 귀 높이에 설치한다.
② 소음측정시간
  ㉠ 단위작업장소에서 소음수준은 규정된 측정위치 및 지점에서 1일 작업시간 동안 6시간 이상 연속 측정하거나 작업시간을 1시간 간격으로 나누어 6회 이상 측정한다.
  ㉡ 다만, 소음의 발생특성이 연속음으로서 측정치가 변동이 없다고 자격자 또는 지정측정기관이 판단한 경우에는 1시간 동안을 등간격으로 나누어 3회 이상 측정한다.

10 정도관리 종류

① 정기정도관리
② 특별정도관리

11 고열의 측정

① **측정기기**
고열은 습구흑구온도지수(WBGT)를 측정할 수 있는 기기 또는 이와 동등 이상의 성능을 가진 기기를 사용한다.

② **측정방법**
㉠ 단위작업장소에서 측정대상이 되는 근로자의 주작업위치에서 측정한다.
㉡ 측정기의 위치는 바닥면으로부터 50cm 이상, 150cm 이하의 위치에서 측정한다.
㉢ 측정기를 설치한 후 충분히 안정화시킨 상태에서 1일 작업시간 중 가장 높은 고열에 노출되는 시간을 10분 간격으로 연속하여 측정한다.

12 온도 표시

구분	온도	구분	온도
상온	15~25℃	냉수(冷水)	15℃ 이하
실온	1~35℃	온수(溫水)	60~70℃
미온	30~40℃	열수(熱水)	약 100℃
찬 곳	따로 규정이 없는 한 0~15℃의 곳	-	-

13 용기의 종류 및 사용목적

① **밀폐용기** : 이물이 들어가거나 내용물이 손실되지 않도록 보호
② **기밀용기** : 공기 및 가스가 침입하지 않도록 내용물을 보호
③ **밀봉용기** : 기체 및 미생물이 침입하지 않도록 내용물을 보호
④ **차광용기** : 광화학적 변화를 일으키지 않도록 내용물을 보호

14 분석 용어

① "항량이 될 때까지 건조한다 또는 강열한다"란 규정된 건조온도에서 1시간 더 건조 또는 강열할 때 전후 무게의 차가 매 g당 0.3mg 이하일 때를 말한다.
② 시험조작 중 "즉시"란 30초 이내에 표시된 조작을 하는 것을 말한다.
③ "감압 또는 진공"이란 따로 규정이 없는 한 15mmHg 이하를 뜻한다.
④ 중량을 "정확하게 단다"란 지시된 수치의 중량을 그 자릿수까지 단다는 것을 말한다.
⑤ "약"이란 그 무게 또는 부피에 대하여 ±10% 이상의 차가 있지 아니한 것을 말한다.
⑥ "회수율"이란 여과지에 채취된 성분을 추출과정을 거쳐 분석 시 실제 검출되는 비율을 말한다.
⑦ "탈착효율"이란 흡착제에 흡착된 성분을 추출과정을 거쳐 분석 시 실제 검출되는 비율을 말한다.

핵심이론 21． 산업환기와 유체역학

1 산업환기의 목적

① 유해물질의 농도를 감소시켜 근로자들의 건강을 유지·증진
② 화재나 폭발 등의 산업재해를 예방
③ 작업장 내부의 온도와 습도를 조절
④ 작업 생산능률을 향상

2 연속방정식

① 연속방정식 적용법칙 : 질량보존의 법칙
② 유체역학의 질량보존 원리를 환기시설에 적용하는 데 필요한 공기 특성의 네 가지 주요 가정 (전제조건)
  ㉠ 환기시설 내외(덕트 내부와 외부)의 열전달(열교환) 효과 무시
  ㉡ 공기의 비압축성(압축성과 팽창성 무시)
  ㉢ 건조공기 가정
  ㉣ 환기시설에서 공기 속 오염물질의 질량(무게)과 부피(용량)를 무시

3 베르누이 정리

① 베르누이(Bernouili) 정리 적용법칙 : 에너지 보존법칙
② 베르누이 방정식 적용조건
  ㉠ 정상유동
  ㉡ 비압축성·비점성 유동
  ㉢ 마찰이 없는 흐름, 즉 이상유동
  ㉣ 동일한 유선상의 유동

4 레이놀즈수

① 정의
레이놀즈수(Reynolds number)란 유체 흐름에서 관성력과 점성력의 비를 무차원수로 나타낸 것으로, Re로 표기한다.
② 크기에 따른 구분
  ㉠ 층류($Re < 2,100$) : 관성력 < 점성력
  ㉡ 난류($Re > 4,000$) : 관성력 > 점성력

핵심이론 22 | 압력

1 압력의 종류

① 정압
　㉠ 밀폐된 공간(duct) 내 사방으로 동일하게 미치는 압력, 즉 모든 방향에서 동일한 압력이며, 송풍기 앞에서는 음압, 송풍기 뒤에서는 양압이다.
　㉡ 공기 흐름에 대한 저항을 나타내는 압력이며, 위치에너지에 속한다.
　㉢ 양압은 공간벽을 팽창시키려는 방향으로 미치는 압력이고, 음압은 공간벽을 압축시키려는 방향으로 미치는 압력이다. 즉 유체를 압축시키거나 팽창시키려는 잠재에너지의 의미가 있다.
　㉣ 정압을 때로는 저항압력 또는 마찰압력이라고 한다.
　㉤ 정압은 속도압과 관계없이 독립적으로 발생한다.

② 동압(속도압)
　㉠ 공기의 흐름방향으로 미치는 압력이고 단위체적의 유체가 갖고 있는 운동에너지이다. 즉, 동압은 공기의 운동에너지에 비례한다.
　㉡ 공기의 운동에너지에 비례하여 항상 0 또는 양압을 갖는다. 즉, 동압은 공기가 이동하는 힘으로 항상 0 이상이다.

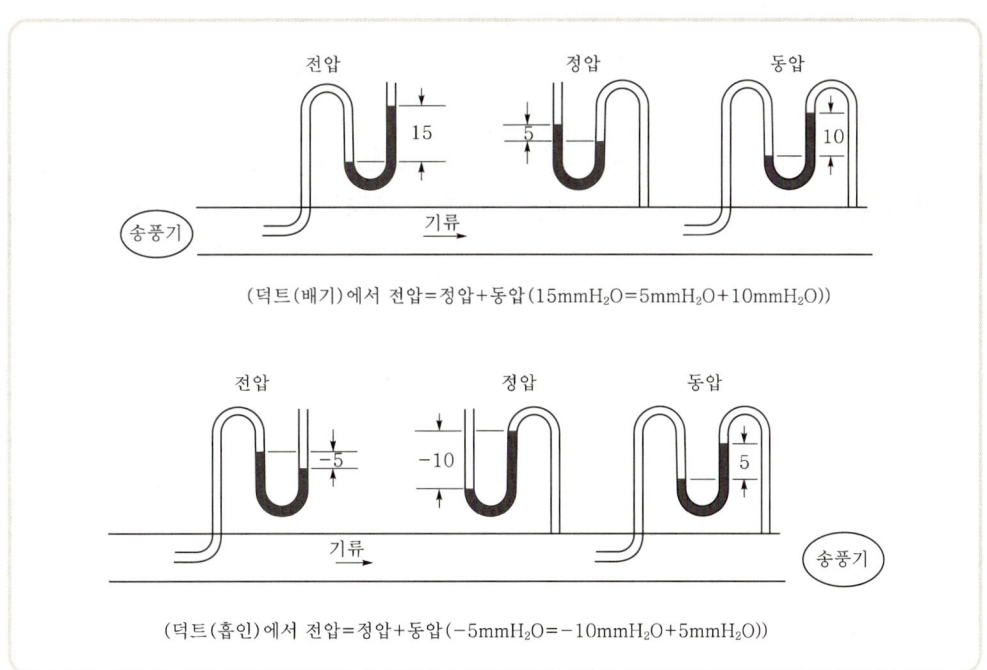

(덕트(배기)에서 전압=정압+동압($15mmH_2O=5mmH_2O+10mmH_2O$))

(덕트(흡인)에서 전압=정압+동압($-5mmH_2O=-10mmH_2O+5mmH_2O$))

│송풍기 위치에 따른 정압, 동압, 전압의 관계│

2 베나수축

① 관 내로 공기가 유입될 때 기류의 직경이 감소하는 현상, 즉 기류면적의 축소현상이다.
② 베나수축에 의한 손실과 베나수축이 다시 확장될 때 발생하는 난류에 의한 손실을 합하여 유입손실이라 하고, 후드의 형태에 큰 영향을 받는다.
③ 베나수축은 덕트 직경 D의 약 $0.2D$ 하류에 위치하며, 덕트의 시작점에서 덕트 직경 D의 약 2배쯤에서 붕괴한다.

3 덕트 압력손실

① 마찰압력손실
② 난류압력손실

4 합류관 연결방법

① 주관과 분지관을 연결 시 확대관을 이용하여 엇갈리게 연결한다.
② 분지관과 분지관 사이 거리는 덕트 지름의 6배 이상이 바람직하다.
③ 분지관이 연결되는 주관의 확대각은 15° 이내가 적합하다.
④ 주관 측 확대관의 길이는 확대부 직경과 축소부 직경 차의 5배 이상 되는 것이 바람직하다.
⑤ 합류각이 클수록 분지관의 압력손실은 증가한다.

5 흡기와 배기의 차이

공기 속도는 송풍기로 공기를 불 때 덕트 직경의 30배 거리에서 1/10로 감소하나, 공기를 흡인할 때는 기류의 방향과 관계없이 덕트 직경과 같은 거리에서 1/10로 감소한다.

핵심이론 23 | 전체환기(희석환기, 강제환기)

1. 전체환기의 정의 및 목적

① 전체환기의 정의
전체환기는 외부에서 공급된 신선한 공기와의 혼합으로 유해물질 농도를 희석시키는 방법으로, 자연환기방식과 인공환기방식으로 구분된다.

② 전체환기의 목적
  ㉠ 유해물질 농도를 희석·감소시켜 근로자의 건강을 유지·증진
  ㉡ 화재나 폭발을 예방
  ㉢ 실내의 온도 및 습도를 조절

2. 전체환기의 적용조건

① 유해물질의 독성이 비교적 낮은 경우. 즉, TLV가 높은 경우 ◀ **가장 중요한 제한조건**
② 동일한 작업장에 다수의 오염원이 분산되어 있는 경우
③ 유해물질이 시간에 따라 균일하게 발생할 경우
④ 유해물질의 발생량이 적은 경우 및 희석공기량이 많지 않아도 될 경우
⑤ 유해물질이 증기나 가스일 경우
⑥ 국소배기로 불가능한 경우
⑦ 배출원이 이동성인 경우
⑧ 가연성 가스의 농축으로 폭발의 위험이 있는 경우
⑨ 오염원이 근무자가 근무하는 장소로부터 멀리 떨어져 있는 경우

3. 전체환기시설 설치의 기본원칙

① 오염물질 사용량을 조사하여 필요환기량을 계산한다.
② 배출공기를 보충하기 위하여 청정공기를 공급한다.
③ 오염물질 배출구는 가능한 한 오염원으로부터 가까운 곳에 설치하여 '점환기'의 효과 얻는다.
④ 공기 배출구와 근로자의 작업위치 사이에 오염원을 위치해야 한다.
⑤ 공기가 배출되면서 오염장소를 통과하도록 공기 배출구와 유입구의 위치를 선정한다.
⑥ 작업장 내 압력을 경우에 따라서 양압이나 음압으로 조정해야 한다.
⑦ 배출된 공기가 재유입되지 못하게 배출구 높이를 적절히 설계하고 창문이나 문 근처에 위치하지 않도록 한다.
⑧ 오염된 공기는 작업자가 호흡하기 전에 충분히 희석되어야 한다.
⑨ 오염물질 발생은 가능하면 비교적 일정한 속도로 유출되도록 조정해야 한다.

4 전체환기의 종류별 특징

① **자연환기**
  ㉠ 정의
    작업장의 개구부(문, 창, 환기공 등)를 통하여 바람(풍력)이나 작업장 내외의 온도, 기압의 차이에 의한 대류작용으로 행해지는 환기를 의미한다.
  ㉡ 자연환기의 장단점

구분	내용
장점	• 설치비 및 유지보수비가 적게 들며, 소음 발생 적음 • 적당한 온도 차이와 바람이 있다면 운전비용이 거의 들지 않음
단점	• 외부 기상조건과 내부 조건에 따라 환기량이 일정하지 않아 작업환경 개선용으로 이용하는 데 제한적임 • 정확한 환기량 산정이 힘듦. 즉, 환기량 예측자료를 구하기 힘듦

② **인공환기(기계환기)**
  ㉠ 인공환기의 종류별 특징

종류	특징
급배기법	• 급·배기를 동력에 의해 운전히는 가장 효과적인 인공환기방법 • 실내압을 양압이나 음압으로 조정 가능 • 정확한 환기량이 예측 가능하며, 작업환경 관리에 적합
급기법	• 급기는 동력, 배기는 개구부로 자연 배출 • 실내압은 양압으로 유지되어 청정산업(전자산업, 식품산업, 의약산업)에 적용
배기법	• 급기는 개구부, 배기는 동력으로 함 • 실내압은 음압으로 유지되어 오염이 높은 작업장에 적용

  ㉡ 인공환기의 장단점

구분	내용
장점	• 외부 조건(계절변화)에 관계없이 작업조건을 안정적으로 유지할 수 있음 • 환기량을 기계적(송풍기)으로 결정하므로 정확한 예측이 가능함
단점	• 소음 발생이 큼 • 운전비용이 증가하고, 설비비 및 유지보수비가 많이 듦

핵심이론 24 │ 국소배기

1 국소배기 적용조건

① 높은 증기압의 유기용제인 경우
② 유해물질 발생량이 많은 경우
③ 유해물질 독성이 강한 경우(낮은 허용 기준치를 갖는 유해물질)
④ 근로자 작업위치가 유해물질 발생원에 가까이 근접해 있는 경우
⑤ 발생주기가 균일하지 않은 경우
⑥ 발생원이 고정되어 있는 경우
⑦ 법적 의무 설치사항인 경우

2 전체환기와 비교 시 국소배기의 장점

① 전체환기는 희석에 의한 저감으로서 완전 제거가 불가능하지만, 국소배기는 발생원상에서 포집·제거하므로 유해물질의 완전 제거가 가능하다.
② 국소배기는 전체환기에 비해 필요환기량이 적어 경제적이다.
③ 작업장 내의 방해기류나 부적절한 급기에 의한 영향을 적게 받는다.
④ 유해물질로부터 작업장 내의 기계 및 시설물을 보호할 수 있다.
⑤ 비중이 큰 침강성 입자상 물질도 제거 가능하므로 작업장 관리(청소 등) 비용을 절감할 수 있다.
⑥ 유해물질 독성이 클 때도 효과적 제거가 가능하다.
※ 국소배기에서 효율성 있는 운전을 하기 위해 가장 먼저 고려할 사항 : 필요송풍량 감소

3 국소배기장치의 설계순서

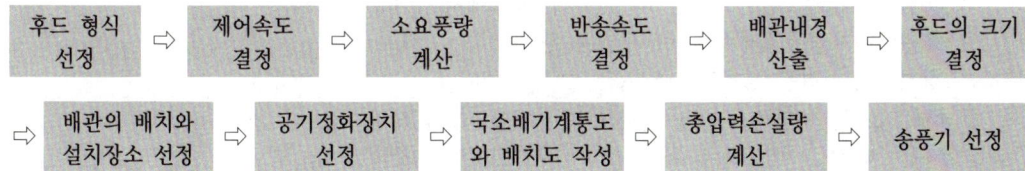

4 국소배기장치의 구성

핵심이론 25 | 후드

1 후드 설치기준

① 유해물질이 발생하는 곳마다 설치할 것
② 유해인자의 발생형태 및 비중, 작업방법 등을 고려하여 해당 분진 등의 발산원을 제어할 수 있는 구조로 설치할 것
③ 후드의 형식은 가능한 한 포위식 또는 부스식 후드를 설치할 것
④ 외부식 또는 리시버식 후드를 설치하는 때에는 해당 분진 등의 발산원에 가장 가까운 위치에 설치할 것

2 제어속도(포촉속도, 포착속도)

① 정의
후드 근처에서 발생하는 오염물질을 주변 방해기류를 극복하고 후드 쪽으로 흡인하기 위한 유체의 속도, 즉 유해물질을 후드 쪽으로 흡인하기 위하여 필요한 최소풍속

② 제어속도 결정 시 고려사항
㉠ 유해물질의 비산방향(확산상태)
㉡ 후드에서 오염원까지의 거리
㉢ 후드 모양
㉣ 작업장 내 방해기류(난기류의 속도)
㉤ 유해물질의 사용량 및 독성

③ 제어속도 범위(ACGIH)

작업조건	작업공정 사례	제어속도(m/sec)
• 움직이지 않는 공기 중에서 속도 없이 배출되는 작업조건 • 조용한 대기 중에 실제 거의 속도가 없는 상태로 발산하는 경우의 작업조건	• 액면에서 발생하는 가스나 증기, 흄 • 탱크에서 증발·탈지 시설	0.25~0.5
비교적 조용한(약간의 공기 움직임) 대기 중에서 저속도로 비산하는 작업조건	• 용접·도금 작업 • 스프레이 도장 • 주형을 부수고 모래를 터는 장소	0.5~1.0
발생기류가 높고 유해물질이 활발하게 발생하는 작업조건	• 스프레이 도장, 용기 충전 • 컨베이어 적재 • 분쇄기	1.0~2.5
초고속 기류가 있는 작업장소에 초고속으로 비산하는 경우	• 회전연삭 작업 • 연마 작업 • 블라스트 작업	2.5~10

3 관리대상 유해물질·특별관리물질 관련 국소배기장치 후드의 제어풍속

물질의 상태	후드 형식	제어풍속(m/sec)
가스 상태	포위식 포위형	0.4
	외부식 측방 흡인형	0.5
	외부식 하방 흡인형	0.5
	외부식 상방 흡인형	1.0
입자 상태	포위식 포위형	0.7
	외부식 측방 흡인형	1.0
	외부식 하방 흡인형	1.0
	외부식 상방 흡인형	1.2

4 후드가 갖추어야 할 사항(필요환기량을 감소시키는 방법)

① 가능한 한 오염물질 발생원에 가까이 설치한다(포집식 및 리시버식 후드).
② 제어속도는 작업조건을 고려하여 적정하게 선정한다.
③ 작업이 방해되지 않도록 설치해야 한다.
④ 오염물질 발생특성을 충분히 고려하여 설계해야 한다.
⑤ 가급적이면 공정을 많이 포위한다.
⑥ 후드 개구면에서 기류가 균일하게 분포되도록 설계한다.
⑦ 공정에서 발생 또는 배출되는 오염물질의 절대량을 감소시킨다.

5 후드 입구의 공기 흐름(후드 개구면 속도)을 균일하게 하는 방법

① 테이퍼(taper, 경사접합부) 설치
② 분리날개(splitter vanes) 설치
③ 슬롯(slot) 사용
④ 차폐막 이용

6 플레넘(충만실)

플레넘(plenum)은 후드 뒷부분에 위치하며 개구면 흡입유속의 강약을 작게 하여 일정하게 하므로 압력과 공기 흐름을 균일하게 형성하는 데 필요한 장치로, 가능한 설치는 길게 하며 배기효율을 우선적으로 높여야 한다.

7 후드 선택 시 유의사항(후드의 선택지침)

① 필요환기량을 최소화하여야 한다.
② 작업자의 호흡 영역을 유해물질로부터 보호해야 한다.
③ ACGIH 및 OSHA의 설계기준을 준수해야 한다.
④ 작업자의 작업방해를 최소화할 수 있도록 설치해야 한다.
⑤ 상당거리 떨어져 있어도 제어할 수 있다는 생각, 공기보다 무거운 증기는 후드 설치위치를 작업장 바닥에 설치해야 한다는 생각의 설계오류를 범하지 않도록 유의해야 한다.
⑥ 후드는 덕트보다 두꺼운 재질을 선택하고, 오염물질의 물리화학적 성질을 고려하여 후드 재료를 선정한다.
⑦ 후드는 발생원의 상태에 맞는 형태와 크기여야 하고, 발생원 부근에 최소제어속도를 만족하는 정상 기류를 만들어야 한다.

8 후드의 형태별 주요 특징

종류	내용
포위식 후드	• 발생원을 완전히 포위하는 형태의 후드 • 후드의 개구면 속도가 제어속도가 됨 • 국소배기장치의 후드 형태 중 가장 효과적인 형태로, 필요환기량을 최소한으로 줄일 수 있음 • 독성 가스 및 방사성 동위원소 취급 공정, 발암성 물질에 주로 사용
외부식 후드	• 후드의 흡인력이 외부까지 미치도록 설계한 후드이며, 포집형 후드라고도 함 • 작업여건상 발생원에 독립적으로 설치하여 유해물질을 포집하는 후드로, 후드와 작업지점과의 거리를 줄이면 제어속도가 증가함
외부식 슬롯 후드	• 후드 개방부분의 길이가 길고 높이(폭)가 좁은 형태로, [높이(폭)/길이]의 비가 0.2 이하 • 슬롯 후드에서도 플랜지를 부착하면 필요배기량을 저감(ACGIH : 환기량 30% 절약)
리시버식(수형) 천개형 후드	• 운동량(관성력) : 연삭 · 연마 공정에 적용 • 열상승력 : 가열로, 용융로, 용해로 공정에 적용 • 필요송풍량 계산 시 제어속도의 개념이 필요 없음
Push-Pull (밀어 당김형) 후드	• 제어길이가 비교적 길어서 외부식 후드에 의한 제어효과가 문제가 되는 경우에 공기를 밀어주고(push) 당겨주는(pull) 장치로 되어 있음 • 도금조 및 자동차 도장공정과 같이 오염물질 발생원의 상부가 개방되어 있고 개방면적이 큰 작업공정에 적용 • 장점 : 포집효율을 증가시키면서 필요유량을 대폭 감소시키고, 작업자의 방해가 적으며, 적용이 용이함(일반적인 국소배기장치의 후드보다 동력비가 적게 소요) • 단점 : 원료의 손실이 크고, 설계방법이 어려움

9 무효점 이론(Hemeon 이론)

① **무효점**(제로점, null point) : 발생원에서 방출된 유해물질이 초기 운동에너지를 상실하여 비산속도가 0이 되는 비산한계점을 의미한다.
② **무효점 이론** : 필요한 제어속도는 발생원뿐만 아니라, 이 발생원을 넘어서 유해물질의 초기 운동에너지가 거의 감소되어 실제 제어속도 결정 시 이 유해물질을 흡인할 수 있는 지점까지 확대되어야 한다는 이론이다.

10 후드의 분출기류(분사구 직경과 중심속도의 관계)

① **잠재중심부** : 배출구 직경의 5배까지
② **천이부** : 배출구 직경의 5배부터 30배까지
③ **완전개구부** : 배출구 직경의 30배 이상

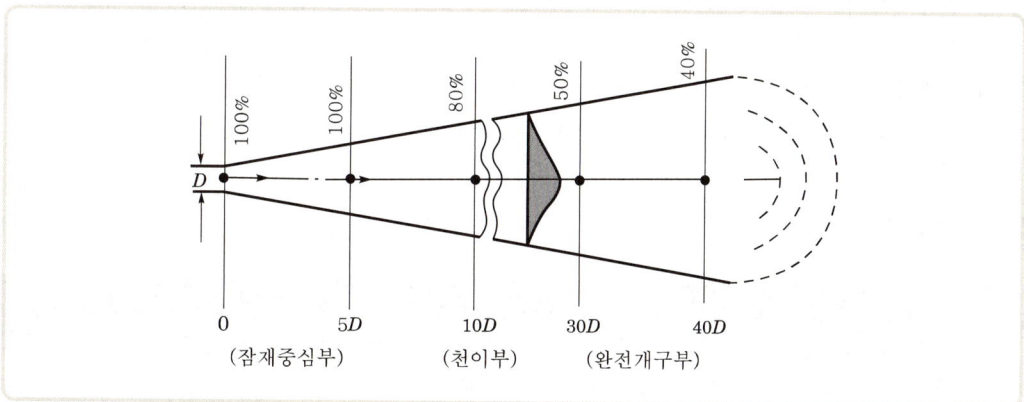

11 공기공급(make-up air) 시스템이 필요한 이유

① 국소배기장치의 원활한 작동과 효율 유지를 위하여
② 안전사고를 예방하기 위하여
③ 에너지(연료)를 절약하기 위하여
④ 작업장 내의 방해기류(교차기류)가 생기는 것을 방지하기 위하여
⑤ 외부 공기가 정화되지 않은 채로 건물 내로 유입되는 것을 막기 위하여

핵심이론 26 | 덕트

1 덕트 설치기준(설치 시 고려사항)

① 가능하면 길이는 짧게 하고 굴곡부의 수는 적게 할 것
② 접속부의 안쪽은 돌출된 부분이 없도록 할 것
③ 덕트 내부에 오염물질이 쌓이지 않도록 이송속도를 유지할 것
④ 연결부위 등은 외부 공기가 들어오지 않도록 할 것(연결부위는 가능한 한 용접할 것)
⑤ 가능한 후드의 가까운 곳에 설치할 것
⑥ 송풍기를 연결할 때는 최소 덕트 직경의 6배 정도 직선구간을 확보할 것
⑦ 직관은 하향 구배로 하고 직경이 다른 덕트를 연결할 때에는 경사 30° 이내의 테이퍼를 부착할 것
⑧ 원형 덕트가 사각형 덕트보다 덕트 내 유속분포가 균일하므로 가급적 원형 덕트를 사용하며, 부득이 사각형 덕트를 사용할 경우에는 가능한 정방형을 사용하고 곡관의 수를 적게 할 것
⑨ 곡관의 곡률반경은 최소 덕트 직경의 1.5 이상(주로 2.0)을 사용할 것
⑩ 덕트의 마찰계수는 작게 하고, 분지관을 가급적 적게 할 것

2 반송속도의 적용

유해물질	예	반송속도(m/sec)
가스, 증기, 흄 및 극히 가벼운 물질	각종 가스, 증기, 산화아연 및 산화알루미늄 등의 흄, 목재 분진, 솜먼지, 고무분, 합성수지분	10
가벼운 건조먼지	원면, 곡물분, 고무, 플라스틱, 경금속 분진	15
일반 공업 분진	털, 나무 부스러기, 대패 부스러기, 샌드블라스트, 그라인더 분진, 내화벽돌 분진	20
무거운 분진	납 분진, 주조 후 모래털기 작업 시 먼지, 선반 작업 시 먼지	25
무겁고 비교적 큰 입자의 젖은 먼지	젖은 납 분진, 젖은 주조 작업 발생 먼지, 철분진, 요업분진	25 이상

※ 반송속도 : 후드로 흡인한 오염물질을 덕트 내에 퇴적시키지 않고 이송하기 위한 송풍관 내 기류의 최소속도

3 총 압력손실 계산방법

① **정압조절평형법(유속조절평형법, 정압균형유지법)**
  ㉠ 정의
   저항이 큰 쪽의 덕트 직경을 약간 크게 하거나 감소시켜 저항을 줄이거나 증가시킴으로써 합류점의 정압이 같아지도록 하는 방법
  ㉡ 적용
   분지관의 수가 적고 고독성 물질이나 폭발성·방사성 분진을 대상으로 사용
  ㉢ 정압조절평형법의 장단점

구분	내용
장점	• 예기치 않은 침식, 부식, 분진 퇴적으로 인한 축적(퇴적) 현상이 일어나지 않음 • 잘못 설계된 분지관, 최대저항경로(저항이 큰 분지관) 선정이 잘못되어도 설계 시 쉽게 발견 가능 • 설계가 정확할 경우 가장 효율적인 시설임
단점	• 설계 시 잘못된 유량을 고치기 어려움(임의로 유량을 조절하기 어려움) • 설계가 복잡하고 시간이 소요됨 • 설치 후 변경이나 확장에 대한 유연성이 낮음 • 효율 개선 시 전체를 수정해야 함

② **저항조절평형법(댐퍼조절평형법, 덕트균형유지법)**
  ㉠ 정의
   각 덕트에 댐퍼를 부착하여 압력을 조정하고, 평형을 유지하는 방법
  ㉡ 적용
   분지관의 수가 많고 덕트의 압력손실이 클 때 사용(배출원이 많아서 여러 개의 후드를 주관에 연결한 경우)
  ㉢ 저항조절평형법의 장단점

구분	내용
장점	• 시설 설치 후 변경에 유연하게 대처가 가능 • 최소 설계 풍량으로 평형 유지가 가능 • 설계 계산이 간편하고, 고도의 지식을 요하지 않음
단점	• 평형상태 시설에 댐퍼를 잘못 설치 시 또는 임의의 댐퍼 조정 시 평형상태가 파괴됨 • 부분적 폐쇄 댐퍼는 침식, 분진 퇴적의 원인이 됨 • 최대저항경로 선정이 잘못되어도 설계 시 쉽게 발견할 수 없음

핵심이론 27 송풍기

1 원심력 송풍기의 종류별 특징

송풍기의 종류	구분	내용
다익형 송풍기 (multi blade fan)	주요 특징	• 전향 날개형(전곡 날개형, forward-curved blade fan)이라고 하며, 많은 날개(blade)를 갖고 있음 • 송풍기의 임펠러가 다람쥐 쳇바퀴 모양으로, 회전날개가 회전방향과 동일한 방향으로 설계됨 • 높은 압력손실에서는 송풍량이 급격하게 떨어지므로 이송시켜야 할 공기량이 많고 압력손실이 작게 걸리는 전체환기나 공기조화용으로 널리 사용
	장점	• 동일 풍량, 동일 풍압에 대해 가장 소형이므로, 제한된 장소에 사용 가능 • 설계가 간단함 • 회전속도가 느려 소음이 적음 • 저가로 제작이 가능
	단점	• 구조·강도상 고속 회전이 불가능 • 효율이 낮음(약 60%) • 동력상승률(상승구배)이 크고 과부하되기 쉬워 큰 동력의 용도에 적합하지 않음
평판형 송풍기 (radial fan)	주요 특징	• 플레이트(plate) 송풍기, 방사 날개형 송풍기 • 날개가 다익형보다 적고, 직선으로 평판 모양을 하고 있어 강도가 매우 높게 설계되어 있음 • 깃의 구조가 분진을 자체 정화할 수 있도록 되어 있음
	적용	시멘트, 미분탄, 곡물, 모래 등의 고농도 분진 함유 공기나 마모성이 강한 분진, 부식성이 강한 공기를 이송하는 데 사용
	압력 손실	• 압력손실이 다익형보다 약간 높음 • 효율도 65%로 다익형보다는 약간 높으나, 터보형보다는 낮음
터보형 송풍기 (turbo fan)	주요 특징	• 후향 날개형(후곡 날개형, backward-curved blade fan)은 송풍량이 증가해도 동력이 증가하지 않는 장점을 가지고 있어 한계부하 송풍기라고도 함 • 회전날개(깃)가 회전방향 반대편으로 경사지게 설계되어 있어 충분한 압력을 발생시킬 수 있음
	장점	• 장소의 제약을 받지 않음 • 통상적으로 최고속도가 높아 송풍기 중 효율이 가장 좋으며, 송풍량이 증가해도 동력은 크게 상승하지 않음 • 하향구배 특성이기 때문에 풍압이 바뀌어도 풍량의 변화가 적음 • 송풍기를 병렬로 배치해도 풍량에는 지장이 없음
	단점	• 소음이 큼 • 고농도 분진 함유 공기 이송 시 집진기 후단에 설치해야 함

2 송풍기 법칙(상사 법칙, law of similarity)

구분	법칙
회전속도 (회전수)	• 풍량은 회전속도(회전수)비에 비례한다. • 풍압은 회전속도(회전수)비의 제곱에 비례한다. • 동력은 회전속도(회전수)비의 세제곱에 비례한다.
회전차 직경 (송풍기 크기)	• 풍량은 회전차 직경(송풍기 크기)의 세제곱에 비례한다. • 풍압은 회전차 직경(송풍기 크기)의 제곱에 비례한다. • 동력은 회전차 직경(송풍기 크기)의 오제곱에 비례한다.

3 송풍기의 풍량 조절방법

① 회전수 조절법(회전수 변환법) : 풍량을 크게 바꾸려고 할 때 가장 적절한 방법
② 안내익 조절법(vane control법) : 송풍기 흡입구에 6~8매의 방사상 날개를 부착, 그 각도를 변경함으로써 풍량을 조절
③ 댐퍼 부착법(damper 조절법) : 댐퍼를 설치하여 송풍량을 조절하기 가장 쉬운 방법

핵심이론 28 | 공기정화장치

1 전처리 집진장치의 종류

① 중력 집진장치
② 관성력 집진장치
③ 원심력 집진장치

2 원심력 집진장치(cyclone)

① 입구 유속
  ㉠ 접선유입식 : 7~15m/sec
  ㉡ 축류식 : 10m/sec 전후
② 특징
  ㉠ 설치장소에 구애받지 않고 설치비가 낮으며, 유지·보수 비용이 저렴하다.
  ㉡ 미세입자에 대한 집진효율이 낮고, 분진 농도가 높을수록 집진효율이 증가한다.
  ㉢ 미세입자를 제거할 때 가장 큰 영향인자는 사이클론의 직경이다.
  ㉣ 원통의 길이가 길어지면 선회기류가 증가하여 집진효율이 증가한다.
③ 블로다운(blow-down)
  사이클론의 집진효율을 향상시키기 위한 하나의 방법으로서, 더스트박스 또는 호퍼부에서 처리가스의 5~10%를 흡인하여 선회기류의 교란을 방지하는 운전방식이다.

[블로다운의 효과]
㉠ 사이클론 내의 난류현상을 억제시킴으로써 집진된 먼지의 비산을 방지(유효원심력 증대)
㉡ 집진효율 증대
㉢ 장치 내부의 먼지 퇴적을 억제하여 장치의 폐쇄현상을 방지(가교현상 방지)

3 세정식 집진장치(wet scrubber)

① 세정식 집진장치의 종류

구분	종류
유수식(가스분산형)	S형 임펠러형, 로터형, 분수형, 나선안내익형, 오리피스 스크러버
가압수식(액분산형)	벤투리 스크러버, 제트 스크러버, 사이클론 스크러버, 분무탑, 충진탑
회전식	타이젠 워셔, 임펄스 스크러버

② 장단점

장점	단점
• 습한 가스, 점착성 입자를 폐색 없이 처리 가능 • 인화성·가열성·폭발성 입자를 처리 • 고온가스의 취급이 용이 • 설치면적이 작아 초기비용이 적게 듦 • 단일장치로 입자상 외에 가스상 오염물을 제거	• 폐수 발생 및 폐슬러지 처리비용이 발생 • 공업용수의 과잉 사용 • 연소가스가 포함된 경우에는 부식 잠재성이 있음 • 추울 경우에 동결 방지장치가 필요 • 백연 발생으로 인한 재가열시설이 필요

4 여과 집진장치(bag filter)

① 원리
함진가스를 여과재(filter media)에 통과시켜 입자를 분리·포집하는 장치로서 $1\mu m$ 이상인 분진의 포집은 99%가 관성충돌과 직접 차단, $0.1\mu m$ 이하인 분진은 확산과 정전기력에 의하여 포집하는 집진장치이다.

② 탈진방법
㉠ 진동형(shaker type)
㉡ 역기류형(reverse air flow type)
㉢ 펄스제트형(pulse-jet type)

③ 장단점

장점	단점
• 집진효율이 높으며, 집진효율은 처리가스의 양과 밀도변화에 영향이 적음 • 다양한 용량을 처리 • 연속집진방식일 경우 먼지부하의 변동이 있어도 운전효율에는 영향이 없음 • 설치 적용범위가 광범위	• 고온, 산·알칼리 가스일 경우 여과백의 수명단축 • 250℃ 이상의 고온가스를 처리할 경우 고가의 특수 여과백을 사용 • 여과백 교체 시 비용이 많이 들고 작업방법이 어려움 • 가스가 노점온도 이하가 되면 수분이 생성되므로 주의

5 전기 집진장치

① 원리

| 함진가스의 이온화 | ⇨ | 분진입자의 대전 | ⇨ | 분진입자 진극으로의 이동 및 포집 | ⇨ | 포집된 분진입자의 전하상실 및 중성화 | ⇨ | 집진극으로부터 분진입자의 제거 |

② 장점
  ㉠ 집진효율이 높다($0.01\mu m$ 정도 포집 용이, 99.9% 정도 고집진효율).
  ㉡ 광범위한 온도범위에서 적용이 가능하며, 폭발성 가스의 처리도 가능하다.
  ㉢ 고온의 입자상 물질(500℃ 전후) 처리가 가능하여 보일러와 철강로 등에 설치할 수 있다.
  ㉣ 압력손실이 낮고 대용량의 가스 처리가 가능하며, 배출가스의 온도강하가 적다.
  ㉤ 운전 및 유지비가 저렴하며, 넓은 범위의 입경에도 집진효율이 높다.

③ 단점
  ㉠ 설치비용이 많이 든다.
  ㉡ 설치공간을 많이 차지한다.
  ㉢ 설치된 후에는 운전조건 변화에 유연성이 적다.
  ㉣ 전압변동과 같은 조건변동(부하변동)에 쉽게 적응이 곤란하다.
  ㉤ 먼지 성상에 따라 전처리시설이 요구되며, 가연성 입자 처리는 곤란하다.

④ 분진의 비저항(전기저항)
  ㉠ 전기집진장치의 성능 지배요인 중 가장 큰 것이 분진의 비저항이다.
  ㉡ 집진율이 가장 양호한 범위는 비저항 $10^4 \sim 10^{11}\Omega \cdot cm$의 범위이다.

6 배기구 설치규칙(15-3-15)

① 배출구와 공기를 유입하는 흡입구는 서로 15m 이상 떨어져야 한다.
② 배출구의 높이는 지붕 꼭대기나 공기 유입구보다 위로 3m 이상 높게 하여야 한다.
③ 배출되는 공기는 재유입되지 않도록 배출가스 속도를 15m/s 이상으로 유지한다.

7 유해가스 처리장치의 종류별 주요 특징

① 흡수법

구분	내용
흡수액 구비조건	• 용해도가 클 것 • 점성이 작고, 화학적으로 안정할 것 • 독성이 없고, 휘발성이 적을 것 • 부식성이 없고, 가격이 저렴할 것 • 용매의 화학적 성질과 비슷할 것
충진제 구비조건 (충진탑)	• 압력손실이 적고, 충전밀도가 클 것 • 단위부피 내 표면적이 클 것 • 대상 물질에 부식성이 작을 것 • 세정액의 체류현상(hold-up)이 작을 것 • 내식성이 크고, 액가스 분포를 균일하게 유지할 수 있을 것

② 흡착법

구분	내용
흡착제 선정 시 고려사항	• 흡착탑 내에서 기체 흐름에 대한 저항(압력손실)이 작을 것 • 어느 정도의 강도와 경도가 있을 것 • 흡착률이 우수할 것 • 흡착제의 재생이 용이할 것 • 흡착물질의 회수가 용이할 것
특징	• 처리가스의 농도변화에 대응할 수 있음 • 오염가스를 거의 100% 제거 • 회수가치가 있는 불연성·희박농도 가스 처리에 적합 • 조작 및 장치가 간단 • 처리비용이 높음

③ 연소법

구분	내용
장점	• 폐열을 회수하여 이용 • 배기가스의 유량과 농도 변화에 잘 적응 • 가스 연소장치의 설계 및 운전조절을 통해 유해가스를 거의 완전히 제거
단점	시설 투자비 및 유지관리비가 많이 소요

핵심이론 29. 국소배기장치의 유지관리

1 측정도구

① 흡기 및 배기 능력 검사 측정도구 : 열선식 풍속계
② 후드의 흡입기류 방향 검사 측정도구 : 발연관(연기발생기, smoke tester)

2 송풍관(duct)과 송풍기의 검사

구분	덕트의 두께	덕트의 정압	송풍기 벨트
측정	초음파 측정기	수주마노미터 또는 정압탐침계를 부착한 열식 미풍속계	벨트를 손으로 눌러서 늘어진 치수를 조사
판정	처음 두께의 1/4 이상	초기 정압의 ±10% 이내	벨트의 늘어짐이 10~20mm일 것

3 성능시험 시 시험장비 중 반드시 갖추어야 할 측정기(필수장비)

① 발연관
② 청음기 또는 청음봉
③ 절연저항계
④ 표면온도계 및 초자온도계
⑤ 줄자

4 송풍관 내의 풍속 측정계기

① 피토관
② 풍차 풍속계
③ 열선식 풍속계
④ 마노미터

5 열선식 풍속계의 원리 및 특징

① 열선식 풍속계(thermal anemometer)는 미세한 백금 또는 텅스텐의 금속선이 공기와 접촉하여 금속의 온도가 변하고, 이에 따라 전기저항이 변하여 유속을 측정한다.
② 기류속도가 낮을 때도 정확한 측정이 가능하다.
③ 가열된 공기가 지나가면서 빼앗는 열의 양은 공기의 속도에 비례한다는 원리를 이용하며 국소배기장치 검사에 공기 유속을 측정하는 유속계 중 가장 많이 사용된다.

6 카타온도계의 원리 및 특징

① 카타온도계(kata thermometer)는 기기 내 알코올이 위 눈금(100°F)에서 아래 눈금(95°F)까지 하강하는 데 소요되는 시간을 측정하여 기류를 간접적으로 측정한다.
② 기류의 방향이 일정하지 않은 경우, 실내 0.2~0.5m/sec 정도의 불감기류 측정 시 사용한다.

7 압력 측정기기

① 피토관
② U자 마노미터(U자 튜브형 마노미터)
③ 경사 마노미터
④ 아네로이드 게이지
⑤ 마그네헬릭 게이지

8 정압 측정에 따른 고장의 주원인

① 송풍기 정압이 갑자기 증가한 경우의 원인
　㉠ 공기정화장치의 분진 퇴적
　㉡ 덕트 계통의 분진 퇴적
　㉢ 후드 댐퍼가 닫힘
　㉣ 후드와 덕트, 덕트의 연결부위가 풀림
　㉤ 공기정화장치의 분진 취출구가 열림
② 공기정화장치 전후에 정압이 감소한 경우의 원인
　㉠ 송풍기 자체의 성능 저하
　㉡ 송풍기 점검구의 마개가 열림
　㉢ 배기 측 송풍관이 막힘
　㉣ 송풍기와 송풍관의 플랜지(flange) 연결부위가 풀림

9 후드 성능 불량의 주요 원인

① 송풍기의 송풍량 부족
② 발생원에서 후드 개구면까지의 거리가 긺
③ 송풍관의 분진 퇴적
④ 외기 영향으로 후두 개구면의 기류 제어 불량
⑤ 유해물질의 비산속도가 큼

핵심이론 30 | 작업환경 개선

1 작업환경 개선의 기본원칙(작업환경 개선원칙의 공학적 대책)

① 대치(대체)
② 격리(밀폐)
③ 환기
④ 교육

2 대치(substitution)의 방법

① 공정의 변경
  ㉠ 금속을 두드려 자르던 공정을 톱으로 절단하는 공정으로 변경
  ㉡ 페인트를 분사하는 방식에서 담그는 형태(함침, dipping)로 변경 또는 전기흡착식 페인트 분무 방식 사용
  ㉢ 작은 날개로 고속 회전시키던 송풍기를 큰 날개로 저속 회전시킴
  ㉣ 자동차산업에서, 땜질한 납을 깎을 때 이용하는 고속 회전 그라인더를 oscillating-type sander로 대치
  ㉤ 자동차산업에서, 리베팅 작업을 볼트·너트 작업으로 대치
  ㉥ 도자기 제조공정에서, 건조 후 실시하던 점토 배합을 건조 전에 실시

② 시설의 변경
  ㉠ 고소음 송풍기를 저소음 송풍기로 교체
  ㉡ 가연성 물질 저장 시, 유리병을 안전한 철제통으로 교체
  ㉢ 흄 배출 후드의 창을 안전유리로 교체

③ 유해물질의 변경
  ㉠ 아조염료의 합성원료인 벤지딘을 디클로로벤지딘으로 전환
  ㉡ 금속제품의 탈지(세척)에 사용하는 트리클로로에틸렌(TCE)을 계면활성제로 전환
  ㉢ 성냥 제조 시 황린(백린) 대신 적린 사용 및 단열재(석면)를 유리섬유로 전환
  ㉣ 세탁 시 세정제로 사용하는 벤젠을 1,1,1-트리클로로에탄으로 전환
  ㉤ 세탁 시 화재 예방을 위해 사용하는 석유나프타를 퍼클로로에틸렌(4-클로로에틸렌)으로 전환
  ㉥ 세척작업에 사용되는 사염화탄소를 트리클로로에틸렌으로 전환
  ㉦ 주물공정에서 주형을 채우는 재료를 실리카 모래 대신 그린(green) 모래로 전환
  ㉧ 금속 표면을 블라스팅(샌드블라스트)할 때 사용하는 재료를 모래 대신 철구슬(철가루)로 전환
  ㉨ 단열재(보온재)로 사용하는 석면을 유리섬유나 암면으로 전환
  ㉩ 유연휘발유를 무연휘발유로 전환

3 격리(isolation)의 방법

① 저장물질의 격리
② 시설의 격리
③ 공정의 격리
④ 작업자의 격리

4 분진 발생 억제(발진의 방지)

① 작업공정 습식화
  ㉠ 분진의 방진대책 중 가장 효과적인 개선대책
  ㉡ 착암, 파쇄, 연마, 절단 등의 공정에 적용
  ㉢ 취급 물질은 물, 기름, 계면활성제 사용
② 대치
  ㉠ 원재료 및 사용재료의 변경
  ㉡ 생산기술의 변경 및 개량
  ㉢ 작업공정의 변경

5 발생분진 비산 방지방법

① 해당 장소를 밀폐 및 포위
② 국소배기
③ 전체환기

6 분진 작업장의 환경관리

① 습식 작업
② 발산원 밀폐
③ 대치(원재료 및 사용재료)
④ 방진마스크(개인보호구)
⑤ 생산공정의 자동화 또는 무인화
⑥ 작업장 바닥을 물세척이 가능하도록 처리

핵심이론 31 개인보호구

1 개인보호구의 주요 내용

보호구	구분	내용
방진마스크	여과재의 분진 포집능력에 따른 구분(분리식)	• 특급 : 분진포집효율 99.95% 이상(안면부 여과식은 99.0% 이상) • 1급 : 분진포집효율 94.0% 이상 • 2급 : 분진포집효율 80.0% 이상
	특급방진마스크의 사용장소	• 베릴륨 등과 같이 독성이 강한 물질들을 함유한 분진 등의 발생장소 • 석면 취급 장소
	선정조건 (구비조건)	• 흡기저항 및 흡기저항 상승률이 낮을 것(일반적 흡기저항 범위 : 6~8mmH$_2$O) • 배기저항이 낮을 것(일반적 배기저항 기준 : 6mmH$_2$O 이하) • 여과재의 포집효율이 높을 것 • 착용 시 시야 확보가 용이할 것(하방 시야가 60° 이상이어야 함) • 중량은 가벼울 것 • 안면에서의 밀착성이 클 것 • 침입률 1% 이하까지 정확히 평가가 가능할 것
	여과재(필터)의 재질	• 면, 모 • 합성섬유 • 유리섬유 • 금속섬유
방독마스크	흡수제 (흡착제)의 재질	• 활성탄 ◀ 비극성(유기용제)에 일반적으로 사용, 가장 많이 사용되는 물질 • 실리카겔(silicagel) ◀ 극성에 일반적으로 사용 • 염화칼슘(soda lime) • 제오라이트(zeolite)
송기마스크 (공기호흡기)	정의	산소가 결핍된 환경 또는 유해물질의 농도가 높거나 독성이 강한 작업장에서 사용
	종류	• 호스마스크 • 에어라인마스크
	송기마스크를 착용하여야 할 작업	• 환기를 할 수 없는 밀폐공간에서의 작업 • 밀폐공간에서 비상시에 근로자를 피난시키거나 구출하는 작업 • 탱크, 보일러 또는 반응탑의 내부 등 통풍이 불충분한 장소에서의 용접작업 • 지하실 또는 맨홀의 내부, 기타 통풍이 불충분한 장소에서 가스 배관의 해체 또는 부착 작업을 할 때 환기가 불충분한 경우 • 국소배기장치를 설치하지 아니한 유기화합물 취급 특별장소에서 관리대상 물질의 단시간 취급 업무 • 유기화학물을 넣었던 탱크 내부에서 세정 및 도장 업무

보호구	구분	내용	
자가공기 공급장치 (SCBA)	정의	공기통식이라고도 하며, 산소나 공기 공급 실린더를 직접 착용자가 지니고 다니는 호흡용 보호구	
	종류별 특징	폐쇄식 (closed circuit)	• 호기 시 배출공기가 외부로 빠져나오지 않고 장치 내에서 순환 • 개방식보다 가벼운 것이 장점 • 사용시간은 30분~4시간 정도 • 산소 발생장치는 KO_2 사용 • 단점 : 반응이 시작하면 멈출 수 없음
		개방식 (open circuit)	• 호기 시 배출공기가 장치 밖으로 배출 • 사용시간은 30분~60분 정도 • 호흡용 공기는 압축공기를 사용(단, 압축산소 사용은 폭발 위험이 있기 때문에 절대 사용 불가) • 주로 소방관이 사용
차광안경 (차광보호구)	정의	유해광선을 차단하여 근로자의 눈을 보호하기 위한 것(고글, goggles)	
손보호구 (면장갑)	특징	• 날카로운 물체를 다루거나 찰과상의 위험이 있는 경우 사용 • 가죽이나 손가락 패드가 붙어 있는 면장갑 권장 • 촉감, 구부러짐 등이 우수하나 마모가 잘 됨 • 선반 및 회전체 취급 시 안전상 장갑을 사용하지 않음	
산업용 피부보호제 (피부보호용 도포제)	종류별 특징	① 피막형성형 피부보호제 (피막형 크림)	• 분진, 유리섬유 등에 대한 장애 예방 • 적용 화학물질 : 정제 벤드나이드겔, 염화비닐수지 • 분진, 전해약품 제조, 원료 취급 작업 시 사용
		② 소수성 물질 차단 피부보호제	• 내수성 피막을 만들고 소수성으로 산을 중화함 • 적용 화학물질 : 밀납, 탈수라노린, 파라핀, 탄산마그네슘 • 광산류, 유기산, 염류(무기염류) 취급 작업 시 사용
		③ 차광성 물질 차단 피부보호제	• 타르, 피치, 용접 작업 시 예방 • 적용 화학물질 : 글리세린, 산화제이철 • 주원료 : 산화철, 아연화산화티탄
		④ 광과민성 물질 차단 피부보호제 : 자외선 예방 ⑤ 지용성 물질 차단 피부보호제 ⑥ 수용성 물질 차단 피부보호제	
귀마개 (ear plug)	장점	• 부피가 작아서 휴대가 쉬움 • 안경과 안전모 등에 방해가 되지 않음 • 고온 작업에서도 사용 가능 • 좁은 장소에서도 사용 가능 • 귀덮개보다 가격이 저렴	
	단점	• 귀에 질병이 있는 사람은 착용 불가능 • 여름에 땀이 많이 날 때는 외이도에 염증을 유발할 수 있음 • 제대로 착용하는 데 시간이 걸리며 요령을 습득하여야 함 • 차음효과가 일반적으로 귀덮개보다 떨어짐 • 사람에 따라 차음효과 차이가 큼 • 더러운 손으로 만지게 되면 외청도를 오염시킬 수 있음	

보호구	구분	내용
귀덮개 (ear muff)	장점	• 귀마개보다 차음효과가 일반적으로 높으며, 일관성 있는 차음효과를 얻을 수 있음 • 동일한 크기의 귀덮개를 대부분의 근로자가 사용 가능 • 귀에 염증이 있어도 사용 가능 • 귀마개보다 차음효과의 개인차가 적음 • 근로자들이 귀마개보다 쉽게 착용할 수 있고, 착용법을 틀리거나 잃어버리는 일이 적음 • 고음 영역에서 차음효과가 탁월
	단점	• 부착된 밴드에 의해 차음효과가 감소 • 고온에서 사용 시 불편 • 머리카락이 길 때, 안경테가 굵거나 잘 부착되지 않을 때 사용 불편 • 장시간 사용 시 꽉 끼는 느낌이 있음 • 보안경과 함께 사용하는 경우 다소 불편하며, 차음효과가 감소 • 가격이 비싸고, 운반과 보관이 쉽지 않음 • 오래 사용하여 귀걸이의 탄력성이 줄거나 귀걸이가 휜 경우 차음효과가 떨어짐

2 보호장구 재질에 따른 적용물질

보호장구 재질	적용물질
Neoprene 고무	비극성 용제와 극성 용제 중 알코올, 물, 케톤류 등에 효과적
천연고무(latex)	극성 용제 및 수용성 용액에 효과적(절단 및 찰과상 예방)
Viton	비극성 용제에 효과적
면	고체상 물질(용제에는 사용 못함)
가죽	용제에는 사용 못함(기본적인 찰과상 예방)
Nitrile 고무	비극성 용제에 효과적
Butyl 고무	극성 용제에 효과적(알데히드, 지방족)
Ethylene vinyl alcohol	대부분의 화학물질을 취급할 경우 효과적
Polyvinyl chloride	수용성 용제

3 청력보호구의 차음효과를 높이기 위한 유의사항

① 사용자 머리와 귓구멍에 잘 맞을 것
② 기공이 많은 재료를 선택하지 말 것
③ 청력보호구를 잘 고정시켜서 보호구 자체의 진동을 최소화할 것
④ 귀덮개 형식의 보호구는 머리카락이 길 때와 안경테가 굵어서 잘 부착되지 않을 때에는 사용하지 말 것

핵심이론 32 | 고온 작업과 저온 작업

1 온열요소

① 기온
② 기습(습도)
③ 기류
④ 복사열

2 지적온도와 감각온도

① **지적온도**(적정온도, optimum temperature) : 인간이 활동하기에 가장 좋은 상태인 이상적인 온열조건으로, 환경온도를 감각온도로 표시한 것
② **감각온도**(실효온도, 유효온도) : 기온, 습도, 기류(감각온도 3요소)의 조건에 따라 결정되는 체감온도

3 불감기류

① 0.5m/sec 미만의 기류
② 실내에 항상 존재
③ 신진대사 촉진(생식선 발육 촉진)
④ 한랭에 대한 저항을 강화시킴

4 고온순화기전

① 체온조절기전의 항진
② 더위에 대한 내성 증가
③ 열생산 감소
④ 열방산능력 증가

5 고열 작업장의 작업환경 관리대책

① 작업자에게 국소적인 송풍기를 지급한다.
② 작업장 내에 낮은 습도를 유지한다.
③ 열 차단판인 알루미늄 박판에 기름먼지가 묻지 않도록 청결을 유지한다.
④ 기온이 35℃ 이상이면 피부에 닿는 기류를 줄이고, 옷을 입혀야 한다.
⑤ 노출시간을 한 번에 길게 하는 것보다는 짧게 자주하고 휴식하는 것이 바람직하다.
⑥ 증발방지복(vapor barrier)보다는 일반 작업복이 적합하다.

6 고열장애의 종류와 주요 내용

보호구	구분	주요 내용
열사병 (heatstroke)	정의	고온다습한 환경(육체적 노동 또는 태양의 복사선을 두부에 직접적으로 받는 경우)에 노출될 때 뇌 온도의 상승으로 신체 내부의 체온조절중추에 기능장애를 일으켜서 생기는 위급한 상태로, 고열장애 중 가장 위험성이 큼
	발생	• 체온조절중추(특히 발한중추) 기능장애에 의해 발생(체내에 열이 축적되어 발생) • 혈액 중 염분량과는 관계없음
	증상	• 중추신경계의 장애 • 뇌막혈관이 노출되면 뇌 온도의 상승으로 체온조절중추 기능에 나타나는 장애
	치료	• 체온조절중추에 손상이 있을 때는 치료효과를 거두기 어려우며, 체온을 급히 하강시키기 위한 응급조치방법으로 얼음물에 담가서 체온을 39℃까지 내려주어야 함 • 울열 방지와 체열이동을 돕기 위하여 사지를 격렬하게 마찰
열피로 (heat exhaustion), 열탈진 (열소모)	정의	고온 환경에서 장시간 힘든 노동을 할 때 주로 미숙련공(고열에 순화되지 않은 작업자)에 많이 나타나는 상태
	발생	• 땀을 많이 흘려(과다 발한) 수분과 염분 손실이 많을 때 • 탈수로 인해 혈장량이 감소할 때
	증상	• 체온은 정상범위를 유지하고, 혈중 염소 농도는 정상 • 실신, 허탈, 두통, 구역감, 현기증 증상을 주로 나타냄
	치료	휴식 후 5% 포도당을 정맥주사
열경련 (heat cramp)	정의	• 가장 전형적인 열중증의 형태로서, 주로 고온 환경에서 지속적으로 심한 육체적인 노동을 할 때 나타남 • 주로 작업 중에 많이 사용하는 근육에 발작적인 경련이 일어나는데, 작업 후에도 일어나는 경우가 있음 • 팔이나 다리뿐만 아니라, 등 부위의 근육과 위에 생기는 경우가 있음
	발생	지나친 발한에 의한 수분 및 혈중 염분 손실(혈액의 현저한 농축 발생)
	증상	• 체온이 정상이거나 약간 상승하고, 혈중 Cl^- 농도가 현저히 감소 • 낮은 혈중 염분 농도와 팔·다리의 근육 경련(수의근 유통성 경련) • 통증을 수반하는 경련은 주로 작업 시 사용한 근육에서 흔히 발생 • 중추신경계통의 장애는 일어나지 않음
	치료	• 체열 방출을 촉진시키고, 수분 및 NaCl 보충(생리식염수 0.1% 공급) • 증상이 심한 경우 생리식염수 1,000~2,000mL를 정맥주사
열실신 (heat syncope), 열허탈 (heat collapse)	정의	고열 환경에 노출될 때 혈관운동장애가 일어나 정맥혈이 말초혈관에 저류되고 심박출량 부족으로 초래하는 순환부전으로, 대뇌피질의 혈류량 부족이 주원인이며, 저혈압과 뇌의 산소부족으로 실신하거나 현기증을 느낌
	발생	고온에 순화되지 못한 근로자가 고열 작업 수행 시(염분·수분 부족은 관계 없음)
	증상	• 체온조절기능이 원활하지 못해 결국 뇌의 산소부족으로 의식을 잃음 • 말초혈관 확장 및 신체 말단부 혈액이 과다하게 저류됨
	치료	예방 관점에서 작업 투입 전 고온에 순화되도록 함
열성발진 (heat rashes), 열성혈압증	정의	작업환경에서 가장 흔히 발생하는 피부장애로 땀띠(prickly heat)라고도 하며, 끊임없이 고온다습한 환경에 노출될 때 주로 문제
	발생	피부가 땀에 오래 젖어서 생기고, 옷에 덮여 있는 피부 부위에 자주 발생
	증상	땀 증가 시 따갑고 통증 느낌
	치료	냉목욕 후 차갑게 건조시키고 세균 감염 시 칼라민 로션이나 아연화 연고를 바름

7 고온과 저온에서의 생리적 반응

① 고온에 순화되는 과정(생리적 변화)
  ㉠ 간기능이 저하한다(cholesterol/cholesterol ester의 비 감소).
  ㉡ 처음에는 에너지 대사량이 증가하고 체온이 상승하나, 이후 근육이 이완되고 열생산도 정상으로 된다.
  ㉢ 위액분비가 줄고 산도가 감소하여 식욕부진, 소화불량을 유발한다.
  ㉣ 교감신경에 의해 피부혈관이 확장이 된다.
  ㉤ 심장박출량은 처음엔 증가하지만, 나중엔 정상으로 된다.
  ㉥ 혈중 염분량이 현저히 감소하고, 수분 부족상태가 된다.

② 저온(한랭)환경에서의 생리적 기전(반응)
  ㉠ 감염에 대한 저항력이 떨어지며 회복과정에 장애가 온다.
  ㉡ 피부의 급성일과성 염증반응은 한랭에 대한 폭로를 중지하면 2~3시간 내에 없어진다.

구분	고온	저온
1차 생리적 반응	• 발한(불감발한) 및 호흡 촉진 • 교감신경에 의한 피부혈관 확장 • 체표면 증가(한선)	• 피부혈관(말초혈관) 수축 및 체표면적 감소 • 근육긴장 증가 및 떨림 • 화학적 대사(호르몬 분비) 증가
2차 생리적 반응	• 혈중 염분량 현저히 감소 및 수분 부족 • 심혈관, 위장, 신경계, 신장 장애	• 표면조직의 냉각 • 식욕 변화(식욕 항진 ; 과식) • 혈압 일시적 상승(혈류량 증가)

8 전신체온강하(저체온증)

① 정의 : 저체온증(general hypothermia)은 심부온도가 37℃에서 26.7℃ 이하로 떨어지는 것을 말하며, 한랭환경에서 바람에 노출되거나, 얇거나 습한 의복 착용 시 급격한 체온강하가 일어난다.
② 증상 : 전신 저체온의 첫 증상은 억제하기 어려운 떨림과 냉감각이 생기고, 심박동이 불규칙하게 느껴지며 맥박은 약해지고, 혈압이 낮아진다.
③ 특징 : 장시간의 한랭폭로에 따른 일시적 체열(체온) 상실에 따라 발생하며, 급성 중증 장애이다.
④ 치료 : 신속하게 몸을 데워주어 정상체온으로 회복시켜 주어야 한다.

9 동상의 구분

① 1도 동상 : 홍반성 동상
② 2도 동상 : 수포성 동상
③ 3도 동상 : 괴사성 동상

핵심이론 33 │ 이상기압과 산소결핍

1 고압환경의 특징

① 고압환경 작업의 대표적인 것은 잠함작업이다.
② 수면하에서의 압력은 수심이 10m 깊어질 때 1기압씩 증가한다.
③ 수심이 20m인 곳의 절대압은 3기압이며, 작용압은 2기압이다.
④ 예방으로는 수소 또는 질소를 대신하여 마취현상이 적은 헬륨으로 대치한 공기를 호흡시킨다.

2 고압환경의 2차적 가압현상(2차성 압력현상)

구분	주요 내용
질소가스의 마취작용	• 공기 중의 질소가스는 정상기압에서는 비활성이지만 4기압 이상에서 마취작용을 일으키는데, 이를 다행증(공기 중의 질소가스는 3기압 이하에서는 자극작용)이라고 함 • 질소가스 마취작용은 알코올중독의 증상과 유사
산소중독	• 산소의 분압이 2기압이 넘으면 산소중독 증상을 보임. 즉, 3~4기압의 산소 혹은 이에 상당하는 공기 중 산소분압에 의하여 중추신경계의 장애에 기인하는 운동장애를 나타내는데, 이것을 산소중독이라고 함 • 고압산소에 대한 폭로가 중지되면 증상은 즉시 멈춤(가역적)
이산화탄소의 작용	• 이산화탄소 농도의 증가는 산소의 독성과 질소의 마취작용을 증가시키는 역할을 하고 감압증의 발생을 촉진 • 이산화탄소 농도가 고압환경에서 대기압으로 환산하여 0.2%를 초과해서는 안 됨

3 감압병(decompression, 잠함병)

① 고압환경에서 Henry 법칙에 따라 체내에 과다하게 용해되었던 불활성 기체(질소 등)는 압력이 낮아질 때 과포화상태로 되어 혈액과 조직에 기포를 형성하여 혈액순환을 방해하거나 주위 조직에 기계적 영향을 줌으로써 다양한 증상을 유발한다.
② 감압병의 직접적인 원인은 혈액과 조직에 질소기포의 증가이다.
③ 감압병의 치료로는 재가압 산소요법이 최상이다.
④ 감압병을 케이슨병이라고도 한다.

4 감압에 따른 용해질소의 기포 형성효과

용해질소의 기포는 감압병의 증상을 대표적으로 나타내며, 감압병의 직접적인 원인은 체액 및 지방조직의 질소기포 증가이다.
[감압 시 조직 내 질소기포 형성량에 영향을 주는 요인]
① 조직에 용해된 가스량
② 혈류변화 정도(혈류를 변화시키는 상태)
③ 감압속도

5 감압병의 예방 및 치료

① 고압환경에서의 작업시간을 제한하고, 고압실 내의 작업에서는 탄산가스의 분압이 증가하지 않도록 신선한 공기를 송기한다.
② 감압이 끝날 무렵에 순수한 산소를 흡입시키면 예방적 효과가 있을 뿐 아니라 감압시간을 25% 가량 단축할 수 있다.
③ 고압환경에서 작업하는 근로자에게 질소를 헬륨으로 대치한 공기를 호흡시킨다.
④ 헬륨-산소 혼합가스는 호흡저항이 적어 심해 잠수에 사용한다.
⑤ 일반적으로 1분에 10m 정도씩 잠수하는 것이 안전하다.
⑥ 감압병 증상 발생 시에는 환자를 곧장 원래의 고압환경상태로 복귀시키거나 인공고압실에 넣어 혈관 및 조직 속에 발생한 질소의 기포를 다시 용해시킨 다음 천천히 감압한다.
⑦ 헬륨은 질소보다 확산속도가 커서 인체 흡수속도를 높일 수 있으며, 체외로 배출되는 시간이 질소에 비하여 50% 정도 밖에 걸리지 않는다. 또한 헬륨은 고압에서 마취작용이 약하다.
⑧ 귀 등의 장애를 예방하기 위해서는 압력을 가하는 속도를 매 분당 $0.8kg/cm^2$ 이하가 되도록 한다.

6 고공증상 및 고공성 폐수종(저기압이 인체에 미치는 영향)

① 고공증상
  ㉠ 5,000m 이상의 고공에서 비행 업무에 종사하는 사람에게 가장 큰 문제는 산소부족(저산소증)이다.
  ㉡ 항공치통, 항공이염, 항공부비감염이 일어날 수 있다.
② 고공성 폐수종
  ㉠ 고공성 폐수종은 어른보다 순화적응속도가 느린 어린이에게 많이 발생한다.
  ㉡ 고공 순화된 사람이 해면에 돌아올 때 자주 발생한다.
  ㉢ 산소공급과 해면 귀환으로 급속히 소실되며, 이 증세는 반복해서 발병하는 경향이 있다.

7 산소농도에 따른 인체장애

산소농도(%)	산소분압(mmHg)	동맥혈의 산소포화도(%)	증상
12~16	90~120	85~89	호흡수 증가, 맥박수 증가, 정신집중 곤란, 두통, 이명, 신체기능 조절 손상 및 순환기 장애자 초기증상 유발
9~14	60~105	74~87	불완전한 정신상태에 이르고 취한 것과 같으며, 당시의 기억상실, 전신탈진, 체온상승, 호흡장애, 청색증 유발, 판단력 저하
6~10	45~70	33~74	의식불명, 안면창백, 전신근육경련, 중추신경장애, 청색증 유발, 경련, 8분 내 100% 치명적, 6분 내 50% 치명적, 4~5분 내 치료로 회복 가능
4~6 및 이하	45 이하	33 이하	40초 내에 혼수상태, 호흡정지, 사망

※ 공기 중의 산소분압은 해면에 있어서 159.6mmHg(760mmHg×0.21) 정도이다.

8 산소결핍증(hypoxia, 저산소증)

① 저산소상태에서 산소분압의 저하, 즉 저기압에 의하여 발생되는 질환이다.
② 무경고성이고 급성적·치명적이기 때문에 많은 희생자가 발생한다. 즉, 단시간에 비가역적 파괴현상을 나타낸다.
③ 생체 중 최대 산소 소비기관은 뇌신경세포이다.
④ 산소결핍에 가장 민감한 조직은 대뇌피질이다.

핵심이론 34 소음진동

1 소음의 단위

① dB : 음압수준을 표시하는 한 방법으로 사용하는 단위로 dB(decibel)로 표시
② sone : 1,000Hz 순음의 음의 세기레벨 40dB의 음의 크기를 1sone으로 정의
③ phon : 1,000Hz 순음의 크기와 평균적으로 같은 크기로 느끼는 1,000Hz 순음의 음의 세기레벨로 나타낸 것

2 음원의 위치에 따른 지향성

구분	지향계수(Q)	지향지수(DI)
음원이 자유공간(공중)에 있을 때	$Q=1$	$DI=10\log1=0dB$
음원이 반자유공간(바닥 위)에 있을 때	$Q=2$	$DI=10\log2=3dB$
음원이 두 면이 접하는 구석에 있을 때	$Q=4$	$DI=10\log4=6dB$
음원이 세 면이 접하는 구석에 있을 때	$Q=8$	$DI=10\log8=9dB$

※ 지향계수(Q) : 특정 방향에 대한 음의 저항도, 특정 방향의 에너지와 평균에너지의 비
 지향지수(DI) : 지향계수를 dB단위로 나타낸 것으로, 지향성이 큰 경우 특정 방향 음압레벨과 평균 음압레벨과의 차이

3 등청감곡선과 청감보정회로의 관계

① 40phon : A청감보정회로(A특성)
② 70phon : B청감보정회로(B특성)
③ 100phon : C청감보정회로(C특성)

4 역2승법칙

점음원으로부터 거리가 2배 멀어질 때마다 음압레벨이 6dB씩 감쇠한다.

5 소음성 난청의 특징

① 감각세포의 손상이며, 청력손실의 원인이 되는 코르티기관의 총체적인 파괴이다.
② 전음계가 아니라, 감음계의 장애이다.
③ 4,000Hz에서 심한 이유는 인체가 저주파보다는 고주파에 대해 민감하게 반응하기 때문이다.

6 C_5-dip 현상

소음성 난청의 초기단계로, 4,000Hz에서 청력장애가 현저히 커지는 현상

7 소음성 난청에 영향을 미치는 요소

① **소음 크기** : 음압수준이 높을수록 영향이 크다(유해함).
② **개인 감수성** : 소음에 노출된 모든 사람이 똑같이 반응하지 않으며, 감수성이 매우 높은 사람이 극소수 존재한다.
③ **소음의 주파수 구성** : 고주파음이 저주파음보다 영향이 크다.
④ **소음의 발생특성** : 지속적인 소음 노출이 단속적인(간헐적인) 소음 노출보다 더 큰 장애를 초래한다.

8 우리나라 노출기준 : 8시간 노출에 대한 기준 90dB(5dB 변화율)

1일 노출시간(hr)	소음수준[dB(A)]
8	90
4	95
2	100
1	105
1/2	110
1/4	115

9 우리나라 충격소음 노출기준

소음수준[dB(A)]	1일 작업시간 중 허용횟수
140	100
130	1,000
120	10,000

※ 충격소음 : 최대음압수준이 120dB 이상인 소음이 1초 이상의 간격으로 발생하는 것

10 배경소음의 정의

배경소음이란 환경소음 중 어느 특정 소음을 대상으로 할 경우, 그 이외의 소음을 말한다.

11 누적소음 노출량 측정기의 정의 및 기준

① 정의

누적소음 노출량 측정기(noise dosemeter)란 개인의 노출량을 측정하는 기기로서, 노출량(dose)은 노출기준에 대한 백분율(%)로 나타낸다.

② 법정 설정기준
  ㉠ criteria : 90dB
  ㉡ exchange rate : 5dB
  ㉢ threshold : 80dB

12 소음대책

구분	소음대책
발생원 대책	• 발생원에서의 저감 : 유속 저감, 마찰력 감소, 충돌 방지, 공명 방지, 저소음형 기계의 사용 • 소음기, 방음커버 설치 • 방진 · 제진
전파경로 대책	• 흡음 · 차음 • 거리감쇠 • 지향성 변환(음원 방향의 변경)
수음자 대책	• 청력보호구(귀마개, 귀덮개) 착용 • 작업방법 개선

※ 소음발생의 대책으로 가장 먼저 고려할 사항 : 소음원의 밀폐, 소음원의 제거 및 억제

13 청각기관의 음전달 매질

① 외이 : 기체(공기)
② 중이 : 고체
③ 내이 : 액체

14 진동수(주파수)에 따른 구분

① 전신진동 진동수(공해진동 진동수) : 1~90Hz
② 국소진동 진동수 : 8~1,500Hz
③ 인간이 느끼는 최소진동역치 : 55±5dB

15 진동의 크기를 나타내는 단위(진동 크기 3요소)

① 변위
② 속도
③ 가속도

16 전신진동에 의한 생체반응에 관여하는 인자

① 진동의 강도
② 진동수
③ 진동의 방향(수직, 수평, 회전)
④ 진동 폭로시간(노출시간)

17 공명(공진) 진동수

① 3Hz 이하 : 멀미(motion sickness)를 느낌
② 6Hz : 가슴, 등에 심한 통증
③ 13Hz : 머리, 안면, 볼, 눈꺼풀 진동
④ 4~14Hz : 복통, 압박감 및 동통감
⑤ 9~20Hz : 대·소변 욕구, 무릎 탄력감
⑥ 20~30Hz : 시력 및 청력 장애
※ 두부와 견부는 20~30Hz 진동에 공명(공진)하며, 안구는 60~90Hz 진동에 공명한다.

18 레이노 현상(Raynaud's phenomenon)

① 손가락에 있는 말초혈관운동의 장애로 인하여 수지가 창백해지고 손이 차며 저리거나 통증이 오는 현상이다.
② 한랭작업조건에서 특히 증상이 악화된다.
③ 압축공기를 이용한 진동공구, 즉 착암기 또는 해머 같은 공구를 장기간 사용한 근로자들의 손가락에 유발되기 쉬운 직업병이다.
④ Dead finger 또는 White finger라고도 하고, 발증까지 약 5년 정도 걸린다.

19 진동 대책

구분	대책
발생원 대책	• 가진력(기진력, 외력) 감쇠 • 불평형력의 평형 유지 • 기초중량의 부가 및 경감 • 탄성 지지(완충물 등 방진재 사용) • 진동원 제거 • 동적 흡진
전파경로 대책	• 진동의 전파경로 차단(수진점 근방의 방진구) • 거리감쇠

20 주요 방진재료의 장단점

① 금속스프링

장점	단점
• 저주파 차진에 좋음 • 환경요소에 대한 저항성이 큼 • 최대변위 허용	• 감쇠가 거의 없음 • 공진 시에 전달률이 매우 큼 • 로킹(rocking)이 일어남

② 방진고무

장점	단점
• 고무 자체의 내부 마찰로 적당한 저항을 얻을 수 있음 • 공진 시의 진폭도 지나치게 크지 않음 • 설계자료가 잘 되어 있어서 용수철 정수(스프링 상수)를 광범위하게 선택 • 형상의 선택이 비교적 자유로워 여러 가지 형태로 된 철물에 견고하게 부착할 수 있음 • 고주파 진동의 차진에 양호	• 내후성, 내유성, 내열성, 내약품성이 약함 • 공기 중의 오존(O_3)에 의해 산화 • 내부 마찰에 의한 발열 때문에 열화

③ 공기스프링

장점	단점
• 지지하중이 크게 변하는 경우에는 높이 조정변에 의해 그 높이를 조절할 수 있어 설비의 높이를 일정 레벨로 유지시킬 수 있음 • 하중부하 변화에 따라 고유진동수를 일정하게 유지할 수 있음 • 부하능력이 광범위하고 자동제어가 가능 • 스프링정수를 광범위하게 선택할 수 있음	• 사용 진폭이 적은 것이 많아 별도의 댐퍼가 필요한 경우가 많음 • 구조가 복잡하고 시설비가 많이 듦 • 압축기 등 부대시설이 필요 • 안전사고(공기누출) 위험

핵심이론 35 방사선

1 전리방사선과 비전리방사선의 구분

구분	종류
전리방사선(이온화방사선)	• 전자기방사선 : X-Ray, γ선 • 입자방사선 : α선, β선, 중성자
비전리방사선	자외선(UV), 가시광선(VR), 적외선파(IR), 라디오파(RF), 마이크로파(MW), 저주파(LF), 극저주파(ELF), 레이저

※ 전리방사선과 비전리방사선의 경계가 되는 광자에너지의 강도 : 12eV

2 전리방사선의 주요 단위

구분	정의	주요 내용
뢴트겐 (Röntgen, R)	조사선량 단위	• 1R(뢴트겐)은 표준상태에서 X선을 공기 1cc(cm^3)에 조사하여 발생한 1정전단위(esu)의 이온(2.083×10^9개 이온쌍)을 생성하는 조사량으로, 1g의 공기에 83.3erg의 에너지가 주어질 때의 선량을 의미 • 1R=2.58×10^{-4}쿨롬/kg
래드 (rad)	흡수선량 단위	• 조사량에 관계없이 조직(물질)의 단위질량당 흡수된 에너지량을 표시하는 단위 • 관용단위인 1rad는 피조사체 1g에 대하여 100erg의 방사선에너지가 흡수되는 선량 단위(=100erg/gram=10^{-2}J/kg) • 100rad를 1Gy(Gray)로 사용
큐리 (Curie, Ci), 베크렐 (Becquerel, Bq)	방사성 물질량 단위	• 라듐(Radium)이 붕괴하는 원자의 수를 기초로 해서 정해졌으며, 1초간 3.7×10^{10}개의 원자붕괴가 일어나는 방사성 물질의 양(방사능의 강도)으로 정의 • Bq과 Ci의 관계 : 1Bq=2.7×10^{-11}Ci
렘 (rem)	생체실효선량 단위	관련식 : rem=rad×RBE 여기서, rem : 생체실효선량, rad : 흡수선량, RBE : 상대적 생물학적 효과비(rad를 기준으로 방사선효과를 상대적으로 나타낸 것) ※ X선, γ선, β입자 : 1(기준) 열중성자 : 2.5, 느린중성자 : 5, α입자·양자·고속중성자 : 10
그레이 (Gray, Gy)	흡수선량 단위	• 방사선 물질과 상호작용한 결과 그 물질의 단위질량에 흡수된 에너지 • 1Gy=100rad=1J/kg
시버트 (Sievert, Sv)	생체실효선량· 등가선량 단위	• 흡수선량이 생체에 영향을 주는 정도를 표시 • 1Sv=100rem

※ 흡수선량 : 방사선에 피폭된 물질의 단위질량당 흡수된 방사선의 에너지
   생체실효선량 : 전리방사선의 흡수선량이 생체에 영향을 주는 정도를 표시하는 선당량
   등가선량 : 인체의 피폭선량을 나타낼 때 흡수선량에 해당 방사선의 방사선 가중치를 곱한 값

3 α선, β선, γ선의 주요 특징

구분	특징
α선(α입자)	• 방사선 동위원소의 붕괴과정 중 원자핵에서 방출되는 입자로서 헬륨 원자의 핵과 같이 2개의 양자와 2개의 중성자로 구성됨. 즉, 선원(major source)은 방사선 원자핵이고 고속의 He 입자 형태 • 외부 조사보다 동위원소를 체내 흡입·섭취할 때 내부 조사의 피해가 가장 큰 전리방사선
β선(β입자)	• 원자핵에서 방출되는 전자의 흐름으로, α입자보다 가볍고 속도는 10배 빠르므로 충돌할 때마다 튕겨져서 방향을 바꿈 • 외부 조사도 잠재적 위험이 되나, 내부 조사가 더 큰 건강상 위해
γ선	• 원자핵의 전환 또는 붕괴에 따라 방출하는 자연발생적인 전자파 • 전리방사선 중 투과력이 강함 • 투과력이 크기 때문에 인체를 통할 수 있어 외부 조사가 문제시됨

4 전리방사선의 인체 투과력, 전리작용 및 감수성

① 인체 투과력 순서

  중성자 > X선 or γ선 > β선 > α선

② 전리작용 순서

  α선 > β선 > X선 or γ선

③ 감수성 순서

  [골수, 흉선 및 림프조직(조혈기관) / 눈의 수정체, 임파선(임파구)] > 상피세포 내피세포 > 근육세포 > 신경조직

5 방사선의 외부 노출에 대한 방어대책

① **노출시간** : 방사선에 노출되는 시간을 최대로 단축
② **거리** : 거리의 제곱에 비례해서 감소
③ **차폐** : 원자번호가 크고 밀도가 큰 물질이 효과적

6 자기장의 단위

① 자기장의 단위는 전류의 크기를 나타내는 가우스(G, Gauss)이다.
② 자장의 강도는 자속밀도와 자화의 강도로 구한다.
③ 자속밀도의 단위는 테슬라(T, Tesla)이다.
④ G와 T의 관계는 $1T = 10^4 G$, $1mT = 10G$, $1\mu T = 10mG$이고, $1mG$는 $80mA$와 같다.
⑤ 자계의 강도 단위는 A/m(mA/m), T(μT), G 등을 사용한다.

7 자외선의 분류와 인체작용

① UV-C(100~280nm) : 발진, 경미한 홍반
② UV-B(280~315nm) : 발진, 경미한 홍반, 피부노화, 피부암, 광결막염
③ UV-A(315~400nm) : 발진, 홍반, 백내장, 피부노화 촉진

8 자외선의 주요 특징

① 280(290)~315nm[2,800(2,900)~3,150Å]의 파장을 갖는 자외선을 도르노선(Dorno-ray)이라고 하며, 인체에 유익한 작용을 하여 건강선(생명선)이라고도 한다.
② 200~315nm의 파장을 갖는 자외선을 안전과 보건 측면에서 중시하여 화학적 UV(화학선)라고도 하며, 광화학반응으로 단백질과 핵산분자의 파괴, 변성작용을 한다.
③ 자외선이 생물학적 영향을 미치는 주요 부위는 눈과 피부이며, 눈에 대해서는 270nm에서 가장 영향이 크고, 피부에서는 295nm에서 가장 민감한 영향을 미친다.
④ 자외선의 전신작용으로는 자극작용이 있으며, 대사가 항진되고 적혈구, 백혈구, 혈소판이 증가한다.
⑤ 자외선은 광화학적 반응에 의해 O_3 또는 트리클로로에틸렌(trichloro ethylene)을 독성이 강한 포스겐(phosgene)으로 전환시킨다.
⑥ 자외선 노출에 가장 심각한 만성 영향은 피부암이며, 피부암의 90% 이상은 햇볕에 노출된 신체부위에서, 특히 대부분의 피부암은 상피세포 부위에서 발생한다.
⑦ 자외선의 파장에 따른 흡수정도에 따라 'arc-eye(welder's flash)'라고 일컬어지는 광각막염 및 결막염 등의 급성 영향이 나타나며, 이는 270~280nm의 파장에서 주로 발생한다.
⑧ 피부 투과력은 체표에서 0.1~0.2mm 정도이고 자외선 파장, 피부색, 피부 표피의 두께에 좌우된다.

9 적외선의 주요 특징

① 적외선은 대부분 화학작용을 수반하지 않는다.
② 태양복사에너지 중 적외선(52%), 가시광선(34%), 자외선(5%)의 분포를 갖는다.
③ 조사 부위의 온도가 오르면 혈관이 확장되어 혈액량이 증가하며, 심하면 홍반을 유발하고, 근적외선은 급성 피부화상, 색소침착 등을 유발한다.
④ 적외선이 흡수되면 화학반응을 일으키는 것이 아니라, 구성분자의 운동에너지를 증가시킨다.
⑤ 유리 가공작업(초자공), 용광로의 근로자들은 초자공 백내장(만성폭로)이 수정체의 뒷부분에서 발병한다.
⑥ 강력한 적외선은 뇌막 자극으로 의식상실(두부장애) 유발, 경련을 동반한 열사병으로 사망을 초래한다.
⑦ 적외선에 강하게 노출되면 안검록염, 각막염, 홍채위축, 백내장 장애를 일으킨다.

10 가시광선의 주요 특징

① 생물학적 작용
  ㉠ 신체반응은 주로 간접작용으로 나타난다. 즉, 단독작용이 아닌 외인성 요인, 대사산물, 피부이상과의 상호 공동작용으로 발생한다.
  ㉡ 가시광선의 장애는 주로 조명부족(근시, 안정피로, 안구진탕증)과 조명과잉(시력장애, 시야협착, 암순응의 저하), 망막변성으로 나타난다.
② 작업장에서의 조도기준

작업등급	작업등급에 따른 조도기준
초정밀작업	750lux 이상
정밀작업	300lux 이상
보통작업	150lux 이상
단순일반작업	75lux 이상

11 마이크로파의 주요 특징

① 마이크로파와 라디오파는 하전을 시키지는 못하지만 생체분자의 진동과 회전을 시킬 수 있어 조직의 온도를 상승시키는 열작용에 영향을 준다.
② 마이크로파의 열작용에 가장 영향을 받는 기관은 생식기와 눈이며, 유전에도 영향을 준다.
③ 마이크로파에 의한 표적기관은 눈이다.
④ 중추신경에 대한 작용은 300~1,200MHz에서 민감하고, 특히 대뇌측두엽 표면부위가 민감하다.
⑤ 마이크로파로 인한 눈의 변화를 예측하기 위해 수정체의 ascorbic산 함량을 측정한다.
⑥ 혈액 내의 변화, 즉 백혈구 수 증가, 망상적혈구 출현, 혈소판의 감소를 유발한다.
⑦ 1,000~10,000MHz에서 백내장, ascorbic산의 감소증상이 나타나며, 백내장은 조직온도의 상승과 관계가 있다.

12 레이저의 주요 특징

① 레이저는 유도방출에 의한 광선증폭을 뜻하며, 단색성·지향성·집속성·고출력성의 특징이 있어 집광성과 방향조절이 용이하다.
② 레이저파 중 맥동파는 레이저광 중 에너지의 양을 지속적으로 축적하여 강력한 파동을 발생한다.
③ 레이저광 중 맥동파는 지속파보다 그 장애를 주는 정도가 크다.
④ 감수성이 가장 큰 신체부위, 즉 인체표적기관은 눈이다.
⑤ 피부에 대한 작용은 가역적이며, 피부손상, 화상, 홍반, 수포형성, 색소침착 등이 있다.
⑥ 눈에 대한 작용은 각막염, 백내장, 망막염 등이 있다.

핵심이론 36 조명

1 빛과 밝기의 단위

단위	의미	특징
럭스 (lux)	조도	• 1루멘(lumen)의 빛이 $1m^2$의 평면상에 수직으로 비칠 때의 밝기인 조도의 단위 • 조도는 어떤 면에 들어오는 광속의 양에 비례하고, 입사면의 단면적에 반비례 • 조도$(E) = \dfrac{lumen}{m^2}$
칸델라 (candela, cd)	광도	광원으로부터 나오는 빛의 세기인 광도의 단위
촉광 (candle)	광도	• 빛의 세기인 광도를 나타내는 단위로, 국제촉광을 사용 • 지름이 1인치인 촛불이 수평방향으로 비칠 때 빛의 광강도를 나타내는 단위 • 밝기는 광원으로부터 거리의 제곱에 반비례 • 조도$(E) = \dfrac{I}{r^2}$
루멘 (lumen, lm)	광속	• 1촉광의 광원으로부터 한 단위입체각으로 나가는 광속의 국제단위 • 광속이란 광원으로부터 나오는 빛의 양을 의미하고, 단위는 lumen • 1촉광과의 관계 : 1촉광=4π(12.57)루멘
풋캔들 (foot candle)	밝기	• 1루멘의 빛이 1ft 떨어진 $1ft^2$의 평면상에 수직으로 비칠 때 그 평면의 빛 밝기를 나타내는 단위 • 풋캔들(ft cd) = $\dfrac{lumen}{ft^2}$ • 럭스와의 관계 : 1ft cd=10.8lux, 1lux=0.093ft cd
램버트 (lambert)	밝기	• 빛의 휘도 단위로, 빛을 완전히 확산시키는 평면의 $1ft^2$($1cm^2$)에서 1lumen의 빛을 발하거나 반사시킬 때의 밝기를 나타내는 단위 • 1lambert=3.18candle/m^2(candle/m^2=nit ; 단위면적에 대한 밝기)

2 채광(자연조명)방법

구분	방법
창의 방향	• 많은 채광을 요구할 경우 남향이 좋음 • 균일한 조명을 요구하는 작업실은 북향(또는 동북향)이 좋음
창의 높이와 면적	• 창을 크게 하는 것보다 창의 높이를 증가시키는 것이 조도에 효과적 • 횡으로 긴 창보다 종으로 넓은 창이 채광에 유리 • 채광을 위한 창의 면적은 방바닥 면적의 15~20%(1/5~1/6 또는 1/5~1/7)가 이상적
개각과 입사각(앙각)	• 창의 실내 각 점의 개각은 4~5°, 입사각은 28° 이상이 좋음 • 개각이 클수록 또는 입사각이 클수록 실내는 밝음

3 조명방법

구분	방법
직접조명	• 반사갓을 이용하여 광속의 90~100%가 아래로 향하게 하는 방식 • 효율이 좋고, 천장면의 색조에 영향을 받지 않고, 설치비용이 저렴 • 눈부심이 있고, 균일한 조도를 얻기 힘들며, 강한 음영을 만듦
간접조명	• 광속의 90~100%를 위로 향해 발산하여 천장, 벽에서 확산시켜 균일한 조명도를 얻을 수 있는 방식 • 눈부심이 없고, 균일한 조도를 얻을 수 있으며, 그림자가 없다. • 효율이 나쁘고, 설치가 복잡하며, 실내의 입체감이 작아지고, 설비비가 많이 소요된다.

4 전체조명과 국부조명의 비

전체조명의 조도는 국부조명에 의한 조도의 1/10 ~ 1/5 정도이다.

5 인공조명 시 고려사항

① 작업에 충분한 조도를 낼 것
② 조명도를 균등하게 유지할 것
③ 주광색에 가까운 광색으로 조도를 높여줄 것
④ 장시간 작업 시 가급적 간접조명이 되도록 설치할 것
⑤ 일반적인 작업 시 빛은 작업대 좌상방에서 비추게 할 것

핵심이론 37 | 입자상 물질과 관련 질환

1 입자의 호흡기계 침적(축적)기전

① **충돌(관성충돌, impaction)** : 지름이 크고($1\mu m$ 이상) 공기흐름이 빠르며 불규칙한 호흡기계에서 잘 발생
② **침강(중력침강, sedimentation)** : 침강속도는 입자의 밀도와 입자 지름의 제곱에 비례하며, 지름이 크고($1\mu m$) 공기흐름 속도가 느린 상태에서 빨라짐
③ **차단(interception)** : 섬유(석면) 입자가 폐 내에 침착되는 데 중요한 역할
④ **확산(diffusion)** : 미세입자의 불규칙적인 운동, 즉 브라운 운동에 의해 침적되며, 지름 $0.5\mu m$ 이하의 것이 주로 해당되고, 전 호흡기계 내에서 일어남
⑤ 정전기

2 입자상 물질에 대한 인체 방어기전

① 점액 섬모운동
  ㉠ 가장 기초적인 방어기전(작용)이며, 점액 섬모운동에 의한 배출 시스템으로 폐포로 이동하는 과정에서 이물질을 제거하는 역할을 한다.
  ㉡ 기관지(벽)에서의 방어기전을 의미한다.
  ㉢ 정화작용을 방해하는 물질 : 카드뮴, 니켈, 황화합물, 수은, 암모니아 등
② 대식세포에 의한 작용(정화)
  ㉠ 대식세포가 방출하는 효소에 의해 용해되어 제거된다(용해작용).
  ㉡ 폐포의 방어기전을 의미한다.
  ㉢ 대식세포에 의해 용해되지 않는 대표적 독성 물질 : 유리규산, 석면 등

3 직업성 천식의 원인물질

구분	원인물질	직업 및 작업
금속	백금	도금
	니켈, 크롬, 알루미늄	도금, 시멘트 취급자, 금고 제작공
화학물	Isocyanate(TDI, MDI)	페인트, 접착제, 도장작업
	산화무수물	페인트, 플라스틱 제조업
	송진 연무	전자업체 납땜 부서
	반응성 및 아조 염료	염료 공장
	Trimellitic anhydride(TMA)	레진, 플라스틱, 계면활성제 제조업
	Persulphates	미용사
	Ethylenediamine	래커칠, 고무 공장
	Formaldehyde	의료 종사자
약제	항생제, 소화제	제약회사, 의료인
생물학적 물질	동물 분비물, 털(말, 쥐, 사슴)	실험실 근무자, 동물 사육사
	목재분진	목수, 목재공장 근로자
	곡물가루, 쌀겨, 메밀가루, 카레	농부, 곡물 취급자, 식품업 종사자
	밀가루	제빵공
	커피가루	커피 제조공
	라텍스	의료 종사자
	응애, 진드기	농부, 과수원(귤, 사과)

4 진폐증의 분류

구 분		종류 및 주요 특징
분진 종류에 따른 분류 (임상적 분류)	유기성 분진에 의한 진폐증	농부폐증, 면폐증, 연초폐증, 설탕폐증, 목재분진폐증, 모발분진폐증
	무기성(광물성) 분진에 의한 진폐증	규폐증, 탄소폐증, 활석폐증, 탄광부진폐증, 철폐증, 베릴륨폐증, 흑연폐증, 규조토폐증, 주석폐증, 칼륨폐증, 바륨폐증, 용접공폐증, 석면폐증
병리적 변화에 따른 분류	교원성 진폐증	• 규폐증, 석면폐증, 탄광부진폐증 • 폐포조직의 비가역적 변화나 파괴 • 간질반응이 명백하고 그 정도가 심함 • 폐조직의 병리적 반응이 영구적
	비교원성 진폐증	• 용접공폐증, 주석폐증, 바륨폐증, 칼륨폐증 • 폐조직이 정상이며 망상섬유로 구성 • 간질반응이 경미 • 분진에 의한 조직반응은 가역적인 경우가 많음

5 규폐증과 석면폐증의 원인 및 특징

구 분	규폐증(silicosis)	석면폐증(asbestosis)
원인	• 결정형 규소(암석 : 석영분진, 이산화규소, 유리규산)에 직업적으로 노출된 근로자에게 발생 • 주요 원인물질은 혼합물질이며, 건축업, 도자기작업장, 채석장, 석재공장, 주물공장, 석탄공장, 내화벽돌 제조 등의 작업장에서 근무하는 근로자에게 발생	흡입된 석면섬유가 폐의 미세기관지에 부착하여 기계적인 자극에 의해 섬유증식증이 진행
인체영향 및 특징	• 폐조직에서 섬유상 결절이 발견 • 유리규산(SiO_2) 분진 흡입으로 폐에 만성섬유증식증이 나타남 • 자각증상으로는 호흡곤란, 지속적인 기침, 다량의 담액 등이 있지만, 일반적으로는 자각증상 없이 서서히 진행 • 폐결핵은 합병증으로 폐하엽 부위에 많이 생김	• 석면을 취급하는 작업에 4~5년 종사 시 폐하엽 부위에 다발 • 인체에 대한 영향은 규폐증과 거의 비슷하지만, 폐암을 유발한다는 점으로 구별됨 • 늑막과 복막에 악성중피종이 생기기 쉬우며 폐암을 유발 • 폐암, 중피종암, 늑막암, 위암을 일으킴

6 석면의 주요 특징

① **정의** : 석면은 위상차현미경으로 관찰했을 때 길이가 5μm이고, 길이 대 너비의 비가 최소한 3 : 1 이상인 입자상 물질이다.

② **장애**
  ㉠ 석면 종류 중 청석면(크로시돌라이트, crocidolite)이 직업성 질환(폐암, 중피종) 발생 위험률이 가장 높다.
  ㉡ 일반적으로 석면폐증, 폐암, 악성중피종을 발생시켜 1급 발암물질군에 포함된다.

핵심이론 38 유해화학물질과 관련 질환

1 유해물질이 인체에 미치는 영향인자

① 유해물질의 농도(독성)
② 유해물질에 폭로되는 시간(폭로빈도)
③ 개인의 감수성
④ 작업방법(작업강도, 기상조건)

2 NOEL(No Observed Effect Level)

① 현재의 평가방법으로는 독성 영향이 관찰되지 않는 수준이다.
② 무관찰 영향수준, 즉 무관찰 작용량을 의미한다.
③ NOEL 투여에서는 투여하는 전 기간에 걸쳐 치사, 발병 및 생리학적 변화가 모든 실험대상에서 관찰되지 않는다.
④ 양-반응 관계에서 안전하다고 여겨지는 양으로 간주한다.
⑤ 아급성 또는 만성독성 시험에 구해지는 지표이다.

3 유해물질의 인체 침입경로

① **호흡기** : 유해물질의 흡수속도는 그 유해물질의 공기 중 농도와 용해도, 폐까지 도달하는 양은 그 유해물질의 용해도에 의해서 결정된다. 따라서 가스상 물질의 호흡기계 축적을 결정하는 가장 중요한 인자는 물질의 수용성 정도이다.
② **피부** : 피부를 통한 흡수량은 접촉 피부면적과 그 유해물질의 유해성과 비례하고, 유해물질이 침투될 수 있는 피부면적은 약 $1.6m^2$이며, 피부흡수량은 전 호흡량의 15% 정도이다.
③ **소화기** : 소화기(위장관)를 통한 흡수량은 위장관의 표면적, 혈류량, 유해물질의 물리적 성질에 좌우되며 우발적이고, 고의에 의하여 섭취된다.

4 금속이 소화기(위장관)에서 흡수되는 작용

① 단순확산 또는 촉진확산
② 특이적 수송과정
③ 음세포 작용

5 발암성 유발물질

① 크롬화합물
② 니켈
③ 석면
④ 비소
⑤ tar(PAH)
⑥ 방사선

6 호흡기에 대한 자극작용 구분(유해물질의 용해도에 따른 구분)

① 자극제의 구분

자극제	종류	
상기도 점막 자극제	• 암모니아(NH_3) • 아황산가스(SO_2) • 아크로레인($CH_2=CHCHO$) • 크롬산 • 염산(HCl 수용액) 및 불산(HF)	• 염화수소(HCl) • 포름알데히드(HCHO) • 아세트알데히드(CH_3CHO) • 산화에틸렌
상기도 점막 및 폐 조직 자극제	• 불소(F_2) • 염소(Cl_2) • 브롬(Br_2) • 황산디메틸 및 황산디에틸	• 요오드(I_2) • 오존(O_3) • 청산화물 • 사염화인 및 오염화인
종말(세)기관지 및 폐포 점막 자극제	• 이산화질소(NO_2) • 염화비소(삼염화비소 : $AsCl_3$)	• 포스겐($COCl_2$)

② 사염화탄소(CCl_4)의 특징
  ㉠ 특이한 냄새가 나는 무색의 액체로, 소화제, 탈지세정제, 용제로 이용한다.
  ㉡ 신장장애 증상으로 감뇨, 혈뇨 등이 발생하며, 완전 무뇨증이 되면 사망할 수 있다.
  ㉢ 피부, 간장, 신장, 소화기, 신경계에 장애를 일으키는데, 특히 간에 대한 독성작용이 강하게 나타난다. 즉, 간에 중요한 장애인 중심소엽성 괴사를 일으킨다.
  ㉣ 가열하면 포스겐이나 염소(염화수소)로 분해되어 주의를 요한다.

③ 포스겐($COCl_2$)의 특징
  ㉠ 태양자외선과 산업장에서 발생하는 자외선은 공기 중의 NO2와 올레핀계 탄화수소와 광학적 반응을 일으켜 트리클로로에틸렌을 독성이 강한 포스겐으로 전환시키는 광화학작용을 한다.
  ㉡ 공기 중에 트리클로로에틸렌이 고농도로 존재하는 작업장에서 아크용접을 실시하는 경우 트리클로로에틸렌이 포스겐으로 전환될 수 있다.
  ㉢ 독성은 염소보다 약 10배 정도 강하다.

7 질식제의 구분

구 분	정의	종류
단순 질식제	원래 그 자체는 독성 작용이 없으나 공기 중에 많이 존재하면 산소분압의 저하로 산소공급 부족을 일으키는 물질	• 이산화탄소(CO_2) • 메탄가스(CH_4) • 질소가스(N_2) • 수소가스(H_2) • 에탄, 프로판, 에틸렌, 아세틸렌, 헬륨
화학적 질식제	• 직접적 작용에 의해 혈액 중의 혈색소와 결합하여 산소운반능력을 방해하는 물질 • 조직 중의 산화효소를 불활성시켜 질식작용(세포의 산소 수용능력 상실)	• 일산화탄소(CO) • 황화수소(H_2S) • 시안화수소(HCN) : 독성은 두통, 갑상선 비대, 코 및 피부 자극 등이며, 중추신경계 기능의 마비를 일으켜 심한 경우 사망에 이르며, 원형질(protoplasmic) 독성이 나타남 • 아닐린($C_6H_5NH_2$) : 메트헤모글로빈(methemoglobin)을 형성하여 간장, 신장, 중추신경계 장애를 일으킴(시력과 언어 장애 증상)

※ 효소 : 유해화학물질이 체내로 침투되어 해독되는 경우 해독반응에 가장 중요한 작용을 하는 물질

8 유기용제의 증기가 가장 활발하게 발생할 수 있는 환경조건

높은 온도와 낮은 기압

9 할로겐화 탄화수소 독성의 일반적 특성

① 공통적인 독성작용으로 대표적인 것은 중추신경계 억제작용이다.
② 일반적으로 할로겐화 탄화수소의 독성 정도는 화합물의 분자량이 클수록, 할로겐원소가 커질수록 증가한다.
③ 대개 중추신경계의 억제에 의한 마취작용이 나타난다.
④ 포화탄화수소는 탄소수가 5개 정도까지는 길수록 중추신경계에 대한 억제작용이 증가한다.
⑤ 할로겐화된 기능기가 첨가되면 마취작용이 증가하여 중추신경계에 대한 억제작용이 증가하며, 기능기 중 할로겐족(F, Cl, Br 등)의 독성이 가장 크다.
⑥ 알켄족이 알칸족보다 중추신경계에 대한 억제작용이 크다.

10 유기용제의 중추신경계 영향

① 유기화학물질의 중추신경계 억제작용 순서
알칸 < 알켄 < 알코올 < 유기산 < 에스테르 < 에테르 < 할로겐화합물(할로겐족)
② 유기화학물질의 중추신경계 자극작용 순서
알칸 < 알코올 < 알데히드 또는 케톤 < 유기산 < 아민류
③ 방향족 유기용제의 중추신경계에 대한 영향 크기 순서
벤젠 < 알킬벤젠 < 아릴벤젠 < 치환벤젠 < 고리형 지방족 치환 벤젠

11 방향족 유기용제의 종류별 성질

구 분	성 질
벤젠 (C_6H_6)	• ACGIH에서는 인간에 대한 발암성이 확인된 물질군(A1)에 포함되고, 우리나라에서는 발암성 물질로 추정되는 물질군(A2)에 포함됨 • 벤젠은 영구적 혈액장애를 일으키지만, 벤젠 치환 화합물(톨루엔, 크실렌 등)은 노출에 따른 영구적 혈액장애는 일으키지 않음 • 주요 최종 대사산물은 페놀이며, 이것은 황산 혹은 글루크론산과 결합하여 소변으로 배출됨 (즉, 페놀은 벤젠의 생물학적 노출지표) • 방향족 탄화수소 중 저농도에 장기간 폭로(노출)되어 만성중독(조혈장애)을 일으키는 경우에는 벤젠의 위험도가 가장 큼 • 장기간 폭로 시 혈액장애, 간장장애, 재생불량성 빈혈, 백혈병(급성뇌척수성)을 일으킴 • 혈액장애는 혈소판 감소, 백혈구감소증, 빈혈증을 말하며, 범혈구감소증이라 함 • 골수 독성물질이라는 점에서 다른 유기용제와 다름 • 급성중독은 주로 마취작용이며, 현기증, 정신착란, 뇌부종, 혼수, 호흡정지에 의한 사망에 이름 • 조혈장애는 벤젠 중독의 특이증상임(모든 방향족 탄화수소가 조혈장애를 유발하지 않음)
톨루엔 ($C_6H_5CH_3$)	• 인간에 대한 발암성은 의심되나, 근거자료가 부족한 물질군(A4)에 포함됨 • 방향족 탄화수소 중 급성 전신중독을 유발하는 데 독성이 가장 강한 물질(뇌 손상) • 급성 전신중독 시 독성이 강한 순서 : 톨루엔 > 크실렌 > 벤젠 • 벤젠보다 더 강하게 중추신경계의 억제재로 작용 • 영구적인 혈액장애를 일으키지 않고(벤젠은 영구적 혈액장애), 골수장애도 일어나지 않음 • 생물학적 노출지표는 소변 중 o-크레졸 • 주로 간에서 o-크레졸로 되어 소변으로 배설됨
다핵방향족 탄화수소류 (PAH)	• 일반적으로 시토크롬 P-448이라 함 • 벤젠고리가 2개 이상 연결된 것으로, 20여 가지 이상이 있음 • 대사가 거의 되지 않아 방향족 고리로 구성되어 있음 • 철강 제조업의 코크스 제조공정, 담배의 흡연, 연소공정, 석탄건류, 아스팔트 포장, 굴뚝 청소 시 발생 • 비극성의 지용성 화합물이며, 소화관을 통하여 흡수됨 • 시토크롬 P-450의 준개체단에 의하여 대사되며, 대사에 관여하는 효소는 P-448로 대사되는 중간산물이 발암성을 나타냄 • 대사 중에 산화아렌(arene oxide)을 생성하고, 잠재적 독성이 있음 • 배설을 쉽게 하기 위하여 수용성으로 대사되는데, 체내에서 먼저 PAH가 hydroxylation(수산화)되어 수용성을 도움

12 벤지딘의 주요 특징

① 염료, 직물, 제지, 화학공업, 합성고무 경화제의 제조에 사용한다.
② 급성 중독으로 피부염, 급성방광염을 유발한다.
③ 만성 중독으로는 방광, 요로계 종양을 유발한다.

13 주요 유기용제의 종류별 성질

구 분	성질
메탄올 (CH_3OH)	• 주요 독성 : 시각장애, 중추신경 억제, 혼수상태를 야기 • 대사산물(생물학적 노출지표) : 소변 중 메탄올 • 시각장애기전 : 메탄올 → 포름알데히드 → 포름산 → 이산화탄소 (즉, 중간대사체에 의하여 시신경에 독성을 나타냄)
메틸부틸케톤(MBK), 메틸에틸케톤(MEK)	• 투명 액체로 인화성·폭발성이 있음 • 장기 폭로 시 중독성 지각운동, 말초신경장애를 유발 • MBK는 체내 대사과정을 거쳐 2,5-hexanedione을 생성
트리클로로에틸렌 (삼염화에틸렌, 트리클렌, $CHCl=CCl_2$)	• 클로로포름과 같은 냄새가 나는 무색투명한 휘발성 액체로, 인화성·폭발성이 있음 • 고농도 노출에 의해 간 및 신장에 대한 장애를 유발 • 폐를 통하여 흡수되고, 삼염화에탄올과 삼염화초산으로 대사됨
염화비닐 (C_2H_3Cl)	• 장기간 폭로될 때 간조직세포에서 여러 소기관이 증식하고, 섬유화 증상이 나타나 간에 혈관육종(hemangiosarcoma)을 유발 • 장기간 흡입한 근로자에게 레이노 현상을 유발

이황화탄소
(CS_2)
	• 주로 인조견(비스코스레이온)과 셀로판 생산 및 농약공장, 사염화탄소 제조, 고무제품의
	  용제 등에 사용
	• 중추신경계통을 침해하고 말초신경장애 현상으로 파킨슨증후군을 유발하며, 급성마비,
	  두통, 신경증상 등을 유발(감각 및 운동 신경 모두 유발)
	• 급성으로 고농도 노출 시 사망할 수 있고 1,000ppm 수준에서 환상을 보는 정신이상을
	  유발(기질적 뇌손상, 말초신경병, 신경행동학적 이상)
	• 청각장애는 주로 고주파 영역에서 발생

노말헥산 [n-헥산, $CH_3(CH_2)_4CH_3$]	• 페인트, 시너, 잉크 등의 용제 및 정밀기계의 세척제 등으로 사용 • 장기간 폭로될 경우 독성 말초신경장애가 초래되어 사지의 지각상실과 신근마비 등 다발성 신경장애 유발 • 2000년대 외국인 근로자에게 다발성 말초신경증을 집단으로 유발한 물질 • 체내 대사과정을 거쳐 2,5-hexanedione 물질로 배설
PCB (polychlorinated biphenyl)	• Biphenyl 염소화합물의 총칭이며, 전기공업, 인쇄잉크 용제 등으로 사용 • 체내 축적성이 매우 높기 때문에 발암성 물질로 분류
아크릴로니트릴 (C_3H_3N)	• 플라스틱 산업, 합성섬유 제조, 합성고무 생산공정 등에서 노출되는 물질 • 폐와 대장에 주로 암을 유발
디메틸포름아미드 (DMF ; Dimethy lformamide)	• 피부에 묻으면 피부를 강하게 자극하고, 피부로 흡수되어 건강장애 등의 중독증상 유발 • 현기증, 질식, 숨가쁨, 기관지 수축을 유발

14 유기용제별 대표적 특이증상(가장 심각한 독성 영향)

유기용제	특이증상
벤젠	조혈장애
염화탄화수소	간장애
이황화탄소	중추신경 및 말초신경 장애, 생식기능장애
메틸알코올(메탄올)	시신경장애
메틸부틸케톤	말초신경장애(중독성)
노말헥산	다발성 신경장애
에틸렌글리콜에테르	생식기장애
알코올, 에테르류, 케톤류	마취작용
염화비닐	간장애
톨루엔	중추신경장애
2-브로모프로판	생식독성

15 피부의 색소 변성에 영향을 주는 물질

① 타르(tar)
② 피치(pitch)
③ 페놀(phenol)

16 화학물질 노출로 인한 색소 증가 원인물질

① 콜타르
② 햇빛
③ 만성 피부염

17 첩포시험

① 첩포시험(patch test)은 알레르기성 접촉피부염의 진단에 필수적이며 가장 중요한 임상시험이다.
② 피부염의 원인물질로 예상되는 화학물질을 피부에 도포하고 48시간 동안 덮어둔 후 피부염의 발생 여부를 확인한다.
③ 첩포시험 결과 침윤, 부종이 지속된 경우를 알레르기성 접촉 피부염으로 판독한다.

18 기관별 발암물질의 구분

① 국제암연구위원회(IARC)의 발암물질 구분

구분	내용
Group 1	인체 발암성 확인물질(벤젠, 알코올, 담배, 다이옥신, 석면 등)
Group 2A	인체 발암성 예측·추정 물질(자외선, 태양램프, 방부제 등)
Group 2B	인체 발암성 가능물질(커피, 피클, 고사리, 클로로포름, 삼염화안티몬 등)
Group 3	인체 발암성 미분류물질(카페인, 홍차, 콜레스테롤 등)
Group 4	인체 비발암성 추정물질

② 미국산업위생전문가협의회(ACGIH)의 발암물질 구분

구분	내용
A1	인체 발암 확인(확정)물질(석면, 우라늄, Cr^{+6} 화합물)
A2	인체 발암이 의심되는 물질(발암 추정물질)
A3	• 동물 발암성 확인물질 • 인체 발암성을 모름
A4	• 인체 발암성 미분류물질 • 인체 발암성이 확인되지 않은 물질
A5	인체 발암성 미의심물질

19 정상세포와 악성종양세포의 차이점

구분	정상세포	악성종양세포
세포질/핵 비율	(악성종양 세포보다) 높음	낮음
세포와 세포의 연결	정상	소실
전이성, 재발성	없음	있음
성장속도	느림	빠름

핵심이론 39 중금속

1 납(Pb)

① 개요

기원전 370년 히포크라테스는 금속추출 작업자들에게서 심한 복부 산통이 나타난 것을 기술하였는데, 이는 역사상 최초로 기록된 직업병이다.

② 발생원
  ㉠ 납 제련소(납 정련) 및 납 광산
  ㉡ 납축전지(배터리 제조) 생산
  ㉢ 인쇄소(활자의 문선, 조판 작업)
③ 축적 : 납은 적혈구와 친화력이 강해, 납의 95% 정도는 적혈구에 결합되어 있다.
④ 이미증(pica)
  ㉠ 1~5세의 소아환자에게서 발생하기 쉽다.
  ㉡ 매우 낮은 농도에서 어린이에게 학습장애 및 기능저하를 초래한다.
⑤ 납중독의 기타 증상 : 연산통, 만성신부전, 피로와 쇠약, 불면증, 골수 침입
⑥ 적혈구에 미치는 작용
  ㉠ K^+과 수분 손실
  ㉡ 삼투압이 증가하여 적혈구 위축
  ㉢ 적혈구의 생존기간 감소
  ㉣ 적혈구 내 전해질 감소
  ㉤ 미숙적혈구(망상적혈구, 친염기성 혈구) 증가
  ㉥ 혈색소(헤모글로빈) 양 저하, 망상적혈구수 증가, 혈청 내 철 증가
  ㉦ 적혈구 내 프로토포르피린 증가
  ㉧ 소변 중 코프로포르피린 증가
⑦ 납중독 확인(진단)검사(임상검사)
  ㉠ 소변 중 코프로포르피린(coproporphyrin) 배설량 측정
  ㉡ 소변 중 델타아미노레불린산(δ-ALA) 측정
  ㉢ 혈중 징크프로토포르피린(ZPP ; Zinc protoporphyrin) 측정
  ㉣ 혈중 납량 측정
  ㉤ 소변 중 납량 측정
  ㉥ 빈혈검사
  ㉦ 혈액검사
  ㉧ 혈중 알파아미노레불린산(α-ALA) 탈수효소 활성치 측정
⑧ 납중독의 치료

구분	치료
급성중독	• 섭취 시에는 즉시 3% 황산소다 용액으로 위세척 • Ca-EDTA를 하루에 1~4g 정도 정맥 내 투여하여 치료(5일 이상 투여 금지) ※ Ca-EDTA : 무기성 납으로 인한 중독 시 원활한 체내 배출을 위해 사용하는 배설촉진제(단, 신장이 나쁜 사람에게는 사용 금지)
만성중독	• 배설촉진제 Ca-EDTA 및 페니실라민(penicillamine) 투여 • 대중요법으로 진정제, 안정제, 비타민 $B_1 \cdot B_2$를 사용

2 수은(Hg)

① **개요**

우리나라에서는 형광등 제조업체에 근무하던 '문송면' 군에게 직업병을 야기시킨 원인인자가 수은이며, 17세기 유럽에서 신사용 중절모자를 제조하는 데 사용함으로써 근육경련(hatter's shake)을 유발시킨 기록이 있다.

② **발생원**

구분	발생원
무기수은 (금속수은)	• 형광등, 수은온도계 제조 • 체온계, 혈압계, 기압계 제조 • 페인트, 농약, 살균제 제조 • 모자용 모피 및 벨트 제조 • 뇌홍[$Hg(ONC)_2$] 제조
유기수은	• 의약, 농약 제조 • 종자 소독 • 펄프 제조 • 농약 살포 • 가성소다 제조

③ **축적**

  ㉠ 금속수은은 전리된 수소이온이 단백질을 침전시키고 -SH기 친화력을 가지고 있어 세포 내 효소반응을 억제함으로써 독성작용을 일으킨다.
  ㉡ 신장 및 간에 고농도 축적현상이 일반적이다.
  ㉢ 뇌에 가장 강한 친화력을 가진 수은화합물은 메틸수은이다.
  ㉣ 혈액 내 수은 존재 시 약 90%는 적혈구 내에서 발견된다.

④ **수은에 의한 건강장애**

  ㉠ 수은중독의 특징적인 증상은 구내염, 근육진전, 전신증상으로 분류된다.
  ㉡ 수족신경마비, 시신경장애, 정신이상, 보행장애, 뇌신경세포 손상 등의 장애가 나타난다.
  ㉢ 전신증상으로는 중추신경계통, 특히 뇌조직에 심한 증상이 나타나 정신기능이 상실될 수 있다(정신장애).
  ㉣ 유기수은(알킬수은) 중 메틸수은은 미나마타(minamata)병을 유발한다.

⑤ **수은중독의 치료**

구분	치료
급성중독	• 우유와 계란의 흰자를 먹여 단백질과 해당 물질을 결합시켜 침전 • 위세척(5~10% S.F.S 용액) 실시(다만, 세척액은 200~300mL를 넘지 않을 것)
만성중독	• 수은 취급을 즉시 중지 • BAL(British Anti Lewisite) 투여 • 1일 10L의 등장식염수를 공급(이뇨작용 촉진) • Ca-EDTA의 투여는 금기사항

3 카드뮴(Cd)

① 개요

1945년 일본에서 이타이이타이병이란 중독사건이 생겨 수많은 환자가 발생한 사례가 있는데, 이는 생축적, 먹이사슬의 축적에 의한 카드뮴 폭로와 비타민 D의 결핍에 의한 것이었다.

② 발생원

㉠ 납광물이나 아연 제련 시 부산물
㉡ 주로 전기도금, 알루미늄과의 합금에 이용
㉢ 축전기 전극
㉣ 도자기, 페인트의 안료
㉤ 니켈카드뮴 배터리 및 살균제

③ 축적

㉠ 체내에 축적된 카드뮴의 50~75%는 간과 신장에 축적되고, 일부는 장관벽에 축적된다.
㉡ 흡수된 카드뮴은 혈장단백질과 결합하여 최종적으로 신장에 축적된다.

④ 카드뮴에 의한 건강장애

구분	건강장애
급성중독	• 호흡기 흡입 : 호흡기도, 폐에 강한 자극증상(화학성 폐렴) • 경구 흡입 : 구토·설사, 급성 위장염, 근육통, 간·신장 장애
만성중독	• 신장기능 장애　　　　　• 골격계 장애 • 폐기능 장애　　　　　　• 자각 증상

⑤ 카드뮴중독의 치료

㉠ BAL 및 Ca-EDTA를 투여하면 신장에 대한 독성작용이 더욱 심해지므로 금한다.
㉡ 안정을 취하고 대중요법을 이용하는 동시에 산소 흡입, 스테로이드를 투여한다.
㉢ 치아에 황색 색소침착 유발 시 글루쿠론산칼슘 20mL를 정맥주사한다.
㉣ 비타민 D를 피하주사한다(1주 간격으로 6회가 효과적).

4 크롬(Cr)

① 개요

비중격연골에 천공이 대표적 증상으로, 근래에는 직업성 피부질환도 다량 발생하는 경향이 있으며, 3가 크롬은 피부흡수가 어려우나, 6가 크롬은 쉽게 피부를 통과하므로 6가 크롬이 더 해롭다.

② 발생원

㉠ 전기도금 공장
㉡ 가죽, 피혁 제조
㉢ 염색, 안료 제조
㉣ 방부제, 약품 제조

③ 축적

6가 크롬은 생체막을 통해 세포 내에서 3가로 환원되어 간, 신장, 부갑상선, 폐, 골수에 축적된다.

④ 크롬에 의한 건강장애

구분	건강장애
급성중독	• 신장장애 : 과뇨증(혈뇨증) 후 무뇨증을 일으키며, 요독증으로 10일 이내에 사망 • 위장장애 • 급성 폐렴
만성중독	• 점막장애 : 비중격천공 • 피부장애 : 피부궤양을 야기(둥근 형태의 궤양) • 발암작용 : 장기간 흡입에 의한 기관지암, 폐암, 비강암(6가 크롬) 발생 • 호흡기 장애 : 크롬폐증 발생

⑤ 크롬중독의 치료
  ㉠ 크롬 폭로 시 즉시 중단하여야 하며, BAL, Ca-EDTA 복용은 효과가 없다.
    ※ 만성 크롬중독의 특별한 치료법은 없다.
  ㉡ 사고로 섭취 시 응급조치로 환원제인 우유와 비타민 C를 섭취한다.

5 베릴륨(Be)

① 발생원
  ㉠ 합금, 베릴륨 제조
  ㉡ 원자로 작업
  ㉢ 산소화학합성
  ㉣ 금속 재생공정
  ㉤ 우주항공산업

② 베릴륨에 의한 건강장애
  ㉠ 급성중독 : 염화물, 황화물, 불화물과 같은 용해성 베릴륨 화합물은 급성중독을 일으킨다.
  ㉡ 만성중독 : 육아 종양, 화학적 폐렴 및 폐암을 유발하며, 'neighborhood cases'라고도 한다.

6 비소(As)

① 개요

자연계에서는 3가 및 5가의 원소로서 삼산화비소, 오산화비소의 형태로 존재하며, 독성작용은 5가보다는 3가의 비소화합물이 강하다. 특히 물에 녹아 아비산을 생성하는 삼산화비소가 가장 강력하다.

② 발생원
- ㉠ 토양의 광석 등 자연계에 널리 분포
- ㉡ 벽지, 조화, 색소 등의 제조
- ㉢ 살충제, 구충제, 목재 보존제 등에 많이 이용
- ㉣ 베어링 제조
- ㉤ 유리의 착색제, 피혁 및 동물의 박제에 방부제로 사용

③ 흡수
- ㉠ 비소의 분진과 증기는 호흡기를 통해 체내에 흡수되며, 작업현장에서의 호흡기 노출이 가장 문제가 된다.
- ㉡ 비소화합물이 상처에 접촉함으로써 피부를 통하여 흡수된다.
- ㉢ 체내에 침입된 3가 비소가 5가 비소 상태로 산화되며, 반대현상도 나타난다.
- ㉣ 체내에서 −SH기 그룹과 유기적인 결합을 일으켜서 독성을 나타낸다.

④ 축적
- ㉠ 주로 뼈, 모발, 손톱 등에 축적되며, 간장, 신장, 폐, 소화관벽, 비장 등에도 축적된다.
- ㉡ 골(뼈)조직 및 피부는 비소의 주요한 축적장기이다.

7 망간(Mn)

① 개요
철강 제조 분야에서 직업성 폭로가 가장 많으며, 계속적인 폭로로 전신의 근무력증, 수전증, 파킨슨증후군이 나타나고 금속열을 유발한다.

② 발생원
- ㉠ 특수강철 생산(망간 함유 80% 이상 합금)
- ㉡ 망간건전지
- ㉢ 전기용접봉 제조업, 도자기 제조업

③ 망간에 의한 건강장애

구분	건강장애
급성중독	• MMT(Methylcyclopentadienyl Manganese Trialbonyls)에 의한 피부와 호흡기 노출로 인한 증상 • 급성 고농도에 노출 시 조증(들뜸병)의 정신병 양상
만성중독	• 무력증, 식욕감퇴 등의 초기증세를 보이다, 심해지면 중추신경계의 특정 부위를 손상(뇌기저핵에 축적되어 신경세포 파괴)시키고, 노출이 지속되면 파킨슨 증후군과 보행장애가 나타남 • 안면의 변화(무표정하게 됨), 배근력의 저하(소자증 증상) • 언어장애(언어가 느려짐), 균형감각 상실

8 금속증기열

① 개요
- ㉠ 금속이 용융점 이상으로 가열될 때 형성되는 고농도의 금속산화물을 흄 형태로 흡입함으로써 발생되는 일시적인 질병이다.
- ㉡ 금속증기를 들이마심으로써 일어나는 열로, 특히 아연에 의한 경우가 많아 아연열이라고도 하는데, 구리, 니켈 등의 금속증기에 의해서도 발생된다.

② 발생 원인물질
- ㉠ 아연(산화아연)
- ㉡ 구리
- ㉢ 망간
- ㉣ 마그네슘
- ㉤ 니켈

③ 증상
- ㉠ 금속증기에 폭로되고 몇 시간 후에 발병되며, 체온상승, 목의 건조, 오한, 기침, 땀이 많이 발생하고, 호흡곤란을 일으킨다.
- ㉡ 증상은 12~24시간(또는 24~48시간) 후에는 자연적으로 없어진다.
- ㉢ 기폭로된 근로자는 일시적 면역이 생긴다.
- ㉣ 금속증기열은 폐렴, 폐결핵의 원인이 되지는 않는다.
- ㉤ 월요일열(monday fever)이라고도 한다.

핵심이론 40 | 독성과 독성실험

1 독성과 유해성

① **독성** : 유해화학물질이 일정한 농도로 체내의 특정 부위에 체류할 때 악영향을 일으킬 수 있는 능력으로, 사람에게 흡수되어 초래되는 바람직하지 않은 영향의 범위, 정도, 특성을 의미한다.
② **유해성** : 근로자가 유해인자에 노출됨으로써 손상을 유발할 수 있는 가능성이다.
- ㉠ 유해성 결정요소(독성과 노출량)
  - ⓐ 유해물질 자체의 독성
  - ⓑ 유해물질 자체의 특성
  - ⓒ 유해물질 발생형태
- ㉡ 유해성 평가 시 고려요인
  - ⓐ 시간적 빈도와 시간
  - ⓑ 공간적 분포
  - ⓒ 노출대상의 특성
  - ⓓ 조직적 특성

2 독성실험에 관한 용어

용어	의미
LD_{50}	• 유해물질의 경구투여 용량에 따른 반응범위를 결정하는 독성검사에서 얻은 용량 (반응곡선에서 실험동물군의 50%가 일정 기간 동안에 죽는 치사량을 의미) • 치사량 단위는 [물질의 무게(mg)/동물의 몸무게(kg)]로 표시함 • 통상 30일간 50%의 동물이 죽는 치사량 • 노출된 동물의 50%가 죽는 농도의 의미도 있음 • LD_{50}에는 변역 또는 95% 신뢰한계를 명시하여야 함
LC_{50}	• 실험동물군을 상대로 기체상태의 독성물질을 호흡시켜 50%가 죽는 농도 • 시험 유기체의 50%를 죽게 하는 독성물질의 농도
ED_{50}	• 사망을 기준으로 하는 대신, 약물을 투여한 동물의 50%가 일정한 반응을 일으키는 양 • ED는 실험동물을 대상으로 얼마의 양을 투여했을 때 독성을 초래하지 않지만, 실험군의 50%가 관찰 가능한 가역적인 반응이 나타나는 작용량, 즉 유효량을 의미
TL_{50}	시험 유기체의 50%가 살아남는 독성물질의 양
TD_{50}	시험 유기체의 50%에서 심각한 독성반응을 나타내는 양, 즉 중독량을 의미

3 생체막 투과에 영향을 미치는 인자

① 유해화학물질의 크기와 형태
② 유해화학물질의 용해성
③ 유해화학물질의 이온화 정도
④ 유해화학물질의 지방 용해성

4 생체전환의 구분

① 제1상 반응 : 분해반응이나 이화반응(이화반응 : 산화반응, 환원반응, 가수분해반응)
② 제2상 반응 : 제1상 반응을 거친 물질을 더욱 수용성으로 만드는 포합반응

5 독성실험 단계

① 제1단계(동물에 대한 급성폭로 실험)
  ㉠ 치사성과 기관장애(중독성 장애)에 대한 반응곡선을 작성
  ㉡ 눈과 피부에 대한 자극성 실험
  ㉢ 변이원성에 대하여 1차적인 스크리닝 실험
② 제2단계(동물에 대한 만성폭로 실험)
  ㉠ 상승작용과 가승작용 및 상쇄작용 실험
  ㉡ 생식영향(생식독성)과 산아장애(최기형성) 실험
  ㉢ 거동(행동) 특성 실험
  ㉣ 장기독성 실험
  ㉤ 변이원성에 대하여 2차적인 스크리닝 실험

6 최기형성 작용기전(기형 발생의 중요 요인)

① 노출되는 화학물질의 양
② 노출되는 사람의 감수성
③ 노출시기

7 생식독성의 평가방법

① 수태능력 실험
② 최기형성 실험
③ 주산, 수유기 실험

8 중요 배출기관

① 신장
  ㉠ 유해물질에 있어서 가장 중요한 기관이다.
  ㉡ 사구체 여과된 유해물질은 배출되거나 재흡수되며, 재흡수 정도는 소변의 pH에 따라 달라진다.
② 간
  ㉠ 생체변화에 있어 가장 중요한 조직으로, 혈액흐름이 많고 대사효소가 많이 존재하며 어떤 순환기에 도달하기 전에 독성물질을 해독하는 역할을 하고, 소화기로 흡수된 유해물질을 해독한다.
  ㉡ 간이 표적장기가 되는 이유
    ⓐ 혈액의 흐름이 매우 풍부하여 혈액을 통해 쉽게 침투가 가능하기 때문
    ⓑ 매우 복합적인 기능을 수행하여 기능의 손상 가능성이 매우 높기 때문
    ⓒ 문정맥을 통하여 소화기계로부터 혈액을 공급받아 소화기관을 통해 흡수된 독성물질의 일차적인 표적이 되기 때문
    ⓓ 각종 대사효소가 집중적으로 분포되어 있고 이들 효소활동에 의해 다양한 대사물질이 만들어져 다른 기관에 비해 독성물질의 노출 가능성이 매우 높기 때문

9 중독 발생에 관여하는 요인

① 공기 중 폭로농도
② 폭로시간
③ 작업강도
④ 기상조건
⑤ 개인감수성
⑥ 인체 내 침입경로
⑦ 유해물질의 물리화학적 성질

핵심이론 41 생물학적 모니터링, 산업역학

1 근로자의 화학물질에 대한 노출 평가방법 종류

① 개인시료 측정(personal sample)
② 생물학적 모니터링(biological monitoring)
③ 건강 감시(medical surveillance)

2 생물학적 모니터링

① **생물학적 모니터링의 목적**
   ㉠ 유해물질에 노출된 근로자 개인에 대해 모든 인체 침입경로, 근로시간에 따른 노출량 등의 정보를 제공한다.
   ㉡ 개인위생보호구의 효율성 평가 및 기술적 대책, 위생관리에 대한 평가에 이용한다.
   ㉢ 근로자 보호를 위한 모든 개선대책을 적절히 평가한다.

② **생물학적 모니터링의 장단점**

구분	내용
장점	• 공기 중의 농도를 측정하는 것보다 건강상 위험을 보다 직접적으로 평가 • 모든 노출경로(소화기, 호흡기, 피부 등)에 의한 종합적인 노출을 평가 • 개인시료보다 건강상 악영향을 보다 직접적으로 평가 • 건강상 위험에 대하여 보다 정확히 평가 • 인체 내 흡수된 내재용량이나 중요한 조직부위에 영향을 미치는 양을 모니터링
단점	• 시료채취가 어려움 • 유기시료의 특이성이 존재하고 복잡함 • 각 근로자의 생물학적 차이가 나타남 • 분석의 어려움이 있고, 분석 시 오염에 노출될 수 있음

③ **생물학적 모니터링의 방법 분류(생물학적 결정인자)**
   ㉠ 체액(생체시료나 호기)에서 해당 화학물질이나 그것의 대사산물을 측정하는 방법(근로자의 체액에서 화학물질이나 대사산물의 측정)
   ㉡ 실제 악영향을 초래하고 있지 않은 부위나 조직에서 측정하는 방법(건강상 악영향을 초래하지 않은 내재용량의 측정)
   ㉢ 표적과 비표적 조직과 작용하는 활성 화학물질의 양을 측정하는 방법(표적분자에 실제 활성인 화학물질에 대한 측정)

3 화학물질의 영향에 대한 생물학적 모니터링 대상

① **납** : 적혈구에서 ZPP
② **카드뮴** : 소변에서 저분자량 단백질
③ **일산화탄소** : 혈액에서 카르복시헤모글로빈
④ **니트로벤젠** : 혈액에서 메트헤모글로빈

4 생물학적 모니터링과 작업환경 모니터링 결과 불일치의 주요 원인

① 근로자의 생리적 기능 및 건강상태
② 직업적 노출특성상태
③ 주변 생활환경
④ 개인의 생활습관
⑤ 측정방법상의 오차

5 생물학적 노출지수(BEI, 노출지표, 폭로지수, 폭로지표)

① 혈액, 소변, 호기, 모발 등 생체시료(인체조직이나 세포)로부터 유해물질 그 자체 또는 유해물질의 대사산물 및 생화학적 변화를 반영하는 지표물질로, 생물학적 감시기준으로 사용되는 노출기준이다.
② ACGIH에서 제정하였으며, 산업위생 분야에서 전반적인 건강장애 위험을 평가하는 지침으로 이용된다.
③ 작업의 강도, 기온과 습도, 개인의 생활태도에 따라 차이가 있다.
④ 혈액, 소변, 모발, 손톱, 생체조직, 호기 또는 체액 중 유해물질의 양을 측정·조사한다.
⑤ 첫 번째 접촉하는 부위의 독성 영향을 나타내는 물질이나 흡수가 잘 되지 않은 물질에 대한 노출평가에는 바람직하지 못하고, 흡수가 잘 되고 전신적 영향을 나타내는 화학물질에 적용하는 것이 바람직하다.

6 생체시료의 종류

① 소변
  ㉠ 비파괴적으로 시료채취가 가능하다.
  ㉡ 많은 양의 시료 확보가 가능하여 일반적으로 가장 많이 활용한다.
  ㉢ 시료채취과정에서 오염될 가능성이 있다.
  ㉣ 불규칙한 소변 배설량으로 농도 보정이 필요하다.
  ㉤ 보존방법은 냉동상태($-20 \sim -10℃$)가 원칙이다.
② 혈액
  ㉠ 시료채취과정에서 오염될 가능성이 적다.
  ㉡ 휘발성 물질 시료의 손실 방지를 위하여 최대용량을 채취해야 한다.
  ㉢ 생물학적 기준치는 정맥혈을 기준으로 하며, 동맥혈에는 적용할 수 없다.
  ㉣ 분석방법 선택 시 특정 물질의 단백질 결합을 고려해야 한다.
  ㉤ 시료채취 시 근로자가 부담을 가질 수 있다.
  ㉥ 약물 동력학적 변이요인들의 영향을 받는다.
③ 호기
  ㉠ 호기 중 농도 측정은 채취시간, 호기상태에 따라 농도가 변하여 폐포 공기가 혼합된 호기시료에서 측정한다.
  ㉡ 노출 전과 노출 후에 시료를 채취한다.
  ㉢ 수증기에 의한 수분 응축의 영향을 고려한다.
  ㉣ 노출 후 혼합 호기의 농도는 폐포 내 호기 농도의 2/3 정도이다.

7 화학물질에 대한 대사산물(측정대상 물질), 시료채취시기

화학물질	대사산물(측정대상 물질) : 생물학적 노출지표	시료채취시기
납 및 그 무기화합물	혈액 중 납	중요치 않음(수시)
	소변 중 납	
카드뮴 및 그 화합물	소변 중 카드뮴	중요치 않음(수시)
	혈액 중 카드뮴	
일산화탄소	호기에서 일산화탄소	작업 종료 시(당일)
	혈액 중 carboxyhemoglobin	
벤젠	소변 중 총 페놀	작업 종료 시(당일)
	소변 중 t,t-뮤코닉산(t,t-muconic acid)	
에틸벤젠	소변 중 만델린산	작업 종료 시(당일)
니트로벤젠	소변 중 p-nitrophenol	작업 종료 시(당일)
아세톤	소변 중 아세톤	작업 종료 시(당일)
톨루엔	혈액, 호기에서 톨루엔	작업 종료 시(당일)
	소변 중 o-크레졸	
크실렌	소변 중 메틸마뇨산	작업 종료 시(당일)
스티렌	소변 중 만델린산	작업 종료 시(당일)
트리클로로에틸렌	소변 중 트리클로로초산(삼염화초산)	주말작업 종료 시(주말)
테트라클로로에틸렌	소변 중 트리클로로초산(삼염화초산)	주말작업 종료 시(주말)
트리클로로에탄	소변 중 트리클로로초산(삼염화초산)	주말작업 종료 시(주말)
사염화에틸렌	소변 중 트리클로로초산(삼염화초산)	주말작업 종료 시(주말)
	소변 중 삼염화에탄올	
이황화탄소	소변 중 TTCA	–
	소변 중 이황화탄소	
노말헥산(n-헥산)	소변 중 2,5-hexanedione	작업 종료 시(당일)
	소변 중 n-헥산	
메탄올	소변 중 메탄올	–
클로로벤젠	소변 중 총 4-chlorocatechol	작업 종료 시(당일)
	소변 중 총 p-chlorophenol	
크롬(수용성 흄)	소변 중 총 크롬	주말작업 종료 시 주간작업 중
N,N-디메틸포름아미드	소변 중 N-메틸포름아미드	작업 종료 시(당일)
페놀	소변 중 메틸마뇨산(소변 중 총 페놀)	작업 종료 시(당일)

※ 혈액 중 납(mercurytotal inorganic lead in blood)
　소변 중 총 페놀(s-phenylmercapturic acid in urine)
　소변 중 메틸마뇨산(methylhippuric acid in urine)

8 유병률과 발생률

① **유병률**
  ㉠ 어떤 시점에서 이미 존재하는 질병의 비율, 즉 발생률에서 기간을 제거한 것을 의미한다.
  ㉡ 일반적으로 기간유병률보다 시점유병률을 사용한다.
  ㉢ 인구집단 내에 존재하고 있는 환자수를 표현한 것으로, 시간단위가 없다.
  ㉣ 여러 가지 인자에 영향을 받을 수 있어 위험성을 실질적으로 나타내지 못한다.

② **발생률**
  ㉠ 특정 기간 위험에 노출된 인구집단 중 새로 발생한 환자수의 비례적인 분율, 즉 발생률은 위험에 노출된 인구 중 질병에 걸릴 확률의 개념이다.
  ㉡ 시간차원이 있고, 관찰기간 동안 평균인구가 관찰대상이 된다.

9 측정타당도

구분		실제값(질병)		합계
		양성	음성	
검사법	양성	A	B	A+B
	음성	C	D	C+D
합계		A+C	B+D	—

① 민감도 = A/(A+C)
② 가음성률 = C/(A+C)
③ 가양성률 = B/(B+D)
④ 특이도 = D/(B+D)

필기 핵심공식

핵심공식 01 표준상태와 농도단위 환산

1 표준상태

① 산업위생(작업환경측정) 분야 : 25℃, 1atm(24.45L)
② 산업환기 분야 : 21, 1atm(24.1L)
③ 일반대기 분야 : 0℃, 1atm(22.4L)

2 질량농도(mg/m^3)와 용량농도(ppm)의 환산(0℃, 1기압)

① ppm ⇨ mg/m^3

$$mg/m^3 = ppm(mL/m^3) \times \frac{분자량(mg)}{22.4mL}$$

② mg/m^3 ⇨ ppm

$$ppm(mL/m^3) = mg/m^3 \times \frac{22.4mL}{분자량(mg)}$$

3 퍼센트(%)와 용량농도(ppm)의 관계

$$1\% = 10,000ppm$$

핵심공식 02 | 보일-샤를의 법칙

온도와 압력이 동시에 변하면, 일정량의 기체 부피는 압력에 반비례하고 절대온도에 비례한다는 법칙

$$V_2 = V_1 \times \frac{T_2}{T_1} \times \frac{P_1}{P_2}$$

여기서, P_1, T_1, V_1 : 처음의 압력, 온도, 부피
P_2, T_2, V_2 : 나중의 압력, 온도, 부피

핵심공식 03 | 허용기준(노출기준, 허용농도)

1 시간가중 평균농도(TWA)

$$\text{TWA} = \frac{C_1 T_1 + \cdots\cdots + C_n T_n}{8}$$

여기서, C : 유해인자의 측정농도(ppm 또는 mg/m³)
T : 유해인자의 발생시간(시간)

2 노출지수(EI ; Exposure Index)

노출지수가 1을 초과하면 노출기준을 초과한다고 평가

$$\text{EI} = \frac{C_1}{\text{TLV}_1} + \frac{C_2}{\text{TLV}_2} + \cdots\cdots + \frac{C_n}{\text{TLV}_n}$$

여기서, C_n : 각 혼합물질의 공기 중 농도
TLV_n : 각 혼합물질의 노출기준

3 액체 혼합물의 구성 성분을 알 경우 혼합물의 허용농도

$$\text{혼합물의 허용농도(mg/m}^3) = \frac{1}{\frac{f_a}{\text{TLV}_a} + \frac{f_b}{\text{TLV}_b} + \cdots\cdots + \frac{f_n}{\text{TLV}_n}}$$

여기서, f_a, f_b, $\cdots$, f_n : 액체 혼합물에서 각 성분의 무게(중량) 구성비(%)
TLV_a, TLV_b, $\cdots$, TLV_n : 해당 물질의 TLV(노출기준, mg/m³)

4 비정상 작업시간의 허용농도 보정

① OSHA의 보정방법

㉠ 급성중독을 일으키는 물질(대표적인 물질 : 일산화탄소)

$$\text{보정된 노출기준} = 8\text{시간 노출기준} \times \frac{8\text{시간}}{\text{노출시간/일}}$$

㉡ 만성중독을 일으키는 물질(대표적인 물질 : 중금속)

$$\text{보정된 노출기준} = 8\text{시간 노출기준} \times \frac{40\text{시간}}{\text{작업시간/주}}$$

② Brief와 Scala의 보정방법

$$\text{보정된 노출기준} = RF \times \text{노출기준(허용농도)}$$

이때, 노출기준 보정계수$(RF) = \left(\frac{8}{H}\right) \times \frac{24-H}{16}$ $\left[\text{일주일 : } RF = \left(\frac{40}{H}\right) \times \frac{168-H}{128}\right]$

여기서, H : 비정상적인 작업시간(노출시간/일, 노출시간/주)
16 : 휴식시간 의미(128 : 일주일 휴식시간 의미)

핵심공식 04 체내흡수량(안전흡수량)

1 체내흡수량(SHD)

$$SHD = C \times T \times V \times R$$

여기서, C : 공기 중 유해물질 농도(mg/m³)
T : 노출시간(hr)
V : 호흡률(폐환기율)(m³/hr)
R : 체내 잔류율(보통 1.0)

2 Haber 법칙

환경 속에서 중독을 일으키는 유해물질의 공기 중 농도(C)와 폭로시간(T)의 곱은 일정(K)하다는 법칙(단시간 노출 시 유해물질지수는 농도와 노출시간의 곱으로 계산)

$$C \times T = K$$

핵심공식 05　중량물 취급의 기준(NIOSH)

1 감시기준(AL)

$$\mathrm{AL\,(kg)} = 40\left(\frac{15}{H}\right)(1 - 0.004|V-75|)\left(0.7 + \frac{7.5}{D}\right)\left(1 - \frac{F}{F_{\max}}\right)$$

여기서, H : 대상 물체의 수평거리
　　　　V : 대상 물체의 수직거리
　　　　D : 대상 물체의 이동거리
　　　　F : 중량물 취급 작업의 분당 빈도
　　　　$F_{\max}$: 인양 대상 물체의 취급 최빈수

2 최대허용기준(MPL)

$$\mathrm{MPL\,(kg)} = 3 \times \mathrm{AL}$$

3 권고기준(RWL)

$$\mathrm{RWL\,(kg)} = L_C \times \mathrm{HM} \times \mathrm{VM} \times \mathrm{DM} \times \mathrm{AM} \times \mathrm{FM} \times \mathrm{CM}$$

여기서, L_C : 중량상수(부하상수)(23kg : 최적 작업상태 권장 최대무게)
　　　　HM : 수평계수
　　　　VM : 수직계수
　　　　DM : 물체 이동거리계수
　　　　AM : 비대칭각도계수
　　　　FM : 작업빈도계수
　　　　CM : 물체를 잡는 데 따른 계수(커플링계수)

4 중량물 취급기준(LI ; 들기지수)

$$\mathrm{LI} = \frac{\text{물체 무게}}{\mathrm{RWL}}$$

핵심공식 06 | 작업강도와 작업시간 및 휴식시간

1 피로예방 최대 허용작업시간(작업강도에 따른 허용작업시간)

$$\log T_{\text{end}} = 3.720 - 0.1949E$$

여기서, T_{end} : 허용작업시간(min)
E : 작업대사량(kcal/min)

2 피로예방 휴식시간비(Hertig 식)

$$T_{\text{rest}} = \left(\frac{E_{\max} - E_{\text{task}}}{E_{\text{rest}} - E_{\text{task}}}\right) \times 100$$

여기서, T_{rest} : 피로예방을 위한 적정 휴식시간비(60분 기준으로 산정)(%)
$E_{\max}$: 1일 8시간 작업에 적합한 작업대사량(PWC의 1/3)
E_{rest} : 휴식 중 소모대사량
E_{task} : 해당 작업의 작업대사량

3 작업강도

$$작업강도(\%MS) = \frac{RF}{MS} \times 100$$

여기서, RF : 작업 시 요구되는 힘
MS : 근로자가 가지고 있는 최대 힘

4 적정 작업시간

$$적정\ 작업시간(\sec) = 671{,}120 \times \%MS^{-2.222}$$

여기서, %MS : 작업강도(근로자의 근력이 좌우함)

핵심공식 07 작업대사율(에너지대사율)

1 작업대사율(RMR)

$$\text{RMR} = \frac{\text{작업대사량}}{\text{기초대사량}} = \frac{\text{작업 시 소요열량} - \text{안정 시 소요열량}}{\text{기초대사량}}$$

2 계속작업 한계시간(CMT)

$$\log \text{CMT} = 3.724 - 3.25 \log \text{RMR}$$

3 실노동률(실동률)

$$\text{실노동률}(\%) = 85 - (5 \times \text{RMR})$$

핵심공식 08 습구흑구온도지수(WBGT)

1 옥외(태양광선이 내리쬐는 장소)

$$\text{WBGT}(℃) = (0.7 \times \text{자연습구온도}) + (0.2 \times \text{흑구온도}) + (0.1 \times \text{건구온도})$$

2 옥내 또는 옥외(태양광선이 내리쬐지 않는 장소)

$$\text{WBGT}(℃) = (0.7 \times \text{자연습구온도}) + (0.3 \times \text{흑구온도})$$

핵심공식 09 | 산업재해의 평가와 보상

1 산업재해 평가지표

① 연천인율

$$\text{연천인율} = \frac{\text{연간 재해자 수}}{\text{연평균 근로자 수}} \times 1,000 = \text{도수율} \times 2.4$$

② 도수율(빈도율, FR)

- $\text{도수율} = \dfrac{\text{일정 기간 중 재해발생건수}}{\text{일정 기간 중 연 근로시간 수}} \times 1,000,000 = \dfrac{\text{연천인율}}{2.4}$
- $\text{환산도수율}(F) = \dfrac{\text{도수율}}{10}$

③ 강도율(SR)

- $\text{강도율} = \dfrac{\text{일정 기간 중 근로손실일수}}{\text{일정 기간 중 연 근로시간수}} \times 1,000$

  이때, 근로손실일수 $= \text{총휴업일수} \times \dfrac{300}{365}$
- $\text{환산강도율}(S) = \text{강도율} \times 100$

④ 종합재해지수(FSI)

$$\text{종합재해지수} = \sqrt{\text{도수율} \times \text{강도율}}$$

⑤ 사고사망만인율

$$\text{사고사망만인율} = \frac{\text{사고사망자 수}}{\text{상시근로자 수}} \times 10,000$$

2 산업재해 보상평가(손실평가)

① 하인리히(Heinrich)

$$\text{총 재해코스트} = \text{직접비} + \text{간접비 (이때, 직접비 : 간접비} = 1 : 4)$$
$$= \text{직접비} \times 5$$

② 시몬즈(Simonds)

$$\text{총 재해코스트} = \text{보험코스트} + \text{비보험코스트}$$

핵심공식 10 | 시료의 채취

1 공기채취기구(pump)의 채취유량

$$채취유량(L/min) = \frac{비누거품이\ 통과한\ 용량(L)}{비누거품이\ 통과한\ 시간(min)}$$

2 정량한계와 표준편차, 검출한계의 관계

$$\begin{aligned}정량한계 &= 표준편차 \times 10 \\ &= 검출한계 \times 3(또는\ 3.3)\end{aligned}$$

3 회수율과 탈착률

① 회수율

$$회수율(\%) = \frac{분석량}{첨가량} \times 100$$

② 탈착률

$$탈착률(\%) = \frac{분석량}{첨가량} \times 100$$

4 가스상·입자상 물질의 농도 계산

① 가스상 물질의 농도(흡착관 이용)

$$농도 = \frac{(앞층\ 분석량 + 뒤층\ 분석량) - (공시료\ 앞층\ 분석량 + 공시료\ 뒤층\ 분석량)}{펌프\ 유량(L/min) \times 시료채취시간(min) \times 탈착효율}$$

② 입자상 물질의 농도(여과지 이용)

$$농도 = \frac{(채취\ 후\ 무게 - 채취\ 전\ 무게) - (공시료\ 채취\ 후\ 무게 + 공시료\ 채취\ 전\ 무게)}{펌프\ 유량(L/min) \times 시료채취시간(min) \times 회수효율}$$

5 Lippmann 식에 의한 침강속도

입자 크기가 1~50μm인 경우 적용

$$V = 0.003 \times \rho \times d^2$$

여기서, V : 침강속도(cm/sec)
　　　　ρ : 입자 밀도(비중)(g/cm³)
　　　　d : 입자 직경(μm)

핵심공식 11] 누적오차(총 측정오차)

$$누적오차 = \sqrt{E_1^2 + E_2^2 + E_3^2 + \cdots + E_n^2}$$

여기서, E_1, E_2, E_3, $\cdots$, E_n : 각 요소에 대한 오차

핵심공식 12] 램버트-비어 법칙

$$흡광도 = \log \frac{1}{투과율}$$
$$= \log \frac{입사광의\ 강도}{투사광의\ 강도}$$

핵심공식 13 | 기하평균과 기하표준편차

산업위생 분야에서는 작업환경측정 결과가 대수정규분포를 취하는 경우, 대푯값으로 기하평균을, 산포도로 기하표준편차를 널리 사용한다.

1 기하평균(GM)

$$\log(\mathrm{GM}) = \frac{\log X_1 + \log X_2 + \cdots + \log X_n}{N}$$

2 기하표준편차(GSD)

$$\log(\mathrm{GSD}) = \left[\frac{(\log X_1 - \log\mathrm{GM})^2 + (\log X_2 - \log\mathrm{GM})^2 + \cdots + (\log X_N - \log\mathrm{GM})^2}{N-1}\right]^{0.5}$$

3 변이계수(CV)

측정방법의 정밀도를 평가하는 계수로, %로 표현되므로 측정단위와 무관하게 독립적으로 산출되며, 변이계수가 작을수록 자료가 평균 주위에 가깝게 분포한다는 의미

$$\mathrm{CV}(\%) = \frac{표준편차}{평균치} \times 100$$

4 그래프로 기하평균, 기하표준편차를 구하는 방법

① **기하평균** : 누적분포에서 50%에 해당하는 값
② **기하표준편차** : 84.1%에 해당하는 값을 50%에 해당하는 값으로 나누는 값

$$\mathrm{GSD} = \frac{84.1\%에 해당하는 값}{50\%에 해당하는 값} = \frac{50\%에 해당하는 값}{15.9\%에 해당하는 값}$$

핵심공식 14 유해·위험성 평가

1 표준화값

$$\text{표준화값} = \frac{\text{TWA or STEL}}{\text{허용기준}}$$

2 최고농도

- 최고농도(ppm) $= \dfrac{\text{증기압 or 분압}}{760} \times 10^6$

- 최고농도(%) $= \dfrac{\text{증기압 or 분압}}{760} \times 10^2$

3 증기화 위험지수(VHI)

$$\text{VHI} = \log\left(\frac{C}{\text{TLV}}\right)$$

여기서, TLV : 노출기준
C : 포화농도(최고농도 : 대기압과 해당 물질의 증기압을 이용하여 계산)
$\dfrac{C}{\text{TLV}}$: VHR(Vapor Hazard Ratio)

핵심공식 15 압력단위 환산

$$\begin{aligned}
1\text{기압} &= 1\text{atm} = 760\text{mmHg} = 10{,}332\text{mmH}_2\text{O} = 1.0332\text{kg}_f/\text{cm}^2 = 10{,}332\text{kg}_f/\text{m}^2 \\
&= 14.69\text{psi}(\text{lb}/\text{ft}^2) = 760\text{Torr} = 10{,}332\text{mmAq} = 10.332\text{mH}_2\text{O} = 1013.25\text{hPa} \\
&= 1013.25\text{mb} = 1.01325\text{bar} = 10.113 \times 10^5 \text{dyne}/\text{cm}^2 = 1.013 \times 10^5 \text{Pa}
\end{aligned}$$

핵심공식 16 점성계수와 동점성계수의 관계

$$\text{동점성계수}(\nu) = \frac{\text{점성계수}(\mu)}{\text{밀도}(\rho)}$$

핵심공식 17 유체 흐름과 레이놀즈수

1 단시간에 흐르는 유체의 체적

$$Q = A \times V$$

여기서, Q : 유량, A : 유체 통과 단면적, V : 유체 통과 속도

2 레이놀즈수(Re)

$$Re = \frac{\text{밀도} \times \text{유속} \times \text{직경}}{\text{점성계수}} = \frac{\text{유속} \times \text{직경}}{\text{동점성계수}} = \frac{\text{관성력}}{\text{점성력}}$$

레이놀즈수의 크기에 따른 구분
① 층류($Re < 2,100$)
② 천이 영역($2,100 < Re < 4,000$)
③ 난류($Re > 4,000$)
※ 산업환기 일반 배관 기류 흐름의 Re 범위 : $10^5 \sim 10^6$

핵심공식 18 밀도보정계수

- $d_f(\text{무차원}) = \dfrac{(273+21)(P)}{(\text{℃}+273)(760)}$
- $\rho_{(a)} = \rho_{(s)} \times d_f$

여기서, d_f : 밀도보정계수, P : 대기압(mmHg, inHg), ℃ : 온도
$\rho_{(a)}$: 실제 공기의 밀도
$\rho_{(s)}$: 표준상태(21℃, 1atm)의 공기 밀도(1.203kg/m³)

핵심공식 19 | 압력 관련식

1 전압과 동압, 정압의 관계

$$전압 = 동압 + 정압$$

※ 전압 : TP(Total Pressure), 동압 : VP(Velocity Pressure), 정압 : SP(Static Pressure)

2 공기 속도와 속도압(동압)의 관계

① 공기 밀도(비중량)가 주어진 경우

$$VP = \frac{\gamma V^2}{2g}, \quad V = \sqrt{\frac{2g\,VP}{\gamma}}$$

② 공기 밀도(비중량)가 주어지지 않은 경우

$$V = 4.043\sqrt{VP}, \quad VP = \left(\frac{V}{4.043}\right)^2$$

여기서, V : 공기 속도, VP : 속도압

핵심공식 20 | 압력손실

1 후드의 압력손실

① 후드의 정압(SP_h)

$$SP_h = 가손실 + 유입손실 = VP(1+F)$$

여기서, VP : 속도압(mmH$_2$O), F : 유입손실계수

② 후드의 압력손실(ΔP)

$$\Delta P = F \times VP$$

③ 유입계수(Ce) : 후드의 유입효율

$$Ce = \frac{실제\ 유량}{이론적인\ 유량} = \frac{실제\ 흡인유량}{이상적인\ 흡인유량} = \sqrt{\frac{1}{1+F}} \quad \left(이때,\ F = \frac{1}{Ce^2} - 1\right)$$

※ Ce가 1에 가까울수록 압력손실이 작은 후드를 의미한다.

2 덕트의 압력손실

① 덕트의 압력손실(ΔP)

$$\Delta P = \text{마찰압력손실} + \text{난류압력손실}$$

※ 덕트 압력손실 계산의 종류
- 등가길이(등거리) 방법 : 덕트의 단위길이당 마찰손실을 유속과 직경의 함수로 표현하는 방법
- 속도압 방법 : 유량과 유속에 의한 덕트 1m당 발생하는 마찰손실로, 속도압을 기준으로 표현하는 방법이며, 산업환기 설계에 일반적으로 사용

② 원형 직선 덕트의 압력손실(ΔP)

$$\Delta P = \lambda \times \frac{L}{D} \times \text{VP}$$

이때, $\lambda = 4f$

여기서, λ : 관마찰계수(무차원)
L : 덕트 길이(m)
D : 덕트 직경(m)
VP : 속도압
f : 페닝마찰계수

③ 장방형 직선 덕트의 압력손실(ΔP)

$$\Delta P = \lambda(f) \times \frac{L}{D} \times \text{VP}$$

이때, $\lambda = f$, $D = \frac{2ab}{a+b}$

여기서, a, b : 각 변의 길이

④ 곡관의 압력손실(ΔP)

$$\Delta P = \xi \times \text{VP} \times \left(\frac{\theta}{90}\right)$$

여기서, ξ : 압력손실계수
θ : 곡관의 각도

※ 새우등 곡관의 개수
- D(직경) ≤ 15cm인 경우 : 새우등 3개 이상
- D(직경) > 15cm인 경우 : 새우등 5개 이상

3 확대관의 압력손실

① 정압회복계수(R)

$$R = 1 - \xi$$

② 확대관의 압력손실(ΔP)

$$\Delta P = \xi \times (\text{VP}_1 - \text{VP}_2)$$

여기서, VP_1 : 확대 전의 속도압(mmH$_2$O)
VP_2 : 확대 후의 속도압(mmH$_2$O)

③ 정압회복량($\text{SP}_2 - \text{SP}_1$)

$$\text{SP}_2 - \text{SP}_1 = (\text{VP}_1 - \text{VP}_2) - \Delta P$$

여기서, SP_1 : 확대 후의 정압(mmH$_2$O)
SP_2 : 확대 전의 정압(mmH$_2$O)

④ 확대측 정압(SP_2)

$$\text{SP}_2 = \text{SP}_1 + R(\text{VP}_1 - \text{VP}_2)$$

4 축소관의 압력손실

① 축소관 압력손실(ΔP)

$$\Delta P = \xi \times (\text{VP}_2 - \text{VP}_1)$$

여기서, VP_1 : 축소 후의 속도압(mmH$_2$O)
VP_2 : 축소 전의 속도압(mmH$_2$O)

② 정압감소량($\text{SP}_2 - \text{SP}_1$)

$$\text{SP}_2 - \text{SP}_1 = -(\text{VP}_2 - \text{VP}_1) - \Delta P = -(1+\xi)(\text{VP}_2 - \text{VP}_1)$$

여기서, SP_1 : 축소 후의 정압(mmH$_2$O)
SP_2 : 축소 전의 정압(mmH$_2$O)

핵심공식 21. 전체환기량(필요환기량, 희석환기량)

1 평형상태인 경우 전체환기량

$$Q = \frac{G}{\text{TLV}} \times K$$

여기서, G : 시간당 공기 중으로 발생된 유해물질의 용량(L/hr)
  TLV : 허용기준
  K : 안전계수(여유계수)

※ K 결정 시 고려요인
- 유해물질의 허용기준(TLV) : 유해물질의 독성을 고려
  - 약한 독성의 물질 : TLV ≥ 500ppm
  - 중간 독성의 물질 : 100ppm < TLV < 500ppm
  - 강한 독성의 물질 : TLV ≥ 100ppm
- 환기방식의 효율성(성능) 및 실내 유입 보충용 공기의 혼합과 기류 분포를 고려
- 유해물질의 발생률
- 공정 중 근로자들의 위치와 발생원과의 거리
- 작업장 내 유해물질 발생점의 위치와 수

2 유해물질 농도 증가 시 전체환기량

① 초기상태를 $t_1=0$, $C_1=0$(처음 농도 0)이라 하고, 농도 C에 도달하는 데 걸리는 시간(t)

$$t = -\frac{V}{Q'}\left[\ln\left(\frac{G - Q'C}{G}\right)\right]$$

여기서, V : 작업장의 기적(용적)(m^3)
  Q' : 유효환기량(m^3/min)
  G : 유해가스의 발생량(m^3/min)
  C : 유해물질 농도(ppm) : 계산 시 10^6으로 나누어 계산

② 처음 농도 0인 상태에서 t시간 후의 농도(C)

$$C = \frac{G\left(1 - e^{-\frac{Q'}{V}t}\right)}{Q'}$$

3 유해물질 농도 감소 시 전체환기량

① 초기시간 $t_1=0$에서의 농도 C_1으로부터 C_2까지 감소하는 데 걸리는 시간(t)

$$t = -\frac{V}{Q'}\ln\left(\frac{C_2}{C_1}\right)$$

② 작업 중지 후 C_1인 농도에서 t분 지난 후 농도(C_2)

$$C_2 = C_1\, e^{-\frac{Q'}{V}t}$$

4 이산화탄소 제거 목적의 전체환기량

① 관련식

$$Q = \frac{M}{C_S - C_O} \times 100$$

여기서, Q : 필요환기량(m^3/hr)
M : CO_2 발생량(m^3/hr)
C_S : 작업환경 실내 CO_2 기준농도(%)(약 0.1%)
C_O : 작업환경 실외 CO_2 기준농도(%)(약 0.03%)

② 시간당 공기교환횟수(ACH)
㉠ 필요환기량 및 작업장 용적

$$\text{ACH} = \frac{\text{필요환기량}(m^3/hr)}{\text{작업장 용적}(m^3)}$$

㉡ 경과된 시간 및 CO_2 농도 변화

$$\text{ACH} = \frac{\ln(\text{측정 초기 농도} - \text{외부 } CO_2 \text{ 농도}) - \ln(\text{시간 경과 후 } CO_2 \text{ 농도} - \text{외부 } CO_2 \text{ 농도})}{\text{경과된 시간}}$$

5 급기 중 재순환량 및 외부 공기 포함량

① 급기 중 재순환량

$$\text{급기 중 재순환량} = \frac{\text{급기 중 } CO_2 \text{ 농도} - \text{외부 공기 중 } CO_2 \text{ 농도}}{\text{재순환공기 중 } CO_2 \text{ 농도} - \text{외부 공기 중 } CO_2 \text{ 농도}} \times 100$$

② 급기 중 외부 공기 포함량

$$\text{급기 중 외부 공기 포함량} = 100 - \text{급기 중 재순환량}$$

6 화재·폭발 방지 전체환기량

① 전체환기량

$$Q = \frac{24.1 \times S \times W \times C \times 10^2}{M.W \times LEL \times B}$$

여기서, Q : 필요환기량(m^3/min)
S : 물질의 비중, W : 인화물질 사용량(L/min), C : 안전계수
M.W : 물질의 분자량, LEL : 폭발농도 하한치(%), B : 온도에 따른 보정상수

② 실제 필요환기량(Q_a)

$$Q_a = Q \times \frac{273+t}{273+21}$$

여기서, Q_a : 실제 필요환기량(m^3/min)
Q : 표준공기(21℃)에 의한 환기량(m^3/min)
t : 실제 발생원 공기의 온도(℃)

7 혼합물질 발생 시 전체환기량

① 상가작용
각 유해물질의 환기량을 계산하고, 그 환기량을 모두 합하여 필요환기량으로 결정

$$Q = Q_1 + Q_2 + \cdots\cdots + Q_n$$

② 독립작용
가장 큰 값을 선택하여 필요환기량으로 결정

8 발열 및 수증기 발생 시 필요환기량

① 발열 시(방열 목적) 필요환기량(Q)

$$Q = \frac{H_s}{0.3 \Delta T}$$

여기서, H_s : 작업장 내 열부하량(kcal/hr), ΔT : 급·배기(실내·외)의 온도차(℃)

② 수증기 발생 시(수증기 제거 목적) 필요환기량(Q)

$$Q = \frac{W}{1.2 \Delta G}$$

여기서, W : 수증기 부하량(kg/hr), ΔG : 급·배기의 절대습도 차이(kg/kg 건기)

핵심공식 22 | 열평형 방정식(열역학적 관계식)

$$\Delta S = M \pm C \pm R - E$$

여기서, ΔS : 생체 열용량의 변화(인체의 열축적 또는 열손실)
 M : 작업대사량(체내 열생산량)
 C : 대류에 의한 열교환, R : 복사에 의한 열교환
 E : 증발(발한)에 의한 열손실(피부를 통한 증발)

핵심공식 23 | 후드의 필요송풍량

1 포위식 후드

$$Q = A \times V$$

여기서, Q : 필요송풍량(m^3/min), A : 후드 개구면적(m^2), V : 제어속도(m/sec)

2 외부식 후드

① 자유공간 위치, 플랜지 미부착(오염원에서 후드까지의 거리가 덕트 직경의 1.5배 이내일 때만 유효)

$$Q = V(10X^2 + A) : 기본식$$

여기서, X : 후드 중심선으로부터 발생원(오염원)까지의 거리(m)

② 자유공간 위치, 플랜지 부착(플랜지 부착 시 송풍량을 약 25% 감소)

$$Q = 0.75 \times V(10X^2 + A)$$

③ 작업면 위치, 플랜지 미부착

$$Q = V(5X^2 + A)$$

④ 작업면 위치, 플랜지 부착 ◀ 가장 경제적인 후드 형태

$$Q = 0.5 \times V(10X^2 + A)$$

3 외부식 슬롯 후드

$$Q = C \cdot L \cdot V_c \cdot X$$

여기서, C : 형상계수[전원주 : 5.0(ACGIH : 3.7)
　　　　　　　　　3/4원주 : 4.1
　　　　　　　　　1/2원주(플랜지 부착 경우와 동일) : 2.8(ACGIH : 2.6)
　　　　　　　　　1/4원주 : 1.6)]
　　　　L : 슬롯 개구면의 길이(m)
　　　　X : 포집점까지의 거리(m)

4 리시버식(수형) 천개형 후드

① 난기류가 없을 경우(유량비법)

$$Q_T = Q_1 + Q_2 = Q_1\left(1 + \frac{Q_2}{Q_1}\right) = Q_1(1 + K_L)$$

여기서, Q_T : 필요송풍량(m^3/min)
　　　　Q_1 : 열상승기류량(m^3/min)
　　　　Q_2 : 유도기류량(m^3/min)
　　　　K_L : 누입한계유량비

② 난기류가 있을 경우(유량비법)

$$Q_T = Q_1 \times [1 + (m \times K_L)] = Q_1 \times (1 + K_D)$$

여기서, m : 누출안전계수(난기류의 크기에 따라 다름)
　　　　K_D : 설계유량비

※ 리시버식 후드의 열원과 캐노피 후드 관계

$$F_3 = E + 0.8H \Rightarrow H/E는 0.7 이하로 설계$$

여기서, F_3 : 후드의 직경
　　　　E : 열원의 직경
　　　　H : 후드의 높이

핵심공식 24. 송풍기의 전압, 정압 및 소요동력

1 송풍기 전압(FTP)

$$FTP = TP_{out} - TP_{in}$$
$$= (SP_{out} + VP_{out}) - (SP_{in} + VP_{in})$$

여기서, TP_{out} : 배출구 전압, TP_{in} : 흡입구 전압
VP_{out} : 배출구 속도압, VP_{in} : 흡입구 속도압
SP_{out} : 배출구 정압, SP_{in} : 흡입구 정압

2 송풍기 정압(FSP)

$$FSP = FTP - VP_{out}$$
$$= (SP_{out} - SP_{in}) + (VP_{out} - VP_{in}) - VP_{out}$$
$$= (SP_{out} - SP_{in}) - VP_{in}$$
$$= (SP_{out} - TP_{in})$$

3 송풍기 소요동력(kW, HP)

- $kW = \dfrac{Q \times \Delta P}{6{,}120 \times \eta} \times \alpha$
- $HP = \dfrac{Q \times \Delta P}{4{,}500 \times \eta} \times \alpha$

여기서, Q : 송풍량(m^3/min)
ΔP : 송풍기 유효전압(전압, 정압)(mmH$_2$O)
η : 송풍기 효율(%)
α : 안전인자(여유율)(%)

핵심공식 25 | 송풍기 상사법칙

1 회전수비

① 풍량은 회전수비에 비례

$$\frac{Q_2}{Q_1} = \frac{\text{rpm}_2}{\text{rpm}_1}, \quad Q_2 = Q_1 \times \frac{\text{rpm}_2}{\text{rpm}_1}$$

② 압력손실은 회전수비의 제곱에 비례

$$\frac{\Delta P_2}{\Delta P_1} = \left(\frac{\text{rpm}_2}{\text{rpm}_1}\right)^2, \quad \Delta P_2 = \Delta P_1 \times \left(\frac{\text{rpm}_2}{\text{rpm}_1}\right)^2$$

③ 동력은 회전수비의 세제곱에 비례

$$\frac{\text{kW}_2}{\text{kW}_1} = \left(\frac{\text{rpm}_2}{\text{rpm}_1}\right)^3, \quad \text{kW}_2 = \text{kW}_1 \times \left(\frac{\text{rpm}_2}{\text{rpm}_1}\right)^3$$

2 송풍기 크기(회전차 직경)비

① 풍량은 송풍기 크기비의 세제곱에 비례

$$\frac{Q_2}{Q_1} = \left(\frac{D_2}{D_1}\right)^3, \quad Q_2 = Q_1 \times \left(\frac{D_2}{D_1}\right)^3$$

② 압력손실은 송풍기 크기비의 제곱에 비례

$$\frac{\Delta P_2}{\Delta P_1} = \left(\frac{D_2}{D_1}\right)^2, \quad \Delta P_2 = \Delta P_1 \times \left(\frac{D_2}{D_1}\right)^2$$

③ 동력은 송풍기 크기비의 오제곱에 비례

$$\frac{\text{kW}_2}{\text{kW}_1} = \left(\frac{D_2}{D_1}\right)^5, \quad \text{kW}_2 = \text{kW}_1 \times \left(\frac{D_2}{D_1}\right)^5$$

핵심공식 26 │ 집진장치와 집진효율 관련식

1 원심력 집진장치의 분리계수

원심력 집진장치(cyclone)의 잠재적인 효율(분리능력)을 나타내는 지표

$$\text{분리계수} = \frac{\text{원심력(가속도)}}{\text{중력(가속도)}} = \frac{V^2}{R \cdot g}$$

여기서, V : 입자의 접선방향 속도(입자의 원주 속도)
　　　　R : 입자의 회전반경(원추 하부반경)
　　　　g : 중력가속도
※ 분리계수가 클수록 분리효율이 좋다.

2 여과 집진장치 여과속도

$$V = \frac{\text{총 처리가스량}}{\text{여과포 1개의 면적}(\pi DH) \times \text{여과포 개수}}$$

여기서, V : 여과속도

3 직렬조합(1차 집진 후 2차 집진) 시 총 집진율

$$\eta_T = \eta_1 + \eta_2(1-\eta_1)$$

여기서, η_T : 총 집진율(%)
　　　　η_1 : 1차 집진장치 집진율(%)
　　　　η_2 : 2차 집진장치 집진율(%)

핵심공식 27 │ 헨리 법칙

$$P = H \times C$$

여기서, P : 부분압력
　　　　H : 헨리상수
　　　　C : 액체성분 몰분율

핵심공식 28 | 보호구 관련식

1 방독마스크의 흡수관 파과시간(유효시간)

$$\text{유효시간} = \frac{\text{표준유효시간} \times \text{시험가스 농도}}{\text{작업장의 공기 중 유해가스 농도}}$$

※ 검정 시 사용하는 표준물질 : 사염화탄소(CCl_4)

2 보호계수(PF ; Protection Factor)

보호구를 착용함으로써 유해물질로부터 보호구가 얼마만큼 보호해 주는가의 정도

$$PF = \frac{C_o}{C_i}$$

여기서, C_o : 보호구 밖의 농도, C_i : 보호구 안의 농도

3 할당보호계수(APF ; Assigned Protection Factor)

작업장에서 보호구 착용 시 기대되는 최소보호정도치

$$APF \geq \frac{C_{\text{air}}}{PEL} (= HR)$$

여기서, C_{air} : 기대되는 공기 중 농도
        PEL : 노출기준
        HR : 유해비
※ APF가 가장 큰 것 : 양압 호흡기 보호구 중 공기공급식(SCBA, 압력식) 전면형

4 최대사용농도(MUC ; Maximum Use Concentration)

APF의 이용 보호구에 대한 최대사용농도

$$MUC = \text{노출기준} \times APF$$

5 차음효과(OSHA)

$$\text{차음효과} = (NRR - 7) \times 0.5$$

여기서, NRR : 차음평가지수

핵심공식 29 | 공기 중 습도와 산소

1 상대습도

$$상대습도(\%) = \frac{절대습도}{포화습도} \times 100$$

2 산소분압

$$산소분압(mmHg) = 기압(mmHg) \times \frac{산소농도(\%)}{100}$$

핵심공식 30 | 소음의 단위와 계산

1 음의 크기(sone)와 음의 크기 레벨(phon)의 관계

- $S = 2^{\frac{(L_L - 40)}{10}}$
- $L_L = 33.3 \log S + 40$

여기서, S : 음의 크기(sone)
L_L : 음의 크기 레벨(phon)

2 합성소음도(전체소음, 소음원 동시 가동 시 소음도)

$$L_{합} = 10 \log \left(10^{\frac{L_1}{10}} + 10^{\frac{L_2}{10}} + \cdots\cdots + 10^{\frac{L_n}{10}} \right)$$

여기서, $L_{합}$: 합성소음도(dB)
$L_1 \sim L_n$: 각 소음원의 소음(dB)

3 음속

$$C = f \times \lambda, \quad C = 331.42 + (0.6t)$$

여기서, C : 음속(m/sec), f : 주파수(1/sec), λ : 파장(m), t : 음 전달 매질의 온도(℃)

핵심공식 31. 음의 압력레벨·세기레벨, 음향파워레벨

1 음의 압력레벨(SPL)

$$SPL = 20\log\left(\frac{P}{P_o}\right)$$

여기서, SPL : 음의 압력레벨(음압수준, 음압도, 음압레벨)(dB)
　　　　P : 대상 음의 음압(음압 실효치)(N/m²)
　　　　P_o : 기준음압 실효치(2×10^{-5}N/m², 20μPa, 2×10^{-4}dyne/cm²)

2 음의 세기레벨(SIL)

$$SIL = 10\log\left(\frac{I}{I_o}\right)$$

여기서, SIL : 음의 세기레벨(dB)
　　　　I : 대상 음의 세기(W/m²)
　　　　I_o : 최소가청음 세기(10^{-12}W/m²)

3 음향파워레벨(PWL)

$$PWL = 10\log\left(\frac{W}{W_o}\right)$$

여기서, PWL : 음향파워레벨(음력수준)(dB)
　　　　W : 대상 음원의 음향파워(watt)
　　　　W_o : 기준 음향파워(10^{-12}watt)

4 SPL과 PWL의 관계식

① 무지향성 점음원 – 자유공간에 위치할 때

$$SPL = PWL - 20\log r - 11 \text{ (dB)}$$

② 무지향성 점음원 – 반자유공간에 위치할 때

$$SPL = PWL - 20\log r - 8 \text{ (dB)}$$

③ 무지향성 선음원 – 자유공간에 위치할 때

$$SPL = PWL - 10\log r - 8 \text{ (dB)}$$

④ 무지향성 선음원 – 반자유공간에 위치할 때

$$SPL = PWL - 10\log r - 5 \text{ (dB)}$$

여기서, r : 소음원으로부터의 거리(m)

※ 자유공간 : 공중, 구면파
　　반자유공간 : 바닥, 벽, 천장, 반구면파

5 점음원의 거리감쇠 계산

$$SPL_1 - SPL_2 = 20\log\left(\frac{r_2}{r_1}\right) \text{ (dB)}$$

여기서, SPL_1 : 음원으로부터 r_1(m) 떨어진 지점의 음압레벨(dB)
　　　　SPL_2 : 음원으로부터 r_2(m)($r_2 > r_1$) 떨어진 지점의 음압레벨(dB)
　　　　$SPL_1 - SPL_2$: 거리감쇠치(dB)

※ 역2승법칙 : 점음원으로부터 거리가 2배 멀어질 때마다 음압레벨이 6dB($= 20\log 2$)씩 감쇠

핵심공식 32. 주파수 분석

1 1/1 옥타브밴드 분석기

$$\frac{f_U}{f_L} = 2^{\frac{1}{1}}, \ f_U = 2f_L$$

$$\text{중심주파수}(f_c) = \sqrt{f_L \times f_U} = \sqrt{f_L \times 2f_L} = \sqrt{2}\, f_L$$

$$\text{밴드폭}(bw) = f_c\left(2^{\frac{n}{2}} - 2^{-\frac{n}{2}}\right) = f_c\left(2^{\frac{1/1}{2}} - 2^{-\frac{1/1}{2}}\right) = 0.707 f_c$$

2 1/3 옥타브밴드 분석기

$$\frac{f_U}{f_L} = 2^{\frac{1}{3}}, \ f_U = 1.26 f_L$$

$$\text{중심주파수}(f_c) = \sqrt{f_L \times f_U} = \sqrt{f_L \times 1.26 f_L} = \sqrt{1.26}\, f_L$$

$$\text{밴드폭}(bw) = f_c\left(2^{\frac{n}{2}} - 2^{-\frac{n}{2}}\right) = f_c\left(2^{\frac{1/3}{2}} - 2^{-\frac{1/3}{2}}\right) = 0.232 f_c$$

핵심공식 33. 평균청력손실 평가방법

1 4분법

$$\text{평균청력손실(dB)} = \frac{a + 2b + c}{4}$$

여기서, a : 옥타브밴드 중심주파수 500Hz에서의 청력손실(dB)
　　　　b : 옥타브밴드 중심주파수 1,000Hz에서의 청력손실(dB)
　　　　c : 옥타브밴드 중심주파수 2,000Hz에서의 청력손실(dB)

2 6분법

$$\text{평균청력손실(dB)} = \frac{a + 2b + 2c + d}{6}$$

여기서, d : 옥타브밴드 중심주파수 4,000Hz에서의 청력손실(dB)

핵심공식 34. 소음의 평가

1 등가소음레벨(등가소음도, Leq)

$$\text{Leq} = 16.61 \log \frac{n_1 \times 10^{\frac{L_{A1}}{16.61}} + \cdots\cdots + n_n \times 10^{\frac{L_{An}}{16.61}}}{\text{각 소음레벨 측정치의 발생기간 합}}$$

여기서, Leq : 등가소음레벨[dB(A)]
L_A : 각 소음레벨의 측정치[dB(A)]
n : 각 소음레벨 측정치의 발생시간(분)

2 누적소음폭로량

$$D = \left(\frac{C_1}{T_1} + \cdots\cdots + \frac{C_n}{T_n}\right) \times 100$$

여기서, D : 누적소음폭로량(%)
C : 각 소음레벨발생시간
T : 각 폭로허용시간(TLV)

3 시간가중 평균소음수준(TWA)

$$\text{TWA} = 16.61 \log\left[\frac{D(\%)}{100}\right] + 90$$

여기서, TWA : 시간가중 평균소음수준[dB(A)]

4 소음의 보정노출기준

$$\text{보정노출기준[dB(A)]} = 16.61 \log\left(\frac{100}{12.5 \times h}\right) + 90$$

여기서, h : 노출시간/일

핵심공식 35 실내소음 관련식

1 평균흡음률

$$\overline{\alpha} = \frac{\sum S_i \alpha_i}{\sum S_i} = \frac{S_1\alpha_1 + S_2\alpha_2 + S_3\alpha_3 + \cdots}{S_1 + S_2 + S_3 + \cdots}$$

여기서, $\overline{\alpha}$: 평균흡음률
S_1, S_2, S_3 : 실내 각 부의 면적(m^2)
α_1, α_2, α_3 : 실내 각 부의 흡음률

2 흡음력

$$A = \sum_{i=1}^{n} s_i \alpha_i$$

여기서, A : 흡음력(m^2, sabin)
S_i, α_i : 각 흡음재의 면적과 흡음률

3 흡음대책에 따른 실내소음 저감량

$$\mathrm{NR} = \mathrm{SPL}_1 - \mathrm{SPL}_2 = 10\log\left(\frac{R_2}{R_1}\right) = 10\log\left(\frac{A_2}{A_1}\right) = 10\log\left(\frac{A_1 + A_\alpha}{A_1}\right)$$

여기서, NR : 소음 저감량(감음량)(dB)
SPL_1, SPL_2 : 실내면에 대한 흡음대책 전후의 실내 음압레벨(dB)
R_1, R_2 : 실내면에 대한 흡음대책 전후의 실정수(m^2, sabin)
A_1, A_2 : 실내면에 대한 흡음대책 전후의 실내흡음력(m^2, sabin)
A_α : 실내면에 대한 흡음대책 전 실내흡음력에 부가(추가)된 흡음력(m^2, sabin)

4 잔향시간

실내에서 음원을 끈 순간부터 직선적으로 음압레벨이 60dB(에너지밀도가 10^{-6} 감소) 감쇠되는 데 소요되는 시간

$$T = \frac{0.161\,V}{A} = \frac{0.161\,V}{S\overline{\alpha}} \left(\text{이때, } \overline{\alpha} = \frac{0.161\,V}{ST}\right)$$

여기서, T : 잔향시간(sec), V : 실의 체적(부피)(m^3)
A : 총 흡음력(m^2, sabin), S : 실내의 전 표면적(m^2)

5 투과손실

① 투과손실(TL ; Transmission Loss)

$$TL(dB) = 10\log\frac{1}{\tau} = 10\log\left(\frac{I_i}{I_t}\right)$$

이때, $\tau = \dfrac{I_t}{I_i}\left(\tau = 10^{-\frac{TL}{10}}\right)$

여기서, τ : 투과율
I_i : 입사음의 세기
I_t : 투과음의 세기

② 수직입사 단일벽 투과손실

$$TL(dB) = 20\log(m \cdot f) - 43$$

여기서, m : 벽체의 면밀도(kg/m²)
f : 벽체에 수직입사되는 주파수(Hz)

핵심공식 36 진동가속도레벨(VAL)

$$VAL(dB) = 20\log\left(\frac{A_{rms}}{A_0}\right)$$

여기서, A_{rms} : 측정대상 진동가속도 진폭의 실효치값
A_0 : 기준 실효치값(10^{-5}m/sec²)

핵심공식 37 증기위험지수(VHI)

$$VHI = \log\left(\frac{C}{TLV}\right)$$

여기서, C : 포화농도(최고농도 : 대기압과 해당 물질 증기압을 이용하여 계산)
$\dfrac{C}{TLV}$: VHR(Vapor Hazard Ratio)

핵심공식 38 : 산업역학 관련식

1 유병률과 발생률의 관계

$$\text{유병률}(P) = \text{발생률}(I) \times \text{평균이환기간}(D)$$

단, 유병률은 10% 이하, 발생률과 평균이환기간이 시간경과에 따라 일정하여야 한다.

2 상대위험도(상대위험비, 비교위험도)

비노출군에 비해 노출군에서 질병에 걸릴 위험도가 얼마나 큰가를 의미

$$\text{상대위험도} = \frac{\text{노출군에서의 질병발생률}}{\text{비노출군에서의 질병발생률}} = \frac{\text{위험요인이 있는 해당군의 해당 질병발생률}}{\text{위험요인이 없는 해당군의 해당 질병발생률}}$$

① 상대위험비 = 1인 경우, 노출과 질병 사이의 연관성 없음 의미
② 상대위험비 > 1인 경우, 위험의 증가를 의미
③ 상대위험비 < 1인 경우, 질병에 대한 방어효과가 있음을 의미

3 기여위험도(귀속위험도)

위험요인을 갖고 있는 집단의 해당 질병발생률의 크기 중 위험요인이 기여하는 부분을 추정하기 위해 사용하는 것으로, 어떤 유해요인에 노출되어 얼마만큼의 환자 수가 증가되어 있는지를 의미

$$\text{기여위험도} = \text{노출군에서의 질병발생률} - \text{비노출군에서의 질병발생률}$$

4 교차비

특성을 지닌 사람들의 수와 특성을 지니지 않은 사람들의 수와의 비

$$\text{교차비} = \frac{\text{환자군에서의 노출 대응비}}{\text{대조군에서의 노출 대응비}}$$

PART 02

과년도 출제문제

산업위생관리기사 필기 기출문제집

PART 02. 과년도 출제문제

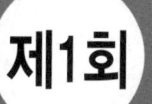

과년도 출제문제 | 2009.03.01

산업위생관리기사

제1과목 | 산업위생학 개론

01 다음 중 직업성 질환의 범위에 대한 설명으로 틀린 것은?

① 직업상 업무에 기인하여 1차적으로 발생하는 원발성 질환은 제외한다.
② 원발성 질환과 합병작용하여 제2의 질환을 유발하는 경우를 포함한다.
③ 합병증이 원발성 질환과 불가분의 관계를 가지는 경우를 포함한다.
④ 원발성 질환에서 떨어진 다른 부위에 같은 원인에 의한 제2의 질환을 일으키는 경우를 포함한다.

풀이 직업성 질환은 직업상 업무에 기인하여 1차적으로 발생하는 원발성 질환을 포함한다.

02 ACGIH는 작업대사량에 따라 작업강도를 경작업, 중등도작업, 심한 작업으로 구분하였는데, 다음 중 '심한 작업'에 해당하는 것은?

① 200~350kcal/hr
② 350~500kcal/hr
③ 500~750kcal/hr
④ 750~1,000kcal/hr

풀이 작업대사량에 따른 작업강도의 분류(ACGIH, 고용노동부)
㉠ 경작업
  200kcal/hr까지의 열량이 소요되는 작업
㉡ 중등도작업
  200~350kcal/hr까지의 열량이 소요되는 작업
㉢ 중작업(심한 작업)
  350~500kcal/hr까지의 열량이 소요되는 작업

03 다음 중 피로에 의하여 신체에 쌓이게 되는 피로물질은?

① 이산화탄소(CO_2)
② 젖산(lactic acid)
③ 지방산(fatty acid)
④ 아미노산(amino acid)

풀이 주요 피로물질
㉠ 크레아티닌
㉡ 젖산
㉢ 초성포도당
㉣ 시스테인

04 다음 중 산업피로의 대책으로 적당하지 않은 것은?

① 작업의 숙련도를 높인다.
② 작업과정에 따라 적절한 휴식시간을 삽입한다.
③ 작업환경을 정리·정돈한다.
④ 휴식은 장시간 휴식하는 것이 여러 번 나누어 휴식하는 것보다 효과적이다.

풀이 산업피로 예방대책
㉠ 불필요한 동작을 피하고, 에너지 소모를 적게 한다.
㉡ 동적인 작업을 늘리고, 정적인 작업을 줄인다.
㉢ 개인의 숙련도에 따라 작업속도와 작업량을 조절한다.
㉣ 작업시간 중 또는 작업 전후에 간단한 체조나 오락시간을 갖는다.
㉤ 장시간 한 번 휴식하는 것보다 단시간씩 여러 번 나누어 휴식하는 것이 피로회복에 도움이 된다.

정답 01.① 02.② 03.② 04.④

05 다음 중 산업위생 관련 기관의 약자와 명칭이 잘못 연결된 것은?
① ACGIH : 미국산업위생협회
② OSHA : 산업안전보건청(미국)
③ NIOSH : 국립산업안전보건연구원(미국)
④ IARC : 국제암연구소

풀이 ACGIH(American Conference of Governmental Industrial Hygienists)
미국정부산업위생전문가협의회

06 산업안전보건법상 사업주는 몇 kg 이상의 중량을 들어 올리는 작업에 근로자를 종사하도록 할 때 다음과 같은 조치를 취하여야 하는가?

- 주로 취급하는 물품에 대하여 근로자가 쉽게 알 수 있도록 물품의 중량과 무게중심에 대하여 작업장 주변에 안내표시를 할 것
- 취급하기 곤란한 물품에 대하여 손잡이를 붙이거나 갈고리 등 적절한 보조도구를 활용할 것

① 3 ② 5
③ 10 ④ 15

풀이 사업주는 5kg 이상의 중량물을 들어 올리는 작업에 근로자를 종사하도록 하는 때에는 다음의 조치를 하여야 한다.
㉠ 주로 취급하는 물품에 대하여 근로자가 쉽게 알 수 있도록 물품의 중량과 무게중심에 대하여 작업장 주변에 안내표시를 할 것
㉡ 취급하기 곤란한 물품에 대하여 손잡이를 붙이거나 갈고리, 진공빨판 등 적절한 보조도구를 활용할 것

07 TLV-TWA(Time-Weighted Average)의 허용농도보다 3배가 높을 경우 권고되는 노출시간은? (단, ACGIH에서의 근로자 노출의 상한치와 노출시간에 대한 권고기준이다.)

① 10분 이하 ② 20분 이하
③ 30분 이하 ④ 40분 이하

풀이 ACGIH에서의 노출상한선과 노출시간 권고사항
㉠ TLV-TWA의 3배 : 30분 이하의 노출 권고
㉡ TLV-TWA의 5배 : 잠시라도 노출 금지

08 어느 사업장에서 톨루엔($C_6H_5CH_3$)의 농도가 0°C일 때 100ppm이었다. 기압의 변화 없이 기온이 25°C로 올라갈 때 농도는 약 몇 mg/m³로 예측되는가?

① 325 ② 345
③ 365 ④ 375

풀이 톨루엔의 농도(C, mg/m³)
$$C = 100\text{ppm} \times \frac{92.13}{24.45} = 376.8 \text{mg/m}^3$$

09 연평균근로자수가 200명인 사업장에서 지난 한 해 동안 12건의 재해로 인하여 15명의 사상자가 발생하였다면 이 사업장의 연천인율은 얼마인가?

① 30 ② 45
③ 60 ④ 75

풀이
$$\text{연천인율} = \frac{\text{연간재해자수}}{\text{연평균근로자수}} \times 1{,}000$$
$$= \frac{15}{200} \times 1{,}000 = 75$$

10 다음 중 심리학적 적성검사와 가장 거리가 먼 것은?
① 지능검사 ② 인성검사
③ 지각동작검사 ④ 감각기능검사

풀이 심리학적 검사(적성검사)
㉠ 지능검사 : 언어, 기억, 추리, 귀납 등에 대한 검사
㉡ 지각동작검사 : 수족협조, 운동속도, 형태지각 등에 대한 검사
㉢ 인성검사 : 성격, 태도, 정신상태에 대한 검사
㉣ 기능검사 : 직무에 관련된 기본지식과 숙련도, 사고력 등의 검사

정답 05.① 06.② 07.③ 08.④ 09.④ 10.④

11 다음 중 산업피로를 줄이기 위한 바람직한 교대근무에 관한 내용으로 틀린 것은?

① 근무시간의 간격은 15~16시간 이상으로 하여야 한다.
② 야간근무 교대시간은 상오 0시 이전에 하는 것이 좋다.
③ 야간근무는 연속할 경우 1주일 이내로 이루어져야 피로의 누적을 피할 수 있다.
④ 야간근무 시 가면(假眠)시간은 근무시간에 따라 2~4시간으로 하는 것이 좋다.

[풀이] 교대근무제 관리원칙(바람직한 교대제)
㉠ 각 반의 근무시간은 8시간씩 교대로 하고, 야근은 가능한 짧게 한다.
㉡ 2교대면 최저 3조의 정원을, 3교대면 4조를 편성한다.
㉢ 채용 후 건강관리로서 정기적으로 체중, 위장증상 등을 기록해야 하며, 근로자의 체중이 3kg 이상 감소하면 정밀검사를 받아야 한다.
㉣ 평균 주 작업시간은 40시간을 기준으로, 갑반→을반→병반으로 순환하게 된다.
㉤ 근무시간의 간격은 15~16시간 이상으로 하는 것이 좋다.
㉥ 야근의 주기는 4~5일로 한다.
㉦ 신체의 적응을 위하여 야간근무의 연속일수는 2~3일로 하며, 야간근무를 3일 이상 연속으로 하는 경우에는 피로축적현상이 나타나게 되므로 연속하여 3일을 넘지 않도록 한다.
㉧ 야근 후 다음 반으로 가는 간격은 최저 48시간 이상의 휴식시간을 갖도록 하여야 한다.
㉨ 야근 교대시간은 상오 0시 이전에 하는 것이 좋다(심야시간을 피함).
㉩ 야근 시 가면은 반드시 필요하며, 보통 2~4시간(1시간 30분 이상)이 적합하다.
㉪ 야근 시 가면은 작업강도에 따라 30분~1시간 범위로 하는 것이 좋다.
㉫ 작업 시 가면시간은 적어도 1시간 30분 이상 주어야 수면효과가 있다고 볼 수 있다.
㉬ 상대적으로 가벼운 작업은 야간근무조에 배치하는 등 업무내용을 탄력적으로 조정해야 하며, 야간작업자는 주간작업자보다 연간 쉬는 날이 더 많아야 한다.
㉭ 근로자가 교대일정을 미리 알 수 있도록 해야 한다.
㉮ 일반적으로 오전근무의 개시시간은 오전 9시로 한다.
㉯ 교대방식(교대근무 순환주기)는 낮근무, 저녁근무, 밤근무 순으로 한다. 즉, 정교대가 좋다.

12 다음 중 직업성 암으로 최초 보고된 것은?

① 백혈병
② 음낭암
③ 방광암
④ 폐암

[풀이] Percivall Pott
㉠ 영국의 외과의사로 직업성 암을 최초로 보고하였으며, 어린이 굴뚝청소부에게 많이 발생하는 음낭암(scrotal cancer)을 발견하였다.
㉡ 암의 원인물질은 검댕 속 여러 종류의 다환 방향족 탄화수소(PAH)이다.
㉢ 굴뚝청소부법을 제정하도록 하였다(1788년).

13 일반적으로 오차는 계통오차와 우발오차로 구분되는데, 다음 중 계통오차에 관한 내용으로 틀린 것은?

① 측정기 또는 분석기기의 미비로 기인되는 오차이다.
② 계통오차가 작을 때는 정밀하다고 말한다.
③ 크기와 부호를 추정할 수 있고 보정할 수 있다.
④ 계통오차의 종류로는 외계오차, 기계오차, 개인오차가 있다.

[풀이] 계통오차가 작을 때는 정확하다고 하며, 정밀도로 정의되는 것은 우발오차이다.

14 다음 중 '도수율'에 관한 설명으로 옳지 않은 것은?

① 산업재해의 발생빈도를 나타낸다.
② 연근로시간 합계 100만 시간당의 재해발생건수이다.
③ 사망과 경상에 따른 재해강도를 고려한 값이다.
④ 일반적으로 1인당 연간근로시간수는 2,400시간으로 한다.

[풀이] 연천인율 및 도수율은 사망과 경상에 따른 재해강도를 고려하지 않은 값이다.

정답 11.③ 12.② 13.② 14.③

15 사무실 공기관리에 대한 설명으로 잘못된 것은?

① 관리기준은 8시간 시간가중평균농도 기준이다.
② 이산화탄소와 일산화탄소는 비분산적외선검출기의 연속 측정에 의한 직독식 분석방법에 의한다.
③ 이산화탄소의 측정결과 평가는 각 지점에서 측정한 측정치 중 평균값을 기준으로 비교·평가한다.
④ 공기의 측정시료는 사무실 내에서 공기의 질이 가장 나쁠 것으로 예상되는 2곳 이상에서 사무실 바닥면의 0.9~1.5m의 높이에서 채취한다.

[풀이] 사무실 공기질의 측정결과는 측정치 전체에 대한 평균값을 오염물질별 관리기준과 비교하여 평가한다. 단, 이산화탄소는 각 지점에서 측정한 측정치 중 최고값을 기준으로 비교·평가한다.

16 다음 중 산업안전보건법상 특수건강진단 대상자에 해당하지 않는 것은?

① 고온환경하에서 작업하는 근로자
② 소음환경하에서 작업하는 근로자
③ 자외선 및 적외선을 취급하는 근로자
④ 저기압하에서 작업하는 근로자

[풀이] 특수건강검진 대상 유해인자에 노출되는 업무에 종사하는 근로자
㉠ 소음·진동 작업, 강렬한 소음 및 충격소음 작업
㉡ 분진 또는 특정분진(면분진, 목분진, 용접흄, 유리섬유, 광물성 분진) 작업
㉢ 연과 무기화합물 및 4알킬연 작업
㉣ 방사선, 고기압 및 저기압 작업
㉤ 유기용제(2-브로모프로판을 포함) 작업
㉥ 특정 화학물질 등 취급작업
㉦ 석면 및 미네랄 오일미스트 작업
㉧ 오존 및 포스겐 작업
㉨ 유해광선(자외선, 적외선, 마이크로파 및 라디오파) 작업

17 국소피로 평가는 근전도(EMG)를 많이 사용하는데, 피로한 근육에서 측정된 근전도가 정상근육에 비하여 나타내는 특성이 아닌 것은?

① 총 전압의 증가
② 평균주파수의 감소
③ 총 전류의 감소
④ 저주파수 힘의 증가

[풀이] 정상근육과 비교하여 피로한 근육에서 나타나는 EMG의 특징
㉠ 저주파(0~40Hz)에서 힘의 증가
㉡ 고주파(40~200Hz)에서 힘의 감소
㉢ 평균주파수 감소
㉣ 총 전압의 증가

18 왼손을 주로 사용하는 근로자의 오른손 평균 힘은 40kP이고, 왼손의 평균 힘은 50kP이다. 이 근로자가 무게 4kg인 상자를 두 손으로 들어올릴 경우 작업강도(%MS)는 얼마인가?

① 1 ② 3
③ 5 ④ 7

[풀이] $\text{작업강도}(\%MS) = \dfrac{RF}{MS} \times 100 = \dfrac{2}{40} \times 100 = 5$

19 다음 중 전신피로의 원인에 대한 내용으로 틀린 것은?

① 산소공급의 부족
② 작업강도의 증가
③ 혈중 포도당 농도의 저하
④ 근육 내 글리코겐 양의 증가

[풀이] 전신피로의 원인
㉠ 산소공급의 부족
㉡ 혈중 포도당 농도의 저하 ⇨ 가장 큰 원인
㉢ 혈중 젖산 농도의 증가
㉣ 근육 내 글리코겐 양의 감소
㉤ 작업강도의 증가

정답 15.③ 16.① 17.③ 18.③ 19.④

20 다음 중 사무실 오염물질에 대한 관리기준의 단위가 다른 것은?

① 석면
② 오존
③ 일산화탄소
④ 이산화질소

풀이 사무실 오염물질의 관리기준(고용노동부 고시)

오염물질	관리기준
미세먼지(PM 10)	$100\mu g/m^3$ 이하
초미세먼지(PM 2.5)	$50\mu g/m^3$ 이하
일산화탄소(CO)	10ppm 이하
이산화탄소(CO_2)	1,000ppm 이하
이산화질소(NO_2)	0.1ppm 이하
포름알데히드(HCHO)	$100\mu g/m^3$
총휘발성 유기화합물(TVOC)	$500\mu g/m^3$ 이하
라돈(radon)	$148Bq/m^3$ 이하
총부유세균	$800CFU/m^3$ 이하
곰팡이	$500CFU/m^3$ 이하

※ 법 변경(2020년)사항이므로 풀이내용으로 학습 바랍니다.

제2과목 | 작업위생 측정 및 평가

21 고체 흡착제를 이용하여 시료채취를 할 때 영향을 주는 인자에 관한 설명으로 틀린 것은?

① 오염물질 농도 : 공기 중 오염물질의 농도가 높을수록 파과용량은 증가한다.
② 습도 : 습도가 높으면 극성 흡착제를 사용할 때 파과공기량이 적어진다.
③ 온도 : 모든 흡착은 발열반응이므로 온도가 낮을수록 흡착에 좋은 조건인 것은 열역학적으로 분명하다.
④ 시료채취유량 : 시료채취유량이 높으면 쉽게 파과가 일어나 코팅된 흡착제인 경우는 그 경향이 약하다.

풀이 흡착제를 이용한 시료채취 시 영향인자
㉠ 온도 : 온도가 낮을수록 흡착에 좋으나 고온일수록 흡착대상 오염물질과 흡착제의 표면 사이 또는 2종 이상의 흡착대상 물질 간 반응속도가 증가하여 흡착성질이 감소하며 파과가 일어나기 쉽다(모든 흡착은 발열반응이다).
㉡ 습도 : 극성 흡착제를 사용할 때 수증기가 흡착되기 때문에 파과가 일어나기 쉬우며 비교적 높은 습도는 활성탄의 흡착용량을 저하시킨다. 또한 습도가 높으면 파과공기량(파과가 일어날 때까지의 채취공기량)이 적어진다.
㉢ 시료채취속도(시료채취량) : 시료채취속도가 크고 코팅된 흡착제일수록 파과가 일어나기 쉽다.
㉣ 유해물질 농도(포집된 오염물질의 농도) : 농도가 높으면 파과용량(흡착제에 흡착된 오염물질량)이 증가하나 파과공기량은 감소한다.
㉤ 혼합물 : 혼합기체의 경우 각 기체의 흡착량은 단독성분이 있을 때보다 적어지게 된다(혼합물 중 흡착제와 강한 결합을 하는 물질에 의하여 치환반응이 일어나기 때문).
㉥ 흡착제의 크기(흡착제의 비표면적) : 입자 크기가 작을수록 표면적 및 채취효율이 증가하지만 압력강하가 심하다(활성탄은 다른 흡착제에 비하여 큰 비표면적을 갖고 있다).
㉦ 흡착관의 크기(튜브의 내경, 흡착제의 양) : 흡착제의 양이 많아지면 전체 흡착제의 표면적이 증가하여 채취용량이 증가하므로 파과가 쉽게 발생되지 않는다.

22 측정값이 17, 5, 3, 13, 8, 7, 12 및 10일 때 통계적인 대푯값 9.0은 다음 중 어느 통계량에 해당되는가?

① 산술평균
② 중간값(median)
③ 최빈값(mode)
④ 기하평균

풀이 측정치 순서로 배열 : 3, 5, 7, 8, 10, 12, 13, 17
짝수이므로, $\frac{8+10}{2}=9$

23 실리카겔관이 활성탄관에 비하여 가지고 있는 장점이 아닌 것은?

① 극성 물질을 채취한 경우 물, 메탄올 등 다양한 용매로 쉽게 탈착한다.
② 추출액이 화학분석이나 기기분석에 방해물질로 작용하는 경우가 많지 않다.
③ 매우 유독한 이황화탄소를 탈착용매로 사용하지 않는다.
④ 수분을 잘 흡수한다.

정답 20.풀이 학습 21.④ 22.② 23.④

> **풀이** 실리카겔의 장단점
> (1) 장점
>   ⑤ 극성이 강하여 극성 물질을 채취한 경우 물, 메탄올 등 다양한 용매로 쉽게 탈착한다.
>   ⓒ 추출용액(탈착용매)이 화학분석이나 기기분석에 방해물질로 작용하는 경우는 많지 않다.
>   ⓒ 활성탄으로 채취가 어려운 아닐린, 오르토-톨루이딘 등의 아민류나 몇몇 무기물질의 채취가 가능하다.
>   ② 매우 유독한 이황화탄소를 탈착용매로 사용하지 않는다.
> (2) 단점
>   ⑤ 친수성이기 때문에 우선적으로 물분자와 결합을 이루어 습도의 증가에 따른 흡착용량의 감소를 초래한다.
>   ⓒ 습도가 높은 작업장에서는 다른 오염물질의 파과용량이 작아져 파과를 일으키기 쉽다.

24 작업환경측정 결과 염화메틸 20ppm, 염화벤젠 20ppm 및 클로로포름 30ppm이 검출되었다. 이 혼합물의 노출허용농도 기준은? (단, 각 노출기준농도는 염화메틸 100ppm, 염화벤젠 75ppm, 클로로포름 50ppm, 상가작용)

① 약 46ppm ② 약 56ppm
③ 약 66ppm ④ 약 76ppm

> **풀이** 노출지수(EI)
> $$EI = \frac{20}{100} + \frac{20}{75} + \frac{30}{50} = 1.06$$
> ∴ 혼합물의 보정된 노출허용 기준
> $$= \frac{(20+20+30)}{1.06} = 66ppm$$

25 다음의 1차 표준기구 중 일반적 사용범위가 10~500mL/min, 정확도는 ±0.05~0.25%인 것은?

① 폐활량계
② 가스치환병
③ 건식 가스미터
④ 습식 테스트미터

> **풀이** 공기채취기구 보정에 사용되는 1차 표준기구
>
> | 표준기구 | 일반 사용범위 | 정확도 |
> |---|---|---|
> | 비누거품미터 (soap bubble meter) | 1mL/분 ~30L/분 | ±1% 이내 |
> | 폐활량계 (spirometer) | 100~600L | ±1% 이내 |
> | 가스치환병 (mariotte bottle) | 10~500mL/분 | ±0.05 ~0.25% |
> | 유리 피스톤미터 (glass piston meter) | 10~200mL/분 | ±2% 이내 |
> | 흑연 피스톤미터 (frictionless piston meter) | 1mL/분 ~50L/분 | ±1~2% |
> | 피토튜브(Pitot tube) | 15mL/분 이하 | ±1% 이내 |

26 초기 무게가 1.260g인 깨끗한 PVC 여과지를 하이볼륨 시료채취기(high-volume sampler)에 장치하여 어떤 작업장에서 오전 9시부터 오후 5시까지 4L/min의 유량으로 시료채취기를 작동시킨 후 여과지의 무게를 측정한 결과, 1.280g이었다면 채취한 입자상 물질의 평균농도(mg/m³)는?

① 7.8   ② 10.4
③ 15.3 ④ 19.2

> **풀이** 농도(C, mg/m³)
> $$C = \frac{(1.280 - 1.260)g \times (1,000mg/g)}{4L/min \times 480min \times (m^3/1,000L)}$$
> $$= 10.4mg/m^3$$

27 다음 중 고열 측정시간에 관한 기준으로 틀린 것은?

① 흑구 및 습구흑구 온도 측정시간 : 직경이 15cm일 경우 25분 이상
② 흑구 및 습구흑구 온도 측정시간 : 직경이 7.5cm 또는 5cm일 경우 15분 이상
③ 습구온도 측정시간 : 아스만통풍건습계 25분 이상
④ 습구온도 측정시간 : 자연습구온도계 5분 이상

풀이 고열의 측정구분에 의한 측정기기 및 측정시간

구 분	측정기기	측정시간
습구 온도	0.5도 간격의 눈금이 있는 아스만통풍건습계, 자연습구온도를 측정할 수 있는 기기 또는 이와 동등 이상의 성능이 있는 측정기기	• 아스만통풍건습계 : 25분 이상 • 자연습구온도계 : 5분 이상
흑구 및 습구 흑구 온도	직경이 5센티미터 이상 되는 흑구온도계 또는 습구흑구온도(WBGT)를 동시에 측정할 수 있는 기기	• 직경이 15센티미터일 경우 : 25분 이상 • 직경이 7.5센티미터 또는 5센티미터일 경우 : 5분 이상

※ 고시 변경사항, 학습 안 하셔도 무방합니다.

28 먼지의 한쪽 끝 가장자리와 다른 쪽 끝 가장자리 사이의 거리로 과대평가될 가능성이 있는 입자성 물질의 직경은?

① 마틴 직경(Martin diameter)
② 페렛 직경(Feret diameter)
③ 공기역학 직경(aerodynamic diamter)
④ 등면적 직경(projected area diameter)

풀이 기하학적(물리적) 직경
(1) 마틴 직경(Martin diameter)
  ㉠ 먼지의 면적을 2등분하는 선의 길이로 선의 방향은 항상 일정하여야 한다.
  ㉡ 과소평가할 수 있는 단점이 있다.
  ㉢ 입자의 2차원 투영상을 구하여 그 투영면적을 2등분한 선분 중 어떤 기준선과 평행인 것의 길이(입자의 무게중심을 통과하는 외부 경계면에 접하는 이론적인 길이)를 직경으로 사용하는 방법이다.
(2) 페렛 직경(Feret diameter)
  ㉠ 먼지의 한쪽 끝 가장자리와 다른 쪽 가장자리 사이의 거리이다.
  ㉡ 과대평가될 가능성이 있는 입자성 물질의 직경이다.
(3) 등면적 직경(projected area diameter)
  ㉠ 먼지의 면적과 동일한 면적을 가진 원의 직경으로 가장 정확한 직경이다.
  ㉡ 측정은 현미경 접안경에 porton reticle을 삽입하여 측정한다.
  즉, $D=\sqrt{2^n}$
  여기서, D : 입자 직경(μm)
  n : porton reticle에서 원의 번호

29 작업장 소음수준을 누적소음노출량 측정기로 측정할 경우 기기 설정으로 맞는 것은?

① threshold=80dB, criteria=90dB, exchange rate=10dB
② threshold=90dB, criteria=80dB, exchange rate=10dB
③ threshold=80dB, criteria=90dB, exchange rate=5dB
④ threshold=90dB, criteria=80dB, exchange rate=5dB

풀이 누적소음노출량 측정기의 설정
㉠ criteria=90dB
㉡ exchange rate=5dB
㉢ threshold=80dB

30 NaOH(나트륨 원자량 : 23) 20g을 10L의 용액에 녹였을 때 이 용액의 몰농도는?

① 0.05M(mol/L)
② 0.1M(mol/L)
③ 0.5M(mol/L)
④ 1.0M(mol/L)

풀이
$$M(mol/L) = \frac{용질(mol)}{전체\ 부피(L)}$$
$$= \frac{20g \times 1mol/40g}{10L} = 0.05 mol/L(M)$$

31 단위작업장소에서 소음의 강도가 불규칙적으로 변동하는 소음을 누적소음노출량 측정기로 측정하였다. 누적소음노출량이 300%인 경우 TWA[dB(A)]는?

① 92 ② 98
③ 103 ④ 106

풀이 시간가중평균소음수준(TWA [dB(A)])
$$TWA = 16.61 \log\left(\frac{D}{100}\right) + 90$$
$$= 16.61 \log\left(\frac{300}{100}\right) + 90$$
$$= 98 dB(A)$$

정답 28.② 29.③ 30.① 31.②

32 가스상 물질에 대한 시료채취방법인 순간시료채취방법을 사용할 수 없는 경우와 가장 거리가 먼 것은?
① 오염물질의 농도가 시간에 따라 변할 때
② 공기 중 오염물질의 농도가 낮을 때
③ 근로자에 대한 폭로시간이 일정하지 않을 때
④ 시간가중평균치를 구하고자 할 때

[풀이] 근로자에 대한 폭로는 연속시료채취방법으로 한다.

33 다음은 가스상 물질의 측정횟수에 관한 내용이다. ( ) 안에 맞는 내용은?

> 가스상 물질을 검지관방식으로 측정하는 경우에는 1일 작업시간 동안 1시간 간격으로 ( ) 이상 측정하되 측정시간마다 2회 이상 반복 측정하여 평균값을 산출하여야 한다.

① 2회   ② 4회
③ 6회   ④ 8회

[풀이] 검지관방식으로 측정하는 경우에는 1일 작업시간 동안 1시간 간격으로 6회 이상 측정하되 측정시간마다 2회 이상 반복 측정하여 평균값을 산출하여야 한다. 다만, 가스상 물질의 발생시간이 6시간 이내일 때에는 작업시간 동안 1시간 간격으로 나누어 측정하여야 한다.

34 음향출력이 50watt인 소음원으로부터 3m가 되는 지점에서의 음압수준은? (단, 무지향성 점음원, 자유공간 기준)
① 92dB   ② 98dB
③ 108dB ④ 116dB

[풀이] 점음원, 자유공간의 음압레벨(SPL)
$SPL = PWL - 20\log r - 11$
• $PWL = 10\log \dfrac{50}{10^{-12}} = 136.99dB$
$= 136.99 - 20\log 3 - 11$
$= 116.45dB$

35 유도결합플라스마 원자발광분석기의 장점으로 틀린 것은?
① 검량선의 직선성 범위가 넓다.
② 분광학적 방해영향이 없다.
③ 여러 금속을 분석할 경우 시간이 적게 소요된다.
④ 원자흡광광도계보다 더 좋거나 적어도 같은 정밀도를 갖는다.

[풀이] 유도결합플라스마 분광광도계(ICP, 원자발광분석기)의 장단점
(1) 장점
 ㉠ 비금속을 포함한 대부분의 금속을 ppb 수준까지 측정할 수 있다.
 ㉡ 적은 양의 시료를 가지고 한 번에 많은 금속을 분석할 수 있는 것이 가장 큰 장점이다.
  ※ 한 번에 시료를 주입하여 10~20초 내에 30개 이상의 원소를 분석할 수 있다.
 ㉢ 화학물질에 의한 방해로부터 거의 영향을 받지 않는다.
 ㉣ 검량선의 직선성 범위가 넓다. 즉 직선성 확보가 유리하다.
 ㉤ 원자흡광광도계보다 더 줄거나 적어도 같은 정밀도를 갖는다.
(2) 단점
 ㉠ 원자들은 높은 온도에서 많은 복사선을 방출하므로 분광학적 방해영향이 있다.
 ㉡ 시료분해 시 화합물 바탕방출이 있어 컴퓨터 처리과정에서 교정이 필요하다.
 ㉢ 유지관리 및 기기 구입 가격이 높다.
 ㉣ 이온화에너지가 낮은 원소는 검출한계가 높고, 다른 금속의 이온화에 방해를 준다.

36 측정치 1, 3, 5, 7, 9의 변이계수는?
① 약 0.13   ② 약 0.63
③ 약 1.33   ④ 약 1.83

[풀이]
• 변이계수(CV, %) $= \dfrac{표준편차}{평균} \times 100$
• 평균(M) $= \dfrac{1+3+5+7+9}{5} = 5$
• 표준편차(SD)
$= \left[\dfrac{(1-5)^2+(3-5)^2+(5-5)^2+(7-5)^2+(9-5)^2}{5-1}\right]^{0.5} = 3.16$
∴ $CV(\%) = \dfrac{3.16}{5} \times 100 = 63.2\% (=0.632)$

정답 32.③ 33.③ 34.④ 35.② 36.②

37 가스크로마토그래피(GC) 분석에서 분해능 (분리도, R; resolution)을 높이기 위한 방법이 아닌 것은?

① 시료의 양을 적게 한다.
② 고정상의 양을 적게 한다.
③ 고체 지지체의 입자 크기를 작게 한다.
④ 분리관(column)의 길이를 짧게 한다.

> **풀이** 분해능을 높이기 위한 방법
> ㉠ 고정상의 양 및 시료의 양을 적게 한다.
> ㉡ 운반가스 유속을 최적화하고 온도를 낮춘다.
> ㉢ 분리관의 길이를 길게 한다.
> ㉣ 고체 지지체의 입자 크기를 작게 한다.

38 폴리카보네이트 재질에 레이저빔을 쏘아 공극을 일직선으로 만든 막 여과지로 투과 전자현미경 분석을 위한 석면의 채취에 이용되는 것은?

① nucleopore 여과지
② cellulose ester 여과지
③ polytrafluroethylene 여과지
④ PVC 여과지

> **풀이** nucleopore 여과지
> ㉠ 폴리카보네이트 재질에 레이저빔을 쏘아 만들어지며, 구조가 막 여과지처럼 여과지 구멍이 겹치는 것이 아니고 체(sieve)처럼 구멍(공극)이 일직선으로 되어 있다.
> ㉡ TEM(전자현미경) 분석을 위한 석면의 채취에 이용된다.
> ㉢ 화학물질과 열에 안정적이다.
> ㉣ 표면이 매끄럽고 기공의 크기는 일반적으로 0.03~8μm 정도이다.

39 일정한 부피조건에서 압력과 온도는 비례한다는 표준가스 법칙은?

① 보일의 법칙
② 샤를의 법칙
③ 게이-뤼삭의 법칙
④ 라울트의 법칙

> **풀이** 게이-뤼삭의 기체반응 법칙
> 화학반응에서 그 반응물 및 생성물이 모두 기체일 때 등온, 등압하에서 측정한 이들 기체의 부피 사이에는 간단한 정수비 관계가 성립한다는 법칙(일정한 부피에서 압력과 온도는 비례한다는 표준가스 법칙)이다.

40 활성탄관을 이용하여 시료를 포집한 후 분석한 결과가 다음과 같다면 시료농도는?

- 활성탄관 앞층의 분석량 : 25μg
- 활성탄관 뒤층의 분석량 : 2μg
- 공시료 앞층의 분석량 : 1.5μg
- 공시료 뒤층의 분석량 : 0.35μg
- 포집유량 : 0.15L/min
- 포집시간 : 6시간 10분
- 탈착효율 : 98%

① 0.52mg/m^3
② 0.46mg/m^3
③ 0.35mg/m^3
④ 0.21mg/m^3

> **풀이** 농도(C, mg/m³)
> $$C = \frac{(25+2)\mu g - (1.5+0.35)\mu g}{0.15\text{L/min} \times 370\text{min} \times 0.98}$$
> $= 0.46\mu g/L (= 0.46\text{mg/m}^3)$

제3과목 | 작업환경 관리대책

41 용접흄이 발생하는 공정의 작업대에 부착 고정하여 개구면적이 0.6m²인 측방 외부식 테이블상 플랜지 부착 장방형 후드를 설치하고자 한다. 제어속도가 0.4m/sec, 소요 송풍량이 63.6m³/min이라면, 발생원으로부터 어느 정도 떨어진 위치에 후드를 설치해야 하는가?

① 0.52m
② 0.69m
③ 0.73m
④ 0.82m

정답 37.④ 38.① 39.③ 40.② 41.②

[풀이] 후드 작업대, 플랜지 부착 조건이므로
$$Q = 60 \times 0.5 \times V_c(10X^2 + A)$$
$$10X^2 + A = \frac{Q}{60 \times 0.5 \times V_c}$$
$$\therefore X = \left[\left(\frac{\frac{63.6}{60 \times 0.5 \times 0.4} - 0.6}{10}\right)\right]^{0.5} = 0.69\text{m}$$

42 가로 30m, 세로 20m, 높이 4m의 작업장에 희석환기를 시간당 4번 행한다면 필요한 공기량(m^3/min)은?
① 120　　② 160
③ 2,400　④ 8,040

[풀이] 시간당 공기교환율(ACH)
$$ACH = \frac{필요환기량}{작업장 용적}$$
∴ 필요환기량 = 4회/hr × (30 × 20 × 4)m^3
= 9,600m^3/hr × 1hr/60min
= 160m^3/min

43 방진마스크의 필요조건으로 틀린 것은?
① 흡기와 배기 저항 모두 낮은 것이 좋다.
② 흡기저항 상승률이 높은 것이 좋다.
③ 안면밀착성이 큰 것이 좋다.
④ 무게중심은 안면에 강한 압박감을 주지 않는 위치에 있는 것이 좋다.

[풀이] 방진마스크의 선정조건(구비조건)
㉠ 흡기저항 및 흡기저항 상승률이 낮을 것
   ※ 일반적 흡기저항 범위 : 6~8mmH$_2$O
㉡ 배기저항이 낮을 것
   ※ 일반적 배기저항 기준 : 6mmH$_2$O 이하
㉢ 여과재 포집효율이 높을 것
㉣ 착용 시 시야확보가 용이할 것
   ※ 하방시야가 60° 이상 되어야 함
㉤ 중량은 가벼울 것
㉥ 안면에서의 밀착성이 클 것
㉦ 침입률 1% 이하까지 정확히 평가 가능할 것
㉧ 피부접촉부위가 부드러울 것
㉨ 사용 후 손질이 간단할 것
㉩ 무게중심은 안면에 강한 압박감을 주지 않는 위치에 있을 것

44 약간의 공기 움직임이 있고 낮은 속도로 오염물질이 배출되는 스프레이 도장, 용접, 도금, 저속 컨베이어 운반공정에서의 제어속도(m/sec) 범위로 가장 적절한 것은 어느 것인가? (단, ACGIH 권고 기준)
① 0.5~1.0　② 1.0~2.5
③ 2.5~4.0　④ 4.0~5.5

[풀이] 작업조건에 따른 제어속도 기준

작업조건	작업공정 사례	제어속도 (m/sec)
• 움직이지 않는 공기 중에서 속도 없이 배출되는 작업조건 • 조용한 대기 중에 실제 거의 속도가 없는 상태로 발산하는 작업조건	• 액면에서 발생하는 가스나 증기, 흄 • 탱크에서 증발, 탈지시설	0.25~0.5
비교적 조용한(약간의 공기 움직임) 대기 중에서 저속도로 비산하는 작업조건	• 용접, 도금 작업 • 스프레이 도장 • 주형을 부수고 모래를 터는 장소	0.5~1.0
발생기류가 높고 유해물질이 활발하게 발생하는 작업조건	• 스프레이 도장, 용기 충전 • 컨베이어 적재 • 분쇄기	1.0~2.5
초고속기류가 있는 작업장소에 초고속으로 비산하는 작업조건	• 회전연삭작업 • 연마작업 • 블라스트 작업	2.5~10

45 청력보호구의 차음효과를 높이기 위해서 유의할 사항으로 볼 수 없는 것은?
① 청력보호구는 머리의 모양이나 귓구멍에 잘 맞는 것을 사용하여 차음효과를 높이도록 한다.
② 청력보호구는 기공이 많은 재료로 만들어 흡음효과를 높여야 한다.
③ 청력보호구를 잘 고정시켜 보호구 자체의 진동을 최소한도로 줄이도록 한다.
④ 귀덮개 형식의 보호구는 머리카락이 길 때와 안경테가 굵거나 잘 부착되지 않을 때에는 사용하지 않도록 한다.

[풀이] 청력보호구의 차음효과를 높이기 위한 유의사항
㉠ 사용자 머리의 모양이나 귓구멍에 잘 맞아야 할 것
㉡ 기공이 많은 재료를 선택하지 말 것
㉢ 청력보호구를 잘 고정시켜서 보호구 자체의 진동을 최소화할 것
㉣ 귀덮개 형식의 보호구는 머리카락이 길 때와 안경테가 굵어서 잘 부착되지 않을 때에는 사용하지 말 것

46 공기정화장치의 한 종류인 원심력제진장치의 분리계수(separation factor)에 대한 설명으로 맞는 것은?
① 분리계수는 중력가속도에 비례한다.
② 사이클론에서 입자에 작용하는 원심력을 중력으로 나눈 값을 분리계수라 한다.
③ 분리계수는 입자의 접선방향속도에 반비례한다.
④ 분리계수는 사이클론의 원추하부반경에 비례한다.

[풀이] 분리계수(separation factor)
사이클론의 잠재적인 효율(분리능력)을 나타내는 지표로, 이 값이 클수록 분리효율이 좋다.

$$\text{분리계수} = \frac{\text{원심력(가속도)}}{\text{중력(가속도)}} = \frac{V^2}{R \cdot g}$$

여기서, V : 입자의 접선방향속도(입자의 원주속도)
R : 입자의 회전반경(원추하부반경)
g : 중력가속도

47 작업환경관리대책 중 대치물질 개선에 해당되지 않는 것은?
① 금속세척작업 : TCE를 대신하여 계면활성제 사용
② 샌드블라스트 : 모래를 대신하여 암면 유리섬유 사용
③ 야광시계의 자판 : 라듐(Ra) 대신 인으로 대치
④ 분체입자를 큰 입자로 대치

[풀이] 금속 표면을 블라스팅(샌드블라스트)할 때 사용재료는 모래 대신 철구슬(철가루)로 전환한다.

48 강제환기를 실시할 때 환기효과를 제고시킬 수 있는 원칙으로 틀린 것은?
① 오염물질 배출구는 가능한 한 오염원으로부터 가까운 곳에 설치하여 '점환기'의 효과를 얻는다.
② 공기가 배출되면서 오염장소를 통과하도록 공기 배출구와 유입구의 위치를 선정한다.
③ 공기 배출구와 근로자의 작업위치 사이에 오염원이 위치하여야 한다.
④ 공기 배출구를 창문이나 문 근처에 위치시켜 '환기상승'의 효과를 얻는다.

[풀이] 전체환기(강제환기)시설 설치 기본원칙
㉠ 오염물질 사용량을 조사하여 필요환기량을 계산한다.
㉡ 배출공기를 보충하기 위하여 청정공기를 공급한다.
㉢ 오염물질 배출구는 가능한 한 오염원으로부터 가까운 곳에 설치하여 '점환기'의 효과를 얻는다.
㉣ 공기 배출구와 근로자의 작업위치 사이에 오염원이 위치해야 한다.
㉤ 공기가 배출되면서 오염장소를 통과하도록 공기 배출구와 유입구의 위치를 선정한다.
㉥ 작업장 내 압력은 경우에 따라서 양압이나 음압으로 조정해야 한다(오염원 주위에 다른 작업공정이 있으면 공기 공급량을 배출량보다 작게 하여 음압을 형성시켜 주위 근로자에게 오염물질이 확산되지 않도록 한다).
㉦ 배출된 공기가 재유입되지 못하게 배출구 높이를 적절히 설계하고 창문이나 문 근처에 위치하지 않도록 한다.
㉧ 오염된 공기는 작업자가 호흡하기 전에 충분히 희석되어야 한다.
㉨ 오염물질 발생은 가능하면 비교적 일정한 속도로 유출되도록 조정해야 한다.

49 층류와 난류 흐름을 판별하는 데 중요한 역할을 하는 레이놀즈 수를 알맞게 나타낸 것은?
① $\dfrac{\text{관성력}}{\text{점성력}}$
② $\dfrac{\text{관성력}}{\text{중력}}$
③ $\dfrac{\text{관성력}}{\text{탄성력}}$
④ $\dfrac{\text{압축력}}{\text{관성력}}$

정답 46.② 47.② 48.④ 49.①

[풀이] 레이놀즈 수(Re)

$$Re = \frac{\rho V d}{\mu} = \frac{Vd}{\nu} = \frac{관성력}{점성력}$$

여기서, Re : 레이놀즈 수 ⇨ 무차원
ρ : 유체의 밀도(kg/m³)
d : 유체가 흐르는 직경(m)
V : 유체의 평균유속(m/sec)
μ : 유체의 점성계수(kg/m · sec(Poise))
ν : 유체의 동점성계수(m²/sec)

50 배출원이 많아서 여러 개의 후드를 주관에 연결한 경우(분지관의 수가 많고 덕트의 압력손실이 클 때) 총 압력손실 계산법으로 가장 적절한 방법은?

① 정압조절평형법
② 저항조절평형법
③ 등가조절평형법
④ 속도압평형법

[풀이] 총 압력손실 계산방법의 적용
㉠ 정압조절평형법(유속조절평형법, 정압균형유지법)
분지관의 수가 적고 고독성 물질이나 폭발성 및 방사성 분진
㉡ 저항조절평형법(댐퍼조절평형법, 덕트균형유지법)
분지관의 수가 많고 덕트의 압력손실이 클 때

51 다음 중 전기집진장치에 관한 설명으로 틀린 것은?

① 압력손실이 적어 송풍기의 가동비용이 저렴하다.
② 고온가스를 처리할 수 있다.
③ 배출가스의 온도강하가 적으며 대량의 가스 처리가 가능하다.
④ 전압변동과 같은 조건변동에 쉽게 적응할 수 있다.

[풀이] 전기집진장치의 장단점
(1) 장점
㉠ 집진효율이 높다(0.01μm 정도 포집 용이, 99.9% 정도 고집진효율).
㉡ 광범위한 온도범위에서 적용이 가능하며, 폭발성 가스의 처리도 가능하다.
㉢ 고온의 입자성 물질(500℃ 전후) 처리가 가능하여 보일러와 철강로 등에 설치할 수 있다.
㉣ 압력손실이 낮고 대용량의 가스 처리가 가능하며 배출가스의 온도강하가 적다.
㉤ 운전 및 유지비가 저렴하다.
㉥ 회수가치 입자 포집에 유리하며, 습식 및 건식으로 집진할 수 있다.
㉦ 넓은 범위의 입경과 분진농도에 집진효율이 높다.
(2) 단점
㉠ 설치비용이 많이 든다.
㉡ 설치공간을 많이 차지한다.
㉢ 설치된 후에는 운전조건의 변화에 유연성이 적다.
㉣ 먼지성상에 따라 전처리시설이 요구된다.
㉤ 분진포집에 적용되며, 기체상 물질 제거에는 곤란하다.
㉥ 전압변동과 같은 조건변동(부하변동)에 쉽게 적응이 곤란하다.
㉦ 가연성 입자의 처리가 곤란하다.

52 푸시풀 후드(push-pull hood)에 대한 설명으로 적합하지 않은 것은?

① 도금조와 같이 폭이 넓은 경우, 필요유량을 증가시켜 포집효율을 향상시킨다.
② 공정에서 작업물체를 처리조에 넣거나 꺼내는 중에 공기막이 파괴되어 오염물질이 발생하는 단점이 있다.
③ 개방조 한 변에서 압축공기를 이용하여 오염물질이 발생하는 표면에 공기를 불어 반대쪽에 오염물질이 도달하게 한다.
④ 제어속도는 푸시 제트기류에 의해 발생한다.

[풀이] 푸시풀(push-pull) 후드
(1) 개요
㉠ 제어길이가 비교적 길어서 외부식 후드에 의한 제어효과가 문제가 되는 경우에 공기를 불어주고(push) 당겨주는(pull) 장치로 되어 있다.
㉡ 개방조 한 변에서 압축공기를 이용하여 오염물질이 발생하는 표면에 공기를 불어 반대쪽에 오염물질이 도달하게 한다.

(2) 적용
  ㉠ 도금조 및 자동차 도장공정과 같이 오염물질 발생원의 개방면적이 큰(발산면의 폭이 넓은) 작업공정에 주로 많이 적용된다.
  ㉡ 포착거리(제어거리)가 일정 거리 이상일 경우 push-pull형 환기장치가 적용된다.
(3) 특징
  ㉠ 제어속도는 push 제트기류에 의해 발생한다.
  ㉡ 공정에서 작업물체를 처리조에 넣거나 꺼내는 중에 공기막이 파괴되어 오염물질이 발생한다.
  ㉢ 노즐로는 하나의 긴 슬롯, 구멍 뚫린 파이프 또는 개별 노즐을 여러 개 사용하는 방법이 있다.
  ㉣ 노즐의 각도는 제트공기가 방해받지 않도록 하향 방향을 향하고 최대 20° 내를 유지하도록 한다.
  ㉤ 노즐 전체면적은 기류 분포를 고르게 하기 위해서 노즐 충만실 단면적의 25%를 넘지 않도록 해야 한다.
  ㉥ push-pull 후드에 있어서는 여러 가지의 영향인자가 존재하므로 ±20% 정도의 유량조정이 가능하도록 설계되어야 한다.
(4) 장점
  ㉠ 포집효율을 증가시키면서 필요유량을 대폭 감소시킬 수 있다.
  ㉡ 작업자의 방해가 적고 적용이 용이하다.
(5) 단점
  ㉠ 원료의 손실이 크다.
  ㉡ 설계방법이 어렵다.
  ㉢ 효과적으로 기능을 발휘하지 못하는 경우가 있다.

53 지름이 1m인 원형 후드 입구로부터 2m 떨어진 지점에 오염물질이 있다. 제어풍속이 2m/sec일 때 후드의 필요환기량(m^3/sec)은? (단, 공간에 위치하며, 플랜지는 없다.)
① 41   ② 61
③ 82   ④ 98

풀이 후드 자유공간, 플랜지 없음 조건이므로
$Q = 60 \times V_c(10X^2 + A)$
$= 60 \times 2 \left[(10 \times 2^2) + \left(\dfrac{3.14 \times 1^2}{4}\right)\right]$
$= 4894.2 m^3/min \times min/60sec$
$= 81.57 m^3/sec$

54 흡인풍량이 100m^3/min, 송풍기 유효전압이 150mmH$_2$O, 송풍기 효율이 80%, 여유율이 1.2인 송풍기의 소요동력은? (단, 송풍기 효율과 원동기 여유율을 고려한다.)
① 2.7kW   ② 3.7kW
③ 4.7kW   ④ 5.7kW

풀이 송풍기 소요동력(kW)
$= \dfrac{100 \times 150}{6,120 \times 0.8} \times 1.2 = 3.67 kW$

55 어떤 공장에서 1시간에 1L의 methylene chloride(비중 1.336, 분자량 84.94g, TLV 500ppm)가 증발되어 작업환경을 오염시키고 있다. 여유계수 K가 4라면 전체환기량 Q(m^3/min)는? (단, 20℃, 1기압 기준, 단위환산계수 F는 0.4이다.)
① 30   ② 40
③ 50   ④ 60

풀이
· 사용량(g/hr) = 1L/hr × 1.336g/mL × 1,000mL/L
       = 1,336g/hr
· 발생률(G, L/hr)
  84.94g : 24.1L = 1,336g/hr : G
  $G = \dfrac{24.1L \times 1,336g/hr}{84.94g} = 379.06 L/hr$
∴ 필요환기량(Q) = $\dfrac{G}{TLV} \times K$
  $= \dfrac{379.06 L/hr}{500 ppm} \times 4$
  $= \dfrac{379.06 L/hr \times 1,000 mL/L}{500 mL/m^3} \times 4$
  $= 3032.48 m^3/hr \times hr/60min$
  $= 50.54 m^3/min$

56 어느 관내의 속도압이 3.5mmH$_2$O일 때 유속(m/min)은? (단, 공기의 비중량은 1.2kg$_f$/m^3이다.)
① 423   ② 454
③ 475   ④ 492

[풀이] 유속(V)

$$V = \sqrt{\frac{2gV_p}{\gamma}}$$

$$= \sqrt{\frac{2 \times 9.8 \times 3.5}{1.2}}$$

$$= 7.56 \text{m/sec} \times 60 \text{sec/min} = 453.65 \text{m/min}$$

57 다음 후드의 유입계수가 0.7이고, 속도압이 20mmH₂O일 때 후드의 유입손실은?

① 약 10.5mmH₂O
② 약 20.8mmH₂O
③ 약 32.5mmH₂O
④ 약 40.8mmH₂O

[풀이] 후드의 유입손실(Δp)

$\Delta p = F \times V_p$

$\therefore \left(\frac{1}{0.7^2} - 1\right) \times 20 = 20.8 \text{mmH}_2\text{O}$

58 공기 중의 사염화탄소 농도가 0.2%라면 정화통의 사용 가능 시간은? (단, 사염화탄소 0.5%에서 100분간 사용 가능한 정화통 기준이다.)

① 150분 ② 200분
③ 250분 ④ 300분

[풀이] 사용 가능 시간

$= \dfrac{\text{표준 유효시간} \times \text{시험가스 농도}}{\text{공기 중 유해가스 농도}}$

$= \dfrac{0.5 \times 100}{0.2} = 250$분

59 폭과 길이의 비(종횡비, W/L)가 0.2 이하인 슬롯형 후드의 경우, 배풍량은 어느 공식에 의해서 산출하는 것이 가장 적절하겠는가? (단, 플랜지가 부착되지 않았으며, L : 길이, W : 폭, X : 오염원에서 후드 개구부까지의 거리, V : 제어속도, 단위는 적절하다고 가정한다.)

① $Q = 2.6LVX$ ② $Q = 3.7LVX$
③ $Q = 4.3LVX$ ④ $Q = 5.2LVX$

[풀이] 외부식 슬롯후드의 필요송풍량

$Q = 60 \cdot C \cdot L \cdot V_c \cdot X$

여기서,
Q : 필요송풍량(m³/min)
C : 형상계수

전원주 ➡ 5.0(ACGIH : 3.7)

$\dfrac{3}{4}$ 원주 ➡ 4.1

$\dfrac{1}{2}$ 원주(플랜지 부착 경우와 동일) ➡ 2.8(ACGIH : 2.6)

$\dfrac{1}{4}$ 원주 ➡ 1.6

V_c : 제어속도(m/sec)
L : slot 개구면의 길이(m)
X : 포집점까지의 거리(m)

60 회전차 외경이 600mm인 원심송풍기의 풍량은 200m³/min이다. 회전차 외경이 1,200mm인 동류(상사구조)의 송풍기가 동일한 회전수로 운전된다면 이 송풍기의 풍량은? (단, 두 경우 모두 표준공기를 취급한다.)

① 1,200m³/min   ② 1,600m³/min
③ 1,800m³/min   ④ 2,200m³/min

[풀이]

$\dfrac{Q_2}{Q_1} = \left(\dfrac{D_2}{D_1}\right)^3$

$\therefore Q_2 = Q_1 \times \left(\dfrac{D_2}{D_1}\right)^3$

$= 200 \times \left(\dfrac{1,200}{600}\right)^3 = 1,600 \text{m}^3/\text{min}$

제4과목 | 물리적 유해인자관리

61 생체와 환경 사이의 열교환에 영향을 미치는 4가지 요인으로 거리가 먼 것은 어느 것인가?

① 기온(air temperature)
② 기류(air velocity)
③ 기압(air pressure)
④ 복사열(radiant temperature)

정답 57.② 58.③ 59.② 60.② 61.③

[풀이] 온열요소(생체와 환경 사이의 열교환에 영향을 끼치는 요인)
- ㉠ 기온
- ㉡ 기류
- ㉢ 기습
- ㉣ 복사열

62 다음 중 소음발생의 대책으로 가장 먼저 고려해야 할 사항은?

① 소음전파 차단
② 차음보호구 착용
③ 소음노출시간 단축
④ 소음원 밀폐

[풀이] 소음발생원 대책
- ㉠ 발생원에서 저감
- ㉡ 소음기 설치
- ㉢ 밀폐 및 방음 커버
- ㉣ 방진 및 제진

63 다음 [표]는 우리나라의 소음노출기준을 나타낸 것이다. 1시간에 해당하는 노출기준 [dB(A)]으로 옳은 것은?

구 분	노출기준[dB(A)]
8시간	90
4시간	95
1시간	( )

① 100
② 105
③ 110
④ 115

[풀이] 우리나라 소음노출기준
8시간 노출에 대한 기준 90dB(5dB 변화율)

1일 노출시간(hr)	소음수준[dB(A)]
8	90
4	95
2	100
1	105
1/2	110
1/4	115

64 그림과 같이 소음원이 작업장의 모서리에 놓여있을 때 지향계수(directivity factor)는 얼마인가?

① 2
② 4
③ 8
④ 16

[풀이] 음원의 위치에 따른 지향성

음원이 자유공간 (공중)에 있을 때	음원이 반자유공간 (바닥 위)에 있을 때
지향계수(Q) = 1 지향지수(DI) = 0dB	지향계수(Q) = 2 지향지수(DI) = 3dB
음원이 두 면이 접하는 공간에 있을 때	음원이 세 면이 접하는 공간에 있을 때
지향계수(Q) = 4 지향지수(DI) = 6dB	지향계수(Q) = 8 지향지수(DI) = 9dB

65 다음 중 열사병(heat stroke)에 관한 설명으로 옳은 것은?

① 피부는 차갑고, 습한 상태로 된다.
② 지나친 발한에 의한 탈수와 염분소실이 원인이다.
③ 보온을 시키고, 더운 커피를 마시게 한다.
④ 뇌 온도의 상승으로 체온조절중추의 기능이 장애를 받게 된다.

정답 62.④ 63.② 64.③ 65.④

풀이 열사병(heat stroke)
(1) 개요
  ㉠ 고온다습한 환경(육체적 노동 또는 태양의 복사선을 두부에 직접적으로 받는 경우)에 노출될 때 뇌 온도의 상승으로 신체 내부의 체온조절 중추에 기능장애를 일으켜서 생기는 위급한 상태이다.
  ㉡ 고열로 인해 발생하는 장애 중 가장 위험성이 크다.
  ㉢ 태양광선에 의한 열사병은 일사병(sunstroke) 이라고 한다.
(2) 발생
  ㉠ 체온조절 중추(특히 발한 중추)의 기능장애에 의한다(체내에 열이 축적되어 발생).
  ㉡ 혈액 중의 염분량과는 관계없다.
  ㉢ 대사열의 증가는 작업부하와 작업환경에서 발생하는 열부하가 원인이 되어 발생하며, 열사병을 일으키는 데 크게 관여하고 있다.

66 다음 중 전리방사선의 외부조사에 대한 방어대책으로 고려하여야 할 요소가 아닌 것은 어느 것인가?
① 대치
② 거리
③ 차폐
④ 시간

풀이 방사선의 외부노출에 대한 방어대책
전리방사선 방어의 궁극적 목적은 가능한 한 방사선에 불필요하게 노출되는 것을 최소화하는 데 있다.
(1) 시간
  ㉠ 노출시간을 최대로 단축한다(조업시간 단축).
  ㉡ 충분한 시간 간격을 두고 방사능 취급작업을 하는 것은 반감기가 짧은 방사능 물질에 유용하다.
(2) 거리
  방사능은 거리의 제곱에 비례해서 감소하므로 먼 거리일수록 쉽게 방어가 가능하다.
(3) 차폐
  ㉠ 큰 투과력을 갖는 방사선 차폐물은 원자번호가 크고 밀도가 큰 물질이 효과적이다.
  ㉡ α선의 투과력은 약하여 얇은 알루미늄판으로도 방어가 가능하다.

67 방사선의 단위 중 1Gy에 해당되는 것은?
① 10^2erg/g
② 0.1Ci
③ 1,000rem
④ 100rad

풀이 방사선 단위의 구분
㉠ 방사능 : 1Ci = 3.7×10^{10}Bq
㉡ 조사선량 : 1R = 2.58×10^{-4}C/kg
㉢ 흡수선량 : 1Gy = 100rad
㉣ 등가선량 : 1Sv = 100rem

68 다음 중 진동에 의한 감각적 영향에 관한 설명으로 틀린 것은?
① 맥박수가 증가한다.
② 1~3Hz에서 호흡이 힘들고 산소 소비가 증가한다.
③ 13Hz에서 허리, 가슴 및 등 쪽에 감각적으로 가장 심한 통증을 느낀다.
④ 신체의 공진현상은 앉아 있을 때가 서 있을 때보다 심하게 나타난다.

풀이 공명(공진) 진동수
㉠ 두부와 견부는 20~30Hz 진동에 공명(공진)하며, 안구는 60~90Hz 진동에 공명한다.
㉡ 3Hz 이하 : motion sickness 느낌(급성적 증상으로 상복부의 통증과 팽만감 및 구토)
㉢ 6Hz : 가슴, 등에 심한 통증
㉣ 13Hz : 머리, 안면, 볼, 눈꺼풀 진동
㉤ 4~14Hz : 복통, 압박감 및 동통감
㉥ 9~20Hz : 대·소변 욕구, 무릎 탄력감
㉦ 20~30Hz : 시력 및 청력 장애

69 전자파의 정도를 나타내는 자속밀도의 단위인 G(Gauss)와 T(Tesla)의 관계로 옳은 것은?
① 1T = 10^2G
② 1T = 10^3G
③ 1T = 10^4G
④ 1T = 10^5G

풀이 가우스(G, Gauss)와 테슬러(T, Tesla)의 관계
㉠ 1T = 10^4G
㉡ 1mT = 10G
㉢ 1μT = 10mG
㉣ 1mG = 80mA

정답 66.① 67.④ 68.③ 69.③

70 다음 중 고열로 인한 스트레스를 평가하는 지수에 해당되지 않는 것은?

① 열평형 ② 불쾌지수
③ 유효온도 ④ 대사열

> **풀이** 고열로 인한 스트레스를 평가하는 지수
> ㉠ 열평형
> ㉡ 유효온도
> ㉢ 대사열

71 다음 중 진동에 의한 생체영향과 가장 거리가 먼 것은?

① C_5-dip 현상
② Raynaud 현상
③ 내분비계 장애
④ 뼈 및 관절의 장애

> **풀이** C_5-dip 현상은 소음에 관한 사항으로, 소음성 난청의 초기단계이며 4,000Hz에서 청력장애가 현저히 커지는 현상이다.

72 소음성 난청에 관한 설명으로 옳은 것은?

① 음압수준은 낮을수록 유해하다.
② 소음의 특성은 고주파음보다 저주파음이 더 유해하다.
③ 개인의 감수성은 소음에 노출된 모든 사람이 다 똑같이 반응한다.
④ 소음노출시간은 간헐적 노출이 계속적 노출보다 덜 유해하다.

> **풀이** 소음성 난청에 영향을 미치는 요소
> ㉠ 소음 크기
>   음압수준이 높을수록 영향이 크다.
> ㉡ 개인감수성
>   소음에 노출된 모든 사람이 똑같이 반응하지 않으며, 감수성이 매우 높은 사람이 극소수 존재한다.
> ㉢ 소음의 주파수 구성
>   고주파음이 저주파음보다 영향이 크다.
> ㉣ 소음의 발생 특성
>   지속적인 소음노출이 단속적인(간헐적인) 소음노출보다 더 큰 장애를 초래한다.

73 다음 중 고압환경의 인체작용에 있어 2차적 가압현상에 해당하지 않는 것은?

① 공기전색
② 산소중독
③ 질소마취
④ 이산화탄소중독

> **풀이** 고압환경에서의 2차적 가압현상
> ㉠ 질소가스의 마취작용
> ㉡ 산소중독
> ㉢ 이산화탄소의 작용

74 다음 설명에 해당하는 방진재료는?

> • 형상의 선택이 비교적 자유롭다.
> • 자체의 내부마찰에 의해 저항을 얻을 수 있어 고주파 진동의 차진(遮振)에 양호하다.
> • 내후성, 내유성, 내약품성의 단점이 있다.

① 코일 용수철 ② 펠트
③ 공기 용수철 ④ 방진고무

> **풀이** 방진고무의 장단점
> (1) 장점
>   ㉠ 고무 자체의 내부마찰로 적당한 저항을 얻을 수 있다.
>   ㉡ 공진 시의 진폭도 지나치게 크지 않다.
>   ㉢ 설계자료가 잘 되어 있어서 용수철 정수(스프링 상수)를 광범위하게 선택할 수 있다.
>   ㉣ 형상의 선택이 비교적 자유로워 여러 가지 형태로 된 철물에 견고하게 부착할 수 있다.
>   ㉤ 고주파 진동의 차진에 양호하다.
> (2) 단점
>   ㉠ 내후성, 내유성, 내열성, 내약품성이 약하다.
>   ㉡ 공기 중의 오존(O_3)에 의해 산화된다.
>   ㉢ 내부마찰에 의한 발열 때문에 열화되기 쉽다.

75 산업안전보건법상 상시 작업을 실시하는 장소에 대한 작업면의 조도기준으로 옳은 것은?

① 기타 작업 : 50lux 이상
② 보통작업 : 150lux 이상
③ 정밀작업 : 500lux 이상
④ 초정밀작업 : 1,000lux 이상

정답 70.② 71.① 72.④ 73.① 74.④ 75.②

[풀이] 근로자 상시 작업장 작업면의 조도기준
- ㉠ 초정밀작업 : 750lux 이상
- ㉡ 정밀작업 : 300lux 이상
- ㉢ 보통작업 : 150lux 이상
- ㉣ 기타 작업 : 75lux 이상

76 그늘막 내에서의 자연습구온도가 25℃, 건구온도가 32℃, 흑구온도가 20℃일 때 습구흑구온도지수(℃)는 얼마인가?

① 23.5 ② 24.7
③ 28.4 ④ 28.9

[풀이] 옥내 WBGT(℃)
= (0.7×자연습구온도)+(0.3×흑구온도)
= (0.7×25℃)+(0.3×20℃)
= 23.5℃

77 자연조명에 관한 설명으로 틀린 것은?

① 균일한 조명을 요하는 작업실은 동북 또는 북 창이 좋다.
② 창의 면적은 바닥면적의 15~20% 정도가 이상적이다.
③ 개각은 4~5°가 좋으며, 개각이 작을수록 실내는 밝다.
④ 입사각은 28° 이상이 좋으며, 입사각이 클수록 실내는 밝다.

[풀이] 개각은 4~5°가 좋으며, 클수록 실내는 밝다. 또한 개각 1°의 감소를 입사각으로 보충하려면 2~5°의 증가가 필요하다.

78 고압환경에서 일어날 수 있는 생체작용과 가장 거리가 먼 것은?

① 폐수종 ② 압치통
③ 부종   ④ 폐압박

[풀이] 저기압환경에서의 생체작용
- ㉠ 폐수종
- ㉡ 고공증상
- ㉢ 급성 고산병

79 1fc(foot candle)은 약 몇 럭스(lux)인가?

① 3.9   ② 8.9
③ 10.8 ④ 13.4

[풀이] 풋 캔들(foot candle)
(1) 정의
  ㉠ 1루멘의 빛이 1ft² 의 평면상에 수직으로 비칠 때 그 평면의 빛 밝기이다.
  ㉡ 관계식 : 풋 캔들(ft cd) = $\dfrac{lumen}{ft^2}$
(2) 럭스와의 관계
  ㉠ 1ft cd=10.8lux
  ㉡ 1lux=0.093ft cd
(3) 빛의 밝기
  ㉠ 광원으로부터 거리의 제곱에 반비례한다.
  ㉡ 광원의 촉광에 정비례한다.
  ㉢ 조사평면과 광원에 대한 수직평면이 이루는 각(cosine)에 반비례한다.
  ㉣ 색깔과 감각, 평면상의 반사율에 따라 밝기가 달라진다.

80 다음 중 산업안전보건법상 '적정한 공기'에 해당하는 것은?

① 산소농도의 범위가 16%인 공기
② 탄산가스의 농도가 1.0%인 공기
③ 산소농도의 범위가 25%인 공기
④ 황화수소의 농도가 25ppm인 공기

[풀이] 적정한 공기
산소농도의 범위가 18% 이상 23.5% 미만, 탄산가스의 농도가 1.5% 미만, 황화수소의 농도가 10ppm 미만, 일산화탄소의 농도가 30ppm 미만인 수준의 공기를 말한다.

제5과목 | 산업 독성학

81 작업환경 중에서 부유분진이 호흡기계에 축적되는 주요 작용기전과 가장 거리가 먼 것은?

① 충돌 ② 침강
③ 농축 ④ 확산

[풀이] 입자의 호흡기계 침적(축적)기전
ⓐ 충돌(관성충돌, impaction)
ⓑ 중력침강(sedimentation)
ⓒ 차단(interception)
ⓓ 확산(diffusion)
ⓔ 정전기(static electricity)

82 다음 [보기]와 같은 유해물질들이 호흡기 내에서 자극하는 부위로 가장 적절한 것은?

[보기] 암모니아, 염화수소, 불화수소, 산화에틸렌

① 상기도 점막
② 폐조직
③ 종말기관지
④ 폐포 점막

[풀이] 호흡기에 대한 자극작용 구분에 따른 자극제의 종류
(1) 상기도 점막 자극제
 ⓐ 암모니아
 ⓑ 염화수소
 ⓒ 아황산가스
 ⓓ 포름알데히드
 ⓔ 아크롤레인
 ⓕ 아세트알데히드
 ⓖ 크롬산
 ⓗ 산화에틸렌
 ⓘ 염산
 ⓙ 불산(불화수소)
(2) 상기도 점막 및 폐조직 자극제
 ⓐ 불소
 ⓑ 요오드
 ⓒ 염소
 ⓓ 오존
 ⓔ 브롬
(3) 종말세기관지 및 폐포 점막 자극제
 ⓐ 이산화질소
 ⓑ 포스겐
 ⓒ 염화비소

83 다음 중 납중독을 확인하는 데 이용하는 시험으로 적절하지 않은 것은?
① 혈중의 납
② 헴(heme)의 대사
③ 신경 전달속도
④ EDTA 흡착능

[풀이] 납중독 확인 시험사항
(1) 혈액 내 납 농도(만성중독의 지표 : 혈액 중 2ppm)
 ⓐ 혈액 중 납 농도가 높아지면 망상적혈구와 친염기성 적혈구가 증가한다.
 ⓑ 심할 경우 용혈성 빈혈증상이 나타난다.
(2) 헴(heme)의 대사
 ⓐ 세포 내에서 SH⁻기와 결합하여 포르피린과 헴의 합성에 관여하는 효소를 포함한 여러 세포의 효소작용을 방해한다.
 ⓑ 헴 합성의 장애로 주요 증상은 빈혈증이며, 혈색소량이 감소하고, 적혈구의 생존기간 단축 및 파괴가 촉진된다.
(3) 말초신경의 신경 전달속도
 납은 신경자극이 전달되는 속도를 저하시킨다.
(4) Ca-EDTA 이동시험
 ⓐ 체내의 납량을 측정할 수 있다.
 ⓑ Ca-EDTA 투여 24시간 동안 뇨 채취 시 납의 총량이 500~600μg을 초과하면 과다노출을 의미한다.
(5) β-ALA(Amino Levulinic Acid) 축적

84 호흡기계로 들어온 먼지에 대하여 인체가 가지는 방어기전을 조합한 것으로 가장 적절한 것은?
① 면역작용과 대식세포의 작용
② 폐포의 활발한 가스교환과 대식세포의 작용
③ 점액 섬모운동과 대식세포에 의한 정화
④ 점액 섬모운동과 면역작용에 의한 정화

[풀이] 인체 방어기전
(1) 점액 섬모운동
 ⓐ 가장 기초적인 방어기전(작용)이며, 점액 섬모운동에 의한 배출 시스템으로 폐포로 이동하는 과정에서 이물질을 제거하는 역할을 한다.
 ⓑ 기관지(벽)에서의 방어기전을 의미한다.
 ⓒ 정화작용을 방해하는 물질은 카드뮴, 니켈, 황화합물 등이다.
(2) 대식세포에 의한 작용(정화)
 ⓐ 대식세포가 방출하는 효소에 의해 용해되어 제거된다(용해작용).
 ⓑ 폐포의 방어기전을 의미한다.
 ⓒ 대식세포에 의해 용해되지 않는 대표적 독성물질은 유리규산, 석면 등이다.

정답 82.① 83.④ 84.③

85 다음 중 유기용제 중독자의 응급처치로 적절하지 않은 것은?
① 용제가 묻은 의복을 벗긴다.
② 의식장애가 있을 때에는 산소를 흡입시킨다.
③ 차가운 장소로 이동하여 정신을 긴장시킨다.
④ 유기용제가 있는 장소로부터 대피시킨다.

풀이 유기용제 중독자의 응급처치
㉠ 용제가 묻은 의복을 벗긴다.
㉡ 의식장애가 있을 때에는 산소를 흡입시킨다.
㉢ 환기가 잘 되는 장소로 이동시킨다.
㉣ 유기용제가 있는 장소로부터 대피시킨다.

86 수은의 성상에 관한 설명으로 틀린 것은 어느 것인가?
① 무기수은화합물의 독성은 알킬수은화합물보다 강하다.
② 수은화합물은 크게 무기수은화합물과 유기수은화합물로 대별한다.
③ 무기수은화합물은 대부분의 금속과 화합하여 아말감을 만든다.
④ 무기수은화합물은 질산수은, 승홍, 뇌홍 등이 있으며, 유기수은화합물에는 페닐수은, 에틸수은 등이 있다.

풀이 유기수은 중 알킬수은화합물의 독성은 무기수은화합물의 독성보다 매우 강하다.

87 다음 중 호흡기에 대한 자극작용이 가장 심한 것은?
① 케톤류 유기용제
② 글리콜류 유기용제
③ 에스테르류 유기용제
④ 알데히드류 유기용제

풀이 알데히드류 유기용제(RCHO)는 호흡기에 대한 자극작용이 심한 것이 특징이며, 지용성 알데히드는 기관지 및 폐를 자극한다.

88 공기 중 일산화탄소 농도가 $10mg/m^3$인 작업장에서 1일 8시간 동안 작업하는 근로자가 흡입하는 일산화탄소의 양은 몇 mg인가? (단, 근로자의 시간당 평균흡기량은 1,250L이다.)
① 10
② 50
③ 100
④ 500

풀이 CO 농도
$C(mg/m^3) = \dfrac{질량}{부피}$
∴ 질량(mg) = $10mg/m^3 \times (1.25m^3/hr \times 8hr)$
= 100mg

89 화학물질이 사람에게 흡수되어 초래되는 바람직하지 않은 영향의 범위, 정도, 특성을 무엇이라 하는가?
① 치사량(lethal dose)
② 유효량(effective dose)
③ 위험(risk)
④ 독성(toxicity)

풀이 독성
유해화학물질이 일정한 농도로 체내의 특정 부위에 체류할 때 악영향을 일으킬 수 있는 능력, 즉 사람에게 흡수되어 초래되는 바람직하지 않은 영향의 범위, 정도, 특성을 의미한다.

90 다음 중 망간에 대한 설명으로 틀린 것은?
① 만성중독은 3가 이상의 망간화합물에 의해 주로 발생한다.
② 전기용접봉 제조업, 도자기 제조업에서 발생된다.
③ 언어장애, 균형감각상실 등의 증세를 보인다.
④ 호흡기 노출이 주경로이다.

풀이 망간은 은백색 금속으로 통상 2가와 4가의 원자가를 갖는다. 또한 물속에 녹아 있을 때는 2가이며 무색이고, 산소, 염소에 접촉 시 산화되어 4가가 된다.

91 다음 중 유기용제별 생체 내 대사물이 잘못 짝지어진 것은?

① 톨루엔 - o-크레졸
② 크실렌 - 만델린산
③ 에틸벤젠 - 만델린산
④ 벤젠 - 페놀

[풀이] 화학물질에 대한 대사산물 및 시료채취시기

화학물질	대사산물(측정대상물질) : 생물학적 노출지표	시료채취시기
납	혈액 중 납	중요치 않음
	소변 중 납	
카드뮴	소변 중 카드뮴	중요치 않음
	혈액 중 카드뮴	
일산화탄소	호기에서 일산화탄소	작업 종료 시
	혈액 중 carboxyhemoglobin	
벤젠	소변 중 총 페놀	작업 종료 시
	소변 중 t,t-뮤코닉산 (t,t-muconic acid)	
에틸벤젠	소변 중 만델린산	작업 종료 시
니트로벤젠	소변 중 p-nitrophenol	작업 종료 시
아세톤	소변 중 아세톤	작업 종료 시
톨루엔	혈액, 호기에서 톨루엔	작업 종료 시
	소변 중 o-크레졸	
크실렌	소변 중 메틸마뇨산	작업 종료 시
스티렌	소변 중 만델린산	작업 종료 시
트리클로로 에틸렌	소변 중 트리클로로초산 (삼염화초산)	주말작업 종료 시
테트라클로로 에틸렌	소변 중 트리클로로초산 (삼염화초산)	주말작업 종료 시
트리클로로 에탄	소변 중 트리클로로초산 (삼염화초산)	주말작업 종료 시
사염화 에틸렌	소변 중 트리클로로초산 (삼염화초산)	주말작업 종료 시
	소변 중 삼염화에탄올	
이황화탄소	소변 중 TTCA	-
	소변 중 이황화탄소	
노말헥산 (n-헥산)	소변 중 2,5-hexanedione	작업 종료 시
	소변 중 n-헥산	
메탄올	소변 중 메탄올	-
클로로벤젠	소변 중 총 4-chlorocatechol	작업 종료 시
	소변 중 총 p-chlorophenol	
크롬 (수용성 흄)	소변 중 총 크롬	주말작업 종료 시, 주간작업 중
N,N-디메틸 포름아미드	소변 중 N-메틸포름아미드	작업 종료 시
페놀	소변 중 메틸마뇨산	작업 종료 시

92 생물학적 지표로 이용되는 대사산물을 측정하고자 할 때 화학물질에 대한 채취시간의 조합이 틀린 것은?

① acetone - 작업 종료 시
② carbon monoxide - 주말작업 종료 시
③ chlorobenzene - 작업 종료 시
④ chromium(6가) - 주말작업 종료 시

[풀이] carbon monoxide(일산화탄소, CO)의 시료채취시기는 작업 종료 시이다.

93 다음 중 유기성 분진에 의한 진폐증에 해당하는 것은?

① 탄소폐증   ② 규폐증
③ 활석폐증   ④ 농부폐증

[풀이] 분진 종류에 따른 진폐증의 분류(임상적 분류)
㉠ 유기성 분진에 의한 진폐증
  농부폐증, 면폐증, 연초폐증, 설탕폐증, 목재분 진폐증, 모발분진폐증
㉡ 무기성(광물성) 분진에 의한 진폐증
  규폐증, 탄소폐증, 활석폐증, 탄광부진폐증, 철 폐증, 베릴륨폐증, 흑연폐증, 규조토폐증, 주석 폐증, 칼륨폐증, 바륨폐증, 용접공폐증, 석면폐증

94 다음 [표]는 A작업장의 백혈병과 벤젠에 대한 코호트 연구를 수행한 결과이다. 이때 벤젠의 백혈병에 대한 상대위험비는 약 얼마인가?

구 분	백혈병	백혈병 없음	합 계
벤젠 노출	5	14	19
벤젠비 노출	2	25	27
합 계	7	39	46

① 3.29   ② 3.55
③ 4.64   ④ 4.82

[풀이] 상대위험비 = $\dfrac{\text{노출군에서의 발생률}}{\text{비노출군에서의 발생률}}$
= $\dfrac{(5/19)}{(2/27)} = 3.55$

정답 91.② 92.② 93.④ 94.②

95 부식방지 및 도금 등에 사용되며 급성중독 시 심한 신장장애를 일으키고, 만성중독 시 코, 폐 등의 점막에 병변을 일으키는 물질은?
① 무기연
② 크롬
③ 알루미늄
④ 비소

풀이 **크롬에 의한 건강장애**
(1) 급성중독
  ㉠ 신장장애
    과뇨증(혈뇨증) 후 무뇨증을 일으키며, 요독증으로 10일 이내에 사망한다.
  ㉡ 위장장애
    심한 복통, 빈혈을 동반하는 심한 설사 및 구토가 발생한다.
  ㉢ 급성폐렴
    크롬산 먼지, 미스트 대량 흡입 시 발생한다.
(2) 만성중독
  ㉠ 점막장애
    점막이 충혈되어 화농성 비염이 되고 차례로 깊이 들어가서 궤양이 되며, 코 점막의 염증, 비중격천공 증상을 일으킨다.
  ㉡ 피부장애
    • 피부궤양(둥근 형태의 궤양)을 일으킨다.
    • 수용성 6가 크롬은 저농도에서도 피부염을 일으킨다.
    • 손톱 주위, 손 및 전박부에 잘 발생한다.
  ㉢ 발암작용
    • 장기간 흡입에 의해 기관지암, 폐암, 비강암(6가 크롬)이 발생한다.
    • 크롬 취급자는 폐암에 의한 사망률이 정상인보다 상당히 높다.
  ㉣ 호흡기 장애
    크롬폐증이 발생한다.

96 다음 중 다핵방향족탄화수소(PAHs)에 대한 설명으로 틀린 것은?
① 벤젠고리가 2개 이상이다.
② 대사가 활발한 다핵고리화합물로 되어 있으며 수용성이다.
③ 시토크롬(cytochrome) P-450의 준개체단에 의하여 대사된다.
④ 철강 제조업에서 석탄을 건류할 때나 아스팔트를 콜타르피치로 포장할 때 발생된다.

풀이 **다핵방향족탄화수소류(PAH)**
⇨ 일반적으로 시토크롬 P-448이라 한다.
㉠ 벤젠고리가 2개 이상 연결된 것으로 20여 가지 이상이 있다.
㉡ 대사가 거의 되지 않아 방향족 고리로 구성되어 있다.
㉢ 철강 제조업의 코크스 제조공정, 흡연, 연소공정, 석탄건류, 아스팔트 포장, 굴뚝 청소 시 발생한다.
㉣ 비극성의 지용성 화합물이며, 소화관을 통하여 흡수된다.
㉤ 시토크롬 P-450의 준개체단에 의하여 대사되고, PAH의 대사에 관여하는 효소는 P-448로 대사되는 중간산물이 발암성을 나타낸다.
㉥ 대사 중에 산화아렌(arene oxide)을 생성하고 잠재적 독성이 있다.
㉦ 연속적으로 폭로된다는 것은 불가피하게 발암성으로 진행됨을 의미한다.
㉧ 배설을 쉽게 하기 위하여 수용성으로 대사되는데 체내에서 먼저 PAH가 hydroxylation(수산화)되어 수용성을 돕는다.
㉨ PAH의 발암성 강도는 독성 강도와 연관성이 크다.
㉩ ACGIH의 TLV는 TWA로 10ppm이다.
㉪ 인체 발암 추정물질(A2)로 분류된다.

97 다음 중 중금속에 의한 폐기능의 손상에 관한 설명으로 틀린 것은?
① 철폐증(siderosis)은 철분진 흡입에 의한 암발생(A1)이며, 중피종과 관련이 없다.
② 화학적 폐렴은 베릴륨, 산화카드뮴, 에어로졸 노출에 의하여 발생하며 발열, 기침, 폐기종이 동반된다.
③ 금속열은 금속이 용융점 이상으로 가열될 때 형성되는 산화금속을 흄 형태로 흡입할 때 발생한다.
④ 6가 크롬은 폐암과 비강암 유발인자로 작용한다.

풀이 철은 강의 주성분으로, 산화철은 용접작업에서 발생되는 주요 물질이다.
산화철 흄은 코, 목, 폐에 자극을 유발하며 장기간 노출 시 산화철폐증(siderosis)으로 진행된다.

98 유기용제별 특이증상을 잘못 짝지은 것은?
① 메탄올 – 시신경장애
② 노말헥산 및 메틸부틸케톤 – 생식기장애
③ 이황화탄소 – 중추신경장애
④ 염화탄화수소 – 간장애

풀이 유기용제별 대표적 특이증상(가장 심각한 독성 영향)
㉠ 벤젠 : 조혈장애
㉡ 염화탄화수소, 염화비닐 : 간장애
㉢ 이황화탄소 : 중추신경 및 말초신경 장애, 생식기능장애
㉣ 메틸알코올(메탄올) : 시신경장애
㉤ 메틸부틸케톤 : 말초신경장애(중독성)
㉥ 노말헥산 : 다발성 신경장애
㉦ 에틸렌글리콜에테르 : 생식기장애
㉧ 알코올, 에테르류, 케톤류 : 마취작용
㉨ 톨루엔 : 중추신경장애

99 다음 중 피부에 궤양을 유발시키는 가장 대표적인 물질은?
① 크롬산(chromic acid)
② 콜타르피치(coal tar pitch)
③ 에폭시수지(epoxy resin)
④ 벤젠(benzene)

풀이 크롬의 만성중독으로, 점막·피부·호흡기 장애 및 발암작용 등의 건강장애가 생기며, 그 중 피부장애로는 피부궤양이 잘 발생한다.

100 근로자의 유해물질 노출 및 흡수 정도를 종합적으로 평가하기 위하여 생물학적 측정이 필요하다. 또한 유해물질의 배출 및 축적되는 속도에 따라 시료채취시기를 적절히 정해야 하는데, 다음 중 시료채취시기에 제한을 가장 적게 받는 것은?
① 호기 중 벤젠
② 뇨 중 총 페놀
③ 뇨 중 납
④ 혈중 총 무기수은

풀이 납은 체내 축적성이 일정 기간 지속되므로 시료채취시기에 제한을 크게 받지는 않는다.

정답 98.② 99.① 100.③

제2회 산업위생관리기사

과년도 출제문제 | 2009.05.10

제1과목 | 산업위생학 개론

01 작업의 강도가 클수록 작업시간이 짧아지고 휴식시간이 길어지며 실동률은 감소한다. 작업대사율(RMR)이 6일 때의 실동률(%)은 얼마인가? (단, 사이토와 오시마의 공식을 이용한다.)

① 70　　② 65
③ 60　　④ 55

[풀이] 실노동률(실동률, %) = 85 − (5 × RMR)
= 85 − (5 × 6) = 55%

02 다음 [그림]은 작업의 시작 및 종료 시의 산소소비량을 나타낸 것이다. ㉮와 ㉯의 의미를 올바르게 나열한 것은?

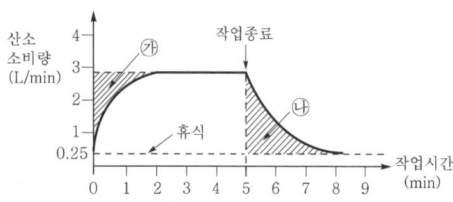

① ㉮ 작업부채, ㉯ 작업부채 보상
② ㉮ 작업부채 보상, ㉯ 작업부채
③ ㉮ 산소부채, ㉯ 산소부채 보상
④ ㉮ 산소부채 보상, ㉯ 산소부채

[풀이] 산소부채는 운동이 격렬하게 진행될 때 산소섭취량이 수요량에 미치지 못하여 일어나는 산소부족현상으로, 산소부채량은 원래대로 보상되어야 하므로 운동이 끝난 뒤에도 일정 시간 산소를 소비한다는 의미이다.

03 미국정부산업위생전문가협의회(ACGIH)에 의한 작업강도 구분에서 '심한 작업(heavy work)'에 속하는 것은?

① 150~200kcal/hr까지의 작업
② 200~350kcal/hr까지의 작업
③ 350~500kcal/hr까지의 작업
④ 500~750kcal/hr까지의 작업

[풀이] 작업대사량에 따른 작업강도(ACGIH, 고용노동부)
㉠ 경작업 : 시간당 200kcal까지의 열량이 소요되는 작업
㉡ 중등작업 : 시간당 200~350kcal까지의 열량이 소요되는 작업
㉢ 중(힘든, 격심)작업 : 시간당 350~500kcal까지의 열량이 소요되는 작업

04 다음 중 사무실 공기관리지침에 관한 설명으로 틀린 것은?

① 사무실 공기의 관리기준은 8시간 시간가중평균농도를 기준으로 한다.
② PM 10이란 입경이 10μm 이하인 먼지를 의미한다.
③ 총 부유세균의 단위는 CFU/m³로 1m³ 중에 존재하고 있는 집락형성세균의 개체수를 의미한다.
④ 사무실 공기질의 모든 항목에 대한 측정결과는 측정치 전체에 대한 평균값을 이용하여 평가한다.

[풀이] 사무실 공기질의 측정결과는 측정치 전체에 대한 평균값을 오염물질별 관리기준과 비교하여 평가한다. 단, 이산화탄소는 각 지점에서 측정한 측정치 중 최고값을 기준으로 비교·평가한다.

정답 01.④ 02.③ 03.③ 04.④

05
산업재해로 인한 직접손실비용이 300만원 발생하였다면, 총 재해손실비는 얼마로 추정되는가? (단, 하인리히의 재해손실비 산출기준을 따른다.)

① 600만원 ② 900만원
③ 1,200만원 ④ 1,500만원

풀이
총 재해손실비(하인리히)
=직접비+간접비(비율 1 : 4)
=직접비×5=300×5=1,500만원

06
다음 중 사무실 공기관리지침에서 지정하는 오염물질에 대한 시료채취방법이 잘못 연결된 것은?

① 이산화탄소 – 비분산적외선검출기에 의한 채취
② 일산화탄소 – 전기화학검출기에 의한 채취
③ 오존 – 멤브레인 필터를 이용한 채취
④ 총부유세균 – 여과법을 이용한 부유세균채취기로 채취

풀이

사무실 오염물질의 시료채취방법	
오염물질	시료채취방법
미세먼지 (PM 10)	PM 10 샘플러(sampler)를 장착한 고용량 시료채취기에 의한 채취
초미세먼지 (PM 2.5)	PM 2.5 샘플러(sampler)를 장착한 고용량 시료채취기에 의한 채취
이산화탄소 (CO_2)	비분산적외선검출기에 의한 채취
일산화탄소 (CO)	비분산적외선검출기 또는 전기화학검출기에 의한 채취
이산화질소 (NO_2)	고체흡착관에 의한 시료채취
포름알데히드 (HCHO)	2,4-DNPH(2,4-Dinitrophenylhydrazine)가 코팅된 실리카겔관(silicagel tube)이 장착된 시료채취기에 의한 채취
총휘발성 유기화합물 (TVOC)	1. 고체흡착관 또는 2. 캐니스터(canister)로 채취
라돈 (radon)	라돈연속검출기(자동형), 알파트랙(수동형), 충전막 전리함(수동형) 측정 등
총부유세균	충돌법을 이용한 부유세균채취기(bioair sampler)로 채취
곰팡이	충돌법을 이용한 부유진균채취기(bioair sampler)로 채취

※ 법 변경(2020년)사항이므로 풀이내용으로 학습 바랍니다.

07
다음 중 'OSHA'가 의미하는 기관의 명칭으로 옳은 것은?

① 영국보건안전부
② 미국산업위생협회
③ 미국산업안전보건청
④ 세계보건기구

풀이
미국산업안전보건청(OSHA ; Occupational Safety and Health Administration)
㉠ PEL(Permissible Exposure Limits) 기준을 사용한다. ⇨ 법적 기준
㉡ PEL은 건강상의 영향과 함께 사업장에 적용할 수 있는 기술 가능성도 고려하여 설정한 것이다.
㉢ 우리나라 고용노동부 성격과 유사하다.
㉣ 미국직업안전위생관리국이라고도 한다.

08
다음 중 근육노동을 할 때 특히 공급하여야 할 비타민의 종류로 가장 적절한 것은?

① 비타민 A
② 비타민 B_1
③ 비타민 D
④ 비타민 E

풀이
비타민 B_1은 작업강도가 높은 근로자의 근육에 호기적 산화를 촉진시켜 근육의 열량공급을 원활히 해주는 영양소이다.

09
다음 중 전신피로 정도를 평가하기 위한 측정수치로 적절하지 않은 것은? (단, 측정수치는 작업을 마친 직후 회복기의 심박수이다.)

① 작업 종료 후 30~60초 사이의 평균맥박수
② 작업 종료 후 60~90초 사이의 평균맥박수
③ 작업 종료 후 120~150초 사이의 평균맥박수
④ 작업 종료 후 150~180초 사이의 평균맥박수

정답 05.④ 06.풀이 학습 07.③ 08.② 09.③

풀이 **전신피로 정도의 평가**
㉠ 전신피로의 정도를 평가하려면 작업 종료 후 심박수를 측정하여 이용한다.
㉡ 심한 전신피로상태 : HR₁이 110을 초과하고, HR₃과 HR₂의 차이가 10 미만인 경우
여기서,
HR₁ : 작업 종료 후 30~60초 사이의 평균맥박수
HR₂ : 작업 종료 후 60~90초 사이의 평균맥박수
HR₃ : 작업 종료 후 150~180초 사이의 평균맥박수
⇨ 회복기 심박수 의미

10 다음 중 산업안전보건법령상 물질안전보건자료(MSDS) 작성 시 포함되어야 할 항목이 아닌 것은? (단, 기타 참고사항은 제외한다.)
① 유해·위험성
② 유효 사용기간
③ 안정성 및 반응성
④ 노출방지 및 개인보호구

풀이 **물질안전보건자료(MSDS) 작성 시 포함되어야 할 항목**
㉠ 화학제품과 회사에 관한 정보
㉡ 유해·위험성
㉢ 구성 성분의 명칭 및 함유량
㉣ 응급조치 요령
㉤ 폭발·화재 시 대처방법
㉥ 누출사고 시 대처방법
㉦ 취급 및 저장 방법
㉧ 노출방지 및 개인보호구
㉨ 물리화학적 특성
㉩ 안정성 및 반응성
㉪ 독성에 관한 정보
㉫ 환경에 미치는 영향
㉬ 폐기 시 주의사항
㉭ 운송에 필요한 정보
㉮ 법적 규제 현황
㉯ 그 밖의 참고사항

11 다음 중 근육운동에 동원되는 주요 에너지원 중에서 가장 먼저 소비되는 에너지원은?
① CP
② ATP
③ 포도당
④ 글리코겐

풀이 **혐기성 대사(anaerobic metabolism)**
㉠ 근육에 저장된 화학적 에너지를 의미한다.
㉡ 혐기성 대사의 순서(시간대별)
ATP(아데노신삼인산) → CP(크레아틴인산) → glycogen(글리코겐) or glucose(포도당)
※ 근육운동에 동원되는 주요 에너지원 중 가장 먼저 소비되는 것은 ATP이다.

12 무게 9kg의 물건을 근로자가 들어 올리려고 한다. 해당 작업조건의 권고기준(RWL)이 3.3kg이고, 바닥으로부터 이동거리는 1.5m(1분에 5회씩 1일 8시간)일 때에 중량물 취급지수(LI ; Lifting Index)는 약 얼마인가?
① 2.7
② 3.5
③ 4.6
④ 5.8

풀이 중량물 취급지수(LI)
$$LI = \frac{물체\ 무게}{RWL} = \frac{9}{3.3} = 2.7$$

13 산업안전보건법상 작업환경측정에 관한 내용으로 틀린 것은?
① 작업환경측정을 실시하기 전에 예비조사를 실시하여야 한다.
② 모든 측정은 개인시료 채취방법으로만 실시하여야 한다.
③ 작업이 정상적으로 이루어져 작업시간과 유해인자에 대한 근로자의 노출정도를 정확히 평가할 수 있을 때 실시하여야 한다.
④ 작업환경측정자는 그 사업장에 소속된 자로서 산업위생관리산업기사 이상의 자격을 가진 자를 말한다.

풀이 작업환경측정은 개인시료 채취를 원칙으로 하고 있으며, 개인시료 채취가 곤란한 경우에 한하여 지역시료를 채취할 수 있다.

14 다음 중 산업위생 통계에 있어 대푯값에 해당하지 않는 것은?
① 중앙값
② 산술평균값
③ 최빈값
④ 표준편차값

풀이 산업위생 통계에 있어 대푯값에 해당하는 것은 중앙값, 산술평균값, 가중평균값, 최빈값 등이 있다. ④항의 표준편차값은 관측값의 산포도를 나타낸다.

15 미국산업위생학술원(AAIH)에서 채택한 산업위생 분야에 종사하는 사람들이 지켜야 할 윤리강령에 포함되지 않는 것은?
① 전문가로서의 책임
② 일반대중에 대한 책임
③ 기업주와 고객에 대한 책임
④ 국가에 대한 책임

풀이 산업위생전문가의 윤리강령(AAIH)
㉠ 전문가로서의 책임
㉡ 근로자에 대한 책임
㉢ 기업주와 고객에 대한 책임
㉣ 일반대중에 대한 책임

16 연평균 근로자수가 5,000명인 A사업장에서 1년 동안에 125건의 재해로 인하여 250명의 사상자가 발생하였다면 이 사업장의 연천인율은 얼마인가?
① 25
② 50
③ 100
④ 200

풀이 연천인율 = $\frac{연간\ 재해자수}{연평균\ 근로자수} \times 1,000$
= $\frac{250}{5,000} \times 1,000 = 50$

17 산업안전보건법상 석면의 작업환경 측정결과 노출기준을 초과하였을 때 향후 측정주기는 어떻게 되는가?
① 3개월에 1회 이상
② 6개월에 1회 이상
③ 1년에 1회 이상
④ 2년에 1회 이상

풀이 작업환경 측정횟수
㉠ 사업주는 작업장 또는 작업공정이 신규로 가동되거나 변경되는 등으로 작업환경 측정대상 작업장이 된 경우에는 그 날부터 30일 이내에 작업환경 측정을 실시하고, 그 후 반기에 1회 이상 정기적으로 작업환경을 측정하여야 한다. 다만, 작업환경 측정결과가 다음의 어느 하나에 해당하는 작업장 또는 작업공정은 해당 유해인자에 대하여 그 측정일부터 3개월에 1회 이상 작업환경을 측정해야 한다.
• 화학적 인자(고용노동부장관이 정하여 고시하는 물질만 해당)의 측정치가 노출기준을 초과하는 경우
• 화학적 인자(고용노동부장관이 정하여 고시하는 물질은 제외)의 측정치가 노출기준을 2배 이상 초과하는 경우
㉡ ㉠항에도 불구하고 사업주는 최근 1년간 작업공정에서 공정 설비의 변경, 작업방법의 변경, 설비의 이전, 사용화학물질의 변경 등으로 작업환경 측정결과에 영향을 주는 변화가 없는 경우 1년에 1회 이상 작업환경 측정을 할 수 있는 경우
• 작업공정 내 소음의 작업환경 측정결과가 최근 2회 연속 85dB 미만인 경우
• 작업공정 내 소음 외의 다른 모든 인자의 작업환경 측정결과가 최근 2회 연속 노출기준 미만인 경우

18 다음 중 영상표시단말기(VDT)의 취급자세로 적절하지 않은 것은?
① 무릎의 내각은 75° 이내가 되도록 한다.
② 눈으로부터 화면까지의 시거리는 40cm 이상을 유지한다.
③ 작업자의 시선은 수평선상으로부터 아래로 10~15° 이내로 한다.
④ 작업자의 어깨가 들리지 않아야 하며, 팔꿈치의 내각은 90° 이상이 되도록 한다.

풀이 상체를 등받이에 기댄 자세에서 전완(팔뚝)과 바닥이 수평이 되어야 하며, 무릎의 내각은 90~100°가 되도록 한다.

정답 14.④ 15.④ 16.② 17.① 18.①

PART 02 과년도 출제문제

19 근로자의 건강진단과 관련하여 건강관리 구분 판정인 'D1'이 의미하는 것은?
① 직업병 유소견자
② 일반질병 유소견자
③ 직업병 요관찰자
④ 일반질병 요관찰자

풀이 건강관리 구분
㉠ A : 정상자
㉡ C1 : 직업병 요관찰자
㉢ C2 : 일반질병 요관찰자
㉣ D1 : 직업병 유소견자
㉤ D2 : 일반질병 유소견자
㉥ R : 질환 의심자

20 작업자의 최대작업역을 맞게 설명한 것은?
① 위팔과 아래팔을 뻗어 도달하는 최대범위
② 위팔과 아래팔을 상·하로 이동할 때 닿는 최대범위
③ 상체를 좌·우로 이동하여 최대한 닿을 수 있는 범위
④ 위팔을 상체에 붙인 채 아래팔과 손으로 조작할 수 있는 범위

풀이 수평작업영역의 구분
(1) 최대작업역(최대영역, maximum area)
㉠ 팔 전체가 수평상에 도달할 수 있는 작업영역
㉡ 어깨로부터 팔을 뻗어 도달할 수 있는 최대 영역
㉢ 아래팔(전완)과 위팔(상완)을 곧게 펴서 파악할 수 있는 영역
㉣ 움직이지 않고 상지를 뻗어서 닿는 범위
(2) 정상작업역(표준영역, normal area)
㉠ 상박부를 자연스런 위치에서 몸통부에 접하고 있을 때에 전박부가 수평면 위에서 쉽게 도착할 수 있는 운동범위
㉡ 위팔(상완)을 자연스럽게 수직으로 늘어뜨린 채 아래팔(전완)만으로 편안하게 뻗어 파악할 수 있는 영역
㉢ 움직이지 않고 전박과 손으로 조작할 수 있는 범위
㉣ 앉은 자세에서 위팔은 몸에 붙이고, 아래팔만 곧게 뻗어 닿는 범위
㉤ 약 34~45cm의 범위

제2과목 | 작업위생 측정 및 평가

21 습구온도를 측정하기 위한 측정기기와 측정시간의 기준을 알맞게 나타낸 것은? (단, 고용노동부 고시 기준)
① 자연습구온도계 – 15분 이상
② 자연습구온도계 – 25분 이상
③ 아스만통풍건습계 – 15분 이상
④ 아스만통풍건습계 – 25분 이상

풀이 고열의 측정구분에 의한 측정기기 및 측정시간

구분	측정기기	측정시간
습구 온도	0.5도 간격의 눈금이 있는 아스만통풍건습계, 자연습구온도를 측정할 수 있는 기기 또는 이와 동등 이상의 성능이 있는 측정기기	• 아스만통풍건습계 : 25분 이상 • 자연습구온도계 : 5분 이상
흑구 및 습구흑구 온도	직경이 5센티미터 이상 되는 흑구온도계 또는 습구흑구온도(WBGT)를 동시에 측정할 수 있는 기기	• 직경이 15센티미터일 경우 : 25분 이상 • 직경이 7.5센티미터 또는 5센티미터일 경우 : 5분 이상

※ 고시 변경사항, 학습 안 하셔도 무방합니다.

22 어떤 작업장 내의 공기오염도를 측정하였더니 카본 테트라클로로에탄 25ppm(노출기준 50ppm), 디클로로에탄 10ppm(노출기준 25ppm), 클로로포름 15ppm(노출기준 25ppm)으로 판정되었다. 이때 혼합 오염의 노출기준은? (단, 상가작용 기준)
① 약 18ppm   ② 약 24ppm
③ 약 33ppm   ④ 약 42ppm

풀이
$$노출지수(EI) = \frac{C_1}{TLV_1} + \frac{C_2}{TLV_2} + \frac{C_3}{TLV_3}$$
$$= \frac{25}{50} + \frac{10}{25} + \frac{15}{25} = 1.5$$
∴ 보정된 허용기준
$$= \frac{혼합물의\ 공기\ 중\ 농도(C_1 + C_2 + C_3)}{노출지수}$$
$$= \frac{25 + 10 + 15}{1.5} = 33.3 ppm$$

09-28 정답 19.① 20.① 21.④ 22.③

23 입자상 물질 채취를 위하여 사용되는 직경분립충돌기의 장점 또는 단점으로 틀린 것은?

① 호흡기의 부분별로 침착된 입자 크기의 자료를 추정할 수 있다.
② 되튐으로 인한 시료의 손실이 일어날 수 있다.
③ 입자의 질량 크기 분포를 얻을 수 있다.
④ 시료채취가 용이하고 비용이 저렴하다.

[풀이] 직경분립충돌기(cascade impactor)의 장단점
(1) 장점
   ㉠ 입자의 질량 크기 분포를 얻을 수 있다(공기 흐름속도를 조절하여 채취입자를 크기별로 구분 가능).
   ㉡ 호흡기의 부분별로 침착된 입자 크기의 자료를 추정할 수 있다.
   ㉢ 흡입성, 흉곽성, 호흡성 입자의 크기별로 분포와 농도를 계산할 수 있다.
(2) 단점
   ㉠ 시료채취가 까다롭다. 즉 경험이 있는 전문가가 철저한 준비를 통해 이용해야 정확한 측정이 가능하다(작은 입자는 공기흐름속도를 크게 하여 충돌판에 포집할 수 없음).
   ㉡ 비용이 많이 든다.
   ㉢ 채취준비시간이 과다하다.
   ㉣ 되튐으로 인한 시료의 손실이 일어나 과소분석결과를 초래할 수 있어 유량을 2L/min 이하로 채취한다.
   ㉤ 공기가 옆에서 유입되지 않도록 각 충돌기의 조립과 장착을 철저히 해야 한다.

24 공기 중 석면을 막 여과지에 채취한 후 전처리하여 분석하는 방법으로 다른 방법에 비하여 간편하나 석면의 감별에 어려움이 있는 측정방법은?

① X선 회절법
② 편광 현미경법
③ 위상차 현미경법
④ 전자 현미경법

[풀이] 석면 측정방법
(1) 위상차 현미경법
   ㉠ 석면 측정에 이용되는 현미경으로 일반적으로 가장 많이 사용된다.
   ㉡ 막 여과지에 시료를 채취한 후 전처리하여 위상차 현미경으로 분석한다.
   ㉢ 다른 방법에 비해 간편하나 석면의 감별이 어렵다.
(2) 전자 현미경법
   ㉠ 석면분진 측정방법에서 공기 중 석면시료를 가장 정확하게 분석할 수 있다.
   ㉡ 석면의 성분 분석(감별 분석)이 가능하다.
   ㉢ 위상차 현미경으로 볼 수 없는 매우 가는 섬유도 관찰 가능하다.
   ㉣ 값이 비싸고 분석시간이 많이 소요된다.
(3) 편광 현미경법
   ㉠ 고형시료 분석에 사용하며 석면을 감별 분석할 수 있다.
   ㉡ 석면광물이 가지는 고유한 빛의 편광성을 이용한 것이다.
(4) X선 회절법
   ㉠ 단결정 또는 분말시료(석면 포함 물질을 은막 여과지에 놓고 X선 조사)에 의한 단색 X선의 회절각을 변화시키며 회절선의 세기를 계수관으로 측정하여 X선의 세기나 각도를 자동적으로 기록하는 장치를 이용하는 방법이다.
   ㉡ 값이 비싸고, 조작이 복잡하다.
   ㉢ 고형시료 중 크리소타일 분석에 사용하며 토석, 암석, 광물성 분진 중의 유리규산(SiO_2) 함유율도 분석한다.

25 활성탄관을 연결한 저유량 공기시료채취 펌프를 이용하여 벤젠 증기(MW=78g/mol) $0.038m^3$를 채취하였다. GC를 이용하여 분석한 결과 $478\mu g$의 벤젠이 검출되었다면 벤젠 증기의 농도(ppm)는? (단, 온도 25℃, 1기압 기준, 기타 조건은 고려하지 않는다.)

① 1.87
② 2.34
③ 3.94
④ 4.78

[풀이]
$$농도(mg/m^3) = \frac{질량(분석)}{부피}$$
$$= \frac{478\mu g \times 1mg/1,000\mu g}{0.038m^3}$$
$$= 12.58 mg/m^3$$
$$\therefore 농도(ppm) = 12.58 \times \frac{24.45}{78} = 3.94 ppm$$

26 '정량한계'에 대한 설명으로 맞는 것은?

① 표준편차의 3배 또는 검출한계의 5배 또는 5.5배로 정의
② 표준편차의 5배 또는 검출한계의 5배 또는 5.5배로 정의
③ 표준편차의 5배 또는 검출한계의 3배 또는 3.3배로 정의
④ 표준편차의 10배 또는 검출한계의 3배 또는 3.3배로 정의

[풀이] 정량한계(LOQ ; Limit Of Quantization)
㉠ 분석기마다 바탕선량과 구별하여 분석될 수 있는 최소의 양, 즉 분석결과가 어느 주어진 분석 절차에 따라 합리적인 신뢰성을 가지고 정량분석할 수 있는 가장 작은 양이나 농도이다.
㉡ 도입 이유는 검출한계가 정량분석에서 만족스런 개념을 제공하지 못하기 때문에 검출한계의 개념을 보충하기 위해서이다.
㉢ 일반적으로 표준편차의 10배 또는 검출한계의 3배 또는 3.3배로 정의한다.
㉣ 정량한계를 기준으로 최소한으로 채취해야 하는 양이 결정된다.

27 다음 중 hexane의 부분압이 124mmHg(OEL =500ppm)이었을 때 VHR_{Hexane}은?

① 312.5   ② 326.3
③ 347.2   ④ 383.8

[풀이]
$$VHR = \frac{C}{TLV(OEL)} = \frac{\frac{124}{760} \times 10^6}{500} = 326.3$$

28 세척제로 사용하는 트리클로로에틸렌의 근로자 노출농도를 측정하고자 한다. 과거의 노출농도를 조사해 본 결과, 평균 60ppm이었다. 활성탄관을 이용하여 0.17L/min으로 채취하였더니 트리클로로에틸렌의 분자량은 131.39이고 가스크로마토그래피의 정량한계는 시료당 0.75mg이다. 채취하여야 할 최소한의 시간은? (단, 25℃, 1기압 기준)

① 6.9분   ② 9.2분
③ 10.4분 ④ 13.7분

[풀이]
• 과거 농도 60ppm을 mg/m³로 환산
$$C(mg/m^3) = 60ppm \times \frac{131.39}{24.45} = 322.43 mg/m^3$$
• 최소채취량(L) = $\frac{LOQ}{과거 농도}$
$$= \frac{0.75mg}{322.43mg/m^3} \times 1,000 L/m^3$$
$$= 2.33L$$
∴ 최소채취시간(min) = $\frac{2.33L}{0.17L/min}$ = 13.68min

29 가스상 물질의 측정을 위한 수동식 시료채취기(passive sampler)에 관한 설명으로 틀린 것은?

① 채취원리는 Fick's 확산 제1법칙으로 나타낼 수 있다.
② 장점은 간편성과 편리성이다.
③ 유량이라는 표현 대신에 채취용량(SQ)으로 표시한다.
④ 오염물질의 성질(확산, 투과 등)을 이용하여 동력 없이 수동적으로 농도구배에 따라 채취한다.

[풀이] 수동식 시료채취기에서는 채취용량(SQ)이라는 표현 대신 채취속도(SR, 유량)라는 표현을 사용한다.

30 가스상 물질의 분석 및 평가를 위한 '열탈착'에 관한 설명으로 틀린 것은?

① 용매 탈착 시 이황화탄소는 독성 및 인화성이 크고 작업이 번잡하며 열탈착이 보다 간편한 방법이다.
② 활성탄관을 이용하여 시료를 채취한 경우, 열탈착에 필요한 300℃ 이상에서는 많은 분석물질이 분해되어 사용이 제한된다.
③ 열탈착은 용매탈착에 비하여 흡착제에 채취된 일부 분석물질만 기기로 주입되어 감도가 떨어진다.
④ 열탈착은 대개 자동으로 수행되며 탈착된 분석물질이 가스크로마토그래피로 직접 주입되도록 되어 있다.

정답 26.④ 27.② 28.④ 29.③ 30.③

풀이 열탈착은 한 번에 모든 시료가 주입되어 잔여 분석물질이 남아 있지 않은 단점이 있다.

31 2차 표준기구 중 일반적 사용범위가 0.5~230L/min이고 정확도는 ±0.5%이며 실험실에서 사용하는 것은?

① 피토튜브
② 습식 테스트미터
③ 열선기류계
④ 유리피스톤미터

풀이 공기채취기구의 보정에 사용되는 2차 표준기구의 종류

표준기구	일반 사용범위	정확도
로터미터(rotameter)	1mL/분 이하	±1~25%
습식 테스트미터(wet-test-meter)	0.5~230L/분	±0.5% 이내
건식 가스미터(dry-gas-meter)	10~150L/분	±1% 이내
오리피스미터(orifice meter)	–	±0.5% 이내
열선기류계(thermo anemometer)	0.05~40.6m/초	±0.1~0.2%

32 흡착제인 활성탄의 제한점으로 틀린 것은 어느 것인가?

① 휘발성이 큰 저분자량의 탄화수소에 비해 휘발성이 작은 고분자량 탄화수소의 채취효율이 떨어진다.
② 암모니아, 에틸렌, 염화수소와 같은 저비점화합물에 비효과적이다.
③ 케톤의 경우 활성탄 표면에서 물을 포함하는 반응에 의해 파괴되어 탈착률과 안정성에서 부적절하다.
④ 표면의 산화력으로 인해 반응성이 큰 mercaptan, aldehyde 포집에 부적합하다.

풀이 활성탄은 고분자량 탄화수소의 채취효율이 저분자량의 탄화수소보다 좋다.

33 열, 화학물질, 압력 등에 강한 특성을 가지고 있어 석탄건류나 증류 등의 고열공정에서 발생되는 다핵방향족탄화수소를 채취할 때 사용되는 막 여과지는?

① PVC막 여과지 ② MCE막 여과지
③ PTFE막 여과지 ④ 유리섬유막 여과지

풀이 PTFE막 여과지(Polytetrafluoroethylene membrane filter, 테프론)
㉠ 열, 화학물질, 압력 등에 강한 특성을 가지고 있어 석탄건류나 증류 등의 고열공정에서 발생하는 다핵방향족탄화수소를 채취하는 데 이용된다.
㉡ 농약, 알칼리성 먼지, 콜타르피치 등을 채취한다.
㉢ $1\mu m$, $2\mu m$, $3\mu m$의 여러 가지 구멍 크기를 가지고 있다.

34 액체크로마토그래피법(HPLC)에 관한 설명으로 틀린 것은?

① 분석대상 화학물질은 PCB 등의 고분자 화학물질이다.
② 장점으로 빠른 분석속도, 해상도, 민감도를 들 수 있다.
③ 분석물질이 이동상에 녹아야 하는 제한점이 있다.
④ 운반가스의 친화력에 따라 용리법, 치환법으로 구분된다.

풀이 고성능 액체크로마토그래피(HPLC)의 특징
㉠ 시료의 전처리가 거의 필요 없이 직접적 분석이 이루어지며, 장점으로는 빠른 분석속도, 해상도, 민감도를 들 수 있다.
㉡ 시료의 회수가 용이하여 열안정성의 고려가 필요 없는 것이 장점이다.
㉢ 가스크로마토그래피에 비해 실험법이 쉽지만, 분해물질이 이동상에 녹아야 하는 제한점이 있다.

35 어느 작업장에서 benzene의 농도를 측정한 결과가 2ppm, 4ppm, 3ppm, 5.5ppm, 5ppm이었다면 이 측정값들의 기하평균(ppm)은?

① 약 3.18 ② 약 3.34
③ 약 3.52 ④ 약 3.66

[풀이] 기하평균(GM)

$$\log(GM) = \frac{\log X_1 + \cdots + \log X_n}{N}$$

$$= \frac{\log 2 + \log 4 + \log 3 + \log 5.5 + \log 5}{5}$$

$$= 0.564$$

$$\therefore GM = 10^{0.564} = 3.66 \text{ppm}$$

[풀이] 농도(C)

$$C(\text{mg/m}^3) = \frac{\text{분석량} - \text{공시료 분석량}}{\text{공기채취량} \times \text{포집효율}}$$

$$= \frac{(40.5 - 6.25)\mu g}{1.1 \text{L/min} \times 389 \text{min} \times 0.8}$$

$$= 0.1 \text{mg/m}^3 (\mu g/L)$$

36 온열조건을 평가하는 데 습구흑구온도지수(WBGT)를 사용한다. 태양광이 있는 옥외에서 측정결과가 다음과 같은 경우 습구흑구온도지수(WBGT)는?

- 건구온도 : 30℃
- 자연습구온도 : 28℃
- 흑구온도 : 42℃

① 30.3℃
② 31.0℃
③ 32.2℃
④ 33.5℃

[풀이] 옥외(태양광선이 있는 장소)의 WBGT(℃)
=(0.7×자연습구온도)+(0.2×흑구온도)
 +(0.1×건구온도)
=(0.7×28℃)+(0.2×42℃)+(0.1×30℃)
=31.0℃

37 흡수액을 이용하여 액체 포집한 후 시료를 분석한 결과 다음과 같은 수치를 얻었다. 이 물질의 공기 중 농도는?

- 시료에서 정량된 분석량 : 40.5μg
- 공시료에서 정량된 분석량 : 6.25μg
- 시작 시 유량 : 1.2L/min
- 종료 시 유량 : 1.0L/min
- 포집시간 : 389분
- 포집효율 : 80%

① 0.1mg/m³
② 0.2mg/m³
③ 0.3mg/m³
④ 0.4mg/m³

38 검지관의 단점으로 가장 거리가 먼 것은?

① 민감도가 낮다.
② 특이도가 낮다.
③ 밀폐공간에서 산소부족, 폭발성 가스로 인한 안전이 문제가 될 때는 사용하기 어렵다.
④ 색변화가 선명하지 않아 주관적으로 읽을 수 있어 판독자에 따른 변이가 심하다.

[풀이] 검지관 측정법의 장단점
(1) 장점
  ㉠ 사용이 간편하다.
  ㉡ 반응시간이 빨라 현장에서 바로 측정 결과를 알 수 있다.
  ㉢ 비전문가도 어느 정도 숙지하면 사용할 수 있지만 산업위생전문가의 지도 아래 사용되어야 한다.
  ㉣ 맨홀, 밀폐공간에서의 산소부족 또는 폭발성 가스로 인한 안전이 문제가 될 때 유용하게 사용된다.
  ㉤ 다른 측정방법이 복잡하거나 빠른 측정이 요구될 때 사용할 수 있다.
(2) 단점
  ㉠ 민감도가 낮아 비교적 고농도에만 적용이 가능하다.
  ㉡ 특이도가 낮아 다른 방해물질의 영향을 받기 쉽고 오차가 크다.
  ㉢ 대개 단시간 측정만 가능하다.
  ㉣ 한 검지관으로 단일물질만 측정 가능하여 각 오염물질에 맞는 검지관을 선정함에 따른 불편함이 있다.
  ㉤ 색변화에 따라 주관적으로 읽을 수 있어 판독자에 따라 변이가 심하며, 색변화가 시간에 따라 변하므로 제조자가 정한 시간에 읽어야 한다.
  ㉥ 미리 측정대상 물질의 동정이 되어 있어야 측정이 가능하다.

정답 36.② 37.① 38.③

39 흡착제를 이용하여 시료를 채취할 때 영향을 주는 인자에 관한 설명으로 틀린 것은?

① 고온에서는 흡착대상 오염물질과 흡착제의 표면 사이 또는 2종 이상의 흡착대상 물질 간 반응속도도 증가하여 불리한 조건이 된다.
② 습도가 높으면 파과공기량(파과가 일어날 때까지의 공기채취량)이 작아진다.
③ 시료채취속도가 낮고 코팅되지 않은 흡착제일수록 파과가 쉽게 일어난다.
④ 공기 중 오염물질의 농도가 높을수록 파과용량(흡착제에 흡착된 오염물질의 양)은 증가한다.

풀이 **흡착제를 이용한 시료채취 시 영향인자**
㉠ 온도 : 온도가 낮을수록 흡착에 좋으나 고온일수록 흡착대상 오염물질과 흡착제의 표면 사이 또는 2종 이상의 흡착대상 물질 간 반응속도가 증가하여 흡착성질이 감소하며 파과가 일어나기 쉽다(모든 흡착은 발열반응이다).
㉡ 습도 : 극성 흡착제를 사용할 때 수증기가 흡착되기 때문에 파과가 일어나기 쉬우며 비교적 높은 습도는 활성탄의 흡착용량을 저하시킨다. 또한 습도가 높으면 파과공기량(파과가 일어날 때까지의 채취공기량)이 적어진다.
㉢ 시료채취속도(시료채취량) : 시료채취속도가 크고 코팅된 흡착제일수록 파과가 일어나기 쉽다.
㉣ 유해물질 농도(포집된 오염물질의 농도) : 농도가 높으면 파과용량(흡착제에 흡착된 오염물질량)이 증가하나 파과공기량은 감소한다.
㉤ 혼합물 : 혼합기체의 경우 각 기체의 흡착량은 단독성분이 있을 때보다 적어지게 된다(혼합물 중 흡착제와 강한 결합을 하는 물질에 의하여 치환반응이 일어나기 때문).
㉥ 흡착제의 크기(흡착제의 비표면적) : 입자 크기가 작을수록 표면적 및 채취효율이 증가하지만 압력강하가 심하다(활성탄은 다른 흡착제에 비하여 큰 비표면적을 갖고 있다).
㉦ 흡착관의 크기(튜브의 내경, 흡착제의 양) : 흡착제의 양이 많아지면 전체 흡착제의 표면적이 증가하여 채취용량이 증가하므로 파과가 쉽게 발생되지 않는다.

40 여러 성분이 있는 용액에서 증기가 나올 때 증기의 각 성분의 부분압은 용액의 분압과 평형을 이룬다는 내용의 법칙은?

① 라울트의 법칙(Raoult's Law)
② 게이-뤼삭의 법칙(Gay-Lussac's Law)
③ 보일-샤를의 법칙(Boyle-Charle's Law)
④ 픽스의 법칙(Fick's Law)

풀이 **라울트(Raoult)의 법칙**
용액 증기압=용매 증기압+용매 몰분율

제3과목 | 작업환경 관리대책

41 화학공장에서 n-hexane(분자량 86.17, 노출기준 100ppm)과 dichloroethane(분자량 98.96, 노출기준 50ppm)이 각각 100g/hr, 50g/hr씩 기화한다면 이때의 필요환기량(m^3/hr)은? (단, 21℃ 기준, K값은 각각 6과 4이다.)

① 약 1,300 ② 약 1,800
③ 약 2,200 ④ 약 2,700

풀이
• n-hexane 필요환기량
사용량(g/hr)=100g/hr

발생률(G, L/hr)= $\dfrac{24.1L \times 100g/hr}{86.17g}$ = 27.97L/hr

필요환기량(Q)= $\dfrac{G}{TLV} \times K$

= $\dfrac{27.97L/hr \times 1,000mL/L}{100mL/m^3} \times 6$

= 1,678.07m^3/hr

• dichloroethane 필요환기량
사용량(g/hr)=50g/hr

발생률(G, L/hr)= $\dfrac{24.1L \times 50g/hr}{98.96g}$ = 12.18L/hr

필요환기량(Q)= $\dfrac{G}{TLV} \times K$

= $\dfrac{12.18L/hr \times 1,000mL/L}{50mL/m^3} \times 4$

= 974.13m^3/hr

∴ 총 필요환기량(Q_T)
Q_T = 1,678.07 + 974.13 = 2,652.2m^3/hr

정답 39.③ 40.① 41.④

42 환기시설 내 기류가 기본적인 유체역학적 원리에 의하여 지배되기 위한 전제조건에 관한 내용으로 틀린 것은?

① 환기시설 내외의 열교환은 무시한다.
② 공기의 압축이나 팽창을 무시한다.
③ 공기는 포화수증기상태로 가정한다.
④ 대부분의 환기시설에서는 공기 중에 포함된 유해물질의 무게와 용량을 무시한다.

[풀이] 유체역학의 질량보전 원리를 환기시설에 적용하는 데 필요한 네 가지 공기 특성의 주요 가정(전제조건)
㉠ 환기시설 내외(덕트 내·외부)의 열전달(열교환) 효과 무시
㉡ 공기의 비압축성(압축성과 팽창성 무시)
㉢ 건조공기 가정
㉣ 환기시설에서 공기 속 오염물질의 질량(무게)과 부피(용량) 무시

43 국소환기시설 전체의 압력손실이 125mmH₂O이고 송풍기의 총 공기량이 20,000m³/hr일 때 소요동력은? (단, 송풍기 효율 80%, 안전율 20%)

① 4.2kW ② 6.2kW
③ 8.2kW ④ 10.2kW

[풀이] 송풍기 소요동력(kW)
$$= \frac{Q \times \Delta P}{6{,}120 \times \eta} \times \alpha$$
$$= \frac{(20{,}000\text{m}^3/\text{hr} \times \text{hr}/60\text{min}) \times 125\text{mmH}_2\text{O}}{6{,}120 \times 0.8} \times 1.2$$
$$= 10.2\text{kW}$$

44 64℃를 ℉로 환산한 온도는?

① 147.2℉ ② 157.2℉
③ 167.2℉ ④ 177.2℉

[풀이] 화씨온도(℉) $= \left(\frac{9}{5} \times \text{섭씨온도(℃)}\right) + 32$
$= \left(\frac{9}{5} \times 64\right) + 32 = 147.2\text{℉}$

45 국소배기시설에서 필요환기량을 감소시키기 위한 방법으로 틀린 것은?

① 후드 개구면에서 기류가 균일하게 분포되도록 설계한다.
② 공정에서 발생 또는 배출되는 오염물질의 절대량을 감소시키는 것이 곧 필요환기량을 감소시키는 것이다.
③ 포집형이나 레시버형 후드를 사용할 때에 가급적 후드를 배출오염원에 가깝게 설치한다.
④ 공정 내 측면부착 차폐막이나 커튼 사용을 줄여 오염물질의 희석을 유도한다.

[풀이] 국소배기시설에서 필요환기량을 감소시키기 위해서는 공정 내 측면부착 차폐막 또는 커튼을 사용하여 후드 개구면의 속도를 균일하게 분포시켜야 한다.

46 비중량이 1.225kg_f/m³인 공기가 20m/sec의 속도로 덕트를 통과하고 있을 때의 동압은?

① 15mmH₂O ② 20mmH₂O
③ 25mmH₂O ④ 30mmH₂O

[풀이] 동압(VP)
$$\therefore VP = \frac{\gamma V^2}{2g} = \frac{1.225 \times 20^2}{2 \times 9.8} = 25\text{mmH}_2\text{O}$$

47 개구면적이 0.6m²인 외부식 장방형 후드가 자유공간에 설치되어 있다. 개구면으로부터 포촉점까지의 거리는 0.5m이고 제어속도가 0.40m/sec일 때 필요송풍량은? (단, 플랜지 미부착)

① 9.3m³/min
② 18.6m³/min
③ 37.2m³/min
④ 74.4m³/min

[풀이] 필요환기량(Q)
$Q = 60 \cdot V_c \cdot (10X^2 + A)$
$= 60 \times 0.4[(10 \times 0.5^2) + 0.6] = 74.4\text{m}^3/\text{min}$

48 어느 작업장에서 methylene chloride(비중 =1.336, 분자량=84.94, TLV=500ppm) 20L/hr를 사용할 때 필요한 희석환기량 (m³/min)은? (단, 안전계수는 5, 실내온도는 21℃이다.)

① 약 1,150 ② 약 1,270
③ 약 1,530 ④ 약 1,880

[풀이]
- 사용량
  20L/hr×1.336g/mL×1,000mL/L=26,720g/hr
- 발생률(G, L/hr)
  84.94g : 24.1L = 26,720g/hr : G
  $G = \dfrac{24.1\text{L} \times 26{,}720\text{g/hr}}{84.94\text{g}} = 7{,}581.26\text{L/hr}$

∴ 희석(필요)환기량(Q)
$= \dfrac{G}{\text{TLV}} \times K$
$= \dfrac{7{,}581.26\text{L/hr}}{500\text{ppm}} \times 5$
$= \dfrac{7{,}581.26\text{L/hr} \times 1{,}000\text{mL/L}}{500\text{mL/m}^3} \times 5$
$= 75{,}812.57\text{m}^3/\text{hr} \times \text{hr}/60\text{min}$
$= 1{,}263.54\text{m}^3/\text{min}$

49 직경이 2μm이고 비중이 3.5인 산화철 흄의 침강속도는?

① 0.023cm/sec ② 0.036cm/sec
③ 0.042cm/sec ④ 0.054cm/sec

[풀이] 침강속도(V, Lippmann 식)
$V(\text{cm/sec}) = 0.003 \times \rho \times d^2$
$= 0.003 \times 3.5 \times 2^2 = 0.042\text{cm/sec}$

50 보호구의 보호 정도와 한계를 나타내는 데 필요한 보호계수를 산정하는 공식은? (단, 보호계수 : PF, 보호구 밖의 농도 : C_o, 보호구 안의 농도 : C_i)

① $PF = C_o/C_i$
② $PF = (C_i/C_o) \times 100$
③ $PF = (C_o/C_i) \times 0.5$
④ $PF = (C_i/C_o) \times 0.5$

[풀이] 보호계수(PF ; Protection Factor)
보호구를 착용함으로써 유해물질로부터 보호가 얼마만큼 보호해주는가의 정도를 의미한다.
$PF = \dfrac{C_o}{C_i}$
여기서, PF : 보호계수(항상 1보다 크다)
C_i : 보호구 안의 농도
C_o : 보호구 밖의 농도

51 내경 760mm의 얇은 강철판의 직관을 통하여 풍량 120m³/min의 표준공기를 송풍할 때의 레이놀즈 수는? (단, 동점성계수=1.5×10⁻⁵m²/sec)

① 2.04×10^5 ② 2.23×10^5
③ 2.67×10^5 ④ 2.92×10^5

[풀이] 레이놀즈 수(Re)
$Re = \dfrac{VD}{\nu}$

- $V = \dfrac{Q}{A} = \dfrac{120\text{m}^3/\text{min} \times \text{min}/60\text{sec}}{\left(\dfrac{3.14 \times 0.76^2}{4}\right)\text{m}^2}$
  $= 4.41\text{m/sec}$

$= \dfrac{4.41 \times 0.76}{1.5 \times 10^{-5}} = 2.23 \times 10^5$

52 다음 중 보호구에 대한 설명으로 틀린 것은 어느 것인가?

① 방진마스크는 입자의 휘발성을 고려하여 필터 재질을 결정한다.
② 방진마스크는 흡기저항, 배기저항, 흡기저항 상승률 모두 낮은 것이 좋다.
③ 방독마스크는 사용 중에 조금이라도 가스냄새가 나는 경우 새로운 정화통으로 교체하여야 한다.
④ 방독마스크의 흡수제는 활성탄, 실리카겔, soda lime 등이 사용된다.

[풀이] 방진마스크는 공기 중의 유해한 분진, 미스트, 흄 등을 여과재를 통해 제거하여 유해물질이 근로자의 호흡기를 통하여 체내에 유입되는 것을 방지하기 위해 사용되는 호흡용 보호구이다.

정답 48.② 49.③ 50.① 51.② 52.①

53 유해성이 적은 물질로 대치한 예로 알맞지 않은 것은?

① 아소염료의 합성에서 디클로로벤지딘 대신 벤지딘을 사용한다.
② 야광시계의 자판을 라듐 대신 인을 사용한다.
③ 분체의 원료는 입자가 큰 것으로 바꾼다.
④ 성냥 제조 시 황린 대신 적린을 사용한다.

풀이 아소염료의 합성원료인 벤지딘을 디클로로벤지딘으로 전환한다.

54 발생기류가 높고 유해물질이 활발하게 발생하는 작업조건(스프레이 도장, 용기 충전, 컨베이어 적재, 분쇄기 작업공정)의 제어속도로 가장 알맞은 것은? (단, ACGIH 권고 기준)

① 2.0m/sec
② 3.0m/sec
③ 4.0m/sec
④ 5.0m/sec

풀이 제어속도

작업조건	작업공정 사례	제어속도 (m/sec)
• 움직이지 않는 공기 중에서 속도 없이 배출되는 작업조건 • 조용한 대기 중에 실제 거의 속도가 없는 상태로 발산하는 작업조건	• 액면에서 발생하는 가스나 증기, 흄 • 탱크에서 증발, 탈지시설	0.25~0.5
비교적 조용한(약간의 공기 움직임) 대기 중에서 저속도로 비산하는 작업조건	• 용접, 도금 작업 • 스프레이 도장 • 주형을 부수고 모래를 터는 장소	0.5~1.0
발생기류가 높고 유해물질이 활발하게 발생하는 작업조건	• 스프레이 도장, 용기 충전 • 컨베이어 적재 • 분쇄기	1.0~2.5
초고속기류가 있는 작업장소에 초고속으로 비산하는 작업조건	• 회전연삭작업 • 연마작업 • 블라스트 작업	2.5~10

55 송풍량이 45m³/min, 반송속도가 15m/sec, 가로, 세로 길이가 같은 정방형 송풍관의 한 변의 길이는?

① 약 22.4cm   ② 약 32.4cm
③ 약 40.0cm   ④ 약 45.5cm

풀이 $Q = A \times V$

$A = \dfrac{Q}{V} = \dfrac{45\text{m}^3/\text{min}}{15\text{m/sec} \times 60\text{sec/min}} = 0.05\text{m}^2$

∴ 한 변의 길이$(L) = \sqrt{A} = \sqrt{0.05}$
$= 0.224\text{m} \times 100\text{cm/m}$
$= 22.4\text{cm}$

56 온도 127℃, 800mmHg인 관내로 50m³/min인 유량의 기체가 흐르고 있다. 표준상태(25℃, 760mmHg)의 유량은 얼마인가?

① 약 31m³/min   ② 약 33m³/min
③ 약 36m³/min   ④ 약 39m³/min

풀이 $\dfrac{PV}{T} = \dfrac{P'V'}{T'}$

$V' = \dfrac{P}{P'} \times \dfrac{T'}{T} \times V$

$= \dfrac{800}{760} \times \dfrac{(273+25)}{(273+127)} \times 50 = 39.2\text{m}^3/\text{min}$

57 강제환기의 효과를 제고하기 위한 원칙으로 틀린 것은?

① 오염물질 배출구는 가능한 한 오염원으로부터 가까운 곳에 설치하여 '점환기' 현상을 방지한다.
② 공기 배출구와 근로자의 작업위치 사이에 오염원이 위치하여야 한다.
③ 공기가 배출되면서 오염장소를 통과하도록 공기 배출구와 유입구의 위치를 선정한다.
④ 오염원 주위에 다른 작업공정이 있으면 공기 배출량을 공급량보다 약간 크게 하여 음압을 형성하여 주위 근로자에게 오염물질이 확산되지 않도록 한다.

정답 53.① 54.① 55.① 56.④ 57.①

풀이 **전체환기(강제환기)시설 설치 기본원칙**
㉠ 오염물질 사용량을 조사하여 필요환기량을 계산한다.
㉡ 배출공기를 보충하기 위하여 청정공기를 공급한다.
㉢ 오염물질 배출구는 가능한 한 오염원으로부터 가까운 곳에 설치하여 '점환기'의 효과를 얻는다.
㉣ 공기 배출구와 근로자의 작업위치 사이에 오염원이 위치해야 한다.
㉤ 공기가 배출되면서 오염장소를 통과하도록 공기 배출구와 유입구의 위치를 선정한다.
㉥ 작업장 내 압력은 경우에 따라 양압이나 음압으로 조정해야 한다(오염원 주위에 다른 작업공정이 있으면 공기 공급량을 배출량보다 작게 하여 음압을 형성시켜 주위 근로자에게 오염물질이 확산되지 않도록 한다).
㉦ 배출된 공기가 재유입되지 못하게 배출구 높이를 적절히 설계하고 창문이나 문 근처에 위치하지 않도록 한다.
㉧ 오염된 공기는 작업자가 호흡하기 전에 충분히 희석되어야 한다.
㉨ 오염물질 발생은 가능하면 비교적 일정한 속도로 유출되도록 조정해야 한다.

58 귀마개의 장점으로 맞는 것만으로 짝지은 것은?

> ㉮ 외이도에 이상이 있어도 사용이 가능하다.
> ㉯ 좁은 장소에서도 사용이 가능하다.
> ㉰ 고온작업장소에서도 사용이 가능하다.

① ㉮, ㉯
② ㉯, ㉰
③ ㉮, ㉰
④ ㉮, ㉯, ㉰

풀이 **귀마개의 장단점**
(1) 장점
  ㉠ 부피가 작아 휴대가 쉬움
  ㉡ 안경과 안전모 등에 방해되지 않음
  ㉢ 고온작업에서도 사용 가능
  ㉣ 좁은 장소에서도 사용 가능
  ㉤ 귀덮개보다 가격이 저렴

(2) 단점
  ㉠ 귀에 질병이 있는 사람은 착용 불가능
  ㉡ 여름에 땀이 많이 날 때는 외이도에 염증 유발 가능성
  ㉢ 제대로 착용하는 데 시간이 걸리며 요령을 습득하여야 함
  ㉣ 귀덮개보다 차음효과가 일반적으로 떨어지며, 개인차가 큼
  ㉤ 더러운 손으로 만짐으로써 외청도를 오염시킬 수 있음(귀마개에 묻어 있는 오염물질이 귀에 들어갈 수 있음)

59 어느 유체관의 개구부에서 압력을 측정한 결과 정압이 $-30mmH_2O$이고 전압(총압)이 $-10mmH_2O$이었다. 이 개구부의 유입손실계수(F)는?

① 0.1
② 0.5
③ 1.0
④ 1.5

풀이 후드의 정압(SP_h)
$SP_h = VP(1+F)$
$F = \dfrac{SP_h}{VP} - 1$
• $VP = TP - SP$
$= -10 - (-30) = 20mmH_2O$
$= \dfrac{30}{20} - 1 = 0.5$

60 직경이 25cm, 길이가 12m인 원형 유체관에 유체가 흘러갈 때의 마찰손실(mmH₂O)은? (단, 마찰계수=0.002, 유체관의 동압=30mmH₂O, 공기밀도=1.2kg/m³)

① 2.2
② 2.9
③ 3.2
④ 3.9

풀이 원형 덕트 압력손실(ΔP)
$\Delta P = \lambda \times \dfrac{L}{D} \times VP$
$= 0.002 \times \dfrac{12}{0.25} \times 30 = 2.88mmH_2O$

정답 58.② 59.② 60.②

제4과목 | 물리적 유해인자관리

61 방사선에 감수성이 가장 큰 인체조직은?
① 눈의 수정체
② 뼈 및 근육조직
③ 신경조직
④ 결합조직과 지방조직

[풀이] 전리방사선에 대한 감수성 순서

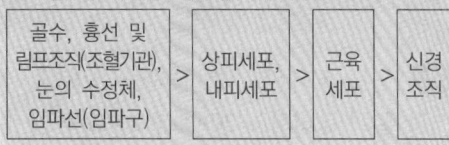

골수, 흉선 및 림프조직(조혈기관), 눈의 수정체, 임파선(임파구) > 상피세포, 내피세포 > 근육세포 > 신경조직

62 다음 중 비전리방사선이 아닌 것은?
① 레이저
② 극저주파
③ 중성자
④ 자외선

[풀이] 비전리방사선(비이온화방사선)의 종류
㉠ 자외선(UV)
㉡ 가시광선(VR)
㉢ 적외선(IR)
㉣ 라디오파(RF)
㉤ 마이크로파(MW)
㉥ 저주파(LF)
㉦ 극저주파(ELF)
㉧ 레이저

63 음향파워가 0.09watt이면 음력레벨(PWL)은 약 얼마인가?
① 90dB
② 100dB
③ 110dB
④ 120dB

[풀이] 음향파워레벨(PWL)
$$PWL = 10\log\frac{W}{10^{-12}} = 10\log\frac{0.09}{10^{-12}} = 109.5 dB$$

64 다음 중 전신진동이 인체에 미치는 영향으로 가장 거리가 먼 것은?
① Raynaud's 현상이 일어난다.
② 맥박이 증가하고, 피부의 전기저항도 일어난다.
③ 말초혈관이 수축되고, 혈압이 상승된다.
④ 자율신경 특히 순환기에 크게 나타난다.

[풀이] 레이노 현상(Raynaud's phenomenon)
㉠ 손가락에 있는 말초혈관 운동의 장애로 인하여 수지가 창백해지고 손이 차며 저리거나 통증이 오는 현상이다.
㉡ 한랭작업조건에서 특히 증상이 악화된다.
㉢ 압축공기를 이용한 진동공구, 즉 착암기 또는 해머와 같은 공구를 장기간 사용한 근로자들의 손가락에 유발되기 쉬운 직업병이다.
㉣ dead finger 또는 white finger라고도 하며, 발증까지 약 5년 정도 걸린다.

65 실내에서 박스를 들고 나르는 작업(300kcal/hr)을 하고 있다. 온도가 다음과 같을 때 시간당 작업과 휴식시간의 비율로 적절한 것은?

- 자연습구온도 : 30℃
- 흑구온도 : 31℃
- 건구온도 : 28℃

① 5분 작업, 55분 휴식
② 15분 작업, 45분 휴식
③ 30분 작업, 30분 휴식
④ 45분 작업, 15분 휴식

[풀이] ㉠ 작업강도
200~350kcal/hr(문제상 300kcal/hr)이므로, 중등작업
㉡ 실내 WBGT(℃)
WBGT = (0.7×자연습구온도)+(0.3×흑구온도)
       = (0.7×30℃)+(0.3×31℃)
       = 30.3℃
∴ 고열작업장의 노출기준에서 작업시간과 휴식시간의 비율을 찾으면 15분 작업, 45분 휴식이 된다.

66 옥타브밴드로 소음의 주파수를 분석하였다. 낮은 쪽의 주파수가 250Hz이고, 높은 쪽의 주파수가 2배인 경우 중심주파수는 약 몇 Hz인가?

① 250　　② 300
③ 354　　④ 375

풀이 중심주파수(f_c)
$$f_c = \sqrt{f_L \times f_u} = \sqrt{250 \times (250 \times 2)} = 353.6\text{Hz}$$

67 다음 중 투과력이 가장 약한 전리방사선은?

① α선　　② β선
③ γ선　　④ X선

풀이 전리방사선의 인체 투과력 순서
중성자 > X선 or γ선 > β선 > α선

68 다음 중 한랭환경에서의 일반적인 열평형방정식으로 옳은 것은? (단, ΔS : 생체 열용량의 변화, E : 증발에 의한 열방산, M : 작업대사량, R : 복사에 의한 열의 득실, C : 대류에 의한 열의 득실이다.)

① $\Delta S = M - E - R - C$
② $\Delta S = M - E + R - C$
③ $\Delta S = -M + E - R - C$
④ $\Delta S = -M + E + R + C$

풀이 ㉠ 고온환경에서의 열평형방정식
$\Delta S = M + C + R - E$
㉡ 한랭환경에서의 열평형방정식
$\Delta S = M - C - R - E$
㉢ 인체쾌적상태의 열평형방정식
$O = M \pm C \pm R - E$

69 다음 중 '충격소음'에 대한 정의로 옳은 것은?

① 최대음압수준에 100dB(A) 이상인 소음이 2초 이상의 간격으로 발생하는 것을 말한다.
② 최대음압수준에 120dB(A) 이상인 소음이 1초 이상의 간격으로 발생하는 것을 말한다.
③ 최대음압수준에 130dB(A) 이상인 소음이 2초 이상의 간격으로 발생하는 것을 말한다.
④ 최대음압수준에 140dB(A) 이상인 소음이 1초 이상의 간격으로 발생하는 것을 말한다.

풀이 충격소음
최대음압수준이 120dB(A) 이상인 소음이 1초 이상의 간격으로 발생하는 것을 충격소음이라 한다.

70 모든 표면이 완전흡음재로 되어 있는 실내에서 소음의 세기는 거리가 2배로 될 때 어느 정도 감쇠하겠는가? (단, 점음원이며, 자유음장 기준이다.)

① 2dB　　② 3dB
③ 4dB　　④ 6dB

풀이 점음원의 거리감쇠
$$SPL_1 - SPL_2 = 20\log\frac{r_2}{r_1} = 20\log 2 = 6\text{dB}$$

71 다음 중 산업안전보건법령상 이상기압에 의한 건강장애의 예방에 있어 사용되는 용어의 정의로 틀린 것은?

① '고압작업'이라 함은 이상기압하에서 잠함공법 또는 그 외의 압기공법으로 행하는 작업을 말한다.
② '압력'이라 함은 절대압과 게이지압의 합을 말한다.
③ '이상기압'이라 함은 압력이 cm²당 1kg 이상인 기압을 말한다.
④ '잠수작업'이라 함은 수중에서 공기압축기 또는 호흡용 공기통을 이용하여 행하는 작업을 말한다.

정답 66.③ 67.① 68.① 69.② 70.④ 71.②

[풀이] 산업안전보건법상 '압력'이라 함은 게이지압력을 말한다.

72 다음 중 지지하중이 크게 변하는 경우에는 높이 조정변에 의해 그 높이를 조절할 수 있어 설비의 높이를 일정 레벨로 유지시킬 수 있으며, 하중 변화에 따라 고유진동수를 일정하게 유지할 수 있고, 부하능력이 광범위하고 자동제어가 가능한 방진재료는?

① 방진고무
② 금속스프링
③ 공기스프링
④ 코일스프링

[풀이] **공기스프링의 장단점**
(1) 장점
  ㉠ 지지하중이 크게 변하는 경우에는 높이 조정변에 의해 그 높이를 조절할 수 있어 설비의 높이를 일정 레벨로 유지시킬 수 있다.
  ㉡ 하중부하 변화에 따라 고유진동수를 일정하게 유지할 수 있다.
  ㉢ 부하능력이 광범위하고 자동제어가 가능하다.
  ㉣ 스프링 정수를 광범위하게 선택할 수 있다.
(2) 단점
  ㉠ 사용 진폭이 적은 것이 많아 별도의 댐퍼가 필요한 경우가 많다.
  ㉡ 구조가 복잡하고 시설비가 많이 든다.
  ㉢ 압축기 등 부대시설이 필요하다.
  ㉣ 안전사고(공기누출) 위험이 있다.

73 다음에서 설명하는 내용에 해당하는 것은?

- 280~315nm 정도의 파장을 Dorno선이라 한다.
- 오존과 반응한다.
- trichloroethylene을 phosgene으로 전환시키는 광화학적 작용을 한다.

① 자외선
② 적외선
③ 레이저선
④ 마이크로파

[풀이] **자외선**
㉠ 280(290)~315nm[2,800(2,900)~3,150Å, 1Å(angstrom); SI 단위로 10^{-10}m]의 파장을 갖는 자외선을 도노선(Dorno-ray)이라고 하며, 인체에 유익한 작용을 하여 건강선(생명선)이라고도 한다. 또한 소독용, 비타민 D 형성, 피부의 색소침착 등 생물학적 작용이 강하다.
㉡ 자외선은 광화학적 반응에 의해 O_3 또는 트리클로로에틸렌(trichloroethylene)을 독성이 강한 포스겐(phosgene)으로 전환시킨다.

74 다음 중 Tesla(T)는 무엇을 나타내는 단위인가?

① 전계강도
② 자장강도
③ 전리밀도
④ 자속밀도

[풀이] ㉠ 테슬러(T, Tesla) : 자속밀도의 단위
㉡ 가우스(G, Gauss) : 자기장의 단위

75 다음 중 고열장애와 건강에 미치는 영향을 연결한 것으로 틀린 것은?

① 열경련(heat cramps) – 고온환경에서 고된 육체적인 작업을 하면서 땀을 많이 흘릴 때 많은 물을 마시지만 신체의 염분 손실을 충당하지 못할 경우 발생한다.
② 열허탈(heat collapse) – 고열작업에 순화되지 못해 말초혈관이 확장되고, 신체 말단에 혈액이 과다하게 저류되어 뇌에 산소부족이 나타난다.
③ 열사병(heat stroke) – 통증을 수반하는 경련이 나타나며, 주로 작업할 때 사용한 근육에서 흔히 발생하고, 휴식과 0.1% 식염수 섭취로써 쉽게 개선된다.
④ 열소모(heat exhaustion) – 과다발한으로 수분, 염분 손실에 의하여 나타나며, 두통, 구역감, 현기증 등이 나타나지만 체온은 정상이거나 조금 높아진다.

정답 72.③ 73.① 74.④ 75.③

풀이 열사병(heat stroke)
(1) 개요
  ㉠ 고온다습한 환경(육체적 노동 또는 태양의 복사선을 두부에 직접적으로 받는 경우)에 노출될 때 뇌 온도의 상승으로 신체 내부의 체온조절 중추에 기능장애를 일으켜서 생기는 위급한 상태이다.
  ㉡ 고열로 인해 발생하는 장애 중 가장 위험성이 크다.
  ㉢ 태양광선에 의한 열사병은 일사병(sunstroke)이라고 한다.
(2) 발생
  ㉠ 체온조절 중추(특히 발한 중추)의 기능장애에 의한다(체내에 열이 축적되어 발생).
  ㉡ 혈액 중의 염분량과는 관계없다.
  ㉢ 대사열의 증가는 작업부하와 작업환경에서 발생하는 열부하가 원인이 되어 발생하며, 열사병을 일으키는 데 크게 관여하고 있다.
(3) 치료
  ㉠ 체온조절 중추의 손상이 있을 때에는 치료효과를 거두기 어려우며 체온을 급히 하강시키기 위한 응급조치방법으로 얼음물에 담가서 체온을 39℃까지 내려주어야 한다.
  ㉡ 얼음물에 의한 응급조치가 불가능할 때는 찬물로 닦으면서 선풍기를 사용하여 증발냉각이라도 시도해야 한다.
  ㉢ 호흡곤란 시에는 산소를 공급해준다.
  ㉣ 체열의 생산을 억제하기 위하여 항신진대사제 투여가 도움이 되나, 체온 냉각 후 사용하는 것이 바람직하다.
  ㉤ 울열 방지 및 체열이동을 돕기 위하여 사지를 격렬하게 마찰시킨다.

76 소음의 특성치를 알아보기 위하여 A, B, C 특성치(청감보정회로)로 측정한 결과, 3가지의 값이 거의 일치되기 시작하는 주파수는?
① 500Hz
② 1,000Hz
③ 2,000Hz
④ 4,000Hz

풀이 소음의 특성치를 알아보기 위해서 A, B, C 특성치(청감보정회로)로 측정한 결과 세 가지의 값이 거의 일치되는 주파수는 1,000Hz이다.
즉 A, B, C 특성 모두 1,000Hz에서 보정치는 0이다.

77 다음 중 1초 동안에 3.7×10^{10}개의 원자 붕괴가 일어나는 방사선 물질량을 나타내는 단위는?
① R(Röntgen)
② Sv(Sivert)
③ Gy(Gray)
④ Bq(Becquerel)

풀이 큐리(Curie, Ci), Bq(Becquerel)
㉠ 방사성 물질의 양을 나타내는 단위이다.
㉡ 단위시간에 일어나는 방사선 붕괴율을 의미한다.
㉢ radium이 붕괴하는 원자의 수를 기초로 해서 정해졌으며, 1초간 3.7×10^{10}개의 원자붕괴가 일어나는 방사성 물질의 양(방사능의 강도)으로 정의한다.
㉣ $1Bq = 2.7 \times 10^{-11} Ci$

78 다음 중 실효복사(effective radiation)온도의 의미로 가장 적절한 것은?
① 건구온도와 습구온도의 차
② 습구온도와 흑구온도의 차
③ 습구온도와 복사온도의 차
④ 흑구온도와 기온의 차

풀이 실효복사온도(effective radiation temperature)
복사온도(흑구온도)와 기온과의 차이를 의미한다.

79 고압환경의 영향 중 2차적인 가압현상에 관한 설명으로 틀린 것은?
① 4기압 이상에서 공기 중의 질소가스는 마취작용을 나타낸다.
② 이산화탄소의 증가는 산소의 독성과 질소의 마취작용을 촉진시킨다.
③ 산소의 분압이 2기압을 넘으면 산소중독 증세가 나타난다.
④ 산소중독은 고압산소에 대한 노출이 중지되어도 근육경련, 환청 등 후유증이 장기간 계속된다.

[풀이] **산소중독**
㉠ 산소의 분압이 2기압을 넘으면 산소중독 증상을 보인다. 즉, 3~4기압의 산소 혹은 이에 상당하는 공기 중 산소분압에 의하여 중추신경계의 장애에 기인하는 운동장애를 나타내는데 이것을 산소중독이라 한다.
㉡ 수중의 잠수자는 폐압착증을 예방하기 위하여 수압과 같은 압력의 압축기체를 호흡하여야 하며, 이로 인한 산소분압 증가로 산소중독이 일어난다.
㉢ 고압산소에 대한 폭로가 중지되면 증상은 즉시 멈춘다. 즉, 가역적이다.
㉣ 1기압에서 순산소는 인후를 자극하나 비교적 짧은 시간의 폭로라면 중독 증상은 나타나지 않는다.
㉤ 산소중독작용은 운동이나 이산화탄소로 인해 악화된다.
㉥ 수지나 족지의 작열통, 시력장애, 정신혼란, 근육경련 등의 증상을 보이며 나아가서는 간질 모양의 경련을 나타낸다.

㉥ 일반적으로 1분에 10m 정도씩 잠수하는 것이 안전하다.
㉦ 감압병의 증상 발생 시에는 환자를 곧장 원래의 고압환경상태로 복귀시키거나 인공고압실에 넣어 혈관 및 조직 속에 발생한 질소의 기포를 다시 용해시킨 다음 천천히 감압한다.
㉧ Haldene의 실험근거상 정상기압보다 1.25기압을 넘지 않는 고압환경에는 아무리 오랫동안 폭로되거나 아무리 빨리 감압하더라도 기포를 형성하지 않는다.
㉨ 비만자의 작업을 금지시키고, 순환기에 이상이 있는 사람은 취업 또는 작업을 제한한다.
㉩ 헬륨은 질소보다 확산속도가 크며, 체외로 배출되는 시간이 질소에 비하여 50% 정도밖에 걸리지 않는다.
㉪ 귀 등의 장애를 예방하기 위해서는 압력을 가하는 속도를 분당 0.8kg/cm² 이하가 되도록 한다.

80 다음 중 이상기압의 대책에 관한 설명으로 적절하지 않은 것은?

① 고압실 내의 작업에서는 탄산가스의 분압이 증가하지 않도록 신선한 공기를 송기한다.
② 고압환경에서 작업하는 근로자에게는 질소의 양을 증가시킨 공기를 호흡시킨다.
③ 귀 등의 장애를 예방하기 위하여 압력을 가하는 속도를 분당 0.8kg/cm² 이하가 되도록 한다.
④ 감압병의 증상이 발생하였을 때에는 환자를 바로 원래의 고압환경상태로 복귀시키거나, 인공고압실에서 천천히 감압한다.

[풀이] **감압병의 예방 및 치료**
㉠ 고압환경에서의 작업시간을 제한하고 고압실 내의 작업에서는 탄산가스의 분압이 증가하지 않도록 신선한 공기를 송기시킨다.
㉡ 감압이 끝날 무렵에 순수한 산소를 흡입시키면 예방적 효과가 있을 뿐 아니라 감압시간을 25% 가량 단축시킬 수 있다.
㉢ 고압환경에서 작업하는 근로자에게 질소를 헬륨으로 대치한 공기를 호흡시킨다.
㉣ 헬륨-산소 혼합가스는 호흡저항이 적어 심해잠수에 사용한다.

제5과목 | 산업 독성학

81 다음은 노출기준의 정의에 관한 내용이다. ( ) 안의 알맞은 수치를 올바르게 나타낸 것은?

'단시간 노출기준(STEL)'이라 함은 근로자가 1회에 (㉮)분간 유해인자에 노출되는 경우의 기준으로, 이 기준 이하에서는 1회 노출간격이 1시간 이상인 경우 1일 작업시간 동안 (㉯)회까지 노출이 허용될 수 있는 기준을 말한다.

① ㉮ 15, ㉯ 4
② ㉮ 30, ㉯ 4
③ ㉮ 15, ㉯ 2
④ ㉮ 30, ㉯ 2

[풀이] **단시간 노출농도(STEL ; Short Term Exposure Limits)**
㉠ 근로자 자극, 만성 또는 불가역적 조직장애, 사고유발, 응급 시 대처능력의 저하 및 작업능률 저하 등을 초래할 정도의 마취를 일으키지 않고 단시간(15분) 노출될 수 있는 기준을 말한다.
㉡ 시간가중 평균농도에 대한 보완적인 기준이다.
㉢ 만성중독이나 고농도에서 급성중독을 초래하는 유해물질에 적용한다.
㉣ 독성작용이 빨라 근로자에게 치명적인 영향을 예방하기 위한 기준이다.

82 국제암연구위원회(IARC)의 발암물질 구분 중 'Group 2B'에 관한 설명으로 틀린 것은 어느 것인가?

① 인체 발암성 가능물질을 말한다.
② 실험동물에 대한 발암성 근거가 제한적이거나 부적당하고 사람에 대한 근거 역시 부적당하다.
③ 사람에 있어서 원인적 연관성 연구결과들이 상호 일치되지 못하고 아울러 통계적 유의성도 약하다.
④ 실험동물에 대한 발암성 근거가 충분하지 못하며 사람에 대한 근거 역시 제한적이다.

풀이 Group 2B : 인체 발암성 가능물질
㉠ 아마도, 혹시나, 어쩌면 발암 가능성이 있다고 추정하는 인자이다.
  ※ 예 : 커피, pickle, 고사리, 클로로포름, 삼염화안티몬 등
㉡ 발암물질로서의 증거는 부적절하다(inadequate evidence).
㉢ 실험동물에 대한 발암성 근거가 충분하지 못하고, 사람에 대한 근거 역시 제한적이다.
㉣ 사람에 있어서 원인적 연관성 연구결과들이 상호 일치되지 못하고 아울러 통계적 유의성도 약하다.

83 기관지와 폐포 등 폐 내부의 공기통로와 가스교환 부위에 침착되는 먼지로서 공기역학적 지름이 30μm 이하의 크기를 가지는 것은?

① 흡입성 먼지   ② 호흡성 먼지
③ 흉곽성 먼지   ④ 침착성 먼지

풀이 ACGIH의 입자 크기별 기준(TLV)
(1) 흡입성 입자상 물질
  (IPM ; Inspirable Particulates Mass)
  ㉠ 호흡기의 어느 부위(비강, 인후두, 기관 등 호흡기의 기도 부위)에 침착하더라도 독성을 유발하는 분진이다.
  ㉡ 비암이나 비중격천공을 일으키는 입자상 물질이 여기에 속한다.
  ㉢ 침전분진은 재채기, 침, 코 등의 벌크(bulk) 세척기전으로 제거된다.
  ㉣ 입경범위 : 0~100μm
  ㉤ 평균입경 : 100μm(폐침착의 50%에 해당하는 입자의 크기)
(2) 흉곽성 입자상 물질
  (TPM ; Thoracic Particulates Mass)
  ㉠ 기도나 하기도(가스교환 부위)에 침착하여 독성을 나타내는 물질이다.
  ㉡ 평균입경 : 10μm
  ㉢ 채취기구 : PM 10
(3) 호흡성 입자상 물질
  (RPM ; Respirable Particulates Mass)
  ㉠ 가스교환 부위, 즉 폐포에 침착할 때 유해한 물질이다.
  ㉡ 평균입경 : 4μm(공기역학적 직경이 10μm 미만의 먼지가 호흡성 입자상 물질)
  ㉢ 채취기구 : 10mm nylon cyclone

84 다음 중 화학적 질식제에 대한 설명으로 옳은 것은?

① 뇌순환혈관에 존재하면서 농도에 비례하여 중추신경작용을 억제한다.
② 공기 중에 다량 존재하여 산소분압을 저하시켜 조직세포에 필요한 산소를 공급하지 못하게 하여 산소부족현상을 발생시킨다.
③ 피부와 점막에 작용하여 부식작용을 하거나 수포를 형성하는 물질로 고농도 하에서 호흡이 정지되고 구강 내 치아산식증 등을 유발한다.
④ 혈액 중에서 혈색소와 결합한 후 혈액의 산소운반능력을 방해하거나 또는 조직세포에 있는 철 산화효소를 불활성화시켜 세포의 산소수용능력을 상실시킨다.

풀이 화학적 질식제
㉠ 직접적 작용에 의해 혈액 중의 혈색소와 결합하여 산소운반능력을 방해하는 물질을 말하며, 조직 중의 산화효소를 불활성화시켜 질식작용(세포의 산소수용능력 상실)을 일으킨다.
㉡ 화학적 질식제에 심하게 노출 시 폐 속으로 들어가는 산소의 활용을 방해하기 때문에 사망에 이르게 된다.

정답 82.② 83.③ 84.④

85 벤젠을 취급하는 근로자를 대상으로 벤젠에 대한 노출량을 추정할 목적으로 호흡기 주변에서 벤젠 농도를 측정함과 동시에 생물학적 모니터링을 실시하였다. 다음 중 벤젠 노출로 인한 대사산물의 결정인자(determinant)로 옳은 것은?

① 호기 중 벤젠
② 소변 중 마뇨산
③ 혈액 중 만델리산
④ 소변 중 총 페놀

풀이 벤젠의 대사산물(생물학적 노출지표)
㉠ 뇨 중 총 페놀
㉡ 뇨 중 t,t-뮤코닉산(t,t-muconic acid)

86 다음 중 급성전신중독을 유발하는 데 있어서 독성이 가장 강한 것은?

① 톨루엔
② 벤젠
③ 스티렌
④ 크실렌

풀이 방향족탄화수소 중 급성 전신중독 시 독성이 강한 순서
톨루엔 > 크실렌 > 벤젠

87 다음 [표]와 같은 망간중독을 스크린하는 검사법을 개발하였다면 이 검사법의 특이도는 약 얼마인가?

구 분		망간중독 진단		합 계
		양 성	음 성	
검사법	양 성	17	7	24
	음 성	5	25	30
합 계		22	32	54

① 70.8%
② 77.3%
③ 78.1%
④ 83.3%

풀이 특이도 = $\frac{25}{32} \times 100 = 78.1\%$

88 납의 독성에 대한 인체실험 결과 안전흡수량이 체중 kg당 0.005mg이었다. 1일 8시간 작업 시의 허용농도는 약 몇 mg/m³인가? (단, 근로자의 평균체중은 70kg, 해당 작업 시의 폐환기율은 시간당 1.25m³로 가정한다.)

① 0.030
② 0.035
③ 0.040
④ 0.045

풀이 체내흡수량(SHD) = $C \times T \times V \times R$

$\therefore C = \frac{SHD}{T \times V \times R}$

$= \frac{0.005\text{mg/kg} \times 70\text{kg}}{8\text{hr} \times 1.25\text{m}^3/\text{hr} \times 1.0}$

$= 0.035 \text{mg/m}^3$

89 다음은 자극제의 생리적 작용에 의한 분류에 관한 설명이다. ( ) 안에 알맞은 내용은?

호흡기에 대한 자극작용은 유해물질의 ( )에 따라서 다르며 이에 따라 자극제를 상기도 점막 자극제, 상기도 점막 및 폐조직 자극제, 종말 기관지 및 폐포 점막 자극제로 구분한다.

① 농도
② 용해도
③ 입자크기
④ 노출시간

풀이 호흡기에 대한 자극작용은 유해물질의 용해도(수용성)에 따라 다르다.

90 다음 중 규폐증을 일으키는 원인물질로 가장 관계가 깊은 것은?

① 매연
② 석탄분진
③ 암석분진
④ 일반 부유분진

풀이 규폐증의 원인
㉠ 결정형 규소(암석 : 석영분진, 이산화규소, 유리규산)에 직업적으로 노출된 근로자에게 발생한다.
　※ 유리규산(SiO_2) 함유 먼지 0.5~5μm의 크기에서 잘 발생한다.
㉡ 주요 원인물질은 혼합물질이며, 건축업, 도자기 작업장, 채석장, 석재공장 등의 작업장에서 근무하는 근로자에게 발생한다.
㉢ 석재공장, 주물공장, 내화벽돌 제조, 도자기 제조 등에서 발생하는 유리규산이 주 원인이다.
㉣ 유리규산(석영) 분진에 의한 규폐성 결정과 폐포벽 파괴 등 망상내피계 반응은 분진입자의 크기가 2~5μm일 때 자주 일어난다.

91 다음 중 노출에 대한 생물학적 모니터링의 단점으로 거리가 먼 것은?
① 시료채취의 어려움
② 유기시료의 특이성과 복잡성
③ 근로자의 생물학적 차이
④ 호흡기를 통한 노출만을 고려

풀이 생물학적 모니터링의 장단점
(1) 장점
㉠ 공기 중의 농도를 측정하는 것보다 건강상의 위험을 보다 직접적으로 평가할 수 있다.
㉡ 모든 노출경로(소화기, 호흡기, 피부 등)에 의한 종합적인 노출을 평가할 수 있다.
㉢ 개인시료보다 건강상의 악영향을 보다 직접적으로 평가할 수 있다.
㉣ 건강상의 위험에 대하여 보다 정확한 평가를 할 수 있다.
㉤ 인체 내 흡수된 내재용량이나 중요한 조직부위에 영향을 미치는 양을 모니터링할 수 있다.
(2) 단점
㉠ 시료채취가 어렵다.
㉡ 유기시료의 특이성이 존재하고 복잡하다.
㉢ 각 근로자의 생물학적 차이가 나타날 수 있다.
㉣ 분석이 어려우며, 분석 시 오염에 노출될 수 있다.

92 폐조직이 정상이면서 간질반응이 경미하고 망상섬유로 구성되어 나타나는 진폐증을 무엇이라 하는가?
① 비가역성 진폐증
② 비교원성 진폐증
③ 비활동성 진폐증
④ 비폐포성 진폐증

풀이 병리적 변화에 따른 진폐증의 분류
(1) 교원성 진폐증
㉠ 폐포조직의 비가역적 변화나 파괴가 있다.
㉡ 간질반응이 명백하고 그 정도가 심하다.
㉢ 폐조직의 병리적 반응이 영구적이다.
㉣ 대표적 진폐증으로는 규폐증, 석면폐증, 탄광부진폐증이 있다.
(2) 비교원성 진폐증
㉠ 폐조직이 정상이며 망상섬유로 구성되어 있다.
㉡ 간질반응이 경미하다.
㉢ 분진에 의한 조직반응은 가역적인 경우가 많다.
㉣ 대표적 진폐증으로는 용접공폐증, 주석폐증, 바륨폐증, 칼륨폐증이 있다.

93 다음 중 소화기계로 유입된 중금속의 체내 흡수기전으로 볼 수 없는 것은?
① 단순확산
② 특이적 수송
③ 여과
④ 음세포 작용

풀이 금속이 소화기(위장관)에서 흡수되는 작용
㉠ 단순확산 및 촉진확산
㉡ 특이적 수송과정
㉢ 음세포 작용

94 다음 중 다핵방향족탄화수소(PAHs)에 대한 설명으로 틀린 것은?
① 철강 제조업의 코크스 제조공정에서 발생된다.
② PAHs의 대사에 관여하는 효소는 시토크롬 P-448로 대사되는 중간산물이 발암성을 나타낸다.
③ PAHs는 배설을 쉽게 하기 위하여 수용성으로 대사된다.
④ 벤젠고리가 2개 이상인 것으로 톨루엔이나 크실렌 등이 있다.

정답 91.④ 92.② 93.③ 94.④

[풀이] **다핵방향족탄화수소류(PAH)**
⇒ 일반적으로 시토크롬 P-448이라 한다.
㉠ 벤젠고리가 2개 이상 연결된 것으로 20여 가지 이상이 있다.
㉡ 대사가 거의 되지 않아 방향족 고리로 구성되어 있다.
㉢ 철강 제조업의 코크스 제조공정, 흡연, 연소공정, 석탄건류, 아스팔트 포장, 굴뚝 청소 시 발생한다.
㉣ 비극성의 지용성 화합물이며 소화관을 통하여 흡수된다.
㉤ 시토크롬 P-450의 준개체단에 의하여 대사되고, PAH의 대사에 관여하는 효소는 P-448로 대사되는 중간산물이 발암성을 나타낸다.
㉥ 대사 중에 산화아렌(arene oxide)을 생성하고 잠재적 독성이 있다.
㉦ 연속적으로 폭로된다는 것은 불가피하게 발암성으로 진행됨을 의미한다.
㉧ 배설을 쉽게 하기 위하여 수용성으로 대사되는데 체내에서 먼저 PAH가 hydroxylation(수산화)되어 수용성을 돕는다.
㉨ PAH의 발암성 강도는 독성 강도와 연관성이 크다.
㉩ ACGIH의 TLV는 TWA로 10ppm이다.
㉪ 인체 발암 추정물질(A2)로 분류된다.

95 산업역학에서 상대위험도의 값이 '1'인 경우가 의미하는 것으로 옳은 것은?
① 노출과 질병발생 사이에는 연관이 없다.
② 노출되면 위험하다.
③ 노출되면 질병에 대하여 방어효과가 있다.
④ 노출되어서는 절대 안 된다.

[풀이] **상대위험도(상대위험비, 비교위험도)**
비율비 또는 위험비라고도 하며, 위험요인을 갖고 있는 군(노출군)이 위험요인을 갖고 있지 않은 군(비노출군)에 비하여 질병의 발생률이 몇 배인가, 즉 위험도가 얼마나 큰가를 나타내는 것이다.

$$상대위험비 = \frac{노출군에서 질병발생률}{비노출군에서의 질병발생률}$$

$$= \frac{위험요인이 있는 해당 군의 질병발생률}{위험요인이 없는 해당 군의 질병발생률}$$

㉠ 상대위험비=1 : 노출과 질병 사이의 연관성 없음
㉡ 상대위험비>1 : 위험의 증가
㉢ 상대위험비<1 : 질병에 대한 방어효과 있음

96 체내에서 노출되면 metallothionein이라는 단백질을 합성하여 노출된 중금속의 독성을 감소시키는 경우가 있는데 이에 해당되는 중금속은 무엇인가?
① 납　　② 니켈
③ 비소　　④ 카드뮴

[풀이] **카드뮴의 인체 내 흡수**
㉠ 인체에 대한 노출경로는 주로 호흡기이며, 소화관에서는 별로 흡수되지 않는다.
㉡ 경구흡수율은 5~8%로 호흡기 흡수율보다 적으나 단백질이 적은 식사를 할 경우 흡수율이 증가된다.
㉢ 칼슘 결핍 시 장 내에서 칼슘 결합 단백질의 생성이 촉진되어 카드뮴의 흡수가 증가한다.
㉣ 체내에서 이동 및 분해하는 데에는 분자량 10,500 정도의 저분자단백질인 metallothionein(혈장단백질)이 관여한다.
㉤ 카드뮴이 체내에 들어가면 간에서 metallothionein 생합성이 촉진되어 폭로된 중금속의 독성을 감소시키는 역할을 하나, 다량의 카드뮴일 경우 합성이 되지 않아 중독작용을 일으킨다.

97 다음 중 유해화학물질이 체내에서 해독되는 데 가장 중요한 작용을 하는 것은?
① 효소
② 임파구
③ 적혈구
④ 체표온도

[풀이] 유해화학물질이 체내로 침투되어 해독되는 경우 해독반응에 가장 중요한 작용을 하는 것이 효소이다.

98 호흡성 분진 중 석면이 비함유된 활석(talc)의 노출기준으로 옳은 것은?
① $1mg/m^3$
② $2mg/m^3$
③ $5mg/m^3$
④ $10mg/m^3$

[풀이] 활석(석면 불포함)의 노출기준 : TWA $2mg/m^3$

정답 95.① 96.④ 97.① 98.②

99 다음은 납이 발생되는 환경에서 납 노출에 대한 평가활동이다. 가장 올바른 순서로 나열된 것은?

> ㉮ 납에 대한 독성과 노출기준 등을 MSDS를 통해 찾아본다.
> ㉯ 납에 대한 노출을 측정하고 분석한다.
> ㉰ 납에 대한 노출은 부적합하므로 개선시설을 해야 한다.
> ㉱ 납에 대한 노출정도를 노출기준과 비교한다.
> ㉲ 납이 어떻게 발생되는지 조사한다.

① ㉮ → ㉯ → ㉰ → ㉱ → ㉲
② ㉰ → ㉯ → ㉮ → ㉱ → ㉲
③ ㉲ → ㉮ → ㉯ → ㉱ → ㉰
④ ㉲ → ㉯ → ㉮ → ㉱ → ㉰

풀이 납 노출에 대한 평가활동 순서
㉠ 납이 어떻게 발생되는지 조사
㉡ 납에 대한 독성, 노출기준 등을 MSDS를 통하여 조사
㉢ 납에 대한 노출을 측정하고 분석
㉣ 납에 대한 노출정도를 노출기준과 비교
㉤ 납에 대한 노출은 부적합하므로 개선시설을 해야 함

100 다음 중 단순 질식제에 해당하는 것은?
① 수소가스
② 염소가스
③ 불소가스
④ 암모니아가스

풀이 질식제의 구분에 따른 종류
(1) 단순 질식제
  ㉠ 이산화탄소(CO_2)
  ㉡ 메탄(CH_4)
  ㉢ 질소(N_2)
  ㉣ 수소(H_2)
  ㉤ 에탄, 프로판, 에틸렌, 아세틸렌, 헬륨
(2) 화학적 질식제
  ㉠ 일산화탄소(CO)
  ㉡ 황화수소(H_2S)
  ㉢ 시안화수소(HCN)
  ㉣ 아닐린($C_6H_5NH_2$)

정답 99.③ 100.①

제3회 산업위생관리기사

과년도 출제문제 | 2009.07.26

제1과목 | 산업위생학 개론

01 산업안전보건법상 '충격소음작업'이라 함은 몇 dB 이상의 소음을 1일 100회 이상 발생하는 작업을 말하는가?

① 110　　② 120
③ 130　　④ 140

풀이 충격소음작업
소음이 1초 이상의 간격으로 발생하는 작업으로서 다음의 1에 해당하는 작업을 말한다.
㉠ 120dB을 초과하는 소음이 1일 1만회 이상 발생되는 작업
㉡ 130dB을 초과하는 소음이 1일 1천회 이상 발생되는 작업
㉢ 140dB을 초과하는 소음이 1일 1백회 이상 발생되는 작업

02 미국 국립산업안전보건연구원(NIOSH)의 들기작업 권고기준(RWL ; Recommended Weight Limit)을 구하는 산식에 포함되는 변수가 아닌 것은?

① 작업빈도
② 허리구부림 각도
③ 물체의 이동거리
④ 수평 및 수직으로 물체를 들어 올리고자 하는 거리

풀이 중량물 취급작업의 권고기준(RWL)
$RWL = LC \times HM \times VM \times DM \times AM \times FM \times CM$
여기서, LC : 중량상수(23kg)
　　　　HM : 수평계수
　　　　VM : 수직계수
　　　　DM : 물체이동거리계수
　　　　AM : 비대칭수
　　　　FM : 작업빈도계수
　　　　CM : 물체를 잡는 데 따른 계수

03 300명의 근로자가 1주일에 44시간, 연간 50주를 근무하는 사업장이 있다. 이 사업장에서 1년 동안 50건의 재해로 60명의 재해자가 발생하였다면 도수율은 약 얼마인가? (단, 근로자들은 질병, 기타 사유로 인하여 총 근로시간의 5%를 결근하였다.)

① 75.76　　② 79.74
③ 90.91　　④ 95.69

풀이
$$도수율 = \frac{재해발생건수}{연근로시간수} \times 10^6$$
$$= \frac{50}{(44 \times 50 \times 300) \times 0.95} \times 10^6$$
$$= 79.74$$

04 산업피로에 대한 대책으로 옳은 것은?

① 피로한 후 장시간 휴식이 휴식시간을 여러 번으로 나누는 것보다 효과적이다.
② 움직이는 작업은 피로를 가중시키므로 될수록 정적인 작업으로 전환하도록 한다.
③ 커피, 홍차, 엽차 및 비타민 B_1은 피로회복에 도움이 되므로 공급한다.
④ 신체리듬의 적응을 위하여 야간근무는 연속으로 7일 이상 실시한다.

풀이 산업피로 예방대책
㉠ 불필요한 동작을 피하고, 에너지 소모를 적게 한다.
㉡ 동적인 작업을 늘리고, 정적인 작업을 줄인다.
㉢ 개인의 숙련도에 따라 작업속도와 작업량을 조절한다.
㉣ 작업시간 중 또는 작업 전후에 간단한 체조나 오락시간을 갖는다.
㉤ 장시간 한 번 휴식하는 것보다 단시간씩 여러 번 나누어 휴식하는 것이 피로회복에 도움이 된다.

정답 01.④　02.②　03.②　04.③

05 diethyl ketone(TLV=200ppm)을 사용하는 작업장의 작업시간이 9시간일 때 허용기준을 보정하였다. OSHA 보정법과 Brief and Scala 보정법을 적용하였을 경우 보정된 허용기준치 간의 차이는 약 몇 ppm인가?

① 5.05　　② 11.11
③ 22.22　　④ 33.33

[풀이]
- OSHA 보정법
  보정된 노출기준
  $= 8\text{시간 노출기준} \times \dfrac{8\text{시간}}{\text{노출시간/일}}$
  $= 200 \times \dfrac{8}{9} = 177.77\text{ppm}$
- Brief와 Scala의 보정법
  $RF = \dfrac{8}{H} \times \dfrac{24-H}{16} = \dfrac{8}{9} \times \dfrac{24-9}{16} = 0.83$
  보정된 노출기준 $= RF \times \text{노출기준}$
  $\qquad\qquad\qquad = 0.83 \times 200 = 166.66\text{ppm}$
  ∴ 차이 $= 177.77 - 166.66 = 11.11\text{ppm}$

06 직업성 질환 중 직업상의 업무에 의하여 1차적으로 발생하는 질환을 무엇이라 하는가?

① 속발성 질환
② 합병증
③ 일반 질환
④ 원발성 질환

[풀이] 직업성 질환이란 어떤 직업에 종사함으로써 발생하는 업무상 질병을 말하며 직업상의 업무에 의하여 1차적으로 발생하는 질환을 원발성 질환이라 한다.

07 산업안전보건법에 따라 작업환경측정을 실시한 경우 작업환경측정 결과보고서는 시료채취를 마친 날부터 며칠 이내에 관할 지방노동관서의 장에게 제출하여야 하는가?

① 7일　　② 15일
③ 30일　　④ 60일

[풀이] 사업장위탁측정기관이 작업환경측정을 실시하였을 때에는 측정을 완료한 날부터 30일 이내에 작업환경측정결과표 2부를 작성하여 1부는 사업장위탁측정기관이 보관하고, 1부는 사업주에게 송부하여야 한다.

08 다음 중 작업 시작 및 종료 시 호흡의 산소 소비량에 대한 설명으로 틀린 것은?

① 산소 소비량은 작업부하가 계속 증가하면 일정한 비율로 같이 증가한다.
② 작업부하 수준이 최대 산소 소비량 수준보다 높아지게 되면, 젖산의 제거속도가 생성속도에 못 미치게 된다.
③ 작업이 끝난 후에 남아 있는 젖산을 제거하기 위해서는 산소가 더 필요하며, 이때 동원되는 산소 소비량을 산소부채(oxygen debt)라 한다.
④ 작업이 끝난 후에도 맥박과 호흡수가 작업개시 수준으로 즉시 돌아오지 않고 서서히 감소한다.

[풀이] 산소 소비량은 작업부하가 계속되면 초기에 서서히 증가하다가 일정한 양에 도달하고, 작업이 종료된 후 서서히 감소된다.

09 납축전지 제조업에서의 공기 중의 납 농도가 다음 [데이터]와 같을 때 기하표준편차(GSD)는 약 몇 mg/m³인가?

[데이터]　　(단위 : mg/m³)
0.01, 0.03, 0.05, 0.025, 0.02

① 0.0148　　② 0.0237
③ 0.2559　　④ 1.803

[풀이]
기하평균(GM)
$\log(GM) = \dfrac{\begin{pmatrix}\log 0.01 + \log 0.03 + \log 0.05 \\ + \log 0.025 + \log 0.02\end{pmatrix}}{5} = -1.63$

$GM = 10^{-1.63} = 0.023$

기하표준편차(GSD)
$\log(GSD)$
$= \left[\dfrac{\begin{array}{c}[\log 0.01 - (-1.63)]^2 + [\log 0.03 - (-1.63)]^2 \\ + [\log 0.05 - (-1.63)]^2 + [\log 0.025 - (-1.63)]^2 \\ + [\log 0.02 - (-1.63)]^2\end{array}}{5-1}\right]^{0.5}$

$= 0.256$
∴ $GSD = 10^{0.256} = 1.803\text{mg/m}^3$

정답 05.② 06.④ 07.③ 08.① 09.④

10 전신피로 정도를 평가하기 위해 작업 직후의 심박수를 측정한다. 작업종료 후 30~60초, 60~90초, 150~180초 사이의 평균맥박수를 각각 $HR_{30~60}$, $HR_{60~90}$, $HR_{150~180}$이라 할 때 심한 전신피로상태로 판단되는 경우는 어느 것인가?

① $HR_{150~180}$이 110을 초과하고, $HR_{30~60}$과 $HR_{60~90}$의 차이가 10 미만인 경우
② $HR_{60~90}$이 110을 초과하고, $HR_{150~180}$과 $HR_{30~60}$의 차이가 10 미만인 경우
③ $HR_{30~60}$이 110을 초과하고, $HR_{150~180}$과 $HR_{60~90}$의 차이가 10 미만인 경우
④ $HR_{30~60}$과 $HR_{150~180}$의 차이가 10 이상이고, $HR_{150~180}$과 $HR_{60~90}$의 차이가 10 미만인 경우

> **풀이** 전신피로 정도의 평가
> ㉠ 전신피로의 정도를 평가하려면 작업 종료 후 심박수를 측정하여 이용한다.
> ㉡ 심한 전신피로상태 : HR_1이 110을 초과하고, HR_3과 HR_2의 차이가 10 미만인 경우
> 여기서,
> HR_1 : 작업 종료 후 30~60초 사이의 평균맥박수
> HR_2 : 작업 종료 후 60~90초 사이의 평균맥박수
> HR_3 : 작업 종료 후 150~180초 사이의 평균맥박수
> ⇒ 회복기 심박수 의미

11 크롬에 노출되지 않은 집단에서의 질병발생률은 1.0이었고, 노출된 집단에서의 질병발생률은 1.2였다. 다음 중 이에 대한 설명으로 틀린 것은?

① 이 유해물질에 대한 상대위험도는 0.8이다.
② 이 유해물질에 대한 상대위험도는 1.2이다.
③ 노출집단에서 위험도가 더 큰 것으로 나타났다.
④ 노출되지 않은 집단에서 위험도가 더 작은 것으로 나타났다.

> **풀이** 상대위험도 = $\dfrac{\text{노출군에서 질병발생률}}{\text{비노출군에서 질병발생률}}$
> $= \dfrac{1.2}{1.0} = 1.2$
> – 상대위험도(상대위험비)의 기준
> ㉠ 상대위험비=1 : 노출과 질병 사이의 연관성 없음
> ㉡ 상대위험비>1 : 위험의 증가
> ㉢ 상대위험비<1 : 질병에 대한 방어효과 있음

12 18세기 영국의 Percivall Pott에 의해 보고된 최초의 직업성 암의 원인물질로 옳은 것은 어느 것인가?

① 검댕(soot)
② 수은(mercury)
③ 아연(zinc)
④ 납(lead)

> **풀이** Percivall Pott
> ㉠ 영국의 외과의사로 직업성 암을 최초로 보고하였으며, 어린이 굴뚝청소부에게 많이 발생하는 음낭암(scrotal cancer)을 발견하였다.
> ㉡ 암의 원인물질은 검댕 속 여러 종류의 다환방향족 탄화수소(PAH)이다.
> ㉢ 굴뚝청소부법을 제정하도록 하였다(1788년).

13 다음 중 영상표시단말기(VDT)의 작업자세로 적절하지 않은 것은?

① 발의 위치는 앞꿈치만 닿을 수 있도록 한다.
② 눈과 화면의 중심 사이의 거리는 40cm 이상이 되도록 한다.
③ 위팔과 아래팔이 이루는 각도는 90° 이상이 되도록 한다.
④ 아래팔은 손등과 일직선을 유지하여 손목이 꺾이지 않도록 한다.

> **풀이** 작업자 발의 위치는 발바닥 전면이 바닥면에 닿는 자세를 취한다.

14 사무실 공기관리지침에서 관리하고 있는 오염물질 중 포름알데히드(HCHO)에 대한 설명으로 틀린 것은?

① 자극적인 냄새를 가지며, 메틸알데히드라고도 한다.
② 메탄올을 산화시켜 얻는 기체로 환원성이 강하다.
③ 시료채취는 고체흡착관 또는 캐니스터로 수행한다.
④ 산업안전보건법상 발암성 추정물질(A2)로 분류되어 있다.

[풀이] 사무실 오염물질의 시료채취방법

오염물질	시료채취방법
미세먼지 (PM 10)	PM 10 샘플러(sampler)를 장착한 고용량 시료채취기에 의한 채취
초미세먼지 (PM 2.5)	PM 2.5 샘플러(sampler)를 장착한 고용량 시료채취기에 의한 채취
이산화탄소 (CO_2)	비분산적외선검출기에 의한 채취
일산화탄소 (CO)	비분산적외선검출기 또는 전기화학검출기에 의한 채취
이산화질소 (NO_2)	고체흡착관에 의한 시료채취
포름알데히드 (HCHO)	2,4-DNPH(2,4-Dinitrophenylhydrazine)가 코팅된 실리카겔관(silicagel tube)이 장착된 시료채취기에 의한 채취
총휘발성 유기화합물 (TVOC)	1. 고체흡착관 또는 2. 캐니스터(canister)로 채취
라돈 (radon)	라돈연속검출기(자동형), 알파트랙(수동형), 충전막 전리함(수동형) 측정 등
총부유세균	충돌법을 이용한 부유세균채취기(bioair sampler)로 채취
곰팡이	충돌법을 이용한 부유진균채취기(bioair sampler)로 채취

15 산업피로의 측정방법 중 감각기능검사의 측정 대상항목에 속하지 않는 것은?

① 근전도 ② 심박수
③ 민첩성 ④ 반응시간

[풀이] 피로의 판정을 위한 평가(검사)항목
㉠ 혈액
㉡ 감각기능(근전도, 심박수, 민첩성 등)
㉢ 작업성적

16 먼지가 호흡기로 들어올 때 인체가 방어하는 부위별 메커니즘으로 바르게 연결된 것은?

① 기관지 : 점액 섬모운동,
   폐포 : 대식세포에 의한 정화
② 기관지 : 면역작용,
   폐포 : 대식세포에 의한 정화
③ 기관지 : 대식세포에 의한 정화,
   폐포 : 점액 섬모운동
④ 기관지 : 대식세포에 의한 정화,
   폐포 : 면역작용

[풀이] 인체 방어기전
(1) 점액 섬모운동
  ㉠ 가장 기초적인 방어기전(작용)이며, 점액 섬모운동에 의한 배출 시스템으로 폐포로 이동하는 과정에서 이물질을 제거하는 역할을 한다.
  ㉡ 기관지(벽)에서의 방어기전을 의미한다.
  ㉢ 정화작용을 방해하는 물질은 카드뮴, 니켈, 황화합물 등이다.
(2) 대식세포에 의한 작용(정화)
  ㉠ 대식세포가 방출하는 효소에 의해 용해되어 제거된다(용해작용).
  ㉡ 폐포의 방어기전을 의미한다.
  ㉢ 대식세포에 의해 용해되지 않는 대표적 독성물질은 유리규산, 석면 등이다.

17 다음 설명에 해당하는 가스는 무엇인가?

> 이 가스는 실내의 공기질을 관리하는 근거로서 사용되고, 그 자체는 건강에 큰 영향을 주는 물질이 아니며 측정하기 어려운 다른 실내오염물질에 대한 지표물질로 사용된다.

① 일산화탄소 ② 이산화탄소
③ 황산화물   ④ 질소산화물

[풀이] 이산화탄소(CO_2)
㉠ 환기의 지표물질 및 실내오염의 주요 지표로 사용된다.
㉡ 실내 CO_2 발생은 대부분 거주자의 호흡에 의한다. 즉 CO_2의 증가는 산소의 부족을 초래하기 때문에 주요 실내오염물질로 적용된다.
㉢ 측정방법으로는 직독식 또는 검지관 kit를 사용하는 방법이 있다.

정답 14.③ 15.④ 16.① 17.②

18 산업위생전문가의 윤리강령 중 '전문가로서의 책임'과 가장 거리가 먼 것은?
① 기업체의 기밀은 누설하지 않는다.
② 과학적 방법의 적용과 자료의 해석에서 객관성을 유지한다.
③ 근로자, 사회 및 전문 직종의 이익을 위해 과학적 지식을 공개하거나 발표하지 않는다.
④ 전문적 판단이 타협에 의하여 좌우될 수 있는 상황에는 개입하지 않는다.

[풀이] 산업위생전문가로서의 책임
㉠ 성실성과 학문적 실력 면에서 최고수준을 유지한다(전문적 능력 배양 및 성실한 자세로 행동).
㉡ 과학적 방법의 적용과 자료의 해석에서 경험을 통한 전문가의 객관성을 유지한다(공인된 과학적 방법 적용·해석).
㉢ 전문 분야로서의 산업위생을 학문적으로 발전시킨다.
㉣ 근로자, 사회 및 전문 직종의 이익을 위해 과학적 지식을 공개하고 발표한다.
㉤ 산업위생활동을 통해 얻은 개인 및 기업체의 기밀은 누설하지 않는다(정보는 비밀 유지).
㉥ 전문적 판단이 타협에 의하여 좌우될 수 있거나 이해관계가 있는 상황에는 개입하지 않는다.

19 산업재해손실의 평가에 있어서 하인리히 방식을 기준으로 직접비와 간접비의 비율은 어느 정도로 나타나는가? (단, '직접비 : 간접비'로 표현한다.)
① 1 : 3
② 1 : 4
③ 1 : 10
④ 1 : 16

[풀이] 하인리히의 산업재해손실 평가
총재해코스트 = 직접비 + 간접비
(직접비와 간접비의 비 = 1 : 4)
= 직접비 × 5

20 육체적 작업능력(PWC)이 15kcal/min인 근로자가 1일 8시간 동안 물체를 운반하고 있다. 이때 작업대사량은 8kcal/min이고, 휴식 시 대사량은 3kcal/min이라면, 시간당 휴식시간과 작업시간으로 가장 적절한 것은? (단, Hertig식을 적용한다.)
① 휴식시간은 28분, 작업시간은 32분이다.
② 휴식시간은 30분, 작업시간은 30분이다.
③ 휴식시간은 32분, 작업시간은 28분이다.
④ 휴식시간은 36분, 작업시간은 24분이다.

[풀이] 피로예방 휴식시간비[$T_{rest}(\%)$]
$$T_{rest} = \left[\frac{PWC의\ 1/3 - 작업대사량}{휴식대사량 - 작업대사량}\right] \times 100$$
$$= \left[\frac{(15 \times 1/3) - 8}{3 - 8}\right] \times 100 = 60\%$$
∴ 휴식시간 = 60min × 0.6 = 36min
작업시간 = (60 - 36)min = 24min

제2과목 | 작업위생 측정 및 평가

21 유사노출그룹(HEG)을 설정하는 목적으로 가장 거리가 먼 내용은?
① 근로자의 과반수 이상을 유사노출그룹에 포함시켜 작업별 유해인자를 파악할 수 있다.
② 시료채취수를 경제적으로 할 수 있다.
③ 역학조사를 수행할 때 유사노출그룹의 노출자료를 활용할 수 있다.
④ 모든 작업자의 노출농도를 평가할 수 있다.

[풀이] 동일노출그룹(HEG) 설정 목적
㉠ 시료채취수를 경제적으로 하는 데 있다.
㉡ 모든 작업의 근로자에 대한 노출농도를 평가할 수 있다.
㉢ 역학조사 수행 시 해당 근로자가 속한 동일노출그룹의 노출농도를 근거로 노출 원인 및 농도를 추정할 수 있다.
㉣ 작업장에서 모니터링하고 관리해야 할 우선적인 그룹을 결정하기 위함이다.

22 고열 측정구분에 의한 측정기기와 측정시간의 연결이 틀린 것은? (단, 고용노동부 고시 기준)

① 습구온도 : 0.5도 간격의 눈금이 있는 아스만통풍건습계 – 25분 이상
② 습구온도 : 자연습구온도를 측정할 수 있는 기기(자연습구온도계) – 5분 이상
③ 흑구 및 습구흑구온도 : 직경이 5cm 이상 되는 흑구온도계 또는 습구흑구온도를 동시에 측정할 수 있는 기기 – 직경이 15cm일 경우 25분 이상
④ 흑구 및 습구흑구온도 : 직경이 5cm 이상 되는 흑구온도계 또는 습구흑구온도를 동시에 측정할 수 있는 기기 – 직경이 7.5cm 또는 5cm일 경우 15분 이상

[풀이] 고열의 측정구분에 의한 측정기기 및 측정시간

구분	측정기기	측정시간
습구온도	0.5도 간격의 눈금이 있는 아스만통풍건습계, 자연습구온도를 측정할 수 있는 기기 또는 이와 동등 이상의 성능이 있는 측정기기	• 아스만통풍건습계 : 25분 이상 • 자연습구온도계 : 5분 이상
흑구 및 습구흑구온도	직경이 5센티미터 이상 되는 흑구온도계 또는 습구흑구온도(WBGT)를 동시에 측정할 수 있는 기기	• 직경이 15센티미터일 경우 : 25분 이상 • 직경이 7.5센티미터 또는 5센티미터일 경우 : 5분 이상

※ 고시 변경사항, 학습 안 하셔도 무방합니다.

23 원통형 비누거품미터를 이용하여 공기시료 채취기의 유량을 보정하고자 한다. 원통형 비누거품미터의 내경은 4cm이고 거품막이 30cm의 거리를 이동하는 데 30초의 시간이 걸렸다면 이 공기시료채취기의 유량은?

① 약 0.75L/min
② 약 1.65L/min
③ 약 2.15L/min
④ 약 3.35L/min

[풀이] 채취유량
= 거품량 ÷ 이동시간
$$= \frac{\left(\frac{3.14 \times 0.04^2}{4}\right) m^2 \times 0.3m}{30\,sec}$$
$= 0.00001256 m^3/sec \times 60 sec/min \times 1,000 L/m^3$
$= 0.75 L/min$

24 다음 중 알고 있는 공기 중 농도 만드는 방법인 dynamic method에 관한 설명으로 틀린 것은?

① 다양한 농도범위에서 제조가 가능하다.
② 농도변화를 줄 수 있다.
③ 만들기 간편하고 저렴하다.
④ 온·습도 조절이 가능하다.

[풀이] dynamic method
㉠ 희석공기와 오염물질을 연속적으로 흘려주어 일정한 농도를 유지하면서 만드는 방법이다.
㉡ 알고 있는 공기 중 농도를 만드는 방법이다.
㉢ 농도변화를 줄 수 있고 온도·습도 조절이 가능하다.
㉣ 제조가 어렵고 비용도 많이 든다.
㉤ 다양한 농도범위에서 제조가 가능하다.
㉥ 가스, 증기, 에어로졸 실험도 가능하다.
㉦ 소량의 누출이나 벽면에 의한 손실은 무시할 수 있다.
㉧ 지속적인 모니터링이 필요하다.
㉨ 매우 일정한 농도를 유지하기가 곤란하다.

25 다음은 소음측정에 관한 내용이다. ( ) 안에 맞는 것은?

> 누적소음노출량 측정기로 소음을 측정하는 경우에는 criteria=(㉮)dB, exchange rate=5dB, threshold=(㉯)dB로 기기 설정을 하여야 한다.

① ㉮ 70, ㉯ 80
② ㉮ 80, ㉯ 70
③ ㉮ 80, ㉯ 90
④ ㉮ 90, ㉯ 80

[풀이] 누적소음노출량 측정기의 설정
㉠ criteria=90dB
㉡ exchange rate=5dB
㉢ threshold=80dB

정답 22.④ 23.① 24.③ 25.④

PART 02 과년도 출제문제

26 검지관의 단점으로 틀린 것은?
① 민감도가 낮으며 비교적 고농도에 적용이 가능하다.
② 미리 측정대상물질의 동정이 되어 있어야 측정이 가능하다.
③ 색변화가 시간에 따라 변화하므로 측정자가 정한 시간에 읽어야 한다.
④ 특이도가 낮다. 즉 다른 방해물질의 영향을 받기 쉬워 오차가 크다.

풀이 검지관 측정법의 장단점
(1) 장점
  ㉠ 사용이 간편하다.
  ㉡ 반응시간이 빨라 현장에서 바로 측정 결과를 알 수 있다.
  ㉢ 비전문가도 어느 정도 숙지하면 사용할 수 있지만 산업위생전문가의 지도 아래 사용되어야 한다.
  ㉣ 맨홀, 밀폐공간에서의 산소부족 또는 폭발성 가스로 인한 안전이 문제가 될 때 유용하게 사용된다.
  ㉤ 다른 측정방법이 복잡하거나 빠른 측정이 요구될 때 사용할 수 있다.
(2) 단점
  ㉠ 민감도가 낮아 비교적 고농도에만 적용이 가능하다.
  ㉡ 특이도가 낮아 다른 방해물질의 영향을 받기 쉽고 오차가 크다.
  ㉢ 대개 단시간 측정만 가능하다.
  ㉣ 한 검지관으로 단일물질만 측정 가능하여 각 오염물질에 맞는 검지관을 선정함에 따른 불편함이 있다.
  ㉤ 색변화에 따라 주관적으로 읽을 수 있어 판독자에 따라 변이가 심하며, 색변화가 시간에 따라 변하므로 제조자가 정한 시간에 읽어야 한다.
  ㉥ 미리 측정대상 물질의 동정이 되어 있어야 측정이 가능하다.

27 작업환경측정 시 온도표시에 관한 설명으로 틀린 것은? (단, 고용노동부 고시 기준)
① 열온 : 50~60℃ ② 상온 : 15~25℃
③ 실온 : 1~35℃   ④ 미온 : 30~40℃

풀이 고용노동부 고시 작업환경측정 시 온도표시
㉠ 상온 : 15~25℃
㉡ 실온 : 1~35℃
㉢ 미온 : 30~40℃
㉣ 찬곳 : 0~15℃
㉤ 냉수 : 15℃ 이하
㉥ 열온 : 60~70℃
㉦ 열수 : 약 100℃

28 작업환경측정을 위한 소음측정횟수에 관한 설명으로 틀린 것은? (단, 고용노동부 고시 기준)
① 단위작업장소에서 소음수준은 규정된 측정 위치 및 지점에서 1일 작업시간 동안 6시간 이상 연속 측정하거나, 작업시간을 1시간 간격으로 나누어 6회 이상 측정하여야 한다.
② 소음의 발생특성이 연속음으로서 측정치가 변동이 없다고 자격자 또는 지정 측정기관이 판단한 경우에는 1시간 동안을 등간격으로 나누어 3회 이상 측정할 수 있다.
③ 단위작업장소에서 소음발생시간이 6시간 이내인 경우에는 발생시간 동안 연속 측정하거나 등간격으로 나누어 4회 이상 측정하여야 한다.
④ 단위작업장소에서 소음발생원에서 발생시간이 간헐적인 경우에는 연속 측정하거나 등간격으로 나누어 2회 이상 측정하여야 한다.

풀이 소음측정 시간 및 횟수
㉠ 단위작업장소에서 소음수준은 규정된 측정 위치 및 지점에서 1일 작업시간 동안 6시간 이상 연속 측정하거나 작업시간을 1시간 간격으로 나누어 6회 이상 측정하여야 한다.
다만, 소음의 발생특성이 연속음으로서 측정치가 변동이 없다고 자격자 또는 지정 측정기관이 판단한 경우에는 1시간 동안을 등간격으로 나누어 3회 이상 측정할 수 있다.
㉡ 단위작업장소에서의 소음발생시간이 6시간 이내인 경우나 소음발생원에서의 발생시간이 간헐적인 경우에는 발생시간 동안 연속 측정하거나 등간격으로 나누어 4회 이상 측정하여야 한다.

정답 26.③ 27.① 28.④

29 유해가스의 생리학적 분류를 단순 질식제, 화학적 질식제, 자극가스 등으로 할 때, 다음 중 단순 질식제로 구분되는 것은?

① 일산화탄소   ② 아세틸렌
③ 포름알데히드 ④ 오존

풀이 단순 질식제의 종류
㉠ 이산화탄소
㉡ 메탄
㉢ 질소
㉣ 수소
㉤ 에탄, 프로판, 에틸렌, 아세틸렌, 헬륨

30 실리카겔이 활성탄에 비해 갖는 특징으로 틀린 것은?

① 극성 물질의 탈착을 방지할 수 있어 추출액의 기기분석 방해작용이 적다.
② 활성탄에 비해 수분을 잘 흡수하여 습도에 민감하다.
③ 유독한 이황화탄소를 탈착용매로 사용하지 않는다.
④ 활성탄으로 채취가 어려운 아닐린, 오르토-톨루이딘 등의 아민류의 채취가 가능하다.

풀이 실리카겔의 장단점
(1) 장점
㉠ 극성이 강하여 극성 물질을 채취한 경우 물, 메탄올 등 다양한 용매로 쉽게 탈착한다.
㉡ 추출용액(탈착용매)이 화학분석이나 기기분석에 방해물질로 작용하는 경우는 많지 않다.
㉢ 활성탄으로 채취가 어려운 아닐린, 오르토-톨루이딘 등의 아민류나 몇몇 무기물질의 채취가 가능하다.
㉣ 매우 유독한 이황화탄소를 탈착용매로 사용하지 않는다.
(2) 단점
㉠ 친수성이기 때문에 우선적으로 물분자와 결합을 이루어 습도의 증가에 따른 흡착용량의 감소를 초래한다.
㉡ 습도가 높은 작업장에서는 다른 오염물질의 파과용량이 작아져 파과를 일으키기 쉽다.

31 고유량 펌프를 이용하여 $0.424m^3$의 공기를 채취하고 실험실에서 여지를 10%의 질산 10mL로 용해하였다. 원자흡광광도계로 농도를 분석하고 검량선으로 비교 분석한 결과 질산 시료액의 농도는 $108\mu gPb/mL$였다. 채취기간 중 납 먼지의 농도(mg/m^3)는?

① 0.87   ② 1.65
③ 2.55   ④ 3.24

풀이 납의 농도(C)
$$C(mg/m^3) = \frac{\text{분석농도} \times \text{용액부피}}{\text{공기채취량}}$$
$$= \frac{108\mu g/mL \times 10mL}{0.424m^3}$$
$$= 2547.17\mu g/m^3 \times (10^{-3}mg/\mu g)$$
$$= 2.55mg/m^3$$

32 가스크로마토그래피의 검출기에 관한 설명으로 틀린 것은?

① 온도를 조절할 수 있는 가열기구 및 이를 측정할 수 있는 측정기구가 갖추어져야 한다.
② 감도가 좋고 안정성과 재현성이 있어야 한다.
③ 시료의 화학종과 운반기체의 종류에 따라 각기 다르게 감도를 나타낸다.
④ 시료에 대한 선형적 감응을 방지하여야 한다.

풀이 검출기(detector)
㉠ 복잡한 시료로부터 분석하고자 하는 성분을 선택적으로 반응, 즉 시료에 대하여 선형적으로 감응해야 하며, 약 400℃까지 작동해야 한다.
㉡ 검출기의 특성에 따라 전기적인 신호로 바꾸게 하여 시료를 검출하는 장치이다.
㉢ 시료의 화학종과 운반기체의 종류에 따라 각기 다르게 감도를 나타내므로 선택에 주의해야 한다.
㉣ 검출기의 온도를 조절할 수 있는 가열기구 및 이를 측정할 수 있는 측정기구가 갖추어져야 한다.
㉤ 감도가 좋고 안정성과 재현성이 있어야 한다.

정답 29.② 30.① 31.③ 32.④

33 다음 중 입자상 물질의 측정매체인 MCE (Mixed Cellulose Ester membrane) 여과지의 설명으로 틀린 것은?

① 산에 쉽게 용해된다.
② 입자상 물질에 대한 중량분석에 주로 적용된다.
③ 시료가 여과지의 표면 또는 표면 가까운 데에 침착되므로 석면, 유리섬유 등 현미경 분석을 위한 시료채취에 이용된다.
④ MCE 여과지의 원료인 셀룰로오스는 수분을 흡수하는 특성을 가지고 있다.

풀이 MCE막 여과지(Mixed Cellulose Ester membrane filter)
㉠ 산업위생에서는 거의 대부분이 직경 37mm, 구멍 크기 0.45~0.8μm의 MCE막 여과지를 사용하고 있어 작은 입자의 금속과 흄(fume) 채취가 가능하다.
㉡ 산에 쉽게 용해되고 가수분해되며, 습식 회화되기 때문에 공기 중 입자상 물질 중의 금속을 채취하여 원자흡광법으로 분석하는 데 적당하다.
㉢ 산에 의해 쉽게 회화되기 때문에 원소분석에 적합하고 NIOSH에서는 금속, 석면, 살충제, 불소화합물 및 기타 무기물질에 추천되고 있다.
㉣ 시료가 여과지의 표면 또는 가까운 곳에 침착되므로 석면, 유리섬유 등 현미경 분석을 위한 시료채취에도 이용된다.
㉤ 흡습성(원료인 셀룰로오스가 수분 흡수)이 높아 오차를 유발할 수 있어 중량분석에 적합하지 않다.

34 어떤 작업장에서 50% acetone, 30% benzene, 그리고 20% xylene의 중량비로 조성된 용제가 증발하여 작업환경을 오염시키고 있다. 각각의 TLV가 1,600mg/m³, 720mg/m³, 그리고 670mg/m³일 때 이 작업장의 혼합물의 허용농도는?

① 약 $675mg/m^3$
② 약 $775mg/m^3$
③ 약 $875mg/m^3$
④ 약 $975mg/m^3$

풀이 혼합물의 허용농도(mg/m^3)
$$= \frac{1}{\frac{0.5}{1,600} + \frac{0.3}{720} + \frac{0.2}{670}} = 973.07 mg/m^3$$

35 hexane의 부분압이 120mmHg(OEL 500ppm) 이었을 때 Vapor Hazard Ratio는?

① 218
② 316
③ 424
④ 512

풀이
$$VHR = \frac{C}{TLV} = \frac{\frac{120}{760} \times 10^6}{500} = 315.79$$

36 다음 중 활성탄의 제한점에 관한 설명으로 맞는 것은?

① 휘발성이 매우 큰 저분자량의 탄화수소 화합물의 채취효율이 떨어진다.
② 암모니아, 염화수소와 같은 고비점 화합물에 비효과적이다.
③ 케톤의 경우 활성탄 표면에서 물이 제외된 반응에 의해 파괴되어 탈착률과 안정성에서 부적절하다.
④ 표면의 흡착력으로 인해 반응성이 작은 mercaptane과 aldehyde 포집에 부적합하다.

풀이 활성탄의 제한점
㉠ 표면의 산화력으로 인해 반응성이 큰 멜캅탄, 알데히드 포집에는 부적합하다.
㉡ 케톤의 경우 활성탄 표면에서 물을 포함하는 반응에 의하여 파괴되어 탈착률과 안정성에 부적절하다.
㉢ 메탄, 일산화탄소 등은 흡착되지 않는다.
㉣ 휘발성이 큰 저분자량의 탄화수소화합물의 채취 효율이 떨어진다.
㉤ 끓는점이 낮은 저비점 화합물인 암모니아, 에틸렌, 염화수소, 포름알데히드 증기는 흡착속도가 높지 않아 비효과적이다.

37 흡착제를 이용하여 시료채취를 할 때 영향을 주는 인자에 관한 설명으로 틀린 것은?

① 온도 : 온도가 높을수록 입자의 활성도가 커져 흡착에 좋으며 저온일수록 흡착능이 감소한다.
② 시료채취속도 : 시료채취속도가 높고 코팅된 흡착제일수록 파괴가 일어나기 쉽다.
③ 흡착제의 크기 : 입자의 크기가 작을수록 표면적이 증가하여 채취효율이 증가하나 압력강하가 심하다.
④ 오염물질농도 : 공기 중 오염물질농도가 높을수록 파괴용량은 증가하나 파괴공기량은 감소한다.

[풀이] **흡착제를 이용한 시료채취 시 영향인자**
㉠ 온도 : 온도가 낮을수록 흡착에 좋으나 고온일수록 흡착대상 오염물질과 흡착제의 표면 사이 또는 2종 이상의 흡착대상 물질 간 반응속도가 증가하여 흡착성질이 감소하며 파과가 일어나기 쉽다(모든 흡착은 발열반응이다).
㉡ 습도 : 극성 흡착제를 사용할 때 수증기가 흡착되기 때문에 파과가 일어나기 쉬우며 비교적 높은 습도는 활성탄의 흡착용량을 저하시킨다. 또한 습도가 높으면 파과공기량(파과가 일어날 때까지의 채취공기량)이 적어진다.
㉢ 시료채취속도(시료채취량) : 시료채취속도가 크고 코팅된 흡착제일수록 파과가 일어나기 쉽다.
㉣ 유해물질 농도(포집된 오염물질의 농도) : 농도가 높으면 파과용량(흡착제에 흡착된 오염물질량)이 증가하나 파과공기량은 감소한다.
㉤ 혼합물 : 혼합기체의 경우 각 기체의 흡착량은 단독성분이 있을 때보다 적어지게 된다(혼합물 중 흡착제와 강한 결합을 하는 물질에 의하여 치환반응이 일어나기 때문).
㉥ 흡착제의 크기(흡착제의 비표면적) : 입자 크기가 작을수록 표면적 및 채취효율이 증가하지만 압력강하가 심하다(활성탄은 다른 흡착제에 비하여 큰 비표면적을 갖고 있다).
㉦ 흡착관의 크기(튜브의 내경, 흡착제의 양) : 흡착제의 양이 많아지면 전체 흡착제의 표면적이 증가하여 채취용량이 증가하므로 파과가 쉽게 발생되지 않는다.

38 유기용제인 trichloroethylene의 근로자 노출농도를 측정하고자 한다. 과거의 노출농도를 조사해 본 결과 평균 15ppm이었으며 활성탄관(100mg/50mg)을 이용하여 0.15L/min으로 채취하였다. trichloroethylene의 분자량은 131.39이고 가스크로마토그래피의 정량한계는 시료당 0.5mg이라면 채취해야 할 최소한의 시간은? (단, 1기압, 25°C 기준)

① 약 52분 ② 약 42분
③ 약 32분 ④ 약 22분

[풀이] 과거 노출농도(C)
$$C(mg/m^3) = 15ppm \times \frac{131.39g}{24.45L} = 80.61mg/m^3$$

$$\frac{LOQ}{\text{과거 농도}} = \frac{0.5mg}{80.61mg/m^3}$$
$$= 0.0062m^3 \times \frac{1,000L}{m^3} = 6.2L$$

채취 최소시간 = $\frac{6.2L}{0.15L/min} = 41.4min$

39 1차 표준기구와 가장 거리가 먼 것은?

① 흑연 피스톤미터
② 폐활량계
③ 오리피스미터
④ 가스치환병

[풀이] **공기채취기구 보정에 사용되는 1차 표준기구**

표준기구	일반 사용범위	정확도
비누거품미터 (soap bubble meter)	1mL/분 ~30L/분	±1% 이내
폐활량계 (spirometer)	100~600L	±1% 이내
가스치환병 (mariotte bottle)	10~500mL/분	±0.05 ~0.25%
유리 피스톤미터 (glass piston meter)	10~200mL/분	±2% 이내
흑연 피스톤미터 (frictionless piston meter)	1mL/분 ~50L/분	±1~2%
피토튜브(Pitot tube)	15mL/분 이하	±1% 이내

정답 37.① 38.② 39.③

40 어느 작업환경에서 발생되는 소음원의 소음레벨이 92dB로서 4개이다. 이때의 전체 소음레벨은?

① 96dB ② 98dB
③ 100dB ④ 102dB

풀이 합성소음도(L_p)
$L_p = 10\log(10^{9.2} \times 4) = 98\text{dB}$

제3과목 | 작업환경 관리대책

41 다음 중 귀마개에 관한 설명으로 틀린 것은?
① 휴대가 편하다.
② 고온작업장에서도 불편 없이 사용할 수 있다.
③ 근로자들이 보호구를 착용하였는지 쉽게 확인할 수 있다.
④ 제대로 착용하는 데 시간이 걸리고 요령을 습득해야 한다.

풀이 근로자들이 보호구를 착용하였는지 쉽게 확인할 수 있는 것은 귀덮개이다.

42 강제환기를 실시할 때 환기효과를 제고할 수 있는 원칙으로 틀린 것은?
① 오염물질 배출구는 오염원과 적절한 거리를 유지하도록 설치하여 점환기 현상을 방지한다.
② 공기 배출구와 근로자의 작업위치 사이에 오염원이 위치하여야 한다.
③ 건물 밖에서 배출된 오염공기가 다시 건물 안으로 유입되지 않도록 배출구 높이를 적절히 설계하고 창문이나 문 근처에 위치하지 않도록 한다.
④ 공기가 배출되면서 오염장소를 통과하도록 공기 배출구와 유입구의 위치를 선정한다.

풀이 전체환기(강제환기)시설 설치 기본원칙
㉠ 오염물질 사용량을 조사하여 필요환기량을 계산한다.
㉡ 배출공기를 보충하기 위하여 청정공기를 공급한다.
㉢ 오염물질 배출구는 가능한 한 오염원으로부터 가까운 곳에 설치하여 '점환기'의 효과를 얻는다.
㉣ 공기 배출구와 근로자의 작업위치 사이에 오염원이 위치해야 한다.
㉤ 공기가 배출되면서 오염장소를 통과하도록 공기 배출구와 유입구의 위치를 선정한다.
㉥ 작업장 내 압력은 경우에 따라서 양압이나 음압으로 조정해야 한다(오염원 주위에 다른 작업공정이 있으면 공기 공급량을 배출량보다 작게 하여 음압을 형성시켜 주위 근로자에게 오염물질이 확산되지 않도록 한다).
㉦ 배출된 공기가 재유입되지 못하게 배출구 높이를 적절히 설계하고 창문이나 문 근처에 위치하지 않도록 한다.
㉧ 오염된 공기는 작업자가 호흡하기 전에 충분히 희석되어야 한다.
㉨ 오염물질 발생은 가능하면 비교적 일정한 속도로 유출되도록 조정해야 한다.

43 작업장에 설치된 국소배기장치의 제어속도를 증가시키기 위해 송풍기 날개의 회전속도를 20% 증가시켰다면 동력은 약 몇 % 증가할 것으로 예측되는가? (단, 기타 조건은 같다고 가정한다.)

① 약 40 ② 약 48
③ 약 73 ④ 약 86

풀이 동력은 회전속도비의 세제곱에 비례한다.
$\text{kW} = \left(\dfrac{N_2}{N_1}\right)^3 = \left(\dfrac{1.2}{1}\right)^3 = 1.728 \Rightarrow 73\% \text{ 증가}$

44 어떤 송풍기의 풍전압이 200mmH$_2$O이고 풍량이 300m³/min, 효율이 0.7일 때 소요동력(kW)은?

① 8 ② 10
③ 12 ④ 14

풀이 소요동력(kW)

$$kW = \frac{Q \times \Delta P}{6{,}120 \times \eta} \times \alpha = \frac{300 \times 200}{6{,}120 \times 0.7} \times 1 = 14\,kW$$

45 작업환경의 관리원칙인 대치 개선방법으로 틀린 것은?

① 성냥 제조 시 황린 대신 적린을 사용한다.
② 세탁 시 화재예방을 위해 석유나프타 대신 4클로로에틸렌을 사용한다.
③ 분말로 출하되는 원료를 고형상태인 원료로 출하한다.
④ 땜질한 납을 oscillating-type sander로 깎던 것을 고속회전 그라인더를 이용한다.

풀이 자동차 산업에서 땜질한 납을 고속회전 그라인더로 깎던 것을 oscillating-type sander를 이용한다.

46 작업장에 직경이 $3\mu m$이면서 비중이 2.5인 입자와 직경이 $4\mu m$이면서 비중이 1.2인 입자가 있다. 작업장의 높이가 5m일 때 모든 입자가 가라앉는 최소시간은?

① 약 145분   ② 약 125분
③ 약 115분   ④ 약 85분

풀이
• 직경 $3\mu m$, 비중 2.5인 입자의 침강속도(V)
$V(cm/sec) = 0.003 \times \rho \times d^2$
$= 0.003 \times 2.5 \times 3^2 = 0.067\,cm/sec$
• 직경 $4\mu m$, 비중 1.2인 입자의 침강속도(V)
$V(cm/sec) = 0.003 \times 1.2 \times 4^2 = 0.057\,cm/sec$
직경 $4\mu m$, 비중 1.2인 입자의 침강속도값이 작으므로 적용한다.

∴ 시간 $= \dfrac{500\,cm}{0.057\,cm/sec}$
$= 8771.93\,sec \times (min/60sec) = 146.2\,min$

47 사용하는 흡수관의 제품(흡수)능력인 사염화탄소 농도 0.5%에 대한 유효시간이 100분인 경우, 사염화탄소 농도가 0.2%일 때의 유효시간은?

① 200분   ② 225분
③ 250분   ④ 275분

풀이
유효시간 $= \dfrac{표준유효시간 \times 시험가스\ 농도}{공기\ 중\ 유해가스\ 농도}$
$= \dfrac{0.5 \times 100}{0.2} = 250\,분$

48 슬롯 길이 3m, 제어속도 2m/sec인 슬롯 후드가 있다. 오염원이 1m 떨어져 있을 경우 필요환기량(m^3/min)은? (단, 공간에 설치하며 플랜지는 부착되어 있지 않다.)

① 226   ② 688
③ 1,332   ④ 2,461

풀이 전원주 슬롯 후드 필요환기량(Q)
$Q(m^3/min) = 60 \cdot C \cdot L \cdot V_c \cdot X$
$= 60 \times 3.7 \times 3 \times 2 \times 1$
$= 1{,}332\,m^3/min$

49 후드의 유입계수가 0.82, 속도압이 $50\,mmH_2O$일 때 후드의 압력손실은?

① $9.7\,mmH_2O$
② $16.2\,mmH_2O$
③ $24.4\,mmH_2O$
④ $38.6\,mmH_2O$

풀이 후드의 압력손실(ΔP)
$\Delta P = F \times VP$
• $F = \dfrac{1}{Ce^2} - 1 = \dfrac{1}{0.82^2} - 1 = 0.487$
$= 0.487 \times 50 = 24.35\,mmH_2O$

50 이산화탄소가스의 비중은? (단, 0℃, 1기압 기준)

① 1.34   ② 1.41
③ 1.52   ④ 1.63

풀이 CO_2 비중
$= \dfrac{CO_2\ 분자량}{건조공기\ 분자량} = \dfrac{44}{28.9} = 1.52$

정답 45.④ 46.① 47.③ 48.③ 49.③ 50.③

51 CCl₄의 증기압이 70mmHg라면 이때 공기 중 포화농도는 몇 %인가? (단, 대기압은 1기압, 기온은 21℃, CCl₄ 분자량은 154이다.)

① 5.2　　② 9.2
③ 12.3　　④ 17.3

[풀이] 포화농도 $= \dfrac{70\text{mmHg}}{760\text{mmHg}} \times 10^2 = 9.21\%$

52 자연환기와 강제환기의 장·단점으로 틀린 것은?

① 강제환기는 외부조건에 관계없이 작업환경을 일정하게 유지시킬 수 있다.
② 자연환기는 환기량 예측자료를 구하기 어렵다.
③ 자연환기는 적당한 온도차이와 바람이 있다면 상당히 비용이 효과적이다.
④ 자연환기는 외부 기상조건과 내부 작업조건에 따른 환기량 변화가 적다.

[풀이] 외부의 기상조건과 내부의 작업조건에 따른 환기량 변화가 적은 것은 강제환기이다.

53 국소배기시설(후드)의 필요환기량을 감소시키기 위한 방법으로 틀린 것은?

① 가급적으로 공정의 포위를 최소화한다.
② 포집형이나 레시버형 후드를 사용할 때에는 가급적 후드를 배출오염원에 가깝게 설치한다.
③ 공정에서 발생 또는 배출되는 오염물질의 절대량을 감소시키는 것이 곧 필요환기량을 감소시키는 것이다.
④ 후드 개구면에서 기류가 균일하게 분포되도록 설계한다.

[풀이] 후드가 갖추어야 할 사항(필요환기량을 감소시키는 방법)
㉠ 가능한 한 오염물질 발생원에 가까이 설치한다 (포집형 및 레시버형 후드).
㉡ 제어속도는 작업조건을 고려하여 적정하게 선정한다.
㉢ 작업에 방해되지 않도록 설치하여야 한다.
㉣ 오염물질 발생특성을 충분히 고려하여 설계하여야 한다.
㉤ 가급적이면 공정을 많이 포위한다.
㉥ 후드 개구면에서 기류가 균일하게 분포되도록 설계한다.
㉦ 공정에서 발생 또는 배출되는 오염물질의 절대량을 감소시킨다.

54 다음 중 직관의 압력손실에 관한 설명으로 잘못된 것은?

① 직관의 마찰계수에 비례한다.
② 직관의 길이에 비례한다.
③ 직관의 직경에 비례한다.
④ 속도(관내 유속)의 제곱에 비례한다.

[풀이] 덕트 직관의 압력손실(ΔP)
$\Delta P = \lambda \times \dfrac{L}{D} \times \dfrac{\gamma V^2}{2g}$
∴ 압력손실은 관직경(D)에 반비례한다.

55 톨루엔을 취급하는 근로자의 보호구 밖에서 측정한 톨루엔 농도가 100ppm이었고 보호구 안의 농도가 50ppm으로 나왔다면 보호계수(PF ; Protection Factor)의 값은? (단, 표준상태 기준)

① 100　　② 20
③ 10　　④ 2

[풀이] 보호계수(PF)
$\text{PF} = \dfrac{C_o}{C_i} = \dfrac{100}{50} = 2$

56 입자의 직경이 5μm이고 밀도가 1.5g/cm³인 입자의 종단속도(cm/sec)는?

① 0.07　　② 0.11
③ 0.23　　④ 0.33

[풀이] Lippmann 식 침강속도(V)
$V(\text{cm/sec}) = 0.003 \times \rho \times d^2$
$= 0.003 \times 1.5 \times 5^2$
$= 0.113 \text{cm/sec}$

57 원심력 송풍기 중 전향 날개형 송풍기에 관한 설명으로 틀린 것은?

① 송풍기의 임펠러가 다람쥐 쳇바퀴 모양으로 생겼다.
② 송풍기 깃이 회전방향과 동일한 방향으로 설계되어 있다.
③ 큰 압력손실에도 송풍량을 일정하게 유지할 수 있는 장점이 있다.
④ 다익형 송풍기라고도 한다.

[풀이] 다익형 송풍기는 높은 압력손실에서는 송풍량이 급격하게 떨어져 전체환기나 공기조화용으로 사용된다.

58 다음의 보호장구 재질 중 극성 용제에 가장 효과적인 것은? (단, 극성 용제에는 알코올, 물, 케톤류 등을 포함한다.)

① Neoprene 고무
② Butyl 고무
③ viton
④ Nitrile 고무

[풀이] 보호장구 재질에 따른 적용물질
㉠ Neoprene 고무 : 비극성 용제, 극성 용제 중 알코올, 물, 케톤류 등에 효과적
㉡ 천연고무(latex) : 극성 용제 및 수용성 용액에 효과적(절단 및 찰과상 예방)
㉢ viton : 비극성 용제에 효과적
㉣ 면 : 고체상 물질에 효과적, 용제에는 사용 못함
㉤ 가죽 : 용제에는 사용 못함(기본적인 찰과상 예방)
㉥ Nitrile 고무 : 비극성 용제에 효과적
㉦ Butyl 고무 : 극성 용제(알데히드, 지방족)에 효과적
㉧ Ethylene vinyl alcohol : 대부분의 화학물질을 취급할 경우 효과적

59 어느 유체관의 동압(velocity pressure)이 20mmH₂O이고, 관의 직경이 25cm일 때 유량(m³/sec)은? (단, 21℃, 1기압 기준)

① 약 0.89   ② 약 1.72
③ 약 2.67   ④ 약 3.53

[풀이] 유량(Q)
$Q = A \times V$
・ $A = \dfrac{\pi D^2}{4} = \dfrac{3.14 \times 0.25^2}{4} = 0.049 \text{m}^2$
・ $V = 4.043 \sqrt{VP} = 4.043 \times \sqrt{20}$
   $= 18.08 \text{m/sec}$
$= 0.049 \text{m}^2 \times 18.08 \text{m/sec}$
$= 0.89 \text{m}^3/\text{sec}$

60 1시간에 2L의 MEK가 증발되어 공기를 오염시키는 작업장이 있다. K값을 6, 분자량을 72.06, 비중을 0.805, TLV를 200ppm으로 할 때 이 작업장의 오염물질을 전체 환기시키기 위하여 필요한 환기량(m³/min)은? (단, 21℃, 1기압 기준)

① 약 270   ② 약 340
③ 약 430   ④ 약 520

[풀이]
・ 사용량(g/hr)
  2L/hr × 0.805g/mL × 1,000mL/L = 1,610g/hr
・ 발생률(G, L/hr)
  72.06g : 24.1L = 1,610g/hr : G
  $G(\text{L/hr}) = \dfrac{24.1\text{L} \times 1,610\text{g/hr}}{72.06\text{g}} = 538.45\text{L/hr}$

∴ 필요환기량(Q) $= \dfrac{G}{\text{TLV}} \times K$

$Q = \dfrac{538.45\text{L/hr}}{200\text{ppm}} \times 6$

$= \dfrac{538.45\text{L/hr} \times 1,000\text{mL/L}}{200\text{mL/m}^3} \times 6$

$= 16,153.5 \text{m}^3/\text{hr} \times \text{hr}/60\text{min}$

$= 269.23 \text{m}^3/\text{min}$

제4과목 | 물리적 유해인자관리

61 다음 중 1,000Hz에서의 압력수준 dB을 기준으로 하여 등감곡선을 소리의 크기로 나타내는 단위로 사용되는 것은?

① sone   ② mel
③ bell   ④ phon

정답 57.③ 58.② 59.① 60.① 61.④

[풀이] **phon**
⊙ 감각적인 음의 크기(loudness)를 나타내는 양이다.
ⓒ 1,000Hz 순음의 크기와 평균적으로 같은 크기로 느끼는 1,000Hz 순음의 음의 세기레벨로 나타낸 것이다.
ⓒ 1,000Hz에서 압력수준 dB을 기준으로 하여 등감곡선을 소리의 크기로 나타낸 단위이다.

62 다음 중 산업안전보건법상의 이상기압에 대한 설명으로 틀린 것은?

① '이상기압'은 압력이 매 제곱센티미터당 1킬로그램 이상인 기압을 말한다.
② 고압작업에 근로자를 종사하도록 하는 때에는 작업실의 공기 체적이 근로자 1인당 4세제곱미터 이상이 되도록 하여야 한다.
③ 고압작업자에게 기압조절실에서 가압을 하는 때에는 1분에 매 제곱센티미터당 0.8킬로그램 이하의 속도로 하여야 한다.
④ 잠수작업을 하는 잠수작업자에게 고농도의 산소만을 마시도록 하여야 한다.

[풀이] 고압환경(잠수작업)을 하는 경우는 규정시간을 넘지 않도록 해야 하며, 질소를 헬륨으로 대치한 공기를 호흡시킨다.

63 옥외에서 측정한 흑구온도가 35℃, 습구온도가 22℃, 건구온도가 25℃일 때 습구흑구온도지수(WBGT)는 얼마인가?

① 21.9℃
② 22.9℃
③ 24.9℃
④ 25.9℃

[풀이] 옥외 습구흑구온도지수(WBGT)
$$WBGT = (0.7 \times 자연습구온도) + (0.2 \times 흑구온도) + (0.1 \times 건구온도)$$
$$= (0.7 \times 22℃) + (0.2 \times 35℃) + (0.1 \times 25℃)$$
$$= 24.9℃$$

64 다음 중 방사능의 방어대책으로 볼 수 없는 것은?

① 발생량을 감소시킨다.
② 거리를 가능한 한 멀리한다.
③ 방사선을 차폐한다.
④ 노출시간을 줄인다.

[풀이] **방사선의 외부노출에 대한 방어대책**
전리방사선 방어의 궁극적 목적은 가능한 한 방사선에 불필요하게 노출되는 것을 최소화하는 데 있다.
(1) 시간
  ⊙ 노출시간을 최대로 단축한다(조업시간 단축).
  ⓒ 충분한 시간 간격을 두고 방사능 취급작업을 하는 것은 반감기가 짧은 방사능 물질에 유용하다.
(2) 거리
  방사능은 거리의 제곱에 비례해서 감소하므로 먼 거리일수록 쉽게 방어가 가능하다.
(3) 차폐
  ⊙ 큰 투과력을 갖는 방사선 차폐물은 원자번호가 크고 밀도가 큰 물질이 효과적이다.
  ⓒ α선의 투과력은 약하여 얇은 알루미늄판으로도 방어가 가능하다.

65 다음 중 인체에 도달되는 진동의 장애를 최소화시키는 방법과 거리가 먼 것은?

① 발진원을 격리시킨다.
② 진동의 노출기간을 최소화시킨다.
③ 훈련을 통한 신체의 적응력을 향상시킨다.
④ 진동을 최소화하기 위하여 공학적으로 설계하고 관리한다.

[풀이] 훈련을 통한 신체의 적응력 향상에는 한계가 있어 진동장애를 최소화하는 방법으로 적절하지 않다.

66 자외선을 조사하였을 때 홍반, 발진, 피부암 등을 일으키는 자외선 B(UV-B)의 파장 범위로 옳은 것은?

① 80~215nm
② 100~280nm
③ 280~315nm
④ 315~400nm

[풀이] **자외선의 분류에 따른 파장범위 및 증상**
㉠ UV-C : 100~280nm, 발진·홍반
㉡ UV-B : 280~315nm, 발진·홍반·피부암
㉢ UV-A : 315~400nm, 발진·홍반·백내장

67 다음 ( ) 안에 알맞은 수치는?

> 정상적인 공기 중의 산소 함유량은 21vol%이며 그 절대량, 즉 산소분압은 해면에 있어서는 약 ( )mmHg이다.

① 160　② 180
③ 210　④ 230

[풀이] 산소분압 = 760mmHg × 0.21 = 159.6mmHg

68 다음 중 소음계의 A, B, C 특성에 대한 설명으로 틀린 것은?

① A특성치란 대략 40phon의 등감곡선과 비슷하게 주파수에 따른 반응을 보정하여 측정한 음압수준을 말한다.
② B특성치와 C특성치는 각각 70phon과 100phon의 등감곡선과 비슷하게 보정하여 측정한 값을 말한다.
③ 일반적으로 소음계는 A, B, C 특성에서 음압을 측정할 수 있도록 보정되어 있으며 모든 주파수의 음압수준을 보정 없이 그대로 측정할 수도 있다.
④ A특성치와 C특성치 간의 차가 크면 고주파음이고, 차가 작으면 저주파음으로 추정할 수 있다.

[풀이] 어떤 소음을 소음계의 청감보정회로 A 및 C에 놓고 측정한 소음레벨이 dB(A) 및 dB(C)일 때
㉠ dB(A)≪dB(C)이면, 저주파 성분이 많다.
㉡ dB(A)≈dB(C)이면, 고주파가 주성분이다.

69 다음 중 마이크로파의 에너지량과 거리와의 관계에 관한 설명으로 옳은 것은?

① 에너지량은 거리의 제곱에 비례한다.
② 에너지량은 거리에 비례한다.
③ 에너지량은 거리의 제곱에 반비례한다.
④ 에너지량은 거리에 반비례한다.

[풀이] **마이크로파의 물리적 특성**
㉠ 마이크로파는 1mm~1m(10m)의 파장(또는 약 1~300cm)과 30MHz(10Hz)~300GHz(300MHz~300GHz)의 주파수를 가지며 라디오파의 일부이다. 단, 지역에 따라 주파수 범위의 규정이 각각 다르다.
 ※ 라디오파 : 파장이 1m~100km, 주파수가 약 3kHz~300GHz까지를 말한다.
㉡ 에너지량은 거리의 제곱에 반비례한다.

70 다음 중 이상기압에 의해서 발생하는 직업병에 영향을 주는 유해인자가 아닌 것은?

① 이산화탄소(CO_2)
② 산소(O_2)
③ 질소(N_2)
④ 이산화황(SO_2)

[풀이] **고압환경에서의 2차적 가압현상**
㉠ 질소가스의 마취작용
㉡ 산소중독
㉢ 이산화탄소의 작용

71 전리방사선의 흡수선량이 생체에 영향을 주는 정도로 표시하는 선당량(생체실효선량)의 단위는?

① R
② Ci
③ Sv
④ Gy

[풀이] **Sv(Sievert)**
㉠ 흡수선량이 생체에 영향을 주는 정도로 표시하는 선당량(생체실효선량)의 단위
㉡ 등가선량의 단위
 ※ 등가선량 : 인체의 피폭선량을 나타낼 때 흡수선량에 해당 방사선의 방사선 가중치를 곱한 값
㉢ 생물학적 영향에 상당하는 단위
㉣ RBE를 기준으로 평준화하여 방사선에 대한 보호를 목적으로 사용하는 단위
㉤ 1Sv=100rem

[정답] 67.① 68.④ 69.③ 70.④ 71.③

72 다음 중 광원으로부터의 밝기에 관한 설명으로 틀린 것은?

① 루멘은 1촉광의 광원으로부터 한 단위 입체각으로 나가는 광속의 단위이다.
② 밝기는 조사평면과 광원에 대한 수직평면이 이루는 각(cosine)에 비례한다.
③ 밝기는 광원으로부터의 거리제곱에 반비례한다.
④ 1촉광은 4π루멘으로 나타낼 수 있다.

풀이 빛의 밝기는 조사평면과 광원에 대한 수직평면이 이루는 각(cosine)에 반비례한다.

73 다음 중 일반적으로 청력도(audiogram) 검사에서 사용하지 않는 주파수는?

① 500Hz
② 2,000Hz
③ 4,000Hz
④ 5,000Hz

풀이 청력도 검사의 사용 주파수
500Hz, 1,000Hz, 2,000Hz, 4,000Hz

74 다음 중 적외선의 생체작용에 관한 설명으로 잘못된 것은?

① 적외선이 조직에 흡수되면 화학반응을 일으켜 조직의 온도가 상승한다.
② 적외선이 신체에 조사되면 일부는 피부에서 반사되고 나머지는 조직에 흡수된다.
③ 조직에서의 흡수는 수분 함량에 따라 다르다.
④ 조사부위의 온도가 오르면 혈관이 확장되어 혈류가 증가되며 심하면 홍반을 유발하기도 한다.

풀이 적외선이 신체조직에 흡수되면 화학반응을 일으키는 것이 아니라 구성분자의 운동에너지를 증가시킨다.

75 다음 중 사람이 느끼는 최소 진동역치로 옳은 것은?

① 35±5dB
② 45±5dB
③ 55±5dB
④ 65±5dB

풀이 진동역치는 사람이 진동을 느낄 수 있는 최소값을 의미하며 50~60dB 정도이다.

76 고온의 노출기준을 나타낼 경우 중등작업의 계속작업 시 노출기준은 몇 ℃(WBGT)인가?

① 26.7
② 28.3
③ 29.7
④ 31.4

풀이 고열작업장의 노출기준(고용노동부, ACGIH)
단위 : WBGT(℃)

시간당 작업과 휴식의 비율	작업강도		
	경작업	중등작업	중(힘든)작업
연속작업	30.0	26.7	25.0
75% 작업, 25% 휴식 (45분 작업, 15분 휴식)	30.6	28.0	25.9
50% 작업, 50% 휴식 (30분 작업, 30분 휴식)	31.4	29.4	27.9
25% 작업, 75% 휴식 (15분 작업, 45분 휴식)	32.2	31.1	30.0

77 음원의 파워레벨(PWL ; Power Level)에 대한 설명으로 틀린 것은?

① 음원의 출력을 나타낸 것이다.
② 동일한 음원의 PWL은 측정하는 장소에 따라서 다른 수치를 나타낸다.
③ 일반적으로 PWL이 큰 것부터 방지대책을 강구함이 좋다.
④ 음원의 출력이 10배로 되면 PWL은 10dB 크게 된다.

풀이 PWL은 변하지 않는 절대적인 값이고, SPL은 거리에 따라 변하는 상대적인 값이다.

78 음력이 2watt인 소음원으로부터 50m 떨어진 지점에서의 음압수준(sound pressure level)은 약 몇 dB인가? (단, 공기의 밀도는 1.2kg/m³, 공기에서의 음속은 344m/sec로 가정한다.)

① 76.6 ② 78.2
③ 79.4 ④ 80.7

풀이 점음원, 자유공간
$SPL = PWL - 20\log r - 11$
- $PWL = 10\log \dfrac{2}{10^{-12}} = 123 dB$
$= 123 - 20\log 50 - 11 = 78.03 dB$

79 다음 중 저온환경에 의한 신체의 생리적 반응으로 틀린 것은?

① 피부혈관이 수축되어 피부온도가 감소한다.
② 근육활동과 조직대사가 감소된다.
③ 근육의 긴장과 떨림이 발생한다.
④ 피부혈관의 수축으로 순환능력이 감소되어 혈압은 일시적으로 상승된다.

풀이 한랭(저온)환경에서의 생리적 기전(반응)
한랭환경에서는 체열 방산을 제한하고 체열 생산을 증가시키기 위한 생리적 반응이 일어난다.
㉠ 피부혈관(말초혈관)이 수축한다.
  • 피부혈관 수축과 더불어 혈장량 감소로 혈압이 일시적으로 저하되며 신체 내 열을 보호하는 기능을 한다.
  • 말초혈관의 수축으로 표면조직의 냉각이 오며 1차적 생리적 영향이다.
  • 피부혈관의 수축으로 피부온도가 감소하고 순환능력이 감소되어 혈압은 일시적으로 상승된다.
㉡ 근육 긴장의 증가와 떨림 및 수의적인 운동이 증가한다.
㉢ 갑상선을 자극하여 호르몬 분비가 증가(화학적 대사작용 증가)한다.
㉣ 부종, 저림, 가려움증, 심한 통증 등이 발생한다.
㉤ 피부 표면의 혈관·피하조직이 수축하고, 체표면적이 감소한다.
㉥ 피부의 급성 일과성 염증반응은 한랭에 대한 폭로를 중지하면 2~3시간 내에 없어진다.
㉦ 피부나 피하조직을 냉각시키는 환경온도 이하에서는 감염에 대한 저항력이 떨어지며 회복과정에 장애가 온다.
㉧ 저온환경에서는 근육활동, 조직대사가 증가되어 식욕이 항진된다.

80 열경련의 치료방법으로 가장 적절한 것은?

① 5% 포도당 공급
② 수분 및 NaCl 보충
③ 체온의 급속한 냉각
④ 더운 커피 또는 강심제의 투여

풀이 열경련의 치료
㉠ 수분 및 NaCl을 보충한다(생리식염수 0.1% 공급).
㉡ 바람이 잘 통하는 곳에 눕혀 안정시킨다.
㉢ 체열 방출을 촉진시킨다(작업복을 벗겨 전도와 복사에 의한 체열 방출).
㉣ 증상이 심하면 생리식염수 1,000~2,000mL를 정맥 주사한다.

제5과목 | 산업 독성학

81 유기용제의 중추신경 억제작용의 순위를 큰 것에서부터 작은 순으로 올바르게 나타낸 것은?

① 알켄 > 알칸 > 알코올
② 에테르 > 알코올 > 에스테르
③ 할로겐화합물 > 에스테르 > 알켄
④ 할로겐화합물 > 유기산 > 에테르

풀이 유기화학물질의 중추신경계 억제작용 순서
할로겐화합물 > 에테르 > 에스테르 > 유기산 > 알코올 > 알켄 > 알칸

82 벤젠에 노출되는 근로자 10명이 6개월 동안 근무하였고, 5명이 2년 동안 근무하였을 경우 노출인년(person-years of exposure)은 얼마인가?

① 10 ② 15
③ 20 ④ 25

풀이 노출인년(person-years of exposure)이란 역학조사 연구에서 주로 사용되는 단위로서 조사 근로자를 1년 동안 관찰한 수치를 말한다. 즉 조사 대상자의 노출을 1년 기준으로 환산한 값이다.
∴ 노출인년 = (10×0.5) + (5×2) = 15

83 다음 중 생체 내에서 혈액과 화학작용을 일으켜서 질식을 일으키는 물질은?
① 수소 ② 헬륨
③ 질소 ④ 일산화탄소

풀이 일산화탄소(CO)
㉠ 탄소 또는 탄소화합물이 불완전연소할 때 발생되는 무색무취의 기체이다.
㉡ 산소결핍장소에서 보건학적 의의가 가장 큰 물질이다.
㉢ 혈액 중 헤모글로빈과의 결합력이 매우 강하여 체내 산소공급능력을 방해하므로 대단히 유해하다.
㉣ 생체 내에서 혈액과 화학작용을 일으켜서 질식을 일으키는 물질이다.
㉤ 정상적인 작업환경 공기에서 CO 농도가 0.1%로 되면 사람의 헤모글로빈 50%가 불활성화된다.
㉥ CO 농도가 1%(10,000ppm)인 곳에서는 1분 후에 사망에 이른다(COHb : 카복시헤모글로빈 20% 상태가 됨).
㉦ 물에 대한 용해도는 23mL/L이다.
㉧ 중추신경계에 강하게 작용하여 사망에 이르게 한다.

84 동물을 대상으로 양을 투여했을 때 독성을 초래하지는 않지만 대상의 50%가 관찰 가능한 가역적인 반응이 나타나는 작용량을 무엇이라고 하는가?
① ED_{50} ② LC_{50}
③ LD_{50} ④ TD_{50}

풀이 유효량(ED)
ED_{50}은 사망을 기준으로 하는 대신에 약물을 투여한 동물의 50%가 일정한 반응을 일으키는 양으로, 시험 유기체의 50%에 대하여 준치사적인 거동감응 및 생리감응을 일으키는 독성물질의 양을 뜻한다. ED(유효량)는 실험동물을 대상으로 얼마간의 양을 투여했을 때 독성을 초래하지 않지만 실험군의 50%가 관찰 가능한 가역적인 반응이 나타나는 작용량, 즉 유효량을 의미한다.

85 다음 중 산업안전보건법상 발암성 물질로 확인된 물질(1A)에 포함되어 있지 않은 것은?
① 벤지딘 ② 베릴륨
③ 염화비닐 ④ 벤젠

풀이 벤젠은 산업안전보건법상 발암성 물질로 추정되는 물질군(1B)에 포함된다.
※ ACGIH 기준에서는 A1에 포함된다.

86 구리의 독성에 대한 인체실험 결과, 안전흡수량이 체중 kg당 0.008mg이었다. 1일 8시간 작업 시의 허용농도는 약 몇 mg/m³인가? (단, 근로자의 평균체중은 70kg, 작업 시의 폐환기율은 1.45m³/hr로 가정한다.)
① 0.035 ② 0.048
③ 0.056 ④ 0.064

풀이 안전흡수량(mg) = $C \times T \times V \times R$
SHD = 0.008mg/kg × 70kg = 0.56mg
0.56 = $C \times 8 \times 1.45 \times 1$
∴ $C = \dfrac{0.56}{8 \times 1.45 \times 1} = 0.048\text{mg/m}^3$

87 무기성 분진에 의한 진폐증이 아닌 것은?
① 규폐증(silicosis)
② 연초폐증(tabacosis)
③ 용접공폐증(welders lung)
④ 흑연폐증(graphite lung)

풀이 분진 종류에 따른 진폐증의 분류(임상적 분류)
㉠ 유기성 분진에 의한 진폐증
농부폐증, 면폐증, 연초폐증, 설탕폐증, 목재분진폐증, 모발분진폐증
㉡ 무기성(광물성) 분진에 의한 진폐증
규폐증, 탄소폐증, 활석폐증, 탄광부진폐증, 철폐증, 베릴륨폐증, 흑연폐증, 규조토폐증, 주석폐증, 칼륨폐증, 바륨폐증, 용접공폐증, 석면폐증

88 단백질을 침전시키며 thiol(-SH)기를 가진 효소의 작용을 억제하여 독성을 나타내는 것은?
① 구리 ② 아연
③ 코발트 ④ 수은

풀이 금속수은은 전리된 수소이온이 단백질을 침전시키고 -SH기 친화력을 가지고 있어 세포 내 효소반응을 억제함으로써 독성 작용을 일으킨다.

정답 83.④ 84.① 85.④ 86.② 87.② 88.④

89 다음 설명의 ( ) 안에 알맞은 내용으로 나열된 것은?

> 단시간 노출기준(STEL)이라 함은 1회에 (㉮)분간 유해인자에 노출되는 경우의 기준으로, 이 기준 이하에서는 1회 노출간격이 (㉯)시간 이상인 경우 1일 작업시간 동안 (㉰)회까지 노출이 허용될 수 있는 기준을 말한다.

① ㉮ 15, ㉯ 1, ㉰ 4
② ㉮ 20, ㉯ 2, ㉰ 5
③ ㉮ 20, ㉯ 3, ㉰ 3
④ ㉮ 15, ㉯ 1, ㉰ 2

풀이 단시간 노출농도(STEL ; Short Term Exposure Limits)
㉠ 근로자가 1회 15분간 유해인자에 노출되는 경우의 기준(허용농도)이다.
㉡ 이 기준 이하에서는 노출간격이 1시간 이상인 경우 1일 작업시간 동안 4회까지 노출이 허용될 수 있다.
㉢ 고농도에서 급성중독을 초래하는 물질에 적용한다.

90 다음 중 호흡기계 발암성과의 관련성이 가장 낮은 것은?
① 석면   ② 크롬
③ 용접흄   ④ 황산니켈

풀이 용접흄은 입자상 물질의 한 종류인 고체이며 기체가 온도의 급격한 변화로 응축·산화된 형태로 호흡기계 가장 깊숙이 들어갈 수 있어 용접공진폐증의 원인이 된다.

91 방향족탄화수소 중 만성노출에 의한 조혈장애를 유발시키는 것은?
① 벤젠   ② 톨루엔
③ 클로로포름   ④ 나프탈렌

풀이 방향족탄화수소 중 저농도에 장기간 폭로(노출)되어 만성중독(조혈장애)을 일으키는 경우에는 벤젠의 위험도가 가장 크고 급성 전신중독 시 독성이 강한 물질은 톨루엔이다.

92 입자상 물질의 호흡기계 침착기전 중 길이가 긴 입자가 호흡기계로 들어오면 그 입자의 가장자리가 기도의 표면을 스치게 됨으로써 침착하는 현상은?
① 충돌   ② 침전
③ 차단   ④ 확산

풀이 차단(interception)
㉠ 차단은 길이가 긴 입자가 호흡기계로 들어오면 그 입자의 가장자리가 기도의 표면을 스치게 됨으로써 일어나는 현상이다.
㉡ 섬유(석면)입자가 폐 내에 침착되는 데 중요한 역할을 담당한다.

93 다음 중 중금속의 영향을 잘못 연결한 것은?
① 납 – 소아의 IQ 저하
② 카드뮴 – 호흡기의 손상
③ 수은 – 파킨슨병
④ 크롬 – 폐암

풀이 망간으로 인해 근무력증, 파킨슨 증후군이 나타난다.

94 다음 중 납중독에 대한 대표적인 임상증상으로 볼 수 없는 것은?
① 위장장애
② 안구장애
③ 중추신경장애
④ 신경 및 근육 계통의 장애

풀이 납중독의 주요 증상(임상증상)
(1) 위장계통의 장애(소화기장애)
 ㉠ 복부팽만감, 급성 복부선통
 ㉡ 권태감, 불면증, 안면창백, 노이로제
 ㉢ 잇몸의 연선(lead line)
(2) 신경, 근육 계통의 장애
 ㉠ 손처짐, 팔과 손의 마비
 ㉡ 근육통, 관절통
 ㉢ 신장근의 쇠약
 ㉣ 근육의 피로로 인한 납경련
(3) 중추신경장애
 ㉠ 뇌중독 증상으로 나타난다.
 ㉡ 유기납에 폭로로 나타나는 경우가 많다.
 ㉢ 두통, 안면창백, 기억상실, 정신착란, 혼수상태, 발작

정답 89.① 90.③ 91.① 92.③ 93.③ 94.②

95 산업안전보건법에서 정하는 산화규소(결정체 석영)의 노출기준으로 옳은 것은?
① STEL $0.05mg/m^3$
② STEL $0.5mg/m^3$
③ TWA $0.05mg/m^3$
④ TWA $0.5mg/m^3$

풀이 산화규소(결정체 석영)의 노출기준
TWA $0.05mg/m^3$

96 피부독성에 대한 설명으로 틀린 것은?
① 피부에 접촉하는 화학물질의 통과속도는 일반적으로 각질층에서 가장 느리다.
② 피하지방은 자외선의 유해성을 감소시키는 역할을 한다.
③ 인종, 성별, 계절은 직업성 피부질환에 영향을 주는 간접인자이다.
④ 접촉성 피부염의 대부분은 자극성 접촉피부염이다.

풀이 모낭(hair follicle)
㉠ 진피부 모근을 둘러싸고 영향을 제공하며 털집이라고도 한다.
㉡ 유해물질이 피부에 부착하여 체내로 침투되도록 확산측로의 역할을 수행한다.

97 다음 중 비소의 체내 대사 및 영향에 관한 설명과 가장 관계가 적은 것은?
① 생체 내의 −SH기를 갖는 효소작용을 저해시켜 세포호흡에 장애를 일으킨다.
② 뼈에는 비산칼륨의 형태로 축적된다.
③ 주로 모발, 손톱 등에 축적된다.
④ MMT를 함유한 연료 제조에 종사하는 근로자에게 노출되는 일이 많다.

풀이 MMT를 함유한 연료 제조에 종사하는 근로자에게 노출되는 중금속은 망간이다.

98 다음 중 methyl n-butyl ketone에 노출된 근로자의 뇨 중 배설량으로 생물학적 노출지표에 이용되는 물질은?
① phenol
② quinol
③ 8-hydroxy quinone
④ 2,5-hexanedione

풀이 메틸부틸케톤(methyl n-butyl ketone, $CH_3COC_2H_5$)
㉠ 2-헥사논(2-hexanone), 노말부틸메틸케톤(n-butyl methyl ketone) 및 프로필아세톤(propyl acetone)이라고 명명하며, 제2종 유기용제류이다.
㉡ 투명한 액체이고 물에는 잘 녹지 않으나, 알코올이나 에테르에는 잘 녹는다.
㉢ 화재·폭발성이 있으며 다량 흡입 시 폐수종이나 폐렴발생의 원인이 된다.

99 다음 중 악성중피종(mesothelioma)을 유발시키는 물질은?
① 석면
② 주석
③ 아연
④ 크롬

풀이 석면은 석면폐증, 폐암, 악성중피종을 유발시키는 1급 발암물질이다.

100 공기 중의 두 가지 물질이 혼합되어 상대적 독성 수치가 '2+3=5'와 같이 나타날 때 두 물질 간에 일어난 상호작용을 무엇이라 하는가?
① 상가작용(additive effect)
② 잠재작용(potentiation)
③ 상승작용(synergistics)
④ 길항작용(antagonism)

풀이 상가작용(additive effect)
㉠ 작업환경 중 유해인자가 2종 이상 혼재하는 경우, 혼재하는 유해인자가 인체의 같은 부위에 작용함으로써 그 유해성이 가중되는 것을 말한다.
㉡ 화학물질 및 물리적 인자의 노출기준에 있어 2종 이상의 화학물질이 공기 중에 혼재하는 경우에는 유해성이 인체의 서로 다른 조직에 영향을 미치는 근거가 없는 한 유해물질들 간의 상호작용을 나타낸다.
㉢ 상대적 독성 수치로 표현하면 2+3=5이다.
※ 여기서 수치는 독성의 크기를 의미한다.

과년도 출제문제 | 2010.03.07

산업위생관리기사

제1과목 | 산업위생학 개론

01 다음 중 작업공정에 따라 발생 가능성이 가장 높은 직업성 질환을 올바르게 연결한 것은?
① 용광로 작업 – 치통, 부비강통, 이(耳)통
② 갱내 착암작업 – 전광성 안염
③ 샌드블라스팅(sand blasting) – 백내장
④ 축전지 제조 – 납중독

풀이 작업공정에 따른 발생가능 직업성 질환
㉠ 용광로 작업 : 고온장애(열경련 등)
㉡ 샌드블라스팅 : 호흡기 질환
㉢ 도금작업 : 비중격천공
㉣ 제강, 요업 : 열사병
㉤ 갱내 착암작업 : 산소 결핍
㉥ 축전지 제조 : 납중독
㉦ 채석, 채광 : 규폐증

02 다음 중 직업성 암으로 최초 보고된 음낭암의 원인물질에 해당하는 것은?
① 검댕(soot)
② 납(lead)
③ 수은(mercury)
④ 카드뮴(cadmium)

풀이 Percivall Pott
㉠ 영국의 외과의사로 직업성 암을 최초로 보고하였으며, 어린이 굴뚝청소부에게 많이 발생하는 음낭암(scrotal cancer)을 발견하였다.
㉡ 암의 원인물질은 검댕 속 여러 종류의 다환 방향족 탄화수소(PAH)이다.
㉢ 굴뚝청소부법을 제정하도록 하였다(1788년).

03 실내환경의 오염물질 중 금속이 용해되어 액상 물질로 되고 이것이 가스상 물질로 기화된 후 다시 응축되어 발생하는 고체 입자를 무엇이라 하는가?
① 에어로졸(aerosol)
② 흄(fume)
③ 미스트(mist)
④ 스모그(smog)

풀이 흄(fume)의 생성기전 3단계
㉠ 1단계 : 금속의 증기화
㉡ 2단계 : 증기물의 산화
㉢ 3단계 : 산화물의 응축

04 다음 중 피로에 관한 설명으로 틀린 것은?
① 자율신경계의 조절기능이 주간은 부교감신경, 야간은 교감신경의 긴장 강화로, 주간 수면은 야간 수면에 비해 효과가 떨어진다.
② 충분한 영양을 취하는 것은 휴식과 더불어 피로방지의 중요한 방법이다.
③ 피로의 주관적 측정방법으로는 CMI (Cornell Medical Index)를 이용한다.
④ 피로현상은 개인차가 심하여 작업에 대한 개체의 반응을 어디서부터가 피로현상인지 타각적 수치로 찾아내기는 어렵다.

풀이 교감신경과 부교감신경을 합쳐 자율신경이라 하며 자율신경계의 조절기능이 주간은 교감신경, 야간은 부교감신경의 긴장 강화로, 주간 수면은 야간 수면에 비해 효과가 떨어진다.

정답 01.④ 02.① 03.② 04.①

05 분진발생공정에서 측정한 호흡성 분진의 농도가 다음과 같을 때 기하평균농도는 약 몇 mg/m³인가?

[측정농도]　　　　(단위 : mg/m³)
2.5, 2.8, 3.1, 2.6, 2.9

① 2.62
② 2.77
③ 2.92
④ 3.03

[풀이]
$$\log(GM) = \frac{\log X_1 + \log X_2 + \cdots + \log X_n}{N}$$
$$= \frac{\log 2.5 + \log 2.8 + \log 3.1 + \log 2.6 + \log 2.9}{5}$$
$$= 0.443$$
$$\therefore\ GM = 10^{0.443} = 2.77 mg/m^3$$

06 1일 8시간 작업 시 기준치가 0.05mg/m³인 물질이 있다. 1일 10시간 작업할 경우 Brief 와 Scala의 보정방법으로 허용농도를 보정할 경우 보정된 기준치는 얼마인가?

① 0.025mg/m³
② 0.030mg/m³
③ 0.035mg/m³
④ 0.040mg/m³

[풀이]
보정된 노출기준 = TLV × RF
$$RF = \left(\frac{8}{H}\right) \times \frac{24-H}{16}$$
$$= \left(\frac{8}{10}\right) \times \frac{24-10}{16} = 0.7$$
$$\therefore\ TLV \times RF = 0.05 \times 0.7 = 0.035 mg/m^3$$

07 다음 중 재해예방 4원칙에 해당하지 않는 것은?

① 손실우연의 원칙
② 원인조사의 원칙
③ 예방가능의 원칙
④ 대책선정의 원칙

[풀이]
재해예방 4원칙
㉠ 예방가능의 원칙
㉡ 손실우연의 원칙
㉢ 원인계기의 원칙
㉣ 대책선정의 원칙

08 산소 소비량 1L를 에너지량, 즉 작업대사량으로 환산하면 약 몇 kcal인가?

① 5
② 10
③ 15
④ 20

[풀이] 산소 소비량 1L≒에너지량 5kcal

09 다음 중 산업위생의 목적으로 가장 거리가 먼 것은?

① 작업자의 건강보호
② 작업환경의 개선
③ 작업조건의 인간공학적 개선
④ 직업병 치료와 보상

[풀이]
산업위생(관리)의 목적
㉠ 작업환경과 근로조건의 개선 및 직업병의 근원적 예방
㉡ 작업환경 및 작업조건의 인간공학적 개선(최적의 작업환경 및 작업조건으로 개선하여 질병 예방)
㉢ 작업자의 건강보호 및 생산성 향상(근로자의 건강을 유지·증진시키고 작업능률을 향상)
㉣ 근로자들의 육체적, 정신적, 사회적 건강 유지 및 증진
㉤ 산업재해의 예방 및 직업성 질환 유소견자의 작업 전환

10 다음 중 근육운동에 필요한 에너지를 생산하는 혐기성 대사의 반응이 아닌 것은?

① glycogen+ADP ⇌ citrate+ATP
② ATP ⇌ ADP+P+free energy
③ creatine phosphate+ADP ⇌ creatine+ATP
④ glucose+P+ADP → lactate+ATP

[풀이]
기타 혐기성 대사(근육운동)
㉠ ATP+H₂O ⇌ ADP+P+free energy
㉡ creatine phosphate+ADP ⇌ creatine+ATP
㉢ glucose+P+ADP → lactate+ATP

정답　05.② 06.③ 07.② 08.① 09.④ 10.①

11 다음 중 재해성 질병의 인정 시 종합적으로 판단하는 사항으로 틀린 것은?
① 재해의 성질과 강도
② 재해가 작용한 신체부위
③ 재해가 발생할 때까지의 시간적 관계
④ 작업내용과 그 작업에 종사한 기간 또는 유해작업의 정도

풀이 ④항의 내용은 직업성 질병(질환)의 설명이다.

12 다음 중 최대작업역에 대한 설명으로 옳은 것은?
① 작업자가 작업할 때 사지를 모두 이용하여 닿는 영역
② 작업자가 작업을 할 때 아래팔을 뻗어 닿는 영역
③ 작업자가 작업할 때 상체를 기울여 손이 닿는 영역
④ 작업자가 작업할 때 위팔과 아래팔을 곧게 뻗어 닿는 영역

풀이 수평작업영역의 구분
(1) 최대작업역(최대영역, maximum area)
  ㉠ 팔 전체가 수평상에 도달할 수 있는 작업영역
  ㉡ 어깨로부터 팔을 뻗어 도달할 수 있는 최대영역
  ㉢ 아래팔(전완)과 위팔(상완)을 곧게 펴서 파악할 수 있는 영역
  ㉣ 움직이지 않고 상지를 뻗어서 닿는 범위
(2) 정상작업역(표준영역, normal area)
  ㉠ 상박부를 자연스런 위치에서 몸통부에 접하고 있을 때에 전박부가 수평면 위에서 쉽게 도착할 수 있는 운동범위
  ㉡ 위팔(상완)을 자연스럽게 수직으로 늘어뜨린 채 아래팔(전완)만으로 편안하게 뻗어 파악할 수 있는 영역
  ㉢ 움직이지 않고 전박과 손으로 조작할 수 있는 범위
  ㉣ 앉은 자세에서 위팔은 몸에 붙이고, 아래팔만 곧게 뻗어 닿는 범위
  ㉤ 약 34~45cm의 범위

13 미국정부산업위생전문가협의회(ACGIH)에서 권고하고 있는 허용농도 적용상의 주의사항이 아닌 것은?
① 대기오염 평가 및 관리에 적용하지 않도록 한다.
② 독성의 강도를 비교할 수 있는 지표로 사용하지 않도록 한다.
③ 안전농도와 위험농도를 정확히 구분하는 경계선으로 이용하지 않도록 한다.
④ 산업장의 유해조건을 평가하기 위한 지침으로 사용하지 않도록 한다.

풀이 ACGIH(미국정부산업위생전문가협의회)에서 권고하고 있는 허용농도(TLV) 적용상 주의사항
㉠ 대기오염평가 및 지표(관리)에 사용할 수 없다.
㉡ 24시간 노출 또는 정상작업시간을 초과한 노출에 대한 독성 평가에는 적용할 수 없다.
㉢ 기존의 질병이나 신체적 조건을 판단(증명 또는 반증 자료)하기 위한 척도로 사용될 수 없다.
㉣ 작업조건이 다른 나라에서 ACGIH-TLV를 그대로 사용할 수 없다.
㉤ 안전농도와 위험농도를 정확히 구분하는 경계선이 아니다.
㉥ 독성의 강도를 비교할 수 있는 지표는 아니다.
㉦ 반드시 산업보건(위생)전문가에 의하여 설명(해석), 적용되어야 한다.
㉧ 피부로 흡수되는 양은 고려하지 않은 기준이다.
㉨ 산업장의 유해조건을 평가하기 위한 지침이며, 건강장애를 예방하기 위한 지침이다.

14 상시근로자수가 40명인 A사업장에서 연간 4일 이상의 휴업재해가 15건이 발생하였다면, 이 사업장의 도수율은 약 얼마인가? (단, 근로자는 1일 8시간씩, 연간 300일을 근무하였다.)
① 0.13
② 15.6
③ 65.1
④ 156.25

풀이
$$\text{도수율} = \frac{\text{재해발생건수}}{\text{연근로시간수}} \times 10^6$$
$$= \frac{15}{8 \times 300 \times 40} \times 10^6 = 156.25$$

정답 11.④ 12.④ 13.④ 14.④

15 산업안전보건법상 유기화합물의 설비 특례에 따라 사업주는 전체환기장치가 설치된 유기화합물 취급작업장으로서 밀폐설비 또는 국소배기장치를 설치하지 않을 수 있다. 다음 중 이에 해당되지 않는 경우는?
① 유기화합물의 노출기준이 100ppm 이상인 경우
② 유기화합물의 발생량이 대체로 균일한 경우
③ 동일 작업장에 다수의 오염원이 분산되어 있는 경우
④ 오염원이 고정된 경우

풀이 산업안전보건기준에 관한 규칙상 유기화합물의 설비 특례에 따라 밀폐설비 또는 국소배기장치를 설치하지 않을 수 있는 경우
㉠ 유기화합물의 노출기준이 100ppm 이상인 경우
㉡ 유기화합물의 발생량이 대체로 균일한 경우
㉢ 동일 작업장에 다수의 오염원이 분산되어 있는 경우
㉣ 오염원이 이동성인 경우

16 심리학적 적성검사에 해당하는 것은?
① 지각동작검사 ② 감각기능검사
③ 심폐기능검사 ④ 체력검사

풀이 적성검사의 분류
(1) 심리학적 적성검사
  ㉠ 지능검사
  ㉡ 지각동작검사
  ㉢ 인성검사
  ㉣ 기능검사
(2) 생리학적 적성검사(생리적 기능검사)
  ㉠ 감각기능검사
  ㉡ 심폐기능검사
  ㉢ 체력검사

17 다음 중 교대근무에 있어 야간 작업의 생리적 현상으로 틀린 것은?
① 체중의 감소가 발생한다.
② 체온이 주간보다 올라간다.
③ 주간 수면의 효율이 좋지 않다.
④ 주간 근무에 비하여 피로가 쉽게 온다.

풀이 야간 작업 시 체온상승은 주간 작업 시보다 낮다.

18 미국산업위생학술원(AAIH)이 채택한 윤리강령 중 기업주와 고객에 대한 책임에 해당하는 내용은?
① 성실성과 학문적 실력 면에서 최고수준을 유지한다.
② 위험요소와 예방조치에 관하여 근로자와 상담한다.
③ 궁극적 책임은 기업주와 고객보다 근로자의 건강보호에 있다.
④ 일반대중에 관한 사항은 정직하게 발표한다.

풀이 기업주와 고객에 대한 책임
㉠ 결과 및 결론을 뒷받침할 수 있도록 정확한 기록을 유지하고, 산업위생 사업을 전문가답게 전문 부서들을 운영·관리한다.
㉡ 기업주와 고객보다는 근로자의 건강보호에 궁극적 책임을 두어 행동한다.
㉢ 쾌적한 작업환경을 조성하기 위하여 산업위생의 이론을 적용하고 책임감 있게 행동한다.
㉣ 신뢰를 바탕으로 정직하게 권고하고 성실한 자세로 충고하며, 결과와 개선점 및 권고사항을 정확히 보고한다.

19 다음 중 영상표시단말기(VDT) 취급 근로자의 작업자세로 적절하지 않은 것은?
① 팔꿈치의 내각은 90° 이상이 되도록 한다.
② 근로자의 발바닥 전면이 바닥면에 닿는 자세를 기본으로 한다.
③ 무릎의 내각(knee angle)은 90° 전후가 되도록 한다.
④ 근로자의 시선은 수평선상으로부터 10~15° 위로 가도록 한다.

풀이 작업자의 시선은 수평선상으로부터 아래로 10~15° 이내가 좋고 화면을 향하는 눈의 높이는 화면보다 약간 높은 것이 좋다.

정답 15.④ 16.① 17.② 18.③ 19.④

20 다음 중 산업안전보건법상 보건관리자가 수행하여야 할 직무에 해당하지 않는 것은?

① 해당 사업장 안전교육계획의 수립 및 실시
② 건강장애를 예방하기 위한 작업관리
③ 물질안전보건자료의 게시 또는 비치
④ 직업성 질환 발생의 원인조사 및 대책 수립

풀이 보건관리자의 업무
㉠ 산업안전보건위원회 또는 노사협의체에서 심의·의결한 업무와 안전보건관리규정 및 취업규칙에서 정한 업무
㉡ 안전인증대상 기계 등과 자율안전확인대상 기계 등 중 보건과 관련된 보호구(保護具) 구입 시 적격품 선정에 관한 보좌 및 지도·조언
㉢ 위험성평가에 관한 보좌 및 지도·조언
㉣ 작성된 물질안전보건자료의 게시 또는 비치에 관한 보좌 및 지도·조언
㉤ 산업보건의의 직무
㉥ 해당 사업장 보건교육계획의 수립 및 보건교육 실시에 관한 보좌 및 지도·조언
㉦ 해당 사업장의 근로자를 보호하기 위한 다음의 조치에 해당하는 의료행위
ⓐ 자주 발생하는 가벼운 부상에 대한 치료
ⓑ 응급처치가 필요한 사람에 대한 처치
ⓒ 부상·질병의 악화를 방지하기 위한 처치
ⓓ 건강진단 결과 발견된 질병자의 요양 지도 및 관리
ⓔ ⓐ부터 ⓓ까지의 의료행위에 따르는 의약품의 투여
㉧ 작업장 내에서 사용되는 전체 환기장치 및 국소배기장치 등에 관한 설비의 점검과 작업방법의 공학적 개선에 관한 보좌 및 지도·조언
㉨ 사업장 순회점검, 지도 및 조치 건의
㉩ 산업재해 발생의 원인 조사·분석 및 재발 방지를 위한 기술적 보좌 및 지도·조언
㉪ 산업재해에 관한 통계의 유지·관리·분석을 위한 보좌 및 지도·조언
㉫ 법 또는 법에 따른 명령으로 정한 보건에 관한 사항의 이행에 관한 보좌 및 지도·조언
㉬ 업무 수행 내용의 기록·유지.
㉭ 그 밖에 보건과 관련된 작업관리 및 작업환경관리에 관한 사항으로서 고용노동부장관이 정하는 사항

제2과목 | 작업위생 측정 및 평가

21 흡광광도계에서 빛의 강도가 I_o인 단색광이 어떤 시료용액을 통과할 때 그 빛의 30%가 흡수될 경우, 흡광도는?

① 약 0.30 ② 약 0.24
③ 약 0.16 ④ 약 0.12

풀이 흡광도 $A = \log \dfrac{1}{투과율} = \log \dfrac{1}{(1-0.3)} = 0.155$

22 코크스 제조공정에서 발생되는 코크스 오븐 배출물질을 채취하려고 한다. 다음 중 가장 적합한 여과지는?

① 은막 여과지
② PVC막 여과지
③ 유리섬유 여과지
④ PTFE막 여과지

풀이 은막 여과지(silver membrane filter)
㉠ 균일한 금속은을 소결하여 만들며 열적·화학적 안정성이 있다.
㉡ 코크스 제조공정에서 발생되는 코크스 오븐 배출물질, 콜타르피치 휘발물질, X선 회절분석법을 적용하는 석영 또는 다핵방향족탄화수소 등을 채취하는 데 사용한다.
㉢ 결합제나 섬유가 포함되어 있지 않다.

23 누적소음노출량(D, %)을 적용하여 시간가중평균소음수준[TWA, dB(A)]을 산출하는 공식으로 옳은 것은?

① $\text{TWA} = 16.61 \log\left(\dfrac{D}{100}\right) + 80$
② $\text{TWA} = 19.81 \log\left(\dfrac{D}{100}\right) + 80$
③ $\text{TWA} = 16.61 \log\left(\dfrac{D}{100}\right) + 90$
④ $\text{TWA} = 19.81 \log\left(\dfrac{D}{100}\right) + 90$

정답 20.① 21.③ 22.① 23.③

풀이
$$TWA = 16.61 \log\left[\frac{D(\%)}{100}\right] + 90[dB(A)]$$
여기서, TWA : 시간가중평균소음수준[dB(A)]
D : 누적소음폭로량(%)
$100 = 12.5 \times T\,(T = $노출시간$)$

24 통계집단의 측정값들에 대한 균일성, 정밀성 정도를 표현하는 것으로 평균값에 대한 표준편차의 크기를 백분율로 나타낸 수치는?

① 신뢰한계도 ② 표준분산도
③ 변이계수 ④ 편차분산율

풀이 변이계수(CV)
$$CV(\%) = \frac{표준편차}{평균치} \times 100$$

25 다음은 소음측정방법에 관한 내용이다. ( ) 안에 맞는 내용은? (단, 고시 기준)

> 소음이 1초 이상의 간격을 유지하면서 최대음압수준이 ( ) 이상인 소음의 경우에는 소음수준에 따른 1분 동안의 발생횟수를 측정할 것

① 110dB(A) ② 120dB(A)
③ 130dB(A) ④ 140dB(A)

풀이 소음이 1초 이상의 간격을 유지하면서 최대음압수준이 120dB(A) 이상인 소음(충격소음)의 경우에는 소음수준에 따른 1분 동안의 발생횟수를 측정하여야 한다.

26 입자상 물질의 크기 표시 중 실제 크기 직경을 나타내며 입자의 면적을 이등분하는 직경으로, 과소평가의 위험성이 있는 것은?

① 페렛 직경 ② 스토크스 직경
③ 마틴 직경 ④ 등면적 직경

풀이 기하학적(물리적) 직경
(1) 마틴 직경(Martin diameter)
  ㉠ 먼지의 면적을 2등분하는 선의 길이로 선의 방향은 항상 일정하여야 한다.
  ㉡ 과소평가할 수 있는 단점이 있다.

㉢ 입자의 2차원 투영상을 구하여 그 투영면적을 2등분한 선분 중 어떤 기준선과 평행인 것의 길이(입자의 무게중심을 통과하는 외부 경계면에 접하는 이론적인 길이)를 직경으로 사용하는 방법이다.
(2) 페렛 직경(Feret diameter)
  ㉠ 먼지의 한쪽 끝 가장자리와 다른 쪽 가장자리 사이의 거리이다.
  ㉡ 과대평가될 가능성이 있는 입자상 물질의 직경이다.
(3) 등면적 직경(projected area diameter)
  ㉠ 먼지의 면적과 동일한 면적을 가진 원의 직경으로 가장 정확한 직경이다.
  ㉡ 측정은 현미경 접안경에 porton reticle을 삽입하여 측정한다.
  즉, $D = \sqrt{2^n}$
  여기서, D : 입자 직경(μm)
  n : porton reticle에서 원의 번호

27 작업환경측정의 단위표시로 옳지 않은 것은? (단, 고시 기준)

① 석면 농도 : 개/m³
② 소음 : dB(A)
③ 고열(복사열 포함) : 습구흑구온도지수를 구하여 ℃로 표시
④ 가스, 증기, 분진, 미스트 등의 농도 : mg/m³ 또는 ppm

풀이 석면 농도의 단위는 개/cm³이다.

28 유량, 측정시간, 회수율, 분석에 의한 오차가 각각 10%, 5%, 10%, 5%일 때의 누적오차와 유량에 의한 오차를 5%로 감소(측정시간, 회수율, 분석에 의한 오차율은 변화 없음)시켰을 때 누적오차와의 차이는?

① 약 1.8% ② 약 2.6%
③ 약 3.4% ④ 약 4.2%

풀이
• 누적오차(E_c)
$$E_c = \sqrt{10^2 + 5^2 + 10^2 + 5^2} = 15.81\%$$
• 누적오차(E_c) : 유량오차 5% 감소 적용
$$E_c = \sqrt{5^2 + 5^2 + 10^2 + 5^2} = 13.23\%$$
∴ 누적오차 차이 = 15.81 − 13.23 = 2.58%

정답 24.③ 25.② 26.③ 27.① 28.②

29 금속가공작업장에서 펀칭기의 소음이 88dB(A), 프레스기의 소음이 93dB(A)이 발생할 때 두 소음의 합성음은?

① 93.6dB(A) ② 94.2dB(A)
③ 95.6dB(A) ④ 96.2dB(A)

풀이 합성소음도 $L_P = 10\log(10^{8.8} + 10^{9.3})$
$= 94.19\text{dB(A)}$

30 직경이 5μm, 비중이 1.8인 A물질의 침강속도는?

① 0.115cm/sec ② 0.135cm/sec
③ 0.245cm/sec ④ 0.275cm/sec

풀이 침강속도(Lippmann 식)
$V(\text{cm/sec}) = 0.003 \times \rho \times d^2$
$= 0.003 \times 1.8 \times 5^2$
$= 0.135 \text{cm/sec}$

31 브롬화비닐(vinyl bromide)을 사용하는 작업장의 예상농도가 0.44mg/m³이다. 채취하여야 할 최소한의 시간은 얼마인가? (단, 정량한계(LOQ)의 하한치가 7.8μg이고 시료채취펌프의 유량은 0.2L/min이다.)

① 66min ② 89min
③ 124min ④ 163min

풀이 정량한계를 기준으로 최소한으로 채취해야 하는 양이 결정되므로

$\dfrac{\text{LOQ}}{\text{예상농도}} = \dfrac{7.8\mu\text{g} \times (10^{-3}\text{mg}/\mu\text{g})}{0.44\text{mg/m}^3}$
$= 0.01773\text{m}^3 \times (1,000\text{L/m}^3) = 17.73\text{L}$

∴ 채취 최소시간 = $\dfrac{17.73\text{L}}{0.2\text{L/min}} = 88.64\text{min}$

32 50% 벤젠, 20% 아세톤 그리고 30% 톨루엔의 중량비로 조성된 용제가 증발되어 작업환경을 오염시키고 있다. 이때 각각의 TLV가 30mg/m³, 1,780mg/m³ 및 375mg/m³라면 이 작업장의 혼합물의 허용농도는? (단, 상가작용 기준)

① 37.2mg/m³
② 49.6mg/m³
③ 56.9mg/m³
④ 62.8mg/m³

풀이 혼합물의 허용농도(mg/m³)
$= \dfrac{1}{\dfrac{0.5}{30} + \dfrac{0.2}{1,780} + \dfrac{0.3}{375}} = 56.89\text{mg/m}^3$

33 옥외(태양광선이 내리쬐는 장소)의 습구흑구온도지수(WBGT) 산출식은?

① (0.7×자연습구온도)+(0.2×건구온도)
　+(0.1×흑구온도)
② (0.7×자연습구온도)+(0.2×흑구온도)
　+(0.1×건구온도)
③ (0.5×자연습구온도)+(0.3×건구온도)
　+(0.2×흑구온도)
④ (0.5×자연습구온도)+(0.3×흑구온도)
　+(0.2×건구온도)

풀이 습구흑구온도지수(WBGT)의 산출식
㉠ 옥외(태양광선이 내리쬐는 장소)
　WBGT(℃)=0.7×자연습구온도+0.2×흑구온도
　　　　　+0.1×건구온도
㉡ 옥내 또는 옥외(태양광선이 내리쬐지 않는 장소)
　WBGT(℃)=0.7×자연습구온도+0.3×흑구온도

34 3,000mL의 0.002M의 황산용액을 만들려고 한다. 5M 황산을 이용할 경우 몇 mL가 필요한가?

① 0.6 ② 1.2
③ 1.8 ④ 2.4

풀이 $NV = N'V'$

$\dfrac{0.002\text{mol}}{\text{L}} \times \dfrac{98\text{g}}{1\text{mol}} \times \dfrac{\text{leq}}{\left(\dfrac{98}{2}\right)\text{g}} \times 3,000\text{mL} \times \dfrac{1\text{L}}{1,000\text{mL}}$

$= \dfrac{5\text{mol}}{\text{L}} \times \dfrac{98\text{g}}{1\text{mol}} \times \dfrac{\text{leq}}{\left(\dfrac{98}{2}\right)\text{g}} \times V'(\text{mL}) \times \dfrac{1\text{L}}{1,000\text{mL}}$

∴ $V' = 1.2\text{mL}$

정답 29.② 30.② 31.② 32.③ 33.② 34.②

35 한 소음원에서 발생되는 음압실효치의 크기가 0.2N/m²인 경우 음압수준(sound pressure level)은?

① 80dB ② 90dB
③ 100dB ④ 110dB

풀이 음압수준(SPL)
$$SPL = 20\log\frac{P}{P_o} = 20\log\frac{0.2}{(2\times10^{-5})} = 80dB$$

36 어느 작업장 내의 공기 중 톨루엔(toluene)을 가스크로마토그래피법으로 농도를 구한 결과 65.0mg/m³이었다면 ppm 농도는? (단, 25℃, 1기압 기준, 톨루엔(toluene)의 분자량 : 92.14)

① 17.3ppm ② 37.3ppm
③ 122.4ppm ④ 246.4ppm

풀이 농도(ppm) $= 65.0mg/m^3 \times \frac{24.45}{92.14} = 17.25ppm$

37 일산화탄소 1m³가 100,000m³의 밀폐된 차고에 방출되었다면 이때 차고 내 공기 중 일산화탄소의 농도(ppm)는? (단, 방출 전 차고 내 일산화탄소농도는 무시함)

① 0.1 ② 1.0
③ 10 ④ 100

풀이 농도(ppm) $= \frac{분석질량}{부피}$
$= \frac{1m^3}{100,000m^3} \times 10^6 = 10ppm$

38 작업환경측정 시 활성탄관에 흡착된 유기용제 물질(할로겐화 탄화수소류) 탈착에 일반적으로 사용되는 탈착용매는?

① CS_2
② C_6H_6
③ H_2O
④ CH_2OH

풀이 용매 탈착
㉠ 탈착용매는 비극성 물질에는 이황화탄소(CS_2)를 사용하고, 극성 물질에는 이황화탄소와 다른 용매를 혼합하여 사용한다.
㉡ 활성탄에 흡착된 증기(유기용제-방향족탄화수소)를 탈착시키는 데 일반적으로 사용되는 용매는 이황화탄소이다.
㉢ 용매로 사용되는 이황화탄소의 단점
독성 및 인화성이 크며 작업이 번잡하다. 특히 심혈관계와 신경계에 독성이 매우 크고 취급 시 주의를 요하며, 전처리 및 분석하는 장소의 환기에 유의하여야 한다.
㉣ 용매로 사용되는 이황화탄소의 장점
탈착효율이 좋고 가스크로마토그래피의 불꽃이온화검출기에서 반응성이 낮아 피크의 크기가 작게 나오므로 분석 시 유리하다.

39 측정기구 보정을 위한 2차 표준기구에 해당되는 것은?

① 오리피스미터
② 유리피스톤미터
③ 폐활량계
④ 가스치환병

풀이 공기채취기구의 보정에 사용되는 2차 표준기구의 종류

표준기구	일반 사용범위	정확도
로터미터(rotameter)	1mL/분 이하	±1~25%
습식 테스트미터 (wet-test-meter)	0.5~230L/분	±0.5% 이내
건식 가스미터 (dry-gas-meter)	10~150L/분	±1% 이내
오리피스미터 (orifice meter)	-	±0.5% 이내
열선기류계 (thermo anemometer)	0.05~40.6m/초	±0.1~0.2%

40 알고 있는 공기 중에서 농도를 만드는 방법인 dynamic method의 장점으로 틀린 것은?

① 만들기가 간단하고 가격이 저렴하다.
② 소량의 누출이나 벽면에 의한 손실은 무시한다.
③ 가스, 증기, 에어로졸 실험도 가능하다.
④ 다양한 농도범위에서 제조가 가능하다.

정답 35.① 36.① 37.③ 38.① 39.① 40.①

풀이 dynamic method
㉠ 희석공기와 오염물질을 연속적으로 흘려주어 일정한 농도를 유지하면서 만드는 방법이다.
㉡ 알고 있는 공기 중 농도를 만드는 방법이다.
㉢ 농도변화를 줄 수 있고 온도·습도 조절이 가능하다.
㉣ 제조가 어렵고 비용도 많이 든다.
㉤ 다양한 농도범위에서 제조가 가능하다.
㉥ 가스, 증기, 에어로졸 실험도 가능하다.
㉦ 소량의 누출이나 벽면에 의한 손실은 무시할 수 있다.
㉧ 지속적인 모니터링이 필요하다.
㉨ 매우 일정한 농도를 유지하기가 곤란하다.

제3과목 | 작업환경 관리대책

41 A물질의 증기압이 70mmHg이라면 이때 포화증기 농도는 몇 %인가? (단, 표준상태 기준)

① 1.2 ② 3.2
③ 5.2 ④ 9.2

풀이 포화증기 농도(%) = $\dfrac{\text{증기압(분압)}}{760} \times 10^2$

$= \dfrac{70}{760} \times 10^2 = 9.21\%$

42 원심력 송풍기 중 후향 날개형 송풍기에 관한 설명으로 옳지 않은 것은?

① 분진 농도가 낮은 공기나 고농도 분진 함유 공기를 이송시킬 경우, 집진기 후단에 설치한다.
② 송풍량이 증가하면 동력도 증가하므로 한계부하 송풍기라고도 한다.
③ 회전날개가 회전방향 반대편으로 경사지게 설계되어 있어 충분한 압력을 발생시킨다.
④ 고농도 분진 함유 공기를 이송시킬 경우 회전날개 뒷면에 퇴적되어 효율이 떨어진다.

풀이 후향 날개형 송풍기(터보 송풍기)는 송풍량이 증가해도 동력이 증가하지 않는 장점을 가지고 있어 한계부하 송풍기라고도 한다.

43 처리가스량 $10^6 Nm^3/hr$의 배기가스를 집진장치로 처리하는 경우 송풍기의 소요동력은? (단, 송풍기의 유효전압은 110mmH$_2$O로 하고, 송풍기의 효율은 80%로 한다.)

① 약 345kW ② 약 355kW
③ 약 365kW ④ 약 375kW

풀이 송풍기의 소요동력(kW)

$kW = \dfrac{Q \times \Delta P}{6{,}120 \times \eta} \times \alpha$

$Q = 10^6 Nm^3/hr \times hr/60\min = 16666.67 m^3/\min$

∴ 송풍기의 소요동력 $= \dfrac{16666.67 \times 110}{6{,}120 \times 0.8} \times 1.0$

$= 374.46 kW$

44 공기 중에 100,000ppm의 사염화에틸렌이 존재하고 있다면 사염화에틸렌과 공기 혼합물의 유효비중은? (단, 사염화에틸렌 비중은 5.7, 공기 비중은 1.0이다.)

① 1.07 ② 1.14
③ 1.21 ④ 1.47

풀이 유효비중 $= \dfrac{(100{,}000 \times 5.7) + (900{,}000 \times 1.0)}{1{,}000{,}000} = 1.47$

45 어느 유체관을 흐르는 유체의 양은 220m^3/min이고 단면적이 0.5m^{2}일 때 속도압(mmH$_2$O)은? (단, 유체의 밀도는 1.21kg/m^{3}이다.)

① 약 5.9 ② 약 4.6
③ 약 3.3 ④ 약 2.1

풀이 속도압(VP)

$VP(mmH_2O) = \dfrac{\gamma V^2}{2g}$

• $V = \dfrac{Q}{A} = \dfrac{220 m^3/\min}{0.5 m^2}$

$= 440 m/\min \times \min/60 sec = 7.33 m/sec$

∴ $VP = \dfrac{1.21 \times 7.33^2}{2 \times 9.8} = 3.32 mmH_2O$

46 작업환경관리의 원칙 중 대치에 관한 내용으로 가장 거리가 먼 것은?

① 단열재 유리섬유를 암면 또는 스티로폼 등으로 한다.
② 성냥 제조 시에 황린 대신에 적린을 사용한다.
③ 분체입자를 큰 입자로 대치한다.
④ 금속을 두드려서 자르는 대신 톱으로 자른다.

[풀이] 단열재(보온재)로서 사용되는 석면을 유리섬유나 암면으로 전환한다.

47 작업장의 체적이 2,000m³이고 공기공급 전 작업장의 에틸벤젠 농도는 300ppm이었다. 70m³/min의 작업장 밖의 공기를 내부로 유입시켜 작업장의 에틸벤젠 농도를 노출기준인 100ppm까지 감소시키는 데 소요되는 시간은? (단, 유입공기 중 에틸벤젠의 농도는 0ppm이다.)

① 약 27.3분
② 약 29.7분
③ 약 31.4분
④ 약 33.8분

[풀이]
$$\text{감소 소요시간(min)} = -\frac{V}{Q'} \ln\left(\frac{C_2}{C_1}\right)$$
$$= -\frac{2,000}{70} \ln\left(\frac{100}{300}\right)$$
$$= 31.39 \text{min}$$

48 후드로부터 0.25m 떨어진 곳에 있는 공정에서 발생되는 먼지를 제어속도는 5m/sec, 후드 직경 0.4m인 원형 후드를 이용하여 제거하고자 한다. 이때 필요한 환기량(m³/min)은? (단, 플랜지 등 기타 조건은 고려하지 않는다.)

① 225   ② 255
③ 275   ④ 295

[풀이] 필요한기량(Q)
$$Q(\text{m}^3/\text{min}) = 60 \times V_c(10X^2 + A)$$
$$\cdot A = \frac{\pi D^2}{4} = \frac{3.14 \times 0.4^2}{4} = 0.126 \text{m}^2$$
$$= 60 \times 5[(10 \times 0.25^2) + 0.126]$$
$$= 225.3 \text{m}^3/\text{min}$$

49 사이클론 설계 시에 블로다운 시스템(blow-down system)을 설치하면 집진효율을 증가시킬 수 있다. 일반적으로 블로다운 시스템에 적용되는 가스량은?

① 처리가스량의 1~5%
② 처리가스량의 5~10%
③ 처리가스량의 10~15%
④ 처리가스량의 15~20%

[풀이] 블로다운(blow-down)
(1) 정의
사이클론의 집진효율을 향상시키기 위한 하나의 방법으로서 더스트박스 또는 호퍼부에서 처리가스의 5~10%를 흡인하여 선회기류의 교란을 방지하는 운전방식이다.
(2) 효과
㉠ 사이클론 내의 난류현상을 억제시킴으로써 집진된 먼지의 비산을 방지(유효원심력 증대)한다.
㉡ 집진효율을 증대시킨다.
㉢ 장치 내부의 먼지 퇴적을 억제하여 장치의 폐쇄현상을 방지(가교현상 방지)한다.

50 금속을 가공하는 음압수준이 99dB(A)인 공정에서 NRR이 17인 귀마개를 착용한다면 차음효과는? (단, OSHA에서 차음효과를 예측하는 방법을 적용한다.)

① 5dB(A)
② 10dB(A)
③ 15dB(A)
④ 20dB(A)

[풀이] 차음효과 = (NRR-7) × 50%
= (17-7) × 0.5 = 5dB(A)

[정답] 46.① 47.③ 48.① 49.② 50.①

51 개구면적이 0.5m²인 외부식 장방형 후드가 자유공간에 설치되어 포촉점까지의 거리가 0.4m, 제어속도는 0.25m/sec일 때의 필요송풍량과 이 후드를 테이블상에 설치하였을 경우의 필요송풍량과의 차이는?

① 8m³/min 감소　② 12m³/min 감소
③ 16m³/min 감소　④ 20m³/min 감소

풀이
- 자유공간, 플랜지 미부착
$$Q(m^3/min) = 60 \times V_c(10X^2 + A)$$
$$= 60 \times 0.25[(10 \times 0.4^2) + 0.5]$$
$$= 31.5 \, m^3/min$$
- 테이블상, 플랜지 미부착
$$Q(m^3/min) = 60 \times V_c(5X^2 + A)$$
$$= 60 \times 0.25[(5 \times 0.4^2) + 0.5]$$
$$= 19.5 \, m^3/min$$
∴ 차이 = 31.5 − 19.5 = 12m³/min

52 덕트의 설치 원칙으로 틀린 것은?

① 덕트는 가능한 한 짧게 배치하도록 한다.
② 밴드의 수는 가능한 한 적게 하도록 한다.
③ 가능한 한 후드의 가까운 곳에 설치한다.
④ 공기흐름이 원활하도록 상향구배로 만든다.

풀이 덕트 설치기준(설치 시 고려사항)
㉠ 가능한 한 길이는 짧게 하고 굴곡부의 수는 적게 한다.
㉡ 접속부의 내면은 돌출된 부분이 없도록 한다.
㉢ 청소구를 설치하는 등 청소하기 쉬운 구조로 한다.
㉣ 덕트 내 오염물질이 쌓이지 아니하도록 이송속도를 유지한다.
㉤ 연결부위 등은 외부공기가 들어오지 아니하도록 한다(연결방법은 가능한 한 용접할 것).
㉥ 가능한 후드의 가까운 곳에 설치한다.
㉦ 송풍기를 연결할 때는 최소 덕트 직경의 6배 정도 직선구간을 확보한다.
㉧ 직관은 하향구배로 하고 직경이 다른 덕트를 연결할 때에는 경사 30° 이내의 테이퍼를 부착한다.
㉨ 원형 덕트가 사각형 덕트보다 덕트 내 유속분포가 균일하므로 가급적 원형 덕트를 사용하며, 부득이 사각형 덕트를 사용할 경우에는 가능한 정방형을 사용하고 곡관의 수를 적게 한다.
㉩ 곡관의 곡률반경은 최소 덕트 직경의 1.5 이상, 주로 2.0을 사용한다.
㉪ 수분이 응축될 경우 덕트 내로 들어가지 않도록 경사나 배수구를 마련한다.
㉫ 덕트의 마찰계수는 작게 하고, 분지관을 가급적 적게 한다.

53 강제환기를 실시할 때 환기효과를 제고하기 위해 따르는 원칙으로 옳지 않은 것은?

① 공기 배출구와 근로자의 작업위치 사이에 오염원이 위치하여야 한다.
② 오염물질 배출구는 가능한 한 오염원으로부터 가까운 곳에 설치하여 '점환기' 현상을 방지한다.
③ 배출공기를 보충하기 위하여 청정공기를 공급한다.
④ 오염원 주위에 다른 작업공정이 있으면 공기 배출량을 공급량보다 약간 크게 해서 음압을 형성하여 주위 근로자에게 오염물질이 확산되지 않도록 한다.

풀이 전체환기(강제환기)시설 설치 기본원칙
㉠ 오염물질 사용량을 조사하여 필요환기량을 계산한다.
㉡ 배출공기를 보충하기 위하여 청정공기를 공급한다.
㉢ 오염물질 배출구는 가능한 한 오염원으로부터 가까운 곳에 설치하여 '점환기'의 효과를 얻는다.
㉣ 공기 배출구와 근로자의 작업위치 사이에 오염원이 위치해야 한다.
㉤ 공기가 배출되면서 오염장소를 통과하도록 공기 배출구와 유입구의 위치를 선정한다.
㉥ 작업장 내 압력은 경우에 따라서 양압이나 음압으로 조정해야 한다(오염원 주위에 다른 작업공정이 있으면 공기 공급량을 배출량보다 작게 하여 음압을 형성시켜 주위 근로자에게 오염물질이 확산되지 않도록 한다).
㉦ 배출된 공기가 재유입되지 못하게 배출구 높이를 적절히 설계하고 창문이나 문 근처에 위치하지 않도록 한다.
㉧ 오염된 공기는 작업자가 호흡하기 전에 충분히 희석되어야 한다.
㉨ 오염물질 발생은 가능하면 비교적 일정한 속도로 유출되도록 조정해야 한다.

정답 51.② 52.④ 53.②

54 어떤 공장에서 1시간에 4L의 벤젠이 증발되어 공기를 오염시키고 있다. 전체환기를 위한 필요환기량(m^3/sec)은? (단, 안전계수 =6, 분자량=78, 벤젠 비중=0.879, 노출기준=10ppm, 21℃, 1기압 기준)

① 약 82   ② 약 91
③ 약 146 ④ 약 181

[풀이]
- 사용량(g/hr)
  $4L/hr \times 0.879g/mL \times 1{,}000mL/L = 3{,}516g/hr$
- 발생률(G, L/hr)
  $78g : 24.1L = 3{,}516g/hr : G$
  $G = \dfrac{24.1L \times 3{,}516g/hr}{78g} = 1{,}086.53L/hr$
- ∴ 필요환기량(Q, m^3/hr)
  $Q = \dfrac{G}{TLV} \times K$
  $= \dfrac{1086.53L/hr \times 1{,}000mL/L}{10mL/m^3} \times 6$
  $= 651{,}812.31m^3/hr \times hr/3{,}600sec$
  $= 181.06 m^3/sec$

55 호흡용 보호구에 관한 설명으로 가장 거리가 먼 것은?

① 방진마스크는 비휘발성 입자에 대한 보호가 가능하다.
② 방독마스크는 공기 중의 산소가 부족하면 사용할 수 없다.
③ 방독마스크는 일시적인 작업 또는 긴급용으로 사용하여야 한다.
④ 방독마스크는 면, 모, 합성섬유 등을 필터로 사용한다.

[풀이] 면, 모, 합성섬유 등을 필터로 사용하는 것은 방진마스크이며, 방독마스크는 정화통이 있다.

56 덕트의 속도압이 20mmH₂O, 후드의 압력손실이 12mmH₂O일 때 후드의 유입계수는?

① 0.82   ② 0.79
③ 0.67   ④ 0.60

[풀이]
후드의 유입계수(Ce) $= \sqrt{\dfrac{1}{1+F}}$
후드의 압력손실(ΔP) $= F \times VP$
$F = \dfrac{\Delta P}{VP} = \dfrac{12}{20} = 0.6$
∴ $Ce = \sqrt{\dfrac{1}{1+0.6}} = 0.79$

57 보호장구의 재질과 적용화학물질에 관한 내용으로 틀린 것은?

① Butyl 고무는 극성 용제에 효과적으로 적용할 수 있다.
② 가죽은 기본적인 찰과상 예방이 되며 용제에는 사용하지 못한다.
③ 천연고무(latex)는 절단 및 찰과상 예방에 좋으며 수용성 용액, 극성 용제에 효과적으로 적용할 수 있다.
④ viton은 구조적으로 강하며 극성 용제에 효과적으로 사용할 수 있다.

[풀이] 보호장구 재질에 따른 적용물질
㉠ Neoprene 고무 : 비극성 용제, 극성 용제 중 알코올, 물, 케톤류 등에 효과적
㉡ 천연고무(latex) : 극성 용제 및 수용성 용액에 효과적(절단 및 찰과상 예방)
㉢ viton : 비극성 용제에 효과적
㉣ 면 : 고체상 물질에 효과적, 용제에는 사용 못함
㉤ 가죽 : 용제에는 사용 못함(기본적인 찰과상 예방)
㉥ Nitrile 고무 : 비극성 용제에 효과적
㉦ Butyl 고무 : 극성 용제(알데히드, 지방족)에 효과적
㉧ Ethylene vinyl alcohol : 대부분의 화학물질을 취급할 경우 효과적

58 관내 유속 1.25m/sec, 관직경 0.1m일 때 레이놀즈 수는? (단, 20℃, 1기압, 동점성계수는 $1.5 \times 10^{-5} m^2$/sec)

① 6,333   ② 7,333
③ 8,333   ④ 9,333

[풀이] 레이놀즈 수(Re)
$Re = \dfrac{V \times D}{\nu} = \dfrac{1.25 \times 0.1}{1.5 \times 10^{-5}} = 8{,}333.33$

정답 54.④ 55.④ 56.② 57.④ 58.③

59 회전차 외경이 600mm인 레이디얼 송풍기의 풍량은 300m³/min, 송풍기 풍압은 60mmH₂O, 축동력은 0.70kW이다. 회전차 외경 1,200mm의 상사인 레이디얼 송풍기가 같은 회전수로 운전된다면 이 송풍기의 풍량은? (단, 모두 표준공기를 취급한다.)

① 600m³/min
② 800m³/min
③ 1,600m³/min
④ 2,400m³/min

[풀이] $\dfrac{Q_2}{Q_1} = \left(\dfrac{D_2}{D_1}\right)^3$ 에서

$Q_2 = Q_1 \times \left(\dfrac{D_2}{D_1}\right)^3 = 300 \times \left(\dfrac{1,200}{600}\right)^3 = 2,400\,\text{m}^3/\text{min}$

60 전기집진장치의 장점으로 옳지 않은 것은?

① 회수가치성이 있는 입자 포집이 가능하다.
② 고온가스를 처리할 수 있다.
③ 넓은 범위의 입경과 분진농도에 집진효율이 높다.
④ 전압변동과 같은 조건변동에 쉽게 적응된다.

[풀이] 전기집진장치의 장단점
(1) 장점
  ㉠ 집진효율이 높다(0.01μm 정도 포집 용이, 99.9% 정도 고집진효율).
  ㉡ 광범위한 온도범위에서 적용이 가능하며, 폭발성 가스의 처리도 가능하다.
  ㉢ 고온의 입자성 물질(500℃ 전후) 처리가 가능하여 보일러와 철강로 등에 설치할 수 있다.
  ㉣ 압력손실이 낮고 대용량의 가스 처리가 가능하며 배출가스의 온도강하가 적다.
  ㉤ 운전 및 유지비가 저렴하다.
  ㉥ 회수가치 입자 포집에 유리하며, 습식 및 건식으로 집진할 수 있다.
  ㉦ 넓은 범위의 입경과 분진농도에 집진효율이 높다.
(2) 단점
  ㉠ 설치비용이 많이 든다.
  ㉡ 설치공간을 많이 차지한다.
  ㉢ 설치된 후에는 운전조건의 변화에 유연성이 적다.
  ㉣ 먼지성상에 따라 전처리시설이 요구된다.
  ㉤ 분진포집에 적용되며, 기체상 물질 제거에는 곤란하다.
  ㉥ 전압변동과 같은 조건변동(부하변동)에 쉽게 적응이 곤란하다.
  ㉦ 가연성 입자의 처리가 곤란하다.

제4과목 | 물리적 유해인자관리

61 다음 중 제2도 동상의 증상으로 맞는 것은?

① 따갑고 가려운 감각이 생긴다.
② 수포를 가진 광범위한 삼출성 염증이 생긴다.
③ 심부조직까지 동결하면 조직의 괴사와 괴저가 일어난다.
④ 혈관이 확장하여 발적이 생긴다.

[풀이] 제2도 동상(수포 형성과 염증)
㉠ 수포성 동상이라고도 한다.
㉡ 물집이 생기거나 피부가 벗겨지는 결빙을 말한다.
㉢ 수포를 가진 광범위한 삼출성 염증이 생긴다.
㉣ 수포에는 혈액이 섞여 있는 경우가 많다.
㉤ 피부는 청남색으로 변하고 큰 수포를 형성하여 궤양, 화농으로 진행한다.

62 다음 중 레이저광의 노출량을 평가하는 데 알아야 할 사항으로 틀린 것은?

① 각막 표면에서의 조사량(J/cm²) 또는 노출량(W/cm²)을 측정한다.
② 레이저광과 같은 직사광과 형광등 또는 백열등과 같은 확산광은 구별하여 사용해야 한다.
③ 레이저광에 대한 눈의 허용량은 그 파장에 따라 수정되어야 한다.
④ 조사량의 서한도는 1cm 구경에 대한 평균치이다.

[풀이] 레이저광 폭로량 평가 시 조사량의 서한도는 1mm 구경에 대한 평균치이다.

정답 59.④ 60.④ 61.② 62.④

63 열경련의 증상과 대책으로 볼 수 없는 것은?
① 수의근의 경련이 발생한다.
② 중추신경계통에 장애가 유발된다.
③ 식염수를 마시게 한다.
④ 과도한 발한이 발생된다.

> **[풀이] 열경련**
> (1) 발생 원인
>   ㉠ 지나친 발한에 의한 수분 및 혈중 염분 손실 시(혈액의 현저한 농축 발생)
>   ㉡ 땀을 많이 흘리고 동시에 염분이 없는 음료수를 많이 마셔서 염분 부족 시
>   ㉢ 전해질의 유실 시
> (2) 증상
>   ㉠ 체온이 정상이거나 약간 상승하고 혈중 Cl⁻ 농도가 현저히 감소한다.
>   ㉡ 낮은 혈중 염분농도와 팔과 다리의 근육경련이 일어난다(수의근 유통성 경련).
>   ㉢ 통증을 수반하는 경련은 주로 작업 시 사용한 근육에서 흔히 발생한다.
>   ㉣ 일시적으로 단백뇨가 나온다.
>   ㉤ 중추신경계통의 장애는 일어나지 않는다.
>   ㉥ 복부와 사지 근육에 강직, 동통이 일어나고 과도한 발한이 발생된다.
>   ㉦ 수의근의 유통성 경련(주로 작업 시 사용한 근육에서 발생)이 일어나기 전에 현기증, 이명, 두통, 구역, 구토 등의 전구증상이 일어난다.
> (3) 치료
>   ㉠ 수분 및 NaCl을 보충한다(생리식염수 0.1% 공급).
>   ㉡ 바람이 잘 통하는 곳에 눕혀 안정시킨다.
>   ㉢ 체열 방출을 촉진시킨다(작업복을 벗어 전도와 복사에 의한 체열 방출).
>   ㉣ 증상이 심하면 생리식염수 1,000~2,000mL를 정맥 주사한다.

64 등청감곡선에 의하면 인간의 청력은 저주파 대역에서 둔감한 반응을 보인다. 따라서 작업현장에서 근로자에게 노출되는 소음을 측정할 경우 저주파 대역을 보정한 청감보정회로를 사용해야 하는데, 이때 적합한 청감보정회로는 무엇인가?
① flat 특성   ② C 특성
③ B 특성   ④ A 특성

> **[풀이] 청감보정회로 중 A 특성과 C 특성의 구분**
> (1) A 특성
>   ㉠ 사람의 청감에 맞춘 것으로 순차적으로 40phon 등청감곡선과 비슷하게 주파수에 따른 반응을 보정하여 측정한 음압수준을 말한다.
>   ㉡ dB(A)로 표시하며, 저주파 대역을 보정한 청감보정회로이다.
> (2) C 특성
>   ㉠ 실제적인 물리적인 음에 가까운 100phon의 등청감곡선과 비슷하게 보정하여 측정한 값이다.
>   ㉡ dB(C)로 표시하며, 평탄 특성을 나타낸다.

65 다음 중 전리방사선과 비전리방사선의 경계가 되는 에너지 강도로 가장 적절한 것은 어느 것인가?
① 약 1,200eV
② 약 120eV
③ 약 12eV
④ 약 1.2eV

> **[풀이] 전리방사선과 비전리방사선의 구분**
> ㉠ 전리방사선과 비전리방사선의 경계가 되는 광자 에너지의 강도는 12eV이다.
> ㉡ 생체에서 이온화시키는 데 필요한 최소에너지는 대체로 12eV가 되고, 그 이하의 에너지를 갖는 방사선을 비이온화방사선, 그 이상 큰 에너지를 갖는 것을 이온화방사선이라 한다.
> ㉢ 방사선을 전리방사선과 비전리방사선으로 분류하는 인자는 이온화하는 성질, 주파수, 파장이다.

66 전리방사선의 단위 중 rem에 대한 설명으로 가장 적절한 것은?
① X선과 γ선의 노출선량, 즉 전기량을 운반하는 선량을 나타낸다.
② 단위시간에 일어나는 방사선의 붕괴율을 의미한다.
③ 조직 또는 물질의 단위질량당 흡수된 에너지를 표시한다.
④ 흡수선량이 생체에 영향을 주는 정도를 표시하는 단위이다.

정답 63.② 64.④ 65.③ 66.④

[풀이] **렘(rem)**
㉠ 전리방사선의 흡수선량이 생체에 영향을 주는 정도로 표시하는 선당량(생체실효선량)의 단위
㉡ 생체에 대한 영향의 정도에 기초를 둔 단위
㉢ Röntgen equivalent man 의미
㉣ 관련식
 rem = rad × RBE
 여기서, rem : 생체실효선량
  rad : 흡수선량
  RBE : 상대적 생물학적 효과비(rad를 기준으로 방사선효과를 상대적으로 나타낸 것)
  • X선, γ선, β입자 ⇨ 1(기준)
  • 열중성자 ⇨ 2.5
  • 느린중성자 ⇨ 5
  • α입자, 양자, 고속중성자 ⇨ 10
㉤ 1rem = 0.01Sv

67 다음 중 감압병의 예방 및 치료에 관한 설명으로 옳은 것은?
① 고압환경에서 작업할 때는 질소를 헬륨으로 대치한 공기를 호흡시키도록 한다.
② 잠수 및 감압 방법에 익숙한 사람을 제외하고는 1분에 20m씩 잠수하는 것이 안전하다.
③ 정상기압보다 1.25기압을 넘지 않는 고압환경에 장시간 노출되었을 때에는 서서히 감압시키도록 한다.
④ 감압병의 증상이 발생하였을 때에는 인공적 산소고압실에 넣어 산소를 공급시키도록 한다.

[풀이] **감압병의 예방 및 치료**
㉠ 고압환경에서의 작업시간을 제한하고 고압실 내의 작업에서는 탄산가스의 분압이 증가하지 않도록 신선한 공기를 송기시킨다.
㉡ 감압이 끝날 무렵에 순수한 산소를 흡입시키면 예방적 효과가 있을 뿐 아니라 감압시간을 25% 가량 단축시킬 수 있다.
㉢ 고압환경에서 작업하는 근로자에게 질소를 헬륨으로 대치한 공기를 호흡시킨다.
㉣ 헬륨-질소 혼합가스는 호흡저항이 적어 심해잠수에 사용한다.
㉤ 일반적으로 1분에 10m 정도씩 잠수하는 것이 안전하다.
㉥ 감압병의 증상 발생 시에는 환자를 곧장 원래의 고압환경상태로 복귀시키거나 인공고압실에 넣어 혈관 및 조직 속에 발생한 질소의 기포를 다시 용해시킨 다음 천천히 감압한다.
㉦ Haldene의 실험근거상 정상기압보다 1.25기압을 넘지 않는 고압환경에는 아무리 오랫동안 폭로되거나 아무리 빨리 감압하더라도 기포를 형성하지 않는다.
㉧ 비만자의 작업을 금지시키고, 순환기에 이상이 있는 사람은 취업 또는 작업을 제한한다.
㉨ 헬륨은 질소보다 확산속도가 크며, 체외로 배출되는 시간이 질소에 비하여 50% 정도밖에 걸리지 않는다.
㉩ 귀 등의 장애를 예방하기 위해서는 압력을 가하는 속도를 분당 0.8kg/cm² 이하가 되도록 한다.

68 자외선 중 소독작용을 비롯하여 비타민 D 형성, 피부의 색소침착 등 생물학적 작용이 강한 Dorno선의 파장으로 옳은 것은?
① 2,000~2,500 Å
② 2,800~3,150 Å
③ 3,000~4,500 Å
④ 4,000~4,800 Å

[풀이] **도르노선(Dorno-ray)**
280(290)~315nm[2,800(2,900)~3,150 Å, 1 Å (angstrom) ; SI 단위로 10^{-10}m]의 파장을 갖는 자외선을 의미하며 인체에 유익한 작용을 하여 건강선(생명선)이라고도 한다. 또한 소독작용, 비타민 D 형성, 피부의 색소침착 등 생물학적 작용이 강하다.

69 A작업장의 음압수준이 100dB(A)이고, 근로자는 귀덮개(NRR=18)를 착용하고 있다. 현장에서 근로자가 노출되는 음압수준은 약 얼마인가? (단, OSHA의 계산방법을 사용한다.)
① 92.5dB(A)   ② 94.5dB(A)
③ 96.5dB(A)   ④ 98.5dB(A)

[풀이] 차음효과 = (NRR−7) × 50% = (18−7) × 0.5 = 5.5dB
∴ 노출되는 음압수준 = 100 − 5.5 = 94.5dB(A)

정답 67.① 68.② 69.②

70 다음 중 진동 발생원에 대한 대책으로 적절하지 않은 것은?

① 진동원의 제거
② 진동방지장갑의 사용
③ 방진재료의 사용
④ 저진동 기계로 교체

풀이 진동방지대책
(1) 발생원 대책
  ㉠ 가진력(기진력, 외력) 감쇠
  ㉡ 불평형력의 평형 유지
  ㉢ 기초중량의 부가 및 경감
  ㉣ 탄성 지지(완충물 등 방진재 사용)
  ㉤ 진동원 제거
  ㉥ 동적 흡진
(2) 전파경로 대책
  ㉠ 진동의 전파경로 차단(방진구)
  ㉡ 거리 감쇠
(3) 수진측 대책
  ㉠ 작업시간 단축 및 교대제 실시
  ㉡ 보건교육 실시
  ㉢ 수진측 탄성 지지 및 강성 변경

71 빛과 밝기의 단위에 관한 설명으로 틀린 것은?

① 반사율은 조도에 대한 휘도의 비로 표시한다.
② 광원으로부터 나오는 빛의 양을 광속이라고 하며 단위는 루멘을 사용한다.
③ 광원으로부터 나오는 빛의 세기를 광도라고 하며 단위는 칸델라를 사용한다.
④ 입사면의 단면적에 대한 광도의 비를 조도라 하며 단위는 촉광을 사용한다.

풀이 럭스(lux) ; 조도
㉠ 1루멘(lumen)의 빛이 1m²의 평면상에 수직으로 비칠 때의 밝기이다.
㉡ 1cd의 점광원으로부터 1m 떨어진 곳에 있는 광선의 수직인 면의 조명도이다.
㉢ 조도는 어떤 면에 들어오는 광속의 양에 비례하고 입사면의 단면적에 반비례한다.
조도$(E) = \dfrac{\text{lumen}}{\text{m}^2}$
㉣ 조도는 입사면의 단면적에 대한 광속의 비를 의미한다.

72 다음 중 소음성 난청에 영향을 미치는 요소의 설명으로 옳지 않은 것은?

① 음압수준은 높을수록 유해하다.
② 저주파음이 고주파음보다 더욱 유해하다.
③ 간헐적 노출이 계속적 노출보다 덜 유해하다.
④ 소음에 노출된 모든 사람이 똑같이 반응하지 않으며, 감수성이 매우 높은 사람이 극소수 존재한다.

풀이 소음성 난청에 영향을 미치는 요소
㉠ 소음 크기
  음압수준이 높을수록 영향이 크다.
㉡ 개인감수성
  소음에 노출된 모든 사람이 똑같이 반응하지 않으며, 감수성이 매우 높은 사람이 극소수 존재한다.
㉢ 소음의 주파수 구성
  고주파음이 저주파음보다 영향이 크다.
㉣ 소음의 발생 특성
  지속적인 소음노출이 단속적인(간헐적인) 소음노출보다 더 큰 장애를 초래한다.

73 소음에 대한 누적노출량계로 3시간 동안 측정한 값이 60%이었다. 이때 측정시간 동안의 소음평균치는 약 얼마인가?

① 85.3dB(A)
② 88.3dB(A)
③ 93.4dB(A)
④ 96.4dB(A)

풀이 시간가중평균소음수준(TWA)
$$\text{TWA} = 16.61\log\left(\dfrac{D(\%)}{100}\right) + 90\text{dB(A)}$$
$$= 16.61\log\left(\dfrac{60}{12.5 \times 3}\right) + 90 = 93.39\text{dB(A)}$$

74 다음 중 저(低)산소상태에서 산소분압의 저하에 의하여 발생되는 질환으로 옳은 것은?

① CO poison
② caisson disease
③ oxygen poison
④ hypoxia

풀이 산소결핍증(hypoxia, 저산소증)
(1) 정의
저산소상태에서 산소분압의 저하, 즉 저기압에 의하여 발생되는 질환이다.
(2) 특징
㉠ 산소결핍에 의한 질식사고가 가스재해 중에서 큰 비중을 차지한다.
㉡ 무경고성이고 급성적, 치명적이기 때문에 많은 희생자를 발생시킬 수 있다. 즉, 단시간 내에 비가역적 파괴현상을 나타낸다.
㉢ 생체 중 최대 산소 소비기관은 뇌신경세포이다.
㉣ 산소결핍에 가장 민감한 조직은 대뇌피질이다.
㉤ 뇌는 산소 소비가 가장 큰 장기로, 중량은 1.4kg에 불과하지만 소비량은 전신의 약 25%에 해당한다.
㉥ 혈액의 총 산소 함량은 혈액 100mL당 산소 20mL 정도이며, 인체 내에서 산소전달 역할을 한다. 즉, 혈액 중 적혈구가 산소전달 역할을 한다.
㉦ 신경조직 1g은 근육조직 1g과 비교하면 약 20배 정도의 산소를 소비한다.
(3) 인체증상
㉠ 산소공급 정지가 2분 이상일 경우 뇌의 활동성이 회복되지 않고 비가역적 파괴가 일어난다.
㉡ 산소농도가 5~6%라면 혼수 또는 호흡이 감소되며, 6~8분 후 심장이 정지된다.

75 감압에 따르는 조직 내 질소 기포 형성량에 영향을 주는 요인인 조직에 용해된 가스량을 결정하는 인자로 가장 적절한 것은?
① 감압속도
② 혈류의 변화 정도
③ 노출 정도와 시간 및 체내 지방량
④ 폐 내의 이산화탄소 농도

풀이 감압 시 조직 내 질소 기포 형성량에 영향을 주는 요인
㉠ 조직에 용해된 가스량
체내 지방량, 고기압 폭로의 정도와 시간으로 결정한다.
㉡ 혈류변화 정도(혈류를 변화시키는 상태)
감압 시 또는 재감압 후에 생기기 쉽고, 연령, 기온, 운동, 공포감, 음주와 관계가 있다.
㉢ 감압속도

76 자유공간에서 소음원과 음압수준의 거리가 2배 증가하면 음압수준은 얼마가 감소하는가?
① 2dB
② 3dB
③ 4dB
④ 6dB

풀이 점음원의 거리 감소=20log2=6dB

77 다음 중 고압환경에서 발생할 수 있는 화학적인 인체작용이 아닌 것은?
① 질소마취작용에 의한 작업력 저하
② 산소중독 증상으로 간질 모양의 경련
③ 이산화탄소 분압 증가에 의한 동통성 관절장애
④ 일산화탄소 중독에 의한 호흡곤란

풀이 고압환경에서의 2차적 가압현상
㉠ 질소가스의 마취작용
㉡ 산소중독
㉢ 이산화탄소의 작용

78 다음 중 전신진동이 생체에 주는 영향에 관한 설명으로 틀린 것은?
① 전신진동의 영향이나 장애는 중추신경계 특히 내분비계통의 만성작용에 관해 잘 알려져 있다.
② 말초혈관이 수축되고 혈압상승, 맥박증가를 보이며 피부 전기저항의 저하도 나타낸다.
③ 산소 소비량은 전신진동으로 증가되고 폐환기도 촉진된다.
④ 두부와 견부는 20~30Hz 진동에 공명하며, 안구는 60~90Hz 진동에 공명한다.

풀이 중추신경계(내분비계통의 만성작용)에 영향을 주는 것은 국소진동이다.

정답 75.③ 76.④ 77.④ 78.①

79 옥외에서의 습구흑구온도지수(WBGT)를 구하는 식으로 옳은 것은? (단, NWT는 자연습구온도, GT는 흑구온도, DT는 건구온도라 한다.)

① WBGT=0.7NWT+0.3GT
② WBGT=0.1NWT+0.7GT+0.2DT
③ WBGT=0.2NWT+0.7GT+0.1DT
④ WBGT=0.7NWT+0.2GT+0.1DT

풀이 습구흑구온도지수(WBGT)의 산출식
㉠ 옥외(태양광선이 내리쬐는 장소)
  WBGT(℃)=0.7×자연습구온도+0.2×흑구온도
    +0.1×건구온도
㉡ 옥내 또는 옥외(태양광선이 내리쬐지 않는 장소)
  WBGT(℃)=0.7×자연습구온도+0.3×흑구온도

80 다음 중 자연조명을 이용할 때 고려해야 할 사항으로 적합하지 않은 것은?

① 북쪽 광선은 일(日) 중 조도의 변동이 작고 균등하여, 눈의 피로가 적게 발생한다.
② 창의 자연채광량은 광원면인 창으로부터의 거리와 창의 대소 및 위치에 따라 달라진다.
③ 보통 조도는 창의 높이를 증가시키는 것보다 창의 크기를 증가시키는 것이 효과적이다.
④ 바닥면적에 대한 유리창의 면적은 보통 $\frac{1}{5} \sim \frac{1}{6}$이 적합하나 실내 각 점의 개각에 따라 달라질 수 있다.

풀이 보통 조도는 창을 크게 하는 것보다 창의 높이를 증가시키는 것이 효과적이다. 즉, 횡으로 긴 창보다 종으로 넓은 창이 채광에 유리하다.

제5과목 | 산업 독성학

81 다음 중 크롬에 관한 설명으로 틀린 것은?

① 6가 크롬은 발암성 물질이다.
② 주로 소변을 통하여 배설된다.
③ 형광등 제조, 치과용 아말감 산업이 원인이 된다.
④ 만성크롬중독인 경우 특별한 치료방법이 없다.

풀이 형광등 제조, 치과용 아말감 산업과 관계있는 중금속은 수은이다.
- 크롬(Cr) 발생원
㉠ 전기도금공장
㉡ 가죽, 피혁 제조
㉢ 염색, 안료 제조
㉣ 방부제, 약품 제조

82 다음 중 카드뮴의 인체 내 축적기관으로만 나열된 것은?

① 뼈, 근육   ② 간, 신장
③ 혈액, 모발 ④ 뇌, 근육

풀이 카드뮴의 인체 내 축적
㉠ 체내에 흡수된 카드뮴은 혈액을 거쳐 2/3(50~75%)는 간과 신장으로 이동하여 축적되고, 일부는 장관벽에 축적된다.
㉡ 반감기는 약 수년에서 30년까지이다.
㉢ 흡수된 카드뮴은 혈장단백질과 결합하여 최종적으로 신장에 축적된다.

83 다음 중 입자의 호흡기계 축적기전이 아닌 것은?

① 충돌   ② 차단
③ 변성   ④ 확산

풀이 입자의 호흡기계 침적(축적)기전
㉠ 충돌(관성충돌, impaction)
㉡ 중력침강(sedimentation)
㉢ 차단(interception)
㉣ 확산(diffusion)
㉤ 정전기(static electricity)

정답 79.④ 80.③ 81.③ 82.② 83.③

84 다음 중 납중독에 대한 치료방법의 일환으로 체내에 축적된 납을 배출하도록 하는 데 사용되는 것은?

① Ca-EDTA ② DMPS
③ atropine ④ 2-PAM

> **풀이** 납중독의 치료
> (1) 급성중독
>   ㉠ 섭취 시 즉시 3% 황산소다용액으로 위세척을 한다.
>   ㉡ Ca-EDTA을 하루에 1~4g 정도 정맥 내 투여한다(5일 이상 투여 금지).
>   ※ Ca-EDTA는 무기성 납으로 인한 중독 시 원활한 체내 배출을 위해 사용하는 배설촉진제이다(단, 배설촉진제는 신장이 나쁜 사람에게는 금지).
> (2) 만성중독
>   ㉠ 배설촉진제인 Ca-EDTA 및 페니실라민(penicillamine)을 투여한다.
>   ㉡ 대중요법으로 진정제, 안정제, 비타민 $B_1 \cdot B_2$를 사용한다.

85 다음 중 화학적 질식성 가스로만 나열된 것은?

① 이산화탄소, 이산화질소
② 메탄, 탄산가스
③ 아황산가스, 암모니아
④ 일산화탄소, 황화수소

> **풀이** 화학적 질식성 가스
> ㉠ 일산화탄소(CO)
> ㉡ 황화수소(H_2S)
> ㉢ 시안화수소(HCN)
> ㉣ 아닐린($C_6H_5NH_2$)

86 다음 중 화기에 의하여 분해되면 유독성의 포스겐이 발생하여 폐수종을 일으킬 수 있는 유기용제는?

① 벤젠
② 크실렌
③ 염화에틸렌
④ 노말헥산

> **풀이** 염화에틸렌
> ㉠ 에틸렌과 염소를 반응시켜 만들며, 물보다 밀도가 크고 불용해성이다.
> ㉡ 약 500℃에서 촉매접촉 또는 알칼리와 반응하면 염화비닐로 전환된다.
> ㉢ 화기에 의해 분해되어 유독성 물질인 포스겐이 발생하며, 폐수종을 유발시킨다.

87 미국정부산업위생전문가협의회(ACGIH)의 노출기준(TLV) 적용에 관한 설명으로 틀린 것은?

① 산업위생전문가에 의해 적용되어야 한다.
② 기존의 질병을 판단하기 위한 척도이다.
③ 독성의 강도를 비교할 수 있는 지표가 아니다.
④ 대기오염의 정도를 판단하는 데 사용해서는 안 된다.

> **풀이** ACGIH(미국정부산업위생전문가협의회)에서 권고하고 있는 허용농도(TLV) 적용상 주의사항
> ㉠ 대기오염평가 및 지표(관리)에 사용할 수 없다.
> ㉡ 24시간 노출 또는 정상작업시간을 초과한 노출에 대한 독성 평가에는 적용할 수 없다.
> ㉢ 기존의 질병이나 신체적 조건을 판단(증명 또는 반증 자료)하기 위한 척도로 사용될 수 없다.
> ㉣ 작업조건이 다른 나라에서 ACGIH-TLV를 그대로 사용할 수 없다.
> ㉤ 안전농도와 위험농도를 정확히 구분하는 경계선이 아니다.
> ㉥ 독성의 강도를 비교할 수 있는 지표는 아니다.
> ㉦ 반드시 산업보건(위생)전문가에 의하여 설명(해석), 적용되어야 한다.
> ㉧ 피부로 흡수되는 양은 고려하지 않은 기준이다.
> ㉨ 산업장의 유해조건을 평가하기 위한 지침이며, 건강장애를 예방하기 위한 지침이다.

88 직업병의 유병률이란 발생률에서 어떠한 인자를 제거한 것인가?

① 장소
② 기간
③ 질병 종류
④ 집단 수

풀이 **유병률**
㉠ 어떤 시점에서 이미 존재하는 질병의 비율을 의미한다(발생률에서 기간을 제거한 의미).
㉡ 일반적으로 기간 유병률보다 시점 유병률을 사용한다.
㉢ 인구집단 내에 존재하고 있는 환자수를 표현한 것으로 시간단위가 없다.
㉣ 지역사회에서 질병의 이완정도를 평가하고, 의료의 수효를 판단하는 데 유용한 정보로 사용된다.
㉤ 어떤 시점에서 인구집단 내에 존재하는 환자의 비례적인 분율 개념이다.
㉥ 여러 가지 인자에 영향을 받을 수 있어 위험성을 실질적으로 나타내지 못한다.

89 다음 [보기]는 노출에 대한 생물학적 모니터링에 관한 설명이다. 틀린 것으로만 조합된 것은?

[보기]
㉮ 생물학적 검체인 호기, 소변, 혈액 등에서 결정인자를 측정하여 노출정도를 추정하는 방법이다.
㉯ 결정인자는 공기 중에서 흡수된 화학물질이나 그것의 대사산물 또는 화학물질에 의해 생긴 비가역적인 생화학적 변화이다.
㉰ 공기 중의 농도를 측정하는 것이 개인의 건강 위험을 보다 직접적으로 평가할 수 있다.
㉱ 목적은 화학물질에 대한 현재나 과거의 노출이 안전한 것인지를 확인하는 것이다.
㉲ 공기 중 노출기준이 설정된 화학물질의 수만큼 생물학적 노출기준(BEI)이 있다.

① ㉮, ㉯, ㉰ ② ㉮, ㉰, ㉱
③ ㉯, ㉰, ㉲ ④ ㉯, ㉱, ㉲

풀이 ㉯ : 비가역적 → 가역적
㉰ : 직접적 → 간접적
㉲ : 생물학적 노출기준(BEI)의 수가 공기 중 노출기준(TLV)보다 적다.

90 다음 중 금속증기열에 관한 설명으로 틀린 것은?
① 주로 베릴륨, 크롬, 주석 등이 원인이 된다.
② 철폐증은 철분진 흡입 시 발생되는 금속열의 한 형태이다.
③ 감기와 증상이 비슷하며, 하루가 지나면 점차 완화된다.
④ 월요일열(monday fever)이라고도 한다.

풀이 **금속증기열**
금속이 용융점 이상으로 가열될 때 형성되는 고농도의 금속산화물을 흄의 형태로 흡입함으로써 발생되는 일시적인 질병이며, 금속증기를 들이마심으로써 일어나는 열이다. 특히 아연에 의한 경우가 많아 이것을 아연열이라고 하는데 구리, 니켈 등의 금속증기에 의해서도 발생한다.

91 다음 중 폐포에 가장 잘 침착하는 분진의 크기는?
① $0.01 \sim 0.5 \mu m$
② $0.5 \sim 5.0 \mu m$
③ $5 \sim 10 \mu m$
④ $10 \sim 20 \mu m$

풀이 호흡성 분진 : $0.5 \sim 5.0 \mu m$

92 수치로 나타낸 독성의 크기가 각각 2와 5인 두 물질이 화학적 상호작용에 의해 상대적 독성이 9로 상승하였다면 이러한 상호작용을 무엇이라 하는가?
① 상가작용 ② 상승작용
③ 가승작용 ④ 길항작용

풀이 **상승작용**(synergism effect)
㉠ 각각 단일물질에 노출되었을 때의 독성보다 훨씬 독성이 커짐을 말한다.
㉡ 상대적 독성 수치로 표현하면 2+3=20이다.
㉢ 예시 : 사염화탄소와 에탄올, 흡연자가 석면에 노출 시

정답 89.③ 90.① 91.② 92.②

93 다음 중 중금속 취급에 의한 직업성 질환을 나타낸 것으로 서로 관련이 가장 적은 것은 어느 것인가?

① 납중독 : 골수침입, 빈혈, 소화기장애
② 수은중독 : 구내염, 수전증, 정신장애
③ 망간중독 : 신경염, 신장염, 중추신경장애
④ 니켈중독 : 백혈병, 재생불량성 빈혈

풀이) 니켈중독장애로는 폐수종, 폐렴, 부비강의 암, 간장 손상 등이 있다.

94 방향족탄화수소 중 급성 전신중독을 유발하는 데 독성이 가장 강한 물질은?

① 벤젠   ② 크실렌
③ 톨루엔 ④ 스타이렌

풀이) 방향족탄화수소 중 급성 전신중독 시 독성이 강한 순서
톨루엔 > 크실렌 > 벤젠

95 중독증상으로 파킨슨 증후군 소견이 나타날 수 있는 중금속은?

① 납   ② 카드뮴
③ 비소 ④ 망간

풀이) 망간에 의한 건강장애
(1) 급성중독
  ㉠ MMT(Methylcyclopentadienyl Manganese Trialbonyls)에 의한 피부와 호흡기 노출로 인한 증상이다.
  ㉡ 이산화망간 흄에 급성노출되면 열, 오한, 호흡곤란 등의 증상을 특징으로 하는 금속열을 일으킨다.
  ㉢ 급성 고농도에 노출 시 조증(들뜸병)의 정신병 양상을 나타낸다.
(2) 만성중독
  ㉠ 무력증, 식욕감퇴 등의 초기증세를 보이다 심해지면 중추신경계의 특정 부위를 손상(뇌 기저핵에 축적되어 신경세포 파괴)시켜 노출이 지속되면 파킨슨 증후군과 보행장애가 두드러진다.
  ㉡ 안면의 변화, 즉 무표정하게 되며 배근력의 저하를 가져온다(소자증 증상).
  ㉢ 언어가 느려지는 언어장애 및 균형감각 상실 증세가 나타난다.

㉣ 신경염, 신장염 등의 증세가 나타난다.
㉤ 조혈장기의 장애와는 관계가 없다.

96 다음 중 니트로벤젠의 화학물질의 영향에 대한 생물학적 모니터링 대상으로 옳은 것은?

① 혈액에서의 메트헤모글로빈
② 뇨에서의 마뇨산
③ 뇨에서의 저분자량 단백질
④ 적혈구에서의 ZPP

풀이) 화학물질의 영향에 대한 생물학적 모니터링 대상
㉠ 납 : 적혈구에서 ZPP
㉡ 카드뮴 : 뇨에서 저분자량 단백질
㉢ 일산화탄소 : 혈액에서 카르복시헤모글로빈
㉣ 니트로벤젠 : 혈액에서 메트헤모글로빈

97 독성물질의 생체과정인 흡수, 분포, 생전환, 배설 등에 변화를 일으켜 독성이 낮아지는 길항작용의 종류로 적절한 것은?

① 화학적 길항작용
② 기능적 길항작용
③ 배분적 길항작용
④ 수용체 길항작용

풀이) 배분적 길항작용=분배적 길항작용

98 다음 중 무기성 분진에 의한 진폐증에 해당하는 것은?

① 면폐증
② 규폐증
③ 농부폐증
④ 목재분진폐증

풀이) 분진 종류에 따른 진폐증의 분류(임상적 분류)
㉠ 유기성 분진에 의한 진폐증
  농부폐증, 면폐증, 연초폐증, 설탕폐증, 목재분진폐증, 모발분진폐증
㉡ 무기성(광물성) 분진에 의한 진폐증
  규폐증, 탄소폐증, 활석폐증, 탄광부진폐증, 철폐증, 베릴륨폐증, 흑연폐증, 규조토폐증, 주석폐증, 칼륨폐증, 바륨폐증, 용접공폐증, 석면폐증

정답) 93.④ 94.③ 95.④ 96.① 97.③ 98.②

99 다음 중 조혈장기에 장애를 입히지 않는 물질은?
① 벤젠
② TNT
③ 망간
④ 납

풀이 망간의 만성중독
㉠ 무력증, 식욕감퇴 등의 초기증세를 보이다 심해지면 중추신경계의 특정 부위를 손상(뇌기저핵에 축적되어 신경세포 파괴)시켜 노출이 지속되면 파킨슨 증후군과 보행장애가 두드러진다.
㉡ 안면의 변화, 즉 무표정하게 되며 배근력의 저하를 가져온다(소자증 증상).
㉢ 언어가 느려지는 언어장애 및 균형감각 상실 증세가 나타난다.
㉣ 신경염, 신장염 등의 증세가 나타난다.
㉤ 조혈장기의 장애와는 관계가 없다.

100 다음 중 사람에 대한 안전용량(SHD)을 산출하는 데 필요하지 않은 항목은?
① 독성량(TD)
② 안전인자(SF)
③ 사람의 표준 몸무게
④ 실험독성물질에 대한 역치(THDh)

풀이 사람에 대한 SHD 산정 시 필요인자
㉠ 안전인자(SF)
㉡ 사람의 표준몸무게(일반적으로 70kg)
㉢ 실험독성물질에 대한 역치(THDh)

과년도 출제문제 | 2010.05.09

제2회 산업위생관리기사

제1과목 | 산업위생학 개론

01 다음 중 재해발생의 경중 또는 정도를 가장 잘 나타내는 재해지표는?
① 강도율 ② 중독률
③ 도수율 ④ 이환율

풀이 강도율은 재해자수나 발생빈도에 관계없이 재해의 내용(상해 정도)을 측정하는 척도이다.

02 미국산업위생학회 등에서 산업위생전문가들이 지켜야 할 윤리강령을 채택한 바 있는데 다음 중 전문가로서의 책임에 해당되지 않는 것은?
① 전문 분야로서의 산업위생 발전에 기여한다.
② 위험요인의 측정, 평가 및 관리에 있어서 외부의 압력에 굴하지 않고 중립적 태도를 취한다.
③ 근로자, 사회 및 전문 분야의 이익을 위해 과학적 지식을 공개한다.
④ 기업체의 기밀은 누설하지 않는다.

풀이 산업위생전문가로서의 책임
㉠ 성실성과 학문적 실력 면에서 최고수준을 유지한다(전문적 능력 배양 및 성실한 자세로 행동).
㉡ 과학적 방법의 적용과 자료의 해석에서 경험을 통한 전문가의 객관성을 유지한다(공인된 과학적 방법 적용·해석).
㉢ 전문 분야로서의 산업위생을 학문적으로 발전시킨다.
㉣ 근로자, 사회 및 전문 직종의 이익을 위해 과학적 지식을 공개하고 발표한다.
㉤ 산업위생활동을 통해 얻은 개인 및 기업체의 기밀은 누설하지 않는다(정보는 비밀 유지).
㉥ 전문적 판단이 타협에 의하여 좌우될 수 있거나 이해관계가 있는 상황에는 개입하지 않는다.

03 다음 중 누적외상성 질환(CTDs ; Cumulative Trauma Disorders) 또는 근골격계 질환(MSDs ; Musculo Skeletal Disorders)에 속하는 질환으로 보기 어려운 것은?
① 건초염(tenosynovitis)
② 스티븐스존슨 증후군(Stevens johnson syndrome)
③ 손목뼈 터널 증후군(carpal tunnel syndrome)
④ 기용 터널 증후군(Guyon tunnel syndrome)

풀이 근골격계 질환의 종류
㉠ 건초염(건막염)
㉡ 손목뼈 터널 증후군
㉢ 흉곽출구
㉣ 기용 터널 증후군
㉤ 손목외상과염

04 다음 중 산업안전보건법에 따른 사업주의 의무로 적절하지 않은 것은?
① 산업재해 예방을 위한 기준 준수
② 근로조건 개선을 통하여 적절한 작업환경 조성
③ 해당 사업장의 안전·보건에 관한 정보를 근로자에게 제공
④ 안전·보건을 위한 기술의 연구·개발 및 시설의 설치·운영

정답 01.① 02.② 03.② 04.④

[풀이] **사업주의 의무**
㉠ 산업재해 예방을 위한 기준을 준수한다.
㉡ 해당 사업장의 안전·보건에 관한 정보를 근로자에게 제공한다.
㉢ 근로조건을 개선하여 적절한 작업환경을 조성한다.
㉣ 신체적 피로와 정신적 스트레스 등으로 인한 건강장애를 예방한다.
㉤ 근로자의 생명을 지키고 안전 및 보건을 유지·증진한다.
㉥ 국가 산업재해 예방시책에 따라야 한다.

05 다음 중 작업을 마친 직후 회복기의 심박수를 측정한 결과 심한 전신피로상태라 판단될 수 있는 경우는?

① HR_{30-60}이 100 미만이고, HR_{60-90}과 $HR_{150-180}$의 차이가 20 이상인 경우
② HR_{30-60}이 100을 초과하고, HR_{60-90}과 $HR_{150-180}$의 차이가 20 미만인 경우
③ HR_{30-60}이 110 미만이고, HR_{60-90}과 $HR_{150-180}$의 차이가 10 이상인 경우
④ HR_{30-60}이 110을 초과하고, HR_{60-90}과 $HR_{150-180}$의 차이가 10 미만인 경우

[풀이] **전신피로 정도의 평가**
㉠ 전신피로의 정도를 평가하려면 작업 종료 후 심박수를 측정하여 이용한다.
㉡ 심한 전신피로상태 : HR_1이 110을 초과하고, HR_3과 HR_2의 차이가 10 미만인 경우
여기서,
HR_1 : 작업 종료 후 30~60초 사이의 평균맥박수
HR_2 : 작업 종료 후 60~90초 사이의 평균맥박수
HR_3 : 작업 종료 후 150~180초 사이의 평균맥박수 ⇨ 회복기 심박수 의미

06 화학물질 및 물리적 인자의 노출기준에 있어 2종 이상의 화학물질이 공기 중에 혼재하는 경우에는 유해성이 인체의 서로 다른 조직에 영향을 미치는 근거가 없는 한 유해물질들 간의 상호작용은 다음 중 어떤 것으로 간주하는가?

① 상승작용 ② 강화작용
③ 상가작용 ④ 길항작용

[풀이] 상가작용은 2종 이상의 화학물질이 공기 중에서 혼합 시 그 작용이 2종의 작용과 합한 것과 같이 나타나는 현상이다.

07 다음 중 하인리히의 사고예방대책의 기본원리 5단계를 바르게 나타낸 것은?

① 조직 → 사실의 발견 → 분석·평가 → 시정책의 선정 → 시정책의 적용
② 조직 → 분석·평가 → 사실의 발견 → 시정책의 선정 → 시정책의 적용
③ 사실의 발견 → 조직 → 분석·평가 → 시정책의 선정 → 시정책의 적용
④ 사실의 발견 → 조직 → 시정책의 선정 → 시정책의 적용 → 분석·평가

[풀이] **하인리히의 사고예방(방지)대책 기본원리 5단계**
㉠ 제1단계 : 안전관리조직 구성(조직)
㉡ 제2단계 : 사실의 발견
㉢ 제3단계 : 분석·평가
㉣ 제4단계 : 시정방법의 선정(대책의 선정)
㉤ 제5단계 : 시정책의 적용(대책 실시)

08 다음 [표]를 이용하여 개정된 NIOSH의 들기작업 권고기준에 따른 권장무게한계(RWL)는 약 얼마인가?

계 수	값
수평계수(HM)	0.5
수직계수(VM)	0.955
거리계수(DM)	0.91
비대칭계수(AM)	1
빈도계수(FM)	0.45
커플링계수(CM)	0.95

① 4.27kg   ② 8.55kg
③ 12.82kg ④ 21.36kg

[풀이] RWL(kg)
$= L_C \times HM \times VM \times DM \times AM \times FM \times CM$
여기서, L_C : 중량상수(23kg)
$= 23 \times 0.5 \times 0.955 \times 0.91 \times 1 \times 0.45 \times 0.95$
$= 4.27$kg

09 다음 중 직업성 피부질환에 대한 설명으로 틀린 것은?

① 대부분은 화학물질에 의한 접촉피부염이다.
② 정확한 발생빈도와 원인물질의 추정은 거의 불가능하다.
③ 접촉피부염의 대부분은 알레르기에 의한 것이다.
④ 직업성 피부질환의 간접요인으로는 인종, 연령, 계절 등이 있다.

[풀이] 접촉성 피부염의 대부분은 자극에 의한 원발성 피부염이다.

10 다음 중 산업피로의 예방대책으로 적절하지 않은 것은?

① 휴식시간은 짧고 반복적이기보다 한 번에 장시간을 취하도록 한다.
② 너무 정적인 작업은 동적인 작업으로 전환한다.
③ 작업환경을 정리정돈한다.
④ 작업부하량과 작업속도를 개인에 따라 조정한다.

[풀이] 산업피로 예방대책
㉠ 불필요한 동작을 피하고, 에너지 소모를 적게 한다.
㉡ 동적인 작업을 늘리고, 정적인 작업을 줄인다.
㉢ 개인의 숙련도에 따라 작업속도와 작업량을 조절한다.
㉣ 작업시간 중 또는 작업 전후에 간단한 체조나 오락시간을 갖는다.
㉤ 장시간 한 번 휴식하는 것보다 단시간씩 여러 번 나누어 휴식하는 것이 피로회복에 도움이 된다.

11 사무실 공기관리지침에서 정한 사무실 공기의 오염물질에 대한 시료채취시간이 바르게 연결된 것은?

① 미세먼지 : 업무시간 동안 4시간 이상 연속 측정
② 포름알데히드 : 업무시간 동안 4시간 이상 연속 측정
③ 일산화탄소 : 업무 시작 후 1시간 이내 및 종료 전 1시간 이내에 각각 10분간 측정
④ 이산화탄소 : 업무 시작 후 1시간 전후 및 종료 전 1시간 전후에 각각 20분간 측정

[풀이] 사무실 오염물질의 측정횟수 및 시료채취시간

오염물질	측정횟수 (측정시기)	시료채취시간
미세먼지 (PM 10)	연 1회 이상	업무시간 동안 – 6시간 이상 연속 측정
초미세먼지 (PM 2.5)	연 1회 이상	업무시간 동안 – 6시간 이상 연속 측정
이산화탄소 (CO_2)	연 1회 이상	업무시작 후 2시간 전후 및 종료 전 2시간 전후 – 각각 10분간 측정
일산화탄소 (CO)	연 1회 이상	업무시작 후 1시간 전후 및 종료 전 1시간 전후 – 각각 10분간 측정
이산화질소 (NO_2)	연 1회 이상	업무시작 후 1시간 ~ 종료 1시간 전 – 1시간 측정
포름알데히드 (HCHO)	연 1회 이상 및 신축(대수선 포함) 건물 입주 전	업무시작 후 1시간 ~ 종료 1시간 전 – 30분간 2회 측정
총휘발성유기화합물 (TVOC)	연 1회 이상 및 신축(대수선 포함) 건물 입주 전	업무시작 후 1시간 ~ 종료 1시간 전 – 30분간 2회 측정
라돈 (radon)	연 1회 이상	3일 이상 ~ 3개월 이내 연속 측정
총부유세균	연 1회 이상	업무시작 후 1시간 ~ 종료 1시간 전 – 최고 실내온도에서 1회 측정
곰팡이	연 1회 이상	업무시작 후 1시간 ~ 종료 1시간 전 – 최고 실내온도에서 1회 측정

※ 법 변경(2020년)사항이므로 풀이내용으로 학습 바랍니다.

12 산업위생활동 중 평가(evaluation)에 관한 설명으로 틀린 것은?

① 시료를 채취하고 분석한다.
② 예비조사의 목적과 범위를 결정한다.
③ 현장조사로 정량적인 유해인자의 양을 측정한다.
④ 바람직한 작업환경을 만드는 최종적인 활동이다.

[정답] 09.③ 10.① 11.풀이 학습 12.④

[풀이] ④항의 내용은 예측, 측정, 평가, 관리 중 관리이다.
- 평가에 포함되는 사항
  ㉠ 시료의 채취와 분석
  ㉡ 예비조사의 목적과 범위 결정
  ㉢ 노출정도를 노출기준과 통계적인 근거로 비교하여 판정

13 다음 중 규폐증을 일으키는 원인물질은?
① 면분진   ② 석탄분진
③ 유리규산 ④ 납흄

[풀이] 규폐증의 원인
㉠ 결정형 규소(암석 : 석영분진, 이산화규소, 유리규산)에 직업적으로 노출된 근로자에게 발생한다.
  ※ 유리규산(SiO_2) 함유 먼지 0.5~5μm의 크기에서 잘 발생한다.
㉡ 주요 원인물질은 혼합물질이며, 건축업, 도자기 작업장, 채석장, 석재공장 등의 작업장에서 근무하는 근로자에게 발생한다.
㉢ 석재공장, 주물공장, 내화벽돌 제조, 도자기 제조 등에서 발생하는 유리규산이 주 원인이다.
㉣ 유리규산(석영) 분진에 의한 규폐성 결정과 폐포벽 파괴 등 망상내피계 반응은 분진입자의 크기가 2~5μm일 때 자주 일어난다.

14 에틸벤젠(TLV=100ppm)을 사용하는 작업장의 작업시간이 9시간일 때에는 허용기준을 보정하여야 한다. OSHA 보정방법과 Brief and Scala 보정방법을 적용하였을 때 두 보정된 허용기준치 간의 차이는 약 얼마인가?
① 2.2ppm   ② 3.3ppm
③ 4.2ppm   ④ 5.6ppm

[풀이]
- OSHA 보정방법
  보정된 노출기준 $= TLV \times \dfrac{8}{H}$
  $= 100ppm \times \dfrac{8}{9}$
  $= 88.88ppm$
- Brief와 Scala 보정방법
  보정된 노출기준 $= TLV \times RF$
  $= 100ppm \times \left[\dfrac{8}{9} \times \left(\dfrac{24-9}{16}\right)\right]$
  $= 83.33ppm$
∴ 차이 $= 88.88 - 83.33 = 5.55 ≒ 5.6ppm$

15 방사성 기체로 폐암 발생의 원인이 되는 실내공기 중의 오염물질은?
① 포름알데히드 ② 라돈
③ 석면   ④ 오존

[풀이] 라돈
㉠ 자연적으로 존재하는 암석이나 토양에서 발생하는 thorium, uranium의 붕괴로 인해 생성되는 자연방사성 가스로, 공기보다 9배가 무거워 지표에 가깝게 존재한다.
㉡ 무색, 무취, 무미한 가스로 인간의 감각에 의해 감지할 수 없다.
㉢ 라듐의 α붕괴에서 발생하며, 호흡하기 쉬운 방사성 물질이다.
㉣ 라돈의 동위원소에는 Rn^{222}, Rn^{220}, Rn^{219}가 있고, 이 중 반감기가 긴 Rn^{222}가 실내공간의 인체 위해성 측면에서 주요 관심대상이며 지하공간에 더 높은 농도를 보인다.
㉤ 방사성 기체로서 지하수, 흙, 석고실드, 콘크리트, 시멘트나 벽돌, 건축자재 등에서 발생하여 폐암 등을 발생시킨다.

16 다음 중 산업안전보건법상 '충격소음작업'에 해당하는 것은? (단, 작업은 소음이 1초 이상의 간격으로 발생한다.)
① 120dB을 초과하는 소음이 1일 1만회 이상 발생되는 작업
② 125dB을 초과하는 소음이 1일 1천회 이상 발생되는 작업
③ 130dB을 초과하는 소음이 1일 1백회 이상 발생되는 작업
④ 140dB을 초과하는 소음이 1일 10회 이상 발생되는 작업

[풀이] 충격소음작업
소음이 1초 이상의 간격으로 발생하는 작업으로서 다음의 1에 해당하는 작업을 말한다.
㉠ 120dB을 초과하는 소음이 1일 1만회 이상 발생되는 작업
㉡ 130dB을 초과하는 소음이 1일 1천회 이상 발생되는 작업
㉢ 140dB을 초과하는 소음이 1일 1백회 이상 발생되는 작업

정답 13.③ 14.④ 15.② 16.①

17 다음 중 역사상 최초로 기록된 직업병은?

① 수은중독 ② 음낭암
③ 규폐증 ④ 납중독

[풀이] B.C 4세기 Hippocrates에 의해 광산에서 납중독이 보고되었다.
※ 역사상 최초로 기록된 직업병 : 납중독

18 다음 중 심리학적 적성검사에서 지능검사 대상에 해당되는 항목은?

① 직무에 관련된 기본지식과 숙련도, 사고력
② 언어, 기억, 추리, 귀납
③ 수족협조능, 운동속도능, 형태지각능
④ 성격, 태도, 정신상태

[풀이] 심리학적 검사(적성검사)
㉠ 지능검사 : 언어, 기억, 추리, 귀납 등에 대한 검사
㉡ 지각동작검사 : 수족협조, 운동속도, 형태지각 등에 대한 검사
㉢ 인성검사 : 성격, 태도, 정신상태에 대한 검사
㉣ 기능검사 : 직무에 관련된 기본지식과 숙련도, 사고력 등의 검사

19 사이토와 오시마가 제시한 관계식을 기준으로 작업대사율이 7인 경우 계속작업의 한계시간은 약 얼마인가?

① 5분 ② 10분
③ 20분 ④ 30분

[풀이] 계속작업 한계시간(CMT)
$\log CMT = 3.724 - 3.25 \log(RMR)$
$= 3.724 - 3.25 \log(7)$
$= 0.98$
$\therefore CMT = 10^{0.98} = 9.55 \min$

20 근육이 운동을 시작하면 필요한 에너지를 여러 가지 방법에 의하여 공급받게 되는데, 가장 먼저 에너지를 공급하기 시작하는 것은 무엇인가?

① 아데노신삼인산(ATP)
② 크레아틴인산(CP)
③ 글리코겐
④ 포도당

[풀이] 혐기성 대사(anaerobic metabolism)
㉠ 근육에 저장된 화학적 에너지를 의미한다.
㉡ 혐기성 대사의 순서(시간대별)
ATP(아데노신삼인산) → CP(크레아틴인산) → glycogen(글리코겐) or glucose(포도당)
※ 근육운동에 동원되는 주요 에너지원 중 가장 먼저 소비되는 것은 ATP이다.

제2과목 | 작업위생 측정 및 평가

21 소음단위인 데시벨(dB)을 계산하기 위한 최소음압실효치가 $P_o = 0.00002 N/m^2$ 이고, 대상음 음압실효치가 $10 N/m^2$ 라면 이 음압수준은?

① 94dB ② 104dB
③ 114dB ④ 124dB

[풀이] 음압수준(SPL)
$SPL(dB) = 20 \log \dfrac{P}{P_o}$
$= 20 \log \dfrac{10}{(2 \times 10^{-5})} = 113.9 dB$

22 어떤 작업장에서 일산화탄소(CO) 농도를 측정한 결과가 16ppm, 15ppm, 9ppm, 6ppm, 4ppm, 3ppm, 6ppm으로 나타났을 때 기하평균농도는?

① 6.2ppm ② 6.6ppm
③ 7.1ppm ④ 7.8ppm

[풀이] 기하평균(GM)
$\log(GM) = \dfrac{\log 16 + \log 15 + \log 9 + \log 6 + \log 4 + \log 3 + \log 6}{7}$
$= 0.85$
$\therefore GM = 10^{0.85} = 7.08 ppm$

정답 17.④ 18.② 19.② 20.① 21.③ 22.③

23 활성탄관의 흡착특성에 대한 설명으로 옳지 않은 것은?
① 메탄, 일산화탄소 같은 가스는 잘 흡착되지 않는다.
② 끓는점이 낮은 암모니아, 에틸렌, 포름알데히드 증기는 흡착속도가 높지 않다.
③ 유기용제 증기, 수은 증기와 같이 상대적으로 무거운 증기는 잘 흡착된다.
④ 탈착용매로 유독한 이황화탄소를 쓰지 않는다.

풀이 활성탄관의 탈착용매로는 이황화탄소(CS_2)가 주로 사용된다.
일반적으로 비극성 물질의 탈착용매로는 이황화탄소를 사용하고, 극성 물질에는 이황화탄소와 다른 용매를 혼합하여 사용한다.

24 직경분립충돌기(cascade impactor, 일명 Anderson impactor)의 특성을 설명한 것으로 옳지 않은 것은?
① 입자의 질량 크기 분포를 얻을 수 있다.
② 공기가 유입되지 않도록 각 충돌기의 철저한 조립과 장착이 필요하다.
③ 매체의 코팅과 같은 별도의 특별한 준비 및 처리가 필요 없다.
④ 흡입성(inspirable), 흉곽성(thoracic), 호흡성(respirable) 입자의 크기별 분포를 얻을 수 있다.

풀이 직경분립충돌기(cascade impactor)의 장단점
(1) 장점
 ㉠ 입자의 질량 크기 분포를 얻을 수 있다(공기 흐름속도를 조절하여 채취입자를 크기별로 구분 가능).
 ㉡ 호흡기의 부분별로 침착된 입자 크기의 자료를 추정할 수 있다.
 ㉢ 흡입성, 흉곽성, 호흡성 입자의 크기별로 분포와 농도를 계산할 수 있다.
(2) 단점
 ㉠ 시료채취가 까다롭다. 즉 경험이 있는 전문가가 철저한 준비를 통해 이용해야 정확한 측정이 가능하다(작은 입자는 공기흐름속도를 크게 하여 충돌판에 포집할 수 없음).
 ㉡ 비용이 많이 든다.
 ㉢ 채취준비시간이 과다하다.
 ㉣ 되튐으로 인한 시료의 손실이 일어나 과소분석결과를 초래할 수 있어 유량을 2L/min 이하로 채취한다.
 ㉤ 공기가 옆에서 유입되지 않도록 각 충돌기의 조립과 장착을 철저히 해야 한다.

25 유도결합플라스마 – 원자발광분석기(ICP – AES)에 관한 설명으로 옳지 않은 것은 어느 것인가?
① 원자들은 높은 온도에서 복사선을 방출하므로 분광학적 방해영향이 없다.
② 검량선의 직선성 범위가 넓다.
③ 화학물질에 의한 방해로부터 거의 영향을 받지 않는다.
④ 원자흡광광도계보다 더 좋거나 적어도 같은 정밀도를 갖는다.

풀이 유도결합플라스마 분광광도계(ICP, 원자발광분석기)의 장단점
(1) 장점
 ㉠ 비금속을 포함한 대부분의 금속을 ppb 수준까지 측정할 수 있다.
 ㉡ 적은 양의 시료를 가지고 한 번에 많은 금속을 분석할 수 있는 것이 가장 큰 장점이다.
  ※ 한 번에 시료를 주입하여 10~20초 내에 30개 이상의 원소를 분석할 수 있다.
 ㉢ 화학물질에 의한 방해로부터 거의 영향을 받지 않는다.
 ㉣ 검량선의 직선성 범위가 넓다. 즉 직선성 확보가 유리하다.
 ㉤ 원자흡광광도계보다 더 줄거나 적어도 같은 정밀도를 갖는다.
(2) 단점
 ㉠ 원자들은 높은 온도에서 많은 복사선을 방출하므로 분광학적 방해영향이 있다.
 ㉡ 시료분해 시 화합물 바탕방출이 있어 컴퓨터 처리과정에서 교정이 필요하다.
 ㉢ 유지관리 및 기기 구입 가격이 높다.
 ㉣ 이온화 에너지가 낮은 원소들은 검출한계가 높고, 다른 금속의 이온화에 방해를 준다.

정답 23.④ 24.③ 25.①

26 가스의 정의와 주요 특성에 관한 설명과 가장 거리가 먼 것은?

① 상온, 상압(보통 25℃, 1기압)에서 기체 형태로 존재하는 것
② 공간을 완전하게 다 채울 수 있는 물질
③ 농도가 높으면 응축됨
④ 공기의 구성 성분인 질소, 산소, 아르곤, 이산화탄소, 헬륨, 수소는 모두 가스임

[풀이] 가스와 증기의 구분
(1) 가스(기체)
  ⊙ 상온(25℃), 상압(760mmHg)에서 기체형태로 존재한다.
  ⓛ 공간을 완전하게 다 채울 수 있는 물질이다.
  ⓒ 공기의 구성 성분에는 질소, 산소, 아르곤, 이산화탄소, 헬륨, 수소 등이 있다.
(2) 증기
  ⊙ 상온, 상압에서 액체 또는 고체인 물질이 기체화된 물질이다.
  ⓛ 임계온도가 25℃ 이상인 액체·고체 물질이 증기압에 따라 휘발 또는 승화하여 기체상태로 변한 것을 의미한다.
  ⓒ 농도가 높으면 응축하는 성질이 있다.

27 다음은 공기유량을 보정하는 데 사용하는 표준기구들이다. 다음 중 1차 표준기구에 포함되지 않는 것은?

① 비누거품미터 ② 폐활량계
③ 가스치환병   ④ 로터미터

[풀이] 공기채취기구 보정에 사용되는 1차 표준기구의 종류

표준기구	일반 사용범위	정확도
비누거품미터 (soap bubble meter)	1mL/분~30L/분	±1% 이내
폐활량계 (spirometer)	100~600L	±1% 이내
가스치환병 (mariotte bottle)	10~500mL/분	±0.05~0.25%
유리피스톤미터 (glass piston meter)	10~200mL/분	±2% 이내
흑연피스톤미터 (frictionless piston meter)	1mL/분~50L/분	±1~2%
피토튜브(Pitot tube)	15mL/분 이하	±1% 이내

28 금속제품을 탈지, 세정하는 공정에서 사용하는 trichloroethylene의 근로자 노출정도를 측정하고자 한다. 과거 측정 결과 평균농도는 40ppm이고 활성탄관(100mg/50mg)을 이용하여 0.1L/min으로 채취하였다. GC의 정량한계(LOQ)가 시료당 0.5mg이라면 이때 채취해야 할 최소시간은? (단, 1기압, 25℃, trichloroethylene의 분자량은 131.39)

① 12.5분   ② 18.8분
③ 21.7분   ④ 23.3분

[풀이] 40ppm을 mg/m³로 환산

$(mg/m^3) = 40ppm \times \dfrac{131.39g}{24.45L} = 214.95 mg/m^3$

최소채취량$(L) = \dfrac{LOQ}{과거\ 농도}$

$= \dfrac{0.5mg}{214.95mg/m^3}$

$= 0.00232m^3 \times 1,000L/m^3 = 2.33L$

∴ 채취 최소시간(분) $= \dfrac{2.33L}{0.1L/min} = 23.3분$

29 에틸렌글리콜이 20℃, 1기압에서 증기압이 0.05mmHg라면 공기 중 포화농도(ppm)는?

① 29   ② 47
③ 66   ④ 83

[풀이] 포화농도(ppm) $= \dfrac{0.05mmHg}{760mmHg} \times 10^6$

$= 65.79ppm$

30 입경이 50μm이고 입자비중이 1.5인 입자의 침강속도는? (단, 입경이 1~50μm인 먼지의 침강속도를 구하기 위해 산업위생분야에서 주로 사용하는 식을 적용한다.)

① 약 3.25cm/sec   ② 약 5.45cm/sec
③ 약 8.65cm/sec   ④ 약 11.25cm/sec

[풀이] 침강속도(Lippmann 식)
$V(cm/sec) = 0.003 \times \rho \times d^2$
$= 0.003 \times 1.5 \times 50^2$
$= 11.25 cm/sec$

정답 26.③ 27.④ 28.④ 29.③ 30.④

31 작업환경의 습구온도를 측정하는 기기와 측정시간 기준으로 옳은 것은? (단, 고용노동부 고시 기준)

① 0.1도 간격의 눈금이 있는 아스만통풍건습계 – 5분 이상
② 0.1도 간격의 눈금이 있는 아스만통풍건습계 – 25분 이상
③ 0.5도 간격의 눈금이 있는 아스만통풍건습계 – 5분 이상
④ 0.5도 간격의 눈금이 있는 아스만통풍건습계 – 25분 이상

[풀이] 고열의 측정구분에 의한 측정기기 및 측정시간

구 분	측정기기	측정시간
습구 온도	0.5도 간격의 눈금이 있는 아스만통풍건습계, 자연습구온도를 측정할 수 있는 기기 또는 이와 동등 이상의 성능이 있는 측정기기	• 아스만통풍건습계 : 25분 이상 • 자연습구온도계 : 5분 이상
흑구 및 습구 흑구 온도	직경이 5센티미터 이상 되는 흑구온도계 또는 습구흑구온도(WBGT)를 동시에 측정할 수 있는 기기	• 직경이 15센티미터 일 경우 : 25분 이상 • 직경이 7.5센티미터 또는 5센티미터일 경우 : 5분 이상

※ 고시 변경사항, 학습 안 하셔도 무방합니다.

32 다음 어떤 작업장에서 하이볼륨 시료채취기 (high volume sampler)를 $1.1m^3/min$의 유속에서 1시간 30분간 작동시킨 후, 여과지(filter paper)에 채취된 납 성분을 전처리과정을 거쳐 산(acid)과 증류수용액 100mL에 추출하였다. 이 용액의 7.5mL를 취하여 250mL 용기에 넣고 증류수를 더하여 250mL가 되게 하여 분석한 결과 9.80mg/L이었다. 작업장 공기 내의 납 농도는 몇 mg/m^3인가? (단, 납의 원자량은 207이고, 100% 추출된다고 가정한다.)

① 0.08 ② 0.16
③ 0.33 ④ 0.48

[풀이] 7.5mL를 250mL로 희석한 시료 중 납 중량
$= 9.8mg/L \times 250mL \times L/1,000mL = 2.45mg$
7.5mL : 2.45mg = 100mL : x
$x = \dfrac{2.45mg \times 100mL}{7.5mL} = 32.667mg$
$\therefore$ 농도$(mg/m^3) = \dfrac{32.667mg}{1.1m^3/min \times 90min}$
$= 0.33mg/m^3$

33 ACGIH에서는 입자상 물질을 크게 흡입성, 흉곽성, 호흡성으로 제시하고 있다. 다음 설명 중 옳은 것은?

① 흡입성 먼지는 기관지계나 폐포 어느 곳에 침착하더라도 유해한 입자상 물질로, 보통 입자크기는 1~10μm 이내의 범위이다.
② 흉곽성 먼지는 가스교환 부위인 폐기도에 침착하여 독성을 나타내며 평균 입자크기는 50μm이다.
③ 흉곽성 먼지는 호흡기계 어느 부위에 침착하더라도 유해한 입자상 물질이며 평균 입자크기는 25μm이다.
④ 호흡성 먼지는 폐포에 침착하여 독성을 나타내며 평균 입자크기는 4μm이다.

[풀이] ACGIH의 입자크기별 기준(TLV)
(1) 흡입성 입자상 물질
 (IPM ; Inspirable Particulates Mass)
 ㉠ 호흡기의 어느 부위(비강, 인후두, 기관 등 호흡기의 기도 부위)에 침착하더라도 독성을 유발하는 분진이다.
 ㉡ 비암이나 비중격천공을 일으키는 입자상 물질이 여기에 속한다.
 ㉢ 침전분진은 재채기, 침, 코 등의 벌크(bulk) 세척기전으로 제거된다.
 ㉣ 입경범위 : 0~100μm
 ㉤ 평균입경 : 100μm(폐침착의 50%에 해당하는 입자의 크기)
(2) 흉곽성 입자상 물질
 (TPM ; Thoracic Particulates Mass)
 ㉠ 기도나 하기도(가스교환 부위)에 침착하여 독성을 나타내는 물질이다.
 ㉡ 평균입경 : 10μm
 ㉢ 채취기구 : PM10

정답 31.④ 32.③ 33.④

(3) 호흡성 입자상 물질
(RPM ; Respirable Particulates Mass)
㉠ 가스교환 부위, 즉 폐포에 침착할 때 유해한 물질이다.
㉡ 평균입경 : $4\mu m$(공기역학적 직경이 $10\mu m$ 미만의 먼지가 호흡성 입자상 물질)
㉢ 채취기구 : 10mm nylon cyclone

34 통계집단의 측정값들에 대한 균일성과 정밀성의 정도를 표현하는 것으로 평균값에 대한 표준편차의 크기를 백분율로 나타낸 것은?

① 정확도
② 변이계수
③ 신뢰편차율
④ 신뢰한계율

풀이 변이계수$(CV) = \dfrac{표준편차}{평균값}$

35 작업환경측정방법 중 시료채취 근로자수에 관한 기준으로 옳지 않은 것은? (단, 고용노동부 고시 기준)

① 단위작업장소에서 최고 노출근로자 2명 이상에 대하여 동시에 측정한다.
② 동일 작업 근로자수가 10명을 초과하는 경우에는 5명당 1명 이상 추가하여 측정하여야 한다.
③ 동일 작업 근로자수가 100명을 초과하는 경우에는 최대 시료채취 근로자수를 10명으로 조정할 수 있다.
④ 지역시료채취를 시행할 경우 단위작업장소의 넓이가 50평방미터 이상인 경우에는 30평방미터마다 1개 지점 이상을 추가로 측정하여야 한다.

풀이 **시료채취 근로자수**
㉠ 단위작업장소에서 최고 노출근로자 2명 이상에 대하여 동시에 개인시료방법으로 측정하되, 단위작업장소에 근로자가 1명인 경우에는 그러하지 아니하며, 동일 작업 근로자수가 10명을 초과하는 경우에는 5명당 1명 이상 추가하여 측정하여야 한다.
다만, 동일 작업 근로자수가 100명을 초과하는 경우에는 최대 시료채취 근로자수를 20명으로 조정할 수 있다.
㉡ 지역시료채취방법으로 측정하는 경우 단위작업장소 내에서 2개 이상의 지점에 대하여 동시에 측정하여야 한다.
다만, 단위작업장소의 넓이가 50평방미터 이상인 경우에는 30평방미터마다 1개 지점 이상을 추가로 측정하여야 한다.

36 다음 중 우발오차에 관한 설명으로 옳지 않은 것은?

① 우발오차가 작을 때는 정밀하다고 말한다.
② 실험자가 주의하면 오차의 제거 또는 보정이 용이하다.
③ 측정횟수를 될 수 있는 대로 많이 하여 오차의 분포를 살펴 가장 확실한 값을 추정할 수 있다.
④ 한 가지 실험 측정을 반복할 때 측정값들의 변동으로 발생되는 오차이다.

풀이 **우발오차의 특징**
㉠ 어떤 값보다 큰 오차와 작은 오차가 일어나는 확률이 같을 때의 값이며, 확률오차라고도 한다.
㉡ 참값의 변이가 기준값과 비교하여 불규칙하게 변하는 경우로, 정밀도로 정의되기도 한다.
㉢ 한 가지 실험 측정을 반복할 때 측정값의 변동으로 발생되는 오차이다.
㉣ 오차원인 규명 및 그에 따른 보정도 어렵다.
㉤ 측정횟수를 될 수 있는 대로 많이 하여 오차의 분포를 살펴 가장 확실한 값을 추정할 수 있다.

37 고유량 공기채취펌프를 수동 무마찰거품관으로 보정하였다. 비눗방울이 500mL의 부피(V)까지 통과하는 데 15.5초(T)가 걸렸다면 유량(Q)은 약 몇 L/min인가?

① 1.94
② 3.12
③ 7.81
④ 9.33

풀이 유량$(L/min) = \dfrac{0.5L}{15.5\sec \times (\min/60\sec)}$
$= 1.94 L/min$

정답 34.② 35.③ 36.② 37.①

38 소음측정방법에 관한 설명으로 옳지 않은 것은? (단, 고용노동부 고시 기준)
① 소음계의 청감보정회로는 A특성으로 행하여야 한다.
② 연속음 측정 시 소음계의 지시침의 동작은 빠른(fast) 상태로 한다.
③ 소음수준을 측정할 때는 측정대상이 되는 근로자의 근접된 위치의 귀높이에서 실시하여야 한다.
④ 측정시간은 1일 작업시간 동안 6시간 이상 연속 측정하거나 작업시간을 1시간 간격으로 나누어 6회 이상 측정한다.

[풀이] 소음계 지시침의 동작은 느린(slow) 상태로 한다.

39 유리규산을 채취하여 X선 회절법으로 분석하는 데 적절하고 6가 크롬 및 아연화합물의 채취에 이용하며 수분에 영향이 크지 않아 공해성 먼지, 총 먼지 등의 중량분석을 위한 측정에 사용하는 막 여과지로 가장 적합한 것은?
① MCE막 여과지
② PVC막 여과지
③ PTFE막 여과지
④ 은막 여과지

[풀이] **PVC막 여과지(Polyvinyl Chloride membrane filter)**
㉠ 가볍고, 흡습성이 낮기 때문에 분진의 중량분석에 사용된다.
㉡ 유리규산을 채취하여 X선 회절법으로 분석하는 데 적절하고 6가 크롬 및 아연산화합물의 채취에 이용한다.
㉢ 수분에 영향이 크지 않아 공해성 먼지, 총 먼지 등의 중량분석을 위한 측정에 사용한다.
㉣ 석탄먼지, 결정형 유리규산, 무정형 유리규산, 별도로 분리하지 않은 먼지 등을 대상으로 무게농도를 구하고자 할 때 PVC막 여과지로 채취한다.
㉤ 습기에 영향을 적게 받기 위해 전기적인 전하를 가지고 있어 채취 시 입자를 반발하여 채취효율을 떨어뜨리는 단점이 있다. 따라서 채취 전에 필터를 세정용액으로 처리함으로써 이러한 오차를 줄일 수 있다.

40 분석기기가 검출할 수 있고 신뢰성을 가질 수 있는 양인 정량한계(LOQ)에 관한 설명으로 옳은 것은?
① 표준편차의 3배
② 표준편차의 3.3배
③ 표준편차의 5배
④ 표준편차의 10배

[풀이] **정량한계(LOQ ; Limit Of Quantization)**
㉠ 분석기마다 바탕선량과 구별하여 분석될 수 있는 최소의 양, 즉 분석결과가 어느 주어진 분석절차에 따라 합리적인 신뢰성을 가지고 정량분석할 수 있는 가장 작은 양이나 농도이다.
㉡ 도입 이유는 검출한계가 정량분석에서 만족스런 개념을 제공하지 못하기 때문에 검출한계의 개념을 보충하기 위해서이다.
㉢ 일반적으로 표준편차의 10배 또는 검출한계의 3배 또는 3.3배로 정의한다.
㉣ 정량한계를 기준으로 최소한으로 채취해야 하는 양이 결정된다.

제3과목 | 작업환경 관리대책

41 1기압, 온도 15℃ 조건에서 속도압이 50mmH₂O일 때 기류의 유속은? (단, 15℃, 1기압에서 공기의 밀도는 1.225kg/m³이다.)
① 24.4m/sec
② 26.1m/sec
③ 28.3m/sec
④ 29.6m/sec

[풀이]
$$유속(m/sec) = \sqrt{\frac{2gVP}{\gamma}}$$
$$= \sqrt{\frac{2 \times 9.8 \times 50}{1.225}} = 28.28 m/sec$$

42 밀어당김형 후드(push-pull hood)에 의한 환기로서 가장 효과적인 경우는?
① 오염발산원이 먼 경우
② 오염발산농도가 높은 경우
③ 오염발산량이 많은 경우
④ 오염발산폭이 넓은 경우

[풀이] 푸시풀(push-pull) 후드
(1) 개요
  ㉠ 제어길이가 비교적 길어서 외부식 후드에 의한 제어효과가 문제가 되는 경우에 공기를 불어주고(push) 당겨주는(pull) 장치로 되어 있다.
  ㉡ 개방조 한 변에서 압축공기를 이용하여 오염물질이 발생하는 표면에 공기를 불어 반대쪽에 오염물질이 도달하게 한다.
(2) 적용
  ㉠ 도금조 및 자동차 도장공정과 같이 오염물질 발생원의 개방면적이 큰(발산면의 폭이 넓은) 작업공정에 주로 많이 적용된다.
  ㉡ 포착거리(제어거리)가 일정 거리 이상일 경우 push-pull형 환기장치가 적용된다.
(3) 특징
  ㉠ 제어속도는 push 제트기류에 의해 발생한다.
  ㉡ 공정에서 작업물체를 처리조에 넣거나 꺼내는 중에 공기막이 파괴되어 오염물질이 발생한다.
  ㉢ 노즐로는 하나의 긴 슬롯, 구멍 뚫린 파이프 또는 개별 노즐을 여러 개 사용하는 방법이 있다.
  ㉣ 노즐의 각도는 제트공기가 방해받지 않도록 하향 방향을 향하고 최대 20° 내를 유지하도록 한다.
  ㉤ 노즐 전체면적은 기류 분포를 고르게 하기 위해서 노즐 충만실 단면적의 25%를 넘지 않도록 해야 한다.
  ㉥ push-pull 후드에 있어서는 여러 가지의 영향인자가 존재하므로 ±20% 정도의 유량조정이 가능하도록 설계되어야 한다.
(4) 장점
  ㉠ 포집효율을 증가시키면서 필요유량을 대폭 감소시킬 수 있다.
  ㉡ 작업자의 방해가 적고 적용이 용이하다.
(5) 단점
  ㉠ 원료의 손실이 크다.
  ㉡ 설계방법이 어렵다.
  ㉢ 효과적으로 기능을 발휘하지 못하는 경우가 있다.

43 사무실에 일하는 근로자의 건강장애를 예방하기 위해 시간당 공기교환횟수는 6회 이상 되어야 한다. 사무실의 체적이 125m³일 때 필요한 최소 환기량은?
① 360m³/hr
② 450m³/hr
③ 600m³/hr
④ 750m³/hr

[풀이] 필요환기량 = ACH × 사무실 체적
= 6회/hr × 125m³
= 750m³/hr

44 다음 중 유해작업환경에 대한 개선대책 중 대치(substitution)방법에 대한 설명으로 옳지 않은 것은?
① 아조염료의 합성에 디클로로벤지딘 대신 벤지딘을 사용한다.
② 분체입자를 큰 것으로 바꾼다.
③ 야광시계의 자판을 라듐 대신 인을 사용한다.
④ 금속 세척작업 시 TCE 대신에 계면활성제를 사용한다.

[풀이] 아조염료의 합성원료인 벤지딘을 디클로로벤지딘으로 전환한다.

45 유체관을 흐르는 유체 총압(전압) -75mmH₂O, 정압 -100mmH₂O이면 유체의 유속(m/min)은? (단, 20℃, 1기압 상태의 공기이다.)
① 약 860
② 약 1,050
③ 약 1,210
④ 약 1,520

[풀이] 유속(V) = $4.034\sqrt{VP}$
• $VP = TP - SP$
$= -75 - (-100) = 25$mmH₂O
$= 4.043\sqrt{25}$
$= 20.22$m/sec × 60sec/min
$= 1,213.2$m/min

46 작업환경 내에 설치된 후드의 유입계수가 0.79이고 압력손실이 20mmH₂O라면 속도압(mmH₂O)은?
① 19.4
② 27.6
③ 33.2
④ 42.8

[풀이] 후드 속도압(VP) = $\dfrac{\Delta P}{F}$
$= \dfrac{20}{\left(\dfrac{1}{0.79^2}-1\right)} = 33.2$mmH₂O

47 덕트 합류 시 설계에 의한 정압균형유지방법의 장단점으로 옳지 않은 것은?
① 최대저항경로 선정이 잘못된 경우에는 설계 시 쉽게 발견하기 어려움
② 설계가 복잡하고 시간이 걸림
③ 균형이 유지되려면 설계도면에 있는 대로 덕트가 설치되어야 함
④ 임의로 유량을 조절하기 어려움

[풀이] 정압조절평형법(유속조절평형법, 정압균형유지법)의 장단점
(1) 장점
  ㉠ 예기치 않는 침식, 부식, 분진퇴적으로 인한 축적(퇴적)현상이 일어나지 않는다.
  ㉡ 잘못 설계된 분지관, 최대저항경로(저항이 큰 분지관) 선정이 잘못되어도 설계 시 쉽게 발견할 수 있다.
  ㉢ 설계가 정확할 때에는 가장 효율적인 시설이 된다.
  ㉣ 유속의 범위가 적절히 선택되면 덕트의 폐쇄가 일어나지 않는다.
(2) 단점
  ㉠ 설계 시 잘못된 유량을 고치기 어렵다(임의의 유량을 조절하기 어려움).
  ㉡ 설계가 복잡하고 시간이 걸린다.
  ㉢ 설계유량 산정이 잘못되었을 경우 수정은 덕트의 크기 변경을 필요로 한다.
  ㉣ 때에 따라 전체 필요한 최소유량보다 더 초과될 수 있다.
  ㉤ 설치 후 변경이나 확장에 대한 유연성이 낮다.
  ㉥ 효율 개선 시 전체를 수정해야 한다.

48 외부식 후드의 경우 필요송풍량을 가장 적게 할 수 있는 모양은?
① 플랜지가 없고 적절한 공간이 있는 모양
② 플랜지가 없고 면에 고정된 모양
③ 플랜지가 있고 적절한 공간이 있는 모양
④ 플랜지가 있고 면에 고정된 모양

[풀이] 외부식 후드가 바닥면에 위치하고 플랜지 부착된 경우가 필요송풍량을 가장 많이 줄일 수 있는 경제적인 후드의 형태이다.

49 사업장에서 취급하는 화학물질에 적합한 보호장구의 재질에 대한 설명으로 옳지 않은 것은?
① Butyl 고무 재질의 보호장구는 극성 용제를 취급할 경우에 효과적으로 사용할 수 있다.
② Ethylene vinyl alcohol 재질의 보호장구는 대부분의 화학물질을 취급할 경우에 효과적으로 사용할 수 있다.
③ 천연고무(latex) 재질의 보호장구는 비극성 용제를 취급하는 경우에 효과적으로 사용할 수 있다.
④ Neoprene 고무 재질의 보호장구는 비극성 용제, 산, 부식성 물질 등을 취급하는 경우에 효과적으로 사용할 수 있다.

[풀이] 보호장구 재질에 따른 적용물질
㉠ Neoprene 고무 : 비극성 용제, 극성 용제 중 알코올, 물, 케톤류 등에 효과적
㉡ 천연고무(latex) : 극성 용제 및 수용성 용액에 효과적(절단 및 찰과상 예방)
㉢ viton : 비극성 용제에 효과적
㉣ 면 : 고체상 물질에 효과적, 용제에는 사용 못함
㉤ 가죽 : 용제에는 사용 못함(기본적인 찰과상 예방)
㉥ Nitrile 고무 : 비극성 용제에 효과적
㉦ Butyl 고무 : 극성 용제(알데히드, 지방족)에 효과적
㉧ Ethylene vinyl alcohol : 대부분의 화학물질을 취급할 경우 효과적

50 송풍기의 송풍량이 4.17m³/sec이고 송풍기 전압이 200mmH₂O인 경우 소요동력은? (단, 송풍기 효율은 0.7이다.)
① 약 4kW ② 약 8kW
③ 약 12kW ④ 약 16kW

[풀이]
$$\text{소요동력(kW)} = \frac{Q \times \Delta P}{6,120 \times \eta} \times \alpha$$
• $Q = 4.17\text{m}^3/\text{sec} \times 60\text{sec/min}$
  $= 250.2\text{m}^3/\text{min}$
  $= \frac{250.2 \times 200}{6,120 \times 0.7} \times 1 = 11.68\text{kW}$

51 원심력 송풍기 중 전향 날개형 송풍기에 관한 설명으로 옳지 않은 것은?

① 송풍기의 임펠러가 다람쥐 쳇바퀴 모양이며 회전날개가 회전방향과 반대방향으로 설계되어 있다.
② 동일 송풍량을 발생시키기 위한 임펠러 회전속도가 상대적으로 낮아 소음 문제가 거의 발생하지 않는다.
③ 이송시켜야 할 공기량은 많으나 압력손실이 적게 걸리는 전체환기나 공기조화용으로 사용된다.
④ 높은 압력손실에서 송풍량이 급격하게 떨어진다.

[풀이] ①항의 내용은 후향 날개형 송풍기(터보형 송풍기)의 설명이다.

52 국소배기장치에서 공기공급시스템이 필요한 이유로 옳지 않은 것은?

① 국소배기장치의 효율 유지
② 안전사고 예방
③ 에너지 절감
④ 작업장의 교차기류 유지

[풀이] 공기공급시스템이 필요한 이유
㉠ 국소배기장치의 원활한 작동을 위하여
㉡ 국소배기장치의 효율 유지를 위하여
㉢ 안전사고를 예방하기 위하여
㉣ 에너지(연료)를 절약하기 위하여
㉤ 작업장 내에 방해기류(교차기류)가 생기는 것을 방지하기 위하여
㉥ 외부공기가 정화되지 않은 채로 건물 내로 유입되는 것을 막기 위하여

53 어느 작업장에서 methyl alcohol(비중=0.792, 분자량=32.04, 허용농도=200ppm)을 시간당 2L 사용하고 안전계수가 6, 실내온도가 20℃일 때 필요환기량(m³/min)은 약 얼마인가?

① 400   ② 600
③ 800   ④ 1,000

[풀이]
- 사용량(g/hr)= 2L/hr×0.792g/mL×1,000mL/L
  =1,584g/hr
- 발생률(G, L/hr)
  32.04g : 24.1L = 1,584g/hr : G
  G=1,191.46L/hr
- ∴ 필요환기량(Q)
  $Q = \dfrac{G}{TLV} \times K$
  $= \dfrac{1,191.46 \text{L/hr} \times 1,000 \text{mL/L}}{200 \text{mL/m}^3} \times 6$
  $= 35743.8 \text{m}^3/\text{hr} \times \text{hr}/60\text{min}$
  $= 595.75 \text{m}^3/\text{min}$

54 회전차 외경이 600mm인 레이디얼 송풍기의 풍량은 300m³/min, 전압은 60mmH₂O, 축동력은 0.70kW이다. 회전차 외경이 1,200mm로 상사인 레이디얼 송풍기가 같은 회전수로 운전된다면 이 송풍기의 전압은?

① 540mmH₂O
② 480mmH₂O
③ 360mmH₂O
④ 240mmH₂O

[풀이] 송풍기 전압
$FTP_2 = FTP_1 \times \left(\dfrac{D_2}{D_1}\right)^2$
$= 60 \times \left(\dfrac{1,200}{600}\right)^2 = 240 \text{mmH}_2\text{O}$

55 벤젠 9L가 증발할 때 발생하는 증기의 용량은? (단, 21℃, 1기압 기준, 벤젠 비중 : 0.879)

① 약 1,540L
② 약 1,860L
③ 약 2,440L
④ 약 2,820L

[풀이]
- 벤젠 사용량(g)=9L×0.879g/mL×1,000mL/L
  =7,911g
- 벤젠 용량(L)
  78g : 24.1L=7,911g : x(벤젠 용량)
- ∴ 벤젠 용량(L)=2444.3L

정답 51.① 52.④ 53.② 54.④ 55.③

56 고속기류 내로 높은 초기속도로 배출되는 작업조건에서 회전연삭, 블라스팅 작업공정 시 제어속도로 적절한 것은? (단, 미국 산업위생전문가협의회 권고 기준)
① 1.8m/sec
② 2.1m/sec
③ 8.8m/sec
④ 12.8m/sec

[풀이] 작업조건에 따른 제어속도 기준

작업조건	작업공정 사례	제어속도 (m/sec)
• 움직이지 않는 공기 중에서 속도 없이 배출되는 작업조건 • 조용한 대기 중에 실제 거의 속도가 없는 상태로 발산하는 작업조건	• 액면에서 발생하는 가스나 증기, 흄 • 탱크에서 증발, 탈지시설	0.25~0.5
비교적 조용한(약간의 공기 움직임) 대기 중에서 저속도로 비산하는 작업조건	• 용접, 도금 작업 • 스프레이 도장 • 주형을 부수고 모래를 터는 장소	0.5~1.0
발생기류가 높고 유해물질이 활발하게 발생하는 작업조건	• 스프레이 도장, 용기 충전 • 컨베이어 적재 • 분쇄기	1.0~2.5
초고속기류가 있는 작업장소에 초고속으로 비산하는 작업조건	• 회전연삭작업 • 연마작업 • 블라스트 작업	2.5~10

57 보호구의 보호정도를 나타내는 할당보호계수(APF)에 관한 설명으로 옳지 않은 것은?
① 보호구 밖의 유량과 안의 유량비(Q_o/Q_i)로 표현된다.
② APF를 이용하여 보호구에 대한 최대사용농도를 구할 수 있다.
③ APF가 10인 보호구를 착용하고 작업장에 들어가면 착용자는 외부 유해물질로부터 적어도 10배만큼의 보호를 받을 수 있다는 의미이다.
④ 일반적인 PF 개념의 특별한 적용으로 적절히 밀착이 이루어진 호흡기 보호구를 훈련된 일련의 착용자들이 작업장에서 착용하였을 때 기대하는 최소보호정도치를 말한다.

[풀이] 할당보호계수(APF ; Assigned Protection Factor)
㉠ 작업장에서 보호구 착용 시 기대되는 최소보호정도치를 의미한다.
㉡ APF 50의 의미는 APF 50의 보호구를 착용하고 작업 시 착용자는 외부 유해물질로부터 적어도 50배만큼 보호를 받을 수 있다는 의미이다.
㉢ APF가 가장 큰 것은 양압 호흡기 보호구 중 공기공급식(SCBA, 압력식) 전면형이다.

58 사무실 직원이 모두 퇴근한 6시 20분에 CO_2 농도는 1,400ppm이었다. 3시간이 지난 후 다시 CO_2 농도를 측정한 결과 CO_2 농도가 600ppm이었다면 이 사무실의 시간당 공기교환횟수는? (단, 외부공기 중 CO_2 농도는 330ppm이다.)
① 4.26
② 2.36
③ 1.24
④ 0.46

[풀이] 시간당 공기횟수
$$= \frac{\ln(\text{측정 초기 농도} - \text{외부의 } CO_2 \text{농도}) - \ln(\text{시간 지난 후 } CO_2 \text{농도} - \text{외부의 } CO_2 \text{농도})}{\text{경과된 시간}(hr)}$$
$$= \frac{\ln(1,400-330) - \ln(600-330)}{3hr}$$
$= 0.46$회(시간당)

59 다음 방음보호구에 대한 설명 중 옳은 것으로만 짝지어진 것은?

㉮ 귀덮개는 고온 착용에 불편이 없다.
㉯ 귀덮개는 작업자가 착용하고 있는지 확인하기 쉽다.
㉰ 귀에 염증이 있는 사람은 귀덮개를 착용해서는 안 된다.
㉱ 귀덮개는 귀마개보다 일관성 있는 차음효과를 얻을 수 있다.

① ㉮, ㉯
② ㉯, ㉰
③ ㉯, ㉱
④ ㉰, ㉱

풀이 귀마개 및 귀덮개의 장단점

	귀마개	귀덮개
장점	㉠ 부피가 작아 휴대가 쉬움 ㉡ 안경과 안전모 등에 방해 되지 않음 ㉢ 고온작업에서도 사용 가능 ㉣ 좁은 장소에서도 사용 가능 ㉤ 귀덮개보다 가격이 저렴	㉠ 귀마개보다 일반적으로 높고(고음영역에서 탁월) 일관성 있는 차음효과를 얻을 수 있음 (개인차가 적음) ㉡ 동일한 크기의 귀덮개를 대부분의 근로자가 사용 가능(크기를 여러가지로 할 필요 없음) ㉢ 귀에 염증(질병)이 있어도 사용 가능 ㉣ 귀마개보다 쉽게 착용할 수 있고 착용법을 틀리거나 잃어버리는 일이 적음
단점	㉠ 귀에 질병이 있는 사람은 착용 불가능 ㉡ 여름에 땀이 많이 날 때는 외이도에 염증 유발 가능성 ㉢ 제대로 착용하는 데 시간이 걸리며 요령을 습득하여야 함 ㉣ 귀덮개보다 차음효과가 일반적으로 떨어지며, 개인차가 큼 ㉤ 더러운 손으로 만짐으로써 외청도를 오염시킬 수 있음(귀마개에 묻어 있는 오염물질이 귀에 들어갈 수 있음)	㉠ 부착된 밴드에 의해 차음효과가 감소될 수 있음 ㉡ 고온에서 사용 시 불편함(보호구 접촉면에 땀이 남) ㉢ 머리카락이 길 때와 안경테가 굵거나 잘 부착되지 않을 때는 사용하기 불편 ㉣ 장시간 사용 시 꼭 끼는 느낌이 있음 ㉤ 보안경과 함께 사용하는 경우 다소 불편하며, 차음효과가 감소됨 ㉥ 오래 사용하여 귀걸이의 탄력성이 줄었을 때나 귀걸이가 휘었을 때는 차음효과가 떨어짐 ㉦ 가격이 비싸고 운반과 보관이 쉽지 않음

60 어느 화학공장에서 작업환경을 측정하였더니 TCE 농도가 10,000ppm이었다. 이러한 오염공기의 유효비중은? (단, TCE 비중은 5.7이다.)

① 1.028　② 1.047
③ 1.059　④ 1.087

풀이 유효비중 $= \dfrac{(10,000 \times 5.7) + (990,000 \times 1.0)}{1,000,000}$
$= 1.047$

제4과목 | 물리적 유해인자관리

61 고온작업장에 분포하거나 유해성이 낮은 유해물질을 오염원에서 완전히 제거하는 것이 아니라 희석하거나 온도를 낮추는 데 채택될 수 있는 환경개선대책은?

① 국소배기시설 설치
② 전체환기시설 설치
③ 공정의 변경
④ 시설의 변경

풀이 전체환기
(1) 개요
유해물질을 외부에서 공급된 신선한 공기와의 혼합으로 유해물질의 농도를 희석시키는 방법으로, 자연환기방식과 인공환기방식으로 구분한다.
㉠ 자연환기방식 : 작업장 내외의 온도, 압력 차이에 의해 발생하는 기류의 흐름을 자연적으로 이용하는 방식이다.
㉡ 인공환기방식 : 환기를 위한 기계적 시설을 이용하는 방식이다.
※ 환기방식을 결정할 때 실내압의 압력에 주의해야 한다.
(2) 목적
㉠ 유해물질 농도를 희석, 감소시켜 근로자의 건강을 유지·증진한다.
㉡ 화재나 폭발을 예방한다.
㉢ 실내의 온도 및 습도를 조절한다.

62 자외선의 대표적인 광선인 도르노선(Dorno-ray)의 파장범위로 옳은 것은?

① 400~700nm
② 315~400nm
③ 280~315nm
④ 100~250nm

풀이 도르노선(Dorno-ray)
280(290)~315nm[2,800(2,900)~3,150Å, 1Å(angstrom) ; SI 단위로 10^{-10}m]의 파장을 갖는 자외선을 의미하며 인체에 유익한 작용을 하여 건강선(생명선)이라고도 한다. 또한 소독작용, 비타민 D 형성, 피부의 색소침착 등 생물학적 작용이 강하다.

63 다음 중 원자력산업 등에서 내부 피폭장애를 일으킬 수 있는 위험 핵종이 아닌 것은?

① ^3H
② ^{54}Mn
③ ^{59}Fe
④ ^{19}F

[풀이] 내부 피폭장애 위험 핵종
㉠ ^3H
㉡ ^{54}Mn
㉢ ^{59}Fe

64 다음 중 난청에 관한 설명으로 틀린 것은 어느 것인가?

① 소음성 난청에서는 4,000Hz에 대한 청력손실이 특징적으로 나타난다.
② 진행된 소음성 난청에서는 고주파음역(4,000~6,000Hz)에서의 손실이 크다.
③ 노인성 난청에서는 고음역에 대한 청력손실이 현저하게 나타난다.
④ 전음계 장애의 경우 고음역에서의 청력손실이 현저하게 나타난다.

[풀이] 난청(청력장애)
(1) 일시적 청력손실(TTS)
㉠ 강력한 소음에 노출되어 생기는 난청으로 4,000~6,000Hz에서 가장 많이 발생한다.
㉡ 청신경세포의 피로현상으로, 회복되려면 12~24시간을 요하는 가역적인 청력저하이며, 영구적 소음성 난청의 예비신호로도 볼 수 있다.
(2) 영구적 청력손실(PTS) : 소음성 난청
㉠ 비가역적 청력저하, 강렬한 소음이나 지속적인 소음 노출에 의해 청신경 말단부의 내이 코르티(corti)기관의 섬모세포 손상으로 회복될 수 없는 영구적인 청력저하가 발생한다.
㉡ 3,000~6,000Hz의 범위에서 먼저 나타나고, 특히 4,000Hz에서 가장 심하게 발생한다.
(3) 노인성 난청
㉠ 노화에 의한 퇴행성 질환으로, 감각신경성 청력손실이 양측 귀에 대칭적·점진적으로 발생하는 질환이다.
㉡ 일반적으로 고음역에 대한 청력손실이 현저하며 6,000Hz에서부터 난청이 시작된다.

65 현재 총 흡음량이 1,000sabins인 작업장의 천장에 흡음물질을 첨가하여 4,000sabins을 더할 경우 소음감소는 어느 정도가 되겠는가?

① 5dB
② 6dB
③ 7dB
④ 8dB

[풀이] 소음저감량(NR)
$= 10\log\left(\dfrac{1,000\text{sabins} + 4,000\text{sabins}}{1,000\text{sabins}}\right)$
$= 7\text{dB}$

66 동상의 종류와 증상이 잘못 연결된 것은?

① 1도 : 발적
② 2도 : 수포 형성과 염증
③ 3도 : 조직괴사로 괴저 발생
④ 4도 : 출혈

[풀이] 동상의 단계별 구분
(1) 제1도 동상 : 발적
㉠ 홍반성 동상이라고도 한다.
㉡ 처음에는 말단부로의 혈행이 정체되어서 국소성 빈혈이 생기고, 환부의 피부는 창백하게 되어서 다소의 동통 또는 지각 이상을 초래한다.
㉢ 한랭작용이 이 시기에 중단되면 반사적으로 충혈이 일어나서 피부에 염증성 조홍을 일으키고, 남보라색 부종성 조홍을 일으킨다.
(2) 제2도 동상 : 수포 형성과 염증
㉠ 수포성 동상이라고도 한다.
㉡ 물집이 생기거나 피부가 벗겨지는 결빙을 말한다.
㉢ 수포를 가진 광범위한 삼출성 염증이 생긴다.
㉣ 수포에는 혈액이 섞여 있는 경우가 많다.
㉤ 피부는 청남색으로 변하고 큰 수포를 형성하여 궤양, 화농으로 진행한다.
(3) 제3도 동상 : 조직괴사로 괴저 발생
㉠ 괴사성 동상이라고도 한다.
㉡ 한랭작용이 장시간 계속되었을 때 생기며 혈행은 완전히 정지된다. 동시에 조직성분도 붕괴되며, 그 부분의 조직괴사를 초래하여 괴상을 만든다.
㉢ 심하면 근육, 뼈까지 침해해서 이환부 전체가 괴사성이 되어 탈락되기도 한다.

67 다음 중 전신진동이 인체에 미치는 영향이 가장 큰 진동의 주파수 범위는?

① 2~100Hz ② 140~250Hz
③ 275~500Hz ④ 4,000Hz 이상

[풀이]
㉠ 전신진동(공해진동) 진동수 : 1~90Hz(2~100Hz)
㉡ 국소진동 진동수 : 8~1,500Hz

68 다음 중 고압환경에 의한 현상으로 옳은 것은 어느 것인가?

① 질소 마취
② 폐장 내의 가스 팽창
③ 질소기포 형성
④ 기침에 의한 쇼크 증후군

[풀이] **질소가스의 마취작용**
㉠ 공기 중의 질소가스는 정상기압에서 비활성이지만 4기압 이상에서는 마취작용을 일으키며, 이를 다행증이라 한다(공기 중의 질소가스는 3기압 이하에서는 자극작용을 한다).
㉡ 질소가스 마취작용은 알코올 중독의 증상과 유사하다.
㉢ 작업력의 저하, 기분의 변환, 여러 종류의 다행증(euphoria)이 일어난다.
㉣ 수심 90~120m에서 환청, 환시, 조현증, 기억력 감퇴 등이 나타난다.

69 직접조명의 단점으로 볼 수 없는 것은?

① 휘도가 크다.
② 조명효율이 낮다.
③ 눈의 피로도가 크다.
④ 강한 음영으로 불쾌감이 있다.

[풀이] **조명방법에 따른 조명관리**
(1) 직접조명
  ㉠ 작업면의 빛 대부분이 광원 및 반사용 삿갓에서 직접 온다.
  ㉡ 기구의 구조에 따라 눈을 부시게 하거나 균일한 조도를 얻기 힘들다.
  ㉢ 반사갓을 이용하여 광속의 90~100%가 아래로 향하게 하는 방식이다.
  ㉣ 일정량의 전력으로 조명 시 가장 밝은 조명을 얻을 수 있다.
  ㉤ 장점 : 효율이 좋고, 천장면의 색조에 영향을 받지 않으며, 설치비용이 저렴하다.
  ㉥ 단점 : 눈부심이 있고, 균일한 조도를 얻기 힘들며, 강한 음영을 만든다.
(2) 간접조명
  ㉠ 광속의 90~100%를 위로 향해 발산하여 천장, 벽에서 확산시켜 균일한 조도를 얻을 수 있는 방식이다.
  ㉡ 천장과 벽에 반사하여 작업면을 조명하는 방법이다.
  ㉢ 장점 : 눈부심이 없고, 균일한 조도를 얻을 수 있으며, 그림자가 없다.
  ㉣ 단점 : 효율이 나쁘고, 설치가 복잡하며, 실내의 입체감이 작아진다.

70 다음 중 산소 농도 저하 시 농도에 따른 증상이 잘못 연결된 것은?

① 12~16% : 맥박과 호흡수 증가
② 9~14% : 판단력 저하와 기억상실
③ 6~10% : 의식상실, 근육경련
④ 6% 이하 : 중추신경장애, Cheyne-Stoke 호흡

[풀이] **산소 농도에 따른 인체장애**

산소 농도 (%)	산소 분압 (mmHg)	동맥혈의 산소 포화도 (%)	증 상
12~16	90~120	85~89	호흡수 증가, 맥박 증가, 정신집중 곤란, 두통, 이명, 신체기능조절 손상 및 순환기 장애자 초기증상 유발
9~14	60~105	74~87	불완전한 정신상태에 이르고, 취한 것과 같으며, 당시의 기억상실, 전신탈진, 체온상승, 호흡장애, 청색증 유발, 판단력 저하
6~10	45~70	33~74	의식불명, 안면창백, 전신근육경련, 중추신경장애, 청색증 유발, 경련, 8분 내 100% 치명적, 6분 내 50% 치명적, 4~5분 내 치료 회복 가능
4~6 및 이하	45 이하	33 이하	40초 내에 혼수상태, 호흡정지, 사망

71 음향출력이 1,000W인 점음원이 지상에 있을 때 20m 떨어진 지점에서의 음의 세기는 얼마인가?

① 0.2W/m²   ② 0.4W/m²
③ 2.0W/m²   ④ 4.0W/m²

풀이 음향출력$(W) = I \times S$
∴ 음의 세기$(I) = \dfrac{W}{S}$
$= \dfrac{1,000W}{(2 \times \pi \times 20^2)m^2} = 0.39W/m^2$

72 고도가 높은 곳에서 대기압을 측정하였더니 90,659Pa이었다. 이곳의 산소분압은 약 얼마가 되겠는가? (단, 공기 중의 산소는 21vol%이다.)

① 135mmHg   ② 143mmHg
③ 159mmHg   ④ 680mmHg

풀이 산소분압(mmHg)
$= $ 기압(mmHg) $\times \dfrac{산소농도(\%)}{100}$
• 기압 $= 90,659Pa \times \dfrac{760mmHg}{1.013 \times 10^5 Pa}$
$= 680.17mmHg$
$= 680.17 \times \dfrac{21}{100} = 142.83mmHg$

73 작업장에서 90dB의 소음을 발산하는 기계가 1대에서 2대로 증가하였다면 이 작업장의 음압레벨은 얼마인가? (단, 각 기계의 소음수준은 동일하다.)

① 90dB   ② 93dB
③ 96dB   ④ 100dB

풀이 합성소음도$(L_P) = 10\log(10^{9.0} + 10^{9.0})$
$= 93dB$

74 빛의 측광량과 단위가 잘못 연결된 것은?

① 광속 : lumen   ② 조도 : lux
③ 광도 : cd   ④ 휘도 : fc

풀이 휘도는 단위평면적에서 발산 또는 반사되는 광량이며, 단위는 cd/m²이다.

75 기류의 측정에 사용되는 기구가 아닌 것은?

① 흑구 온도계
② 열선 풍속계
③ 카타 온도계
④ 풍차 풍속계

풀이 기류의 속도 측정기기
㉠ 피토관
㉡ 회전날개형 풍속계
㉢ 그네날개형 풍속계
㉣ 열선 풍속계
㉤ 카타 온도계
㉥ 풍차 풍속계
㉦ 풍향 풍속계
㉧ 마노미터

76 진동에 대한 대책을 발생원, 전파경로, 수진측으로 크게 구분할 때 다음 중 발생원에 대한 대책과 가장 거리가 먼 것은?

① 탄성 지지
② 가진력 감쇠
③ 진동원과의 거리 증가
④ 기초중량의 부가 또는 경감

풀이 진동방지대책
(1) 발생원 대책
  ㉠ 가진력(기진력, 외력) 감쇠
  ㉡ 불평형력의 평형 유지
  ㉢ 기초중량의 부가 및 경감
  ㉣ 탄성 지지(완충물 등 방진재 사용)
  ㉤ 진동원 제거
  ㉥ 동적 흡진
(2) 전파경로 대책
  ㉠ 진동의 전파경로 차단(방진구)
  ㉡ 거리 감쇠
(3) 수진측 대책
  ㉠ 작업시간 단축 및 교대제 실시
  ㉡ 보건교육 실시
  ㉢ 수진측 탄성 지지 및 강성 변경

정답 71.② 72.② 73.② 74.④ 75.① 76.③

77 라듐(radium)이 붕괴하는 원자의 수를 기초로 해서 정해졌으나 1초 동안에 3.7×10^{10}개의 원자 붕괴가 일어나는 방사성 물질의 양을 한 단위로 하는 전리방사선 단위는?

① 렘(rem)
② 뢴트겐(Röntgen)
③ 큐리(Ci)
④ 래드(rad)

[풀이] 큐리(Curie, Ci), Bq(Becquerel)
㉠ 방사성 물질의 양을 나타내는 단위이다.
㉡ 단위시간에 일어나는 방사선 붕괴율을 의미한다.
㉢ radium이 붕괴하는 원자의 수를 기초로 해서 정해졌으며, 1초간 3.7×10^{10}개의 원자붕괴가 일어나는 방사성 물질의 양(방사능의 강도)으로 정의한다.
㉣ $1Bq = 2.7\times10^{-11}Ci$

78 다음 중 전기성 안염(전광선 안염)과 가장 관련이 깊은 비전리방사선은?

① 마이크로파   ② 자외선
③ 가시광선   ④ 적외선

[풀이] 자외선의 눈에 대한 작용(장애)
㉠ 전기용접, 자외선 살균 취급자 등에서 발생되는 자외선에 의해 전광성 안염인 급성각막염이 유발될 수 있다(일반적으로 6~12시간에 증상이 최고도에 달함).
㉡ 나이가 많을수록 자외선 흡수량이 많아져 백내장을 일으킬 수 있다.
㉢ 자외선의 파장에 따른 흡수정도에 따라 'arc-eye(welder's flash)'라고 일컬어지는 광각막염 및 결막염 등의 급성 영향이 나타나며, 이는 270~280nm의 파장에서 주로 발생한다.

79 소음평가치의 단위로 가장 적절한 것은?

① phon   ② NRN
③ NRR   ④ Hz

[풀이] 소음평가 단위의 종류
㉠ SIL : 회화방해레벨
㉡ PSIL : 우선회화방해레벨
㉢ NC : 실내소음평가척도
㉣ NRN : 소음평가지수
㉤ TNI : 교통소음지수
㉥ Lx : 소음통계레벨
㉦ Ldn : 주야 평균소음레벨
㉧ PNL : 감각소음레벨
㉨ WECPNL : 항공기소음평가량

80 다음 중 저압환경에서의 생체작용에 관한 내용으로 틀린 것은?

① 고공증상으로 항공치통, 항공이염 등이 있다.
② 고공성 폐수종은 어른보다 아이들에게 많이 발생한다.
③ 급성 고산병의 가장 특징적인 것은 흥분성이다.
④ 급성 고산병은 비가역적이다.

[풀이] 급성 고산병
㉠ 가장 특징적인 것은 흥분성이다.
㉡ 극도의 우울증, 두통, 식욕상실을 보이는 임상 증세군이다.
㉢ 증상은 48시간 내에 최고도에 달하였다가 2~3일이면 소실된다(가역적).

제5과목 | 산업 독성학

81 다음 중 흄(fume)에 대한 설명으로 가장 적절한 것은?

① 대부분 콜로이드(colloid)보다는 크고 공기나 다른 가스에 단시간 동안 부유할 수 있는 고체 입자를 말한다.
② 불완전연소에 의하여 발생하는 에어로졸로서, 주로 고체상태이고, 탄소와 기타 가연성 물질로 구성되어 있다.
③ 금속이 용해되어 공기에 의하여 산화되어 미립자가 되어 분산하는 것이다.
④ 자연오염이나 인공오염에 의하여 발생한 대기오염물질인 에어로졸에 대하여 광범위하게 적용된다.

정답 77.③ 78.② 79.② 80.④ 81.③

[풀이] 흄(fume)
㉠ 금속이 용해되어 액상 물질로 되고 이것이 가스상 물질로 기화된 후 다시 응축된 고체 미립자로, 보통 크기가 0.1 또는 $1\mu m$ 이하이므로 호흡성 분진의 형태로 체내에 흡입되어 유해성도 커진다. 즉 흄은 금속이 용해되어 공기에 의해 산화되어 미립자가 분산하는 것이다.
㉡ 흄의 생성기전 3단계는 금속의 증기화, 증기물의 산화, 산화물의 응축이다.
㉢ 흄도 입자상 물질로서 육안으로 확인이 가능하며, 작업장에서 흔히 경험할 수 있는 대표적 작업은 용접작업이다.
㉣ 일반적으로 흄은 금속의 연소과정에서 생긴다.
㉤ 입자의 크기가 균일성을 갖는다.
㉥ 활발한 브라운(Brown) 운동에 의해 상호충돌해 응집하며 응집한 후 재분리는 쉽지 않다.

82 다음 중 발암을 일으키는 과정에서 개시단계에 관한 설명이 아닌 것은?
① 비가역적인 세포 내 변화가 초래되는 시기이다.
② 형태학적으로 정상 세포와 구분이 되지 않는다.
③ 돌연변이가 세포분열을 통하여 유전자 내에서 분리되는 시기이다.
④ 발암원에 의해 단순돌연변이가 발생한다.

[풀이] 발암 개시단계 및 발암 촉진단계
(1) 발암 개시단계
 ㉠ 세포 내 비가역적인 변화가 초래되는 시기이다.
 ㉡ 형태학적으로 정상 세포와 구분이 되지 않는다.
 ㉢ 발암원에 의해 단순돌연변이가 발생한다.
(2) 발암 촉진단계
 ㉠ 돌연변이가 세포분열을 통하여 유전자 내에서 분리되는 시기이다.
 ㉡ 암세포의 증식과 발현을 쉽게 하는 과정이다.
 ㉢ 정상적인 면역작용에서 탈피된다.

83 직업적으로 벤지딘(benzidine)에 장기간 노출되었을 때 암이 발생될 수 있는 인체부위로 가장 적절한 것은?
① 피부 ② 뇌
③ 폐   ④ 방광

[풀이] 벤지딘
㉠ 염료, 직물, 제지, 화학공업, 합성고무경화제의 제조에 사용한다.
㉡ 급성중독으로 피부염, 급성방광염을 유발한다.
㉢ 만성중독으로 방광, 요로계 종양을 유발한다.

84 다음 중 3가 및 6가 크롬에 관한 특성을 올바르게 설명한 것은?
① 3가 크롬은 피부흡수가 쉬우나, 6가 크롬은 피부통과가 어렵다.
② 위액은 3가 크롬을 6가 크롬으로 즉시 환원시킨다.
③ 세포막을 통과한 3가 크롬은 세포 내에서 발암성을 가진 6가 크롬 형태로 산화된다.
④ 3가 크롬은 세포 내에서 세포핵과 결합될 때만 발암성을 나타낸다.

[풀이] ① 3가 크롬은 피부흡수가 어려우나, 6가 크롬은 쉽게 피부를 통과한다.
② 환원 → 산화
③ 세포막을 통과한 6가 크롬은 세포 내에서 수분 내지 수 시간만에 체내에서 발암성을 가진 3가 크롬 형태로 환원된다.

85 다음 중 생물학적 모니터링을 위한 시료가 아닌 것은?
① 공기 중 유해인자
② 혈액 중의 유해인자나 대사산물
③ 뇨 중의 유해인자나 대사산물
④ 호기(exhaled air) 중의 유해인자나 대사산물

[풀이] 공기 중 유해인자는 작업환경측정을 위한 개인시료이다.

86 다음 중 급성 전신중독을 유발하는 데 있어 그 독성이 가장 강한 방향족탄화수소는?
① 벤젠(benzene) ② 톨루엔(toluene)
③ 크실렌(xylene) ④ 에틸렌(ethylene)

[정답] 82.③ 83.④ 84.④ 85.① 86.②

풀이 방향족탄화수소 중 급성 전신중독 시 독성이 강한 순서
톨루엔 > 크실렌 > 벤젠

87 호흡기에 대한 자극작용은 유해물질의 용해도에 따라 구분되는데, 다음 중 상기도 점막 자극제에 해당하지 않는 것은?

① 염화수소　② 아황산가스
③ 암모니아　④ 이산화질소

풀이 호흡기에 대한 자극작용 구분에 따른 자극제의 종류
(1) 상기도 점막 자극제
　㉠ 암모니아
　㉡ 염화수소
　㉢ 아황산가스
　㉣ 포름알데히드
　㉤ 아크롤레인
　㉥ 아세트알데히드
　㉦ 크롬산
　㉧ 산화에틸렌
　㉨ 염산
　㉩ 불산
(2) 상기도 점막 및 폐조직 자극제
　㉠ 불소
　㉡ 요오드
　㉢ 염소
　㉣ 오존
　㉤ 브롬
(3) 종말세기관지 및 폐포 점막 자극제
　㉠ 이산화질소
　㉡ 포스겐
　㉢ 염화비소

88 규폐증(silicosis)에 관한 설명으로 틀린 것은 어느 것인가?

① 규폐증이란 석영분진에 직업적으로 노출될 때 발생하는 진폐증의 일종이다.
② 역사적으로 보면 규폐증은 이집트의 미라에서도 발견되는 오랜 질병이다.
③ 채석장 및 모래분사 작업장에 종사하는 작업자들이 잘 걸리는 폐질환이다.
④ 규폐증이란 석면의 고농도 분진을 단기적으로 흡입할 때 주로 발생되는 질병이다.

풀이 규폐증의 인체 영향 및 특징
㉠ 이집트의 미라에서도 발견되는 오랜 질병이며, 채석장 및 모래분사 작업장에 종사하는 작업자들이 석면을 과도하게 흡입하여 잘 걸리는 폐질환으로 SiO_2 함유 먼지 0.5~5μm 크기에서 잘 유발된다.
㉡ 폐 조직에서 섬유상 결절이 발견된다.
㉢ 유리규산(SiO_2) 분진 흡입으로 폐에 만성 섬유증식이 나타난다.
㉣ 자각증상은 호흡곤란, 지속적인 기침, 다량의 담액 등이지만, 일반적으로는 자각증상 없이 서서히 진행된다(만성 규폐증의 경우 10년 이상 지나서 증상이 나타남).
㉤ 고농도의 규소입자에 노출되면 급성 규폐증에 걸리며 열, 기침, 체중감소, 청색증이 나타난다.
㉥ 폐결핵은 합병증으로 폐하엽 부위에 많이 생긴다.
㉦ 폐에 실리카가 쌓인 곳에서는 상처가 생기게 된다.
㉧ 석면분진이 직업적으로 노출 시 발생하는 진폐증의 일종이다.

89 생리적으로는 아무 작용도 하지 않으나 공기 중에 많이 존재하여 산소분압을 저하시켜 조직에 필요한 산소의 공급 부족을 초래하는 질식제는?

① 화학적 질식제　② 생물학적 질식제
③ 물리적 질식제　④ 단순 질식제

풀이 단순 질식제
환경 공기 중에 다량 존재하여 정상적 호흡에 필요한 혈중 산소량을 낮추는 생리적으로는 아무 작용도 하지 않는 불활성 가스를 말한다. 즉 원래 그 자체는 독성작용이 없으나 공기 중에 많이 존재하면 산소분압의 저하로 산소공급 부족을 일으키는 물질이다.

90 다음 설명에 해당하는 중금속의 종류는?

이 중금속 중독의 특징적인 증상은 구내염, 정신증상, 근육진전이라 할 수 있으며 급성중독의 치료로는 우유나 계란의 흰자를 먹이고, 만성중독의 치료로는 취급을 즉시 중지하고, BAL을 투여한다.

① 크롬　② 카드뮴
③ 납　④ 수은

정답 87.④ 88.④ 89.④ 90.④

[풀이] **수은중독의 치료**
(1) 급성중독
 ㉠ 우유와 계란의 흰자를 먹여 단백질과 해당 물질을 결합시켜 침전시킨다.
 ㉡ 마늘계통의 식물을 섭취한다.
 ㉢ 위세척(5~10% S.F.S 용액)을 한다. 다만, 세척액은 200~300mL를 넘지 않도록 한다.
 ㉣ BAL(British Anti Lewisite)을 투여한다(체중 1kg당 5mg의 근육주사).
(2) 만성중독
 ㉠ 수은 취급을 즉시 중지시킨다.
 ㉡ BAL(British Anti Lewisite)을 투여한다.
 ㉢ 1일 10L의 등장식염수를 공급(이뇨작용으로 촉진)한다.
 ㉣ N-acetyl-D-penicillamine을 투여한다.
 ㉤ 땀을 흘려 수은 배설을 촉진한다.
 ㉥ 진전증세에 genascopalin을 투여한다.
 ㉦ Ca-EDTA의 투여는 금기사항이다.

91 근로자가 1일 작업시간 동안 잠시라도 노출되어서는 안 되는 기준을 나타내는 것은?
① TLV-TWA
② TLV-STEL
③ TLV-C
④ TLV-S

[풀이] **천장값 노출기준(TLV-C : ACGIH)**
㉠ 어떤 시점에서도 넘어서는 안 된다는 상한치를 의미한다.
㉡ 항상 표시된 농도 이하를 유지하여야 한다.
㉢ 노출기준에 초과되어 노출 시 즉각적으로 비가역적인 반응을 나타낸다.
㉣ 자극성 가스나 독작용이 빠른 물질 및 TLV-STEL이 설정되지 않는 물질에 적용한다.
㉤ 측정은 실제로 순간농도 측정이 불가능하며, 따라서 약 15분간 측정한다.

92 작업환경측정과 비교한 생물학적 모니터링의 장점과 가장 거리가 먼 것은?
① 모든 노출경로에 의한 흡수정도를 나타낼 수 있다.
② 분석수행이 용이하고 결과 해석이 명확하다.
③ 작업환경측정(개인시료)보다 더 직접적으로 근로자 노출을 추정할 수 있다.
④ 건강상의 위험에 대해서 보다 정확한 평가를 할 수 있다.

[풀이] **생물학적 모니터링의 장단점**
(1) 장점
 ㉠ 공기 중의 농도를 측정하는 것보다 건강상의 위험을 보다 직접적으로 평가할 수 있다.
 ㉡ 모든 노출경로(소화기, 호흡기, 피부 등)에 의한 종합적인 노출을 평가할 수 있다.
 ㉢ 개인시료보다 건강상의 악영향을 보다 직접적으로 평가할 수 있다.
 ㉣ 건강상의 위험에 대하여 보다 정확한 평가를 할 수 있다.
 ㉤ 인체 내 흡수된 내재용량이나 중요한 조직부위에 영향을 미치는 양을 모니터링할 수 있다.
(2) 단점
 ㉠ 시료채취가 어렵다.
 ㉡ 유기시료의 특이성이 존재하고 복잡하다.
 ㉢ 각 근로자의 생물학적 차이가 나타날 수 있다.
 ㉣ 분석이 어려우며 분석 시 오염에 노출될 수 있다.

93 유기용제 중독을 스크린하는 다음 검사법의 민감도(sensitivity)는 얼마인가?

구분		실제값(질병)		합계
		양성	음성	
검사법	양성	15	25	40
	음성	5	15	20
합계		20	40	60

① 25.0%
② 37.5%
③ 62.5%
④ 75.0%

[풀이] 민감도란 노출을 측정 시 실제로 노출된 사람이 이 측정방법에 의하여 노출된 것으로 나타날 확률이다.

$$\text{민감도}(\%) = \frac{\text{검사법 양성과 실제값 양성}}{[(\text{검사법 양성과 실제값 양성}) + (\text{검사법 음성과 실제값 양성})]}$$

$$= \frac{15}{15+5} = 0.75 \times 100 = 75\%$$

정답 91.③ 92.② 93.④

94 다음 중 유기분진에 의한 진폐증에 해당하는 것은?
① 석면폐증 ② 규폐증
③ 면폐증 ④ 활석폐증

풀이 분진 종류에 따른 진폐증의 분류(임상적 분류)
㉠ 유기성 분진에 의한 진폐증
농부폐증, 면폐증, 연초폐증, 설탕폐증, 목재분진폐증, 모발분진폐증
㉡ 무기성(광물성) 분진에 의한 진폐증
규폐증, 탄소폐증, 활석폐증, 탄광부진폐증, 철폐증, 베릴륨폐증, 흑연폐증, 규조토폐증, 주석폐증, 칼륨폐증, 바륨폐증, 용접공폐증, 석면폐증

95 다음 중 체내에서 유해물질을 분해하는 데 가장 중요한 역할을 하는 것은?
① 백혈구 ② 혈압
③ 효소 ④ 적혈구

풀이 유해화학물질이 체내로 침투되어 해독되는 경우 해독반응에 가장 중요한 작용을 하는 것은 효소이다.

96 다음 중 비중격천공을 유발시키는 물질은?
① 수은(Hg) ② 납(Pb)
③ 카드뮴(Cd) ④ 크롬(Cr)

풀이 크롬에 의한 만성중독 건강장애
(1) 점막장애
점막이 충혈되어 화농성 비염이 되고 차례로 깊이 들어가서 궤양이 되며, 코 점막의 염증, 비중격천공 증상을 일으킨다.
(2) 피부장애
㉠ 피부궤양(둥근 형태의 궤양)을 일으킨다.
㉡ 수용성 6가 크롬은 저농도에서도 피부염을 일으킨다.
㉢ 손톱 주위, 손 및 전박부에 잘 발생한다.
(3) 발암작용
㉠ 장기간 흡입에 의해 기관지암, 폐암, 비강암(6가 크롬)이 발생한다.
㉡ 크롬 취급자는 폐암에 의한 사망률이 정상인보다 상당히 높다.
(4) 호흡기 장애
크롬폐증이 발생한다.

97 다음 중 직업성 천식을 유발하는 원인물질로만 나열된 것은?
① TDI(Toluene Di Isocyanate), TMA(Trimellitic Anhydride)
② TDI, asbestos
③ 알루미늄, 2-bromopropane
④ 실리카, DBCP(1,2-dibromo-3-chloropropane)

풀이 직업성 천식의 원인 물질

구분	원인 물질	직업 및 작업
금속	백금	도금
	니켈, 크롬, 알루미늄	도금, 시멘트 취급자, 금고 제작공
화학물	Isocyanate(TDI, MDI)	페인트, 접착제, 도장작업
	산화무수물	페인트, 플라스틱 제조업
	송진 연무	전자업체 납땜 부서
	반응성 및 아조 염료	염료공장
	trimellitic anhydride(TMA)	레진, 플라스틱, 계면활성제 제조업
	persulphates	미용사
	ethylenediamine	래커칠, 고무공장
	formaldehyde	의료 종사자
약제	항생제, 소화제	제약회사, 의료인
생물학적 물질	동물 분비물, 털(말, 쥐, 사슴)	실험실 근무자, 동물 사육사
	목재분진	목수, 목재공장 근로자
	곡물가루, 쌀겨, 메밀가루, 카레	농부, 곡물 취급자, 식품업 종사자
	밀가루	제빵공
	커피가루	커피 제조공
	라텍스	의료 종사자
	응애, 진드기	농부, 과수원(귤, 사과)

98 인간의 연금술, 의약품 등에 가장 오래 사용해 왔던 중금속 중의 하나로 17세기 유럽에서 신사용 중절모자를 제조하는 데 사용함으로써 근육경련을 일으킨 물질은?
① 비소 ② 납
③ 베릴륨 ④ 수은

정답 94.③ 95.③ 96.④ 97.① 98.④

[풀이] **수은**
  ㉠ 인간의 연금술, 의약품 분야에서 가장 오래 사용해 왔던 중금속의 하나이다.
  ㉡ 로마 시대에는 수은광산에서 수은중독으로 인한 사망이 발생하였다.
  ㉢ 17세기 유럽에서 신사용 중절모자를 제조하는 데 사용함으로써 근육경련(hatter's shake)을 일으킨 기록이 있다.
  ㉣ 우리나라에서는 형광등 제조업체에 근무하던 문송면 군에게 직업병을 일으킨 원인 인자이며, 금속 중 증기를 발생시켜 산업중독을 일으킨다.

99 다음 중 화학적 질식가스에 관한 설명으로 옳은 것은?
  ① 혈액 중의 혈색소와 결합하여 산소운반 능력을 촉진시킨다.
  ② 일산화탄소는 산소와 혈색소의 결합을 촉진시킨다.
  ③ 청산 및 그 화합물은 조직 내에서 산화과정을 촉진시킨다.
  ④ 아닐린, 메틸아닐린 등은 메트헤모글로빈을 형성시킨다.

[풀이] ① 촉진 → 방해
  ② 촉진 → 방해
  ③ 촉진 → 방해

100 다음 중 국제암연구위원회(IARC)의 발암물질에 대한 Group의 구분과 정의가 올바르게 연결된 것은?
  ① Group 1 - 인체 발암성 가능물질
  ② Group 2A - 인체 발암성 예측·추정 물질
  ③ Group 3 - 인체 미발암성 추정물질
  ④ Group 4 - 인체 발암성 미분류물질

[풀이] **국제암연구위원회(IARC)의 발암물질 구분**
  ㉠ Group 1 : 인체 발암성 확정물질
  ㉡ Group 2A : 인체 발암성 예측·추정 물질
  ㉢ Group 2B : 인체 발암성 가능물질
  ㉣ Group 3 : 인체 발암성 미분류물질
  ㉤ Group 4 : 인체 비발암성 추정물질

제3회 산업위생관리기사

과년도 출제문제 | 2010.07.25

제1과목 | 산업위생학 개론

01 다음 중 재해의 원인에서 불안전한 행동에 해당하는 것은?
① 보호구 미착용
② 방호장치 미설치
③ 시끄러운 주위환경
④ 경고 및 위험표지 미설치

풀이 산업재해의 직접원인(1차 원인)
(1) 불안전한 행위(인적 요인)
  ㉠ 위험장소 접근
  ㉡ 안전장치 기능제거(안전장치를 고장나게 함)
  ㉢ 기계·기구의 잘못 사용(기계설비의 결함)
  ㉣ 운전 중인 기계장치의 손실
  ㉤ 불안전한 속도 조작
  ㉥ 주변환경에 대한 부주의(위험물 취급 부주의)
  ㉦ 불안전한 상태의 방치
  ㉧ 불안전한 자세
  ㉨ 안전확인 경고의 미비(감독 및 연락 불충분)
  ㉩ 복장, 보호구의 잘못 사용(보호구를 착용하지 않고 작업)
(2) 불안전한 상태(물적 요인)
  ㉠ 물 자체의 결함
  ㉡ 안전보호장치의 결함
  ㉢ 복장, 보호구의 결함
  ㉣ 물의 배치 및 작업장소의 결함(불량)
  ㉤ 작업환경의 결함(불량)
  ㉥ 생산공장의 결함
  ㉦ 경계표시, 설비의 결함

02 다음 중 산업위생의 정의에 있어 중요 4가지 활동요소에 해당하지 않는 것은?
① 예측 ② 인식
③ 제시 ④ 관리

풀이 산업위생의 정의 : 4가지 주요 활동(AIHA)
㉠ 예측
㉡ 인지(인식 ; 측정)
㉢ 평가
㉣ 관리

03 15℃를 유지해야 하는 PCB 회로기판 조립 라인에서 탈지작업을 위해 트리클로로에틸렌(TCE)을 사용한다. 탈지조에서 방출되는 TCE의 작업환경측정 농도가 150mg/m³이었다면, 이 농도의 ppm 농도는 약 얼마인가? (단, TCE의 분자량은 131.39이다.)
① 17.12
② 25.57
③ 26.97
④ 27.91

풀이
$$\text{ppm} = \text{mg/m}^3 \times \frac{\text{해당 부피(L)}}{\text{분자량(g)}}$$
$$= 150\text{mg/m}^3 \times \frac{22.4L \times \left(\frac{273+15}{273}\right)}{131.39\text{g}}$$
$$= 26.98\text{ppm}$$

04 산업안전보건법상 다음 설명에 해당하는 건강진단의 종류는?

> 특수건강진단 대상업무에 종사할 근로자에 대하여 배치 예정업무에 대한 적합성 평가를 위하여 사업주가 실시하는 건강진단

① 배치 전 건강진단
② 일반건강진단
③ 수시건강진단
④ 임시건강진단

정답 01.① 02.③ 03.③ 04.①

[풀이] **건강진단의 종류**
(1) 일반건강진단
 상시 사용하는 근로자의 건강관리를 위하여 사업주가 주기적으로 실시하는 건강진단을 말한다.
(2) 특수건강진단
 ㉠ 특수건강진단 대상 유해인자에 노출되는 업무(특수건강진단 대상업무)에 종사하는 근로자
 ㉡ 근로자건강진단 실시 결과 직업병 유소견자로 판정받은 후 작업 전환을 하거나 작업장소를 변경하고, 직업병 유소견 판정의 원인이 된 유해인자에 대한 건강진단이 필요하다는 의사의 소견이 있는 근로자
(3) 배치 전 건강진단
 특수건강진단 대상업무에 배치 전 업무적합성 평가를 위하여 사업주가 실시하는 건강진단을 말한다.
(4) 수시건강진단
 특수건강진단 대상업무로 해당 유해인자에 의한 건강장애를 의심하게 하는 증상이나 의학적 소견이 있는 근로자에 대하여 실시하는 건강진단을 말한다.
(5) 임시건강진단
 특수건강진단 대상 유해인자 또는 그 밖의 유해인자에 의한 중독 여부, 질병에 걸렸는지 여부 또는 질병의 발생원인 등을 확인하기 위하여 지방고용노동관서 장의 명령에 따라 사업주가 실시하는 건강진단을 말한다.
 ㉠ 같은 부서에 근무하는 근로자 또는 같은 유해인자에 노출되는 근로자에게 유사한 질병의 자각, 타각 증상이 발생한 경우
 ㉡ 직업병 유소견자가 발생하거나 여러 명이 발생할 우려가 있는 경우
 ㉢ 그 밖에 지방고용노동관서의 장이 필요하다고 판단하는 경우

05 국소피로의 평가방법에 있어 EMG를 이용한 결과에서 피로한 근육에 나타나는 현상으로 틀린 것은?
① 저주파수(0~40Hz) 영역에서 힘(전압)의 증가
② 고주파수(40~200Hz) 영역에서 힘(전압)의 감소
③ 평균주파수 영역에서 힘(전압)의 감소
④ 총 전압의 감소

[풀이] ④ 총 전압의 증가

06 다음 중 사무실 공기관리지침상 관리대상 오염물질의 종류에 해당하지 않는 것은 어느 것인가?
① 일산화탄소(CO)
② 호흡성 분진(RSP)
③ 오존(O_3)
④ 총 부유세균

[풀이] **사무실 공기관리지침의 관리대상 오염물질**
㉠ 미세먼지(PM 10)
㉡ 초미세먼지(PM 2.5)
㉢ 일산화탄소(CO)
㉣ 이산화탄소(CO_2)
㉤ 이산화질소(NO_2)
㉥ 포름알데히드(HCHO)
㉦ 총 휘발성 유기화합물(TVOC)
㉧ 라돈(radon)
㉨ 총 부유세균
㉩ 곰팡이
※ 법 변경(2020년)사항이므로 풀이내용으로 학습 바랍니다.

07 다음 중 재해예방의 4원칙에 관한 설명으로 틀린 것은?
① 재해발생과 손실의 발생은 우연적이므로 사고발생 자체의 방지가 이루어져야 한다.
② 재해발생에는 반드시 원인이 있으며, 사고와 원인의 관계는 필연적이다.
③ 재해는 원칙적으로 예방이 불가능하므로 지속적인 교육이 필요하다.
④ 재해예방을 위한 가능한 안전대책은 반드시 존재한다.

[풀이] **산업재해 예방(방지) 4원칙**
㉠ 예방가능의 원칙
 재해는 원칙적으로 모두 방지가 가능하다.
㉡ 손실우연의 원칙
 재해발생과 손실발생은 우연적이므로 사고발생 자체의 방지가 이루어져야 한다.
㉢ 원인계기의 원칙
 재해발생에는 반드시 원인이 있으며, 사고와 원인의 관계는 필연적이다.
㉣ 대책선정의 원칙
 재해예방을 위한 가능한 안전대책은 반드시 존재한다.

정답 05.④ 06.풀이 학습 07.③

08 교대근무제에 관한 설명으로 옳은 것은?

① 누적피로를 회복하기 위해서는 정교대 방식보다는 역교대방식이 좋다.
② 야간근무 종료 후 휴식은 24시간 전후로 한다.
③ 야간근무 시 가면(假眠)은 반드시 필요하며 보통 2~4시간이 적합하다.
④ 신체적 적응을 위하여 야간근무의 연속 일수는 대략 1주일로 한다.

[풀이]
① 교대방식은 낮근무, 저녁근무, 밤근무 순으로 한다. 즉, 정교대가 좋다.
② 야근 후 최저 48시간 이상의 휴식시간이 필요하다.
④ 야간근무의 연속일수는 2~3일로 한다.

09 다음 중 시대별 산업위생의 역사가 올바르게 연결된 것은?

① B.C. 4세기 : 광산에서의 폐질환 보고
② A.D. 2세기 : 아연, 황의 유해성 주장
③ 1473년 : 직업병과 위생에 관한 교육용 팸플릿 발간
④ 18세기 : 수은중독에 의한 직업성 암을 최초 보고

[풀이]
① B.C. 4세기 : 광산에서의 납중독 보고
  ⇨ Hippocrates
② A.D. 2세기 : 해부학, 병리학에 관한 많은 이론 발표
  ⇨ Galen
④ 18세기 : 검댕에 의한 음낭암 발견
  ⇨ Percivall Pott

10 다음 중 산업안전보건법에 따라 제조·수입·양도·제공 또는 사용이 금지되는 유해물질에 해당되지 않는 것은?

① 청석면 및 갈석면
② 베릴륨
③ 황린(黃燐) 성냥
④ 폴리클로리네이티드 터페닐(PCT)

[풀이] 산업안전보건법 시행령에 의한 제조 등(제조·수입·양도·제공 또는 사용)의 금지 유해물질
㉠ β-나프틸아민과 그 염
㉡ 4-니트로디페닐과 그 염
㉢ 백연을 포함한 페인트(포함된 중량의 비율이 2% 이하인 것은 제외)
㉣ 벤젠을 포함하는 고무풀(포함된 중량의 비율이 5% 이하인 것은 제외)
㉤ 석면
㉥ 폴리클로리네이티드 터페닐
㉦ 황린(黃燐) 성냥
㉧ ㉠, ㉡, ㉤ 또는 ㉥에 해당하는 물질을 포함한 화합물(포함된 중량의 비율이 1% 이하인 것은 제외)
㉨ "화학물질관리법"에 따른 금지물질
㉩ 그 밖에 보건상 해로운 물질로서 산업재해보상보험 및 예방심의위원회의 심의를 거쳐 고용노동부장관이 정하는 유해물질

※ 법 변경(2020년)사항이므로 풀이내용으로 학습 바랍니다.

11 근골격계 질환 평가방법 중 JSI(Job Strain Index)에 대한 설명으로 틀린 것은?

① JSI 평가결과의 점수가 7점 이상은 위험한 작업이므로 즉시 작업개선이 필요한 작업으로 관리기준을 제시하게 된다.
② 평가과정은 지속적인 힘에 대해 5등급으로 나누어 평가하고, 힘을 필요로 하는 작업의 비율, 손목에 부적절한 작업자세, 반복성, 작업속도, 작업시간 등 총 6가지 요소를 평가한 후 각각의 점수를 곱하여 최종 점수를 산출하게 된다.
③ 주로 상지작업, 특히 허리와 팔을 중심으로 이루어지는 작업에 유용하게 사용할 수 있다.
④ 이 평가방법은 손목의 특이적인 위험성만을 평가하고 있어 제한적인 작업에 대해서만 평가가 가능하고, 손목 부위에서 중요한 진동에 대한 위험요인이 배제되었다는 단점이 있다.

정답 08.③ 09.③ 10.풀이 학습 11.③

풀이
③ 주로 상지의 말단(손, 손목, 팔꿈치)의 작업 관련성 근골격계 유해요인을 평가하는 도구이다.
– JSI(Job Strain Index, 작업긴장도 지수)
㉠ 평가되는 유해요인 : 반복성, 힘, 불편한 자세
㉡ 관련 신체부위 : (주로) 손, 손목
㉢ 평가 : 6가지 변수를 측정하여 등급과 계수를 기록하고, 기록된 계수를 모두 곱해 Job Strain Index 점수를 계산하여 평가점수표에 의하여 평가한다.

12 화학물질 및 물리적 인자의 노출기준에 있어 근로자가 1일 작업시간 동안 잠시라도 노출되어서는 안 되는 기준의 표시는?
① TWA
② STEL
③ C
④ LI

풀이
ACGIH의 허용기준(노출기준)
(1) 시간가중 평균노출기준(TLV-TWA)
㉠ 하루 8시간, 주 40시간 동안에 노출되는 평균농도이다.
㉡ 작업장의 노출기준을 평가할 때 시간가중 평균농도를 기본으로 한다.
㉢ 이 농도에서는 오래 작업하여도 건강장애를 일으키지 않는 관리지표로 사용한다.
㉣ 안전과 위험의 한계로 해석해서는 안 된다.
㉤ 노출상한선과 노출시간 권고사항
  • TLV-TWA의 3배 : 30분 이하의 노출 권고
  • TLV-TWA의 5배 : 잠시라도 노출 금지
㉥ 오랜 시간 동안의 만성적인 노출을 평가하기 위한 기준으로 사용한다.
(2) 단시간 노출기준(TLV-STEL)
㉠ 근로자가 자극, 만성 또는 불가역적 조직장애, 사고유발, 응급 시 대처능력의 저하 및 작업능률 저하 등을 초래할 정도의 마취를 일으키지 않고 단시간(15분) 노출될 수 있는 기준을 말한다.
㉡ 시간가중 평균농도에 대한 보완적인 기준이다.
㉢ 만성중독이나 고농도에서 급성중독을 초래하는 유해물질에 적용한다.
㉣ 독성작용이 빨라 근로자에게 치명적인 영향을 예방하기 위한 기준이다.
(3) 천장값 노출기준(TLV-C)
㉠ 어떤 시점에서도 넘어서는 안 된다는 상한치를 의미한다.
㉡ 항상 표시된 농도 이하를 유지하여야 한다.
㉢ 노출기준에 초과되어 노출 시 즉각적으로 비가역적인 반응을 나타낸다.
㉣ 자극성 가스나 독작용이 빠른 물질 및 TLV-STEL이 설정되지 않는 물질에 적용한다.
㉤ 측정은 실제로 순간농도 측정이 불가능하며, 따라서 약 15분간 측정한다.

13 실내공기의 오염에 따른 건강상 영향을 나타내는 용어와 가장 거리가 먼 것은?
① 새차 증후군
② 화학물질 과민증
③ 헌집 증후군
④ 스티븐스존슨 증후군

풀이
스티븐스존슨 증후군
피부병이 악화된 상태로 피부의 박탈을 초래하는 심한 급성 피부점막 전신질환이다.

14 어느 근로자의 1시간 작업에 소요되는 에너지가 500kcal/hr이었다면, 작업대사율은 약 얼마인가? (단, 기초대사량은 60kcal/hr, 안정 시 소비되는 에너지는 기초대사량의 1.2배로 가정한다.)
① 4.7
② 5.4
③ 6.4
④ 7.1

풀이
작업대사율(RMR)
$$= \frac{\text{작업 시 대사량} - \text{안정 시 대사량}}{\text{기초대사량}}$$
$$= \frac{500\text{kcal/hr} - (60\text{kcal/hr} \times 1.2)}{60\text{kcal/hr}}$$
$$= 7.13$$

15 다음 중 산업 스트레스의 반응에 따른 심리적 결과에 대한 내용으로 틀린 것은 어느 것인가?
① 돌발적 사고
② 가정 문제
③ 수면 방해
④ 성(性)적 역기능

정답 12.③ 13.④ 14.④ 15.①

> [풀이] 산업 스트레스의 반응 결과
> (1) 행동적 결과
> ㉠ 흡연
> ㉡ 알코올 및 약물 남용
> ㉢ 행동 격양에 따른 돌발적 사고
> ㉣ 식욕 감퇴
> (2) 심리적 결과
> ㉠ 가정 문제(가족 조직구성인원 문제)
> ㉡ 불면증으로 인한 수면부족
> ㉢ 성적 욕구 감퇴
> (3) 생리적(의학적) 결과
> ㉠ 심혈관계 질환(심장)
> ㉡ 위장관계 질환
> ㉢ 기타 질환(두통, 피부질환, 암, 우울증 등)

16 다음 중 근육이 운동을 시작했을 때 에너지를 공급받는 순서가 올바르게 나열된 것은?

① 아데노신삼인산(ATP) → 크레아틴인산(CP) → 글리코겐
② 크레아틴인산(CP) → 글리코겐 → 아데노신삼인산(ATP)
③ 글리코겐 → 아데노신삼인산(ATP) → 크레아틴인산(CP)
④ 아데노신삼인산(ATP) → 글리코겐 → 크레아틴인산(CP)

> [풀이] 혐기성 대사(anaerobic metabolism)
> ㉠ 근육에 저장된 화학적 에너지를 의미한다.
> ㉡ 혐기성 대사의 순서(시간대별)
>   ATP(아데노신삼인산) → CP(크레아틴인산) → glycogen(글리코겐) or glucose(포도당)
> ※ 근육운동에 동원되는 주요 에너지원 중 가장 먼저 소비되는 것은 ATP이다.

17 물체의 무게가 2kg이고, 권고중량한계가 4kg일 때 NIOSH의 중량물 취급지수(LI ; Lifting Index)는 얼마인가?

① 8 ② 5
③ 2 ④ 0.5

> [풀이] 중량물 취급지수(LI)
> $= \dfrac{\text{물체 무게(kg)}}{\text{RWL(kg)}} = \dfrac{2\text{kg}}{4\text{kg}} = 0.5$

18 다음 중 노동의 적응과 장애에 관한 설명으로 틀린 것은?

① 직업에 따라 일어나는 신체 형태와 기능의 국소적 변화를 직업성 변이라고 한다.
② 작업환경에 대한 인체의 적응한도를 서한도라고 한다.
③ 일하는 데 가장 적합한 환경을 지적환경이라고 한다.
④ 지적환경의 평가는 생리적, 정신적, 육체적 평가방법으로 행한다.

> [풀이] ④ 지적환경의 평가는 생리·정신·생산적 평가방법으로 행한다.

19 미국산업위생학술원에서 채택한 산업위생전문가의 윤리강령에 있어 근로자에 대한 책임, 기업주와 고객에 대한 책임, 일반대중에 대한 책임, 전문가로서의 책임 중 기업주와 고객에 대한 책임과 관계된 윤리강령은 어느 것인가?

① 근로자, 사회 및 전문 직종의 이익을 위해 과학적 지식을 공개하고 발표한다.
② 결과와 결론을 뒷받침할 수 있도록 기록을 유지하고 산업위생 사업을 전문가답게 운영, 관리한다.
③ 전문적 판단이 타협에 의하여 좌우될 수 있는 상황에는 개입하지 않는다.
④ 기업체의 기밀은 누설하지 않는다.

> [풀이] 기업주와 고객에 대한 책임
> ㉠ 결과 및 결론을 뒷받침할 수 있도록 정확한 기록을 유지하고, 산업위생 사업을 전문가답게 전문 부서들을 운영·관리한다.
> ㉡ 기업주와 고객보다는 근로자의 건강보호에 궁극적 책임을 두어 행동한다.
> ㉢ 쾌적한 작업환경을 조성하기 위하여 산업위생의 이론을 적용하고 책임감 있게 행동한다.
> ㉣ 신뢰를 바탕으로 정직하게 권하고 성실한 자세로 충고하며, 결과와 개선점 및 권고사항을 정확히 보고한다.

20 다음 중 유해인자와 그로 인하여 발생되는 직업병이 올바르게 연결된 것은?
① 크롬 – 간암
② 이상기압 – 침수족
③ 석면 – 악성중피종
④ 망간 – 비중격천공

풀이 유해인자별 발생 직업병
㉠ 크롬 : 폐암(크롬폐증)
㉡ 이상기압 : 폐수종(잠함병)
㉢ 고열 : 열사병
㉣ 방사선 : 피부염 및 백혈병
㉤ 소음 : 소음성 난청
㉥ 수은 : 무뇨증
㉦ 망간 : 신장염(파킨슨 증후군)
㉧ 석면 : 악성중피종
㉨ 한랭 : 동상
㉩ 조명 부족 : 근시, 안구진탕증
㉪ 진동 : Raynaud's 현상
㉫ 분진 : 규폐증

제2과목 | 작업위생 측정 및 평가

21 다음의 유기용제 중 실리카겔에 대한 친화력이 가장 강한 것은?
① 방향족탄화수소류
② 알코올류
③ 케톤류
④ 에스테르류

풀이 실리카겔의 친화력
물 > 알코올류 > 알데히드류 > 케톤류 > 에스테르류 > 방향족탄화수소류 > 올레핀류 > 파라핀류

22 20℃, 1기압에서 에틸렌글리콜의 증기압이 0.05mmHg라면 공기 중 포화농도(ppm)는?
① 약 62   ② 약 66
③ 약 72   ④ 약 76

풀이 포화농도(ppm) = $\dfrac{0.05\text{mmHg}}{760\text{mmHg}} \times 10^6 = 65.78\text{ppm}$

23 유량, 측정시간, 회수율 및 분석 등에 의한 오차가 각각 10%, 4%, 7% 및 5%일 때의 누적오차는?
① 13.8%
② 15.4%
③ 17.6%
④ 19.3%

풀이 누적오차(E_c) = $\sqrt{10^2 + 4^2 + 7^2 + 5^2} = 13.78\%$

24 측정결과의 통계처리에서 산포도 측정방법에는 변량 상호간의 차이에 의하여 측정하는 방법과 평균값에 대한 변량의 편차에 의한 측정방법이 있다. 다음 중 변량 상호간의 차이에 의하여 산포도를 측정하는 방법으로 가장 옳은 것은?
① 변이계수
② 분산
③ 범위
④ 표준편차

풀이 측정결과의 통계처리를 위한 산포도 측정방법
㉠ 변량 상호간의 차이에 의하여 측정하는 방법(범위, 평균차)
㉡ 평균값에 대한 변량의 편차에 의한 측정방법(변이계수, 평균편차, 분산, 표준편차)

25 다음 중 미국 ACGIH에서 정의한 ㉮ 흉곽성 먼지(TPM ; Thoracic Particulate Mass)와 ㉯ 호흡성 먼지(RPM ; Respirable Particulate Mass)의 평균 입자크기로 옳은 것은?
① ㉮ 5μm, ㉯ 15μm
② ㉮ 15μm, ㉯ 5μm
③ ㉮ 4μm, ㉯ 10μm
④ ㉮ 10μm, ㉯ 4μm

풀이 ACGIH의 입자상 물질별 평균 입자크기
㉠ 흡입성 입자상 물질(IPM) : 100μm
㉡ 흉곽성 입자상 물질(TPM) : 10μm
㉢ 호흡성 입자상 물질(RPM) : 4μm

정답 20.③ 21.② 22.② 23.① 24.③ 25.④

26 1/1 옥타브밴드 중심주파수가 31.5Hz일 때 하한주파수는?

① 20.4Hz   ② 22.4Hz
③ 24.4Hz   ④ 26.4Hz

[풀이] f_C(중심주파수)= $\sqrt{2} f_L$

∴ f_L(하한주파수)= $\dfrac{f_C}{\sqrt{2}} = \dfrac{31.5}{\sqrt{2}} = 22.27$Hz

27 어느 표준상태(25℃, 1기압)의 작업장에서 toluene(M.W=92)을 활성탄관을 이용하여 유량 0.25L/min으로 200분간 채취하여 GC로 분석을 하였다. 분석결과 활성탄관 100mg 층에서 3.3mg이 검출되었고, 50mg 층에서는 0.1mg이 검출되었다. 탈착효율이 95%일 때 공기 중 toluene의 농도는? (단, 공시료는 고려하지 않는다.)

① 59.0mg/m³   ② 62.0mg/m³
③ 71.6mg/m³   ④ 83.6mg/m³

[풀이] 농도(mg/m³)

$= \dfrac{\text{질량(분석량)}}{\text{공기채취량} \times \text{효율}}$

$= \dfrac{(3.3+0.1)\text{mg}}{0.25\text{L/min} \times 200\text{min} \times \text{m}^3/1{,}000\text{L} \times 0.95}$

$= 71.58$mg/m³

28 음원이 아무런 방해물이 없는 작업장 중앙 바닥에 설치되어 있다면 음의 지향계수(Q)는?

① 1   ② 2
③ 3   ④ 4

[풀이] 음원의 위치에 따른 지향성
㉠ 음원이 자유공간(공중)에 있을 때
  $Q=1$, $DI = 10\log 1 = 0$dB
㉡ 음원이 반자유공간(바닥 위)에 있을 때
  $Q=2$, $DI = 10\log 2 = 3$dB
㉢ 음원이 두 면이 접하는 공간에 있을 때
  $Q=4$, $DI = 10\log 4 = 6$dB
㉣ 음원이 세 면이 접하는 공간에 있을 때
  $Q=8$, $DI = 10\log 8 = 9$dB

29 알고 있는 공기 중 농도를 만드는 방법인 dynamic method의 장점으로 옳지 않은 것은?

① 온습도 조절이 가능함
② 소량의 누출이나 벽면에 의한 손실은 무시할 수 있음
③ 다양한 실험이 가능함
④ 만들기가 간단하고 경제적임

[풀이] dynamic method
㉠ 희석공기와 오염물질을 연속적으로 흘려주어 일정한 농도를 유지하면서 만드는 방법이다.
㉡ 알고 있는 공기 중 농도를 만드는 방법이다.
㉢ 농도변화를 줄 수 있고 온도·습도 조절이 가능하다.
㉣ 제조가 어렵고 비용도 많이 든다.
㉤ 다양한 농도범위에서 제조가 가능하다.
㉥ 가스, 증기, 에어로졸 실험도 가능하다.
㉦ 소량의 누출이나 벽면에 의한 손실은 무시할 수 있다.
㉧ 지속적인 모니터링이 필요하다.
㉨ 매우 일정한 농도를 유지하기가 곤란하다.

30 열, 화학물질, 압력 등에 강한 특징이 있어 석탄 건류나 증류 등의 고열공정에서 발생하는 다핵방향족탄화수소를 채취하는 데 이용되는 막 여과지는?

① 은막 여과지
② PTFE막 여과지
③ PVC막 여과지
④ MCE막 여과지

[풀이] PTFE막 여과지(Polytetrafluoroethylene membrane filter, 테프론)
㉠ 열, 화학물질, 압력 등에 강한 특성을 가지고 있어 석탄 건류나 증류 등의 고열공정에서 발생하는 다핵방향족탄화수소를 채취하는 데 이용된다.
㉡ 농약, 알칼리성 먼지, 콜타르피치 등을 채취한다.
㉢ 1μm, 2μm, 3μm의 여러 가지 구멍 크기를 가지고 있다.

정답 26.② 27.③ 28.② 29.④ 30.②

31 금속도장 작업장의 공기 중에 toluene(TLV=100ppm) 45ppm, MBK(TLV=50ppm) 15ppm, acetone(TLV=750ppm) 280ppm, MEK(TLV=200ppm) 80ppm으로 발생되었을 때 이 작업장의 노출지수(EI)는? (단, 상가작용 기준)

① 1.223
② 1.323
③ 1.423
④ 1.523

풀이
노출지수(EI) $= \dfrac{45}{100} + \dfrac{15}{50} + \dfrac{280}{750} + \dfrac{80}{200}$
$= 1.523$

32 2차 표준기구(유량 측정)와 가장 거리가 먼 것은?

① 건식 가스미터
② 유리피스톤미터
③ 오리피스미터
④ 열선기류계

풀이 공기채취기구의 보정에 사용되는 2차 표준기구의 종류

표준기구	일반 사용범위	정확도
로터미터(rotameter)	1mL/분 이하	±1~25%
습식 테스트미터(wet-test-meter)	0.5~230L/분	±0.5% 이내
건식 가스미터(dry-gas-meter)	10~150L/분	±1% 이내
오리피스미터(orifice meter)	–	±0.5% 이내
열선기류계(thermo anemometer)	0.05~40.6m/초	±0.1~0.2%

33 태양광선이 내리쬐는 옥외작업장에서 작업강도 중등도의 연속작업이 이루어질 때 습구흑구온도지수(WBGT)는? (단, 건구온도: 30℃, 자연습구온도: 28℃, 흑구온도: 32℃)

① 27.0℃
② 28.2℃
③ 29.0℃
④ 30.2℃

풀이 태양광선이 내리쬐는 장소(옥외) WBGT(℃)
$= (0.7 \times 28℃) + (0.2 \times 32℃) + (0.1 \times 30℃)$
$= 29.0℃$

34 가스상 물질의 측정을 위한 수동식 시료채취기(passive sampler)에 관한 설명으로 옳지 않은 것은?

① 채취원리는 Fick's 확산 제1법칙으로 나타낼 수 있다.
② 장점은 간편성과 편리성이다.
③ 유량이라는 표현 대신에 채취속도(SR)로 표시한다.
④ 펌프를 수동으로 간단히 작동하게 함으로써 효과적인 채취가 가능하다.

풀이 수동채취기는 공기채취펌프가 필요하지 않고 공기층을 통한 확산 또는 투과되는 현상을 이용하여 수동적으로 농도구배에 따라 포집하는 장치이다.

35 화학공장의 작업장 내에 먼지농도를 측정하였더니 5, 7, 5, 7, 6, 6, 4, 3, 9, 8(ppm)이었다. 이러한 측정치의 기하평균(ppm)은?

① 5.43
② 5.53
③ 5.63
④ 5.73

풀이 기하평균(GM)
$\log GM = \dfrac{\log 5 + \log 7 + \log 5 + \log 7 + \log 6 + \log 6 + \log 4 + \log 3 + \log 9 + \log 8}{10}$
$= 0.758$
$\therefore GM = 10^{0.758} = 5.73 \text{ppm}$

36 일정한 압력 조건에서 부피와 온도가 비례한다는 표준가스 법칙은?

① 보일의 법칙
② 샤를의 법칙
③ 게이-뤼삭의 법칙
④ 라울트의 법칙

풀이 샤를의 법칙
일정한 압력하에서 기체를 가열하면 온도가 1℃ 증가함에 따라 부피는 0℃ 부피의 1/273만큼 증가한다.

37 정량한계(LOQ)에 관한 설명으로 옳은 것은?

① 표준편차의 2배로 정의
② 표준편차의 3배로 정의
③ 표준편차의 5배로 정의
④ 표준편차의 10배로 정의

[풀이] **정량한계(LOQ ; Limit Of Quantization)**
㉠ 분석기마다 바탕량과 구별하여 분석될 수 있는 최소의 양, 즉 분석결과가 어느 주어진 분석절차에 따라 합리적인 신뢰성을 가지고 정량분석할 수 있는 가장 작은 양이나 농도이다.
㉡ 도입 이유는 검출한계가 정량분석에서 만족스런 개념을 제공하지 못하기 때문에 검출한계의 개념을 보충하기 위해서이다.
㉢ 일반적으로 표준편차의 10배 또는 검출한계의 3배 또는 3.3배로 정의한다.
㉣ 정량한계를 기준으로 최소한으로 채취해야 하는 양이 결정된다.

38 활성탄의 제한점에 관한 설명으로 옳지 않은 것은?

① 휘발성이 큰 저분자량의 탄화수소화합물의 채취효율이 떨어짐
② 암모니아, 에틸렌, 염화수소와 같은 저비점 화합물에 비효과적임
③ 표면 산화력으로 인해 반응성이 작은 mercaptan과 aldehyde 포집에 부적합함
④ 비교적 높은 습도는 활성탄의 흡착용량을 저하시킴

[풀이] **활성탄의 제한점**
㉠ 표면의 산화력으로 인해 반응성이 큰 멜캅탄, 알데히드 포집에는 부적합하다.
㉡ 케톤의 경우 활성탄 표면에서 물을 포함하는 반응에 의하여 파괴되어 탈착률과 안정성에 부적절하다.
㉢ 메탄, 일산화탄소 등은 흡착되지 않는다.
㉣ 휘발성이 큰 저분자량의 탄화수소화합물의 채취효율이 떨어진다.
㉤ 끓는점이 낮은 저비점 화합물인 암모니아, 에틸렌, 염화수소, 포름알데히드 증기는 흡착속도가 높지 않아 비효과적이다.

39 석면 분석방법인 전자 현미경법에 관한 설명으로 옳지 않은 것은?

① 공기 중 석면시료 분석에 가장 정확한 방법이다.
② 전자를 주사하여 석면의 고유한 편광성을 측정한다.
③ 위상차 현미경으로 볼 수 없는 매우 가는 섬유도 가능하다.
④ 석면의 감별 분석이 가능하다.

[풀이] **전자 현미경법(석면 측정)**
㉠ 석면분진 측정방법에서 공기 중 석면시료를 가장 정확하게 분석할 수 있다.
㉡ 석면의 성분 분석(감별 분석)이 가능하다.
㉢ 위상차 현미경으로 볼 수 없는 매우 가는 섬유도 관찰 가능하다.
㉣ 값이 비싸고 분석시간이 많이 소요된다.

40 종단속도가 0.432m/hr인 입자가 있다. 이 입자의 직경이 $3\mu m$라면 비중은 얼마인가?

① 0.44 ② 0.55
③ 0.66 ④ 0.77

[풀이] Lippmann 식에 의한 침강속도
$V(cm/sec) = 0.003 \times \rho \times d^2$
$\therefore \rho = \dfrac{V}{0.003 \times d^2}$
$= \dfrac{0.432m/hr \times hr/3,600sec \times 100cm/m}{0.003 \times 3^2}$
$= 0.44$

제3과목 | 작업환경 관리대책

41 재순환공기의 CO_2 농도는 900ppm이고, 급기의 CO_2 농도는 700ppm이었다. 급기 중의 외부공기 포함량은? (단, 외부공기의 CO_2 농도는 330ppm이다.)

① 45% ② 40%
③ 35% ④ 30%

[풀이] 급기 중 재순환량(%)

$$= \frac{\left[\begin{array}{l}\text{급기공기 중 } CO_2 \text{ 농도}\\ - \text{외부공기 중 } CO_2 \text{ 농도}\end{array}\right]}{\left[\begin{array}{l}\text{재순환 공기 중 } CO_2 \text{ 농도}\\ - \text{외부공기 중 } CO_2 \text{ 농도}\end{array}\right]} \times 100$$

$$= \frac{700-330}{900-330} \times 100 = 64.91\%$$

∴ 급기 중 외부공기 포함량(%)
$= 100 - 64.91 = 35.1\%$

42 유입계수 $Ce = 0.82$인 원형 후드가 있다. 덕트의 원면적이 $0.0314m^2$이고 필요환기량 Q는 $30m^3/min$이라고 할 때 후드 정압은? (단, 공기밀도 $1.2kg/m^3$ 기준)

① $16mmH_2O$ ② $23mmH_2O$
③ $32mmH_2O$ ④ $37mmH_2O$

[풀이] 후드의 정압(SP_h)
$SP_h = VP(1+F)$

• $F = \dfrac{1}{Ce^2} - 1 = \dfrac{1}{0.82^2} - 1 = 0.487$

• $VP = \dfrac{\gamma V^2}{2g} = \dfrac{1.2 \times 15.92^2}{2 \times 9.8} = 15.52 mmH_2O$

$V = \dfrac{Q}{A} = \dfrac{30m^3/min}{0.0314m^2}$
$= 955.41 m/min \times min/60sec$
$= 15.92 m/sec$

$= 15.52(1+0.487) = 23.08 mmH_2O$

43 전기집진기의 장점에 관한 설명으로 옳지 않은 것은?
① 낮은 압력손실로 대량의 가스를 처리할 수 있다.
② 건식 및 습식으로 집진할 수 있다.
③ 회수가치성이 있는 입자 포집이 가능하다.
④ 설치 후에도 운전조건변화에 따른 유연성이 크다.

[풀이] 전기집진장치의 장단점
(1) 장점
  ㉠ 집진효율이 높다($0.01\mu m$ 정도 포집 용이, 99.9% 정도 고집진효율).
  ㉡ 광범위한 온도범위에서 적용이 가능하며, 폭발성 가스의 처리도 가능하다.
  ㉢ 고온의 입자성 물질(500℃ 전후) 처리가 가능하여 보일러와 철강로 등에 설치할 수 있다.
  ㉣ 압력손실이 낮고 대용량의 가스 처리가 가능하며 배출가스의 온도강하가 적다.
  ㉤ 운전 및 유지비가 저렴하다.
  ㉥ 회수가치 입자 포집에 유리하며, 습식 및 건식으로 집진할 수 있다.
  ㉦ 넓은 범위의 입경과 분진농도에 집진효율이 높다.
(2) 단점
  ㉠ 설치비용이 많이 든다.
  ㉡ 설치공간을 많이 차지한다.
  ㉢ 설치된 후에는 운전조건의 변화에 유연성이 적다.
  ㉣ 먼지성상에 따라 전처리시설이 요구된다.
  ㉤ 분진포집에 적용되며, 기체상 물질 제거에는 곤란하다.
  ㉥ 전압변동과 같은 조건변동(부하변동)에 쉽게 적응이 곤란하다.
  ㉦ 가연성 입자의 처리가 곤란하다.

44 어느 작업장에서 methyl ethyl ketone을 시간당 2.5L 사용할 경우 작업장의 필요환기량(m^3/min)은? (단, MEK의 비중은 0.805, TLV는 200ppm, 분자량은 72.1이고 안전계수 K는 7로 하며, 1기압, 21℃ 기준이다.)

① 약 694 ② 약 562
③ 약 463 ④ 약 392

[풀이]
• 사용량(g/hr)
 $= 2.5L/hr \times 0.805g/mL \times 1,000mL/L$
 $= 2,012.5 g/hr$
• 발생률(G, L/hr)
 $72.1g : 24.1L = 2012.5g/hr : G$
 $G = \dfrac{24.1L \times 2012.5g/hr}{72.1g} = 672.69 L/hr$

∴ 필요환기량(Q) $= \dfrac{G}{TLV} \times K$

$= \dfrac{672.69 L/hr}{200 ppm} \times 7$

$= \dfrac{672.69 L/hr \times 1,000 mL/L}{200 mL/m^3} \times 7$

$= 23,544.15 m^3/hr \times hr/60min$
$= 392.4 m^3/min$

45 다음 [보기]에서 공기공급시스템(보충용 공기의 공급장치)이 필요한 이유 모두를 옳게 짝지은 것은?

[보기]
㉮ 연료를 절약하기 위하여
㉯ 작업장 내 안전사고를 예방하기 위하여
㉰ 국소배기장치를 적절하게 가동시키기 위하여
㉱ 작업장의 교차기류 유지를 위하여

① ㉮, ㉯
② ㉯, ㉰, ㉱
③ ㉮, ㉯, ㉰
④ ㉮, ㉯, ㉰, ㉱

풀이 공기공급시스템이 필요한 이유
㉠ 국소배기장치의 원활한 작동을 위하여
㉡ 국소배기장치의 효율 유지를 위하여
㉢ 안전사고를 예방하기 위하여
㉣ 에너지(연료)를 절약하기 위하여
㉤ 작업장 내에 방해기류(교차기류)가 생기는 것을 방지하기 위하여
㉥ 외부공기가 정화되지 않은 채로 건물 내로 유입되는 것을 막기 위하여

46 작업대 위에서 용접을 할 때 흄을 포집·제거하기 위해 작업면에 고정된 플랜지가 붙은 외부식 장방형 후드를 설치했다. 개구면에서 포촉점까지의 거리는 0.25m, 제어속도는 0.5m/sec, 후드 개구면적이 0.5m²일 때 소요송풍량은?

① $16.9 \text{m}^3/\text{min}$
② $18.3 \text{m}^3/\text{min}$
③ $21.4 \text{m}^3/\text{min}$
④ $23.7 \text{m}^3/\text{min}$

풀이 외부식 후드 소요송풍량(Q) ⇒ 작업면 고정, 플랜지 부착 조건
$Q = 60 \times 0.5 \times V_c (10X^2 + A)$
$= 60 \times 0.5 \times 0.5[(10 \times 0.25^2) + 0.5]$
$= 16.88 \text{m}^3/\text{min}$

47 플레이트 송풍기, 평판형 송풍기라고도 하며 깃이 평판으로 되어 있고 강도가 매우 높게 설계된 원심력 송풍기는?
① 후향 날개형 송풍기
② 전향 날개형 송풍기
③ 방사 날개형 송풍기
④ 양력 날개형 송풍기

풀이 평판형(radial fan) 송풍기
㉠ 플레이트(plate) 송풍기, 방사 날개형 송풍기라고도 한다.
㉡ 날개(blade)가 다익형보다 적고, 직선이며 평판 모양을 하고 있어 강도가 매우 높게 설계되어 있다.
㉢ 깃의 구조가 분진을 자체 정화할 수 있도록 되어 있다.
㉣ 시멘트, 미분탄, 곡물, 모래 등의 고농도 분진 함유 공기나 마모성이 강한 분진 이송용으로 사용된다.
㉤ 부식성이 강한 공기를 이송하는 데 많이 사용된다.
㉥ 압력은 다익팬보다 약간 높으며, 효율도 65%로 다익팬보다는 약간 높으나 터보팬보다는 낮다.
㉦ 습식 집진장치의 배치에 적합하며, 소음은 중간 정도이다.

48 작업장의 근로자가 NRR이 30인 귀마개를 착용하고 있다면 차음효과(dB)는? (단, OSHA 기준)
① 약 8
② 약 12
③ 약 15
④ 약 18

풀이 차음효과 = (NRR − 7) × 0.5
= (30 − 7) × 0.5 = 11.5dB

49 1기압 동점성계수(20℃)는 $1.5 \times 10^{-5}(\text{m}^2/\text{sec})$이고 유속은 10m/sec, 관 반경은 0.125m일 때 레이놀즈 수는?
① 1.67×10^5
② 1.87×10^5
③ 1.33×10^4
④ 1.37×10^5

풀이 레이놀즈 수(Re)
$Re = \dfrac{V \cdot D}{\nu} = \dfrac{10 \times (0.125 \times 2)}{1.5 \times 10^{-5}} = 1.67 \times 10^5$

정답 45.③ 46.① 47.③ 48.② 49.①

50 귀덮개의 장점을 모두 짝지은 것으로 가장 옳은 것은?

㉮ 귀마개보다 쉽게 착용할 수 있다.
㉯ 귀마개보다 일관성 있는 차음효과를 얻을 수 있다.
㉰ 크기를 여러 가지로 할 필요가 없다.

① ㉮, ㉯
② ㉯, ㉰
③ ㉮, ㉰
④ ㉮, ㉯, ㉰

풀이 귀덮개의 장단점
(1) 장점
　㉠ 귀마개보다 일반적으로 높고(고음영역에서 탁월) 일관성 있는 차음효과를 얻을 수 있다 (개인차가 적음).
　㉡ 동일한 크기의 귀덮개를 대부분의 근로자가 사용 가능하다(크기를 여러 가지로 할 필요 없음).
　㉢ 귀에 염증(질병)이 있어도 사용 가능하다.
　㉣ 귀마개보다 쉽게 착용할 수 있고 착용법을 틀리거나 잃어버리는 일이 적다.
(2) 단점
　㉠ 부착된 밴드에 의해 차음효과가 감소될 수 있다.
　㉡ 고온에서 사용 시 불편하다(보호구 접촉면에 땀이 남).
　㉢ 머리카락이 길 때와 안경테가 굵거나 잘 부착되지 않을 때는 사용하기 불편하다.
　㉣ 장시간 사용 시 꼭 끼는 느낌이 있다.
　㉤ 보안경과 함께 사용하는 경우 다소 불편하며, 차음효과가 감소된다.
　㉥ 오래 사용하여 귀걸이의 탄력성이 줄었을 때나 귀걸이가 휘었을 때는 차음효과가 떨어진다.
　㉦ 가격이 비싸고 운반과 보관이 쉽지 않다.

51 다음 지름이 3m인 원형 덕트의 속도압이 4mmH₂O일 때 공기유량(m³/sec)은?
(단, 공기밀도 1.21kg/m³)

① 48　　② 57
③ 63　　④ 72

풀이 유량(Q) = $A \times V$

- $V = \sqrt{\dfrac{VP \times 2g}{\gamma}} = \sqrt{\dfrac{4 \times (2 \times 9.8)}{1.21}}$
  $= 8.05 \text{m/sec}$

$= \left(\dfrac{3.14 \times 3^2}{4}\right) \text{m}^2 \times 8.05 \text{m/sec}$

$= 56.87 \text{m}^3/\text{sec}$

52 작업환경관리에서 유해인자의 제거, 저감을 위한 공학적 대책으로 옳지 않은 것은?

① 보온재로 석면 대신 유리섬유나 암면 등의 사용
② 소음 저감을 위해 너트·볼트 작업 대신 리벳(rivet)의 사용
③ 광물을 채취할 때 건식 공정 대신 습식 공정의 사용
④ 주물공정에서 실리카 모래 대신 그린(green) 모래의 사용

풀이 소음저감을 위해 리베팅 대신 너트·볼트 작업을 한다.

53 공기정화장치의 한 종류인 원심력제진장치의 분리계수(separation factor)에 대한 설명으로 옳지 않은 것은?

① 분리계수는 중력가속도와 반비례한다.
② 사이클론에서 입자에 작용하는 원심력을 중력으로 나눈 값을 분리계수라 한다.
③ 분리계수는 입자의 접선방향속도에 반비례한다.
④ 분리계수는 사이클론의 원추하부반경에 반비례한다.

풀이 분리계수(separation factor)
사이클론의 잠재적인 효율(분리능력)을 나타내는 지표로, 이 값이 클수록 분리효율이 좋다.

분리계수 = $\dfrac{\text{원심력(가속도)}}{\text{중력(가속도)}} = \dfrac{V^2}{R \cdot g}$

여기서, V : 입자의 접선방향속도(입자의 원주속도)
　　　　R : 입자의 회전반경(원추하부반경)
　　　　g : 중력가속도

정답　50.④　51.②　52.②　53.③

54 한 면이 1m인 정사각형 외부식 캐노피형 후드를 설치하고자 한다. 높이 0.7m, 제어속도 18m/min일 때 소요송풍량(m³/min)은? (단, 다음 공식 중 적합한 수식을 선택하여 적용한다. $Q=60\times1.4\times2(L+W)\times H\times V_c$, $Q=60\times14.5\times H^{1.8}\times W^{0.2}\times V_c$)

① 약 110
② 약 140
③ 약 170
④ 약 190

[풀이] $0.3 < \dfrac{H}{W} = \dfrac{0.7}{1} \le 0.7$일 때 필요송풍량($Q$)

$Q(\text{m}^3/\text{min}) = 60\times14.5\times H^{1.8}\times W^{0.2}\times V_c$
$= 60\times14.5\times 0.7^{1.8}\times 1^{0.2}$
$\quad \times (18\text{m/min}\times\text{min}/60\text{sec})$
$= 137.34\text{m}^3/\text{min}$

55 직경이 25cm, 길이가 24m인 원형 유체관에 유체가 흘러갈 때 마찰손실(mmH₂O)은? (단, 마찰계수 : 0.002, 유체관의 속도압 : 30mmH₂O, 공기밀도 : 1.2kg/m³)

① 3.8
② 4.8
③ 5.8
④ 6.8

[풀이] 원형 직관의 압력손실(ΔP)

$\Delta P = \lambda \times \dfrac{L}{D} \times VP$
$= 0.002 \times \dfrac{24}{0.25} \times 30 = 5.76\text{mmH}_2\text{O}$

56 지적온도(optimum temperature)에 미치는 영향인자들의 설명으로 옳지 않은 것은?

① 작업량이 클수록 체열생산량이 많아 지적온도는 낮아진다.
② 여름철이 겨울철보다 지적온도가 높다.
③ 더운 음식물, 알코올, 기름진 음식 등을 섭취하면 지적온도는 낮아진다.
④ 노인들보다 젊은 사람의 지적온도가 높다.

[풀이] 젊은 사람이 노인들보다 지적온도가 낮다.

57 유해성 유기용매 A가 7m×14m×4m의 체적을 가진 방에 저장되어 있다. 공기를 공급하기 전에 측정한 농도는 400ppm이었다. 이 방으로 30m³/min의 공기를 공급한 후 노출기준인 100ppm으로 달성되는 데 걸리는 시간은? (단, 유해성 유기용매 증발 중단, 공급공기의 유해성 유기용매 농도는 0, 희석만 고려)

① 약 12분
② 약 18분
③ 약 23분
④ 약 26분

[풀이] 400ppm에서 100ppm으로 감소하는 데 걸리는 시간(t)

$t = -\dfrac{V}{Q'}\ln\left(\dfrac{C_2}{C_1}\right)$

$= -\dfrac{(7\times14\times4)\text{m}^3}{30\text{m}^3/\text{min}}\ln\left(\dfrac{100\text{ppm}}{400\text{ppm}}\right) = 18.11\text{min}$

58 작업장 내 열부하량이 10,000kcal/hr이며, 외기온도는 20℃, 작업장 내 온도는 35℃이다. 이때 전체환기를 위한 필요환기량(m³/min)은? (단, 정압비열은 0.3kcal/m³·℃)

① 약 37
② 약 47
③ 약 57
④ 약 67

[풀이] 필요환기량(Q)

$Q(\text{m}^3/\text{min}) = \dfrac{H_S}{0.3\Delta t}$
$= \dfrac{10,000\text{kcal/hr}\times\text{hr}/60\text{min}}{0.3\times(35℃-20℃)}$
$= 37.04\text{m}^3/\text{min}$

59 다음 중 방진마스크에 관한 설명으로 옳지 않은 것은?

① 형태별로 전면마스크와 반면마스크가 있다.
② 비휘발성 입자에 대한 보호가 가능하다.
③ 반면마스크는 안경을 쓴 사람에게 유리하며 밀착성이 우수하다.
④ 필터의 재질은 면, 모, 합성섬유, 유리섬유, 금속섬유 등이다.

정답 54.② 55.③ 56.④ 57.② 58.① 59.③

[풀이] 반면마스크는 착용에 다소 편리한 점이 있지만 얼굴과의 밀착성이 떨어진다는 단점이 있다.

60 다음 중 여포제진장치에서 처리할 배기가스량이 1.5m³/sec이고 여포의 총 면적이 6m²일 때 여과속도(cm/sec)는?

① 25
② 30
③ 35
④ 40

[풀이]
$$여과속도(cm/sec) = \frac{배기가스량}{여포\ 총\ 면적}$$
$$= \frac{1.5m^3/sec}{6m^2}$$
$$= 0.25m/sec \times 100cm/m$$
$$= 25cm/sec$$

제4과목 | 물리적 유해인자관리

61 다음 중 근로자와 발진원(發振原) 사이의 진동대책으로 적절하지 않은 것은?

① 수용자의 격리
② 발진원의 격리
③ 구조물의 진동 최소화
④ 정면전파를 측면전파로 변경

[풀이] 진동방지대책
(1) 발생원 대책
  ㉠ 가진력(기진력, 외력) 감쇠
  ㉡ 불평형력의 평형 유지
  ㉢ 기초중량의 부가 및 경감
  ㉣ 탄성 지지(완충물 등 방진재 사용)
  ㉤ 진동원 제거
  ㉥ 동적 흡진
(2) 전파경로 대책
  ㉠ 진동의 전파경로 차단(방진구)
  ㉡ 거리 감쇠
(3) 수진측 대책
  ㉠ 작업시간 단축 및 교대제 실시
  ㉡ 보건교육 실시
  ㉢ 수진측 탄성 지지 및 강성 변경

62 고압환경에서의 2차성 압력현상에 의한 생체변환과 거리가 먼 것은?

① 질소마취
② 산소중독
③ 질소기포의 형성
④ 이산화탄소의 영향

[풀이] 고압환경에서의 2차적 가압현상
㉠ 질소가스의 마취작용
㉡ 산소중독
㉢ 이산화탄소의 작용

63 다음 중 태양광선이 내리쬐지 않는 장소에서 습구흑구온도지수(WBGT)를 구하려고 할 때 적용되는 식으로 옳은 것은? (단, 자연습구온도는 T_w, 흑구온도는 T_g, 건구온도는 T_a, 기류속도는 V라 한다.)

① $0.7T_w + 0.3T_g$
② $0.7T_w + 0.2T_g + 0.1T_a$
③ $0.72(T_a + T_w) + 40.6℃$
④ $100^4\sqrt{\left(\frac{T_g}{100}\right)^4 + 2.48V(T_g - T_a)}$

[풀이] 습구흑구온도지수(WBGT)의 산출식
㉠ 옥외(태양광선이 내리쬐는 장소)
  WBGT(℃)=0.7×자연습구온도+0.2×흑구온도
           +0.1×건구온도
㉡ 옥내 또는 옥외(태양광선이 내리쬐지 않는 장소)
  WBGT(℃)=0.7×자연습구온도+0.3×흑구온도

64 감압병의 예방대책으로 적절하지 않은 것은?

① 감압병 발생 시 원래의 고압환경으로 복귀시키거나 인공고압실에 넣는다.
② 고압실 작업에서는 탄산가스의 분압이 증가하지 않도록 신선한 공기를 송기한다.
③ 호흡용 혼합가스의 산소에 대한 질소의 비율을 증가시킨다.
④ 호흡기 또는 순환기에 이상이 있는 사람은 작업에 투입하지 않는다.

[풀이] **감압병의 예방 및 치료**
㉠ 고압환경에서의 작업시간을 제한하고 고압실 내의 작업에서는 탄산가스의 분압이 증가하지 않도록 신선한 공기를 송기시킨다.
㉡ 감압이 끝날 무렵에 순수한 산소를 흡입시키면 예방적 효과가 있을 뿐 아니라 감압시간을 25% 가량 단축시킬 수 있다.
㉢ 고압환경에서 작업하는 근로자에게 질소를 헬륨으로 대치한 공기를 호흡시킨다.
㉣ 헬륨-산소 혼합가스는 호흡저항이 적어 심해잠수에 사용한다.
㉤ 일반적으로 1분에 10m 정도씩 잠수하는 것이 안전하다.
㉥ 감압병의 증상 발생 시에는 환자를 곧장 원래의 고압환경상태로 복귀시키거나 인공고압실에 넣어 혈관 및 조직 속에 발생한 질소의 기포를 다시 용해시킨 다음 천천히 감압한다.
㉦ Haldene의 실험근거상 정상기압보다 1.25기압을 넘지 않는 고압환경에는 아무리 오랫동안 폭로되거나 아무리 빨리 감압하더라도 기포를 형성하지 않는다.
㉧ 비만자의 작업을 금지시키고, 순환기에 이상이 있는 사람은 취업 또는 작업을 제한한다.
㉨ 헬륨은 질소보다 확산속도가 크며, 체외로 배출되는 시간이 질소에 비하여 50% 정도밖에 걸리지 않는다.
㉩ 귀 등의 장애를 예방하기 위해서는 압력을 가하는 속도를 분당 $0.8kg/cm^2$ 이하가 되도록 한다.

65 다음 중 소음에 의한 인체의 장애 정도(소음성 난청)에 영향을 미치는 요인과 가장 거리가 먼 것은?
① 소음의 크기
② 개인의 감수성
③ 소음발생 장소
④ 소음의 주파수 구성

[풀이] **소음성 난청에 영향을 미치는 요소**
㉠ 소음 크기
  음압수준이 높을수록 영향이 크다.
㉡ 개인감수성
  소음에 노출된 모든 사람이 똑같이 반응하지 않으며, 감수성이 매우 높은 사람이 극소수 존재한다.
㉢ 소음의 주파수 구성
  고주파음이 저주파음보다 영향이 크다.

㉣ 소음의 발생 특성
  지속적인 소음노출이 단속적인(간헐적인) 소음노출보다 더 큰 장애를 초래한다.

66 다음 중 전신진동에 관한 설명으로 틀린 것은 어느 것인가?
① 전신진동의 경우 4~12Hz에서 가장 민감해진다.
② 산소소비량은 전신진동으로 증가되고, 폐환기도 촉진된다.
③ 전신진동의 영향이나 장애는 자율신경, 특히 순환기에 크게 나타난다.
④ 두부와 견부는 50~60Hz 진동에 공명하고, 안구는 10~20Hz 진동에 공명한다.

[풀이] 두부와 견부는 20~30Hz 진동에 공명하고, 안구는 60~90Hz 진동에 공명한다.

67 작업을 하는 데 가장 적합한 환경을 지적환경(optimum working environment)이라고 하는데 이것을 평가하는 방법이 아닌 것은?
① 생물역학적(biomechanical) 방법
② 생리적(physiological) 방법
③ 정신적(psychological) 방법
④ 생산적(productive) 방법

[풀이] **지적환경 평가방법**
㉠ 생리적 방법
㉡ 정신적 방법
㉢ 생산적 방법

68 음력이 1.2W인 소음원으로부터 35m 되는 자유공간 지점에서의 음압수준은 약 얼마인가?
① 62dB ② 74dB
③ 79dB ④ 121dB

[풀이] 점음원, 자유공간의 SPL
$$SPL = PWL - 20\log r - 11$$
$$= \left(10\log \frac{1.2}{10^{-12}}\right) - 20\log 35 - 11 = 78.91 dB$$

정답 65.③ 66.④ 67.① 68.③

69 다음 중 빛에 관한 설명으로 틀린 것은?

① 광원으로부터 나오는 빛의 세기를 조도라 한다.
② 단위평면적에서 발산 또는 반사되는 광량을 휘도라 한다.
③ 조도는 어떤 면에 들어오는 광속의 양에 비례하고, 입사면의 단면적에 반비례한다.
④ 루멘은 1촉광의 광원으로부터 단위입체각으로 나가는 광속의 단위이다.

풀이 칸델라(candela, cd) ; 광도
㉠ 광원으로부터 나오는 빛의 세기를 광도라고 한다.
㉡ 단위는 칸델라(cd)를 사용한다.
㉢ 101,325N/m²의 압력하에서 백금의 응고점 온도에 있는 흑체의 1m²인 평평한 표면 수직방향의 광도를 1cd라 한다.

70 다음 중 저기압상태의 작업환경에서 나타날 수 있는 증상이 아닌 것은?

① 고산병(mountain sickness)
② 잠함병(caisson disease)
③ 폐수종(pulmonary edema)
④ 저산소증(hypoxia)

풀이 감압병(decompression, 잠함병)
고압환경에서 Henry의 법칙에 따라 체내에 과다하게 용해되었던 불활성 기체(질소 등)는 압력이 낮아질 때 과포화상태로 되어 혈액과 조직에 기포를 형성하여 혈액순환을 방해하거나 주위 조직에 기계적 영향을 줌으로써 다양한 증상을 일으키는데, 이 질환을 감압병이라고 하며, 잠함병 또는 케이슨병이라고도 한다. 감압병의 직접적인 원인은 혈액과 조직에 질소기포의 증가이고, 감압병의 치료는 재가압 산소요법이 최상이다.

71 25°C 공기 중에서 1,000Hz인 음의 파장은 약 몇 m인가?

① 0.035   ② 0.35
③ 3.5   ④ 35

풀이 음의 속도(C)
$C = \lambda \times f$
$\therefore \lambda = \dfrac{C}{f}$
$= \dfrac{[331.42 + (0.6 \times 25°C)]}{1,000}$
$= 0.35m$

72 다음 중 산소 결핍이 진행되면서 생체에 나타나는 영향을 올바르게 나열한 것은?

㉮ 가벼운 어지러움
㉯ 사망
㉰ 대뇌피질의 기능 저하
㉱ 중추성 기능 장애

① ㉮ → ㉰ → ㉱ → ㉯
② ㉮ → ㉱ → ㉰ → ㉯
③ ㉰ → ㉮ → ㉱ → ㉯
④ ㉰ → ㉱ → ㉮ → ㉯

풀이 산소 농도에 따른 인체장애

산소 농도(%)	산소 분압(mmHg)	동맥혈의 산소 포화도(%)	증 상
12~16	90~120	85~89	호흡수 증가, 맥박 증가, 정신집중 곤란, 두통, 이명, 신체기능조절 손상 및 순환기 장애자 초기증상 유발
9~14	60~105	74~87	불완전한 정신상태에 이르고, 취한 것과 같으며, 당시의 기억상실, 전신 탈진, 체온상승, 호흡장애, 청색증 유발, 판단력 저하
6~10	45~70	33~74	의식불명, 안면창백, 전신 근육경련, 중추신경장애, 청색증 유발, 경련, 8분 내 100% 치명적, 6분 내 50% 치명적, 4~5분 내 치료로 회복 가능
4~6 및 이하	45 이하	33 이하	40초 내에 혼수상태, 호흡정지, 사망

정답 69.① 70.② 71.② 72.①

73 다음 중 조명방법에 관한 설명으로 틀린 것은?

① 균등한 조도를 유지한다.
② 인공조명에 있어 광색은 주광색에 가깝도록 한다.
③ 작은 물건의 식별과 같은 작업에는 음영이 생기지 않는 전체조명을 적용한다.
④ 자연조명에 있어 창의 면적은 바닥면적의 15~20% 정도가 되도록 한다.

풀이 작은 물건의 식별과 같은 작업에는 음영이 생기지 않는 국소조명을 적용한다.

74 우리나라의 경우 누적소음노출량 측정기로 소음을 측정할 경우 변환율(exchange rate)을 5dB로 설정하였다. 만약 소음에 노출되는 시간이 1일 2시간일 때 산업안전보건법에서 정하는 소음의 노출기준은 얼마인가?

① 100dB(A)
② 95dB(A)
③ 85dB(A)
④ 80dB(A)

풀이 우리나라 소음노출기준
8시간 노출에 대한 기준 90dB(5dB 변화율)

1일 노출시간(hr)	소음수준[dB(A)]
8	90
4	95
2	100
1	105
1/2	110
1/4	115

75 다음 중 소음의 흡음 평가 시 적용되는 잔향시간(reverberation time)에 관한 설명으로 옳은 것은?

① 잔향시간은 실내공간의 크기에 비례한다.
② 실내 흡음량을 증가시키면 잔향시간도 증가한다.
③ 잔향시간은 음압수준이 30dB 감소하는 데 소요되는 시간이다.
④ 잔향시간을 측정하려면 실내 배경소음이 90dB 이상 되어야 한다.

풀이 잔향시간
㉠ 잔향시간은 실내에서 음원을 끈 순간부터 직선적으로 음압레벨이 60dB(에너지밀도가 10^{-6} 감소) 감쇠되는 데 소요되는 시간(sec)이다.
㉡ 잔향시간을 이용하면 대상 실내의 평균흡음률을 측정할 수 있다.
㉢ 관계식
$$T = \frac{0.161 V}{A} = \frac{0.161 V}{S\bar{\alpha}}, \; \bar{\alpha} = \frac{0.161 V}{ST}$$
여기서, T : 잔향시간(sec)
V : 실의 체적(부피)(m^3)
A : 총 흡음력($\Sigma \alpha_i S_i$)(m^2, sabin)
S : 실내의 전 표면적(m^2)

76 전리방사선의 종류 중 투과력이 가장 강한 것은?

① 중성자
② γ선
③ β선
④ α선

풀이 전리방사선의 인체 투과력 순서
중성자 > X선 or γ선 > β선 > α선

77 다음 중 적외선의 생물학적 영향에 관한 설명으로 틀린 것은?

① 근적외선은 급성 피부화상, 색소침착 등을 일으킨다.
② 조사부위의 온도가 오르면 홍반이 생기고, 혈관이 확장된다.
③ 적외선이 흡수되면 화학반응에 의하여 조직온도가 상승한다.
④ 장기간 조사 시 두통, 자극작용이 있으며, 강력한 적외선은 뇌막자극 증상을 유발할 수 있다.

풀이 적외선이 흡수되면 구성분자의 운동에너지에 의하여 조직온도가 상승한다.

78 다음 중 방사선의 외부노출에 대한 방어 3원칙이 아닌 것은?

① 대치　　② 차폐
③ 거리　　④ 시간

> [풀이] **방사선의 외부노출에 대한 방어대책**
> 전리방사선 방어의 궁극적 목적은 가능한 한 방사선에 불필요하게 노출되는 것을 최소화하는 데 있다.
> (1) 시간
>   ㉠ 노출시간을 최대로 단축한다(조업시간 단축).
>   ㉡ 충분한 시간 간격을 두고 방사능 취급작업을 하는 것은 반감기가 짧은 방사능 물질에 유용하다.
> (2) 거리
>   방사능은 거리의 제곱에 비례해서 감소하므로 먼 거리일수록 쉽게 방어가 가능하다.
> (3) 차폐
>   ㉠ 큰 투과력을 갖는 방사선 차폐물은 원자번호가 크고 밀도가 큰 물질이 효과적이다.
>   ㉡ α선의 투과력은 약하여 얇은 알루미늄판으로도 방어가 가능하다.

79 다음 중 저온환경으로 인한 생리적 반응으로 틀린 것은?

① 피부혈관의 수축
② 식욕 감소
③ 근육 긴장의 증가
④ 혈압의 일시적 상승

> [풀이] **한랭(저온)환경에서의 생리적 기전(반응)**
> 한랭환경에서는 체열 방산을 제한하고, 체열 생산을 증가시키기 위한 생리적 반응이 일어난다.
> ㉠ 피부혈관(말초혈관)이 수축한다.
>   • 피부혈관 수축과 더불어 혈장량 감소로 혈압이 일시적으로 저하되며 신체 내 열을 보호하는 기능을 한다.
>   • 말초혈관의 수축으로 표면조직의 냉각이 오며 1차적 생리적 영향이다.
>   • 피부혈관의 수축으로 피부온도가 감소되고 순환능력이 감소되어 혈압은 일시적으로 상승된다.
> ㉡ 근육 긴장의 증가와 떨림 및 수의적인 운동이 증가한다.
> ㉢ 갑상선을 자극하여 호르몬 분비가 증가(화학적 대사작용 증가)한다.
> ㉣ 부종, 저림, 가려움증, 심한 통증 등이 발생한다.
> ㉤ 피부 표면의 혈관·피하조직이 수축하고, 체표면적이 감소한다.
> ㉥ 피부의 급성 일과성 염증반응은 한랭에 대한 폭로를 중지하면 2~3시간 내에 없어진다.
> ㉦ 피부나 피하조직을 냉각시키는 환경온도 이하에서는 감염에 대한 저항력이 떨어지며 회복과정에 장애가 온다.
> ㉧ 저온환경에서는 근육활동, 조직대사가 증가되어 식욕이 항진된다.

80 자외선에 관한 설명으로 틀린 것은?

① 진공자외선을 제외하고 생물학적 영향에 따라 3영역으로 구분된다.
② 강한 홍반작용을 나타내는 자외선의 파장은 297nm 정도이다.
③ 자외선의 조사가 부족한 경우 각기병의 유발가능성이 높아진다.
④ 대부분은 신체 표면에 흡수되기 때문에 주로 피부, 눈에 직접적인 영향을 초래한다.

> [풀이] **비타민 D의 생성(합성)**
> 비타민 D는 주로 280~320nm의 파장에서 광화학적 작용을 일으켜 진피층에서 형성되고, 부족 시 구루병환자가 발생할 수 있다.

제5과목 | 산업 독성학

81 다음 중 금속의 독성에 관한 일반적인 특성을 설명한 것으로 틀린 것은?

① 금속의 대부분은 이온상태로 작용한다.
② 생리과정에 이온상태의 금속이 활용되는 정도는 용해도에 달려있다.
③ 용해성 금속염은 생체 내 여러 가지 물질과 작용하여 수용성 화합물로 전환된다.
④ 금속이온과 유기화합물 사이의 강한 결합력은 배설률에도 영향을 미치게 한다.

정답 78.① 79.② 80.③ 81.③

풀이) **금속 독성의 일반적 특성**
㉠ 금속은 대부분 이온상태로 작용한다.
㉡ 생리과정에 이온상태의 금속이 활용되는 정도는 용해도에 달려있다.
㉢ 용해성 금속염은 생체 내 물이 풍부한 환경에서 잘 용해되어 체내로 쉽게 이동한다.
㉣ 용해성 금속염은 생체 내 여러 가지 물질과 작용하여 불용성 화합물로 전환된다.
㉤ 일부 금속들은 알킬화합물을 형성한다.
㉥ 금속이온과 유기화합물 사이의 강한 결합력은 금속의 체내 분배는 물론 배설률에도 영향을 미치게 된다.
㉦ 금속마다 그룹으로서의 특성은 생체 내에서 대사가 매우 활발한 물질과 상호작용을 잘하는 경향이 있다.

82. 방향족탄화수소 중 저농도에 장기간 노출되어 만성중독을 일으키는 경우 가장 위험하다고 할 수 있는 유기용제는?
① 벤젠
② 톨루엔
③ 클로로포름
④ 사염화탄소

풀이) 방향족탄화수소 중 저농도에 장기간 폭로(노출)되어 만성중독(조혈장애)을 일으키는 경우에는 벤젠의 위험도가 가장 크고, 급성 전신중독 시 독성이 강한 물질은 톨루엔이다.

83. 다음 중 남성 근로자의 생식독성 유발요인이 아닌 것은?
① 풍진
② 흡연
③ 카드뮴
④ 망간

풀이) **생식독성 유발 유해인자의 구분**
(1) 남성 근로자
   고온, X선, 납, 카드뮴, 망간, 수은, 항암제, 마취제, 알킬화제, 이황화탄소, 염화비닐, 음주, 흡연, 마약, 호르몬제제, 마이크로파 등
(2) 여성 근로자
   X선, 고열, 저산소증, 납, 수은, 카드뮴, 항암제, 이뇨제, 알킬화제, 유기인계 농약, 음주, 흡연, 마약, 비타민 A, 칼륨, 저혈압 등

84. 다음 중 톨루엔(toluene)을 주로 사용하는 작업장에서 근무할 때 소변으로 배설되는 대사산물은?
① organic sulfate
② o-cresol
③ thiocyante
④ glucuronate

풀이) **톨루엔의 대사산물(생물학적 노출지표)**
㉠ 혈액, 호기 : 톨루엔
㉡ 소변 : o-cresol

85. 다음 중 크롬 및 크롬중독에 관한 설명으로 틀린 것은?
① 3가 크롬은 피부흡수가 어려우나, 6가 크롬은 피부를 쉽게 통과한다.
② 크롬중독으로 판정되었을 때에는 노출을 즉시 중단시키고 EDTA를 복용하여야 한다.
③ 산업장에서 노출의 관점에서 보면 3가 크롬보다 6가 크롬이 더욱 해롭다고 할 수 있다.
④ 주로 소변을 통해 배설되며 대변으로는 소량 배출된다.

풀이) **크롬중독의 치료**
㉠ 크롬 폭로 시 즉시 중단(만성 크롬중독의 특별한 치료법은 없음)하여야 하며, BAL, Ca-EDTA 복용은 효과가 없다.
㉡ 사고로 섭취 시 응급조치로 환원제인 우유와 비타민 C를 섭취한다.
㉢ 피부궤양에는 5% 티오황산소다용액, 5~10% 구연산소다용액, 10% Ca-EDTA 연고를 사용한다.

86. 다음 중 직업병의 분석역학방법과 가장 거리가 먼 것은?
① 단면 연구
② 집단군 연구
③ 환자-대조군 연구
④ 코호트 연구

정답 82.① 83.① 84.② 85.② 86.②

[풀이] 분석역학방법의 종류
ㄱ. 단면 연구
ㄴ. 환자-대조군 연구
ㄷ. 코호트 연구
ㄹ. 개입 연구

87 체내에 소량 흡수된 카드뮴은 체내에서 해독되는데, 이 반응에 중요한 작용을 하는 것은?

① 임파구　　② 백혈구
③ 적혈구　　④ 간장

[풀이] 카드뮴의 인체 내 흡수
ㄱ. 인체에 대한 노출경로는 주로 호흡기이며, 소화관에서는 별로 흡수되지 않는다.
ㄴ. 경구흡수율은 5~8%로 호흡기 흡수율보다 적으나 단백질이 적은 식사를 할 경우 흡수율이 증가된다.
ㄷ. 칼슘 결핍 시 장 내에서 칼슘 결합 단백질의 생성이 촉진되어 카드뮴의 흡수가 증가한다.
ㄹ. 체내에서 이동 및 분해하는 데에는 분자량 10,500 정도의 저분자단백질인 metallothionein(혈장단백질)이 관여한다.
ㅁ. 카드뮴이 체내에 들어가면 간에서 metallothionein 생합성이 촉진되어 폭로된 중금속의 독성을 감소시키는 역할을 하나, 다량의 카드뮴일 경우 합성이 되지 않아 중독작용을 일으킨다.

88 어떤 물질의 독성에 관한 인체실험 결과 안전흡수량이 체중 1kg당 0.15mg이었다. 체중이 70kg인 근로자가 1일 8시간 작업할 경우 이 물질의 체내 흡수를 안전흡수량 이하로 유지하려면 공기 중 농도를 얼마 이하로 하여야 하는가? (단, 작업 시 폐환기율은 1.3m³/hr, 체내 잔류율은 1.0으로 한다.)

① 0.52mg/m³　　② 1.01mg/m³
③ 1.57mg/m³　　④ 2.02mg/m³

[풀이] 체내 흡수량(mg) $= C \times T \times V \times R$
$0.15\text{mg/kg} \times 70\text{kg} = C \times 8 \times 1.3 \times 1.0$
∴ $C(\text{공기 중 농도}) = \dfrac{0.15 \times 70}{8 \times 1.3 \times 1.0}$
$= 1.01\text{mg/m}^3$

89 납중독에 의한 증상으로 틀린 것은?

① 적혈구의 감소
② 혈색소량의 저하
③ 뇨(尿) 중 coproporphyrin의 증가
④ 혈청 내 철의 감소

[풀이] 납의 체내 흡수 시 영향 ⇨ 적혈구에 미치는 작용
ㄱ. K^+과 수분이 손실된다.
ㄴ. 삼투압이 증가하여 적혈구가 위축된다.
ㄷ. 적혈구 생존기간이 감소한다.
ㄹ. 적혈구 내 전해질이 감소한다.
ㅁ. 미숙적혈구(망상적혈구, 친염기성 혈구)가 증가한다.
ㅂ. 혈색소량은 저하하고 혈청 내 철이 증가한다.
ㅅ. 적혈구 내 프로토포르피린이 증가한다.
ㅇ. 소변 중 코프로포르피린이 증가한다.

90 다음 중 수은중독에 관한 설명으로 틀린 것은?

① 무기수은염류는 호흡기나 경구적 어느 경로라도 흡수된다.
② 전리된 수은이온은 단백질을 침전시키고, thiol기(SH)를 가진 효소작용을 억제한다.
③ 수은중독의 특징적인 증상은 구내염, 근육진전 등이 있다.
④ 수은은 주로 골조직과 신경에 많이 축적된다.

[풀이] 수은의 인체 내 축적
ㄱ. 금속수은은 전리된 수소이온이 단백질을 침전시키고 -SH기 친화력을 가지고 있어 세포 내 효소반응을 억제함으로써 독성작용을 일으킨다.
ㄴ. 신장 및 간에 고농도 축적현상이 일반적이다.
 • 금속수은은 뇌, 혈액, 심근 등에 분포
 • 무기수은은 신장, 간장, 비장, 갑상선 등에 주로 분포
 • 알킬수은은 간장, 신장, 뇌 등에 분포
ㄷ. 뇌에서 가장 강한 친화력을 가진 수은화합물은 메틸수은이다.
ㄹ. 혈액 내 수은 존재 시 약 90%는 적혈구 내에서 발견된다.

정답　87.④　88.②　89.④　90.④

91 다음 중 노출기준이 가장 낮은 것은?
① 염소(Cl_2)
② 암모니아(NH_3)
③ 오존(O_3)
④ 일산화탄소(CO)

풀이
① 염소 : TWA(1ppm), STEL(3ppm)
② 암모니아 : TWA(25ppm), STEL(35ppm)
③ 오존 : TWA(0.1ppm), STEL(0.3ppm)
④ 일산화탄소 : TWA(50ppm), STEL(400ppm)

92 다음 중 유리규산(석영) 분진에 의한 규폐성 결정과 폐포벽 파괴 등 망상 내피계 반응은 분진입자의 크기가 얼마일 때 자주 일어나는가?
① 0.1~0.5μm
② 2~5μm
③ 10~15μm
④ 15~20μm

풀이 규폐증의 원인
㉠ 결정형 규소(암석 : 석영분진, 이산화규소, 유리규산)에 직업적으로 노출된 근로자에게 발생한다.
  ※ 유리규산(SiO_2) 함유 먼지 0.5~5μm의 크기에서 잘 발생한다.
㉡ 주요 원인물질은 혼합물질이며, 건축업, 도자기 작업장, 채석장, 석재공장 등의 작업장에서 근무하는 근로자에게 발생한다.
㉢ 석재공장, 주물공장, 내화벽돌 제조, 도자기 제조 등에서 발생하는 유리규산이 주 원인이다.
㉣ 유리규산(석영) 분진에 의한 규폐성 결정과 폐포벽 파괴 등 망상내피계 반응은 분진입자의 크기가 2~5μm일 때 자주 일어난다.

93 다음 중 생물학적 모니터링을 위한 시료가 아닌 것은?
① 공기 중 유해인자
② 뇨 중의 유해인자나 대사산물
③ 혈액 중의 유해인자나 대사산물
④ 호기(exhaled air) 중의 유해인자나 대사산물

풀이 공기 중 유해인자는 작업환경측정을 위한 개인시료이다.

94 다음 중 유해물질의 분류에 있어 질식제로 분류되지 않는 것은?
① H_2
② N_2
③ H_2S
④ O_3

풀이 질식제의 구분에 따른 종류
(1) 단순질식제
  ㉠ 이산화탄소(CO_2)
  ㉡ 메탄(CH_4)
  ㉢ 질소(N_2)
  ㉣ 수소(H_2)
  ㉤ 에탄, 프로판, 에틸렌, 아세틸렌, 헬륨
(2) 화학적 질식제
  ㉠ 일산화탄소(CO)
  ㉡ 황화수소(H_2S)
  ㉢ 시안화수소(HCN)
  ㉣ 아닐린($C_6H_5NH_2$)

95 규폐증이나 석면폐증은 병리학적 변화로 볼 때 어떠한 진폐증에 속하는가?
① 교원성 진폐증
② 비교원성 진폐증
③ 활동성 진폐증
④ 비활동성 진폐증

풀이 병리적 변화에 따른 진폐증의 분류
(1) 교원성 진폐증
  ㉠ 폐포조직의 비가역적 변화나 파괴가 있다.
  ㉡ 간질반응이 명백하고 그 정도가 심하다.
  ㉢ 폐조직의 병리적 반응이 영구적이다.
  ㉣ 대표적 진폐증으로는 규폐증, 석면폐증, 탄광부진폐증이 있다.
(2) 비교원성 진폐증
  ㉠ 폐조직이 정상이며 망상섬유로 구성되어 있다.
  ㉡ 간질반응이 경미하다.
  ㉢ 분진에 의한 조직반응은 가역적인 경우가 많다.
  ㉣ 대표적 진폐증으로는 용접공폐증, 주석폐증, 바륨폐증, 칼륨폐증이 있다.

정답 91.③ 92.② 93.① 94.④ 95.①

96 다음 중 혈색소와 친화도가 산소보다 강하여 COHb를 형성하여 조직에서 산소공급을 억제하며, 혈중 COHb의 농도가 높아지면 HbO_2의 해리작용을 방해하는 물질은?
① 일산화탄소
② 아질산염
③ 방향족 아민
④ 염소산염

풀이 일산화탄소(CO)
㉠ 탄소 또는 탄소화합물이 불완전연소할 때 발생되는 무색무취의 기체이다.
㉡ 산소결핍장소에서 보건학적 의의가 가장 큰 물질이다.
㉢ 혈액 중 헤모글로빈과의 결합력이 매우 강하여 체내 산소공급능력을 방해하므로 대단히 유해하다.
㉣ 생체 내에서 혈액과 화학작용을 일으켜서 질식을 일으키는 물질이다.
㉤ 정상적인 작업환경 공기에서 CO 농도가 0.1%로 되면 사람의 헤모글로빈 50%가 불활성화된다.
㉥ CO 농도가 1%(10,000ppm)인 곳에서 1분 후에 사망에 이른다(COHb : 카복시헤모글로빈 20% 상태가 됨).
㉦ 물에 대한 용해도는 23mL/L이다.
㉧ 중추신경계에 강하게 작용하여 사망에 이르게 한다.

97 인체 내에서 독성이 강한 화학물질과 무독한 화학물질이 상호작용하여 독성이 증가되는 현상을 무엇이라 하는가?
① 상가작용
② 상승작용
③ 가승작용
④ 길항작용

풀이 잠재작용(potentiation effect, 가승작용)
㉠ 인체의 어떤 기관이나 계통에 영향을 나타내지 않는 물질이 다른 독성 물질과 복합적으로 노출되었을 때 그 독성이 커지는 것을 말한다.
㉡ 상대적 독성 수치로 표현하면 2+0=10 이다.

98 작업장 공기 중에 노출되는 분진 및 유해물질로 인하여 나타나는 장애가 잘못 연결된 것은?
① 규산분진, 탄분진 – 진폐
② 카르보닐니켈, 석면 – 암
③ 식물성, 동물성 분진 – 알레르기성 질환
④ 카드뮴, 납, 망간 – 직업성 천식

풀이 ④항의 내용 중 납과 망간은 직업성 천식과 관계가 적다.

99 다음 중 카드뮴에 노출되었을 때 체내의 주된 축적기관으로만 나열한 것은?
① 간, 신장
② 심장, 뇌
③ 뼈, 근육
④ 혈액, 모발

풀이 카드뮴의 인체 내 축적
㉠ 체내에 흡수된 카드뮴은 혈액을 거쳐 2/3(50~75%)는 간과 신장으로 이동하여 축적되고, 일부는 장관벽에 축적된다.
㉡ 반감기는 약 수년에서 30년까지이다.
㉢ 흡수된 카드뮴은 혈장단백질과 결합하여 최종적으로 신장에 축적된다.

100 다음 중 가스상 물질의 호흡기계 축적을 결정하는 가장 중요한 인자는?
① 물질의 수용성 정도
② 물질의 농도차
③ 물질의 입자분포
④ 물질의 발생기전

풀이 물질의 수용성 정도, 즉 용해도가 가스상 물질의 호흡기계 축적을 결정한다.

정답 96.① 97.③ 98.④ 99.① 100.①

과년도 출제문제 | 2011.03.20

제1회 산업위생관리기사

제1과목 | 산업위생학 개론

01 우리나라의 규정상 하루에 25kg 이상의 물체를 몇 회 이상 드는 작업일 경우 근골격계 부담작업으로 분류하는가?
① 2회
② 5회
③ 10회
④ 25회

풀이 근골격계 부담작업
㉠ 하루에 4시간 이상 집중적으로 자료입력 등을 위해 키보드 또는 마우스를 조작하는 작업
㉡ 하루에 총 2시간 이상 목, 어깨, 팔꿈치, 손목 또는 손을 사용하여 같은 동작을 반복하는 작업
㉢ 하루에 총 2시간 이상 머리 위에 손이 있거나, 팔꿈치가 어깨 위에 있거나, 팔꿈치를 몸통으로부터 들거나, 팔꿈치를 몸통 뒤쪽에 위치하도록 하는 상태에서 이루어지는 작업
㉣ 지지되지 않은 상태이거나 임의로 자세를 바꿀 수 없는 조건에서 하루에 총 2시간 이상 목이나 허리를 구부리거나 비트는 상태에서 이루어지는 작업
㉤ 하루에 총 2시간 이상 쪼그리고 앉거나 무릎을 굽힌 자세에서 이루어지는 작업
㉥ 하루에 총 2시간 이상 지지되지 않은 상태에서 1kg 이상의 물건을 한 손의 손가락으로 집어 옮기거나, 2kg 이상에 상응하는 힘을 가하여 한 손의 손가락으로 물건을 쥐는 작업
㉦ 하루에 총 2시간 이상 지지되지 않은 상태에서 4.5kg 이상의 물건을 한손으로 들거나 동일한 힘으로 쥐는 작업
㉧ 하루에 10회 이상 25kg 이상의 물체를 드는 작업
㉨ 하루에 25회 이상 10kg 이상의 물체를 무릎 아래에서 들거나, 어깨 위에서 들거나, 팔을 뻗은 상태에서 하는 작업
㉩ 하루에 총 2시간 이상, 분당 2회 이상 4.5kg 이상의 물체를 드는 작업
㉪ 하루에 총 2시간 이상 시간당 10회 이상 손 또는 무릎을 사용하여 반복적으로 충격을 가하는 작업

02 다음 중 사망 또는 영구 전노동 불능일 때 근로손실일수는 며칠로 산정하는가? (단, 산정기준은 국제노동기구의 기준을 따른다.)
① 3,000일
② 4,000일
③ 5,000일
④ 7,500일

풀이 ILO(국제노동기구)의 상해 분류 중 영구 전노동 불능 상해란 신체장애등급 1~3급에 해당하며, 근로손실일수는 7,500일이다.
※ 분류 중 사망의 근로손실일수도 7,500일이다.

03 A유해물질의 노출기준은 100ppm이다. 잔업으로 인하여 작업시간이 8시간에서 10시간으로 늘었다면 이 기준치는 몇 ppm으로 보정해 주어야 하는가? (단, Brief와 Scala의 보정방법을 적용한다.)
① 60
② 70
③ 80
④ 90

풀이 보정된 허용농도 = TLV × RF
$$RF = \left(\frac{8}{H}\right) \times \frac{24-H}{16}$$
$$= \left(\frac{8}{10}\right) \times \frac{24-10}{16} = 0.7$$
∴ 보정된 허용농도 = 100ppm × 0.7 = 70ppm

정답 01.③ 02.④ 03.②

04 다음 중 토양이나 암석 등에 존재하는 우라늄의 자연적 붕괴로 생성되어 건물의 균열을 통해 실내공기로 유입되는 발암성 오염물질은?

① 라돈
② 석면
③ 포름알데히드
④ 다환성 방향족탄화수소(PAHs)

[풀이] 라돈
㉠ 자연적으로 존재하는 암석이나 토양에서 발생하는 thorium, uranium의 붕괴로 인해 생성되는 자연방사성 가스로, 공기보다 9배가 무거워 지표에 가깝게 존재한다.
㉡ 무색, 무취, 무미한 가스로, 인간의 감각에 의해 감지할 수 없다.
㉢ 라듐의 α붕괴에서 발생하며, 호흡하기 쉬운 방사성 물질이다.
㉣ 라돈의 동위원소에는 Rn^{222}, Rn^{220}, Rn^{219}가 있고, 이 중 반감기가 긴 Rn^{222}가 실내공간의 인체 위해성 측면에서 주요 관심대상이며 지하공간에 더 높은 농도를 보인다.
㉤ 방사성 기체로서 지하수, 흙, 석고실드, 콘크리트, 시멘트나 벽돌, 건축자재 등에서 발생하여 폐암 등을 발생시킨다.

05 젊은 근로자에 있어서 약한 쪽 손의 힘은 평균 45kP라고 한다. 이러한 근로자가 무게 8kg인 상자를 양손으로 들어 올릴 경우 작업강도(%MS)는 약 얼마인가?

① 17.8%
② 8.9%
③ 4.4%
④ 2.3%

[풀이]
$$작업강도(\%MS) = \frac{RF}{MS} \times 100$$
$$= \frac{4}{45} \times 100$$
$$= 8.9\%MS$$

06 물체의 무게가 8kg이고, 권장무게한계가 10kg일 때 중량물 취급지수(LI ; Lifting Index)는 얼마인가?

① 0.4
② 0.8
③ 1.25
④ 1.5

[풀이]
$$중량물\ 취급지수(LI) = \frac{물체\ 무게(kg)}{RWL(kg)}$$
$$= \frac{8}{10}$$
$$= 0.8$$

07 다음 중 산업피로에 관한 설명으로 틀린 것은 어느 것인가?

① 피로는 비가역적 생체의 변화로 건강장애의 일종이다.
② 정신적 피로와 육체적 피로는 보통 구별하기 어렵다.
③ 국소피로와 전신피로는 피로현상이 나타난 부위가 어느 정도인가를 상대적으로 표현한 것이다.
④ 곤비는 피로의 축적상태로 단기간에 회복될 수 없다.

[풀이] 피로 자체는 질병이 아니라 가역적인 생체변화이며 건강장애에 대한 경고반응이다.

08 다음 중 노동적응과 장애에 관한 설명으로 틀린 것은?

① 환경에 대한 인체의 적응한도를 지적도라 한다.
② 일하는 데 가장 적합한 환경을 지적환경이라 한다.
③ 일하는 데 적합한 환경을 평가하는 데에는 생리적 방법 및 정신적 방법이 있다.
④ 일하는 데 적합한 환경을 평가하는 데에는 작업에 있어서의 능률을 따지는 생산적 방법이 있다.

[풀이] 작업환경에 대한 인체의 적응한도를 서한도라 한다.

정답 04.① 05.② 06.② 07.① 08.①

09 산업안전보건법에서 정의하는 다음 용어에 대한 설명으로 틀린 것은?

① 산업재해 : 노무를 제공하는 사람이 업무에 관계되는 건설물·설비·원재료·가스·증기·분진 등에 의하거나 작업 또는 그 밖의 업무로 인하여 사망 또는 부상하거나 질병에 걸리는 것을 말한다.
② 작업환경측정 : 작업환경의 실태를 파악하기 위하여 해당 작업장에 대하여 근로자 또는 그 대행자가 측정계획을 수립한 후 시료를 채취하고 분석·평가하는 것을 말한다.
③ 근로자대표 : 근로자의 과반수로 조직된 노동조합이 있는 경우에는 그 노동조합을, 근로자의 과반수로 조직된 노동조합이 없는 경우에는 근로자의 과반수를 대표하는 자를 말한다.
④ 안전보건진단 : 산업재해를 예방하기 위하여 잠재적 위험성을 발견하고 그 개선대책을 수립할 목적으로 조사·평가하는 것을 말한다.

[풀이] 작업환경측정이란 작업환경 실태를 파악하기 위하여 해당 근로자 또는 작업장에 대하여 사업주가 유해인자에 대한 측정계획을 수립한 후 시료를 채취하고 분석·평가하는 것을 말한다.

10 다음 중 물질안전보건자료(MSDS)의 작성 원칙에 관한 설명으로 틀린 것은?

① MSDS의 작성단위는 「계량에 관한 법률」이 정하는 바에 의한다.
② MSDS는 한글로 작성하는 것을 원칙으로 하되 화학물질명, 외국기관명 등의 고유명사는 영어로 표기할 수 있다.
③ 각 작성항목은 빠짐없이 작성하여야 하며, 부득이 어느 항목에 대해 관련 정보를 얻을 수 없는 경우에는 공란으로 둔다.
④ 외국어로 되어 있는 MSDS를 번역하는 경우에는 자료의 신뢰성이 확보될 수 있도록 최초 작성기관명 및 시기를 함께 기재하여야 한다.

[풀이] ③ 각 작성항목은 빠짐없이 작성하여야 한다. 다만 부득이하게 어느 항목에 대해 관련 정보를 얻을 수 없는 경우 작성란에 '자료 없음'이라고 기재하고, 적용이 불가능하거나 대상이 되지 않는 경우 작성란에 '해당 없음'이라고 기재한다.

11 산업피로의 대책으로 적합하지 않은 것은?

① 작업과정에 따라 적절한 휴식시간을 삽입해야 한다.
② 불필요한 동작을 피하고 에너지 소모를 적게 한다.
③ 동적인 작업은 피로를 더하게 하므로 가능한 한 정적인 작업으로 전환한다.
④ 작업능력에는 개인별 차이가 있으므로 각 개인마다 작업량을 조정해야 한다.

[풀이] 산업피로 예방대책
㉠ 불필요한 동작을 피하고, 에너지 소모를 적게 한다.
㉡ 동적인 작업을 늘리고, 정적인 작업을 줄인다.
㉢ 개인의 숙련도에 따라 작업속도와 작업량을 조절한다.
㉣ 작업시간 중 또는 작업 전후에 간단한 체조나 오락시간을 갖는다.
㉤ 장시간 한 번 휴식하는 것보다 단시간씩 여러 번 나누어 휴식하는 것이 피로회복에 도움이 된다.

12 다음 중 사고예방대책의 기본원리가 다음과 같을 때 각 단계를 순서대로 올바르게 나열한 것은?

| ㉮ 분석·평가 |
| ㉯ 시정책의 적용 |
| ㉰ 안전관리조직 |
| ㉱ 시정책의 선정 |
| ㉲ 사실의 발견 |

① ㉰ → ㉲ → ㉮ → ㉱ → ㉯
② ㉰ → ㉲ → ㉱ → ㉯ → ㉮
③ ㉲ → ㉰ → ㉱ → ㉯ → ㉮
④ ㉲ → ㉱ → ㉰ → ㉯ → ㉮

정답 09.② 10.③ 11.③ 12.①

풀이	하인리히의 사고예방(방지)대책 기본원리 5단계
	㉠ 제1단계 : 안전관리조직 구성(조직)
	㉡ 제2단계 : 사실의 발견
	㉢ 제3단계 : 분석·평가
	㉣ 제4단계 : 시정방법의 선정(대책의 선정)
	㉤ 제5단계 : 시정책의 적용(대책 실시)

13 다음 중 사무실 공기관리에 있어 오염물질에 대한 관리기준이 잘못 연결된 것은?

① 일산화탄소 - 10ppm 이하
② 이산화탄소 - 1,000ppm 이하
③ 포름알데히드(HCHO) - 0.1ppm 이하
④ 오존 - 0.1ppm 이하

풀이 사무실 오염물질의 관리기준(고용노동부 고시)

오염물질	관리기준
미세먼지(PM 10)	$100\mu g/m^3$ 이하
초미세먼지(PM 2.5)	$50\mu g/m^3$ 이하
일산화탄소(CO)	10ppm 이하
이산화탄소(CO_2)	1,000ppm 이하
이산화질소(NO_2)	0.1ppm 이하
포름알데히드(HCHO)	$100\mu g/m^3$
총휘발성 유기화합물(TVOC)	$500\mu g/m^3$ 이하
라돈(radon)	$148Bq/m^3$ 이하
총부유세균	$800CFU/m^3$ 이하
곰팡이	$500CFU/m^3$ 이하

※ 법 변경(2020년)사항이므로 풀이내용으로 학습 바랍니다.

14 다음 중 직업성 질환의 발생요인과 관련 직종이 잘못 연결된 것은?

① 한랭 - 제빙
② 크롬 - 도금
③ 조명부족 - 의사
④ 유기용제 - 인쇄

풀이 조명부족과 관련된 직종은 정밀작업군이다.

15 스트레스에 관한 설명으로 잘못된 것은?

① 스트레스를 지속적으로 받게 되면 인체는 자기조절능력을 발휘하여 스트레스로부터 벗어난다.
② 환경의 요구가 개인의 능력한계를 벗어날 때 발생하는 개인과 환경의 불균형 상태이다.
③ 스트레스가 아주 없거나 너무 많을 때에는 역기능 스트레스로 작용한다.
④ 위협적인 환경 특성에 대한 개인의 반응을 말한다.

풀이	스트레스(stress)
	㉠ 인체에 어떠한 자극이건 간에 체내의 호르몬계를 중심으로 한 특유의 반응이 일어나는 것을 적응증상군이라 하며, 이러한 상태를 스트레스라고 한다.
	㉡ 외부 스트레서(stressor)에 의해 신체의 항상성이 파괴되면서 나타나는 반응이다.
	㉢ 인간은 스트레스 상태가 되면 부신피질에서 코티솔(cortisol)이라는 호르몬이 과잉분비되어 뇌의 활동 등을 저하하게 된다.
	㉣ 위협적인 환경 특성에 대한 개인의 반응이다.
	㉤ 스트레스가 아주 없거나 너무 많을 때에는 역기능 스트레스로 작용한다.
	㉥ 환경의 요구가 개인의 능력한계를 벗어날 때 발생하는 개인과 환경과의 불균형 상태이다.
	㉦ 스트레스를 지속적으로 받게 되면 인체는 자기조절능력을 상실하여 스트레스로부터 벗어나지 못하고 심신장애 또는 다른 정신적 장애가 나타날 수 있다.

16 다음 중 산업위생의 4가지 주요 활동에 해당하지 않는 것은?

① 예측
② 평가
③ 제거
④ 관리

풀이	산업위생의 정의 : 4가지 주요 활동(AIHA)
	㉠ 예측 ㉡ 측정(인지) ㉢ 평가 ㉣ 관리

17 미국산업위생학술원(AAIH)에서 정하고 있는 산업위생전문가로서 지켜야 할 윤리강령으로 틀린 것은?

① 기업체의 기밀은 누설하지 않는다.
② 성실하고 학문적 실력면에서 최고수준을 유지한다.
③ 쾌적한 작업환경을 만들기 위한 시설투자 유치에 기여한다.
④ 과학적 방법의 적용과 자료의 해석에 객관성을 유지한다.

풀이 **산업위생전문가로서의 책임**
㉠ 성실성과 학문적 실력 면에서 최고수준을 유지한다(전문적 능력 배양 및 성실한 자세로 행동).
㉡ 과학적 방법의 적용과 자료의 해석에서 경험을 통한 전문가의 객관성을 유지한다(공인된 과학적 방법 적용·해석).
㉢ 전문 분야로서의 산업위생을 학문적으로 발전시킨다.
㉣ 근로자, 사회 및 전문 직종의 이익을 위해 과학적 지식을 공개하고 발표한다.
㉤ 산업위생활동을 통해 얻은 개인 및 기업체의 기밀은 누설하지 않는다(정보는 비밀 유지).
㉥ 전문적 판단이 타협에 의하여 좌우될 수 있거나 이해관계가 있는 상황에는 개입하지 않는다.

18 다음 중 역사상 최초로 기록된 직업병은?
① 납중독 ② 방광염
③ 음낭암 ④ 수은중독

풀이 BC 4세기 Hippocrates에 의해 광산에서 납중독이 보고되었다.
※ 역사상 최초로 기록된 직업병 : 납중독

19 다음 중 직업성 질환에 관한 설명으로 틀린 것은?
① 직업성 질환과 일반 질환은 그 한계가 뚜렷하다.
② 직업성 질환이란 어떤 직업에 종사함으로써 발생하는 업무상 질병을 말한다.
③ 직업성 질환은 재해성 질환과 직업병으로 나눌 수 있다.
④ 직업병은 저농도 또는 저수준의 상태로 장시간에 걸친 반복 노출로 생긴 질병을 말한다.

풀이 직업성 질환과 일반 질환의 구분은 명확하지 않다.

20 다음 중 산업안전보건법상 중대재해에 해당하지 않는 것은?
① 사망자가 1명 이상 발생한 재해
② 부상자가 동시에 5명 발생한 재해
③ 직업성 질병자가 동시에 12명 발생한 재해
④ 3개월 이상의 요양을 요하는 부상자가 동시에 3명 발생한 재해

풀이 **중대재해**
㉠ 사망자가 1명 이상 발생한 재해
㉡ 3개월 이상의 요양을 요하는 부상자가 동시에 2명 이상 발생한 재해
㉢ 부상자 또는 직업성 질병자가 동시에 10명 이상 발생한 재해

제2과목 | 작업위생 측정 및 평가

21 공장 내 지면에 설치된 한 기계에서 10m 떨어진 지점의 소음이 70dB(A)이었다. 기계의 소음이 50dB(A)로 들리는 지점은 기계에서 몇 m 떨어진 곳인가? (단, 점음원 기준이며, 기타 조건은 고려하지 않는다.)
① 200 ② 100
③ 50   ④ 20

풀이 점음원의 거리 감쇄
$SPL_1 - SPL_2 = 20\log\left(\dfrac{r_2}{r_1}\right)$에서
$70dB(A) - 50dB(A) = 20\log\left(\dfrac{r_2}{10}\right)$
$\therefore r_2 = 100m$

22 작업장에서 입자상 물질은 대개 여과원리에 따라 시료를 채취한다. 여과지의 공극보다 작은 입자가 여과지에 채취되는 기전은 여과이론으로 설명할 수 있는데, 다음 중 여과이론에 관여하는 기전과 가장 거리가 먼 것은?
① 차단
② 확산
③ 흡착
④ 관성충돌

정답 18.① 19.① 20.② 21.② 22.③

[풀이] 여과채취기전
① 직접차단
② 관성충돌
③ 확산
④ 중력침강
⑤ 정전기침강
⑥ 체질

23 다음 기체에 관한 법칙 중 일정한 온도조건에서 부피와 압력은 반비례한다는 것은?

① 보일의 법칙
② 샤를의 법칙
③ 게이-뤼삭의 법칙
④ 라울트의 법칙

[풀이] 보일의 법칙
일정한 온도에서 기체의 부피는 그 압력에 반비례한다. 즉 압력이 2배 증가하면 부피는 처음의 1/2배로 감소한다.

24 에틸렌아민(비중 0.832) 1mL를 메스플라스크(100mL)에 가하고 증류수로 혼합하여 100mL가 되게 한 후 5mL를 취하여 메스플라스크(100mL)에 넣고 증류수로 100mL가 되게 했을 때 이 용액의 농도(mg/mL)는?

① 0.416
② 0.832
③ 4.16
④ 8.32

[풀이]
$$농도(mg/mL) = 0.832 g/mL \times 1mL \times 5mL \times \frac{1}{100mL}$$
$$\times \frac{1}{100mL} \times \frac{1,000mg}{g}$$
$$= 0.416 mg/mL$$

25 고체 흡착관으로 활성탄을 연결한 저유량 펌프를 이용하여 벤젠증기를 용량 0.012m³로 포집하였다. 실험실에서 앞부분과 뒷부분을 분석한 결과 총 550μg이 검출되었다. 벤젠증기의 농도는? (단, 온도 25℃, 압력 760mmHg, 벤젠 분자량 78)

① 5.6ppm
② 7.2ppm
③ 11.2ppm
④ 14.4ppm

[풀이]
$$농도(mg/m^3) = \frac{분석량}{공기채취량}$$
$$= \frac{550\mu g}{0.012 m^3 \times 1,000 L/m^3}$$
$$= 45.83 \mu g/L (= mg/m^3)$$
$$\therefore 농도(ppm) = 45.83 mg/m^3 \times \frac{24.45}{78} = 14.37 ppm$$

26 작업환경측정의 단위 표시로 옳지 않은 것은?

① 미스트, 흄의 농도는 ppm, mg/L로 표시한다.
② 소음수준의 측정단위는 dB(A)로 표시한다.
③ 석면의 농도 표시는 섬유개수(개/cm³)로 표시한다.
④ 고온(복사열 포함)은 습구흑구온도지수를 구하여 섭씨온도(℃)로 표시한다.

[풀이] 미스트, 흄의 농도단위 : mg/m³

27 측정방법의 정밀도를 평가하는 변이계수(CV; Coefficient of Variation)를 알맞게 나타낸 것은?

① 표준편차/산술평균
② 기하평균/표준편차
③ 표준오차/표준편차
④ 표준편차/표준오차

[풀이] 변이계수(CV)
㉠ 측정방법의 정밀도를 평가하는 계수이며, %로 표현되므로 측정단위와 무관하게 독립적으로 산출된다.
㉡ 통계집단의 측정값에 대한 균일성과 정밀성의 정도를 표현한 계수이다.
㉢ 단위가 서로 다른 집단이나 특성값의 상호산포도를 비교하는 데 이용될 수 있다.
㉣ 변이계수가 작을수록 자료가 평균 주위에 가깝게 분포한다는 의미이다(평균값의 크기가 0에 가까울수록 변이계수의 의미는 작아진다).
㉤ 표준편차의 수치가 평균치에 비해 몇 %가 되느냐로 나타낸다.

정답 23.① 24.① 25.④ 26.① 27.①

28 알고 있는 공기 중 농도를 만드는 방법인 dynamic method에 관한 설명으로 옳지 않은 것은?

① 대개 운반용으로 제작됨
② 농도변화를 줄 수 있음
③ 만들기가 복잡하고 가격이 고가임
④ 지속적인 모니터링이 필요함

[풀이] **dynamic method**
㉠ 희석공기와 오염물질을 연속적으로 흘려주어 일정한 농도를 유지하면서 만드는 방법이다.
㉡ 알고 있는 공기 중 농도를 만드는 방법이다.
㉢ 농도변화를 줄 수 있고 온도·습도 조절이 가능하다.
㉣ 제조가 어렵고 비용도 많이 든다.
㉤ 다양한 농도범위에서 제조가 가능하다.
㉥ 가스, 증기, 에어로졸 실험도 가능하다.
㉦ 소량의 누출이나 벽면에 의한 손실은 무시할 수 있다.
㉧ 지속적인 모니터링이 필요하다.
㉨ 매우 일정한 농도를 유지하기가 곤란하다.

29 다음은 고열측정에 관한 내용이다. ( ) 안에 알맞은 것은? (단, 고용노동부 고시 기준)

> 측정은 단위작업장소에서 측정대상이 되는 근로자의 작업행동범위에서 주 작업위치의 ( )의 위치에서 할 것

① 바닥면으로부터 50cm 이상 150cm 이하
② 바닥면으로부터 80cm 이상 120cm 이하
③ 바닥면으로부터 100cm 이상 120cm 이하
④ 바닥면으로부터 120cm 이상 150cm 이하

[풀이] 측정은 단위작업장소에서 측정대상이 되는 근로자의 작업행동범위 내에서 주 작업위치의 바닥면으로부터 50센티미터 이상, 150센티미터 이하의 위치에서 행하여야 한다.

※ 고시 변경사항, 학습 안 하셔도 무방합니다.

30 다음 용제 중 극성이 가장 강한 것은?
① 에스테르류
② 알코올류
③ 방향족탄화수소류
④ 알데히드류

[풀이] **극성이 강한 순서**
물 > 알코올류 > 알데히드류 > 케톤류 > 에스테르류 > 방향족탄화수소류 > 올레핀류 > 파라핀류

31 다음 중 검지관 사용 시 장단점으로 가장 거리가 먼 것은?

① 숙련된 산업위생전문가가 측정하여야 한다.
② 민감도가 낮아 비교적 고농도에 적용이 가능하다.
③ 특이도가 낮아 다른 방해물질의 영향을 받기 쉽다.
④ 미리 측정대상물질에 동정이 되어 있어야 측정이 가능하다.

[풀이] **검지관 측정법의 장단점**
(1) 장점
㉠ 사용이 간편하다.
㉡ 반응시간이 빨라 현장에서 바로 측정 결과를 알 수 있다.
㉢ 비전문가도 어느 정도 숙지하면 사용할 수 있지만 산업위생전문가의 지도 아래 사용되어야 한다.
㉣ 맨홀, 밀폐공간에서의 산소부족 또는 폭발성 가스로 인한 안전이 문제가 될 때 유용하게 사용된다.
㉤ 다른 측정방법이 복잡하거나 빠른 측정이 요구될 때 사용할 수 있다.
(2) 단점
㉠ 민감도가 낮아 비교적 고농도에만 적용이 가능하다.
㉡ 특이도가 낮아 다른 방해물질의 영향을 받기 쉽고 오차가 크다.
㉢ 대개 단시간 측정만 가능하다.
㉣ 한 검지관으로 단일물질만 측정 가능하여 각 오염물질에 맞는 검지관을 선정함에 따른 불편함이 있다.
㉤ 색변화에 따라 주관적으로 읽을 수 있어 판독자에 따라 변이가 심하며, 색변화가 시간에 따라 변하므로 제조자가 정한 시간에 읽어야 한다.
㉥ 미리 측정대상 물질의 동정이 되어 있어야 측정이 가능하다.

정답 28.① 29.① 30.② 31.①

32 한 소음원에서 발생되는 음에너지의 크기가 1watt인 경우 음향파워레벨(sound power level)은?

① 60dB ② 80dB
③ 100dB ④ 120dB

풀이 음향파워레벨(PWL)
$$PWL = 10\log\frac{W}{W_0} = 10\log\frac{1}{10^{-12}} = 120dB$$

33 입자상 물질인 흄(fume)에 관한 설명으로 옳지 않은 것은?

① 용접공정에서 흄이 발생한다.
② 흄의 입자 크기는 먼지보다 매우 커 폐포에 쉽게 도달되지 않는다.
③ 흄은 상온에서 고체상태의 물질이 고온으로 액체화된 다음 증기화되고, 증기물의 응축 및 산화로 생기는 고체상의 미립자이다.
④ 용접흄은 용접공폐의 원인이 된다.

풀이 용접흄
㉠ 입자상 물질의 한 종류인 고체이며 기체가 온도의 급격한 변화로 응축·산화된 형태이다.
㉡ 용접흄을 채취할 때에는 카세트를 헬멧 안쪽에 부착하고 glass fiber filter를 사용하여 포집한다.
㉢ 용접흄은 호흡기계에 가장 깊숙이 들어갈 수 있는 입자상 물질로 용접공폐의 원인이 된다.

34 세척제로 사용하는 트리클로로에틸렌의 근로자 노출농도 측정을 위해 과거의 노출농도를 조사해 본 결과, 평균 60ppm이었다. 활성탄관을 이용하여 0.17L/min으로 채취하고자 할 때 채취하여야 할 최소한의 시간(분)은? (단, 25℃, 1기압 기준, 트리클로로에틸렌의 분자량은 131.39, 가스크로마토그래피의 정량한계는 시료당 0.4mg이다.)

① 4.9분 ② 7.3분
③ 10.4분 ④ 13.7분

풀이
- 과거 농도 60ppm을 mg/m³로 변환
$$mg/m^3 = 60ppm \times \frac{131.39}{24.45} = 322.43mg/m^3$$
- 최소채취부피
$$\frac{LOQ}{과거 농도} = \frac{0.4mg}{322.43mg/m^3}$$
$$= 0.00124m^3 \times (1,000L/m^3) = 1.24L$$
∴ 채취 최소시간 $= \frac{1.24L}{0.17L/min} = 7.3min$

35 어느 작업장에서 trichloroethylene의 농도를 측정한 결과 각각 23.9ppm, 21.6ppm, 22.4ppm, 24.1ppm, 22.7ppm, 25.4ppm을 얻었다. 이때 중앙치(median)는?

① 23.0ppm ② 23.1ppm
③ 23.3ppm ④ 23.5ppm

풀이 측정치 크기 순서 배열
21.6ppm, 22.4ppm, 22.7ppm, 23.9ppm, 24.1ppm, 25.4ppm
∴ 중앙치(median) $= \frac{22.7 + 23.9}{2} = 23.3ppm$

36 흡착제에 관한 설명으로 옳지 않은 것은?

① 다공성 중합체는 활성탄보다 비표면적이 작다.
② 다공성 중합체는 특별한 물질에 대한 선택성이 좋은 경우가 있다.
③ 탄소 분자체는 합성 다중체나 석유 타르 전구체의 무산소 열분해로 만들어지는 구형의 다공성 구조를 가진다.
④ 탄소 분자체는 수분의 영향이 적어 대기 중 휘발성이 적은 극성 화합물 채취에 사용된다.

풀이 탄소 분자체
㉠ 비극성(포화결합) 화합물 및 유기물질을 잘 흡착하는 성질이 있다.
㉡ 거대공극 및 무산소 열분해로 만들어지는 구형의 다공성 구조로 되어 있다.
㉢ 사용 시 가장 큰 제한요인은 습도이다.
㉣ 휘발성이 큰 비극성 유기화합물의 채취에 흑연체를 많이 사용한다.

정답 32.④ 33.② 34.② 35.③ 36.④

37 어느 실험실의 크기가 15m×10m×3m이며 실험 중 2kg의 염소(Cl₂, 분자량=70.9)를 부주의로 떨어뜨렸다. 이때 실험실에서의 이론적 염소 농도(ppm)는? (단, 기압 760mmHg, 온도 0℃ 기준, 염소는 모두 기화되고 실험실에는 환기장치가 없다.)

① 약 800
② 약 1,000
③ 약 1,200
④ 약 1,400

풀이

농도(mg/m³) = $\dfrac{질량}{부피}$

$= \dfrac{2kg \times (10^6 mg/kg)}{(15 \times 10 \times 3)m^3} = 4444.44 mg/m^3$

∴ 농도(ppm) = $4444.44 mg/m^3 \times \dfrac{22.4}{70.9}$
             = 1404.17ppm

38 입자상 물질 채취기기인 직경분립충돌기에 관한 설명으로 옳지 않은 것은?

① 시료채취가 까다롭고 비용이 많이 소요되며, 되튐으로 인한 시료의 손실이 일어날 수 있다.
② 호흡기의 부분별 침착된 입자 크기의 자료를 추정할 수 있다.
③ 흡입성, 흉곽성, 호흡성 입자의 크기별 분포와 농도는 계산할 수 없으나 질량 크기 분포는 얻을 수 있다.
④ 채취준비에 시간이 많이 걸리며, 경험이 있는 전문가가 철저한 준비를 통하여 측정하여야 한다.

풀이 직경분립충돌기(cascade impactor)의 장단점
(1) 장점
 ㉠ 입자의 질량 크기 분포를 얻을 수 있다(공기 흐름속도를 조절하여 채취입자를 크기별로 구분 가능).
 ㉡ 호흡기의 부분별로 침착된 입자 크기의 자료를 추정할 수 있다.
 ㉢ 흡입성, 흉곽성, 호흡성 입자의 크기별로 분포와 농도를 계산할 수 있다.
(2) 단점
 ㉠ 시료채취가 까다롭다. 즉 경험이 있는 전문가가 철저한 준비를 통해 이용해야 정확한 측정이 가능하다(작은 입자는 공기흐름속도를 크게 하여 충돌판에 포집할 수 없음).
 ㉡ 비용이 많이 든다.
 ㉢ 채취준비시간이 과다하다.
 ㉣ 되튐으로 인한 시료의 손실이 일어나 과소분석결과를 초래할 수 있어 유량을 2L/min 이하로 채취한다.
 ㉤ 공기가 옆에서 유입되지 않도록 각 충돌기의 조립과 장착을 철저히 해야 한다.

39 유량, 측정시간, 회수율, 분석에 따른 오차가 각각 15%, 3%, 9%, 5%일 때 누적오차는?

① 16.8%
② 18.4%
③ 20.5%
④ 22.3%

풀이 누적오차(%) = $\sqrt{15^2 + 3^2 + 9^2 + 5^2}$
         = 18.44%

40 다음 어떤 작업장에서 50% acetone, 30% benzene, 20% xylene의 중량비로 조성된 용제가 증발하여 작업환경을 오염시키고 있다. 각각의 TLV는 1,600mg/m³, 720mg/m³, 670mg/m³일 때 이 작업장의 혼합물 허용농도는?

① 873mg/m³
② 973mg/m³
③ 1,073mg/m³
④ 1,173mg/m³

풀이 혼합물의 허용농도(mg/m³)

$= \dfrac{1}{\dfrac{0.5}{1,600} + \dfrac{0.3}{720} + \dfrac{0.2}{670}} = 973.07 mg/m^3$

제3과목 | 작업환경 관리대책

41 내경이 15mm인 원형관에 비압축성 유체가 40m/min의 속도로 흐른다. 내경이 10mm가 되면 유속(m/min)은? (단, 유량은 같다고 가정한다.)

① 90 ② 120
③ 160 ④ 210

풀이
$Q = A \times V$
$= \left(\dfrac{3.14 \times 0.015^2}{4}\right) m^2 \times 40 m/min$
$= 0.0070 m^3/min$
$\therefore V = \dfrac{Q}{A} = \dfrac{0.0070 m^3/min}{\left(\dfrac{3.14 \times 0.01^2}{4}\right) m^2} = 90 m/min$

42 개구면적이 0.6m²인 외부식 장방형 후드가 자유공간에 설치되어 있다. 개구면으로부터 포촉점까지의 거리는 0.5m이고, 제어속도가 0.80m/sec일 때 필요송풍량은? (단, 플랜지 미부착)

① 126m³/min ② 149m³/min
③ 164m³/min ④ 182m³/min

풀이 자유공간, 플랜지 미부착
$Q = 60 \cdot V_c(10X^2 + A)$
$= 60 \times 0.8 m/sec [(10 \times 0.5^2) m^2 + 0.6 m^2]$
$= 148.8 m^3/min$

43 전체환기를 실시하고자 할 때 고려하여야 하는 원칙과 가장 거리가 먼 것은?

① 먼저 자료를 통해서 희석에 필요한 충분한 양의 환기량을 구해야 한다.
② 가능하면 오염물질이 발생하는 가장 가까운 위치에 배기구를 설치해야 한다.
③ 희석을 위한 공기가 급기구를 통하여 들어와서 오염물질이 있는 영역을 통과하여 배기구로 빠져나가도록 설계해야 한다.
④ 배기구는 창문이나 문 등 개구 근처에 위치하도록 설계하여 오염공기의 배출이 충분하게 한다.

풀이 전체환기(강제환기)시설 설치 기본원칙
㉠ 오염물질 사용량을 조사하여 필요환기량을 계산한다.
㉡ 배출공기를 보충하기 위하여 청정공기를 공급한다.
㉢ 오염물질 배출구는 가능한 한 오염원으로부터 가까운 곳에 설치하여 '점환기'의 효과를 얻는다.
㉣ 공기 배출구와 근로자의 작업위치 사이에 오염원이 위치해야 한다.
㉤ 공기가 배출되면서 오염장소를 통과하도록 공기 배출구와 유입구의 위치를 선정한다.
㉥ 작업장 내 압력은 경우에 따라서 양압이나 음압으로 조정해야 한다(오염원 주위에 다른 작업공정이 있으면 공기 공급량을 배출량보다 작게 하여 음압을 형성시켜 주위 근로자에게 오염물질이 확산되지 않도록 한다).
㉦ 배출된 공기가 재유입되지 못하게 배출구 높이를 적절히 설계하고 창문이나 문 근처에 위치하지 않도록 한다.
㉧ 오염된 공기는 작업자가 호흡하기 전에 충분히 희석되어야 한다.
㉨ 오염물질 발생은 가능하면 비교적 일정한 속도로 유출되도록 조정해야 한다.

44 푸시풀(push-pull) 후드에 관한 설명으로 옳지 않은 것은?

① 도금조와 같이 폭이 넓은 경우에 사용하면 포집효율을 증가시키면서 필요유량을 대폭 감소시킬 수 있다.
② 제어속도는 푸시 제트기류에 의해 발생한다.
③ 가압노즐 송풍량은 흡인 후드 송풍량의 2.5~5배 정도이다.
④ 공정에서 작업물체를 처리조에 넣거나 꺼내는 중에 공기막이 파괴되어 오염물질이 발생한다.

풀이 흡인 후드의 송풍량은 근사적으로 가압노즐 송풍량의 1.5~2.0배의 표준기준이 사용된다.

45 다음 중 물질의 대치로 옳지 않은 것은 어느 것인가?

① 성냥 제조 시에 사용되는 적린을 백린으로 교체
② 금속 표면을 블라스팅할 때 사용재료로 모래 대신 철구슬(shot) 사용
③ 보온재로 석면 대신 유리섬유나 암면 사용
④ 주물공정에서 실리카 모래 대신 그린(green) 모래로 주형을 채우도록 대치

풀이 성냥 제조 시 백린을 적린으로 교체하여 사용한다.

46 크롬산 미스트를 취급하는 공정에 가로 0.6m, 세로 2.5m로 개구되어 있는 포위식 후드를 설치하고자 한다. 개구면상의 기류분포는 균일하고 제어속도가 0.6m/sec일 때, 필요송풍량은?

① $24m^3/min$ ② $35m^3/min$
③ $46m^3/min$ ④ $54m^3/min$

풀이 필요송풍량(Q)
$Q = A \times V$
$= (0.6 \times 2.5)m^2 \times 0.6m/sec \times 60sec/min$
$= 54m^3/min$

47 원심력 송풍기 중 전향 날개형 송풍기에 관한 설명으로 옳지 않은 것은?

① 송풍기의 임펠러가 다람쥐 쳇바퀴 모양으로 생겼다.
② 송풍기의 깃이 회전방향과 반대방향으로 설계되어 있다.
③ 큰 압력손실에서 송풍량이 급격하게 떨어지는 단점이 있다.
④ 다익형 송풍기라고도 한다.

풀이 다익형 송풍기(multi blade fan)
㉠ 전향(전곡) 날개형(forward-curved blade fan)이라고 하며, 많은 날개(blade)를 갖고 있다.
㉡ 송풍기의 임펠러가 다람쥐 쳇바퀴 모양으로, 회전날개가 회전방향과 동일한 방향으로 설계되어 있다.
㉢ 동일 송풍량을 발생시키기 위한 임펠러 회전속도가 상대적으로 낮아 소음 문제가 거의 없다.
㉣ 강도 문제가 그리 중요하지 않기 때문에 저가로 제작이 가능하다.
㉤ 상승구배 특성이다.
㉥ 높은 압력손실에서는 송풍량이 급격하게 떨어지므로 이송시켜야 할 공기량이 많고 압력손실이 작게 걸리는 전체환기나 공기조화용으로 널리 사용된다.
㉦ 구조상 고속회전이 어렵고, 큰 동력의 용도에는 적합하지 않다.

48 개인보호구 중 방독마스크의 카트리지 수명에 영향을 미치는 요소와 가장 거리가 먼 것은?

① 흡착제의 질과 양
② 상대습도
③ 온도
④ 오염물질의 입자 크기

풀이 방독마스크의 정화통(카트리지, cartridge) 수명에 영향을 주는 인자
㉠ 작업장의 습도(상대습도) 및 온도
㉡ 착용자의 호흡률(노출조건)
㉢ 작업장 오염물질의 농도
㉣ 흡착제의 질과 양
㉤ 포장의 균일성과 밀도
㉥ 다른 가스, 증기와 혼합 유무

49 다음 중 사이클론 집진장치에서 발생하는 블로다운(blow-down) 효과에 관한 설명으로 옳은 것은?

① 유효원심력을 감소시켜 선회기류의 흐트러짐을 방지한다.
② 관내 분진부착으로 인한 장치의 폐쇄 현상을 방지한다.
③ 부분적 난류 증가로 집진된 입자가 재비산된다.
④ 처리배기량의 50% 정도가 재유입되는 현상이다.

정답 45.① 46.④ 47.② 48.④ 49.②

[풀이] **블로다운(blow-down)**
(1) 정의
사이클론의 집진효율을 향상시키기 위한 하나의 방법으로서 더스트박스 또는 호퍼부에서 처리가스의 5~10%를 흡인하여 선회기류의 교란을 방지하는 운전방식이다.
(2) 효과
 ㉠ 사이클론 내의 난류현상을 억제시킴으로써 집진된 먼지의 비산을 방지(유효원심력 증대)한다.
 ㉡ 집진효율을 증대시킨다.
 ㉢ 장치 내부의 먼지 퇴적을 억제하여 장치의 폐쇄현상을 방지(가교현상 방지)한다.

50 장방형 송풍관의 단경 0.13m, 장경 0.26m, 길이 30m, 속도압 30mmH$_2$O, 관마찰계수(λ)가 0.004일 때 관내의 압력손실은? (단, 관의 내면은 매끈하다.)
① 10.6mmH$_2$O ② 15.4mmH$_2$O
③ 20.8mmH$_2$O ④ 25.2mmH$_2$O

[풀이] 압력손실(ΔP)
$$\Delta P = \lambda \times \frac{L}{D} \times VP$$
• D(상당직경) $= \dfrac{2(0.13 \times 0.26)}{0.13 + 0.26} = 0.173\text{m}$
$= 0.004 \times \dfrac{30}{0.173} \times 30$
$= 20.81\text{mmH}_2\text{O}$

51 1시간에 2L의 MEK가 증발되어 공기를 오염시키는 작업장이 있다. K치를 3, 분자량을 72.06, 비중을 0.805, TLV를 200ppm으로 할 때 이 작업장의 오염물질 전체를 환기시키기 위하여 필요한 환기량(m^3/min)은? (단, 21℃, 1기압 기준)
① 약 104 ② 약 118
③ 약 135 ④ 약 154

[풀이]
• 사용량(g/hr) = 2L/hr × 0.805g/mL × 1,000mL/L
  = 1,610g/hr
• 발생률(G, L/hr)
  72.06g : 24.1L = 1,610g/hr : G

$G = \dfrac{24.1\text{L} \times 1,610\text{g/hr}}{72.06\text{g}} = 538.45\text{L/hr}$

∴ 필요환기량(Q) $= \dfrac{G}{\text{TLV}} \times K$
$= \dfrac{538.45\text{L/hr} \times 1,000\text{mL/L}}{200\text{mL/m}^3} \times 3$
$= 8,076.75\text{m}^3/\text{hr} \times \text{hr}/60\text{min}$
$= 134.61\text{m}^3/\text{min}$

52 방진재료로 사용하는 방진고무의 장점으로 가장 거리가 먼 것은?
① 내후성, 내유성, 내약품성이 좋아 다양한 분야에 적용이 가능하다.
② 여러 가지 형태로 된 철물에 견고하게 부착할 수 있다.
③ 설계자료가 잘 되어 있어서 용수철 정수를 광범위하게 선택할 수 있다.
④ 고무의 내부마찰로 적당한 저항을 가지며 공진 시의 진폭도 지나치게 크지 않다.

[풀이] **방진고무의 장단점**
(1) 장점
 ㉠ 고무 자체의 내부마찰로 적당한 저항을 얻을 수 있다.
 ㉡ 공진 시의 진폭도 지나치게 크지 않다.
 ㉢ 설계자료가 잘 되어 있어서 용수철 정수(스프링 상수)를 광범위하게 선택할 수 있다.
 ㉣ 형상의 선택이 비교적 자유로워 여러 가지 형태로 된 철물에 견고하게 부착할 수 있다.
 ㉤ 고주파 진동의 차진에 양호하다.
(2) 단점
 ㉠ 내후성, 내유성, 내열성, 내약품성이 약하다.
 ㉡ 공기 중의 오존(O$_3$)에 의해 산화된다.
 ㉢ 내부마찰에 의한 발열 때문에 열화되기 쉽다.

53 국소배기시스템을 설계 시 송풍기 전압이 136mmH$_2$O, 필요환기량은 184m^3/min이었다. 송풍기의 효율이 60%일 때 필요한 최소한의 송풍기 소요동력은?
① 2.7kW ② 4.8kW
③ 6.8kW ④ 8.7kW

풀이

송풍기 소요동력(kW)
$= \dfrac{Q \times \Delta P}{6{,}120 \times \eta} \times \alpha$

$= \dfrac{184 \text{m}^3/\text{min} \times 136 \text{mmH}_2\text{O}}{6{,}120 \times 0.6} \times 1.0$

$= 6.8 \text{kW}$

54 다음 중 귀마개의 장점으로 맞는 것만을 짝지은 것은?

㉮ 외이도에 이상이 있어도 사용이 가능하다.
㉯ 좁은 장소에서도 사용이 가능하다.
㉰ 고온의 작업장소에서도 사용이 가능하다.

① ㉮, ㉯ ② ㉯, ㉰
③ ㉮, ㉰ ④ ㉮, ㉯, ㉰

풀이 귀마개의 장단점

(1) 장점
㉠ 부피가 작아 휴대가 쉽다.
㉡ 안경과 안전모 등에 방해가 되지 않는다.
㉢ 고온작업에서도 사용 가능하다.
㉣ 좁은 장소에서도 사용 가능하다.
㉤ 귀덮개보다 가격이 저렴하다.

(2) 단점
㉠ 귀에 질병이 있는 사람은 착용 불가능하다.
㉡ 여름에 땀이 많이 날 때는 외이도에 염증 유발 가능성이 있다.
㉢ 제대로 착용하는 데 시간이 걸리며 요령을 습득하여야 한다.
㉣ 귀덮개보다 차음효과가 일반적으로 떨어지며, 개인차가 크다.
㉤ 더러운 손으로 만짐으로써 외청도를 오염시킬 수 있다(귀마개에 묻어 있는 오염물질이 귀에 들어갈 수 있음).

55 전기집진장치의 장점으로 옳지 않은 것은?

① 미세입자의 처리가 가능하다.
② 전압변동과 같은 조건변동에 적응이 용이하다.
③ 압력손실이 적어 소요동력이 적다.
④ 고온가스의 처리가 가능하다.

풀이 전기집진장치의 장단점

(1) 장점
㉠ 집진효율이 높다(0.01μm 정도 포집 용이, 99.9% 정도 고집진효율).
㉡ 광범위한 온도범위에서 적용이 가능하며, 폭발성 가스의 처리도 가능하다.
㉢ 고온의 입자성 물질(500℃ 전후) 처리가 가능하여 보일러와 철강로 등에 설치할 수 있다.
㉣ 압력손실이 낮고 대용량의 가스 처리가 가능하며 배출가스의 온도강하가 적다.
㉤ 운전 및 유지비가 저렴하다.
㉥ 회수가치 입자 포집에 유리하며, 습식 및 건식으로 집진할 수 있다.
㉦ 넓은 범위의 입경과 분진농도에 집진효율이 높다.

(2) 단점
㉠ 설치비용이 많이 든다.
㉡ 설치공간을 많이 차지한다.
㉢ 설치된 후에는 운전조건의 변화에 유연성이 적다.
㉣ 먼지성상에 따라 전처리시설이 요구된다.
㉤ 분진포집에 적용되며, 기체상 물질 제거에는 곤란하다.
㉥ 전압변동과 같은 조건변동(부하변동)에 쉽게 적응이 곤란하다.
㉦ 가연성 입자의 처리가 곤란하다.

56 유입계수를 Ce 라고 나타낼 때 유입손실계수 F 를 바르게 나타낸 것은?

① $F = \dfrac{Ce^2}{1 - Ce^2}$

② $F = \dfrac{1 - Ce^2}{Ce^2}$

③ $F = \sqrt{\dfrac{1}{1 + Ce}}$

④ $F = \sqrt{\dfrac{1}{1 + Ce^2}}$

풀이

유입계수$(Ce) = \dfrac{\text{실제 유량}}{\text{이론적인 유량}}$

$= \dfrac{\text{실제 흡인유량}}{\text{이상적인 흡인유량}}$

후드 유입손실계수$(F) = \dfrac{1}{Ce^2} - 1$

정답 54.② 55.② 56.②

57 레이놀즈수(Re)를 산출하는 공식으로 옳은 것은? (단, d : 덕트 직경(m), V : 공기 유속(m/sec), μ : 공기의 점성계수(kg/sec·m), ρ : 공기 밀도(kg/m³))

① $Re = (\mu \times \rho \times d)/V$
② $Re = (\rho \times V \times \mu)/d$
③ $Re = (d \times V \times \mu)/\rho$
④ $Re = (\rho \times d \times V)/\mu$

[풀이] 레이놀즈수(Re)
$Re = \dfrac{\rho Vd}{\mu} = \dfrac{Vd}{\nu} = \dfrac{관성력}{점성력}$

여기서, Re : 레이놀즈수 ⇨ 무차원
ρ : 유체의 밀도(kg/m³)
d : 유체가 흐르는 직경(m)
V : 유체의 평균유속(m/sec)
μ : 유체의 점성계수(kg/m·sec(Poise))
ν : 유체의 동점성계수(m²/sec)

58 벤젠 2kg이 모두 증발하였다면 벤젠이 차지하는 부피는? (단, 벤젠의 비중은 0.88이고, 분자량은 78, 21℃, 1기압)

① 약 521L   ② 약 618L
③ 약 736L   ④ 약 871L

[풀이] 78g : 24.1L = 2,000g : G(발생 부피)
∴ $G(\text{L}) = \dfrac{24.1\text{L} \times 2{,}000\text{g}}{78\text{g}} = 617.94\text{L}$

59 회전차 외경이 600mm인 레이디얼 송풍기의 풍량이 300m³/min, 전압은 60mmH₂O, 축동력이 0.40kW이다. 회전차 외경이 1,200mm로 상사인 레이디얼 송풍기가 같은 회전수로 운전된다면 이 송풍기의 축동력은? (단, 두 경우 모두 표준공기를 취급한다.)

① 10.2kW   ② 12.8kW
③ 14.4kW   ④ 16.6kW

[풀이] $\dfrac{kW_2}{kW_1} = \left(\dfrac{D_2}{D_1}\right)^5$

$kW_2 = 0.4\text{kW} \times \left(\dfrac{1{,}200}{600}\right)^5 = 12.8\text{kW}$

60 정압 회복계수가 0.72이고 정압 회복량이 7.2mmH₂O인 원형 확대관의 압력손실은?

① 2.8mmH₂O
② 3.6mmH₂O
③ 4.2mmH₂O
④ 5.3mmH₂O

[풀이] $(SP_2 - SP_1) = (VP_1 - VP_2) - \Delta P$

$7.2 = \dfrac{\Delta P}{\xi} - \Delta P$

$\dfrac{\Delta P}{(1-0.72)} - \Delta P = 7.2$

$\dfrac{\Delta P - 0.28\Delta P}{0.28} = 7.2$

$\Delta P(1 - 0.28) = 7.2 \times 0.28$

∴ $\Delta P = \dfrac{7.2 \times 0.28}{0.72}$
$= 2.8\text{mmH}_2\text{O}$

제4과목 | 물리적 유해인자관리

61 다음 중 소음계에서 A특성치는 몇 phon의 등감곡선과 비슷하게 주파수에 따른 반응을 보정하여 측정한 음압수준을 말하는가?

① 40   ② 70
③ 100   ④ 140

[풀이] ⊙ A특성치 ⇨ 40phon
ⓒ B특성치 ⇨ 70phon
ⓒ C특성치 ⇨ 100phon

62 현재 총 흡음량이 500sabins인 작업장의 천장에 흡음물질을 첨가하여 900sabins을 더할 경우 소음감소량은 약 얼마로 예측되는가?

① 2.5dB
② 3.5dB
③ 4.5dB
④ 5.5dB

정답 57.④ 58.② 59.② 60.① 61.① 62.③

풀이 소음감소량(NR)

$$NR = 10\log\frac{500+900}{500}$$
$$= 4.47 dB$$

63 기온이 0℃이고, 절대습도는 4.57mmHg일 때 0℃의 포화습도가 4.57mmHg라면 이때의 비교습도는 얼마인가?

① 30%
② 40%
③ 70%
④ 100%

풀이 비교습도(상대습도) = $\dfrac{\text{절대습도}}{\text{포화습도}} \times 100$

$$= \frac{4.57}{4.57} \times 100$$
$$= 100\%$$

64 다음 중 전리방사선에 의한 장애에 해당하지 않는 것은?

① 참호족
② 유전적 장애
③ 조혈기능장애
④ 피부암 등 신체적 장애

풀이 참호족
㉠ 직장온도가 35℃ 수준 이하로 저하되는 경우를 말한다.
㉡ 저온작업에서 손가락, 발가락 등의 말초부위가 피부온도 저하가 가장 심한 부위이다.
㉢ 조직 내부의 온도가 10℃에 도달하면 조직 표면은 얼게 되며, 이러한 현상을 말한다.

65 충격소음의 노출기준에서 충격소음의 강도와 1일 노출횟수가 잘못 연결된 것은 어느 것인가?

① 120dB(A) : 10,000회
② 130dB(A) : 1,000회
③ 140dB(A) : 100회
④ 150dB(A) : 10회

풀이 충격소음작업
소음이 1초 이상의 간격으로 발생하는 작업으로서 다음의 1에 해당하는 작업을 말한다.
㉠ 120dB을 초과하는 소음이 1일 1만회 이상 발생되는 작업
㉡ 130dB을 초과하는 소음이 1일 1천회 이상 발생되는 작업
㉢ 140dB을 초과하는 소음이 1일 1백회 이상 발생되는 작업

66 다음 중 레이노(Raynaud) 증후군의 발생 가능성이 가장 큰 작업은?

① 공기 해머(hammer) 작업
② 보일러 수리 및 가동
③ 인쇄작업
④ 용접작업

풀이 레이노 현상(Raynaud's phenomenon)
㉠ 손가락에 있는 말초혈관 운동의 장애로 인하여 수지가 창백해지고 손이 차며 저리거나 통증이 오는 현상이다.
㉡ 한랭작업조건에서 특히 증상이 악화된다.
㉢ 압축공기를 이용한 진동공구, 즉 착암기 또는 해머와 같은 공구를 장기간 사용한 근로자들의 손가락에 유발되기 쉬운 직업병이다.
㉣ dead finger 또는 white finger라고도 하며, 발증까지 약 5년 정도 걸린다.

67 다음 중 저온에 의한 1차 생리적 영향에 해당하는 것은?

① 말초혈관의 수축
② 근육긴장의 증가와 전율
③ 혈압의 일시적 상승
④ 조직대사의 증진과 식욕 항진

풀이 저온에 의한 생리적 반응
(1) 1차 생리적 반응
  ㉠ 피부혈관의 수축
  ㉡ 근육긴장의 증가와 떨림
  ㉢ 화학적 대사작용의 증가
  ㉣ 체표면적의 감소
(2) 2차 생리적 반응
  ㉠ 말초혈관의 수축
  ㉡ 근육활동, 조직대사가 증진되어 식욕이 항진
  ㉢ 혈압의 일시적 상승

정답 63.④ 64.① 65.④ 66.① 67.②

68 다음 중 레이저(laser)에 관한 설명으로 틀린 것은?
① 레이저는 유도방출에 의한 광선증폭을 뜻한다.
② 레이저는 보통 광선과는 달리 단일파장으로 강력하고 예리한 지향성을 가졌다.
③ 레이저장애는 광선의 파장과 특정 조직의 광선흡수능력에 따라 장애 출현부위가 달라진다.
④ 레이저의 피부에 대한 작용은 비가역적이며, 수포, 색소침착 등이 생길 수 있다.

> **[풀이]** 레이저의 피부에 대한 작용은 가역적이며 피부손상, 화상, 수포 형성, 색소침착 등이 생길 수 있고, 눈에 대한 작용으로는 각막염, 백내장, 망막염 등이 있다.

69 질소 마취증상과 가장 연관이 많은 작업은?
① 잠수작업 ② 용접작업
③ 냉동작업 ④ 알루미늄작업

> **[풀이]** **질소가스의 마취작용**
> ㉠ 공기 중의 질소가스는 정상기압에서 비활성이지만 4기압 이상에서는 마취작용을 일으키며, 이를 다행증이라 한다(공기 중의 질소가스는 3기압 이하에서는 자극작용을 한다).
> ㉡ 질소가스 마취작용은 알코올 중독의 증상과 유사하다.
> ㉢ 작업력의 저하, 기분의 변환, 여러 종류의 다행증(euphoria)이 일어난다.
> ㉣ 수심 90~120m에서 환청, 환시, 조현증, 기억력 감퇴 등이 나타난다.

70 고열로 인하여 발생하는 건강장애 중 가장 위험성이 큰 중추신경계통의 장애로 신체 내부의 체온조절계통이 기능을 잃어 발생하며, 1차적으로 정신착란, 의식결여 등의 증상이 발생하는 고열장애는?
① 열사병(heat stroke)
② 열소진(heat exhaustion)
③ 열경련(heat cramps)
④ 열발진(heat rashes)

> **[풀이]** **열사병**
> ㉠ 일차적인 증상은 정신착란, 의식결여, 경련, 혼수, 건조하고 높은 피부온도, 체온상승이다.
> ㉡ 뇌막혈관이 노출되어 뇌 온도의 상승으로 체온조절 중추의 기능에 장애를 일으켜서 생기는 위급한 상태이다.
> ㉢ 전신적인 발한 정지가 생긴다(땀을 흘리지 못하여 체열 방산을 하지 못해 건조할 때가 많음).
> ㉣ 직장온도 상승(40℃ 이상), 즉 체열 방산을 하지 못하여 체온이 41~43℃까지 급격하게 상승하여 사망에 이른다.
> ㉤ 초기에 조치가 취해지지 못하면 사망에 이를 수도 있다.
> ㉥ 40%의 높은 치명률을 보이는 응급성 질환이다.
> ㉦ 치료 후 4주 이내에는 다시 열에 노출되지 않도록 주의해야 한다.

71 다음 중 소음에 의한 청력장애가 가장 잘 일어나는 주파수는?
① 1,000Hz ② 2,000Hz
③ 4,000Hz ④ 8,000Hz

> **[풀이]** **C_5-dip 현상**
> 소음성 난청의 초기단계로 4,000Hz에서 청력장애가 현저히 커지는 현상이다.
> ※ 우리 귀는 고주파음에 대단히 민감하며, 특히 4,000Hz에서 소음성 난청이 가장 많이 발생한다.

72 밀폐공간에서는 산소결핍이 발생할 수 있다. 산소결핍의 원인 중 소모(consumption)에 해당하지 않는 것은?
① 제한된 공간 내에서 사람의 호흡
② 용접, 절단, 불 등에 의한 연소
③ 금속의 산화, 녹 등의 화학반응
④ 질소, 아르곤, 헬륨 등의 불활성 가스 사용

> **[풀이]** ①, ②, ③항은 산소를 소모하는 반응을 한다.

73 1기압(atm)에 관한 설명으로 틀린 것은?
① 수은주로 760mmHg와 동일하다.
② 수주(水柱)로 10,332mmH$_2$O에 해당한다.
③ Torr로는 0.76에 해당한다.
④ 약 1kg$_f$/cm^{2}와 동일하다.

정답 68.④ 69.① 70.① 71.③ 72.④ 73.③

풀이
1기압 = 1atm = 76cmHg = 760mmHg = 760Torr
= 1013.25hPa = 33.96ftH$_2$O = 407.52inH$_2$O
= 10,332mmH$_2$O = 1,013mbar = 29.92inHg
= 14.7Psi = 1.0336kg/cm^2

74 다음 중 인공조명에 가장 적당한 광색은 어느 것인가?
① 노란색 ② 주광색
③ 청색   ④ 황색

풀이 인공조명 시 주광색에 가까운 광색으로 조도를 높여주며 백열전구와 고압수은등을 적절히 혼합시켜 주광에 가까운 빛을 얻을 수 있다.

75 다음 중 적외선으로 인해 발생하는 생체작용과 가장 거리가 먼 것은?
① 색소침착
② 망막손상
③ 초자공 백내장
④ 뇌막자극에 의한 두부손상

풀이 자외선으로 인해 각질층 표피세포(말피기층)의 histamine의 양이 많아져 모세혈관의 수축, 홍반 형성에 이어 색소침착이 발생한다.

76 실효음압이 2×10^{-3}N/m^{2}인 음의 음압수준은 몇 dB인가?
① 40 ② 50
③ 60 ④ 70

풀이 음압수준(SPL)
$$SPL = 20\log\frac{P}{P_o} = 20\log\left(\frac{2 \times 10^{-3}}{2 \times 10^{-5}}\right) = 40dB$$

77 빛의 단위 중 광도의 단위에 해당하지 않는 것은?
① lumen/m^2 ② lambert
③ nit   ④ cd/m^2

풀이 lumen/m^{2}는 조도의 단위이다.
- 램버트(lambert)
빛을 완전히 확산시키는 평면의 1ft^2(1cm^2)에서 1lumen의 빛을 발하거나 반사시킬 때의 밝기를 나타내는 단위이다.

1lambert = 3.18candle/m^2
※ candle/m^2 = nit : 단위면적에 대한 밝기

78 전리방사선과 비전리방사선의 경계가 되는 광자에너지의 강도로 가장 적절한 것은 어느 것인가?
① 12eV   ② 120eV
③ 1,200eV   ④ 12,000eV

풀이 전리방사선과 비전리방사선의 구분
㉠ 전리방사선과 비전리방사선의 경계가 되는 광자에너지의 강도는 12eV이다.
㉡ 생체에서 이온화시키는 데 필요한 최소에너지는 대체로 12eV가 되고, 그 이하의 에너지를 갖는 방사선을 비이온화방사선, 그 이상 큰 에너지를 갖는 것을 이온화방사선이라 한다.
㉢ 방사선을 전리방사선과 비전리방사선으로 분류하는 인자는 이온화하는 성질, 주파수, 파장이다.

79 고압환경에서의 2차적인 가압현상인 산소중독에 관한 설명으로 틀린 것은?
① 산소의 분압이 2기압을 넘으면 중독증세가 나타난다.
② 중독증세는 고압산소에 대한 노출이 중지된 후에도 상당기간 지속된다.
③ 1기압에서 순산소는 인후를 자극하나 비교적 짧은 시간의 노출이라면 중독증상은 나타나지 않는다.
④ 산소의 중독작용은 운동이나 이산화탄소의 존재로 보다 악화된다.

풀이 산소중독
㉠ 산소의 분압이 2기압을 넘으면 산소중독 증상을 보인다. 즉, 3~4기압의 산소 혹은 이에 상당하는 공기 중 산소분압에 의하여 중추신경계의 장애에 기인하는 운동장애를 나타내는데 이것을 산소중독이라 한다.
㉡ 수중의 잠수자는 폐압착증을 예방하기 위하여 수압과 같은 압력의 압축기체를 호흡하여야 하며, 이로 인한 산소분압 증가로 산소중독이 일어난다.
㉢ 고압산소에 대한 폭로가 중지되면 증상은 즉시 멈춘다. 즉, 가역적이다.
㉣ 1기압에서 순산소는 인후를 자극하나 비교적 짧은 시간의 폭로라면 중독 증상은 나타나지 않는다.

정답 74.② 75.① 76.① 77.① 78.① 79.②

⑩ 산소중독작용은 운동이나 이산화탄소로 인해 악화된다.
⑪ 수지나 족지의 작열통, 시력장애, 정신혼란, 근육경련 등의 증상을 보이며 나아가서는 간질 모양의 경련을 나타낸다.

80 다음 중 진동의 크기를 나타내는 데 사용되지 않는 것은?

① 변위(displacement)
② 압력(pressure)
③ 속도(velocity)
④ 가속도(acceleration)

풀이 진동의 크기를 나타내는 단위(진동 크기 3요소)
㉠ 변위(displacement)
물체가 정상 정지위치에서 일정 시간 내에 도달하는 위치까지의 거리
※ 단위 : mm(cm, m)
㉡ 속도(velocity)
변위의 시간변화율이며, 진동체가 진동의 상한 또는 하한에 도달하면 속도는 0이고, 그 물체가 정상위치인 중심을 지날 때 그 속도의 최대가 된다.
※ 단위 : cm/sec(m/sec)
㉢ 가속도(acceleration)
속도의 시간변화율이며 측정이 간편하고 변위와 속도로 산출할 수 있기 때문에 진동의 크기를 나타내는 데 주로 사용한다.
※ 단위 : $cm/sec^2(m/sec^2)$, gal($1cm/sec^2$)

제5과목 | 산업 독성학

81 화학적 유해물질의 생리적 작용에 따른 분류에서 단순 질식제로 작용하는 물질은?

① 아닐린   ② 일산화탄소
③ 메탄   ④ 황화수소

풀이 단순 질식제의 종류
㉠ 이산화탄소(CO_2)
㉡ 메탄(CH_4)
㉢ 질소(N_2)
㉣ 수소(H_2)
㉤ 에탄, 프로판, 에틸렌, 아세틸렌, 헬륨

82 다음 중 만성중독 시 코, 폐 및 위장의 점막에 병변을 일으키며, 장기간 흡입하는 경우 원발성 기관지암과 폐암이 발생하는 것으로 알려진 중금속은?

① 납(Pb)
② 수은(Hg)
③ 크롬(Cr)
④ 베릴륨(Be)

풀이 크롬에 의한 건강장애
(1) 급성중독
㉠ 신장장애
과뇨증(혈뇨증) 후 무뇨증을 일으키며, 요독증으로 10일 이내에 사망한다.
㉡ 위장장애
심한 복통, 빈혈을 동반하는 심한 설사 및 구토가 발생한다.
㉢ 급성폐렴
크롬산 먼지, 미스트 대량 흡입 시 발생한다.
(2) 만성중독
㉠ 점막장애
점막이 충혈되어 화농성 비염이 되고 차례로 깊이 들어가서 궤양이 되며, 코 점막의 염증, 비중격천공 증상을 일으킨다.
㉡ 피부장애
• 피부궤양(둥근 형태의 궤양)을 일으킨다.
• 수용성 6가 크롬은 저농도에서도 피부염을 일으킨다.
• 손톱 주위, 손 및 전박부에 잘 발생한다.
㉢ 발암작용
• 장기간 흡입에 의해 기관지암, 폐암, 비강암(6가 크롬)이 발생한다.
• 크롬 취급자는 폐암에 의한 사망률이 정상인보다 상당히 높다.
㉣ 호흡기 장애
크롬폐증이 발생한다.

83 벤젠에 노출되는 근로자 10명이 6개월 동안 근무하였고, 5명이 2년 동안 근무하였을 경우 노출인년(person-years of exposure)은 얼마인가?

① 10   ② 15
③ 20   ④ 25

정답 80.② 81.③ 82.③ 83.②

[풀이] 노출인년
$$= \sum \left[\text{조사 인원} \times \left(\frac{\text{조사한 개월수}}{12월} \right) \right]$$
$$= \left[10 \times \left(\frac{6}{12} \right) \right] + \left[5 \times \left(\frac{24}{12} \right) \right]$$
$$= 15$$

84 할로겐화 탄화수소인 사염화탄소에 관한 설명으로 틀린 것은?
① 생식기에 대한 독성작용이 특히 심하다.
② 고농도에 노출되면 중추신경계 장애 외에 간장과 신장장애를 유발한다.
③ 신장장애 증상으로 감뇨, 혈뇨 등이 발생하며, 완전 무뇨증이 되면 사망할 수도 있다.
④ 초기 증상으로는 지속적인 두통, 구역 또는 구토, 복부선통과 설사, 간압통 등이 나타난다.

[풀이] 사염화탄소(CCl_4)
㉠ 특이한 냄새가 나는 무색의 액체로 소화제, 탈지세정제, 용제로 이용한다.
㉡ 신장장애 증상으로 감뇨, 혈뇨 등이 발생하며 완전 무뇨증이 되면 사망할 수 있다.
㉢ 피부, 간장, 신장, 소화기, 신경계에 장애를 일으키는데 특히 간에 대한 독성작용이 강하게 나타난다. 즉, 간에 중요한 장애인 중심소엽성 괴사를 일으킨다.
㉣ 고온에서 금속과의 접촉으로 포스겐, 염화수소를 발생시키므로 주의를 요한다.
㉤ 고농도로 폭로되면 중추신경계 장애 외에 간장이나 신장에 장애가 일어나 황달, 단백뇨, 혈뇨의 증상을 보이는 할로겐화 탄화수소이다.
㉥ 초기 증상으로 지속인 두통, 구역 및 구토, 간부위의 압통 등의 증상을 일으킨다.
㉦ 피부로부터 흡수되어 전신중독을 일으킨다.
㉧ 인간에 대한 발암성이 의심되는 물질군(A2)에 포함된다.
㉩ 산업안전보건기준에 관한 규칙상 관리대상 유해물질의 유기화합물이다.

85 다음 중 기관지와 폐포 등 폐 내부의 공기 통로와 가스교환 부위에 침착되는 먼지로서 공기역학적 지름이 $30\mu m$ 이하의 크기인 것은?
① 흡입성 먼지
② 호흡성 먼지
③ 흉곽성 먼지
④ 침착성 먼지

[풀이] 흉곽성 입자상 물질(TPM ; Thoracic Particulates Mass)
㉠ 기도나 하기도(가스교환 부위)에 침착하여 독성을 나타내는 물질이다.
㉡ 평균입경 : $10\mu m$
㉢ 채취기구 : PM 10

86 유해화학물질의 생체막 투과방법에 대한 다음 설명이 가리키는 것은?

운반체의 확산성을 이용하여 생체막을 통과하는 방법으로, 운반체는 대부분 단백질로 되어 있다. 운반체의 수가 가장 많을 때 통과속도는 최대가 되지만 유사한 대상물질이 많이 존재하면 운반체의 결합에 경합하게 되어 투과속도가 선택적으로 억제된다. 일반적으로 필수영양소가 이 방법에 의하지만, 필수영양소와 유사한 화학물질이 통과하여 독성이 나타나게 된다.

① 촉진확산   ② 여과
③ 단순확산   ④ 능동투과

[풀이] 화학물질의 분자가 생체막을 투과하는 방법 중 촉진확산
㉠ 운반체의 확산성을 이용하여 생체막을 투과하는 방법이다.
㉡ 운반체는 대부분 단백질로 되어 있다.
㉢ 운반체의 수가 가장 많을 때 통과속도는 최대가 되지만 유사한 대상 물질이 많이 존재하면 운반체의 결합에 경합하게 되어 투과속도가 선택적으로 억제된다.
㉣ 필수영양소가 이 방법에 의하지만, 필수영양소와 유사한 화학물질이 통과하여 독성이 나타나게 된다.

정답 84.① 85.③ 86.①

87 직업성 피부질환에 관한 설명으로 틀린 것은?
① 가장 빈번한 피부반응은 접촉성 피부염이다.
② 알레르기성 접촉피부염은 효과적인 보호기구를 사용하거나 자극이 적은 물질을 사용하면 효과가 좋다.
③ 첩포시험은 알레르기성 접촉피부염의 감작물질을 색출하는 기본수기이다.
④ 일부 화학물질과 식물은 광선에 의해서 활성화되어 피부반응을 보일 수 있다.

[풀이] 효과적인 보호기구를 사용하거나 자극이 적은 물질을 사용하면 효과가 좋은 피부염은 자극성 접촉피부염이다.

88 다음 중 진폐증 발생에 관여하는 인자와 가장 거리가 먼 것은?
① 분진의 노출기간
② 분진의 분자량
③ 분진의 농도
④ 분진의 크기

[풀이] 진폐증 발생에 관여하는 요인
㉠ 분진의 종류, 농도 및 크기
㉡ 폭로시간 및 작업강도
㉢ 보호시설이나 장비 착용 유무
㉣ 개인차

89 입자성 물질의 호흡기계 침착기전 중 길이가 긴 입자가 호흡기계로 들어오면 그 입자의 가장자리가 기도의 표면을 스치게 됨으로써 침착하는 현상은?
① 충돌   ② 침전
③ 차단   ④ 확산

[풀이] 차단(interception)
㉠ 길이가 긴 입자가 호흡기계로 들어오면 그 입자의 가장자리가 기도의 표면을 스치게 됨으로써 일어나는 현상이다.
㉡ 섬유(석면)입자가 폐 내에 침착되는 데 중요한 역할을 담당한다.

90 다음 중 인체에 침입한 납(Pb) 성분이 주로 축적되는 곳은?
① 간   ② 신장
③ 근육 ④ 뼈

[풀이] 납의 인체 내 축적
㉠ 납은 적혈구와 친화력이 강해 납의 95% 정도는 적혈구에 결합되어 있다.
㉡ 인체 내에 남아 있는 총 납량을 의미하여 신체 장기 중 납의 90%는 뼈 조직에 축적된다.

91 다음 중 단시간 노출기준이 시간가중평균농도(TLV-TWA)와 단기간 노출기준(TLV-STEL) 사이일 경우 충족시켜야 하는 3가지 조건에 해당하지 않는 것은?
① 1일 4회를 초과해서는 안 된다.
② 15분 이상 지속하여 노출되어서는 안 된다.
③ 노출과 노출 사이에는 60분 이상의 간격이 있어야 한다.
④ TLV-TWA의 3배 농도에는 30분 이상 노출되어서는 안 된다.

[풀이] ④항의 내용은 노출상한선과 노출시간의 권고사항이다.

92 다음 중 직업성 천식의 설명으로 틀린 것은?
① 직업성 천식은 근무시간에 증상이 점점 심해지고, 휴일 같은 비근무시간에 증상이 완화되거나 없어지는 특징이 있다.
② 작업환경 중 천식유발 대표물질은 톨루엔 디이소시안선염(TDI), 무수트리멜리트산(TMA)을 들 수 있다.
③ 항원공여세포가 탐식되면 T림프구 중 Ⅰ형살T림프구(type Ⅰ killer T cell)가 특정 알레르기 항원을 인식한다.
④ 일단 질환에 이환되면 작업환경에서 추후 소량의 동일한 유발물질에 노출되더라도 지속적으로 증상이 발현된다.

[풀이] **직업성 천식**

(1) 정의
직업상 취급하는 물질이나 작업과정 중 생산되는 중간물질 또는 최종생산품이 원인으로 발생하는 질환을 말한다.

(2) 원인물질

구분	원인물질	직업 및 작업
금속	백금	도금
	니켈, 크롬, 알루미늄	도금, 시멘트 취급자, 금고 제작공
화학물	Isocyanate(TDI, MDI)	페인트, 접착제, 도장작업
	산화무수물	페인트, 플라스틱 제조업
	송진 연무	전자업체 납땜 부서
	반응성 및 아조 염료	염료공장
	trimellitic anhydride(TMA)	레진, 플라스틱, 계면활성제 제조업
	persulphates	미용사
	ethylenediamine	래커칠, 고무공장
	formaldehyde	의료 종사자
약제	항생제, 소화제	제약회사, 의료인
생물학적 물질	동물 분비물, 털(말, 쥐, 사슴)	실험실 근무자, 동물 사육사
	목재분진	목수, 목재공장 근로자
	곡물가루, 쌀겨, 메밀가루, 카레	농부, 곡물 취급자, 식품업 종사자
	밀가루	제빵공
	커피가루	커피 제조공
	라텍스	의료 종사자
	응애, 진드기	농부, 과수원(귤, 사과)

(3) 특징
㉠ 증상은 일반 기관지 천식의 증상과 동일한데 기침, 객담, 호흡곤란, 천명음 등과 같은 천식증상이 작업과 관련되어 나타나는 것이 특징적이다.
㉡ 작업을 중단하고 쉬면 천식증상이 호전되거나 소실되며, 다시 작업 시 원인물질에 노출되면 증상이 악화되거나 새로이 발생되는 과정을 반복하게 된다.
㉢ 직업성 천식으로 진단 시 부서를 바꾸거나 작업 전환을 통하여 원인이 되는 물질을 피하여야 한다.
㉣ 항원공여세포가 탐식되면 T림프구를 다양하게 활성화시켜 특정 알레르기 항원을 인식한다.

93 다음 중 먼지가 호흡기계로 들어올 때 인체가 가지고 있는 방어기전이 조합된 것으로 가장 알맞은 것은?

① 점액 섬모운동과 폐포의 대식세포 작용
② 면역작용과 폐 내의 대사작용
③ 점액 섬모운동과 가스교환에 의한 정화
④ 폐포의 활발한 가스교환과 대사작용

[풀이] **인체 방어기전**

(1) 점액 섬모운동
㉠ 가장 기초적인 방어기전(작용)이며, 점액 섬모운동에 의한 배출 시스템으로 폐포로 이동하는 과정에서 이물질을 제거하는 역할을 한다.
㉡ 기관지(벽)에서의 방어기전을 의미한다.
㉢ 정화작용을 방해하는 물질은 카드뮴, 니켈, 황화합물 등이다.

(2) 대식세포에 의한 작용(정화)
㉠ 대식세포가 방출하는 효소에 의해 용해되어 제거된다(용해작용).
㉡ 폐포의 방어기전을 의미한다.
㉢ 대식세포에 의해 용해되지 않는 대표적 독성물질은 유리규산, 석면 등이다.

94 다음 중 악영향을 나타내는 반응이 없는 농도수준(SNARL ; Suggested No-Adverse-Response Level)과 동일한 의미의 용어는?

① 독성량(TD ; Toxic Dose)
② 무관찰영향수준(NOEL ; No Observed Effect Level)
③ 유효량(ED ; Effective Dose)
④ 서한도(TLVs ; Threshold Limit Values)

[풀이] **NOEL(No Observed Effect Level)**
㉠ 현재의 평가방법으로 독성 영향이 관찰되지 않은 수준을 말한다.
㉡ 무관찰영향수준, 즉 무관찰 작용 양을 의미하며, 악영향을 나타내는 반응이 없는 농도수준(SNAPL)과 같다.
㉢ NOEL 투여에서는 투여하는 전 기간에 걸쳐 치사, 발병 및 생리학적 변화가 모든 실험대상에서 관찰되지 않는다.
㉣ 양-반응 관계에서 안전하다고 여겨지는 양으로 간주된다.

정답 93.① 94.②

ⓐ 아급성 또는 만성 독성 시험에 구해지는 지표이다.
ⓑ 밝혀지지 않은 독성이 있을 수 있다는 것과 다른 종류의 동물을 실험하였을 때는 독성이 있을 수 있음을 전제로 한다.

95 작업장에서 발생하는 독성물질에 대한 생식독성평가에서 기형 발생의 원리에 중요한 요인으로 작용하는 것과 가장 거리가 먼 것은?

① 원인물질의 용량
② 사람의 감수성
③ 대사물질
④ 노출시기

[풀이] 최기형성 작용기전(기형 발생의 중요 요인)
㉠ 노출되는 화학물질의 양
㉡ 노출되는 사람의 감수성
㉢ 노출시기

96 다음 중 급성독성시험에서 얻을 수 있는 일반적인 정보로 볼 수 있는 것은?

① 치사율
② 눈, 피부에 대한 자극성
③ 생식영향과 산아장애
④ 독성무관찰용량(NOEL)

[풀이] 급성독성시험에서 얻을 수 있는 정보
㉠ 치사성 및 기관장애
㉡ 눈과 피부에 대한 자극성
㉢ 변이원성

97 다음 설명에 해당하는 중금속은?

- 뇌홍의 제조에 사용
- 소화관으로는 2~7% 정도의 소량으로 흡수
- 금속 형태는 뇌, 혈액, 심근에 많이 분포
- 만성노출 시 식욕부진, 신기능부전, 구내염 발생

① 납(Pb)
② 수은(Hg)
③ 카드뮴(Cd)
④ 안티몬(Sb)

[풀이] 수은(Hg)
㉠ 뇌홍[Hg(ONC)$_2$] 제조에 사용된다.
㉡ 금속수은은 주로 증기가 기도를 통해서 흡수되고, 일부는 피부로 흡수되며, 소화관으로는 2~7% 정도 소량 흡수된다.
㉢ 금속수은은 뇌, 혈액, 심근 등에 분포된다.
㉣ 만성노출 시 식욕부진, 신기능부전, 구내염을 발생시킨다.

98 칼슘대사에 장애를 주어 신결석을 동반한 신증후군이 나타나고 다량의 칼슘배설이 일어나 뼈의 통증, 골연화증 및 골수공증과 같은 골격계 장애를 유발하는 중금속은 어느 것인가?

① 망간(Mn)
② 카드뮴(Cd)
③ 비소(As)
④ 수은(Hg)

[풀이] 카드뮴의 만성중독 건강장애
(1) 신장기능 장애
 ㉠ 저분자 단백뇨의 다량 배설 및 신석증을 유발한다.
 ㉡ 칼슘대사에 장애를 주어 신결석을 동반한 신증후군이 나타난다.
(2) 골격계 장애
 ㉠ 다량의 칼슘 배설(칼슘 대사장애)이 일어나 뼈의 통증, 골연화증 및 골수공증을 유발한다.
 ㉡ 철분결핍성 빈혈증이 나타난다.
(3) 폐기능 장애
 ㉠ 폐활량 감소, 잔기량 증가 및 호흡곤란의 폐증세가 나타나며, 이 증세는 노출기간과 노출농도에 의해 좌우된다.
 ㉡ 폐기종, 만성 폐기능 장애를 일으킨다.
 ㉢ 기도 저항이 늘어나고 폐의 가스교환 기능이 저하된다.
 ㉣ 고환의 기능이 쇠퇴(atrophy)한다.
(4) 자각 증상
 ㉠ 기침, 가래 및 후각의 이상이 생긴다.
 ㉡ 식욕부진, 위장 장애, 체중 감소 등을 유발한다.
 ㉢ 치은부의 연한 황색 색소침착을 유발한다.

99 다음 중 생물학적 모니터링을 할 수 없거나 어려운 물질은?

① 카드뮴　　② 유기용제
③ 톨루엔　　④ 자극성 물질

[풀이] 생물학적 모니터링의 특성
㉠ 작업자의 생물학적 시료에서 화학물질의 노출을 추정하는 것을 말한다.
㉡ 근로자 노출평가와 건강상의 영향평가 두 가지 목적으로 모두 사용될 수 있다.
㉢ 모든 노출경로에 의한 흡수정도를 나타낼 수 있다.
㉣ 개인시료 결과보다 측정결과를 해석하기가 복잡하고 어렵다.
㉤ 폭로 근로자의 호기, 뇨, 혈액, 기타 생체시료를 분석하게 된다.
㉥ 단지 생물학적 변수로만 추정을 하기 때문에 허용기준을 검증하거나 직업성 질환(직업병)을 진단하는 수단으로 이용할 수 없다.
㉦ 유해물질의 전반적인 폭로량을 추정할 수 있다.
㉧ 반감기가 짧은 물질일 경우 시료채취시기는 중요하나 긴 경우는 특별히 중요하지 않다.
㉨ 생체시료가 너무 복잡하고 쉽게 변질되기 때문에 시료의 분석과 취급이 보다 어렵다.
㉩ 건강상의 영향과 생물학적 변수와 상관성이 있는 물질이 많지 않아 작업환경측정에서 설정한 허용기준(TLV)보다 훨씬 적은 기준을 가지고 있다.
㉪ 개인의 작업특성, 습관 등에 따른 노출의 차이도 평가할 수 있다.
㉫ 생물학적 시료는 그 구성이 복잡하고 특이성이 없는 경우가 많아 BEI(생물학적 노출지수)와 건강상의 영향과의 상관이 없는 경우가 많다.
㉬ 자극성 물질은 생물학적 모니터링을 할 수 없거나 어렵다.

100 다음 중 암모니아(NH_3)가 인체에 미치는 영향으로 가장 적절한 것은?

① 고농도일 때 기도의 염증, 폐수종, 치아산식증, 위장장애 등을 초래한다.
② 용해도가 낮아 하기도까지 침투하며, 급성 증상으로는 기침, 천명, 흉부 압박감 외에 두통, 오심 등이 발생한다.
③ 전구증상이 없이 치사량에 이를 수 있으며, 심한 경우 호흡부전에 빠질 수 있다.
④ 피부, 점막에 작용하고, 눈의 결막, 각막을 자극하며, 폐부종, 성대 경련, 호흡장애 및 기관지 경련 등을 초래한다.

[풀이] 암모니아(NH_3)
㉠ 알칼리성으로 자극적인 냄새가 강한 무색의 기체이다.
㉡ 주요 사용공정은 비료, 냉동제 등이다.
㉢ 물에 용해가 잘 된다. ⇨ 수용성
㉣ 폭발성이 있다. ⇨ 폭발범위 16~25%
㉤ 피부, 점막(코와 인후부)에 대한 자극성과 부식성이 강하여 고농도의 암모니아가 눈에 들어가면 시력장애를 일으킨다.
㉥ 중등도 이하의 농도에서 두통, 흉통, 오심, 구토 등을 일으킨다.
㉦ 고농도의 가스 흡입 시 폐수종을 일으키고 중추작용에 의해 호흡 정지를 초래한다.
㉧ 암모니아 중독 시 비타민C가 해독에 효과적이다.

정답 99.④　100.④

제1과목 | 산업위생학 개론

01 다음 중 최근 실내공기질에서 문제가 되고 있는 방사성 물질인 라돈에 관한 설명으로 틀린 것은?
① 자연적으로 존재하는 암석이나 토양에서 발생하는 thorium, uranium의 붕괴로 인해 생성되는 방사성 가스이다.
② 무색, 무취, 무미한 가스로 인간의 감각에 의해 감지할 수 없다.
③ 라돈의 감마(γ) 붕괴에 의하여 라돈의 딸핵종이 생성되며 이것이 기관지에 부착되어 감마선을 방출하여 폐암을 유발한다.
④ 라돈의 동위원소에는 Rn^{222}, Rn^{220}, Rn^{219}가 있으며 이 중 반감기가 긴 Rn^{222}가 실내공간에서 인체의 위해성 측면에서 주요 관심대상이다.

[풀이] 라돈
㉠ 자연적으로 존재하는 암석이나 토양에서 발생하는 thorium, uranium의 붕괴로 인해 생성되는 자연방사성 가스로, 공기보다 9배가 무거워 지표에 가깝게 존재한다.
㉡ 무색, 무취, 무미한 가스로, 인간의 감각에 의해 감지할 수 없다.
㉢ 라듐의 α붕괴에서 발생하며, 호흡하기 쉬운 방사성 물질이다.
㉣ 라돈의 동위원소에는 Rn^{222}, Rn^{220}, Rn^{219}가 있고, 이 중 반감기가 긴 Rn^{222}가 실내공간의 인체 위해성 측면에서 주요 관심대상이며 지하공간에 더 높은 농도를 보인다.
㉤ 방사성 기체로서 지하수, 흙, 석고실드, 콘크리트, 시멘트나 벽돌, 건축자재 등에서 발생하여 폐암 등을 발생시킨다.

02 다음 중 작업환경조건과 피로의 관계를 올바르게 설명한 것은?
① 소음은 정신적 피로의 원인이 된다.
② 온열조건은 피로의 원인으로 포함되지 않으며, 신체적 작업밀도와 관계가 없다.
③ 정밀작업 시의 조명은 광원의 성질에 관계없이 100럭스(lux) 정도가 적당하다.
④ 작업자의 심리적 요소는 작업능률과 관계되고, 피로의 직접요인이 되지는 않는다.

[풀이]
② 온열조건은 피로의 원인에 포함되며, 신체적 작업밀도와 관계가 있다.
③ 정밀작업 시의 조명수준은 300lux 정도가 적당하다.
④ 작업자의 심리적 요소는 피로의 직접요인이다.

03 산업안전보건법에 따라 지정된 석면 해체·제거업자로 하여금 그 석면을 해체·제거하도록 하여야 하는데, 다음 중 석면 해체·제거 대상에 해당하는 것은?
① 석면이 0.1wt%를 초과하여 함유된 분무재 또는 내화피복재를 사용한 경우
② 석면이 0.5wt%를 초과하여 함유된 단열재, 보온재에 해당하는 자재의 면적의 합이 5m² 이상인 경우
③ 파이프에 사용된 보온재에서 석면이 0.5wt%를 초과하여 함유되어 있고, 그 보온재 길이의 합이 50m 이상인 경우
④ 철거·해체하려는 벽체재료, 바닥재, 천장재 및 지붕재 등의 자재에 석면이 1wt%를 초과하여 함유되어 있고 그 자재의 면적의 합이 50m² 이상인 경우

정답 01.③ 02.① 03.④

> [풀이] **산업안전보건법상 석면 해체·제거 대상**
> (1) 일정 규모 이상의 건축물이나 설비
>   ㉠ 건축물의 연면적 합계가 50m² 이상이면서 그 건축물의 철거·해체하려는 부분의 면적 합계가 50m² 이상인 경우
>   ㉡ 주택의 연면적 합계가 200m² 이상이면서, 그 주택의 철거·해체하려는 부분의 면적 합계가 200m² 이상인 경우
>   ㉢ 설비의 철거·해체하려는 부분에 다음의 어느 하나에 해당하는 자재를 사용한 면적의 합이 15m² 이상 또는 그 부피의 합이 1m³ 이상인 경우
>   • 단열재   • 보온재
>   • 분무재   • 내화피복재
>   • 개스킷   • 패킹재
>   • 실링재
>   ㉣ 파이프 길이의 합이 80m 이상이면서, 그 파이프의 철거·해체하려는 부분의 보온재로 사용된 길이의 합이 80m 이상인 경우
> (2) 석면 함유량과 면적
>   ㉠ 철거·해체하려는 벽체재료, 바닥재, 천장재 및 지붕재 등의 자재에 석면이 1%(무게%)를 초과하여 함유되어 있고, 그 자재의 면적의 합이 50m² 이상인 경우
>   ㉡ 석면이 1%(무게%)를 초과하여 함유된 분무재 또는 내화피복재를 사용한 경우
>   ㉢ 석면이 1%(무게%)를 초과하여 함유된 단열재, 보온재, 개스킷, 패킹재, 실링재의 면적의 합이 15m² 이상 또는 그 부피의 합이 1m³ 이상인 경우
>   ㉣ 파이프에 사용된 보온재에서 석면이 1%(무게%)를 초과하여 함유되어 있고, 그 보온재 길이의 합이 80m 이상인 경우

04 다음 중 산업안전보건법에 따라 건강관리수첩의 발급대상에 해당하지 않는 사람은?

① 설비 또는 건축물에 분무된 석면을 해체·제거 또는 보수하는 업무에 1년 이상 종사한 사람
② 염화비닐을 제조하거나 사용하는 석유화학설비를 유지·보수하는 업무에 4년 이상 종사한 사람
③ 갱내에서 암석 등을 차량계 건설기계로 싣거나 내리거나 쌓아 두는 장소에서의 작업에 1년 이상 종사한 사람으로서 흉부방사선 사진상 진폐증이 있다고 인정되는 사람
④ 옥내에서 동력을 사용하여 암석 또는 광물을 조각하거나 마무리하는 장소에서의 작업에 3년 이상 종사한 사람으로서 흉부방사선 사진상 진폐증이 있다고 인정되는 사람

> [풀이] **산업안전보건법상 건강관리수첩의 발급대상**
>
> | 발급대상 업무 | 대상 근로자 |
> |---|---|
> | 베타-나프틸아민 또는 그 염(같은 물질이 함유된 화합물의 중량 비율이 1%를 초과하는 제제 포함)을 제조하거나 취급하는 업무 | 3개월 이상 종사한 사람 |
> | 벤지딘 또는 그 염(같은 물질이 함유된 화합물의 중량 비율이 1%를 초과하는 제제 포함)을 제조하거나 취급하는 업무 | 3개월 이상 종사한 사람 |
> | 베릴륨 또는 그 화합물(같은 물질이 함유된 화합물의 중량 비율이 1%를 초과하는 제제 포함) 또는 그 밖에 베릴륨 함유물질(베릴륨이 함유된 화합물의 중량 비율이 3%를 초과하는 물질만 해당)을 제조하거나 취급하는 업무 | 제조하거나 취급하는 업무에 종사한 사람 중 양쪽 폐 부분에 베릴륨에 의한 만성 결절성 음영이 있는 사람 |
> | 비스-(클로로메틸)에테르(같은 물질이 함유된 화합물의 중량 비율이 1%를 초과하는 제제 포함)를 제조하거나 취급하는 업무 | 3년 이상 종사한 사람 |
> | 가. 석면 또는 석면방직제품을 제조하는 업무 | 3개월 이상 종사한 사람 |
> | 나. 다음의 어느 하나에 해당하는 업무
• 석면함유제품(석면방직제품 제외)을 제조하는 업무
• 석면함유제품(석면이 1%를 초과하여 함유된 제품만 해당. 이하 '다'목에서 같음)을 절단하는 등 석면을 가공하는 업무
• 설비 또는 건축물에 분무된 석면을 해체·제거 또는 보수하는 업무
• 석면이 1% 초과하여 함유된 보온재 또는 내화피복제를 해체·제거 또는 보수하는 업무 | 1년 이상 종사한 사람 |
> | 다. 설비 또는 건축물에 포함된 석면시멘트, 석면마찰제품 또는 석면개스킷제품 등 석면함유제품을 해체·제거 또는 보수하는 업무 | 10년 이상 종사한 사람 |

정답 04.③

발급대상 업무	대상 근로자
라. '나'목 또는 '다'목 중 하나 이상의 업무에 중복하여 종사한 경우	다음의 계산식으로 산출한 숫자가 120을 초과하는 사람: ('나'목의 업무에 종사한 개월수)×10+('다'목의 업무에 종사한 개월수)
벤조트리클로라이드를 제조(태양광선에 의한 염소화 반응에 의하여 제조하는 경우만 해당)하거나 취급하는 업무	3년 이상 종사한 사람
가. 갱내에서 동력을 사용하여 토석·광물 또는 암석(습기가 있는 것 제외, 이하 '암석 등'이라 함)을 굴착하는 작업 나. 갱내에서 동력(동력 수공구에 의한 것은 제외)을 사용하여 암석 등을 파쇄·분쇄 또는 체질하는 장소에서의 작업 다. 갱내에서 암석 등을 차량계 건설기계로 싣거나 내리거나 쌓아 두는 장소에서의 작업 라. 갱내에서 암석 등을 컨베이어(이동식 컨베이어는 제외)에 싣거나 내리는 장소에서의 작업 마. 옥내에서 동력을 사용하여 암석 또는 광물을 조각하거나 마무리하는 장소에서의 작업 바. 옥내에서 연마재를 분사하여 암석 또는 광물을 조각하는 장소에서의 작업 사. 옥내에서 동력을 사용하여 암석·광물 또는 금속을 연마·주물 또는 추출하거나 금속을 재단하는 장소에서의 작업 아. 옥내에서 동력을 사용하여 암석 등·탄소원료 또는 알루미늄박을 파쇄·분쇄 또는 체질하는 장소에서의 작업 자. 옥내에서 시멘트, 티타늄, 분말상의 광석, 탄소원료, 탄소제품 알루미늄 또는 산화티타늄을 포장하는 장소에서의 작업 차. 옥내에서 분말상의 광석, 탄소원료 또는 그 물질을 함유한 물질을 혼합·혼입 또는 살포하는 장소에서의 작업 카. 옥내에서 원료를 혼합하는 장소에서의 작업 중 다음의 어느 하나에 해당하는 작업 • 유리 또는 법랑을 제조하는 공정에서 원료를 혼합하는 작업이나 원료 또는 혼합물을 용해로에 투입하는 작업(수중에서 원료를 혼합하는 작업은 제외)	3년 이상 종사한 사람으로서 흉부방사선 사진상 진폐증이 있다고 인정되는 사람(「진폐의 예방과 진폐근로자의 보호 등에 관한 법률」에 따라 건강관리수첩을 발급받은 사람은 제외)

발급대상 업무	대상 근로자
• 도자기·내화물·형상토제품 또는 연마재를 제조하는 공정에서 원료를 혼합 또는 성형하거나, 원료 또는 반제품을 건조하거나, 반제품을 차에 싣거나 쌓아 두는 장소에서의 작업 또는 가마 내부에서의 작업(도자기를 제조하는 공정에서 원료를 투입 또는 성형하여 반제품을 완성하거나 제품을 내리고 쌓아 두는 장소에서의 작업과 수중에서 원료를 혼합하는 장소에서의 작업은 제외) • 탄소제품을 제조하는 공정에서 탄소원료를 혼합하거나 성형하여 반제품을 노에 넣거나 반제품 또는 제품을 노에서 꺼내거나 제작하는 장소에서의 작업 타. 옥내에서 내화벽돌 또는 타일을 제조하는 작업 중 동력을 사용하여 원료(습기가 있는 것은 제외)를 성형하는 장소에서의 작업 파. 옥내에서 동력을 사용하여 반제품 또는 제품을 다듬질하는 장소에서의 작업 중 다음의 어느 하나에 해당하는 작업 • 도자기·내화물·형상토제품 또는 연마재를 제조하는 공정에서 원료를 혼합 또는 성형하거나, 원료 또는 반제품을 건조하거나, 반제품을 차에 싣거나 쌓은 장소에서의 작업 또는 가마 내부에서의 작업(도자기를 제조하는 공정에서 원료를 투입 또는 성형하여 반제품을 완성하거나 제품을 내리고 쌓아 두는 장소에서의 작업과 수중에서 원료를 혼합하는 장소에서의 작업은 제외) • 탄소제품을 제조하는 공정에서 탄소원료를 혼합하거나 성형하여 반제품을 노에 넣거나 반제품 또는 제품을 노에서 꺼내거나 제작하는 장소에서의 작업 하. 옥내에서 주형을 해체하거나, 분해장치를 이용하여 사형을 부수거나, 모래를 털어내거나, 동력을 사용하여 주물사를 재생하거나, 혼련하거나, 주물품을 절삭하는 장소에서의 작업 거. 옥내에서 수지식 용융분사기를 이용하지 않고 금속을 용융분사하는 장소에서의 작업	

05 다음 중 산소부채(oxygen debt)에 관한 설명으로 틀린 것은?

① 작업대사량의 증가와 관계없이 산소소비량은 계속 증가한다.
② 산소부채현상은 작업이 시작되면서 발생한다.
③ 작업이 끝난 후에는 산소부채의 보상현상이 발생한다.
④ 작업강도에 따라 필요한 산소요구량과 산소공급량의 차이에 의하여 산소부채현상이 발생된다.

풀이 | **작업시간 및 작업 종료 시의 산소소비량**
작업 시 소비되는 산소의 양은 초기에 서서히 증가하다가 작업강도에 따라 일정한 양에 도달하고, 작업이 종료된 후 서서히 감소되면서 일정 시간 동안 산소를 소비한다.

06 기초대사량이 1,500kcal/day이고, 작업대사량이 시간당 250kcal가 소비되는 작업을 8시간 동안 수행하고 있을 때 작업대사율(RMR)은 약 얼마인가?

① 0.17
② 0.75
③ 1.33
④ 6

풀이 |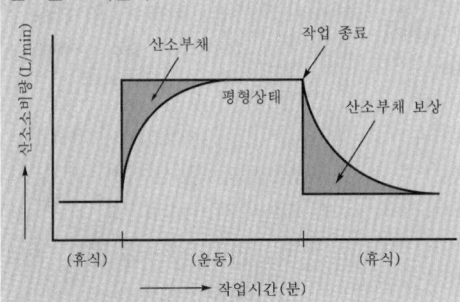

07 어떤 물질에 대한 작업환경을 측정한 결과 다음 [표]와 같은 TWA 결과값을 얻었다. 환산된 TWA는 약 얼마인가?

농도(ppm)	100	150	250	300
발생시간(분)	120	240	60	60

① 169ppm
② 198ppm
③ 220ppm
④ 256ppm

풀이 |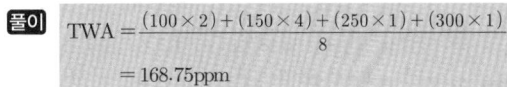
$= 168.75\text{ppm}$

08 산업위생의 역사에 있어 가장 오래된 것은?

① Pott : 최초의 직업성 암 보고
② Agricola : 먼지에 의한 규폐증 기록
③ Galen : 구리광산에서의 산(酸)의 위험성 보고
④ Hamilton : 유해물질 노출과 질병과의 관계 규명

풀이 |
① Pott ⇨ 18세기
② Agricola ⇨ 1494~1555년
③ Galen ⇨ A.D. 2세기
④ Hamilton ⇨ 20세기

09 다음 중 미국산업안전보건연구원(NIOSH)에서 제시한 중량물의 들기작업에 관한 감시기준(action limit)과 최대허용기준(maximum permissible limit)의 관계를 올바르게 나타낸 것은?

① MPL = $\sqrt{2}$ AL
② MPL = 3AL
③ MPL = AL
④ MPL = 10AL

풀이 | 감시기준(AL)과 최대허용기준(MPL)의 관계
MPL=3AL

10 근골격계 질환에 관한 설명으로 틀린 것은?

① 점액낭염(bursitis)은 관절 사이의 윤활액을 싸고 있는 윤활낭에 염증이 생기는 질병이다.
② 근염(myositis)은 근육이 잘못된 자세, 외부의 충격, 과도한 스트레스 등으로 수축되어 굳어지면 근섬유의 일부가 띠처럼 단단하게 변하여 근육의 특정 부위에 압통, 방사통, 목부위 운동제한, 두통 등의 증상이 나타난다.
③ 수근관 증후군(carpal tunnel syndrome)은 반복적이고 지속적인 손목의 압박, 무리한 힘 등으로 인해 수근관 내부에 정중신경이 손상되어 발생한다.
④ 건초염(tenosimovitis)은 건막에 염증이 생긴 질환이며, 건염(tendonitis)은 건의 염증으로, 건염과 건초염을 정확히 구분하기 어렵다.

풀이 근염이란 근육에 염증이 일어난 것을 말하며 근육섬유에 손상을 주게 되는데 이로 인해 근육의 수축능력이 저하되게 된다. 근육의 허약감, 근육통증, 유연함이 대표적 증상으로 나타나며 이 외에도 근염의 종류에 따라 추가적인 증상이 나타난다.

11 산업재해의 직접원인을 크게 인적 원인과 물적 원인으로 구분할 때 다음 중 물적 원인에 해당하는 것은?

① 복장·보호구의 결함
② 위험물 취급 부주의
③ 안전장치의 기능 제거
④ 위험장소의 접근

풀이 산업재해의 직접원인(1차 원인)
(1) 불안전한 행위(인적 요인)
　㉠ 위험장소 접근
　㉡ 안전장치 기능제거(안전장치를 고장나게 함)
　㉢ 기계·기구의 잘못 사용(기계설비의 결함)
　㉣ 운전 중인 기계장치의 손실
　㉤ 불안전한 속도 조작
　㉥ 주변환경에 대한 부주의(위험물 취급 부주의)
　㉦ 불안전한 상태의 방치
　㉧ 불안전한 자세
　㉨ 안전확인 경고의 미비(감독 및 연락 불충분)
　㉩ 복장, 보호구의 잘못 사용(보호구를 착용하지 않고 작업)
(2) 불안전한 상태(물적 요인)
　㉠ 물 자체의 결함
　㉡ 안전보호장치의 결함
　㉢ 복장, 보호구의 결함
　㉣ 물의 배치 및 작업장소의 결함(불량)
　㉤ 작업환경의 결함(불량)
　㉥ 생산공장의 결함
　㉦ 경계표시, 설비의 결함

12 다음 중 교대작업에서 작업주기 및 작업순환에 대한 설명으로 틀린 것은?

① 교대근무시간 : 근로자의 수면을 방해하지 않아야 하며, 아침 교대시간은 아침 7시 이후에 하는 것이 바람직하다.
② 교대근무 순환주기 : 주간 근무조 → 저녁 근무조 → 야간 근무조로 순환하는 것이 좋다.
③ 근무조 변경 : 근무시간 종료 후 다음 근무 시작 시간까지 최소 10시간 이상의 휴식시간이 있어야 하며, 특히 야간 근무조 후에는 12~24시간 정도의 휴식이 있어야 한다.
④ 작업배치 : 상대적으로 가벼운 작업을 야간 근무조에 배치하고, 업무내용을 탄력적으로 조정한다.

풀이 근무시간의 간격은 15~16시간 이상으로 하는 것이 좋으며 특히 야간 근무조 후에는 최저 48시간 이상의 휴식시간이 있어야 한다.

13 다음 중 화학적 원인에 의한 직업성 질환으로 볼 수 없는 것은?

① 수전증　② 치아산식증
③ 시신경장애　④ 정맥류

풀이 정맥류는 물리적 원인, 즉 격심한 육체적 작업으로 인한 직업성 질환이다.

14 다음 중 산업안전보건법상 대상화학물질에 대한 물질안전보건자료(MSDS)로부터 알 수 있는 정보가 아닌 것은?

① 응급조치 요령
② 법적 규제 현황
③ 주요 성분 검사방법
④ 노출방지 및 개인보호구

> **풀이** 물질안전보건자료(MSDS) 작성 시 포함되어야 할 항목
> ㉠ 화학제품과 회사에 관한 정보
> ㉡ 유해·위험성
> ㉢ 구성 성분의 명칭 및 함유량
> ㉣ 응급조치 요령
> ㉤ 폭발·화재 시 대처방법
> ㉥ 누출사고 시 대처방법
> ㉦ 취급 및 저장 방법
> ㉧ 노출방지 및 개인보호구
> ㉨ 물리화학적 특성
> ㉩ 안정성 및 반응성
> ㉪ 독성에 관한 정보
> ㉫ 환경에 미치는 영향
> ㉬ 폐기 시 주의사항
> ㉭ 운송에 필요한 정보
> ㉮ 법적 규제 현황
> ㉯ 그 밖의 참고사항

15 다음 중 미국산업위생학회(AIHA)의 산업위생에 대한 정의에서 제시된 4가지 활동과 가장 거리가 먼 것은?

① 예측　　② 평가
③ 관리　　④ 보완

> **풀이** 산업위생의 정의 : 4가지 주요 활동(AIHA)
> ㉠ 예측
> ㉡ 측정(인지)
> ㉢ 평가
> ㉣ 관리

16 산업재해보상에 관한 설명으로 틀린 것은?

① '업무상의 재해'란 업무상의 사유에 따른 근로자의 부상·질병·장애 또는 사망을 말한다.
② '유족'이란 사망한 자의 손자녀·조부모 또는 형제자매를 제외한 가족의 기본 구성인 배우자·자녀·부모를 말한다.
③ '치유'란 부상 또는 질병이 완치되거나 치료의 효과를 더 이상 기대할 수 없고 그 증상이 고정된 상태에 이르게 된 것을 말한다.
④ '장애'란 부상 또는 질병이 치유되었으나 정신적 또는 육체적 훼손으로 인하여 노동능력이 상실되거나 감소된 상태를 말한다.

> **풀이** 유족이란 사망한 자의 배우자, 자녀, 부모, 손자녀, 조부모 및 형제자매를 말한다.

17 산업위생전문가의 윤리강령 중 '전문가로서의 책임'과 가장 거리가 먼 것은?

① 기업체의 기밀은 누설하지 않는다.
② 과학적 방법의 적용과 자료의 해석으로 객관성을 유지한다.
③ 근로자, 사회 및 전문 직종의 이익을 위해 과학적 지식은 공개하거나 발표하지 않는다.
④ 전문적 판단이 타협에 의하여 좌우될 수 있는 상황에는 개입하지 않는다.

> **풀이** 산업위생전문가로서의 책임
> ㉠ 성실성과 학문적 실력 면에서 최고수준을 유지한다(전문적 능력 배양 및 성실한 자세로 행동).
> ㉡ 과학적 방법의 적용과 자료의 해석에서 경험을 통한 전문가의 객관성을 유지한다(공인된 과학적 방법 적용·해석).
> ㉢ 전문 분야로서의 산업위생을 학문적으로 발전시킨다.
> ㉣ 근로자, 사회 및 전문 직종의 이익을 위해 과학적 지식을 공개하고 발표한다.
> ㉤ 산업위생활동을 통해 얻은 개인 및 기업체의 기밀은 누설하지 않는다(정보는 비밀 유지).
> ㉥ 전문적 판단이 타협에 의하여 좌우될 수 있거나 이해관계가 있는 상황에는 개입하지 않는다.

정답 14.③ 15.④ 16.② 17.③

18 다음 중 사무실 공기관리지침에서 지정하는 오염물질에 대한 시료채취방법이 잘못 연결된 것은?

① 오존 – 멤브레인 필터를 이용한 채취
② 일산화탄소 – 전기화학검출기에 의한 채취
③ 이산화탄소 – 비분산적외선검출기에 의한 채취
④ 총부유세균 – 여과법을 이용한 부유세균 채취기로 채취

[풀이] **사무실 오염물질의 시료채취방법**

오염물질	시료채취방법
미세먼지 (PM 10)	PM 10 샘플러(sampler)를 장착한 고용량 시료채취기에 의한 채취
초미세먼지 (PM 2.5)	PM 2.5 샘플러(sampler)를 장착한 고용량 시료채취기에 의한 채취
이산화탄소 (CO_2)	비분산적외선검출기에 의한 채취
일산화탄소 (CO)	비분산적외선검출기 또는 전기화학검출기에 의한 채취
이산화질소 (NO_2)	고체흡착관에 의한 시료채취
포름알데히드 (HCHO)	2,4-DNPH(2,4-Dinitrophenylhydrazine)가 코팅된 실리카겔관(silicagel tube)이 장착된 시료채취기에 의한 채취
총휘발성 유기화합물 (TVOC)	1. 고체흡착관 또는 2. 캐니스터(canister)로 채취
라돈 (radon)	라돈연속검출기(자동형), 알파트랙(수동형), 충전막 전리함(수동형) 측정 등
총부유세균	충돌법을 이용한 부유세균채취기(bioair sampler)로 채취
곰팡이	충돌법을 이용한 부유진균채취기(bioair sampler)로 채취

※ 법 변경(2020년)사항이므로 풀이내용으로 학습 바랍니다.

19 다음 중 직업성 질환으로 볼 수 없는 것은?

① 분진에 의하여 발생되는 진폐증
② 화학물질의 반응으로 인한 폭발 후유증
③ 화학적 유해인자에 의한 중독
④ 유해광선, 방사선 등의 물리적 인자에 의하여 발생되는 질환

[풀이] **직업성 질환의 발생 원인**
㉠ 작업환경의 온도, 복사열, 소음·진동, 유해광선 등 물리적 원인에 의하여 생기는 것
㉡ 분진에 의한 진폐증
㉢ 가스, 금속, 유기용제 등 화학적 물질에 의하여 생기는 중독증
㉣ 세균, 곰팡이 등 생물학적 원인에 의한 것
㉤ 단순반복작업 및 격렬한 근육운동

20 마이스터(D.Meister)가 정의한 시스템으로부터 요구된 작업결과(performance)로부터의 차이(deviation)는 무엇을 말하는가?

① 인간 실수   ② 무의식 행동
③ 주변적 동작   ④ 지름길 반응

[풀이] **인간 실수의 정의(Meister, 1971)**
마이스터(Meister)는 인간 실수를 시스템으로부터 요구된 작업결과(performance)로부터의 차이(deviation)라고 정의하였다. 즉 시스템의 안전, 성능, 효율을 저하시키거나 감소시킬 수 있는 잠재력을 갖고 있는 부적절하거나 원치 않는 인간의 결정 또는 행동으로 어떤 허용범위를 벗어난 일련의 동작이라고 하였다.

제2과목 | 작업위생 측정 및 평가

21 유량, 측정시간, 회수율 및 분석에 의한 오차가 각각 18%, 3%, 9%, 5%일 때 누적오차는?

① 약 18%   ② 약 21%
③ 약 24%   ④ 약 29%

[풀이] 누적오차(%) = $\sqrt{18^2 + 3^2 + 9^2 + 5^2} = 20.95\%$

22 다음은 고열측정 구분에 의한 측정기기와 측정시간에 관한 내용이다. ( ) 안에 옳은 내용은? (단, 고시 기준)

> 습구온도 : ( ) 간격의 눈금이 있는 아스만통풍건습계, 자연습도온도를 측정할 수 있는 기기 또는 이와 동등 이상의 성능이 있는 측정기기

① 0.1도   ② 0.2도
③ 0.5도   ④ 1.0도

정답 18.풀이 학습 19.② 20.① 21.② 22.③

[풀이] **고열의 측정기기 및 측정시간**

구 분	측정기기	측정시간
습구 온도	0.5도 간격의 눈금이 있는 아스만통풍건습계, 자연습구온도를 측정할 수 있는 기기 또는 이와 동등 이상의 성능이 있는 측정기기	• 아스만통풍건습계 : 25분 이상 • 자연습구온도계 : 5분 이상
흑구 및 습구 흑구 온도	직경이 5센티미터 이상 되는 흑구온도계 또는 습구흑구온도(WBGT)를 동시에 측정할 수 있는 기기	• 직경이 15센티미터일 경우 : 25분 이상 • 직경이 7.5센티미터 또는 5센티미터일 경우 : 5분 이상

※ 고시 변경사항, 학습 안 하셔도 무방합니다.

23 어느 작업장의 소음레벨을 측정한 결과 85dB, 87dB, 84dB, 86dB, 89dB, 81dB, 82dB, 84dB, 83dB, 88dB을 각각 얻었다. 중앙치(median, dB)는?

① 83.5   ② 84.0
③ 84.5   ④ 85.0

[풀이] 우선 소음레벨값을 순서대로 나열한다.
81dB, 82dB, 83dB, 84dB, 84dB, 85dB, 86dB, 87dB, 88dB, 89dB

∴ 중앙치(median, dB) $= \dfrac{84+85}{2} = 84.5 \text{dB}$

24 미국 ACGIH에 의하면 호흡성 먼지는 가스교환 부위, 즉 폐포에 침착할 때 유해한 물질이다. 평균입경을 얼마로 정하고 있는가?

① 1.5μm
② 2.5μm
③ 4.0μm
④ 5.0μm

[풀이] **ACGIH의 입자 크기별 기준(TLV)**
(1) 흡입성 입자상 물질
  (IPM ; Inspirable Particulates Mass)
  ㉠ 호흡기의 어느 부위(비강, 인후두, 기관 등 호흡기의 기도 부위)에 침착하더라도 독성을 유발하는 분진이다.
  ㉡ 비암이나 비중격천공을 일으키는 입자상 물질이 여기에 속한다.
  ㉢ 침전분진은 재채기, 침, 코 등의 벌크(bulk) 세척기전으로 제거된다.
  ㉣ 입경범위 : 0~100μm
  ㉤ 평균입경 : 100μm(폐침착의 50%에 해당하는 입자의 크기)
(2) 흉곽성 입자상 물질
  (TPM ; Thoracic Particulates Mass)
  ㉠ 기도나 하기도(가스교환 부위)에 침착하여 독성을 나타내는 물질이다.
  ㉡ 평균입경 : 10μm
  ㉢ 채취기구 : PM 10
(3) 호흡성 입자상 물질
  (RPM ; Respirable Particulates Mass)
  ㉠ 가스교환 부위, 즉 폐포에 침착할 때 유해한 물질이다.
  ㉡ 평균입경 : 4μm(공기역학적 직경이 10μm 미만의 먼지가 호흡성 입자상 물질)
  ㉢ 채취기구 : 10mm nylon cyclone

25 음향출력 5.0watt인 소음원으로부터 3m 되는 지점에서의 음압수준은? (단, 무지향성 점음원, 자유공간 기준)

① 102dB
② 106dB
③ 112dB
④ 116dB

[풀이] $\text{SPL} = \text{PWL} - 20\log r - 11 \text{dB}$
$= 10\log\left(\dfrac{5.0}{10^{-12}}\right) - 20\log 3 - 11$
$= 106.4 \text{dB}$

26 일정한 온도조건에서 부피와 압력은 반비례한다는 표준가스에 대한 법칙은?

① 보일의 법칙
② 샤를의 법칙
③ 게이-뤼삭의 법칙
④ 라울트의 법칙

[풀이] **보일의 법칙**
일정한 온도에서 기체의 부피는 그 압력에 반비례한다. 즉 압력이 2배 증가하면 부피는 처음의 1/2배로 감소한다.

정답 23.③ 24.③ 25.② 26.①

27 2차 표준기구 중 일반적 사용범위가 10~150L/min이고 정확도는 ±1.0%이며 현장에서 사용하는 것은?

① 건식 가스미터
② 폐활량계
③ 열선기류계
④ 유리피스톤미터

[풀이] 공기채취기구의 보정에 사용되는 2차 표준기구

표준기구	일반 사용범위	정확도
로터미터(rotameter)	1mL/분 이하	±1~25%
습식 테스트미터 (wet-test-meter)	0.5~230L/분	±0.5% 이내
건식 가스미터 (dry-gas-meter)	10~150L/분	±1% 이내
오리피스미터 (orifice meter)	–	±0.5% 이내
열선기류계 (thermo anemometer)	0.05~40.6m/초	±0.1~0.2%

28 메틸에틸케톤이 20℃, 1기압에서 증기압이 71.2mmHg이면 공기 중 포화농도(ppm)는?

① 63,700
② 73,700
③ 83,700
④ 93,700

[풀이] 포화농도(ppm) $= \dfrac{증기압}{760} \times 10^6$

$= \dfrac{71.2}{760} \times 10^6 = 93,684\text{ppm}$

29 수동식 시료채취기(passive sampler)로 8시간 동안 벤젠을 포집하였다. 포집된 시료를 GC를 이용하여 분석한 결과 20,000ng이었으며, 공시료는 0ng이었다. 회사에서 제시한 벤젠의 시료채취량은 35.6mL/분이고 탈착효율은 0.96이라면 공기 중 농도는 몇 ppm인가? (단, 벤젠의 분자량은 78이고 25℃, 1기압 기준이다.)

① 0.38
② 1.22
③ 5.87
④ 10.57

[풀이] 공기 중 농도(mg/m^3)

$= \dfrac{(20,000-0)\text{ng}}{35.6\text{mL/min} \times 480\text{min} \times 0.96}$

$= 1.22 \text{mg/m}^3 \text{ (ng/mL)}$

∴ 농도(ppm) $= 1.22 \text{mg/m}^3 \times \dfrac{24.45}{78}$

$= 0.38\text{ppm}$

30 가스상 물질 측정을 위한 흡착제인 다공성 중합체에 관한 설명으로 옳지 않은 것은 어느 것인가?

① 활성탄보다 비표면적이 크다.
② 특별한 물질에 대한 선택성이 좋은 경우가 있다.
③ 대부분의 다공성 중합체는 스티렌, 에틸비닐벤젠 혹은 디비닐벤젠 중 하나와 극성을 띤 비닐화합물과의 공중합체이다.
④ 상품명으로는 Tenax tube, XAD tube 등이 있다.

[풀이] 다공성 중합체(porous polymer)

(1) 개요
  ㉠ 활성탄에 비해 비표면적, 흡착용량, 반응성은 작지만, 특수한 물질 채취에 유용하다.
  ㉡ 대부분 스티렌, 에틸비닐벤젠, 디비닐벤젠 중 하나와 극성을 띤 비닐화합물과의 공중합체이다.
  ㉢ 특별한 물질에 대하여 선택성이 좋은 경우가 있다.

(2) 장점
  ㉠ 아주 적은 양도 흡착제로부터 효율적으로 탈착이 가능하다.
  ㉡ 고온에서 열안정성이 매우 뛰어나기 때문에 열탈착이 가능하다.
  ㉢ 저농도 측정이 가능하다.

(3) 단점
  ㉠ 비휘발성 물질(대표적 : 이산화탄소)에 의하여 치환반응이 일어난다.
  ㉡ 시료가 산화 · 가수 · 결합 반응이 일어날 수 있다.
  ㉢ 아민류 및 글리콜류는 비가역적 흡착이 발생한다.
  ㉣ 반응성이 강한 기체(무기산, 이산화황)가 존재 시 시료가 화학적으로 변한다.

정답 27.① 28.④ 29.① 30.①

31 흡착제를 이용하여 시료채취를 할 때 영향을 주는 인자에 관한 설명으로 옳지 않은 것은?

① 온도 : 고온일수록 흡착능이 감소하며 파과가 일어나기 쉽다.
② 시료채취속도 : 시료채취속도가 높고 코팅된 흡착제일수록 파과가 일어나기 쉽다.
③ 오염물질농도 : 공기 중 오염물질의 농도가 높을수록 파과용량(흡착제에 흡착된 오염물질의 양)이 감소한다.
④ 습도 : 극성 흡착제를 사용할 때 수증기가 흡착되기 때문에 파과가 일어나기 쉽다.

[풀이] 흡착제를 이용한 시료채취 시 영향인자
㉠ 온도 : 온도가 낮을수록 흡착에 좋으나 고온일수록 흡착대상 오염물질과 흡착제의 표면 사이 또는 2종 이상의 흡착대상 물질 간 반응속도가 증가하여 흡착성질이 감소하며 파과가 일어나기 쉽다(모든 흡착은 발열반응이다).
㉡ 습도 : 극성 흡착제를 사용할 때 수증기가 흡착되기 때문에 파과가 일어나기 쉬우며 비교적 높은 습도는 활성탄의 흡착용량을 저하시킨다. 또한 습도가 높으면 파과공기량(파과가 일어날 때까지의 채취공기량)이 적어진다.
㉢ 시료채취속도(시료채취량) : 시료채취속도가 크고 코팅된 흡착제일수록 파과가 일어나기 쉽다.
㉣ 유해물질 농도(포집된 오염물질의 농도) : 농도가 높으면 파과용량(흡착제에 흡착된 오염물질량)이 증가하나 파과공기량은 감소한다.
㉤ 혼합물 : 혼합기체의 경우 각 기체의 흡착량은 단독성분이 있을 때보다 적어지게 된다(혼합물 중 흡착제와 강한 결합을 하는 물질에 의하여 치환반응이 일어나기 때문).
㉥ 흡착제의 크기(흡착제의 비표면적) : 입자 크기가 작을수록 표면적 및 채취효율이 증가하지만 압력강하가 심하다(활성탄은 다른 흡착제에 비하여 큰 비표면적을 갖고 있다).
㉦ 흡착관의 크기(튜브의 내경, 흡착제의 양) : 흡착제의 양이 많아지면 전체 흡착제의 표면적이 증가하여 채취용량이 증가하므로 파과가 쉽게 발생되지 않는다.

32 실내공간이 $100m^3$인 빈 실험실에 2mL의 MEK(Methyl Ethyl Ketone)가 기화되어 완전히 혼합되었다고 가정하면, 이때 실내의 MEK 농도는 몇 ppm인가? (단, MEK 비중 = 0.805, 분자량 = 72.1, 25℃, 1기압 기준)

① 약 2.3   ② 약 3.7
③ 약 4.2   ④ 약 5.5

[풀이] MEK 농도(mg/m^3)
$= \dfrac{2mL \times 0.805g/mL \times 1,000mg/g}{100m^3} = 16.1mg/m^3$

∴ 농도$(ppm) = 16.1mg/m^3 \times \dfrac{24.45}{72.1} = 5.46ppm$

33 다음 중 가스상 물질의 측정을 위한 수동식 시료채취(기)에 관한 설명으로 옳지 않은 것은?

① 수동식 시료채취기는 능동식에 비해 시료채취속도가 매우 낮다.
② 오염물질이 확산, 투과를 이용하므로 농도구배에 영향을 받지 않는다.
③ 수동식 시료채취기의 원리는 Fick's의 확산 제1법칙으로 나타낼 수 있다.
④ 산업위생전문가의 입장에서는 펌프의 보정이나 충전에 드는 시간과 노동력을 절약할 수 있다.

[풀이] 수동식 시료채취기는 오염물질의 확산, 투과를 이용하므로 농도구배에 영향을 받으며 확산포집기라고도 한다.

34 조선소에서 용접흄(분진)을 측정한 결과 여과지의 포집 전 무게는(3회 평균) 0.03561g이었고, 포집 후 무게(3회 평균)는 0.03901g이었다. 이때 용접흄(분진)의 농도는? (단, 포집유량은 분당 1.7L이며, 190분 포집한다.)

① 약 $4.2mg/m^3$ ② 약 $5.3mg/m^3$
③ 약 $8.1mg/m^3$ ④ 약 $10.5mg/m^3$

[풀이] 농도(mg/m³) = $\dfrac{(0.03901 - 0.03561)\text{g} \times 1{,}000\text{mg/g}}{1.7\text{L/min} \times 190\text{min} \times \text{m}^3/1{,}000\text{L}}$
= 10.53mg/m³

35 셀룰로오스에스테르막 여과지에 관한 설명으로 옳지 않은 것은?

① 산에 쉽게 용해된다.
② 중금속 시료채취에 유리하다.
③ 유해물질이 표면에 주로 침착된다.
④ 흡습성이 적어 중량분석에 적당하다.

[풀이] MCE막 여과지(Mixed Cellulose Ester membrane filter)
㉠ 산업위생에서는 거의 대부분이 직경 37mm, 구멍 크기 0.45~0.8μm의 MCE막 여과지를 사용하고 있어 작은 입자의 금속과 흄(fume) 채취가 가능하다.
㉡ 산에 쉽게 용해되고 가수분해되며, 습식 회화되기 때문에 공기 중 입자상 물질 중의 금속을 채취하여 원자흡광법으로 분석하는 데 적당하다.
㉢ 산에 의해 쉽게 회화되기 때문에 원소분석에 적합하고 NIOSH에서는 금속, 석면, 살충제, 불소화합물 및 기타 무기물질에 추천되고 있다.
㉣ 시료가 여과지의 표면 또는 가까운 곳에 침착되므로 석면, 유리섬유 등 현미경 분석을 위한 시료채취에도 이용된다.
㉤ 흡습성(원료인 셀룰로오스가 수분 흡수)이 높아 오차를 유발할 수 있어 중량분석에 적합하지 않다.

36 근로자에게 노출되는 호흡성 먼지를 측정한 결과 다음과 같았다. 이때 기하평균농도는? (단, 단위는 mg/m³이다.)

2.4, 1.9, 4.5, 3.5, 5.0

① 3.04　② 3.24
③ 3.54　④ 3.74

[풀이] log(GM)
= $\dfrac{\log 2.4 + \log 1.9 + \log 4.5 + \log 3.5 + \log 5.0}{5}$ = 0.51
∴ GM = $10^{0.51}$ = 3.24

37 흡광광도 측정에서 최초광의 70%가 흡수될 경우 흡광도는?

① 0.28
② 0.35
③ 0.52
④ 0.73

[풀이] 흡광도 = $\log \dfrac{1}{\text{투과율}}$
= $\dfrac{1}{(1-0.7)}$ = 0.52

38 금속제품을 탈지, 세정하는 공정에서 사용하는 유기용제인 트리클로로에틸렌의 근로자 노출농도를 측정하고자 한다. 과거의 노출농도를 조사해 본 결과, 평균 50ppm이었다. 활성탄관(100mg/50mg)을 이용하여 0.4L/min으로 채취하였다면 채취해야 할 최소한의 시간(분)은 어느 것인가? (단, 트리클로로에틸렌의 분자량은 131.39, 가스 크로마토그래피의 정량한계는 시료당 0.5mg, 1기압, 25℃ 기준으로 기타 조건은 고려하지 않는다.)

① 약 4.7분
② 약 6.2분
③ 약 8.6분
④ 약 9.3분

[풀이]
• mg/m³ = 50ppm × $\dfrac{131.39}{24.45}$
= 268.69mg/m³
• 최소시료채취량 = $\dfrac{\text{LOQ}}{\text{농도}}$
= $\dfrac{0.5\text{mg}}{268.69\text{mg/m}^3}$
= 0.00186m³ × 1,000L/m³
= 1.86L
∴ 채취 최소시간(min) = $\dfrac{1.86\text{L}}{0.4\text{L/min}}$
= 4.65min

정답 35.④　36.②　37.③　38.①

39 실리카겔이 활성탄에 비해 갖는 특징으로 옳지 않은 것은?

① 극성 물질을 채취한 경우 물, 메탄올 등 다양한 용매로 쉽게 탈착되고, 추출액이 화학분석이나 기기분석에 방해물질로 작용하는 경우가 많지 않다.
② 활성탄에 비해 수분을 잘 흡수하여 습도에 민감하다.
③ 유독한 이황화탄소를 탈착용매로 사용하지 않는다.
④ 활성탄으로 채취가 쉬운 아닐린, 오르토-톨루이딘 등의 아민류는 실리카겔 채취가 어렵다.

풀이 실리카겔의 장단점
(1) 장점
 ㉠ 극성이 강하여 극성 물질을 채취한 경우 물, 메탄올 등 다양한 용매로 쉽게 탈착한다.
 ㉡ 추출용액(탈착용매)이 화학분석이나 기기분석에 방해물질로 작용하는 경우는 많지 않다.
 ㉢ 활성탄으로 채취가 어려운 아닐린, 오르토-톨루이딘 등의 아민류나 몇몇 무기물질의 채취가 가능하다.
 ㉣ 매우 유독한 이황화탄소를 탈착용매로 사용하지 않는다.
(2) 단점
 ㉠ 친수성이기 때문에 우선적으로 물분자와 결합을 이루어 습도의 증가에 따른 흡착용량의 감소를 초래한다.
 ㉡ 습도가 높은 작업장에서는 다른 오염물질의 파과용량이 작아져 파과를 일으키기 쉽다.

40 작업장에서 입자상 물질은 대개 여과원리에 따라 시료를 채취한다. 여과지의 공극보다 작은 입자가 여과지에 채취되는 기전은 여과이론으로 설명할 수 있는데, 다음 중 여과이론에 관여되는 기전과 가장 거리가 먼 것은?

① 중력침강
② 정전기적 침강
③ 체질
④ 흡수

풀이 여과포집 원리(기전)
㉠ 직접차단(간섭)
㉡ 관성충돌
㉢ 확산
㉣ 중력침강
㉤ 정전기침강
㉥ 체질

제3과목 | 작업환경 관리대책

41 다음은 작업환경개선대책 중 대치의 방법을 열거한 것이다. 이 중 공정 변경의 대책과 가장 거리가 먼 것은?

① 금속을 두드려서 자르는 대신 톱으로 자른다.
② 흄 배출용 드래프트 창 대신에 안전유리로 교체한다.
③ 작은 날개로 고속회전시키는 송풍기를 큰 날개로 저속회전시킨다.
④ 자동차산업에서 땜질한 납 연마 시 고속회전 그라인더의 사용을 저속 oscillating-type sander로 변경한다.

풀이 공정 변경의 예
㉠ 알코올, 디젤, 전기력을 사용한 엔진 개발
㉡ 금속을 두드려 자르던 공정을 톱으로 절단
㉢ 페인트를 분사하는 방식에서 담그는 형태(함침, dipping)로 변경 또는 전기흡착식 페인트 분무방식 사용
㉣ 제품의 표면 마감에 사용되는 고속회전식 그라인더 작업을 저속, 왕복형 연마작업으로 변경
㉤ 분진이 비산되는 작업에 습식 공법을 채택
㉥ 송풍기의 작은 날개로 고속회전시키던 것을 큰 날개로 저속회전하는 방식으로 대치
㉦ 자동차산업에서 땜질한 납을 고속회전 그라인더로 깎던 것을 oscillating-type sander로 대치
㉧ 자동차산업에서 리베팅 작업을 볼트, 너트 작업으로 대치
㉨ 도자기 제조공정에서 건조 후 실시하던 점토 배합을 건조 전에 실시
㉩ 유기용제 세척공정을 스팀세척이나 비눗물 사용 공정으로 대치
㉪ 압축공기식 임팩트 렌치 작업을 저소음 유압식 렌치로 대치

정답 39.④ 40.④ 41.②

42 용접작업대에 [그림]과 같은 외부식 후드를 설치할 때 개구면적이 0.3m²이면 송풍량은? (단, V_c : 제어속도)

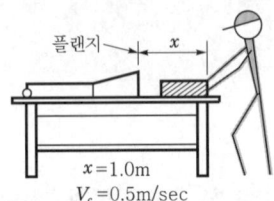

$x=1.0m$
$V_c=0.5m/sec$

① 약 150m³/min
② 약 155m³/min
③ 약 160m³/min
④ 약 165m³/min

풀이 바닥면에 위치, 플랜지 부착 시 송풍량(Q)
$Q = 60 \times 0.5 \times V_c(10X^2 + A)$
$= 60 \times 0.5 \times 0.5m/sec[(10 \times 1^2) + 0.3]$
$= 154.5m^3/min$

43 환기시스템에서 공기 유량(Q)이 0.15m³/sec, 덕트 직경이 10.0cm, 후드 압력손실계수(F_h)가 0.4일 때 후드 정압(SP_h)은? (단, 공기 밀도 1.2kg/m³ 기준)

① 약 31mmH₂O ② 약 38mmH₂O
③ 약 43mmH₂O ④ 약 48mmH₂O

풀이 $SP_h = VP(1+F)$
• $VP = \dfrac{\gamma V^2}{2g} = \dfrac{1.2 \times (19.1)^2}{2 \times 9.8}$
$= 22.35mmH_2O$
$\left(V = \dfrac{Q}{A} = \dfrac{0.15m^3/sec}{\left(\dfrac{3.14 \times 0.1^2}{4}\right)m^2} = 19.1m/sec\right)$
$= 22.35(1+0.4) = 31.3mmH_2O$

44 풍량 2m³/sec, 송풍기 유효전압 100mmH₂O, 송풍기의 효율이 75%인 송풍기의 소요동력은?

① 2.6kW ② 3.8kW
③ 4.4kW ④ 5.3kW

풀이 $kW = \dfrac{(2m^3/sec \times 60sec/min) \times 100mmH_2O}{6,120 \times 0.75}$
$= 2.6kW$

45 높이 760mm, 폭 380mm인 각 관내를 풍량 280m³/min의 표준공기가 흐르고 있을 때 길이 10m당 관마찰손실은? (단, 관마찰계수는 0.019)

① 약 6mmH₂O ② 약 7mmH₂O
③ 약 8mmH₂O ④ 약 9mmH₂O

풀이 관마찰손실
$= \lambda \times \dfrac{L}{D} \times VP$
• $VP = \left(\dfrac{V}{4.043}\right)^2 = \left(\dfrac{16.16}{4.043}\right)^2 = 15.97mmH_2O$
$\left(V = \dfrac{Q}{A}\right.$
$= \dfrac{280m^3/min \times min/60sec}{(0.76 \times 0.38)m^2} = 16.16m/sec\left.\right)$
• $D = \dfrac{2ab}{a+b} = \dfrac{2(0.76 \times 0.38)}{0.76 + 0.38} = 0.51$
$= 0.019 \times \dfrac{10}{0.51} \times 15.97 = 5.95mmH_2O$

46 층류영역에서 직경이 2μm이며, 비중이 3인 입자상 물질의 침강속도(cm/sec)는?

① 0.032 ② 0.036
③ 0.042 ④ 0.046

풀이 침강속도(cm/sec) $= 0.003 \times \rho \times d^2$
$= 0.003 \times 3 \times 2^2$
$= 0.036cm/sec$

47 다음 중 덕트 합류 시 댐퍼를 이용한 균형유지법의 장단점으로 가장 거리가 먼 것은?

① 임의로 댐퍼 조정 시 평형상태가 깨짐
② 시설 설치 후 변경에 대한 대처가 어려움
③ 설계 계산이 상대적으로 간단함
④ 설치 후 부적당한 배기유량의 조절이 가능

정답 42.② 43.① 44.① 45.① 46.② 47.②

풀이 저항조절평형법(댐퍼조절평형법, 덕트균형유지법)의 장단점
(1) 장점
  ㉠ 시설 설치 후 변경에 유연하게 대처가 가능하다.
  ㉡ 최소설계풍량으로 평형유지가 가능하다.
  ㉢ 공장 내부의 작업공정에 따라 적절한 덕트 위치 변경이 가능하다.
  ㉣ 설계 계산이 간편하고, 고도의 지식을 요하지 않는다.
  ㉤ 설치 후 송풍량의 조절이 비교적 용이하다. 즉, 임의의 유량을 조절하기가 용이하다.
  ㉥ 덕트의 크기를 바꿀 필요가 없기 때문에 반송속도를 그대로 유지한다.
(2) 단점
  ㉠ 평형상태 시설에 댐퍼를 잘못 설치 시 또는 임의의 댐퍼 조정 시 평형상태가 파괴될 수 있다.
  ㉡ 부분적 폐쇄댐퍼는 침식, 분진퇴적의 원인이 된다.
  ㉢ 최대저항경로 선정이 잘못되어도 설계 시 쉽게 발견할 수 없다.
  ㉣ 댐퍼가 노출되어 있는 경우가 많아 누구나 쉽게 조절할 수 있어 정상기능을 저해할 수 있다.
  ㉤ 임의의 댐퍼 조정 시 평형상태가 파괴될 수 있다.

48 A용제가 800m³의 체적을 가진 방에 저장되어 있다. 공기를 공급하기 전에 측정한 농도는 400ppm이었다. 이 방으로 환기량 40m³/min을 공급한다면 노출기준인 100ppm으로 달성되는 데 걸리는 시간은? (단, 유해물질 발생은 정지, 환기만 고려한다.)
① 약 12분
② 약 14분
③ 약 24분
④ 약 28분

풀이
$$시간(t) = -\frac{V}{Q'} \ln\left(\frac{C_2}{C_1}\right)$$
$$= \left(-\frac{800}{40}\right) \times \ln\left(\frac{100}{400}\right)$$
$$= 27.73 \text{min}$$

49 실험실에 있는 포위식 후드의 필요환기량을 구하고자 한다. 제어속도는 0.5m/sec이고, 개구면적이 0.5m×0.3m일 때의 필요환기량(m³/min)은?
① 0.075
② 0.45
③ 4.5
④ 7.5

풀이 필요환기량(m³/min)
$= A \times V$
$= (0.5 \times 0.3)\text{m}^2 \times 0.5\text{m/sec} \times 60\text{sec/min}$
$= 4.5\text{m}^3/\text{min}$

50 입자상 물질을 처리하기 위한 장치 중 압력손실은 비교적 크나 고효율 집진이 가능하며, 직접차단, 관성충돌, 확산, 중력침강 및 정전기력 등이 복합적으로 작용하는 것은?
① 관성력집진장치
② 원심력집진장치
③ 여과집진장치
④ 전기집진장치

풀이 여과집진장치(bag filter)
함진가스를 여과재(filter media)에 통과시켜 입자를 분리, 포집하는 장치로서 $1\mu m$ 이상의 분진의 포집은 99%가 관성충돌과 직접차단에 의하여 이루어지고, $0.1\mu m$ 이하의 분진은 확산과 정전기력에 의하여 포집하는 집진장치이다.

51 길이가 2.4m, 폭이 0.4m인 플랜지 부착 슬롯형 후드가 설치되어 있다. 포촉점까지의 거리가 0.5m, 제어속도가 0.75m/sec일 때 필요송풍량은? (단, 1/2원주 슬롯형, $C=2.8$ 적용)
① 142.5m³/min
② 151.2m³/min
③ 161.3m³/min
④ 182.9m³/min

풀이 필요송풍량(m³/min) $= 60 \times C \times L \times V_c \times X$
$= 60 \times 2.8 \times 2.4 \times 0.75 \times 0.5$
$= 151.2\text{m}^3/\text{min}$

정답 48.④ 49.③ 50.③ 51.②

52 작업환경 관리원칙 중 대치에 관한 설명으로 옳지 않은 것은?
① 야광시계 자판의 radium을 인으로 대치한다.
② 건조 전에 실시하던 점토배합을 건조 후 실시한다.
③ 금속 세척작업 시 TCE를 대신하여 계면활성제를 사용한다.
④ 분체입자를 큰 입자로 대치한다.

풀이 도자기 제조공정에서는 건조 후 실시하던 점토배합을 건조 전에 실시한다.

53 자연환기와 강제환기에 관한 설명으로 옳지 않은 것은?
① 강제환기는 외부조건에 관계없이 작업환경을 일정하게 유지시킬 수 있다.
② 자연환기는 환기량 예측자료를 구하기가 용이하다.
③ 자연환기는 적당한 온도차와 바람이 있다면 비용 면에서 상당히 효과적이다.
④ 자연환기는 외부 기상조건과 내부 작업조건에 따라 환기량 변화가 심하다.

풀이 자연환기의 장단점
(1) 장점
  ㉠ 설치비 및 유지보수비가 적게 든다.
  ㉡ 적당한 온도차이와 바람이 있다면 운전비용이 거의 들지 않는다.
  ㉢ 효율적인 자연환기는 에너지비용을 최소화할 수 있어 냉방비 절감효과가 있다.
  ㉣ 소음발생이 적다.
(2) 단점
  ㉠ 외부 기상조건과 내부 조건에 따라 환기량이 일정하지 않아 작업환경 개선용으로 이용하는 데 제한적이다.
  ㉡ 계절변화에 불안정하다. 즉, 여름보다 겨울철이 환기효율이 높다.
  ㉢ 정확한 환기량 산정이 힘들다. 즉, 환기량 예측자료를 구하기 힘들다.

54 보호구에 관한 설명으로 옳지 않은 것은?
① 방진마스크의 흡기저항과 배기저항은 모두 낮은 것이 좋다.
② 방진마스크의 포집효율과 흡기저항 상승률은 모두 높은 것이 좋다.
③ 방독마스크는 사용 중에 조금이라도 가스냄새가 나는 경우 새로운 정화통으로 교체하여야 한다.
④ 방독마스크의 흡수제는 활성탄, 실리카겔, soda lime 등이 사용된다.

풀이 방진마스크의 선정조건(구비조건)
㉠ 흡기저항 및 흡기저항 상승률이 낮을 것
  ※ 일반적 흡기저항 범위 : 6~8mmH₂O
㉡ 배기저항이 낮을 것
  ※ 일반적 배기저항 기준 : 6mmH₂O 이하
㉢ 여과재 포집효율이 높을 것
㉣ 착용 시 시야확보가 용이할 것
  ※ 하방시야가 60° 이상 되어야 함
㉤ 중량은 가벼울 것
㉥ 안면에서의 밀착성이 클 것
㉦ 침입률 1% 이하까지 정확히 평가 가능할 것
㉧ 피부접촉부위가 부드러울 것
㉨ 사용 후 손질이 간단할 것
㉩ 무게중심은 안면에 강한 압박감을 주지 않는 위치에 있을 것

55 폭 320mm, 높이 760mm의 곧은 각의 관 내에 $Q=280\text{m}^3/\text{min}$의 표준공기가 흐르고 있을 때 레이놀즈 수($Re$)의 값은? (단, 동점성계수는 $1.5\times10^{-5}\text{m}^2/\text{sec}$이다.)
① 5.76×10^5 ② 5.76×10^6
③ 8.76×10^5 ④ 8.76×10^6

풀이 레이놀즈 수(Re)
$= \dfrac{\text{유속}\times\text{관직경}}{\text{동점성계수}}$

• 유속$(V) = \dfrac{Q}{A} = \dfrac{280\text{m}^3/\text{min}\times\text{min}/60\text{sec}}{(0.32\times0.76)\text{m}^2}$
$= 19.19\text{m/sec}$

• 관직경$(D) = \dfrac{2ab}{a+b} = \dfrac{2(0.32\times0.76)}{0.32+0.76} = 0.45\text{m}$

$= \dfrac{19.19\times0.45}{1.5\times10^{-5}} = 576,175 ≒ 5.76\times10^5$

정답 52.② 53.② 54.② 55.①

56 원심력 송풍기인 방사 날개형 송풍기에 관한 설명으로 옳지 않은 것은?

① 플레이트 송풍기 또는 평판형 송풍기라고도 한다.
② 깃이 평판으로 되어 있고 강도가 매우 높게 설계되어 있다.
③ 깃의 구조가 분진을 자체 정화할 수 있도록 되어 있다.
④ 견고하고 가격이 저렴하며, 효율이 높은 장점이 있다.

[풀이] **평판형(radial fan) 송풍기**
㉠ 플레이트(plate) 송풍기, 방사 날개형 송풍기라고도 한다.
㉡ 날개(blade)가 다익형보다 적고, 직선이며 평판 모양을 하고 있어 강도가 매우 높게 설계되어 있다.
㉢ 깃의 구조가 분진을 자체 정화할 수 있도록 되어 있다.
㉣ 시멘트, 미분탄, 곡물, 모래 등의 고농도 분진 함유 공기나 마모성이 강한 분진 이송용으로 사용된다.
㉤ 부식성이 강한 공기를 이송하는 데 많이 사용된다.
㉥ 압력은 다익팬보다 약간 높으며, 효율도 65%로 다익팬보다는 약간 높으나 터보팬보다는 낮다.
㉦ 습식 집진장치의 배치에 적합하며, 소음은 중간 정도이다.

57 후드의 유입계수가 0.86, 속도압이 25mmH₂O일 때 후드의 압력손실(mmH₂O)은?

① 8.8   ② 12.2
③ 15.4   ④ 17.2

[풀이] 후드의 압력손실(mmH₂O) = $F \times VP$
• $F = \dfrac{1}{Ce^2} - 1 = \dfrac{1}{0.86^2} - 1 = 0.352$
∴ 후드의 압력손실 = $0.352 \times 25 = 8.8$ mmH₂O

58 전기집진장치의 장점과 가장 거리가 먼 것은?

① 비교적 압력손실이 낮다.
② 대량의 가스 처리가 가능하고, 배출가스의 온도강하가 적다.
③ 전압변동과 같은 조건변동에 쉽게 적응하기 쉽다.
④ 유지관리가 용이하고, 유지비가 저렴하다.

[풀이] **전기집진장치의 장단점**
(1) 장점
㉠ 집진효율이 높다(0.01μm 정도 포집 용이, 99.9% 정도 고집진효율).
㉡ 광범위한 온도범위에서 적용이 가능하며, 폭발성 가스의 처리도 가능하다.
㉢ 고온의 입자성 물질(500℃ 전후) 처리가 가능하여 보일러와 철강로 등에 설치할 수 있다.
㉣ 압력손실이 낮고 대용량의 가스 처리가 가능하며 배출가스의 온도강하가 적다.
㉤ 운전 및 유지비가 저렴하다.
㉥ 회수가치 입자 포집에 유리하며, 습식 및 건식으로 집진할 수 있다.
㉦ 넓은 범위의 입경과 분진농도에 집진효율이 높다.

(2) 단점
㉠ 설치비용이 많이 든다.
㉡ 설치공간을 많이 차지한다.
㉢ 설치된 후에는 운전조건의 변화에 유연성이 적다.
㉣ 먼지성상에 따라 전처리시설이 요구된다.
㉤ 분진포집에 적용되며, 기체상 물질 제거에는 곤란하다.
㉥ 전압변동과 같은 조건변동(부하변동)에 쉽게 적응이 곤란하다.
㉦ 가연성 입자의 처리가 곤란하다.

59 작업장 용적이 10m×3m×40m이고 필요 환기량이 120m³/min일 때 시간당 공기교환횟수는 얼마인가?

① 360회
② 60회
③ 6회
④ 0.6회

[풀이] 시간당 공기교환횟수 = $\dfrac{\text{필요환기량}}{\text{작업장 용적}}$
$= \dfrac{120\text{m}^3/\text{min} \times 60\text{min/hr}}{(10 \times 3 \times 40)\text{m}^3}$
= 6회(시간당)

정답 56.④ 57.① 58.③ 59.③

60 A공장에서 1시간에 4L의 메틸에틸케톤이 증발되어 공기를 오염시키고 있다면 이 작업장을 전체환기하기 위한 필요환기량(m^3/min)은? (단, 21℃, 1기압, $K=6$, 분자량 72.06, 비중 0.805, 허용기준 TLV 200ppm이다.)

① 약 280
② 약 370
③ 약 480
④ 약 540

풀이
- 사용량 = 4L/hr × 0.805g/mL × 1,000mL/L
   = 3,220g/hr
- 발생률 = $\dfrac{24.1 \times 3{,}220\text{L/hr}}{72.06\text{g}}$ = 1,076.91L/hr
- ∴ 필요환기량 = $\dfrac{1{,}076.91\text{L/hr} \times 1{,}000\text{mL/L}}{200\text{mL/m}^3} \times 6$
   = 32,307m^3/hr × hr/60min
   = 538.45m^3/min

풀이 열평형방정식
㉠ 생체(인체)와 작업환경 사이의 열교환(체열 생산 및 방산) 관계를 나타내는 식이다.
㉡ 인체와 작업환경 사이의 열교환은 주로 체내 열 생산량(작업대사량), 전도, 대류, 복사, 증발 등에 의해 이루어진다.
㉢ 열평형방정식은 열역학적 관계식에 따라 이루어진다.
$\Delta S = M \pm C \pm R - E$
여기서, ΔS : 생체 열용량의 변화(인체의 열축적 또는 열손실)
M : 작업대사량(체내 열생산량)
$(M-W)$ W : 작업수행으로 인한 손실 열량
C : 대류에 의한 열교환
R : 복사에 의한 열교환
E : 증발(발한)에 의한 열손실(피부를 통한 증발)

제4과목 | 물리적 유해인자관리

61 다음 중 마이크로파의 에너지량과 거리와의 관계에 관한 설명으로 옳은 것은?

① 에너지량은 거리의 제곱에 비례한다.
② 에너지량은 거리에 비례한다.
③ 에너지량은 거리의 제곱에 반비례한다.
④ 에너지량은 거리에 반비례한다.

풀이 마이크로파의 물리적 특성
㉠ 마이크로파는 1mm~1m(10m)의 파장(또는 약 1~300cm)과 30MHz(10Hz)~300GHz(300MHz~300GHz)의 주파수를 가지며 라디오파의 일부이다. 단, 지역에 따라 주파수 범위의 규정이 각각 다르다.
 ※ 라디오파 : 파장이 1m~100km, 주파수가 약 3kHz~300GHz까지를 말한다.
㉡ 에너지량은 거리의 제곱에 반비례한다.

62 다음 중 인체와 환경 사이의 열교환에 영향을 미치는 요소와 관계가 가장 적은 것은?

① 기온
② 기압
③ 대류
④ 증발

63 다음 중 이상기압의 대책에 관한 설명으로 적절하지 않은 것은?

① 고압실 내의 작업에서는 탄산가스의 분압이 증가하지 않도록 신선한 공기를 송기한다.
② 고압환경에서 작업하는 근로자에게는 질소의 양을 증가시킨 공기를 호흡시킨다.
③ 귀 등의 장애를 예방하기 위하여 압력을 가하는 속도를 분당 0.8kg/cm^2 이하가 되도록 한다.
④ 감압병의 증상이 발생하였을 때에는 환자를 바로 원래의 고압환경상태로 복귀시키거나, 인공고압실에서 천천히 감압한다.

풀이 감압병의 예방 및 치료
㉠ 고압환경에서의 작업시간을 제한하고 고압실 내의 작업에서는 탄산가스의 분압이 증가하지 않도록 신선한 공기를 송기시킨다.
㉡ 감압이 끝날 무렵에 순수한 산소를 흡입시키면 예방적 효과가 있을 뿐 아니라 감압시간을 25% 가량 단축시킬 수 있다.

정답 60.④ 61.③ 62.② 63.②

ⓒ 고압환경에서 작업하는 근로자에게 질소를 헬륨으로 대치한 공기를 호흡시킨다.
ⓓ 헬륨-산소 혼합가스는 호흡저항이 적어 심해잠수에 사용한다.
ⓔ 일반적으로 1분에 10m 정도씩 잠수하는 것이 안전하다.
ⓕ 감압병의 증상 발생 시에는 환자를 곧장 원래의 고압환경상태로 복귀시키거나 인공고압실에 넣어 혈관 및 조직 속에 발생한 질소의 기포를 다시 용해시킨 다음 천천히 감압한다.
ⓖ Haldene의 실험근거상 정상기압보다 1.25기압을 넘지 않는 고압환경에는 아무리 오랫동안 폭로되거나 아무리 빨리 감압하더라도 기포를 형성하지 않는다.
ⓗ 비만자의 작업을 금지시키고, 순환기에 이상이 있는 사람은 취업 또는 작업을 제한한다.
ⓘ 헬륨은 질소보다 확산속도가 크며, 체외로 배출되는 시간이 질소에 비하여 50% 정도밖에 걸리지 않는다.
ⓙ 귀 등의 장애를 예방하기 위해서는 압력을 가하는 속도를 분당 0.8kg/cm² 이하가 되도록 한다.

[풀이] **난청(청력장애)**
(1) 일시적 청력손실(TTS)
 ㉠ 강력한 소음에 노출되어 생기는 난청으로 4,000~6,000Hz에서 가장 많이 발생한다.
 ㉡ 청신경세포의 피로현상으로, 회복되려면 12~24시간을 요하는 가역적인 청력저하이며, 영구적 소음성 난청의 예비신호로도 볼 수 있다.
(2) 영구적 청력손실(PTS) : 소음성 난청
 ㉠ 비가역적 청력저하, 강렬한 소음이나 지속적인 소음 노출에 의해 청신경 말단부의 내이 코르티(corti)기관의 섬모세포 손상으로 회복될 수 없는 영구적인 청력저하가 발생한다.
 ㉡ 3,000~6,000Hz의 범위에서 먼저 나타나고, 특히 4,000Hz에서 가장 심하게 발생한다.
(3) 노인성 난청
 ㉠ 노화에 의한 퇴행성 질환으로, 감각신경성 청력손실이 양측 귀에 대칭적·점진적으로 발생하는 질환이다.
 ㉡ 일반적으로 고음역에 대한 청력손실이 현저하며 6,000Hz에서부터 난청이 시작된다.

64 소음성 난청(Noise Induced Hearing Loss, NIHL)에 관한 설명으로 틀린 것은?
① 소음성 난청은 4,000Hz 정도에서 가장 많이 발생한다.
② 일시적 청력변화 때의 각 주파수에 대한 청력손실 양상은 같은 소리에 의하여 생긴 영구적 청력변화 때의 청력손실 양상과는 다르다.
③ 심한 소음에 반복하여 노출되면 일시적 청력변화는 영구적 청력변화(permanent threshold shift)로 변하며 코르티기관에 손상이 온 것으로 회복이 불가능하다.
④ 심한 소음에 노출되면 처음에는 일시적 청력변화(temporary threshold shift)를 초래하는데, 이것은 소음노출을 그치면 다시 노출 전의 상태로 회복되는 변화이다.

65 다음 중 산소결핍 장소의 출입 시 착용하여야 할 보호구로 적절하지 않은 것은?
① 공기호흡기
② 송기마스크
③ 방독마스크
④ 에어라인마스크

[풀이] 산소결핍 장소에서 방진마스크, 방독마스크 사용은 적절하지 않다.

66 적외선의 파장범위에 해당하는 것은?
① 280nm 이하
② 280~400nm
③ 400~750nm
④ 800~1,200nm

[풀이] 적외선은 가시광선보다 파장이 길고, 약 760nm에서 1mm 범위이다.

정답 64.② 65.③ 66.④

67 음압실효치가 0.2N/m²일 때 음압수준(SPL ; Sound Pressure Level)은 얼마인가? (단, 기준음압은 2×10⁻⁵N/m²로 계산한다.)

① 100dB ② 80dB
③ 60dB   ④ 40dB

풀이
$$SPL = 20\log\frac{P}{P_o}$$
$$= 20\log\frac{0.2}{2\times 10^{-5}} = 80dB$$

68 다음 중 소음에 대한 대책으로 적절하지 않은 것은?

① 차음효과는 밀도가 큰 재질일수록 좋다.
② 흡음효과를 높이기 위해서는 흡음재를 실내의 틈이나 가장자리에 부착시키는 것이 좋다.
③ 저주파성분이 큰 공장이나 기계실 내에서는 다공질 재료에 의한 흡음처리가 효과적이다.
④ 흡음효과에 방해를 주지 않기 위해서 다공질 재료 표면에 종이를 입혀서는 안 된다.

풀이 다공질 재료에 의한 흡음처리는 고주파성분에 효과적이다.

69 다음 중 작업장 내의 직접조명에 관한 설명으로 옳은 것은?

① 장시간 작업 시에도 눈이 부시지 않는다.
② 작업장 내 균일한 조도의 확보가 가능하다.
③ 조명기구가 간단하고, 조명기구의 효율이 좋다.
④ 벽이나 천장의 색조에 좌우되는 경향이 있다.

풀이 조명방법에 따른 조명관리
(1) 직접조명
  ㉠ 작업면의 빛 대부분이 광원 및 반사용 삿갓에서 직접 온다.
  ㉡ 기구의 구조에 따라 눈을 부시게 하거나 균일한 조도를 얻기 힘들다.
  ㉢ 반사갓을 이용하여 광속의 90~100%가 아래로 향하게 하는 방식이다.
  ㉣ 일정량의 전력으로 조명 시 가장 밝은 조명을 얻을 수 있다.
  ㉤ 장점 : 효율이 좋고, 천장면의 색조에 영향을 받지 않으며, 설치비용이 저렴하다.
  ㉥ 단점 : 눈부심이 있고, 균일한 조도를 얻기 힘들며, 강한 음영을 만든다.
(2) 간접조명
  ㉠ 광속의 90~100%를 위로 향해 발산하여 천장, 벽에서 확산시켜 균일한 조명도를 얻을 수 있는 방식이다.
  ㉡ 천장과 벽에 반사하여 작업면을 조명하는 방법이다.
  ㉢ 장점 : 눈부심이 없고, 균일한 조도를 얻을 수 있으며, 그림자가 없다.
  ㉣ 단점 : 효율이 나쁘고, 설치가 복잡하며, 실내의 입체감이 작아진다.

70 옥내의 작업장소에서 습구흑구온도를 측정한 결과 자연습구온도는 28℃, 흑구온도는 30℃, 건구온도는 25℃를 나타내었다. 이때 습구흑구온도지수(WBGT)는 약 얼마인가?

① 31.5℃
② 29.4℃
③ 28.6℃
④ 28.1℃

풀이
WBGT(℃)
=(0.7×자연습구온도)+(0.3×흑구온도)
=(0.7×28℃)+(0.3×30℃)
=28.6℃

71 다음 중 저온환경에서의 생리적 반응으로 틀린 것은?

① 피부혈관의 수축
② 근육 긴장의 증가와 떨림
③ 조직대사의 감소 및 식욕부진
④ 피부혈관 수축으로 인한 일시적 혈압 상승

정답 67.② 68.③ 69.③ 70.③ 71.③

> **[풀이]** 한랭(저온)환경에서의 생리적 기전(반응)
> 한랭환경에서는 체열 방산을 제한하고, 체열 생산을 증가시키기 위한 생리적 반응이 일어난다.
> ㉠ 피부혈관(말초혈관)이 수축한다.
> • 피부혈관 수축과 더불어 혈장량 감소로 혈압이 일시적으로 저하되며 신체 내 열을 보호하는 기능을 한다.
> • 말초혈관의 수축으로 표면조직의 냉각이 오며 1차적 생리적 영향이다.
> • 피부혈관의 수축으로 피부온도가 감소되고 순환능력이 감소되어 혈압은 일시적으로 상승된다.
> ㉡ 근육 긴장의 증가와 떨림 및 수의적인 운동이 증가한다.
> ㉢ 갑상선을 자극하여 호르몬 분비가 증가(화학적 대사작용 증가)한다.
> ㉣ 부종, 저림, 가려움증, 심한 통증 등이 발생한다.
> ㉤ 피부 표면의 혈관·피하조직이 수축하고, 체표면적이 감소한다.
> ㉥ 피부의 급성 일과성 염증반응은 한랭에 대한 폭로를 중지하면 2~3시간 내에 없어진다.
> ㉦ 피부나 피하조직을 냉각시키는 환경온도 이하에서는 감염에 대한 저항력이 떨어지며 회복과정에 장애가 온다.
> ㉧ 저온환경에서는 근육활동, 조직대사가 증가되어 식욕이 항진된다.

72 다음 중 1,000Hz에서 40dB의 음압레벨을 갖는 순음의 크기를 1로 하는 소음의 단위는?

① NRN ② dB(C)
③ phon ④ sone

> **[풀이]** sone
> ㉠ 감각적인 음의 크기(loudness)를 나타내는 양으로, 1,000Hz에서의 압력수준 dB을 기준으로 하여 등감곡선을 소리의 크기로 나타내는 단위이다.
> ㉡ 1,000Hz 순음의 음의 세기레벨 40dB의 음의 크기를 1sone으로 정의한다.

73 전리방사선의 단위 중 조직(또는 물질)의 단위질량당 흡수된 에너지를 나타내는 것은?

① Gy(Gray) ② R(Röntgen)
③ Sv(Sivert) ④ Bq(Becquerel)

> **[풀이]** Gy(Gray)
> ㉠ 흡수선량의 단위이다.
> ※ 흡수선량 : 방사선에 피폭되는 물질의 단위질량당 흡수된 방사선의 에너지
> ㉡ 1Gy=100rad=1J/kg

74 다음 중 방진재료로 적절하지 않은 것은 어느 것인가?

① 코일용수철 ② 방진고무
③ 코르크 ④ 유리섬유

> **[풀이]** 방진재료
> ㉠ 금속스프링(코일용수철)
> ㉡ 공기스프링
> ㉢ 방진고무
> ㉣ 코르크

75 다음 중 진동에 관한 설명으로 옳은 것은?

① 수평 및 수직 진동이 동시에 가해지면 2배의 자각현상이 나타난다.
② 신체의 공진현상은 서 있을 때가 앉아 있을 때보다 심하게 나타난다.
③ 국소진동은 골, 관절, 지각이상 이외의 중추신경이나 내분비계에는 영향을 미치지 않는다.
④ 말초혈관운동의 장애로 인한 혈액순환 장애로 손가락 등이 창백해지는 현상은 전신진동에서 주로 발생한다.

> **[풀이]** ② 앉아 있을 때 더 심하게 나타난다.
> ③ 중추신경이나 내분비계에도 영향을 미친다.
> ④ 국소진동에서 주로 발생한다.

76 다음 중 전리방사선의 외부노출에 대한 방어 3원칙에 해당하지 않는 것은?

① 차폐
② 거리
③ 시간
④ 흡수

정답 72.④ 73.① 74.④ 75.① 76.④

[풀이] **방사선의 외부노출에 대한 방어대책**
전리방사선 방어의 궁극적 목적은 가능한 한 방사선에 불필요하게 노출되는 것을 최소화하는 데 있다.
(1) 시간
 ㉠ 노출시간을 최대로 단축한다(조업시간 단축).
 ㉡ 충분한 시간 간격을 두고 방사능 취급작업을 하는 것은 반감기가 짧은 방사능 물질에 유용하다.
(2) 거리
 방사능은 거리의 제곱에 비례해서 감소하므로 먼 거리일수록 쉽게 방어가 가능하다.
(3) 차폐
 ㉠ 큰 투과력을 갖는 방사선 차폐물은 원자번호가 크고 밀도가 큰 물질이 효과적이다.
 ㉡ α선의 투과력은 약하여 얇은 알루미늄판으로도 방어가 가능하다.

77 고압환경의 2차적인 가압현상(화학적 장애) 중 산소중독에 관한 설명으로 틀린 것은?
① 산소의 중독작용은 운동이나 이산화탄소의 존재로 다소 완화될 수 있다.
② 산소의 분압이 2기압이 넘으면 산소중독 증세가 나타난다.
③ 수지와 족지의 작열통, 시력장애, 정신혼란, 근육경련 등의 증상을 보이며 나아가서는 간질 모양의 경련을 나타낸다.
④ 산소중독에 따른 증상은 고압산소에 대한 노출이 중지되면 멈추게 된다.

[풀이] **산소중독**
㉠ 산소의 분압이 2기압을 넘으면 산소중독 증상을 보인다. 즉, 3~4기압의 산소 혹은 이에 상당하는 공기 중 산소분압에 의하여 중추신경계의 장애에 기인하는 운동장애를 나타내는데 이것을 산소중독이라 한다.
㉡ 수중의 잠수자는 폐압착증을 예방하기 위하여 수압과 같은 압력의 압축기체를 호흡하여야 하며, 이로 인한 산소분압 증가로 산소중독이 일어난다.
㉢ 고압산소에 대한 폭로가 중지되면 증상은 즉시 멈춘다. 즉, 가역적이다.
㉣ 1기압에서 순산소는 인후를 자극하나 비교적 짧은 시간의 폭로라면 중독 증상은 나타나지 않는다.

㉤ 산소중독작용은 운동이나 이산화탄소로 인해 악화된다.
㉥ 수지나 족지의 작열통, 시력장애, 정신혼란, 근육경련 등의 증상을 보이며 나아가서는 간질 모양의 경련을 나타낸다.

78 다음 중 저기압의 영향에 관한 설명으로 틀린 것은?
① 산소결핍을 보충하기 위하여 호흡수, 맥박수가 증가된다.
② 고도 10,000ft(3,048m)까지는 시력, 협조운동의 가벼운 장애 및 피로를 유발한다.
③ 고도 18,000ft(5,468m) 이상이 되면 21% 이상의 산소가 필요하게 된다.
④ 고도의 상승으로 기압이 저하되면 공기의 산소분압이 상승하여 폐포 내의 산소분압도 상승한다.

[풀이] 고도의 상승에 따라 기압이 저하되면 공기의 산소분압이 저하되고, 폐포 내의 산소분압도 저하한다.

79 다음 중 정상인이 들을 수 있는 가장 낮은 이론적 음압은 몇 dB인가?
① 0dB ② 5dB
③ 10dB ④ 20dB

[풀이] 사람이 들을 수 있는 음압은 0.00002~60N/m²의 범위이며, 이것을 dB로 표시하면 0~130dB이 되므로 음압을 직접 사용하는 것보다 dB로 변환하여 사용하는 것이 편리하다.

80 다음 중 빛 또는 밝기와 관련된 단위가 아닌 것은?
① Wb
② lux
③ lm
④ cd

[풀이] ② lux : 조도의 단위
③ lm : 광속의 단위
④ Cd : 광도의 단위

제5과목 | 산업 독성학

81 다음 중 석유정제공장에서 다량의 벤젠을 분리하는 공정의 근로자가 해당 유해물질에 반복적으로 계속해서 노출될 경우 발생 가능성이 가장 높은 직업병은 무엇인가?
① 직업성 천식
② 급성 뇌척수성 백혈병
③ 신장 손상
④ 다발성 말초신경장애

풀이 벤젠은 장기간 폭로 시 혈액장애, 간장장애를 일으키고 재생불량성 빈혈, 백혈병(급성 뇌척수성)을 일으킨다.

82 다음 중 수은에 관한 설명으로 틀린 것은?
① 무기수은화합물로는 질산수은, 승홍, 감홍 등이 있으며 철, 니켈, 알루미늄, 백금 이외의 대부분의 금속과 화합하여 아말감을 만든다.
② 유기수은화합물로서는 아릴수은화합물과 알킬수은화합물이 있다.
③ 수은은 상온에서 액체상태로 존재하는 금속이다.
④ 무기수은화합물의 독성은 알킬수은화합물의 독성보다 훨씬 강하다.

풀이 유기수은 중 알킬수은화합물의 독성은 무기수은화합물의 독성보다 매우 강하다.

83 다음 중 피부에 건강상의 영향을 일으키는 화학물질과 가장 거리가 먼 것은?
① PAH   ② 망간흄
③ 크롬   ④ 절삭유

풀이 피부질환의 화학적 요인
㉠ 물 : 피부손상, 피부자극
㉡ tar, pictch : 색소침착(색소변성)
㉢ 절삭유(기름) : 모낭염, 접촉성 피부염
㉣ 산, 알칼리, 용매 : 원발성 접촉피부염
㉤ 공업용 세제 : 피부 표면 지질막 제거
㉥ 산화제 : 피부손상, 피부자극(크롬, PAH)
㉦ 환원제 : 피부 각질에 부종

84 다음 중 작업자의 호흡작용에 있어서 호흡공기와 혈액 사이에 기체교환이 가장 비활성적인 곳은?
① 기도(trachea)
② 폐포낭(alveolar sac)
③ 폐포(alveoli)
④ 폐포관(alveolar duct)

풀이 호흡작용(호흡계)
㉠ 호흡기계는 상기도, 하기도, 폐 조직으로 이루어지며 혈액과 외부 공기 사이의 가스교환을 담당하는 기관이다. 즉, 공기 중으로부터 산소를 취하여 이것을 혈액에 주고 혈액 중의 이산화탄소를 공기 중으로 보내는 역할을 한다.
㉡ 호흡계의 기본 단위는 가스교환 작용을 하는 폐포이고 비강, 기관, 기관지는 흡입되는 공기에 습기를 부가하여 정화시켜 폐포로 전달하는 역할을 한다.
㉢ 작업자의 호흡작용에 있어서 호흡공기와 혈액 사이에 기체교환이 가장 비활성적인 곳이 기도이다.

85 다음 중 규폐증(silicosis)을 잘 일으키는 먼지의 종류와 크기로 가장 적절한 것은?
① SiO_2 함유 먼지 $0.1\mu m$의 크기
② SiO_2 함유 먼지 $0.5 \sim 5\mu m$의 크기
③ 석면 함유 먼지 $0.1\mu m$의 크기
④ 석면 함유 먼지 $0.5 \sim 5\mu m$의 크기

풀이 규폐증의 원인
㉠ 결정형 규소(암석 : 석영분진, 이산화규소, 유리규산)에 직업적으로 노출된 근로자에게 발생한다.
※ 유리규산(SiO_2) 함유 먼지 $0.5\sim5\mu m$의 크기에서 잘 발생한다.
㉡ 주요 원인물질은 혼합물질이며, 건축업, 도자기 작업장, 채석장, 석재공장 등의 작업장에서 근무하는 근로자에게 발생한다.
㉢ 석재공장, 주물공장, 내화벽돌 제조, 도자기 제조 등에서 발생하는 유리규산이 주 원인이다.
㉣ 유리규산(석영) 분진에 의한 규폐성 결정과 폐포벽 파괴 등 망상내피계 반응은 분진입자의 크기가 $2\sim5\mu m$일 때 자주 일어난다.

정답 81.② 82.④ 83.② 84.① 85.②

86 다음 중 산업위생관리에서 사용되는 용어의 설명으로 틀린 것은?

① TWA는 시간가중 평균노출기준을 의미한다.
② LEL은 생물학적 허용기준을 의미한다.
③ TLV는 유해물질의 허용농도를 의미한다.
④ STEL은 단시간 노출기준을 의미한다.

풀이 LEL(Lower Explosive Limit)은 폭발농도하한치를 의미한다.

87 중금속에 중독되었을 경우에 치료제로서 BAL이나 Ca-EDTA 등 금속 배설 촉진제를 투여해서는 안 되는 중금속은?

① 납
② 카드뮴
③ 수은
④ 망간

풀이 카드뮴 중독의 치료
㉠ BAL 및 Ca-EDTA를 투여하면 신장에 대한 독성작용이 더욱 심해지므로 금한다.
㉡ 안정을 취하고 대중요법을 이용하는 동시에 산소를 흡입하고 스테로이드를 투여한다.
㉢ 치아에 황색 색소침착 유발 시 글루쿠론산칼슘 20mL를 정맥 주사한다.
㉣ 비타민 D를 피하 주사한다(1주 간격, 6회가 효과적).

88 다음 중 유해물질이 인체에 미치는 유해성(건강영향)을 좌우하는 인자로 그 영향이 가장 적은 것은?

① 유해물질의 밀도
② 유해물질의 노출시간
③ 개인의 감수성
④ 호흡량

풀이 유해성(건강영향)에 영향을 미치는 인자
㉠ 공기 중의 폭로농도
㉡ 노출시간(폭로횟수)
㉢ 작업강도(호흡량)
㉣ 개인 감수성
㉤ 기상조건

89 다음 중 호흡기계로 들어온 입자상 물질에 대한 제거기전의 조합으로 가장 적절한 것은?

① 면역작용과 대식세포의 작용
② 폐포의 활발한 가스교환과 대식세포의 작용
③ 점액 섬모운동과 대식세포에 의한 정화
④ 점액 섬모운동과 면역작용에 의한 정화

풀이 인체 방어기전
(1) 점액 섬모운동
  ㉠ 가장 기초적인 방어기전(작용)이며, 점액 섬모운동에 의한 배출 시스템으로 폐포로 이동하는 과정에서 이물질을 제거하는 역할을 한다.
  ㉡ 기관지(벽)에서의 방어기전을 의미한다.
  ㉢ 정화작용을 방해하는 물질은 카드뮴, 니켈, 황화합물 등이다.
(2) 대식세포에 의한 작용(정화)
  ㉠ 대식세포가 방출하는 효소에 의해 용해되어 제거된다(용해작용).
  ㉡ 폐포의 방어기전을 의미한다.
  ㉢ 대식세포에 의해 용해되지 않는 대표적 독성물질은 유리규산, 석면 등이다.

90 뇨 중 화학물질 A의 농도는 28mg/mL, 단위시간당 배설되는 뇨의 부피는 1.5mL/min, 혈장 중 화학물질 A의 농도는 0.2mg/mL라면 단위시간당 화학물질 A의 제거율(mL/min)은 얼마인가?

① 120
② 180
③ 210
④ 250

풀이 제거율(mL/min) = $\dfrac{1.5\text{mL/min} \times 28\text{mg/mL}}{0.2\text{mg/mL}}$
= 210mL/min

91 다음 중 ACGIH에서 발암등급 'A1'으로 정하고 있는 물질이 아닌 것은?

① 석면
② 6가 크롬 화합물
③ 우라늄
④ 텅스텐

풀이 ACGIH의 인체 발암 확인물질(A1)의 대표 물질
㉠ 아크릴로니트릴
㉡ 석면
㉢ 벤지딘
㉣ 6가 크롬 화합물
㉤ 니켈, 황화합물의 배출물, 흄, 먼지
㉥ 염화비닐
㉦ 우라늄

92 석면분진 노출과 폐암과의 관계를 나타낸 다음 [표]를 참고하여 석면분진에 노출된 근로자가 노출이 되지 않은 근로자에 비해 폐암이 발생할 수 있는 비교위험도(relative risk)를 올바르게 나타낸 식은?

폐암 유무 석면 노출 유무	있음	없음	합계
노출됨	a	b	$a+b$
노출 안 됨	c	d	$c+d$
합계	$a+c$	$b+d$	$a+b+c+d$

① $\dfrac{a}{a+b} \div \dfrac{c}{c+d}$

② $\dfrac{b}{a+b} \div \dfrac{d}{c+d}$

③ $\dfrac{a}{a+b} \times \dfrac{c}{c+d}$

④ $\dfrac{b}{a+b} \times \dfrac{d}{c+d}$

풀이 상대위험도(상대위험비, 비교위험도)
비율비 또는 위험비라고도 하며, 위험요인을 갖고 있는 군(노출군)이 위험요인을 갖고 있지 않은 군(비노출군)에 비하여 질병의 발생률이 몇 배인가, 즉 위험도가 얼마나 큰가를 나타내는 것이다.

상대위험비 = $\dfrac{\text{노출군에서 질병발생률}}{\text{비노출군에서의 질병발생률}}$

= $\dfrac{\text{위험요인이 있는 해당 군의 질병발생률}}{\text{위험요인이 없는 해당 군의 질병발생률}}$

㉠ 상대위험비=1 : 노출과 질병 사이의 연관성 없음
㉡ 상대위험비>1 : 위험의 증가를 의미
㉢ 상대위험비<1 : 질병에 대한 방어효과가 있음

93 다음 중 생물학적 모니터링에 대한 설명과 가장 거리가 먼 것은?
① 화학물질의 종합적인 흡수정도를 평가할 수 있다.
② 생물학적 시료를 분석하는 것은 작업환경 측정보다 훨씬 복잡하고 취급이 어렵다.
③ 노출기준을 가진 화학물질의 수보다 BEI를 가지는 화학물질의 수가 더 많다.
④ 근로자의 유해인자에 대한 노출정도를 소변, 호기, 혈액 중에서 그 물질이나 대사산물을 측정함으로써 노출정도를 추정하는 방법을 말한다.

풀이 생물학적 모니터링의 특성
㉠ 작업자의 생물학적 시료에서 화학물질의 노출을 추정하는 것을 말한다.
㉡ 근로자 노출평가와 건강상의 영향평가 두 가지 목적으로 모두 사용될 수 있다.
㉢ 모든 노출경로에 의한 흡수정도를 나타낼 수 있다.
㉣ 개인시료 결과보다 측정결과를 해석하기가 복잡하고 어렵다.
㉤ 폭로 근로자의 호기, 뇨, 혈액, 기타 생체시료를 분석하게 된다.
㉥ 단지 생물학적 변수로만 추정을 하기 때문에 허용기준을 검증하거나 직업성 질환(직업병)을 진단하는 수단으로 이용할 수 없다.
㉦ 유해물질의 전반적인 폭로량을 추정할 수 있다.
㉧ 반감기가 짧은 물질일 경우 시료채취시기는 중요하나 긴 경우는 특별히 중요하지 않다.
㉨ 생체시료가 너무 복잡하고 쉽게 변질되기 때문에 시료의 분석과 취급이 보다 어렵다.
㉩ 건강상의 영향과 생물학적 변수와 상관성이 있는 물질이 많지 않아 작업환경측정에서 설정한 허용기준(TLV)보다 훨씬 적은 기준을 가지고 있다.
㉪ 개인의 작업특성, 습관 등에 따른 노출의 차이도 평가할 수 있다.
㉫ 생물학적 시료는 그 구성이 복잡하고 특이성이 없는 경우가 많아 BEI(생물학적 노출지수)와 건강상의 영향과의 상관이 없는 경우가 많다.
㉬ 자극성 물질은 생물학적 모니터링을 할 수 없거나 어렵다.

94 유기용제류의 산업중독에 관한 설명으로 적절하지 않은 것은?
① 간장장애를 일으킨다.
② 중추신경계를 작용하여 마취, 환각현상을 일으킨다.
③ 장시간 노출되어도 만성중독이 발생하지 않는 특징이 있다.
④ 유기용제는 지방, 콜레스테롤 등 각종 유기물질을 녹이는 성질 때문에 여러 조직에 다양한 영향을 미친다.

풀이) 유기용제는 장기간 노출 시 만성중독을 발생시킨다.

95 다음 중 납중독의 초기증상으로 볼 수 없는 것은?
① 권태, 체중 감소
② 식욕 저하, 변비
③ 적혈구 감소, Hb의 저하
④ 연산통, 관절염

풀이) 납중독은 관절염과 관계가 적다.

96 다음 중 소화기관에서 화학물질의 흡수율에 영향을 미치는 요인과 가장 거리가 먼 것은?
① 식도의 두께
② 위액의 산도(pH)
③ 음식물의 소화기관 통과속도
④ 화합물의 물리적 구조와 화학적 성질

풀이) 소화기관에서 화학물질의 흡수율에 영향을 미치는 요인
㉠ 물리적 성질(지용성, 분자 크기)
㉡ 위액의 산도(pH)
㉢ 음식물의 소화기관 통과속도
㉣ 화합물의 물리적 구조와 화학적 성질
㉤ 소장과 대장에 생존하는 미생물
㉥ 소화기관 내에서 다른 물질과 상호작용
㉦ 촉진투과와 능동투과의 메커니즘

97 탈지용 용매로 사용되는 물질로 간장, 신장에 만성적인 영향을 미치는 것은?
① 크롬
② 사염화탄소
③ 유리규산
④ 메탄올

풀이) 사염화탄소(CCl_4)
㉠ 특이한 냄새가 나는 무색의 액체로 소화제, 탈지세정제, 용제로 이용한다.
㉡ 신장장애 증상으로 감뇨, 혈뇨 등이 발생하며 완전 무뇨증이 되면 사망할 수 있다.
㉢ 피부, 간장, 신장, 소화기, 신경계에 장애를 일으키는데 특히 간에 대한 독성작용이 강하게 나타난다. 즉, 간에 중요한 장애인 중심소엽성 괴사를 일으킨다.
㉣ 고온에서 금속과의 접촉으로 포스겐, 염화수소를 발생시키므로 주의를 요한다.
㉤ 고농도로 폭로되면 중추신경계 장애 외에 간장이나 신장에 장애가 일어나 황달, 단백뇨, 혈뇨의 증상을 보이는 할로겐화 탄화수소이다.
㉥ 초기 증상으로 지속적인 두통, 구역 및 구토, 간 부위의 압통 등의 증상을 일으킨다.
㉦ 피부로부터 흡수되어 전신중독을 일으킨다.
㉧ 인간에 대한 발암성이 의심되는 물질군(A2)에 포함된다.
㉨ 산업안전보건기준에 관한 규칙상 관리대상 유해물질의 유기화합물이다.

98 다음 유지용제 기능기 중 중추신경계에 억제작용이 가장 큰 것은?
① 알칸족 유기용제
② 알켄족 유기용제
③ 알코올족 유기용제
④ 할로겐족 유기용제

풀이) 유기화학물질의 중추신경계 억제작용 순서
할로겐화합물 > 에테르 > 에스테르 > 유기산 > 알코올 > 알켄 > 알칸

정답 94.③ 95.④ 96.① 97.② 98.④

99 다음 중 위험도를 나타내는 지표가 아닌 것은 어느 것인가?

① 발생률
② 상대위험비
③ 기여위험도
④ 교차비

풀이 위험도의 종류
㉠ 상대위험도(상대위험비, 비교위험도)
㉡ 기여위험도(귀속위험도)
㉢ 교차비

100 입자상 물질의 종류 중 액체나 고체의 2가지 상태로 존재할 수 있는 것은?

① 흄(fume)
② 미스트(mist)
③ 증기(vapor)
④ 스모크(smoke)

풀이 연기(smoke)
㉠ 매연이라고도 하며 유해물질이 불완전연소하여 만들어진 에어로졸의 혼합체로서, 크기는 0.01~1.0μm 정도이다.
㉡ 기체와 같이 활발한 브라운 운동을 하며 쉽게 침강하지 않고 대기 중에 부유하는 성질이 있다.
㉢ 액체나 고체의 2가지 상태로 존재할 수 있다.

정답 99.① 100.④

제1과목 | 산업위생학 개론

01 다음 직업성 질환 중 직업상의 업무에 의하여 1차적으로 발생하는 질환을 무엇이라 하는가?
① 속발성 질환 ② 합병증
③ 일반 질환   ④ 원발성 질환

풀이 직업성 질환이란 어떤 직업에 종사함으로써 발생하는 업무상 질병을 말하며, 직업상의 업무에 의하여 1차적으로 발생하는 질환을 원발성 질환이라 한다.

02 다음 중 작업적성에 대한 생리적 적성검사 항목으로 가장 적합한 것은?
① 체력검사   ② 지능검사
③ 지각동작검사 ④ 인성검사

풀이 적성검사의 분류
(1) 생리학적 적성검사(생리적 기능검사)
  ㉠ 감각기능검사
  ㉡ 심폐기능검사
  ㉢ 체력검사
(2) 심리학적 적성검사
  ㉠ 지능검사
  ㉡ 지각동작검사
  ㉢ 인성검사
  ㉣ 기능검사

03 산업안전보건법에 따라 사업주는 잠함(潛艦) 또는 잠수 작업 등 높은 기압에서 하는 작업에 종사하는 근로자에 대하여 몇 시간을 초과하여 근로하게 해서는 안 되는가?
① 1일 6시간, 1주 34시간
② 1일 8시간, 1주 34시간
③ 1일 6시간, 1주 40시간
④ 1일 8시간, 1주 40시간

풀이 사업주는 잠함 또는 잠수 작업 등 높은 기압에서 작업하는 직업에 종사하는 근로자에 대하여 1일 6시간, 주 34시간을 초과하여 작업하게 하여서는 안 된다.

04 다음 중 1833년에 제정된 영국의 공장법(factories act)에 대한 내용으로 옳은 것은?
① 작업할 수 있는 연령을 15세 이상으로 제한
② 16세 미만 근로자의 야간 작업 금지
③ 주간 작업시간을 48시간으로 제한
④ 감독관을 임명하여 사업주 및 근로자에게 교육 의무화

풀이 공장법(1833년)의 주요 내용
㉠ 감독관을 임명하여 공장 감독
㉡ 작업연령을 13세 이상으로 제한
㉢ 18세 미만은 야간 작업 금지
㉣ 주간 작업시간을 48시간으로 제한
㉤ 근로자 교육을 의무화

05 산업안전보건법상 근로자가 상시 작업하는 장소의 조도기준은 어느 곳을 기준으로 하는가?
① 눈높이의 공간 ② 작업장 바닥면
③ 작업면   ④ 천장

풀이 근로자 상시 작업장 작업면의 조도기준
㉠ 초정밀작업 : 750lux 이상
㉡ 정밀작업 : 300lux 이상
㉢ 보통작업 : 150lux 이상
㉣ 그 밖의 작업 : 75lux 이상

정답 01.④ 02.① 03.① 04.③ 05.③

06 상시근로자수가 1,000명인 사업장에 1년 동안 6건의 재해로 8명의 재해자가 발생하였고, 이로 인한 근로손실일수는 80일이었다. 근로자가 1일 8시간씩 매월 25일씩 근무하였다면 이 사업장의 도수율은 얼마인가?

① 0.03 ② 2.5
③ 4.0   ④ 8.0

풀이
$$도수율 = \frac{재해 발생건수}{연근로시간수} \times 10^6$$
$$= \frac{6}{1,000 \times 8 \times 25 \times 12} \times 10^6 = 2.5$$

07 영상표시단말기(VDT) 취급에 관한 다음 설명 중 옳은 것으로만 나열한 것은?

㉮ 화면에 나타나는 문자·도형과 배경의 휘도비는 누구나 사용할 수 있도록 고정되어 있을 것
㉯ 작업자의 손목을 지지해줄 수 있도록 작업대 끝면과 키보드의 사이는 15cm 이상을 확보할 것
㉰ VDT 취급 근로자의 시선은 화면 상단과 눈높이가 일치할 정도로 하고 작업화면상의 시야 범위는 수평선상으로부터 10~15° 위에 오도록 할 것
㉱ 키보드를 조작하여 자료를 입력할 때 양 손목을 바깥으로 꺾은 자세가 오래 지속되지 않도록 주의할 것
㉲ 영상표시단말기 취급 근로자의 발바닥 전면이 바닥면에 닿는 자세를 기본으로 할 것

① ㉯, ㉱, ㉲
② ㉮, ㉯, ㉲
③ ㉮, ㉰, ㉱
④ ㉰, ㉱, ㉲

풀이 ㉮ 문자는 어둡고 화면의 배경색은 밝게 하는 것이 눈의 피로현상을 감소시키며, 배경휘도를 문자의 3배 이상으로 조절하는 것이 적당하다.
㉰ 화면을 향한 눈의 높이는 화면보다 약간 높은 것이 좋고 작업자의 시선은 수평선상으로부터 아래로 5~10°(10~15°) 이내이어야 한다.

08 다음 중 우리나라의 화학물질 노출기준에 관한 설명으로 틀린 것은?

① Skin 표시물질은 점막과 눈 그리고 경피로 흡수되어 전신영향을 일으킬 수 있는 물질을 말한다.
② Skin이라고 표시된 물질은 피부자극성을 뜻한다.
③ 발암성 정보물질의 표기 중 1A는 사람에게 충분한 발암성 증거가 있는 물질을 의미한다.
④ 화학물질이 IARC 등의 발암성 등급과 NTP의 R등급을 모두 갖는 경우에는 NTP의 R등급은 고려하지 않는다.

풀이 우리나라 화학물질의 노출기준(고용노동부 고시)
㉠ Skin 표시물질은 점막과 눈 그리고 경피로 흡수되어 전신영향을 일으킬 수 있는 물질을 말한다(피부자극성을 뜻하는 것이 아님).
㉡ 발암성 정보물질의 표기는 「화학물질의 분류, 표시 및 물질안전보건자료에 관한 기준」에 따라 다음과 같이 표기한다.
• 1A : 사람에게 충분한 발암성 증거가 있는 물질
• 1B : 실험동물에서 발암성 증거가 충분히 있거나, 실험동물과 사람 모두에게 제한된 발암성 증거가 있는 물질
• 2 : 사람이나 동물에서 제한된 증거가 있지만, 구분 1로 분류하기에는 증거가 충분하지 않은 물질
㉢ 화학물질이 IARC(국제암연구소) 등의 발암성 등급과 NTP(미국독성프로그램)의 R등급을 모두 갖는 경우에는 NTP의 R등급은 고려하지 아니한다.
㉣ 혼합용매추출은 에텔에테르, 톨루엔, 메탄올을 부피비 1:1:1로 혼합한 용매나 이외 동등 이상의 용매로 추출한 물질을 말한다.
㉤ 노출기준이 설정되지 않은 물질의 경우 이에 대한 노출이 가능한 한 낮은 수준이 되도록 관리하여야 한다.

정답 06.② 07.① 08.②

09 다음 중 하인리히의 사고연쇄반응 이론(도미노 이론)에서 사고가 발생하기 바로 직전의 단계에 해당하는 것은?

① 개인적 결함
② 불안전한 행동 및 상태
③ 사회적 환경
④ 선진 기술의 미적용

풀이
(1) 하인리히의 사고연쇄반응 이론(도미노 이론)
  사회적 환경 및 유전적 요소 → 개인적인 결함 → 불안전한 행동 및 상태 → 사고 → 재해
(2) 버드의 수정 도미노 이론
  통제의 부족 → 기본원인 → 직접원인 → 사고 → 상해, 손해

10 다음 중 실내환경의 빌딩 관련 질환에 관한 설명으로 틀린 것은?

① SBS(Sick Building Syndrome)는 점유자들이 건물에서 보내는 시간과 관계하여 특별한 증상이 없이 건강과 편안함에 영향을 받는 것을 말한다.
② BRI(Building Related Illness)는 건물 공기에 대한 노출로 인해 야기된 질병을 지칭하는 것으로 증상의 진단이 가능하며 공기 중에 있는 물질에 직접적인 원인은 알 수 없는 질병을 뜻한다.
③ 레지오넬라 질환(legionnarie's disease)은 주요 호흡기 질병의 원인균 중 하나로 1년까지도 물속에서 생존하는 균으로 알려져 있다.
④ 과민성 폐렴(hypersensitivity pneu-monitis)은 고농도의 알레르기 유발물질에 직접 노출되거나 저농도에 지속적으로 노출될 때 발생한다.

풀이 BRI는 증상의 진단이 가능하며, 공기 중에 부유하는 물질이 직접적인 원인이 되는 질병이다.

11 다음 중 작업환경 내 작업자의 작업강도와 유해물질의 인체영향에 대한 설명으로 적절하지 않은 것은?

① 인간은 동물에 비하여 호흡량이 크므로 유해물질에 대한 감수성이 동물보다 크다.
② 심한 노동을 할 때일수록 체내의 산소 요구가 많아지므로 호흡량이 증가한다.
③ 유해물질의 침입경로로서 가장 중요한 것은 호흡기이다.
④ 작업강도가 커지면 신진대사가 왕성하게 되고 피로가 증가되어 유해물질의 인체영향이 적어진다.

풀이 작업강도는 생리적으로 가능한 작업시간의 한계를 지배하는 가장 중요한 인자로, 작업강도가 커지면 열량소비량이 많아져 피로하므로 유해물질의 인체영향이 커진다.

12 미국산업위생학회 등에서 산업위생전문가들이 지켜야 할 윤리강령을 채택한 바 있는데 다음 중 전문가로서의 책임에 해당하는 것은 어느 것인가?

① 신뢰를 존중하여 정직하게 권고하고, 결과와 개선점을 정확히 보고한다.
② 위험요소와 예방조치에 관하여 근로자와 상담한다.
③ 일반대중에 관한 사항은 정직하게 발표한다.
④ 성실성과 학문적 실력 면에서 최고수준을 유지한다.

풀이 산업위생전문가로서의 책임
㉠ 성실성과 학문적 실력 면에서 최고수준을 유지한다(전문적 능력 배양 및 성실한 자세로 행동).
㉡ 과학적 방법의 적용과 자료의 해석에서 경험을 통한 전문가의 객관성을 유지한다(공인된 과학적 방법 적용·해석).
㉢ 전문 분야로서의 산업위생을 학문적으로 발전시킨다.
㉣ 근로자, 사회 및 전문 직종의 이익을 위해 과학적 지식을 공개하고 발표한다.
㉤ 산업위생활동을 통해 얻은 개인 및 기업체의 기밀은 누설하지 않는다(정보는 비밀 유지).
㉥ 전문적 판단이 타협에 의하여 좌우될 수 있거나 이해관계가 있는 상황에는 개입하지 않는다.

정답 09.② 10.② 11.④ 12.④

13 다음 중 혐기성 대사에 사용되는 에너지원이 아닌 것은?

① 아데노신삼인산   ② 포도당
③ 단백질   ④ 크레아틴인산

[풀이] 혐기성 대사(anaerobic metabolism)
㉠ 근육에 저장된 화학적 에너지를 의미한다.
㉡ 혐기성 대사의 순서(시간대별)
ATP(아데노신삼인산) → CP(크레아틴인산)
→ glycogen(글리코겐) or glucose(포도당)
※ 근육운동에 동원되는 주요 에너지원 중 가장 먼저 소비되는 것은 ATP이다.

14 다음 중 심한 작업이나 운동 시 호흡조절에 영향을 주는 요인과 거리가 먼 것은?

① 이산화탄소   ② 산소
③ 혈중 포도당 ④ 수소이온

[풀이] 혈중 포도당은 혐기성 및 호기성 대사 모두에 에너지원으로 작용하는 물질이다.

15 산업위생의 정의에 나타난 산업위생의 접근원칙 4가지 중 평가(evaluation)에 포함되지 않는 것은?

① 시료의 채취와 분석
② 예비조사의 목적과 범위 결정
③ 노출정도를 노출기준과 통계적인 근거로 비교하여 판정
④ 물리적, 화학적, 생물학적, 인간공학적 유해인자 목록 작성

[풀이] ④항은 4가지 원칙(예측, 측정, 평가, 관리) 중 예측에 해당한다.

16 근로자로부터 수평으로 40cm 떨어진 10kg의 물체를 바닥으로부터 150cm 높이로 들어 올리는 작업을 1분에 5회씩 1일 8시간 동안 하고 있다. 이때의 중량물 취급지수는 약 얼마인가? (단, 관련 조건 및 적용식은 다음을 따른다.)

[조건 및 적용식]
- 대상 물체의 수직거리는 0으로 한다.
- 물체는 신체의 정중앙에 있으며, 몸체의 회전은 없다.
- 작업빈도에 따른 승수는 0.35이다.
- 물체를 잡는 데 따른 승수는 1이다.
- $RWL = 23\left(\dfrac{25}{H}\right)(1-0.003|V-75|)\left(0.82+\dfrac{4.5}{D}\right)(AM)(FM)(CM)$

① 1.91   ② 2.71
③ 3.02   ④ 4.60

[풀이] 중량물 취급지수(LI)
$LI = \dfrac{물체\ 무게}{RWL}$
- $RWL = 23\left(\dfrac{25}{H}\right)(1-0.003|V-75|)$
  $\left(0.82+\dfrac{4.5}{D}\right)(AM)(FM)(CM)$
  $= 23\left(\dfrac{25}{40}\right)\times(1-0.003|0-75|)$
  $\times\left(0.82+\dfrac{4.5}{150}\right)\times(1)\times(0.35)\times(1)$
  $= 3.31kg$
$= \dfrac{10kg}{3.31kg} = 3.02$

17 다음 중 아세톤(TLV=500ppm) 200ppm과 톨루엔(TLV=50ppm) 35ppm이 각각 노출되어 있는 실내작업장에서 노출기준의 초과 여부를 평가한 결과로 올바른 것은? (단, 두 물질 간에 유해성이 인체의 서로 다른 부위에 작용한다는 증거가 없는 것으로 간주한다.)

① 노출지수가 약 0.72이므로 노출기준 미만이다.
② 노출지수가 약 1.1이므로 노출기준 미만이다.
③ 노출지수가 약 0.72이므로 노출기준을 초과하였다.
④ 노출지수가 약 1.1이므로 노출기준을 초과하였다.

[풀이] 노출지수(EI) = $\frac{200}{500} + \frac{35}{50}$
= 1.1 ⇨ 노출기준 초과

18 직업병의 예방대책으로 적절하지 않은 것은?
① 유해요인이 발암성 물질일 경우 전혀 노출이 되지 않도록 완전하게 제거되어야 한다.
② 근로자가 업무를 수행하는 데 불편함이나 스트레스가 없도록 하여야 하며 새로운 유해요인이 발생되지 않아야 한다.
③ 유해요인에 노출되고 있는 모든 근로자를 보호하여야 한다.
④ 주변의 지역사회를 제외한 작업장에서의 위험요인을 제거하여야 한다.

[풀이] 직업병 예방을 위해서는 주변의 지역사회를 포함한 작업장에서의 위험요인을 제거하여야 한다.

19 피로방지의 대책으로 적절하지 않은 것은?
① 충분한 수면
② 고도의 기계화와 분업화
③ 작업환경의 정리·정돈
④ 작업 전·후의 간단한 체조 실시

[풀이] 고도의 기계화와 분업화가 이루어지면 작업강도가 커지므로 열량소비가 증가되어 피로를 유발한다.

20 다음 중 물질안전보건자료(MSDS)의 작성 원칙에 관한 설명으로 틀린 것은?
① MSDS는 한글로 작성하는 것을 원칙으로 한다.
② 외국어로 되어 있는 MSDS를 번역하는 경우에는 자료의 신뢰성이 확보될 수 있도록 최초 작성기관명과 시기를 함께 기재하여야 한다.
③ 실험실에서 시험·연구 목적으로 사용하는 시약으로서 MSDS가 외국어로 작성된 경우에는 한국어로 번역하지 않을 수 있다.
④ 각 작성항목은 빠짐없이 작성하여야 하지만 부득이 어느 항목에 대해 관련 정보를 얻을 수 없는 경우에는 작성란에 "해당 없음"이라고 기재한다.

[풀이] 물질안전보건자료의 작성단위는 「계량에 관한 법률」이 정하는 바에 의하여, 각 작성항목은 빠짐없이 작성하여야 한다.
다만, 부득이 어느 항목에 대해 관련 정보를 얻을 수 없는 경우에는 작성란에 "자료 없음"이라고 기재하고, 적용이 불가능하거나 대상이 되지 않는 경우에는 작성란에 "해당 없음"이라고 기재한다.

제2과목 | 작업위생 측정 및 평가

21 어느 작업장에서 저유량 공기채취기를 사용하여 분진농도를 측정하였다. 시료채취 전·후의 여과지 무게는 각각 21.6mg, 130.4mg이었으며, 채취기의 유량은 4.24L/min이었고, 240분 동안 시료를 채취하였다면 분진의 농도는?
① 약 107mg/m³   ② 약 117mg/m³
③ 약 127mg/m³   ④ 약 137mg/m³

[풀이] 농도(mg/m³) = $\frac{(130.4 - 21.6)\text{mg}}{4.24\text{L/min} \times 240\text{min} \times \text{m}^3/1,000\text{L}}$
= 106.91mg/m³

22 다음은 표준기구에 관한 설명이다. ( ) 안에 가장 적합한 것은?

( )은/는 과거에 폐활량을 측정하는 데 사용되었으나, 오늘날 '1차 용량 표준'으로 자주 사용된다. 이것은 실린더 형태의 종(bell)으로서 개구부는 아래로 향하고 있으며, 액체에 담겨져 있다.

① rotameter
② wet-test meter
③ pitot tube
④ spirometer

> **풀이** 폐활량계(spirometer)
> ㉠ 실린더 형태의 종(bell)으로서 개구부는 아래로 향하고 있으며, 액체에 담겨져 있다.
> ㉡ 용량의 계산은 이동거리와 단면적을 곱하여 한다.
> ㉢ 일반사용범위는 100~600L이고, 정확도는 ±1%이다.

23 소음과 관련된 용어 중 둘 또는 그 이상의 음파의 구조적 간섭에 의해 시간적으로 일정하게 음압의 최고와 최저가 반복되는 패턴의 파를 의미하는 것은?

① 정재파   ② 맥놀이파
③ 발산파   ④ 평면파

> **풀이** 정재파
> 둘 또는 그 이상 음파의 구조적 간섭에 의해 시간적으로 일정하게 음압의 최고와 최저가 반복되는 패턴의 파이다.

24 50% 벤젠, 20% 아세톤, 30% 톨루엔의 중량비로 조성된 용제가 증발되어 작업환경을 오염시키고 있다. 이때 TLV는 각각 34mg/m³, 1,780mg/m³ 및 375mg/m³라면 이 작업장의 혼합물의 허용농도는? (단, 상가작용 기준)

① 37.2mg/m³   ② 49.6mg/m³
③ 56.9mg/m³   ④ 64.0mg/m³

> **풀이** 혼합물의 노출기준(mg/m³)
> $= \dfrac{1}{\dfrac{0.5}{34} + \dfrac{0.2}{1,780} + \dfrac{0.3}{375}} = 64.02\,mg/m^3$

25 작업환경측정의 단위 표시로 옳지 않은 것은? (단, 고시 기준)

① 석면 농도 : 개/cm³
② 소음 : dB(V)
③ 가스, 증기, 미스트 등의 농도 : mg/m³ 또는 ppm
④ 고열(복사열 포함) : 습구흑구온도지수를 구하여 ℃로 표시

> **풀이** 소음의 단위 표시 : A청감보정회로, 즉 dB(A)이다.

26 일산화탄소 0.1m³가 100,000m³의 밀폐된 차고에 방출되었다면 이때 차고 내 공기 중 일산화탄소의 농도(ppm)는? (단, 방출 전 차고 내 일산화탄소 농도는 무시한다.)

① 0.1   ② 1.0
③ 10   ④ 100

> **풀이** 농도(ppm) $= \dfrac{0.1}{100,000} \times 10^6 = 1.0\,ppm$

27 석면 측정방법에서 공기 중 석면시료를 가장 정확하게 분석할 수 있고 석면의 성분 분석이 가능하며 매우 가는 섬유도 관찰 가능하나 값이 비싸고 분석시간이 많이 소요되는 것은?

① 위상차 현미경법   ② 전자 현미경법
③ X선 회절법   ④ 편광 현미경법

> **풀이** 전자 현미경법(석면 측정)
> ㉠ 석면분진 측정방법에서 공기 중 석면시료를 가장 정확하게 분석할 수 있다.
> ㉡ 석면의 성분 분석(감별 분석)이 가능하다.
> ㉢ 위상차 현미경으로 볼 수 없는 매우 가는 섬유도 관찰 가능하다.
> ㉣ 값이 비싸고 분석시간이 많이 소요된다.

28 작업장 기본특성 파악을 위한 예비조사 내용 중 유사노출그룹(HEG) 설정에 관한 설명으로 가장 거리가 먼 것은?

① 역학조사 수행 시 사건이 발생된 근로자와 다른 노출그룹의 노출농도를 근거로 사건이 발생된 노출농도의 추정에 유용하며, 지역시료채취만 인정된다.
② 조직, 공정, 작업범주 그리고 공정과 작업내용별로 구분하여 설정한다.
③ 모든 근로자를 유사한 노출그룹별로 구분하고 그룹별로 대표적인 근로자를 선택하여 측정하면 측정하지 않은 근로자의 노출농도까지도 추정할 수 있다.
④ 유사노출그룹 설정을 위한 목적 중 시료채취수를 경제적으로 하기 위함도 있다.

정답 23.① 24.④ 25.② 26.② 27.② 28.①

풀이 유사노출그룹(HEG) 설정
작업환경측정 분야, 즉 개인시료만 인정된다.

29 다음 중 계통오차의 종류로 거리가 먼 것은 어느 것인가?
① 한 가지 실험 측정을 반복할 때 측정값들의 변동으로 발생되는 오차
② 측정 및 분석 기기의 부정확성으로 발생된 오차
③ 측정하는 개인의 선입관으로 발생된 오차
④ 측정 및 분석 시 온도나 습도와 같이 알려진 외계의 영향으로 생기는 오차

풀이 계통오차의 종류
(1) 외계오차(환경오차)
  ㉠ 측정 및 분석 시 온도나 습도와 같은 외계의 환경으로 생기는 오차를 의미한다.
  ㉡ 대책(오차의 세기)
     보정값을 구하여 수정함으로써 오차를 제거할 수 있다.
(2) 기계오차(기기오차)
  ㉠ 사용하는 측정 및 분석 기기의 부정확성으로 인한 오차를 말한다.
  ㉡ 대책
     기계의 교정에 의하여 오차를 제거할 수 있다.
(3) 개인오차
  ㉠ 측정자의 습관이나 선입관에 의한 오차이다.
  ㉡ 대책
     두 사람 이상 측정자의 측정을 비교하여 오차를 제거할 수 있다.

30 원자흡광광도계에 관한 설명으로 옳지 않은 것은?
① 원자흡광광도계는 광원, 원자화장치, 단색화장치, 검출부의 주요 요소로 구성되어 있어야 한다.
② 작업환경 분야에서 가장 널리 사용되는 연료가스와 조연가스의 조합은 '아세틸렌-공기'와 '아세틸렌-아산화질소'로서, 분석대상 금속에 따라 적절히 선택해서 사용한다.
③ 검출부는 단색화장치에서 나오는 빛의 세기를 측정 가능한 전기적 신호로 증폭시킨 후 이 전기적 신호를 판독장치를 통해 흡광도나 흡광률 또는 투과율 등으로 표시한다.
④ 광원은 분석하고자 하는 금속의 흡수파장의 복사선을 흡수하여야 하며, 주로 속빈 양극램프가 사용된다.

풀이 주로 사용되는 것은 속빈 음극램프이며, 분석하고자 하는 원소가 잘 흡수될 수 있는 특정 파장의 빛을 방출하는 역할을 한다.

31 다음 중 공기시료채취 시 공기유량과 용량을 보정하는 표준기구 중 1차 표준기구는 어느 것인가?
① 흑연피스톤미터
② 로터미터
③ 습식 테스트미터
④ 건식 가스미터

풀이 표준기구(보정기구)의 종류
(1) 1차 표준기구
  ㉠ 비누거품미터(soap bubble meter)
  ㉡ 폐활량계(spirometer)
  ㉢ 가스치환병(mariotte bottle)
  ㉣ 유리 피스톤미터(glass piston meter)
  ㉤ 흑연 피스톤미터(frictionless piston meter)
  ㉥ 피토튜브(pitot tube)
(2) 2차 표준기구
  ㉠ 로터미터(rotameter)
  ㉡ 습식 테스트미터(wet test meter)
  ㉢ 건식 가스미터(dry gas meter)
  ㉣ 오리피스미터(orifice meter)
  ㉤ 열선기류계(thermo anemometer)

정답 29.① 30.④ 31.①

32 흡착관을 이용하여 시료를 포집할 때 고려해야 할 사항으로 거리가 먼 것은?

① 파과현상이 발생할 경우 오염물질의 농도를 과소평가할 수 있으므로 주의해야 한다.
② 시료저장 시 흡착물질의 이동현상(migration)이 일어날 수 있으며 파과현상과 구별하기 힘들다.
③ 작업환경측정 시 많이 사용하는 흡착관은 앞층이 100mg, 뒤층이 50mg으로 되어 있는데 오염물질에 따라 다른 크기의 흡착제를 사용하기도 한다.
④ 활성탄 흡착제는 탄소의 불포화결합을 가진 분자를 선택적으로 흡착하며 큰 비표면적을 가진다.

[풀이] ④항은 실리카겔관의 설명이다.

33 다음 중 검지관법의 특성으로 가장 거리가 먼 것은?

① 색변화가 시간에 따라 변하므로 제조자가 정한 시간에 읽어야 한다.
② 밀폐공간 등에서 안전상의 문제 시 유용하게 사용 가능하다.
③ 반응시간이 빠른 편이다.
④ 특이도가 높다.

[풀이] 검지관 측정법의 장단점
(1) 장점
㉠ 사용이 간편하다.
㉡ 반응시간이 빨라 현장에서 바로 측정 결과를 알 수 있다.
㉢ 비전문가도 어느 정도 숙지하면 사용할 수 있지만 산업위생전문가의 지도 아래 사용되어야 한다.
㉣ 맨홀, 밀폐공간에서의 산소부족 또는 폭발성 가스로 인한 안전이 문제가 될 때 유용하게 사용된다.
㉤ 다른 측정방법이 복잡하거나 빠른 측정이 요구될 때 사용할 수 있다.
(2) 단점
㉠ 민감도가 낮아 비교적 고농도에만 적용이 가능하다.
㉡ 특이도가 낮아 다른 방해물질의 영향을 받기 쉽고 오차가 크다.
㉢ 대개 단시간 측정만 가능하다.
㉣ 한 검지관으로 단일물질만 측정 가능하여 각 오염물질에 맞는 검지관을 선정함에 따른 불편함이 있다.
㉤ 색변화에 따라 주관적으로 읽을 수 있어 판독자에 따라 변이가 심하며, 색변화가 시간에 따라 변하므로 제조자가 정한 시간에 읽어야 한다.
㉥ 미리 측정대상 물질의 동정이 되어 있어야 측정이 가능하다.

34 분석기기가 검출할 수 있고 신뢰성을 가질 수 있는 양인 정량한계(LOQ)에 관한 설명으로 옳은 것은?

① 표준편차의 3배
② 표준편차의 3.3배
③ 표준편차의 5배
④ 표준편차의 10배

[풀이] 정량한계(LOQ) = 표준편차 × 10
= 검출한계 × 3(or 3.3)

35 소음의 측정 시간 및 횟수에 관한 기준으로 옳지 않은 것은?

① 단위작업장소에서의 소음발생시간이 6시간 이내인 경우나 소음발생원에서의 발생시간이 간헐적인 경우에는 등간격으로 나누어 3회 이상 측정하여야 한다.
② 단위작업장소에서 소음수준은 규정된 측정 위치 및 지점에서 1일 작업시간을 1시간 간격으로 나누어 6회 이상 측정한다.
③ 소음 발생특성이 연속음으로서 측정치가 변동이 없다고 자격자 또는 지정 측정기관이 판단한 경우에는 1시간 동안을 등간격으로 나누어 3회 이상 측정할 수 있다.
④ 단위작업장소에서 소음수준은 규정된 측정 위치 및 지점에서 1일 작업시간 동안 6시간 이상 연속 측정한다.

[정답] 32.④ 33.④ 34.④ 35.①

풀이 소음측정 시간 및 횟수
㉠ 단위작업장소에서 소음수준은 규정된 측정 위치 및 지점에서 1일 작업시간 동안 6시간 이상 연속 측정하거나 작업시간을 1시간 간격으로 나누어 6회 이상 측정하여야 한다. 다만, 소음의 발생특성이 연속음으로서 측정치가 변동이 없다고 자격자 또는 지정 측정기관이 판단한 경우에는 1시간 동안을 등간격으로 나누어 3회 이상 측정할 수 있다.
㉡ 단위작업장소에서의 소음발생시간이 6시간 이내인 경우나 소음발생원에서의 발생시간이 간헐적인 경우에는 발생시간 동안 연속 측정하거나 등간격으로 나누어 4회 이상 측정하여야 한다.

36 측정치 1, 3, 5, 7, 9의 변이계수는?
① 약 0.13 ② 약 0.63
③ 약 1.33 ④ 약 1.83

풀이 변이계수(CV) = $\dfrac{표준편차}{평균}$
- 평균 = $\dfrac{1+3+5+7+9}{5} = 5$
- 표준편차
 = $\left[\dfrac{(1-5)^2+(3-5)^2+(5-5)^2+(7-5)^2+(9-5)^2}{5-1}\right]^{0.5}$
 = 3.162
CV = $\dfrac{3.162}{5} = 0.632$

37 작업장에서 현재 총 흡음량은 1,500sabins이다. 이 작업장을 천장과 벽 부분에 흡음재를 이용하여 3,300sabins을 추가하였을 때 흡음대책에 따른 실내소음의 저감량은?
① 약 15dB ② 약 8dB
③ 약 5dB   ④ 약 1dB

풀이 소음저감량(dB) = $10\log\left(\dfrac{1,500+3,300}{1,500}\right) = 5.05\text{dB}$

38 알고 있는 공기 중 농도를 만드는 방법인 dynamic method의 장점으로 틀린 것은?
① 다양한 농도범위에서 제조 가능하다.
② 가스, 증기, 에어로졸 실험도 가능하다.
③ 가격이 저렴하고, 만들기가 간단하다.
④ 소량의 누출이나 벽면에 의한 손실은 무시한다.

풀이 dynamic method
㉠ 희석공기와 오염물질을 연속적으로 흘려주어 일정한 농도를 유지하면서 만드는 방법이다.
㉡ 알고 있는 공기 중 농도를 만드는 방법이다.
㉢ 농도변화를 줄 수 있고 온도·습도 조절이 가능하다.
㉣ 제조가 어렵고 비용도 많이 든다.
㉤ 다양한 농도범위에서 제조가 가능하다.
㉥ 가스, 증기, 에어로졸 실험도 가능하다.
㉦ 소량의 누출이나 벽면에 의한 손실은 무시할 수 있다.
㉧ 지속적인 모니터링이 필요하다.
㉨ 매우 일정한 농도를 유지하기가 곤란하다.

39 입경이 50μm이고 입자 비중이 1.32인 입자의 침강속도는? (단, 입경이 1~50μm인 먼지의 침강속도를 구하기 위해 산업위생 분야에서 주로 사용하는 식을 적용한다.)
① 8.6cm/sec ② 9.9cm/sec
③ 11.9cm/sec ④ 13.6cm/sec

풀이 침강속도 = $0.003 \times \rho \times d^2 = 0.003 \times 1.32 \times 50^2$
= 9.9cm/sec

40 고열측정 구분에 의한 측정기기와 측정시간의 연결로 옳지 않은 것은? (단, 고용노동부 고시 기준)
① 습구온도 : 0.5도 간격의 눈금이 있는 아스만통풍건습계 – 25분 이상
② 습구온도 : 자연습구온도를 측정할 수 있는 기기(자연습구온도계) – 5분 이상
③ 흑구 및 습구흑구온도 : 직경이 5센티미터 이상 되는 흑구온도계 또는 습구흑구온도를 동시에 측정할 수 있는 기기 – 직경이 15센티미터일 경우 15분 이상
④ 흑구 및 습구흑구온도 : 직경이 5센티미터 이상 되는 흑구온도계 또는 습구흑구온도를 동시에 측정할 수 있는 기기 – 직경이 7.5센티미터 또는 5센티미터일 경우 5분 이상

정답 36.② 37.③ 38.③ 39.② 40.③

풀이 고열의 측정구분에 의한 측정기기 및 측정시간

구 분	측정기기	측정시간
습구 온도	0.5도 간격의 눈금이 있는 아스만통풍건습계, 자연습구온도를 측정할 수 있는 기기 또는 이와 동등 이상의 성능이 있는 측정기기	• 아스만통풍건습계 : 25분 이상 • 자연습구온도계 : 5분 이상
흑구 및 습구 흑구 온도	직경이 5센티미터 이상 되는 흑구온도계 또는 습구흑구온도(WBGT)를 동시에 측정할 수 있는 기기	• 직경이 15센티미터일 경우 : 25분 이상 • 직경이 7.5센티미터 또는 5센티미터일 경우 : 5분 이상

※ 고시 변경사항, 학습 안 하셔도 무방합니다.

제3과목 | 작업환경 관리대책

41 다음 1기압, 15℃ 조건에서 속도압이 37.2mmH₂O일 때 기류의 유속은? (단, 15℃, 1기압에서 공기의 밀도는 1.225kg/m³이다.)

① 24.4m/sec ② 26.1m/sec
③ 28.3m/sec ④ 29.6m/sec

풀이 속도압$(VP) = \dfrac{\gamma V^2}{2g}$

∴ 유속$(V) = \dfrac{\sqrt{VP \times 2g}}{\gamma}$

$= \sqrt{\dfrac{37.2 \times (2 \times 9.8)}{1.225}} = 24.4\text{m/sec}$

42 A유체관의 압력을 측정한 결과, 정압이 −18.56mmH₂O이고 전압이 20mmH₂O였다. 이 유체관의 유속(m/sec)은 약 얼마인가? (단, 공기밀도 1.21kg/m³ 기준)

① 10 ② 15
③ 20 ④ 25

풀이 유속(m/sec) $= \sqrt{\dfrac{VP \times 2g}{\gamma}}$

• $VP = TP - SP = 20 - (-18.56)$
$= 38.56\text{mmH}_2\text{O}$

$= \sqrt{\dfrac{38.56 \times (2 \times 9.8)}{1.2}} = 25.1\text{m/sec}$

43 길이가 2.4m, 폭이 0.4m인 플랜지 부착 슬롯형 후드가 설치되어 있다. 포촉점까지의 거리가 0.5m, 제어속도가 0.4m/sec일 때 필요송풍량은? (단, 1/2 원주 슬롯형, $C = 2.8$ 적용)

① 20.2m³/min ② 40.3m³/min
③ 80.6m³/min ④ 161.3m³/min

풀이 필요송풍량(m³/min) $= 60 \cdot C \cdot L \cdot V_c \cdot X$
$= 60 \times 2.8 \times 2.4 \times 0.4 \times 0.5$
$= 80.64\text{m}^3/\text{min}$

44 덕트의 설치 원칙으로 옳지 않은 것은?
① 덕트는 가능한 한 짧게 배치하도록 한다.
② 밴드의 수는 가능한 한 적게 하도록 한다.
③ 가능한 한 후드의 가까운 곳에 설치한다.
④ 공기흐름이 원활하도록 상향구배로 만든다.

풀이 덕트 설치기준(설치 시 고려사항)
㉠ 가능한 한 길이는 짧게 하고 굴곡부의 수는 적게 한다.
㉡ 접속부의 내면은 돌출된 부분이 없도록 한다.
㉢ 청소구를 설치하는 등 청소하기 쉬운 구조로 한다.
㉣ 덕트 내 오염물질이 쌓이지 아니하도록 이송속도를 유지한다.
㉤ 연결부위 등은 외부공기가 들어오지 아니하도록 한다(연결방법을 가능한 한 용접할 것).
㉥ 가능한 후드의 가까운 곳에 설치한다.
㉦ 송풍기를 연결할 때는 최소 덕트 직경의 6배 정도 직선구간을 확보한다.
㉧ 직관은 하향구배로 하고 직경이 다른 덕트를 연결할 때에는 경사 30° 이내의 테이퍼를 부착한다.
㉨ 원형 덕트가 사각형 덕트보다 덕트 내 유속분포가 균일하므로 가급적 원형 덕트를 사용하며, 부득이 사각형 덕트를 사용할 경우에는 가능한 정방형을 사용하고 곡관의 수를 적게 한다.
㉩ 곡관의 곡률반경은 최소 덕트 직경의 1.5 이상, 주로 2.0을 사용한다.
㉪ 수분이 응축될 경우 덕트 내로 들어가지 않도록 경사나 배수구를 마련한다.
㉫ 덕트의 마찰계수는 작게 하고, 분지관을 가급적 적게 한다.

정답 41.① 42.④ 43.③ 44.④

45 한 면이 1m인 정사각형 외부식 캐노피형 후드를 설치하고자 한다. 높이가 0.7m, 제어속도가 18m/min일 때 소요송풍량(m³/min)은? (단, 다음 공식 중 적합한 수식을 선택 적용한다. $Q = 60 \times 1.4 \times 2(L+W) \times H \times V_c$, $Q = 60 \times 14.5 \times H^{1.8} \times W^{0.2} \times V_c$)

① 약 110
② 약 140
③ 약 170
④ 약 190

풀이 $0.3 < H/W \leq 0.75$에 해당
$Q = 60 \times 14.5 \times H^{1.8} \times W^{0.2} \times V_c$
$= 60 \times 14.5 \times 0.7^{1.8} \times 1^{0.2} \times 0.3$
$= 137.35 m^3/min$

46 국소배기장치에 관한 주의사항으로 가장 거리가 먼 것은?

① 배기관은 유해물질이 발산하는 부위의 공기를 모두 빨아낼 수 있는 성능을 갖출 것
② 흡인되는 공기가 근로자의 호흡기를 거치지 않도록 할 것
③ 먼지를 제거할 때에는 공기속도를 조절하여 배기관 안에서 먼지가 일어나도록 할 것
④ 유독물질의 경우에는 굴뚝에 흡인장치를 보강할 것

풀이 배기관 안에서 먼지가 재비산되지 않도록 해야 한다.

47 호흡용 보호구에 관한 설명으로 가장 거리가 먼 것은?

① 방독마스크는 면, 모, 합성섬유 등을 필터로 사용한다.
② 방독마스크는 공기 중의 산소가 부족하면 사용할 수 없다.
③ 방독마스크는 일시적인 작업 또는 긴급용으로 사용하여야 한다.
④ 방진마스크는 비휘발성 입자에 대한 보호가 가능하다.

풀이 방진마스크와 방독마스크의 구분
(1) 방진마스크
  ㉠ 공기 중의 유해한 분진, 미스트, 흄 등을 여과재를 통해 제거하여 유해물질이 근로자의 호흡기를 통하여 체내에 유입되는 것을 방지하기 위해 사용되는 보호구를 말하며, 분진 제거용 필터는 일반적으로 압축된 섬유상 물질을 사용한다.
  ㉡ 산소농도가 정상적(산소농도 18% 이상)이고 유해물의 농도가 규정 이하인 먼지만 존재하는 작업장에서 사용한다.
  ㉢ 비휘발성 입자에 대한 보호가 가능하다.
(2) 방독마스크
 공기 중의 유해가스, 증기 등을 흡수관을 통해 제거하여 근로자의 호흡기 내로 침입하는 것을 가능한 적게 하기 위해 착용하는 호흡보호구이다.

48 축류 송풍기에 관한 설명으로 가장 거리가 먼 것은?

① 전동기와 직결할 수 있고, 축방향 흐름이기 때문에 관로 도중에 설치할 수 있다.
② 무겁고, 재료비 및 설치비용이 비싸다.
③ 풍압이 낮으며, 원심송풍기보다 주속도가 커서 소음이 크다.
④ 규정 풍량 이외에서는 효율이 떨어지므로 가열공기 또는 오염공기의 취급에 부적당하다.

풀이 축류 송풍기(axial flow fan)
(1) 개요
  ㉠ 전향 날개형 송풍기와 유사한 특징을 갖는다.
  ㉡ 공기 이송 시 공기가 회전축(프로펠러)을 따라 직선방향으로 이송된다.
  ㉢ 공기는 날개의 앞부분에서 흡인되고 뒷부분에서 배출되므로 공기의 유입과 유출은 동일한 방향을 갖는다.
  ㉣ 국소배기용보다는 압력손실이 비교적 작은 전체 환기량으로 사용해야 한다.
(2) 장점
  ㉠ 축방향 흐름이기 때문에 덕트에 바로 삽입할 수 있어 설치비용 및 재료비가 저렴하며, 경량이다.
  ㉡ 전동기와 직결할 수 있다.

(3) 단점
  ㉠ 풍압이 낮기 때문에 압력손실이 비교적 많이 걸리는 시스템에 사용했을 때 서징현상으로 진동과 소음이 심한 경우가 생긴다.
  ㉡ 최대송풍량의 70% 이하가 되도록 압력손실이 걸릴 경우 서징현상을 피할 수 없다.
  ㉢ 원심력 송풍기보다 주속도가 커서 소음이 크다.

49 회전차 외경이 600mm인 원심송풍기의 풍량은 200m³/min이다. 회전차 외경이 1,000mm인 동류(상사구조)의 송풍기가 동일한 회전수로 운전된다면 이 송풍기의 풍량은? (단, 두 경우 모두 표준공기를 취급한다.)
① 약 $333m^3/min$
② 약 $556m^3/min$
③ 약 $926m^3/min$
④ 약 $2,572m^3/min$

풀이 송풍기의 풍량
= 변경 전 풍량 × $\left(\dfrac{변경\ 후\ 회전차\ 직경}{변경\ 전\ 회전차\ 직경}\right)^3$
= $200m^3/min × \left(\dfrac{1,000}{600}\right)^3$
= $925.93m^3/min$

50 푸시풀 후드(push-pull hood)에 관한 설명으로 옳지 않은 것은?
① 도금조와 같이 폭이 넓은 경우에 사용하면 포집효율을 증가시키면서 필요유량을 대폭 감소시킬 수 있다.
② 개방조 한 변에서 압축공기를 이용하여 오염물질이 발생하는 표면에 공기를 불어 반대쪽에 오염물질이 도달하게 한다.
③ 배기후드의 목적은 측방형 후드와 같이 제어속도를 내기 위함이며, 배기후드에서의 슬롯속도는 1m/sec 정도가 되도록 배기구 크기를 조절한다.
④ 공정에서 작업물체를 처리조에 넣거나 꺼내는 중에 공기막이 파괴되어 오염물질이 발생하는 단점이 있다.

풀이 push-pull 후드에서 push 후드(배기후드)의 목적은 작은 에너지로 오염물질을 pull 후드(흡인후드)까지 이송시키는 것이다.

51 다음 중 주물작업 시 발생되는 유해인자와 가장 거리가 먼 것은?
① 소음 발생 ② 금속흄 발생
③ 분진 발생 ④ 자외선 발생

풀이 주물작업 시 발생되는 유해인자
㉠ 분진
㉡ 금속흄
㉢ 유해가스(일산화탄소, 포름알데히드, 페놀류)
㉣ 소음
㉤ 고열

52 귀마개에 관한 설명으로 옳지 않은 것은?
① 휴대가 편하다.
② 고온작업장에서도 불편 없이 사용할 수 있다.
③ 근로자들이 착용하였는지 쉽게 확인할 수 있다.
④ 제대로 착용하는 데 시간이 걸리고 요령을 습득해야 한다.

풀이 귀마개의 장단점
(1) 장점
  ㉠ 부피가 작아 휴대가 쉽다.
  ㉡ 안경과 안전모 등에 방해가 되지 않는다.
  ㉢ 고온작업에서도 사용 가능하다.
  ㉣ 좁은 장소에서도 사용 가능하다.
  ㉤ 귀덮개보다 가격이 저렴하다.
(2) 단점
  ㉠ 귀에 질병이 있는 사람은 착용 불가능하다.
  ㉡ 여름에 땀이 많이 날 때는 외이도에 염증 유발 가능성이 있다.
  ㉢ 제대로 착용하는 데 시간이 걸리며 요령을 습득하여야 한다.
  ㉣ 귀덮개보다 차음효과가 일반적으로 떨어지며, 개인차가 크다.
  ㉤ 더러운 손으로 만짐으로써 외청도를 오염시킬 수 있다(귀마개에 묻어 있는 오염물질이 귀에 들어갈 수 있음).

정답 49.③ 50.③ 51.④ 52.③

53 보호장구의 재질과 적용물질에 대한 내용으로 옳지 않은 것은?

① 면 – 극성 용제에 효과적이다.
② Nitrile 고무 – 비극성 용제에 효과적이다.
③ 가죽 – 용제에는 사용하지 못한다.
④ 천연고무(latex) – 극성 용제에 효과적이다.

[풀이] 보호장구 재질에 따른 적용물질
㉠ Neoprene 고무 : 비극성 용제, 극성 용제 중 알코올, 물, 케톤류 등에 효과적
㉡ 천연고무(latex) : 극성 용제 및 수용성 용액에 효과적(절단 및 찰과상 예방)
㉢ viton : 비극성 용제에 효과적
㉣ 면 : 고체상 물질에 효과적, 용제에는 사용 못함
㉤ 가죽 : 용제에는 사용 못함(기본적인 찰과상 예방)
㉥ Nitrile 고무 : 비극성 용제에 효과적
㉦ Butyl 고무 : 극성 용제(알데히드, 지방족)에 효과적
㉧ Ethylene vinyl alcohol : 대부분의 화학물질을 취급할 경우 효과적

54 작업환경의 관리원칙인 대치 개선방법으로 옳지 않은 것은?

① 성냥 제조 시 : 황린 대신 적린을 사용함
② 세탁 시 : 화재예방을 위해 석유나프타 대신 4클로로에틸렌을 사용함
③ 땜질한 납을 oscillating–type sander로 깎던 것을 고속회전 그라인더를 이용함
④ 분말로 출하되는 원료를 고형상태의 원료로 출하함

[풀이] 고속회전 그라인더로 깎던 것을 oscillating–type sander로 대치하여 사용한다.

55 다음 중 전기집진장치에 관한 설명으로 옳지 않은 것은?

① 전압변동과 같은 조건변동에 쉽게 적응할 수 있다.
② 고온가스를 처리할 수 있다.
③ 배출가스의 온도강하가 적으며 대량의 가스 처리가 가능하다.
④ 압력손실이 적어 송풍기의 가동비용이 저렴하다.

[풀이] 전기집진장치의 장단점
(1) 장점
㉠ 집진효율이 높다(0.01μm 정도 포집 용이, 99.9% 정도 고집진효율).
㉡ 광범위한 온도범위에서 적용이 가능하며, 폭발성 가스의 처리도 가능하다.
㉢ 고온의 입자성 물질(500℃ 전후) 처리가 가능하여 보일러와 철강로 등에 설치할 수 있다.
㉣ 압력손실이 낮고 대용량의 가스 처리가 가능하며 배출가스의 온도강하가 적다.
㉤ 운전 및 유지비가 저렴하다.
㉥ 회수가치 입자 포집에 유리하며, 습식 및 건식으로 집진할 수 있다.
㉦ 넓은 범위의 입경과 분진농도에 집진효율이 높다.
(2) 단점
㉠ 설치비용이 많이 든다.
㉡ 설치공간을 많이 차지한다.
㉢ 설치된 후에는 운전조건의 변화에 유연성이 적다.
㉣ 먼지성상에 따라 전처리시설이 요구된다.
㉤ 분진포집에 적용되며, 기체상 물질 제거에는 곤란하다.
㉥ 전압변동과 같은 조건변동(부하변동)에 쉽게 적응이 곤란하다.
㉦ 가연성 입자의 처리가 곤란하다.

56 가지덕트를 주덕트에 연결하고자 할 때 다음 중 가장 적합한 각도는?

① 90°   ② 70°
③ 50°   ④ 30°

[풀이] 주관과 분지관(가지관)의 연결

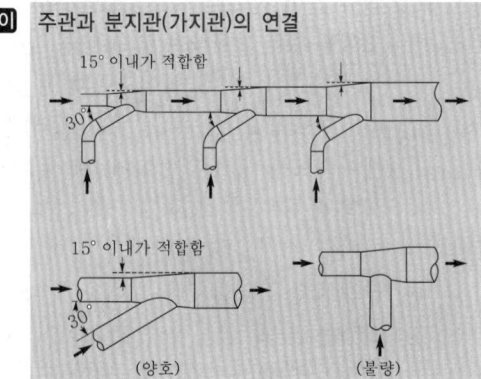

정답 53.① 54.③ 55.① 56.④

57 세정제진장치의 입자포집원리에 관한 설명으로 옳지 않은 것은?

① 입자를 함유한 가스를 선회운동시켜 입자에 원심력을 갖게 하여 부착된다.
② 액적에 입자가 충돌하여 부착된다.
③ 입자를 핵으로 한 증기의 응결에 따라서 응집성이 촉진된다.
④ 액막 및 기포에 입자가 접촉하여 부착된다.

[풀이] 세정집진장치의 원리
㉠ 액적과 입자의 충돌
㉡ 미립자 확산에 의한 액적과의 접촉
㉢ 배기의 증습에 의한 입자가 서로 응집
㉣ 입자를 핵으로 한 증기의 응결
㉤ 액적·기포와 입자의 접촉

58 내경이 760mm의 얇은 강철판의 직관을 통하여 풍량 120m³/min의 표준공기를 송풍할 때의 레이놀즈 수는? (단, 동점성계수 : $1.255 \times 10^{-5} m^2/sec$)

① 2.04×10^5 ② 2.23×10^5
③ 2.67×10^5 ④ 2.92×10^5

[풀이] $Re = \dfrac{\text{관유속} \times \text{관내경}}{\text{동점성계수}}$

• 관유속$(V) = \dfrac{Q}{A} = \dfrac{120 m^3/min \times min/60sec}{\left(\dfrac{3.14 \times 0.76^2}{4}\right)m^2}$
$= 4.41 m/sec$
$= \dfrac{4.41 \times 0.76}{1.255 \times 10^{-5}} = 2.67 \times 10^5$

59 다음과 같은 조건에서 오염물질의 농도가 200ppm까지 도달하였다가 오염물질 발생이 중지되었을 때, 공기 중 농도가 200ppm에서 19ppm으로 감소하는 데 얼마나 걸리는가? (단, 1차 반응, 공간부피 $V=3,000m^3$, 환기량 $Q=1.17m^3/sec$)

① 약 89분 ② 약 100분
③ 약 109분 ④ 약 115분

[풀이] 시간$(t) = -\dfrac{V}{Q} \ln\left(\dfrac{C_2}{C_1}\right)$
$= -\left(\dfrac{3,000m^3}{1.17m^3/sec \times 60sec/min}\right) \times \ln\left(\dfrac{19}{200}\right)$
$= 100.6 min$

60 보호구의 보호정도와 한계를 나타나는 데 필요한 보호계수를 산정하는 공식으로 옳은 것은? (단, 보호계수 : PF, 보호구 밖의 농도 : C_o, 보호구 안의 농도 : C_i)

① $PF = C_o/C_i$
② $PF = (C_i/C_o) \times 100$
③ $PF = (C_o/C_i) \times 0.5$
④ $PF = (C_i/C_o) \times 0.5$

[풀이] 보호계수(PF ; Protection Factor)
보호구를 착용함으로써 유해물질로부터 보호구가 얼마만큼 보호해 주는가의 정도를 의미한다.
$PF = \dfrac{C_o}{C_i}$
여기서, PF : 보호계수(항상 1보다 크다)
C_i : 보호구 안의 농도
C_o : 보호구 밖의 농도

제4과목 | 물리적 유해인자관리

61 다음 중 이상기압의 영향으로 발생되는 고공성 폐수종에 관한 설명으로 틀린 것은?

① 어른보다 아이들에게 많이 발생한다.
② 고공 순화된 사람이 해면에 돌아올 때에도 흔히 일어난다.
③ 진해성 기침과 호흡곤란이 나타나고 폐동맥 혈압이 급격히 낮아져 구토, 실신 등이 발생한다.
④ 산소공급과 해면 귀환으로 급속히 소실되며, 증세는 반복해서 발병하는 경향이 있다.

정답 57.① 58.③ 59.② 60.① 61.③

[풀이] **고공성 폐수종**
㉠ 어른보다 순화적응속도가 느린 어린이에게 많이 일어난다.
㉡ 고공 순화된 사람이 해면에 돌아올 때 자주 발생한다.
㉢ 산소공급과 해면 귀환으로 급속히 소실되며, 이 증세는 반복해서 발병하는 경향이 있다.
㉣ 진해성 기침, 호흡곤란, 폐동맥의 혈압 상승현상이 나타난다.

62 다음 중 고압환경(가압현상)에 관한 설명으로 틀린 것은?

① 질소가스는 마취작용을 나타내서 작업력의 저하를 가져온다.
② 1차적으로 울혈, 부종, 출혈, 동통 등을 동반한다.
③ 고압하의 대기가스의 독성 때문에 나타나는 현상을 2차성 압력현상이라 한다.
④ 혈액과 조직의 질소가 체내에 기포를 형성하여 순환장애를 일으킨다.

[풀이] ④항은 감압환경의 인체작용에 관한 설명이다.

63 18℃ 공기 중에서 800Hz인 음의 파장은 약 몇 m인가?

① 0.35 ② 0.43
③ 3.5   ④ 4.3

[풀이] 음속(c) = $\lambda \times f$
∴ 파장(λ) = $\dfrac{c}{f} = \dfrac{331.42 + (0.6 \times 18)}{800} = 0.43$m

64 다음 중 소음에 대한 청감보정특성치에 관한 설명으로 틀린 것은?

① A특성치와 C특성치를 동시에 측정하면 그 소음의 주파수 구성을 대략 추정할 수 있다.
② A, B, C 특성 모두 4,000Hz에서 보정치가 0이다.
③ 소음에 대한 허용기준은 A특성치에 준하는 것이다.
④ A특성치란 대략 40phon의 등감곡선과 비슷하게 주파수에 따른 반응을 보정하여 측정한 음압수준이다.

[풀이] 소음의 특성치를 알아보기 위해서 A, B, C 특성치(청감보정회로)로 측정한 결과 세 가지의 값이 거의 일치되는 주파수는 1,000Hz이다. 즉 A, B, C 특성 모두 1,000Hz에서의 보정치는 0이다.

65 국소진동이 사람에게 영향을 줄 수 있는 진동의 주파수 범위로 가장 적절한 것은?

① 1~80Hz   ② 5~100Hz
③ 8~1,500Hz ④ 20~20,000Hz

[풀이] 진동의 구분에 따른 진동수(주파수)
㉠ 국소진동 진동수 : 8~1,500Hz
㉡ 전신진동(공해진동) 진동수 : 1~90Hz(1~80Hz)

66 다음 설명에 해당하는 전리방사선의 종류는?

- 원자핵에서 방출되는 입자로서 헬륨원자의 핵과 같이 두 개의 양자와 두 개의 중성자로 구성되어 있다.
- 질량과 하전 여부에 따라서 그 위험성이 결정된다.
- 투과력은 가장 약하나 전리작용은 가장 강하다.

① X선   ② α선
③ β선 ④ γ선

[풀이] **α선(α입자)**
㉠ 방사선 동위원소의 붕괴과정 중 원자핵에서 방출되는 입자로서 헬륨원자의 핵과 같이 2개의 양자와 2개의 중성자로 구성되어 있다. 즉, 선원(major source)은 방사선 원자핵이고 고속의 He 입자형태이다.
㉡ 질량과 하전 여부에 따라 그 위험성이 결정된다.
㉢ 투과력은 가장 약하나(매우 쉽게 흡수) 전리작용은 가장 강하다.
㉣ 투과력이 약해 외부조사로 건강상의 위해가 오는 일은 드물며, 피해부위는 내부노출이다.
㉤ 외부조사보다 동위원소를 체내 흡입·섭취할 때의 내부조사의 피해가 가장 큰 전리방사선이다.

정답 62.④ 63.② 64.② 65.③ 66.②

67 다음 중 일반적인 작업장의 인공조명 시 고려사항으로 적절하지 않은 것은?
① 조명도를 균등히 유지할 것
② 경제적이며 취급이 용이할 것
③ 가급적 직접조명이 되도록 설치할 것
④ 폭발성 또는 발화성이 없으며 유해가스가 발생하지 않을 것

풀이 인공조명 시 고려사항
㉠ 작업에 충분한 조도를 낼 것
㉡ 조명도를 균등히 유지할 것(천장, 마루, 기계, 벽 등의 반사율을 크게 하면 조도를 일정하게 얻을 수 있다)
㉢ 폭발성 또는 발화성이 없고, 유해가스가 발생하지 않을 것
㉣ 경제적이며, 취급이 용이할 것
㉤ 주광색에 가까운 광색으로 조도를 높여줄 것(백열전구와 고압수은등을 적절히 혼합시켜 주광에 가까운 빛을 얻을 수 있다)
㉥ 장시간 작업 시 가급적 간접조명이 되도록 설치할 것(직접조명, 즉 광원의 광밀도가 크면 나쁘다)
㉦ 일반적인 작업 시 빛은 작업대 좌상방에서 비추게 할 것
㉧ 작은 물건의 식별과 같은 작업에는 음영이 생기지 않는 국소조명을 적용할 것
㉨ 광원 또는 전등의 휘도를 줄일 것
㉩ 광원을 시선에서 멀리 위치시킬 것
㉪ 눈이 부신 물체와 시선과의 각을 크게 할 것
㉫ 광원 주위를 밝게 하며, 조도비를 적정하게 할 것

68 다음과 같은 작업조건에서 1일 8시간 동안 작업하였다면, 1일 근무시간 동안 인체에 누적된 열량은 얼마인가? (단, 근로자의 체중은 60kg이다.)

- 작업대사량 : +1.5kcal/kg/hr
- 대류에 의한 열전달 : +1.2kcal/kg/hr
- 복사열 전달 : +0.8kcal/kg/hr
- 피부에서의 총 땀증발량 : 300g/hr
- 수분 증발열 : 580cal/g

① 242kcal ② 288kcal
③ 1,152kcal ④ 3,072kcal

풀이 열평형방정식
$\Delta S = M \pm C \pm R - E$
- M(작업대사량)
 = 1.5kcal/kg·hr × 60kg × 8hr/day
 = 720kcal/day
- C(대류)
 = 1.2kcal/kg·hr × 60kg × 8hr/day
 = 576kcal/day
- R(복사)
 = 0.8kcal/kg·hr × 60kg × 8hr/day
 = 384kcal/day
- E(증발)
 = 300g/hr × 580cal/g × 8hr/day
  × kcal/1,000cal
 = 1,392kcal/day
= 720 + 576 + 384 − 1,392
= 288kcal/day

69 다음 중 소음의 대책에 있어 전파경로에 대한 대책과 가장 거리가 먼 것은?
① 거리감쇠 : 배치의 변경
② 차폐효과 : 방음벽 설치
③ 지향성 : 음원방향 유지
④ 흡음 : 건물 내부 소음 처리

풀이 전파경로 대책
㉠ 흡음(실내 흡음처리에 의한 음압레벨 저감)
㉡ 차음(벽체의 투과손실 증가)
㉢ 거리감쇠
㉣ 지향성 변환(음원방향의 변경)

70 소음이 발생하는 작업장에서 1일 8시간 근무하는 동안 100dB에 30분, 95dB에 1시간 30분, 90dB에 3시간이 노출되었다면 소음노출지수는 얼마인가?
① 1.0
② 1.1
③ 1.2
④ 1.3

풀이 소음노출지수 $= \dfrac{0.5}{2} + \dfrac{1.5}{4} + \dfrac{3}{8} = 1.0$

정답 67.③ 68.② 69.③ 70.①

71 다음 중 산소 농도 저하 시 농도에 따른 증상이 잘못 연결된 것은?

① 12~16% : 맥박과 호흡수 증가
② 9~14% : 판단력 저하와 기억상실
③ 6~10% : 의식상실, 근육경련
④ 6% 이하 : 중추신경장애, Cheyne-stoke 호흡

풀이 산소 농도에 따른 인체장애

산소 농도(%)	산소 분압(mmHg)	동맥혈의 산소 포화도(%)	증상
12~16	90~120	85~89	호흡수 증가, 맥박 증가, 정신집중 곤란, 두통, 이명, 신체기능조절 손상 및 순환기 장애자 초기증상 유발
9~14	60~105	74~87	불완전한 정신상태에 이르고, 취한 것과 같으며, 당시의 기억상실, 전신탈진, 체온상승, 호흡장애, 청색증 유발, 판단력 저하
6~10	45~70	33~74	의식불명, 안면창백, 전신근육경련, 중추신경장애, 청색증 유발, 경련, 8분 내 100% 치명적, 6분 내 50% 치명적, 4~5분 내 치료로 회복 가능
4~6 및 이하	45 이하	33 이하	40초 내에 혼수상태, 호흡정지, 사망

72 다음 중 습구흑구온도지수(WBGT)에 관한 설명으로 옳은 것은?

① WBGT가 높을수록 휴식시간이 증가되어야 한다.
② WBGT는 건구온도와 습구온도에 비례하고, 흑구온도에 반비례한다.
③ WBGT는 고온환경을 나타내는 값이므로 실외작업에만 적용한다.
④ WBGT는 복사열을 제외한 고열의 측정단위로 사용되며, 화씨온도(°F)로 표현한다.

풀이
② WBGT는 건구온도, 습구온도, 흑구온도에 비례한다.
③ WBGT는 옥내, 옥외에 적용한다.
④ WBGT는 복사열도 포함한 측정단위이며, 단위는 섭씨온도(℃)이다.

73 다음 중 한랭장애에 대한 예방법으로 적절하지 않은 것은?

① 의복이나 구두 등의 습기를 제거한다.
② 과도한 피로를 피하고, 충분한 식사를 한다.
③ 가능한 한 팔과 다리를 움직여 혈액순환을 돕는다.
④ 가능한 꼭 맞는 구두, 장갑을 착용하여 한기가 들어오지 않도록 한다.

풀이 한랭장애 예방법
㉠ 팔다리 운동으로 혈액순환을 촉진한다.
㉡ 약간 큰 장갑과 방한화를 착용한다.
㉢ 건조한 양말을 착용한다.
㉣ 과도한 음주 및 흡연을 삼가한다.
㉤ 과도한 피로를 피하고 충분한 식사를 한다.
㉥ 더운물과 더운 음식을 자주 섭취한다.
㉦ 외피는 통기성이 적고 함기성이 큰 것을 착용한다.
㉧ 오랫동안 찬물, 눈, 얼음에서 작업하지 않는다.
㉨ 의복이나 구두 등의 습기를 제거한다.

74 다음 중 방사선에 감수성이 가장 큰 신체부위는?

① 위장
② 조혈기관
③ 뇌
④ 근육

풀이 전리방사선에 대한 감수성 순서

골수, 흉선 및 림프조직(조혈기관), 눈의 수정체, 임파선(임파구) > 상피세포, 내피세포 > 근육세포 > 신경조직

정답 71.④ 72.① 73.④ 74.②

75 다음 중 압력이 가장 높은 것은 어느 것인가?

① 14.7psi   ② 101,325Pa
③ 760mmHg   ④ 2atm

[풀이] 1기압=1atm=76cmHg=760mmHg=1013.25hPa
=33.96ftH$_2$O=407.52inH$_2$O=10,332mmH$_2$O
=1,013mbar=29.92inHg=14.7Psi
=1.0336kg/cm^2

76 다음 중 비전리방사선에 관한 설명으로 틀린 것은?

① 고열물체가 방출하는 복사선은 대부분 적외선으로 열선이라고도 한다.
② 290~315nm의 파장을 Dorno선 또는 생명선이라 하며 생체와 밀접한 관련이 있다.
③ 태양으로부터 방출되는 복사에너지의 52%는 가시광선이다.
④ 레이저란 자외선, 가시광선, 적외선 가운데 인위적으로 특정한 파장부위를 강력하게 증폭시켜 얻은 복사선을 말한다.

[풀이] 태양복사에너지의 분포
㉠ 적외선 : 52%
㉡ 가시광선 : 34%
㉢ 자외선 : 5%

77 다음 중 국소진동에 의하여 손가락의 창백, 청색증, 저림, 냉각, 동통이 나타나는 장애를 무엇이라 하는가?

① 근위축
② 요천부 동통
③ 요부 염좌
④ 레이노 증후군

[풀이] 레이노 현상(Raynaud's phenomenon)
㉠ 손가락에 있는 말초혈관 운동의 장애로 인하여 수지가 창백해지고 손이 차며 저리거나 통증이 오는 현상이다.
㉡ 한랭작업조건에서 특히 증상이 악화된다.
㉢ 압축공기를 이용한 진동공구, 즉 착암기 또는 해머와 같은 공구를 장기간 사용한 근로자들의 손가락에 유발되기 쉬운 직업병이다.
㉣ dead finger 또는 white finger라고도 하며, 발증까지 약 5년 정도 걸린다.

78 다음 중 직업성 난청에 관한 설명으로 틀린 것은?

① 일시적 난청은 청력의 일시적인 피로현상이다.
② 영구적 난청은 노인성 난청과 같은 현상이다.
③ 일반적으로 초기 청력손실을 C$_5$-dip 현상이라 한다.
④ 직업성 난청은 처음 중음부에서 시작되어 고음부 순서로 파급된다.

[풀이] 난청(청력장애)
(1) 일시적 청력손실(TTS)
㉠ 강력한 소음에 노출되어 생기는 난청으로 4,000~6,000Hz에서 가장 많이 발생한다.
㉡ 청신경세포의 피로현상으로, 회복되려면 12~24시간을 요하는 가역적인 청력저하이며, 영구적 소음성 난청의 예비신호로도 볼 수 있다.
(2) 영구적 청력손실(PTS) : 소음성 난청
㉠ 비가역적 청력저하, 강렬한 소음이나 지속적인 소음 노출에 의해 청신경 말단부의 내이 코르티(corti)기관의 섬모세포 손상으로 회복될 수 없는 영구적인 청력저하가 발생한다.
㉡ 3,000~6,000Hz의 범위에서 먼저 나타나고, 특히 4,000Hz에서 가장 심하게 발생한다.
(3) 노인성 난청
㉠ 노화에 의한 퇴행성 질환으로, 감각신경성 청력손실이 양측 귀에 대칭적·점진적으로 발생하는 질환이다.
㉡ 일반적으로 고음역에 대한 청력손실이 현저하며 6,000Hz에서부터 난청이 시작된다.

79 다음 중 1fc(foot candle)은 약 몇 럭스(lux)인가?

① 3.9   ② 8.9
③ 10.8   ④ 13.4

[정답] 75.④ 76.③ 77.④ 78.② 79.③

[풀이] **풋 캔들(foot candle)**
(1) 정의
  ㉠ 1루멘의 빛이 1ft²의 평면상에 수직으로 비칠 때 그 평면의 빛 밝기이다.
  ㉡ 관계식 : 풋 캔들(ft cd) = $\dfrac{lumen}{ft^2}$
(2) 럭스와의 관계
  ㉠ 1ft cd=10.8lux
  ㉡ 1lux=0.093ft cd
(3) 빛의 밝기
  ㉠ 광원으로부터 거리의 제곱에 반비례한다.
  ㉡ 광원의 촉광에 정비례한다.
  ㉢ 조사평면과 광원에 대한 수직평면이 이루는 각(cosine)에 반비례한다.
  ㉣ 색깔과 감각, 평면상의 반사율에 따라 밝기가 달라진다.

80 다음 중 자외선 노출에 관한 설명으로 적절하지 않은 것은?
① 선탠 로션, 크림과 같은 피부보호제는 특정 파장을 차단해 줄 수 있다.
② 자외선의 허용노출기준은 피부와 눈의 영향정도에 기초하고 있다.
③ 자외선에 대한 건강영향은 파장에 관계없이 일정하게 나타난다.
④ 자외선의 노출기준은 단위면적당 조사되는 에너지로서 노출량은 J/m^2 등의 단위로 표현한다.

[풀이] 자외선에 대한 건강영향은 파장에 따라 다르게 나타난다.

제5과목 | 산업 독성학

81 다음 중 탄화수소계 유기용제에 관한 설명으로 틀린 것은?
① 지방족 탄화수소 중 탄소수가 4개 이하인 것은 단순질식제로서의 역할 외에는 인체에 거의 영향이 없다.
② 할로겐화 탄화수소의 독성의 정도는 할로겐원소의 수 및 화합물의 분자량이 작을수록 증가한다.
③ 방향족탄화수소의 대표적인 것은 톨루엔, 크실렌 등이 있으며, 고농도에서는 주로 중추신경계에 영향을 미친다.
④ 방향족탄화수소 중 저농도에서 장기간 노출되면 조혈장애를 일으키는 대표적인 것이 벤젠이다.

[풀이] **할로겐화 탄화수소 독성의 일반적 특성**
㉠ 냉각제, 금속세척, 플라스틱과 고무의 용제 등으로 사용되고 불연성이며, 화학반응성이 낮다.
㉡ 대표적·공통적인 독성작용은 중추신경계 억제작용이다.
㉢ 일반적으로 할로겐화 탄화수소의 독성의 정도는 화합물의 분자량이 클수록, 할로겐원소가 커질수록 증가한다.
㉣ 대개 중추신경계의 억제에 의한 마취작용이 나타난다.
㉤ 포화 탄화수소는 탄소 수가 5개 정도까지는 길수록 중추신경계에 대한 억제작용이 증가한다.
㉥ 할로겐화된 기능기가 첨가되면 마취작용이 증가하여 중추신경계에 대한 억제작용이 증가하며, 기능기 중 할로겐족(F, Cl, Br 등)의 독성이 가장 크다.
㉦ 유기용제가 중추신경계를 억제하는 원리는 유기용제가 지용성이므로 중추신경계의 신경세포의 지질막에 흡수되어 영향을 미친다.
㉧ 알켄족이 알칸족보다 중추신경계에 대한 억제작용이 크다.

82 다음 중 작업자가 납흄에 장기간 노출되어 혈액 중 납의 농도가 높아졌을 때 일어나는 혈액 내 현상이 아닌 것은 어느 것인가?
① K^+와 수분이 손실된다.
② 삼투압에 의하여 적혈구가 위축된다.
③ 적혈구 생존시간이 감소한다.
④ 적혈구 내 전해질이 급격히 증가한다.

정답 80.③ 81.② 82.④

[풀이] 납의 체내 흡수 시 영향 ⇨ 적혈구에 미치는 작용
㉠ K^+과 수분이 손실된다.
㉡ 삼투압이 증가하여 적혈구가 위축된다.
㉢ 적혈구 생존기간이 감소한다.
㉣ 적혈구 내 전해질이 감소한다.
㉤ 미숙적혈구(망상적혈구, 친염기성 혈구)가 증가한다.
㉥ 혈색소량은 저하하고 혈청 내 철이 증가한다.
㉦ 적혈구 내 프로토포르피린이 증가한다.
㉧ 소변 중 코프로포르피린이 증가한다.

83 다음 중 동물실험을 통하여 산출한 독물량의 한계치(NOED ; No-Observable Effect Dose)를 사람에게 적용하기 위하여 인간의 안전폭로량(SHD)을 계산할 때 안전계수와 함께 활용되는 항목은?

① 체중
② 축적도
③ 평균수명
④ 감응도

[풀이] 동물실험을 통하여 산출한 독물량의 한계치(NOEL ; No Observed Effect Level : 무관찰 작용량)를 사람에게 적용하기 위하여 인간의 안전폭로량(SHD)을 계산할 때 체중을 기준으로 외삽(extrapolation)한다.

84 다음 중 생물학적 모니터링의 장점으로 틀린 것은?

① 흡수경로와 상관없이 전체적인 노출을 평가할 수 있다.
② 노출된 유해인자에 대한 종합적 흡수정도를 평가할 수 있다.
③ 지방조직 등 인체에서 채취할 수 있는 모든 부분에 대하여 분석할 수 있다.
④ 인체에 흡수된 내재용량이나 중요한 조직부위에 영향을 미치는 양을 모니터링할 수 있다.

[풀이] 생물학적 모니터링의 장단점
(1) 장점
㉠ 공기 중의 농도를 측정하는 것보다 건강상의 위험을 보다 직접적으로 평가할 수 있다.
㉡ 모든 노출경로(소화기, 호흡기, 피부 등)에 의한 종합적인 노출을 평가할 수 있다.
㉢ 개인시료보다 건강상의 악영향을 보다 직접적으로 평가할 수 있다.
㉣ 건강상의 위험에 대하여 보다 정확한 평가를 할 수 있다.
㉤ 인체 내 흡수된 내재용량이나 중요한 조직부위에 영향을 미치는 양을 모니터링할 수 있다.
(2) 단점
㉠ 시료채취가 어렵다.
㉡ 유기시료의 특이성이 존재하고 복잡하다.
㉢ 각 근로자의 생물학적 차이가 나타날 수 있다.
㉣ 분석이 어려우며, 분석 시 오염에 노출될 수 있다.

85 구리의 독성에 대한 인체실험 결과, 안전흡수량이 체중 kg당 0.008mg이었다. 1일 8시간 작업 시의 허용농도는 약 몇 mg/m³인가? (단, 근로자 평균체중은 70kg, 작업 시의 폐환기율은 1.45m³/hr로 가정한다.)

① 0.035
② 0.048
③ 0.056
④ 0.064

[풀이] 안전흡수량(mg) = $C \times T \times V \times R$
∴ 허용농도(mg/m³) = $\dfrac{\text{안전흡수량}}{T \times V \times R}$
= $\dfrac{0.008\text{mg/kg} \times 70\text{kg}}{8\text{hr} \times 1.45\text{m}^3/\text{hr} \times 1.0}$
= 0.048mg/m^3

86 다음 중 중절모자를 만드는 사람들에게 처음으로 발견되어 hatter's shake라고 하는 근육경련을 유발하는 중금속은?

① 카드뮴
② 수은
③ 망간
④ 납

[풀이] 수은
㉠ 인간의 연금술, 의약품 분야에서 가장 오래 사용해 왔던 중금속의 하나이다.
㉡ 로마 시대에는 수은광산에서 수은중독으로 인한 사망이 발생하였다.
㉢ 17세기 유럽에서 신사용 중절모자를 제조하는 데 사용함으로써 근육경련(hatter's shake)을 일으킨 기록이 있다.
㉣ 우리나라에서는 형광등 제조업체에 근무하던 문송면 군에게 직업병을 일으킨 원인 인자이며, 금속 중 증기를 발생시켜 산업중독을 일으킨다.

정답 83.① 84.③ 85.② 86.②

87 다음 중 유기용제에 의한 중독을 예방하기 위한 대책과 가장 거리가 먼 것은?

① 유기용제를 취급하는 작업에 종사하는 근로자에 대하여는 정기적으로 일반건강진단을 실시한다.
② 사업주가 작업환경개선을 위해 생산공정의 변경, 생산, 설비의 밀폐 등의 방법으로 유해요인을 근원적으로 차단한다.
③ 작업환경상태의 정확한 파악을 위하여 작업환경측정을 실시하고 불량작업장에 대하여는 환경을 개선한다.
④ 유기용제 취급자에게는 유기용제의 유해성에 관하여 정기적으로 교육시킨다.

[풀이] 유기용제를 취급하는 작업에 종사하는 근로자에 대하여는 정기적으로 특수건강진단을 실시한다.

88 다음 중 작업장 유해물질에 관한 설명으로 틀린 것은?

① 작업장에서 유해물질의 주 흡수경로는 호흡기계이다.
② 유해물질의 체내 배설은 주로 대변을 통해서 이루어진다.
③ 납은 혈액, 일산화탄소는 헤모글로빈, 인은 골격의 기능장애를 일으킨다.
④ 수은, 망간은 신경계통에 기능장애를 일으킨다.

[풀이] 유해물질의 체내 배설은 주로 소변을 통해서 이루어진다.

89 다음 중 규폐증에 관한 설명으로 틀린 것은 어느 것인가?

① 주로 석재 가공, 내화벽돌 제조, 도자기 제조공정에서 환자가 발생한다.
② 폐결핵을 합병증으로 하여 폐하엽 부위에 많이 생긴다.
③ 결정형 유리규산 입자의 흡입이 원인이 된다.
④ 초기에는 천식발작증상을 보이며 폐암 발생률을 높인다.

[풀이] ④항은 석면폐증에 관한 설명이다.

90 다음 중 상온 및 상압에서 흄(fume)의 상태를 가장 적절하게 나타낸 것은?

① 고체상태
② 기체상태
③ 액체상태
④ 기체와 액체의 공존상태

[풀이] 흄(fume)
㉠ 금속이 용해되어 액상 물질로 되고 이것이 가스상 물질로 기화된 후 다시 응축된 고체 미립자로, 보통 크기가 0.1 또는 1μm 이하이므로 호흡성 분진의 형태로 체내에 흡입되어 유해성도 커진다. 즉 흄(fume)은 금속이 용해되어 공기에 의해 산화되어 미립자가 분산하는 것이다.
㉡ 흄의 생성기전 3단계는 금속의 증기화, 증기물의 산화, 산화물의 응축이다.
㉢ 흄도 입자상 물질로서 육안으로 확인이 가능하며, 작업장에서 흔히 경험할 수 있는 대표적 작업은 용접작업이다.
㉣ 일반적으로 흄은 금속의 연소과정에서 생긴다.
㉤ 입자의 크기가 균일성을 갖는다.
㉥ 활발한 브라운(Brown) 운동에 의해 상호충돌해 응집하며 응집한 후 재분리는 쉽지 않다.

91 다음 설명 중 ( ) 안에 들어갈 내용을 올바르게 나열한 것은?

'단시간 노출기준(STEL)'이란 근로자가 1회에 (㉮)간 유해인자에 노출되는 경우의 기준으로 이 기준 이하에서는 (㉯) 노출간격이 (㉰) 이상인 경우에 1일 작업시간 동안 (㉱)까지 노출이 허용될 수 있는 기준을 말한다.

① ㉮ 5분, ㉯ 1회, ㉰ 30분, ㉱ 6회
② ㉮ 15분, ㉯ 2회, ㉰ 60분, ㉱ 6회
③ ㉮ 15분, ㉯ 2회, ㉰ 30분, ㉱ 4회
④ ㉮ 15분, ㉯ 1회, ㉰ 60분, ㉱ 4회

[풀이] 단시간 노출농도(STEL ; Short Term Exposure Limits)
㉠ 근로자가 1회 15분간 유해인자에 노출되는 경우의 기준(허용농도)이다.
㉡ 이 기준 이하에서는 노출간격이 1시간 이상인 경우 1일 작업시간 동안 4회까지 노출이 허용될 수 있다.
㉢ 고농도에서 급성중독을 초래하는 물질에 적용한다.

92 다음 중 유해화학물질의 노출경로에 관한 설명으로 틀린 것은?

① 소화기계통으로 노출되는 경우가 호흡기로 노출되는 경우보다 흡수가 잘 이루어진다.
② 소화기계통으로 침입하는 것은 위장관에서 산화, 환원, 분해 과정을 거치면서 해독되기도 한다.
③ 입으로 들어간 유해물질은 침이나 그 밖의 소화액에 의해 위장관에서 흡수된다.
④ 위의 산도에 의하여 유해물질이 화학반응을 일으켜 다른 물질로 되기도 한다.

[풀이] 유해물질이 작업환경 중에서 인체에 들어오는 가장 영향이 큰 침입경로는 호흡기, 피부, 소화관 중 호흡기이다.

93 다음 중 카드뮴의 중독, 치료 및 예방대책에 관한 설명으로 틀린 것은?

① 소변 속의 카드뮴 배설량은 카드뮴 흡수를 나타내는 지표가 된다.
② BAL 또는 Ca-EDTA 등을 투여하여 신장에 대한 독작용을 제거한다.
③ 칼슘대사에 장애를 주어 신결석을 동반한 증후군이 나타나고 다량의 칼슘 배설이 일어난다.
④ 폐활량 감소, 잔기량 증가 및 호흡곤란의 폐증세가 나타나며, 이 증세는 노출기간과 노출농도에 의해 좌우된다.

[풀이] 카드뮴 중독의 치료
㉠ BAL 및 Ca-EDTA를 투여하면 신장에 대한 독성작용이 더욱 심해지므로 금한다.

㉡ 안정을 취하고 대중요법을 이용하는 동시에 산소를 흡입하고 스테로이드를 투여한다.
㉢ 치아에 황색 색소침착 유발 시 글루쿠론산칼슘 20mL를 정맥 주사한다.
㉣ 비타민 D를 피하 주사한다(1주 간격, 6회가 효과적).

94 다음 중 무기연에 속하지 않는 것은 어느 것인가?

① 금속연 ② 일산화연
③ 사산화삼연 ④ 4메틸연

[풀이] 납(Pb)의 구분
(1) 무기납
㉠ 금속납(Pb)과 납의 산화물[일산화납(PbO), 삼산화이납(Pb_2O_3), 사산화납(Pb_3O_4)] 등이다.
㉡ 납의 염류(아질산납, 질산납, 과염소산납, 황산납) 등이다.
㉢ 금속납을 가열하면 330℃에서 PbO, 450℃ 부근에서 Pb_3O_4, 600℃ 부근에서 납의 흄이 발생한다.
(2) 유기납
㉠ 4메틸납(TML)과 4에틸납(TEL)이며, 이들의 특성은 비슷하다.
㉡ 물에 잘 녹지 않고, 유기용제, 지방, 지방질에는 잘 녹는다.

95 톨루엔은 단지 자극증상과 중추신경계 억제의 일반증상만을 유발하며, 톨루엔의 대사산물은 생물학적 노출지표로 이용된다. 다음 중 톨루엔의 대사산물은?

① 메틸마뇨산
② 만델린산
③ o-크레졸
④ 페놀

[풀이] 톨루엔의 대사산물(생물학적 노출지표)
㉠ 혈액, 호기 : 톨루엔
㉡ 소변 : o-크레졸

96 다음 중 발암작용이 없는 물질은?

① 브롬 ② 벤젠
③ 벤지딘 ④ 석면

정답 92.① 93.② 94.④ 95.③ 96.①

[풀이] ② 벤젠 : 백혈병(혈액암)
③ 벤지딘 : 방광암
④ 석면 : 폐암

97 다음 중 피부 독성에 있어 경피흡수에 영향을 주는 인자와 가장 거리가 먼 것은?
① 개인의 민감도
② 용매(vehicle)
③ 화학물질
④ 온도

[풀이] 피부 독성에 있어 피부(경피)흡수에 영향을 주는 인자
㉠ 개인의 민감도
㉡ 용매
㉢ 화학물질

98 다음 중 인체의 세포 내 호흡을 방해하는 화학적 질식성 물질은?
① 탄산가스
② 포스겐
③ HCN 등 시안화합물
④ 아황산가스

[풀이] 화학적 질식제의 종류
㉠ 일산화탄소(CO)
㉡ 황화수소(H_2S)
㉢ 시안화수소(HCN)
㉣ 아닐린($C_6H_5NH_2$)

99 작업환경 중에서 부유분진이 호흡기계에 축적되는 주요 작용기전과 가장 거리가 먼 것은 어느 것인가?
① 충돌
② 침강
③ 농축
④ 확산

[풀이] 입자의 호흡기계 침적(축적)기전
㉠ 충돌(관성충돌, impaction)
㉡ 중력침강(sedimentation)
㉢ 차단(interception)
㉣ 확산(diffusion)
㉤ 정전기(static electricity)

100 다음 중 벤젠에 관한 설명으로 틀린 것은?
① 벤젠은 백혈병을 유발하는 것으로 확인된 물질이다.
② 벤젠은 골수독성(myelotoxin) 물질이라는 점에서 다른 유기용제와 다르다.
③ 벤젠은 지방족 화합물로서 재생불량성 빈혈을 일으킨다.
④ 혈액조직에서 벤젠이 유발하는 가장 일반적인 독성은 백혈구 수의 감소로 인한 응고작용 결핍 등이다.

[풀이] 벤젠은 방향족 화합물로서 장기간 폭로 시 혈액장애, 간장장애를 일으키고 재생불량성 빈혈, 백혈병을 일으킨다.

정답 97.④ 98.③ 99.③ 100.③

제1과목 | 산업위생학 개론

01 신발 제조업에서 보건관리자를 1명 이상을 반드시 두어야 하는 사업장의 규모는 상시근로자가 몇 명 이상이어야 하는가?
① 30
② 50
③ 100
④ 300

[풀이] 신발 및 신발부분품 제조업 보건관리자의 기준
㉠ 상시근로자 50명 이상 500명 미만 : 1명 이상
㉡ 상시근로자 500명 이상 2,000명 미만 : 2명 이상

02 다음 중 18세기 영국에서 최초로 보고되었으며, 어린이 굴뚝청소부에게 많이 발생하였고, 원인물질이 검댕(soot)이라고 규명된 직업성 암은?
① 폐암
② 음낭암
③ 후두암
④ 피부암

[풀이] Percivall Pott
㉠ 영국의 외과의사로 직업성 암을 최초로 보고하였으며, 어린이 굴뚝청소부에게 많이 발생하는 음낭암(scrotal cancer)을 발견하였다.
㉡ 암의 원인물질은 검댕 속 여러 종류의 다환 방향족 탄화수소(PAH)이다.
㉢ 굴뚝청소부법을 제정하도록 하였다(1788년).

03 다음 중 충격소음의 강도가 130dB(A)일 때 1일 노출횟수의 기준으로 옳은 것은?
① 50
② 100
③ 500
④ 1,000

[풀이] 충격소음작업
소음이 1초 이상의 간격으로 발생하는 작업으로서 다음의 1에 해당하는 작업을 말한다.
㉠ 120dB을 초과하는 소음이 1일 1만 회 이상 발생되는 작업
㉡ 130dB을 초과하는 소음이 1일 1천 회 이상 발생되는 작업
㉢ 140dB을 초과하는 소음이 1일 1백 회 이상 발생되는 작업

04 미국산업안전보건연구원(NIOSH)의 중량물 취급작업기준에서 적용하고 있는 들어 올리는 물체의 폭은 얼마인가?
① 55cm 이하
② 65cm 이하
③ 75cm 이하
④ 85cm 이하

[풀이] 물체의 폭이 75cm 이하로서, 두 손을 적당히 벌리고 작업할 수 있는 공간이 있어야 한다.

05 미국산업위생학술원(AAIH)에서 제시한 산업위생전문가의 윤리강령 중 일반대중에 대한 책임으로 볼 수 있는 것은?
① 기업체의 기밀은 누설하지 않는다.
② 정확하고도 확실한 사실을 근거로 전문적인 견해를 발표한다.
③ 쾌적한 작업환경을 만들기 위하여 산업위생의 이론을 적용하고 책임 있게 행동한다.
④ 신뢰를 존중하여 정직하게 권고하고, 결과와 개선점을 정확히 보고한다.

정답 01.② 02.② 03.④ 04.③ 05.②

[풀이] **산업위생전문가의 일반대중에 대한 책임**
  ㉠ 일반대중에 관한 사항은 학술지에 정직하게, 사실 그대로 발표한다.
  ㉡ 정확하고도 확실한 사실을 근거로 전문적인 견해를 발표한다.

06 다음 중 육체적 작업 시 혐기성 대사에 의해 생성되는 에너지의 근원에 해당하지 않는 것은?
  ① 아데노신삼인산(ATP)
  ② 크레아틴인산(CP)
  ③ 산소(oxygen)
  ④ 포도당(glucose)

[풀이] **혐기성 대사(anaerobic metabolism)**
  ㉠ 근육에 저장된 화학적 에너지를 의미한다.
  ㉡ 혐기성 대사의 순서(시간대별)
    ATP(아데노신삼인산) → CP(크레아틴인산) → glycogen(글리코겐) or glucose(포도당)
  ※ 근육운동에 동원되는 주요 에너지원 중 가장 먼저 소비되는 것은 ATP이다.

07 다음 중 실내공기 오염의 주요 원인으로 볼 수 없는 것은?
  ① 오염원
  ② 공조시스템
  ③ 이동경로
  ④ 체온

[풀이] **실내공기 오염의 주요 원인**
  실내공기 오염의 주요 원인은 이동경로, 오염원, 공조시스템, 호흡, 흡연, 연소기기 등이다.
  ㉠ 실내외 또는 건축물의 기계적 설비로부터 발생되는 오염물질
  ㉡ 점유자에 접촉하여 오염물질이 실내로 유입되는 경우
  ㉢ 오염물질 자체의 에너지로 실내에 유입되는 경우
  ㉣ 점유자 스스로 생활에 의한 오염물질 발생
  ㉤ 불완전한 HVAC(Heating, Ventilation and Air Conditioning, 공조시스템) system

08 영상단말기(visual display terminal) 증후군을 예방하기 위한 방안으로 틀린 것은?
  ① 팔꿈치의 내각은 90° 이상이 되도록 한다.
  ② 무릎의 내각(knee angle)은 120° 전후가 되도록 한다.
  ③ 화면상의 문자와 배경의 휘도비(contrast)를 낮춘다.
  ④ 디스플레이의 화면 상단이 눈높이보다 약간 낮은 상태(약 10° 이하)가 되도록 한다.

[풀이] 작업자의 발바닥 전면이 바닥면에 닿는 자세를 취하고 무릎의 내각은 90° 전후이어야 한다.

09 다음 중 산업안전보건법상 '적정공기'의 정의로 옳은 것은?
  ① 산소농도의 범위가 18% 이상 23.5% 미만, 탄산가스의 농도가 1.5% 미만, 황화수소의 농도가 10ppm 미만인 수준의 공기를 말한다.
  ② 산소농도의 범위가 16% 이상 21.5% 미만, 탄산가스의 농도가 1.0% 미만, 황화수소의 농도가 15ppm 미만인 수준의 공기를 말한다.
  ③ 산소농도의 범위가 18% 이상 21.5% 미만, 탄산가스의 농도가 15% 미만, 황화수소의 농도가 1.0ppm 미만인 수준의 공기를 말한다.
  ④ 산소농도의 범위가 16% 이상 23.5% 미만, 탄산가스의 농도가 1.0% 미만, 황화수소의 농도가 1.5ppm 미만인 수준의 공기를 말한다.

[풀이] **적정공기**
  ㉠ 산소농도의 범위가 18% 이상 23.5% 미만인 수준의 공기
  ㉡ 탄산가스 농도가 1.5% 미만인 수준의 공기
  ㉢ 황화수소 농도가 10ppm 미만인 수준의 공기
  ㉣ 일산화탄소 농도가 30ppm 미만인 수준의 공기

정답 06.③ 07.④ 08.② 09.①

10 한 근로자가 트리클로로에틸렌(TLV=50ppm)이 담긴 탈지탱크에서 금속가공제품의 표면에 존재하는 절삭유 등의 기름성분을 제거하기 위해 탈지작업을 수행하였다. 또 이 과정을 마치고 포장단계에서 표면 세척을 위해 아세톤(TLV=500ppm)을 사용하였다. 이 근로자의 작업환경측정 결과는 트리클로로에틸렌이 45ppm, 아세톤이 100ppm이었을 때 노출지수와 노출기준에 관한 설명으로 옳은 것은? (단, 두 물질은 상가작용을 한다.)

① 노출지수는 1.1이며, 노출기준을 초과하고 있다.
② 노출지수는 6.1이며, 노출기준을 초과하고 있다.
③ 노출지수는 0.9이며, 노출기준 미만이다.
④ 노출지수$_{TCE}$는 0.9, 노출지수$_{아세톤}$는 0.2이며, 노출기준 미만이다.

[풀이] 노출지수(EI) = $\frac{45}{50} + \frac{100}{500}$
= 1.1 ⇒ 노출기준 초과

11 300명이 근무하는 A작업장에서 연간 55건의 재해발생으로 60명의 사상자가 발생하였다. 이 사업장의 연간 총근로시간수가 700,000시간이었다면 도수율은 약 얼마인가?

① 32.5 ② 71.4
③ 78.6 ④ 85.7

[풀이] 도수율 = $\frac{재해발생건수}{연간근로시간수} \times 10^6$
= $\frac{55}{700,000} \times 10^6$
= 78.57

12 다음 근로자의 작업에 대한 적성검사방법 중 심리학적 적성검사에 해당하지 않는 것은 어느 것인가?

① 감각기능검사
② 지능검사
③ 지각동작검사
④ 인성검사

[풀이] 심리학적 검사(적성검사)
㉠ 지능검사 : 언어, 기억, 추리, 귀납 등에 대한 검사
㉡ 지각동작검사 : 수족협조, 운동속도, 형태지각 등에 대한 검사
㉢ 인성검사 : 성격, 태도, 정신상태에 대한 검사
㉣ 기능검사 : 직무에 관련된 기본지식과 숙련도, 사고력 등의 검사

13 다음 중 피로의 예방대책으로 적절하지 않은 것은?

① 충분한 수면을 갖는다.
② 작업환경을 정리, 정돈한다.
③ 정적인 자세를 유지하는 작업을 동적인 작업으로 전환하도록 한다.
④ 피로한 후 여러 번 나누어 휴식하는 것보다 장시간의 휴식을 취한다.

[풀이] 산업피로 예방대책
㉠ 불필요한 동작을 피하고, 에너지 소모를 적게 한다.
㉡ 동적인 작업을 늘리고, 정적인 작업을 줄인다.
㉢ 개인의 숙련도에 따라 작업속도와 작업량을 조절한다.
㉣ 작업시간 중 또는 작업 전후에 간단한 체조나 오락시간을 갖는다.
㉤ 장시간 한 번 휴식하는 것보다 단시간씩 여러 번 나누어 휴식하는 것이 피로회복에 도움이 된다.

14 다음 중 직업병의 발생요인 중 직접요인은 크게 환경요인과 작업요인으로 구분되는데, 다음 중 환경요인으로 볼 수 없는 것은 어느 것인가?

① 진동현상
② 대기조건의 변화
③ 격렬한 근육운동
④ 화학물질의 취급 또는 발생

정답 10.① 11.③ 12.① 13.④ 14.③

[풀이] 직업병 발생의 직접적 원인(직접요인)
(1) 환경요인
  ㉠ 진동현상
  ㉡ 대기조건 변화
  ㉢ 화학물질의 취급 또는 발생
(2) 작업요인
  ㉠ 격렬한 근육운동
  ㉡ 높은 속도의 작업
  ㉢ 부자연스러운 자세
  ㉣ 단순반복작업
  ㉤ 정신작업

15 직업병의 예방대책 중 발생원에 대한 대책으로 볼 수 없는 것은?
① 대치
② 격리 또는 밀폐
③ 공정의 재설계
④ 정리정돈 및 청결유지

[풀이] 정리정돈 및 청결유지는 작업환경대책이다.

16 산업위생학의 정의로 가장 적절한 것은?
① 근로자의 건강증진, 질병의 예방과 진료, 재활을 연구하는 학문
② 근로자의 건강과 쾌적한 작업환경을 위해 공학적으로 연구하는 학문
③ 인간과 직업, 기계, 환경, 노동 등의 관계를 과학적으로 연구하는 학문
④ 근로자의 건강과 간호를 연구하는 학문

[풀이] 산업위생학
근로자의 건강과 쾌적한 작업환경 조성을 공학적으로 연구하는 학문

17 다음 중 객관적 피로의 측정방법과 가장 거리가 먼 것은?
① 피로 자각증상 조사
② 생리적 기능 검사
③ 생화학적 검사
④ 생리심리적 검사

[풀이] 피로 자각증상 조사는 피로의 주관적 측정방법, 즉 CMI(Cornell Medical Index)를 의미한다.

18 다음 중 사고예방대책의 기본원리 5단계를 바르게 나열한 것은?
① 사실의 발견 → 분석·평가 → 조직 → 시정방법의 선정 → 시정책의 적용
② 사실의 발견 → 시정방법의 선정 → 분석·평가 → 조직 → 시정책의 적용
③ 조직 → 분석·평가 → 사실의 발견 → 시정방법의 선정 → 시정책의 적용
④ 조직 → 사실의 발견 → 분석·평가 → 시정방법의 선정 → 시정책의 적용

[풀이] 하인리히의 사고예방(방지)대책 기본원리 5단계
㉠ 제1단계 : 안전관리조직 구성(조직)
㉡ 제2단계 : 사실의 발견
㉢ 제3단계 : 분석·평가
㉣ 제4단계 : 시정방법의 선정(대책의 선정)
㉤ 제5단계 : 시정책의 적용(대책 실시)

19 육체적 작업능력(PWC)이 15kcal/min인 어느 근로자가 1일 8시간 동안 물체를 운반하고 있다. 작업대사량(E_{task})이 6.5kcal/min, 휴식 시 대사량(E_{rest})이 1.5kcal/min일 때 시간당 휴식시간과 작업시간의 배분으로 가장 적절한 것은 어느 것인가? (단, Hertig의 공식을 이용한다.)
① 12분 휴식, 48분 작업
② 18분 휴식, 42분 작업
③ 24분 휴식, 36분 작업
④ 30분 휴식, 30분 작업

[풀이]
$$T_{rest}(\%) = \left(\frac{\text{PWC의 }1/3 - \text{작업대사량}}{\text{휴식대사량} - \text{작업대사량}}\right) \times 100$$
$$= \left(\frac{(15 \times 1/3) - 6.5}{1.5 - 6.5}\right) \times 100$$
$$= 30\%$$
∴ 휴식시간 : 60min × 0.3 = 18min
  작업시간 : 60min − 18min = 42min

정답 15.④ 16.② 17.① 18.④ 19.②

20 다음 중 사무실 공기관리지침의 관리대상 오염물질이 아닌 것은?

① 질소(N_2)　　② 미세먼지(PM 10)
③ 총 부유세균　　④ 오존(O_3)

풀이 사무실 공기관리지침의 관리대상 오염물질
㉠ 미세먼지(PM 10)
㉡ 초미세먼지(PM 2.5)
㉢ 일산화탄소(CO)
㉣ 이산화탄소(CO_2)
㉤ 이산화질소(NO_2)
㉥ 포름알데히드(HCHO)
㉦ 총 휘발성 유기화합물(TVOC)
㉧ 라돈(radon)
㉨ 총 부유세균
㉩ 곰팡이

※ 법 변경(2020년)사항이므로 풀이내용으로 학습 바랍니다.

제2과목 | 작업위생 측정 및 평가

21 어느 작업장에 작동되는 기계 두 대의 소음 레벨이 각각 98dB, 96dB로 측정되었다. 두 대의 기계가 동시에 작동되었을 경우에 소음레벨은?

① 98dB　　② 100dB
③ 102dB　　④ 104dB

풀이 합성소음도 $= 10\log(10^{9.8} + 10^{9.6}) = 100.12\text{dB}$

22 다음 중 여과지에 관한 설명으로 옳지 않은 것은?

① 막 여과지에서 유해물질은 여과지 표면이나 그 근처에서 채취된다.
② 막 여과지는 섬유상 여과지에 비해 공기저항이 심하다.
③ 막 여과지는 여과지 표면에 채취된 입자의 이탈이 없다.
④ 섬유상 여과지는 여과지 표면뿐 아니라 단면 깊게 입자상 물질이 들어가므로 더 많은 입자상 물질을 채취할 수 있다.

풀이 막 여과지는 여과지 표면에 채취된 입자들이 이탈되는 경향이 있으며, 섬유상 여과지에 비하여 채취할 수 있는 입자상 물질이 작다.

23 가스상 물질 흡수액의 흡수효율을 높이기 위한 방법으로 옳지 않은 것은?

① 가는 구멍이 많은 프리티드 버블러 등 채취효율이 좋은 기구를 사용한다.
② 시료채취속도를 낮춘다.
③ 용액의 온도를 높여 증기압을 증가시킨다.
④ 두 개 이상의 버블러를 연속적으로 연결한다.

풀이 흡수효율(채취효율)을 높이기 위한 방법
㉠ 포집액의 온도를 낮추어 오염물질의 휘발성을 제한한다.
㉡ 두 개 이상의 임핀저나 버블러를 연속적(직렬)으로 연결하여 사용하는 것이 좋다.
㉢ 시료채취속도(채취물질이 흡수액을 통과하는 속도)를 낮춘다.
㉣ 기포의 체류시간을 길게 한다.
㉤ 기포와 액체의 접촉면적을 크게 한다(가는 구멍이 많은 fritted 버블러 사용).
㉥ 액체의 교반을 강하게 한다.
㉦ 흡수액의 양을 늘려준다.

24 작업장 내 기류측정에 대한 설명으로 옳지 않은 것은?

① 풍차풍속계는 풍차의 회전속도로 풍속을 측정한다.
② 풍차풍속계는 보통 1~150m/sec 범위의 풍속을 측정하며 옥외용이다.
③ 기류속도가 아주 낮을 때에는 카타온도계와 복사풍속계를 사용하는 것이 정확하다.
④ 카타온도계는 기류의 방향이 일정하지 않거나, 실내 0.2~0.5m/sec 정도의 불감기류를 측정할 때 사용한다.

풀이 기류속도가 아주 낮을 경우에는 열선풍속계를 사용한다.

정답 20.풀이 학습　21.②　22.③　23.③　24.③

25 0.01M-NaOH 용액의 농도는? (단, Na 원자량 : 23)

① 40mg/L　　② 100mg/L
③ 400mg/L　　④ 1,000mg/L

풀이
- 0.01M = 0.01mol/L
- NaOH의 1mol = 40g
- ∴ 농도(mg/L) = 0.01mol/L × 40g/mol × 1,000mg/1g
  = 400mg/L

26 소음측정 시 단위작업장소에서 소음발생시간이 6시간 이내인 경우나 소음발생원에서의 발생시간이 간헐적인 경우의 측정 시간 및 횟수 기준으로 옳은 것은? (단, 고시 기준)

① 발생시간 동안 연속 측정하거나 등간격으로 나누어 2회 이상 측정하여야 한다.
② 발생시간 동안 연속 측정하거나 등간격으로 나누어 4회 이상 측정하여야 한다.
③ 발생시간 동안 연속 측정하거나 등간격으로 나누어 6회 이상 측정하여야 한다.
④ 발생시간 동안 연속 측정하거나 등간격으로 나누어 8회 이상 측정하여야 한다.

풀이 소음측정 시간 및 횟수
㉠ 단위작업장소에서 소음수준은 규정된 측정 위치 및 지점에서 1일 작업시간 동안 6시간 이상 연속 측정하거나 작업시간을 1시간 간격으로 나누어 6회 이상 측정하여야 한다. 다만, 소음의 발생특성이 연속음으로서 측정치가 변동이 없다고 자격자 또는 지정 측정기관이 판단한 경우에는 1시간 동안을 등간격으로 나누어 3회 이상 측정할 수 있다.
㉡ 단위작업장소에서의 소음발생시간이 6시간 이내인 경우나 소음발생원에서의 발생시간이 간헐적인 경우에는 발생시간 동안 연속 측정하거나 등간격으로 나누어 4회 이상 측정하여야 한다.

27 화학시험의 일반사항 중 시약 및 표준물질에 관한 설명으로 옳지 않은 것은? (단, 고용노동부 고시 기준)

① 분석에 사용하는 시약은 따로 규정이 없는 한 특급 또는 1급 이상이거나 이와 동등한 규격의 것을 사용하여야 한다.
② 분석에 사용되는 표준품은 원칙적으로 1급 이상이거나 이와 동등한 규격의 것을 사용하여야 한다.
③ 시료의 시험, 바탕시험 및 표준액에 대한 시험을 일련의 동일 시험으로 행할 때에 사용하는 시약 또는 시액은 동일 로트로 조제된 것을 사용한다.
④ 분석에 사용하는 시약 중 단순히 염산으로 표시하였을 때는 농도 35.0~37.0% [비중(약)은 1.18] 이상의 것을 말한다.

풀이 분석에 사용되는 표준품은 원칙적으로 특급시약을 사용한다.

28 흡착을 위해 사용하는 활성탄관의 흡착 양상에 대한 설명으로 옳지 않은 것은?

① 끓는점이 낮은 암모니아 증기는 흡착속도가 높지 않다.
② 끓는점이 높은 에틸렌, 포름알데히드 증기는 흡착속도가 높다.
③ 메탄, 일산화탄소 같은 가스는 흡착되지 않는다.
④ 유기용제증기, 수은증기(이는 활성탄-요오드관에 흡착됨) 같이 상대적으로 무거운 증기는 잘 흡착된다.

풀이 활성탄의 제한점
㉠ 표면의 산화력으로 인해 반응성이 큰 멜캅탄, 알데히드 포집에는 부적합하다.
㉡ 케톤의 경우 활성탄 표면에서 물을 포함하는 반응에 의하여 파과되어 탈착률과 안정성에 부적절하다.
㉢ 메탄, 일산화탄소 등은 흡착되지 않는다.
㉣ 휘발성이 큰 저분자량의 탄화수소화합물의 채취 효율이 떨어진다.
㉤ 끓는점이 낮은 저비점 화합물인 암모니아, 에틸렌, 염화수소, 포름알데히드 증기는 흡착속도가 높지 않아 비효과적이다.

정답 25.③ 26.② 27.② 28.②

29 톨루엔 취급 작업장에서 활성탄관을 사용하여 작업장 내 톨루엔 농도를 측정하고자 한다. 총 공기채취량은 72L였으며 활성탄관의 앞층에서 분석된 톨루엔의 양은 900μg, 뒤층에서 분석된 톨루엔의 양은 100μg이었고, 공시료에서는 앞층과 뒤층 모두 톨루엔이 검출되지 않았다. 탈착효율이 80%라면 작업장 내 톨루엔 농도는? (단, 작업장 온도 25℃, 1기압, 톨루엔 분자량 92)

① 약 2.1ppm
② 약 3.3ppm
③ 약 4.6ppm
④ 약 5.9ppm

풀이
$$농도(mg/m^3) = \frac{(900+100)\mu g}{72L \times 0.8}$$
$$= 17.36 \mu g/L(mg/m^3)$$
$$\therefore 농도(ppm) = 17.36 \times \frac{24.45}{92}$$
$$= 4.61 ppm$$

30 다음 물질 중 실리카겔과 친화력이 가장 큰 것은?

① 알데히드류
② 올레핀류
③ 파라핀류
④ 에스테르류

풀이 실리카겔과의 친화력
물 > 알코올 > 알데히드류 > 케톤류 > 에스테르류 > 방향족탄화수소류 > 올레핀류 > 파라핀류

31 검지관의 장단점에 관한 내용으로 옳지 않은 것은?

① 사용이 간편하고, 복잡한 분석실 분석이 필요 없다.
② 맨홀, 밀폐공간 등 산소결핍이나 폭발성 가스로 인한 위험이 있는 경우 사용이 가능하다.
③ 민감도 및 특이도가 낮고 색변화가 선명하지 않아 판독자에 따라 변이가 심하다.
④ 측정대상물질의 동정이 미리 되어 있지 않아도 측정을 용이하게 할 수 있다.

풀이 검지관 측정법의 장단점
(1) 장점
  ㉠ 맨홀, 밀폐공간에서의 산소부족 또는 폭발성 가스로 인한 안전이 문제가 될 때 유용하게 사용된다.
  ㉡ 반응시간이 빨라 현장에서 바로 측정 결과를 알 수 있다.
  ㉢ 비전문가도 어느 정도 숙지하면 사용할 수 있지만 산업위생전문가의 지도 아래 사용되어야 한다.
  ㉣ 사용이 간편하다.
  ㉤ 다른 측정방법이 복잡하거나 빠른 측정이 요구될 때 사용할 수 있다.
(2) 단점
  ㉠ 민감도가 낮아 비교적 고농도에만 적용이 가능하다.
  ㉡ 특이도가 낮아 다른 방해물질의 영향을 받기 쉽고 오차가 크다.
  ㉢ 대개 단시간 측정만 가능하다.
  ㉣ 한 검지관으로 단일물질만 측정 가능하여 각 오염물질에 맞는 검지관을 선정함에 따른 불편함이 있다.
  ㉤ 색변화에 따라 주관적으로 읽을 수 있어 판독자에 따라 변이가 심하며, 색변화가 시간에 따라 변하므로 제조자가 정한 시간에 읽어야 한다.
  ㉥ 미리 측정대상 물질의 동정이 되어 있어야 측정이 가능하다.

32 불꽃방식의 원자흡광광도계의 장단점으로 옳지 않은 것은?

① 조작이 쉽고 간편하다.
② 분석시간이 흑연로장치에 비하여 적게 소요된다.
③ 주입 시료액의 대부분이 불꽃부분으로 보내지므로 감도가 높다.
④ 고체시료의 경우 전처리에 의하여 매트릭스를 제거해야 한다.

정답 29.③ 30.① 31.④ 32.③

[풀이] **불꽃원자화장치의 장단점**
(1) 장점
 ㉠ 쉽고 간편하다.
 ㉡ 가격이 흑연로장치나 유도결합플라스마-원자발광분석기보다 저렴하다.
 ㉢ 분석이 빠르고, 정밀도가 높다(분석시간이 흑연로장치에 비해 적게 소요).
 ㉣ 기질의 영향이 적다.
(2) 단점
 ㉠ 많은 양의 시료(10mL)가 필요하며, 감도가 제한되어 있어 저농도에서 사용이 힘들다.
 ㉡ 용질이 고농도로 용해되어 있는 경우, 점성이 큰 용액은 분무구를 막을 수 있다.
 ㉢ 고체시료의 경우 전처리에 의하여 기질(매트릭스)을 제거해야 한다.

33 입자상 물질의 채취를 위한 직경분립충돌기의 장점으로 옳지 않은 것은?
① 입자별 동시 채취로 시료채취준비 및 채취시간을 단축할 수 있다.
② 흡입성, 흉곽성, 호흡성 입자의 크기별로 분포와 농도를 계산할 수 있다.
③ 호흡기의 부분별로 침착된 입자 크기의 자료를 추정할 수 있다.
④ 입자의 질량 크기 분포를 얻을 수 있다.

[풀이] **직경분립충돌기(cascade impactor)의 장단점**
(1) 장점
 ㉠ 입자의 질량 크기 분포를 얻을 수 있다(공기흐름속도를 조절하여 채취입자를 크기별로 구분 가능).
 ㉡ 호흡기의 부분별로 침착된 입자 크기의 자료를 추정할 수 있다.
 ㉢ 흡입성, 흉곽성, 호흡성 입자의 크기별로 분포와 농도를 계산할 수 있다.
(2) 단점
 ㉠ 시료채취가 까다롭다. 즉 경험이 있는 전문가가 철저한 준비를 통해 이용해야 정확한 측정이 가능하다(작은 입자는 공기흐름속도를 크게 하여 충돌판에 포집할 수 없음).
 ㉡ 비용이 많이 든다.
 ㉢ 채취준비시간이 과다하다.
 ㉣ 되튐으로 인한 시료의 손실이 일어나 과소분석결과를 초래할 수 있어 유량을 2L/min 이하로 채취한다.

 ㉤ 공기가 옆에서 유입되지 않도록 각 충돌기의 조립과 장착을 철저히 해야 한다.

34 공기채취기구의 보정에 사용되는 2차 표준(secondary standard)으로 옳은 것은?
① 흑연 피스톤미터
② 폐활량계
③ 가스치환병
④ 열선기류계

[풀이] **표준기구(보정기구)의 종류**
(1) 1차 표준기구
 ㉠ 비누거품미터(soap bubble meter)
 ㉡ 폐활량계(spirometer)
 ㉢ 가스치환병(mariotte bottle)
 ㉣ 유리 피스톤미터(glass piston meter)
 ㉤ 흑연 피스톤미터(frictionless piston meter)
 ㉥ 피토튜브(pitot tube)
(2) 2차 표준기구
 ㉠ 로터미터(rotameter)
 ㉡ 습식 테스트미터(wet test meter)
 ㉢ 건식 가스미터(dry gas meter)
 ㉣ 오리피스미터(orifice meter)
 ㉤ 열선기류계(thermo anemometer)

35 작업환경 측정, 분석치에 대한 정확도와 정밀도를 확보하기 위하여 지정측정기관의 작업환경 측정·분석 능력을 평가하고, 그 결과에 따라 지도 및 교육 기타 측정, 분석 능력 향상을 위하여 행하는 모든 관리적 수단을 말하는 것은?
① 분석관리
② 평가관리
③ 측정관리
④ 정도관리

[풀이] **정도관리**
작업환경 측정·분석치에 대한 정확도와 정밀도를 확보하기 위하여 통계적 처리를 통한 일정한 신뢰한계 내에서 측정·분석치를 평가하고, 그 결과에 따라 지도 및 교육, 기타 측정·분석 능력 향상을 위하여 행하는 모든 관리적 수단을 말한다.

36 처음 측정한 측정치는 유량, 측정시간, 회수율 및 분석 등에 의한 오차가 각각 15%, 3%, 9%, 5%였으나 유량에 의한 오차가 개선되어 10%로 감소되었다면 개선 전 측정치의 누적오차와 개선 후의 측정치의 누적오차의 차이(%)는?

① 6.6 ② 5.6
③ 4.6 ④ 3.8

[풀이]
- 개선 전 누적오차 $= \sqrt{15^2 + 3^2 + 9^2 + 5^2}$
  $= 18.44\%$
- 개선 후 누적오차 $= \sqrt{10^2 + 3^2 + 9^2 + 5^2}$
  $= 14.66\%$
∴ 차이 $= 18.44 - 14.66 = 3.78\%$

37 입자상 물질의 측정에 관한 설명으로 옳지 않은 것은? (단, 고용노동부 고시 기준)

① 석면의 농도는 여과채취방법에 의한 계수방법 또는 이와 동등 이상의 분석방법으로 측정한다.
② 광물성 분진은 여과채취방법에 따라 석영, 크리스토바라이트, 트리디마이트를 분석할 수 있는 적합한 분석방법으로 측정한다.
③ 용접흄은 여과채취방법으로 하되 용접보안면을 착용한 경우는 호흡기로부터 반경 30cm 이내에서 측정한다.
④ 호흡성 분진은 호흡성 분진용 분립장치 또는 호흡성 분진을 채취할 수 있는 기기를 이용한 여과채취방법으로 측정한다.

[풀이] 용접흄은 여과채취방법으로 하되 용접 보안면을 착용한 경우에는 그 내부에서 채취하고 중량분석방법과 원자흡광분광기 또는 유도결합플라스마를 이용한 분석방법으로 측정한다.

38 측정값이 17, 5, 3, 13, 8, 7, 12 및 10일 때 통계적인 대푯값 9.0은 다음 중 어느 통계치에 해당되는가?

① 산술평균
② 기하평균
③ 최빈값
④ 중앙값

[풀이] 3, 5, 7, 8, 10, 12, 13, 17
∴ 중앙값 $= \dfrac{8+10}{2} = 9$

39 가스크로마토그래피의 검출기 종류인 전자포획검출기에 관한 설명으로 옳지 않은 것은 어느 것인가?

① 할로겐, 과산화물, 케톤, 니트로기와 같은 전기음성도가 큰 작용기에 대하여 대단히 예민하게 반응한다.
② 아민, 알코올류, 탄화수소와 같은 화합물에 감응하여 높은 선택성을 나타낸다.
③ 검출한계는 약 50pg 정도이다.
④ 염소를 함유한 농약의 검출에 널리 사용된다.

[풀이] ②항은 불꽃이온화검출기(FID)에 관한 설명이다.

40 금속탐지공정에서 측정한 트리클로로에틸렌의 농도(ppm)가 다음과 같다면 기하평균 농도(ppm)는?

[트리클로로에틸렌의 농도]
101, 45, 51, 87, 36, 54, 40

① 53.2
② 55.2
③ 57.2
④ 59.2

[풀이]
$\log(GM) = \dfrac{\left(\begin{array}{c}\log 101 + \log 45 + \log 51 + \log 87 \\ + \log 36 + \log 54 + \log 40\end{array}\right)}{7}$
$= 1.742$
∴ $GM = 10^{1.742}$
$= 55.20 \text{ppm}$

정답 36.④ 37.③ 38.④ 39.② 40.②

제3과목 | 작업환경 관리대책

41 플랜지가 붙은 외부식 후드가 공간에 있다. 만약 제어속도가 0.75m/sec, 단면적이 0.5m² 이고 대상물질과 후드면 간의 거리가 1.0m라면 필요송풍량은?

① 약 $4m^3$/sec
② 약 $6m^3$/sec
③ 약 $8m^3$/sec
④ 약 $10m^3$/sec

[풀이] 플랜지 부착, 자유공간 위치 외부식 후드 유량(Q)
$Q = 0.75 \times V_c(10X^2 + A)$
$= 0.75 \times 0.75 \times [(10 \times 1.0^2) + 0.5]$
$= 5.91 m^3$/sec

42 여과집진장치의 장단점으로 옳지 않은 것은 어느 것인가?

① 다양한 용량을 처리할 수 있다.
② 탈진방법과 여과재의 사용에 따른 설계상의 융통성이 있다.
③ 섬유 여포상에서 응축이 일어날 때 습한 가스를 취급할 수 없다.
④ 집진효율이 처리가스의 양과 밀도변화에 영향이 크다.

[풀이] 여과집진장치의 장단점
(1) 장점
  ㉠ 집진효율이 높으며, 집진효율은 처리가스의 양과 밀도변화에 영향이 적다.
  ㉡ 다양한 용량을 처리할 수 있다.
  ㉢ 연속집진방식일 경우 먼지부하의 변동이 있어도 운전효율에는 영향이 없다.
  ㉣ 건식 공정이므로 포집먼지의 처리가 쉽다. 즉 여러 가지 형태의 분진을 포집할 수 있다.
  ㉤ 여과재에 표면 처리하여 가스상 물질을 처리할 수도 있다.
  ㉥ 설치 적용범위가 광범위하다.
  ㉦ 탈진방법과 여과재의 사용에 따른 설계상의 융통성이 있다.

(2) 단점
  ㉠ 고온, 산, 알칼리 가스일 경우 여과백의 수명이 단축된다.
  ㉡ 250℃ 이상 고온가스를 처리할 경우 고가의 특수 여과백을 사용해야 한다.
  ㉢ 산화성 먼지농도가 $50g/m^3$ 이상일 때는 발화 위험이 있다.
  ㉣ 여과백 교체 시 비용이 많이 들고 작업방법이 어렵다.
  ㉤ 가스가 노점온도 이하가 되면 수분이 생성되므로 주의를 요한다.
  ㉥ 섬유여포상에서 응축이 일어날 때 습한 가스를 취급할 수 없다.

43 80μm인 분진입자를 중력침강실에서 처리하려고 한다. 입자의 밀도는 $2g/cm^3$, 가스의 밀도는 $1.2kg/m^3$, 가스의 점성계수는 $2.0 \times 10^{-3} g/cm \cdot sec$일 때 침강속도는? (단, Stokes 식 적용)

① 3.49×10^{-3}m/sec
② 3.49×10^{-2}m/sec
③ 4.49×10^{-3}m/sec
④ 4.49×10^{-2}m/sec

[풀이] 침강속도 $= \dfrac{d_p^2(\rho_p - \rho)g}{18\mu}$

• d_p : $80\mu m (80 \times 10^{-6}m)$
• ρ_p : $2g/cm^3 (2,000 kg/m^3)$
• μ : $2.0 \times 10^{-3} g/cm \cdot sec$
   $(0.0002 kg/m \cdot sec)$

$= \dfrac{(80 \times 10^{-6})^2 m^2 \times (2,000 - 1.2) kg/m^3 \times 9.8 m/sec^2}{18 \times 0.0002 kg/m \cdot sec}$
$= 0.0348 m/sec = 3.48 \times 10^{-2} m/sec$

44 환기시설 내 기류가 기본적인 유체역학적 원리에 따르기 위한 전제조건과 가장 거리가 먼 것은?

① 환기시설 내외의 열교환은 무시한다.
② 공기의 압축이나 팽창은 무시한다.
③ 공기는 절대습도를 기준으로 한다.
④ 대부분의 환기시설에서 공기 중에 포함된 유해물질의 무게와 용량을 무시한다.

정답 41.② 42.④ 43.② 44.③

풀이 유체역학의 질량보존 원리를 환기시설에 적용하는 데 필요한 네 가지 공기 특성의 주요 가정(전제조건)
㉠ 환기시설 내외(덕트 내부·외부)의 열전달(열교환) 효과 무시
㉡ 공기의 비압축성(압축성과 팽창성 무시)
㉢ 건조공기 가정
㉣ 환기시설에서 공기 속 오염물질의 질량(무게)과 부피(용량) 무시

45 어느 관내의 속도압이 3.5mmH₂O일 때 유속(m/min)은? (단, 공기의 밀도 1.21kg/m³)
① 352 ② 381
③ 415 ④ 452

풀이
$$VP = \frac{\gamma V^2}{2g}$$
$$\therefore V = \sqrt{\frac{2gVP}{\gamma}} = \sqrt{\frac{2 \times 9.8 \times 3.5}{1.21}}$$
$$= 7.53 \text{m/sec} \times 60 \text{sec/min} = 451.77 \text{m/min}$$

46 탈지제로 사용되는 유기용제인 사염화에틸렌 20,000ppm이 공기 중에 존재한다면 사염화에틸렌 혼합물의 유효비중은? (단, 사염화에틸렌 증기비중 : 5.7)
① 1.021 ② 1.047
③ 1.094 ④ 1.126

풀이
$$\text{유효비중} = \frac{(20,000 \times 5.7) + (980,000 \times 1.0)}{1,000,000}$$
$$= 1.094$$

47 분압이 5mmHg인 물질이 표준상태의 공기 중에서 증발하여 도달할 수 있는 최고농도(포화농도, ppm)는?
① 약 4,520
② 약 5,590
③ 약 6,580
④ 약 7,530

풀이 최고농도(ppm) $= \frac{5}{760} \times 10^6 = 6578.95$ ppm

48 강제환기를 실시할 때 따라야 하는 원칙으로 옳지 않은 것은?
① 배출공기를 보충하기 위하여 청정공기를 공급한다.
② 공기 배출구와 근로자의 작업위치 사이에 오염원이 위치하지 않도록 한다.
③ 오염물질 배출구는 가능한 한 오염원으로부터 가까운 곳에 설치하여 점환기의 효과를 얻는다.
④ 공기가 배출되면서 오염장소를 통과하도록 공기 배출구와 유입구의 위치를 선정한다.

풀이 전체환기(강제환기)시설 설치 기본원칙
㉠ 오염물질 사용량을 조사하여 필요환기량을 계산한다.
㉡ 배출공기를 보충하기 위하여 청정공기를 공급한다.
㉢ 오염물질 배출구는 가능한 한 오염원으로부터 가까운 곳에 설치하여 '점환기'의 효과를 얻는다.
㉣ 공기 배출구와 근로자의 작업위치 사이에 오염원이 위치해야 한다.
㉤ 공기가 배출되면서 오염장소를 통과하도록 공기 배출구와 유입구의 위치를 선정한다.
㉥ 작업장 내 압력은 경우에 따라서 양압이나 음압으로 조정해야 한다(오염원 주위에 다른 작업공정이 있으면 공기공급량을 배출량보다 작게 하여 음압을 형성시켜 주위 근로자에게 오염물질이 확산되지 않도록 한다).
㉦ 배출된 공기가 재유입되지 못하게 배출구 높이를 적절히 설계하고 창문이나 문 근처에 위치하지 않도록 한다.
㉧ 오염된 공기는 작업자가 호흡하기 전에 충분히 희석되어야 한다.
㉨ 오염물질 발생은 가능하면 비교적 일정한 속도로 유출되도록 조정해야 한다.

49 어떤 작업장의 음압수준이 100dB(A)이고, 근로자가 NRR이 19인 귀마개를 착용하고 있다면 차음효과는? (단, OSHA 방법 기준)
① 2dB(A) ② 4dB(A)
③ 6dB(A) ④ 8dB(A)

풀이
차음효과 = (NRR−7)×0.5
     = (19−7)×0.5
     = 6 dB(A)

50 세정집진장치의 효율을 향상시키기 위한 방안으로 옳지 않은 것은?
① 충진탑은 공탑 내의 배기속도를 크게 한다.
② 체류시간을 길게 한다.
③ 분무되는 물방울의 입경을 작게 한다.
④ 충진제의 표면적과 충진밀도를 크게 한다.

풀이 세정집진시설의 집진율 향상조건
㉠ 유수식에서는 세정액의 미립화 수, 가스 처리속도가 클수록 집진율이 높아진다.
㉡ 가압수식(충진탑 제외)에서는 목(throat) 부의 가스 처리속도가 클수록 집진율이 높아진다.
㉢ 회전식에서는 주속도를 크게 하면 집진율이 높아진다.
㉣ 충진탑에서는 공탑 내의 속도를 1m/sec 정도로 작게 한다.
㉤ 분무압력을 높게 하여야 수적이 다량 생성되어 세정효과가 증대된다.
㉥ 충전재의 표면적, 충전밀도를 크게 하고 처리가스의 체류시간이 길수록 집진율이 높아진다.
㉦ 최종단에 사용되는 기액분리기의 수적생성률이 높을수록 집진율이 높아진다.

51 보호장구의 재질과 효과적으로 적용할 수 있는 화학물질을 짝지은 것으로 옳지 않은 것은?
① 부틸고무 – 극성 용제
② 면 – 고체상 물질
③ 천연고무(latex) – 수용성 용액
④ viton – 극성 용제

풀이 보호장구 재질에 따른 적용물질
㉠ Neoprene 고무 : 비극성 용제, 극성 용제 중 알코올, 물, 케톤류 등에 효과적
㉡ 천연고무(latex) : 극성 용제 및 수용성 용액에 효과적(절단 및 찰과상 예방)
㉢ viton : 비극성 용제에 효과적
㉣ 면 : 고체상 물질에 효과적, 용제에는 사용 못함
㉤ 가죽 : 용제에는 사용 못함(기본적인 찰과상 예방)
㉥ Nitrile 고무 : 비극성 용제에 효과적
㉦ Butyl 고무 : 극성 용제(알데히드, 지방족)에 효과적
㉧ Ethylene vinyl alcohol : 대부분의 화학물질을 취급할 경우 효과적

52 작업환경개선을 위한 물질의 대치로 옳지 않은 것은?
① 주물공정에서 실리카모래 대신 그린모래로 주형을 채우도록 대치
② 보온재로 석면 대신 유리섬유나 암면 등 사용
③ 금속 표면을 블라스팅할 때 사용재료로 철구슬(shot) 대신 모래(sand)를 사용
④ 야광시계의 자판을 라듐 대신 인을 사용

풀이 금속 표면을 블라스팅(샌드블라스트)할 때 사용재료서 모래 대신 철구슬(철가루)로 전환한다.

53 높이가 3.3m인 곳에서 비중이 2.0, 입경이 10μm인 분진입자가 발생하였다. 신장이 170cm인 작업자의 호흡영역은 바닥으로부터 대략 150cm로 본다. 이 분진입자가 작업자의 호흡영역까지 다가오는 시간은 대략 몇 분이 소요되겠는가?
① 2분   ② 5분
③ 8분   ④ 11분

풀이
침강속도 = $0.003 \times \rho \times d^2$
     = $0.003 \times 2.0 \times 10^2 = 0.6$ cm/sec
∴ 소요시간(분) = $\dfrac{작업자\ 호흡높이}{침강속도}$
     = $\dfrac{(330-150)\text{cm}}{0.6\text{cm/sec}}$
     = 300sec × min/60sec = 5min

54 움직이지 않는 공기 중으로 속도 없이 배출되는 작업조건(작업공정 : 탱크에서 증발)의 제어속도 범위로 가장 적절한 것은? (단, ACGIH 권고 기준)
① 0.1~0.3m/sec   ② 0.3~0.5m/sec
③ 0.5~1.0m/sec   ④ 1.0~1.5m/sec

[풀이] 작업조건에 따른 제어속도 기준

작업조건	작업공정 사례	제어속도 (m/sec)
• 움직이지 않는 공기 중에서 속도 없이 배출되는 작업조건 • 조용한 대기 중에 실제 거의 속도가 없는 상태로 발산하는 작업조건	• 액면에서 발생하는 가스나 증기, 흄 • 탱크에서 증발, 탈지시설	0.25~0.5
비교적 조용한(약간의 공기 움직임) 대기 중에서 저속도로 비산하는 작업조건	• 용접, 도금 작업 • 스프레이 도장 • 주형을 부수고 모래를 터는 장소	0.5~1.0
발생기류가 높고 유해물질이 활발하게 발생하는 작업조건	• 스프레이 도장, 용기 충전 • 컨베이어 적재 • 분쇄기	1.0~2.5
초고속기류가 있는 작업장소에 초고속으로 비산하는 작업조건	• 회전연삭작업 • 연마작업 • 블라스트 작업	2.5~10

55 다음 중 방진마스크에 관한 설명으로 옳지 않은 것은?

① 일반적으로 활성탄 필터가 많이 사용된다.
② 종류에는 격리식, 직결식, 면체여과식이 있다.
③ 흡기저항 상승률은 낮은 것이 좋다.
④ 비휘발성 입자에 대한 보호가 가능하다.

[풀이] 일반적으로 활성탄 필터가 많이 사용되는 것은 방독마스크이다.

56 어떤 단순 후드의 유입계수가 0.90이고 속도압이 20mmH₂O일 때 후드의 정압은?

① $-24.6mmH_2O$ ② $-36.4mmH_2O$
③ $-42.2mmH_2O$ ④ $-52.2mmH_2O$

[풀이] $SP_h = VP(1+F)$

- $F = \dfrac{1}{Ce^2} - 1 = \dfrac{1}{0.90^2} - 1 = 0.234$

$= 20(1+0.234)$
$= 24.69 mmH_2O$ (실제적으로 $-24.69mmH_2O$)

57 도금조와 같이 오염물질 발생원의 개방면적이 큰 작업공정에 주로 많이 사용하여 포집효율을 증가시키면서 필요유량을 대폭 감소시킬 수 있는 장점이 있는 후드는?

① 그리드형 ② 캐노피형
③ 드래프트 챔버형 ④ 푸시풀형

[풀이] 푸시풀(push-pull) 후드
(1) 개요
  ㉠ 제어길이가 비교적 길어서 외부식 후드에 의한 제어효과가 문제가 되는 경우에 공기를 불어주고(push) 당겨주는(pull) 장치로 되어 있다.
  ㉡ 개방조 한 변에서 압축공기를 이용하여 오염물질이 발생하는 표면에 공기를 불어 반대쪽에 오염물질이 도달하게 한다.
(2) 적용
  ㉠ 도금조 및 자동차 도장공정과 같이 오염물질 발생원의 개방면적이 큰(발산면의 폭이 넓은) 작업공정에 주로 많이 적용된다.
  ㉡ 포착거리(제어거리)가 일정 거리 이상일 경우 push-pull형 환기장치가 적용된다.
(3) 특징
  ㉠ 제어속도는 push 제트기류에 의해 발생한다.
  ㉡ 공정에서 작업물체를 처리조에 넣거나 꺼내는 중에 공기막이 파괴되어 오염물질이 발생한다.
  ㉢ 노즐로는 하나의 긴 슬롯, 구멍 뚫린 파이프 또는 개별 노즐을 여러 개 사용하는 방법이 있다.
  ㉣ 노즐의 각도는 제트공기가 방해받지 않도록 하향 방향을 향하고 최대 20° 내를 유지하도록 한다.
  ㉤ 노즐 전체면적은 기류 분포를 고르게 하기 위해서 노즐 충만실 단면적의 25%를 넘지 않도록 해야 한다.
  ㉥ push-pull 후드에 있어서는 여러 가지의 영향인자가 존재하므로 ±20% 정도의 유량조정이 가능하도록 설계되어야 한다.
(4) 장점
  ㉠ 포집효율을 증가시키면서 필요유량을 대폭 감소시킬 수 있다.
  ㉡ 작업자의 방해가 적고 적용이 용이하다.
(5) 단점
  ㉠ 원료의 손실이 크다.
  ㉡ 설계방법이 어렵다.
  ㉢ 효과적으로 기능을 발휘하지 못하는 경우가 있다.

정답 55.① 56.① 57.④

58 확대각이 10°인 원형 확대관에서 입구직관의 정압은 -15mmH$_2$O, 속도압은 35mmH$_2$O이고, 확대된 출구직관의 속도압은 25mmH$_2$O이다. 확대 측의 정압은? (단, 확대각이 10°일 때 압력손실계수 $\xi=0.28$이다.)

① -1.4mmH$_2$O
② -2.8mmH$_2$O
③ -5.4mmH$_2$O
④ -7.8mmH$_2$O

풀이 확대 측 정압(SP_2)
$= SP_1 + R(VP_1 - VP_2)$
- R(정압회복계수) $= 1 - \xi = 1 - 0.28 = 0.72$
$= -15 + [0.72 \times (35-25)]$
$= -7.8\text{mmH}_2\text{O}$

59 직경 400mm인 환기시설을 통해 50m³/min의 표준상태의 공기를 보낼 때 이 덕트 내의 유속(m/sec)은?

① 13.3 ② 11.5
③ 9.4 ④ 6.6

풀이 $V = \dfrac{Q}{A}$
$= \dfrac{50\text{m}^3/\text{min}}{\left(\dfrac{3.14 \times 0.4^2}{4}\right)\text{m}^2}$
$= 398.09\text{m/min} \times \text{min}/60\text{sec}$
$= 6.63\text{m/sec}$

60 다음 중 전체환기를 하는 경우와 가장 거리가 먼 것은?

① 유해물질의 독성이 높은 경우
② 동일 사업장에 다수의 오염발생원이 분산되어 있는 경우
③ 오염발생원이 근로자가 근무하는 장소로부터 멀리 떨어져 있는 경우
④ 오염발생원이 이동성인 경우

풀이 **전체환기(희석환기) 적용 시 조건**
㉠ 유해물질의 독성이 비교적 낮은 경우, 즉 TLV가 높은 경우 ⇨ 가장 중요한 제한조건

㉡ 동일한 작업장에 다수의 오염원이 분산되어 있는 경우
㉢ 유해물질이 시간에 따라 균일하게 발생될 경우
㉣ 유해물질의 발생량이 적은 경우 및 희석공기량이 많지 않아도 되는 경우
㉤ 유해물질이 증기나 가스일 경우
㉥ 국소배기로 불가능한 경우
㉦ 배출원이 이동성인 경우
㉧ 가연성 가스의 농축으로 폭발의 위험이 있는 경우
㉨ 오염원이 근무자가 근무하는 장소로부터 멀리 떨어져 있는 경우

제4과목 | 물리적 유해인자관리

61 1촉광의 광원으로부터 한 단위입체각으로 나가는 광속의 단위를 무엇이라 하는가?

① 럭스(lux)
② 램버트(lambert)
③ 캔들(candle)
④ 루멘(lumen)

풀이 **루멘(lumen, lm) ; 광속**
㉠ 광속의 국제단위로, 기호는 lm으로 나타낸다.
※ 광속 : 광원으로부터 나오는 빛의 양
㉡ 1촉광의 광원으로부터 한 단위입체각으로 나가는 광속의 단위이다.
㉢ 1촉광과의 관계는 1촉광 $= 4\pi(12.57)$루멘으로 나타낸다.

62 다음 중 소음의 흡음평가 시 적용되는 잔향시간(reverberation time)에 관한 설명으로 옳은 것은?

① 잔향시간은 실내공간의 크기에 비례한다.
② 실내 흡음량을 증가시키면 잔향시간도 증가한다.
③ 잔향시간은 음압수준이 30dB 감소하는 데 소요되는 시간이다.
④ 잔향시간을 측정하려면 실내 배경소음이 90dB 이상 되어야 한다.

정답 58.④ 59.④ 60.① 61.④ 62.①

[풀이] ② 실내 흡음량을 증가시키면 잔향시간은 감소한다.
③ 잔향시간은 음압수준이 60dB 감소하는 데 소요되는 시간이다.
④ 잔향시간을 측정하려면 실내 배경소음이 60dB 이하가 되어야 한다.

63 0℃, 1기압의 공기 중에서 파장이 2m인 음의 주파수는 약 얼마인가?

① 132Hz
② 154Hz
③ 166Hz
④ 178Hz

[풀이] $c = \lambda \times f$

$f = \dfrac{c}{\lambda} = \dfrac{[331.42 + (0.6 \times 0)] \text{m/sec}}{2\text{m}} = 165.71 \text{Hz}(1/\text{sec})$

64 다음 중 일반적으로 전리방사선에 대한 감수성이 가장 둔감한 것은?

① 세포핵 분열이 계속적인 조직
② 증식력과 재생기전이 왕성한 조직
③ 신경조직, 근육 등 조밀한 조직
④ 형태와 기능이 미완성된 조직

[풀이] 전리방사선에 대한 감수성 순서

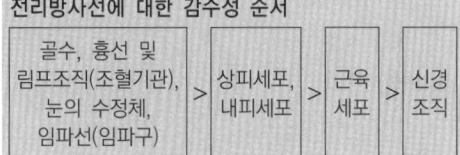

65 다음 중 한랭환경에서의 생리적 반응이 아닌 것은?

① 피부혈관의 수축
② 근육 긴장의 증가와 떨림
③ 화학적 대사작용의 증가
④ 체표면적의 증가

[풀이] 한랭(저온)환경에서의 생리적 기전(반응)
한랭환경에서는 체열 방산을 제한하고, 체열 생산을 증가시키기 위한 생리적 반응이 일어난다.
㉠ 피부혈관(말초혈관)이 수축한다.
  • 피부혈관 수축과 더불어 혈장량 감소로 혈압이 일시적으로 저하되며 신체 내 열을 보호하는 기능을 한다.
  • 말초혈관의 수축으로 표면조직의 냉각이 오며 1차적 생리적 영향이다.
  • 피부혈관의 수축으로 피부온도가 감소되고 순환능력이 감소되어 혈압은 일시적으로 상승된다.
㉡ 근육 긴장의 증가와 떨림 및 수의적인 운동이 증가한다.
㉢ 갑상선을 자극하여 호르몬 분비가 증가(화학적 대사작용 증가)한다.
㉣ 부종, 저림, 가려움증, 심한 통증 등이 발생한다.
㉤ 피부 표면의 혈관·피하조직이 수축하고, 체표면적이 감소한다.
㉥ 피부의 급성 일과성 염증반응은 한랭에 대한 폭로를 중지하면 2~3시간 내에 없어진다.
㉦ 피부나 피하조직을 냉각시키는 환경온도 이하에서는 감염에 대한 저항력이 떨어지며 회복과정에 장애가 온다.
㉧ 저온환경에서는 근육활동, 조직대사가 증가되어 식욕이 항진된다.

66 다음 [보기] 중 온열요소를 결정하는 주요 인자들로만 나열된 것은?

[보기]
㉮ 기온   ㉯ 기습
㉰ 지형   ㉱ 위도
㉲ 기류

① ㉮, ㉯, ㉰   ② ㉯, ㉰, ㉱
③ ㉰, ㉱, ㉲   ④ ㉮, ㉯, ㉲

[풀이] 사람과 환경 사이에 일어나는 열교환에 영향을 미치는 것은 기온, 기류, 습도 및 복사열 4가지이다. 즉 기후인자 가운데서 기온, 기류, 습도(기습) 및 복사열 등 온열요소가 동시에 인체에 작용하여 관여할 때 인체는 온열감각을 느끼게 되며, 온열요소를 단일척도로 표현하는 것을 온열지수라 한다.

67 다음 중 진동의 강도를 표현하는 방법으로 적절하지 않은 것은?

① 투과(transmission)
② 변위(displacement)
③ 속도(velocity)
④ 가속도(acceleration)

[풀이] 진동의 크기를 나타내는 단위(진동 크기 3요소)
㉠ 변위(displacement)
  물체가 정상 정지위치에서 일정 시간 내에 도달하는 위치까지의 거리
  ※ 단위 : mm(cm, m)
㉡ 속도(velocity)
  변위의 시간변화율이며, 진동체가 진동의 상한 또는 하한에 도달하면 속도는 0이고, 그 물체가 정상위치인 중심을 지날 때 그 속도의 최대가 된다.
  ※ 단위 : cm/sec(m/sec)
㉢ 가속도(acceleration)
  속도의 시간변화율이며 측정이 간편하고 변위와 속도로 산출할 수 있기 때문에 진동의 크기를 나타내는 데 주로 사용한다.
  ※ 단위 : $cm/sec^2(m/sec^2)$, gal($1cm/sec^2$)

68 다음 중 산소결핍이라 함은 공기 중의 산소 농도가 몇 % 미만인 상태를 말하는가?

① 16   ② 18
③ 21   ④ 23.5

[풀이] 산소결핍
공기 중의 산소 농도가 18% 미만인 상태를 말한다.

69 다음 설명 중 ( ) 안에 내용으로 가장 적절한 것은?

> 국부조명에만 의존할 경우에는 작업장의 조도가 균등하지 못해서 눈의 피로를 가져올 수 있으므로 전체조명과 병용하는 것이 보통이다. 이와 같은 경우 전체조명의 조도는 국부조명에 의한 조도의 ( ) 정도가 되도록 조절한다.

① $\frac{1}{10} \sim \frac{1}{5}$ ② $\frac{1}{20} \sim \frac{1}{10}$
③ $\frac{1}{30} \sim \frac{1}{20}$ ④ $\frac{1}{50} \sim \frac{1}{30}$

[풀이] 전체조명의 조도는 국부조명에 의한 조도의 $\frac{1}{10} \sim \frac{1}{5}$ 정도가 되도록 조절한다.

70 개인의 평균 청력손실을 평가하는 6분법이 있다. 500Hz에서 6dB, 1,000Hz에서 10dB, 2,000Hz에서 10dB, 4,000Hz에서 20dB일 때 청력손실은 얼마인가?

① 10dB
② 11dB
③ 12dB
④ 13dB

[풀이] 6분법, 평균 청력손실
$= \frac{[6+(2\times 10)+(2\times 10)+20]}{6} = 11dB$

71 원자핵 전환 또는 원자핵 붕괴에 따라 방출되는 자연발생적인 전리방사선이며 투과력이 커서 인체를 통과할 수 있다. 특히 외부조사에 문제가 되는 방사선의 종류는?

① X선
② γ선
③ 자외선
④ α선

[풀이] γ선
㉠ X선과 동일한 특성을 가지는 전자파 전리방사선으로 입자가 아니다.
㉡ 원자핵 전환 또는 원자핵 붕괴에 따라 방출하는 자연발생적인 전자파이다.
㉢ 투과력이 커 인체를 통할 수 있어 외부조사가 문제시되며, 전리방사선 중 투과력이 강하다.
㉣ 산란선이 문제가 되며, 산업에 이용되는 γ선에는 Cs^{137}과 Co^{60}이 있다.

[정답] 67.① 68.② 69.① 70.② 71.②

72 다음 중 감압병 예방을 위한 이상기압환경에 대한 대책으로 적절하지 않은 것은?

① 가급적 빨리 감압시킨다.
② 작업시간을 제한한다.
③ 고압환경에서 작업 시 헬륨-산소 혼합가스로 대체하여 이용한다.
④ 순환기에 이상이 있는 사람은 취업 또는 작업을 제한한다.

[풀이] 이상기압에 대한 작업방법
㉠ 가압은 신중히 행한다.
㉡ 특히 감압 시 신중하게 천천히 단계적으로 한다.
㉢ 작업시간의 규정을 엄격히 지킨다.

73 다음 중 마이크로파와 라디오파에 관한 설명으로 틀린 것은?

① 마이크로파의 주파수는 10~10,000MHz 정도이며, 지역에 따라 범위의 규정이 각각 다르다.
② 라디오파의 파장은 1MHz와 자외선 사이의 범위를 말한다.
③ 마이크로파와 라디오파의 생체작용 중 대표적인 것은 온감을 느끼는 열작용이다.
④ 마이크로파의 생물학적 작용은 파장뿐만 아니라 출력, 노출시간, 노출된 조직에 따라 다르다.

[풀이] 라디오파의 파장은 1m~100km이고, 주파수는 약 3kHz~300GHz 정도를 말한다.

74 고압환경의 생체작용과 가장 거리가 먼 것은?

① 귀, 부비강, 치아의 압통
② 이산화탄소(CO_2) 중독
③ 손가락과 발가락의 작열통과 같은 산소 중독
④ 진해성 기침과 호흡곤란, 폐수종

[풀이] ④항은 저압환경의 생체작용이다.

75 다음 중 잠함병(감압병)의 직접적인 원인으로 옳은 것은?

① 혈중의 CO_2 농도 증가
② 체액 및 지방조직에 질소기포 증가
③ 체액 및 지방조직에 O_3 농도 증가
④ 체액 및 지방조직에 CO 농도 증가

[풀이] 감압병(decompression, 잠함병)
고압환경에서 Henry의 법칙에 따라 체내에 과다하게 용해되었던 불활성 기체(질소 등)는 압력이 낮아질 때 과포화상태로 되어 혈액과 조직에 기포를 형성하여 혈액순환을 방해하거나 주위 조직에 기계적 영향을 줌으로써 다양한 증상을 일으키는데, 이 질환을 감압병이라고 하며, 잠함병 또는 케이슨병이라고도 한다. 감압병의 직접적인 원인은 혈액과 조직에 질소기포의 증가이고, 감압병의 치료는 재가압 산소요법이 최상이다.

76 다음 중 소음의 크기를 나타내는 데 사용되는 단위로서 음향출력, 음의 세기 및 음압 등의 양을 비교하는 무차원의 단위인 dB을 나타낸 것은? (단, I_o = 기준음향의 세기, I = 발생음의 세기를 나타낸다.)

① $dB = 10\log\dfrac{I}{I_o}$
② $dB = 20\log\dfrac{I}{I_o}$
③ $dB = 10\log\dfrac{I_o}{I}$
④ $dB = 20\log\dfrac{I_o}{I}$

[풀이] 음의 세기 및 세기레벨
(1) 음의 세기
㉠ 음의 진행방향에 수직하는 단위면적을 단위시간에 통과하는 음에너지를 음의 세기라 한다.
㉡ 단위는 watt/m²이다.
(2) 음의 세기레벨(SIL)

$$SIL = 10\log\left(\dfrac{I}{I_o}\right)(dB)$$

여기서, SIL : 음의 세기레벨(dB)
I : 대상 음의 세기(W/m²)
I_o : 최소가청음의 세기(10^{-12}W/m²)

정답 72.① 73.② 74.④ 75.② 76.①

77 자외선의 작용에 대한 설명으로 옳은 것은?
① 320nm 이상에서 강한 홍반작용을 보인다.
② TCE를 산화성이 강한 염화수소로 전환한다.
③ 280~320nm의 파장은 비타민 D 형성, 소독작용 등의 효과가 있다.
④ 태양자외선과 산업장에서 발생하는 자외선은 공기 중의 SO_2와 paraffin계 탄화수소와 광화학적 반응을 일으켜 오존과 산화성 물질을 발생시킨다.

풀이 자외선은 300nm 부근(2,000~2,900Å)에서 강한 홍반작용을 나타내고 TCE를 독성이 강한 포스겐으로 전환시킨다.
① 홍반작용은 300nm 부근의 폭로가 가장 강한 영향을 미친다.
② 광화학반응에 의해 O_3 또는 TCE을 독성이 강한 포스겐으로 전환시킨다.
④ 태양자외선과 산업장에서 발생하는 자외선은 공기 중의 NO_x와 올레핀계 탄화수소와 광화학적 반응을 일으켜 오존과 산화성 물질을 발생시킨다.

78 어떤 환경에서 8시간 작업 중 95dB(A)인 단속음의 소음이 3시간, 90dB(A)의 소음이 3시간 발생하고 그 외 2시간은 기준 이하의 소음이 발생되었을 경우에 이 환경에서의 허용기준에 관한 설명으로 옳은 것은?
① 1.125로 허용기준을 초과하였다.
② 1.50으로 허용기준을 초과하였다.
③ 0.75로 허용기준 이하였다.
④ 0.50으로 허용기준 이하였다.

풀이 허용기준 초과 여부
$= \frac{3}{4} + \frac{3}{8} = 1.125$ ⇨ 허용기준 초과

79 고온다습한 작업환경 혹은 강렬한 복사열에 노출되어 있는 상태에서 격심한 육체운동을 할 때 발생하는 이상 상태로서 체온조절 중추기능에 이상이 생겨 체온이 41~43℃까지 급격하게 상승하여 사망하기도 하는 질병은?
① 열쇠약   ② 열경련
③ 열피로   ④ 열사병

풀이 열사병(heat stroke)
㉠ 고온다습한 환경(육체적 노동 또는 태양의 복사선을 두부에 직접적으로 받는 경우)에 노출될 때 뇌 온도의 상승으로 신체 내부의 체온조절 중추에 기능장애를 일으켜서 생기는 위급한 상태이다.
㉡ 고열로 인해 발생하는 장애 중 가장 위험성이 크다.
㉢ 태양광선에 의한 열사병은 일사병(sunstroke)이라고 한다.
㉣ 발생
 • 체온조절 중추(특히 발한 중추)의 기능장애에 의한다(체내에 열이 축적되어 발생).
 • 혈액 중의 염분량과는 관계없다.
 • 대사열의 증가는 작업부하와 작업환경에서 발생하는 열부하가 원인이 되어 발생하며, 열사병을 일으키는 데 크게 관여하고 있다.

80 손가락의 말초혈관운동의 장애로 인한 혈액순환장애로 손가락의 감각이 마비되고 창백해지며, 추운 환경에서 더욱 심해지는 레이노(Raynaud) 현상의 주요 원인으로 옳은 것은?
① 진동
② 소음
③ 조명
④ 기압

풀이 레이노 현상(Raynaud's phenomenon)
㉠ 손가락에 있는 말초혈관 운동의 장애로 인하여 수지가 창백해지고 손이 차며 저리거나 통증이 오는 현상이다.
㉡ 한랭작업조건에서 특히 증상이 악화된다.
㉢ 압축공기를 이용한 진동공구, 즉 착암기 또는 해머와 같은 공구를 장기간 사용한 근로자들의 손가락에 유발되기 쉬운 직업병이다.
㉣ dead finger 또는 white finger라고도 하며, 발증까지 약 5년 정도 걸린다.

정답 77.③ 78.① 79.④ 80.①

제5과목 | 산업 독성학

81 다음 중 알데히드류에 관한 설명으로 틀린 것은?
① 호흡기에 대한 자극작용이 심한 것이 특징이다.
② 포름알데히드는 무취, 무미하며 발암성이 있다.
③ 지용성 알데히드는 기관지 및 폐를 자극한다.
④ 아크롤레인은 특별히 독성이 강하다고 할 수 있다.

[풀이] 포름알데히드
㉠ 페놀수지의 원료로서 각종 합판, 칩보드, 가구, 단열재 등으로 사용되어 눈과 상부기도를 자극하여 기침, 눈물을 야기시키며 어지러움, 구토, 피부질환, 정서불안정의 증상을 나타낸다.
㉡ 자극적인 냄새가 나고 인화, 폭발의 위험성이 있고 메틸알데히드라고도 하며 일반주택 및 공공건물에 많이 사용하는 건축자재와 섬유옷감이 그 발생원이 되고 있다.
㉢ 산업안전보건법상 사람에 충분한 발암성 증거가 있는 물질(1A)로 분류되고 있다.

82 다음 중 유기용제의 중추신경계에 대한 일반적인 독성작용의 원리로 틀린 것은?
① 불포화화합물은 포화화합물보다 더욱 강력한 중추신경 억제물질이다.
② 탄소사슬 길이가 길수록 유기화학물질의 중추신경 억제효과는 증가한다.
③ 탄소사슬 길이가 증가하면 수용성도 증가하고 지용성이 감소하여 체내조직에 폭넓게 분포할 수 있다.
④ 유기분자의 중추신경 억제 특성은 할로겐화하면 크게 증가하고 알코올 작용기에 의하여 다소 증가한다.

[풀이] 유기용제는 탄소사슬의 길이가 증가하면 수용성은 감소하고, 지용성은 증가한다.

83 산업역학에서 상대위험도의 값이 1인 경우가 의미하는 것으로 옳은 것은?
① 노출과 질병발생 사이에는 연관이 없다.
② 노출되면 위험하다.
③ 노출되면 질병에 대하여 방어효과가 있다.
④ 노출되어서는 절대 안 된다.

[풀이] 상대위험도(상대위험비, 비교위험도)
비율비 또는 위험비라고도 하며, 위험요인을 갖고 있는 군(노출군)이 위험요인을 갖고 있지 않은 군(비노출군)에 비하여 질병의 발생률이 몇 배인가를 나타내는 것이다.

$$\text{상대위험비} = \frac{\text{노출군에서 질병발생률}}{\text{비노출군에서의 질병발생률}}$$

$$= \frac{\text{위험요인이 있는 해당 군의 질병발생률}}{\text{위험요인이 없는 해당 군의 질병발생률}}$$

㉠ 상대위험비=1 : 노출과 질병 사이의 연관성 없음
㉡ 상대위험비>1 : 위험의 증가
㉢ 상대위험비<1 : 질병에 대한 방어효과가 있음

84 화학적 질식제(chemical asphyxiant)에 심하게 노출되었을 경우 사망에 이르게 되는 이유로 가장 적절한 것은?
① 폐에서 산소를 제거하기 때문
② 심장의 기능을 저하시키기 때문
③ 폐 속으로 들어가는 산소의 활용을 방해하기 때문
④ 신진대사기능을 높여 가용한 산소가 부족해지기 때문

[풀이] 화학적 질식제
㉠ 직접적 작용에 의해 혈액 중의 혈색소와 결합하여 산소운반능력을 방해하는 물질을 말하며, 조직 중의 산화효소를 불활성화시켜 질식작용(세포의 산소수용능력 상실)을 일으킨다.
㉡ 화학적 질식제에 심하게 노출 시 폐 속으로 들어가는 산소의 활용을 방해하기 때문에 사망에 이르게 된다.

정답 81.② 82.③ 83.① 84.③

85 비강암, 비중격천공 등을 일으키는 중금속은?
① 수은   ② 카드뮴
③ 납   ④ 크롬

풀이 크롬에 의한 만성중독 건강장애
(1) 점막장애
  점막이 충혈되어 화농성 비염이 되고 차례로 깊이 들어가서 궤양이 되며, 코 점막의 염증, 비중격천공 증상을 일으킨다.
(2) 피부장애
  ㉠ 피부궤양(둥근 형태의 궤양)을 일으킨다.
  ㉡ 수용성 6가 크롬은 저농도에서도 피부염을 일으킨다.
  ㉢ 손톱 주위, 손 및 전박부에 잘 발생한다.
(3) 발암작용
  ㉠ 장기간 흡입에 의해 기관지암, 폐암, 비강암(6가 크롬)이 발생한다.
  ㉡ 크롬 취급자는 폐암에 의한 사망률이 정상인보다 상당히 높다.
(4) 호흡기 장애
  크롬폐증이 발생한다.

86 접촉에 의한 알레르기성 피부감작을 증명하기 위한 시험으로 가장 적절한 것은?
① 첩포시험   ② 진균시험
③ 조직시험   ④ 유발시험

풀이 첩포시험(patch test)
㉠ 알레르기성 접촉피부염의 진단에 필수적이며 가장 중요한 임상시험이다.
㉡ 피부염의 원인물질로 예상되는 화학물질을 피부에 도포하고, 48시간 동안 덮어둔 후 피부염의 발생 여부를 확인한다.
㉢ 첩포시험 결과 침윤, 부종이 지속된 경우를 알레르기성 접촉피부염으로 판독한다.

87 다음 [표]는 A작업장의 백혈병과 벤젠에 대한 코호트 연구를 수행한 결과이다. 이때 벤젠의 백혈병에 대한 상대위험비는 약 얼마인가?

구 분	백혈병	백혈병 없음	합 계
벤젠 노출	5	14	19
벤젠 비노출	2	25	27
합 계	7	39	46

① 3.29   ② 3.55
③ 4.64   ④ 4.82

풀이
$$상대위험비 = \frac{노출군에서\ 질병발생률}{비노출군에서\ 질병발생률}$$
$$= \frac{5/19}{2/27} = 3.55$$

88 단시간노출기준(STEL)은 근로자가 1회에 얼마 동안 유해인자에 노출되는 경우의 기준을 말하는가?
① 5분   ② 10분
③ 15분 ④ 30분

풀이 단시간 노출기준(TLV-STEL) ⇨ ACGIH
㉠ 근로자가 자극, 만성 또는 불가역적 조직장애, 사고유발, 응급 시 대처능력의 저하 및 작업능률 저하 등을 초래할 정도의 마취를 일으키지 않고 단시간(15분) 노출될 수 있는 기준을 말한다.
㉡ 시간가중 평균농도에 대한 보완적인 기준이다.
㉢ 만성중독이나 고농도에서 급성중독을 초래하는 유해물질에 적용한다.
㉣ 독성작용이 빨라 근로자에게 치명적인 영향을 예방하기 위한 기준이다.

89 다음 중 생물학적 노출지표에 관한 설명으로 틀린 것은?
① 노출 근로자의 호기, 뇨, 혈액, 기타 생체시료로 분석하게 된다.
② 직업성 질환의 진단이나 중독정도를 평가하게 된다.
③ 유해물의 전반적인 노출량을 추정할 수 있다.
④ 현 환경이 잠재적으로 갖고 있는 건강장애 위험을 결정하는 데에 지침으로 이용된다.

풀이 생물학적 노출지수(BEIs ; Biological Exposure Indices)
(1) BEI 이용상 주의점
  ㉠ 생물학적 감시기준으로 사용되는 노출기준이며 산업위생 분야에서 전반적인 건강장애 위험을 평가하는 지침으로 이용된다.

정답 85.④ 86.① 87.② 88.③ 89.②

ⓒ 노출에 대한 생물학적 모니터링 기준값이다.
ⓒ 일주일에 5일, 1일 8시간 작업을 기준으로 특정 유해인자에 대하여 작업환경기준치(TLV)에 해당하는 농도에 노출되었을 때의 생물학적 지표물질의 농도를 말한다.
ⓔ BEI는 위험하거나 그렇지 않은 노출 사이에 명확한 구별을 해주는 것은 아니다.
ⓜ BEI는 환경오염(대기, 수질오염, 식품오염)에 대한 비직업적 노출에 대한 안전수준을 결정하는 데 이용해서는 안 된다.
ⓗ BEI는 직업병(직업성 질환)이나 중독정도를 평가하는 데 이용해서는 안 된다.
ⓢ BEI는 일주일에 5일, 하루에 8시간 노출기준으로 설정한다(적용한다). 즉 작업시간의 증가 시 노출지수를 그대로 적용하는 것은 불가하다.

(2) BEI의 특성
ⓐ 생물학적 폭로지표는 작업의 강도, 기온과 습도, 개인의 생활태도에 따라 차이가 있을 수 있다.
ⓑ 혈액, 뇨, 모발, 손톱, 생체조직, 호기 또는 체액 중 유해물질의 양을 측정, 조사한다.
ⓒ 산업위생 분야에서 현 환경이 잠재적으로 갖고 있는 건강장애 위험을 결정하는 데에 지침으로 이용된다.
ⓓ 첫 번째 접촉하는 부위에 독성영향을 나타내는 물질이나 흡수가 잘되지 않는 물질에 대한 노출평가에는 바람직하지 못하다. 즉 흡수가 잘되고 전신적 영향을 나타내는 화학물질에 적용하는 것이 바람직하다.
ⓔ 혈액에서 휘발성 물질의 생물학적 노출지수는 정맥 중의 농도를 말한다.
ⓕ BEI는 유해물의 전반적인 폭로량을 추정할 수 있다.

90 화학물질을 투여한 실험동물의 50%가 관찰 가능한 가역적인 반응을 나타내는 양을 의미하는 것은?

① LC_{50} ② LE_{50}
③ TE_{50} ④ ED_{50}

[풀이] **유효량(ED)**
ED_{50}은 사망을 기준으로 하는 대신에 약물을 투여한 동물의 50%가 일정한 반응을 일으키는 양으로, 시험 유기체의 50%에 대하여 준치사적인 거동감응 및 생리감응을 일으키는 독성물질의 양을 뜻한다.

ED(유효량)는 실험동물을 대상으로 얼마간의 양을 투여했을 때 독성을 초래하지 않지만 실험군의 50%가 관찰 가능한 가역적인 반응이 나타나는 작용량, 즉 유효량을 의미한다.

91 다음 중 진폐증의 독성 병리기전을 설명한 것으로 틀린 것은?

① 폐포 탐식세포는 분진탐식과정에서 활성산소 유리기에 의한 폐포 상피세포의 증식을 유도한다.
② 진폐증의 대표적인 병리소견은 섬유증(fibrosis)이다.
③ 콜라겐섬유가 증식하면 폐의 탄력성이 떨어져 호흡곤란, 지속적인 기침, 폐기능 저하를 가져온다.
④ 섬유증이 동반되는 진폐증의 원인물질로는 석면, 알루미늄, 베릴륨, 석탄분진, 실리카 등이 있다.

[풀이] 폐포 탐식세포는 분진탐식과정에서 활성산소 유리기에 의한 폐포 상피세포의 증식을 억제한다.

92 다음 중 작업환경 내의 유해물질과 그로 인한 대표적인 장애를 잘못 연결한 것은?

① 이황화탄소 – 생식기능장애
② 염화비닐 – 간장애
③ 벤젠 – 시신경장애
④ 톨루엔 – 중추신경계 억제

[풀이] **유기용제별 대표적 특이증상(가장 심각한 독성 영향)**
ⓐ 벤젠 : 조혈장애
ⓑ 염화탄화수소, 염화비닐 : 간장애
ⓒ 이황화탄소 : 중추신경 및 말초신경 장애, 생식기능장애
ⓓ 메틸알코올(메탄올) : 시신경장애
ⓔ 메틸부틸케톤 : 말초신경장애(중독성)
ⓕ 노말헥산 : 다발성 신경장애
ⓖ 에틸렌클리콜에테르 : 생식기장애
ⓗ 알코올, 에테르류, 케톤류 : 마취작용
ⓘ 톨루엔 : 중추신경장애

정답 90.④ 91.① 92.③

93 공기 중 입자상 물질의 호흡기계 축적기전에 해당하지 않는 것은?
① 교환
② 충돌
③ 침전
④ 확산

풀이 입자의 호흡기계 축적기전
㉠ 충돌
㉡ 침전
㉢ 차단
㉣ 확산
㉤ 정전기

94 금속의 일반적인 독성기전으로 틀린 것은?
① DNA 염기의 대체
② 금속 평형의 파괴
③ 필수 금속성분의 대체
④ 술피드릴(sulfhydryl)기와의 친화성으로 단백질 기능 변화

풀이 금속의 독성작용기전
㉠ 효소억제 ⇨ 효소의 구조 및 기능을 변화시킨다.
㉡ 간접영향 ⇨ 세포성분의 역할을 변화시킨다.
㉢ 필수금속성분의 대체 ⇨ 생물학적 과정들이 민감하게 변화된다.
㉣ 필수금속 평형의 파괴 ⇨ 필수금속성분의 농도를 변화시킨다.
㉤ 술피드릴(sulfhydryl)기와의 친화성 ⇨ 단백질 기능을 변화시킨다.

95 무기성 납으로 인한 중독 시 원활한 체내 배출을 위해 사용하는 배설촉진제는?
① Ca-EDTA
② δ-ALAD
③ β-BAL
④ 코프로포르피린

풀이 납중독의 치료
(1) 급성중독
㉠ 섭취 시 즉시 3% 황산소다용액으로 위세척을 한다.
㉡ Ca-EDTA을 하루에 1~4g 정도 정맥 내 투여한다(5일 이상 투여 금지).
㉢ Ca-EDTA는 무기성 납으로 인한 중독 시 원활한 체내 배출을 위해 사용하는 배설촉진제이다(단, 배설촉진제는 신장이 나쁜 사람에게는 금지).

(2) 만성중독
㉠ 배설촉진제인 Ca-EDTA 및 페니실라민(penicillamine)을 투여한다.
㉡ 대증요법으로 진정제, 안정제, 비타민 $B_1 \cdot B_2$를 사용한다.

96 다음 중 유해물질이 인체에 미치는 영향을 결정하는 인자와 가장 거리가 먼 것은?
① 유해물질의 농도
② 유해물질의 노출시간
③ 유해물질의 독립성
④ 개인의 감수성

풀이 유해물질이 인체에 미치는 영향을 결정하는 인자
㉠ 유해물질 농도
㉡ 유해물질 노출시간
㉢ 작업강도
㉣ 개인의 감수성
㉤ 기상조건

97 다음의 설명에 해당하는 금속은?

이 금속의 흡수경로는 주로 증기가 기도를 통하여 흡수되며, 흡수된 증기의 약 80%는 폐포에서 빨리 흡수되고, 중독에 의한 특징적인 증상은 구내염, 근육진전, 정신증상의 3가지로 나눌 수 있다.

① Be
② As
③ Hg
④ Mn

풀이 수은에 의한 건강장애
㉠ 수은중독의 특징적인 증상은 구내염, 근육진전, 정신증상으로 분류된다.
㉡ 수족신경마비, 시신경장애, 정신이상, 보행장애 등의 장애가 나타난다.
㉢ 만성 노출 시 식욕부진, 신기능부전, 구내염을 발생시킨다.
㉣ 치은부에는 황화수은의 청전색 침전물이 침착된다.
㉤ 혀나 손가락의 근육이 떨린다(수전증).
㉥ 정신증상으로는 중추신경통, 특히 뇌조직에 심한 증상이 나타나 정신기능이 상실될 수 있다(정신장애).
㉦ 유기수은(알킬수은) 중 메틸수은은 미나마타(minamata)병을 발생시킨다.

정답 93.① 94.① 95.① 96.③ 97.③

98 길항작용 중 독성물질의 생체과정인 흡수, 분포, 배설 등에 변화를 일으켜 독성이 낮아지는 작용을 무엇이라 하는가?

① 기능적 길항작용
② 화학적 길항작용
③ 수용체 길항작용
④ 배분적 길항작용

[풀이] 배분적 길항작용=분배적 길항작용

99 다음 중 유해화학물질이 체내에서 해독되는 데 가장 중요한 작용을 하는 것은?

① 효소
② 임파구
③ 적혈구
④ 체표온도

[풀이] 효소
유해화학물질이 체내로 침투되어 해독되는 경우 해독반응에 가장 중요한 작용을 하는 것이 효소이다.

100 입자상 물질의 하나인 흄(fume)의 발생기전 3단계에 해당하지 않는 것은?

① 입자화
② 증기화
③ 산화
④ 응축

[풀이] 흄의 생성기전 3단계
㉠ 1단계 : 금속의 증기화
㉡ 2단계 : 증기물의 산화
㉢ 3단계 : 산화물의 응축

정답 98.④ 99.① 100.①

제1과목 | 산업위생학 개론

01 작업을 마친 직후 회복기의 심박수(HR)를 [보기]와 같이 표현할 때, 다음 중 심박수 측정 결과 심한 전신피로상태로 볼 수 있는 것은?

[보기]
- $HR_{30\sim60}$: 작업 종료 후 30~60초 사이의 평균맥박수
- $HR_{60\sim90}$: 작업 종료 후 60~90초 사이의 평균맥박수
- $HR_{150\sim180}$: 작업 종료 후 150~180초 사이의 평균맥박수

① $HR_{30\sim60}$이 110을 초과하고, $HR_{150\sim180}$과 $HR_{60\sim90}$의 차이가 10 미만일 때
② $HR_{30\sim60}$이 100을 초과하고, $HR_{150\sim180}$과 $HR_{60\sim90}$의 차이가 20 미만일 때
③ $HR_{30\sim60}$이 80을 초과하고, $HR_{150\sim180}$과 $HR_{60\sim90}$의 차이가 30 미만일 때
④ $HR_{30\sim60}$이 70을 초과하고, $HR_{150\sim180}$과 $HR_{60\sim90}$의 차이가 40 미만일 때

풀이 심한 전신피로상태
HR_1이 110을 초과하고, HR_3와 HR_2의 차이가 10 미만인 경우
여기서,
HR_1 : 작업 종료 후 30~60초 사이의 평균맥박수
HR_2 : 작업 종료 후 60~90초 사이의 평균맥박수
HR_3 : 작업 종료 후 150~180초 사이의 평균맥박수
⇨ 회복기 심박수 의미

02 다음 중 중량물 취급으로 인한 요통 발생에 관여하는 요인으로 볼 수 없는 것은?
① 근로자의 육체적 조건
② 작업빈도와 대상의 무게
③ 습관성 약물의 사용 유무
④ 작업습관과 개인적인 생활태도

풀이 요통 발생에 관여하는 주된 요인
㉠ 작업습관과 개인적인 생활태도
㉡ 작업빈도와 대상의 무게
㉢ 근로자의 육체적 조건
㉣ 요통 및 기타 장애의 경력
㉤ 올바르지 못한 작업 방법 및 자세

03 다음 중 산업위생의 역사에 있어 주요 인물과 업적의 연결이 올바른 것은?
① Percivall Pott : 구리광산의 산 증기 위험성 보고
② Hippocrates : 역사상 최초의 직업병(납 중독) 보고
③ G. Agricola : 검댕에 의한 직업성 암의 최초 보고
④ Benardino Ramazzini : 금속중독과 수은의 위험성 규명

풀이 ① Percivall Pott(18세기)
㉠ 영국의 외과의사로 직업성 암을 최초로 보고하였으며, 어린이 굴뚝청소부에게 많이 발생하는 음낭암(scrotal cancer)을 발견하였다.
㉡ 암의 원인물질은 검댕 속 여러 종류의 다환방향족탄화수소(PAH)이다.
㉢ 굴뚝청소부법을 제정하도록 하였다(1788년).

정답 01.① 02.③ 03.②

③ Georgius Agricola(1494~1555년)
  ㉠ 저서 "광물에 대하여(De Re Metallica)"
    (내용 : 광부들의 사고와 질병, 예방방법, 비소 독성 등을 포함한 광산업에 대한 상세한 내용 설명)
  ㉡ 광산에서의 환기와 마스크 착용을 권장
  ㉢ 먼지에 의한 규폐증 기록
④ Benardino Ramazzini(1633~1714년)
  ㉠ 산업보건의 시조, 산업의학의 아버지로 불림 (이탈리아 의사)
  ㉡ 1700년에 저서 "직업인의 질병(De Morbis Artificum Diatriba)"
  ㉢ 직업병의 원인을 크게 두 가지로 구분
    • 작업장에서 사용하는 유해물질
    • 근로자들의 불완전한 작업이나 과격한 동작
  ㉣ 20세기 이전에 인간공학 분야에 관하여 원인과 대책 언급

04 방직공장의 면분진 발생공정에서 측정한 공기 중 면분진 농도가 2시간은 2.5mg/m³, 3시간은 1.8mg/m³, 3시간은 2.6mg/m³일 때 해당 공정의 시간가중평균노출기준 환산값은 약 얼마인가?
① 0.86mg/m³
② 2.28mg/m³
③ 2.35mg/m³
④ 2.60mg/m³

[풀이]
$$TWA = \frac{(2 \times 2.5) + (3 \times 1.8) + (3 \times 2.6)}{8}$$
$$= 2.28 mg/m^3$$

05 미국국립산업안전보건연구원(NIOSH)에서 제시한 직무 스트레스 모형에서 직무 스트레스 요인을 작업요인, 환경요인, 조직요인으로 크게 구분할 때, 다음 중 조직요인에 해당하는 것은?
① 교대근무
② 소음 및 진동
③ 관리유형
④ 작업부하

[풀이] NIOSH에서 제시한 직무 스트레스 모형에서의 직무 스트레스 요인
(1) 작업요인
  ㉠ 작업부하
  ㉡ 작업속도
  ㉢ 교대근무
(2) 환경요인(물리적 환경)
  ㉠ 소음, 진동
  ㉡ 고온, 한랭
  ㉢ 환기 불량
  ㉣ 부적절한 조명
(3) 조직요인
  ㉠ 관리유형
  ㉡ 역할 요구
  ㉢ 역할 모호성 및 갈등
  ㉣ 경력 및 직무안전성

06 다음 중 화학물질의 노출기준에 관한 설명으로 옳은 것은?
① 'Skin' 표시물질은 점막과 눈 그리고 경피로 흡수되어 전신영향을 일으킬 수 있는 물질을 말한다.
② 발암성 정보물질의 표기로 '2A'는 사람에게 충분한 발암성 증거가 있는 물질을 말한다.
③ 발암성 정보물질의 표기로 '2B'는 실험동물에서 발암성 증거가 충분히 있는 물질을 말한다.
④ 발암성 정보물질의 표기로 '1'은 사람이나 동물에서 제한된 증거가 있지만, '2'로 분류하기에는 증거가 충분하지 않은 물질을 말한다.

[풀이] 우리나라 화학물질의 노출기준(고용노동부 고시)
㉠ Skin 표시물질은 점막과 눈 그리고 경피로 흡수되어 전신영향을 일으킬 수 있는 물질을 말한다 (피부자극성을 뜻하는 것이 아님).
㉡ 발암성 정보물질의 표기는 「화학물질의 분류, 표시 및 물질안전보건자료에 관한 기준」에 따라 다음과 같이 표기한다.
  • 1A : 사람에게 충분한 발암성 증거가 있는 물질
  • 1B : 실험동물에서 발암성 증거가 충분히 있거나, 실험동물과 사람 모두에게 제한된 발암성 증거가 있는 물질

정답 04.② 05.③ 06.①

- 2 : 사람이나 동물에서 제한된 증거가 있지만, 구분 1로 분류하기에는 증거가 충분하지 않은 물질
- ⓒ 화학물질이 IARC(국제암연구소) 등의 발암성 등급과 NTP(미국독성프로그램)의 R등급을 모두 갖는 경우에는 NTP의 R등급은 고려하지 아니한다.
- ⓔ 혼합용매추출은 에텔에테르, 톨루엔, 메탄올을 부피비 1:1:1로 혼합한 용매나 이외 동등 이상의 용매로 추출한 물질을 말한다.
- ⓜ 노출기준이 설정되지 않은 물질의 경우 이에 대한 노출이 가능한 한 낮은 수준이 되도록 관리하여야 한다.

07 산업안전보건법상 '충격소음작업'이라 함은 몇 dB 이상의 소음이 1일 100회 이상 발생되는 작업을 말하는가?

① 110 ② 120
③ 130 ④ 140

풀이 **충격소음작업**
소음이 1초 이상의 간격으로 발생하는 작업으로서 다음의 1에 해당하는 작업을 말한다.
㉠ 120dB을 초과하는 소음이 1일 1만회 이상 발생되는 작업
㉡ 130dB을 초과하는 소음이 1일 1천회 이상 발생되는 작업
㉢ 140dB을 초과하는 소음이 1일 1백회 이상 발생되는 작업

08 다음 중 직업성 질환의 예방에 관한 설명으로 틀린 것은?

① 직업성 질환은 전체적인 질병이환율에 비해서는 비교적 높지만, 직업성 질환은 원인인자가 알려져 있고 유해인자에 대한 노출을 조절할 수 없으므로 안전농도로 유지할 수 있기 때문에 예방대책을 마련할 수 있다.
② 직업성 질환의 1차 예방은 원인인자의 제거나 원인이 되는 손상을 막는 것으로, 새로운 유해인자의 통제, 알려진 유해인자의 통제, 노출관리를 통해 할 수 있다.
③ 직업성 질환의 2차 예방은 근로자가 진료를 받기 전 단계인 초기에 질병을 발견하는 것으로, 질병의 선별검사, 감시, 주기적 의학적 검사, 법적인 의학적 검사를 통해 할 수 있다.
④ 직업성 질환의 3차 예방은 대개 치료와 재활과정으로, 근로자들이 더 이상 노출되지 않도록 해야 하며 필요 시 적절한 의학적 치료를 받아야 한다.

풀이 직업성 질환은 원인인자가 잘 알려져 있지 않고 유해인자에 대한 노출을 조절할 수 있으므로 안전농도로 유지할 수 있기 때문에 예방대책을 마련할 수 있다.

09 다음 중 산업위생전문가들이 지켜야 할 윤리강령에 있어 전문가로서의 책임에 해당하는 것은?

① 일반대중에 관한 사항은 정직하게 발표한다.
② 위험요소와 예방조치에 관하여 근로자와 상담한다.
③ 과학적 방법의 적용과 자료의 해석에서 객관성을 유지한다.
④ 위험요인의 측정, 평가 및 관리에 있어서 외부의 압력에 굴하지 않고 중립적 태도를 취한다.

풀이 **산업위생전문가로서의 책임**
㉠ 성실성과 학문적 실력 면에서 최고수준을 유지한다(전문적 능력 배양 및 성실한 자세로 행동).
㉡ 과학적 방법의 적용과 자료의 해석에서 경험을 통한 전문가의 객관성을 유지한다(공인된 과학적 방법 적용·해석).
㉢ 전문 분야로서의 산업위생을 학문적으로 발전시킨다.
㉣ 근로자, 사회 및 전문 직종의 이익을 위해 과학적 지식을 공개하고 발표한다.
㉤ 산업위생활동을 통해 얻은 개인 및 기업체의 기밀은 누설하지 않는다(정보는 비밀 유지).
㉥ 전문적 판단이 타협에 의하여 좌우될 수 있거나 이해관계가 있는 상황에는 개입하지 않는다.

10 다음 중 산업위생의 정의에 있어 4가지 주요 활동에 해당하지 않는 것은?

① 보상(compensation)
② 인지(recognition)
③ 평가(evaluation)
④ 관리(control)

풀이 산업위생의 정의 : 4가지 주요 활동(AIHA)
㉠ 예측(인지)
㉡ 측정
㉢ 평가
㉣ 관리

11 다음 설명에 해당하는 가스는?

> 이 가스는 실내의 공기질을 관리하는 근거로서 사용되고, 그 자체는 건강에 큰 영향을 주는 물질이 아니며 측정하기 어려운 다른 실내오염물질에 대한 지표물질로 사용된다.

① 일산화탄소 ② 황산화물
③ 이산화탄소 ④ 질소산화물

풀이 이산화탄소(CO_2)
㉠ 환기의 지표물질 및 실내오염의 주요 지표로 사용된다.
㉡ 실내 CO_2 발생은 대부분 거주자의 호흡에 의한다. 즉 CO_2의 증가는 산소의 부족을 초래하기 때문에 주요 실내오염물질로 적용된다.
㉢ 측정방법으로는 직독식 또는 검지관 kit를 사용하는 방법이 있다.

12 다음 중 직업병 및 작업관련성 질환에 관한 설명으로 틀린 것은?

① 작업관련성 질환은 작업에 의하여 악화되거나 작업과 관련하여 높은 발병률을 보이는 질병이다.
② 직업병은 직업에 의해 발생된 질병으로서 직업적 노출과 특정 질병 간에 인과관계는 참고적으로 반영된다.
③ 직업병은 일반적으로 단일요인에 의해, 작업관련성 질환은 다수의 원인요인에 의해서 발병된다.
④ 작업관련성 질환은 작업환경과 업무수행상의 요인들이 다른 위험요인과 함께 질병발생의 복합적 병인 중 한 요인으로서 기여한다.

풀이 직업병은 직업적 노출과 특정 질병 간에 인과관계가 명확해야 한다.

13 젊은 근로자의 약한 쪽 손의 힘은 평균 50kP이고, 이 근로자가 무게 10kg인 상자를 두 손으로 들어 올릴 경우에 한 손의 작업강도(%MS)는 얼마인가? (단, 1kP는 질량 1kg을 중력의 크기로 당기는 힘을 말한다.)

① 5
② 10
③ 15
④ 20

풀이
$$\text{작업강도}(\%MS) = \frac{RF}{MS} \times 100$$
$$= \frac{10kg}{50kg + 50kg} \times 100 = 10\%MS$$

14 직업성 변이(occupational stigmata)를 가장 잘 설명한 것은?

① 직업에 따라서 체온의 변화가 일어나는 것
② 직업에 따라서 신체의 운동량에 변화가 일어나는 것
③ 직업에 따라서 신체활동의 영역에 변화가 일어나는 것
④ 직업에 따라서 신체형태와 기능에 국소적 변화가 일어나는 것

풀이 직업성 변이(occupational stigmata)
직업에 따라서 신체형태와 기능에 국소적 변화가 일어나는 것을 말한다.

정답 10.① 11.③ 12.② 13.② 14.④

15 산업안전보건법상 잠함(潛艦) 또는 잠수 작업 등 높은 기압에서 하는 작업에 종사하는 근로자에게는 1일 몇 시간, 1주 몇 시간을 초과하여 근로하게 해서는 안 되는가?

① 1일 6시간, 1주 34시간
② 1일 4시간, 1주 30시간
③ 1일 8시간, 1주 36시간
④ 1일 6시간, 1주 30시간

풀이 사업주는 잠함 또는 잠수 작업 등 높은 기압에서의 작업에 종사하는 근로자에 대하여 1일 6시간, 주 34시간을 초과하여 근로자에게 작업하게 하여서는 안 된다.

16 근육운동에 동원되는 주요 에너지의 생산방법 중 혐기성 대사에 사용되는 에너지원이 아닌 것은?

① 아데노신삼인산   ② 크레아틴인산
③ 지방   ④ 글리코겐

풀이 혐기성 대사(anaerobic metabolism)
㉠ 근육에 저장된 화학적 에너지를 의미한다.
㉡ 혐기성 대사의 순서(시간대별)
  ATP(아데노신삼인산) → CP(크레아틴인산) → glycogen(글리코겐) or glucose(포도당)
※ 근육운동에 동원되는 주요 에너지원 중 가장 먼저 소비되는 것은 ATP이다.

17 일반적으로 오차는 계통오차와 우발오차로 구분되는데, 다음 중 계통오차에 관한 내용으로 틀린 것은?

① 계통오차가 작을 때는 정밀하다고 말한다.
② 크기와 부호를 추정할 수 있고 보정할 수 있다.
③ 측정기 또는 분석기기의 미비로 기인되는 오차이다.
④ 계통오차의 종류로는 외계오차, 기계오차, 개인오차가 있다.

풀이 계통오차가 작을 때는 정확하다고 말하며, 우발오차는 정밀도로 정의된다.

18 다음 중 재해예방의 4원칙에 대한 설명으로 틀린 것은?

① 재해발생에는 반드시 그 원인이 있다.
② 재해가 발생하면 반드시 손실도 발생한다.
③ 재해는 원칙적으로 원인만 제거되면 예방이 가능하다.
④ 재해예방을 위한 가능한 안전대책은 반드시 존재한다.

풀이 산업재해 예방(방지)의 4원칙
㉠ 예방가능의 원칙 : 재해는 원칙적으로 모두 방지가 가능하다.
㉡ 손실우연의 원칙 : 재해발생과 손실발생은 우연적이므로 사고발생 자체의 방지가 이루어져야 한다.
㉢ 원인계기의 원칙 : 재해발생에는 반드시 원인이 있으며, 사고와 원인의 관계는 필연적이다.
㉣ 대책선정의 원칙 : 재해예방을 위한 가능한 안전대책은 반드시 존재한다.

19 다음 중 작업환경개선을 위한 인체측정에 있어 구조적 인체치수에 해당하지 않는 것은?

① 팔길이   ② 앉은키
③ 눈높이   ④ 악력

풀이 구조적 인체치수는 정적치수를 의미한다.

20 상시근로자가 150명인 A사업장에서는 연간 15건의 재해가 발생하였다. 1인당 연간 근로시간이 2,000시간이라 할 때 이 사업장의 도수율은 약 얼마인가?

① 10   ② 20
③ 30   ④ 50

풀이
$$도수율 = \frac{재해발생건수}{연근로시간수} \times 10^6$$
$$= \frac{15}{150 \times 2,000} \times 10^6 = 50$$

제2과목 | 작업위생 측정 및 평가

21 다음 중 알고 있는 공기 중 농도를 만드는 방법인 dynamic method의 장점으로 옳지 않은 것은?

① 온·습도 조절 가능함
② 소량의 누출이나 벽면에 의한 손실은 무시할 수 있음
③ 다양한 실험이 가능함
④ 만들기 간단하고 경제적임

풀이 dynamic method
㉠ 희석공기와 오염물질을 연속적으로 흘려주어 일정한 농도를 유지하면서 만드는 방법이다.
㉡ 알고 있는 공기 중 농도를 만드는 방법이다.
㉢ 농도변화를 줄 수 있고 온도·습도 조절이 가능하다.
㉣ 제조가 어렵고 비용도 많이 든다.
㉤ 다양한 농도범위에서 제조가 가능하다.
㉥ 가스, 증기, 에어로졸 실험도 가능하다.
㉦ 소량의 누출이나 벽면에 의한 손실은 무시할 수 있다.
㉧ 지속적인 모니터링이 필요하다.
㉨ 매우 일정한 농도를 유지하기가 곤란하다.

22 20℃, 1기압에서 에틸렌글리콜의 증기압이 0.05mmHg라면 공기 중 포화농도(ppm)는?

① 55.4   ② 65.8
③ 73.2   ④ 82.1

풀이 포화농도(ppm) = $\dfrac{0.05}{760} \times 10^6 = 65.79$ ppm

23 직경이 5μm, 비중이 1.8인 A물질의 침강속도(cm/min)는?

① 6.1   ② 7.1
③ 8.1   ④ 9.1

풀이 Lippmann 침강속도 = $0.003 \times \rho \times d^2$
$= 0.003 \times 1.8 \times 5^2$
$= 0.135$ cm/sec $\times 60$ sec/min
$= 8.1$ cm/min

24 어느 작업장에서 SO_2를 측정한 결과 3ppm을 얻었다. 이를 mg/m³로 환산하면 얼마인가? (단, S의 원자량은 32, 온도는 24℃, 기압은 730mmHg이다.)

① 5.2mg/m³   ② 6.4mg/m³
③ 7.6mg/m³   ④ 8.2mg/m³

풀이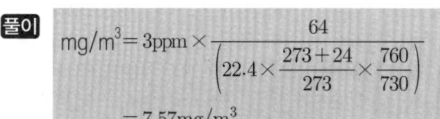
$mg/m^3 = 3ppm \times \dfrac{64}{\left(22.4 \times \dfrac{273+24}{273} \times \dfrac{760}{730}\right)}$
$= 7.57$ mg/m³

25 코크스 제조공정에서 발생되는 코크스 오븐 배출물질을 채취하려고 한다. 다음 중 가장 적합한 여과지는?

① 은막 여과지
② PVC막 여과지
③ 유리섬유 여과지
④ PTFE막 여과지

풀이 은막 여과지(silver membrane filter)
㉠ 균일한 금속은을 소결하여 만들며 열적·화학적 안정성이 있다.
㉡ 코크스 제조공정에서 발생되는 코크스 오븐 배출물질, 콜타르피치 휘발물질, X선 회절분석법을 적용하는 석영 또는 다핵방향족탄화수소 등을 채취하는 데 사용한다.
㉢ 결합제나 섬유가 포함되어 있지 않다.

26 고열측정시간에 관한 기준으로 옳지 않은 것은? (단, 고용노동부 고시 기준)

① 흑구 및 습구흑구 온도 측정시간 : 직경이 15센티미터일 경우 25분 이상
② 흑구 및 습구흑구 온도 측정시간 : 직경이 7.5센티미터 또는 5센티미터일 경우 5분 이상
③ 습구온도 측정시간 : 아스만통풍건습계 25분 이상
④ 습구온도 측정시간 : 자연습구온도계 15분 이상

정답 21.④ 22.② 23.③ 24.③ 25.① 26.④

[풀이] 고열의 측정구분에 의한 측정기기 및 측정시간

구 분	측정기기	측정시간
습구 온도	0.5도 간격의 눈금이 있는 아스만통풍건습계, 자연습구온도를 측정할 수 있는 기기 또는 이와 동등 이상의 성능이 있는 측정기기	• 아스만통풍건습계 : 25분 이상 • 자연습구온도계 : 5분 이상
흑구 및 습구 흑구 온도	직경이 5센티미터 이상 되는 흑구온도계 또는 습구흑구온도(WBGT)를 동시에 측정할 수 있는 기기	• 직경이 15센티미터 일 경우 : 25분 이상 • 직경이 7.5센티미터 또는 5센티미터일 경우 : 5분 이상

※ 고시 변경사항, 학습 안 하셔도 무방합니다.

27 작업환경측정방법 중 측정시간에 관한 내용이다. ( ) 안에 옳은 내용은? (단, 고용노동부 고시 기준)

> 측정은 1일 작업시간 동안 6시간 이상 연속 측정하거나 작업시간을 등간격으로 나누어 6시간 이상 연속 분리 측정하되 다음 경우에는 예외로 할 수 있다.
> • 화학물질 및 물리적 인자의 노출기준에 단시간노출기준이 설정되어 있는 대상 물질로서 단시간 고농도에 노출된 경우에는 ( ) 측정한 경우

① 1회에 15분간, 1시간 이상의 등간격으로 2회 이상
② 1회에 15분간, 1시간 이상의 등간격으로 4회 이상
③ 1회에 15분간, 1시간 이상의 등간격으로 6회 이상
④ 1회에 15분간, 1시간 이상의 등간격으로 8회 이상

[풀이] ㉠「화학물질 및 물리적 인자의 노출기준(고용노동부 고시, 이하 '노출기준 고시'라 한다)」에 시간가중평균기준(TWA)이 설정되어 있는 대상 물질을 측정하는 경우에는 1일 작업시간 동안 6시간 이상 연속 측정하거나 작업시간을 등간격으로 나누어 6시간 이상 연속 분리하여 측정하여야 한다. 다만, 다음의 경우에는 대상 물질의 발생시간 동안 측정할 수 있다.

• 대상 물질의 발생시간이 6시간 이하인 경우
• 불규칙작업으로 6시간 이하의 작업
• 발생원에서의 발생시간이 간헐적인 경우

㉡ 노출기준 고시에 단시간 노출기준(STEL)이 설정되어 있는 물질로서 작업특성상 노출이 균일하여 단시간 노출평가가 필요하다고 자격자(작업환경측정의 자격을 가진 자를 말한다) 또는 지정측정기관이 판단하는 경우에는 ㉠항의 측정에 추가하여 단시간 측정을 할 수 있다. 이 경우 1회에 15분간 측정하되 유해인자 노출특성을 고려하여 측정횟수를 정할 수 있다.

28 옥내작업장에서 측정한 건구온도는 73℃이고, 자연습구온도는 65℃, 흑구온도는 81℃일 때, WBGT는?

① 64.4℃   ② 67.4℃
③ 69.8℃   ④ 71.0℃

[풀이] 옥내 WBGT(℃)
= (0.7×자연습구온도)+(0.3×흑구온도)
= (0.7×65℃)+(0.3×81℃)=69.8℃

29 다음은 작업장 소음측정에 관한 내용이다. ( ) 안의 내용으로 옳은 것은? (단, 고용노동부 고시 기준)

> 누적소음노출량 측정기로 소음을 측정하는 경우에는 criteria 90dB, exchange rate 5dB, threshold ( )dB로 기기를 설정한다.

① 50   ② 60
③ 70   ④ 80

[풀이] 누적소음노출량 측정기의 설정
㉠ criteria=90dB
㉡ exchange rate=5dB
㉢ threshold=80dB

30 유량, 측정시간, 회수율 및 분석 등에 의한 오차가 각각 8%, 2%, 6%, 3%일 때의 누적오차(%)는?

① 약 19.0   ② 약 16.6
③ 약 13.2   ④ 약 10.6

[풀이] 누적오차(%) = $\sqrt{8^2+2^2+6^2+3^2}$ = 10.63%

정답 27.② 28.③ 29.④ 30.④

31 어느 작업장에서 sampler를 사용하여 분진 농도를 측정한 결과 sampling 전·후의 filter 무게가 각각 32.4mg, 63.2mg을 얻었다. 이때 pump의 유량은 20L/min이었고 8시간 동안 시료를 채취했다면 분진의 농도는?

① $1.6mg/m^3$ ② $3.2mg/m^3$
③ $5.4mg/m^3$ ④ $6.9mg/m^3$

[풀이]
$$농도(mg/m^3) = \frac{(63.2-32.4)mg}{20L/min \times 480min \times m^3/1,000L}$$
$$= 3.21mg/m^3$$

32 작업환경측정 시 온도 표시에 관한 설명으로 옳지 않은 것은? (단, 고용노동부 고시 기준)

① 열수 : 약 100℃
② 상온 : 15~25℃
③ 온수 : 50~60℃
④ 미온 : 30~40℃

[풀이] 온도 표시
㉠ 상온 : 15~25℃
㉡ 실온 : 1~35℃
㉢ 미온 : 30~40℃
㉣ 찬 곳 : 0~15℃
㉤ 냉수 : 15℃ 이하
㉥ 온수 : 60~70℃
㉦ 열수 : 약 100℃

33 표준가스에 대한 법칙 중 '일정한 부피조건에서 압력과 온도는 비례한다'는 내용은?

① 픽스의 법칙
② 보일의 법칙
③ 샤를의 법칙
④ 게이-뤼삭의 법칙

[풀이] 게이-뤼삭의 기체반응 법칙
화학반응에서 그 반응물 및 생성물이 모두 기체일 때 등온, 등압하에서 측정한 이들 기체의 부피 사이에는 간단한 정수비 관계가 성립한다는 법칙(일정한 부피에서 압력과 온도는 비례한다는 표준가스 법칙)이다.

34 작업환경측정치의 통계처리에 활용되는 변이계수에 관한 설명으로 옳지 않은 것은?

① 편차의 제곱 합들의 평균값으로 통계집단의 측정값들에 대한 균일성, 정밀성 정도를 표현한다.
② 측정단위와 무관하게 독립적으로 산출되며 백분율로 나타낸다.
③ 단위가 서로 다른 집단이나 특성값의 상호 산포도를 비교하는 데 이용될 수 있다.
④ 평균값의 크기가 0에 가까울수록 변이계수의 의의는 작아진다.

[풀이] 변이계수(CV)
㉠ 측정방법의 정밀도를 평가하는 계수이며, %로 표현되므로 측정단위와 무관하게 독립적으로 산출된다.
㉡ 통계집단의 측정값에 대한 균일성과 정밀성의 정도를 표현한 계수이다.
㉢ 단위가 서로 다른 집단이나 특성값의 상호 산포도를 비교하는 데 이용될 수 있다.
㉣ 변이계수가 작을수록 자료가 평균 주위에 가깝게 분포한다는 의미이다(평균값의 크기가 0에 가까울수록 변이계수의 의미는 작아진다).
㉤ 표준편차의 수치가 평균치에 비해 몇 %가 되느냐로 나타낸다.
㉥ 계산식
$$CV(\%) = \frac{표준편차}{평균치} \times 100$$

35 다음 중 정량한계에 관한 설명으로 옳은 것은 어느 것인가?

① 표준편차의 3배 또는 검출한계의 5 또는 5.5배로 정의
② 표준편차의 5배 또는 검출한계의 3 또는 3.3배로 정의
③ 표준편차의 3배 또는 검출한계의 10 또는 10.3배로 정의
④ 표준편차의 10배 또는 검출한계의 3 또는 3.3배로 정의

[정답] 31.② 32.③ 33.④ 34.① 35.④

[풀이] **정량한계(LOQ ; Limit Of Quantization)**
  ㉠ 분석기마다 바탕선량과 구별하여 분석될 수 있는 최소의 양, 즉 분석결과가 어느 주어진 분석절차에 따라 합리적인 신뢰성을 가지고 정량분석할 수 있는 가장 작은 양이나 농도이다.
  ㉡ 도입 이유는 검출한계가 정량분석에서 만족스런 개념을 제공하지 못하기 때문에 검출한계의 개념을 보충하기 위해서이다.
  ㉢ 일반적으로 표준편차의 10배 또는 검출한계의 3배 또는 3.3배로 정의한다.
  ㉣ 정량한계를 기준으로 최소한으로 채취해야 하는 양이 결정된다.

36 1차, 2차 표준기구에 관한 내용으로 옳지 않은 것은?

① 1차 표준기구란 물리적 차원인 공간의 부피를 직접 측정할 수 있는 기구를 말한다.
② 1차 표준기구로 폐활량계가 사용된다.
③ wet-test미터, rota미터, orifice미터는 2차 표준기구이다.
④ 2차 표준기구는 1차 표준기구를 보정하는 기구를 말한다.

[풀이] 2차 표준기구는 1차 표준기구를 기준으로 보정하여 사용할 수 있는 기구이다.

37 다음이 설명하는 막 여과지는?

- 농약, 알칼리성 먼지, 콜타르피치 등을 채취한다.
- 열, 화학물질, 압력 등에 강한 특성이 있다.
- 석탄건류나 증류 등의 고열공정에서 발생되는 다핵방향족탄화수소를 채취하는 데 이용된다.

① 섬유상 막 여과지
② PVC막 여과지
③ 은막 여과지
④ PTFE막 여과지

[풀이] **PTFE막 여과지(Polytetrafluoroethylene membrane filter, 테프론)**
  ㉠ 열, 화학물질, 압력 등에 강한 특성을 가지고 있어 석탄건류나 증류 등의 고열공정에서 발생하는 다핵방향족탄화수소를 채취하는 데 이용된다.
  ㉡ 농약, 알칼리성 먼지, 콜타르피치 등을 채취한다.
  ㉢ $1\mu m$, $2\mu m$, $3\mu m$의 여러 가지 구멍 크기를 가지고 있다.

38 원자흡광광도계의 구성요소와 역할을 기술한 것으로 옳지 않은 것은?

① 광원은 분석물질이 반사할 수 있는 표준 파장의 빛을 방출한다.
② 원자화장치는 분석대상원소를 자유상태로 만들어 광원에서 나온 빛의 통로에 위치시킨다.
③ 단색화장치는 특정 파장만 분리하여 검출기로 보내는 역할을 한다.
④ 광원은 속빈 음극램프를 주로 사용한다.

[풀이] 광원은 분석하고자 하는 원소가 잘 흡수할 수 있는 특정 파장의 빛을 방출하는 역할을 한다.

39 3,000mL의 0.004M의 황산용액을 만들려고 한다. 5M 황산을 이용할 경우 몇 mL가 필요한가?

① 5.6
② 4.8
③ 3.1
④ 2.4

[풀이]
$$\frac{5\text{mol}}{\text{L}} \times 부피(\text{L})$$
$$= \frac{0.004\text{mol}}{\text{L}} \times \left(3,000\text{mL} \times \frac{\text{L}}{1,000\text{mL}}\right)$$
$$= 0.012\text{mol}$$
$$부피(\text{L}) = 0.012\text{mol} \times \frac{\text{L}}{5\text{mol}} = 0.0024\text{L}$$
$$\therefore\ 부피(\text{mL}) = 0.0024\text{L} \times \frac{1,000\text{mL}}{\text{L}} = 2.4\text{mL}$$

정답 36.④ 37.④ 38.① 39.④

40 분석기기인 가스크로마토그래피의 검출기에 관한 설명으로 옳지 않은 것은? (단, 고용노동부 고시 기준)

① 검출기는 시료에 대하여 선형적으로 감응해야 한다.
② 검출기의 온도를 조절할 수 있는 가열기구 및 이를 측정할 수 있는 측정기구가 갖추어져야 한다.
③ 검출기는 감도가 좋고 안정성과 재현성이 있어야 한다.
④ 약 500~850℃까지 작동 가능해야 한다.

풀이 검출기(detector)
㉠ 복잡한 시료로부터 분석하고자 하는 성분을 선택적으로 반응, 즉 시료에 대하여 선형적으로 감응해야 하며, 약 400℃까지 작동해야 한다.
㉡ 검출기의 특성에 따라 전기적인 신호로 바뀌게 하여 시료를 검출하는 장치이다.
㉢ 시료의 화학종과 운반기체의 종류에 따라 각기 다르게 감도를 나타내므로 선택에 주의해야 한다.
㉣ 검출기의 온도를 조절할 수 있는 가열기구 및 이를 측정할 수 있는 측정기구가 갖추어져야 한다.
㉤ 감도가 좋고 안정성과 재현성이 있어야 한다.

제3과목 | 작업환경 관리대책

41 송풍량이 $5m^3/sec$, 전압이 $100mmH_2O$일 때 송풍기 소요동력은? (단, 송풍기의 효율은 70%로 한다.)

① 6.0kW
② 6.5kW
③ 7.0kW
④ 7.5kW

풀이 소요동력(kW) $= \dfrac{Q \times \Delta P}{6,120 \times \eta}$

- $Q = 5m^3/sec \times 60sec/min$
  $= 300m^3/min$
  $= \dfrac{300 \times 100}{6,120 \times 0.7} = 7.0kW$

42 한랭작업장에서 일하고 있는 근로자의 관리에 대한 내용으로 옳지 않은 것은?

① 한랭에 대한 순화는 고온순화보다 빠르다.
② 노출된 피부나 전신의 온도가 떨어지지 않도록 온도를 높이고 기류의 속도를 낮추어야 한다.
③ 필요하다면 작업을 자신이 조절하게 한다.
④ 외부 액체가 스며들지 않도록 방수처리된 의복을 입는다.

풀이 한랭에 대한 순화는 고온순화보다 느리다.

43 작업장에 퍼져 있는 사염화에틸렌의 농도가 20,000ppm이고 사염화에틸렌의 비중이 5.7이라면, 오염공기의 유효비중은?

① 1.043
② 1.063
③ 1.094
④ 1.123

풀이 유효비중 $= \dfrac{(20,000 \times 5.7) + (980,000 \times 1.0)}{1,000,000}$
$= 1.094$

44 산소가 결핍된 밀폐공간에서 작업하는 경우 가장 적합한 호흡용 보호구는?

① 방진마스크
② 방독마스크
③ 송기마스크
④ 면체 여과식 마스크

풀이 송기마스크
㉠ 산소가 결핍된 환경 또는 유해물질의 농도가 높거나 독성이 강한 작업장에서 사용해야 한다.
㉡ 대표적인 보호구로는 에어라인(air-line)마스크와 자가공기공급장치(SCBA)가 있다.

45 길이, 폭, 높이가 각각 30m, 10m, 4m인 실내공간을 1시간당 12회의 환기를 하고자 한다. 이 실내의 환기를 위한 유량(m^3/min)은?

① 240
② 290
③ 320
④ 360

풀이
$$환기횟수 = \frac{필요환기량}{작업장\ 용적}$$
필요환기량(m^3/min)
= 12회/hr × (30×10×4)m^3×hr/60min = 240m^3/min

46 슬롯 길이 3m, 제어속도 2m/sec인 슬롯 후드가 있다. 오염원이 2m 떨어져 있을 경우 필요환기량(m^3/min)은? (단, 공간에 설치하며 플랜지는 부착되어 있지 않다.)

① 1,434 ② 2,664
③ 3,734 ④ 4,864

풀이
$Q(m^3/min) = C \cdot L \cdot V_c \cdot X$
= 3.7 × 3m × 2m/sec × 2m × 60sec/min
= 2,664m^3/min

47 재순환 공기의 CO_2 농도는 900ppm이고, 급기의 CO_2 농도는 700ppm이었다. 급기(재순환 공기와 외부 공기가 혼합된 후의 공기) 중 외부 공기의 함량은? (단, 외부 공기의 CO_2 농도는 330ppm이다.)

① 약 35.1% ② 약 21.3%
③ 약 23.8% ④ 약 17.5%

풀이 급기 중 재순환량(%)
$$= \frac{\begin{pmatrix}급기\ 공기\ 중\ CO_2\ 농도 \\ - 외부\ 공기\ 중\ CO_2\ 농도\end{pmatrix}}{\begin{pmatrix}재순환\ 공기\ 중\ CO_2\ 농도 \\ - 외부\ 공기\ 중\ CO_2\ 농도\end{pmatrix}} \times 100$$
$= \frac{700-330}{900-330} \times 100 = 64.91\%$
∴ 급기 중 외부 공기 포함량(%)
= 100 - 64.91 = 35.1%

48 메틸메타크릴레이트가 7m×14m×4m의 체적을 가진 방에 저장되어 있다. 공기를 공급하기 전에 측정한 농도가 400ppm이었다면 이 방으로 환기량 20m^3/min을 공급한 후 노출기준이 50ppm으로 달성되는 데 걸리는 시간은? (단, 메틸메타크릴레이트 발생 정지 기준)

① 27분 ② 32분
③ 41분 ④ 53분

풀이
$$t = -\frac{V}{Q'}\ln\left(\frac{C_2}{C_1}\right)$$
$$= -\frac{(7\times14\times4)}{20}\ln\left(\frac{50}{400}\right)$$
= 40.76min

49 인쇄공장의 메틸에틸케톤은 3L/hr로 증발하고 있다. 이때 메틸에틸케톤에 대한 환기량의 여유계수는 5.5, 메틸에틸케톤의 분자량은 72, 비중은 0.82, 노출기준은 200ppm이라면 필요환기량은? (단, 21℃, 1기압 기준)

① 4.2m^3/sec
② 5.7m^3/sec
③ 6.3m^3/sec
④ 7.4m^3/sec

풀이
• 사용량(g/hr) = 3L/hr × 0.82g/mL × 1,000mL/L
= 2,460g/hr
• 발생률(G, L/hr)
$G = \frac{24.1L \times 2,460g/hr}{72g} = 823.41L/hr$
∴ 필요환기량(m^3/sec)
$= \frac{823.41L/hr \times 1,000mL/L}{200mL/m^3} \times 5.5$
= 22,643.96m^3/hr × hr/3,600sec
= 6.29m^3/sec

50 어떤 작업장의 음압수준이 92dB이고, 근로자는 귀덮개(NRR=21)를 착용하고 있다면 실제로 근로자가 노출되는 음압수준은? (단, OSHA 계산 기준, NRR ; Noise Reduction Rating)

① 82dB ② 83dB
③ 84dB ④ 85dB

풀이 노출음압수준 = 92 - 차음효과
• 차음효과 = (NRR-7) × 0.5
= (21-7) × 0.5 = 7dB
= 92 - 7 = 85dB

정답 46.② 47.① 48.③ 49.③ 50.④

51 다음 중 귀마개의 장단점과 가장 거리가 먼 것은 어느 것인가?
① 제대로 착용하는 데 시간이 걸린다.
② 착용 여부 파악이 곤란하다.
③ 보안경 사용 시 차음효과가 감소한다.
④ 귀마개 오염 시 감염될 가능성이 있다.

[풀이] **귀마개의 장단점**
(1) 장점
  ㉠ 부피가 작아 휴대가 쉽다.
  ㉡ 안경과 안전모 등에 방해가 되지 않는다.
  ㉢ 고온작업에서도 사용 가능하다.
  ㉣ 좁은 장소에서도 사용 가능하다.
  ㉤ 귀덮개보다 가격이 저렴하다.
(2) 단점
  ㉠ 귀에 질병이 있는 사람은 착용 불가능하다.
  ㉡ 여름에 땀이 많이 날 때는 외이도에 염증 유발 가능성이 있다.
  ㉢ 제대로 착용하는 데 시간이 걸리며 요령을 습득하여야 한다.
  ㉣ 귀덮개보다 차음효과가 일반적으로 떨어지며, 개인차가 크다.
  ㉤ 더러운 손으로 만짐으로써 외청도를 오염시킬 수 있다(귀마개에 묻어 있는 오염물질이 귀에 들어갈 수 있음).

52 유해물질을 관리하기 위해 전체환기를 적용할 수 있는 일반적인 상황과 가장 거리가 먼 것은?
① 작업자가 근무하는 장소로부터 오염발생원이 멀리 떨어져 있는 경우
② 오염발생원의 이동성이 없는 경우
③ 동일 작업장에 다수의 오염발생원이 분산되어 있는 경우
④ 소량의 오염물질이 일정 속도로 작업장으로 배출되는 경우

[풀이] **전체환기(희석환기) 적용 시 조건**
㉠ 유해물질의 독성이 비교적 낮은 경우, 즉 TLV가 높은 경우 ⇨ 가장 중요한 제한조건
㉡ 동일한 작업장에 다수의 오염원이 분산되어 있는 경우
㉢ 유해물질이 시간에 따라 균일하게 발생될 경우
㉣ 유해물질의 발생량이 적은 경우 및 희석공기량이 많지 않아도 되는 경우
㉤ 유해물질이 증기나 가스일 경우
㉥ 국소배기로 불가능한 경우
㉦ 배출원이 이동성인 경우
㉧ 가연성 가스의 농축으로 폭발의 위험이 있는 경우
㉨ 오염원이 근무자가 근무하는 장소로부터 멀리 떨어져 있는 경우

53 '일정한 압력조건에서 부피와 온도는 비례한다'는 산업환기의 기본법칙은?
① 게이-뤼삭의 법칙
② 라울트의 법칙
③ 보일의 법칙
④ 샤를의 법칙

[풀이] **샤를의 법칙**
일정한 압력하에서 기체를 가열하면 온도가 1°C 증가함에 따라 부피는 0°C 부피의 1/273만큼 증가한다.

54 직경이 38cm, 유효높이 2.5m의 원통형 백필터를 사용하여 60m³/min의 함진가스를 처리할 때 여과속도는?
① 25cm/sec
② 34cm/sec
③ 43cm/sec
④ 52cm/sec

[풀이]
여과속도(cm/sec)
$= \dfrac{\text{처리가스량}}{\text{여과면적}}$
$= \dfrac{60\text{m}^3/\text{min}}{(3.14 \times 0.38\text{m} \times 2.5\text{m})}$
$= 20\text{m/min} \times 100\text{cm/m} \times \text{min}/60\text{sec}$
$= 33.52\text{cm/sec}$

55 후드로부터 0.25m 떨어진 곳에 있는 금속제품의 연마공정에서 발생되는 금속먼지를 제거하기 위해 원형 후드를 설치하였다면 환기량(m³/sec)은? (단, 제어속도는 5m/sec, 후드 직경은 0.4m이다.)
① 2.43
② 3.75
③ 4.32
④ 5.14

[풀이]
$Q(m^3/sec)$
$= V_c(10X^2 + A)$
$= 5m/sec \times \left[(10 \times 0.25^2)m^2 + \left(\dfrac{3.14 \times 0.4^2}{4}\right)m^2\right]$
$= 3.75 m^3/sec$

56 다음 [보기]에서 여과집진장치의 장점만을 고른 것은?

[보기]
㉮ 다양한 용량(송풍량)을 처리할 수 있다.
㉯ 습한 가스 처리에 효율적이다.
㉰ 미세입자에 대한 집진효율이 비교적 높은 편이다.
㉱ 여과재는 고온 및 부식성 물질에 손상되지 않는다.

① ㉮, ㉯
② ㉮, ㉰
③ ㉰, ㉱
④ ㉯, ㉱

[풀이] **여과집진장치의 장단점**
(1) 장점
  ㉠ 집진효율이 높으며, 집진효율은 처리가스의 양과 밀도변화에 영향이 적다.
  ㉡ 다양한 용량을 처리할 수 있다.
  ㉢ 연속집진방식일 경우 먼지부하의 변동이 있어도 운전효율에는 영향이 없다.
  ㉣ 건식 공정이므로 포집먼지의 처리가 쉽다. 즉 여러 가지 형태의 분진을 포집할 수 있다.
  ㉤ 여과재에 표면 처리하여 가스상 물질을 처리할 수도 있다.
  ㉥ 설치 적용범위가 광범위하다.
  ㉦ 탈진방법과 여과재의 사용에 따른 설계상의 융통성이 있다.
(2) 단점
  ㉠ 고온, 산, 알칼리 가스일 경우 여과백의 수명이 단축된다.
  ㉡ 250℃ 이상 고온가스를 처리할 경우 고가의 특수 여과백을 사용해야 한다.
  ㉢ 산화성 먼지농도가 $50g/m^3$ 이상일 때는 발화 위험이 있다.
  ㉣ 여과백 교체 시 비용이 많이 들고 작업방법이 어렵다.

㉤ 가스가 노점온도 이하가 되면 수분이 생성되므로 주의를 요한다.
㉥ 섬유여포상에서 응축이 일어날 때 습한 가스를 취급할 수 없다.

57 공학적 작업환경관리대책과 유의점에 관한 내용으로 옳지 않은 것은?
① 물질 대치 : 경우에 따라서 지금까지 알려지지 않았던 전혀 다른 장애를 줄 수 있음
② 장비 대치 : 적절한 대치방법 개발이 어려움
③ 환기 : 설계, 시설 설치, 유지보수가 필요
④ 격리 : 비용은 적게 소요되나 효과 검증 필요

[풀이] 격리는 물리적·거리적·시간적인 격리를 의미하며 쉽게 적용할 수 있고 효과도 비교적 좋다.

58 어느 유체관의 동압(velocity pressure)이 $20mmH_2O$이고 관의 직경이 25cm일 때 유량(m^3/hr)은? (단, 21℃, 1기압 기준)
① 약 3,000
② 약 3,200
③ 약 3,500
④ 약 3,800

[풀이]
$Q(m^3/hr) = A \times V$
- $A = \dfrac{3.14 \times 0.25^2 m^2}{4} = 0.049 m^2$
- $V = 4.043\sqrt{20} = 18.08 m/sec$
$= 0.049m^2 \times 18.08m/sec \times 3,600sec/hr$
$= 3189.46 m^3/hr$

59 후드의 정압이 $50mmH_2O$이고 덕트 속도압이 $20mmH_2O$라면 후드의 압력손실계수는?
① 1.5
② 2.0
③ 2.5
④ 3.0

[풀이]
$SP_h = VP(1+F)$
$\therefore F = \dfrac{SP_h}{VP} - 1 = \dfrac{50}{20} - 1 = 1.5$

60 전기집진장치의 장단점으로 가장 거리가 먼 것은? (단, 기타 집진기와 비교한다.)
① 운전 및 유지비가 비싸다.
② 초기 설치비가 많이 소요된다.
③ 고온가스를 처리할 수 있어 보일러와 철강로 등에 설치할 수 있다.
④ 넓은 범위의 입경과 분진농도에 집진효율이 높다.

풀이 전기집진장치의 장단점
(1) 장점
  ⊙ 집진효율이 높다(0.01μm 정도 포집 용이, 99.9% 정도 고집진효율).
  ⓒ 광범위한 온도범위에서 적용이 가능하며, 폭발성 가스의 처리도 가능하다.
  ⓒ 고온의 입자성 물질(500℃ 전후) 처리가 가능하여 보일러와 철강로 등에 설치할 수 있다.
  ② 압력손실이 낮고 대용량의 가스 처리가 가능하며 배출가스의 온도강하가 적다.
  ⑩ 운전 및 유지비가 저렴하다.
  ⑪ 회수가치 입자 포집에 유리하며, 습식 및 건식으로 집진할 수 있다.
  ⓢ 넓은 범위의 입경과 분진농도에 집진효율이 높다.
(2) 단점
  ⊙ 설치비용이 많이 든다.
  ⓒ 설치공간을 많이 차지한다.
  ⓒ 설치된 후에는 운전조건의 변화에 유연성이 적다.
  ② 먼지성상에 따라 전처리시설이 요구된다.
  ⑩ 분진포집에 적용되며, 기체상 물질 제거에는 곤란하다.
  ⑪ 전압변동과 같은 조건변동(부하변동)에 쉽게 적응이 곤란하다.
  ⓢ 가연성 입자의 처리가 곤란하다.

제4과목 | 물리적 유해인자관리

61 70dB(A)의 소음을 발생하는 두 개의 기계가 동시에 소음을 발생시킨다면 얼마 정도가 되겠는가?

① 73dB(A) ② 76dB(A)
③ 80dB(A) ④ 140dB(A)

풀이 합성소음도 $= 10\log(10^7 + 10^7)$
            $= 73\text{dB(A)}$

62 가로 10m, 세로 7m, 높이 4m인 작업장의 흡음률이 바닥은 0.1, 천장은 0.2, 벽은 0.15이다. 이 방의 평균 흡음률은 얼마인가?

① 0.10 ② 0.15
③ 0.20 ④ 0.25

풀이 평균 흡음률
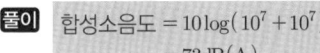
- 바닥 면적 $= 10 \times 7 = 70\text{m}^2$
- 천장 면적 $= 10 \times 7 = 70\text{m}^2$
- 벽 면적 $= (10 \times 4 \times 2) + (7 \times 4 \times 2) = 136\text{m}^2$

$$= \frac{(70 \times 0.1) + (70 \times 0.2) + (136 \times 0.15)}{70 + 70 + 136} = 0.15$$

63 인체와 환경 사이의 열평형에 의하여 인체는 적절한 체온을 유지하려고 노력하는데, 기본적인 열평형방정식에 있어 신체 열용량의 변화가 0보다 크면 생산된 열이 축적되게 되고, 체온조절중추인 시상하부에서 혈액온도를 감지하거나 신경망을 통하여 정보를 받아들여 체온방산작용이 활발히 시작된다. 이러한 것을 무엇이라고 하는가?

① 물리적 조절작용(physical thermo regulation)
② 화학적 조절작용(chemical thermo regulation)
③ 정신적 조절작용(spiritual thermo regulation)
④ 생물학적 조절작용(biological thermo regulation)

풀이 열평형은 물리적 현상을 의미한다.

64 다음 중 감압환경의 영향에 관한 설명과 가장 거리가 먼 것은?

① 감압속도가 너무 빠르면 폐포가 파열되고 흉부조직 내로 탈출한 질소가스 때문에 종격기종, 기흉, 공기전색을 일으킬 수 있다.
② 감압에 따라 조직에 용해되었던 질소의 기포 형성량은 연령, 기온, 운동, 공포감, 음주 등으로 인하여 조직 내 용해된 가스량 차이에 의해 달라진다.
③ 동통성 관절장애는 감압증에서 보는 흔한 증상이다.
④ 동통성 관절장애의 발증에 대한 감수성은 연령, 비만, 폐손상, 심장장애, 일시적 건강장애, 소인(발생소질)에 따라 달라진다.

풀이 감압 시 조직 내 질소 기포 형성량에 영향을 주는 요인
㉠ 조직에 용해된 가스량
  체내 지방량, 고기압 폭로의 정도와 시간으로 결정한다.
㉡ 혈류변화 정도(혈류를 변화시키는 상태)
  감압 시 또는 재감압 후에 생기기 쉽고, 연령, 기온, 운동, 공포감, 음주와 관계가 있다.
㉢ 감압속도

65 다음 중 저온환경에서 나타나는 생리적 반응으로 틀린 것은?

① 호흡의 증가
② 피부혈관의 수축
③ 화학적 대사작용의 증가
④ 근육 긴장의 증가와 떨림

풀이 한랭(저온)환경에서의 생리적 기전(반응)
한랭환경에서는 체열 방산을 제한하고 체열 생산을 증가시키기 위한 생리적 반응이 일어난다.
㉠ 피부혈관(말초혈관)이 수축한다.
  • 피부혈관 수축과 더불어 혈장량 감소로 혈압이 일시적으로 저하되며 신체 내 열을 보호하는 기능을 한다.
  • 말초혈관의 수축으로 표면조직의 냉각이 오며 1차적 생리적 영향이다.
  • 피부혈관의 수축으로 피부온도가 감소되고 순환능력이 감소되어 혈압은 일시적으로 상승된다.
㉡ 근육 긴장의 증가와 떨림 및 수의적인 운동이 증가한다.
㉢ 갑상선을 자극하여 호르몬 분비가 증가(화학적 대사작용 증가)한다.
㉣ 부종, 저림, 가려움증, 심한 통증 등이 발생한다.
㉤ 피부 표면의 혈관·피하조직이 수축하고, 체표면적이 감소한다.
㉥ 피부의 급성 일과성 염증반응은 한랭에 대한 폭로를 중지하면 2~3시간 내에 없어진다.
㉦ 피부나 피하조직을 냉각시키는 환경온도 이하에서는 감염에 대한 저항력이 떨어지며 회복과정에 장애가 온다.
㉧ 저온환경에서는 근육활동, 조직대사가 증가되어 식욕이 항진된다.

66 충격소음을 제외한 연속소음에 대한 국내의 노출기준에 있어서 몇 dB(A)를 초과하는 소음수준에 노출되어서는 안 되는가?

① 85 ② 90
③ 100 ④ 115

풀이 소음에 대한 우리나라의 노출기준
8시간 노출에 대한 기준 90dB (5dB 변화율)

1일 노출시간(hr)	소음수준[dB(A)]
8	90
4	95
2	100
1	105
1/2	110
1/4	115

∴ 115dB(A)를 초과하는 소음수준에 노출되어서는 안 된다.

67 다음 중 ( ) 안에 들어갈 가장 적당한 값은?

정상적인 공기 중의 산소함유량은 21vol%이며 그 절대량, 즉 산소분압은 해면에 있어서는 약 ( )mmHg이다.

① 160 ② 210
③ 230 ④ 380

풀이 산소분압=760mmHg×0.21=159.6mmHg

정답 64.② 65.① 66.④ 67.①

68 다음 중 소음의 강도가 같은 경우 청력손실에 가장 큰 영향을 미치는 주파수의 범위는?

① 37.5~125Hz
② 125~500Hz
③ 3,000~4,000Hz
④ 8,000~16,000Hz

[풀이] 인간의 청각에 가장 민감한 주파수는 4,000Hz 주변이다.

69 다음 중 고열의 대책으로 가장 적절하지 않은 것은?

① 방열 실시
② 전체환기 실시
③ 복사열 차단
④ 대류의 감소

[풀이] 고열 발생원의 대책
㉠ 방열재(insulator)를 이용하여 표면을 덮는다.
㉡ 전체환기(상승기류 제어) 및 국소배기를 한다.
㉢ 복사열 차단(shielding) : 고열작업공정(용광로, 가열로 등)에서 발생하는 복사열은 차열판(알루미늄 재질)을 이용하여 복사열을 차단시킬 수 있다(절연방법).
㉣ 냉방장치를 설치한다.
㉤ 대류(공기흐름)를 증가시킨다.
㉥ 냉방복 착용 : vortex tube 원리를 이용한다.
㉦ 작업의 자동화와 기계화

70 다음 중 조명 시의 고려사항으로 광원으로부터의 직접적인 눈부심을 없애기 위한 방법으로 적당하지 않은 것은?

① 광원 또는 전등의 휘도를 줄인다.
② 광원을 시선에서 멀리 위치시킨다.
③ 광원 주위를 어둡게 하여 광도비를 높인다.
④ 눈이 부신 물체와 시선과의 각을 크게 한다.

[풀이] 광원 주위를 적정 조도비에 맞게 밝게 한다.

71 다음 중 전리방사선의 단위에 관한 설명으로 틀린 것은?

① Röntgen(R) – 공기 중에 방사선에 의해 생성되는 이온의 양으로 주로 X선 및 감마선의 조사량을 표시할 때 쓰인다.
② rad – 조사량과 관계없이 인체조직에 흡수된 양을 말한다.
③ rem – 1rad의 X선 혹은 감마선이 인체조직에 흡수된 양을 말한다.
④ Curie – 1초 동안에 3.7×10^{10}개의 원자 붕괴가 일어나는 방사능 물질의 양을 말한다.

[풀이] rem은 전리방사선의 흡수선량이 생체에 영향을 주는 정도를 표시하는 선당량의 단위, 즉 생체실효선량을 말한다.

72 다음 중 태양으로부터 방출되는 복사에너지의 52% 정도를 차지하고 피부조직 온도를 상승시켜 충혈, 혈관확장, 각막손상, 두부장애를 일으키는 유해광선은?

① 자외선
② 가시광선
③ 적외선
④ 마이크로파

[풀이] 적외선
㉠ 태양복사에너지 중 적외선은 52% 정도이다(가시광선 34%, 자외선 5%).
㉡ 조사부위의 온도가 오르면 혈관이 확장되어 혈액량이 증가되고 심하면 홍반을 유발하며, 근적외선은 급성피부화상, 색소침착 등을 일으킨다.
㉢ 강력한 적외선은 뇌막 자극으로 인한 의식상실(두부장애), 경련을 동반한 열사병으로 사망에 이를 수도 있다.
㉣ 안검록염, 각막염, 홍채위축, 백내장 장애를 일으킨다.
㉤ 눈의 각막(망막) 손상 및 만성적인 노출로 인한 안구건조증을 유발할 수 있고 1,400nm 이상의 적외선은 각막 손상을 나타낸다.

정답 68.③ 69.④ 70.③ 71.③ 72.③

73 다음 중 빛과 밝기의 단위에 관한 설명으로 틀린 것은?
① 광도의 단위로는 칸델라(candela)를 사용한다.
② 루멘(lumen)은 1촉광의 광원으로부터 단위입체각으로 나가는 광속의 단위이다.
③ 조도는 어떤 면에 들어오는 광속의 양에 비례하고 입사면의 단면적에 반비례한다.
④ 광원으로부터 나오는 빛의 세기를 광속이라 한다.

[풀이] 광원으로부터 나오는 빛의 세기를 광도라고 하며, 단위는 칸델라(cd)이다.

74 다음 중 화학적 질식제로 산소결핍장소에서 보건학적 의의가 가장 큰 것은?
① NO_2 ② SO_2
③ CO ④ CO_2

[풀이] 질식제의 구분에 따른 종류
(1) 단순 질식제
  ㉠ 이산화탄소
  ㉡ 메탄
  ㉢ 질소
  ㉣ 수소
  ㉤ 에탄, 프로판, 에틸렌, 아세틸렌, 헬륨
(2) 화학적 질식제
  ㉠ 일산화탄소
  ㉡ 황화수소
  ㉢ 시안화수소
  ㉣ 아닐린

75 다음 중 진동에 의한 생체반응에 관여하는 인자와 가장 거리가 먼 것은?
① 진동의 강도
② 노출시간
③ 진동방향
④ 인체의 체표면적

[풀이] 진동에 의한 생체반응에 관여하는 인자
㉠ 진동의 강도
㉡ 노출시간
㉢ 진동방향
㉣ 진동수

76 다음 중 소음에 관한 설명으로 옳은 것은?
① 소음과 소음이 아닌 것은 소음계를 사용하면 구분할 수 있다.
② 작업환경에서 노출되는 소음은 크게 연속음, 단속음, 충격음 및 폭발음으로 구분할 수 있다.
③ 소음의 원래의 정의는 매우 크고 자극적인 음을 일컫는다.
④ 소음으로 인한 피해는 정신적, 심리적인 것이며 신체에 직접적인 피해를 주는 것은 아니다.

[풀이] ① 소음과 소음이 아닌 것은 주관적 판단이다.
③ 소음의 정의는 인간에게 불쾌감을 유발하는 음을 말한다.
④ 소음은 신체에 직접적인 피해(소음성 난청)도 유발한다.

77 다음 중 고압환경의 인체작용에 있어 2차적인 가압현상에 대한 내용이 아닌 것은?
① 4기압 이상에서 공기 중의 질소가스는 마취작용을 나타낸다.
② 흉곽이 잔기량보다 적은 용량까지 압축되면 폐압박현상이 나타난다.
③ 산소의 분압이 2기압을 넘으면 산소중독 증세가 나타난다.
④ 이산화탄소는 산소의 독성과 질소의 마취작용을 증강시킨다.

[풀이] 고압환경에서의 2차적 가압현상
㉠ 질소가스의 마취작용
㉡ 산소중독
㉢ 이산화탄소의 작용

78 각막염, 결막염 등은 아크용접작업 시 발생하는 어떠한 유해광선에 의한 것인가?
① 가시광선　② 자외선
③ 적외선　　④ X선

풀이 자외선의 눈에 대한 작용(장애)
㉠ 전기용접, 자외선 살균 취급자 등에서 발생되는 자외선에 의해 전광성 안염인 급성각막염이 유발될 수 있다(일반적으로 6~12시간에 증상이 최고도에 달함).
㉡ 나이가 많을수록 자외선 흡수량이 많아져 백내장을 일으킬 수 있다.
㉢ 자외선의 파장에 따른 흡수정도에 따라 'arc-eye(welder's flash)'라고 일컬어지는 광각막염 및 결막염 등의 급성 영향이 나타나며, 이는 270~280nm의 파장에서 주로 발생한다.

79 다음 중 투과력이 가장 약한 전리방사선은?
① α선　② β선
③ γ선　④ X선

풀이 전리방사선의 인체 투과력 순서
중성자 > X선 or γ선 > β선 > α선

80 다음 설명에 해당하는 방진재료는?

> 설계자료가 잘 되어 있어서 용수철 정수를 광범위하게 선택할 수 있고, 여러 가지 형태로 된 철물에 견고하게 부착할 수 있는 반면, 내후성, 내열성에 약하고 공기 중의 오존에 의해 산화된다는 단점을 가지고 있다.

① 금속스프링　② 코르크
③ 방진고무　　④ 공기스프링

풀이 방진고무의 장단점
(1) 장점
㉠ 고무 자체의 내부마찰로 적당한 저항을 얻을 수 있다.
㉡ 공진 시의 진폭도 지나치게 크지 않다.
㉢ 설계자료가 잘 되어 있어서 용수철 정수(스프링 상수)를 광범위하게 선택할 수 있다.
㉣ 형상의 선택이 비교적 자유로워 여러 가지 형태로 된 철물에 견고하게 부착할 수 있다.
㉤ 고주파 진동의 차진에 양호하다.

(2) 단점
㉠ 내후성, 내유성, 내열성, 내약품성이 약하다.
㉡ 공기 중의 오존(O_3)에 의해 산화된다.
㉢ 내부마찰에 의한 발열 때문에 열화되기 쉽다.

제5과목 | 산업 독성학

81 다음 중 크롬(Cr)의 특성에 관한 설명으로 옳은 것은?
① 6가 크롬은 피부흡수가 어려우나, 3가 크롬은 쉽게 피부를 통과한다.
② 6가 크롬은 세포막 통과가 어렵지만, 3가 크롬은 세포 통과가 용이하여 산업장 노출의 관점에서 6가 크롬이 더 해롭다.
③ 세포막을 통과한 3가 크롬은 세포 내에서 수 분에서 수 시간만에 발암성을 가진 6가 형태로 환원된다.
④ 3가 크롬은 세포 내에서 핵산, nuclear enzyme, nucleotide와 같은 세포핵과 결합될 때 발암성을 나타낸다.

풀이 크롬(Cr)의 특성
㉠ 원자량 52.01, 비중 7.18, 비점 2,200℃의 은백색의 금속이다.
㉡ 자연 중에는 주로 3가 형태로 존재하고 6가 크롬은 적다.
㉢ 인체에 유해한 것은 6가 크롬(중크롬산)이며, 부식작용과 산화작용이 있다.
㉣ 3가 크롬보다 6가 크롬이 체내흡수가 많이 된다.
㉤ 3가 크롬은 피부흡수가 어려우나 6가 크롬은 쉽게 피부를 통과한다.
㉥ 세포막을 통과한 6가 크롬은 세포 내에서 수 분 내지 수 시간 만에 체내에서 발암성을 가진 3가 형태로 환원된다.
㉦ 6가에서 3가로의 환원이 세포질에서 일어나면 독성이 적으나 DNA의 근위부에서 일어나면 강한 변이원성을 나타낸다.
㉧ 3가 크롬은 세포 내에서 핵산, nuclear, enzyme, nucleotide와 같은 세포핵과 결합될 때만 발암성을 나타낸다.
㉨ 크롬은 생체에 필수적인 금속으로, 결핍 시에는 인슐린의 저하로 인한 대사장애를 일으킨다.

정답 78.② 79.① 80.③ 81.④

82 작업장의 공기 중 허용농도에 의존하는 것 이외에 근로자의 노출상태를 측정하는 방법으로 근로자들의 조직과 체액 또는 호기를 검사해서 건강장애를 일으키는 일이 없이 노출될 수 있는 양을 규정한 것은?

① BEI
② LD
③ SHD
④ STEL

풀이 생물학적 노출지수(폭로지수, BEI, ACGIH)
㉠ 혈액, 소변, 호기, 모발 등 생체시료(인체조직이나 세포)로부터 유해물질 그 자체 또는 유해물질의 대사산물 및 생화학적 변화를 반영하는 지표물질을 말하며, 근로자의 전반적인 노출량을 평가하는 데 이에 대한 기준으로 BEI를 사용한다.
㉡ 작업장의 공기 중 허용농도에 의존하는 것 이외에 근로자의 노출상태를 측정하는 방법으로 근로자들의 조직과 체액 또는 호기를 검사해서 건강장애를 일으키는 일이 없이 노출될 수 있는 양이 BEI이다.

83 다음 중 작업장 유해인자와 위해도 평가를 위해 고려하여야 할 요인과 가장 거리가 먼 것은?

① 시간적 빈도와 기간
② 공간적 분포
③ 평가의 합리성
④ 조직적 특성

풀이 유해성 평가 시 고려요인
㉠ 시간적 빈도와 기간(간헐적 작업, 시간 외 작업, 계절 및 기후조건 등)
㉡ 공간적 분포(유해인자 농도 및 강도, 생산공정 등)
㉢ 노출대상의 특성(민감도, 훈련기간, 개인적 특성 등)
㉣ 조직적 특성(회사조직정보, 보건제도, 관리정책 등)
㉤ 유해인자가 가지고 있는 위해성(독성학적, 역학적, 의학적 내용 등)
㉥ 노출상태
㉦ 다른 물질과 복합 노출

84 다음 중 화학물질의 독성시험을 수행할 때 고려해야 할 사항과 가장 거리가 먼 것은?

① 실험동물(생물체)의 선정
② 시험대상 독성물질의 선정
③ 독성시험시설의 배수성 여부
④ 모니터하거나 측정할 최종점(end point) 선정

풀이 화학물질의 독성시험 수행 시 고려사항
㉠ 실험동물(생물체)의 선정
㉡ 시험대상 독성물질의 선정
㉢ 모니터하거나 측정할 최종점(end point) 선정

85 다음 중 유해물질과 생물학적 노출지표의 물질이 잘못 연결된 것은?

① 납 – 소변 중 납
② 벤젠 – 소변 중 총 페놀
③ 크실렌 – 소변 중 메틸마뇨산
④ 일산화탄소 – 소변 중 carboxyhemoglobin

풀이 일산화탄소의 생물학적 노출지표 물질
㉠ 호기 : 일산화탄소
㉡ 혈액 : carboxyhemoglobin

86 상대적 독성(수치는 독성의 크기)이 다음과 같은 형태로 나타나는 화학적 상호작용을 무엇이라 하는가?

$$2 + 0 \rightarrow 10$$

① 상가작용(additive)
② 가승작용(potentiation)
③ 상쇄작용(antagonism)
④ 상승작용(synergistic)

풀이 잠재작용(potentiation effect, 가승작용)
㉠ 인체의 어떤 기관이나 계통에 영향을 나타내지 않는 물질이 다른 독성 물질과 복합적으로 노출되었을 때 그 독성이 커지는 것을 말한다.
㉡ 상대적 독성 수치로 표현하면 2+0=10 이다.

정답 82.① 83.③ 84.③ 85.④ 86.②

87 다음 중 신장을 통한 배설과정에 대한 설명으로 틀린 것은?
① 신장을 통한 배설은 사구체 여과, 세뇨관 재흡수 그리고 세뇨관 분비에 의해 제거된다.
② 사구체를 통한 여과는 심장의 박동으로 생성되는 혈압 등의 정수압(hydrostatic pressure)의 차이에 의하여 일어난다.
③ 세뇨관 내의 물질은 재흡수에 의해 혈중으로 돌아갈 수 있으나, 아미노산 및 독성물질은 재흡수되지 않는다.
④ 세뇨관을 통한 분비는 선택적으로 작용하며 능동 및 수동 수송방식으로 이루어진다.

풀이 세뇨관 내의 물질은 재흡수에 의해 혈중으로 돌아가며 아미노산, 당류, 독성물질 등이 재흡수된다.

88 다음 중 망간에 관한 설명으로 틀린 것은 어느 것인가?
① 만성중독은 3가 이상의 망간화합물에 의해서 주로 발생한다.
② 전기용접봉 제조업, 도자기 제조업에서 발생된다.
③ 언어장애, 균형감각 상실 등의 증세를 보인다.
④ 호흡기 노출이 주경로이다.

풀이 망간의 특성
㉠ 원자량 54.94, 비중 7.21~7.4, 비점 1,962℃의 은백색, 금색이며 통상 2가, 4가의 원자가를 갖는다.
㉡ 마모에 강한 특성 때문에 최근 금속제품에 널리 활용된다.
㉢ 망간광석에서 산출되는 회백색의 단단하지만 잘 부서지는 금속으로 산화제일망간, 이산화망간, 사산화망간 등 8가지의 산화형태로 존재한다.
㉣ 인간을 비롯한 대부분 생물체에는 필수적인 원소이다.
㉤ 망간의 직업성 폭로는 철강 제조에서 많다.

89 다음 중 지방질을 지방산과 글리세린으로 가수분해하는 물질은?
① 리파아제(lipase)
② 말토오스(maltose)
③ 트립신(trypsin)
④ 판크레오지민(pancreozymin)

풀이 리파아제(lipase)
혈액, 위액, 췌장분비액, 장액에 들어있는 지방분해 효소로 지방을 가수분해하여 지방산과 글리세린을 만든다.

90 유해물질에 관한 설명으로 틀린 것은?
① 단순 질식성 물질이란 그 자체의 독성은 약하나 공기 중에 많이 존재하면 산소분압을 저하시켜 조직에 필요한 산소공급의 부족을 초래하는 물질을 말한다.
② 화학성 질식성 물질이란 혈액 중의 혈색소와 결합하여 산소운반능력을 방해하여 질식시키는 물질을 말한다.
③ 중추신경계 독성물질이란 뇌, 척수에 작용하여 마취작용, 신경염, 정신장애 등을 일으킨다.
④ 혈액의 독성물질이란 임파액과 호르몬의 생산이나 그 정상활동을 방해하는 것을 말한다.

풀이 혈액독성이란 체중의 약 6~8%를 차지하는 혈액이 항상성을 유지하지 못하고 특정 혈액성분들이 너무 많이, 혹은 너무 적은 양으로 존재하거나 혈액성분에 구조적 이상이 일어날 때에 정상기능을 방해하면서 일어난다.

91 폐의 미세기관지나 폐포에서는 분진의 운동속도가 낮아 기관지 침착기전 중 중력침강이나 확산이 중요한 역할을 한다. 침강속도가 얼마 이하인 경우 중력침강보다 확산에 의한 침착이 더 중요한 역할을 하는가?
① 1cm/sec   ② 0.1cm/sec
③ 0.01cm/sec   ④ 0.001cm/sec

정답 87.③ 88.① 89.① 90.④ 91.④

[풀이] 확산(diffusion)
㉠ 미세입자의 불규칙적인 운동, 즉 브라운 운동에 의해 침적된다.
㉡ 지름이 0.5μm 이하의 것이 주로 해당되며 전 호흡기계 내에서 일어난다.
㉢ 입자의 지름에 반비례, 밀도와는 관계가 없다.
㉣ 입자의 침강속도가 0.001cm/sec 이하인 경우 확산에 의한 침착이 중요하다.

92 다음 중 화학물질의 노출로 인한 색소 증가의 원인물질이 아닌 것은?
① 콜타르
② 햇빛
③ 화상
④ 만성피부염

[풀이] 화학물질의 노출로 인한 색소 증가 원인물질
㉠ 콜타르
㉡ 햇빛
㉢ 만성피부염
– 피부의 색소변성에 영향을 주는 물질
㉠ 타르(tar)
㉡ 피치(pitch)
㉢ 페놀(phenol)

93 다음 [표]와 같은 크롬중독을 스크린하는 검사법을 개발했다면 이 검사법의 특이도는 약 얼마인가?

구 분		크롬중독 진단		합 계
		양 성	음 성	
검사법	양 성	15	9	24
	음 성	8	22	30
합 계		23	31	54

① 65% ② 71%
③ 74% ④ 78%

[풀이] 특이도(%) = $\frac{22}{31} \times 100 = 70.97\%$

94 다음 중 유기용제의 화학적인 성상에 따른 유기용제의 구분으로 볼 수 없는 것은?
① 지방족 탄화수소
② 시너류
③ 글리콜류
④ 케톤류

[풀이] 유기용제의 분류
(1) 산소함유계열
 ㉠ 케톤류
 ㉡ 알코올류
 ㉢ 글리콜에테르류
 ㉣ 에테르류
(2) 탄화수소계열
 ㉠ 지방족류
 ㉡ 방향족류
(3) 기타
 ㉠ 크레졸류
 ㉡ 니트로파라핀류
 ㉢ 테레빈류
 ㉣ 기타 염소계 유기용제

95 다음 중 석면 발생 예방대책으로 적절하지 않은 것은?
① 석면 등을 사용하는 작업은 가능한 한 습식으로 하도록 한다.
② 석면을 사용하는 작업장이나 공정 등은 격리시켜 근로자의 노출을 막는다.
③ 근로자가 상시 접근할 필요가 없는 석면 취급설비는 밀폐실에 넣어 양압을 유지한다.
④ 공정상 기기의 밀폐가 곤란한 경우, 적절한 형식과 기능을 갖춘 국소배기장치를 설치한다.

[풀이] 근로자가 상시 접근할 필요가 없는 석면 취급설비는 밀폐실에 넣어 음압을 유지하여야 외부누출을 막을 수 있다.

96 다음 중 소화기로 흡수된 유해물질을 해독하는 인체기관은?
① 신장 ② 간
③ 담낭 ④ 위장

[풀이] 간
(1) 개요
생체변화에 있어 가장 중요한 조직으로 혈액흐름이 많고 대사효소가 많이 존재한다. 어떤 순환기에 도달하기 전에 독성물질을 해독하는 역할을 하며 소화기로 흡수된 유해물질 또한 해독한다.
(2) 간의 일반적인 기능
 ㉠ 탄수화물의 저장과 대사작용
 ㉡ 호르몬의 내인성 폐기물 및 이물질의 대사작용
 ㉢ 혈액 단백질의 합성
 ㉣ 요소의 생성
 ㉤ 지방의 대사작용
 ㉥ 담즙의 생성

97 환경호르몬에 관한 설명으로 틀린 것은?
① 내분비계 교란물질이라고 한다.
② 플라스틱(합성 화학물질)에 잔류된 화학물질이 사용 중에 인체에 미량 흡수되어 영향을 미친다.
③ 호르몬의 생성, 분비, 이동 등에 혼란을 준다.
④ 환경호르몬의 노출로 인한 가장 큰 건강상의 장애는 면역체계의 이상이다.

[풀이] 환경호르몬의 노출로 인한 가장 큰 건강상의 장애는 생식능력의 정상적인 기능을 방해하고 유전으로 자손들에게까지 영향을 미친다는 것이다.

98 다음 중 납이 인체 내로 흡수됨으로써 초래되는 현상이 아닌 것은?
① 혈청 내 철 감소
② 혈색소 양 저하
③ 망상적혈구수의 증가
④ 소변 중 코프로포르피린 증가

[풀이] 납의 체내 흡수 시 영향 ⇨ 적혈구에 미치는 작용
 ㉠ K^+과 수분이 손실된다.
 ㉡ 삼투압이 증가하여 적혈구가 위축된다.
 ㉢ 적혈구 생존기간이 감소한다.
 ㉣ 적혈구 내 전해질이 감소한다.
 ㉤ 미숙적혈구(망상적혈구, 친염기성 혈구)가 증가한다.
 ㉥ 혈색소량은 저하하고 혈청 내 철이 증가한다.
 ㉦ 적혈구 내 프로토포르피린이 증가한다.
 ㉧ 소변 중 코프로포르피린이 증가한다.

99 다음 중 카드뮴에 노출되었을 때 체내의 주요 축적기관으로만 나열한 것은?
① 간, 신장
② 심장, 뇌
③ 뼈, 근육
④ 혈액, 모발

[풀이] 카드뮴의 인체 내 축적
 ㉠ 체내에 흡수된 카드뮴은 혈액을 거쳐 2/3(50~75%)는 간과 신장으로 이동하여 축적되고, 일부는 장관벽에 축적된다.
 ㉡ 반감기는 약 수년에서 30년까지이다.
 ㉢ 흡수된 카드뮴은 혈장단백질과 결합하여 최종적으로 신장에 축적된다.

100 다음 중 석면 및 내화성 세라믹 섬유의 노출기준 표시단위로 옳은 것은?
① ppm
② 개/cm^3
③ %
④ mg/m^3

[풀이] 개/cm^3 = 개/cc = 개/mL

[정답] 97.④ 98.① 99.① 100.②

제3회 산업위생관리기사

과년도 출제문제 | 2012.08.26

제1과목 | 산업위생학 개론

01 다음 중 주로 여름과 초가을에 흔히 발생되고 강제기류 난방장치, 가습장치, 저수조 온수장치 등 공기를 순환시키는 장치들과 냉각탑 등에 기생하며 실내·외로 확산되어 호흡기 질환을 유발시키는 세균은?
① 푸른곰팡이
② 나이세리아균
③ 바실러스균
④ 레지오넬라균

[풀이] 레지오넬라균은 주요 호흡기 질병의 원인균 중 하나로, 1년까지도 물속에서 생존하는 균이다.

02 다음 중 근로자 건강진단 실시 결과 건강관리 구분에 따른 내용의 연결이 틀린 것은 어느 것인가?
① R : 건강관리상 사후관리가 필요 없는 근로자
② C_1 : 직업성 질병으로 진전될 우려가 있어 추적검사 등 관찰이 필요한 근로자
③ D_1 : 직업성 질병의 소견을 보여 사후관리가 필요한 근로자
④ D_2 : 일반질병의 소견을 보여 사후관리가 필요한 근로자

[풀이] 건강관리 구분

건강관리 구분	건강관리 구분 내용
A	건강관리상 사후관리가 필요 없는 자(건강한 근로자)
C_1	직업성 질병으로 진전될 우려가 있어 추적검사 등 관찰이 필요한 자(직업병 요관찰자)
C_2	일반질병으로 진전될 우려가 있어 추적관찰이 필요한 자(일반질병 요관찰자)
D_1	직업성 질병의 소견을 보여 사후관리가 필요한 자(직업병 유소견자)
D_2	일반질병의 소견을 보여 사후관리가 필요한 자(일반질병 유소견자)
R	건강진단 1차 검사결과 건강수준의 평가가 곤란하거나 질병이 의심되는 근로자(제2차 건강진단 대상자)

※ "U"는 2차 건강진단 대상임을 통보하고 30일을 경과하여 해당 검사가 이루어지지 않아 건강관리 구분을 판정할 수 없는 근로자

03 다음 중 산업안전보건법령상 작업환경측정에 관한 내용으로 틀린 것은?
① 모든 측정은 개인시료채취방법으로만 실시하여야 한다.
② 작업환경측정을 실시하기 전에 예비조사를 실시하여야 한다.
③ 작업환경측정자는 그 사업장에 소속된 자로서 산업위생관리산업기사 이상의 자격을 가진 자를 말한다.
④ 작업이 정상적으로 이루어져 작업시간과 유해인자에 대한 근로자의 노출정도를 정확히 평가할 수 있을 때 실시하여야 한다.

[풀이] ㉠ 작업환경측정의 구분은 시료채취위치 및 측정대상에 따라 개인시료 및 지역시료로 구분된다.
㉡ 작업환경측정은 개인시료채취를 원칙으로 하고 있으며, 개인시료채취가 곤란한 경우에 한하여 지역시료채취를 할 수 있다.

정답 01.④ 02.① 03.①

04 TLV-TWA가 설정되어 있는 유해물질 중에는 독성 자료가 부족하여 TLV-STEL이 설정되어 있지 않은 물질이 많다. 이러한 물질에 대해서는 적절한 단시간 상한치(excursion limits)를 설정하여야 하는데, 다음 중 근로자 노출의 상한치와 노출시간의 연결이 옳은 것은? (단, ACGIH의 권고기준)

① TLV-TWA의 3배 : 30분 이하
② TLV-TWA의 3배 : 60분 이하
③ TLV-TWA의 5배 : 5분 이하
④ TLV-TWA의 5배 : 15분 이하

[풀이] ACGIH에서의 노출상한선과 노출시간 권고사항
㉠ TLV-TWA의 3배 : 30분 이하의 노출 권고
㉡ TLV-TWA의 5배 : 잠시라도 노출 금지

05 다음 중 사고예방대책의 기본원리 5단계를 바르게 나열한 것은?

① 조직 → 사실의 발견 → 분석 → 대책의 선정 → 대책 실시
② 사실의 발견 → 조직 → 분석 → 대책의 선정 → 대책 실시
③ 조직 → 분석 → 사실의 발견 → 대책의 선정 → 대책 실시
④ 사실의 발견 → 분석 → 조직 → 대책의 선정 → 대책 실시

[풀이] 하인리히의 사고예방(방지)대책 기본원리 5단계
㉠ 제1단계 : 안전관리조직 구성(조직)
㉡ 제2단계 : 사실의 발견
㉢ 제3단계 : 분석·평가
㉣ 제4단계 : 시정방법의 선정(대책의 선정)
㉤ 제5단계 : 시정책의 적용(대책 실시)

06 다음 중 턱뼈의 괴사를 유발하여 영국에서 사용 금지된 최초의 물질은 무엇인가?

① 황린(yellow phosphorous)
② 적린(red phosphorous)
③ 벤지딘(benzidine)
④ 청석면(crocidolite)

[풀이] 황린은 인의 동소체의 일종으로 공기 중에서 피부에 접촉되면 심한 화상을 입고 턱뼈의 인산칼슘과 반응하면 턱뼈가 괴사된다.

07 1994년 ABIH(American Board of Industrial Hygiene)에서 채택된 산업위생전문가의 윤리강령 내용으로 적절하지 않은 것은?

① 산업위생활동을 통해 얻은 개인 및 기업의 정보는 누설하지 않는다.
② 전문적 판단이 타협에 의하여 좌우될 수 있거나 이해관계가 있는 상황에는 개입하지 않는다.
③ 쾌적한 작업환경을 만들기 위해 산업위생 이론을 적용하고 책임 있게 행동한다.
④ 과학적 방법의 적용과 자료의 해석에서 경험을 통한 전문가의 주관성을 유지한다.

[풀이] 산업위생전문가로서의 책임
㉠ 성실성과 학문적 실력 면에서 최고수준을 유지한다(전문적 능력 배양 및 성실한 자세로 행동).
㉡ 과학적 방법의 적용과 자료의 해석에서 경험을 통한 전문가의 객관성을 유지한다(공인된 과학적 방법 적용·해석).
㉢ 쾌적한 작업환경을 만들기 위해 산업위생 이론을 적용하고 책임 있게 행동한다.
㉣ 근로자, 사회 및 전문 직종의 이익을 위해 과학적 지식을 공개하고 발표한다.
㉤ 산업위생활동을 통해 얻은 개인 및 기업체의 기밀은 누설하지 않는다(정보는 비밀 유지).
㉥ 전문적 판단이 타협에 의하여 좌우될 수 있거나 이해관계가 있는 상황에는 개입하지 않는다.

08 MPWC가 17.5kcal/min인 사람이 1일 8시간 동안 물건운반작업을 하고 있다. 이때 작업대사량(에너지소비량)이 8.75kcal/min이고, 휴식할 때 평균대사량이 1.7kcal/min이라면, 지속작업의 허용시간은 약 몇 분인가? (단, 작업에 따른 두 가지 상수는 3.720, 0.1949를 적용한다.)

① 88분　② 103분
③ 319분　④ 383분

정답　04.①　05.①　06.①　07.④　08.②

[풀이]
$$\log T_{end} = 3.720 - 0.1949E$$
$$= 3.720 - (0.1949 \times 8.75)$$
$$= 2.014$$
$$\therefore T_{end} = 10^{2.014}$$
$$= 103.28 \text{min}$$

09 다음 중 피로물질이라 할 수 없는 것은?
① 크레아티닌
② 젖산
③ 글리코겐
④ 초성포도당

[풀이] **주요 피로물질**
㉠ 크레아티닌
㉡ 젖산
㉢ 초성포도당
㉣ 시스테인

10 다음 중 산업안전보건법령상 보건관리자의 자격에 해당하지 않는 사람은?
① 「의료법」에 따른 의사
② 「의료법」에 따른 간호사
③ 「국가기술자격법」에 따른 산업안전기사
④ 「산업안전보건법」에 따른 산업보건지도사

[풀이] **보건관리자의 자격**
㉠ "의료법"에 따른 의사
㉡ "의료법"에 따른 간호사
㉢ 산업보건지도사
㉣ "국가기술자격법"에 따른 산업위생관리산업기사 또는 대기환경산업기사 이상의 자격을 취득한 사람
㉤ "국가기술자격법"에 따른 인간공학기사 이상의 자격을 취득한 사람
㉥ "고등교육법"에 따른 전문대학 이상의 학교에서 산업보건 또는 산업위생 분야의 학위를 취득한 사람

11 다음 중 수근터널증후군(CTS ; Carpal Tunnel Syndrome)이 가장 발생하기 쉬운 작업은?
① 대형버스 운전
② 조선소의 용접작업
③ 항만, 공항의 물건 하역작업
④ 드라이버(driver)를 이용한 기계 조립

[풀이]

근골격계 질환의 종류와 원인 및 증상		
종류	원인	증상
근육통증후군 (기용터널 증후군)	목이나 어깨를 과다 사용하거나 굽히는 자세	목이나 어깨 부위 근육의 통증 및 움직임 둔화
요통(건초염)	• 중량물 인양 및 옮기는 자세 • 허리를 비틀거나 구부리는 자세	추간판 탈출로 인한 신경압박 및 허리부위에 염좌가 발생하여 통증 및 감각마비
손목뼈 터널증후군 (수근관증후군)	반복적이고 지속적인 손목 압박 및 굽힘 자세	손가락의 저림 및 통증, 감각 저하
내·외상과염	과다한 손목 및 손가락의 동작	팔꿈치 내·외측의 통증
수완진동 증후군	진동공구 사용	손가락의 혈관수축, 감각마비, 하얗게 변함

12 다음 중 산업위생의 목적과 가장 거리가 먼 것은?
① 근로자의 건강을 유지·증진시키고 작업능률을 향상
② 근로자들의 육체적, 정신적, 사회적 건강 유지 및 증진
③ 유해한 작업 환경 및 조건으로 발생한 질병의 진단과 치료
④ 최적의 작업 환경 및 작업조건으로 개선하여 질병을 예방

[풀이] 유해한 작업 환경 및 조건으로 발생한 질병의 진단과 치료는 산업의학 분야이다.

13 다음 중 직업병 예방을 위한 대책으로 가장 나중에 적용하여야 하는 방법은?
① 격리 및 밀폐
② 개인보호구의 지급
③ 환기시설 등의 설치
④ 공정 또는 물질의 변경, 대치

[정답] 09.③ 10.③ 11.④ 12.③ 13.②

> 풀이: 직업병 예방을 위한 대책 중 개인보호구 지급은 수동적, 즉 2차적 대책이다.

14 다음 중 호기성 산화를 촉진시켜 근육의 열량 공급을 원활히 해주는 비타민군은?
① A
② B
③ C
④ E

> 풀이: 근육운동(노동) 시 보급해야 하는 것은 비타민 B_1이다.

15 온도 25℃, 1기압하에서 분당 100mL씩 60분 동안 채취한 공기 중에서 벤젠이 5mg 검출되었다. 검출된 벤젠은 약 몇 ppm인가? (단, 벤젠의 분자량은 78이다.)
① 15.7
② 26.1
③ 157
④ 261

> 풀이:
> $$농도(mg/m^3) = \frac{5mg}{0.1L/min \times 60min \times m^3/1,000L}$$
> $$= 833.33 mg/m^3$$
> $$\therefore 농도(ppm) = 833.33 mg/m^3 \times \frac{24.45}{78}$$
> $$= 261.22 ppm$$

16 다음 중 직업성 피부질환에 대한 설명으로 틀린 것은?
① 대부분은 화학물질에 의한 접촉피부염이다.
② 정확한 발생빈도와 원인물질의 추정은 거의 불가능하다.
③ 접촉피부염의 대부분은 알레르기에 의한 것이다.
④ 직업성 피부질환의 간접요인으로는 인종, 연령, 계절 등이 있다.

> 풀이: 접촉성 피부염은 작업장에서 발생빈도가 가장 높은 질환으로 외부 화학물질과의 접촉에 의하여 발생하는 피부염이다.

17 다음 중 심리학적 적성검사와 가장 거리가 먼 것은?
① 지능검사
② 인성검사
③ 지각동작검사
④ 감각기능검사

> 풀이: 적성검사의 분류
> (1) 생리학적 적성검사(생리적 기능검사)
>   ㉠ 감각기능검사
>   ㉡ 심폐기능검사
>   ㉢ 체력검사
> (2) 심리학적 적성검사
>   ㉠ 지능검사
>   ㉡ 지각동작검사
>   ㉢ 인성검사
>   ㉣ 기능검사

18 다음 중 근육과 뼈를 연결하는 섬유조직을 무엇이라 하는가?
① 뉴런(neuron)
② 건(tendon)
③ 인대(ligament)
④ 관절(joint)

> 풀이: 골격근 중 건은 근육과 뼈를 연결하는 섬유조직으로 힘줄이라고도 하며 근육을 부착시키는 역할을 한다.

19 정상작업역에 대한 설명으로 옳은 것은?
① 두 다리를 뻗어 닿는 범위이다.
② 손목이 닿을 수 있는 범위이다.
③ 전박(前膊)과 손으로 조작할 수 있는 범위이다.
④ 상지(上肢)와 하지(下肢)를 곧게 뻗어 닿는 범위이다.

정답 14.② 15.④ 16.③ 17.④ 18.② 19.③

[풀이] **수평작업영역의 구분**
(1) 최대작업역(최대영역, maximum area)
  ㉠ 팔 전체가 수평상에 도달할 수 있는 작업영역
  ㉡ 어깨로부터 팔을 뻗어 도달할 수 있는 최대영역
  ㉢ 아래팔(전완)과 위팔(상완)을 곧게 펴서 파악할 수 있는 영역
  ㉣ 움직이지 않고 상지를 뻗어서 닿는 범위
(2) 정상작업영역(표준영역, normal area)
  ㉠ 상박부를 자연스런 위치에서 몸통부에 접하고 있을 때에 전박부가 수평면 위에서 쉽게 도착할 수 있는 운동범위
  ㉡ 위팔(상완)을 자연스럽게 수직으로 늘어뜨린 채 아래팔(전완)만으로 편안하게 뻗어 파악할 수 있는 영역
  ㉢ 움직이지 않고 전박과 손으로 조작할 수 있는 범위
  ㉣ 앉은 자세에서 위팔은 몸에 붙이고, 아래팔만 곧게 뻗어 닿는 범위
  ㉤ 약 34~45cm의 범위

20 A공장의 2011년도 총 재해건수는 6건, 의사진단에 의한 총 휴업일수는 900일이었다. 이 공장의 도수율과 강도율은 각각 약 얼마인가? (단, 평균근로자는 500명이고, 근로자 1인당 1일 8시간씩 연간 300일을 근무하였다.)

① 도수율 : 7, 강도율 : 0.31
② 도수율 : 5, 강도율 : 0.62
③ 도수율 : 7, 강도율 : 0.93
④ 도수율 : 5, 강도율 : 1.24

[풀이] ㉠ 도수율 = $\dfrac{6}{500 \times 8 \times 300} \times 10^6 = 5$

㉡ 강도율 = $\dfrac{900 \times \left(\dfrac{300}{365}\right)}{500 \times 8 \times 300} \times 10^3 = 0.62$

제2과목 | 작업위생 측정 및 평가

21 시료채취용 막 여과지에 관한 설명으로 틀린 것은?

① MCE막 여과지 : 표면에 주로 침착되어 중량분석에 적당함
② PVC막 여과지 : 흡습성이 적음
③ PTFE막 여과지 : 열, 화학물질, 압력에 강한 특성이 있음
④ 은막 여과지 : 열적, 화학적 안정성이 있음

[풀이] MCE막 여과지는 산에 의해 쉽게 회화되기 때문에 원소분석에 적합하고, 중량분석에는 흡습성이 낮은 PVC막 여과지가 사용된다.

22 다음의 유기용제 중 실리카겔에 대한 친화력이 가장 강한 것은?

① 알코올류   ② 알데히드류
③ 케톤류   ④ 에스테르류

[풀이] **실리카겔의 친화력**
물>알코올류>알데히드류>케톤류>에스테르류>방향족탄화수소류>올레핀류>파라핀류

23 허용기준 대상 유해인자의 노출농도 측정 및 분석 방법에 관한 내용(용어)으로 틀린 것은? (단, 고용노동부 고시 기준)

① 바탕시험을 하여 보정한다 : 시료에 대한 처리 및 측정을 할 때 시료를 사용하지 않고 같은 방법으로 조작한 측정치를 빼는 것을 말한다.
② 회수율 : 흡착제에 흡착된 성분을 추출과정을 거쳐 분석 시 실제 검출되는 비율을 말한다.
③ 검출한계 : 분석기기가 검출할 수 있는 가장 작은 양을 말한다.
④ 약 : 그 무게 또는 부피에 대하여 ±10% 이상의 차가 있지 아니한 것을 말한다.

정답 20.② 21.① 22.① 23.②

[풀이] **회수율**
여과지에 채취된 성분을 추출과정을 거쳐 분석 시 실제 검출되는 비율을 말한다.

24 액체 시료 포집법을 이용하여 흡수액으로 시료를 채취하려고 한다. 흡수효율을 높이기 위한 방법이 아닌 것은?
① 두 개 이상의 버블러를 연속적으로 연결
② 시료의 채취속도를 높임
③ 가는 구멍이 많은 프리티드 버블러 등 채취효율이 좋은 기구 사용
④ 흡수액의 온도를 낮추어 유해물질의 휘발성을 제한

[풀이] **흡수효율(채취효율)을 높이기 위한 방법**
㉠ 포집액의 온도를 낮추어 오염물질의 휘발성을 제한한다.
㉡ 두 개 이상의 임핀저나 버블러를 연속적(직렬)으로 연결하여 사용하는 것이 좋다.
㉢ 시료채취속도(채취물질이 흡수액을 통과하는 속도)를 낮춘다.
㉣ 기포의 체류시간을 길게 한다.
㉤ 기포와 액체의 접촉면적을 크게 한다(가는 구멍이 많은 fritted 버블러 사용).
㉥ 액체의 교반을 강하게 한다.
㉦ 흡수액의 양을 늘려준다.

25 흉곽성 입자상 물질(TPM)의 평균입경은? (단, ACGIH 기준)
① 1.0 μm
② 4 μm
③ 10 μm
④ 50 μm

[풀이] **입자상 물질에 따른 평균입경**
㉠ 흡입성 입자상 물질(IPM) : 100 μm
㉡ 흉곽성 입자상 물질(TPM) : 10 μm
㉢ 호흡성 입자상 물질(RPM) : 4 μm

26 흡착제의 탈착을 위한 이황화탄소 용매에 관한 설명으로 틀린 것은?
① 활성탄으로 시료채취 시 많이 사용된다.
② 탈착효율이 좋다.
③ GC의 불꽃이온화검출기에서 반응성이 낮아 피크가 작게 나와 분석에 유리하다.
④ 인화성이 적어 화재의 염려가 적다.

[풀이] 이황화탄소의 단점으로는 독성 및 인화성이 크며 작업이 번잡하다는 것이다.

27 다음 중 활성탄의 제한점에 관한 설명으로 맞는 것은?
① 휘발성이 매우 작은 고분자량의 탄화수소화합물의 채취효율이 떨어짐
② 암모니아, 염화수소와 같은 저비점 화합물에 비효과적임
③ 케톤의 경우 활성탄 표면에서 물을 포함하지 않는 반응에 의해 탈착률은 양호하나 안정성이 부적절함
④ 표면의 흡착력으로 인해 반응성이 작은 mercaptan과 aldehyde 포집에 부적합함

[풀이] **활성탄의 제한점**
㉠ 표면의 산화력으로 인해 반응성이 큰 멜캅탄, 알데히드 포집에는 부적합하다.
㉡ 케톤의 경우 활성탄 표면에서 물을 포함하는 반응에 의하여 파과되어 탈착률과 안정성에 부적절하다.
㉢ 메탄, 일산화탄소 등은 흡착되지 않는다.
㉣ 휘발성이 큰 저분자량의 탄화수소화합물의 채취효율이 떨어진다.
㉤ 끓는점이 낮은 저비점 화합물인 암모니아, 에틸렌, 염화수소, 포름알데히드 증기는 흡착속도가 높지 않아 비효과적이다.

28 다음 중 24ppm의 methyl mercaptan(CH_3SH)을 mg/m³로 환산한 값은? (단, 온도=25℃, 기압=760mmHg)
① 34 mg/m³
② 39 mg/m³
③ 42 mg/m³
④ 47 mg/m³

[풀이] $(mg/m^3) = 24ppm \times \dfrac{48}{24.45} = 47.12 mg/m^3$
• CH_3SH 분자량=48g

정답 24.② 25.③ 26.④ 27.② 28.④

29 다음 중 hexane의 부분압이 100mmHg (OEL=500ppm)이었을 때 VHR_{Hexane}은?

① 212.5　　② 226.3
③ 247.2　　④ 263.2

풀이 $VHR = \dfrac{C}{TLV} = \dfrac{(100/760) \times 10^6}{500} = 263.16$

30 1차 표준기구와 가장 거리가 먼 것은?
① 흑연 피스톤미터
② 가스치환병
③ 유리 피스톤미터
④ 습식 테스트미터

풀이 공기채취기구 보정에 사용되는 1차 표준기구

표준기구	일반 사용범위	정확도
비누거품미터 (soap bubble meter)	1mL/분 ~30L/분	±1% 이내
폐활량계 (spirometer)	100~600L	±1% 이내
가스치환병 (mariotte bottle)	10~500mL/분	±0.05 ~0.25%
유리피스톤미터 (glass piston meter)	10~200mL/분	±2% 이내
흑연피스톤미터 (frictionless piston meter)	1mL/분 ~50L/분	±1~2%
피토튜브(Pitot tube)	15mL/분 이하	±1% 이내

31 가스상 물질을 측정하기 위한 '순간시료채취방법을 사용할 수 없는 경우'와 가장 거리가 먼 것은?
① 유해물질의 농도가 시간에 따라 변할 때
② 작업장의 기류속도 변화가 없을 때
③ 시간가중평균치를 구하고자 할 때
④ 공기 중 유해물질의 농도가 낮을 때

풀이 순간시료채취방법을 적용할 수 없는 경우
㉠ 오염물질의 농도가 시간에 따라 변할 때
㉡ 공기 중 오염물질의 농도가 낮을 때(유해물질이 농축되는 효과가 없기 때문에 검출기의 검출한계보다 공기 중 농도가 높아야 한다)
㉢ 시간가중평균치를 구하고자 할 때

32 두 개의 버블러를 연속적으로 연결하여 시료를 채취하였다. 첫 번째 버블러의 채취효율이 75%이고, 두 번째 버블러의 채취효율이 95%이면, 전체 채취효율은?

① 99.4%　　② 98.8%
③ 97.4%　　④ 96.4%

풀이 전체 채취효율(%) $= \eta_1 + \eta_2(1-\eta_1)$
$= 0.75 + 0.95(1-0.75)$
$= 0.9875 \times 100 = 98.75\%$

33 바이오에어로졸을 시료채취하여 2개의 배양접시에 배지를 사용하여 세균을 배양하였으며 시료채취 전의 유량은 28.4L/min, 시료채취 후의 유량은 28.8L/min이었다. 시료채취는 10분(T, min) 동안 시행되었다면 시료채취에 사용된 공기의 부피는?

① 284L　　② 285L
③ 286L　　④ 288L

풀이 $\dfrac{28.4+28.8}{2} = 28.6\text{L/min} \times 10\text{min} = 286\text{L}$

34 직경분립충돌기의 장단점으로 틀린 것은?
① 호흡기의 부분별로 침착된 입자 크기의 자료를 추정할 수 있다.
② 시료채취가 까다롭고 비용이 많이 든다.
③ 블로다운방식을 적용하여 되튐으로 인한 시료손실을 방지하여야 한다.
④ 흡입성, 흉곽성, 호흡성 입자의 크기별로 분포와 농도를 계산할 수 있다.

풀이 직경분립충돌기(cascade impactor)의 장단점
(1) 장점
㉠ 입자의 질량 크기 분포를 얻을 수 있다(공기 흐름속도를 조절하여 채취입자를 크기별로 구분 가능).
㉡ 호흡기의 부분별로 침착된 입자 크기의 자료를 추정할 수 있다.
㉢ 흡입성, 흉곽성, 호흡성 입자의 크기별로 분포와 농도를 계산할 수 있다.

(2) 단점
  ㉠ 시료채취가 까다롭다. 즉 경험이 있는 전문가가 철저한 준비를 통해 이용해야 정확한 측정이 가능하다(작은 입자는 공기흐름속도를 크게 하여 충돌판에 포집할 수 없음).
  ㉡ 비용이 많이 든다.
  ㉢ 채취준비시간이 과다하다.
  ㉣ 되튐으로 인한 시료의 손실이 일어나 과소분석결과를 초래할 수 있어 유량을 2L/min 이하로 채취한다.
  ㉤ 공기가 옆에서 유입되지 않도록 각 충돌기의 조립과 장착을 철저히 해야 한다.

  ㉤ 혼합물 : 혼합기체의 경우 각 기체의 흡착량은 단독성분이 있을 때보다 적어지게 된다(혼합물 중 흡착제와 강한 결합을 하는 물질에 의하여 치환반응이 일어나기 때문).
  ㉥ 흡착제의 크기(흡착제의 비표면적) : 입자 크기가 작을수록 표면적 및 채취효율이 증가하지만 압력강하가 심하다(활성탄은 다른 흡착제에 비하여 큰 비표면적을 갖고 있다).
  ㉦ 흡착관의 크기(튜브의 내경, 흡착제의 양) : 흡착제의 양이 많아지면 전체 흡착제의 표면적이 증가하여 채취용량이 증가하므로 파과가 쉽게 발생되지 않는다.

35 다음 중 고체 흡착제를 이용하여 시료채취를 할 때 영향을 주는 인자에 관한 설명으로 틀린 것은?

① 온도 : 모든 흡착은 발열반응이므로 온도가 낮을수록 흡착에 좋은 조건인 것은 열역학적으로 분명하다.
② 시료채취유량 : 시료채취유량이 높으면 파과가 일어나기 쉬우며 코팅된 흡착제일수록 그 경향이 강하다.
③ 오염물질농도 : 공기 중 오염물질의 농도가 높을수록 파과공기량이 증가한다.
④ 흡착제의 크기 : 입자의 크기가 작을수록 채취효율이 증가하나 압력강하가 심하다.

[풀이] **흡착제를 이용한 시료채취 시 영향인자**
㉠ 온도 : 온도가 낮을수록 흡착에 좋으나 고온일수록 흡착대상 오염물질과 흡착제의 표면 사이 또는 2종 이상의 흡착대상 물질 간 반응속도가 증가하여 흡착성질이 감소하며 파과가 일어나기 쉽다(모든 흡착은 발열반응이다).
㉡ 습도 : 극성 흡착제를 사용할 때 수증기가 흡착되기 때문에 파과가 일어나기 쉬우며 비교적 높은 습도는 활성탄의 흡착용량을 저하시킨다. 또한 습도가 높으면 파과공기량(파과가 일어날 때까지의 채취공기량)이 적어진다.
㉢ 시료채취속도(시료채취량) : 시료채취속도가 크고 코팅된 흡착제일수록 파과가 일어나기 쉽다.
㉣ 유해물질 농도(포집된 오염물질의 농도) : 농도가 높으면 파과용량(흡착제에 흡착된 오염물질량)이 증가하나 파과공기량은 감소한다.

36 자연습구온도계의 측정시간기준은? (단, 고용노동부 고시 기준)

① 5분 이상   ② 10분 이상
③ 15분 이상   ④ 25분 이상

[풀이] **고열의 측정구분에 의한 측정기기 및 측정시간**

구 분	측정기기	측정시간
습구 온도	0.5도 간격의 눈금이 있는 아스만통풍건습계, 자연습구온도를 측정할 수 있는 기기 또는 이와 동등 이상의 성능이 있는 측정기기	• 아스만통풍건습계 : 25분 이상 • 자연습구온도계 : 5분 이상
흑구 및 습구 흑구 온도	직경이 5센티미터 이상 되는 흑구온도계 또는 습구흑구온도(WBGT)를 동시에 측정할 수 있는 기기	• 직경이 15센티미터 일 경우 : 25분 이상 • 직경이 7.5센티미터 또는 5센티미터일 경우 : 5분 이상

※ 고시 변경사항, 학습 안 하셔도 무방합니다.

37 입자의 크기에 따라 여과기전 및 채취효율이 다르다. 입자 크기가 0.1~0.5μm일 때 주된 여과기전은?

① 충돌과 간섭   ② 확산과 간섭
③ 차단과 간섭   ④ 침강과 간섭

[풀이] **여과기전에 대한 입자 크기별 포집효율**
㉠ 입경 0.1μm 미만 : 확산
㉡ 입경 0.1~0.5μm : 확산, 직접차단(간섭)
㉢ 입경 0.5μm 이상 : 관성충돌, 직접차단(간섭)

정답 35.③ 36.① 37.②

PART 02 과년도 출제문제

38 유사노출그룹(HEG)에 대한 설명으로 틀린 것은?

① 유사노출그룹은 노출되는 유해인자의 농도와 특성이 유사하거나 동일한 근로자그룹을 말한다.
② 역학조사를 수행할 때 사건이 발생된 근로자가 속한 유사노출그룹의 노출농도를 근거로 노출원인을 추정할 수 있다.
③ 유사노출그룹 설정을 위해 시료채취가 과다해지는 경우가 있다.
④ 유사노출그룹의 설정 이유는 모든 근로자의 노출농도를 평가하고자 하는 데 있다.

풀이 유사노출그룹(HEG) 설정은 시료채취수를 경제적으로 하는 데 있다.

39 어느 작업장에서 toluene의 농도를 측정한 결과 23.2ppm, 21.6ppm, 22.4ppm, 24.1ppm, 22.7ppm을 각각 얻었다. 기하평균농도(ppm)는?

① 22.8   ② 23.3
③ 23.6   ④ 23.9

풀이
$\log(GM)$
$= \dfrac{\log 23.2 + \log 21.6 + \log 22.4 + \log 24.1 + \log 22.7}{5}$
$= 1.357$
$\therefore GM = 10^{1.357} = 22.75 \text{ppm}$

40 가스상 물질의 연속시료채취방법 중 흡수액을 사용한 능동식 시료채취방법(시료채취 펌프를 이용하여 강제적으로 공기를 매체에 통과시키는 방법)의 일반적 시료채취 유량 기준으로 가장 적절한 것은?

① 0.2L/min 이하   ② 1.0L/min 이하
③ 5.0L/min 이하   ④ 10.0L/min 이하

풀이 능동식 시료채취방법의 일반적 채취유량
㉠ 흡착관 : 0.2L/min 이하
㉡ 흡수액 : 1.0L/min 이하

제3과목 | 작업환경 관리대책

41 원심력 송풍기인 방사 날개형 송풍기에 관한 설명으로 틀린 것은?

① 깃이 평판으로 되어 있다.
② 깃의 구조가 분진을 자체 정화할 수 있도록 되어 있다.
③ 큰 압력손실에서 송풍량이 급격히 떨어지는 단점이 있다.
④ 플레이트(plate)형 송풍기라고도 한다.

풀이 평판형(radial fan) 송풍기
㉠ 플레이트(plate) 송풍기, 방사 날개형 송풍기라고도 한다.
㉡ 날개(blade)가 다익형보다 적고, 직선이며 평판 모양을 하고 있어 강도가 매우 높게 설계되어 있다.
㉢ 깃의 구조가 분진을 자체 정화할 수 있도록 되어 있다.
㉣ 시멘트, 미분탄, 곡물, 모래 등의 고농도 분진 함유 공기나 마모성이 강한 분진 이송용으로 사용된다.
㉤ 부식성이 강한 공기를 이송하는 데 많이 사용된다.
㉥ 압력은 다익팬보다 약간 높으며, 효율도 65%로 다익팬보다는 약간 높으나 터보팬보다는 낮다.
㉦ 습식 집진장치의 배치에 적합하며, 소음은 중간 정도이다.

42 다음 중 필요환기량을 감소시키는 방법으로 틀린 것은?

① 후드 개구면에서 기류가 균일하게 분포되도록 설계한다.
② 공정에서 발생 또는 배출되는 오염물질의 절대량을 감소시킨다.
③ 가급적이면 공정이 많이 포위되지 않도록 하여야 한다.
④ 포집형이나 레시버형 후드를 사용할 때는 가급적 후드를 배출오염원에 가깝게 설치한다.

[풀이] **후드가 갖추어야 할 사항(필요환기량을 감소시키는 방법)**
㉠ 가능한 한 오염물질 발생원에 가까이 설치한다 (포집형 및 레시버형 후드).
㉡ 제어속도는 작업조건을 고려하여 적정하게 선정한다.
㉢ 작업에 방해되지 않도록 설치하여야 한다.
㉣ 오염물질 발생특성을 충분히 고려하여 설계하여야 한다.
㉤ 가급적이면 공정을 많이 포위한다.
㉥ 후드 개구면에서 기류가 균일하게 분포되도록 설계한다.
㉦ 공정에서 발생 또는 배출되는 오염물질의 절대량을 감소시킨다.

43 후드의 유입계수가 0.7, 속도압이 20mmH₂O일 때 후드의 압력손실은?

① 21mmH₂O ② 24mmH₂O
③ 27mmH₂O ④ 29mmH₂O

[풀이] 후드 압력손실 = $F \times VP$
- $F = \dfrac{1}{Ce^2} - 1 = \dfrac{1}{0.7^2} - 1 = 1.04$
  $= 1.04 \times 20 = 20.82\text{mmH}_2\text{O}$

44 표준상태(21℃, 1기압)에서 벤젠 2L가 증발할 때 공기 중에서 차지하는 부피는? (단, 벤젠(C_6H_6)의 비중은 0.879이다.)

① 442L ② 543L
③ 638L ④ 724L

[풀이] 벤젠 사용량 = 2L × 0.879g/mL × 1,000mL/L
= 1,758g
78g : 24.1L = 1,758g : 부피
∴ 부피(L) = $\dfrac{24.1\text{L} \times 1{,}758\text{g}}{78\text{g}}$ = 543.18L

45 강제환기를 실시할 때 환기효과를 제고시킬 수 있는 방법으로 틀린 것은?

① 공기 배출구와 근로자의 작업위치 사이에 오염원이 위치하지 않도록 하여야 한다.
② 배출구가 창문이나 문 근처에 위치하지 않도록 한다.
③ 오염물질 배출구는 가능한 한 오염원으로부터 가까운 곳에 설치하여 '점환기' 효과를 얻는다.
④ 공기가 배출되면서 오염장소를 통과하도록 공기 배출구와 유입구의 위치를 선정한다.

[풀이] **전체환기(강제환기)시설 설치 기본원칙**
㉠ 오염물질 사용량을 조사하여 필요환기량을 계산한다.
㉡ 배출공기를 보충하기 위하여 청정공기를 공급한다.
㉢ 오염물질 배출구는 가능한 한 오염원으로부터 가까운 곳에 설치하여 '점환기'의 효과를 얻는다.
㉣ 공기 배출구와 근로자의 작업위치 사이에 오염원이 위치해야 한다.
㉤ 공기가 배출되면서 오염장소를 통과하도록 공기 배출구와 유입구의 위치를 선정한다.
㉥ 작업장 내 압력은 경우에 따라서 양압이나 음압으로 조정해야 한다(오염원 주위에 다른 작업공정이 있으면 공기 공급량을 배출량보다 작게 하여 음압을 형성시켜 주위 근로자에게 오염물질이 확산되지 않도록 한다).
㉦ 배출된 공기가 재유입되지 못하게 배출구 높이를 적절히 설계하고 창문이나 문 근처에 위치하지 않도록 한다.
㉧ 오염된 공기는 작업자가 호흡하기 전에 충분히 희석되어야 한다.
㉨ 오염물질 발생은 가능하면 비교적 일정한 속도로 유출되도록 조정해야 한다.

46 외부식 후드에서 플랜지가 붙고 공간에 설치된 후드와 플랜지가 붙고 면에 고정 설치된 후드의 필요공기량을 비교할 때, 플랜지가 붙고 면에 고정 설치된 후드는 플랜지가 붙고 공간에 설치된 후드에 비하여 필요공기량을 약 몇 % 절감할 수 있는가? (단, 후드는 장방형 기준이다.)

① 12 ② 20
③ 25 ④ 33

정답 43.① 44.② 45.① 46.④

[풀이]
- 플랜지 부착, 자유공간 위치 송풍량(Q_1)
  $Q_1 = 60 \times 0.75 \times V_c[(10X^2) + A]$
- 플랜지 부착, 작업면 위치 송풍량(Q_2)
  $Q_2 = 60 \times 0.5 \times V_c[(10X^2) + A]$
- ∴ 절감효율(%) = $\dfrac{0.75 - 0.5}{0.75} \times 100 = 33.33\%$

47 20℃의 송풍관에 15m/sec의 유속으로 흐르는 기체의 속도압은? (단, 공기의 밀도는 1.293kg/Sm³이다.)

① 약 32mmH$_2$O ② 약 21mmH$_2$O
③ 약 14mmH$_2$O ④ 약 8mmH$_2$O

[풀이] $VP = \dfrac{\gamma V^2}{2g} = \dfrac{1.293 \times 15^2}{2 \times 9.8} = 14.84 \text{mmH}_2\text{O}$

48 1기압상태의 직경이 40cm인 덕트에서 동점성계수가 2×10^{-4} m²/sec인 기체가 10m/sec로 흐른다. 이때의 레이놀즈 수는?

① 5,000 ② 10,000
③ 15,000 ④ 20,000

[풀이] $Re = \dfrac{VD}{\nu} = \dfrac{10 \times 0.4}{2 \times 10^{-4}} = 20,000$

49 대치(substitution)방법으로 유해작업환경을 개선한 경우로 적절하지 않은 것은?

① 유연 휘발유를 무연 휘발유로 대치
② 블라스팅 재료로서 모래를 철구슬로 대치
③ 야광시계의 자판을 라듐에서 인으로 대치
④ 페인트 희석제를 사염화탄소에서 석유나프타로 대치

[풀이] 페인트 희석제를 석유나프타에서 사염화탄소로 전환한다.

50 전기집진장치의 장단점으로 틀린 것은?

① 운전 및 유지비가 많이 든다.
② 설치공간을 많이 차지한다.
③ 압력손실이 낮다.
④ 고온가스 처리가 가능하다.

[풀이] **전기집진장치의 장단점**
(1) 장점
  ㉠ 집진효율이 높다(0.01μm 정도 포집 용이, 99.9% 정도 고집진효율).
  ㉡ 광범위한 온도범위에서 적용이 가능하며, 폭발성 가스의 처리도 가능하다.
  ㉢ 고온의 입자성 물질(500℃ 전후) 처리가 가능하여 보일러와 철강로 등에 설치할 수 있다.
  ㉣ 압력손실이 낮고 대용량의 가스 처리가 가능하며 배출가스의 온도강하가 적다.
  ㉤ 운전 및 유지비가 저렴하다.
  ㉥ 회수가치 입자 포집에 유리하며, 습식 및 건식으로 집진할 수 있다.
  ㉦ 넓은 범위의 입경과 분진농도에 집진효율이 높다.
(2) 단점
  ㉠ 설치비용이 많이 든다.
  ㉡ 설치공간을 많이 차지한다.
  ㉢ 설치된 후에는 운전조건의 변화에 유연성이 적다.
  ㉣ 먼지성상에 따라 전처리시설이 요구된다.
  ㉤ 분진포집에 적용되며, 기체상 물질 제거에는 곤란하다.
  ㉥ 전압변동과 같은 조건변동(부하변동)에 쉽게 적응이 곤란하다.
  ㉦ 가연성 입자의 처리가 곤란하다.

51 다음 중 방진마스크에 대한 설명으로 옳지 않은 것은?

① 방진마스크는 인체에 유해한 분진, 연무, 흄, 미스트, 스프레이 입자를 작업자가 흡입하지 않도록 하는 보호구이다.
② 방진마스크의 종류에는 격리식과 직결식, 면체 여과식이 있다.
③ 방진마스크의 필터는 활성탄과 실리카겔이 주로 사용된다.
④ 비휘발성 입자에 대한 보호만 가능하며, 가스 및 증기의 보호는 안 된다.

[풀이] 활성탄과 실리카겔이 주로 사용되는 것은 방독마스크이다.

정답 47.③ 48.④ 49.④ 50.① 51.③

52 0℃, 1기압에서 이산화탄소의 비중은?

① 1.32 ② 1.43
③ 1.52 ④ 1.69

[풀이] 비중 = $\dfrac{CO_2 \text{ 분자량}}{\text{공기 분자량}} = \dfrac{44}{28.95} = 1.52$

53 톨루엔을 취급하는 근로자의 보호구 밖에서 측정한 톨루엔 농도가 30ppm이었고, 보호구 안의 농도가 2ppm으로 나왔다면 보호계수(PF ; Protection Factor)의 값은? (단, 표준상태 기준)

① 15 ② 30
③ 60 ④ 120

[풀이] PF = $\dfrac{\text{보호구 밖의 농도}}{\text{보호구 안의 농도}} = \dfrac{30}{2} = 15$

54 귀덮개의 사용환경으로 가장 옳은 것은?

① 장시간 사용 시
② 간헐적 소음 노출 시
③ 덥고 습한 환경에서 작업 시
④ 다른 보호구와 동시 사용 시

[풀이] 귀덮개(ear muff)
소음이 많이 발생하는 작업장에서 근로자의 청력을 보호하기 위하여 양쪽 귀 전체를 덮어서 차음효과를 나타내는 방음보호구이며, 간헐적 소음에 노출 시 사용한다.

55 어느 작업장의 길이, 폭, 높이가 각각 40m, 20m, 4m이다. 이 실내에 8시간당 16회의 환기가 되도록 직경 40cm의 개구부 두 개를 통하여 공기를 공급하고자 한다. 각 개구부를 통과하는 공기의 유속(m/min)은?

① 약 425 ② 약 475
③ 약 525 ④ 약 575

[풀이] ACH = $\dfrac{\text{필요환기량}}{\text{작업장 용적}}$

필요환기량(Q) = 16회/8hr × (40×20×4)m³
= 6,400m³/hr

∴ 유속(V, m/min) = $\dfrac{Q}{A}$

$= \dfrac{6,400\text{m}^3/\text{hr} \times \text{hr}/60\text{min}}{\left(\dfrac{3.14 \times 0.4^2}{4}\right)\text{m}^2 \times 2}$

= 424.63m/min

56 중력침강속도에 대한 설명으로 틀린 것은? (단, Stokes 법칙 기준)

① 입자 직경의 제곱에 비례한다.
② 입자의 밀도차에 반비례한다.
③ 중력가속도에 비례한다.
④ 공기의 점성계수에 반비례한다.

[풀이] 침강속도(V) = $\dfrac{g \cdot d^2 (\rho_1 - \rho)}{18\mu}$ 이므로, 중력침강속도는 입자의 밀도차($\rho_1 - \rho$)에 비례한다.

57 지름이 1m인 원형 후드 입구로부터 2m 떨어진 지점에 오염물질이 있다. 제어풍속이 3m/sec일 때 후드의 필요환기량(m³/sec)은? (단, 공간에 위치하며, 플랜지는 없다.)

① 143 ② 123
③ 103 ④ 83

[풀이] $Q = V_c(10X^2 + A)$

• $A = \dfrac{3.14 \times 1^2}{4} = 0.785\text{m}^2$

= 3m/sec[(10×2²)m² + 0.785m²]
= 122.36m³/sec

58 2개의 집진장치를 직렬로 연결하였다. 집진효율 70%인 사이클론을 전처리장치로 사용하고 전기집진장치를 후처리장치로 사용하였을 때 총 집진효율이 95%라면, 전기집진장치의 집진효율은?

① 83.3% ② 87.3%
③ 90.3% ④ 92.3%

[풀이] $\eta_T = \eta_1 + \eta_2(1 - \eta_1)$
$0.95 = 0.7 + \eta_2(1 - 0.7)$
∴ η_2(후처리장치 효율) = 0.833 × 100 = 83.3%

정답 52.③ 53.① 54.② 55.① 56.② 57.② 58.①

59 화학공장에서 A물질(분자량 86.17, 노출기준 100ppm)과 B물질(분자량 98.96, 노출기준 50ppm)이 각각 100g/hr, 50g/hr씩 기화한다면 이때의 필요환기량(m^3/min)은? (단, 두 물질 간의 화학작용은 없으며, 21℃ 기준, K값은 각각 6과 4이다.)

① 26.8　② 39.6
③ 44.2　④ 58.3

[풀이]
㉠ A물질
- 사용량 : 100g/hr
- 발생률(G, L/hr)
  86.17g : 24.1L = 100g/hr : G(L/hr)
  G = 27.97L/hr
- 필요환기량(Q_1)
  $Q_1 = \dfrac{27.97\text{L/hr} \times 1,000\text{mL/L}}{100\text{mL/}m^3} \times 6$
  $= 1,678.08 m^3/\text{hr} \times \text{hr}/60\text{min}$
  $= 27.97 m^3/\text{min}$

㉡ B물질
- 사용량 : 50g/hr
- 발생률(G, L/hr)
  98.96g : 24.1L = 50g/hr : G(L/hr)
  G = 12.17L/hr
- 필요환기량(Q_2)
  $Q_2 = \dfrac{12.17\text{L/hr} \times 1,000\text{mL/L}}{50\text{mL/}m^3} \times 4$
  $= 974.13 m^3/\text{hr} \times \text{hr}/60\text{min}$
  $= 16.24 m^3/\text{min}$

∴ 총 필요환기량 = 27.97 + 16.24 = 44.21m^3/min

60 흡인풍량이 200m^3/min, 송풍기 유효전압이 150mmH₂O, 송풍기 효율이 80%, 여유율이 1.2인 송풍기의 소요동력은? (단, 송풍기 효율과 여유율을 고려한다.)

① 4.8kW　② 5.4kW
③ 6.7kW　④ 7.4kW

[풀이]
소요동력(kW) = $\dfrac{Q \times \Delta P}{6,120 \times \eta} \times \alpha$
$= \dfrac{200 \times 150}{6,120 \times 0.8} \times 1.2$
$= 7.35\text{kW}$

제4과목 | 물리적 유해인자관리

61 다음 중 이상기압에서의 작업방법으로 적절하지 않은 것은?

① 감압병이 발생하였을 때는 환자는 바로 고압환경에 복귀시킨다.
② 특별히 잠수에 익숙한 사람을 제외하고는 1분에 10m 정도씩 잠수하는 것이 안전하다.
③ 감압이 끝날 무렵에 순수한 산소를 흡입시키면 감압시간을 단축시킬 수 있다.
④ 고압환경에서 작업할 때에는 질소를 불소로 대치한 공기를 호흡시킨다.

[풀이] 감압병의 예방 및 치료
㉠ 고압환경에서의 작업시간을 제한하고 고압실 내의 작업에서는 탄산가스의 분압이 증가하지 않도록 신선한 공기를 송기시킨다.
㉡ 감압이 끝날 무렵 순수한 산소를 흡입시키면 예방적 효과가 있을 뿐 아니라 감압시간을 25% 가량 단축시킬 수 있다.
㉢ 고압환경에서 작업하는 근로자에게 질소를 헬륨으로 대치한 공기를 호흡시킨다.
㉣ 헬륨-산소 혼합가스는 호흡저항이 적어 심해잠수에 사용한다.
㉤ 일반적으로 1분에 10m 정도씩 잠수하는 것이 안전하다.
㉥ 감압병의 증상 발생 시에는 환자를 곧장 원래의 고압환경상태로 복귀시키거나 인공고압실에 넣어 혈관 및 조직 속에 발생한 질소의 기포를 다시 용해시킨 다음 천천히 감압한다.
㉦ Haldene의 실험근거상 정상기압보다 1.25기압을 넘지 않는 고압환경에는 아무리 오랫동안 폭로되거나 아무리 빨리 감압하더라도 기포를 형성하지 않는다.
㉧ 비만자의 작업을 금지시키고, 순환기에 이상이 있는 사람은 취업 또는 작업을 제한한다.
㉨ 헬륨은 질소보다 확산속도가 크며, 체외로 배출되는 시간이 질소에 비하여 50% 정도밖에 걸리지 않는다.
㉩ 귀 등의 장애를 예방하기 위해서는 압력을 가하는 속도를 분당 0.8kg/cm^2 이하가 되도록 한다.

정답 59.③ 60.④ 61.④

62 근로자가 단위작업장소에서 소음의 강도가 불규칙적으로 변동하는 소음을 누적소음노출량 측정기로 측정한 결과 소음 노출량 95%에 노출되었다면 이를 TWA dB(A)로 환산하면 약 얼마인가?

① 80
② 85
③ 90
④ 95

풀이
$$TWA = 16.61 \log \left[\frac{D(\%)}{100}\right] + 90$$
$$= 16.61 \log \left(\frac{95}{100}\right) + 90$$
$$= 89.63 dB(A)$$

63 다음 중 안전과 보건에 특히 관심이 되는 자외선 파장의 범위로 Dorno-ray라고 불리는 영역으로 가장 적절한 것은?

① 350~400nm
② 290~315nm
③ 125~200nm
④ 75~115nm

풀이 도르노선(Dorno-ray)
280(290)~315nm[2,800(2,900)~3,150Å, 1Å(angstrom) ; SI 단위로 10^{-10}m]의 파장을 갖는 자외선을 의미하며 인체에 유익한 작용을 하여 건강선(생명선)이라고도 한다. 또한 소독작용, 비타민 D 형성, 피부의 색소침착 등 생물학적 작용이 강하다.

64 전리방사선 중 전자기방사선에 속하는 것은 어느 것인가?

① α선
② β선
③ γ선
④ 중성자

풀이 전리방사선의 구분
㉠ 전자기방사선 : X-ray, γ선
㉡ 입자방사선 : α선, β선, 중성자

65 다음 중 질소 기포 형성효과에 있어 감압에 따른 기포 형성량에 영향을 주는 주요 인자와 가장 거리가 먼 것은?

① 감압속도
② 체내 수분량
③ 고기압의 노출 정도
④ 연령 등 혈류를 변화시키는 상태

풀이 감압 시 조직 내 질소 기포 형성량에 영향을 주는 요인
㉠ 조직에 용해된 가스량
  체내 지방량, 고기압 폭로의 정도와 시간으로 결정한다.
㉡ 혈류변화 정도(혈류를 변화시키는 상태)
  감압 시 또는 재감압 후에 생기기 쉽고, 연령, 기온, 운동, 공포감, 음주와 관계가 있다.
㉢ 감압속도

66 다음 중 진동발생원에 대한 대책으로 가장 적극적인 방법은?

① 발생원의 제거
② 발생원의 격리
③ 발생원의 재배치
④ 보호구의 착용

풀이 진동발생원의 가장 적극적인 대책은 발생원 자체를 제거하는 것이다.

67 작업장의 습도를 측정한 결과 절대습도는 4.57mmHg, 포화습도는 18.25mmHg이었다. 이때 이 작업장의 습도상태로 가장 적절한 것은?

① 적당하다.
② 너무 건조하다.
③ 습도가 높은 편이다.
④ 습도가 포화상태이다.

풀이
$$상대습도 = \frac{절대습도}{포화습도} \times 100$$
$$= \frac{4.57}{18.25} \times 100 = 25.04\%$$
즉, 건조한 상태이다(적정 습도범위 : 40~70%).

정답 62.③ 63.② 64.③ 65.② 66.① 67.②

68 산업안전보건법령상 사업주가 밀폐공간에 근로자를 종사하도록 하는 때에는 미리 산소농도 등을 측정하게 하고, 적정한 공기가 유지되고 있는지 여부를 평가하게 하여야 한다. 이때 산소농도 등을 측정할 수 있는 자의 자격으로 적합하지 않은 것은?

① 시설관리자
② 보건관리자
③ 작업환경측정기관
④ 관리감독자

[풀이] 산소농도 측정 자격자
㉠ 관리감독자
㉡ 안전관리자 또는 보건관리자
㉢ 안전관리전문기관 또는 보건관리전문기관
㉣ 건설재해 예방전문 지도기관
㉤ 작업환경측정기관
㉥ 한국산업안전보건공단이 정하는 산소 및 유해가스 농도의 측정·평가에 관한 교육을 이수한 사람

69 수심 40m에서 작업을 할 때 작업자가 받는 절대압은 어느 정도인가?

① 3기압   ② 4기압
③ 5기압   ④ 6기압

[풀이] 절대압=대기압+작용압
 =1기압+4기압(10m당 1기압)=5기압

70 다음 중 1루멘의 빛이 1ft²의 평면상에 수직 방향으로 비칠 때, 그 평면의 빛 밝기를 무엇이라고 하는가?

① 1lux   ② 1candela
③ 1촉광   ④ 1foot candle

[풀이] 풋 캔들(foot candle)
(1) 정의
 ㉠ 1루멘의 빛이 1ft²의 평면상에 수직으로 비칠 때 그 평면의 빛 밝기이다.
 ㉡ 관계식 : 풋 캔들(ft cd) = $\frac{lumen}{ft^2}$
(2) 럭스와의 관계
 ㉠ 1ft cd=10.8lux
 ㉡ 1lux=0.093ft cd

(3) 빛의 밝기
 ㉠ 광원으로부터 거리의 제곱에 반비례한다.
 ㉡ 광원의 촉광에 정비례한다.
 ㉢ 조사평면과 광원에 대한 수직평면이 이루는 각(cosine)에 반비례한다.
 ㉣ 색깔과 감각, 평면상의 반사율에 따라 밝기가 달라진다.

71 방사선의 외부노출에 대한 방어 3원칙에 해당하지 않는 것은?

① 흡수   ② 거리
③ 시간   ④ 차폐

[풀이] 방사선의 외부노출에 대한 방어대책
전리방사선 방어의 궁극적 목적은 가능한 한 방사선에 불필요하게 노출되는 것을 최소화하는 데 있다.
(1) 시간
 ㉠ 노출시간을 최대로 단축한다(조업시간 단축).
 ㉡ 충분한 시간 간격을 두고 방사능 취급작업을 하는 것은 반감기가 짧은 방사능 물질에 유용하다.
(2) 거리
 방사능은 거리의 제곱에 비례해서 감소하므로 먼 거리일수록 쉽게 방어가 가능하다.
(3) 차폐
 ㉠ 큰 투과력을 갖는 방사선 차폐물은 원자번호가 크고 밀도가 큰 물질이 효과적이다.
 ㉡ α선의 투과력은 약하여 얇은 알루미늄판으로도 방어가 가능하다.

72 다음 중 자연조명에 관한 설명으로 틀린 것은 어느 것인가?

① 창의 면적은 바닥면적의 15~20%가 이상적이다.
② 실내 각 점의 개각은 4~5°가 좋으며, 개각이 클수록 실내는 밝다.
③ 입사각은 보통 28° 이상이 좋으며, 클수록 실내는 밝아진다.
④ 지상에서의 태양조도는 약 10,000lux, 창 내측에서는 약 5,000lux 정도이다.

[풀이] 지상에서의 태양조도는 약 100,000lux 정도이며, 창 내측에서는 약 2,000lux 정도이다.

73 다음 중 레이저의 생물학적 작용에 관한 설명으로 적절하지 않은 것은?
① 레이저에 가장 민감한 신체 표적기관은 눈이다.
② 피부에 대한 영향은 200~315nm가 다소 강하게 작용한다.
③ 위험정도는 광선의 강도와 파장, 노출기간, 노출된 신체부위에 따라 달라진다.
④ 200~400nm의 자외선 레이저광에서는 파장이 짧아질수록 눈에 대한 투과력이 감소한다.

[풀이] 레이저의 생물학적 작용
㉠ 레이저광 중 맥동파는 지속파보다 그 장애를 주는 정도가 크다.
㉡ 레이저 장애는 광선의 파장과 특정 조직의 광선 흡수능력에 따라 장애 출현부위가 달라진다.
㉢ 레이저 장애는 파장, 조사량 또는 시간 및 개인의 감수성에 따라 피부에 여러 증상을 나타낸다.
㉣ 피부에 대한 작용은 가역적이며 피부손상, 화상, 홍반, 수포형성, 색소침착 등이 생길 수 있다.
㉤ 감수성이 가장 큰 신체부위, 즉 인체표적기관은 눈이다.
㉥ 눈에 대한 작용은 각막염, 백내장, 망막염 등이 있다.
㉦ 660nm 파장의 레이저는 피부 내피 속을 약 1cm 정도 투과한다.
㉧ 200~400nm의 자외선 레이저광에서는 파장이 짧아질수록 눈에 대한 투과력이 감소한다.
㉨ 위험정도는 광선의 강도와 파장, 노출시간, 노출된 신체부위에 따라 달라진다.

74 다음 중 일반적으로 전신진동에 의한 생체반응에 관여하는 인자로 가장 거리가 먼 것은?
① 온도 ② 강도
③ 방향 ④ 진동수

[풀이] 전신진동 생체반응에 관여하는 인자
㉠ 진동강도
㉡ 진동수
㉢ 진동방향
㉣ 진동노출(폭로)시간

75 다음 중 차음평가지수를 나타내는 것은?
① sone ② NRN
③ phon ④ NRR

[풀이] 소음평가 단위의 종류
㉠ SIL : 회화방해레벨
㉡ PSIL : 우선회화방해레벨
㉢ NC : 실내소음평가척도
㉣ NRN : 소음평가지수
㉤ TNI : 교통소음지수
㉥ Lx : 소음통계레벨
㉦ Ldn : 주야 평균소음레벨
㉧ PNL : 감각소음레벨
㉨ WECPNL : 항공기소음평가량

76 다음 중 저온환경에 의한 신체의 생리적 반응으로 틀린 것은?
① 근육의 긴장과 떨림이 발생한다.
② 근육활동과 조직대사가 감소된다.
③ 피부혈관이 수축되어 피부온도가 감소한다.
④ 피부혈관의 수축으로 순환능력이 감소되어 혈압은 일시적으로 상승된다.

[풀이] 한랭(저온)환경에서의 생리적 기전(반응)
한랭환경에서는 체열 방산을 제한하고 체열 생산을 증가시키기 위한 생리적 반응이 일어난다.
㉠ 피부혈관(말초혈관)이 수축한다.
• 피부혈관 수축과 더불어 혈장량 감소로 혈압이 일시적으로 저하되며 신체 내 열을 보호하는 기능을 한다.
• 말초혈관의 수축으로 표면조직의 냉각이 오며 1차적 생리적 영향이다.
• 피부혈관의 수축으로 피부온도가 감소되고 순환능력이 감소되어 혈압은 일시적으로 상승된다.
㉡ 근육긴장의 증가와 떨림 및 수의적인 운동이 증가한다.
㉢ 갑상선을 자극하여 호르몬 분비가 증가(화학적 대사작용 증가)한다.
㉣ 부종, 저림, 가려움증, 심한 통증 등이 발생한다.
㉤ 피부표면의 혈관·피하조직이 수축하고, 체표면적이 감소한다.
㉥ 피부의 급성 일과성 염증반응은 한랭에 대한 폭로를 중지하면 2~3시간 내에 없어진다.

정답 73.② 74.① 75.④ 76.②

ⓐ 피부나 피하조직을 냉각시키는 환경온도 이하에서는 감염에 대한 저항력이 떨어지며 회복과정에 장애가 온다.
ⓔ 저온환경에서는 근육활동, 조직대사가 증가되어 식욕이 항진된다.

77 실내 고온작업장의 경우 건구온도가 30℃이고, 습구온도가 28℃이며 흑구온도가 40℃인 경우 습구흑구온도지수(WBGT)는 얼마인가?

① 28.6℃ ② 30.6℃
③ 31.6℃ ④ 36.4℃

풀이 옥내 WBGT(℃)
= (0.7×자연습구온도) + (0.3×흑구온도)
= (0.7×28℃) + (0.3×40℃)
= 31.6℃

78 소음의 반향이 전혀 없는 곳에서 소음원에서 발생한 소음은 거리가 2배 증가함에 따라 몇 dB씩 감소하는가?

① 2dB
② 3dB
③ 6dB
④ 8dB

풀이 역 2승 법칙
점음원으로부터 거리가 2배 멀어질 때마다 음압레벨이 6dB(=20 log2)씩 감소한다는 법칙이다.

79 다음 중 소리에 관한 설명으로 옳은 것은?

① 소리의 음압수준(pressure level)은 소음원의 거리와는 무관하다.
② 소리의 파워수준(power level)은 소음원의 거리와는 무관하다.
③ 소리의 음압수준(pressure level)은 소음원의 거리에 비례해서 증가한다.
④ 소리의 파워수준(power level)은 소음원의 거리에 비례해서 증가한다.

풀이 PWL은 절대적인 값이며, SPL(Sound Level Pressure)은 거리에 대한 상대적인 값을 의미한다.

80 소음의 생리적 영향으로 볼 수 없는 것은?

① 혈압 감소   ② 맥박수 증가
③ 위분비액 감소 ④ 집중력 감소

풀이 소음의 생리적 영향
㉠ 혈압 상승, 맥박 증가, 말초혈관 수축
㉡ 호흡횟수 증가, 호흡깊이 감소
㉢ 타액분비량 증가, 위액산도 저하, 위 수축운동의 감퇴
㉣ 혈당도 상승, 백혈구수 증가, 아드레날린 증가

제5과목 | 산업 독성학

81 다음 [표]와 같은 망간중독을 스크린하는 검사법을 개발하였다면 이 검사법의 특이도는 약 얼마인가?

구 분		망간중독 진단		합 계
		양 성	음 성	
검사법	양 성	17	7	24
	음 성	5	25	30
합 계		22	32	54

① 70.8% ② 77.3%
③ 78.1% ④ 83.3%

풀이 특이도(%) = $\frac{25}{32} \times 100 = 78.12\%$

82 메탄올에 관한 설명으로 틀린 것은?

① 자극성이 있고, 중추신경계를 억제한다.
② 특징적인 악성 변화는 간 혈관육종이다.
③ 플라스틱, 필름 제조와 휘발유 첨가제 등에 이용된다.
④ 메탄올 중독 시 중탄산염의 투여와 혈액투석치료가 도움이 된다.

풀이 메탄올(CH_3OH)
㉠ 플라스틱, 필름제조와 휘발유 첨가제 등 공업용제로 사용되며, 자극성이 있는 신경독성물질이다.
㉡ 주요 독성으로는 시각장애, 중추신경 억제, 혼수상태 야기 등이 있다.

정답 77.③ 78.③ 79.② 80.① 81.③ 82.②

ⓒ 메탄올은 호흡기 및 피부로 흡수된다.
ⓓ 메탄올의 대사산물(생물학적 노출지표)은 뇨 중 메탄올이다.
ⓔ 시각장애기전은 '메탄올 → 포름알데히드 → 포름산 → 이산화탄소'이다. 즉 중간대사체에 의하여 시신경에 독성을 나타낸다.
ⓕ 메탄올 중독 시 중탄산염의 투여와 혈액투석 치료가 도움이 된다.

83. 다음 중 이황화탄소(CS_2) 중독의 증상으로 가장 적절한 것은?

① 급성마비, 두통, 신경증상
② 피부염, 궤양, 호흡기질환
③ 치아산식증, 순환기장애, 천식
④ 질식, 시신경장애, 심장장애

[풀이] 이황화탄소(CS_2)
ⓐ 상온에서 무색 무취의 휘발성이 매우 높은(비점 46.3℃) 액체이며, 인화·폭발의 위험성이 있다.
ⓑ 주로 인조견(비스코스레이온)과 셀로판 생산 및 농약공장, 사염화탄소 제조, 고무제품의 용제 등에서 사용된다.
ⓒ 지용성 용매로 피부로도 흡수되며 독성작용으로는 급성 혹은 아급성 뇌병증을 유발한다.
ⓓ 말초신경장애 현상으로 파킨슨 증후군을 유발하며 급성마비, 두통, 신경증상 등도 나타난다(감각 및 운동신경 모두 유발).
ⓔ 급성으로 고농도 노출 시 사망할 수 있고 1,000ppm 수준에서 환상을 보는 정신이상을 유발(기질적 뇌손상, 말초신경병, 신경행동학적 이상)하며, 심한 경우 불안, 분노, 자살성향 등을 보이기도 한다.
ⓕ 만성독성으로는 뇌경색증, 다발성 신경염, 협심증, 신부전증 등을 유발한다.
ⓖ 고혈압의 유병률과 콜레스테롤 수치의 상승빈도가 증가되어 뇌, 심장 및 신장의 동맥경화성 질환을 초래한다.
ⓗ 청각장애는 주로 고주파 영역에서 발생한다.

84. 다음 중 납중독 증상이 아닌 것은?

① 뇨 중 δ-Aminolevulinic Acid(ALA) 증가
② 적혈구 내 프로토포르피린 증가
③ 망상적혈구수의 증가
④ 혈색소량 증가

[풀이] 납의 체내 흡수 시 영향 ⇨ 적혈구에 미치는 작용
ⓐ K^+과 수분이 손실된다.
ⓑ 삼투압이 증가하여 적혈구가 위축된다.
ⓒ 적혈구 생존기간이 감소한다.
ⓓ 적혈구 내 전해질이 감소한다.
ⓔ 미숙적혈구(망상적혈구, 친염기성 혈구)가 증가한다.
ⓕ 혈색소량은 저하하고 혈청 내 철이 증가한다.
ⓖ 적혈구 내 프로토포르피린이 증가한다.
ⓗ 소변 중 코프로포르피린이 증가한다.

85. 다음 중 작업장 내 유해물질 노출에 따른 유해성(위험성)을 결정하는 주요 인자로만 나열된 것은?

① 노출기준과 노출량
② 노출기준과 노출농도
③ 독성과 노출량
④ 배출농도와 사용량

[풀이] 유해성 결정 요소
ⓐ 유해물질 자체 독성
ⓑ 유해물질 노출량(특성, 형태)

86. 다음 중 규폐증의 설명으로 틀린 것은 어느 것인가?

① 규폐증의 원인 분진은 이산화규소 또는 유리규산이다.
② 자각증상은 호흡곤란, 지속적인 기침, 다량의 담액 등이다.
③ 폐결핵을 합병증으로 하여 폐하엽 부위에 많이 생긴다.
④ 규소분진과 호열성 방선균류의 과민증상으로 고열이 발생한다.

[풀이] 규폐증의 인체영향 및 특징
ⓐ 폐조직에서 섬유상 결절이 발견된다.
ⓑ 유리규산(SiO_2) 분진 흡입으로 폐에 만성섬유증식이 나타난다.
ⓒ 자각증상은 호흡곤란, 지속적인 기침, 다량의 담액 등이지만, 일반적으로는 자각증상 없이 서서히 진행된다(만성규폐증의 경우 10년 이상 지나서 증상이 나타남).

정답 83.① 84.④ 85.③ 86.④

② 고농도의 규소입자에 노출되면 급성규폐증에 걸리며 열, 기침, 체중감소, 청색증이 나타난다.
⑩ 폐결핵은 합병증으로 폐하엽 부위에 많이 생긴다.
⑪ 폐에 실리카가 쌓인 곳에서는 상처가 생기게 된다.

87 작업환경 중 직경 10μm 이상 되는 분진에 노출된 경우의 건강 영향을 설명한 것으로 가장 적절한 것은?

① 독성이 매우 크다.
② 대부분 상기도에 침착한다.
③ 폐포에 대부분 도달한다.
④ 대부분 호흡성 폐기도까지 도달한다.

[풀이] 5μm 이상 분진은 대부분 상기도에 침착하고 폐(포)에 도달할 수 있는 호흡성 분진은 입경 0.5~5μm를 의미한다.

88 2000년대에 외국인 근로자에게 다발성 말초신경병증을 집단으로 유발한 노말헥산(n-hexane)은 체내 대사과정을 거쳐 어떤 물질로 배설되는가?

① 2,5-hexanedione
② hexachloroethane
③ hexachlorophene
④ 2-hexanone

[풀이] 노말헥산(n-헥산)의 대사산물(생물학적 노출지표)
㉠ 뇨 중 2,5-hexanedione
㉡ 뇨 중 n-헥산

89 다음 중 사업장에서의 중독증에 관여하는 요인에 관한 설명으로 틀린 것은?

① 유해물질의 농도 상승률보다 유해도의 증대율이 훨씬 크다.
② 동일한 농도의 경우에는 일정 시간 동안 계속 노출되는 편이 단속(斷續)적으로 같은 시간에 노출되는 것보다 피해가 적다.
③ 대체로 연소자와 부녀, 그리고 간, 심장, 신장 질환이 있는 경우는 중독에 대한 감수성이 높다.
④ 습도가 높거나 공기가 안정된 상태에서는 유해가스가 확산되지 않고, 농도가 높아져 중독을 일으킨다.

[풀이] 동일한 농도의 경우에는 일정 시간 동안 계속 폭로되는 편이 단속적으로 같은 시간에 폭로되는 것보다 피해가 크다.

90 인간의 연금술, 의약품 등에 가장 오래 사용해 왔던 중금속 중의 하나로 17세기 유럽에서 신사용 중절모자를 제조하는 데 사용함으로써 근육경련을 일으킨 물질은?

① 비소
② 납
③ 베릴륨
④ 수은

[풀이] 수은
㉠ 인간의 연금술, 의약품 분야에서 가장 오래 사용해 왔던 중금속의 하나이다.
㉡ 로마 시대에는 수은광산에서 수은중독으로 인한 사망이 발생하였다.
㉢ 17세기 유럽에서 신사용 중절모자를 제조하는 데 사용함으로써 근육경련(hatter's shake)을 일으킨 기록이 있다.
㉣ 우리나라에서는 형광등 제조업체에 근무하던 문송면 군에게 직업병을 일으킨 원인 인자이며, 금속 중 증기를 발생시켜 산업중독을 일으킨다.

91 자동차 정비업체에서 우레탄 도료를 사용하는 도장작업 근로자에게서 직업성 천식이 발생되었다면 원인물질은 무엇으로 추측할 수 있는가?

① 시너(thinner)
② 벤젠(benzene)
③ 크실렌(xylene)
④ TDI(Toluene Diisocyanate)

풀이 **직업성 천식의 원인 물질**

구분	원인 물질	직업 및 작업
금속	백금	도금
	니켈, 크롬, 알루미늄	도금, 시멘트 취급자, 금고 제작공
화학물	Isocyanate(TDI, MDI)	페인트, 접착제, 도장작업
	산화무수물	페인트, 플라스틱 제조업
	송진 연무	전자업체 납땜 부서
	반응성 및 아조 염료	염료공장
	trimellitic anhydride(TMA)	레진, 플라스틱, 계면활성제 제조업
	persulphates	미용사
	ethylenediamine	래커칠, 고무공장
	formaldehyde	의료 종사자
약제	항생제, 소화제	제약회사, 의료인
생물학적 물질	동물 분비물, 털(말, 쥐, 사슴)	실험실 근무자, 동물 사육사
	목재분진	목수, 목재공장 근로자
	곡물가루, 쌀겨, 메밀 가루, 카레	농부, 곡물 취급자, 식품업 종사자
	밀가루	제빵공
	커피가루	커피 제조공
	라텍스	의료 종사자
	응애, 진드기	농부, 과수원(귤, 사과)

92 다음 중 직업성 천식을 유발할 수 있는 업종과 원인물질이 잘못 연결된 것은 어느 것인가?

① 피혁 제조 - 포르말린, 크롬화합물
② 식물성 기름 제조 - 아마씨, 목화씨
③ 플라스틱 제조업 - 스피라마이신, 설파티아졸
④ 페인트 도장작업 - 디이소시아네이트, 디메틸에탄올아민

풀이 플라스틱 제조업에서 직업성 천식을 유발하는 주요 원인물질은 산화무수물이다.

93 다음 중 비소의 체내 대사 및 영향에 관한 설명과 관계가 가장 적은 것은?

① 생체 내의 -SH기를 갖는 효소작용을 저해시켜 세포호흡에 장애를 일으킨다.
② 뼈에는 비산칼륨의 형태로 축적된다.
③ 주로 모발, 손톱 등에 축적된다.
④ MMT를 함유한 연료 제조에 종사하는 근로자에게 노출되는 일이 많다.

풀이 ④ MMT와 비소는 관련이 없다.
- **망간에 의한 급성중독**
㉠ MMT(Methylcyclopentadienyl Manganese Trialbonyls)에 의한 피부와 호흡기 노출로 인한 증상이다.
㉡ 이산화망간 흄에 급성노출되면 열, 오한, 호흡곤란 등의 증상을 특징으로 하는 금속열을 일으킨다.
㉢ 급성 고농도에 노출 시 조증(들뜸병)의 정신병 양상을 나타낸다.

94 다음 중 대부분의 중금속이 인체에 흡수된 후 배설, 제거되는 기관은 무엇인가?

① 췌장
② 신장
③ 소장
④ 대장

풀이 **신장**
㉠ 유해물질에 있어서 가장 중요한 기관이다.
㉡ 신장의 기능
 • 신장 적혈구의 생성인자
 • 혈압조절
 • 비타민 D의 대사작용
㉢ 신장은 체액의 전해질 및 pH를 조절하여 신체의 항상성 유지 등의 신체조정역할을 수행하기 때문에 폭로에 민감하다.
㉣ 신장을 통한 배설은 사구체 여과, 세뇨관 재흡수, 세뇨관 분비에 의해 제거된다.
㉤ 사구체를 통한 여과는 심장의 박동으로 생성되는 혈압 등의 정수압(hydrostatic pressure)의 차이에 의해 일어난다.
㉥ 사구체에 여과된 유해물질은 배출되거나 재흡수되며, 재흡수 정도는 뇨의 pH에 따라 달라진다.
㉦ 세뇨관을 통한 분비는 선택적으로 작용하며, 능동 및 수동 수송방식으로 이루어진다.
㉧ 세뇨관 내의 물질은 재흡수에 의해 혈중으로 돌아가며 아미노산, 당류, 독성물질 등이 재흡수된다.

95 다음 중 산업역학연구에서 원인(유해인자에 대한 노출)과 결과(건강상의 장애 또는 직업병 발생)의 연관성을 확정하기 위해서 충족되어야 하는 조건으로 틀린 것은?
① 원인과 질병 사이의 연관성의 강도
② 특정 요인이 특정 질병을 유발하는 특이성
③ 질병이 요인보다 먼저 나타나야 하는 시간적 속발성
④ 요인에 많이 노출될수록 질병발생이 증가되는 양-반응 관계

[풀이] 산업역학연구에서 원인(유해인자에 대한 노출)과 결과(건강상의 장애 또는 직업병 발생)의 연관성(인과성)을 확정짓기 위한 충족조건
㉠ 연관성(원인과 질병)의 강도
㉡ 특이성(노출인자와 영향 간의 특이성)
㉢ 시간적 속발성(노출 또는 원인이 결과에 선행되어야 한다는 것)
㉣ 양-반응 관계(예측이 가능할 수 있어야 한다는 것)
㉤ 생물학적 타당성
㉥ 일치성(일관성), 일정성(타 역학연구 결과가 일정해야 한다는 것)
㉦ 유사성
㉧ 실험에 의한 증명

96 다음 중 수은중독 환자의 치료방법으로 적합하지 않은 것은?
① Ca-EDTA 투여
② BAL(British Anti Lewisite) 투여
③ N-acetyl-D-penicillamine 투여
④ 우유와 계란의 흰자를 먹인 후 위세척

[풀이] 수은중독의 치료
(1) 급성중독
㉠ 우유와 계란의 흰자를 먹여 단백질과 해당 물질을 결합시켜 침전시킨다.
㉡ 마늘계통의 식물을 섭취한다.
㉢ 위세척(5~10% S.F.S 용액)을 한다. 다만, 세척액은 200~300mL를 넘지 않도록 한다.
㉣ BAL(British Anti Lewisite)을 투여한다.
  ※ 체중 1kg당 5mg의 근육주사

(2) 만성중독
㉠ 수은 취급을 즉시 중지시킨다.
㉡ BAL(British Anti Lewisite)을 투여한다.
㉢ 1일 10L의 등장식염수를 공급(이뇨작용으로 촉진)한다.
㉣ N-acetyl-D-penicillamine을 투여한다.
㉤ 땀을 흘려 수은 배설을 촉진한다.
㉥ 진전증세에 genascopalin을 투여한다.
㉦ Ca-EDTA의 투여는 금기사항이다.

97 다음 중 유해화학물질의 노출기준을 정하고 있는 기관과 노출기준 명칭의 연결이 바르게 된 것은?
① NIOSH – PEL ② AIHA – MAC
③ OSHA – REL ④ ACGIH – TLV

[풀이]
① NIOSH – REL
② AIHA – WEEL
③ OSHA – PEL

98 다음 중 일반적으로 벤젠이 함유된 물질을 다량 취급하여 발생되는 빈혈증은?
① 용혈성 빈혈증
② 적혈구모세포 빈혈증
③ 재생불량성 빈혈증
④ 소적혈구 색소 감소 빈혈증

[풀이] 벤젠(C_6H_6)
㉠ 상온, 상압에서 향긋한 냄새를 가진 무색투명한 액체로, 방향족 화합물이다.
㉡ 장기간 폭로 시 혈액장애, 간장장애를 일으키고 재생불량성 빈혈, 백혈병(급성 뇌척수성)을 일으킨다.

99 방향족탄화수소에 속하는 크실렌의 뇨 중 대사산물은 생물학적 노출지표로 이용되는데 다음 중 크실렌의 대사산물은?
① 마뇨산   ② 메틸마뇨산
③ 만델린산   ④ 페놀

[풀이] 크실렌의 대사산물(생물학적 노출지표)
뇨 중 메틸마뇨산

100 다음 중 피부 표피의 설명으로 틀린 것은?
① 혈관 및 림프관이 분포한다.
② 대부분 각질세포로 구성된다.
③ 멜라닌세포와 랑거한스세포가 존재한다.
④ 각화세포를 결합하는 조직은 케라틴 단백질이다.

풀이 혈관 및 림프관이 분포하는 곳은 진피층이다.

정답 100.①

인생의 희망은
늘 괴로운 언덕길 너머에서 기다린다.
-폴 베를렌(Paul Verlaine)-

과년도 출제문제 | 2013.03.10

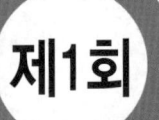
제1회 산업위생관리기사

제1과목 | 산업위생학 개론

01 1800년대 산업보건에 관한 법률로서 실제로 효과를 거둔 영국의 공장법 내용과 거리가 먼 것은?
① 감독관을 임명하여 공장을 감독한다.
② 근로자에게 교육을 시키도록 의무화한다.
③ 18세 미만 근로자의 야간작업을 금지한다.
④ 작업할 수 있는 연령을 8세 이상으로 제한한다.

[풀이] 작업할 수 있는 연령을 13세 이상, 주간작업시간을 48시간으로 제한하였다.

02 산업안전보건법에 따라 사업주가 사업을 할 때 근로자의 건강장애를 예방하기 위하여 필요한 보건상의 조치를 하여야 할 항목과 가장 관련이 적은 것은?
① 폭발성, 발화성 및 인화성 물질 등에 의한 위험작업의 건강장애
② 계측감시·컴퓨터 단말기 조작·정밀공작 등의 작업에 의한 건강장애
③ 단순반복작업 또는 인체에 과도한 부담을 주는 작업에 의한 건강장애
④ 사업장에서 배출되는 기계·액체 또는 찌꺼기 등에 의한 건강장애

[풀이] 사업주가 사업을 할 때 근로자의 건강장애를 예방하기 위하여 필요한 보건상의 조치 항목
㉠ 원재료·가스·증기·분진·흄(fume)·미스트(mist)·산소결핍·병원체 등에 의한 건강장애
㉡ 방사선·유해광선·고온·저온·초음파·소음·진동·이상기압 등에 의한 건강장애
㉢ 사업장에서 배출되는 기체·액체 또는 찌꺼기 등에 의한 건강장애
㉣ 계측감시·컴퓨터 단말기 조작·정밀공작 등의 작업에 의한 건강장애
㉤ 단순반복작업 또는 인체에 과도한 부담을 주는 작업에 의한 건강장애
㉥ 환기·채광·조명·보온·방습·청결 등의 적정기준을 유지하지 아니하여 발생하는 건강장애

03 다음 중 피로에 관한 내용과 가장 거리가 먼 것은?
① 에너지원의 소모
② 신체조절기능의 저하
③ 체내에서의 물리화학적 변조
④ 물질대사에 의한 노폐물의 체내 소모

[풀이] 피로의 발생기전(본태)
㉠ 활성에너지 요소인 영양소, 산소 등의 소모(에너지 소모)
㉡ 물질대사에 의한 노폐물인 젖산 등의 축적(중간 대사물질의 축적)으로 인한 근육, 신장 등의 기능 저하
㉢ 체내의 항상성 상실(체내에서의 물리화학적 변조)
㉣ 여러 가지 신체조절기능의 저하
㉤ 근육 내 글리코겐 양의 감소
㉥ 피로물질 : 크레아티닌, 젖산, 초성포도당, 시스테인

04 재해통계지수 중 종합재해지수를 올바르게 나타낸 것은?
① $\sqrt{\text{도수율} \times \text{강도율}}$
② $\sqrt{\text{도수율} \times \text{연천인율}}$
③ $\sqrt{\text{강도율} \times \text{연천인율}}$
④ 연천인율 $\times \sqrt{\text{도수율} \times \text{강도율}}$

[풀이] 종합재해지수(FSI)는 인적사고 발생의 빈도 및 강도를 종합한 지표로, 계산식은 다음과 같다.
종합재해지수 = $\sqrt{\text{빈도율(도수율)} \times \text{강도율}}$

정답 01.④ 02.① 03.④ 04.①

05 다음 중 재해성 질병의 인정 시 종합적으로 판단하는 사항으로 틀린 것은?
① 재해의 성질과 강도
② 재해가 작용한 신체부위
③ 재해가 발생할 때까지의 시간적 관계
④ 작업내용과 그 작업에 종사한 기간 또는 유해작업의 정도

풀이) ④항의 내용은 직업병 인정 시 종합적으로 판단하는 사항이다.

06 산업보건의 정의와 가장 거리가 먼 것은?
① 사회적 건강 유지 및 증진
② 근로자의 체력 증진 및 진료
③ 육체적, 정신적 건강 유지 및 증진
④ 생리적, 심리적으로 적합한 작업환경에 배치

풀이) 산업보건의 정의
(1) 기관
  세계보건기구(WHO)와 국제노동기구(ILO) 공동위원회
(2) 정의
  ㉠ 근로자들의 육체적, 정신적, 사회적 건강을 유지·증진
  ㉡ 작업조건으로 인한 질병 예방 및 건강에 유해한 취업을 방지
  ㉢ 근로자를 생리적, 심리적으로 적합한 작업환경(직무)에 배치

07 작업적성검사 중 생리적 기능검사라고 볼 수 없는 것은?
① 감각기능검사
② 체력검사
③ 심폐기능검사
④ 지각동작검사

풀이) 적성검사의 분류
(1) 생리학적 적성검사(생리적 기능검사)
  ㉠ 감각기능검사
  ㉡ 심폐기능검사
  ㉢ 체력검사

(2) 심리학적 적성검사
  ㉠ 지능검사
  ㉡ 지각동작검사
  ㉢ 인성검사
  ㉣ 기능검사

08 톨루엔(TLV=50ppm)을 사용하는 작업장의 작업시간이 10시간일 때 허용기준을 보정하여야 한다. OSHA 보정법과 Brief and Scala 보정법을 적용하였을 경우 보정된 허용기준치 간의 차이는 얼마인가?
① 1ppm
② 2.5ppm
③ 5ppm
④ 10ppm

풀이)
• OSHA 보정방법
  보정된 노출기준 = 8시간 노출기준 × $\frac{8시간}{노출시간/일}$
  $= 50 \times \frac{8}{10} = 40 \text{ppm}$
• Brief and Scala 보정방법
  $RF = \left(\frac{8}{H}\right) \times \frac{24-H}{16} = \left(\frac{8}{10}\right) \times \frac{24-10}{16} = 0.7$
  보정된 노출기준 = TLV × RF = 50 × 0.7 = 35ppm
∴ 허용기준치 차이 = 40 - 35 = 5ppm

09 다음 중 작업공정에 따라 발생 가능성이 가장 높은 직업성 질환을 올바르게 연결한 것은?
① 용광로 작업 - 치통, 부비강통, 이(耳)통
② 갱내 착암작업 - 전광성 안염
③ 샌드블라스팅(sand blasting) - 백내장
④ 축전지 제조 - 납중독

풀이) 작업공정에 따른 발생 가능 직업성 질환
㉠ 용광로 작업 : 고온장애(열경련 등)
㉡ 샌드블라스팅 : 호흡기질환
㉢ 도금작업 : 비중격천공
㉣ 제강, 요업 : 열사병
㉤ 갱내 착암작업 : 산소결핍
㉥ 축전지 제조 : 납중독
㉦ 채석, 채광 : 규폐증

정답 05.④ 06.② 07.④ 08.③ 09.④

10 개정된 NIOSH의 권고중량한계(RWL ; Recommended Weight Limit)에서 모든 조건이 가장 좋지 않을 경우 허용되는 최대중량은?

① 15kg　② 23kg
③ 32kg　④ 40kg

풀이 중량상수 23kg은 최적 작업상태 권장 최적 무게를 의미한다.

11 새로운 건물이나 새로 지은 집에 입주하기 전 실내를 모두 닫고 30℃ 이상으로 5~6시간 유지시킨 후 1시간 정도 환기를 하는 방식을 여러 번 반복하여 실내의 휘발성 유기화합물이나 포름알데히드의 저감효과를 얻는 방법을 무엇이라 하는가?

① heating up
② bake out
③ room heating
④ burning up

풀이 베이크아웃(bake out)
실내공기의 온도를 높여 건축자재 등에서 방출되는 유해오염물질의 방출량을 일시적으로 증가시킨 후 환기를 하여 실내오염물질을 제거하는 방법이다.

12 육체적 작업능력(PWC)이 16kcal/min인 근로자가 1일 8시간 동안 물체를 운반하고 있다. 이때의 작업대사량은 8kcal/min이고, 휴식 시 대사량은 1.5kcal/min이다. 이 사람이 쉬지 않고 계속하여 일할 수 있는 최대허용시간은? (단, $\log T_{end} = b_0 + b_1 \cdot E$, $b_0 = 3.720$, $b_1 = -0.1949$)

① 145분　② 185분
③ 245분　④ 285분

풀이
$\log T_{end} = 3.720 - 0.1949E$
$= 3.720 - (0.1949 \times 8)$
$= 2.161$
∴ 최대허용시간(min) $= 10^{2.161} = 145$ min

13 다음 중 근골격계 질환의 위험요인에 대한 설명으로 적절하지 않은 것은?

① 큰 변화가 없는 반복동작일수록 근골격계 질환의 발생위험이 증가한다.
② 정적작업보다 동적작업에서 근골격계 질환의 발생위험이 더 크다.
③ 작업공정에 장애물이 있으면 근골격계 질환의 발생위험이 더 커진다.
④ 21℃ 이하의 저온작업장에서 근골격계 질환의 발생위험이 더 커진다.

풀이 동적작업보다 정적작업에서 근골격계 질환의 발생위험이 더 크다.

14 다음 중 육체적 작업능력에 영향을 미치는 요소와 내용을 잘못 연결한 것은?

① 작업특징 – 동기
② 육체적 조건 – 연령
③ 환경 요소 – 온도
④ 정신적 요소 – 태도

풀이 육체적 작업능력에 영향을 미치는 요소 및 내용
㉠ 정신적 요소 : 태도, 동기
㉡ 육체적 요소 : 성별, 연령, 체격
㉢ 환경 요소 : 고온, 한랭, 소음, 고도, 고기압
㉣ 작업특징 요소 : 강도, 시간, 기술, 위치, 계획

15 산업안전보건법에 따라 작업환경측정을 실시한 경우 작업환경측정 결과보고서는 시료채취를 마친 날부터 며칠 이내에 관할 지방고용노동관서의 장에게 제출하여야 하는가?

① 7일
② 15일
③ 30일
④ 60일

풀이 법상 작업환경측정 결과보고서는 시료채취 완료 후 30일 이내에 지방고용관서의 장에게 제출하여야 한다.

정답 10.② 11.② 12.① 13.② 14.① 15.③

16 다음 중 직장에서의 피로방지대책이 아닌 것은?

① 적절한 시기에 작업을 전환하고 교대시킨다.
② 부적합한 환경을 개선하고 쾌적한 환경을 조성한다.
③ 적절한 근육을 사용하고 특정 부위에 부하가 걸리도록 한다.
④ 적절한 근로시간과 연속작업시간을 배분하여 작업을 수행한다.

[풀이] 특정 부위에 부하가 걸리도록 하면 피로의 원인이 된다.

17 화학물질 및 물리적 인자의 노출기준에서 발암성 정보물질 중 '사람에게 충분한 발암성 증거가 있는 물질'에 대한 표기방법으로 옳은 것은?

① 1
② 1A
③ 2A
④ 2B

[풀이] 발암성 정보물질의 표기(화학물질 및 물리적 인자의 노출기준)
㉠ 1A : 사람에게 충분한 발암성 증거가 있는 물질
㉡ 1B : 실험동물에서 발암성 증거가 충분히 있거나, 실험동물과 사람 모두에서 제한된 발암성 증거가 있는 물질
㉢ 2 : 사람이나 동물에서 제한된 증거가 있지만 구분 1로 분류하기에는 증거가 충분하지 않은 물질

18 산업안전보건법령에 따라 작업환경측정방법에 있어 작업근로자수가 100명을 초과하는 경우 최대 시료채취 근로자수는 몇 명으로 조정할 수 있는가?

① 10명
② 15명
③ 20명
④ 50명

[풀이] 시료채취 근로자수
㉠ 단위작업장소에서 최고 노출근로자 2명 이상에 대하여 동시에 개인시료방법으로 측정하되, 단위작업장소에 근로자가 1명인 경우에는 그러하지 아니하며, 동일 작업 근로자수가 10명을 초과하는 경우에는 5명당 1명 이상 추가하여 측정하여야 한다.
다만, 동일 작업 근로자수가 100명을 초과하는 경우에는 최대 시료채취 근로자수를 20명으로 조정할 수 있다.
㉡ 지역시료채취방법으로 측정하는 경우 단위작업장소 내에서 2개 이상의 지점에 대하여 동시에 측정하여야 한다.
다만, 단위작업장소의 넓이가 50평방미터 이상인 경우에는 30평방미터마다 1개 지점 이상을 추가로 측정하여야 한다.

19 다음 중 실내공기 오염과 가장 관계가 적은 인체 내의 증상은?

① 광과민증(photosensitization)
② 빌딩증후군(sick building syndrome)
③ 건물관련질병(building related disease)
④ 복합화학물질민감증(multiple chemical sensitivity)

[풀이] 광과민증은 피부가 자외선 등 햇빛에 노출 시 민감하게 반응하는 증상을 말한다.

20 미국산업위생학술원(AAIH)에서 채택한 산업위생전문가의 윤리강령 중 근로자에 대한 책임과 가장 거리가 먼 것은?

① 근로자의 건강보호가 산업위생전문가의 1차적인 책임이라는 것을 인식해야 한다.
② 근로자와 기타 여러 사람의 건강과 안녕이 산업위생전문가의 판단에 좌우된다는 것을 깨달아야 한다.
③ 위험요인의 측정, 평가 및 관리에 있어서 외부의 압력에 굴하지 않고 근로자 중심으로 태도를 취한다.
④ 위험요소와 예방조치에 대하여 근로자와 상담해야 한다.

정답 16.③ 17.② 18.③ 19.① 20.③

[풀이] **근로자에 대한 책임**
㉠ 근로자의 건강보호가 산업위생전문가의 일차적 책임임을 인지한다.
㉡ 근로자와 기타 여러 사람의 건강과 안녕이 산업위생전문가의 판단에 좌우된다는 것을 깨달아야 한다.
㉢ 위험요인의 측정, 평가 및 관리에 있어서 외부 영향력에 굴하지 않고 중립적(객관적) 태도를 취한다.
㉣ 건강의 유해요인에 대한 정보(위험요소)와 필요한 예방조치에 대해 근로자와 상담(대화)한다.

제2과목 | 작업위생 측정 및 평가

21 산업위생통계에서 적용하는 변이계수에 대한 설명으로 틀린 것은?

① 통계집단의 측정값에 대한 균일성, 정밀성 정도를 표현하는 것이다.
② 표준오차에 대한 평균값의 크기를 나타낸 수치이다.
③ 단위가 서로 다른 집단이나 특성값의 상호 산포도를 비교하는 데 이용될 수 있다.
④ 평균값의 크기가 0에 가까울수록 변이계수의 의의가 작아지는 단점이 있다.

[풀이] **변이계수(CV)**
㉠ 측정방법의 정밀도를 평가하는 계수이며, %로 표현되므로 측정단위와 무관하게 독립적으로 산출된다.
㉡ 통계집단의 측정값에 대한 균일성과 정밀성의 정도를 표현한 계수이다.
㉢ 단위가 서로 다른 집단이나 특성값의 상호산포도를 비교하는 데 이용될 수 있다.
㉣ 변이계수가 작을수록 자료가 평균 주위에 가깝게 분포한다는 의미이다(평균값의 크기가 0에 가까울수록 변이계수의 의미는 작아진다).
㉤ 표준편차의 수치가 평균치에 비해 몇 %가 되냐로 나타낸다.

22 열, 화학물질, 압력 등에 강한 특성을 가지고 있어 석탄건류나 증류 등의 고열공정에서 발생되는 다핵방향족탄화수소를 채취할 때 사용되는 막 여과지는?

① PTFE막 여과지
② MCE막 여과지
③ 은막 여과지
④ 유리섬유막 여과지

[풀이] **PTFE막 여과지(Polytetrafluoroethylene membrane filter, 테프론)**
㉠ 열, 화학물질, 압력 등에 강한 특성을 가지고 있어 석탄건류나 증류 등의 고열공정에서 발생하는 다핵방향족탄화수소를 채취하는 데 이용된다.
㉡ 농약, 알칼리성 먼지, 콜타르피치 등을 채취한다.
㉢ $1\mu m$, $2\mu m$, $3\mu m$의 여러 가지 구멍 크기를 가지고 있다.

23 누적소음노출량 측정기로 소음을 측정하는 경우에 기기 설정으로 적절한 것은? (단, 고용노동부 고시 기준)

① criteria : 80dB, exchange rate : 10dB, threshold : 90dB
② criteria : 90dB, exchange rate : 10dB, threshold : 80dB
③ criteria : 80dB, exchange rate : 5dB, threshold : 90dB
④ criteria : 90dB, exchange rate : 5dB, threshold : 80dB

[풀이] **누적소음노출량 측정기의 설정**
㉠ criteria=90dB
㉡ exchange rate=5dB
㉢ threshold=80dB

24 다음 설명에 해당하는 용기는? (단, 고용노동부 고시 기준)

> 물질을 취급 또는 보관하는 동안에 기체 또는 미생물이 침입하지 않도록 내용물을 보호하는 용기

① 밀폐용기   ② 기밀용기
③ 밀봉용기   ④ 차광용기

정답 21.② 22.① 23.④ 24.③

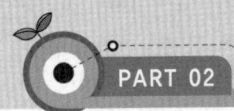

풀이	용기의 종류
	㉠ 밀폐용기(密閉容器) : 취급 또는 저장하는 동안에 이물이 들어가거나 내용물이 손실되지 않도록 보호하는 용기
	㉡ 기밀용기(機密容器) : 취급 또는 저장하는 동안에 밖으로부터 공기 및 다른 가스가 침입하지 않도록 내용물을 보호하는 용기
	㉢ 밀봉용기(密封容器) : 취급 또는 저장하는 동안에 기체나 미생물이 침입하지 않도록 내용물을 보호하는 용기
	㉣ 차광용기(遮光容器) : 광선이 투과하지 않는 용기 또는 투과하지 않도록 포장한 용기로 취급 또는 저장하는 동안에 내용물이 광화학적 변화를 일으키지 않도록 방지할 수 있는 용기

25 종단속도가 0.632m/hr인 입자가 있다. 이 입자의 직경이 3μm라면 비중은 얼마인가?

① 0.65 ② 0.55
③ 0.86 ④ 0.77

풀이
$V(\text{cm/sec}) = 0.003 \times \rho \times d^2$
$\therefore \rho = \dfrac{V}{0.003 \times d^2}$
$= \dfrac{0.632\text{m/hr} \times \text{hr}/3,600\text{sec} \times 100\text{cm/m}}{0.003 \times 3^2}$
$= 0.65$

26 입경범위가 0.1~0.5μm인 입자성 물질이 여과지에 포집될 경우에 관여하는 주된 메커니즘은?

① 충돌과 간섭 ② 확산과 간섭
③ 확산과 충돌 ④ 충돌

풀이 각 여과기전에 대한 입자 크기별 포집효율
㉠ 입경 0.1μm 미만 : 확산
㉡ 입경 0.1~0.5μm : 확산, 직접차단(간섭)
㉢ 입경 0.5μm 이상 : 관성충돌, 직접차단(간섭)
※ 가장 낮은 포집효율의 입경은 0.3μm이다.

27 작업환경공기 중의 벤젠 농도를 측정하였더니 8mg/m³, 5mg/m³, 7mg/m³, 3ppm, 6mg/m³이었다. 이들 값의 기하평균치(mg/m³)는? (단, 벤젠의 분자량은 78이고, 기온은 25℃이다.)

① 약 7.4 ② 약 6.9
③ 약 5.3 ④ 약 4.8

풀이
$3\text{ppm} \times \dfrac{78}{24.45} = 9.57\text{mg/m}^3$
$\log(\text{GM}) = \dfrac{\log 8 + \log 5 + \log 7 + \log 9.57 + \log 6}{5}$
$\therefore \text{GM} = 10^{0.84} = 6.92\text{mg/m}^3$

28 일정한 온도조건에서 부피와 압력은 반비례한다는 표준가스 법칙은?

① 보일의 법칙
② 샤를의 법칙
③ 게이-뤼삭의 법칙
④ 라울트의 법칙

풀이 보일의 법칙
일정한 온도에서 기체의 부피는 그 압력에 반비례한다. 즉 압력이 2배 증가하면 부피는 처음의 1/2배로 감소한다.

29 활성탄관을 이용하여 유기용제 시료를 채취하였다. 분석을 위한 탈착용매로 사용되는 대표적인 물질은?

① 황산 ② 사염화탄소
③ 중크롬산칼륨 ④ 이황화탄소

풀이 용매 탈착
㉠ 탈착용매는 비극성 물질에는 이황화탄소(CS_2)를 사용하고, 극성 물질에는 이황화탄소와 다른 용매를 혼합하여 사용한다.
㉡ 활성탄에 흡착된 증기(유기용제-방향족탄화수소)를 탈착시키는 데 일반적으로 사용되는 용매는 이황화탄소이다.
㉢ 용매로 사용되는 이황화탄소의 단점
독성 및 인화성이 크며 작업이 번잡하다. 특히 심혈관계와 신경계에 독성이 매우 크고 취급 시 주의를 요하며, 전처리 및 분석하는 장소의 환기에 유의하여야 한다.
㉣ 용매로 사용되는 이황화탄소의 장점
탈착효율이 좋고 가스크로마토그래피의 불꽃이온화검출기에서 반응성이 낮아 피크의 크기가 작게 나오므로 분석 시 유리하다.

정답 25.① 26.② 27.② 28.① 29.④

30 흉곽성 먼지(TPM)의 50%가 침착되는 평균 입자의 크기는? (단, ACGIH 기준)

① $0.5\mu m$
② $2\mu m$
③ $4\mu m$
④ $10\mu m$

[풀이] 입자상 물질에 따른 평균입경
㉠ 흡입성 입자상 물질(IPM) : $100\mu m$
㉡ 흉곽성 입자상 물질(TPM) : $10\mu m$
㉢ 호흡성 입자상 물질(RPM) : $4\mu m$

31 어떤 작업장에서 오염물질 농도를 측정하였더니 그 중 일산화탄소(CO)가 0.01%였다. 이 때 일산화탄소 농도(mg/m³)는? (단, 25℃, 1기압 기준)

① 95
② 105
③ 115
④ 125

[풀이]
$$0.01\% \times \frac{10,000ppm}{\%} = 100ppm$$
$$\therefore CO \text{ 농도}(mg/m^3) = 100ppm \times \frac{28}{24.45}$$
$$= 114.52 mg/m^3$$

32 작업장의 소음측정 시 소음계의 청감보정회로는? (단, 고용노동부 고시 기준)

① A특성
② B특성
③ C특성
④ D특성

[풀이] 소음계 청감보정회로는 A특성, 즉 dB(A)을 말한다.

33 다음 중 1차 표준기구로만 짝지어진 것은?

① 로터미터, pitot 튜브, 폐활량계
② 비누거품미터, 가스치환병, 폐활량계
③ 건식 가스미터, 비누거품미터, 폐활량계
④ 비누거품미터, 폐활량계, 열선기류계

[풀이] 표준기구(보정기구)의 종류
(1) 1차 표준기구
  ㉠ 비누거품미터(soap bubble meter)
  ㉡ 폐활량계(spirometer)
  ㉢ 가스치환병(mariotte bottle)
  ㉣ 유리 피스톤미터(glass piston meter)
  ㉤ 흑연 피스톤미터(frictionless piston meter)
  ㉥ 피토튜브(pitot tube)
(2) 2차 표준기구
  ㉠ 로터미터(rotameter)
  ㉡ 습식 테스트미터(wet test meter)
  ㉢ 건식 가스미터(dry gas meter)
  ㉣ 오리피스미터(orifice meter)
  ㉤ 열선기류계(thermo anemometer)

34 작업환경측정 시 유량, 측정시간, 회수율, 분석 등에 의한 오차가 각각 20%, 15%, 10%, 5%일 때 누적오차는?

① 약 29.5%
② 약 27.4%
③ 약 25.8%
④ 약 23.3%

[풀이]
$$\text{누적오차}(\%) = \sqrt{20^2 + 15^2 + 10^2 + 5^2}$$
$$= 27.39\%$$

35 가스상 물질에 대한 시료채취방법 중 '순간시료채취방법을 사용할 수 없는 경우'와 가장 거리가 먼 것은?

① 유해물질의 농도가 시간에 따라 변할 때
② 반응성이 없는 가스상 유해물질일 때
③ 시간가중평균치를 구하고자 할 때
④ 공기 중 유해물질의 농도가 낮을 때

[풀이] 순간시료채취방법을 적용할 수 없는 경우
㉠ 오염물질의 농도가 시간에 따라 변할 때
㉡ 공기 중 오염물질의 농도가 낮을 때(유해물질이 농축되는 효과가 없기 때문에 검출기의 검출한계보다 공기 중 농도가 높아야 한다)
㉢ 시간가중평균치를 구하고자 할 때

정답 30.④ 31.③ 32.① 33.② 34.② 35.②

36 어떤 작업장에서 하이볼륨 시료채취기(high volume sampler)를 1.1m³/min의 유속에서 1시간 30분 간 작동시킨 후, 여과지(filter paper)에 채취된 납성분을 전처리과정을 거쳐 산(acid)과 증류수용액 100mL에 추출하였다. 이 용액의 7.5mL를 취하여 250mL 용기에 넣고 증류수를 더하여 250mL가 되게 하여 분석한 결과 9.80mg/L이었다. 작업장 공기 내에 납 농도는 몇 mg/m³인가? (단, 납의 원자량은 207, 100% 추출된다고 가정한다.)

① 0.18
② 0.26
③ 0.33
④ 0.48

풀이
$$Pb(mg/m^3) = 9.8mg/L \times 250mL/7.5mL$$
$$\times 100mL \times min/1.1m^3 \times 1/90min$$
$$\times 1L/1,000mL$$
$$= 0.33mg/m^3$$

37 셀룰로오스에스테르막 여과지에 관한 설명으로 틀린 것은?

① 산에 쉽게 용해된다.
② 유해물질의 표면에 주로 침착되어 현미경 분석에 유리하다.
③ 흡습성이 적어 중량 분석에 주로 적용된다.
④ 중금속 시료채취에 유리하다.

풀이 MCE막 여과지(Mixed Cellulose Ester membrane filter)
㉠ 산업위생에서는 거의 대부분이 직경 37mm, 구멍 크기 0.45~0.8㎛의 MCE막 여과지를 사용하고 있어 작은 입자의 금속과 흄(fume) 채취가 가능하다.
㉡ 산에 쉽게 용해되고 가수분해되며, 습식 회화되기 때문에 공기 중 입자상 물질 중의 금속을 채취하여 원자흡광법으로 분석하는 데 적당하다.
㉢ 산에 의해 쉽게 회화되기 때문에 원소분석에 적합하고 NIOSH에서는 금속, 석면, 살충제, 불소화합물 및 기타 무기물질에 추천되고 있다.
㉣ 시료가 여과지의 표면 또는 가까운 곳에 침착되므로 석면, 유리섬유 등 현미경 분석을 위한 시료채취에도 이용된다.
㉤ 흡습성(원료인 셀룰로오스가 수분 흡수)이 높아 오차를 유발할 수 있어 중량분석에 적합하지 않다.

38 유사노출그룹(HEG)에 관한 내용으로 틀린 것은?

① 시료채취수를 경제적으로 하는 데 목적이 있다.
② 유사노출그룹은 우선 유사한 유해인자별로 구분한 후 유해인자의 동질성을 보다 확보하기 위해 조직을 분석한다.
③ 역학조사를 수행할 때 사건이 발생된 근로자에 속한 유사노출그룹의 노출농도를 근거로 노출 원인 및 농도를 추정할 수 있다.
④ 유사노출그룹은 노출되는 유해인자의 농도와 특성이 유사하거나 동일한 근로자 그룹을 말하며, 유해인자의 특성이 동일하다는 것은 노출되는 유해인자가 동일하고 농도가 일정한 변이 내에서 통계적으로 유사하다는 의미이다.

풀이 유사노출그룹은 우선 유사한 조직, 공정으로 구분한 후 유해인자의 동질성을 확보하기 위해 업무내용을 분석한다.

39 다음 20℃, 1기압에서 에틸렌글리콜의 증기압이 0.1mmHg이라면 공기 중 포화농도(ppm)는?

① 약 56
② 약 112
③ 약 132
④ 약 156

풀이
$$포화농도(ppm) = \frac{증기압(분압)}{760} \times 10^6$$
$$= \frac{0.1}{760} \times 10^6 = 131.58ppm$$

정답 36.③ 37.③ 38.② 39.③

40 옥내작업장의 유해가스를 신속히 측정하기 위한 가스검지관의 설명으로 틀린 것은?

① 민감도가 낮으며 비교적 고농도에만 적용이 가능하다.
② 특이도가 낮다. 즉 다른 방해물질의 영향을 받기 쉬워 오차가 크다.
③ 측정대상물질의 동정이 되어 있지 않아도 다양한 오염물질의 측정이 가능하다.
④ 숙련된 산업위생전문가가 아니더라도 어느 정도만 숙지하면 사용할 수 있다.

[풀이] 검지관 측정법의 장단점
(1) 장점
  ㉠ 사용이 간편하다.
  ㉡ 반응시간이 빨라 현장에서 바로 측정 결과를 알 수 있다.
  ㉢ 비전문가도 어느 정도 숙지하면 사용할 수 있지만 산업위생전문가의 지도 아래 사용되어야 한다.
  ㉣ 맨홀, 밀폐공간에서의 산소부족 또는 폭발성 가스로 인한 안전이 문제가 될 때 유용하게 사용된다.
  ㉤ 다른 측정방법이 복잡하거나 빠른 측정이 요구될 때 사용할 수 있다.
(2) 단점
  ㉠ 민감도가 낮아 비교적 고농도에만 적용이 가능하다.
  ㉡ 특이도가 낮아 다른 방해물질의 영향을 받기 쉽고 오차가 크다.
  ㉢ 대개 단시간 측정만 가능하다.
  ㉣ 한 검지관으로 단일물질만 측정 가능하여 각 오염물질에 맞는 검지관을 선정함에 따른 불편함이 있다.
  ㉤ 색변화에 따라 주관적으로 읽을 수 있어 판독자에 따라 변이가 심하며, 색변화가 시간에 따라 변하므로 제조자가 정한 시간에 읽어야 한다.
  ㉥ 미리 측정대상 물질의 동정이 되어 있어야 측정이 가능하다.

제3과목 | 작업환경 관리대책

41 어떤 단순 후드의 유입계수가 0.90이고 속도압이 20mmH₂O일 때 후드의 유입손실은?

① $2.4mmH_2O$
② $3.6mmH_2O$
③ $4.7mmH_2O$
④ $6.8mmH_2O$

[풀이] 후드의 유입손실(ΔP)
$= F \times VP$
$\cdot F = \dfrac{1}{Ce^2} - 1 = \dfrac{1}{0.9^2} - 1 = 0.234$
$= 0.234 \times 20 = 4.69 mmH_2O$

42 유효전압이 120mmH₂O, 송풍량이 306m³/min인 송풍기의 축동력이 7.5kW일 때 이 송풍기의 전압효율은? (단, 기타 조건은 고려하지 않는다.)

① 65% ② 70%
③ 75% ④ 80%

[풀이]
$kW = \dfrac{Q \times \Delta P}{6,120 \times \eta}$
$7.5 = \dfrac{306 \times 120}{6,120 \times \eta}$
$\eta = 0.8 \times 100 = 80\%$

43 공기 중의 사염화탄소 농도가 0.3%라면 정화통의 사용가능시간은? (단, 사염화탄소 0.5%에서 100분간 사용 가능한 정화통 기준)

① 167분 ② 181분
③ 218분 ④ 235분

[풀이]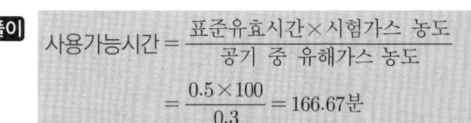

사용가능시간 = $\dfrac{\text{표준유효시간} \times \text{시험가스 농도}}{\text{공기 중 유해가스 농도}}$
$= \dfrac{0.5 \times 100}{0.3} = 166.67분$

PART 02 과년도 출제문제

44 작업장에 직경이 5μm이면서 비중이 3.5인 입자와 직경이 6μm이면서 비중이 2.2인 입자가 있다. 작업장 높이가 6m일 때 모든 입자가 가라앉는 최소시간은?

① 약 42분   ② 약 72분
③ 약 102분 ④ 약 132분

풀이
- 직경 5μm인 경우
$$V = 0.003 \times \rho \times d^2$$
$$= 0.003 \times 3.5 \times 5^2 = 0.2625 \text{cm/sec}$$
최소시간 $= \dfrac{600 \text{cm}}{0.2625 \text{cm/sec}}$
$= 2,285.71 \text{sec} = 38.1 \text{min}$

- 직경 6μm인 경우
$$V = 0.003 \times \rho \times d^2$$
$$= 0.003 \times 2.2 \times 6^2 = 0.2376 \text{cm/sec}$$
최소시간 $= \dfrac{600 \text{cm}}{0.2376 \text{cm/sec}}$
$= 2,525.25 \text{sec} = 42.08 \text{min}$

∴ 모든 입자가 가라앉는 최소시간은 42.08min이다.

45 덕트 직경이 30cm이고 공기유속이 5m/sec일 때 레이놀즈 수(Re)는? (단, 공기의 점성계수는 20℃, 1.85×10^{-5}kg/sec·m, 공기밀도는 20℃, 1.2kg/m³이다.)

① 97,300   ② 117,500
③ 124,400 ④ 135,200

풀이
$$Re = \dfrac{\rho VD}{\mu}$$
$$= \dfrac{1.2 \times 5 \times 0.3}{1.85 \times 10^{-5}} = 97297.3$$

46 전기집진기의 장점에 관한 설명으로 옳지 않은 것은?

① 낮은 압력손실로 대량의 가스를 처리할 수 있다.
② 가연성 입자의 처리가 용이하다.
③ 회수가치성이 있는 입자 포집이 가능하다.
④ 고온의 가스를 처리할 수 있어 보일러와 철강로 등에 설치할 수 있다.

풀이 전기집진장치의 장단점
(1) 장점
 ㉠ 집진효율이 높다(0.01μm 정도 포집 용이, 99.9% 정도 고집진효율).
 ㉡ 광범위한 온도범위에서 적용이 가능하며, 폭발성 가스의 처리도 가능하다.
 ㉢ 고온의 입자성 물질(500℃ 전후) 처리가 가능하여 보일러와 철강로 등에 설치할 수 있다.
 ㉣ 압력손실이 낮고 대용량의 가스 처리가 가능하며 배출가스의 온도강하가 적다.
 ㉤ 운전 및 유지비가 저렴하다.
 ㉥ 회수가치 입자 포집에 유리하며, 습식 및 건식으로 집진할 수 있다.
 ㉦ 넓은 범위의 입경과 분진농도에 집진효율이 높다.
(2) 단점
 ㉠ 설치비용이 많이 든다.
 ㉡ 설치공간을 많이 차지한다.
 ㉢ 설치된 후에는 운전조건의 변화에 유연성이 적다.
 ㉣ 먼지성상에 따라 전처리시설이 요구된다.
 ㉤ 분진포집에 적용되며, 기체상 물질 제거에는 곤란하다.
 ㉥ 전압변동과 같은 조건변동(부하변동)에 쉽게 적응이 곤란하다.
 ㉦ 가연성 입자의 처리가 곤란하다.

47 온도 125℃, 800mmHg인 관내로 100m³/min의 유량의 기체가 흐르고 있다. 표준상태(21℃, 760mmHg)의 유량(m³/min)은 얼마인가?

① 약 52
② 약 69
③ 약 78
④ 약 83

풀이
$$\dfrac{P_1 V_1}{T_1} = \dfrac{P_2 V_2}{T_2}$$
$$\therefore V_2 = \dfrac{P_1}{P_2} \times \dfrac{T_2}{T_1} \times V_1$$
$$= \dfrac{800}{760} \times \dfrac{273+21}{273+125} \times 100$$
$$= 77.76 \text{m}^3/\text{min}$$

정답 44.① 45.① 46.② 47.③

48 메틸메타크릴레이트가 7m×14m×2m의 체적을 가진 방에 저장되어 있으며 공기를 공급하기 전에 측정한 농도는 400ppm이었다. 이 방으로 환기량을 20m³/min 공급한 후 노출기준인 100ppm이 달성되는 데 걸리는 시간은?

① 약 13.6분 ② 약 18.4분
③ 약 23.2분 ④ 약 27.6분

풀이
$$t = -\frac{V}{Q'}\ln\left(\frac{C_2}{C_1}\right)$$
$$= -\frac{(7\times14\times2)}{20}\ln\left(\frac{100}{400}\right) = 13.59\,\text{min}$$

49 작업환경 개선의 기본원칙인 대치의 방법과 가장 거리가 먼 것은?

① 장소의 변경 ② 시설의 변경
③ 공정의 변경 ④ 물질의 변경

풀이 작업환경 개선(대치방법)
㉠ 공정의 변경
㉡ 시설의 변경
㉢ 유해물질의 변경

50 강제환기의 효과를 제고하기 위한 원칙으로 틀린 것은?

① 오염물질 배출구는 가능한 오염원으로부터 가까운 곳에 설치하여 점환기 현상을 방지한다.
② 공기 배출구와 근로자의 작업위치 사이에 오염원이 위치하여야 한다.
③ 공기가 배출되면서 오염장소를 통과하도록 공기 배출구와 유입구의 위치를 선정한다.
④ 오염원 주위에 다른 작업공정이 있으면 공기 배출량을 공급량보다 약간 크게 하여 음압을 형성하여 주위 근로자에게 오염물질이 확산되지 않도록 한다.

풀이 전체환기(강제환기)시설 설치 기본원칙
㉠ 오염물질 사용량을 조사하여 필요환기량을 계산한다.
㉡ 배출공기를 보충하기 위하여 청정공기를 공급한다.
㉢ 오염물질 배출구는 가능한 한 오염원으로부터 가까운 곳에 설치하여 '점환기'의 효과를 얻는다.
㉣ 공기 배출구와 근로자의 작업위치 사이에 오염원이 위치해야 한다.
㉤ 공기가 배출되면서 오염장소를 통과하도록 공기 배출구와 유입구의 위치를 선정한다.
㉥ 작업장 내 압력은 경우에 따라서 양압이나 음압으로 조정해야 한다(오염원 주위에 다른 작업공정이 있으면 공기 공급량을 배출량보다 작게 하여 음압을 형성시켜 주위 근로자에게 오염물질이 확산되지 않도록 한다).
㉦ 배출된 공기가 재유입되지 못하게 배출구 높이를 적절히 설계하고 창문이나 문 근처에 위치하지 않도록 한다.
㉧ 오염된 공기는 작업자가 호흡하기 전에 충분히 희석되어야 한다.
㉨ 오염물질 발생은 가능하면 비교적 일정한 속도로 유출되도록 조정해야 한다.

51 송풍량(Q)이 300m³/min일 때 송풍기의 회전속도는 150rpm이었다. 송풍량을 500m³/min으로 확대시킬 경우 같은 송풍기의 회전속도는 대략 몇 rpm이 되는가? (단, 기타 조건은 같다고 가정한다.)

① 약 200 ② 약 250
③ 약 300 ④ 약 350

풀이
$$\frac{Q_2}{Q_1} = \frac{\text{rpm}_2}{\text{rpm}_1}$$
$$\therefore \text{rpm}_2 = \frac{Q_2 \times \text{rpm}_1}{Q_1} = \frac{500\times150}{300} = 250\,\text{rpm}$$

52 여포 제진장치에서 처리할 배기가스량이 2m³/sec이고 여포의 총 면적이 6m²일 때 여과속도는?

① 25cm/sec ② 29cm/sec
③ 33cm/sec ④ 39cm/sec

풀이
$$Q = A \times V$$
$$\therefore V = \frac{Q}{A} = \frac{2\,\text{m}^3/\text{sec}}{6\,\text{m}^2}$$
$$= 0.33\,\text{m/sec}\times100\,\text{cm/m} = 33.33\,\text{cm/sec}$$

정답 48.① 49.① 50.① 51.② 52.③

53 작업환경 내의 공기를 치환하기 위해 전체환기법을 사용할 때의 조건으로 맞지 않는 것은?
① 소량의 오염물질이 일정 속도로 작업장으로 배출될 때
② 유해물질의 독성이 작을 때
③ 동일 작업장 내에 배출원이 고정성일 때
④ 작업공정상 국소배기가 불가능할 때

[풀이] **전체환기(희석환기) 적용 시 조건**
㉠ 유해물질의 독성이 비교적 낮은 경우, 즉 TLV가 높은 경우 ⇒ 가장 중요한 제한조건
㉡ 동일한 작업장에 다수의 오염원이 분산되어 있는 경우
㉢ 유해물질이 시간에 따라 균일하게 발생될 경우
㉣ 유해물질의 발생량이 적은 경우 및 희석공기량이 많지 않아도 되는 경우
㉤ 유해물질이 증기나 가스일 경우
㉥ 국소배기로 불가능한 경우
㉦ 배출원이 이동성인 경우
㉧ 가연성 가스의 농축으로 폭발의 위험이 있는 경우
㉨ 오염원이 근무자가 근무하는 장소로부터 멀리 떨어져 있는 경우

54 어떤 작업장에서 메틸알코올(비중=0.792, 분자량=32.04)이 시간당 1.0L 증발되어 공기를 오염시키고 있다. 여유계수 K값은 3이고, 허용기준 TLV는 200ppm이라면 이 작업장을 전체환기시키는 데 요구되는 필요환기량은?
① $120\text{m}^3/\text{min}$ ② $150\text{m}^3/\text{min}$
③ $180\text{m}^3/\text{min}$ ④ $210\text{m}^3/\text{min}$

[풀이]
• 사용량(g/hr)
 $=1.0\text{L/hr}\times0.792\text{g/mL}\times1,000\text{mL/L}=792\text{g/hr}$
• 발생률(G, L/hr)
 $32.04\text{g} : 24.1\text{L} = 792\text{g/hr} : G$
 $G=\dfrac{24.1\times792}{32.04}=595.73\text{L/hr}$
∴ 필요환기량(Q)
 $Q=\dfrac{G}{\text{TLV}}\times K=\dfrac{595.73\text{L/hr}}{200\text{ppm}}\times3$
  $=\dfrac{595.73\text{L/hr}\times1,000\text{mL/L}}{200\text{mL/m}^3}\times3$
  $=8,935.96\text{m}^3/\text{hr}\times\text{hr}/60\text{min}$
  $=148.93\text{m}^3/\text{min}$

55 청력보호구의 차음효과를 높이기 위해 유의해야 할 내용과 가장 거리가 먼 것은 어느 것인가?
① 청력보호구는 기공(氣孔)이 큰 재료로 만들어 흡음효율을 높이도록 한다.
② 청력보호구는 머리 모양이나 귓구멍에 잘 맞는 것을 사용하여 불쾌감을 주지 않도록 해야 한다.
③ 청력보호구를 잘 고정시켜 보호구 자체의 진동을 최소한도로 줄이도록 한다.
④ 귀덮개 형식의 보호구는 머리가 길 때와 안경테가 굵어 잘 부착되지 않을 때 사용하기 곤란하다.

[풀이] **청력보호구의 차음효과를 높이기 위한 유의사항**
㉠ 사용자 머리의 모양이나 귓구멍에 잘 맞아야 할 것
㉡ 기공이 많은 재료를 선택하지 말 것
㉢ 청력보호구를 잘 고정시켜서 보호구 자체의 진동을 최소화할 것
㉣ 귀덮개 형식의 보호구는 머리카락이 길 때와 안경테가 굵어서 잘 부착되지 않을 때에는 사용하지 말 것

56 원심력 송풍기 중 전향 날개형 송풍기에 관한 설명으로 틀린 것은?
① 송풍기의 임펠러가 다람쥐 쳇바퀴 모양으로 생겼으며 송풍기 깃이 회전방향과 동일한 방향으로 설계되어 있다.
② 평판형 송풍기라고도 하며 깃이 분진의 자체 정화가 가능한 구조로 되어 있다.
③ 동일 송풍량을 발생시키기 위한 임펠러 회전속도는 상대적으로 낮아 소음 문제가 거의 없다.
④ 이송시켜야 할 공기량은 많으나 압력손실이 작게 걸리는 전체환기나 공기조화용으로 널리 사용된다.

풀이 **다익형 송풍기(multi blade fan)**
㉠ 전향(전곡) 날개형(forward-curved blade fan)이라고 하며, 많은 날개(blade)를 갖고 있다.
㉡ 송풍기의 임펠러가 다람쥐 쳇바퀴 모양으로, 회전날개가 회전방향과 동일한 방향으로 설계되어 있다.
㉢ 동일 송풍량을 발생시키기 위한 임펠러 회전속도가 상대적으로 낮아 소음 문제가 거의 없다.
㉣ 강도 문제가 그리 중요하지 않기 때문에 저가로 제작이 가능하다.
㉤ 상승구배 특성이다.
㉥ 높은 압력손실에서는 송풍량이 급격히 떨어지므로 이송시켜야 할 공기량이 많고 압력손실이 작게 걸리는 전체환기나 공기조화용으로 널리 사용된다.
㉦ 구조상 고속회전이 어렵고, 큰 동력의 용도에는 적합하지 않다.

57 작업환경의 관리원칙인 대치 중 물질의 변경에 따른 개선 예로 가장 거리가 먼 것은?
① 성냥 제조 시 : 황린 대신 적린으로 변경
② 금속세척작업 시 : TCE를 대신하여 계면활성제로 변경
③ 세탁 시 화재예방 : 불화탄화수소 대신 사염화탄소로 변경
④ 분체입자 : 큰 입자로 대치

풀이 세탁 시 화재예방을 위해 석유나프타 대신 퍼클로로에틸렌으로 변경한다.

58 공기가 20℃의 송풍관 내에서 20m/sec의 유속으로 흐른다. 이때 속도압은? (단, 공기밀도는 1.2kg/m³로 한다.)
① 약 15.5mmH₂O
② 약 24.5mmH₂O
③ 약 33.5mmH₂O
④ 약 40.2mmH₂O

풀이
$$VP = \frac{\gamma V^2}{2g} = \frac{1.2 \times 20^2}{2 \times 9.8} = 24.49 mmH_2O$$

59 후드로부터 25cm 떨어진 곳에 있는 금속제품의 연마공정에서 발생되는 금속먼지를 제거하고자 한다. 제어속도는 5m/sec로 설정하였다. 후드 직경이 40cm인 원형 후드를 이용하여 제어하고자 한다. 이때의 환기량(m³/min)은? (단, 원형 후드는 공간에 위치하며 플랜지가 부착되어 있다.)
① 129
② 149
③ 169
④ 189

풀이
$$Q = 0.75 \times V \times (10X^2 + A)$$
• $A = \frac{\pi D^2}{4} = \frac{3.14 \times 0.4^2}{4} = 0.1256 m^2$
$= 0.75 \times 5 \times [(10 \times 0.25^2) + 0.1256]$
$= 2.81 m^3/sec \times 60 sec/min = 168.89 m^3/min$

60 국소배기장치에서 공기공급시스템이 필요한 이유와 가장 거리가 먼 것은?
① 작업장의 교차기류 발생을 위해서
② 안전사고 예방을 위해서
③ 에너지 절감을 위해서
④ 국소배기장치의 효율 유지를 위해서

풀이 **공기공급시스템이 필요한 이유**
㉠ 국소배기장치의 원활한 작동을 위하여
㉡ 국소배기장치의 효율 유지를 위하여
㉢ 안전사고를 예방하기 위하여
㉣ 에너지(연료)를 절약하기 위하여
㉤ 작업장 내에 방해기류(교차기류)가 생기는 것을 방지하기 위하여
㉥ 외부공기가 정화되지 않은 채로 건물 내로 유입되는 것을 막기 위하여

제4과목 | 물리적 유해인자관리

61 다음 중 음압이 2배로 증가하면 음압레벨(sound pressure level)은 몇 dB 증가하는가?
① 2dB
② 3dB
③ 6dB
④ 12dB

정답 57.③ 58.② 59.③ 60.① 61.③

[풀이] $SPL = 20\log\dfrac{P}{P_o} = 20\log 2 = 6dB$

62 다음 중 한랭환경과 건강장애에 관한 설명으로 틀린 것은?

① 전신체온강하는 단시간의 한랭폭로에 따른 일시적 체온상실에 따라 발생하는 중증장애에 속한다.
② 동상에 대한 저항은 개인에 따라 차이가 있으나 발가락은 12℃ 정도에서 시린 느낌이 생기고, 6℃ 정도에서는 아픔을 느낀다.
③ 참호족과 침수족은 지속적인 국소의 산소결핍 때문이며, 모세혈관벽이 손상되는 것이다.
④ 혈관의 이상은 저온 노출로 유발되거나 악화된다.

[풀이] **전신체온강하(저체온증, general hypothermia)**
(1) 정의
 심부온도가 37℃에서 26.7℃ 이하로 떨어지는 것을 말하며, 한랭환경에서 바람에 노출되거나 얇거나 습한 의복 착용 시 급격한 체온강하가 일어난다.
(2) 증상
 ㉠ 전신 저체온의 첫 증상으로는 억제하기 어려운 떨림과 냉감각이 생기고, 심박동이 불규칙하게 느껴지며 맥박은 약해지고 혈압이 낮아진다.
 ㉡ 32℃ 이상이면 경증, 32℃ 이하이면 중증, 21~24℃이면 사망에 이른다.
(3) 특징
 ㉠ 장시간의 한랭폭로에 따른 일시적 체열(체온)상실에 따라 발생한다.
 ㉡ 급성 중증 장애이다.
 ㉢ 피로가 극에 달하면 체열의 손실이 급속히 이루어져 전신의 냉각상태가 수반된다.

63 다음 중 열피로(heat fatigue)에 관한 설명으로 가장 거리가 먼 것은?

① 권태감, 졸도, 과다발한, 냉습한 피부 등의 증상을 보이며 직장온도가 경미하게 상승할 수도 있다.
② 말초혈관 확장에 따른 요구 증대만큼의 혈관운동 조절이나 심박출력의 증대가 없을 때 발생한다.
③ 탈수로 인하여 혈장량이 감소할 때 발생한다.
④ 신체 내부에 체온조절계통이 기능을 잃어 발생하며, 수분 및 염분을 보충해주어야 한다.

[풀이] ④항의 내용은 열경련에 관한 것이다.

64 다음 중 이상기압의 인체작용으로 2차적인 가압현상과 가장 거리가 먼 것은? (단, 화학적 장애를 말한다.)

① 질소 마취
② 이산화탄소의 중독
③ 산소중독
④ 일산화탄소의 작용

[풀이] **고압환경에서의 2차적 가압현상**
 ㉠ 질소가스의 마취작용
 ㉡ 산소중독
 ㉢ 이산화탄소의 작용

65 다음 중 감압병의 예방 및 치료에 관한 설명으로 옳은 것은?

① 고압환경에서 작업할 때는 질소를 헬륨으로 대치한 공기를 호흡시키도록 한다.
② 잠수 및 감압 방법에 익숙한 사람을 제외하고는 1분에 20m씩 잠수하는 것이 안전하다.
③ 정상기압보다 1.25기압을 넘지 않는 고압환경에 장시간 노출되었을 때에는 서서히 감압시키도록 한다.
④ 감압병의 증상이 발생하였을 때에는 인공적 산소고압실에 넣어 산소를 공급시키도록 한다.

풀이 감압병의 예방 및 치료
㉠ 고압환경에서의 작업시간을 제한하고 고압실 내의 작업에서는 탄산가스의 분압이 증가하지 않도록 신선한 공기를 송기시킨다.
㉡ 감압이 끝날 무렵에 순수한 산소를 흡입시키면 예방적 효과가 있을 뿐 아니라 감압시간을 25%가량 단축시킬 수 있다.
㉢ 고압환경에서 작업하는 근로자에게 질소를 헬륨으로 대치한 공기를 호흡시킨다.
㉣ 헬륨-산소 혼합가스는 호흡저항이 적어 심해잠수에 사용한다.
㉤ 일반적으로 1분에 10m 정도씩 잠수하는 것이 안전하다.
㉥ 감압병의 증상 발생 시에는 환자를 곧장 원래의 고압환경상태로 복귀시키거나 인공고압실에 넣어 혈관 및 조직 속에 발생한 질소의 기포를 다시 용해시킨 다음 천천히 감압한다.
㉦ Haldene의 실험근거상 정상기압보다 1.25기압을 넘지 않는 고압환경에는 아무리 오랫동안 폭로되거나 아무리 빨리 감압하더라도 기포를 형성하지 않는다.
㉧ 비만자의 작업을 금지시키고, 순환기에 이상이 있는 사람은 취업 또는 작업을 제한한다.
㉨ 헬륨은 질소보다 확산속도가 크며, 체외로 배출되는 시간이 질소에 비하여 50% 정도밖에 걸리지 않는다.
㉩ 귀 등의 장애를 예방하기 위해서는 압력을 가하는 속도를 분당 0.8kg/cm² 이하가 되도록 한다.

66 다음 중 체열의 생산과 방산이 평행을 이룬 상태에서 생체와 환경 사이의 열교환을 열역학적으로 가장 올바르게 나타낸 것은? (단, ΔS는 생체 열용량의 변화, M은 체내 열생산량, R은 복사에 의한 열의 득실, E는 증발에 의한 열방산, C는 대류에 의한 열의 득실을 나타낸다.)
① $\Delta S = M - E \pm R \pm C$
② $\Delta S = E - M \pm R - C$
③ $M = E - R \pm C$
④ $M = C - E - R$

풀이 ㉠ 고온환경에서의 열평형방정식
$\Delta S = M + C + R - E$
㉡ 한랭환경에서의 열평형방정식
$\Delta S = M - C - R - E$
㉢ 인체쾌적상태의 열평형방정식
$O = M \pm C \pm R - E$

67 0.01W의 소리에너지를 발생시키고 있는 음원의 음향파워레벨(PWL, dB)은 얼마인가?
① 100   ② 120
③ 140   ④ 150

풀이 $PWL = 10\log\dfrac{W}{W_o}\,dB = 10\log\dfrac{0.01}{10^{-12}} = 100$

68 다음 중 충격소음에 대한 정의로 옳은 것은?
① 최대음압수준이 100dB(A) 이상인 소음이 2초 이상의 간격으로 발생하는 것을 말한다.
② 최대음압수준이 120dB(A) 이상인 소음이 1초 이상의 간격으로 발생하는 것을 말한다.
③ 최대음압수준이 130dB(A) 이상인 소음이 2초 이상의 간격으로 발생하는 것을 말한다.
④ 최대음압수준이 140dB(A) 이상인 소음이 1초 이상의 간격으로 발생하는 것을 말한다.

풀이 충격소음
최대음압수준이 120dB(A) 이상인 소음이 1초 이상의 간격으로 발생하는 것을 충격소음이라 한다.

69 다음 중 인공조명 시에 고려하여야 할 사항으로 옳은 것은?
① 폭발과 발화성이 없을 것
② 광색은 야광색에 가까울 것
③ 장시간 작업 시 광원은 직접조명으로 할 것
④ 일반적인 작업 시 우상방에서 비치도록 할 것

정답 66.① 67.① 68.② 69.①

풀이 인공조명 시 고려사항
㉠ 작업에 충분한 조도를 낼 것
㉡ 조명도를 균등히 유지할 것(천장, 마루, 기계, 벽 등의 반사율을 크게 하면 조도를 일정하게 얻을 수 있다)
㉢ 폭발성 또는 발화성이 없고, 유해가스가 발생하지 않을 것
㉣ 경제적이며, 취급이 용이할 것
㉤ 주광색에 가까운 광색으로 조도를 높여줄 것(백열전구와 고압수은등을 적절히 혼합시켜 주광에 가까운 빛을 얻을 수 있다)
㉥ 장시간 작업 시 가급적 간접조명이 되도록 설치할 것(직접조명, 즉 광원의 광밀도가 크면 나쁘다)
㉦ 일반적인 작업 시 빛은 작업대 좌상방에서 비추게 할 것
㉧ 작은 물건의 식별과 같은 작업에는 음영이 생기지 않는 국소조명을 적용할 것
㉨ 광원 또는 전등의 휘도를 줄일 것
㉩ 광원을 시선에서 멀리 위치시킬 것
㉪ 눈이 부신 물체와 시선과의 각을 크게 할 것
㉫ 광원 주위를 밝게 하며, 조도비를 적정하게 할 것

70 다음 중 저기압의 작업환경에 대한 인체의 영향을 설명한 것으로 틀린 것은?
① 고도 10,000ft까지는 시력, 협조운동에서 가벼운 장애 및 피로를 유발한다.
② 고도상승으로 기압이 저하되면 공기의 산소분압이 저하되고, 동시에 폐포 내 산소분압도 저하한다.
③ 고도 18,000ft 이상이 되면 21% 이상의 산소를 필요로 하게 된다.
④ 인체 내 산소 소모가 줄어들게 되어 호흡수, 맥박수가 감소한다.

풀이 인체 내 산소결핍을 보충하기 위하여 호흡수, 맥박수가 증가한다.

71 다음 중 광원으로부터의 밝기에 관한 설명으로 틀린 것은?
① 루멘은 1촉광의 광원으로부터 한 단위 입체각으로 나가는 광속의 단위이다.
② 밝기는 조사평면과 광원에 대한 수직평면이 이루는 각(cosine)에 비례한다.
③ 밝기는 광원으로부터의 거리 제곱에 반비례한다.
④ 1촉광은 4π 루멘으로 나타낼 수 있다.

풀이 밝기는 조사평면과 광원에 대한 수직평면이 이루는 각(cosine)에 반비례한다.

72 소음에 대한 차음효과는 벽체의 단위표면적에 대하여 벽체의 무게를 2배로 할 때마다 몇 dB씩 증가하는가? (단, 음파가 벽면에 수직 입사하며 질량 법칙을 적용한다.)
① 3   ② 6
③ 9   ④ 18

풀이 투과손실(TL) = $20\log(m \cdot f) - 43$ (dB)
에서 벽체의 무게와 관계는 m(면밀도)만 고려하면 된다.
TL = $20\log 2 = 6$ dB
즉, 면밀도가 2배가 되면 약 6dB의 투과손실치가 증가된다(주파수도 동일).

73 유해광선 중 적외선의 생체작용으로 인하여 발생될 수 있는 장애와 가장 관계가 적은 것은?
① 안장애   ② 피부장애
③ 조혈장애 ④ 두부장애

풀이 적외선의 생체작용
㉠ 안장애 : 초자공백내장, 안검록염, 각막염, 홍채 위축, 백내장, 안구건조증
㉡ 피부장애 : 급성 피부화상, 색소침착
㉢ 두부장애 : 뇌막 자극으로 인한 의식상실, 열사병

74 다음 설명 중 ( ) 안에 알맞은 내용은?

생체를 이온화시키는 최소에너지를 방사선을 구분하는 에너지 경계선으로 한다. 따라서, ( ) 이상의 광자에너지를 가지는 경우를 이온화방사선이라 부른다.

① 1eV   ② 12eV
③ 25eV ④ 50eV

정답 70.④ 71.② 72.② 73.③ 74.②

[풀이] **전리방사선과 비전리방사선의 구분**
㉠ 전리방사선과 비전리방사선의 경계가 되는 광자에너지의 강도는 12eV이다.
㉡ 생체에서 이온화시키는 데 필요한 최소에너지는 대체로 12eV가 되고, 그 이하의 에너지를 갖는 방사선을 비이온화방사선, 그 이상 큰 에너지를 갖는 것을 이온화방사선이라 한다.
㉢ 방사선을 전리방사선과 비전리방사선으로 분류하는 인자는 이온화하는 성질, 주파수, 파장이다.

75 다음 중 재질이 일정하지 않으며 균일하지 않으므로 정확한 설계가 곤란하고 처짐을 크게 할 수 없으며 고유진동수가 10Hz 전후밖에 되지 않아 진동방지보다는 고체음의 전파방지에 유익한 방진재료는?
① 방진고무 ② felt
③ 공기용수철 ④ 코르크

[풀이] **코르크**
㉠ 재질이 일정하지 않고 재질이 여러 가지로 균일하지 않으므로 정확한 설계가 곤란하다.
㉡ 처짐을 크게 할 수 없으며 고유진동수가 10Hz 전후밖에 되지 않아 진동방지라기보다는 강체 간 고체음의 전파방지에 유익한 방진재료이다.

76 다음 중 전신진동에 있어 장기별 고유진동수가 올바르게 연결된 것은?
① 두개골 : 5~10Hz
② 흉강 : 15~35Hz
③ 안구 : 60~90Hz
④ 골반 : 50~100Hz

[풀이] **공명(공진) 진동수**
㉠ 두부와 견부는 20~30Hz 진동에 공명(공진)하며, 안구는 60~90Hz 진동에 공명한다.
㉡ 3Hz 이하 : motion sickness 느낌(급성적 증상으로 상복부의 통증과 팽만감 및 구토)
㉢ 6Hz : 가슴, 등에 심한 통증
㉣ 13Hz : 머리, 안면, 볼, 눈꺼풀 진동
㉤ 4~14Hz : 복통, 압박감 및 동통감
㉥ 9~20Hz : 대·소변 욕구, 무릎 탄력감
㉦ 20~30Hz : 시력 및 청력 장애

77 다음 중 전리방사선에 대한 감수성이 가장 낮은 인체조직은?
① 골수
② 생식선
③ 신경조직
④ 임파조직

[풀이] 전리방사선에 대한 감수성 순서

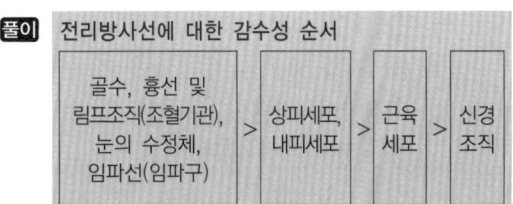

78 어떤 작업자가 일하는 동안 줄곧 약 75dB의 소음에 노출되었다면 55세에 이르러 그 사람의 청력도(audiogram)에 나타날 유형으로 가장 가능성이 큰 것은?
① 고주파영역에서 청력손실이 증가한다.
② 2,000Hz에서 가장 큰 청력장애가 나타난다.
③ 저주파영역에 20~30dB의 청력손실이 나타난다.
④ 전체 주파영역에서 고르게 20~30dB의 청력손실이 일어난다.

[풀이] 노인성 난청은 일반적으로 고음역에 대한 청력손실이 현저하며 6,000Hz에서부터 난청이 시작된다.

79 다음 중 해면 기준에서 정상적인 대기 중의 산소분압은 얼마인가?
① 약 80mmHg
② 약 160mmHg
③ 약 300mmHg
④ 약 760mmHg

[풀이] 대기 중 산소분압 = 760mmHg × 0.21
= 159.6mmHg

정답 75.④ 76.③ 77.③ 78.① 79.②

80 다음 중 레이저(laser)에 관한 설명으로 틀린 것은?

① 레이저광에 가장 민감한 표적기관은 눈이다.
② 레이저광은 출력이 대단히 강력하고 극히 좁은 파장범위를 갖기 때문에 쉽게 산란하지 않는다.
③ 레이저광 중 에너지의 양을 지속적으로 축적하여 강력한 파동을 발생시키는 것을 지속파라 한다.
④ 파장, 조사량 또는 시간 및 개인의 감수성에 따라 피부에 홍반, 수포형성, 색소침착 등이 생긴다.

풀이 ③항은 맥동파의 설명이다.

제5과목 | 산업 독성학

81 다음 중 금속열에 관한 설명으로 틀린 것은?

① 고농도의 금속산화물을 흡입함으로써 발병한다.
② 용접, 전기도금, 제련 과정에서 발생하는 경우가 많다.
③ 폐렴이나 폐결핵의 원인이 되며 증상은 유행성 감기와 비슷하다.
④ 주로 아연과 마그네슘, 망간산화물의 증기가 원인이 되지만 다른 금속에 의하여 생기기도 한다.

풀이 금속증기열
㉠ 금속증기에 폭로 후 몇 시간 후에 발병되며 체온상승, 목의 건조, 오한, 기침 및 땀이 많이 발생하고 호흡곤란이 생긴다.
㉡ 금속흄에 노출된 후 일정 시간의 잠복기를 지나 감기와 비슷한 증상이 나타난다.
㉢ 증상은 12~24시간(또는 24~48시간) 후에는 자연적으로 없어지게 된다.
㉣ 기폭로된 근로자는 일시적 면역이 생긴다.
㉤ 특히 아연 취급 작업장에서는 당뇨병 환자의 작업을 금지한다.
㉥ 금속증기열은 폐렴, 폐결핵의 원인이 되지는 않는다.
㉦ 철폐증은 철분진 흡입 시 발생되는 금속열의 한 형태이다.
㉧ 월요일열(monday fever)이라고도 한다.

82 기도와 기관지에 침착된 먼지는 점막 섬모운동과 같은 방어작용에 의해 정화되는데, 다음 중 정화작용을 방해하는 물질이 아닌 것은?

① 카드뮴(Cd)
② 니켈(Ni)
③ 황화합물(SO_x)
④ 이산화탄소(CO_2)

풀이 점액 섬모운동
㉠ 가장 기초적인 방어기전(작용)이며, 점액 섬모운동에 의한 배출 시스템으로 폐포로 이동하는 과정에서 이물질을 제거하는 역할을 한다.
㉡ 기관지(벽)에서의 방어기전을 의미한다.
㉢ 정화작용을 방해하는 물질은 카드뮴, 니켈, 황화합물 등이다.

83 다음 중 규폐증(silicosis)에 관한 설명으로 틀린 것은?

① 규폐증이란 석영분진에 직업적으로 노출될 때 발생하는 진폐증의 일종이다.
② 역사적으로 보면 규폐증은 이집트의 미라에서도 발견되는 오랜 질병이다.
③ 채석장 및 모래 분사 작업장에 종사하는 작업자들이 잘 걸리는 폐질환이다.
④ 규폐증이란 석면의 고농도 분진을 단기적으로 흡입할 때 주로 발생되는 질병이다.

풀이 규폐증의 인체영향 및 특징
㉠ 폐조직에서 섬유상 결절이 발견된다.
㉡ 유리규산(SiO_2) 분진 흡입으로 폐에 만성 섬유증식이 나타난다.

ⓒ 자각증상으로는 호흡곤란, 지속적인 기침, 다량의 담액 등이지만, 일반적으로는 자각증상 없이 서서히 진행된다(만성 규폐증의 경우 10년 이상 지나서 증상이 나타난다).
ⓔ 고농도의 규소입자에 노출되면 급성 규폐증에 걸리며, 열, 기침, 체중감소, 청색증이 나타난다.
ⓜ 폐결핵은 합병증으로 폐하엽 부위에 많이 생긴다.
ⓥ 폐에 실리카가 쌓인 곳에서는 상처가 생기게 된다.
ⓢ 석영분진이 직업적으로 노출 시 발생하는 진폐증의 일종이다.

84 다음 중 유해인자에 노출된 집단에서의 질병발생률과 노출되지 않은 집단에서 질병발생률과의 비를 무엇이라 하는가?
① 교차비
② 상대위험도
③ 발병비
④ 기여위험도

풀이 상대위험도(상대위험비, 비교위험도)
비율비 또는 위험비라고도 하며, 위험요인을 갖고 있는 군(노출군)이 위험요인을 갖고 있지 않은 군(비노출군)에 비하여 질병의 발생률이 몇 배인가, 즉 위험도가 얼마나 큰가를 나타내는 것이다.

$$상대위험비 = \frac{노출군에서\ 질병발생률}{비노출군에서의\ 질병발생률}$$

$$= \frac{위험요인이\ 있는\ 해당\ 군의\ 질병발생률}{위험요인이\ 없는\ 해당\ 군의\ 질병발생률}$$

㉠ 상대위험비=1 : 노출과 질병 사이의 연관성 없음
㉡ 상대위험비>1 : 위험의 증가를 의미
㉢ 상대위험비<1 : 질병에 대한 방어효과가 있음

85 다음 중 직업성 천식의 발생작업으로 볼 수 없는 것은?
① 석면을 취급하는 근로자
② 밀가루를 취급하는 근로자
③ 폴리비닐필름으로 고기를 싸거나 포장하는 정육업자
④ 폴리우레탄 생산공정에서 첨가제로 사용되는 TDI(Toluene Diisocyanate)를 취급하는 근로자

풀이 직업성 천식의 원인 물질

구분	원인 물질	직업 및 작업
금속	백금	도금
	니켈, 크롬, 알루미늄	도금, 시멘트 취급자, 금고 제작공
화학물	Isocyanate(TDI, MDI)	페인트, 접착제, 도장작업
	산화무수물	페인트, 플라스틱 제조업
	송진 연무	전자업체 납땜 부서
	반응성 및 아조 염료	염료공장
	trimellitic anhydride(TMA)	레진, 플라스틱, 계면활성제 제조업
	persulphates	미용사
	ethylenediamine	래커칠, 고무공장
	formaldehyde	의료 종사자
약제	항생제, 소화제	제약회사, 의료인
생물학적 물질	동물 분비물, 털(말, 쥐, 사슴)	실험실 근무자, 동물 사육사
	목재분진	목수, 목재공장 근로자
	곡물가루, 쌀겨, 메밀가루, 카레	농부, 곡물 취급자, 식품업 종사자
	밀가루	제빵공
	커피가루	커피 제조공
	라텍스	의료 종사자
	응애, 진드기	농부, 과수원(귤, 사과)

86 다음 중 작업환경 내의 유해물질 노출기준의 적용에 대한 설명으로 틀린 것은?
① 근로자들의 건강장애를 예방하기 위한 기준이다.
② 노출기준은 대기오염의 평가 또는 관리상의 지표로 사용하여서는 안 된다.
③ 노출기준은 유해물질이 단독으로 존재할 때의 기준이다.
④ 노출기준은 과중한 작업을 할 때도 똑같이 적용하는 특징이 있다.

풀이 노출기준은 1일 8시간 작업을 기준으로 하여 제정된 것이므로 이를 이용할 때는 근로시간, 작업의 강도, 온열조건, 이상기압 등이 노출기준 적용에 영향을 미칠 수 있으므로 이와 같은 제반요인에 대해 특별한 고려를 하여야 한다.

87 다음 중 크롬에 관한 설명으로 틀린 것은?
① 6가 크롬은 발암성 물질이다.
② 주로 소변을 통하여 배설된다.
③ 형광등 제조, 치과용 아말감 산업이 원인이 된다.
④ 만성 크롬중독인 경우 특별한 치료방법이 없다.

[풀이] 형광등 제조, 치과용 아말감 산업과 관계있는 중금속은 수은이다.
- 크롬(Cr)의 발생원
  ㉠ 전기도금공장
  ㉡ 가죽, 피혁 제조
  ㉢ 염색, 안료 제조
  ㉣ 방부제, 약품 제조

88 다음 중 발암성 및 생식독성 물질로 알려진 Polychlorinated Biphenyls(PCBs)가 과거에 가장 많이 사용되었던 업종은?
① 식품공업 ② 전기공업
③ 섬유공업 ④ 폐기물처리업

[풀이] PCB(polychlorinated biphenyl)
㉠ biphenyl 염소화합물의 총칭이며, 전기공업, 인쇄잉크용제 등으로 사용된다.
㉡ 체내 축적성이 매우 높기 때문에 발암성 물질로 분류한다.
㉢ 생식독성물질로도 알려져 있다.

89 다음 중 20년간 석면을 사용하여 브레이크 라이닝과 패드를 만들었던 근로자가 걸릴 수 있는 질병과 가장 거리가 먼 것은?
① 폐암 ② 급성 골수성 백혈병
③ 석면폐증 ④ 악성중피종

[풀이] 석면폐증(asbestosis)
(1) 개요
㉠ 흡입된 석면섬유가 폐의 미세기관지에 부착하여 기계적인 자극에 의해 섬유증식증이 진행된다.
㉡ 석면분진의 크기는 길이가 5~8μm보다 길고, 두께가 0.25~1.5μm보다 얇은 것이 석면폐증을 잘 일으킨다.

(2) 영향 및 특징
㉠ 석면을 취급하는 작업에 4~5년 종사 시 폐하엽 부위에 다발한다.
㉡ 인체에 대한 영향은 규폐증과 거의 비슷하지만, 구별되는 증상으로 폐암을 유발시킨다.
 ※ 결정형 실리카가 폐암을 유발하며 폐암발생률이 높은 진폐증이다.
㉢ 증상으로는 흉부가 야위고 객담에 석면소체가 배출된다.
㉣ 늑막과 복막에 악성중피종이 생기기 쉽다.
㉤ 폐암, 중피종암, 늑막암, 위암을 일으킨다.

90 다음 중 유기용제 노출을 생물학적 모니터링으로 평가할 때 일반적으로 가장 많이 활용되는 생체시료는?
① 혈액 ② 피부
③ 모발 ④ 소변

[풀이] 생체시료로 사용되는 소변의 특징
㉠ 비파괴적으로 시료채취가 가능하다.
㉡ 많은 양의 시료 확보가 가능하여 일반적으로 가장 많이 활용된다(유기용제 평가 시 주로 이용).
㉢ 불규칙한 소변 배설량으로 농도보정이 필요하다.
㉣ 시료채취과정에서 오염될 가능성이 높다.
㉤ 채취시료는 신속하게 검사한다.
㉥ 냉동상태(-10~-20℃)로 보존하는 것이 원칙이다.
㉦ 채취조건 : 뇨 비중 1.030 이상 1.010 이하, 뇨 중 크레아티닌이 3g/L 이상 0.3g/L 이하인 경우 새로운 시료를 채취해야 한다.

91 다음 중 생물학적 노출지수(BEI)에 관한 설명으로 틀린 것은?
① 혈액에서 휘발성 물질의 생물학적 노출지수는 동맥 중의 농도를 말한다.
② 유해물질의 대사산물, 유해물질 자체 및 생화학적 변화 등을 총칭한다.
③ 배출이 빠르고 반감기가 5분 이내인 물질에 대해서는 시료채취시기가 대단히 중요하다.
④ 시료는 소변, 호기 및 혈액 등이 주로 이용된다.

[풀이] **BEI의 특성**
㉠ 생물학적 폭로지표는 작업의 강도, 기온과 습도, 개인의 생활태도에 따라 차이가 있을 수 있다.
㉡ 혈액, 뇨, 모발, 손톱, 생체조직, 호기 또는 체액 중 유해물질의 양을 측정, 조사한다.
㉢ 산업위생 분야에서 현 환경이 잠재적으로 갖고 있는 건강장애 위험을 결정하는 데에 지침으로 이용된다.
㉣ 첫 번째 접촉하는 부위에 독성영향을 나타내는 물질이나 흡수가 잘 되지 않은 물질에 대한 노출평가에는 바람직하지 못하다. 즉 흡수가 잘 되고 전신적 영향을 나타내는 화학물질에 적용하는 것이 바람직하다.
㉤ 혈액에서 휘발성 물질의 생물학적 노출지수는 정맥 중의 농도를 말한다.
㉥ BEI는 유해물의 전반적인 폭로량을 추정할 수 있다.

92 다음 중 산업독성학의 활용과 가장 거리가 먼 것은?
① 작업장 화학물질의 노출기준 설정 시 활용된다.
② 작업환경의 공기 중 화학물질의 분석기술에 활용된다.
③ 유해화학물질의 안전한 사용을 위한 대책수립에 활용된다.
④ 화학물질 노출을 생물학적으로 모니터링하는 역할에 활용된다.

[풀이] ②항의 내용은 작업환경측정에 관한 것이다.

93 다음 중 납중독을 확인하는 데 이용하는 시험으로 적절하지 않은 것은?
① 혈중의 납
② 헴(heme)의 대사
③ Ca-EDTA 흡착능
④ 신경 전달속도

[풀이] **납중독 확인 시험사항**
㉠ 혈액 내의 납 농도
㉡ 헴(heme)의 대사
㉢ 말초신경의 신경 전달속도
㉣ Ca-EDTA 이동시험
㉤ β-ALA(Amine Levulinic Acid) 축적

94 다음 설명에 해당하는 중금속의 종류는?

이 중금속 중독의 특징적인 증상은 구내염, 정신증상, 근육진전이라 할 수 있으며 급성중독의 치료로는 우유나 계란의 흰자를 먹이며, 만성중독의 치료로는 취급을 즉시 중지하고 BAL을 투여한다.

① 크롬
② 카드뮴
③ 납
④ 수은

[풀이] **수은중독의 치료**
(1) 급성중독
 ㉠ 우유와 계란의 흰자를 먹여 단백질과 해당 물질을 결합시켜 침전시킨다.
 ㉡ 마늘계통의 식물을 섭취한다.
 ㉢ 위세척(5~10% S.F.S 용액)을 한다. 다만, 세척액은 200~300mL를 넘지 않도록 한다.
 ㉣ BAL(British Anti Lewisite)을 투여한다(체중 1kg당 5mg의 근육주사).
(2) 만성중독
 ㉠ 수은 취급을 즉시 중지시킨다.
 ㉡ BAL(British Anti Lewisite)을 투여한다.
 ㉢ 1일 10L의 등장식염수를 공급(이뇨작용으로 촉진)한다.
 ㉣ N-acetyl-D-penicillamine을 투여한다.
 ㉤ 땀을 흘려 수은 배설을 촉진한다.
 ㉥ 진전증세에 genascopalin을 투여한다.
 ㉦ Ca-EDTA의 투여는 금기사항이다.

95 건강영향에 따른 분진의 분류와 유발물질의 종류를 잘못 짝지은 것은?
① 진폐성 분진 - 규산, 석면, 활석, 흑연
② 불활성 분진 - 석탄, 시멘트, 탄화규소
③ 알레르기성 분진 - 크롬산, 망간, 황 및 유기성 분진
④ 발암성 분진 - 석면, 니켈카보닐, 아민계 색소

[풀이] 알레르기성 분진 종류에는 꽃가루, 털, 나뭇가루 등의 유기성 분진이 해당된다.

정답 92.② 93.③ 94.④ 95.③

96 다음 중 적혈구의 산소운반 단백질을 무엇이라 하는가?
① 헤모글로빈
② 백혈구
③ 혈소판
④ 단구

풀이 헤모글로빈은 적혈구에서 철을 포함하는 단백질로, 산소를 운반하는 역할을 하며 산소분압이 높은 폐에서 산소와 잘 결합한다.

97 납의 독성에 대한 인체실험 결과, 안전흡수량이 체중 kg당 0.005mg이었다. 1일 8시간 작업 시의 허용농도는 약 몇 mg/m³인가? (단, 근로자의 평균체중은 70kg, 해당 작업 시의 폐환기율은 시간당 1.25m³로 가정한다.)
① 0.030
② 0.035
③ 0.040
④ 0.045

풀이 안전흡수량 = $C \times T \times V \times R$
∴ $C = \dfrac{\text{안전흡수량}}{T \times V \times R}$
$= \dfrac{0.005\text{mg/kg} \times 70\text{kg}}{8\text{hr} \times 1.25\text{m}^3/\text{hr} \times 1.0} = 0.035\text{mg/m}^3$

98 다음 설명의 ( ) 안에 알맞은 내용으로 나열된 것은?

단시간 노출기준(STEL)이라 함은 1회에 (㉮)분간 유해인자에 노출되는 경우의 기준으로, 이 기준 이하에서는 1회 노출 간격이 (㉯)시간 이상인 경우 1일 작업시간 동안 (㉰)회까지 노출이 허용될 수 있는 기준을 말한다.

① ㉮ 15, ㉯ 1, ㉰ 4
② ㉮ 20, ㉯ 2, ㉰ 5
③ ㉮ 20, ㉯ 3, ㉰ 3
④ ㉮ 15, ㉯ 1, ㉰ 2

풀이 단시간 노출기준(TLV-STEL) ⇨ ACGIH
㉠ 근로자가 자극, 만성 또는 불가역적 조직장애, 사고유발, 응급 시 대처능력의 저하 및 작업능률 저하 등을 초래할 정도의 마취를 일으키지 않고 단시간(15분) 노출될 수 있는 기준을 말한다.
㉡ 시간가중 평균농도에 대한 보완적인 기준이다.
㉢ 만성중독이나 고농도에서 급성중독을 초래하는 유해물질에 적용한다.
㉣ 독성작용이 빨라 근로자에게 치명적인 영향을 예방하기 위한 기준이다.

99 다음 물질을 급성전신중독 시 독성이 가장 강한 것부터 약한 순서대로 나열한 것은?

벤젠, 톨루엔, 크실렌

① 크실렌 > 톨루엔 > 벤젠
② 톨루엔 > 벤젠 > 크실렌
③ 톨루엔 > 크실렌 > 벤젠
④ 벤젠 > 톨루엔 > 크실렌

풀이 방향족탄화수소 중 급성 전신중독 시 독성이 강한 순서
톨루엔 > 크실렌 > 벤젠

100 다음 중 각종 유해물질에 의한 유해성을 지배하는 인자로 가장 적합하지 않은 것은?
① 적응속도
② 개인의 감수성
③ 노출시간
④ 농도

풀이 유해물질에 의한 유해성을 지배하는 인자
㉠ 공기 중 농도
㉡ 폭로시간(노출시간)
㉢ 작업강도
㉣ 기상조건
㉤ 개인의 감수성

정답 96.① 97.② 98.① 99.③ 100.①

제1과목 | 산업위생학 개론

01 다음 중 산업위생 관련 기관의 약자와 명칭이 잘못 연결된 것은?
① ACGIH : 미국산업위생협회
② OSHA : 산업안전보건청(미국)
③ NIOSH : 국립산업안전보건연구원(미국)
④ IARC : 국제암연구소

풀이 ACGIH
미국정부산업위생전문가협의회

02 다음 중 RMR이 10인 격심한 작업을 하는 근로자의 실동률과 계속작업의 한계시간으로 옳은 것은? (단, 실동률은 사이토-오시마 식을 적용한다.)
① 실동률 : 55%, 계속작업의 한계시간 : 약 5분
② 실동률 : 45%, 계속작업의 한계시간 : 약 4분
③ 실동률 : 35%, 계속작업의 한계시간 : 약 3분
④ 실동률 : 25%, 계속작업의 한계시간 : 약 2분

풀이
실동률 $= 85 - (5 \times RMR)$
$= 85 - (5 \times 10)\%$
$= 35$
$\log(\text{계속작업 한계시간}) = 3.724 - 3.25\log(RMR)$
$= 3.724 - 3.25 \times \log 10$
$= 0.474$
∴ 계속작업 한계시간 $= 10^{0.474}$
$= 2.98\min$

03 다음 중 근육운동에 동원되는 주요 에너지원 중에서 가장 먼저 소비되는 에너지원은?
① CP
② ATP
③ 포도당
④ 글리코겐

풀이 혐기성 대사(anaerobic metabolism)
㉠ 근육에 저장된 화학적 에너지를 의미한다.
㉡ 혐기성 대사의 순서(시간대별)
ATP(아데노신삼인산) → CP(크레아틴인산)
→ glycogen(글리코겐) or glucose(포도당)
※ 근육운동에 동원되는 주요 에너지원 중 가장 먼저 소비되는 것은 ATP이다.

04 미국산업위생학술원(AAIH)이 채택한 윤리강령 중 산업위생전문가로서 지켜야 할 책임과 가장 거리가 먼 것은?
① 기업체의 기밀은 외부에 누설하지 않는다.
② 과학적 방법의 적용과 자료의 해석에서 객관성을 유지한다.
③ 근로자, 사회 및 전문 직종의 이익을 위해 과학적 지식을 공개하고 발표한다.
④ 전문적 판단이 타협에 의하여 좌우될 수 있는 상황에 개입하여 객관적 자료에 의해 판단한다.

풀이 산업위생전문가로서의 책임
㉠ 성실성과 학문적 실력 면에서 최고수준을 유지한다(전문적 능력 배양 및 성실한 자세로 행동).
㉡ 과학적 방법의 적용과 자료의 해석에서 경험을 통한 전문가의 객관성을 유지한다(공인된 과학적 방법 적용·해석).
㉢ 전문 분야로서의 산업위생을 학문적으로 발전시킨다.
㉣ 근로자, 사회 및 전문 직종의 이익을 위해 과학적 지식을 공개하고 발표한다.

⑩ 산업위생활동을 통해 얻은 개인 및 기업체의 기밀은 누설하지 않는다(정보는 비밀 유지).
⑪ 전문적 판단이 타협에 의하여 좌우될 수 있거나 이해관계가 있는 상황에는 개입하지 않는다.

05 구리(Cu)의 공기 중 농도가 $0.05mg/m^3$이다. 작업자의 노출시간은 8시간이며, 폐환기율은 $1.25m^3/hr$, 체내잔류율은 1이라고 할 때, 체내흡수량은?

① 0.1mg ② 0.2mg
③ 0.5mg ④ 0.8mg

풀이 체내흡수량$(mg) = C \times T \times V \times R$
$= 0.05 \times 8 \times 1.25 \times 1 = 0.5mg$

06 도수율(frequency rate of injury)이 10인 사업장에서 작업자가 평생 동안 작업할 경우 발생할 수 있는 재해의 건수는? (단, 평생의 총 근로시간수는 120,000시간으로 한다.)

① 0.8건 ② 1.2건
③ 2.4건 ④ 10건

풀이 도수율 $= \dfrac{\text{재해발생건수}}{\text{연근로시간수}} \times 10^6$

$10 = \dfrac{\text{재해발생건수}}{120,000} \times 10^6$

∴ 재해발생건수 $= 1.2$

07 다음 중 산업재해에 따른 보상에 있어 보험급여에 해당하지 않는 것은?

① 유족급여 ② 대체인력훈련비
③ 직업재활급여 ④ 상병(傷病)보상연금

풀이 보험급여의 종류
㉠ 요양급여
㉡ 유족급여
㉢ 직업재활급여
㉣ 상병보상연금
㉤ 장해급여
㉥ 휴업급여
㉦ 장의비
㉧ 간병급여

08 다음 중 영양소의 작용과 그 작용에 관여하는 주된 영양소의 종류를 잘못 연결한 것은 어느 것인가?

① 체내에서 산화연소하여 에너지를 공급하는 것 – 탄수화물, 지방질 및 단백질
② 몸의 구성성분을 위해 보급하고 영양소의 체내 흡수기능을 조절하는 것 – 탄수화물, 유기질, 물
③ 체내조직을 구성하고, 분해·소비되는 물질의 공급원이 되는 것 – 단백질, 무기질, 물
④ 여러 영양소의 영양적 작용의 매개가 되고 생활기능을 조절하는 것 – 비타민, 무기질, 물

풀이 몸의 구성성분을 위해 보급하고 영양소의 체내흡수기능을 조절하는 영양소는 단백질, 무기질, 물 등이 있으며, 탄수화물이나 지방질은 주로 저장물질이란 형태로 관여하고 있다.

09 다음 중 산업스트레스 발생요인으로 집단 간의 갈등이 너무 낮은 경우 집단 간의 갈등을 기능적인 수준까지 자극하는 갈등 촉진기법에 해당되지 않는 것은?

① 자원의 확대
② 경쟁의 자극
③ 조직구조의 변경
④ 커뮤니케이션의 증대

풀이 산업 스트레스의 발생요인으로 작용하는 집단 간의 갈등
(1) 갈등 촉진기법
  ㉠ 성원의 이질화
  ㉡ 경쟁의 자극
  ㉢ 조직구조의 변경
  ㉣ 커뮤니케이션의 증대
(2) 갈등이 심한 경우 해결방법
  ㉠ 상위의 공동목표 설정
  ㉡ 문제의 공동해결법 토의
  ㉢ 집단구성원 간의 직무 순환
  ㉣ 상위층에서 전제적 명령 및 자원의 확대

정답 05.③ 06.② 07.② 08.② 09.①

10 1980~1990년대 우리나라에 대표적으로 집단 직업병을 유발시켰던 이 물질은 비스코스레이온 합성에 사용되며 급성으로 고농도 노출 시 사망할 수 있고, 1,000ppm 수준에서는 환상을 보는 정신이상을 유발한다. 만성독성으로는 뇌경색증, 다발성 신경염, 협심증, 신부전증 등을 유발하는 이 물질은 무엇인가?

① 벤젠
② 이황화탄소
③ 카드뮴
④ 2-브로모프로판

풀이 **이황화탄소(CS_2)**
㉠ 상온에서 무색 무취의 휘발성이 매우 높은(비점 46.3℃) 액체이며, 인화·폭발의 위험성이 있다.
㉡ 주로 인조견(비스코스레이온)과 셀로판 생산 및 농약공장, 사염화탄소 제조, 고무제품의 용제 등에서 사용된다.
㉢ 지용성 용매로 피부로도 흡수되며 독성작용으로는 급성 혹은 아급성 뇌병증을 유발한다.
㉣ 말초신경장애 현상으로 파킨슨 증후군을 유발하며 급성마비, 두통, 신경증상 등도 나타난다(감각 및 운동신경 모두 유발).
㉤ 급성으로 고농도 노출 시 사망할 수 있고 1,000ppm 수준에서 환상을 보는 정신이상을 유발(기질적 뇌손상, 말초신경병, 신경행동학적 이상)하며, 심한 경우 불안, 분노, 자살성향 등을 보이기도 한다.
㉥ 만성독성으로는 뇌경색증, 다발성 신경염, 협심증, 신부전증 등을 유발한다.
㉦ 고혈압의 유병률과 콜레스테롤 수치의 상승빈도가 증가되어 뇌, 심장 및 신장의 동맥경화성 질환을 초래한다.
㉧ 청각장애는 주로 고주파 영역에서 발생한다.

11 다음 중 '화학물질의 분류·표시 및 물질안전보건자료에 관한 기준'에서 정한 경고표지의 기재항목 작성방법으로 틀린 것은?

① 대상화학물질이 '해골과 X자형 뼈'와 '감탄부호(!)'의 그림문자에 모두 해당되는 경우에는 '해골과 X자형 뼈'의 그림문자만을 표시한다.
② 대상화학물질이 부식성 그림문자와 자극성 그림문자에 모두 해당되는 경우에는 부식성 그림문자만을 표시한다.
③ 대상화학물질이 호흡기 과민성 그림문자와 피부 과민성 그림문자에 모두 해당되는 경우에는 호흡기 과민성 그림문자만을 표시한다.
④ 대상화학물질이 4개 이상의 그림문자에 해당하는 경우 유해·위험의 우선순위별로 2가지의 그림문자만을 표시할 수 있다.

풀이 대상화학물질이 5개 이상의 그림문자에 해당되는 경우에는 4개의 그림문자만을 표시해도 된다.

12 우리나라의 규정상 하루에 25kg 이상의 물체를 몇 회 이상 드는 작업일 경우 근골격계 부담작업으로 분류하는가?

① 2회
② 5회
③ 10회
④ 25회

풀이 **관리대상작업(근골격계 부담작업)**
㉠ 하루에 4시간 이상 집중적으로 자료입력 등을 위해 키보드 또는 마우스를 조작하는 작업
㉡ 하루에 총 2시간 이상 목, 어깨, 팔꿈치, 손목 또는 손을 사용하여 같은 동작을 반복하는 작업
㉢ 하루에 총 2시간 이상 머리 위에 손이 있거나, 팔꿈치가 어깨 위에 있거나, 팔꿈치를 몸통으로부터 들거나, 팔꿈치를 몸통 뒤쪽에 위치하도록 하는 상태에서 이루어지는 작업
㉣ 지지되지 않은 상태이거나 임의로 자세를 바꿀 수 없는 조건에서, 하루에 총 2시간 이상 목이나 허리를 구부리거나 펴는 상태에서 이루어지는 작업
㉤ 하루에 총 2시간 이상 쪼그리고 앉거나 무릎을 굽힌 자세에서 이루어지는 작업
㉥ 하루에 총 2시간 이상 지지되지 않은 상태에서 1kg 이상의 물건을 한 손의 손가락으로 집어 옮기거나, 2kg 이상에 상응하는 힘을 가하여 한 손의 손가락으로 물건을 쥐는 작업

정답 10.② 11.④ 12.③

ⓐ 하루에 총 2시간 이상 지지되지 않은 상태에서 4.5kg 이상의 물건을 한 손으로 들거나 동일한 힘으로 쥐는 작업
ⓑ 하루에 10회 이상 25kg 이상의 물체를 드는 작업
ⓒ 하루에 25회 이상 10kg 이상의 물체를 무릎 아래에서 들거나, 어깨 위에서 들거나, 팔을 뻗은 상태에서 드는 작업
ⓓ 하루에 총 2시간 이상, 분당 2회 이상 4.5kg 이상의 물체를 드는 작업
ⓔ 하루에 총 2시간 이상, 시간당 10회 이상 손 또는 무릎을 사용하여 반복적으로 충격을 가하는 작업

(2) 한랭작업
  ㉠ 다량의 액체공기·드라이아이스 등을 취급하는 장소
  ㉡ 냉장고·제빙고·저빙고 또는 냉동고 등의 내부
(3) 다습작업
  ㉠ 다량의 증기를 사용하여 염색조로 염색하는 장소
  ㉡ 다량의 증기를 사용하여 금속·비금속을 세척하거나 도금하는 장소
  ㉢ 방적 또는 직포 공정에서 가습하는 장소
  ㉣ 다량의 증기를 사용하여 가죽을 탈지하는 장소

13 산업안전보건법령상 사업주가 근로자의 건강장애 예방을 위하여 작업시간 중 적정한 휴식을 주어야 하는 고열, 한랭 또는 다습한 옥내작업장에 해당하지 않는 것은? (단, 기타 고용노동부장관이 별도로 인정하는 장소는 제외한다.)
① 녹인 유리로 유리제품을 성형하는 장소
② 도자기나 기와 등을 소성(燒成)하는 장소
③ 다량의 기화공기, 얼음 등을 취급하는 장소
④ 다량의 증기를 사용하여 가죽을 탈지(脫脂)하는 장소

[풀이] 작업시간 중 적정한 휴식을 주어야 하는 옥내작업장
(1) 고열작업
  ㉠ 용광로, 평로, 전로 또는 전기로에 의하여 광물이나 금속을 제련하거나 정련하는 장소
  ㉡ 용선로 등으로 광물·금속 또는 유리를 용해하는 장소
  ㉢ 가열로 등으로 광물·금속 또는 유리를 가열하는 장소
  ㉣ 도자기나 기와 등을 소성하는 장소
  ㉤ 광물을 배소 또는 소결하는 장소
  ㉥ 가열된 금속을 운반·압연 또는 가공하는 장소
  ㉦ 녹인 금속을 운반하거나 주입하는 장소
  ㉧ 녹인 유리로 유리제품을 성형하는 장소
  ㉨ 고무에 황을 넣어 열처리하는 장소
  ㉩ 열원을 사용하여 물건 등을 건조시키는 장소
  ㉪ 갱내에서 고열이 발생하는 장소
  ㉫ 가열된 노를 수리하는 장소

14 다음 중 산업안전보건법상 고용노동부장관에 의한 보건관리대행기관의 지정취소 및 업무정지에 관한 설명으로 틀린 것은?
① 고용노동부장관은 업무정지기간 중에 업무를 수행한 경우 그 지정을 취소하여야 한다.
② 고용노동부장관은 거짓이나 그 밖의 부정한 방법으로 지정을 받은 경우 그 지정을 취소하여야 한다.
③ 지정이 취소된 자는 지정이 취소된 날부터 1년 이내에는 안전관리대행기관으로 지정받을 수 없다.
④ 고용노동부장관은 지정받은 사항을 위반하여 업무를 수행한 경우 6개월 이내의 기간을 정하여 그 업무의 정지를 명할 수 있다.

[풀이] 보건관리대행기관의 지정취소 및 업무정지의 경우
㉠ 거짓이나 그 밖의 부정한 방법으로 지정을 받은 경우
㉡ 업무정지기간 중에 업무를 수행한 경우
㉢ 지정받은 사항을 위반하여 업무를 수행한 경우
㉣ 그 밖에 대통령령으로 정하는 사유에 해당하는 경우
※ 지정이 취소된 자는 지정이 취소된 날부터 2년 이내에는 보건관리대행기관으로 지정받을 수 없다.

15 직업성 변이(occupational stigmata)에 관한 설명으로 가장 옳은 것은 어느 것인가?
① 직업에 따라 체온량의 변화가 일어나는 것이다.
② 직업에 따라 체지방량의 변화가 일어나는 것이다.
③ 직업에 따라 신체 활동량의 변화가 일어나는 것이다.
④ 직업에 따라 신체 형태와 기능에 국소적 변화가 일어나는 것이다.

풀이 **직업성 변이(occupational stigmata)**
직업에 따라서 신체형태와 기능에 국소적 변화가 일어나는 것을 말한다.

16 다음 중 유해인자와 그로 인하여 발생되는 직업병이 잘못 연결된 것은?
① 크롬 – 폐암
② 망간 – 신장염
③ 이상기압 – 폐수종
④ 수은 – 악성중피종

풀이 **유해인자별 발생 직업병**
㉠ 크롬 : 폐암(크롬폐증)
㉡ 이상기압 : 폐수종(잠함병)
㉢ 고열 : 열사병
㉣ 방사선 : 피부염 및 백혈병
㉤ 소음 : 소음성 난청
㉥ 수은 : 무뇨증
㉦ 망간 : 신장염(파킨슨 증후군)
㉧ 석면 : 악성중피종
㉨ 한랭 : 동상
㉩ 조명 부족 : 근시, 안구진탕증
㉪ 진동 : Raynaud's 현상
㉫ 분진 : 규폐증

17 다음 중 '작업환경측정 및 지정측정기관평가 등에 관한 고시'에 따른 유해인자의 측정농도 평가방법으로 틀린 것은?

① STEL 허용기준이 설정되어 있는 유해인자가 작업시간 내 간헐적(단시간)으로 노출되는 경우에는 15분씩 측정하여 단시간 노출값을 구한다.
② 측정한 값이 허용기준 TWA를 초과하고 허용기준 STEL 이하인 때 1회 노출지속시간이 15분 이상인 경우 허용기준을 초과한 것으로 판정한다.
③ 측정한 값이 허용기준 TWA를 초과하고 허용기준 STEL 이하인 때 1일 4회를 초과하여 노출되는 경우 허용기준을 초과한 것으로 판정한다.
④ 측정한 값이 허용기준 TWA를 초과하고 허용기준 STEL 이하인 때 각 회의 간격이 90분 미만인 경우 허용기준을 초과한 것으로 판정한다.

풀이 **허용기준 TWA를 초과하고 허용기준 STEL 이하인 때 허용기준을 초과한 것으로 판정하는 경우**
㉠ 1회 노출지속시간이 15분 이상인 경우
㉡ 1일 4회를 초과하여 노출되는 경우
㉢ 각 회의 간격이 60분 미만인 경우

18 NIOSH의 권고중량한계(RWL ; Recommended Weight Limit)에 사용되는 승수(multiplier)가 아닌 것은?
① 들기거리(Lift Multiplier)
② 이동거리(Distance Multiplier)
③ 수평거리(Horizontal Multiplier)
④ 비대칭각도(Asymmetry Multiplier)

풀이 RWL = LC×HM×VM×DM×AM×FM×CM
여기서, LC : 중량상수(부하상수=23kg)
HM : 수평거리계수
VM : 수직거리계수
DM : 물체이동거리계수
AM : 비대칭도계수
FM : 작업빈도계수
CM : 물체를 잡는 데 따른 계수

정답 15.④ 16.④ 17.④ 18.①

19 다음 중 피로에 관한 설명으로 틀린 것은 어느 것인가?

① 자율신경계의 조절기능이 주간은 부교감신경, 야간은 교감신경의 긴장 강화로 주간 수면은 야간 수면에 비해 효과가 떨어진다.
② 충분한 영양을 취하는 것은 휴식과 더불어 피로방지의 중요한 방법이다.
③ 피로의 주관적 측정방법으로는 CMI (Cornell Medical Index)를 이용한다.
④ 피로현상은 개인차가 심하여 작업에 대한 개체의 반응을 어디서부터 피로현상이라고 타각적 수치로 찾아내기는 어렵다.

[풀이] 교감신경과 부교감신경을 합쳐 자율신경이라 하며, 자율신경계의 조절기능이 주간은 교감신경, 야간은 부교감신경의 긴장 강화로 주간 수면은 야간 수면에 비해 효과가 떨어진다.

20 다음 중 실내공기 오염물질 중 석면에 대한 일반적인 설명으로 거리가 먼 것은 어느 것인가?

① 석면의 여러 종류 중 건강에 가장 치명적인 영향을 미치는 것은 사문석계열의 청석면이다.
② 과거 내열성, 단열성, 절연성 및 견인력 등의 뛰어난 특성 때문에 여러 분야에서 사용되었다.
③ 석면의 발암성 정보물질의 표기는 1A에 해당한다.
④ 작업환경측정에서 석면은 길이가 5μm보다 크고, 길이 대 넓이의 비가 3 : 1 이상인 섬유만 개수한다.

[풀이] 석면 중 건강에 가장 치명적인 영향을 미치는 것은 각섬석계열의 청석면이다.

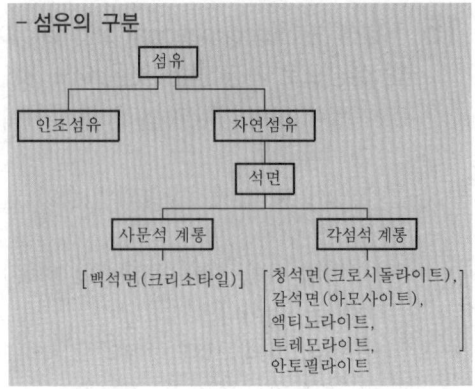

제2과목 | 작업위생 측정 및 평가

21 0.05M NaOH 용액 500mL를 준비하는 데 NaOH는 몇 g이 필요한가? (단, Na의 원자량은 23)

① 1.0　　② 1.5
③ 2.0　　④ 2.5

[풀이] $NaOH(g) = 0.05 mol/L \times 500 mL \times 1,000^{-3} L/1mL$
$\times 40g/1mol$
$= 1.0g$

22 석면 측정방법인 전자 현미경법에 관한 설명으로 틀린 것은?

① 공기 중 석면시료 분석에 정확한 방법이다.
② 석면의 감별 분석이 가능하다.
③ 위상차 현미경으로 볼 수 없는 매우 가는 섬유도 관찰 가능하다.
④ 분석비가 저렴하고 시간이 적게 소요된다.

[풀이] 전자 현미경법(석면 측정)
㉠ 석면분진 측정방법에서 공기 중 석면시료를 가장 정확하게 분석할 수 있다.
㉡ 석면의 성분 분석(감별 분석)이 가능하다.
㉢ 위상차 현미경으로 볼 수 없는 매우 가는 섬유도 관찰 가능하다.
㉣ 값이 비싸고 분석시간이 많이 소요된다.

23 사업장의 한 공정에서 소음의 음압수준이 75dB로 발생하는 장비 1대와 81dB로 발생하는 장비 1대가 각각 설치되어 있다. 이 장비가 동시에 가동될 때 발생하는 소음의 음압수준은 약 몇 dB인가?

① 82 ② 83
③ 84 ④ 85

풀이
$L_\text{합} = 10\log(10^{7.5} + 10^{8.1})$
$= 81.97\text{dB}$

24 수은(알킬수은 제외)의 노출기준은 0.05mg/m³이고 증기압은 0.0018mmHg인 경우 VHR (Vapor Hazard Ratio)는? (단, 25℃, 1기압 기준, 수은 원자량 200.59)

① 306
② 321
③ 354
④ 388

풀이
$\text{VHR} = \dfrac{C}{\text{TLV}}$

$= \dfrac{\dfrac{0.0018}{760} \times 10^6}{0.05\text{mg/m}^3 \times \dfrac{24.45}{200.59}}$

$= 388.6$

25 NaOH 2g을 용해시켜 조제한 1,000mL의 용액을 0.1N-HCl 용액으로 중화적정 시 소요되는 HCl 용액의 용량은? (단, 나트륨 원자량 23)

① 1,000mL ② 800mL
③ 600mL   ④ 500mL

풀이
$NV = N'V'$

$\dfrac{0.1\text{eq}}{\text{L}} \times V(\text{mL}) \times \dfrac{1\text{L}}{1,000\text{mL}}$

$= \dfrac{2\text{g}}{\text{L}} \times 1,000\text{mL} \times \dfrac{1\text{eq}}{40\text{g}} \times \dfrac{1\text{L}}{1,000\text{mL}}$

$\therefore V(\text{mL}) = 500\text{mL}$

26 어느 작업장에 benzene의 농도를 측정한 결과가 3ppm, 4ppm, 5ppm, 5ppm, 4ppm이었다면 이 측정값들의 기하평균(ppm)은?

① 약 4.13 ② 약 4.23
③ 약 4.33 ④ 약 4.43

풀이
$\log(\text{GM}) = \dfrac{\log 3 + \log 4 + \log 5 + \log 5 + \log 4}{5} = 0.615$

$\therefore \text{GM} = 10^{0.615} = 4.12\text{ppm}$

27 2차 표준기구와 가장 거리가 먼 것은?
① 습식 테스트미터
② 오리피스미터
③ 흑연피스톤미터
④ 열선기류계

풀이
표준기구(보정기구)의 종류
(1) 1차 표준기구
　㉠ 비누거품미터(soap bubble meter)
　㉡ 폐활량계(spirometer)
　㉢ 가스치환병(mariotte bottle)
　㉣ 유리 피스톤미터(glass piston meter)
　㉤ 흑연 피스톤미터(frictionless piston meter)
　㉥ 피토튜브(pitot tube)
(2) 2차 표준기구
　㉠ 로터미터(rotameter)
　㉡ 습식 테스트미터(wet test meter)
　㉢ 건식 가스미터(dry gas meter)
　㉣ 오리피스미터(orifice meter)
　㉤ 열선기류계(thermo anemometer)

28 입자상 물질을 채취하는 방법 중 직경분립 충돌기의 장점으로 틀린 것은?
① 호흡기에 부분별로 침착된 입자 크기의 자료를 추정할 수 있다.
② 흡입성, 흉곽성, 호흡성 입자의 크기별 분포와 농도를 계산할 수 있다.
③ 시료채취 준비에 시간이 적게 걸리며 비교적 채취가 용이하다.
④ 입자의 질량 크기 분포를 얻을 수 있다.

정답 23.① 24.④ 25.④ 26.① 27.③ 28.③

[풀이] **직경분립충돌기(cascade impactor)의 장단점**
(1) 장점
  ㉠ 입자의 질량 크기 분포를 얻을 수 있다(공기 흐름속도를 조절하여 채취입자를 크기별로 구분 가능).
  ㉡ 호흡기의 부분별로 침착된 입자 크기의 자료를 추정할 수 있다.
  ㉢ 흡입성, 흉곽성, 호흡성 입자의 크기별로 분포와 농도를 계산할 수 있다.
(2) 단점
  ㉠ 시료채취가 까다롭다. 즉 경험이 있는 전문가가 철저한 준비를 통해 이용해야 정확한 측정이 가능하다(작은 입자는 공기흐름속도를 크게 하여 충돌판에 포집할 수 없음).
  ㉡ 비용이 많이 든다.
  ㉢ 채취준비시간이 과다하다.
  ㉣ 되튐으로 인한 시료의 손실이 일어나 과소분석 결과를 초래할 수 있어 유량을 2L/min 이하로 채취한다.
  ㉤ 공기가 옆에서 유입되지 않도록 각 충돌기의 조립과 장착을 철저히 해야 한다.

29 톨루엔(toluene, M.W=92.14) 농도가 100ppm 인 사업장에서 채취유량은 0.15L/min으로 가스 크로마토그래피의 정량한계가 0.2mg이다. 채취할 최소시간은 얼마인가? (단, 25℃, 1기압 기준)
① 약 1.5분 ② 약 3.5분
③ 약 5.5분 ④ 약 7.5분

[풀이]
$mg/m^3 = 100ppm \times \dfrac{92.14}{24.45}$
$= 376.85 mg/m^3$
$\dfrac{LOQ}{농도} = \dfrac{0.2mg}{376.85mg/m^3}$
$= 0.00053m^3 \times 1,000 L/m^3 = 0.53L$
∴ 채취 최소시간 $= \dfrac{0.53L}{0.15L/min} = 3.54 min$

30 흡착관인 실리카겔관에 사용되는 실리카겔에 관한 설명으로 틀린 것은?
① 추출용액이 화학분석이나 기기분석에 방해물질로 작용하는 경우가 많지 않다.
② 실리카겔은 극성물질을 강하게 흡착하므로 작업장에 여러 종류의 극성물질이 공존할 때는 극성이 강한 물질이 극성이 약한 물질을 치환하게 된다.
③ 파라핀류가 케톤류보다 극성이 강하며 따라서 실리카겔에 대한 친화력도 강하다.
④ 매우 유독한 이황화탄소를 탈착용매로 사용하지 않는다.

[풀이] 케톤류가 파라핀류보다 극성이 강하며 실리카겔에 대한 친화력도 강하다.

31 유리규산을 채취하여 X선 회절법으로 분석하는 데 적절하고 6가 크롬 그리고 아연산화물의 채취에 이용하며 수분의 영향이 크지 않아 공해성 먼지, 총 먼지 등의 중량분석을 위한 측정에 사용하는 막 여과지로 가장 적합한 것은?
① MCE막 여과지
② PVC막 여과지
③ PTFE막 여과지
④ 은막 여과지

[풀이] **PVC막 여과지(Polyvinyl Chloride membrane filter)**
㉠ 가볍고, 흡습성이 낮기 때문에 분진의 중량분석에 사용된다.
㉡ 유리규산을 채취하여 X선 회절법으로 분석하는 데 적절하고 6가 크롬 및 아연산화합물의 채취에 이용한다.
㉢ 수분에 영향이 크지 않아 공해성 먼지, 총 먼지 등의 중량분석을 위한 측정에 사용한다.
㉣ 석탄먼지, 결정형 유리규산, 무정형 유리규산, 별도로 분리하지 않은 먼지 등을 대상으로 무게농도를 구하고자 할 때 PVC막 여과지로 채취한다.
㉤ 습기에 영향을 적게 받기 위해 전기적인 전하를 가지고 있어 채취 시 입자를 반발하여 채취효율을 떨어뜨리는 단점이 있다. 따라서 채취 전에 필터를 세정용액으로 처리함으로써 이러한 오차를 줄일 수 있다.

32 검지관의 장단점으로 틀린 것은?
① 민감도가 낮으며 비교적 고농도에 적용이 가능하다.
② 측정대상물질의 동정이 미리 되어 있지 않아도 측정이 가능하다.
③ 색이 시간에 따라 변화하므로 제조자가 정한 시간에 읽어야 한다.
④ 특이도가 낮다. 즉, 다른 방해물질의 영향을 받기 쉬워 오차가 크다.

풀이 검지관 측정법의 장단점
(1) 장점
 ㉠ 사용이 간편하다.
 ㉡ 반응시간이 빨라 현장에서 바로 측정 결과를 알 수 있다.
 ㉢ 비전문가도 어느 정도 숙지하면 사용할 수 있지만 산업위생전문가의 지도 아래 사용되어야 한다.
 ㉣ 맨홀, 밀폐공간에서의 산소부족 또는 폭발성 가스로 인한 안전이 문제가 될 때 유용하게 사용된다.
 ㉤ 다른 측정방법이 복잡하거나 빠른 측정이 요구될 때 사용할 수 있다.
(2) 단점
 ㉠ 민감도가 낮아 비교적 고농도에만 적용이 가능하다.
 ㉡ 특이도가 낮아 다른 방해물질의 영향을 받기 쉽고 오차가 크다.
 ㉢ 대개 단시간 측정만 가능하다.
 ㉣ 한 검지관으로 단일물질만 측정 가능하여 각 오염물질에 맞는 검지관을 선정함에 따른 불편함이 있다.
 ㉤ 색변화에 따라 주관적으로 읽을 수 있어 판독자에 따라 변이가 심하며, 색변화가 시간에 따라 변하므로 제조자가 정한 시간에 읽어야 한다.
 ㉥ 미리 측정대상 물질의 동정이 되어 있어야 측정이 가능하다.

33 50% 톨루엔(toluene, TLV=375mg/m³), 10% 벤젠(benzene, TLV=30mg/m³), 40% 노말헥산(n-hexane, TLV=180mg/m³)의 유기용제가 혼합된 원료를 사용할 때, 작업장 공기 중의 허용농도는? (단, 유기용제 간 상호작용은 없다.)
① 115mg/m³   ② 125mg/m³
③ 135mg/m³   ④ 145mg/m³

풀이 혼합물의 노출기준
$$= \frac{1}{\frac{0.5}{375}+\frac{0.1}{30}+\frac{0.4}{180}} = 145.16\,\mathrm{mg/m^3}$$

34 어느 작업장이 dibromoethane 10ppm(TLV=20ppm), carbon tetrachloride 5ppm(TLV=10ppm) 및 dichloroethane 20ppm(TLV=50ppm)으로 오염되었을 경우 평가결과는? (단, 이들은 상가작용을 일으킨다고 가정한다.)
① 허용기준 초과
② 허용기준 초과하지 않음
③ 허용기준과 동일
④ 판정 불가능

풀이 노출지수(EI) $= \frac{10}{20}+\frac{5}{10}+\frac{20}{50} = 1.4$
⇒ 1을 초과하므로 허용기준 초과 평가

35 한 소음원에서 발생되는 음압실효치의 크기가 2N/m²인 경우 음압수준(sound pressure level)은?
① 80dB   ② 90dB
③ 100dB   ④ 110dB

풀이 음압수준(SPL) $= 20\log\frac{2}{2\times10^{-5}} = 100\,\mathrm{dB}$

36 작업장에서 10,000ppm의 사염화에틸렌(분자량=166)이 공기 중에 함유되었다면 이 작업장 공기의 비중은? (단, 표준기압, 온도이며 공기의 분자량은 29이다.)
① 1.028   ② 1.032
③ 1.047   ④ 1.054

정답 32.② 33.④ 34.① 35.③ 36.③

[풀이] 혼합비중 = $\dfrac{\left(10{,}000 \times \dfrac{166}{29}\right) + (990{,}000 \times 1.0)}{1{,}000{,}000}$
= 1.047

37 다음은 흉곽성 먼지(TPM, ACGIH 기준)에 관한 내용이다. ( ) 안에 들어갈 내용으로 옳은 것은?

> 가스교환지역인 폐포나 폐기도에 침착되었을 때 독성을 나타내는 입자상 크기이다. 50%가 침착되는 평균입자의 크기는 ( )이다.

① $2\mu m$
② $4\mu m$
③ $10\mu m$
④ $50\mu m$

[풀이] **ACGIH의 입자 크기별 기준(TLV)**
(1) 흡입성 입자상 물질
  (IPM ; Inspirable Particulates Mass)
  ㉠ 호흡기의 어느 부위(비강, 인후두, 기관 등 호흡기의 기도 부위)에 침착하더라도 독성을 유발하는 분진이다.
  ㉡ 비암이나 비중격천공을 일으키는 입자상 물질이 여기에 속한다.
  ㉢ 침전분진은 재채기, 침, 코 등의 벌크(bulk) 세척기전으로 제거된다.
  ㉣ 입경범위 : 0~$100\mu m$
  ㉤ 평균입경 : $100\mu m$(폐침착 50%에 해당하는 입자의 크기)
(2) 흉곽성 입자상 물질
  (TPM ; Thoracic Particulates Mass)
  ㉠ 기도나 하기도(가스교환 부위)에 침착하여 독성을 나타내는 물질이다.
  ㉡ 평균입경 : $10\mu m$
  ㉢ 채취기구 : PM 10
(3) 호흡성 입자상 물질
  (RPM ; Respirable Particulates Mass)
  ㉠ 가스교환 부위, 즉 폐포에 침착할 때 유해한 물질이다.
  ㉡ 평균입경 : $4\mu m$(공기역학적 직경이 $10\mu m$ 미만의 먼지가 호흡성 입자상 물질)
  ㉢ 채취기구 : 10mm nylon cyclone

38 유사노출그룹을 설정하는 목적과 가장 거리가 먼 것은?
① 시료채취수를 경제적으로 하는 데 있다.
② 모든 근로자의 노출농도를 평가하고자 하는 데 있다.
③ 역학조사 수행 시 사건이 발생된 근로자가 속한 유사노출그룹의 노출농도를 근거로 노출 원인 및 농도를 추정하는 데 있다.
④ 법적 노출기준의 적합성 여부를 평가하고자 하는 데 있다.

[풀이] **동일노출그룹(HEG) 설정 목적**
㉠ 시료채취수를 경제적으로 하는 데 있다.
㉡ 모든 작업의 근로자에 대한 노출농도를 평가할 수 있다.
㉢ 역학조사 수행 시 해당 근로자가 속한 동일노출그룹의 노출농도를 근거로 노출 원인 및 농도를 추정할 수 있다.
㉣ 작업장에서 모니터링하고 관리해야 할 우선적인 그룹을 결정하기 위함이다.

39 입자상 물질의 채취를 위한 섬유상 여과지인 유리섬유 여과지에 관한 설명으로 틀린 것은?
① 흡습성이 적고 열에 강하다.
② 결합제 첨가형과 결합제 비첨가형이 있다.
③ 와트만(whatman) 여과지가 대표적이다.
④ 유해물질이 여과지의 안층에도 채취된다.

[풀이] **섬유상 여과지**
(1) 유리섬유 여과지(glass fiber filter)
  ㉠ 흡습성이 없지만 부서지기 쉬운 단점이 있어 중량분석에 사용하지 않는다.
  ㉡ 부식성 가스 및 열에 강하다.
  ㉢ 높은 포집용량과 낮은 압력강하 성질을 가지고 있다.
  ㉣ 다량의 공기시료채취에 적합하다.
  ㉤ 농약류, 다핵방향족탄화수소화합물 등의 유기화합물 채취에 널리 사용된다.
  ㉥ 유리섬유가 여과지 측정물질과 반응을 일으킨다고 알려졌거나 의심되는 경우에는 PTFE를 사용할 수 있다.

정답 37.③ 38.④ 39.③

ⓐ 유해물질이 여과지의 안층에서도 채취되며, 결합제 첨가형과 결합제 비첨가형이 있다.
 (2) 셀룰로오스섬유 여과지
  ㉠ 작업환경측정보다는 실험실 분석에 유용하게 사용한다.
  ㉡ 셀룰로오스펌프로 조제하고, 친수성이며 습식 회화가 용이하다.
  ㉢ 대표적으로 와트만 여과지가 있다.

40 다음은 소음측정에 관한 내용이다. ( ) 안의 내용으로 옳은 것은? (단, 고용노동부 고시 기준)

> 누적소음노출량 측정기로 소음을 측정하는 경우에는 criteria=(㉮)dB, exchange rate=5dB, threshold=(㉯)dB로 기기 설정을 하여야 한다.

	㉮	㉯
①	70	80
②	80	70
③	80	90
④	90	80

[풀이] 누적소음노출량 측정기의 설정
㉠ criteria=90dB
㉡ exchange rate=5dB
㉢ threshold=80dB

제3과목 | 작업환경 관리대책

41 귀마개의 사용환경과 가장 거리가 먼 것은 어느 것인가?
① 덥고 습한 환경에 좋음
② 장시간 사용할 때
③ 간헐적 소음에 노출될 때
④ 다른 보호구와 동시 사용할 때

[풀이] 귀마개는 간헐적 소음보다는 연속적 소음에 노출될 때 사용한다.

42 A유기용제의 증기압이 80mmHg라면 이때 밀폐된 작업장 내 포화농도는 몇 %인가? (단, 대기압 1기압, 기온 21℃)
① 8.6   ② 10.5
③ 12.4 ④ 14.3

[풀이] 포화농도(%) = $\frac{증기압}{760} \times 10^2 = \frac{80}{760} \times 10^2 = 10.53\%$

43 어느 작업장에서 methylene chloride(비중=1.336, 분자량=84.94, TLV=500ppm)를 500g/hr 사용할 때 필요한 희석환기량(m³/min)은? (단, 안전계수는 7, 실내온도는 21℃이다.)
① 약 26.3   ② 약 33.1
③ 약 42.0   ④ 약 51.3

[풀이]
• 사용량=500g/hr
• 발생률(G, L/hr)
  84.94g : 24.1L = 500g/hr : G
  $G = \frac{24.1 \times 500}{84.94} = 141.86$L/hr
∴ 희석환기량= $\frac{G}{TLV} \times K$
  $= \frac{141.86\text{L/hr} \times 1,000\text{mL/L}}{500\text{mL/m}^3} \times 7$
  $= 1,986.11\text{m}^3/\text{hr} \times \text{hr}/60\text{min}$
  $= 33.1\text{m}^3/\text{min}$

44 작업환경관리의 원칙 중 대치에 관한 내용으로 가장 거리가 먼 것은?
① 금속세척 시 벤젠 대신에 트리클로로에틸렌을 사용한다.
② 성냥 제조 시에 황린 대신 적린을 사용한다.
③ 분체입자를 큰 입자로 대치한다.
④ 금속을 두드려서 자르는 대신 톱으로 자른다.

[풀이] 금속제품의 탈지(세척)에 사용되는 트리클로로에틸렌(TCE)을 계면활성제로 전환한다.

정답 40.④ 41.③ 42.② 43.② 44.①

45 관경이 200mm인 직관 속을 공기가 흐르고 있다. 공기의 동점성계수가 $1.5\times10^{-5}\text{m}^2/\text{sec}$이고, 레이놀즈 수가 20,000이라면 직관의 풍량(m^3/hr)은?

① 약 160   ② 약 150
③ 약 170   ④ 약 190

풀이
$Q = A \times V$
- $A = \dfrac{3.14 \times 0.2^2}{4} = 0.0314\text{m}^2$
- $V = \dfrac{Re \cdot \nu}{d}$
  $= \dfrac{20,000 \times 1.5 \times 10^{-5}}{0.2} = 1.5\text{m/sec}$
$= 0.0314\text{m}^2 \times 1.5\text{m/sec} \times 3,600\text{sec/hr}$
$= 169.56\text{m}^3/\text{hr}$

46 송풍기 전압이 125mmH₂O이고, 송풍기의 총 송풍량이 20,000m³/hr일 때 소요동력은? (단, 송풍기 효율 80%, 안전율 50%)

① 8.1kW   ② 10.3kW
③ 12.8kW   ④ 14.2kW

풀이
소요동력
$= \dfrac{(20,000\text{m}^3/\text{hr} \times \text{hr}/60\text{min}) \times 125}{6,120 \times 0.8} \times 1.5$
$= 12.77\text{kW}$

47 방진마스크의 필요조건으로 틀린 것은?

① 흡기와 배기저항 모두 낮은 것이 좋다.
② 흡기저항 상승률이 높은 것이 좋다.
③ 안면밀착성이 큰 것이 좋다.
④ 무게중심은 안면에 강한 압박감을 주지 않는 위치에 있는 것이 좋다.

풀이 방진마스크의 선정조건(구비조건)
㉠ 흡기저항 및 흡기저항 상승률이 낮을 것
  ※ 일반적 흡기저항 범위 : 6~8mmH₂O
㉡ 배기저항이 낮을 것
  ※ 일반적 배기저항 기준 : 6mmH₂O 이하
㉢ 여과재 포집효율이 높을 것
㉣ 착용 시 시야확보가 용이할 것
  ※ 하방시야가 60° 이상 되어야 함

㉤ 중량은 가벼울 것
㉥ 안면에서의 밀착성이 클 것
㉦ 침입률 1% 이하까지 정확히 평가 가능할 것
㉧ 피부접촉부위가 부드러울 것
㉨ 사용 후 손질이 간단할 것
㉩ 무게중심은 안면에 강한 압박감을 주지 않는 위치에 있을 것

48 국소배기장치에서 공기공급시스템이 필요한 이유로 옳지 않은 것은?

① 국소배기장치의 효율 유지
② 안전사고 예방
③ 에너지 절감
④ 작업장의 교차기류 유지

풀이 공기공급시스템이 필요한 이유
㉠ 국소배기장치의 원활한 작동을 위하여
㉡ 국소배기장치의 효율 유지를 위하여
㉢ 안전사고를 예방하기 위하여
㉣ 에너지(연료)를 절약하기 위하여
㉤ 작업장 내에 방해기류(교차기류)가 생기는 것을 방지하기 위하여
㉥ 외부공기가 정화되지 않은 채로 건물 내로 유입되는 것을 막기 위하여

49 유입계수(Ce)가 0.7인 후드의 압력손실계수(F_n)는?

① 0.42   ② 0.61
③ 0.72   ④ 1.04

풀이
압력손실계수 $= \dfrac{1}{Ce^2} - 1 = \dfrac{1}{0.7^2} - 1 = 1.04$

50 덕트의 속도압이 35mmH₂O, 후드의 압력손실이 15mmH₂O일 때 후드의 유입계수는?

① 0.84   ② 0.75
③ 0.68   ④ 0.54

풀이
유입계수(Ce) $= \sqrt{\dfrac{1}{1+F}}$
- $15 = 35 \times F$, $F = 0.43$
$= \sqrt{\dfrac{1}{1+0.43}} = 0.84$

정답 45.③ 46.③ 47.② 48.④ 49.④ 50.①

51 밀도가 1.2kg/m³인 공기가 송풍관 내에서 24m/sec의 속도로 흐른다면, 이때 속도압은?

① 19.3mmH₂O ② 28.3mmH₂O
③ 35.3mmH₂O ④ 48.3mmH₂O

풀이 $VP = \dfrac{\gamma V^2}{2g} = \dfrac{1.2 \times 24^2}{2 \times 9.8} = 35.27 \text{mmH}_2\text{O}$

52 귀덮개를 설명한 것 중 옳은 것은?

① 귀마개보다 차음효과의 개인차가 적다.
② 귀덮개의 크기를 여러 가지로 할 필요가 있다.
③ 근로자들이 보호구를 착용하고 있는지를 쉽게 알 수 없다.
④ 귀마개보다 차음효과가 적다.

풀이 **귀덮개의 장단점**
(1) 장점
   ㉠ 귀마개보다 일반적으로 높고(고음영역에서 탁월) 일관성 있는 차음효과를 얻을 수 있다(개인차가 적음).
   ㉡ 동일한 크기의 귀덮개를 대부분의 근로자가 사용 가능하다(크기를 여러 가지로 할 필요 없음).
   ㉢ 귀에 염증(질병)이 있어도 사용 가능하다.
   ㉣ 귀마개보다 쉽게 착용할 수 있고 착용법을 틀리거나 잃어버리는 일이 적다.
(2) 단점
   ㉠ 부착된 밴드에 의해 차음효과가 감소될 수 있다.
   ㉡ 고온에서 사용 시 불편하다(보호구 접촉면에 땀이 남).
   ㉢ 머리카락이 길 때와 안경테가 굵거나 잘 부착되지 않을 때는 사용하기 불편하다.
   ㉣ 장시간 사용 시 꼭 끼는 느낌이 있다.
   ㉤ 보안경과 함께 사용하는 경우 다소 불편하며, 차음효과가 감소된다.
   ㉥ 오래 사용하여 귀걸이의 탄력성이 줄었을 때나 귀걸이가 휘었을 때는 차음효과가 떨어진다.
   ㉦ 가격이 비싸고 운반과 보관이 쉽지 않다.

53 국소환기시스템의 덕트 설계에 있어서 덕트 합류 시 균형유지방법인 설계에 의한 정압균형유지법의 장단점으로 틀린 것은?

① 설계유량 산정이 잘못되었을 경우, 수정은 덕트 크기 변경을 필요로 한다.
② 설계 시 잘못된 유량의 조정이 용이하다.
③ 최대저항경로 선정이 잘못되어도 설계 시 쉽게 발견할 수 있다.
④ 설계가 복잡하고 시간이 걸린다.

풀이 **정압조절평형법(유속조절평형법, 정압균형유지법)의 장단점**
(1) 장점
   ㉠ 예기치 않는 침식, 부식, 분진퇴적으로 인한 축적(퇴적)현상이 일어나지 않는다.
   ㉡ 잘못 설계된 분지관, 최대저항경로(저항이 큰 분지관) 선정이 잘못되어도 설계 시 쉽게 발견할 수 있다.
   ㉢ 설계가 정확할 때에는 가장 효율적인 시설이 된다.
   ㉣ 유속의 범위가 적절히 선택되면 덕트의 폐쇄가 일어나지 않는다.
(2) 단점
   ㉠ 설계 시 잘못된 유량을 고치기 어렵다(임의의 유량을 조절하기 어려움).
   ㉡ 설계가 복잡하고 시간이 걸린다.
   ㉢ 설계유량 산정이 잘못되었을 경우 수정은 덕트의 크기 변경을 필요로 한다.
   ㉣ 때에 따라 전체 필요한 최소유량보다 더 초과될 수 있다.
   ㉤ 설치 후 변경이나 확장에 대한 유연성이 낮다.
   ㉥ 효율 개선 시 전체를 수정해야 한다.

54 강제환기를 실시할 때 환기효과를 제고할 수 있는 원칙으로 틀린 것은?

① 오염물질 배출구는 오염원과 적절한 거리를 유지하도록 설치하여 점환기 현상을 방지한다.
② 공기 배출구와 근로자의 작업위치 사이에 오염원이 위치하여야 한다.
③ 건물 밖으로 배출된 오염공기가 다시 건물 안으로 유입되지 않도록 배출구 높이를 적절히 설계하고 창문이나 문 근처에 위치하지 않도록 한다.
④ 공기가 배출되면서 오염장소를 통과하도록 공기 배출구와 유입구의 위치를 선정한다.

정답 51.③ 52.① 53.② 54.①

풀이 **전체환기(강제환기)시설 설치 기본원칙**
㉠ 오염물질 사용량을 조사하여 필요환기량을 계산한다.
㉡ 배출공기를 보충하기 위하여 청정공기를 공급한다.
㉢ 오염물질 배출구는 가능한 한 오염원으로부터 가까운 곳에 설치하여 '점환기'의 효과를 얻는다.
㉣ 공기 배출구와 근로자의 작업위치 사이에 오염원이 위치해야 한다.
㉤ 공기가 배출되면서 오염장소를 통과하도록 공기 배출구와 유입구의 위치를 선정한다.
㉥ 작업장 내 압력은 경우에 따라서 양압이나 음압으로 조정해야 한다(오염원 주위에 다른 작업공정이 있으면 공기 공급량을 배출량보다 작게 하여 음압을 형성시켜 주위 근로자에게 오염물질이 확산되지 않도록 한다).
㉦ 배출된 공기가 재유입되지 못하게 배출구 높이를 적절히 설계하고 창문이나 문 근처에 위치하지 않도록 한다.
㉧ 오염된 공기는 작업자가 호흡하기 전에 충분히 희석되어야 한다.
㉨ 오염물질 발생은 가능하면 비교적 일정한 속도로 유출되도록 조정해야 한다.

55 직경이 25cm, 길이가 30m인 원형 덕트에 유체가 흘러갈 때 마찰손실(mmH₂O)은? (단, 마찰계수 0.002, 덕트관의 속도압 20mmH₂O, 공기밀도 1.2kg/m³)
① 3.8 ② 4.8
③ 5.8 ④ 6.8

풀이 마찰손실 $= \lambda \times \dfrac{L}{D} \times VP$
$= 0.002 \times \dfrac{30}{0.25} \times 20$
$= 4.8\,\text{mmH}_2\text{O}$

56 작업대 위에서 용접을 할 때 흄을 포집 제거하기 위해 작업면에 고정, 플랜지가 부착된 외부식 장방형 후드를 설치했다. 개구면에서 포촉점까지의 거리는 0.25m, 제어속도는 0.5m/sec, 후드 개구면적이 0.5m²일 때 소요송풍량(m³/sec)은?

① 약 0.14 ② 약 0.28
③ 약 0.36 ④ 약 0.42

풀이 바닥면에 위치, 플랜지 부착
$Q = 0.5 \times V_c (10X^2 + A)$
$= 0.5 \times 0.5\,\text{m/sec} \times [(10 \times 0.25^2)\text{m}^2 + 0.5\text{m}^2]$
$= 0.28\,\text{m}^3/\text{sec}$

57 작업장에 설치된 국소배기장치의 제어속도를 증가시키기 위해 송풍기 날개의 회전수를 15% 증가시켰다면 동력은 약 몇 % 증가할 것으로 예측되는가? (단, 기타 조건은 같다고 가정한다.)
① 약 41 ② 약 52
③ 약 63 ④ 약 74

풀이 $\dfrac{kW_2}{kW_1} = \left(\dfrac{N_2}{N_1}\right)^3 = (1.15)^3 = 1.52$
즉, 52% 증가한다.

58 흡입관의 정압과 속도압이 각각 −30.5mmH₂O, 7.2mmH₂O이고, 배출관의 정압과 속도압이 각각 20.0mmH₂O, 15mmH₂O이면, 송풍기의 유효전압은?
① 58.3mmH₂O ② 64.2mmH₂O
③ 72.3mmH₂O ④ 81.1mmH₂O

풀이 송풍기 전압(FTP)
$FTP = (SP_{out} + VP_{out}) - (SP_{in} + VP_{in})$
$= (20 + 15) - (-30.5 + 7.2) = 58.3\,\text{mmH}_2\text{O}$

59 터보(turbo) 송풍기에 관한 설명으로 틀린 것은?
① 후향 날개형 송풍기라고도 한다.
② 송풍기의 깃이 회전방향 반대편으로 경사지게 설계되어 있다.
③ 고농도 분진 함유 공기를 이송시킬 경우, 집진기 후단에 설치하여 사용해야 한다.
④ 방사 날개형이나 전향 날개형 송풍기에 비해 효율이 떨어진다.

[풀이] **터보형 송풍기(turbo fan)**
㉠ 후향(후곡) 날개형 송풍기(backward-curved blade fan)라고도 하며, 송풍량이 증가해도 동력이 증가하지 않는 장점을 가지고 있어 한계부하 송풍기라고도 한다.
㉡ 회전날개(깃)가 회전방향 반대편으로 경사지게 설계되어 있어 충분한 압력을 발생시킬 수 있다.
㉢ 소요정압이 떨어져도 동력은 크게 상승하지 않으므로 시설저항 및 운전상태가 변하여도 과부하가 걸리지 않는다.
㉣ 송풍기 성능곡선에서 동력곡선이 최대송풍량의 60~70%까지 증가하다가 감소하는 경향을 띠는 특성이 있다.
㉤ 고농도 분진 함유 공기를 이송시킬 경우 깃 뒷면에 분진이 퇴적하며 집진기 후단에 설치하여야 한다.
㉥ 깃의 모양은 두께가 균일한 것과 익형이 있다.
㉦ 원심력식 송풍기 중 가장 효율이 좋다.

60 주물사, 고온가스를 취급하는 공정에 환기시설을 설치하고자 할 때, 덕트의 재료로 가장 적당한 것은?

① 아연도금 강판　② 중질 콘크리트
③ 스테인리스 강판　④ 흑피 강판

[풀이] **덕트의 재질**
㉠ 유기용제(부식이나 마모의 우려가 없는 곳) : 아연도금 강판
㉡ 강산, 염소계 용제 : 스테인리스스틸 강판
㉢ 알칼리 : 강판
㉣ 주물사, 고온가스 : 흑피 강판
㉤ 전리방사선 : 중질 콘크리트

제4과목 | 물리적 유해인자관리

61 산업안전보건법령상 공기 중의 산소농도가 몇 % 미만인 상태를 산소결핍이라 하는가?

① 16　② 18
③ 20　④ 23

[풀이] **산소결핍**
공기 중의 산소 농도가 18% 미만인 상태를 말한다.

62 다음 중 방진고무에 관한 설명으로 틀린 것은?

① 내유 및 내열성이 약하다.
② 고주파 진동의 차진에 양호하다.
③ 공기 중의 오존에 의해 산화되기도 한다.
④ 고무 자체의 내부마찰로 저항이 감쇠된다.

[풀이] **방진고무의 장단점**
(1) 장점
  ㉠ 고무 자체의 내부마찰로 적당한 저항을 얻을 수 있다.
  ㉡ 공진 시의 진폭도 지나치게 크지 않다.
  ㉢ 설계자료가 잘 되어 있어서 용수철 정수(스프링 상수)를 광범위하게 선택할 수 있다.
  ㉣ 형상의 선택이 비교적 자유로워 여러 가지 형태로 된 철물에 견고하게 부착할 수 있다.
  ㉤ 고주파 진동의 차진에 양호하다.
(2) 단점
  ㉠ 내후성, 내유성, 내열성, 내약품성이 약하다.
  ㉡ 공기 중의 오존(O_3)에 의해 산화된다.
  ㉢ 내부마찰에 의한 발열 때문에 열화되기 쉽다.

63 다음 중 감압에 따른 기포 형성량을 좌우하는 요인과 가장 거리가 먼 것은?

① 감압속도
② 조직에 용해된 가스량
③ 체내 가스의 팽창 정도
④ 혈류를 변화시키는 상태

[풀이] **감압 시 조직 내 질소 기포 형성량에 영향을 주는 요인**
㉠ 조직에 용해된 가스량
  체내 지방량, 고기압 폭로의 정도와 시간으로 결정한다.
㉡ 혈류변화 정도(혈류를 변화시키는 상태)
  감압 시 또는 재감압 후에 생기기 쉽고, 연령, 기온, 운동, 공포감, 음주와 관계가 있다.
㉢ 감압속도

64 청력손실이 500Hz에서 12dB, 1,000Hz에서 10dB, 2,000Hz에서 10dB, 4,000Hz에서 20dB일 때 6분법에 의한 평균 청력손실은 얼마인가?

① 19dB　② 16dB
③ 12dB　④ 8dB

정답 60.④ 61.② 62.④ 63.③ 64.③

[풀이] 평균 청력손실
$$= \frac{12+(2\times 10)+(2\times 10)+20}{6}$$
$$= 12\text{dB}$$

65 다음 중 일반적으로 인공조명 시 고려하여야 할 사항으로 가장 적절하지 않은 것은 어느 것인가?

① 광색은 백색에 가깝게 한다.
② 가급적 간접조명이 되도록 한다.
③ 조도는 작업상 충분히 유지시킨다.
④ 조명도는 균등히 유지할 수 있어야 한다.

[풀이] 인공조명 시 고려사항
㉠ 작업에 충분한 조도를 낼 것
㉡ 조명도를 균등히 유지할 것(천장, 마루, 기계, 벽 등의 반사율을 크게 하면 조도를 일정하게 얻을 수 있다)
㉢ 폭발성 또는 발화성이 없고, 유해가스가 발생하지 않을 것
㉣ 경제적이며, 취급이 용이할 것
㉤ 주광색에 가까운 광색으로 조도를 높여줄 것(백열전구와 고압수은등을 적절히 혼합시켜 주광에 가까운 빛을 얻을 수 있다)
㉥ 장시간 작업 시 가급적 간접조명이 되도록 설치할 것(직접조명, 즉 광원의 광밀도가 크면 나쁘다)
㉦ 일반적인 작업 시 빛은 작업대 좌상방에서 비추게 할 것
㉧ 작은 물건의 식별과 같은 작업에는 음영이 생기지 않는 국소조명을 적용할 것
㉨ 광원 또는 전등의 휘도를 줄일 것
㉩ 광원을 시선에서 멀리 위치시킬 것
㉪ 눈이 부신 물체와 시선과의 각을 크게 할 것
㉫ 광원 주위를 밝게 하며, 조도비를 적정하게 할 것

66 다음 중 비전리방사선으로만 나열한 것은 어느 것인가?

① α선, β선, 레이저, 자외선
② 적외선, 레이저, 마이크로파, α선
③ 마이크로파, 중성자, 레이저, 자외선
④ 자외선, 레이저, 마이크로파, 가시광선

[풀이] 비전리방사선(비이온화방사선)의 종류
㉠ 자외선
㉡ 가시광선
㉢ 적외선
㉣ 라디오파
㉤ 마이크로파
㉥ 저주파
㉦ 극저주파
㉧ 레이저

67 다음 중 빛과 밝기의 단위에 관한 설명으로 틀린 것은?

① 반사율은 조도에 대한 휘도의 비로 표시한다.
② 광원으로부터 나오는 빛의 양을 광속이라고 하며 단위는 루멘을 사용한다.
③ 광원으로부터 나오는 빛의 세기를 광도라고 하며 단위는 칸델라를 사용한다.
④ 입사면의 단면적에 대한 광도의 비를 조도라 하며 단위는 촉광을 사용한다.

[풀이] 럭스(lux) ; 조도
㉠ 1루멘(lumen)의 빛이 1m²의 평면상에 수직으로 비칠 때의 밝기이다.
㉡ 1cd의 점광원으로부터 1m 떨어진 곳에 있는 광선의 수직인 면의 조명도이다.
㉢ 조도는 어떤 면에 들어오는 광속의 양에 비례하고 입사면의 단면적에 반비례한다.
$$\text{조도}(E) = \frac{\text{lumen}}{\text{m}^2}$$
㉣ 조도는 입사면의 단면적에 대한 광속의 비를 의미한다.

68 음압이 4배가 되면 음압레벨(dB)은 약 얼마 정도 증가하겠는가?

① 3dB ② 6dB
③ 12dB ④ 24dB

[풀이] $\text{SPL} = 20\log\dfrac{P}{P_o}$
$= 20\log 4 = 12\text{dB}$ 증가

정답 65.① 66.④ 67.④ 68.③

69 음의 세기레벨이 80dB에서 85dB로 증가하면 음의 세기는 약 몇 배가 증가하겠는가?

① 1.5배
② 1.8배
③ 2.2배
④ 2.4배

[풀이]
$$\% = \frac{I_2 - I_1}{I_1} \times 100$$

- $SIL_1 = 10\log\frac{I_1}{10^{-12}}$
  $= 80$
  $I_1 = 1 \times 10^{-4} \text{W/m}^2$

- $SIL_2 = 10\log\frac{I_2}{10^{-12}}$
  $= 85$
  $I_2 = 3.16 \times 10^{-4} \text{W/m}^2$

$$= \frac{(3.16 \times 10^{-4} \text{W/m}^2) - (1 \times 10^{-4})}{1 \times 10^{-4}} \times 100$$
$= 216.23\%$ ⇒ 즉, 2.16배 증가

70 다음 중 작업환경의 고열측정에 있어 '습구온도'를 측정하는 기기와 측정시간이 올바르게 연결된 것은?

① 자연습구온도계 : 20분 이상
② 자연습구온도계 : 25분 이상
③ 아스만통풍건습계 : 20분 이상
④ 아스만통풍건습계 : 25분 이상

[풀이] 측정구분에 의한 측정기기 및 측정시간

구 분	측정기기	측정시간
습구 온도	0.5도 간격의 눈금이 있는 아스만통풍건습계, 자연습구온도를 측정할 수 있는 기기 또는 이와 동등 이상의 성능이 있는 측정기기	• 아스만통풍건습계 : 25분 이상 • 자연습구온도계 : 5분 이상
흑구 및 습구 흑구 온도	직경이 5센티미터 이상 되는 흑구온도계 또는 습구흑구온도(WBGT)를 동시에 측정할 수 있는 기기	• 직경이 15센티미터 일 경우 : 25분 이상 • 직경이 7.5센티미터 또는 5센티미터일 경우 : 5분 이상

※ 고시 변경사항, 학습 안 하셔도 무방합니다.

71 다음 중 피부로서 감각할 수 없는 불감기류의 기준으로 가장 적절한 것은?

① 약 0.5m/sec 이하
② 약 1.0m/sec 이하
③ 약 1.5m/sec 이하
④ 약 2.0m/sec 이하

[풀이] 불감기류
㉠ 0.5m/sec 미만의 기류이다.
㉡ 실내에 항상 존재한다.
㉢ 신진대사를 촉진한다(생식선 발육 촉진).
㉣ 한랭에 대한 저항을 강화시킨다.

72 다음 중 한랭환경에서의 일반적인 열평형방정식으로 옳은 것은? (단, ΔS는 생체 열용량의 변화, E는 증발에 의한 열방산, M은 작업대사량, R은 복사에 의한 열의 득실, C는 대류에 의한 열의 득실을 나타낸다.)

① $\Delta S = M - E - R - C$
② $\Delta S = M - E + R - C$
③ $\Delta S = -M + E - R - C$
④ $\Delta S = -M + E + R + C$

[풀이]
㉠ 고온환경에서의 열평형방정식
$\Delta S = M + C + R - E$
㉡ 한랭환경에서의 열평형방정식
$\Delta S = M - C - R - E$
㉢ 인체쾌적상태의 열평형방정식
$O = M \pm C \pm R - E$

73 다음 중 고압환경의 영향에 있어 2차적인 가압현상에 해당하지 않는 것은?

① 질소마취
② 조직의 통증
③ 산소중독
④ 이산화탄소중독

[풀이] 고압환경에서의 2차적 가압현상
㉠ 질소가스의 마취작용
㉡ 산소중독
㉢ 이산화탄소의 작용

[정답] 69.③ 70.④ 71.① 72.① 73.②

74 다음 중 잔향시간(reverberation time)에 관한 설명으로 옳은 것은?

① 소음원에서 발생하는 소음과 배경소음 간의 차이가 40dB인 경우에는 60dB만큼 소음이 감소하지 않기 때문에 잔향시간을 측정할 수 없다.
② 소음원에서 소음발생이 중지한 후 소음의 감소는 시간의 제곱에 반비례하여 감소한다.
③ 잔향시간은 소음이 닿는 면적을 계산하기 어려운 실외에서의 흡음량을 추정하기 위하여 주로 사용한다.
④ 잔향시간과 작업장의 공간부피만 알면 흡음량을 추정할 수 있다.

[풀이] **잔향시간**
㉠ 잔향시간은 실내에서 음원을 끈 순간부터 직선적으로 음압레벨이 60dB(에너지밀도가 10^{-6} 감소) 감쇠되는 데 소요되는 시간(sec)이다.
㉡ 잔향시간을 이용하면 대상 실내의 평균흡음률을 측정할 수 있다.
㉢ 관계식
$$T = \frac{0.161V}{A} = \frac{0.161V}{S\overline{\alpha}}, \quad \overline{\alpha} = \frac{0.161V}{ST}$$
여기서, T : 잔향시간(sec)
V : 실의 체적(부피)(m^3)
A : 총 흡음력($\Sigma \alpha_i S_i$)(m^2, sabin)
S : 실내의 전 표면적(m^2)

75 다음 중 전리방사선에 대한 감수성의 크기를 올바른 순서대로 나열한 것은?

㉮ 상피세포
㉯ 골수, 흉선 및 림프조직(조혈기관)
㉰ 근육세포
㉱ 신경조직

① ㉮ > ㉯ > ㉰ > ㉱
② ㉯ > ㉮ > ㉰ > ㉱
③ ㉮ > ㉱ > ㉯ > ㉰
④ ㉯ > ㉰ > ㉱ > ㉮

[풀이] 전리방사선에 대한 감수성 순서
골수, 흉선 및 림프조직(조혈기관), 눈의 수정체, 임파선(임파구) > 상피세포, 내피세포 > 근육세포 > 신경조직

76 다음 중 마이크로파의 생체작용에 관한 설명으로 틀린 것은?

① 눈에 대한 작용 : 10~100MHz의 마이크로파는 백내장을 일으킨다.
② 혈액의 변화 : 백혈구 증가, 망상적혈구의 출현, 혈소 감소 등을 보인다.
③ 생식기능에 미치는 영향 : 생식기능상의 장애를 유발할 가능성이 기록되고 있다.
④ 열작용 : 일반적으로 150MHz 이하의 마이크로파는 신체에 흡수되어도 감지되지 않는다.

[풀이] 1,000~10,000MHz의 마이크로파가 백내장을 일으키며, 이 현상은 ascorbic산의 감소증상으로 인한 결과이다.

77 다음 중 진동의 생체작용에 관한 설명으로 틀린 것은?

① 전신진동의 영향이나 장애는 자율신경, 특히 순환기에 크게 나타난다.
② 산소소비량은 전신진동으로 증가되고, 폐환기도 촉진된다.
③ 위장장애, 내장하수증, 척추 이상 등은 국소진동의 영향으로 인한 비교적 특징적인 장애이다.
④ 그라인더 등의 손공구를 저온환경에서 사용할 때에 Raynaud 현상이 일어날 수 있다.

[풀이] **전신진동의 인체영향**
㉠ 말초혈관의 수축과 혈압 상승 및 맥박수 증가
㉡ 발한, 피부 전기저항의 유발(저하)
㉢ 산소소비량 증가와 폐환기 촉진(폐환기량 증가) 및 내분비계, 심장, 평형감각에 영향
㉣ 위장장애, 내장하수증, 척추 이상, 내분비계 장애

78 다음 중 저기압이 인체에 미치는 영향으로 틀린 것은?

① 급성고산병 증상은 48시간 내에 최고도에 달하였다가 2~3일이면 소실된다.
② 고공성 폐수종은 어린아이보다 순화적응 속도가 느린 어른에게 많이 일어난다.
③ 고공성 폐수종은 진해성 기침과 호흡곤란이 나타나고, 폐동맥의 혈압이 상승한다.
④ 급성고산병은 극도의 우울증, 두통, 식욕 상실을 보이는 임상증세군이며 가장 특징적인 것은 흥분성이다.

[풀이] **고공성 폐수종**
㉠ 어른보다 순화적응속도가 느린 어린이에게 많이 일어난다.
㉡ 고공 순화된 사람이 해면에 돌아올 때 자주 발생한다.
㉢ 산소공급과 해면 귀환으로 급속히 소실되며, 이 증세는 반복해서 발병하는 경향이 있다.
㉣ 진해성 기침, 호흡곤란, 폐동맥의 혈압 상승현상이 나타난다.

79 다음 중 음(sound)의 용어를 설명한 것으로 틀린 것은?

① 파면 : 다수의 음원이 동시에 작용할 때 접촉하는 에너지가 동일한 점들을 연결한 선이다.
② 파동 : 음에너지의 전달은 매질의 운동에너지와 위치에너지의 교번작용으로 이루어진다.
③ 음선 : 음의 진행방향을 나타내는 선으로 파면에 수직한다.
④ 음파 : 공기 등의 매질을 통하여 전파하는 소일파이며, 순음의 경우 정현파적으로 변화한다.

[풀이] 파면은 파동의 위상이 같은 점들을 연결한 면을 의미한다.

80 다음 방사선의 단위 중 1Gy에 해당되는 것은?

① 10^2 erg/g
② 0.1Ci
③ 1,000rem
④ 100rad

[풀이] **Gy(Gray)**
㉠ 흡수선량의 단위이다.
　※ 흡수선량 : 방사선에 피폭되는 물질의 단위질량당 흡수된 방사선의 에너지
㉡ 1Gy=100rad=1J/kg

제5과목 | 산업 독성학

81 다음 중 피부의 색소를 감소시키는 물질은?

① 페놀　　② 구리
③ 크롬　　④ 니켈

[풀이] **페놀**
㉠ 백색 또는 담황색의 고체로 물, 에탄올, 클로로포름 등에 녹는다.
㉡ 피부와의 접촉으로 피부의 색소변성을 일으켜 피부의 색소를 감소시킨다.

82 다음 중 흡입된 분진이 폐조직에 축적되어 병적인 변화를 일으키는 질환을 총괄적으로 말해주는 용어는?

① 중독증　　② 진폐증
③ 천식　　　④ 질식

[풀이] **진폐증**
㉠ 호흡성 분진(0.5~5μm) 흡입에 의해 폐에 조직반응을 일으킨 상태, 즉 폐포가 섬유화되어(굳게 되어) 수축과 팽창을 할 수 없고, 결국 산소교환이 정상적으로 이루어지지 않는 현상을 말한다.
㉡ 흡입된 분진이 폐조직에 축적되어 병적인 변화를 일으키는 질환을 총괄적으로 의미한다.
㉢ 호흡기를 통하여 폐에 침입하는 분진은 크게 무기성 분진과 유기성 분진으로 구분된다.
㉣ 진폐증의 대표적인 병리소견인 섬유증(fibrosis)은 폐포, 폐포관, 모세기관지 등을 이루고 있는 세포들 사이에 콜라겐 섬유가 증식하는 병리적 현상이다.
㉤ 콜라겐 섬유가 증식하면 폐의 탄력성이 떨어져 호흡곤란, 지속적인 기침, 폐기능 저하를 가져온다.
㉥ 일반적으로 진폐증의 유병률과 노출기간은 비례하는 것으로 알려져 있다.

정답 78.② 79.① 80.④ 81.① 82.②

83 다음 중 카드뮴중독의 발생 가능성이 가장 큰 산업(혹은 작업)으로만 나열된 것은?

① 페인트 및 안료의 제조, 도자기 제조, 인쇄업
② 니켈, 알루미늄과의 합금, 살균제, 페인트
③ 금, 은의 정련, 청동 및 주석 등의 도금, 인견 제조
④ 가죽 제조, 내화벽돌 제조, 시멘트 제조업, 화학비료공업

풀이 카드뮴의 발생원
㉠ 납광물이나 아연 제련 시 부산물
㉡ 주로 전기도금, 알루미늄과의 합금에 이용
㉢ 축전기 전극
㉣ 도자기, 페인트의 안료
㉤ 니켈카드뮴 배터리 및 살균제

84 납에 노출된 근로자가 납중독이 되었는지를 확인하기 위하여 소변을 시료로 채취하였을 경우, 다음 중 측정할 수 있는 항목이 아닌 것은?

① 델타-ALA   ② 납 정량
③ coproporphyrin   ④ protoporphyrin

풀이 납중독 확인(진단) 검사(임상검사)
㉠ 뇨 중 코프로포르피린(coproporphyrin) 배설량 측정
㉡ 델타 아미노레블린산 측정(δ-ALA)
㉢ 혈중 징크프로토포르피린(ZPP) 측정(Zinc protoporphyrin)
㉣ 혈중 납량 측정
㉤ 뇨 중 납량 측정
㉥ 빈혈검사
㉦ 혈액검사
㉨ 혈중 α-ALA 탈수효소 활성치 측정

85 다음 중 크롬에 의한 급성중독의 특징과 가장 관계가 깊은 것은?

① 혈액장애   ② 신장장애
③ 피부습진   ④ 중추신경장애

풀이 크롬의 급성중독
㉠ 신장장애
㉡ 위장장애
㉢ 급성폐렴

86 다음 중 ACGIH에서 규정한 유해물질 허용기준에 관한 사항과 관계가 없는 것은?

① TLV-C : 최고치 허용농도
② TLV-TWA : 시간가중 평균농도
③ TLV-TLM : 시간가중 한계농도
④ TLV-STEL : 단시간 노출의 허용농도

풀이 ACGIH의 허용기준(노출기준)
(1) 시간가중 평균노출기준(TLV-TWA)
㉠ 하루 8시간, 주 40시간 동안에 노출되는 평균농도이다.
㉡ 작업장의 노출기준을 평가할 때 시간가중 평균농도를 기본으로 한다.
㉢ 이 농도에서는 오래 작업하여도 건강장애를 일으키지 않는 관리지표로 사용한다.
㉣ 안전과 위험의 한계로 해석해서는 안 된다.
㉤ 노출상한선과 노출시간 권고사항
 • TLV-TWA의 3배 : 30분 이하의 노출 권고
 • TLV-TWA의 5배 : 잠시라도 노출 금지
㉥ 오랜 시간 동안의 만성적인 노출을 평가하기 위한 기준으로 사용한다.
(2) 단시간 노출기준(TLV-STEL)
㉠ 근로자가 자극, 만성 또는 불가역적 조직장애, 사고유발, 응급 시 대처능력의 저하 및 작업능률 저하 등을 초래할 정도의 마취를 일으키지 않고 단시간(15분) 노출될 수 있는 기준을 말한다.
㉡ 시간가중 평균농도에 대한 보완적인 기준이다.
㉢ 만성중독이나 고농도에서 급성중독을 초래하는 유해물질에 적용한다.
㉣ 독성작용이 빨라 근로자에게 치명적인 영향을 예방하기 위한 기준이다.
(3) 천장값 노출기준(TLV-C)
㉠ 어떤 시점에서도 넘어서는 안 된다는 상한치를 의미한다.
㉡ 항상 표시된 농도 이하를 유지하여야 한다.
㉢ 노출기준에 초과되어 노출 시 즉각적으로 비가역적인 반응을 나타낸다.
㉣ 자극성 가스나 독작용이 빠른 물질 및 TLV-STEL이 설정되지 않는 물질에 적용한다.
㉤ 측정은 실제로 순간농도 측정이 불가능하며, 따라서 약 15분간 측정한다.

정답 83.② 84.④ 85.② 86.③

87 다음 [보기]는 노출에 대한 생물학적 모니터링에 관한 설명이다. 틀린 것으로만 조합된 것은?

[보기]
㉮ 생물학적 검체인 호기, 소변, 혈액 등에서 결정인자를 측정하여 노출정도를 추정하는 방법이다.
㉯ 결정인자는 공기 중에서 흡수된 화학물질이나 그것의 대사산물 또는 화학물질에 의해 생긴 비가역적인 생화학적 변화이다.
㉰ 공기 중의 농도를 측정하는 것이 개인의 건강위험을 보다 직접적으로 평가할 수 있다.
㉱ 목적은 화학물질에 대한 현재나 과거의 노출이 안전한 것인지를 확인하는 것이다.
㉲ 공기 중 노출기준이 설정된 화학물질의 수 만큼 생물학적 노출기준(BEI)이 있다.

① ㉮, ㉯, ㉰   ② ㉮, ㉰, ㉱
③ ㉯, ㉰, ㉲   ④ ㉯, ㉱, ㉲

풀이
㉯ 결정인자는 공기 중에서 흡수된 화학물질에 의하여 생긴 가역적인 생화학적 변화이다.
㉰ 생물학적 모니터링은 공기 중의 농도를 측정하는 것보다 건강상의 위험을 보다 직접적으로 평가할 수 있다.
㉲ 건강상의 영향과 생물학적 변수와 상관성이 있는 물질이 많지 않아 작업환경 측정에서 설정한 TLV보다 훨씬 적은 기준을 가지고 있다.

88 다음 중 화학물질의 건강영향 또는 그 정도를 좌우하는 인자와 가장 거리가 먼 것은?

① 숙련도   ② 작업강도
③ 노출시간 ④ 개인의 감수성

풀이 화학물질의 건강영향 또는 그 정도를 좌우하는 인자
㉠ 공기 중 폭로농도
㉡ 폭로시간(노출시간)
㉢ 작업강도
㉣ 기상조건
㉤ 개인의 감수성

89 고농도에 노출 시 간장이나 신장 장애를 유발하며, 초기 증상으로 지속적인 두통, 구역 및 구토, 간부위의 압통 등의 증상을 일으키는 할로겐화 탄화수소는?

① 사염화탄소   ② 벤젠
③ 에틸아민   ④ 에틸알코올

풀이 사염화탄소(CCl_4)
㉠ 특이한 냄새가 나는 무색의 액체로 소화제, 탈지세정제, 용제로 이용한다.
㉡ 신장장애 증상으로 감뇨, 혈뇨 등이 발생하며 완전 무뇨증이 되면 사망할 수 있다.
㉢ 피부, 간장, 신장, 소화기, 신경계에 장애를 일으키는데 특히 간에 대한 독성작용이 강하게 나타난다. 즉, 간에 중요한 장애인 중심소엽성 괴사를 일으킨다.
㉣ 고온에서 금속과의 접촉으로 포스겐, 염화수소를 발생시키므로 주의를 요한다.
㉤ 고농도로 폭로되면 중추신경계 장애 외에 간장이나 신장에 장애가 일어나 황달, 단백뇨, 혈뇨의 증상을 보이는 할로겐화 탄화수소이다.
㉥ 초기 증상으로 지속적인 두통, 구역 및 구토, 간부위의 압통 등의 증상을 일으킨다.
㉦ 피부로부터 흡수되어 전신중독을 일으킨다.
㉧ 인간에 대한 발암성이 의심되는 물질군(A2)에 포함된다.
㉨ 산업안전보건기준에 관한 규칙상 관리대상 유해물질의 유기화합물이다.

90 다음 중 단백질을 침전시키며 thiol(-SH)기를 가진 효소의 작용을 억제하여 독성을 나타내는 것은?

① 구리   ② 아연
③ 코발트 ④ 수은

풀이 수은의 인체 내 축적
㉠ 금속수은은 전리된 수소이온이 단백질을 침전시키고 -SH기 친화력을 가지고 있어 세포 내 효소반응을 억제함으로써 독성작용을 일으킨다.
㉡ 신장 및 간에 고농도 축적현상이 일반적이다.
• 금속수은은 뇌, 혈액, 심근 등에 분포
• 무기수은은 신장, 간장, 비장, 갑상선 등에 주로 분포
• 알킬수은은 간장, 신장, 뇌 등에 분포

ⓒ 뇌에서 가장 강한 친화력을 가진 수은화합물은 메틸수은이다.
　ⓔ 혈액 내 수은 존재 시 약 90%는 적혈구 내에서 발견된다.

91 다음 중 중추신경 억제작용이 가장 큰 것은?
① 알칸　　② 알코올
③ 에테르　　④ 에스테르

[풀이] 유기화합물질의 중추신경계 억제작용 순서
할로겐화합물 > 에테르 > 에스테르 > 유기산 > 알코올 > 알켄 > 알칸

92 다음 중 유해물질이 인체로 침투하는 경로로써 가장 거리가 먼 것은?
① 호흡기계　　② 신경계
③ 소화기계　　④ 피부

[풀이] 유해물질 인체침입경로
ⓐ 호흡기계
ⓑ 피부
ⓒ 소화기계

93 다음 중 독성실험 단계에 있어 제1단계(동물에 대한 급성노출시험)에 관한 내용과 가장 거리가 먼 것은?
① 생식독성과 최기형성 독성 실험을 한다.
② 눈과 피부에 대한 자극성 실험을 한다.
③ 변이원성에 대하여 1차적인 스크리닝 실험을 한다.
④ 치사성과 기관장애에 대한 양-반응 곡선을 작성한다.

[풀이] 독성실험 단계
(1) 제1단계(동물에 대한 급성폭로 시험)
　ⓐ 치사성과 기관장애(중독성 장애)에 대한 반응곡선을 작성한다.
　ⓑ 눈과 피부에 대한 자극성을 시험한다.
　ⓒ 변이원성에 대하여 1차적인 스크리닝 실험을 한다.
(2) 제2단계(동물에 대한 만성폭로 시험)
　ⓐ 상승작용과 가승작용 및 상쇄작용에 대하여 시험한다.

　ⓑ 생식영향(생식독성)과 산아장애(최기형성)를 시험한다.
　ⓒ 거동(행동) 특성을 시험한다.
　ⓓ 장기독성을 시험한다.
　ⓔ 변이원성에 대하여 2차적인 스크리닝 실험을 한다.

94 유기용제 중독을 스크린하는 다음 검사법의 민감도(sensitivity)는 얼마인가?

구 분		실제값(질병)		합 계
		양 성	음 성	
검사법	양 성	15	25	40
	음 성	5	15	20
합 계		20	40	60

① 25.0%　　② 37.5%
③ 62.5%　　④ 75.0%

[풀이] 민감도란 노출을 측정 시 실제로 노출된 사람이 이 측정방법에 의하여 노출된 것으로 나타날 확률이다.

$$민감도(\%) = \frac{검사법\ 양성과\ 실제값\ 양성}{(검사법\ 양성과\ 실제값\ 양성) + (검사법\ 음성과\ 실제값\ 양성)}$$

$$= \frac{15}{15+5} = 0.75 \times 100 = 75\%$$

95 다음 중 단순 질식제로 볼 수 없는 것은?
① 메탄　　② 질소
③ 헬륨　　④ 오존

[풀이] 단순 질식제의 종류
ⓐ 이산화탄소
ⓑ 메탄
ⓒ 질소
ⓓ 수소
ⓔ 에탄, 프로판, 에틸렌, 아세틸렌, 헬륨

96 다음 중 코와 인후를 자극하며, 중등도 이하의 농도에서 두통, 흉통, 오심, 구토, 무후각증을 일으키는 유해물질은?
① 브롬　　② 포스겐
③ 불소　　④ 암모니아

[정답] 91.③　92.②　93.①　94.④　95.④　96.④

[풀이] **암모니아(NH₃)**
㉠ 알칼리성으로 자극적인 냄새가 강한 무색의 기체이다.
㉡ 주요 사용공정은 비료, 냉동제 등이다.
㉢ 물에 용해가 잘 된다. ⇨ 수용성
㉣ 폭발성이 있다. ⇨ 폭발범위 16~25%
㉤ 피부, 점막(코와 인후부)에 대한 자극성과 부식성이 강하여 고농도의 암모니아가 눈에 들어가면 시력장애를 일으킨다.
㉥ 중등도 이하의 농도에서 두통, 흉통, 오심, 구토 등을 일으킨다.
㉦ 고농도의 가스 흡입 시 폐수종을 일으키고 중추작용에 의해 호흡 정지를 초래한다.
㉧ 암모니아 중독 시 비타민C가 해독에 효과적이다.

97 다음 중 페니실린을 비롯한 약품을 정제하기 위한 추출제 혹은 냉동제 및 합성수지에 이용되는 물질로 가장 적절한 것은?

① 클로로포름
② 브롬화메틸
③ 벤젠
④ 헥사클로로나프탈렌

[풀이] **클로로포름(CHCl₃)**
㉠ 에테르와 비슷한 향이 나며 마취제로 사용하고 증기는 공기보다 약 4배 무겁다.
㉡ 페니실린을 비롯한 약품을 정제하기 위한 추출제 혹은 냉동제 및 합성수지에 이용된다.
㉢ 가연성이 매우 작지만 불꽃, 열 또는 산소에 노출되면 분해되어 독성물질이 된다.

98 다음 중 납중독에 관한 설명으로 옳은 것은?

① 유기납의 경우 주로 호흡기와 소화기를 통하여 흡수된다.
② 무기납중독은 약품에 의한 킬레이트화합물에 반응하지 않는다.
③ 납중독 치료에 사용되는 납배설촉진제는 신장이 나쁜 사람에게는 금기로 되어있다.
④ 혈중 납 양은 체내에 축적된 납의 총량을 반영하여 최근에 흡수된 납의 양을 나타낸다.

[풀이] ① 유기납의 경우 피부를 통하여 흡수된다.
② 유기납화합물은 약품과 킬레이트화합물에 반응하지 않는다.
④ 혈중 납은 최근에 노출된 납을 나타낼 뿐이다.

99 다음은 납이 발생되는 환경에서 납 노출에 대한 평가활동이다. 가장 올바른 순서로 나열된 것은?

㉮ 납에 대한 독성과 노출기준 등을 MSDS를 통해 찾아본다.
㉯ 납에 대한 노출을 측정하고 분석한다.
㉰ 납에 대한 노출은 부적합하므로 개선시설을 해야 한다.
㉱ 납에 대한 노출정도를 노출기준과 비교한다.
㉲ 납이 어떻게 발생되는지 조사한다.

① ㉮ → ㉯ → ㉰ → ㉱ → ㉲
② ㉰ → ㉯ → ㉮ → ㉱ → ㉲
③ ㉲ → ㉮ → ㉯ → ㉱ → ㉰
④ ㉲ → ㉯ → ㉮ → ㉱ → ㉰

[풀이] **납 노출에 대한 평가활동 순서**
㉠ 납이 어떻게 발생되는지 조사한다.
㉡ 납에 대한 독성, 노출기준 등을 MSDS를 통하여 찾아본다.
㉢ 납에 대한 노출을 측정하고 분석한다.
㉣ 납에 대한 노출정도를 노출기준과 비교한다.
㉤ 납에 대한 노출은 부적합하므로 개선시설을 해야 한다.

100 다음 중 입자의 호흡기계 축적기전이 아닌 것은?

① 충돌   ② 변성
③ 차단   ④ 확산

[풀이] **입자의 호흡기계 축적기전**
㉠ 충돌
㉡ 침강
㉢ 차단
㉣ 확산
㉤ 정전기

제1과목 | 산업위생학 개론

01 다음 중 중량물 취급 시 주의사항으로 틀린 것은?
① 몸을 회전하면서 작업한다.
② 허리를 곧게 펴서 작업한다.
③ 다릿심을 이용하여 서서히 일어선다.
④ 운반체 가까이 접근하여 운반물을 손 전체로 꽉 쥔다.

[풀이] 중량물 취급 시에는 몸의 중심을 가능한 중량물에 가깝게 하며, 회전하면서 작업하는 것을 피한다.

02 다음 중 산업위생통계에 있어 대푯값에 해당하지 않는 것은?
① 중앙값
② 표준편차값
③ 최빈값
④ 산술평균값

[풀이] 산업위생통계에 있어 대푯값에 해당하는 것은 중앙값, 산술평균값, 가중평균값, 최빈값 등이 있다.

03 다음 중 직업병을 판단할 때 참고하는 자료로 적합하지 않은 것은?
① 업무내용과 종사기간
② 발병 이전의 신체이상과 과거력
③ 기업의 산업재해통계와 산재보험료
④ 작업환경 측정자료와 취급했을 물질의 유해성 자료

[풀이] 직업성 질환을 인정할 때 고려사항(직업병 판단 시 참고자료)
㉠ 작업내용과 그 작업에 종사한 기간 또는 유해작업의 정도
㉡ 작업환경, 취급원료, 중간체, 부산물 및 제품 자체 등의 유해성 유무 또는 공기 중 유해물질의 농도
㉢ 유해물질에 의한 중독증
㉣ 직업병에서 특유하게 볼 수 있는 증상
㉤ 의학상 특징적으로 발생이 예상되는 임상검사 소견의 유무
㉥ 유해물질에 폭로된 때부터 발병까지의 시간적 간격 및 증상의 경로
㉦ 발병 전의 신체적 이상
㉧ 과거 질병의 유무
㉨ 비슷한 증상을 나타내면서 업무에 기인하지 않은 다른 질환과의 상관성
㉩ 같은 작업장에서 비슷한 증상을 나타내면서도 업무에 기인하지 않은 다른 질환과의 상관성
㉪ 같은 작업장에서 비슷한 증상을 나타내는 환자의 발생 여부

04 다음 중 산업 스트레스의 관리에 있어서 집단차원에서의 스트레스 관리에 대한 내용과 가장 거리가 먼 것은?
① 직무 재설계
② 사회적 지원의 제공
③ 운동과 직무 외의 관심
④ 개인의 적응수준 제고

[풀이] 집단(조직)차원의 관리기법
㉠ 개인별 특성 요인을 고려한 작업근로환경
㉡ 작업계획 수립 시 적극적 참여 유도
㉢ 사회적 지위 및 일 재량권 부여
㉣ 근로자 수준별 작업 스케줄 운영
㉤ 적절한 작업과 휴식시간

정답 01.① 02.② 03.③ 04.③

05 다음 중 매년 '화학물질과 물리적 인자에 대한 노출기준 및 생물학적 노출지수'를 발간하여 노출기준 제정에 있어서 국제적으로 선구적인 역할을 담당하고 있는 기관은?

① 미국산업위생학회(AIHA)
② 미국직업안전위생관리국(OSHA)
③ 미국국립산업안전보건연구원(NIOSH)
④ 미국정부산업위생전문가협의회(ACGIH)

풀이 미국정부산업위생전문가협의회(ACGIH)
매년 '화학물질과 물리적 인자에 대한 노출기준 및 생물학적 노출지수'를 발간하여 노출기준 제정에 있어서 국제적으로 선구적인 역할을 담당하고 있다.
(1) 허용기준(TLVs ; Threshold Limit Values)
  세계적으로 가장 널리 이용(권고사항)
(2) 생물학적 노출지수(BEIs ; Biological Exposure Indices)
  ㉠ 근로자가 특정한 유해물질에 노출되었을 때 체액이나 조직 또는 호기 중에 나타나는 반응을 평가함으로써 근로자의 노출정도를 권고하는 기준
  ㉡ 근로자가 유해물질에 어느 정도 노출되었는지를 파악하는 지표로서, 작업자의 생체시료에서 대사산물 등을 측정하여 유해물질의 노출량을 추정하는 데 사용

06 다음 중 화학적 원인에 의한 직업성 질환으로 볼 수 없는 것은?

① 정맥류   ② 치아산식증
③ 수전증   ④ 시신경장애

풀이 정맥류는 물리적 원인에 의한 직업성 질환이다.

07 다음 중 실내공기오염(indoor air pollution)과 관련한 질환에 대한 설명으로 틀린 것은?

① 실내공기 문제에 대한 증상은 명확히 정의된 질병들보다 불특정한 증상이 더 많다.
② BRI(Building Related Illness)는 건물 공기에 대한 노출로 인해 야기된 질병을 지칭하는 것으로 증상의 진단이 불가능하며 공기 중에 있는 물질에 간접적인 원인이 있는 질병이다.
③ 레지오넬라균은 주요 호흡기 질병의 원인균 중 하나로 1년까지도 물속에서 생존하는 균으로 알려져 있다.
④ SBS(Sick Building Syndrome)는 점유자들이 건물에서 보내는 시간과 관계하여 특별한 증상 없이 건강과 편안함에 영향을 받는 것을 말한다.

풀이 BRI는 건물 공기에 대한 노출로 인해 야기된 질병을 의미한다. 병인균에 의해 발병되는 레지오넬라병, 결핵, 폐렴 등이 있고, 증상의 진단이 가능하며 공기 중에 부유하는 물질이 직접적인 원인이 되는 질병을 의미한다.

08 인쇄공장 바닥 한가운데에 인쇄기 한 대가 있다. 인쇄기로부터 10m와 20m 떨어진 지점에서 1,000Hz의 음압수준을 측정한 결과 각각 88dB과 86dB이었다. 이 작업장의 총 흡음량은 약 얼마인가?

① 861sabins   ② 1,322sabins
③ 2,435sabins ④ 3,422sabins

풀이
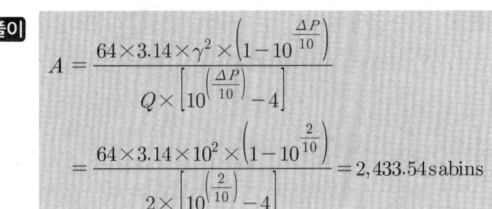
$$A = \frac{64 \times 3.14 \times \gamma^2 \times \left(1 - 10^{\frac{\Delta P}{10}}\right)}{Q \times \left[10^{\left(\frac{\Delta P}{10}\right)} - 4\right]}$$

$$= \frac{64 \times 3.14 \times 10^2 \times \left(1 - 10^{\frac{2}{10}}\right)}{2 \times \left[10^{\left(\frac{2}{10}\right)} - 4\right]} = 2,433.54 \text{sabins}$$

09 다음 중 하인리히의 사고예방대책 기본원리 5단계를 올바르게 나타낸 것은?

① 조직 → 사실의 발견 → 분석·평가 → 시정책의 선정 → 시정책의 적용
② 조직 → 분석·평가 → 사실의 발견 → 시정책의 선정 → 시정책의 적용
③ 사실의 발견 → 조직 → 분석·평가 → 시정책의 선정 → 시정책의 적용
④ 사실의 발견 → 조직 → 시정책의 선정 → 시정책의 적용 → 분석·평가

정답 05.④ 06.① 07.② 08.③ 09.①

[풀이] **하인리히의 사고예방(방지)대책 기본원리 5단계**
㉠ 제1단계 : 안전관리조직 구성(조직)
㉡ 제2단계 : 사실의 발견
㉢ 제3단계 : 분석 · 평가
㉣ 제4단계 : 시정방법의 선정(대책의 선정)
㉤ 제5단계 : 시정책의 적용(대책 실시)

10 전신피로에 관한 설명으로 틀린 것은?
① 훈련받은 자와 그렇지 않은 자의 근육 내 글리코겐 농도는 차이를 보인다.
② 작업강도가 증가하면 근육 내 글리코겐 양이 비례적으로 증가되어 근육피로가 발생된다.
③ 작업강도가 높을수록 혈중 포도당 농도는 급속히 저하하며, 이에 따라 피로감이 빨리 온다.
④ 작업대사량이 증가하면 산소소비량도 비례하여 계속 증가하나, 작업대사량이 일정한계를 넘으면 산소소비량은 증가하지 않는다.

[풀이] 작업강도가 증가하면 근육 내 글리코겐 양이 비례적으로 감소되어 근육피로가 발생한다.

11 다음 중 산업안전보건법에 의한 건강관리 구분 판정 결과 '직업성 질병의 소견을 보여 사후관리가 필요한 근로자'를 나타내는 것은?
① C_1 ② C_2
③ D_1 ④ R

[풀이] **건강관리의 구분**

건강관리 구분		건강관리 구분 내용
A		건강관리상 사후관리가 필요 없는 자(건강한 근로자)
C	C_1	직업성 질병으로 진전될 우려가 있어 추적검사 등 관찰이 필요한 자(직업병 요관찰자)
	C_2	일반질병으로 진전될 우려가 있어 추적관찰이 필요한 자(일반질병 요관찰자)
D	D_1	직업성 질병의 소견을 보여 사후관리가 필요한 자(직업병 유소견자)
	D_2	일반질병의 소견을 보여 사후관리가 필요한 자(일반질병 유소견자)
R		건강진단 1차 검사결과 건강수준의 평가가 곤란하거나 질병이 의심되는 근로자(제2차 건강진단 대상자)

※ "U"는 2차 건강진단 대상임을 통보하고 30일을 경과하여 해당 검사가 이루어지지 않아 건강관리 구분을 판정할 수 없는 근로자

12 다음 중 사업장의 보건관리에 대한 내용으로 틀린 것은?
① 고용노동부장관은 근로자의 건강을 보호하기 위하여 필요하다고 인정할 때에는 사업주에게 특정 근로자에 대한 임시건강진단의 실시나 그 밖에 필요한 조치를 명할 수 있다.
② 사업주는 산업안전보건위원회 또는 근로자대표가 요구할 때에는 본인의 동의 없이도 건강진단을 한 건강진단기관으로 하여금 건강진단 결과에 대한 설명을 하도록 할 수 있다.
③ 고용노동부장관은 직업성 질환의 진단 및 예방, 발생원인의 규명을 위하여 필요하다고 인정할 때에는 근로자의 질병과 작업장 유해요인의 상관관계에 관한 직업성 질환 역학조사를 할 수 있다.
④ 사업주는 유해하거나 위험한 작업으로서 대통령령으로 정하는 작업에 종사하는 근로자에게는 1일 6시간, 1주 34시간을 초과하여 근로하게 하여서는 아니 된다.

[풀이] 사업주는 산업안전보건위원회 또는 근로자대표가 요구할 때에는 직접 또는 건강진단을 한 건강진단기관으로 하여금 건강진단 결과에 대한 설명을 하도록 하여야 한다. 다만, 본인의 동의 없이는 개별 근로자의 건강진단 결과를 공개해서는 안 된다.

13 다음 중 사무실 공기관리지침에 관한 설명으로 틀린 것은?

① 사무실 공기의 관리기준은 8시간 시간가중평균농도를 기준으로 한다.
② PM 10이란 입경이 $10\mu m$ 이하인 먼지를 의미한다.
③ 총 부유세균의 단위는 CFU/m^3로, $1m^3$ 중에 존재하고 있는 집락형성세균 개체수를 의미한다.
④ 사무실 공기질의 모든 항목에 대한 측정결과는 측정치 전체에 대한 평균값을 이용하여 평가한다.

[풀이] 사무실 공기질의 측정결과는 측정치 전체에 대한 평균값을 오염물질별 관리기준과 비교하여 평가한다. 단, 이산화탄소는 각 지점에서 측정한 측정치 중 최고값을 기준으로 비교·평가한다.

14 산업피로의 검사방법 중에서 CMI(Cornell Medical Index) 조사에 해당하는 것은?

① 생리적 기능검사 ② 생화학적 검사
③ 동작분석   ④ 피로자각증상

[풀이] CMI는 피로의 주관적 측정을 위해 사용하는 측정방법이다.

15 다음 중 근육작업 근로자에게 비타민 B_1을 공급하는 이유로 가장 적절한 것은?

① 영양소를 환원시키는 작용이 있다.
② 비타민 B_1이 산화될 때 많은 열량을 발생한다.
③ 글리코겐 합성을 돕는 효소의 활동을 증가시킨다.
④ 호기적 산화를 도와 근육의 열량공급을 원활하게 해 준다.

[풀이] 비타민 B_1은 작업강도가 높은 근로자의 근육에 호기적 산화를 촉진시켜 근육의 열량공급을 원활히 해 주는 영양소이며, 근육운동(노동) 시 보급해야 한다.

16 작업이 요구하는 힘이 5kg이고, 근로자가 가지고 있는 최대 힘이 20kg이라면 작업강도는 몇 %MS가 되는가?

① 4%   ② 10%
③ 25%   ④ 40%

[풀이] $\%MS = \dfrac{RF}{MS} \times 100 = \dfrac{5}{20} \times 100 = 25\%MS$

17 미국산업위생학술원(AAIH)이 채택한 윤리강령 중 기업주와 고객에 대한 책임에 해당하는 내용은?

① 일반대중에 관한 사항은 정직하게 발표한다.
② 위험요소와 예방조치에 관하여 근로자와 상담한다.
③ 성실성과 학문적 실력 면에서 최고수준을 유지한다.
④ 궁극적 책임은 기업주와 고객보다 근로자의 건강보호에 있다.

[풀이] 기업주와 고객에 대한 책임
㉠ 결과 및 결론을 뒷받침할 수 있도록 정확한 기록을 유지하고, 산업위생 사업을 전문가답게 전문 부서들을 운영·관리한다.
㉡ 기업주와 고객보다는 근로자의 건강보호에 궁극적 책임을 두어 행동한다.
㉢ 쾌적한 작업환경을 조성하기 위하여 산업위생의 이론을 적용하고 책임감 있게 행동한다.
㉣ 신뢰를 바탕으로 정직하게 권하고 성실한 자세로 충고하며, 결과와 개선점 및 권고사항을 정확히 보고한다.

18 상시근로자수가 100명인 A사업장의 연간 재해발생건수가 15건이다. 이때 사상자가 20명 발생하였다면 이 사업장의 도수율은 약 얼마인가? (단, 근로자는 1인당 연간 2,200시간을 근무하였다.)

① 68.18   ② 90.91
③ 150   ④ 200

정답 13.④ 14.④ 15.④ 16.③ 17.④ 18.①

[풀이] 도수율 = $\dfrac{\text{재해발생건수}}{\text{연근로시간수}} \times 10^6$
= $\dfrac{15}{2,200 \times 100} \times 10^6 = 68.18$

19 산업안전보건법에 따른 노출기준 사용상의 유의사항에 관한 설명으로 틀린 것은?
① 노출기준은 대기오염의 평가 또는 관리상의 지표로 사용할 수 있다.
② 각 유해인자의 노출기준은 해당 유해인자가 단독으로 존재하는 경우의 노출기준을 말한다.
③ 노출기준은 1일 8시간 작업을 기준으로 하여 제정된 것이므로 이를 이용할 경우에는 근로시간, 작업의 강도, 온열조건, 이상기압 등이 노출기준 적용에 영향을 미칠 수 있으므로 이와 같은 제반 요인을 특별히 고려하여야 한다.
④ 유해인자에 대한 감수성은 개인에 따라 차이가 있고, 노출기준 이하의 작업환경에서도 직업성 질병에 이환되는 경우가 있으므로 노출기준은 직업병 진단에 사용하거나 노출기준 이하의 작업환경이라는 이유만으로 직업성 질병의 이환을 부정하는 근거 또는 반증자료로 사용하여서는 아니 된다.

[풀이] 노출기준은 대기오염의 평가 또는 관리상의 지표로 사용하여서는 아니 된다.

20 다음 중 산업위생의 기본적인 과제를 가장 올바르게 표현한 것은?
① 작업환경에 의한 정신적 영향과 적합한 환경의 연구
② 작업능력의 신장 및 저하에 따른 작업조건의 연구
③ 작업장에서 배출된 유해물질이 대기오염에 미치는 영향에 대한 연구
④ 노동력 재생산과 사회·심리적 조건에 관한 연구

[풀이] 산업위생의 영역 중 기본 과제
㉠ 작업능력의 향상과 저하에 따른 작업조건 및 정신적 조건의 연구
㉡ 최적 작업환경 조성에 관한 연구 및 유해작업환경에 의한 신체적 영향 연구
㉢ 노동력의 재생산과 사회·경제적 조건에 관한 연구

제2과목 | 작업위생 측정 및 평가

21 두 개의 버블러를 연속적으로 연결하여 시료를 채취할 때 첫 번째 버블러의 채취효율이 75%이고, 두 번째 버블러의 채취효율이 90%이면 전체 채취효율은?
① 91.5%   ② 93.5%
③ 95.5%   ④ 97.5%

[풀이] $\eta_T = \eta_1 + \eta_2(1-\eta_1)$
$= 0.75 + [0.9(1-0.75)]$
$= 0.975 \times 100 = 97.5\%$

22 입자상 물질 채취를 위하여 사용되는 직경분립충돌기의 장점 또는 단점으로 틀린 것은?
① 호흡기의 부분별로 침착된 입자 크기의 자료를 추정할 수 있다.
② 되튐으로 인한 시료의 손실이 일어날 수 있다.
③ 채취준비시간이 적게 소모된다.
④ 입자의 질량 크기 분포를 얻을 수 있다.

[풀이] 직경분립충돌기(cascade impactor)의 장단점
(1) 장점
㉠ 입자의 질량 크기 분포를 얻을 수 있다(공기흐름속도를 조절하여 채취입자를 크기별로 구분 가능).
㉡ 호흡기의 부분별로 침착된 입자 크기의 자료를 추정할 수 있다.
㉢ 흡입성, 흉곽성, 호흡성 입자의 크기별 분포와 농도를 계산할 수 있다.

정답 19.① 20.② 21.④ 22.③

(2) 단점
㉠ 시료채취가 까다롭다. 즉 경험이 있는 전문가가 철저한 준비를 통해 이용해야 정확한 측정이 가능하다(작은 입자는 공기흐름속도를 크게 하여 충돌판에 포집할 수 없다).
㉡ 비용이 많이 든다.
㉢ 채취준비시간이 과다하다.
㉣ 되튐으로 인한 시료의 손실이 일어나 과소분석결과를 초래할 수 있어 유량을 2L/min 이하로 채취한다.
㉤ 공기가 옆에서 유입되지 않도록 각 충돌기의 조립과 장착을 철저히 해야 한다.

23 입자상 물질 시료채취용 여과지에 대한 설명으로 틀린 것은?
① 유리섬유 여과지는 흡습성이 적고 열에 강함
② PVC막 여과지는 흡습성이 적고 가벼움
③ MCE막 여과지는 산에 잘 녹아 중량분석에 적합함
④ 은막 여과지는 코크스 제조공정에서 발생되는 코크스 오븐 배출물질 채취에 사용됨

풀이 MCE막 여과지는 산에 쉽게 용해 또는 가수분해되고, 습식·회화되기 때문에 공기에서 입자상 물질 중의 금속을 채취하여 원자흡광법으로 분석하는 데 적당하다.

24 알고 있는 공기 중 농도를 만드는 방법인 dynamic method의 장·단점으로 틀린 것은 어느 것인가?
① 만들기가 복잡하고, 가격이 고가이다.
② 일정한 부피만 만들 수 있어 장시간 사용이 어렵다.
③ 소량의 누출이나 벽면에 의한 손실은 무시할 수 있다.
④ 다양한 농도범위에서 제조 가능하다.

풀이 dynamic method
㉠ 희석공기와 오염물질을 연속적으로 흘려주어 일정한 농도를 유지하면서 만드는 방법이다.
㉡ 알고 있는 공기 중 농도를 만드는 방법이다.

㉢ 농도변화를 줄 수 있고 온도·습도 조절이 가능하다.
㉣ 제조가 어렵고 비용도 많이 든다.
㉤ 다양한 농도범위에서 제조가 가능하다.
㉥ 가스, 증기, 에어로졸 실험도 가능하다.
㉦ 소량의 누출이나 벽면에 의한 손실은 무시할 수 있다.
㉧ 지속적인 모니터링이 필요하다.
㉨ 매우 일정한 농도를 유지하기가 곤란하다.

25 어느 공장에 A용제 30%(TLV=1,200mg/m³), B용제 30%(TLV=1,400mg/m³) 및 C용제 40%(TLV=1,600mg/m³)의 중량비로 조성된 액체 용제가 증발되어 작업환경을 오염시킬 경우 이 혼합물의 허용농도는? (단, 상가작용 기준)
① 1,400mg/m³ ② 1,450mg/m³
③ 1,500mg/m³ ④ 1,550mg/m³

풀이 혼합물의 허용농도
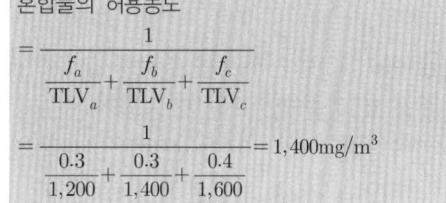

26 활성탄에 흡착된 유기화합물을 탈착하는 데 가장 많이 사용하는 용매는?
① 클로로포름 ② 이황화탄소
③ 톨루엔   ④ 메틸클로로포름

풀이 용매 탈착
㉠ 탈착용매는 비극성 물질에는 이황화탄소(CS_2)를 사용하고, 극성 물질에는 이황화탄소와 다른 용매를 혼합하여 사용한다.
㉡ 활성탄에 흡착된 증기(유기용제-방향족탄화수소)를 탈착시키는 데 일반적으로 사용되는 용매는 이황화탄소이다.
㉢ 용매로 사용되는 이황화탄소의 단점
독성 및 인화성이 크며 작업이 번잡하다. 특히 심혈관계와 신경계에 독성이 매우 크고 취급 시 주의를 요하며, 전처리 및 분석하는 장소의 환기에 유의하여야 한다.

정답 23.③ 24.② 25.① 26.②

ⓔ 용매로 사용되는 이황화탄소의 장점
  탈착효율이 좋고 가스크로마토그래피의 불꽃이온
  화검출기에서 반응성이 낮아 피크의 크기가 작게
  나오므로 분석 시 유리하다.

27 산업보건 분야에서 스토크 식을 대신하여 크기 1~50μm인 입자의 침강속도(cm/sec)를 구하는 식으로 적절한 것은?

① 0.03×(입자의 비중)×(입자의 직경, μm)^2
② 0.003×(입자의 비중)×(입자의 직경, μm)^2
③ 0.03×(공기의 점성계수)×(입자의 직경, μm)^2
④ 0.003×(공기의 점성계수)×(입자의 직경, μm)^2

풀이 **Lippmann 식에 의한 침강속도**
입자 크기가 1~50μm인 경우 적용한다.
$V(\text{cm/sec}) = 0.003 \times \rho \times d^2$
여기서, V : 침강속도(cm/sec)
        ρ : 입자 밀도(비중)(g/cm^3)
        d : 입자 직경(μm)

28 공기 중 벤젠 농도를 측정한 결과 17mg/m^{3}으로 검출되었다. 현재 공기의 온도가 25℃, 기압은 1.0atm이고, 벤젠의 분자량이 78이라면 공기 중 농도는 몇 ppm인가?

① 6.9ppm   ② 5.3ppm
③ 3.1ppm   ④ 2.2ppm

풀이 농도(ppm) = $17\text{mg/m}^3 \times \dfrac{24.45}{78} = 5.33\text{ppm}$

29 다음 용제 중 극성이 가장 강한 것은?

① 에스테르류
② 케톤류
③ 방향족탄화수소류
④ 알데히드류

풀이 **실리카겔의 친화력(극성이 강한 순서)**
물 > 알코올류 > 알데히드류 > 케톤류 > 에스테르류 > 방향족탄화수소류 > 올레핀류 > 파라핀류

30 다음 중 미국 ACGIH에서 정의한 ㉮ 흉곽성 먼지(TPM ; Thoracic Particulate Mass)와 ㉯ 호흡성 먼지(RPM ; Respirable Particulate Mass)의 평균 입자 크기로 옳은 것은?

① ㉮ 5μm, ㉯ 15μm
② ㉮ 15μm, ㉯ 5μm
③ ㉮ 4μm, ㉯ 10μm
④ ㉮ 10μm, ㉯ 4μm

풀이 **ACGIH의 평균 입경**
㉠ 흡입성 먼지(IPM) : 100μm
㉡ 흉곽성 먼지(TPM) : 10μm
㉢ 호흡성 먼지(RPM) : 4μm

31 유량, 측정시간, 회수율 및 분석에 의한 오차가 각각 10, 5, 7 및 5%였다. 만약 유량에 의한 오차(10%)를 5%로 개선시켰다면 개선 후의 누적오차는?

① 8.9%   ② 11.1%
③ 12.4%   ④ 14.3%

풀이 누적오차 = $\sqrt{5^2 + 5^2 + 7^2 + 5^2} = 11.14\%$

32 1/1 옥타브밴드 중심주파수가 125Hz일 때 하한주파수로 가장 적절한 것은?

① 70Hz   ② 80Hz
③ 90Hz   ④ 100Hz

풀이 $f_c = \sqrt{2} f_L$
∴ $f_L = \dfrac{f_c}{\sqrt{2}} = \dfrac{125}{\sqrt{2}} \fallingdotseq 88.39\text{Hz}$

33 석면 측정방법인 전자현미경법에 관한 설명으로 옳지 않은 것은?

① 분석시간이 짧고, 비용이 적게 소요된다.
② 공기 중 석면시료분석에 가장 정확한 방법이다.
③ 석면의 감별분석이 가능하다.
④ 위상차현미경으로 볼 수 없는 매우 가는 섬유도 관찰이 가능하다.

풀이 **전자현미경법(석면 측정)**
㉠ 석면분진 측정방법에서 공기 중 석면시료를 가장 정확하게 분석할 수 있다.
㉡ 석면의 성분 분석(감별 분석)이 가능하다.
㉢ 위상차현미경으로 볼 수 없는 매우 가는 섬유도 관찰 가능하다.
㉣ 값이 비싸고 분석시간이 많이 소요된다.

34 초기 무게가 1.260g인 깨끗한 PVC 여과지를 하이볼륨 시료채취기(high-volume sampler)에 장착하여 어떤 작업장에서 오전 9시부터 오후 5시까지 2.5L/min의 유량으로 시료채취기를 작동시킨 후 여과지의 무게를 측정한 결과 1.280g이었다면 채취한 입자상 물질의 작업장 내 평균농도(mg/m^3)는?

① 7.8 ② 13.4
③ 16.7 ④ 19.2

풀이 $$농도(mg/m^3) = \frac{(1.280-1.260)g \times 1,000mg/g}{2.5L/min \times 480min \times m^3/1,000L}$$
$$= 16.67 mg/m^3$$

35 옥외(태양광선이 내리쬐지 않는 장소)의 온열조건이 다음과 같은 경우에 습구흑구온도지수(WBGT)는?

- 건구온도 : 30℃
- 자연습구온도 : 25℃
- 흑구온도 : 40℃

① 28.5℃
② 29.5℃
③ 30.5℃
④ 31.0℃

풀이 WBGT(℃) = 0.7×자연습구온도+0.3×흑구온도
= (0.7×25℃)+(0.3×40℃)
= 29.5℃

36 가스 측정을 위한 흡착제인 활성탄의 제한점에 관한 내용으로 틀린 것은?

① 휘발성이 매우 큰 저분자량의 탄화수소 화합물의 채취효율이 떨어짐
② 암모니아, 에틸렌, 염화수소와 같은 고비점 화합물에 비효과적임
③ 비교적 높은 습도는 활성탄의 흡착용량을 저하시킴
④ 케톤의 경우 활성탄 표면에서 물을 포함하는 반응에 의해 파과되어 탈착률과 안정성에서 부적절함

풀이 **활성탄의 제한점**
㉠ 표면의 산화력으로 인해 반응성이 큰 멜캅탄, 알데히드 포집에는 부적합하다.
㉡ 케톤의 경우 활성탄 표면에서 물을 포함하는 반응에 의하여 파과되어 탈착률과 안정성에 부적절하다.
㉢ 메탄, 일산화탄소 등은 흡착되지 않는다.
㉣ 휘발성이 큰 저분자량의 탄화수소화합물의 채취효율이 떨어진다.
㉤ 끓는점이 낮은 저비점 화합물인 암모니아, 에틸렌, 염화수소, 포름알데히드 증기는 흡착속도가 높지 않아 비효과적이다.

37 소음작업장에서 두 기계 각각의 음압레벨이 90dB로 동일하게 나타났다면 두 기계가 모두 가동되는 이 작업장의 음압레벨은? (단, 기타 조건은 같다.)

① 93dB
② 95dB
③ 97dB
④ 99dB

풀이 $L_합 = 10\log(10^9 \times 2) = 93dB$

38 다음은 공기유량을 보정하는 데 사용하는 표준기구들이다. 다음 중 1차 표준기구에 포함되지 않는 것은?

① 오리피스미터
② 폐활량계
③ 가스치환병
④ 유리 피스톤미터

정답 34.③ 35.② 36.② 37.① 38.①

[풀이] 표준기구(보정기구)의 종류
(1) 1차 표준기구
  ㉠ 비누거품미터(soap bubble meter)
  ㉡ 폐활량계(spirometer)
  ㉢ 가스치환병(mariotte bottle)
  ㉣ 유리 피스톤미터(glass piston meter)
  ㉤ 흑연 피스톤미터(frictionless piston meter)
  ㉥ 피토튜브(pitot tube)
(2) 2차 표준기구
  ㉠ 로터미터(rotameter)
  ㉡ 습식 테스트미터(wet test meter)
  ㉢ 건식 가스미터(dry gas meter)
  ㉣ 오리피스미터(orifice meter)
  ㉤ 열선기류계(thermo anemometer)

39 NaOH(나트륨 원자량 : 23) 10g을 10L의 용액에 녹였을 때 이 용액의 몰농도는?

① 0.025M   ② 0.25M
③ 0.05M   ④ 0.5M

[풀이] 몰(M)농도 $= \dfrac{10\text{g}}{10\text{L}} \times \dfrac{1\text{mol}}{40\text{g}} = 0.025\text{M}(\text{mol/L})$

40 어느 작업장의 n-hexane의 농도를 측정한 결과 24.5ppm, 20.2ppm, 25.1ppm, 22.4ppm, 23.9ppm을 각각 얻었다. 기하평균치(ppm)는?

① 23.2   ② 23.8
③ 24.2   ④ 24.8

[풀이]
$\log(\text{GM})$
$= \dfrac{\log 24.5 + \log 20.2 + \log 25.1 + \log 22.4 + \log 23.9}{5}$
$= 1.3645$
∴ $\text{GM} = 10^{1.3645} = 23.15\text{ppm}$

제3과목 | 작업환경 관리대책

41 방진재료로 사용하는 방진고무의 장단점으로 틀린 것은?

① 공기 중의 오존에 의해 산화된다.
② 내부마찰에 의한 발열 때문에 열화되고, 내유 및 내열성이 약하다.
③ 동적배율이 낮아 스프링 정수의 선택범위가 좁다.
④ 고무 자체의 내부마찰에 의해 저항을 얻을 수 있고, 고주파 진동의 차진에 양호하다.

[풀이] 방진고무의 장단점
(1) 장점
  ㉠ 고무 자체의 내부마찰로 적당한 저항을 얻을 수 있다.
  ㉡ 공진 시의 진폭도 지나치게 크지 않다.
  ㉢ 설계자료가 잘 되어 있어서 용수철 정수(스프링 상수)를 광범위하게 선택할 수 있다.
  ㉣ 형상의 선택이 비교적 자유로워 여러 가지 형태로 된 철물에 견고하게 부착할 수 있다.
  ㉤ 고주파 진동의 차진에 양호하다.
(2) 단점
  ㉠ 내후성, 내유성, 내열성, 내약품성이 약하다.
  ㉡ 공기 중의 오존(O_3)에 의해 산화된다.
  ㉢ 내부마찰에 의한 발열 때문에 열화되기 쉽다.

42 방독마스크를 효과적으로 사용할 수 있는 작업으로 가장 적절한 것은?

① 오래 방치된 우물 속의 작업
② 맨홀 작업
③ 오래 방치된 정화조 내 작업
④ 지상의 유해물질 중독 위험 작업

[풀이] ①, ②, ③항의 작업조건은 산소결핍장소이므로 방독마스크는 부적합하다.
- 방진마스크와 방독마스크의 구분
(1) 방진마스크
  ㉠ 공기 중의 유해한 분진, 미스트, 흄 등을 여과재를 통해 제거하여 유해물질이 근로자의 호흡기를 통하여 체내에 유입되는 것을 방지하기 위해 사용되는 보호구를 말하며, 분진제거용 필터는 일반적으로 압축된 섬유상 물질을 사용한다.
  ㉡ 산소농도가 정상적(산소농도 18% 이상)이고 유해물의 농도가 규정 이하인 먼지만 존재하는 작업장에서 사용한다.
  ㉢ 비휘발성 입자에 대한 보호가 가능하다.
(2) 방독마스크
  공기 중의 유해가스, 증기 등을 흡수관을 통해 제거하여 근로자의 호흡기 내로 침입하는 것을 가능한 적게 하기 위해 착용하는 호흡보호구이다.

43 어느 유체관의 유속이 10m/sec이고, 관의 반경이 15mm일 때 유량(m³/hr)은?

① 약 25.5   ② 약 27.5
③ 약 29.5   ④ 약 31.5

풀이
$$Q(m^3/hr) = A \times V$$
$$= \left(\frac{3.14 \times 0.03^2}{4}\right) m^2 \times 10 m/sec$$
$$\times 3,600 sec/hr = 25.43 m^3/hr$$

44 사무실 직원이 모두 퇴근한 6시 30분에 CO_2 농도는 1,700ppm이었다. 4시간이 지난 후 다시 CO_2 농도를 측정한 결과 CO_2 농도는 800ppm이었다면, 이 사무실의 시간당 공기교환횟수는? (단, 외부공기 중 CO_2 농도는 330ppm)

① 0.11   ② 0.19
③ 0.27   ④ 0.35

풀이
시간당 공기교환횟수
$$= \frac{\ln(측정\ 초기\ 농도 - 외부\ CO_2\ 농도) - \ln(시간\ 지난\ 후\ 농도 - 외부\ CO_2\ 농도)}{경과된\ 시간}$$
$$= \frac{\ln(1,700 - 330) - \ln(800 - 330)}{4hr}$$
$$= 0.27회(시간당)$$

45 송풍기 정압이 3.5cmH₂O일 때 송풍기의 회전속도가 180rpm이다. 만약 회전속도가 360rpm으로 증가되었다면 송풍기의 정압은? (단, 기타 조건은 같다고 가정한다.)

① 16cmH₂O   ② 14cmH₂O
③ 12cmH₂O   ④ 10cmH₂O

풀이
송풍기 정압 = $3.5 cmH_2O \times \left(\frac{360}{180}\right)^2 = 14 cmH_2O$

46 개인보호구에서 귀덮개의 장점으로 틀린 것은?

① 귀마개보다 높은 차음효과를 얻을 수 있다.
② 동일한 크기의 귀덮개를 대부분의 근로자가 사용할 수 있다.
③ 귀에 염증이 있어도 사용할 수 있다.
④ 고온에서 사용해도 불편이 없다.

풀이 귀덮개의 장단점
(1) 장점
 ㉠ 귀마개보다 일반적으로 높고(고음영역에서 탁월) 일관성 있는 차음효과를 얻을 수 있다(개인차가 적음).
 ㉡ 동일한 크기의 귀덮개를 대부분의 근로자가 사용 가능하다(크기를 여러 가지로 할 필요 없음).
 ㉢ 귀에 염증(질병)이 있어도 사용 가능하다.
 ㉣ 귀마개보다 쉽게 착용할 수 있고 착용법을 틀리거나 잃어버리는 일이 적다.
(2) 단점
 ㉠ 부착된 밴드에 의해 차음효과가 감소될 수 있다.
 ㉡ 고온에서 사용 시 불편하다(보호구 접촉면에 땀이 남).
 ㉢ 머리카락이 길 때와 안경테가 굵거나 잘 부착되지 않을 때는 사용하기 불편하다.
 ㉣ 장시간 사용 시 꼭 끼는 느낌이 있다.
 ㉤ 보안경과 함께 사용하는 경우 다소 불편하며, 차음효과가 감소된다.
 ㉥ 오래 사용하여 귀걸이의 탄력성이 줄었을 때나 귀걸이가 휘었을 때는 차음효과가 떨어진다.
 ㉦ 가격이 비싸고 운반과 보관이 쉽지 않다.

47 방사 날개형 송풍기에 관한 설명으로 틀린 것은?

① 고농도 분진 함유 공기나 부식성이 강한 공기를 이송시키는 데 많이 이용된다.
② 깃이 평판으로 되어있다.
③ 가격이 저렴하고 효율이 높다.
④ 깃의 구조가 분진을 자체 정화할 수 있도록 되어 있다.

풀이 평판형 송풍기(radial fan)
 ㉠ 플레이트(plate) 송풍기, 방사 날개형 송풍기라고도 한다.
 ㉡ 날개(blade)가 다익형보다 적고, 직선이며 평판 모양을 하고 있어 강도가 매우 높게 설계되어 있다.
 ㉢ 깃의 구조가 분진을 자체 정화할 수 있도록 되어 있다.

정답 43.① 44.③ 45.② 46.④ 47.③

ⓐ 시멘트, 미분탄, 곡물, 모래 등의 고농도 분진 함유 공기나 마모성이 강한 분진 이송용으로 사용된다.
ⓑ 부식성이 강한 공기를 이송하는 데 많이 사용된다.
ⓒ 압력은 다익팬보다 약간 높으며, 효율도 65%로 다익팬보다는 약간 높으나 터보팬보다는 낮다.
ⓓ 습식 집진장치의 배치에 적합하며, 소음은 중간 정도이다.

③ 아조염료의 합성에 디클로로벤지딘 대신 벤지딘을 사용한다.
④ 금속세척작업 시 TCE 대신에 계면활성제를 사용한다.

풀이 아조염료의 합성원료인 벤지딘을 디클로로벤지딘으로 전환한다.

48 송풍량 100m³/min, 송풍기 전압 120mmH₂O, 송풍기 효율 65%, 여유율 1.25인 송풍기의 소요동력은?

① 6.0kW   ② 5.2kW
③ 4.5kW   ④ 3.8kW

풀이
$$소요동력(kW) = \frac{Q \times \Delta P}{6{,}120 \times \eta} \times \alpha$$
$$= \frac{100 \times 120}{6{,}120 \times 0.65} \times 1.25 = 3.77\text{kW}$$

49 유해성 유기용매 A가 7m×14m×4m의 체적을 가진 방에 저장되어 있다. 공기를 공급하기 전에 측정한 농도는 400ppm이었다. 이 방으로 60m³/min의 공기를 공급한 후 노출기준인 100ppm으로 달성되는 데 걸리는 시간은? (단, 유해성 유기용매 증발 중단, 공급공기의 유해성 유기용매 농도는 0, 희석만 고려한다.)

① 약 3분   ② 약 5분
③ 약 7분   ④ 약 9분

풀이
$$t = -\frac{V}{Q'} \ln\left(\frac{C_2}{C_1}\right)$$
• $V = 7 \times 14 \times 4 = 392\text{m}^3$
$$= -\frac{392}{60} \ln\left(\frac{100}{400}\right) = 9.06\text{min}$$

51 환기시설 내 기류의 기본적인 유체역학적 원리인 질량보존 법칙 및 에너지보존 법칙의 전제조건과 가장 거리가 먼 것은?
① 환기시설 내외의 열교환을 고려한다.
② 공기의 압축이나 팽창을 무시한다.
③ 공기는 건조하다고 가정한다.
④ 대부분의 환기시설에서는 공기 중에 포함된 유해물질의 무게와 용량을 무시한다.

풀이 유체역학의 질량보존 원리를 환기시설에 적용하는 데 필요한 네 가지 공기 특성의 주요 가정(전제조건)
㉠ 환기시설 내외(덕트 내부·외부)의 열전달(열교환) 효과 무시
㉡ 공기의 비압축성(압축성과 팽창성 무시)
㉢ 건조공기 가정
㉣ 환기시설에서 공기 속 오염물질의 질량(무게)과 부피(용량) 무시

52 강제환기를 실시할 때 환기효과를 제고시킬 수 있는 원칙으로 틀린 것은?
① 오염물질 배출구는 가능한 오염원으로부터 가까운 곳에 설치하여 '점환기'의 효과를 얻는다.
② 공기가 배출되면서 오염장소를 통과하도록 공기배출구와 유입구의 위치를 선정한다.
③ 오염원 주위에 다른 작업공정이 있으면 공기 배출량을 공급량보다 약간 크게 하여 음압을 형성하여 주위 근로자에게 오염물질이 확산되지 않도록 한다.
④ 공기 배출구와 근로자의 작업위치 사이에 오염원이 위치하지 않도록 주의하여야 한다.

50 유해작업환경에 대한 개선대책 중 대치(substitution)방법에 대한 설명으로 옳지 않은 것은?
① 야광시계의 자판을 라듐 대신 인을 사용한다.
② 분체입자를 큰 것으로 바꾼다.

정답 48.④ 49.④ 50.③ 51.① 52.④

[풀이] **전체환기(강제환기)시설 설치 기본원칙**
㉠ 오염물질 사용량을 조사하여 필요환기량을 계산한다.
㉡ 배출공기를 보충하기 위하여 청정공기를 공급한다.
㉢ 오염물질 배출구는 가능한 한 오염원으로부터 가까운 곳에 설치하여 '점환기'의 효과를 얻는다.
㉣ 공기 배출구와 근로자의 작업위치 사이에 오염원이 위치해야 한다.
㉤ 공기가 배출되면서 오염장소를 통과하도록 공기 배출구와 유입구의 위치를 선정한다.
㉥ 작업장 내 압력은 경우에 따라서 양압이나 음압으로 조정해야 한다(오염원 주위에 다른 작업공정이 있으면 공기 공급량을 배출량보다 작게 하여 음압을 형성시켜 주위 근로자에게 오염물질이 확산되지 않도록 한다).
㉦ 배출된 공기가 재유입되지 못하게 배출구 높이를 적절히 설계하고 창문이나 문 근처에 위치하지 않도록 한다.
㉧ 오염된 공기는 작업자가 호흡하기 전에 충분히 희석되어야 한다.
㉨ 오염물질 발생은 가능하면 비교적 일정한 속도로 유출되도록 조정해야 한다.

53 30,000ppm의 테트라클로로에틸렌(tetrachloroethylene)이 작업환경 중의 공기와 완전혼합되어 있다. 이 혼합물의 유효비중(effective specific gravity)은? (단, 테트라클로로에틸렌은 공기보다 5.7배 무겁다.)
① 1.124 ② 1.141
③ 1.164 ④ 1.186

[풀이] 유효비중 $= \dfrac{(30,000 \times 5.7) + (970,000 \times 1.0)}{1,000,000}$
$= 1.141$

54 원심력 집진장치(사이클론)에 대한 설명 중 옳지 않은 것은?
① 집진된 입자에 대한 블로다운 영향을 최소화하여야 한다.
② 사이클론 원통의 길이가 길어지면 선회류수가 증가하여 집진율이 증가한다.
③ 입자 입경과 밀도가 클수록 집진율이 증가한다.
④ 사이클론 원통의 직경이 클수록 집진율이 감소한다.

[풀이] **원심력식 집진시설의 특징**
㉠ 설치장소에 구애받지 않고 설치비가 낮으며 고온가스, 고농도에서 운전 가능하다.
㉡ 가동부분이 적은 것이 기계적인 특징이고, 구조가 간단하여 유지·보수 비용이 저렴하다.
㉢ 미세입자에 대한 집진효율이 낮고 먼지부하, 유량변동에 민감하다.
㉣ 점착성, 마모성, 조해성, 부식성 가스에 부적합하다.
㉤ 먼지 퇴적함에서 재유입, 재비산 가능성이 있다.
㉥ 단독 또는 전처리장치로 이용된다.
㉦ 배출가스로부터 분진회수 및 분리가 적은 비용으로 가능하다. 즉 비교적 적은 비용으로 큰 입자를 효과적으로 제거할 수 있다.
㉧ 미세한 입자를 원심분리하고자 할 때 가장 큰 영향인자는 사이클론의 직경이다.
㉨ 직렬 또는 병렬로 연결하여 사용이 가능하기 때문에 사용폭을 넓힐 수 있다.
㉩ 처리가스량이 많아질수록 내관경이 커져서 미립자의 분리가 잘 되지 않는다.
㉪ 사이클론 원통의 길이가 길어지면 선회기류가 증가하여 집진효율이 증가한다.
㉫ 입자 입경과 밀도가 클수록 집진효율이 증가한다.
㉬ 사이클론의 원통 직경이 클수록 집진효율이 감소한다.
㉭ 집진된 입자에 대한 블로다운 영향을 최대화하여야 한다.
㉮ 원심력과 중력을 동시에 이용하기 때문에 입경이 크면 효율적이다.

55 증기압이 1.5mmHg인 어떤 유기용제가 공기 중에서 도달할 수 있는 최고농도(포화농도)는?
① 약 8,000ppm ② 약 6,000ppm
③ 약 4,000ppm ④ 약 2,000ppm

[풀이] 최고농도 $= \dfrac{증기압}{760} \times 10^6$
$= \dfrac{1.5}{760} \times 10^6$
$= 1973.68 \text{ppm}$

56 다음 중 사용하는 정화통의 정화능력이 사염화탄소 0.5%에서 60분간 사용 가능하다면 공기 중의 사염화탄소 농도가 0.2%일 때 방독면의 유효시간(사용가능시간)은 어느 것인가?

① 110분
② 130분
③ 150분
④ 180분

[풀이] 사용가능시간 = $\dfrac{\text{표준유효시간} \times \text{시험가스 농도}}{\text{공기 중 유해가스 농도}}$

$= \dfrac{0.5 \times 60}{0.2}$

$= 150 \min$

57 덕트 직경이 30cm이고, 공기 유속이 10m/sec일 때 레이놀즈 수는? (단, 공기 점성계수는 1.85×10^{-5}kg/sec·m, 공기 밀도는 1.2kg/m³이다.)

① 195,000
② 215,000
③ 235,000
④ 255,000

[풀이] $Re = \dfrac{\rho VD}{\mu}$

$= \dfrac{1.2 \times 10 \times 0.3}{1.85 \times 10^{-5}}$

$= 194594.59$

58 푸시풀 후드(push-pull hood)에 대한 설명으로 적합하지 않은 것은?

① 도금조와 같이 폭이 넓은 경우에 사용하면 포집효율을 증가시키면서 필요유량을 감소시킬 수 있다.
② 공정에서 작업물체를 처리조에 넣거나 꺼내는 중에 발생되는 공기막 파괴현상을 사전에 방지할 수 있다.
③ 개방조 한 변에서 압축공기를 이용하여 오염물질이 발생하는 표면에 공기를 불어 반대쪽에 오염물질이 도달하게 한다.
④ 제어속도는 푸시 제트기류에 의해 발생한다.

[풀이] 공정에서 작업물체를 처리조에 넣거나 꺼내는 중에 공기막이 파괴되어 오염물질이 발생한다.

59 플랜지 없는 상방 외부식 장방형 후드가 설치되어 있다. 성능을 높게 하기 위해 플랜지 있는 외부식 측방형 후드로 작업대에 부착했다. 배기량은 얼마나 줄었겠는가? (단, 포촉거리, 개구면적, 제어속도는 같다.)

① 30%
② 40%
③ 50%
④ 60%

[풀이]
- 자유공간, 미부착 플랜지(Q_1)
  $Q_1 = 60 \times V_c (10X^2 + A)$
- 바닥면, 부착 플랜지(Q_2)
  $Q_2 = 60 \times 0.5 \times V_c \times (10X^2 + A)$
∴ $(1 - 0.5) = 0.5 \times 100 = 50\%$

60 가능한 압력손실을 줄이는 목적의 덕트를 설치하기 위한 주요 원칙으로 틀린 것은 어느 것인가?

① 덕트는 가능한 짧게 배치하도록 한다.
② 덕트는 가능한 상향구배로 만든다.
③ 가능한 후드의 가까운 곳에 설치한다.
④ 밴드의 수는 가능한 적게 하도록 한다.

[풀이] **덕트 설치기준(설치 시 고려사항)**
㉠ 가능한 한 길이는 짧게 하고 굴곡부의 수는 적게 한다.
㉡ 접속부의 내면은 돌출된 부분이 없도록 한다.
㉢ 청소구를 설치하는 등 청소하기 쉬운 구조로 한다.
㉣ 덕트 내 오염물질이 쌓이지 아니하도록 이송속도를 유지한다.

정답 56.③ 57.① 58.② 59.③ 60.②

ⓜ 연결부위 등은 외부공기가 들어오지 아니하도록 한다(연결방법을 가능한 한 용접할 것).
ⓑ 가능한 후드의 가까운 곳에 설치한다.
ⓢ 송풍기를 연결할 때는 최소 덕트 직경의 6배 정도 직선구간을 확보한다.
ⓞ 직관은 하향구배로 하고 직경이 다른 덕트를 연결할 때에는 경사 30° 이내의 테이퍼를 부착한다.
ⓩ 원형 덕트가 사각형 덕트보다 덕트 내 유속분포가 균일하므로 가급적 원형 덕트를 사용하며, 부득이 사각형 덕트를 사용할 경우에는 가능한 정방형을 사용하고 곡관의 수를 적게 한다.
ⓒ 곡관의 곡률반경은 최소 덕트 직경의 1.5 이상, 주로 2.0을 사용한다.
ⓚ 수분이 응축될 경우 덕트 내로 들어가지 않도록 경사나 배수구를 마련한다.
ⓔ 덕트의 마찰계수는 작게 하고, 분지관을 가급적 적게 한다.

[풀이] 큐리(Curie, Ci), Bq(Becquerel)
㉠ 방사성 물질의 양을 나타내는 단위이다.
㉡ 단위시간에 일어나는 방사선 붕괴율을 의미한다.
㉢ radium이 붕괴하는 원자의 수를 기초로 해서 정해졌으며, 1초간 3.7×10^{10}개의 원자붕괴가 일어나는 방사성 물질의 양(방사능의 강도)으로 정의한다.
㉣ $1Bq = 2.7 \times 10^{-11} Ci$

제4과목 | 물리적 유해인자관리

61 다음 중 소음평가치의 단위로 가장 적절한 것은?
① phon ② NRN
③ NRR ④ Hz

[풀이] 소음평가 단위의 종류
㉠ SIL : 회화방해레벨
㉡ PSIL : 우선회화방해레벨
㉢ NC : 실내소음평가척도
㉣ NRN : 소음평가지수
㉤ TNI : 교통소음지수
㉥ Lx : 소음통계레벨
㉦ Ldn : 주야 평균소음레벨
㉧ PNL : 감각소음레벨
㉨ WECPNL : 항공기소음평가량

62 다음 중 단위시간에 일어나는 방사선 붕괴율을 나타내며, 초당 3.7×10^{10}개의 원자 붕괴가 일어나는 방사능 물질의 양으로 정의되는 것은?
① R ② Ci
③ Gy ④ Sv

63 다음 중 인공조명에 가장 적당한 광색은?
① 노란색 ② 주광색
③ 청색 ④ 황색

[풀이] 인공조명 시에는 주광색에 가까운 광색으로 조도를 높여주며, 백열전구와 고압수은등을 적절히 혼합시켜 주광에 가까운 빛을 얻을 수 있다.

64 다음 중 적외선 노출에 대한 대책으로 적절하지 않은 것은?
① 차폐에 의해서 노출강도를 줄이기는 어렵다.
② 적외선으로부터 피해를 막기 위해서는 노출강도를 제한해야 한다.
③ 적외선으로부터 장애를 막기 위해서는 노출기간을 제한해야 한다.
④ 장애는 주로 망막이기 때문에 적외선 발생원을 직접 보는 것을 피해야 한다.

[풀이] 적외선 노출에 대한 대책
㉠ 폭로시간(노출강도)을 제한함으로써 망막을 주로 보호할 수 있다.
㉡ 폭로강도를 낮추는 목적으로 유해광선을 차단할 수 있는 차광보호구를 착용한다.
㉢ 차폐에 의해서 노출강도를 줄일 수 있다.

65 3.5microbar를 음압레벨(음압도)로 전환한 값으로 적절한 것은?
① 65dB ② 75dB
③ 85dB ④ 95dB

[풀이] $SPL = 20\log\dfrac{P}{P_o} = 20\log\dfrac{0.35}{2\times10^{-5}} = 85dB$

정답 61.② 62.② 63.② 64.① 65.③

66 경기도 K시의 한 작업장에서 소음을 측정한 결과 누적노출량계로 3시간 측정한 값(dose)이 50%였을 때 측정시간 동안의 소음 평균치는 약 몇 dB(A)인가?

① 85 ② 88
③ 90 ④ 92

풀이
$$TWA = 16.61\log\left[\frac{D(\%)}{100}\right] + 90$$
$$= 16.61\log\left[\frac{50}{(12.5 \times 3)}\right] + 90$$
$$= 92 dB(A)$$

67 심해잠수부가 해저 45m에서 작업을 할 때 인체가 받는 작용압과 절대압은 얼마인가?

① 작용압 : 5.5기압, 절대압 : 5.5기압
② 작용압 : 5.5기압, 절대압 : 4.5기압
③ 작용압 : 4.5기압, 절대압 : 5.5기압
④ 작용압 : 4.5기압, 절대압 : 4.5기압

풀이
㉠ 작용압 $= 45m \times \frac{1atm}{10m} = 4.5atm$
㉡ 절대압 = 작용압 + 대기압 = 5.5atm

68 다음 중 한랭 노출에 대한 신체적 장애의 설명으로 틀린 것은?

① 2도 동상은 물집이 생기거나 피부가 벗겨지는 결빙을 말한다.
② 전신 저체온증은 심부온도가 37℃에서 26.7℃ 이하로 떨어지는 것을 말한다.
③ 침수족은 동결온도 이상의 냉수에 오랫동안 노출되어 생긴다.
④ 침수족과 참호족의 발생조건은 유사하나 임상증상과 증후가 다르다.

풀이 참호족과 침수족은 임상증상과 증후가 거의 비슷하고, 발생시간은 침수족이 참호족에 비해 길다.

69 소형 또는 중형 기계에 주로 많이 사용하며, 적절한 방진설계를 하면 높은 효과를 얻을 수 있는 방진방법으로 다음 중 가장 적합한 것은?

① 공기스프링
② 방진고무
③ 코르크
④ 기초 개량

풀이 일반적으로 중·소형 기계에 많이 적용하는 방진재료는 방진고무이다.

70 다음 중 전신진동이 인체에 미치는 영향으로 볼 수 없는 것은?

① Raynaud's 현상이 일어난다.
② 말초혈관이 수축되고, 혈압이 상승한다.
③ 자율신경, 특히 순환기에 크게 나타난다.
④ 맥박이 증가하고, 피부의 전기저항도 일어난다.

풀이 레이노 현상(Raynaud's phenomenon)
㉠ 손가락에 있는 말초혈관운동의 장애로 인하여 수지가 창백해지고 손이 차며 저리거나 통증이 오는 현상이다.
㉡ 한랭작업조건에서 특히 증상이 악화된다.
㉢ 압축공기를 이용한 진동공구, 즉 착암기 또는 해머와 같은 공구를 장기간 사용한 근로자들의 손가락에 유발되기 쉬운 직업병이다.
㉣ dead finger 또는 white finger라고도 하며, 발증까지 약 5년 정도 걸린다.

71 다음 중 전리방사선에 관한 설명으로 틀린 것은?

① β입자는 핵에서 방출되며 양전하로 하전되어 있다.
② 중성자는 하전되어 있지 않으며, 수소동위원소를 제외한 모든 원자핵에 존재한다.
③ X선의 에너지는 파장에 역비례하여 에너지가 클수록 파장은 짧아진다.
④ α입자는 핵에서 방출되는 입자로서 헬륨원자의 핵과 같이 두 개의 양자와 두 개의 중성자로 구성되어 있다.

정답 66.④ 67.③ 68.④ 69.② 70.① 71.①

[풀이] **β선(β입자)**
㉠ 선원은 원자핵이며, 형태는 고속의 전자(입자)이다.
㉡ 원자핵에서 방출되며 음전기로 하전되어 있다.
㉢ 원자핵에서 방출되는 전자의 흐름으로 α입자보다 가볍고 속도는 10배 빠르므로 충돌할 때마다 튕겨져서 방향을 바꾼다.
㉣ 외부조사도 잠재적 위험이 되나 내부조사가 더 큰 건강상 위해를 일으킨다.

72 소음방지대책으로 가장 효과적인 것은?
① 보호구의 사용
② 소음관리 규정 정비
③ 소음원의 제거
④ 내벽에 흡음재료 부착

[풀이] 소음원 제거, 즉 발생원 자체를 제거하는 것이 가장 효과적인 소음방지대책이다.

73 다음은 어떤 고열장애에 대한 대책인가?

생리식염수 1~2L를 정맥 주사하거나 0.1%의 식염수를 마시게 하여 수분과 염분을 보충한다.

① 열경련(heat cramp)
② 열사병(heat stroke)
③ 열피로(heat exhaustion)
④ 열쇠약(heat prostration)

[풀이] **열경련**
(1) 발생 원인
  ㉠ 지나친 발한에 의한 수분 및 혈중 염분 손실 시(혈액의 현저한 농축 발생)
  ㉡ 땀을 많이 흘리고 동시에 염분이 없는 음료수를 많이 마셔서 염분 부족 시
  ㉢ 전해질의 유실 시
(2) 증상
  ㉠ 체온이 정상이거나 약간 상승하고 혈중 Cl⁻ 농도가 현저히 감소한다.
  ㉡ 낮은 혈중 염분농도와 팔과 다리의 근육경련이 일어난다(수의근 유통성 경련).
  ㉢ 통증을 수반하는 경련은 주로 작업 시 사용한 근육에서 흔히 발생한다.
  ㉣ 일시적으로 단백뇨가 나온다.
  ㉤ 중추신경계통의 장애는 일어나지 않는다.
  ㉥ 복부와 사지 근육에 강직, 동통이 일어나고 과도한 발한이 발생된다.
  ㉦ 수의근의 유통성 경련(주로 작업 시 사용한 근육에서 발생)이 일어나기 전에 현기증, 이명, 두통, 구역, 구토 등의 전구증상이 일어난다.
(3) 치료
  ㉠ 수분 및 NaCl을 보충한다(생리식염수 0.1% 공급).
  ㉡ 바람이 잘 통하는 곳에 눕혀 안정시킨다.
  ㉢ 체열 방출을 촉진시킨다(작업복을 벗겨 전도와 복사에 의한 체열 방출).
  ㉣ 증상이 심하면 생리식염수 1,000~2,000mL를 정맥 주사한다.

74 소음성 난청에 관한 설명으로 옳은 것은?
① 음압수준은 낮을수록 유해하다.
② 소음의 특성은 고주파음보다 저주파음이 더욱 유해하다.
③ 개인의 감수성은 소음에 노출된 모든 사람이 다 똑같이 반응한다.
④ 소음노출시간은 간헐적 노출이 계속적 노출보다 덜 유해하다.

[풀이] **소음성 난청에 영향을 미치는 요소**
㉠ 소음크기
  음압수준이 높을수록 영향이 크다.
㉡ 개인 감수성
  소음에 노출된 모든 사람이 똑같이 반응하지 않으며, 감수성이 매우 높은 사람이 극소수 존재한다.
㉢ 소음의 주파수 구성
  고주파음이 저주파음보다 영향이 크다.
㉣ 소음의 발생 특성
  지속적인 소음노출이 단속적인(간헐적인) 소음노출보다 더 큰 장애를 초래한다.

75 다음 중 저압환경에 대한 직업성 질환의 내용으로 틀린 것은?
① 고산병을 일으킨다.
② 폐수종을 일으킨다.
③ 신경장애를 일으킨다.
④ 질소가스에 대한 마취작용이 원인이다.

정답 72.③ 73.① 74.④ 75.④

[풀이] 질소가스에 대한 마취작용은 고압환경에서의 직업성 질환이다.

76 비전리방사선의 종류 중 옥외작업을 하면서 콜타르의 유도체, 벤조피렌, 안트라센화합물과 상호작용하여 피부암을 유발시키는 것으로 알려진 비전리방사선은?

① γ선
② 자외선
③ 적외선
④ 마이크로파

[풀이] **자외선의 피부에 대한 작용(장애)**
㉠ 자외선에 의하여 피부의 표피와 진피두께가 증가하여 피부의 비후가 온다.
㉡ 280nm 이하의 자외선은 대부분 표피에서 흡수, 280~320nm 자외선은 진피에서 흡수, 320~380nm 자외선은 표피(상피 : 각화층, 말피기층)에서 흡수된다.
㉢ 각질층 표피세포(말피기층)의 histamine의 양이 많아져 모세혈관 수축, 홍반형성에 이어 색소침착이 발생한다. 홍반형성은 300nm 부근(2,000~2,900Å)의 폭로가 가장 강한 영향을 미치며, 멜라닌색소침착은 300~420nm에서 영향을 미친다.
㉣ 반복하여 자외선에 노출될 경우 피부가 건조해지고 갈색을 띠게 하며 주름살이 많이 생기게 한다. 즉 피부노화에 영향을 미친다.
㉤ 피부투과력은 체표에서 0.1~0.2mm 정도이고 자외선 파장, 피부색, 피부 표피의 두께에 좌우된다.
㉥ 옥외작업을 하면서 콜타르의 유도체, 벤조피렌, 안트라센화합물과 상호작용하여 피부암을 유발하며, 관여하는 파장은 주로 280~320nm이다.
㉦ 피부색과의 관계는 피부가 흰색일 때 가장 투과가 잘되며, 흑색이 가장 투과가 안 된다. 따라서 백인과 흑인의 피부암 발생률 차이가 크다.
㉧ 자외선 노출에 가장 심각한 만성 영향은 피부암이며, 피부암의 90% 이상은 햇볕에 노출된 신체부위에서 발생한다. 특히 대부분의 피부암은 상피세포 부위에서 발생한다.

77 공기의 구성 성분에서 조성비율이 표준공기와 같을 때 압력이 낮아져 고용노동부에서 정한 산소결핍장소에 해당하게 되는데, 이 기준에 해당하는 대기압 조건은 약 얼마인가?

① 650mmHg
② 670mmHg
③ 690mmHg
④ 710mmHg

[풀이] $21\% : 760\text{mmHg} = 18\% : x(\text{mmHg})$
$\therefore x(\text{mmHg}) = \dfrac{760\text{mmHg} \times 18\%}{21\%} = 651.43\text{mmHg}$

78 다음 중 조명과 채광에 관한 설명으로 틀린 것은?

① $1m^2$당 1lumen의 빛이 비칠 때의 밝기를 1lux라고 한다.
② 사람이 밝기에 대한 감각은 방사되는 광속과 파장에 의해 결정된다.
③ 1lumen은 단위조도의 광원으로부터 입체각으로 나가는 광속의 단위이다.
④ 조명을 작업환경의 한 요인으로 볼 때 고려해야 할 중요한 사항은 조도와 조도의 분포, 눈부심과 휘도, 빛의 색이다.

[풀이] **루멘(lumen, lm); 광속**
㉠ 광속의 국제단위로, 기호는 lm으로 나타낸다.
※ 광속 : 광원으로부터 나오는 빛의 양
㉡ 1촉광의 광원으로부터 한 단위입체각으로 나가는 광속의 단위이다.
㉢ 1촉광과의 관계는 1촉광=4π(12.57)루멘으로 나타낸다.

79 다음 중 고압작업에 관한 설명으로 옳은 것은 어느 것인가?

① scuba와 같이 호흡장치를 착용하고 잠수하는 것은 고압환경에 해당되지 않는다.
② 일반적으로 고압환경에서는 산소분압이 낮기 때문에 저산소증을 유발한다.
③ 산소분압이 2기압을 초과하면 산소중독이 나타나 건강장애를 초래한다.
④ 사람이 절대압 1기압에 이르는 고압환경에 노출되면 개구부가 막혀 귀, 부비강, 치아 등에 통증이나 압박감을 호소하게 된다.

정답 76.② 77.① 78.③ 79.③

[풀이]
① scuba와 같이 호흡장치를 착용하고 잠수하는 것은 고압환경에 해당된다.
② 일반적으로 고압환경에서는 산소분압이 높기 때문에 산소중독이 나타난다.
④ 사람이 절대압 1기압 이상의 고압환경에 노출되면 치통, 부비강 통증 등 기계적 장애와 질소마취, 산소중독 등 화학적 장애를 일으킬 수 있다.

80 다음 중 안정된 상태에서 열방산이 큰 것부터 작은 순으로 올바르게 나열한 것은?

① 피부증발 > 복사 > 배뇨 > 호기증발
② 대류 > 호기증발 > 배뇨 > 피부증발
③ 피부증발 > 호기증발 > 전도 및 대류 > 배뇨
④ 전도 및 대류 > 피부증발 > 호기증발 > 배뇨

[풀이] 안정상태의 열방산 순서
전도 및 대류 > 피부증발 > 호기증발 > 배뇨

제5과목 | 산업 독성학

81 다음 중 할로겐화 탄화수소에 관한 설명으로 틀린 것은?

① 대개 중추신경계의 억제에 의한 마취작용이 나타난다.
② 가연성과 폭발의 위험성이 높으므로 취급 시 주의하여야 한다.
③ 일반적으로 할로겐화 탄화수소의 독성 정도는 화합물의 분자량이 커질수록 증가한다.
④ 일반적으로 할로겐화 탄화수소의 독성 정도는 할로겐원소의 수가 커질수록 증가한다.

[풀이] 할로겐화 탄화수소 독성의 일반적 특성
㉠ 냉각제, 금속세척, 플라스틱과 고무의 용제 등으로 사용되고 불연성이며, 화학반응성이 낮다.
㉡ 대표적·공통적인 독성작용은 중추신경계 억제작용이다.
㉢ 일반적으로 할로겐화 탄화수소의 독성의 정도는 화합물의 분자량이 클수록, 할로겐원소가 커질수록 증가한다.
㉣ 대개 중추신경계의 억제에 의한 마취작용이 나타난다.
㉤ 포화탄화수소는 탄소 수가 5개 정도까지는 길수록 중추신경계에 대한 억제작용이 증가한다.
㉥ 할로겐화된 기능기가 첨가되면 마취작용이 증가하여 중추신경계에 대한 억제작용이 증가하며, 기능기 중 할로겐족(F, Cl, Br 등)의 독성이 가장 크다.
㉦ 유기용제가 중추신경계를 억제하는 원리는 유기용제가 지용성이므로 중추신경계의 신경세포의 지질막에 흡수되어 영향을 미친다.
㉧ 알켄족이 알칸족보다 중추신경계에 대한 억제작용이 크다.

82 ACGIH에서 제시한 TLV에서 유해화학물질의 노출기준 또는 허용기준에 '피부' 또는 'Skin'이라는 표시가 되어 있다면 이에 대한 설명으로 가장 적합한 것은?

① 그 물질은 피부로 흡수되어 전체 노출량에 기여할 수 있다.
② 그 화학물질은 피부질환을 일으킬 가능성이 있다.
③ 그 물질은 어느 때라도 피부와 접촉이 있으면 안 된다.
④ 그 물질은 피부가 관련되어야 독성학적으로 의미가 있다.

[풀이] 허용기준에 '피부' 또는 'SKIN'이라는 표시가 있을 경우 그 물질은 피부로 흡수되어 전체 노출량에 기여할 수 있다는 의미이다.

83 다음 중 납중독에 관한 설명으로 틀린 것은?

① 혈청 내 철이 감소한다.
② 뇨 중 δ-ALAD 활성치가 저하된다.
③ 적혈구 내 프로토포르피린이 증가한다.
④ 임상증상은 위장계통 장애, 신경근육계통의 장애, 중추신경계의 장애 등 크게 3가지로 나눌 수 있다.

정답 80.④ 81.② 82.① 83.①

[풀이] 납의 체내 흡수 시 영향 ⇨ 적혈구에 미치는 작용
㉠ K^+과 수분이 손실된다.
㉡ 삼투압이 증가하여 적혈구가 위축된다.
㉢ 적혈구 생존기간이 감소한다.
㉣ 적혈구 내 전해질이 감소한다.
㉤ 미숙적혈구(망상적혈구, 친염기성 혈구)가 증가한다.
㉥ 혈색소량은 저하하고 혈청 내 철이 증가한다.
㉦ 적혈구 내 프로토포르피린이 증가한다.
㉧ 소변 중 코프로포르피린이 증가한다.

84 다음 중 Haber의 법칙을 가장 잘 설명한 공식은? (단, K는 유해지수, C는 농도, t는 시간이다.)

① $K = C^2 \times t$
② $K = C \times t$
③ $K = C/t$
④ $K = t/C$

[풀이] Haber 법칙
환경 속에서 중독을 일으키는 유해물질의 공기 중 농도(C)와 폭로시간(T)의 곱은 일정(K)하다는 법칙이다. 즉, $C \times T = K$
※ 단시간 노출 시 유해물질지수는 농도와 노출시간의 곱으로 계산한다.

85 다음 중 스티렌(styrene)에 노출되었음을 알려주는 뇨 중 대사산물은?

① 페놀
② 마뇨산
③ 만델린산
④ 메틸마뇨산

[풀이] 스티렌의 대사산물(생물학적 노출지표)
뇨 중 만델린산

86 금속열에 관한 설명으로 알맞지 않은 것은?

① 금속열이 발생하는 작업장에서는 개인 보호용구를 착용해야 한다.
② 금속흄에 노출된 후 일정 시간의 잠복기를 지나 감기와 비슷한 증상이 나타난다.
③ 금속열은 하루 정도가 지나면 증상은 회복되나 후유증으로 호흡기, 시신경 장애 등을 일으킨다.
④ 아연, 마그네슘 등 비교적 융점이 낮은 금속의 제련, 용해, 용접 시 발생하는 산화금속흄을 흡입할 경우 생기는 발열성 질병을 말한다.

[풀이] 금속증기열
㉠ 금속증기에 폭로 후 몇 시간 후에 발병되며 체온상승, 목의 건조, 오한, 기침 및 땀이 많이 발생하고 호흡곤란이 생긴다.
㉡ 금속흄에 노출된 후 일정 시간의 잠복기를 지나 감기와 비슷한 증상이 나타난다.
㉢ 증상은 12~24시간(또는 24~48시간) 후에는 자연적으로 없어지게 된다.
㉣ 기폭로된 근로자는 일시적 면역이 생긴다.
㉤ 특히 아연 취급 작업장에서는 당뇨병 환자의 작업을 금지한다.
㉥ 금속증기열은 폐렴, 폐결핵의 원인이 되지는 않는다.
㉦ 철폐증은 철분진 흡입 시 발생되는 금속열의 한 형태이다.
㉧ 월요일열(monday fever)이라고도 한다.

87 다음 중 유해물질의 흡수에서 배설까지에 관한 설명으로 틀린 것은?

① 흡수된 유해물질은 원래의 형태든, 대사산물의 형태로든 배설되기 위하여 수용성으로 대사된다.
② 간은 화학물질을 대사시키고, 콩팥과 함께 배설시키는 기능을 가지고 있는 것과 관련하여 다른 장기보다도 여러 유해물질의 농도가 낮다.
③ 유해물질은 조직에 분포되기 전에 먼저 몇 개의 막을 통과하여야 하며, 흡수속도는 유해물질의 물리화학적 성상과 막의 특성에 따라 결정된다.
④ 흡수된 유해화학물질은 다양한 비특이적 효소에 의하여 이루어지는 유해물질의 대사로 수용성이 증가되어 체외로의 배출이 용이하게 된다.

[풀이] 간은 화학물질을 대사시키고 콩팥과 함께 배설시키며, 다른 장기보다도 여러 유해물질의 농도가 높다.

정답 84.② 85.③ 86.③ 87.②

88 다음 중 중추신경의 자극작용이 가장 강한 유기용제는?

① 아민
② 알코올
③ 알칸
④ 알데히드

[풀이] 유기화학물질의 중추신경계 억제작용 및 자극작용
㉠ 중추신경계 억제작용 순서
알칸 < 알켄 < 알코올 < 유기산 < 에스테르 < 에테르 < 할로겐화합물
㉡ 중추신경계 자극작용 순서
알칸 < 알코올 < 알데히드 또는 케톤 < 유기산 < 아민류

89 다음 중 생물학적 모니터링에 관한 설명으로 적절하지 않은 것은?

① 생물학적 모니터링은 작업자의 생물학적 시료에서 화학물질의 노출정도를 추정하는 것을 말한다.
② 근로자 노출평가와 건강상의 영향평가 두 가지 목적으로 모두 사용될 수 있다.
③ 내재용량은 최근에 흡수된 화학물질의 양을 말한다.
④ 내재용량은 신체 여러 부분이나 몸 전체에서 저장된 화학물질의 양을 말하는 것은 아니다.

[풀이] 체내 노출량(내재용량)의 여러 개념
㉠ 최근에 흡수된 화학물질의 양을 나타낸다.
㉡ 축적(저장)된 화학물질의 양을 의미한다.
㉢ 화학물질이 건강상 영향을 나타내는 체내 주요 조직이나 부위의 작용과 결합한 화학물질의 양을 의미한다.

90 다음 중 이황화탄소(CS_2)에 관한 설명으로 틀린 것은?

① 감각 및 운동신경 모두에 침범한다.
② 심한 경우 불안, 분노, 자살성향 등을 보이기도 한다.
③ 인조견, 셀로판, 수지와 고무제품의 용제 등에 이용된다.
④ 방향족탄화수소물 중에서 유일하게 조혈장애를 유발한다.

[풀이] 방향족탄화수소 중 조혈장애를 유발하는 대표적 물질은 벤젠이다.
- 이황화탄소(CS_2)의 특징
㉠ 상온에서 무색무취의 휘발성이 매우 높은(비점 46.3℃) 액체이며, 인화·폭발의 위험성이 있다.
㉡ 주로 인조견(비스코스레이온)과 셀로판 생산 및 농약공장, 사염화탄소 제조, 고무제품의 용제 등에서 사용된다.
㉢ 지용성 용매로 피부로도 흡수되며 독성작용으로는 급성 혹은 아급성 뇌병증을 유발한다.
㉣ 말초신경장애 현상으로 파킨슨 증후군을 유발하며 급성마비, 두통, 신경증상 등도 나타난다(감각 및 운동신경 모두 유발).
㉤ 급성으로 고농도 노출 시 사망할 수 있고 1,000ppm 수준에서 환상을 보는 정신이상을 유발(기질적 뇌손상, 말초신경병, 신경행동적 이상)하며, 심한 경우 불안, 분노, 자살성향 등을 보이기도 한다.
㉥ 만성독성으로는 뇌경색증, 다발성 신경염, 협심증, 신부전증 등을 유발한다.
㉦ 고혈압의 유병률과 콜레스테롤 수치의 상승 빈도가 증가되어 뇌·심장 및 신장의 동맥경화성 질환을 초래한다.
㉧ 청각장애는 주로 고주파 영역에서 발생한다.

91 다음 중 칼슘 대사에 장애를 주어 신결석을 동반한 신증후군이 나타나고, 다량의 칼슘 배설이 일어나 뼈의 통증, 골연화증 및 골수공증과 같은 골격계 장애를 유발하는 중금속은?

① 망간(Mn)
② 수은(Hg)
③ 비소(As)
④ 카드뮴(Cd)

[풀이] 카드뮴의 만성중독 건강장애
(1) 신장기능 장애
㉠ 저분자 단백뇨의 다량 배설 및 신석증을 유발한다.
㉡ 칼슘대사에 장애를 주어 신결석을 동반한 신증후군이 나타난다.
(2) 골격계 장애
㉠ 다량의 칼슘 배설(칼슘 대사장애)이 일어나 뼈의 통증, 골연화증 및 골수공증을 유발한다.
㉡ 철분결핍성 빈혈증이 나타난다.

정답 88.① 89.④ 90.④ 91.④

(3) 폐기능 장애
  ㉠ 폐활량 감소, 잔기량 증가 및 호흡곤란의 폐 증세가 나타나며, 이 증세는 노출기간과 노출농도에 의해 좌우된다.
  ㉡ 폐기종, 만성 폐기능 장애를 일으킨다.
  ㉢ 기도 저항이 늘어나고 폐의 가스교환 기능이 저하된다.
  ㉣ 고환의 기능이 쇠퇴(atrophy)한다.
(4) 자각 증상
  ㉠ 기침, 가래 및 후각의 이상이 생긴다.
  ㉡ 식욕부진, 위장 장애, 체중 감소 등을 유발한다.
  ㉢ 치은부의 연한 황색 색소침착을 유발한다.

92 공기역학적 직경(aerodynamic diameter)에 대한 설명과 가장 거리가 먼 것은?

① 역학적 특성, 즉 침강속도 또는 종단속도에 의해 측정되는 먼지 크기이다.
② 직경분립충돌기(cascade impactor)를 이용해 입자의 크기, 형태 등을 분리한다.
③ 대상 입자와 같은 침강속도를 가지며, 밀도가 1인 가상적 구형의 직경으로 환산한 것이다.
④ 마틴 직경, 페렛 직경, 등면적 직경(projected area diameter)의 세 가지로 나누어진다.

[풀이] 마틴 직경, 페렛 직경, 등면적 직경은 기하학적, 즉 물리적 직경의 종류이다.

93 어떤 물질의 독성에 관한 인체실험 결과 안전흡수량이 체중 kg당 0.1mg이었다. 체중이 60kg인 근로자가 1일 8시간 작업할 경우 이 물질의 체내 흡수를 안전흡수량 이하로 유지하려면 공기 중 농도를 몇 mg/m³ 이하로 하여야 하는가? (단, 작업 시 폐환기율은 1.25m³/hr, 체내 잔류율은 1.0으로 한다.)

① 0.5 ② 0.6
③ 4.0 ④ 9.0

[풀이]
체내 흡수량(mg) = $C \times T \times V \times R$
$C = \dfrac{SHD}{T \times V \times R}$
• SHD = 0.1mg/kg × 60kg = 6mg
• T = 8hr
• V = 1.25m³/hr
• R = 1.0
= $\dfrac{6}{8 \times 1.25 \times 1.0}$ = 0.6mg/m³

94 남성근로자에게 생식독성을 유발시키는 유해인자 또는 물질과 가장 거리가 먼 것은?

① X선 ② 항암제
③ 염산 ④ 카드뮴

[풀이] 성별에 따른 생식독성 유발 유해인자
  ㉠ 남성근로자
    고온, X선, 납, 카드뮴, 망간, 수은, 항암제, 마취제, 알킬화제, 이황화탄소, 염화비닐, 음주, 흡연, 마약, 호르몬제제, 마이크로파 등
  ㉡ 여성근로자
    X선, 고열, 저산소증, 납, 수은, 카드뮴, 항암제, 이뇨제, 알킬화제, 유기인계 농약, 음주, 흡연, 마약, 비타민 A, 칼륨, 저혈압 등

95 채석장 및 모래분사작업장(sandblasting) 작업자들이 석영을 과도하게 흡입하여 발생하는 질병은?

① 규폐증 ② 석면폐증
③ 탄폐증 ④ 면폐증

[풀이] 규폐증의 원인
  ㉠ 결정형 규소(암석 : 석영분진, 이산화규소, 유리규산)에 직업적으로 노출된 근로자에게 발생한다.
    ※ 유리규산(SiO_2) 함유 먼지 0.5~5μm의 크기에서 잘 발생한다.
  ㉡ 주요원인물질은 혼합물질이며, 건축업, 도자기작업장, 채석장, 석재공장 등의 작업장에서 근무하는 근로자에게 발생한다.
  ㉢ 석재공장, 주물공장, 내화벽돌 제조, 도자기 제조 등에서 발생하는 유리규산이 주 원인이다.
  ㉣ 유리규산(석영) 분진에 의한 규폐성 결정과 폐포벽 파괴 등 망상내피계 반응은 분진입자의 크기가 2~5μm일 때 자주 일어난다.

96 다음 중 직업성 폐암을 일으키는 물질과 가장 거리가 먼 것은?

① 니켈
② 결정형 실리카
③ 석면
④ β-나프틸아민

[풀이] β-나프틸아민은 담배 속에 함유된 발암물질로, 직업성 폐암과는 거리가 있다.

97 다음 중 망간에 관한 설명으로 틀린 것은?

① 주로 철합금으로 사용되며, 화학공업에서는 건전지 제조업에 사용된다.
② 급성중독 시 신장장애를 일으켜 요독증(uremia)으로 8~10일 이내 사망하는 경우도 있다.
③ 만성노출 시 언어가 느려지고 무표정하게 되며, 소자증(micrographia) 등의 증상이 나타나기도 한다.
④ 망간은 호흡기, 소화기 및 피부를 통하여 흡수되며, 이 중에서 호흡기를 통한 경로가 가장 많고 위험하다.

[풀이] 망간에 의한 건강장애
(1) 급성중독
  ㉠ MMT(Methylcyclopentadienyl Manganese Trialbonyls)에 의한 피부와 호흡기 노출로 인한 증상이다.
  ㉡ 이산화망간 흄에 급성노출되면 열, 오한, 호흡곤란 등의 증상을 특징으로 하는 금속열을 일으킨다.
  ㉢ 급성 고농도에 노출 시 조증(들뜸병)의 정신병 양상을 나타낸다.
(2) 만성중독
  ㉠ 무력증, 식욕감퇴 등의 초기증세를 보이다 심해지면 중추신경계의 특정 부위를 손상(뇌 기저핵에 축적되어 신경세포 파괴)시켜 노출이 지속되면 파킨슨 증후군과 보행장애가 두드러진다.
  ㉡ 안면의 변화, 즉 무표정하게 되며 배근력의 저하를 가져온다(소자증 증상).
  ㉢ 언어가 느려지는 언어장애 및 균형감각 상실 증세가 나타난다.

㉣ 신경염, 신장염 등의 증세가 나타난다.
㉤ 조혈장기의 장애와는 관계가 없다.

98 다음 중 생물학적 모니터링을 위한 시료채취시간에 제한이 없는 것은?

① 소변 중 카드뮴
② 소변 중 아세톤
③ 호기 중 일산화탄소
④ 소변 중 총 크롬(6가)

[풀이] 일반적으로 중금속은 반감기가 길기 때문에 시료채취시간에 제한이 없다.

99 다음 중 유기용제 중독자의 응급처치로 적절하지 않은 것은?

① 용제가 묻은 의복을 벗긴다.
② 유기용제가 있는 장소로부터 대피시킨다.
③ 차가운 장소로 이동하여 정신을 긴장시킨다.
④ 의식장애가 있을 때에는 산소를 흡입시킨다.

[풀이] 유기용제 중독자의 응급처치
㉠ 용제가 묻은 의복을 벗긴다.
㉡ 의식장애가 있을 때에는 산소를 흡입시킨다.
㉢ 환기가 잘 되는 장소로 이동시킨다.
㉣ 유기용제가 있는 장소로부터 대피시킨다.

100 다음 중 다핵방향족 화합물(PAH)에 대한 설명으로 틀린 것은?

① PAH는 벤젠고리가 2개 이상 연결된 것이다.
② PAH의 대사에 관여하는 효소는 시토크롬 P-448로 대사되는 중간산물이 발암성을 나타낸다.
③ 톨루엔, 크실렌 등이 대표적이라 할 수 있다.
④ PAH는 배설을 쉽게 하기 위하여 수용성으로 대사된다.

정답 96.④ 97.② 98.① 99.③ 100.③

[풀이] **다핵방향족탄화수소류(PAH)**
⇨ 일반적으로 시토크롬 P-448이라 한다.
㉠ 벤젠고리가 2개 이상 연결된 것으로 20여 가지 이상이 있다.
㉡ 대사가 거의 되지 않아 방향족 고리로 구성되어 있다.
㉢ 철강 제조업의 코크스 제조공정, 담배의 흡연, 연소공정, 석탄건류, 아스팔트 포장, 굴뚝 청소 시 발생한다.
㉣ 비극성의 지용성 화합물이며 소화관을 통하여 흡수된다.
㉤ 시토크롬 P-450의 준개체단에 의하여 대사되고, PAH의 대사에 관여하는 효소는 P-448로 대사되는 중간산물이 발암성을 나타낸다.
㉥ 대사 중에 산화아렌(arene oxide)을 생성하고 잠재적 독성이 있다.
㉦ 연속적으로 폭로된다는 것은 불가피하게 발암성으로 진행됨을 의미한다.
㉧ 배설을 쉽게 하기 위하여 수용성으로 대사되는데 체내에서 먼저 PAH가 hydroxylation(수산화)되어 수용성을 돕는다.
㉨ PAH의 발암성 강도는 독성 강도와 연관성이 크다.
㉩ ACGIH의 TLV는 TWA로 10ppm이다.
㉪ 인체 발암 추정물질(A2)로 분류된다.

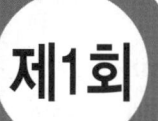

과년도 출제문제 | 2014.03.02
산업위생관리기사

제1과목 | 산업위생학 개론

01 이탈리아의 의사인 Ramazzini는 1700년에 "직업인의 질병(De Morbis Artificum Diatriba)"을 발간하였는데, 이 사람이 제시한 직업병의 원인과 가장 거리가 먼 것은?
① 근로자들의 과격한 동작
② 작업장을 관리하는 체계
③ 작업장에서 사용하는 유해물질
④ 근로자들의 불안전한 작업자세

[풀이] Ramazzini가 제시하는 직업병 원인
㉠ 작업장에서 사용하는 유해물질
㉡ 근로자들의 불안전한 작업자세나 과격한 동작

02 다음 중 직업성 피부질환에 관한 내용으로 틀린 것은?
① 작업환경 내 유해인자에 노출되어 피부 및 부속기관에 병변이 발생되거나 악화되는 질환을 직업성 피부질환이라 한다.
② 피부종양은 발암물질과 피부의 직접 접촉뿐만 아니라 다른 경로를 통한 전신적인 흡수에 의하여도 발생될 수 있다.
③ 미국의 경우 피부질환의 발생빈도가 낮아 사회적 손실을 적게 추정하고 있다.
④ 직업성 피부질환의 간접적 요인으로는 인종, 아토피, 피부질환 등이 있다.

[풀이] 직업성 피부질환은 발생빈도가 타 질환에 비하여 월등히 많은 것이 특징이며, 이로 인해 생산성을 크게 저해시켜 큰 경제적 손실을 가져온다.

03 피로의 현상과 피로조사방법 등을 나타낸 내용 중 가장 관계가 먼 것은?
① 피로현상은 개인차가 심하여 작업에 대한 개체의 반응을 수치로 나타내기 어렵다.
② 노동수명(turn over ratio)으로서 피로를 판정하는 것은 적합하지 않다.
③ 피로조사는 피로도를 판가름하는 데 그치지 않고 작업방법과 교대제 등을 과학적으로 검토할 필요가 있다.
④ 작업시간이 등차급수적으로 늘어나면 피로회복에 요하는 시간은 등비급수적으로 증가하게 된다.

[풀이] 노동수명(turn over ratio)으로 피로를 판정할 수 있다.

04 고온에 순응된 사람들이 고온에 계속적으로 노출되었을 때 증가하는 현상은?
① 심장박동 ② 피부온도
③ 직장온도 ④ 땀의 분비속도

[풀이] 고온순화의 특징
㉠ 고온순화는 매일 고온에 반복이며 지속적으로 폭로 시 4~6일에 주로 이루어진다.
㉡ 순화방법은 하루 100분씩 폭로하는 것이 가장 효과적이며, 하루의 고온폭로시간이 길다고 해서 고온순화가 빨리 이루어지는 것은 아니다.
㉢ 고온에 폭로된 지 12~14일에 거의 완성되는 것으로 알려져 있다.
㉣ 고온순응 정도는 폭로된 고온의 정도에 따라 부분적으로 순응되며, 더 심한 온도에는 내성이 없다.
㉤ 고온에 순응된 상태에서 계속 노출되면 땀의 분비속도가 증가한다.
㉥ 고온순화에 관계된 가장 중요한 외부영향요인은 영양과 수분보충이다.

정답 01.② 02.③ 03.② 04.④

05 어떤 젊은 근로자의 약한 쪽 손의 힘이 평균 50kP(kilo-Pound)이다. 이러한 근로자가 무게 10kg인 상자를 두 손으로 들어 올리는 작업을 할 때의 작업강도(%MS)는 얼마인가? (단, 1kP는 질량 1kg을 중력의 크기로 당기는 힘을 나타낸다.)

① 0.1
② 1
③ 10
④ 100

풀이
$$\text{작업강도}(\%MS) = \frac{RF}{MS} \times 100$$
$$= \frac{5}{50} \times 100 = 10\%MS$$

06 직업과 적성에 대한 내용 중에서 심리적 적성검사에 해당되지 않는 것은?

① 지능검사
② 기능검사
③ 체력검사
④ 인성검사

풀이
(1) 생리학적 적성검사(생리적 기능검사)
  ㉠ 감각기능검사
  ㉡ 심폐기능검사
  ㉢ 체력검사
(2) 심리학적 적성검사
  ㉠ 지능검사
  ㉡ 지각동작검사
  ㉢ 인성검사
  ㉣ 기능검사

07 다음 중 주요 실내오염물질의 발생원으로 가장 보기 어려운 것은?

① 호흡
② 흡연
③ 연소기기
④ 자외선

풀이 주요 실내오염물질의 발생원
㉠ 호흡(이산화탄소)
㉡ 연소기기(일산화탄소)
㉢ 석면
㉣ 흡연
㉤ 포름알데히드
㉥ 라돈
㉦ 미생물성 물질

08 미국산업위생학술원(AAIH)에서 채택한 산업위생전문가로서의 책임에 해당되지 않는 것은?

① 직업병을 평가하고 관리한다.
② 성실성과 학문적 실력에서 최고수준을 유지한다.
③ 전문 분야로서의 산업위생을 학문적으로 발전시킨다.
④ 과학적 방법의 적용과 자료 해석에 객관성을 유지한다.

풀이 산업위생전문가로서의 책임
㉠ 성실성과 학문적 실력 면에서 최고수준을 유지한다(전문적 능력 배양 및 성실한 자세로 행동).
㉡ 과학적 방법의 적용과 자료의 해석에서 경험을 통한 전문가의 객관성을 유지한다(공인된 과학적 방법 적용·해석).
㉢ 전문 분야로서의 산업위생을 학문적으로 발전시킨다.
㉣ 근로자, 사회 및 전문 직종의 이익을 위해 과학적 지식을 공개하고 발표한다.
㉤ 산업위생활동을 통해 얻은 개인 및 기업체의 기밀은 누설하지 않는다(정보는 비밀 유지).
㉥ 전문적 판단이 타협에 의하여 좌우될 수 있거나 이해관계가 있는 상황에는 개입하지 않는다.

09 다음 중 재해예방의 4원칙에 관한 설명으로 틀린 것은?

① 재해발생과 손실의 발생은 우연적이므로 사고발생 자체의 방지가 이루어져야 한다.
② 재해발생에는 반드시 원인이 있으며, 사고와 원인의 관계는 필연적이다.
③ 재해는 원칙적으로 예방이 불가능하므로 지속적인 교육이 필요하다.
④ 재해예방을 위한 가능한 안전대책은 반드시 존재한다.

풀이 산업재해 예방(방지)의 4원칙
㉠ 예방가능의 원칙 : 재해는 원칙적으로 모두 방지가 가능하다.

정답 05.③ 06.③ 07.④ 08.① 09.③

ⓛ 손실우연의 원칙 : 재해발생과 손실발생은 우연적이므로 사고발생 자체의 방지가 이루어져야 한다.
ⓒ 원인계기의 원칙 : 재해발생에는 반드시 원인이 있으며, 사고와 원인의 관계는 필연적이다.
ⓔ 대책선정의 원칙 : 재해예방을 위한 가능한 안전대책은 반드시 존재한다.

ⓒ 작업자의 건강보호 및 생산성 향상(근로자의 건강을 유지·증진시키고 작업능률을 향상)
ⓔ 근로자들의 육체적, 정신적, 사회적 건강을 유지 및 증진
ⓟ 산업재해의 예방 및 직업성 질환 유소견자의 작업 전환

10 산업위생관리 측면에서 피로의 예방대책으로 적절하지 않은 것은?

① 각 개인에 따라 작업량을 조절한다.
② 작업과정에 적절한 간격으로 휴식시간을 둔다.
③ 개인의 숙련도 등에 따라 작업속도를 조절한다.
④ 동적인 작업을 모두 정적인 작업으로 전환한다.

풀이 산업피로 예방대책
ⓐ 불필요한 동작을 피하고, 에너지 소모를 적게 한다.
ⓑ 동적인 작업을 늘리고, 정적인 작업을 줄인다.
ⓒ 개인의 숙련도에 따라 작업속도와 작업량을 조절한다.
ⓓ 작업시간 중 또는 작업 전후에 간단한 체조나 오락시간을 갖는다.
ⓔ 장시간 한 번 휴식하는 것보다 단시간씩 여러 번 나누어 휴식하는 것이 피로회복에 도움이 된다.

11 다음 중 산업위생관리 업무와 가장 거리가 먼 것은?

① 직업성 질환에 대한 판정과 보상
② 유해작업환경에 대한 공학적인 조치
③ 작업조건에 대한 인간공학적인 평가
④ 작업환경에 대한 정확한 분석기법의 개발

풀이 산업위생관리 업무(목적)
ⓐ 작업환경과 근로조건의 개선 및 직업병의 근원적 예방
ⓑ 작업환경 및 작업조건의 인간공학적 개선(최적의 작업환경 및 작업조건으로 개선하여 질병을 예방)

12 다음 중 산업안전보건법령상 중대재해에 해당하지 않는 것은?

① 사망자가 1명 발생한 재해
② 부상자가 동시에 5명 발생한 재해
③ 직업성 질병자가 동시에 12명 발생한 재해
④ 3개월 이상의 요양을 요하는 부상자가 동시에 3명 발생한 재해

풀이 중대재해
ⓐ 사망자가 1명 이상 발생한 재해
ⓑ 3개월 이상의 요양을 요하는 부상자가 동시에 2명 이상 발생한 재해
ⓒ 부상자 또는 직업성 질병자가 동시에 10명 이상 발생한 재해

13 무색, 무취의 기체로서 흙, 콘크리트, 시멘트나 벽돌 등의 건축자재에 존재하였다가 공기 중으로 방출되며 지하공간에서 더 높은 농도를 보이고, 폐암을 유발하는 실내공기 오염물질은?

① 라듐
② 라돈
③ 비스무스
④ 우라늄

풀이 라돈
ⓐ 자연적으로 존재하는 암석이나 토양에서 발생하는 thorium, uranium의 붕괴로 인해 생성되는 자연방사성 가스로, 공기보다 9배가 무거워 지표에 가깝게 존재한다.
ⓑ 무색, 무취, 무미한 가스로 인간의 감각에 의해 감지할 수 없다.
ⓒ 라듐의 α붕괴에서 발생하며, 호흡하기 쉬운 방사성 물질이다.

정답 10.④ 11.① 12.② 13.②

② 라돈의 동위원소에는 Rn^{222}, Rn^{220}, Rn^{219}가 있고, 이 중 반감기가 긴 Rn^{222}가 실내공간의 인체 위해성 측면에서 주요 관심대상이며 지하공간에 더 높은 농도를 보인다.
⑩ 방사성 기체로서 지하수, 흙, 석고실드, 콘크리트, 시멘트나 벽돌, 건축자재 등에서 발생하여 폐암 등을 발생시킨다.

14 다음 중 우리나라의 노출기준 단위가 다른 하나는?
① 결정체 석영
② 유리섬유 분진
③ 광물성 섬유
④ 내화성 세라믹섬유

풀이 ㉠ 결정체 석영, 유리섬유 분진, 광물성 섬유의 노출기준단위 : mg/m^3
㉡ 내화성 세라믹섬유의 노출기준단위 : 개/cm^3

15 다음 중 최대작업영역의 설명으로 가장 적당한 것은?
① 움직이지 않고 상지(上肢)를 뻗어서 닿는 범위
② 움직이지 않고 전박(前膊)과 손으로 조작할 수 있는 범위
③ 최대한 움직인 상태에서 상지(上肢)를 뻗어서 닿는 범위
④ 최대한 움직인 상태에서 전박(前膊)과 손으로 조작할 수 있는 범위

풀이 수평작업영역의 구분
(1) 최대작업역(최대영역, maximum area)
㉠ 팔 전체가 수평상에 도달할 수 있는 작업영역
㉡ 어깨로부터 팔을 뻗어 도달할 수 있는 최대영역
㉢ 아래팔(전완)과 위팔(상완)을 곧게 펴서 파악할 수 있는 영역
㉣ 움직이지 않고 상지를 뻗어서 닿는 범위
(2) 정상작업역(표준영역, normal area)
㉠ 상박부를 자연스런 위치에서 몸통부에 접하고 있을 때에 전박부가 수평면 위에서 쉽게 도착할 수 있는 운동범위
㉡ 위팔(상완)을 자연스럽게 수직으로 늘어뜨린 채 아래팔(전완)만으로 편안하게 뻗어 파악할 수 있는 영역

㉢ 움직이지 않고 전박과 손으로 조작할 수 있는 범위
㉣ 앉은 자세에서 위팔은 몸에 붙이고, 아래팔만 곧게 뻗어 닿는 범위
㉤ 약 34~45cm의 범위

16 다음 중 물질안전보건자료(MSDS)의 작성 원칙에 관한 설명으로 틀린 것은?
① MSDS의 작성단위는 「계량에 관한 법률」이 정하는 바에 의한다.
② MSDS는 한글로 작성하는 것을 원칙으로 하되 화학물질명, 외국기관명 등의 고유명사는 영어로 표기할 수 있다.
③ 각 작성항목은 빠짐없이 작성하여야 하며, 부득이 어느 항목에 대해 관련 정보를 얻을 수 없는 경우 작성란은 공란으로 둔다.
④ 외국어로 되어 있는 MSDS를 번역하는 경우에는 자료의 신뢰성이 확보될 수 있도록 최초 작성기관명 및 시기를 함께 기재하여야 한다.

풀이 각 작성항목은 빠짐없이 작성하여야 한다. 다만, 부득이 어느 항목에 대해 관련 정보를 얻을 수 없는 경우 작성란에 '자료 없음'이라고 기재하고, 적용이 불가능하거나 대상이 되지 않는 경우 작성란에 '해당 없음'이라고 기재한다.

17 1년간 연근로시간이 240,000시간인 작업장에 5건의 재해가 발생하여 500일의 휴업일수를 기록하였다. 연간근로일수를 300일로 할 때 강도율(intensity rate)은 약 얼마인가?
① 1.7
② 2.1
③ 2.7
④ 3.2

풀이
$$강도율 = \frac{근로손실일수}{연근로시간수} \times 1,000$$
• 근로손실일수 $= \frac{300}{365} \times 500 = 410.96$
$= \frac{410.96}{240,000} \times 1,000 = 1.71$

18 다음 [표]를 이용하여 산출한 권장무게한계(RWL)는 약 얼마인가? (단, 개정된 NIOSH의 들기작업 권고기준에 따른다.)

계수 구분	값
수평계수	0.5
수직계수	0.955
거리계수	0.91
비대칭계수	1
빈도계수	0.45
커플링계수	0.95

① 4.27kg ② 8.55kg
③ 12.82kg ④ 21.36kg

풀이
RWL(kg) = LC × HM × VM × DM × AM × FM × CM
= 23kg × 0.5 × 0.955 × 0.91 × 1 × 0.45 × 0.95
= 4.27kg

19 산업안전보건법에 따라 사업주가 허가대상 유해물질을 제조하거나 사용하는 작업장의 보기 쉬운 장소에 반드시 게시하여야 하는 내용이 아닌 것은?

① 제조날짜
② 취급상의 주의사항
③ 인체에 미치는 영향
④ 착용하여야 할 보호구

풀이 허가대상 유해물질 제조·사용 시 게시사항
㉠ 허가대상 유해물질의 명칭
㉡ 인체에 미치는 영향
㉢ 취급상 주의사항
㉣ 착용하여야 할 보호구
㉤ 응급처치와 긴급방재요령

20 다음 중 L_5/S_1 디스크에 얼마 정도의 압력이 초과되면 대부분의 근로자에게 장애가 나타나는가?

① 3,400N ② 4,400N
③ 5,400N ④ 6,400N

풀이 L_5/S_1 디스크에 6,400N 압력부하 시 대부분 근로자가 견딜 수 없으며, 압력이 3,400N 미만인 경우 대부분의 근로자들은 견딜 수 있다.

제2과목 | 작업위생 측정 및 평가

21 유기용제 작업장에서 측정한 톨루엔 농도는 65, 150, 175, 63, 83, 112, 58, 49, 205, 178(ppm)이다. 산술평균과 기하평균값은 각각 얼마인가?

① 산술평균 108.4, 기하평균 100.4
② 산술평균 108.4, 기하평균 117.6
③ 산술평균 113.8, 기하평균 100.4
④ 산술평균 113.8, 기하평균 117.6

풀이
㉠ 산술평균
$$= \frac{65+150+175+63+83+112+58+49+205+178}{10} = 113.8\text{ppm}$$

㉡ log(GM)
$$= \frac{\log65+\log150+\log175+\log63+\log83+\log112+\log58+\log49+\log205+\log178}{10}$$
$$= 2.001$$
∴ GM(기하평균) = $10^{2.001}$ = 100.23ppm

22 유해가스를 생리학적으로 분류할 때 단순 질식제와 가장 거리가 먼 것은?

① 아르곤
② 메탄
③ 아세틸렌
④ 오존

풀이 단순 질식제의 종류
㉠ 이산화탄소(CO_2)
㉡ 메탄(CH_4)
㉢ 질소(N_2)
㉣ 수소(H_2)
㉤ 에탄, 프로판, 에틸렌, 아세틸렌, 헬륨, 아르곤

정답 18.① 19.① 20.④ 21.③ 22.④

23 시료를 포집할 때 4%의 오차가, 또 포집된 시료를 분석할 때 3%의 오차가 발생하였다. 다른 오차는 발생하지 않았다고 가정할 때 누적오차는?

① 4% ② 5%
③ 6% ④ 7%

풀이 누적오차 = $\sqrt{4^2 + 3^2}$ = 5%

24 순수한 물의 몰(M)농도는? (단, 표준상태 기준)

① 35.2 ② 45.3
③ 55.6 ④ 65.7

풀이
$$M(\text{mol/L}) = \frac{1\text{mol}}{18\text{g}} \times 0.9998425\text{g/mL} \times 1,000\text{mL/L}$$
$$= 55.55 \text{mol/L(M)}$$

25 어느 작업장의 온도를 측정하여, 건구온도 30℃, 자연습구온도 30℃, 흑구온도 34℃를 얻었다. 이 작업장의 옥외(태양광선이 내리쬐지 않는 장소) WBGT는? (단, 고시 기준)

① 30.4℃
② 30.8℃
③ 31.2℃
④ 31.6℃

풀이 태양광선이 내리쬐지 않는 장소의 WBGT(℃)
= (0.7×자연습구온도) + (0.3×흑구온도)
= (0.7×30℃) + (0.3×34℃)
= 31.2℃

26 호흡기계의 어느 부위에 침착하더라도 독성을 나타내는 입자물질(비암이나 비중격천공을 일으키는 입자물질이 여기에 속하며, 보통 입경범위 0~100μm)로 옳은 것은? (단, 미국 ACGIH 기준)

① ORM ② IPM
③ TPM ④ RPM

풀이 ACGIH의 입자 크기별 기준(TLV)
(1) 흡입성 입자상 물질
   (IPM ; Inspirable Particulates Mass)
   ㉠ 호흡기의 어느 부위(비강, 인후두, 기관 등 호흡기의 기도 부위)에 침착하더라도 독성을 유발하는 분진이다.
   ㉡ 비암이나 비중격천공을 일으키는 입자상 물질이 여기에 속한다.
   ㉢ 침전분진은 재채기, 침, 코 등의 벌크(bulk) 세척기전으로 제거된다.
   ㉣ 입경범위 : 0~100μm
   ㉤ 평균입경 : 100μm(폐침착의 50%에 해당하는 입자의 크기)
(2) 흉곽성 입자상 물질
   (TPM ; Thoracic Particulates Mass)
   ㉠ 기도나 하기도(가스교환 부위)에 침착하여 독성을 나타내는 물질이다.
   ㉡ 평균입경 : 10μm
   ㉢ 채취기구 : PM 10
(3) 호흡성 입자상 물질
   (RPM ; Respirable Particulates Mass)
   ㉠ 가스교환 부위, 즉 폐포에 침착할 때 유해한 물질이다.
   ㉡ 평균입경 : 4μm(공기역학적 직경이 10μm 미만의 먼지가 호흡성 입자상 물질)
   ㉢ 채취기구 : 10mm nylon cyclone

27 작업장 내의 오염물질 측정방법인 검지관법에 관한 설명으로 옳지 않은 것은?

① 민감도가 낮다.
② 특이도가 낮다.
③ 측정대상 오염물질의 동정 없이 간편하게 측정할 수 있다.
④ 맨홀, 밀폐공간에서의 산소부족 또는 폭발성 가스로 인한 안전이 문제가 될 때 유용하게 사용될 수 있다.

풀이 검지관 측정법의 장단점
(1) 장점
   ㉠ 사용이 간편하다.
   ㉡ 반응시간이 빨라 현장에서 바로 측정결과를 알 수 있다.
   ㉢ 비전문가도 어느 정도 숙지하면 사용할 수 있지만 산업위생전문가의 지도 아래 사용되어야 한다.

정답 23.② 24.③ 25.③ 26.② 27.③

ⓔ 맨홀, 밀폐공간에서의 산소부족 또는 폭발성 가스로 인한 안전이 문제가 될 때 유용하게 사용된다.
ⓜ 다른 측정방법이 복잡하거나 빠른 측정이 요구될 때 사용할 수 있다.

(2) 단점
  ㉠ 민감도가 낮아 비교적 고농도에만 적용이 가능하다.
  ㉡ 특이도가 낮아 다른 방해물질의 영향을 받기 쉽고 오차가 크다.
  ㉢ 대개 단시간 측정만 가능하다.
  ㉣ 한 검지관으로 단일물질만 측정 가능하여 각 오염물질에 맞는 검지관을 선정함에 따른 불편함이 있다.
  ㉤ 색변화에 따라 주관적으로 읽을 수 있어 판독자에 따라 변이가 심하며, 색변화가 시간에 따라 변하므로 제조자가 정한 시간에 읽어야 한다.
  ㉥ 미리 측정대상 물질의 동정이 되어 있어야 측정이 가능하다.

28 유기성 또는 무기성 가스나 증기가 포함된 공기 또는 호기를 채취할 때 사용되는 시료채취백에 대한 설명으로 옳지 않은 것은?

① 시료채취 전에 백의 내부를 불활성 가스로 몇 번 치환하여 내부 오염물질을 제거한다.
② 백의 재질이 채취하고자 하는 오염물질에 대한 투과성이 높아야 한다.
③ 백의 재질과 오염물질 간에 반응성이 없어야 한다.
④ 분석할 때까지 오염물질이 안정하여야 한다.

[풀이] 시료채취백 사용 시 주의사항
  ㉠ 시료채취 전에 백의 내부를 불활성 가스 또는 순수 공기로 몇 번 치환하여 내부 오염물질을 제거한다.
  ㉡ 백의 재질은 채취하고자 하는 오염물질에 대한 투과성이 낮아야 한다.
  ㉢ 백의 재질과 오염물질 간에 반응성이 없어야 한다.
  ㉣ 분석할 때까지 오염물질이 안정하여야 한다.
  ㉤ 연결부위에 그리스 등을 사용하지 않는다.
  ㉥ 누출검사가 필요하며, 이전 시료채취로 인한 잔류효과가 적어야 한다.
  ㉦ 정확성과 정밀성이 높지 않은 방법이다.

29 누적소음노출량 측정기로 소음을 측정하는 경우, 기기설정으로 적절한 것은? (단, 고용노동부 고시 기준)

① criteria=80dB, exchange rate=5dB, threshold=90dB
② criteria=80dB, exchange rate=10dB, threshold=90dB
③ criteria=90dB, exchange rate=5dB, threshold=80dB
④ criteria=90dB, exchange rate=10dB, threshold=80dB

[풀이] 누적소음노출량 측정기의 설정
  ㉠ criteria=90dB
  ㉡ exchange rate=5dB
  ㉢ threshold=80dB

30 Hexane의 부분압이 150mmHg(OEL 500ppm)이었을 때 Vapor Hazard Ratio(VHR)는?

① 335   ② 355
③ 375   ④ 395

[풀이]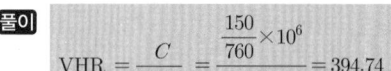
$$VHR = \frac{C}{TLV} = \frac{\frac{150}{760}\times 10^6}{500} = 394.74$$

31 어떤 작업장에서 벤젠(C_6H_6, 분자량은 78)의 8시간 평균농도가 5ppmv(부피단위)이었다. 측정 당시의 작업장 온도는 20℃이었고, 대기압은 760mmHg(1atm)이었다. 이 온도와 대기압에서 벤젠 5ppmv에 해당하는 mg/m^3은?

① 13.22   ② 14.22
③ 15.22   ④ 16.22

[풀이]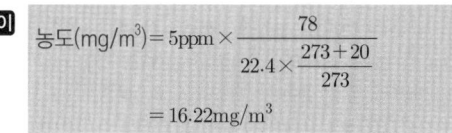
$$농도(mg/m^3) = 5ppm \times \frac{78}{22.4 \times \frac{273+20}{273}} = 16.22 mg/m^3$$

32 다음의 2차 표준기구 중 주로 실험실에서 사용하는 것은?

① 건식 가스미터　② 로터미터
③ 습식 테스트미터　④ 열선기류계

[풀이] 습식 테스트미터는 주로 실험실에서 사용되며, 건식 테스트미터는 주로 현장에서 사용된다.

33 열, 화학물질, 압력 등에 강한 특성을 가지고 있어 고열공정에서 발생되는 다핵방향족 탄화수소 채취에 이용되는 막 여과지로 가장 적절한 것은?

① PVC　② 섬유상
③ PTFE　④ MCE

[풀이] **PTFE막 여과지(Polytetrafluoroethylene membrane filter, 테프론)**
㉠ 열, 화학물질, 압력 등에 강한 특성을 가지고 있어 석탄건류나 증류 등의 고열공정에서 발생하는 다핵방향족탄화수소를 채취하는 데 이용된다.
㉡ 농약, 알칼리성 먼지, 콜타르피치 등을 채취한다.
㉢ $1\mu m$, $2\mu m$, $3\mu m$의 여러 가지 구멍 크기를 가지고 있다.

34 직경분립충돌기에 관한 설명으로 옳지 않은 것은?

① 흡입성, 흉곽성, 호흡성 입자의 크기별 분포와 농도를 계산할 수 있다.
② 호흡기의 부분별로 침착된 입자 크기의 자료를 추정할 수 있다.
③ 입자의 질량 크기 분포를 얻을 수 있다.
④ 되튐 또는 과부하에 대한 시료손실이 없어 비교적 정확한 측정이 가능하다.

[풀이] **직경분립충돌기(cascade impactor)의 장단점**
(1) 장점
　㉠ 입자의 질량 크기 분포를 얻을 수 있다(공기흐름속도를 조절하여 채취입자를 크기별로 구분 가능).
　㉡ 호흡기의 부분별로 침착된 입자 크기의 자료를 추정할 수 있다.
　㉢ 흡입성, 흉곽성, 호흡성 입자의 크기별로 분포와 농도를 계산할 수 있다.
(2) 단점
　㉠ 시료채취가 까다롭다. 즉 경험이 있는 전문가가 철저한 준비를 통해 이용해야 정확한 측정이 가능하다(작은 입자는 공기흐름속도를 크게 하여 충돌판에 포집할 수 없음).
　㉡ 비용이 많이 든다.
　㉢ 채취준비시간이 과다하다.
　㉣ 되튐으로 인한 시료의 손실이 일어나 과소분석결과를 초래할 수 있어 유량을 2L/min 이하로 채취한다.
　㉤ 공기가 옆에서 유입되지 않도록 각 충돌기의 조립과 장착을 철저히 해야 한다.

35 온도 표시에 관한 내용으로 옳지 않은 것은? (단, 고용노동부 고시 기준)

① 실온은 1~35℃
② 미온은 30~40℃
③ 온수는 60~70℃
④ 냉수는 4℃ 이하

[풀이] **온도 표시의 기준**
㉠ 온도의 표시는 셀시우스(Celcius)법에 따라 아라비아 숫자의 오른쪽에 ℃를 붙인다. 절대온도는 K로 표시하고, 절대온도 0K는 -273℃로 한다.
㉡ 상온은 15~25℃, 실온은 1~35℃, 미온은 30~40℃로 하고, 찬 곳은 따로 규정이 없는 한 0~15℃의 곳을 말한다.
㉢ 냉수(冷水)는 15℃ 이하, 온수(溫水)는 60~70℃, 열수(熱水)는 약 100℃를 말한다.

36 PVC막 여과지에 관한 설명과 가장 거리가 먼 내용은?

① 유리규산을 채취하여 X선 회절법으로 분석하는 데 적절하다.
② 코크스 제조공정에서 발생되는 코크스 오븐 배출물질을 채취하는 데 이용된다.
③ 수분에 대한 영향이 크지 않다.
④ 공해성 먼지, 총 먼지 등의 중량분석을 위한 측정에 이용된다.

정답　32.③　33.③　34.④　35.④　36.②

[풀이] **PVC막 여과지(Polyvinyl chloride membrane filter)**
㉠ 가볍고, 흡습성이 낮기 때문에 분진의 중량분석에 사용된다.
㉡ 유리규산을 채취하여 X선 회절법으로 분석하는 데 적절하고 6가 크롬 및 아연산화합물의 채취에 이용한다.
㉢ 수분에 영향이 크지 않아 공해성 먼지, 총 먼지 등의 중량분석을 위한 측정에 사용한다.
㉣ 석탄먼지, 결정형 유리규산, 무정형 유리규산, 별도로 분리하지 않은 먼지 등을 대상으로 무게농도를 구하고자 할 때 PVC막 여과지로 채취한다.
㉤ 습기에 영향을 적게 받기 위해 전기적인 전하를 가지고 있어 채취 시 입자를 반발하여 채취효율을 떨어뜨리는 단점이 있다. 따라서 채취 전에 필터를 세정용액으로 처리함으로써 이러한 오차를 줄일 수 있다.

37 어느 작업환경에서 발생되는 소음원 1개의 소음레벨이 92dB이라면 소음원이 8개일 때의 전체소음레벨은?

① 101dB ② 103dB
③ 105dB ④ 107dB

[풀이] $L_P = 10\log(8 \times 10^{9.2})$
= 101.03dB

38 습구온도 측정에 관한 설명으로 옳지 않은 것은? (단, 고용노동부 고시 기준)

① 아스만통풍건습계는 눈금간격이 0.5도인 것을 사용한다.
② 아스만통풍건습계의 측정시간은 25분 이상이다.
③ 자연습구온도계의 측정시간은 5분 이상이다.
④ 습구흑구온도계의 측정시간은 15분 이상이다.

[풀이] **측정구분에 의한 측정기기 및 측정시간**

구 분	측정기기	측정시간
습구 온도	0.5도 간격의 눈금이 있는 아스만통풍건습계, 자연습구온도를 측정할 수 있는 기기 또는 이와 동등 이상의 성능이 있는 측정기기	• 아스만통풍건습계 : 25분 이상 • 자연습구온도계 : 5분 이상
흑구 및 습구 흑구 온도	직경이 5센티미터 이상되는 흑구온도계 또는 습구흑구온도(WBGT)를 동시에 측정할 수 있는 기기	• 직경이 15센티미터일 경우 : 25분 이상 • 직경이 7.5센티미터 또는 5센티미터일 경우 : 5분 이상

※ 고시 변경사항, 학습 안 하셔도 무방합니다.

39 흡착제로 사용되는 활성탄의 제한점에 관한 내용으로 옳지 않은 것은?

① 휘발성이 적은 고분자량의 탄화수소화합물의 채취효율이 떨어짐
② 암모니아, 에틸렌, 염화수소와 같은 저비점 화합물은 비효과적임
③ 비교적 높은 습도는 활성탄의 흡착용량을 저하시킴
④ 케톤의 경우 활성탄 표면에서 물을 포함하는 반응에 의하여 파괴되어 탈착률과 안정성에서 부적절함

[풀이] **활성탄의 제한점**
㉠ 표면의 산화력으로 인해 반응성이 큰 멜캅탄, 알데히드 포집에는 부적합하다.
㉡ 케톤의 경우 활성탄 표면에서 물을 포함하는 반응에 의하여 파과되어 탈착률과 안정성에 부적절하다.
㉢ 메탄, 일산화탄소 등은 흡착되지 않는다.
㉣ 휘발성이 큰 저분자량의 탄화수소화합물의 채취효율이 떨어진다.
㉤ 끓는점이 낮은 저비점 화합물인 암모니아, 에틸렌, 염화수소, 포름알데히드 증기는 흡착속도가 높지 않아 비효과적이다.

[정답] 37.① 38.④ 39.①

40 다음 중 흡착제를 이용하여 시료채취를 할 때 영향을 주는 인자에 관한 설명으로 옳지 않은 것은?

① 흡착제의 크기 : 입자의 크기가 작을수록 표면적이 증가하여 채취효율이 증가하나 압력강하가 심하다.
② 온도 : 고온에서는 흡착대상 오염물질과 흡착제의 표면 사이의 반응속도가 증가하여 흡착에 유리하다.
③ 시료채취속도 : 시료채취속도가 높고 코팅된 흡착제일수록 파과가 일어나기 쉽다.
④ 오염물질농도 : 공기 중 오염물질의 농도가 높을수록 파과용량[흡착제에 흡착된 오염물질의 양(mg)]은 증가하나 파과공기량은 감소한다.

풀이 흡착제를 이용한 시료채취 시 영향인자
㉠ 온도 : 온도가 낮을수록 흡착에 좋으나 고온일수록 흡착대상 오염물질과 흡착제의 표면 사이 또는 2종 이상의 흡착대상 물질 간 반응속도가 증가하여 흡착성질이 감소하며 파과가 일어나기 쉽다(모든 흡착은 발열반응이다).
㉡ 습도 : 극성 흡착제를 사용할 때 수증기가 흡착되기 때문에 파과가 일어나기 쉽다. 또한 습도가 높으면 파과공기량(파과가 일어날 때까지 채취공기량)이 적어진다.
㉢ 시료채취속도 : 시료채취속도가 크고 코팅된 흡착제일수록 파과가 일어나기 쉽다.
㉣ 유해물질농도 : 농도가 높으면 파과용량(흡착제에 흡착된 오염물질량)은 증가, 파과공기량은 감소한다.
㉤ 혼합물 : 혼합기체의 경우 각 기체의 흡착량은 단독성분이 있을 때보다 적어지게 된다(혼합물 중 흡착제와 강한 결합을 하는 물질에 의하여 치환반응이 일어나기 때문).
㉥ 흡착제의 크기 : 입자 크기가 작을수록 표면적및 채취효율이 증가하나 압력강하가 심하다(활성탄은 다른 흡착제에 비하여 큰 비표면적을 갖고 있다).
㉦ 흡착관의 크기(튜브의 내경) : 흡착제의 양이 많아지면 전체 흡착제의 표면적이 증가하여 채취용량이 증가하므로 파과가 쉽게 발생되지 않는다.

제3과목 | 작업환경 관리대책

41 보호장구의 재질과 적용물질에 대한 내용으로 옳지 않은 것은?

① Butyl 고무 – 비극성 용제에 효과적이다.
② 면 – 용제에는 사용하지 못한다.
③ 천연고무 – 극성 용제에 효과적이다.
④ 가죽 – 용제에는 사용하지 못한다.

풀이 보호장구 재질에 따른 적용물질
㉠ Neoprene 고무 : 비극성 용제, 극성 용제 중 알코올, 물, 케톤류 등에 효과적
㉡ 천연고무(latex) : 극성 용제 및 수용성 용액에 효과적(절단 및 찰과상 예방)
㉢ Viton : 비극성 용제에 효과적
㉣ 면 : 고체상 물질에 효과적, 용제에는 사용 못함
㉤ 가죽 : 용제에는 사용 못함(기본적인 찰과상 예방)
㉥ Nitrile 고무 : 비극성 용제에 효과적
㉦ Butyl 고무 : 극성 용제(알데히드, 지방족)에 효과적
㉧ Ethylene vinyl alcohol : 대부분의 화학물질을 취급할 경우 효과적

42 유해물질을 제거하기 위해 작업장에 설치된 후드가 300m³/min으로 환기되도록 송풍기를 설치하였다. 설치 초기 시, 후드 정압은 50mmH₂O였는데, 6개월 후에 후드 정압을 측정해 본 결과 절반으로 낮아졌다면 기타 조건에 변화가 없을 때의 환기량은? (단, 상사 법칙 적용)

① 환기량이 252m³/min으로 감소하였다.
② 환기량이 212m³/min으로 감소하였다.
③ 환기량이 150m³/min으로 감소하였다.
④ 환기량이 125m³/min으로 감소하였다.

풀이
$$Q_c = Q_d \sqrt{\frac{SP_2}{SP_1}}$$
$$= 300\text{m}^3/\text{min} \times \sqrt{\frac{25}{50}}$$
$$= 212.13\text{m}^3/\text{min}$$

43 20°C의 송풍관 내부에 520m/min으로 공기가 흐르고 있을 때 속도압은? (단, 0°C 공기밀도는 1.296kg/m³이다.)

① 4.6mmH₂O ② 6.8mmH₂O
③ 8.2mmH₂O ④ 10.1mmH₂O

풀이
$$VP = \frac{\gamma V^2}{2g}$$

- $\gamma = 1.296 \times \frac{273}{273+20} = 1.207 kg/m^3$
- $V = 520 m/min \times min/60sec = 8.67 m/sec$

$$= \frac{1.207 \times 8.67^2}{2 \times 9.8} = 4.63 mmH_2O$$

44 다음 빈칸의 내용이 알맞게 조합된 것은?

> 원형 직관에서 압력손실은 (㉮)에 비례하고, (㉯)에 반비례하며, 속도의 (㉰)에 비례한다.

① ㉮ 송풍관의 길이, ㉯ 송풍관의 직경, ㉰ 제곱
② ㉮ 송풍관의 직경, ㉯ 송풍관의 길이, ㉰ 제곱
③ ㉮ 송풍관의 길이, ㉯ 속도압, ㉰ 세제곱
④ ㉮ 속도압, ㉯ 송풍관의 길이, ㉰ 세제곱

풀이
$$\Delta P = \lambda \times \frac{L}{D} \times \frac{\gamma V^2}{2g}$$
$$(\lambda = 4f)$$

45 후드로부터 0.25m 떨어진 곳에 있는 공정에서 발생되는 먼지를 제어속도 5m/sec, 후드 직경 0.4m인 원형 후드를 이용하여 제거하고자 한다. 이때 필요환기량(m³/min)은? (단, 플랜지 등 기타 조건은 고려하지 않는다.)

① 205 ② 215
③ 225 ④ 235

풀이
$$Q = V_c \times (10X^2 + A)$$
$$= 5m/sec \times 60sec/min$$
$$\times \left[(10 \times 0.25^2)m^2 + \left(\frac{3.14 \times 0.4^2}{4}\right)m^2 \right]$$
$$= 225.18 m^3/min$$

46 다음 중 지적온도(optimum temperature)에 미치는 영향인자들의 설명으로 옳지 않은 것은?

① 작업량이 클수록 체열생산량이 많아 지적온도는 낮아진다.
② 여름철이 겨울철보다 지적온도가 높다.
③ 더운 음식물, 알코올, 기름진 음식 등을 섭취하면 지적온도는 낮아진다.
④ 노인들보다 젊은 사람의 지적온도가 높다.

풀이 젊은 사람들보다 노인들의 지적온도가 높다.

47 작업장 내 교차기류 형성에 따른 영향과 가장 거리가 먼 것은?

① 국소배기장치의 제어속도가 영향을 받는다.
② 작업장의 음압으로 인해 형성된 높은 기류는 근로자에게 불쾌감을 준다.
③ 작업장 내의 오염된 공기를 다른 곳으로 분산시키기 곤란하다.
④ 먼지가 발생되는 공정인 경우, 침강된 먼지를 비산·이동시켜 다시 오염되는 결과를 야기한다.

풀이 교차기류는 작업장 내의 오염된 공기를 다른 곳으로 분산시킨다.

48 원심력 송풍기 중 후향 날개형 송풍기에 관한 설명으로 옳지 않은 것은?

① 송풍기 깃이 회전방향으로 경사지게 설계되어 충분한 압력을 발생시킬 수 있다.
② 고농도 분진 함유 공기를 이송시킬 경우 깃 뒷면에 분진이 퇴적된다.
③ 고농도 분진 함유 공기를 이송시킬 경우 집진기 후단에 설치하여야 한다.
④ 깃의 모양은 두께가 균일한 것과 익형이 있다.

정답 43.① 44.① 45.③ 46.④ 47.③ 48.①

풀이 **터보형 송풍기(turbo fan)**
㉠ 후향(후곡) 날개형 송풍기(backward-curved blade fan)라고도 하며, 송풍량이 증가해도 동력이 증가하지 않는 장점을 가지고 있어 한계부하 송풍기라고도 한다.
㉡ 회전날개(깃)가 회전방향 반대편으로 경사지게 설계되어 있어 충분한 압력을 발생시킬 수 있다.
㉢ 소요정압이 떨어져도 동력은 크게 상승하지 않으므로 시설저항 및 운전상태가 변하여도 과부하가 걸리지 않는다.
㉣ 송풍기 성능곡선에서 동력곡선이 최대송풍량의 60~70%까지 증가하다가 감소하는 경향을 띠는 특성이 있다.
㉤ 고농도 분진 함유 공기를 이송시킬 경우 깃 뒷면에 분진이 퇴적하며 집진기 후단에 설치하여야 한다.
㉥ 깃의 모양은 두께가 균일한 것과 익형이 있다.
㉦ 원심력식 송풍기 중 가장 효율이 좋다.

49 어느 작업장에서 Methyl Ethyl Ketone을 시간당 1.5L 사용할 경우 작업장의 필요환기량(m^3/min)은? (단, MEK의 비중은 0.805, TLV는 200ppm, 분자량은 72.1이고, 안전계수 K는 7로 하며, 1기압 21℃ 기준이다.)

① 약 235 ② 약 465
③ 약 565 ④ 약 695

풀이
- 사용량(g/hr)
 = 1.5L/hr×0.805g/mL×1,000mL/L = 1,207.5g/hr
- 발생률(G, L/hr)
 72.1g : 24.1L = 1,207.5g/hr : G
 $G = \dfrac{24.1L \times 1,207.5g/hr}{72.1g} = 403.62$L/hr

∴ 필요환기량(Q) = $\dfrac{G}{TLV} \times K$

$Q = \dfrac{403.62L/hr \times 1,000mL/L}{200mL/m^3} \times 7$
 = 14126.58m^3/hr×hr/60min
 = 235.44m^3/min

50 어느 유체관의 개구부에서 압력을 측정한 결과 정압이 -30mmH₂O이고, 전압(총압)이 -10mmH₂O이었다. 이 개구부의 유입손실계수(F)는?

① 0.3 ② 0.4
③ 0.5 ④ 0.6

풀이 $SP_h = VP(1+F)$에서
$F = \dfrac{SP_h}{VP} - 1$
- $VP = TP - SP = -10 - (-30) = 20$mmH₂O

$= \dfrac{30}{20} - 1 = 0.5$

51 국소환기시설 설계(총 압력손실 계산)에 있어 정압조절평형법의 장단점으로 옳지 않은 것은?

① 예기치 않은 침식 및 부식이나 퇴적 문제가 일어난다.
② 송풍량은 근로자나 운전자의 의도대로 쉽게 변경되지 않는다.
③ 설계 시 잘못 설계된 분지관 또는 저항이 제일 큰 분지관을 쉽게 발견할 수 있다.
④ 설계가 어렵고, 시간이 많이 걸린다.

풀이 **정압조절평형법(유속조절평형법, 정압균형유지법)의 장단점**
(1) 장점
 ㉠ 예기치 않는 침식, 부식, 분진퇴적으로 인한 축적(퇴적)현상이 일어나지 않는다.
 ㉡ 잘못 설계된 분지관, 최대저항경로(저항이 큰 분지관) 선정이 잘못되어도 설계 시 쉽게 발견할 수 있다.
 ㉢ 설계가 정확할 때에는 가장 효율적인 시설이 된다.
 ㉣ 유속의 범위가 적절히 선택되면 덕트의 폐쇄가 일어나지 않는다.
(2) 단점
 ㉠ 설계 시 잘못된 유량을 고치기 어렵다(임의의 유량을 조절하기 어려움).
 ㉡ 설계가 복잡하고 시간이 걸린다.
 ㉢ 설계유량 산정이 잘못되었을 경우 수정은 덕트의 크기 변경을 필요로 한다.
 ㉣ 때에 따라 전체 필요한 최소유량보다 더 초과될 수 있다.
 ㉤ 설치 후 변경이나 확장에 대한 유연성이 낮다.
 ㉥ 효율 개선 시 전체를 수정해야 한다.

52 작업환경 개선의 기본원칙으로 볼 수 없는 것은?

① 위치 변경 ② 공정 변경
③ 시설 변경 ④ 물질 변경

[풀이] 작업환경 개선(대치방법)
㉠ 공정의 변경
㉡ 시설의 변경
㉢ 유해물질의 변경

53 메틸메타크릴레이트가 7m×14m×4m의 체적을 가진 방에 저장되어 있다. 공기를 공급하기 전에 측정한 농도는 400ppm이었다. 이 방으로 환기량 10m³/min을 공급한 후 노출기준인 100ppm으로 달성되는 데 걸리는 시간은?

① 26분 ② 37분
③ 48분 ④ 54분

[풀이]
$t = -\dfrac{V}{Q'} \ln\left(\dfrac{C_2}{C_1}\right)$
- $V = 7 \times 14 \times 4 = 392 \text{m}^3$
- $Q' = 10 \text{m}^3/\text{min}$

$= -\dfrac{392}{10} \ln\left(\dfrac{100}{400}\right) = 54.34 \text{min}$

54 일반적으로 자연환기의 가장 큰 원동력이 될 수 있는 것은 실내외 공기의 무엇에 기인하는가?

① 기압 ② 온도
③ 조도 ④ 기류

[풀이] 실내외 온도차가 높을수록, 건물이 높을수록 환기 효율이 증가하며 자연환기의 가장 큰 원동력은 실내외 온도차이다.

55 다음 중 후드의 유입계수가 0.82, 속도압이 50mmH₂O일 때 후드 압력손실은?

① 22.4mmH₂O ② 24.4mmH₂O
③ 26.4mmH₂O ④ 28.4mmH₂O

[풀이]
$\Delta P_h = F \times VP$
- $F = \dfrac{1}{Ce^2} - 1 = \dfrac{1}{0.82^2} - 1 = 0.487$

$= 0.487 \times 50 = 24.36 \text{mmH}_2\text{O}$

56 유해성이 적은 물질로 대치한 예로 옳지 않은 것은?

① 아조염료의 합성에서 디클로로벤지딘 대신 벤지딘을 사용한다.
② 야광시계의 자판은 라듐 대신 인을 사용한다.
③ 분체의 원료는 입자가 큰 것으로 바꾼다.
④ 성냥 제조 시 황린 대신 적린을 사용한다.

[풀이] 아조염료의 합성원료인 벤지딘을 디클로로벤지딘으로 전환한다.

57 회전차 외경이 600mm인 원심 송풍기의 풍량은 200m³/min이다. 회전차 외경이 1,200mm인 동류(상사구조)의 송풍기가 동일한 회전수로 운전된다면 이 송풍기의 풍량은? (단, 두 경우 모두 표준공기를 취급한다.)

① 1,000m³/min ② 1,200m³/min
③ 1,400m³/min ④ 1,600m³/min

[풀이]
$Q_2 = Q_1 \times \left(\dfrac{D_2}{D_1}\right)^3 = 200 \times \left(\dfrac{1,200}{600}\right)^3 = 1,600 \text{m}^3/\text{min}$

58 흡입관의 정압과 속도압이 각각 −30.5mmH₂O, 7.2mmH₂O이고, 배출관의 정압과 속도압이 각각 23.0mmH₂O, 15mmH₂O이면, 송풍기의 유효정압은?

① 26.1mmH₂O ② 33.2mmH₂O
③ 46.3mmH₂O ④ 58.4mmH₂O

[풀이]
$\text{FSP} = (\text{SP}_{out} - \text{SP}_{in}) - \text{VP}_{in}$
$= [23 - (-30.5)] - 7.2 = 46.3 \text{mmH}_2\text{O}$

정답 52.① 53.④ 54.② 55.② 56.① 57.④ 58.③

PART 02 과년도 출제문제

59 덕트 직경이 15cm, 공기유속이 30m/sec일 때 Reynolds 수는? (단, 공기 점성계수는 1.8×10^{-5}kg/sec·m, 공기 밀도는 1.2kg/m³이다.)

① 100,000　② 200,000
③ 300,000　④ 400,000

[풀이] $Re = \dfrac{\rho VD}{\mu} = \dfrac{1.2 \times 30 \times 0.15}{1.8 \times 10^{-5}} = 300,000$

60 다음 중 방독마스크에 대한 설명으로 옳지 않은 것은?

① 흡착제가 들어 있는 카트리지나 캐니스터를 사용해야 한다.
② 산소결핍장소에서는 사용해서는 안 된다.
③ IDLH(Immediately Dangerous to Life and Health) 상황에서 사용한다.
④ 가스나 증기를 제거하기 위하여 사용한다.

[풀이] 고농도 작업장(IDLH, 순간적으로 건강이나 생명에 위험을 줄 수 있는 유해물질의 고농도 상태)이나 산소결핍의 위험이 있는 작업장(산소농도 18% 이하)에서는 절대 사용해서는 안 되며, 대상 가스에 맞는 정화통을 사용하여야 한다.

제4과목 | 물리적 유해인자관리

61 현재 총 흡음량이 500sabins인 작업장의 천장에 흡음물질을 첨가하여 900sabins을 더할 경우 소음감소량은 약 얼마로 예측되는가?

① 2.5dB
② 3.5dB
③ 4.5dB
④ 5.5dB

[풀이] 소음감소량(NR) = $10\log\dfrac{A_2(대책\ 후)}{A_1(대책\ 전)}$
$= 10\log\dfrac{500+900}{500} = 4.47$dB

62 다음의 계측기기 중 기류측정기기가 아닌 것은?

① 카타온도계
② 풍차풍속계
③ 열선풍속계
④ 흑구온도계

[풀이] 기류측정기기의 종류
㉠ 피토관
㉡ 회전날개형 풍속계
㉢ 그네날개형 풍속계
㉣ 열선풍속계
㉤ 카타온도계
㉥ 풍향풍속계
㉦ 풍차풍속계

63 다음 중 1,000Hz에서의 음압레벨을 기준으로 하여 등청감곡선을 나타내는 단위로 사용되는 것은?

① sone
② mel
③ bell
④ phon

[풀이] phon
㉠ 감각적인 음의 크기(loudness)를 나타내는 양이다.
㉡ 1,000Hz 순음의 크기와 평균적으로 같은 크기로 느끼는 1,000Hz 순음의 음의 세기레벨로 나타낸 것이다.
㉢ 1,000Hz에서 압력수준 dB을 기준으로 하여 등감곡선을 소리의 크기로 나타낸 단위이다.

64 다음 중 전신진동의 대책과 가장 거리가 먼 것은?

① 숙련자 지정
② 전파경로 차단
③ 보건교육 실시
④ 작업시간 단축

[풀이] 숙련자 및 미숙련자는 전신진동의 영향을 동일하게 받는다.

정답　59.③　60.③　61.③　62.④　63.④　64.①

65 다음 중 전신진동이 생체에 주는 영향에 관한 설명으로 틀린 것은?

① 전신진동의 영향이나 장애는 중추신경계, 특히 내분비계통의 만성작용에 관해 잘 알려져 있다.
② 말초혈관이 수축되고 혈압상승, 맥박증가를 보이며 피부 전기저항의 저하도 나타낸다.
③ 산소소비량은 전신진동으로 증가되고 폐환기도 촉진된다.
④ 두부와 견부는 20~30Hz 진동에 공명하며, 안구는 60~90Hz 진동에 공명한다.

풀이 국소진동은 산소소비량이 급강하여 대뇌 혈류에 영향을 미치고, 중추신경계 특히 내분비계통의 만성작용으로 나타난다.

66 날개수 10개의 송풍기가 1,500rpm으로 운전되고 있다. 기본음 주파수는 얼마인가?

① 125Hz
② 250Hz
③ 500Hz
④ 1,000Hz

풀이 기본음 주파수(Hz) = $\dfrac{1,500\text{rpm}}{60} \times 10$
= 250Hz

67 다음 중 방사선단위 'rem'에 대한 설명과 가장 거리가 먼 것은?

① 생체실효선량(dose-equivalent)이다.
② rem은 Röntgen Equivalent Man의 머리글자이다.
③ rem=rad×RBE(상대적 생물학적 효과)로 나타낸다.
④ 피조사체 1g에 100erg의 에너지를 흡수한다는 의미이다.

풀이 피조사체 1g에 대하여 100erg의 방사선에너지가 흡수되는 선량단위는 rad이다.

68 산업안전보건법에서 정하는 밀폐공간의 정의 중 '적정한 공기'에 해당하지 않는 것은? (단, 다른 성분의 조건은 적정한 것으로 가정한다.)

① 일산화탄소 농도 100ppm 미만
② 황화수소 농도 10ppm 미만
③ 탄산가스 농도 1.5% 미만
④ 산소 농도 18% 이상 23.5% 미만

풀이 적정한 공기
㉠ 산소 농도의 범위가 18% 이상 23.5% 미만인 수준의 공기
㉡ 탄산가스의 농도가 1.5% 미만인 수준의 공기
㉢ 황화수소의 농도가 10ppm 미만인 수준의 공기
㉣ 일산화탄소 농도가 30ppm 미만인 수준의 공기

69 다음 중 파장이 가장 긴 것은?

① 자외선
② 적외선
③ 가시광선
④ X선

풀이 파장의 구분
㉠ 적외선 : 760nm~1mm
㉡ 가시광선 : 380~770nm
㉢ 자외선 : 100~400nm
㉣ X선 : 0.01~10nm

70 다음 중 비이온화 방사선의 파장별 건강영향으로 틀린 것은?

① UV-A : 315~400nm, 피부노화 촉진
② IR-B : 780~1,400nm, 백내장, 각막화상
③ UV-B : 280~315nm, 발진, 피부암, 광결막염
④ 가시광선 : 400~780nm, 광화학적이거나 열에 의한 각막손상, 피부화상

풀이 적외선의 분류
㉠ IR-C(0.1~1mm : 원적외선)
㉡ IR-B(1.4~10μm : 중적외선)
㉢ IR-A(700~1,400nm : 근적외선)

71 다음 중 고기압의 작업환경에서 나타나는 건강영향에 대한 설명으로 틀린 것은?

① 3~4기압의 산소 혹은 이에 상당하는 공기 중 산소분압에 의하여 중추신경계의 장애에 기인하는 운동장애를 나타내는데 이것을 산소중독이라고 한다.
② 청력의 저하, 귀의 압박감이 일어나며 심하면 고막 파열이 일어날 수 있다.
③ 압력상승이 급속한 경우 폐 및 혈액으로 탄산가스의 일과성 배출이 일어나 호흡이 억제된다.
④ 부비강 개구부 감염 혹은 기형으로 폐쇄된 경우 심한 구토, 두통 등의 증상을 일으킨다.

풀이 압력상승이 급속한 경우 호흡곤란이 생기며 호흡이 빨라진다.

72 OSHA에서는 2,000, 3,000, 4,000(Hz)에서 몇 dB 이상의 차이가 있을 때 유의한 청력변화가 발생했다고 규정하는가?

① 5dB ② 10dB
③ 15dB ④ 20dB

풀이 OSHA에서는 2,000Hz, 3,000Hz, 4,000Hz에서 10dB 이상의 차이가 있을 때 유의한 청력변화가 발생했다고 규정한다.

73 다음 중 작업장 내 조명방법에 관한 설명으로 틀린 것은?

① 나트륨등은 색을 식별하는 작업장에 가장 적합하다.
② 백열전구와 고압수은등을 적절히 혼합시켜 주광에 가까운 빛을 얻는다.
③ 천장, 마루, 기계, 벽 등의 반사율을 크게 하면 조도를 일정하게 얻을 수 있다.
④ 천장에 바둑판형 형광등의 배열은 음영을 약하게 할 수 있다.

풀이 나트륨등은 가로등 및 차도의 조명용으로 사용하며, 등황색으로 색의 식별에는 좋지 않다.

74 열중증 질환 중에서 체온이 현저히 상승하는 질환은?

① 열사병 ② 열피로
③ 열경련 ④ 열복통

풀이 열사병(heat stroke)
㉠ 고온다습한 환경(육체적 노동 또는 태양의 복사선을 두부에 직접적으로 받는 경우)에 노출될 때 뇌 온도의 상승으로 신체 내부의 체온조절 중추에 기능장애를 일으켜서 생기는 위급한 상태이다.
㉡ 고열로 인해 발생하는 장애 중 가장 위험성이 크다.
㉢ 태양광선에 의한 열사병은 일사병(sunstroke)이라고 한다.
㉣ 발생
 • 체온조절 중추(특히 발한 중추)의 기능장애에 의한다(체내에 열이 축적되어 발생).
 • 혈액 중의 염분량과는 관계없다.
 • 대사열의 증가는 작업부하와 작업환경에서 발생하는 열부하가 원인이 되어 발생하며, 열사병을 일으키는 데 크게 관여하고 있다.

75 방사선량 중 노출선량에 관한 설명으로 가장 알맞은 것은?

① 조직의 단위질량당 노출되어 흡수된 에너지량이다.
② 방사선의 형태 및 에너지 수준에 따라 방사선 가중치를 부여한 선량이다.
③ 공기 1kg당 1쿨롬의 전하량을 갖는 이온을 생성하는 X선 또는 감마선량이다.
④ 인체 내 여러 조직으로의 영향을 합계하여 노출지수로 평가하기 위한 선량이다.

풀이 뢴트겐(Röntgen, R)
㉠ 조사선량(노출선량)의 단위이다.
㉡ 공기 중 생성되는 이온의 양으로 정의한다.

ⓒ 공기 kg당 1쿨롬의 전하량을 갖는 이온을 생성하는, 주로 X선 및 감마선의 조사량을 표시할 때 사용한다.
ⓓ 1R(뢴트겐)은 표준상태하에서 X선을 공기 1cc(cm^3)에 조사해서 발생한 1정전단위(esu)의 이온(2.083×10^9개의 이온쌍)을 생성하는 조사량이다.
ⓔ 1R은 1g의 공기에 83.3erg의 에너지가 주어질 때의 선량을 의미한다.
ⓕ $1R = 2.58 \times 10^{-4}$ 쿨롬/kg

76 빛의 단위 중 같은 의미의 단위에 해당하지 않는 것은?

① $lumen/m^2$
② lambert
③ nit
④ cd/m^2

[풀이]
① $lumen/m^2$: 조도의 단위이다.
② 램버트(lambert) : 빛을 완전히 확산시키는 평면의 $1ft^2(1cm^2)$에서 1lumen의 빛을 발하거나 반사시킬 때의 밝기를 나타내는 단위이다.
1lambert = $3.18candle/m^2$
※ $candle/m^2$ = nit : 단위면적에 대한 밝기

77 기온이 0℃이고, 절대습도가 4.57mmHg일 때 0℃의 포화습도는 4.57mmHg라면, 이 때의 비교습도는 얼마인가?

① 30%
② 40%
③ 70%
④ 100%

[풀이]
비교습도 = $\dfrac{절대습도}{포화습도} \times 100$
       = $\dfrac{4.57}{4.57} \times 100 = 100\%$

78 10시간 동안 측정한 소음노출량이 300%일 때 등가음압레벨(leq)은 얼마인가?

① 94.2
② 96.3
③ 97.4
④ 98.6

[풀이]
$TWA = 16.61 \log\left(\dfrac{D(\%)}{12.5 \times T}\right) + 90$
     = $16.61 \log\left(\dfrac{300}{12.5 \times 10}\right) + 90$
     = $96.31 dB(A)$

79 다음 중 동상(frostbite)에 관한 설명으로 가장 거리가 먼 것은?

① 피부의 동결은 -2~0℃에서 발생한다.
② 제2도 동상은 수포를 가진 광범위한 삼출성 염증을 유발시킨다.
③ 동상에 대한 저항은 개인차가 있으며 일반적으로 발가락은 6℃ 정도에 도달하면 아픔을 느낀다.
④ 직접적인 동결 이외에 한랭과 습기 또는 물에 지속적으로 접촉함으로써 발생되며 국소산소결핍이 원인이다.

[풀이] 동상은 강렬한 한랭으로 조직장애가 오거나 심부혈관에 변화를 초래하는 장애이며 ④항은 침수족의 내용이다.

80 다음 중 저기압의 영향에 관한 설명으로 틀린 것은?

① 산소결핍을 보충하기 위하여 호흡수, 맥박수가 증가한다.
② 고도 10,000ft(3,048m)까지는 시력, 협조운동의 가벼운 장애 및 피로를 유발한다.
③ 고도 18,000ft(5,468m) 이상이 되면 21% 이상의 산소가 필요하게 된다.
④ 고도의 상승으로 기압이 저하되면 공기의 산소분압이 상승하여 폐포 내의 산소분압도 상승한다.

[풀이] 고도의 상승으로 기압이 저하되면 공기의 산소분압이 저하되고, 폐포 내의 산소분압도 저하하며 산소결핍증을 주로 일으킨다.

제5과목 | 산업 독성학

81 산업독성에서 LD_{50}의 정확한 의미는?

① 실험동물의 50%가 살아남을 확률이다.
② 실험동물의 50%가 죽게 되는 양이다.
③ 실험동물의 50%가 죽게 되는 농도이다.
④ 실험동물의 50%가 살아남을 비율이다.

정답 76.① 77.④ 78.② 79.④ 80.④ 81.②

[풀이] **LD₅₀**
㉠ 유해물질의 경구투여용량에 따른 반응범위를 결정하는 독성검사에서 얻은 용량-반응 곡선에서 실험동물군의 50%가 일정기간 동안에 죽는 치사량을 의미한다.
㉡ 독성물질의 노출은 흡입을 제외한 경로를 통한 조건이어야 한다.
㉢ 치사량 단위는 [물질의 무게(mg)/동물의 몸무게(kg)]로 표시한다.
㉣ 통상 30일간 50%의 동물이 죽는 치사량을 말한다.
㉤ LD₅₀에는 변역 또는 95% 신뢰한계를 명시하여야 한다.
㉥ 노출된 동물의 50%가 죽는 농도의 의미도 있다.

82 다음 중 가스상 물질의 호흡기계 축적을 결정하는 가장 중요한 인자는?
① 물질의 수용성 정도
② 물질의 농도차
③ 물질의 입자분포
④ 물질의 발생기전

[풀이] 유해물질의 흡수속도는 그 유해물질의 공기 중 농도와 용해도, 폐까지 도달하는 양은 그 유해물질의 용해도에 의해서 결정된다. 따라서 가스상 물질의 호흡기계 축적을 결정하는 가장 중요한 인자는 물질의 수용성 정도이다.

83 다음 중 진폐증을 가장 잘 일으킬 수 있는 섬유성 분진의 크기는?
① 길이가 5~8μm보다 길고, 두께가 0.25~1.5μm보다 얇은 것
② 길이가 5~8μm보다 짧고, 두께가 0.25~1.5μm보다 얇은 것
③ 길이가 5~8μm보다 길고, 두께가 0.25~1.5μm보다 두꺼운 것
④ 길이가 5~8μm보다 짧고, 두께가 0.25~1.5μm보다 두꺼운 것

[풀이] **석면폐증(asbestosis)**
(1) 개요
㉠ 흡입된 석면섬유가 폐의 미세기관지에 부착하여 기계적인 자극에 의해 섬유증식증이 진행된다.
㉡ 석면분진의 크기는 길이가 5~8μm보다 길고, 두께가 0.25~1.5μm보다 얇은 것이 석면폐증을 잘 일으킨다.
(2) 영향 및 특징
㉠ 석면을 취급하는 작업에 4~5년 종사 시 폐하엽 부위에 다발한다.
㉡ 인체에 대한 영향은 규폐증과 거의 비슷하지만, 구별되는 증상으로 폐암을 유발시킨다.
  ※ 결정형 실리카가 폐암을 유발하며 폐암발생률이 높은 진폐증이다.
㉢ 증상으로는 흉부가 야위고 객담에 석면소체가 배출된다.
㉣ 늑막과 복막에 악성중피종이 생기기 쉽다.
㉤ 폐암, 중피종암, 늑막암, 위암을 일으킨다.

84 다음 중 생체 내에서 혈액과 화학작용을 일으켜서 질식을 일으키는 물질은?
① 수소
② 헬륨
③ 질소
④ 일산화탄소

[풀이] **일산화탄소(CO)**
㉠ 탄소 또는 탄소화합물이 불완전연소할 때 발생되는 무색무취의 기체이다.
㉡ 산소결핍장소에서 보건학적 의의가 가장 큰 물질이다.
㉢ 혈액 중 헤모글로빈과의 결합력이 매우 강하여 체내 산소공급능력을 방해하므로 대단히 유해하다.
㉣ 생체 내에서 혈액과 화학작용을 일으켜서 질식을 일으키는 물질이다.
㉤ 정상적인 작업환경 공기에서 CO 농도가 0.1%로 되면 사람의 헤모글로빈 50%가 불활성화된다.
㉥ CO 농도가 1%(10,000ppm)인 곳에서 1분 후에 사망에 이른다(COHb : 카복시헤모글로빈 20% 상태가 됨).
㉦ 물에 대한 용해도는 23mL/L이다.
㉧ 중추신경계에 강하게 작용하여 사망에 이르게 한다.

85 다음 중 조혈장애를 일으키는 물질은 어느 것인가?

① 납　　② 망간
③ 수은　④ 우라늄

풀이 납중독의 초기증상은 식욕부진, 변비, 복부팽만감이고, 더 진행되면 급성 복통이 나타나기도 한다. 즉 조혈장애가 나타난다.

86 폐와 대장에서 주로 암을 발생시키고, 플라스틱 산업, 합성섬유 제조, 합성고무 생산 공정 등에서 노출되는 물질은?

① 아크릴로니트릴
② 비소
③ 석면
④ 벤젠

풀이 아크릴로니트릴(C_3H_3N)
㉠ 플라스틱 산업, 합성섬유 제조, 합성고무 생산 공정 등에서 노출되는 물질이다.
㉡ 폐와 대장에 주로 암을 발생시킨다.

87 다음 중 노말헥산이 체내 대사과정을 거쳐 소변으로 배출되는 물질은?

① hippuric acid
② 2,5-hexanedione
③ hydroquinone
④ 8-hydroxy quinone

풀이 노말헥산(n-헥산)의 대사산물(생물학적 노출지표)
㉠ 뇨 중 2,5-hexanedione
㉡ 뇨 중 n-헥산

88 다음 중 중추신경에 대한 자극작용이 가장 큰 것은?

① 알칸
② 아민
③ 알코올
④ 알데히드

풀이 유기화학물질의 중추신경계 억제작용 및 자극작용
㉠ 중추신경계 억제작용 순서
알칸 < 알켄 < 알코올 < 유기산 < 에스테르 < 에테르 < 할로겐화합물
㉡ 중추신경계 자극작용 순서
알칸 < 알코올 < 알데히드 또는 케톤 < 유기산 < 아민류

89 다음 중 발암성이 있다고 밝혀진 중금속이 아닌 것은?

① 니켈
② 비소
③ 망간
④ 6가 크롬

풀이 망간
㉠ 철강제조 분야에서 직업성 폭로가 가장 많고 합금, 용접봉의 용도를 가진다.
㉡ 계속적인 폭로로 전신의 근무력증, 수전증, 파킨슨 증후군이 나타나며 금속열을 유발한다.

90 다음 중 생물학적 모니터링에 대한 설명으로 틀린 것은?

① 근로자의 유해인자에 대한 노출정도를 소변, 호기, 혈액 중에서 그 물질이나 대사산물을 측정함으로써 노출정도를 추정하는 방법을 말한다.
② 건강상의 영향과 생물학적 변수와 상관성이 높아 공기 중의 노출기준(TLV)보다 훨씬 많은 생물학적 노출지수(BEI)가 있다.
③ 피부, 소화기계를 통한 유해인자의 종합적인 흡수정도를 평가할 수 있다.
④ 생물학적 시료를 분석하는 것은 작업환경 측정보다 훨씬 복잡하고 취급이 어렵다.

풀이 건강상의 영향과 생물학적 변수와 상관성이 있는 물질이 많지 않아 작업환경측정에서 설정한 허용기준(TLV)보다 훨씬 적은 기준을 가지고 있다.

정답 85.① 86.① 87.② 88.② 89.③ 90.②

91 다음 중 인체 순환기계에 대한 설명으로 틀린 것은?

① 인체의 각 구성세포에 영양소를 공급하며, 노폐물 등을 운반한다.
② 혈관계의 동맥은 심장에서 말초혈관으로 이동하는 원심성 혈관이다.
③ 림프관은 체내에서 들어온 감염성 미생물 및 이물질을 살균 또는 식균하는 역할을 한다.
④ 신체방어에 필요한 혈액응고효소 등을 손상받은 부위로 수송한다.

풀이 림프계
㉠ 림프관은 모세혈관보다 크고 많은 구멍을 가지며 조직액 내의 이물질을 제거하는 역할을 한다.
㉡ 집합관은 림프가 역류하는 것을 막는 역할을 한다.
㉢ 흉관과 우림프관으로 구분한다.
㉣ 림프절은 체내에 들어온 감염성 미생물 및 이물질을 살균 또는 식균하는 역할을 한다.
㉤ 기능 : 특수면역작용, 식균(살균)작용, 간질액의 혈류로의 재유입

92 다음 중 ACGIH에서 발암성 구분이 'A1'으로 정하고 있는 물질이 아닌 것은 어느 것인가?

① 석면
② 텅스텐
③ 우라늄
④ 6가 크롬 화합물

풀이 ACGIH의 인체 발암 확인물질(A1)
㉠ 아크릴로니트릴
㉡ 석면
㉢ 벤지딘
㉣ 6가 크롬(크롬화합물)
㉤ 염화비닐
㉥ β-나프틸아민
㉦ 우라늄

93 다음 중 납중독에서 나타날 수 있는 증상을 모두 나열한 것은?

㉮ 빈혈
㉯ 신장장애
㉰ 중추 및 말초신경장애
㉱ 소화기장애

① ㉮, ㉰
② ㉮, ㉯, ㉰
③ ㉯, ㉱
④ ㉮, ㉯, ㉰, ㉱

풀이 납중독의 증상
(1) 납중독의 4대 증상
㉠ 납빈혈
초기에 나타난다.
㉡ 망상적혈구와 친염기성 적혈구(적혈구 내 프로토포피린)의 증가
염기성 과립적혈구 수의 증가를 의미한다.
㉢ 잇몸에 특징적인 연선(lead line)
• 치은연에 감자색의 착색이 생긴 것
• 황화수소와 납이온이 반응하여 만들어진 황화납이 치은에 침착된 것
㉣ 소변에서 코프로포피린(coproporphyrin) 검출
뇨 중 δ-aminolevulinic acid(ALAD)의 증가를 의미한다.
(2) 납중독의 주요 증상(임상증상)
㉠ 위장계통의 장애(소화기장애)
• 복부팽만감, 급성 복부선통
• 권태감, 불면증, 안면창백, 노이로제
• 연선(lead line)이 잇몸에 생김
㉡ 신경, 근육 계통의 장애
• 손처짐, 팔과 손의 마비
• 근육통, 관절통
• 신장근의 쇠약
• 근육의 피로로 인한 납경련
㉢ 중추신경장애
• 뇌중독 증상으로 나타난다.
• 유기납에 폭로로 나타나는 경우 많다.
• 두통, 안면창백, 기억상실, 정신착란, 혼수상태, 발작

94 다음 중 소화기계로 유입된 중금속의 체내 흡수기전으로 볼 수 없는 것은?

① 단순확산
② 특이적 수송
③ 여과
④ 음세포 작용

풀이 금속이 소화기(위장관)에서 흡수되는 작용
㉠ 단순확산 및 촉진확산
㉡ 특이적 수송과정
㉢ 음세포 작용

정답 91.③ 92.② 93.④ 94.③

95 대상 먼지와 침강속도가 같고, 밀도가 1이며 구형인 먼지의 직경으로 환산하여 표현하는 입자상 물질의 직경을 무엇이라 하는가?
① 입체적 직경
② 등면적 직경
③ 기하학적 직경
④ 공기역학적 직경

[풀이] **공기역학적 직경(aerodynamic diameter)**
㉠ 대상 먼지와 침강속도가 같고 단위밀도가 $1g/cm^3$ 이며, 구형인 먼지의 직경으로 환산된 직경이다.
㉡ 입자의 크기를 입자의 역학적 특성, 즉 침강속도 (setting velocity) 또는 종단속도(terminal velocity) 에 의하여 측정되는 입자의 크기를 말한다.
㉢ 입자의 공기 중 운동이나 호흡기 내의 침착기전 을 설명할 때 유용하게 사용한다.

96 다음 중 생물학적 모니터링의 방법에서 생 물학적 결정인자로 보기 어려운 것은 어느 것인가?
① 체액의 화학물질 또는 그 대사산물
② 표적조직에 작용하는 활성화학물질의 양
③ 건강상의 영향을 초래하지 않은 부위나 조직
④ 처음으로 접촉하는 부위에 직접 독성영 향을 야기하는 물질

[풀이] **생물학적 모니터링 방법 분류(생물학적 결정인자)**
㉠ 체액(생체시료나 호기)에서 해당 화학물질이나 그것의 대사산물을 측정하는 방법 : 선택적 검사 와 비선택적 검사로 분류된다.
㉡ 실제 악영향을 초래하고 있지 않은 부위나 조직 에서 측정하는 방법 : 이 방법 검사는 대부분 특 이적으로 내재용량을 정량하는 방법이다.
㉢ 표적과 비표적 조직과 작용하는 활성화학물질의 양을 측정하는 방법 : 작용면에서 상호작용하는 화학물질의 양을 직접 또는 간접적으로 평가하 는 방법이며, 표적조직을 알 수 있으면 다른 방 법에 비해 더 정확하게 건강의 위험을 평가할 수 있다.

97 다음 중 독성물질 간의 상호작용을 잘못 표 현한 것은? (단, 숫자는 독성값을 표현한 것이다.)
① 상가작용 : 3+3=6
② 상승작용 : 3+3=5
③ 길항작용 : 3+3=0
④ 가승작용 : 3+0=10

[풀이] **상승작용(synergism effect)**
㉠ 각각 단일물질에 노출되었을 때의 독성보다 훨씬 독성이 커짐을 말한다.
㉡ 상대적 독성 수치로 표현하면 2+3=20이다.
㉢ 예시 : 사염화탄소와 에탄올, 흡연자가 석면에 노 출 시

98 다음 중 농약에 의한 중독을 일으키는 것으 로 인체에 대한 독성이 강한 유기인제 농약 에 포함되지 않는 것은?
① 파라치온 ② 말라치온
③ TEPP   ④ 클로로포름

[풀이] **클로로포름($CHCl_3$)**
㉠ 에테르와 비슷한 향이 나며 마취제로 사용하고 증기는 공기보다 약 4배 무겁다.
㉡ 페니실린을 비롯한 약품을 정제하기 위한 추출 제 혹은 냉동제 및 합성수지에 이용된다.
㉢ 가연성이 매우 작지만 불꽃, 열 또는 산소에 노 출되면 분해되어 독성물질이 된다.

99 입자상 물질의 호흡기계 침착기전 중 길이 가 긴 입자가 호흡기계로 들어오면 그 입자 의 가장자리가 기도의 표면을 스치게 됨으 로써 침착하는 현상은?
① 충돌 ② 침전
③ 차단 ④ 확산

[풀이] **차단(interception)**
㉠ 차단은 길이가 긴 입자가 호흡기계로 들어오면 그 입자의 가장자리가 기도의 표면을 스치게 됨 으로써 일어나는 현상이다.
㉡ 섬유(석면)입자가 폐 내에 침착되는 데 중요한 역할을 담당한다.

[정답] 95.④ 96.④ 97.② 98.④ 99.③

100 다음 중 사람에 대한 안전용량(SHD)을 산출하는 데 필요하지 않은 항목은?
① 독성량(TD)
② 안전인자(SF)
③ 사람의 표준 몸무게
④ 독성물질에 대한 역치(THDh)

풀이 TD(독성량), 즉 시험유기체의 심각한 독성 반응을 나타내는 양은 사람에 대한 안전용량을 산출하는 데는 적용하지 않는다.

정답 100.①

제2회 산업위생관리기사

과년도 출제문제 | 2014.05.25

제1과목 | 산업위생학 개론

01 다음 중 직업성 질환을 판단할 때 참고하는 자료로 가장 거리가 먼 것은?
① 업무내용과 종사기간
② 기업의 산업재해 통계와 산재보험료
③ 작업환경과 취급하는 재료들의 유해성
④ 중독 등 해당 직업병의 특유한 증상과 임상소견의 유무

풀이 직업성 질환 인정 시 고려사항(직업병 판단 시 참고자료)
㉠ 작업내용과 그 작업에 종사한 기간 또는 유해작업의 정도
㉡ 작업환경, 취급원료, 중간체, 부산물 및 제품 자체 등의 유해성 유무 또는 공기 중 유해물질의 농도
㉢ 유해물질에 의한 중독증
㉣ 직업병에서 특유하게 볼 수 있는 증상
㉤ 의학상 특징적으로 발생이 예상되는 임상검사 소견의 유무
㉥ 유해물질에 폭로된 때부터 발병까지의 시간적 간격 및 증상의 경로
㉦ 발병 전의 신체적 이상
㉧ 과거 질병의 유무
㉨ 비슷한 증상을 나타내면서 업무에 기인하지 않은 다른 질환과의 상관성
㉩ 같은 작업장에서 비슷한 증상을 나타내는 환자의 발생 여부

02 다음 중 직업병의 원인이 되는 유해요인, 대상 직종과 직업병 종류의 연결이 잘못된 것은?
① 면분진 – 방직공 – 면폐증
② 이상기압 – 항공기 조종 – 잠함병
③ 크롬 – 도금 – 피부점막 궤양, 폐암
④ 납 – 축전지 제조 – 빈혈, 소화기장애

풀이 항공기 조종의 직업병으로는 항공치통, 항공이염, 항공부비감염 등이 있다.

03 다음 중 산업위생활동의 순서로 올바른 것은?
① 관리 → 인지 → 예측 → 측정 → 평가
② 인지 → 예측 → 측정 → 평가 → 관리
③ 예측 → 인지 → 측정 → 평가 → 관리
④ 측정 → 평가 → 관리 → 인지 → 예측

풀이 산업위생활동의 순서
예측 → 인지 → 측정 → 평가 → 관리

04 사업주가 신규 화학물질의 안전보건자료를 작성함에 있어 인용할 수 있는 자료가 아닌 것은?
① 국내외에서 발간되는 저작권법상의 문헌에 등재되어 있는 유해성·위험성 조사자료
② 유해성·위험성 시험 전문연구기관에서 실시한 유해성·위험성 조사자료
③ 관련 전문학회지에 게재된 유해성·위험성 조사자료
④ OPEC 회원국의 정부기관에서 인정하는 유해성·위험성 조사자료

풀이 신규 화학물질의 안전보건자료 작성 시 인용자료는 OECD(경제협력개발기구) 회원국의 정부기관 및 국제연합기구에서 인정하는 유해성·위험성 조사자료이다.

정답 01.② 02.② 03.③ 04.④

05 다음 중 근골격계 질환의 특징으로 볼 수 없는 것은?
① 자각증상으로 시작된다.
② 손상의 정도를 측정하기 어렵다.
③ 관리의 목표는 질환의 최소화에 있다.
④ 환자가 집단적으로 발생하지 않는다.

풀이 근골격계 질환의 특징
㉠ 노동력 손실에 따른 경제적 피해가 크다.
㉡ 근골격계 질환의 최우선 관리목표는 발생의 최소화이다.
㉢ 단편적인 작업환경 개선으로 좋아질 수 없다.
㉣ 한 번 악화되어도 회복은 가능하다(회복과 악화가 반복적).
㉤ 자각증상으로 시작되며, 환자 발생이 집단적이다.
㉥ 손상의 정도 측정이 용이하지 않다.

06 허용농도 상한치(excursion limits)에 대한 설명으로 가장 거리가 먼 것은?
① 단시간허용노출기준(TLV-STEL)이 설정되어 있지 않은 물질에 대하여 적용한다.
② 시간가중평균치(TLV-TWA)의 3배는 1시간 이상을 초과할 수 없다.
③ 시간가중평균치(TLV-TWA)의 5배는 잠시라도 노출되어서는 안 된다.
④ 시간가중평균치(TLV-TWA)가 초과되어서는 안 된다.

풀이 시간가중평균치(TLV-TWA)의 3배는 30분 이상을 초과할 수 없다.

07 밀폐공간과 관련된 설명으로 틀린 것은?
① '산소결핍'이란 공기 중의 산소농도가 16% 미만인 상태를 말한다.
② '산소결핍증'이란 산소가 결핍된 공기를 들이마심으로써 생기는 증상을 말한다.
③ '유해가스'란 밀폐공간에서 탄산가스, 황화수소 등의 유해물질이 가스상태로 공기 중에 발생하는 것을 말한다.
④ '적정공기'란 산소농도의 범위가 18% 이상~23.5% 미만, 탄산가스의 농도가 1.5% 미만, 황화수소의 농도가 10ppm 미만인 수준의 공기를 말한다.

풀이 '산소결핍'이란 공기 중의 산소농도가 18% 미만인 상태를 말한다.

08 다음 중 작업 시작 및 종료 시 호흡의 산소 소비량에 대한 설명으로 틀린 것은?
① 산소소비량은 작업부하가 계속 증가하면 일정한 비율로 같이 증가한다.
② 작업부하 수준이 최대 산소소비량 수준보다 높아지게 되면, 젖산의 제거속도가 생성속도에 못 미치게 된다.
③ 작업이 끝난 후에 남아 있는 젖산을 제거하기 위하여 산소가 더 필요하며, 이때 동원되는 산소소비량을 산소부채(oxygen debt)라 한다.
④ 작업이 끝난 후에도 맥박과 호흡수가 작업개시 수준으로 즉시 돌아오지 않고 서서히 감소한다.

풀이 작업대사량이 증가하면 산소소비량도 비례하여 계속 증가하나 작업대사량이 일정 한계를 넘으면 산소소비량은 증가하지 않는다.

09 근로자가 건강장애를 호소하는 경우 사무실 공기관리상태를 평가할 때 조사항목에 해당되지 않는 것은?
① 사무실 외 오염원 조사 등
② 근로자가 호소하는 증상 조사
③ 외부의 오염물질 유입경로 조사
④ 공기정화설비의 환기량 적정 여부 조사

풀이 사무실 공기관리상태 평가 시 조사항목
㉠ 근로자가 호소하는 증상(호흡기, 눈, 피부자극 등) 조사
㉡ 공기정화설비의 환기량이 적정한지 여부 조사
㉢ 외부의 오염물질 유입경로 조사
㉣ 사무실 내 오염원 조사 등

정답 05.④ 06.② 07.① 08.① 09.①

10 다음 중 역사상 최초로 기록된 직업병은?
① 규폐증   ② 폐질환
③ 음낭암   ④ 납중독

풀이 BC 4세기 Hippocrates에 의해 광산에서 납중독이 보고되었다.
※ 역사상 최초로 기록된 직업병 : 납중독

11 다음 중 근육노동 시 특히 보급해 주어야 하는 비타민의 종류는?
① 비타민 A   ② 비타민 B_1
③ 비타민 C   ④ 비타민 D

풀이 비타민 B_1은 작업강도가 높은 근로자의 근육에 호기적 산화를 촉진시켜 근육의 열량공급을 원활히 해주는 영양소이다.

12 작업장에 존재하는 유해인자와 직업성 질환의 연결이 옳지 않은 것은?
① 망간 – 신경염
② 무기분진 – 규폐증
③ 6가 크롬 – 비중격천공
④ 이상기압 – 레이노병

풀이 유해인자별 발생 직업병
㉠ 크롬 : 폐암(크롬폐증)
㉡ 이상기압 : 폐수종(잠함병)
㉢ 고열 : 열사병
㉣ 방사선 : 피부염 및 백혈병
㉤ 소음 : 소음성 난청
㉥ 수은 : 무뇨증
㉦ 망간 : 신장염 및 신경염(파킨슨 증후군)
㉧ 석면 : 악성중피종
㉨ 한랭 : 동상
㉩ 조명 부족 : 근시, 안구진탕증
㉪ 진동 : Raynaud's 현상
㉫ 분진 : 규폐증

13 산업재해를 분류할 경우 '경미사고(minor accidents)' 혹은 '경미한 재해'란 어떤 상태를 말하는가?
① 통원치료할 정도의 상해가 일어난 경우
② 사망하지는 않았으나 입원할 정도의 상해가 일어난 경우
③ 상해는 없고 재산상의 피해만 일어난 경우
④ 재산상의 피해는 없고, 시간손실만 일어난 경우

풀이 재해의 분류
㉠ 주요사고 혹은 주요재해(major accidents)
사망하지는 않았지만 입원할 정도의 상해
㉡ 경미사고 혹은 경미재해(minor accidents)
• 통원치료할 정도의 상해가 일어난 경우
• 재산상의 큰 피해를 입히는 중대한 사고가 아니면서 동시에 중상자가 발생하지 않고 경상자만 발생한 사고
㉢ 유사사고 혹은 유사재해(near accidents)
상해 없이 재산피해만 발생하는 경우
㉣ 가사고 혹은 가재해(pseudo accidents)
재산상의 피해는 없고, 시간손실만 일어난 경우

14 온도가 15℃이고, 1기압인 작업장에 톨루엔이 200mg/m³으로 존재할 경우 이를 ppm으로 환산하면 얼마인가? (단, 톨루엔의 분자량은 92.13이다.)
① 53.1   ② 51.2
③ 48.6   ④ 11.3

풀이
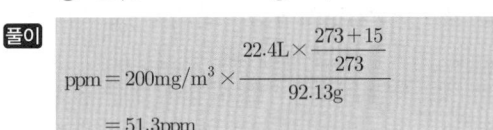
$= 51.3\text{ppm}$

15 육체적 작업능력(PWC)이 15kcal/min인 근로자가 1일 8시간 물체를 운반하고 있다. 이때의 작업대사율이 6.5kcal/min이고, 휴식 시의 대사량이 1.5kcal/min일 때 시간당 적정 휴식시간은 약 얼마인가? (단, Hertig의 식을 적용한다.)
① 18분   ② 25분
③ 30분   ④ 42분

정답 10.④ 11.② 12.④ 13.① 14.② 15.①

[풀이]
$$T_{rest}(\%) = \left[\frac{\text{PWC의 } \frac{1}{3} - \text{작업대사량}}{\text{휴식대사량} - \text{작업대사량}}\right] \times 100$$

$$= \left[\frac{\left(15 \times \frac{1}{3}\right) - 6.5}{1.5 - 6.5}\right] \times 100 = 30\%$$

∴ 휴식시간 = 60min × 0.3 = 18min

16 보건관리자가 보건관리업무에 지장이 없는 범위 내에서 다른 업무를 겸할 수 있는 사업장은 상시근로자 몇 명 미만에서 가능한가?

① 100명 ② 200명
③ 300명 ④ 500명

[풀이] 보건관리자가 보건관리업무에 지장이 없는 범위 내에서 다른 업무를 겸할 수 있는 사업장은 상시근로자 300명 미만에서 가능하다. 대통령령으로 정하는 사업의 종류 및 사업장의 상시근로자수에 해당하는 사업장의 사업주는 보건관리자에게 그 업무만을 전담하도록 하여야 한다. 대통령령으로 정하는 사업의 종류 및 사업장의 상시근로자수에 해당하는 사업장이란 상시근로자 300명 이상을 사용하는 사업장을 말한다.

17 산업재해가 발생할 경우 급박한 위험이 있거나 중대재해가 발생하였을 경우 취하는 행동으로 다음 중 가장 적합하지 않은 것은?

① 사업주는 즉시 작업을 중지시키고 근로자를 작업장소로부터 대피시켜야 한다.
② 직상급자에게 보고한 후 근로자의 해당 작업을 중지시킨다.
③ 사업주는 급박한 위험에 대한 합리적인 근거가 있을 경우에 작업을 중지하고 대피한 근로자에게 해고 등의 불리한 처우를 해서는 안 된다.
④ 고용노동부장관은 근로감독관 등으로 하여금 안전보건진단이나 그 밖의 필요한 조치를 하도록 할 수 있다.

[풀이] **작업을 중지시킬 수 있는 경우(산업안전보건법)**
㉠ 사업주는 산업재해가 발생할 급박한 위험이 있을 때 또는 중대재해가 발생하였을 때에는 즉시 작업을 중지시키고 근로자를 작업장소로부터 대피시키는 등 필요한 안전·보건상의 조치를 한 후 작업을 다시 시작하여야 한다.
㉡ 근로자는 산업재해가 발생할 급박한 위험으로 인하여 작업을 중지시키고 대피하였을 때에는 지체 없이 그 사실을 바로 위 상급자에게 보고하고 바로 위 상급자는 이에 대한 적절한 조치를 하여야 한다.
㉢ 사업주는 산업재해가 발생할 급박한 위험이 있다고 믿을만한 합리적인 근거가 있을 때에는 작업을 중지하고 대피한 근로자에 대하여 이를 이유로 해고나 그 밖의 불리한 처우를 하여서는 안 된다.
㉣ 고용노동부장관은 중대재해가 발생하였을 때에는 그 원인 규명 또는 예방대책 수립을 위하여 중대재해 발생원인을 조사하고 근로감독관과 관계 전문가로 하여금 고용노동부령으로 정하는 바에 따라 안전보건진단이나 그 밖에 필요한 조치를 하도록 할 수 있다.

18 산업위생전문가의 윤리강령 중 '전문가로서의 책임'과 가장 거리가 먼 것은?

① 기업체의 기밀은 누설하지 않는다.
② 과학적 방법의 적용과 자료의 해석에서 객관성을 유지한다.
③ 근로자, 사회 및 전문 직종의 이익을 위해 과학적 지식은 공개하거나 발표하지 않는다.
④ 전문적 판단이 타협에 의하여 좌우될 수 있는 상황에는 개입하지 않는다.

[풀이] **산업위생전문가로서의 책임**
㉠ 성실성과 학문적 실력 면에서 최고수준을 유지한다(전문적 능력 배양 및 성실한 자세로 행동).
㉡ 과학적 방법의 적용과 자료의 해석에서 경험을 통한 전문가의 객관성을 유지한다(공인된 과학적 방법 적용·해석).
㉢ 전문 분야로서의 산업위생을 학문적으로 발전시킨다.
㉣ 근로자, 사회 및 전문 직종의 이익을 위해 과학적 지식을 공개하고 발표한다.
㉤ 산업위생활동을 통해 얻은 개인 및 기업체의 기밀은 누설하지 않는다(정보는 비밀 유지).
㉥ 전문적 판단이 타협에 의하여 좌우될 수 있거나 이해관계가 있는 상황에는 개입하지 않는다.

19 다음 중 단기간 휴식을 통해서는 회복될 수 없는 발병 단계의 피로를 무엇이라 하는가?
① 곤비 ② 정신피로
③ 과로 ④ 전신피로

풀이 피로의 3단계
피로도가 증가하는 순서에 따라 구분한 것이며, 피로의 정도는 객관적 판단이 용이하지 않다.
㉠ 1단계 : 보통피로
  하룻밤을 자고 나면 완전히 회복하는 상태이다.
㉡ 2단계 : 과로
  피로의 축적으로 다음날까지도 피로상태가 지속되는 것으로 단기간 휴식으로 회복될 수 있으며, 발병단계는 아니다.
㉢ 3단계 : 곤비
  과로의 축적으로 단시간에 회복될 수 없는 단계를 말하며, 심한 노동 후의 피로현상으로 병적 상태를 의미한다.

20 현재 총 흡음량이 1,200sabins인 작업장의 천장에 흡음물질을 첨가하여 2,400sabins을 추가할 경우 예측되는 소음감음량(NR)은 약 몇 dB인가?
① 2.6 ② 3.5
③ 4.8 ④ 5.2

풀이
$$\text{소음감음량(NR)} = 10\log\frac{(1,200+2,400)\text{sabins}}{1,200\text{sabins}}$$
$$= 4.77\text{dB}$$

제2과목 | 작업위생 측정 및 평가

21 유기용제 취급 사업장의 메탄올 농도가 100.2, 89.3, 94.5, 99.8, 120.5(ppm)이다. 이 사업장의 기하평균농도는?
① 약 100.3ppm ② 약 101.3ppm
③ 약 102.3ppm ④ 약 103.3ppm

풀이
$$\log(GM) = \frac{\begin{pmatrix}\log100.2+\log89.3+\log94.5\\+\log99.8+\log120.5\end{pmatrix}}{5} = 2.001$$
$$\therefore GM = 10^{2.001} = 100.23\text{ppm}$$

22 유사노출그룹(HEG)에 대한 설명 중 잘못된 것은?
① 시료채취수를 경제적으로 하는 데 활용한다.
② 역학조사를 수행할 때 사건이 발생된 근로자가 속한 HEG의 노출농도를 근거로 노출원인을 추정할 수 있다.
③ 모든 근로자의 노출정도를 추정하는 데 활용하기는 어렵다.
④ HEG는 조직, 공정, 작업범주, 그리고 작업(업무)내용별로 구분하여 설정할 수 있다.

풀이 동일노출그룹(HEG)의 설정 목적
㉠ 시료채취를 경제적으로 하는 데 있다.
㉡ 모든 작업의 근로자에 대한 노출농도를 평가할 수 있다.
㉢ 역학조사 수행 시 해당 근로자가 속한 동일노출그룹의 노출농도를 근거로 노출 원인 및 농도를 추정할 수 있다.
㉣ 작업장에서 모니터링하고 관리해야 할 우선적인 그룹을 결정하기 위함이다.

23 용접작업자의 노출수준을 침착되는 부위에 따라 호흡성, 흉곽성, 흡입성 분진으로 구분하여 측정하고자 한다면 준비해야 할 측정기구로 가장 적절한 것은?
① 임핀저
② cyclone
③ cascade impactor
④ 여과집진기

풀이 직경분립충돌기(cascade impactor)의 장단점
(1) 장점
  ㉠ 입자의 질량 크기 분포를 얻을 수 있다(공기흐름속도를 조절하여 채취입자를 크기별로 구분 가능).
  ㉡ 호흡기의 부분별로 침착된 입자 크기의 자료를 추정할 수 있다.
  ㉢ 흡입성, 흉곽성, 호흡성 입자의 크기별로 분포와 농도를 계산할 수 있다.

(2) 단점
    ㉠ 시료채취가 까다롭다. 즉 경험이 있는 전문가가 철저한 준비를 통해 이용해야 정확한 측정이 가능하다(작은 입자는 공기흐름속도를 크게 하여 충돌판에 포집할 수 없음).
    ㉡ 비용이 많이 든다.
    ㉢ 채취준비시간이 과다하다.
    ㉣ 되튐으로 인한 시료의 손실이 일어나 과소분석결과를 초래할 수 있어 유량을 2L/min 이하로 채취한다.
    ㉤ 공기가 옆에서 유입되지 않도록 각 충돌기의 조립과 장착을 철저히 해야 한다.

풀이 2차 표준기구

표준기구	일반 사용범위	정확도
로터미터 (rotameter)	1mL/분 이하	±1~25%
습식 테스트미터 (wet-test-meter)	0.5~230L/분	±0.5% 이내
건식 가스미터 (dry-gas-meter)	10~150L/분	±1% 이내
오리피스미터 (orifice meter)	–	±0.5% 이내
열선기류계 (thermo anemometer)	0.05~40.6m/초	±0.1~0.2%

24 일정한 부피조건에서 압력과 온도가 비례한다는 표준가스에 대한 법칙은?
① 보일의 법칙
② 샤를의 법칙
③ 게이-뤼삭의 법칙
④ 라울트의 법칙

풀이 게이-뤼삭의 기체반응 법칙
화학반응에서 그 반응물 및 생성물이 모두 기체일 때 등온, 등압하에서 측정한 이들 기체의 부피 사이에는 간단한 정수비 관계가 성립한다는 법칙(일정한 부피에서 압력과 온도는 비례한다는 표준가스 법칙)이다.

25 통계집단의 측정값들에 대한 균일성, 정밀성 정도를 표현하는 것으로 평균값에 대한 표준편차의 크기를 백분율로 나타낸 수치는?
① 신뢰한계도
② 표준분산도
③ 변이계수
④ 편차분산율

풀이 변이계수(CV) = $\frac{표준편차}{평균값}$

26 2차 표준기구 중 일반적 사용범위가 10~150L/min, 정확도는 ±1%일 경우, 주 사용장소가 현장인 것은?
① 열선기류계
② 건식 가스미터
③ 피토튜브
④ 오리피스미터

27 유기용제인 trichloroethylene의 근로자 노출농도를 측정하고자 한다. 과거의 노출농도를 조사해 본 결과 평균 30ppm이었으며, 활성탄관(100mg/50mg)을 이용하여 0.20L/min으로 채취하였다. trichloroethylene의 분자량은 131.39이고 가스크로마토그래피의 정량한계는 시료당 0.5mg이라면 채취해야 할 최소한의 시간은? (단, 1기압, 25℃ 기준)
① 약 52분
② 약 34분
③ 약 22분
④ 약 16분

풀이
• mg/m³ = 30ppm × $\frac{131.39g}{24.45L}$ = 161.24mg/m³
• 최소 채취량 = $\frac{LOQ}{농도}$ = $\frac{0.5mg}{161.24mg/m^3}$
 = 0.0031m³ × 1,000L/m³ = 3.1L
∴ 최소 채취시간 = $\frac{3.1L}{0.2L/min}$ = 15.5min

28 가스상 물질 측정을 위한 흡착제인 다공성 중합체에 관한 설명으로 옳지 않은 것은?
① 활성탄보다 비표면적이 작다.
② 특별한 물질에 대한 선택성이 좋은 경우가 있다.
③ 대부분의 다공성 중합체는 스티렌, 에틸비닐벤젠, 혹은 디비닐벤젠 중 하나와 극성을 띤 비닐화합물과의 공중합체이다.
④ 활성탄보다 흡착용량과 반응성이 크다.

정답 24.③ 25.③ 26.② 27.④ 28.④

풀이 다공성 중합체(porous polymer)
(1) 개요
  ㉠ 활성탄에 비해 비표면적, 흡착용량, 반응성은 작지만, 특수한 물질 채취에 유용하다.
  ㉡ 대부분 스티렌, 에틸비닐벤젠, 디비닐벤젠 중 하나와 극성을 띤 비닐화합물과의 공중 중합체이다.
  ㉢ 특별한 물질에 대하여 선택성이 좋은 경우가 있다.
(2) 장점
  ㉠ 아주 적은 양도 흡착제로부터 효율적으로 탈착이 가능하다.
  ㉡ 고온에서 열안정성이 매우 뛰어나기 때문에 열탈착이 가능하다.
  ㉢ 저농도 측정이 가능하다.
(3) 단점
  ㉠ 비휘발성 물질(대표적 : 이산화탄소)에 의하여 치환반응이 일어난다.
  ㉡ 시료가 산화·가수·결합 반응이 일어날 수 있다.
  ㉢ 아민류 및 글리콜류는 비가역적 흡착이 발생한다.
  ㉣ 반응성이 강한 기체(무기산, 이산화황)가 존재 시 시료가 화학적으로 변한다.

29 어떤 유해작업장에 일산화탄소(CO)가 표준상태(0°C, 1기압)에서 15ppm 포함되어 있다. 이 공기 1Sm³ 중에 CO는 몇 μg이 포함되어 있는가?

① 약 9,200 $\mu g/Sm^3$
② 약 10,800 $\mu g/Sm^3$
③ 약 17,500 $\mu g/Sm^3$
④ 약 18,800 $\mu g/Sm^3$

풀이 농도($\mu g/Sm^3$) = 15ppm × $\dfrac{28 \times 10^3}{22.4}$
= 18,750 $\mu g/Sm^3$

30 어느 작업장에 소음발생기계 4대가 설치되어 있다. 1대 가동 시 소음레벨을 측정한 결과 82dB을 얻었다면 4대 동시 작동 시 소음레벨은? (단, 기타 조건은 고려하지 않는다.)

① 89dB
② 88dB
③ 87dB
④ 86dB

풀이 $L_{합} = 10\log(10^{8.2} \times 4) = 88dB$

31 온열조건을 평가하는 데 습구흑구온도지수를 사용한다. 태양광이 내리쬐는 옥외에서 측정 결과가 다음과 같은 경우라 가정한다면 습구흑구온도지수(WBGT)는?

- 건구온도 : 30°C
- 자연습구온도 : 32°C
- 흑구온도 : 52°C

① 33.3°C
② 35.8°C
③ 37.2°C
④ 38.3°C

풀이 옥외(태양광선이 내리쬐는 장소)의 WBGT(°C)
= (0.7×자연습구온도) + (0.2×흑구온도) + (0.1×건구온도)
= (0.7×32°C) + (0.2×52°C) + (0.1×30°C)
= 35.8°C

32 다음 중 검지관법의 특성으로 가장 거리가 먼 것은?

① 색변화가 시간에 따라 변하므로 제조자가 정한 시간에 읽어야 한다.
② 산업위생전문가의 지도 아래 사용되어야 한다.
③ 특이도가 낮다.
④ 다른 방해물질의 영향을 받지 않아 단시간 측정이 가능하다.

풀이 검지관 측정법의 장단점
(1) 장점
  ㉠ 사용이 간편하다.
  ㉡ 반응시간이 빨라 현장에서 바로 측정 결과를 알 수 있다.
  ㉢ 비전문가도 어느 정도 숙지하면 사용할 수 있지만 산업위생전문가의 지도 아래 사용되어야 한다.
  ㉣ 맨홀, 밀폐공간에서의 산소부족 또는 폭발성 가스로 인한 안전이 문제가 될 때 유용하게 사용된다.

정답 29.④ 30.② 31.② 32.④

ⓜ 다른 측정방법이 복잡하거나 빠른 측정이 요구될 때 사용할 수 있다.
　(2) 단점
　　ⓐ 민감도가 낮아 비교적 고농도에만 적용이 가능하다.
　　ⓑ 특이도가 낮아 다른 방해물질의 영향을 받기 쉽고 오차가 크다.
　　ⓒ 대개 단시간 측정만 가능하다.
　　ⓓ 한 검지관으로 단일물질만 측정 가능하여 각 오염물질에 맞는 검지관을 선정함에 따른 불편함이 있다.
　　ⓔ 색변화에 따라 주관적으로 읽을 수 있어 판독자에 따라 변이가 심하며, 색변화가 시간에 따라 변하므로 제조자가 정한 시간에 읽어야 한다.
　　ⓕ 미리 측정대상 물질의 동정이 되어 있어야 측정이 가능하다.

33 다음은 산업위생 분석 용어에 관한 내용이다. (　) 안에 가장 적절한 내용은?

> (　　)는(은) 검출한계가 정량분석에서 만족스런 개념을 제공하지 못하기 때문에 검출한계의 개념을 보충하기 위해 도입되었다. 이는 통계적인 개념보다는 일종의 약속이다.

① 변이계수
② 오차한계
③ 표준편차
④ 정량한계

풀이 정량한계(LOQ ; Limit Of Quantization)
　㉠ 분석기마다 바탕선량과 구별하여 분석될 수 있는 최소의 양, 즉 분석결과가 어느 주어진 분석절차에 따라 합리적인 신뢰성을 가지고 정량분석할 수 있는 가장 작은 양이나 농도이다.
　㉡ 도입 이유는 검출한계가 정량분석에서 만족스런 개념을 제공하지 못하기 때문에 검출한계의 개념을 보충하기 위해서이다.
　㉢ 일반적으로 표준편차의 10배 또는 검출한계의 3배 또는 3.3배로 정의한다.
　㉣ 정량한계를 기준으로 최소한으로 채취해야 하는 양이 결정된다.

34 다음은 소음의 측정 시간 및 횟수의 기준에 관한 내용이다. (　) 안에 옳은 내용은? (단, 고용노동부 고시 기준)

> 단위작업장소에서의 소음발생시간이 6시간 이내인 경우나 소음발생원에서의 발생시간이 간헐적인 경우에는 발생시간 동안 연속 측정하거나 등간격으로 나눠 (　) 이상 측정하여야 한다.

① 2회
② 3회
③ 4회
④ 6회

풀이 소음측정 시간 및 횟수
　㉠ 단위작업장소에서 소음수준은 규정된 측정 위치 및 지점에서 1일 작업시간 동안 6시간 이상 연속 측정하거나 작업시간을 1시간 간격으로 나누어 6회 이상 측정하여야 한다.
　　다만, 소음의 발생특성이 연속음으로서 측정치가 변동이 없다고 자격자 또는 지정 측정기관이 판단한 경우에는 1시간 동안을 등간격으로 나누어 3회 이상 측정할 수 있다.
　㉡ 단위작업장소에서의 소음발생시간이 6시간 이내인 경우나 소음발생원에서의 발생시간이 간헐적인 경우에는 발생시간 동안 연속 측정하거나 등간격으로 나누어 4회 이상 측정하여야 한다.

35 음원이 아무런 방해물이 없는 작업장 중앙 바닥에 설치되어 있다면 음의 지향계수(Q)는 어느 것인가?

① 0　　　　　　　② 1
③ 2　　　　　　　④ 4

풀이 음원의 위치에 따른 지향계수
　㉠ 공중(자유공간) : 1
　㉡ 바닥, 벽, 천장(반자유공간) : 2
　㉢ 두 면이 접하는 곳 : 4
　㉣ 세 면이 접하는 곳 : 8

정답 33.④　34.③　35.③

36 입경이 50μm이고 입자비중이 1.32인 입자의 침강속도는? (단, 입경이 1~50μm인 먼지의 침강속도를 구하기 위해 산업위생분야에서 주로 사용하는 식 적용)

① 8.6cm/sec ② 9.9cm/sec
③ 11.9cm/sec ④ 13.6cm/sec

풀이
$$V(\text{cm/sec}) = 0.003 \times \rho \times d^2$$
$$= 0.003 \times 1.32 \times 50^2$$
$$= 9.9 \text{cm/sec}$$

37 hexane의 부분압이 120mmHg(OEL 500ppm)이라면 VHR은?

① 271 ② 284
③ 316 ④ 343

풀이
$$\text{VHR} = \frac{C}{\text{TLV}} = \frac{\frac{120}{760} \times 10^6}{500} = 315.79$$

38 어느 작업장에서 sampler를 사용하여 분진 농도를 측정한 결과 sampling 전, 후의 filter 무게를 각각 21.3mg, 25.6mg 얻었다. 이때 pump의 유량은 45L/min이었으며 480분 동안 시료를 채취하였다면 작업장의 분진 농도는?

① 150μg/m³ ② 200μg/m³
③ 250μg/m³ ④ 300μg/m³

풀이
농도(μg/m³)
$$= \frac{(25.6-21.3)\text{mg}}{45\text{L/min} \times 480\text{min}}$$
$$= 0.000199\text{mg/L} \times 1,000\text{L/m}^3 \times 1,000\mu\text{g/mg}$$
$$= 199\mu\text{g/m}^3$$

39 열, 화학물질, 압력 등에 강한 특징을 가지고 있어 석탄건류나 증류 등의 고열공정에서 발생하는 다핵방향족탄화수소를 채취하는 데 이용되는 막 여과지는?

① PTFE막 여과지
② 은막 여과지
③ PVC막 여과지
④ MCE막 여과지

풀이 PTFE막 여과지(Polytetrafluroethylene membrane filter, 테프론)
㉠ 열, 화학물질, 압력 등에 강한 특성을 가지고 있어 석탄건류나 증류 등의 고열공정에서 발생하는 다핵방향족탄화수소를 채취하는 데 이용된다.
㉡ 농약, 알칼리성 먼지, 콜타르피치 등을 채취한다.
㉢ 1μm, 2μm, 3μm의 여러 가지 구멍 크기를 가지고 있다.

40 다음의 여과지 중 산에 쉽게 용해되므로 입자상 물질 중의 금속을 채취하여 원자흡광광도법으로 분석하는 데 적정한 것은 어느 것인가?

① 은막 여과지
② PVC막 여과지
③ MCE막 여과지
④ 유리섬유 여과지

풀이 MCE막 여과지(Mixed Cellulose Ester membrane filter)
㉠ 산업위생에서는 거의 대부분이 직경 37mm, 구멍 크기 0.45~0.8μm의 MCE막 여과지를 사용하고 있어 작은 입자의 금속과 흄(fume) 채취가 가능하다.
㉡ 산에 쉽게 용해되고 가수분해되며, 습식 회화되기 때문에 공기 중 입자상 물질 중의 금속을 채취하여 원자흡광법으로 분석하는 데 적당하다.
㉢ 산에 의해 쉽게 회화되기 때문에 원소분석에 적합하고 NIOSH에서는 금속, 석면, 살충제, 불소화합물 및 기타 무기물질에 추천되고 있다.
㉣ 시료가 여과지의 표면 또는 가까운 곳에 침착되므로 석면, 유리섬유 등 현미경 분석을 위한 시료채취에도 이용된다.
㉤ 흡습성(원료인 셀룰로오스가 수분 흡수)이 높아 오차를 유발할 수 있어 중량분석에 적합하지 않다.

정답 36.② 37.③ 38.② 39.① 40.③

제3과목 | 작업환경 관리대책

41 밀어당김형 후드(push-pull hood)에 의한 환기로서 가장 효과적인 경우는?
① 오염원의 발산농도가 낮은 경우
② 오염원의 발산농도가 높은 경우
③ 오염원의 발산량이 많은 경우
④ 오염원 발산면의 폭이 넓은 경우

풀이 푸시풀(push-pull) 후드
(1) 개요
 ㉠ 제어길이가 비교적 길어서 외부식 후드에 의한 제어효과가 문제가 되는 경우에 공기를 불어주고(push) 당겨주는(pull) 장치로 되어 있다.
 ㉡ 개방조 한 변에서 압축공기를 이용하여 오염물질이 발생하는 표면에 공기를 불어 반대쪽에 오염물질이 도달하게 한다.
(2) 적용
 ㉠ 도금조 및 자동차 도장공정과 같이 오염물질 발생원의 개방면적이 큰(발산면의 폭이 넓은) 작업공정에 주로 많이 적용된다.
 ㉡ 포착거리(제어거리)가 일정 거리 이상일 경우 push-pull형 환기장치가 적용된다.
(3) 특징
 ㉠ 제어속도는 push 제트기류에 의해 발생한다.
 ㉡ 공정에서 작업물체를 처리조에 넣거나 꺼내는 중에 공기막이 파괴되어 오염물질이 발생한다.
 ㉢ 노즐로는 하나의 긴 슬롯, 구멍 뚫린 파이프 또는 개별 노즐을 여러 개 사용하는 방법이 있다.
 ㉣ 노즐의 각도는 제트공기가 방해받지 않도록 하향 방향을 향하고 최대 20° 내를 유지하도록 한다.
 ㉤ 노즐 전체면적은 기류 분포를 고르게 하기 위해서 노즐 충만실 단면적의 25%를 넘지 않도록 해야 한다.
 ㉥ push-pull 후드에 있어서는 여러 가지의 영향인자가 존재하므로 ±20% 정도의 유량조정이 가능하도록 설계되어야 한다.
(4) 장점
 ㉠ 포집효율을 증가시키면서 필요유량을 대폭 감소시킬 수 있다.
 ㉡ 작업자의 방해가 적고 적용이 용이하다.

(5) 단점
 ㉠ 원료의 손실이 크다.
 ㉡ 설계방법이 어렵다.
 ㉢ 효과적으로 기능을 발휘하지 못하는 경우가 있다.

42 A유체관의 압력을 측정하였더니 그 결과 정압이 −18.56mmH₂O이고, 전압이 20mmH₂O였다. 이 유체관의 유속(m/sec)은 약 얼마인가? (단, 공기밀도 1.21kg/m³ 기준)
① 약 10 ② 약 15
③ 약 20 ④ 약 25

풀이
$$V(m/sec) = \sqrt{\frac{2g \cdot VP}{\gamma}}$$
• $VP = TP - SP = 20 - (-18.56)$
 $= 38.56 mmH_2O$
$= \sqrt{\frac{2 \times 9.8 \times 38.56}{1.21}} = 24.92 ≒ 25 m/sec$

43 후드의 유입계수가 0.86일 때 압력손실계수는 약 얼마인가?
① 약 0.25 ② 약 0.35
③ 약 0.45 ④ 약 0.55

풀이 후드 압력손실계수 $= \frac{1}{Ce^2} - 1 = \frac{1}{0.86^2} - 1 = 0.35$

44 용접흄이 발생하는 공정의 작업대 면에 개구면적이 0.6m²인 측방 외부식 테이블상 플랜지 부착 장방형 후드를 설치하였다. 제어속도가 0.4m/sec, 환기량이 63.6m³/min 이라면, 제어거리는?
① 0.69m ② 0.86m
③ 1.23m ④ 1.52m

풀이
$Q = 60 \times 0.5 \times V_c(10X^2 + A)$
$10X^2 + A = \frac{Q}{60 \times 0.5 \times V_c}$
$\therefore X = \left[\frac{\left(\frac{63.6}{60 \times 0.5 \times 0.4} - 0.6\right)}{10}\right]^{\frac{1}{2}} = 0.69 m$

정답 41.④ 42.④ 43.② 44.①

45 양쪽 덕트 내의 정압이 다를 경우 합류점에서 정압을 조절하는 방법인 공기조절용 댐퍼에 의한 균형유지법에 관한 설명으로 틀린 것은?

① 임의로 댐퍼 조정 시 평형상태가 깨지는 단점이 있다.
② 시설 설치 후 변경하기 어려운 단점이 있다.
③ 최소유량으로 균형유지가 가능한 장점이 있다.
④ 설계 계산이 상대적으로 간단한 장점이 있다.

[풀이] 저항조절평형법(댐퍼조절평형법, 덕트균형유지법)의 장단점
(1) 장점
  ㉠ 시설 설치 후 변경에 유연하게 대처가 가능하다.
  ㉡ 최소설계풍량으로 평형유지가 가능하다.
  ㉢ 공장 내부의 작업공정에 따라 적절한 덕트 위치 변경이 가능하다.
  ㉣ 설계 계산이 간편하고, 고도의 지식을 요하지 않는다.
  ㉤ 설치 후 송풍량의 조절이 비교적 용이하다. 즉, 임의의 유량을 조절하기가 용이하다.
  ㉥ 덕트의 크기를 바꿀 필요가 없기 때문에 반송속도를 그대로 유지한다.
(2) 단점
  ㉠ 평형상태 시설에 댐퍼를 잘못 설치 시 또는 임의의 댐퍼 조정 시 평형상태가 파괴될 수 있다.
  ㉡ 부분적 폐쇄댐퍼는 침식, 분진퇴적의 원인이 된다.
  ㉢ 최대저항경로 선정이 잘못되어도 설계 시 쉽게 발견할 수 없다.
  ㉣ 댐퍼가 노출되어 있는 경우가 많아 누구나 쉽게 조절할 수 있어 정상기능을 저해할 수 있다.
  ㉤ 임의의 댐퍼 조정 시 평형상태가 파괴될 수 있다.

46 A분진의 우리나라 노출기준은 $10mg/m^3$이며 일반적으로 반면형 마스크의 할당보호계수(APF)가 10이라면 반면형 마스크를 착용할 수 있는 작업장 내 A분진의 최대농도는 얼마이겠는가?

① $1mg/m^3$
② $10mg/m^3$
③ $50mg/m^3$
④ $100mg/m^3$

[풀이]
$$APF \geq \frac{C}{PEL}$$
$$\therefore C = APF \times PEL = 10 \times 10mg/m^3 = 100mg/m^3$$

47 호흡용 보호구에 관한 설명으로 틀린 것은?

① 방독마스크는 주로 면, 모, 합성섬유 등을 필터로 사용한다.
② 방독마스크는 공기 중의 산소가 부족하면 사용할 수 없다.
③ 방독마스크는 일시적인 작업 또는 긴급용으로 사용하여야 한다.
④ 방진마스크는 비휘발성 입자에 대한 보호가 가능하다.

[풀이] 주로 면, 모, 합성섬유 등을 필터로 사용하는 것은 방진마스크이며, 방독마스크는 정화통이 있다.

48 공장의 높이가 3m인 작업장에서 입자의 비중이 1.0이고, 직경이 $1.0\mu m$인 구형 먼지가 바닥으로 모두 가라앉는 데 걸리는 시간은 이론적으로 얼마가 되는가?

① 약 0.8시간
② 약 8시간
③ 약 18시간
④ 약 28시간

[풀이]
$$V(cm/sec) = 0.003 \times \rho \times d^2$$
$$= 0.003 \times 1.0 \times 1.0^2 = 0.003 cm/sec$$
$$\therefore 시간(hr) = \frac{작업장\ 높이}{침강속도}$$
$$= \frac{300cm}{0.003cm/sec \times 3,600sec/hr}$$
$$= 27.78hr$$

49 덕트 설치의 주요 원칙으로 틀린 것은?

① 밴드(구부러짐)의 수는 가능한 한 적게 하도록 한다.
② 구부러짐 전, 후에는 청소구를 만든다.
③ 공기흐름은 상향구배를 원칙으로 한다.
④ 덕트는 가능한 한 짧게 배치하도록 한다.

정답 45.② 46.④ 47.① 48.④ 49.③

[풀이] **덕트 설치기준(설치 시 고려사항)**
㉠ 가능한 한 길이는 짧게 하고 굴곡부의 수는 적게 한다.
㉡ 접속부의 내면은 돌출된 부분이 없도록 한다.
㉢ 청소구를 설치하는 등 청소하기 쉬운 구조로 한다.
㉣ 덕트 내 오염물질이 쌓이지 아니하도록 이송속도를 유지한다.
㉤ 연결부위 등은 외부공기가 들어오지 아니하도록 한다(연결방법을 가능한 한 용접할 것).
㉥ 가능한 후드의 가까운 곳에 설치한다.
㉦ 송풍기를 연결할 때는 최소 덕트 직경의 6배 정도 직선구간을 확보한다.
㉧ 직관은 하향구배로 하고 직경이 다른 덕트를 연결할 때에는 경사 30° 이내의 테이퍼를 부착한다.
㉨ 원형 덕트가 사각형 덕트보다 덕트 내 유속분포가 균일하므로 가급적 원형 덕트를 사용하며, 부득이 사각형 덕트를 사용할 경우에는 가능한 정방형을 사용하고 곡관의 수를 적게 한다.
㉩ 곡관의 곡률반경은 최소 덕트 직경의 1.5 이상, 주로 2.0을 사용한다.
㉪ 수분이 응축될 경우 덕트 내로 들어가지 않도록 경사나 배수구를 마련한다.
㉫ 덕트의 마찰계수는 작게 하고, 분지관을 가급적 적게 한다.

50 원심력 송풍기의 종류 중에서 전향 날개형 송풍기에 관한 설명으로 옳지 않은 것은?
① 송풍기의 임펠러가 다람쥐 쳇바퀴 모양이며, 송풍기 깃이 회전방향과 동일한 방향으로 설계되어 있다.
② 동일 송풍량을 발생시키기 위한 임펠러 회전속도가 상대적으로 낮아 소음 문제가 거의 발생하지 않는다.
③ 다익형 송풍기라고도 한다.
④ 큰 압력손실에도 송풍량의 변동이 적은 장점이 있다.

[풀이] **다익형 송풍기(multi blade fan)**
㉠ 전향(전곡) 날개형(forward-curved blade fan)이라고 하며, 많은 날개(blade)를 갖고 있다.
㉡ 송풍기의 임펠러가 다람쥐 쳇바퀴 모양으로, 회전날개가 회전방향과 동일한 방향으로 설계되어 있다.
㉢ 동일 송풍량을 발생시키기 위한 임펠러 회전속도가 상대적으로 낮아 소음 문제가 거의 없다.
㉣ 강도 문제가 그리 중요하지 않기 때문에 저가로 제작이 가능하다.
㉤ 상승구배 특성이다.
㉥ 높은 압력손실에서는 송풍량이 급격하게 떨어지므로 이송시켜야 할 공기량이 많고 압력손실이 작게 걸리는 전체환기나 공기조화용으로 널리 사용된다.
㉦ 구조상 고속회전이 어렵고, 큰 동력의 용도에는 적합하지 않다.

51 송풍기의 송풍량이 4.17m³/sec이고 송풍기 전압이 300mmH₂O인 경우 소요동력은? (단, 송풍기 효율은 0.85이다.)
① 약 5.8kW
② 약 14.4kW
③ 약 18.2kW
④ 약 20.6kW

[풀이]
$$kW = \frac{Q \times \Delta P}{6,120 \times \eta}$$
$$= \frac{4.17\text{m}^3/\text{sec} \times 60\text{sec/min} \times 300\text{mmH}_2\text{O}}{6,120 \times 0.85}$$
$$= 14.43\text{kW}$$

52 귀덮개의 장점을 모두 짝지은 것으로 가장 옳은 것은?

㉮ 귀마개보다 쉽게 착용할 수 있다.
㉯ 귀마개보다 일관성 있는 차음효과를 얻을 수 있다.
㉰ 크기를 여러 가지로 할 필요가 있다.
㉱ 착용 여부를 쉽게 확인할 수 있다.

① ㉮, ㉯, ㉱
② ㉮, ㉯, ㉰
③ ㉮, ㉰, ㉱
④ ㉮, ㉯, ㉰, ㉱

정답 50.④ 51.② 52.①

[풀이] **귀덮개의 장단점**
(1) 장점
  ㉠ 귀마개보다 일반적으로 높고(고음영역에서 탁월) 일관성 있는 차음효과를 얻을 수 있다(개인차가 적음).
  ㉡ 동일한 크기의 귀덮개를 대부분의 근로자가 사용 가능하다(크기를 여러 가지로 할 필요 없음).
  ㉢ 귀에 염증(질병)이 있어도 사용 가능하다.
  ㉣ 귀마개보다 쉽게 착용할 수 있고 착용법을 틀리거나 잃어버리는 일이 적다.
(2) 단점
  ㉠ 부착된 밴드에 의해 차음효과가 감소될 수 있다.
  ㉡ 고온에서 사용 시 불편하다(보호구 접촉면에 땀이 남).
  ㉢ 머리카락이 길 때와 안경테가 굵거나 잘 부착되지 않을 때는 사용하기 불편하다.
  ㉣ 장시간 사용 시 꼭 끼는 느낌이 있다.
  ㉤ 보안경과 함께 사용하는 경우 다소 불편하며, 차음효과가 감소된다.
  ㉥ 오래 사용하여 귀걸이의 탄력성이 줄었을 때나 귀걸이가 휘었을 때는 차음효과가 떨어진다.
  ㉦ 가격이 비싸고 운반과 보관이 쉽지 않다.

53 비극성 용제에 효과적인 보호장구의 재질로 가장 옳은 것은?
① 면
② 천연고무
③ Nitrile 고무
④ Butyl 고무

[풀이] **보호장구 재질에 따른 적용물질**
  ㉠ Neoprene 고무 : 비극성 용제, 극성 용제 중 알코올, 물, 케톤류 등에 효과적
  ㉡ 천연고무(latex) : 극성 용제 및 수용성 용액에 효과적(절단 및 찰과상 예방)
  ㉢ Viton : 비극성 용제에 효과적
  ㉣ 면 : 고체상 물질에 효과적, 용제에는 사용 못함
  ㉤ 가죽 : 용제에는 사용 못함(기본적인 찰과상 예방)
  ㉥ Nitrile 고무 : 비극성 용제에 효과적
  ㉦ Butyl 고무 : 극성 용제(알데히드, 지방족)에 효과적
  ㉧ Ethylene vinyl alcohol : 대부분의 화학물질을 취급할 경우 효과적

54 어느 작업장에서 톨루엔(분자량=92, 노출기준=50ppm)과 이소프로필알코올(분자량=60, 노출기준=200ppm)을 각각 100g/hr 사용(증발)하며, 여유계수(K)는 각각 10이다. 필요환기량(m^3/hr)은? (단, 21℃, 1기압 기준, 두 물질은 상가작용을 한다.)
① 약 6,250
② 약 7,250
③ 약 8,650
④ 약 9,150

[풀이]
• 톨루엔
 사용량=100g/hr
 92g : 24.1L = 100g/hr : G(발생률)
 $G = \dfrac{24.1L \times 100g/hr}{92g} = 26.19L/hr$
 $Q = \dfrac{26.19L/hr \times 1,000mL/L}{50mL/m^3} \times 10 = 5,238 m^3/hr$

• 이소프로필알코올
 사용량=100g/hr
 60g : 24.1L = 100g/hr : G(발생률)
 $G = \dfrac{24.1L \times 100g/hr}{60g} = 40.17L/hr$
 $Q = \dfrac{40.17L/hr \times 1,000mL/L}{200mL/m^3} \times 10$
  $= 2,008.5 m^3/hr$
∴ 상가작용 = $5,238 + 2,008.5 = 7,246.5 m^3/hr$

55 덕트(duct)의 직경 환산 시 폭 a, 길이 b인 각 관과 유체역학적으로 등가인 원관의 직경 D의 계산식은?
① $D = \dfrac{ab}{2(a+b)}$
② $D = \dfrac{2ab}{a+b}$
③ $D = \dfrac{2(a+b)}{ab}$
④ $D = \dfrac{a+b}{2ab}$

[풀이] **상당직경(등가직경, equivalent diameter)**
  ㉠ 사각형(장방형)관과 동일한 유체역학적인 특성을 갖는 원형관의 직경을 의미한다.
  ㉡ 관련식 : 상당직경(de) = $\dfrac{2ab}{a+b}$

정답 53.③ 54.② 55.②

56 강제환기를 실시하는 데 환기효과를 제고시킬 수 있는 필요원칙을 모두 옳게 짝지은 것은?

> ㉮ 배출구가 창문이나 문 근처에 위치하지 않도록 한다.
> ㉯ 배출공기를 보충하기 위하여 청정공기를 공급한다.
> ㉰ 공기 배출구와 근로자의 작업위치 사이에 오염원이 위치해야 한다.
> ㉱ 오염물질 배출구는 오염원으로부터 가까운 곳에 설치하여 점환기 현상을 방지한다.

① ㉮, ㉯, ㉰
② ㉮, ㉯, ㉱
③ ㉮, ㉯
④ ㉮, ㉯, ㉰, ㉱

풀이 전체환기(강제환기)시설 설치 기본원칙
㉠ 오염물질 사용량을 조사하여 필요환기량을 계산한다.
㉡ 배출공기를 보충하기 위하여 청정공기를 공급한다.
㉢ 오염물질 배출구는 가능한 한 오염원으로부터 가까운 곳에 설치하여 '점환기'의 효과를 얻는다.
㉣ 공기 배출구와 근로자의 작업위치 사이에 오염원이 위치해야 한다.
㉤ 공기가 배출되면서 오염장소를 통과하도록 공기 배출구와 유입구의 위치를 선정한다.
㉥ 작업장 내 압력은 경우에 따라서 양압이나 음압으로 조정해야 한다(오염원 주위에 다른 작업공정이 있으면 공기 공급량을 배출량보다 작게 하여 음압을 형성시켜 주위 근로자에게 오염물질이 확산되지 않도록 한다).
㉦ 배출된 공기가 재유입되지 못하게 배출구 높이를 적절히 설계하고 창문이나 문 근처에 위치하지 않도록 한다.
㉧ 오염된 공기는 작업자가 호흡하기 전에 충분히 희석되어야 한다.
㉨ 오염물질 발생은 가능하면 비교적 일정한 속도로 유출되도록 조정해야 한다.

57 기적이 1,000m³이고 유효환기량이 50m³/min인 작업장에 메틸클로로포름 증기가 발생하여 100ppm의 상태로 오염되었다. 이 상태에서 증기발생이 중지되었다면 25ppm까지 농도를 감소시키는 데 걸리는 시간은?

① 약 17분
② 약 28분
③ 약 32분
④ 약 41분

풀이 $t = -\dfrac{V}{Q'}\ln\left(\dfrac{C_2}{C_1}\right) = -\dfrac{1,000}{50}\ln\left(\dfrac{25}{100}\right) = 27.73\min$

58 20℃의 공기가 직경 10cm인 원형관 속을 흐르고 있다. 층류로 흐를 수 있는 최대유량은? (단, 층류로 흐를 수 있는 임계 레이놀즈 수 $Re = 2,100$, 공기의 동점성계수 $\nu = 1.50 \times 10^{-5} m^2/sec$이다.)

① 0.318m³/min
② 0.228m³/min
③ 0.148m³/min
④ 0.078m³/min

풀이 $Re = \dfrac{Vd}{\nu}$

$V = \dfrac{Re \cdot \nu}{d} = \dfrac{2,100 \times (1.5 \times 10^{-5})}{0.1} = 0.315 \text{m/sec}$

$\therefore Q = A \times V = \left(\dfrac{3.14 \times 0.1^2}{4}\right) \times 0.315 \text{m/sec}$
$= 0.00247 \text{m}^3/\text{sec} \times 60\text{sec/min}$
$= 0.148 \text{m}^3/\text{min}$

59 1기압에서 혼합기체는 질소(N₂) 66%, 산소(O₂) 14%, 탄산가스 20%로 구성되어 있다. 질소가스의 분압은? (단, 단위 : mmHg)

① 501.6
② 521.6
③ 541.6
④ 560.4

풀이 질소가스 분압=760mmHg×0.66=501.6mmHg

60 다음은 분진발생 작업환경에 대한 대책이다. 옳은 것을 모두 짝지은 것은?

> ㉮ 연마작업에서는 국소배기장치가 필요하다.
> ㉯ 암석 굴진작업, 분쇄작업에서는 연속적인 살수가 필요하다.
> ㉰ 샌드블라스팅에 사용되는 모래를 철사(鐵砂)나 금강사(金剛砂)로 대치한다.

① ㉮, ㉯
② ㉯, ㉰
③ ㉮, ㉰
④ ㉮, ㉯, ㉰

> **[풀이]** 분진 발생 억제(발진의 방지)
> (1) 작업공정 습식화
>   ㉠ 분진의 방진대책 중 가장 효과적인 개선대책이다.
>   ㉡ 착암, 파쇄, 연마, 절단 등의 공정에 적용한다.
>   ㉢ 취급물질로는 물, 기름, 계면활성제를 사용한다.
>   ㉣ 물을 분사할 경우 국소배기시설과의 병행사용 시 주의한다(작은 입자들이 부유 가능성이 있고, 이들이 덕트 등에 쌓여 굳게 됨으로써 국소배기시설의 효율성을 저하시킴).
>   ㉤ 시간이 경과하여 바닥에 굳어 있다 건조되면 재비산되므로 주의한다.
> (2) 대치
>   ㉠ 원재료 및 사용재료의 변경(연마재의 사암을 인공마석으로 교체)
>   ㉡ 생산기술의 변경 및 개량
>   ㉢ 작업공정의 변경
> - 발생분진 비산 방지방법
> (1) 해당 장소를 밀폐 및 포위
> (2) 국소배기
>   ㉠ 밀폐가 되지 못하는 경우에 사용한다.
>   ㉡ 포위형 후드의 국소배기장치를 설치하며 해당 장소를 음압으로 유지시킨다.
> (3) 전체환기

제4과목 | 물리적 유해인자관리

61 다음 중 산소농도가 6% 이하인 공기 중의 산소분압으로 옳은 것은? (단, 표준상태이며, 부피기준이다.)

① 75mmHg 이하
② 65mmHg 이하
③ 55mmHg 이하
④ 45mmHg 이하

> **[풀이]** 산소분압=760mmHg×0.06=45.6mmHg

62 태양광선이 내리쬐지 않는 작업장의 온열기준이 다음과 같을 때 습구흑구온도지수(WBGT)는 얼마인가?

- 흑구온도 : 50℃
- 건구온도 : 30℃
- 자연습구온도 : 20℃

① 10℃   ② 19℃
③ 29℃   ④ 50℃

> **[풀이]** 태양광선이 내리쬐지 않는 작업장의 WBGT(℃)
> =(0.7×자연습구온도)+(0.3×흑구온도)
> =(0.7×20℃)+(0.3×50℃)=29℃

63 18℃ 공기 중에서 800Hz인 음의 파장은 약 몇 m인가?

① 0.35   ② 0.43
③ 3.5   ④ 4.3

> **[풀이]** $\lambda = \dfrac{C}{f} = \dfrac{331.42+(0.6\times 18℃)}{800} = 0.43\text{m}$

64 음의 크기 sone과 음의 크기레벨 phon과의 관계를 올바르게 나타낸 것은? (단, sone은 S, phon은 L로 표현한다.)

① $S = 2^{(L-40)/10}$
② $S = 3^{(L-40)/10}$
③ $S = 4^{(L-40)/10}$
④ $S = 5^{(L-40)/10}$

> **[풀이]** 음의 크기(sone)와 음의 크기 레벨(phon)의 관계
> $S = 2^{\frac{(L_L-40)}{10}}$ (sone), $L_L = 33.3\log S + 40$ (phon)
> 여기서, S : 음의 크기(sone)
> L_L : 음의 크기 레벨(phon)

65 레이저용 보안경을 착용할 경우 4,000mW/cm² 의 레이저가 0.4mW/cm²의 강도로 낮아진다면 이 보안경의 흡광도(OD ; Optical Density)는 얼마인가?

① 2   ② 3
③ 4   ④ 8

> **[풀이]** 보안경의 흡광도 $= \log \dfrac{4{,}000}{0.4} = 4$

정답 61.④ 62.③ 63.② 64.① 65.③

66 광학방사선에서 사용되는 측정량과 단위의 연결로 틀린 것은?

① 방사속 – W
② 광속 – lm(루멘)
③ 휘도 – cd/m^2
④ 조도 – cd(칸델라)

풀이 조도의 단위는 lux이다.

67 다음 중 미국의 차음평가수를 의미하는 것은 어느 것인가?

① NRR
② TL
③ SLC80
④ SNR

풀이 차음효과(OSHA)
차음효과=(NRR−7)×0.5
여기서, NRR : 차음평가수

68 소음성 난청에서의 청력손실은 초기 몇 Hz에서 가장 현저하게 나타나는가?

① 1,000Hz
② 4,000Hz
③ 8,000Hz
④ 15,000Hz

풀이 C_5-dip 현상
소음성 난청의 초기단계로 4,000Hz에서 청력장애가 현저히 커지는 현상이다.
※ 우리 귀는 고주파음에 대단히 민감하며, 특히 4,000Hz에서 소음성 난청이 가장 많이 발생한다.

69 다음 중 진동작업장의 환경관리대책이나 근로자의 건강보호를 위한 조치로 적합하지 않은 것은?

① 발진원과 작업자의 거리를 가능한 한 멀리한다.
② 작업자의 체온을 낮게 유지시키는 것이 바람직하다.
③ 절연패드의 재질로는 코르크, 펠트(felt), 유리섬유 등이 많이 쓰인다.
④ 진동공구의 무게는 10kg을 넘지 않게 하며, 장갑(glove) 사용을 권장한다.

풀이 진동작업 환경관리 대책
㉠ 작업 시에는 따뜻하게 체온을 유지해 준다(14℃ 이하의 옥외작업에서는 보온대책 필요).
㉡ 진동공구의 무게는 10kg 이상 초과하지 않도록 한다.
㉢ 진동공구는 가능한 한 공구를 기계적으로 지지하여 준다.
㉣ 작업자는 공구의 손잡이를 너무 세게 잡지 않는다.
㉤ 진동공구의 사용 시에는 장갑(두꺼운 장갑)을 착용한다.
㉥ 총 동일한 시간을 휴식한다면 여러 번 자주 휴식하는 것이 좋다.
㉦ 체인톱과 같이 발동기가 부착되어 있는 것을 전동기로 바꾼다.
㉧ 진동공구를 사용하는 작업은 1일 2시간을 초과하지 말아야 한다.

70 다음 중 마이크로파에 관한 설명으로 틀린 것은?

① 주파수 범위는 10~30,000MHz 정도이다.
② 혈액의 변화로는 백혈구의 감소, 혈소판의 증가 등이 나타난다.
③ 백내장을 일으킬 수 있으며, 이것은 조직온도의 상승과 관계가 있다.
④ 중추신경에 대하여는 300~1,200MHz의 주파수 범위에서 가장 민감하다.

풀이 마이크로파로 인한 혈액의 변화로는 백혈구수의 증가, 망상적혈구 출현, 혈소판의 감소 등이 있다.

71 다음 중 인체의 각 부위별로 공명현상이 일어나는 진동의 크기를 올바르게 나타낸 것은?

① 둔부 : 2~4Hz
② 안구 : 6~9Hz
③ 구간과 상체 : 10~20Hz
④ 두부와 견부 : 20~30Hz

풀이 공명(공진) 진동수
㉠ 두부와 견부는 20~30Hz 진동에 공명(공진)하며, 안구는 60~90Hz 진동에 공명한다.
㉡ 3Hz 이하 : motion sickness 느낌(급성적 증상으로 상복부의 통증과 팽만감 및 구토)

ⓒ 6Hz : 가슴, 등에 심한 통증
ⓓ 13Hz : 머리, 안면, 볼, 눈꺼풀 진동
ⓔ 4~14Hz : 복통, 압박감 및 동통감
ⓕ 9~20Hz : 대·소변 욕구, 무릎 탄력감
ⓖ 20~30Hz : 시력 및 청력 장애

72 다음 중 전리방사선의 흡수선량이 생체에 영향을 주는 정도를 표시하는 선당량(생체 실효선량)의 단위는?

① R   ② Ci
③ Sv   ④ Gy

[풀이] Sv(Sievert)
㉠ 흡수선량이 생체에 영향을 주는 정도로 표시하는 선당량(생체실효선량)의 단위
㉡ 등가선량의 단위
※ 등가선량 : 인체의 피폭선량을 나타낼 때 흡수선량에 해당 방사선의 방사선 가중치를 곱한 값
㉢ 생물학적 영향에 상당하는 단위
㉣ RBE를 기준으로 평준화하여 방사선에 대한 보호를 목적으로 사용하는 단위
㉤ 1Sv=100rem

73 다음 중 조명부족과 관련한 질환으로 옳은 것은?

① 백내장   ② 망막변성
③ 녹내장   ④ 안구진탕증

[풀이] 조명부족의 질환에는 안구진탕증, 전광성 안염 등이 있다.

74 고도가 높은 곳에서 대기압을 측정하였더니 90,659Pa이었다. 이곳의 산소분압은 약 얼마가 되겠는가? (단, 공기 중의 산소는 21vol%이다.)

① 135mmHg   ② 143mmHg
③ 159mmHg   ④ 680mmHg

[풀이] 산소분압(mmHg)
$= 90,659Pa \times \dfrac{760mmHg}{1.013 \times 10^5 Pa} \times 0.21 = 142.83mmHg$

75 소음에 대한 미국 ACGIH의 8시간 노출기준은 몇 dB인가?

① 85dB   ② 90dB
③ 95dB   ④ 100dB

[풀이] 소음에 대한 ACGIH의 노출기준
8시간 노출에 대한 기준 85dB (3dB 변화율)

1일 노출시간(hr)	소음수준[dB(A)]
8	85
4	88
2	91
1	94
1/2	97
1/4	100

76 다음 중 잠함병의 주요 원인은?

① 온도   ② 광선
③ 소음   ④ 압력

[풀이] 감압병(decompression, 잠함병)
고압환경에서 Henry의 법칙에 따라 체내에 과다하게 용해되었던 불활성 기체(질소 등)는 압력이 낮아질 때 과포화상태로 되어 혈액과 조직에 기포를 형성하여 혈액순환을 방해하거나 주위 조직에 기계적 영향을 줌으로써 다양한 증상을 일으키는데, 이 질환을 감압병이라고 하며, 잠함병 또는 케이슨병이라고도 한다. 감압병의 직접적인 원인은 혈액과 조직에 질소기포의 증가이고, 감압병의 치료는 재가압 산소요법이 최상이다.

77 다음 중 감압환경의 설명 및 인체에 미치는 영향으로 옳은 것은?

① 인체와 환경 사이의 기압차이 때문으로 부종, 출혈, 동통 등을 동반한다.
② 대기가스의 독성 때문으로 시력장애, 정신혼란, 간질형태의 경련을 나타낸다.
③ 용해질소의 기포형성으로 인해 동통성 관절장애, 호흡곤란, 무균성 골괴사 등을 일으킨다.
④ 화학적 장애로 작업력 저하, 기분의 변화, 여러 종류의 다행증이 나타난다.

정답 72.③ 73.④ 74.② 75.① 76.④ 77.③

[풀이] **감압환경의 인체 증상**
㉠ 용해성 질소의 기포형성으로 인해 동통성 관절장애, 호흡곤란, 무균성 골괴사 등을 일으킨다.
㉡ 동통성 관절장애(bends)는 감압증에서 흔히 나타나는 급성장애이며 발증에 따른 감수성은 연령, 비만, 폐손상, 심장장애, 일시적 건강장애 소인(발생소질)에 따라 달라진다.
㉢ 질소의 기포가 뼈의 소동맥을 막아서 비감염성 골괴사(ascptic bone necrosis)를 일으키기도 하며, 대표적인 만성장애로 고압환경에 반복 노출 시 가장 일어나기 쉬운 속발증이다.
㉣ 마비는 감압증에서 주로 나타나는 중증합병증이다.

78 전리방사선이 인체에 조사되면 다음과 같은 생체 구성성분에 손상을 일으키게 되는데, 그 손상이 일어나는 순서를 올바르게 나열한 것은?

㉮ 발암 현상
㉯ 세포 수준의 손상
㉰ 조직 및 기관 수준의 손상
㉱ 분자 수준에서의 손상

① ㉱→㉯→㉰→㉮
② ㉱→㉰→㉯→㉮
③ ㉯→㉱→㉰→㉮
④ ㉯→㉰→㉱→㉮

[풀이] **전리방사선의 생체 구성성분 손상 순서**
분자 수준에서의 손상 → 세포 수준의 손상 → 조직 및 기관 수준의 손상 → 발암 현상

79 다음 중 저온에 의한 장애에 관한 내용으로 틀린 것은?

① 근육긴장의 증가와 떨림이 발생한다.
② 혈압은 변화되지 않고 일정하게 유지된다.
③ 피부 표면의 혈관들과 피하조직이 수축된다.
④ 부종, 저림, 가려움, 심한 통증 등이 생긴다.

[풀이] 저온에서는 피부혈관의 수축으로 피부온도가 감소되고 순환능력이 감소되어 혈압은 일시적으로 상승된다.

80 다음 중 습구흑구온도지수(WBGT)에 대한 설명으로 틀린 것은?

① 표시단위는 절대온도(K)로 표시한다.
② 습구흑구온도지수는 옥외 및 옥내로 구분되며, 고온에서의 작업휴식시간비를 결정하는 지표로 활용된다.
③ 미국국립산업안전보건연구원(NIOSH)뿐만 아니라 국내에서도 습구흑구온도를 측정하고, 지수를 산출하여 평가에 사용한다.
④ 습구흑구온도는 과거에 쓰이던 감각온도와 근사한 값인데, 감각온도와 다른 점은 기류를 전혀 고려하지 않는다는 점이다.

[풀이] WBGT의 표시단위는 섭씨온도(℃)이다.

제5과목 | 산업 독성학

81 산업독성의 범위에 관한 설명으로 거리가 먼 것은?

① 독성 물질이 산업현장인 생산공정의 작업환경 중에서 나타내는 독성이다.
② 작업자들의 건강을 위협하는 독성 물질의 독성을 대상으로 한다.
③ 공중보건을 위협하거나 우려가 있는 독성 물질의 치료를 목적으로 한다.
④ 공업용 화학물질 취급 및 노출과 관련된 작업자의 건강보호가 목적이다.

[풀이] 산업독성은 근로자가 작업장 내에서 유해화학물질에 노출될 경우 근로자에게 발생할 수 있는 건강에 대한 영향을 평가한다.

정답 78.① 79.② 80.① 81.③

82 구리의 독성에 대한 인체실험 결과 안전 흡수량이 체중 kg당 0.008mg이었다. 1일 8시간 작업 시의 허용농도는 약 몇 mg/m³ 인가? (단, 근로자 평균체중은 70kg, 작업 시의 폐환기율은 1.45m³/hr, 체내 잔류율은 1.0으로 가정한다.)

① 0.035
② 0.048
③ 0.056
④ 0.064

풀이
안전흡수량(mg) = $C \times T \times V \times R$

$\therefore C(\text{mg/m}^3) = \dfrac{\text{안전흡수량}}{T \times V \times R}$

$= \dfrac{0.008\text{mg/kg} \times 70\text{kg}}{8 \times 1.45 \times 1.0}$

$= 0.048\text{mg/m}^3$

83 체내 흡수된 화학물질의 분포에 대한 설명으로 틀린 것은?

① 간장과 신장은 화학물질과 결합하는 능력이 매우 크고, 다른 기관에 비하여 월등히 많은 양의 독성 물질을 농축할 수 있다.
② 유기성 화학물질은 지용성이 높아 세포막을 쉽게 통과하지 못하기 때문에 지방조직에 독성 물질이 잘 농축되지 않는다.
③ 불소와 납과 같은 독성 물질은 뼈 조직에 침착되어 저장되며, 납의 경우 생체에 존재하는 양의 약 90%가 뼈 조직에 있다.
④ 화학물질이 혈장단백질과 결합하면 모세혈관을 통과하지 못하고 유리상태의 화학물질만 모세혈관을 통과하여 각 조직세포로 들어갈 수 있다.

풀이 유기성 화학물질은 지용성이 높아 세포막을 쉽게 통과하여 지방조직에 많이 농축된다.

84 산업안전보건법에서 정하는 '기타 분진'의 산화규소결정체 함유율과 노출기준으로 옳은 것은?

① 함유율 : 0.1% 이하, 노출기준 : 10mg/m³
② 함유율 : 0.1% 이상, 노출기준 : 5mg/m³
③ 함유율 : 1% 이하, 노출기준 : 10mg/m³
④ 함유율 : 1% 이상, 노출기준 : 5mg/m³

풀이 기타 분진 함유율 및 노출기준
㉠ 산화규소결정체의 함유율 : 1% 이하
㉡ 노출기준 : 10mg/m³

85 다음 중 피부의 색소침착(pigmentation)이 가능한 표피층 내의 세포는?

① 기저세포
② 멜라닌세포
③ 각질세포
④ 피하지방세포

풀이 피부의 일반적 특징
㉠ 피부는 크게 표피층과 진피층으로 구성되며 표피에는 색소침착이 가능한 표피층 내의 멜라닌세포와 랑거한스세포가 존재한다.
㉡ 표피는 대부분 각질세포로 구성되며, 각화세포를 결합하는 조직은 케라틴 단백질이다.
㉢ 진피 속의 모낭은 유해물질이 피부에 부착하여 체내로 침투되도록 확산측로의 역할을 한다.
㉣ 자외선(햇빛)에 노출되면 멜라닌세포가 증가하여 각질층이 비후되어 자외선으로부터 피부를 보호한다.
㉤ 랑거한스세포는 피부의 면역반응에 중요한 역할을 한다.
㉥ 피부에 접촉하는 화학물질의 통과속도는 일반적으로 각질층에서 가장 느리다.

86 사업장 유해물질 중 비소에 관한 설명으로 틀린 것은?

① 삼산화비소가 가장 문제가 된다.
② 호흡기 노출이 가장 문제가 된다.
③ 체내 −SH기를 파괴하여 독성을 나타낸다.
④ 용혈성 빈혈, 신장기능 저하, 흑피증(피부침착) 등을 유발한다.

정답 82.② 83.② 84.③ 85.② 86.③

| 풀이 | 비소의 인체 내 흡수
㉠ 비소의 분진과 증기는 호흡기를 통해 체내에 흡수되며, 작업현장에서의 호흡기 노출이 가장 문제가 된다.
㉡ 비소화합물이 상처에 접촉됨으로써 피부를 통하여 흡수될 수 있다.
㉢ 체내에 침입된 3가 비소가 5가 비소 상태로 산화되며 반대현상도 나타날 수 있다.
㉣ 체내에서 -SH기 그룹과 유기적인 결합을 일으켜서 독성을 나타낸다.
㉤ 체내에서 -SH기를 갖는 효소작용을 저해시켜 세포호흡에 장애를 일으킨다.

87 다음 중 납중독의 임상증상과 가장 거리가 먼 것은?
① 위장장애
② 중추신경장애
③ 호흡기계통의 장애
④ 신경 및 근육 계통의 장애

| 풀이 | 납중독의 주요 증상(임상증상)
(1) 위장계통의 장애(소화기장애)
  ㉠ 복부팽만감, 급성 복부선통
  ㉡ 권태감, 불면증, 안면창백, 노이로제
  ㉢ 연선(lead line)이 잇몸에 생김
(2) 신경, 근육 계통의 장애
  ㉠ 손처짐, 팔과 손의 마비
  ㉡ 근육통, 관절통
  ㉢ 신장근의 쇠약
  ㉣ 근육의 피로로 인한 납경련
(3) 중추신경장애
  ㉠ 뇌중독 증상으로 나타난다.
  ㉡ 유기납에 폭로로 나타나는 경우 많다.
  ㉢ 두통, 안면창백, 기억상실, 정신착란, 혼수상태, 발작

88 다음 중 유기용제별 중독의 특이증상을 올바르게 짝지은 것은?
① 벤젠 - 간장애
② MBK - 조혈장애
③ 염화탄화수소 - 시신경장애
④ 에틸렌글리콜에테르 - 생식기능장애

| 풀이 | 유기용제별 중독의 특이증상
㉠ 벤젠 : 조혈장애
㉡ 염화탄화수소, 염화비닐 : 간장애
㉢ 이황화탄소 : 중추신경 및 말초신경 장애, 생식기능장애
㉣ 메틸알코올(메탄올) : 시신경장애
㉤ 메틸부틸케톤 : 말초신경장애(중독성)
㉥ 노말헥산 : 다발성 신경장애
㉦ 에틸렌글리콜에테르 : 생식기장애
㉧ 알코올, 에테르류, 케톤류 : 마취작용
㉨ 톨루엔 : 중추신경장애

89 여성근로자의 생식 독성 인자 중 연결이 잘못된 것은?
① 중금속 - 납
② 물리적 인자 - X선
③ 화학물질 - 알킬화제
④ 사회적 습관 - 루벨라바이러스

| 풀이 | 성별 생식 독성 유발 유해인자
㉠ 남성근로자
  고온, X선, 납, 카드뮴, 망간, 수은, 항암제, 마취제, 알킬화제, 이황화탄소, 염화비닐, 음주, 흡연, 마약, 호르몬제제, 마이크로파 등
㉡ 여성근로자
  X선, 고열, 저산소증, 납, 수은, 카드뮴, 항암제, 이뇨제, 알킬화제, 유기인계 농약, 음주, 흡연, 마약, 비타민 A, 칼륨, 저혈압 등

90 작업장에서 생물학적 모니터링의 결정인자를 선택하는 근거를 설명한 것으로 틀린 것은 어느 것인가?
① 충분히 특이적이다.
② 적절한 민감도를 갖는다.
③ 분석적인 변이나 생물학적 변이가 타당해야 한다.
④ 톨루엔에 대한 건강위험평가는 크레졸보다 마뇨산이 신뢰성 있는 결정인자이다.

정답 87.③ 88.④ 89.④ 90.④

[풀이] 톨루엔에 대한 건강위험평가는 소변 중 o-크레졸, 혈액·호기에서는 톨루엔이 신뢰성 있는 결정인자이다.
- 생물학적 결정인자 선택기준 시 고려사항
  결정인자는 공기 중에서 흡수된 화학물질에 의하여 생긴 가역적인 생화학적 변화이다.
  ㉠ 결정인자가 충분히 특이적이어야 한다.
  ㉡ 적절한 민감도를 지니고 있어야 한다.
  ㉢ 검사에 대한 분석과 생물학적 변이가 적어야 한다.
  ㉣ 검사 시 근로자에게 불편을 주지 않아야 한다.
  ㉤ 생물학적 검사 중 건강위험을 평가하기 위한 유용성 측면을 고려한다.

91 다음은 노출기준의 정의에 관한 내용이다. ( ) 안에 알맞은 수치를 올바르게 나열한 것은?

> 단시간 노출기준(STEL)이라 함은 근로자가 1회에 (㉮)분간 유해인자에 노출되는 경우의 기준으로 이 기준 이하에서는 1회 노출간격이 1시간 이상인 경우 1일 작업시간 동안 (㉯)회까지 노출이 허용될 수 있는 기준을 말한다.

① ㉮ 15, ㉯ 4   ② ㉮ 30, ㉯ 4
③ ㉮ 15, ㉯ 2   ④ ㉮ 30, ㉯ 2

[풀이] 단시간 노출기준(TLV-STEL) ⇨ ACGIH
㉠ 근로자가 자극, 만성 또는 불가역적 조직장애, 사고유발, 응급 시 대처능력의 저하 및 작업능률 저하 등을 초래할 정도의 마취를 일으키지 않고 단시간(15분) 노출될 수 있는 기준을 말한다.
㉡ 시간가중 평균농도에 대한 보완적인 기준이다.
㉢ 만성중독이나 고농도에서 급성중독을 초래하는 유해물질에 적용한다.
㉣ 독성작용이 빨라 근로자에게 치명적인 영향을 예방하기 위한 기준이다.

92 다음 중 기관지와 폐포 등 폐 내부의 공기 통로와 가스교환부위에 침착되는 먼지로서 공기역학적 지름이 30μm 이하의 크기를 가지는 것은?

① 흉곽성 먼지   ② 호흡성 먼지
③ 흡입성 먼지   ④ 침착성 먼지

[풀이] 가스교환부위에 침착 및 기관지, 폐포 등에 침착되는 먼지는 흉곽성 먼지이다.

93 다음 중 간장이 독성물질의 주된 표적이 되는 이유로 틀린 것은?

① 혈액의 흐름이 많다.
② 대사효소가 많이 존재한다.
③ 크기가 다른 기관에 비하여 크다.
④ 여러 가지 복합적인 기능을 담당한다.

[풀이] 간장이 표적장기가 되는 이유
㉠ 혈액의 흐름이 매우 풍성하기 때문에 혈액을 통하여 쉽게 침투가 가능하기 때문
㉡ 매우 복합적인 기능을 수행하기 때문에 기능의 손상 가능성이 매우 높기 때문
㉢ 문정맥을 통하여 소화기계로부터 혈액을 공급받기 때문에 소화기관을 통하여 흡수된 독성물질의 일차적인 표적이 되기 때문
㉣ 각종 대사효소가 집중적으로 분포되어 있고 이들 효소활동에 의해 다양한 대사물질이 만들어지기 때문에 다른 기관에 비해 독성물질의 노출 가능성이 매우 높기 때문

94 흡입을 통하여 노출되는 유해인자로 인해 발생되는 암 종류를 틀리게 짝지은 것은?

① 비소 – 폐암
② 결정형 실리카 – 폐암
③ 베릴륨 – 간암
④ 6가 크롬 – 비강암

[풀이] 베릴륨은 육아종양, 화학적 폐렴 및 폐암을 발생시킨다.

95 다음 중 주성분으로 규산과 산화마그네슘 등을 함유하고 있으며 중피종, 폐암 등을 유발하는 물질은?

① 석면   ② 석탄
③ 흑연   ④ 운모

정답 91.① 92.① 93.③ 94.③ 95.①

> **[풀이] 석면의 정의 및 영향**
> (1) 정의
>   ㉠ 주성분으로 규산과 산화마그네슘 등을 함유하며 백석면(크리소타일), 청석면(크로시돌라이트), 갈석면(아모사이트), 안토필라이트, 트레모라이트 또는 액티노라이트의 섬유상이라고 정의하고 있다.
>   ㉡ 섬유를 위상차 현미경으로 관찰했을 때 길이가 5μm이고, 길이 대 너비의 비가 최소한 3 : 1 이상인 입자상 물질이라고 정의하고 있다.
> (2) 영향
>   ㉠ 석면 종류 중 청석면(crocidolite, 크로시돌라이트)이 직업성 질환(폐암, 중피종) 발생 위험률이 가장 높다.
>   ㉡ 일반적으로 석면폐증, 폐암, 악성중피종을 발생시켜 1급 발암물질군에 포함된다.
>   ㉢ 쉽게 소멸되지 않는 특성이 있어 인체 흡수 시 제거되지 않고 폐 및 폐포 등에 박혀 유해증이 증가된다.

96 다음 중 작업환경 내 발생하는 유기용제의 공통적인 비특이적 증상은?
① 중추신경계 활성억제
② 조혈기능장애
③ 간 기능의 저하
④ 복통, 설사 및 시신경장애

> **[풀이] 할로겐화 탄화수소의 일반적 독성작용**
>   ㉠ 중독성
>   ㉡ 연속성
>   ㉢ 중추신경계의 억제작용
>   ㉣ 점막에 대한 중등도의 자극효과

97 수은중독에 관한 설명으로 틀린 것은?
① 수은은 주로 골 조직과 신경에 많이 축적된다.
② 무기수은염류는 호흡기나 경구적 어느 경로라도 흡수된다.
③ 수은중독의 특징적인 증상은 구내염, 근육진전 등이 있다.
④ 전리된 수은이온은 단백질을 침전시키고, thiol기(-SH)를 가진 효소작용을 억제한다.

> **[풀이] 수은의 인체 내 축적**
>   ㉠ 금속수은은 전리된 수소이온이 단백질을 침전시키고 -SH기 친화력을 가지고 있어 세포 내 효소반응을 억제함으로써 독성작용을 일으킨다.
>   ㉡ 신장 및 간에 고농도 축적현상이 일반적이다.
>   • 금속수은은 뇌, 혈액, 심근 등에 분포
>   • 무기수은은 신장, 간장, 비장, 갑상선 등에 주로 분포
>   • 알킬수은은 간장, 신장, 뇌 등에 분포
>   ㉢ 뇌에서 가장 강한 친화력을 가진 수은화합물은 메틸수은이다.
>   ㉣ 혈액 내 수은 존재 시 약 90%는 적혈구 내에서 발견된다.

98 사업장 근로자의 음주와 폐암에 대한 연구를 하려고 한다. 이때 혼란변수는 흡연, 성, 연령 등이 될 수 있는데, 다음 중 그 이유로 가장 적합한 것은?
① 폐암 발생에만 유의하게 영향을 미칠 수 있기 때문에
② 음주와 유의한 관련이 있기 때문에
③ 음주와 폐암 발생 모두에 원인적 연관성을 갖기 때문에
④ 폐암에는 원인적 연관성이 있는데 음주와는 상관성이 없기 때문에

> **[풀이]** 어떤 인자가 결과에 영향을 미칠 때 이 인자를 혼란변수(confounding factor)라 하며 흡연과 음주가 대표적이다.

99 다음 중 직업성 천식을 유발하는 원인물질로만 나열된 것은?
① 알루미늄, 2-bromopropane
② TDI(Toluene Diisocyanate), asbestos
③ 실리카, DBCP(1,2-dibromo-3-chloropropane)
④ TDI(Toluene Diisocyanate), TMA(Trimellitic Anhydride)

정답 96.① 97.① 98.② 99.④

풀이 직업성 천식의 원인 물질

구분	원인 물질	직업 및 작업
금속	백금	도금
	니켈, 크롬, 알루미늄	도금, 시멘트 취급자, 금고 제작공
화학물	Isocyanate(TDI, MDI)	페인트, 접착제, 도장작업
	산화무수물	페인트, 플라스틱 제조업
	송진 연무	전자업체 납땜 부서
	반응성 및 아조 염료	염료공장
	trimellitic anhydride(TMA)	레진, 플라스틱, 계면활성제 제조업
	persulphates	미용사
	ethylenediamine	래커칠, 고무공장
	formaldehyde	의료 종사자
약제	항생제, 소화제	제약회사, 의료인
생물학적 물질	동물 분비물, 털(말, 쥐, 사슴)	실험실 근무자, 동물 사육사
	목재분진	목수, 목재공장 근로자
	곡물가루, 쌀겨, 메밀가루, 카레	농부, 곡물 취급자, 식품업 종사자
	밀가루	제빵공
	커피가루	커피 제조공
	라텍스	의료 종사자
	응애, 진드기	농부, 과수원(귤, 사과)

100 다음 중 유해물질의 독성 또는 건강영향을 결정하는 인자로 가장 거리가 먼 것은?
① 작업강도
② 인체 내 침입경로
③ 노출강도
④ 작업장 내 근로자수

풀이 유해물질의 독성(건강영향)을 결정하는 인자
㉠ 공기 중 농도(노출농도)
㉡ 폭로시간(노출시간)
㉢ 작업강도
㉣ 기상조건
㉤ 개인의 감수성
㉥ 인체 침입경로
㉦ 유해물질의 물리화학적 성질

정답 100.④

제3회 산업위생관리기사

과년도 출제문제 | 2014.08.17

제1과목 | 산업위생학 개론

01 다음 중 산업위생의 기본적인 과제에 해당하지 않는 것은?

① 노동 재생산과 사회경제적 조건의 연구
② 작업능률 저하에 따른 작업조건에 관한 연구
③ 작업환경의 유해물질이 대기오염에 미치는 연구
④ 작업환경에 의한 신체적 영향과 최적 환경의 연구

풀이 산업위생의 영역 중 기본 과제
㉠ 작업능력의 향상과 저하에 따른 작업조건 및 정신적 조건의 연구
㉡ 최적 작업환경 조성에 관한 연구 및 유해 작업환경에 의한 신체적 영향 연구
㉢ 노동력의 재생산과 사회경제적 조건에 관한 연구

02 다음 중 바람직한 교대제에 대한 설명으로 틀린 것은?

① 2교대 시 최저 3조로 편성한다.
② 각 반의 근무시간은 8시간으로 한다.
③ 야간근무의 연속일수는 2~3일로 한다.
④ 야근 후 다음 반으로 가는 간격은 24시간으로 한다.

풀이 교대근무제 관리원칙(바람직한 교대제)
㉠ 각 반의 근무시간은 8시간씩 교대로 하고, 야근은 가능한 짧게 한다.
㉡ 2교대면 최저 3조의 정원을, 3교대면 4조를 편성한다.
㉢ 채용 후 건강관리로서 정기적으로 체중, 위장증상 등을 기록해야 하며, 근로자의 체중이 3kg 이상 감소하면 정밀검사를 받아야 한다.
㉣ 평균 주 작업시간은 40시간을 기준으로, 갑반→을반→병반으로 순환하게 된다.
㉤ 근무시간의 간격은 15~16시간 이상으로 하는 것이 좋다.
㉥ 야근의 주기는 4~5일로 한다.
㉦ 신체의 적응을 위하여 야간근무의 연속일수는 2~3일로 하며, 야간근무를 3일 이상 연속으로 하는 경우에는 피로축적현상이 나타나게 되므로 연속하여 3일을 넘기지 않도록 한다.
㉧ 야근 후 다음 반으로 가는 간격은 최저 48시간 이상의 휴식시간을 갖도록 하여야 한다.
㉨ 야근 교대시간은 상오 0시 이전에 하는 것이 좋다(심야시간을 피함).
㉩ 야근 시 가면은 반드시 필요하며, 보통 2~4시간(1시간 30분 이상)이 적합하다.
㉪ 야근 시 가면은 작업강도에 따라 30분~1시간 범위로 하는 것이 좋다.
㉫ 작업 시 가면시간은 적어도 1시간 30분 이상 주어야 수면효과가 있다고 볼 수 있다.
㉬ 상대적으로 가벼운 작업은 야간근무조에 배치하는 등 업무내용을 탄력적으로 조정해야 하며, 야간작업자는 주간작업자보다 연간 쉬는 날이 더 많아야 한다.
㉭ 근로자가 교대일정을 미리 알 수 있도록 해야 한다.
㉮ 일반적으로 오전근무의 개시시간은 오전 9시로 한다.
㉯ 교대방식(교대근무 순환주기)은 낮근무, 저녁근무, 밤근무 순으로 한다. 즉, 정교대가 좋다.

03 사업장에서 근로자가 하루에 25kg 이상의 중량물을 몇 회 이상 들면 근골격계 부담작업에 해당되는가?

① 5회 ② 10회
③ 15회 ④ 20회

정답 01.③ 02.④ 03.②

[풀이] **관리대상작업(근골격계 부담작업)**
㉠ 하루에 4시간 이상 집중적으로 자료입력 등을 위해 키보드 또는 마우스를 조작하는 작업
㉡ 하루에 총 2시간 이상 목, 어깨, 팔꿈치, 손목 또는 손을 사용하여 같은 동작을 반복하는 작업
㉢ 하루에 총 2시간 이상 머리 위에 손이 있거나, 팔꿈치가 어깨 위에 있거나, 팔꿈치를 몸통으로부터 들거나, 팔꿈치를 몸통 뒤쪽에 위치하도록 하는 상태에서 이루어지는 작업
㉣ 지지되지 않은 상태이거나 임의로 자세를 바꿀 수 없는 조건에서, 하루에 총 2시간 이상 목이나 허리를 구부리거나 펴는 상태에서 이루어지는 작업
㉤ 하루에 총 2시간 이상 쪼그리고 앉거나 무릎을 굽힌 자세에서 이루어지는 작업
㉥ 하루에 총 2시간 이상 지지되지 않은 상태에서 1kg 이상의 물건을 한 손의 손가락으로 집어 옮기거나, 2kg 이상에 상응하는 힘을 가하여 한 손의 손가락으로 물건을 쥐는 작업
㉦ 하루에 총 2시간 이상 지지되지 않은 상태에서 4.5kg 이상의 물건을 한 손으로 들거나 동일한 힘으로 쥐는 작업
㉧ 하루에 10회 이상 25kg 이상의 물체를 드는 작업
㉨ 하루에 25회 이상 10kg 이상의 물체를 무릎 아래에서 들거나, 어깨 위에서 들거나, 팔을 뻗은 상태에서 드는 작업
㉩ 하루에 총 2시간 이상, 분당 2회 이상 4.5kg 이상의 물체를 드는 작업
㉪ 하루에 총 2시간 이상, 시간당 10회 이상 손 또는 무릎을 사용하여 반복적으로 충격을 가하는 작업

04 50명의 근로자가 있는 사업장에서 1년 동안에 6명의 부상자가 발생하였고 총 휴업일수가 219일이라면 근로손실일수와 강도율은 각각 얼마인가? (단, 연간근로시간수는 120,000시간이다.)

① 근로손실일수 : 180일, 강도율 : 1.5일
② 근로손실일수 : 190일, 강도율 : 1.5일
③ 근로손실일수 : 180일, 강도율 : 2.5일
④ 근로손실일수 : 190일, 강도율 : 2.5일

[풀이] ㉠ 근로손실일수
$= 총\ 휴업일수 \times \frac{300}{365} = 219일 \times \frac{300}{365} = 180일$

㉡ 강도율
$= \frac{근로손실일수}{연근로시간수} \times 1,000 = \frac{180}{120,000} \times 10^3 = 1.5일$

05 사무실 공기관리지침에서 관리하고 있는 오염물질 중 포름알데히드(HCHO)에 대한 설명으로 틀린 것은?

① 자극적인 냄새를 가지며, 메틸알데히드라고도 한다.
② 일반주택 및 공공건물에 많이 사용하는 건축자재와 섬유옷감이 그 발생원이 되고 있다.
③ 시료채취는 고체흡착관 또는 캐니스터로 수행한다.
④ 산업안전보건법상 사람에게 충분한 발암성 증거가 있는 물질(1A)로 분류되어 있다.

[풀이] **사무실 오염물질의 시료채취방법**

오염물질	시료채취방법
미세먼지 (PM 10)	PM 10 샘플러(sampler)를 장착한 고용량 시료채취기에 의한 채취
초미세먼지 (PM 2.5)	PM 2.5 샘플러(sampler)를 장착한 고용량 시료채취기에 의한 채취
이산화탄소 (CO_2)	비분산적외선검출기에 의한 채취
일산화탄소 (CO)	비분산적외선검출기 또는 전기화학검출기에 의한 채취
이산화질소 (NO_2)	고체흡착관에 의한 시료채취
포름알데히드 (HCHO)	2,4-DNPH(2,4-Dinitrophenylhydrazine)가 코팅된 실리카겔관(silicagel tube)이 장착된 시료채취기에 의한 채취
총휘발성 유기화합물 (TVOC)	1. 고체흡착관 또는 2. 캐니스터(canister)로 채취
라돈 (radon)	라돈연속검출기(자동형), 알파트랙(수동형), 충전막 전리함(수동형) 측정 등
총부유세균	충돌법을 이용한 부유세균채취기(bioair sampler)로 채취
곰팡이	충돌법을 이용한 부유진균채취기(bioair sampler)로 채취

정답 04.① 05.③

06 작업대사율이 3인 중등작업을 하는 근로자의 실동률(%)을 계산하면?
① 50   ② 60
③ 70   ④ 80

풀이 실동률 = 85 − (5 × RMR)
= 85 − (5 × 3) = 70%

07 다음 중 산업안전보건법에 따른 사무실 공기질 측정대상 오염물질에 해당하지 않는 것은?
① 라돈   ② 미세먼지
③ 일산화탄소   ④ 총 부유세균

풀이 사무실 공기관리지침의 관리대상 오염물질
㉠ 미세먼지(PM 10)
㉡ 초미세먼지(PM 2.5)
㉢ 일산화탄소(CO)
㉣ 이산화탄소(CO_2)
㉤ 이산화질소(NO_2)
㉥ 포름알데히드(HCHO)
㉦ 총 휘발성 유기화합물(TVOC)
㉧ 라돈(radon)
㉨ 총 부유세균
㉩ 곰팡이

※ 법 변경(2020년)사항이므로 풀이내용으로 학습 바랍니다.

08 작업장에서 누적된 스트레스를 개인차원에서 관리하는 방법에 대한 설명으로 잘못된 것은?
① 신체검사를 통하여 스트레스성 질환을 평가한다.
② 자신의 한계와 문제의 징후를 인식하여 해결방안을 도출한다.
③ 명상, 요가, 선 등의 긴장이완 훈련을 통하여 생리적 휴식상태를 경험한다.
④ 규칙적인 운동을 피하고, 직무 외적인 취미, 휴식, 즐거운 활동 등에 참여하여 대처능력을 함양한다.

풀이 규칙적인 운동으로 스트레스를 줄이고, 직무 외적인 취미, 휴식, 즐거운 활동 등에 참여하여 대처능력을 함양한다.

09 다음 중 산업위생 역사에서 영국의 외과의사 Percivall Pott에 대한 내용으로 틀린 것은?
① 직업성 암을 최초로 보고하였다.
② 산업혁명 이전의 산업위생 역사이다.
③ 어린이 굴뚝청소부에게 많이 발생하던 음낭암(scrotal cancer)의 원인물질을 검댕(soot)이라고 규명하였다.
④ Pott의 노력으로 1788년 영국에서는 '도제 건강 및 도덕법(Health and Morals of Apprentices Act)'이 통과되었다.

풀이 도제 건강 및 도덕법은 1801년 영국 의회에서 제정되었으며, 아동노동학대방지가 주요 내용이다.

10 근육운동을 하는 동안 혐기성 대사에 동원되는 에너지원과 가장 거리가 먼 것은?
① 아세트알데히드
② 크레아틴인산(CP)
③ 글리코겐
④ 아데노신삼인산(ATP)

풀이 혐기성 대사(anaerobic metabolism)
㉠ 근육에 저장된 화학적 에너지를 의미한다.
㉡ 혐기성 대사의 순서(시간대별)
ATP(아데노신삼인산) → CP(크레아틴인산) → glycogen(글리코겐) or glucose(포도당)
※ 근육운동에 동원되는 주요 에너지원 중 가장 먼저 소비되는 것은 ATP이다.

11 온도 25℃, 1기압하에서 분당 100mL씩 60분 동안 채취한 공기 중에서 벤젠이 3mg 검출되었다. 검출된 벤젠은 약 몇 ppm인가? (단, 벤젠의 분자량은 78이다.)
① 11   ② 15.7
③ 111   ④ 157

풀이 농도(mg/m³) = $\dfrac{3\text{mg}}{0.1\text{L/min} \times 60\text{min} \times 1\text{m}^3/1{,}000\text{L}}$
= 500mg/m³
∴ 농도(ppm) = 500mg/m³ × $\dfrac{24.45\text{L}}{78\text{g}}$ = 156.73ppm

정답 06.③ 07.풀이 학습 08.④ 09.④ 10.① 11.④

12 주로 정적인 자세에서 인체의 특정 부위를 지속적, 반복적으로 사용하거나 부적합한 자세로 장기간 작업할 때 나타나는 질환을 의미하는 것이 아닌 것은?

① 반복성 긴장장애
② 누적외상성 질환
③ 작업관련성 근골격계 질환
④ 작업관련성 신경계 질환

[풀이] 근골격계 질환 용어
㉠ 누적외상성 질환
  (CTDs ; Cumulative Trauma Disorders)
㉡ 근골격계 질환
  (MSDs ; Musculo Skeletal Disorders)
㉢ 반복성 긴장장해
  (RSI ; Repetitive Strain Injuries)
㉣ 경견완 증후군
  (고용노동부, 1994, 업무상 재해 인정기준)

13 다음 중 산업안전보건법상 대상화학물질에 대한 물질안전보건자료(MSDS)로부터 알 수 있는 정보가 아닌 것은?

① 응급조치 요령
② 법적 규제 현황
③ 주요 성분 검사방법
④ 노출방지 및 개인보호구

[풀이] 물질안전보건자료(MSDS) 작성 시 포함되어야 할 항목
㉠ 화학제품과 회사에 관한 정보
㉡ 유해·위험성
㉢ 구성 성분의 명칭 및 함유량
㉣ 응급조치 요령
㉤ 폭발·화재 시 대처방법
㉥ 누출사고 시 대처방법
㉦ 취급 및 저장 방법
㉧ 노출방지 및 개인보호구
㉨ 물리화학적 특성
㉩ 안정성 및 반응성
㉪ 독성에 관한 정보
㉫ 환경에 미치는 영향
㉬ 폐기 시 주의사항
㉭ 운송에 필요한 정보
㉮ 법적 규제 현황
㉯ 그 밖의 참고사항

14 우리나라 고시에 따르면 하루에 몇 시간 이상 집중적으로 자료입력을 위해 키보드 또는 마우스를 조작하는 작업을 근골격계 부담작업으로 분류하는가?

① 2시간
② 4시간
③ 6시간
④ 8시간

[풀이] 하루에 4시간 이상 집중적으로 자료입력 등을 위해 키보드 또는 마우스를 조작하는 작업은 근골격계 부담작업으로 구분된다.

15 직업성 질환으로 가장 거리가 먼 것은?

① 분진에 의하여 발생되는 진폐증
② 화학물질의 반응으로 인한 폭발 후유증
③ 화학적 유해인자에 의한 중독
④ 유해광선, 방사선 등의 물리적 인자에 의하여 발생되는 질환

[풀이] 직업성 질환
㉠ 작업환경의 온도, 복사열, 소음·진동, 유해광선 등 물리적 원인에 의하여 생기는 것
㉡ 분진에 의한 진폐증
㉢ 가스, 금속, 유기용제 등 화학적 물질에 의하여 생기는 중독증
㉣ 세균, 곰팡이 등 생물학적 원인에 의한 것
㉤ 단순반복작업 및 격렬한 근육운동

16 미국산업위생학술원(AAIH)에서 정하고 있는 산업위생전문가로서 지켜야 할 윤리강령으로 틀린 것은?

① 기업체의 기밀은 누설하지 않는다.
② 성실성과 학문적 실력면에서 최고수준을 유지한다.
③ 쾌적한 작업환경을 만들기 위한 시설투자 유치에 기여한다.
④ 과학적 방법의 적용과 자료의 해석에 객관성을 유지한다.

정답 12.④ 13.③ 14.② 15.② 16.③

> [풀이] ③항은 기업주와 고객에 대한 책임이다.
> – 산업위생전문가로서의 책임
> ㉠ 성실성과 학문적 실력 면에서 최고수준을 유지한다(전문적 능력 배양 및 성실한 자세로 행동).
> ㉡ 과학적 방법의 적용과 자료의 해석에서 경험을 통한 전문가의 객관성을 유지한다(공인된 과학적 방법 적용·해석).
> ㉢ 전문 분야로서의 산업위생을 학문적으로 발전시킨다.
> ㉣ 근로자, 사회 및 전문 직종의 이익을 위해 과학적 지식을 공개하고 발표한다.
> ㉤ 산업위생활동을 통해 얻은 개인 및 기업체의 기밀은 누설하지 않는다(정보는 비밀 유지).
> ㉥ 전문적 판단이 타협에 의하여 좌우될 수 있거나 이해관계가 있는 상황에는 개입하지 않는다.

17 안전보건교육에 관한 내용으로 틀린 것은?
① 사업주는 해당 사업장의 근로자에 대하여 정기적으로 안전보건에 관한 교육을 실시한다.
② 사업주는 근로자를 채용할 때와 작업내용을 변경할 때는 해당 근로자에 대하여 해당 업무와 관계되는 안전보건에 관한 교육을 실시한다.
③ 사업주는 유해하거나 위험한 작업에 근로자를 사용할 때에는 해당 업무와 관계되는 안전보건에 관한 특별교육을 실시한다.
④ 사업주는 안전보건에 관한 교육을 교육부장관이 지정하는 교육기관에 위탁하여 실시한다.

> [풀이] 안전보건 교육(산업안전보건법)
> ㉠ 사업주는 사업장의 사무직 종사 근로자에 대해서는 분기에 3시간 이상, 사무직 종사 외 근로자에 대해서는 분기에 6시간 이상 정기 안전보건교육을 실시하여야 한다.
> ㉡ 사업주는 채용 시와 작업내용을 변경할 때는 반드시 해당 근로자에 대해 안전보건교육을 실시하여야 한다.
> ㉢ 사업주는 산업안전보건법에서 정한 유해하거나 위험한 작업에 대해서는 특별안전보건교육을 16시간 이상 실시하여야 한다.
> ㉣ 사업주는 안전·보건에 관한 교육에 대해서는 산업안전보건법 시행령에 근거한 지정 교육기관에 위탁할 수 있다.

18 다음 중 산업피로의 원인이 되고 있는 스트레스에 의한 신체반응 증상으로 옳은 것은?
① 혈압의 상승
② 근육의 긴장 완화
③ 소화기관에서의 위산분비 억제
④ 뇌하수체에서 아드레날린의 분비 감소

> [풀이] 산업피로의 원인이 되고 있는 스트레스에 의한 신체반응 증상
> ㉠ 혈압상승
> ㉡ 근육의 긴장 촉진
> ㉢ 소화기관에서의 위산분비 촉진
> ㉣ 뇌하수체에 아드레날린의 분비 증가

19 직업성 질환의 예방대책 중에서 근로자 대책에 속하지 않는 것은?
① 적절한 보호의의 착용
② 정기적인 근로자 건강진단의 실시
③ 생산라인의 개조 또는 국소배기시설 설치
④ 보안경, 진동장갑, 귀마개 등의 보호구 착용

> [풀이] ③항은 생산기술 및 작업환경 관리대책이다.

20 다음 중 산업재해 예방의 4원칙에 해당하지 않는 것은?
① 손실우연의 원칙
② 원인조사의 원칙
③ 예방가능의 원칙
④ 대책선정의 원칙

> [풀이] 산업재해 예방 4원칙
> ㉠ 예방가능의 원칙
> ㉡ 손실우연의 원칙
> ㉢ 원인계기의 원칙
> ㉣ 대책선정의 원칙

제2과목 | 작업위생 측정 및 평가

21 음원의 파워레벨을 L_w(dB), 음원에서 수음점까지의 거리를 r(m), 음원의 지향계수를 Q라 할 때 음압레벨 L(dB)은 $L = L_w - 20\log r - 11 + 10\log Q$로 나타낸다. L_w가 107dB일 때 r이 2m이고, L이 96dB이었다면 음원의 지향계수는?

① 1 ② 2
③ 3 ④ 4

풀이
$L = L_w - 20\log r - 11 + 10\log Q$
$96 = 107 - 20\log 2 - 11 + 10\log Q$
$10\log Q = 6$
$\therefore Q = 10^{\frac{6}{10}} = 3.98$

22 가스상 물질 흡수액의 흡수효율을 높이기 위한 방법으로 옳지 않은 것은?

① 가는 구멍이 많은 프리티드 버블러 등 채취효율이 좋은 기구를 사용한다.
② 시료채취속도를 높인다.
③ 용액의 온도를 낮춘다.
④ 두 개 이상의 버블러를 연속적으로 연결한다.

풀이 흡수효율(채취효율)을 높이기 위한 방법
㉠ 포집액의 온도를 낮추어 오염물질의 휘발성을 제한한다.
㉡ 두 개 이상의 임핀저나 버블러를 연속적(직렬)으로 연결하여 사용하는 것이 좋다.
㉢ 시료채취속도(채취물질이 흡수액을 통과하는 속도)를 낮춘다.
㉣ 기포의 체류시간을 길게 한다.
㉤ 기포와 액체의 접촉면적을 크게 한다(가는 구멍이 많은 fritted 버블러 사용).
㉥ 액체의 교반을 강하게 한다.
㉦ 흡수액의 양을 늘려준다.

23 흡착제인 활성탄의 제한점에 관한 내용으로 틀린 것은?

① 휘발성이 매우 큰 저분자량의 탄화수소 화합물의 채취효율이 떨어짐
② 암모니아, 에틸렌, 염화수소와 같은 저비점 화합물에 비효과적임
③ 케톤의 경우 활성탄 표면에서 물을 포함하는 반응에 의해서 파괴되어 탈착률과 안정성에서 부적절함
④ 표면의 산화력으로 인해 반응성이 적은 mercaptan, aldehyde 포집에 부적합함

풀이 활성탄의 제한점
㉠ 표면의 산화력으로 인해 반응성이 큰 멜캅탄, 알데히드 포집에는 부적합하다.
㉡ 케톤의 경우 활성탄 표면에서 물을 포함하는 반응에 의하여 파과되어 탈착률과 안정성에 부적절하다.
㉢ 메탄, 일산화탄소 등은 흡착되지 않는다.
㉣ 휘발성이 큰 저분자량의 탄화수소화합물의 채취효율이 떨어진다.
㉤ 끓는점이 낮은 저비점 화합물인 암모니아, 에틸렌, 염화수소, 포름알데히드 증기는 흡착속도가 높지 않아 비효과적이다.

24 다음 중 2차 표준보정기구가 아닌 것은?

① 습식 테스트미터
② 건식 가스미터
③ 폐활량계
④ 열선기류계

풀이 2차 표준보정기구의 종류
㉠ 로터미터
㉡ 습식 테스트미터
㉢ 건식 가스미터
㉣ 오리피스미터
㉤ 열선기류계

25 어느 자동차공장의 프레스반 소음을 측정한 결과 측정치가 다음과 같았다면 이 프레스반 소음의 중앙치(median)는?

79dB(A), 80dB(A), 77dB(A), 82dB(A),
88dB(A), 81dB(A), 84dB(A), 76dB(A)

① 80.5dB(A) ② 81.5dB(A)
③ 82.5dB(A) ④ 83.5dB(A)

정답 21.④ 22.② 23.④ 24.③ 25.①

[풀이] 순서 : 76dB(A), 77dB(A), 79dB(A), 80dB(A), 81dB(A), 82dB(A), 84dB(A), 88dB(A)

∴ 중앙치 $= \dfrac{80+81}{2} = 80.5\text{dB(A)}$

26 금속도장 작업장의 공기 중에 toluene(TLV =100ppm) 55ppm, MIBK(TLV=50ppm) 25ppm, acetone(TLV=750ppm) 280ppm, MEK(TLV=200ppm) 90ppm으로 발생되었을 때 이 작업장의 노출지수(EI)는? (단, 상가작용 기준)

① 1.573 ② 1.673
③ 1.773 ④ 1.873

[풀이] $EI = \dfrac{55}{100} + \dfrac{25}{50} + \dfrac{280}{750} + \dfrac{90}{200} = 1.873$

27 호흡성 먼지의 설명으로 옳은 것은? (단, ACGIH(미국산업위생전문가협의회) 기준)

① 평균입경은 2μm 이다.
② 평균입경은 4μm 이다.
③ 평균입경은 8μm 이다.
④ 평균입경은 10μm 이다.

[풀이] ACGIH의 입자 크기별 기준
㉠ 흡입성 입자상 물질 : 평균입경 100μm
㉡ 흉곽성 입자상 물질 : 평균입경 10μm
㉢ 호흡성 입자상 물질 : 평균입경 4μm

28 용접작업장에서 개인시료펌프를 이용하여 오전 9시 5분부터 11시 55분까지, 오후에는 1시 5분부터 4시 23분까지 시료를 채취하였다. 총 채취공기량이 787L일 경우 펌프의 유량(L/min)은?

① 약 1.14 ② 약 2.14
③ 약 3.14 ④ 약 4.14

[풀이] 펌프 유량(L/min) $= \dfrac{787L}{(170+198)\text{min}}$
$= 2.14\text{L/min}$

29 흡수액을 이용하여 액체 포집한 후 시료를 분석한 결과 다음과 같은 수치를 얻었다. 이 물질의 공기 중 농도(mg/m³)는?

- 시료에서 정량된 분석량 : 40.5μg
- 공시료에서 정량된 분석량 : 6.25μg
- 시작 시 유량 : 1.2L/min
- 종료 시 유량 : 1.0L/min
- 포집시간 : 389분
- 포집효율 : 80%

① 0.1 ② 0.2
③ 0.3 ④ 0.4

[풀이] 농도(mg/m³) $= \dfrac{(40.5-6.25)\mu g}{1.1\text{L/min} \times 389\text{min} \times 0.8}$
$= 0.1 \mu g/L(\text{mg/m}^3)$

30 어느 작업장 내의 공기 중 톨루엔(toluene)을 기체크로마토그래피법으로 농도를 구한 결과 65.0mg/m³이었다면 ppm 농도는? (단, 25℃, 1기압 기준, 톨루엔의 분자량은 92.14이다.)

① 17.3ppm ② 37.3ppm
③ 122.4ppm ④ 246.4ppm

[풀이] 농도(ppm) $= 65.0\text{mg/m}^3 \times \dfrac{24.45\text{L}}{92.14\text{g}} = 17.25\text{ppm}$

31 다음은 서울 종로 혜화동 전철역에서 측정한 오존의 농도이다. 기하평균(ppm)은?

[측정농도(ppm)]
5.42, 5.58, 1.26, 0.57, 5.82, 2.24, 3.58, 5.58, 1.15

① 2.25 ② 2.65
③ 3.25 ④ 3.45

[풀이] $\log(GM)$
$= \dfrac{\left(\begin{array}{c}\log5.42+\log5.58+\log1.26+\log0.57+\log5.82\\+\log2.24+\log3.58+\log5.58+\log1.15\end{array}\right)}{9}$
$= 0.423$
∴ $GM = 10^{0.423} = 2.65\text{ppm}$

정답 26.④ 27.② 28.② 29.① 30.① 31.②

32 측정결과의 통계처리를 위한 산포도 측정 방법에는 변량 상호간의 차이에 의하여 측정하는 방법과 평균값에 대한 변량의 편차에 의한 측정방법이 있다. 다음 중 변량 상호간의 차이에 의하여 산포도를 측정하는 방법으로 가장 옳은 것은?
① 평균차 ② 분산
③ 변이계수 ④ 표준편차

[풀이] 측정결과의 통계처리를 위한 산포도 측정방법
㉠ 변량 상호간의 차이에 의하여 측정하는 방법(범위, 평균차)
㉡ 평균값에 대한 변량의 편차에 의한 측정방법(변이계수, 평균편차, 분산, 표준편차)

33 입경이 50μm이고 입자비중이 1.5인 입자의 침강속도(cm/sec)는? (단, 입경이 1~50μm인 먼지의 침강속도를 구하기 위해 산업위생 분야에서 주로 사용하는 식을 적용한다.)
① 약 8.3 ② 약 11.3
③ 약 13.3 ④ 약 15.3

[풀이]
침강속도(cm/sec) $= 0.003 \times \rho \times d^2$
$= 0.003 \times 1.5 \times 50^2$
$= 11.25 \text{cm/sec}$

34 공장 내 지면에 설치된 한 기계에서 10m 떨어진 지점에서의 소음이 70dB(A)이었다. 기계의 소음이 50dB(A)로 들리는 지점은 기계에서 몇 m 떨어진 곳인가? (단, 점음원 기준이며, 기타 조건은 고려하지 않는다.)
① 50 ② 100
③ 200 ④ 400

[풀이]
$SPL_1 - SPL_2 = 20\log\dfrac{r_2}{r_1}$

$70\text{dB(A)} - 50\text{dB(A)} = 20\log\dfrac{r_2}{10}$

∴ $r_2 = 100\text{m}$

35 입자상 물질 측정을 위한 직경분립충돌기에 관한 설명으로 틀린 것은?
① 입자의 질량 크기 분포를 얻을 수 있다.
② 호흡기의 부분별로 침착된 입자 크기의 자료를 추정할 수 있다.
③ 되튐으로 인한 시료손실이 일어날 수 있다.
④ 시료채취준비시간이 적고 용이하다.

[풀이] 직경분립충돌기(cascade impactor)의 장단점
(1) 장점
 ㉠ 입자의 질량 크기 분포를 얻을 수 있다(공기흐름속도를 조절하여 채취입자를 크기별로 구분 가능).
 ㉡ 호흡기의 부분별로 침착된 입자 크기의 자료를 추정할 수 있다.
 ㉢ 흡입성, 흉곽성, 호흡성 입자의 크기별로 분포와 농도를 계산할 수 있다.
(2) 단점
 ㉠ 시료채취가 까다롭다. 즉 경험이 있는 전문가가 철저한 준비를 통해 이용해야 정확한 측정이 가능하다(작은 입자는 공기흐름속도를 크게 하여 충돌판에 포집할 수 없음).
 ㉡ 비용이 많이 든다.
 ㉢ 채취준비시간이 과다하다.
 ㉣ 되튐으로 인한 시료의 손실이 일어나 과소분석결과를 초래할 수 있어 유량을 2L/min 이하로 채취한다.
 ㉤ 공기가 옆에서 유입되지 않도록 각 충돌기의 조립과 장착을 철저히 해야 한다.

36 다음 중 알고 있는 공기 중 농도 만드는 방법인 dynamic method에 관한 설명으로 옳지 않은 것은?
① 소량의 누출이나 벽면에 의한 손실은 무시할 수 있음
② 농도변화를 줄 수 있음
③ 만들기가 복잡하고 가격이 고가임
④ 대개 운반용으로 제작됨

[풀이] dynamic method
㉠ 희석공기와 오염물질을 연속적으로 흘려주어 일정한 농도를 유지하면서 만드는 방법이다.
㉡ 알고 있는 공기 중 농도를 만드는 방법이다.

정답 32.① 33.② 34.② 35.④ 36.④

ⓒ 농도변화를 줄 수 있고 온도·습도 조절이 가능하다.
ⓔ 제조가 어렵고 비용이 많이 든다.
ⓜ 다양한 농도 범위에서 제조가 가능하다.
ⓗ 가스, 증기, 에어로졸 실험도 가능하다.
ⓢ 소량의 누출이나 벽면에 의한 손실은 무시할 수 있다.
ⓞ 지속적인 모니터링이 필요하다.
ⓩ 매우 일정한 농도를 유지하기가 곤란하다.

37 분석기기가 검출할 수 있고 신뢰성을 가질 수 있는 양인 정량한계(LOQ)에 관한 설명으로 옳은 것은?

① 표준편차의 3배
② 표준편차의 3.3배
③ 표준편차의 5배
④ 표준편차의 10배

풀이 정량한계(LOQ ; Limit Of Quantization)
ⓐ 분석기마다 바탕선량과 구별하여 분석될 수 있는 최소의 양, 즉 분석결과가 어느 주어진 분석절차에 따라 합리적인 신뢰성을 가지고 정량분석할 수 있는 가장 작은 양이나 농도이다.
ⓑ 도입 이유는 검출한계가 정량분석에서 만족스런 개념을 제공하지 못하기 때문에 검출한계의 개념을 보충하기 위해서이다.
ⓒ 일반적으로 표준편차의 10배 또는 검출한계의 3배 또는 3.3배로 정의한다.
ⓓ 정량한계를 기준으로 최소한으로 채취해야 하는 양이 결정된다.

38 금속제품을 탈지, 세정하는 공정에서 사용하는 유기용제인 트리클로로에틸렌의 근로자 노출농도를 측정하고자 한다. 과거의 노출농도를 조사해 본 결과, 평균 50ppm이었다. 활성탄관(100mg/50mg)을 이용하여 0.4L/min으로 채취하였다면 채취해야 할 최소한의 시간(min)은? (단, 트리클로로에틸렌의 분자량 : 131.39, 기체크로마토그래피의 정량한계는 시료당 0.5mg, 1기압, 25℃ 기준으로 기타 조건은 고려하지 않는다.)

① 약 2.4
② 약 3.2
③ 약 4.7
④ 약 5.3

풀이
• $mg/m^3 = 50\,ppm \times \dfrac{131.39g}{24.45L}$
  $= 268.69\,mg/m^3$
• 최소 채취량 $= \dfrac{LOQ}{농도} = \dfrac{0.5mg}{268.69mg/m^3}$
  $= 0.00186m^3 \times 1,000L/m^3 = 1.86L$
∴ 채취 최소시간 $= \dfrac{1.86L}{0.4L/min} = 4.65min$

39 다음이 설명하는 막 여과지는?

• 농약, 알칼리성 먼지, 콜타르피치 등을 채취한다.
• 열, 화학물질, 압력 등에 강한 특성이 있다.
• 석탄건류나 증류 등의 고열공정에서 발생되는 다핵방향족탄화수소를 채취하는 데 이용된다.

① 섬유상 막 여과지
② PVC막 여과지
③ 은막 여과지
④ PTFE막 여과지

풀이 PTFE막 여과지(Polytetrafluoroethylene membrane filter, 테프론)
ⓐ 열, 화학물질, 압력 등에 강한 특성을 가지고 있어 석탄건류나 증류 등의 고열공정에서 발생하는 다핵방향족탄화수소를 채취하는 데 이용된다.
ⓑ 농약, 알칼리성 먼지, 콜타르피치 등을 채취한다.
ⓒ $1\mu m$, $2\mu m$, $3\mu m$의 여러 가지 구멍 크기를 가지고 있다.

40 유량, 측정시간, 회수율, 분석에 의한 오차가 각각 8%, 4%, 7%, 5%일 때의 누적오차는?

① 12.4%
② 15.4%
③ 17.6%
④ 19.3%

풀이 누적오차(%) $= \sqrt{8^2 + 4^2 + 7^2 + 5^2}$
$= 12.41\%$

제3과목 | 작업환경 관리대책

41 도관 내 공기흐름에서의 레이놀즈 수를 계산하기 위해 알아야 하는 요소로 가장 옳은 것은?

① 공기속도, 도관직경, 동점성계수
② 공기속도, 중력가속도, 공기밀도
③ 공기속도, 공기온도, 도관의 길이
④ 공기속도, 점성계수, 도관의 길이

풀이 레이놀즈 수(Re)

$$Re = \frac{\rho Vd}{\mu} = \frac{Vd}{\nu} = \frac{관성력}{점성력}$$

여기서, Re : 레이놀즈 수 ⇨ 무차원
ρ : 유체의 밀도(kg/m^3)
d : 유체가 흐르는 직경(m)
V : 유체의 평균유속(m/sec)
μ : 유체의 점성계수($kg/m \cdot sec$(Poise))
ν : 유체의 동점성계수(m^2/sec)

42 국소배기장치를 반드시 설치해야 하는 경우와 가장 거리가 먼 것은?

① 법적으로 국소배기장치를 설치해야 하는 경우
② 근로자의 작업위치가 유해물질 발생원에 근접해 있는 경우
③ 발생원이 주로 이동하는 경우
④ 유해물질의 발생량이 많은 경우

풀이 국소배기 적용조건
㉠ 높은 증기압의 유기용제
㉡ 유해물질 발생량이 많은 경우
㉢ 유해물질 독성이 강한 경우(낮은 허용 기준치를 갖는 유해물질)
㉣ 근로자 작업위치가 유해물질 발생원에 가까이 근접해 있는 경우
㉤ 발생주기가 균일하지 않은 경우
㉥ 발생원이 고정되어 있는 경우
㉦ 법적 의무 설치사항인 경우

43 덕트의 설치 원칙으로 옳지 않은 것은?

① 덕트는 가능한 한 짧게 배치하도록 한다.
② 밴드의 수는 가능한 한 적게 하도록 한다.
③ 가능한 한 후드와 먼 곳에 설치한다.
④ 공기가 아래로 흐르도록 하향구배로 만든다.

풀이 덕트 설치기준(설치 시 고려사항)
㉠ 가능한 한 길이는 짧게 하고 굴곡부의 수는 적게 한다.
㉡ 접속부의 내면은 돌출된 부분이 없도록 한다.
㉢ 청소구를 설치하는 등 청소하기 쉬운 구조로 한다.
㉣ 덕트 내 오염물질이 쌓이지 아니하도록 이송속도를 유지한다.
㉤ 연결부위 등은 외부공기가 들어오지 아니하도록 한다(연결방법을 가능한 한 용접할 것).
㉥ 가능한 후드의 가까운 곳에 설치한다.
㉦ 송풍기를 연결할 때는 최소 덕트 직경의 6배 정도 직선구간을 확보한다.
㉧ 직관은 하향구배로 하고 직경이 다른 덕트를 연결할 때에는 경사 30° 이내의 테이퍼를 부착한다.
㉨ 원형 덕트가 사각형 덕트보다 덕트 내 유속분포가 균일하므로 가급적 원형 덕트를 사용하며, 부득이 사각형 덕트를 사용할 경우에는 가능한 정방형을 사용하고 곡관의 수를 적게 한다.
㉩ 곡관의 곡률반경은 최소 덕트 직경의 1.5 이상, 주로 2.0을 사용한다.
㉪ 수분이 응축될 경우 덕트 내로 들어가지 않도록 경사나 배수구를 마련한다.
㉫ 덕트의 마찰계수는 작게 하고, 분지관을 가급적 적게 한다.

44 보호구를 착용함으로써 유해물질로부터 얼마만큼 보호되는지를 나타내는 보호계수(PF) 산정식으로 옳은 것은? (단, C_o : 호흡기 보호구 밖의 유해물질 농도, C_i : 호흡기 보호구 안의 유해물질 농도)

① $PF = C_i / C_o$
② $PF = C_o / C_i$
③ $PF = (C_o - C_i)/100$
④ $PF = (C_i - C_o)/100$

정답 41.① 42.③ 43.③ 44.②

[풀이] **보호계수(PF ; Protection Factor)**
보호구를 착용함으로써 유해물질로부터 보호구가 얼마만큼 보호해 주는가의 정도를 의미한다.
$$PF = \frac{C_o}{C_i}$$
여기서, PF : 보호계수(항상 1보다 크다)
C_i : 보호구 안의 농도
C_o : 보호구 밖의 농도

45 Methyl Ethyl Ketone(MEK)을 사용하는 접착작업장에서 1시간에 2L가 휘발할 때 필요한 환기량(m^3/hr)은? (단, MEK의 비중은 0.805, 분자량은 72.06이고, $K=3$, 기온은 21℃, 기압은 760mmHg인 경우이며, MEK의 허용한계치는 200ppm이다.)

① 약 2,100 ② 약 4,100
③ 약 6,100 ④ 약 8,100

[풀이]
- 사용량(g/hr) = 2L/hr × 0.805g/mL × 1,000mL/L
  = 1,610g/hr
- 72.06g : 24.1L = 1,610g/hr : G
  $$G(L/hr) = \frac{24.1L \times 1,610 g/hr}{72.06 g} = 538.45 L/hr$$
  $$\therefore Q(m^3/hr) = \frac{G}{TLV} \times K$$
  $$= \frac{538.45 L/hr \times 1,000 mL/L}{200 mL/m^3} \times 3$$
  $$= 8,076.75 m^3/hr$$

46 A용제가 800m^3의 체적을 가진 방에 저장되어 있다. 공기를 공급하기 전에 측정한 농도는 400ppm이었다. 이 방으로 40m^3/min의 환기량을 공급한다면 노출기준인 100ppm으로 달성되는 데 걸리는 시간은? (단, 유해물질 발생은 정지, 환기만 고려한다.)

① 약 16분 ② 약 28분
③ 약 34분 ④ 약 42분

[풀이] 소요시간(min) = $-\frac{V}{Q'} \ln\left(\frac{C_2}{C_1}\right)$
= $-\frac{800}{40} \ln\left(\frac{100}{400}\right) = 27.73 min$

47 주 덕트에 분지관을 연결할 때 손실계수가 가장 큰 각도는?

① 30° ② 45°
③ 60° ④ 90°

[풀이] 주관과 분지관(가지관)의 연결

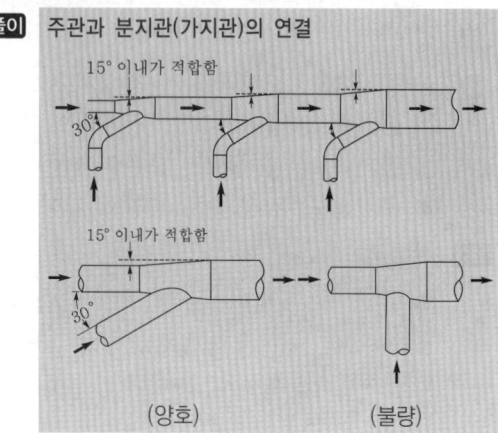

(양호)   (불량)

48 작업환경에서 발생하는 유해인자 제거나 저감을 위한 공학적 대책 중 물질의 대치로 옳지 않은 것은?

① 성냥 제조 시에 사용되는 적린을 백린으로 교체
② 금속 표면을 블라스팅할 때 사용재료로 모래 대신 철구슬(shot) 사용
③ 보온재로 석면 대신 유리섬유나 암면 사용
④ 주물공정에서 실리카 모래 대신 그린(green) 모래로 주형을 채우도록 대치

[풀이] 성냥 제조 시에 사용되는 백린을 적린으로 교체한다.

49 방진마스크에 대한 설명으로 틀린 것은?

① 여과효율이 우수하려면 필터에 사용되는 섬유의 직경이 작고 조밀하게 압축되어야 한다.
② 비휘발성 입자에 대한 보호가 가능하다.
③ 흡기저항 상승률이 높은 것이 좋다.
④ 흡기·배기 저항은 낮은 것이 좋다.

[풀이] 방진마스크는 흡기저항 상승률이 낮은 것이 좋다.

정답 45.④ 46.② 47.④ 48.① 49.③

50 후향 날개형 송풍기가 2,000rpm으로 운전될 때 송풍량이 20m³/min, 송풍기 정압이 50mmH₂O, 축동력이 0.5kW였다. 다른 조건은 동일하고 송풍기의 rpm을 조절하여 3,200rpm으로 운전한다면 송풍량, 송풍기 정압, 축동력은?

① 38m³/min, 80mmH₂O, 1.86kW
② 38m³/min, 128mmH₂O, 2.05kW
③ 32m³/min, 80mmH₂O, 1.86kW
④ 32m³/min, 128mmH₂O, 2.05kW

[풀이]
㉠ $Q = 20\text{m}^3/\text{min} \times \left(\dfrac{3,200}{2,000}\right) = 32\text{m}^3/\text{min}$

㉡ $FSP = 50\text{mmH}_2\text{O} \times \left(\dfrac{3,200}{2,000}\right)^2 = 128\text{mmH}_2\text{O}$

㉢ $kW = 0.5\text{kW} \times \left(\dfrac{3,200}{2,000}\right)^3 = 2.05\text{kW}$

51 다음에서 설명하는 산업환기의 기본법칙은?

> 일정한 압력조건에서 부피와 온도는 비례한다.

① 게이-뤼삭의 법칙
② 라울트의 법칙
③ 샤를의 법칙
④ 보일의 법칙

[풀이] 샤를의 법칙
일정한 압력하에서 기체를 가열하면 부피는 온도가 1℃ 증가함에 따라 0℃ 부피의 1/273만큼 증가한다.

52 자연환기의 장단점으로 틀린 것은?

① 환기량 예측자료를 구하기 쉬운 장점이 있다.
② 효율적인 자연환기는 냉방비를 절감시키는 장점이 있다.
③ 외부 기상조건과 내부 작업조건에 따라 환기량 변화가 심한 단점이 있다.
④ 운전에 따른 에너지비용이 없는 장점이 있다.

[풀이] 자연환기의 장단점
(1) 장점
㉠ 설치비 및 유지보수비가 적게 든다.
㉡ 적당한 온도차이와 바람이 있다면 운전비용이 거의 들지 않는다.
㉢ 효율적인 자연환기는 에너지비용을 최소화할 수 있어 냉방비 절감효과가 있다.
㉣ 소음발생이 적다.
(2) 단점
㉠ 외부 기상조건과 내부 조건에 따라 환기량이 일정하지 않아 작업환경 개선용으로 이용하는 데 제한적이다.
㉡ 계절변화에 불안정하다. 즉, 여름보다 겨울철이 환기효율이 높다.
㉢ 정확한 환기량 산정이 힘들다. 즉, 환기량 예측 자료를 구하기 힘들다.

53 원심력 송풍기 중 전향 날개형 송풍기에 관한 설명으로 옳지 않은 것은?

① 송풍기의 임펠러가 다람쥐 쳇바퀴 모양으로 생겼다.
② 송풍기 깃이 회전방향과 반대방향으로 설계되어 있다.
③ 큰 압력손실에서 송풍량이 급격하게 떨어지는 단점이 있다.
④ 다익형 송풍기라고도 한다.

[풀이] 다익형 송풍기(multi blade fan)
㉠ 전향(전곡) 날개형(forward-curved blade fan)이라고 하며, 많은 날개(blade)를 갖고 있다.
㉡ 송풍기의 임펠러가 다람쥐 쳇바퀴 모양으로, 회전날개가 회전방향과 동일한 방향으로 설계되어 있다.
㉢ 동일 송풍량을 발생시키기 위한 임펠러 회전속도가 상대적으로 낮아 소음 문제가 거의 없다.
㉣ 강도 문제가 그리 중요하지 않기 때문에 저가로 제작이 가능하다.
㉤ 상승구배 특성이다.
㉥ 높은 압력손실에서는 송풍량이 급격하게 떨어지므로 이송시켜야 할 공기량이 많고 압력손실이 작게 걸리는 전체환기나 공기조화용으로 널리 사용된다.
㉦ 구조상 고속회전이 어렵고, 큰 동력의 용도에는 적합하지 않다.

54 후드로부터 0.25m 떨어진 곳에 있는 금속제품의 연마공정에서 발생되는 금속먼지를 제거하기 위해 원형 후드를 설치하였다면 환기량(m³/sec)은? (단, 제어속도는 2.5m/sec, 후드 직경은 0.4m이다.)

① 약 1.9   ② 약 2.3
③ 약 3.2   ④ 약 4.1

풀이
$Q = V_c(10X^2 + A)$
$= 2.5\,\text{m/sec}$
$\times \left[(10 \times 0.25^2)\text{m}^2 + \left(\dfrac{3.14 \times 0.4^2}{4}\right)\text{m}^2\right]$
$= 1.88\,\text{m}^3/\text{sec}$

55 어떤 송풍기의 전압이 300mmH₂O이고 풍량이 400m³/min, 효율이 0.6일 때 소요동력(kW)은?

① 약 33   ② 약 45
③ 약 53   ④ 약 65

풀이
$\text{kW} = \dfrac{Q \times \Delta P}{6{,}120 \times \eta} = \dfrac{400 \times 300}{6{,}120 \times 0.6} = 32.68\,\text{kW}$

56 공기 중에 사염화에틸렌이 300,000ppm 존재하고 있다면 사염화에틸렌과 공기의 혼합물 유효비중은? (단, 사염화에틸렌의 증기비중은 5.7, 공기비중은 1.0이다.)

① 2.14   ② 2.29
③ 2.41   ④ 2.67

풀이
유효비중 $= \dfrac{(300{,}000 \times 5.7) + (700{,}000 \times 1.0)}{1{,}000{,}000}$
$= 2.41$

57 다음 보호장구의 재질 중 극성 용제에 가장 효과적인 것은? (단, 극성 용제에는 알코올, 물, 케톤류 등을 포함한다.)

① Neoprene 고무   ② Butyl 고무
③ Viton   ④ Nitrile 고무

풀이 보호장구 재질에 따른 적용물질
㉠ Neoprene 고무 : 비극성 용제, 극성 용제 중 알코올, 물, 케톤류 등에 효과적
㉡ 천연고무(latex) : 극성 용제 및 수용성 용액에 효과적(절단 및 찰과상 예방)
㉢ Viton : 비극성 용제에 효과적
㉣ 면 : 고체상 물질에 효과적, 용제에는 사용 못함
㉤ 가죽 : 용제에는 사용 못함(기본적인 찰과상 예방)
㉥ Nitrile 고무 : 비극성 용제에 효과적
㉦ Butyl 고무 : 극성 용제(알데히드, 지방족)에 효과적
㉧ Ethylene vinyl alcohol : 대부분의 화학물질을 취급할 경우 효과적

58 직경 400mm인 환기시설을 통해서 50m³/min의 표준상태의 공기를 보낼 때 이 덕트 내의 유속(m/sec)은?

① 약 3.3   ② 약 4.4
③ 약 6.6   ④ 약 8.8

풀이
$V(\text{m/sec}) = \dfrac{50\,\text{m}^3/\text{min} \times \text{min}/60\text{sec}}{\left(\dfrac{3.14 \times 0.4^2}{4}\right)\text{m}^2} = 6.63\,\text{m/sec}$

59 분압(증기압)이 6.0mmHg인 물질이 공기 중에서 도달할 수 있는 최고농도(포화농도, ppm)는?

① 약 4,800   ② 약 5,400
③ 약 6,600   ④ 약 7,900

풀이
최고농도(ppm) $= \dfrac{\text{분압(증기압)}}{760} \times 10^6$
$= \dfrac{6.0}{760} \times 10^6 = 7{,}894.74\,\text{ppm}$

60 금속을 가공하는 음압수준이 98dB(A)인 공정에서 NRR이 17인 귀마개를 착용한다면 차음효과는? (단, OSHA에서 차음효과를 예측하는 방법을 적용한다.)

① 2dB(A)   ② 3dB(A)
③ 5dB(A)   ④ 7dB(A)

정답 54.① 55.① 56.③ 57.② 58.③ 59.④ 60.③

[풀이] 차음효과 = (NRR − 7) × 0.5
= (17 − 7) × 0.5
= 5 dB(A)

[풀이] 전리방사선과 비전리방사선의 종류
㉠ 전리방사선
X-ray, γ선, α입자, β입자, 중성자
㉡ 비전리방사선
자외선, 가시광선, 적외선, 라디오파, 마이크로파, 저주파, 극저주파, 레이저

제4과목 | 물리적 유해인자관리

61 다음 중 방사선의 단위환산이 잘못 연결된 것은?

① 1rad=0.1Gy
② 1rem=0.01Sv
③ 1rad=100erg/g
④ 1Bq=$2.7 \times 10^{-11}C_i$

[풀이] 래드(rad)
㉠ 흡수선량 단위이다.
㉡ 방사선이 물질과 상호작용한 결과 그 물질의 단위질량에 흡수된 에너지를 의미한다.
㉢ 모든 종류의 이온화방사선에 의한 외부노출, 내부노출 등 모든 경우에 적용한다.
㉣ 조사량에 관계없이 조직(물질)의 단위질량당 흡수된 에너지량을 표시하는 단위이다.
㉤ 관용단위인 1rad는 피조사체 1g에 대하여 100erg의 방사선에너지가 흡수되는 선량단위이다.
(1rad=100erg/gram=10^{-2}J/kg)
㉥ 100rad를 1Gy(Gray)로 사용한다.

62 다음 중 실내 음향수준을 결정하는 데 필요한 요소가 아닌 것은?

① 밀폐 정도
② 방의 색감
③ 방의 크기와 모양
④ 벽이나 실내장치의 흡음도

[풀이] 방의 색감은 실내음향 수준과는 관련이 없다.

63 다음 중 전리방사선이 아닌 것은?

① γ선
② 중성자
③ 레이저
④ β선

64 레이노 현상(Raynaud's phenomenon)과 관련된 용어와 가장 관련이 적은 것은?

① 혈액순환장애
② 국소진동
③ 방사선
④ 저온환경

[풀이] 레이노 현상(Raynaud's phenomenon)
㉠ 손가락에 있는 말초혈관 운동의 장애로 인하여 수지가 창백해지고 손이 차며 저리거나 통증이 오는 현상이다.
㉡ 한랭작업조건에서 특히 증상이 악화된다.
㉢ 압축공기를 이용한 진동공구, 즉 착암기 또는 해머와 같은 공구를 장기간 사용한 근로자들의 손가락에 유발되기 쉬운 직업병이다.
㉣ dead finger 또는 white finger라고도 하며, 발증까지 약 5년 정도 걸린다.

65 다음 중 고압환경에서 일어날 수 있는 생체작용과 가장 거리가 먼 것은?

① 폐수종
② 압치통
③ 부종
④ 폐압박

[풀이] 폐수종은 저압환경에서 발생한다.

66 다음 설명에 해당하는 온열요소는?

주어진 온도에서 공기 1m³ 중에 함유한 수증기의 양을 그램(g)으로 나타내며, 기온에 따라 수증기가 공기에 포함될 수 있는 최대값이 정해져 있어, 그 값은 기온에 따라 커지거나 작아진다.

① 비교습도
② 비습도
③ 절대습도
④ 상대습도

정답 61.① 62.② 63.③ 64.③ 65.① 66.③

[풀이] **절대습도**
⊙ 절대적인 수증기의 양으로 나타내는 것으로 단위부피의 공기 속에 함유된 수증기량의 값, 즉 주어진 온도에서 공기 1m³ 중에 함유된 수증기량(g)을 의미한다.
ⓒ 수증기량이 일정하면 절대습도는 온도가 변하더라도 절대 변하지 않는다.
ⓒ 기온에 따라 수증기가 공기에 포함될 수 있는 최댓값이 정해져 있어, 그 값은 기온에 따라 커지거나 작아진다.

67 다음 중 감압에 따른 인체의 기포 형성량을 좌우하는 요인과 가장 거리가 먼 것은?
① 감압속도
② 산소 공급량
③ 혈류를 변화시키는 상태
④ 조직에 용해된 가스량

[풀이] **감압 시 조직 내 질소 기포 형성량에 영향을 주는 요인**
⊙ 조직에 용해된 가스량
체내 지방량, 고기압 폭로의 정도와 시간으로 결정한다.
ⓒ 혈류변화 정도(혈류를 변화시키는 상태)
감압 시 또는 재감압 후에 생기기 쉽고, 연령, 기온, 운동, 공포감, 음주와 관계가 있다.
ⓒ 감압속도

68 다음 중 광원으로부터의 밝기에 관한 설명으로 틀린 것은?
① 촉광에 반비례한다.
② 거리의 제곱에 반비례한다.
③ 조사평면과 수직평면이 이루는 각에 반비례한다.
④ 색깔의 감각과 평면상의 반사율에 따라 밝기가 달라진다.

[풀이] 빛의 밝기는 광원의 촉광에 정비례한다.

69 다음 중 피부에 강한 특이적 홍반작용과 색소침착, 피부암 발생 등의 장애를 모두 일으키는 것은?
① 가시광선
② 적외선
③ 마이크로파
④ 자외선

[풀이] **자외선의 피부에 대한 작용(장애)**
⊙ 자외선에 의하여 피부의 표피와 진피두께가 증가하여 피부의 비후가 온다.
ⓒ 280nm 이하의 자외선은 대부분 표피에서 흡수, 280~320nm 자외선은 진피에서 흡수, 320~380nm 자외선은 표피(상피 : 각화층, 말피기층)에서 흡수된다.
ⓒ 각질층 표피세포(말피기층)의 histamine의 양이 많아져 모세혈관 수축, 홍반형성에 이어 색소침착이 발생한다. 홍반형성은 300nm 부근(2,000~2,900Å)의 폭로가 가장 강한 영향을 미치며, 멜라닌색소침착은 300~420nm에서 영향을 미친다.
② 반복하여 자외선에 노출될 경우 피부가 건조해지고 갈색을 띠게 하며 주름살이 많이 생기게 한다. 즉 피부노화에 영향을 미친다.
⑩ 피부투과력은 체표에서 0.1~0.2mm 정도이고 자외선 파장, 피부색, 피부 표피의 두께에 좌우된다.
⑪ 옥외작업을 하면서 콜타르의 유도체, 벤조피렌, 안트라센화합물과 상호작용하여 피부암을 유발하며, 관여하는 파장은 주로 280~320nm이다.
⊗ 피부색과의 관계는 피부가 흰색일 때 가장 투과가 잘되며, 흑색이 가장 투과가 안 된다. 따라서 백인과 흑인의 피부암 발생률 차이가 크다.
⊙ 자외선 노출에 가장 심각한 만성 영향은 피부암이며, 피부암의 90% 이상은 햇볕에 노출된 신체부위에서 발생한다. 특히 대부분의 피부암은 상피세포 부위에서 발생한다.

70 현재 총 흡음량이 2,000sabins인 작업장의 천장에 흡음물질을 첨가하여 3,000sabins을 더할 경우 소음감소는 어느 정도로 예측되겠는가?
① 4dB
② 6dB
③ 7dB
④ 10dB

[풀이]
$$\text{소음저감량(dB)} = 10\log\frac{\text{대책 후}}{\text{대책 전}}$$
$$= 10\log\frac{2,000+3,000}{2,000} = 4\text{dB}$$

71 옥내에서 측정한 흑구온도가 33℃, 습구온도가 20℃, 건구온도가 24℃일 때 옥내의 습구흑구온도지수(WBGT)는 얼마인가?
① 23.9℃
② 23.0℃
③ 22.9℃
④ 22.0℃

[풀이] 옥내 WBGT(℃)
= (0.7×자연습구온도) + (0.3×흑구온도)
= (0.7×20℃) + (0.3×33℃)
= 23.9℃

72 다음 중 해수면의 산소분압은 약 얼마인가? (단, 표준상태 기준이며, 공기 중 산소 함유량은 21vol%이다.)
① 90mmHg ② 160mmHg
③ 210mmHg ④ 230mmHg

[풀이] 산소분압 = 760mmHg × 0.21 = 159.6mmHg

73 다음 중 산업안전보건법상 산소결핍, 유해가스로 인한 화재·폭발 등의 위험이 있는 밀폐공간 내 작업 시 조치사항으로 적합하지 않은 것은?
① 밀폐공간 보건작업 프로그램을 수립하여 시행해야 한다.
② 작업을 시작하기 전 근로자로 하여금 방독마스크를 착용하도록 한다.
③ 작업장소에 근로자를 입장시킬 때와 퇴장시킬 때마다 인원을 점검하여야 한다.
④ 밀폐공간에는 관계 근로자가 아닌 사람의 출입을 금지하고, 그 내용을 보기 쉬운 장소에 게시하여야 한다.

[풀이] 산소가 부족한 밀폐공간에서는 방독마스크 착용을 절대 금지해야 하며, 송기마스크를 착용한다.

74 다음 중 소음에 대한 작업환경측정 시 소음의 변동이 심하거나 소음수준이 다른 여러 작업장소를 이동하면서 작업하는 경우 소음의 노출평가에 가장 적합한 소음기는?
① 보통 소음기
② 주파수 분석기
③ 지시 소음기
④ 누적소음노출량 측정기

[풀이] 누적소음노출량 측정기(noise dose meter)
소음에 대한 작업환경측정 시 소음의 변동이 심하거나 소음수준이 다른 여러 작업장소를 이동하면서 작업하는 경우 소음의 노출평가에 가장 적합한 소음기, 즉 개인의 노출량을 측정하는 기기로서 노출량(dose)은 노출기준에 대한 백분율(%)로 나타낸다.

75 25℃, 공기 중에서 1,000Hz인 음의 파장은 약 몇 m인가?
① 0.035 ② 0.35
③ 3.5 ④ 35

[풀이] 파장(m) = $\dfrac{C}{f}$ = $\dfrac{331.42 + (0.6 \times 25)\,\text{m/sec}}{1{,}000\,\text{Hz}(1/\text{sec})}$ = 0.35m

76 다음 중 한랭장애 예방에 관한 설명으로 적합하지 않은 것은?
① 방한복 등을 이용하여 신체를 보온하도록 한다.
② 고혈압자, 심장혈관장애 질환자와 간장 및 신장 질환자는 한랭작업을 피하도록 한다.
③ 작업환경 기온은 10℃ 이상으로 유지시키고, 바람이 있는 작업장은 방풍시설을 하여야 한다.
④ 구두는 약간 작은 것을 착용하고, 일부의 습기를 유지하도록 한다.

[풀이] 한랭장애 예방법
㉠ 팔다리 운동으로 혈액순환을 촉진한다.
㉡ 약간 큰 장갑과 방한화를 착용한다.
㉢ 건조한 양말을 착용한다.
㉣ 과도한 음주 및 흡연을 삼가한다.
㉤ 과도한 피로를 피하고 충분한 식사를 한다.
㉥ 더운물과 더운 음식을 자주 섭취한다.
㉦ 외피는 통기성이 적고 함기성이 큰 것을 착용한다.
㉧ 오랫동안 찬물, 눈, 얼음에서 작업하지 않는다.
㉨ 의복이나 구두 등의 습기를 제거한다.

77 비전리방사선이며, 건강선(健康線)이라고 불리는 광선의 파장으로 가장 알맞은 것은?
① 50~200nm ② 280~320nm
③ 380~760nm ④ 780~1,000nm

정답 72.② 73.② 74.④ 75.② 76.④ 77.②

풀이
도르노선(Dorno-ray)
280(290)~315nm[2,800(2,900)~3,150Å, 1Å(angstrom); SI 단위로 10^{-10}m]의 파장을 갖는 자외선을 의미하며 인체에 유익한 작용을 하여 건강선(생명선)이라고도 한다. 또한 소독작용, 비타민 D 형성, 피부의 색소침착 등 생물학적 작용이 강하다.

78 다음 중 소음성 난청의 초기단계인 C_5-dip 현상이 가장 현저하게 나타나는 주파수는?

① 10,000Hz
② 7,000Hz
③ 4,000Hz
④ 1,000Hz

풀이
C_5-dip 현상
소음성 난청의 초기단계로 4,000Hz에서 청력장애가 현저히 커지는 현상이다.
※ 우리 귀는 고주파음에 대단히 민감하며, 특히 4,000Hz에서 소음성 난청이 가장 많이 발생한다.

79 다음 중 소음의 종류에 대한 설명으로 옳은 것은?

① 연속음은 소음의 간격이 1초 이상을 유지하면서 계속적으로 발생하는 소음을 말한다.
② 단속음은 1일 작업 중 노출되는 여러 가지 음압수준을 나타내며 소음의 반복음 간격이 3초보다 큰 경우를 말한다.
③ 충격소음은 최대음압수준이 120dB(A) 이상인 소음이 1초 이상의 간격으로 발생하는 것을 말한다.
④ 충격소음은 소음이 1초 미만 간격으로 발생하면서 1회 최대허용기준이 120dB(A)이다.

풀이
① 연속음 : 소음발생 간격이 1초 미만을 유지하면서 계속적으로 발생되는 소음이다.
② 단속음 : 소음발생 간격이 1초 이상의 간격으로 발생되는 소음이다.
④ 충격소음 : 소음이 1초 이상의 간격을 유지하면서 최대음압수준이 120dB(A) 이상의 소음인 경우에는 소음수준에 따른 1분 동안의 발생횟수를 측정하여야 한다.

80 다음 중 진동에 의한 생체반응에 관계하는 주요 4인자와 가장 거리가 먼 것은?

① 방향
② 노출시간
③ 진동의 강도
④ 개인 감응도

풀이
진동에 의한 생체반응에 관계하는 인자
㉠ 진동방향
㉡ 노출시간
㉢ 진동강도
㉣ 진동수

제5과목 | 산업 독성학

81 다음 중 메탄올(CH_3OH)에 대한 설명으로 틀린 것은?

① 메탄올은 호흡기 및 피부로 흡수된다.
② 메탄올은 공업용제로 사용되며, 신경독성물질이다.
③ 메탄올의 생물학적 노출지표는 소변 중 포름산이다.
④ 메탄올은 중간대사체에 의하여 시신경에 독성을 나타낸다.

풀이
메탄올(CH_3OH)
㉠ 플라스틱, 필름 제조와 휘발유 첨가제 등 공업용제로 사용되며, 자극성이 있는 신경독성물질이다.
㉡ 주요 독성으로는 시각장애, 중추신경 억제, 혼수상태 야기 등이 있다.
㉢ 메탄올은 호흡기 및 피부로 흡수된다.
㉣ 메탄올의 대사산물(생물학적 노출지표)은 뇨 중 메탄올이다.
㉤ 시각장애기전은 '메탄올 → 포름알데히드 → 포름산 → 이산화탄소'이다. 즉 중간대사체에 의하여 시신경에 독성을 나타낸다.
㉥ 메탄올 중독 시 중탄산염의 투여와 혈액투석 치료가 도움이 된다.

82 다음의 유기용제 중 특이증상이 '간장애'인 것으로 가장 적절한 것은?

① 벤젠
② 염화탄화수소
③ 노말헥산
④ 에틸렌글리콜에테르

> **풀이** 유기용제별 중독의 특이증상
> ㉠ 벤젠 : 조혈장애
> ㉡ 염화탄화수소, 염화비닐 : 간장애
> ㉢ 이황화탄소 : 중추신경 및 말초신경 장애, 생식기능장애
> ㉣ 메틸알코올(메탄올) : 시신경장애
> ㉤ 메틸부틸케톤 : 말초신경장애(중독성)
> ㉥ 노말헥산 : 다발성 신경장애
> ㉦ 에틸렌글리콜에테르 : 생식기장애
> ㉧ 알코올, 에테르류, 케톤류 : 마취작용
> ㉨ 톨루엔 : 중추신경장애

83 인쇄 및 도료 작업자에게 자주 발생하는 연(鉛)중독 증상과 관계없는 것은?

① 적혈구의 증가
② 치은의 연선(lead line)
③ 적혈구의 호염기성 반점
④ 소변 중의 coproporphyrin 증가

> **풀이** 적혈구 안에 있는 혈색소(헤모글로빈)의 저하가 나타난다.

84 다음 중 카드뮴의 인체 내 축적기관으로만 나열된 것은?

① 뼈, 근육
② 간, 신장
③ 혈액, 모발
④ 뇌, 근육

> **풀이** 카드뮴의 인체 내 축적
> ㉠ 체내에 흡수된 카드뮴은 혈액을 거쳐 2/3(50~75%)는 간과 신장으로 이동하여 축적되고, 일부는 장관벽에 축적된다.
> ㉡ 반감기는 약 수년에서 30년까지이다.
> ㉢ 흡수된 카드뮴은 혈장단백질과 결합하여 최종적으로 신장에 축적된다.

85 유해화학물질에 의한 간의 중요한 장애인 중심소엽성 괴사를 일으키는 물질로 대표적인 것은?

① 수은
② 사염화탄소
③ 이황화탄소
④ 에틸렌글리콜

> **풀이** 사염화탄소(CCl_4)
> ㉠ 특이한 냄새가 나는 무색의 액체로 소화제, 탈지세정제, 용제로 이용한다.
> ㉡ 신장장애 증상으로 감뇨, 혈뇨 등이 발생하며 완전 무뇨증이 되면 사망할 수 있다.
> ㉢ 피부, 간장, 신장, 소화기, 신경계에 장애를 일으키는데 특히 간에 대한 독성작용이 강하게 나타난다. 즉, 간에 중요한 장애인 중심소엽성 괴사를 일으킨다.
> ㉣ 고온에서 금속과의 접촉으로 포스겐, 염화수소를 발생시키므로 주의를 요한다.
> ㉤ 고농도로 폭로되면 중추신경계 장애 외에 간장이나 신장에 장애가 일어나 황달, 단백뇨, 혈뇨의 증상을 보이는 할로겐화 탄화수소이다.
> ㉥ 초기 증상으로 지속적인 두통, 구역 및 구토, 간부위의 압통 등의 증상을 일으킨다.
> ㉦ 피부로부터 흡수되어 전신중독을 일으킨다.
> ㉧ 인간에 대한 발암성이 의심되는 물질군(A2)에 포함된다.
> ㉨ 산업안전보건기준에 관한 규칙상 관리대상 유해물질의 유기화합물이다.

86 미국정부산업위생전문가협의회(ACGIH)의 발암물질 구분으로 '동물 발암성 확인물질, 인체 발암성 모름'에 해당하는 Group은?

① A2
② A3
③ A4
④ A5

> **풀이** ACGIH의 발암물질 구분
> ㉠ A1 : 인체 발암 확인(확정)물질
> ㉡ A2 : 인체 발암이 의심되는 물질(발암 추정물질)
> ㉢ A3 : 동물 발암성 확인물질, 인체 발암성 모름
> ㉣ A4 : 인체 발암성 미분류물질, 인체 발암성이 확인되지 않은 물질
> ㉤ A5 : 인체 발암성 미의심물질

87 다음 중 먼지가 호흡기계로 들어올 때 인체가 가지고 있는 방어기전으로 가장 적정하게 조합된 것은?

① 면역작용과 폐 내의 대사작용
② 폐포의 활발한 가스교환과 대사작용
③ 점액 섬모운동과 가스교환에 의한 정화
④ 점액 섬모운동과 폐포의 대식세포 작용

정답 83.① 84.② 85.② 86.② 87.④

> [풀이] 인체 방어기전
> (1) 점액 섬모운동
>   ㉠ 가장 기초적인 방어기전(작용)이며, 점액 섬모운동에 의한 배출 시스템으로 폐포로 이동하는 과정에서 이물질을 제거하는 역할을 한다.
>   ㉡ 기관지(벽)에서의 방어기전을 의미한다.
>   ㉢ 정화작용을 방해하는 물질은 카드뮴, 니켈, 황화합물 등이다.
> (2) 대식세포에 의한 작용(정화)
>   ㉠ 대식세포가 방출하는 효소에 의해 용해되어 제거된다(용해작용).
>   ㉡ 폐포의 방어기전을 의미한다.
>   ㉢ 대식세포에 의해 용해되지 않는 대표적 독성물질은 유리규산, 석면 등이다.

88 어떤 물질의 독성에 관한 인체실험 결과 안전흡수량이 체중 kg당 0.1mg이었다. 체중이 50kg인 근로자가 1일 8시간 작업할 경우 이 물질의 체내 흡수를 안전흡수량 이하로 유지하려면 공기 중 농도를 몇 mg/m³ 이하로 하여야 하는가? (단, 작업 시 폐환기율은 1.25m³/hr, 체내 잔류율은 1.0으로 한다.)

① 0.5
② 1.0
③ 1.5
④ 2.0

> [풀이] 안전흡수량(mg)= $C \times T \times V \times R$
> ∴ $C(\text{mg/m}^3) = \dfrac{\text{안전흡수량}}{T \times V \times R}$
> $= \dfrac{0.1\text{mg/kg} \times 50\text{kg}}{8 \times 1.25 \times 1.0}$
> $= 0.5\text{mg/m}^3$

89 다음 중 피부로부터 흡수되어 전신중독을 일으킬 수 있는 물질은?

① 질소
② 포스겐
③ 메탄
④ 사염화탄소

> [풀이] 사염화탄소(CCl_4)는 인간에 대한 발암성이 의심되는 물질군(A2)에 포함되며, 피부로부터 흡수되어 전신중독을 일으킨다.

90 다음 중 유해물질과 생물학적 노출지표의 연결이 잘못된 것은?

① 벤젠 – 소변 중 페놀
② 톨루엔 – 소변 중 o-크레졸
③ 크실렌 – 소변 중 카테콜
④ 스티렌 – 소변 중 만델린산

> [풀이] 크실렌의 생물학적 노출지표는 소변 중 메틸마뇨산이다.

91 작업장 공기 중에 노출되는 분진 및 유해물질로 인하여 나타나는 장애가 잘못 연결된 것은?

① 규산분진, 탄분진 – 진폐
② 니켈카르보닐, 석면 – 암
③ 카드뮴, 납, 망간 – 직업성 천식
④ 식물성·동물성 분진 – 알레르기성 질환

> [풀이] 직업성 천식의 원인물질은 TMA(Trimellitic Anhydride), TDI(Toluene Diisocyanate) 등이다.

92 유해물질의 생리적 작용에 의한 분류에서 질식제를 단순 질식제와 화학적 질식제로 구분할 때, 다음 중 화학적 질식제에 해당하는 것은?

① 헬륨(He)
② 메탄(CH_4)
③ 수소(H_2)
④ 일산화탄소(CO)

> [풀이] 화학적 질식제의 종류
> ㉠ 일산화탄소(CO)
> ㉡ 황화수소(H_2S)
> ㉢ 시안화수소(HCN)
> ㉣ 아닐린($C_6H_5NH_2$)

정답 88.① 89.④ 90.③ 91.③ 92.④

93 입자상 물질의 종류 중 액체나 고체 2가지 상태로 존재할 수 있는 것은?

① 흄(fume)
② 미스트(mist)
③ 증기(vapor)
④ 스모크(smoke)

풀이 연기(smoke)
㉠ 매연이라고도 하며 유해물질이 불완전연소하여 만들어진 에어로졸의 혼합체로서 크기는 0.01~1.0μm 정도이다.
㉡ 기체와 같이 활발한 브라운 운동을 하며 쉽게 침강하지 않고 대기 중에 부유하는 성질이 있다.
㉢ 액체나 고체의 2가지 상태로 존재할 수 있다.

94 화학적 질식제에 대한 설명으로 옳은 것은?

① 뇌순환혈관에 존재하면서 농도에 비례하여 중추신경작용을 억제한다.
② 공기 중에 다량 존재하여 산소분압을 저하시켜 조직세포에 필요한 산소를 공급하지 못하게 하여 산소부족현상을 발생시킨다.
③ 피부와 점막에 작용하여 부식작용을 하거나 수포를 형성하는 물질로 고농도 하에서 호흡이 정지되고 구강 내 치아산식증 등을 유발한다.
④ 혈액 중에서 혈색소와 결합한 후에 혈액의 산소운반능력을 방해하거나 또는 조직세포에 있는 철 산화효소를 불활성화시켜 세포의 산소수용능력을 상실시킨다.

풀이 화학적 질식제
㉠ 직접적 작용에 의해 혈액 중의 혈색소와 결합하여 산소운반능력을 방해하는 물질을 말하며, 조직 중의 산화효소를 불활성화시켜 질식작용(세포의 산소수용능력 상실)을 일으킨다.
㉡ 화학적 질식제에 심하게 노출 시 폐 속으로 들어가는 산소의 활용을 방해하기 때문에 사망에 이르게 된다.

95 진폐증의 종류 중 무기성 분진에 의한 것은?

① 면폐증 ② 석면폐증
③ 농부폐증 ④ 목재분진폐증

풀이 분진 종류에 따른 진폐증의 분류(임상적 분류)
㉠ 유기성 분진에 의한 진폐증
농부폐증, 면폐증, 연초폐증, 설탕폐증, 목재분진폐증, 모발분진폐증
㉡ 무기성(광물성) 분진에 의한 진폐증
규폐증, 탄소폐증, 활석폐증, 탄광부진폐증, 철폐증, 베릴륨폐증, 흑연폐증, 규조토폐증, 주석폐증, 칼륨폐증, 바륨폐증, 용접공폐증, 석면폐증

96 다음 중 알레르기성 접촉피부염에 관한 설명으로 틀린 것은?

① 항원에 노출되고 일정 시간이 지난 후에 다시 노출되었을 때 세포 매개성 과민반응에 의하여 나타나는 부작용의 결과이다.
② 알레르기성 반응은 극소량 노출에 의해서도 피부염이 발생할 수 있는 것이 특징이다.
③ 알레르기원에 노출되고 이 물질이 알레르기원으로 작용하기 위해서는 일정 기간이 소요되며 그 기간을 휴지기라 한다.
④ 알레르기 반응을 일으키는 관련 세포는 대식세포, 림프구, 랑거한스세포로 구분된다.

풀이 알레르기원에서 노출되고 이 물질이 알레르기원으로 작용하기 위해서는 일정 기간이 소요되는데 이 기간(2~3주)을 유도기라고 한다.

97 다음 중 중금속의 노출 및 독성 기전에 대한 설명으로 틀린 것은?

① 작업환경 중 작업자가 흡입하는 금속형태는 흄과 먼지 형태이다.
② 대부분의 금속이 배설되는 가장 중요한 경로는 신장이다.
③ 크롬은 6가 크롬보다 3가 크롬이 체내 흡수가 많이 된다.
④ 납에 노출될 수 있는 업종은 축전지 제조, 광명단 제조업체, 전자산업 등이다.

정답 93.④ 94.④ 95.② 96.③ 97.③

[풀이] 3가 크롬은 피부흡수가 어려우나 6가 크롬은 쉽게 피부를 통과하기 때문에 3가 크롬보다 6가 크롬이 체내 흡수가 많이 된다.

98 다음 중 중금속에 의한 폐기능의 손상에 관한 설명으로 틀린 것은?

① 철폐증(siderosis)은 철분진 흡입에 의한 암 발생(A1)이며, 중피종과 관련이 없다.
② 화학적 폐렴은 베릴륨, 산화카드뮴 에어로졸 노출에 의하여 발생하며 발열, 기침, 폐기종이 동반된다.
③ 금속열은 금속이 용융점 이상으로 가열될 때 형성되는 산화금속을 흄 형태로 흡입할 때 발생한다.
④ 6가 크롬은 폐암과 비강암 유발인자로 작용한다.

[풀이] 철폐증은 철분진(주로 산화철) 흡입에 의한 병적 증상을 나타내며 중피종과 관련이 있다.

99 사업장 역학연구의 신뢰도에 영향을 미치는 계통적 오류에 대한 설명으로 틀린 것은?

① 편견으로부터 나타난다.
② 표본수를 증가시킴으로써 오류를 제거할 수 있다.
③ 연구를 반복하더라도 똑같은 결과의 오류를 가져오게 된다.
④ 측정자의 편견, 측정기기의 문제성, 정보의 오류 등이 해당된다.

[풀이] 계통적 오류와 무작위 오류
역학연구 결과는 계통적 오류, 무작위 오류에 의해 영향을 받는다.
(1) 계통적 오류
 ㉠ 편견으로부터 나타난다.
 ㉡ 표본수를 증가시키더라도 오류를 감소, 제거시킬 수 없다.
 ㉢ 연구를 반복하더라도 똑같은 결과의 오류를 가져오게 된다.
 ㉣ 측정자의 편견, 측정기기의 문제점, 정보의 오류 등이 이에 해당한다.
(2) 무작위 오류
 ㉠ 측정방법의 부정확성 때문에 발생되며 결과의 정밀성을 떨어뜨린다.
 ㉡ 실제값 주위의 넓은 범위에 걸쳐 측정치가 존재하게 되어 두 집단을 비교할 때 차이를 발견할 수 없는 결과가 발생하여 신뢰도에 문제가 일어난다.
 ㉢ 대책으로는 표본수를 증가시킴으로써 무작위 변위를 감소시킬 수 있다.

100 생물학적 모니터링은 노출에 대한 것과 영향에 대한 것으로 구분한다. 다음 중 노출에 대한 생물학적 모니터링에 해당하는 것은?

① 일산화탄소 – 호기 중 일산화탄소
② 카드뮴 – 소변 중 저분자량 단백질
③ 납 – 적혈구 ZPP(Zinc-Protoporphyrin)
④ 납 – FEP(Free Erythrocyte Protoporphyrin)

[풀이] 화학물질의 영향에 대한 생물학적 모니터링 대상
 ㉠ 납 : 적혈구에서 ZPP
 ㉡ 카드뮴 : 소변에서 저분자량 단백질
 ㉢ 일산화탄소 : 혈액에서 카르복시헤모글로빈
 ㉣ 니트로벤젠 : 혈액에서 메트헤모글로빈

정답 98.① 99.② 100.①

과년도 출제문제 | 2015.03.08

산업위생관리기사

제1과목 | 산업위생학 개론

01 미국산업위생학회 등에서 산업위생전문가들이 지켜야 할 윤리강령을 채택한 바 있는데, 다음 중 전문가로서의 책임에 해당되지 않는 것은 어느 것인가?

① 기업체의 기밀은 누설하지 않는다.
② 전문 분야로서의 산업위생 발전에 기여한다.
③ 근로자, 사회 및 전문 분야의 이익을 위해 과학적 지식을 공개한다.
④ 위험요인의 측정, 평가 및 관리에 있어서 외부의 압력에 굴하지 않고 중립적인 태도를 취한다.

풀이 산업위생전문가의 윤리강령(미국산업위생학술원, AAIH) : 윤리적 행위의 기준
(1) 산업위생전문가로서의 책임
  ㉠ 성실성과 학문적 실력 면에서 최고수준을 유지한다(전문적 능력 배양 및 성실한 자세로 행동).
  ㉡ 과학적 방법의 적용과 자료의 해석에서 경험을 통한 전문가의 객관성을 유지한다(공인된 과학적 방법 적용·해석).
  ㉢ 전문 분야로서의 산업위생을 학문적으로 발전시킨다.
  ㉣ 근로자, 사회 및 전문 직종의 이익을 위해 과학적 지식을 공개하고 발표한다.
  ㉤ 산업위생활동을 통해 얻은 개인 및 기업체의 기밀은 누설하지 않는다(정보는 비밀 유지).
  ㉥ 전문적 판단이 타협에 의하여 좌우될 수 있거나 이해관계가 있는 상황에는 개입하지 않는다.
(2) 근로자에 대한 책임
  ㉠ 근로자의 건강보호가 산업위생전문가의 일차적 책임임을 인지한다(주된 책임 인지).
  ㉡ 근로자와 기타 여러 사람의 건강과 안녕이 산업위생전문가의 판단에 좌우된다는 것을 깨달아야 한다.
  ㉢ 위험요인의 측정, 평가 및 관리에 있어서 외부의 영향력에 굴하지 않고 중립적(객관적)인 태도를 취한다.
  ㉣ 건강의 유해요인에 대한 정보(위험요소)와 필요한 예방조치에 대해 근로자와 상담(대화)한다.
(3) 기업주와 고객에 대한 책임
  ㉠ 결과 및 결론을 뒷받침할 수 있도록 정확한 기록을 유지하고, 산업위생 사업을 전문가답게 전문 부서들을 운영·관리한다.
  ㉡ 기업주와 고객보다는 근로자의 건강보호에 궁극적 책임을 두어 행동한다.
  ㉢ 쾌적한 작업환경을 조성하기 위하여 산업위생의 이론을 적용하고 책임감 있게 행동한다.
  ㉣ 신뢰를 바탕으로 정직하게 권하고 성실한 자세로 충고하며 결과와 개선점 및 권고사항을 정확히 보고한다.
(4) 일반대중에 대한 책임
  ㉠ 일반대중에 관한 사항은 학술지에 정직하게, 사실 그대로 발표한다.
  ㉡ 적정(정확)하고도 확실한 사실(확인된 지식)을 근거로 하여 전문적인 견해를 발표한다.

02 다음 중 산업위생의 목적으로 가장 적합하지 않은 것은?

① 작업조건을 개선한다.
② 근로자의 작업능률을 향상시킨다.
③ 근로자의 건강을 유지 및 증진시킨다.
④ 유해한 작업환경으로 일어난 질병을 진단한다.

풀이 산업위생(관리)의 목적
  ㉠ 작업환경과 근로조건의 개선 및 직업병의 근원적 예방
  ㉡ 작업환경 및 작업조건의 인간공학적 개선(최적의 작업환경 및 작업조건으로 개선하여 질병 예방)
  ㉢ 작업자의 건강보호 및 생산성 향상(근로자의 건강을 유지·증진시키고, 작업능률을 향상)
  ㉣ 근로자들의 육체적, 정신적, 사회적 건강 유지 및 증진
  ㉤ 산업재해의 예방 및 직업성 질환 유소견자의 작업 전환

정답 01.④ 02.④

PART 02 과년도 출제문제

03 다음 중 flex-time제를 가장 올바르게 설명한 것은?
① 주휴 2일제로 주당 40시간 이상의 근무를 원칙으로 하는 제도
② 하루 중 자기가 편한 시간을 정하여 자유 출퇴근하는 제도
③ 작업상 전 근로자가 일하는 중추시간(core time)을 제외하고 주당 40시간 내외의 근로조건하에서 자유롭게 출퇴근하는 제도
④ 연중 4주간의 연차 휴가를 정하여 근로자가 원하는 시기에 휴가를 갖는 제도

풀이 flex-time제
작업장의 기계화, 생산의 조직화, 기업의 경제성을 고려하여 모든 근로자가 근무를 하지 않으면 안 되는 중추시간(core time)을 설정하고, 지정된 주간 근무시간 내에서 자유 출퇴근을 인정하는 제도, 즉 작업상 전 근로자가 일하는 core time을 제외하고 주당 40시간 내외의 근로조건하에서 자유롭게 출퇴근하는 제도이다.

04 다음 중 유해인자와 그로 인하여 발생되는 직업병이 올바르게 연결된 것은?
① 크롬 – 간암
② 이상기압 – 침수족
③ 석면 – 악성중피종
④ 망간 – 비중격천공

풀이 유해인자별 발생 직업병
㉠ 크롬 : 폐암(크롬폐증)
㉡ 이상기압 : 폐수종(잠함병)
㉢ 고열 : 열사병
㉣ 방사선 : 피부염 및 백혈병
㉤ 소음 : 소음성 난청
㉥ 수은 : 무뇨증
㉦ 망간 : 신장염(파킨슨 증후군)
㉧ 석면 : 악성중피종
㉨ 한랭 : 동상
㉩ 조명 부족 : 근시, 안구진탕증
㉪ 진동 : Raynaud's 현상
㉫ 분진 : 규폐증

05 다음 중 전신피로에 있어 생리학적 원인에 속하지 않는 것은?
① 젖산의 감소
② 산소공급의 부족
③ 글리코겐 양의 감소
④ 혈중 포도당 농도의 저하

풀이 전신피로의 원인
㉠ 산소공급의 부족
㉡ 혈중 포도당 농도의 저하(가장 큰 원인)
㉢ 혈중 젖산 농도의 증가
㉣ 근육 내 글리코겐 양의 감소
㉤ 작업강도의 증가

06 다음 중 사고예방대책의 기본원리가 다음과 같을 때 각 단계를 순서대로 올바르게 나열한 것은?

㉮ 분석·평가
㉯ 시정책의 적용
㉰ 안전관리 조직
㉱ 시정책의 선정
㉲ 사실의 발견

① ㉰ → ㉲ → ㉮ → ㉱ → ㉯
② ㉰ → ㉲ → ㉱ → ㉯ → ㉮
③ ㉲ → ㉰ → ㉱ → ㉯ → ㉮
④ ㉲ → ㉱ → ㉰ → ㉯ → ㉮

풀이 하인리히의 사고예방(방지)대책 기본원리 5단계
㉠ 제1단계 : 안전관리조직 구성(조직)
㉡ 제2단계 : 사실의 발견
㉢ 제3단계 : 분석·평가
㉣ 제4단계 : 시정방법의 선정(대책의 선정)
㉤ 제5단계 : 시정책의 적용(대책 실시)

07 다음 중 영국의 외과의사 Pott에 의하여 최초로 발견된 직업성 암은?
① 음낭암   ② 비암
③ 폐암   ④ 간암

정답 03.③ 04.③ 05.① 06.① 07.①

> **풀이** Percivall Pott
> ㉠ 영국의 외과의사로 직업성 암을 최초로 보고하였으며, 어린이 굴뚝청소부에게 많이 발생하는 음낭암(scrotal cancer)을 발견하였다.
> ㉡ 암의 원인물질은 검댕 속 여러 종류의 다환 방향족 탄화수소(PAH)이다.
> ㉢ 굴뚝청소부법을 제정하도록 하였다(1788년).

08 다음 중 작업강도에 영향을 미치는 요인으로 틀린 것은?
① 작업밀도가 적다.
② 대인 접촉이 많다.
③ 열량 소비량이 크다.
④ 작업대상의 종류가 많다.

> **풀이** 작업강도에 영향을 미치는 요인(작업강도가 커지는 경우)
> ㉠ 정밀작업일 때
> ㉡ 작업의 종류가 많을 때
> ㉢ 열량 소비량이 많을 때
> ㉣ 작업속도가 빠를 때
> ㉤ 작업이 복잡할 때
> ㉥ 판단을 요할 때
> ㉦ 작업인원이 감소할 때
> ㉧ 위험부담을 느낄 때
> ㉨ 대인 접촉이나 제약조건이 빈번할 때

09 어떤 사업장에서 1,000명의 근로자가 1년 동안 작업하던 중 재해가 40건 발생하였다면 도수율은 얼마인가? (단, 근로자는 1일 8시간씩 연간 평균 300일을 근무하였다.)
① 12.3   ② 16.7
③ 24.4   ④ 33.4

> **풀이** 도수율 = $\dfrac{\text{재해발생건수}}{\text{연근로시간수}} \times 10^6$
> = $\dfrac{40}{1,000 \times 2,400} \times 10^6 = 16.67$

10 근로자로부터 40cm 떨어진 물체(9kg)를 바닥으로부터 150cm 들어 올리는 작업을 1분에 5회씩 1일 8시간 실시하였을 때 감시기준(AL ; Action Limit)은 얼마인가?

$$AL(kg) = 40\left(\dfrac{15}{H}\right)(1-0.004|V-75|)\left(0.7+\dfrac{7.5}{D}\right)\left(1-\dfrac{F}{12}\right)$$
(여기서, H는 수평거리, V는 수직거리, D는 이동거리, F는 작업빈도계수이다.)

① 2.6kg   ② 3.6kg
③ 4.6kg   ④ 5.6kg

> **풀이** AL(kg)
> = $40\left(\dfrac{15}{H}\right)(1-0.004|V-75|)\left(0.7+\dfrac{7.5}{D}\right)\left(1-\dfrac{F}{F_{max}}\right)$
> = $40\left(\dfrac{15}{40}\right)(1-0.004|0-75|)\left(0.7+\dfrac{7.5}{150}\right)\left(1-\dfrac{5}{12}\right)$
> = 4.6kg

11 산업안전보건법상 '물질안전보건자료의 작성과 비치가 제외되는 대상물질'이 아닌 것은?
① 농약관리법에 따른 농약
② 폐기물관리법에 따른 폐기물
③ 대기관리법에 따른 대기오염물질
④ 식품위생법에 따른 식품 및 식품첨가물

> **풀이** 물질안전보건자료의 작성과 비치가 제외되는 대상물질
> ㉠ 건강기능식품
> ㉡ 농약
> ㉢ 마약 및 향정신성 의약품
> ㉣ 비료
> ㉤ 사료
> ㉥ 원료물질
> ㉦ 안전확인대상 생활화학제품 및 살생물제품 중 일반소비자의 생활용으로 제공되는 제품
> ㉧ 식품 및 식품첨가물
> ㉨ 의약품 및 의약외품
> ㉩ 방사성 물질
> ㉪ 위생용품
> ㉫ 의료기기
> ㉬ 화약류
> ㉭ 폐기물
> ㉮ 화장품
> ㉯ 화학물질 또는 혼합물로서 일반 소비자의 생활용으로 제공되는 것
> ㉰ 고용노동부장관이 정하여 고시하는 연구, 개발용 화학물질 또는 화학제품
> ㉱ 기타 고용노동부장관이 독성·폭발성 등으로 인한 위해의 정도가 적다고 인정하여 고시하는 화학물질
> ※ 법 변경(2020년)사항이므로 풀이내용으로 학습 바랍니다.

정답 08.① 09.② 10.③ 11.풀이 학습

12 작업대사율(RMR) 계산 시 직접적으로 필요한 항목과 가장 거리가 먼 것은?
① 작업시간
② 안정 시 열량
③ 기초대사량
④ 작업에 소모된 열량

풀이
$$R.M.R = \frac{작업대사량}{기초대사량}$$
$$= \frac{\begin{pmatrix}작업 시 소비된 에너지대사량 \\ - 같은 시간의 안정 시 소비된 에너지대사량\end{pmatrix}}{기초대사량}$$

13 인간공학에서 최대작업영역(maximum area)에 대한 설명으로 가장 적절한 것은 어느 것인가?
① 허리의 불편 없이 적절히 조작할 수 있는 영역
② 팔과 다리를 이용하여 최대한 도달할 수 있는 영역
③ 어깨에서부터 팔을 뻗어 도달할 수 있는 최대 영역
④ 상완을 자연스럽게 몸에 붙인 채로 전완을 움직일 때 도달하는 영역

풀이 **수평작업영역의 구분**
(1) 최대작업영역(최대영역, maximum area)
  ㉠ 팔 전체가 수평상에 도달할 수 있는 작업영역
  ㉡ 어깨로부터 팔을 뻗어 도달할 수 있는 최대 영역
  ㉢ 아래팔(전완)과 위팔(상완)을 곧게 펴서 파악할 수 있는 영역
  ㉣ 움직이지 않고 상지를 뻗어서 닿는 범위
(2) 정상작업영역(표준영역, normal area)
  ㉠ 상박부를 자연스런 위치에서 몸통부에 접하고 있을 때에 전박부가 수평면 위에서 쉽게 도착할 수 있는 운동범위
  ㉡ 위팔(상완)을 자연스럽게 수직으로 늘어뜨린 채 아래팔(전완)만으로 편안하게 뻗어 파악할 수 있는 영역
  ㉢ 움직이지 않고 전박과 손으로 조작할 수 있는 범위
  ㉣ 앉은 자세에서 위팔은 몸에 붙이고, 아래팔만 곧게 뻗어 닿는 범위
  ㉤ 약 34~45cm의 범위

14 다음 중 작업적성을 알아보기 위한 생리적 기능검사와 가장 거리가 먼 것은?
① 체력검사
② 감각기능검사
③ 심폐기능검사
④ 지각동작기능검사

풀이 **적성검사의 분류**
(1) 생리학적 적성검사(생리적 기능검사)
  ㉠ 감각기능검사
  ㉡ 심폐기능검사
  ㉢ 체력검사
(2) 심리학적 적성검사
  ㉠ 지능검사
  ㉡ 지각동작검사
  ㉢ 인성검사
  ㉣ 기능검사

15 다음 중 사무실 공기관리지침상 관리대상 오염물질의 종류에 해당하지 않는 것은?
① 오존
② 호흡성 분진(RSP)
③ 총 부유세균
④ 일산화탄소

풀이 **사무실 공기관리지침의 관리대상 오염물질**
㉠ 미세먼지(PM 10)
㉡ 초미세먼지(PM 2.5)
㉢ 일산화탄소(CO)
㉣ 이산화탄소(CO_2)
㉤ 이산화질소(NO_2)
㉥ 포름알데히드(HCHO)
㉦ 총 휘발성 유기화합물(TVOC)
㉧ 라돈(radon)
㉨ 총 부유세균
㉩ 곰팡이

※ 법 변경(2020년)사항이므로 풀이내용으로 학습 바랍니다.

정답 12.① 13.③ 14.④ 15.풀이 학습

16 다음 국내 직업병 발생에 대한 설명 중 틀린 것은?

① 1994년까지는 직업병 유소견자 현황에 진폐증이 차지하는 비율이 66~80% 정도로 가장 높았고, 여기에 소음성 난청을 합치면 대략 90%가 넘어 직업병 유소견자의 대부분은 진폐와 소음성 난청이었다.
② 1988년 15살의 '문송면' 군은 온도계 제조회사에 입사한 지 3개월 만에 수은에 중독되어 사망에 이르렀다.
③ 경기도 화성시 모 디지털회사에서 근무하는 외국인(태국) 근로자 8명에게서 노말헥산의 과다노출에 따른 다발성 말초신경염이 발견되었다.
④ 모 전자부품업체에서 크실렌이라는 유기용제에 노출되어 생리중단과 재생불량성 빈혈이라는 건강상 장애가 일어나 사회문제가 되었다.

[풀이] 전자부품업체의 재생불량성 빈혈은 비소에 노출되면 유발되며, 골수에서 혈구 생성이 잘 되지 않아 나타나는 증상을 말한다. 또한 백혈병 등 중증으로 변하기 쉬운 질병이다.

17 다음 중 노출기준에 피부(skin) 표시를 첨부하는 물질이 아닌 것은?

① 옥탄올-물 분배계수가 높은 물질
② 반복하여 피부에 도포했을 때 전신작용을 일으키는 물질
③ 손이나 팔에 의한 흡수가 몸 전체에서 많은 부분을 차지하는 물질
④ 동물을 이용한 급성중독실험결과 피부 흡수에 의한 치사량이 비교적 높은 물질

[풀이] 노출기준에 피부(skin) 표시를 하여야 하는 물질
㉠ 손이나 팔에 의한 흡수가 몸 전체 흡수에 지대한 영향을 주는 물질
㉡ 반복하여 피부에 도포했을 때 전신작용을 일으키는 물질
㉢ 급성동물실험결과 피부 흡수에 의한 치사량이 비교적 낮은 물질
㉣ 옥탄올-물 분배계수가 높아 피부 흡수가 용이한 물질
㉤ 피부 흡수가 전신작용에 중요한 역할을 하는 물질

18 금속이 용해되어 액상 물질로 되고, 이것이 가스상 물질로 기화된 후 다시 응축되어 발생하는 고체 입자를 무엇이라 하는가?

① 에어로졸(aerosol)
② 흄(fume)
③ 미스트(mist)
④ 스모그(smog)

[풀이] 흄의 생성기전 3단계
㉠ 1단계 : 금속의 증기화
㉡ 2단계 : 증기물의 산화
㉢ 3단계 : 산화물의 응축

19 diethyl ketone(TLV=200ppm)을 사용하는 근로자의 작업시간이 9시간일 때 허용기준을 보정하였다. OSHA 보정법과 Brief and Scala 보정법을 적용하였을 경우 보정된 허용기준치 간의 차이는 약 몇 ppm인가?

① 5.05
② 11.11
③ 22.22
④ 33.33

[풀이]
• OSHA 보정법 적용 보정된 허용기준
$= TLV \times \dfrac{8}{H} = 200 ppm \times \dfrac{8}{9} = 177.78 ppm$

• Brief and Scala 보정법 적용 보정된 허용기준
$= TLV \times RF$
 • $RF = \dfrac{8}{H} \times \dfrac{24-H}{16} = \dfrac{8}{9} \times \dfrac{24-9}{16} = 0.83$
$= 200 ppm \times 0.83$
$= 166.67 ppm$
∴ 차이 = 177.78 − 166.67 = 11.11ppm

정답 16.④ 17.④ 18.② 19.②

20 다음 중 산업안전보건법상 '충격소음작업'에 해당하는 것은? (단, 작업은 소음이 1초 이상의 간격으로 발생한다.)

① 120데시벨을 초과하는 소음이 1일 1만 회 이상 발생되는 작업
② 125데시벨을 초과하는 소음이 1일 1천 회 이상 발생되는 작업
③ 130데시벨을 초과하는 소음이 1일 1백 회 이상 발생되는 작업
④ 140데시벨을 초과하는 소음이 1일 10회 이상 발생되는 작업

> **풀이** 충격소음작업
> 소음이 1초 이상의 간격으로 발생하는 작업으로서 다음의 1에 해당하는 작업을 말한다.
> ㉠ 120dB을 초과하는 소음이 1일 1만 회 이상 발생되는 작업
> ㉡ 130dB을 초과하는 소음이 1일 1천 회 이상 발생되는 작업
> ㉢ 140dB을 초과하는 소음이 1일 1백 회 이상 발생되는 작업

제2과목 | 작업위생 측정 및 평가

21 다음 중 '변이계수'에 관한 설명으로 틀린 것은 어느 것인가?

① 평균값의 크기가 0에 가까울수록 변이계수의 의미는 커진다.
② 측정단위와 무관하게 독립적으로 산출된다.
③ 변이계수는 %로 표현된다.
④ 통계집단의 측정값들에 대한 균일성, 정밀성 정도를 표현하는 것이다.

> **풀이** 변이계수(CV)
> $$CV(\%) = \frac{표준편차}{평균} \times 100$$
> ⇨ 평균값의 크기가 0에 가까워질수록 변이계수의 의미는 작아진다.

22 직경분립충돌기(cascade impactor)의 특성을 설명한 것으로 옳지 않은 것은?

① 비용이 저렴하고, 채취준비가 간단하다.
② 공기가 옆에서 유입되지 않도록 각 충돌기의 철저한 조립과 장착이 필요하다.
③ 입자의 질량 크기 분포를 얻을 수 있다.
④ 흡입성, 흉곽성, 호흡성 입자의 크기별 분포와 농도를 얻을 수 있다.

> **풀이** 직경분립충돌기(cascade impactor)의 장단점
> (1) 장점
> ㉠ 입자의 질량 크기 분포를 얻을 수 있다(공기흐름속도를 조절하여 채취입자를 크기별로 구분 가능).
> ㉡ 호흡기의 부분별로 침착된 입자 크기의 자료를 추정할 수 있다.
> ㉢ 흡입성, 흉곽성, 호흡성 입자의 크기별로 분포와 농도를 계산할 수 있다.
> (2) 단점
> ㉠ 시료채취가 까다롭다. 즉 경험이 있는 전문가가 철저한 준비를 통해 이용해야 정확한 측정이 가능하다(작은 입자는 공기흐름속도를 크게 하여 충돌판에 포집할 수 없음).
> ㉡ 비용이 많이 든다.
> ㉢ 채취준비시간이 과다하다.
> ㉣ 되튐으로 인한 시료의 손실이 일어나 과소분석결과를 초래할 수 있어 유량을 2L/min 이하로 채취한다.
> ㉤ 공기가 옆에서 유입되지 않도록 각 충돌기의 조립과 장착을 철저히 해야 한다.

23 실리카겔관이 활성탄관에 비하여 가지고 있는 장점과 가장 거리가 먼 것은?

① 극성물질을 채취한 경우 물, 메탄올 등 다양한 용매로 쉽게 탈착된다.
② 추출액이 화학분석이나 기기분석의 방해물질로 작용하는 경우가 많지 않다.
③ 매우 유독한 이황화탄소를 탈착용매로 사용하지 않는다.
④ 수분을 잘 흡수하여 습도에 대한 민감도가 높다.

> **풀이** 실리카겔관은 친수성이기 때문에 우선적으로 물분자와 결합을 이루어 습도의 증가에 따른 흡착용량의 감소를 초래한다.

24 유량, 측정시간, 회수율, 분석에 의한 오차가 각각 10%, 5%, 10%, 5%일 때의 누적오차와 회수율에 의한 오차를 10%에서 7%로 감소(유량, 측정시간, 분석에 의한 오차율은 변화 없음)시켰을 때 누적오차와의 차이는?

① 약 1.2% ② 약 1.7%
③ 약 2.6% ④ 약 3.4%

풀이
- 변화 전 누적오차 $= \sqrt{10^2 + 5^2 + 10^2 + 5^2}$
  $= 15.81\%$
- 변화 후 누적오차 $= \sqrt{10^2 + 5^2 + 7^2 + 5^2}$
  $= 14.1\%$
- 누적오차의 차이 $= 15.81 - 14.1 = 1.71\%$

25 수은(알칼수은 제외)의 노출기준은 0.05mg/m³이고 증기압은 0.0029mmHg라면 VHR(Vapor Hazard Ratio)은? (단, 25℃, 1기압 기준, 수은 원자량은 200.6이다.)

① 약 330 ② 약 430
③ 약 530 ④ 약 630

풀이
$$\text{VHR} = \frac{C}{\text{TLV}}$$
$$= \frac{\left(\frac{0.0029\text{mmHg}}{760\text{mmHg}} \times 10^6\right)}{\left(0.05\text{mg/m}^3 \times \frac{24.45}{200.6}\right)} = 626.10$$

26 다음 어떤 음의 발생원의 Sound Power가 0.006W이면, 이때의 음향파워레벨은?

① 92dB ② 94dB
③ 96dB ④ 98dB

풀이
$$\text{PWL} = 10\log\frac{W}{10^{-12}W} = 10\log\frac{0.006}{10^{-12}} = 97.78\text{dB}$$

27 임핀저(impinger)로 작업장 내 가스를 포집하는 경우, 첫 번째 임핀저의 포집효율이 90%이고, 두 번째 임핀저의 포집효율은 50%이었다. 두 개를 직렬로 연결하여 포집하면 전체 포집효율은?

① 93% ② 95%
③ 97% ④ 99%

풀이 전체 포집효율(η_T)
$\eta_T = \eta_1 + \eta_2(1-\eta_1)$
$= 0.9 + [0.5(1-0.9)] = 0.95 \times 100 = 95\%$

28 검지관 사용 시의 장·단점으로 가장 거리가 먼 것은?

① 숙련된 산업위생전문가가 아니더라도 어느 정도만 숙지하면 사용할 수 있다.
② 민감도가 낮아 비교적 고농도에 적용이 가능하다.
③ 특이도가 낮아 다른 방해물질의 영향을 받기 쉽다.
④ 측정대상물질의 동정 없이 측정이 용이하다.

풀이 검지관 측정법의 장·단점
(1) 장점
  ㉠ 사용이 간편하다.
  ㉡ 반응시간이 빨라 현장에서 바로 측정결과를 알 수 있다.
  ㉢ 비전문가도 어느 정도 숙지하면 사용할 수 있지만, 산업위생전문가의 지도 아래 사용되어야 한다.
  ㉣ 맨홀, 밀폐공간에서의 산소부족 또는 폭발성 가스로 인한 안전이 문제가 될 때 유용하게 사용된다.
  ㉤ 다른 측정방법이 복잡하거나 빠른 측정이 요구될 때 사용할 수 있다.
(2) 단점
  ㉠ 민감도가 낮아 비교적 고농도에만 적용이 가능하다.
  ㉡ 특이도가 낮아 다른 방해물질의 영향을 받기 쉽고, 오차가 크다.
  ㉢ 대개 단시간 측정만 가능하다.
  ㉣ 한 검지관으로 단일물질만 측정 가능하여 각 오염물질에 맞는 검지관을 선정함에 따른 불편함이 있다.
  ㉤ 색변화에 따라 주관적으로 읽을 수 있어 판독자에 따라 변이가 심하며 색변화가 시간에 따라 변하므로 제조자가 정한 시간에 읽어야 한다.
  ㉥ 미리 측정대상물질의 동정이 되어 있어야 측정이 가능하다.

정답 24.② 25.④ 26.④ 27.② 28.④

29 정량한계(LOQ)에 관한 설명으로 가장 옳은 것은?

① 검출한계의 2배로 정의
② 검출한계의 3배로 정의
③ 검출한계의 5배로 정의
④ 검출한계의 10배로 정의

풀이 정량한계(LOQ ; Limit Of Quantization)
㉠ 분석기마다 바탕선량과 구별하여 분석될 수 있는 최소의 양, 즉 분석결과가 어느 주어진 분석절차에 따라 합리적인 신뢰성을 가지고 정량분석할 수 있는 가장 작은 양이나 농도이다.
㉡ 도입 이유는 검출한계가 정량분석에서 만족스런 개념을 제공하지 못하기 때문에 검출한계의 개념을 보충하기 위해서이다.
㉢ 일반적으로 표준편차의 10배 또는 검출한계의 3배 또는 3.3배로 정의한다.
㉣ 정량한계를 기준으로 최소한으로 채취해야 하는 양이 결정된다.

30 다음 입자상 물질의 측정매체인 MCE(Mixed Cellulose Ester membrane) 여과지에 관한 설명으로 틀린 것은?

① 산에 쉽게 용해된다.
② MCE막 여과지의 원료인 셀룰로오스는 수분을 흡수하는 특성을 가지고 있다.
③ 시료가 여과지의 표면 또는 표면 가까운 데에 침착되므로 석면, 유리섬유 등 현미경 분석을 위한 시료채취에 이용된다.
④ 입자상 물질에 대한 중량분석에 주로 적용한다.

풀이 MCE막 여과지(Mixed Cellulose Ester membrane filter)
㉠ 산업위생에서는 거의 대부분이 직경 37mm, 구멍 크기 0.45~0.8μm의 MCE막 여과지를 사용하고 있어 작은 입자의 금속과 흄(fume) 채취가 가능하다.
㉡ 산에 쉽게 용해되고 가수분해되며, 습식 회화되기 때문에 공기 중 입자상 물질 중의 금속을 채취하여 원자흡광법으로 분석하는 데 적당하다.
㉢ 산에 의해 쉽게 회화되기 때문에 원소분석에 적합하고 NIOSH에서는 금속, 석면, 살충제, 불소화합물 및 기타 무기물질에 추천되고 있다.
㉣ 시료가 여과지의 표면 또는 가까운 곳에 침착되므로 석면, 유리섬유 등 현미경 분석을 위한 시료채취에도 이용된다.
㉤ 흡습성(원료인 셀룰로오스가 수분 흡수)이 높아 오차를 유발할 수 있어 중량분석에 적합하지 않다.

31 다음 중 2차 표준기구인 것은?

① 유리 피스톤미터
② 폐활량계
③ 열선기류계
④ 가스치환병

풀이 표준기구(보정기구)의 종류
(1) 1차 표준기구
㉠ 비누거품미터(soap bubble meter)
㉡ 폐활량계(spirometer)
㉢ 가스치환병(mariotte bottle)
㉣ 유리 피스톤미터(glass piston meter)
㉤ 흑연 피스톤미터(frictionless piston meter)
㉥ 피토튜브(pitot tube)
(2) 2차 표준기구
㉠ 로터미터(rotameter)
㉡ 습식 테스트미터(wet test meter)
㉢ 건식 가스미터(dry gas meter)
㉣ 오리피스미터(orifice meter)
㉤ 열선기류계(thermo anemometer)

32 로터미터(rotameter)에 관한 설명으로 알맞지 않은 것은?

① 유량을 측정하는 데 가장 흔히 사용되는 기기이다.
② 바닥으로 갈수록 점점 가늘어지는 수직관과 그 안에서 자유롭게 상하로 움직이는 부자(浮子)로 이루어진다.
③ 관은 유리나 투명 플라스틱으로 되어 있으며 눈금이 새겨져 있다.
④ 최대유량과 최소유량의 비율이 100 : 1 범위이고, 대부분 ±1.0% 이내의 정확성을 나타낸다.

[풀이] 로터미터는 최대유량과 최소유량의 비율이 10:1 범위이고, ±5% 이내의 정확성을 가진 보정선이 제공된다.

33 흡수용액을 이용하여 시료를 포집할 때 흡수효율을 높이는 방법과 거리가 먼 것은 어느 것인가?
① 용액의 온도를 높여 오염물질을 휘발시킨다.
② 시료채취유량을 낮춘다.
③ 가는 구멍이 많은 fritted 버블러 등 채취효율이 좋은 기구를 사용한다.
④ 두 개 이상의 버블러를 연속적으로 연결하여 용액의 양을 늘린다.

[풀이] **흡수효율(채취효율)을 높이기 위한 방법**
㉠ 포집액의 온도를 낮추어 오염물질의 휘발성을 제한한다.
㉡ 두 개 이상의 임핀저나 버블러를 연속적(직렬)으로 연결하여 사용하는 것이 좋다.
㉢ 시료채취속도(채취물질이 흡수액을 통과하는 속도)를 낮춘다.
㉣ 기포의 체류시간을 길게 한다.
㉤ 기포와 액체의 접촉면적을 크게 한다(가는 구멍이 많은 fritted 버블러 사용).
㉥ 액체의 교반을 강하게 한다.
㉦ 흡수액의 양을 늘려준다.

34 공장 내부에 소음(대당 PWL=85dB)을 발생시키는 기계가 있다. 이 기계 2대가 동시에 가동될 때 발생하는 PWL의 합은?
① 86dB   ② 88dB
③ 90dB   ④ 92dB

[풀이] $PWL_{합} = 10\log(10^{8.5} \times 2) = 88dB$

35 어느 옥내 작업장의 온도를 측정한 결과, 건구온도 30℃, 자연습구온도 26℃, 흑구온도 36℃를 얻었다. 이 작업장의 WBGT는?
① 28℃   ② 29℃
③ 30℃   ④ 31℃

[풀이] WBGT(℃)
= (0.7×자연습구온도)+(0.3×흑구온도)
= (0.7×26℃)+(0.3×36℃) = 29℃

36 다음은 고열측정에 관한 내용이다. ( ) 안에 옳은 내용은? (단, 고용노동부 고시 기준)

흑구 및 습구흑구온도의 측정시간은 온도계의 직경이 ( )일 경우 5분 이상이다.

① 7.5센티미터 또는 5센티미터
② 15센티미터
③ 3센티미터 이상 5센티미터 미만
④ 15센티미터 미만

[풀이] **고열의 측정구분에 의한 측정기기 및 측정시간**

구분	측정기기	측정시간
습구온도	0.5도 간격의 눈금이 있는 아스만통풍건습계, 자연습구온도를 측정할 수 있는 기기 또는 이와 동등 이상의 성능이 있는 측정기기	• 아스만통풍건습계: 25분 이상 • 자연습구온도계: 5분 이상
흑구 및 습구흑구온도	직경이 5센티미터 이상 되는 흑구온도계 또는 습구흑구온도(WBGT)를 동시에 측정할 수 있는 기기	• 직경이 15센티미터일 경우: 25분 이상 • 직경이 7.5센티미터 또는 5센티미터일 경우: 5분 이상

※ 고시 변경사항, 학습 안 하셔도 무방합니다.

37 세척제로 사용하는 트리클로로에틸렌의 근로자 노출농도 측정을 위해 과거의 노출농도를 조사해 본 결과 평균 90ppm이었다. 활성탄관을 이용하여 0.17L/분으로 채취하고자 할 때 채취하여야 할 최소한의 시간(분)은? (단, 25℃, 1기압 기준, 트리클로로에틸렌의 분자량은 131.39, 가스크로마토그래피의 정량한계는 시료당 0.4mg이다.)
① 4.9분   ② 7.8분
③ 11.4분 ④ 13.7분

정답 33.① 34.② 35.② 36.① 37.①

[풀이]
- 과거 노출농도$(mg/m^3) = 90ppm \times \dfrac{131.39g}{24.45L}$
  $= 483.64 mg/m^3$
- 부피 $= \dfrac{LOQ}{농도} = \dfrac{0.4mg}{483.64mg/m^3}$
  $= 0.000827m^3 \times 1,000L/m^3 = 0.83L$
- $\therefore$ 채취 최소시간 $= \dfrac{0.83L}{0.17L/min} = 4.87min$

38 용접작업 중 발생되는 용접흄을 측정하기 위해 사용할 여과지를 화학천칭을 이용해 무게를 재었더니 70.1mg이었다. 이 여과지를 이용하여 2.5L/min의 시료채취 유량으로 120분간 측정을 실시한 후 잰 무게는 75.88mg이었다면 용접흄의 농도는?

① 약 $13mg/m^3$ ② 약 $19mg/m^3$
③ 약 $23mg/m^3$ ④ 약 $28mg/m^3$

[풀이] 농도$(mg/m^3) = \dfrac{(75.88-70.1)mg}{2.5L/min \times 120min \times m^3/1,000L}$
$= 19.27 mg/m^3$

39 알고 있는 공기 중 농도를 만드는 방법인 dynamic method의 설명으로 틀린 것은?

① 만들기가 복잡하고, 가격이 고가이다.
② 온습도 조절이 가능하다.
③ 소량의 누출이나 벽면에 의한 손실은 무시할 수 있다.
④ 대개 운반용으로 제작하기가 용이하다.

[풀이] dynamic method
㉠ 희석공기와 오염물질을 연속적으로 흘려주어 일정한 농도를 유지하면서 만드는 방법이다.
㉡ 알고 있는 공기 중 농도를 만드는 방법이다.
㉢ 농도변화를 줄 수 있고, 온도·습도 조절이 가능하다.
㉣ 제조가 어렵고, 비용도 많이 든다.
㉤ 다양한 농도 범위에서 제조가 가능하다.
㉥ 가스, 증기, 에어로졸 실험도 가능하다.
㉦ 소량의 누출이나 벽면에 의한 손실은 무시할 수 있다.
㉧ 지속적인 모니터링이 필요하다.
㉨ 일정한 농도를 유지하기가 매우 곤란하다.

40 화학공장의 작업장 내의 먼지 농도를 측정하였더니 5, 6, 5, 6, 6, 6, 4, 8, 9, 8(ppm)이었다. 이러한 측정치의 기하평균(ppm)은?

① 5.13 ② 5.83
③ 6.13 ④ 6.83

[풀이] $\log(GM)$
$= \dfrac{\begin{pmatrix}\log5+\log6+\log5+\log6+\log6\\+\log6+\log4+\log8+\log9+\log8\end{pmatrix}}{10} = 0.787$
$\therefore GM = 10^{0.787} = 6.12$

제3과목 | 작업환경 관리대책

41 0℃, 1기압인 표준상태에서 공기의 밀도가 1.293kg/Sm³라고 할 때, 25℃, 1기압에서의 공기밀도는 몇 kg/m³인가?

① $0.903kg/m^3$ ② $1.085kg/m^3$
③ $1.185kg/m^3$ ④ $1.411kg/m^3$

[풀이] 공기밀도 $= 1.293kg/Sm^3 \times \dfrac{273}{273+25℃}$
$= 1.185kg/m^3$

42 국소배기장치에 관한 주의사항으로 가장 거리가 먼 것은?

① 배기관은 유해물질이 발산하는 부위의 공기를 모두 빨아낼 수 있는 성능을 갖출 것
② 흡인되는 공기가 근로자의 호흡기를 거치지 않도록 할 것
③ 먼지를 제거할 때에는 공기속도를 조절하여 배기관 안에서 먼지가 일어나도록 할 것
④ 유독물질의 경우에는 굴뚝에 흡인장치를 보강할 것

[풀이] 국소배기장치에서 먼지를 제거할 때는 공기속도를 조절하여 배기관 안에서 먼지가 일어나지 않도록 해야 한다.

정답 38.② 39.④ 40.③ 41.③ 42.③

43 어느 작업장에서 크실렌(xylene)을 시간당 2리터(2L/hr) 사용할 경우 작업장의 희석환기량(m^3/min)은? (단, 크실렌의 비중은 0.88, 분자량은 106, TLV는 100ppm이고, 안전계수 K는 6, 실내온도는 20℃이다.)

① 약 200
② 약 300
③ 약 400
④ 약 500

풀이
- 사용량(g/hr)
  $= 2L/hr \times 0.88g/mL \times 1,000mL/L = 1,760g/hr$
- 발생률(G, L/hr)
  $106g : 24.1L = 1,760g/hr : G$
  $G(L/hr) = \dfrac{24.1L \times 1,760g/hr}{106g} = 400.15L/hr$

∴ 필요환기량 $= \dfrac{G}{TLV} \times K$

$= \dfrac{400.15L/hr}{100ppm} \times 6$

$= \dfrac{400.15L/hr \times 1,000mL/L}{100mL/m^3} \times 6$

$= 24,009.05 m^3/hr \times hr/60min$

$= 400.15 m^3/min$

44 어느 실내의 길이, 폭, 높이가 각각 25m, 10m, 3m이며, 1시간당 18회의 실내 환기를 하고자 한다. 직경 50cm의 개구부를 통하여 공기를 공급하고자 하면 개구부를 통과하는 공기의 유속(m/sec)은?

① 13.7 ② 15.3
③ 17.2 ④ 19.1

풀이
$ACH = \dfrac{\text{필요환기량}}{\text{작업장 용적}}$

필요환기량 $= 18회/hr \times (25 \times 10 \times 3)m^3$
$= 13,500 m^3/hr \times hr/3,600sec$
$= 3.75 m^3/sec$

∴ $V = \dfrac{Q}{A}$

$= \dfrac{3.75 m^3/sec}{\left(\dfrac{3.14 \times 0.5^2}{4}\right)m^2} = 19.11 m/sec$

45 송풍관(duct) 내부에서 유속이 가장 빠른 곳은? (단, d는 직경이다.)

① 위에서 $\dfrac{1}{10}d$ 지점
② 위에서 $\dfrac{1}{5}d$ 지점
③ 위에서 $\dfrac{1}{3}d$ 지점
④ 위에서 $\dfrac{1}{2}d$ 지점

풀이 관 단면상에서 유체 유속이 가장 빠른 부분은 관 중심부이다.

46 덕트 합류 시 균형유지방법 중 설계에 의한 정압균형유지법의 장단점이 아닌 것은 어느 것인가?

① 설계 시 잘못된 유량을 고치기가 용이함
② 설계가 복잡하고 시간이 걸림
③ 최대저항경로 선정이 잘못되어도 설계 시 쉽게 발견할 수 있음
④ 때에 따라 전체 필요한 최소유량보다 더 초과될 수 있음

풀이 정압균형유지법(정압조절평형법, 유속조절평형법)의 장단점
(1) 장점
  ㉠ 예기치 않은 침식, 부식, 분진퇴적으로 인한 축적(퇴적)현상이 일어나지 않는다.
  ㉡ 잘못 설계된 분지관, 최대저항경로(저항이 큰 분지관) 선정이 잘못되어도 설계 시 쉽게 발견할 수 있다.
  ㉢ 설계가 정확할 때에는 가장 효율적인 시설이 된다.
  ㉣ 유속의 범위가 적절히 선택되면 덕트의 폐쇄가 일어나지 않는다.
(2) 단점
  ㉠ 설계 시 잘못된 유량을 고치기 어렵다(임의의 유량을 조절하기 어려움).
  ㉡ 설계가 복잡하고 시간이 걸린다.
  ㉢ 설계유량 산정이 잘못되었을 경우 수정은 덕트의 크기 변경을 필요로 한다.
  ㉣ 때에 따라 전체 필요한 최소유량보다 더 초과될 수 있다.
  ㉤ 설치 후 변경이나 확장에 대한 유연성이 낮다.
  ㉥ 효율 개선 시 전체를 수정해야 한다.

정답 43.③ 44.④ 45.④ 46.①

47 작업장 내 열부하량이 10,000kcal/hr이며, 외기온도는 20℃, 작업장 내 온도는 35℃이다. 이때 전체환기를 위한 필요환기량(m³/min)은? (단, 정압비열은 0.3kcal/m³·℃이다.)

① 약 37 ② 약 47
③ 약 57 ④ 약 67

풀이
$$Q(\text{m}^3/\text{min}) = \frac{H_s}{0.3 \Delta t}$$
$$= \frac{10{,}000\text{kcal/hr} \times \text{hr}/60\text{min}}{0.3 \times (35℃ - 20℃)}$$
$$= 37.04 \text{m}^3/\text{min}$$

48 톨루엔을 취급하는 근로자의 보호구 밖에서 측정한 톨루엔 농도가 30ppm이었고 보호구 안의 농도가 2ppm으로 나왔다면 보호계수(PF; Protection Factor)값은? (단, 표준상태 기준)

① 15 ② 30
③ 60 ④ 120

풀이 $PF = \dfrac{C_o}{C_i} = \dfrac{30\text{ppm}}{2\text{ppm}} = 15$

49 대치(substitution)방법으로 유해작업환경을 개선한 경우로 적절하지 않은 것은?

① 유연휘발유를 무연휘발유로 대치
② 블라스팅 재료로 모래를 철구슬로 대치
③ 야광시계의 자판을 라듐에서 인으로 대치
④ 페인트 희석제를 사염화탄소에서 석유나프타로 대치

풀이 페인트 희석제를 석유나프타에서 사염화탄소로 대치한다.

50 공기정화장치의 한 종류인 원심력 제진장치의 분리계수(separation factor)에 대한 설명으로 옳지 않은 것은?

① 분리계수는 중력가속도와 반비례한다.
② 사이클론에서 입자에 작용하는 원심력을 중력으로 나눈 값을 분리계수라 한다.
③ 분리계수는 입자의 접선방향속도에 반비례한다.
④ 분리계수는 사이클론의 원추하부반경에 반비례한다.

풀이
분리계수(separation factor)
사이클론의 잠재적인 효율(분리능력)을 나타내는 지표로, 이 값이 클수록 분리효율이 좋다.
$$\text{분리계수} = \frac{\text{원심력(가속도)}}{\text{중력(가속도)}} = \frac{V^2}{R \cdot g}$$
여기서, V : 입자의 접선방향속도(입자의 원주속도)
R : 입자의 회전반경(원추하부반경)
g : 중력가속도

51 어떤 작업장의 음압수준이 100dB(A)이고 근로자가 NRR이 19인 귀마개를 착용하고 있다면 차음효과는? (단, OSHA 방법 기준)

① 2dB(A) ② 4dB(A)
③ 6dB(A) ④ 8dB(A)

풀이 차음효과 = (NRR−7)×0.5
= (19−7)×0.5 = 6dB

52 강제환기를 실시할 때 환기효과를 제고시킬 수 있는 방법으로 틀린 것은?

① 공기 배출구와 근로자의 작업위치 사이에 오염원이 위치하지 않도록 하여야 한다.
② 배출구가 창문이나 문 근처에 위치하지 않도록 한다.
③ 오염물질 배출구는 가능한 한 오염원으로부터 가까운 곳에 설치하여 '점환기' 효과를 얻는다.
④ 공기가 배출되면서 오염장소를 통과하도록 공기 배출구와 유입구의 위치를 선정한다.

[풀이] **전체환기(강제환기)시설 설치 기본원칙**
㉠ 오염물질 사용량을 조사하여 필요환기량을 계산한다.
㉡ 배출공기를 보충하기 위하여 청정공기를 공급한다.
㉢ 오염물질 배출구는 가능한 한 오염원으로부터 가까운 곳에 설치하여 '점환기'의 효과를 얻는다.
㉣ 공기 배출구와 근로자의 작업위치 사이에 오염원이 위치해야 한다.
㉤ 공기가 배출되면서 오염장소를 통과하도록 공기 배출구와 유입구의 위치를 선정한다.
㉥ 작업장 내 압력은 경우에 따라서 양압이나 음압으로 조정해야 한다(오염원 주위에 다른 작업공정이 있으면 공기 공급량을 배출량보다 작게 하여 음압을 형성시켜 주위 근로자에게 오염물질이 확산되지 않도록 한다).
㉦ 배출된 공기가 재유입되지 못하게 배출구 높이를 적절히 설계하고 창문이나 문 근처에 위치하지 않도록 한다.
㉧ 오염된 공기는 작업자가 호흡하기 전에 충분히 희석되어야 한다.
㉨ 오염물질 발생은 가능하면 비교적 일정한 속도로 유출되도록 조정해야 한다.

53 외부식 후드(포집형 후드)의 단점으로 틀린 것은?
① 포위식 후드보다 일반적으로 필요송풍량이 많다.
② 외부 난기류의 영향을 받아서 흡인효과가 떨어진다.
③ 기류속도가 후드 주변에서 매우 빠르므로 유기용제나 미세 원료분말 등과 같은 물질의 손실이 크다.
④ 근로자가 발생원과 환기시설 사이에서 작업할 수 없어 여유계수가 커진다.

[풀이] **외부식 후드의 특징**
㉠ 다른 형태의 후드에 비해 작업자가 방해를 받지 않고 작업을 할 수 있어 일반적으로 많이 사용한다.
㉡ 포위식에 비하여 필요송풍량이 많이 소요된다.
㉢ 방해기류(외부 난기류)의 영향이 작업장 내에 있을 경우 흡인효과가 저하된다.
㉣ 기류속도가 후드 주변에서 매우 빠르므로 쉽게 흡인되는 물질(유기용제, 미세분말 등)의 손실이 크다.

54 작업환경관리의 공학적 대책에서 기본적 원리인 대체(substitution)와 거리가 먼 것은?
① 자동차산업에서 납을 고속회전 그라인더로 깎아 내던 작업을 저속 오실레이팅(osillating type sander) 작업으로 바꾼다.
② 가연성 물질 저장 시 사용하던 유리병을 안전한 철제통으로 바꾼다.
③ 방사선 동위원소 취급장소를 밀폐하고, 원격장치를 설치한다.
④ 성냥 제조 시 황린 대신 적린을 사용하게 한다.

[풀이] ③항의 내용은 공학적 대책 중 '격리'이다.

55 귀마개의 장단점과 가장 거리가 먼 것은?
① 제대로 착용하는 데 시간이 걸린다.
② 착용 여부 파악이 곤란하다.
③ 보안경 사용 시 차음효과가 감소한다.
④ 귀마개 오염 시 감염될 가능성이 있다.

[풀이] **귀마개의 장단점**
(1) 장점
㉠ 부피가 작아 휴대가 쉽다.
㉡ 안경과 안전모 등에 방해가 되지 않는다.
㉢ 고온작업에서도 사용 가능하다.
㉣ 좁은 장소에서도 사용 가능하다.
㉤ 귀덮개보다 가격이 저렴하다.
(2) 단점
㉠ 귀에 질병이 있는 사람은 착용 불가능하다.
㉡ 여름에 땀이 많이 날 때는 외이도에 염증 유발 가능성이 있다.
㉢ 제대로 착용하는 데 시간이 걸리며 요령을 습득하여야 한다.
㉣ 귀덮개보다 차음효과가 일반적으로 떨어지며, 개인차가 크다.
㉤ 더러운 손으로 만짐으로써 외청도를 오염시킬 수 있다(귀마개에 묻어 있는 오염물질이 귀에 들어갈 수 있음).

정답 53.④ 54.③ 55.③

56 원심력 제진장치인 사이클론에 관한 설명 중 옳지 않은 것은?

① 함진가스에 선회류를 일으키는 원심력을 이용한다.
② 비교적 적은 비용으로 제진이 가능하다.
③ 가동부분이 많은 것이 기계적인 특징이다.
④ 원심력과 중력을 동시에 이용하기 때문에 입경이 크면 효율적이다.

풀이 원심력식 집진시설의 특징
㉠ 설치장소에 구애받지 않고 설치비가 낮으며 고온가스, 고농도에서 운전 가능하다.
㉡ 가동부분이 적은 것이 기계적인 특징이고, 구조가 간단하여 유지·보수 비용이 저렴하다.
㉢ 미세입자에 대한 집진효율이 낮고 먼지부하, 유량변동에 민감하다.
㉣ 점착성, 마모성, 조해성, 부식성 가스에 부적합하다.
㉤ 먼지 퇴적함에서 재유입, 재비산 가능성이 있다.
㉥ 단독 또는 전처리장치로 이용된다.
㉦ 배출가스로부터 분진회수 및 분리가 적은 비용으로 가능하다. 즉 비교적 적은 비용으로 큰 입자를 효과적으로 제거할 수 있다.
㉧ 미세한 입자를 원심분리하고자 할 때 가장 큰 영향인자는 사이클론의 직경이다.
㉨ 직렬 또는 병렬로 연결하여 사용이 가능하기 때문에 사용폭을 넓힐 수 있다.
㉩ 처리가스량이 많아질수록 내관경이 커져서 미립자의 분리가 잘 되지 않는다.
㉪ 사이클론 원통의 길이가 길어지면 선회기류가 증가하여 집진효율이 증가한다.
㉫ 입자 입경과 밀도가 클수록 집진효율이 증가한다.
㉬ 사이클론의 원통 직경이 클수록 집진효율이 감소한다.
㉭ 집진된 입자에 대한 블로다운 영향을 최대화하여야 한다.
㉮ 원심력과 중력을 동시에 이용하기 때문에 입경이 크면 효율적이다.

57 1기압 동점성계수(20℃)는 $1.5 \times 10^{-5} (m^2/sec)$이고, 유속은 10m/sec, 관 반경은 0.125m일 때 Reynolds 수는?

① 1.67×10^5 ② 1.87×10^5
③ 1.33×10^4 ④ 1.37×10^5

풀이 $Re = \dfrac{Vd}{\nu} = \dfrac{10 \times (0.125 \times 2)}{1.5 \times 10^{-5}} = 1.67 \times 10^5$

58 방진마스크의 적절한 구비조건만으로 짝지어진 것은?

㉮ 하방시야가 60도 이상 되어야 한다.
㉯ 여과효율이 높고, 흡배기저항이 커야 한다.
㉰ 여과재로서 면, 모, 합성섬유, 유리섬유, 금속섬유 등이 있다.

① ㉮, ㉯   ② ㉯, ㉰
③ ㉮, ㉰   ④ ㉮, ㉯, ㉰

풀이 방진마스크의 선정조건(구비조건)
㉠ 흡기저항 및 흡기저항 상승률이 낮을 것
  ※ 일반적 흡기저항 범위 : 6~8mmH₂O
㉡ 배기저항이 낮을 것
  ※ 일반적 배기저항 기준 : 6mmH₂O 이하
㉢ 여과재 포집효율이 높을 것
㉣ 착용 시 시야확보가 용이할 것
  ※ 하방시야가 60° 이상 되어야 함
㉤ 중량은 가벼울 것
㉥ 안면에서의 밀착성이 클 것
㉦ 침입률 1% 이하까지 정확히 평가 가능할 것
㉧ 피부접촉부위가 부드러울 것
㉨ 사용 후 손질이 간단할 것
㉩ 무게중심은 안면에 강한 압박감을 주지 않는 위치에 있을 것

59 오염물질의 농도가 200ppm까지 도달하였다가 오염물질 발생이 중지되었을 때, 공기 중 농도가 200ppm에서 19ppm으로 감소하는 데 얼마나 걸리는가? (단, 1차 반응, 공간부피 $V=3,000m^3$, 환기량 $Q=1.17m^3/sec$이다.)

① 약 89분   ② 약 100분
③ 약 109분   ④ 약 115분

풀이
$t = -\dfrac{V}{Q} \ln\left(\dfrac{C_2}{C_1}\right)$

$= -\dfrac{3,000m^3}{1.17m^3/sec \times 60sec/min} \times \ln\left(\dfrac{19}{200}\right)$

$= 100.59 min$

정답 56.③ 57.① 58.③ 59.②

60 유입계수 $Ce=0.82$인 원형 후드가 있다. 덕트의 원면적이 $0.0314m^2$이고, 필요환기량 $Q=30m^3/min$이라고 할 때 후드 정압은? (단, 공기밀도 $1.2kg/m^3$ 기준)

① $16mmH_2O$ ② $23mmH_2O$
③ $32mmH_2O$ ④ $37mmH_2O$

풀이
$SP_h = VP(1+F)$

- $F = \dfrac{1}{Ce^2} - 1 = \dfrac{1}{0.82^2} - 1 = 0.487$
- $VP = \dfrac{\gamma V^2}{2g}$

$V = \dfrac{Q}{A} = \dfrac{30m^3/min}{0.0314m^2}$
$= 955.41 m/min \times min/60sec$
$= 15.92 m/sec$

$= \dfrac{1.2 \times 15.92^2}{2 \times 9.8} = 15.52 mmH_2O$

$= 15.52(1+0.487) = 23.07 mmH_2O$

제4과목 | 물리적 유해인자관리

61 1sone이란 몇 Hz에서, 몇 dB의 음압레벨을 갖는 소음의 크기를 말하는가?

① 2,000Hz, 48dB
② 1,000Hz, 40dB
③ 1,500Hz, 45dB
④ 1,200Hz, 45dB

풀이 sone
㉠ 감각적인 음의 크기(loudness)를 나타내는 양으로, 1,000Hz에서의 압력수준 dB을 기준으로 하여 등감곡선을 소리의 크기로 나타내는 단위이다.
㉡ 1,000Hz 순음의 음의 세기레벨 40dB의 음의 크기를 1sone으로 정의한다.

62 물체가 작열(灼熱)되면 방출되므로 광물이나 금속의 용해작업, 노(furnace)작업, 특히 제강, 용접, 야금공정, 초자제조공정, 레이저, 가열램프 등에서 발생되는 방사선은?

① X선   ② β선
③ 적외선 ④ 자외선

풀이 적외선의 발생원
㉠ 인공적 발생원
　제철·제강업, 주물업, 용융유리취급업(용해로), 열처리작업(가열로), 용접작업, 야금공정, 레이저, 가열램프, 금속의 용해작업, 노작업
㉡ 자연적 발생원
　태양광(태양복사에너지≒52%)

63 다음 중 산업안전보건법상 '적정한 공기'에 해당하는 것은? (단, 다른 성분의 조건은 적정한 것으로 가정한다.)

① 산소 농도가 16%인 공기
② 산소 농도가 25%인 공기
③ 탄산가스 농도가 1.0%인 공기
④ 황화수소 농도가 25ppm인 공기

풀이 적정한 공기
㉠ 산소 농도 : 18% 이상~23.5% 미만
㉡ 탄산가스 농도 : 1.5% 미만
㉢ 황화수소 농도 : 10ppm 미만
㉣ 일산화탄소 농도 : 30ppm 미만

64 다음 중 감압병의 예방 및 치료에 관한 설명으로 틀린 것은?

① 고압환경에서의 작업시간을 제한한다.
② 특별히 잠수에 익숙한 사람을 제외하고는 10m/min 속도 정도로 잠수하는 것이 안전하다.
③ 헬륨은 질소보다 확산속도가 작고, 체내에서 불안정적이므로 질소를 헬륨으로 대치한 공기를 호흡시킨다.
④ 감압이 끝날 무렵에 순수한 산소를 흡입시키면 감압시간을 25% 가량 단축시킬 수 있다.

풀이 헬륨은 질소보다 확산속도가 크며, 체내에서 안정적이므로 질소를 헬륨으로 대치한 공기를 호흡시킨다.

65 다음 중 소음성 난청에 영향을 미치는 요소에 대한 설명으로 틀린 것은?

① 음압수준이 높을수록 유해하다.
② 저주파음이 고주파음보다 더 유해하다.
③ 계속적 노출이 간헐적 노출보다 더 유해하다.
④ 개인의 감수성에 따라 소음반응이 다양하다.

풀이 소음성 난청에 영향을 미치는 요소
㉠ 소음 크기
  음압수준이 높을수록 영향이 크다.
㉡ 개인감수성
  소음에 노출된 모든 사람이 똑같이 반응하지 않으며, 감수성이 매우 높은 사람이 극소수 존재한다.
㉢ 소음의 주파수 구성
  고주파음이 저주파음보다 영향이 크다.
㉣ 소음의 발생 특성
  지속적인 소음노출이 단속적인(간헐적인) 소음노출보다 더 큰 장애를 초래한다.

66 다음 중 동상의 종류와 증상이 잘못 연결된 것은?

① 1도 - 발적
② 2도 - 수포 형성과 염증
③ 3도 - 조직괴사로 괴저 발생
④ 4도 - 출혈

풀이 동상의 단계별 구분
(1) 제1도 동상 : 발적
  ㉠ 홍반성 동상이라고도 한다.
  ㉡ 처음에는 말단부로의 혈행이 정체되어서 국소성 빈혈이 생기고, 환부의 피부는 창백하게 되어서 다소의 동통 또는 지각 이상을 초래한다.
  ㉢ 한랭작용이 이 시기에 중단되면 반사적으로 충혈이 일어나서 피부에 염증성 조홍을 일으키고, 남보라색 부종성 조홍을 일으킨다.
(2) 제2도 동상 : 수포 형성과 염증
  ㉠ 수포성 동상이라고도 한다.
  ㉡ 물집이 생기거나 피부가 벗겨지는 결빙을 말한다.
  ㉢ 수포를 가진 광범위한 삼출성 염증이 생긴다.
  ㉣ 수포에는 혈액이 섞여 있는 경우가 많다.
  ㉤ 피부는 청남색으로 변하고 큰 수포를 형성하여 궤양, 화농으로 진행한다.
(3) 제3도 동상 : 조직괴사로 괴저 발생
  ㉠ 괴사성 동상이라고도 한다.
  ㉡ 한랭작용이 장시간 계속되었을 때 생기며 혈행은 완전히 정지된다. 동시에 조직성분도 붕괴되며, 그 부분의 조직괴사를 초래하여 괴상을 만든다.
  ㉢ 심하면 근육, 뼈까지 침해해서 이환부 전체가 괴사성이 되어 탈락되기도 한다.

67 다음 중 국소진동의 경우에 주로 문제가 되는 주파수 범위로 가장 알맞은 것은 어느 것인가?

① 10~150Hz   ② 10~300Hz
③ 8~500Hz   ④ 8~1,500Hz

풀이 진동의 구분에 따른 진동수(주파수)
㉠ 국소진동 주파수 : 8~1,500Hz
㉡ 전신진동(공해진동) 주파수 : 1~90Hz

68 고압환경의 영향 중 2차적인 가압현상에 관한 설명으로 틀린 것은?

① 4기압 이상에서 공기 중의 질소가스는 마취작용을 나타낸다.
② 이산화탄소의 증가는 산소의 독성과 질소의 마취작용을 촉진시킨다.
③ 산소의 분압이 2기압을 넘으면 산소중독 증세가 나타난다.
④ 산소중독은 고압산소에 대한 노출이 중지되어도 근육경련, 환청 등 후유증이 장기간 계속된다.

풀이 2차적 가압현상
고압하의 대기가스의 독성 때문에 나타나는 현상으로 2차성 압력현상이다.
(1) 질소가스의 마취작용
  ㉠ 공기 중의 질소가스는 정상기압에서 비활성이지만 4기압 이상에서는 마취작용을 일으키며, 이를 다행증이라 한다(공기 중의 질소가스는 3기압 이하에서는 자극작용을 한다).

정답 65.② 66.④ 67.④ 68.④

ⓒ 질소가스 마취작용은 알코올 중독의 증상과 유사하다.
ⓒ 작업력의 저하, 기분의 변환, 여러 종류의 다행증(euphoria)이 일어난다.
ⓔ 수심 90~120m에서 환청, 환시, 조현증, 기억력 감퇴 등이 나타난다.

(2) 산소중독
ⓐ 산소의 분압이 2기압을 넘으면 산소중독 증상을 보인다. 즉, 3~4기압의 산소 혹은 이에 상당하는 공기 중 산소분압에 의하여 중추신경계의 장애에 기인하는 운동장애를 나타내는데 이것을 산소중독이라 한다.
ⓑ 수중의 잠수자는 폐압착증을 예방하기 위하여 수압과 같은 압력의 압축기체를 호흡하여야 하며, 이로 인한 산소분압 증가로 산소중독이 일어난다.
ⓒ 고압산소에 대한 폭로가 중지되면 증상은 즉시 멈춘다. 즉, 가역적이다.
ⓓ 1기압에서 순산소는 인후를 자극하나 비교적 짧은 시간의 폭로라면 중독 증상은 나타나지 않는다.
ⓔ 산소중독작용은 운동이나 이산화탄소로 인해 악화된다.
ⓕ 수지나 족지의 작열통, 시력장애, 정신혼란, 근육경련 등의 증상을 보이며 나아가서는 간질 모양의 경련을 나타낸다.

(3) 이산화탄소의 작용
ⓐ 이산화탄소 농도의 증가는 산소의 독성과 질소의 마취작용을 증가시키는 역할을 하고 감압증의 발생을 촉진시킨다.
ⓑ 이산화탄소 농도가 고압환경에서 대기압으로 환산하여 0.2%를 초과해서는 안 된다.
ⓒ 동통성 관절장애(bends)도 이산화탄소의 분압 증가에 따라 보다 많이 발생한다.

69 다음 중 열사병(heat stroke)에 관한 설명으로 옳은 것은?

① 피부는 차갑고, 습한 상태로 된다.
② 지나친 발한에 의한 탈수와 염분 소실이 원인이다.
③ 보온을 시키고, 더운 커피를 마시게 한다.
④ 뇌 온도의 상승으로 체온조절 중추의 기능이 장해를 받게 된다.

[풀이] 열사병(heat stroke)
ⓐ 고온다습한 환경(육체적 노동 또는 태양의 복사선을 두부에 직접적으로 받는 경우)에 노출될 때 뇌 온도의 상승으로 신체 내부의 체온조절 중추에 기능장애를 일으켜서 생기는 위급한 상태이다.
ⓑ 고열로 인해 발생하는 장애 중 가장 위험성이 크다.
ⓒ 태양광선에 의한 열사병은 일사병(sunstroke)이라고 한다.
ⓓ 발생
 • 체온조절 중추(특히 발한 중추)의 기능장애에 의한다(체내에 열이 축적되어 발생).
 • 혈액 중의 염분량과는 관계없다.
 • 대사열의 증가는 작업부하와 작업환경에서 발생하는 열부하가 원인이 되어 발생하며, 열사병을 일으키는 데 크게 관여하고 있다.

70 다음 중 소음대책에 대한 공학적 원리에 관한 설명으로 틀린 것은?

① 고주파음은 저주파음보다 격리 및 차폐로써의 소음감소효과가 크다.
② 넓은 드라이브 벨트는 가는 드라이브 벨트로 대치하여 벨트 사이에 공간을 두는 것이 소음발생을 줄일 수 있다.
③ 원형 톱날에는 고무 코팅재를 톱날 측면에 부착시키면 소음의 공명현상을 줄일 수 있다.
④ 덕트 내에 이음부를 많이 부착하면 흡음효과로 소음을 줄일 수 있다.

[풀이] 덕트 내에 이음부를 많이 부착하면 마찰저항력에 의한 소음이 발생한다.

71 다음 중 사람의 청각에 대한 반응에 가깝게 음을 측정하여 나타낼 때 사용하는 단위는?

① dB(A)
② PWL(Sound Power Level)
③ SPL(Sound Pressure Level)
④ SIL(Sound Intensity Level)

정답 69.④ 70.④ 71.①

[풀이] dB
㉠ 음압수준을 표시하는 한 방법으로 사용하는 단위로 dB(decibel)로 표시한다.
㉡ 사람이 들을 수 있는 음압은 0.00002~60N/m²의 범위이며, 이것을 dB로 표시하면 0~130dB이 된다.
㉢ 음압을 직접 사용하는 것보다 dB로 변환하여 사용하는 것이 편리하다.

72 작업장에서는 통상 근로자의 눈을 보호하기 위하여 인공광선에 의해 충분한 조도를 확보하여야 한다. 다음 중 조도를 증가하지 않아도 되는 것은?

① 피사체의 반사율이 증가할 때
② 시력이 나쁘거나 눈에 결함이 있을 때
③ 계속적으로 눈을 뜨고 정밀작업을 할 때
④ 취급물체가 주위와의 색깔 대조가 뚜렷하지 않을 때

[풀이] 피사체의 반사율이 감소할 때 조도를 증가시킨다.

73 자유공간에 위치한 점음원의 음향파워레벨(PWL)이 110dB일 때, 이 점음원으로부터 100m 떨어진 곳의 음압레벨(SPL)은?

① 49dB ② 59dB
③ 69dB ④ 79dB

[풀이] $SPL = PWL - 20\log r - 11$
$= 110dB - 20\log 100 - 11 = 59dB$

74 다음 중 빛과 밝기의 단위를 설명한 것으로 옳은 것은?

1루멘의 빛이 1ft²의 평면상에 수직방향으로 비칠 때, 그 평면의 빛의 양, 즉 조도를 (㉮)이라 하고, 1m²의 평면에 1루멘의 빛이 비칠 때의 밝기를 1(㉯)라고 한다.

① ㉮ : 풋캔들(foot candle)
    ㉯ : 럭스(lux)
② ㉮ : 럭스(lux)
    ㉯ : 풋캔들(foot candle)
③ ㉮ : 캔들(candle)
    ㉯ : 럭스(lux)
④ ㉮ : 럭스(lux)
    ㉯ : 캔들(candle)

[풀이] ㉮ 풋 캔들(foot candle)
(1) 정의
㉠ 1루멘의 빛이 1ft²의 평면상에 수직으로 비칠 때 그 평면의 빛 밝기이다.
㉡ 관계식 : 풋 캔들(ft cd) = $\dfrac{lumen}{ft^2}$
(2) 럭스와의 관계
㉠ 1ft cd=10.8lux
㉡ 1lux=0.093ft cd
(3) 빛의 밝기
㉠ 광원으로부터 거리의 제곱에 반비례한다.
㉡ 광원의 촉광에 정비례한다.
㉢ 조사평면과 광원에 대한 수직평면이 이루는 각(cosine)에 반비례한다.
㉣ 색깔과 감각, 평면상의 반사율에 따라 밝기가 달라진다.
㉯ 럭스(lux) ; 조도
㉠ 1루멘(lumen)의 빛이 1m²의 평면상에 수직으로 비칠 때의 밝기이다.
㉡ 1cd의 점광원으로부터 1m 떨어진 곳에 있는 광선의 수직인 면의 조명도이다.
㉢ 조도는 어떤 면에 들어오는 광속의 양에 비례하고 입사면의 단면적에 반비례한다.
조도$(E) = \dfrac{lumen}{m^2}$
㉣ 조도는 입사면의 단면적에 대한 광속의 비를 의미한다.

75 다음 중 진동증후군(HAVS)에 대한 스톡홀름 워크숍의 분류로서 틀린 것은?

① 진동증후군의 단계를 0부터 4까지 5단계로 구분하였다.
② 1단계는 가벼운 증상으로 하나 또는 그 이상의 손가락 끝부분이 하얗게 변하는 증상을 의미한다.
③ 3단계는 심각한 증상으로 하나 또는 그 이상의 손가락 가운데마디 부분까지 하얗게 변하는 증상이 나타나는 단계이다.
④ 4단계는 매우 심각한 증상으로 대부분의 손가락이 하얗게 변하는 증상과 함께 손끝에서 땀의 분비가 제대로 일어나지 않는 등의 변화가 나타나는 단계이다.

[정답] 72.① 73.② 74.① 75.③

> [풀이] 3단계는 손가락 끝과 중간 부위에 이따금씩 나타나며, 손바닥에 가까운 기저부에는 드물게 나타난다.

76 전리방사선 중 α입자의 성질을 가장 잘 설명한 것은?

① 전리작용이 약하다.
② 투과력이 가장 강하다.
③ 전자핵에서 방출되며, 양자 1개를 가진다.
④ 외부조사로 건강상의 위해가 오는 일은 드물다.

> [풀이]
> ① 전리작용이 가장 강하다.
> ② 투과력이 가장 약하다.
> ③ 방사성 동위원소의 붕괴과정 중에서 원자핵에서 방출되는 입자로서 헬륨 원자의 핵과 같이 2개의 양자와 2개의 중성자로 구성되어 있다.

77 다음 중 감압 과정에서 감압속도가 너무 빨라서 나타나는 종격기종, 기흉의 원인이 되는 가스는?

① 산소
② 이산화탄소
③ 질소
④ 일산화탄소

> [풀이] 감압속도가 너무 빠르면 폐포가 파열되고 흉부조직 내로 유입된 질소가스 때문에 종격기종, 기흉, 공기전색 등의 증상이 나타난다.

78 다음 중 유해광선과 거리와의 노출관계를 올바르게 표현한 것은?

① 노출량은 거리에 비례한다.
② 노출량은 거리에 반비례한다.
③ 노출량은 거리의 제곱에 비례한다.
④ 노출량은 거리의 제곱에 반비례한다.

> [풀이] 유해광선의 노출량은 거리의 제곱에 반비례한다.

79 다음 중 눈에 백내장을 일으키는 마이크로파의 파장범위로 가장 적절한 것은?

① 1,000~10,000MHz
② 40,000~100,000MHz
③ 500~7,000MHz
④ 100~1,400MHz

> [풀이] 마이크로파에 의한 표적기관은 눈이며 1,000~10,000Hz에서 백내장이 생기고, ascorbic산의 감소증상이 나타나며, 백내장은 조직온도의 상승과 관계된다.

80 작업장의 환경에서 기류의 방향이 일정하지 않거나, 실내 0.2~0.5m/sec 정도의 불감기류를 측정할 때 사용하는 측정기구로 가장 적절한 것은?

① 풍차풍속계
② 카타(kata)온도계
③ 가열온도풍속계
④ 습구흑구온도계(WBGT)

> [풀이] 카타온도계(kata thermometer)
> ㉠ 실내 0.2~0.5m/sec 정도의 불감기류 측정 시 사용한다.
> ㉡ 작업환경 내에 기류의 방향이 일정치 않을 경우의 기류속도를 측정한다.
> ㉢ 카타의 냉각력을 이용하여 측정한다. 즉 알코올 눈금이 100°F(37.8°C)에서 95°F(35°C)까지 내려가는 데 소요되는 시간을 4~5회 측정 평균하여 카타상수값을 이용하여 구한다.

제5과목 | 산업 독성학

81 다음 중 유기용제와 그 특이증상을 짝지은 것으로 틀린 것은?

① 벤젠 – 조혈장애
② 염화탄화수소 – 시신경장애
③ 메틸부틸케톤 – 말초신경장애
④ 이황화탄소 – 중추신경 및 말초신경장애

> [풀이] 유기용제별 대표적 특이증상
> ㉠ 벤젠 : 조혈장애
> ㉡ 염화탄화수소, 염화비닐 : 간장애
> ㉢ 이황화탄소 : 중추신경 및 말초신경 장애, 생식기능장애

정답 76.④ 77.③ 78.④ 79.① 80.② 81.②

ⓔ 메틸알코올(메탄올) : 시신경장애
ⓓ 메틸부틸케톤 : 말초신경장애(중독성)
ⓗ 노말헥산 : 다발성 신경장애
ⓢ 에틸렌글리콜에테르 : 생식기장애
ⓞ 알코올, 에테르류, 케톤류 : 마취작용
ⓩ 톨루엔 : 중추신경장애

82 다음 중 중추신경계에 억제작용이 가장 큰 것은?

① 알칸족
② 알켄족
③ 알코올족
④ 할로겐족

풀이 유기화학물질의 중추신경계 억제작용 순서
할로겐화합물 > 에테르 > 에스테르 > 유기산 > 알코올 > 알켄 > 알칸

83 근로자가 1일 작업시간 동안 잠시라도 노출되어서는 안 되는 기준을 나타내는 것은?

① TLV-C   ② TLV-STEL
③ TLV-TWA   ④ TLV-skin

풀이 천장값 노출기준(TLV-C : ACGIH)
ⓐ 어떤 시점에서도 넘어서는 안 된다는 상한치를 말한다.
ⓑ 항상 표시된 농도 이하를 유지하여야 한다.
ⓒ 노출기준에 초과되어 노출 시 즉각적으로 비가역적인 반응을 나타낸다.
ⓓ 자극성 가스나 독작용이 빠른 물질 및 TLV-STEL이 설정되지 않는 물질에 적용한다.
ⓔ 측정은 실제로 순간농도 측정이 불가능하며, 따라서 약 15분간 측정한다.

84 다음 중 호흡성 먼지(respirable dust)에 대한 미국 ACGIH의 정의로 옳은 것은?

① 크기가 10~100μm로 코와 인후두를 통하여 기관지나 폐에 침착한다.
② 폐포에 도달하는 먼지로, 입경이 7.1μm 미만인 먼지를 말한다.
③ 평균입경이 4μm이고, 공기역학적 직경이 10μm 미만인 먼지를 말한다.
④ 평균입경이 10μm인 먼지로 흉곽성(thoracic) 먼지라고도 한다.

풀이 ACGIH의 입자 크기별 기준(TLV)
(1) 흡입성 입자상 물질
  (IPM ; Inspirable Particulates Mass)
  ⓐ 호흡기의 어느 부위(비강, 인두후, 기관 등 호흡기의 기도 부위)에 침착하더라도 독성을 유발하는 분진이다.
  ⓑ 비암이나 비중격천공을 일으키는 입자상 물질이 여기에 속한다.
  ⓒ 침전분진은 재채기, 침, 코 등의 벌크(bulk) 세척기전으로 제거된다.
  ⓓ 입경범위 : 0~100μm
  ⓔ 평균입경 : 100μm(폐침착의 50%에 해당하는 입자의 크기)
(2) 흉곽성 입자상 물질
  (TPM ; Thoracic Particulates Mass)
  ⓐ 기도나 하기도(가스교환 부위)에 침착하여 독성을 나타내는 물질이다.
  ⓑ 평균입경 : 10μm
  ⓒ 채취기구 : PM 10
(3) 호흡성 입자상 물질
  (RPM ; Respirable Particulates Mass)
  ⓐ 가스교환 부위, 즉 폐포에 침착할 때 유해한 물질이다.
  ⓑ 평균입경 : 4μm(공기역학적 직경이 10μm 미만의 먼지가 호흡성 입자상 물질)
  ⓒ 채취기구 : 10mm nylon cyclone

85 다음 중 납중독을 확인하는 시험이 아닌 것은 어느 것인가?

① 소변 중 단백질
② 혈중의 납 농도
③ 말초신경의 신경 전달속도
④ ALA(Amino Levulinic Acid) 축적

풀이 납중독 확인 시험사항
ⓐ 혈액 내의 납 농도
ⓑ 헴(heme)의 대사
ⓒ 말초신경의 신경 전달속도
ⓓ Ca-EDTA 이동시험
ⓔ β-ALA(Amino Levulinic Acid) 축적

86 다음 중 납중독 진단을 위한 검사로 적합하지 않은 것은?
① 소변 중 코프로포르피린 배설량 측정
② 혈액 검사(적혈구 측정, 전혈비중 측정)
③ 혈액 중 징크-프로토포르피린(ZPP)의 측정
④ 소변 중 β_2-microglobulin과 같은 저분자 단백질 검사

[풀이] 납중독 진단검사
㉠ 뇨 중 코프로포르피린(coproporphyrin) 측정
㉡ 델타 아미노레블린산 측정(δ-ALA)
㉢ 혈중 징크-프로토포르피린(ZPP ; Zinc Protoporphyrin) 측정
㉣ 혈중 납 량 측정
㉤ 뇨 중 납 량 측정
㉥ 빈혈 검사
㉦ 혈액 검사
㉧ 혈중 α-ALA 탈수효소 활성치 측정

87 소변 중 화학물질 A의 농도는 28mg/mL이고, 단위시간(분)당 배설되는 소변의 부피는 1.5mL/min이며, 혈장 중 화학물질 A의 농도가 0.2mg/mL라면 단위시간(분)당 화학물질 A의 제거율(mL/min)은 얼마인가?
① 120   ② 180
③ 210   ④ 250

[풀이] 소변 중 A의 양(mg/min)=1.5mL/min×28mg/mL
=42mg/min
∴ 제거율(mL/min)=$\dfrac{42\text{mg/min}}{0.2\text{mg/mL}}$=210mL/min

88 유기용제에 대한 설명으로 틀린 것은?
① 벤젠은 백혈병을 일으키는 원인물질이다.
② 벤젠은 만성장애로 조혈장애를 유발하지 않는다.
③ 벤젠은 주로 페놀로 대사되며, 페놀은 벤젠의 생물학적 노출지표로 이용된다.
④ 방향족탄화수소 중 저농도에 장기간 노출되어 만성중독을 일으키는 경우에는 벤젠의 위험도가 크다.

[풀이] 방향족탄화수소 중 저농도에 장기간 폭로(노출)되어 만성중독(조혈장애)을 일으키는 경우에는 벤젠의 위험도가 가장 크고, 급성 전신중독 시 독성이 강한 물질은 톨루엔이다.

89 진폐증 발생에 관여하는 요인이 아닌 것은?
① 분진의 크기
② 분진의 농도
③ 분진의 노출기간
④ 분진의 각도

[풀이] 진폐증 발생에 관여하는 요인
㉠ 분진의 종류, 농도 및 크기
㉡ 폭로시간 및 작업강도
㉢ 보호시설이나 장비 착용 유무
㉣ 개인차

90 급성중독으로 심한 신장장애로 과뇨증이 오며, 더 진전되면 무뇨증을 일으켜 요독증으로 10일 안에 사망에 이르게 하는 물질은 다음 중 어느 것인가?
① 비소   ② 크롬
③ 벤젠   ④ 베릴륨

[풀이] 크롬(Cr)에 의한 급성중독
㉠ 신장장애
   과뇨증(혈뇨증) 후 무뇨증을 일으키며, 요독증으로 10일 이내에 사망
㉡ 위장장애
   심한 복통, 빈혈을 동반하는 심한 설사 및 구토
㉢ 급성폐렴
   크롬산 먼지, 미스트 대량 흡입 시

91 급성중독 시 우유와 계란의 흰자를 먹여 단백질과 해당 물질을 결합시켜 침전시키거나, BAL(dimercaprol)을 근육주사로 투여하여야 하는 물질은?
① 납   ② 수은
③ 크롬   ④ 카드뮴

[정답] 86.④ 87.③ 88.② 89.④ 90.② 91.②

| 풀이 | 수은중독의 치료
(1) 급성중독
  ㉠ 우유와 계란의 흰자를 먹여 단백질과 해당 물질을 결합시켜 침전시킨다.
  ㉡ 마늘계통의 식물을 섭취한다.
  ㉢ 위세척(5~10% S.F.S 용액)을 한다. 다만, 세척액은 200~300mL를 넘지 않도록 한다.
  ㉣ BAL(British Anti Lewisite)을 투여한다(체중 1kg당 5mg의 근육주사).
(2) 만성중독
  ㉠ 수은 취급을 즉시 중지시킨다.
  ㉡ BAL(British Anti Lewisite)을 투여한다.
  ㉢ 1일 10L의 등장식염수를 공급(이뇨작용으로 촉진)한다.
  ㉣ N-acetyl-D-penicillamine을 투여한다.
  ㉤ 땀을 흘려 수은 배설을 촉진한다.
  ㉥ 진전증세에 genascopalin을 투여한다.
  ㉦ Ca-EDTA의 투여는 금기사항이다.

92 다음 중 유해물질의 생체 내 배설과 관련된 설명으로 틀린 것은?

① 유해물질은 대부분 위(胃)에서 대사된다.
② 흡수된 유해물질은 수용성으로 대사된다.
③ 유해물질의 분포량은 혈중 농도에 대한 투여량으로 산출한다.
④ 유해물질의 혈장농도가 50%로 감소하는 데 소요되는 시간을 반감기라고 한다.

| 풀이 | 유해물질의 배출에 있어서 중요한 기관은 신장, 폐, 간이며, 배출은 생체전환과 분배과정이 동시에 일어난다.

93 다음 중 독성물질의 생체 내 변환에 관한 설명으로 틀린 것은?

① 생체 내 변환은 독성물질이나 약물의 제거에 대한 첫 번째 기전이며, 1상 반응과 2상 반응으로 구분한다.
② 1상 반응은 산화, 환원, 가수분해 등의 과정을 통해 이루어진다.
③ 2상 반응은 1상 반응이 불가능한 물질에 대한 추가적 축합반응이다.
④ 생체변환의 기전은 기존의 화합물보다 인체에서 제거하기 쉬운 대사물질로 변화시키는 것이다.

| 풀이 | 2상 반응은 제1상 반응을 거친 물질을 더욱 수용성으로 만드는 포합반응이다.

94 다음 중 납중독이 발생할 수 있는 작업장과 가장 관계가 적은 것은?

① 납의 용해작업
② 고무제품 접착작업
③ 활자의 문선, 조판작업
④ 축전지의 납 도포작업

| 풀이 | 납 발생원
㉠ 납제련소(납정련) 및 납광산
㉡ 납축전지(배터리 제조) 생산
㉢ 납 포함된 페인트(안료) 생산
㉣ 납 용접작업 및 절단작업
㉤ 인쇄소(활자의 문선, 조판작업)
㉥ 합금

95 다음 중 내재용량에 대한 개념으로 틀린 것은 어느 것인가?

① 개인시료 채취량과 동일하다.
② 최근에 흡수된 화학물질의 양을 나타낸다.
③ 과거 수개월 동안 흡수된 화학물질의 양을 의미한다.
④ 체내 주요 조직이나 부위의 작용과 결합한 화학물질의 양을 의미한다.

| 풀이 | 체내 노출량(내재용량)의 여러 개념
㉠ 체내 노출량은 최근에 흡수된 화학물질의 양을 나타낸다.
㉡ 축적(저장)된 화학물질의 양을 의미한다.
㉢ 화학물질이 건강상 영향을 나타내는 체내 주요 조직이나 부위의 작용과 결합한 화학물질의 양을 의미한다.

정답 92.① 93.③ 94.② 95.①

96 작업환경 중에서 부유분진이 호흡기계에 축적되는 주요 작용기전과 가장 거리가 먼 것은?
① 충돌　② 침강
③ 확산　④ 농축

[풀이] 입자의 호흡기계 축적기전
㉠ 충돌
㉡ 침강
㉢ 차단
㉣ 확산
㉤ 정전기

97 다음 중 특정한 파장의 광선과 작용하여 광알레르기성 피부염을 일으킬 수 있는 물질은 어느 것인가?
① 아세톤(acetone)
② 아닐린(aniline)
③ 아크리딘(acridine)
④ 아세토니트릴(acetonitrile)

[풀이] 아크리딘($C_{13}H_9N$)
㉠ 화학적으로 안정한 물질로서 강산 또는 강염기와 고온에서 처리해도 변하지 않는다.
㉡ 콜타르에서 얻은 안트라센 오일 중에 소량 함유되어 있다.
㉢ 특정 파장의 광선과 작용하여 광알레르기성 피부염을 유발시킨다.

98 다음 중 유해물질의 분류에 있어 질식제로 분류되지 않는 것은?
① H_2　② N_2
③ H_2S　④ O_3

[풀이] 질식제의 구분에 따른 종류
(1) 단순 질식제
　㉠ 이산화탄소(CO_2)
　㉡ 메탄(CH_4)
　㉢ 질소(N_2)
　㉣ 수소(H_2)
　㉤ 에탄, 프로판, 에틸렌, 아세틸렌, 헬륨
(2) 화학적 질식제
　㉠ 일산화탄소(CO)
　㉡ 황화수소(H_2S)
　㉢ 시안화수소(HCN)
　㉣ 아닐린($C_6H_5NH_2$)

99 다음 중 암 발생 돌연변이로 알려진 유전자가 아닌 것은?
① jun
② integrin
③ ZPP(Zinc-Protoporphyrin)
④ VEGF(Vascular Endothelial Growth Factor)

[풀이] ZPP(Zinc-Protoporphyrin)는 헴의 합성과정 중 파괴를 분별할 수 있는 혈액검사이다.

100 다음 중 벤젠에 의한 혈액조직의 특징적인 단계별 변화를 설명한 것으로 틀린 것은?
① 1단계 : 백혈구수의 감소로 인한 응고작용 결핍이 나타난다.
② 1단계 : 혈액성분 감소로 인한 범혈구 감소증이 나타난다.
③ 2단계 : 벤젠의 노출이 계속되면 골수의 성장부전이 나타난다.
④ 3단계 : 더욱 장시간 노출되어 심한 경우 빈혈과 출혈이 나타나고 재생불량성 빈혈이 된다.

[풀이] 혈액조직에서 벤젠이 유발하는 특징적 변화
(1) 1단계
　㉠ 가장 일반적인 독성으로 백혈구수 감소로 인한 응고작용 결핍 및 혈액성분 감소로 인한 범혈구 감소증(pancytopenia), 재생불량성 빈혈을 유발한다.
　㉡ 신속하고 적절하게 진단된다면 가역적일 수 있다.
(2) 2단계
　㉠ 벤젠 노출이 계속되면, 골수가 과다증식(hyperplastic)하여 백혈구의 생성을 자극한다.
　㉡ 초기에도 임상학적인 진단이 가능
(3) 3단계
　㉠ 더욱 장시간 노출되면 성장부전증(hypoplasia)이 나타나며, 심한 경우 빈혈과 출혈도 나타난다.
　㉡ 비록 만성적으로 노출되면 백혈병을 일으키는 것으로 알려져 있지만, 재생불량성 빈혈이 만성적인 건강문제일 경우가 많다.

정답　96.④　97.③　98.④　99.③　100.③

제2회 산업위생관리기사

과년도 출제문제 | 2015.05.31

제1과목 | 산업위생학 개론

01 다음 중 신체적 결함과 그 원인이 되는 작업이 가장 적합하게 연결된 것은?
① 평발 – VDT 작업
② 진폐증 – 고압, 저압 작업
③ 중추신경 장애 – 광산 작업
④ 경견완 증후군 – 타이핑 작업

풀이 신체적 결함에 따른 부적합 작업
㉠ 간기능장애 : 화학공업(유기용제 취급작업)
㉡ 편평족 : 서서 하는 작업
㉢ 심계항진 : 격심작업, 고소작업
㉣ 고혈압 : 이상기온, 이상기압에서의 작업
㉤ 경견완 증후군 : 타이핑 작업

02 산업안전보건법령상 석면에 대한 작업환경 측정 결과 측정치가 노출기준을 초과하는 경우 그 측정일로부터 몇 개월에 몇 회 이상의 작업환경 측정을 해야 하는가?
① 1개월에 1회 이상
② 3개월에 1회 이상
③ 6개월에 1회 이상
④ 12개월에 1회 이상

풀이 작업환경 측정횟수
㉠ 사업주는 작업장 또는 작업공정이 신규로 가동되거나 변경되는 등으로 작업환경 측정대상 작업장이 된 경우에는 그 날부터 30일 이내에 작업환경 측정을 실시하고, 그 후 반기에 1회 이상 정기적으로 작업환경을 측정하여야 한다. 다만, 작업환경 측정결과가 다음의 어느 하나에 해당하는 작업장 또는 작업공정은 해당 유해인자에 대하여 그 측정일부터 3개월에 1회 이상 작업환경을 측정해야 한다.
• 화학적 인자(고용노동부장관이 정하여 고시하는 물질만 해당)의 측정치가 노출기준을 초과하는 경우
• 화학적 인자(고용노동부장관이 정하여 고시하는 물질은 제외)의 측정치가 노출기준을 2배 이상 초과하는 경우
㉡ ㉠항에도 불구하고 사업주는 최근 1년간 작업공정에서 공정 설비의 변경, 작업방법의 변경, 설비의 이전, 사용화학물질의 변경 등으로 작업환경 측정결과에 영향을 주는 변화가 없는 경우 1년에 1회 이상 작업환경 측정을 할 수 있는 경우
• 작업공정 내 소음의 작업환경 측정결과가 최근 2회 연속 85dB 미만인 경우
• 작업공정 내 소음 외의 다른 모든 인자의 작업환경 측정결과가 최근 2회 연속 노출기준 미만인 경우

03 다음 중 산업안전보건법상 산업재해의 정의로 가장 적합한 것은?
① 예기치 않고 계획되지 않은 사고이며, 상해를 수반하는 경우를 말한다.
② 작업상의 재해 또는 작업환경으로부터 무리한 근로의 결과로 발생되는 절상, 골절, 염좌 등의 상해를 말한다.
③ 노무를 제공하는 사람이 업무에 관계되는 건설물, 설비, 원재료, 가스, 증기, 분진 등에 의하거나 작업 또는 그 밖의 업무로 인하여 사망 또는 부상하거나 질병에 걸리는 것을 말한다.
④ 불특정 다수에게 의도하지 않은 사고가 발생하여 신체적, 재산상의 손실이 발생하는 것을 말한다.

풀이 산업재해
노무를 제공하는 사람이 업무에 관계되는 건설물, 설비, 원재료, 가스, 증기, 분진 등에 의하거나 작업 또는 그 밖의 업무로 인하여 사망 또는 부상하거나 질병에 걸리는 것을 말한다.

정답 01.④ 02.② 03.③

04 다음 중 산업위생의 정의를 가장 올바르게 설명한 것은?

① 근로자가 일반대중의 건강점검과 질병의 치료를 연구하는 학문이다.
② 인간과 주위의 생화학적 관계를 조사하여 질병의 원인을 분석하는 기술이다.
③ 인간과 직업, 기계, 환경, 노동의 관계를 과학적으로 연구하는 학문이다.
④ 근로자나 일반대중에게 질병 등을 초래하는 작업환경 요인과 스트레스를 예측, 측정, 평가, 관리하는 과학기술이다.

풀이 산업위생의 정의(AIHA)
근로자나 일반대중(지역주민)에게 질병, 건강장애와 안녕방해, 심각한 불쾌감 및 능률 저하 등을 초래하는 작업환경 요인과 스트레스를 예측, 측정, 평가하고 관리하는 과학과 기술이다(예측, 인지(확인), 평가, 관리 의미와 동일).

05 다음 중 근육운동에 필요한 에너지를 생산하는 혐기성 대사의 반응이 아닌 것은?

① $ATP + H_2O \rightleftarrows ADP + P + free\ energy$
② $glycogen + ADP \rightleftarrows citrate + ATP$
③ $glucose + P + ADP \rightarrow lactate + ATP$
④ $creatine\ phosphate + ADP \rightleftarrows creatine + ATP$

풀이 기타 혐기성 대사(근육운동)
㉠ $ATP+H_2O \rightleftarrows ADP+P+free\ energy$
㉡ $creatine\ phosphate+ADP \rightleftarrows creatine+ATP$
㉢ $glucose+P+ADP \rightarrow lactate+ATP$

06 NIOSH에서 제시한 권장무게한계가 6kg이고 근로자가 실제 작업하는 중량물의 무게가 12kg이라면 중량물 취급지수는 얼마인가?

① 0.5   ② 1.0
③ 2.0   ④ 6.0

풀이 중량물 취급지수(LI)
$$LI = \frac{물체무게(kg)}{RWL(kg)} = \frac{12kg}{6kg} = 2$$

07 다음 중 산업피로를 줄이기 위한 바람직한 교대근무에 관한 내용으로 틀린 것은?

① 근무시간의 간격은 15~16시간 이상으로 하여야 한다.
② 야간근무 교대시간은 상오 0시 이전에 하는 것이 좋다.
③ 야간근무는 4일 이상 연속해야 피로에 적응할 수 있다.
④ 야간근무 시 가면(假眠)시간은 근무시간에 따라 2~4시간으로 하는 것이 좋다.

풀이 교대근무제 관리원칙(바람직한 교대제)
㉠ 각 반의 근무시간은 8시간씩 교대로 하고, 야근은 가능한 짧게 한다.
㉡ 2교대면 최저 3조의 정원을, 3교대면 4조를 편성한다.
㉢ 채용 후 건강관리로서 정기적으로 체중, 위장증상 등을 기록해야 하며, 근로자의 체중이 3kg 이상 감소하면 정밀검사를 받아야 한다.
㉣ 평균 주 작업시간은 40시간을 기준으로, 갑반 → 을반 → 병반으로 순환하게 된다.
㉤ 근무시간의 간격은 15~16시간 이상으로 하는 것이 좋다.
㉥ 야근의 주기는 4~5일로 한다.
㉦ 신체의 적응을 위하여 야간근무의 연속일수는 2~3일로 하며, 야간근무를 3일 이상 연속으로 하는 경우에는 피로축적현상이 나타나게 되므로 연속하여 3일을 넘지 않도록 한다.
㉧ 야근 후 다음 반으로 가는 간격은 최저 48시간 이상의 휴식시간을 갖도록 하여야 한다.
㉨ 야근 교대시간은 상오 0시 이전에 하는 것이 좋다(심야시간을 피함).
㉩ 야근 시 가면은 반드시 필요하며, 보통 2~4시간(1시간 30분 이상)이 적합하다.
㉪ 야근 시 가면은 작업강도에 따라 30분~1시간 범위로 하는 것이 좋다.
㉫ 작업 시 가면시간은 적어도 1시간 30분 이상 주어야 수면효과가 있다고 볼 수 있다.
㉬ 상대적으로 가벼운 작업은 야간근무조에 배치하는 등 업무내용을 탄력적으로 조정해야 하며, 야간작업자는 주간작업자보다 연간 쉬는 날이 더 많아야 한다.
㉭ 근로자가 교대일정을 미리 알 수 있도록 해야 한다.
㉮ 일반적으로 오전근무의 개시시간은 오전 9시로 한다.
㉯ 교대방식(교대근무 순환주기)은 낮근무, 저녁근무, 밤근무 순으로 한다. 즉, 정교대가 좋다.

정답 04.④ 05.② 06.③ 07.③

PART 02 과년도 출제문제

08 다음 중 인간의 행동에 영향을 미치는 산업안전심리의 5대 요소가 아닌 것은?
① 동기(motive) ② 기질(temper)
③ 경계(caution) ④ 습성(habit)

풀이 산업안전심리의 5대 요소
㉠ 동기(motive)
㉡ 기질(temper)
㉢ 감성(feeling)
㉣ 습성(habit)
㉤ 습관(custom)

09 노출기준에 대한 설명으로 옳은 것은?
① 노출기준 이하의 노출에서는 모든 근로자에게 건강상의 영향을 나타내지 않는다.
② 노출기준은 질병이나 육체적 조건을 판단하기 위한 척도로 사용될 수 있다.
③ 작업장이 아닌 대기에서는 건강한 사람이 대상이 되기 때문에 동일한 노출기준을 사용할 수 있다.
④ 노출기준은 독성의 강도를 비교할 수 있는 지표가 아니다.

풀이 노출기준
㉠ 유해요인에 대한 감수성은 개인에 따라 차이가 있으며 노출기준 이하의 작업환경에서도 직업상 질병이 발생하는 경우가 있다.
㉡ 노출기준 이하의 작업환경이라는 이유만으로 직업성 질병의 이환을 부정하는 근거 또는 반증 자료로 사용할 수 없다.
㉢ 대기오염의 평가 또는 관리상의 지표로 사용할 수 없다.

10 다음 중 '사무실 공기관리'에 대한 설명으로 틀린 것은?
① 관리기준은 8시간 시간가중평균농도 기준이다.
② 이산화탄소와 일산화탄소는 비분산적외선검출기의 연속 측정에 의한 직독식 분석방법에 의한다.
③ 이산화탄소의 측정결과 평가는 각 지점에서 측정한 측정치 중 평균값을 기준으로 비교 · 평가한다.
④ 공기의 측정시료는 사무실 내에서 공기질이 가장 나쁠 것으로 예상되는 2곳 이상에서 사무실 바닥면으로부터 0.9~1.5m의 높이에서 채취한다.

풀이 사무실 공기질의 측정결과는 측정치 전체에 대한 평균값을 오염물질별 관리기준과 비교하여 평가한다. 단, 이산화탄소는 각 지점에서 측정한 측정치 중 최고값을 기준으로 비교 · 평가한다.

11 다음 중 전신피로의 발생원인과 가장 거리가 먼 것은?
① 산소 공급의 부족
② 혈중 포도당의 저하
③ 항상성(homeostasis)의 상실
④ 근육 내 글리코겐의 증가

풀이 전신피로의 원인
㉠ 산소 공급의 부족
㉡ 혈중 포도당 농도 저하
㉢ 혈중 젖산 농도 증가
㉣ 근육 내 글리코겐 양의 감소
㉤ 작업강도의 증가

12 다음 중 산업정신건강에 대한 설명과 가장 거리가 먼 것은?
① 사업장에서 볼 수 있는 심인성 정신장애로는 성격이상, 노이로제, 히스테리 등이 있다.
② 직장에서 정신면에서 건강관리상 특히 중요시되는 정신장애는 조현병, 조울병, 알코올중독 등이 있다.
③ 정신분열증이나 조울병은 과거에 내인성 정신병이라고 하였으나 최근에는 심인도 관련하여 발병하는 것으로 알려져 있다.
④ 정신건강은 단지 정신병, 신경증, 정신지체 등의 정신장애가 없는 것만을 의미한다.

정답 08.③ 09.④ 10.③ 11.④ 12.④

[풀이] 정신건강은 단지 정신병, 신경증, 정신지체 등의 정신장애가 없는 것만을 의미하는 것이 아니다. 정신건강이 양호하다는 것은 균형이 잡히고 회복력이 강한 생활을 유지할 수 있고, 일상생활의 스트레스에 대처할 능력이 있는 상태를 말한다.

13 다음 중 사고예방대책 5단계를 올바르게 나열한 것은?

① 사실의 발견 → 조직 → 분석·평가 → 시정방법의 선정 → 시정책의 적용
② 조직 → 사실의 발견 → 분석·평가 → 시정방법의 선정 → 시정책의 적용
③ 사실의 발견 → 조직 → 시정방법의 선정 → 시정책의 적용 → 분석·평가
④ 조직 → 분석·평가 → 사실의 발견 → 시정방법의 선정 → 시정책의 적용

[풀이] 하인리히의 사고예방(방지)대책 기본원리 5단계
㉠ 제1단계 : 안전관리조직 구성(조직)
㉡ 제2단계 : 사실의 발견
㉢ 제3단계 : 분석·평가
㉣ 제4단계 : 시정방법의 선정(대책의 선정)
㉤ 제5단계 : 시정책의 적용(대책 실시)

14 육체적 작업능력(PWC)이 16kcal/min인 근로자가 1일 8시간 동안 물체를 운반하고 있고, 이때의 작업대사량은 9kcal/min, 휴식대사량은 1.5kcal/min이다. 다음 중 적정 휴식시간과 작업시간으로 가장 적합한 것은?

① 시간당 25분 휴식, 35분 작업
② 시간당 29분 휴식, 31분 작업
③ 시간당 35분 휴식, 25분 작업
④ 시간당 39분 휴식, 21분 작업

[풀이] 먼저 Hertig식을 이용 휴식시간 비율(%)을 구하면
$$T_{rest}(\%) = \left[\frac{PWC의 \frac{1}{3} - 작업대사량}{휴식대사량 - 작업대사량}\right] \times 100$$
$$= \left[\frac{(16 \times \frac{1}{3}) - 9}{1.5 - 9}\right] \times 100 = 49\%$$
∴ 휴식시간 = 60min × 0.49 = 29.4min
작업시간 = (60 - 29.4)min = 30.6min

15 다음 중 일반적인 실내공기질 오염과 가장 관계가 적은 질환은?

① 규폐증(silicosis)
② 가습기 열(humidifier fever)
③ 레지오넬라병(legionnaire's disease)
④ 과민성 폐렴(hypersensitivity pneumonitis)

[풀이] 규폐증은 유리규산(SiO_2) 분진 흡입으로 폐에 만성 섬유증식이 나타나는 진폐증이다.

16 다음 중 산업위생전문가로서 근로자에 대한 책임과 가장 관계가 깊은 것은?

① 근로자의 건강보호가 산업위생전문가의 1차적인 책임이라는 것을 인식한다.
② 이해관계가 있는 상황에서는 고객의 입장에서 관련 자료를 제시한다.
③ 기업주에 대하여는 실현 가능한 개선점으로 선별하여 보고한다.
④ 적절하고도 확실한 사실을 근거로 전문적인 견해를 발표한다.

[풀이] 산업위생전문가로서 근로자에 대한 책임
㉠ 근로자의 건강보호가 산업위생전문가의 1차적 책임임을 인지한다.
㉡ 근로자와 기타 여러 사람의 건강과 안녕이 산업위생전문가의 판단에 좌우된다는 것을 깨달아야 한다.
㉢ 위험요인의 측정, 평가 및 관리에 있어서 외부영향력에 굴하지 않고 중립적(객관적) 태도를 취한다.
㉣ 건강의 유해요인에 대한 정보(위험요소)와 필요한 예방조치에 대해 근로자와 상담(대화)한다.

17 60명의 근로자가 작업하는 사업장에서 1년 동안에 3건의 재해가 발생하여 5명의 재해자가 발생하였다. 이때 근로손실일수가 35일이었다면 이 사업장의 도수율은 약 얼마인가? (단, 근로자는 1일 8시간 연간 300일을 근무하였다.)

① 0.24   ② 20.83
③ 34.72   ④ 83.33

[정답] 13.② 14.② 15.① 16.① 17.②

[풀이] $$\text{도수율} = \frac{\text{재해발생건수}}{\text{연근로시간수}} \times 10^6$$
$$= \frac{3}{60 \times 8 \times 300} \times 10^6 = 20.83$$

18 다음 중 물질안전보건자료(MSDS)와 관련한 기준에 따라 MSDS를 작성할 경우 반드시 포함되어야 하는 항목이 아닌 것은?

① 유해·위험성
② 게시방법 및 위치
③ 노출방지 및 개인보호구
④ 화학제품과 회사에 관한 정보

[풀이] **물질안전보건자료(MSDS) 작성 시 포함되어야 할 항목**
㉠ 화학제품과 회사에 관한 정보
㉡ 유해·위험성
㉢ 구성 성분의 명칭 및 함유량
㉣ 응급조치 요령
㉤ 폭발·화재 시 대처방법
㉥ 누출사고 시 대처방법
㉦ 취급 및 저장 방법
㉧ 노출방지 및 개인보호구
㉨ 물리화학적 특성
㉩ 안정성 및 반응성
㉠ 독성에 관한 정보
㉡ 환경에 미치는 영향
㉣ 폐기 시 주의사항
㉨ 운송에 필요한 정보
㉮ 법적 규제 현황
㉯ 그 밖의 참고사항

19 우리나라 직업병에 관한 역사에 있어 원진레이온(주)에서 발생한 사건의 주요 원인 물질은?

① 이황화탄소(CS_2) ② 수은(Hg)
③ 벤젠(C_6H_6) ④ 납(Pb)

[풀이] **원진레이온(주)에서의 이황화탄소(CS_2) 중독 사건**
㉠ 펄프를 이황화탄소와 적용시켜 비스코레이온을 만드는 공정에서 발생하였다.
㉡ 중고기계를 가동하여 많은 오염물질 누출이 주 원인이었으며, 직업병 발생이 사회문제가 되자 사용했던 기기나 장비는 중국으로 수출하였다.
㉢ 작업환경 측정 및 근로자 건강진단을 소홀히 하여 예방에 실패한 대표적인 예이다.
㉣ 급성 고농도 노출 시 사망할 수 있고 1,000ppm 수준에서는 환상을 보는 등 정신이상을 유발한다.
㉤ 만성중독으로는 뇌경색증, 다발성 신경염, 협심증, 신부전증 등을 유발한다.
㉥ 1991년 중독을 발견하고, 1998년 집단적으로 발생하였다. 즉 집단 직업병이 유발되었다.

20 산업안전보건법령에 따라 근로자가 근골격계 부담작업을 하는 경우 유해요인 조사의 주기는?

① 6개월 ② 2년
③ 3년 ④ 5년

[풀이] **근골격계 부담작업 종사 근로자의 유해요인 조사사항**
다음의 유해요인 조사를 3년마다 실시한다.
㉠ 설비·작업공정·작업량·작업속도 등 작업장 상황
㉡ 작업시간·작업자세·작업방법 등 작업조건
㉢ 작업과 관련된 근골격계 질환 징후 및 증상 유무 등

제2과목 | 작업위생 측정 및 평가

21 작업장 내 기류 측정에 대한 설명으로 옳지 않은 것은?

① 풍차풍속계는 풍차의 회전속도로 풍속을 측정한다.
② 풍차풍속계는 보통 1~150m/sec 범위의 풍속을 측정하며 옥외용이다.
③ 기류속도가 아주 낮을 때에는 카타온도계와 복사풍속계를 사용하는 것이 정확하다.
④ 카타온도계는 기류의 방향이 일정하지 않거나, 실내 0.2~0.5m/sec 정도의 불감기류를 측정할 때 사용한다.

[풀이] 기류속도가 낮을 때 정확한 측정이 가능한 것은 열선풍속계이다.

22 옥내작업장에서 측정한 건구온도가 73℃이고 자연습구온도가 65℃, 흑구온도가 81℃일 때, WBGT는?

① 64.4℃
② 67.4℃
③ 69.8℃
④ 71.0℃

풀이 옥내작업장 WBGT(℃)
= (0.7×자연습구온도) + (0.3×흑구온도)
= (0.7×65℃) + (0.3×81℃)
= 69.8℃

23 근로자 개인의 청력 손실 여부를 알기 위하여 사용하는 청력 측정용 기기를 무엇이라고 하는가?

① audiometer
② sound level meter
③ noise dosimeter
④ impact sound level meter

풀이 근로자 개인의 청력손실 여부를 판단하기 위해 사용하는 청력 측정용 기기는 audiometer이고, 근로자 개인의 노출량을 측정하는 기기는 noise dosimeter이다.

24 금속제품을 탈지, 세정하는 공정에서 사용하는 유기용제인 trichloroethylene의 근로자 노출농도를 측정하고자 한다. 과거의 노출농도를 조사해 본 결과, 평균 40ppm이었다. 활성탄관(100mg/50mg)을 이용하여 0.14L/분으로 채취하였다면, 채취해야 할 최소한의 시간(분)은? (단, trichloroethylene의 분자량은 131.39, 25℃, 1기압, 가스 크로마토그래피의 정량한계(LOQ)는 0.4mg이다.)

① 10.3
② 13.3
③ 16.3
④ 19.3

풀이 우선 과거농도 40ppm을 mg/m^3로 환산하면
$mg/m^3 = 40ppm \times \dfrac{131.39g}{24.45L} = 214.95mg/m^3$

정량한계를 기준으로 최소한으로 채취해야 하는 양이 결정되므로
$\dfrac{LOQ}{과거농도} = \dfrac{0.4mg}{214.95mg/m^3} = 0.00186m^3 \times \dfrac{1,000L}{m^3}$
$= 1.86L$
∴ 채취 최소시간은 최소채취량을 pump 용량으로 나누면
$\dfrac{1.86L}{0.14L/min} = 13.29min$

25 냉동기에서 냉매체가 유출되고 있는지 검사하려고 할 때 가장 적합한 측정기구는 무엇인가?

① 스펙트로미터(spectrometer)
② 가스크로마토그래피(gas chromatography)
③ 할로겐화합물 측정기기(halide meter)
④ 연소가스지시계(combustible gas meter)

풀이 냉매의 주성분이 할로겐원소(Cl, Br, I)로 구성되어 있으므로, 측정기구는 할로겐화합물 측정기기를 사용한다.

26 다음 물질 중 실리카겔과 친화력이 가장 큰 것은?

① 알데히드류
② 올레핀류
③ 파라핀류
④ 에스테르류

풀이 실리카겔의 친화력(극성이 강한 순서)
물 > 알코올류 > 알데히드류 > 케톤류 > 에스테르류 > 방향족탄화수소류 > 올레핀류 > 파라핀류

27 기체에 관한 다음 법칙 중 일정한 온도조건에서 부피와 압력은 반비례한다는 것은?

① 보일의 법칙
② 샤를의 법칙
③ 게이-뤼삭의 법칙
④ 라울트의 법칙

풀이 보일의 법칙
일정한 온도에서 기체의 부피는 그 압력에 반비례한다. 즉 압력이 2배 증가하면 부피는 처음의 1/2배로 감소한다.

28 어느 작업장의 온도가 18℃이고, 기압이 770mmHg, methyl ethyl ketone(분자량=72)의 농도가 26ppm일 때 mg/m³ 단위로 환산된 농도는?

① 64.5 ② 79.4
③ 87.3 ④ 93.2

[풀이] 농도(mg/m³)

$$= 26\text{ppm} \times \frac{72}{\left(22.4 \times \dfrac{273+18}{273} \times \dfrac{760}{770}\right)}$$

$$= 79.43 \text{mg/m}^3$$

29 1차 표준기구 중 일반적 사용범위가 10~500mL/분, 정확도가 ±0.05~0.25%인 것은?

① 폐활량계 ② 가스치환병
③ 건식 가스미터 ④ 습식 테스트미터

[풀이] 공기채취기구 보정에 사용되는 1차 표준기구

표준기구	일반 사용범위	정확도
비누거품미터 (soap bubble meter)	1mL/분 ~30L/분	±1% 이내
폐활량계 (spirometer)	100~600L	±1% 이내
가스치환병 (mariotte bottle)	10~500mL/분	±0.05 ~0.25%
유리피스톤미터 (glass piston meter)	10~200mL/분	±2% 이내
흑연피스톤미터 (frictionless piston meter)	1mL/분 ~50L/분	±1~2%
피토튜브 (pitot tube)	15mL/분 이하	±1% 이내

30 제관공장에서 용접흄을 측정한 결과가 다음과 같다면 노출기준 초과 여부 평가로 알맞은 것은?

- 용접흄의 TWA : 5.27mg/m^3
- 노출기준 : 5.0mg/m^3
- SAE(시료채취 분석오차) : 0.012

① 초과
② 초과 가능
③ 초과하지 않음
④ 평가할 수 없음

[풀이]
- $Y(\text{표준화값}) = \dfrac{\text{TWA}}{\text{허용기준}} = \dfrac{5.27}{5.0} = 1.054$
- LCL(하한치) = $Y - \text{SAE}$
  $= 1.054 - 0.012 = 1.042$

∴ LCL(1.042)>1이므로, 초과

31 작업환경의 감시(monitoring)에 관한 목적을 가장 적절하게 설명한 것은?

① 잠재적인 인체에 대한 유해성을 평가하고 적절한 보호대책을 결정하기 위함
② 유해물질에 의한 근로자의 폭로도를 평가하기 위함
③ 적절한 공학적 대책 수립에 필요한 정보를 제공하기 위함
④ 공정 변화로 인한 작업환경 변화의 파악을 위함

[풀이] 작업환경 감시(monitoring)의 목적
잠재적인 인체에 대한 유해성을 평가하고 적절한 보호대책을 결정하기 위함이다.

32 다음 중 계통 오차의 종류로 거리가 먼 것은?

① 한 가지 실험 측정을 반복할 때 측정값들의 변동으로 발생되는 오차
② 측정 및 분석 기기의 부정확성으로 발생된 오차
③ 측정하는 개인의 선입관으로 발생된 오차
④ 측정 및 분석 시 온도나 습도와 같이 알려진 외계의 영향으로 생기는 오차

[풀이] 계통오차의 종류
(1) 외계오차(환경오차)
  ㉠ 측정 및 분석 시 온도나 습도와 같은 외계의 환경으로 생기는 오차를 의미한다.
  ㉡ 대책(오차의 세기) : 보정값을 구하여 수정함으로써 오차를 제거할 수 있다.

(2) 기계오차(기기오차)
  ㉠ 사용하는 측정 및 분석 기기의 부정확성으로 인한 오차를 말한다.
  ㉡ 대책 : 기계의 교정에 의하여 오차를 제거할 수 있다.
(3) 개인오차
  ㉠ 측정자의 습관이나 선입관에 의한 오차이다.
  ㉡ 대책 : 두 사람 이상 측정자의 측정을 비교하여 오차를 제거할 수 있다.

33 흑구온도의 측정시간 기준으로 적절한 것은? (단, 직경이 5cm인 흑구온도계 기준이다.)

① 5분 이상
② 10분 이상
③ 15분 이상
④ 25분 이상

[풀이] 측정구분에 의한 측정기기 및 측정시간

구 분	측정기기	측정시간
습구 온도	0.5도 간격의 눈금이 있는 아스만통풍건습계, 자연습구온도를 측정할 수 있는 기기 또는 이와 동등 이상의 성능이 있는 측정기기	• 아스만통풍건습계 : 25분 이상 • 자연습구온도계 : 5분 이상
흑구 및 습구 흑구 온도	직경이 5센티미터 이상 되는 흑구온도계 또는 습구흑구온도(WBGT)를 동시에 측정할 수 있는 기기	• 직경이 15센티미터일 경우 : 25분 이상 • 직경이 7.5센티미터 또는 5센티미터일 경우 : 5분 이상

※ 고시 변경사항, 학습 안 하셔도 무방합니다.

34 고열 측정방법에 관한 내용이다. ( ) 안에 맞는 내용은? (단, 고용노동부 고시 기준)

측정은 단위작업장소에서 측정대상이 되는 근로자의 작업행동 범위 내에서 주 작업위치의 바닥면으로부터 ( )의 위치에서 행하여야 한다.

① 50cm 이상, 120cm 이하
② 50cm 이상, 150cm 이하
③ 80cm 이상, 120cm 이하
④ 80cm 이상, 150cm 이하

[풀이] 측정은 단위작업장소에서 측정대상이 되는 근로자의 작업행동범위 내에서 주 작업위치의 바닥면으로부터 50센티미터 이상, 150센티미터 이하의 위치에서 행하여야 한다.

※ 고시 변경사항, 학습 안 하셔도 무방합니다.

35 태양광선이 내리쬐는 옥외작업장에서 작업강도 중등도의 연속작업이 이루어질 때 습구흑구온도지수(WBGT)는? (단, 건구온도 : 30℃, 자연습구온도 : 28℃, 흑구온도 : 32℃)

① WBGT : 27.0℃
② WBGT : 28.2℃
③ WBGT : 29.0℃
④ WBGT : 30.2℃

[풀이] 옥외 WBGT(℃)
= (0.7×자연습구온도) + (0.2×흑구온도) + (0.1×건구온도)
= (0.7×28℃) + (0.2×32℃) + (0.1×30℃)
= 29℃

36 처음 측정한 측정치는 유량, 측정시간, 회수율 및 분석 등에 의한 오차가 각각 15%, 3%, 9%, 5%였으나 유량에 의한 오차가 개선되어 10%로 감소되었다면 개선 전 측정치의 누적오차와 개선 후 측정치의 누적오차의 차이(%)는?

① 6.6%   ② 5.6%
③ 4.6%   ④ 3.8%

[풀이]
• 개선 전 누적오차 = $\sqrt{15^2 + 3^2 + 9^2 + 5^2}$ = 18.44%
• 개선 후 누적오차 = $\sqrt{10^2 + 3^2 + 9^2 + 5^2}$ = 14.67%
∴ 차이 = 18.44 - 14.67 = 3.77%

37 유해가스의 생리학적 분류를 단순 질식제, 화학 질식제, 자극가스 등으로 할 때, 다음 중 단순 질식제로 구분되는 것은?

① 일산화탄소   ② 아세틸렌
③ 포름알데히드   ④ 오존

정답 33.① 34.② 35.③ 36.④ 37.②

> [풀이] **단순 질식제의 종류**
> ㉠ 이산화탄소
> ㉡ 메탄
> ㉢ 질소
> ㉣ 수소
> ㉤ 에탄, 프로판, 에틸렌, 아세틸렌, 헬륨

38 직독식 측정기구가 전형적 방법에 비해 가지는 장점과 가장 거리가 먼 것은?
① 측정과 작동이 간편하여 인력과 분석비를 절감할 수 있다.
② 현장에서 실제 작업시간이나 어떤 순간에서 유해인자의 수준과 변화를 손쉽게 알 수 있다.
③ 직독식 기구로 유해물질을 측정하는 방법의 민감도와 특이성 외의 모든 특성은 전형적 방법과 유사하다.
④ 현장에서 즉각적인 자료가 요구될 때 매우 유용하게 이용될 수 있다.

> [풀이] 직독식 측정기구는 민감도가 낮아 비교적 고농도에만 적용 가능하고 특이도가 낮아 다른 방해물질의 영향을 받기 쉽다.

39 가스상 물질의 연속시료채취방법 중 흡수액을 사용한 능동식 시료채취 방법(시료채취 펌프를 이용하여 강제적으로 공기를 매체에 통과시키는 방법)의 일반적 시료채취 유량 기준으로 가장 적절한 것은?
① 0.2L/min 이하　② 1.0L/min 이하
③ 5.0L/min 이하　④ 10.0L/min 이하

> [풀이] **능동식 시료채취 유량**
> ㉠ 흡착관 : 0.2L/min 이하
> ㉡ 흡수액 : 1.0L/min 이하

40 측정결과를 평가하기 위하여 '표준화값'을 산정할 때 적용되는 인자는? (단, 고용노동부 고시 기준)
① 측정농도와 노출기준
② 평균농도와 표준편차
③ 측정농도와 평균농도
④ 측정농도와 표준편차

> [풀이] 표준화값(Y) = $\dfrac{\text{측정농도(TWA, STEL)}}{\text{노출기준(허용기준)}}$

제3과목 | 작업환경 관리대책

41 산소가 결핍된 밀폐공간에서 작업할 경우 가장 적합한 호흡용 보호구는?
① 방진마스크　② 방독마스크
③ 송기마스크　④ 면체 여과식 마스크

> [풀이] **송기마스크**
> ㉠ 산소가 결핍된 환경 또는 유해물질의 농도가 높거나 독성이 강한 작업장에서 사용해야 한다.
> ㉡ 대표적인 보호구로는 에어라인(air-line)마스크와 자가공기공급장치(SCBA)가 있다.

42 80μm인 분진 입자를 중력 침강실에서 처리하려고 한다. 입자의 밀도는 2g/cm³, 가스의 밀도는 1.2kg/m³, 가스의 점성계수는 2.0×10⁻³g/cm·sec일 때 침강속도는? (단, Stokes 식 적용)
① 3.49×10^{-3} m/sec
② 3.49×10^{-2} m/sec
③ 4.49×10^{-3} m/sec
④ 4.49×10^{-2} m/sec

> [풀이] 침강속도 = $\dfrac{d_p^2(\rho_p - \rho)g}{18\mu}$
> ・ d_p : 80μm (80×10⁻⁶ m)
> ・ ρ_p : 2g/cm³ (2,000kg/m³)
> ・ μ : 2.0×10⁻³ g/cm·sec
> 　　　(0.0002 kg/m·sec)
>
> $= \dfrac{\left[(80\times 10^{-6})^2\text{m}^2 \times (2,000-1.2)\text{kg/m}^3 \times 9.8\text{m/sec}^2\right]}{18 \times 0.0002\text{kg/m·sec}}$
>
> $= 0.0348$ m/sec $= 3.49 \times 10^{-2}$ m/sec

정답 38.③ 39.② 40.① 41.③ 42.②

43 송풍기의 송풍량이 200m³/min이고, 송풍기 전압이 150mmH₂O이다. 송풍기의 효율이 0.8이라면 소요동력(kW)은?

① 약 4kW ② 약 6kW
③ 약 8kW ④ 약 10kW

[풀이]
$$\text{소요동력(kW)} = \frac{Q \times \Delta P}{6,120 \times \eta} \times \alpha$$
$$= \frac{200\text{m}^3/\text{min} \times 150\text{mmH}_2\text{O}}{6,120 \times 0.8} \times 1.0$$
$$= 6.13\text{kW}$$

44 강제환기의 효과를 제고하기 위한 원칙으로 틀린 것은?

① 오염물질 배출구는 가능한 한 오염원으로부터 가까운 곳에 설치하여 점환기 현상을 방지한다.
② 공기 배출구와 근로자의 작업위치 사이에 오염원이 위치하여야 한다.
③ 공기가 배출되면서 오염장소를 통과하도록 공기 배출구와 유입구의 위치를 선정한다.
④ 오염원 주위에 다른 작업공정이 있으면 공기 배출량을 공급량보다 약간 크게 하여 음압을 형성하여 주위 근로자에게 오염물질이 확산되지 않도록 한다.

[풀이] 전체환기(강제환기)시설 설치 기본원칙
㉠ 오염물질 사용량을 조사하여 필요환기량을 계산한다.
㉡ 배출공기를 보충하기 위하여 청정공기를 공급한다.
㉢ 오염물질 배출구는 가능한 한 오염원으로부터 가까운 곳에 설치하여 '점환기'의 효과를 얻는다.
㉣ 공기 배출구와 근로자의 작업위치 사이에 오염원이 위치해야 한다.
㉤ 공기가 배출되면서 오염장소를 통과하도록 공기 배출구와 유입구의 위치를 선정한다.
㉥ 작업장 내 압력은 경우에 따라서 양압이나 음압으로 조정해야 한다(오염원 주위에 다른 작업공정이 있으면 공기 공급량을 배출량보다 작게 하여 음압을 형성시켜 주위 근로자에게 오염물질이 확산되지 않도록 한다).
㉦ 배출된 공기가 재유입되지 못하게 배출구 높이를 적절히 설계하고 창문이나 문 근처에 위치하지 않도록 한다.
㉧ 오염된 공기는 작업자가 호흡하기 전에 충분히 희석되어야 한다.
㉨ 오염물질 발생은 가능하면 비교적 일정한 속도로 유출되도록 조정해야 한다.

45 한랭작업장에서 일하고 있는 근로자의 관리에 대한 내용으로 옳지 않은 것은?

① 한랭에 대한 순화는 고온순화보다 빠르다.
② 노출된 피부나 전신의 온도가 떨어지지 않도록 온도를 높이고 기류의 속도를 낮추어야 한다.
③ 필요하다면 작업을 자신이 조절하게 한다.
④ 외부 액체가 스며들지 않도록 방수 처리된 의복을 입는다.

[풀이] 한랭에 대한 순화는 고온순화보다 느리며, 혈관의 이상은 저온 노출로 유발되거나 악화된다.

46 고속기류 내로 높은 초기속도로 배출되는 작업조건에서 회전연삭, 블라스팅 작업공정 시 제어속도로 적절한 것은? (단, 미국산업위생전문가협의회 권고 기준)

① 1.8m/sec ② 2.1m/sec
③ 8.8m/sec ④ 12.8m/sec

[풀이] 작업조건에 따른 제어속도 기준(ACGIH)

작업조건	작업공정 사례	제어속도(m/sec)
• 움직이지 않는 공기 중에서 속도 없이 배출되는 작업조건 • 조용한 대기 중에 실제 거의 속도가 없는 상태로 발산하는 작업조건	액면에서 발생하는 가스나 증기, 흄 탱크에서 증발, 탈지시설	0.25~0.5
비교적 조용한(약간의 공기 움직임) 대기 중에서 저속도로 비산하는 작업조건	용접, 도금 작업 스프레이 도장 주형을 부수고 모래를 터는 장소	0.5~1.0

정답 43.② 44.① 45.① 46.③

작업조건	작업공정 사례	제어속도 (m/sec)
발생기류가 높고 유해물질이 활발하게 발생하는 작업조건	• 스프레이 도장, 용기 충전 • 컨베이어 적재 • 분쇄기	1.0~2.5
초고속기류가 있는 작업장소에 초고속으로 비산하는 작업조건	• 회전연삭작업 • 연마작업 • 블라스트 작업	2.5~10

47 귀덮개의 착용 시 일반적으로 요구되는 차음효과를 가장 알맞게 나타낸 것은?

① 저음역 20dB 이상, 고음역 45dB 이상
② 저음역 20dB 이상, 고음역 55dB 이상
③ 저음역 30dB 이상, 고음역 40dB 이상
④ 저음역 30dB 이상, 고음역 50dB 이상

[풀이] **귀덮개의 방음효과**
㉠ 저음영역에서 20dB 이상, 고음영역에서 45dB 이상의 차음효과가 있다.
㉡ 귀마개를 착용하고서 귀덮개를 착용하면 훨씬 차음효과가 커지게 되므로 120dB 이상의 고음 작업장에서는 동시 착용할 필요가 있다.
㉢ 간헐적 소음에 노출되는 경우 귀덮개를 착용한다.
㉣ 차음성능기준상 중심주파수가 1,000Hz인 음원의 차음치는 25dB 이상이다.

48 분진대책 중의 하나인 발진의 방지방법과 가장 거리가 먼 것은?

① 원재료 및 사용재료의 변경
② 생산기술의 변경 및 개량
③ 습식화에 의한 분진발생 억제
④ 밀폐 또는 포위

[풀이] **분진 발생 억제(발진의 방지)**
(1) 작업공정 습식화
㉠ 분진의 방진대책 중 가장 효과적인 개선대책이다.
㉡ 착암, 파쇄, 연마, 절단 등의 공정에 적용한다.
㉢ 취급물질로는 물, 기름, 계면활성제를 사용한다.

㉣ 물을 분사할 경우 국소배기시설과의 병행사용 시 주의한다(작은 입자들이 부유 가능성이 있고, 이들이 덕트 등에 쌓여 굳게 됨으로써 국소배기시설의 효율성을 저하시킴).
㉤ 시간이 경과하여 바닥에 굳어 있다 건조되면 재비산되므로 주의한다.
(2) 대치
㉠ 원재료 및 사용재료의 변경(연마재의 사암을 인공마석으로 교체)
㉡ 생산기술의 변경 및 개량
㉢ 작업공정의 변경
- 발생분진 비산 방지방법
(1) 해당 장소를 밀폐 및 포위
(2) 국소배기
㉠ 밀폐가 되지 못하는 경우에 사용한다.
㉡ 포위형 후드의 국소배기장치를 설치하며 해당 장소를 음압으로 유지시킨다.
(3) 전체환기

49 다음 [보기]에서 여과집진장치의 장점만을 고른 것은?

[보기]
㉮ 다양한 용량(송풍량)을 처리할 수 있다.
㉯ 습한 가스처리에 효율적이다.
㉰ 미세입자에 대한 집진효율이 비교적 높은 편이다.
㉱ 여과재는 고온 및 부식성 물질에 손상되지 않는다.

① ㉮, ㉯   ② ㉮, ㉰
③ ㉰, ㉱   ④ ㉯, ㉱

[풀이] **여과집진장치의 장점**
㉠ 집진효율이 높으며, 집진효율은 처리가스의 양과 밀도변화에 영향이 적다.
㉡ 다양한 용량을 처리할 수 있다.
㉢ 연속집진방식일 경우 먼지부하의 변동이 있어도 운전효율에는 영향이 없다.
㉣ 건식 공정이므로 포집먼지의 처리가 쉽다. 즉 여러 가지 형태의 분진을 포집할 수 있다.
㉤ 여과재에 표면 처리하여 가스상 물질을 처리할 수도 있다.
㉥ 설치 적용범위가 광범위하다.
㉦ 탈진방법과 여과재의 사용에 따른 설계상의 융통성이 있다.

50 덕트 직경이 30cm이고 공기유속이 5m/sec 일 때 레이놀즈 수(Re)는? (단, 공기의 점성계수는 20℃에서 1.85×10^{-5}kg/sec·m, 공기의 밀도는 20℃에서 1.2kg/m^{3}이다.)

① 97,300
② 117,500
③ 124,400
④ 135,200

풀이 $Re = \dfrac{\rho VD}{\mu} = \dfrac{1.2 \times 5 \times 0.3}{1.85 \times 10^{-5}} = 97,297$

51 열부하와 노동의 정도에 따라 근로자의 체온유지에 필요한 기류의 속도는 다르다. 작업조건과 그에 따른 적절한 기류속도 범위로 틀린 것은?

① 앉아서 작업을 하는 고정작업장(계속노출)일 때 : 0.1~0.2m/sec
② 서서 작업을 하는 고정작업장(계속노출)일 때 : 0.5~1m/sec
③ 저열부하와 경노동(간헐노출)일 때 : 5~10m/sec
④ 고열부하와 중노동(간헐노출)일 때 : 15~20m/sec

풀이 ①항의 경우 기류속도는 0.1m/sec 이하이다.

52 흡인풍량이 200m^3/min이고, 송풍기 유효전압이 150mmH$_2$O이다. 송풍기의 효율이 80%, 여유율이 1.2인 송풍기의 소요동력은? (단, 송풍기 효율과 여유율을 고려한다.)

① 4.8kW ② 5.4kW
③ 6.7kW ④ 7.4kW

풀이 소요동력(kW) $= \dfrac{Q \times \Delta P}{6,120 \times \eta} \times \alpha$
$= \dfrac{200\text{m}^3/\text{min} \times 150\text{mmH}_2\text{O}}{6,120 \times 0.8} \times 1.2$
$= 7.35\text{kW}$

53 유효전압이 120mmH$_2$O, 송풍량이 306m^3/min인 송풍기의 축동력이 7.5kW일 때 이 송풍기의 전압 효율은? (단, 기타 조건은 고려하지 않는다.)

① 65% ② 70%
③ 75% ④ 80%

풀이 소요동력(kW) $= \dfrac{Q \times \Delta P}{6,120 \times \eta}$
$7.5\text{kW} = \dfrac{306\text{m}^3/\text{min} \times 120\text{mmH}_2\text{O}}{6,120 \times \eta}$
∴ η(효율) $= 0.8 \times 100 = 80\%$

54 청력보호구의 차음효과를 높이기 위해서 유의할 사항으로 볼 수 없는 것은?

① 청력보호구는 머리의 모양이나 귓구멍에 잘 맞는 것을 사용하여 차음효과를 높이도록 한다.
② 청력보호구는 기공이 많은 재료로 만들어 흡음효과를 높여야 한다.
③ 청력보호구를 잘 고정시켜 보호구 자체의 진동을 최소한도로 줄이도록 한다.
④ 귀덮개 형식의 보호구는 머리카락이 길 때와 안경테가 굵거나 잘 부착되지 않을 때에는 사용하지 않도록 한다.

풀이 청력보호구는 차음효과를 높이기 위하여 기공이 많은 재료를 선택하지 않아야 한다.

55 외부식 후드에서 플랜지가 붙고 공간에 설치된 후드와 플랜지가 붙고 면에 고정 설치된 후드의 필요공기량을 비교할 때 플랜지가 붙고 면에 고정 설치된 후드는 플랜지가 붙고 공간에 설치된 후드에 비하여 필요공기량을 약 몇 % 절감할 수 있는가? (단, 후드는 장방형 기준이다.)

① 12% ② 20%
③ 25% ④ 33%

정답 50.① 51.① 52.④ 53.④ 54.② 55.④

풀이
- 플랜지 부착, 자유공간 위치 송풍량(Q_1)
  $Q_1 = 60 \times 0.75 \times V_c[(10X^2) + A]$
- 플랜지 부착, 작업면 위치 송풍량(Q_2)
  $Q_2 = 60 \times 0.5 \times V_c[(10X^2) + A]$
  $\therefore$ 절감효율(%) $= \dfrac{0.75 - 0.5}{0.75} \times 100 = 33.33\%$

56 이산화탄소 가스의 비중은? (단, 0℃, 1기압 기준)

① 1.34 ② 1.41
③ 1.52 ④ 1.63

풀이 비중 $= \dfrac{\text{대상물질의 분자량}}{\text{표준물질의 분자량}} = \dfrac{44}{28.9} = 1.52$

57 유해물의 발산을 제거하거나 감소시킬 수 있는 생산공정 작업방법 개량과 거리가 먼 것은?

① 주물공정에서 셀 몰드법을 채용한다.
② 석면 함유 분체 원료를 건식 믹서로 혼합하고 용제를 가하던 것을 용제를 가한 후 혼합한다.
③ 광산에서는 습식 착암기를 사용하여 파쇄, 연마 작업을 한다.
④ 용제를 사용하는 분무도장을 에어스프레이 도장으로 바꾼다.

풀이 석면 함유 분체 원료를 습식 믹서로 혼합한다.

58 희석환기의 또 다른 목적은 화재나 폭발을 방지하기 위한 것이다. 폭발 하한치인 LEL(Lower Explosive Limit)에 대한 설명 중 틀린 것은?

① 폭발성, 인화성이 있는 가스 및 증기 혹은 입자상의 물질을 대상으로 한다.
② LEL은 근로자의 건강을 위해 만들어 놓은 TLV보다 낮은 값이다.
③ LEL의 단위는 %이다.
④ 오븐이나 덕트처럼 밀폐되고 환기가 계속적으로 가동되고 있는 곳에서는 LEL의 1/4를 유지하는 것이 안전하다.

풀이 혼합가스의 연소가능범위를 폭발범위라 하며, 그 최저농도를 폭발농도 하한치(LEL), 최고농도를 폭발농도 상한치(UEL)라 한다.
- 폭발농도 하한치(%) : LEL
  ㉠ LEL이 25%이면 화재나 폭발을 예방하기 위해서는 공기 중 농도가 250,000ppm 이하로 유지되어야 한다.
  ㉡ 폭발성, 인화성이 있는 가스 및 증기 혹은 입자상 물질을 대상으로 한다.
  ㉢ LEL은 근로자의 건강을 위해 만들어 놓은 TLV보다 높은 값이다.
  ㉣ 단위는 %이며, 오븐이나 덕트처럼 밀폐되고 환기가 계속적으로 가동되고 있는 곳에서는 LEL의 1/4를 유지하는 것이 안전하다.
  ㉤ 가연성 가스가 공기 중의 산소와 혼합되어 있는 경우 혼합가스 조성에 따라 점화원에 의해 착화된다.

59 90℃ 곡관의 반경비가 2.0일 때 압력손실계수는 0.27이다. 속도압이 14mmH₂O라면 곡관의 압력손실(mmH₂O)은?

① 7.6 ② 5.5
③ 3.8 ④ 2.7

풀이 곡관의 압력손실(ΔP) $= \delta \times VP$
$= 0.27 \times 14 = 3.78 \text{mmH}_2\text{O}$

60 마스크 성능 및 시험방법에 관한 설명으로 틀린 것은?

① 배기변의 작동 기밀시험 : 내부 압력이 상압으로 돌아올 때까지 시간은 5초 이내여야 한다.
② 불연성 시험 : 버너 불꽃의 끝부분에서 20mm 위치의 불꽃온도를 800±50℃로 하여 마스크를 초당 6±0.5cm의 속도로 통과시킨다.
③ 분진포집효율시험 : 마스크에 석영분진 함유공기를 매분 30L의 유량으로 통과시켜 통과 전후의 석영농도를 측정한다.
④ 배기저항시험 : 마스크에 공기를 매분 30L의 유량으로 통과시켜 마스크 내외의 압력차를 측정한다.

> [풀이] **배기변의 작동기밀시험**
> 내부압력이 상압으로 돌아올 때까지 시간은 15초 이상이어야 한다.

제4과목 | 물리적 유해인자관리

61 다음 중 진동에 대한 설명으로 틀린 것은 어느 것인가?

① 전신진동에 대해 인체는 대략 $0.01m/sec^2$에서 $10m/sec^2$까지의 가속도를 느낄 수 있다.
② 진동 시스템을 구성하는 3가지 요소는 질량(mass), 탄성(elasticity), 댐핑(damping)이다.
③ 심한 진동에 노출될 경우 일부 노출군에서 뼈, 관절 및 신경, 근육, 혈관 등 연부조직에서 병변이 나타난다.
④ 간헐적인 노출시간(주당 1일)에 대해 노출 기준치를 초과하는 주파수-보정, 실효치, 성분가속도에 대한 급성노출은 반드시 더 유해하다.

> [풀이] 간헐적인 노출보다는 연속적인 노출이 더 유해하다.

62 다음 중 조명을 작업환경의 한 요인으로 볼 때 고려해야 할 중요한 사항과 가장 거리가 먼 것은?

① 빛의 색 ② 눈부심과 휘도
③ 조명 시간 ④ 조도와 조도의 분포

> [풀이] 조명을 작업환경의 한 요인으로 볼 때 고려해야 할 중요한 사항은 조도와 조도의 분포, 눈부심과 휘도, 빛의 색이다.

63 작업장의 습도를 측정한 결과 절대습도는 4.57mmHg, 포화습도는 18.25mmHg이었다. 이때 이 작업장의 습도 상태에 대하여 가장 올바르게 설명한 것은?

① 적당하다.
② 너무 건조하다.
③ 습도가 높은 편이다.
④ 습도가 포화상태이다.

> [풀이]
> $$상대습도(\%) = \frac{절대습도}{포화습도} \times 100$$
> $$= \frac{4.57mmHg}{18.25mmHg} \times 100 = 25.04\%$$
> 인체에 바람직한 상대습도인 30~60%보다 크게 작은 수치이므로 너무 건조한 상태를 의미한다.

64 다음 중 일반적으로 소음계에서 A특성치는 몇 phon의 등청감곡선과 비슷하게 주파수에 따른 반응을 보정하여 측정한 음압수준을 말하는가?

① 40 ② 70
③ 100 ④ 140

> [풀이] **음의 크기 레벨(phon)과 청감보정회로**
> ㉠ 40phon : A청감보정회로(A특성)
> ㉡ 70phon : B청감보정회로(B특성)
> ㉢ 100phon : C청감보정회로(C특성)

65 전신진동은 진동이 작용하는 축에 따라 인체에 영향을 미치는 주파수의 범위가 다르다. 각 축에 따른 주파수의 범위로 옳은 것은?

① 수직방향 : 4~8Hz, 수평방향 : 1~2Hz
② 수직방향 : 10~20Hz, 수평방향 : 4~8Hz
③ 수직방향 : 2~100Hz, 수평방향 : 8~1,500Hz
④ 수직방향 : 8~1,500Hz, 수평방향 : 50~100Hz

> [풀이] 횡축을 진동수, 종축을 진동가속도 실효치로 진동의 등감각곡선을 나타내며, 수직진동은 4~8Hz 범위에서 수평진동은 1~2Hz 범위에서 가장 민감하다.

66 1기압(atm)에 관한 설명으로 틀린 것은?

① 약 $1kg_f/cm^2$와 동일하다.
② torr로 0.76에 해당한다.
③ 수은주로 760mmHg와 동일하다.
④ 수주(水柱)로 10,332mmH_2O에 해당한다.

정답 61.④ 62.③ 63.② 64.① 65.① 66.②

[풀이] 1기압 = 1atm = 760mmHg = 10,332mmH$_2$O
= 1.0332kg$_f$/cm^2 = 10,332kg$_f$/m^2
= 14.7Psi = 760Torr = 10,332mmAq
= 10.332mH$_2$O = 1013.25hPa
= 1013.25mb = 1.01325bar
= 10,113×10^{5}dyne/cm^2 = 1.013×10^{5}Pa

67 현재 총 흡음량이 1,200sabins인 작업장의 천장에 흡음물질을 첨가하여 2,800sabins을 더할 경우 예측되는 소음감소량(dB)은 약 얼마인가?

① 3.5
② 4.2
③ 4.8
④ 5.2

[풀이] 소음감소량(dB) = $10\log\frac{1,200+2,800}{1,200}$ = 5.23dB

68 작업장에서 음향파워레벨(PWL)이 110dB인 소음이 발생되고 있다. 이 기계의 음향파워는 몇 W(watt)인가?

① 0.05
② 0.1
③ 1
④ 10

[풀이] PWL = $10\log\frac{W}{10^{-12}}$
110dB = $10\log\frac{W}{10^{-12}}$
∴ $W = 10^{11} \times 10^{-12} = 0.1W$

69 다음 설명 중 ( ) 안에 알맞은 내용으로 나열한 것은?

깊은 물에서 올라오거나 감압실 내에서 감압을 하는 도중에 폐압박의 경우와는 반대로 폐 속의 공기가 팽창한다. 이때는 감압에 의한 (㉮)과 (㉯)의 두 가지 건강상의 문제가 발생한다.

① ㉮ 가스팽창, ㉯ 질소기포형성
② ㉮ 가스압축, ㉯ 이산화탄소중독
③ ㉮ 질소기포형성, ㉯ 산소중독
④ ㉮ 폐수종, ㉯ 저산소증

[풀이] 감압환경의 인체작용
깊은 물에서 올라오거나 감압실 내에서 감압을 하는 도중에는 폐압박의 경우와 반대로 폐 속의 공기가 팽창한다. 이때 감압에 의한 가스 팽창과 질소기포 형성의 두 가지 건강상 문제가 발생한다.

70 다음 중 단기간 동안 자외선(UV)에 초과 노출될 경우 발생하는 질병은?

① hypothermia
② stoker's problem
③ welder's flash
④ pyrogenic response

[풀이] 자외선의 눈에 대한 작용(장애)
㉠ 전기용접, 자외선 살균 취급자 등에서 발생되는 자외선에 의해 전광성 안염인 급성각막염이 유발될 수 있다(일반적으로 6~12시간에 증상이 최고도에 달함).
㉡ 나이가 많을수록 자외선 흡수량이 많아져 백내장을 일으킬 수 있다.
㉢ 자외선의 파장에 따른 흡수정도에 따라 'arc-eye(welder's flash)'라고 일컬어지는 광각막염 및 결막염 등의 급성 영향이 나타나며, 이는 270~280nm의 파장에서 주로 발생한다.

71 다음 중 자외선에 관한 설명으로 틀린 것은?

① 비전리 방사선이다.
② 태양광선, 고압수은증기등, 전기용접 등이 배출원이다.
③ 구름이나 눈에 반사되며, 고층구름이 낀 맑은 날에 가장 많다.
④ 태양에너지의 52%를 차지하며, 보통 700~1,400nm의 파장을 말한다.

[풀이] 자외선은 태양에너지의 5%를 차지하며, 약 100~400nm의 파장을 말하고 대기오염의 지표로도 사용된다.

정답 67.④ 68.② 69.① 70.③ 71.④

72 시간당 150kcal의 열량이 소요되는 작업을 하는 실내 작업장이다. 다음 온도 조건에서 시간당 작업휴식시간비로 가장 적절한 것은?

- 흑구온도 : 32℃
- 건구온도 : 27℃
- 자연습구온도 : 30℃

작업강도 작업휴식시간비	경 작업	중등 작업	중 작업
계속작업	30.0	26.7	25.0
매시간 75% 작업, 25% 휴식	30.6	28.0	25.9
매시간 50% 작업, 50% 휴식	31.4	29.4	27.9
매시간 25% 작업, 75% 휴식	32.2	31.1	30.0

① 계속작업
② 매시간 25% 작업, 75% 휴식
③ 매시간 50% 작업, 50% 휴식
④ 매시간 75% 작업, 25% 휴식

[풀이] 옥내 WBGT(℃)
=(0.7×자연습구온도)+(0.3×흑구온도)
=(0.7×30℃)+(0.3×32℃)
=30.6℃
시간당 200kcal까지의 열량이 소요되는 작업이 경작업이므로 작업휴식시간비는 매시간 75% 작업, 25% 휴식이다.

73 심한 소음에 반복 노출되면 일시적인 청력변화는 영구적 청력변화로 변하게 되는데, 이는 다음 중 어느 기관의 손상으로 인한 것인가?

① 원형창 ② 코르티기관
③ 삼반규반 ④ 유스타키오관

[풀이] 소음성 난청은 비가역적 청력저하, 강력한 소음이나 지속적인 소음 노출에 의해 청신경 말단부의 내이코르티(corti)기관의 섬모세포 손상으로 회복될 수 없는 영구적인 청력저하를 말한다.

74 다음 중 자외선 노출로 인해 발생하는 인체의 건강에 끼치는 영향이 아닌 것은?

① 색소침착
② 광독성 장애
③ 피부 비후
④ 피부암 발생

[풀이] 자외선의 피부에 대한 작용(장애)
㉠ 자외선에 의하여 피부의 표피와 진피두께가 증가하여 피부의 비후가 온다.
㉡ 280nm 이하의 자외선은 대부분 표피에서 흡수, 280~320nm 자외선은 진피에서 흡수, 320~380nm 자외선은 표피(상피 : 각화층, 말피기층)에서 흡수된다.
㉢ 각질층 표피세포(말피기층)의 histamine의 양이 많아져 모세혈관 수축, 홍반형성에 이어 색소침착이 발생한다. 홍반형성은 300nm 부근(2,000~2,900Å)의 폭로가 가장 강한 영향을 미치며, 멜라닌색소침착은 300~420nm에서 영향을 미친다.
㉣ 반복하여 자외선에 노출될 경우 피부가 건조해지고 갈색을 띠게 하며 주름살이 많이 생기게 한다. 즉 피부노화에 영향을 미친다.
㉤ 피부투과력은 체표에서 0.1~0.2mm 정도이고 자외선 파장, 피부색, 피부 표피의 두께에 좌우된다.
㉥ 옥외작업을 하면서 콜타르의 유도체, 벤조피렌, 안트라센화합물과 상호작용하여 피부암을 유발하며, 관여하는 파장은 주로 280~320nm이다.
㉦ 피부색과의 관계는 피부가 흰색일 때 가장 투과가 잘되며, 흑색이 가장 투과가 안 된다. 따라서 백인과 흑인의 피부암 발생률 차이가 크다.
㉧ 자외선 노출에 가장 심각한 만성 영향은 피부암이며, 피부암의 90% 이상은 햇볕에 노출된 신체부위에서 발생한다. 특히 대부분의 피부암은 상피세포 부위에서 발생한다.

75 다음 중 산소 결핍이 진행되면서 생체에 나타나는 영향을 순서대로 나열한 것은?

㉮ 가벼운 어지러움
㉯ 사망
㉰ 대뇌피질의 기능 저하
㉱ 중추성 기능 장애

① ㉮ → ㉰ → ㉱ → ㉯
② ㉮ → ㉱ → ㉰ → ㉯
③ ㉰ → ㉮ → ㉱ → ㉯
④ ㉰ → ㉱ → ㉮ → ㉯

정답 72.④ 73.② 74.② 75.①

[풀이] 산소 농도에 따른 인체장애

산소 농도 (%)	산소 분압 (mmHg)	동맥혈의 산소 포화도 (%)	증 상
12~16	90~120	85~89	호흡수 증가, 맥박 증가, 정신집중 곤란, 두통, 이명, 신체기능조절 손상 및 순환기 장애자 초기증상 유발
9~14	60~105	74~87	불완전한 정신상태에 이르고, 취한 것과 같으며, 당시의 기억상실, 전신탈진, 체온상승, 호흡장애, 청색증 유발, 판단력 저하
6~10	45~70	33~74	의식불명, 안면창백, 전신근육경련, 중추신경장애, 청색증 유발, 경련, 8분 내 100% 치명적, 6분 내 50% 치명적, 4~5분 내 치료로 회복 가능
4~6 및 이하	45 이하	33 이하	40초 내에 혼수상태, 호흡정지, 사망

76 다음 중 고압환경에서 발생할 수 있는 화학적인 인체 작용이 아닌 것은?

① 질소 마취작용에 의한 작업력 저하
② 일산화탄소 중독에 의한 호흡곤란
③ 산소중독 증상으로 간질 형태의 경련
④ 이산화탄소 분압증가에 의한 동통성 관절장애

[풀이] 고압환경에서의 2차적 가압현상
㉠ 질소가스의 마취작용
㉡ 산소중독
㉢ 이산화탄소의 작용

77 다음 중 한랭환경에 의한 건강장애에 대한 설명으로 틀린 것은?

① 전신저체온의 첫 증상은 억제하기 어려운 떨림과 냉(冷)감각이 생기고 심박동이 불규칙하고 느려지며, 맥박은 약해지고 혈압이 낮아진다.
② 제2도 동상은 수포와 함께 광범위한 삼출성 염증이 일어나는 경우를 말한다.
③ 참호족은 지속적인 국소의 영양결핍 때문이며 한랭에 의한 신경조직의 손상이 발생한다.
④ 레이노병과 같은 혈관 이상이 있을 경우에는 증상이 악화된다.

[풀이] 참호족과 침수족은 지속적인 한랭으로 모세혈관벽이 손상되는데, 이는 국소 부위의 산소결핍 때문이다.

78 다음 중 외부조사보다 체내 흡입 및 섭취로 인한 내부조사의 피해가 가장 큰 전리방사선의 종류는?

① α선 ② β선
③ γ선 ④ X선

[풀이] α선(α입자)
㉠ 방사선 동위원소의 붕괴과정 중 원자핵에서 방출되는 입자로서 헬륨원자의 핵과 같이 2개의 양자와 2개의 중성자로 구성되어 있다. 즉, 선원(major source)은 방사선 원자핵이고 고속의 He 입자형태이다.
㉡ 질량과 하전 여부에 따라 그 위험성이 결정된다.
㉢ 투과력은 가장 약하나(매우 쉽게 흡수) 전리작용은 가장 강하다.
㉣ 투과력이 약해 외부조사로 건강상의 위해가 오는 일은 드물며, 피해부위는 내부노출이다.
㉤ 외부조사보다 동위원소를 체내 흡입·섭취할 때의 내부조사의 피해가 가장 큰 전리방사선이다.

79 산업안전보건법령(국내)에서 정하는 일일 8시간 기준의 소음노출기준과 ACGIH 노출기준의 비교 및 각각의 기준에 대한 노출시간 반감에 따른 소음변화율을 비교한 [표] 중 올바르게 구분한 것은?

구 분	소음노출기준		소음변화율	
	국 내	ACGIH	국 내	ACGIH
㉮	90dB	85dB	3dB	3dB
㉯	90dB	90dB	5dB	5dB
㉰	90dB	85dB	5dB	3dB
㉱	90dB	90dB	3dB	5dB

① ㉮ ② ㉯
③ ㉰ ④ ㉱

[풀이] 소음에 대한 노출기준
(1) 우리나라 노출기준
8시간 노출에 대한 기준 90dB(5dB 변화율)

1일 노출시간(hr)	소음수준[dB(A)]
8	90
4	95
2	100
1	105
1/2	110
1/4	115

※ 115dB(A)을 초과하는 소음수준에 노출되어서는 안 된다.

(2) ACGIH 노출기준
8시간 노출에 대한 기준 85dB(3dB 변화율)

1일 노출시간(hr)	소음수준[dB(A)]
8	85
4	88
2	91
1	94
1/2	97
1/4	100

80 다음 중 자연채광을 이용한 조명방법으로 가장 적절하지 않은 것은?

① 입사각은 25° 미만이 좋다.
② 실내 각점의 개각은 4~5°가 좋다.
③ 창의 면적은 바닥면적의 15~20%가 이상적이다.
④ 창의 방향은 많은 채광을 요구할 경우 남향이 좋으며 조명의 평등을 요하는 작업실의 경우 북창이 좋다.

[풀이] 채광의 입사각은 28° 이상이 좋으며 개각 1°의 감소를 입사각으로 보충하려면 2~5° 증가가 필요하다.

제5과목 | 산업 독성학

81 다음 중 직업성 천식이 유발될 수 있는 근로자와 거리가 가장 먼 것은?

① 채석장에서 돌을 가공하는 근로자
② 목분진에 과도하게 노출되는 근로자
③ 빵집에서 밀가루에 노출되는 근로자
④ 폴리우레탄 페인트 생산에 TDI를 사용하는 근로자

[풀이] 채석장에서 돌을 가공하는 근로자는 진폐증이 유발된다.

82 다음 설명에 해당하는 중금속은?

- 뇌홍의 제조에 사용
- 소화관으로는 2~7% 정도의 소량으로 흡수
- 금속 형태는 뇌, 혈액, 심근에 많이 분포
- 만성노출 시 식욕부진, 신기능부전, 구내염 발생

① 납(Pb)
② 수은(Hg)
③ 카드뮴(Cd)
④ 안티몬(Sb)

[풀이] 수은
㉠ 무기수은은 뇌홍[Hg(ONC)$_2$] 제조에 사용된다.
㉡ 금속수은은 주로 증기가 기도를 통해서 흡수되고 일부는 피부로 흡수되며, 소화관으로는 2~7% 정도 소량 흡수된다.
㉢ 금속수은은 뇌, 혈액, 심근 등에 분포한다.
㉣ 만성노출 시 식욕부진, 신기능부전, 구내염을 발생시킨다.

83 미국정부산업위생전문가협의회(ACGIH)의 노출기준(TLV) 적용에 관한 설명으로 틀린 것은?

① 기존의 질병을 판단하기 위한 척도이다.
② 산업위생전문가에 의하여 적용되어야 한다.
③ 독성의 강도를 비교할 수 있는 지표가 아니다.
④ 대기오염의 정도를 판단하는 데 사용해서는 안 된다.

[풀이] **ACGIH(미국정부산업위생전문가협의회)에서 권고하고 있는 허용농도(TLV) 적용상 주의사항**
㉠ 대기오염평가 및 지표(관리)에 사용할 수 없다.
㉡ 24시간 노출 또는 정상 작업시간을 초과한 노출에 대한 독성 평가에는 적용할 수 없다.
㉢ 기존의 질병이나 신체적 조건을 판단(증명 또는 반응자료)하기 위한 척도로 사용될 수 없다.
㉣ 작업조건이 다른 나라에서 ACGIH-TLV를 그대로 사용할 수 없다.
㉤ 안전농도와 위험농도를 정확히 구분하는 경계선이 아니다.
㉥ 독성의 강도를 비교할 수 있는 지표는 아니다.
㉦ 반드시 산업보건(위생)전문가에 의하여 설명(해석), 적용되어야 한다.
㉧ 피부로 흡수되는 양은 고려하지 않은 기준이다.
㉨ 산업장의 유해조건을 평가하기 위한 지침이며, 건강장애를 예방하기 위한 지침이다.

84 다음 중 수은의 배설에 관한 설명으로 틀린 것은?
① 유기수은화합물은 땀으로도 배설된다.
② 유기수은화합물은 대변으로 주로 배설된다.
③ 금속수은은 대변보다 소변으로 배설이 잘된다.
④ 무기수은화합물의 생물학적 반감기는 2주 이내이다.

[풀이] **수은의 배설**
㉠ 금속수은(무기수은화합물)은 대변보다 소변으로 배설이 잘된다.
㉡ 유기수은화합물은 대변으로 주로 배설되고 일부는 땀으로도 배설되며 알킬수은은 대부분 담즙을 통해 소화관으로 배설되지만 소화관에서 재흡수도 일어난다.
㉢ 무기수은화합물의 생물학적 반감기는 약 6주이다.

85 다음 중 방향족탄화수소 중 저농도에 장기간 노출되어 만성중독을 일으키는 경우 가장 위험한 것은?
① 벤젠
② 크실렌
③ 톨루엔
④ 에틸렌

[풀이] 방향족탄화수소 중 저농도에 장기간 폭로(노출)되어 만성중독(조혈장애)을 일으키는 경우에는 벤젠의 위험도가 가장 크고 급성 전신중독 시 독성이 강한 물질은 톨루엔이다.

86 체내에 노출되면 metallothionein이라는 단백질을 합성하여 노출된 중금속의 독성을 감소시키는 경우가 있는데 이에 해당되는 중금속은?
① 납
② 니켈
③ 비소
④ 카드뮴

[풀이] 카드뮴이 체내에 들어가면 간에서 metallothionein 생합성이 촉진되어 폭로된 중금속의 독성을 감소시키는 역할을 하나 다량의 카드뮴일 경우 합성이 되지 않아 중독작용을 일으킨다.

87 다음 중 중추신경계 억제작용이 큰 유기화학물질의 순서로 옳은 것은?
① 유기산 < 알칸 < 알켄 < 알코올 < 에스테르 < 에테르
② 유기산 < 에스테르 < 에테르 < 알칸 < 알켄 < 알코올
③ 알칸 < 알켄 < 알코올 < 유기산 < 에스테르 < 에테르
④ 알코올 < 유기산 < 에스테르 < 에테르 < 알칸 < 알켄

[풀이] **유기화학물질의 중추신경계 억제작용 및 자극작용**
㉠ 중추신경계 억제작용의 순서
　알칸 < 알켄 < 알코올 < 유기산 < 에스테르 < 에테르 < 할로겐화합물
㉡ 중추신경계 자극작용의 순서
　알칸 < 알코올 < 알데히드 또는 케톤 < 유기산 < 아민류

88 생리적으로는 아무 작용도 하지 않으나 공기 중에 많이 존재하여 산소분압을 저하시켜 조직에 필요한 산소의 공급부족을 초래하는 질식제는?

① 단순 질식제 ② 화학적 질식제
③ 물리적 질식제 ④ 생물학적 질식제

풀이 **단순 질식제**
환경 공기 중에 다량 존재하여 정상적 호흡에 필요한 혈중 산소량을 낮추는 생리적으로는 아무 작용도 하지 않는 불활성 가스를 말한다. 즉 원래 그 자체는 독성작용이 없으나 공기 중에 많이 존재하면 산소분압의 저하로 산소공급 부족을 일으키는 물질을 말한다.

89 다음 중 피부 독성에 있어 경피흡수에 영향을 주는 인자와 가장 거리가 먼 것은?

① 개인의 민감도
② 용매(vehicle)
③ 화학물질
④ 온도

풀이 **피부독성에 있어 피부흡수에 영향을 주는 인자(경피흡수에 영향을 주는 인자)**
㉠ 개인의 민감도
㉡ 용매
㉢ 화학물질

90 다음 중 유병률(P)은 10% 이하이고, 발생률(I)과 평균이환기간(D)이 시간경과에 따라 일정하다고 할 때 다음 중 유병률과 발생률 사이의 관계로 옳은 것은?

① $P = \dfrac{I}{D^2}$ ② $P = \dfrac{I}{D}$
③ $P = I \times D^2$ ④ $P = I \times D$

풀이 **유병률과 발생률의 관계**
유병률(P)=발생률(I)×평균이환기간(D)
단, 유병률은 10% 이하이며, 발생률과 평균이환기간이 시간경과에 따라 일정하여야 한다.

91 다음 중 망간중독에 관한 설명으로 틀린 것은?

① 금속망간의 직업성 노출은 철강제조 분야에서 많다.
② 치료제는 Ca-EDTA가 있으며, 중독 시 신경이나 뇌세포 손상 회복에 효과가 있다.
③ 망간에 계속 노출되면 파킨슨증후군과 거의 비슷하게 될 수 있다.
④ 이산화망간 흄에 급성 폭로되면 열, 오한, 호흡곤란 등의 증상을 특징으로 하는 금속열을 일으킨다.

풀이 망간중독의 치료 및 예방법은 망간에 폭로되지 않도록 격리하는 것이고, 증상의 초기단계에서는 킬레이트 제재를 사용하여 어느 정도 효과를 볼 수 있으나 망간에 의한 신경손상이 진행되어 일단 증상이 고정되면 회복이 어렵다.

92 산업독성학 용어 중 무관찰영향수준(NOEL)에 관한 설명으로 틀린 것은?

① 주로 동물실험에서 유효량으로 이용된다.
② 아급성 또는 만성 독성 시험에서 구해지는 지표이다.
③ 양-반응 관계에서 안전하다고 여겨지는 양으로 간주된다.
④ NOEL의 투여에서는 투여하는 전 기간에 걸쳐 치사, 발병 및 병태생리학적 변화가 모든 실험대상에서 관찰되지 않는다.

풀이 **NOEL(No Observed Effect Level)**
㉠ 현재의 평가방법으로 독성 영향이 관찰되지 않은 수준을 말한다.
㉡ 무관찰영향수준, 즉 무관찰 작용 양을 의미하며, 악영향을 나타내는 반응이 없는 농도수준(SNAPL)과 같다.
㉢ NOEL 투여에서는 투여하는 전 기간에 걸쳐 치사, 발병 및 생리학적 변화가 모든 실험대상에서 관찰되지 않는다.
㉣ 양-반응 관계에서 안전하다고 여겨지는 양으로 간주된다.
㉤ 아급성 또는 만성 독성 시험에 구해지는 지표이다.
㉥ 밝혀지지 않은 독성이 있을 수 있다는 것과 다른 종류의 동물을 실험하였을 때는 독성이 있을 수 있음을 전제로 한다.

정답 88.① 89.④ 90.④ 91.② 92.①

93 금속열은 고농도의 금속산화물을 흡입함으로써 발병되는 질병이다. 다음 중 원인물질로 가장 대표적인 것은?
① 니켈   ② 크롬
③ 아연   ④ 비소

[풀이] 금속증기열
금속이 용융점 이상으로 가열될 때 형성되는 고농도의 금속산화물을 흄의 형태로 흡입함으로써 발생되는 일시적인 질병이며, 금속증기를 들이마심으로써 일어나는 열이다. 특히 아연에 의한 경우가 많아 이것을 아연열이라고 하는데 구리, 니켈 등의 금속증기에 의해서도 발생한다.

94 다음 중 이황화탄소(CS_2)에 관한 설명으로 틀린 것은?
① 감각 및 운동 신경에 장애를 유발한다.
② 생물학적 노출지표는 소변 중의 삼염화에탄올 검사방법을 적용한다.
③ 휘발성이 강한 액체로서 인조견, 셀로판 및 사염화탄소의 생산, 수지와 고무제품의 용제에 이용된다.
④ 고혈압의 유병률과 콜레스테롤 수치의 상승빈도가 증가되어 뇌, 심장 및 신장에 동맥경화성 질환을 초래한다.

[풀이] CS_2의 생물학적 노출지표(BEI)는 뇨 중 TTCA(2-thiothiazolidine-4-carboxylic acid) 5mg/g-크레아틴이다.
⇒ azide 검사

95 다음 중 생물학적 모니터링을 할 수 없거나 어려운 물질은?
① 카드뮴
② 유기용제
③ 톨루엔
④ 자극성 물질

[풀이] 생물학적 모니터링 과정에서 건강상의 위험이 전혀 없어야 하나 자극성 물질은 그러하지 않다.

96 어떤 물질의 독성에 관한 인체실험 결과 안전흡수량이 체중 1kg당 0.15mg이었다. 체중이 70kg인 근로자가 1일 8시간 작업할 경우 이 물질의 체내 흡수를 안전흡수량 이하로 유지하려면 공기 중 농도를 얼마 이하로 하여야 하는가? (단, 작업 시 폐환기율은 1.3m³/hr, 체내 잔류율은 1.0으로 한다.)
① 0.52mg/m^3 ② 1.01mg/m^3
③ 1.57mg/m^3 ④ 2.02mg/m^3

[풀이] 체내흡수량(mg) = $C \times T \times V \times R$
체내흡수량(SHD) → 0.15mg/kg×70kg=10.5mg
T : 노출시간 → 8hr
V : 폐환기율 → 1.3m³/hr
R : 체내잔류율 → 1.0
$10.5 = C \times 8 \times 1.3 \times 1$
$\therefore C = \dfrac{10.5}{8 \times 1.3 \times 1} = 1.01\text{mg/m}^3$

97 다음 중 주로 비강, 인후두, 기관 등 호흡기의 기도 부위에 축적됨으로써 호흡기계 독성을 유발하는 분진은?
① 호흡성 분진   ② 흡입성 분진
③ 흉곽성 분진   ④ 총부유 분진

[풀이] ACGIH의 입자 크기별 기준(TLV)
(1) 흡입성 입자상 물질
 (IPM ; Inspirable Particulates Mass)
 ㉠ 호흡기의 어느 부위(비강, 인후두, 기관 등 호흡기의 기도 부위)에 침착하더라도 독성을 유발하는 분진이다.
 ㉡ 비암이나 비중격천공을 일으키는 입자상 물질이 여기에 속한다.
 ㉢ 침전분진은 재채기, 침, 코 등의 벌크(bulk) 세척기전으로 제거된다.
 ㉣ 입경범위 : 0~100μm
 ㉤ 평균입경 : 100μm(폐침착의 50%에 해당하는 입자의 크기)
(2) 흉곽성 입자상 물질
 (TPM ; Thoracic Particulates Mass)
 ㉠ 기도나 하기도(가스교환 부위)에 침착하여 독성을 나타내는 물질이다.
 ㉡ 평균입경 : 10μm
 ㉢ 채취기구 : PM 10

(3) 호흡성 입자상 물질
(RPM ; Respirable Particulates Mass)
㉠ 가스교환 부위, 즉 폐포에 침착할 때 유해한 물질이다.
㉡ 평균입경 : 4μm(공기역학적 직경이 10μm 미만의 먼지가 호흡성 입자상 물질)
㉢ 채취기구 : 10mm nylon cyclone

98 생물학적 모니터링(biological monitoring)에 대한 개념을 설명한 것으로 적절하지 않은 것은?

① 내재용량은 최근에 흡수된 화학물질의 양이다.
② 화학물질이 건강상 영향을 나타내는 조직이나 부위에 결합된 양을 말한다.
③ 여러 신체 부분이나 몸 전체에 저장된 화학물질 중 호흡기계로 흡수된 물질을 의미한다.
④ 생물학적 모니터링은 노출에 대한 모니터링과 건강상의 영향에 대한 모니터링으로 나눌 수 있다.

[풀이] 생물학적 모니터링은 근로자의 유해물질에 대한 노출정도를 소변, 호기, 혈액 중에서 그 물질이나 대사산물을 측정하는 방법을 말하며, 생물학적 검체의 측정을 통해서 노출의 정도나 건강위험을 평가하는 것이다.

99 다음 설명 중 ( ) 안에 들어갈 용어가 올바른 순서대로 나열된 것은?

산업위생에서 관리해야 할 유해인자의 특성은 (㉮)이나, (㉯), 그 자체가 아니고 근로자의 노출 가능성을 고려한 (㉰)이다.

① ㉮ 독성, ㉯ 유해성, ㉰ 위험
② ㉮ 위험, ㉯ 독성, ㉰ 유해성
③ ㉮ 유해성, ㉯ 위험, ㉰ 독성
④ ㉮ 반응성, ㉯ 독성, ㉰ 위험

[풀이] 유해인자의 위해성 평가 시 관계
Risk(위험)=Hazard(유해성)×Toxicity(독성)

100 다음 중 무기성 분진에 의한 진폐증이 아닌 것은?

① 규폐증   ② 용접공폐증
③ 철폐증   ④ 면폐증

[풀이] 분진 종류에 따른 진폐증의 분류(임상적 분류)
㉠ 유기성 분진에 의한 진폐증
농부폐증, 면폐증, 연초폐증, 설탕폐증, 목재분진폐증, 모발분진폐증
㉡ 무기성(광물성) 분진에 의한 진폐증
규폐증, 탄소폐증, 활석폐증, 탄광부진폐증, 철폐증, 베릴륨폐증, 흑연폐증, 규조토폐증, 주석폐증, 칼륨폐증, 바륨폐증, 용접공폐증, 석면폐증

정답 98.③ 99.① 100.④

제3회 산업위생관리기사

과년도 출제문제 | 2015.08.16

제1과목 | 산업위생학 개론

01 다음 중 피로를 가장 적게 하고, 생산량을 최고로 올릴 수 있는 경제적인 작업속도를 무엇이라 하는가?
① 완속도
② 지적속도
③ 감각속도
④ 민감속도

풀이 지적속도는 작업자의 체력과 숙련도, 작업환경에 따라 피로를 가장 적게 하고 생산량을 최고로 올릴 수 있는 경제적인 작업속도를 말한다.

02 다음 중 최대 작업영역에 관한 설명으로 옳은 것은?
① 상지를 뻗어서 닿는 작업영역
② 전박을 뻗어서 닿는 작업영역
③ 사지를 뻗어서 닿는 작업영역
④ 상체를 최대한 뻗어서 닿는 작업영역

풀이 **수평작업영역의 구분**
(1) 최대작업역(최대영역, maximum area)
  ㉠ 팔 전체가 수평상에 도달할 수 있는 작업영역
  ㉡ 어깨로부터 팔을 뻗어 도달할 수 있는 최대 영역
  ㉢ 아래팔(전완)과 위팔(상완)을 곧게 펴서 파악할 수 있는 영역
  ㉣ 움직이지 않고 상지를 뻗어 닿는 범위
(2) 정상작업역(표준영역, normal area)
  ㉠ 상박부를 자연스런 위치에서 몸통부에 접하고 있을 때에 전박부가 수평면 위에서 쉽게 도착할 수 있는 운동범위
  ㉡ 위팔(상완)을 자연스럽게 수직으로 늘어뜨린 채 아래팔(전완)만으로 편안하게 뻗어 파악할 수 있는 영역
  ㉢ 움직이지 않고 전박과 손으로 조작할 수 있는 범위
  ㉣ 앉은 자세에서 위팔은 몸에 붙이고, 아래팔만 곧게 뻗어 닿는 범위
  ㉤ 약 34~45cm의 범위

03 다음 중 실내공기의 오염에 따른 건강상의 영향을 나타내는 용어와 가장 거리가 먼 것은?
① 새차증후군
② 화학물질과민증
③ 헌집증후군
④ 스티븐슨존슨 증후군

풀이 스티븐슨존슨 증후군은 피부병이 악화된 상태로 피부의 박탈을 초래하는 심한 급성 피부점막 전신질환으로 주원인은 알레르기를 일으키는 물질이나 독성물질로 인한 피부혈관의 이상반응 때문이다.

04 미국산업위생전문가협의회(ACGIH)에서 1일 8시간 및 1주일 40시간의 평균농도로 거의 모든 근로자가 나쁜 영향을 받지 않고 노출될 수 있는 농도를 어떻게 표기하는가?
① MAC
② TLV-TWA
③ ceiling
④ TLV-STEL

풀이 **시간가중 평균노출기준(TLV-TWA) ⇨ ACGIH**
㉠ 하루 8시간, 주 40시간 동안에 노출되는 평균농도이다.
㉡ 작업장의 노출기준을 평가할 때 시간가중 평균농도를 기본으로 한다.
㉢ 이 농도에서는 오래 작업하여도 건강장애를 일으키지 않는 관리지표로 사용한다.
㉣ 안전과 위험의 한계로 해석해서는 안 된다.
㉤ 노출상한선과 노출시간 권고사항
  • TLV-TWA의 3배 : 30분 이하의 노출 권고
  • TLV-TWA의 5배 : 잠시라도 노출 금지
㉥ 오랜 시간 동안의 만성적인 노출을 평가하기 위한 기준으로 사용한다.

정답 01.② 02.① 03.④ 04.②

05 산업안전보건법령에서 정하는 중대재해라고 볼 수 없는 것은?

① 사망자가 1명 이상 발생한 재해
② 3개월 이상의 요양을 요하는 부상자가 동시에 2명 이상 발생한 재해
③ 6개월 이상의 요양을 요하는 부상자가 동시에 1명 이상 발생한 재해
④ 부상자 또는 직업성 질병자가 동시에 10명 이상 발생한 재해

풀이 중대재해
㉠ 사망자가 1명 이상 발생한 재해
㉡ 3개월 이상의 요양을 요하는 부상자가 동시에 2명 이상 발생한 재해
㉢ 부상자 또는 직업성 질병자가 동시에 10명 이상 발생한 재해

06 산업안전보건법상 용어의 정의에서 산업재해를 예방하기 위하여 잠재적 위험성을 발견하고 그 개선대책을 수립할 목적으로 조사·평가하는 것을 무엇이라 하는가?

① 위험성 평가
② 안전보건진단
③ 작업환경측정·평가
④ 유해성·위험성 조사

풀이 안전보건진단
산업재해를 예방하기 위하여 잠재적 위험성을 발견하고 그 개선대책의 수립을 목적으로 조사·평가하는 것을 말한다.

07 다음 중 하인리히의 사고연쇄반응 이론(도미노 이론)에서 사고가 발생하기 바로 직전의 단계에 해당하는 것은?

① 개인적 결함
② 사회적 환경
③ 선진 기술의 미적용
④ 불안전한 행동 및 상태

풀이 하인리히의 도미노 이론 : 사고 연쇄반응
사회적 환경 및 유전적 요소(선천적 결함)
⇩
개인적인 결함(인간의 결함)
⇩
불안전한 행동 및 상태(인적 원인과 물적 원인)
⇩
사고
⇩
재해

08 다음 중 직업성 질환의 범위에 대한 설명으로 틀린 것은?

① 직업상 업무에 기인하여 1차적으로 발생하는 원발성 질환은 제외한다.
② 원발성 질환과 합병 작용하여 제2의 질환을 유발하는 경우를 포함한다.
③ 합병증이 원발성 질환과 불가분의 관계를 가지는 경우를 포함한다.
④ 원발성 질환에서 떨어진 다른 부위에 같은 원인에 의한 제2의 질환을 일으키는 경우를 포함한다.

풀이 직업성 질환의 범위는 직업상 업무에 기인하여 1차적으로 발생하는 원발성 질환을 포함한다.

09 다음 중 직업성 질환 발생의 직접적인 원인이라고 할 수 없는 것은?

① 물리적 환경요인
② 화학적 환경요인
③ 작업강도와 작업시간적 요인
④ 부자연스런 자세와 단순반복작업 등의 작업요인

풀이 작업강도 및 작업시간은 직업성 질환 발생의 간접적인 원인이다.
- **직업병의 원인물질(직업성 질환 유발물질)**
㉠ 물리적 요인 : 소음·진동, 유해광선(전리, 비전리 방사선), 온도(온열), 이상기압, 한랭, 조명 등
㉡ 화학적 요인 : 화학물질(대표적 : 유기용제), 금속증기, 분진, 오존 등
㉢ 생물학적 요인 : 각종 바이러스, 진균, 리케차, 쥐 등
㉣ 인간공학적 요인 : 작업방법, 작업자세, 작업시간, 중량물 취급 등

정답 05.③ 06.② 07.④ 08.① 09.③

10 18세기 영국의 외과의사 Pott에 의해 직업성 암(癌)으로 보고되었고, 오늘날 검댕 속에 다환방향족탄화수소가 원인인 것으로 밝혀진 질병은?

① 폐암 ② 음낭암
③ 방광암 ④ 중피종

[풀이] Percivall Pott
㉠ 영국의 외과의사로 직업성 암을 최초로 보고하였으며, 어린이 굴뚝청소부에게 많이 발생하는 음낭암(scrotal cancer)을 발견하였다.
㉡ 암의 원인물질은 검댕 속 여러 종류의 다환방향족탄화수소(PAH)이다.
㉢ 굴뚝청소부법을 제정하도록 하였다(1788년).

11 미국산업위생학회 등에서 산업위생전문가들이 지켜야 할 윤리강령을 채택한 바 있는데 다음 중 전문가로서의 책임에 해당하는 것은?

① 일반 대중에 관한 사항은 정직하게 발표한다.
② 위험요소와 예방조치에 관하여 근로자와 상담한다.
③ 성실성과 학문적 실력 면에서 최고 수준을 유지한다.
④ 신뢰를 존중하여 정직하게 권고하고, 결과와 개선점을 정확히 보고한다.

[풀이] 산업위생전문가로서의 책임
㉠ 성실성과 학문적 실력 면에서 최고수준을 유지한다(전문적 능력 배양 및 성실한 자세로 행동).
㉡ 과학적 방법의 적용과 자료의 해석에서 경험을 통한 전문가의 객관성을 유지한다(공인된 과학적 방법 적용·해석).
㉢ 전문 분야로서의 산업위생을 학문적으로 발전시킨다.
㉣ 근로자, 사회 및 전문 직종의 이익을 위해 과학적 지식을 공개하고 발표한다.
㉤ 산업위생활동을 통해 얻은 개인 및 기업체의 기밀은 누설하지 않는다(정보는 비밀 유지).
㉥ 전문적 판단이 타협에 의하여 좌우될 수 있거나 이해관계가 있는 상황에는 개입하지 않는다.

12 다음 중 스트레스에 관한 설명으로 잘못된 것은?

① 위협적인 환경 특성에 대한 개인의 반응이다.
② 스트레스가 아주 없거나 너무 많을 때에는 역기능 스트레스로 작용한다.
③ 환경의 요구가 개인의 능력한계를 벗어날 때 발생하는 개인과 환경과의 불균형 상태이다.
④ 스트레스를 지속적으로 받게 되면 인체는 자기조절능력을 발휘하여 스트레스로부터 벗어난다.

[풀이] 스트레스(stress)
㉠ 인체에 어떠한 자극이건 간에 체내의 호르몬계를 중심으로 한 특유의 반응이 일어나는 것을 적응증상군이라 하며, 이러한 상태를 스트레스라고 한다.
㉡ 외부 스트레서(stressor)에 의해 신체의 항상성이 파괴되면서 나타나는 반응이다.
㉢ 인간은 스트레스 상태가 되면 부신피질에서 코티솔(cortisol)이라는 호르몬이 과잉분비되어 뇌의 활동 등을 저하하게 된다.
㉣ 위협적인 환경 특성에 대한 개인의 반응이다.
㉤ 스트레스가 아주 없거나 너무 많을 때에는 역기능 스트레스로 작용한다.
㉥ 환경의 요구가 개인의 능력한계를 벗어날 때 발생하는 개인과 환경과의 불균형 상태이다.
㉦ 스트레스를 지속적으로 받게 되면 인체는 자기조절능력을 상실하여 스트레스로부터 벗어나지 못하고 심신장애 또는 다른 정신적 장애가 나타날 수 있다.

13 다음 중 사무직 근로자가 건강장애를 호소하는 경우 사무실 공기관리상태를 평가하기 위해 사업주가 실시해야 하는 조사 방법과 가장 거리가 먼 것은?

① 사무실 조명의 조도 조사
② 외부의 오염물질 유입경로의 조사
③ 공기정화시설의 환기량이 적정한가를 조사
④ 근로자가 호소하는 증상(호흡기, 눈, 피부자극 등)에 대한 조사

[풀이] **사무실 공기관리상태 평가방법**
㉠ 근로자가 호소하는 증상(호흡기, 눈, 피부자극 등)에 대한 조사
㉡ 공기정화설비의 환기량이 적정한지 여부 조사
㉢ 외부의 오염물질 유입경로 조사
㉣ 사무실 내 오염원 조사 등

14 어떤 사업장에서 500명의 근로자가 1년 동안 작업하던 중 재해가 50건 발생하였으며 이로 인해 총 근로시간 중 5%의 손실이 발생하였다면 이 사업장의 도수율은 약 얼마인가? (단, 근로자는 1일 8시간씩 연간 300일을 근무하였다.)

① 14 ② 24
③ 34 ④ 44

[풀이]
$$도수율 = \frac{재해발생건수}{연근로시간수} \times 10^6$$
$$= \frac{50}{500 \times 8 \times 300 \times 0.95} \times 10^6 = 43.86$$

15 다음 중 교대근무와 보건관리에 관한 내용으로 가장 적합하지 않은 것은?

① 야간근무의 연속은 2~3일 정도가 좋다.
② 2교대는 최저 3조의 정원을, 3교대면 4조의 정원으로 편성한다.
③ 야근 후 다음 교대반으로 가는 간격은 최저 12시간을 가지도록 하여야 한다.
④ 채용 후 건강관리로서 정기적으로 체중, 위장증상 등을 기록해야 하며, 체중이 3kg 이상 감소 시 정밀검사를 받도록 한다.

[풀이] **교대근무제 관리원칙(바람직한 교대제)**
㉠ 각 반의 근무시간은 8시간씩 교대로 하고, 야근은 가능한 짧게 한다.
㉡ 2교대면 최저 3조의 정원을, 3교대면 4조를 편성한다.
㉢ 채용 후 건강관리로서 정기적으로 체중, 위장증상 등을 기록해야 하며, 근로자의 체중이 3kg 이상 감소하면 정밀검사를 받아야 한다.
㉣ 평균 주 작업시간은 40시간을 기준으로, 갑반→을반→병반으로 순환하게 된다.

㉤ 근무시간의 간격은 15~16시간 이상으로 하는 것이 좋다.
㉥ 야근의 주기는 4~5일로 한다.
㉦ 신체의 적응을 위하여 야간근무의 연속일수는 2~3일로 하며, 야간근무를 3일 이상 연속으로 하는 경우에는 피로축적현상이 나타나게 되므로 연속하여 3일을 넘기지 않도록 한다.
㉧ 야근 후 다음 반으로 가는 간격은 최저 48시간 이상의 휴식시간을 갖도록 하여야 한다.
㉨ 야근 교대시간은 상오 0시 이전에 하는 것이 좋다(심야시간을 피함).
㉩ 야근 시 가면은 반드시 필요하며, 보통 2~4시간(1시간 30분 이상)이 적합하다.
㉪ 야근 시 가면은 작업강도에 따라 30분~1시간 범위로 하는 것이 좋다.
㉫ 작업 시 가면시간은 적어도 1시간 30분 이상 주어야 수면효과가 있다고 볼 수 있다.
㉬ 상대적으로 가벼운 작업은 야간근무조에 배치하는 등 업무내용을 탄력적으로 조정해야 하며, 야간작업자는 주간작업자보다 연간 쉬는 날이 더 많아야 한다.
㉭ 근로자가 교대일정을 미리 알 수 있도록 해야 한다.
㉮ 일반적으로 오전근무의 개시시간은 오전 9시로 한다.
㉯ 교대방식(교대근무 순환주기)은 낮근무, 저녁근무, 밤근무 순으로 한다. 즉, 정교대가 좋다.

16 중량물 취급과 관련하여 요통발생에 관여하는 요인으로 가장 관계가 적은 것은?

① 근로자의 심리상태 및 조건
② 작업습관과 개인적인 생활태도
③ 요통 및 기타 장애(자동차 사고, 넘어짐)의 경력
④ 물리적 환경요인(작업빈도, 물체 위치, 무게 및 크기)

[풀이] **요통 발생에 관여하는 주된 요인**
㉠ 작업습관과 개인적인 생활태도
㉡ 작업빈도, 물체의 위치와 무게 및 크기 등과 같은 물리적 환경요인
㉢ 근로자의 육체적 조건
㉣ 요통 및 기타 장애의 경력(교통사고, 넘어짐)
㉤ 올바르지 못한 작업 방법 및 자세(대표적 : 버스 운전기사, 이용사, 미용사 등의 직업인)

정답 14.④ 15.③ 16.①

17 산업안전보건법령상 밀폐공간 작업으로 인한 건강장애 예방을 위하여 '적정한 공기'의 조성 조건으로 옳은 것은?

① 산소농도가 18% 이상 21% 미만, 탄산가스 농도가 1.5% 미만, 황화수소 농도가 10ppm 미만 수준의 공기
② 산소농도가 16% 이상 23.5% 미만, 탄산가스 농도가 3% 미만, 황화수소 농도가 5ppm 미만 수준의 공기
③ 산소농도가 18% 이상 21% 미만, 탄산가스 농도가 1.5% 미만, 황화수소 농도가 5ppm 미만 수준의 공기
④ 산소농도가 18% 이상 23.5% 미만, 탄산가스 농도가 1.5% 미만, 황화수소 농도가 10ppm 미만 수준의 공기

풀이 적정한 공기
㉠ 산소농도의 범위가 18% 이상 23.5% 미만인 수준의 공기
㉡ 탄산가스의 농도가 1.5% 미만인 수준의 공기
㉢ 황화수소의 농도가 10ppm 미만인 수준의 공기
㉣ 일산화탄소 농도가 30ppm 미만인 수준의 공기

18 미국산업위생학회(AIHA)에서 정한 산업위생의 정의로 가장 적절한 설명은?

① 국민의 육체적 건강을 최고도로 증진시키는 것이다.
② 지역주민에게 질병, 건강장애를 유발하고 안녕을 위협하는 인자를 관리하는 것이다.
③ 근로자와 지역주민들에게 건강장애와 불쾌감을 초래하는 작업환경요인을 측정하여 관리하는 것이다.
④ 지역주민과 근로자에게 심각한 불쾌감과 비능률을 초래하는 스트레스를 인지하는 것이다.

풀이 산업위생의 정의(AIHA)
근로자나 일반 대중(지역주민)에게 질병, 건강장애와 안녕방해, 심각한 불쾌감 및 능률 저하 등을 초래하는 작업환경 요인과 스트레스를 예측, 측정, 평가하고 관리하는 과학과 기술이다(예측, 인지(확인), 평가, 관리 의미와 동일함).

19 다음 중 산업피로의 증상에 대한 설명으로 틀린 것은?

① 혈당치가 높아지고 젖산, 탄산이 증가한다.
② 호흡이 빨라지고, 혈액 중 CO_2의 양이 증가한다.
③ 체온은 처음엔 높아지다가 피로가 심해지면 나중엔 떨어진다.
④ 혈압은 처음엔 높아지나 피로가 진행되면 나중엔 오히려 떨어진다.

풀이 산업피로의 증상
㉠ 체온은 처음에는 높아지나 피로정도가 심해지면 오히려 낮아진다.
㉡ 혈압은 초기에는 높아지나 피로가 진행되면 오히려 낮아진다.
㉢ 혈액 내 혈당치가 낮아지고 젖산과 탄산량이 증가하여 산혈증으로 된다.
㉣ 맥박 및 호흡이 빨라지며 에너지 소모량이 증가한다.
㉤ 체온상승과 호흡중추의 흥분이 온다(체온상승이 호흡중추를 자극하여 에너지 소모량을 증가시킴).
㉥ 권태감과 졸음이 오고 주의력이 산만해지며 식은땀이 나고 입이 자주 마른다.
㉦ 호흡이 얕고 빠른데 이는 혈액 중 이산화탄소량이 증가하여 호흡중추를 자극하기 때문이다.
㉧ 맛, 냄새, 시각, 촉각 등 지각기능이 둔해지고 반사기능이 낮아진다.
㉨ 체온조절기능이 저하되고 판단력이 흐려진다.
㉩ 소변의 양이 줄고 진한 갈색으로 변하며 심한 경우 단백뇨가 나타나며 뇨 내의 단백질 또는 교질물질의 배설량(농도)이 증가한다.

20 다음 중 인간공학에서 고려해야 할 인간의 특성과 가장 거리가 먼 것은?

① 감각과 지각
② 운동력과 근력
③ 감정과 생산능력
④ 기술, 집단에 대한 적응능력

풀이 인간공학에서 고려해야 할 인간의 특성
㉠ 인간의 습성
㉡ 기술·집단에 대한 적응능력

ⓒ 신체의 크기와 작업환경
ⓓ 감각과 지각
ⓔ 운동력과 근력
ⓕ 민족

① 50　　② 60
③ 70　　④ 80

풀이 누적소음노출량 측정기의 설정
ⓐ criteria=90dB
ⓑ exchange rate=5dB
ⓒ threshold=80dB

제2과목 | 작업위생 측정 및 평가

21 hexane의 부분압이 100mmHg(OEL 500ppm)이었을 때 VHR_{Hexane}은?

① 212.5　　② 226.3
③ 247.2　　④ 263.2

풀이 $VHR = \dfrac{C}{TLV} = \dfrac{(100/760) \times 10^6}{500} = 263.16$

22 먼지 채취 시 사이클론이 충돌기에 비해 갖는 장점이라 볼 수 없는 것은?

① 사용이 간편하고 경제적이다.
② 호흡성 먼지에 대한 자료를 쉽게 얻을 수 있다.
③ 입자의 질량 크기 분포를 얻을 수 있다.
④ 매체의 코팅과 같은 별도의 특별한 처리가 필요 없다.

풀이 사이클론이 입경분립충돌기에 비해 갖는 장점
ⓐ 사용이 간편하고 경제적임
ⓑ 호흡성 먼지에 대한 자료를 쉽게 얻을 수 있음
ⓒ 시료 입자의 되튐으로 인한 손실 염려가 없음
ⓓ 매체의 코팅과 같은 별도의 특별한 처리가 필요 없음

23 다음은 작업장 소음측정에 관한 내용이다. ( ) 안의 내용으로 옳은 것은? (단, 고용노동부 고시 기준)

> 누적소음 노출량 측정기로 소음을 측정하는 경우에는 criteria 90dB, exchange rate 5dB, threshold ( )dB로 기기를 설정한다.

24 어느 작업장에서 toluene의 농도를 측정한 결과 23.2ppm, 21.6ppm, 22.4ppm, 24.1ppm, 22.7ppm을 각각 얻었다. 기하평균 농도(ppm)는?

① 22.8　　② 23.3
③ 23.6　　④ 23.9

풀이
$\log(GM) = \dfrac{\log 23.2 + \log 21.6 + \log 22.4 + \log 24.1 + \log 22.7}{5}$
$= 1.357$
$\therefore GM = 10^{1.357} = 22.75 \text{ppm}$

25 세 개의 소음원의 소음수준을 한 지점에서 각각 측정해 보니 첫 번째 소음원만 가동될 때 88dB, 두 번째 소음원만 가동될 때 86dB, 세 번째 소음원만이 가동될 때 91dB이었다. 세 개의 소음원이 동시에 가동될 때 그 지점에서의 음압수준은?

① 91.6dB
② 93.6dB
③ 95.4dB
④ 100.2dB

풀이 $L_\text{합} = 10\log(10^{8.8} + 10^{8.6} + 10^{9.1}) = 93.6\text{dB}$

26 흡광광도법에서 사용되는 흡수셀의 재질 가운데 자외선 영역의 파장범위에 사용되는 재질은?

① 유리
② 석영
③ 플라스틱
④ 유리와 플라스틱

정답 21.④ 22.③ 23.④ 24.① 25.② 26.②

[풀이] 흡수셀의 재질
- ㉠ 유리 : 가시·근적외파장에 사용
- ㉡ 석영 : 자외파장에 사용
- ㉢ 플라스틱 : 근적외파장에 사용

27 입자상 물질인 흄(fume)에 관한 설명으로 옳지 않은 것은?
① 용접공정에서 흄이 발생한다.
② 흄의 입자 크기는 먼지보다 매우 커 폐포에 쉽게 도달되지 않는다.
③ 흄은 상온에서 고체상태의 물질이 고온으로 액체화된 다음 증기화되고, 증기물의 응축 및 산화로 생기는 고체상의 미립자이다.
④ 용접흄은 용접공폐의 원인이 된다.

[풀이] 용접흄
- ㉠ 입자상 물질의 한 종류인 고체이며 기체가 온도의 급격한 변화로 응축·산화된 형태이다.
- ㉡ 용접흄을 채취할 때에는 카세트를 헬멧 안쪽에 부착하고 glass fiber filter를 사용하여 포집한다.
- ㉢ 용접흄은 호흡기계에 가장 깊숙이 들어갈 수 있는 입자상 물질로 용접공폐의 원인이 된다.

28 다음 중 흡착제에 대한 설명으로 틀린 것은 어느 것인가?
① 실리카 및 알루미나계 흡착제는 그 표면에서 물과 같은 극성분자를 선택적으로 흡착한다.
② 흡착제의 선정은 대개 극성오염물질이면 극성흡착제를, 비극성오염물질이면 비극성흡착제를 사용하나 반드시 그러하지는 않다.
③ 활성탄은 다른 흡착제에 비하여 큰 비표면적을 갖고 있다.
④ 활성탄은 탄소의 불포화결합을 가진 분자를 선택적으로 흡착한다.

[풀이] 실리카 및 알루미늄 흡착제는 탄소의 불포화결합을 가진 분자를 선택적으로 흡수한다.

29 펌프유량 보정기구 중에서 1차 표준기구(primary standards)로 사용하는 pitot tube에 대한 설명으로 맞는 것은?
① pitot tube의 정확성에는 한계가 있으며, 기류가 12.7m/sec 이상일 때는 U자 튜브를 이용하고, 그 이하에서는 기울어진 튜브(inclined tube)를 이용한다.
② pitot tube를 이용하여 곧바로 기류를 측정할 수 있다.
③ pitot tube를 이용하여 총압과 속도압을 구하여 정압을 계산한다.
④ 속도압이 25mmH$_2$O일 때 기류속도는 28.58m/sec이다.

[풀이] 피토튜브를 이용한 보정방법
- ㉠ 공기흐름과 직접 마주치는 튜브 → 총 압력 측정
- ㉡ 외곽튜브 → 정압측정
- ㉢ 총압력 - 정압 = 동압
- ㉣ 유속 = $4.043\sqrt{동압}$

30 파과현상(breakthrough)에 영향을 미치는 요인이라고 볼 수 없는 것은?
① 포집대상인 작업장의 온도
② 탈착에 사용하는 용매의 종류
③ 포집을 끝마친 후부터 분석까지의 시간
④ 포집된 오염물질의 종류

[풀이] 파과현상에 영향을 미치는 요인
- ㉠ 온도
- ㉡ 습도
- ㉢ 시료채취속도(시료채취량)
- ㉣ 유해물질 농도(포집된 오염물질의 농도)
- ㉤ 혼합물
- ㉥ 흡착제의 크기(흡착제의 비표면적)
- ㉦ 흡착관의 크기(튜브의 내경 : 흡착제의 양)
- ㉧ 유해물질의 휘발성 및 다른 가스와의 흡착경쟁력
- ㉨ 포집을 마친 후부터 분석까지의 시간

정답 27.② 28.④ 29.① 30.②

31 작업장 기본특성 파악을 위한 예비조사 내용 중 유사노출그룹(HEG) 설정에 관한 설명으로 가장 거리가 먼 것은?

① 역학조사를 수행 시 사건이 발생된 근로자와 다른 노출그룹의 노출농도를 근거로 사건이 발생된 노출농도의 추정에 유용하며, 지역시료 채취만 인정된다.
② 조직, 공정, 작업범주 그리고 공정과 작업내용별로 구분하여 설정한다.
③ 모든 근로자를 유사한 노출그룹별로 구분하고 그룹별로 대표적인 근로자를 선택하여 측정하면 측정하지 않은 근로자의 노출농도까지도 추정할 수 있다.
④ 유사노출그룹 설정을 위한 목적 중 시료채취수를 경제적으로 하기 위함도 있다.

풀이 HEG(유사노출그룹)
어떤 동일한 유해인자에 대하여 통계적으로 비슷한 수준(농도, 강도)에 노출되는 근로자그룹이라는 의미이며 유해인자의 특성이 동일하다는 것은 노출되는 유해인자가 동일하고 농도가 일정한 변이 내에서 통계적으로 유사하다는 것이다.

32 3,000mL의 0.004M의 황산용액을 만들려고 한다. 5M 황산을 이용할 경우 몇 mL가 필요한가?

① 5.6mL ② 4.8mL
③ 3.1mL ④ 2.4mL

풀이 $NV = N'V'$

$$\frac{0.004 \text{mol}}{\text{L}} \times \frac{98\text{g}}{1\text{mol}} \times \frac{1\text{eq}}{(98/2)\text{g}} \times 3{,}000\text{mL} \times \frac{1\text{L}}{1{,}000\text{mL}}$$

$$= \frac{5\text{mol}}{\text{L}} \times \frac{98\text{g}}{1\text{mol}} \times \frac{1\text{eq}}{(98/2)} \times V'(\text{mL}) \times \frac{1\text{L}}{1{,}000\text{mL}}$$

$$\therefore V'(\text{mL}) = 2.4\text{mL}$$

33 검지관의 장단점으로 틀린 것은?

① 민감도가 낮으며 비교적 고농도에 적용이 가능하다.
② 측정대상물질의 동정이 미리 되어 있지 않아도 측정이 가능하다.
③ 시간에 따라 색이 변화하므로 제조자가 정한 시간에 읽어야 한다.
④ 특이도가 낮다. 즉, 다른 방해물질의 영향을 받기 쉬워 오차가 크다.

풀이 검지관 측정법의 장단점
(1) 장점
  ㉠ 사용이 간편하다.
  ㉡ 반응시간이 빨라 현장에서 바로 측정 결과를 알 수 있다.
  ㉢ 비전문가도 어느 정도 숙지하면 사용할 수 있지만 산업위생전문가의 지도 아래 사용되어야 한다.
  ㉣ 맨홀, 밀폐공간에서의 산소부족 또는 폭발성 가스로 인한 안전이 문제가 될 때 유용하게 사용된다.
  ㉤ 다른 측정방법이 복잡하거나 빠른 측정이 요구될 때 사용할 수 있다.
(2) 단점
  ㉠ 민감도가 낮아 비교적 고농도에만 적용이 가능하다.
  ㉡ 특이도가 낮아 다른 방해물질의 영향을 받기 쉽고 오차가 크다.
  ㉢ 대개 단시간 측정만 가능하다.
  ㉣ 한 검지관으로 단일물질만 측정 가능하여 각 오염물질에 맞는 검지관을 선정함에 따른 불편함이 있다.
  ㉤ 색변화에 따라 주관적으로 읽을 수 있어 판독자에 따라 변이가 심하며, 색변화가 시간에 따라 변하므로 제조자가 정한 시간에 읽어야 한다.
  ㉥ 미리 측정대상 물질의 동정이 되어 있어야 측정이 가능하다.

34 유리규산을 채취하여 X선 회절법으로 분석하는 데 적절하고 6가 크롬 그리고 아연산화물의 채취에 이용하며 수분에 영향이 크지 않아 공해성 먼지, 총 먼지 등의 중량분석을 위한 측정에 사용하는 막 여과지로 가장 적합한 것은?

① MCE막 여과지
② PVC막 여과지
③ PTFE막 여과지
④ 은막 여과지

정답 31.① 32.④ 33.② 34.②

[풀이] **PVC막 여과지(Polyvinyl chloride membrane filter)**
㉠ 가볍고, 흡습성이 낮기 때문에 분진의 중량분석에 사용된다.
㉡ 유리규산을 채취하여 X선 회절법으로 분석하는데 적절하고 6가 크롬 및 아연화합물의 채취에 이용한다.
㉢ 수분에 영향이 크지 않아 공해성 먼지, 총 먼지 등의 중량분석을 위한 측정에 사용한다.
㉣ 석탄먼지, 결정형 유리규산, 무정형 유리규산, 별도로 분리하지 않은 먼지 등을 대상으로 무게농도를 구하고자 할 때 PVC막 여과지로 채취한다.
㉤ 습기에 영향을 적게 받기 위해 전기적인 전하를 가지고 있어 채취 시 입자를 반발하여 채취효율을 떨어뜨리는 단점이 있다. 따라서 채취 전에 필터를 세정용액으로 처리함으로써 이러한 오차를 줄일 수 있다.

35 먼지의 한쪽 끝 가장자리와 다른 쪽 끝 가장자리 사이의 거리로 과대평가될 가능성이 있는 입자성 물질의 직경은?
① 마틴 직경 ② 페렛 직경
③ 공기역학 직경 ④ 등면적 직경

[풀이] **기하학적(물리적) 직경**
(1) 마틴 직경(Martin diameter)
㉠ 먼지의 면적을 2등분하는 선의 길이로 선의 방향은 항상 일정하여야 한다.
㉡ 과소평가할 수 있는 단점이 있다.
㉢ 입자의 2차원 투영상을 구하여 그 투영면적을 2등분한 선분 중 어떤 기준선과 평행인 것의 길이(입자의 무게중심을 통과하는 외부 경계면에 접하는 이론적인 길이)를 직경으로 사용하는 방법이다.
(2) 페렛 직경(Feret diameter)
㉠ 먼지의 한쪽 끝 가장자리와 다른 쪽 가장자리 사이의 거리이다.
㉡ 과대평가될 가능성이 있는 입자상 물질의 직경이다.
(3) 등면적 직경(projected area diameter)
㉠ 먼지의 면적과 동일한 면적을 가진 원의 직경으로 가장 정확한 직경이다.
㉡ 측정은 현미경 접안경에 porton reticle을 삽입하여 측정한다.

즉, $D = \sqrt{2^n}$
여기서, D : 입자 직경(μm)
n : porton reticle에서 원의 번호

36 작업환경 공기 중 벤젠(TLV=10ppm)이 5ppm, 톨루엔(TLV=100ppm)이 50ppm 및 크실렌(TLV=100ppm)이 60ppm으로 공존하고 있다고 하면 혼합물의 허용농도는? (단, 상가작용 기준)
① 78ppm ② 72ppm
③ 68ppm ④ 64ppm

[풀이] 노출지수(EI) $= \dfrac{5}{10} + \dfrac{50}{100} + \dfrac{60}{100} = 1.6$
∴ 보정된 허용농도 $= \dfrac{\text{혼합물의 공기 중 농도}}{\text{노출지수}}$
$= \dfrac{(5+50+60)}{1.6} = 71.88 \text{ppm}$

37 일정한 온도조건에서 부피와 압력은 반비례한다는 표준가스 법칙은?
① 보일의 법칙
② 샤를의 법칙
③ 게이-뤼삭의 법칙
④ 라울트의 법칙

[풀이] **보일의 법칙**
일정한 온도에서 기체의 부피는 그 압력에 반비례한다. 즉 압력이 2배 증가하면 부피는 처음의 1/2배로 감소한다.

38 다음은 작업환경 측정방법 중 소음측정 시간 및 횟수에 관한 내용이다. ( ) 안에 알맞은 것은?

> 단위작업장소에서의 소음발생시간이 6시간 이내인 경우나 소음발생원에서의 발생시간이 간헐적인 경우에는 발생시간 동안 연속 측정하거나 등간격으로 나누어 ( ) 측정하여야 한다.

① 2회 이상 ② 3회 이상
③ 4회 이상 ④ 6회 이상

정답 35.② 36.② 37.① 38.③

풀이 **소음측정 시간 및 횟수**

㉠ 단위작업장소에서 소음수준은 규정된 측정 위치 및 지점에서 1일 작업시간 동안 6시간 이상 연속 측정하거나 작업시간을 1시간 간격으로 나누어 6회 이상 측정하여야 한다.
다만, 소음의 발생특성이 연속음으로서 측정치가 변동이 없다고 자격자 또는 지정 측정기관이 판단한 경우에는 1시간 동안을 등간격으로 나누어 3회 이상 측정할 수 있다.

㉡ 단위작업장소에서의 소음발생시간이 6시간 이내인 경우나 소음발생원에서의 발생시간이 간헐적인 경우에는 발생시간 동안 연속 측정하거나 등간격으로 나누어 4회 이상 측정하여야 한다.

39 활성탄관을 연결한 저유량 공기 시료채취 펌프를 이용하여 벤젠증기(M.W=78g/mol)를 0.038m³ 채취하였다. GC를 이용하여 분석한 결과 478μg의 벤젠이 검출되었다면 벤젠 증기의 농도(ppm)는? (단, 온도 25℃, 1기압 기준, 기타 조건은 고려 안함)

① 1.87   ② 2.34
③ 3.94   ④ 4.78

풀이
$$\text{농도}(mg/m^3) = \frac{478\mu g \times mg/10^3 \mu g}{0.038m^3} = 12.579 mg/m^3$$
$$\therefore \text{농도}(ppm) = 12.579 mg/m^3 \times \frac{24.45}{78} = 3.94 ppm$$

40 수동식 시료채취기(passive sampler)로 8시간 동안 벤젠을 포집하였다. 포집된 시료를 GC를 이용하여 분석한 결과 20,000ng이었으며 공시료는 0ng이었다. 회사에서 제시한 벤젠의 시료채취량은 35.6mL/분이고 탈착효율은 0.96이라면 공기 중 농도는 몇 ppm인가? (단, 벤젠의 분자량은 78, 25℃, 1기압 기준)

① 0.38
② 1.22
③ 5.87
④ 10.57

풀이
$$\text{농도}(mg/m^3) = \frac{20,000ng \times mg/10^6 ng}{35.6mL/min \times 480min \times m^3/10^6 mL \times 0.96}$$
$$= 1.219 mg/m^3$$
$$\therefore \text{농도}(ppm) = 1.219 mg/m^3 \times \frac{24.45}{78} = 0.38 ppm$$

제3과목 | 작업환경 관리대책

41 페인트 도장이나 농약 살포와 같이 공기 중에 가스 및 증기상 물질과 분진이 동시에 존재하는 경우 호흡 보호구에 이용되는 가장 적절한 공기정화기는?

① 필터
② 요오드를 입힌 활성탄
③ 금속산화물을 도포한 활성탄
④ 만능형 캐니스터

풀이 만능형 캐니스터는 방진마스크와 방독마스크의 기능을 합한 공기정화기이다.

42 공기 온도가 50℃인 덕트의 유속이 4m/sec일 때, 이를 표준공기로 보정한 유속(V_c)은 얼마인가? (단, 밀도 1.2kg/m³)

① 3.19m/sec   ② 4.19m/sec
③ 5.19m/sec   ④ 6.19m/sec

풀이
$$VP = \frac{\gamma V^2}{2g}$$
$$= \frac{1.2 \times 4^2}{2 \times 9.8} = 0.98 mmH_2O$$

온도보정
$$VP = 0.98 mmH_2O \times \frac{273+50}{273+21}$$
$$= 1.077 mmH_2O$$

표준공기 유속(V)
$$V = 4.043\sqrt{VP}$$
$$= 4.043 \times \sqrt{1.077}$$
$$= 4.19 mmH_2O$$

정답 39.③ 40.① 41.④ 42.②

43 유해물질을 관리하기 위해 전체환기를 적용할 수 있는 일반적인 상황과 가장 거리가 먼 것은?

① 작업자가 근무하는 장소로부터 오염발생원이 멀리 떨어져 있는 경우
② 오염발생원의 이동성이 없는 경우
③ 동일작업장에 다수의 오염발생원이 분산되어 있는 경우
④ 소량의 오염물질이 일정속도로 작업장으로 배출되는 경우

[풀이] 전체환기(희석환기) 적용 시 조건
㉠ 유해물질의 독성이 비교적 낮은 경우, 즉 TLV가 높은 경우 ⇨ 가장 중요한 제한조건
㉡ 동일한 작업장에 다수의 오염원이 분산되어 있는 경우
㉢ 유해물질이 시간에 따라 균일하게 발생될 경우
㉣ 유해물질의 발생량이 적은 경우 및 희석공기량이 많지 않아도 되는 경우
㉤ 유해물질이 증기나 가스일 경우
㉥ 국소배기로 불가능한 경우
㉦ 배출원이 이동성인 경우
㉧ 가연성 가스의 농축으로 폭발의 위험이 있는 경우
㉨ 오염원이 근무자가 근무하는 장소로부터 멀리 떨어져 있는 경우

44 어떤 작업장에서 메틸알코올(비중 0.792, 분자량 32.04)이 시간당 1.0L 증발되어 공기를 오염시키고 있다. 여유계수 K값은 3이고, 허용기준 TLV는 200ppm이라면 이 작업장을 전체환기시키는 데 요구되는 필요환기량은? (단, 1기압, 21℃ 기준)

① $120\text{m}^3/\text{min}$
② $150\text{m}^3/\text{min}$
③ $180\text{m}^3/\text{min}$
④ $210\text{m}^3/\text{min}$

[풀이]
- 사용량(g/hr) = 1.0L/hr × 0.792g/mL × 1,000mL/L = 792g/hr
- 발생률(L/hr) = $\dfrac{24.1\text{L} \times 792\text{g/hr}}{32.04\text{g}}$ = 595.73L/hr

∴ 필요환기량 = $\dfrac{595.73\text{L/hr} \times 1,000\text{mL/L}}{200\text{mL/m}^3} \times 3$
= $8,935.96\text{m}^3/\text{hr} \times \text{hr}/60\text{min}$
= $148.93\text{m}^3/\text{min}$

45 다음은 직관의 압력손실에 관한 설명이다. 잘못된 것은?

① 직관의 마찰계수에 비례한다.
② 직관의 길이에 비례한다.
③ 직관의 직경에 비례한다.
④ 속도(관내유속)의 제곱에 비례한다.

[풀이] 직관의 압력손실은 직관의 직경에 반비례한다.
$\Delta P = \lambda(f) \times \dfrac{L}{D} \times \dfrac{rv^2}{2g}$

46 귀덮개와 비교하여 귀마개를 사용하기에 적합한 환경이 아닌 것은?

① 덥고 습한 환경에서 사용할 때
② 장시간 사용할 때
③ 간헐적 소음에 노출될 때
④ 다른 보호구와 동시 사용할 때

[풀이] 귀덮개(ear muff)
소음이 많이 발생하는 작업장에서 근로자의 청력을 보호하기 위하여 양쪽 귀 전체를 덮어서 차음효과를 나타내는 방음보호구이며, 간헐적 소음에 노출 시 사용한다.

47 폭과 길이의 비(종횡비, W/L)가 0.2 이하인 슬롯형 후드의 경우, 배풍량은 다음 중 어느 공식에 의해서 산출하는 것이 가장 적절하겠는가? (단, 플랜지가 부착되지 않았음. L : 길이, W : 폭, X : 오염원에서 후드 개구부까지의 거리, V : 제어속도, 단위는 적절하다고 가정함)

① $Q = 2.6LVX$ ② $Q = 3.7LVX$
③ $Q = 4.3LVX$ ④ $Q = 5.2LVX$

정답 43.② 44.② 45.③ 46.③ 47.②

> [풀이] **외부식 슬롯후드의 필요송풍량**
> $Q = 60 \cdot C \cdot L \cdot V_c \cdot X$
> 여기서, Q : 필요송풍량(m^3/min)
> C : 형상계수[(전원주 ⇨ 5.0(ACGIH : 3.7)
> $\frac{3}{4}$원주 ⇨ 4.1
> $\frac{1}{2}$원주(플랜지 부착 경우와 동일) ⇨
> 2.8(ACGIH : 2.6)
> $\frac{1}{4}$원주 ⇨ 1.6)]
> V_c : 제어속도(m/sec)
> L : slot 개구면의 길이(m)
> X : 포집점까지의 거리(m)

48 작업환경 관리에서 유해인자의 제거, 저감을 위한 공학적 대책으로 옳지 않은 것은?
① 보온재로 석면 대신 유리섬유나 암면 등의 사용
② 소음 저감을 위해 너트/볼트작업 대신 리베팅(rivet) 사용
③ 광물을 채취할 때 건식 공정 대신 습식 공정의 사용
④ 주물공정에서 실리카 모래 대신 그린(green)모래의 사용

> [풀이] 소음저감을 위해 리베팅 작업을 볼트, 너트 작업으로 대치한다.

49 작업환경의 관리원칙인 대치 개선 방법으로 옳지 않은 것은?
① 성냥 제조 시 황린 대신 적린을 사용함
② 세탁 시 화재 예방을 위해 석유나프타 대신 퍼클로로에틸렌을 사용함
③ 땜질한 납을 oscillating-type sander로 깎던 것을 고속회전 그라인더를 이용함
④ 분말로 출하되는 원료를 고형상태의 원료로 출하함

> [풀이] 자동차산업에서 땜질한 납을 고속회전 그라인더로 깎던 것을 oscillating-type sander를 이용한다.

50 벤젠 2kg이 모두 증발하였다면 벤젠이 차지하는 부피는? (단, 벤젠 비중 0.88, 분자량 78, 21℃ 1기압)
① 약 521L
② 약 618L
③ 약 736L
④ 약 871L

> [풀이] 부피(L) = $\frac{2,000g \times 24.1L}{78g}$ = 617.95L

51 국소배기장치의 설계 순서로 가장 알맞은 것은?
① 소요풍량 계산 → 반송속도 결정 → 후드형식 선정 → 제어속도 결정
② 제어속도 결정 → 소요풍량 계산 → 반송속도 결정 → 후드형식 선정
③ 후드형식 선정 → 제어속도 결정 → 소요풍량 계산 → 반송속도 결정
④ 반송속도 결정 → 후드형식 선정 → 제어속도 결정 → 소요풍량 계산

> [풀이] **국소배기장치의 설계 순서**
> 후드형식 선정 → 제어속도 결정 → 소요풍량 계산 → 반송속도 결정 → 배관내경 산출 → 후드의 크기 결정 → 배관의 배치와 설치장소 선정 → 공기정화장치 선정 → 국소배기 계통도와 배치도 작성 → 총 압력손실량 계산 → 송풍기 선정

52 사이클론 집진장치에서 발생하는 블로 다운(blow down)효과에 관한 설명으로 옳은 것은?
① 유효 원심력을 감소시켜 선회기류의 흐트러짐을 방지한다.
② 관내 분진부착으로 인한 장치의 폐쇄현상을 방지한다.
③ 부분적 난류 증가로 집진된 입자가 재비산된다.
④ 처리배기량의 50% 정도가 재유입되는 현상이다.

정답 48.② 49.③ 50.② 51.③ 52.②

[풀이] **블로 다운(blow down)**
㉠ 정의
사이클론의 집진효율을 향상시키기 위한 하나의 방법으로서 더스트 박스 또는 호퍼부에서 처리 가스의 5~10%를 흡인하여 선회기류의 교란을 방지하는 운전방식
㉡ 효과
- 사이클론 내의 난류현상을 억제시킴으로써 집진된 먼지의 비산을 방지(유효원심력 증대)
- 집진효율 증대
- 장치내부의 먼지 퇴적 억제(가교현상방지)

53 풍량 2m³/sec, 송풍기 유효전압 100mmH₂O, 송풍기의 효율이 75%인 송풍기의 소요동력은?
① 2.6kW   ② 3.8kW
③ 4.4kW   ④ 5.3kW

[풀이] 소요동력(kW) $= \dfrac{Q \times \Delta P}{6,120 \times \eta} \times \alpha$

∴ $Q = 2\text{m}^3/\text{sec} \times 60\text{sec/min} = 120\text{m}^3/\text{min}$

$= \dfrac{120 \times 100}{6,120 \times 0.75} \times 1.0 = 2.61\text{kW}$

54 차광 보호크림의 적용 화학물질로 가장 알맞게 짝지어진 것은?
① 글리세린, 산화제이철
② 벤드나이드, 탄산 마그네슘
③ 밀랍 이산화티탄, 염화비닐수지
④ 탈수라노린, 스테아린산

[풀이] **차광성 물질 차단 피부보호제**
㉠ 적용 화학물질은 글리세린, 산화제이철
㉡ 타르, 피치, 용접작업 시 예방
㉢ 주원료는 산화철, 아연화산화티탄

55 비중량이 1.225kg_f/m³인 공기가 20m/sec의 속도로 덕트를 통과하고 있을 때의 동압은?
① 15mmH₂O   ② 20mmH₂O
③ 25mmH₂O   ④ 30mmH₂O

[풀이] $VP = \dfrac{\gamma V^2}{2g} = \dfrac{1.225 \times 20^2}{2 \times 9.8} = 25\text{mmH}_2\text{O}$

56 송풍량(Q)이 300m³/min일 때 송풍기의 회전속도는 150rpm이었다. 송풍량을 500m³/min으로 확대시킬 경우 같은 송풍기의 회전속도는 대략 몇 rpm이 되는가? (단, 기타 조건은 같다고 가정함)
① 약 200rpm   ② 약 250rpm
③ 약 300rpm   ④ 약 350rpm

[풀이] $\dfrac{Q_2}{Q_1} = \dfrac{\text{rpm}_2}{\text{rpm}_1}$

∴ $\text{rpm}_2 = \dfrac{Q_2 \times \text{rpm}_1}{Q_1} = \dfrac{500 \times 150}{300} = 250\text{rpm}$

57 강제환기를 실시할 때 따라야 하는 원칙으로 옳지 않은 것은?
① 배출공기를 보충하기 위하여 청정공기를 공급한다.
② 공기배출구와 근로자의 작업위치 사이에 오염원이 위치하지 않도록 한다.
③ 오염물질 배출구는 가능한 한 오염원으로부터 가까운 곳에 설치하여 점환기의 효과를 얻는다.
④ 공기가 배출되면서 오염장소를 통과하도록 공기 배출구와 유입구의 위치를 선정한다.

[풀이] **전체환기(강제환기)시설 설치 기본원칙**
㉠ 오염물질 사용량을 조사하여 필요환기량을 계산한다.
㉡ 배출공기를 보충하기 위하여 청정공기를 공급한다.
㉢ 오염물질 배출구는 가능한 한 오염원으로부터 가까운 곳에 설치하여 '점환기'의 효과를 얻는다.
㉣ 공기 배출구와 근로자의 작업위치 사이에 오염원이 위치해야 한다.
㉤ 공기가 배출되면서 오염장소를 통과하도록 공기 배출구와 유입구의 위치를 선정한다.
㉥ 작업장 내 압력은 경우에 따라서 양압이나 음압으로 조정해야 한다(오염원 주위에 다른 작업공정이 있으면 공기 공급량을 배출량보다 작게 하여 음압을 형성시켜 주위 근로자에게 오염물질이 확산되지 않도록 한다).

정답 53.① 54.① 55.③ 56.② 57.②

ⓐ 배출된 공기가 재유입되지 못하게 배출구 높이를 적절히 설계하고 창문이나 문 근처에 위치하지 않도록 한다.
ⓔ 오염된 공기는 작업자가 호흡하기 전에 충분히 희석되어야 한다.
ⓕ 오염물질 발생은 가능하면 비교적 일정한 속도로 유출되도록 조정해야 한다.

58 고열 발생원에 대한 공학적 대책 방법 중 대류에 의한 열흡수 경감법이 아닌 것은?
① 방열
② 일반환기
③ 국소환기
④ 차열판 설치

[풀이] 차열판 설치는 반사성을 이용하여 복사열원을 차단, 격리시킨다.

59 차음보호구에 대한 다음의 설명사항 중에서 알맞지 않은 것은?
① ear plug는 외청도가 이상이 없는 경우에만 사용이 가능하다.
② ear plug의 차음효과는 일반적으로 ear muff보다 좋고, 개인차가 적다.
③ ear muff는 일반적으로 저음역의 차음효과는 20dB, 고음역의 차음효과는 45dB 이상을 갖는다.
④ ear muff는 ear plug에 비하여 고온 작업장에서 착용하기가 어렵다.

[풀이] ear muff가 ear plug보다 일반적으로 차음효과가 높으며 차음효과의 개인차가 적다.

60 일정장소에 설치되어 있는 컴프레서나 압축공기실린더에서 호흡할 수 있는 공기를 보호구 안면부에 연결된 관을 통하여 공급하는 호흡용 보호기 중 폐력식에 관한 내용으로 가장 거리가 먼 것은?
① 누설가능성이 없다.
② 보호구 안에 음압이 생긴다.
③ demand식이라고도 한다.
④ 레귤레이터의 착용자가 호흡할 때 발생하는 압력에 따라 공기가 공급된다.

[풀이] 에어라인 마스크
㉠ 폐력식(demand)
• 착용자가 호흡 시 발생하는 압력에 따라 레귤레이터에 의해 공기 공급
• 보호구 내부 음압이 생기므로 누설 가능성이 있어 주의를 요함
㉡ 압력식(pressure demand)
• 흡기 및 호기 시 일정량의 압력이 보호구 내부에 항상 걸리도록 레귤레이터에 의해 공기 공급
• 항상 보호구 내부 양압이 걸리므로 누설현상 적음
㉢ 연속흐름식(continuous flow)
압축기에서 일정량의 공기가 항상 충분히 공급

제4과목 | 물리적 유해인자관리

61 다음 중 소음의 크기를 나타내는 데 사용되는 단위로서 음향출력, 음의 세기 및 음압 등의 양을 비교하는 무차원의 단위인 dB을 나타낸 것은? (단, I_0 : 기준음향의 세기, I : 발생음의 세기를 나타낸다.)

① $dB = 10\log\dfrac{I}{I_0}$ ② $dB = 20\log\dfrac{I}{I_0}$

③ $dB = 10\log\dfrac{I_0}{I}$ ④ $dB = 20\log\dfrac{I_0}{I}$

[풀이] (1) 음의 세기
㉠ 음의 진행방향에 수직하는 단위면적을 단위시간에 통과하는 음에너지를 음의 세기라 한다.
㉡ 단위는 $watt/m^2$이다.
(2) 음의 세기레벨(SIL)

$$SIL = 10\log\left(\dfrac{I}{I_0}\right)(dB)$$

여기서, SIL : 음의 세기레벨(dB)
I : 대상 음의 세기(W/m^2)
I_0 : 최소가청음 세기($10^{-12} W/m^2$)

62 수심 40m에서 작업을 할 때 작업자가 받는 절대압은 어느 정도인가?

① 3기압　② 4기압
③ 5기압　④ 6기압

풀이 절대압＝작용압＋대기압
　　　　＝(40m×1기압/10m)＋1기압
　　　　＝5기압

63 환경온도를 감각온도로 표시한 것을 지적온도라 하는데 다음 중 3가지 관점에 따른 지적온도로 볼 수 없는 것은?

① 주관적 지적온도
② 생리적 지적온도
③ 생산적 지적온도
④ 개별적 지적온도

풀이 (1) 지적온도의 일반적 종류
　　㉠ 쾌적감각온도
　　㉡ 최고생산온도
　　㉢ 기능지적온도
(2) 감각온도 관점에서의 지적온도 종류
　　㉠ 주관적 지적온도
　　㉡ 생리적 지적온도
　　㉢ 생산적 지적온도

64 다음 중 1루멘의 빛이 $1ft^2$의 평면상에 수직 방향으로 비칠 때, 그 평면의 빛 밝기를 무엇이라고 하는가?

① 1lux
② 1candela
③ 1촉광
④ 1foot candle

풀이 풋 캔들(foot candle)
(1) 정의
　㉠ 1루멘의 빛이 $1ft^2$의 평면상에 수직으로 비칠 때 그 평면의 빛 밝기이다.
　㉡ 관계식 : 풋 캔들(ft cd) ＝ $\dfrac{lumen}{ft^2}$
(2) 럭스와의 관계
　㉠ 1ft cd＝10.8lux
　㉡ 1lux＝0.093ft cd

(3) 빛의 밝기
　㉠ 광원으로부터 거리의 제곱에 반비례한다.
　㉡ 광원의 촉광에 정비례한다.
　㉢ 조사평면과 광원에 대한 수직평면이 이루는 각(cosine)에 반비례한다.
　㉣ 색깔과 감각, 평면상의 반사율에 따라 밝기가 달라진다.

65 지상에서 음력이 10W인 소음원으로부터 10m 떨어진 곳의 음압수준은 약 얼마인가? (단, 음속은 344.4m/sec이고 공기의 밀도는 $1.18kg/m^3$이다.)

① 96dB　② 99dB
③ 102dB　④ 105dB

풀이 $SPL = PWL - 20\log r - 8$
∴ $PWL = 10\log \dfrac{10}{10^{-12}} = 130dB$
　　　$= 130 - 20\log 10 - 8 = 102dB$

66 다음 중 자외선의 인체 내 작용에 대한 설명과 가장 거리가 먼 것은?

① 홍반은 250nm 이하에서 노출 시 가장 강한 영향을 준다.
② 자외선 노출에 의한 가장 심각한 만성 영향은 피부암이다.
③ 280~320nm에서는 비타민 D의 생성이 활발해진다.
④ 254~280nm에서 강한 살균작용을 나타낸다.

풀이 각질층 표피세포(말피기층)의 histamine의 양이 많아져 모세혈관 수축, 홍반형성에 이어 색소침착이 발생하며, 홍반형성은 300nm 부근(2,000~2,900Å)의 폭로가 가장 강한 영향을 미치며 멜라닌 색소침착은 300~420nm에서 영향을 미친다.

67 가로 10m, 세로 7m, 높이 4m인 작업장의 흡음률이 바닥은 0.1, 천장은 0.2, 벽은 0.15이다. 이 방의 평균 흡음률은 얼마인가?

① 0.10　② 0.15
③ 0.20　④ 0.25

정답 62.③ 63.④ 64.④ 65.③ 66.① 67.②

[풀이] 평균 흡음률 = $\dfrac{\Sigma S_i \alpha_i}{\Sigma S_i}$

$S_\text{천} = 10 \times 7 = 70\,\text{m}^2$

$S_\text{벽} = (10 \times 4 \times 2) + (7 \times 4 \times 2) = 136\,\text{m}^2$

$S_\text{바} = 10 \times 7 = 70\,\text{m}^2$

$= \dfrac{(70 \times 0.2) + (136 \times 0.15) + (70 \times 0.1)}{70 + 136 + 70} = 0.15$

68 다음 중 산소결핍의 위험이 가장 적은 작업 장소는?

① 실내에서 전기 용접을 실시하는 작업 장소
② 장기간 사용하지 않은 우물 내부의 작업 장소
③ 장기간 밀폐된 보일러 탱크 내부의 작업 장소
④ 물품 저장을 위한 지하실 내부의 청소 작업 장소

[풀이] ②, ③, ④항의 내용은 밀폐공간 작업을 말한다.

69 다음 중 소음성 난청에 관한 설명으로 틀린 것은?

① 소음성 난청의 초기 증상을 C_5-dip 현상이라 한다.
② 소음성 난청은 대체로 노인성 난청과 연령별 청력변화가 같다.
③ 소음성 난청은 대부분 양측성이며 감각신경성 난청에 속한다.
④ 소음성 난청은 주로 주파수 4,000Hz 영역에서 시작하여 전 영역으로 파급된다.

[풀이] **난청(청력장애)**
(1) 일시적 청력손실(TTS)
  ㉠ 강력한 소음에 노출되어 생기는 난청으로 4,000~6,000Hz에서 가장 많이 발생한다.
  ㉡ 청신경세포의 피로현상으로, 회복되려면 12~24시간을 요하는 가역적인 청력저하이며, 영구적 소음성 난청의 예비신호로도 볼 수 있다.
(2) 영구적 청력손실(PTS) : 소음성 난청
  ㉠ 비가역적 청력저하, 강렬한 소음이나 지속적인 소음 노출에 의해 청신경 말단부의 내이 코르티(corti)기관의 섬모세포 손상으로 회복될 수 없는 영구적인 청력저하가 발생한다.
  ㉡ 3,000~6,000Hz의 범위에서 먼저 나타나고, 특히 4,000Hz에서 가장 심하게 발생한다.
(3) 노인성 난청
  ㉠ 노화에 의한 퇴행성 질환으로, 감각신경성 청력손실이 양측 귀에 대칭적·점진적으로 발생하는 질환이다.
  ㉡ 일반적으로 고음역에 대한 청력손실이 현저하며 6,000Hz에서부터 난청이 시작된다.

70 다음 중 피부 투과력이 가장 큰 것은?

① α선
② β선
③ X선
④ 레이저

[풀이] **전리방사선의 인체 투과력 순서**
중성자 > X선 or γ선 > β선 > α선

71 전리방사선 방어의 궁극적 목적은 가능한 한 방사선에 불필요하게 노출되는 것을 최소화하는 데 있다. 국제방사선방호위원회(ICRP)가 노출을 최소화하기 위해 정한 원칙 3가지에 해당하지 않는 것은?

① 작업의 최적화
② 작업의 다양성
③ 작업의 정당성
④ 개개인의 노출량 한계

[풀이] **국제 방사선 방호위원회(ICRP)의 노출 최소화 3원칙**
㉠ 작업의 최적화
㉡ 작업의 정당성
㉢ 개개인의 노출량 한계

[정답] 68.① 69.② 70.③ 71.②

72 소음계(sound level meter)로 소음측정 시 A 및 C 특성으로 측정하였다. 만약 C 특성으로 측정한 값이 A 특성으로 측정한 값보다 훨씬 크다면 소음의 주파수 영역은 어떻게 추정이 되겠는가?
① 저주파수가 주성분이다.
② 중주파수가 주성분이다.
③ 고주파수가 주성분이다.
④ 중 및 고주파수가 주성분이다.

[풀이] 어떤 소음을 소음계의 청감보정회로 A 및 C에 놓고 측정한 소음레벨이 dB(A) 및 dB(C)일 때 dB(A) ≪ dB(C)이면 저주파 성분이 많고, dB(A) ≈ dB(C)이면 고주파가 주성분이다.

73 다음 중 국소진동으로 인한 장애를 예방하기 위한 작업자에 대한 대책으로 가장 적절하지 않은 것은?
① 작업자는 공구의 손잡이를 세게 잡고 있어야 한다.
② 14℃ 이하의 옥외작업에서는 보온대책이 필요하다.
③ 가능한 공구를 기계적으로 지지(支持)해 주어야 한다.
④ 진동공구를 사용하는 작업은 1일 2시간을 초과하지 말아야 한다.

[풀이] 진동작업 환경관리 대책
㉠ 작업 시에는 따뜻하게 체온을 유지해 준다(14℃ 이하의 옥외작업에서는 보온대책 필요).
㉡ 진동공구의 무게는 10kg 이상 초과하지 않도록 한다.
㉢ 진동공구는 가능한 한 공구를 기계적으로 지지하여 준다.
㉣ 작업자는 공구의 손잡이를 너무 세게 잡지 않는다.
㉤ 진동공구의 사용 시에는 장갑(두꺼운 장갑)을 착용한다.
㉥ 총 동일한 시간을 휴식한다면 여러 번 자주 휴식하는 것이 좋다.
㉦ 체인톱과 같이 발동기가 부착되어 있는 것을 전동기로 바꾼다.
㉧ 진동공구를 사용하는 작업은 1일 2시간을 초과하지 말아야 한다.

74 옥내의 작업장소에서 습구흑구온도를 측정한 결과 자연습구온도가 28℃, 흑구온도는 30℃, 건구온도는 25℃를 나타내었다. 이 때 습구흑구온도지수(WBGT)는 약 얼마인가?
① 31.5℃ ② 29.4℃
③ 28.6℃ ④ 28.1℃

[풀이] 옥내 WBGT(℃)
=(0.7×자연습구온도)+(0.3×흑구온도)
=(0.7×28℃)+(0.3×30℃)=28.6℃

75 다음 중 이상기압의 영향으로 발생되는 고공성 폐수종에 관한 설명으로 틀린 것은?
① 어른보다 아이들에게서 많이 발생된다.
② 고공 순화된 사람이 해면에 돌아올 때에도 흔히 일어난다.
③ 산소공급과 해면 귀환으로 급속히 소실되며, 증세는 반복해서 발병하는 경향이 있다.
④ 진해성 기침과 호흡곤란이 나타나고 폐동맥 혈압이 급격히 낮아져 구토, 실신 등이 발생한다.

[풀이] 고공성 폐수종
㉠ 어른보다 순화적응속도가 느린 어린이에게 많이 일어난다.
㉡ 고공 순화된 사람이 해면에 돌아올 때 자주 발생한다.
㉢ 산소공급과 해면 귀환으로 급속히 소실되며, 이 증세는 반복해서 발병하는 경향이 있다.
㉣ 진해성 기침, 호흡곤란, 폐동맥의 혈압 상승현상이 나타난다.

76 다음 중 감압병 예방을 위한 이상기압 환경에 대한 대책으로 적절하지 않은 것은?
① 작업시간을 제한한다.
② 가급적 빨리 감압시킨다.
③ 순환기에 이상이 있는 사람은 취업 또는 작업을 제한한다.
④ 고압환경에서 작업 시 헬륨-산소혼합가스 등으로 대체하여 이용한다.

[풀이] 가압은 신중히 해야 하며, 특히 감압 시에는 더욱 신중하게, 천천히 단계적으로 한다.

77 다음 중 한랭환경으로 인하여 발생되거나 악화되는 질병과 가장 거리가 먼 것은?

① 동상(frostbite)
② 지단자람증(acrocyanosis)
③ 케이슨병(caisson disease)
④ 레이노병(Raynaud's disease)

[풀이] 감압병(decompression, 잠함병)
고압환경에서 Henry의 법칙에 따라 체내에 과다하게 용해되었던 불활성 기체(질소 등)는 압력이 낮아질 때 과포화상태로 되어 혈액과 조직에 기포를 형성하여 혈액순환을 방해하거나 주위 조직에 기계적 영향을 줌으로써 다양한 증상을 일으키는데, 이 질환을 감압병이라고 하며, 잠함병 또는 케이슨병이라고도 한다. 감압병의 직접적인 원인은 혈액과 조직에 질소기포의 증가이고, 감압병의 치료는 재가압 산소요법이 최상이다.

78 다음 중 진동에 대한 설명으로 틀린 것은?

① 전신진동에 노출 시에는 산소소비량과 폐환기량이 감소한다.
② 60~90Hz 정도에서는 안구의 공명현상으로 시력장애가 온다.
③ 수직과 수평 진동이 동시에 가해지면 2배의 자각현상이 나타난다.
④ 전신진동의 경우 3Hz 이하에서는 급성적 증상으로 상복부의 통증과 팽만감 및 구토 등이 있을 수 있다.

[풀이] 전신진동에 노출 시에는 산소소비량 증가와 폐환기가 촉진된다.

79 다음 중 Tesla(T)는 무엇을 나타내는 단위인가?

① 전계강도
② 자장강도
③ 전리밀도
④ 자속밀도

[풀이] ㉠ 테슬러(T, Tesla) : 자속밀도의 단위
㉡ 가우스(G, Gauss) : 자기장의 단위

80 다음 중 조명 시의 고려사항으로 광원으로부터의 직접적인 눈부심을 없애기 위한 방법으로 가장 적당하지 않은 것은?

① 광원 또는 전등의 휘도를 줄인다.
② 광원을 시선에서 멀리 위치시킨다.
③ 광원 주위를 어둡게 하여 광도비를 높인다.
④ 눈이 부신 물체와 시선과의 각을 크게 한다.

[풀이] 인공조명 시 고려사항
㉠ 작업에 충분한 조도를 낼 것
㉡ 조명도를 균등히 유지할 것(천장, 마루, 기계, 벽 등의 반사율을 크게 하면 조도를 일정하게 얻을 수 있다)
㉢ 폭발성 또는 발화성이 없고, 유해가스가 발생하지 않을 것
㉣ 경제적이며, 취급이 용이할 것
㉤ 주광색에 가까운 광색으로 조도를 높여줄 것(백열전구와 고압수은등을 적절히 혼합시켜 주광에 가까운 빛을 얻을 수 있다)
㉥ 장시간 작업 시 가급적 간접조명이 되도록 설치할 것(직접조명, 즉 광원의 광밀도가 크면 나쁘다)
㉦ 일반적인 작업 시 빛은 작업대 좌상방에서 비추게 할 것
㉧ 작은 물건의 식별과 같은 작업에는 음영이 생기지 않는 국소조명을 적용할 것
㉨ 광원 또는 전등의 휘도를 줄일 것
㉩ 광원을 시선에서 멀리 위치시킬 것
㉪ 눈이 부신 물체와 시선과의 각을 크게 할 것
㉫ 광원 주위를 밝게 하며, 조도비를 적정하게 할 것

정답 77.③ 78.① 79.④ 80.③

제5과목 | 산업 독성학

81 다음 중 'cholinesterase' 효소를 억압하여 신경증상을 나타내는 것은?
① 중금속화합물 ② 유기인제
③ 파라쿼트 ④ 비소화합물

[풀이] 사람의 신경세포에는 아세틸콜린의 생성과 파괴에 관여하는 콜린에스테라아제(cholinesterase)라는 효소가 아주 많이 존재하고 이는 신경계에 무척 중요하며, 이 효소는 유기인제제(살충제)에 의해서 파괴된다.

82 공기 중 일산화탄소 농도가 10mg/m³인 작업장에서 1일 8시간 동안 작업하는 근로자가 흡입하는 일산화탄소의 양은 몇 mg인가? (단, 근로자의 시간당 평균 흡기량은 1,250L이다.)
① 10 ② 50
③ 100 ④ 500

[풀이] 흡입 일산화탄소(mg)
= 10mg/m³ × 1,250L/hr × 8hr × m³/1,000L
= 100mg

83 다음 중 화학물질의 노출기준에서 근로자가 1일 작업시간 동안 잠시라도 노출되어서는 안 되는 기준을 나타내는 것은?
① TLV-C ② TLV-skin
③ TLV-TWA ④ TLV-STEL

[풀이] 천장값 노출기준(TLV-C : ACGIH)
㉠ 어떤 시점에서도 넘어서는 안 된다는 상한치를 말한다.
㉡ 항상 표시된 농도 이하를 유지하여야 한다.
㉢ 노출기준에 초과되어 노출 시 즉각적으로 비가역적인 반응을 나타낸다.
㉣ 자극성 가스나 독작용이 빠른 물질 및 TLV-STEL이 설정되지 않는 물질에 적용한다.
㉤ 측정은 실제로 순간농도 측정이 불가능하며, 따라서 약 15분간 측정한다.

84 다음 중 폐포에 가장 잘 침착하는 분진의 크기는?
① 0.01~0.05μm ② 0.5~5μm
③ 5~10μm ④ 10~20μm

[풀이] 호흡성 분진 : 입자의 직경범위가 0.5~5μm이다.

85 주요 원인물질은 혼합물질이며, 건축업, 도자기 작업장, 채석장, 석재공장 등의 작업장에서 근무하는 근로자에게 발생할 수 있는 진폐증은?
① 석면폐증 ② 용접공폐증
③ 철폐증 ④ 규폐증

[풀이] 규폐증의 원인
㉠ 결정형 규소(암석 : 석영분진, 이산화규소, 유리규산)에 직업적으로 노출된 근로자에게 발생한다.
※ 유리규산(SiO_2) 함유 먼지 0.5~5μm의 크기에서 잘 발생한다.
㉡ 주요 원인물질은 혼합물질이며, 건축업, 도자기 작업장, 채석장, 석재공장 등의 작업장에서 근무하는 근로자에게 발생한다.
㉢ 석재공장, 주물공장, 내화벽돌 제조, 도자기 제조 등에서 발생하는 유리규산이 주 원인이다.
㉣ 유리규산(석영) 분진에 의한 규폐성 결정과 폐포벽 파괴 등 망상내피계 반응은 분진입자의 크기가 2~5μm일 때 자주 일어난다.

86 다음 중 급성 중독자에게 활성탄과 하제를 투여하고 구토를 유발시키며, 확진되면 dimercaprol로 치료를 시작하는 유해물질은? (단, 쇼크의 치료는 강력한 정맥 수액제와 혈압상승제를 사용한다.)
① 납(Pb) ② 크롬(Cr)
③ 비소(As) ④ 카드뮴(Cd)

[풀이] 비소의 치료
㉠ 비소폭로가 심한 경우는 전체 수혈을 행한다.
㉡ 만성중독 시에는 작업을 중지시킨다.
㉢ 급성중독 시 활성탄과 하제를 투여하고 구토를 유발시킨 후 BAL을 투여한다.
㉣ 급성중독 시 확진되면 dimercaprol 약제로 처치한다(삼산화비소 중독 시 dimercaprol이 효과 없음).
㉤ 쇼크의 치료는 강력한 정맥 수액제와 혈압상승제를 사용한다.

정답 81.② 82.③ 83.① 84.② 85.④ 86.③

87 다음 중 전향적 코호트 역학연구와 후향적 코호트 연구의 가장 큰 차이점은?

① 질병 종류
② 유해인자 종류
③ 질병 발생률
④ 연구개시 시점과 기간

풀이 코호트 연구의 구분
코호트 연구는 노출에 대한 정보를 수집하는 시점이 현재인지 과거인지에 따라서 나뉜다.
㉠ 전향적 코호트 연구 : 코호트가 정의된 시점에서 노출에 대한 자료를 새로이 수집하여 이용하는 경우
㉡ 후향적 코호트 연구 : 이미 작성되어 있는 자료를 이용하는 경우

88 다음 중 천연가스, 석유정제산업, 지하석탄광업 등을 통해서 노출되고 중추신경의 억제와 후각의 마비 증상을 유발하며, 치료로는 100% O_2를 투여하는 등의 조치가 필요한 물질은?

① 암모니아　② 포스겐
③ 오존　　　④ 황화수소

풀이 황화수소(H_2S)
㉠ 부패한 계란 냄새가 나는 무색의 기체로 폭발성 있음
㉡ 공업약품 제조에 이용되며 레이온공업, 셀로판제조, 오수조 내의 작업 등에서 발생하며, 천연가스, 석유정제산업, 지하석탄광업 등을 통해서도 노출
㉢ 급성중독으로는 점막의 자극증상이 나타나며 경련, 구토, 현기증, 혼수, 뇌의 호흡 중추신경의 억제와 마비 증상
㉣ 만성작용으로는 두통, 위장장애 증상
㉤ 치료는 100% 산소를 투여
㉥ 고용노동부 노출기준은 TWA로 10ppm이며, STEL은 15ppm임
㉦ 산업안전보건기준에 관한 규칙상 관리대상 유해물질의 가스상 물질류임

89 화학물질의 상호작용인 길항작용 중 배분적 길항작용에 대하여 가장 적절히 설명한 것은?

① 두 물질이 생체에서 서로 반대되는 생리적 기능을 갖는 관계로 동시에 투여한 경우 독성이 상쇄 또는 감소되는 경우
② 두 물질을 동시에 투여하였을 때 상호반응에 의하여 독성이 감소되는 경우
③ 독성물질의 생체과정인 흡수, 분포, 생전환, 배설 등의 변화를 일으켜 독성이 낮아지는 경우
④ 두 물질이 생체 내에서 같은 수용체에 결합하는 관계로 동시 투여 시 경쟁관계로 인하여 독성이 감소되는 경우

풀이 배분적 길항작용=분배적 길항작용

90 다음 중 작업장에서 일반적으로 금속에 대한 노출 경로를 설명한 것으로 틀린 것은?

① 대부분 피부를 통해서 흡수되는 것이 일반적이다.
② 호흡기를 통해서 입자상 물질 중의 금속이 침투된다.
③ 작업장 내에서 휴식시간에 음료수, 음식 등에 오염된 채로 소화관을 통해서 흡수될 수 있다.
④ 4-에틸납은 피부로 흡수될 수 있다.

풀이 금속의 호흡기계에 의한 흡수
㉠ 호흡기를 통하여 흡입된 금속물의 물리화학적 특성에 따라 흡입된 금속의 침전, 분배, 흡수, 체류는 달라진다.
㉡ 공기 중 금속물질은 대부분 입자상 물질(흄, 먼지, 미스트)이며, 대부분 호흡기계를 통해 흡수된다.

91 벤젠 노출 근로자에게 생물학적 모니터링을 하기 위하여 소변시료를 확보하였다. 다음 중 분석해야 하는 대사산물로 옳은 것은?

① 마뇨산(hippuric acid)
② t,t-뮤코닉산(t,t-muconic acid)
③ 메틸마뇨산(methylhippuric acid)
④ 트리클로로아세트산(trichloroacetic acid)

정답　87.④　88.④　89.③　90.①　91.②

풀이 | 벤젠의 대사산물(생물학적 노출지표)
㉠ 뇨 중 총 페놀
㉡ 뇨 중 t,t-뮤코닉산(t,t-muconic acid)

92 다음 중 폐에 침착된 먼지의 정화과정에 대한 설명으로 틀린 것은?
① 어떤 먼지는 폐포벽을 뚫고 림프계나 다른 부위로 들어가기도 한다.
② 먼지는 세포가 방출하는 효소에 의해 용해되지 않으므로 점액층에 의한 방출 이외에는 체내에 축적된다.
③ 폐에서 먼지를 포위하는 식세포는 수명이 다한 후 사멸하고 다시 새로운 식세포가 먼지를 포위하는 과정이 계속적으로 일어난다.
④ 폐에 침착된 먼지는 식세포에 의하여 포위되어, 포위된 먼지의 일부는 미세 기관지로 운반되고 점액 섬모운동에 의하여 정화된다.

풀이 | 인체 방어기전
(1) 점액 섬모운동
㉠ 가장 기초적인 방어기전(작용)이며, 점액 섬모운동에 의한 배출 시스템으로 폐포로 이동하는 과정에서 이물질을 제거하는 역할을 한다.
㉡ 기관지(벽)에서의 방어기전을 의미한다.
㉢ 정화작용을 방해하는 물질은 카드뮴, 니켈, 황화합물 등이다.
(2) 대식세포에 의한 작용(정화)
㉠ 대식세포가 방출하는 효소에 의해 용해되어 제거된다(용해작용).
㉡ 폐포의 방어기전을 의미한다.
㉢ 대식세포에 의해 용해되지 않는 대표적 독성물질은 유리규산, 석면 등이다.

93 다음 중 피부에 묻었을 경우 피부를 강하게 자극하고, 피부로부터 흡수되어 간장장애 등의 중독증상을 일으키는 유해화학물질은?
① 납(lead)
② 헵탄(heptane)
③ 아세톤(acetone)
④ DMF(Dimethylformamide)

풀이 | 디메틸포름아미드(DMF ; Dimethylformamide)
㉠ 분자식 : HCON(CH$_3$)$_2$
㉡ DMF는 다양한 유기물을 녹이며, 무기물과도 쉽게 결합하기 때문에 각종 용매로 사용된다.
㉢ 피부에 묻었을 경우 피부를 강하게 자극하고, 피부로 흡수되어 간장장애 등의 중독증상을 일으킨다.
㉣ 현기증, 질식, 숨가쁨, 기관지 수축을 유발시킨다.

94 다음 중 단순 질식제에 해당하는 것은?
① 수소가스   ② 염소가스
③ 불소가스   ④ 암모니아가스

풀이 | 단순 질식제의 종류
㉠ 이산화탄소(CO$_2$)
㉡ 메탄(CH$_4$)
㉢ 질소(N$_2$)
㉣ 수소(H$_2$)
㉤ 에탄, 프로판, 에틸렌, 아세틸렌, 헬륨

95 다음 중 카드뮴에 관한 설명으로 틀린 것은?
① 카드뮴은 부드럽고 연성이 있는 금속으로 납광물이나 아연광물을 제련할 때 부산물로 얻어진다.
② 흡수된 카드뮴은 혈장단백질과 결합하여 최종적으로 신장에 축적된다.
③ 인체 내에서 철을 필요로 하는 효소와의 결합반응으로 독성을 나타낸다.
④ 카드뮴 흄이나 먼지에 급성 노출되면 호흡기가 손상되며 사망에 이르기도 한다.

풀이 | 카드뮴의 독성 메커니즘
㉠ 호흡기, 경구로 흡수되어 체내에서 축적작용을 한다.
㉡ 간, 신장, 장관벽에 축적하여 효소의 기능유지에 필요한 -SH기와 반응하여(SH 효소를 불활성화하여) 조직세포에 독성으로 작용한다.
㉢ 호흡기를 통한 독성이 경구독성보다 약 8배 정도 강하다.
㉣ 산화카드뮴에 의한 장애가 가장 심하며 산화카드뮴 에어로졸 노출에 의해 화학적 폐렴을 발생시킨다.

정답 92.② 93.④ 94.① 95.③

96 다음 중 유해인자의 노출에 대한 생물학적 모니터링을 하는 방법과 가장 거리가 먼 것은?

① 유해인자의 공기 중 농도 측정
② 표적분자에 실제 활성인 화학물질에 대한 측정
③ 건강상 악영향을 초래하지 않은 내재용량의 측정
④ 근로자의 체액에서 화학물질이나 대사산물의 측정

풀이
㉠ 유해인자의 공기 중 농도측정은 개인시료를 의미한다.
㉡ 생물학적 모니터링 방법 분류
- 체액(생체시료나 호기)에서 해당 화학물질이나 그것의 대사산물을 측정하는 방법
  선택적 검사와 비선택적 검사로 분류된다.
- 실제 악영향을 초래하고 있지 않은 부위나 조직에서 측정하는 방법
  이 방법 검사는 대부분 특이적으로 내재용량을 정량하는 방법이다.
- 표적과 비표적 조직과 작용하는 활성화학물질의 양을 측정하는 방법
  작용면에서 상호 작용하는 화학물질의 양을 직접 또는 간접적으로 평가하는 방법이며, 표적 조직을 알 수 있으면 다른 방법에 비해 더 정확하게 건강의 위험을 평가할 수 있다.

97 다음 중 유해화학물질의 노출기간에 따른 분류 가운데 만성 독성에 해당되는 기간으로 가장 적절한 것은? (단, 실험동물에 외인성 물질을 투여하는 경우이다.)

① 1일 이상~14일 정도
② 30일 이상~60일 정도
③ 3개월 이상~1년 정도
④ 1년 이상~3년 정도

풀이 유해화학물질의 노출기간에 따른 분류
㉠ 급성독성 물질
단기간(1~14일)에 독성이 발생하는 물질을 말한다.
㉡ 아급성독성 물질
장기간(1년 이상)에 걸쳐서 독성이 발생하는 물질을 말한다.

㉢ 그 밖에 장애물질
- 해당 물질에 반복적으로 또는 장기적으로 노출될 경우 사망 또는 심각한 손상을 가져오는 물질
- 임상관찰 또는 기타 적절한 방법에 따른 평가에 의해 시각, 청각 및 후각을 포함한 중추 또는 말초 신경계에서의 주요 기능장애를 일으키는 물질
- 혈액의 골수세포 생산 감소 등 임상학적으로 나타나는 일관된 변화를 일으키는 물질
- 간, 신장, 신경계, 폐 등의 표적기관의 손상을 주는 물질
- 헤모글로빈의 기능을 약화시키는 등 혈액이나 조혈계의 장애를 일으키는 물질
- 그 밖에 해당 물질로 인한 신체기관의 기능장애 또는 비가역적 변화를 일으키는 물질
- 실험동물에 외인성 물질을 투여하는 경우 만성 독성에 해당하는 기간은 3개월~1년 정도이다.

98 다음 중 유해화학물질에 노출되었을 때 간장이 표적장기가 되는 주요 이유로 가장 거리가 먼 것은?

① 간장은 각종 대사효소가 집중적으로 분포되어 있고, 이들 효소활동에 의해 다양한 대사물질이 만들어지기 때문에 다른 기관에 비해 독성물질의 노출가능성이 매우 높다.
② 간장은 대정맥을 통하여 소화기계로부터 혈액을 공급받기 때문에 소화기관을 통하여 흡수된 독성물질의 이차표적이 된다.
③ 간장은 정상적인 생활에서도 여러 가지 복잡한 생화학 반응 등 매우 복합적인 기능을 수행함에 따라 기능의 손상가능성이 매우 높다.
④ 혈액의 흐름이 매우 풍부하기 때문에 혈액을 통해서 쉽게 침투가 가능하다.

풀이 간장은 문점막을 통하여 소화기계로부터 혈액을 공급받기 때문에 소화기관을 통하여 흡수된 독성물질의 일차적인 표적이 된다.

정답 96.① 97.③ 98.②

99 다음 중 납중독의 주요 증상에 포함되지 않는 것은?

① 혈중의 metallothionein 증가
② 적혈구의 protoporphyrin 증가
③ 혈색소량 저하
④ 혈청 내 철 증가

풀이
(1) metallothionein(혈당단백질)은 카드뮴과 관계있다. 즉, 카드뮴이 체내에 들어가면 간에서 metallothionein 생합성이 촉진되어 폭로된 중금속의 독성을 감소시키는 역할을 하나 다량의 카드뮴일 경우 합성이 되지 않아 중독작용을 일으킨다.
(2) 적혈구에 미치는 작용
  ㉠ K^+과 수분이 손실된다.
  ㉡ 삼투압이 증가하여 적혈구가 위축된다.
  ㉢ 적혈구 생존기간이 감소한다.
  ㉣ 적혈구 내 전해질이 감소한다.
  ㉤ 미숙적혈구(망상적혈구, 친염기성 혈구)가 증가한다.
  ㉥ 혈색소량은 저하하고 혈청 내 철이 증가한다.
  ㉦ 적혈구 내 프로토포르피린이 증가한다.
  ㉧ 소변 중 코프로포르피린이 증가한다.

100 다음 중 수은중독의 예방대책으로 가장 적합하지 않은 것은?

① 수은 주입과정을 밀폐공간 안에서 자동화한다.
② 작업장 내에서 음식물을 먹거나 흡연을 금지한다.
③ 작업장에 흘린 수은은 신체가 닿지 않는 방법으로 즉시 제거한다.
④ 수은 취급 근로자의 비점막 궤양 생성 여부를 면밀히 관찰한다.

풀이
수은중독의 예방대책
(1) 작업환경관리대책
  ㉠ 수은 주입과정을 자동화
  ㉡ 수거한 수은은 물통에 보관
  ㉢ 바닥은 틈이나 구멍이 나지 않는 재료를 사용하여 수은이 외부로 노출되는 것을 막음
  ㉣ 실내온도를 가능한 한 낮고 일정하게 유지시킴
  ㉤ 공정은 수은을 사용하지 않는 공정으로 변경
  ㉥ 작업장 바닥에 흘린 수은은 즉시 제거, 청소
  ㉦ 수은증기 발생 상방에 국소배기장치 설치
(2) 개인위생관리대책
  ㉠ 술, 담배 금지
  ㉡ 고농도 작업 시 호흡 보호용 마스크 착용
  ㉢ 작업복 매일 새것으로 공급
  ㉣ 작업 후 반드시 목욕
  ㉤ 작업장 내 음식섭취 삼가
(3) 의학적 관리
  ㉠ 채용 시 건강진단 실시
  ㉡ 정기적 건강진단 실시 : 6개월마다 특수건강진단 실시
(4) 교육 실시

정답 99.① 100.④

과년도 출제문제 | 2016.03.06

제1회 산업위생관리기사

제1과목 | 산업위생학 개론

01 전신피로 정도를 평가하기 위한 측정수치가 아닌 것은? (단, 측정수치는 작업을 마친 직후 회복기의 심박수이다.)
① 작업종료 후 30~60초 사이의 평균 맥박수
② 작업종료 후 60~90초 사이의 평균 맥박수
③ 작업종료 후 120~150초 사이의 평균 맥박수
④ 작업종료 후 150~180초 사이의 평균 맥박수

풀이 심한 전신피로상태
HR_1이 110을 초과하고 HR_3와 HR_2의 차이가 10 미만인 경우
여기서, HR_1 : 작업종료 후 30~60초 사이의 평균 맥박수
HR_2 : 작업종료 후 60~90초 사이의 평균 맥박수
HR_3 : 작업종료 후 150~180초 사이의 평균 맥박수(회복기 심박수 의미)

02 심리학적 적성검사 중 직무에 관한 기본지식과 숙련도, 사고력 등 직무평가에 관련된 항목을 가지고 추리검사의 형식으로 실시하는 것은?
① 지능검사 ② 기능검사
③ 인성검사 ④ 직무능검사

풀이 심리학적 검사(심리학적 적성검사)
㉠ 지능검사
 언어, 기억, 추리, 귀납 등에 대한 검사
㉡ 지각동작검사
 수족협조, 운동속도, 형태지각 등에 대한 검사
㉢ 인성검사
 성격, 태도, 정신상태에 대한 검사
㉣ 기능검사
 직무에 관련된 기본지식과 숙련도, 사고력 등의 검사

03 미국산업안전보건연구원(NIOSH)에서 제시한 중량물의 들기작업에 관한 감시기준(Action Limit)과 최대허용기준(Maximum Permissible Limit)의 관계를 바르게 나타낸 것은?
① MPL=3AL ② MPL=5AL
③ MPL=10AL ④ MPL=$\sqrt{2}$ AL

풀이 최대허용기준(MPL) 관계식
MPL=AL(감시기준)×3

04 사망에 관한 근로손실을 7,500일로 산출한 근거는 다음과 같다. ( )에 알맞은 내용으로만 나열한 것은?

㉮ 재해로 인한 사망자의 평균연령을 ( )세로 본다.
㉯ 노동이 가능한 연령을 ( )세로 본다.
㉰ 1년 동안의 노동일수를 ( )일로 본다.

① 30, 55, 300 ② 30, 60, 310
③ 35, 55, 300 ④ 35, 60, 310

풀이 강도율의 특징
㉠ 재해의 경중(정도) 즉, 강도를 나타내는 척도이다.
㉡ 재해자의 수나 발생빈도에 관계없이 재해의 내용(상해 정도)을 측정하는 척도이다.

정답 01.③ 02.② 03.① 04.①

ⓒ 사망 및 1, 2, 3급(신체장애등급)의 근로손실일 수는 7,500일이며, 근거는 재해로 인한 사망자의 평균연령을 30세로 보고 노동이 가능한 연령을 55세로 보며 1년 동안의 노동일수를 300일로 본 것이다.

05 산업재해를 대비하여 작업근로자가 취해야 할 내용과 거리가 먼 것은?
① 보호구 착용
② 작업방법의 숙지
③ 사업장 내부의 정리정돈
④ 공정과 설비에 대한 검토

풀이 공정과 설비에 대한 검토는 사업주가 취해야 할 내용이다.

06 영국에서 최초로 보고된 직업성 암의 종류는?
① 폐암
② 골수암
③ 음낭암
④ 기관지암

풀이 Percivall Pott
㉠ 영국의 외과의사로 직업성 암을 최초로 보고하였으며, 어린이 굴뚝청소부에게 많이 발생하는 음낭암(scrotal cancer)을 발견하였다.
㉡ 암의 원인물질은 검댕 속 여러 종류의 다환 방향족 탄화수소(PAH)이다.
㉢ 굴뚝청소부법을 제정하도록 하였다(1788년).

07 영상표시단말기(VDT)의 작업자료로 틀린 것은?
① 발의 위치는 앞꿈치만 닿을 수 있도록 한다.
② 눈과 화면의 중심 사이의 거리는 40cm 이상이 되도록 한다.
③ 위팔과 아래팔이 이루는 각도는 90° 이상이 되도록 한다.
④ 아래팔은 손등과 일직선을 유지하여 손목이 꺾이지 않도록 한다.

풀이 작업자의 발바닥 전면이 바닥면에 닿는 자세를 취하고 무릎의 내각은 90° 전후이어야 한다.

08 분진의 종류 중 산업안전보건법상 작업환경측정대상이 아닌 것은?
① 목분진(wood dust)
② 지분진(paper dust)
③ 면분진(cotton dust)
④ 곡물분진(grain dust)

풀이 작업환경측정대상 유해인자
(1) 화학적 인자
 ㉠ 유기화합물(114종)
 ㉡ 금속류(24종)
 ㉢ 산·알칼리류(17종)
 ㉣ 가스상태물질류(15종)
 ㉤ 허가대상 유해물질(14종)
 ㉥ 금속가공유(1종)
(2) 물리적 인자(2종)
 ㉠ 8시간 시간가중평균 80dB 이상의 소음
 ㉡ 고열
(3) 분진(7종)
 ㉠ 광물성 분진(mineral dust)
 ㉡ 곡물분진(grain dust)
 ㉢ 면분진(cotton dust)
 ㉣ 목재분진(wood dust)
 ㉤ 석면분진
 ㉥ 용접흄
 ㉦ 유리섬유

09 실내공기 오염물질 중 석면에 대한 일반적인 설명으로 거리가 먼 것은?
① 석면의 발암성 정보물질의 표기는 1A에 해당한다.
② 과거 내열성, 단열성, 절연성 및 견인력 등의 뛰어난 특성 때문에 여러 분야에서 사용되었다.
③ 석면의 여러 종류 중 건강에 가장 치명적인 영향을 미치는 것은 사문석 계열의 청석면이다.
④ 작업환경측정에서 석면은 길이가 $5\mu m$ 보다 크고, 길이 대 넓이의 비가 3 : 1 이상인 섬유만 개수한다.

정답 05.④ 06.③ 07.① 08.② 09.③

풀이
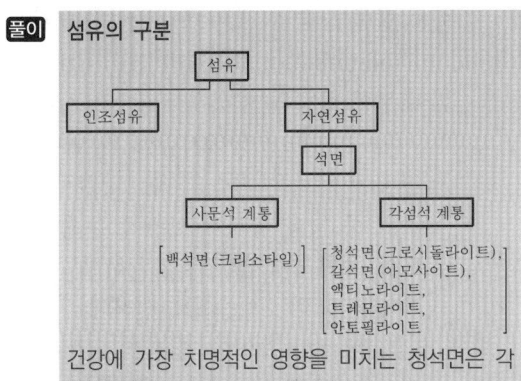
건강에 가장 치명적인 영향을 미치는 청석면은 각섬석 계통이다.

10 다음 내용이 설명하는 것은?

> 작업 시 소비되는 산소소비량은 초기에 서서히 증가하다가 작업강도에 따라 일정한 양에 도달하고, 작업이 종료된 후 서서히 감소되어 일정시간 동안 산소가 소비된다.

① 산소부채 ② 산소섭취량
③ 산소부족량 ④ 최대산소량

풀이 **산소부채**
운동이 격렬하게 진행될 때에 산소섭취량이 수요량에 미치지 못하여 일어나는 산소부족현상으로 산소부채량은 원래대로 보상되어야 하므로 운동이 끝난 뒤에도 일정 시간 산소를 소비(산소부채 보상)한다는 의미이다.

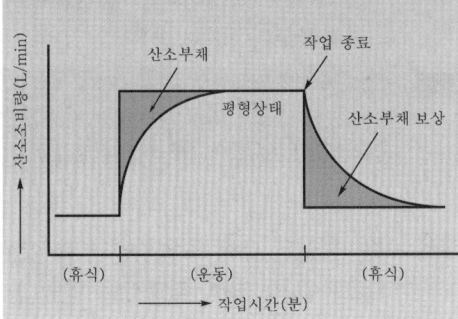

11 미국산업위생학술원에서 채택한 산업위생전문가의 윤리강령 중 기업주와 고객에 대한 책임과 관계된 윤리강령은?

① 기업체의 기밀은 누설하지 않는다.
② 전문적 판단이 타협에 의하여 좌우될 수 있는 상황에는 개입하지 않는다.
③ 근로자, 사회 및 전문직종의 이익을 위해 과학적 지식을 공개하고 발표한다.
④ 결과와 결론을 뒷받침할 수 있도록 기록을 유지하고 산업위생사업을 전문가답게 운영, 관리한다.

풀이 **기업주와 고객에 대한 책임**
㉠ 결과 및 결론을 뒷받침할 수 있도록 정확한 기록을 유지하고 산업위생사업을 전문가답게 전문부서들을 운영, 관리한다.
㉡ 기업주와 고객보다는 근로자의 건강보호에 궁극적 책임을 두어 행동한다.
㉢ 쾌적한 작업환경을 조성하기 위하여 산업위생의 이론을 적용하고 책임있게 행동한다.
㉣ 신뢰를 바탕으로 정직하게 권하고 성실한 자세로 충고하며 결과와 개선점 및 권고사항을 정확히 보고한다.

12 온도 25℃, 1기압 하에서 분당 100mL씩 60분 동안 채취한 공기 중에서 벤젠이 5mg 검출되었다. 검출된 벤젠은 약 몇 ppm인가? (단, 벤젠의 분자량은 78이다.)

① 15.7 ② 26.1
③ 157 ④ 261

풀이 벤젠농도(mg/m^3)
$$= \frac{5mg}{0.1L/min \times 60min \times m^3/1,000L} = 833.33mg/m^3$$
벤젠농도(ppm)
$$= 833.33mg/m^3 \times \frac{24.45}{78} = 261.22ppm$$

13 유리 제조, 용광로 작업, 세라믹 제조과정에서 발생 가능성이 가장 높은 직업성 질환은?

① 요통 ② 근육경련
③ 백내장 ④ 레이노드 현상

풀이 **백내장 유발 작업**
㉠ 유리제조
㉡ 용광로 작업
㉢ 세라믹 제조

14 근전도(electromyogram, EMG)를 이용하여 국소피로를 평가할 때 고려하는 사항으로 틀린 것은?

① 총 전압의 감소
② 평균 주파수의 감소
③ 저주파수(0~40Hz) 힘의 증가
④ 고주파수(40~200Hz) 힘의 감소

[풀이] 정상근육과 비교하여 피로한 근육에서 나타나는 EMG의 특징
㉠ 저주파(0~40Hz) 영역에서 힘(전압)의 증가
㉡ 고주파(40~200Hz) 영역에서 힘(전압)의 감소
㉢ 평균 주파수 영역에서 힘(전압)의 감소
㉣ 총 전압의 증가

15 물질안전보건자료(MSDS)의 작성원칙에 관한 설명으로 틀린 것은?

① MSDS는 한글로 작성하는 것을 원칙으로 한다.
② 실험실에서 시험·연구목적으로 사용하는 시약으로서 MSDS가 외국어로 작성된 경우에는 한국어로 번역하지 아니할 수 있다.
③ 외국어로 되어 있는 MSDS를 번역하는 경우에는 자료의 신뢰성이 확보될 수 있도록 최초 작성기관명과 시기를 함께 기재하여야 한다.
④ 각 작성항목은 빠짐없이 작성하여야 하지만 부득이 어느 항목에 대해 관련 정보를 얻을 수 없는 경우에는 작성란에 "해당 없음"이라고 기재한다.

[풀이] 각 작성항목은 빠짐없이 작성하여야 한다. 다만, 부득이 어느 항목에 대해 관련 정보를 얻을 수 없는 경우에는 작성란에 "자료 없음"이라고 기재하고, 적용이 불가능하거나 대상이 되지 않는 경우에는 작성란에 "해당 없음"이라고 기재한다.

16 근로자의 산업안전보건을 위하여 사업주가 취하여야 할 일이 아닌 것은?

① 강렬한 소음을 내는 옥내작업장에 대하여 흡음시설을 설치한다.
② 내부환기가 되는 갱에서 내연기관이 부착된 기계를 사용하지 않도록 한다.
③ 인체에 해로운 가스의 옥내작업장에서 공기 중 함유 농도가 보건상 유해한 정도를 초과하지 않도록 조치한다.
④ 유해물질 취급작업으로 인하여 근로자에게 유해한 작업인 경우 그 원인을 제거하기 위하여 대체물 사용, 작업방법 및 시설의 변경 또는 개선 조치한다.

[풀이] 내부환기가 되지 않는 갱에서 내연기관이 부착된 기계를 사용하지 않도록 한다.

17 교대제가 기업에서 채택되고 있는 이유와 거리가 먼 것은?

① 섬유공업, 건설사업에서 근로자의 고용기회의 확대를 위하여
② 의료, 방송 등 공공사업에서 국민생활과 이용자의 편의를 위하여
③ 화학공업, 석유정제 등 생산과정이 주야로 연속되지 않으면 안 되는 경우
④ 기계공업, 방직공업 등 시설투자의 상각을 조속히 달성하려고 생산설비를 완전가동하고자 하는 경우

[풀이] 교대제는 일반적으로 생산량 확대와 기계운영의 효율성 등을 높이기 위한 경제적 측면이 강조되므로 근로자의 고용기회의 확대와는 관계가 적다.

18 어떤 물질에 대한 작업환경을 측정한 결과 다음과 같은 TWA 결과값을 얻었다. 환산된 TWA는 약 얼마인가?

농도(ppm)	100	150	250	300
발생시간(분)	120	240	60	60

① 169ppm
② 198ppm
③ 220ppm
④ 256ppm

[풀이] $\text{TWA} = \dfrac{(100 \times 2) + (150 \times 4) + (250 \times 1) + (300 \times 1)}{8}$
$= 168.75\text{ppm}$

19 산업위생의 정의에 나타난 산업위생의 활동단계 4가지 중 평가(evaluation)에 포함되지 않는 것은?

① 시료의 채취와 분석
② 예비조사의 목적과 범위 결정
③ 노출정도를 노출기준과 통계적인 근거로 비교하여 판정
④ 물리적, 화학적, 생물학적, 인간공학적 유해인자 목록 작성

[풀이] 물리적, 화학적, 생물학적, 인간공학적 유해인자 목록작성은 산업위생 활동 4단계 중 예측(인지)에 해당된다.

20 다음 중 직업성 피부질환에 대한 설명으로 틀린 것은 어느 것인가?

① 대부분은 화학물질에 의한 접촉피부염이다.
② 접촉피부염의 대부분은 알레르기에 의한 것이다.
③ 정확한 발생빈도와 원인물질의 추정은 거의 불가능하다.
④ 직업성 피부질환의 간접요인으로는 인종, 연령, 계절 등이 있다.

[풀이] 접촉피부염의 대부분은 외부물질과의 접촉에 의하여 발생하는 자극성 접촉피부염이며 자극에 의한 원발성 피부염이 가장 많은 부분을 차지한다.

제2과목 | 작업위생 측정 및 평가

21 누적소음노출량(D : %)을 적용하여 시간가중평균소음수준(TWA : dB(A))을 산출하는 공식은?

① $16.61 \log\left(\dfrac{D}{100}\right) + 80$
② $19.81 \log\left(\dfrac{D}{100}\right) + 80$
③ $16.61 \log\left(\dfrac{D}{100}\right) + 90$
④ $19.81 \log\left(\dfrac{D}{100}\right) + 90$

[풀이] 시간가중평균소음수준(TWA)
$\text{TWA} = 16.61 \log\left[\dfrac{D(\%)}{100}\right] + 90 [\text{dB(A)}]$

여기서, TWA : 시간가중평균소음수준[dB(A)]
D : 누적소음 폭로량(%)
100 : ($12.5 \times T$, T : 폭로시간)

22 셀룰로오스 에스테르 막여과지에 관한 설명으로 틀린 것은?

① 산에 쉽게 용해된다.
② 유해물질이 주로 표면에 침착되어 현미경분석에 유리하다.
③ 흡습성이 적어 주로 중량분석에 적용된다.
④ 중금속 시료채취에 유리하다.

[풀이] MCE막 여과지(Mixed Cellulose Ester membrane filter)
㉠ 산업위생에서는 거의 대부분이 직경 37mm, 구멍크기 0.45~0.8μm의 MCE막 여과지를 사용하고 있어 작은 입자의 금속과 흄(fume) 채취가 가능하다.
㉡ 산에 쉽게 용해되고 가수분해되며, 습식 회화되기 때문에 공기 중 입자상 물질 중의 금속을 채취하여 원자흡광법으로 분석하는 데 적당하다.
㉢ 산에 의해 쉽게 회화되기 때문에 원소분석에 적합하고 NIOSH에서는 금속, 석면, 살충제, 불소화합물 및 기타 무기물질에 추천되고 있다.
㉣ 시료가 여과지의 표면 또는 가까운 곳에 침착되므로 석면, 유리섬유 등 현미경 분석을 위한 시료채취에도 이용된다.
㉤ 흡습성(원료인 셀룰로오스가 수분 흡수)이 높아 오차를 유발할 수 있어 중량분석에 적합하지 않다.

[정답] 19.④ 20.② 21.③ 22.③

23 흡착제를 이용하여 시료채취를 할 때 영향을 주는 인자에 관한 설명으로 틀린 것은 어느 것인가?

① 온도 : 온도가 높을수록 입자의 활성도가 커져 흡착에 좋으며 저온일수록 흡착능이 감소한다.
② 오염물질 농도 : 공기 중 오염물질 농도가 높을수록 파과용량은 증가하나 파과공기량은 감소한다.
③ 흡착제의 크기 : 입자의 크기가 작을수록 표면적이 증가하여 채취효율이 증가하나 압력강하가 심하다.
④ 시료채취속도 : 시료채취속도가 높고 코팅된 흡착제일수록 파과가 일어나기 쉽다.

풀이 흡착제를 이용한 시료채취 시 영향인자
㉠ 온도 : 온도가 낮을수록 흡착에 좋으나 고온일수록 흡착대상 오염물질과 흡착제의 표면 사이 또는 2종 이상의 흡착대상 물질 간 반응속도가 증가하여 흡착성질이 감소하며 파과가 일어나기 쉽다(모든 흡착은 발열반응이다).
㉡ 습도 : 극성 흡착제를 사용할 때 수증기가 흡착되기 때문에 파과가 일어나기 쉬우며 비교적 높은 습도는 활성탄의 흡착용량을 저하시킨다. 또한 습도가 높으면 파과공기량(파과가 일어날 때까지의 채취공기량)이 적어진다.
㉢ 시료채취속도(시료채취량) : 시료채취속도가 크고 코팅된 흡착제일수록 파과가 일어나기 쉽다.
㉣ 유해물질 농도(포집된 오염물질의 농도) : 농도가 높으면 파과용량(흡착제에 흡착된 오염물질량)이 증가하나 파과공기량은 감소한다.
㉤ 혼합물 : 혼합기체의 경우 각 기체의 흡착량은 단독성분이 있을 때보다 적어지게 된다(혼합물 중 흡착제와 강한 결합을 하는 물질에 의하여 치환반응이 일어나기 때문).
㉥ 흡착제의 크기(흡착제의 비표면적) : 입자 크기가 작을수록 표면적 및 채취효율이 증가하지만 압력강하가 심하다(활성탄은 다른 흡착제에 비하여 큰 비표면적을 갖고 있다).
㉦ 흡착관의 크기(튜브의 내경, 흡착제의 양) : 흡착제의 양이 많아지면 전체 흡착제의 표면적이 증가하여 채취용량이 증가하므로 파과가 쉽게 발생되지 않는다.

24 자연습구온도 31.0℃, 흑구온도 24.0℃, 건구온도 34.0℃, 실내작업장에서 시간당 400칼로리가 소모되며 계속작업을 실시하는 주조공장의 WBGT는?

① 28.9℃
② 29.9℃
③ 30.9℃
④ 31.9℃

풀이 옥내 WBGT(℃)
= (0.7×자연습구온도) + (0.3×흑구온도)
= (0.7×31) + (0.3×24) = 28.9℃

25 활성탄관(charcoal tubes)을 사용하여 포집하기에 가장 부적합한 오염물질은?

① 할로겐화 탄화수소류
② 에스테르류
③ 방향족탄화수소류
④ 니트로 벤젠류

풀이 활성탄관을 사용하여 채취하기 용이한 시료
㉠ 비극성류의 유기용제
㉡ 각종 방향족 유기용제(방향족탄화수소류)
㉢ 할로겐화 지방족 유기용제(할로겐화 탄화수소류)
㉣ 에스테르류, 알코올류, 에테르류, 케톤류

26 표준가스에 대한 법칙 중 "일정한 부피조건에서 압력과 온도는 비례한다."는 내용은 어느 것인가?

① 픽스의 법칙
② 보일의 법칙
③ 샤를의 법칙
④ 게이-뤼삭의 법칙

풀이 게이-뤼삭 기체반응의 법칙
화학반응에서 그 반응물 및 생성물이 모두 기체일 때는 등온, 등압하에서 측정한 이들 기체의 부피 사이에는 간단한 정수비 관계가 성립한다는 법칙(일정한 부피에서 압력과 온도는 비례한다는 표준가스법칙)

27 1차, 2차 표준기구에 관한 내용으로 틀린 것은?
① 1차 표준기구란 물리적 차원인 공간의 부피를 직접 측정할 수 있는 기구를 말한다.
② 1차 표준기구로 폐활량계가 사용된다.
③ wet-test미터, rota미터, orifice미터는 2차 표준기구이다.
④ 2차 표준기구는 1차 표준기구를 보정하는 기구를 말한다.

[풀이] 2차 표준기구는 1차 표준기구를 기준으로 보정하여 사용할 수 있는 기구를 의미하며 온도와 압력에 영향을 받는다. 또한 2차 표준기구는 공간의 부피를 직접 알 수 없으며, 1차 표준기구로 다시 보정하여야 한다.

28 다음 중 입자상 물질을 채취하는 방법 중 직경분립충돌기의 장점으로 틀린 것은 어느 것인가?
① 호흡기에 부분별로 침착된 입자크기의 자료를 추정할 수 있다.
② 흡입성, 흉곽성, 호흡성 입자의 크기별 분포와 농도를 계산할 수 있다.
③ 시료채취 준비에 시간이 적게 걸리며 비교적 채취가 용이하다.
④ 입자의 질량크기 분포를 얻을 수 있다.

[풀이] 직경분립충돌기(cascade impactor)의 장단점
(1) 장점
 ㉠ 입자의 질량 크기 분포를 얻을 수 있다.
 ㉡ 호흡기의 부분별로 침착된 입자 크기의 자료를 추정할 수 있고, 흡입성, 흉곽성, 호흡성 입자의 크기별로 분포와 농도를 계산할 수 있다.
(2) 단점
 ㉠ 시료채취가 까다롭다. 즉 경험이 있는 전문가가 철저한 준비를 통해 이용해야 정확한 측정이 가능하다.
 ㉡ 비용이 많이 든다.
 ㉢ 채취준비시간이 과다하다.
 ㉣ 되튐으로 인한 시료의 손실이 일어나 과소분석 결과를 초래할 수 있어 유량을 2L/min 이하로 채취한다. 따라서 mylar substrate에 그리스를 뿌려 시료의 되튐을 방지한다.
 ㉤ 공기가 옆에서 유입되지 않도록 각 충돌기의 조립과 장착을 철저히 해야 한다.

29 유사노출그룹(HEG)에 관한 내용으로 틀린 것은?
① 시료채취수를 경제적으로 하는 데 목적이 있다.
② 유사노출그룹은 우선 유사한 유해인자별로 구분한 후 유해인자의 동질성을 보다 확보하기 위해 조직을 분석한다.
③ 역학조사를 수행할 때 사건이 발생된 근로자가 속한 유사노출그룹의 노출농도를 근거로 노출원인 및 농도를 추정할 수 있다.
④ 유사노출그룹은 노출되는 유해인자의 농도와 특성이 유사하거나 동일한 근로자 그룹을 말하며 유해인자의 특성이 동일하다는 것은 노출되는 유해인자가 동일하고 농도가 일정한 변이 내에서 통계적으로 유사하다는 의미이다.

[풀이] HEG(유사노출그룹)의 설정방법
조직, 공정, 작업범주, 공정과 작업내용별로 구분하여 설정한다.

30 입자상 물질의 채취를 위한 섬유상 여과지인 유리섬유여과지에 관한 설명으로 틀린 것은?
① 흡습성이 적고 열에 강하다.
② 결합제 첨가형과 결합제 비첨가형이 있다.
③ 와트만(Whatman)여과지가 대표적이다.
④ 유해물질이 여과지의 안층에도 채취된다.

[풀이] Whatman여과지는 셀룰로오스여과지의 대표적 여과지이다.

정답 27.④ 28.③ 29.② 30.③

31 소음측정방법에 관한 내용으로 (　)에 알맞은 내용은? (단, 고용노동부 고시 기준)

> 1초 이상의 간격을 유지하면서 최대음압수준이 120dB(A) 이상의 소음인 경우에는 소음수준에 따른 (　) 동안의 발생횟수를 측정할 것

① 1분　　② 2분
③ 3분　　④ 4분

[풀이] 소음이 1초 이상의 간격을 유지하면서 최대음압수준이 120dB(A) 이상의 소음(충격소음)인 경우에는 소음수준에 따른 1분 동안의 발생횟수를 측정하여야 한다.

32 소음의 변동이 심하지 않은 작업장에서 1시간 간격으로 8회 측정한 산술평균의 소음수준이 93.5dB(A)이었을 때 하루 소음노출량(dose, %)은? (단, 근로자의 작업시간은 8시간)

① 104%
② 135%
③ 162%
④ 234%

[풀이]
$TWA = 16.61\log\dfrac{D}{100} + 90$

$93.5\text{dB(A)} = 16.61\log\dfrac{D(\%)}{100} + 90$

$16.61\log\dfrac{D(\%)}{100} = (93.5-90)\text{dB(A)}$

$\log\dfrac{D(\%)}{100} = \dfrac{3.5}{16.61}$

$D(\%) = 10^{\frac{3.5}{16.61}} \times 100 = 162.45\%$

33 작업장 소음수준을 누적소음노출량 측정기로 측정할 경우 기기 설정으로 맞는 것은?

① threshold=80dB, criteria=90dB, exchange rate=10dB
② threshold=90dB, criteria=80dB, exchange rate=10dB
③ threshold=80dB, criteria=90dB, exchange rate=5dB
④ threshold=90dB, criteria=80dB, exchange rate=5dB

[풀이] 누적소음노출량 측정기의 설정
㉠ criteria=90dB
㉡ exchange rate=5dB
㉢ threshold=80dB

34 다음의 유기용제 중 실리카겔에 대한 친화력이 가장 강한 것은?

① 알코올류　　② 알데히드류
③ 케톤류　　　④ 에스테르류

[풀이] 실리카겔의 친화력(극성이 강한 순서)
물 > 알코올류 > 알데히드류 > 케톤류 > 에스테르류 > 방향족탄화수소류 > 올레핀류 > 파라핀류

35 미국 ACGIH에서 정의한 (A) 흉곽성 먼지(Thoracic Particulate Mass, TPM)와 (B) 호흡성 먼지(Respirable Particulate Mass, RPM)의 평균입자 크기로 옳은 것은?

① (A) $5\mu m$, (B) $15\mu m$
② (A) $15\mu m$, (B) $5\mu m$
③ (A) $4\mu m$, (B) $10\mu m$
④ (A) $10\mu m$, (B) $4\mu m$

[풀이] ACGIH의 평균입경
㉠ 흡입성 입자상 물질 : $100\mu m$
㉡ 흉곽성 입자상 물질 : $10\mu m$
㉢ 호흡성 입자상 물질 : $4\mu m$

36 흡광광도계에서 빛의 강도가 I_o인 단색광이 어떤 시료용액을 통과할 때 그 빛의 30%가 흡수될 경우, 흡광도는?

① 약 0.30　　② 약 0.24
③ 약 0.16　　④ 약 0.12

[풀이]
흡광도$(A) = \log\dfrac{1}{\text{투과율}} = \log\dfrac{1}{(1-0.3)} = 0.16$

정답 31.① 32.③ 33.③ 34.① 35.④ 36.③

37 시간당 200~350kcal의 열량이 소모되는 중등작업 조건에서 WBGT 측정치가 31.2℃일 때 고열작업 노출기준의 작업휴식 조건은?

① 매시간 50% 작업, 50% 휴식 조건
② 매시간 75% 작업, 25% 휴식 조건
③ 매시간 25% 작업, 75% 휴식 조건
④ 계속 작업 조건

[풀이] 고열작업장의 노출기준(고용노동부, ACGIH)
(단위 : WBGT(℃))

시간당 작업과 휴식비율	작업 강도		
	경작업	중등작업	중(힘든)작업
연속작업	30.0	26.7	25.0
75% 작업, 25% 휴식 (45분 작업, 15분 휴식)	30.6	28.0	25.9
50% 작업, 50% 휴식 (30분 작업, 30분 휴식)	31.4	29.4	27.9
25% 작업, 75% 휴식 (15분 작업, 45분 휴식)	32.2	31.1	30.0

㉠ 경작업 : 시간당 200kcal까지의 열량이 소요되는 작업을 말하며, 앉아서 또는 서서 기계의 조정을 하기 위하여 손 또는 팔을 가볍게 쓰는 일 등이 해당된다.
㉡ 중등작업 : 시간당 200~350kcal의 열량이 소요되는 작업을 말하며, 물체를 들거나 밀면서 걸어 다니는 일 등이 해당된다.
㉢ 중(격심)작업 : 시간당 350~500kcal의 열량이 소요되는 작업을 뜻하며, 곡괭이질 또는 삽질하는 일과 같이 육체적으로 힘든 일 등이 해당된다.

38 40% 벤젠, 30% 아세톤, 그리고 30% 톨루엔의 중량비로 조정된 용제가 증발되어 작업환경을 오염시키고 있다. 이때 각각의 TLV가 30mg/m³, 1,780mg/m³ 및 375mg/m³라면 이 작업장의 혼합물의 허용농도(mg/m³)는? (단, 상가작용 기준)

① 47.9 ② 59.9
③ 69.9 ④ 76.9

[풀이] 혼합물의 허용농도(mg/m³) = $\dfrac{1}{\dfrac{0.4}{30} + \dfrac{0.3}{1,780} + \dfrac{0.3}{375}}$
= 69.9mg/m³

39 시간가중평균기준(TWA)이 설정되어 있는 대상물질을 측정하는 경우에는 1일 작업시간 동안 6시간 이상 연속 측정하거나 작업시간을 등간격으로 나누어 6시간 이상 연속분리하여 측정하여야 한다. 다음 중 대상물질의 발생시간 동안 측정할 수 있는 경우가 아닌 것은? (단, 고용노동부 고시 기준)

① 대상물질의 발생시간이 6시간 이하인 경우
② 불규칙작업으로 6시간 이하의 작업인 경우
③ 발생원에서의 발생시간이 간헐적인 경우
④ 공정 및 취급인자 변동이 없는 경우

[풀이] 대상물질의 발생시간 동안 측정할 수 있는 경우
㉠ 대상물질의 발생시간이 6시간 이하인 경우
㉡ 불규칙작업으로 6시간 이하의 작업
㉢ 발생원에서의 발생시간이 간헐적인 경우

40 음압이 10배 증가하면 음압수준은 몇 dB이 증가하는가?

① 10dB ② 20dB
③ 50dB ④ 40dB

[풀이] SPL(음압수준) = $20\log\dfrac{P}{P_o}$ = $20\log 10$ = 20dB

제3과목 | 작업환경 관리대책

41 작업장에서 메틸에틸케톤(MEK : 허용기준 200ppm)이 3L/hr로 증발하여 작업장을 오염시키고 있다. 전체(희석)환기를 위한 필요환기량은? (단, K=6, 분자량=72, 메틸에틸케톤 비중=0.805, 21℃, 1기압 상태 기준)

① 약 160m³/min ② 약 280m³/min
③ 약 330m³/min ④ 약 410m³/min

정답 37.③ 38.③ 39.④ 40.② 41.④

[풀이]
- 사용량(g/hr)
  $= 3L/hr \times 0.805 g/mL \times 1,000 mL/L = 2,415 g/hr$
- 발생률(G, L/hr)
  $72g : 24.1L = 2,415g/hr : G(L/hr)$
  $G = \dfrac{24.1L \times 2,415g/hr}{72g} = 808.35 L/hr$
- ∴ 필요환기량(Q)
  $Q = \dfrac{G}{TLV} \times K$
  $= \dfrac{808.35 L/hr}{200 ppm} \times 6$
  $= \dfrac{808.35 L/hr \times 1,000 mL/L}{200 mL/m^3} \times 6$
  $= 24,250.5 m^3/hr \times hr/60min$
  $= 404.18 m^3/min$

42 축류송풍기에 관한 설명으로 가장 거리가 먼 것은?

① 전동기와 직결할 수 있고, 또 축방향 흐름이기 때문에 관로 도중에 설치할 수 있다.
② 가볍고 재료비 및 설치비용이 저렴하다.
③ 원통형으로 되어 있다.
④ 규정 풍량 범위가 넓어 가열공기 또는 오염공기의 취급에 유리하다.

[풀이] 규정 풍량 외에는 갑자기 효율이 떨어지기 때문에 가열공기 또는 오염공기의 취급에는 부적당하며 압력손실이 비교적 많이 걸리는 시스템에 사용했을 때 서징현상으로 진동과 소음이 심한 경우가 생긴다.

43 작업환경개선대책 중 격리와 가장 거리가 먼 것은?

① 콘크리트 방호벽의 설치
② 원격조정
③ 자동화
④ 국소배기장치의 설치

[풀이] 국소배기장치의 설치는 작업환경개선의 공학적 대책 중 하나이다.
- 작업환경개선대책 중 격리의 종류
  ㉠ 저장물질의 격리
  ㉡ 시설의 격리
  ㉢ 공정의 격리
  ㉣ 작업자의 격리

44 보호구의 보호 정도를 나타내는 할당보호계수(APF)에 관한 설명으로 가장 거리가 먼 것은?

① 보호구 밖의 유량과 안의 유량의 비(Q_o/Q_i)로 표현된다.
② APF를 이용하여 보호구에 대한 최대사용농도를 구할 수 있다.
③ APF가 100인 보호구를 착용하고 작업장에 들어가면 착용자는 외부 유해물질로부터 적어도 100배만큼의 보호를 받을 수 있다는 의미이다.
④ 일반적인 APF 개념의 특별한 적용으로 적절히 밀착이 이루어진 호흡기 보호구를 훈련된 일련의 착용자들이 작업장에서 착용하였을 때 기대되는 최소보호정도치를 말한다.

[풀이] $APF \geq \dfrac{C_{air}}{PEL}(=HR)$
여기서, APF : 할당보호계수
PEL : 노출기준
C_{air} : 기대되는 공기 중 농도
HR : 위해비

45 다음 중 방진마스크에 대한 설명으로 옳은 것은 어느 것인가?

① 무게중심은 안면에 강한 압박감을 주는 위치여야 한다.
② 흡기저항 상승률이 높은 것이 좋다.
③ 필터의 여과효율이 높고 흡입저항이 클수록 좋다.
④ 비휘발성 입자에 대한 보호만 가능하고 가스 및 증기의 보호는 안 된다.

[풀이] 방진마스크의 선정(구비) 조건
㉠ 흡기저항이 낮을 것
일반적 흡기저항 범위 ⇨ 6~8mmH$_2$O

정답 42.④ 43.④ 44.① 45.④

ⓒ 배기저항이 낮을 것
　일반적 배기저항 기준 ⇨ 6mmH₂O 이하
ⓒ 여과재 포집효율이 높을 것
ⓔ 착용 시 시야 확보가 용이할 것
　⇨ 하방 시야가 60° 이상이 되어야 함
ⓜ 중량은 가벼울 것
ⓗ 안면에서의 밀착성이 클 것
ⓢ 침입률 1% 이하까지 정확히 평가 가능할 것
ⓞ 피부접촉 부위가 부드러울 것
ⓩ 사용 후 손질이 간단할 것

46 국소환기시설 설계에 있어 정압조절평형법의 장점으로 틀린 것은?

① 예기치 않은 침식 및 부식이나 퇴적문제가 일어나지 않는다.
② 설계 설치된 시설의 개조가 용이하여 장치 변경이나 확장에 대한 유연성이 크다.
③ 설계가 정확할 때에는 가장 효율적인 시설이 된다.
④ 설계 시 잘못 설계된 분지관 또는 저항이 제일 큰 분지관을 쉽게 발견할 수 있다.

[풀이] **정압조절평형법의 장점**
㉠ 예기치 않은 침식, 부식, 분진퇴적으로 인한 축적(퇴적)현상이 일어나지 않는다.
㉡ 잘못 설계된 분지관, 최대저항경로(저항이 큰 분지관) 선정이 잘못되어도 설계 시 쉽게 발견할 수 있다.
㉢ 설계가 정확할 때에는 가장 효율적인 시설이 된다.
㉣ 유속의 범위가 적절히 선택되면 덕트의 폐쇄가 일어나지 않는다.

47 A물질의 증기압이 50mmHg라면 이때 포화증기농도(%)는? (단, 표준상태 기준)

① 6.6　　② 8.8
③ 10.0　　④ 12.2

[풀이] 포화증기농도(%) = $\dfrac{증기압(분압)}{760mmHg} \times 10^2$

$= \dfrac{50}{760} \times 10^2 = 6.6\%$

48 작업환경개선을 위해 전체환기를 적용할 수 있는 일반적 상황으로 틀린 것은?

① 오염발생원의 유해물질발생량이 적은 경우
② 작업자가 근무하는 장소로부터 오염발생원이 멀리 떨어져 있는 경우
③ 소량의 오염물질이 일정속도로 작업장으로 배출되는 경우
④ 동일작업장에 오염발생원이 한군데로 집중되어 있는 경우

[풀이] **전체환기(희석환기) 적용 시 조건**
㉠ 유해물질의 독성이 비교적 낮은 경우, 즉 TLV가 높은 경우 ⇨ 가장 중요한 제한조건
㉡ 동일한 작업장에 다수의 오염원이 분산되어 있는 경우
㉢ 유해물질이 시간에 따라 균일하게 발생될 경우
㉣ 유해물질의 발생량이 적은 경우 및 희석공기량이 많지 않아도 되는 경우
㉤ 유해물질이 증기나 가스일 경우
㉥ 국소배기로 불가능한 경우
㉦ 배출원이 이동성인 경우
㉧ 가연성 가스의 농축으로 폭발의 위험이 있는 경우
㉨ 오염원이 근무자가 근무하는 장소로부터 멀리 떨어져 있는 경우

49 직경이 10cm인 원형 후드가 있다. 관 내를 흐르는 유량이 0.2m³/sec라면 후드 입구에서 20cm 떨어진 곳에서의 제어속도(m/sec)는?

① 0.29　　② 0.39
③ 0.49　　④ 0.59

[풀이] 문제 내용 중 후드 위치 및 플랜지에 대한 언급이 없으므로 기본식 사용

$Q = V_c(10X^2 + A)$

$A = \left(\dfrac{3.14 \times 0.1^2}{4}\right)m^2 = 0.00785m^2$

$0.2m^3/sec = V_c[(10 \times 0.2^2)m^2 + 0.00785m^2]$

$V_c(m/sec) = \dfrac{0.2m^3/sec}{0.408m^2}$

$= 0.49m/sec$

정답 46.② 47.① 48.④ 49.③

50 사무실 직원이 모두 퇴근한 6시 30분에 CO_2 농도는 1,700ppm이었다. 4시간이 지난 후 다시 CO_2 농도를 측정한 결과 CO_2 농도가 800ppm이었다면, 사무실의 시간당 공기교환횟수는? (단, 외부공기 중 CO_2 농도는 330ppm)

① 0.11　　② 0.19
③ 0.27　　④ 0.35

풀이 시간당 공기교환횟수
$$= \frac{-\ln(\text{시간 지난 후 } CO_2 \text{ 농도} - \text{외부의 } CO_2 \text{ 농도})}{\text{경과된 시간(hr)}}$$
$$= \frac{\ln(1,700-330) - \ln(800-330)}{4\text{hr}}$$
$$= 0.27 \text{회(시간당)}$$

51 다음 보기에서 공기공급시스템(보충용 공기의 공급장치)이 필요한 이유를 옳게 짝지은 것은?

㉮ 연료를 절약하기 위하여
㉯ 작업장 내 안전사고를 예방하기 위하여
㉰ 국소배기장치를 적절하게 가동시키기 위하여
㉱ 작업장의 교차기류를 유지하기 위하여

① ㉮, ㉯
② ㉮, ㉯, ㉰
③ ㉯, ㉰, ㉱
④ ㉮, ㉯, ㉰, ㉱

풀이 공기공급시스템이 필요한 이유
㉠ 국소배기장치의 원활한 작동을 위하여
㉡ 국소배기장치의 효율 유지를 위하여
㉢ 안전사고를 예방하기 위하여
㉣ 에너지(연료)를 절약하기 위하여
㉤ 작업장 내의 방해기류(교차기류)가 생기는 것을 방지하기 위하여
㉥ 외부공기가 정화되지 않은 채로 건물 내로 유입되는 것을 막기 위하여

52 1기압, 온도 15℃ 조건에서 속도압이 37.2mmH₂O일 때 기류의 유속(m/sec)은? (단, 15℃, 1기압에서 공기의 밀도는 1.225kg/m³이다.)

① 24.4　　② 26.1
③ 28.3　　④ 29.6

풀이
$$V(\text{m/sec}) = \sqrt{\frac{2g \times VP}{\gamma}}$$
$$= \sqrt{\frac{2 \times 9.8 \times 37.2}{1.225}} = 24.4\text{m/sec}$$

53 사무실에서 일하는 근로자의 건강장애를 예방하기 위해 시간당 공기교환횟수는 6회 이상 되어야 한다. 사무실의 체적이 150m³일 때 최소 필요한 환기량(m³/min)은?

① 9　　② 12
③ 15　　④ 18

풀이
$$ACH = \frac{\text{작업장 필요환기량}(\text{m}^3/\text{hr})}{\text{작업장 체적}(\text{m}^3)}$$
작업장 환기량$(\text{m}^3/\text{hr}) = 6\text{회/hr} \times 150\text{m}^3$
$= 900\text{m}^3/\text{hr} \times \text{hr}/60\text{min}$
$= 15\text{m}^3/\text{min}$

54 관(管)의 안지름이 200mm인 직관을 통하여 가스유량이 55m³/분인 표준공기를 송풍할 때 관 내 평균유속(m/sec)은?

① 약 21.8　　② 약 24.5
③ 약 29.2　　④ 약 32.2

풀이
$$V(\text{m/sec}) = \frac{Q}{A}$$
$$= \frac{55\text{m}^3/\text{min} \times \text{min}/60\text{sec}}{\left(\frac{3.14 \times 0.2^2}{4}\right)\text{m}^2}$$
$$= 29.19\text{m/sec}$$

55 송풍량이 400m³/min이고 송풍기 전압이 100mmH₂O인 송풍기를 가동할 때 소요동력(kW)은? (단, 효율 75%, 여유율 20%)

① 약 6.9　　② 약 8.4
③ 약 10.5　　④ 약 12.2

풀이 $kW = \dfrac{Q \times \Delta P}{6,120 \times \eta} \times \alpha = \dfrac{400 \times 100}{6,120 \times 0.75} \times 1.2 = 10.46 kW$

56 관 내 유속이 1.25m/sec, 관 직경이 0.05m일 때 Reynolds 수는? (단, 20℃, 1기압, 동점성계수=$1.5 \times 10^{-5} m^2/sec$)

① 3,257
② 4,167
③ 5,387
④ 6,237

풀이 $Re = \dfrac{VD}{\nu} = \dfrac{1.25 \times 0.05}{1.5 \times 10^{-5}} = 4,166.67$

57 정압회복계수가 0.72이고 정압회복량이 7.2mmH₂O인 원형확대관의 압력손실(mmH₂O)은?

① 4.2 ② 3.6
③ 2.8 ④ 1.3

풀이 $SP_2 - SP_1 = R(VP_1 - VP_2)$
$7.2 = 0.72(VP_1 - VP_2)$
$VP_1 - VP_2 = \dfrac{7.2}{0.72} = 10 mmH_2O$
$\Delta P = \zeta \times (VP_1 - VP_2)$
• $\zeta = 1 - R = 1 - 0.72 = 0.28$
$= 0.28 \times 10 = 2.8 mmH_2O$

58 회전차 외경이 600mm인 레이디얼(방사날개형) 송풍기의 풍량은 300m³/min, 송풍기 전압은 60mmH₂O, 축동력은 0.70kW이다. 회전차 외경이 1,000mm로 상사인 레이디얼(방사날개형) 송풍기가 같은 회전수로 운전될 때 전압(mmH₂O)은 어느 것인가? (단, 공기비중은 같음)

① 167 ② 182
③ 214 ④ 246

풀이 $\dfrac{\Delta P_2}{\Delta P_1} = \left(\dfrac{D_2}{D_1}\right)^2$
$\Delta P_2 = \Delta P_1 \times \left(\dfrac{D_2}{D_1}\right)^2$
$= 60 mmH_2O \times \left(\dfrac{1,000}{600}\right)^2$
$= 166.67 mmH_2O$

59 공기정화장치의 한 종류인 원심력집진기에서 절단입경(cut-size, Dc)은 무엇을 의미하는가?

① 100% 분리, 포집되는 입자의 최소입경
② 100% 처리효율로 제거되는 입자크기
③ 90% 이상 처리효율로 제거되는 입자크기
④ 50% 처리효율로 제거되는 입자크기

풀이 ㉠ 최소입경(임계입경)
사이클론에서 100% 처리효율로 제거되는 입자의 크기 의미
㉡ 절단입경(cut-size)
사이클론에서 50% 처리효율로 제거되는 입자의 크기 의미

60 어떤 작업장의 음압수준이 86dB(A)이고, 근로자는 귀덮개를 착용하고 있다. 귀덮개의 차음평가수는 NRR=19이다. 근로자가 노출되는 음압(예측)수준(dB(A))은 어느 것인가?

① 74
② 76
③ 78
④ 80

풀이 노출음압수준 = 86dB(A) - 차음효과
차음효과 = (NRR-7) × 0.5
= (19-7) × 0.5 = 6dB(A)
= 86dB(A) - 6dB(A) = 80dB(A)

정답 56.② 57.③ 58.① 59.④ 60.④

제4과목 | 물리적 유해인자관리

61 저압환경상태에서 발생되는 질환이 아닌 것은?
① 폐수종
② 급성 고산병
③ 저산소증
④ 질소가스 마취장애

[풀이] 고압환경에서의 인체작용(2차적인 가압현상)
㉠ 질소가스의 마취작용
㉡ 산소중독
㉢ 이산화탄소 중독

62 청력손실치가 다음과 같을 때, 6분법에 의하여 판정하면 청력손실은 얼마인가?

- 500Hz에서 청력손실치 8
- 1,000Hz에서 청력손실치 12
- 2,000Hz에서 청력손실치 12
- 4,000Hz에서 청력손실치 22

① 12
② 13
③ 14
④ 15

[풀이] 6분법 평균 청력손실 $= \dfrac{a+2b+2c+d}{6}$
$= \dfrac{8+(2\times 12)+(2\times 12)+22}{6}$
$= 13\,dB(A)$

63 다음 중 빛에 관한 설명으로 틀린 것은 어느 것인가?
① 광원으로부터 나오는 빛의 세기를 조도라 한다.
② 단위 평면적에서 발산 또는 반사되는 광량을 휘도라 한다.
③ 루멘은 1촉광의 광원으로부터 단위입체각으로 나가는 광속의 단위이다.
④ 조도는 어떤 면에 들어오는 광속의 양에 비례하고, 입사면의 단면적에 반비례한다.

[풀이] 칸델라(candela ; cd)
㉠ 광원으로부터 나오는 빛의 세기인 광도의 단위로 기호는 cd로 표시한다.
㉡ $101,325 N/m^2$ 압력하에서 백금의 응고점 온도에 있는 흑체의 $1m^2$인 평평한 표면 수직 방향의 광도를 1cd라 한다.

64 불활성가스 용접에서는 자외선량이 많아 오존이 발생한다. 염화계 탄화수소에 자외선이 조사되어 분해될 경우 발생하는 유해물질로 맞는 것은?
① $COCl_2$(포스겐)
② HCl(염화수소)
③ NO_3(삼산화질소)
④ $HCHO$(포름알데히드)

[풀이] 포스겐($COCl_2$)
㉠ 무색의 기체로서 시판되고 있는 포스겐은 담황록색이며 독특한 자극성 냄새가 나며 가수분해 되고 일반적으로 비중이 1.38정도로 크다.
㉡ 태양자외선과 산업장에서 발생하는 자외선은 공기 중의 NO_2와 올레핀계 탄화수소와 광학적 반응을 일으켜 트리클로로에틸렌을 독성이 강한 포스겐으로 전환시키는 광화학작용을 한다.
㉢ 공기 중에 트리클로로에틸렌이 고농도로 존재하는 작업장에서 아크용접을 실시하는 경우 트리클로로에틸렌이 포스겐으로 전환될 수 있다.
㉣ 독성은 염소보다 약 10배 정도 강하다.
㉤ 호흡기, 중추신경, 폐에 장애를 일으키고 폐수종을 유발하여 사망에 이른다.

65 레이저광선에 가장 민감한 인체기관은?
① 눈
② 소뇌
③ 갑상선
④ 척수

[풀이] 레이저의 생물학적 작용
㉠ 레이저장애는 광선의 파장과 특정 조직의 광선 흡수 능력에 따라 장애 출현 부위가 달라진다.
㉡ 레이저광 중 맥동파는 지속파보다 그 장애를 주는 정도가 크다.
㉢ 감수성이 가장 큰 신체부위, 즉 인체표적기관은 눈이다.

② 피부에 대한 작용은 가역적이며 피부손상, 화상, 홍반, 수포형성, 색소침착 등이 생길 수 있다.
⑩ 레이저장애는 파장, 조사량 또는 시간 및 개인의 감수성에 따라 피부에 여러 증상을 나타낸다.
⑪ 눈에 대한 작용은 각막염, 백내장, 망막염 등이 있다.

66 대상음의 음압이 1.0N/m²일 때 음압레벨(Sound Pressure Level)은 몇 dB인가?
① 91
② 94
③ 97
④ 100

풀이 음압레벨(SPL) $= 20\log\dfrac{P}{P_o} = 20\log\dfrac{1.0}{2\times10^{-5}} = 94\text{dB}$

67 화학적 질식제로 산소결핍장소에서 보건학적 의의가 가장 큰 것은?
① CO
② CO_2
③ SO_2
④ NO_2

풀이 **일산화탄소(CO)**
㉠ 탄소 또는 탄소화합물이 불완전연소할 때 발생되는 무색무취의 기체이다.
㉡ 산소결핍 장소에서 보건학적 의의가 가장 큰 물질이다.
㉢ 혈액 중 헤모글로빈과의 결합력이 매우 강하여 체내 산소공급능력을 방해하므로 대단히 유해하다.
㉣ 생체 내에서 혈액과 화학작용을 일으켜서 질식을 일으키는 물질이다.
㉤ 정상적인 작업환경 공기에서 CO 농도가 0.1%로 되면 사람의 헤모글로빈 50%가 불활성화된다.
㉥ CO 농도가 1%(10,000ppm)에서 1분 후에 사망에 이른다(COHb : 카복시헤모글로빈 20% 상태가 됨).

68 조명에 대한 설명으로 틀린 것은?
① 갱 내부에서의 안구진탕증은 조명부족으로 발생할 수 있다.
② 망막변성 등 기질적 안질환은 조명부족에 의한 영향이 큰 안질환이다.
③ 조명부족하에서 작은 대상물을 장시간 직시하면 근시를 유발할 수 있다.
④ 조명과잉은 망막을 자극해서 잔상을 동반한 시력장애 또는 시력협착을 일으킨다.

풀이 **부적당한 조명(가시광선의 조명부족)으로 인한 피해증상**
㉠ 조명부족하에서 작은 대상물을 장시간 직시하면 근시를 유발할 수 있다.
㉡ 조명과잉은 망막을 자극해서 잔상을 동반한 시력장애 또는 시력협착을 일으킨다.
㉢ 조명이 불충분한 작업환경에서는 눈이 쉽게 피로해지며 작업능률이 저하된다.
㉣ 안정피로, 전광성 안염, 안구진탕증(갱 내부에서는 조명부족으로 발생)이 발생한다.

69 고압환경의 영향에 있어 2차적인 가압현상에 해당하지 않는 것은?
① 질소마취
② 산소중독
③ 조직의 통증
④ 이산화탄소 중독

풀이 **고압환경에서의 인체작용(2차적인 가압현상)**
㉠ 질소가스의 마취작용
㉡ 산소중독
㉢ 이산화탄소 중독

70 다음 중 가청주파수의 최대범위로 맞는 것은 어느 것인가?
① 10~80,000Hz
② 20~2,000Hz
③ 20~20,000Hz
④ 100~8,000Hz

풀이 **가청주파수 범위**
20~20,000Hz(20kHz)

71 진동이 발생하는 작업장에서 근로자에게 노출되는 양을 줄이기 위한 관리대책 중 적절하지 못한 항목은?
① 진동전파경로를 차단한다.
② 완충물 등 방진재료를 사용한다.
③ 공진을 확대시켜 진동을 최소화한다.
④ 작업시간의 단축 및 교대제를 실시한다.

풀이 공진을 확대시키면 진폭이 증가되어 피해가 가중되므로 공진을 감소시켜 진동을 최소화한다.

정답 66.② 67.① 68.② 69.③ 70.③ 71.③

72 한랭작업과 관련된 설명으로 틀린 것은 어느 것인가?

① 저체온증은 몸의 심부온도가 35℃ 이하로 내려간 것을 말한다.
② 저온작업에서 손가락, 발가락 등의 말초부위는 피부온도 저하가 가장 심한 부위이다.
③ 혹심한 한랭에 노출됨으로써 피부 및 피하조직 자체가 동결하여 조직이 손상되는 것을 말한다.
④ 근로자의 발이 한랭에 장기간 노출되고 동시에 지속적으로 습기나 물에 잠기게 되면 '선단자람증'의 원인이 된다.

[풀이] 근로자의 발이 한랭에 장기간 노출되고 지속적으로 습기나 물에 잠기게 되면 침수족이 발생한다.

73 산업장 소음에 대한 차음효과는 벽체의 단위 표면적에 대하여 벽체의 무게를 2배로 할 때마다 몇 dB씩 증가하는가?

① 2dB ② 3dB
③ 5dB ④ 6dB

[풀이] 투과손실(TL) = $20\log(m \cdot f) - 43$(dB)에서 벽체의 무게와 관계는 m(면밀도)만 고려하면 된다.
$TL = 20\log 2 = 6$dB
즉, 면밀도가 2배 되면 ≒6dB의 투과손실치가 증가된다(주파수도 동일).

74 단위시간에 일어나는 방사선 붕괴율을 나타내며, 초당 3.7×10^{10}개의 원자붕괴가 일어나는 방사능 물질의 양으로 정의되는 것은?

① R   ② Ci
③ Gy ④ Sv

[풀이] 큐리(Curie, Ci), Bq(Becquerel)
㉠ 방사성 물질의 양을 나타내는 단위이다.
㉡ 단위시간에 일어나는 방사선 붕괴율을 의미한다.
㉢ radium이 붕괴하는 원자의 수를 기초로 해서 정해졌으며, 1초간 3.7×10^{10}개의 원자붕괴가 일어나는 방사성 물질의 양(방사능의 강도)으로 정의한다.
㉣ 1Bq = 2.7×10^{-11}Ci

75 다음의 ( )에 들어갈 가장 적당한 값은?

정상적인 공기 중의 산소함유량은 21vol%이며 그 절대량, 즉 산소분압은 해면에 있어서는 약 ( )mmHg이다.

① 160 ② 210
③ 230 ④ 380

[풀이] 산소분압 = 760mmHg × 0.21
= 159.6mmHg

76 인체와 환경 사이의 열평형에 의하여 인체는 적절한 체온을 유지하려고 노력하는데 기본적인 열평형 방정식에 있어 신체열용량의 변화가 0보다 크면 생산된 열이 축적되게 되고 체온조절중추인 시상하부에서 혈액온도를 감지하거나 신경망을 통하여 정보를 받아들여 체온 방산작용이 활발하게 시작된다. 이러한 것을 무엇이라 하는가?

① 정신적 조절작용(spiritual thermo regulation)
② 물리적 조절작용(physical thermo regulation)
③ 화학적 조절작용(chemical thermo regulation)
④ 생물학적 조절작용(biological thermo regulation)

[풀이] 열평형(물리적 조절작용)
㉠ 인체와 환경 사이의 열평형에 의하여 인체는 적절한 체온을 유지하려고 노력한다.
㉡ 기본적인 열평형 방정식에 있어 신체 열용량의 변화가 0보다 크면 생산된 열이 축적하게 되고 체온조절중추인 시상하부에서 혈액온도를 감지하거나 신경망을 통하여 정보를 받아들여 체온방산작용이 활발히 시작되는데, 이것을 물리적 조절작용(physical thermo regulation)이라 한다.

77 열경련(heat cramp)을 일으키는 가장 큰 원인은?
① 체온상승
② 중추신경마비
③ 순환기계 부조화
④ 체내수분 및 염분 손실

풀이 열경련의 원인
㉠ 지나친 발한에 의한 수분 및 혈중 염분 손실(혈액의 현저한 농축 발생)
㉡ 땀을 많이 흘리고 동시에 염분이 없는 음료수를 많이 마셔서 염분 부족 시 발생
㉢ 전해질의 유실 시 발생

78 소음의 생리적 영향으로 볼 수 없는 것은?
① 혈압 감소
② 맥박수 증가
③ 위분비액 감소
④ 집중력 감소

풀이 소음의 생리적 영향
㉠ 혈압 상승, 맥박 증가, 말초혈관 수축
㉡ 호흡횟수 증가, 호흡깊이 감소
㉢ 타액분비량 증가, 위액산도 저하, 위 수축운동의 감퇴
㉣ 혈당도 상승, 백혈구 수 증가, 아드레날린 증가
㉤ 집중력 감소

79 X선과 동일한 특성을 가지는 전자파 전리방사선으로 원자의 핵에서 발생되고 깊은 투과성때문에 외부노출에 의한 문제점이 지적되고 있는 것은?
① 중성자
② 알파(α)선
③ 베타(β)선
④ 감마(γ)선

풀이 γ선
㉠ X선과 동일한 특성을 가지는 전자파 전리방사선으로 입자가 아니다.
㉡ 원자핵 전환 또는 원자핵 붕괴에 따라 방출하는 자연발생적인 전자파이다.
㉢ 투과력이 커 인체를 통할 수 있어 외부조사가 문제시되며, 전리방사선 중 투과력이 강하다.
㉣ 산란선이 문제가 되며, 산업에 이용되는 γ선은 Cs^{137}과 Co^{60}이 있다.

80 일반적으로 전신진동에 의한 생체반응에 관여하는 인자로 거리가 먼 것은?
① 강도
② 방향
③ 온도
④ 진동수

풀이 전신진동에 의한 생체반응에 관여하는 인자
㉠ 진동강도
㉡ 진동수
㉢ 진동방향
㉣ 진동폭로시간

제5과목 | 산업 독성학

81 다음 설명에 해당하는 중금속의 종류는?

> 이 중금속 중독의 특징적인 증상은 구내염, 정신증상, 근육진전이다. 급성중독 시 우유나 계란의 흰자를 먹이며, 만성중독 시 취급을 즉시 중지하고 BAL을 투여한다.

① 납
② 크롬
③ 수은
④ 카드뮴

풀이 수은에 의한 건강장애
㉠ 수은중독의 특징적인 증상은 구내염, 근육진전, 정신증상으로 분류된다.
㉡ 수족신경마비, 시신경장애, 정신이상, 보행장애 등의 장애가 나타난다.
㉢ 만성 노출 시 식욕부진, 신기능부전, 구내염을 발생시킨다.
㉣ 치은부에는 황화수은의 청회색 침전물이 침착된다.
㉤ 혀나 손가락의 근육이 떨린다(수전증).
㉥ 정신증상으로는 중추신경통, 특히 뇌조직에 심한 증상이 나타나 정신기능이 상실될 수 있다(정신장애).
㉦ 유기수은(알킬수은) 중 메틸수은은 미나마타(minamata)병을 발생시킨다.

- 수은중독의 치료
(1) 급성중독
㉠ 우유와 계란의 흰자를 먹여 단백질과 해당 물질을 결합시켜 침전시킨다.
㉡ 마늘계통의 식물을 섭취한다.
㉢ 위세척(5~10% S.F.S 용액)을 한다. 다만, 세척액은 200~300mL를 넘지 않도록 한다.
㉣ BAL(British Anti Lewisite)을 투여한다.
※ 체중 1kg당 5mg의 근육주사

(2) 만성중독
  ㉠ 수은 취급을 즉시 중지시킨다.
  ㉡ BAL(British Anti Lewisite)을 투여한다.
  ㉢ 1일 10L의 등장식염수를 공급(이뇨작용으로 촉진)한다.
  ㉣ N-acetyl-D-penicillamine을 투여한다.
  ㉤ 땀을 흘려 수은 배설을 촉진한다.
  ㉥ 진전증세에 genascopalin을 투여한다.
  ㉦ Ca-EDTA의 투여는 금기사항이다.

82 유기용제의 화학적 성상에 따른 유기용제의 구분으로 볼 수 없는 것은?
① 시너류
② 글리콜류
③ 케톤류
④ 지방족 탄화수소

[풀이] 유기용제 분류

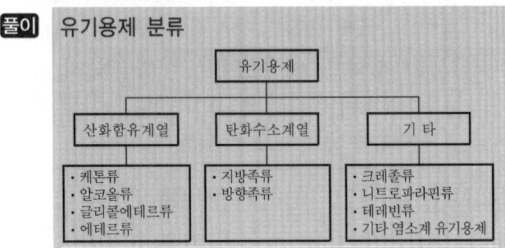

83 건강영향에 따른 분진의 분류와 유발물질의 종류를 잘못 짝지은 것은?
① 유기성 분진 – 목분진, 면, 밀가루
② 알레르기성 분진 – 크롬산, 망간, 황
③ 진폐성 분진 – 규산, 석면, 활석, 흑연
④ 발암성 분진 – 석면, 니켈카보닐, 아민계 색소

[풀이] 분진의 분류와 유발물질의 종류
  ㉠ 진폐성 분진 : 규산, 석면, 활석, 흑연
  ㉡ 불활성 분진 : 석탄, 시멘트, 탄화수소
  ㉢ 알레르기성 분진 : 꽃가루, 털, 나뭇가루
  ㉣ 발암성 분진 : 석면, 니켈카보닐, 아민계 색소

84 헤모글로빈의 철성분이 어떤 화학물질에 의하여 메트헤모글로빈으로 전환되기도 하는데 이러한 현상은 철성분이 어떠한 화학작용을 받기 때문인가?
① 산화작용
② 환원작용
③ 착화물작용
④ 가수분해작용

[풀이] 헤모글로빈의 철성분이 어떤 화학물질에 의하여 메트헤모글로빈으로 전환, 즉 이 현상은 철성분이 산화작용을 받기 때문이다.

85 작업장 유해인자의 위해도 평가를 위해 고려하여야 할 요인과 거리가 먼 것은?
① 공간적 분포
② 조직적 특성
③ 평가의 합리성
④ 시간적 빈도와 시간

[풀이] 유해성(위해도) 평가 시 고려 요인
  ㉠ 시간적 빈도와 시간(간헐적 작업, 시간외 작업, 계절 및 기후조건 등)
  ㉡ 공간적 분포(유해인자 농도 및 강도, 생산공정 등)
  ㉢ 노출대상의 특성(민감도, 훈련기간, 개인적 특성 등)
  ㉣ 조직적 특성(회사조직정보, 보건제도, 관리 정책 등)
  ㉤ 유해인자가 가지고 있는 위해성(독성학적, 역학적, 의학적 내용 등)
  ㉥ 노출상태
  ㉦ 다른 물질과 복합노출

86 혈액독성의 평가내용으로 거리가 먼 것은?
① 백혈구 수가 정상치보다 낮으면 재생불량성 빈혈이 의심된다.
② 혈색소가 정상치보다 높으면 간장질환, 관절염이 의심된다.
③ 혈구용적이 정상치보다 높으면 탈수증과 다혈구증이 의심된다.
④ 혈소판 수가 정상치보다 낮으면 골수기능저하가 의심된다.

[풀이] 혈액독성의 평가
(1) 혈색소
  ㉠ 정상수치는 약 12~16이다.
  ㉡ 정상치보다 높으면 만성적인 두통, 홍조증, 황달이 나타난다.
  ㉢ 정상치보다 낮으면 빈혈증상이 나타난다.

정답 82.① 83.② 84.① 85.③ 86.②

(2) 백혈구 수
  ㉠ 정상수치는 약 4,000~8,000이다.
  ㉡ 정상수치보다 높으면 백혈병 증상이 나타난다.
  ㉢ 정상수치보다 낮으면 재생불량성 빈혈을 의심해야 한다.
(3) 혈소판 수
  ㉠ 정상수치는 약 120~400이다.
  ㉡ 정상수치보다 높으면 출혈 및 조직의 손상을 의심한다.
  ㉢ 정상수치보다 낮으면 골수기능 저하를 의심해야 한다.
(4) 혈구용적
  ㉠ 정상수치는 약 34~48이다.
  ㉡ 정상수치보다 높으면 탈수증과 다혈구증을 의심해야 한다.
  ㉢ 정상수치보다 낮으면 빈혈을 의심해야 한다.
(5) 적혈구 수
  ㉠ 정상수치는 남자 약 410~530만 개, 여자 약 380~480만 개이다.
  ㉡ 정상수치보다 높으면 다혈증, 다혈구증을 의심해야 한다.
  ㉢ 정상수치보다 낮으면 헤모글로빈이 감소하여 현기증, 기절증상을 의심해야 한다.

87 유해물질의 흡수에서 배설까지에 관한 설명으로 틀린 것은?

① 흡수된 유해물질은 원래의 형태든, 대사산물의 형태로든 배설되기 위하여 수용성으로 대사된다.
② 흡수된 유해화학물질은 다양한 비특이적 효소에 의하여 이루어지는 유해물질의 대사로 수용성이 증가되어 체외로 배출이 용이하게 된다.
③ 간은 화학물질을 대사시키고 콩팥과 함께 배설시키는 기능을 가지고 있는 것과 관련하여 다른 장기보다도 여러 유해물질의 농도가 낮다.
④ 유해물질은 조직에 분포되기 전에 먼저 몇 개의 막을 통과하여야 하며, 흡수속도는 유해물질의 물리화학적 성상과 막의 특성에 따라 결정된다.

[풀이] **유해물질의 흡수 및 배설**
㉠ 흡수된 유해물질은 원래의 형태든, 대사산물의 형태로든 배설되기 위하여 수용성으로 대사된다.
㉡ 유해물질은 조직에 분포되기 전에 먼저 몇 개의 막을 통과하여야 한다.
㉢ 흡수속도는 유해물질의 물리화학적 성상과 막의 특성에 따라 결정된다.
㉣ 흡수된 유해화학물질은 다양한 비특이적 효소에 의하여 이루어지는 유해물질의 대사로 수용성이 증가되어 체외배출이 용이하게 된다.
㉤ 간은 화학물질을 대사시키고 콩팥과 함께 배설시키는 기능을 가지고 있어 다른 장기보다 여러 유해물질의 농도가 높다.

88 유해화학물질의 노출경로에 관한 설명으로 틀린 것은?

① 위의 산도에 따라서 유해물질이 화학반응을 일으키기도 한다.
② 입으로 들어간 유해물질은 침이나 그 밖의 소화액에 의해 위장관에서 흡수된다.
③ 소화기 계통으로 노출되는 경우가 호흡기로 노출되는 경우보다 흡수가 잘 이루어진다.
④ 소화기 계통으로 침입하는 것은 위장관에서 산화, 환원, 분해 과정을 거치면서 해독되기도 한다.

[풀이] 소화기 계통으로 노출되는 경우가 호흡기로 노출되는 경우보다 흡수가 잘 이루어지지 않는다.

89 유기용제에 대한 생물학적 지표로 이용되는 소변 중 대사산물을 알맞게 짝지은 것은?

① 톨루엔 – 페놀
② 크실렌 – 페놀
③ 노말헥산 – 만델린산
④ 에틸벤젠 – 만델린산

[풀이] **화학물질에 대한 대사산물**
① 톨루엔 – 혈액, 호기에서 톨루엔, 소변 중 o-크레졸
② 크실렌 – 소변 중 메틸마뇨산
③ 노말헥산 – 소변 중 n-헥산

정답 87.③ 88.③ 89.④

90 다음 중 납에 관한 설명으로 틀린 것은?
① 폐암을 야기하는 발암물질로 확인되었다.
② 축전지 제조업, 광명단 제조업 근로자가 노출될 수 있다.
③ 최근의 납의 노출정도는 혈액 중 납 농도로 확인할 수 있다.
④ 납중독을 확인하는 데는 혈액 중 ZPP 농도를 이용할 수 있다.

[풀이] 납은 폐암과는 관계가 없으며 위장계통의 장애, 신경, 근육계통의 장애, 중추신경 장애 등을 유발한다.

91 화기 등에 접촉하면 유독성의 포스겐이 발생하여 폐수종을 일으킬 수 있는 유기용제는?
① 벤젠   ② 크실렌
③ 노말헥산   ④ 염화에틸렌

[풀이] 염화에틸렌
㉠ 에틸렌과 염소를 반응시켜 만들며, 물보다 밀도가 크고 불용해성이다.
㉡ 약 500℃에서 촉매접촉 또는 알칼리와 반응하면 염화비닐로 전환된다.
㉢ 화기에 의해 분해되어 유독성 물질인 포스겐이 발생하며, 폐수종을 유발시킨다.

92 인체에 미치는 영향에 있어서 석면(asbestos)은 유리규산(free silica)과 거의 비슷하지만 구별되는 특징이 있다. 석면에 의한 특징적 질병 혹은 증상은?
① 폐기종   ② 악성중피종
③ 호흡곤란   ④ 가슴의 통증

[풀이] 석면은 일반적으로 석면폐증, 폐암, 악성중피종을 발생시켜 1급 발암물질군에 포함된다.

93 다음 내용과 가장 관계가 깊은 물질은 어느 것인가?

• 뇨 중 코프로포르피린 증가
• 뇨 중 델타 아미노레블린산 증가
• 혈 중 프로토포르피린 증가

① 납   ② 비소
③ 수은   ④ 카드뮴

[풀이] 납중독 4대 증상
(1) 납빈혈
  초기에 나타난다.
(2) 망상적혈구와 친염기성 적혈구(적혈구 내 프로토포르피린)의 증가
  염기성 과립적혈구 수의 증가를 의미한다.
(3) 잇몸에 특징적인 연선(lead line)
  ㉠ 치은연에 감자색의 착색이 생긴 것
  ㉡ 황화수소와 납이온이 반응하여 만들어진 황화납이 치은에 침착된 것
(4) 소변에 코프로포르피린(coproporphyrin) 검출
  뇨 중 δ-aminolevulinic acid(ALAD)가 증가한다.

94 중금속 노출에 의하여 나타나는 금속열은 흄형태의 금속을 흡입하여 발생되는데, 감기증상과 매우 비슷하여 오한, 구토감, 기침, 전신위약감 등의 증상이 있으며, 월요일 출근 후에 심해져서 월요일열이라고도 한다. 다음 중 금속열을 일으키는 물질이 아닌 것은?
① 납   ② 카드뮴
③ 산화아연   ④ 안티몬

[풀이] 금속열 발생원인 물질
㉠ 아연
㉡ 구리
㉢ 망간
㉣ 마그네슘
㉤ 니켈
㉥ 카드뮴
㉦ 안티몬

95 폐결핵을 합병증으로 하여 폐하엽 부위에 많이 생기는 증상으로 맞는 것은?
① 면폐증   ② 철폐증
③ 규폐증   ④ 석면폐증

풀이 규폐증의 인체영향 및 특징
㉠ 폐조직에서 섬유상 결절이 발견된다.
㉡ 유리규산(SiO_2) 분진 흡입으로 폐에 만성섬유증식이 나타난다.
㉢ 자각증상은 호흡곤란, 지속적인 기침, 다량의 담액 등이지만, 일반적으로는 자각증상 없이 서서히 진행된다(만성규폐증의 경우 10년 이상 지나서 증상이 나타남).
㉣ 고농도의 규소입자에 노출되면 급성규폐증에 걸리며 열, 기침, 체중감소, 청색증이 나타난다.
㉤ 폐결핵은 합병증으로 폐하엽 부위에 많이 생긴다.
㉥ 폐에 실리카가 쌓인 곳에서는 상처가 생기게 된다.

96 무색의 휘발성 용액으로서 도금 사업장에서 금속표면의 탈지 및 세정용으로 사용되며, 간 및 신장 장애를 유발시키는 유기용제는?

① 톨루엔
② 노말헥산
③ 트리클로로에틸렌
④ 클로로포름

풀이 트리클로로에틸렌(삼염화에틸렌, 트리클렌, $CHCl=CCl_2$)
㉠ 클로로포름과 같은 냄새가 나는 무색 투명한 휘발성 액체이며 인화성, 폭발성이 있다.
㉡ 도금사업장 등에서 금속표면의 탈지·세정제, 일반용제로 널리 사용된다.
㉢ 마취작용이 강하며, 피부·점막에 대한 자극은 비교적 약하다.
㉣ 고농도 노출에 의해 간 및 신장에 대한 장애를 유발한다.
㉤ 폐를 통하여 흡수, 삼염화에틸렌과 삼염화초산으로 대사된다.
㉥ 염화에틸렌은 화기 등에 접촉하면 유독성의 포스겐이 발생하여 폐수종을 일으킨다.

97 화학물질에 의한 암 발생 이론 중 다단계 이론에서 언급되는 단계와 거리가 먼 것은?

① 개시 단계
② 진행 단계
③ 촉진 단계
④ 병리 단계

풀이 화학물질에 의한 다단계 암 발생이론
㉠ 개시(initiation)
㉡ 촉진(promotion)
㉢ 전환(conversion)
㉣ 진행(progression)

98 생물학적 모니터링을 위한 시료채취시간에 제한이 없는 것은?

① 소변 중 아세톤
② 소변 중 카드뮴
③ 소변 중 일산화탄소
④ 소변 중 총 크롬(6가)

풀이 중금속은 반감기가 길어서 시료채취시간이 중요하지 않다.

99 납의 독성에 대한 인체실험 결과, 안전흡수량이 체중 kg당 0.005mg이었다. 1일 8시간 작업 시의 허용농도(mg/m^3)는? (단, 근로자의 평균체중은 70kg, 해당 작업 시의 폐환기율은 시간당 $1.25m^3$로 가정한다.)

① 0.030
② 0.035
③ 0.040
④ 0.045

풀이
$SHD = C \times T \times V \times R$
$C = \dfrac{SHD}{T \times V \times R}$
$= \dfrac{0.005mg/kg \times 70kg}{8hr \times 1.25m^3/hr \times 1.0}$
$= 0.035 mg/m^3$

100 다음 설명의 ( )에 알맞은 내용으로 나열된 것은?

단시간노출기준(STEL)이라 함은 근로자가 1회에 (㉮)분간 유해인자에 노출되는 경우의 기준으로 이 기준 이하에서는 1회 노출간격이 (㉯)시간 이상인 경우 1일 작업시간동안 (㉰)회까지 노출이 허용될 수 있는 기준을 말한다.

① ㉮ : 15, ㉯ : 1, ㉰ : 2
② ㉮ : 15, ㉯ : 1, ㉰ : 4
③ ㉮ : 20, ㉯ : 2, ㉰ : 3
④ ㉮ : 20, ㉯ : 3, ㉰ : 3

정답 96.③ 97.④ 98.② 99.② 100.②

풀이 단시간 노출농도(STEL ; Short Term Exposure Limits)
㉠ 근로자가 자극, 만성 또는 불가역적 조직장애, 사고유발, 응급 시 대처능력의 저하 및 작업능률 저하 등을 초래할 정도의 마취를 일으키지 않고 단시간(15분) 노출될 수 있는 기준을 말한다.
㉡ 시간가중 평균농도에 대한 보완적인 기준이다.
㉢ 만성중독이나 고농도에서 급성중독을 초래하는 유해물질에 적용한다.
㉣ 독성작용이 빨라 근로자에게 치명적인 영향을 예방하기 위한 기준이다.

제2회 산업위생관리기사

과년도 출제문제 | 2016.05.08

제1과목 | 산업위생학 개론

01 직업성 질환의 예방에 관한 설명으로 틀린 것은?
① 직업성 질환의 3차 예방은 대개 치료와 재활과정으로, 근로자들이 더 이상 노출되지 않도록 해야 하며 필요시 적절한 의학적 치료를 받아야 한다.
② 직업성 질환의 1차 예방은 원인인자의 제거나 원인이 되는 손상을 막는 것으로, 새로운 유해인자의 통제, 알려진 유해인자의 통제, 노출관리를 통해 할 수 있다.
③ 직업성 질환의 2차 예방은 근로자가 진료를 받기 전 단계인 초기에 질병을 발견하는 것으로, 질병의 선별검사, 감시, 주기적 의학적 검사, 법적인 의학적 검사를 통해 할 수 있다.
④ 직업성 질환은 전체적인 질병이환율에 비해서는 비교적 높지만, 직업성 질환은 원인인자가 알려져 있고 유해인자에 대한 노출을 조절할 수 없으므로 안전농도로 유지할 수 있기 때문에 예방대책을 마련할 수 있다.

풀이 직업성 질환은 어떤 특정한 한 물질이나 작업환경에 노출되어 생기는 것보다는 여러 독성물질이나 유해작업환경에 노출되어 발생하는 경우가 많기 때문에 진단 시 복잡하다.

02 육체적 작업능력이 16kcal/min인 근로자가 1일 8시간씩 일하고 있다. 이때 작업대사량은 8kcal/min이고, 휴식 시의 대사량은 1.2kcal/min이다. 1시간을 기준으로 할 때 이 근로자의 적정휴식시간은 약 얼마인가?
① 18.2분
② 23.4분
③ 25.3분
④ 30.5분

풀이 휴식시간 비(%)
$$= \left[\frac{PWC의 \frac{1}{3} - 작업대사량}{휴식대사량 - 작업대사량} \right] \times 100$$
$$= \left[\frac{(16 \times \frac{1}{3}) - 8}{1.2 - 8} \right] \times 100$$
$$= 39.21\%$$
∴ 휴식시간(min) = 60min × 0.3921
= 23.52min

03 미국산업위생학술원(American Academy of Industrial Hygiene)의 산업위생 분야에 종사하는 사람들이 반드시 지켜야 할 윤리강령 중 전문가로서의 책임부분에 해당하지 않는 것은?
① 기업체의 기밀은 누설하지 않는다.
② 근로자의 건강보호 책임을 최우선으로 한다.
③ 전문 분야로서의 산업위생을 학문적으로 발전시킨다.
④ 과학적 방법의 적용과 자료의 해석에서 객관성을 유지한다.

풀이 ②항의 내용은 근로자에 대한 책임이다.
– 산업위생전문가로서의 책임
㉠ 성실성과 학문적 실력 면에서 최고수준을 유지한다(전문적 능력 배양 및 성실한 자세로 행동).

정답 01.④ 02.② 03.②

ⓒ 과학적 방법의 적용과 자료의 해석에서 경험을 통한 전문가의 객관성을 유지한다(공인된 과학적 방법 적용·해석).
ⓒ 전문 분야로서의 산업위생을 학문적으로 발전시킨다.
ⓔ 근로자, 사회 및 전문 직종의 이익을 위해 과학적 지식을 공개하고 발표한다.
ⓜ 산업위생활동을 통해 얻은 개인 및 기업체의 기밀은 누설하지 않는다(정보는 비밀 유지).
ⓗ 전문적 판단이 타협에 의하여 좌우될 수 있거나 이해관계가 있는 상황에는 개입하지 않는다.

04 주로 여름과 초가을에 흔히 발생되고 강제기류 난방장치, 가습장치, 저수조 온수장치 등 공기를 순환시키는 장치들과 냉각탑 등에 기생하며 실내·외로 확산되어 호흡기 질환을 유발시키는 세균은?

① 푸른곰팡이
② 나이세리아균
③ 바실러스균
④ 레지오넬라균

풀이 레지오넬라균
㉠ 주로 여름과 초가을에 발생된다.
㉡ 공기를 순환시키는 장치들과 냉각탑 등에 기생한다.
㉢ 실내외로 확산되어 호흡기 질환을 유발시키는 세균이다.

05 산업안전보건법령상 단위작업장소에서 동일작업 근로자수가 13명일 경우 시료채취 근로자수는 얼마가 되는가?

① 1명　② 2명
③ 3명　④ 4명

풀이 단위작업장소에서 동일작업 근로자수가 10인을 초과하는 경우에는 매 5인당 1인 이상 추가하여 측정하여야 하므로 시료채취 근로자수는 3명이다.

06 재해예방의 4원칙에 대한 설명으로 틀린 것은?

① 재해발생에는 반드시 그 원인이 있다.
② 재해가 발생하면 반드시 손실도 발생한다.
③ 재해는 원칙적으로 원인만 제거되면 예방이 가능하다.
④ 재해예방을 위한 가능한 안전대책은 반드시 존재한다.

풀이 산업재해예방(방지) 4원칙
㉠ 예방가능의 원칙
　재해는 원칙적으로 모두 방지가 가능하다.
㉡ 손실우연의 원칙
　재해발생과 손실발생은 우연적이므로 사고발생 자체의 방지가 이루어져야 한다.
㉢ 원인계기의 원칙
　재해발생에는 반드시 원인이 있으며, 사고와 원인의 관계는 필연적이다.
㉣ 대책선정의 원칙
　재해예방을 위한 가능한 안전대책은 반드시 존재한다.

07 산업위생의 역사에서 직업과 질병의 관계가 있음을 알렸고, 광산에서의 납중독을 보고한 사람은?

① Larigo
② Paracelsus
③ Percivall Pott
④ Hippocrates

풀이 BC 4세기, Hippocrates에 의해 광산에서 납중독이 보고되었다.
※ 역사상 최초로 기록된 직업병 : 납중독

08 직업병의 발생요인 중 직접요인은 크게 환경요인과 작업요인으로 구분되는데 환경요인으로 볼 수 없는 것은?

① 진동현상
② 대기조건의 변화
③ 격렬한 근육운동
④ 화학물질의 취급 또는 발생

정답　04.④　05.③　06.②　07.④　08.③

> [풀이] 직업병의 발생요인(직접적 원인)
> (1) 환경요인(물리적, 화학적)
>   ㉠ 진동현상
>   ㉡ 대기조건 변화
>   ㉢ 화학물질의 취급 또는 발생
> (2) 작업요인
>   ㉠ 격렬한 근육운동
>   ㉡ 높은 속도의 작업
>   ㉢ 부자연스러운 자세
>   ㉣ 단순반복작업
>   ㉤ 정신작업

09 조건이 고려된 NIOSH에서 제안한 중량물 취급작업의 권고치 중 감시기준(AL)을 구하기 위한 식에 포함된 요소가 아닌 것은?

① 대상물체의 수평거리
② 대상물체의 이동거리
③ 대상물체의 이동속도
④ 중량물 취급작업의 빈도

> [풀이] 감시기준(AL) 관계식
> $$AL(kg) = 40\left(\frac{15}{H}\right)(1-0.004|V-75|)\left(0.7+\frac{7.5}{D}\right)\left(1-\frac{F}{F_{max}}\right)$$
> 여기서, H : 대상물체의 수평거리
> V : 대상물체의 수직거리
> D : 대상물체의 이동거리
> F : 중량물 취급작업의 빈도

10 우리나라의 화학물질 노출기준에 관한 설명으로 틀린 것은?

① Skin이라고 표시된 물질은 피부자극성을 뜻한다.
② 발암성 정보물질의 표기 중 1A는 사람에게 충분한 발암성 증거가 있는 물질을 의미한다.
③ Skin 표시 물질은 점막과 눈 그리고 경피로 흡수되어 전신영향을 일으킬 수 있는 물질을 말한다.
④ 화학물질이 IARC 등의 발암성 등급과 NTP의 R등급을 모두 갖는 경우에는 NTP의 R등급은 고려하지 아니한다.

> [풀이] Skin 표시 물질은 점막과 눈 그리고 경피로 흡수되어 전신영향을 일으킬 수 있는 물질을 말하며 피부자극성을 뜻하는 것은 아닙니다.

11 사무실 공기관리 지침에서 정한 사무실 공기의 오염물질에 대한 시료채취시간이 바르게 연결된 것은?

① 미세먼지 : 업무시간 동안 4시간 이상 연속 측정
② 포름알데히드 : 업무시간 동안 2시간 단위로 10분간 3회 측정
③ 이산화탄소 : 업무시작 후 1시간 전후 및 종료 전 1시간 전후 각각 30분간 측정
④ 일산화탄소 : 업무시작 후 1시간 이내 및 종료 전 1시간 이내 각각 10분간 측정

> [풀이] 사무실 오염물질의 측정횟수 및 시료채취시간
>
> | 오염물질 | 측정횟수(측정시기) | 시료채취시간 |
> |---|---|---|
> | 미세먼지(PM 10) | 연 1회 이상 | 업무시간 동안 - 6시간 이상 연속 측정 |
> | 초미세먼지(PM 2.5) | 연 1회 이상 | 업무시간 동안 - 6시간 이상 연속 측정 |
> | 이산화탄소(CO_2) | 연 1회 이상 | 업무시작 후 2시간 전후 및 종료 전 2시간 전후 - 각각 10분간 측정 |
> | 일산화탄소(CO) | 연 1회 이상 | 업무시작 후 1시간 전후 및 종료 전 1시간 전후 - 각각 10분간 측정 |
> | 이산화질소(NO_2) | 연 1회 이상 | 업무시작 후 1시간 ~ 종료 1시간 전 - 1시간 측정 |
> | 포름알데히드(HCHO) | 연 1회 이상 및 신축(대수선 포함) 건물 입주 전 | 업무시작 후 1시간 ~ 종료 1시간 전 - 30분간 2회 측정 |
> | 총휘발성유기화합물(TVOC) | 연 1회 이상 및 신축(대수선 포함) 건물 입주 전 | 업무시작 후 1시간 ~ 종료 1시간 전 - 30분간 2회 측정 |
> | 라돈(radon) | 연 1회 이상 | 3일 이상~3개월 이내 연속 측정 |
> | 총부유세균 | 연 1회 이상 | 업무시작 후 1시간 ~ 종료 1시간 전 - 최고 실내온도에서 1회 측정 |
> | 곰팡이 | 연 1회 이상 | 업무시작 후 1시간 ~ 종료 1시간 전 - 최고 실내온도에서 1회 측정 |
>
> ※ 법 변경(2020년)사항이므로 풀이내용으로 학습 바랍니다.

정답 09.③ 10.① 11.풀이 학습

12 근골격계 질환 평가방법 중 JSI(Job Strain Index)에 대한 설명으로 틀린 것은?

① 주로 상지작업 특히 허리와 팔을 중심으로 이루어지는 작업에 유용하게 사용할 수 있다.
② JSI 평가결과의 점수가 7점 이상은 위험한 작업이므로 즉시 작업개선이 필요한 작업으로 관리기준을 제시하게 된다.
③ 이 평가방법은 손목의 특이적인 위험성만을 평가하고 있어 제한적인 작업에 대해서만 평가가 가능하고, 손, 손목 부위에서 중요한 진동에 대한 위험요인이 배제되었다는 단점이 있다.
④ 평가과정은 지속적인 힘에 대해 5등급으로 나누어 평가하고, 힘을 필요로 하는 작업의 비율, 손목의 부적절한 작업자세, 반복성, 작업속도, 작업시간 등 총 6가지 요소를 평가한 후 각각의 점수를 곱하여 최종 점수를 산출하게 된다.

풀이 근골격계 질환 평가방법 중 JSI는 주로 상지 말단의 직업관련성 근골격계 유해요인을 평가하기 위한 도구로 각각의 작업을 세분하여 평가하며, 작업을 정량적으로 평가함과 동시에 질적인 평가도 함께 고려한다.

13 근로자의 작업에 대한 적성검사 방법 중 심리학적 적성검사에 해당하지 않는 것은?

① 지능검사
② 감각기능검사
③ 인성검사
④ 지각동작검사

풀이 심리학적 검사(적성검사)
㉠ 지능검사 : 언어, 기억, 추리, 귀납 등에 대한 검사
㉡ 지각동작검사 : 수족협조, 운동속도, 형태지각 등에 대한 검사
㉢ 인성검사 : 성격, 태도, 정신상태에 대한 검사
㉣ 기능검사 : 직무에 관련된 기본지식과 숙련도, 사고력 등의 검사

14 산업위생의 목적과 거리가 먼 것은?

① 작업환경의 개선
② 작업자의 건강보호
③ 직업병 치료와 보상
④ 작업조건의 인간공학적 개선

풀이 산업위생 목적
㉠ 작업환경개선 및 직업병의 근원적 예방
㉡ 작업환경 및 작업조건의 인간공학적 개선
㉢ 작업자의 건강보호 및 생산성 향상
㉣ 근로자들의 육체적, 정신적, 사회적 건강유지 및 증진
㉤ 산업재해의 예방 및 직업성 질환 유소견자의 작업전환

15 산업피로를 가장 적게 하고 생산량을 최고로 올릴 수 있는 경제적인 작업속도를 무엇이라 하는가?

① 지적속도
② 산소섭취속도
③ 산소소비속도
④ 작업효율속도

풀이 지적속도
작업자의 체격과 숙련도, 작업환경에 따라 피로를 가장 적게 하고 생산량을 최고로 올릴 수 있는 경제적인 작업속도를 말한다.

16 연간총근로시간수가 100,000시간인 사업장에서 1년 동안 재해가 50건 발생하였으며, 손실된 근로일수가 100일이었다. 이 사업장의 강도율은 얼마인가?

① 1
② 2
③ 20
④ 40

풀이
$$강도율 = \frac{근로손실일수}{연근로시간수} \times 10^3$$
$$= \frac{100}{100,000} \times 10^3 = 1$$

정답 12.① 13.② 14.③ 15.① 16.①

17 산업피로에 대한 대책으로 거리가 먼 것은 어느 것인가?

① 정신신경 작업에 있어서는 몸을 가볍게 움직이는 휴식을 취하는 것이 좋다.
② 단위시간당 적정 작업량을 도모하기 위하여 일 또는 월간 작업량을 적정화하여야 한다.
③ 전신의 근육을 사용하는 작업에서는 휴식 시에 체조 등으로 몸을 움직이는 편이 피로회복에 도움이 된다.
④ 작업자세(물체와 눈과의 거리, 작업에 사용되는 신체부위의 위치, 높이 등)를 적정하게 유지하는 것이 좋다.

[풀이] 전신의 근육을 사용하는 작업에서는 휴식 시에 안정을 취하는 편이 피로회복에 도움이 된다.

18 국소피로의 평가를 위하여 근전도(EMG)를 측정하였다. 피로한 근육이 정상근육에 비하여 나타내는 근전도상의 차이를 설명한 것으로 틀린 것은?

① 총 전압이 감소한다.
② 평균 주파수가 감소한다.
③ 저주파수(0~40Hz)에서 힘이 증가한다.
④ 고주파수(40~200Hz)에서 힘이 감소한다.

[풀이] 정상근육과 비교하여 피로한 근육에서 나타나는 EMG의 특징
㉠ 저주파(0~40Hz)에서 힘의 증가
㉡ 고주파(40~200Hz)에서 힘의 감소
㉢ 평균주파수 감소
㉣ 총 전압의 증가

19 산업안전보건법령상 유해인자의 분류기준에 있어 다음 설명 중 ( ) 안에 해당하는 내용을 바르게 나열한 것은?

급성독성물질은 입 또는 피부를 통하여 (㉮)회 투여 또는 24시간 이내에 여러 차례로 나누어 투여하거나 호흡기를 통하여 (㉯)시간 동안 흡입하는 경우 유해한 영향을 일으키는 물질을 말한다.

① ㉮ : 1, ㉯ : 4
② ㉮ : 1, ㉯ : 6
③ ㉮ : 2, ㉯ : 4
④ ㉮ : 2, ㉯ : 6

[풀이] 급성독성물질(산업안전보건법령상)
㉠ 입 또는 피부
1회 투여 또는 24시간 이내에 여러 차례로 나누어 투여하는 경우 유해한 영향을 일으키는 물질
㉡ 호흡기
4시간 동안 흡입하는 경우 유해한 영향을 일으키는 물질

20 산업안전보건법령상 사업주는 몇 kg 이상의 중량을 들어 올리는 작업에 근로자를 종사하도록 할 때 다음과 같은 조치를 취하여야 하는가?

• 주로 취급하는 물품에 대하여 근로자가 쉽게 알 수 있도록 물품의 중량과 무게중심에 대하여 작업장 주변에 안내표시를 할 것
• 취급하기 곤란한 물품은 손잡이를 붙이거나 갈고리, 진공빨판 등 적절한 보조도구를 활용할 것

① 3kg
② 5kg
③ 10kg
④ 15kg

[풀이] 산업안전보건기준에 관한 규칙상 중량물의 표시
사업주는 5kg 이상의 중량물을 들어 올리는 작업에 근로자를 종사하도록 하는 때에는 다음의 조치를 하여야 한다.
㉠ 주로 취급하는 물품에 대하여 근로자가 쉽게 알 수 있도록 물품의 중량과 무게중심에 대하여 작업장 주변에 안내표시를 할 것
㉡ 취급하기 곤란한 물품에 대하여 손잡이를 붙이거나 갈고리, 진공빨판 등 적절한 보조도구를 활용할 것

정답 17.③ 18.① 19.① 20.②

제2과목 | 작업위생 측정 및 평가

21 소음측정 시 단위작업장소에서 소음발생시간이 6시간 이내인 경우나 소음발생원에서의 발생시간이 간헐적인 경우의 측정시간 및 횟수 기준으로 옳은 것은? (단, 고용노동부 고시 기준)

① 발생시간 동안 연속 측정하거나 등간격으로 나누어 2회 이상 측정하여야 한다.
② 발생시간 동안 연속 측정하거나 등간격으로 나누어 4회 이상 측정하여야 한다.
③ 발생시간 동안 연속 측정하거나 등간격으로 나누어 6회 이상 측정하여야 한다.
④ 발생시간 동안 연속 측정하거나 등간격으로 나누어 8회 이상 측정하여야 한다.

[풀이] 소음측정방법
㉠ 단위작업장소에서 소음수준은 규정된 측정위치 및 지점에서 1일 작업시간 동안 6시간 이상 연속 측정하거나 작업시간을 1시간 간격으로 나누어 6회 이상 측정하여야 한다. 다만, 소음의 발생특성이 연속음으로서 측정치가 변동이 없다고 자격자 또는 지정측정기관이 판단한 경우에는 1시간 동안을 등간격으로 나누어 3회 이상 측정할 수 있다.
㉡ 단위작업장소에서의 소음발생시간이 6시간 이내인 경우나 소음발생원에서의 발생시간이 간헐적인 경우에는 발생시간 동안 연속 측정하거나 등간격으로 나누어 4회 이상 측정하여야 한다.

22 누적소음노출량 측정기로 소음을 측정하는 경우에 기기설정으로 적절한 것은? (단, 고용노동부 고시 기준)

① criteria : 80dB, exchange rate : 10dB, threshold : 90dB
② criteria : 90dB, exchange rate : 10dB, threshold : 80dB
③ criteria : 80dB, exchange rate : 5dB, threshold : 90dB
④ criteria : 90dB, exchange rate : 5dB, threshold : 80dB

[풀이] 누적소음노출량 측정기의 설정
㉠ criteria=90dB
㉡ exchange rate=5dB
㉢ threshold=80dB

23 어느 작업장의 소음측정결과가 다음과 같았다. 다음 중 이때의 총 음압레벨(음압레벨 합산)은 어느 것인가? (단, 기계 음압레벨 측정기준)

- A기계 : 95dB(A)
- B기계 : 90dB(A)
- C기계 : 88dB(A)

① 약 92.3dB(A)
② 약 94.6dB(A)
③ 약 96.8dB(A)
④ 약 98.2dB(A)

[풀이] $L_\text{합} = 10\log(10^{9.5} + 10^{9.0} + 10^{8.8})$
$= 96.8\text{dB(A)}$

24 공기 중 석면을 막여과지에 채취한 후 전처리하여 분석하는 방법으로 다른 방법에 비하여 간편하나 석면의 감별에 어려움이 있는 측정방법은?

① X선 회절법
② 편광 현미경법
③ 위상차 현미경법
④ 전자 현미경법

[풀이] 위상차 현미경법
㉠ 석면 측정에 이용되는 현미경으로 일반적으로 가장 많이 사용된다.
㉡ 막여과지에 시료를 채취한 후 전처리하여 위상차 현미경으로 분석한다.
㉢ 다른 방법에 비해 간편하나 석면의 감별이 어렵다.

정답 21.② 22.④ 23.③ 24.③

25 화학시험의 일반사항 중 시약 및 표준물질에 관한 설명으로 틀린 것은? (단, 고용노동부 고시 기준)

① 분석에 사용하는 시약은 따로 규정이 없는 한 특급 또는 1급 이상이거나 이와 동등한 규격의 것을 사용하여야 한다.
② 분석에 사용되는 표준품은 원칙적으로 1급 이상이거나 이와 동등한 규격의 것을 사용하여야 한다.
③ 시료의 시험, 바탕시험 및 표준액에 대한 시험을 일련의 동일 시험으로 행할 때에 사용하는 시약 또는 시액은 동일 로트로 조제된 것을 사용한다.
④ 분석에 사용하는 시약 중 단순히 염산으로 표시하였을 때는 농도 35.0~37.0%(비중(약)은 1.18) 이상의 것을 말한다.

풀이 ② 분석에 사용되는 표준품은 원칙적으로 특급시약을 사용한다.

26 산업위생통계에서 유해물질농도를 표준화하려면 무엇을 알아야 하는가?

① 측정치와 노출기준
② 평균치와 표준편차
③ 측정치와 시료수
④ 기하평균치와 기하표준편차

풀이 표준화값 = $\dfrac{\text{TWA 또는 STEL}}{\text{허용기준(노출기준)}}$

27 ACGIH에서는 입자상 물질을 크게 흡입성, 흉곽성, 호흡성으로 제시하고 있다. 다음 설명 중 옳은 것은?

① 흡입성 먼지는 기관지계나 폐포 어느 곳에 침착하더라도 유해한 입자상 물질로 보통 입자크기는 1~10μm 이내의 범위이다.
② 흉곽성 먼지는 가스교환부위인 폐기도에 침착하여 독성을 나타내며 평균 입자크기는 50μm이다.
③ 흉곽성 먼지는 호흡기계 어느 부위에 침착하더라도 유해한 입자상 물질이며 평균 입자크기는 25μm이다.
④ 호흡성 먼지는 폐포에 침착하여 독성을 나타내며 평균 입자크기는 4μm이다.

풀이 ACGIH 입자크기별 기준(TLV)
(1) 흡입성 입자상 물질
 (IPM ; Inspirable Particulates Mass)
 ㉠ 호흡기 어느 부위에 침착(비강, 인후두, 기관 등 호흡기의 기도 부위)하더라도 독성을 유발하는 분진
 ㉡ 입경범위는 0~100μm
 ㉢ 평균입경(폐침착의 50%에 해당하는 입자의 크기)은 100μm
 ㉣ 침전분진은 재채기, 침, 코 등의 벌크(bulk) 세척기전으로 제거됨
 ㉤ 비암이나 비중격 천공을 일으키는 입자상 물질이 여기에 속함
(2) 흉곽성 입자상 물질
 (TPM ; Thoracic Particulates Mass)
 ㉠ 기도나 하기도(가스교환부위)에 침착하여 독성을 나타내는 물질
 ㉡ 평균입경은 10μm
 ㉢ 채취기구는 PM10
(3) 호흡성 입자상 물질
 (RPM ; Respirable Particulates Mass)
 ㉠ 가스교환부위, 즉 폐포에 침착할 때 유해한 물질
 ㉡ 평균입경은 4μm(공기역학적 직경이 10μm 미만인 먼지)
 ㉢ 채취기구는 10mm nylon cyclone

28 작업환경 공기 중에 벤젠(TLV=10ppm) 4ppm, 톨루엔(TLV=100ppm) 40ppm, 크실렌(TLV=150ppm) 50ppm이 공존하고 있는 경우에 이 작업환경 전체로서 노출기준의 초과여부 및 혼합 유기용제의 농도는?

① 노출기준을 초과, 약 85ppm
② 노출기준을 초과, 약 98ppm
③ 노출기준을 초과하지 않음, 약 78ppm
④ 노출기준을 초과하지 않음, 약 93ppm

정답 25.② 26.① 27.④ 28.①

[풀이]
㉠ $EI = \dfrac{4}{10} + \dfrac{40}{100} + \dfrac{50}{150} = 1.13$
1을 초과하므로 노출기준 초과 평가
㉡ 혼합농도 = $\dfrac{\text{혼합물의 공기 중 농도}}{\text{노출지수}}$
$= \dfrac{(4+40+50)}{1.13} = 83.19\,\text{ppm}$

29 고체 흡착제를 이용하여 시료채취를 할 때 영향을 주는 인자에 관한 설명으로 틀린 것은?

① 오염물질농도 : 공기 중 오염물질의 농도가 높을수록 파과용량은 증가한다.
② 습도 : 습도가 높으면 극성 흡착제를 사용할 때 파과공기량이 적어진다.
③ 온도 : 모든 흡착은 발열반응이므로, 온도가 낮을수록 흡착에 좋은 조건인 것은 열역학적으로 분명하다.
④ 시료채취유량 : 시료채취유량이 높으면 쉽게 파과가 일어나나 코팅된 흡착제인 경우는 그 경향이 약하다.

[풀이] **흡착제를 이용한 시료채취 시 영향인자**
㉠ 온도 : 온도가 낮을수록 흡착에 좋으나 고온일수록 흡착대상 오염물질과 흡착제의 표면 사이 또는 2종 이상의 흡착대상 물질 간 반응속도가 증가하여 흡착성질이 감소하며 파과가 일어나기 쉽다(모든 흡착은 발열반응이다).
㉡ 습도 : 극성 흡착제를 사용할 때 수증기가 흡착되기 때문에 파과가 일어나기 쉬우며 비교적 높은 습도는 활성탄의 흡착용량을 저하시킨다. 또한 습도가 높으면 파과공기량(파과가 일어날 때까지의 채취공기량)이 적어진다.
㉢ 시료채취속도(시료채취량) : 시료채취속도가 크고 코팅된 흡착제일수록 파과가 일어나기 쉽다.
㉣ 유해물질 농도(포집된 오염물질의 농도) : 농도가 높으면 파과용량(흡착제에 흡착된 오염물질량)이 증가하나 파과공기량은 감소한다.
㉤ 혼합물 : 혼합기체의 경우 각 기체의 흡착량은 단독성분이 있을 때보다 적어지게 된다(혼합물 중 흡착제와 강한 결합을 하는 물질에 의하여 치환반응이 일어나기 때문).
㉥ 흡착제의 크기(흡착제의 비표면적) : 입자 크기가 작을수록 표면적 및 채취효율이 증가하지만 압력강하가 심하다(활성탄은 다른 흡착제에 비하여 큰 비표면적을 갖고 있다).
㉦ 흡착관의 크기(튜브의 내경, 흡착제의 양) : 흡착제의 양이 많아지면 전체 흡착제의 표면적이 증가하여 채취용량이 증가하므로 파과가 쉽게 발생되지 않는다.

30 측정방법의 정밀도를 평가하는 변이계수(Coefficient of Variation, CV)를 알맞게 나타낸 것은?

① 표준편차/산술평균
② 기하평균/표준편차
③ 표준오차/표준편차
④ 표준편차/표준오차

[풀이] 변이계수(CV)
$CV = \dfrac{\text{표준편차}}{\text{산술평균}}$

31 다음은 고열 측정구분에 의한 측정기기와 측정시간에 관한 내용이다. ( ) 안에 옳은 내용은? (단, 고용노동부 고시 기준)

> 습구온도 : ( ) 간격의 눈금이 있는 아스만통풍건습계, 자연습구온도를 측정할 수 있는 기기 또는 이와 동등 이상의 성능이 있는 측정기기

① 0.1도
② 0.2도
③ 0.5도
④ 1.0도

[풀이] **측정구분에 의한 측정기기 및 측정시간**

구 분	측정기기	측정시간
습구온도	0.5도 간격의 눈금이 있는 아스만통풍건습계, 자연습구온도를 측정할 수 있는 기기 또는 이와 동등 이상의 성능이 있는 측정기기	• 아스만통풍건습계 : 25분 이상 • 자연습구온도계 : 5분 이상
흑구 및 습구흑구온도	직경이 5센티미터 이상 되는 흑구온도계 또는 습구흑구온도(WBGT)를 동시에 측정할 수 있는 기기	• 직경이 15센티미터일 경우 : 25분 이상 • 직경이 7.5센티미터 또는 5센티미터일 경우 : 5분 이상

※ 고시 변경사항, 학습 안 하셔도 무방합니다.

정답 29.④ 30.① 31.③

32 작업장에서 입자상 물질은 대개 여과원리에 따라 시료를 채취한다. 여과지의 공극보다 작은 입자가 여과지에 채취되는 기전은 여과이론으로 설명할 수 있는데 다음 중 여과이론에 관여하는 기전과 가장 거리가 먼 것은?

① 차단
② 확산
③ 흡착
④ 관성충돌

[풀이] 여과채취기전
㉠ 직접 차단
㉡ 관성충돌
㉢ 확산
㉣ 중력침강
㉤ 정전기 침강
㉥ 체질

33 농약공장의 작업환경 내에는 TLV가 $0.1mg/m^3$인 파라티온과 TLV가 $0.5mg/m^3$인 EPN이 2 : 3의 비율로 혼합된 분진이 부유하고 있다. 이러한 혼합분진의 TLV(mg/m^3)는?

① 0.15
② 0.17
③ 0.19
④ 0.21

[풀이]
- 파라티온 $= \frac{2}{5} \times 100 = 40\%$
- EPN $= \frac{3}{5} \times 100 = 60\%$
- ∴ 혼합분진 TLV $= \dfrac{1}{\frac{0.4}{0.1} + \frac{0.6}{0.5}} = 0.19 mg/m^3$

34 흉곽성 먼지(TPM)의 50%가 침착되는 평균 입자의 크기는? (단, ACGIH 기준)

① $0.5\mu m$
② $2\mu m$
③ $4\mu m$
④ $10\mu m$

[풀이] 평균입경(ACGIH)
㉠ 흡입성 입자상 물질(IPM) : $100\mu m$
㉡ 흉곽성 입자상 물질(TPM) : $10\mu m$
㉢ 호흡성 입자상 물질(RPM) : $4\mu m$

35 종단속도가 0.632m/hr인 입자가 있다. 이 입자의 직경이 $3\mu m$라면 비중은?

① 0.65
② 0.55
③ 0.86
④ 0.77

[풀이] 종단속도(cm/sec)$=0.003 \times \rho \times d^2$
$\rho = \dfrac{0.632 m/hr \times hr/3,600 sec \times 100 cm/m}{0.003 \times 3^2}$
$= 0.65$

36 작업장 기본특성 파악을 위한 예비조사 내용 중 유사노출그룹(HEG) 설정에 관한 설명으로 알맞지 않은 것은?

① 조직, 공정, 작업범주 그리고 공정과 작업내용별로 구분하여 설정한다.
② 역학조사를 수행할 때 사건이 발생된 근로자와 다른 노출그룹의 노출농도를 근거로 사건이 발생된 노출농도를 추정할 수 있다.
③ 모든 근로자의 노출농도를 평가하고자 하는 데 목적이 있다.
④ 모든 근로자를 유사한 노출그룹별로 구분하고 그룹별로 대표적인 근로자를 선택하여 측정하면 측정하지 않은 근로자의 노출농도까지도 추정할 수 있다.

[풀이] HEG 설정은 역학조사 수행 시 해당 근로자가 속한 동일노출그룹의 노출농도를 근거로 노출원인 및 농도를 추정할 수 있다.

37 공기유량과 용량을 보정하는 데 사용되는 표준기구 중 1차 표준기구가 아닌 것은?

① 폐활량계
② 로터미터
③ 비누거품미터
④ 가스미터

정답 32.③ 33.③ 34.④ 35.① 36.② 37.②

[풀이] 공기채취기구 보정에 사용되는 1차 표준기구

표준기구	일반 사용범위	정확도
비누거품미터 (soap bubble meter)	1mL/분 ~30L/분	±1% 이내
폐활량계 (spirometer)	100~600L	±1% 이내
가스치환병 (mariotte bottle)	10~500mL/분	±0.05 ~0.25%
유리피스톤미터 (glass piston meter)	10~200mL/분	±2% 이내
흑연피스톤미터 (frictionless piston meter)	1mL/분 ~50L/분	±1~2%
피토튜브 (Pitot tube)	15mL/분 이하	±1% 이내

38 시료채취용 막여과지에 관한 설명으로 틀린 것은?

① MCE막 여과지 : 표면에 주로 침착되어 중량분석에 적당함
② PVC막 여과지 : 흡습성이 적음
③ PTFE막 여과지 : 열, 화학물질, 압력에 강한 특성이 있음
④ 은막 여과지 : 열적, 화학적 안정성이 있음

[풀이] MCE막 여과지(Mixed Cellulose Ester membrane filter)
㉠ 산업위생에서는 거의 대부분이 직경 37mm, 구멍크기 0.45~0.8μm의 MCE막 여과지를 사용하고 있어 작은 입자의 금속과 흄(fume) 채취가 가능하다.
㉡ 산에 쉽게 용해되고 가수분해되며, 습식 회화되기 때문에 공기 중 입자상 물질 중의 금속을 채취하여 원자흡광법으로 분석하는 데 적당하다.
㉢ 산에 의해 쉽게 회화되기 때문에 원소분석에 적합하고 NIOSH에서는 금속, 석면, 살충제, 불소화합물 및 기타 무기물질에 추천되고 있다.
㉣ 시료가 여과지의 표면 또는 가까운 곳에 침착되므로 석면, 유리섬유 등 현미경 분석을 위한 시료채취에도 이용된다.
㉤ 흡습성(원료인 셀룰로오스가 수분 흡수)이 높아 오차를 유발할 수 있어 중량분석에 적합하지 않다.

39 허용농도가 50ppm인 트리클로로에틸렌을 취급하는 작업장에 하루 10시간 근무한다면 그 조건에서의 허용농도치는? (단, Brief-Scala 보정방법 기준)

① 47ppm
② 42ppm
③ 39ppm
④ 35ppm

[풀이]
$$RF = \frac{8}{10} \times \frac{24-10}{16}$$
$$= 0.7$$
∴ 설정된 허용농도 = TLV × RF
= 50ppm × 0.7 = 35ppm

40 습구온도를 측정하기 위한 측정기기와 측정시간의 기준을 알맞게 나타낸 것은? (단, 고용노동부 고시 기준)

① 자연습구온도계 : 15분 이상
② 자연습구온도계 : 25분 이상
③ 아스만통풍건습계 : 15분 이상
④ 아스만통풍건습계 : 25분 이상

[풀이] 측정구분에 의한 측정기기 및 측정시간

구분	측정기기	측정시간
습구 온도	0.5도 간격의 눈금이 있는 아스만통풍건습계, 자연습구온도를 측정할 수 있는 기기 또는 이와 동등 이상의 성능이 있는 측정기기	• 아스만통풍건습계 : 25분 이상 • 자연습구온도계 : 5분 이상
흑구 및 습구 흑구 온도	직경이 5센티미터 이상 되는 흑구온도계 또는 습구흑구온도(WBGT)를 동시에 측정할 수 있는 기기	• 직경이 15센티미터일 경우 : 25분 이상 • 직경이 7.5센티미터 또는 5센티미터일 경우 : 5분 이상

※ 고시 변경사항, 학습 안 하셔도 무방합니다.

제3과목 | 작업환경 관리대책

41 25°C에서 공기의 점성계수 $\mu = 1.607 \times 10^{-4}$ poise, 밀도 $\rho = 1.203 kg/m^3$이다. 이때 동점성계수(m^2/sec)는?

① 1.336×10^{-5}
② 1.736×10^{-5}
③ 1.336×10^{-6}
④ 1.736×10^{-6}

정답 38.① 39.④ 40.④ 41.①

[풀이] 동점성계수(ν)
$$= \frac{점성계수}{밀도}$$
$$= \frac{1.607 \times 10^{-4} \text{g/cm} \cdot \sec \times 100 \text{cm/m} \times \text{kg}/1,000\text{g}}{1.203 \text{kg/m}^3}$$
$$= 1.336 \times 10^{-5} \text{m}^2/\sec$$

42 작업환경관리의 목적으로 가장 관련이 먼 것은?

① 산업재해예방
② 작업환경의 개선
③ 작업능률의 향상
④ 직업병 치료

[풀이] **작업환경관리 목적**
㉠ 산업재해 예방 및 방지
㉡ 근로자의 의욕고취
㉢ 작업능률 향상
㉣ 작업환경의 개선

43 분진이나 섬유유리 등으로부터 피부를 직접 보호하기 위해 사용하는 산업용 피부보호제는?

① 수용성 물질차단 피부보호제
② 피막형성형 피부보호제
③ 지용성 물질차단 피부보호제
④ 광과민성 물질차단 피부보호제

[풀이] **피막형성형 피부보호제(피막형 크림)**
㉠ 분진, 유리섬유 등에 대한 장애 예방
㉡ 적용 화학물질의 성분은 정제 벤드나이겔, 염화비닐 수지
㉢ 피막형성 도포제를 바르고 장시간 작업 시 피부에 장애를 줄 수 있으므로 작업완료 후 즉시 닦아내야 함
㉣ 용도로는 분진, 전해약품제조, 원료취급작업 시 사용

44 지적온도(optimum temperature)에 미치는 영향인자들의 설명으로 가장 거리가 먼 것은 어느 것인가?

① 작업량이 클수록 체열 생산량이 많아 지적온도는 낮아진다.
② 여름철이 겨울철보다 지적온도가 높다.
③ 더운 음식물, 알코올, 기름진 음식 등을 섭취하면 지적온도는 낮아진다.
④ 노인들보다 젊은 사람의 지적온도가 높다.

[풀이] **지적온도의 종류 및 특징**
(1) 종류
㉠ 쾌적감각온도
㉡ 최고생산온도
㉢ 기능지적온도
(2) 특징
㉠ 작업량이 클수록 체열방산이 많아 지적온도는 낮아진다.
㉡ 여름철이 겨울철보다 지적온도가 높다.
㉢ 더운 음식물, 알코올, 기름진 음식 등을 섭취하면 지적온도는 낮아진다.
㉣ 노인들보다 젊은 사람의 지적온도가 낮다.

45 보호구에 대한 설명으로 틀린 것은?

① 신체 보호구에는 내열 방화복, 정전복, 위생보호복, 앞치마 등이 있다.
② 방열의에는 석면제나 섬유에 알루미늄 등을 증착한 알루미나이즈 방열의가 사용된다.
③ 위생복(보호의)에서 방한복, 방한화, 방한모는 −18℃ 이하인 급냉동 창고 하역작업 등에 이용된다.
④ 안면 보호구에는 일반 보호면, 용접면, 안전모, 방진마스크 등이 있다.

[풀이] 위생 보호구에는 보호부위에 따라 호흡기 보호구, 눈 보호구, 귀 보호구, 안면 보호구, 피부 보호구 등이 있고, 안면 보호구에는 보안경, 보안면 등이 있다.

46 덕트 직경이 30cm이고 공기유속이 10m/sec일 때 레이놀즈 수는? (단, 공기의 점성계수 1.85×10^{-5} kg/sec·m, 공기밀도 1.2kg/m³)

① 195,000   ② 215,000
③ 235,000   ④ 255,000

정답 42.④ 43.② 44.④ 45.④ 46.①

풀이) $Re = \dfrac{\rho VD}{\nu} = \dfrac{1.2 \times 10 \times 0.3}{1.85 \times 10^{-5}} = 194{,}595$

47 환기시설 내 기류가 기본적 유체역학적 원리에 의하여 지배되기 위한 전제조건에 관한 내용으로 틀린 것은?

① 환기시설 내외의 열교환은 무시한다.
② 공기의 압축이나 팽창을 무시한다.
③ 공기는 포화수증기 상태로 가정한다.
④ 대부분의 환기시설에서는 공기 중에 포함된 유해물질의 무게와 용량을 무시한다.

풀이) 유체역학의 질량보존원리를 환기시설에 적용하는 데 필요한 네 가지 공기특성의 주요가정(전제조건)
㉠ 환기시설 내외(덕트 내부와 외부)의 열전달(열교환) 효과 무시
㉡ 공기의 비압축성(압축성과 팽창성 무시)
㉢ 건조공기 가정
㉣ 환기시설에서 공기 속의 오염물질 질량(무게)과 부피(용량)를 무시

48 청력보호구의 차음효과를 높이기 위한 유의사항 중 틀린 것은?

① 청력보호구는 머리의 모양이나 귓구멍에 잘 맞는 것을 사용한다.
② 청력보호구는 잘 고정시켜서 보호구 자체의 진동을 최소한도로 줄여야 한다.
③ 청력보호구는 기공(氣孔)이 많은 재료를 사용하여 제조한다.
④ 귀덮개 형식의 보호구는 머리카락이 길 때와 안경테가 굵어서 잘 밀착되지 않을 때는 사용이 어렵다.

풀이) 청력보호구의 차음효과를 높이기 위한 유의사항
㉠ 사용자 머리의 모양이나 귓구멍에 잘 맞아야 할 것
㉡ 기공이 많은 재료를 선택하지 말 것
㉢ 청력보호구를 잘 고정시켜서 보호구 자체의 진동을 최소화할 것
㉣ 귀덮개 형식의 보호구는 머리카락이 길 때와 안경테가 굵어서 잘 부착되지 않을 때에는 사용하지 말 것

49 회전차 외경이 600mm인 원심송풍기의 풍량은 200m³/min이다. 회전차 외경이 1,000mm인 동류(상사구조)의 송풍기가 동일한 회전수로 운전된다면 이 송풍기의 풍량(m³/min)은? (단, 두 경우 모두 표준공기를 취급한다.)

① 약 333
② 약 556
③ 약 926
④ 약 2,572

풀이) $Q_2 = Q_1 \times \left(\dfrac{D_2}{D_1}\right)^3$
$= 200\text{m}^3/\text{min} \times \left(\dfrac{1{,}000}{600}\right)^3$
$= 925.93\text{m}^3/\text{min}$

50 송풍기 배출구의 총압정압은 20mmH₂O이고, 흡인구의 총전압은 −90mmH₂O이며 송풍기 전후의 속도압은 20mmH₂O이다. 이 송풍기의 실효정압(mmH₂O)은?

① −130
② −110
③ +130
④ +110

풀이) 송풍기 정압(FSP)
$\text{FSP} = (SP_\text{out} - TP_\text{in})$
$= [20 - (-90)] = 110\text{mmH}_2\text{O}$

51 방진재료로 사용하는 방진고무의 장단점으로 틀린 것은?

① 공기 중의 오존에 의해 산화된다.
② 내부마찰에 의한 발열 때문에 열화되고 내유 및 내열성이 약하다.
③ 동적배율이 낮아 스프링정수의 선택범위가 좁다.
④ 고무 자체의 내부마찰에 의해 저항을 얻을 수 있고 고주파 진동의 차진에 양호하다.

정답 47.③ 48.③ 49.③ 50.④ 51.③

[풀이] **방진고무의 장단점**
(1) 장점
  ㉠ 고무자체의 내부마찰로 적당한 저항을 얻을 수 있다.
  ㉡ 공진 시의 진폭도 지나치게 크지 않다.
  ㉢ 설계자료가 잘 되어 있고 동적배율이 타 방진재료보다 높아 용수철 정수(스프링 상수)를 광범위하게 선택할 수 있다.
  ㉣ 형상의 선택이 비교적 자유로워 여러 가지 형태로 된 철물에 견고하게 부착할 수 있다.
  ㉤ 고주파 진동의 차진에 양호하다.
(2) 단점
  ㉠ 내후성, 내유성, 내열성, 내약품성이 약하다.
  ㉡ 공기 중의 오존(O_3)에 의해 산화된다.
  ㉢ 내부마찰에 의한 발열 때문에 열화되기 쉽다.

52 덕트 내 공기의 압력을 측정하는 데 사용하는 장비는?
① 피토관 ② 타코미터
③ 열선 유속계 ④ 회전날개형 유속계

[풀이] **덕트 내 압력측정기기**
㉠ 피토관
㉡ U자 마노미터
㉢ 경사 마노미터
㉣ 아네로이드 게이지
㉤ 마그네헬릭 게이지

53 여과집진장치의 장단점으로 가장 거리가 먼 것은?
① 다양한 용량을 처리할 수 있다.
② 탈진방법과 여과재의 사용에 따른 설계상의 융통성이 있다.
③ 섬유 여포상에서 응축이 일어날 때 습한 가스를 취급할 수 없다.
④ 집진효율이 처리가스의 양과 밀도변화에 영향이 크다.

[풀이] **여과집진장치의 장단점**
(1) 장점
  ㉠ 집진효율이 높으며, 집진효율은 처리가스의 양과 밀도변화에 영향이 적다.
  ㉡ 다양한 용량을 처리할 수 있다.
  ㉢ 연속집진방식일 경우 먼지부하의 변동이 있어도 운전효율에는 영향이 없다.
  ㉣ 건식 공정이므로 포집먼지의 처리가 쉽다. 즉 여러 가지 형태의 분진을 포집할 수 있다.
  ㉤ 여과재에 표면 처리하여 가스상 물질을 처리할 수도 있다.
  ㉥ 설치 적용범위가 광범위하다.
  ㉦ 탈진방법과 여과재의 사용에 따른 설계상의 융통성이 있다.
(2) 단점
  ㉠ 고온, 산, 알칼리 가스일 경우 여과백의 수명이 단축된다.
  ㉡ 250℃ 이상 고온가스를 처리할 경우 고가의 특수 여과백을 사용해야 한다.
  ㉢ 산화성 먼지농도가 $50g/m^3$ 이상일 때는 발화위험이 있다.
  ㉣ 여과백 교체 시 비용이 많이 들고 작업방법이 어렵다.
  ㉤ 가스가 노점온도 이하가 되면 수분이 생성되므로 주의를 요한다.
  ㉥ 섬유여포상에서 응축이 일어날 때 습한 가스를 취급할 수 없다.

54 보호장구의 재질과 적용화학물질에 관한 내용으로 틀린 것은?
① Butyl 고무는 극성용제에 효과적으로 적용할 수 있다.
② 가죽은 기본적인 찰과상 예방이 되며 용제에는 사용하지 못한다.
③ 천연고무(latex)는 절단 및 찰과상 예방에 좋으며 수용성 용액, 극성용제에 효과적으로 적용할 수 있다.
④ Viton은 구조적으로 강하며 극성용제에 효과적으로 사용할 수 있다.

[풀이] **보호장구 재질에 따른 적용물질**
㉠ Neoprene 고무 : 비극성 용제, 극성 용제 중 알코올, 물, 케톤류 등에 효과적
㉡ 천연고무(latex) : 극성 용제 및 수용성 용액에 효과적(절단 및 찰과상 예방)
㉢ Viton : 비극성 용제에 효과적
㉣ 면 : 고체상 물질에 효과적, 용제에는 사용 못함
㉤ 가죽 : 용제에는 사용 못함(기본적인 찰과상 예방)
㉥ Nitrile 고무 : 비극성 용제에 효과적

정답 52.① 53.④ 54.④

ⓐ Butyl 고무 : 극성 용제에 효과적(알데히드, 지방족)
ⓔ Ethylene vinyl alcohol : 대부분의 화학물질을 취급할 경우 효과적

55 길이, 폭, 높이가 각각 30m, 10m, 4m인 실내공간을 1시간당 12회의 환기를 하고자 한다. 이 실내의 환기를 위한 유량(m^3/min)은?

① 240 ② 290
③ 320 ④ 360

풀이
$ACH = \dfrac{\text{필요환기량}}{\text{작업장 용적}}$

∴ 필요환기량(m^3/min)
= ACH × 작업장 용적
= 12회/hr × (30×10×4)m^3 × hr/60min
= 240m^3/min

56 작업장에서 Methyl Ethyl Ketone을 시간당 1.5리터 사용할 경우 작업장의 필요환기량(m^3/min)은? (단, MEK의 비중은 0.805, TLV는 200ppm, 분자량은 72.1이고, 안전계수 K는 7로 하며 1기압 21℃ 기준임)

① 약 235
② 약 465
③ 약 565
④ 약 695

풀이
• 사용량(g/hr)
  1.5L/hr × 0.805g/mL × 1,000mL/L = 1,207.5g/hr
• 발생량(G, L/hr)
  72.1g : 24.1L = 1,207.5g/hr : G
  G(L/hr) = $\dfrac{24.1L \times 1,207.5\text{g/hr}}{72.1\text{g}}$ = 403.62L/hr

∴ 필요환기량(m^3/min)
$Q = \dfrac{G}{TLV} \times K$
$= \dfrac{403.62\text{L/hr} \times 1,000\text{mL/L}}{200\text{mL/}m^3} \times 7$
= 14,126.7m^3/hr × hr/60min
= 235.45m^3/min

57 외부식 후드의 필요송풍량을 절약하는 방법에 대한 설명으로 틀린 것은?

① 가능한 발생원의 형태와 크기에 맞는 후드를 선택하고 그 후드의 개구면을 발생원에 접근시켜 설치한다.
② 발생원의 특성에 맞는 후드의 형식을 선정한다.
③ 후드의 크기는 유해물질이 밖으로 빠져 나가지 않도록 가능한 크게 하는 편이 좋다.
④ 가능하면 발생원의 일부만이라도 후드 개구 안에 들어가도록 설치한다.

풀이 ③ 후드의 크기는 유해물질이 새지 않는 한 작은 편이 좋다. 후드의 크기가 크게 되면 필요송풍량이 증가되어 비용이 증가된다.

58 연기발생기 이용에 관한 설명으로 가장 거리가 먼 것은?

① 오염물질의 확산이동 관찰
② 공기의 누출입에 의한 음과 축수상자의 이상음 점검
③ 후드로부터 오염물질의 이탈요인 규명
④ 후드성능에 미치는 난기류의 영향에 대한 평가

풀이 발연관(smoke tester)의 적용
㉠ 오염물질의 확산이동의 관찰에 유용하게 사용된다.
㉡ 후드로부터 오염물질의 이탈요인의 규명에 사용된다.
㉢ 후드성능에 미치는 난기류의 영향에 대한 평가에 사용된다.
㉣ 덕트 접속부의 공기 누출입 및 집진장치의 배출부에서의 기류의 유입 유무 판단 등에 사용된다.
㉤ 대략적인 후드의 성능을 평가할 수 있다.
㉥ 작업장 내의 공기의 유동현상과 이동방향을 알 수 있다.
㉦ 연기발생기에서 발생되는 연기는 부식성과 화재 위험성이 있을 수 있다.

59 작업환경 관리원칙 중 대치에 관한 설명으로 옳지 않은 것은?

① 야광시계 자판에 radium을 인으로 대치한다.
② 건조 전에 실시하던 점토배합을 건조 후 실시한다.
③ 금속세척작업 시 TCE를 대신하여 계면활성제를 사용한다.
④ 분체입자를 큰 입자로 대치한다.

풀이 ② 도자기 제조공정에서 건조 후 실시하던 점토배합을 건조 전에 실시한다.

60 주관에 45°로 분지관이 연결되어 있다. 주관 입구와 분지관의 속도압은 20mmH$_2$O로 같고 압력손실계수는 각각 0.2 및 0.28이다. 주관과 분지관의 합류에 의한 압력손실(mmH$_2$O)은?

① 약 6 ② 약 8
③ 약 10 ④ 약 12

풀이 압력손실 = $\Delta P_1 + \Delta P_2$
= (0.2×20)+(0.28×20)=9.6mmH$_2$O

제4과목 | 물리적 유해인자관리

61 전리방사선이 인체에 미치는 영향에 관여하는 인자와 가장 거리가 먼 것은?

① 전리작용
② 회절과 산란
③ 피폭선량
④ 조직의 감수성

풀이 전리방사선이 인체에 미치는 영향인자
㉠ 전리작용
㉡ 피폭선량
㉢ 조직의 감수성
㉣ 피폭방법
㉤ 투과력

62 저온에 의한 1차적 생리적 영향에 해당하는 것은?

① 말초혈관의 수축
② 혈압의 일시적 상승
③ 근육긴장의 증가와 전율
④ 조직대사의 증진과 식욕항진

풀이 저온에 대한 1차적인 생리적 반응
㉠ 피부혈관 수축
㉡ 체표면적 감소
㉢ 화학적 대사작용 증가
㉣ 근육긴장의 증가 및 떨림

63 음(sound)의 용어를 설명한 것으로 틀린 것은?

① 음선 - 음의 진행방향을 나타내는 선으로 파면에 수직한다.
② 파면 - 다수의 음원이 동시에 작용할 때 접촉하는 에너지가 동일한 점들을 연결한 선이다.
③ 음파 - 공기 등의 매질을 통하여 전파하는 소밀파이며, 순음의 경우 정현파적으로 변화한다.
④ 파동 - 음에너지의 전달은 매질의 운동에너지와 위치에너지의 교번작용으로 이루어진다.

풀이 파면
파동의 위상이 같은 점들을 연결한 면을 의미한다.

64 전리방사선을 인체투과력이 큰 것에서부터 작은 순서대로 나열한 것은?

① γ선>β선>α선
② β선>γ선>α선
③ β선>α선>γ선
④ α선>β선>γ선

풀이 전리방사선의 인체투과력
중성자 > X선 or γ선 > β선 > α선

65 해면 기준에서 정상적인 대기 중의 산소분압은 약 얼마인가?
   ① 80mmHg   ② 160mmHg
   ③ 300mmHg ④ 760mmHg

풀이 산소분압 = 760mmHg × 0.21
            = 160mmHg

66 일반 소음의 차음효과는 벽체의 단위표면적에 대하여 벽체의 무게를 2배로 할 때와 주파수가 2배로 될 때 차음은 몇 dB 증가하는가?
   ① 2dB   ② 6dB
   ③ 10dB   ④ 15dB

풀이 $TL = 20\log(m \cdot f) - 43\text{dB}$
        $= 20\log 2$
        $= 6\text{dB}$

67 장시간 온열환경에 노출 후 대량의 염분상실을 동반한 땀의 과다로 인하여 발생하는 증상은?
   ① 열경련   ② 열피로
   ③ 열사병   ④ 열성발진

풀이 열경련의 원인
  ㉠ 지나친 발한에 의한 수분 및 혈중 염분 손실(혈액의 현저한 농축 발생)
  ㉡ 땀을 많이 흘리고 동시에 염분이 없는 음료수를 많이 마셔서 염분 부족 시 발생
  ㉢ 전해질의 유실 시 발생

68 다음 중 인체에 적당한 기류(온열요소)속도 범위로 맞는 것은?
   ① 2~3m/min
   ② 6~7m/min
   ③ 12~13m/min
   ④ 16~17m/min

풀이 인체에 적당한 기류속도 범위는 6~7m/min이며 기온이 10℃ 이하일 때는 1m/sec 이상의 기류에 직접 접촉을 금지하여야 한다.

69 다음 중 높은(고) 기압에 의한 건강영향의 설명으로 틀린 것은?
   ① 청력의 저하, 귀의 압박감이 일어나며 심하면 고막파열이 일어날 수 있다.
   ② 부비강 개구부 감염 혹은 기형으로 폐쇄된 경우 심한 구토, 두통 등의 증상을 일으킨다.
   ③ 압력상승이 급속한 경우 폐 및 혈액으로 탄산가스의 일과성 배출이 일어나 호흡이 억제된다.
   ④ 3~4기압의 산소 혹은 이에 상당하는 공기 중 산소분압에 의하여 중추신경계의 장애에 기인하는 운동장애를 나타내는데 이것을 산소중독이라고 한다.

풀이 압력상승이 급속한 경우
  폐 및 혈액으로 탄산가스의 일과성 배출이 억제되어 산소의 독성과 질소의 마취작용을 증가시키는 역할을 한다.

70 다음 설명에 해당하는 방진재료는?

  • 여러 가지 형태로 철물에 부착할 수 있다.
  • 자체의 내부마찰에 의해 저항을 얻을 수 있다.
  • 내구성 및 내약품성이 문제가 될 수 있다.

   ① 펠트   ② 코일용수철
   ③ 방진고무   ④ 공기용수철

풀이 방진고무의 장단점
  (1) 장점
   ㉠ 고무 자체의 내부마찰로 적당한 저항을 얻을 수 있다.
   ㉡ 공진 시의 진폭도 지나치게 크지 않다.
   ㉢ 설계자료가 잘 되어 있어서 용수철 정수(스프링 상수)를 광범위하게 선택할 수 있다.
   ㉣ 형상의 선택이 비교적 자유로워 여러 가지 형태로 된 철물에 견고하게 부착할 수 있다.
   ㉤ 고주파 진동의 차진에 양호하다.
  (2) 단점
   ㉠ 내후성, 내유성, 내열성, 내약품성이 약하다.
   ㉡ 공기 중의 오존(O_3)에 의해 산화된다.
   ㉢ 내부마찰에 의한 발열 때문에 열화되기 쉽다.

정답 65.② 66.② 67.① 68.② 69.③ 70.③

71 70dB(A)의 소음이 발생하는 두 개의 기계가 동시에 소음을 발생시킨다면 얼마 정도가 되겠는가?

① 73dB(A) ② 76dB(A)
③ 80dB(A) ④ 140dB(A)

[풀이] $L_{합} = 10\log(2 \times 10^7) = 73\text{dB(A)}$

72 소음성 난청 중 청력장애(C_5-dip)가 가장 심해지는 소음의 주파수는?

① 2,000Hz ② 4,000Hz
③ 6,000Hz ④ 8,000Hz

[풀이] C_5-dip 현상
㉠ 소음성 난청의 초기단계로서 4,000Hz에서 청력장애가 현저히 커지는 현상이다.
㉡ 우리 귀는 고주파음에 대단히 민감하다. 특히 4,000Hz에서 소음성 난청이 가장 많이 발생한다.

73 레이저(laser)에 관한 설명으로 틀린 것은?

① 레이저광에 가장 민감한 표적기관은 눈이다.
② 레이저광은 출력이 대단히 강력하고 극히 좁은 파장범위를 갖기 때문에 쉽게 산란하지 않는다.
③ 파장, 조사량 또는 시간 및 개인의 감수성에 따라 피부에 홍반, 수포형성, 색소침착 등이 생긴다.
④ 레이저광 중 에너지의 양을 지속적으로 축적하여 강력한 파동을 발생시키는 것을 지속파라 한다.

[풀이] 레이저의 물리적 특성
㉠ LASER는 Light Amplification by Stimulated Emission of Radiation의 약자이며 자외선, 가시광선, 적외선 가운데 인위적으로 특정한 파장부위를 강력하게 증폭시켜 얻은 복사선이다.
㉡ 레이저는 유도방출에 의한 광선증폭을 뜻하며 단색성, 지향성, 집속성, 고출력성의 특징이 있어 집광성과 방향조절이 용이하다.
㉢ 레이저는 보통 광선과는 달리 단일파장으로 강력하고 예리한 지향성을 가졌다.
㉣ 레이저광은 출력이 강하고 좁은 파장을 가지며 쉽게 산란하지 않는 특성이 있다.
㉤ 레이저파 중 맥동파는 레이저광 중 에너지의 양을 지속적으로 축적하여 강력한 파동을 발생시키는 것을 말한다.
㉥ 단위면적당 빛에너지가 대단히 크다. 즉 에너지 밀도가 크다.
㉦ 위상이 고르고 간섭현상이 일어나기 쉽다.
㉧ 단색성이 뛰어나다.

74 빛과 밝기의 단위에 관한 내용으로 맞는 것은?

① lumen : 1촉광의 광원으로부터 1m 거리에 1m² 면적에 투사되는 빛의 양
② 촉광 : 지름이 10cm 되는 촛불이 수평방향으로 비칠 때의 빛의 광도
③ lux : 1루멘의 빛이 1m²의 구면상에 수직으로 비추어질 때의 그 평면의 빛 밝기
④ foot-candle : 1촉광의 빛이 1in²의 평면상에 수평방향으로 비칠 때의 그 평면의 빛의 밝기

[풀이] ① lumen : 1촉광의 광원으로부터 한 단위입체각으로 나가는 광속의 단위
② 촉광 : 지름이 1인치인 촛불이 수평방향으로 비칠 때 빛의 광강도를 나타내는 단위
④ foot-candle : 1루멘의 빛이 ft²의 평면상에 수직으로 비칠 때 그 평면의 빛의 밝기

75 레이노(Raynaud) 증후군의 발생 가능성이 가장 큰 작업은?

① 인쇄작업
② 용접작업
③ 보일러 수리 및 가동
④ 공기 해머(hammer) 작업

[풀이] 레이노 증후군은 압축공기를 이용한 진동공구, 즉 착암기 또는 해머 같은 공구를 장기간 사용한 근로자들의 손가락에 유발되기 쉬운 직업병이다.

76 마이크로파의 생체작용과 가장 거리가 먼 것은?
① 체표면은 조기에 온감을 느낀다.
② 두통, 피로감, 기억력 감퇴 등을 나타낸다.
③ 500~1,000Hz의 마이크로파는 백내장을 유발한다.
④ 중추신경에 대해서는 300~1,200Hz의 주파수 범위에서 가장 민감하다.

풀이 ▶ 마이크로파에 의한 표적기관은 눈이며 1,000~10,000Hz에서 백내장이 생기고, ascorbic산의 감소증상이 나타난다. 백내장은 조직온도의 상승과 관계된다.

77 감압과정에서 발생하는 감압병에 관한 설명으로 틀린 것은?
① 증상에 따른 진단은 매우 용이하다.
② 감압병의 치료는 재가압산소요법이 최상이다.
③ 중추신경계 감압병은 고공비행사는 뇌에, 잠수사는 척수에 더 잘 발생한다.
④ 감압병 환자는 수중재가압으로 시행하여 현장에서 즉시 치료하는 것이 바람직하다.

풀이 ▶ 감압병의 증상발생 시에는 환자를 곧장 원래의 고압환경 상태로 복귀시키거나 인공고압실에 넣어 혈관 및 조직 속에 발생한 질소의 기포를 다시 용해시킨 다음 천천히 감압한다.

78 중심주파수가 8,000Hz인 경우, 하한주파수와 상한주파수로 가장 적절한 것은? (단, 1/1 옥타브밴드 기준이다.)
① 5,150Hz, 10,300Hz
② 5,220Hz, 10,500Hz
③ 5,420Hz, 11,000Hz
④ 5,650Hz, 11,300Hz

풀이 ▶ ㉠ f_C(중심주파수) $= \sqrt{2} f_L$
f_L(하한주파수) $= \dfrac{f_C}{\sqrt{2}} = \dfrac{8,000}{\sqrt{2}} = 5,656$Hz

㉡ f_C(중심주파수) $= \sqrt{f_L \times f_U}$
f_U(상한주파수) $= \dfrac{f_C^2}{f_L} = \dfrac{(8,000)^2}{5,656} = 11,315$Hz

79 일반적으로 인공조명 시 고려하여야 할 사항으로 가장 적절하지 않은 것은?
① 광색은 백색에 가깝게 한다.
② 가급적 간접조명이 되도록 한다.
③ 조도는 작업상 충분히 유지시킨다.
④ 조명도는 균등히 유지할 수 있어야 한다.

풀이 ▶ 인공조명 시 주광색에 가까운 광색으로 조도를 높여주며 백열전구와 고압수은등을 적절히 혼합시켜 주광에 가까운 빛을 얻을 수 있다.

80 고압 및 고압산소요법의 질병 치료기전과 가장 거리가 먼 것은?
① 간장 및 신장 등 내분비계 감수성 증가 효과
② 체내에 형성된 기포의 크기를 감소시키는 압력효과
③ 혈장 내 용존산소량을 증가시키는 산소 분압 상승효과
④ 모세혈관 신생촉진 및 백혈구의 살균능력 항진 등 창상 치료효과

풀이 ▶ 고압 및 고압산소요법은 간장 및 신장 등 내분비계 감수성을 감소시키는 효과가 있다.

제5과목 | 산업 독성학

81 페노바비탈은 디란틴을 비활성화시키는 효소를 유도함으로써 급·만성의 독성이 감소될 수 있다. 이러한 상호작용을 무엇이라고 하는가?
① 상가작용   ② 부가작용
③ 단독작용   ④ 길항작용

[풀이] 길항작용(antagonism effect)(=상쇄작용)
㉠ 두 가지 화합물이 함께 있었을 때 서로의 작용을 방해하는 것
㉡ 상대적 독성 수치로 표현하면 다음과 같다.
2+3=1
㉢ 페노바비탈은 디란틴을 비활성화시키는 효소를 유도함으로써 급·만성의 독성이 감소

82 생물학적 모니터링(biological monitoring)에 관한 설명으로 틀린 것은?
① 근로자 채용 후 검사시기를 조정하기 위하여 실시한다.
② 건강에 영향을 미치는 바람직하지 않은 노출상태를 파악하는 것이다.
③ 최근의 노출량이나 과거로부터 축적된 노출량을 간접적으로 파악한다.
④ 건강상의 위험은 생물학적 검체에서 물질별 결정인자를 생물학적 노출지수와 비교하여 평가한다.

[풀이] 생물학적 모니터링은 작업자의 생물학적 시료에서 화학물질의 노출을 추정하는 것을 말한다.

83 진폐증을 일으키는 물질이 아닌 것은?
① 철
② 흑연
③ 베릴륨
④ 셀레늄

[풀이] 분진 종류에 따른 분류(임상적 분류)
㉠ 유기성 분진에 의한 진폐증
농부폐증, 면폐증, 연초폐증, 설탕폐증, 목재분진폐증, 모발분진폐증
㉡ 무기성(광물성) 분진에 의한 진폐증
규폐증, 탄소폐증, 활석폐증, 탄광부 진폐증, 철폐증, 베릴륨폐증, 흑연폐증, 규조토폐증, 주석폐증, 칼륨폐증, 바륨폐증, 용접공폐증, 석면폐증

84 표와 같은 크롬중독을 스크린하는 검사법을 개발하였다면 이 검사법의 특이도는 얼마인가?

구 분		크롬중독 진단		합 계
		양 성	음 성	
검사법	양 성	15	9	24
	음 성	9	21	30
합 계		24	30	54

① 68%
② 69%
③ 70%
④ 71%

[풀이] 특이도(%)=$\frac{21}{30}\times 100=70\%$
특이도는 실제 노출되지 않은 사람이 이 측정방법에 의하여 "노출되지 않을 것"으로 나타날 확률을 의미한다.

85 유해물질이 인체에 미치는 유해성(건강영향)을 좌우하는 인자로 그 영향이 적은 것은?
① 호흡량
② 개인의 감수성
③ 유해물질의 밀도
④ 유해물질의 노출시간

[풀이] 유해물질이 인체에 미치는 건강영향을 결정하는 인자
㉠ 공기 중 농도
㉡ 폭로시간(폭로횟수)
㉢ 작업강도(호흡률)
㉣ 기상조건
㉤ 개인 감수성

86 유해화학물질이 체내에서 해독되는 데 중요한 작용을 하는 것은?
① 효소
② 임파구
③ 체표온도
④ 적혈구

[풀이] 효소
유해화학물질이 체내로 침투되어 해독되는 경우 해독반응에 가장 중요한 작용을 하는 것이 효소이다.

정답 82.① 83.④ 84.③ 85.③ 86.①

87 자극성 접촉피부염에 관한 설명으로 틀린 것은?

① 작업장에서 발생빈도가 가장 높은 피부질환이다.
② 증상은 다양하지만 홍반과 부종을 동반하는 것이 특징이다.
③ 원인물질은 크게 수분, 합성 화학물질, 생물성 화학물질로 구분할 수 있다.
④ 면역학적 반응에 따라 과거 노출경험이 있을 때 심하게 반응이 나타난다.

풀이 자극성 접촉피부염은 면역학적 반응에 따라 과거 노출경험과는 관계가 없다.

88 화학적 질식제(chemical asphyxiant)에 심하게 노출되었을 경우 사망에 이르게 되는 이유로 적절한 것은?

① 폐에서 산소를 제거하기 때문
② 심장의 기능을 저하시키기 때문
③ 폐 속으로 들어가는 산소의 활용을 방해하기 때문
④ 신진대사 기능을 높여 가용할 산소가 부족해지기 때문

풀이 화학적 질식제
㉠ 직접적 작용에 의해 혈액 중의 혈색소와 결합하여 산소운반능력을 방해하는 물질을 말하며, 조직 중의 산화효소를 불활성화시켜 질식작용(세포의 산소수용능력 상실)을 일으킨다.
㉡ 화학적 질식제에 심하게 노출 시 폐 속으로 들어가는 산소의 활용을 방해하기 때문에 사망에 이르게 된다.

89 다음 중 금속열에 관한 설명으로 틀린 것은 어느 것인가?

① 고농도의 금속산화물을 흡입함으로써 발병된다.
② 용접, 전기도금, 제련과정에서 발생하는 경우가 많다.
③ 폐렴이나 폐결핵의 원인이 되며 증상은 유행성 감기와 비슷하다.
④ 주로 아연과 마그네슘의 증기가 원인이 되지만 다른 금속에 의하여 생기기도 한다.

풀이 금속열의 증상
㉠ 금속증기에 폭로 후 몇 시간 후에 발병되며 체온상승, 목의 건조, 오한, 기침, 땀이 많이 발생하고 호흡곤란이 생긴다.
㉡ 금속흄에 노출된 후 일정 시간의 잠복기를 지나 감기와 비슷한 증상이 나타난다.
㉢ 증상은 12~24시간(또는 24~48시간) 후에는 자연적으로 없어지게 된다.
㉣ 기폭로된 근로자는 일시적 면역이 생긴다.
㉤ 특히 아연 취급작업장에는 당뇨병 환자는 작업을 금지한다.
㉥ 금속증기열은 폐렴, 폐결핵의 원인이 되지는 않는다.
㉦ 철폐증은 철분진 흡입 시 발생되는 금속열의 한 형태이다.
㉧ 월요일열(monday fever)이라고도 한다.

90 동물실험에서 구한 역치량을 사람에게 외삽하여 "사람에게 안전한 양"으로 추정한 것을 SHD(Safe Human Dose)라고 하는데 SHD 계산에 활용되지 않는 항목은 어느 것인가?

① 배설률
② 노출시간
③ 호흡률
④ 폐흡수비율

풀이 체내흡수량(mg) = $C \times T \times V \times R$
여기서, 체내흡수량(SHD): 안전계수와 체중을 고려한 것
C: 공기 중 유해물질농도(mg/m³)
T: 노출시간(hr)
V: 호흡률(폐환기율)(m³/hr)
R: 체내잔류율(보통 1.0)

정답 87.④ 88.③ 89.③ 90.①

91 메탄올이 독성을 나타내는 대사단계를 바르게 나타낸 것은?
① 메탄올 → 에탄올 → 포름산 → 포름알데히드
② 메탄올 → 아세트알데히드 → 아세테이트 → 물
③ 메탄올 → 포름알데히드 → 포름산 → 이산화탄소
④ 메탄올 → 아세트알데히드 → 포름알데히드 → 이산화탄소

풀이 | 메탄올의 시각장애 기전
메탄올 → 포름알데히드 → 포름산 → 이산화탄소, 즉 중간 대사체에 의하여 시신경에 독성을 나타낸다.

92 작업장에서 발생하는 독성물질에 대한 생식독성평가에서 기형발생의 원리에 중요한 요인으로 작용하는 것과 거리가 먼 것은?
① 대사물질
② 사람의 감수성
③ 노출시기
④ 원인물질의 용량

풀이 | 최기형성 작용기전(기형 발생의 중요요인)
㉠ 노출되는 화학물질의 양(원인물질의 용량)
㉡ 노출되는 사람의 감수성
㉢ 노출시기

93 입자의 호흡기계 축적기전이 아닌 것은?
① 충돌
② 변성
③ 차단
④ 확산

풀이 | 입자의 호흡기계 축적기전
㉠ 충돌
㉡ 침강
㉢ 차단
㉣ 확산
㉤ 정전기

94 유기용제의 중추신경계 활성억제의 순위를 바르게 나열한 것은?
① 에스테르<알코올<유기산<알칸<알켄
② 에스테르<유기산<알코올<알켄<알칸
③ 알칸<알켄<유기산<알코올<에스테르
④ 알칸<알켄<알코올<유기산<에스테르

풀이 | 중추신경계 억제작용 순서
알칸<알켄<알코올<유기산<에스테르<에테르<할로겐화합물(할로겐족)

95 무기성 납으로 인한 중독 시 원활한 체내 배출을 위해 사용하는 배설촉진제는?
① β-BAL
② Ca-EDTA
③ δ-ALAD
④ 코프로포르피린

풀이 | Ca-EDTA는 무기성납으로 인한 중독 시 원활한 체내배출을 위해 사용하는 배설촉진제이며 단, 신장이 나쁜 사람에게는 금지사항이다.

96 Haber의 법칙에서 유해물질지수는 노출시간(T)과 무엇의 곱으로 나타내는가?
① 상수(Constant)
② 용량(Capacity)
③ 천장치(Ceiling)
④ 농도(Concentration)

풀이 | Haber의 법칙
$C \times T = K$
여기서, C : 농도
　　　　T : 노출지속시간(노출시간)
　　　　K : 용량(유해물질지수)

97 동물을 대상으로 양을 투여했을 때 독성을 초래하지는 않지만 대상의 50%가 관찰가능한 가역적인 반응을 나타내는 작용량을 무엇이라 하는가?
① ED_{50}
② LC_{50}
③ LD_{50}
④ TD_{50}

정답 91.③ 92.① 93.② 94.④ 95.② 96.④ 97.①

풀이 유효량(ED)
ED₅₀은 사망을 기준으로 하는 대신에 약물을 투여한 동물의 50%가 일정한 반응을 일으키는 양으로, 시험 유기체의 50%에 대하여 준치사적인 거동감응 및 생리감응을 일으키는 독성물질의 양을 뜻한다. ED(유효량)는 실험동물을 대상으로 얼마간의 양을 투여했을 때 독성을 초래하지 않지만 실험군의 50%가 관찰 가능한 가역적인 반응이 나타나는 작용량, 즉 유효량을 의미한다.

98 산업위생관리에서 사용하는 용어의 설명으로 틀린 것은?

① STEL은 단시간노출기준을 의미한다.
② LEL은 생물학적 허용기준을 의미한다.
③ TLV는 유해물질의 허용농도를 의미한다.
④ TWA는 시간가중평균노출기준을 의미한다.

풀이 LEL은 폭발농도 하한치를 말하며 근로자의 건강을 위해 만들어 놓은 TLV보다 높은 값이다.

99 납이 인체 내로 흡수됨으로써 초래되는 현상이 아닌 것은?

① 혈색소 양 저하
② 혈청 내 철 감소
③ 망상적혈구수의 증가
④ 소변 중 코프로포르피린 증가

풀이 납은 적혈구 안에 있는 혈색소(헤모글로빈) 양 저하, 망상적혈구수 증가, 혈청 내 철 증가 현상을 나타낸다.

100 methyl n-butyl ketone에 노출된 근로자의 소변 중 배설량으로 생물학적 노출지표에 이용되는 물질은?

① quinol
② phenol
③ 2,5-hexanedione
④ 8-hydroxy quinone

풀이 화학물질에 대한 대사산물 및 시료채취시기

화학물질	대사산물(측정대상물질) : 생물학적 노출지표	시료채취시기
납	혈액 중 납	중요치 않음
	소변 중 납	
카드뮴	소변 중 카드뮴	중요치 않음
	혈액 중 카드뮴	
일산화탄소	호기에서 일산화탄소	작업 종료 시
	혈액 중 carboxyhemoglobin	
벤젠	소변 중 총 페놀	작업 종료 시
	소변 중 t,t-뮤코닉산 (t,t-muconic acid)	
에틸벤젠	소변 중 만델린산	작업 종료 시
니트로벤젠	소변 중 p-nitrophenol	작업 종료 시
아세톤	소변 중 아세톤	작업 종료 시
톨루엔	혈액, 호기에서 톨루엔	작업 종료 시
	소변 중 o-크레졸	
크실렌	소변 중 메틸마뇨산	작업 종료 시
스티렌	소변 중 만델린산	작업 종료 시
트리클로로에틸렌	소변 중 트리클로로초산 (삼염화초산)	주말작업 종료 시
테트라클로로에틸렌	소변 중 트리클로로초산 (삼염화초산)	주말작업 종료 시
트리클로로에탄	소변 중 트리클로로초산 (삼염화초산)	주말작업 종료 시
사염화에틸렌	소변 중 트리클로로초산 (삼염화초산)	주말작업 종료 시
	소변 중 삼염화에탄올	
이황화탄소	소변 중 TTCA	-
	소변 중 이황화탄소	
노말헥산 (n-헥산)	소변 중 2,5-hexanedione	작업 종료 시
	소변 중 n-헥산	
메탄올	소변 중 메탄올	-
클로로벤젠	소변 중 총 4-chlorocatechol	작업 종료 시
	소변 중 총 p-chlorophenol	
크롬 (수용성 흄)	소변 중 총 크롬	주말작업 종료 시, 주간작업 중
N,N-디메틸포름아미드	소변 중 N-메틸포름아미드	작업 종료 시
페놀	소변 중 메틸마뇨산	작업 종료 시

정답 98.② 99.② 100.③

과년도 출제문제 | 2016.08.21

제3회 산업위생관리기사

제1과목 | 산업위생학 개론

01 1994년에 ACGIH와 AIHA 등에서 제정하여 공포한 산업위생 전문가의 윤리강령에서 사업주에 대한 책임에 해당되지 않는 내용은 무엇인가?

① 결과와 결론을 위해 사용된 모든 자료들을 정확히 기록·유지하여 보관한다.
② 전문가의 의견은 적절한 지식과 명확한 정의에 기초를 두고 있어야 한다.
③ 신뢰를 중요시하고, 정직하게 충고하며, 결과와 권고사항을 정확히 보고한다.
④ 쾌적한 작업환경을 달성하기 위해 산업위생 원리들을 적용할 때 책임감을 갖고 행동한다.

풀이 기업주와 고객에 대한 책임
㉠ 결과 및 결론을 뒷받침할 수 있도록 정확한 기록을 유지하고, 산업위생사업을 전문가답게 전문부서들을 운영·관리한다.
㉡ 기업주와 고객보다는 근로자의 건강보호에 궁극적 책임을 두어 행동한다.
㉢ 쾌적한 작업환경을 조성하기 위하여 산업위생의 이론을 적용하고 책임감 있게 행동한다.
㉣ 신뢰를 바탕으로 정직하게 권하고 성실한 자세로 충고하며, 결과와 개선점 및 권고사항을 정확히 보고한다.

02 산업안전보건법의 '사무실 공기관리 지침'에서 정하는 근로자 1인당 사무실의 환기기준으로 적절한 것은?

① 최소외기량 : $0.57m^3/hr$, 환기횟수 : 시간당 2회 이상
② 최소외기량 : $0.57m^3/hr$, 환기횟수 : 시간당 4회 이상
③ 최소외기량 : $0.57m^3/min$, 환기횟수 : 시간당 2회 이상
④ 최소외기량 : $0.57m^3/min$, 환기횟수 : 시간당 4회 이상

풀이 사무실 환기기준
공기정화시설을 갖춘 사무실에서 근로자 1인당 필요한 최소외기량은 $0.57m^3/min$이며, 환기횟수는 시간당 4회 이상으로 한다.

03 화학물질 및 물리적 인자의 노출기준에 있어 2종 이상의 화학물질이 공기 중에 혼재하는 경우, 유해성이 인체의 서로 다른 조직에 영향을 미치는 근거가 없는 한, 유해물질들 간의 상호작용은 어떤 것으로 간주하는가?

① 상승작용
② 강화작용
③ 상가작용
④ 길항작용

풀이 상가작용(additive effect)
㉠ 작업환경 중의 유해인자가 2종 이상 혼재하는 경우에 있어서 혼재하는 유해인자가 인체의 같은 부위에 작용함으로써 그 유해성이 가중되는 것을 말한다.
㉡ 화학물질 및 물리적 인자의 노출기준에 있어 2종 이상의 화학물질이 공기 중에 혼재하는 경우에는 유해성이 인체의 서로 다른 조직에 영향을 미치는 근거가 없는 한 유해물질들 간의 상호작용을 나타낸다.
㉢ 상대적 독성 수치로 표현하면 2+3=5, 여기서 수치는 독성의 크기를 의미한다.

정답 01.② 02.④ 03.③

04 인간공학적인 의자 설계의 원칙과 거리가 먼 것은?

① 의자의 안전성
② 체중의 분포 설계
③ 의자 좌판의 높이
④ 의자 좌판의 깊이와 폭

풀이 인간공학적인 의자 설계의 원칙
㉠ 의자의 깊이, 폭, 높이
㉡ 체중의 분포 설계(체압 분포)
㉢ 의자 등, 팔, 발 받침대
㉣ 의자의 바퀴

05 600명의 근로자가 근무하는 공장에서 1년에 30건의 재해가 발생하였다. 이 가운데 근로자들이 질병, 기타의 사유로 인하여 총 근로시간 중 3%를 결근하였다면 이 공장의 도수율은 얼마인가? (단, 근무는 1주일에 40시간, 연간 50주를 근무한다.)

① 25.77   ② 48.50
③ 49.55   ④ 50.00

풀이
$$도수율 = \frac{재해발생건수}{연근로시간수} \times 10^6$$
$$= \frac{30}{(40 \times 50 \times 600) \times 0.97} \times 10^6 = 25.77$$

06 산업피로의 증상과 가장 거리가 먼 것은?

① 혈액 및 소변의 소견
② 자각증상 및 타각증상
③ 신경기능 및 체온의 변화
④ 순환기능 및 호흡기능의 변화

풀이 산업피로 증상
㉠ 체온은 처음에는 높아지나 피로 정도가 심해지면 도리어 낮아진다.
㉡ 혈압은 초기에는 높아지나 피로가 진행되면 도리어 낮아진다.
㉢ 혈액 내 혈당치가 낮아지고 젖산과 탄산량이 증가하여 산혈증으로 된다.
㉣ 맥박 및 호흡이 빨라진다.
㉤ 체온상승과 호흡중추의 흥분이 온다(체온상승이 호흡중추를 자극하여 에너지 소모량을 증가시킴).
㉥ 권태감과 졸음이 오고 주의력이 산만해지며, 식은땀이 나고 입이 자주 마른다.
㉦ 호흡이 얕고 빠른데 이는 혈액 중 이산화탄소량이 증가하여 호흡중추를 자극하기 때문이다.
㉧ 맛, 냄새, 시각, 촉각 등 지각기능이 둔해지고 반사기능이 낮아진다.
㉨ 체온조절기능이 저하된다.
㉩ 소변의 양이 줄고 뇨 내의 단백질 또는 교질물질의 배설량(농도)이 증가한다.

07 다음 중 작업관련 근골격계 장애(Work-related Musculoskeletal Disorders, WMSDs)가 문제로 인식되는 이유로 가장 적절치 못한 것은?

① WMSDs는 다양한 작업장과 다양한 직무활동에서 발생한다.
② WMSDs는 생산성을 저하시키며 제품과 서비스의 질을 저하시킨다.
③ WMSDs는 거의 모든 산업분야에서 예방하기 어려운 상해 내지는 질환이다.
④ WMSDs는 특히 허리가 포함되었을 때 비용이 가장 많이 소요되는 직업성 질환이다.

풀이 작업관련 근골격계 장애(WMSDs)는 거의 모든 산업분야에서 예방가능한 질환이다.

08 교대제에 대한 설명이 잘못된 것은?

① 산업보건면이나 관리면에서 가장 문제가 되는 것은 3교대제이다.
② 교대근무자와 주간근무자에 있어서 재해 발생률은 거의 비슷한 수준으로 발생한다.
③ 석유정제, 화학공업 등 생산과정이 주야로 연속되지 않으면 안되는 산업에서 교대제를 채택하고 있다.
④ 젊은층의 교대근무자에게 있어서는 체중의 감소가 뚜렷하고 회복이 빠른 반면, 중년층에서는 체중의 변화가 적고 회복이 늦다.

정답 04.① 05.① 06.② 07.③ 08.②

> **풀이** 교대근무제의 문제점은 사람의 건강에 대한 악영향과 사고빈발로 인한 인적, 물적 손실과 이로 인한 손실비용의 증가라고 볼 수 있다.

09 근로자 건강진단 실시 결과 건강관리 구분에 따른 내용의 연결이 틀린 것은?

① R : 건강관리상 사후관리가 필요 없는 근로자
② C_1 : 직업성 질병으로 진전될 우려가 있어 추적검사 등 관찰이 필요한 근로자
③ D_1 : 직업성 질병의 소견을 보여 사후관리가 필요한 근로자
④ D_2 : 일반질병의 소견을 보여 사후관리가 필요한 근로자

> **풀이** 건강관리 구분
>
> | 건강관리 구분 | | 건강관리 구분 내용 |
> |---|---|---|
> | A | | 건강관리상 사후관리가 필요 없는 자(건강한 근로자) |
> | C | C_1 | 직업성 질병으로 진전될 우려가 있어 추적검사 등 관찰이 필요한 자(직업병 요관찰자) |
> | | C_2 | 일반질병으로 진전될 우려가 있어 추적관찰이 필요한 자(일반질병 요관찰자) |
> | | D_1 | 직업성 질병의 소견을 보여 사후관리가 필요한 자(직업병 유소견자) |
> | | D_2 | 일반질병의 소견을 보여 사후관리가 필요한 자(일반질병 유소견자) |
> | R | | 건강진단 1차 검사결과 건강수준의 평가가 곤란하거나 질병이 의심되는 근로자(제2차 건강진단 대상자) |
>
> ※ "U"는 2차 건강진단 대상임을 통보하고 30일을 경과하여 해당 검사가 이루어지지 않아 건강관리 구분을 판정할 수 없는 근로자

10 화학적 원인에 의한 직업성 질환으로 볼 수 없는 것은?

① 수전증   ② 치아산식증
③ 정맥류   ④ 시신경장애

> **풀이** 정맥류의 원인은 물리적 원인인 격심한 육체적 작업이다.

11 직업성 변이(occupational stigmata)의 정의로 맞는 것은?

① 직업에 따라 체온량의 변화가 일어나는 것이다.
② 직업에 따라 체지방량의 변화가 일어나는 것이다.
③ 직업에 따라 신체 활동량의 변화가 일어나는 것이다.
④ 직업에 따라 신체형태와 기능에 국소적 변화가 일어나는 것이다.

> **풀이** 직업성 변이(occupational stigmata)
> 직업에 따라서 신체형태와 기능에 국소적 변화가 일어나는 것을 말한다.

12 다음은 사고예방대책의 기본원리 5단계의 내용이다. 순서대로 나열한 것은?

> ㉮ 조직
> ㉯ 분석·평가
> ㉰ 사실의 발견
> ㉱ 시정책의 적용
> ㉲ 시정방법의 선정

① ㉰ → ㉯ → ㉮ → ㉲ → ㉱
② ㉰ → ㉲ → ㉯ → ㉮ → ㉱
③ ㉮ → ㉯ → ㉰ → ㉲ → ㉱
④ ㉮ → ㉰ → ㉯ → ㉲ → ㉱

> **풀이** 하인리히의 사고예방대책의 기본원리 5단계
> ㉠ 1단계 : 안전관리 조직 구성(조직)
> ㉡ 2단계 : 사실의 발견
> ㉢ 3단계 : 분석·평가
> ㉣ 4단계 : 시정방법의 선정(대책의 선정)
> ㉤ 5단계 : 시정책의 적용(대책 실시)

13 아연과 황의 유해성을 주장하고 먼지 방지용 마스크로 동물의 방광을 사용토록 주장한 이는?

① Pliny   ② Ramazzini
③ Galen   ④ Paracelsus

정답 09.① 10.③ 11.④ 12.④ 13.①

[풀이] Pliny the elder(A.D. 1세기)
 ㉠ 아연, 황의 유해성 주장
 ㉡ 동물의 방광막을 먼지 마스크로 사용하도록 권장

14 산업안전보건법상 보건관리자의 자격과 선임제도에 관한 설명으로 틀린 것은?

① 상시 근로자 50인 이상 사업장은 보건관리자의 자격기준에 해당하는 자 중 1인 이상을 보건관리자로 선임하여야 한다.
② 보건관리대행은 보건관리자의 직무를 보건관리를 전문으로 행하는 외부기관에 위탁하여 수행하는 제도로 1990년부터 법적 근거를 갖고 시행되고 있다.
③ 작업환경상에 유해요인이 상존하는 제조업은 근로자의 수가 2,000명을 초과하는 경우에 의사인 보건관리자 1인을 포함하는 3인의 보건관리자를 선임하여야 한다.
④ 보건관리자 자격기준은 의료법에 의한 의사 또는 간호사, 산업안전보건법에 의한 산업보건지도사, 국가기술자격법에 의한 산업위생관리산업기사 또는 환경관리산업기사(대기분야에 한함) 이상이다.

[풀이] 상시 근로자의 수가 3,000명 이상인 경우에 의사 또는 간호사 1인을 포함하는 2인의 보건관리자를 선임하여야 한다.

15 산업위생의 정의에 있어 4가지 주요 활동에 해당하지 않는 것은?

① 관리(control)
② 평가(evaluation)
③ 인지(recognition)
④ 보상(compensation)

[풀이] 산업위생의 정의
 ㉠ 예측
 ㉡ 측정(인지)
 ㉢ 평가
 ㉣ 관리

16 MPWC가 17.5kcal/min인 사람이 1일 8시간 동안 물건 운반작업을 하고 있다. 이때 작업대사량(에너지소비량)이 8.75kcal/min 이고, 휴식할 때 평균대사량이 1.7kcal/min 이라면, 지속작업의 허용시간은 약 몇 분인가? (단, 작업에 따른 두 가지 상수는 3.720, 0.1949를 적용한다.)

① 88분
② 103분
③ 319분
④ 383분

[풀이]
$$\log T_{end} = 3.720 - 0.1949E$$
$$= 3.720 - (0.1949 \times 8.75)$$
$$= 2.015$$
$$\therefore T_{end} = 10^{2.015} = 103.51 \min$$

17 우리나라 고용노동부에서 지정한 특별관리물질에 해당하지 않는 것은?

① 페놀
② 클로로포름
③ 황산
④ 트리클로로에틸렌

[풀이] 특별관리물질
(1) 정의
 관리대상 유해물질 중 인체에 발암성, 생식세포변이원성, 생식독성을 일으킬 수 있는 물질을 말한다.
(2) 종류
 ㉠ 벤젠
 ㉡ 1,3-부타디엔
 ㉢ 1-브로모프로판
 ㉣ 2-브로모프로판
 ㉤ 사염화탄소
 ㉥ 에피클로로히드린
 ㉦ 트리클로로에틸렌
 ㉧ 페놀
 ㉨ 포름알데히드
 ㉩ 납 및 그 무기화합물
 ㉪ 니켈 및 그 화합물
 ㉫ 안티몬 및 그 화합물
 ㉬ 카드뮴 및 그 화합물
 ㉭ 6가크롬 및 그 화합물
 ㉮ pH 2.0 이하 황산
 ㉯ 산화에틸렌 외 20종

[정답] 14.③ 15.④ 16.② 17.②

18 혐기성 대사에 사용되는 에너지원이 아닌 것은?
① 포도당   ② 크레아틴인산
③ 단백질   ④ 아데노신삼인산

풀이 혐기성 대사(anaerobic metabolism)
㉠ 근육에 저장된 화학적 에너지를 의미한다.
㉡ 혐기성 대사의 순서(시간대별)
ATP(아데노신삼인산) → CP(크레아틴인산) → glycogen(글리코겐) or glucose(포도당)
※ 근육운동에 동원되는 주요 에너지원 중 가장 먼저 소비되는 것은 ATP이다.

19 산업 스트레스 발생요인으로 집단 간의 갈등이 너무 낮은 경우 집단 간의 갈등을 기능적인 수준까지 자극하는 갈등 촉진기법에 해당되지 않는 것은?
① 자원의 확대
② 경쟁의 자극
③ 조직구조의 변경
④ 커뮤니케이션의 증대

풀이 산업 스트레스의 발생요인으로 작용하는 집단 간의 갈등이 너무 낮은 경우 갈등을 촉진시키는 해결방법
㉠ 경쟁의 자극(성과에 대한 보상)
㉡ 조직구조의 변경(경쟁부서 신설)
㉢ 의사소통(커뮤니케이션)의 증대
㉣ 자원의 축소

20 디아세톤(TLV=500ppm) 200ppm과 톨루엔(TLV=50ppm) 35ppm이 각각 노출되어 있는 실내 작업장에서 노출기준의 초과 여부를 평가한 결과로 맞는 것은? (단, 두 물질 간에 유해성이 인체의 서로 다른 부위에 작용한다는 증거가 없는 것으로 간주한다.)
① 노출지수가 약 0.72이므로 노출기준 미만이다.
② 노출지수가 약 0.72이므로 노출기준을 초과하였다.
③ 노출지수가 약 1.1이므로 노출기준 미만이다.
④ 노출지수가 약 1.1이므로 노출기준을 초과하였다.

풀이
$$EI = \frac{200}{500} + \frac{35}{50} = 1.1$$
⇨ 기준 1과 비교 시 노출기준 초과

제2과목 | 작업위생측정 및 평가

21 작업장 공기 중 벤젠증기를 활성탄관 흡착제로 채취할 때 작업장 공기 중 페놀이 함께 다량 존재하면 벤젠증기를 효율적으로 채취할 수 없게 되는 이유로 가장 적합한 것은?
① 벤젠과 흡착제와의 결합자리를 페놀이 우선적으로 차지하기 때문
② 실리카겔 흡착제가 벤젠과 페놀이 반응할 수 있는 장소로 이용되어 부산물을 생성하기 때문
③ 페놀이 실리카겔과 벤젠의 결합을 증가시키는 다리역할을 하여 분석 시 벤젠의 탈착을 어렵게 하기 때문
④ 벤젠과 페놀이 공기 내에서 서로 반응을 하여 벤젠의 일부가 손실되기 때문

풀이 작업장 공기 중 벤젠증기를 활성탄관 흡착제로 채취할 때 작업장 공기 중 페놀이 함께 다량 존재하면 벤젠증기를 효율적으로 채취할 수 없게 되는 이유는 벤젠과 흡착제와의 결합자리를 페놀이 우선적으로 차지하기 때문이다.

22 원자가 가장 낮은 에너지 상태인 바닥에서 에너지를 흡수하면 들뜬 상태가 되고 들뜬 상태의 원자들이 낮은 에너지 상태로 돌아올 때 에너지를 방출하게 된다. 금속마다 고유한 방출스펙트럼을 갖고 있으며 이를 측정하여 중금속을 분석하는 장비는?
① 불꽃원자흡광광도계
② 비불꽃원자흡광광도계
③ 이온크로마토그래피
④ 유도결합플라스마 분광광도계

정답 18.③ 19.① 20.④ 21.① 22.④

풀이 유도결합플라스마 분광광도계(ICP ; Inductively Coupled Plasma, 원자발광분석기)
㉠ 모든 원자는 고유한 파장(에너지)을 흡수하면 바닥상태(안정된 상태)에서 여기상태(들뜬 상태, 흥분된 상태)로 된다.
㉡ 여기상태의 원자는 다시 안정한 바닥상태로 되돌아올 때 에너지를 방출한다.
㉢ 금속원자마다 그들이 흡수하는 고유한 특정 파장과 고유한 파장이 있다. 전자의 원리를 이용한 분석이 원자흡광광도계이고, 후자의 원리(원자가 내놓은 고유한 발광에너지)를 이용한 것이 유도결합플라스마 분광광도계이다(발광에너지=방출스펙트럼).

23 캐스케이드 임팩터(cascade impactor)에 의하여 에어로졸을 포집할 때 관여하는 충돌이론에 대한 설명이 잘못된 것은?
① 충돌이론에 의하여 차단점 직경(cutpoint diameter)을 예측할 수 있다.
② 충돌이론에 의하여 포집효율곡선의 모양을 예측할 수 있다.
③ 충돌이론은 스토크스 수(Stokes number)와 관계되어 있다.
④ 레이놀즈 수(Reynolds number)가 200을 초과하게 되면 충돌이론에 미치는 영향은 매우 크게 된다.

풀이 Reynolds 수가 500~3,000 사이일 때 포집효율곡선이 가장 이상적인 곡선에 가깝게 된다.

24 레이저광의 폭로량을 평가하는 사항에 해당하지 않는 항목은?
① 각막 표면에서의 조사량(J/cm^2) 또는 폭로량을 측정한다.
② 조사량의 서한도는 1mm 구경에 대한 평균치이다.
③ 레이저광과 같은 직사광과 형광등 또는 백열등과 같은 확산광은 구별하여 사용해야 한다.
④ 레이저광에 대한 눈의 허용량은 폭로 시간에 따라 수정되어야 한다.

풀이 레이저광의 폭로량 평가 시 주지사항
㉠ 각막 표면에서의 조사량(J/cm^2) 또는 폭로량(W/cm^2)을 측정한다.
㉡ 조사량의 서한도(노출기준)는 1mm 구경에 대한 평균치이다.
㉢ 레이저광은 직사광이고 형광등, 백열등은 확산광이다.
㉣ 레이저광에 대한 눈의 허용량은 그 파장에 따라 수정되어야 한다.

25 저온의 작업환경 공기온도를 측정하려고 한다. 영하 20℃까지 측정할 수 있는 온도계로 측정하려고 할 때 측정시간으로 가장 적합한 것은?
① 30초 이상
② 1분 이상
③ 3분 이상
④ 5분 이상

풀이 저온 작업환경의 공기 측정
영하 20℃까지 측정시간은 5분 이상으로 한다.

26 1회 분석의 우연오차의 표준편차를 σ라 하였을 때 n회의 평균치의 표준편차는?
① $\dfrac{\sigma}{n}$
② $\sigma\sqrt{n}$
③ $\dfrac{\sqrt{n}}{\sigma}$
④ $\dfrac{\sigma}{\sqrt{n}}$

풀이 표준오차(SE)
㉠ 표준편차는 각 측정치가 평균과 얼마나 차이를 가지느냐를 알려주는 반면에, 표준오차는 추정량의 정도를 나타내는 척도로서 샘플링을 여러 번 했을 때 각 측정치들의 평균이 전체 평균과 얼마나 차이를 보이는가를 알 수 있는 통계량이다. 즉, 표준오차를 가지고 평균이 얼마나 정확한지를 알 수 있는 것이다.
㉡ 계산식
$$SE = \dfrac{SD}{\sqrt{N}}$$
여기서, SE : 표준오차
SD : 표준편차
N : 자료의 수

27 그라인딩 작업 시 발생되는 먼지를 개인 시료포집기를 사용하여 유리섬유여과지로 포집하였다. 이때의 먼지농도(mg/m³)는? (단, 포집 전 유속은 1.5L/min, 여과지 무게는 0.436mg, 4시간 동안 포집할 때의 유속은 1.3L/min, 여과지의 무게는 0.948mg)

① 약 1.5   ② 약 2.3
③ 약 3.1   ④ 약 4.3

풀이

$$\text{농도}(mg/m^3) = \frac{(0.948-0.436)mg}{\left(\frac{1.5+1.3}{2}\right)L/min \times 240min \times m^3/1{,}000L}$$
$$= 1.52 mg/m^3$$

28 유체가 위쪽으로 흐름에 따라 float도 위로 올라가며 float와 관벽 사이의 접촉면에서 발생되는 압력강하가 float를 충분히 지지해 줄 때까지 올라간 float의 눈금을 읽어 측정하는 장비는?

① 오리피스미터(orifice meter)
② 벤투리미터(venturi meter)
③ 로터미터(rotameter)
④ 유출노즐(flow nozzles)

풀이 로터미터
㉠ 로터미터는 밑쪽으로 갈수록 점점 가늘어지는 수직관과 그 안에 자유롭게 상하로 움직이는 float(부자)로 구성되어 있다.
㉡ 원리는 유체가 위쪽으로 흐름에 따라 float도 위로 올라가며 float와 관벽 사이의 접촉면에서 발생되는 압력강하가 float를 충분히 지지해 줄 때까지 올라간 float의 눈금을 읽는다.

29 고열 측정시간에 관한 기준으로 옳지 않은 것은? (단, 고시 기준)

① 흑구 및 습구흑구온도 측정시간 : 직경이 15센티미터일 경우 25분 이상
② 흑구 및 습구흑구온도 측정시간 : 직경이 7.5센티미터 또는 5센티미터일 경우 5분 이상
③ 습구온도 측정시간 : 아스만통풍건습계 25분 이상
④ 습구온도 측정시간 : 자연습구온도계 15분 이상

풀이

구 분	측정기기	측정시간
습구 온도	0.5도 간격의 눈금이 있는 아스만통풍건습계, 자연습구온도를 측정할 수 있는 기기 또는 이와 동등 이상의 성능이 있는 측정기기	• 아스만통풍건습계 : 25분 이상 • 자연습구온도계 : 5분 이상
흑구 및 습구 흑구 온도	직경이 5센티미터 이상 되는 흑구온도계 또는 습구흑구온도(WBGT)를 동시에 측정할 수 있는 기기	• 직경이 15센티미터일 경우 : 25분 이상 • 직경이 7.5센티미터 또는 5센티미터일 경우 : 5분 이상

※ 고시 변경사항, 학습 안 하셔도 무방합니다.

30 유량, 측정시간, 회수율 및 분석에 의한 오차가 각각 18%, 3%, 9%, 5%일 때 누적오차는?

① 약 18%   ② 약 21%
③ 약 24%   ④ 약 29%

풀이 누적오차(%) = $\sqrt{18^2+3^2+9^2+5^2} = 20.95\%$

31 음압레벨이 105dB(A)인 연속소음에 대한 근로자 폭로 노출시간(시간/일) 허용기준은? (단, 우리나라 고용노동부의 허용기준)

① 0.5   ② 1
③ 2   ④ 4

풀이 우리나라 노출기준
8시간 노출에 대한 기준 90dB(5dB 변화율)

1일 노출시간(hr)	소음수준[dB(A)]
8	90
4	95
2	100
1	105
1/2	110
1/4	115

㈜ 115dB(A)를 초과하는 소음수준에 노출되어서는 안 된다.

정답 27.① 28.③ 29.④ 30.② 31.②

32 누적소음노출량 측정기로 소음을 측정하는 경우, 기기 설정으로 적절한 것은? (단, 고시 기준)
① criteria=80dB, exchange rate=5dB, threshold=90dB
② criteria=80dB, exchange rate=10dB, threshold=90dB
③ criteria=90dB, exchange rate=5dB, threshold=80dB
④ criteria=90dB, exchange rate=10dB, threshold=80dB

풀이 누적소음노출량 측정기(noise dosemeter) 설정
㉠ criteria=90dB
㉡ exchange rate=5dB
㉢ threshold=80dB

33 작업장에서 오염물질 농도를 측정하였더니 그 중 일산화탄소(CO)가 0.01%이었다. 이때 일산화탄소 농도(mg/m^3)는 약 얼마인가? (단, 25℃, 1기압 기준)
① 95   ② 105
③ 115   ④ 125

풀이 $0.01\% \times \dfrac{10,000ppm}{1\%} = 100ppm$

농도(mg/m^3) = $100ppm \times \dfrac{28}{24.45} = 114.52ppm$

34 어느 작업장 근로자가 400ppm의 acetone (TLV=1,000ppm)과 50ppm의 secbutyl acetate(TLV=200ppm)와 2-butanone (TLV=200ppm)에 폭로되었다. 이 근로자가 허용치 이하로 폭로되기 위해서는 2-butanone에 몇 ppm 이하에 폭로되어야 하는가? (단, 상가작용하는 것으로 가정함)
① 70ppm   ② 82ppm
③ 114ppm   ④ 122ppm

풀이 $1.0 = \dfrac{400}{1,000} + \dfrac{50}{200} + \dfrac{2-butanone}{200}$

$\dfrac{2-butanone}{200} = 0.35$

∴ $2-butanone = 70ppm$

35 근로자가 일정시간 동안 일정농도의 유해물질에 노출될 때 체내에 흡수되는 유해물질의 양은 다음 식으로 구한다. 인자의 설명이 잘못된 것은? (단, 체내 흡수량(mg) $= C \times T \times V \times R$)
① C : 공기 중 유해물질농도
② T : 노출시간
③ V : 작업공간 내의 공기기적
④ R : 체내 잔류율

풀이 체내 흡수량(SHD) $= C \times T \times V \times R$
여기서, 체내 흡수량(SHD) : 안전계수와 체중을 고려한 것
C : 공기 중 유해물질농도(mg/m^3)
T : 노출시간(hr)
V : 호흡률(폐 환기율)(m^3/hr)
R : 체내 잔류율(보통 1.0)

36 입경범위가 0.1~0.5μm인 입자성 물질이 여과지에 포집될 경우에 관여하는 주된 메커니즘은?
① 충돌과 간섭   ② 확산과 간섭
③ 확산과 충돌   ④ 충돌

풀이 각 여과기전에 대한 입자 크기별 포집효율
㉠ 입경 0.1μm 미만 입자 : 확산
㉡ 입경 0.1~0.5μm : 확산, 직접 차단(간섭)
㉢ 입경 0.5μm 이상 : 관성충돌, 직접 차단(간섭)
㉣ 가장 낮은 포집효율의 입경은 0.3μm이다.

37 소음진동공정시험기준에 따른 환경기준 중 소음측정방법으로 옳지 않은 것은?
① 소음계의 동특성은 원칙적으로 빠름(fast) 모드로 하여 측정하여야 한다.
② 소음계와 소음도기록기를 연결하여 측정·기록하는 것을 원칙으로 한다.
③ 소음계 및 소음도기록기의 전원과 기기의 동작을 점검하고 매회 교정을 실시하여야 한다.
④ 소음계의 청감보정회로는 C특성에 고정하여 측정하여야 한다.

[풀이] **소음진동공정시험기준**
㉠ 소음계의 동특성은 원칙적으로 빠름(fast)모드로 하여 측정하여야 한다.
㉡ 소음계의 청감보정회로는 A특성에 고정하여 측정하여야 한다.
※ 작업환경측정[동특성 : 느림(slow)]

38 유해인자에 대한 노출평가방법인 위해도평가(risk assessment)를 설명한 것으로 가장 거리가 먼 것은?

① 위험이 가장 큰 유해인자를 결정하는 것이다.
② 유해인자가 본래 가지고 있는 위해성과 노출요인에 의해 결정된다.
③ 모든 유해인자 및 작업자, 공정을 대상으로 동일한 비중을 두면서 관리하기 위한 방안이다.
④ 노출도 많고 건강상의 영향이 큰 인자인 경우 위해도가 크고 관리해야 할 우선순위가 높게 된다.

[풀이] 화학물질이 유해인자인 경우 우선순위를 결정하는 요소는 화학물질의 위해성, 공기 중으로 확산 가능성, 노출근로자 수, 사용시간이다.

39 산업보건분야에서는 입자상 물질의 크기를 표시하는 데 주로 공기역학적(유체역학적) 직경을 사용한다. 공기역학적 직경에 관한 설명으로 옳은 것은?

① 대상먼지와 침강속도가 같고 밀도가 0.1이며 구형인 먼지의 직경으로 환산
② 대상먼지와 침강속도가 같고 밀도가 1이며 구형인 먼지의 직경으로 환산
③ 대상먼지와 침강속도가 다르고 밀도가 0.1이며 구형인 먼지의 직경으로 환산
④ 대상먼지와 침강속도가 다르고 밀도가 1이며 구형인 먼지의 직경으로 환산

[풀이] **공기역학적 직경(aero-dynamic diameter)**
㉠ 대상먼지와 침강속도가 같고 단위밀도가 $1g/cm^3$이며, 구형인 먼지의 직경으로 환산된 직경이다.
㉡ 입자의 크기를 입자의 역학적 특성, 즉 침강속도(setting velocity) 또는 종단속도(terminal velocity)에 의하여 측정되는 입자의 크기를 말한다.
㉢ 입자의 공기 중 운동이나 호흡기 내의 침착기전을 설명할 때 유용하게 사용한다.

40 산업보건분야에서 스토크스의 법칙에 따른 침강속도를 구하는 식을 대신하여 간편하게 계산하는 식으로 적절한 것은? (단, V : 종단속도(cm/sec), SG : 입자의 비중, d : 입자의 직경(μm), 입자의 크기는 1~50μm)

① $V = 0.001 \times SG \times d^2$
② $V = 0.003 \times SG \times d^2$
③ $V = 0.005 \times SG \times d^2$
④ $V = 0.009 \times SG \times d^2$

[풀이] Lippmann 식에 의한 종단(침강)속도
입자크기 1~50μm에 적용
$V(cm/sec) = 0.003 \times \rho \times d^2$

제3과목 | 작업환경 관리대책

41 주물사, 고온가스를 취급하는 공정에 환기시설을 설치하고자 할 때, 덕트의 재료로 가장 적당한 것은?

① 아연도금 강판
② 중질 콘크리트
③ 스테인리스 강판
④ 흑피 강판

[풀이] **송풍관(덕트)의 재질**
㉠ 유기용제(부식이나 마모의 우려가 없는 곳) ⇒ 아연도금 강판
㉡ 강산, 염소계 용제 ⇒ 스테인리스스틸 강판
㉢ 알칼리 ⇒ 강판
㉣ 주물사, 고온가스 ⇒ 흑피 강판
㉤ 전리방사선 ⇒ 중질 콘크리트

정답 38.③ 39.② 40.② 41.④

42 작업환경개선 대책 중 대치의 방법을 열거한 것이다. 공정변경의 대책이 아닌 것은?

① 금속을 두드려서 자르는 대신 톱으로 자름
② 흄 배출용 드래프트 창 대신에 안전유리로 교체함
③ 작은 날개로 고속회전시키는 송풍기를 큰 날개로 저속회전시킴
④ 자동차 산업에서 땜질한 납 연마 시 고속회전 그라인더의 사용을 저속 Oscillating-type sander로 변경함

풀이 ②항은 대치 방법 중 시설의 변경이다.

43 주물작업 시 발생되는 유해인자로 가장 거리가 먼 것은?

① 소음 발생 ② 금속흄 발생
③ 분진 발생 ④ 자외선 발생

풀이 **주물작업 시 발생되는 유해인자**
㉠ 분진
㉡ 금속흄
㉢ 유해가스(일산화탄소, 포름알데히드, 페놀류)
㉣ 소음
㉤ 고열

44 귀덮개의 사용환경으로 가장 옳은 것은?

① 장시간 사용 시
② 간헐적 소음노출 시
③ 덥고 습한 환경에서 사용 시
④ 다른 보호구와 동시사용 시

풀이 (1) **귀덮개의 방음효과**
㉠ 저음영역에서 20dB 이상, 고음영역에서 45dB 이상 차음효과가 있다.
㉡ 귀마개를 착용하고서 귀덮개를 착용하면 차음효과가 훨씬 커지게 되므로 120dB 이상의 고음작업장에서는 동시 착용할 필요가 있다.
㉢ 간헐적 소음에 노출되는 경우 귀덮개를 착용한다.
㉣ 차음성능기준상 중심주파수가 1,000Hz인 음원의 차음치는 25dB 이상이다.

(2) **귀마개의 사용환경**
㉠ 외청도에 이상이 없는 경우
㉡ 덥고 습한 환경인 경우
㉢ 장시간 사용인 경우
㉣ 연속적 소음에 노출인 경우

45 후드의 유입계수가 0.70이고 속도압이 20mmH₂O일 때 후드의 유입손실(mmH₂O)은?

① 약 10.5   ② 약 20.8
③ 약 32.5   ④ 약 40.8

풀이 후드의 유입손실
$= F \times VP$
- $F = \dfrac{1}{Ce^2} - 1 = \dfrac{1}{0.7^2} - 1 = 1.04$
$= 1.04 \times 20$
$= 20.82 \, mmH_2O$

46 전체환기를 적용하기 부적절한 경우는?

① 오염발생원이 근로자가 근무하는 장소와 근접되어 있는 경우
② 소량의 오염물질이 일정한 시간과 속도로 사업장으로 배출되는 경우
③ 오염물질의 독성이 낮은 경우
④ 동일사업장에 다수의 오염발생원이 분산되어 있는 경우

풀이 **전체환기(희석환기) 적용 시 조건**
㉠ 유해물질의 독성이 비교적 낮은 경우, 즉 TLV가 높은 경우(가장 중요한 제한조건)
㉡ 동일한 작업장에 다수의 오염원이 분산되어 있는 경우
㉢ 소량의 유해물질이 시간에 따라 균일하게 발생될 경우
㉣ 유해물질의 발생량이 적은 경우 및 희석공기량이 많지 않아도 될 경우
㉤ 유해물질이 증기나 가스일 경우
㉥ 국소배기로 불가능한 경우
㉦ 배출원이 이동성인 경우
㉧ 가연성 가스의 농축으로 폭발의 위험이 있는 경우
㉨ 오염원이 근무자가 근무하는 장소로부터 멀리 떨어져 있는 경우

정답 42.② 43.④ 44.② 45.② 46.①

47 공기 중의 사염화탄소 농도가 0.3%라면 정화통의 사용가능 시간은? (단, 사염화탄소 0.5%에서 100분간 사용가능한 정화통 기준)

① 166분 ② 181분
③ 218분 ④ 235분

[풀이]
사용가능 시간 = $\dfrac{\text{표준유효시간} \times \text{시험가스농도}}{\text{공기 중 유해가스농도}}$
$= \dfrac{0.5 \times 100}{0.3}$
$= 166.67 \text{min}$

48 유해성 유기용매 A가 7m×14m×4m의 체적을 가진 방에 저장되어 있다. 공기를 공급하기 전에 측정한 농도는 400ppm이었다. 이 방으로 60m³/min의 공기를 공급한 후 노출기준인 100ppm으로 달성되는 데 걸리는 시간은? (단, 유해성 유기용매 증발 중단, 공급공기의 유해성 유기용매 농도는 0, 희석만 고려)

① 약 3분 ② 약 5분
③ 약 7분 ④ 약 9분

[풀이] 400ppm에서 100ppm으로 감소하는 데 걸리는 시간(t)
$t = -\dfrac{V}{Q'} \ln\left(\dfrac{C_2}{C_1}\right)$
$= -\dfrac{(7 \times 14 \times 4)}{60} \ln\left(\dfrac{100}{400}\right)$
$= 9.06 \text{min}$

49 어떤 송풍기가 송풍기 유효전압은 100mmH₂O이고 풍량은 16m³/min의 성능을 발휘한다. 전압효율이 80%일 때 축동력(kW)은?

① 약 0.13 ② 약 0.26
③ 약 0.33 ④ 약 0.57

[풀이] $kW = \dfrac{Q \times \Delta P}{6,120 \times \eta} \times \alpha$
$= \dfrac{16 \times 100}{6,120 \times 0.8} \times 1.0$
$= 0.33 \text{kW}$

50 송풍기에 관한 설명으로 옳은 것은?

① 풍량은 송풍기의 회전수에 비례한다.
② 동력은 송풍기의 회전수의 제곱에 비례한다.
③ 풍력은 송풍기의 회전수의 세제곱에 비례한다.
④ 풍압은 송풍기의 회전수의 세제곱에 비례한다.

[풀이] 송풍기 상사법칙
㉠ 풍량은 송풍기의 회전수에 비례
㉡ 풍압은 송풍기의 회전수의 제곱에 비례
㉢ 동력은 송풍기의 회전수의 세제곱에 비례

51 용접흄을 포집 제거하기 위해 작업대에 측방외부식 테이블상 장방형 후드를 설치하고자 한다. 개구면에서 포착점까지의 거리는 0.7m, 제어속도는 0.30m/sec, 개구면적은 0.7m²일 때 필요송풍량(m³/min)은? (단, 작업대에 붙여 설치하면 플랜지 미부착)

① 35.3
② 47.8
③ 56.7
④ 68.5

[풀이] 외부식 후드 필요송풍량(Q)
$Q(\text{m}^3/\text{min}) = V_c(5x^2 + A)$
$= 0.3 \text{m/sec} \times [(5 \times 0.7^2)\text{m}^2 + 0.7\text{m}^2]$
$\times 60 \text{sec/min}$
$= 56.7 \text{m}^3/\text{min}$

52 작업장에서 methyl alcohol(비중=0.792, 분자량=32.04, 허용농도=200ppm)을 시간당 2리터 사용하고 안전계수가 6, 실내온도가 20℃일 때 필요환기량(m³/min)은 약 얼마인가?

① 400 ② 600
③ 800 ④ 1,000

정답 47.① 48.④ 49.③ 50.① 51.③ 52.②

[풀이]
- 사용량(g/hr) = 2L/hr × 0.792g/mL × 1,000mL/L
  = 1,584g/hr
- 발생률(G, L/hr)

  $32.04g : 22.4L \times \dfrac{273+20}{273} = 1,584g/hr : G(L/hr)$

  $G = \dfrac{\left(22.4L \times \dfrac{273+20}{273}\right) \times 1,584g/hr}{32.04g}$

  $= 1188.545 L/hr$

∴ 필요환기량(Q)

  $Q = \dfrac{G}{TLV} \times K$

  $= \dfrac{1188.545 L/hr \times 1,000 mL/L}{200 mL/m^3} \times 6$

  $= 35656.35 m^3/hr \times hr/60min$

  $= 594.27 m^3/min$

53 전기집진장치의 장·단점으로 틀린 것은?

① 운전 및 유지비가 많이 든다.
② 설치공간이 많이 든다.
③ 압력손실이 낮다.
④ 고온가스처리가 가능하다.

[풀이] **전기집진장치의 장·단점**
(1) 장점
 ㉠ 집진효율이 높다($0.01\mu m$ 정도 포집 용이, 99.9% 정도 고집진 효율).
 ㉡ 광범위한 온도범위에서 적용이 가능하며, 폭발성 가스의 처리도 가능하다.
 ㉢ 고온의 입자성 물질(500℃ 전후) 처리가 가능하여 보일러와 철강로 등에 설치할 수 있다.
 ㉣ 압력손실이 낮고 대용량의 가스처리가 가능하며 배출가스의 온도강하가 적다.
 ㉤ 운전 및 유지비가 저렴하다.
 ㉥ 회수가치 입자포집에 유리하며, 습식 및 건식으로 집진할 수 있다.
 ㉦ 넓은 범위의 입경과 분진농도에 집진효율이 높다.
(2) 단점
 ㉠ 설치비용이 많이 든다.
 ㉡ 설치공간을 많이 차지한다.
 ㉢ 설치된 후에는 운전조건의 변화에 유연성이 적다.
 ㉣ 먼지성상에 따라 전처리시설이 요구된다.
 ㉤ 분진포집에 적용되며, 기체상 물질 제거에는 곤란하다.
 ㉥ 전압변동과 같은 조건변동(부하변동)에 쉽게 적응이 곤란하다.
 ㉦ 가연성 입자의 처리가 곤란하다.

54 입자의 침강속도에 대한 설명으로 틀린 것은? (단, Stokes 법칙 기준)

① 입자직경의 제곱에 비례한다.
② 입자의 밀도차에 반비례한다.
③ 중력가속도에 비례한다.
④ 공기의 점성계수에 반비례한다.

[풀이] **Stokes 종말침강속도(분리속도)**

$V_g = \dfrac{d_p^2(\rho_p - \rho)g}{18\mu}$

여기서, V_g : 종말침강속도(m/sec)
 d_p : 입자의 직경(m)
 ρ_p : 입자의 밀도(kg/m³)
 ρ : 가스(공기)의 밀도(kg/m³)
 g : 중력가속도(9.8m/sec²)
 μ : 가스의 점도(점성계수)(kg/m·sec)

55 정상류가 흐르고 있는 유체유동에 관한 연속방정식을 설명하는 데 적용된 법칙은?

① 관성의 법칙   ② 운동량의 법칙
③ 질량보존의 법칙 ④ 점성의 법칙

[풀이] **연속방정식**
정상류가 흐르고 있는 유체유동에 관한 연속방정식을 설명하는 데 적용된 법칙은 질량보존의 법칙이다. 즉 정상류로 흐르고 있는 유체가 임의의 한 단면을 통과하는 질량은 다른 임의의 한 단면을 통과하는 단위시간당 질량과 같아야 한다.

56 다음 중 관성력 제진장치에 관한 설명으로 틀린 것은?

① 충돌 전의 처리가스 속도를 적당히 빠르게 하면 미세입자를 포집할 수 있다.
② 처리 후의 출구가스 속도가 느릴수록 미세입자를 포집할 수 있다.
③ 기류의 방향전환 각도가 작을수록 압력손실이 적어져 제진효율이 높아진다.
④ 기류의 방향전환 횟수가 많을수록 압력손실은 증가한다.

[풀이] 관성력 집진(제진)장치는 기류의 방향전환 각도가 클수록 제진효율이 높아진다.

정답 53.① 54.② 55.③ 56.③

57 적용 화학물질이 밀랍, 탈수라노린, 파라핀, 유동파라핀, 탄산마그네슘이며, 적용 용도로는 광산류, 유기산, 염류 및 무기염류 취급작업인 보호크림의 종류로 가장 알맞은 것은?

① 친수성 크림 ② 차광 크림
③ 소수성 크림 ④ 피막형 크림

[풀이] **소수성 물질 차단 피부보호제**
㉠ 내수성 피막을 만들고 소수성으로 산을 중화한다.
㉡ 적용 화학물질은 밀랍, 탈수라노린, 파라핀, 탄산마그네슘이다.
㉢ 광산류, 유기산, 염류(무기염류) 취급작업 시 사용한다.

58 국소환기장치 설계에서 제어풍속에 대한 설명으로 가장 알맞은 것은?

① 작업장 내의 평균유속을 말한다.
② 발산되는 유해물질을 후드로 완전히 흡인하는 데 필요한 기류속도이다.
③ 덕트 내의 기류속도를 말한다.
④ 일명 반송속도라고도 한다.

[풀이] 제어풍속(제어속도)는 유해물질을 후드 쪽으로 흡인하기 위하여 필요한 최소풍속을 말한다.

59 방독마스크를 효과적으로 사용할 수 있는 작업으로 가장 적절한 것은?

① 맨홀 작업
② 오래 방치된 우물 속의 작업
③ 오래 방치된 정화조 내의 작업
④ 지상의 유해물질 중독 위험작업

[풀이] ①, ②, ③항은 산소결핍 장소로 송기마스크를 사용하여야 한다.

60 희석환기를 적용하기에 가장 부적당한 화학물질은?

① acetone ② xylene
③ toluene ④ ethylene oxide

[풀이] 문제에서 주어진 물질 중 ethylene oxide(산화에틸렌)는 특별관리대상물질로 완전한 제거를 위해 국소배기가 적당하다.

제4과목 | 물리적 유해인자관리

61 자외선으로부터 눈을 보호하기 위한 차광보호구를 선정하고자 하는데 차광도가 큰 것이 없어 두 개를 겹쳐서 사용하였다. 각각의 차광도가 6과 3이었다면 두 개를 겹쳐서 사용한 경우의 차광도는 얼마인가?

① 6 ② 8
③ 9 ④ 18

[풀이] 차광도 = (6+3) - 1 = 8

62 진동에 의한 생체영향과 가장 거리가 먼 것은?

① C_5-dip 현상 ② Raynaud 현상
③ 내분비계 장애 ④ 뼈 및 관절의 장애

[풀이] **C_5-dip 현상**
㉠ 소음성 난청의 초기단계로 4,000Hz에서 청력장애가 현저히 커지는 현상이다.
㉡ 우리 귀는 고주파음에 대단히 민감하다. 특히 4,000Hz에서 소음성 난청이 가장 많이 발생한다.

63 한랭장애에 대한 예방법으로 적절하지 않은 것은?

① 의복 등은 습기를 제거한다.
② 과도한 피로를 피하고, 충분한 식사를 한다.
③ 가능한 항상 발과 다리를 움직여 혈액순환을 돕는다.
④ 가능한 꼭 맞는 구두, 장갑을 착용하여 한기가 들어오지 않도록 한다.

[풀이] 한랭장애 예방으로는 약간 큰 장갑과 방한화를 착용한다.

정답 57.③ 58.② 59.④ 60.④ 61.② 62.① 63.④

64 감압병의 예방 및 치료의 방법으로 적절하지 않은 것은?

① 잠수 및 감압방법은 특별히 잠수에 익숙한 사람을 제외하고는 1분에 10m 정도씩 잠수하는 것이 안전하다.
② 감압이 끝날 무렵에 순수한 산소를 흡입시키면 예방적 효과와 함께 감압시간을 25% 가량 단축시킬 수 있다.
③ 고압환경에서 작업 시 질소를 헬륨으로 대치할 경우 목소리를 변화시켜 성대에 손상을 입힐 수 있으므로 할로겐가스로 대치한다.
④ 감압병의 증상을 보일 경우 환자를 원래의 고압환경에 복귀시키거나 인공적 고압실에 넣어 혈관 및 조직 속에 발생한 질소의 기포를 다시 용해시킨 후 천천히 감압한다.

[풀이] 고압환경에서 작업하는 근로자에서 질소를 헬륨으로 대치한 공기를 호흡시킨다. 또한 헬륨-산화혼합가스는 호흡저항이 적어 심해잠수에 사용한다.

65 저기압 상태의 작업환경에서 나타날 수 있는 증상이 아닌 것은?

① 저산소증(hypoxia)
② 잠함병(caisson disease)
③ 폐수종(pulmonary edema)
④ 고산병(mountain sickness)

[풀이] 감압병(잠함병, caisson disease)
고압환경에서 Henry법칙에 따라 체내에 과다하게 용해되었던 불활성 기체(질소 등)는 압력이 낮아질 때 과포화상태로 되어 혈액과 조직에 기포를 형성하여 혈액순환을 방해하거나 주위 조직에 기계적 영향을 줌으로써 다양한 증상을 일으키는데 이 질환을 감압병이라고 하며, 감압병의 직접적인 원인은 혈액과 조직에 질소기포의 증가이고, 감압병의 치료는 재가압 산소요법이 최상이며, 잠함병을 케이슨병이라고도 한다.

66 등청감곡선에 의하면 인간의 청력은 저주파 대역에서 둔감한 반응을 보인다. 따라서 작업현장에서 근로자에게 노출되는 소음을 측정할 경우 저주파 대역을 보정한 청감보정회로를 사용해야 하는데 이 때 적합한 청감보정회로는?

① A특성
② B특성
③ C특성
④ Plat특성

[풀이] A특성은 사람의 청감에 맞춘 것으로 순차적으로 40phon 등청감곡선과 비슷하게 주파수에 따른 반응을 보정하여 측정한 음압수준을 말한다(=dB(A), 저주파 대역을 보정한 청감보정회로).

67 사무실 책상면(1.4m)의 수직으로 광원이 있으며 광도가 1,000cd(모든 방향으로 일정)이다. 이 광원에 대한 책상에서의 조도(intensity of illumination, lux)는 약 얼마인가?

① 410
② 444
③ 510
④ 544

[풀이] $조도(lux) = \dfrac{candle}{(거리)^2} = \dfrac{1,000}{1.4^2} = 510.20 \, lux$

68 공기 1m³ 중에 포함된 수증기의 양을 g으로 나타낸 것을 무엇이라 하는가?

① 절대습도
② 상대습도
③ 포화습도
④ 한계습도

[풀이] 절대습도
㉠ 절대적인 수증기의 양으로 나타내는 것, 즉 단위부피의 공기 속에 함유된 수증기량의 값[주어진 온도에서 공기 1m³ 중에 함유한 수증기량(g)]이다.
㉡ 수증기량이 일정하면 절대습도는 온도가 변하더라도 절대 변하지 않는다.
㉢ 기온에 따라 수증기가 공기에 포함될 수 있는 최대값이 정해져 있어 그 값은 기온에 따라 커지거나 작아진다.

69 유해한 환경의 산소결핍 장소에 출입 시 착용하여야 할 보호구로 적절하지 않은 것은?

① 방독마스크
② 송기마스크
③ 공기호흡기
④ 에어라인마스크

[풀이] 산소결핍 장소에서는 방진마스크, 방독마스크 사용은 적절하지 않다.

70 소음성 난청에 영향을 미치는 요소의 설명으로 틀린 것은?

① 음압 수준 : 높을수록 유해하다.
② 소음의 특성 : 고주파음이 저주파음보다 유해하다.
③ 노출시간 : 간헐적 노출이 계속적 노출보다 덜 유해하다.
④ 개인의 감수성 : 소음에 노출된 사람이 똑같이 반응한다.

[풀이] 소음성 난청에 영향을 미치는 요소
㉠ 소음 크기 : 음압수준이 높을수록 영향이 크다.
㉡ 개인 감수성 : 소음에 노출된 모든 사람이 똑같이 반응하지 않으며, 감수성이 매우 높은 사람이 극소수 존재한다.
㉢ 소음의 주파수 구성 : 고주파음이 저주파음보다 영향이 크다.
㉣ 소음의 발생 특성 : 지속적인 소음 노출이 단속적인(간헐적인) 소음 노출보다 더 큰 장애를 초래한다.

71 이상기압과 건강장애에 대한 설명으로 맞는 것은?

① 고기압 조건은 주로 고공에서 비행업무에 종사하는 사람에게 나타나며 이를 다루는 학문은 항공의학 분야이다.
② 고기압 조건에서의 건강장애는 주로 기후의 변화로 인한 대기압의 변화 때문에 발생하며 휴식이 가장 좋은 대책이다.
③ 고압 조건에서 급격한 압력저하(감압) 과정은 혈액과 조직에 녹아있던 질소가 기포를 형성하여 조직과 순환기계 손상을 일으킨다.
④ 고기압 조건에서 주요 건강장애 기전은 산소부족이므로 고기압으로 인한 건강장애의 일차적인 응급치료는 고압산소실에서 치료하는 것이 바람직하다.

[풀이] ①, ②, ④항은 저압환경에 관한 내용이다.

72 0.1W의 음향출력을 발생하는 소형 사이렌의 음향파워레벨(PWL)은 몇 dB인가?

① 90 ② 100
③ 110 ④ 120

[풀이]
$$PWL = 10\log\frac{W}{W_o}$$
$$= 10\log\frac{0.1}{10^{-12}} = 110\text{dB}$$

73 고소음으로 인한 소음성 난청 질환자를 예방하기 위한 작업환경관리방법 중 공학적 개선에 해당되지 않는 것은?

① 소음원의 밀폐
② 보호구의 지급
③ 소음원을 벽으로 격리
④ 작업장 흡음시설의 설치

[풀이] 보호구의 지급은 수동적 대책, 즉 2차적 대책이다.

74 내부마찰로 적당한 저항력을 가지며, 설계 및 부착이 비교적 간결하고, 금속과도 견고하게 접착할 수 있는 방진재료는?

① 코르크
② 펠트(felt)
③ 방진고무
④ 공기용수철

정답 69.① 70.④ 71.③ 72.③ 73.② 74.③

[풀이] **방진고무**
소형 또는 중형 기계에 주로 많이 사용하며, 적절한 방진설계를 하면 높은 효과를 얻을 수 있는 방진방법이다.
(1) 장점
  ㉠ 고무자체의 내부마찰로 적당한 저항을 얻을 수 있다.
  ㉡ 공진 시의 진폭도 지나치게 크지 않다.
  ㉢ 설계자료가 잘 되어 있어서 용수철 정수(스프링 상수)를 광범위하게 선택할 수 있다.
  ㉣ 형상의 선택이 비교적 자유로워 여러 가지 형태로 된 철물에 견고하게 부착할 수 있다.
  ㉤ 고주파 진동의 차진에 양호하다.
(2) 단점
  ㉠ 내후성, 내유성, 내열성, 내약품성이 약하다.
  ㉡ 공기 중의 오존(O_3)에 의해 산화된다.
  ㉢ 내부마찰에 의한 발열때문에 열화되기 쉽다.

75 빛 또는 밝기와 관련된 단위가 아닌 것은?
① cd
② lm
③ nit
④ Wb

[풀이]
① cd : 광도의 단위
② lm : 광속의 단위
③ nit : 단위면적에 대한 밝기의 단위

76 고온다습한 환경에 노출될 때 발생하는 질병 중 뇌 온도의 상승으로 체온조절중추의 기능장애를 초래하는 질환은?
① 열사병
② 열경련
③ 열피로
④ 피부장애

[풀이] **열사병(heat stroke)**
열사병은 고온다습한 환경(육체적 노동 또는 태양의 복사선을 두부에 직접적으로 받는 경우)에 노출될 때 뇌 온도의 상승으로 신체 내부의 체온조절중추의 기능장애를 일으켜서 생기는 위급한 상태(고열로 인해 발생하는 장애 중 가장 위험성이 큼)이며, 태양광선에 의한 열사병은 일사병(sunstroke)이라고 한다.

77 인간 생체에서 이온화시키는 데 필요한 최소에너지를 기준으로 전리방사선과 비전리방사선을 구분한다. 전리방사선과 비전리방사선을 구분하는 에너지의 강도는 약 얼마인가?
① 7eV
② 12eV
③ 17eV
④ 22eV

[풀이] 전리방사선과 비전리방사선의 경계가 되는 광자에너지의 강도는 12eV이다. 즉 생체에서 이온화시키는 데 필요한 최소에너지는 대체로 12eV가 되고, 그 이하의 에너지를 가지는 방사선을 비이온화방사선이라고 하며, 그 이상 큰 에너지를 가진 것을 이온화방사선이라 한다.

78 자외선에 관한 설명으로 틀린 것은?
① 비전리방사선이다.
② 200nm 이하의 자외선은 망막까지 도달한다.
③ 생체반응으로는 적혈구, 백혈구에 영향을 미친다.
④ 280~315nm의 자외선을 도르노선(Dorno ray)이라고 한다.

[풀이] **눈에 대한 작용(장애)**
㉠ 전기용접, 자외선 살균취급자 등에서 발생되는 자외선에 의해 전광성 안염인 급성각막염이 유발될 수 있다(일반적으로 6~12시간에 증상이 최고조에 달함).
㉡ 나이가 많을수록 자외선 흡수량이 많아져 백내장을 일으킬 수 있다.
㉢ 자외선의 파장에 따른 흡수정도에 따라 'arc-eye'라고 일컬어지는 광각막염 및 결막염 등의 급성영향이 나타나며, 이는 270~280nm의 파장에서 주로 발생한다.

79 전리방사선의 영향에 대하여 감수성이 가장 큰 인체 내의 기관은?
① 폐
② 혈관
③ 근육
④ 골수

[풀이] 전리방사선에 대한 감수성 순서

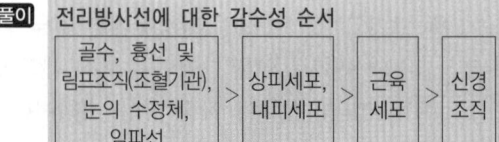

정답 75.④ 76.① 77.② 78.② 79.④

80 해머작업을 하는 작업장에서 발생되는 93dB(A)의 소음원이 3개 있다. 이 작업장의 전체 소음은 약 몇 dB(A)인가?

① 94.8 ② 96.8
③ 97.8 ④ 99.4

풀이) $L_{합} = 10\log(10^{9.3} \times 3) = 97.8 \text{dB(A)}$

제5과목 | 산업 독성학

81 화학물질의 독성 특성을 설명한 것으로 틀린 것은?

① 혈액의 독성물질이란 임파액과 호르몬의 생산이나 그 정상활동을 방해하는 것을 말한다.
② 중추신경계 독성물질이란 뇌, 척수에 작용하여 마취작용, 신경염, 정신장애 등을 일으킨다.
③ 화학성 질식성 물질이란 혈액 중의 혈색소와 결합하여 산소운반능력을 방해하여 질식시키는 물질을 말한다.
④ 단순 질식성 물질이란 그 자체의 독성은 약하나 공기 중에 많이 존재하면 산소분압을 저하시켜 조직에 필요한 산소공급의 부족을 초래하는 물질을 말한다.

풀이) 혈액 독성이란 체중의 약 6~8%를 차지하는 혈액이 항상성을 유지하지 못하고 이상증상이 일어나는 것으로 주로 적혈구의 산소운반 기능을 손상시키는 물질을 혈액 독성물질이라 한다.

82 흡입된 분진이 폐 조직에 축적되어 병적인 변화를 일으키는 질환을 총괄적으로 의미하는 용어는?

① 천식 ② 질식
③ 진폐증 ④ 중독증

풀이) 진폐증
호흡성 분진(0.5~5μm) 흡입에 의해 폐에 조직반응을 일으킨 상태. 즉 폐포가 섬유화되어(굳게 되어) 수축과 팽창을 할 수 없고, 결국 산소교환이 정상적으로 이루어지지 않는 현상. 즉 흡입된 분진이 폐 조직에 축적되어 병적인 변화를 일으키는 질환을 총괄적으로 의미하는 용어를 진폐증이라 한다.

83 고농도로 폭로되면 중추신경계 장애 외에 간장이나 신장에 장애가 일어나 황달, 단백뇨, 혈뇨의 증상을 보이는 할로겐화 탄화수소로 적절한 것은?

① 벤젠
② 톨루엔
③ 사염화탄소
④ 파라니트로클로로벤젠

풀이) 사염화탄소(CCl_4)
㉠ 특이한 냄새가 나는 무색의 액체로 소화제, 탈지세정제, 용제로 이용한다.
㉡ 신장장애 증상으로 감뇨, 혈뇨 등이 발생하며 완전 무뇨증이 되면 사망할 수 있다.
㉢ 피부, 간장, 신장, 소화기, 신경계에 장애를 일으키는데 특히 간에 대한 독성작용이 강하게 나타난다(즉, 간에 중요한 장애인 중심소엽성 괴사를 일으킨다).
㉣ 고온에서 금속과의 접촉으로 포스겐, 염화수소를 발생시키므로 주의를 요한다.
㉤ 고농도로 폭로되면 중추신경계 장애 외에 간장이나 신장에 장애가 일어나 황달, 단백뇨, 혈뇨의 증상을 보이는 할로겐 탄화수소이다.
㉥ 초기증상으로 지속적인 두통, 구역 및 구토, 간 부위의 압통 등의 증상을 일으킨다.

84 유기용제 중독을 스크린하는 다음 검사법의 민감도(sensitivity)는 얼마인가?

구 분		실제값(질병)		합 계
		양 성	음 성	
검사법	양 성	15	25	40
	음 성	5	15	20
합 계		20	40	60

① 25.0% ② 37.5%
③ 62.5% ④ 75.0%

정답 80.③ 81.① 82.③ 83.③ 84.④

[풀이] 민감도 = $\frac{15}{20} \times 100 = 75\%$

85 금속의 독성에 관한 일반적인 특성을 설명한 것으로 틀린 것은?
① 금속의 대부분은 이온상태로 작용한다.
② 생리과정에 이온상태의 금속이 활용되는 정도는 용해도에 달려있다.
③ 금속이온과 유기화합물 사이의 강한 결합력은 배설률에도 영향을 미치게 한다.
④ 용해성 금속염은 생체 내 여러 가지 물질과 작용하여 수용성 화합물로 전환된다.

[풀이] 용해성 금속염은 생체 내 여러 가지 물질과 작용하여 지용성 화합물로 전환된다.

86 ACGIH에 의한 입자상 물질의 분진의 이름과 호흡기계 부위별 누적빈도 50%에 해당하는 크기가 연결된 것으로 틀린 것은?
① 폐포성 분진 : $1\mu m$
② 호흡성 분진 : $4\mu m$
③ 흉곽성 분진 : $10\mu m$
④ 흡입성 분진 : $100\mu m$

[풀이] **ACGIH의 입자 크기별 기준(TLV)**
(1) 흡입성 입자상 물질
 (IPM ; Inspirable Particulates Mass)
 ㉠ 호흡기의 어느 부위(비강, 인후두, 기관 등 호흡기의 기도 부위)에 침착하더라도 독성을 유발하는 분진이다.
 ㉡ 비암이나 비중격천공을 일으키는 입자상 물질이 여기에 속한다.
 ㉢ 침전분진은 재채기, 침, 코 등의 벌크(bulk) 세척기전으로 제거된다.
 ㉣ 입경범위 : $0{\sim}100\mu m$
 ㉤ 평균입경 : $100\mu m$(폐침착의 50%에 해당하는 입자의 크기)
(2) 흉곽성 입자상 물질
 (TPM ; Thoracic Particulates Mass)
 ㉠ 기도나 하기도(가스교환 부위)에 침착하여 독성을 나타내는 물질이다.
 ㉡ 평균입경 : $10\mu m$
 ㉢ 채취기구 : PM 10

(3) 호흡성 입자상 물질
 (RPM ; Respirable Particulates Mass)
 ㉠ 가스교환 부위, 즉 폐포에 침착할 때 유해한 물질이다.
 ㉡ 평균입경 : $4\mu m$(공기역학적 직경이 $10\mu m$ 미만의 먼지가 호흡성 입자상 물질)
 ㉢ 채취기구 : 10mm nylon cyclone

87 카드뮴의 노출과 영향에 대한 생물학적 지표를 맞게 나열한 것은?
① 혈중 카드뮴 – 혈중 ZPP
② 혈중 카드뮴 – 뇨중 마뇨산
③ 혈중 카드뮴 – 혈중 포르피린
④ 뇨중 카드뮴 – 뇨중 저분자량 단백질

[풀이] **화학물질의 영향에 대한 생물학적 모니터링 대상**
 ㉠ 납 : 적혈구에서 ZPP
 ㉡ 카드뮴 : 뇨에서 저분자량 단백질
 ㉢ 일산화탄소 : 혈액에서 카르복시헤모글로빈
 ㉣ 니트로벤젠 : 혈액에서 메트헤모글로빈

88 납중독에 대한 치료방법의 일환으로 체내에 축적된 납을 배출하도록 하는 데 사용되는 것은?
① DMPS
② 2-PAM
③ Atropin
④ Ca-EDTA

[풀이] **납중독의 치료**
(1) 급성중독
 ㉠ 섭취한 경우 즉시 3% 황산소다 용액으로 위세척을 한다.
 ㉡ Ca-EDTA을 하루에 1~4g 정도 정맥 내 투여하여 치료한다(5일 이상 투여 금지).
 ㉢ Ca-EDTA는 무기성 납으로 인한 중독 시 원활한 체내 배출을 위해 사용하는 배설촉진제이다(단, 배설촉진제는 신장이 나쁜 사람에게는 금지).
(2) 만성중독
 ㉠ 배설촉진제 Ca-EDTA 및 페니실라민(penicillamine)을 투여한다.
 ㉡ 대증요법으로 진정제, 안정제, 비타민 B_1, B_2를 사용한다.

89 유해화학물질의 노출기준을 정하고 있는 기관과 노출기준 명칭의 연결이 맞는 것은?
① OSHA : REL ② AIHA : MAC
③ ACGIH : TLV ④ NIOSH : PEL

> 풀이
> ① OSHA 노출기준 : PEL
> ② AIHA 노출기준 : WEEL
> ④ NIOSH 노출기준 : REL

90 장기간 노출될 경우 간 조직세포에 섬유화 증상이 나타나고, 특징적인 악성변화로 간에 혈관육종(hemangiosarcoma)을 일으키는 물질은?
① 염화비닐 ② 삼염화에틸렌
③ 메틸클로로포름 ④ 사염화에틸렌

> 풀이
> 염화비닐(C_2H_3Cl)
> ㉠ 클로로포름과 비슷한 냄새가 나는 무색의 기체로 공기와 폭발성 혼합가스를 만든다.
> ㉡ 염화비닐수지 제조에 사용된다.
> ㉢ 장기간 폭로될 때 간 조직세포에서 여러 소기관이 증식하고 섬유화 증상이 나타나 간에 혈관육종(hemangiosarcoma)을 일으킨다.
> ㉣ 장기간 흡입한 근로자에게 레이노 현상이 나타난다.
> ㉤ 그 자체 독성보다 대사산물에 의하여 독성작용을 일으킨다.

91 다음의 사례에 의심되는 유해인자는?

> 48세의 이씨는 10년 동안 용접작업을 하였다. 1998년부터 왼쪽 손떨림, 구음장애, 왼쪽 상지의 근력저하 등의 소견이 나타났고, 주위 사람으로부터 걸을 때 팔을 흔들지 않는다는 이야기를 들었다. 몇 개월 후 한의원에서 중풍의 진단을 받고 한 달 동안 치료를 하였으나 증상의 변화는 없었다. 자기공명영상촬영에서 뇌기저핵 부위에 고신호강도 소견이 있었다.

① 크롬 ② 망간
③ 톨루엔 ④ 크실렌

> 풀이
> 망간의 만성중독
> ㉠ 무력증, 식욕감퇴 등의 초기증세를 보이다 심해지면 중추신경계의 특정 부위를 손상(뇌기저핵에 축적되어 신경세포 파괴)시켜 노출이 지속되면 파킨슨 증후군과 보행장애가 두드러진다.
> ㉡ 안면의 변화, 즉 무표정하게 되며 배근력의 저하를 가져온다(소자증 증상).
> ㉢ 언어가 느려지는 언어장애 및 균형감각 상실 증세가 나타난다.
> ㉣ 신경염, 신장염 등의 증세가 나타난다.
> ㉤ 조혈장기의 장애와는 관계가 없다.

92 납중독에 대한 대표적인 임상증상으로 볼 수 없는 것은?
① 위장장애
② 안구장애
③ 중추신경장애
④ 신경 및 근육계통의 장애

> 풀이
> 납중독의 주요 증상(임상증상)
> (1) 위장 계통의 장애(소화기장애)
>   ㉠ 복부팽만감, 급성 복부 선통
>   ㉡ 권태감, 불면증, 안면창백, 노이로제
>   ㉢ 연선(lead line)이 잇몸에 생김
> (2) 신경, 근육 계통의 장애
>   ㉠ 손처짐, 팔과 손의 마비
>   ㉡ 근육통, 관절통
>   ㉢ 신장근의 쇠약
>   ㉣ 납경련(근육의 피로로 인한)
> (3) 중추신경 장애
>   ㉠ 뇌중독증상으로 나타남.
>   ㉡ 유기납에 폭로로 나타나는 경우 많음.
>   ㉢ 두통, 안면창백, 기억상실, 정신착란, 혼수상태, 발작

93 중금속에 중독되었을 경우에 치료제로 BAL이나 Ca-EDTA 등 금속배설 촉진제를 투여해서는 안 되는 중금속은?
① 납
② 비소
③ 망간
④ 카드뮴

정답 89.③ 90.① 91.② 92.② 93.④

> [풀이] **카드뮴 중독의 치료**
> ⊙ BAL 및 Ca-EDTA를 투여하면 신장에 대한 독성 작용이 더욱 심해지므로 금한다.
> ⓒ 안정을 취하고 대증요법을 이용하는 동시에 산소를 흡입하고 스테로이드를 투여한다.
> ⓒ 치아에 황색 색소침착 유발 시 글루쿠론산칼슘 20mL를 정맥 주사한다.
> ⓔ 비타민 D를 피하 주사한다(1주 간격, 6회가 효과적).

94 생물학적 노출지수(BEI)에 관한 설명으로 틀린 것은?

① 시료는 소변, 호기 및 혈액 등이 주로 이용된다.
② 혈액에서 휘발성 물질의 생물학적 노출지수는 동맥 중의 농도를 말한다.
③ 유해물질의 대사산물, 유해물질 자체 및 생화학적 변화 등을 총칭한다.
④ 배출이 빠르고 반감기가 5분 이내의 물질에 대해서는 시료채취 시기가 대단히 중요하다.

> [풀이] **BEI의 특성**
> ⊙ 생물학적 폭로지표는 작업의 강도, 기온과 습도, 개인의 생활태도에 따라 차이가 있을 수 있다.
> ⓒ 혈액, 소변, 모발, 손톱, 생체조직, 호기 또는 체액 중 유해물질의 양을 측정, 조사한다.
> ⓒ 산업위생분야에서 현 환경이 잠재적으로 갖고 있는 건강장애 위험을 결정하는 데에 지침으로 이용된다.
> ⓔ 첫 번째 접촉하는 부위에 독성영향을 나타내는 물질이나 흡수가 잘 되지 않은 물질에 대한 노출평가에는 바람직하지 못하다. 즉 흡수가 잘되고 전신적 영향을 나타내는 화학물질에 적용하는 것이 바람직하다.
> ⓜ 혈액에서 휘발성 물질의 생물학적 노출지수는 정맥 중의 농도를 말한다.
> ⓗ BEI는 유해물의 전반적인 폭로량을 추정할 수 있다.

95 신장을 통한 배설과정에 대한 설명으로 틀린 것은?

① 세뇨관을 통한 분비는 선택적으로 작용하며 능동 및 수동 수송방식으로 이루어진다.
② 신장을 통한 배설은 사구체 여과, 세뇨관 재흡수, 그리고 세뇨관 분비에 의해 제거된다.
③ 세뇨관 내의 물질은 재흡수에 의해 혈중으로 돌아갈 수 있으나, 아미노산 및 독성물질은 재흡수되지 않는다.
④ 사구체를 통한 여과는 심장의 박동으로 생성되는 혈압 등의 정수압(hydrostatic pressure)의 차이에 의하여 일어난다.

> [풀이] 세뇨관 내의 물질은 재흡수에 의해 혈중으로 들어가며 아미노산, 당류, 독성물질 등이 재흡수된다.

96 다음 중 규폐증(silicosis)에 관한 설명으로 틀린 것은?

① 석영분진에 직업적으로 노출될 때 발생하는 진폐증의 일종이다.
② 채석장 및 모래분사 작업장에 종사하는 작업자들이 잘 걸리는 폐질환이다.
③ 석면의 고농도분진을 단기적으로 흡입할 때 주로 발생되는 질병이다.
④ 역사적으로 보면 이집트의 미이라에서도 발견되는 오랜 질병이다.

> [풀이] 규폐증의 자각증상은 호흡곤란, 지속적인 기침, 다량의 담액이지만, 일반적으로 자각증상 없이 서서히 진행된다.

97 카드뮴 중독의 발생 가능성이 가장 큰 산업, 작업 또는 제품으로만 나열된 것은?

① 니켈, 알루미늄과의 합금, 살균제, 페인트
② 페인트 및 안료의 제조, 도자기 제조, 인쇄업
③ 금, 은의 정련, 청동 주석 등의 도금, 인견 제조
④ 가죽 제조, 내화벽돌 제조, 시멘트 제조업, 화학비료공업

정답 94.② 95.③ 96.③ 97.①

[풀이] **카드뮴 발생원**
㉠ 납광물이나 아연제련 시 부산물
㉡ 주로 전기도금, 알루미늄과의 합금에 이용
㉢ 축전지 전극
㉣ 도자기, 페인트의 안료
㉤ 니켈-카드뮴 배터리 및 살균제

98 다음 중 비중격천공을 유발시키는 물질은 어느 것인가?

① 납(Pb)
② 크롬(Cr)
③ 수은(Hg)
④ 카드뮴(Cd)

[풀이] **크롬의 만성중독 건강장애**
(1) 점막장애
  점막이 충혈되어 화농성 비염이 되고 차례로 깊이 들어가서 궤양이 되며, 코 점막의 염증, 비중격천공 증상을 일으킨다.
(2) 피부장애
  ㉠ 피부궤양(둥근 형태의 궤양)을 일으킨다.
  ㉡ 수용성 6가 크롬은 저농도에서도 피부염을 일으킨다.
  ㉢ 손톱 주위, 손 및 전박부에 잘 발생한다.
(3) 발암작용
  ㉠ 장기간 흡입에 의한 기관지암, 폐암, 비강암(6가 크롬)이 발생한다.
  ㉡ 크롬 취급자의 폐암에 의한 사망률이 정상인보다 상당히 높다.
(4) 호흡기 장애
  크롬폐증이 발생한다.

99 산업역학에서 이용되는 "상대위험도=1"이 의미하는 것은?

① 질병의 위험이 증가함.
② 노출군 전부가 발병하였음.
③ 질병에 대한 방어효과가 있음.
④ 노출과 질병발생 사이에 연관 없음.

[풀이] ㉠ 상대위험도=1
  노출과 질병 사이의 연관성 없음.
㉡ 상대위험도 > 1
  위험의 증가
㉢ 상대위험도 < 1
  질병에 대한 방어효과 있음.

100 유해물질이 인체 내에 침입 시 접촉면적이 큰 순서대로 나열된 것은?

① 소화기 > 피부 > 호흡기
② 호흡기 > 피부 > 소화기
③ 피부 > 소화기 > 호흡기
④ 소화기 > 호흡기 > 피부

[풀이] **유해물질의 인체 침입경로**
유해물질이 작업환경 중에서 인체에 들어오는 영향이 가장 큰 침입경로는 호흡기이고, 다음이 피부를 통해 흡수되어 전신중독을 일으킨다.

길을 가다가 돌이 나타나면
약자는 그것을 걸림돌이라 말하고,
강자는 그것을 디딤돌이라고 말한다.
-토마스 칼라일(Thomas Carlyle)-

과년도 출제문제 | 2017.03.05
제1회 산업위생관리기사

제1과목 | 산업위생학 개론

01 작업대사량(RMR)을 계산하는 방법이 아닌 것은?

① $\dfrac{\text{작업 대사량}}{\text{기초대사량}}$

② $\dfrac{\text{기초작업대사량}}{\text{작업 대사량}}$

③ $\dfrac{\text{작업 시 열량소비량} - \text{안정 시 열량소비량}}{\text{기초대사량}}$

④ $\dfrac{\text{작업 시 산소소비량} - \text{안정 시 산소소비량}}{\text{기초대사 시 산소소비량}}$

풀이 작업대사량(RMR) 계산식

$$\text{RMR} = \dfrac{\text{작업대사량}}{\text{기초대사량}}$$

$$= \dfrac{\text{작업 시 소요열량} - \text{안정 시 소요열량}}{\text{기초대사량}}$$

$$= \dfrac{\text{작업 시 산소소비량} - \text{안정 시 산소소비량}}{\text{기초대사량}}$$

02 정상작업역을 설명한 것으로 맞는 것은?
① 전박을 뻗쳐서 닿는 작업영역
② 상지를 뻗쳐서 닿는 작업영역
③ 사지를 뻗쳐서 닿는 작업영역
④ 어깨를 뻗쳐서 닿는 작업영역

풀이 수평작업영역의 구분
(1) 최대작업역(최대영역, maximum area)
 ㉠ 팔 전체가 수평상에 도달할 수 있는 작업영역
 ㉡ 어깨로부터 팔을 뻗어 도달할 수 있는 최대 영역
 ㉢ 아래팔(전완)과 위팔(상완)을 곧게 펴서 파악할 수 있는 영역
 ㉣ 움직이지 않고 상지를 뻗어서 닿는 범위

(2) 정상작업역(표준영역, normal area)
 ㉠ 상박부를 자연스런 위치에서 몸통부에 접하고 있을 때에 전박부가 수평면 위에서 쉽게 도착할 수 있는 운동범위
 ㉡ 위팔(상완)을 자연스럽게 수직으로 늘어뜨린 채 아래팔(전완)만으로 편안하게 뻗어 파악할 수 있는 영역
 ㉢ 움직이지 않고 전박과 손으로 조작할 수 있는 범위
 ㉣ 앉은 자세에서 위팔은 몸에 붙이고, 아래팔만 곧게 뻗어 닿는 범위
 ㉤ 약 34~45cm의 범위

03 방직공장의 면분진 발생 공정에서 측정한 공기 중 면분진 농도가 2시간은 2.5mg/m³, 3시간은 1.8mg/m³, 3시간은 2.6mg/m³일 때 해당 공정의 시간가중평균노출기준 환산값은 약 얼마인가?
① 0.86mg/m³
② 2.28mg/m³
③ 2.35mg/m³
④ 2.60mg/m³

풀이 시간가중평균노출기준(TWA)

$$= \dfrac{(2 \times 2.5\,\text{mg/m}^3) + (3 \times 1.8\,\text{mg/m}^3) + (3 \times 2.6\,\text{mg/m}^3)}{8}$$

$$= 2.28\,\text{mg/m}^3$$

04 산업피로의 발생현상(기전)과 가장 관계가 없는 것은?
① 생체 내 조절기능의 변화
② 체내 생리대사의 물리화학적 변화
③ 물질대사에 의한 피로물질의 체내 축적
④ 산소와 영양소 등의 에너지원 발생 증가

정답 01.② 02.① 03.② 04.④

[풀이] **피로의 발생기전(본태)**
㉠ 활성 에너지 요소인 영양소, 산소 등 소모(에너지 소모)
㉡ 물질대사에 의한 노폐물인 젖산 등의 축적(중간 대사물질의 축적)으로 인한 근육, 신장 등 기능 저하
㉢ 체내의 항상성 상실(체내에서의 물리화학적 변조)
㉣ 여러 가지 신체조절기능의 저하
㉤ 근육 내 글리코겐 양의 감소
㉥ 피로물질 : 크레아티닌, 젖산, 초성포도당, 시스테인

05 스트레스 관리방안 중 조직적 차원의 대응책으로 가장 적합하지 않은 것은?
① 직무 재설계
② 적절한 시간 관리
③ 참여적 의사 결정
④ 우호적인 직장 분위기 조성

[풀이] **집단(조직)차원의 관리기법**
㉠ 개인별 특성 요인을 고려한 작업근로환경
㉡ 작업계획 수립 시 적극적 참여 유도
㉢ 사회적 지위 및 일 재량권 부여
㉣ 근로자 수준별 작업 스케줄 운영
㉤ 적절한 작업과 휴식시간

06 산업안전보건법상 근로자 건강진단의 종류가 아닌 것은?
① 퇴직후건강진단
② 특수건강진단
③ 배치전건강진단
④ 임시건강진단

[풀이] **건강진단의 종류**
㉠ 일반건강진단
㉡ 특수건강진단
㉢ 배치전건강진단
㉣ 수시건강진단
㉤ 임시건강진단

07 산업위생의 목적과 가장 거리가 먼 것은?
① 근로자의 건강을 유지·증진시키고 작업능률을 향상시킴
② 근로자들의 육체적, 정신적, 사회적 건강을 유지·증진시킴
③ 유해한 작업환경 및 조건으로 발생한 질병을 진단하고 치료함
④ 작업환경 및 작업조건이 최적화되도록 개선하여 질병을 예방함

[풀이] **산업위생관리 목적**
㉠ 작업환경과 근로조건의 개선 및 직업병의 근원적 예방
㉡ 작업환경 및 작업조건의 인간공학적 개선(최적의 작업환경 및 작업조건으로 개선하여 질병을 예방)
㉢ 작업자의 건강보호 및 생산성 향상(근로자의 건강을 유지·증진시키고 작업능률을 향상)
㉣ 근로자들의 육체적, 정신적, 사회적 건강을 유지 및 증진
㉤ 산업재해의 예방 및 직업성 질환 유소견자의 작업전환

08 어떤 사업장에서 70명의 종업원이 1년간 작업하는 데 1급 장애 1명, 12급 장애 11명의 신체장애가 발생하였을 때 강도율은? (단, 연간 근로일수는 290일, 일 근로시간은 8시간이다.)

신체장애등급	1~3	11	12
근로손실일수	7,500	400	200

① 59.7
② 72.0
③ 124.3
④ 360.0

[풀이]
$$강도율 = \frac{근로손실일수}{연근로시간수} \times 10^3$$
• 근로손실일수 = 7,500 + (200×11) = 9,700일
• 연근로시간수 = 8×290×70 = 162,400시간
$$= \frac{9,700}{162,400} \times 10^3 = 59.73$$

정답 05.② 06.① 07.③ 08.①

09 우리나라 산업위생 역사와 관련된 내용 중 맞는 것은?
① 문송면 – 납 중독 사건
② 원진레이온 – 이황화탄소 중독사건
③ 근로복지공단 – 작업환경측정기관에 대한 정도관리제도 도입
④ 보건복지부 – 산업안전보건법·시행령·시행규칙의 제정 및 공포

풀이
① 문송면 – 수은 중독 사건
③ 고용노동부 – 작업환경측정기관에 대한 정도관리제도 제정
④ 고용노동부 – 산업안전보건법·시행령·시행규칙의 제정 및 공포

10 에틸벤젠(TLV=100ppm)을 사용하는 작업장의 작업시간이 9시간일 때에는 허용기준을 보정하여야 한다. OSHA 보정방법과 Brief & Scala 보정방법을 적용하였을 때 두 보정된 허용기준치 간의 차이는 약 얼마인가?
① 2.2ppm ② 3.3ppm
③ 4.2ppm ④ 5.6ppm

풀이
㉠ OSHA 보정방법
보정된 허용기준=8시간 허용기준×$\left(\dfrac{8시간}{노출시간/일}\right)$
$= 100\text{ppm} \times \dfrac{8}{9}$
$= 88.89\text{ppm}$
㉡ Brief and Scala 보정방법
$\text{RF} = \left(\dfrac{8}{H}\right) \times \dfrac{24-H}{16} = \left(\dfrac{8}{9}\right) \times \left(\dfrac{24-9}{16}\right) = 0.8333$
보정된 허용기준=TLV×RF=100ppm×0.8333
=83.33ppm
∴ 허용기준치 차이=88.89−83.33=5.56ppm

11 산업안전보건법상 제조 등 금지 대상 물질이 아닌 것은?
① 황린 성냥
② 청석면, 갈석면
③ 디클로로벤지딘과 그 염
④ 4-니트로디페닐과 그 염

풀이 산업안전보건법상 제조 등이 금지되는 유해물질
㉠ β-나프틸아민과 그 염
㉡ 4-니트로디페닐과 그 염
㉢ 백연을 포함한 페인트(포함된 중량의 비율이 2% 이하인 것은 제외)
㉣ 벤젠을 포함하는 고무풀(포함된 중량의 비율이 5% 이하인 것은 제외)
㉤ 석면
㉥ 폴리클로리네이티드 터페닐
㉦ 황린(黃燐) 성냥
㉧ ㉠, ㉡, ㉤ 또는 ㉥에 해당하는 물질을 포함한 화합물(포함된 중량의 비율이 1% 이하인 것은 제외)
㉨ "화학물질관리법"에 따른 금지물질
㉩ 그 밖에 보건상 해로운 물질로서 산업재해보상보험 및 예방심의위원회의 심의를 거쳐 고용노동부장관이 정하는 유해물질

※ 법 변경(2020년)사항이므로 풀이내용으로 학습 바랍니다.

12 각 개인의 육체적 작업능력(PWC ; Physical Work Capacity)을 결정하는 요인이라고 볼 수 없는 것은?
① 대사 정도
② 호흡기계 활동
③ 소화기계 활동
④ 순환기계 활동

풀이 육체적 작업능력(PWC)을 결정하는 요인
㉠ 대사 정도
㉡ 호흡기계 활동
㉢ 순환기계 활동

13 미국산업위생학술원(AAIH)이 채택한 윤리강령 중 기업주와 고객에 대한 책임에 해당하는 내용은?
① 일반 대중에 관한 사항은 정직하게 발표한다.
② 위험 요소와 예방 조치에 관하여 근로자와 상담한다.
③ 성실성과 학문적 실력 면에서 최고 수준을 유지한다.
④ 궁극적으로 기업주와 고객보다 근로자의 건강보호에 있다.

정답 09.② 10.④ 11.풀이 학습 12.③ 13.④

[풀이] **기업주와 고객에 대한 책임**
㉠ 결과 및 결론을 뒷받침할 수 있도록 정확한 기록을 유지하고, 산업위생사업을 전문가답게 전문부서들을 운영·관리한다.
㉡ 기업주와 고객보다는 근로자의 건강보호에 궁극적 책임을 두어 행동한다.
㉢ 쾌적한 작업환경을 조성하기 위하여 산업위생의 이론을 적용하고 책임감 있게 행동한다.
㉣ 신뢰를 바탕으로 정직하게 권고 성실한 자세로 충고하며, 결과와 개선점 및 권고사항을 정확히 보고한다.

14 산업안전보건법상 입자상 물질의 농도평가에서 2회 이상 측정한 단시간 노출농도값이 단시간 노출기준과 시간가중평균기준값 사이일 때 노출기준 초과로 평가해야 하는 경우가 아닌 것은?
① 1일 4회를 초과하는 경우
② 15분 이상 연속 노출되는 경우
③ 노출과 노출 사이의 간격이 1시간 이내인 경우
④ 단위작업장소의 넓이가 30평방미터 이상인 경우

[풀이] 농도평가에서 노출농도(TWA, STEL)값이 단시간 노출기준과 시간가중평균기준값 사이일 때 노출기준 초과로 평가해야 하는 경우
㉠ 1회 노출지속시간이 15분 이상 연속노출되는 경우
㉡ 1일 4회를 초과하는 경우
㉢ 노출과 노출 사이의 간격이 1시간 이내인 경우

15 산업안전보건법상 허용기준 대상물질에 해당하지 않는 것은?
① 노말헥산
② 1-브로모프로판
③ 포름알데히드
④ 디메틸포름아미드

[풀이] **허용기준 대상물질**
㉠ 산업안전보건법상 허용기준 대상물질은 납 및 그 무기화합물 외 716종이다.
㉡ 허가기준 대상물질은 2-브로모프로판이다.

16 사무실 등의 실내환경에 대한 공기질 개선 방법으로 가장 적합하지 않은 것은?
① 공기청정기를 설치한다.
② 실내 오염원을 제어한다.
③ 창문 개방 등에 따른 실외 공기의 환기량을 증대시킨다.
④ 친환경적이고 유해공기오염물질의 배출 정도가 낮은 건축자재를 사용한다.

[풀이] 실내환경에 대한 공기질 개선 중 환기는 가장 중요한 실내 공기질 관리방법이며 창문 개방 등에 따른 실내 공기의 환기량을 증대시킨다.

17 공간의 효율적인 배치를 위해 적용되는 원리로 가장 거리가 먼 것은?
① 기능성 원리
② 중요도의 원리
③ 사용빈도의 원리
④ 독립성의 원리

[풀이] **공간의 효율적인 배치를 위해 적용되는 원리**
㉠ 기능성 원리
㉡ 중요도의 원리
㉢ 사용빈도의 원리

18 어떤 유해요인에 노출될 때 얼마만큼의 환자수가 증가되는지를 설명해 주는 위험도는?
① 상대위험도
② 인자위험도
③ 기여위험도
④ 노출위험도

[풀이] **기여위험도(귀속위험도)**
㉠ 위험요인을 갖고 있는 집단의 해당 질병발생률의 크기 중 위험요인이 기여하는 부분을 추정하기 위해 사용
㉡ 어떤 유해요인에 노출되어 얼마만큼의 환자수가 증가되어 있는지를 설명
㉢ 계산식
기여위험도 = 노출군에서의 질병발생률 - 비노출군에서의 질병발생률

정답 14.④ 15.② 16.③ 17.④ 18.③

19 산업재해가 발생할 급박한 위험이 있거나 중대재해가 발생하였을 경우 취하는 행동으로 적합하지 않은 것은?

① 근로자는 직상급자에게 보고한 후 해당 작업을 즉시 중지시킨다.
② 사업주는 즉시 작업을 중지시키고 근로자를 작업 장소로부터 대피시켜야 한다.
③ 고용노동부 장관은 근로감독관 등으로 하여금 안전·보건 진단이나 그 밖의 필요한 조치를 하도록 할 수 있다.
④ 사업주는 급박한 위험에 대한 합리적인 근거가 있을 경우에 작업을 중지하고 대피한 근로자에게 해고 등의 불리한 처우를 해서는 안 된다.

[풀이] 작업을 중지시킬 수 있는 경우(산업안전보건법)
㉠ 사업주는 산업재해가 발생할 급박한 위험이 있을 때 또는 중대재해가 발생하였을 때에는 즉시 작업을 중지시키고 근로자를 작업장소로부터 대피시키는 등 필요한 안전·보건상의 조치를 한 후 작업을 다시 시작하여야 한다.
㉡ 근로자는 산업재해가 발생할 급박한 위험으로 인하여 작업을 중지시키고 대피하였을 때에는 지체 없이 그 사실을 바로 위 상급자에게 보고하고 바로 위 상급자는 이에 대한 적절한 조치를 하여야 한다.
㉢ 사업주는 산업재해가 발생할 급박한 위험이 있다고 믿을만한 합리적인 근거가 있을 때에는 작업을 중지하고 대피한 근로자에 대하여 이를 이유로 해고나 그 밖의 불리한 처우를 하여서는 안 된다.
㉣ 고용노동부장관은 중대재해가 발생하였을 때에는 그 원인 규명 또는 예방대책 수립을 위하여 중대재해 발생원인을 조사하고 근로감독관과 관계 전문가로 하여금 고용노동부령으로 정하는 바에 따라 안전·보건 진단이나 그 밖에 필요한 조치를 하도록 할 수 있다.

20 산업피로에 대한 대책으로 맞는 것은?

① 커피, 홍차, 엽차 및 비타민 B₁은 피로회복에 도움이 되므로 공급한다.
② 피로한 후 장시간 휴식하는 것이 휴식시간을 여러 번으로 나누는 것보다 효과적이다.
③ 움직이는 작업은 피로를 가중시키므로 될 수록 정적인 작업으로 전환하도록 한다.
④ 신체 리듬의 적응을 위하여 야간 근무는 연속으로 7일 이상 실시하도록 한다.

[풀이] 산업피로 예방과 대책
㉠ 커피, 홍차, 엽차 및 비타민 B₁은 피로회복에 도움이 되므로 공급한다.
㉡ 작업과정에 적절한 간격으로 휴식시간을 두고 충분한 영양을 취한다.
㉢ 작업환경을 정비·정돈한다.
㉣ 불필요한 동작을 피하고, 에너지 소모를 적게 한다.
㉤ 동적인 작업을 늘리고, 정적인 작업을 줄인다.
㉥ 개인의 숙련도에 따라 작업속도와 작업량을 조절한다(단위시간당 적정작업량을 도모하기 위하여 일 또는 월간 작업량을 적정화하여야 함).
㉦ 작업시간 중 또는 작업 전후에 간단한 체조나 오락시간을 갖는다.
㉧ 장시간 한 번 휴식하는 것보다 단시간씩 여러 번 나누어 휴식하는 것이 피로회복에 도움이 된다(정신신경작업에 있어서는 몸을 가볍게 움직이는 휴식이 좋음).
㉨ 과중한 육체적 노동은 기계화하여 육체적 부담을 줄인다.
㉩ 충분한 수면은 피로예방과 회복에 효과적이다.
㉪ 작업자세를 적정하게 유지하는 것이 좋다.

제2과목 | 작업위생 측정 및 평가

21 작업장의 현재 총 흡음량은 600sabins이다. 천장과 벽 부분에 흡음재를 사용하여 작업장의 흡음량을 3,000sabins 추가하였을 때 흡음대책에 따른 실내소음의 저감량(dB)은?

① 약 12   ② 약 8
③ 약 4   ④ 약 3

[풀이] 실내소음저감량(NR)
$$NR(dB) = 10\log\frac{대책\ 후}{대책\ 전} = 10\log\frac{600+3,000}{600}$$
$$= 7.78dB$$

22 일정한 부피조건에서 압력과 온도가 비례한다는 표준가스에 대한 법칙은?
① 보일 법칙 ② 샤를 법칙
③ 게이-뤼삭 법칙 ④ 라울트 법칙

[풀이] 게이-뤼삭(Gay-Lussac) 기체반응의 법칙
화학반응에서 그 반응물 및 생성물이 모두 기체일 때는 등온, 등압하에서 측정한 이들 기체의 부피 사이에는 간단한 정수비 관계가 성립한다는 법칙(일정한 부피에서 압력과 온도는 비례한다는 표준가스 법칙)

23 분석기기가 검출할 수 있는 신뢰성을 가질 수 있는 양인 정량한계(LOQ)는?
① 표준편차의 3배 ② 표준편차의 3.3배
③ 표준편차의 5배 ④ 표준편차의 10배

[풀이] 정량한계(LOQ)=검출한계×3(3.3)=표준편차×10

24 작업환경 측정결과 측정치가 5, 10, 15, 15, 10, 5, 7, 6, 9, 6의 10개일 때 표준편차는? (단, 단위=ppm)
① 약 1.13 ② 약 1.87
③ 약 2.13 ④ 약 3.76

[풀이] 표준편차(SD)
$$SD = \left[\frac{\sum_{i=1}^{N}(X_i-\overline{X})^2}{N-1}\right]^{0.5} = \sqrt{\frac{\sum_{i=1}^{N}(X_i-\overline{X})^2}{N-1}}$$

$$산술평균 = \frac{5+10+15+15+10+5+7+6+9+6}{10} = 8.8ppm$$

$$= \left[\frac{(5-8.8)^2+(10-8.8)^2+(15-8.8)^2+(15-8.8)^2+(10-8.8)^2+(5-8.8)^2+(7-8.8)^2+(6-8.8)^2+(9-8.8)^2+(6-8.8)^2}{10-1}\right]^{0.5}$$
$$= 3.77$$

25 1N-HCl 500mL를 만들기 위해 필요한 진한 염산(비중 : 1.18, 함량 : 35%)의 부피(mL)는?
① 약 18 ② 약 36
③ 약 44 ④ 약 66

[풀이]
$$1eq/L \times 0.5L = HCl(g) \times \frac{1eq}{36.5g} \times 0.35$$
$$HCl(g) = 52.14g$$
$$\therefore HCl(mL) = \frac{52.14g}{1.18g/mL} = 44.18mL$$

26 공장에서 A용제 30%(TLV 1,200mg/m³), B용제 30%(TLV 1,400mg/m³) 및 C용제 40%(TLV 1,600mg/m³)의 중량비로 조성된 액체용제가 증발되어 작업환경을 오염시킬 경우 이 혼합물의 허용농도(mg/m³)는? (단, 상가작용 기준)
① 약 1,400 ② 약 1,450
③ 약 1,500 ④ 약 1,550

[풀이] 혼합물의 허용농도(mg/m³)
$$= \frac{1}{\frac{0.3}{1,200}+\frac{0.3}{1,400}+\frac{0.4}{1,600}} = 1,400mg/m^3$$

27 고열 측정구분에 따른 측정기기와 측정시간의 연결로 틀린 것은? (단, 고용노동부 고시 기준)
① 습구온도 - 0.5도 간격의 눈금이 있는 아스만통풍건습계 - 25분 이상
② 습구온도 - 자연습구온도를 측정할 수 있는 기기 - 자연습구온도계 5분 이상
③ 흑구 및 습구흑구온도 - 직경이 5센티미터 이상인 흑구온도계 또는 습구흑구온도를 동시에 측정할 수 있는 기기 - 직경이 15센티미터일 경우 15분 이상
④ 흑구 및 습구흑구온도 - 직경이 5센티미터 이상인 흑구온도계 또는 습구흑구온도를 동시에 측정할 수 있는 기기 - 직경이 7.5센티미터 또는 5센티미터일 경우 5분 이상

정답 22.③ 23.④ 24.④ 25.③ 26.① 27.③

[풀이] 측정구분에 의한 측정기기 및 측정시간

구 분	측정기기	측정시간
습구 온도	0.5도 간격의 눈금이 있는 아스만통풍건습계, 자연습구온도를 측정할 수 있는 기기 또는 이와 동등 이상의 성능이 있는 측정기기	• 아스만통풍건습계 : 25분 이상 • 자연습구온도계 : 5분 이상
흑구 및 습구 흑구 온도	직경이 5센티미터 이상 되는 흑구온도계 또는 습구흑구온도(WBGT)를 동시에 측정할 수 있는 기기	• 직경이 15센티미터일 경우 : 25분 이상 • 직경이 7.5센티미터 또는 5센티미터일 경우 : 5분 이상

※ 고시 변경사항, 학습 안 하셔도 무방합니다.

28 유량, 측정시간, 회수율, 분석에 의한 오차가 각각 10%, 5%, 7%, 5%였다. 만약 유량에 의한 오차(10%)를 5%로 개선시켰다면 개선 후의 누적오차(%)는?

① 약 8.9 ② 약 11.1
③ 약 12.4 ④ 약 14.3

[풀이] 누적오차(E_c)
$$E_c(\%) = \sqrt{5^2+5^2+7^2+5^2} = 11.14\%$$

29 작업장 내 톨루엔 노출농도를 측정하고자 한다. 과거의 노출농도는 평균 50ppm이었다. 시료는 활성탄관을 이용하여 0.2L/min의 유량으로 채취한다. 톨루엔의 분자량은 92, 가스크로마토그래피의 정량한계(LOQ)는 시료당 0.5mg이다. 시료를 채취해야 할 최소한의 시간(분)은? (단, 작업장 내 온도는 25℃)

① 10.3 ② 13.3
③ 16.3 ④ 19.3

[풀이] ㉠ 과거농도(mg/m³)
$$= 50ppm \times \frac{92g}{24.45L} = 188.14mg/m^3$$

㉡ 채취 최소부피(L)
$$= \frac{0.5mg}{188.14mg/m^3 \times m^3/1,000L} = 2.657L$$

㉢ 채취 최소시간(min)
$$= \frac{2.657L}{0.2L/min} = 13.29min$$

30 직경분립충돌기에 관한 설명으로 틀린 것은?
① 흡입성, 흉곽성, 호흡성 입자의 크기별 분포와 농도를 계산할 수 있다.
② 호흡기의 부분별로 침착된 입자 크기를 추정할 수 있다.
③ 입자의 질량 크기 분포를 얻을 수 있다.
④ 되튐 또는 과부하로 인한 시료 손실이 없어 비교적 정확한 측정이 가능하다.

[풀이] 직경분립충돌기(cascade impactor)의 장단점
(1) 장점
  ㉠ 입자의 질량 크기 분포를 얻을 수 있다.
  ㉡ 호흡기의 부분별로 침착된 입자 크기의 자료를 추정할 수 있고, 흡입성, 흉곽성, 호흡성 입자의 크기별로 분포와 농도를 계산할 수 있다.
(2) 단점
  ㉠ 시료채취가 까다롭다. 즉 경험이 있는 전문가가 철저한 준비를 통해 이용해야 정확한 측정이 가능하다.
  ㉡ 비용이 많이 든다.
  ㉢ 채취준비시간이 과다하다.
  ㉣ 되튐으로 인한 시료의 손실이 일어나 과소분석 결과를 초래할 수 있어 유량을 2L/min 이하로 채취한다. 따라서 mylar substrate에 그리스를 뿌려 시료의 되튐을 방지한다.
  ㉤ 공기가 옆에서 유입되지 않도록 각 충돌기의 조립과 장착을 철저히 해야 한다.

31 작업장 내의 오염물질 측정방법인 검지관법에 관한 설명으로 옳지 않은 것은?
① 민감도가 낮다.
② 특이도가 낮다.
③ 측정대상 오염물질의 동정 없이 간편하게 측정할 수 있다.
④ 맨홀, 밀폐 공간에서의 산소가 부족하거나 폭발성 가스로 인하여 안전이 문제가 될 때 유용하게 사용될 수 있다.

정답 28.② 29.② 30.④ 31.③

[풀이] **검지관 측정법의 장단점**
(1) 장점
   ㉠ 사용이 간편하다.
   ㉡ 반응시간이 빨라 현장에서 바로 측정 결과를 알 수 있다.
   ㉢ 비전문가도 어느 정도 숙지하면 사용할 수 있지만 산업위생전문가의 지도 아래 사용되어야 한다.
   ㉣ 맨홀, 밀폐공간에서의 산소부족 또는 폭발성 가스로 인한 안전이 문제가 될 때 유용하게 사용된다.
   ㉤ 다른 측정방법이 복잡하거나 빠른 측정이 요구될 때 사용할 수 있다.
(2) 단점
   ㉠ 민감도가 낮아 비교적 고농도에만 적용이 가능하다.
   ㉡ 특이도가 낮아 다른 방해물질의 영향을 받기 쉽고 오차가 크다.
   ㉢ 대개 단시간 측정만 가능하다.
   ㉣ 한 검지관으로 단일물질만 측정 가능하여 각 오염물질에 맞는 검지관을 선정함에 따른 불편이 있다.
   ㉤ 색변화에 따라 주관적으로 읽을 수 있어 판독자에 따라 변이가 심하며, 색변화가 시간에 따라 변하므로 제조자가 정한 시간에 읽어야 한다.
   ㉥ 미리 측정대상 물질의 동정이 되어 있어야 측정이 가능하다.

32 옥내의 습구흑구온도지수(WBGT)를 산출하는 공식은?
① WBGT=0.7NWB+0.2GT+0.1DT
② WBGT=0.7NWB+0.3GT
③ WBGT=0.7NWB+0.1GT+0.2DT
④ WBGT=0.7NWB+0.1GT

[풀이] **고온의 노출기준 표시단위**
㉠ 옥외(태양광선이 내리쬐는 장소)
   WBGT(℃)=0.7×자연습구온도+0.2×흑구온도
         +0.1×건구온도
㉡ 옥내 또는 옥외(태양광선이 내리쬐지 않는 장소)
   WBGT(℃)=0.7×자연습구온도+0.3×흑구온도

33 유기용제 채취 시 적정한 공기채취용량(또는 시료채취시간)을 선정하는 데 고려하여야 하는 조건으로 가장 거리가 먼 것은?
① 공기 중의 예상농도
② 채취유속
③ 채취시료 수
④ 분석기기의 최저 정량한계

[풀이] **적정한 시료(공기)채취용량 결정 시 고려사항**
㉠ 분석기기의 최저정량한계
㉡ 공기 중의 예상농도
㉢ 채취유량(유속)

34 가스크로마토그래피(GC) 분석에서 분해능(또는 분리도)을 높이기 위한 방법이 아닌 것은?
① 시료의 양을 적게 한다.
② 고정상의 양을 적게 한다.
③ 고체 지지체의 입자크기를 작게 한다.
④ 분리관(column)의 길이를 짧게 한다.

[풀이] **분리관의 분해능을 높이기 위한 방법**
㉠ 시료와 고정상의 양을 적게 한다.
㉡ 고체 지지체의 입자크기를 작게 한다.
㉢ 온도를 낮춘다.
㉣ 분리관의 길이를 길게 한다(분해능은 길이의 제곱근에 비례).

35 소음측정에 관한 설명 중 ( )에 알맞은 것은? (단, 고용노동부 고시 기준)

누적소음노출량 측정기로 소음을 측정하는 경우에는 criteria는 (㉮)dB, exchange rate는 5dB, threshold는 (㉯)dB로 기기를 설정할 것

① ㉮ 70, ㉯ 80   ② ㉮ 80, ㉯ 70
③ ㉮ 80, ㉯ 90   ④ ㉮ 90, ㉯ 80

[풀이] **누적소음노출량 측정기의 설정**
㉠ criteria=90dB
㉡ exchange rate=5dB
㉢ threshold=80dB

정답 32.② 33.③ 34.④ 35.④

36 시료측정 시 측정하고자 하는 시료의 피크와는 전혀 관계없는 피크가 크로마토그램에 때때로 나타나는 경우가 있는데 이것을 유령피크(ghost peak)라고 한다. 유령피크의 발생 원인으로 가장 거리가 먼 것은?

① 칼럼이 충분하게 묵힘(aging)되지 않아서 칼럼에 남아 있던 성분들이 배출되는 경우
② 주입부에 있던 오염물질이 증발되어 배출되는 경우
③ 운반기체가 오염된 경우
④ 주입부에 사용하는 격막(septum)에서 오염물질이 방출되는 경우

풀이 크로마토그램의 유령피크(ghost peak) 원인
㉠ 칼럼이 충분하게 묵힘(aging)되지 않아서 칼럼에 남아 있던 성분들이 배출되는 경우
㉡ 주입부에 있던 오염물질이 증발되어 배출되는 경우
㉢ 주입부에 사용하는 격막(septum)에서 오염물질이 방출되는 경우

37 작업장에 소음 발생 기계 4대가 설치되어 있다. 1대 가동 시 소음 레벨을 측정한 결과 82dB을 얻었다면 4대 동시 작동 시 소음 레벨(dB)은? (단, 기타 조건은 고려하지 않음)

① 89 ② 88
③ 87 ④ 86

풀이 합성소음도($L_{합}$)
$L_{합}(dB) = 10\log(10^{8.2} \times 4) = 88dB$

38 원자흡광분석기에 적용되어 사용되는 법칙은?

① 반 데르 발스(Van der Waals) 법칙
② 비어-램버트(Beer-Lambert) 법칙
③ 보일-샤를(Boyle-Charles) 법칙
④ 에너지보존(energy conservation) 법칙

풀이 흡광광도법 및 원자흡광광도법의 기본이론
비어-램버트(Beer-Lambert) 법칙

39 노출 대수정규분포에서 평균 노출을 가장 잘 나타내는 대푯값은?

① 기하평균
② 산술평균
③ 기하표준편차
④ 범위

풀이 산업위생통계의 대푯값
㉠ 중앙값
㉡ 산술평균값
㉢ 가중평균값
㉣ 최빈값

40 실리카겔 흡착에 대한 설명으로 틀린 것은?

① 실리카겔은 규산나트륨과 황산의 반응에서 유도된 무정형의 물질이다.
② 극성을 띠고 흡습성이 강하므로 습도가 높을수록 파과 용량이 증가한다.
③ 추출액이 화학분석이나 기기분석에 방해물질로 작용하는 경우가 많지 않다.
④ 활성탄으로 채취가 어려운 아닐린, 오르토-톨루이딘 등의 아민류나 몇몇 무기물질의 채취도 가능하다.

풀이 실리카겔의 장단점
(1) 장점
㉠ 극성이 강하여 극성 물질을 채취한 경우 물, 메탄올 등 다양한 용매로 쉽게 탈착한다.
㉡ 추출용액(탈착용매)이 화학분석이나 기기분석에 방해물질로 작용하는 경우는 많지 않다.
㉢ 활성탄으로 채취가 어려운 아닐린, 오르토-톨루이딘 등의 아민류나 몇몇 무기물질의 채취가 가능하다.
㉣ 매우 유독한 이황화탄소를 탈착용매로 사용하지 않는다.
(2) 단점
㉠ 친수성이기 때문에 우선적으로 물분자와 결합을 이루어 습도의 증가에 따른 흡착용량의 감소를 초래한다.
㉡ 습도가 높은 작업장에서는 다른 오염물질의 파과용량이 작아져 파과를 일으키기 쉽다.

정답 36.③ 37.② 38.② 39.② 40.②

제3과목 | 작업환경 관리대책

41 다음의 ( )에 들어갈 내용이 알맞게 조합된 것은?

> 원형직관에서 압력손실은 (㉮)에 비례하고 (㉯)에 반비례하며 속도의 (㉰)에 비례한다.

① ㉮ 송풍관의 길이, ㉯ 송풍관의 직경, ㉰ 제곱
② ㉮ 송풍관의 직경, ㉯ 송풍관의 길이, ㉰ 제곱
③ ㉮ 송풍관의 길이, ㉯ 속도압, ㉰ 세제곱
④ ㉮ 속도압, ㉯ 송풍관의 길이, ㉰ 세제곱

풀이 원형 직선 duct 압력손실(ΔP)
$$\Delta P = \lambda (=4f) \times \frac{L}{D} \times VP \left(= \frac{\gamma V^2}{2g}\right)$$
압력손실은 덕트의 길이, 공기밀도, 유속의 제곱에 비례하고, 덕트의 직경에 반비례한다.

42 산업위생보호구와 가장 거리가 먼 것은?
① 내열 방화복
② 안전모
③ 일반 장갑
④ 일반 보호면

풀이 안전보호구 및 위생보호구 종류
㉠ 안전보호구
안전화, 안전모, 안전대, 안전장갑, 보안면, 방한복, 반사조끼, 내전복, 작업복 등
㉡ 위생보호구
방진장갑, 차광안경(보안경), 방호면, 귀마개, 귀덮개, 방진마스크, 방열장갑, 방열복, 송기마스크, 위생장갑, 내산복, 방독마스크, 절연복, 고무장화, 우의, 토시 등

43 방진마스크에 대한 설명으로 가장 거리가 먼 것은?

① 방진마스크는 인체에 유해한 분진, 연무, 흄, 미스트, 스프레이 입자를 작업자가 흡입하지 않도록 하는 보호구이다.
② 방진마스크의 종류에는 격리식과 직결식, 면체여과식이 있다.
③ 방진마스크의 필터에는 활성탄과 실리카겔이 주로 사용된다.
④ 비휘발성 입자에 대한 보호만 가능하며, 가스 및 증기로부터의 보호는 안 된다.

풀이 방진마스크 필터 재질
㉠ 면, 모
㉡ 유리섬유
㉢ 합성섬유
㉣ 금속섬유

44 전체환기의 목적에 해당되지 않는 것은?
① 발생된 유해물질을 완전히 제거하여 건강을 유지·증진한다.
② 유해물질의 농도를 감소시켜 건강을 유지·증진한다.
③ 화재나 폭발을 예방한다.
④ 실내의 온도와 습도를 조절한다.

풀이 전체환기의 목적
㉠ 유해물질의 농도를 희석, 감소시켜 근로자의 건강을 유지·증진한다.
㉡ 화재나 폭발을 예방한다.
㉢ 실내의 온도와 습도를 조절한다.

45 덕트 주관에 45°로 분지관이 연결되어 있다. 주관과 분지관의 반송속도는 모두 18m/sec이고, 주관의 압력손실계수는 0.20이며, 분지관의 압력손실계수는 0.28이다. 주관과 분지관의 합류에 의한 압력손실(mmH₂O)은? (단, 공기밀도=1.2kg/m³)
① 9.5
② 8.5
③ 7.5
④ 6.5

정답 41.① 42.② 43.③ 44.① 45.①

[풀이] 합류관 압력손실(ΔP)
ΔP = 분지관 압력손실 + 주관 압력손실
$= (F \times VP) + (F \times VP)$
$= \left[0.28 \times \left(\dfrac{1.2 \times 18^2}{2 \times 9.8}\right)\right] + \left[0.2 \times \left(\dfrac{1.2 \times 18^2}{2 \times 9.8}\right)\right]$
$= 9.52 \text{mmH}_2\text{O}$

46 레이놀즈수(Re)를 산출하는 공식은? [단, d : 덕트직경(m), ν : 공기유속(m/s), μ : 공기의 점성계수(kg/sec·m), ρ : 공기밀도(kg/m³)]

① $Re = (\mu \times \rho \times d)/\nu$
② $Re = (\rho \times \nu \times \mu)/d$
③ $Re = (d \times \nu \times \mu)/\rho$
④ $Re = (\rho \times d \times \nu)/\mu$

[풀이] 레이놀즈수(Re)
$Re = \dfrac{\rho Vd}{\mu} = \dfrac{Vd}{\nu} = \dfrac{\text{관성력}}{\text{점성력}}$

여기서 Re : 레이놀즈수(무차원)
ρ : 유체의 밀도(kg/m³)
d : 유체가 흐르는 직경(m)
V : 유체의 평균유속(m/sec)
μ : 유체의 점성계수(kg/m·s(poise))
ν : 유체의 동점성계수(m²/sec)

47 송풍기의 전압이 300mmH₂O이고 풍량이 400m³/min, 효율이 0.6일 때 소요동력(kW)은?

① 약 33
② 약 45
③ 약 53
④ 약 65

[풀이] 송풍기 소요동력(kW) $= \dfrac{Q \times \Delta P}{6{,}120 \times \eta} \times \alpha$
$= \dfrac{400 \times 300}{6{,}120 \times 0.6} \times 1.0$
$= 32.68 \text{kW}$

48 움직이지 않는 공기 중으로 속도 없이 배출되는 작업조건(작업공정 : 탱크에서 증발)의 제어속도 범위(m/sec)는? (단, ACGIH 권고 기준)

① 0.1~0.3
② 0.3~0.5
③ 0.5~1.0
④ 1.0~1.5

[풀이] 작업조건에 따른 제어속도 기준(ACGIH)

작업조건	작업공정 사례	제어속도(m/sec)
• 움직이지 않는 공기 중에서 속도 없이 배출되는 작업조건 • 조용한 대기 중에 실제 거의 속도가 없는 상태로 발산하는 작업조건	• 액면에서 발생하는 가스나 증기, 흄 • 탱크에서 증발, 탈지 시설	0.25~0.5
비교적 조용한(약간의 공기 움직임) 대기 중에서 저속도로 비산하는 작업조건	• 용접, 도금 작업 • 스프레이 도장 • 주형을 부수고 모래를 터는 장소	0.5~1.0

49 방사날개형 송풍기에 관한 설명으로 틀린 것은?

① 고농도 분진함유 공기나 부식성이 강한 공기를 이송시키는 데 많이 이용된다.
② 깃이 평판으로 되어 있다.
③ 가격이 저렴하고 효율이 높다.
④ 깃의 구조가 분진을 자체 정화할 수 있도록 되어 있다.

[풀이] 평판형(radial fan) 송풍기
㉠ 플레이트(plate) 송풍기, 방사날개형 송풍기라고도 한다.
㉡ 날개(blade)가 다익형보다 적고, 직선이며 평판 모양을 하고 있어 강도가 매우 높게 설계되어 있다.
㉢ 깃의 구조가 분진을 자체 정화할 수 있도록 되어 있다.
㉣ 시멘트, 미분탄, 곡물, 모래 등의 고농도 분진함유 공기나 마모성이 강한 분진 이송용으로 사용된다.
㉤ 부식성이 강한 공기를 이송하는 데 많이 사용된다.
㉥ 압력은 다익팬보다 약간 높으며, 효율도 65%로 다익팬보다는 약간 높으나 터보팬보다는 낮다.
㉦ 습식 집진장치의 배치에 적합하며, 소음은 중간 정도이다.

정답 46.④ 47.① 48.② 49.③

50 30,000ppm의 테트라클로로에틸렌(tetrachloro-ethylene)이 작업환경 중의 공기와 완전 혼합되어 있다. 이 혼합물의 유효비중은? (단, 테트라클로로에틸렌은 공기보다 5.7배 무겁다.)

① 약 1.124 ② 약 1.141
③ 약 1.164 ④ 약 1.186

풀이 유효비중 = $\dfrac{(30,000 \times 5.7) + (1.0 \times 970,000)}{1,000,000}$
= 1.1410

51 귀덮개 착용 시 일반적으로 요구되는 차음 효과는?

① 저음에서 15dB 이상, 고음에서 30dB 이상
② 저음에서 20dB 이상, 고음에서 45dB 이상
③ 저음에서 25dB 이상, 고음에서 50dB 이상
④ 저음에서 30dB 이상, 고음에서 55dB 이상

풀이 **귀덮개의 방음효과**
㉠ 저음영역에서 20dB 이상, 고음영역에서 45dB 이상 차음효과가 있다.
㉡ 귀마개를 착용하고서 귀덮개를 착용하면 훨씬 차음효과가 커지게 되므로 120dB 이상의 고음작업장에서는 동시 착용할 필요가 있다.
㉢ 간헐적 소음에 노출되는 경우 귀덮개를 착용한다.
㉣ 차음성능기준상 중심주파수가 1,000Hz인 음원의 차음치는 25dB 이상이다.

52 강제환기를 실시할 때 환기효과를 제고할 수 있는 필요 원칙을 모두 고른 것은?

㉮ 배출구가 창문이나 문 근처에 위치하지 않도록 한다.
㉯ 배출공기를 보충하기 위하여 청정공기를 공급한다.
㉰ 공기 배출구와 근로자의 작업위치 사이에 오염원이 위치하여야 한다.
㉱ 오염물질 배출구는 오염원으로부터 가까운 곳에 설치하여 점환기 현상을 방지한다.

① ㉮, ㉯ ② ㉮, ㉯, ㉰
③ ㉮, ㉯, ㉱ ④ ㉮, ㉯, ㉰, ㉱

풀이 **전체환기(강제환기)시설 설치 기본원칙**
㉠ 오염물질 사용량을 조사하여 필요환기량을 계산한다.
㉡ 배출공기를 보충하기 위하여 청정공기를 공급한다.
㉢ 오염물질 배출구는 가능한 한 오염원으로부터 가까운 곳에 설치하여 '점환기'의 효과를 얻는다.
㉣ 공기 배출구와 근로자의 작업위치 사이에 오염원이 위치해야 한다.
㉤ 공기가 배출되면서 오염장소를 통과하도록 공기 배출구와 유입구의 위치를 선정한다.
㉥ 작업장 내 압력은 경우에 따라서 양압이나 음압으로 조정해야 한다(오염원 주위에 다른 작업공정이 있으면 공기 공급량을 배출량보다 작게 하여 음압을 형성시켜 주위 근로자에게 오염물질이 확산되지 않도록 한다).
㉦ 배출된 공기가 재유입되지 못하게 배출구 높이를 적절히 설계하고 창문이나 문 근처에 위치하지 않도록 한다.
㉧ 오염된 공기는 작업자가 호흡하기 전에 충분히 희석되어야 한다.
㉨ 오염물질 발생은 가능하면 비교적 일정한 속도로 유출되도록 조정해야 한다.

53 송풍기의 효율이 큰 순서대로 나열된 것은?

① 평판송풍기 > 다익송풍기 > 터보송풍기
② 다익송풍기 > 평판송풍기 > 터보송풍기
③ 터보송풍기 > 다익송풍기 > 평판송풍기
④ 터보송풍기 > 평판송풍기 > 다익송풍기

풀이 **원심력식 송풍기의 효율**
터보송풍기 > 평판송풍기 > 다익송풍기

54 후드로부터 0.25m 떨어진 곳에 있는 공정에서 발생되는 먼지를, 제어속도가 5m/sec, 후드직경이 0.4m인 원형 후드를 이용하여 제거하고자 한다. 이때 필요환기량(m^3/min)은? (단, 플랜지 등 기타 조건은 고려하지 않음)

① 약 205
② 약 215
③ 약 225
④ 약 235

[풀이] 외부식 후드의 필요환기량(Q)
$$Q = V_c \times (10X^2 + A)$$
$$= 5\text{m/sec} \times \left[(10 \times 0.25^2)\text{m}^2 + \left(\frac{3.14 \times 0.4^2}{4}\right)\text{m}^2\right]$$
$$\times 60\text{sec/min}$$
$$= 225.18\text{m}^3/\text{min}$$

55 배출원이 많아서 여러 개의 후드를 주관에 연결한 경우(분지관의 수가 많고 덕트의 압력손실이 클 때) 총 압력손실 계산법으로 가장 적절한 방법은?
① 정압조절평형법
② 저항조절평형법
③ 등가조절평형법
④ 속도압평형법

[풀이] **저항조절평형법(댐퍼조절평형법, 덕트균형유지법)**
(1) 정의
각 덕트에 댐퍼를 부착하여 압력을 조정, 평형을 유지하는 방법이다.
(2) 특징
㉠ 후드를 추가 설치해도 쉽게 정압조절이 가능하다.
㉡ 사용하지 않는 후드를 막아 다른 곳에 필요한 정압을 보낼 수 있어 현장에서 가장 편리하게 사용할 수 있는 압력균형방법이다.
㉢ 총 압력손실 계산은 압력손실이 가장 큰 분지관을 기준으로 산정한다.
(3) 적용
분지관의 수가 많고 덕트의 압력손실이 클 때 사용(배출원이 많아서 여러 개의 후드를 주관에 연결한 경우)

56 1기압에서 혼합기체가 질소(N_2) 66%, 산소(O_2) 14%, 탄산가스 20%로 구성되어 있을 때 질소가스의 분압은? (단, 단위 : mmHg)
① 501.6
② 521.6
③ 541.6
④ 560.4

[풀이] 질소가스 분압(mmHg) = 760mmHg × 성분비
= 760mmHg × 0.66
= 501.6mmHg

57 자연환기와 강제환기에 관한 설명으로 옳지 않은 것은?
① 강제환기는 외부 조건에 관계없이 작업환경을 일정하게 유지시킬 수 있다.
② 자연환기는 환기량 예측자료를 구하기가 용이하다.
③ 자연환기는 적당한 온도 차와 바람이 있다면 비용 면에서 상당히 효과적이다.
④ 자연환기는 외부 기상조건과 내부 작업 조건에 따라 환기량 변화가 심하다.

[풀이] **자연환기의 장단점**
(1) 장점
㉠ 설치비 및 유지보수비가 적게 든다.
㉡ 적당한 온도차이와 바람이 있다면 운전비용이 거의 들지 않는다.
㉢ 효율적인 자연환기는 에너지비용을 최소화할 수 있어 냉방비 절감효과가 있다.
㉣ 소음발생이 적다.
(2) 단점
㉠ 외부 기상조건과 내부 조건에 따라 환기량이 일정하지 않아 작업환경 개선용으로 이용하는데 제한적이다.
㉡ 계절변화에 불안정하다. 즉, 여름보다 겨울철이 환기효율이 높다.
㉢ 정확한 환기량 산정이 힘들다. 즉, 환기량 예측자료를 구하기 힘들다.

58 환기시설 내 기류가 기본적인 유체역학적 원리에 따르기 위한 전제조건과 가장 거리가 먼 것은?
① 환기시설 내외의 열교환은 무시한다.
② 공기의 압축이나 팽창은 무시한다.
③ 공기는 절대습도를 기준으로 한다.
④ 공기 중에 포함된 유해물질의 무게와 용량을 무시한다.

[풀이] 유체역학의 질량보전 원리를 환기시설에 적용하는 데 필요한 네 가지 공기 특성의 주요 가정(전제조건)
㉠ 환기시설 내외(덕트 내부와 외부)의 열전달(열교환) 효과 무시
㉡ 공기의 비압축성(압축성과 팽창성 무시)
㉢ 건조공기 가정
㉣ 환기시설에서 공기 속 오염물질의 질량(무게)과 부피(용량)를 무시

59 후드의 유입계수가 0.86, 속도압이 25mmH₂O일 때 후드의 압력손실(mmH₂O)은?

① 8.8
② 12.2
③ 15.4
④ 17.2

[풀이] 후드 압력손실(ΔP)
$\Delta P = F \times VP$
- $F = \dfrac{1}{Ce^2} - 1 = \dfrac{1}{0.86^2} - 1 = 0.352$

$= 0.352 \times 25$
$= 8.8 \text{mmH}_2\text{O}$

60 슬롯 후드에서 슬롯의 역할은?

① 제어속도를 감소시킴
② 후드 제작에 필요한 재료 절약
③ 공기가 균일하게 흡입되도록 함
④ 제어속도를 증가시킴

[풀이] 외부식 슬롯 후드
㉠ slot 후드는 후드 개방부분의 길이가 길고, 높이(폭)가 좁은 형태로 [높이(폭)/길이]의 비가 0.2 이하인 것을 말한다.
㉡ slot 후드에서도 플랜지를 부착하면 필요배기량을 줄일 수 있다(ACGIH : 환기량 30% 절약).
㉢ slot 후드의 가장자리에서도 공기의 흐름을 균일하게 하기 위해 사용한다.
㉣ slot 속도는 배기송풍량과는 관계가 없으며, 제어풍속은 slot 속도에 영향을 받지 않는다.
㉤ 플레넘 속도를 슬롯속도의 1/2 이하로 하는 것이 좋다.

제4과목 | 물리적 유해인자관리

61 소음에 대한 대책으로 적절하지 않은 것은?

① 차음효과는 밀도가 큰 재질일수록 좋다.
② 흡음효과에 방해를 주지 않기 위해서, 다공질 재료 표면에 종이를 입혀서는 안 된다.
③ 흡음효과를 높이기 위해서는 흡음재를 실내의 틈이나 가장자리에 부착하는 것이 좋다.
④ 저주파 성분이 큰 공장이나 기계실 내에서는 다공질 재료에 의한 흡음처리가 효과적이다.

[풀이] 다공질 재료에 의한 흡음효과는 고주파 성분에 적용하는 것이 효율적이다.

62 살균작용을 하는 자외선의 파장범위는?

① 220~254nm
② 254~280nm
③ 280~315nm
④ 315~400nm

[풀이] 자외선의 살균작용
㉠ 살균작용은 254~280nm(254nm 파장 정도에서 가장 강함)에서 핵단백을 파괴하여 이루어진다.
㉡ 실내공기의 소독목적으로 사용한다.

63 실내에서 박스를 들고 나르는 작업(300kcal/hr)을 하고 있다. 온도가 다음과 같을 때 시간당 작업시간과 휴식시간의 비율로 가장 적절한 것은?

- 자연습구온도 : 30℃
- 흑구온도 : 31℃
- 건구온도 : 28℃

① 5분 작업, 55분 휴식
② 15분 작업, 45분 휴식
③ 30분 작업, 30분 휴식
④ 45분 작업, 15분 휴식

17-14 정답 59.① 60.③ 61.④ 62.② 63.②

[풀이] 실내 WBGT(℃)
= (0.7×자연습구온도)+(0.3×흑구온도)
= (0.7×30℃)+(0.3×31℃)
= 30.3℃
아래 표에서 중등작업, 31.1WBGT(℃)의 시간당 작업-휴식비율을 찾으면 15분 작업, 45분 휴식이다.
[표] 고열작업장의 노출기준(고용노동부, ACGIH)
단위: WBGT(℃)

시간당 작업-휴식비율	작업강도		
	경작업	중등작업	중(힘든)작업
연속작업	30.0	26.7	25.0
75% 작업, 25% 휴식 (45분 작업, 15분 휴식)	30.6	28.0	25.9
50% 작업, 50% 휴식 (30분 작업, 30분 휴식)	31.4	29.4	27.9
25% 작업, 75% 휴식 (15분 작업, 45분 휴식)	32.2	31.1	30.0

64 다음 설명에 해당하는 진동방진재료는?

> 여러 가지 형태로 된 철물에 견고하게 부착할 수 있는 반면, 내구성, 내약품성이 약하고 공기 중의 오존에 의해 산화된다는 단점을 가지고 있다.

① 코르크
② 금속스프링
③ 방진고무
④ 공기스프링

[풀이] 방진고무의 장단점
(1) 장점
  ㉠ 고무 자체의 내부마찰로 적당한 저항을 얻을 수 있다.
  ㉡ 공진 시의 진폭도 지나치게 크지 않다.
  ㉢ 설계자료가 잘 되어 있어서 용수철 정수(스프링 상수)를 광범위하게 선택할 수 있다.
  ㉣ 형상의 선택이 비교적 자유로워 여러 가지 형태로 된 철물에 견고하게 부착할 수 있다.
  ㉤ 고주파 진동의 차진에 양호하다.
(2) 단점
  ㉠ 내후성, 내유성, 내열성, 내약품성이 약하다.
  ㉡ 공기 중의 오존(O_3)에 의해 산화된다.
  ㉢ 내부마찰에 의한 발열 때문에 열화되기 쉽다.

65 기류의 측정에 쓰이는 기기에 대한 설명으로 틀린 것은?

① 옥내 기류 측정에는 kata 온도계가 쓰인다.
② 풍차풍속계는 1m/sec 이하의 풍속을 측정하는 데 쓰이는 것으로, 옥외용이다.
③ 열선풍속계는 기온과 정압을 동시에 구할 수 있어 환기시설의 점검에 유용하게 쓰인다.
④ Kata 온도계의 표면에는 눈금이 아래위로 두 개 있는데 일반용은 아래가 95°F(35℃)이고 위가 100°F(37.8℃)이다.

[풀이] 풍차풍속계(기류 측정)
㉠ 1~150m/sec 범위의 풍속 측정
㉡ 옥외용으로 사용
㉢ 풍차의 회전속도로 풍속 측정

66 전리방사선의 영향에 대한 감수성이 가장 큰 인체 내 기관은?

① 혈관
② 뼈 및 근육조직
③ 신경조직
④ 골수 및 임파구

[풀이] 전리방사선에 대한 감수성 순서

골수, 흉선 및 림프조직(조혈기관), 눈의 수정체, 임파선(임파구) > 상피세포, 내피세포 > 근육세포 > 신경조직

67 음압이 20N/m²일 경우 음압수준(sound pressure level)은 얼마인가?

① 100dB
② 110dB
③ 120dB
④ 130dB

[풀이] 음압수준(SPL)
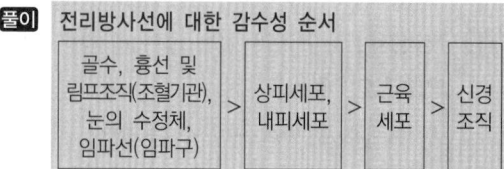

68 파장이 400~760nm이면 어떤 종류의 비전리방사선인가?
① 적외선 ② 라디오파
③ 마이크로파 ④ 가시광선

풀이 가시광선
가시광선은 380~770nm(400~760nm)의 파장 범위이며, 480nm 부근에서 최대 강도를 나타낸다.

69 마이크로파의 생물학적 작용에 대한 설명 중 틀린 것은?
① 인체에 흡수된 마이크로파는 기본적으로 열로 전환된다.
② 마이크로파의 열작용에 가장 많은 영향을 받는 기관은 생식기와 눈이다.
③ 광선의 파장과 특정 조직의 광선 흡수 능력에 따라 장애 출현 부위가 달라진다.
④ 일반적으로 150MHz 이하의 마이크로파와 라디오파는 흡수되어도 감지되지 않는다.

풀이 마이크로파의 생물학적 작용은 파장뿐만 아니라 출력, 피폭시간, 피폭된 조직에 따라 다르다.

70 작업장의 자연채광 계획 수립에 관한 설명으로 맞는 것은?
① 실내의 입사각은 4~5°가 좋다.
② 창의 방향은 많은 채광을 요구할 경우 북향이 좋다.
③ 창의 방향은 조명의 평등을 요하는 작업실인 경우 남향이 좋다.
④ 창의 면적은 일반적으로 바닥면적의 15~20%가 이상적이다.

풀이 자연채광
㉠ 실내의 입사각은 28° 이상이 좋다.
㉡ 창의 방향은 많은 채광을 요구할 경우 남향이 좋다.
㉢ 균일한 평등을 요하는 조명을 요구하는 작업실은 북향(동북향)이 좋다.

71 소음에 의한 청력장애가 가장 잘 일어나는 주파수는?
① 1,000Hz
② 2,000Hz
③ 4,000Hz
④ 8,000Hz

풀이 C_5-dip 현상
㉠ 소음성 난청의 초기단계로 4,000Hz에서 청력장애가 현저히 커지는 현상이다.
㉡ 우리 귀는 고주파음에 대단히 민감하다. 특히 4,000Hz에서 소음성 난청이 가장 많이 발생한다.

72 25℃일 때 공기 중에서 1,000Hz인 음의 파장은 약 몇 m인가?
① 0.035
② 0.35
③ 3.5
④ 35

풀이 음의 파장(λ)
$$\lambda = \frac{C}{f} = \frac{[331.42 + (0.6 \times 25)] \text{m/sec}}{1,000 \text{ 1/sec}} = 0.35\text{m}$$

73 산업안전보건법상의 이상기압에 대한 설명으로 틀린 것은?
① 이상기압이란 압력이 제곱센티미터당 1킬로그램 이상인 기압을 말한다.
② 사업주는 잠수작업을 하는 잠수작업자에게 고농도의 산소만을 마시도록 하여야 한다.
③ 사업주는 기압조절실에서 고압작업자에게 가압을 하는 경우 1분에 제곱센티미터당 0.8킬로그램 이하의 속도로 가압하여야 한다.
④ 사업주는 근로자가 고압작업에 종사하는 경우에 작업실 공기의 부피가 근로자 1인당 4세제곱미터 이상이 되도록 하여야 한다.

풀이 고압환경에서는 수소 또는 질소를 대신하여 마취작용이 적은 헬륨 같은 불활성 기체들로 대치한 공기를 호흡시킨다.

74 소음에 관한 설명으로 틀린 것은?

① 소음작업자의 영구성 청력손실은 4,000Hz에서 가장 심하다.
② 언어를 구성하는 주파수는 주로 250~3,000Hz의 범위이다.
③ 젊은 사람의 가청주파수 영역은 20~20,000Hz의 범위가 일반적이다.
④ 기준음압은 이상적인 청력 조건하에서 들을 수 있는 최소 가청음역으로, 0.02dyne/cm²로 잡고 있다.

풀이 기준음압(실효치)
$2 \times 10^{-5} \text{N/m}^2 = 20\mu\text{Pa} = 2 \times 10^{-4} \text{dyne/cm}^2$

75 전신진동에 의한 건강장애의 설명으로 틀린 것은?

① 진동수 4~12Hz에서 압박감과 동통감을 받게 된다.
② 진동수 60~90Hz에서는 두개골이 공명하기 시작하여 안구가 공명한다.
③ 진동수 20~30Hz에서는 시력 및 청력 장애가 나타나기 시작한다.
④ 진동수 3Hz 이하이면 신체가 함께 움직여 motion sickness와 같은 동요감을 느낀다.

풀이 공명(공진) 진동수
㉠ 두부와 견부는 20~30Hz 진동에 공명(공진)하며, 안구는 60~90Hz 진동에 공명
㉡ 3Hz 이하 : motion sickness 느낌(급성적 증상으로 상복부의 통증과 팽만감 및 구토)
㉢ 6Hz : 가슴, 등에 심한 통증
㉣ 13Hz : 머리, 안면, 볼, 눈꺼풀 진동
㉤ 4~14Hz : 복통, 압박감 및 동통감
㉥ 9~20Hz : 대소변 욕구, 무릎 탄력감
㉦ 20~30Hz : 시력 및 청력 장애

76 한랭환경에서의 생리적 기전이 아닌 것은?

① 피부혈관의 팽창
② 체표면적의 감소
③ 체내 대사율 증가
④ 근육긴장의 증가와 떨림

풀이 한랭(저온)환경에서의 생리적 기전(반응)
한랭환경에서는 체열 방산을 제한하고 체열 생산을 증가시키기 위한 생리적 반응이 일어난다.
㉠ 피부혈관(말초혈관)이 수축한다.
  • 피부혈관 수축과 더불어 혈장량 감소로 혈압이 일시적으로 저하되며 신체 내 열을 보호하는 기능을 한다.
  • 말초혈관의 수축으로 표면조직의 냉각이 오며 1차적 생리적 영향이다.
  • 피부혈관의 수축으로 피부온도가 감소되고 순환 능력이 감소되어 혈압은 일시적으로 상승된다.
㉡ 근육긴장의 증가와 떨림 및 수의적인 운동이 증가한다.
㉢ 갑상선을 자극하여 호르몬 분비가 증가(화학적 대사작용 증가)한다.
㉣ 부종, 저림, 가려움, 심한 통증 등이 발생한다.
㉤ 피부표면의 혈관·피하조직이 수축하고, 체표면적이 감소한다.
㉥ 피부의 급성 일과성 염증반응은 한랭에 대한 폭로를 중지하면 2~3시간 내에 없어진다.
㉦ 피부나 피하조직을 냉각시키는 환경온도 이하에서는 감염에 대한 저항력이 떨어지며 회복과정에 장애가 온다.
㉧ 저온환경에서는 근육활동, 조직대사가 증가되어 식욕이 항진된다.

77 빛의 밝기 단위에 관한 설명 중 틀린 것은?

① 럭스(lux) - 1ft²의 평면에 1루멘의 빛이 비칠 때의 밝기이다.
② 촉광(candle) - 지름이 1인치 되는 촛불이 수평방향으로 비칠 때가 1촉광이다.
③ 루멘(lumen) - 1촉광의 광원으로부터 한 단위 입체각으로 나가는 광속의 단위이다.
④ 풋캔들(foot candle) - 1루멘의 빛이 1ft²의 평면 상에 수직방향으로 비칠 때 그 평면의 빛의 양이다.

정답 74.④ 75.② 76.① 77.①

[풀이] 럭스(lux) ; 조도
㉠ 1루멘(lumen)의 빛이 1m²의 평면상에 수직으로 비칠 때의 밝기이다.
㉡ 1cd의 점광원으로부터 1m 떨어진 곳에 있는 광선의 수직인 면의 조명도이다.
㉢ 조도는 어떤 면에 들어오는 광속의 양에 비례하고 입사면의 단면적에 반비례한다.
조도$(E) = \dfrac{\text{lumen}}{\text{m}^2}$
㉣ 조도는 입사면의 단면적에 대한 광속의 비를 의미한다.

78 산업안전보건법상 산소 결핍, 유해가스로 인한 화재·폭발 등의 위험이 있는 밀폐 공간 내에서 작업할 때의 조치사항으로 적합하지 않은 것은?

① 사업주는 밀폐 공간 보건작업 프로그램을 수립하여 시행하여야 한다.
② 사업주는 밀폐 공간에는 관계 근로자가 아닌 사람의 출입을 금지하고, 그 내용을 보기 쉬운 장소에 게시하여야 한다.
③ 사업주는 근로자가 밀폐 공간에서 작업을 하는 경우 작업을 시작하기 전에 방독마스크를 착용하게 하여야 한다.
④ 사업주는 근로자가 밀폐 공간에서 작업을 하는 경우에 그 장소에 근로자를 입장시키거나 퇴장시킬 때마다 인원을 점검하여야 한다.

[풀이] 밀폐 공간에서 작업을 하는 경우에는 공기호흡기 또는 송기마스크를 착용하게 하여야 한다.

79 고압작업에 관한 설명으로 맞는 것은?

① 산소분압이 2기압을 초과하면 산소중독이 나타나 건강장애를 초래한다.
② 일반적으로 고압환경에서는 산소 분압이 낮기 때문에 저산소증을 유발한다.
③ scuba와 같이 호흡장치를 착용하고 잠수하는 것은 고압환경에 해당되지 않는다.
④ 사람이 절대압 1기압에 이르는 고압환경에 노출되면 개구부가 막혀 귀, 부비강, 치아 등에서 통증이나 압박감을 느끼게 된다.

[풀이] ② 1기압 이하의 저기압이 문제되는 것은 항공기 조종사 및 승무원들에게서 볼 수 있는 저산소증이다.
③ scuba와 같이 호흡장치를 착용하고 잠수하는 것은 고압환경에 해당된다.
④ 사람이 절대압 1기압 이상인 고압환경에 노출되면 개구부가 막혀 귀, 부비강, 치아 등에서 통증이나 압박감을 느끼게 된다.

80 5,000m 이상의 고공에서 비행업무에 종사하는 사람에게 가장 큰 문제가 되는 것은?

① 산소부족
② 질소부족
③ 탄산가스
④ 일산화탄소

[풀이] **고공증상**
㉠ 5,000m 이상의 고공에서 비행업무에 종사하는 사람에게 가장 큰 문제는 산소부족(저산소증, hypoxia)이다.
㉡ 항공치통, 항공이염, 항공부비감염이 일어날 수 있다.
㉢ 고도 10,000ft(3,048m)까지는 시력, 협조운동의 가벼운 장애 및 피로를 유발한다.
㉣ 고도 18,000ft(5,468m) 이상이 되면 21% 이상의 산소가 필요하게 된다.

제5과목 | 산업 독성학

81 이황화탄소(CS_2)에 중독될 가능성이 가장 높은 작업장은?

① 비료 제조 및 초자공 작업장
② 유리 제조 및 농약 제조 작업장
③ 타르, 도장 및 석유 정제 작업장
④ 인조견, 셀로판 및 사염화탄소 생산 작업장

[풀이] **이황화탄소(CS_2)**
㉠ 상온에서 무색 무취의 휘발성이 매우 높은(비점 46.3℃) 액체이며, 인화·폭발의 위험성이 있다.
㉡ 주로 인조견(비스코스레이온)과 셀로판 생산 및 농약공장, 사염화탄소제조, 고무제품의 용제 등에서 사용된다.
㉢ 지용성 용매로 피부로도 흡수되며 독성작용으로는 급성 혹은 아급성 뇌병증을 유발한다.
㉣ 말초신경장애 현상으로 파킨슨 증후군을 유발하며 급성마비, 두통, 신경증상 등도 나타난다(감각 및 운동신경 모두 유발).
㉤ 급성으로 고농도 노출 시 사망할 수 있고 1,000ppm 수준에서 환상을 보는 정신이상을 유발(기질적 뇌손상, 말초신경병, 신경행동학적 이상)하며, 심한 경우 불안, 분노, 자살성향 등을 보이기도 한다.

82 유기성 분진에 의한 것으로 체내 반응보다는 직접적인 알레르기 반응을 일으키며 특히 호열성 방선균류의 과민증상이 많은 진폐증은?
① 농부폐증
② 규폐증
③ 석면폐증
④ 면폐증

[풀이] **농부폐증(farmers lung)**
㉠ 유기성 분진 즉 동물조직, 분비물, 사료, 미생물 혼합체가 주요 원인물질이다.
㉡ 체내 반응보다는 직접적인 알레르기 반응을 일으킨다.
㉢ 호열성 방선균류의 과민증상이 많다.

83 작업장의 유해물질을 공기 중 허용농도에 의존하는 것 이외에 근로자의 노출상태를 측정하는 방법으로, 근로자들의 조직과 체액 또는 호기를 검사해서 건강장애를 일으키는 일이 없이 노출될 수 있는 양을 규정한 것은?
① LD
② SHD
③ BEI
④ STEL

[풀이] **생물학적 노출지수(BEI)**
㉠ 혈액, 소변, 호기, 모발 등 생체시료(인체조직이나 세포)로부터 유해물질 그 자체 또는 유해물질의 대사산물 및 생화학적 변화를 반영하는 지표물질을 말하며 유해물질의 대사산물, 유해물질 자체 및 생화학적 변화 등을 총칭한다.
㉡ 근로자의 전반적인 노출량을 평가하는 데 이에 대한 기준으로 BEI를 사용한다.
㉢ 작업장의 공기 중 허용농도에 의존하는 것 이외에 근로자의 노출상태를 측정하는 방법으로 근로자들의 조직과 체액 또는 호기를 검사해서 건강장애를 일으키는 일이 없이 노출될 수 있는 양이 BEI이다.

84 다핵방향족 화합물(PAH)에 대한 설명으로 틀린 것은?
① 톨루엔, 크실렌 등이 대표적이라 할 수 있다.
② PAH는 벤젠고리가 2개 이상 연결된 것이다.
③ PAH는 배설을 쉽게 하기 위하여 수용성으로 대사된다.
④ PAH의 대사에 관여하는 효소는 시토크롬 P-448로 대사되는 중간산물이 발암성을 나타낸다.

[풀이] **다핵방향족탄화수소류(PAH, 일반적으로 시토크롬 P-448이라 함)**
㉠ PAH는 벤젠고리가 2개 이상 연결된 것으로 20여 가지 이상이 있다.
㉡ PAH는 대사가 거의 되지 않아 방향족 고리로 구성되어 있다.
㉢ 철강제조업의 코크스제조공정, 담배의 흡연, 연소공정, 석탄건류, 아스팔트 포장, 굴뚝 청소 시 발생한다.
㉣ PAH는 비극성의 지용성화합물이며 소화관을 통하여 흡수된다.
㉤ PAH는 시토크롬 P-450의 준개체단에 의하여 대사되고, PAH의 대사에 관여하는 효소는 P-448로 대사되는 중간산물이 발암성을 나타낸다.
㉥ 대사 중에 산화아렌(arene oxide)을 생성하고 잠재적 독성이 있다.
㉦ PAH는 배설을 쉽게 하기 위하여 수용성으로 대사되는데 체내에서 먼저 PAH가 hydroxylation(수산화)되어 수용성을 돕는다.

정답 82.① 83.③ 84.①

85 크롬으로 인한 피부궤양 발생 시 치료에 사용하는 것과 가장 관계가 먼 것은?

① 10% BAL 용액
② sodium citrate 용액
③ sodium thiosulfate 용액
④ 10% CaNa2EDTA 연고

풀이 크롬중독의 치료
㉠ 크롬 폭로 시 즉시 중단(만성 크롬중독의 특별한 치료법은 없음)하여야 하며, BAL, Ca-EDTA 복용은 효과가 없다.
㉡ 사고로 섭취 시 응급조치로 환원제인 우유와 비타민 C를 섭취한다.
㉢ 피부궤양에는 5% 티오황산소다(sodium thiosulfate) 용액, 5~10% 구연산소다(sodium citrate) 용액, 10% Ca-EDTA 연고를 사용한다.

86 다음 사례의 근로자에게서 의심되는 노출 인자는?

41세 A씨는 1990년부터 1997년까지 기계공구제조업에서 산소용접작업을 하다가 두통, 관절통, 전신근육통, 가슴답답함, 이가 시리고 아픈 증상이 있어 건강검진을 받았다. 건강검진 결과 단백뇨와 혈뇨가 있어 신장질환 유소견자 진단을 받았다. 이 유해인자의 혈중, 소변 중 농도가 직업병 예방을 위한 생물학적 노출기준을 초과하였다.

① 납 ② 망간
③ 수은 ④ 카드뮴

풀이 카드뮴의 만성중독 건강장애
(1) 신장기능 장애
 ㉠ 저분자 단백뇨의 다량 배설 및 신석증을 유발한다.
 ㉡ 칼슘대사에 장애를 주어 신결석을 동반한 신증후군이 나타난다.
(2) 골격계 장애
 ㉠ 다량의 칼슘 배설(칼슘 대사장애)이 일어나 뼈의 통증, 골연화증 및 골수공증을 유발한다.
 ㉡ 철분결핍성 빈혈증이 나타난다.

(3) 폐기능 장애
 ㉠ 폐활량 감소, 잔기량 증가 및 호흡곤란의 폐 증세가 나타나며, 이 증세는 노출기간과 노출농도에 의해 좌우된다.
 ㉡ 폐기종, 만성 폐기능 장애를 일으킨다.
 ㉢ 기도 저항이 늘어나고 폐의 가스교환 기능이 저하된다.
 ㉣ 고환의 기능이 쇠퇴(atrophy)한다.
(4) 자각 증상
 ㉠ 기침, 가래 및 후각의 이상이 생긴다.
 ㉡ 식욕부진, 위장 장애, 체중 감소 등을 유발한다.
 ㉢ 치은부의 연한 황색 색소침착을 유발한다.

87 유해물질과 생물학적 노출지표 물질이 잘못 연결된 것은?

① 납 – 소변 중 납
② 페놀 – 소변 중 총 페놀
③ 크실렌 – 소변 중 메틸마뇨산
④ 일산화탄소 – 소변 중 carboxyhemoglobin

풀이 화학물질에 대한 대사산물 및 시료채취시기

화학물질	대사산물(측정대상물질) : 생물학적 노출지표	시료채취시기
납	혈액 중 납	중요치 않음
	소변 중 납	
카드뮴	소변 중 카드뮴	중요치 않음
	혈액 중 카드뮴	
일산화탄소	호기에서 일산화탄소	작업 종료 시
	혈액 중 carboxyhemoglobin	
벤젠	소변 중 총 페놀	작업 종료 시
	소변 중 t,t-뮤코닉산 (t,t-muconic acid)	
에틸벤젠	소변 중 만델린산	작업 종료 시
니트로벤젠	소변 중 p-nitrophenol	작업 종료 시
아세톤	소변 중 아세톤	작업 종료 시
톨루엔	혈액, 호기에서 톨루엔	작업 종료 시
	소변 중 o-크레졸	
크실렌	소변 중 메틸마뇨산	작업 종료 시
스티렌	소변 중 만델린산	작업 종료 시
트리클로로에틸렌	소변 중 트리클로로초산(삼염화초산)	주말작업 종료 시

물질	대사산물	시기
테트라클로로에틸렌	소변 중 트리클로로초산 (삼염화초산)	주말작업 종료 시
트리클로로에탄	소변 중 트리클로로초산 (삼염화초산)	주말작업 종료 시
사염화에틸렌	소변 중 트리클로로초산 (삼염화초산)	주말작업 종료 시
	소변 중 삼염화에탄올	
이황화탄소	소변 중 TTCA	-
	소변 중 이황화탄소	
노말헥산 (n-헥산)	소변 중 2,5-hexanedione	작업 종료 시
	소변 중 n-헥산	
메탄올	소변 중 메탄올	-
클로로벤젠	소변 중 총 4-chlorocatechol	작업 종료 시
	소변 중 총 p-chlorophenol	
크롬 (수용성 흄)	소변 중 총 크롬	주말작업 종료 시, 주간작업 중
N,N-디메틸포름아미드	소변 중 N-메틸포름아미드	작업 종료 시
페놀	소변 중 메틸마뇨산	작업 종료 시

88 직업성 천식에 대한 설명으로 틀린 것은?

① 작업환경 중 천식을 유발하는 대표물질로 톨루엔 디이소시안산염(TDI), 무수트리멜리트산(TMA)을 들 수 있다.
② 항원공여세포가 탐식되면 T 림프구 중 I형 살 T 림프구(type I killer T cell)가 특정 알레르기 항원을 인식한다.
③ 일단 질환에 이환하게 되면 작업환경에서 추후 소량의 동일한 유발물질에 노출되더라도 지속적으로 증상이 발현된다.
④ 직업성 천식은 근무시간에 증상이 점점 심해지고, 휴일 같은 비근무시간에 증상이 완화되거나 없어지는 특징이 있다.

[풀이] 직업성 천식은 항원공여세포가 탐식되면 T림프구 중 I형 살 T림프구(type I killer T cell)가 특정 알레르기 항원을 인식하지 못한다.

89 인간의 연금술, 의약품 등에 가장 오래 사용해 왔던 중금속 중의 하나로 17세기 유럽에서 신사용 중절모자를 제조하는 데 사용하여 근육경련을 일으킨 물질은?

① 납   ② 비소
③ 수은   ④ 베릴륨

[풀이] 수은
㉠ 수은은 인간의 연금술, 의약품 분야에서 가장 오래 사용해 왔던 중금속의 하나이며 로마 시대에는 수은광산에서 수은중독 사망이 발생하였다.
㉡ 우리나라에서는 형광등 제조업체에 근무하던 문송면 군에게 직업병을 야기시킨 원인인자가 수은이다.
㉢ 수은은 금속 중 증기를 발생시켜 산업중독을 일으킨다.
㉣ 17세기 유럽에서 신사용 중절모자를 제조하는 데 사용함으로써 근육경련(hatter's shake)을 일으킨 기록이 있다.

90 생물학적 모니터링에 대한 설명으로 틀린 것은?

① 피부, 소화기계를 통한 유해인자의 종합적인 흡수 정도를 평가할 수 있다.
② 생물학적 시료를 분석하는 것은 작업환경측정보다 훨씬 복잡하고 취급이 어렵다.
③ 건강상의 영향과 생물학적 변수와 상관성이 높아 공기 중의 노출기준(TLV)보다 훨씬 많은 생물학적 노출지수(BEI)가 있다.
④ 근로자의 유해인자에 대한 노출 정도를 소변, 호기, 혈액 중에서 그 물질이나 대사산물을 측정함으로써 노출 정도를 추정하는 방법을 의미한다.

[풀이] 생물학적 노출지수(BEI)는 건강상의 영향과 생물학적 변수와 상관성이 있는 물질이 많지 않아 작업환경측정에서 설정한 허용기준(TLV)보다 훨씬 적은 기준을 가지고 있다.

91 산업안전보건법상 발암성 물질로 확인된 물질(1A)에 포함되어 있지 않은 것은?

① 벤지딘
② 염화비닐
③ 베릴륨
④ 에틸벤젠

풀이 발암성 확인물질(1A)
석면, 우라늄, Cr^{+6}화합물, 아크릴로니트릴, 벤지딘, 염화비닐, β-나프틸아민, 베릴륨

92 입자상 물질의 하나인 흄(fume)의 발생기전 3단계에 해당하지 않는 것은?

① 산화
② 응축
③ 입자화
④ 증기화

풀이 흄(fume)의 발생기전
㉠ 1단계 : 금속의 증기화
㉡ 2단계 : 증기물의 산화
㉢ 3단계 : 산화물의 응축

93 대사과정에 의해서 변화된 후에만 발암성을 나타내는 선행발암물질(procarcinogen)로만 연결된 것은?

① PAH, nitrosamine
② PAH, methyl nitrosourea
③ benzo(a)pyrene, dimethyl sulfate
④ nitrosamine, ethyl methanesulfonate

풀이 선행발암물질(procarcinogen) 종류
㉠ PAH
㉡ nitrosamine

94 직업성 천식을 확진하는 방법이 아닌 것은?

① 작업장 내 유발검사
② Ca-EDTA 이동시험
③ 증상 변화에 따른 추정
④ 특이항원 기관지 유발검사

풀이 직업성 천식 확진방법
㉠ 작업장 내 유발검사
㉡ 증상 변화에 따른 추정
㉢ 특이항원 기관지 유발검사

95 산업안전보건법상 기타 분진의 산화규소 결정체 함유율과 노출기준으로 맞는 것은?

① 함유율 : 0.1% 이상, 노출기준 : $5mg/m^3$
② 함유율 : 0.1% 이하, 노출기준 : $10mg/m^3$
③ 함유율 : 1% 이상, 노출기준 : $5mg/m^3$
④ 함유율 : 1% 이하, 노출기준 : $10mg/m^3$

풀이 기타 분진의 산화규소 결정체
㉠ 함유율 : 1% 이하
㉡ 노출기준 : $10mg/m^3$

96 다음은 납이 발생되는 환경에서 납 노출을 평가하는 활동이다. 순서가 맞게 나열된 것은?

㉮ 납의 독성과 노출기준 등을 MSDS를 통해 찾아본다.
㉯ 납에 대한 노출을 측정하고 분석한다.
㉰ 납에 노출되는 것은 부적합하므로 시설개선을 해야 한다.
㉱ 납에 대한 노출 정도를 노출기준과 비교한다.
㉲ 납이 어떻게 발생되는지 예비 조사한다.

① ㉮ → ㉯ → ㉰ → ㉱ → ㉲
② ㉰ → ㉯ → ㉮ → ㉱ → ㉲
③ ㉲ → ㉮ → ㉯ → ㉱ → ㉰
④ ㉲ → ㉯ → ㉮ → ㉱ → ㉰

풀이 납 노출에 대한 평가활동 분석
㉠ 납이 어떻게 발생되는지 조사한다.
㉡ 납에 대한 독성, 노출기준 등을 MSDS를 통하여 찾아본다.
㉢ 납에 대한 노출을 측정하고 분석한다.
㉣ 납에 대한 노출 정도를 노출기준과 비교한다.
㉤ 납에 대한 노출은 부적합하므로 개선시설을 해야 한다.

정답 91.④ 92.③ 93.① 94.② 95.④ 96.③

97 Haber의 법칙을 가장 잘 설명한 공식은?
(단, K는 유해지수, C는 농도, T는 시간이다.)

① $K = C \div T$
② $K = C \times T$
③ $K = T \div C$
④ $K = C^2 \times T$

[풀이] **Haber의 법칙**
$C \times T = K$
여기서, C : 농도
T : 노출지속시간
K : 용량(유해물질 지수)

98 최근 스마트 기기의 등장으로 이를 활용하는 방법이 빠르게 소개되고 있다. 소음측정을 위하여 개발된 스마트 기기용 어플리케이션의 민감도(sensitivity)를 확인하려고 한다. 85dB을 넘는 조건과 그렇지 않은 조건을 어플리케이션과 소음측정기로 동시에 측정하여 다음과 같은 결과를 얻었다. 이 스마트 기기 어플리케이션의 민감도는 얼마인가?

- 어플리케이션을 이용하였을 때 85dB 이상이 30개소, 85dB 미만이 50개소
- 소음측정기를 이용하였을 때 85dB 이상이 25개소, 85dB 미만이 55개소
- 어플리케이션과 소음측정기 모두 85dB 이상은 18개소

① 60%   ② 72%
③ 78%   ④ 86%

[풀이] 민감도는 측정 시 실제로 노출된 것이 이 측정방법에 의하여 노출된 것으로 나타날 확률을 의미한다.
∴ 민감도 $= \dfrac{18}{30} \times 100 = 60\%$

99 납중독의 대표적인 증상 및 징후로 틀린 것은?

① 간장장애   ② 근육계통장애
③ 위장장애   ④ 중추신경장애

[풀이] **납중독의 주요 증상(임상증상)**
(1) 위장계통의 장애(소화기장애)
  ㉠ 복부팽만감, 급성 복부선통
  ㉡ 권태감, 불면증, 안면창백, 노이로제
  ㉢ 잇몸의 연선(lead line)
(2) 신경, 근육 계통의 장애
  ㉠ 손처짐, 팔과 손의 마비
  ㉡ 근육통, 관절통
  ㉢ 신장근의 쇠약
  ㉣ 근육의 피로로 인한 납경련
(3) 중추신경장애
  ㉠ 뇌중독 증상으로 나타난다.
  ㉡ 유기납에 폭로로 나타나는 경우가 많다.
  ㉢ 두통, 안면창백, 기억상실, 정신착란, 혼수상태, 발작

100 독성물질 간의 상호작용을 잘못 표현한 것은? (단, 숫자는 독성값을 표현한 것이다.)

① 길항작용 : 3+3=0
② 상승작용 : 3+3=5
③ 상가작용 : 3+3=6
④ 가승작용 : 3+0=10

[풀이] **상승작용(synergism effect)**
㉠ 각각 단일물질에 노출되었을 때의 독성보다 훨씬 독성이 커짐을 말한다.
㉡ 상대적 독성 수치로 표현하면, 3+3=20

[정답] 97.② 98.① 99.① 100.②

제1과목 | 산업위생학 개론

01 작업자세는 피로 또는 작업능률과 밀접한 관계가 있는데, 바람직한 작업자세의 조건으로 보기 어려운 것은?
① 정적 작업을 도모한다.
② 작업에 주로 사용하는 팔은 심장높이에 두도록 한다.
③ 작업물체와 눈과의 거리는 명시거리로 30cm 정도를 유지토록 한다.
④ 근육을 지속적으로 수축시키기 때문에 불안정한 자세는 피하도록 한다.

[풀이] 동적인 작업을 늘리고, 정적인 작업을 줄이는 것이 바람직한 작업자세이다.

02 피로의 판정을 위한 평가(검사) 항목(종류)과 가장 거리가 먼 것은?
① 혈액 ② 감각기능
③ 위장기능 ④ 작업성적

[풀이] 피로의 판정을 위한 평가(검사) 항목
㉠ 혈액
㉡ 감각기능(근전도, 심박수, 민첩성 등)
㉢ 작업성적

03 산업재해에 따른 보상에 있어 보험급여에 해당하지 않는 것은?
① 유족급여
② 직업재활급여
③ 대체인력훈련비
④ 상병(傷病)보상연금

[풀이] 산업재해에 따른 보상에 해당하는 보험급여
㉠ 요양급여
㉡ 유족급여
㉢ 직업재활급여
㉣ 상병보상연금
㉤ 장애급여
㉥ 장의비
㉦ 휴업급여
㉧ 간병급여

04 NIOSH의 들기 작업에 대한 평가방법은 여러 작업요인에 근거하여 가장 안전하게 취급할 수 있는 권고기준(Recommended Weight Limit ; RWL)을 계산한다. RWL의 계산과정에서 각각의 변수들에 대한 설명으로 틀린 것은?
① 중량물 상수(Load Constant)는 변하지 않는 상수값으로 항상 23kg을 기준으로 한다.
② 운반 거리값(Distance Multiplier)은 최초의 위치에서 최종 운반위치까지의 수직 이동거리(cm)를 의미한다.
③ 허리 비틀림 각도(Asymmetric Multiplier)는 물건을 들어 올릴 때 허리의 비틀림 각도(A)를 측정하여 $1 - 0.32 \times A$에 대입한다.
④ 수평 위치값(Horizontal Multiplier)은 몸의 수직선상의 중심에서 물체를 잡는 손의 중앙까지의 수평거리(H, m)를 측정하여 $25/H$로 구한다.

풀이	RWL(kg)=LC×HM×VM×DM×AM×FM×CM	
	items	계수 구하는 방법
LC	Load Constant	23kg
HM	수평 계수 (Horizontal Multiplier)	25/H
VM	수직 계수 (Vertical Multiplier)	$1-(0.003|V-75|)$
DM	거리 계수 (Distance Multiplier)	$0.82+(4.5/D)$
AM	비대칭 계수 (Asymmetric Multiplier)	$1-(0.0032A)$
FM	빈도 계수 (Frequency Multiplier)	표로 구함
CM	커플링 계수 (Coupling Multiplier)	표로 구함

05 고용노동부장관은 직업병의 발생원인을 찾아내거나 직업병의 예방을 위하여 필요하다고 인정할 때는 근로자의 질병과 화학물질 등 유해요인과의 상관관계에 관한 어떤 조사를 실시할 수 있는가?

① 역학조사
② 안전보건진단
③ 작업환경측정
④ 특수건강진단

풀이 **역학조사**
㉠ 고용노동부장관은 직업성 질환의 진단 및 예방, 발생원인의 규명을 위하여 필요하다고 인정할 때에는 근로자의 질병과 작업장의 유해요인의 상관관계에 관한 직업성 질환 역학조사를 할 수 있다.
㉡ 역학조사를 실시하는 경우 사업주 및 근로자는 적극 협조하여야 하며, 정당한 사유 없이 이를 거부·방해하거나 기피하여서는 아니 된다.

06 인간공학에서 고려해야 할 인간의 특성과 가장 거리가 먼 것은?

① 인간의 습성
② 신체의 크기와 작업환경
③ 기술, 집단에 대한 적응능력
④ 인간의 독립성 및 감정적 조화성

풀이 **인간공학에서 고려해야 할 인간의 특성**
㉠ 인간의 습성
㉡ 신체의 크기와 작업환경
㉢ 기술, 집단에 대한 적응능력
㉣ 감각과 지각
㉤ 운동력과 근력
㉥ 민족

07 육체적 작업능력(PWC)이 12kcal/min인 어느 여성이 8시간 동안 피로를 느끼지 않고 일을 하기 위한 작업강도는 어느 정도인가?

① 3kcal/min
② 4kcal/min
③ 6kcal/min
④ 12kcal/min

풀이 작업강도=PWC×$\frac{1}{3}$=12kcal/min×$\frac{1}{3}$=4kcal/min

08 마이스터(D.Meister)가 정의한 내용으로 시스템으로부터 요구된 작업결과(performance)와의 차이(deviation)는 무엇을 의미하는가?

① 무의식 행동 ② 인간실수
③ 주변적 동작 ④ 지름길 반응

풀이 **인간실수의 정의(Meister, 1971)**
인간실수를 시스템으로부터 요구된 작업결과(performance)와의 차이(deviation)라고 하였다. 즉, 시스템의 안전, 성능, 효율을 저하시키거나 감소시킬 수 있는 잠재력을 갖고 있는 부적절하거나 원치 않는 인간의 결정 또는 행동으로 어떤 허용범위를 벗어난 일련의 동작이라고 하였다.

09 ACGIH TLV 적용 시 주의사항으로 틀린 것은?

① 경험 있는 산업위생가가 적용해야 함
② 독성강도를 비교할 수 있는 지표가 아님
③ 안전과 위험 농도를 구분하는 일반적 경계선으로 적용해야 함
④ 정상작업시간을 초과한 노출에 대한 독성평가에는 적용할 수 없음

풀이 ACGIH(미국정부산업위생전문가협의회)에서 권고하고 있는 허용농도(TLV) 적용상 주의사항
㉠ 대기오염평가 및 지표(관리)에 사용할 수 없다.
㉡ 24시간 노출 또는 정상작업시간을 초과한 노출에 대한 독성 평가에는 적용할 수 없다.
㉢ 기존의 질병이나 신체적 조건을 판단(증명 또는 반증 자료)하기 위한 척도로 사용될 수 없다.
㉣ 작업조건이 다른 나라에서 ACGIH-TLV를 그대로 사용할 수 없다.
㉤ 안전농도와 위험농도를 정확히 구분하는 경계선이 아니다.
㉥ 독성의 강도를 비교할 수 있는 지표는 아니다.
㉦ 반드시 산업보건(위생)전문가에 의하여 설명(해석), 적용되어야 한다.
㉧ 피부로 흡수되는 양은 고려하지 않은 기준이다.
㉨ 산업장의 유해조건을 평가하기 위한 지침이며, 건강장애를 예방하기 위한 지침이다.

10 산업안전보건법상 사무실 공기질의 측정 대상물질에 해당하지 않는 것은?
① 석면
② 일산화질소
③ 일산화탄소
④ 총 부유세균

풀이 사무실 공기관리지침의 관리대상 오염물질
㉠ 미세먼지(PM 10)
㉡ 초미세먼지(PM 2.5)
㉢ 일산화탄소(CO)
㉣ 이산화탄소(CO_2)
㉤ 이산화질소(NO_2)
㉥ 포름알데히드(HCHO)
㉦ 총 휘발성 유기화합물(TVOC)
㉧ 라돈(radon)
㉨ 총 부유세균
㉩ 곰팡이
※ 법 변경(2020년)사항이므로 풀이내용으로 학습 바랍니다.

11 산업위생관리에서 중점을 두어야 하는 구체적인 과제로 적합하지 않은 것은?
① 기계·기구의 방호장치 점검 및 적절한 개선
② 작업근로자의 작업자세와 육체적 부담의 인간공학적 평가
③ 기존 및 신규 화학물질의 유해성 평가 및 사용대책의 수립
④ 고령근로자 및 여성근로자의 작업조건과 정신적 조건의 평가

풀이 기계·기구의 방호장치 점검 및 적절한 개선은 산업안전관리에서 중점을 두어야 하는 구체적인 과제이다.

12 산업안전보건법상 다음 설명에 해당하는 건강진단의 종류는?

> 특수건강진단 대상업무에 종사할 근로자에 대하여 배치 예정업무에 대한 적합성 평가를 위하여 사업주가 실시하는 건강진단

① 일반건강진단
② 수시건강진단
③ 임시건강진단
④ 배치전건강진단

풀이 건강진단의 종류
(1) 일반건강진단
　상시 사용하는 근로자의 건강관리를 위하여 사업주가 주기적으로 실시하는 건강진단을 말한다.
(2) 특수건강진단
　㉠ 특수건강진단 대상 유해인자에 노출되는 업무(특수건강진단 대상업무)에 종사하는 근로자
　㉡ 근로자건강진단 실시 결과 직업병 유소견자로 판정받은 후 작업 전환을 하거나 작업장소를 변경하고, 직업병 유소견 판정의 원인이 된 유해인자에 대한 건강진단이 필요하다는 의사의 소견이 있는 근로자
(3) 배치 전 건강진단
　특수건강진단 대상업무에 배치 전 업무적합성 평가를 위하여 사업주가 실시하는 건강진단을 말한다.
(4) 수시건강진단
　특수건강진단 대상업무로 해당 유해인자에 의한 건강장애를 의심하게 하는 증상이나 의학적 소견이 있는 근로자에 대하여 실시하는 건강진단을 말한다.
(5) 임시건강진단
　특수건강진단 대상 유해인자 또는 그 밖의 유해인자에 의한 중독 여부, 질병에 걸렸는지 여부 또는 질병의 발생원인 등을 확인하기 위하여 지방고용노동관서 장의 명령에 따라 사업주가 실시하는 건강진단을 말한다.
　㉠ 같은 부서에 근무하는 근로자 또는 같은 유해인자에 노출되는 근로자에게 유사한 질병의 자각, 타각 증상이 발생한 경우
　㉡ 직업병 유소견자가 발생하거나 여러 명이 발생할 우려가 있는 경우
　㉢ 그 밖에 지방고용노동관서의 장이 필요하다고 판단하는 경우

13 우리나라 산업위생역사에서 중요한 원진레이온 공장에서의 집단적인 직업병 유발물질은 무엇인가?
① 수은　　　　② 디클로로메탄
③ 벤젠(benzene)　④ 이황화탄소(CS_2)

[풀이] 원진레이온(주)에서의 이황화탄소(CS_2) 중독 사건
㉠ 펄프를 이황화탄소와 적용시켜 비스코레이온을 만드는 공정에서 발생하였다.
㉡ 중고기계를 가동하여 많은 오염물질 누출이 주원인이었으며, 직업병 발생이 사회문제가 되자 사용했던 기기나 장비는 중국으로 수출하였다.
㉢ 작업환경 측정 및 근로자 건강진단을 소홀히 하여 예방에 실패한 대표적인 예이다.
㉣ 급성 고농도 노출 시 사망할 수 있고 1,000ppm 수준에서는 환상을 보는 등 정신이상을 유발한다.
㉤ 만성중독으로는 뇌경색증, 다발성 신경염, 협심증, 신부전증 등을 유발한다.
㉥ 1991년 중독을 발견하고, 1998년 집단적으로 발생하였다. 즉 집단 직업병에 유발되었다.

14 도수율(Frequency Rate of Injury)이 10인 사업장에서 작업자가 평생 동안 작업할 경우 발생할 수 있는 재해의 건수는? (단, 평생의 총 근로시간수는 120,000시간으로 한다.)
① 0.8건　　② 1.2건
③ 2.4건　　④ 12건

[풀이]
$$도수율 = \frac{재해건수}{연근로시간수} \times 10^6$$
$$10 = \frac{재해건수}{120,000} \times 10^6$$
∴ 재해건수 = 1.2건

15 근로자가 노동환경에 노출될 때 유해인자에 대한 해치(Hatch)의 양-반응관계곡선의 기관장애 3단계에 해당하지 않는 것은?
① 보상단계　　② 고장단계
③ 회복단계　　④ 항상성 유지단계

[풀이] Hatch의 기관장애 3단계
㉠ 항상성(homeostasis) 유지단계(정상적인 상태)
㉡ 보상(compensation) 유지단계(노출기준 설정 단계)
㉢ 고장(breakdown) 장애단계(비가역적 단계)

16 미국산업위생학술원(AAIH)에서 채택한 산업위생분야에 종사하는 사람들이 지켜야 할 윤리강령에 포함되지 않는 것은?
① 국가에 대한 책임
② 전문가로서의 책임
③ 일반대중에 대한 책임
④ 기업주와 고객에 대한 책임

[풀이] 산업위생분야 종사자들의 윤리강령(AAIH)
㉠ 산업위생전문가로서의 책임
㉡ 근로자에 대한 책임
㉢ 기업주와 고객에 대한 책임
㉣ 일반대중에 대한 책임

17 근골격계 질환 작업위험요인의 인간공학적 평가방법이 아닌 것은?
① OWAS　　② RULA
③ REBA　　④ ICER

[풀이] 근골격계 질환의 인간공학적 평가방법
㉠ OWAS　　㉡ RULA
㉢ JSI　　　㉣ REBA
㉤ NLE　　　㉥ WAC
㉦ PATH

18 직업성 질환 중 직업상의 업무에 의하여 1차적으로 발생하는 질환을 무엇이라 하는가?
① 합병증　　② 원발성 질환
③ 일반질환　④ 속발성 질환

[풀이] 직업성 질환이란 어떤 작업에 종사함으로써 발생하는 업무상 질병을 말하며 직업상의 업무에 의하여 1차적으로 발생하는 질환을 원발성 질환이라 한다.

19 새로운 물건이나 새로 지은 집에 입주하기 전 실내를 모두 닫고 30℃ 이상으로 5~6시간 유지시킨 후 1시간 정도 환기를 하는 방식을 여러 번 반복하여 실내의 휘발성 유기화합물이나 포름알데히드의 저감효과를 얻는 방법을 무엇이라 하는가?
① bake out　　② heating up
③ room heating　④ burning up

[정답] 13.④　14.②　15.③　16.①　17.④　18.②　19.①

[풀이] **베이크 아웃(bake out)**
새로운 건물이나 새로 지은 집에 입주하기 전 실내를 모두 닫고 30℃ 이상으로 5~6시간 유지시킨 후 1시간 정도 환기를 하는 방식을 여러 번 하여 실내의 VOC나 포름알데히드의 저감효과를 얻는 방법

20 어느 사업장에서 톨루엔($C_6H_5CH_3$)의 농도가 0℃일 때 100ppm이었다. 기압의 변화 없이 기온이 25℃로 올라갈 때 농도는 약 몇 mg/m³로 예측되는가?

① 325mg/m³   ② 346mg/m³
③ 365mg/m³   ④ 376mg/m³

[풀이] 농도(mg/m³) = 100ppm × $\dfrac{92.13}{22.4 \times \left(\dfrac{273+25}{273}\right)}$
= 376.81mg/m³

제2과목 | 작업위생 측정 및 평가

21 다음 중 작업장의 유해인자에 대한 위해도 평가에 영향을 미치는 것 중 가장 거리가 먼 것은?

① 유해인자의 위해성
② 휴식시간의 배분 정도
③ 유해인자에 노출되는 근로자 수
④ 노출되는 시간 및 공간적인 특성과 빈도

[풀이] 작업장 유해인자에 대한 위해도 평가에 영향을 미치는 인자
㉠ 유해인자의 위해성
㉡ 유해인자에 노출되는 근로자 수
㉢ 노출되는 시간 및 공간적인 특성과 빈도

22 실내공간이 100m³인 빈 실험실에 MEK(Methyl Ethyl Ketone) 2mL가 기화되어 완전히 혼합되었을 때, 이때 실내의 MEK농도는 약 몇 ppm인가? (단, MEK 비중은 0.805, 분자량은 72.1, 실내는 25℃, 1기압 기준이다.)

① 2.3   ② 3.7
③ 4.2   ④ 5.5

[풀이] 농도(mg/m³) = $\dfrac{2mL \times 0.805g/mL \times 1,000mg/g}{100m^3}$
= 16.1mg/m³
∴ 농도(ppm) = 16.1mg/m³ × $\dfrac{24.45}{72.1}$ = 5.5ppm

23 다음 중 작업환경 공기 중의 벤젠농도를 측정한 결과가 8mg/m³, 5mg/m³, 7mg/m³, 3ppm, 6mg/m³였을 때, 기하평균은 약 몇 mg/m³인가? (단, 벤젠의 분자량은 78이고, 기온은 25℃이다.)

① 7.4   ② 6.9
③ 5.3   ④ 4.8

[풀이] 농도(mg/m³) = 3ppm × $\dfrac{78}{24.45}$ = 9.57mg/m³
log(GM) = $\dfrac{\log 8 + \log 5 + \log 7 + \log 9.57 + \log 6}{5}$
= 0.84
∴ GM = $10^{0.84}$ = 6.92mg/m³

24 연속적으로 일정한 농도를 유지하면서 만드는 방법 중 dynamic method에 관한 설명으로 틀린 것은?

① 농도변화를 줄 수 있다.
② 대개 운반용으로 제작된다.
③ 만들기가 복잡하고, 가격이 고가이다.
④ 소량의 누출이나 벽면에 의한 손실은 무시할 수 있다.

[풀이] **dynamic method**
㉠ 희석공기와 오염물질을 연속적으로 흘려주어 일정한 농도를 유지하면서 만드는 방법이다.
㉡ 알고 있는 공기 중 농도를 만드는 방법이다.
㉢ 농도변화를 줄 수 있고, 온도·습도 조절이 가능하다.
㉣ 제조가 어렵고, 비용도 많이 든다.
㉤ 다양한 농도 범위에서 제조가 가능하다.
㉥ 가스, 증기, 에어로졸 실험도 가능하다.
㉦ 소량의 누출이나 벽면에 의한 손실은 무시할 수 있다.
㉧ 지속적인 모니터링이 필요하다.
㉨ 일정한 농도를 유지하기가 매우 곤란하다.

정답 20.④ 21.② 22.④ 23.② 24.②

25 두 개의 버블러를 연속적으로 연결하여 시료를 채취할 때, 첫 번째 버블러의 채취효율이 75%이고, 두 번째 버블러의 채취효율이 90%이면 전체 채취효율(%)은?

① 91.5　② 93.5
③ 95.5　④ 97.5

풀이
$\eta_T = \eta_1 + \eta_2(1-\eta_1)$
$= 0.75 + [0.9(1-0.75)] = 0.975 \times 100$
$= 97.5\%$

26 작업환경 내 105dB(A)의 소음이 30분, 110dB(A)의 소음이 15분, 115dB(A)의 소음이 5분 발생하였을 때 작업환경의 소음 정도는? (단, 105dB(A), 110dB(A), 115dB(A)의 1일 노출허용 시간은 각각 1시간, 30분, 15분이고, 소음은 단속음이다.)

① 허용기준 초과
② 허용기준 미달
③ 허용기준과 일치
④ 평가할 수 없음(조건 부족)

풀이
$E_I = \dfrac{30}{60} + \dfrac{15}{30} + \dfrac{5}{15} = 1.33$
1보다 크므로 허용기준 초과

27 다음 중 활성탄에 흡착된 유기화합물을 탈착하는 데 가장 많이 사용하는 용매는?

① 톨루엔　② 이황화탄소
③ 클로로포름　④ 메틸클로로포름

풀이 비극성 물질(활성탄)의 탈착용매는 이황화탄소(CS_2)를 사용하고 극성물질에는 이황화탄소와 다른 용매를 혼합하여 사용한다.

28 작업환경 측정의 단위 표시로 틀린 것은? (단, 고용노동부 고시를 기준으로 한다.)

① 석면농도 : 개/kg
② 분진, 흄의 농도 : mg/m^3 또는 ppm
③ 가스, 증기의 농도 : mg/m^3 또는 ppm
④ 고열(복사열 포함) : 습구·흑구온도지수를 구하여 ℃로 표시

풀이
석면농도
개/cm^3=개/cc=개/mL

29 NaOH 10g을 10L의 용액에 녹였을 때, 이 용액의 몰농도(M)는? (단, 나트륨 원자량은 23이다.)

① 0.025
② 0.25
③ 0.05
④ 0.5

풀이
몰(M)농도 = $\dfrac{10g}{10L} \times \dfrac{1mol}{40g} = 0.025 M(mol/L)$

30 다음 중 대푯값에 대한 설명이 잘못된 것은?

① 측정값 중 빈도가 가장 많은 수가 최빈값이다.
② 가중평균은 빈도를 가중치로 택하여 평균값을 계산한다.
③ 중앙값은 측정값을 모두 나열하였을 때 중앙에 위치하는 측정값이다.
④ 기하평균은 n개의 측정값이 있을 때 이들의 합을 개수로 나눈 값으로, 산업위생분야에서 많이 사용한다.

풀이 기하평균(GM)
(1) 모든 자료를 대수로 변환하여 평균 후 평균한 값을 역대수 취한 값 또는 N개의 측정치 $X_1, X_2, \cdots, X_n$이 있을 때 이들 수의 곱의 N 제곱근의 값이다.
(2) 산업위생분야에서는 작업환경 측정 결과가 대수정규분포를 취하는 경우 대푯값으로서 기하평균을, 산포도로서 기하표준편차를 널리 사용한다.
(3) 기하평균이 산술평균보다 작게 되므로 작업환경관리 차원에서 보면 기하평균치의 사용이 항상 바람직한 것이라고 보기는 어렵다.
(4) 계산식
㉠ $\log(GM) = \dfrac{\log X_1 + \log X_2 + \cdots + \log X_n}{N}$
위 식에서 GM을 구함(가능한 계산식 ㉠의 사용을 권장)
㉡ $GM = \sqrt[N]{X_1 \cdot X_2 \cdot \cdots \cdot X_n}$

정답 25.④　26.①　27.②　28.①　29.①　30.④

31 열, 화학물질, 압력 등에 강한 특성을 가지고 있어 석탄 건류나 증류 등의 고열공정에서 발생하는 다핵방향족탄화수소를 채취하는 데 이용되는 여과지는?

① 은막 여과지
② PVC 여과지
③ MCE 여과지
④ PTFE 여과지

풀이 PTFE막 여과지(Polytetrafluroethylene membrane filter, 테프론)
㉠ 열, 화학물질, 압력 등에 강한 특성을 가지고 있어 석탄 건류나 증류 등의 고열공정에서 발생하는 다핵방향족탄화수소를 채취하는 데 이용된다.
㉡ 농약, 알칼리성 먼지, 콜타르피치 등을 채취한다.
㉢ $1\mu m$, $2\mu m$, $3\mu m$의 여러 가지 구멍 크기를 가지고 있다.

32 다음 중 가스크로마토그래피의 충진분리관에 사용되는 액상의 성질과 가장 거리가 먼 것은?

① 휘발성이 커야 한다.
② 열에 대해 안정해야 한다.
③ 시료 성분을 잘 녹일 수 있어야 한다.
④ 분리관의 최대온도보다 100℃ 이상에서 끓는점을 가져야 한다.

풀이 가스크로마토그래피의 충진분리관에 사용되는 액상은 휘발성 및 점성이 작아야 한다.

33 hexane의 부분압이 120mmHg라면 VHR은 약 얼마인가? (단, hexane의 OEL=500ppm이다.)

① 271
② 284
③ 316
④ 343

풀이 $\text{VHR} = \dfrac{C}{\text{TLV}} = \dfrac{\left(\dfrac{120}{760} \times 10^6\right)\text{ppm}}{500\text{ppm}} = 315.79$

34 태양광선이 내리쬐지 않는 옥내에서 건구온도가 30℃, 자연습구온도가 32℃, 흑구온도가 35℃일 때, 습구흑구온도지수(WBGT)는? (단, 고용노동부 고시 기준)

① 32.9℃
② 33.3℃
③ 37.2℃
④ 38.3℃

풀이 옥내 WBGT=(0.7×32)+(0.3×35)=32.9℃

35 용접작업장에서 개인시료 펌프를 이용하여 9시 5분부터 11시 55분까지, 13시 5분부터 16시 23분까지 시료를 채취한 결과 공기량이 787L일 경우 펌프의 유량은 약 몇 L/min인가?

① 1.14
② 2.14
③ 3.14
④ 4.14

풀이 pump 유량(L/min)=$\dfrac{787\text{L}}{368\text{min}} = 2.14\text{L/min}$

36 작업장에서 작동하는 기계 두 대의 소음레벨이 각각 98dB(A), 96dB(A)로 측정되었을 때, 두 대의 기계가 동시에 작동하였을 경우에 소음레벨은 약 몇 dB(A)인가?

① 98
② 100
③ 102
④ 104

풀이 $L_\text{합} = 10\log(10^{9.8}+10^{9.6}) = 100.12\text{dB(A)}$

37 시간당 약 150kcal의 열량이 소모되는 경작업 조건에서 WBGT 측정치가 30.6℃일 때 고열작업 노출기준의 작업휴식 조건으로 가장 적절한 것은?

① 계속 작업
② 매시간 25% 작업, 75% 휴식
③ 매시간 50% 작업, 50% 휴식
④ 매시간 75% 작업, 25% 휴식

정답 31.④ 32.① 33.③ 34.① 35.② 36.② 37.④

풀이 고열작업장의 노출기준(고용노동부, ACGIH)
(단위 : WBGT(℃))

시간당 작업과 휴식비율	작업 강도		
	경작업	중등작업	중(힘든)작업
연속작업	30.0	26.7	25.0
75% 작업, 25% 휴식 (45분 작업, 15분 휴식)	30.6	28.0	25.9
50% 작업, 50% 휴식 (30분 작업, 30분 휴식)	31.4	29.4	27.9
25% 작업, 75% 휴식 (15분 작업, 45분 휴식)	32.2	31.1	30.0

㉠ 경작업 : 시간당 200kcal까지의 열량이 소요되는 작업을 말하며, 앉아서 또는 서서 기계의 조정을 하기 위하여 손 또는 팔을 가볍게 쓰는 일 등이 해당된다.
㉡ 중등작업 : 시간당 200~350kcal의 열량이 소요되는 작업을 말하며, 물체를 들거나 밀면서 걸어 다니는 일 등이 해당된다.
㉢ 중(격심)작업 : 시간당 350~500kcal의 열량이 소요되는 작업을 뜻하며, 곡괭이질 또는 삽질하는 일과 같이 육체적으로 힘든 일 등이 해당된다.

38 다음 중 1차 표준기구와 가장 거리가 먼 것은?
① 폐활량계 ② pitot 튜브
③ 비누거품미터 ④ 습식 테스트미터

풀이 공기채취기구 보정에 사용되는 1차 표준기구

표준기구	일반 사용범위	정확도
비누거품미터 (soap bubble meter)	1mL/분 ~30L/분	±1% 이내
폐활량계(spirometer)	100~600L	±1% 이내
가스치환병 (mariotte bottle)	10~500mL/분	±0.05 ~0.25%
유리피스톤미터 (glass piston meter)	10~200mL/분	±2% 이내
흑연피스톤미터 (frictionless piston meter)	1mL/분 ~50L/분	±1~2%
피토튜브(Pitot tube)	15mL/분 이하	±1% 이내

39 작업장의 소음 측정 시 소음계의 청감보정회로는? (단, 고용노동부 고시 기준)
① A특성 ② B특성
③ C특성 ④ D특성

풀이 작업장의 소음 측정 시 소음계의 청감보정회로는 A특성으로 행하여야 한다.

40 작업환경 측정 시 온도 표시에 관한 설명으로 옳지 않은 것은? (단, 고용노동부 고시 기준)
① 열수 : 약 100℃ ② 상온 : 15~25℃
③ 온수 : 50~60℃ ④ 미온 : 30~40℃

풀이 온도 표시의 기준
㉠ 온도의 표시는 셀시우스(Celcius)법에 따라 아라비아 숫자의 오른쪽에 ℃를 붙인다. 절대온도는 K로 표시하고, 절대온도 0K은 -273℃로 한다.
㉡ 상온은 15~25℃, 실온은 1~35℃, 미온은 30~40℃로 하고, 찬 곳은 따로 규정이 없는 한 0~15℃의 곳을 말한다.
㉢ 냉수(冷水)는 15℃ 이하, 온수(溫水)는 60~70℃, 열수(熱水)는 약 100℃를 말한다.

제3과목 | 작업환경 관리대책

41 방진마스크에 관한 설명으로 틀린 것은 어느 것인가?
① 비휘발성 입자에 대한 보호가 가능하다.
② 형태별로 전면 마스크와 반면 마스크가 있다.
③ 필터의 재질은 면, 모, 합성섬유, 유리섬유, 금속섬유 등이다.
④ 반면 마스크는 안경을 쓴 사람에게 유리하며 밀착성이 우수하다.

풀이 방진마스크의 안면부 형상에 따른 구분
(1) 전면형
㉠ 눈, 코, 입 등 얼굴 전체를 보호할 수 있는 형태
㉡ 얼굴과의 밀착성은 양호하지만 안경을 낀 사람은 착용이 불편하다는 단점
(2) 반면형
㉠ 입과 코 부위만을 보호할 수 있는 형태
㉡ 착용에는 다소 편리한 점이 있지만 눈과 얼굴, 피부를 보호할 수 없다는 것과 얼굴과의 밀착성이 떨어진다는 단점

42 다음 중 전체환기를 실시하고자 할 때, 고려해야 하는 원칙과 가장 거리가 먼 것은?

① 필요환기량은 오염물질이 충분히 희석될 수 있는 양으로 설계한다.
② 오염물질이 발생하는 가장 가까운 위치에 배기구를 설치해야 한다.
③ 오염원 주위에 근로자의 작업공간이 존재할 경우에는 급기를 배기보다 약간 많이 한다.
④ 희석을 위한 공기가 급기구를 통하여 들어와서 오염물질이 있는 영역을 통과하여 배기구로 빠져나가도록 설계해야 한다.

풀이 전체환기(강제환기)시설 설치 기본원칙
㉠ 오염물질 사용량을 조사하여 필요환기량을 계산한다.
㉡ 배출공기를 보충하기 위하여 청정공기를 공급한다.
㉢ 오염물질 배출구는 가능한 한 오염원으로부터 가까운 곳에 설치하여 '점환기'의 효과를 얻는다.
㉣ 공기 배출구와 근로자의 작업위치 사이에 오염원이 위치해야 한다.
㉤ 공기가 배출되면서 오염장소를 통과하도록 공기 배출구와 유입구의 위치를 선정한다.
㉥ 작업장 내 압력은 경우에 따라서 양압이나 음압으로 조정해야 한다(오염원 주위에 다른 작업공정이 있으면 공기 공급량을 배출량보다 작게 하여 음압을 형성시켜 주위 근로자에게 오염물질이 확산되지 않도록 한다).
㉦ 배출된 공기가 재유입되지 못하게 배출구 높이를 적절히 설계하고 창문이나 문 근처에 위치하지 않도록 한다.
㉧ 오염된 공기는 작업자가 호흡하기 전에 충분히 희석되어야 한다.
㉨ 오염물질 발생은 가능하면 비교적 일정한 속도로 유출되도록 조정해야 한다.

43 다음 중 국소배기장치를 반드시 설치해야 하는 경우와 가장 거리가 먼 것은?

① 발생원이 주로 이동하는 경우
② 유해물질의 발생량이 많은 경우
③ 법적으로 국소배기장치를 설치해야 하는 경우
④ 근로자의 작업위치가 유해물질 발생원에 근접해 있는 경우

풀이 국소배기 적용조건
㉠ 높은 증기압의 유기용제
㉡ 유해물질 발생량이 많은 경우
㉢ 유해물질 독성이 강한(낮은 허용 기준치를 갖는 유해물질) 경우
㉣ 근로자 작업위치가 유해물질 발생원에 가까이 근접해 있는 경우
㉤ 발생주기가 균일하지 않은 경우
㉥ 발생원이 고정되어 있는 경우
㉦ 법적 의무 설치사항인 경우

44 다음 중 전기집진기의 설명으로 틀린 것은 어느 것인가?

① 설치 공간을 많이 차지한다.
② 가연성 입자의 처리가 용이하다.
③ 넓은 범위의 입경과 분진농도에 집진효율이 높다.
④ 낮은 압력손실로 송풍기의 가동비용이 저렴하다.

풀이 전기집진장치의 장단점
(1) 장점
㉠ 집진효율이 높다($0.01\mu m$ 정도 포집 용이, 99.9% 정도 고집진 효율).
㉡ 광범위한 온도범위에서 적용이 가능하며, 폭발성 가스의 처리도 가능하다.
㉢ 고온의 입자성 물질(500℃ 전후) 처리가 가능하여 보일러와 철강로 등에 설치할 수 있다.
㉣ 압력손실이 낮고 대용량의 가스처리가 가능하며 배출가스의 온도강하가 적다.
㉤ 운전 및 유지비가 저렴하다.
㉥ 회수가치 입자포집에 유리하며, 습식 및 건식으로 집진할 수 있다.
㉦ 넓은 범위의 입경과 분진농도에 집진효율이 높다.
(2) 단점
㉠ 설치비용이 많이 든다.
㉡ 설치공간을 많이 차지한다.
㉢ 설치된 후에는 운전조건의 변화에 유연성이 적다.
㉣ 먼지성상에 따라 전처리시설이 요구된다.
㉤ 분진포집에 적용되며, 기체상 물질 제거에는 곤란하다.
㉥ 전압변동과 같은 조건변동(부하변동)에 쉽게 적응이 곤란하다.
㉦ 가연성 입자의 처리가 곤란하다.

45 다음 중 방독마스크의 사용 용도와 가장 거리가 먼 것은?

① 산소결핍장소에서는 사용해서는 안 된다.
② 흡착제가 들어있는 카트리지나 캐니스터를 사용해야 한다.
③ IDLH(Immediately Dangerous to Life and Health) 상황에서 사용한다.
④ 일반적으로 흡착제로는 비극성의 유기증기에는 활성탄을, 극성 물질에는 실리카겔을 사용한다.

풀이 고농도 작업장(IDLH, 순간적으로 건강이나 생명에 위험을 줄 수 있는 유해물질의 고농도 상태)이나 산소결핍의 위험이 있는 작업장(산소농도 18% 이하)에서는 절대 사용해서는 안 되며, 대상 가스에 맞는 정화통을 사용하여야 한다.

46 작업장에서 작업 공구와 재료 등에 적용할 수 있는 진동대책과 가장 거리가 먼 것은?

① 진동공구의 무게는 10kg 이상 초과하지 않도록 만들어야 한다.
② 강철로 코일용수철을 만들면 설계를 자유스럽게 할 수 있으나 oil damper 등의 저항요소가 필요할 수 있다.
③ 방진고무를 사용하면 공진 시 진폭이 지나치게 커지지 않지만 내구성, 내약품성이 문제가 될 수 있다.
④ 코르크는 정확하게 설계할 수 있고 고유진동수가 20Hz 이상이므로 진동방지에 유용하게 사용할 수 있다.

풀이 코르크
㉠ 재질이 일정하지 않고 여러 가지로 균일하지 않으므로 정확한 설계가 곤란하다.
㉡ 처짐을 크게 할 수 없으며 고유진동수가 10Hz 전후밖에 되지 않아 진동방지라기보다는 강체 간 고체음의 전파방지에 유익한 방진재료이다.

47 다음 중 덕트 설치 시 압력손실을 줄이기 위한 주요사항과 가장 거리가 먼 것은?

① 덕트는 가능한 한 상향구배로 만든다.
② 덕트는 가능한 한 짧게 배치하도록 한다.
③ 가능한 한 후드의 가까운 곳에 설치한다.
④ 밴드의 수는 가능한 한 적게 하도록 한다.

풀이 덕트 설치기준(설치 시 고려사항)
㉠ 가능한 한 길이는 짧게 하고 굴곡부의 수는 적게 한다.
㉡ 접속부의 내면은 돌출된 부분이 없도록 한다.
㉢ 청소구를 설치하는 등 청소하기 쉬운 구조로 한다.
㉣ 덕트 내 오염물질이 쌓이지 아니하도록 이송속도를 유지한다.
㉤ 연결부위 등은 외부공기가 들어오지 아니하도록 한다(연결방법을 가능한 한 용접할 것).
㉥ 가능한 후드의 가까운 곳에 설치한다.
㉦ 송풍기를 연결할 때는 최소 덕트 직경의 6배 정도 직선구간을 확보한다.
㉧ 직관은 하향구배로 하고 직경이 다른 덕트를 연결할 때에는 경사 30° 이내의 테이퍼를 부착한다.
㉨ 원형 덕트가 사각형 덕트보다 덕트 내 유속분포가 균일하므로 가급적 원형 덕트를 사용하며, 부득이 사각형 덕트를 사용할 경우에는 가능한 정방형을 사용하고 곡관의 수를 적게 한다.
㉩ 곡관의 곡률반경은 최소 덕트 직경의 1.5 이상, 주로 2.0을 사용한다.
㉪ 수분이 응축될 경우 덕트 내로 들어가지 않도록 경사나 배수구를 마련한다.
㉫ 덕트의 마찰계수는 작게 하고, 분지관을 가급적 적게 한다.

48 층류영역에서 직경이 $2\mu m$이며 비중이 3인 입자상 물질의 침강속도는 약 몇 cm/sec인가?

① 0.032
② 0.036
③ 0.042
④ 0.046

풀이 침강속도 $= 0.003 \times \rho \times d^2$
$= 0.003 \times 3 \times 2^2$
$= 0.036$ cm/sec

49 일반적인 실내외 공기에서 자연환기에 영향을 주는 요소와 가장 거리가 먼 것은?

① 기압
② 온도
③ 조도
④ 바람

풀이 자연환기
㉠ 자연통풍, 즉 동력을 사용하지 않고 단지 자연의 힘, 온도 차에 의한 부력이나 바람에 의한 풍력을 이용하는 것이다. 즉, 실내외의 온도 차와 풍력 차에 의한 자연적 공기흐름에 의한 환기이다.
㉡ 장점
소음·진동이 발생하지 않고 운전비가 필요 없으므로 적당한 온도 차와 바람이 있으면 강제환기보다 효과적이다.
㉢ 단점
기상조건이나 작업장 내부조건 등에 따라 환기량의 변화가 심하다.

50 보호구를 착용함으로써 유해물질로부터 얼마만큼 보호되는지를 나타내는 보호계수(PF) 산정식은? (단, C_o : 호흡기보호구 밖의 유해물질농도, C_i : 호흡기보호구 안의 유해물질 농도)

① $PF = \dfrac{C_i}{C_o}$
② $PF = \dfrac{C_o}{C_i}$
③ $PF = \dfrac{C_o - C_i}{100}$
④ $PF = \dfrac{(C_i - C_o)}{100}$

풀이 보호계수(PF ; Protection Factor)
보호구를 착용함으로써 유해물질로부터 보호구가 얼마만큼 보호해 주는가의 정도를 의미한다.
$PF = \dfrac{C_o}{C_i}$
여기서, PF : 보호계수(항상 1보다 크다)
C_i : 보호구 안의 농도
C_o : 보호구 밖의 농도

51 다음 중 작업환경개선에서 공학적인 대책과 가장 거리가 먼 것은?

① 환기
② 대체
③ 교육
④ 격리

풀이 작업환경개선의 공학적 대책
㉠ 환기
㉡ 대치(대체)
㉢ 교육
㉣ 격리

※ 문제 성격상 가장 관계가 적은 '교육'을 정답으로 선정합니다.

52 벤젠의 증기발생량이 400g/hr일 때, 실내 벤젠의 평균농도를 10ppm 이하로 유지하기 위한 필요환기량은 약 몇 m³/min인가? (단, 벤젠 분자량은 78, 25℃, 1기압 상태 기준, 안전계수는 10이다.)

① 130
② 150
③ 180
④ 210

풀이
• 사용량 : 400g/hr
• 78g : 24.45L = 400g/hr : G
• G(발생률) = $\dfrac{24.45L \times 400g/hr}{78g}$ = 125.38L/hr

∴ 필요환기량
$= \dfrac{G}{TLV} \times K$
$= \dfrac{125.38L/hr \times 1,000mL/L \times hr/60min}{10mL/m^3} \times 1$
$= 208.97 m^3/min$

53 재순환 공기의 CO_2 농도는 900ppm이고 급기의 CO_2 농도는 700ppm일 때, 급기 중의 외부공기 포함량은 약 몇 %인가? (단, 외부공기의 CO_2 농도는 330ppm이다.)

① 30%
② 35%
③ 40%
④ 45%

풀이 급기 중 재순환량(%)
$= \dfrac{\text{급기 공기 중 } CO_2\text{농도} - \text{외부 공기 중 } CO_2\text{농도}}{\text{재순환 공기 중 } CO_2\text{농도} - \text{외부 공기 중 } CO_2\text{농도}} \times 100$
$= \dfrac{700 - 330}{900 - 330} \times 100 = 64.91\%$
∴ 급기 중 외부공기 포함량(%) = 100 - 64.91
= 35.1%

54 관을 흐르는 유체의 양이 220m³/min일 때, 속도압은 약 몇 mmH₂O인가? (단, 유체의 밀도는 1.21kg/m³, 관의 단면적은 0.5m², 중력 가속도는 9.8m/sec²이다.)

① 2.1   ② 3.3
③ 4.6   ④ 5.9

풀이

$$VP = \frac{\gamma V^2}{2g}$$

- $V = \dfrac{Q}{A} = \dfrac{220\text{m}^3/\text{min} \times \text{min}/60\text{sec}}{0.5\text{m}^2}$

  $= 7.33\text{m/sec}$

  $= \dfrac{1.21 \times 7.33^2}{2 \times 9.8}$

∴ $VP = 3.32\text{mmH}_2\text{O}$

---

55 다음 중 보호구를 착용하는 데 있어서 착용자의 책임으로 가장 거리가 먼 것은 어느 것인가?

① 지시대로 착용해야 한다.
② 보호구가 손상되지 않도록 잘 관리해야 한다.
③ 매번 착용할 때마다 밀착도 체크를 실시해야 한다.
④ 노출위험성의 평가 및 보호구에 대한 검사를 해야 한다.

풀이 노출위험성의 평가 및 보호구에 대한 검사는 사업주의 책임사항이다.

---

56 원심력 송풍기 중 다익형 송풍기에 관한 설명으로 가장 거리가 먼 것은?

① 송풍기의 임펠러가 다람쥐 쳇바퀴 모양으로 생겼다.
② 큰 압력손실에서 송풍량이 급격하게 떨어지는 단점이 있다.
③ 고강도가 요구되기 때문에 제작비용이 비싸다는 단점이 있다.
④ 다른 송풍기와 비교하여 동일 송풍량을 발생시키기 위한 임펠러 회전속도가 상대적으로 낮기 때문에 소음이 작다.

풀이 다익형 송풍기(multi blade fan)
㉠ 전향(전곡) 날개형(forward-curved blade fan)이라고 하며, 많은 날개(blade)를 갖고 있다.
㉡ 송풍기의 임펠러가 다람쥐 쳇바퀴 모양으로, 회전날개가 회전방향과 동일한 방향으로 설계되어 있다.
㉢ 동일 송풍량을 발생시키기 위한 임펠러 회전속도가 상대적으로 낮아 소음 문제가 거의 없다.
㉣ 강도 문제가 그리 중요하지 않기 때문에 저가로 제작이 가능하다.
㉤ 상승구배 특성이다.
㉥ 높은 압력손실에서는 송풍량이 급격하게 떨어지므로 이송시켜야 할 공기량이 많고 압력손실이 작게 걸리는 전체환기나 공기조화용으로 널리 사용된다.
㉦ 구조상 고속회전이 어렵고, 큰 동력의 용도에는 적합하지 않다.

---

57 보호장구의 재질과 적용물질에 대한 설명으로 틀린 것은?

① 면 : 극성 용제에 효과적이다.
② 가죽 : 용제에는 사용하지 못한다.
③ Nitrile 고무 : 비극성 용제에 효과적이다.
④ 천연고무(latex) : 극성 용제에 효과적이다.

풀이 보호장구 재질에 따른 적용물질
㉠ Neoprene 고무 : 비극성 용제, 극성 용제 중 알코올, 물, 케톤류 등에 효과적
㉡ 천연고무(latex) : 극성 용제 및 수용성 용액에 효과적(절단 및 찰과상 예방)
㉢ Viton : 비극성 용제에 효과적
㉣ 면 : 고체상 물질에 효과적, 용제에는 사용 못함
㉤ 가죽 : 용제에는 사용 못함(기본적인 찰과상 예방)
㉥ Nitrile 고무 : 비극성 용제에 효과적
㉦ Butyl 고무 : 극성 용제에 효과적(알데히드, 지방족)
㉨ Ethylene vinyl alcohol : 대부분의 화학물질을 취급할 경우 효과적

---

58 여포집진기에서 처리할 배기 가스량이 2m³/sec이고, 여포집진기의 면적이 6m²일 때 여과속도는 약 몇 cm/sec인가?

① 25   ② 30
③ 33   ④ 36

정답 54.② 55.④ 56.③ 57.① 58.③

[풀이] 여과속도 = $\dfrac{Q}{A} = \dfrac{2\text{m}^3/\text{sec}}{6\text{m}^2} = 0.33\text{m/sec} \times 100\text{cm/m}$
= 33cm/sec

59 다음 중 유해작업환경에 대한 개선 대책 중 대체(substitution)에 대한 설명과 가장 거리가 먼 것은?

① 페인트 내에 들어 있는 아연을 납 성분으로 전환한다.
② 큰 압축공기식 임팩트렌치를 저소음 유압식 렌치로 교체한다.
③ 소음이 많이 발생하는 리벳팅 작업 대신 너트와 볼트 작업으로 전환한다.
④ 유기용제에 사용하는 세척공정을 스팀 세척이나, 비눗물을 이용하는 공정으로 전환한다.

[풀이] 페인트 내에 들어있는 납을 아연 성분으로 전환한다.

60 다음 중 덕트 내 공기에 의한 마찰손실에 영향을 주는 요소와 가장 거리가 먼 것은?

① 덕트 직경 ② 공기점도
③ 덕트의 재료 ④ 덕트면의 조도

[풀이] 덕트 마찰손실에 영향을 미치는 인자
㉠ 공기속도
㉡ 덕트면의 성질(조도, 거칠기)
㉢ 덕트 직경
㉣ 공기밀도
㉤ 공기점도
㉥ 덕트의 형상

제4과목 | 물리적 유해인자관리

61 피부의 색소침착 등 생물학적 작용이 활발하게 일어나서 Dorno선이라고 부르는 비전리 방사선은?

① 적외선 ② 가시광선
③ 자외선 ④ 마이크로파

[풀이] 도르노선(Dorno-ray)
280(290)~315nm[2,800(2,900)~3,150Å, 1Å(angstrom) ; SI 단위로 10^{-10}m]의 파장을 갖는 자외선을 의미하며 인체에 유익한 작용을 하여 건강선(생명선)이라고도 한다. 또한 소독작용, 비타민 D 형성, 피부의 색소침착 등 생물학적 작용이 강하다.

62 질소 기포 형성 효과에 있어 감압에 따른 기포형성량에 영향을 주는 주요인자와 가장 거리가 먼 것은?

① 감압속도
② 체내 수분량
③ 고기압의 노출정도
④ 연령 등 혈류를 변화시키는 상태

[풀이] 감압 시 조직 내 질소 기포 형성량에 영향을 주는 요인
㉠ 조직에 용해된 가스량
  체내 지방량, 고기압 폭로의 정도와 시간으로 결정한다.
㉡ 혈류변화 정도(혈류를 변화시키는 상태)
  감압 시 또는 재감압 후에 생기기 쉽고, 연령, 기온, 운동, 공포감, 음주와 관계가 있다.
㉢ 감압속도

63 레이노 현상(Raynaud's phenomenon)의 주된 원인이 되는 것은?

① 소음 ② 고온
③ 진동 ④ 기압

[풀이] 국소진동은 산소소비량이 급강하여 대뇌 혈류에 영향을 미치고, 중추신경계 특히 내분비계통의 만성 작용으로 나타난다.

64 다음 설명 중 ( )안에 알맞은 내용은?

생체를 이온화시키는 최소에너지를 방사선을 구분하는 에너지 경계선으로 한다. 따라서, ( ) 이상의 광자에너지를 가지는 경우는 이온화방사선이라 부른다.

① 1eV ② 12eV
③ 25eV ④ 50eV

정답 59.① 60.③ 61.③ 62.② 63.③ 64.②

풀이 **전리방사선과 비전리방사선의 구분**
㉠ 전리방사선과 비전리방사선의 경계가 되는 광자 에너지의 강도는 12eV이다.
㉡ 생체에서 이온화시키는 데 필요한 최소에너지는 대체로 12eV가 되고, 그 이하의 에너지를 갖는 방사선을 비이온화방사선, 그 이상 큰 에너지를 갖는 것을 이온화방사선이라 한다.
㉢ 방사선을 전리방사선과 비전리방사선으로 분류하는 인자는 이온화하는 성질, 주파수, 파장이다.

65 진동작업장의 환경관리 대책이나 근로자의 건강보호를 위한 조치로 틀린 것은?
① 발진원과 작업자의 거리를 가능한 멀리 한다.
② 작업자의 체온을 낮게 유지시키는 것이 바람직하다.
③ 절연패드의 재질로는 코르크, 펠트(felt), 유리섬유 등을 사용한다.
④ 진동공구의 무게는 10kg을 넘지 않게 하며, 방진장갑 사용을 권장한다.

풀이 **진동작업 환경관리 대책**
㉠ 작업 시에는 따뜻하게 체온을 유지해 준다(14℃ 이하의 옥외작업에서는 보온대책 필요).
㉡ 진동공구의 무게는 10kg 이상 초과하지 않도록 한다.
㉢ 진동공구는 가능한 한 공구를 기계적으로 지지하여 준다.
㉣ 작업자는 공구의 손잡이를 너무 세게 잡지 않는다.
㉤ 진동공구의 사용 시에는 장갑(두꺼운 장갑)을 착용한다.
㉥ 총 동일한 시간을 휴식한다면 여러 번 자주 휴식하는 것이 좋다.
㉦ 체인톱과 같이 발동기가 부착되어 있는 것을 전동기로 바꾼다.
㉧ 진동공구를 사용하는 작업은 1일 2시간을 초과하지 말아야 한다.

66 비전리방사선으로만 나열한 것은?
① α선, β선, 레이저, 자외선
② 적외선, 레이저, 마이크로파, α선
③ 마이크로파, 중성자, 레이저, 자외선
④ 자외선, 레이저, 마이크로파, 가시광선

풀이 **전리방사선과 비전리방사선의 종류**
㉠ 전리방사선
X-ray, γ선, α입자, β입자, 중성자
㉡ 비전리방사선
자외선, 가시광선, 적외선, 라디오파, 마이크로파, 저주파, 극저주파, 레이저

67 갱 내부 조명부족과 관련한 질환으로 알맞은 것은?
① 백내장   ② 망막변성
③ 녹내장   ④ 안구진탕증

풀이 **부적당한 조명(가시광선의 조명부족)으로 인한 피해증상**
㉠ 조명부족하에서 작은 대상물을 장시간 직시하면 근시를 유발할 수 있다.
㉡ 조명과잉은 망막을 자극해서 잔상을 동반한 시력장애 또는 시력협착을 일으킨다.
㉢ 조명이 불충분한 작업환경에서는 눈이 쉽게 피로해지며 작업능률이 저하된다.
㉣ 안정피로, 전광성 안염, 안구진탕증(갱 내부에서는 조명부족으로 발생)이 발생한다.

68 고압환경에서의 2차적 가압현상에 의한 생체변화와 거리가 먼 것은?
① 질소마취
② 산소중독
③ 질소기포의 형성
④ 이산화탄소의 영향

풀이 **고압환경에서의 인체작용(2차적인 가압현상)**
㉠ 질소가스의 마취작용
㉡ 산소중독
㉢ 이산화탄소 중독

69 우리나라의 경우 누적소음노출량 측정기로 소음을 측정할 때 변환율(exchange rate)을 5dB로 설정한다. 만약 소음에 노출되는 시간이 1일 2시간일 때 산업안전보건법에서 정하는 소음의 노출기준은 얼마인가?
① 80dB(A)   ② 85dB(A)
③ 95dB(A)   ④ 100dB(A)

정답 65.② 66.④ 67.④ 68.③ 69.④

[풀이] **소음에 대한 노출기준**
(1) 우리나라 노출기준
 8시간 노출에 대한 기준 90dB(5dB 변화율)

1일 노출시간(hr)	소음수준[dB(A)]
8	90
4	95
2	100
1	105
1/2	110
1/4	115

※ 115dB(A)을 초과하는 소음수준에 노출되어서는 안 된다.

(2) ACGIH 노출기준
 8시간 노출에 대한 기준 85dB(3dB 변화율)

1일 노출시간(hr)	소음수준[dB(A)]
8	85
4	88
2	91
1	94
1/2	97
1/4	100

70 저온의 이차적 생리적 영향과 거리가 먼 것은?
① 말초냉각 ② 식욕변화
③ 혈압변화 ④ 피부혈관의 수축

[풀이] **저온에 의한 생리적 반응**
(1) 1차 생리적 반응
 ㉠ 피부혈관의 수축
 ㉡ 근육긴장의 증가와 떨림
 ㉢ 화학적 대사작용의 증가
 ㉣ 체표면적의 감소
(2) 2차 생리적 반응
 ㉠ 말초혈관의 수축
 ㉡ 근육활동, 조직대사가 증진되어 식욕이 항진
 ㉢ 혈압의 일시적 상승

71 다음 중 압력이 가장 높은 것은?
① 2atm   ② 760mmHg
③ 14.7psi ④ 101,325Pa

[풀이] 1기압 = 1atm = 760mmHg = 10,332mmH₂O
= 1.0332kgf/cm² = 10,332kgf/m²
= 14.7Psi = 760Torr = 10,332mmAq
= 10.332mH₂O = 1013.25hPa
= 1013.25mb = 1.01325bar
= 10,113×10³dyne/cm² = 1.013×10⁵Pa

72 소리의 크기가 20N/m²라면 음압레벨은 몇 dB(A)인가?
① 100 ② 110
③ 120 ④ 130

[풀이] $SPL = 20\log\dfrac{20}{2\times10^{-5}} = 120\text{dB(A)}$

73 공기의 구성 성분에서 조성비율이 표준공기와 같을 때, 압력이 낮아져 고용노동부에서 정한 산소결핍장소에 해당하게 되는데, 이 기준에 해당하는 대기압 조건은 약 얼마인가?
① 650mmHg ② 670mmHg
③ 690mmHg ④ 710mmHg

[풀이] 760mmHg : 21% = x : 18%
x(대기압 조건) = $\dfrac{760\text{mmHg}\times 18\%}{21\%}$ = 651.43mmHg

74 소음발생의 대책으로 가장 먼저 고려해야 할 사항은?
① 소음원 밀폐   ② 차음보호구 착용
③ 소음전파 차단 ④ 소음노출시간 단축

[풀이] 소음발생 저감대책 시 가장 우선적으로 고려해야 할 사항은 소음원(발생원) 밀폐이다.

75 1루멘(lumen)의 빛이 1m²의 평면에 비칠 때의 밝기를 무엇이라 하는가?
① lambert
② 럭스(lux)
③ 촉광(candle)
④ 풋 캔들(foot candle)

[풀이] **럭스(lux); 조도**
㉠ 1루멘(lumen)의 빛이 1m²의 평면상에 수직으로 비칠 때의 밝기이다.
㉡ 1cd의 점광원으로부터 1m 떨어진 곳에 있는 광선의 수직인 면의 조명도이다.
㉢ 조도는 어떤 면에 들어오는 광속의 양에 비례하고 입사면의 단면적에 반비례한다.
조도 $(E) = \dfrac{\text{lumen}}{\text{m}^2}$
㉣ 조도는 입사면의 단면적에 대한 광속의 비를 의미한다.

정답 70.④ 71.① 72.③ 73.① 74.① 75.②

76 충격소음에 대한 정의로 알맞은 것은?

① 최대음압수준이 100dB(A) 이상인 소음이 1초 이상의 간격으로 발생하는 것을 말한다.
② 최대음압수준이 100dB(A) 이상인 소음이 2초 이상의 간격으로 발생하는 것을 말한다.
③ 최대음압수준이 120dB(A) 이상인 소음이 1초 이상의 간격으로 발생하는 것을 말한다.
④ 최대음압수준이 130dB(A) 이상인 소음이 2초 이상의 간격으로 발생하는 것을 말한다.

[풀이] 충격소음
최대음압수준이 120dB(A) 이상인 소음이 1초 이상의 간격으로 발생하는 것을 충격소음이라 한다.

77 다음과 같은 작업조건에서 1일 8시간 동안 작업하였다면, 1일 근무시간 동안 인체에 누적된 열량은 얼마인가? (단, 근로자의 체중은 60kg이다.)

- 작업대사량 : +1.5kcal/kg · hr
- 대류에 의한 열전달 : +1.2kcal/kg · hr
- 복사열 전달 : +0.8kcal/kg · hr
- 피부에서의 총 땀 증발량 : 300g/hr
- 수분증발열 : 580cal/g

① 242kcal ② 288kcal
③ 1,152kcal ④ 3,072kcal

[풀이]
- 작업대사량=1.5kcal/kg · hr×60kg×8hr=720kcal
- 대류에 의한 열전달=1.2kcal/kg · hr×60kg×8hr =576kcal
- 복사열 전달=0.8kcal/kg · hr×60kg×8hr=384kcal
∴ 합계=720+576+384=1,680kcal
- 증발에 의한 열손실=300g/hr×580cal/g×kcal/1,000cal =174kcal/hr×8hr =1,392kcal
∴ 누적열량=1,680−1,392=288kcal

78 방사선의 단위환산이 잘못된 것은?

① 1rad=0.1Gy
② 1rem=0.01Sv
③ 1Sv=100rem
④ 1Bq=2.7×10^{-11}Ci

[풀이] Gy(Gray)
㉠ 흡수선량의 단위이다.
※ 흡수선량 : 방사선에 피폭되는 물질의 단위질량당 흡수된 방사선의 에너지
㉡ 1Gy=100rad=1J/kg

79 습구흑구온도지수(WBGT)에 관한 설명으로 알맞은 것은?

① WBGT가 높을수록 휴식시간이 증가되어야 한다.
② WBGT는 건구온도와 습구온도에 비례하고, 흑구온도에 반비례한다.
③ WBGT는 고온 환경을 나타내는 값이므로 실외작업에만 적용한다.
④ WBGT는 복사열을 제외한 고열의 측정 단위로 사용되며, 화씨온도(°F)로 표현한다.

[풀이] WBGT가 높을수록 휴식시간이 증가하고, 작업시간이 감소한다.

80 소음성 난청인 C_5−dip 현상은 어느 주파수에서 잘 일어나는가?

① 2,000Hz
② 4,000Hz
③ 6,000Hz
④ 8,000Hz

[풀이] C_5−dip 현상
㉠ 소음성 난청의 초기단계로 4,000Hz에서 청력장애가 현저히 커지는 현상이다.
㉡ 우리 귀는 고주파음에 대단히 민감하다. 특히 4,000Hz에서 소음성 난청이 가장 많이 발생한다.

정답 76.③ 77.② 78.① 79.① 80.②

제5과목 | 산업 독성학

81 유해화학물질의 생체막 투과방법에 대한 다음 내용에 해당하는 것은?

> 운반체의 확산성을 이용하여 생체막을 통과하는 방법으로 운반체는 대부분 단백질로 되어있다. 운반체의 수가 가장 많을 때 통과속도는 최대가 되지만 유사한 대상물질이 많이 존재하면 운반체의 결합에 경합하게 되어 투과속도가 선택적으로 억제된다. 일반적으로 필수영양소가 이 방법에 의하지만 필수영양소와 유사한 화학물질이 침투하여 운반체의 결합에 경합함으로써 생체막에 화학물질이 통과하여 독성이 나타나게 된다.

① 여과 ② 촉진확산
③ 단순확산 ④ 능동투과

풀이 촉진확산(생체막 투과방법)
㉠ 운반체의 확산성을 이용하여 생체막을 통과하는 방법으로, 운반체는 대부분 단백질로 되어 있다.
㉡ 운반체의 수가 가장 많을 때 통과속도는 최대가 되지만 유사한 대상물질이 많이 존재하면 운반체의 결합에 경합하게 되어 투과속도가 선택적으로 억제된다.
㉢ 일반적으로 필수영양소가 이 방법에 의하지만, 필수영양소와 유사한 화학물질이 통과하여 독성이 나타나게 된다.

82 근로자의 유해물질 노출 및 흡수 정도를 종합적으로 평가하기 위하여 생물학적 측정이 필요하다. 또한, 유해물질 배출 및 축적 속도에 따라 시료채취 시기를 적절히 정해야 하는데, 시료채취 시기에 제한을 가장 적게 받는 것은?

① 뇨 중 납
② 호기 중 벤젠
③ 혈중 총 무기수은
④ 뇨 중 총 페놀

풀이 긴 반감기를 가진 화학물질(중금속)의 시료채취 시간은 별로 중요하지 않으며 무기수은은 금속수은, 유기수은보다 흡수율이 낮다.

83 물에 대하여 비교적 용해성이 낮고 상기도를 통과하여 폐수종을 일으킬 수 있는 자극제는?

① 염화수소 ② 암모니아
③ 불화수소 ④ 이산화질소

풀이 이산화질소(NO_2)
㉠ 물에 대하여 비교적 용해성이 낮고 물에 용해 시 분해되어 일산화질소나 질산을 생성한다.
㉡ 적갈색의 기체이며 비교적 용해도가 낮다.
㉢ 로켓연료의 질화나 산화에 사용되며 질산의 중간체이다.
㉣ 눈·점막·호흡기 자극을 유발한다.
㉤ 폐수종(폐기종)을 유발한다.

84 공기역학적 직경(aerodynamic diameter)에 대한 설명과 가장 거리가 먼 것은?

① 역학적 특성, 즉 침강속도 또는 종단속도에 의해 측정되는 먼지 크기이다.
② 직경분립충돌기(cascade impactor)를 이용해 입자의 크기 및 형태 등을 분리한다.
③ 대상 입자와 같은 침강속도를 가지며 밀도가 1인 가상적인 구형의 직경으로 환산한 것이다.
④ 마틴 직경, 페렛 직경 및 등면적 직경(projected area diameter)의 세 가지로 나누어진다.

풀이 공기역학적 직경(aerodynamic diameter)
㉠ 대상 먼지와 침강속도가 같고 단위밀도가 $1g/cm^3$이며, 구형인 먼지의 직경으로 환산된 직경이다.
㉡ 입자의 크기를 입자의 역학적 특성, 즉 침강속도(setting velocity) 또는 종단속도(terminal velocity)에 의하여 측정되는 입자의 크기를 말한다.
㉢ 입자의 공기 중 운동이나 호흡기 내의 침착기전을 설명할 때 유용하게 사용한다.

85 피부의 표피를 설명한 것으로 틀린 것은?
① 혈관 및 림프관이 분포한다.
② 대부분 각질세포로 구성된다.
③ 멜라닌세포와 랑거한스세포가 존재한다.
④ 각화세포를 결합하는 조직은 케라틴 단백질이다.

풀이 피부의 일반적 특징
㉠ 피부는 크게 표피층과 진피층으로 구성되며 표피에는 색소침착이 가능한 표피층 내의 멜라닌세포와 랑거한스세포가 존재한다.
㉡ 표피는 대부분 각질세포로 구성되며, 각화세포를 결합하는 조직은 케라틴 단백질이다.
㉢ 진피 속의 모낭은 유해물질이 피부에 부착하여 체내로 침투되도록 확산측로의 역할을 한다.
㉣ 자외선(햇빛)에 노출되면 멜라닌세포가 증가하여 각질층이 비후되어 자외선으로부터 피부를 보호한다.
㉤ 랑거한스세포는 피부의 면역반응에 중요한 역할을 한다.
㉥ 피부에 접촉하는 화학물질의 통과속도는 일반적으로 각질층에서 가장 느리다.

86 어느 근로자가 두통, 현기증, 구토, 피로감, 황달, 빈뇨 등의 증세를 보인다면, 어느 물질에 노출되었다고 볼 수 있는가?
① 납 ② 황화수은
③ 수은 ④ 사염화탄소

풀이 사염화탄소(CCl_4)
㉠ 특이한 냄새가 나는 무색의 액체로 소화제, 탈지세정제, 용제로 이용한다.
㉡ 신장장애 증상으로 감뇨, 혈뇨 등이 발생하며 완전 무뇨증이 되면 사망할 수 있다.
㉢ 피부, 간장, 신장, 소화기, 신경계에 장애를 일으키는데 특히 간에 대한 독성작용이 강하게 나타난다(즉, 간에 중요한 장애인 중심소엽성 괴사를 일으킨다).
㉣ 고온에서 금속과의 접촉으로 포스겐, 염화수소를 발생시키므로 주의를 요한다.
㉤ 고농도로 폭로되면 중추신경계 장애 외에 간장이나 신장에 장애가 일어나 황달, 단백뇨, 혈뇨의 증상을 보이는 할로겐 탄화수소이다.
㉥ 초기증상으로 지속적인 두통, 구역 및 구토, 간 부위의 압통 등의 증상을 일으킨다.

87 중독 증상으로 파킨슨 증후군 소견이 나타날 수 있는 중금속은?
① 납 ② 비소
③ 망간 ④ 카드뮴

풀이 망간에 의한 건강장애
(1) 급성중독
  ㉠ MMT(Methylcyclopentadienyl Manganese Trialbonyls)에 의한 피부와 호흡기 노출로 인한 증상이다.
  ㉡ 이산화망간 흄에 급성노출되면 열, 오한, 호흡곤란 등의 증상을 특징으로 하는 금속열을 일으킨다.
  ㉢ 급성 고농도에 노출 시 조증(들뜸병)의 정신병 양상을 나타낸다.
(2) 만성중독
  ㉠ 무력증, 식욕감퇴 등의 초기증세를 보이다 심해지면 중추신경계의 특정 부위를 손상(뇌기저핵에 축적되어 신경세포 파괴)시켜 노출이 지속되면 파킨슨 증후군과 보행장애가 두드러진다.
  ㉡ 안면의 변화, 즉 무표정하게 되며 배근력의 저하를 가져온다(소자증 증상).
  ㉢ 언어가 느려지는 언어장애 및 균형감각 상실 증세가 나타난다.
  ㉣ 신경염, 신장염 등의 증세가 나타난다.
  ㉤ 조혈장기의 장애와는 관계가 없다.

88 수치로 나타낸 독성의 크기가 각각 2와 3인 두 물질이 화학적 상호작용에 의해 상대적 독성이 9로 상승하였다면 이러한 상호작용을 무엇이라 하는가?
① 상가작용
② 가승작용
③ 상승작용
④ 길항작용

풀이 상승작용(synergism effect)
㉠ 각각 단일물질에 노출되었을 때의 독성보다 훨씬 독성이 커짐을 말한다.
㉡ 상대적 독성 수치로 표현하면 2+3=20이다.
㉢ 예시 : 사염화탄소와 에탄올, 흡연자가 석면에 노출 시

정답 85.① 86.④ 87.③ 88.③

89 인체에 침입한 납(Pb) 성분이 주로 축적되는 곳은?
① 간   ② 뼈
③ 신장   ④ 근육

풀이 납의 인체 내 축적
㉠ 납은 적혈구와 친화력이 강해 납의 95% 정도는 적혈구에 결합되어 있다.
㉡ 인체 내에 남아 있는 총 납량을 의미하여 신체 장기 중 납의 90%는 뼈 조직에 축적된다.

90 합금, 도금 및 전지 등의 제조에 사용되며, 알레르기 반응, 폐암 및 비강암을 유발할 수 있는 중금속은?
① 비소   ② 니켈
③ 베릴륨   ④ 안티몬

풀이 니켈(Ni)
㉠ 니켈은 모넬(monel), 인코넬(inconel), 인콜로이(incoloy)와 같은 합금과 스테인리스 강에 포함되어 있고 허용농도는 $1mg/m^3$이다.
㉡ 도금, 합금, 제강 등의 생산과정에서 발생한다.
㉢ 정상 작업에서 용접으로 인하여 유해한 농도까지 니켈흄이 발생하지 않는다. 그러나 스테인리스 강이나 합금을 용접할 때에는 고농도의 노출에 대해 주의가 필요하다.
㉣ 급성중독 장애는 폐부종, 폐렴이 발생하며, 만성중독 장애는 폐, 비강, 부비강에 암이 발생하고 간장에도 손상이 발생한다.

91 벤젠에 노출되는 근로자 10명이 6개월 동안 근무하였고, 5명이 2년 동안 근무하였을 경우 노출인년(person-years of exposure)은 얼마인가?
① 10   ② 15
③ 20   ④ 25

풀이 노출인년
$= \Sigma \left[조사 인원 \times \left(\dfrac{조사한 개월 수}{12월} \right) \right]$
$= \left[10 \times \left(\dfrac{6}{12} \right) \right] + \left[5 \times \left(\dfrac{24}{12} \right) \right]$
$= 15$

92 납은 적혈구 수명을 짧게 하고, 혈색소 합성에 장애를 발생시킨다. 납이 흡수됨으로써 초래되는 결과로 틀린 것은?
① 요 중 코프로포르피린 증가
② 혈청 및 뇨 중 δ-ALA 증가
③ 적혈구 내 프로토포르피린 증가
④ 혈중 β-마이크로글로빈 증가

풀이 혈중 β-마이크로글로빈 증가 내용은 카드뮴 중독일 경우 나타나는 현상이다.

93 3가 및 6가 크롬의 인체 작용 및 독성에 관한 내용으로 틀린 것은?
① 산업장의 노출의 관점에서 보면 3가 크롬이 더 해롭다.
② 3가 크롬은 피부 흡수가 어려우나 6가 크롬은 쉽게 피부를 통과한다.
③ 세포막을 통과한 6가 크롬은 세포 내에서 수분 내지 수 시간만에 발암성을 가진 3가 형태로 환원된다.
④ 6가에서 3가로의 환원이 세포질에서 일어나면 독성이 적으나 DNA의 근위부에서 일어나면 강한 변이원성을 나타낸다.

풀이 크롬(Cr)의 특성
㉠ 원자량 52.01, 비중 7.18, 비점 2,200℃의 은백색의 금속이다.
㉡ 자연 중에는 주로 3가 형태로 존재하고 6가 크롬은 적다.
㉢ 인체에 유해한 것은 6가 크롬(중크롬산)이며, 부식작용과 산화작용이 있다.
㉣ 3가 크롬보다 6가 크롬이 체내흡수가 많이 된다.
㉤ 3가 크롬은 피부흡수가 어려우나 6가 크롬은 쉽게 피부를 통과한다.
㉥ 세포막을 통과한 6가 크롬은 세포 내에서 수 분 내지 수 시간 만에 체내에서 발암성을 가진 3가 형태로 환원된다.
㉦ 6가에서 3가로의 환원이 세포질에서 일어나면 독성이 적으나 DNA의 근위부에서 일어나면 강한 변이원성을 나타낸다.
㉧ 3가 크롬은 세포 내에서 핵산, nuclear, enzyme, nucleotide와 같은 세포핵과 결합될 때만 발암성을 나타낸다.
㉨ 크롬은 생체에 필수적인 금속으로, 결핍 시에는 인슐린의 저하로 인한 대사장애를 일으킨다.

94 남성근로자의 생식 독성 유발요인이 아닌 것은?
① 흡연　② 망간
③ 풍진　④ 카드뮴

[풀이] 성별 생식 독성 유발 유해인자
㉠ 남성근로자
고온, X선, 납, 카드뮴, 망간, 수은, 항암제, 마취제, 알킬화제, 이황화탄소, 염화비닐, 음주, 흡연, 마약, 호르몬제제, 마이크로파 등
㉡ 여성근로자
X선, 고열, 저산소증, 납, 수은, 카드뮴, 항암제, 이뇨제, 알킬화제, 유기인계 농약, 음주, 흡연, 마약, 비타민 A, 칼륨, 저혈압 등

95 직업성 피부질환에 영향을 주는 직접적인 요인에 해당되는 항목은?
① 연령　② 인종
③ 고온　④ 피부의 종류

[풀이] 직업상 피부질환의 직접적 요인
㉠ 물리적 요인
열(고온), 한랭, 비전리방사선(자외선), 진동, 반복작업에 의한 마찰
㉡ 화학적 요인(90% 이상 차지함)
물, tar · pitch, 절삭유, 산 · 알칼리 용매, 공업용 세제, 산화 · 환원제
㉢ 생물학적 요인
세균, 바이러스, 진균, 기생충

96 단시간 노출기준이 시간가중평균농도(TLV-TWA)와 단기간 노출기준(TLV-STEL) 사이일 경우 충족시켜야 하는 3가지 조건에 해당하지 않는 것은?
① 1일 4회를 초과해서는 안 된다.
② 15분 이상 지속 노출되어서는 안 된다.
③ 노출과 노출 사이에는 60분 이상의 간격이 있어야 한다.
④ TLV-TWA의 3배 농도에는 30분 이상 노출되어서는 안 된다.

[풀이] TLV-STEL이 TLV-TWA와 TLV-STEL 사이 값 경우 충족조건(다음에 해당하면 노출기준 초과판정)
㉠ 1일 4회를 초과하여 노출되는 경우
㉡ 1회 노출지속시간이 15분 이상인 경우
㉢ 각 회의 간격이 60분 미만인 경우

97 석유정제공장에서 다량의 벤젠을 분리하는 공정의 근로자가 해당 유해물질에 반복적으로 계속해서 노출될 경우 발생 가능성이 가장 높은 직업병은 무엇인가?
① 신장 손상
② 직업성 천식
③ 급성골수성 백혈병
④ 다발성 말초신경장애

[풀이] 벤젠은 장기간 폭로 시 혈액장애, 간장장애를 일으키고 재생불량성 빈혈, 백혈병(급성 뇌척수성)을 일으킨다.

98 유기성 분진에 의한 진폐증에 해당하는 것은?
① 규폐증　② 탄소폐증
③ 활석폐증　④ 농부폐증

[풀이] 분진 종류에 따른 분류(임상적 분류)
㉠ 유기성 분진에 의한 진폐증
농부폐증, 면폐증, 연초폐증, 설탕폐증, 목재분진폐증, 모발분진폐증
㉡ 무기성(광물성) 분진에 의한 진폐증
규폐증, 탄소폐증, 활석폐증, 탄광부 진폐증, 철폐증, 베릴륨폐증, 흑연폐증, 규조토폐증, 주석폐증, 칼륨폐증, 바륨폐증, 용접공폐증, 석면폐증

99 수은중독에 관한 설명 중 틀린 것은?
① 주된 증상은 구내염, 근육진전, 정신증상이 있다.
② 급성중독인 경우의 치료는 10% EDTA를 투여한다.
③ 알킬수은화합물의 독성은 무기수은화합물의 독성보다 훨씬 강하다.
④ 전리된 수은이온이 단백질을 침전시키고 thiol기(SH)를 가진 효소작용을 억제한다.

정답　94.③　95.③　96.④　97.③　98.④　99.②

풀이 **수은에 의한 건강장애**
㉠ 수은중독의 특징적인 증상은 구내염, 근육진전, 정신증상으로 분류된다.
㉡ 수족신경마비, 시신경장애, 정신이상, 보행장애 등의 장애가 나타난다.
㉢ 만성 노출 시 식욕부진, 신기능부전, 구내염을 발생시킨다.
㉣ 치은부에는 황화수은의 청회색 침전물이 침착된다.
㉤ 혀나 손가락의 근육이 떨린다(수전증).
㉥ 전신증상으로는 중추신경계통, 특히 뇌조직에 심한 증상이 나타나 정신기능이 상실될 수 있다(정신장애).
㉦ 유기수은(알킬수은) 중 메틸수은은 미나마타(minamata)병을 발생시킨다.

- **수은중독의 치료**
(1) 급성중독
㉠ 우유와 계란의 흰자를 먹여 단백질과 해당 물질을 결합시켜 침전시킨다.
㉡ 마늘계통의 식물을 섭취한다.
㉢ 위세척(5~10% S.F.S 용액)을 한다. 다만, 세척액은 200~300mL를 넘지 않도록 한다.
㉣ BAL(British Anti Lewisite)을 투여한다.
 ※ 체중 1kg당 5mg의 근육주사
(2) 만성중독
㉠ 수은 취급을 즉시 중지시킨다.
㉡ BAL(British Anti Lewisite)을 투여한다.
㉢ 1일 10L의 등장식염수를 공급(이뇨작용으로 촉진)한다.
㉣ N-acetyl-D-penicillamine을 투여한다.
㉤ 땀을 흘려 수은 배설을 촉진한다.
㉥ 진전증세에 genascopalin을 투여한다.
㉦ Ca-EDTA의 투여는 금기사항이다.

100 직업성 천식을 유발하는 물질이 아닌 것은?
① 실리카
② 목분진
③ 무수트리멜리트산(TMA)
④ 톨루엔디이소시안산염(TDI)

풀이 **직업성 천식의 원인 물질**

구분	원인 물질	직업 및 작업
금속	백금	도금
	니켈, 크롬, 알루미늄	도금, 시멘트 취급자, 금고 제작공
화학물	Isocyanate(TDI, MDI)	페인트, 접착제, 도장작업
	산화무수물	페인트, 플라스틱 제조업
	송진 연무	전자업체 납땜 부서
	반응성 및 아조 염료	염료공장
	trimellitic anhydride(TMA)	레진, 플라스틱, 계면활성제 제조업
	persulphates	미용사
	ethylenediamine	래커칠, 고무공장
	formaldehyde	의료 종사자
약제	항생제, 소화제	제약회사, 의료인
생물학적 물질	동물 분비물, 털(말, 쥐, 사슴)	실험실 근무자, 동물 사육사
	목재분진	목수, 목재공장 근로자
	곡물가루, 쌀겨, 메밀가루, 카레	농부, 곡물 취급자, 식품업 종사자
	밀가루	제빵공
	커피가루	커피 제조공
	라텍스	의료 종사자
	응애, 진드기	농부, 과수원(귤, 사과)

정답 100.①

제1과목 | 산업위생학 개론

01 산업피로를 예방하기 위한 작업자세로서 부적당한 것은?
① 불필요한 동작을 피하고 에너지 소모를 줄인다.
② 의자는 높이를 조절할 수 있고 등받이가 있는 것이 좋다.
③ 힘든 노동은 가능한 기계화하여 육체적 부담을 줄인다.
④ 가능한 동적(動的)인 작업보다는 정적(靜的)인 작업을 하도록 한다.

풀이 산업피로 예방대책
㉠ 불필요한 동작을 피하고, 에너지 소모를 적게 한다.
㉡ 동적인 작업을 늘리고, 정적인 작업을 줄인다.
㉢ 개인의 숙련도에 따라 작업속도와 작업량을 조절한다.
㉣ 작업시간 중 또는 작업 전후에 간단한 체조나 오락시간을 갖는다.
㉤ 장시간 한 번 휴식하는 것보다 단시간씩 여러 번 나누어 휴식하는 것이 피로회복에 도움이 된다.

02 수공구를 이용한 작업의 개선원리로 가장 적합하지 않은 것은?
① 동력공구는 그 무게를 지탱할 수 있도록 매단다.
② 차단이나 진동패드, 진동장갑 등으로 손에 전달되는 진동효과를 줄인다.
③ 손바닥 중앙에 스트레스를 분포시키는 손잡이를 가진 수공구를 선택한다.
④ 가능하면 손가락으로 잡는 pinch grip 보다는 손바닥으로 감싸 안아 잡는 power grip을 이용한다.

풀이 수공구를 이용한 작업개선원리
㉠ 손바닥 전체에 골고루 스트레스를 분포시키는 손잡이를 가진 수공구를 선택한다.
㉡ 가능하면 손가락으로 잡는 pinch grip보다는 손바닥으로 감싸 안아 잡는 power grip을 이용한다.
㉢ 공구 손잡이의 홈은 손바닥의 일부분에 많은 스트레스를 야기하므로 손잡이 표면에 홈이 파진 수공구를 피한다.
㉣ 동력공구는 그 무게를 지탱할 수 있도록 매단다.
㉤ 차단이나 진동패드, 진동장갑 등으로 손에 전달되는 진동효과를 줄인다.

03 작업이 어렵거나 기계·설비에 결함이 있거나 주의력의 집중이 혼란된 경우 및 심신에 근심이 있는 경우에 재해를 일으키는 자는 어느 분류에 속하는가?
① 미숙성 누발자
② 상황성 누발자
③ 소질성 누발자
④ 반복성 누발자

풀이 재해 빈발자(누발자) 유형
㉠ 소질성 빈발자
　주의력이 산만하고, 주의력 지속불능, 흥분성, 비협조성이 있는 재해 빈발자
㉡ 미숙성 빈발자
　기능미숙이나 환경에 대한 부적응으로 인한 재해 빈발자
㉢ 습관성 빈발자
　슬럼프상태, 재해에 대한 유경험으로 인해 신경과민으로 인한 재해 빈발자
㉣ 상황성 빈발자
　작업의 어려움, 기계설비의 결함, 주의집중의 혼란, 의식의 우회(심신에 근심) 등으로 인한 재해 빈발자

정답 01.④ 02.③ 03.②

04 하인리히의 사고예방대책의 기본원리 5단계를 맞게 나타낸 것은?
① 조직 → 사실의 발견 → 분석·평가 → 시정책의 선정 → 시정책의 적용
② 조직 → 분석·평가 → 사실의 발견 → 시정책의 선정 → 시정책의 적용
③ 사실의 발견 → 조직 → 분석·평가 → 시정책의 선정 → 시정책의 적용
④ 사실의 발견 → 조직 → 시정책의 선정 → 시정책의 적용 → 분석·평가

[풀이] 하인리히의 사고예방대책의 기본원리 5단계
㉠ 제1단계 : 안전관리 조직구성(조직)
㉡ 제2단계 : 사실의 발견
㉢ 제3단계 : 분석·평가
㉣ 제4단계 : 시정방법의 선정(시정책의 선정)
㉤ 제5단계 : 시정책의 적용(대책실시)

05 산업안전보건법에서 근로자의 건강보호를 위해 사업주가 실시하여야 하는 프로그램이 아닌 것은?
① 청력보존 프로그램
② 호흡기보호 프로그램
③ 방사선 예방관리 프로그램
④ 밀폐공간 보건작업 프로그램

[풀이] 산업안전보건법상에는 방사선 예방관리프로그램은 존재하지 않는다.

06 공기 중에 분산되어 있는 유해물질의 인체 내 침입경로 중 유해물질이 가장 많이 유입되는 경로는 무엇인가?
① 호흡기계통
② 피부계통
③ 소화기계통
④ 신경·생식 계통

[풀이] 유해물질이 작업환경 중에서 인체에 들어오는 가장 영향이 큰 침입경로는 호흡기이고 다음이 피부를 통해 흡수되고 전신중독을 일으킨다.

07 미국산업위생학술원(AAIH)에서 채택한 산업위생전문가의 윤리강령 중 근로자에 대한 책임과 가장 거리가 먼 것은?
① 위험요소와 예방조치에 대하여 근로자와 상담해야 한다.
② 근로자의 건강보호가 산업위생전문가의 1차적인 책임이라는 것을 인식해야 한다.
③ 위험요인의 측정, 평가 및 관리에 있어서 외부의 압력에 굴하지 않고 근로자 중심으로 판단한다.
④ 근로자와 기타 여러 사람의 건강과 안녕이 산업위생전문가의 판단에 좌우된다는 것을 깨달아야 한다.

[풀이] 산업위생분야 종사자들의 윤리강령(AAIH) 중 근로자에 대한 책임
㉠ 근로자의 건강보호가 산업위생전문가의 일차적 책임임을 인지한다(주된 책임 인지).
㉡ 근로자와 기타 여러 사람의 건강과 안녕이 산업위생전문가의 판단에 좌우된다는 것을 깨달아야 한다.
㉢ 위험요인의 측정, 평가 및 관리에 있어서 외부 영향력에 굴하지 않고 중립적(객관적) 태도를 취한다.
㉣ 건강의 유해요인에 대한 정보(위험요소)와 필요한 예방조치에 대해 근로자와 상담(대화)한다.

08 분진발생공정에서 측정한 호흡성 분진의 농도가 다음과 같을 때 기하평균농도는 약 몇 mg/m^3인가?

2.5 2.8 3.1 2.6 2.9
측정농도(단위 : mg/m^3)

① 2.62
② 2.77
③ 2.92
④ 3.03

[풀이] 기하평균(GM)
$$\log GM = \frac{\log 2.5 + \log 2.8 + \log 3.1 + \log 2.6 + \log 2.9}{5}$$
$$= 0.443$$
$$GM = 10^{0.443} = 2.77$$

정답 04.① 05.③ 06.① 07.③ 08.②

09 사업주가 근골격계 부담작업에 근로자를 종사하도록 하는 경우 3년마다 실시하여야 하는 조사는?

① 유해요인 조사
② 근골격계 부담 조사
③ 정기부담 조사
④ 근골격계 작업 조사

풀이 근골격계 부담작업에 근로자를 종사하도록 하는 경우의 유해요인 조사사항
3년마다 유해요인 조사를 실시한다.
㉠ 설비·작업공정·작업량·작업속도 등 작업장 상황
㉡ 작업시간·작업자세·작업방법 등 작업조건
㉢ 작업과 관련된 근골격계 질환 징후 및 증상 유무 등

10 정도관리(quality control)에 대한 설명 중 틀린 것은?

① 계통적 오차는 원인을 찾아낼 수 있으며 크기가 계량화되면 보정이 가능하다.
② 정확도란 측정치와 기준값(참값) 간의 일치하는 정도라고 할 수 있으며, 정밀도는 여러 번 측정했을 때의 변이의 크기를 의미한다.
③ 정도관리에는 외부 정도관리와 내부 정도관리가 있으며, 우리나라의 정도관리는 작업환경 측정기관을 상대로 실시하고 있는 내부 정도관리에 속한다.
④ 미국산업위생학회에 따르면 정도관리란 '정확도와 정밀도의 크기를 알고 그것이 수용할 만한 분석결과를 확보할 수 있는 작동적 절차를 포함하는 것'이라고 정의하였다.

풀이 정도관리 구분
㉠ 정기정도관리
㉡ 특별정도관리

11 작업관련질환은 다양한 원인에 의해 발생할 수 있는 질병으로, 개인적인 소인에 직업적 요인이 부가되어 발생하는 질병을 말한다. 다음 중 작업관련질환에 해당하는 것은?

① 진폐증   ② 악성중피종
③ 납중독   ④ 근골격계질환

풀이 작업관련성 질환의 대표적인 것은 작업관련성 근골격계 질환과 직업관련성 뇌·심혈관 질환이다.

12 육체적 작업능력(PWC)이 15kcal/min인 어느 근로자가 1일 8시간 동안 물체를 운반하고 있다. 작업대사량(E_{task})이 6.5kcal/min, 휴식 시의 대사량(E_{rest})이 1.5kcal/min일 때, 시간당 휴식시간과 작업시간의 배분으로 맞는 것은? (단, Hertig의 공식을 이용한다.)

① 12분 휴식, 48분 작업
② 18분 휴식, 42분 작업
③ 24분 휴식, 36분 작업
④ 30분 휴식, 30분 작업

풀이
$$T_{rest}(\%) = \left[\frac{\text{PWC의 } \frac{1}{3} - \text{작업대사량}}{\text{휴식대사량} - \text{작업대사량}}\right] \times 100$$
$$= \left[\frac{15 \times 1/3 - 6.5}{1.5 - 6.5}\right] \times 100$$
$$= 30\%$$
휴식시간 = 60min × 0.3 = 18min
작업시간 = (60−18)min = 42min

13 최대작업역을 설명한 것으로 맞는 것은?

① 작업자가 작업할 때 전박을 뻗쳐서 닿는 범위
② 작업자가 작업할 때 사지을 뻗쳐서 닿는 범위
③ 작업자가 작업할 때 어깨를 뻗쳐서 닿는 범위
④ 작업자가 작업할 때 상지를 뻗쳐서 닿는 범위

정답 09.① 10.③ 11.④ 12.② 13.④

풀이 **수평작업영역의 구분**
(1) 최대작업역(최대영역, maximum area)
  ㉠ 팔 전체가 수평상에 도달할 수 있는 작업영역
  ㉡ 어깨로부터 팔을 뻗어 도달할 수 있는 최대 영역
  ㉢ 아래팔(전완)과 위팔(상완)을 곧게 펴서 파악할 수 있는 영역
  ㉣ 움직이지 않고 상지를 뻗어서 닿는 범위
(2) 정상작업역(표준영역, normal area)
  ㉠ 상박부를 자연스런 위치에서 몸통부에 접하고 있을 때에 전박부가 수평면 위에서 쉽게 도착할 수 있는 운동범위
  ㉡ 위팔(상완)을 자연스럽게 수직으로 늘어뜨린 채 아래팔(전완)만으로 편안하게 뻗어 파악할 수 있는 영역
  ㉢ 움직이지 않고 전박과 손으로 조작할 수 있는 범위
  ㉣ 앉은 자세에서 위팔은 몸에 붙이고, 아래팔만 곧게 뻗어 닿는 범위
  ㉤ 약 34~45cm의 범위

14 직업병을 판단할 때 참고하는 자료로 적합하지 않은 것은?
① 업무내용과 종사기간
② 발병 이전의 신체이상과 과거력
③ 기업의 산업재해통계와 산재보험료
④ 작업환경측정 자료와 취급물질의 유해성 자료

풀이 **직업성 질환 인정 시 고려사항(직업병 판단 시 참고자료)**
㉠ 작업내용과 그 작업에 종사한 기간 또는 유해작업의 정도
㉡ 작업환경, 취급원료, 중간체, 부산물 및 제품 자체 등의 유해성 유무 또는 공기 중 유해물질의 농도
㉢ 유해물질에 의한 중독증
㉣ 직업병에서 특유하게 볼 수 있는 증상
㉤ 의학상 특징적으로 발생 예상되는 임상검사 소견의 유무
㉥ 유해물질에 폭로된 때부터 발병까지의 시간적 간격 및 증상의 경로
㉦ 발병 전의 신체적 이상
㉧ 과거 질병의 유무
㉨ 비슷한 증상을 나타내면서 업무에 기인하지 않은 다른 질환과의 상관성
㉩ 같은 작업장에서 비슷한 증상을 나타내면서도 업무에 기인하지 않은 다른 질환과의 상관성
㉪ 같은 작업장에서 비슷한 증상을 나타내는 환자의 발생여부

15 외국의 산업위생역사에 대한 설명 중 인물과 업적이 잘못 연결된 것은?
① Galen - 구리광산에서 산 증기의 위험성 보고
② Georgious Agricola - 저서인 "광물에 관하여"를 남김
③ Pliny the Elder - 분진방지용 마스크로 동물의 방광사용 권장
④ Alice Hamilton - 폐질환의 원인물질을 Hg, S 및 염이라 주장

풀이 **Alice Hamilton(20세기)**
㉠ 미국의 여의사이며 미국 최초의 산업위생학자, 산업의학자로 인정받음
㉡ 현대적 의미의 최초 산업위생전문가(최초 산업의학자)
㉢ 20세기 초 미국의 산업보건 분야에 크게 공헌 (1910년 납공장에 대한 조사 시작)
㉣ 유해물질(납, 수은, 이황화탄소) 노출과 질병의 관계 규명
㉤ 1910년 납공장에 대한 조사를 시작으로 40년간 각종 직업병 발견 및 작업환경 개선에 힘을 기울임
㉥ 미국의 산업재해보상법을 제정하는 데 크게 기여

16 작업 시작 및 종료 시 호흡의 산소소비량에 대한 설명으로 틀린 것은?
① 산소소비량은 작업부하가 계속 증가하면 일정한 비율로 계속 증가한다.
② 작업이 끝난 후에도 맥박과 호흡수가 작업개시 수준으로 즉시 돌아오지 않고 서서히 감소한다.
③ 작업부하 수준이 최대 산소소비량 수준보다 높아지게 되면, 젖산의 제거속도가 생성속도에 못 미치게 된다.
④ 작업이 끝난 후에 남아 있는 젖산을 제거하기 위해서는 산소가 더 필요하며, 이때 동원되는 산소소비량을 산소부채(oxygen debt)라 한다.

풀이 작업대사량이 증가하면 산소소비량도 비례하여 계속 증가하나 작업대사량이 일정 한계를 넘으면 산소소비량은 증가하지 않는다.

정답 14.③ 15.④ 16.①

17 심한 전신피로상태로 판단되는 경우는?

① $HR_{30~60}$이 100을 초과, $HR_{150~180}$과 $HR_{60~90}$의 차이가 15 미만인 경우
② $HR_{30~60}$이 105를 초과, $HR_{150~180}$과 $HR_{60~90}$의 차이가 10 미만인 경우
③ $HR_{30~60}$이 110을 초과, $HR_{150~180}$과 $HR_{60~90}$의 차이가 10 미만인 경우
④ $HR_{30~60}$이 120을 초과, $HR_{150~180}$과 $HR_{60~90}$의 차이가 15 미만인 경우

풀이 **심한 전신피로상태**
HR_1이 110을 초과하고, HR_3와 HR_2의 차이가 10 미만인 경우
여기서,
HR_1 : 작업 종료 후 30~60초 사이의 평균맥박수
HR_2 : 작업 종료 후 60~90초 사이의 평균맥박수
HR_3 : 작업 종료 후 150~180초 사이의 평균맥박수
➪ 회복기 심박수 의미

18 직업병이 발생된 원진레이온에서 사용한 원인물질은?

① 납   ② 사염화탄소
③ 수은   ④ 이황화탄소

풀이 **이황화탄소(CS_2)**
㉠ 상온에서 무색 무취의 휘발성이 매우 높은(비점 46.3℃) 액체이며, 인화·폭발의 위험성이 있다.
㉡ 주로 인조견(비스코스레이온)과 셀로판 생산 및 농약공장, 사염화탄소 제조, 고무제품의 용제 등에서 사용된다.
㉢ 지용성 용매로 피부로도 흡수되며 독성작용으로는 급성 혹은 아급성 뇌병증을 유발한다.
㉣ 말초신경장애 현상으로 파킨슨 증후군을 유발하며 급성마비, 두통, 신경증상 등도 나타난다(감각 및 운동신경 모두 유발).
㉤ 급성으로 고농도 노출 시 사망할 수 있고 1,000ppm 수준에서 환상을 보는 정신이상을 유발(기질적 뇌손상, 말초신경병, 신경행동학적 이상)하며, 심한 경우 불안, 분노, 자살성향 등을 보이기도 한다.
㉥ 만성독성으로는 뇌경색증, 다발성 신경염, 협심증, 신부전증 등을 유발한다.
㉦ 고혈압의 유병률과 콜레스테롤 수치의 상승빈도가 증가되어 뇌, 심장 및 신장의 동맥경화성 질환을 초래한다.
㉧ 청각장애는 주로 고주파 영역에서 발생한다.

19 허용농도 설정의 이론적 배경에는 '인체실험 자료'가 있다. 이러한 인체실험 시 반드시 고려해야 할 사항으로 틀린 것은?

① 자발적으로 시험에 참여하는 자를 대상으로 한다.
② 영구적 신체장애를 일으킬 가능성은 없어야 한다.
③ 인류 보건에 기여할 물질에 대해 우선적으로 적용한다.
④ 실험에 참여하는 자는 서명으로 실험에 참여할 것을 동의해야 한다.

풀이 **인체실험 시 반드시 고려해야 할 사항**
㉠ 자발적 실험에 참여하는 자를 대상으로 한다.
㉡ 영구적 신체장애를 일으킬 가능성이 없어야 한다.
㉢ 실험 참여자는 서명으로 실험에 참여할 것을 동의해야 한다.
㉣ 제한적으로 실시하여야 한다.

20 다음은 미국 ACGIH에서 제안하는 TLV-STEL을 설명한 것이다. 여기에서 단시간은 몇 분인가?

> 근로자가 자극, 만성 또는 불가역적 조직 장애, 사고유발, 응급 시 대처능력의 저하 및 작업능률 저하 등을 초래할 정도의 마취를 일으키지 않고 <u>단시간</u> 동안 노출될 수 있는 농도이다.

① 5분
② 15분
③ 30분
④ 60분

풀이 **단시간 노출농도(STEL ; Short Term Exposure Limits)**
㉠ 근로자가 1회 15분간 유해인자에 노출되는 경우의 기준(허용농도)이다.
㉡ 이 기준 이하에서는 노출간격이 1시간 이상인 경우 1일 작업시간 동안 4회까지 노출이 허용될 수 있다.
㉢ 고농도에서 급성중독을 초래하는 물질에 적용한다.

정답 17.③ 18.④ 19.③ 20.②

제2과목 | 작업위생 측정 및 평가

21 기기 내의 알코올이 위의 눈금에서 아래 눈금까지 하강하는 데 소요되는 시간을 측정하여 기류를 간접적으로 측정하는 기기는?

① 열선풍속계
② 카타온도계
③ 액정풍속계
④ 아스만통풍계

풀이 카타온도계
㉠ 카타의 냉각력을 이용하여 측정, 즉 알코올 눈금이 100°F(37.8°C)에서 95°F(35°C)까지 내려가는 데 소요되는 시간을 4~5회 측정, 평균하여 카타 상수값을 이용하여 구하는 간접적 측정방법
㉡ 작업환경 내에 기류(옥내기류)의 방향이 일정치 않을 경우 기류속도 측정
㉢ 실내 0.2~0.5m/sec 정도의 불감기류 측정 시 기류속도를 측정

22 분자량이 245인 물질이 표준상태(25°C, 760mmHg)에서 체적농도로 1.0ppm일 때, 이 물질의 질량농도는 약 몇 mg/m³인가?

① 3.1
② 4.5
③ 10.0
④ 14.0

풀이 농도(mg/m³) = $1.0\text{ppm} \times \dfrac{245}{24.45} = 10.02\text{mg/m}^3$

23 어떤 음의 발생원 음력(sound power)이 0.006W일 때, 음력수준(sound power level)은 약 몇 dB인가?

① 92
② 94
③ 96
④ 98

풀이 $PWL = 10\log\dfrac{0.006}{10^{-12}} = 97.78\text{dB}$

24 다음 내용이 설명하는 막여과지는?

- 농약, 알칼리성 먼지, 콜타르피치 등을 채취한다.
- 열, 화학물질, 압력 등에 강한 특성이 있다.
- 석탄 건류나 증류 등의 고열공정에서 발생되는 다핵방향족탄화수소를 채취하는 데 이용된다.

① 은막 여과지
② PVC막 여과지
③ 섬유상막 여과지
④ PTFE막 여과지

풀이 PTFE막 여과지(Polytetrafluroethylene membrane filter, 테프론)
㉠ 열, 화학물질, 압력 등에 강한 특성을 가지고 있어 석탄 건류나 증류 등의 고열공정에서 발생하는 다핵방향족탄화수소를 채취하는 데 이용된다.
㉡ 농약, 알칼리성 먼지, 콜타르피치 등을 채취한다.
㉢ 1μm, 2μm, 3μm의 여러 가지 구멍 크기를 가지고 있다.

25 가스크로마토그래피의 검출기에 관한 설명으로 옳지 않은 것은? (단, 고용노동부 고시 기준)

① 약 850°C까지 작동 가능해야 한다.
② 검출기는 시료에 대하여 선형적으로 감응해야 한다.
③ 검출기는 감도가 좋고 안정성과 재현성이 있어야 한다.
④ 검출기의 온도를 조절할 수 있는 가열기구 및 이를 측정할 수 있는 측정기구가 갖추어져야 한다.

풀이 검출기(detector)
㉠ 복잡한 시료로부터 분석하고자 하는 성분을 선택적으로 반응, 즉 시료에 대하여 선형적으로 감응해야 하며, 약 400°C까지 작동해야 한다.
㉡ 검출기의 특성에 따라 전기적인 신호로 바꾸게 하여 시료를 검출하는 장치이다.
㉢ 시료의 화학종과 운반기체의 종류에 따라 각기 다르게 감도를 나타내므로 선택에 주의해야 한다.
㉣ 검출기의 온도를 조절할 수 있는 가열기구 및 이를 측정할 수 있는 측정기구가 갖추어져야 한다.
㉤ 감도가 좋고 안정성과 재현성이 있어야 한다.

정답 21.② 22.③ 23.④ 24.④ 25.①

26 다음 고열측정에 관한 내용 중 ( ) 안에 알맞은 것은? (단, 고용노동부 고시 기준)

> 측정은 단위작업장소에서 측정대상이 되는 근로자의 작업행동범위에서 주 작업 위치의 ( )의 위치에서 할 것

① 바닥면으로부터 50cm 이상, 150cm 이하
② 바닥면으로부터 80cm 이상, 120cm 이하
③ 바닥면으로부터 100cm 이상, 120cm 이하
④ 바닥면으로부터 120cm 이상, 150cm 이하

풀이 측정은 단위작업장소에서 측정대상이 되는 근로자의 작업행동범위 내에서 주 작업위치의 바닥면으로부터 50센티미터 이상, 150센티미터 이하의 위치에서 행하여야 한다.

※ 고시 변경사항, 학습 안 하셔도 무방합니다.

27 음파 중 둘 또는 그 이상의 음파의 구조적 간섭에 의해 시간적으로 일정하게 음압의 최고와 최저가 반복되는 패턴의 파는?

① 발산파 ② 구면파
③ 정재파 ④ 평면파

풀이 정재파
둘 또는 그 이상 음파의 구조적 간섭에 의해 시간적으로 일정하게 음압의 최고와 최저가 반복되는 패턴의 파이다.

28 처음 측정한 측정치는 유량, 측정시간, 회수율, 분석에 의한 오차가 각각 15%, 3%, 10%, 7%였으나 유량에 의한 오차가 개선되어 10%로 감소되었다면 개선 전 측정치의 누적오차와 개선 후의 측정치의 누적오차의 차이는 약 몇 %인가?

① 6.5 ② 5.5
③ 4.5 ④ 3.5

풀이
- 개선 전 누적오차 = $\sqrt{15^2 + 3^2 + 10^2 + 7^2} = 19.57\%$
- 개선 후 누적오차 = $\sqrt{10^2 + 3^2 + 10^2 + 7^2} = 16.06\%$
∴ 차이 = $(19.57 - 16.06)\% = 3.51\%$

29 다음 중 수동식 시료채취기(passive sampler)의 포집원리와 가장 관계가 없는 것은?

① 확산 ② 투과
③ 흡착 ④ 흡수

풀이 수동식 시료채취기(passive sampler)
수동채취기는 공기채취펌프가 필요하지 않고 공기층을 통한 확산 또는 투과, 흡착되는 현상을 이용하여 수동적으로 농도구배에 따라 가스나 증기를 포집하는 장치이며, 확산포집방법(확산포집기)이라고도 한다.

30 1일 12시간 작업할 때 톨루엔(TLV-100ppm)의 보정노출기준은 약 몇 ppm인가? (단, 고용노동부 고시 기준)

① 25 ② 67
③ 75 ④ 150

풀이
$$\text{보정노출기준} = \text{TLV} \times \frac{8}{H}$$
$$= 100\text{ppm} \times \frac{8}{12}$$
$$= 66.67\text{ppm}$$

31 다음 중 2차 표준보정기구와 가장 거리가 먼 것은 어느 것인가?

① 폐활량계 ② 열선기류계
③ 건식 가스미터 ④ 습식 테스트미터

풀이 표준기구(보정기구)의 종류
(1) 1차 표준기구
 ㉠ 비누거품미터(soap bubble meter)
 ㉡ 폐활량계(spirometer)
 ㉢ 가스치환병(mariotte bottle)
 ㉣ 유리 피스톤미터(glass piston meter)
 ㉤ 흑연 피스톤미터(frictionless piston meter)
 ㉥ 피토튜브(pitot tube)
(2) 2차 표준기구
 ㉠ 로터미터(rotameter)
 ㉡ 습식 테스트미터(wet test meter)
 ㉢ 건식 가스미터(dry gas meter)
 ㉣ 오리피스미터(orifice meter)
 ㉤ 열선기류계(thermo anemometer)

정답 26.① 27.③ 28.④ 29.④ 30.② 31.①

32 공장 내부에 소음(1대당 PWL=85dB)을 발생시키는 기계가 있을 때, 기계 2대가 동시에 가동된다면 발생하는 PWL의 합은 약 몇 dB인가?

① 86　　② 88
③ 90　　④ 92

풀이 $PWL = 10\log(10^{8.5} \times 2) = 88dB$

33 다음 중 직경이 5cm인 흑구온도계의 온도 측정시간 기준은 무엇인가? (단, 고용노동부 고시 기준)

① 1분 이상　　② 3분 이상
③ 5분 이상　　④ 10분 이상

풀이

구 분	측정기기	측정시간
습구 온도	0.5도 간격의 눈금이 있는 아스만통풍건습계, 자연습구온도를 측정할 수 있는 기기 또는 이와 동등 이상의 성능이 있는 측정기기	• 아스만통풍건습계 : 25분 이상 • 자연습구온도계 : 5분 이상
흑구 및 습구 흑구 온도	직경이 5센티미터 이상 되는 흑구온도계 또는 습구흑구온도(WBGT)를 동시에 측정할 수 있는 기기	• 직경이 15센티미터일 경우 : 25분 이상 • 직경이 7.5센티미터 또는 5센티미터일 경우 : 5분 이상

※ 고시 변경사항, 학습 안 하셔도 무방합니다.

34 다음 중 빛의 산란원리를 이용한 직독식 먼지측정기는?

① 분진광도계　　② 피에조밸런스
③ β-gauge계　　④ 유리섬유 여과분진계

풀이 **분진광도계(산란광식)**
분진에 빛을 쏘이면 반사(산란)하여 발광하게 되는데 그 반사광(산란광)을 측정하여 분진의 개수, 입자의 반경을 측정하는 방식이다.

35 유기용제 취급 사업장의 메탄올 농도 측정 결과가 100ppm, 89ppm, 94ppm, 99ppm, 120ppm일 때, 이 사업장의 메탄올 농도의 기하평균은 약 몇 ppm인가?

① 100.3　　② 102.3
③ 104.3　　④ 106.3

풀이 $\log GM = \dfrac{\log 100 + \log 89 + \log 94 + \log 99 + \log 120}{5}$
$= 2.0$
$GM = 10^{2.0} = 100ppm$

36 흡착제를 이용하여 시료를 채취할 때 영향을 주는 인자에 관한 설명으로 옳지 않은 것은?

① 습도가 높으면 파과공기량(파과가 일어날 때까지의 공기채취량)이 작아진다.
② 시료채취속도가 낮고 코팅되지 않은 흡착제일수록 파과가 쉽게 일어난다.
③ 공기 중 오염물질의 농도가 높을수록 파과용량(흡착제에 흡착된 오염물질의 양)은 증가한다.
④ 고온에서는 흡착대상오염물질과 흡착제의 표면 사이 또는 2종 이상의 흡착 대상 물질 간 반응속도가 증가하여 불리한 조건이 된다.

풀이 **흡착제를 이용한 시료채취 시 영향인자**
㉠ 온도 : 온도가 낮을수록 흡착에 좋으나 고온일수록 흡착대상 오염물질과 흡착제의 표면 사이 또는 2종 이상의 흡착대상 물질 간 반응속도가 증가하여 흡착성질이 감소하며 파과가 일어나기 쉽다(모든 흡착은 발열반응이다).
㉡ 습도 : 극성 흡착제를 사용할 때 수증기가 흡착되기 때문에 파과가 일어나기 쉬우며 비교적 높은 습도는 활성탄의 흡착용량을 저하시킨다. 또한 습도가 높으면 파과공기량(파과가 일어날 때까지의 채취공기량)이 적어진다.
㉢ 시료채취속도(시료채취량) : 시료채취속도가 크고 코팅된 흡착제일수록 파과가 일어나기 쉽다.
㉣ 유해물질 농도(포집된 오염물질의 농도) : 농도가 높으면 파과용량(흡착제에 흡착된 오염물질량)이 증가하나 파과공기량은 감소한다.
㉤ 혼합물 : 혼합기체의 경우 각 기체의 흡착량은 단독성분이 있을 때보다 적어지게 된다(혼합물 중 흡착제와 강한 결합을 하는 물질에 의하여 치환반응이 일어나기 때문).
㉥ 흡착제의 크기(흡착제의 비표면적) : 입자 크기가 작을수록 표면적 및 채취효율이 증가하지만 압력강하가 심하다(활성탄은 다른 흡착제에 비하여 큰 비표면적을 갖고 있다).
㉦ 흡착관의 크기(튜브의 내경, 흡착제의 양) : 흡착제의 양이 많아지면 전체 흡착제의 표면적이 증가하여 채취용량이 증가하므로 파과가 쉽게 발생되지 않는다.

정답 32.② 33.③ 34.① 35.① 36.②

37 다음 중 1일 8시간 및 1주일 40시간 동안의 평균농도를 말하는 것은?

① 천장값
② 허용농도 상한치
③ 시간가중 평균농도
④ 단시간 노출허용농도

풀이 시간가중 평균농도(TWA ; Time Weighted Average)
㉠ 1일 8시간, 주 40시간 동안의 평균농도로서 거의 모든 근로자가 평상 작업에서 반복하여 노출되더라도 건강장애를 일으키지 않는 공기 중 유해물질의 농도를 말한다.
㉡ 시간가중 평균농도 산출은 1일 8시간 작업을 기준으로 하여 각 유해인자의 측정치에 발생시간을 곱하여 8시간으로 나눈 값이다.

$$TWA = \frac{C_1 T_1 + \cdots + C_n T_n}{8}$$

여기서, C : 유해인자의 측정농도(단위 : ppm 또는 mg/m^3)
T : 유해인자의 발생시간(단위 : 시간)

38 흡수용액을 이용하여 시료를 포집할 때 흡수효율을 높이는 방법과 거리가 먼 것은?

① 시료채취유량을 낮춘다.
② 용액의 온도를 높여 오염물질을 휘발시킨다.
③ 가는 구멍이 많은 fritted 버블러 등 채취효율이 좋은 기구를 사용한다.
④ 두 개 이상의 버블러를 연속적으로 연결하여 용액의 양을 늘린다.

풀이 흡수효율(채취효율)을 높이기 위한 방법
㉠ 포집액의 온도를 낮추어 오염물질의 휘발성을 제한한다.
㉡ 두 개 이상의 임핀저나 버블러를 연속적(직렬)으로 연결하여 사용하는 것이 좋다.
㉢ 시료채취속도(채취물질이 흡수액을 통과하는 속도)를 낮춘다.
㉣ 기포의 체류시간을 길게 한다.
㉤ 기포와 액체의 접촉면적을 크게 한다(가는 구멍이 많은 fritted 버블러 사용).
㉥ 액체의 교반을 강하게 한다.
㉦ 흡수액의 양을 늘려준다.

39 다음 중 비극성 유기용제 포집에 가장 적합한 흡착제는?

① 활성탄
② 염화칼슘
③ 황산칼슘
④ 실리카겔

풀이 활성탄관을 사용하여 채취하기 용이한 시료
㉠ 비극성류의 유기용제
㉡ 각종 방향족 유기용제(방향족탄화수소류)
㉢ 할로겐화 지방족 유기용제(할로겐화 탄화수소류)
㉣ 에스테르류, 알코올류, 에테르류, 케톤류

40 통계집단의 측정값들에 대한 균일성과 정밀성의 정도를 표현하는 것으로, 평균값에 대한 표준편차의 크기를 백분율로 나타낸 것은?

① 정확도
② 변이계수
③ 신뢰편차율
④ 신뢰한계율

풀이 변이계수(CV)

$$CV = \frac{표준편차}{산술평균}$$

제3과목 | 작업환경 관리대책

41 A분진의 노출기준은 $10mg/m^3$이며 일반적으로 반면형 마스크의 할당보호계수(APF)는 10일 때, 반면형 마스크를 착용할 수 있는 작업장 내 A분진의 최대 농도는 얼마인가?

① $1mg/m^3$
② $10mg/m^3$
③ $50mg/m^3$
④ $100mg/m^3$

풀이 최대사용농도(MUC)
MUC=노출기준×APF=$10mg/m^3$×10=$100mg/m^3$

42 다음 작업환경관리의 원칙 중 대체에 관한 내용으로 가장 거리가 먼 것은?

① 분체입자를 큰 입자로 대치한다.
② 성냥 제조 시에 황린 대신에 적린을 사용한다.
③ 보온재료로 석면 대신 유리섬유나 암면 등을 사용한다.
④ 광산에서 광물을 채취할 때 습식공정 대신 건식공정을 사용하여 분진발생량을 감소시킨다.

풀이 광산에서 광물을 채취할 때 건식공정 대신 습식공정을 사용하여 분진발생량을 감소시킨다.

43 후드의 유입계수가 0.86일 때, 압력손실계수는 약 얼마인가?

① 0.25
② 0.35
③ 0.45
④ 0.55

풀이 압력손실계수(F)
$$F = \frac{1}{Ce^2} - 1 = \frac{1}{0.86^2} - 1 = 0.35$$

44 다음 중 비극성용제에 효과적인 보호장구의 재질로 가장 옳은 것은?

① 면
② 천연고무
③ Nitrile 고무
④ Butyl 고무

풀이 보호장구 재질에 따른 적용물질
㉠ Neoprene 고무 : 비극성 용제, 극성 용제 중 알코올, 물, 케톤류 등에 효과적
㉡ 천연고무(latex) : 극성 용제 및 수용성 용액에 효과적(절단 및 찰과상 예방)
㉢ Viton : 비극성 용제에 효과적
㉣ 면 : 고체상 물질에 효과적, 용제에는 사용 못함
㉤ 가죽 : 용제에는 사용 못함(기본적인 찰과상 예방)
㉥ Nitrile 고무 : 비극성 용제에 효과적
㉦ Butyl 고무 : 극성 용제에 효과적(알데히드, 지방족)
㉧ Ethylene vinyl alcohol : 대부분의 화학물질을 취급할 경우 효과적

45 송풍기의 동작점에 관한 설명으로 가장 알맞은 것은?

① 송풍기의 성능곡선과 시스템 동력곡선이 만나는 점
② 송풍기의 정압곡선과 시스템 효율곡선이 만나는 점
③ 송풍기의 성능곡선과 시스템 요구곡선이 만나는 점
④ 송풍기의 정압곡선과 시스템 동압곡선이 만나는 점

풀이 송풍기의 동작점(작동점)은 송풍기의 성능곡선과 시스템 요구곡선이 만나는 점을 말한다.

46 다음 중 입자상 물질을 처리하기 위한 공기정화장치와 가장 거리가 먼 것은?

① 사이클론
② 중력집진장치
③ 여과집진장치
④ 촉매산화에 의한 연소장치

풀이 입자상 물질 처리시설(집진장치)
㉠ 중력집진장치
㉡ 관성력집진장치
㉢ 원심력집진장치(cyclone)
㉣ 여과집진장치(B.F)
㉤ 전기집진장치(E.P)

47 배기 덕트로 흐르는 오염공기의 속도압이 6mmH$_2$O일 때, 덕트 내 오염공기의 유속은 약 몇 m/sec인가? (단, 오염공기 밀도는 1.25kg/m^{3}이고, 중력가속도는 9.8m/sec^{2}이다.)

① 6.6
② 7.2
③ 8.3
④ 9.7

풀이
$$VP = \frac{\gamma V^2}{2g}$$
$$V(\text{m/sec}) = \sqrt{\frac{VP \times 2g}{\gamma}} = \sqrt{\frac{6 \times 2 \times 9.8}{1.25}}$$
$$= 9.7 \text{m/sec}$$

정답 42.④ 43.② 44.③ 45.③ 46.④ 47.④

48 덕트 설치의 주요사항으로 옳은 것은?
① 구부러짐 전후에는 청소구를 만든다.
② 공기흐름은 상향구배를 원칙으로 한다.
③ 덕트는 가능한 한 길게 배치하도록 한다.
④ 밴드의 수는 가능한 한 많게 하도록 한다.

[풀이] 덕트 설치기준(설치 시 고려사항)
㉠ 가능한 한 길이는 짧게 하고 굴곡부의 수는 적게 한다.
㉡ 접속부의 내면은 돌출된 부분이 없도록 한다.
㉢ 청소구를 설치하는 등 청소하기 쉬운 구조로 한다.
㉣ 덕트 내 오염물질이 쌓이지 아니하도록 이송속도를 유지한다.
㉤ 연결부위 등은 외부공기가 들어오지 아니하도록 한다(연결방법은 가능한 한 용접할 것).
㉥ 가능한 후드의 가까운 곳에 설치한다.
㉦ 송풍기를 연결할 때는 최소 덕트 직경의 6배 정도 직선구간을 확보한다.
㉧ 직관은 하향구배로 하고 직경이 다른 덕트를 연결할 때에는 경사 30° 이내의 테이퍼를 부착한다.
㉨ 원형 덕트가 사각형 덕트보다 덕트 내 유속분포가 균일하므로 가급적 원형 덕트를 사용하며, 부득이 사각형 덕트를 사용할 경우에는 가능한 정방형을 사용하고 곡관의 수를 적게 한다.
㉩ 곡관의 곡률반경은 최소 덕트 직경의 1.5 이상, 주로 2.0을 사용한다.
㉪ 수분이 응축될 경우 덕트 내로 들어가지 않도록 경사나 배수구를 마련한다.
㉫ 덕트의 마찰계수는 작게 하고, 분지관을 가급적 적게 한다.

49 자유공간에 설치한 폭과 높이의 비가 0.5인 사각형 후드의 필요환기량(Q, m³/sec)을 구하는 식으로 옳은 것은? (단, L : 폭(m), W : 높이(m), V : 제어속도(m/s), X : 유해물질과 후드개구부 간의 거리(m), K : 안전계수)
① $Q = V(10X^2 + LW)$
② $Q = V(5.3X^2 + 2.7LW)$
③ $Q = 3.7LVX$
④ $Q = 2.6LVX$

[풀이] 외부식 후드의 기본식
자유공간(공중) 위치, 플랜지 미부착
$Q = 60 \cdot V_c(10X^2 + A)$ → Della Valle식(기본식)

여기서, Q : 필요송풍량(m³/min)
V_c : 제어속도(m/sec)
A : 개구면적(m²)
X : 후드 중심선으로부터 발생원(오염원)까지의 거리(m)

50 총 압력손실 계산법 중 정압조절평형법에 대한 설명과 가장 거리가 먼 것은?
① 설계가 어렵고 시간이 많이 걸린다.
② 예기치 않은 침식 및 부식이나 퇴적문제가 일어난다.
③ 송풍량은 근로자나 운전자의 의도대로 쉽게 변경되지 않는다.
④ 설계 시 잘못 설계된 분지관 또는 저항이 가장 큰 분지관을 쉽게 발견할 수 있다.

[풀이] 정압조절평형법(유속조절평형법, 정압균형유지법)의 장단점
(1) 장점
㉠ 예기치 않는 침식, 부식, 분진퇴적으로 인한 축적(퇴적)현상이 일어나지 않는다.
㉡ 잘못 설계된 분지관, 최대저항경로(저항이 큰 분지관) 선정이 잘못되어도 설계 시 쉽게 발견할 수 있다.
㉢ 설계가 정확할 때에는 가장 효율적인 시설이 된다.
㉣ 유속의 범위가 적절히 선택되면 덕트의 폐쇄가 일어나지 않는다.
(2) 단점
㉠ 설계 시 잘못된 유량을 고치기 어렵다(임의의 유량을 조절하기 어려움).
㉡ 설계가 복잡하고 시간이 걸린다.
㉢ 설계유량 산정이 잘못되었을 경우 수정은 덕트의 크기 변경을 필요로 한다.
㉣ 때에 따라 전체 필요한 최소유량보다 더 초과될 수 있다.
㉤ 설치 후 변경이나 확장에 대한 유연성이 낮다.
㉥ 효율 개선 시 전체를 수정해야 한다.

51 송풍기의 송풍량이 200m³/min이고, 송풍기 전압이 150mmH₂O였다. 송풍기의 효율이 0.8이라면 소요동력은 약 몇 kW인가?
① 4   ② 6
③ 8   ④ 10

정답 48.① 49.① 50.② 51.②

[풀이] 송풍기동력(kW) $= \dfrac{Q \times \Delta P}{6,120 \times \eta} \times \alpha = \dfrac{200 \times 150}{6,120 \times 0.8} \times 1.0$
$= 6.13 \text{kW}$

52 덕트 직경이 30cm이고 공기유속이 5m/sec 일 때, 레이놀즈수는 약 얼마인가? (단, 공기의 점성계수는 20℃에서 1.85×10^{-5}kg/sec·m, 공기밀도는 20℃에서 1.2kg/m³이다.)

① 97,300　　② 117,500
③ 124,400　　④ 135,200

[풀이] $Re = \dfrac{\rho VD}{\mu} = \dfrac{1.2 \times 5 \times 0.3}{1.85 \times 10^{-5}} = 97,297$

53 다음 중 차음보호구인 귀마개(ear plug)에 대한 설명과 가장 거리가 먼 것은?

① 차음효과는 일반적으로 귀덮개보다 우수하다.
② 외청도에 이상이 없는 경우에 사용이 가능하다.
③ 더러운 손으로 만짐으로써 외청도를 오염시킬 수 있다.
④ 귀덮개와 비교하면 제대로 착용하는 데 시간은 걸리나 부피가 작아서 휴대하기가 편리하다.

[풀이] 귀마개의 장단점
(1) 장점
　㉠ 부피가 작아 휴대가 쉽다.
　㉡ 안경과 안전모 등에 방해가 되지 않는다.
　㉢ 고온작업에서도 사용 가능하다.
　㉣ 좁은 장소에서도 사용 가능하다.
　㉤ 귀덮개보다 가격이 저렴하다.
(2) 단점
　㉠ 귀에 질병이 있는 사람은 착용 불가능하다.
　㉡ 여름에 땀이 많이 날 때는 외이도에 염증 유발 가능성이 있다.
　㉢ 제대로 착용하는 데 시간이 걸리며 요령을 습득하여야 한다.
　㉣ 귀덮개보다 차음효과가 일반적으로 떨어지며, 개인차가 크다.
　㉤ 더러운 손으로 만짐으로써 외청도를 오염시킬 수 있다(귀마개에 묻어 있는 오염물질이 귀에 들어갈 수 있음).

54 오염물질의 농도가 200ppm까지 도달하였다가 오염물질 발생이 중지되었을 때, 공기 중 농도가 200ppm에서 19ppm으로 감소하는 데 걸리는 시간은? (단, 1차 반응으로 가정하고 공간부피 $V = 3,000 \text{m}^3$, 환기량 $Q = 1.17 \text{m}^3/\text{sec}$이다.)

① 약 89분　　② 약 101분
③ 약 109분　　④ 약 115분

[풀이] $t = -\dfrac{V}{Q'} \ln\left(\dfrac{C_2}{C_1}\right)$
$= -\dfrac{3,000 \text{m}^3}{1.17 \text{m}^3/\text{sec} \times 60 \text{sec/min}} \times \ln\left(\dfrac{19}{200}\right)$
$= 100.59 \text{min}$

55 국소배기시설에서 장치 배치순서로 가장 적절한 것은 어느 것인가?

① 송풍기 → 공기정화기 → 후드 → 덕트 → 배출구
② 공기정화기 → 후드 → 송풍기 → 덕트 → 배출구
③ 후드 → 덕트 → 공기정화기 → 송풍기 → 배출구
④ 후드 → 송풍기 → 공기정화기 → 덕트 → 배출구

[풀이] 국소배기시설 장치순서
후드 → 덕트 → 공기정화장치 → 송풍기 → 배기덕트

56 폭 a, 길이 b인 사각형관과 유체학적으로 등가인 원형관(직경 D)의 관계식으로 옳은 것은?

① $D = \dfrac{ab}{2(a+b)}$　　② $D = \dfrac{2(a+b)}{ab}$
③ $D = \dfrac{2ab}{a+b}$　　④ $D = \dfrac{a+b}{2ab}$

[풀이] 상당직경(등가직경, equivalent diameter)
　㉠ 사각형(장방형)관과 동일한 유체역학적인 특성을 갖는 원형관의 직경을 의미한다.
　㉡ 관련식 : 상당직경 $(d_e) = \dfrac{2ab}{a+b}$

정답 52.① 53.① 54.② 55.③ 56.③

57 국소배기 시스템의 유입계수(Ce)에 관한 설명으로 옳지 않은 것은?

① 후드에서의 압력손실이 유량의 저하로 나타나는 현상이다.
② 유입계수란 실제유량/이론유량의 비율이다.
③ 유입계수는 속도압/후드정압의 제곱근으로 구한다.
④ 손실이 일어나지 않는 이상적인 후드가 있다면 유입계수는 0이 된다.

[풀이] 유입계수(Ce)
㉠ 실제 후드 내로 유입되는 유량과 이론상 후드 내로 유입되는 유량의 비를 의미하며, 후드에서의 압력손실이 유량의 저하로 나타나는 현상이다.
㉡ 후드의 유입효율을 나타내며, Ce가 1에 가까울수록 압력손실이 작은 hood를 의미한다. 즉, 후드에서의 유입손실이 전혀 없는 이상적인 후드의 유입계수는 1.0이다.
㉢ 관계식
- 유입계수(Ce) = $\frac{\text{실제 유량}}{\text{이론적인 유량}}$ = $\frac{\text{실제 흡인유량}}{\text{이상적인 흡인유량}}$
- 후드 유입손실계수(F) = $\frac{1}{Ce^2} - 1$
- 유입계수(Ce) = $\sqrt{\frac{1}{1+F}}$

58 다음 중 자연환기에 대한 설명과 가장 거리가 먼 것은?

① 효율적인 자연환기는 냉방비 절감의 장점이 있다.
② 환기량 예측 자료를 구하기 쉬운 장점이 있다.
③ 운전에 따른 에너지비용이 없는 장점이 있다.
④ 외부 기상조건과 내부 작업조건에 따라 환기량 변화가 심한 단점이 있다.

[풀이] 자연환기의 장단점
(1) 장점
㉠ 설치비 및 유지보수비가 적게 든다.
㉡ 적당한 온도차이와 바람이 있다면 운전비용이 거의 들지 않는다.
㉢ 효율적인 자연환기는 에너지비용을 최소화할 수 있어 냉방비 절감효과가 있다.
㉣ 소음발생이 적다.
(2) 단점
㉠ 외부 기상조건과 내부 조건에 따라 환기량이 일정하지 않아 작업환경 개선용으로 이용하는 데 제한적이다.
㉡ 계절변화에 불안정하다. 즉, 여름보다 겨울철이 환기효율이 높다.
㉢ 정확한 환기량 산정이 힘들다. 즉, 환기량 예측자료를 구하기 힘들다.

59 국소배기시설의 투자비용과 운전비를 적게 하기 위한 조건으로 옳은 것은?

① 제어속도 증가
② 필요송풍량 감소
③ 후드개구면적 증가
④ 발생원과의 원거리 유지

[풀이] 국소배기에서 효율성 있는 운전을 하기 위해서 가장 먼저 고려할 사항은 필요송풍량 감소이다.

60 다음 중 방진마스크의 요구사항과 가장 거리가 먼 것은?

① 포집효율이 높은 것이 좋다.
② 안면 밀착성이 큰 것이 좋다.
③ 흡기, 배기 저항이 낮은 것이 좋다.
④ 흡기저항 상승률이 높은 것이 좋다.

[풀이] 방진마스크의 선정조건(구비조건)
㉠ 흡기저항 및 흡기저항 상승률이 낮을 것
  ※ 일반적 흡기저항 범위 : 6~8mmH$_2$O
㉡ 배기저항이 낮을 것
  ※ 일반적 배기저항 기준 : 6mmH$_2$O 이하
㉢ 여과재 포집효율이 높을 것
㉣ 착용 시 시야확보가 용이할 것
  ※ 하방시야가 60° 이상 되어야 함
㉤ 중량은 가벼울 것
㉥ 안면에서의 밀착성이 클 것
㉦ 침입률 1% 이하까지 정확히 평가 가능할 것
㉧ 피부접촉부위가 부드러울 것
㉨ 사용 후 손질이 간단할 것
㉩ 무게중심은 안면에 강한 압박감을 주지 않는 위치에 있을 것

정답 57.④ 58.② 59.② 60.④

제4과목 | 물리적 유해인자관리

61 음향출력이 1,000W인 음원이 반자유공간(반구면파)에 있을 때 20m 떨어진 지점에서의 음의 세기는 약 얼마인가?
① $0.2W/m^2$
② $0.4W/m^2$
③ $2.0W/m^2$
④ $4.0W/m^2$

풀이
$W = I \cdot S$
$I = \dfrac{W}{S(2\pi r^2)} = \dfrac{1,000W}{(2 \times \pi \times 20^2)m^2} = 0.4W/m^2$

62 밀폐공간에서는 산소결핍이 발생할 수 있다. 산소결핍의 원인 중 소모(consumption)에 해당하지 않는 것은?
① 용접, 절단, 불 등에 의한 연소
② 금속의 산화, 녹 등의 화학반응
③ 제한된 공간 내에서 사람의 호흡
④ 질소, 아르곤, 헬륨 등의 불활성가스 사용

풀이 밀폐공간에서 산소결핍이 발생하는 원인
㉠ 화학반응(금속의 산화, 녹)
㉡ 연소(용접, 절단, 불)
㉢ 미생물 작용
㉣ 제한된 공간 내에서의 사람의 호흡

63 고압환경에 의한 영향으로 거리가 먼 것은?
① 저산소증
② 질소의 마취작용
③ 산소독성
④ 근육통 및 관절통

풀이 고압환경의 인체작용
(1) 1차적 가압현상(기계적 장애)
   동통(근육통, 관절통), 출혈, 부종
(2) 2차적 가압현상
   ㉠ 질소의 마취작용
   ㉡ 산소중독
   ㉢ 이산화탄소의 작용

64 산업안전보건법상 상시 작업을 실시하는 장소에 대한 작업면의 조도기준으로 맞는 것은?
① 초정밀작업 : 1,000lux 이상
② 정밀작업 : 500lux 이상
③ 보통작업 : 150lux 이상
④ 그 밖의 작업 : 50lux 이상

풀이 근로자 상시 작업장 작업면의 조도기준
㉠ 초정밀작업 : 750lux 이상
㉡ 정밀작업 : 300lux 이상
㉢ 보통작업 : 150lux 이상
㉣ 기타 작업 : 75lux 이상

65 전신진동이 인체에 미치는 영향이 가장 큰 진동의 주파수 범위는?
① 2~100Hz
② 140~250Hz
③ 275~500Hz
④ 4,000Hz 이상

풀이 진동의 구분에 따른 진동수(주파수)
㉠ 국소진동 주파수 : 8~1,500Hz
㉡ 전신진동(공해진동) 주파수 : 1~90Hz

66 고온의 노출기준을 나타낼 경우 중등작업의 계속작업 시 노출기준은 몇 ℃(WBGT)인가?
① 26.7
② 28.3
③ 29.7
④ 31.4

풀이 고열작업장의 노출기준(고용노동부, ACGIH)
단위 : WBGT(℃)

시간당 작업과 휴식의 비율	작업강도		
	경 작업	중등 작업	중(힘든) 작업
연속작업	30.0	26.7	25.0
75% 작업, 25% 휴식 (45분 작업, 15분 휴식)	30.6	28.0	25.9
50% 작업, 50% 휴식 (30분 작업, 30분 휴식)	31.4	29.4	27.9
25% 작업, 75% 휴식 (15분 작업, 45분 휴식)	32.2	31.1	30.0

정답 61.② 62.④ 63.① 64.③ 65.① 66.①

67 비전리방사선에 대한 설명으로 틀린 것은?

① 적외선(IR)은 700nm~1mm의 파장을 갖는 전자파로서 열선이라고 부른다.
② 자외선(UV)은 X선과 가시광선 사이의 파장(100nm~400nm)을 갖는 전자파이다.
③ 가시광선은 400~700nm의 파장을 갖는 전자파이며 망막을 자극해서 광각을 일으킨다.
④ 레이저는 극히 좁은 파장범위이기 때문에 쉽게 산란되며, 강력하고 예리한 지향성을 지닌 특징이 있다.

풀이 레이저광은 출력이 강하고 좁은 파장을 가지며, 쉽게 산란하지 않는 특성이 있다. 또한, 단일 파장으로 강력하고 예리한 지향성을 갖는다.

68 다음 설명에 해당하는 전리방사선의 종류는?

- 원자핵에서 방출되는 입자로서 헬륨 원자의 핵과 같이 두 개의 양자와 두 개의 중성자로 구성되어 있다.
- 질량과 하전여부에 따라서 그 위험성이 결정된다.
- 투과력은 가장 약하나 전리작용은 가장 강하다.

① X선   ② γ선
③ α선 ④ β선

풀이 α선(α입자)
㉠ 방사선 동위원소의 붕괴과정 중 원자핵에서 방출되는 입자로서 헬륨원자의 핵과 같이 2개의 양자와 2개의 중성자로 구성되어 있다. 즉, 선원(major source)은 방사선 원자핵이고 고속의 He 입자형태이다.
㉡ 질량과 하전 여부에 따라 그 위험성이 결정된다.
㉢ 투과력은 가장 약하나(매우 쉽게 흡수) 전리작용은 가장 강하다.
㉣ 투과력이 약해 외부조사로 건강상의 위해가 오는 일은 드물며, 피해부위는 내부노출이다.
㉤ 외부조사보다 동위원소를 체내 흡입·섭취할 때의 내부조사의 피해가 가장 큰 전리방사선이다.

69 방사선 단위 "rem"에 대한 설명과 가장 거리가 먼 것은?

① 생체실효선량(dose-equivalent)이다.
② rem=rad×RBE(상대적 생물학적 효과)로 나타낸다.
③ rem은 Röntgen Equivalent Man의 머리글자이다.
④ 피조사체 1g에 100erg의 에너지를 흡수한다는 의미이다.

풀이 렘(rem)
㉠ 전리방사선의 흡수선량이 생체에 영향을 주는 정도로 표시하는 선당량(생체실효선량)의 단위
㉡ 생체에 대한 영향의 정도에 기초를 둔 단위
㉢ Röntgen equivalent man 의미
㉣ 관련식
   rem = rad×RBE
   여기서, rem : 생체실효선량
         rad : 흡수선량
         RBE : 상대적 생물학적 효과비(rad를 기준으로 방사선효과를 상대적으로 나타낸 것)
   - X선, γ선, β입자 ⇨ 1(기준)
   - 열중성자 ⇨ 2.5
   - 느린중성자 ⇨ 5
   - α입자, 양자, 고속중성자 ⇨ 10
㉤ 1rem=0.01SV

70 1,000Hz에서 40dB의 음압레벨을 갖는 순음의 크기를 1로 하는 소음의 단위는?

① sone
② phon
③ NRN
④ dB(C)

풀이 sone
㉠ 감각적인 음의 크기(loudness)를 나타내는 양으로, 1,000Hz에서의 압력수준 dB을 기준으로 하여 등감곡선을 소리의 크기로 나타내는 단위이다.
㉡ 1,000Hz 순음의 음의 세기레벨 40dB의 음의 크기를 1sone으로 정의한다.

정답 67.④ 68.③ 69.④ 70.①

71 이상기압에 의해서 발생하는 직업병에 영향을 주는 유해인자가 아닌 것은?

① 산소(O_2)
② 이산화황(SO_2)
③ 질소(N_2)
④ 이산화탄소(CO_2)

풀이 고압환경에서의 인체작용(2차적인 가압현상)
㉠ 질소가스의 마취작용
㉡ 산소중독
㉢ 이산화탄소 중독

72 귀마개의 차음평가수(NRR)가 27일 경우 그 보호구의 차음효과는 얼마가 되겠는가? (단, OSHA의 계산방법을 따른다.)

① 6dB
② 8dB
③ 10dB
④ 12dB

풀이 차음효과=(NRR−7)×0.5=(27−7)×0.5=10dB

73 진동 발생원에 대한 대책으로 가장 적극적인 방법은?

① 발생원의 격리   ② 보호구 착용
③ 발생원의 제거   ④ 발생원의 재배치

풀이 진동방지대책
(1) 발생원 대책
  ㉠ 가진력(기진력, 외력) 감쇠
  ㉡ 불평형력의 평형 유지
  ㉢ 기초중량의 부가 및 경감
  ㉣ 탄성 지지(완충물 등 방진재 사용)
  ㉤ 진동원 제거(가장 적극적 대책)
  ㉥ 동적 흡진
(2) 전파경로 대책
  ㉠ 진동의 전파경로 차단(방진구)
  ㉡ 거리 감쇠
(3) 수진측 대책
  ㉠ 작업시간 단축 및 교대제 실시
  ㉡ 보건교육 실시
  ㉢ 수진측 탄성 지지 및 강성 변경

74 해수면의 산소분압은 약 얼마인가? (단, 표준상태기준이며, 공기 중 산소함유량은 21vol%이다.)

① 90mmHg   ② 160mmHg
③ 210mmHg ④ 230mmHg

풀이 산소분압=760×0.21=160mmHg

75 비이온화 방사선의 파장별 건강영향으로 틀린 것은?

① UV-A : 315~400nm − 피부노화촉진
② IR-B : 780~1,400nm − 백내장, 각막화상
③ UV-B : 280~315nm − 발진, 피부암, 광결막염
④ 가시광선 : 400~700nm − 광화학적이거나 열에 의한 각막손상, 피부화상

풀이 IR-B는 중적외선으로, 파장범위는 1.4~10μm 정도이며, 급성피부화상 및 백내장은 IR-C(원적외선)가 유발한다.

76 WBGT(Wet Bulb Globe Temperature index)의 고려대상으로 볼 수 없는 것은?

① 기온   ② 상대습도
③ 복사열   ④ 작업대사량

풀이 WBGT의 고려대상
㉠ 기온
㉡ 기류
㉢ 상대습도
㉣ 복사열

77 음압실효치가 0.2N/m²일 때 음압수준(SPL ; Sound Pressure Level)은 얼마인가? (단, 기준음압은 2×10⁻⁵N/m²로 계산한다.)

① 40dB   ② 60dB
③ 80dB   ④ 100dB

풀이 $SPL = 20\log\dfrac{0.2}{2\times 10^{-5}} = 80dB$

정답 71.② 72.③ 73.③ 74.② 75.② 76.④ 77.③

78 저온환경에서 나타나는 일차적인 생리적 반응이 아닌 것은?

① 호흡의 증가
② 피부혈관의 수축
③ 근육긴장의 증가와 떨림
④ 화학적 대사작용의 증가

[풀이] 저온에 대한 1차적인 생리적 반응
㉠ 피부혈관 수축
㉡ 체표면적 감소
㉢ 화학적 대사작용 증가
㉣ 근육긴장의 증가 및 떨림

79 소음성 난청에 대한 설명으로 틀린 것은?

① 소음성 난청의 초기 단계를 C_5-dip 현상이라 한다.
② 영구적인 난청(PTS)은 노인성 난청과 같은 현상이다.
③ 일시적인 난청(TTS)은 코르티기관의 피로에 의해 발생한다.
④ 주로 4,000Hz 부근에서 가장 많은 장애가 유발하며 진행되면 전 주파수영역으로 확대된다.

[풀이] 난청(청력장애)
(1) 일시적 청력손실(TTS)
  ㉠ 강력한 소음에 노출되어 생기는 난청으로 4,000~6,000Hz에서 가장 많이 발생한다.
  ㉡ 청신경세포의 피로현상으로, 회복되려면 12~24시간을 요하는 가역적인 청력저하이며, 영구적 소음성 난청의 예비신호로도 볼 수 있다.
(2) 영구적 청력손실(PTS) : 소음성 난청
  ㉠ 비가역적 청력저하, 강렬한 소음이나 지속적인 소음 노출에 의해 청신경 말단부의 내이 코르티(corti)기관의 섬모세포 손상으로 회복될 수 없는 영구적인 청력저하가 발생한다.
  ㉡ 3,000~6,000Hz의 범위에서 먼저 나타나고, 특히 4,000Hz에서 가장 심하게 발생한다.
(3) 노인성 난청
  ㉠ 노화에 의한 퇴행성 질환으로, 감각신경성 청력손실이 양측 귀에 대칭적·점진적으로 발생하는 질환이다.
  ㉡ 일반적으로 고음역에 대한 청력손실이 현저하며 6,000Hz에서부터 난청이 시작된다.

80 빛의 단위 중 광도(luminance)의 단위에 해당하지 않는 것은?

① nit
② lambert
③ cd/m^2
④ $lumen/m^2$

[풀이] ㉠ $lumen/m^2$: 조도의 단위이다.
㉡ 램버트(lambert) : 빛을 완전히 확산시키는 평면의 $1ft^2(1cm^2)$에서 1lumen의 빛을 발하거나 반사시킬 때의 밝기를 나타내는 단위이다.
1lambert=3.18candle/m^2
※ candle/m^2=nit : 단위면적에 대한 밝기

제5과목 | 산업 독성학

81 최근 사회적 이슈가 되었던 유해인자와 그 직업병의 연결이 잘못된 것은?

① 석면 – 악성중피종
② 메탄올 – 청신경장애
③ 노말헥산 – 앉은뱅이 증후군
④ 트리클로로에틸렌 – 스티븐스존슨 증후군

[풀이] 유기용제별 대표적 특이증상
㉠ 벤젠 : 조혈장애
㉡ 염화탄화수소, 염화비닐 : 간장애
㉢ 이황화탄소 : 중추신경 및 말초신경 장애, 생식기능장애
㉣ 메틸알코올(메탄올) : 시신경장애
㉤ 메틸부틸케톤 : 말초신경장애(중독성)
㉥ 노말헥산 : 다발성 신경장애
㉦ 에틸렌글리콜에테르 : 생식기장애
㉧ 알코올, 에테르류, 케톤류 : 마취작용
㉨ 톨루엔 : 중추신경장애

82 노출에 대한 생물학적 모니터링의 단점이 아닌 것은 어느 것인가?

① 시료 채취의 어려움
② 근로자의 생물학적 차이
③ 유기시료의 특이성과 복잡성
④ 호흡기를 통한 노출만을 고려

정답 78.① 79.② 80.④ 81.② 82.④

풀이 생물학적 모니터링의 장단점
(1) 장점
  ㉠ 공기 중의 농도를 측정하는 것보다 건강상의 위험을 보다 직접적으로 평가할 수 있다.
  ㉡ 모든 노출경로(소화기, 호흡기, 피부 등)에 의한 종합적인 노출을 평가할 수 있다.
  ㉢ 개인시료보다 건강상의 악영향을 보다 직접적으로 평가할 수 있다.
  ㉣ 건강상의 위험에 대하여 보다 정확한 평가를 할 수 있다.
  ㉤ 인체 내 흡수된 내재용량이나 중요한 조직부위에 영향을 미치는 양을 모니터링할 수 있다.
(2) 단점
  ㉠ 시료채취가 어렵다.
  ㉡ 유기시료의 특이성이 존재하고 복잡하다.
  ㉢ 각 근로자의 생물학적 차이가 나타날 수 있다.
  ㉣ 분석이 어려우며, 분석 시 오염에 노출될 수 있다.

83 급성독성과 관련이 있는 용어는?
① TWA
② C(Ceiling)
③ THDo(Threshold Dose)
④ NOEL(No Observed Effect Level)

풀이 천장값 노출기준(TLV-C : ACGIH)
  ㉠ 어떤 시점에서도 넘어서는 안 된다는 상한치를 말한다.
  ㉡ 항상 표시된 농도 이하를 유지하여야 한다.
  ㉢ 노출기준에 초과되어 노출 시 즉각적으로 비가역적인 반응을 나타낸다.
  ㉣ 자극성 가스나 독작용이 빠른 물질 및 TLV-STEL이 설정되지 않는 물질에 적용한다.
  ㉤ 측정은 실제로 순간농도 측정이 불가능하며, 따라서 약 15분간 측정한다.

84 포르피린과 헴(heme)의 합성에 관여하는 효소를 억제하며, 소화기계 및 조혈계에 영향을 주는 물질은?
① 납   ② 수은
③ 카드뮴 ④ 베릴륨

풀이 납(Pb)은 세포 내에서 SH-기와 결합하여 포르피린과 heme의 합성에 관여하는 요소를 포함한 여러 세포의 효소작용을 방해한다. 또한, 납중독의 주요 증상은 소화기장애, 신경·근육 계통 장애, 중추신경장애를 유발한다.

85 수은중독 증상으로만 나열된 것은?
① 구내염, 근육진전
② 비중격천공, 인두염
③ 급성뇌증, 신근쇠약
④ 단백뇨, 칼슘대사장애

풀이 수은에 의한 건강장애
  ㉠ 수은중독의 특징적인 증상은 구내염, 근육진전, 정신증상으로 분류된다.
  ㉡ 수족신경마비, 시신경장애, 정신이상, 보행장애 등의 장애가 나타난다.
  ㉢ 만성 노출 시 식욕부진, 신기능부전, 구내염을 발생시킨다.
  ㉣ 치은부에는 황화수은의 청회색 침전물이 침착된다.
  ㉤ 혀나 손가락의 근육이 떨린다(수전증).
  ㉥ 정신증상으로는 중추신경계통, 특히 뇌조직에 심한 증상이 나타나 정신기능이 상실될 수 있다(정신장애).
  ㉦ 유기수은(알킬수은) 중 메틸수은은 미나마타(minamata)병을 발생시킨다.
- 수은중독의 치료
(1) 급성중독
  ㉠ 우유와 계란의 흰자를 먹여 단백질과 해당 물질을 결합시켜 침전시킨다.
  ㉡ 마늘계통의 식물을 섭취한다.
  ㉢ 위세척(5~10% S.F.S 용액)을 한다. 다만, 세척액은 200~300mL를 넘지 않도록 한다.
  ㉣ BAL(British Anti Lewisite)을 투여한다.
    ※ 체중 1kg당 5mg의 근육주사
(2) 만성중독
  ㉠ 수은 취급을 즉시 중지시킨다.
  ㉡ BAL(British Anti Lewisite)을 투여한다.
  ㉢ 1일 10L의 등장식염수를 공급(이뇨작용으로 촉진)한다.
  ㉣ N-acetyl-D-penicillamine을 투여한다.
  ㉤ 땀을 흘려 수은 배설을 촉진한다.
  ㉥ 진전증세에 genascopalin을 투여한다.
  ㉦ Ca-EDTA의 투여는 금기사항이다.

86 크실렌의 생물학적 노출지표로 이용되는 대사산물은? (단, 소변에 의한 측정기준이다.)
① 페놀   ② 만델린산
③ 마뇨산 ④ 메틸마뇨산

정답 83.② 84.① 85.① 86.④

[풀이] **화학물질에 대한 대사산물 및 시료채취시기**

화학물질	대사산물(측정대상물질) : 생물학적 노출지표	시료채취시기
납	혈액 중 납	중요치 않음
	소변 중 납	
카드뮴	소변 중 카드뮴	중요치 않음
	혈액 중 카드뮴	
일산화탄소	호기에서 일산화탄소	작업 종료 시
	혈액 중 carboxyhemoglobin	
벤젠	소변 중 총 페놀	작업 종료 시
	소변 중 t,t-뮤코닉산 (t,t-muconic acid)	
에틸벤젠	소변 중 만델린산	작업 종료 시
니트로벤젠	소변 중 p-nitrophenol	작업 종료 시
아세톤	소변 중 아세톤	작업 종료 시
톨루엔	혈액, 호기에서 톨루엔	작업 종료 시
	소변 중 o-크레졸	
크실렌	소변 중 메틸마뇨산	작업 종료 시
스티렌	소변 중 만델린산	작업 종료 시
트리클로로 에틸렌	소변 중 트리클로로초산 (삼염화초산)	주말작업 종료 시
테트라클로로 에틸렌	소변 중 트리클로로초산 (삼염화초산)	주말작업 종료 시
트리클로로 에탄	소변 중 트리클로로초산 (삼염화초산)	주말작업 종료 시
사염화 에틸렌	소변 중 트리클로로초산 (삼염화초산)	주말작업 종료 시
	소변 중 삼염화에탄올	
이황화탄소	소변 중 TTCA	-
	소변 중 이황화탄소	
노말헥산 (n-헥산)	소변 중 2,5-hexanedione	작업 종료 시
	소변 중 n-헥산	
메탄올	소변 중 메탄올	-
클로로벤젠	소변 중 총 4-chlorocatechol	작업 종료 시
	소변 중 총 p-chlorophenol	
크롬 (수용성 흄)	소변 중 총 크롬	주말작업 종료 시, 주간작업 중
N,N-디메틸 포름아미드	소변 중 N-메틸포름아미드	작업 종료 시
페놀	소변 중 메틸마뇨산	작업 종료 시

87 다음 중 금속열을 일으키는 물질과 가장 거리가 먼 것은?
① 구리 ② 아연
③ 수은 ④ 마그네슘

[풀이] **금속열 발생원인 물질**
㉠ 아연
㉡ 구리
㉢ 망간
㉣ 마그네슘
㉤ 니켈
㉥ 카드뮴
㉦ 안티몬

88 유해물질의 노출기준에 있어서 주의해야 할 사항이 아닌 것은?
① 노출기준은 피부로 흡수되는 양은 고려하지 않았다.
② 노출기준은 생활환경에 있어서 대기오염 정도의 판단기준으로 사용되기에는 적합하지 않다.
③ 노출기준은 1일 8시간 평균농도이므로 1일 8시간을 초과하여 작업을 하는 경우 그대로 적용할 수 없다.
④ 노출기준은 작업장에서 일하는 근로자의 건강장애를 예방하기 위해 안전 또는 위험의 한계를 표시하는 지침이다.

[풀이] **ACGIH(미국정부산업위생전문가협의회)에서 권고하고 있는 허용농도(TLV) 적용상 주의사항**
㉠ 대기오염평가 및 지표(관리)에 사용할 수 없다.
㉡ 24시간 노출 또는 정상 작업시간을 초과한 노출에 대한 독성 평가에는 적용할 수 없다.
㉢ 기존의 질병이나 신체적 조건을 판단(증명 또는 반응자료)하기 위한 척도로 사용될 수 없다.
㉣ 작업조건이 다른 나라에서 ACGIH-TLV를 그대로 사용할 수 없다.
㉤ 안전농도와 위험농도를 정확히 구분하는 경계선이 아니다.
㉥ 독성의 강도를 비교할 수 있는 지표는 아니다.
㉦ 반드시 산업보건(위생)전문가에 의하여 설명(해석), 적용되어야 한다.
㉧ 피부로 흡수되는 양은 고려하지 않은 기준이다.
㉨ 산업장의 유해조건을 평가하기 위한 지침이며, 건강장애를 예방하기 위한 지침이다.

정답 87.③ 88.④

89 납중독을 확인하는 데 이용하는 시험으로 적절하지 않은 것은?
① 혈중의 납   ② EDTA 흡착능
③ 신경전달속도   ④ 헴(heme)의 대사

풀이 납중독 확인 시험사항
㉠ 혈액 내의 납 농도
㉡ 헴(heme)의 대사
㉢ 말초신경의 신경 전달속도
㉣ Ca-EDTA 이동시험
㉤ β-ALA(Amino Levulinic Acid) 축적

90 망간에 관한 설명으로 틀린 것은?
① 호흡기 노출이 주경로이다.
② 언어장애, 균형감각상실 등의 증세를 보인다.
③ 전기용접봉 제조업, 도자기 제조업에서 발생한다.
④ 만성중독은 3가 이상의 망간화합물에 의해서 주로 발생한다.

풀이 망간은 산화제일망간, 이산화망간, 사산화망간 등 8가지의 산화형태로 존재하며 산화상태가 +7인 과망가니즈산염은 산화력이 강하여 Mn^{2+} 화합물에 비하여 일반적으로 독성이 강하다.

91 체내에서 유해물질을 분해하는 데 가장 중요한 역할을 하는 것은?
① 혈압   ② 효소
③ 백혈구   ④ 적혈구

풀이 효소
유해화학물질이 체내로 침투되어 해독되는 경우 해독반응에 가장 중요한 작용을 하는 것이 효소이다.

92 접촉에 의한 알레르기성 피부감작을 증명하기 위한 시험으로 가장 적절한 것은?
① 첩포시험   ② 진균시험
③ 조직시험   ④ 유발시험

풀이 첩포시험(patch test)
㉠ 알레르기성 접촉피부염의 진단에 필수적이며 가장 중요한 임상시험이다.
㉡ 피부염의 원인물질로 예상되는 화학물질을 피부에 도포하고, 48시간 동안 덮어둔 후 피부염의 발생 여부를 확인한다.
㉢ 첩포시험 결과 침윤, 부종이 지속된 경우를 알레르기성 접촉피부염으로 판독한다.

93 일산화탄소중독과 관련이 없는 것은?
① 고압산소실
② 카나리아 새
③ 식염의 다량투여
④ 카르복시헤모글로빈(carboxyhemoglobin)

풀이 일산화탄소와 식염의 다량투여는 관련성이 없으며, 식염의 다량투여는 고온장애와 관련성이 있다.

94 유해물질의 생리적 작용에 의한 분류에서 질식제를 단순 질식제와 화학적 질식제로 구분할 때, 화학적 질식제에 해당하는 것은?
① 수소(H_2)   ② 메탄(CH_4)
③ 헬륨(He)   ④ 일산화탄소(CO)

풀이 질식제의 구분에 따른 종류
(1) 단순 질식제
  ㉠ 이산화탄소(CO_2)
  ㉡ 메탄(CH_4)
  ㉢ 질소(N_2)
  ㉣ 수소(H_2)
  ㉤ 에탄, 프로판, 에틸렌, 아세틸렌, 헬륨
(2) 화학적 질식제
  ㉠ 일산화탄소(CO)
  ㉡ 황화수소(H_2S)
  ㉢ 시안화수소(HCN)
  ㉣ 아닐린($C_6H_5NH_2$)

95 금속의 일반적인 독성기전으로 틀린 것은?
① 효소의 억제
② 금속평형의 파괴
③ DNA 염기의 대체
④ 필수 금속성분의 대체

정답 89.② 90.④ 91.② 92.① 93.③ 94.④ 95.③

[풀이] 금속의 독성작용기전
㉠ 효소억제
㉡ 간접영향
㉢ 필수 금속성분의 대체
㉣ 필수 금속성분의 평형 파괴

96 유기용제의 중추신경 활성억제의 순위를 큰 것에서부터 작은 순으로 나타낸 것 중 맞는 것은?

① 알켄 > 알칸 > 알코올
② 에테르 > 알코올 > 에스테르
③ 할로겐화합물 > 에스테르 > 알켄
④ 할로겐화합물 > 유기산 > 에테르

[풀이] 중추신경계 억제작용 순서
알칸 < 알켄 < 알코올 < 유기산 < 에스테르 < 에테르 < 할로겐화합물(할로겐족)

97 사람에 대한 안전용량(SHD)을 산출하는 데 필요하지 않은 항목은?

① 독성량(TD)
② 안전인자(SF)
③ 사람의 표준 몸무게
④ 독성물질에 대한 역치(THDo)

[풀이] TD(독성량), 즉 시험유기체의 심각한 독성 반응을 나타내는 양은 사람에 대한 안전용량을 산출하는 데는 적용하지 않는다.

98 피부독성 평가에서 고려해야 할 사항과 가장 거리가 먼 것은?

① 음주, 흡연
② 피부흡수 특성
③ 열, 습기 등의 작업환경
④ 사용물질의 상호작용에 따른 독성학적 특성

[풀이] 피부독성 평가 시 고려사항
㉠ 피부흡수 특성
㉡ 작업환경(열, 습기 등)
㉢ 사용물질의 상호작용에 따른 독성학적 특성

99 규폐증을 일으키는 원인물질로 가장 관계가 깊은 것은?

① 매연
② 암석분진
③ 일반부유분진
④ 목재분진

[풀이] 규폐증의 원인
㉠ 결정형 규소(암석 : 석영분진, 이산화규소, 유리규산)에 직업적으로 노출된 근로자에게 발생한다.
※ 유리규산(SiO_2) 함유 먼지 0.5~5μm의 크기에서 잘 발생한다.
㉡ 주요 원인물질은 혼합물질이며, 건축업, 도자기 작업장, 채석장, 석재공장 등의 작업장에서 근무하는 근로자에게 발생한다.
㉢ 석재공장, 주물공장, 내화벽돌 제조, 도자기 제조 등에서 발생하는 유리규산이 주 원인이다.
㉣ 유리규산(석영) 분진에 의한 규폐성 결정과 폐포벽 파괴 등 망상내피계 반응은 분진입자의 크기가 2~5μm일 때 자주 일어난다.

100 석면 및 내화성 세라믹 섬유의 노출기준 표시단위로 맞는 것은?

① %
② ppm
③ 개/cm^3
④ mg/m^3

[풀이] 석면(내화성 세라믹 섬유) 노출기준 단위
개/cm^3 = 개/mL = 개/cc

정답 96.③ 97.① 98.① 99.② 100.③

성공하려면
당신이 무슨 일을 하고 있는지를 알아야 하며,
하고 있는 그 일을 좋아해야 하며,
하는 그 일을 믿어야 한다.
-윌 로저스(Will Rogers)-

제1과목 | 산업위생학 개론

01 18세기 영국의 외과의사 Pott에 의해 직업성 암(癌)으로 보고되었고, 오늘날 검댕 속의 다환방향족 탄화수소가 원인인 것으로 밝혀진 질병은?

① 폐암 ② 방광암
③ 중피종 ④ 음낭암

풀이 Percivall Pott
㉠ 영국의 외과의사로 직업성 암을 최초로 보고하였으며, 어린이 굴뚝청소부에게 많이 발생하는 음낭암(scrotal cancer)을 발견하였다.
㉡ 암의 원인물질은 검댕 속 여러 종류의 다환방향족 탄화수소(PAH)이다.
㉢ 굴뚝청소부법을 제정하도록 하였다(1788년).

02 다음 중 산업위생전문가들이 지켜야 할 윤리강령에 있어 전문가로서의 책임에 해당하는 것은?

① 일반 대중에 관한 사항은 정직하게 발표한다.
② 위험요소와 예방조치에 관하여 근로자와 상담한다.
③ 과학적 방법의 적용과 자료의 해석에서 객관성을 유지한다.
④ 위험요인의 측정, 평가 및 관리에 있어서 외부의 압력에 굴하지 않고 중립적 태도를 취한다.

풀이 산업위생전문가로서의 책임
㉠ 성실성과 학문적 실력 면에서 최고수준을 유지한다(전문적 능력 배양 및 성실한 자세로 행동).
㉡ 과학적 방법의 적용과 자료의 해석에서 경험을 통한 전문가의 객관성을 유지한다(공인된 과학적 방법 적용·해석).
㉢ 전문 분야로서의 산업위생을 학문적으로 발전시킨다.
㉣ 근로자, 사회 및 전문 직종의 이익을 위해 과학적 지식을 공개하고 발표한다.
㉤ 산업위생활동을 통해 얻은 개인 및 기업체의 기밀은 누설하지 않는다(정보는 비밀 유지).
㉥ 전문적 판단이 타협에 의하여 좌우될 수 있거나 이해관계가 있는 상황에는 개입하지 않는다.

03 300명의 근로자가 근무하는 A사업장에서 지난 한 해 동안 신체장애 12급 4명과, 3급 1명의 재해자가 발생하였다. 신체장애 등급별 근로손실일수가 다음 표와 같을 때 해당 사업장의 강도율은 약 얼마인가? (단, 연간 52주, 주당 5일, 1일 8시간 근무)

신체장애 등급	근로손실 일수	신체장애 등급	근로손실 일수
1~3급	7,500일	9급	1,000일
4급	5,500일	10급	600일
5급	4,000일	11급	400일
6급	3,000일	12급	200일
7급	2,200일	13급	100일
8급	1,500일	14급	50일

① 0.33 ② 13.30
③ 25.02 ④ 52.35

풀이 강도율 $= \dfrac{\text{근로손실일수}}{\text{연근로시간수}} \times 10^3$

$= \dfrac{(200 \times 4) + (7,500 \times 1)}{300 \times 8 \times 5 \times 52} \times 10^3$

$= 13.30$

정답 01.④ 02.③ 03.②

04 심리학적 적성검사에서 지능검사대상에 해당되는 항목은?
① 성격, 태도, 정신상태
② 언어, 기억, 추리, 귀납
③ 수족협조능, 운동속도능, 형태지각능
④ 직무에 관련된 기본지식과 숙련도, 사고력

풀이 심리학적 검사(적성검사)
㉠ 지능검사 : 언어, 기억, 추리, 귀납 등에 대한 검사
㉡ 지각동작검사 : 수족협조, 운동속도, 형태지각 등에 대한 검사
㉢ 인성검사 : 성격, 태도, 정신상태 등에 대한 검사
㉣ 기능검사 : 직무에 관련된 기본지식과 숙련도, 사고력 등에 대한 검사

05 방사성 기체로 폐암 발생의 원인이 되는 실내공기 중 오염물질은?
① 석면   ② 오존
③ 라돈   ④ 포름알데히드

풀이 라돈
㉠ 자연적으로 존재하는 암석이나 토양에서 발생하는 thorium, uranium의 붕괴로 인해 생성되는 자연방사성 가스로, 공기보다 9배가 무거워 지표에 가깝게 존재한다.
㉡ 무색, 무취, 무미한 가스로 인간의 감각에 의해 감지할 수 없다.
㉢ 라듐의 α붕괴에서 발생하며, 호흡하기 쉬운 방사성 물질로 폐암을 유발한다.

06 보건관리자를 반드시 두어야 하는 사업장이 아닌 것은?
① 도금업
② 축산업
③ 연탄 생산업
④ 축전지(납 포함) 제조업

풀이 축산업은 보건관리자를 반드시 두어야 하는 사업장은 아니다.

07 작업강도에 영향을 미치는 요인으로 틀린 것은?
① 작업밀도가 적다.
② 대인접촉이 많다.
③ 열량소비량이 크다.
④ 작업대상의 종류가 많다.

풀이 작업강도가 커지는 경우(작업강도에 영향을 미치는 요인)
정밀작업일 때, 작업종류가 많을 때, 열량소비량이 많을 때, 작업속도가 빠를 때, 작업이 복잡할 때, 판단을 요할 때, 작업인원이 감소할 때, 위험부담을 느낄 때, 대인접촉이나 제약조건이 빈번할 때

08 산업안전보건법령상 작업환경 측정에 관한 내용으로 틀린 것은?
① 모든 측정은 개인시료 채취방법으로만 실시하여야 한다.
② 작업환경 측정을 실시하기 전에 예비조사를 실시하여야 한다.
③ 작업환경 측정자는 그 사업장에 소속된 사람으로 산업위생관리산업기사 이상의 자격을 가진 사람이다.
④ 작업이 정상적으로 이루어져 작업시간과 유해인자에 대한 근로자의 노출정도를 정확히 평가할 수 있을 때 실시하여야 한다.

풀이 작업환경 측정은 개인시료 채취를 원칙으로 하고 있으며, 개인시료 채취가 곤란한 경우에 한하여 지역시료를 채취할 수 있다.

09 전신피로의 정도를 평가하기 위하여 맥박을 측정한 값이 심한 전신피로상태라고 판단되는 경우는?
① $HR_{30\sim60}=107$, $HR_{150\sim180}=89$, $HR_{60\sim90}=101$
② $HR_{30\sim60}=110$, $HR_{150\sim180}=95$, $HR_{60\sim90}=108$
③ $HR_{30\sim60}=114$, $HR_{150\sim180}=92$, $HR_{60\sim90}=118$
④ $HR_{30\sim60}=116$, $HR_{150\sim180}=102$, $HR_{60\sim90}=108$

> [풀이] **심한 전신피로상태**
> HR₁이 110을 초과하고, HR₃와 HR₂의 차이가 10 미만인 경우
> 여기서,
> HR_1 : 작업 종료 후 30~60초 사이의 평균맥박수
> HR_2 : 작업 종료 후 60~90초 사이의 평균맥박수
> HR_3 : 작업 종료 후 150~180초 사이의 평균맥박수
> ⇨ 회복기 심박수 의미

10 직업성 질환에 관한 설명으로 틀린 것은?

① 직업성 질환과 일반 질환은 그 한계가 뚜렷하다.
② 직업성 질환은 재해성 질환과 직업병으로 나눌 수 있다.
③ 직업성 질환이란 어떤 직업에 종사함으로써 발생하는 업무상 질병을 의미한다.
④ 직업병은 저농도 또는 저수준의 상태로 장시간 걸쳐 반복노출로 생긴 질병을 의미한다.

> [풀이] 직업성 질환과 일반 질환의 구분은 명확하지 않다.

11 중량물 취급작업 시 NIOSH에서 제시하고 있는 최대허용기준(MPL)에 대한 설명으로 틀린 것은? (단, AL은 감시기준)

① 역학조사결과 MPL을 초과하는 작업에서 대부분의 근로자들에게 근육, 골격 장애가 나타났다.
② 노동생리학적 연구결과, MPL에 해당되는 작업에서 요구되는 에너지대사량은 5kcal/min을 초과하였다.
③ 인간공학적 연구결과 MPL에 해당되는 작업에서 디스크에 3,400N의 압력이 부과되어 대부분의 근로자들이 이 압력에 견딜 수 없었다.
④ MPL은 3AL에 해당되는 값으로 정신물리학적 연구결과, 남성근로자의 25% 미만과 여성근로자의 1% 미만에서만 MPL 수준의 작업을 수행할 수 있었다.

> [풀이] **NIOSH에서 제안한 중량물 취급작업의 권고치 중 최대허용기준(MPL) 설정 배경**
> ① 역학조사결과
>   MPL을 초과하는 작업에서는 대부분의 근로자에게 근육, 골격 장애 나타남
> ② 노동생리학적 연구결과
>   요구되는 에너지대사량 5.0kcal/min 초과
> ③ 인간공학적 연구결과
>   L₅/S₁ 디스크에 6,400N 압력 부하 시 대부분의 근로자가 견딜 수 없음
> ④ 정신물리학적 연구결과
>   남성 25%, 여성 1% 미만에서만 MPL 수준의 작업 가능

12 산업안전보건법의 목적을 설명한 것으로 맞는 것은?

① 헌법에 의하여 근로조건의 기준을 정함으로써 근로자의 기본적 생활을 보장, 향상시키며 균형있는 국가경제의 발전을 도모함
② 헌법의 평등이념에 따라 고용에서 남녀의 평등한 기회와 대우를 보장하고 모성보호와 직업능력을 개발하여 근로여성의 지위향상과 복지증진에 기여함
③ 산업안전·보건에 관한 기준을 확립하고 그 책임의 소재를 명확하게 하여 산업재해를 예방하고 쾌적한 작업환경을 조성함으로써 근로자의 안전과 보건을 유지·증진함
④ 모든 근로자가 각자의 능력을 개발, 발휘할 수 있는 직업에 취직할 기회를 제공하고, 산업에 필요한 노동력의 충족을 지원함으로써 근로자의 직업안정을 도모하고 균형있는 국민경제의 발전에 이바지함

> [풀이] (1) 산업안전보건법 목적
>   ㉠ 근로자의 안전과 보건을 유지·증진하기 위함
>   ㉡ 산업재해 예방
>   ㉢ 쾌적한 작업환경 조성
> (2) 산업안전보건법 주요 내용
>   ㉠ 안전보건관리책임자 고용
>   ㉡ 작업환경 측정의 의무화
>   ㉢ 특수건강진단과 임시건강진단의 도입
>   ㉣ 안전보건교육의 확립

정답 10.① 11.③ 12.③

13 고용노동부 장관은 건강장애를 발생할 수 있는 업무에 일정기간 이상 종사한 근로자에 대하여 건강관리수첩을 교부하여야 한다. 건강관리수첩 교부대상 업무가 아닌 것은?
① 벤지딘염산염(중량비율 1% 초과 제제 포함) 제조 취급업무
② 벤조트리클로리드 제조(태양광선에 의한 염소화반응에 제조) 업무
③ 제철용 코크스 또는 제철용 가스발생로 가스제조 시 로 상부 또는 근접작업
④ 크롬산, 중크롬산, 또는 이들 염(중량비율 0.1% 초과 제제 포함)을 제조하는 업무

풀이 **건강관리수첩 교부대상 업무**
크롬산·중크롬산 또는 이들 염(같은 물질이 함유된 화합물의 중량 비율이 1퍼센트를 초과하는 제제를 포함한다)을 광석으로부터 추출하여 제조하거나 취급하는 업무

14 Diethyl ketone(TLV=200ppm)을 사용하는 근로자의 작업시간이 9시간일 때 허용기준을 보정하였다. OSHA 보정법과 Brief and Scala 보정법을 적용하였을 경우 보정된 허용기준치 간의 차이는 약 몇 ppm인가?
① 5.05
② 11.11
③ 22.22
④ 33.33

풀이 (1) OSHA 보정방법
보정된 노출기준 = 8시간 노출기준 × $\frac{8시간}{노출시간/일}$
$= 200 \times \frac{8}{9} = 177.78$ ppm
(2) Brief and Scala 보정방법
$RF = \left(\frac{8}{H}\right) \times \frac{24-H}{16} = \left(\frac{8}{9}\right) \times \frac{24-9}{16} = 0.833$
보정된 노출기준 = TLV × RF
$= 200$ ppm $\times 0.833 = 166.67$ ppm
∴ 허용기준치 차이 = 177.78 − 166.67
$= 11.11$ ppm

15 산업위생전문가의 과제가 아닌 것은?
① 작업환경의 조사
② 작업환경 조사결과의 해석
③ 유해물질과 대기오염 상관성 조사
④ 유해인자가 있는 곳의 경고 주의판 부착

풀이 산업위생전문가는 유해물질과 근로자 건강과의 상관성을 조사한다.

16 유해인자와 그로 인하여 발생되는 직업병의 연결이 틀린 것은?
① 크롬 − 폐암
② 이상기압 − 폐수종
③ 망간 − 신장염
④ 수은 − 악성중피종

풀이 **유해인자별 발생 직업병**
㉠ 크롬 : 폐암(크롬폐증)
㉡ 이상기압 : 폐수종(잠함병)
㉢ 고열 : 열사병
㉣ 방사선 : 피부염 및 백혈병
㉤ 소음 : 소음성 난청
㉥ 수은 : 무뇨증
㉦ 망간 : 신장염(파킨슨증후군)
㉧ 석면 : 악성중피종
㉨ 한랭 : 동상
㉩ 조명 부족 : 근시, 안구진탕증
㉪ 진동 : Raynaud's 현상
㉫ 분진 : 규폐증

17 다음 중 교대근무제에 관한 설명으로 맞는 것은?
① 야간근무 종료 후 휴식은 24시간 전후로 한다.
② 야근은 가면(假眠)을 하더라도 10시간 이내가 좋다.
③ 신체적 적응을 위하여 야간근무의 연속 일수는 대략 1주일로 한다.
④ 누적피로를 회복하기 위해서는 정교대 방식보다는 역교대 방식이 좋다.

[풀이]
① 야근 후 다음 반으로 가는 간격은 최저 48시간 이상의 휴식시간을 갖도록 한다.
③ 신체적 적응을 위하여 야간근무의 연속일수는 2~3일로 한다.
④ 누적피로를 회복하기 위해서는 역교대 방식보다는 정교대 방식이 좋다.

18 다음 중 근골격계 질환에 관한 설명으로 틀린 것은?

① 점액낭염(bursitis)은 관절 사이의 윤활액을 싸고 있는 윤활낭에 염증이 생기는 질병이다.
② 건초염(tenosynovitis)은 건막에 염증이 생긴 질환이며, 건염(tendonitis)은 건의 염증으로, 건염과 건초염을 정확히 구분하기 어렵다.
③ 수근관증후군(carpal tunnel sysdrome)은 반복적이고 지속적인 손목의 압박, 무리한 힘 등으로 인해 수근관 내부에 정중신경이 손상되어 발생한다.
④ 근염(myositis)은 근육이 잘못된 자세, 외부의 충격, 과도한 스트레스 등으로 수축되어 굳어지면 근섬유의 일부가 띠처럼 단단하게 변하여 근육의 특정 부위에 압통, 방사통, 목부위 운동제한, 두통 등의 증상이 나타난다.

[풀이] 근염이란 근육에 염증이 일어난 것을 말하며, 근육 섬유에 손상을 주게 되는데 이로 인해 근육의 수축 능력이 저하하게 된다. 근육의 허약감, 근육통증, 유연함이 대표적 증상으로 나타나며, 이 외에도 근염의 종류에 따라 추가적인 증상이 나타난다.

19 산업재해의 기본원인인 4M에 해당되지 않는 것은?

① 방식(Mode)
② 설비(Machine)
③ 작업(Media)
④ 관리(Management)

[풀이] 산업재해의 기본원인(4M)
㉠ Man(사람) : 본인 이외의 사람으로 인간관계, 의사소통의 불량을 의미한다.
㉡ Machine(기계, 설비) : 기계, 설비 자체의 결함을 의미한다.
㉢ Media(작업환경, 작업방법) : 인간과 기계의 매개체를 말하며, 작업자세, 작업동작의 결함을 의미한다.
㉣ Management(법규 준수, 관리) : 안전교육과 훈련의 부족, 부하에 대한 지도·감독의 부족을 의미한다.

20 육체적 작업능력(PWC)이 16kcal/min인 근로자가 1일 8시간 동안 물체를 운반하고 있다. 이때의 작업대사량은 10kcal/min이고, 휴식 시의 대사량은 1.5kcal/min이다. 이 사람이 쉬지 않고 계속하여 일할 수 있는 최대허용시간은 약 몇 분인가? (단, $\log T_{end} = b_0 + b_1 \cdot E$, $b_0 = 3.720$, $b_1 = -0.1949$)

① 60분   ② 90분
③ 120분   ④ 150분

[풀이] $\log T_{end} = 3.720 - 0.1949 E$
$= 3.720 - (0.1949 \times 10)$
$= 1.771$
∴ T_{end}(최대 허용시간) $= 10^{1.771} = 59.02$ min

제2과목 | 작업위생 측정 및 평가

21 작업환경 내 유해물질 노출로 인한 위해도의 결정요인은 무엇인가?

① 반응성과 사용량
② 위해성과 노출량
③ 허용농도와 노출량
④ 반응성과 허용농도

[풀이] 위해도 결정요인
㉠ 위해성
㉡ 노출량

22 입자상 물질의 크기 표시를 하는 방법 중 입자의 면적을 이등분하는 직경으로 과소평가의 위험성이 있는 것은?
① 마틴직경　② 페렛직경
③ 스톡크직경　④ 등면적직경

풀이 기하학적(물리적) 직경
(1) 마틴직경(Martin diameter)
　㉠ 먼지의 면적을 2등분하는 선의 길이로 선의 방향은 항상 일정하여야 한다.
　㉡ 과소평가할 수 있는 단점이 있다.
　㉢ 입자의 2차원 투영상을 구하여 그 투영면적을 2등분한 선분 중 어떤 기준선과 평행인 것의 길이(입자의 무게중심을 통과하는 외부 경계면에 접하는 이론적인 길이)를 직경으로 사용하는 방법이다.
(2) 페렛직경(Feret diameter)
　㉠ 먼지의 한쪽 끝 가장자리와 다른 쪽 가장자리 사이의 거리이다.
　㉡ 과대평가될 가능성이 있는 입자상 물질의 직경이다.
(3) 등면적직경(projected area diameter)
　㉠ 먼지의 면적과 동일한 면적을 가진 원의 직경으로 가장 정확한 직경이다.
　㉡ 측정은 현미경 접안경에 porton reticle을 삽입하여 측정한다.
　　즉, $D=\sqrt{2^n}$
　　여기서, D : 입자 직경(μm)
　　　　　　n : porton reticle에서 원의 번호

23 다음 중 복사기, 전기기구, 플라스마 이온방식의 공기청정기 등에서 공통적으로 발생할 수 있는 유해물질로 가장 적절한 것은?
① 오존　② 이산화질소
③ 일산화탄소　④ 포름알데히드

풀이 오존(O_3)
　㉠ 매우 특이한 자극성 냄새를 갖는 무색의 기체로 액화하면 청색을 나타낸다.
　㉡ 물에 잘 녹으며, 알칼리용액, 클로로포름에도 녹는다.
　㉢ 강력한 산화제이므로 화재의 위험성이 높고, 약간의 유기물 존재 시 즉시 폭발을 일으킨다.
　㉣ 복사기, 전기기구, 플라즈마 이온방식의 공기청정기 등에서 공통적으로 발생한다.

24 소음의 측정시간 및 횟수의 기준에 관한 내용으로 (　)에 들어갈 것으로 옳은 것은? (단, 고용노동부 고시 기준)

단위작업장소에서의 소음발생시간이 6시간 이내인 경우나 소음발생원에서의 발생시간이 간헐적인 경우에는 발생시간 동안 연속 측정하거나 등간격으로 나누어 (　) 이상 측정하여야 한다.

① 2회　② 3회
③ 4회　④ 6회

풀이 소음 측정시간
　㉠ 단위작업장소에서 소음수준은 규정된 측정위치 및 지점에서 1일 작업시간 동안 6시간 이상 연속 측정하거나 작업시간을 1시간 간격으로 나누어 6회 이상 측정하여야 한다. 다만, 소음의 발생특성이 연속음으로서 측정치가 변동이 없다고 자격자 또는 지정측정기관이 판단한 경우에는 1시간 동안을 등간격으로 나누어 3회 이상 측정할 수 있다.
　㉡ 단위작업장소에서의 소음발생시간이 6시간 이내인 경우나 소음발생원에서의 발생시간이 간헐적인 경우에는 발생시간 동안 연속 측정하거나 등간격으로 나누어 4회 이상 측정하여야 한다.

25 두 집단의 어떤 유해물질의 측정값이 아래 그래프와 같을 때 두 집단의 표준편차의 크기 비교에 대한 설명 중 옳은 것은?

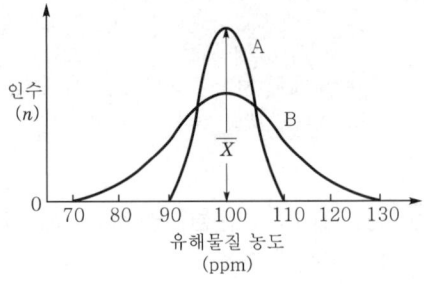

① A집단과 B집단은 서로 같다.
② A집단의 경우가 B집단의 경우보다 크다.
③ A집단의 경우가 B집단의 경우보다 작다.
④ 주어진 도표만으로 판단하기 어렵다.

[풀이] **표준편차**
㉠ 표준편차는 관측값의 산포도(dispersion), 즉 평균 가까이에 분포하고 있는지의 여부를 측정하는 데 많이 쓰인다.
㉡ 표준편차가 0일 때는 관측값의 모두가 동일한 크기이고, 표준편차가 클수록 관측값 중에는 평균에서 떨어진 값이 많이 존재한다.

26 포집기를 이용하여 납을 분석한 결과 0.00189g이었을 때, 공기 중 납 농도는 약 몇 mg/m³인가? (단, 포집기의 유량은 2.0L/min, 측정시간은 3시간 2분, 분석기기의 회수율은 100%)
① 4.61   ② 5.19
③ 5.77   ④ 6.35

[풀이]
$$\text{농도}(mg/m^3) = \frac{0.00189g \times 1,000mg/g}{2.0L/min \times 182min \times 1.0 \times m^3/1,000L}$$
$$= 5.19 mg/m^3$$

27 전자기 복사선의 파장범위 중에서 자외선-A의 파장영역으로 가장 적절한 것은?
① 100~280nm   ② 280~315nm
③ 315~400nm   ④ 400~760nm

[풀이] **자외선 분류**
㉠ UV-C(100~280nm : 발진, 경미한 홍반)
㉡ UV-B(280~315nm : 발진, 경미한 홍반, 피부암, 광결막염)
㉢ UV-A(315~400nm : 발진, 홍반, 백내장, 피부노화 촉진)

28 '여러 성분이 있는 용액에서 증기가 나올 때, 증기의 각 성분의 부분압은 용액의 분압과 평형을 이룬다'는 내용의 법칙은?
① 라울의 법칙
② 픽스의 법칙
③ 게이-뤼삭의 법칙
④ 보일-샤를의 법칙

[풀이] **라울(Raoult)의 법칙**
용액 증기압=용매 증기압+용매 몰분율

29 다음 중 작업환경의 기류 측정기기와 가장 거리가 먼 것은?
① 풍차풍속계   ② 열선풍속계
③ 카타온도계   ④ 냉온풍속계

[풀이] **기류 측정기기**
㉠ 피토관
㉡ 회전날개형 풍속계
㉢ 그네날개형 풍속계
㉣ 열선풍속계
㉤ 카타온도계
㉥ 풍차풍속계
㉦ 풍향풍속계
㉧ 마노미터

30 온도 표시에 관한 내용으로 틀린 것은? (단, 고용노동부 고시 기준)
① 냉수는 4℃ 이하를 말한다.
② 실온은 1~35℃를 말한다.
③ 미온은 30~40℃를 말한다.
④ 온수는 60~70℃를 말한다.

[풀이] **온도 표시의 기준**
㉠ 온도의 표시는 셀시우스(Celcius)법에 따라 아라비아 숫자의 오른쪽에 ℃를 붙인다. 절대온도는 K으로 표시하고, 절대온도 0K은 -273℃로 한다.
㉡ 상온은 15~25℃, 실온은 1~35℃, 미온은 30~40℃로 하고, 찬 곳은 따로 규정이 없는 한 0~15℃의 곳을 말한다.
㉢ 냉수(冷水)는 15℃ 이하, 온수(溫水)는 60~70℃, 열수(熱水)는 약 100℃를 말한다.

31 측정값이 17, 5, 3, 13, 8, 7, 12, 10일 때, 통계적인 대표값 9.0은 다음 중 어느 통계치에 해당되는가?
① 최빈값   ② 중앙값
③ 산술평균   ④ 기하평균

[풀이] 측정값은 낮은 순서부터 배열
3, 5, 7, 8, 10, 12, 13, 17
$$\text{중앙값} = \frac{8+10}{2} = 9$$

정답 26.② 27.③ 28.① 29.④ 30.① 31.②

32 작업장 소음에 대한 1일 8시간 노출 시 허용기준은 몇 dB(A)인가? (단, 미국 OSHA의 연속소음에 대한 노출기준으로 한다.)

① 45　　② 60
③ 75　　④ 90

풀이 소음에 대한 노출기준
(1) 우리나라 노출기준(OSHA 기준)
8시간 노출에 대한 기준 90dB(5dB 변화율)

1일 노출시간(hr)	소음수준[dB(A)]
8	90
4	95
2	100
1	105
1/2	110
1/4	115

※ 115dB(A)을 초과하는 소음수준에 노출되어서는 안 된다.

(2) ACGIH 노출기준
8시간 노출에 대한 기준 85dB(3dB 변화율)

1일 노출시간(hr)	소음수준[dB(A)]
8	85
4	88
2	91
1	94
1/2	97
1/4	100

33 공장 내 지면에 설치된 한 기계로부터 10m 떨어진 지점의 소음이 70dB(A)일 때, 기계의 소음이 50dB(A)로 들리는 지점은 기계에서 몇 m 떨어진 것인가? (단, 점음원을 기준으로 하고, 기타 조건은 고려하지 않는다.)

① 50　　② 100
③ 200　　④ 400

풀이
$SPL_1 - SPL_2 = 20\log\dfrac{r_2}{r_1}$

$70 - 50 = 20\log\dfrac{r_2}{10}$

$20 = 20\log\dfrac{r_2}{10}$

$10^1 = \dfrac{r_2}{10}$

$r_2 = 100\text{m}$ (기계에서 떨어진 거리)

34 흡광도 측정에서 최초광의 70%가 흡수될 경우 흡광도는 약 얼마인가?

① 0.28　　② 0.35
③ 0.46　　④ 0.52

풀이 흡광도 $= \log\dfrac{1}{\text{투과도}} = \log\dfrac{1}{(1-0.7)} = 0.52$

35 접착공정에서 본드를 사용하는 작업장에서 톨루엔을 측정하고자 한다. 노출기준의 10%까지 측정하고자 할 때, 최소 시료채취시간은 약 몇 분인가? (단, 25℃, 1기압 기준이며, 톨루엔의 분자량은 92.14, 기체 크로마토그래피의 분석에서 톨루엔의 정량한계는 0.5mg, 노출기준은 100ppm, 채취유량은 0.15L/분이다.)

① 13.3　　② 39.6
③ 88.5　　④ 182.5

풀이
농도$(mg/m^3) = (100\text{ppm} \times 0.1) \times \dfrac{92.14}{24.45}$
$= 37.69\text{mg/m}^3$

채취 최소부피(L) $= \dfrac{0.5\text{mg}}{37.69\text{mg/m}^3 \times \text{m}^3/1,000\text{L}}$
$= 13.27\text{L}$

채취 최소시간(min) $= \dfrac{13.27\text{L}}{0.15\text{L/min}} = 88.47\text{min}$

36 시료채취대상 유해물질과 시료채취 여과지를 잘못 짝지은 것은?

① 유기규산 – PVC 여과지
② 납, 철 등 금속 – MCE 여과지
③ 농약, 알칼리성 먼지 – 은막 여과지
④ 다핵방향족탄화수소(PAHs) – PTFE 여과지

풀이 PTFE막 여과지(Polytetrafluroethylene membrane filter, 테프론)
㉠ 열, 화학물질, 압력 등에 강한 특성을 가지고 있어 석탄 건류나 증류 등의 고열공정에서 발생하는 다핵방향족탄화수소를 채취하는 데 이용된다.
㉡ 농약, 알칼리성 먼지, 콜타르피치 등을 채취한다.
㉢ 1μm, 2μm, 3μm의 여러 가지 구멍 크기를 가지고 있다.

정답 32.④ 33.② 34.④ 35.③ 36.③

37 석면 측정방법 중 전자현미경법에 관한 설명으로 틀린 것은?

① 석면의 감별분석이 가능하다.
② 분석시간이 짧고, 비용이 적게 소요된다.
③ 공기 중 석면시료 분석에 가장 정확한 방법이다.
④ 위상차현미경으로 볼 수 없는 매우 가는 섬유도 관찰이 가능하다.

[풀이] 전자현미경법(석면 측정)
㉠ 석면분진 측정방법에서 공기 중 석면시료를 가장 정확하게 분석할 수 있다.
㉡ 석면의 성분 분석(감별 분석)이 가능하다.
㉢ 위상차현미경으로 볼 수 없는 매우 가는 섬유도 관찰 가능하다.
㉣ 값이 비싸고 분석시간이 많이 소요된다.

38 금속도장 작업장의 공기 중에 혼합된 기체의 농도와 TLV가 다음 표와 같을 때, 이 작업장의 노출지수(EI)는 얼마인가? (단, 상가작용 기준이며, 농도 및 TLV의 단위는 ppm이다.)

기체명	기체의 농도	TLV
Toluene	55	100
MIBK	25	50
Acetone	280	750
MEK	90	200

① 1.573
② 1.673
③ 1.773
④ 1.873

[풀이] 노출지수(EI) $= \frac{55}{100} + \frac{25}{50} + \frac{280}{750} + \frac{90}{200} = 1.873$

39 태양광선이 내리쬐지 않는 옥외작업장에서 온도를 측정결과, 건구온도는 30℃, 자연습구온도는 30℃, 흑구온도는 34℃이었을 때 습구흑구온도지수(WBGT)는 약 몇 ℃인가? (단, 고용노동부 고시 기준)

① 30.4
② 30.8
③ 31.2
④ 31.6

[풀이] 옥내 WBGT(℃)
= (0.7×자연습구온도)+(0.3×흑구온도)
= (0.7×30℃)+(0.3×34℃)
= 31.2℃

40 검지관법에 대한 설명과 가장 거리가 먼 것은?

① 반응시간이 빨라서 빠른 시간에 측정결과를 알 수 있다.
② 민감도가 낮기 때문에 비교적 고농도에만 적용이 가능하다.
③ 한 검지관으로 여러 물질을 동시에 측정할 수 있는 장점이 있다.
④ 오염물질의 농도에 비례한 검지관의 변색층 길이를 읽어 농도를 측정하는 방법과 검지관 안에서 색변화와 표준색표를 비교하여 농도를 결정하는 방법이 있다.

[풀이] 검지관 측정법의 장·단점
(1) 장점
㉠ 사용이 간편하다.
㉡ 반응시간이 빨라 현장에서 바로 측정결과를 알 수 있다.
㉢ 비전문가도 어느 정도 숙지하면 사용할 수 있지만 산업위생전문가의 지도 아래 사용되어야 한다.
㉣ 맨홀, 밀폐공간에서의 산소부족 또는 폭발성 가스로 인한 안전이 문제가 될 때 유용하게 사용된다.
㉤ 다른 측정방법이 복잡하거나 빠른 측정이 요구될 때 사용할 수 있다.
(2) 단점
㉠ 민감도가 낮아 비교적 고농도에만 적용이 가능하다.
㉡ 특이도가 낮아 다른 방해물질의 영향을 받기 쉽고 오차가 크다.
㉢ 대개 단시간 측정만 가능하다.
㉣ 한 검지관으로 단일물질만 측정 가능하여 각 오염물질에 맞는 검지관을 선정함에 따른 불편함이 있다.
㉤ 색변화에 따라 주관적으로 읽을 수 있어 판독자에 따라 변이가 심하며, 색변화가 시간에 따라 변하므로 제조자가 정한 시간에 읽어야 한다.
㉥ 미리 측정대상 물질의 동정이 되어 있어야 측정이 가능하다.

제3과목 | 작업환경 관리대책

41 후드의 압력손실계수가 0.45이고 속도압이 20mmH$_2$O일 때 압력손실(mmH$_2$O)은?
① 9   ② 12
③ 20.45   ④ 42.25

풀이 후드 압력손실(mmH$_2$O) $= F \times VP$
$= 0.45 \times 20 = 9 \text{mmH}_2\text{O}$

42 다음 중 방독마스크에 관한 설명과 가장 거리가 먼 것은?
① 일시적인 작업 또는 긴급용으로 사용하여야 한다.
② 산소농도가 15%인 작업장에서는 사용하면 안 된다.
③ 방독마스크의 정화통은 유해물질별로 구분하여 사용하도록 되어 있다.
④ 방독마스크 필터는 압축된 면, 모, 합성섬유 등의 재질이며, 여과효율이 우수하여야 한다.

풀이 면, 모, 합성섬유 등을 필터로 사용하는 것은 방진마스크이며, 방독마스크는 정화통이 있다.

43 호흡기 보호구의 밀착도 검사(fit test)에 대한 설명이 잘못된 것은?
① 정량적인 방법에는 냄새, 맛, 자극물질 등을 이용한다.
② 밀착도 검사란 얼굴피부 접촉면과 보호구 안면부가 적합하게 밀착되는지를 측정하는 것이다.
③ 밀착도 검사를 하는 것은 작업자가 작업장에 들어가기 전 누설정도를 최소화시키기 위함이다.
④ 어떤 형태의 마스크가 작업자에게 적합한지 마스크를 선택하는 데 도움을 주어 작업자의 건강을 보호한다.

풀이 밀착도 검사(fit test)
(1) 얼굴 피부 접촉면과 보호구 안면부가 적합하게 밀착되는지를 추정하는 것이다.
(2) 측정방법
 ㉠ 정성적인 방법(QLFT) : 냄새, 맛, 자극물질을 이용
 ㉡ 정량적인 방법(QNFT) : 보호구 안과 밖에서 농도, 압력의 차이
(3) 밀착계수(FF)
 ㉠ QNFT를 이용하여 밀착정도를 나타내는 것을 의미한다.
 ㉡ 보호구 안 농도(C_i)와 밖에서 농도(C_o)를 측정하는 비로 나타낸다.
 ㉢ 높을수록 밀착정도가 우수하여 착용자 얼굴에 적합하다.

44 입자상 물질을 처리하기 위한 장치 중 고효율 집진이 가능하며 원리가 직접차단, 관성충돌, 확산, 중력침강 및 정전기력 등이 복합적으로 작용하는 장치는?
① 여과집진장치   ② 전기집진장치
③ 원심력집진장치   ④ 관성력집진장치

풀이 여과집진장치(bag filter)
함진가스를 여과재(filter media)에 통과시켜 입자를 분리, 포집하는 장치로서 $1\mu m$ 이상의 분진의 포집은 99%가 관성충돌과 직접차단에 의하여 이루어지고, $0.1\mu m$ 이하의 분진은 확산과 정전기력에 의하여 포집하는 집진장치이다.

45 공기의 유속을 측정할 수 있는 기구가 아닌 것은?
① 열선유속계
② 로터미터형 유속계
③ 그네날개형 유속계
④ 회전날개형 유속계

풀이 기류 측정기기
㉠ 피토관
㉡ 회전날개형 풍속계
㉢ 그네날개형 풍속계
㉣ 열선풍속계
㉤ 카타온도계
㉥ 풍향풍속계
㉦ 풍차풍속계
㉧ 마노미터

정답 41.① 42.④ 43.① 44.① 45.②

46 다음 중 0.01μm 정도의 미세분진까지 처리할 수 있는 집진기로 가장 적합한 것은?

① 중력집진기
② 전기집진기
③ 세정식집진기
④ 원심력집진기

[풀이] **전기집진장치의 장·단점**
(1) 장점
  ㉠ 집진효율이 높다(0.01μm 정도 포집 용이, 99.9% 정도 고집진효율).
  ㉡ 광범위한 온도범위에서 적용이 가능하며, 폭발성 가스의 처리도 가능하다.
  ㉢ 고온의 입자성 물질(500℃ 전후) 처리가 가능하여 보일러와 철강로 등에 설치할 수 있다.
  ㉣ 압력손실이 낮고, 대용량의 가스처리가 가능하며, 배출가스의 온도강하가 적다.
  ㉤ 운전 및 유지비가 저렴하다.
  ㉥ 회수가치 입자포집에 유리하며, 습식 및 건식으로 집진할 수 있다.
  ㉦ 넓은 범위의 입경과 분진농도에 집진효율이 높다.
(2) 단점
  ㉠ 설치비용이 많이 든다.
  ㉡ 설치공간을 많이 차지한다.
  ㉢ 설치된 후에는 운전조건의 변화에 유연성이 적다.
  ㉣ 먼지성상에 따라 전처리시설이 요구된다.
  ㉤ 분진포집에 적용되며, 기체상 물질 제거에는 곤란하다.
  ㉥ 전압변동과 같은 조건변동(부하변동)에 쉽게 적응이 곤란하다.
  ㉦ 가연성 입자의 처리가 곤란하다.

47 송풍기에 연결된 환기시스템에서 송풍량에 따른 압력손실 요구량을 나타내는 $Q-P$ 특성곡선 중 Q와 P의 관계는? (단, Q는 풍량, P는 풍압이며, 유동조건은 난류형태이다.)

① $P \propto Q$
② $P^2 \propto Q$
③ $P \propto Q^2$
④ $P^2 \propto Q^3$

[풀이] **시스템 요구곡선**
송풍량에 따라 송풍기 정압이 변하는 경향을 나타내는 곡선으로, $P \propto Q^2$의 관계를 나타낸다.

48 다음 중 가지덕트를 주덕트에 연결하고자 할 때 각도로 가장 적합한 것은?

① 30°
② 50°
③ 70°
④ 90°

[풀이] 주관과 분지관(가지관)의 연결

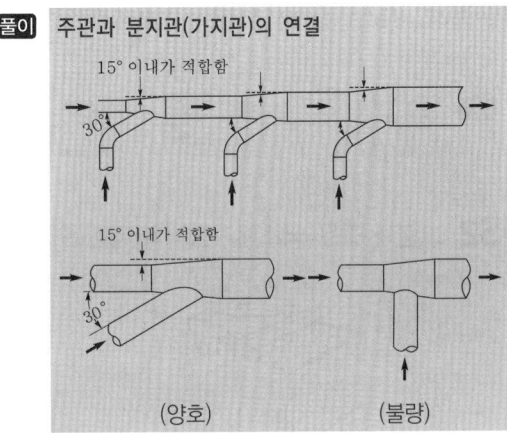

(양호)　　(불량)

49 직경이 5μm이고 밀도가 2g/cm³인 입자의 종단속도는 약 몇 cm/sec인가?

① 0.07
② 0.15
③ 0.23
④ 0.33

[풀이]
$$입자\ 종단속도(cm/sec) = 0.003 \times \rho \times d^2$$
$$= 0.003 \times 2 \times 5^2$$
$$= 0.15\,cm/sec$$

50 공기 중의 사염화탄소 농도가 0.2%일 때, 방독면의 사용가능한 시간은 몇 분인가? (단, 방독면 정화통의 정화능력이 사염화탄소 0.5%에서 60분간 사용가능하다.)

① 110
② 130
③ 150
④ 180

[풀이]
$$사용가능\ 시간 = \frac{표준유효시간 \times 시험가스\ 농도}{공기\ 중\ 유해가스\ 농도}$$
$$= \frac{0.5 \times 60}{0.2}$$
$$= 150\,min$$

51 화학공장에서 작업환경을 측정하였더니 TCE 농도가 10,000ppm이었을 때, 오염공기의 유효비중은? (단, TCE의 증기비중은 5.7, 공기비중은 1.0이다.)

① 1.028　　② 1.047
③ 1.059　　④ 1.087

[풀이] 유효비중 = $\dfrac{(5.7 \times 10,000) + (1.0 \times 990,000)}{1,000,000} = 1.047$

52 그림과 같은 국소배기장치의 명칭은?

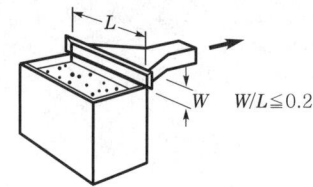

① 수형 후드　　② 슬롯 후드
③ 포위형 후드　④ 하방형 후드

[풀이] 외부식 슬롯 후드
㉠ slot 후드는 후드 개방부분의 길이가 길고, 높이(폭)가 좁은 형태로 [높이(폭)/길이]의 비가 0.2 이하인 것을 말한다.
㉡ slot 후드에서도 플랜지를 부착하면 필요배기량을 줄일 수 있다(ACGIH : 환기량 30% 절약).
㉢ slot 후드의 가장자리에서도 공기의 흐름을 균일하게 하기 위해 사용한다.
㉣ slot 속도는 배기송풍량과는 관계가 없으며, 제어풍속은 slot 속도에 영향을 받지 않는다.
㉤ 플레넘 속도를 슬롯 속도의 1/2 이하로 하는 것이 좋다.

53 공기 중의 포화증기압이 1.52mmHg인 유기용제가 공기 중에 도달할 수 있는 포화농도는 약 몇 ppm인가?

① 2,000　　② 4,000
③ 6,000　　④ 8,000

[풀이] 포화농도(ppm) = $\dfrac{증기압}{760} \times 10^6$
$= \dfrac{1.52}{760} \times 10^6 = 2,000\text{ppm}$

54 작업대 위에서 용접할 때 흄을 포집 제거하기 위해 작업면에 고정된 플랜지가 붙은 외부식 사각형 후드를 설치하였다면 소요 송풍량은 약 몇 m³/min인가? (단, 개구면에서 작업지점까지의 거리는 0.25m, 제어속도는 0.5m/sec, 후드 개구면적은 0.5m²이다.)

① 0.281　　② 8.430
③ 16.875　④ 26.425

[풀이] 소요 송풍량(m³/min)
$= 0.5 \times V_c(10X^2 + A)$
$= 0.5 \times 0.5\text{m/sec} \times [(10 \times 0.25^2)\text{m}^2 + 0.5\text{m}^2]$
$\quad \times 60\text{sec/min}$
$= 16.875\text{m}^3/\text{min}$

55 어느 관내의 속도압이 3.5mmH₂O일 때, 유속은 약 몇 m/min인가? (단, 공기의 밀도는 1.21kg/m³이고, 중력가속도는 9.8m/sec²이다.)

① 352　　② 381
③ 415　　④ 452

[풀이] $VP = \dfrac{\gamma V^2}{2g}$
$V(\text{m/sec}) = \sqrt{\dfrac{VP \times 2g}{\gamma}} = \sqrt{\dfrac{3.5 \times 2 \times 9.8}{1.21}}$
$= 7.53\text{m/sec}$
$V(\text{m/min}) = 7.53\text{m/sec} \times 60\text{sec/min}$
$= 451.73\text{m/min}$

56 다음 중 유해성이 적은 물질로 대체한 예와 가장 거리가 먼 것은?

① 분체의 원료는 입자가 큰 것으로 바꾼다.
② 야광시계의 자판에 라듐 대신 인을 사용한다.
③ 아조염료의 합성에서 디클로로벤지딘 대신 벤지딘을 사용한다.
④ 단열재 석면을 대신하여 유리섬유나 스티로폼으로 대체한다.

[풀이] 아조염료의 합성원료인 벤지딘을 디클로로벤지딘으로 전환한다.

정답 51.② 52.② 53.① 54.③ 55.④ 56.③

57 연속방정식 $Q = AV$의 적용조건은? (단, Q : 유량, A : 단면적, V : 평균속도)
① 압축성 정상유동
② 압축성 비정상유동
③ 비압축성 정상유동
④ 비압축성 비정상유동

풀이 연속방정식
정상류(정상유동, 비압축성)가 흐르고 있는 유체유동에 관한 연속방정식을 설명하는 데 적용된 법칙은 질량보존의 법칙이다. 즉 정상류로 흐르고 있는 유체가 임의의 한 단면을 통과하는 질량은 다른 임의의 한 단면을 통과하는 단위시간당 질량과 같아야 한다.

58 슬롯의 길이가 2.4m, 폭이 0.4m인 플랜지 부착 슬롯형 후드가 설치되어 있을 때, 필요송풍량은 약 몇 m³/min인가? (단, 제어거리는 0.5m, 제어속도는 0.75m/sec이다. ACGIH 조건)
① 135
② 140
③ 145
④ 150

풀이 필요송풍량(m³/min)
$= C \times L \times V \times X$
$= 2.6 \times 2.4\text{m} \times 0.75\text{m/sec} \times 0.5\text{m} \times 60\text{sec/min}$
$= 140.4\text{m}^3/\text{min}$

59 작업환경 개선의 기본원칙으로 짝지어진 것은?
① 대체, 시설, 환기
② 격리, 공정, 물질
③ 물질, 공정, 시설
④ 격리, 대체, 환기

풀이 작업환경 개선의 공학적 대책
㉠ 환기
㉡ 대치(대체)
㉢ 교육
㉣ 격리

60 그림과 같은 작업에서 상방흡인형의 외부식 후드의 설치를 계획하였을 때, 필요한 송풍량은 약 몇 m³/min인가? (단, 기온에 따른 상승기류는 무시함. $P = 2(L + W)$, $V_c = 1\text{m/sec}$)

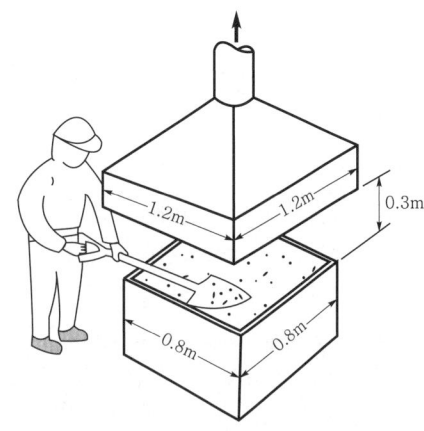

① 100
② 110
③ 120
④ 130

풀이 $H/L \leq 0.3$인 장방형 필요송풍량(Q)
$H/L = \dfrac{0.3}{1.2} = 0.25$
$Q(\text{m}^3/\text{min}) = 1.4 \times P \times H \times V_c$
$P = 2(L + W) = 2(1.2 + 1.2) = 4.8\text{m}$
$= 1.4 \times 4.8\text{m} \times 0.3\text{m} \times 1\text{m/sec}$
$\times 60\text{sec/min}$
$= 120.96\text{m}^3/\text{min}$

제4과목 | 물리적 유해인자관리

61 다음 중 고압환경의 생체작용과 가장 거리가 먼 것은?
① 고공성 폐수종
② 이산화탄소(CO_2) 중독
③ 귀, 부비강, 치아의 압통
④ 손가락과 발가락의 작열통과 같은 산소 중독

풀이 폐수종은 저압환경에서 발생한다.

정답 57.③ 58.② 59.④ 60.③ 61.①

62 흡음재의 종류 중 다공질 재료에 해당되지 않는 것은?
① 암면   ② 펠트(felt)
③ 발포수지 재료   ④ 석고보드

풀이 석고보드는 판(막)진동형 흡음재이다.

63 다음 중 방사능의 방어대책으로 볼 수 없는 것은?
① 방사선을 차폐한다.
② 노출시간을 줄인다.
③ 발생량을 감소시킨다.
④ 거리를 가능한 한 멀리한다.

풀이 **방사선의 외부노출에 대한 방어대책**
전리방사선 방어의 궁극적 목적은 가능한 한 방사선에 불필요하게 노출되는 것을 최소화하는 데 있다.
(1) 시간
 ㉠ 노출시간을 최대로 단축한다(조업시간 단축).
 ㉡ 충분한 시간 간격을 두고 방사능 취급작업을 하는 것은 반감기가 짧은 방사능 물질에 유용하다.
(2) 거리
 방사능은 거리의 제곱에 비례해서 감소하므로 먼 거리일수록 쉽게 방어가 가능하다.
(3) 차폐
 ㉠ 큰 투과력을 갖는 방사선 차폐물은 원자번호가 크고 밀도가 큰 물질이 효과적이다.
 ㉡ α선의 투과력은 약하여 얇은 알루미늄판으로도 방어가 가능하다.

64 전리방사선에 관한 설명으로 틀린 것은?
① α선은 투과력은 약하나, 전리작용은 강하다.
② β입자는 핵에서 방출되는 양자의 흐름이다.
③ γ선은 원자핵 전환에 따라 방출되는 자연발생적인 전자파이다.
④ 양자는 조직 전리작용이 있으며, 비정(飛程)거리는 같은 에너지의 α입자보다 길다.

풀이 **β선(β입자)**
㉠ 선원은 원자핵이며, 형태는 고속의 전자(입자)이다.
㉡ 원자핵에서 방출되며 음전기로 하전되어 있다.
㉢ 원자핵에서 방출되는 전자의 흐름으로 α입자보다 가볍고 속도는 10배 빠르므로 충돌할 때마다 튕겨져서 방향을 바꾼다.
㉣ 외부조사도 잠재적 위험이 되나, 내부조사가 더 큰 건강상 위해를 일으킨다.

65 전신진동에 관한 설명으로 틀린 것은?
① 말초혈관이 수축되고, 혈압상승과 맥박 증가를 보인다.
② 산소소비량은 전신진동으로 증가되고, 폐환기도 촉진된다.
③ 전신진동의 영향이나 장애는 자율신경 특히 순환기에 크게 나타난다.
④ 두부와 견부는 50~60Hz 진동에 공명하고, 안구는 10~20Hz 진동에 공명한다.

풀이 두부와 견부는 20~30Hz 진동에 공명하고, 안구는 60~90Hz 진동에 공명한다.

66 다음 중 소음성 난청에 대한 설명으로 틀린 것은?
① 손상된 섬모세포는 수일 내에 회복이 된다.
② 강렬한 소음에 노출되면 일시적으로 난청이 발생될 수 있다.
③ 일주일 정도가 지나도록 회복되지 않는 청력치의 감소부분은 영구적 난청에 해당된다.
④ 강한 소음은 달팽이관 주변의 모세혈관 수축을 일으켜 이 부근에 저산소증을 유발한다.

풀이 소음성 난청은 강렬한 소음이나 지속적인 소음 노출에 의해 청신경말단부의 내이 코르티 기관의 섬모세포 손상으로 회복될 수 없는 영구적인 청력저하가 발생한다.

정답 62.④ 63.③ 64.② 65.④ 66.①

67 음의 세기(I)와 음압(P) 사이의 관계는 어떠한 비례관계가 있는가?

① 음의 세기는 음압에 정비례
② 음의 세기는 음압에 반비례
③ 음의 세기는 음압의 제곱에 비례
④ 음의 세기는 음압의 역수에 반비례

[풀이] $I = \dfrac{P^2}{\rho c}$
음의 세기는 음압의 제곱에 비례한다.

68 0.01W의 소리에너지를 발생시키고 있는 음원의 음향파워레벨(PWL, dB)은 얼마인가?

① 100 ② 120
③ 140 ④ 150

[풀이] $PWL = 10\log \dfrac{W}{W_0} = 10\log \dfrac{0.01}{10^{-12}} = 100\,dB$

69 고온노출에 의한 장애 중 열사병에 관한 설명과 거리가 가장 먼 것은?

① 중추성 체온조절 기능장애이다.
② 지나친 발한에 의한 탈수와 염분 손실이 발생한다.
③ 고온다습한 환경에서 격심한 육체노동을 할 때 발병한다.
④ 응급조치 방법으로 얼음물에 담가서 체온을 39℃ 정도까지 내려주어야 한다.

[풀이]
(1) 열사병(heat stroke)
열사병은 고온다습한 환경(육체적 노동 또는 태양의 복사선을 두부에 직접적으로 받는 경우)에 노출될 때 뇌 온도의 상승으로 신체 내부의 체온조절중추의 기능장애를 일으켜서 생기는 위급한 상태(고열로 인해 발생하는 장애 중 가장 위험성이 큼)이며, 태양광선에 의한 열사병은 일사병(sunstroke)이라고 한다.
(2) 열경련의 원인
  ㉠ 지나친 발한에 의한 수분 및 혈중 염분 손실(혈액의 현저한 농축 발생)
  ㉡ 땀을 많이 흘리고 동시에 염분이 없는 음료수를 많이 마셔서 염분 부족 시 발생
  ㉢ 전해질의 유실 시 발생

70 다음 중 제2도 동상의 증상으로 적절한 것은 어느 것인가?

① 따갑고 가려운 느낌이 생긴다.
② 혈관이 확장하여 발적이 생긴다.
③ 수포를 가진 광범위한 삼출성 염증이 생긴다.
④ 심부조직까지 동결되면 조직의 괴사와 괴저가 일어난다.

[풀이] 제2도 동상(수포 형성과 염증)
㉠ 수포성 동상이라고도 한다.
㉡ 물집이 생기거나 피부가 벗겨지는 결빙을 말한다.
㉢ 수포를 가진 광범위한 삼출성 염증이 생긴다.
㉣ 수포에는 혈액이 섞여 있는 경우가 많다.
㉤ 피부는 청남색으로 변하고 큰 수포를 형성하여 궤양, 화농으로 진행한다.

71 마이크로파의 생물학적 작용과 거리가 먼 것은?

① 500cm 이상의 파장은 인체조직을 투과한다.
② 3cm 이하 파장은 외피에 흡수된다.
③ 3~10cm 파장은 1mm~1cm 정도 피부 내로 투과한다.
④ 25~200cm 파장은 세포조직과 신체기관까지 투과한다.

[풀이] 파장 200cm 이상의 마이크로파는 거의 모든 인체조직을 투과한다.

72 인체와 환경 간의 열교환에 관여하는 온열조건 인자가 아닌 것은?

① 대류 ② 증발
③ 복사 ④ 기압

[풀이] 인체와 환경 간의 열교환 관여 온열인자
㉠ 체내 열생산량(작업대사량)
㉡ 전도
㉢ 대류
㉣ 복사
㉤ 증발

정답 67.③ 68.① 69.② 70.③ 71.① 72.④

73 음의 세기가 10배로 되면 음의 세기수준은?
① 2dB 증가 ② 3dB 증가
③ 6dB 증가 ④ 10dB 증가

풀이 $SIL = 10\log\dfrac{I}{I_0} = 10\log 10 = 10\text{dB}$ 증가

74 적외선의 생체작용에 관한 설명으로 틀린 것은?
① 조직에서의 흡수는 수분함량에 따라 다르다.
② 적외선이 조직에 흡수되면 화학반응을 일으켜 조직의 온도가 상승한다.
③ 적외선이 신체에 조사되면 일부는 피부에서 반사되고 나머지는 조직에 흡수된다.
④ 조사부위의 온도가 오르면 혈관이 확장되어 혈류가 증가되며, 심하면 홍반을 유발하기도 한다.

풀이 적외선이 신체조직에 흡수되면 화학반응을 일으키는 것이 아니라 구성분자의 운동에너지를 증가시킨다.

75 생체 내에서 산소공급 정지가 몇 분 이상이 되면 활동성이 회복되지 않을 뿐만 아니라 비가역적인 파괴가 일어나는가?
① 1분 ② 1.5분
③ 2분 ④ 3분

풀이 산소결핍증의 인체증상
㉠ 산소공급 정지가 2분 이상일 경우 뇌의 활동성이 회복되지 않고 비가역적 파괴가 일어난다.
㉡ 산소농도가 5~6%라면 혼수, 호흡 감소 및 정지, 6~8분 후 심장이 정지된다.

76 실내 자연채광에 관한 설명으로 틀린 것은?
① 입사각은 28° 이상이 좋다.
② 조명의 균등에는 북창이 좋다.
③ 실내각 점의 개각은 40~50°가 좋다.
④ 창 면적은 방바닥의 15~20%가 좋다.

풀이 창의 실내각 점의 개각은 4~5°, 입사각은 28° 이상이 좋다.

77 저기압의 작업환경에 대한 인체의 영향을 설명한 것으로 틀린 것은?
① 고도 18,000ft 이상이 되면 21% 이상의 산소를 필요로 하게 된다.
② 인체 내 산소 소모가 줄어들게 되어 호흡수, 맥박수가 감소한다.
③ 고도 10,000ft까지는 시력, 협조운동의 가벼운 장해 및 피로를 유발한다.
④ 고도상승으로 기압이 저하되면 공기의 산소분압이 저하되고 동시에 폐포 내 산소분압도 저하한다.

풀이 저기압 저압환경에서는 산소결핍을 보충하기 위하여 호흡수, 맥박수가 증가한다.

78 일반소음에 대한 차음효과는 벽체의 단위 표면적에 대하여 벽체의 무게가 2배될 때마다 몇 dB씩 증가하는가? (단, 벽체 무게 이외의 조건은 동일하다.)
① 4 ② 6
③ 8 ④ 10

풀이 $TL = 20\log(m \cdot f) - 43\text{dB} = 20\log 2 = 6\text{dB}$

79 빛과 밝기의 단위에 관한 설명으로 틀린 것은?
① 반사율은 조도에 대한 휘도의 비로 표시한다.
② 광원으로부터 나오는 빛의 양을 광속이라고 하며, 단위는 루멘을 사용한다.
③ 입사면의 단면적에 대한 광도의 비를 조도라고 하며, 단위는 촉광을 사용한다.
④ 광원으로부터 나오는 빛의 세기를 광도라고 하며, 단위는 칸델라를 사용한다.

풀이 조도는 입사면의 단면적에 대한 광속의 비를 의미하며, 단위는 럭스를 사용한다.

정답 73.④ 74.② 75.③ 76.③ 77.② 78.② 79.③

80 산업안전보건법령상 이상기압에 의한 건강장애의 예방에 있어 사용되는 용어의 정의로 틀린 것은?

① 압력이란 절대압과 게이지압의 합을 말한다.
② 고기압이란 압력이 제곱센티미터당 1킬로그램 이상인 기압을 말한다.
③ 고압작업이란 고기압에서 잠함공법 또는 그 외의 압기공법으로 행하는 작업을 말한다.
④ 스쿠버 잠수작업이란 호흡용 기체통을 휴대하고 하는 작업을 말한다.

[풀이] 이상기압에 의한 건강장애의 예방에 관한 용어
사업주는 잠함 또는 잠수작업 등 높은 기압에서 작업에 종사하는 근로자에 대하여 1일 6시간, 주 34시간을 초과하여 근로자에게 작업하게 하여서는 안 된다.
㉠ 고압작업
고기압($1kg/cm^2$ 이상)에서 잠함공법 또는 그 외의 압기공법으로 행하는 작업을 말한다.
㉡ 잠수작업
　ⓐ 표면공급식 잠수작업 : 수면 위의 공기압축기 또는 호흡용 기체통에서 압축된 호흡용 기체를 공급받으면서 하는 작업
　ⓑ 스쿠버 잠수작업 : 호흡용 기체통을 휴대하고 하는 작업
㉢ 기압조절실
고압작업에 종사하는 근로자가 작업실에의 출입 시 가압 또는 감압을 받는 장소를 말한다.
㉣ 압력
게이지압력을 말한다.

제5과목 | 산업 독성학

81 단백질을 침전시키며 thiol(-SH)기를 가진 효소의 작용을 억제하여 독성을 나타내는 것은?

① 수은　　② 구리
③ 아연　　④ 코발트

[풀이] 수은의 인체 내 축적
㉠ 금속수은은 전리된 수소이온이 단백질을 침전시키고 -SH기 친화력을 가지고 있어 세포 내 효소반응을 억제함으로써 독성작용을 일으킨다.
㉡ 신장 및 간에 고농도 축적현상이 일반적이다.
　• 금속수은은 뇌, 혈액, 심근 등에 분포
　• 무기수은은 신장, 간장, 비장, 갑상선 등에 주로 분포
　• 알킬수은은 간장, 신장, 뇌 등에 분포
㉢ 뇌에서 가장 강한 친화력을 가진 수은화합물은 메틸수은이다.
㉣ 혈액 내 수은 존재 시 약 90%는 적혈구 내에서 발견된다.

82 다음 중 무기성 분진에 의한 진폐증이 아닌 것은?

① 면폐증　　② 규폐증
③ 철폐증　　④ 용접공폐증

[풀이] 분진 종류에 따른 분류(임상적 분류)
㉠ 유기성 분진에 의한 진폐증
농부폐증, 면폐증, 연초폐증, 설탕폐증, 목재분진폐증, 모발분진폐증
㉡ 무기(광물성) 분진에 의한 진폐증
규폐증, 탄소폐증, 활석폐증, 탄광부 진폐증, 철폐증, 베릴륨폐증, 흑연폐증, 규조토폐증, 주석폐증, 칼륨폐증, 바륨폐증, 용접공폐증, 석면폐증

83 가스상 물질의 호흡기계 축적을 결정하는 가장 중요한 인자는?

① 물질의 농도차
② 물질의 입자분포
③ 물질의 발생기전
④ 물질의 수용성 정도

[풀이] 가스상 물질 호흡기계 축적 결정인자
㉠ 유해물질의 흡수속도는 그 유해물질의 공기 중 농도와 용해도, 폐까지 도달하는 양은 그 유해물질의 용해도에 의해서 결정된다. 따라서 가스상 물질의 호흡기계 축적을 결정하는 가장 중요한 인자는 물질의 수용성 정도이다.
㉡ 수용성 물질은 눈, 코, 상기도 점막의 수분에 용해된다.

정답 80.① 81.① 82.① 83.④

84 탈지용 용매로 사용되는 물질로 간장, 신장에 만성적인 영향을 미치는 것은?
① 크롬 ② 유리규산
③ 메탄올 ④ 사염화탄소

풀이 사염화탄소(CCl_4)
㉠ 특이한 냄새가 나는 무색의 액체로 소화제, 탈지세정제, 용제로 이용한다.
㉡ 신장장애 증상으로 감뇨, 혈뇨 등이 발생하며, 완전 무뇨증이 되면 사망할 수 있다.
㉢ 피부, 간장, 신장, 소화기, 신경계에 장애를 일으키는데 특히 간에 대한 독성작용이 강하게 나타난다(즉, 간에 중요한 장애인 중심소엽성 괴사를 일으킨다).
㉣ 고온에서 금속과의 접촉으로 포스겐, 염화수소를 발생시키므로 주의를 요한다.
㉤ 고농도로 폭로되면 중추신경계 장애 외에 간장이나 신장에 장애가 일어나 황달, 단백뇨, 혈뇨의 증상을 보이는 할로겐 탄화수소이다.
㉥ 초기증상으로 지속적인 두통, 구역 및 구토, 간 부위의 압통 등의 증상을 일으킨다.

85 2000년대 외국인 근로자에게 다발성말초신경병증을 집단으로 유발한 노말헥산(n-Hexane)은 체내 대사과정을 거쳐 어떤 물질로 배설되는가?
① 2-Hexanone
② 2,5-Hexanedione
③ Hexachlorophene
④ Hexachloroethane

풀이 노말헥산(n-헥산, $CH_3(CH_2)_4CH_3$)
㉠ 투명한 휘발성 액체로 파라핀계 탄화수소의 대표적 유해물질이며, 휘발성이 크고 극도로 인화하기 쉽다.
㉡ 페인트, 시너, 잉크 등의 용제로 사용되며, 정밀기계의 세척제 등으로 사용한다.
㉢ 장기간 폭로될 경우 독성 말초신경장애가 초래되어 사지의 지각상실과 신근마비 등 다발성 신경장애를 일으킨다.
㉣ 2000년대 외국인 근로자에게 다발성 말초신경증을 집단으로 유발한 물질이다.
㉤ 체내 대사과정을 거쳐 2,5-hexanedione 물질로 배설된다.

86 독성실험 단계에 있어 제1단계(동물에 대한 급성노출시험)에 관한 내용과 가장 거리가 먼 것은?
① 생식독성과 최기형성 독성실험을 한다.
② 눈과 피부에 대한 자극성실험을 한다.
③ 변이원성에 대하여 1차적인 스크리닝실험을 한다.
④ 치사성과 기관장애에 대한 양-반응곡선을 작성한다.

풀이 독성실험 단계
(1) 제1단계(동물에 대한 급성폭로시험)
㉠ 치사성과 기관장애(중독성 장애)에 대한 반응곡선을 작성한다.
㉡ 눈과 피부에 대한 자극성을 시험한다.
㉢ 변이원성에 대하여 1차적인 스크리닝실험을 한다.
(2) 제2단계(동물에 대한 만성폭로시험)
㉠ 상승작용과 가승작용 및 상쇄작용에 대하여 시험한다.
㉡ 생식영향(생식독성)과 산아장애(최기형성)를 시험한다.
㉢ 거동(행동) 특성을 시험한다.
㉣ 장기독성을 시험한다.
㉤ 변이원성에 대하여 2차적인 스크리닝실험을 한다.

87 사업장에서 사용되는 벤젠은 중독증상을 유발시킨다. 벤젠중독의 특이증상으로 가장 적절한 것은?
① 조혈기관의 장애
② 간과 신장의 장애
③ 피부염과 피부암 발생
④ 호흡기계 질환 및 폐암 발생

풀이 유기용제별 대표적 특이증상
㉠ 벤젠 : 조혈장애
㉡ 염화탄화수소, 염화비닐 : 간장애
㉢ 이황화탄소 : 중추신경 및 말초신경 장애, 생식기능장애
㉣ 메틸알코올(메탄올) : 시신경장애
㉤ 메틸부틸케톤 : 말초신경장애(중독성)
㉥ 노말헥산 : 다발성 신경장애
㉦ 에틸렌글리콜에테르 : 생식기장애
㉧ 알코올, 에테르류, 케톤류 : 마취작용
㉨ 톨루엔 : 중추신경장애

정답 84.④ 85.② 86.① 87.①

88 벤젠에 관한 설명으로 틀린 것은?

① 벤젠은 백혈병을 유발하는 것으로 확인된 물질이다.
② 벤젠은 지방족화합물로서 재생불량성 빈혈을 일으킨다.
③ 벤젠은 골수독성(myelotoxin) 물질이라는 점에서 다른 유기용제와 다르다.
④ 혈액조직에서 벤젠이 유발하는 가장 일반적인 독성은 백혈구 수의 감소로 인한 응고작용 결핍 등이다.

풀이 벤젠(C_6H_6)
㉠ 상온, 상압에서 향긋한 냄새를 가진 무색투명한 액체로, 방향족화합물이다.
㉡ 장기간 폭로 시 혈액장애, 간장장애를 일으키고 재생불량성 빈혈, 백혈병(급성 뇌척수성)을 일으킨다.

89 화학물질의 투여에 의한 독성범위를 나타내는 안전역을 맞게 나타낸 것은? (단, LD는 치사량, TD는 중독량, ED는 유효량이다.)

① 안전역= ED_1 / TD_{99}
② 안전역= TD_1 / ED_{99}
③ 안전역= ED_1 / LD_{99}
④ 안전역= LD_1 / ED_{99}

풀이 안전역
화학물질의 투여에 의한 독성범위

$$안전역 = \frac{TD_{50}}{ED_{50}} = \frac{중독량}{유효량} = \frac{LD_1}{ED_{99}}$$

90 유해물질과 생물학적 노출지표와의 연결이 잘못된 것은?

① 벤젠 – 소변 중 페놀
② 톨루엔 – 소변 중 o-크레졸
③ 크실렌 – 소변 중 카테콜
④ 스티렌 – 소변 중 만델린산

풀이 화학물질에 대한 대사산물 및 시료 채취시기

화학물질	대사산물(측정대상물질) : 생물학적 노출지표	시료채취시기
납	혈액 중 납	중요치 않음
	소변 중 납	
카드뮴	소변 중 카드뮴	중요치 않음
	혈액 중 카드뮴	
일산화탄소	호기에서 일산화탄소	작업 종료 시
	혈액 중 carboxyhemoglobin	
벤젠	소변 중 총 페놀	작업 종료 시
	소변 중 t,t-뮤코닉산 (t,t-muconic acid)	
에틸벤젠	소변 중 만델린산	작업 종료 시
니트로벤젠	소변 중 p-nitrophenol	작업 종료 시
아세톤	소변 중 아세톤	작업 종료 시
톨루엔	혈액, 호기에서 톨루엔	작업 종료 시
	소변 중 o-크레졸	
크실렌	소변 중 메틸마뇨산	작업 종료 시
스티렌	소변 중 만델린산	작업 종료 시
트리클로로에틸렌	소변 중 트리클로로초산 (삼염화초산)	주말작업 종료 시
테트라클로로에틸렌	소변 중 트리클로로초산 (삼염화초산)	주말작업 종료 시
트리클로로에탄	소변 중 트리클로로초산 (삼염화초산)	주말작업 종료 시
사염화에틸렌	소변 중 트리클로로초산 (삼염화초산)	주말작업 종료 시
	소변 중 삼염화에탄올	
이황화탄소	소변 중 TTCA	–
	소변 중 이황화탄소	
노말헥산 (n-헥산)	소변 중 2,5-hexanedione	작업 종료 시
	소변 중 n-헥산	
메탄올	소변 중 메탄올	–
클로로벤젠	소변 중 총 4-chlorocatechol	작업 종료 시
	소변 중 총 p-chlorophenol	
크롬 (수용성 흄)	소변 중 총 크롬	주말작업 종료 시, 주간작업 중
N,N-디메틸포름아미드	소변 중 N-메틸포름아미드	작업 종료 시
페놀	소변 중 메틸마뇨산	작업 종료 시

정답 88.② 89.④ 90.③

91 다음 중 중추신경계에 억제작용이 가장 큰 것은?

① 알칸족
② 알코올족
③ 알켄족
④ 할로겐족

> **풀이** 중추신경계 억제작용 순서
> 알칸<알켄<알코올<유기산<에스테르<에테르<할로겐화합물(할로겐족)

92 인체 내 주요 장기 중 화학물질 대사능력이 가장 높은 기관은?

① 폐
② 간장
③ 소화기관
④ 신장

> **풀이** 간
> (1) 개요
> 생체변화에 있어 가장 중요한 조직으로 혈액흐름이 많고 대사효소가 많이 존재한다. 어떤 순환기에 도달하기 전에 독성물질을 해독하는 역할을 하며, 소화기로 흡수된 유해물질 또한 해독한다.
> (2) 간의 일반적인 기능
> ㉠ 탄수화물의 저장과 대사작용
> ㉡ 호르몬의 내인성 폐기물 및 이물질의 대사작용
> ㉢ 혈액 단백질의 합성
> ㉣ 요소의 생성
> ㉤ 지방의 대사작용
> ㉥ 담즙의 생성

93 생물학적 노출지표(BEIs) 검사 중 1차 항목 검사에서 당일작업 종료 시 채취해야 하는 유해인자가 아닌 것은?

① 크실렌
② 디클로로메탄
③ 트리클로로에틸렌
④ N,N-디메틸포름아미드

> **풀이** 화학물질에 대한 대사산물 및 시료 채취시기
>
> | 화학물질 | 대사산물(측정대상물질) : 생물학적 노출지표 | 시료채취시기 |
> |---|---|---|
> | 납 | 혈액 중 납 | 중요치 않음 |
> | | 소변 중 납 | |
> | 카드뮴 | 소변 중 카드뮴 | 중요치 않음 |
> | | 혈액 중 카드뮴 | |
> | 일산화탄소 | 호기에서 일산화탄소 | 작업 종료 시 |
> | | 혈액 중 carboxyhemoglobin | |
> | 벤젠 | 소변 중 총 페놀 | 작업 종료 시 |
> | | 소변 중 t,t-뮤코닉산 (t,t-muconic acid) | |
> | 에틸벤젠 | 소변 중 만델린산 | 작업 종료 시 |
> | 니트로벤젠 | 소변 중 p-nitrophenol | 작업 종료 시 |
> | 아세톤 | 소변 중 아세톤 | 작업 종료 시 |
> | 톨루엔 | 혈액, 호기에서 톨루엔 | 작업 종료 시 |
> | | 소변 중 o-크레졸 | |
> | 크실렌 | 소변 중 메틸마뇨산 | 작업 종료 시 |
> | 스티렌 | 소변 중 만델린산 | 작업 종료 시 |
> | 트리클로로에틸렌 | 소변 중 트리클로로초산 (삼염화초산) | 주말작업 종료 시 |
> | 테트라클로로에틸렌 | 소변 중 트리클로로초산 (삼염화초산) | 주말작업 종료 시 |
> | 트리클로로에탄 | 소변 중 트리클로로초산 (삼염화초산) | 주말작업 종료 시 |
> | 사염화에틸렌 | 소변 중 트리클로로초산 (삼염화초산) | 주말작업 종료 시 |
> | | 소변 중 삼염화에탄올 | |
> | 이황화탄소 | 소변 중 TTCA | - |
> | | 소변 중 이황화탄소 | |
> | 노말헥산 (n-헥산) | 소변 중 2,5-hexanedione | 작업 종료 시 |
> | | 소변 중 n-헥산 | |
> | 메탄올 | 소변 중 메탄올 | - |
> | 클로로벤젠 | 소변 중 총 4-chlorocatechol | 작업 종료 시 |
> | | 소변 중 총 p-chlorophenol | |
> | 크롬 (수용성 흄) | 소변 중 총 크롬 | 주말작업 종료 시, 주간작업 중 |
> | N,N-디메틸포름아미드 | 소변 중 N-메틸포름아미드 | 작업 종료 시 |
> | 페놀 | 소변 중 메틸마뇨산 | 작업 종료 시 |

정답 91.④ 92.② 93.③

94 수은의 배설에 관한 설명으로 틀린 것은?
① 유기수은화합물은 땀으로도 배설된다.
② 유기수은화합물은 주로 대변으로 배설된다.
③ 금속수은은 대변보다 소변으로 배설이 잘된다.
④ 금속수은 및 무기수은의 배설경로는 서로 상이하다.

[풀이] 수은의 배설
㉠ 금속수은(무기수은화합물)은 대변보다 소변으로 배설이 잘된다.
㉡ 유기수은화합물은 대변으로 주로 배설되고 일부는 땀으로도 배설되며, 알킬수은은 대부분 담즙을 통해 소화관으로 배설되지만 소화관에서 재흡수도 일어난다.
㉢ 무기수은화합물의 생물학적 반감기는 약 6주이다.

95 납중독의 초기증상으로 볼 수 없는 것은?
① 권태, 체중감소
② 식욕저하, 변비
③ 연산통, 관절염
④ 적혈구 감소, Hb의 저하

[풀이] 납중독은 관절염과 관계가 적다.

96 다음 설명 중 ( ) 안에 내용을 올바르게 나열한 것은?

> 단시간노출기준(STEL)이란 (㉮)간의 시간가중평균노출값으로서 노출정도가 시간가중평균노출기준(TWA)을 초과하고 단시간노출기준(STEL) 이하인 경우에는 (㉯) 노출지속시간이 15분 미만이어야 한다. 이러한 상태가 1일 (㉰) 이하로 발생하여야 하며, 각 노출의 간격은 (㉱) 이상이어야 한다.

① ㉮ 5분, ㉯ 1회, ㉰ 6회, ㉱ 30분
② ㉮ 15분, ㉯ 1회, ㉰ 4회, ㉱ 60분
③ ㉮ 15분, ㉯ 2회, ㉰ 4회, ㉱ 30분
④ ㉮ 15분, ㉯ 2회, ㉰ 6회, ㉱ 60분

[풀이] 단시간노출농도(STEL ; Short Term Exposure Limits)
㉠ 근로자가 1회 15분간 유해인자에 노출되는 경우의 기준(허용농도)이다.
㉡ 이 기준 이하에서는 노출간격이 1시간 이상인 경우 1일 작업시간 동안 4회까지 노출이 허용될 수 있다.
㉢ 고농도에서 급성중독을 초래하는 물질에 적용한다.

97 작업환경에서 발생되는 유해물질과 암의 종류를 연결한 것으로 틀린 것은?
① 벤젠 – 백혈병
② 비소 – 피부암
③ 포름알데히드 – 신장암
④ 1,3부타디엔 – 림프육종

[풀이] 포름알데히드는 인체노출 시 비인두암, 혈액암, 비강암 등을 유발할 수 있다.

98 다음 표는 A작업장의 백혈병과 벤젠에 대한 코호트 연구를 수행한 결과이다. 이때 벤젠의 백혈병에 대한 상대위험비는 약 얼마인가?

구 분	백혈병	백혈병 없음	합 계
벤젠 노출	5	14	19
벤젠 비노출	2	25	27
합 계	7	39	46

① 3.29
② 3.55
③ 4.64
④ 4.82

[풀이]
$$\text{상대위험비} = \frac{\text{노출군에서 질병발생률}}{\text{비노출군에서 질병발생률}}$$
$$= \frac{5/19}{2/27} = 3.55$$

99 공기 중 입자상 물질의 호흡기계 축적기전에 해당하지 않는 것은?
① 교환
② 충돌
③ 침전
④ 확산

정답 94.④ 95.③ 96.② 97.③ 98.② 99.①

[풀이] 입자의 호흡기계 축적기전
- ㉠ 충돌
- ㉡ 침강
- ㉢ 차단
- ㉣ 확산
- ㉤ 정전기

100 단순 질식제로 볼 수 없는 것은?

① 메탄 ② 질소
③ 오존 ④ 헬륨

[풀이] 질식제의 구분에 따른 종류
(1) 단순 질식제
  - ㉠ 이산화탄소(CO_2)
  - ㉡ 메탄(CH_4)
  - ㉢ 질소(N_2)
  - ㉣ 수소(H_2)
  - ㉤ 에탄, 프로판, 에틸렌, 아세틸렌, 헬륨
(2) 화학적 질식제
  - ㉠ 일산화탄소(CO)
  - ㉡ 황화수소(H_2S)
  - ㉢ 시안화수소(HCN)
  - ㉣ 아닐린($C_6H_5NH_2$)

정답 100.③

제2회 산업위생관리기사

과년도 출제문제 | 2018.04.28

제1과목 | 산업위생학 개론

01 앉아서 운전작업을 하는 사람들의 주의사항에 대한 설명으로 틀린 것은?
① 큰 트럭에서 내릴 때는 뛰어내려서는 안 된다.
② 차나 트랙터를 타고 내릴 때 몸을 회전해서는 안 된다.
③ 운전대를 잡고 있을 때에는 최대한 앞으로 기울이는 것이 좋다.
④ 방석과 수건을 말아서 허리에 받쳐 최대한 척추가 자연곡선을 유지하도록 한다.

[풀이] 앉아서 하는 운전작업 시 주의사항
㉠ 방석과 수건을 말아서 허리에 받쳐 최대한 척추가 자연곡선을 유지하도록 한다.
㉡ 운전대를 잡고 있을 때에는 상체를 앞으로 심하게 기울이지 않는다.
㉢ 상체를 반듯이 편 상태에서 허리를 약간 뒤로 젖힌 자세가 좋다.
㉣ 차 등을 타고 내릴 때에는 몸을 회전해서는 안 된다.
㉤ 큰 트럭에서 내릴 때에는 뛰어서는 안 된다.
㉥ 주기적으로 차에서 내려 걷는 등 가벼운 운동을 한다.

02 산업안전보건법령상 물질안전보건자료(MSDS) 작성 시 포함되어야 할 항목이 아닌 것은? (단, 그 밖의 참고사항은 제외)
① 유해성, 위험성
② 안정성 및 반응성
③ 사용빈도 및 타당성
④ 노출방지 및 개인보호구

[풀이] 물질안전보건자료(MSDS) 작성 시 포함되어야 할 항목
㉠ 화학제품과 회사에 관한 정보
㉡ 유해·위험성
㉢ 구성 성분의 명칭 및 함유량
㉣ 응급조치 요령
㉤ 폭발·화재 시 대처방법
㉥ 누출사고 시 대처방법
㉦ 취급 및 저장 방법
㉧ 노출방지 및 개인보호구
㉨ 물리화학적 특성
㉩ 안정성 및 반응성
㉪ 독성에 관한 정보
㉫ 환경에 미치는 영향
㉬ 폐기 시 주의사항
㉭ 운송에 필요한 정보
㉮ 법적 규제 현황
㉯ 그 밖의 참고사항

03 체중이 60kg인 사람이 1일 8시간 작업 시 안전흡수량이 1mg/kg인 물질의 체내 흡수를 안전흡수량 이하로 유지하려면 공기 중 농도를 몇 mg/m³ 이하로 하여야 하는가? (단, 작업 시 폐환기율은 1.25m³/hr, 체내 잔류율은 1.0으로 가정)
① 0.06mg/m³
② 0.6mg/m³
③ 6mg/m³
④ 60mg/m³

[풀이]
$SHD = C \times T \times V \times R$
$$C(\text{mg/m}^3) = \frac{SHD}{T \times V \times R}$$
$$= \frac{60\text{kg} \times 1\text{mg/kg}}{8\text{hr} \times 1.25\text{m}^3/\text{hr} \times 1.0}$$
$$= 6\text{mg/m}^3$$

정답 01.③ 02.③ 03.③

04 미국산업위생학술원(AAIH)에서 채택한 산업위생전문가로서의 책임에 해당되지 않는 것은?

① 직업병을 평가하고 관리한다.
② 성실성과 학문적 실력에서 최고 수준을 유지한다.
③ 과학적 방법의 적용과 자료 해석의 객관성을 유지한다.
④ 전문분야로서의 산업위생을 학문적으로 발전시킨다.

[풀이] 산업위생전문가로서의 책임
㉠ 성실성과 학문적 실력 면에서 최고수준을 유지한다(전문적 능력 배양 및 성실한 자세로 행동).
㉡ 과학적 방법의 적용과 자료의 해석에서 경험을 통한 전문가의 객관성을 유지한다(공인된 과학적 방법 적용·해석).
㉢ 전문분야로서의 산업위생을 학문적으로 발전시킨다.
㉣ 근로자, 사회 및 전문직종의 이익을 위해 과학적 지식을 공개하고 발표한다.
㉤ 산업위생활동을 통해 얻은 개인 및 기업체의 기밀은 누설하지 않는다(정보는 비밀 유지).
㉥ 전문적 판단이 타협에 의하여 좌우될 수 있거나 이해관계가 있는 상황에는 개입하지 않는다.

05 화학물질의 노출기준에 관한 설명으로 맞는 것은?

① 발암성 정보물질의 표기로 "2A"는 사람에게 충분한 발암성 증거가 있는 물질을 의미한다.
② "Skin" 표시물질은 점막과 눈 그리고 경피로 흡수되어 전신영향을 일으킬 수 있는 물질을 의미한다.
③ 발암성 정보물질의 표기로 "2B"는 실험동물에서 발암성 증거가 충분히 있는 물질을 의미한다.
④ 발암성 정보물질의 표기로 "1"은 사람이나 동물에서 제한된 증거가 있지만, 구분 "2"로 분류하기에는 증거가 충분하지 않은 물질을 의미한다.

[풀이] 우리나라 화학물질의 노출기준(주의사항)
㉠ Skin 표시물질은 점막과 눈 그리고 경피로 흡수되어 전신영향을 일으킬 수 있는 물질을 말한다(피부자극성을 뜻하는 것이 아님).
㉡ 발암성 정보물질의 표기는 "화학물질의 분류, 표시 및 물질안전보건자료에 관한 기준"에 따라 다음과 같이 표기한다.
  • 1A : 사람에게 충분한 발암성 증거가 있는 물질
  • 1B : 실험동물에서 발암성 증거가 충분히 있거나 실험동물과 사람 모두에게 제한된 발암성 증거가 있는 물질
  • 2 : 사람이나 동물에서 제한된 증거가 있지만, 구분 1로 분류하기에는 증거가 충분하지 않은 물질
㉢ 화학물질이 IARC(국제 암연구소) 등의 발암성 등급과 NTP(미국 독성프로그램)의 R등급을 모두 갖는 경우에는 NTP의 R등급은 고려하지 아니한다.
㉣ 혼합용매추출은 에틸에테르, 톨루엔, 메탄올을 부피비 1:1:1로 혼합한 용매나 이외 동등 이상의 용매로 추출한 물질을 말한다.
㉤ 노출기준이 설정되지 않은 물질의 경우 이에 대한 노출이 가능한 한 낮은 수준이 되도록 관리하여야 한다.

06 매년 "화학물질과 물리적 인자에 대한 노출기준 및 생물학적 노출지수"를 발간하여 노출기준 제정에 있어서 국제적으로 선구적인 역할을 담당하고 있는 기관은?

① 미국산업위생학회(AIHA)
② 미국직업안전위생관리국(OSHA)
③ 미국국립산업안전보건연구원(NIOSH)
④ 미국정부산업위생전문가협의회(ACGIH)

[풀이] 미국정부산업위생전문가협의회(ACGIH)
매년 '화학물질과 물리적 인자에 대한 노출기준 및 생물학적 노출지수'를 발간하여 노출기준 제정에 있어서 국제적으로 선구적인 역할을 담당하고 있다.
(1) 허용기준(TLVs ; Threshold Limit Values)
  세계적으로 가장 널리 이용(권고사항)
(2) 생물학적 노출지수(BEIs ; Biological Exposure Indices)
  ㉠ 근로자가 특정한 유해물질에 노출되었을 때 체액이나 조직 또는 호기 중에 나타나는 반응을 평가함으로써 근로자의 노출 정도를 권고하는 기준
  ㉡ 근로자가 유해물질에 어느 정도 노출되었는지를 파악하는 지표로서, 작업자의 생체시료에서 대사산물 등을 측정하여 유해물질의 노출량을 추정하는 데 사용

07 산업안전보건법상 작업장의 체적이 150m³이면 납의 1시간당 허용소비량(1시간당 소비하는 관리대상 유해물질의 양)은 얼마인가?

① 1g
② 10g
③ 15g
④ 30g

> **풀이** 관리대상 유해물질의 1시간당 허용소비량(g)
> $= \dfrac{\text{작업장 부피}}{15} = \dfrac{150\text{m}^3}{15} = 10\text{g}$

08 다음 중 알레르기성 접촉피부염의 진단법은 무엇인가?

① 첩포시험
② X-ray검사
③ 세균검사
④ 자외선검사

> **풀이** 첩포시험(patch test)
> ㉠ 알레르기성 접촉피부염의 진단에 필수적이며 가장 중요한 임상시험이다.
> ㉡ 피부염의 원인물질로 예상되는 화학물질을 피부에 도포하고 48시간 동안 덮어둔 후 피부염의 발생 여부를 확인한다.
> ㉢ 첩포시험 결과 침윤, 부종이 지속된 경우를 알레르기성 접촉피부염으로 판독한다.

09 실내환경과 관련된 질환의 종류에 해당되지 않는 것은?

① 빌딩증후군(SBS)
② 새집증후군(SHS)
③ 시각표시단말증후군(VDTS)
④ 복합화학물질과민증(MCS)

> **풀이** 실내환경관련 질환
> ㉠ 빌딩증후군(SBS)
> ㉡ 복합화학물질과민증(MCS)
> ㉢ 새집증후군(SHS)
> ㉣ 빌딩관련 질병현상(BRI)
> ㉤ 가습기열
> ㉥ 과민성 폐렴

10 PWC가 16kcal/min인 근로자가 1일 8시간 동안 물체를 운반하고 있다. 이때 작업대사량은 6kcal/min이고, 휴식 시의 대사량은 2kcal/min이다. 작업시간은 어떻게 배분하는 것이 이상적인가?

① 5분 휴식, 55분 작업
② 10분 휴식, 50분 작업
③ 15분 휴식, 45분 작업
④ 25분 휴식, 35분 작업

> **풀이**
> $T_{\text{rest}}(\%) = \left(\dfrac{\text{PWC의 } 1/3 - \text{작업대사량}}{\text{휴식대사량} - \text{작업대사량}}\right) \times 100$
> $= \left(\dfrac{(16 \times 1/3) - 6}{2 - 6}\right) \times 100$
> $= 16.67\%$
> ∴ 휴식시간 = 60min × 0.1667 = 10min
> 작업시간 = (60−10)min = 50min

11 산업재해 발생의 역학적 특성에 대한 설명으로 틀린 것은?

① 여름과 겨울에 빈발한다.
② 손상 종류로는 골절이 가장 많다.
③ 작은 규모의 산업체에서 재해율이 높다.
④ 오전 11~12시, 오후 2~3시에 빈발한다.

> **풀이** 산업재해 발생은 여름과 겨울보다 봄과 가을에 빈발한다.

12 실내공기질관리법령상 다중이용시설의 실내공기질 권고기준 항목이 아닌 것은?

① 석면
② 오존
③ 라돈
④ 일산화탄소

> **풀이** 실내공기질 권고기준 오염물질 항목
> ㉠ 이산화질소
> ㉡ 라돈
> ㉢ 총휘발성 유기화합물
> ㉣ 곰팡이
> ※ 법 변경(2020년)사항이므로 풀이내용으로 학습 바랍니다.

정답 07.② 08.① 09.③ 10.② 11.① 12.풀이 학습

13 산업 스트레스의 반응에 따른 심리적 결과에 해당되지 않는 것은?

① 가정문제
② 돌발적 사고
③ 수면 방해
④ 성(性)적 역기능

풀이 산업 스트레스 반응결과
(1) 행동적 결과
  ㉠ 흡연
  ㉡ 알코올 및 약물 남용
  ㉢ 행동 격양에 따른 돌발적 사고
  ㉣ 식욕 감퇴
(2) 심리적 결과
  ㉠ 가정문제(가족 조직 구성인원 문제)
  ㉡ 불면증으로 인한 수면 부족
  ㉢ 성적 욕구 감퇴
(3) 생리적(의학적) 결과
  ㉠ 심혈관계 질환(심장)
  ㉡ 위장관계 질환
  ㉢ 기타 질환(두통, 피부질환, 암, 우울증 등)

14 신체의 생활기능을 조절하는 영양소이며 작용면에서 조절요소로만 나열된 것은?

① 비타민, 무기질, 물
② 비타민, 단백질, 물
③ 단백질, 무기질, 물
④ 단백질, 지방, 탄수화물

풀이 여러 영양소의 영양적 작용의 매개가 되고 생활기능을 조절하는 영양소
  ㉠ 비타민
  ㉡ 무기질
  ㉢ 물

15 직업병의 예방대책 중 일반적인 작업환경관리의 원칙이 아닌 것은?

① 대치
② 환기
③ 격리 또는 밀폐
④ 정리정돈 및 청결유지

풀이 작업환경관리의 기본원칙
  ㉠ 대치
  ㉡ 격리(밀폐)
  ㉢ 환기
  ㉣ 교육

16 재해예방의 4원칙에 해당하지 않는 것은?

① 손실우연의 원칙
② 예방가능의 원칙
③ 대책선정의 원칙
④ 원인조사의 원칙

풀이 산업재해예방(방지) 4원칙
  ㉠ 예방가능의 원칙
    재해는 원칙적으로 모두 방지가 가능하다.
  ㉡ 손실우연의 원칙
    재해발생과 손실발생은 우연적이므로 사고발생 자체의 방지가 이루어져야 한다.
  ㉢ 원인계기의 원칙
    재해발생에는 반드시 원인이 있으며, 사고와 원인의 관계는 필연적이다.
  ㉣ 대책선정의 원칙
    재해예방을 위한 가능한 안전대책은 반드시 존재한다.

17 누적외상성 장애(CTDs ; Cumulative Trauma Disorders)의 원인이 아닌 것은?

① 불안전한 자세에서 장기간 고정된 한 가지 작업
② 고온작업장에서 갑작스럽게 힘을 주는 전신작업
③ 작업속도가 빠른 상태에서 힘을 주는 반복작업
④ 작업내용의 변화가 없거나 휴식시간 없이 손과 팔을 과도하게 사용하는 작업

풀이 누적외상성 장애(근골격계 질환)
반복적인 동작, 부적절한 작업자세, 무리한 힘의 사용(물건을 잡는 손의 힘), 날카로운 면과의 신체접촉, 진동 및 온도(저온) 등의 요인에 의하여 발생하는 건강장애로서 목, 어깨, 허리, 상·하지의 신경근육 및 그 주변 신체조직 등에 나타나는 질환을 말한다.

18 전신피로 정도를 평가하기 위해 작업 직후의 심박수를 측정한다. 작업 종료 후 30~60초, 60~90초, 150~180초 사이의 평균 맥박수가 각각 $HR_{30~60}$, $HR_{60~90}$, $HR_{150~180}$일 때, 심한 전신피로 상태로 판단되는 경우는?

① $HR_{30~60}$이 110을 초과하고, $HR_{150~180}$과 $HR_{60~90}$의 차이가 10 미만인 경우
② $HR_{60~90}$이 110을 초과하고, $HR_{150~180}$과 $HR_{30~60}$의 차이가 10 미만인 경우
③ $HR_{150~180}$이 110을 초과하고, $HR_{30~60}$과 $HR_{60~90}$의 차이가 10 미만인 경우
④ $HR_{30~60}$, $HR_{150~180}$의 차이가 10 이상이고, $HR_{150~180}$, $HR_{60~90}$의 차이가 10 미만인 경우

[풀이] 심한 전신피로상태
HR_1이 110을 초과하고, HR_3와 HR_2의 차이가 10 미만인 경우
여기서,
HR_1 : 작업 종료 후 30~60초 사이의 평균 맥박수
HR_2 : 작업 종료 후 60~90초 사이의 평균 맥박수
HR_3 : 작업 종료 후 150~180초 사이의 평균 맥박수
⇨ 회복기 심박수 의미

19 산업위생의 정의에 포함되지 않는 것은?
① 예측　　② 평가
③ 관리　　④ 보상

[풀이] 산업위생의 정의(AIHA)
근로자나 일반 대중(지역주민)에게 질병, 건강장애와 안녕방해, 심각한 불쾌감 및 능률 저하 등을 초래하는 작업환경 요인과 스트레스를 예측, 측정, 평가하고 관리하는 과학과 기술이다(예측, 인지(확인), 평가, 관리 의미와 동일함).

20 산업안전보건법령상 보건관리자의 자격에 해당하지 않는 사람은?
① 「의료법」에 따른 의사
② 「의료법」에 따른 간호사
③ 「국가기술자격법」에 따른 산업안전기사
④ 「산업안전보건법」에 따른 산업보건지도사

[풀이] 보건관리자의 자격기준
㉠ "의료법"에 따른 의사
㉡ "의료법"에 따른 간호사
㉢ 산업보건지도사
㉣ "국가기술자격법"에 따른 산업위생관리산업기사 또는 대기환경산업기사 이상의 자격을 취득한 사람
㉤ "국가기술자격법"에 따른 인간공학기사 이상의 자격을 취득한 사람
㉥ "고등교육법"에 따른 전문대학 이상의 학교에서 산업보건 또는 산업위생 분야의 학위를 취득한 사람

제2과목 | 작업위생 측정 및 평가

21 음압이 $10N/m^2$일 때, 음압수준은 약 몇 dB인가? (단, 기준음압은 $0.00002N/m^2$이다.)
① 94
② 104
③ 114
④ 124

[풀이]
$$SPL = 20\log\frac{P}{P_0}$$
$$= 20\log\frac{10}{2\times 10^{-5}}$$
$$= 114dB$$

22 다음 중 원자흡광광도계에 대한 설명과 가장 거리가 먼 것은?
① 증기발생방식은 유기용제 분석에 유리하다.
② 흑연로장치는 감도가 좋으므로 생물학적 시료분석에 유리하다.
③ 원자화 방법은 불꽃방식, 비불꽃방식, 증기발생방식이 있다.
④ 광원, 원자화장치, 단색화장치, 검출기, 기록계 등으로 구성되어 있다.

풀이 기화법(증기발생법)
화학적 반응을 유도하여 분석하고자 하는 원소를 기화시켜 분석하는 방법이다.
즉, 환원제를 이용하여 휘발성 금속화합물을 형성할 수 있을 때 사용하며, As, Hg, Bi, Sb, Se 등에 적용한다.

23 Kata온도계로 불감기류를 측정하는 방법에 대한 설명으로 틀린 것은?

① Kata온도계의 구(球)부를 50~60℃의 온수에 넣어 구부의 알코올을 팽창시켜 관의 상부 눈금까지 올라가게 한다.
② 온도계를 온수에서 꺼내어 구(球)부를 완전히 닦아내고 스탠드에 고정한다.
③ 알코올의 눈금이 100°F에서 65°F까지 내려가는 데 소요되는 시간을 초시계로 4~5회 측정하여 평균을 낸다.
④ 눈금 하강에 소요되는 시간으로 kata 상수를 나눈 값 H는 온도계의 구부 1cm²에서 1초 동안에 방산되는 열량을 나타낸다.

풀이 카타온도계
㉠ 카타의 냉각력을 이용하여 측정, 즉 알코올 눈금이 100°F(37.8℃)에서 95°F(35℃)까지 내려가는 데 소요되는 시간을 4~5회 측정, 평균하여 카타 상수값을 이용하여 구하는 간접적 측정방법
㉡ 작업환경 내에 기류(옥내기류)의 방향이 일정치 않을 경우 기류속도 측정
㉢ 실내 0.2~0.5m/sec 정도의 불감기류 측정 시 기류속도를 측정

24 다음 중 유도결합 플라스마 원자발광분석기의 특징과 가장 거리가 먼 것은?

① 분광학적 방해 영향이 전혀 없다.
② 검량선의 직선성 범위가 넓다.
③ 동시에 여러 성분의 분석이 가능하다.
④ 아르곤가스를 소비하기 때문에 유지비용이 많이 든다.

풀이 유도결합 플라스마 원자발광분석기의 장·단점
(1) 장점
㉠ 비금속을 포함한 대부분의 금속을 ppb수준까지 측정할 수 있다.
㉡ 적은 양의 시료를 가지고 한 번에 많은 금속을 분석할 수 있는 것이 가장 큰 장점이다.
㉢ 한 번에 시료를 주입하여 10~20초 내에 30개 이상의 원소를 분석할 수 있다.
㉣ 화학물질에 의한 방해로부터 거의 영향을 받지 않는다.
㉤ 검량선의 직선성 범위가 넓다. 즉 직선성 확보가 유리하다.
㉥ 원자흡광광도계보다 더 좋거나 적어도 같은 정밀도를 갖는다.

(2) 단점
㉠ 원자들은 높은 온도에서 많은 복사선을 방출하므로 분광학적 방해영향이 있다.
㉡ 시료분해 시 화합물 바탕방출이 있어 컴퓨터 처리과정에서 교정이 필요하다.
㉢ 유지관리 및 기기 구입가격이 높다.
㉣ 이온화에너지가 낮은 원소들은 검출한계가 높고, 다른 금속의 이온화에 방해를 준다.

25 소음수준의 측정방법에 관한 설명으로 옳지 않은 것은? (단, 고용노동부 고시 기준)

① 소음계의 청감보정회로는 A특성으로 하여야 한다.
② 연속음 측정 시 소음계 지시침의 동작은 빠른(fast) 상태로 한다.
③ 측정위치는 지역시료 채취방법의 경우에 소음측정기를 측정대상이 되는 근로자의 주작업행동범위의 작업근로자 귀 높이에 설치한다.
④ 측정시간은 1일 작업시간 동안 6시간 이상 연속 측정하거나 작업시간을 1시간 간격으로 나누어 6회 이상 측정한다.

풀이 연속음 측정 시 소음계 지시침의 동작은 느림(slow) 상태로 한다.

26 어느 작업장의 n-Hexane의 농도를 측정한 결과가 24.5ppm, 20.2ppm, 25.1ppm, 22.4ppm, 23.9ppm일 때, 기하 평균값은 약 몇 ppm인가?

① 21.2 ② 22.8
③ 23.2 ④ 24.1

풀이
$$\log GM = \frac{\log 24.5 + \log 20.2 + \log 25.1 + \log 22.4 + \log 23.9}{5} = 1.365$$
$$\therefore \ GM = 10^{1.364} = 23.17 \text{ppm}$$

27 레이저광의 노출량을 평가할 때 주의사항이 아닌 것은?

① 직사광과 확산광을 구별하여 사용한다.
② 각막 표면에서의 조사량 또는 노출량을 측정한다.
③ 눈의 노출기준은 그 파장과 관계없이 측정한다.
④ 조사량의 노출기준은 1mm 구경에 대한 평균치이다.

풀이 레이저광의 폭로량 평가 시 주지사항
㉠ 각막 표면에서의 조사량(J/cm²) 또는 폭로량(W/cm²)을 측정한다.
㉡ 조사량의 서한도(노출기준)는 1mm 구경에 대한 평균치이다.
㉢ 레이저광은 직사광이고 형광등, 백열등은 확산광이다.
㉣ 레이저광에 대한 눈의 허용량은 그 파장에 따라 수정되어야 한다.

28 다음 2차 표준기구 중 주로 실험실에서 사용하는 것은?

① 비누거품미터
② 폐활량계
③ 유리피스톤미터
④ 습식 테스트미터

풀이
• 습식 테스트미터 : 실험실에서 주로 사용
• 건식 가스미터 : 현장에서 주로 사용

29 다음 유기용제 중 실리카겔에 대한 친화력이 가장 강한 것은?

① 케톤류
② 알코올류
③ 올레핀류
④ 에스테르류

풀이 실리카겔의 친화력(극성이 강한 순서)
물 > 알코올류 > 알데히드류 > 케톤류 > 에스테르류 > 방향족탄화수소류 > 올레핀류 > 파라핀류

30 어느 작업장에서 소음의 음압수준(dB)을 측정한 결과가 85, 87, 84, 86, 89, 81, 82, 84, 83, 88일 때, 중앙값은 몇 dB인가?

① 83.5
② 84
③ 84.5
④ 84.9

풀이 순서대로 배열
81, 82, 83, 84, 84, 85, 86, 87, 88, 89
가운데 84, 85dB의 산술평균
$$\therefore \ \text{중앙값} = \frac{84+85}{2} = 84.5 \text{dB}$$

31 옥외(태양광선이 내리쬐지 않는 장소)의 온열조건이 다음과 같은 경우에 습구흑구온도지수(WBGT)는?

• 건구온도 : 30℃
• 흑구온도 : 40℃
• 자연습구온도 : 25℃

① 28.5℃
② 29.5℃
③ 30.5℃
④ 31.0℃

풀이 옥내 또는 옥외(태양광선이 내리쬐지 않는 장소)
WBGT(℃) = (0.7×자연습구온도) + (0.3×흑구온도)
= (0.7×25℃) + (0.3×40℃)
= 29.5℃

정답 26.③ 27.③ 28.④ 29.② 30.③ 31.②

32 50% 톨루엔, 10% 벤젠, 40% 노말헥산으로 혼합된 원료를 사용할 때, 이 혼합물이 공기 중으로 증발한다면 공기 중 허용농도는 약 몇 mg/m³인가? (단, 각각의 노출기준은 톨루엔 375mg/m³, 벤젠 30mg/m³, 노말헥산 180mg/m³이다.)

① 115　　② 125
③ 135　　④ 145

풀이 혼합물의 허용농도(mg/m³) = $\dfrac{1}{\dfrac{0.5}{375}+\dfrac{0.1}{30}+\dfrac{0.4}{180}}$
= 145.16mg/m³

33 산업위생 통계에 적용되는 용어 정의에 대한 내용으로 옳지 않은 것은?

① 상대오차 = [(근사값 - 참값)/참값]으로 표현된다.
② 우발오차란 측정기기 또는 분석기기의 미비로 기인되는 오차이다.
③ 유효숫자란 측정 및 분석 값의 정밀도를 표시하는 데 필요한 숫자이다.
④ 조화평균이란 상이한 반응을 보이는 집단의 중심경향을 파악하고자 할 때 유용하게 이용된다.

풀이 우발오차의 원인
㉠ 전력의 불안정으로 인한 기기반응이 불규칙하게 변하는 경우
㉡ 기기로 시료주입량의 불일정성이 있는 경우
㉢ 분석 시 부피 및 질량에 대한 측정의 변이가 발생한 경우

34 흡광광도계에서 단색광이 어떤 시료용액을 통과할 때 그 빛의 60%가 흡수될 경우, 흡광도는 약 얼마인가?

① 0.22　　② 0.37
③ 0.40　　④ 1.60

풀이 흡광도(A) = $\log\dfrac{1}{\text{투과도}}$ = $\log\dfrac{1}{(1-0.6)}$ = 0.40

35 화학적 인자에 대한 작업환경 측정순서를 [보기]를 참고하여 올바르게 나열한 것은?

[보기]
A : 예비조사
B : 시료채취 전 유량보정
C : 시료채취 후 유량보정
D : 시료채취
E : 시료채취전략 수립
F : 분석

① A → B → C → D → E → F
② A → B → E → D → C → F
③ A → E → D → B → C → F
④ A → E → B → D → C → F

풀이 작업환경 측정순서
예비조사 ⇨ 측정전략 수립 ⇨ 측정기구의 보정 ⇨ 작업환경에서 측정 ⇨ 측정 후 측정기구의 보정 ⇨ 시료의 운반 ⇨ 시료 분석

36 일정한 온도조건에서 가스의 부피와 압력이 반비례하는 것과 가장 관계가 있는 것은?

① 보일의 법칙
② 샤를의 법칙
③ 라울의 법칙
④ 게이-뤼삭의 법칙

풀이 보일의 법칙
일정한 온도에서 기체의 부피는 그 압력에 반비례한다. 즉 압력이 2배 증가하면 부피는 처음의 1/2배로 감소한다.

37 다음 화학적 인자 중 농도의 단위가 다른 것은?

① 흄　　② 석면
③ 분진　　④ 미스트

풀이
• 석면의 농도 단위
　개/cm³ = 개/cc = 개/mL
• 흄, 분진, 미스트의 농도 단위
　mg/m³

정답 32.④ 33.② 34.③ 35.④ 36.① 37.②

38 다음 중 파과용량에 영향을 미치는 요인과 가장 거리가 먼 것은?

① 포집된 오염물질의 종류
② 작업장의 온도
③ 탈착에 사용하는 용매의 종류
④ 작업장의 습도

풀이 흡착제를 이용한 시료채취 시 영향인자
㉠ 온도 : 온도가 낮을수록 흡착에 좋으나 고온일수록 흡착대상 오염물질과 흡착제의 표면 사이 또는 2종 이상의 흡착대상 물질간 반응속도가 증가하여 흡착성질이 감소하며 파과가 일어나기 쉽다(모든 흡착은 발열반응이다).
㉡ 습도 : 극성 흡착제를 사용할 때 수증기가 흡착되기 때문에 파과가 일어나기 쉬우며, 비교적 높은 습도는 활성탄의 흡착용량을 저하시킨다. 또한 습도가 높으면 파과공기량(파과가 일어날 때까지의 채취공기량)이 적어진다.
㉢ 시료채취속도(시료채취량) : 시료채취속도가 크고 코팅된 흡착제일수록 파과가 일어나기 쉽다.
㉣ 유해물질 농도(포집된 오염물질의 농도) : 농도가 높으면 파과용량(흡착제에 흡착된 오염물질량)이 증가하나 파과공기량은 감소한다.
㉤ 혼합물 : 혼합기체의 경우 각 기체의 흡착량은 단독성분이 있을 때보다 적어지게 된다(혼합물 중 흡착제와 강한 결합을 하는 물질에 의하여 치환반응이 일어나기 때문).
㉥ 흡착제의 크기(흡착제의 비표면적) : 입자 크기가 작을수록 표면적 및 채취효율이 증가하지만 압력강하가 심하다(활성탄은 다른 흡착제에 비하여 큰 비표면적을 갖고 있다).
㉦ 흡착관의 크기(튜브의 내경, 흡착제의 양) : 흡착제의 양이 많아지면 전체 흡착제의 표면적이 증가하여 채취용량이 증가하므로 파과가 쉽게 발생되지 않는다.

39 분진채취 전후의 여과지 무게가 각각 21.3mg, 25.8mg이고, 개인시료채취기로 포집한 공기량이 450L일 경우 분진 농도는 약 몇 mg/m³인가?

① 1   ② 10
③ 20 ④ 25

풀이 농도(mg/m³) = $\dfrac{(25.8-21.3)\text{mg}}{450\text{L} \times \text{m}^3/1{,}000\text{L}} = 10\text{mg/m}^3$

40 다음 중 직독식 기구에 대한 설명과 가장 거리가 먼 것은?

① 측정과 작동이 간편하여 인력과 분석비를 절감할 수 있다.
② 연속적인 시료채취전략으로 작업시간 동안 완전한 시료채취에 해당된다.
③ 현장에서 실제 작업시간이나 어떤 순간에서 유해인자의 수준과 변화를 쉽게 알 수 있다.
④ 현장에서 즉각적인 자료가 요구될 때 민감성과 특이성이 있는 경우 매우 유용하게 사용될 수 있다.

풀이 연속적인 시료채취전략으로 작업시간 동안 완전한 시료채취에 해당하는 것은 능동식 채취기구에 해당한다.

제3과목 | 작업환경 관리대책

41 산업위생보호구의 점검, 보수 및 관리 방법에 관한 설명 중 틀린 것은?

① 보호구의 수는 사용하여야 할 근로자의 수 이상으로 준비한다.
② 호흡용 보호구는 사용 전, 사용 후 여재의 성능을 점검하여 성능이 저하된 것은 폐기, 보수, 교환 등의 조치를 취한다.
③ 보호구의 청결 유지에 노력하고, 보관할 때에는 건조한 장소와 분진이나 가스 등에 영향을 받지 않는 일정한 장소에 보관한다.
④ 호흡용 보호구나 귀마개 등은 특정유해물질 취급이나 소음에 노출될 때 사용하는 것으로서 그 목적에 따라 반드시 공용으로 사용해야 한다.

풀이 호흡용 보호구나 귀마개 등은 특정유해물질 취급이나 소음에 노출될 때 사용하는 것으로서 그 목적에 따라 공용으로 사용하면 안 되며 반드시 전용으로 사용해야 한다.

정답 38.③ 39.② 40.② 41.④

42 온도 125℃, 800mmHg인 관 내로 100m³/min의 유량의 기체가 흐르고 있다. 표준상태에서 기체의 유량은 약 몇 m³/min인가? (단, 표준상태는 20℃, 760mmHg로 한다.)

① 52　　② 69
③ 77　　④ 83

[풀이]
$$\frac{P_1 V_1}{T_1} = \frac{P_2 V_2}{T_2} \left(V_2 = V_1 \times \frac{T_2}{T_1} \times \frac{P_1}{P_2} \right)$$
$$V_2 = 100\text{m}^3/\text{min} \times \frac{273+20}{273+125} \times \frac{800}{760}$$
$$= 77.49\text{m}^3/\text{min}$$

43 작업환경에서 환기시설 내 기류에는 유체역학적 원리가 적용된다. 다음 중 유체역학적 원리의 전제조건과 가장 거리가 먼 것은?

① 공기는 건조하다고 가정한다.
② 공기의 압축과 팽창을 무시한다.
③ 환기시설 내외의 열교환은 무시한다.
④ 대부분의 환기시설에서는 공기 중에 포함된 유해물질의 무게와 용량을 고려한다.

[풀이] 유체역학의 질량보전 원리를 환기시설에 적용하는 데 필요한 네 가지 공기 특성의 주요 가정(전제조건)
㉠ 환기시설 내외(덕트 내부와 외부)의 열전달(열교환) 효과 무시
㉡ 공기의 비압축성(압축성과 팽창성 무시)
㉢ 건조공기 가정
㉣ 환기시설에서 공기 속 오염물질의 질량(무게)과 부피(용량)를 무시

44 송풍기의 송풍량이 2m³/sec이고 전압이 100mmH₂O일 때, 송풍기의 소요동력은 약 몇 kW인가? (단, 송풍기 효율은 75%)

① 1.7　　② 2.6
③ 4.4　　④ 5.3

[풀이]
$$\text{소요동력}(\text{kW}) = \frac{Q \times \Delta P}{6{,}120 \times \eta} \times \alpha$$
$$= \frac{(2\text{m}^3/\text{sec} \times 60\text{sec/min}) \times 100}{6{,}120 \times 0.75} \times 1.0$$
$$= 2.61\text{kW}$$

45 전기집진장치의 장점으로 옳지 않은 것은?

① 가연성 입자의 처리에 효율적이다.
② 넓은 범위의 입경과 분진농도에 집진효율이 높다.
③ 압력손실이 낮으므로 송풍기의 가동비용이 저렴하다.
④ 고온가스를 처리할 수 있어 보일러와 철강로 등에 설치할 수 있다.

[풀이] 전기집진장치의 장·단점
(1) 장점
㉠ 집진효율이 높다(0.01μm 정도 포집 용이, 99.9% 정도 고집진효율).
㉡ 광범위한 온도범위에서 적용이 가능하며, 폭발성 가스의 처리도 가능하다.
㉢ 고온의 입자성 물질(500℃ 전후) 처리가 가능하여 보일러와 철강로 등에 설치할 수 있다.
㉣ 압력손실이 낮고, 대용량의 가스처리가 가능하며, 배출가스의 온도강하가 적다.
㉤ 운전 및 유지비가 저렴하다.
㉥ 회수가치 입자포집에 유리하며, 습식 및 건식으로 집진할 수 있다.
㉦ 넓은 범위의 입경과 분진농도에 집진효율이 높다.
(2) 단점
㉠ 설치비용이 많이 든다.
㉡ 설치공간을 많이 차지한다.
㉢ 설치된 후에는 운전조건의 변화에 유연성이 적다.
㉣ 먼지성상에 따라 전처리시설이 요구된다.
㉤ 분진포집에 적용되며, 기체상 물질 제거에는 곤란하다.
㉥ 전압변동과 같은 조건변동(부하변동)에 쉽게 적응이 곤란하다.
㉦ 가연성 입자의 처리가 곤란하다.

46 A 물질의 증기압이 50mmHg일 때, 포화증기농도(%)는? (단, 표준상태 기준)

① 4.8　　② 6.6
③ 10.0　　④ 12.2

[풀이]
$$\text{포화증기농도}(\%) = \frac{\text{증기압}}{760} \times 10^2$$
$$= \frac{50}{760} \times 10^2 = 6.58\%$$

정답 42.③　43.④　44.②　45.①　46.②

47 작업환경의 관리원칙 중 대치로 적절하지 않은 것은?

① 성냥 제조 시에 황린 대신 적린을 사용한다.
② 분말로 출하되는 원료를 고형상태의 원료로 출하한다.
③ 광산에서 광물을 채취할 때 습식 공정 대신 건식 공정을 사용한다.
④ 단열재 석면을 대신하여 유리섬유나 암면 또는 스티로폼 등을 사용한다.

[풀이] 광산에서 광물을 채취할 때 건식 공정 대신 습식 공정을 사용한다.

48 다음 중 국소배기시설의 필요환기량을 감소시키기 위한 방법과 가장 거리가 먼 것은 어느 것인가?

① 가급적 공정의 포위를 최소화한다.
② 후드 개구면에서 기류가 균일하게 분포되도록 설계한다.
③ 포집형이나 레시버형 후드를 사용할 때에는 가급적 후드를 배출 오염원에 가깝게 설치한다.
④ 공정에서 발생 또는 배출되는 오염물질의 절대량을 감소시킨다.

[풀이] 후드가 갖추어야 할 사항(필요환기량을 감소시키는 방법)
㉠ 가능한 한 오염물질 발생원에 가까이 설치한다 (포집형 및 레시버형 후드).
㉡ 제어속도는 작업조건을 고려하여 적정하게 선정한다.
㉢ 작업에 방해되지 않도록 설치하여야 한다.
㉣ 오염물질 발생특성을 충분히 고려하여 설계하여야 한다.
㉤ 가급적이면 공정을 많이 포위한다.
㉥ 후드 개구면에서 기류가 균일하게 분포되도록 설계한다.
㉦ 공정에서 발생 또는 배출되는 오염물질 절대량을 감소시킨다.

49 속도압에 대한 설명으로 틀린 것은?

① 속도압은 항상 양압상태이다.
② 속도압은 속도에 비례한다.
③ 속도압은 중력가속도에 반비례한다.
④ 속도압은 정지상태에 있는 공기에 작용하여 속도 또는 가속을 일으키게 함으로써 공기를 이동하게 하는 압력이다.

[풀이] $VP = \dfrac{rV^2}{2g}$
속도압은 속도의 제곱에 비례한다.

50 원심력집진장치에 관한 설명 중 옳지 않은 것은?

① 비교적 적은 비용으로 집진이 가능하다.
② 분진의 농도가 낮을수록 집진효율이 증가한다.
③ 함진가스에 선회류를 일으키는 원심력을 이용한다.
④ 입자의 크기가 크고 모양이 구체에 가까울수록 집진효율이 증가한다.

[풀이] 원심력식 집진장치는 입자직경과 밀도가 클수록 집진효율이 증가한다.

51 후드로부터 0.25m 떨어진 곳에 있는 금속제품의 연마공정에서 발생되는 금속먼지를 제거하기 위해 원형 후드를 설치하였다면, 환기량은 약 몇 m³/sec인가? (단, 제어속도는 2.5m/sec, 후드 직경은 0.4m이고, 플랜지는 부착되지 않았다.)

① 1.9   ② 2.3
③ 3.2   ④ 4.1

[풀이] $Q = V_C(10X^2 + A)$
$= 2.5\,\text{m/sec} \times \left[(10 \times 0.25^2)\,\text{m}^2 + \left(\dfrac{3.14 \times 0.4^2}{4}\right)\text{m}^2\right]$
$= 1.88\,\text{m}^3/\text{sec}$

52 다음 중 장기간 사용하지 않았던 오래된 우물 속으로 작업을 위하여 들어갈 때 가장 적절한 마스크는?

① 호스마스크
② 특급의 방진마스크
③ 유기가스용 방독마스크
④ 일산화탄소용 방독마스크

[풀이] 산소가 결핍된 환경 또는 유해물질의 농도가 높거나 독성이 강한 작업장에서 사용하는 호흡용 마스크는 송기마스크(호스마스크, 에어라인마스크)이다.

53 보호구의 재질에 따른 효과적 보호가 가능한 화학물질을 잘못 짝지은 것은?

① 가죽 – 알코올
② 천연고무 – 물
③ 면 – 고체상 물질
④ 부틸고무 – 알코올

[풀이] 보호장구 재질에 따른 적용물질
  ㉠ Neoprene 고무 : 비극성 용제, 극성 용제 중 알코올, 물, 케톤류 등에 효과적
  ㉡ 천연고무(latex) : 극성 용제 및 수용성 용액에 효과적(절단 및 찰과상 예방)
  ㉢ viton : 비극성 용제에 효과적
  ㉣ 면 : 고체상 물질에 효과적, 용제에는 사용 못함
  ㉤ 가죽 : 용제에는 사용 못함(기본적인 찰과상 예방)
  ㉥ Nitrile 고무 : 비극성 용제에 효과적
  ㉦ Butyl 고무 : 극성 용제에 효과적(알데히드, 지방족)
  ㉧ Ethylene vinyl alcohol : 대부분의 화학물질을 취급할 경우 효과적

54 다음 중 Stokes 침강법칙에서 침강속도에 대한 설명으로 옳지 않은 것은? (단, 자유공간에서 구형의 분진입자를 고려)

① 기체와 분진입자의 밀도 차에 반비례한다.
② 중력가속도에 비례한다.
③ 기체의 점성에 반비례한다.
④ 분진입자 직경의 제곱에 비례한다.

[풀이] Stokes 종말침강속도(분리속도)
$$V_g = \frac{d_p^2(\rho_p - \rho)g}{18\mu}$$
여기서, V_g : 종말침강속도(m/sec)
d_p : 입자의 직경(m)
ρ_p : 입자의 밀도(kg/m³)
ρ : 가스(공기)의 밀도(kg/m³)
g : 중력가속도(9.8m/sec²)
μ : 가스의 점도(점성계수)(kg/m·sec)

55 국소배기장치를 설계하고 현장에서 효율적으로 적용하기 위해서는 적절한 제어속도가 필요하다. 이때 제어속도의 의미로 가장 적절한 것은?

① 공기정화기의 내부 공기의 속도
② 발생원에서 배출되는 오염물질의 발생속도
③ 발생원에서 오염물질이 자유공간으로 확산되는 속도
④ 오염물질을 후드 안쪽으로 흡인하기 위하여 필요한 최소한의 속도

[풀이] 제어속도
후드 근처에서 발생하는 오염물질을 주변의 방해기류를 극복하고 후드 쪽으로 흡인하기 위한 유체의 속도, 즉 유해물질을 후드 쪽으로 흡인하기 위하여 필요한 최소풍속을 말한다.

56 덕트의 속도압이 35mmH₂O, 후드의 압력 손실이 15mmH₂O일 때, 후드의 유입계수는 약 얼마인가?

① 0.54
② 0.68
③ 0.75
④ 0.84

[풀이] $\Delta P = F \times VP$
$$F = \frac{\Delta P}{VP} = \frac{15}{35} = 0.428$$
$$Ce = \sqrt{\frac{1}{1+F}} = \sqrt{\frac{1}{1+0.428}} = 0.84$$

57 A용제가 800m³의 체적을 가진 방에 저장되어 있다. 공기를 공급하기 전에 측정한 농도가 400ppm이었을 때, 이 방을 환기량 40m³/분으로 환기한다면 A용제의 농도가 100ppm으로 줄어드는 데 걸리는 시간은? (단, 유해물질은 추가적으로 발생하지 않고 고르게 분포되어 있다고 가정)

① 약 16분
② 약 28분
③ 약 34분
④ 약 42분

[풀이] $t = -\dfrac{V}{Q'}\ln\left(\dfrac{C_2}{C_1}\right) = -\dfrac{800}{40}\ln\left(\dfrac{100}{400}\right) = 27.73\text{min}$

58 다음 중 보호구의 보호 정도를 나타내는 할당보호계수(APF)에 관한 설명으로 가장 거리가 먼 것은?

① 보호구 밖의 유량과 안의 유량 비(Q_o/Q_i)로 표현된다.
② APF를 이용하여 보호구에 대한 최대 사용농도를 구할 수 있다.
③ APF가 100인 보호구를 착용하고 작업장에 들어가면 착용자는 외부 유해물질로부터 적어도 100배 만큼의 보호를 받을 수 있다는 의미이다.
④ 일반적인 보호계수 개념의 특별한 적용으로서 적절히 밀착된 호흡기 보호구를 훈련된 일련의 착용자들이 작업장에서 착용하였을 때 기대되는 최소 보호정도치를 말한다.

[풀이] $\text{APF} \geq \dfrac{C_{\text{air}}}{\text{PEL}}(= \text{HR})$
여기서, APF : 할당보호계수
PEL : 노출기준
C_{air} : 기대되는 공기 중 농도
HR : 위해비
• 의미 : 호흡용 보호구 선정 시 위해비(HR)보다 APF가 큰 것을 선택해야 한다는 의미의 식

59 산업위생관리를 작업환경관리, 작업관리, 건강관리로 나눠서 구분할 때, 다음 중 작업환경관리와 가장 거리가 먼 것은?

① 유해공정의 격리
② 유해설비의 밀폐화
③ 전체환기에 의한 오염물질의 희석 배출
④ 보호구 사용에 의한 유해물질의 인체 침입 방지

[풀이] 보호구 사용에 의한 유해물질의 인체 침입 방지는 건강관리와 관련이 있다.

60 다음 중 사용물질과 덕트 재질의 연결이 옳지 않은 것은?

① 알칼리 – 강판
② 전리방사선 – 중질 콘크리트
③ 주물사, 고온가스 – 흑피 강판
④ 강산, 염소계 용제 – 아연도금 강판

[풀이] 송풍관(덕트)의 재질
㉠ 유기용제(부식이나 마모의 우려가 없는 곳) ⇨ 아연도금 강판
㉡ 강산, 염소계 용제 ⇨ 스테인리스스틸 강판
㉢ 알칼리 ⇨ 강판
㉣ 주물사, 고온가스 ⇨ 흑피 강판
㉤ 전리방사선 ⇨ 중질 콘크리트

제4과목 | 물리적 유해인자관리

61 빛과 밝기에 관한 설명으로 틀린 것은?

① 광도의 단위로는 칸델라(candela)를 사용한다.
② 광원으로부터 한 방향으로 나오는 빛의 세기를 광속이라 한다.
③ 루멘(lumen)은 1촉광의 광원으로부터 단위입체각으로 나가는 광속의 단위이다.
④ 조도는 어떤 면에 들어오는 광속의 양에 비례하고, 입사면의 단면적에 반비례한다.

[풀이] **루멘(lumen, lm) ; 광속**
㉠ 광속의 국제단위로, 기호는 lm으로 나타낸다.
 ※ 광속 : 광원으로부터 나오는 빛의 양
㉡ 1촉광의 광원으로부터 한 단위입체각으로 나가는 광속의 단위이다.
㉢ 1촉광과의 관계는 1촉광=4π(12.57)루멘으로 나타낸다.

62 고압환경의 영향 중 2차적인 가압현상에 관한 설명으로 틀린 것은?

① 4기압 이상에서 공기 중의 질소가스는 마취작용을 나타낸다.
② 이산화탄소의 증가는 산소의 독성과 질소의 마취작용을 촉진시킨다.
③ 산소의 분압이 2기압을 넘으면 산소중독증세가 나타난다.
④ 산소중독은 고압산소에 대한 노출이 중지되어도 근육경련, 환청 등 후유증이 장기간 계속된다.

[풀이] **2차적 가압현상**
고압하의 대기가스의 독성때문에 나타나는 현상으로 2차성 압력현상이다.
(1) 질소가스의 마취작용
 ㉠ 공기 중의 질소가스는 정상기압에서 비활성이지만 4기압 이상에서는 마취작용을 일으키며 이를 다행증이라 한다(공기 중의 질소가스는 3기압 이하에서는 자극작용을 한다).
 ㉡ 질소가스 마취작용은 알코올중독의 증상과 유사하다.
 ㉢ 작업력의 저하, 기분의 변환, 여러 종류의 다행증(euphoria)이 일어난다.
 ㉣ 수심 90~120m에서 환청, 환시, 조현증, 기억력 감퇴 등이 나타난다.
(2) 산소중독
 ㉠ 산소의 분압이 2기압을 넘으면 산소중독 증상을 보인다. 즉, 3~4기압의 산소 혹은 이에 상당하는 공기 중 산소분압에 의하여 중추신경계의 장애에 기인하는 운동장애를 나타내는데 이것을 산소중독이라 한다.
 ㉡ 수중의 잠수자는 폐압착증을 예방하기 위하여 수압과 같은 압력의 압축기체를 호흡하여야 하며, 이로 인한 산소분압 증가로 산소중독이 일어난다.
 ㉢ 고압산소에 대한 폭로가 중지되면 증상은 즉시 멈춘다. 즉, 가역적이다.
 ㉣ 1기압에서 순산소는 인후를 자극하나 비교적 짧은 시간의 폭로라면 중독 증상은 나타나지 않는다.
 ㉤ 산소중독 작용은 운동이나 이산화탄소로 인해 악화된다.
 ㉥ 수지나 족지의 작열통, 시력장애, 정신혼란, 근육경련 등의 증상을 보이며, 나아가서는 간질모양의 경련을 나타낸다.
(3) 이산화탄소의 작용
 ㉠ 이산화탄소 농도의 증가는 산소의 독성과 질소의 마취작용을 증가시키는 역할을 하고 감압증의 발생을 촉진시킨다.
 ㉡ 이산화탄소 농도가 고압환경에서 대기압으로 환산하여 0.2%를 초과해서는 안 된다.
 ㉢ 동통성 관절장애(bends)도 이산화탄소의 분압 증가에 따라 보다 많이 발생한다.

63 감압에 따른 인체의 기포 형성량을 좌우하는 요인과 가장 거리가 먼 것은?

① 감압속도
② 산소공급량
③ 조직에 용해된 가스량
④ 혈류를 변화시키는 상태

[풀이] **감압 시 조직 내 질소 기포 형성량에 영향을 주는 요인**
㉠ 조직에 용해된 가스량
 체내 지방량, 고기압 폭로의 정도와 시간으로 결정한다.
㉡ 혈류변화 정도(혈류를 변화시키는 상태)
 감압 시 또는 재감압 후에 생기기 쉽고, 연령, 기온, 운동, 공포감, 음주와 관계가 있다.
㉢ 감압속도

64 열경련(heat cramp)을 일으키는 가장 큰 원인은?

① 체온 상승
② 중추신경 마비
③ 순환기계 부조화
④ 체내 수분 및 염분 손실

[풀이] **열경련의 원인**
㉠ 지나친 발한에 의한 수분 및 혈중 염분 손실(혈액의 현저한 농축 발생)
㉡ 땀을 많이 흘리고 동시에 염분이 없는 음료수를 많이 마셔서 염분 부족 시 발생
㉢ 전해질의 유실 시 발생

65 $A = \dfrac{Q}{V} = 0.1\text{m}^2$인 경우 덕트의 관경은 얼마인가?

① 352mm ② 355mm
③ 357mm ④ 359mm

[풀이]
$A = \dfrac{3.14 \times D^2}{4}$

$\therefore D = \sqrt{\dfrac{A \times 4}{3.14}} = \sqrt{\dfrac{0.1\text{m}^2 \times 4}{3.14}}$
$= 0.357\text{m} \times 1{,}000\text{mm/m} = 357\text{mm}$

66 인체와 작업환경 사이의 열교환이 이루어지는 조건에 해당되지 않는 것은?

① 대류에 의한 열교환
② 복사에 의한 열교환
③ 증발에 의한 열교환
④ 기온에 의한 열교환

[풀이] **열평형방정식**
㉠ 생체(인체)와 작업환경 사이의 열교환(체열 생산 및 방산) 관계를 나타내는 식이다.
㉡ 인체와 작업환경 사이의 열교환은 주로 체내 열생산량(작업대사량), 전도, 대류, 복사, 증발 등에 의해 이루어진다.
㉢ 열평형방정식은 열역학적 관계식에 따라 이루어진다.
$\Delta S = M \pm C \pm R - E$
여기서, ΔS : 생체 열용량의 변화(인체의 열축적 또는 열손실)
M : 작업대사량(체내 열생산량)
• $(M-W)$ W : 작업수행으로 인한 손실 열량
C : 대류에 의한 열교환
R : 복사에 의한 열교환
E : 증발(발한)에 의한 열손실(피부를 통한 증발)

67 소음성 난청에 영향을 미치는 요소에 대한 설명으로 틀린 것은?

① 음압수준이 높을수록 유해하다.
② 저주파음이 고주파음보다 더 유해하다.
③ 지속적 노출이 간헐적 노출보다 더 유해하다.
④ 개인의 감수성에 따라 소음반응이 다양하다.

[풀이] **소음성 난청에 영향을 미치는 요소**
㉠ 소음 크기 : 음압수준이 높을수록 영향이 크다.
㉡ 개인 감수성 : 소음에 노출된 모든 사람이 똑같이 반응하지 않으며, 감수성이 매우 높은 사람이 극소수 존재한다.
㉢ 소음의 주파수 구성 : 고주파음이 저주파음보다 영향이 크다.
㉣ 소음의 발생 특성 : 지속적인 소음 노출이 단속적인(간헐적인) 소음 노출보다 더 큰 장애를 초래한다.

68 현재 총 흡음량이 2,000sabins인 작업장의 천장에 흡음물질을 첨가하여 3,000sabins을 더할 경우 소음 감소는 어느 정도가 예측되겠는가?

① 4dB ② 6dB
③ 7dB ④ 10dB

[풀이]
소음저감량(NR) $= 10\log\dfrac{\text{대책 후}}{\text{대책 전}}$
$= 10\log\dfrac{2{,}000 + 3{,}000}{2{,}000}$
$= 3.98\text{dB}$

69 국소진동에 의하여 손가락의 창백, 청색증, 저림, 냉감, 동통이 나타나는 장애를 무엇이라 하는가?

① 레이노증후군
② 수근관통증증후군
③ 브라운세커드증후군
④ 스티브블래스증후군

[풀이] **레이노 현상(Raynaud's phenomenon)**
ⓐ 손가락에 있는 말초혈관 운동의 장애로 인하여 수지가 창백해지고 손이 차며 저리거나 통증이 오는 현상이다.
ⓑ 한랭작업조건에서 특히 증상이 악화된다.
ⓒ 압축공기를 이용한 진동공구, 즉 착암기 또는 해머와 같은 공구를 장기간 사용한 근로자들의 손가락에 유발되기 쉬운 직업병이다.
ⓓ dead finger 또는 white finger라고도 하며, 발증까지 약 5년 정도 걸린다.

70 감압병 예방을 위한 이상기압환경에 대한 대책으로 적절하지 않은 것은?
① 작업시간을 제한한다.
② 가급적 빨리 감압시킨다.
③ 순환기에 이상이 있는 사람은 취업 또는 작업을 제한한다.
④ 고압환경에서 작업 시 헬륨-산소혼합 가스 등으로 대체하여 이용한다.

[풀이] **이상기압에 대한 작업방법**
ⓐ 가압은 신중히 행한다.
ⓑ 특히 감압 시 신중하게 천천히 단계적으로 한다.
ⓒ 작업시간의 규정을 엄격히 지킨다.

71 다음 중 방진재인 금속스프링의 특징이 아닌 것은?
① 공진 시에 전달률이 좋지 않다.
② 환경요소에 대한 저항성이 크다.
③ 저주파 차진에 좋으며, 감쇠가 거의 없다.
④ 다양한 형상으로 제작이 가능하며, 내구성이 좋다.

[풀이] **금속스프링**
(1) 장점
　ⓐ 저주파 차진에 좋다.
　ⓑ 환경요소에 대한 저항성이 크다.
　ⓒ 최대변위가 허용된다.
(2) 단점
　ⓐ 감쇠가 거의 없다.
　ⓑ 공진 시에 전달률이 매우 크다.
　ⓒ 로킹(rocking)이 일어난다.

72 정밀작업과 보통작업을 동시에 수행하는 작업장의 적정조도는?
① 150럭스 이상　② 300럭스 이상
③ 450럭스 이상　④ 750럭스 이상

[풀이] **근로자 상시 작업장 작업면의 조도기준**
ⓐ 초정밀작업 : 750lux 이상
ⓑ 정밀작업 : 300lux 이상
ⓒ 보통작업 : 150lux 이상
ⓓ 기타 작업 : 75lux 이상

73 1,000Hz에서의 음압레벨을 기준으로 하여 등청감곡선을 나타내는 단위로 사용되는 것은?
① mel　　② bell
③ phon　④ sone

[풀이] **phon**
ⓐ 감각적인 음의 크기(loudness)를 나타내는 양이다.
ⓑ 1,000Hz 순음의 크기와 평균적으로 같은 크기로 느끼는 1,000Hz 순음의 음의 세기레벨로 나타낸 것이다.
ⓒ 1,000Hz에서 압력수준 dB을 기준으로 하여 등감곡선을 소리의 크기로 나타낸 단위이다.

74 방사선의 투과력이 큰 것에서부터 작은 순으로 올바르게 나열한 것은?
① $X > \beta > \gamma$　② $\alpha > X > \gamma$
③ $X > \beta > \alpha$　④ $\gamma > \alpha > \beta$

[풀이] **전리방사선의 인체투과력**
중성자 > X선 or γ선 > β선 > α선

75 소음이 발생하는 작업장에서 1일 8시간 근무하는 동안 100dB에 30분, 95dB에 1시간 30분, 90dB에 3시간 노출되었다면 소음노출지수는 얼마인가?
① 1.0　② 1.1
③ 1.2　④ 1.3

[풀이] 소음노출지수 $= \dfrac{0.5}{2} + \dfrac{1.5}{4} + \dfrac{3}{8} = 1.0$

76 비전리방사선 중 보통광선과는 달리 단일 파장이고 강력하고 예리한 지향성을 지닌 광선은 무엇인가?

① 적외선　　② 마이크로파
③ 가시광선　　④ 레이저광선

풀이 레이저의 물리적 특성
㉠ LASER는 Light Amplification by Stimulated Emission of Radiation의 약자이며, 자외선, 가시광선, 적외선 가운데 인위적으로 특정한 파장부위를 강력하게 증폭시켜 얻은 복사선이다.
㉡ 레이저는 유도방출에 의한 광선증폭을 뜻하며, 단색성, 지향성, 집속성, 고출력성의 특징이 있어 집광성과 방향조절이 용이하다.
㉢ 레이저는 보통 광선과는 달리 단일파장으로 강력하고 예리한 지향성을 가졌다.
㉣ 레이저광은 출력이 강하고 좁은 파장을 가지며 쉽게 산란하지 않는 특성이 있다.
㉤ 레이저파 중 맥동파는 레이저광 중 에너지의 양을 지속적으로 축적하여 강력한 파동을 발생시키는 것을 말한다.
㉥ 단위면적당 빛에너지가 대단히 크다. 즉 에너지밀도가 크다.
㉦ 위상이 고르고 간섭현상이 일어나기 쉽다.
㉧ 단색성이 뛰어나다.

77 한랭노출 시 발생하는 신체적 장애에 대한 설명으로 틀린 것은?

① 동상은 조직의 동력을 말하며, 피부의 이론상 동결온도는 약 −1℃ 정도이다.
② 전신 체온강하는 장시간의 한랭노출과 체열상실에 따라 발생하는 급성 중증 장애이다.
③ 참호족은 동결온도 이하의 찬 공기에 단기간의 접촉으로 급격한 동결이 발생하는 장애이다.
④ 침수족은 부종, 저림, 작열감, 소양감 및 심한 동통을 수반하며, 수포, 궤양이 형성되기도 한다.

풀이 참호족과 침수족은 지속적인 한랭으로 모세혈관벽이 손상되는데, 이는 국소부위의 산소결핍때문이다.

78 이온화방사선 중 입자방사선으로만 나열된 것은?

① α선, β선, γ선
② α선, β선, X선
③ α선, β선, 중성자
④ α선, β선, γ선, 중성자

풀이 이온화방사선(전리방사선)의 구분
㉠ 전자기방사선 : X-Ray, γ선
㉡ 입자방사선 : α입자, β입자, 중성자

79 전기성 안염(전광성 안염)과 가장 관련이 깊은 비전리방사선은?

① 자외선
② 가시광선
③ 적외선
④ 마이크로파

풀이 눈에 대한 작용(장애)
㉠ 전기용접, 자외선 살균취급자 등에서 발생되는 자외선에 의해 전광성 안염인 급성각막염이 유발될 수 있다(일반적으로 6~12시간에 증상이 최고조에 달함).
㉡ 나이가 많을수록 자외선 흡수량이 많아져 백내장을 일으킬 수 있다.
㉢ 자외선의 파장에 따른 흡수 정도에 따라 'arc-eye'라고 일컬어지는 광각막염 및 결막염 등의 급성영향이 나타나며, 이는 270~280nm의 파장에서 주로 발생한다.

80 산업안전보건법령상 적정공기의 범위에 해당하는 것은?

① 산소 농도 18% 미만
② 이황화탄소 농도 10% 미만
③ 탄산가스 농도 10% 미만
④ 황화수소 농도 10ppm 미만

풀이 적정한 공기
㉠ 산소 농도 : 18% 이상~23.5% 미만
㉡ 탄산가스 농도 : 1.5% 미만
㉢ 황화수소 농도 : 10ppm 미만
㉣ 일산화탄소 농도 : 30ppm 미만

정답 76.④　77.③　78.③　79.①　80.④

제5과목 | 산업 독성학

81 다음 표와 같은 망간중독을 스크린하는 검사법을 개발하였다면, 이 검사법의 특이도는 약 얼마인가?

구 분		망간중독 진단		합 계
		양 성	음 성	
검사법	양 성	17	7	24
	음 성	5	25	30
합 계		22	32	54

① 70.8% ② 77.3%
③ 78.1% ④ 83.3%

풀이 특이도(%) = $\frac{25}{32} \times 100 = 78.13\%$

특이도는 실제 노출되지 않은 사람이 이 측정방법에 의하여 "노출되지 않을 것"으로 나타날 확률을 의미한다.

82 ACGIH에서 발암성 구분이 "A1"으로 정하고 있는 물질이 아닌 것은?
① 석면 ② 텅스텐
③ 우라늄 ④ 6가크롬화합물

풀이 미국산업위생전문가협의회(ACGIH)의 발암물질(A1) 인체 발암 확인(확정)물질[석면, 우라늄, Cr^{6+}화합물, 아크릴로니트릴, 벤지딘, 염화비닐, β-나프틸아민, 베릴륨]

83 벤젠을 취급하는 근로자를 대상으로 벤젠에 대한 노출량을 추정하기 위해 호흡기 주변에서 벤젠 농도를 측정함과 동시에 생물학적 모니터링을 실시하였다. 벤젠 노출로 인한 대사산물의 결정인자(determinant)로 맞는 것은?
① 호기 중의 벤젠
② 소변 중의 마뇨산
③ 소변 중의 총페놀
④ 혈액 중의 만델린산

풀이 화학물질에 대한 대사산물 및 시료채취시기

화학물질	대사산물(측정대상물질) : 생물학적 노출지표	시료채취시기
납	혈액 중 납	중요치 않음
	소변 중 납	
카드뮴	소변 중 카드뮴	중요치 않음
	혈액 중 카드뮴	
일산화탄소	호기에서 일산화탄소	작업 종료 시
	혈액 중 carboxyhemoglobin	
벤젠	소변 중 총 페놀	작업 종료 시
	소변 중 t,t-뮤코닉산 (t,t-muconic acid)	
에틸벤젠	소변 중 만델린산	작업 종료 시
니트로벤젠	소변 중 p-nitrophenol	작업 종료 시
아세톤	소변 중 아세톤	작업 종료 시
톨루엔	혈액, 호기에서 톨루엔	작업 종료 시
	소변 중 o-크레졸	
크실렌	소변 중 메틸마뇨산	작업 종료 시
스티렌	소변 중 만델린산	작업 종료 시
트리클로로 에틸렌	소변 중 트리클로로초산 (삼염화초산)	주말작업 종료 시
테트라클로로 에틸렌	소변 중 트리클로로초산 (삼염화초산)	주말작업 종료 시
트리클로로 에탄	소변 중 트리클로로초산 (삼염화초산)	주말작업 종료 시
사염화 에틸렌	소변 중 트리클로로초산 (삼염화초산)	주말작업 종료 시
	소변 중 삼염화에탄올	
이황화탄소	소변 중 TTCA	–
	소변 중 이황화탄소	
노말헥산 (n-헥산)	소변 중 2,5-hexanedione	작업 종료 시
	소변 중 n-헥산	
메탄올	소변 중 메탄올	–
클로로벤젠	소변 중 총 4-chlorocatechol	작업 종료 시
	소변 중 총 p-chlorophenol	
크롬 (수용성 흄)	소변 중 총 크롬	주말작업 종료 시, 주간작업 중
N,N-디메틸 포름아미드	소변 중 N-메틸포름아미드	작업 종료 시
페놀	소변 중 메틸마뇨산	작업 종료 시

정답 81.③ 82.② 83.③

84 남성근로자의 생식 독성 유발 유해인자와 가장 거리가 먼 것은?

① 고온
② 저혈압증
③ 항암제
④ 마이크로파

[풀이] **성별 생식 독성 유발 유해인자**
㉠ 남성근로자
   고온, X선, 납, 카드뮴, 망간, 수은, 항암제, 마취제, 알킬화제, 이황화탄소, 염화비닐, 음주, 흡연, 마약, 호르몬제제, 마이크로파 등
㉡ 여성근로자
   X선, 고열, 저산소증, 납, 수은, 카드뮴, 항암제, 이뇨제, 알킬화제, 유기인계 농약, 음주, 흡연, 마약, 비타민 A, 칼륨, 저혈압 등

85 산화규소는 폐암 등의 발암성이 확인된 유해인자이다. 종류에 따른 호흡성 분진의 노출기준을 연결한 것으로 맞는 것은?

① 결정체 석영 − $0.1mg/m^3$
② 결정체 tripoli − $0.1mg/m^3$
③ 비결정체 규소 − $0.01mg/m^3$
④ 결정체 tridymite − $0.5mg/m^3$

[풀이] **산화규소 형태에 따른 노출기준**
㉠ 산화규소(결정체 석영) : $0.05mg/m^3$
㉡ 산화규소(결정체 크리스토발라이트) : $0.05mg/m^3$
㉢ 산화규소(결정체 트리디마이트) : $0.05mg/m^3$
㉣ 산화규소(결정체 트리폴리) : $0.1mg/m^3$
㉤ 산화규소(비결정체 규소, 용융된) : $0.1mg/m^3$
㉥ 산화규소(비결정체 규조토) : $10mg/m^3$
㉦ 산화규소(비결정체 침전된 규소) : $10mg/m^3$
㉧ 산화규소(비결정체 실리카겔) : $10mg/m^3$

86 동일한 독성을 가진 화학물질들이 합류하여 각 물질의 독성의 합보다 큰 독성을 나타내는 작용은?

① 상승작용 ② 상가작용
③ 강화작용 ④ 길항작용

[풀이] **상승작용(synergism effect)**
㉠ 각각 단일물질에 노출되었을 때의 독성보다 훨씬 독성이 커짐을 말한다.
㉡ 상대적 독성 수치로 표현하면 2+3=20이다.
㉢ 예시 : 사염화탄소와 에탄올, 흡연자가 석면에 노출 시

87 다음 중 납중독에서 나타날 수 있는 증상을 모두 나열한 것은?

㉮ 빈혈
㉯ 신장장애
㉰ 중추 및 말초 신경장애
㉱ 소화기장애

① ㉮, ㉰ ② ㉮, ㉯, ㉰
③ ㉯, ㉱ ④ ㉮, ㉯, ㉰, ㉱

[풀이] **납중독의 주요 증상(임상증상)**
(1) 위장 계통의 장애(소화기장애)
   ㉠ 복부팽만감, 급성복부선통
   ㉡ 권태감, 불면증, 안면창백, 노이로제
   ㉢ 연선(lead line)이 잇몸에 생김
(2) 신경, 근육 계통의 장애
   ㉠ 손처짐, 팔과 손의 마비
   ㉡ 근육통, 관절통
   ㉢ 신장근의 쇠약
   ㉣ 납경련(근육의 피로로 인한)
(3) 중추신경장애
   ㉠ 뇌중독증상으로 나타난다.
   ㉡ 유기납에 폭로로 나타나는 경우가 많다.
   ㉢ 두통, 안면창백, 기억상실, 정신착란, 혼수상태, 발작

88 골수장애로 재생불량성 빈혈을 일으키는 물질이 아닌 것은?

① 벤젠(benzene)
② 2−브로모프로판(2−bromopropane)
③ TNT(trinitrotoluene)
④ 2,4−TDI(Toluene−2,4−diisocyanate)

[풀이] 2,4−TDI는 직업성 천식을 유발하는 원인물질이다.

정답 84.② 85.② 86.① 87.④ 88.④

89 자극성 가스이면서 화학 질식제라 할 수 있는 것은?
① H_2S
② NH_3
③ Cl_2
④ CO_2

풀이 질식제의 구분에 따른 종류
(1) 단순 질식제
 ㉠ 이산화탄소(CO_2)
 ㉡ 메탄(CH_4)
 ㉢ 질소(N_2)
 ㉣ 수소(H_2)
 ㉤ 에탄, 프로판, 에틸렌, 아세틸렌, 헬륨
(2) 화학적 질식제
 ㉠ 일산화탄소(CO)
 ㉡ 황화수소(H_2S)
 ㉢ 시안화수소(HCN)
 ㉣ 아닐린($C_6H_5NH_2$)

90 금속열에 관한 설명으로 틀린 것은?
① 금속열이 발생하는 작업장에서는 개인보호용구를 착용해야 한다.
② 금속흄에 노출된 후 일정시간의 잠복기를 지나 감기와 비슷한 증상이 나타난다.
③ 금속열은 하루 정도가 지나면 증상은 회복되나 후유증으로 호흡기, 시신경 장애 등을 일으킨다.
④ 아연, 마그네슘 등 비교적 융점이 낮은 금속의 제련, 용해, 용접 시 발생하는 산화금속흄을 흡입할 경우 생기는 발열성 질병이다.

풀이 금속열의 증상
㉠ 금속증기에 폭로 후 몇 시간 후에 발병되며, 체온상승, 목의 건조, 오한, 기침, 땀이 많이 발생하고 호흡곤란이 생긴다.
㉡ 금속흄에 노출된 후 일정시간의 잠복기를 지나 감기와 비슷한 증상이 나타난다.
㉢ 증상은 12~24시간(또는 24~48시간) 후에는 자연적으로 없어지게 된다.
㉣ 기폭로된 근로자는 일시적 면역이 생긴다.
㉤ 특히 아연 취급작업장에서는 당뇨병 환자의 작업을 금지한다.
㉥ 금속증기열은 폐렴, 폐결핵의 원인이 되지는 않는다.
㉦ 철폐증은 철분진 흡입 시 발생되는 금속열의 한 형태이다.
㉧ 월요일열(monday fever)이라고도 한다.

91 입자상 물질의 호흡기계 침착기전 중 길이가 긴 입자가 호흡기계로 들어오면 그 입자의 가장자리가 기도의 표면을 스치게 됨으로써 침착하는 현상은?
① 충돌
② 침전
③ 차단
④ 확산

풀이 입자상 물질 호흡기계 침착기전 중 차단
㉠ 차단은 길이가 긴 입자가 호흡기계로 들어오면 그 입자의 가장자리가 기도의 표면을 스치게 됨으로써 일어나는 현상이다.
㉡ 섬유(석면)입자가 폐 내에 침착되는 데 중요한 역할을 담당한다.

92 다음 중 노출기준이 가장 낮은 것은?
① 오존(O_3)
② 암모니아(NH_3)
③ 염소(Cl_2)
④ 일산화탄소(CO)

풀이 화학물질의 노출기준
(1) 오존(O_3)
 ㉠ TWA : 0.08ppm
 ㉡ STEL : 0.2ppm
(2) 암모니아(NH_3)
 ㉠ TWA : 25ppm
 ㉡ STEL : 35ppm
(3) 염소(Cl_2)
 ㉠ TWA : 0.5ppm
 ㉡ STEL : 1ppm
(4) 일산화탄소(CO)
 ㉠ TWA : 30ppm
 ㉡ STEL : 200ppm

93 적혈구의 산소운반 단백질을 무엇이라 하는가?
① 백혈구
② 단구
③ 혈소판
④ 헤모글로빈

[풀이] **헤모글로빈**
적혈구에서 철을 포함하는 붉은색 단백질로, 산소를 운반하는 역할을 하며 정상수치보다 낮으면 빈혈이 일어난다.

94 진폐증의 독성 병리기전에 대한 설명으로 틀린 것은?
① 진폐증의 대표적인 병리소견은 섬유증(fibrosis)이다.
② 섬유증이 동반되는 진폐증의 원인물질로는 석면, 알루미늄, 베릴륨, 석탄분진, 실리카 등이 있다.
③ 폐포탐식세포는 분진탐식과정에서 활성산소유리기에 의한 폐포상피세포의 증식을 유도한다.
④ 콜라겐 섬유가 증식하면 폐의 탄력성이 떨어져 호흡곤란, 지속적인 기침, 폐기능 저하를 가져온다.

[풀이] 폐포탐식세포는 폐에 침입하는 각종 생물학적·화학적 유해인자를 탐식하여 폐를 보호한다.

95 입자상 물질의 종류 중 액체나 고체의 2가지 상태로 존재할 수 있는 것은?
① 흄(fume)
② 미스트(mist)
③ 증기(vapor)
④ 스모크(smoke)

[풀이] **연기(smoke)**
(1) 정의
매연이라고도 하며, 유해물질이 불완전연소하여 만들어진 에어로졸의 혼합체로서 크기는 $0.01 \sim 1.0\mu m$ 정도이다.

(2) 특성
㉠ 기체와 같이 활발한 브라운 운동을 하며 쉽게 침강하지 않고 대기 중에 부유하는 성질이 있다.
㉡ 액체나 고체의 2가지 상태로 존재할 수 있다.

96 유해물질의 경구투여용량에 따른 반응범위를 결정하는 독성검사에서 얻은 용량-반응곡선(dose-response curve)에서 실험동물군의 50%가 일정시간 동안 죽는 치사량을 나타내는 것은?
① LC_{50}
② LD_{50}
③ ED_{50}
④ TD_{50}

[풀이] LD_{50}
㉠ 유해물질의 경구투여용량에 따른 반응범위를 결정하는 독성검사에서 얻은 용량-반응곡선에서 실험동물군의 50%가 일정기간 동안에 죽는 치사량을 의미한다.
㉡ 독성물질의 노출은 흡입을 제외한 경로를 통한 조건이어야 한다.
㉢ 치사량 단위는 [물질의 무게(mg)/동물의 몸무게(kg)]로 표시한다.
㉣ 통상 30일간 50%의 동물이 죽는 치사량을 말한다.
㉤ LD_{50}에는 변역 또는 95% 신뢰한계를 명시하여야 한다.
㉥ 노출된 동물의 50%가 죽는 농도의 의미도 있다.

97 ACGIH에서 발암물질을 분류하는 설명으로 틀린 것은?
① Group A1 : 인체 발암성 확인물질
② Group A2 : 인체 발암성 의심물질
③ Group A3 : 동물 발암성 확인물질, 인체 발암성 모름
④ Group A4 : 인체 발암성 미의심 물질

[풀이] **ACGIH의 발암물질 구분**
㉠ A1 : 인체 발암 확인(확정)물질
㉡ A2 : 인체 발암이 의심되는 물질(발암 추정물질)
㉢ A3 : 동물 발암성 확인물질, 인체 발암성 모름
㉣ A4 : 인체 발암성 미분류물질, 인체 발암성이 확인되지 않은 물질
㉤ A5 : 인체 발암성 미의심물질

정답 93.④ 94.③ 95.④ 96.② 97.④

98 생물학적 모니터링을 위한 시료가 아닌 것은?
① 공기 중 유해인자
② 뇨 중의 유해인자나 대사산물
③ 혈액 중의 유해인자나 대사산물
④ 호기(exhaled air) 중의 유해인자나 대사산물

풀이 생물학적 모니터링의 시료 및 BEI
㉠ 혈액, 소변, 호기, 모발 등 생체시료(인체조직이나 세포)로부터 유해물질 그 자체 또는 유해물질의 대사산물 및 생화학적 변화를 반영하는 지표물질을 말하며, 유해물질의 대사산물, 유해물질 자체 및 생화학적 변화 등을 총칭한다.
㉡ 근로자의 전반적인 노출량을 평가하는데 이에 대한 기준으로 BEI를 사용한다.
㉢ 작업장의 공기 중 허용농도에 의존하는 것 이외에 근로자의 노출상태를 측정하는 방법으로 근로자들의 조직과 체액 또는 호기를 검사해서 건강장애를 일으키는 일이 없이 노출될 수 있는 양이 BEI이다.

99 카드뮴의 인체 내 축적기관으로만 나열된 것은?
① 뼈, 근육   ② 간, 신장
③ 뇌, 근육   ④ 혈액, 모발

풀이 카드뮴의 독성 메커니즘
㉠ 호흡기, 경구로 흡수되어 체내에서 축적작용을 한다.
㉡ 간, 신장, 장관벽에 축적하여 효소의 기능유지에 필요한 -SH기와 반응하여(SH효소를 불활성화하여) 조직세포에 독성으로 작용한다.
㉢ 호흡기를 통한 독성이 경구독성보다 약 8배 정도 강하다.
㉣ 산화카드뮴에 의한 장애가 가장 심하며, 산화카드뮴 에어로졸 노출에 의해 화학적 폐렴을 발생시킨다.

100 중금속 취급에 의한 직업성 질환을 나타낸 것으로 서로 관련이 가장 적은 것은?
① 니켈중독 – 백혈병, 재생불량성 빈혈
② 납중독 – 골수침입, 빈혈, 소화기장애
③ 수은중독 – 구내염, 수전증, 정신장애
④ 망간중독 – 신경염, 신장염, 중추신경장애

풀이 니켈중독
㉠ 급성중독 : 폐부종, 폐렴
㉡ 만성중독 : 폐, 비강, 부비강에 암

제3회 산업위생관리기사

과년도 출제문제 | 2018.08.19

제1과목 | 산업위생학 개론

01 작업장에서 누적된 스트레스를 개인차원에서 관리하는 방법에 대한 설명으로 틀린 것은?
① 신체검사를 통하여 스트레스성 질환을 평가한다.
② 자신의 한계와 문제의 징후를 인식하여 해결방안을 도출한다.
③ 명상, 요가, 선(禪) 등의 긴장이완 훈련을 통하여 생리적 휴식상태를 점검한다.
④ 규칙적인 운동을 피하고, 직무외적인 취미, 휴식, 즐거운 활동 등에 참여하여 대처능력을 함양한다.

[풀이] 개인차원 일반적 스트레스 관리
㉠ 자신의 한계와 문제의 징후를 인식하여 해결방안을 도출
㉡ 신체검사를 통하여 스트레스성 질환을 평가
㉢ 긴장이완 훈련(명상, 요가 등)을 통하여 생리적 휴식상태를 경험
㉣ 규칙적인 운동으로 스트레스를 줄이고, 직무 외적인 취미, 휴식 등에 참여하여 대처능력을 함양

02 중대재해 또는 산업재해가 다발하는 사업장을 대상으로 유사사례를 감소시켜 관리하기 위하여 잠재적 위험성의 발견과 그 개선대책의 수립을 목적으로 조사·평가하는 것을 무엇이라 하는가?
① 안전보건진단
② 사업장 역학조사
③ 안전·위생진단
④ 유해·위험성평가

[풀이] 안전보건진단
산업재해를 예방하기 위하여 잠재적 위험성을 발견하고 그 개선대책을 수립할 목적으로 조사·평가하는 것을 말한다.

03 상시근로자수가 100명인 A사업장의 연간 재해발생건수가 15건이다. 이때의 사상자가 20명 발생하였다면 이 사업장의 도수율은 약 얼마인가? (단, 근로자는 1인당 연간 2,200시간을 근무)
① 68.18
② 90.91
③ 150.00
④ 200.00

[풀이]
$$도수율 = \frac{재해건수}{연평균 \ 근로시간수} \times 10^6$$
$$= \frac{15}{2,200 \times 100} \times 10^6$$
$$= 68.18$$

04 사무실 등 실내 환경의 공기질 개선에 관한 설명으로 틀린 것은?
① 실내 오염원을 감소한다.
② 방출되는 물질이 없거나 매우 낮은(기준에 적합한) 건축자재를 사용한다.
③ 실외 공기의 상태와 상관없이 창문 개폐 횟수를 증가하여 실외 공기의 유입을 통한 환기개선이 될 수 있도록 한다.
④ 단기적 방법은 베이크 아웃(bake-out)으로 새 건물에 입주하기 전에 보일러 등으로 실내를 가열하여 각종 유해물질이 빨리 나오도록 한 후 이를 충분히 환기시킨다.

정답 01.④ 02.① 03.① 04.③

[풀이] 실외 공기의 상태에 따라 창문 개폐횟수를 조절하여 실외 공기의 유입을 통한 환기개선이 될 수 있도록 한다.

05 1800년대 산업보건에 관한 법률로서 실제로 효과를 거둔 영국의 공장법의 내용과 거리가 가장 먼 것은?

① 감독관을 임명하여 공장을 감독한다.
② 근로자에게 교육을 시키도록 의무화한다.
③ 18세 미만 근로자의 야간작업을 금지한다.
④ 작업할 수 있는 연령을 8세 이상으로 제한한다.

[풀이] 공장법(1833년)
㉠ 산업보건에 관한 최초의 법률로서 실제로 효과를 거둔 최초의 법
㉡ 19세기 영국 산업보건 발전계기
㉢ 주요 내용
  • 감독관을 임명하여 공장 감독
  • 직업연령 13세 이상으로 제한
  • 18세 미만 야간작업 금지
  • 주간작업시간 48시간으로 제한
  • 근로자 교육을 의무화

06 육체적 작업능력(PWC)이 16kcal/min인 근로자가 1일 8시간 동안 물체를 운반하고 있고, 이때의 작업대사량은 9kcal/min이며, 휴식 시의 대사량은 1.5kcal/min이다. 적정 휴식시간과 작업시간으로 가장 적합한 것은?

① 매시간당 25분 휴식, 35분 작업
② 매시간당 29분 휴식, 31분 작업
③ 매시간당 35분 휴식, 25분 작업
④ 매시간당 39분 휴식, 21분 작업

[풀이]
$$T_{rest}(\%) = \left[\frac{\text{PWC의 1/3} - \text{작업대사량}}{\text{휴식대사량} - \text{작업대사량}}\right] \times 100$$
$$= \left[\frac{(16 \times 1/3) - 9}{1.5 - 9}\right] \times 100$$
$$= 48.89\%$$
• 휴식시간 = 60min × 0.4889 = 약 29분
• 작업시간 = (60 − 29)min = 31분

07 실내 공기오염과 가장 관계가 적은 인체 내의 증상은?

① 광과민증(photosensitization)
② 빌딩증후군(sick building syndrome)
③ 건물관련 질병(building related disease)
④ 복합화합물질민감증(multiple chemical sensitivity)

[풀이] 실내오염관련 질환
㉠ 빌딩증후군(SBS)
㉡ 복합화학물질 민감증후군(MCS)
㉢ 새집증후군(SHS)
㉣ 빌딩관련 질병(BRI)
㉤ 가습기열
㉥ 과민성 폐렴

08 국소피로를 평가하기 위하여 근전도(EMG) 검사를 실시하였다. 피로한 근육에서 측정된 현상을 설명한 것으로 맞는 것은?

① 총 전압의 증가
② 평균 주파수 영역에서 힘(전압)의 증가
③ 저주파수(0~40Hz) 영역에서 힘(전압)의 감소
④ 고주파수(40~200Hz) 영역에서 힘(전압)의 증가

[풀이] 정상근육과 비교하여 피로한 근육에서 나타나는 EMG의 특징
㉠ 저주파(0~40Hz) 영역에서 힘(전압)의 증가
㉡ 고주파(40~200Hz) 영역에서 힘(전압)의 감소
㉢ 평균 주파수 영역에서 힘(전압)의 감소
㉣ 총 전압의 증가

09 다음은 A전철역에서 측정한 오존의 농도이다. 기하평균농도는 약 몇 ppm인가? (단, 단위는 ppm)

| 4.42 | 5.58 | 1.26 | 0.57 | 5.82 |

① 2.07
② 2.21
③ 2.53
④ 2.74

정답 05.④ 06.② 07.① 08.① 09.③

[풀이]
$$\log(GM) = \frac{\log 4.42 + \log 5.58 + \log 1.26 + \log 0.57 + \log 5.82}{5}$$
$$= 0.403$$
$$\therefore GM = 10^{0.403} = 2.53\,ppm$$

10 정상작업영역에 대한 설명으로 맞는 것은?
① 두 다리를 뻗어 닿는 범위이다.
② 손목이 닿을 수 있는 범위이다.
③ 전박(前膊)과 손으로 조작할 수 있는 범위이다.
④ 상지(上肢)와 하지(下肢)를 곧게 뻗어 닿는 범위이다.

[풀이] **수평작업영역의 구분**
(1) 최대작업역(최대영역, maximum area)
 ㉠ 팔 전체가 수평상에 도달할 수 있는 작업영역
 ㉡ 어깨로부터 팔을 뻗어 도달할 수 있는 최대영역
 ㉢ 아래팔(전완)과 위팔(상완)을 곧게 펴서 파악할 수 있는 영역
 ㉣ 움직이지 않고 상지를 뻗어서 닿는 범위
(2) 정상작업역(표준영역, normal area)
 ㉠ 상박부를 자연스런 위치에서 몸통부에 접하고 있을 때에 전박부가 수평면 위에서 쉽게 도착할 수 있는 운동범위
 ㉡ 위팔(상완)을 자연스럽게 수직으로 늘어뜨린 채 아래팔(전완)만으로 편안하게 뻗어 파악할 수 있는 영역
 ㉢ 움직이지 않고 전박과 손으로 조작할 수 있는 범위
 ㉣ 앉은 자세에서 위팔은 몸에 붙이고, 아래팔만 곧게 뻗어 닿는 범위
 ㉤ 약 34~45cm의 범위

11 산업피로의 예방대책으로 틀린 것은?
① 작업과정에 따라 적절한 휴식을 삽입한다.
② 불필요한 동작을 피하여 에너지 소모를 적게 한다.
③ 충분한 수면은 피로회복에 대한 최적의 대책이다.
④ 작업시간 중 또는 작업 전·후의 휴식시간을 이용하여 축구, 농구 등의 운동시간을 삽입한다.

[풀이] **산업피로 예방과 대책**
㉠ 커피, 홍차, 엽차 및 비타민 B_1은 피로회복에 도움이 되므로 공급한다.
㉡ 작업과정에 적절한 간격으로 휴식시간을 두고 충분한 영양을 취한다.
㉢ 작업환경을 정비·정돈한다.
㉣ 불필요한 동작을 피하고, 에너지 소모를 적게 한다.
㉤ 동적인 작업을 늘리고, 정적인 작업을 줄인다.
㉥ 개인의 숙련도에 따라 작업속도와 작업량을 조절한다(단위시간당 적정작업량을 도모하기 위하여 일 또는 월간 작업량을 적정화하여야 함).
㉦ 작업시간 중 또는 작업 전후에 간단한 체조나 오락시간을 갖는다.
㉧ 장시간 한 번 휴식하는 것보다 단시간씩 여러 번 나누어 휴식하는 것이 피로회복에 도움이 된다(정신신경작업에 있어서는 몸을 가볍게 움직이는 휴식이 좋음).
㉨ 과중한 육체적 노동은 기계화하여 육체적 부담을 줄인다.
㉩ 충분한 수면은 피로 예방과 회복에 효과적이다.
㉪ 작업자세를 적정하게 유지하는 것이 좋다.

12 산업재해 보상에 관한 설명으로 틀린 것은?
① 업무상의 재해란 업무상의 사유에 따른 근로자의 부상·질병·장애 또는 사망을 의미한다.
② 유족이란 사망한 자의 손자녀·조부모 또는 형제자매를 제외한 가족의 기본구성인 배우자·자녀·부모를 의미한다.
③ 장애란 부상 또는 질병이 치유되었으나 정신적 또는 육체적 훼손으로 인하여 노동능력이 상실되거나 감소된 상태를 의미한다.
④ 치유란 부상 또는 질병이 완치되거나 치료의 효과를 더 이상 기대할 수 없고 그 증상이 고정된 상태에 이르게 된 것을 의미한다.

[풀이] **산업재해보상법상**
유족이란 사망한 자의 배우자(사실상 혼인관계에 있는 자를 포함한다), 자녀·부모·손자녀·조부모 또는 형제자매를 말한다.

정답 10.③ 11.④ 12.②

13 신체적 결함과 그 원인이 되는 작업이 가장 적합하게 연결된 것은?
① 평발 – VDT 작업
② 진폐증 – 고압, 저압 작업
③ 중추신경 장애 – 광산작업
④ 경견완증후군 – 타이핑작업

풀이 신체적 결함과 부적합한 작업
㉠ 평발(편평족) : 서서하는 작업
㉡ 진폐증 : 분진취급작업
㉢ 중추신경계 장애 : 화학물질취급작업

14 작업자의 최대작업영역(maximum working area)이란 무엇인가?
① 하지(下肢)를 뻗어서 닿는 작업영역
② 상지(上肢)를 뻗어서 닿는 작업영역
③ 전박(前膊)을 뻗어서 닿는 작업영역
④ 후박(後膊)을 뻗어서 닿는 작업영역

풀이 수평작업영역의 구분
(1) 최대작업역(최대영역, maximum area)
 ㉠ 팔 전체가 수평상에 도달할 수 있는 작업영역
 ㉡ 어깨로부터 팔을 뻗어 도달할 수 있는 최대영역
 ㉢ 아래팔(전완)과 위팔(상완)을 곧게 펴서 파악할 수 있는 영역
 ㉣ 움직이지 않고 상지를 뻗어서 닿는 범위
(2) 정상작업역(표준영역, normal area)
 ㉠ 상박부를 자연스런 위치에서 몸통부에 접하고 있을 때 전박부가 수평면 위에서 쉽게 도착할 수 있는 운동범위
 ㉡ 위팔(상완)을 자연스럽게 수직으로 늘어뜨린 채 아래팔(전완)만으로 편안하게 뻗어 파악할 수 있는 영역
 ㉢ 움직이지 않고 전박과 손으로 조작할 수 있는 범위
 ㉣ 앉은 자세에서 위팔은 몸에 붙이고, 아래팔만 곧게 뻗어 닿는 범위
 ㉤ 약 34~45cm의 범위

15 산업안전보건법령에 따라 작업환경 측정방법에 있어 동일작업 근로자수가 100명을 초과하는 경우 최대시료채취 근로자수는 몇 명으로 조정할 수 있는가?
① 10명   ② 15명
③ 20명   ④ 50명

풀이 시료채취 근로자수
단위작업장소에서 최고노출근로자 2명 이상에 대하여 동시에 개인시료방법으로 측정하되, 단위작업장소에 근로자가 1명인 경우에는 그러하지 아니하며, 동일 작업 근로자수가 10명을 초과하는 경우에는 매 5명당 1명 이상 추가하여 측정하여야 한다.
다만, 동일 작업 근로자수가 100명을 초과하는 경우에는 최대시료채취 근로자수를 20명으로 조정할 수 있다.

16 미국산업위생학회 등에서 산업위생전문가들이 지켜야 할 윤리강령을 채택한 바 있는데, 전문가로서의 책임에 해당하는 것은?
① 일반 대중에 관한 사항은 정직하게 발표한다.
② 성실성과 학문적 실력 면에서 최고수준을 유지한다.
③ 위험요소와 예방조치에 관하여 근로자와 상담한다.
④ 신뢰를 존중하여 정직하게 권고하고, 결과와 개선점을 정확히 보고한다.

풀이 산업위생전문가로서의 책임
㉠ 성실성과 학문적 실력 면에서 최고수준을 유지한다(전문적 능력 배양 및 성실한 자세로 행동).
㉡ 과학적 방법의 적용과 자료의 해석에서 경험을 통한 전문가의 객관성을 유지한다(공인된 과학적 방법 적용·해석).
㉢ 전문분야로서의 산업위생을 학문적으로 발전시킨다.
㉣ 근로자, 사회 및 전문직종의 이익을 위해 과학적 지식을 공개하고 발표한다.
㉤ 산업위생활동을 통해 얻은 개인 및 기업체의 기밀은 누설하지 않는다(정보는 비밀유지).
㉥ 전문적 판단이 타협에 의하여 좌우될 수 있거나 이해관계가 있는 상황에는 개입하지 않는다.

17 여러 기관이나 단체 중에서 산업위생과 관계가 가장 먼 기관은?
① EPA   ② ACGIH
③ BOHS   ④ KOSHA

풀이
① EPA : 미국환경보호청
② ACGIH : 미국정부산업위생전문가협의회
③ BOHS : 영국산업위생학회
④ KOSHA : 안전보건공단

18 사업주가 관계 근로자 외에는 출입을 금지시키고 그 뜻을 보기 쉬운 장소에 게시하여야 하는 작업장소가 아닌 것은?

① 산소의 농도가 18% 미만인 장소
② 탄산가스의 농도가 1.5%를 초과하는 장소
③ 일산화탄소의 농도가 30ppm을 초과하는 장소
④ 황화수소의 농도가 100만분의 1을 초과하는 장소

풀이 위의 문제는 적정한 공기가 아닌 항목을 선택하는 문제이다.
① 산소의 농도가 18% 이상 23.5% 미만인 수준의 공기
② 탄산가스의 농도가 1.5% 미만인 수준의 공기
③ 일산화탄소의 농도가 30ppm 미만인 수준의 공기
④ 황화수소의 농도가 10ppm 미만인 수준의 공기

19 직업병의 진단 또는 판정 시 유해요인 노출 내용과 정도에 대한 평가가 반드시 이루어져야 한다. 이와 관련한 사항과 가장 거리가 먼 것은?

① 작업환경 측정
② 과거 직업력
③ 생물학적 모니터링
④ 노출의 추정

풀이 과거 직업력은 직업병의 진단 또는 판정 시 유해요인 노출 내용과 정도에 대한 평가내용과 관련이 없으며, 과거 질병의 유무는 직업성 질환을 인정할 때 고려사항이다.

20 요통이 발생되는 원인 중 작업동작에 의한 것이 아닌 것은?

① 작업자세의 불량
② 일정한 자세의 지속
③ 정적인 작업으로 전환
④ 체력의 과신에 따른 무리

풀이 정적인 작업으로의 전환은 근골격계 질환의 원인이다.

제2과목 | 작업위생 측정 및 평가

21 태양광선이 내리쬐는 옥외작업장에서 온도가 다음과 같을 때, 습구흑구온도지수는 약 몇 ℃인가? (단, 고용노동부 고시 기준)

- 건구온도 : 30℃
- 흑구온도 : 32℃
- 자연습구온도 : 28℃

① 27 ② 28
③ 29 ④ 31

풀이 태양광선이 내리쬐는 옥외작업장
WBGT(℃)=(0.7×자연습구온도)+(0.2×흑구온도)+(0.1×건구온도)
=(0.7×28℃)+(0.2×32℃)+(0.1×30℃)
=29℃

22 다음 1차 표준기구 중 일반적인 사용범위가 10~500mL/분이고, 정확도가 ±0.05~0.25%로 높아 실험실에서 주로 사용하는 것은 어느 것인가?

① 폐활량계
② 가스치환병
③ 건식 가스미터
④ 습식 테스트미터

풀이 공기채취기구 보정에 사용되는 1차 표준기구

표준기구	일반 사용범위	정확도
비누거품미터 (soap bubble meter)	1mL/분 ~30L/분	±1% 이내
폐활량계 (spirometer)	100~600L	±1% 이내
가스치환병 (mariotte bottle)	10~500mL/분	±0.05 ~0.25%
유리피스톤미터 (glass piston meter)	10~200mL/분	±2% 이내
흑연피스톤미터 (frictionless piston meter)	1mL/분 ~50L/분	±1~2%
피토튜브 (pitot tube)	15mL/분 이하	±1% 이내

정답 18.④ 19.② 20.③ 21.③ 22.②

23 다음 중 고열장애와 가장 거리가 먼 것은?
① 열사병 ② 열경련
③ 열호족 ④ 열발진

풀이 고열장애의 종류
㉠ 열사병 ㉡ 열경련
㉢ 열피로 ㉣ 열실신
㉤ 열성발진 ㉥ 열쇠약

24 수은의 노출기준이 0.05mg/m³이고 증기압이 0.0018mmHg인 경우, VHR(Vapor Hazard Ratio)는 약 얼마인가? (단, 25℃, 1기압 기준이며, 수은 원자량은 200.59이다.)
① 306 ② 321
③ 354 ④ 389

풀이
$$\text{VHR} = \frac{C}{\text{TLV}} = \frac{\left(\frac{0.0018\text{mmHg}}{760\text{mmHg}} \times 10^6\right)}{\left(0.05\text{mg/m}^3 \times \frac{24.45\text{L}}{200.59\text{g}}\right)} = 388.61$$

25 6가크롬 시료 채취에 가장 적합한 것은?
① 밀리포어 여과지
② 증류수를 넣은 버블러
③ 휴대용 IR
④ PVC막 여과지

풀이 PVC막 여과지(polyvinyl chloride membrane filter)
㉠ 가볍고, 흡습성이 낮기 때문에 분진의 중량분석에 사용된다.
㉡ 유리규산을 채취하여 X선 회절법으로 분석하는 데 적절하고 6가크롬 및 아연산화합물의 채취에 이용한다.
㉢ 수분에 영향이 크지 않아 공해성 먼지, 총먼지 등의 중량분석을 위한 측정에 사용한다.
㉣ 석탄먼지, 결정형 유리규산, 무정형 유리규산, 별도로 분리하지 않은 먼지 등을 대상으로 무게농도를 구하고자 할 때 PVC막 여과지로 채취한다.
㉤ 습기에 영향을 적게 받기 위해 전기적인 전하를 가지고 있어 채취 시 입자를 반발하여 채취효율을 떨어뜨리는 단점이 있다. 따라서 채취 전에 필터를 세정용액으로 처리함으로써 이러한 오차를 줄일 수 있다.

26 한 공정에서 음압수준이 75dB인 소음이 발생되는 장비 1대와 81dB인 소음이 발생되는 장비 1대가 각각 설치되어 있을 때, 이 장비들이 동시에 가동되는 경우 발생되는 소음의 음압수준은 약 몇 dB인가?
① 82 ② 84
③ 86 ④ 88

풀이 $L_\text{합} = 10\log(10^{7.5} + 10^{8.1}) = 82.0\text{dB}$

27 제관공장에서 오염물질 A를 측정한 결과가 다음과 같다면, 노출농도에 대한 설명으로 옳은 것은?

- 오염물질 A의 측정값: 5.9mg/m^3
- 오염물질 A의 노출기준: 5.0mg/m^3
- SAE(시료채취 분석오차): 0.12

① 허용농도를 초과한다.
② 허용농도를 초과할 가능성이 있다.
③ 허용농도를 초과하지 않는다.
④ 허용농도를 평가할 수 없다.

풀이
$Y(\text{표준화값}) = \dfrac{\text{측정값}}{\text{TLV}} = \dfrac{5.9\text{mg/m}^3}{5.0\text{mg/m}^3} = 1.18$
LCL(하한치) = Y - SAE = 1.18 - 0.12 = 1.06
∴ LCL > 1이므로 허용기준 초과 판정

28 근로자에게 노출되는 호흡성 먼지를 측정한 결과 다음과 같았다. 이때 기하평균농도는? (단, 단위는 mg/m³)

| 2.4 | 1.9 | 4.5 | 3.5 | 5.0 |

① 3.04 ② 3.24
③ 3.54 ④ 3.74

풀이
$\log(\text{GM}) = \dfrac{\log 2.4 + \log 1.9 + \log 4.5 + \log 3.5 + \log 5.0}{5} = 0.511$
$\text{GM} = 10^{0.511} = 3.24\text{mg/m}^3$

29 어떤 작업장에서 액체혼합물이 A가 30%, B가 50%, C가 20%인 중량비로 구성되어 있다면, 이 작업장의 혼합물의 허용농도는 몇 mg/m^3인가? (단, 각 물질의 TLV는 A의 경우 $1,600mg/m^3$, B의 경우 $720mg/m^3$, C의 경우 $670mg/m^3$이다.)

① 101　　② 257
③ 847　　④ 1,151

풀이
$$혼합물의\ 허용농도(mg/m^3) = \frac{1}{\frac{0.3}{1,600} + \frac{0.5}{720} + \frac{0.2}{670}}$$
$$= 847.13 mg/m^3$$

30 작업장에서 5,000ppm의 사염화에틸렌이 공기 중에 함유되었다면 이 작업장 공기의 비중은 얼마인가? (단, 표준기압, 온도이며, 공기의 분자량은 29이고, 사염화에틸렌의 분자량은 166이다.)

① 1.024
② 1.032
③ 1.047
④ 1.054

풀이
$$혼합비중 = \frac{\left(5,000 \times \frac{166}{29}\right) + (995,000 \times 1.0)}{1,000,000}$$
$$= 1.0236$$

31 일산화탄소 $0.1m^3$가 밀폐된 차고에 방출되었다면, 이때 차고 내 공기 중 일산화탄소의 농도는 몇 ppm인가? (단, 방출 전 차고 내 일산화탄소 농도는 0ppm이며, 밀폐된 차고의 체적은 $100,000m^3$이다.)

① 0.1　　② 1
③ 10　　④ 100

풀이
$$CO\ 농도(ppm) = \frac{0.1m^3}{100,000m^3} \times 10^6$$
$$= 1ppm$$

32 입자상 물질을 입자의 크기별로 측정하고자 할 때 사용할 수 있는 것은?
① 가스 크로마토그래피
② 사이클론
③ 원자발광분석기
④ 직경분립충돌기

풀이 **직경분립충돌기(cascade impactor)의 장·단점**
(1) 장점
  ㉠ 입자의 질량 크기 분포를 얻을 수 있다.
  ㉡ 호흡기의 부분별로 침착된 입자 크기의 자료를 추정할 수 있고, 흡입성, 흉곽성, 호흡성 입자의 크기별로 분포와 농도를 계산할 수 있다.
(2) 단점
  ㉠ 시료채취가 까다롭다. 즉 경험이 있는 전문가가 철저한 준비를 통해 이용해야 정확한 측정이 가능하다.
  ㉡ 비용이 많이 든다.
  ㉢ 채취준비시간이 과다하다.
  ㉣ 되튐으로 인한 시료의 손실이 일어나 과소분석 결과를 초래할 수 있어 유량을 2L/min 이하로 채취한다. 따라서 mylar substrate에 그리스를 뿌려 시료의 되튐을 방지한다.
  ㉤ 공기가 옆에서 유입되지 않도록 각 충돌기의 조립과 장착을 철저히 해야 한다.

33 작업장 소음수준을 누적소음노출량 측정기로 측정할 경우 기기 설정으로 옳은 것은? (단, 고용노동부 고시 기준)

① threshold=80dB, criteria=90dB, exchange rate=5dB
② threshold=80dB, criteria=90dB, exchange rate=10dB
③ threshold=90dB, criteria=80dB, exchange rate=10dB
④ threshold=90dB, criteria=80dB, exchange rate=5dB

풀이 **누적소음노출량 측정기(noise dosemeter) 설정**
㉠ threshold=80dB
㉡ criteria=90dB
㉢ exchange rate=5dB

정답　29.③　30.①　31.②　32.④　33.①

34 어느 작업장에 있는 기계의 소음 측정결과가 다음과 같을 때, 이 작업장의 음압레벨 합산은 약 몇 dB인가?

- A기계 : 92dB
- B기계 : 90dB
- C기계 : 88dB

① 92.3　　② 93.7
③ 95.1　　④ 98.2

풀이 $L_{합} = 10\log(10^{9.2} + 10^{9.0} + 10^{8.8}) = 95.07\text{dB}$

35 다음 중 로터미터에 관한 설명으로 옳지 않은 것은?

① 유량을 측정하는 데 가장 흔히 사용되는 기기이다.
② 바닥으로 갈수록 점점 가늘어지는 수직관과 그 안에서 자유롭게 상하로 움직이는 부자로 이루어져 있다.
③ 관은 유리나 투명 플라스틱으로 되어 있으며 눈금이 새겨져 있다.
④ 최대유량과 최소유량의 비율이 100 : 1 범위이고 대부분 ±0.5% 이내의 정확성을 나타낸다.

풀이 로터미터
㉠ 밑쪽으로 갈수록 점점 가늘어지는 수직관과 그 안에서 자유롭게 상하로 움직이는 float(부자)로 구성되어 있다.
㉡ 관은 유리나 투명 플라스틱으로 되어 있으며 눈금이 새겨져 있다.
㉢ 원리는 유체가 위쪽으로 흐름에 따라 float도 위로 올라가며 float와 관벽 사이의 접촉면에서 발생되는 압력강하가 float를 충분히 지지해 줄 때까지 올라간 float(부자)로의 눈금을 읽는다.
㉣ 최대유량과 최소유량의 비율이 10 : 1 범위이고 ±5% 이내의 정확성을 가진 보정선이 제공된다.

36 측정값이 1, 7, 5, 3, 9일 때, 변이계수는 약 몇 %인가?

① 13　　② 63
③ 133　　④ 183

풀이 변이계수(%) = $\dfrac{\text{표준편차}}{\text{산술평균}} = \dfrac{3.16}{5} \times 100 = 63.25\%$

여기서, 산술평균 = $\dfrac{1+7+5+3+9}{5} = 5$

표준편차
= $\left(\dfrac{(1-5)^2+(7-5)^2+(5-5)^2+(3-5)^2+(9-5)^2}{5-1}\right)^{0.5}$
= 3.16

37 어느 작업장에서 샘플러를 사용하여 분진농도를 측정한 결과, 샘플링 전·후의 필터의 무게가 각각 32.4mg, 44.7mg이었을 때, 이 작업장의 분진 농도는 몇 mg/m³인가? (단, 샘플링에 사용된 펌프의 유량은 20L/min이고, 2시간 동안 시료를 채취하였다.)

① 1.6　　② 5.1
③ 6.2　　④ 12.3

풀이 농도(mg/m³) = $\dfrac{(44.7-32.4)\text{mg}}{20\text{L/min} \times 120\text{min} \times \text{m}^3/1,000\text{L}}$
= 5.13mg/m³

38 온도 표시에 대한 설명으로 틀린 것은? (단, 고용노동부 고시 기준)

① 절대온도는 K으로 표시하고, 절대온도 0K은 -273℃로 한다.
② 실온은 1~35℃, 미온은 30~40℃로 한다.
③ 온도의 표시는 셀시우스(Celcius)법에 따라 아라비아 숫자의 오른쪽에 ℃를 붙인다.
④ 냉수는 5℃ 이하, 온수는 60~70℃를 말한다.

풀이 온도 표시
㉠ 온도의 표시는 셀시우스(Celcius)법에 따라 아라비아 숫자의 오른쪽에 ℃를 붙인다. 절대온도는 K으로 표시하고, 절대온도 0K은 -273℃로 한다.
㉡ 상온은 15~25℃, 실온은 1~35℃, 미온은 30~40℃로 하고, 찬 곳은 따로 규정이 없는 한 0~15℃의 곳을 말한다.
㉢ 냉수(冷水)는 15℃ 이하, 온수(溫水)는 60~70℃, 열수(熱水)는 약 100℃를 말한다.

정답　34.③　35.④　36.②　37.②　38.④

39 다음은 가스상 물질의 측정횟수에 관한 내용이다. ( ) 안에 들어갈 내용으로 옳은 것은?

> 가스상 물질을 검지관 방식으로 측정하는 경우에는 1일 작업시간 동안 1시간 간격으로 ( ) 이상 측정하되 매 측정시간마다 2회 이상 반복측정하여 평균값을 산출하여야 한다.

① 2회 ② 4회
③ 6회 ④ 8회

풀이 검지관 방식으로 측정하는 경우에는 1일 작업시간 동안 1시간 간격으로 6회 이상 측정하되 측정시간마다 2회 이상 반복측정하여 평균값을 산출하여야 한다. 다만, 가스상 물질의 발생시간이 6시간 이내일 때에는 작업시간 동안 1시간 간격으로 나누어 측정하여야 한다.

40 다음 중 허용기준 대상 유해인자의 노출농도 측정 및 분석 방법에 관한 내용으로 틀린 것은 어느 것인가? (단, 고용노동부 고시 기준)

① 바탕시험(空試驗)을 하여 보정한다. : 시료에 대한 처리 및 측정을 할 때, 시료를 사용하지 않고 같은 방법으로 조작한 측정치를 빼는 것을 말한다.
② 감압 또는 진공 : 따로 규정이 없는 한 760mmHg 이하를 뜻한다.
③ 검출한계 : 분석기기가 검출할 수 있는 가장 적은 양을 말한다.
④ 정량한계 : 분석기기가 정량할 수 있는 가장 적은 양을 말한다.

풀이 감압 또는 진공
따로 규정이 없는 한 15mmHg 이하를 뜻한다.

제3과목 | 작업환경 관리대책

41 다음 중 직경이 400mm인 환기시설을 통해서 $50m^3/min$의 표준상태의 공기를 보낼 때, 이 덕트 내의 유속은 약 몇 m/sec인가?

① 3.3 ② 4.4
③ 6.6 ④ 8.8

풀이
$$V(m/sec) = \frac{Q}{A}$$
$$= \frac{50m^3/min \times min/60sec}{\left(\frac{3.14 \times 0.4^2}{4}\right)m^2} = 6.63 m/sec$$

42 개구면적이 $0.6m^2$인 외부식 사각형 후드가 자유공간에 설치되어 있다. 개구면과 유해물질 사이의 거리는 0.5m이고 제어속도가 0.80m/sec일 때, 필요한 송풍량은 약 몇 m^3/min인가? (단, 플랜지를 부착하지 않은 상태이다.)

① 126 ② 149
③ 164 ④ 182

풀이 자유공간, 플랜지 미부착 필요송풍량(Q)
$$Q(m^3/min) = V_c(10X^2 + A)$$
$$= 0.8m/sec \times [(10 \times 0.5^2)m^2 + 0.6m^2]$$
$$\times 60sec/min$$
$$= 148.80 m^3/min$$

43 테이블에 붙여서 설치한 사각형 후드의 필요환기량(m^3/min)을 구하는 식으로 적절한 것은? (단, 플랜지는 부착되지 않았고, $A(m^2)$는 개구면적, $X(m)$는 개구부와 오염원 사이의 거리, $V(m/sec)$는 제어속도이다.)

① $Q = V \times (5X^2 + A)$
② $Q = V \times (7X^2 + A)$
③ $Q = 60 \times V \times (5X^2 + A)$
④ $Q = 60 \times V \times (7X^2 + A)$

정답 39.③ 40.② 41.③ 42.② 43.③

[풀이] 바닥면(작업테이블면)에 위치, 플랜지 미부착 필요환기량
$Q = 60 \cdot V_c(5X^2 + A)$
여기서, Q : 필요송풍량(m^3/min)
V_c : 제어속도(m/sec)
A : 개구면적(m^2)
X : 후드 중심선으로부터 발생원(오염원)까지의 거리(m)

44 다음 중 강제환기의 설계에 관한 내용과 가장 거리가 먼 것은?

① 공기가 배출되면서 오염장소를 통과하도록 공기배출구와 유입구의 위치를 선정한다.
② 공기배출구와 근로자의 작업위치 사이에 오염원이 위치하지 않도록 주의하여야 한다.
③ 오염물질 배출구는 가능한 한 오염원으로부터 가까운 곳에 설치하여 '점환기'의 효과를 얻는다.
④ 오염원 주위에 다른 작업공정이 있으면 공기배출량을 공급량보다 약간 크게 하여 음압을 형성하여 주위 근로자에게 오염물질이 확산되지 않도록 한다.

[풀이] 전체환기(강제환기)시설 설치 기본원칙
㉠ 오염물질 사용량을 조사하여 필요환기량을 계산한다.
㉡ 배출공기를 보충하기 위하여 청정공기를 공급한다.
㉢ 오염물질 배출구는 가능한 한 오염원으로부터 가까운 곳에 설치하여 '점환기'의 효과를 얻는다.
㉣ 공기 배출구와 근로자의 작업위치 사이에 오염원이 위치해야 한다.
㉤ 공기가 배출되면서 오염장소를 통과하도록 공기배출구와 유입구의 위치를 선정한다.
㉥ 작업장 내 압력은 경우에 따라서 양압이나 음압으로 조정해야 한다(오염원 주위에 다른 작업공정이 있으면 공기 공급량을 배출량보다 적게 하여 음압을 형성시켜 주위 근로자에게 오염물질이 확산되지 않도록 한다).
㉦ 배출된 공기가 재유입되지 못하게 배출구 높이를 적절히 설계하고 창문이나 문 근처에 위치하지 않도록 한다.

㉧ 오염된 공기는 작업자가 호흡하기 전에 충분히 희석되어야 한다.
㉨ 오염물질 발생은 가능하면 비교적 일정한 속도로 유출되도록 조정해야 한다.

45 다음 중 작업환경 개선의 기본원칙인 대체의 방법과 가장 거리가 먼 것은?

① 시간의 변경
② 시설의 변경
③ 공정의 변경
④ 물질의 변경

[풀이] 작업환경 개선의 기본원칙인 대체의 방법
㉠ 공정의 변경
㉡ 시설의 변경
㉢ 유해물질의 변경

46 다음 중 대체 방법으로 유해작업환경을 개선한 경우와 가장 거리가 먼 것은?

① 유연 휘발유를 무연 휘발유로 대체한다.
② 블라스팅 재료로서 모래를 철구슬로 대체한다.
③ 야광시계의 자판을 인에서 라듐으로 대체한다.
④ 보온재료의 석면을 유리섬유나 암면으로 대체한다.

[풀이] 야광시계의 자판을 라듐 대신 인으로 대체한다.

47 직경이 $2\mu m$이고 비중이 3.5인 산화철 흄의 침강속도는?

① 0.023cm/sec
② 0.036cm/sec
③ 0.042cm/sec
④ 0.054cm/sec

[풀이] 침강속도(cm/sec) = $0.003 \times \rho \times d^2$
= $0.003 \times 3.5 \times 2^2$
= 0.042cm/sec

정답 44.② 45.① 46.③ 47.③

48 조용한 대기 중에 실제로 거의 속도가 없는 상태로 가스, 증기, 흄이 발생할 때, 국소환기에 필요한 제어속도 범위로 가장 적절한 것은?

① 0.25~0.5m/sec
② 0.1~0.25m/sec
③ 0.05~0.1m/sec
④ 0.01~0.05m/sec

[풀이] 작업조건에 따른 제어속도 기준(ACGIH)

작업조건	작업공정 사례	제어속도 (m/sec)
• 움직이지 않는 공기 중에서 속도 없이 배출되는 작업조건 • 조용한 대기 중에 실제 거의 속도가 없는 상태로 발산하는 작업조건	• 액면에서 발생하는 가스나 증기, 흄 • 탱크에서 증발, 탈지시설	0.25~0.5
• 비교적 조용한(약간의 공기 움직임) 대기 중에서 저속도로 비산하는 작업조건	• 용접, 도금 작업 • 스프레이 도장 • 주형을 부수고 모래를 터는 장소	0.5~1.0

49 다음 중 덕트의 설치원칙과 가장 거리가 먼 것은?

① 가능한 한 후드와 먼 곳에 설치한다.
② 덕트는 가능한 한 짧게 배치하도록 한다.
③ 밴드의 수는 가능한 한 적게 하도록 한다.
④ 공기가 아래로 흐르도록 하향구배를 만든다.

[풀이] 덕트 설치기준(설치 시 고려사항)
㉠ 가능한 한 길이는 짧게 하고 굴곡부의 수는 적게 한다.
㉡ 접속부의 내면은 돌출된 부분이 없도록 한다.
㉢ 청소구를 설치하는 등 청소하기 쉬운 구조로 한다.
㉣ 덕트 내 오염물질이 쌓이지 아니하도록 이송속도를 유지한다.
㉤ 연결부위 등은 외부공기가 들어오지 아니하도록 한다(연결방법을 가능한 한 용접할 것).
㉥ 가능한 후드의 가까운 곳에 설치한다.
㉦ 송풍기를 연결할 때는 최소 덕트 직경의 6배 정도 직선구간을 확보한다.
㉧ 직관은 하향구배로 하고, 직경이 다른 덕트를 연결할 때에는 경사 30° 이내의 테이퍼를 부착한다.
㉨ 원형 덕트가 사각형 덕트보다 덕트 내 유속분포가 균일하므로 가급적 원형 덕트를 사용하며, 부득이 사각형 덕트를 사용할 경우에는 가능한 정방형을 사용하고 곡관의 수를 적게 한다.
㉩ 곡관의 곡률반경은 최소 덕트 직경의 1.5 이상, 주로 2.0을 사용한다.
㉪ 수분이 응축될 경우 덕트 내로 들어가지 않도록 경사나 배수구를 마련한다.
㉫ 덕트의 마찰계수는 작게 하고, 분지관을 가급적 적게 한다.

50 송풍기의 송풍량이 4.17m³/sec이고 송풍기 전압이 300mmH$_2$O인 경우 소요동력은 약 몇 kW인가? (단, 송풍기 효율은 0.85)

① 5.8   ② 14.4
③ 18.2 ④ 20.6

[풀이]
$$\text{소요동력(kW)} = \frac{Q \times \Delta \rho}{6,120 \times \eta} \times \alpha$$
$$= \frac{(4.17 \text{m}^3/\text{sec} \times 60\text{sec/min}) \times 300}{6,120 \times 0.85} \times 1.0$$
$$= 14.43 \text{kW}$$

51 다음 중 전기집진장치의 특징으로 옳지 않은 것은?

① 가연성 입자의 처리가 용이하다.
② 넓은 범위의 입경과 분진농도에 집진효율이 높다.
③ 압력손실이 낮아 송풍기의 가동비용이 저렴하다.
④ 고온가스를 처리할 수 있어 보일러와 철강로 등에 설치할 수 있다.

[풀이] 전기집진장치의 장·단점
(1) 장점
㉠ 집진효율이 높다(0.01μm 정도 포집 용이, 99.9% 정도 고집진 효율).
㉡ 광범위한 온도범위에서 적용이 가능하며, 폭발성 가스의 처리도 가능하다.
㉢ 고온의 입자성 물질(500°C 전후) 처리가 가능하여 보일러와 철강로 등에 설치할 수 있다.

정답 48.① 49.① 50.② 51.①

② 압력손실이 낮고, 대용량의 가스처리가 가능하며, 배출가스의 온도강하가 적다.
⑩ 운전 및 유지비가 저렴하다.
⑭ 회수가치 입자포집에 유리하며, 습식 및 건식으로 집진할 수 있다.
⑤ 넓은 범위의 입경과 분진농도에 집진효율이 높다.
(2) 단점
  ㉠ 설치비용이 많이 든다.
  ㉡ 설치공간을 많이 차지한다.
  ㉢ 설치된 후에는 운전조건의 변화에 유연성이 적다.
  ㉣ 먼지성상에 따라 전처리시설이 요구된다.
  ㉤ 분진포집에 적용되며, 기체상 물질 제거에는 곤란하다.
  ㉥ 전압변동과 같은 조건변동(부하변동)에 쉽게 적응이 곤란하다.
  ㉦ 가연성 입자의 처리가 곤란하다.

52 다음 중 밀어당김형 후드(push-pull hood)가 가장 효과적인 경우는?

① 오염원의 발산량이 많은 경우
② 오염원의 발산농도가 낮은 경우
③ 오염원의 발산농도가 높은 경우
④ 오염원 발산면의 폭이 넓은 경우

풀이 푸시풀(push-pull) 후드
(1) 개요
  ㉠ 제어길이가 비교적 길어서 외부식 후드에 의한 제어효과가 문제가 되는 경우에 공기를 불어주고(push) 당겨주는(pull) 장치로 되어 있다.
  ㉡ 개방조 한 변에서 압축공기를 이용하여 오염물질이 발생하는 표면에 공기를 불어 반대쪽에 오염물질이 도달하게 한다.
(2) 적용
  ㉠ 도금조 및 자동차 도장공정과 같이 오염물질 발생원의 개방면적이 큰(발산면의 폭이 넓은) 작업공정에 주로 많이 적용된다.
  ㉡ 포착거리(제어거리)가 일정거리 이상일 경우 push-pull형 환기장치가 적용된다.
(3) 특징
  ㉠ 제어속도는 push 제트기류에 의해 발생한다.
  ㉡ 공정에서 작업물체를 처리조에 넣거나 꺼내는 중에 공기막이 파괴되어 오염물질이 발생한다.
  ㉢ 노즐로는 하나의 긴 슬롯, 구멍 뚫린 파이프 또는 개별 노즐을 여러 개 사용하는 방법이 있다.

② 노즐의 각도는 제트공기가 방해받지 않도록 하향 방향을 향하고 최대 20° 내를 유지하도록 한다.
⑩ 노즐 전체 면적은 기류 분포를 고르게 하기 위해서 노즐 충만실 단면적의 25%를 넘지 않도록 해야 한다.
⑭ push-pull 후드에 있어서는 여러 가지의 영향인자가 존재하므로 ±20% 정도의 유량조정이 가능하도록 설계되어야 한다.
(4) 장점
  ㉠ 포집효율을 증가시키면서 필요유량을 대폭 감소시킬 수 있다.
  ㉡ 작업자의 방해가 적고 적용이 용이하다.
(5) 단점
  ㉠ 원료의 손실이 크다.
  ㉡ 설계방법이 어렵다.
  ㉢ 효과적으로 기능을 발휘하지 못하는 경우가 있다.

53 다음 중 국소배기장치에서 공기공급시스템이 필요한 이유와 가장 거리가 먼 것은?

① 에너지 절감
② 안전사고 예방
③ 작업장의 교차기류 유지
④ 국소배기장치의 효율 유지

풀이 공기공급시스템이 필요한 이유
㉠ 국소배기장치의 원활한 작동을 위하여
㉡ 국소배기장치의 효율 유지를 위하여
㉢ 안전사고를 예방하기 위하여
㉣ 에너지(연료)를 절약하기 위하여
㉤ 작업장 내에 방해기류(교차기류)가 생기는 것을 방지하기 위하여
㉥ 외부공기가 정화되지 않은 채로 건물 내로 유입되는 것을 막기 위하여

54 화재 및 폭발방지 목적으로 전체 환기시설을 설치할 때, 필요 환기량 계산에 필요 없는 것은?

① 안전계수
② 유해물질의 분자량
③ TLV(Threshold Limit Value)
④ LEL(Lower Explosive Limit)

[풀이] **화재 및 폭발방지 전체 환기량(Q)**

$$Q(\text{m}^3/\text{min}) = \frac{24.1 \times S \times W \times C}{MW \times LEL \times B} \times 10^2$$

여기서, S : 물질비중
W : 인화물질 사용량
C : 안전계수
MW : 유해물질 분자량
LEL : 폭발농도하한치
B : 온도에 따른 보정상수

55 다음 호흡용 보호구 중 안면밀착형인 것은?

① 두건형
② 반면형
③ 의복형
④ 헬멧형

[풀이] **안면부의 형상에 따른 구분**
(1) 전면형
 ㉠ 눈, 코, 입 등 얼굴 전체를 보호할 수 있는 형태
 ㉡ 얼굴과의 밀착성은 양호하지만 안경을 낀 사람은 착용이 불편하다는 단점
(2) 반면형
 ㉠ 입과 코 부위만을 보호할 수 있는 형태
 ㉡ 착용에는 다소 편리한 점이 있지만 눈과 얼굴, 피부를 보호할 수 없다는 것과 얼굴과의 밀착성이 떨어진다는 단점

56 분리식 특급 방진 마스크의 여과지 포집효율은 몇 % 이상인가?

① 80.0 ② 94.0
③ 99.0 ④ 99.95

[풀이] **여과재의 분진포집능력에 따른 구분(분리식, 성능기준치)**
방진마스크의 여과효율을 결정 시 국제적으로 사용하는 먼지의 크기는 채취효율이 가장 낮은 입경이 0.3μm이다.
 ㉠ 특급
  분진포집효율 99.95% 이상
 ㉡ 1급
  분진포집효율 94.0% 이상
 ㉢ 2급
  분진포집효율 80.0% 이상

57 다음 중 유해물질별 송풍관의 적정 반송속도로 옳지 않은 것은?

① 가스상 물질 – 10m/sec
② 무거운 물질 – 25m/sec
③ 일반 공업물질 – 20m/sec
④ 가벼운 건조물질 – 30m/sec

[풀이] **반송속도**

유해물질	예	반송속도 (m/sec)
가스, 증기, 흄 및 극히 가벼운 물질	각종 가스, 증기, 산화아연 및 산화알루미늄 등의 흄, 목재분진, 솜먼지, 고무분, 합성수지분	10
가벼운 건조먼지	원면, 곡물분, 고무, 플라스틱, 경금속분진	15
일반 공업분진	털, 나무부스러기, 대패부스러기, 샌드블라스트, 그라인더분진, 내화벽돌분진	20
무거운 분진	납분진, 주조 후 모래털기작업 시 먼지, 선반작업 시 먼지	25
무겁고 비교적 큰 입자의 젖은 먼지	젖은 납분진, 젖은 주조작업 발생 먼지	25 이상

58 후드의 정압이 12.00mmH₂O이고, 덕트의 속도압이 0.80mmH₂O일 때, 유입계수는 얼마인가?

① 0.129 ② 0.194
③ 0.258 ④ 0.387

[풀이] $SP_h = VP(1+F)$

$F = \frac{SP_h}{VP} - 1 = \frac{12}{0.8} - 1 = 14$

$Ce = \sqrt{\frac{1}{1+F}} = \sqrt{\frac{1}{1+14}} = 0.258$

59 21℃의 기체를 취급하는 어떤 송풍기의 송풍량이 20m³/min일 때, 이 송풍기가 동일한 조건에서 50℃의 기체를 취급한다면 송풍량은 몇 m³/min인가?

① 10 ② 15
③ 20 ④ 25

정답 55.② 56.④ 57.④ 58.③ 59.③

[풀이] 동일 조건에서 운전되므로 송풍량은 온도의 변화와 무관하여 20m³/min으로 동일하다.

60 방진마스크에 대한 설명으로 옳지 않은 것은?
① 포집효율이 높은 것이 좋다.
② 흡기저항 상승률이 높은 것이 좋다.
③ 비휘발성 입자에 대한 보호가 가능하다.
④ 여과효율이 우수하려면 필터에 사용되는 섬유의 직경이 작고 조밀하게 압축되어야 한다.

[풀이] **방진마스크의 선정(구비) 조건**
㉠ 흡기저항이 낮을 것
 일반적 흡기저항 범위 ⇨ 6~8mmH₂O
㉡ 배기저항이 낮을 것
 일반적 배기저항 기준 ⇨ 6mmH₂O 이하
㉢ 여과재 포집효율이 높을 것
㉣ 착용 시 시야 확보가 용이할 것
 ⇨ 하방 시야가 60° 이상이 되어야 함
㉤ 중량은 가벼울 것
㉥ 안면에서의 밀착성이 클 것
㉦ 침입률 1% 이하까지 정확히 평가 가능할 것
㉧ 피부접촉 부위가 부드러울 것
㉨ 사용 후 손질이 간단할 것

제4과목 | 물리적 유해인자관리

61 작업장의 습도를 측정한 결과 절대습도는 4.57mmHg, 포화습도는 18.25mmHg이었다. 이 작업장의 습도 상태에 대한 설명으로 맞는 것은?
① 적당하다.
② 너무 건조하다.
③ 습도가 높은 편이다.
④ 습도가 포화상태이다.

[풀이] 상대습도(%) = $\frac{절대습도}{포화습도} \times 100$
= $\frac{4.57}{18.25} \times 100 = 25.04\%$
∴ 인체에 바람직한 상대습도는 30~60%이므로 25.04%는 너무 건조한 상태이다.

62 다음 중 소음에 의한 인체의 장애 정도(소음성 난청)에 영향을 미치는 요인이 아닌 것은?
① 소음의 크기
② 개인의 감수성
③ 소음 발생장소
④ 소음의 주파수 구성

[풀이] **소음성 난청에 영향을 미치는 요소**
㉠ 소음 크기 : 음압수준이 높을수록 영향이 크다.
㉡ 개인 감수성 : 소음에 노출된 모든 사람이 똑같이 반응하지 않으며, 감수성이 매우 높은 사람이 극소수 존재한다.
㉢ 소음의 주파수 구성 : 고주파음이 저주파음보다 영향이 크다.
㉣ 소음의 발생 특성 : 지속적인 소음 노출이 단속적인(간헐적인) 소음 노출보다 더 큰 장애를 초래한다.

63 소독작용, 비타민 D 형성, 피부색소 침착 등 생물학적 작용이 강한 특성을 가진 자외선(Dorno선)의 파장 범위는?
① 1,000~2,800 Å
② 2,800~3,150 Å
③ 3,150~4,000 Å
④ 4,000~4,700 Å

[풀이] **도르노선(Dorno-ray)**
280(290)~315nm[2,800(2,900)~3,150 Å, 1 Å(angstrom); SI 단위로 10⁻¹⁰m]의 파장을 갖는 자외선을 의미하며, 인체에 유익한 작용을 하여 건강선(생명선)이라고도 한다. 또한 소독작용, 비타민 D 형성, 피부의 색소침착 등 생물학적 작용이 강하다.

64 전신진동 노출에 따른 건강장애에 대한 설명으로 틀린 것은?
① 평형감각에 영향을 줌
② 산소 소비량과 폐환기량 증가
③ 작업수행 능력과 집중력 저하
④ 레이노드증후군(Raynaud's phenomenon) 유발

정답 60.② 61.② 62.③ 63.② 64.④

[풀이] 레이노드증후군은 손가락에 있는 말초혈관운동의 장애로 인하여 수지가 창백해지고 손이 차며 저리거나 통증이 오는 국소진동 현상이다.

65 이온화 방사선의 건강영향을 설명한 것으로 틀린 것은?

① α 입자는 투과력이 작아 우리 피부를 직접 통과하지 못하기 때문에 피부를 통한 영향은 매우 작다.
② 방사선은 생체 내 구성원자나 분자에 결합되어 전자를 유리시켜 이온화하고 원자의 들뜸현상을 일으킨다.
③ 반응성이 매우 큰 자유라디칼이 생성되어 단백질, 지질, 탄수화물, 그리고 DNA 등 생체 구성성분을 손상시킨다.
④ 방사선에 의한 분자수준의 손상은 방사선 조사 후 1시간 이후에 나타나고, 24시간 이후 DNA 손상이 나타난다.

[풀이] 방사선에 의한 분자수준의 손상은 초단위로 일어나는 짧은 변화이다.

66 음의 세기레벨이 80dB에서 85dB로 증가하면 음의 세기는 약 몇 배가 증가하겠는가?
① 1.5배　　② 1.8배
③ 2.2배　　④ 2.4배

[풀이]
$SIL = 10\log\dfrac{I}{I_o}$

$80 = 10\log\dfrac{I_1}{10^{-12}}$

$I_1 = 10^8 \times 10^{-12} = 1 \times 10^{-4} \text{W/m}^2$

$85 = 10\log\dfrac{I_2}{10^{-12}}$

$I_2 = 10^{8.5} \times 10^{-12} = 3.16 \times 10^{-4} \text{W/m}^2$

$\therefore$ 증가율(%) $= \dfrac{I_2 - I_1}{I_1}$

$= \dfrac{3.16 \times 10^{-4} - 1 \times 10^{-4}}{1 \times 10^{-4}} \times 100$

$= 216\%$ (약 2.16배)

67 반향시간(reverberation time)에 관한 설명으로 맞는 것은?

① 반향시간과 작업장의 공간부피만 알면 흡음량을 추정할 수 있다.
② 소음원에서 소음발생이 중지한 후 소음의 감소는 시간의 제곱에 반비례하여 감소한다.
③ 반향시간은 소음이 닿는 면적을 계산하기 어려운 실외에서의 흡음량을 추정하기 위하여 주로 사용한다.
④ 소음원에서 발생하는 소음과 배경소음 간의 차이가 40dB인 경우에는 60dB만큼 소음이 감소하지 않기 때문에 반향시간을 측정할 수 없다.

[풀이] 잔향시간(반향시간)

$T = \dfrac{0.161V}{A} = \dfrac{0.161V}{S\bar{\alpha}} (\text{sec})$

$\bar{\alpha} = \dfrac{0.161V}{ST}$

여기서, T : 잔향시간(sec)
V : 실의 체적(부피)(m^3)
A : 총 흡음력($\Sigma\alpha_i S_i$)(m^2, sabin)
S : 실내의 전 표면적(m^2)

68 소음의 종류에 대한 설명으로 맞는 것은?

① 연속음은 소음의 간격이 1초 이상을 유지하면서 계속적으로 발생하는 소음을 의미한다.
② 충격소음은 소음이 1초 미만의 간격으로 발생하면서, 1회 최대허용기준은 120dB(A)이다.
③ 충격소음은 최대음압수준이 120dB(A) 이상인 소음이 1초 이상의 간격으로 발생하는 것을 의미한다.
④ 단속음은 1일 작업 중 노출되는 여러 가지 음압수준을 나타내며 소음의 반복음의 간격이 3초보다 큰 경우를 의미한다.

정답 65.④　66.③　67.①　68.③

풀이
- 연속음
  소음발생간격이 1초 미만을 유지하면서 계속적으로 발생되는 소음을 말한다.
- 단속음
  소음발생간격이 1초 이상의 간격으로 발생되는 소음을 말한다.

69 다음 중 진동에 대한 설명으로 틀린 것은 어느 것인가?

① 전신진동에 대해 인체는 대략 $0.01m/sec^2$에서 $10m/sec^2$까지의 진동가속도를 느낄 수 있다.
② 진동 시스템을 구성하는 3가지 요소는 질량(mass), 탄성(elasticity)과 댐핑(damping)이다.
③ 심한 진동에 노출될 경우 일부 노출군에서 뼈, 관절 및 신경, 근육, 혈관 등 연부조직에 병변이 나타난다.
④ 간헐적인 노출시간(주당 1일)에 대해 노출기준치를 초과하는 주파수−보정, 실효치, 성분가속도에 대한 급성노출은 반드시 더 유해하다.

풀이 간헐적인 노출시간(주당 1일)에 대해 노출기준치를 초과하는 주파수 보정, 실효치, 성분가속도에 대한 급성노출은 반드시 더 유해하지는 않다.

70 음력이 2watt인 소음원으로부터 50m 떨어진 지점에서의 음압수준(sound pressure level)은 약 몇 dB인가? (단, 공기의 밀도는 $1.2kg/m^3$, 공기에서의 음속은 344m/sec로 가정)

① 76.6 ② 78.2
③ 79.4 ④ 80.7

풀이 자유공간, 점음원
$$SPL = PWL - 20\log r - 11$$
$$= \left(10\log \frac{2}{10^{-12}}\right) - 20\log 50 - 11$$
$$= 78.02 dB$$

71 극저주파 방사선(Extremely Low Frequency Fields)에 대한 설명으로 틀린 것은?

① 강한 전기장의 발생원은 고전류장비와 같은 높은 전류와 관련이 있으며, 강한 자기장의 발생원은 고전압장비와 같은 높은 전하와 관련이 있다.
② 작업장에서 발전, 송전, 전기 사용에 의해 발생되며, 이들 경로에 있는 발전기에서 전력선, 전기설비, 기계, 기구 등도 잠재적인 노출원이다.
③ 주파수가 1~3,000Hz에 해당되는 것으로 정의되며, 이 범위 중 50~60Hz의 전력선과 관련한 주파수의 범위가 건강과 밀접한 연관이 있다.
④ 특히 교류전기는 1초에 60번씩 극성이 바뀌는 60Hz의 저주파를 나타내므로 이에 대한 노출평가, 생물학적 및 인체 영향 연구가 많이 이루어져 왔다.

풀이 전기장의 발생원은 고전압장비, 자기장의 발생원은 고전류장비와 관련이 있다.

72 소음에 관한 설명으로 맞는 것은?

① 소음의 원래 정의는 매우 크고 자극적인 음을 일컫는다.
② 소음과 소음이 아닌 것은 소음계를 사용하면 구분할 수 있다.
③ 작업환경에서 노출되는 소음은 크게 연속음, 단속음, 충격음 및 폭발음으로 구분할 수 있다.
④ 소음으로 인한 피해는 정신적, 심리적인 것이며 신체에 직접적인 피해를 주는 것은 아니다.

풀이 소음
㉠ 소음은 인간에게 불쾌감을 주는 음향을 말한다.
㉡ 소음은 주관적이기 때문에 소음계를 사용하여도 소음과 소음이 아닌 것을 구분할 수 없다.
㉢ 소음으로 인한 피해는 정신적, 심리적, 신체에 영향을 미친다.

정답 69.④ 70.② 71.① 72.③

73 전리방사선에 해당하는 것은?
① 마이크로파 ② 극저주파
③ 레이저광선 ④ X선

풀이 전리방사선과 비전리방사선의 종류
㉠ 전리방사선
X-ray, γ선, α입자, β입자, 중성자
㉡ 비전리방사선
자외선, 가시광선, 적외선, 라디오파, 마이크로파, 저주파, 극저주파, 레이저

74 다음 그림과 같이 복사체, 열차단판, 흑구온도계, 벽체의 순서로 배열하였을 때 열차단판의 조건이 어떤 경우에 흑구온도계의 온도가 가장 낮겠는가?

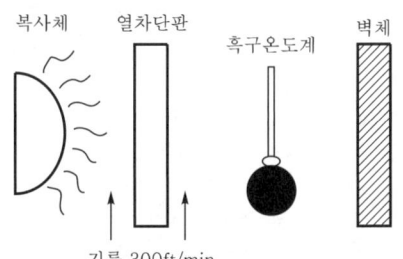

기류 300ft/min

① 열차단판 양면을 흑색으로 한다.
② 열차단판 양면을 알루미늄으로 한다.
③ 복사체 쪽은 알루미늄, 온도계 쪽은 흑색으로 한다.
④ 복사체 쪽은 흑색, 온도계 쪽은 알루미늄으로 한다.

풀이 복사열 차단은 열반사율이 큰 알루미늄을 이용한 열차단판을 이용하는 것이 효과적이다.

75 작업장의 조도를 균등하게 하기 위하여 국부조명과 전체조명이 병용될 때, 일반적으로 전체조명의 조도는 국부조명의 어느 정도가 적당한가?
① $\frac{1}{20} \sim \frac{1}{10}$ ② $\frac{1}{10} \sim \frac{1}{5}$
③ $\frac{1}{5} \sim \frac{1}{3}$ ④ $\frac{1}{3} \sim \frac{1}{2}$

풀이 조명도를 고르게 하는 방법
㉠ 국부조명에만 의존할 경우에는 작업장의 조도가 너무 균등하지 못해서 눈의 피로를 가져올 수 있으므로 전체조명과 병용하는 것이 보통이다.
㉡ 전체조명의 조도는 국부조명에 의한 조도의 1/10~1/5 정도가 되도록 조절한다.

76 동상의 종류와 증상이 잘못 연결된 것은?
① 1도 : 발적
② 2도 : 수포 형성과 염증
③ 3도 : 조직괴사로 괴저 발생
④ 4도 : 출혈

풀이 동상
㉠ 제1도 : 홍반성 동상(발적)
㉡ 제2도 : 수포성 동상(수포형성과 염증)
㉢ 제3도 : 괴사성 동상(조직괴사로 괴저 발생)

77 다음 중 1기압(atm)에 관한 설명으로 틀린 것은?
① 약 1kgf/cm²와 동일하다.
② torr로는 0.76에 해당한다.
③ 수은주로 760mmHg와 동일하다.
④ 수주(水柱)로 10,332mmH₂O에 해당한다.

풀이 1기압=1atm=760mmHg=10,332mmH$_2$O
=1.0332kgf/cm²=10,332kgf/m²
=14.69psi(1b/ft²)=760torr=10,332mmAq
=10.332mH$_2$O=1013.25hPa=1013.25mb
=1.01325bar=10,113×10⁵dyne/cm²
=1.013×10⁵Pa

78 산소농도가 6% 이하인 공기 중의 산소분압으로 맞는 것은? (단, 표준상태이며, 부피기준)
① 45mmHg 이하
② 55mmHg 이하
③ 65mmHg 이하
④ 75mmHg 이하

풀이 산소분압(mmH$_2$O) = 760mmHg × 0.06 = 45.6mmHg

79 감압과 관련된 다음 설명 중 ( ) 안에 알맞은 내용으로 나열한 것은?

> 깊은 물에서 올라오거나 감압실 내에서 감압을 하는 도중에 폐압박의 경우와는 반대로 폐 속에 공기가 팽창한다. 이때는 감압에 의한 (㉠)과 (㉡)의 두 가지 건강상 문제가 발생한다.

① ㉠ 폐수종, ㉡ 저산소증
② ㉠ 질소기포 형성, ㉡ 산소 중독
③ ㉠ 가스 팽창, ㉡ 질소기포 형성
④ ㉠ 가스 압축, ㉡ 이산화탄소 중독

풀이 감압환경의 인체작용
㉠ 가스 팽창
㉡ 용해질소의 기포 형성

80 고압환경에서 발생할 수 있는 화학적인 인체작용이 아닌 것은?
① 일산화탄소 중독에 의한 호흡곤란
② 질소마취작용에 의한 작업력 저하
③ 산소중독증상으로 간질모양의 경련
④ 이산화탄소 분압증가에 의한 동통성 관절장애

풀이 고압환경의 인체작용
(1) 1차적 가압현상(기계적 장애)
동통(근육통, 관절통), 출혈, 부종
(2) 2차적 가압현상
㉠ 질소의 마취작용
㉡ 산소중독
㉢ 이산화탄소의 작용

제5과목 | 산업 독성학

81 금속물질인 니켈에 대한 건강상의 영향이 아닌 것은?
① 접촉성 피부염이 발생한다.
② 폐나 비강에 발암작용이 나타난다.
③ 호흡기 장애와 전신중독이 발생한다.
④ 비타민 D를 피하주사하면 효과적이다.

풀이 니켈 노출 시 대책
㉠ 니켈에 노출되지 않도록 격리
㉡ 배설 촉진 Dithiocarb 투여

82 급성중독 시 우유와 계란의 흰자를 먹여 단백질과 해당 물질을 결합시켜 침전시키거나, BAL(dimercaprol)을 근육주사로 투여하여야 하는 물질은?
① 납   ② 크롬
③ 수은   ④ 카드뮴

풀이 수은에 의한 건강장애
㉠ 수은중독의 특징적인 증상은 구내염, 근육진전, 정신증상으로 분류된다.
㉡ 수족신경마비, 시신경장애, 정신이상, 보행장애 등의 장애가 나타난다.
㉢ 만성노출 시 식욕부진, 신기능부전, 구내염을 발생시킨다.
㉣ 치은부에는 황화수은의 청회색 침전물이 침착된다.
㉤ 혀나 손가락의 근육이 떨린다(수전증).
㉥ 정신증상으로는 중추신경계통, 특히 뇌조직에 심한 증상이 나타나 정신기능이 상실될 수 있다(정신장애).
㉦ 유기수은(알킬수은) 중 메틸수은은 미나마타(minamata)병을 발생시킨다.
- 수은중독의 치료
(1) 급성중독
㉠ 우유와 계란의 흰자를 먹여 단백질과 해당 물질을 결합시켜 침전시킨다.
㉡ 마늘계통의 식물을 섭취한다.
㉢ 위세척(5~10% S.F.S. 용액)을 한다. 다만, 세척액은 200~300mL를 넘지 않도록 한다.
㉣ BAL(British Anti Lewisite)을 투여한다.
 ※ 체중 1kg당 5mg의 근육주사
(2) 만성중독
㉠ 수은 취급을 즉시 중지시킨다.
㉡ BAL(British Anti Lewisite)을 투여한다.
㉢ 1일 10L의 등장식염수를 공급(이뇨작용으로 촉진)한다.
㉣ N-acetyl-D-penicillamine을 투여한다.
㉤ 땀을 흘려 수은 배설을 촉진한다.
㉥ 진전증세에 genascopalin을 투여한다.
㉦ Ca-EDTA의 투여는 금기사항이다.

83 염료, 합성고무경화제의 제조에 사용되며 급성중독으로는 피부염, 급성방광염을 유발하며, 만성중독으로는 방광, 요로계 종양을 유발하는 유해물질은?

① 벤지딘
② 이황화탄소
③ 노말헥산
④ 이염화메틸렌

[풀이] 벤지딘
㉠ 염료, 직물, 제지, 화학공업, 합성고무경화제의 제조에 사용한다.
㉡ 급성중독으로 피부염, 급성방광염을 유발한다.
㉢ 만성중독으로 방광, 요로계 종양을 유발한다.

84 작업환경측정과 비교한 생물학적 모니터링의 장점이 아닌 것은?

① 모든 노출경로에 의한 흡수 정도를 나타낼 수 있다.
② 분석수행이 용이하고 결과해석이 명확하다.
③ 건강상의 위험에 대해서 보다 정확한 평가를 할 수 있다.
④ 작업환경측정(개인시료)보다 더 직접적으로 근로자 노출을 추정할 수 있다.

[풀이] 생물학적 모니터링의 장·단점
(1) 장점
㉠ 공기 중의 농도를 측정하는 것보다 건강상의 위험을 보다 직접적으로 평가할 수 있다.
㉡ 모든 노출경로(소화기, 호흡기, 피부 등)에 의한 종합적인 노출을 평가할 수 있다.
㉢ 개인시료보다 건강상의 악영향을 보다 직접적으로 평가할 수 있다.
㉣ 건강상의 위험에 대하여 보다 정확한 평가를 할 수 있다.
㉤ 인체 내 흡수된 내재용량이나 중요한 조직부위에 영향을 미치는 양을 모니터링할 수 있다.
(2) 단점
㉠ 시료채취가 어렵다.
㉡ 유기시료의 특이성이 존재하고 복잡하다.
㉢ 각 근로자의 생물학적 차이가 나타날 수 있다.
㉣ 분석이 어려우며, 분석 시 오염에 노출될 수 있다.

85 납중독에 관한 설명으로 틀린 것은?

① 혈청 내 철이 감소한다.
② 뇨 중 δ-ALAD 활성치가 저하된다.
③ 적혈구 내 프로토포르피린이 증가한다.
④ 임상증상은 위장계통의 장애, 신경근육계통의 장애, 중추신경계통의 장애 등 크게 3가지로 나눌 수 있다.

[풀이] (1) metallothionein(혈당단백질)은 카드뮴과 관계있다. 즉, 카드뮴이 체내에 들어가면 간에서 metallothionein 생합성이 촉진되어 폭로된 중금속의 독성을 감소시키는 역할을 하나 다량의 카드뮴일 경우 합성이 되지 않아 중독작용을 일으킨다.
(2) 적혈구에 미치는 작용
㉠ K^+과 수분이 손실된다.
㉡ 삼투압이 증가하여 적혈구가 위축된다.
㉢ 적혈구 생존기간이 감소한다.
㉣ 적혈구 내 전해질이 감소한다.
㉤ 미숙적혈구(망상적혈구, 친염기성 적혈구)가 증가한다.
㉥ 혈색소량은 저하하고 혈청 내 철이 증가한다.
㉦ 적혈구 내 프로토포르피린이 증가한다.
㉧ 소변 중 코프로포르피린이 증가한다.

86 작업장에서 생물학적 모니터링이 결정인자를 선택하는 근거를 설명한 것으로 틀린 것은?

① 충분히 특이적이다.
② 적절한 민감도를 갖는다.
③ 분석적인 변이나 생물학적 변이가 타당해야 한다.
④ 톨루엔에 대한 건강위험평가는 크레졸보다 마뇨산이 신뢰성 있는 결정인자이다.

[풀이] 톨루엔에 대한 건강위험평가는 소변 중 o-크레졸, 혈액·호기에서는 톨루엔이 신뢰성 있는 결정인자이다.
- 생물학적 결정인자 선택기준 시 고려사항
결정인자는 공기 중에서 흡수된 화학물질에 의하여 생긴 가역적인 생화학적 변화이다.
㉠ 결정인자가 충분히 특이적이어야 한다.
㉡ 적절한 민감도를 지니고 있어야 한다.
㉢ 검사에 대한 분석과 생물학적 변이가 적어야 한다.
㉣ 검사 시 근로자에게 불편을 주지 않아야 한다.
㉤ 생물학적 검사 중 건강위험을 평가하기 위한 유용성 측면을 고려한다.

정답 83.① 84.② 85.① 86.④

87 직업성 천식이 유발될 수 있는 근로자와 거리가 가장 먼 것은?

① 채석장에서 돌을 가공하는 근로자
② 목분진에 과도하게 노출되는 근로자
③ 빵집에서 밀가루에 노출되는 근로자
④ 폴리우레탄 페인트 생산에 TDI를 사용하는 근로자

[풀이] 직업성 천식의 원인 물질

구분		원인 물질	직업 및 작업
금속		백금	도금
		니켈, 크롬, 알루미늄	도금, 시멘트 취급자, 금고 제작공
화학물		Isocyanate (TDI, MDI)	페인트, 접착제, 도장작업
		산화무수물	페인트, 플라스틱 제조업
		송진 연무	전자업체 납땜 부서
		반응성 및 아조 염료	염료공장
		trimellitic anhydride(TMA)	레진, 플라스틱, 계면활성제 제조업
		persulphates	미용사
		ethylenediamine	래커칠, 고무공장
		formaldehyde	의료 종사자
약제		항생제, 소화제	제약회사, 의료인
생물학적 물질		동물 분비물, 털(말, 쥐, 사슴)	실험실 근무자, 동물 사육사
		목재분진	목수, 목재공장 근로자
		곡물가루, 쌀겨, 메밀가루, 카레	농부, 곡물 취급자, 식품업 종사자
		밀가루	제빵공
		커피가루	커피 제조공
		라텍스	의료 종사자
		응애, 진드기	농부, 과수원(귤, 사과)

88 다음 중 무기성 분진에 의한 진폐증이 아닌 것은?

① 규폐증(silicosis)
② 연초폐증(tabacosis)
③ 흑연폐증(graphite lung)
④ 용접공폐증(welder's lung)

[풀이] 분진 종류에 따른 분류(임상적 분류)
㉠ 유기성 분진에 의한 진폐증
농부폐증, 면폐증, 연초폐증, 설탕폐증, 목재분진폐증, 모발분진폐증
㉡ 무기성(광물성) 분진에 의한 진폐증
규폐증, 탄소폐증, 활석폐증, 탄광부 진폐증, 철폐증, 베릴륨폐증, 흑연폐증, 규조토폐증, 주석폐증, 칼륨폐증, 바륨폐증, 용접공폐증, 석면폐증

89 다음 중 할로겐화탄화수소에 관한 설명으로 틀린 것은?

① 대개 중추신경계의 억제에 의한 마취작용이 나타난다.
② 가연성과 폭발의 위험성이 높으므로 취급 시 주의하여야 한다.
③ 일반적으로 할로겐화탄화수소의 독성의 정도는 화합물의 분자량이 커질수록 증가한다.
④ 일반적으로 할로겐화탄화수소의 독성의 정도는 할로겐원소의 수가 커질수록 증가한다.

[풀이] 할로겐화탄화수소 독성의 일반적 특성
㉠ 냉각제, 금속세척, 플라스틱과 고무의 용제 등으로 사용되고 불연성이며, 화학반응성이 낮다.
㉡ 대표적·공통적인 독성작용은 중추신경계 억제작용이다.
㉢ 일반적으로 할로겐화탄화수소의 독성의 정도는 화합물의 분자량이 클수록, 할로겐원소가 커질수록 증가한다.
㉣ 대개 중추신경계의 억제에 의한 마취작용이 나타난다.
㉤ 포화탄화수소는 탄소 수가 5개 정도까지는 길수록 중추신경계에 대한 억제작용이 증가한다.
㉥ 할로겐화된 기능기가 첨가되면 마취작용이 증가하여 중추신경계에 대한 억제작용이 증가하며, 기능기 중 할로겐족(F, Cl, Br 등)의 독성이 가장 크다.
㉦ 유기용제가 중추신경계를 억제하는 원리는 유기용제가 지용성이므로 중추신경계의 신경세포의 지질막에 흡수되어 영향을 미친다.
㉧ 알켄족이 알칸족보다 중추신경계에 대한 억제작용이 크다.

90 피부 독성에 있어 경피흡수에 영향을 주는 인자와 가장 거리가 먼 것은?
① 온도
② 화학물질
③ 개인의 민감도
④ 용매(vehicle)

[풀이] 피부 독성에 있어 피부흡수에 영향을 주는 인자
(경피흡수에 영향을 주는 인자)
㉠ 개인의 민감도
㉡ 용매
㉢ 화학물질

91 유리규산(석영) 분진에 의한 규폐성 결정과 폐포벽 파괴 등 망상내피계 반응은 분진입자의 크기가 얼마일 때 자주 일어나는가?
① $0.1 \sim 0.5 \mu m$
② $2 \sim 5 \mu m$
③ $10 \sim 15 \mu m$
④ $15 \sim 20 \mu m$

[풀이] 유리규산(석영) 분진에 의한 규폐성 결정과 폐포벽 파괴 등 망상내피계 반응은 분진입자의 크기가 $2 \sim 5 \mu m$일 때 자주 일어난다.

92 피부는 표피와 진피로 구분하는데, 진피에만 있는 구조물이 아닌 것은?
① 혈관
② 모낭
③ 땀샘
④ 멜라닌세포

[풀이] 피부의 일반적 특징
㉠ 피부는 크게 표피층과 진피층으로 구성되며, 표피에는 색소침착이 가능한 표피층 내의 멜라닌세포와 랑거한스세포가 존재한다.
㉡ 표피는 대부분 각질세포로 구성되며, 각화세포를 결합하는 조직은 케라틴 단백질이다.
㉢ 진피 속의 모낭은 유해물질이 피부에 부착하여 체내로 침투되도록 확산측로의 역할을 한다.
㉣ 자외선(햇빛)에 노출되면 멜라닌세포가 증가하여 각질층이 비후되어 자외선으로부터 피부를 보호한다.
㉤ 랑거한스세포는 피부의 면역반응에 중요한 역할을 한다.
㉥ 피부에 접촉하는 화학물질의 통과속도는 일반적으로 각질층에서 가장 느리다.

93 호흡기계 발암성과의 관련성이 가장 낮은 것은?
① 석면
② 크롬
③ 용접흄
④ 황산니켈

[풀이] 용접흄 건강장애
㉠ 급성질환
  폐부종, 광자극성 각막염, 금속흄열
㉡ 만성질환
  만성기관지염, 폐질환(진폐증)

94 화학적 질식제에 대한 설명으로 맞는 것은?
① 뇌순환 혈관에 존재하면서 농도에 비례하여 중추신경작용을 억제한다.
② 피부와 점막에 작용하여 부식작용을 하거나 수포를 형성하는 물질로 고농도 하에서 호흡이 정지되고 구강 내 치아산식증 등을 유발한다.
③ 공기 중에 다량 존재하여 산소분압을 저하시켜 조직세포에 필요한 산소를 공급하지 못하게 하여 산소부족현상을 발생시킨다.
④ 혈액 중에서 혈색소와 결합한 후에 혈액의 산소운반능력을 방해하거나, 또는 조직세포에 있는 철 산화효소를 불활성화시켜 세포의 산소수용능력을 상실시킨다.

[풀이] 화학적 질식제
㉠ 직접적 작용에 의해 혈액 중의 혈색소와 결합하여 산소운반능력을 방해하는 물질을 말하며, 조직 중의 산화효소를 불활성화시켜 질식작용(세포의 산소수용능력 상실)을 일으킨다.
㉡ 화학적 질식제에 심하게 노출 시 폐 속으로 들어가는 산소의 활용을 방해하기 때문에 사망에 이르게 된다.

95 전신(계통)적 장애를 일으키는 금속 물질은?
① 납
② 크롬
③ 아연
④ 산화철

[풀이] 아연의 가장 중요한 건강장애로 알려져 있는 것은 금속열로 전신적 장애를 유발한다.

96 생물학적 모니터링을 위한 시료가 아닌 것은?
① 공기 중의 바이오에어로졸
② 뇨 중의 유해인자나 대사산물
③ 혈액 중의 유해인자나 대사산물
④ 호기(exhaled air) 중의 유해인자나 대사산물

풀이 공기 중의 바이오에어로졸은 개인시료에 해당한다.

97 단순 질식제에 해당되는 물질은?
① 탄산가스
② 아닐린가스
③ 니트로벤젠가스
④ 황화수소가스

풀이 질식제의 구분에 따른 종류
(1) 단순 질식제
  ㉠ 이산화탄소(CO_2)
  ㉡ 메탄(CH_4)
  ㉢ 질소(N_2)
  ㉣ 수소(H_2)
  ㉤ 에탄, 프로판, 에틸렌, 아세틸렌, 헬륨
(2) 화학적 질식제
  ㉠ 일산화탄소(CO)
  ㉡ 황화수소(H_2S)
  ㉢ 시안화수소(HCN)
  ㉣ 아닐린($C_6H_5NH_2$)

98 공기 중 일산화탄소 농도가 10mg/m³인 작업장에서 1일 8시간 동안 작업하는 근로자가 흡입하는 일산화탄소의 양은 몇 mg인가? (단, 근로자의 시간당 평균 흡기량은 1,250L이다.)
① 10
② 50
③ 100
④ 500

풀이 체내흡수량(mg) = $C \times T \times V \times R$
CO(mg) = $10\text{mg/m}^3 \times 8\text{hr} \times 1.25\text{m}^3/\text{hr} \times 1.0$
= 100mg

99 직업성 피부질환 유발에 관여하는 인자 중 간접적 인자와 가장 거리가 먼 것은?
① 땀
② 인종
③ 연령
④ 지역

풀이 직업성 피부질환 유발 간접적 인자
㉠ 인종
㉡ 피부 종류
㉢ 연령 및 성별
㉣ 땀
㉤ 계절
㉥ 비직업성 피부질환의 공존
㉦ 온도·습도

100 미국정부산업위생전문가협의회(ACGIH)의 발암물질 구분으로 동물 발암성 확인물질, 인체 발암성 모름에 해당되는 Group은?
① A2
② A3
③ A4
④ A5

풀이 ACGIH의 발암물질 구분
㉠ A1 : 인체 발암 확인(확정)물질
㉡ A2 : 인체 발암이 의심되는 물질(발암 추정물질)
㉢ A3 : 동물 발암성 확인물질, 인체 발암성 모름
㉣ A4 : 인체 발암성 미분류물질, 인체 발암성이 확인되지 않은 물질
㉤ A5 : 인체 발암성 미의심물질

정답 96.① 97.① 98.③ 99.④ 100.②

제1과목 | 산업위생학 개론

01 미국산업위생학회(AIHA)에서 정한 산업위생의 정의로 옳은 것은?

① 작업장에서 인종·정치적 이념·종교적 갈등을 배제하고 작업자의 알권리를 최대한 확보해 주는 사회과학적 기술이다.
② 작업자가 단순하게 허약하지 않거나 질병이 없는 상태가 아닌 육체적·정신적 및 사회적인 안녕상태를 유지하도록 관리하는 과학과 기술이다.
③ 근로자 및 일반 대중에게 질병, 건강장애, 불쾌감을 일으킬 수 있는 작업환경 요인과 스트레스를 예측·측정·평가 및 관리하는 과학이며 기술이다.
④ 노동생산성보다는 인권이 소중하다는 이념하에 노사 간 갈등을 최소화하고 협력을 도모하여 최대한 쾌적한 작업환경을 유지·증진하는 사회과학이며 자연과학이다.

> **풀이** 산업위생의 정의(AIHA)
> 근로자나 일반 대중(지역주민)에게 질병, 건강장애와 안녕방해, 심각한 불쾌감 및 능률 저하 등을 초래하는 작업환경 요인과 스트레스를 예측, 측정, 평가하고 관리하는 과학과 기술이다(예측, 인지(확인), 평가, 관리 의미와 동일함).

02 다음 중 산업안전보건법에서 정하는 중대재해라고 볼 수 없는 것은?

① 사망자가 1명 이상 발생한 재해
② 부상자 또는 직업성 질병자가 동시에 10명 이상 발생한 재해
③ 3개월 이상의 요양을 요하는 부상자가 동시에 2명 이상 발생한 재해
④ 재산피해액 5천만원 이상의 재해

> **풀이** 중대재해
> ⊙ 사망자가 1명 이상 발생한 재해
> ⓒ 3개월 이상의 요양을 요하는 부상자가 동시에 2명 이상 발생한 재해
> ⓒ 부상자 또는 직업성 질병자가 동시에 10명 이상 발생한 재해

03 직업성 질환의 범위에 대한 설명으로 틀린 것은?

① 합병증이 원발성 질환과 불가분의 관계를 가지는 경우를 포함한다.
② 직업상 업무에 기인하여 1차적으로 발생하는 원발성 질환은 제외한다.
③ 원발성 질환과 합병작용하여 제2의 질환을 유발하는 경우를 포함한다.
④ 원발성 질환부위가 아닌 다른 부위에서도 동일한 원인에 의하여 제2의 질환을 일으키는 경우를 포함한다.

> **풀이** 직업성 질환의 범위
> ⊙ 직업상 업무에 기인하여 1차적으로 발생하는 원발성 질환은 포함한다.
> ⓒ 원발성 질환과 합병작용하여 제2의 질환을 유발하는 경우를 포함한다.
> ⓒ 합병증이 원발성 질환과 불가분의 관계를 가지는 경우를 포함한다.
> ⓔ 원발성 질환에 떨어진 다른 부위에 같은 원인에 의한 제2의 질환을 일으키는 경우를 포함한다.
> ⓜ 합병증은 원발성 질환에서 떨어진 다른 부위에 같은 원인에 의해 제2의 질환을 일으키는 경우를 의미한다.

정답 01.③ 02.④ 03.②

PART 02 과년도 출제문제

04 육체적 작업능력(PWC)이 15kcal/min인 근로자가 1일 8시간 물체를 운반하고 있다. 이때의 작업대사율이 6.5kcal/min이고, 휴식 시의 대사량이 1.5kcal/min일 때 매시간 적정 휴식시간은 약 얼마인가? (단, Hertig의 식 적용)

① 18분 ② 25분
③ 30분 ④ 42분

[풀이]
$$T_{rest}(\%) = \left[\frac{PWC의 \frac{1}{3} - 작업대사량}{휴식대사량 - 작업대사량}\right] \times 100$$
$$= \left[\frac{15 \times 1/3 - 6.5}{1.5 - 6.5}\right] \times 100$$
$$= 30\%$$
휴식시간 = 60min × 0.3 = 18min
작업시간 = (60 − 18)min = 42min

05 다음 중 OSHA가 의미하는 기관의 명칭으로 알맞은 것은?

① 세계보건기구
② 영국보건안전부
③ 미국산업위생협회
④ 미국산업안전보건청

[풀이] 미국산업안전보건청(OSHA ; Occupational Safety and Health Administration)
㉠ PEL(Permissible Exposure Limits) 기준을 사용한다. ⇨ 법적 기준
㉡ PEL은 건강상의 영향과 함께 사업장에 적용할 수 있는 기술 가능성도 고려하여 설정한 것이다.
㉢ 우리나라 고용노동부 성격과 유사하다.
㉣ 미국직업안전위생관리국이라고도 한다.

06 산업안전보건법상 사무실 공기관리에 있어 오염물질에 대한 관리기준이 잘못 연결된 것은?

① 오존 − 0.1ppm 이하
② 일산화탄소 − 10ppm 이하
③ 이산화탄소 − 1,000ppm 이하
④ 포름알데히드(HCHO) − 0.1ppm 이하

[풀이] 사무실 오염물질의 관리기준(고용노동부 고시)

오염물질	관리기준
미세먼지(PM 10)	$100\mu g/m^3$ 이하
초미세먼지(PM 2.5)	$50\mu g/m^3$ 이하
일산화탄소(CO)	10ppm 이하
이산화탄소(CO_2)	1,000ppm 이하
이산화질소(NO_2)	0.1ppm 이하
포름알데히드(HCHO)	$100\mu g/m^3$
총휘발성 유기화합물(TVOC)	$500\mu g/m^3$ 이하
라돈(radon)	$148Bq/m^3$ 이하
총부유세균	$800CFU/m^3$ 이하
곰팡이	$500CFU/m^3$ 이하

※ 법 변경(2020년)사항이므로 풀이내용으로 학습 바랍니다.

07 산업안전보건법령상 석면에 대한 작업환경 측정결과 측정치가 노출기준을 초과하는 경우 그 측정일로부터 몇 개월에 몇 회 이상의 작업환경 측정을 하여야 하는가?

① 1개월에 1회 이상
② 3개월에 1회 이상
③ 6개월에 1회 이상
④ 12개월에 1회 이상

[풀이] 작업환경 측정횟수
㉠ 사업주는 작업장 또는 작업공정이 신규로 가동되거나 변경되는 등으로 작업환경 측정대상 작업장이 된 경우에는 그 날부터 30일 이내에 작업환경 측정을 실시하고, 그 후 반기에 1회 이상 정기적으로 작업환경을 측정하여야 한다. 다만, 작업환경 측정결과가 다음의 어느 하나에 해당하는 작업장 또는 작업공정은 해당 유해인자에 대하여 그 측정일부터 3개월에 1회 이상 작업환경을 측정해야 한다.
• 화학적 인자(고용노동부장관이 정하여 고시하는 물질만 해당)의 측정치가 노출기준을 초과하는 경우
• 화학적 인자(고용노동부장관이 정하여 고시하는 물질은 제외)의 측정치가 노출기준을 2배 이상 초과하는 경우
㉡ ㉠항에도 불구하고 사업주는 최근 1년간 작업공정에서 공정 설비의 변경, 작업방법의 변경, 설비의 이전, 사용화학물질의 변경 등으로 작업환경 측정결과에 영향을 주는 변화가 없는 경우 1년에 1회 이상 작업환경 측정을 할 수 있는 경우
• 작업공정 내 소음의 작업환경 측정결과가 최근 2회 연속 85dB 미만인 경우
• 작업공정 내 소음 외의 다른 모든 인자의 작업환경 측정결과가 최근 2회 연속 노출기준 미만인 경우

정답 04.① 05.④ 06.풀이 학습 07.②

08 신체적 결함과 이에 따른 부적합한 작업을 짝지은 것으로 틀린 것은?
① 심계항진 – 정밀작업
② 간기능 장애 – 화학공업
③ 빈혈증 – 유기용제 취급작업
④ 당뇨증 – 외상받기 쉬운 작업

[풀이] 신체적 결함과 부적합한 작업
㉠ 간기능 장애 : 화학공업(유기용제 취급작업)
㉡ 편평족 : 서서 하는 작업
㉢ 심계항진 : 격심작업, 고소작업
㉣ 고혈압 : 이상기온, 이상기압에서의 작업
㉤ 경견완 증후군 : 타이핑 작업

09 산업피로에 대한 설명으로 틀린 것은?
① 산업피로는 원천적으로 일종의 질병이며 비가역적 생체변화이다.
② 산업피로는 건강장애에 대한 경고반응이라고 할 수 있다.
③ 육체적, 정신적 노동부하에 반응하는 생체의 태도이다.
④ 산업피로는 생산성의 저하뿐만 아니라 재해와 질병의 원인이 된다.

[풀이] 산업피로는 원천적으로 질병이 아니며 가역적인 생체변화이다.

10 물체의 실제무게를 미국 NIOSH의 권고중량물한계기준(RWL ; Recommended Weight Limit)으로 나누어 준 값을 무엇이라 하는가?
① 중량상수(LC)
② 빈도승수(FM)
③ 비대칭승수(AM)
④ 중량물 취급지수(LI)

[풀이] NIOSH 중량물 취급지수(들기지수, LI)
㉠ 특정 작업에 의한 스트레스를 비교, 평가 시 사용
㉡ 중량물 취급지수(들기지수, LI) 관계식
$$LI = \frac{물체\ 무게(kg)}{RWL(kg)}$$

11 상시 근로자수가 1,000명인 사업장에 1년 동안 6건의 재해로 8명의 재해자가 발생하였고, 이로 인한 근로손실일수는 80일이었다. 근로자가 1일 8시간씩 매월 25일씩 근무하였다면, 이 사업장의 도수율은 얼마인가?
① 0.03
② 2.50
③ 4.00
④ 8.00

[풀이]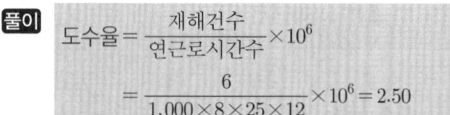
$$도수율 = \frac{재해건수}{연근로시간수} \times 10^6$$
$$= \frac{6}{1,000 \times 8 \times 25 \times 12} \times 10^6 = 2.50$$

12 사고예방대책의 기본원리 5단계를 순서대로 나열한 것으로 맞는 것은?
① 사실의 발견 → 조직 → 분석 → 시정책(대책)의 선정 → 시정책(대책)의 적용
② 조직 → 분석 → 사실의 발견 → 시정책(대책)의 선정 → 시정책(대책)의 적용
③ 조직 → 사실의 발견 → 분석 → 시정책(대책)의 선정 → 시정책(대책)의 적용
④ 사실의 발견 → 분석 → 조직 → 시정책(대책)의 선정 → 시정책(대책)의 적용

[풀이] 하인리히의 사고예방대책의 기본원리 5단계
㉠ 제1단계 : 안전관리 조직구성(조직)
㉡ 제2단계 : 사실의 발견
㉢ 제3단계 : 분석 · 평가
㉣ 제4단계 : 시정방법의 선정(시정책의 선정)
㉤ 제5단계 : 시정책의 적용(대책실시)

13 근육운동의 에너지원 중에서 혐기성 대사의 에너지원에 해당되는 것은?
① 지방
② 포도당
③ 글리코겐
④ 단백질

[풀이] 혐기성 대사(anaerobic metabolism)
㉠ 근육에 저장된 화학적 에너지를 의미한다.
㉡ 혐기성 대사의 순서(시간대별)
ATP(아데노신삼인산) → CP(크레아틴인산) → glycogen(글리코겐) or glucose(포도당)
※ 근육운동에 동원되는 주요 에너지원 중 가장 먼저 소비되는 것은 ATP이다.

정답 08.① 09.① 10.④ 11.② 12.③ 13.③

14 실내공기의 오염에 따른 건강상의 영향을 나타내는 용어가 아닌 것은?

① 새집증후군
② 헌집증후군
③ 화학물질과민증
④ 스티븐슨존슨 증후군

풀이 실내환경관련 질환
㉠ 빌딩증후군(SBS)
㉡ 복합화학물질과민증(MCS)
㉢ 새집증후군(SHS)
㉣ 빌딩관련 질병현상(BRI)
㉤ 가습기열
㉥ 과민성 폐렴

15 다음 중 산업피로의 대책으로 적합하지 않은 것은?

① 불필요한 동작을 피하고 에너지 소모를 적게 한다.
② 작업과정에 따라 적절한 휴식시간을 가져야 한다.
③ 작업능력에는 개인별 차이가 있으므로 각 개인마다 작업량을 조정해야 한다.
④ 동적인 작업은 피로를 더하게 하므로 가능한 한 정적인 작업으로 전환한다.

풀이 산업피로 예방대책
㉠ 불필요한 동작을 피하고, 에너지 소모를 적게 한다.
㉡ 동적인 작업을 늘리고, 정적인 작업을 줄인다.
㉢ 개인의 숙련도에 따라 작업속도와 작업량을 조절한다.
㉣ 작업시간 중 또는 작업 전후에 간단한 체조나 오락시간을 갖는다.
㉤ 장시간 한 번 휴식하는 것보다 단시간씩 여러 번 나누어 휴식하는 것이 피로회복에 도움이 된다.

16 최대작업영역(maximum working area)에 대한 설명으로 알맞은 것은?

① 양팔을 곧게 폈을 때 도달할 수 있는 최대 영역
② 팔을 위 방향으로만 움직이는 경우에 도달할 수 있는 작업영역
③ 팔을 아래 방향으로만 움직이는 경우에 도달할 수 있는 작업영역
④ 팔을 가볍게 몸체에 붙이고 팔꿈치를 구부린 상태에서 자유롭게 손이 닿는 영역

풀이 수평작업영역의 구분
(1) 최대작업역(최대영역, maximum area)
㉠ 팔 전체가 수평상에 도달할 수 있는 작업영역
㉡ 어깨로부터 팔을 뻗어 도달할 수 있는 최대 영역
㉢ 아래팔(전완)과 위팔(상완)을 곧게 펴서 파악할 수 있는 영역
㉣ 움직이지 않고 상지를 뻗어서 닿는 범위
(2) 정상작업역(표준영역, normal area)
㉠ 상박부를 자연스런 위치에서 몸통부에 접하고 있을 때에 전박부가 수평면 위에서 쉽게 도착할 수 있는 운동범위
㉡ 위팔(상완)을 자연스럽게 수직으로 늘어뜨린 채 아래팔(전완)만으로 편안하게 뻗어 파악할 수 있는 영역
㉢ 움직이지 않고 전박과 손으로 조작할 수 있는 범위
㉣ 앉은 자세에서 위팔은 몸에 붙이고, 아래팔만 곧게 뻗어 닿는 범위
㉤ 약 34~45cm의 범위

17 1994년 ABIH(American Board of Industrial Hygiene)에서 채택된 산업위생전문가의 윤리강령 내용으로 틀린 것은?

① 산업위생활동을 통해 얻은 개인 및 기업의 정보는 누설하지 않는다.
② 과학적 방법의 적용과 자료의 해석에서 경험을 통한 전문가의 주관성을 유지한다.
③ 전문적 판단이 타협에 의하여 좌우될 수 있거나 이해관계가 있는 상황에는 개입하지 않는다.
④ 쾌적한 작업환경을 만들기 위해 산업위생이론을 적용하고 책임 있게 행동한다.

정답 14.④ 15.④ 16.① 17.②

[풀이] **산업위생전문가로서의 책임**
㉠ 성실성과 학문적 실력 면에서 최고수준을 유지한다(전문적 능력 배양 및 성실한 자세로 행동).
㉡ 과학적 방법의 적용과 자료의 해석에서 경험을 통한 전문가의 객관성을 유지한다(공인된 과학적 방법 적용·해석).
㉢ 전문분야로서의 산업위생을 학문적으로 발전시킨다.
㉣ 근로자, 사회 및 전문직종의 이익을 위해 과학적 지식을 공개하고 발표한다.
㉤ 산업위생활동을 통해 얻은 개인 및 기업체의 기밀은 누설하지 않는다(정보는 비밀 유지).
㉥ 전문적 판단이 타협에 의하여 좌우될 수 있거나 이해관계가 있는 상황에는 개입하지 않는다.

18 국가 및 기관별 허용기준에 대한 사용명칭을 잘못 연결한 것은?

① 영국 HSE – OEL
② 미국 OSHA – PEL
③ 미국 ACGIH – TLV
④ 한국 – 화학물질 및 물리적 인자의 노출기준

[풀이] 영국의 보건안전청(HSE)의 허용기준은 WEL(Workplace Exposure Limits)이다.

19 산업안전보건법에서 산업재해를 예방하기 위하여 잠재적 위험성을 발견하고 그 개선대책을 수립할 목적으로 조사·평가하는 것을 무엇이라 하는가?

① 위험성평가
② 작업환경 측정·평가
③ 안전보건진단
④ 유해성·위험성 조사

[풀이] **안전보건진단**
산업재해를 예방하기 위하여 잠재적 위험성을 발견하고 그 개선대책을 수립할 목적으로 조사·평가하는 것을 말한다.

20 밀폐공간과 관련된 설명으로 틀린 것은 어느 것인가?

① '산소결핍'이란 공기 중의 산소농도가 16% 미만인 상태를 말한다.
② '산소결핍증'이란 산소가 결핍된 공기를 들이마심으로써 생기는 증상을 말한다.
③ '유해가스'란 탄산가스, 일산화탄소, 황화수소 등의 기체로서 인체에 유해한 영향을 미치는 물질을 말한다.
④ '적정공기'란 산소농도의 범위가 18% 이상 23.5% 미만, 탄산가스의 농도가 1.5% 미만, 일산화탄소의 농도가 30ppm 미만, 황화수소의 농도가 10ppm 미만인 수준의 공기를 말한다.

[풀이] '산소결핍'이란 공기 중의 산소농도가 18% 미만인 상태를 말한다.

제2과목 | 작업위생 측정 및 평가

21 소음측정방법에 관한 내용으로 (   )에 알맞은 것은? (단, 고용노동부 고시 기준)

> 소음이 1초 이상의 간격을 유지하면서 최대음압수준이 120dB(A) 이상의 소음인 경우에는 소음수준에 따른 (   ) 동안의 발생횟수를 측정할 것

① 1분
② 2분
③ 3분
④ 5분

[풀이] 소음이 1초 이상의 간격을 유지하면서 최대음압수준이 120dB(A) 이상의 소음(충격소음)인 경우에는 소음수준에 따른 1분 동안의 발생횟수를 측정하여야 한다.

정답 18.① 19.③ 20.① 21.①

22 다음 중 78°C와 동등한 온도는?
① 351K ② 189°F
③ 26°F ④ 195K

풀이 78°C + 273 = 351K

23 다음 중 1차 표준기구가 아닌 것은?
① 오리피스미터
② 폐활량계
③ 가스치환병
④ 유리피스톤미터

풀이 공기채취기구 보정에 사용되는 1차 표준기구

표준기구	일반 사용범위	정확도
비누거품미터 (soap bubble meter)	1mL/분 ~30L/분	±1% 이내
폐활량계 (spirometer)	100~600L	±1% 이내
가스치환병 (mariotte bottle)	10~500mL/분	±0.05 ~0.25%
유리피스톤미터 (glass piston meter)	10~200mL/분	±2% 이내
흑연피스톤미터 (frictionless piston meter)	1mL/분 ~50L/분	±1~2%
피토튜브 (pitot tube)	15mL/분 이하	±1% 이내

24 입자의 가장자리를 이등분한 직경으로 과대평가될 가능성이 있는 직경은?
① 마틴직경 ② 페렛직경
③ 공기역학직경 ④ 등면적직경

풀이 기하학적(물리적) 직경
(1) 마틴직경(Martin diameter)
  ㉠ 먼지의 면적을 2등분하는 선의 길이로 선의 방향은 항상 일정하여야 한다.
  ㉡ 과소평가할 수 있는 단점이 있다.
  ㉢ 입자의 2차원 투영상을 구하여 그 투영면적을 2등분한 선분 중 어떤 기준선과 평행인 것의 길이(입자의 무게중심을 통과하는 외부 경계면에 접하는 이론적인 길이)를 직경으로 사용하는 방법이다.

(2) 페렛직경(Feret diameter)
  ㉠ 먼지의 한쪽 끝 가장자리와 다른 쪽 가장자리 사이의 거리이다.
  ㉡ 과대평가될 가능성이 있는 입자상 물질의 직경이다.
(3) 등면적직경(projected area diameter)
  ㉠ 먼지의 면적과 동일한 면적을 가진 원의 직경으로 가장 정확한 직경이다.
  ㉡ 측정은 현미경 접안경에 porton reticle을 삽입하여 측정한다.
  즉, $D = \sqrt{2^n}$
  여기서, D : 입자 직경(μm)
  n : porton reticle에서 원의 번호

25 유량, 측정시간, 회수율 및 분석에 의한 오차가 각각 18%, 3%, 9%, 5%일 때, 누적오차는 약 몇 %인가?
① 18 ② 21
③ 24 ④ 29

풀이 누적오차(%) = $\sqrt{18^2 + 3^2 + 9^2 + 5^2} = 20.95\%$

26 출력이 0.4W인 작은 점음원에서 10m 떨어진 곳의 음압수준은 약 몇 dB인가? (단, 공기의 밀도는 1.18kg/m³이고, 공기에서 음속은 344.4m/sec이다.)
① 80 ② 85
③ 90 ④ 95

풀이 SPL = PWL - 20 log r - 11
= $\left(10 \log \frac{0.4}{10^{-12}}\right) - 20 \log 10 - 11 = 85$ dB

27 이황화탄소(CS$_2$)가 배출되는 작업장에서 시료분석농도가 3시간에 3.5ppm, 2시간에 15.2ppm, 3시간에 5.8ppm일 때, 시간가중평균값은 약 몇 ppm인가?
① 3.7 ② 6.4
③ 7.3 ④ 8.9

풀이 TWA = $\dfrac{(3 \times 3.5) + (2 \times 15.2) + (3 \times 5.8)}{3 + 2 + 3} = 7.29$ ppm

정답 22.① 23.① 24.② 25.② 26.② 27.③

28 옥외(태양광선이 내리쬐는 장소)에서 습구흑구온도지수(WBGT)의 산출식은?
(단, 고용노동부 고시 기준)

① (0.7×자연습구온도)+(0.2×건구온도)+(0.1×흑구온도)
② (0.7×자연습구온도)+(0.2×흑구온도)+(0.1×건구온도)
③ (0.7×자연습구온도)+(0.3×흑구온도)
④ (0.7×자연습구온도)+(0.3×건구온도)

> **풀이** 고온의 노출기준 표시단위
> ㉠ 옥외(태양광선이 내리쬐는 장소)
>   WBGT(℃)=0.7×자연습구온도+0.2×흑구온도+0.1×건구온도
> ㉡ 옥내 또는 옥외(태양광선이 내리쬐지 않는 장소)
>   WBGT(℃)=0.7×자연습구온도+0.3×흑구온도

29 입자상 물질을 채취하기 위해 사용하는 막 여과지에 관한 설명으로 틀린 것은?

① MCE막 여과지 : 산에 쉽게 용해되므로 입자상 물질 중의 금속을 채취하여 원자흡광도법으로 분석하는 데 적당하다.
② PVC막 여과지 : 유리규산을 채취하여 X선 회절법으로 분석하는 데 적절하다.
③ PTFE막 여과지 : 농약, 알칼리성 먼지, 콜타르피치 등을 채취하는 데 사용한다.
④ 은막 여과지 : 금속은, 결합제, 섬유 등을 소결하여 만든 것으로 코크스오븐 배출물질을 채취하는 데 적당하나 열에 대한 저항이 약한 단점이 있다.

> **풀이** 은막 여과지(silver membrane filter)
> ㉠ 균일한 금속은을 소결하여 만들며 열적·화학적 안정성이 있다.
> ㉡ 코크스 제조공정에서 발생되는 코크스 오븐 배출물질, 콜타르피치 휘발물질, X선 회절분석법을 적용하는 석영 또는 다핵방향족탄화수소 등을 채취하는 데 사용한다.
> ㉢ 결합제나 섬유가 포함되어 있지 않다.

30 다음은 가스상 물질을 측정 및 분석하는 방법에 대한 내용이다. ( ) 안에 알맞은 것은? (단, 고용노동부 고시 기준)

> 가스상 물질을 검지관 방식으로 측정하는 경우에 1일 작업시간 동안 1시간 간격으로 (㉠)회 이상 측정하되 측정시간마다 (㉡)회 이상 반복 측정하여 평균값을 산출하여야 한다.

① ㉠ : 6, ㉡ : 2
② ㉠ : 6, ㉡ : 3
③ ㉠ : 8, ㉡ : 2
④ ㉠ : 8, ㉡ : 3

> **풀이** 검지관방식으로 측정하는 경우에는 1일 작업시간 동안 1시간 간격으로 6회 이상 측정하되 측정시간마다 2회 이상 반복 측정하여 평균값을 산출하여야 한다. 다만, 가스상 물질의 발생시간이 6시간 이내일 때에는 작업시간 동안 1시간 간격으로 나누어 측정하여야 한다.

31 다음 중 유사노출그룹에 대한 설명으로 틀린 것은?

① 유사노출그룹은 노출되는 유해인자의 농도와 특성이 유사하거나 동일한 근로자그룹을 말한다.
② 역학조사를 수행할 때 사건이 발생한 근로자가 속한 유사노출그룹의 노출농도를 근거로 노출원인을 추정할 수 있다.
③ 유사노출그룹 설정을 위해 시료채취수가 과다해지는 경우가 있다.
④ 유사노출그룹은 모든 근로자의 노출상태를 측정하는 효과를 가진다.

> **풀이** 유사노출그룹 설정을 위해 시료채취수를 경제적으로 한다.

정답 28.② 29.④ 30.① 31.③

32 입경이 20μm이고 입자비중이 1.5인 입자의 침강속도는 약 몇 cm/sec인가?

① 1.8
② 2.4
③ 12.7
④ 36.2

[풀이] Lippmann 식
$$V(cm/sec) = 0.003 \times \rho \times d^2$$
$$= 0.003 \times 1.5 \times 20^2$$
$$= 1.8 cm/sec$$

33 측정결과를 평가하기 위하여 "표준화값"을 산정할 때 필요한 것은? (단, 고용노동부 고시 기준)

① 시간가중평균값(단시간 노출값)과 허용기준
② 평균농도와 표준편차
③ 측정농도와 시료채취분석오차
④ 시간가중평균값(단시간 노출값)과 평균농도

[풀이] 표준화값$(Y) = \dfrac{측정농도(TWA, STEL)}{노출기준(허용기준)}$

34 원통형 비누거품미터를 이용하여 공기시료채취기의 유량을 보정하고자 한다. 원통형 비누거품미터의 내경은 4cm이고 거품막이 30cm의 거리를 이동하는 데 10초의 시간이 걸렸다면 이 공기시료채취기의 유량은 약 몇 cm³/sec인가?

① 37.7
② 16.5
③ 8.2
④ 2.2

[풀이]
$$유량(cm^3/sec) = \dfrac{\left(\dfrac{3.14 \times 4^2}{4}\right) cm^2 \times 30 cm}{10 sec}$$
$$= 37.68 cm^3/sec$$

35 온도 표시에 대한 설명으로 틀린 것은? (단, 고용노동부 고시 기준)

① 절대온도는 K로 표시하고 절대온도 0K는 -273℃로 한다.
② 실온은 1~35℃, 미온은 30~40℃로 한다.
③ 온도의 표시는 셀시우스(Celcius)법에 따라 아라비아 숫자의 오른쪽에 ℃를 붙인다.
④ 냉수는 4℃ 이하, 온수는 60~70℃를 말한다.

[풀이] 온도 표시
㉠ 온도의 표시는 셀시우스(Celcius)법에 따라 아라비아 숫자의 오른쪽에 ℃를 붙인다. 절대온도는 K로 표시하고, 절대온도 0K은 -273℃로 한다.
㉡ 상온은 15~25℃, 실온은 1~35℃, 미온은 30~40℃로 하고, 찬 곳은 따로 규정이 없는 한 0~15℃의 곳을 말한다.
㉢ 냉수(冷水)는 15℃ 이하, 온수(溫水)는 60~70℃, 열수(熱水)는 약 100℃를 말한다.

36 에틸렌글리콜이 20℃, 1기압 공기 중에서 증기압이 0.05mmHg라면, 20℃, 1기압에서 공기 중 포화농도는 약 몇 ppm인가?

① 55.4   ② 65.8
③ 73.2   ④ 82.1

[풀이]
$$포화농도(ppm) = \dfrac{증기압}{760} \times 10^6$$
$$= \dfrac{0.05}{760} \times 10^6 = 65.79 ppm$$

37 유기용제 작업장에서 측정한 톨루엔 농도가 65, 150, 175, 63, 83, 112, 58, 49, 205, 178(ppm)일 때, 산술평균과 기하평균 값은 약 몇 ppm인가?

① 산술평균 108.4, 기하평균 100.4
② 산술평균 108.4, 기하평균 117.6
③ 산술평균 113.8, 기하평균 100.4
④ 산술평균 113.8, 기하평균 117.6

[정답] 32.① 33.① 34.① 35.④ 36.② 37.③

풀이
㉠ 산술평균
$= \dfrac{65+150+175+63+83+112+58+49+205+178}{10}$
$= 113.8\,ppm$

㉡ log(기하평균)
$= \dfrac{\log 65+\log 150+\log 175+\log 63+\log 83+\log 112+\log 58+\log 49+\log 205+\log 178}{10}$
$= 2.0015$
기하평균 $= 10^{2.0015} = 100.35\,ppm$

38 측정에서 변이계수(Coefficient of Variation, CV)를 알맞게 나타낸 것은?
① 표준편차/산술평균
② 기하평균/표준편차
③ 표준오차/표준편차
④ 표준편차/표준오차

풀이 변이계수(CV)
$CV = \dfrac{\text{표준편차}}{\text{산술평균}}$

39 자외선에 관한 내용과 가장 거리가 먼 것은?
① 비전리방사선이다.
② 인체와 관련된 Dorno선을 포함한다.
③ 100~1,000nm 사이의 파장을 갖는 전자파를 총칭하는 것으로 열선이라고도 한다.
④ UV-B는 약 280~315nm 파장의 자외선이다.

풀이 자외선은 대략 100~400nm 범위이며 일명 화학선이라고도 한다.

40 입자의 크기에 따라 여과기전 및 채취효율이 다르다. 입자크기가 0.1~0.5μm일 때 주된 여과기전은?
① 충돌과 간섭
② 확산과 간섭
③ 차단과 간섭
④ 침강과 간섭

풀이 여과기전에 대한 입자 크기별 포집효율
㉠ 입경 0.1μm 미만 : 확산
㉡ 입경 0.1~0.5μm : 확산, 직접차단(간섭)
㉢ 입경 0.5μm 이상 : 관성충돌, 직접차단(간섭)

제3과목 | 작업환경 관리대책

41 공기가 20℃의 송풍관 내에서 20m/sec의 유속으로 흐를 때, 공기의 속도압은 약 몇 mmH₂O인가? (단, 공기밀도는 1.2kg/m³)
① 15.5
② 24.5
③ 33.5
④ 40.2

풀이
$VP = \dfrac{\gamma V^2}{2g}$
$= \dfrac{1.2\,kg/m^3 \times (20\,m/sec)^2}{2 \times 9.8\,m/sec^2}$
$= 24.49\,mmH_2O$

42 보호구의 보호정도와 한계를 나타내는 데 필요한 보호계수(PF)를 산정하는 공식으로 옳은 것은? (단, 보호구 밖의 농도는 C_o, 보호구 안의 농도는 C_i)
① $PF = C_o/C_i$
② $PF = C_i/C_o$
③ $PF = (C_i/C_o) \times 100$
④ $PF = (C_i/C_o) \times 0.5$

풀이 보호계수(PF ; Protection Factor)
보호구를 착용함으로써 유해물질로부터 보호구가 얼마만큼 보호해 주는가의 정도를 의미한다.
$PF = \dfrac{C_o}{C_i}$
여기서, PF : 보호계수(항상 1보다 크다)
C_i : 보호구 안의 농도
C_o : 보호구 밖의 농도

43 작업환경개선대책 중 격리와 가장 거리가 먼 것은 어느 것인가?
① 국소배기장치의 설치
② 원격조정장치의 설치
③ 특수저장창고의 설치
④ 콘크리트 방호벽의 설치

[풀이] 국소배기장치의 설치는 작업환경개선의 공학적 대책 중 하나이다.
- 작업환경개선대책 중 격리의 종류
  ㉠ 저장물질의 격리
  ㉡ 시설의 격리
  ㉢ 공정의 격리
  ㉣ 작업자의 격리

44 다음 중 전체환기를 적용할 수 있는 상황과 가장 거리가 먼 것은?

① 유해물질의 독성이 높은 경우
② 작업장 특성상 국소배기장치의 설치가 불가능한 경우
③ 동일 사업장에 다수의 오염발생원이 분산되어 있는 경우
④ 오염발생원이 근로자가 작업하는 장소로부터 멀리 떨어져 있는 경우

[풀이] 전체환기(희석환기) 적용 시 조건
㉠ 유해물질의 독성이 비교적 낮은 경우, 즉 TLV가 높은 경우(가장 중요한 제한조건)
㉡ 동일한 작업장에 다수의 오염원이 분산되어 있는 경우
㉢ 소량의 유해물질이 시간에 따라 균일하게 발생될 경우
㉣ 유해물질의 발생량이 적은 경우 및 희석공기량이 많지 않아도 될 경우
㉤ 유해물질이 증기나 가스일 경우
㉥ 국소배기로 불가능한 경우
㉦ 배출원이 이동성인 경우
㉧ 가연성 가스의 농축으로 폭발의 위험이 있는 경우
㉨ 오염원이 근무자가 근무하는 장소로부터 멀리 떨어져 있는 경우

45 푸시풀 후드(push-pull hood)에 대한 설명으로 적합하지 않은 것은?

① 도금조와 같이 폭이 넓은 경우에 사용하면 포집효율을 증가시키면서 필요유량을 감소시킬 수 있다.
② 공정에서 작업물체를 처리조에 넣거나 꺼내는 중에 발생되는 공기막 파괴현상을 사전에 방지할 수 있다.
③ 개방조 한 변에서 압축공기를 이용하여 오염물질이 발생하는 표면에 공기를 불어 반대쪽에 오염물질이 도달하게 한다.
④ 제어속도는 푸시 제트기류에 의해 발생한다.

[풀이] 푸시풀(push-pull) 후드
(1) 개요
  ㉠ 제어길이가 비교적 길어서 외부식 후드에 의한 제어효과가 문제가 되는 경우에 공기를 불어주고(push) 당겨주는(pull) 장치로 되어 있다.
  ㉡ 개방조 한 변에서 압축공기를 이용하여 오염물질이 발생하는 표면에 공기를 불어 반대쪽에 오염물질이 도달하게 한다.
(2) 적용
  ㉠ 도금조 및 자동차 도장공정과 같이 오염물질 발생원의 개방면적이 큰(발산면의 폭이 넓은) 작업공정에 주로 많이 적용된다.
  ㉡ 포착거리(제어거리)가 일정거리 이상일 경우 push-pull형 환기장치가 적용된다.
(3) 특징
  ㉠ 제어속도는 push 제트기류에 의해 발생한다.
  ㉡ 공정에서 작업물체를 처리조에 넣거나 꺼내는 중에 공기막이 파괴되어 오염물질이 발생한다.
  ㉢ 노즐로는 하나의 긴 슬롯, 구멍 뚫린 파이프 또는 개별 노즐을 여러 개 사용하는 방법이 있다.
  ㉣ 노즐의 각도는 제트공기가 방해받지 않도록 하향 방향을 향하고 최대 20° 내를 유지하도록 한다.
  ㉤ 노즐 전체 면적은 기류 분포를 고르게 하기 위해서 노즐 충만실 단면적의 25%를 넘지 않도록 해야 한다.
  ㉥ push-pull 후드에 있어서는 여러 가지의 영향인자가 존재하므로 ±20% 정도의 유량조정이 가능하도록 설계되어야 한다.
(4) 장점
  ㉠ 포집효율을 증가시키면서 필요유량을 대폭 감소시킬 수 있다.
  ㉡ 작업자의 방해가 적고 적용이 용이하다.
(5) 단점
  ㉠ 원료의 손실이 크다.
  ㉡ 설계방법이 어렵다.
  ㉢ 효과적으로 기능을 발휘하지 못하는 경우가 있다.

46 다음 중 개인보호구에서 귀덮개의 장점과 가장 거리가 먼 것은?

① 귀 안에 염증이 있어도 사용 가능하다.
② 동일한 크기의 귀덮개를 대부분의 근로자가 사용할 수 있다.
③ 멀리서도 착용 유무를 확인할 수 있다.
④ 고온에서 사용해도 불편이 없다.

풀이 귀덮개의 장단점
(1) 장점
  ㉠ 귀마개보다 일반적으로 높고(고음영역에서 탁월) 일관성 있는 차음효과를 얻을 수 있다(개인차가 적음).
  ㉡ 동일한 크기의 귀덮개를 대부분의 근로자가 사용 가능하다(크기를 여러 가지로 할 필요 없음).
  ㉢ 귀에 염증(질병)이 있어도 사용 가능하다.
  ㉣ 귀마개보다 쉽게 착용할 수 있고 착용법을 틀리거나 잃어버리는 일이 적다.
(2) 단점
  ㉠ 부착된 밴드에 의해 차음효과가 감소될 수 있다.
  ㉡ 고온에서 사용 시 불편하다(보호구 접촉면에 땀이 남).
  ㉢ 머리카락이 길 때와 안경테가 굵거나 잘 부착되지 않을 때는 사용하기 불편하다.
  ㉣ 장시간 사용 시 꼭 끼는 느낌이 있다.
  ㉤ 보안경과 함께 사용하는 경우 다소 불편하며, 차음효과가 감소된다.
  ㉥ 오래 사용하여 귀걸이의 탄력성이 줄었을 때나 귀걸이가 휘었을 때는 차음효과가 떨어진다.
  ㉦ 가격이 비싸고 운반과 보관이 쉽지 않다.

47 회전수가 600rpm이고, 동력은 5kW인 송풍기의 회전수를 800rpm으로 상향 조정하였을 때, 동력은 약 몇 kW인가?

① 6   ② 9
③ 12   ④ 15

풀이
$$\frac{kW_2}{kW_1} = \left(\frac{rpm_2}{rpm_1}\right)^3$$
$$kW_2 = 5kW \times \left(\frac{800}{600}\right)^3 = 11.85kW$$

48 다음 중 후드의 유입계수가 0.7이고 속도압이 20mmH₂O일 때, 후드의 유입손실은 약 몇 mmH₂O인가?

① 10.5   ② 20.8
③ 32.5   ④ 40.8

풀이 후드의 유입손실(mmH₂O)
$= F \times VP$
• $F = \dfrac{1}{Ce^2} - 1 = \dfrac{1}{0.7^2} - 1 = 1.04$
$= 1.04 \times 20mmH_2O = 20.8mmH_2O$

49 작업장에 설치된 후드가 100m³/min으로 환기되도록 송풍기를 설치하였다. 사용함에 따라 정압이 절반으로 줄었을 때, 환기량의 변화로 옳은 것은?
(단, 상사법칙 적용)

① 환기량이 33.3m³/min으로 감소하였다.
② 환기량이 50m³/min으로 감소하였다.
③ 환기량이 57.7m³/min으로 감소하였다.
④ 환기량이 70.7m³/min으로 감소하였다.

풀이
$$\frac{Q_2}{Q_1} = \frac{rpm_2}{rpm_1}$$
$$\frac{\Delta P_2}{\Delta P_1} = \left(\frac{rpm_2}{rpm_1}\right)^2$$
$$\therefore \frac{\Delta P_2}{\Delta P_1} = \left(\frac{Q_2}{Q_1}\right)^2$$
$$0.5 = \left(\frac{Q_2}{100}\right)^2$$
• $\dfrac{Q_2}{100} = \sqrt{0.5}$
$\therefore Q_2 = 100 \times \sqrt{0.5} = 70.7 m^3/min$

50 다음 중 덕트 합류 시 댐퍼를 이용한 균형유지법의 특징과 가장 거리가 먼 것은?

① 임의로 댐퍼 조정 시 평형상태가 깨진다.
② 시설 설치 후 변경이 어렵다.
③ 설계 계산이 상대적으로 간단하다.
④ 설치 후 부적당한 배기유량의 조절이 가능하다.

정답 46.④ 47.③ 48.② 49.④ 50.②

풀이 저항조절평형법(댐퍼조절평형법, 덕트균형유지법)의 장단점
(1) 장점
  ㉠ 시설 설치 후 변경에 유연하게 대처가 가능하다.
  ㉡ 최소설계풍량으로 평형유지가 가능하다.
  ㉢ 공장 내부의 작업공정에 따라 적절한 덕트 위치 변경이 가능하다.
  ㉣ 설계 계산이 간편하고, 고도의 지식을 요하지 않는다.
  ㉤ 설치 후 송풍량의 조절이 비교적 용이하다. 즉, 임의의 유량을 조절하기가 용이하다.
  ㉥ 덕트의 크기를 바꿀 필요가 없기 때문에 반송속도를 그대로 유지한다.
(2) 단점
  ㉠ 평형상태 시설에 댐퍼를 잘못 설치 시 또는 임의의 댐퍼 조정 시 평형상태가 파괴될 수 있다.
  ㉡ 부분적 폐쇄댐퍼는 침식, 분진퇴적의 원인이 된다.
  ㉢ 최대저항경로 선정이 잘못되어도 설계 시 쉽게 발견할 수 없다.
  ㉣ 댐퍼가 노출되어 있는 경우가 많아 누구나 쉽게 조절할 수 있어 정상기능을 저해할 수 있다.
  ㉤ 임의의 댐퍼 조정 시 평형상태가 파괴될 수 있다.

51 덕트직경이 30cm이고 공기유속이 10m/sec일 때, 레이놀즈수는 약 얼마인가? (단, 공기의 점성계수는 1.85×10^{-5}kg/sec·m, 공기밀도는 1.2kg/m³)

① 195,000
② 215,000
③ 235,000
④ 255,000

풀이
$$Re = \frac{\rho VD}{\mu}$$
$$= \frac{1.2\text{kg/m}^3 \times 10\text{m/sec} \times 0.3\text{m}}{1.85 \times 10^{-5}\text{kg/m·sec}}$$
$$= 194594.59$$

52 다음 중 도금조와 사형주조에 사용되는 후드형식으로 가장 적절한 것은?

① 부스식
② 포위식
③ 외부식
④ 장갑부착상자식

풀이 도금조 및 사형주조 공정상 작업에 방해가 없는 외부식 후드를 선정한다.

53 환기량을 $Q(\text{m}^3/\text{hr})$, 작업장 내 체적을 $V(\text{m}^3)$라고 할 때, 시간당 환기횟수(회/hr)로 옳은 것은 어느 것인가?

① 시간당 환기횟수 $= Q \times V$
② 시간당 환기횟수 $= V/Q$
③ 시간당 환기횟수 $= Q/V$
④ 시간당 환기횟수 $= Q \times \sqrt{V}$

풀이 시간당 공기교환횟수(ACH)
$$= \frac{\text{필요환기량}(\text{m}^3/\text{hr})}{\text{체적율}(\text{m}^3)}$$

54 작업장의 음압수준이 86dB(A)이고, 근로자는 귀덮개(차음평가지수=19)를 착용하고 있을 때, 근로자에게 노출되는 음압수준은 약 몇 dB(A)인가?

① 74
② 76
③ 78
④ 80

풀이 차음효과 $= (\text{NRR} - 7) \times 0.5$
$= (19 - 7) \times 0.5 = 6\text{dB(A)}$
∴ 노출음압수준 $= 86 - 6 = 80\text{dB(A)}$

55 작업장 내 열부하량이 5,000kcal/hr이며, 외기온도는 20℃, 작업장 내 온도는 35℃이다. 이때 전체환기를 위한 필요환기량은 약 몇 m³/min인가? (단, 정압비열은 0.3kcal/m³·℃)

① 18.5
② 37.1
③ 185
④ 1,111

풀이
$$Q(\text{m}^3/\text{min}) = \frac{H_s}{0.3 \Delta t}$$
$$= \frac{5,000\text{kcal/hr} \times \text{hr}/60\text{min}}{0.3 \times (35 - 20)℃}$$
$$= 18.5\text{m}^3/\text{min}$$

정답 51.① 52.③ 53.③ 54.④ 55.①

56 보호구의 재질과 적용대상화학물질이 잘못 짝지어진 것은?

① 천연고무 – 극성 용제
② Butyl 고무 – 비극성 용제
③ Nitrile 고무 – 비극성 용제
④ Neoprene 고무 – 비극성 용제

[풀이] 보호장구 재질에 따른 적용물질
㉠ Neoprene 고무 : 비극성 용제, 극성 용제 중 알코올, 물, 케톤류 등에 효과적
㉡ 천연고무(latex) : 극성 용제 및 수용성 용액에 효과적(절단 및 찰과상 예방)
㉢ viton : 비극성 용제에 효과적
㉣ 면 : 고체상 물질에 효과적, 용제에는 사용 못함
㉤ 가죽 : 용제에는 사용 못함(기본적인 찰과상 예방)
㉥ Nitrile 고무 : 비극성 용제에 효과적
㉦ Butyl 고무 : 극성 용제에 효과적(알데히드, 지방족)
㉧ Ethylene vinyl alcohol : 대부분의 화학물질을 취급할 경우 효과적

57 주물사, 고온가스를 취급하는 공정에 환기시설을 설치하고자 할 때, 다음 중 덕트의 재료로 가장 적당한 것은?

① 아연도금 강판
② 중질 콘크리트
③ 스테인리스 강판
④ 흑피 강판

[풀이] 송풍관(덕트)의 재질
㉠ 유기용제(부식이나 마모의 우려가 없는 곳) ⇨ 아연도금 강판
㉡ 강산, 염소계 용제 ⇨ 스테인리스스틸 강판
㉢ 알칼리 ⇨ 강판
㉣ 주물사, 고온가스 ⇨ 흑피 강판
㉤ 전리방사선 ⇨ 중질 콘크리트

58 주물작업 시 발생하는 유해인자로 가장 거리가 먼 것은?

① 소음 발생
② 금속흄 발생
③ 분진 발생
④ 자외선 발생

[풀이] 주물작업 시 유해인자
㉠ 소음
㉡ 분진(알루미늄, 카드뮴, 아연 등)
㉢ 금속흄

59 사이클론 집진장치의 블로다운에 대한 설명으로 옳은 것은?

① 유효원심력을 감소시켜 선회기류의 흐트러짐을 방지한다.
② 관 내 분진부착으로 인한 장치의 폐쇄현상을 방지한다.
③ 부분적 난류 증가로 집진된 입자가 재비산된다.
④ 처리배기량의 50% 정도가 재유입되는 현상이다.

[풀이] 블로다운(blow down)
㉠ 정의
사이클론의 집진효율을 향상시키기 위한 하나의 방법으로서 더스트 박스 또는 호퍼부에서 처리가스의 5~10%를 흡인하여 선회기류의 교란을 방지하는 운전방식
㉡ 효과
• 사이클론 내의 난류현상을 억제시킴으로써 집진된 먼지의 비산을 방지(유효원심력 증대)
• 집진효율 증대
• 장치내부의 먼지 퇴적 억제(가교현상방지)

60 국소배기시설의 일반적 배열순서로 가장 적절한 것은?

① 후드 → 덕트 → 송풍기 → 공기정화장치 → 배기구
② 후드 → 송풍기 → 공기정화장치 → 덕트 → 배기구
③ 후드 → 덕트 → 공기정화장치 → 송풍기 → 배기구
④ 후드 → 공기정화장치 → 덕트 → 송풍기 → 배기구

[풀이] 국소배기장치 구성순서
후드 → 덕트 → 공기정화장치 → 송풍기 → 배기구

정답 56.② 57.④ 58.④ 59.② 60.③

제4과목 | 물리적 유해인자관리

61 소음성 난청(Noise Induced Hearing Loss, NIHL)에 대한 설명으로 틀린 것은?
① 소음성 난청은 4,000~6,000Hz 정도에서 가장 많이 발생한다.
② 일시적 청력변화 때의 각 주파수에 대한 청력손실의 양상은 같은 소리에 의하여 생긴 영구적 청력변화 때의 청력손실 양상과는 다르다.
③ 심한 소음에 노출되면 처음에는 일시적 청력변화(Temporary Threshold Shift)를 초래하는데, 이것은 소음 노출을 중단하면 다시 노출 전의 상태로 회복되는 변화이다.
④ 심한 소음에 반복하여 노출되면 일시적 청력변화는 영구적 청력변화(Permanent Threshold Shift)로 변하며 코르티 기관에 손상이 온 것이므로 회복이 불가능하다.

[풀이] 일시적 청력변화 때의 주파수에 대한 청력손실의 양상은 같은 소리에 의하여 생긴 영구적 청력변화 때의 청력손실과 비슷하다.

62 사무실 실내환경의 이산화탄소(CO_2) 농도를 측정하였더니 750ppm이었다. 이산화탄소가 750ppm인 사무실 실내환경의 직접적 건강영향은?
① 두통
② 피로
③ 호흡곤란
④ 직접적 건강영향은 없다.

[풀이] CO_2는 그 자체로는 중독을 일으키거나 신체장애를 일으키지 않지만, 건강한 사람이 농도 1.5%의 CO_2에 노출되면 두통, 현기증, 불쾌감 등의 가벼운 대사장애를 일으킨다.

63 다음 중 피부 투과력이 가장 큰 것은?
① X선
② α선
③ β선
④ 레이저

[풀이] 전리방사선의 인체 투과력
중성자 > X선 or γ선 > β선 > α선

64 비전리방사선이 아닌 것은?
① 감마선
② 극저주파
③ 자외선
④ 라디오파

[풀이] 전리방사선과 비전리방사선의 종류
㉠ 전리방사선
 X-ray, γ선, α입자, β입자, 중성자
㉡ 비전리방사선
 자외선, 가시광선, 적외선, 라디오파, 마이크로파, 저주파, 극저주파, 레이저

65 정상인이 들을 수 있는 가장 낮은 이론적 음압은 몇 dB인가?
① 0
② 5
③ 10
④ 20

[풀이] 가청 소음도 : 0~130dB

66 자연조명에 관한 설명으로 틀린 것은?
① 창의 면적은 바닥면적의 15~20% 정도가 이상적이다.
② 개각은 4~5°가 좋으며, 개각이 작을수록 실내는 밝다.
③ 균일한 조명을 요하는 작업실은 동북 또는 북창이 좋다.
④ 입사각은 28° 이상이 좋으며, 입사각이 클수록 실내는 밝다.

[풀이] 창의 실내각 점의 개각은 4~5°, 입사각은 28° 이상이 좋다.

정답 61.② 62.④ 63.① 64.① 65.① 66.②

67 다음 중 저온에 의한 장애에 관한 내용으로 틀린 것은?

① 근육긴장이 증가하고 떨림이 발생한다.
② 혈압은 변화되지 않고 일정하게 유지된다.
③ 피부표면의 혈관들과 피하조직이 수축된다.
④ 부종, 저림, 가려움, 심한 통증 등이 생긴다.

풀이 한랭(저온)환경에서의 생리적 기전(반응)
한랭환경에서는 체열 방산을 제한하고 체열 생산을 증가시키기 위한 생리적 반응이 일어난다.
㉠ 피부혈관(말초혈관)이 수축한다.
  • 피부혈관 수축과 더불어 혈장량 감소로 혈압이 일시적으로 저하되며 신체 내 열을 보호하는 기능을 한다.
  • 말초혈관의 수축으로 표면조직의 냉각이 오며 1차적 생리적 영향이다.
  • 피부혈관의 수축으로 피부온도가 감소되고 순환능력이 감소되어 혈압은 일시적으로 상승된다.
㉡ 근육긴장의 증가와 떨림 및 수의적인 운동이 증가한다.
㉢ 갑상선을 자극하여 호르몬 분비가 증가(화학적 대사작용 증가)한다.
㉣ 부종, 저림, 가려움증, 심한 통증 등이 발생한다.
㉤ 피부표면의 혈관·피하조직이 수축하고, 체표면적이 감소한다.
㉥ 피부의 급성 일과성 염증반응은 한랭에 대한 폭로를 중지하면 2~3시간 내에 없어진다.
㉦ 피부나 피하조직을 냉각시키는 환경온도 이하에서는 감염에 대한 저항력이 떨어지며 회복과정에 장애가 온다.
㉧ 저온환경에서는 근육활동, 조직대사가 증가되어 식욕이 항진된다.

68 각각 90dB, 90dB, 95dB, 100dB의 음압수준이 발생하는 소음원이 있다. 이 소음원들이 동시에 가동될 때 발생하는 음압수준은?

① 99dB   ② 102dB
③ 105dB   ④ 108dB

풀이 $L_{합} = 10\log(10^{9.0} + 10^{9.0} + 10^{9.5} + 10^{10})$
         $= 101.8dB$

69 소음의 흡음평가 시 적용되는 반향시간 (reverberation time)에 관한 설명으로 맞는 것은?

① 반향시간은 실내공간의 크기에 비례한다.
② 실내 흡음량을 증가시키면 반향시간도 증가한다.
③ 반향시간은 음압수준이 30dB 감소하는 데 소요되는 시간이다.
④ 반향시간을 측정하려면 실내 배경소음이 90dB 이상 되어야 한다.

풀이 잔향시간(반향시간)

$$T = \frac{0.161\,V}{A} = \frac{0.161\,V}{S\bar{\alpha}} (\sec)$$

$$\bar{\alpha} = \frac{0.161\,V}{ST}$$

여기서, T : 잔향시간(sec)
V : 실의 체적(부피)(m³)
A : 총 흡음력($\Sigma \alpha_i S_i$)(m², sabin)
S : 실내의 전 표면적(m²)

70 다음 중 사람이 느끼는 최소 진동역치로 맞는 것은?

① 35±5dB
② 45±5dB
③ 55±5dB
④ 65±5dB

풀이 진동역치는 사람이 진동을 느낄 수 있는 최소값을 의미하며 50~60dB 정도이다.

71 일반적으로 소음계의 A특성치는 몇 phon의 등감곡선과 비슷하게 주파수에 따른 반응을 보정하여 측정한 음압수준을 말하는가?

① 40   ② 70
③ 100   ④ 140

풀이 음의 크기 레벨(phon)과 청감보정회로
㉠ 40phon : A청감보정회로(A특성)
㉡ 70phon : B청감보정회로(B특성)
㉢ 100phon : C청감보정회로(C특성)

정답 67.② 68.② 69.① 70.③ 71.①

72 다음의 빛과 밝기의 단위를 설명한 것으로 ㉠, ㉡에 해당하는 용어로 맞는 것은?

> 1루멘의 빛이 $1ft^2$의 평면상에 수직방향으로 비칠 때, 그 평면의 빛의 양, 즉 조도를 (㉠)(이)라 하고, $1m^2$의 평면에 1루멘의 빛이 비칠 때의 밝기를 1(㉡)(이)라고 한다.

① ㉠ : 캔들(candle)
　㉡ : 럭스(lux)
② ㉠ : 럭스(lux)
　㉡ : 캔들(candle)
③ ㉠ : 럭스(lux)
　㉡ : 풋 캔들(foot candle)
④ ㉠ : 풋 캔들(foot candle)
　㉡ : 럭스(lux)

[풀이] ㉮ 풋 캔들(foot candle)
(1) 정의
　㉠ 1루멘의 빛이 $1ft^2$의 평면상에 수직으로 비칠 때 그 평면의 빛 밝기이다.
　㉡ 관계식 : 풋 캔들(ft cd) = $\frac{lumen}{ft^2}$
(2) 럭스와의 관계
　㉠ 1ft cd = 10.8lux
　㉡ 1lux = 0.093ft cd
(3) 빛의 밝기
　㉠ 광원으로부터 거리의 제곱에 반비례한다.
　㉡ 광원의 촉광에 정비례한다.
　㉢ 조사평면과 광원에 대한 수직평면이 이루는 각(cosine)에 반비례한다.
　㉣ 색깔과 감각, 평면상의 반사율에 따라 밝기가 달라진다.
㉯ 럭스(lux) ; 조도
　㉠ 1루멘(lumen)의 빛이 $1m^2$의 평면상에 수직으로 비칠 때의 밝기이다.
　㉡ 1cd의 점광원으로부터 1m 떨어진 곳에 있는 광선의 수직인 면의 조명도이다.
　㉢ 조도는 어떤 면에 들어오는 광속의 양에 비례하고 입사면의 단면적에 반비례한다.
　　조도(E) = $\frac{lumen}{m^2}$
　㉣ 조도는 입사면의 단면적에 대한 광속의 비를 의미한다.

73 방사선 용어 중 조직(또는 물질)의 단위질량당 흡수된 에너지를 나타내는 것은?

① 등가선량
② 흡수선량
③ 유효선량
④ 노출선량

[풀이] 래드(rad)
㉠ 흡수선량 단위이다.
㉡ 방사선이 물질과 상호작용한 결과 그 물질의 단위질량에 흡수된 에너지를 의미한다.
㉢ 모든 종류의 이온화방사선에 의한 외부노출, 내부노출 등 모든 경우에 적용한다.
㉣ 조사량에 관계없이 조직(물질)의 단위질량당 흡수된 에너지량을 표시하는 단위이다.
㉤ 관용단위인 1rad는 피조사체 1g에 대하여 100erg의 방사선에너지가 흡수되는 선량단위이다.
(1rad=100erg/gram=10^{-2}J/kg)
㉥ 100rad를 1Gy(Gray)로 사용한다.

74 온열지수(WBGT)를 측정하는 데 있어 관련이 없는 것은?

① 기습　　② 기류
③ 전도열　④ 복사열

[풀이] 사람과 환경 사이에 일어나는 열교환에 영향을 미치는 것은 기온, 기류, 습도 및 복사열 4가지이다. 즉 기후인자 가운데서 기온, 기류, 습도(기습) 및 복사열 등 온열요소가 동시에 인체에 작용하여 관여할 때 인체는 온열감각을 느끼게 되며, 온열요소를 단일척도로 표현하는 것을 온열지수라 한다.

75 다음의 설명에서 ( ) 안에 들어갈 알맞은 숫자는?

> ( )기압 이상에서 공기 중의 질소가스는 마취작용을 나타내서 작업력의 저하, 기분의 변환, 여러 정도의 다행증(多幸症)이 일어난다.

① 2　　② 4
③ 6　　④ 8

[풀이] **2차적 가압현상**
고압하의 대기가스의 독성때문에 나타나는 현상으로 2차성 압력현상이다.
(1) 질소가스의 마취작용
  ㉠ 공기 중의 질소가스는 정상기압에서 비활성이지만 4기압 이상에서는 마취작용을 일으키며 이를 다행증이라 한다(공기 중의 질소가스는 3기압 이하에서는 자극작용을 한다).
  ㉡ 질소가스 마취작용은 알코올중독의 증상과 유사하다.
  ㉢ 작업력의 저하, 기분의 변환, 여러 종류의 다행증(euphoria)이 일어난다.
  ㉣ 수심 90~120m에서 환청, 환시, 조현증, 기억력 감퇴 등이 나타난다.
(2) 산소중독
  ㉠ 산소의 분압이 2기압을 넘으면 산소중독 증상을 보인다. 즉, 3~4기압의 산소 혹은 이에 상당하는 공기 중 산소분압에 의하여 중추신경계의 장애에 기인하는 운동장애를 나타내는데 이것을 산소중독이라 한다.
  ㉡ 수중의 잠수자는 폐압착증을 예방하기 위하여 수압과 같은 압력의 압축기체를 호흡하여야 하며, 이로 인한 산소분압 증가로 산소중독이 일어난다.
  ㉢ 고압산소에 대한 폭로가 중지되면 증상은 즉시 멈춘다. 즉, 가역적이다.
  ㉣ 1기압에서 순산소는 인후를 자극하나 비교적 짧은 시간의 폭로라면 중독 증상은 나타나지 않는다.
  ㉤ 산소중독 작용은 운동이나 이산화탄소로 인해 악화된다.
  ㉥ 수지나 족지의 작열통, 시력장애, 정신혼란, 근육경련 등의 증상을 보이며, 나아가서는 간질모양의 경련을 나타낸다.
(3) 이산화탄소의 작용
  ㉠ 이산화탄소 농도의 증가는 산소의 독성과 질소의 마취작용을 증가시키는 역할을 하고 감압증의 발생을 촉진시킨다.
  ㉡ 이산화탄소 농도가 고압환경에서 대기압으로 환산하여 0.2%를 초과해서는 안 된다.
  ㉢ 동통성 관절장애(bends)도 이산화탄소의 분압 증가에 따라 보다 많이 발생한다.

76 다음 중 저기압의 영향에 관한 설명으로 틀린 것은?
① 산소결핍을 보충하기 위하여 호흡수, 맥박수가 증가한다.
② 고도 18,000ft(5,468m) 이상이 되면 21% 이상의 산소가 필요하게 된다.
③ 고도 10,000ft(3,048m)까지는 시력, 협조운동의 가벼운 장애 및 피로를 유발한다.
④ 고도의 상승으로 기압이 저하되면 공기의 산소분압이 상승하여 폐포 내의 산소분압도 상승한다.

[풀이] 고도의 상승으로 기압이 저하되면 공기의 산소분압이 저하되고, 폐포 내의 산소분압도 저하하며 산소결핍증을 주로 일으킨다.

77 감압병의 예방 및 치료에 관한 설명으로 틀린 것은?
① 고압환경에서의 작업시간을 제한한다.
② 감압이 끝날 무렵에 순수한 산소를 흡입시키면 감압시간을 25% 가량 단축시킬 수 있다.
③ 특별히 잠수에 익숙한 사람을 제외하고는 10m/min 속도 정도로 잠수하는 것이 안전하다.
④ 헬륨은 질소보다 확산속도가 작고 체내에서 불안정적이므로 질소를 헬륨으로 대치한 공기로 호흡시킨다.

[풀이] 헬륨은 질소보다 확산속도가 크며, 체내에서 안정적이므로 질소를 헬륨으로 대치한 공기를 호흡시킨다.

78 적외선의 생체작용에 대한 설명이 아닌 것은?

① 조직에 흡수된 적외선은 화학반응을 일으키는 것이 아니라 구성분자의 운동에너지를 증대시킨다.
② 만성노출에 따라 눈장애인 백내장을 일으킨다.
③ 700nm 이하의 적외선은 눈의 각막을 손상시킨다.
④ 적외선이 체외에서 조사되면 일부는 피부에서 반사되고 나머지만 흡수된다.

[풀이] **눈에 대한 작용(장애)**
㉠ 전기용접, 자외선 살균취급자 등에서 발생되는 자외선에 의해 전광성 안염인 급성각막염이 유발될 수 있다(일반적으로 6~12시간에 증상이 최고조에 달함).
㉡ 나이가 많을수록 자외선 흡수량이 많아져 백내장을 일으킬 수 있다.
㉢ 자외선의 파장에 따른 흡수정도에 따라 'arc-eye'라고 일컬어지는 광각막염 및 결막염 등의 급성영향이 나타나며, 이는 270~280nm의 파장에서 주로 발생한다.

79 열사병(heat stroke)에 관한 설명으로 알맞는 것은?

① 피부가 차갑고, 습한 상태로 된다.
② 보온을 시키고, 더운 커피를 마시게 한다.
③ 지나친 발한에 의한 탈수와 염분소실이 원인이다.
④ 뇌 온도의 상승으로 체온조절중추의 기능이 장해를 받게 된다.

[풀이] **열사병(heat stroke)**
열사병은 고온다습한 환경(육체적 노동 또는 태양의 복사선을 두부에 직접적으로 받는 경우)에 노출될 때 뇌 온도의 상승으로 신체 내부의 체온조절중추의 기능장해를 일으켜서 생기는 위급한 상태(고열로 인해 발생하는 장애 중 가장 위험성이 큼)이며, 태양광선에 의한 열사병은 일사병(sunstroke)이라고 한다.

80 진동증후군(HAVS)에 대한 스톡홀름 워크숍의 분류로서 틀린 것은?

① 진동증후군의 단계를 0부터 4까지 5단계로 구분하였다.
② 1단계는 가벼운 증상으로 하나 또는 그 이상의 손가락 끝부분이 하얗게 변하는 증상을 의미한다.
③ 3단계는 심각한 증상으로 하나 또는 그 이상의 손가락 가운뎃마디부분까지 하얗게 변하는 증상이 나타나는 단계이다.
④ 4단계는 매우 심각한 증상으로 대부분의 손가락이 하얗게 변하는 증상과 함께 손끝에서 땀의 분비가 제대로 일어나지 않는 등의 변화가 나타나는 단계이다.

[풀이] **진동증후군(HAVS) 구분**

단계	정도	증상 내용
0	없음	없음
1	미미	가벼운 증상으로 하나 또는 하나 이상의 손가락 끝부분이 하얗게 변하는 증상을 의미하여 이따금씩 나타남
2	보통	하나 또는 그 이상의 손가락 가운뎃마디부분까지 하얗게 변하는 증상이 나타남(손바닥 가까운 기저부에는 드물게 나타남)
3	심각	대부분의 손가락에 빈번하게 나타남
4	매우 심각	대부분의 손가락이 하얗게 변하는 증상과 함께 손끝에서 땀의 분비가 제대로 일어나지 않는 등의 변화가 나타남

제5과목 | 산업 독성학

81 유해물질의 분류에 있어 질식제로 분류되지 않는 것은?

① H_2 ② N_2
③ O_3 ④ H_2S

[풀이] **질식제의 구분에 따른 종류**
(1) 단순 질식제
  ㉠ 이산화탄소(CO_2)
  ㉡ 메탄(CH_4)
  ㉢ 질소(N_2)
  ㉣ 수소(H_2)
  ㉤ 에탄, 프로판, 에틸렌, 아세틸렌, 헬륨
(2) 화학적 질식제
  ㉠ 일산화탄소(CO)
  ㉡ 황화수소(H_2S)
  ㉢ 시안화수소(HCN)
  ㉣ 아닐린($C_6H_5NH_2$)

82 할로겐화 탄화수소인 사염화탄소에 관한 설명으로 틀린 것은?
① 생식기에 대한 독성작용이 특히 심하다.
② 고농도에 노출되면 중추신경계 장애 외에 간장과 신장장애를 유발한다.
③ 신장장애 증상으로 감뇨, 혈뇨 등이 발생하며, 완전 무뇨증이 되면 사망할 수도 있다.
④ 초기증상으로는 지속적인 두통, 구역 또는 구토, 복부선통과 설사, 간압통 등이 나타난다.

[풀이] **사염화탄소(CCl_4)**
㉠ 특이한 냄새가 나는 무색의 액체로 소화제, 탈지세정제, 용제로 이용한다.
㉡ 신장장애 증상으로 감뇨, 혈뇨 등이 발생하며, 완전 무뇨증이 되면 사망할 수 있다.
㉢ 피부, 간장, 신장, 소화기, 신경계에 장애를 일으키는데 특히 간에 대한 독성작용이 강하게 나타난다(즉, 간에 중요한 장애인 중심소엽성 괴사를 일으킨다).
㉣ 고온에서 금속과의 접촉으로 포스겐, 염화수소를 발생시키므로 주의를 요한다.
㉤ 고농도로 폭로되면 중추신경계 장애 외에 간장이나 신장에 장애가 일어나 황달, 단백뇨, 혈뇨의 증상을 보이는 할로겐 탄화수소이다.
㉥ 초기증상으로 지속적인 두통, 구역 및 구토, 간 부위의 압통 등의 증상을 일으킨다.

83 이황화탄소를 취급하는 근로자를 대상으로 생물학적 모니터링을 하는 데 이용될 수 있는 생체 내 대사산물은?
① 소변 중 마뇨산
② 소변 중 메탄올
③ 소변 중 메틸마뇨산
④ 소변 중 TTCA(2-thiothiazolidine-4-carboxylic acid)

[풀이]

화학물질	대사산물
이황화탄소(CS_2)	• 뇨 중 TTCA • 뇨 중 이황화탄소

84 유기용제에 의한 장애의 설명으로 틀린 것은?
① 유기용제의 중추신경계 작용으로 잘 알려진 것은 마취작용이다.
② 사염화탄소는 간장과 신장을 침범하는 데 반하여 이황화탄소는 중추신경계통을 침해한다.
③ 벤젠은 노출 초기에는 빈혈증을 나타내고 장기간 노출되면 혈소판 감소, 백혈구 감소를 초래한다.
④ 대부분의 유기용제는 유독성의 포스겐을 발생시켜 장기간 노출 시 폐수종을 일으킬 수 있다.

[풀이] 유기용제의 공통적인 비특이적인 독성작용은 중추신경계의 활성억제작용이다.

85 작업장 내 유해물질 노출에 따른 위험성을 결정하는 주요 인자로만 나열된 것은?
① 독성과 노출량
② 배출농도와 사용량
③ 노출기준과 노출량
④ 노출기준과 노출농도

[풀이] **유해성 결정 요소**
㉠ 유해물질 자체 독성
㉡ 유해물질 노출량(특성, 형태)

86 메탄올에 관한 설명으로 틀린 것은?
① 특징적인 악성변화는 간 혈관육종이다.
② 자극성이 있고, 중추신경계를 억제한다.
③ 플라스틱, 필름제조와 휘발유첨가제 등에 이용된다.
④ 시각장애의 기전은 메탄올의 대사산물인 포름알데히드가 망막조직을 손상시키는 것이다.

풀이 간에 혈관육종을 유발하는 물질은 염화비닐(C_2H_3Cl)이다.

87 수은중독의 예방대책이 아닌 것은?
① 수은 주입과정을 밀폐공간 안에서 자동화한다.
② 작업장 내에서 음식물 섭취와 흡연 등의 행동을 금지한다.
③ 수은 취급 근로자의 비점막 궤양 생성여부를 면밀히 관찰한다.
④ 작업장에 흘린 수은은 신체가 닿지 않는 방법으로 즉시 제거한다.

풀이 **수은중독의 예방대책**
(1) 작업환경관리대책
 ㉠ 수은 주입과정을 자동화
 ㉡ 수거한 수은은 물통에 보관
 ㉢ 바닥은 틈이나 구멍이 나지 않는 재료를 사용하여 수은이 외부로 노출되는 것을 막음
 ㉣ 실내온도를 가능한 한 낮고 일정하게 유지시킴
 ㉤ 공정은 수은을 사용하지 않는 공정으로 변경
 ㉥ 작업장 바닥에 흘린 수은은 즉시 제거, 청소
 ㉦ 수은증기 발생 상방에 국소배기장치 설치
(2) 개인위생관리대책
 ㉠ 술, 담배 금지
 ㉡ 고농도 작업 시 호흡 보호용 마스크 착용
 ㉢ 작업복 매일 새것으로 공급
 ㉣ 작업 후 반드시 목욕
 ㉤ 작업장 내 음식섭취 삼가
(3) 의학적 관리
 ㉠ 채용 시 건강진단 실시
 ㉡ 정기적 건강진단 실시 : 6개월마다 특수건강진단 실시
(4) 교육 실시

88 납의 독성에 대한 인체실험 결과, 안전흡수량이 체중 kg당 0.005mg이었다. 1일 8시간 작업 시의 허용농도(mg/m^3)는 어느 것인가? (단, 근로자의 평균체중은 70kg, 해당 작업 시의 폐환기량(또는 호흡량)은 시간당 $1.25m^3$로 가정)
① 0.030
② 0.035
③ 0.040
④ 0.045

풀이 $SHD = C \times T \times V \times R$
$C = \dfrac{SHD}{T \times V \times R}$
$= \dfrac{0.005 \text{mg/kg} \times 70 \text{kg}}{8\text{hr} \times 1.25 \text{m}^3/\text{hr} \times 1.0}$
$= 0.035 \text{mg/m}^3$

89 페니실린을 비롯한 약품을 정제하기 위한 추출제 혹은 냉동제 및 합성수지에 이용되는 물질로 가장 적절한 것은?
① 벤젠
② 클로로포름
③ 브롬화메틸
④ 헥사클로로나프탈렌

풀이 **클로로포름($CHCl_3$)**
㉠ 에테르와 비슷한 향이 나며 마취제로 사용하고 증기는 공기보다 약 4배 무겁다.
㉡ 페니실린을 비롯한 약품을 정제하기 위한 추출제 혹은 냉동제 및 합성수지에 이용된다.
㉢ 가연성이 매우 작지만 불꽃, 열 또는 산소에 노출되면 분해되어 독성물질이 된다.

90 주로 비강, 인후두, 기관 등 호흡기의 기도 부위에 축적됨으로써 호흡기계 독성을 유발하는 분진은?
① 흡입성 분진
② 호흡성 분진
③ 흉곽성 분진
④ 총부유 분진

정답 86.① 87.③ 88.② 89.② 90.①

> **풀이** ACGIH의 입자 크기별 기준(TLV)
> (1) 흡입성 입자상 물질
>   (IPM ; Inspirable Particulates Mass)
>   ㉠ 호흡기의 어느 부위(비강, 인후두, 기관 등 호흡기의 기도 부위)에 침착하더라도 독성을 유발하는 분진이다.
>   ㉡ 비암이나 비중격천공을 일으키는 입자상 물질이 여기에 속한다.
>   ㉢ 침전분진은 재채기, 침, 코 등의 벌크(bulk) 세척기전으로 제거된다.
>   ㉣ 입경범위 : 0~100μm
>   ㉤ 평균입경 : 100μm(폐침착의 50%에 해당하는 입자의 크기)
> (2) 흉곽성 입자상 물질
>   (TPM ; Thoracic Particulates Mass)
>   ㉠ 기도나 하기도(가스교환 부위)에 침착하여 독성을 나타내는 물질이다.
>   ㉡ 평균입경 : 10μm
>   ㉢ 채취기구 : PM 10
> (3) 호흡성 입자상 물질
>   (RPM ; Respirable Particulates Mass)
>   ㉠ 가스교환 부위, 즉 폐포에 침착할 때 유해한 물질이다.
>   ㉡ 평균입경 : 4μm(공기역학적 직경이 10μm 미만의 먼지가 호흡성 입자상 물질)
>   ㉢ 채취기구 : 10mm nylon cyclone

91 다음의 설명에서 ㉠~㉢에 해당하는 숫자로 알맞은 것은?

> 단시간노출기준(STEL)이란 (㉠)분간의 시간가중평균노출값으로서 노출농도가 시간가중평균노출기준(TWA)을 초과하고 단시간노출기준(STEL) 이하인 경우에는 1회 노출 지속시간이 (㉡)분 미만이어야 하고, 이러한 상태로 1일 (㉢)회 이하로 발생하여야 하며, 각 노출의 간격은 60분 이상이어야 한다.

① ㉠ : 15, ㉡ : 20, ㉢ : 2
② ㉠ : 15, ㉡ : 15, ㉢ : 4
③ ㉠ : 20, ㉡ : 15, ㉢ : 2
④ ㉠ : 20, ㉡ : 20, ㉢ : 4

> **풀이** 단시간 노출농도(STEL ; Short Term Exposure Limits)
> ㉠ 근로자가 1회 15분간 유해인자에 노출되는 경우의 기준(허용농도)이다.
> ㉡ 이 기준 이하에서는 노출간격이 1시간 이상인 경우 1일 작업시간 동안 4회까지 노출이 허용될 수 있다.
> ㉢ 고농도에서 급성중독을 초래하는 물질에 적용한다.

92 납중독을 확인하는 시험이 아닌 것은?
① 혈중의 납 농도
② 소변 중 단백질
③ 말초신경의 신경 전달속도
④ ALA(Amino Levulinic Acid) 축적

> **풀이** 납중독 확인 시험사항
> ㉠ 혈액 내의 납 농도
> ㉡ 헴(heme)의 대사
> ㉢ 말초신경의 신경 전달속도
> ㉣ Ca-EDTA 이동시험
> ㉤ ALA(Amino Levulinic Acid) 축적

93 근로자의 화학물질에 대한 노출을 평가하는 방법으로 가장 거리가 먼 것은?
① 개인시료 측정
② 생물학적 모니터링
③ 유해성확인 및 독성평가
④ 건강감시(medical surveillance)

> **풀이** 근로자의 화학물질에 대한 노출평가방법
> ㉠ 개인시료 측정
> ㉡ 생물학적 모니터링
> ㉢ 건강감시(medical surveillance)

94 다음 중 인체에 흡수된 대부분의 중금속을 배설, 제거하는 데 가장 중요한 역할을 담당하는 기관은 무엇인가?
① 대장   ② 소장
③ 췌장   ④ 신장

풀이 **신장**
① 유해물질에 있어서 가장 중요한 기관이다.
② 신장의 기능
  • 신장 적혈구의 생성인자
  • 혈압조절
  • 비타민 D의 대사작용
③ 신장은 체액의 전해질 및 pH를 조절하여 신체의 항상성 유지 등의 신체조절역할을 수행하기 때문에 폭로에 민감하다.
④ 신장을 통한 배설은 사구체 여과, 세뇨관 재흡수, 세뇨관 분비에 의해 제거된다.
⑤ 사구체를 통한 여과는 심장의 박동으로 생성되는 혈압 등의 정수압(hydrostatic pressure)의 차이에 의해 일어난다.
⑥ 사구체에 여과된 유해물질은 배출되거나 재흡수되며, 재흡수 정도는 뇨의 pH에 따라 달라진다.
⑦ 세뇨관을 통한 분비는 선택적으로 작용하며, 능동 및 수동 수송방식으로 이루어진다.
⑧ 세뇨관 내의 물질은 재흡수에 의해 혈중으로 돌아가며 아미노산, 당류, 독성물질 등이 재흡수된다.

95 폐에 침착된 먼지의 정화과정에 대한 설명으로 틀린 것은?
① 어떤 먼지는 폐포벽을 통과하여 림프계나 다른 부위로 들어가기도 한다.
② 먼지는 세포가 방출하는 효소에 의해 용해되지 않으므로 점액층에 의한 방출 이외에는 체내에 축적된다.
③ 폐에 침착된 먼지는 식세포에 의하여 포위되어, 포위된 먼지의 일부는 미세 기관지로 운반되고 점액 섬모운동에 의하여 정화된다.
④ 폐에서 먼지를 포위하는 식세포는 수명이 다한 후 사멸하고 다시 새로운 식세포가 먼지를 포위하는 과정이 계속적으로 일어난다.

풀이 **인체 방어기전**
(1) 점액 섬모운동
  ⊙ 가장 기초적인 방어기전(작용)이며, 점액 섬모운동에 의한 배출 시스템으로 폐포로 이동하는 과정에서 이물질을 제거하는 역할을 한다.
  ⓒ 기관지(벽)에서의 방어기전을 의미한다.
  ⓒ 정화작용을 방해하는 물질은 카드뮴, 니켈, 황화합물 등이다.
(2) 대식세포에 의한 작용(정화)
  ⊙ 대식세포가 방출하는 효소에 의해 용해되어 제거된다(용해작용).
  ⓒ 폐포의 방어기전을 의미한다.
  ⓒ 대식세포에 의해 용해되지 않는 대표적 독성물질은 유리규산, 석면 등이다.

96 베릴륨중독에 관한 설명으로 틀린 것은?
① 베릴륨의 만성중독은 neighborhood cases 라고도 불리운다.
② 예방을 위해 X선 촬영과 폐기능검사가 포함된 정기건강검진이 필요하다.
③ 염화물, 황화물, 불화물과 같은 용해성 베릴륨화합물은 급성중독을 일으킨다.
④ 치료는 BAL 등 금속배설촉진제를 투여하며, 피부병소에는 BAL 연고를 바른다.

풀이 **베릴륨의 치료**
⊙ 급성 베릴륨폐증인 경우 즉시 작업을 중단한다.
ⓒ 금속배출촉진제 chelating agent를 투여한다.

97 체내에 소량 흡수된 카드뮴은 체내에서 해독되는데 이들 반응에 중요한 작용을 하는 것은?
① 효소
② 임파구
③ 간과 신장
④ 백혈구

풀이 체내에 흡수된 카드뮴은 혈액을 거쳐 2/3는 간과 신장으로 이동하며, 간과 신장은 소량의 카드뮴을 해독하는 데 중요한 작용을 한다.

98 채석장 및 모래분사작업장(sandblasting)의 작업자들이 석영을 과도하게 흡입하여 발생하는 질병은?
① 규폐증
② 탄폐증
③ 면폐증
④ 석면폐증

정답 95.② 96.④ 97.③ 98.①

풀이 규폐증의 원인
㉠ 결정형 규소(암석 : 석영분진, 이산화규소, 유리규산)에 직업적으로 노출된 근로자에게 발생한다.
  ※ 유리규산(SiO_2) 함유 먼지 0.5~5μm의 크기에서 잘 발생한다.
㉡ 주요 원인물질은 혼합물질이며, 건축업, 도자기 작업장, 채석장, 석재공장 등의 작업장에서 근무하는 근로자에게 발생한다.
㉢ 석재공장, 주물공장, 내화벽돌 제조, 도자기 제조 등에서 발생하는 유리규산이 주 원인이다.
㉣ 유리규산(석영) 분진에 의한 규폐성 결정과 폐포벽 파괴 등 망상내피계 반응은 분진입자의 크기가 2~5μm일 때 자주 일어난다.

99 유기용제의 종류에 따른 중추신경계 억제작용을 작은 것부터 큰 순서대로 나타낸 것은 어느 것인가?
① 에스테르<유기산<알코올<알켄<알칸
② 에스테르<알칸<알켄<알코올<유기산
③ 알칸<알켄<알코올<유기산<에스테르
④ 알켄<알코올<에스테르<알칸<유기산

풀이 중추신경계 억제작용 순서
알칸<알켄<알코올<유기산<에스테르<에테르<할로겐화합물(할로겐족)

100 메탄올의 시각장애 독성을 나타내는 대사단계의 순서로 알맞은 것은?
① 메탄올 → 에탄올 → 포름산 → 포름알데히드
② 메탄올 → 아세트알데히드 → 아세테이트 → 물
③ 메탄올 → 아세트알데히드 → 포름알데히드 → 이산화탄소
④ 메탄올 → 포름알데히드 → 포름산 → 이산화탄소

풀이 메탄올의 시각장애 기전
메탄올 → 포름알데히드 → 포름산 → 이산화탄소, 즉 중간대사체에 의하여 시신경에 독성을 나타낸다.

정답 99.③ 100.④

제1과목 | 산업위생학 개론

01 산업위생 분야에 종사하는 사람들이 반드시 지켜야 할 윤리강령 중 전문가로서의 책임에 대한 설명으로 틀린 것은?
① 기업체의 기밀은 누설하지 않는다.
② 과학적 방법의 적용과 자료의 해석에서 객관성을 유지한다.
③ 근로자, 사회 및 전문직종의 이익을 위해 과학적 지식을 공개하고 발표한다.
④ 전문적 판단이 타협에 의하여 좌우될 수 있거나 이해관계가 있는 상황에는 적극적으로 개입한다.

풀이 산업위생전문가로서의 책임
㉠ 성실성과 학문적 실력 면에서 최고수준을 유지한다(전문적 능력 배양 및 성실한 자세로 행동).
㉡ 과학적 방법의 적용과 자료의 해석에서 경험을 통한 전문가의 객관성을 유지한다(공인된 과학적 방법 적용·해석).
㉢ 전문분야로서의 산업위생을 학문적으로 발전시킨다.
㉣ 근로자, 사회 및 전문직종의 이익을 위해 과학적 지식을 공개하고 발표한다.
㉤ 산업위생활동을 통해 얻은 개인 및 기업체의 기밀은 누설하지 않는다(정보는 비밀유지).
㉥ 전문적 판단이 타협에 의하여 좌우될 수 있거나 이해관계가 있는 상황에는 개입하지 않는다.

02 직업성 질환의 범위에 해당되지 않는 것은?
① 합병증
② 속발성 질환
③ 선천적 질환
④ 원발성 질환

풀이 직업성 질환의 범위
㉠ 직업상 업무에 기인하여 1차적으로 발생하는 원발성 질환을 포함한다.
㉡ 원발성 질환과 합병 작용하여 제2의 질환을 유발하는 경우를 포함한다.
㉢ 합병증이 원발성 질환과 불가분의 관계를 가지는 경우를 포함한다.
㉣ 원발성 질환에서 떨어진 다른 부위에 같은 원인에 의한 제2의 질환을 일으키는 경우를 포함한다.

03 한 근로자가 트리클로로에틸렌(TLV=50ppm)이 담긴 탈지탱크에서 금속가공제품의 표면에 존재하는 절삭유 등의 기름성분을 제거하기 위해 탈지작업을 수행하였다. 또한, 이 과정을 마치고 포장단계에서 표면세척을 위해 아세톤(TLV=500ppm)을 사용하였다. 이 근로자의 작업환경측정 결과는 트리클로로에틸렌이 45ppm, 아세톤이 100ppm이었을 때, 노출지수와 노출기준에 관한 설명으로 알맞은 것은? (단, 두 물질은 상가작용을 한다.)
① 노출지수는 0.9이며, 노출기준 미만이다.
② 노출지수는 1.1이며, 노출기준을 초과하고 있다.
③ 노출지수는 6.1이며, 노출기준을 초과하고 있다.
④ 트리클로로에틸렌의 노출지수는 0.9, 아세톤의 노출지수는 0.2이며, 혼합물로써 노출기준 미만이다.

풀이 EI(노출지수) $= \dfrac{45}{50} + \dfrac{100}{500} = 1.1$
∴ 기준값 1보다 크므로 노출기준 초과

정답 01.④ 02.③ 03.②

04 화학물질의 국내 노출기준에 관한 설명으로 틀린 것은?

① 1일 8시간을 기준으로 한다.
② 직업병 진단기준으로 사용할 수 없다.
③ 대기오염의 평가나 관리상 지표로 사용할 수 없다.
④ 직업성 질병의 이환에 대한 반증자료로 사용할 수 있다.

풀이 화학물질의 국내 노출기준 유의사항
㉠ 각 유해인자의 노출기준은 해당 유해인자가 단독으로 존재하는 경우의 노출기준을 말하며, 2종 또는 그 이상의 유해인자가 혼재하는 경우에는 각 유해인자의 상가작용으로 유해성이 증가할 수 있으므로 규정에 의하여 산출하는 노출기준을 사용하여야 한다.
㉡ 노출기준은 1일 8시간 작업을 기준으로 하여 제정된 것이므로, 이를 이용할 때에는 근로시간, 작업의 강도, 온열조건, 이상기압 등이 노출기준 적용에 영향을 미칠 수 있으므로 이와 같은 제반요인에 대한 특별한 고려를 하여야 한다.
㉢ 유해인자에 대한 감수성은 개인에 따라 차이가 있으며, 노출기준 이하의 작업환경에서도 직업성 질병에 이환되는 경우가 있으므로, 노출기준을 직업병 진단에 사용하거나 노출기준 이하의 작업환경이라는 이유만으로 직업성 질병의 이환을 부정하는 근거 또는 반증자료로 사용하여서는 안 된다.
㉣ 노출기준은 대기오염의 평가 또는 관리상의 지표로 사용하여서는 안 된다.

05 산업안전보건법상 최근 1년간 작업공정에서 공정설비의 변경, 작업방법의 변경, 설비의 이전, 사용 화학물질의 변경 등으로 작업환경측정 결과에 영향을 주는 변화가 없는 경우, 작업공정 내 소음 외의 다른 모든 인자의 작업환경측정 결과가 최근 2회 연속 노출기준 미만인 사업장은 몇 년에 1회 이상 작업환경을 측정할 수 있는가?

① 6월   ② 1년
③ 2년   ④ 3년

풀이 작업환경 측정횟수
㉠ 사업주는 작업장 또는 작업공정이 신규로 가동되거나 변경되는 등으로 작업환경 측정대상 작업장이 된 경우에는 그 날부터 30일 이내에 작업환경 측정을 실시하고, 그 후 반기에 1회 이상 정기적으로 작업환경을 측정하여야 한다. 다만, 작업환경 측정결과가 다음의 어느 하나에 해당하는 작업장 또는 작업공정은 해당 유해인자에 대하여 그 측정일부터 3개월에 1회 이상 작업환경을 측정해야 한다.
• 화학적 인자(고용노동부장관이 정하여 고시하는 물질만 해당)의 측정치가 노출기준을 초과하는 경우
• 화학적 인자(고용노동부장관이 정하여 고시하는 물질은 제외)의 측정치가 노출기준을 2배 이상 초과하는 경우
㉡ ㉠항에도 불구하고 사업주는 최근 1년간 작업공정에서 공정 설비의 변경, 작업방법의 변경, 설비의 이전, 사용화학물질의 변경 등으로 작업환경 측정결과에 영향을 주는 변화가 없는 경우 1년에 1회 이상 작업환경 측정을 할 수 있는 경우
• 작업공정 내 소음의 작업환경 측정결과가 최근 2회 연속 85dB 미만인 경우
• 작업공정 내 소음 외의 다른 모든 인자의 작업환경 측정결과가 최근 2회 연속 노출기준 미만인 경우

06 하인리히의 사고 연쇄반응 이론(도미노 이론)에서 사고가 발생하기 바로 직전의 단계에 해당하는 것은?

① 개인적 결함
② 사회적 환경
③ 선진기술의 미적용
④ 불안전한 행동 및 상태

풀이 하인리히의 도미노 이론 : 사고 연쇄반응
사회적 환경 및 유전적 요소(선천적 결함)
⇩
개인적인 결함(인간의 결함)
⇩
불안전한 행동 및 상태(인적 원인과 물적 원인)
⇩
사고
⇩
재해

정답 04.④ 05.② 06.④

07 최근 실내공기질에서 문제가 되고 있는 방사성 물질인 라돈에 관한 설명으로 옳지 않은 것은?

① 무색, 무취, 무미한 가스로 인간의 감각에 의해 감지할 수 없다.
② 인광석이나 산업폐기물을 포함하는 토양, 석재, 각종 콘크리트 등에서 발생할 수 있다.
③ 라돈의 감마(γ)붕괴에 의하여 라돈의 딸핵종이 생성되며, 이것이 기관지에 부착되어 감마선을 방출하여 폐암을 유발한다.
④ 우라늄 계열의 붕괴과정 일부에서 생성될 수 있다.

풀이 | **라돈**
㉠ 자연적으로 존재하는 암석이나 토양에서 발생하는 thorium, uranium의 붕괴로 인해 생성되는 자연방사성 가스로, 공기보다 9배 무거워 지표에 가깝게 존재한다.
㉡ 무색, 무취, 무미한 가스로 인간의 감각에 의해 감지할 수 없다.
㉢ 라듐의 α붕괴에서 발생하며, 호흡하기 쉬운 방사성 물질로 폐암을 유발한다.

08 산업안전법령상 사무실 공기관리의 관리대상 오염물질의 종류에 해당하지 않는 것은?

① 오존(O_3)
② 총 부유세균
③ 호흡성 분진(RPM)
④ 일산화탄소(CO)

풀이 | **사무실 공기관리지침의 관리대상 오염물질**
㉠ 미세먼지(PM 10)
㉡ 초미세먼지(PM 2.5)
㉢ 일산화탄소(CO)
㉣ 이산화탄소(CO_2)
㉤ 이산화질소(NO_2)
㉥ 포름알데히드(HCHO)
㉦ 총 휘발성 유기화합물(TVOC)
㉧ 라돈(radon)
㉨ 총 부유세균
㉩ 곰팡이

※ 법 변경(2020년)사항이므로 풀이내용으로 학습 바랍니다.

09 사업장에서의 산업보건관리업무는 크게 3가지로 구분될 수 있다. 산업보건관리업무와 가장 관련이 적은 것은?

① 안전관리 ② 건강관리
③ 환경관리 ④ 작업관리

풀이 | **사업장의 산업보건관리업무 구분**
㉠ 작업관리
㉡ 건강관리
㉢ 환경관리

10 인간공학에서 최대작업영역(maximum area)에 대한 설명으로 가장 적절한 것은?

① 허리의 불편없이 적절히 조작할 수 있는 영역
② 팔과 다리를 이용하여 최대한 도달할 수 있는 영역
③ 어깨에서부터 팔을 뻗어 도달할 수 있는 최대영역
④ 상완을 자연스럽게 몸에 붙인 채로 전완을 움직일 때 도달하는 영역

풀이 | **수평작업영역의 구분**
(1) 최대작업영역(최대영역, maximum area)
㉠ 팔 전체가 수평상에 도달할 수 있는 작업영역
㉡ 어깨로부터 팔을 뻗어 도달할 수 있는 최대영역
㉢ 아래팔(전완)과 위팔(상완)을 곧게 펴서 파악할 수 있는 영역
㉣ 움직이지 않고 상지를 뻗어서 닿는 범위
(2) 정상작업영역(표준영역, normal area)
㉠ 상박부를 자연스런 위치에서 몸통부에 접하고 있을 때에 전박부가 수평면 위에서 쉽게 도착할 수 있는 운동범위
㉡ 위팔(상완)을 자연스럽게 수직으로 늘어뜨린 채 아래팔(전완)만으로 편안하게 뻗어 파악할 수 있는 영역
㉢ 움직이지 않고 전박과 손으로 조작할 수 있는 범위
㉣ 앉은 자세에서 위팔은 몸에 붙이고, 아래팔만 곧게 뻗어 닿는 범위
㉤ 약 34~45cm의 범위

정답 07.③ 08.풀이 학습 09.① 10.③

11 젊은 근로자의 약한 쪽 손의 힘은 평균 50kP이고, 이 근로자가 무게 10kg인 상자를 두 손으로 들어 올릴 경우에 한 손의 작업강도(%MS)는 얼마인가? (단, 1kP는 질량 1kg을 중력의 크기로 당기는 힘을 말한다.)

① 5
② 10
③ 15
④ 20

[풀이]
$$\text{작업강도(\%MS)} = \frac{RF}{MS} \times 100$$
$$= \frac{10}{50+50} \times 100$$
$$= 10\%MS$$

12 해외 국가의 노출기준 연결이 틀린 것은?

① 영국 – WEL(Workplace Exposure Limit)
② 독일 – REL(Recommended Exposure Limit)
③ 스웨덴 – OEL(Occupational Exposure Limit)
④ 미국(ACGIH) – TLV(Threshold Limit Value)

[풀이] 독일의 노출기준
MAK(Maximal Arbeitsplatz Konzentration)

13 산업위생 역사에서 영국의 외과의사 Percivall Pott에 대한 내용 중 틀린 것은?

① 직업성 암을 최초로 보고하였다.
② 산업혁명 이전의 산업위생 역사이다.
③ 어린이 굴뚝 청소부에게 많이 발생하던 음낭암(scrotal cancer)의 원인물질을 검댕(soot)이라고 규명하였다.
④ Pott의 노력으로 1788년 영국에서는 도제 건강 및 도덕법(Health and Morals of Apprentices Act)이 통과되었다.

[풀이] Percivall Pott
㉠ 영국의 외과의사로 직업성 암을 최초로 보고하였으며, 어린이 굴뚝청소부에게 많이 발생하는 음낭암(scrotal cancer)을 발견하였다.
㉡ 암의 원인물질은 검댕 속 여러 종류의 다환 방향족 탄화수소(PAH)이다.
㉢ 굴뚝청소부법을 제정하도록 하였다(1788년).

14 단기간 휴식을 통해서는 회복될 수 없는 발병단계의 피로를 무엇이라 하는가?

① 곤비
② 정신피로
③ 과로
④ 전신피로

[풀이] 피로의 3단계
피로도가 증가하는 순서에 따라 구분한 것이며, 피로의 정도는 객관적 판단이 용이하지 않다.
㉠ 1단계 : 보통피로
하룻밤을 자고 나면 완전히 회복하는 상태이다.
㉡ 2단계 : 과로
피로의 축적으로 다음날까지도 피로상태가 지속되는 것으로 단기간 휴식으로 회복될 수 있으며, 발병단계는 아니다.
㉢ 3단계 : 곤비
과로의 축적으로 단시간에 회복될 수 없는 단계를 말하며, 심한 노동 후의 피로현상으로 병적 상태를 의미한다.

15 flex-time 제도의 설명으로 맞는 것은?

① 하루 중 자기가 편한 시간을 정하여 자유롭게 출퇴근 하는 제도
② 주휴 2일제로 주당 40시간 이상의 근무를 원칙으로 하는 제도
③ 연중 4주간의 연차 휴가를 정하여 근로자가 원하는 시기에 휴가를 갖는 제도
④ 작업상 전 근로자가 일하는 중추시간(core time)을 제외하고 주당 40시간 내외의 근로조건하에서 자유롭게 출퇴근하는 제도

[정답] 11.② 12.② 13.④ 14.① 15.④

> **풀이** flex-time 제도
> 작업장의 기계화, 생산의 조직화, 기업의 경제성을 고려하여 모든 근로자가 근무를 하지 않으면 안 되는 중추시간(core time)을 설정하고, 지정된 주간 근무시간 내에서 자유 출퇴근을 인정하는 제도, 즉 작업상 전 근로자가 일하는 core time을 제외하고 주당 40시간 내외의 근로조건하에서 자유롭게 출퇴근하는 제도이다.

16 L_5/S_1 디스크에 얼마 정도의 압력이 초과되면 대부분의 근로자에게 장애가 나타나는가?

① 3,400N   ② 4,400N
③ 5,400N   ④ 6,400N

> **풀이** NIOSH에서 제안한 중량물 취급작업의 권고치 중 최대허용기준(MPL) 설정 배경
> ㉠ 역학조사결과
>   MPL을 초과하는 작업에서는 대부분의 근로자에게 근육, 골격 장애 나타남
> ㉡ 노동생리학적 연구결과
>   요구되는 에너지대사량 5.0kcal/min 초과
> ㉢ 인간공학적 연구결과
> L_5/S_1 디스크에 6,400N 압력 부하 시 대부분의 근로자가 견딜 수 없음
> ㉣ 정신물리학적 연구결과
>   남성 25%, 여성 1% 미만에서만 MPL 수준의 작업 가능

17 어느 공장에서 경미한 사고가 3건이 발생하였다. 그렇다면 이 공장의 무상해사고는 몇 건이 발생하는가? (단, 하인리히의 법칙을 활용)

① 25   ② 31
③ 36   ④ 40

> **풀이** 하인리히의 재해발생 비율은 1 : 29 : 300이므로,
> 29(경미한 사고) : 300(무상해사고)=3 : 무상해사고
> ∴ 무상해사고 = $\frac{300 \times 3}{29}$ = 31.03(31건)

18 인간공학에서 고려해야 할 인간의 특성과 가장 거리가 먼 것은?

① 감각과 지각
② 운동력과 근력
③ 감정과 생산능력
④ 기술, 집단에 대한 적응능력

> **풀이** 인간공학에서 고려해야 할 인간의 특성
> ㉠ 인간의 습성
> ㉡ 기술·집단에 대한 적응능력
> ㉢ 신체의 크기와 작업환경
> ㉣ 감각과 지각
> ㉤ 운동력과 근력
> ㉥ 민족

19 NIOSH의 권고중량한계(RWL ; Recommended Weight Limit)에 사용되는 승수(multiplier)가 아닌 것은?

① 들기거리(Lift Multiplier)
② 이동거리(Distance Multiplier)
③ 수평거리(Horizontal Multiplier)
④ 비대칭각도(Asymmetry Multiplier)

> **풀이** RWL(kg)=LC×HM×VM×DM×AM×FM×CM
>
> | | items | 계수 구하는 방법 |
> |---|---|---|
> | LC | Load Constant | 23kg |
> | HM | 수평 계수 (Horizontal Multiplier) | 25/H |
> | VM | 수직 계수 (Vertical Multiplier) | $1-(0.003|V-75|)$ |
> | DM | 거리 계수 (Distance Multiplier) | $0.82+(4.5/D)$ |
> | AM | 비대칭 계수 (Asymmetric Multiplier) | $1-(0.0032A)$ |
> | FM | 빈도 계수 (Frequency Multiplier) | 표로 구함 |
> | CM | 커플링 계수 (Coupling Multiplier) | 표로 구함 |

정답 16.④ 17.② 18.③ 19.①

20 심리학적 적성검사와 가장 거리가 먼 것은?

① 감각기능검사
② 지능검사
③ 지각동작검사
④ 인성검사

풀이 심리학적 검사(적성검사)
㉠ 지능검사 : 언어, 기억, 추리, 귀납 등에 대한 검사
㉡ 지각동작검사 : 수족협조, 운동속도, 형태지각 등에 대한 검사
㉢ 인성검사 : 성격, 태도, 정신상태 등에 대한 검사
㉣ 기능검사 : 직무에 관련된 기본지식과 숙련도, 사고력 등에 대한 검사

제2과목 | 작업위생 측정 및 평가

21 다음 중 수동식 채취기에 적용되는 이론으로 가장 적절한 것은?

① 침강원리, 분산원리
② 확산원리, 투과원리
③ 침투원리, 흡착원리
④ 충돌원리, 전달원리

풀이 수동식 시료채취기(passive sampler)
수동채취기는 공기채취펌프가 필요하지 않고 공기층을 통한 확산 또는 투과, 흡착되는 현상을 이용하여 수동적으로 농도구배에 따라 가스나 증기를 포집하는 장치이며, 확산포집방법(확산포집기)이라고도 한다.

22 다음 중 PVC막 여과지에 관한 설명과 가장 거리가 먼 것은?

① 수분에 대한 영향이 크지 않다.
② 공해성 먼지, 총 먼지 등의 중량분석을 위한 측정에 이용된다.
③ 유리규산을 채취하여 X선 회절법으로 분석하는 데 적절하다.
④ 코크스 제조공정에서 발생하는 코크스 오븐 배출물질을 채취하는 데 이용된다.

풀이 PVC막 여과지(Polyvinyl chloride membrane filter)
㉠ 가볍고, 흡습성이 낮기 때문에 분진의 중량분석에 사용된다.
㉡ 유리규산을 채취하여 X선 회절법으로 분석하는 데 적절하고 6가 크롬 및 아연산화합물의 채취에 이용한다.
㉢ 수분에 영향이 크지 않아 공해성 먼지, 총 먼지 등의 중량분석을 위한 측정에 사용한다.
㉣ 석탄먼지, 결정형 유리규산, 무정형 유리규산, 별도로 분리하지 않은 먼지 등을 대상으로 무게농도를 구하고자 할 때 PVC막 여과지로 채취한다.
㉤ 습기에 영향을 적게 받기 위해 전기적인 전하를 가지고 있어 채취 시 입자를 반발하여 채취효율을 떨어뜨리는 단점이 있다. 따라서 채취 전에 필터를 세정용액으로 처리함으로써 이러한 오차를 줄일 수 있다.
④항의 코크스 제조공정에서 발생하는 코크스 오븐 배출물질을 채취하는 데 이용하는 것은 은막여과지이다.

23 시료공기를 흡수, 흡착 등의 과정을 거치지 않고 진공채취병 등의 채취용기에 물질을 채취하는 방법은?

① 직접채취방법
② 여과채취방법
③ 고체채취방법
④ 액체채취방법

풀이 직접채취방법
시료공기를 흡수, 흡착 등의 과정을 거치지 아니하고 직접 채취대 또는 진공채취병 등의 채취용기에 물질을 채취하는 방법을 말한다.

24 어느 작업장에서 8시간 작업시간 동안 측정한 유해인자의 농도는 0.045mg/m³일 때, 95%의 신뢰도를 가진 하한치는 얼마인가? (단, 유해인자의 노출기준은 0.05mg/m³, 시료채취의 분석오차는 0.132이다.)

① 0.768
② 0.929
③ 1.032
④ 1.258

풀이
$$Y(표준화값) = \frac{TWA}{TLV} = \frac{0.045\,mg/m^3}{0.05\,mg/m^3} = 0.9$$
$$\therefore LCL(하한치) = Y - SAE = 0.9 - 0.132 = 0.768$$

정답 20.① 21.② 22.④ 23.① 24.①

25 옥내작업장에서 측정한 건구온도가 73℃이고, 자연습구온도가 65℃, 흑구온도가 81℃일 때, 습구흑구온도지수는?

① 64.4℃
② 67.4℃
③ 69.8℃
④ 71.0℃

풀이 옥내 WBGT(℃)
= (0.7×자연습구온도) + (0.3×흑구온도)
= (0.7×65℃) + (0.3×81℃)
= 69.8℃

26 온도 표시에 대한 내용 중 틀린 것은? (단, 고용노동부 고시 기준)

① 미온은 20~30℃를 말한다.
② 온수(溫水)는 60~70℃를 말한다.
③ 냉수(冷水)는 15℃ 이하를 말한다.
④ 상온은 15~25℃, 실온은 1~35℃를 말한다.

풀이 온도 표시
㉠ 온도의 표시는 셀시우스(Celcius)법에 따라 아라비아 숫자의 오른쪽에 ℃를 붙인다. 절대온도는 K로 표시하고, 절대온도 0K은 −273℃로 한다.
㉡ 상온은 15~25℃, 실온은 1~35℃, 미온은 30~40℃로 하고, 찬 곳은 따로 규정이 없는 한 0~15℃의 곳을 말한다.
㉢ 냉수(冷水)는 15℃ 이하, 온수(溫水)는 60~70℃, 열수(熱水)는 약 100℃를 말한다.

27 원자흡광광도계의 구성요소와 역할에 대한 설명 중 옳지 않은 것은?

① 광원은 속빈음극램프를 주로 사용한다.
② 광원은 분석물질이 반사할 수 있는 표준파장의 빛을 방출한다.
③ 단색화 장치는 특정파장만 분리하여 검출기로 보내는 역할을 한다.
④ 원자화 장치에서 원자화 방법에는 불꽃방식, 흑연로방식, 증기화 방식이 있다.

풀이 속빈음극램프(중공음극램프, hollow cathode lamp)
㉠ 분석하고자 하는 원소가 잘 흡수할 수 있는 특정파장의 빛을 방출하는 역할
㉡ 가장 널리 쓰이는 광원

28 다음 중 비누거품방법(bubble meter method)을 이용해 유량을 보정할 때의 주의사항과 가장 거리가 먼 것은?

① 측정시간의 정확성은 ±5초 이내이어야 한다.
② 측정장비 및 유량보정계는 Tygon tube로 연결한다.
③ 보정을 시작하기 전에 충분히 충전된 펌프를 5분간 작동한다.
④ 표준뷰렛 내부면을 세척제 용액으로 씻어서 비누거품이 쉽게 상승하도록 한다.

풀이 비누거품미터의 측정시간 정확성은 ±0.1sec 이내이어야 한다.

29 입자상 물질의 측정 및 분석 방법으로 틀린 것은? (단, 고용노동부 고시 기준)

① 석면의 농도는 여과채취방법에 의한 계수방법으로 측정한다.
② 규산염은 분립장치 또는 입자의 크기를 파악할 수 있는 기기를 이용한 여과채취방법으로 측정한다.
③ 광물성 분진은 여과채취방법에 따라 석영, 크리스토바라이트, 트리디마이트를 분석할 수 있는 적합한 분석방법으로 측정한다.
④ 용접흄은 여과채취방법으로 하되 용접보안면을 착용한 경우에는 그 내부에서 채취하고 중량분석방법과 원자흡광분광기 또는 유도결합플라스마를 이용한 분석방법으로 측정한다.

정답 25.③ 26.① 27.② 28.① 29.②

[풀이] **입자상 물질의 측정 및 분석 방법**
㉠ 석면의 농도는 여과채취방법에 의한 계수방법 또는 이와 동등 이상의 분석방법으로 측정할 것
㉡ 광물성 분진은 여과채취방법에 따라 석영, 크리스토바라이트, 트리디마이트를 분석할 수 있는 적합한 분석방법으로 측정할 것. 다만, 규산염과 기타 광물성 분진은 중량분석방법으로 측정할 것
㉢ 용접흄은 여과채취방법으로 하되, 용접보안면을 착용한 경우에는 그 내부에서 채취하고 중량분석 방법과 원자흡광분광기 또는 유도결합플라스마를 이용한 분석방법으로 측정할 것

30 어느 작업환경에서 발생하는 소음원 1개의 음압수준이 92dB이라면, 이와 동일한 소음원이 8개일 때의 전체 음압수준은?

① 101dB ② 103dB
③ 105dB ④ 107dB

[풀이] $L_합 = 10\log(10^{9.2} \times 8) = 101.03 dB$

31 상온에서 벤젠(C_6H_6)의 농도 20mg/m³는 부피단위 농도로 약 몇 ppm인가?

① 0.06 ② 0.6
③ 6 ④ 60

[풀이] 상온은 15~25℃이므로,
㉠ 15℃
$$농도(ppm) = 20mg/m^3 \times \frac{\left(22.4 \times \frac{273+15}{273}\right)mL}{78mg}$$
$= 6.06 mL/m^3 (ppm)$

㉡ 25℃
$$농도(ppm) = 20mg/m^3 \times \frac{24.45 mL}{78mg}$$
$= 6.26 mL/m^3 (ppm)$

32 어느 작업장에서 A물질의 농도를 측정한 결과 각각 23.9ppm, 21.6ppm, 22.4ppm, 24.1ppm, 22.7ppm, 25.4ppm을 얻었다. 측정결과에서 중앙값(median)은 몇 ppm인가?

① 23.0 ② 23.1
③ 23.3 ④ 23.5

[풀이] 순서대로 배열하면, 21.6, 22.4, 22.7, 23.9, 24.1, 25.4의 가운데인 22.7, 23.9ppm의 산술평균값을 구한다.
∴ 중앙값 $= \frac{22.7 + 23.9}{2} = 23.3 ppm$

33 고체 흡착제를 이용하여 시료채취를 할 때 영향을 주는 인자에 관한 설명이 아닌 것은?

① 온도 : 고온일수록 흡착성질이 감소하며 파과가 일어나기 쉽다.
② 오염물질농도 : 공기 중 오염물질의 농도가 높을수록 파과공기량이 증가한다.
③ 흡착제의 크기 : 입자의 크기가 작을수록 채취효율이 증가하나 압력강하가 심하다.
④ 시료채취유량 : 시료채취유량이 높으면 파과가 일어나기 쉬우며 코팅된 흡착제일수록 그 경향이 강하다.

[풀이] **흡착제를 이용한 시료채취 시 영향인자**
㉠ 온도 : 온도가 낮을수록 흡착에 좋으나 고온일수록 흡착대상 오염물질과 흡착제의 표면 사이 또는 2종 이상의 흡착대상 물질간 반응속도가 증가하여 흡착성질이 감소하며 파과가 일어나기 쉽다(모든 흡착은 발열반응이다).
㉡ 습도 : 극성 흡착제를 사용할 때 수증기가 흡착되기 때문에 파과가 일어나기 쉬우며, 비교적 높은 습도는 활성탄의 흡착용량을 저하시킨다. 또한 습도가 높으면 파과공기량(파과가 일어날 때까지의 채취공기량)이 적어진다.
㉢ 시료채취속도(시료채취량) : 시료채취속도가 크고 코팅된 흡착제일수록 파과가 일어나기 쉽다.
㉣ 유해물질 농도(포집된 오염물질의 농도) : 농도가 높으면 파과용량(흡착제에 흡착된 오염물질량)이 증가하나 파과공기량은 감소한다.
㉤ 혼합물 : 혼합기체의 경우 각 기체의 흡착량은 단독성분이 있을 때보다 적어지게 된다(혼합물 중 흡착제와 강한 결합을 하는 물질에 의하여 치환반응이 일어나기 때문).
㉥ 흡착제의 크기(흡착제의 비표면적) : 입자 크기가 작을수록 표면적 및 채취효율이 증가하지만 압력강하가 심하다(활성탄은 다른 흡착제에 비하여 큰 비표면적을 갖고 있다).
㉦ 흡착관의 크기(튜브의 내경, 흡착제의 양) : 흡착제의 양이 많아지면 전체 흡착제의 표면적이 증가하여 채취용량이 증가하므로 파과가 쉽게 발생되지 않는다.

34 다음은 작업장 소음측정에 관한 고용노동부 고시 내용이다. (   ) 안의 내용으로 옳은 것은?

> 누적소음노출량 측정기로 소음을 측정하는 경우에는 criteria 90dB, exchange rate 5dB, threshold (   )dB로 기기를 설정한다.

① 50   ② 60
③ 70   ④ 80

풀이 누적소음노출량 측정기(noise dosemeter) 설정
㉠ threshold=80dB
㉡ criteria=90dB
㉢ exchange rate=5dB

35 화학공장의 작업장 내 먼지농도를 측정하였더니 5, 6, 5, 6, 6, 6, 4, 8, 9, 8(ppm)일 때, 측정치의 기하평균은 약 몇 ppm인가?

① 5.13   ② 5.83
③ 6.13   ④ 6.83

풀이
$$\log(GM) = \frac{\log5+\log6+\log5+\log6+\log6+\log6+\log4+\log8+\log9+\log8}{10} = 0.7873$$

∴ GM(기하평균) = $10^{0.7873}$ = 6.13ppm

36 다음 중 작업환경측정치의 통계처리에 활용되는 변이계수에 관한 설명과 가장 거리가 먼 것은?

① 평균값의 크기가 0에 가까울수록 변이계수의 의의는 작아진다.
② 측정단위와 무관하게 독립적으로 산출되며 백분율로 나타낸다.
③ 단위가 서로 다른 집단이나 특성값의 상호산포도를 비교하는 데 이용될 수 있다.
④ 편차의 제곱 합들의 평균값으로, 통계집단의 측정값들에 대한 균일성, 정밀성 정도를 표현한다.

풀이 변이계수(CV)
㉠ 측정방법의 정밀도를 평가하는 계수이며, %로 표현되므로 측정단위와 무관하게 독립적으로 산출된다.
㉡ 통계집단의 측정값에 대한 균일성과 정밀성의 정도를 표현한 계수이다.
㉢ 단위가 서로 다른 집단이나 특성값의 상호산포도를 비교하는 데 이용될 수 있다.
㉣ 변이계수가 작을수록 자료가 평균 주위에 가깝게 분포한다는 의미이다(평균값의 크기가 0에 가까울수록 변이계수의 의미는 작아진다).
㉤ 표준편차의 수치가 평균치에 비해 몇 %가 되느냐로 나타낸다.

37 작업환경측정대상이 되는 작업장 또는 공정에서 정상적인 작업을 수행하는 동일노출집단의 근로자가 작업을 하는 장소는?
(단, 고용노동부 고시 기준)

① 동일작업장소
② 단위작업장소
③ 노출측정장소
④ 측정작업장소

풀이 단위작업장소
작업환경측정대상이 되는 작업장 또는 공정에서 정상적인 작업을 수행하는 동일노출집단의 근로자가 작업을 행하는 장소를 말한다.

38 다음 중 흡착관인 실리카겔관에 사용되는 실리카겔에 관한 설명과 가장 거리가 먼 것은?

① 이황화탄소를 탈착용매로 사용하지 않는다.
② 극성 물질을 채취한 경우 물 또는 메탄올을 용매로 쉽게 탈착된다.
③ 추출용액이 화학분석이나 기기분석에 방해물질로 작용하는 경우가 많지 않다.
④ 파라핀류가 케톤류보다 극성이 강하기 때문에 실리카겔에 대한 친화력도 강하다.

풀이 실리카겔의 친화력(극성이 강한 순서)
물 > 알코올류 > 알데히드류 > 케톤류 > 에스테르류 > 방향족탄화수소류 > 올레핀류 > 파라핀류

정답 34.④ 35.③ 36.④ 37.② 38.④

39 다음 중 조선소에서 용접작업 시 발생 가능한 유해인자와 가장 거리가 먼 것은?

① 오존
② 자외선
③ 황산
④ 망간흄

풀이 조선업 용접작업 시 발생 유해인자
㉠ 용접흄(망간흄, 카드뮴흄 등)
㉡ 오존
㉢ 유해광선(자외선)
㉣ 소음
㉤ 이산화질소

40 소음의 측정방법으로 틀린 것은? (단, 고용노동부 고시 기준)

① 소음계의 청감보정회로는 A특성으로 한다.
② 소음계 지시침의 동작은 느린(slow) 상태로 한다.
③ 소음계의 지시치가 변동하지 않는 경우에는 해당 지시치를 그 측정점에서의 소음수준으로 한다.
④ 소음이 1초 이상의 간격을 유지하면서 최대음압수준이 120dB(A) 이상의 소음인 경우에는 소음수준에 따른 10분 동안의 발생횟수를 측정한다.

풀이 소음이 1초 이상의 간격을 유지하면서 최대음압수준이 120dB(A) 이상의 소음(충격소음)인 경우에는 소음수준에 따른 1분 동안의 발생횟수를 측정하여야 한다.

제3과목 | 작업환경 관리대책

41 다음 중 국소배기장치에 관한 주의사항과 가장 거리가 먼 것은?

① 유독물질의 경우에는 굴뚝에 흡인장치를 보강할 것
② 흡인되는 공기가 근로자의 호흡기를 거치지 않도록 할 것
③ 배기관은 유해물질이 발산하는 부위의 공기를 모두 흡입할 수 있는 성능을 갖출 것
④ 먼지를 제거할 때에는 공기속도를 조절하여 배기관 안에서 먼지가 일어나도록 할 것

풀이 국소배기장치에서 먼지를 제거할 때에는 공기속도를 조절하여 배기관 안에서 먼지가 재비산되지 않도록 해야 한다.

42 정압이 3.5cmH₂O인 송풍기의 회전속도를 180rpm에서 360rpm으로 증가시켰다면, 송풍기의 정압은 약 몇 cmH₂O인가? (단, 기타 조건은 같다고 가정)

① 16   ② 14
③ 12   ④ 10

풀이 송풍기 상사법칙(회전수 비)

$$\frac{FSP_2}{FSP_1} = \left(\frac{rpm_2}{rpm_1}\right)^2$$

$$\therefore FSP_2 = 3.5\text{cmH}_2\text{O} \times \left(\frac{360\text{rpm}}{180\text{rpm}}\right)^2 = 14\text{cmH}_2\text{O}$$

43 작업환경의 관리원칙인 대체 중 물질의 변경에 따른 개선 예와 가장 거리가 먼 것은?

① 성냥 제조 시 황린 대신 적린을 사용하였다.
② 세척작업에서 사염화탄소 대신 트리클로로에틸렌을 사용하였다.
③ 야광시계의 자판에서 인 대신 라듐을 사용하였다.
④ 보온재료 사용에서 석면 대신 유리섬유를 사용하였다.

풀이 ③ 야광시계의 자판에서 라듐 대신 인을 사용한다.

정답 39.③ 40.④ 41.④ 42.② 43.③

44 다음 중 작업환경개선을 위해 전체환기를 적용할 수 있는 상황과 가장 거리가 먼 것은?

① 오염발생원의 유해물질 발생량이 적은 경우
② 작업자가 근무하는 장소로부터 오염발생원이 멀리 떨어져 있는 경우
③ 소량의 오염물질이 일정속도로 작업장으로 배출되는 경우
④ 동일작업장에 오염발생원이 한군데로 집중되어 있는 경우

풀이 전체환기(희석환기) 적용 시 조건
㉠ 유해물질의 독성이 비교적 낮은 경우, 즉 TLV가 높은 경우(가장 중요한 제한조건)
㉡ 동일한 작업장에 다수의 오염원이 분산되어 있는 경우
㉢ 소량의 유해물질이 시간에 따라 균일하게 발생될 경우
㉣ 유해물질의 발생량이 적은 경우 및 희석공기량이 많지 않아도 될 경우
㉤ 유해물질이 증기나 가스일 경우
㉥ 국소배기로 불가능한 경우
㉦ 배출원이 이동성인 경우
㉧ 가연성 가스의 농축으로 폭발의 위험이 있는 경우
㉨ 오염원이 근무자가 근무하는 장소로부터 멀리 떨어져 있는 경우

45 20℃의 송풍관 내부에 480m/min으로 공기가 흐르고 있을 때, 속도압은 약 몇 mmH₂O인가? (단, 0℃ 공기밀도는 1.296kg/m³로 가정)

① 2.3 ② 3.9
③ 4.5 ④ 7.3

풀이 $VP = \dfrac{\gamma V^2}{2g}$

- $\gamma = 1.296 \text{kg/m}^3 \times \dfrac{273}{273+20}$
  $= 1.208 \text{kg/m}^3$
- $V = 480 \text{m/min} \times \text{min}/60\text{sec}$
  $= 8 \text{m/sec}$

$= \dfrac{1.208 \times 8^2}{2 \times 9.8} = 3.94 \text{mmH}_2\text{O}$

46 흡인풍량이 200m³/min, 송풍기 유효전압이 150mmH₂O, 송풍기 효율이 80%인 송풍기의 소요동력은?

① 3.5kW ② 4.8kW
③ 6.1kW ④ 9.8kW

풀이 소요동력(kW) $= \dfrac{Q \times \Delta P}{6,120 \times \eta} \times \alpha$
$= \dfrac{200 \times 150}{6,120 \times 0.8} \times 1.0$
$= 6.13 \text{kW}$

47 1기압에서 혼합기체가 질소(N₂) 50vol%, 산소(O₂) 20vol%, 탄산가스 30vol%로 구성되어 있을 때, 질소(N₂)의 분압은?

① 380mmHg ② 228mmHg
③ 152mmHg ④ 740mmHg

풀이 질소(N₂)의 분압 = 760mmHg × 0.5 = 380mmHg

48 어떤 작업장의 음압수준이 80dB(A)이고 근로자가 NRR이 19인 귀마개를 착용하고 있다면, 차음효과는 몇 dB(A)인가? (단, OSHA 방법 기준)

① 4   ② 6
③ 60 ④ 70

풀이 차음효과 = (NRR − 7) × 0.5
= (19 − 7) × 0.5
= 6dB(A)

49 환기시설 내 기류가 기본적인 유체역학적 원리에 따르기 위한 전제조건과 가장 거리가 먼 것은?

① 공기는 절대습도를 기준으로 한다.
② 환기시설 내외의 열교환은 무시한다.
③ 공기의 압축이나 팽창은 무시한다.
④ 공기 중에 포함된 유해물질의 무게와 용량을 무시한다.

정답 44.④ 45.② 46.③ 47.① 48.② 49.①

[풀이] 유체역학의 질량보전 원리를 환기시설에 적용하는 데 필요한 네 가지 공기 특성의 주요 가정(전제조건)
㉠ 환기시설 내외(덕트 내부와 외부)의 열전달(열교환) 효과 무시
㉡ 공기의 비압축성(압축성과 팽창성 무시)
㉢ 건조공기 가정
㉣ 환기시설에서 공기 속 오염물질의 질량(무게)과 부피(용량)를 무시

50 다음 중 오염물질을 후드로 유입하는 데 필요한 기류의 속도인 제어속도에 영향을 주는 인자와 가장 거리가 먼 것은?

① 덕트의 재질
② 후드의 모양
③ 후드에서 오염원까지의 거리
④ 오염물질의 종류 및 확산상태

[풀이] 제어속도 결정 시 고려사항
㉠ 유해물질의 비산방향(확산상태)
㉡ 유해물질의 비산거리(후드에서 오염원까지 거리)
㉢ 후드의 형식(모양)
㉣ 작업장 내 방해기류(난기류의 속도)
㉤ 유해물질의 성상(종류) : 유해물질의 사용량 및 독성

51 다음 중 방진마스크에 관한 설명으로 옳지 않은 것은?

① 일반적으로 활성탄 필터가 많이 사용된다.
② 종류에는 격리식, 직결식, 면체여과식이 있다.
③ 흡기저항 상승률은 낮은 것이 좋다.
④ 비휘발성 입자에 대한 보호가 가능하다.

[풀이] 방진마스크 필터 재질
㉠ 면, 모
㉡ 유리섬유
㉢ 합성섬유
㉣ 금속섬유

52 후드로부터 0.25m 떨어진 곳에 있는 공정에서 발생하는 먼지를, 제어속도가 5m/sec, 후드직경이 0.4m인 원형 후드를 이용하여 제거할 때, 필요환기량은 약 몇 m^3/min인가? (단, 플랜지 등 기타 조건은 고려하지 않는다.)

① 205
② 215
③ 225
④ 235

[풀이] 기본식을 적용(외부식 후드)
$$Q(m^3/min) = V_c(10X^2 + A)$$
$$= 5m/sec \times \left[(10 \times 0.25^2)m^2 + \left(\frac{3.14 \times 0.4^2}{4}\right)m^2 \times 60sec/min\right]$$
$$= 225.18 m^3/min$$

53 작업장에서 Methylene chloride(비중=1.336, 분자량=84.94, TLV=500ppm)를 500g/hr를 사용할 때, 필요한 환기량은 약 몇 m^3/min인가? (단, 안전계수는 7이고, 실내온도는 21°C이다.)

① 26.3
② 33.1
③ 42.0
④ 51.3

[풀이]
• 사용량 : 500g/hr
• 발생률(G)
84.94g : 24.1L = 500g/hr : G(L/hr)
$$G(L/hr) = \frac{24.1L \times 500g/hr}{84.94g}$$
$$= 141.86 L/hr$$
∴ 필요환기량(m^3/min)
$$= \frac{G}{TLV} \times K$$
$$= \frac{141.86L/hr \times 1,000mL/L \times hr/60min}{500mL/m^3} \times 7$$
$$= 33.10 m^3/min$$

PART 02 과년도 출제문제

54 다음은 분진발생 작업환경에 대한 대책이다. 옳은 것을 모두 고른 것은?

> ㉮ 연마작업에서는 국소배기장치가 필요하다.
> ㉯ 암석 굴진작업, 분쇄작업에서는 연속적인 살수가 필요하다.
> ㉰ 샌드블라스팅에 사용되는 모래를 철사나 금강사로 대치한다.

① ㉮, ㉯ ② ㉯, ㉰
③ ㉮, ㉰ ④ ㉮, ㉯, ㉰

[풀이] 분진발생 억제(발진의 방지)
(1) 작업공정 습식화
 ㉠ 분진의 방진대책 중 가장 효과적인 개선대책이다.
 ㉡ 착암, 파쇄, 연마, 절단 등의 공정에 적용한다.
 ㉢ 취급물질로는 물, 기름, 계면활성제를 사용한다.
 ㉣ 물을 분사할 경우 국소배기시설과의 병행사용 시 주의한다(작은 입자들이 부유 가능성이 있고, 이들이 덕트 등에 쌓여 굳게 됨으로써 국소배기시설의 효율성을 저하시킴).
 ㉤ 시간이 경과하여 바닥에 굳어 있다 건조되면 재비산되므로 주의한다.
(2) 대치
 ㉠ 원재료 및 사용재료의 변경(연마재의 사암을 인공마석으로 교체)
 ㉡ 생산기술의 변경 및 개량
 ㉢ 작업공정의 변경
 − 발생분진 비산 방지방법
(1) 해당 장소를 밀폐 및 포위
(2) 국소배기
 ㉠ 밀폐가 되지 못하는 경우에 사용한다.
 ㉡ 포위형 후드의 국소배기장치를 설치하며 해당 장소를 음압으로 유지시킨다.
(3) 전체환기

55 다음 그림이 나타내는 국소배기장치의 후드 형식은?

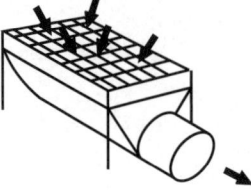

① 측방형
② 포위형
③ 하방형
④ 슬롯형

[풀이] 문제의 그림은 발생원의 아래 방향으로 포집하는, 즉 하방형 후드이다.

56 입자의 침강속도에 대한 설명으로 틀린 것은? (단, 스토크스 식 기준)

① 입자직경의 제곱에 비례한다.
② 공기와 입자 사이의 밀도차에 반비례한다.
③ 중력가속도에 비례한다.
④ 공기의 점성계수에 반비례한다.

[풀이] Stokes 종말침강속도(분리속도)

$$V_g = \frac{d_p^2(\rho_p - \rho)g}{18\mu}$$

여기서, V_g : 종말침강속도(m/sec)
 d_p : 입자의 직경(m)
 ρ_p : 입자의 밀도(kg/m³)
 ρ : 가스(공기)의 밀도(kg/m³)
 g : 중력가속도(9.8m/sec²)
 μ : 가스의 점도(점성계수)(kg/m·sec)

57 보호장구의 재질과 대상화학물질이 잘못 짝지어진 것은?

① 부틸고무 − 극성 용제
② 면 − 고체상 물질
③ 천연고무(latex) − 수용성 용액
④ viton − 극성 용제

[풀이] 보호장구 재질에 따른 적용물질
㉠ Neoprene 고무 : 비극성 용제, 극성 용제 중 알코올, 물, 케톤류 등에 효과적
㉡ 천연고무(latex) : 극성 용제 및 수용성 용액에 효과적(절단 및 찰과상 예방)
㉢ viton : 비극성 용제에 효과적
㉣ 면 : 고체상 물질에 효과적, 용제에는 사용 못함
㉤ 가죽 : 용제에는 사용 못함(기본적인 찰과상 예방)
㉥ Nitrile 고무 : 비극성 용제에 효과적
㉦ Butyl 고무 : 극성 용제에 효과적(알데히드, 지방족)
㉧ Ethylene vinyl alcohol : 대부분의 화학물질을 취급할 경우 효과적

정답 54.④ 55.③ 56.② 57.④

58 슬롯 후드에서 슬롯의 역할은?
① 제어속도를 감소시킨다.
② 후드 제작에 필요한 재료를 절약한다.
③ 공기가 균일하게 흡입되도록 한다.
④ 제어속도를 증가시킨다.

풀이 외부식 슬롯 후드
  ㉠ slot 후드는 후드 개방부분의 길이가 길고, 높이(폭)가 좁은 형태로 [높이(폭)/길이]의 비가 0.2 이하인 것을 말한다.
  ㉡ slot 후드에서도 플랜지를 부착하면 필요배기량을 줄일 수 있다(ACGIH : 환기량 30% 절약).
  ㉢ slot 후드의 가장자리에서도 공기의 흐름을 균일하게 하기 위해 사용한다.
  ㉣ slot 속도는 배기송풍량과는 관계가 없으며, 제어풍속은 slot 속도에 영향을 받지 않는다.
  ㉤ 플레넘 속도를 슬롯 속도의 1/2 이하로 하는 것이 좋다.

59 체적이 1,000m³이고 유효환기량이 50m³/min인 작업장에 메틸클로로포름 증기가 발생하여 100ppm의 상태로 오염되었다. 이 상태에서 증기발생이 중지되었다면 25ppm까지 농도를 감소시키는 데 걸리는 시간은?
① 약 17분   ② 약 28분
③ 약 32분   ④ 약 41분

풀이 감소시간(min) $= -\frac{V}{Q'} \ln\left(\frac{C_2}{C_1}\right)$
$= -\frac{1,000\text{m}^3}{50\text{m}^3/\text{min}} \times \ln\left(\frac{25\text{ppm}}{100\text{ppm}}\right)$
$= 27.73\text{min}$

60 송풍기에 관한 설명으로 옳은 것은?
① 풍량은 송풍기의 회전수에 비례한다.
② 동력은 송풍기의 회전수의 제곱에 비례한다.
③ 풍력은 송풍기의 회전수의 세제곱에 비례한다.
④ 풍압은 송풍기의 회전수의 세제곱에 비례한다.

풀이 송풍기 상사법칙(회전수 비)
  ㉠ 풍량은 송풍기의 회전수에 비례한다.
  ㉡ 풍압은 송풍기의 회전수의 제곱에 비례한다.
  ㉢ 동력은 송풍기의 회전수의 세제곱에 비례한다.

제4과목 | 물리적 유해인자관리

61 사무실 책상면으로부터 수직으로 1.4m의 거리에 1,000cd(모든 방향으로 일정)의 광도를 가지는 광원이 있다. 이 광원에 대한 책상에서의 조도(intensity of illumination, lux)는 약 얼마인가?
① 410   ② 444
③ 510   ④ 544

풀이 조도(lux) $= \frac{\text{candle}}{(\text{거리})^2} = \frac{1,000}{1.4^2} = 510.20\text{lux}$

62 다음 중 음의 세기레벨을 나타내는 dB의 계산식으로 옳은 것은? (단, I_0= 기준음향의 세기, I= 발생음의 세기)
① $dB = 10\log\frac{I}{I_0}$
② $dB = 20\log\frac{I}{I_0}$
③ $dB = 10\log\frac{I_0}{I}$
④ $dB = 20\log\frac{I_0}{I}$

풀이 (1) 음의 세기
  ㉠ 음의 진행방향에 수직하는 단위면적을 단위시간에 통과하는 음에너지를 음의 세기라 한다.
  ㉡ 단위는 watt/m²이다.
(2) 음의 세기레벨(SIL)
  SIL $= 10\log\left(\frac{I}{I_0}\right)$(dB)
  여기서, SIL : 음의 세기레벨(dB)
    I : 대상 음의 세기(W/m²)
    I_o : 최소가청음 세기(10^{-12}W/m²)

정답 58.③ 59.② 60.① 61.③ 62.①

PART 02 과년도 출제문제

63 산업안전보건법령상, 소음의 노출기준에 따르면 몇 dB(A)의 연속소음에 노출되어서는 안 되는가? (단, 충격소음 제외)
① 85　② 90
③ 100　④ 115

풀이 소음에 대한 노출기준
(1) 우리나라 노출기준
8시간 노출에 대한 기준 90dB(5dB 변화율)

1일 노출시간(hr)	소음수준[dB(A)]
8	90
4	95
2	100
1	105
1/2	110
1/4	115

㈜ 115dB(A)을 초과하는 소음수준에 노출되어서는 안 된다.

(2) ACGIH 노출기준
8시간 노출에 대한 기준 85dB(3dB 변화율)

1일 노출시간(hr)	소음수준[dB(A)]
8	85
4	88
2	91
1	94
1/2	97
1/4	100

64 일반적으로 전신진동에 의한 생체반응에 관여하는 인자로 가장 거리가 먼 것은?
① 온도　② 강도
③ 방향　④ 진동수

풀이 전신진동에 의한 생체반응에 관여하는 인자
㉠ 진동강도　㉡ 진동수
㉢ 진동방향　㉣ 진동폭로시간

65 다음 중 투과력이 커서 노출 시 인체 내부에도 영향을 미칠 수 있는 방사선의 종류는?
① γ선　② α선
③ β선　④ 자외선

풀이 전리방사선의 인체투과력
중성자 > X선 or γ선 > β선 > α선

66 개인의 평균청력손실을 평가하기 위하여 6분법을 적용하였을 때, 500Hz에서 6dB, 1,000Hz에서 10dB, 2,000Hz에서 10dB, 4,000Hz에서 20dB이면 이때의 청력손실은 얼마인가?
① 10dB
② 11dB
③ 12dB
④ 13dB

풀이
$$6분법 \ 평균청력손실 = \frac{a+2b+2c+d}{6}$$
$$= \frac{6+(2\times 10)+(2\times 10)+20}{6}$$
$$= 11 dB$$

67 인공호흡용 혼합가스 중 헬륨 – 산소 혼합가스에 관한 설명으로 틀린 것은?
① 헬륨은 고압하에서 마취작용이 약하다.
② 헬륨은 분자량이 작아서 호흡저항이 적다.
③ 헬륨은 질소보다 확산속도가 작아 인체 흡수속도를 줄일 수 있다.
④ 헬륨은 체외로 배출되는 시간이 질소에 비하여 50% 정도 밖에 걸리지 않는다.

풀이 헬륨은 질소보다 확산속도가 커서 인체흡수속도를 높일 수 있다.

68 현재 총 흡음량이 1,000sabins인 작업장에 흡음을 보강하여 4,000sabins을 더할 경우, 총 소음감소는 약 얼마인가? (단, 소수점 첫째자리에서 반올림)
① 5dB　② 6dB
③ 7dB　④ 8dB

풀이
$$소음감소량(NR) = 10\log\frac{A_2(대책\ 후)}{A_1(대책\ 전)}$$
$$= 10\log\frac{1,000+4,000}{1,000}$$
$$= 7.0 dB$$

정답 63.④　64.①　65.①　66.②　67.③　68.③

69 고온환경에 노출된 인체의 생리적 기전과 가장 거리가 먼 것은?

① 수분 부족
② 피부혈관 확장
③ 근육 이완
④ 갑상선자극호르몬 분비 증가

풀이 고온에 순화되는 과정(생리적 변화)
㉠ 체표면 한선(땀샘)의 수 증가 및 땀 속 염분농도 희박해짐
㉡ 간기능 저하(cholesterol/cholesterol ester의 비 감소)
㉢ 처음에는 에너지 대사량이 증가하고 체온이 상승하나 후에 근육이 이완되고, 열생산도 정상으로 됨
㉣ 위액분비가 줄고 산도가 감소하여 식욕부진, 소화불량 유발
㉤ 교감신경에 의한 피부혈관 확장 및 갑상선자극호르몬 분비 감소
㉥ 노출피부 표면적 증가 및 피부온도 현저하게 상승
㉦ 장관 내 온도 하강, 맥박수 감소 및 발한과 호흡 촉진
㉧ 심장박출량 처음엔 증가, 나중에 정상
㉨ 혈중 염분량 현저히 감소 및 수분 부족상태

70 저기압 환경에서 발생하는 증상으로 옳은 것은?

① 이산화탄소에 의한 산소중독증상
② 폐압박
③ 질소마취증상
④ 우울감, 두통, 구토, 식욕상실

풀이 ①, ②, ③항은 고기압 환경에서 발생하는 증상이며 저기압 환경의 인체영향 중 급성고산병은 극도의 우울증, 두통, 구토, 식욕상실을 보이는 임상증세군이다.

71 작업장에서 사용하는 트리클로로에틸렌을 독성이 강한 포스겐으로 전환시킬 수 있는 광화학작용을 하는 유해광선은?

① 적외선　② 자외선
③ 감마선　④ 마이크로파

풀이 포스겐($COCl_2$)
㉠ 무색의 기체로서 시판되고 있는 포스겐은 담황록색이며 독특한 자극성 냄새가 나며 가수분해되고 일반적으로 비중이 1.38정도로 크다.
㉡ 태양자외선과 산업장에서 발생하는 자외선은 공기 중의 NO_2와 올레핀계 탄화수소와 광학적 반응을 일으켜 트리클로로에틸렌을 독성이 강한 포스겐으로 전환시키는 광화학작용을 한다.
㉢ 공기 중에 트리클로로에틸렌이 고농도로 존재하는 작업장에서 아크용접을 실시하는 경우 트리클로로에틸렌이 포스겐으로 전환될 수 있다.
㉣ 독성은 염소보다 약 10배 정도 강하다.
㉤ 호흡기, 중추신경, 폐에 장애를 일으키고 폐수종을 유발하여 사망에 이른다.

72 다음 중 빛 또는 밝기와 관련된 단위가 아닌 것은?

① weber
② candela
③ lumen
④ footlambert

풀이
① weber : 자기선속의 국제단위
② candela : 빛의 세기단위(광도)
③ lumen : 광속의 국제단위
④ footlambert : 1ft²당 1lumen의 광속발산도를 지닌 확산면의 휘도 단위

73 다음 중 체온의 상승에 따라 체온조절중추인 시상하부에서 혈액온도를 감지하거나 신경망을 통하여 정보를 받아들여 체온방산작용이 활발해지는 작용은?

① 정신적 조절작용(spiritual thermo regulation)
② 물리적 조절작용(physical thermo regulation)
③ 화학적 조절작용(chemical thermo regulation)
④ 생물학적 조절작용(biological thermo regulation)

정답 69.④ 70.④ 71.② 72.① 73.②

풀이 **열평형(물리적 조절작용)**
㉠ 인체와 환경 사이의 열평형에 의하여 인체는 적절한 체온을 유지하려고 노력한다.
㉡ 기본적인 열평형 방정식에 있어 신체 열용량의 변화가 0보다 크면 생산된 열이 축적하게 되고 체온조절중추인 시상하부에서 혈액온도를 감지하거나 신경망을 통하여 정보를 받아들여 체온방산작용이 활발히 시작되는데, 이것을 물리적 조절작용(physical thermo regulation)이라 한다.

74 전리방사선에 대한 감수성이 가장 큰 조직은?
① 간 ② 골수세포
③ 연골 ④ 신장

풀이 **전리방사선에 대한 감수성 순서**

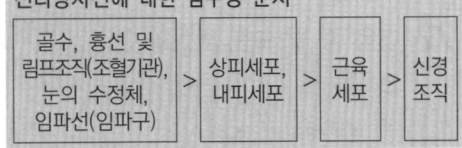

75 질소마취증상과 가장 연관이 많은 작업은?
① 잠수작업 ② 용접작업
③ 냉동작업 ④ 금속제조작업

풀이 질소의 마취증상과 연관이 있는 작업으로는 잠함작업, 해저 또는 하저의 터널작업 등이 있다.

76 다음 중 단기간 동안 자외선(UV)에 초과노출될 경우 발생할 수 있는 질병은?
① hypothermia
② welder's flash
③ phossy jaw
④ white fingers syndrome

풀이 **자외선의 눈에 대한 작용(장애)**
㉠ 전기용접, 자외선 살균 취급자 등에서 발생되는 자외선에 의해 전광성 안염인 급성각막염이 유발될 수 있다(일반적으로 6~12시간에 증상이 최고도에 달함).
㉡ 나이가 많을수록 자외선 흡수량이 많아져 백내장을 일으킬 수 있다.
㉢ 자외선의 파장에 따른 흡수정도에 따라 'arc-eye(welder's flash)'라고 일컬어지는 광각막염 및 결막염 등의 급성 영향이 나타나며, 이는 270~280nm의 파장에서 주로 발생한다.

77 참호족에 관한 설명으로 맞는 것은?
① 직장(直腸) 온도가 35℃ 수준 이하로 저하되는 경우를 의미한다.
② 체온이 32.2~35℃에 이르면 신경학적 억제증상으로 운동실조, 자극에 대한 반응도 저하와 언어이상 등이 온다.
③ 27℃에서는 떨림이 멎고 혼수에 빠지게 되고, 23~25℃에 이르면 사망하게 된다.
④ 근로자의 발이 한랭에 장기간 노출됨과 동시에 지속적으로 습기나 물에 잠기게 되면 발생한다.

풀이 ①, ②, ③항은 침수족에 관한 내용이다.

78 이상기압과 건강장애에 대한 설명으로 맞는 것은?
① 고기압 조건은 주로 고공에서 비행업무에 종사하는 사람에게 나타나며 이를 다루는 학문은 항공의학 분야이다.
② 고기압 조건에서의 건강장애는 주로 기후의 변화로 인한 대기압의 변화 때문에 발생하며 휴식이 가장 좋은 대책이다.
③ 고압 조건에서 급격한 압력저하(감압) 과정은 혈액과 조직에 녹아있던 질소가 기포를 형성하여 조직과 순환기계에 손상을 일으킨다.
④ 고기압 조건에서 주요 건강장애 기전은 산소부족이므로 일차적인 응급치료는 고압산소실에서 치료하는 것이 바람직하다.

풀이 **감압병(잠함병, caisson disease)**
고압환경에서 Henry법칙에 따라 체내에 과다하게 용해되었던 불활성 기체(질소 등)는 압력이 낮아질 때 과포화상태로 되어 혈액과 조직에 기포를 형성하여 혈액순환을 방해하거나 주위 조직에 기계적 영향을 줌으로써 다양한 증상을 일으키는데 이 질환을 감압병이라고 하며, 감압병의 직접적인 원인은 혈액과 조직에 질소기포의 증가이고, 감압병의 치료는 재가압 산소요법이 최상이며, 잠함병을 케이슨병이라고도 한다.

정답 74.② 75.① 76.② 77.④ 78.③

79 옥타브밴드로 소음의 주파수를 분석하였다. 낮은 쪽의 주파수가 250Hz이고, 높은 쪽의 주파수가 2배인 경우 중심주파수는 약 몇 Hz인가?

① 250
② 300
③ 354
④ 375

풀이 중심주파수(f_c)
$f_c = \sqrt{f_L \times f_U} = \sqrt{250 \times (250 \times 2)} = 353.6Hz$

80 다음 중 진동에 의한 장애를 최소화시키는 방법과 거리가 먼 것은?

① 진동의 발생원을 격리시킨다.
② 진동에 대한 노출시간을 최소화시킨다.
③ 훈련을 통하여 신체의 적응력을 향상시킨다.
④ 진동을 최소화하기 위하여 공학적으로 설계 및 관리한다.

풀이 훈련을 통하여 신체의 적응력을 향상시켜도 진동에 의한 장애를 최소화할 수는 없다.

제5과목 | 산업 독성학

81 다음 중 직업성 피부질환에 관한 설명으로 틀린 것은?

① 가장 빈번한 직업성 피부질환은 접촉성 피부염이다.
② 알레르기성 접촉피부염은 일반적인 보호기구로도 개선효과가 좋다.
③ 첩포시험은 알레르기성 접촉피부염의 감작물질을 색출하는 임상시험이다.
④ 일부 화학물질과 식물은 광선에 의해서 활성화되어 피부반응을 보일 수 있다.

풀이 알레르기성 접촉피부염은 항원에 노출되고 일정시간이 지난 후에 다시 노출되었을 때 세포매개성 과민반응에 의하여 나타나는 부작용의 결과이기 때문에 일반적인 보호기구로는 개선효과가 적다.

82 다음 중 생물학적 모니터링에서 사용되는 약어의 의미가 틀린 것은?

① B – background, 직업적으로 노출되지 않은 근로자의 검체에서 동일한 결정인자가 검출될 수 있다는 의미
② Sc – susceptibility(감수성), 화학물질의 영향으로 감수성이 커질 수도 있다는 의미
③ Nq – nonqualitative, 결정인자가 동 화학물질에 노출되었다는 지표일 뿐이고 측정치를 정량적으로 해석하는 것은 곤란하다는 의미
④ Ns – nonspecific(비특이적), 특정화학물질에 대한 노출에서 뿐만 아니라 다른 화학물질에 의해서도 이 결정인자가 나타날 수 있다는 의미

풀이 생물학적 모니터링 사용용어(약어)
㉠ B : Background
㉡ Sc : Susceptibility(감수성)
㉢ Nq : Non-quantitatively(비정량적)
㉣ Ns : Non-specific(비특이적)
㉤ Sq : Semi-quantitatively(반정량적)

83 동물실험에서 구한 역치량을 사람에게 외삽하여 "사람에게 안전한 양"으로 추정한 것을 SHD(Safe Human Dose)라고 하는데, SHD 계산에 필요하지 않은 항목은?

① 배설률
② 노출시간
③ 호흡률
④ 폐흡수비율

풀이 체내흡수량(mg) = $C \times T \times V \times R$
여기서, 체내흡수량(SHD) : 안전계수와 체중을 고려한 것
C : 공기 중 유해물질농도(mg/m³)
T : 노출시간(hr)
V : 호흡률(폐환기율)(m³/hr)
R : 체내잔류율(보통 1.0)

정답 79.③ 80.③ 81.② 82.③ 83.①

84 다음 중 크롬에 관한 설명으로 틀린 것은?
① 6가크롬은 발암성 물질이다.
② 주로 소변을 통하여 배설된다.
③ 형광등 제조, 치과용 아말감 산업이 원인이 된다.
④ 만성크롬중독인 경우 특별한 치료방법이 없다.

풀이 형광등 제조, 치과용 아말감 산업과 관계있는 중금속은 수은이다.
- 크롬(Cr)의 발생원
  ㉠ 전기도금공장
  ㉡ 가죽, 피혁 제조
  ㉢ 염색, 안료 제조
  ㉣ 방부제, 약품 제조

85 산업독성학에서 LC_{50}의 설명으로 맞는 것은?
① 실험동물의 50%가 죽게 되는 양이다.
② 실험동물의 50%가 죽게 되는 농도이다.
③ 실험동물의 50%가 살아남을 비율이다.
④ 실험동물의 50%가 살아남을 확률이다.

풀이 LC_{50}
㉠ 실험동물군을 상대로 기체상태의 독성물질을 호흡시켜 50%가 죽는 농도
㉡ 시험 유기체의 50%를 죽게 하는 독성물질의 농도
㉢ 동물의 종, 노출지속시간, 노출 후 관찰시간과 밀접한 관계가 있음

86 소변 중 화학물질 A의 농도는 28mg/mL, 단위시간(분)당 배설되는 소변의 부피는 1.5mL/min, 혈장 중 화학물질 A의 농도가 0.2mg/mL라면, 단위시간(분)당 화학물질 A의 제거율(mL/min)은 얼마인가?
① 120
② 180
③ 210
④ 250

풀이 제거율(mL/min) = $1.5mL/min \times \dfrac{28mg/mL}{0.2mg/mL}$
= 210mL/min

87 다음 중 카드뮴의 중독, 치료 및 예방대책에 관한 설명으로 틀린 것은?
① 소변 속의 카드뮴 배설량은 카드뮴 흡수를 나타내는 지표가 된다.
② BAL 또는 Ca-EDTA 등을 투여하여 신장에 대한 독작용을 제거한다.
③ 칼슘대사에 장애를 주어 신결석을 동반한 증후군이 나타나고 다량의 칼슘배설이 일어난다.
④ 폐활량 감소, 잔기량 증가 및 호흡곤란의 폐증세가 나타나며, 이 증세는 노출기간과 노출농도에 의해 좌우된다.

풀이 카드뮴 중독의 치료
㉠ BAL 및 Ca-EDTA를 투여하면 신장에 대한 독성작용이 더욱 심해지므로 금한다.
㉡ 안정을 취하고 대증요법을 이용하는 동시에 산소를 흡입하고 스테로이드를 투여한다.
㉢ 치아에 황색 색소침착 유발 시 글루쿠론산칼슘 20mL를 정맥 주사한다.
㉣ 비타민 D를 피하 주사한다(1주 간격, 6회가 효과적).

88 납중독의 주요증상에 포함되지 않는 것은?
① 혈중의 metallothionein 증가
② 적혈구 내 protoporphyrin 증가
③ 혈색소량 저하
④ 혈청 내 철 증가

풀이
(1) metallothionein(혈당단백질)은 카드뮴과 관계있다. 즉, 카드뮴이 체내에 들어가면 간에서 metallothionein 생합성이 촉진되어 폭로된 중금속의 독성을 감소시키는 역할을 하나 다량의 카드뮴일 경우 합성이 되지 않아 중독작용을 일으킨다.
(2) 적혈구에 미치는 작용
㉠ K^+과 수분이 손실된다.
㉡ 삼투압이 증가하여 적혈구가 위축된다.
㉢ 적혈구 생존기간이 감소한다.
㉣ 적혈구 내 전해질이 감소한다.
㉤ 미숙적혈구(망상적혈구, 친염기성 혈구)가 증가한다.
㉥ 혈색소량은 저하하고 혈청 내 철이 증가한다.
㉦ 적혈구 내 프로토포르피린이 증가한다.
㉧ 소변 중 코프로포르피린이 증가한다.

정답 84.③ 85.② 86.③ 87.② 88.①

89 화학적 질식제(chemical asphyxiant)에 심하게 노출되었을 경우 사망에 이르게 되는 이유로 적절한 것은?

① 폐에서 산소를 제거하기 때문
② 심장의 기능을 저하시키기 때문
③ 폐 속으로 들어가는 산소의 활용을 방해하기 때문
④ 신진대사기능을 높여 가용한 산소가 부족해지기 때문

[풀이] 화학적 질식제
㉠ 직접적 작용에 의해 혈액 중의 혈색소와 결합하여 산소운반능력을 방해하는 물질을 말하며, 조직 중의 산화효소를 불활성화시켜 질식작용(세포의 산소수용능력 상실)을 일으킨다.
㉡ 화학적 질식제에 심하게 노출 시 폐 속으로 들어가는 산소의 활용을 방해하기 때문에 사망에 이르게 된다.

90 다음 중 유해물질의 흡수에서 배설까지의 과정에 대한 설명으로 옳지 않은 것은?

① 흡수된 유해물질은 원래의 형태든, 대사산물의 형태로든 배설되기 위하여 수용성으로 대사된다.
② 흡수된 유해화학물질은 다양한 비특이적 효소에 의한 유해물질의 대사로 수용성이 증가되어 체외로의 배출이 용이하게 된다.
③ 간은 화학물질을 대사시키고 콩팥과 함께 배설시키는 기능을 담당하여, 다른 장기보다도 여러 유해물질의 농도가 낮다.
④ 유해물질은 조직에 분포되기 전에 먼저 몇 개의 막을 통과하여야 하며, 흡수속도는 유해물질의 물리화학적 성상과 막의 특성에 따라 결정된다.

[풀이] 유해물질의 흡수 및 배설
㉠ 흡수된 유해물질은 원래의 형태든, 대사산물의 형태로든 배설되기 위하여 수용성으로 대사된다.
㉡ 유해물질은 조직에 분포되기 전에 먼저 몇 개의 막을 통과하여야 한다.
㉢ 흡수속도는 유해물질의 물리화학적 성상과 막의 특성에 따라 결정된다.
㉣ 흡수된 유해화학물질은 다양한 비특이적 효소에 의하여 이루어지는 유해물질의 대사로 수용성이 증가되어 체외배출이 용이하게 된다.
㉤ 간은 화학물질을 대사시키고 콩팥과 함께 배설시키는 기능을 가지고 있어 다른 장기보다 여러 유해물질의 농도가 높다.

91 다음 중 중금속에 의한 폐기능의 손상에 관한 설명으로 틀린 것은?

① 철폐증(siderosis)은 철분진 흡입에 의한 암 발생(A1)이며, 중피종과 관련이 없다.
② 화학적 폐렴은 베릴륨, 산화카드뮴 에어로졸 노출에 의하여 발생하며 발열, 기침, 폐기종이 동반된다.
③ 금속열은 금속이 용융점 이상으로 가열될 때 형성되는 산화금속을 흄 형태로 흡입할 경우 발생한다.
④ 6가크롬은 폐암과 비강암 유발인자로 작용한다.

[풀이] 철폐증은 철분진(주로 산화철) 흡입에 의한 병적 증상을 나타내며 중피종과 관련이 있다.

92 노말헥산이 체내 대사과정을 거쳐 변환되는 물질로, 노말헥산에 폭로된 근로자의 생물학적 노출지표로 이용되는 물질로 옳은 것은?

① hippuric acid
② 2,5-hexanedione
③ hydroquinone
④ 9-hydroxyquinoline

[풀이] 노말헥산(n-헥산)의 대사산물(생물학적 노출지표)
㉠ 뇨 중 2,5-hexanedione
㉡ 뇨 중 n-헥산

정답 89.③ 90.③ 91.① 92.②

93 납중독을 확인하기 위한 시험방법과 가장 거리가 먼 것은?

① 혈액 중 납 농도 측정
② 헴(heme)합성과 관련된 효소의 혈중농도 측정
③ 신경 전달속도 측정
④ β-ALA 이동 측정

풀이 납중독 확인 시험사항
㉠ 혈액 내의 납 농도
㉡ 헴(heme)의 대사
㉢ 말초신경의 신경 전달속도
㉣ Ca-EDTA 이동시험
㉤ β-ALA(Amino Levulinic Acid) 축적

94 다음 중 다핵방향족탄화수소류(PAHs)에 대한 설명으로 틀린 것은?

① 철강제조업의 석탄건류공정에서 발생된다.
② PAHs의 대사에 관여하는 효소는 시토크롬 P-448이다.
③ PAHs는 배설을 쉽게 하기 위하여 수용성으로 대사된다.
④ 벤젠고리가 2개 이상인 것으로 톨루엔이나 크실렌 등이 있다.

풀이 다핵방향족탄화수소류(PAHs)
⇨ 일반적으로 시토크롬 P-448이라 한다.
㉠ 벤젠고리가 2개 이상 연결된 것으로 20여 가지 이상이 있다.
㉡ 대사가 거의 되지 않아 방향족 고리로 구성되어 있다.
㉢ 철강 제조업의 코크스 제조공정, 흡연, 연소공정, 석탄건류, 아스팔트 포장, 굴뚝 청소 시 발생한다.
㉣ 비극성의 지용성 화합물이며 소화관을 통하여 흡수된다.
㉤ 시토크롬 P-450의 준개체단에 의하여 대사되고, PAHs의 대사에 관여하는 효소는 P-448로 대사되는 중간산물이 발암성을 나타낸다.
㉥ 대사 중에 산화아렌(arene oxide)을 생성하고 잠재적 독성이 있다.
㉦ 연속적으로 폭로된다는 것은 불가피하게 발암성으로 진행됨을 의미한다.
㉧ 배설을 쉽게 하기 위하여 수용성으로 대사되는데 체내에서 먼저 PAHs가 hydroxylation(수산화)되어 수용성을 돕는다.
㉨ PAHs의 발암성 강도는 독성 강도와 연관성이 크다.
㉩ ACGIH의 TLV는 TWA로 10ppm이다.
㉪ 인체 발암 추정물질(A2)로 분류된다.

95 다음 중 유해물질의 독성 또는 건강영향을 결정하는 인자로 가장 거리가 먼 것은?

① 작업강도
② 인체 내 침입경로
③ 노출농도
④ 작업장 내 근로자 수

풀이 유해물질의 독성(건강영향)을 결정하는 인자
㉠ 공기 중 농도(노출농도)
㉡ 폭로시간(노출시간)
㉢ 작업강도
㉣ 기상조건
㉤ 개인의 감수성
㉥ 인체 침입경로
㉦ 유해물질의 물리화학적 성질

96 다음 중 피부의 색소침착(pigmentation)이 가능한 표피층 내의 세포는?

① 기저세포 ② 멜라닌세포
③ 각질세포 ④ 피하지방세포

풀이 피부의 일반적 특징
㉠ 피부는 크게 표피층과 진피층으로 구성되며, 표피에는 색소침착이 가능한 표피층 내의 멜라닌세포와 랑거한스세포가 존재한다.
㉡ 표피는 대부분 각질세포로 구성되며, 각화세포를 결합하는 조직은 케라틴 단백질이다.
㉢ 진피 속의 모낭은 유해물질이 피부에 부착하여 체내로 침투되도록 확산측로의 역할을 한다.
㉣ 자외선(햇빛)에 노출되면 멜라닌세포가 증가하여 각질층이 비후되어 자외선으로부터 피부를 보호한다.
㉤ 랑거한스세포는 피부의 면역반응에 중요한 역할을 한다.
㉥ 피부에 접촉하는 화학물질의 통과속도는 일반적으로 각질층에서 가장 느리다.

정답 93.④ 94.④ 95.④ 96.②

97 다음 중 유해화학물질에 의한 간의 중요한 장애인 중심소엽성 괴사를 일으키는 물질로 옳은 것은?
① 수은
② 사염화탄소
③ 이황화탄소
④ 에틸렌글리콜

[풀이] 사염화탄소(CCl_4)
㉠ 특이한 냄새가 나는 무색의 액체로 소화제, 탈지세정제, 용제로 이용한다.
㉡ 신장장애 증상으로 감뇨, 혈뇨 등이 발생하며, 완전 무뇨증이 되면 사망할 수 있다.
㉢ 피부, 간장, 신장, 소화기, 신경계에 장애를 일으키는데 특히 간에 대한 독성작용이 강하게 나타난다(즉, 간에 중요한 장애인 중심소엽성 괴사를 일으킨다).
㉣ 고온에서 금속과의 접촉으로 포스겐, 염화수소를 발생시키므로 주의를 요한다.
㉤ 고농도로 폭로되면 중추신경계 장애 외에 간장이나 신장에 장애가 일어나 황달, 단백뇨, 혈뇨의 증상을 보이는 할로겐 탄화수소이다.
㉥ 초기증상으로 지속적인 두통, 구역 및 구토, 간 부위의 압통 등의 증상을 일으킨다.

98 다음 중 조혈장애를 일으키는 물질은?
① 납
② 망간
③ 수은
④ 우라늄

[풀이] 납중독의 초기증상은 식욕부진, 변비, 복부팽만감, 더 진행되면 급성복통이 나타나기도 한다. 즉, 조혈장애가 나타난다.

99 다음 중 석면작업의 주의사항으로 적절하지 않은 것은?
① 석면 등을 사용하는 작업은 가능한 한 습식으로 하도록 한다.
② 석면을 사용하는 작업장이나 공정 등은 격리시켜 근로자의 노출을 막는다.
③ 근로자가 상시 접근할 필요가 없는 석면 취급설비는 밀폐실에 넣어 양압을 유지한다.
④ 공정상 밀폐가 곤란한 경우, 적절한 형식과 기능을 갖춘 국소배기장치를 설치한다.

[풀이] 근로자가 상시 접근할 필요가 없는 석면취급설비는 밀폐실에 넣어 음압을 유지한다.

100 자동차 정비업체에서 우레탄 도료를 사용하는 도장작업 근로자에게서 직업성 천식이 발생되었을 때, 원인물질로 추측할 수 있는 것은?
① 시너(thinner)
② 벤젠(benzene)
③ 크실렌(xylene)
④ TDI(Toluene Diisocyanate)

[풀이] TDI(Toluene Diisocyanate)
직업성 천식의 원인물질로 자동차 정비업체에서 우레탄 도료를 사용하는 도장공장, 피혁제조에 사용되는 포르말린·크롬화합물, 식물성 기름제조에 사용되는 아마씨, 목화씨에서 주로 발생한다.

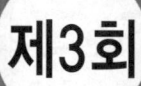

제3회 산업위생관리기사

과년도 출제문제 | 2019.08.04

제1과목 | 산업위생학 개론

01 다음 중 재해예방의 4원칙에 관한 설명으로 옳지 않은 것은?
① 재해발생과 손실의 관계는 우연적이므로 사고의 예방이 가장 중요하다.
② 재해발생에는 반드시 원인이 있으며, 사고와 원인의 관계는 필연적이다.
③ 재해는 예방이 불가능하므로 지속적인 교육이 필요하다.
④ 재해예방을 위한 가능한 안전대책은 반드시 존재한다.

풀이 산업재해예방(방지) 4원칙
㉠ 예방가능의 원칙
  재해는 원칙적으로 모두 방지가 가능하다.
㉡ 손실우연의 원칙
  재해발생과 손실발생은 우연적이므로 사고발생 자체의 방지가 이루어져야 한다.
㉢ 원인계기의 원칙
  재해발생에는 반드시 원인이 있으며, 사고와 원인의 관계는 필연적이다.
㉣ 대책선정의 원칙
  재해예방을 위한 가능한 안전대책은 반드시 존재한다.

02 다음 중 실내공기를 오염시키는 요소로 볼 수 없는 것은?
① 라돈   ② 포름알데히드
③ 연소가스 ④ 체온

풀이 주요 실내오염물질의 발생원
㉠ 호흡(이산화탄소)
㉡ 연소기기(일산화탄소)
㉢ 석면
㉣ 흡연
㉤ 포름알데히드
㉥ 라돈
㉦ 미생물성 물질

03 300명의 근로자가 1주일에 40시간, 연간 50주를 근무하는 사업장에서 1년 동안 50건의 재해로 60명의 재해자가 발생하였다. 이 사업장의 도수율은 약 얼마인가? (단, 근로자들은 질병, 기타 사유로 인하여 총 근로시간의 5%를 결근하였다.)
① 93.33   ② 87.72
③ 83.33   ④ 77.72

풀이
$$도수율 = \frac{재해건수}{연근로시간수} \times 10^6$$
$$= \frac{50}{300 \times 40 \times 50 \times 0.95} \times 10^6 = 87.72$$

04 근육운동에 동원되는 주요 에너지의 생산방법 중 혐기성 대사에 사용되는 에너지원이 아닌 것은?
① 아데노신삼인산
② 크레아틴인산
③ 지방
④ 글리코겐

풀이 혐기성 대사(anaerobic metabolism)
㉠ 근육에 저장된 화학적 에너지를 의미한다.
㉡ 혐기성 대사의 순서(시간대별)
  ATP(아데노신삼인산) → CP(크레아틴인산) → glycogen(글리코겐) or glucose(포도당)
※ 근육운동에 동원되는 주요 에너지원 중 가장 먼저 소비되는 것은 ATP이다.

정답 01.③ 02.④ 03.② 04.③

05 다음 중 피로에 관한 설명으로 틀린 것은?

① 일반적인 피로감은 근육 내 글리코겐의 고갈, 혈중 글루코스의 증가, 혈중 젖산의 감소와 일치하고 있다.
② 충분한 영양섭취와 휴식은 피로의 예방에 유효한 방법이다.
③ 피로의 주관적 측정방법으로는 CMI(Cornell Medical Index)를 이용한다.
④ 피로는 질병이 아니고 원래 가역적인 생체반응이며 건강장애에 대한 경고적 반응이다.

풀이 피로의 발생기전(본태)
㉠ 활성 에너지 요소인 영양소, 산소 등 소모(에너지 소모)
㉡ 물질대사에 의한 노폐물인 젖산 등의 축적(중간 대사물질의 축적)으로 인한 근육, 신장 등 기능 저하
㉢ 체내의 항상성 상실(체내에서의 물리화학적 변조)
㉣ 여러 가지 신체조절기능의 저하
㉤ 근육 내 글리코겐 양의 감소
㉥ 피로물질 : 크레아티닌, 젖산, 초성포도당, 시스테인

06 다음 중 산업안전보건법령상 물질안전보건자료(MSDS)의 작성원칙에 관한 설명으로 가장 거리가 먼 것은?

① MSDS의 작성단위는 「계량에 관한 법률」이 정하는 바에 의한다.
② MSDS는 한글로 작성하는 것을 원칙으로 하되 화학물질명, 외국기관명 등의 고유명사는 영어로 표기할 수 있다.
③ 각 작성항목은 빠짐없이 작성하여야 하며, 부득이 어느 항목에 대해 관련 정보를 얻을 수 없는 경우, 작성란은 공란으로 둔다.
④ 외국어로 되어 있는 MSDS를 번역하는 경우에는 자료의 신뢰성이 확보될 수 있도록 최초 작성기관명 및 시기를 함께 기재하여야 한다.

풀이 각 작성항목은 빠짐없이 작성하여야 한다. 다만, 부득이 어느 항목에 대해 관련 정보를 얻을 수 없는 경우에는 작성란에 "자료 없음"이라고 기재하고, 적용이 불가능하거나 대상이 되지 않는 경우에는 작성란에 "해당 없음"이라고 기재한다.

07 산업안전보건법령상 사무실 공기관리에 대한 설명으로 옳지 않은 것은?

① 관리기준은 8시간 시간가중평균농도 기준이다.
② 이산화탄소와 일산화탄소는 비분산적외선검출기의 연속측정에 의한 직독식 분석방법에 의한다.
③ 이산화탄소의 측정결과 평가는 각 지점에서 측정한 측정치 중 평균값을 기준으로 비교·평가한다.
④ 공기의 측정시료는 사무실 안에서 공기질이 가장 나쁠 것으로 예상되는 2곳 이상에서 채취하고, 측정은 사무실 바닥면으로부터 0.9~1.5m의 높이에서 한다.

풀이 사무실 공기질의 측정결과는 측정치 전체에 대한 평균값을 오염물질별 관리기준과 비교하여 평가한다. 단, 이산화탄소는 각 지점에서 측정한 측정치 중 최고값을 기준으로 비교·평가한다.

08 다음 중 영국에서 최초로 직업성 암을 보고하여, 1788년에 굴뚝청소부법이 통과되도록 노력한 사람은?

① Ramazzini
② Paracelsus
③ Percivall Pott
④ Robert Owen

풀이 Percivall Pott
㉠ 영국의 외과의사로 직업성 암을 최초로 보고하였으며, 어린이 굴뚝청소부에게 많이 발생하는 음낭암(scrotal cancer)을 발견하였다.
㉡ 암의 원인물질은 검댕 속 여러 종류의 다환방향족 탄화수소(PAH)이다.
㉢ 굴뚝청소부법을 제정하도록 하였다(1788년).

정답 05.① 06.③ 07.③ 08.③

09 미국산업안전보건연구원(NIOSH)의 중량물 취급작업 기준 중, 들어 올리는 물체의 폭에 대한 기준은 얼마인가?

① 55cm 이하 ② 65cm 이하
③ 75cm 이하 ④ 85cm 이하

풀이 물체의 폭이 75cm 이하로서, 두 손을 적당히 벌리고 작업할 수 있는 공간이 있어야 한다.

10 작업종류별로 바람직한 작업시간과 휴식시간을 배분한 것으로 옳지 않은 것은?

① 사무작업 : 오전 4시간 중에 2회, 오후 1시에서 4시 사이에 1회, 평균 10~20분 휴식
② 정신집중작업 : 가장 효과적인 것은 60분 작업에 5분간 휴식
③ 신경운동성의 경속도 작업 : 40분간 작업과 20분간 휴식
④ 중근작업 : 1회 계속작업을 1시간 정도로 하고, 20~30분씩 오전에 3회, 오후에 2회 정도 휴식

풀이 정신집중작업의 가장 효과적인 방법은 30분 작업에 5분간 휴식하는 것이다.

11 "근로자 또는 일반대중에게 질병, 건강장애, 불편함, 심한 불쾌감 및 능률저하 등을 초래하는 작업요인과 스트레스를 예측, 측정, 평가하고 관리하는 과학과 기술"이라고 산업위생을 정의한 기관은?

① 미국산업위생학회(AIHA)
② 국제노동기구(ILO)
③ 세계보건기구(WHO)
④ 산업안전보건청(OSHA)

풀이 산업위생의 정의(AIHA)
근로자나 일반 대중(지역주민)에게 질병, 건강장애와 안녕방해, 심각한 불쾌감 및 능률 저하 등을 초래하는 작업환경 요인과 스트레스를 예측, 측정, 평가하고 관리하는 과학과 기술이다(예측, 인지(확인), 평가, 관리 의미와 동일함).

12 다음 중 노동의 적응과 장애에 관련된 내용으로 적절하지 않은 것은?

① 인체는 환경에서 오는 여러 자극(stress)에 대하여 적응하려는 반응을 일으킨다.
② 인체에 적응이 일어나는 과정은 뇌하수체와 부신피질을 중심으로 한 특유의 반응이 일어나는데 이를 부적응증상군이라고 한다.
③ 직업에 따라 신체 형태와 기능에 국소적 변화가 일어나는데 이것을 직업성 변이(occupational stigmata)라고 한다.
④ 외부의 환경변화나 신체활동이 반복되면 조절기능이 원활해지며, 이에 숙련·습득된 상태를 순화라고 한다.

풀이 인체에 적응이 일어나는 과정은 뇌하수체와 부신피질을 중심으로 한 특유의 반응이 일어나는데 이를 적응증산군이라 한다.

13 산업안전보건법령에 따라 단위작업장소에서 동일작업 근로자 13명을 대상으로 시료를 채취할 때의 최소 시료채취 근로자 수는 몇 명인가?

① 1명
② 2명
③ 3명
④ 4명

풀이 단위작업장소에서 동일작업 근로자수가 10인을 초과하는 경우에는 매 5인당 1인 이상 추가하여 측정하여야 하므로 시료채취 근로자수는 3명이다.

14 다음 중 직업병 예방을 위하여 설비개선 등의 조치로는 어려운 경우 가장 마지막으로 적용하는 방법은?

① 격리 및 밀폐
② 개인보호구의 지급
③ 환기시설 등의 설치
④ 공정 또는 물질의 변경, 대치

정답 09.③ 10.② 11.① 12.② 13.③ 14.②

> [풀이] 직업병 예방을 위하여 설비개선 등의 조치로는 어려운 경우 가장 마지막으로 적용하는 방법은 개인보호구 지급(수동적, 2차적 대책)이다.

15 미국산업위생학술원(AAIH)이 채택한 윤리강령 중 산업위생전문가가 지켜야 할 책임과 가장 거리가 먼 것은?

① 기업체의 기밀은 누설하지 않는다.
② 과학적 방법의 적용과 자료의 해석에서 객관성을 유지한다.
③ 근로자, 사회 및 전문직종의 이익을 위해 과학적 지식을 공개하고 발표한다.
④ 전문적 판단이 타협에 의하여 좌우될 수 있는 상황에 개입하여 객관적 자료로 판단한다.

> [풀이] **산업위생전문가로서의 책임**
> ㉠ 성실성과 학문적 실력 면에서 최고수준을 유지한다(전문적 능력 배양 및 성실한 자세로 행동).
> ㉡ 과학적 방법의 적용과 자료의 해석에서 경험을 통한 전문가의 객관성을 유지한다(공인된 과학적 방법 적용·해석).
> ㉢ 전문분야로서의 산업위생을 학문적으로 발전시킨다.
> ㉣ 근로자, 사회 및 전문직종의 이익을 위해 과학적 지식을 공개하고 발표한다.
> ㉤ 산업위생활동을 통해 얻은 개인 및 기업체의 기밀은 누설하지 않는다(정보는 비밀유지).
> ㉥ 전문적 판단이 타협에 의하여 좌우될 수 있거나 이해관계가 있는 상황에는 개입하지 않는다.

16 다음 중 ACGIH에서 권고하는 TLV-TWA (시간가중 평균치)에 대한 근로자 노출의 상한치와 노출가능시간의 연결로 옳은 것은?

① TLV-TWA의 3배 : 30분 이하
② TLV-TWA의 3배 : 60분 이하
③ TLV-TWA의 5배 : 5분 이하
④ TLV-TWA의 5배 : 15분 이하

> [풀이] **시간가중 평균노출기준(TLV-TWA) ⇨ ACGIH**
> ㉠ 하루 8시간, 주 40시간 동안에 노출되는 평균농도이다.
> ㉡ 작업장의 노출기준을 평가할 때 시간가중 평균농도를 기본으로 한다.
> ㉢ 이 농도에서는 오래 작업하여도 건강장애를 일으키지 않는 관리지표로 사용한다.
> ㉣ 안전과 위험의 한계로 해석해서는 안 된다.
> ㉤ 노출상한선과 노출시간 권고사항
>   • TLV-TWA의 3배 : 30분 이하의 노출 권고
>   • TLV-TWA의 5배 : 잠시라도 노출 금지
> ㉥ 오랜 시간 동안의 만성적인 노출을 평가하기 위한 기준으로 사용한다.

17 정상작업영역에 대한 정의로 옳은 것은?

① 위팔은 몸통 옆에 자연스럽게 내린 자세에서 아래팔의 움직임에 의해 편안하게 도달 가능한 작업영역
② 어깨로부터 팔을 뻗어 도달 가능한 작업영역
③ 어깨로부터 팔을 머리 위로 뻗어 도달 가능한 작업영역
④ 위팔은 몸통 옆에 자연스럽게 내린 자세에서 손에 쥔 수공구의 끝부분이 도달 가능한 작업영역

> [풀이] **수평작업영역의 구분**
> (1) 최대작업역(최대영역, maximum area)
>   ㉠ 팔 전체가 수평상에 도달할 수 있는 작업영역
>   ㉡ 어깨로부터 팔을 뻗어 도달할 수 있는 최대영역
>   ㉢ 아래팔(전완)과 위팔(상완)을 곧게 펴서 파악할 수 있는 영역
>   ㉣ 움직이지 않고 상지를 뻗어서 닿는 범위
> (2) 정상작업역(표준영역, normal area)
>   ㉠ 상박부를 자연스런 위치에서 몸통부에 접하고 있을 때에 전박부가 수평면 위에서 쉽게 도착할 수 있는 운동범위
>   ㉡ 위팔(상완)을 자연스럽게 수직으로 늘어뜨린 채 아래팔(전완)만으로 편안하게 뻗어 파악할 수 있는 영역
>   ㉢ 움직이지 않고 전박과 손으로 조작할 수 있는 범위
>   ㉣ 앉은 자세에서 위팔은 몸에 붙이고, 아래팔만 곧게 뻗어 닿는 범위
>   ㉤ 약 34~45cm의 범위

정답 15.④ 16.① 17.①

18 산업안전보건법령상의 "충격소음작업"은 몇 dB 이상의 소음이 1일 100회 이상 발생되는 작업을 말하는가?

① 110　　② 120
③ 130　　④ 140

[풀이] 충격소음작업
소음이 1초 이상의 간격으로 발생하는 작업으로서 다음의 1에 해당하는 작업을 말한다.
㉠ 120dB을 초과하는 소음이 1일 1만 회 이상 발생되는 작업
㉡ 130dB을 초과하는 소음이 1일 1천 회 이상 발생되는 작업
㉢ 140dB을 초과하는 소음이 1일 1백 회 이상 발생되는 작업

19 다음 중 전신피로에 관한 설명으로 틀린 것은?

① 작업에 의한 근육 내 글리코겐 농도의 변화는 작업자의 훈련유무에 따라 차이를 보인다.
② 작업강도가 증가하면 근육 내 글리코겐 양이 비례적으로 증가되어 근육피로가 발생한다.
③ 작업강도가 높을수록 혈중 포도당 농도는 급속히 저하하며, 이에 따라 피로감이 빨리 온다.
④ 작업대사량의 증가에 따라 산소소비량도 비례하여 증가하나, 작업대사량이 일정한계를 넘으면 산소소비량은 증가하지 않는다.

[풀이] 작업강도가 증가하면 근육 내 글리코겐 양이 비례적으로 감소되어 근육피로가 발생한다.

20 크롬에 노출되지 않은 집단의 질병발생률은 1.0이었고, 노출된 집단의 질병발생률은 1.2였을 때, 다음의 설명 중 옳지 않은 것은 어느 것인가?

① 크롬의 노출에 대한 귀속위험도는 0.2이다.
② 크롬의 노출에 대한 비교위험도는 1.2이다.
③ 크롬에 노출된 집단의 위험도가 더 큰 것으로 나타났다.
④ 비교위험도는 크롬의 노출이 기여하는 절대적인 위험률의 정도를 의미한다.

[풀이]
① 귀속위험도(기여위험도)=1.2−1.0=0.2
② 비교위험도(상대위험도)=$\frac{1.2}{1.0}$=1.2
④ 귀속위험도(기여위험도)는 크롬의 노출이 기여하는 절대적인 위험률의 정도를 의미한다.

제2과목 | 작업위생 측정 및 평가

21 자연습구온도는 31℃, 흑구온도는 24℃, 건구온도는 34℃인 실내작업장에서 시간당 400칼로리가 소모된다면 계속작업을 실시하는 주조공장의 WBGT는 몇 ℃인가? (단, 고용노동부 고시 기준)

① 28.9　　② 29.9
③ 30.9　　④ 31.9

[풀이] 옥내 WBGT(℃)
WBGT=(0.7×자연습구온도)+(0.3×흑구온도)
=(0.7×31℃)+(0.3×24℃)=28.9℃

22 작업환경측정의 단위표시로 틀린 것은? (단, 고용노동부 고시 기준)

① 미스트, 흄의 농도는 ppm, mg/mm^3로 표시한다.
② 소음수준의 측정단위는 dB(A)로 표시한다.
③ 석면의 농도표시는 섬유개수(개/cm^3)로 표시한다.
④ 고열(복사열 포함)의 측정단위는 섭씨온도(℃)로 표시한다.

[풀이] 흄, 분진, 미스트의 농도단위는 mg/m^3이다.

23 공기시료채취 시 공기 유량과 용량을 보정하는 표준기구 중 1차 표준기구는?

① 흑연피스톤미터 ② 로터미터
③ 습식테스트미터 ④ 건식가스미터

풀이 공기채취기구 보정에 사용되는 1차 표준기구

표준기구	일반 사용범위	정확도
비누거품미터 (soap bubble meter)	1mL/분 ~30L/분	±1% 이내
폐활량계 (spirometer)	100~600L	±1% 이내
가스치환병 (mariotte bottle)	10~500mL/분	±0.05 ~0.25%
유리피스톤미터 (glass piston meter)	10~200mL/분	±2% 이내
흑연피스톤미터 (frictionless piston meter)	1mL/분 ~50L/분	±1~2%
피토튜브 (pitot tube)	15mL/분 이하	±1% 이내

24 고열 측정방법에 관한 내용이다. ( ) 안에 들어갈 내용으로 맞는 것은? (단, 고용노동부 고시 기준)

> 측정기기를 설치한 후 일정시간 안정화시킨 다음 측정을 실시하고, 고열작업에 대해 측정하고자 할 경우에는 1일 작업시간 중 최대로 높은 고열에 노출되고 있는 (㉠)시간을 (㉡)분 간격으로 연속하여 측정한다.

① ㉠ : 1, ㉡ : 5   ② ㉠ : 2, ㉡ : 5
③ ㉠ : 1, ㉡ : 10 ④ ㉠ : 2, ㉡ : 10

풀이 고열 측정방법
㉠ 측정은 단위작업장소에서 측정대상이 되는 근로자의 주작업위치에서 측정한다.
㉡ 측정기의 위치는 바닥면으로부터 50센티미터 이상, 150센티미터 이하의 위치에서 측정한다.
㉢ 측정기를 설치한 후 충분히 안정화시킨 상태에서 1일 작업시간 중 가장 높은 고열에 노출되는 시간을 10분 간격으로 연속하여 측정한다.

※ 법 변경(2020년)사항이므로 풀이내용으로 학습 바랍니다.

25 흉곽성 입자상 물질(TPM)의 평균입경(μm)은? (단, ACGIH 기준)

① 1   ② 4
③ 10 ④ 50

풀이 평균입경(ACGIH)
㉠ 흡입성 입자상 물질(IPM) : $100\mu m$
㉡ 흉곽성 입자상 물질(TPM) : $10\mu m$
㉢ 호흡성 입자상 물질(RPM) : $4\mu m$

26 일반적으로 소음계는 A, B, C 세가지 특성에서 측정할 수 있도록 보정되어 있다. 그 중 A특성치는 몇 phon의 등감곡선에 기준한 것인가?

① 20phon   ② 40phon
③ 70phon   ④ 100phon

풀이 음의 크기 레벨(phon)과 청감보정회로
㉠ 40phon : A청감보정회로(A특성)
㉡ 70phon : B청감보정회로(B특성)
㉢ 100phon : C청감보정회로(C특성)

27 입자상 물질인 흄(fume)에 관한 설명으로 옳지 않은 것은?

① 용접공정에서 흄이 발생한다.
② 일반적으로 흄은 모양이 불규칙하다.
③ 흄의 입자크기는 먼지보다 매우 커 폐포에 쉽게 도달하지 않는다.
④ 흄은 상온에서 고체상태의 물질이 고온으로 액체화된 다음 증기화되고, 증기물의 응축 및 산화로 생기는 고체상의 미립자이다.

풀이 흄의 입자크기는 먼지보다 매우 작아 폐포에 쉽게 도달할 수 있다.

28 다음의 유기용제 중 실리카겔에 대한 친화력이 가장 강한 것은?

① 알코올류 ② 케톤류
③ 올레핀류 ④ 에스테르류

풀이 실리카겔의 친화력(극성이 강한 순서)
물 > 알코올류 > 알데히드류 > 케톤류 > 에스테르류 > 방향족탄화수소류 > 올레핀류 > 파라핀류

정답 23.① 24.풀이 학습 25.③ 26.② 27.③ 28.①

29 다음 중 0.2~0.5m/sec 이하의 실내기류를 측정하는 데 사용할 수 있는 온도계는?
① 금속온도계 ② 건구온도계
③ 카타온도계 ④ 습구온도계

[풀이] 카타온도계
㉠ 카타의 냉각력을 이용하여 측정, 즉 알코올 눈금이 100°F(37.8℃)에서 95°F(35℃)까지 내려가는 데 소요되는 시간을 4~5회 측정, 평균하여 카타상수값을 이용하여 구하는 간접적 측정방법
㉡ 작업환경 내에 기류(옥내기류)의 방향이 일정치 않을 경우 기류속도 측정
㉢ 실내 0.2~0.5m/sec 정도의 불감기류 측정 시 기류속도를 측정

30 누적소음노출량(D, %)을 적용하여 시간가중평균소음수준(TWA, dB(A))을 산출하는 식은? (단, 고용노동부 고시 기준)

① $TWA = 61.16\log\left(\dfrac{D}{100}\right) + 70$

② $TWA = 16.61\log\left(\dfrac{D}{100}\right) + 70$

③ $TWA = 16.61\log\left(\dfrac{D}{100}\right) + 90$

④ $TWA = 61.16\log\left(\dfrac{D}{100}\right) + 90$

[풀이] 시간가중평균소음수준(TWA)
$TWA = 16.61\log\left[\dfrac{D(\%)}{100}\right] + 90[dB(A)]$
여기서, TWA : 시간가중평균소음수준[dB(A)]
D : 누적소음 폭로량(%)
100 : (12.5×T, T : 폭로시간)

31 다음의 소음 측정시간에 관련한 내용에서 ( )에 들어갈 수치로 알맞은 것은? (단, 고용노동부 고시 기준)

단위작업장소에서의 소음발생시간이 6시간 이내인 경우나 소음발생원에서의 발생시간이 간헐적인 경우에는 발생시간 동안 연속측정하거나 등간격으로 나누어 ( )회 이상 측정하여야 한다.

① 2 ② 4
③ 6 ④ 8

[풀이] 소음 측정시간
㉠ 단위작업장소에서 소음수준은 규정된 측정위치 및 지점에서 1일 작업시간 동안 6시간 이상 연속 측정하거나 작업시간을 1시간 간격으로 나누어 6회 이상 측정하여야 한다.
다만, 소음의 발생특성이 연속음으로서 측정치가 변동이 없다고 자격자 또는 지정측정기관이 판단한 경우에는 1시간 동안을 등간격으로 나누어 3회 이상 측정할 수 있다.
㉡ 단위작업장소에서의 소음발생시간이 6시간 이내인 경우나 소음발생원에서의 발생시간이 간헐적인 경우에는 발생시간 동안 연속 측정하거나 등간격으로 나누어 4회 이상 측정하여야 한다.

32 작업환경공기 중 A물질(TLV 10ppm)이 5ppm, B물질(TLV 100ppm)이 50ppm, C물질(TLV 100ppm)이 60ppm일 때, 혼합물의 허용농도는 약 몇 ppm인가? (단, 상가작용 기준)

① 78 ② 72
③ 68 ④ 64

[풀이] $EI(노출지수) = \dfrac{5}{10} + \dfrac{50}{100} + \dfrac{60}{100} = 1.6$

∴ 혼합물의 허용농도(ppm)
$= \dfrac{\text{혼합물의 공기 중 농도}}{EI}$
$= \dfrac{5+50+60}{1.6}$
$= 71.88\text{ppm}$

33 입자상 물질을 채취하는 데 이용되는 PVC 여과지에 대한 설명으로 틀린 것은?
① 유리규산을 채취하여 X선 회절분석법에 적합하다.
② 수분에 대한 영향이 크지 않다.
③ 공해성 먼지, 총먼지 등의 중량분석에 용이하다.
④ 산에 쉽게 용해되어 금속채취에 적당하다.

정답 29.③ 30.③ 31.② 32.② 33.④

[풀이] PVC막 여과지(polyvinyl chloride membrane filter)
㉠ 가볍고, 흡습성이 낮기 때문에 분진의 중량분석에 사용된다.
㉡ 유리규산을 채취하여 X선 회절법으로 분석하는 데 적절하고 6가크롬 및 아연산화합물의 채취에 이용한다.
㉢ 수분에 영향이 크지 않아 공해성 먼지, 총먼지 등의 중량분석을 위한 측정에 사용한다.
㉣ 석탄먼지, 결정형 유리규산, 무정형 유리규산, 별도로 분리하지 않은 먼지 등을 대상으로 무게농도를 구하고자 할 때 PVC막 여과지로 채취한다.
㉤ 습기에 영향을 적게 받기 위해 전기적인 전하를 가지고 있어 채취 시 입자를 반발하여 채취효율을 떨어뜨리는 단점이 있다. 따라서 채취 전에 필터를 세정용액으로 처리함으로써 이러한 오차를 줄일 수 있다.

34 절삭작업을 하는 작업장의 오일미스트 농도 측정결과가 아래 [표]와 같았다면 오일미스트의 TWA는 얼마인가?

측정시간	오일미스트 농도(mg/m^3)
09:00~10:00	0
10:00~11:00	1.0
11:00~12:00	1.5
13:00~14:00	1.5
14:00~15:00	2.0
15:00~17:00	4.0
17:00~18:00	5.0

① $3.24mg/m^3$ ② $2.38mg/m^3$
③ $2.16mg/m^3$ ④ $1.78mg/m^3$

[풀이]
$$TWA = \frac{(1\times 0)+(1\times 1.0)+(1\times 1.5)+(1\times 1.5)+(1\times 2.0)+(2\times 4.0)+(1\times 5.0)}{8}$$
$= 2.38mg/m^3$

35 작업장에서 오염물질 농도를 측정하였을 때 일산화탄소(CO)가 0.01%였다면 이때 일산화탄소 농도(mg/m^3)는 약 얼마인가?
(단, 25℃, 1기압 기준)

① 95 ② 105
③ 115 ④ 125

[풀이]
$$CO농도(ppm) = 0.01\% \times \frac{10,000ppm}{1\%} = 100ppm$$
$$\therefore CO농도(mg/m^3) = 100ppm \times \frac{28}{24.45}$$
$= 114.52mg/m^3$

36 다음 중 석면을 포집하는 데 적합한 여과지는?

① 은막 여과지
② 섬유상 막 여과지
③ PTFE막 여과지
④ MCE막 여과지

[풀이] MCE막 여과지(Mixed Cellulose Ester membrane filter)
㉠ 산업위생에서는 거의 대부분이 직경 37mm, 구멍 크기 0.45~0.8μm의 MCE막 여과지를 사용하고 있어 작은 입자의 금속과 흄(fume) 채취가 가능하다.
㉡ 산에 쉽게 용해되고 가수분해되며, 습식 회화되기 때문에 공기 중 입자상 물질 중의 금속을 채취하여 원자흡광법으로 분석하는 데 적당하다.
㉢ 산에 의해 쉽게 회화되기 때문에 원소분석에 적합하고 NIOSH에서는 금속, 석면, 살충제, 불소화합물 및 기타 무기물질에 추천되고 있다.
㉣ 시료가 여과지의 표면 또는 가까운 곳에 침착되므로 석면, 유리섬유 등 현미경 분석을 위한 시료채취에도 이용된다.
㉤ 흡습성(원료인 셀룰로오스가 수분 흡수)이 높아 오차를 유발할 수 있어 중량분석에 적합하지 않다.

37 작업환경측정 결과 측정치가 다음과 같을 때, 평균편차는 얼마인가?

7, 5, 15, 20, 8

① 2.8 ② 5.2
③ 11 ④ 17

[풀이] 평균편차는 각 측정치에서 전체 평균을 뺀 절대값으로 표시되는 편차의 산술평균을 말한다.
$$산술평균 = \frac{7+5+15+20+8}{5} = 11$$
$$\therefore 평균편차 = \frac{|7-11|+|5-11|+|15-11|+|20-11|+|8-11|}{5} = 5.2$$

38 초기 무게가 1,260g인 깨끗한 PVC 여과지를 하이볼륨(high-volume) 시료채취기에 장착하여 작업장에서 오전 9시부터 오후 5시까지 2.5L/min의 유량으로 시료채취기를 작동시킨 후 여과지의 무게를 측정한 결과가 1,280g이었다면 채취한 입자상 물질의 작업장 내 평균농도(mg/m^3)는?

① 7.8 ② 13.4
③ 16.7 ④ 19.2

풀이
$$농도(mg/m^3) = \frac{(1{,}280 - 1{,}260)mg}{2.5L/min \times 480min \times m^3/1{,}000L}$$
$$= 16.67 mg/m^3$$

39 다음 중 표본에서 얻은 표준편차와 표본의 수만 가지고 얻을 수 있는 것은?

① 산술평균치   ② 분산
③ 변이계수   ④ 표준오차

풀이 표준오차(SE)
㉠ 표준편차는 각 측정치가 평균과 얼마나 차이를 가지느냐를 알려주는 반면에, 표준오차는 추정량의 정도를 나타내는 척도로서 샘플링을 여러 번 했을 때 각 측정치들의 평균이 전체 평균과 얼마나 차이를 보이는가를 알 수 있는 통계량이다. 즉, 표준오차를 가지고 평균이 얼마나 정확한지를 알 수 있는 것이다.
㉡ 계산식
$$SE = \frac{SD}{\sqrt{N}}$$
여기서, SE : 표준오차
   SD : 표준편차
   N : 자료의 수

40 누적소음노출량 측정기로 소음을 측정하는 경우, 기기 설정으로 적절한 것은? (단, 고용노동부 고시 기준)

① criteria = 80dB, exchange rate = 5dB, threshold = 90dB
② criteria = 80dB, exchange rate = 10dB, threshold = 90dB
③ criteria = 90dB, exchange rate = 10dB, threshold = 80dB
④ criteria = 90dB, exchange rate = 5dB, threshold = 80dB

풀이 누적소음노출량 측정기(noise dosemeter) 설정
㉠ threshold = 80dB
㉡ criteria = 90dB
㉢ exchange rate = 5dB

제3과목 | 작업환경 관리대책

41 후드의 정압이 50mmH$_2$O이고 덕트 속도압이 20mmH$_2$O일 때, 후드의 압력손실계수는?

① 1.5 ② 2.0
③ 2.5 ④ 3.0

풀이
$$SP_h = VP(1+F)$$
$$50 = 20(1+F)$$
$$1+F = \frac{50}{20}$$
$$\therefore F = \frac{50}{20} - 1 = 1.5$$

42 내경이 15mm인 관에 40m/min의 속도로 비압축성 유체가 흐르고 있다. 같은 조건에서 내경만 10mm로 변하였다면, 유속은 약 몇 m/min인가? (단, 관 내 유체의 유량은 같다.)

① 90   ② 120
③ 160 ④ 210

풀이
$$Q = A \times V$$
$$= \left(\frac{3.14 \times 0.015^2}{4}\right)m^2 \times 40m/min$$
$$= 0.007065 m^3/min$$
$$\therefore V = \frac{Q}{A}$$
$$= \frac{0.007065 m^3/min}{\left(\frac{3.14 \times 0.01^2}{4}\right)m^2}$$
$$= 90 m/min$$

정답 38.③ 39.④ 40.④ 41.① 42.①

43 0℃, 1기압에서 A기체의 밀도가 1.415kg/m³일 때, 100℃, 1기압에서 A기체의 밀도는 몇 kg/m³인가?

① 0.903　　② 1.036
③ 1.085　　④ 1.411

[풀이] A기체의 밀도 = $1.415 \text{kg/m}^3 \times \dfrac{273}{273+100℃}$
　　　　　　　　 = 1.036kg/m^3

44 다음 중 덕트 내 공기의 압력을 측정할 때 사용되는 장비로 가장 적절한 것은?

① 피토관　　② 타코미터
③ 열선 유속계　　④ 회전날개형 유속계

[풀이] 덕트 내 공기압력측정기기
㉠ 피토관
㉡ U자 마노미터
㉢ 경사 마노미터
㉣ 아네로이드 게이지
㉤ 마그네헬릭 게이지

45 다음 중 귀마개의 특징과 가장 거리가 먼 것은?

① 제대로 착용하는 데 시간이 걸린다.
② 보안경 사용 시 차음효과가 감소한다.
③ 착용여부 파악이 곤란하다.
④ 귀마개 오염에 따른 감염 가능성이 있다.

[풀이] 귀마개의 장단점
(1) 장점
㉠ 부피가 작아 휴대가 쉽다.
㉡ 안경과 안전모 등에 방해가 되지 않는다.
㉢ 고온작업에서도 사용 가능하다.
㉣ 좁은 장소에서도 사용 가능하다.
㉤ 귀덮개보다 가격이 저렴하다.
(2) 단점
㉠ 귀에 질병이 있는 사람은 착용 불가능하다.
㉡ 여름에 땀이 많이 날 때는 외이도에 염증 유발 가능성이 있다.
㉢ 제대로 착용하는 데 시간이 걸리며 요령을 습득하여야 한다.
㉣ 귀덮개보다 차음효과가 일반적으로 떨어지며, 개인차가 크다.
㉤ 더러운 손으로 만짐으로써 외청도를 오염시킬 수 있다(귀마개에 묻어 있는 오염물질이 귀에 들어갈 수 있음).

46 다음 중 국소배기장치에서 공기공급시스템이 필요한 이유와 가장 거리가 먼 것은?

① 에너지 절감
② 안전사고 예방
③ 작업장의 교차기류 촉진
④ 국소배기장치의 효율 유지

[풀이] 공기공급시스템이 필요한 이유
㉠ 국소배기장치의 원활한 작동을 위하여
㉡ 국소배기장치의 효율 유지를 위하여
㉢ 안전사고를 예방하기 위하여
㉣ 에너지(연료)를 절약하기 위하여
㉤ 작업장 내에 방해기류(교차기류)가 생기는 것을 방지하기 위하여
㉥ 외부공기가 정화되지 않은 채로 건물 내로 유입되는 것을 막기 위하여

47 오후 6시 20분에 측정한 사무실 내 이산화탄소의 농도는 1,200ppm, 사무실이 빈 상태로 1시간이 경과한 오후 7시 20분에 측정한 이산화탄소의 농도는 400ppm이었다. 이 사무실의 시간당 공기교환횟수는? (단, 외부공기 중의 이산화탄소의 농도는 330ppm이다.)

① 0.56
② 1.22
③ 2.52
④ 4.26

[풀이] 시간당 공기교환횟수(ACH)
$= \dfrac{\ln(\text{측정 초기 농도} - \text{외부 } CO_2 \text{ 농도}) - \ln(\text{시간이 지난 후 농도} - \text{외부 } CO_2 \text{ 농도})}{\text{경과된 시간(hr)}}$
$= \dfrac{\ln(1,200-330) - \ln(400-330)}{1\text{hr}}$
$= 2.52$회(시간당)

48 다음 중 안지름이 200mm인 관을 통하여 공기를 55m³/min의 유량으로 송풍할 때, 관 내 평균유속은 약 몇 m/sec인가?

① 21.8 　② 24.5
③ 29.2 　④ 32.2

풀이
$Q = A \times V$
$\therefore V(\text{m/sec}) = \dfrac{Q}{A} = \dfrac{55\text{m}^3/\text{min} \times \text{min}/60\text{sec}}{\left(\dfrac{3.14 \times 0.2^2}{4}\right)\text{m}^2}$
$= 29.19 \text{m/sec}$

49 슬롯 길이가 3m이고, 제어속도가 2m/sec 인 슬롯 후드에서 오염원이 2m 떨어져 있을 경우 필요환기량은 몇 m³/min인가? (단, 공간에 설치하며 플랜지는 부착되어 있지 않다.)

① 1,434 　② 2,664
③ 3,734 　④ 4,864

풀이
$Q(\text{m}^3/\text{min}) = C \cdot L \cdot V_c \cdot X$
$= 3.7 \times 3\text{m} \times 2\text{m/sec} \times 2\text{m} \times 60\text{sec/min}$
$= 2,664 \text{m}^3/\text{min}$

50 방진마스크에 대한 설명으로 옳은 것은?
① 흡기저항 상승률이 높은 것이 좋다.
② 형태에 따라 전면형 마스크와 후면형 마스크가 있다.
③ 필터의 여과효율이 낮고 흡입저항이 클수록 좋다.
④ 비휘발성 입자에 대한 보호가 가능하고 가스 및 증기의 보호는 안 된다.

풀이
① 흡기저항 상승률이 낮은 것이 좋다.
② 형태에 따라 전면형 마스크와 반면형 마스크가 있다.
③ 필터의 여과효율이 높고 흡입저항이 작을수록 좋다.

51 한랭작업장에서 일하는 근로자의 관리에 대한 내용으로 옳지 않은 것은?
① 가장 따뜻한 시간대에 작업을 실시한다.
② 노출된 피부나 전신의 온도가 떨어지지 않도록 온도를 높이고 기류의 속도는 낮추어야 한다.
③ 신발은 발을 압박하지 않고 습기가 있는 것을 신는다.
④ 외부액체가 스며들지 않도록 방수처리된 의복을 입는다.

풀이 신발은 발을 압박하지 않고 습기가 없는 것을 신는다.

52 스토크스 식에 근거한 중력침강속도에 대한 설명으로 틀린 것은? (단, 공기 중의 입자 고려)
① 중력가속도에 비례한다.
② 입자직경의 제곱에 비례한다.
③ 공기의 점성계수에 반비례한다.
④ 입자와 공기의 밀도차에 반비례한다.

풀이 Stokes 종말침강속도(분리속도)
$V_g = \dfrac{d_p^{\,2}(\rho_p - \rho)g}{18\mu}$
여기서, V_g : 종말침강속도(m/sec)
　　　　d_p : 입자의 직경(m)
　　　　ρ_p : 입자의 밀도(kg/m³)
　　　　ρ : 가스(공기)의 밀도(kg/m³)
　　　　g : 중력가속도(9.8m/sec²)
　　　　μ : 가스의 점도(점성계수)(kg/m·sec)

53 다음 중 국소배기장치의 설계 순서로 가장 적절한 것은?
① 소요풍량 계산 → 후드형식 선정 → 제어속도 결정
② 제어속도 결정 → 소요풍량 계산 → 후드형식 선정
③ 후드형식 선정 → 제어속도 결정 → 소요풍량 계산
④ 후드형식 선정 → 소요풍량 계산 → 제어속도 결정

[풀이] **국소배기장치의 설계 순서**
후드형식 선정 → 제어속도 결정 → 소요풍량 계산 → 반송속도 결정 → 배관내경 산출 → 후드의 크기 결정 → 배관의 배치와 설치장소 선정 → 공기정화장치 선정 → 국소배기 계통도와 배치도 작성 → 총 압력손실량 계산 → 송풍기 선정

54 다음 중 방독마스크의 카트리지 수명에 영향을 미치는 요소와 가장 거리가 먼 것은?
① 상대습도 ② 흡착제의 질과 양
③ 온도 ④ 분진입자의 크기

[풀이] **방독마스크 정화통(카트리지, cartridge) 수명에 영향을 주는 인자**
㉠ 작업장 습도(상대습도) 및 온도
㉡ 착용자의 호흡률(노출조건)
㉢ 작업장 오염물질의 농도
㉣ 흡착제의 질과 양
㉤ 포장의 균일성과 밀도
㉥ 다른 가스, 증기와 혼합 유무

55 원심력 송풍기인 방사날개형 송풍기에 관한 설명으로 틀린 것은?
① 깃이 평판으로 되어 있다.
② 플레이트형 송풍기라고도 한다.
③ 깃의 구조가 분진을 자체 정화할 수 있도록 되어 있다.
④ 큰 압력손실에서 송풍량이 급격히 떨어지는 단점이 있다.

[풀이] **평판형(radial fan) 송풍기**
㉠ 플레이트(plate) 송풍기, 방사날개형 송풍기라고도 한다.
㉡ 날개(blade)가 다익형보다 적고, 직선이며 평판 모양을 하고 있어 강도가 매우 높게 설계되어 있다.
㉢ 깃의 구조가 분진을 자체 정화할 수 있도록 되어 있다.
㉣ 시멘트, 미분탄, 곡물, 모래 등의 고농도 분진 함유 공기나 마모성이 강한 분진 이송용으로 사용된다.
㉤ 부식성이 강한 공기를 이송하는 데 많이 사용된다.
㉥ 압력은 다익팬보다 약간 높으며, 효율도 65%로 다익팬보다는 약간 높으나 터보팬보다는 낮다.
㉦ 습식 집진장치의 배치에 적합하며, 소음은 중간 정도이다.

56 작업환경 개선을 위한 물질의 대체로 적절하지 않은 것은?
① 주물공정에서 실리카모래 대신 그린모래로 주형을 채우도록 한다.
② 보온재로 석면 대신 유리섬유나 암면 등을 사용한다.
③ 금속 표면을 블라스팅할 때 사용재료를 철구슬 대신 모래를 사용한다.
④ 야광시계 자판의 라듐을 인으로 대체하여 사용한다.

[풀이] 금속표면을 블라스팅할 때 사용재료를 모래 대신 철구슬을 사용한다.

57 원심력 송풍기의 종류 중 전향 날개형 송풍기에 관한 설명으로 옳지 않은 것은?
① 다익형 송풍기라고도 한다.
② 큰 압력손실에도 송풍량의 변동이 적은 장점이 있다.
③ 송풍기의 임펠러가 다람쥐 쳇바퀴 모양이며, 송풍기 깃이 회전방향과 동일한 방향으로 설계되어 있다.
④ 동일 송풍량을 발생시키기 위한 임펠러 회전속도가 상대적으로 낮아 소음문제가 거의 발생하지 않는다.

[풀이] **다익형 송풍기(multi blade fan)**
㉠ 전향(전곡) 날개형(forward-curved blade fan)이라고 하며, 많은 날개(blade)를 갖고 있다.
㉡ 송풍기의 임펠러가 다람쥐 쳇바퀴 모양으로, 회전날개가 회전방향과 동일한 방향으로 설계되어 있다.
㉢ 동일 송풍량을 발생시키기 위한 임펠러 회전속도가 상대적으로 낮아 소음 문제가 거의 없다.
㉣ 강도 문제가 그리 중요하지 않기 때문에 저가로 제작이 가능하다.
㉤ 상승구배 특성이다.
㉥ 높은 압력손실에서는 송풍량이 급격하게 떨어지므로 이송시켜야 할 공기량이 많고 압력손실이 작게 걸리는 전체환기나 공기조화용으로 널리 사용된다.
㉦ 구조상 고속회전이 어렵고, 큰 동력의 용도에는 적합하지 않다.

정답 54.④ 55.④ 56.③ 57.②

58 필요환기량을 감소시키는 방법으로 옳지 않은 것은?
① 가급적이면 공정이 많이 포위되지 않도록 하여야 한다.
② 후드 개구면에서 기류가 균일하게 분포되도록 설계한다.
③ 공정에서 발생 또는 배출되는 오염물질의 절대량을 감소시킨다.
④ 포집형이나 레시버형 후드를 사용할 때는 가급적 후드를 배출 오염원에 가깝게 설치한다.

풀이 후드가 갖추어야 할 사항(필요환기량을 감소시키는 방법)
㉠ 가능한 한 오염물질 발생원에 가까이 설치한다(포집형 및 레시버형 후드).
㉡ 제어속도는 작업조건을 고려하여 적정하게 선정한다.
㉢ 작업에 방해되지 않도록 설치하여야 한다.
㉣ 오염물질 발생특성을 충분히 고려하여 설계하여야 한다.
㉤ 가급적이면 공정을 많이 포위한다.
㉥ 후드 개구면에서 기류가 균일하게 분포되도록 설계한다.
㉦ 공정에서 발생 또는 배출되는 오염물질의 절대량을 감소시킨다.

59 국소배기시스템 설계에서 송풍기 전압이 136mmH₂O이고, 송풍량은 184m³/min일 때, 필요한 송풍기의 소요동력은 약 몇 kW인가? (단, 송풍기 효율은 60%)
① 2.7
② 4.8
③ 6.8
④ 8.7

풀이
$$\text{소요동력(kW)} = \frac{Q \times \Delta P}{6{,}120 \times \eta} \times \alpha$$
$$= \frac{184 \times 136}{6{,}120 \times 0.6} \times 1.0$$
$$= 6.81\text{kW}$$

60 작업환경관리의 목적과 가장 거리가 먼 것은?
① 산업재해 예방 ② 작업환경의 개선
③ 작업능률의 향상 ④ 직업병 치료

풀이 작업환경관리의 목적
㉠ 산업재해의 예방 및 방지
㉡ 근로자의 의욕고취
㉢ 작업능률의 향상
㉣ 작업환경의 개선

제4과목 | 물리적 유해인자관리

61 흑구온도가 260K이고, 기온이 251K일 때 평균복사온도는? (단, 기류속도는 1m/sec)
① 227.8
② 260.7
③ 287.2
④ 300.6

풀이
$$T_w = 100\sqrt{\left(\frac{T_g}{100}\right)^4 + 2.48V(T_g - T_a)}$$

여기서, T_w : 평균복사온도(K), T_g : 흑구온도(K)
V : 기류속도(m/sec), T_a : 기온(K)

$$= 100\sqrt{\left(\frac{260}{100}\right)^4 + [2.48 \times 1 \times (260-251)]}$$
$$= 287.18\text{K}$$

- 공단 제시 답안(모두 정답 인정)
$$T_w = T_g + 0.24\sqrt{V}(T_g - T_a)$$
$$= 260 + 0.24\sqrt{1}(260-251) = 262.16$$

62 산업안전보건법령상 적정한 공기에 해당하는 것은? (단, 다른 성분의 조건은 적정한 것으로 가정)
① 탄산가스 농도가 1.0%인 공기
② 산소 농도가 16%인 공기
③ 산소 농도가 25%인 공기
④ 황화수소 농도가 25ppm인 공기

풀이 적정한 공기
㉠ 산소 농도 : 18% 이상~23.5% 미만
㉡ 탄산가스 농도 : 1.5% 미만
㉢ 황화수소 농도 : 10ppm 미만
㉣ 일산화탄소 농도 : 30ppm 미만

정답 58.① 59.③ 60.④ 61.③ 62.①

63 높은(고) 기압에 의한 건강영향의 설명으로 틀린 것은?

① 청력의 저하, 귀의 압박감이 일어나며 심하면 고막파열이 일어날 수 있다.
② 부비강 개구부 감염 혹은 기형으로 폐쇄된 경우 심한 구토, 두통 등의 증상이 나타난다.
③ 압력상승이 급속한 경우 폐 및 혈액으로 탄산가스의 일과성 배출이 일어나 호흡이 억제된다.
④ 3~4기압의 산소 혹은 이에 상당하는 공기 중 산소분압에 의하여 중추신경계의 장애에 기인하는 운동장애를 나타내는데 이것을 산소중독이라고 한다.

풀이 압력상승이 급속한 경우 호흡곤란이 생기며 호흡이 빨라진다.

64 적외선의 생물학적 영향에 관한 설명으로 틀린 것은?

① 근적외선은 급성 피부화상, 색소침착 등을 일으킨다.
② 적외선이 흡수되면 화학반응에 의하여 조직온도가 상승한다.
③ 조사부위의 온도가 오르면 홍반이 생기고, 혈관이 확장된다.
④ 장기간 조사 시 두통, 자극작용이 있으며, 강력한 적외선은 뇌막자극 증상을 유발할 수 있다.

풀이 적외선이 흡수되면 열작용에 의하여 조직온도가 상승한다.

65 피부로 감지할 수 없는 불감기류의 최고 기류범위는 얼마인가?

① 약 0.5m/sec 이하
② 약 1.0m/sec 이하
③ 약 1.3m/sec 이하
④ 약 1.5m/sec 이하

풀이 불감기류
㉠ 0.5m/sec 미만의 기류이다.
㉡ 실내에 항상 존재한다.
㉢ 신진대사를 촉진한다(생식선 발육 촉진).
㉣ 한랭에 대한 저항을 강화시킨다.

66 소음작업장에서 각 음원의 음압레벨이 A=110dB, B=80dB, C=70dB이다. 음원이 동시에 가동될 때 음압레벨(SPL)은?

① 87dB ② 90dB
③ 95dB ④ 110dB

풀이 $L_{합} = 10\log(10^{11} + 10^8 + 10^7) = 110$dB

67 한랭환경으로 인하여 발생하거나 악화되는 질병으로 가장 거리가 먼 것은?

① 동상(frostbite)
② 지단자람증(acrocyanosis)
③ 케이슨병(caisson disease)
④ 레이노병(Raynaud's disease)

풀이 한랭환경에 의한 건강장애
㉠ 저체온증
㉡ 동상
㉢ 참호족(침수족)
㉣ 레이노병
㉤ 선단지람증
㉥ 폐색성 혈전장애

68 다음 중 진동에 의한 생체영향과 가장 거리가 먼 것은?

① C_5-dip 현상
② Raynaud 현상
③ 내분비계 장애
④ 뼈 및 관절의 장애

풀이 C_5-dip 현상
㉠ 소음성 난청의 초기단계로 4,000Hz에서 청력장애가 현저히 커지는 현상이다.
㉡ 우리 귀는 고주파음에 대단히 민감하다. 특히 4,000Hz에서 소음성 난청이 가장 많이 발생한다.

정답 63.③ 64.② 65.① 66.④ 67.③ 68.①

69 소음의 생리적 영향으로 볼 수 없는 것은?
① 혈압감소
② 맥박수 증가
③ 위분비액 감소
④ 집중력 감소

풀이 소음의 생리적 영향
㉠ 혈압상승, 맥박수 증가, 말초혈관 수축
㉡ 호흡횟수 증가, 호흡깊이 감소
㉢ 타액 분비량 증가, 위액산도 저하, 위 수축운동의 감퇴
㉣ 혈당도 상승, 백혈구 수 증가, 아드레날린 증가
㉤ 집중력 감소

70 자유공간에 위치한 점음원의 음향파워레벨(PWL)이 110dB일 때, 이 점음원으로부터 100m 떨어진 곳의 음압레벨(SPL)은?
① 49dB
② 59dB
③ 69dB
④ 79dB

풀이 점음원, 자유공간의 음압레벨(SPL)
SPL = PWL − 20 log r − 11
　　 = 110 − 20 log 100 − 11
　　 = 59dB

71 다음 중 방사선을 전리방사선과 비전리방사선으로 분류하는 인자가 아닌 것은?
① 파장
② 주파수
③ 이온화하는 성질
④ 투과력

풀이 전리방사선과 비전리방사선의 구분
㉠ 전리방사선과 비전리방사선의 경계가 되는 광자에너지의 강도는 12eV이다.
㉡ 생체에서 이온화시키는 데 필요한 최소에너지는 대체로 12eV가 되고, 그 이하의 에너지를 갖는 방사선을 비이온화방사선, 그 이상 큰 에너지를 갖는 것을 이온화방사선이라 한다.
㉢ 방사선을 전리방사선과 비전리방사선으로 분류하는 인자는 이온화하는 성질, 주파수, 파장이다.

72 기류의 측정에 사용되는 기구가 아닌 것은?
① 흑구온도계
② 열선풍속계
③ 카타온도계
④ 풍차풍속계

풀이 기류측정기기의 종류
㉠ 피토관
㉡ 회전날개형 풍속계
㉢ 그네날개형 풍속계
㉣ 열선풍속계
㉤ 카타온도계
㉥ 풍향풍속계
㉦ 풍차풍속계

73 전리방사선의 단위에 관한 설명으로 틀린 것은?
① rad – 조사량과 관계없이 인체조직에 흡수된 양을 의미한다.
② rem – 1rad의 X선 혹은 감마선이 인체조직에 흡수된 양을 의미한다.
③ Curie – 1초 동안에 3.7×10^{10}개의 원자붕괴가 일어나는 방사능 물질의 양을 의미한다.
④ Röntgen(R) – 공기 중에 방사선에 의해 생성되는 이온의 양으로 주로 X선 및 감마선의 조사량을 표시할 때 쓰인다.

풀이 렘(rem)
㉠ 전리방사선의 흡수선량이 생체에 영향을 주는 정도로 표시하는 선당량(생체실효선량)의 단위
㉡ 생체에 대한 영향의 정도에 기초를 둔 단위
㉢ Röntgen equivalent man 의미
㉣ 관련식
　rem = rad × RBE
　여기서, rem : 생체실효선량
　　　　 rad : 흡수선량
　　　　 RBE : 상대적 생물학적 효과비(rad를 기준으로 방사선효과를 상대적으로 나타낸 것)
　• X선, γ선, β입자 ⇨ 1(기준)
　• 열중성자 ⇨ 2.5
　• 느린중성자 ⇨ 5
　• α입자, 양자, 고속중성자 ⇨ 10
㉤ 1rem = 0.01SV

정답 69.① 70.② 71.④ 72.① 73.②

74 국소진동에 노출된 경우 인체에 장애를 발생시킬 수 있는 주파수의 범위로 알맞은 것은?

① 10~150Hz ② 10~300Hz
③ 8~500Hz   ④ 8~1,500Hz

[풀이] 진동의 구분에 따른 진동수(주파수)
㉠ 국소진동 주파수 : 8~1,500Hz
㉡ 전신진동(공해진동) 주파수 : 1~90Hz

75 소음평가치의 단위로 가장 적절한 것은?

① Hz   ② NRR
③ phon ④ NRN

[풀이] 소음평가 단위의 종류
㉠ SIL : 회화방해레벨
㉡ PSIL : 우선회화방해레벨
㉢ NC : 실내소음평가척도
㉣ NRN : 소음평가지수
㉤ TNI : 교통소음지수
㉥ Lx : 소음통계레벨
㉦ Ldn : 주야 평균소음레벨
㉧ PNL : 감각소음레벨
㉨ WECPNL : 항공기소음평가량

76 조명을 작업환경의 한 요인으로 볼 때, 고려해야 할 사항이 아닌 것은?

① 빛의 색
② 조명시간
③ 눈부심과 휘도
④ 조도와 조도의 분포

[풀이] 조명을 작업환경의 한 요인으로 볼 때 고려해야 할 중요한 사항은 조도와 조도의 분포, 눈부심과 휘도, 빛의 색이다.

77 다음 중 감압에 따른 기포 형성량을 좌우하는 요인이 아닌 것은?

① 감압속도
② 체내 가스의 팽창 정도
③ 조직에 용해된 가스량
④ 혈류를 변화시키는 상태

[풀이] 감압 시 조직 내 질소기포 형성량에 영향을 주는 요인
㉠ 조직에 용해된 가스량
체내 지방량, 고기압 폭로의 정도와 시간으로 결정한다.
㉡ 혈류변화 정도(혈류를 변화시키는 상태)
감압 시 또는 재감압 후에 생기기 쉽고, 연령, 기온, 운동, 공포감, 음주와 관계가 있다.
㉢ 감압속도

78 일반적인 작업장의 인공조명 시 고려사항으로 적절하지 않은 것은?

① 조명도를 균등히 유지할 것
② 경제적이며 취급이 용이할 것
③ 가급적 직접조명이 되도록 설치할 것
④ 폭발성 또는 발화성이 없으며 유해가스가 발생하지 않을 것

[풀이] 인공조명 시 고려사항
㉠ 작업에 충분한 조도를 낼 것
㉡ 조명도를 균등히 유지할 것(천장, 마루, 기계, 벽 등의 반사율을 크게 하면 조도를 일정하게 얻을 수 있다)
㉢ 폭발성 또는 발화성이 없고, 유해가스가 발생하지 않을 것
㉣ 경제적이며, 취급이 용이할 것
㉤ 주광색에 가까운 광색으로 조도를 높여줄 것(백열전구와 고압수은등을 적절히 혼합시켜 주광에 가까운 빛을 얻을 수 있다)
㉥ 장시간 작업 시 가급적 간접조명이 되도록 설치할 것(직접조명, 즉 광원의 광밀도가 크면 나쁘다)
㉦ 일반적인 작업 시 빛은 작업대 좌상방에서 비추게 할 것
㉧ 작은 물건의 식별과 같은 작업에는 음영이 생기지 않는 국소조명을 적용할 것
㉨ 광원 또는 전등의 휘도를 줄일 것
㉩ 광원을 시선에서 멀리 위치시킬 것
㉪ 눈이 부신 물체와 시선과의 각을 크게 할 것
㉫ 광원 주위를 밝게 하며, 조도비를 적정하게 할 것

정답 74.④ 75.④ 76.② 77.② 78.③

79 도르노선(Dorno-ray)에 대한 내용으로 옳은 것은?
① 가시광선의 일종이다.
② 280~315Å 파장의 자외선을 의미한다.
③ 소독작용, 비타민 D 형성 등 생물학적 작용이 강하다.
④ 절대온도 이상의 모든 물체는 온도에 비례하여 방출한다.

풀이 도르노선(Dorno-ray)
280(290)~315nm[2,800(2,900)~3,150Å, 1Å(angstrom); SI 단위로 10^{-10}m]의 파장을 갖는 자외선을 의미하며, 인체에 유익한 작용을 하여 건강선(생명선)이라고도 한다. 또한 소독작용, 비타민 D 형성, 피부의 색소침착 등 생물학적 작용이 강하다.

80 미국(EPA)의 차음평가수를 의미하는 것은?
① NRR   ② TL
③ SNR   ④ SLC80

풀이 차음효과(OSHA)
차음효과 = (NRR - 7) × 0.5
여기서, NRR : 차음평가수

제5과목 | 산업 독성학

81 다음 중 카드뮴에 관한 설명으로 틀린 것은 어느 것인가?
① 카드뮴은 부드럽고 연성이 있는 금속으로 납광물이나 아연광물을 제련할 때 부산물로 얻어진다.
② 흡수된 카드뮴은 혈장단백질과 결합하여 최종적으로 신장에 축적된다.
③ 인체 내에서 철을 필요로 하는 효소와의 결합반응으로 독성을 나타낸다.
④ 카드뮴 흄이나 먼지에 급성 노출되면 호흡기가 손상되며 사망에 이르기도 한다.

풀이 카드뮴의 독성 메커니즘
㉠ 호흡기, 경구로 흡수되어 체내에서 축적작용을 한다.
㉡ 간, 신장, 장관벽에 축적하여 효소의 기능유지에 필요한 -SH기와 반응하여(SH효소를 불활성화하여) 조직세포에 독성으로 작용한다.
㉢ 호흡기를 통한 독성이 경구독성보다 약 8배 정도 강하다.
㉣ 산화카드뮴에 의한 장애가 가장 심하며, 산화카드뮴 에어로졸 노출에 의해 화학적 폐렴을 발생시킨다.

82 다음 중 실험동물을 대상으로 투여 시 독성을 초래하지는 않지만 관찰 가능한 가역적인 반응이 나타나는 양을 의미하는 용어는?
① 유효량(ED)
② 치사량(LD)
③ 독성량(TD)
④ 서한량(PD)

풀이 유효량(ED)
ED50은 사망을 기준으로 하는 대신에 약물을 투여한 동물의 50%가 일정한 반응을 일으키는 양으로, 시험 유기체의 50%에 대하여 준치사적인 거동감응 및 생리감응을 일으키는 독성물질의 양을 뜻한다. ED(유효량)는 실험동물을 대상으로 얼마간의 양을 투여했을 때 독성을 초래하지 않지만 실험군의 50%가 관찰 가능한 가역적인 반응이 나타나는 작용량, 즉 유효량을 의미한다.

83 다음 중 진폐증 발생에 관여하는 인자와 가장 거리가 먼 것은?
① 분진의 노출기간
② 분진의 분자량
③ 분진의 농도
④ 분진의 크기

풀이 진폐증 발생에 관여하는 요인
㉠ 분진의 종류, 농도 및 크기
㉡ 폭로시간 및 작업강도
㉢ 보호시설이나 장비 착용 유무
㉣ 개인차

정답 79.③ 80.① 81.③ 82.① 83.②

84 유해화학물질의 노출기준을 정하고 있는 기관과 노출기준 명칭의 연결이 옳은 것은?
① OSHA – REL ② AIHA – MAC
③ ACGIH – TLV ④ NIOSH – PEL

[풀이]
① OSHA 노출기준 : PEL
② AIHA 노출기준 : WEEL
④ NIOSH 노출기준 : REL

85 다음 중 생물학적 모니터링에 관한 설명으로 적절하지 않은 것은?
① 생물학적 모니터링은 작업자의 생물학적 시료에서 화학물질의 노출정도를 추정하는 것을 말한다.
② 근로자 노출평가와 건강상의 영향평가 두 가지 목적으로 모두 사용될 수 있다.
③ 내재용량은 최근에 흡수된 화학물질의 양을 말한다.
④ 내재용량은 여러 신체부분이나 몸 전체에 저장된 화학물질의 양을 말하는 것은 아니다.

[풀이] 체내 노출량(내재용량)의 여러 개념
㉠ 체내 노출량은 최근에 흡수된 화학물질의 양을 나타낸다.
㉡ 축적(저장)된 화학물질의 양을 의미한다.
㉢ 화학물질이 건강상 영향을 나타내는 체내 주요 조직이나 부위의 작용과 결합한 화학물질의 양을 의미한다.

86 다음 중 핵산 하나를 탈락시키거나 첨가함으로써 돌연변이를 일으키는 물질은?
① 아세톤(acetone)
② 아닐린(aniline)
③ 아크리딘(acridine)
④ 아세토니트릴(acetonitrile)

[풀이] 아크리딘(acridine)
핵산 하나를 탈락시키거나 첨가함으로써 돌연변이를 일으키는 물질 중 하나이다.

87 다음 중 생체 내에서 혈액과 화학작용을 일으켜서 질식을 유발하는 물질은?
① 수소 ② 헬륨
③ 질소 ④ 일산화탄소

[풀이] 일산화탄소(CO)
㉠ 탄소 또는 탄소화합물이 불완전연소할 때 발생되는 무색무취의 기체이다.
㉡ 산소결핍장소에서 보건학적 의의가 가장 큰 물질이다.
㉢ 혈액 중 헤모글로빈과의 결합력이 매우 강하여 체내 산소공급능력을 방해하므로 대단히 유해하다.
㉣ 생체 내에서 혈액과 화학작용을 일으켜서 질식을 일으키는 물질이다.
㉤ 정상적인 작업환경 공기에서 CO 농도가 0.1%로 되면 사람의 헤모글로빈 50%가 불활성화된다.
㉥ CO 농도가 1%(10,000ppm)인 곳에서 1분 후에 사망에 이른다(COHb : 카복시헤모글로빈 20% 상태가 됨).
㉦ 물에 대한 용해도는 23mL/L이다.
㉧ 중추신경계에 강하게 작용하여 사망에 이르게 한다.

88 직업적으로 벤지딘(benzidine)에 장기간 노출되었을 때 암이 발생될 수 있는 인체부위로 가장 적절한 것은?
① 피부 ② 뇌
③ 폐 ④ 방광

[풀이] 벤지딘
㉠ 염료, 직물, 제지, 화학공업, 합성고무경화제의 제조에 사용한다.
㉡ 급성중독으로 피부염, 급성방광염을 유발한다.
㉢ 만성중독으로 방광, 요로계 종양을 유발한다.

89 다음 [표]와 같은 크롬중독을 스크린하는 검사법을 개발하였다면 이 검사법의 특이도는?

구 분		크롬중독진단		합 계
		양 성	음 성	
검사법	양 성	15	9	24
	음 성	9	21	30
합 계		24	30	54

① 68% ② 69%
③ 70% ④ 71%

정답 84.③ 85.④ 86.③ 87.④ 88.④ 89.③

[풀이] 특이도(%) = $\frac{21}{30} \times 100 = 70\%$

특이도는 실제 노출되지 않은 사람이 이 측정방법에 의하여 "노출되지 않을 것"으로 나타날 확률을 의미한다.

90 수은중독에 관한 설명으로 틀린 것은?
① 수은은 주로 골 조직과 신경에 많이 축적된다.
② 무기수은염류는 호흡기나 경구적 어느 경로라도 흡수된다.
③ 수은중독의 특징적인 증상은 구내염, 근육진전 등이 있다.
④ 전리된 수은이온은 단백질을 침전시키고, thiol기(SH)를 가진 효소작용을 억제한다.

[풀이] ① 신장 및 간에 고농도 축적현상이 일반적이다.
- 수은중독
  ㉠ 금속수은은 뇌, 혈액, 심근 등에 분포
  ㉡ 무기수은은 신장, 간장, 비장, 갑상선 등에 주로 분포
  ㉢ 알킬수은은 간장, 신장, 뇌 등에 분포

91 인체 순환기계에 대한 설명으로 틀린 것은?
① 인체의 각 구성세포에 영양소를 공급하며, 노폐물 등을 운반한다.
② 혈관계의 동맥은 심장에서 말초혈관으로 이동하는 원심성 혈관이다.
③ 림프관은 체내에 들어온 감염성 미생물 및 이물질을 살균 또는 식균하는 역할을 한다.
④ 신체방어에 필요한 혈액응고효소 등을 손상받은 부위로 수송한다.

[풀이] 림프계
㉠ 림프관 : 모세혈관보다 크고 많은 구멍을 가짐
㉡ 조직액 내의 이물질 제거 역할
㉢ 집합관은 림프가 역류하는 것을 막는 역할
㉣ 흉관과 우림프관으로 구분
㉤ 림프절 : 체내에 들어온 감염성 미생물 및 이물질을 살균 또는 식균하는 역할
㉥ 기능 : 특수면역작용, 식균(살균)작용, 간질액의 혈류로의 재유입

92 다음 중 계란 썩는 것 같은 심한 부패성 냄새가 나는 물질로, 노출 시 중추신경의 억제와 후각의 마비 증상을 유발하며, 치료를 위하여 100% O_2를 투여하는 등의 조치가 필요한 물질은?
① 암모니아 ② 포스겐
③ 오존 ④ 황화수소

[풀이] 황화수소(H_2S)
㉠ 부패한 계란 냄새가 나는 무색의 기체로 폭발성 있음
㉡ 공업약품 제조에 이용되며 레이온공업, 셀로판제조, 오수조 내의 작업 등에서 발생하며, 천연가스, 석유정제산업, 지하석탄광업 등을 통해서도 노출
㉢ 급성중독으로는 점막의 자극증상이 나타나며 경련, 구토, 현기증, 혼수, 뇌의 호흡 중추신경의 억제와 마비 증상
㉣ 만성작용으로는 두통, 위장장애 증상
㉤ 치료로는 100% 산소를 투여
㉥ 고용노동부 노출기준은 TWA로 10ppm이며, STEL은 15ppm임
㉦ 산업안전보건기준에 관한 규칙상 관리대상 유해물질의 가스상 물질류임

93 다음 중 수은중독환자의 치료방법으로 적합하지 않은 것은?
① Ca-EDTA 투여
② BAL(British Anti-Lewisite) 투여
③ N-acetyl-D-penicillamine 투여
④ 우유와 계란의 흰자를 먹인 후 위 세척

[풀이] 수은에 의한 건강장애
㉠ 수은중독의 특징적인 증상은 구내염, 근육진전, 정신증상으로 분류된다.
㉡ 수족신경마비, 시신경장애, 정신이상, 보행장애 등의 장애가 나타난다.
㉢ 만성 노출 시 식욕부진, 신기능부전, 구내염을 발생시킨다.
㉣ 치은부에는 황화수은의 청회색 침전물이 침착된다.
㉤ 혀나 손가락의 근육이 떨린다(수전증).
㉥ 정신증상으로는 중추신경계통, 특히 뇌조직에 심한 증상이 나타나 정신기능이 상실될 수 있다(정신장애).
㉦ 유기수은(알킬수은) 중 메틸수은은 미나마타(minamata)병을 발생시킨다.

정답 90.① 91.③ 92.④ 93.①

- 수은중독의 치료
(1) 급성중독
  ㉠ 우유와 계란의 흰자를 먹여 단백질과 해당 물질을 결합시켜 침전시킨다.
  ㉡ 마늘계통의 식물을 섭취한다.
  ㉢ 위세척(5~10% S.F.S 용액)을 한다. 다만, 세척액은 200~300mL를 넘지 않도록 한다.
  ㉣ BAL(British Anti Lewisite)을 투여한다.
    ※ 체중 1kg당 5mg의 근육주사
(2) 만성중독
  ㉠ 수은 취급을 즉시 중지시킨다.
  ㉡ BAL(British Anti Lewisite)을 투여한다.
  ㉢ 1일 10L의 등장식염수를 공급(이뇨작용으로 촉진)한다.
  ㉣ N-acetyl-D-penicillamine을 투여한다.
  ㉤ 땀을 흘려 수은 배설을 촉진한다.
  ㉥ 진전증세에 genascopalin을 투여한다.
  ㉦ Ca-EDTA의 투여는 금기사항이다.

94 ACGIH에 의하여 구분된 입자상 물질의 명칭과 입경을 연결한 것으로 틀린 것은?
① 폐포성 입자상 물질 – 평균입경이 $1\mu m$
② 호흡성 입자상 물질 – 평균입경이 $4\mu m$
③ 흉곽성 입자상 물질 – 평균입경이 $10\mu m$
④ 흡입성 입자상 물질 – 입경범위 $0\sim100\mu m$

풀이 ACGIH의 입자 크기별 기준(TLV)
(1) 흡입성 입자상 물질
  (IPM ; Inspirable Particulates Mass)
  ㉠ 호흡기의 어느 부위(비강, 인후두, 기관 등 호흡기의 기도 부위)에 침착하더라도 독성을 유발하는 분진이다.
  ㉡ 비암이나 비중격천공을 일으키는 입자상 물질이 여기에 속한다.
  ㉢ 침전분진은 재채기, 침, 코 등의 벌크(bulk) 세척기전으로 제거된다.
  ㉣ 입경범위 : $0\sim100\mu m$
  ㉤ 평균입경 : $100\mu m$(폐침착의 50%에 해당하는 입자의 크기)
(2) 흉곽성 입자상 물질
  (TPM ; Thoracic Particulates Mass)
  ㉠ 기도나 하기도(가스교환 부위)에 침착하여 독성을 나타내는 물질이다.
  ㉡ 평균입경 : $10\mu m$
  ㉢ 채취기구 : PM 10

(3) 호흡성 입자상 물질
  (RPM ; Respirable Particulates Mass)
  ㉠ 가스교환 부위, 즉 폐포에 침착할 때 유해한 물질이다.
  ㉡ 평균입경 : $4\mu m$(공기역학적 직경이 $10\mu m$ 미만의 먼지가 호흡성 입자상 물질)
  ㉢ 채취기구 : 10mm nylon cyclone

95 벤젠 노출 근로자의 생물학적 모니터링을 위하여 소변시료를 확보하였다. 다음 중 분석해야 하는 대사산물로 알맞은 것은?
① 마뇨산(hippuric acid)
② t,t-뮤코닉산(t,t-muconic acid)
③ 메틸마뇨산(methylhippuric acid)
④ 트리클로로아세트산(trichloroacetic acid)

풀이 벤젠의 대사산물(생물학적 노출지표)
㉠ 뇨 중 총 페놀
㉡ 뇨 중 t,t-뮤코닉산(t,t-muconic acid)

96 다음 중 ACGIH의 발암물질 구분 중 인체 발암성 미분류물질 구분으로 알맞은 것은?
① A2 ② A3
③ A4 ④ A5

풀이 ACGIH의 발암물질 구분
㉠ A1 : 인체 발암 확인(확정)물질
㉡ A2 : 인체 발암이 의심되는 물질(발암 추정물질)
㉢ A3 : 동물 발암성 확인물질, 인체 발암성 모름
㉣ A4 : 인체 발암성 미분류물질, 인체 발암성이 확인되지 않은 물질
㉤ A5 : 인체 발암성 미의심물질

97 산업안전보건법령상 기타 분진의 산화규소 결정체 함유율과 노출기준으로 맞는 것은?
① 함유율 : 0.1% 이상, 노출기준 : 5mg/m^3
② 함유율 : 0.1% 이하, 노출기준 : 10mg/m^3
③ 함유율 : 1% 이상, 노출기준 : 5mg/m^3
④ 함유율 : 1% 이하, 노출기준 : 10mg/m^3

정답 94.① 95.② 96.③ 97.④

[풀이] 기타 분진의 산화규소 결정체
  ㉠ 함유율 : 1% 이하
  ㉡ 노출기준 : 10mg/m³

98 다음 중 혈색소와 친화도가 산소보다 강하여 COHb를 형성하여 조직에서 산소공급을 억제하며, 혈중 COHb의 농도가 높아지면 HbO_2의 해리작용을 방해하는 물질은?

① 일산화탄소
② 에탄올
③ 리도카인
④ 염소산염

[풀이] 일산화탄소(CO)
  ㉠ 탄소 또는 탄소화합물이 불완전연소할 때 발생되는 무색무취의 기체이다.
  ㉡ 산소결핍장소에서 보건학적 의의가 가장 큰 물질이다.
  ㉢ 혈액 중 헤모글로빈과의 결합력이 매우 강하여 체내 산소공급능력을 방해하므로 대단히 유해하다.
  ㉣ 생체 내에서 혈액과 화학작용을 일으켜서 질식을 일으키는 물질이다.
  ㉤ 정상적인 작업환경 공기에서 CO 농도가 0.1%로 되면 사람의 헤모글로빈 50%가 불활성화된다.
  ㉥ CO 농도가 1%(10,000ppm)인 곳에서 1분 후에 사망에 이른다(COHb : 카복시헤모글로빈 20% 상태가 됨).
  ㉦ 물에 대한 용해도는 23mL/L이다.
  ㉧ 중추신경계에 강하게 작용하여 사망에 이르게 한다.

99 다음 중 직업성 천식의 발생기전과 관계가 없는 것은?

① metallothionein
② 항원공여세포
③ IgG
④ histamine

[풀이] metallothionein(혈당단백질)은 카드뮴이 체내에 들어가면 간에서 생합성이 촉진되어 폭로된 중금속의 독성을 감소시키는 역할과 관련이 있다.

100 할로겐화 탄화수소에 속하는 삼염화에틸렌(trichloroethylene)은 호흡기를 통하여 흡수된다. 삼염화에틸렌의 대사산물은?

① 삼염화에탄올
② 메틸마뇨산
③ 사염화에틸렌
④ 페놀

[풀이] 삼염화에틸렌(트리클로로에틸렌)의 대사산물 흡수량의 70~90%는 주로 트리클로로에탄올과 삼염화초산으로 분해된다.

정답 98.① 99.① 100.①

제1·2회 산업위생관리기사

과년도 출제문제 | 2020.06.06

제1과목 | 산업위생학 개론

01 산업안전보건법령상 사무실 오염물질에 대한 관리기준으로 옳지 않은 것은?

① 라돈 : 148Bq/m³ 이하
② 일산화탄소 : 10ppm 이하
③ 이산화질소 : 0.1ppm 이하
④ 포름알데히드 : 500μg/m³ 이하

[풀이] 사무실 오염물질의 관리기준

오염물질	관리기준
미세먼지(PM 10)	100μg/m³ 이하
초미세먼지(PM 2.5)	50μg/m³ 이하
이산화탄소(CO_2)	1,000ppm 이하
일산화탄소(CO)	10ppm 이하
이산화질소(NO_2)	0.1ppm 이하
포름알데히드(HCHO)	100μg/m³ 이하
총휘발성 유기화합물(TVOC)	500μg/m³ 이하
라돈(radon)	148Bq/m³ 이하
총부유세균	800CFU/m³ 이하
곰팡이	500CFU/m³ 이하

02 직업성 질환 발생의 요인을 직접적인 원인과 간접적인 원인으로 구분할 때 직접적인 원인에 해당되지 않는 것은?

① 물리적 환경요인
② 화학적 환경요인
③ 작업강도와 작업시간적 요인
④ 부자연스런 자세와 단순반복작업 등의 작업요인

[풀이] 직업병의 발생요인(직접적 원인)
(1) 환경요인(물리적·화학적 요인)
  ㉠ 진동현상
  ㉡ 대기조건 변화
  ㉢ 화학물질의 취급 또는 발생
(2) 작업요인
  ㉠ 격렬한 근육운동
  ㉡ 높은 속도의 작업
  ㉢ 부자연스러운 자세
  ㉣ 단순반복작업
  ㉤ 정신작업

03 산업안전보건법령상 시간당 200~350kcal의 열량이 소요되는 작업을 매시간 50% 작업, 50% 휴식 시의 고온노출기준(WBGT)은?

① 26.7℃
② 28.0℃
③ 28.4℃
④ 29.4℃

[풀이] 고열작업장의 노출기준(고용노동부, ACGIH)
[단위 : WBGT(℃)]

시간당 작업과 휴식 비율	작업강도		
	경작업	중등작업	중작업
연속 작업	30.0	26.7	25.0
75% 작업, 25% 휴식 (45분 작업, 15분 휴식)	30.6	28.0	25.9
50% 작업, 50% 휴식 (30분 작업, 30분 휴식)	31.4	29.4	27.9
25% 작업, 75% 휴식 (15분 작업, 45분 휴식)	32.2	31.1	30.0

㉠ 경작업 : 시간당 200kcal까지의 열량이 소요되는 작업을 말하며, 앉아서 또는 서서 기계의 조정을 하기 위하여 손 또는 팔을 가볍게 쓰는 일 등이 해당된다.
㉡ 중등작업 : 시간당 200~350kcal의 열량이 소요되는 작업을 말하며, 물체를 들거나 밀면서 걸어다니는 일 등이 해당된다.
㉢ 중(격심)작업 : 시간당 350~500kcal의 열량이 소요되는 작업을 뜻하며, 곡괭이질 또는 삽질하는 일과 같이 육체적으로 힘든 일 등이 해당된다.

정답 01.④ 02.③ 03.④

04 근골격계 부담작업으로 인한 건강장해 예방을 위한 조치항목으로 옳지 않은 것은?

① 근골격계 질환 예방관리 프로그램을 작성·시행할 경우에는 노사협의를 거쳐야 한다.
② 근골격계 질환 예방관리 프로그램에는 유해요인 조사, 작업환경 개선, 교육·훈련 및 평가 등이 포함되어 있다.
③ 사업주는 25kg 이상의 중량물을 들어 올리는 작업에 대하여 중량과 무게중심에 대하여 안내표시를 하여야 한다.
④ 근골격계 부담작업에 해당하는 새로운 작업·설비 등을 도입한 경우, 지체 없이 유해요인 조사를 실시하여야 한다.

풀이 사업주는 5kg 이상의 중량물을 들어 올리는 작업에 근로자를 종사하도록 하는 때에는 다음의 조치를 하여야 한다.
㉠ 주로 취급하는 물품에 대하여 근로자가 쉽게 알 수 있도록 물품의 중량과 무게중심에 대하여 작업장 주변에 안내표시를 할 것
㉡ 취급하기 곤란한 물품에 대하여 손잡이를 붙이거나 갈고리, 진공빨판 등 적절한 보조도구를 활용할 것

05 연평균 근로자수가 5,000명인 사업장에서 1년 동안에 125건의 재해로 인하여 250명의 사상자가 발생하였다면, 이 사업장의 연천인율은 얼마인가? (단, 이 사업장의 근로자 1인당 연간 근로시간은 2,400시간이다.)

① 10
② 25
③ 50
④ 200

풀이
$$연천인율 = \frac{연간\ 재해자수}{연평균\ 근로자수} \times 1,000$$
$$= \frac{250}{5,000} \times 1,000$$
$$= 50$$

06 영국의 외과의사 Pott에 의하여 발견된 직업성 암은?

① 비암
② 폐암
③ 간암
④ 음낭암

풀이 Percivall Pott
㉠ 영국의 외과의사로 직업성 암을 최초로 보고하였으며, 어린이 굴뚝청소부에게 많이 발생하는 음낭암(scrotal cancer)을 발견하였다.
㉡ 암의 원인물질이 검댕 속 여러 종류의 다환방향족 탄화수소(PAH)라는 것을 밝혔다.
㉢ 굴뚝청소부법을 제정하도록 하였다(1788년).

07 산업피로(industrial fatigue)에 관한 설명으로 옳지 않은 것은?

① 산업피로의 유발 원인으로는 작업부하, 작업환경조건, 생활조건 등이 있다.
② 작업과정 사이에 짧은 휴식보다 장시간의 휴식시간을 삽입하여 산업피로를 경감시킨다.
③ 산업피로의 검사방법은 한 가지 방법으로 판정하기는 어려우므로 여러 가지 검사를 종합하여 결정한다.
④ 산업피로란 일반적으로 작업현장에서 고단하다는 주관적인 느낌이 있으면서, 작업능률이 떨어지고, 생체기능의 변화를 가져오는 현상이라고 정의할 수 있다.

풀이 산업피로 예방대책
㉠ 불필요한 동작을 피하고, 에너지 소모를 적게 한다.
㉡ 동적인 작업을 늘리고, 정적인 작업을 줄인다.
㉢ 개인의 숙련도에 따라 작업속도와 작업량을 조절한다.
㉣ 작업시간 중 또는 작업 전후에 간단한 체조나 오락시간을 갖는다.
㉤ 장시간 한 번 휴식하는 것보다 단시간씩 여러 번 나누어 휴식하는 것이 피로회복에 도움이 된다.

08 산업안전보건법령상 사무실 공기의 시료채취방법이 잘못 연결된 것은?

① 일산화탄소 – 전기화학검출기에 의한 채취
② 이산화질소 – 캐니스터(canister)를 이용한 채취
③ 이산화탄소 – 비분산적외선검출기에 의한 채취
④ 총부유세균 – 충돌법을 이용한 부유세균 채취기로 채취

풀이 사무실 오염물질의 시료채취 및 분석 방법

오염물질	시료채취방법	분석방법
미세먼지 (PM 10)	PM 10 샘플러(sampler)를 장착한 고용량 시료채취기에 의한 채취	중량분석 (천칭의 해독도 : 10μg 이상)
초미세먼지 (PM 2.5)	PM 2.5 샘플러(sampler)를 장착한 고용량 시료채취기에 의한 채취	중량분석 (천칭의 해독도 : 10μg 이상)
이산화탄소 (CO_2)	비분산적외선검출기에 의한 채취	검출기의 연속 측정에 의한 직독식 분석
일산화탄소 (CO)	비분산적외선검출기 또는 전기화학검출기에 의한 채취	검출기의 연속 측정에 의한 직독식 분석
이산화질소 (NO_2)	고체흡착관에 의한 시료채취	분광광도계로 분석
포름알데히드 (HCHO)	2,4-DNPH(2,4-Dinitrophenylhydrazine)가 코팅된 실리카겔관 (silicagel tube)이 장착된 시료채취기에 의한 채취	2,4-DNPH-포름알데히드 유도체를 HPLC UVD (High Performance Liquid Chromatography - Ultraviolet Detector) 또는 GC-NPD (Gas Chromatography - Nitrogen Phosphorous Detector)로 분석
총휘발성 유기화합물 (TVOC)	1. 고체흡착관으로 채취 2. 캐니스터(canister)로 채취	1. 고체흡착열탈착법 또는 고체흡착용매추출법을 이용한 GC로 분석 2. 캐니스터를 이용한 GC 분석
라돈 (radon)	라돈 연속검출기(자동형), 알파트랙(수동형), 충전막전리함(수동형) 측정 등	3일 이상, 3개월 이내 연속 측정 후 방사능 감지를 통한 분석
총부유세균	충돌법을 이용한 부유세균채취기 (bioair sampler)로 채취	채취·배양된 균주를 세어 공기체적당 균주 수로 산출
곰팡이	충돌법을 이용한 부유진균채취기 (bioair sampler)로 채취	채취·배양된 균주를 세어 공기체적당 균주 수로 산출

09 유해인자와 그로 인하여 발생되는 직업병이 올바르게 연결된 것은?

① 크롬 – 간암
② 이상기압 – 침수족
③ 망간 – 비중격천공
④ 석면 – 악성중피종

풀이 유해인자별 발생 직업병
㉠ 크롬 : 폐암(크롬폐증)
㉡ 이상기압 : 폐수종(잠함병)
㉢ 고열 : 열사병
㉣ 방사선 : 피부염 및 백혈병
㉤ 소음 : 소음성 난청
㉥ 수은 : 무뇨증
㉦ 망간 : 신장염(파킨슨증후군)
㉧ 석면 : 악성중피종
㉨ 한랭 : 동상
㉩ 조명 부족 : 근시, 안구진탕증
㉪ 진동 : Raynaud's 현상
㉫ 분진 : 규폐증

10 산업안전보건법령상 유해위험방지계획서의 제출대상이 되는 사업이 아닌 것은? (단, 모두 전기계약용량이 300킬로와트 이상이다.)

① 항만운송사업
② 반도체 제조업
③ 식료품 제조업
④ 전자부품 제조업

풀이 유해위험방지계획서 제출대상(전기계약용량 300kW 이상인 한국표준산업분류표의 13대 업종)
㉠ 식료품 제조법
㉡ 목재 및 나무제품 제조업
㉢ 화학물질 및 화학제품 제조업
㉣ 고무제품 및 플라스틱제품 제조업
㉤ 비금속광물제품 제조업
㉥ 1차 금속 제조업
㉦ 반도체 제조업
㉧ 전자부품 제조업
㉨ 기타 기계 및 장비 제조업
㉩ 자동차 및 트레일러 제조업
㉪ 가구 제조업
㉫ 기타 제품 제조업
㉬ 금속가공제품 제조업(기계 및 가구 제외)

정답 08.② 09.④ 10.①

11 재해예방의 4원칙에 대한 설명으로 옳지 않은 것은?

① 재해발생에는 반드시 그 원인이 있다.
② 재해가 발생하면 반드시 손실도 발생한다.
③ 재해는 원인 제거를 통하여 예방이 가능하다.
④ 재해예방을 위한 가능한 안전대책은 반드시 존재한다.

풀이 산업재해예방(방지) 4원칙
㉠ 예방가능의 원칙 : 재해는 원칙적으로 모두 방지가 가능하다.
㉡ 손실우연의 원칙 : 재해발생과 손실발생은 우연적이므로, 사고발생 자체의 방지가 이루어져야 한다.
㉢ 원인계기의 원칙 : 재해발생에는 반드시 원인이 있으며, 사고와 원인의 관계는 필연적이다.
㉣ 대책선정의 원칙 : 재해예방을 위한 가능한 안전대책은 반드시 존재한다.

12 산업안전보건법령상 보건관리자의 업무가 아닌 것은? (단, 그 밖에 작업관리 및 작업환경관리에 관한 사항은 제외한다.)

① 물질안전보건자료의 게시 또는 비치에 관한 보좌 및 지도·조언
② 보건교육계획의 수립 및 보건교육 실시에 관한 보좌 및 지도·조언
③ 안전인증대상 기계 등 보건과 관련된 보호구의 점검, 지도, 유지에 관한 보좌 및 지도·조언
④ 전체환기장치 등에 관한 설비의 점검과 작업방법의 공학적 개선에 관한 보좌 및 지도·조언

풀이 보건관리자의 업무
㉠ 산업안전보건위원회 또는 노사협의체에서 심의·의결한 업무와 안전보건관리규정 및 취업규칙에서 정한 업무
㉡ 안전인증대상 기계 등과 자율안전확인대상 기계 등 중 보건과 관련된 보호구(保護具) 구입 시 적격품 선정에 관한 보좌 및 지도·조언
㉢ 위험성평가에 관한 보좌 및 지도·조언
㉣ 작성된 물질안전보건자료의 게시 또는 비치에 관한 보좌 및 지도·조언
㉤ 산업보건의의 직무
㉥ 해당 사업장 보건교육계획의 수립 및 보건교육 실시에 관한 보좌 및 지도·조언
㉦ 해당 사업장의 근로자를 보호하기 위한 다음의 조치에 해당하는 의료행위
  ⓐ 자주 발생하는 가벼운 부상에 대한 치료
  ⓑ 응급처치가 필요한 사람에 대한 처치
  ⓒ 부상·질병의 악화를 방지하기 위한 처치
  ⓓ 건강진단 결과 발견된 질병자의 요양 지도 및 관리
  ⓔ ⓐ부터 ⓓ까지의 의료행위에 따르는 의약품의 투여
㉧ 작업장 내에서 사용되는 전체 환기장치 및 국소배기장치 등에 관한 설비의 점검과 작업방법의 공학적 개선에 관한 보좌 및 지도·조언
㉨ 사업장 순회점검, 지도 및 조치 건의
㉩ 산업재해 발생의 원인 조사·분석 및 재발 방지를 위한 기술적 보좌 및 지도·조언
㉪ 산업재해에 관한 통계의 유지·관리·분석을 위한 보좌 및 지도·조언
㉫ 법 또는 법에 따른 명령으로 정한 보건에 관한 사항의 이행에 관한 보좌 및 지도·조언
㉬ 업무 수행 내용의 기록·유지.
㉭ 그 밖에 보건과 관련된 작업관리 및 작업환경관리에 관한 사항으로서 고용노동부장관이 정하는 사항

13 인간공학에서 고려해야 할 인간의 특성과 가장 거리가 먼 것은?

① 인간의 습성
② 신체의 크기와 작업환경
③ 기술, 집단에 대한 적응능력
④ 인간의 독립성 및 감정적 조화성

풀이 인간공학에서 고려해야 할 인간의 특성
㉠ 인간의 습성
㉡ 기술·집단에 대한 적응능력
㉢ 신체의 크기와 작업환경
㉣ 감각과 지각
㉤ 운동력과 근력
㉥ 민족

정답 11.② 12.③ 13.④

14 산업위생전문가의 윤리강령 중 "전문가로서의 책임"에 해당하지 않는 것은?

① 기업체의 기밀은 누설하지 않는다.
② 과학적 방법의 적용과 자료의 해석에서 객관성을 유지한다.
③ 근로자, 사회 및 전문 직종의 이익을 위해 과학적 지식은 공개하거나 발표하지 않는다.
④ 전문적 판단이 타협에 의하여 좌우될 수 있는 상황에는 개입하지 않는다.

풀이 산업위생전문가로서의 책임
㉠ 성실성과 학문적 실력 면에서 최고수준을 유지한다(전문적 능력 배양 및 성실한 자세로 행동).
㉡ 과학적 방법의 적용과 자료의 해석에서 경험을 통한 전문가의 객관성을 유지한다(공인된 과학적 방법 적용·해석).
㉢ 전문 분야로서의 산업위생을 학문적으로 발전시킨다.
㉣ 근로자, 사회 및 전문 직종의 이익을 위해 과학적 지식을 공개하고 발표한다.
㉤ 산업위생활동을 통해 얻은 개인 및 기업체의 기밀은 누설하지 않는다(정보는 비밀 유지).
㉥ 전문적 판단이 타협에 의하여 좌우될 수 있거나 이해관계가 있는 상황에는 개입하지 않는다.

15 지능검사, 기능검사, 인성검사는 직업적성검사 중 어느 검사항목에 해당되는가?

① 감각적 기능검사
② 생리적 적성검사
③ 신체적 적성검사
④ 심리적 적성검사

풀이 적성검사의 분류
(1) 생리학적 적성검사(생리적 기능검사)
 ㉠ 감각기능검사
 ㉡ 심폐기능검사
 ㉢ 체력검사
(2) 심리학적 적성검사
 ㉠ 지능검사
 ㉡ 지각동작검사
 ㉢ 인성검사
 ㉣ 기능검사

16 작업자세는 피로 또는 작업능률과 밀접한 관계가 있는데, 바람직한 작업자세의 조건으로 보기 어려운 것은?

① 정적 작업을 도모한다.
② 작업에 주로 사용하는 팔은 심장 높이에 두도록 한다.
③ 작업물체와 눈과의 거리는 명시거리로 30cm 정도를 유지토록 한다.
④ 근육을 지속적으로 수축시키기 때문에 불안정한 자세는 피하도록 한다.

풀이 동적인 작업을 늘리고, 정적인 작업을 줄이는 것이 바람직한 작업자세이다.

17 작업환경측정기관이 작업환경측정을 한 경우 결과를 시료채취를 마친 날부터 며칠 이내에 관할 지방고용노동관서의 장에게 제출하여야 하는가? (단, 제출기간의 연장은 고려하지 않는다.)

① 30일
② 60일
③ 90일
④ 120일

풀이 법상 작업환경측정 결과보고서는 시료채취 완료 후 30일 이내에 지방고용관서의 장에게 제출하여야 한다.

18 산업위생활동 중 유해인자의 양적·질적인 정도가 근로자들의 건강에 어떤 영향을 미칠 것인지 판단하는 의사결정단계는?

① 인지
② 예측
③ 측정
④ 평가

풀이 평가 단계는 산업위생활동 중 유해인자의 양적·질적인 정도가 근로자들의 건강에 어떤 영향을 미칠 것인지 판단하는 의사결정단계를 말한다.

정답 14.③ 15.④ 16.① 17.① 18.④

19 근로자에 있어서 약한 손(왼손잡이의 경우 오른손)의 힘은 평균 45kp라고 한다. 이 근로자가 무게 18kg인 박스를 두 손으로 들어 올리는 작업을 할 경우의 작업강도(%MS)는?

① 15% ② 20%
③ 25% ④ 30%

풀이
$$작업강도(\%MS) = \frac{RF}{MS} \times 100$$
$$= \frac{18}{45+45} \times 100 = 20\%MS$$

20 물체 무게가 2kg, 권고중량한계가 4kg일 때 NIOSH의 중량물 취급지수(LI, Lifting Inedx)는 어느 것인가?

① 0.5 ② 1
③ 2   ④ 4

풀이
$$중량물\ 취급지수(LI) = \frac{물체\ 무게(kg)}{RWL(kg)} = \frac{2kg}{4kg} = 0.5$$

제2과목 | 작업위생 측정 및 평가

21 시료채취기를 근로자에게 착용시켜 가스·증기·미스트·흄 또는 분진 등을 호흡기 위치에서 채취하는 것을 무엇이라고 하는가?

① 지역시료채취
② 개인시료채취
③ 작업시료채취
④ 노출시료채취

풀이 개인시료채취와 지역시료채취
㉠ 개인시료채취 : 개인시료채취기를 이용하여 가스·증기·분진·흄(fume)·미스트(mist) 등을 근로자의 호흡위치(호흡기를 중심으로 반경 30cm인 반구)에서 채취하는 것을 말한다.
㉡ 지역시료채취 : 시료채취기를 이용하여 가스·증기·분진·흄(fume)·미스트(mist) 등을 근로자의 작업행동범위에서 호흡기 높이에 고정하여 채취하는 것을 말한다.

22 공장 내 지면에 설치된 한 기계로부터 10m 떨어진 지점의 소음이 70dB(A)일 때, 기계의 소음이 50dB(A)로 들리는 지점은 기계에서 몇 m 떨어진 곳인가? (단, 점음원을 기준으로 하고, 기타 조건은 고려하지 않는다.)

① 50   ② 100
③ 200 ④ 400

풀이
$$SPL_1 - SPL_2 = 20\log\frac{r_2}{r_1}$$
$$70dB(A) - 50dB(A) = 20\log\frac{r_2}{10}$$
$$\therefore\ r_2 = 100m$$

23 Low volume air sampler로 작업장 내 시료를 측정한 결과 2.55mg/m³이고, 상대농도계로 10분간 측정한 결과 155였다. Dark count가 6일 때 질량농도의 변환계수는 얼마인가?

① 0.27 ② 0.36
③ 0.64 ④ 0.85

풀이 Low volume air sampler의 질량농도 변환계수(K)
$$K = \frac{C}{R-D} = \frac{2.55mg/m^3}{\left(\frac{155}{10}\right) - 6} = 0.27mg/m^3$$
여기서, C : 중량분석 실측치
R : Digital counter 계수
D : Dark count 수치

24 소음작업장에서 두 기계 각각의 음압레벨이 90dB로 동일하게 나타났다면 두 기계가 모두 가동되는 이 작업장의 음압레벨(dB)은? (단, 기타 조건은 같다.)

① 93 ② 95
③ 97 ④ 99

풀이
$$L_합 = 10\log(10^9 \times 2) = 93dB$$

정답 19.② 20.① 21.② 22.② 23.① 24.①

25 대푯값에 대한 설명 중 틀린 것은?
① 측정값 중 빈도가 가장 많은 수가 최빈값이다.
② 가중평균은 빈도를 가중치로 택하여 평균값을 계산한다.
③ 중앙값은 측정값을 모두 나열하였을 때 중앙에 위치하는 측정값이다.
④ 기하평균은 n개의 측정값이 있을 때 이들의 합을 개수로 나눈 값으로 산업위생 분야에서 많이 사용한다.

풀이 **기하평균(GM)**
㉠ 모든 자료를 대수로 변환하여 평균한 후 평균한 값을 역대수 취한 값 또는 N개의 측정치 $X_1, X_2, \cdots, X_n$이 있을 때 이들 수의 곱에 대한 N제곱근의 값이다.
㉡ 산업위생 분야에서는 작업환경측정 결과가 대수정규분포를 취하는 경우 대푯값으로서 기하평균을, 산포도로서 기하표준편차를 널리 사용한다.
㉢ 기하평균이 산술평균보다 작게 되므로 작업환경관리 차원에서 보면 기하평균치의 사용이 항상 바람직한 것이라고 보기는 어렵다.
㉣ 계산식
 • $\log(GM) = \dfrac{\log X_1 + \log X_2 + \cdots + \log X_n}{N}$
  위 식으로 GM을 구한다.
  (가능한 이 계산식의 사용을 권장)
 • $GM = \sqrt[N]{X_1 \cdot X_2 \cdot \cdots \cdot X_n}$

26 금속 도장 작업장의 공기 중에 혼합된 기체의 농도와 TLV가 다음 표와 같을 때, 이 작업장의 노출지수(EI)는 얼마인가? (단, 상가작용 기준이며, 농도 및 TLV의 단위는 ppm이다.)

기체명	기체의 농도	TLV
Toluene	55	100
MIBK	25	50
Acetone	280	750
MEK	90	200

① 1.573
② 1.673
③ 1.773
④ 1.873

풀이 EI(노출지수) $= \dfrac{55}{100} + \dfrac{25}{50} + \dfrac{280}{750} + \dfrac{90}{200}$
$= 1.873$

27 허용농도(TLV) 적용상 주의할 사항으로 틀린 것은?
① 대기오염 평가 및 관리에 적용될 수 없다.
② 기존의 질병이나 육체적 조건을 판단하기 위한 척도로 사용될 수 없다.
③ 사업장의 유해조건을 평가하고 개선하는 지침으로 사용될 수 없다.
④ 안전농도와 위험농도를 정확히 구분하는 경계선이 아니다.

풀이 **ACGIH(미국정부산업위생전문가협의회)에서 권고하는 허용농도(TLV) 적용상 주의사항**
㉠ 대기오염 평가 및 지표(관리)에 사용할 수 없다.
㉡ 24시간 노출 또는 정상작업시간을 초과한 노출에 대한 독성 평가에는 적용할 수 없다.
㉢ 기존의 질병이나 신체적 조건을 판단(증명 또는 반증 자료)하기 위한 척도로 사용될 수 없다.
㉣ 작업조건이 다른 나라에서 ACGIH-TLV를 그대로 사용할 수 없다.
㉤ 안전농도와 위험농도를 정확히 구분하는 경계선이 아니다.
㉥ 독성의 강도를 비교할 수 있는 지표는 아니다.
㉦ 반드시 산업보건(위생)전문가에 의해 설명(해석)·적용되어야 한다.
㉧ 피부로 흡수되는 양은 고려하지 않은 기준이다.
㉨ 사업장의 유해조건을 평가하기 위한 지침이며, 건강장애를 예방하기 위한 지침이다.

28 작업환경측정 및 정도관리 등에 관한 고시상 원자흡광광도법(AAS)으로 분석할 수 있는 유해인자가 아닌 것은?
① 코발트
② 구리
③ 산화철
④ 카드뮴

풀이 ① 코발트는 유도결합플라스마 분광광도계(ICP)로 분석한다.

29 소음 측정을 위한 소음계(sound level meter)는 주파수에 따른 사람의 느낌을 감안하여 세 가지 특성, 즉 A, B 및 C 특성에서 음압을 측정할 수 있다. 다음 내용에서 A, B 및 C 특성에 대한 설명이 바르게 된 것은?

① A특성 보정치는 4,000Hz 수준에서 가장 크다.
② B특성 보정치와 C특성 보정치는 각각 70phon과 40phon의 등감곡선과 비슷하게 보정하여 측정한 값이다.
③ B특성 보정치(dB)는 2,000Hz에서 값이 0이다.
④ A특성 보정치(dB)는 1,000Hz에서 값이 0이다.

풀이
① A특성 보정치는 저주파에서 크다.
② B특성 보정치와 C특성 보정치는 각각 70phon과 100phon의 등감각곡선과 비슷하게 보정하여 측정한 값이다.
③ B특성 보정치(dB)는 1,000Hz에서 값이 0이다.

30 불꽃방식 원자흡광광도계가 갖는 특징으로 틀린 것은?

① 분석시간이 흑연로장치에 비하여 적게 소요된다.
② 혈액이나 소변 등 생물학적 시료의 유해금속 분석에 주로 많이 사용된다.
③ 일반적으로 흑연로장치나 유도결합플라스마-원자발광분석기에 비하여 저렴하다.
④ 용질이 고농도로 용해되어 있는 경우 버너의 슬롯을 막을 수 있으며 점성이 큰 용액은 분무가 어려워 분무구멍을 막아 버릴 수 있다.

풀이
② 혈액이나 소변 등 생물학적 시료의 유해금속 분석에 주로 많이 사용되는 것은 전열고온로법(흑연로방식)이다.

- 불꽃 원자화장치의 장단점
(1) 장점
  ㉠ 쉽고 간편하다.
  ㉡ 가격이 흑연로장치나 유도결합플라스마-원자발광분석기보다 저렴하다.
  ㉢ 분석이 빠르고, 정밀도가 높다(분석시간이 흑연로장치에 비해 적게 소요됨).
  ㉣ 기질의 영향이 적다.
(2) 단점
  ㉠ 많은 양의 시료(10mL)가 필요하며, 감도가 제한되어 있어 저농도에서 사용이 힘들다.
  ㉡ 용질이 고농도로 용해되어 있는 경우, 점성이 큰 용액은 분무구를 막을 수 있다.
  ㉢ 고체시료의 경우 전처리에 의하여 기질(매트릭스)을 제거해야 한다.

31 작업환경측정 결과를 통계처리 시 고려해야 할 사항으로 적절하지 않은 것은?

① 대표성
② 불변성
③ 통계적 평가
④ 2차 정규분포 여부

풀이
작업환경측정 결과 통계처리 시 고려사항
㉠ 대표성
㉡ 불변성
㉢ 통계적 평가

32 1N-HCl($F=1,000$) 500mL를 만들기 위해 필요한 진한 염산의 부피(mL)는? (단, 진한 염산의 물성은 비중 1.18, 함량 35%이다.)

① 약 18
② 약 36
③ 약 44
④ 약 66

풀이
염산 부피(mL)
$= 1eq/L \times 0.5L \times 36.5g/1eq \times L/1.18kg \times 1kg/10^3g \times 1,000mL/L$
$= 44.19mL$

33 고온의 노출기준에서 작업자가 경작업을 할 때, 휴식 없이 계속 작업할 수 있는 기준에 위배되는 온도는? (단, 고용노동부 고시를 기준으로 한다.)

① 습구흑구온도지수 : 30℃
② 태양광이 내리쬐는 옥외 장소
  자연습구온도 : 28℃
  흑구온도 : 32℃
  건구온도 : 40℃
③ 태양광이 내리쬐는 옥외 장소
  자연습구온도 : 29℃
  흑구온도 : 33℃
  건구온도 : 33℃
④ 태양광이 내리쬐는 옥외 장소
  자연습구온도 : 30℃
  흑구온도 : 30℃
  건구온도 : 30℃

풀이 고열작업장의 노출기준(고용노동부, ACGIH)
[단위 : WBGT(℃)]

시간당 작업과 휴식 비율	작업강도		
	경작업	중등작업	중작업
연속 작업	30.0	26.7	25.0
75% 작업, 25% 휴식 (45분 작업, 15분 휴식)	30.6	28.0	25.9
50% 작업, 50% 휴식 (30분 작업, 30분 휴식)	31.4	29.4	27.9
25% 작업, 75% 휴식 (15분 작업, 45분 휴식)	32.2	31.1	30.0

㉠ 경작업 : 시간당 200kcal까지의 열량이 소요되는 작업을 말하며, 앉아서 또는 서서 기계의 조정을 하기 위하여 손 또는 팔을 가볍게 쓰는 일 등이 해당된다.
㉡ 중등작업 : 시간당 200~350kcal의 열량이 소요되는 작업을 말하며, 물체를 들거나 밀면서 걸어다니는 일 등이 해당된다.
㉢ 중(격심)작업 : 시간당 350~500kcal의 열량이 소요되는 작업을 뜻하며, 곡괭이질 또는 삽질하는 일과 같이 육체적으로 힘든 일 등이 해당된다.
③의 WBGT(℃)를 구하면,
WBGT=(0.7×자연습구온도)+(0.2×흑구온도)+(0.1×건구온도)
  =(0.7×29℃)+(0.2×33℃)+(0.1×33℃)
  =30.2℃
따라서, 기준온도 30℃보다 크므로 위배된다.

34 다음 중 고열 측정기기 및 측정방법 등에 관한 내용으로 틀린 것은?

① 고열은 습구흑구온도지수를 측정할 수 있는 기기 또는 이와 동등 이상의 성능을 가진 기기를 사용한다.
② 고열을 측정하는 경우 측정기 제조자가 지정한 방법과 시간을 준수하여 사용한다.
③ 고열 작업에 대한 측정은 1일 작업시간 중 최대로 고열에 노출되고 있는 1시간을 30분 간격으로 연속하여 측정한다.
④ 측정기의 위치는 바닥면으로부터 50cm 이상, 150cm 이하의 위치에서 측정한다.

풀이 고열 측정방법
1일 작업시간 중 최대로 높은 고열에 노출되고 있는 1시간을 10분 간격으로 연속하여 측정한다.

35 다음 중 활성탄에 흡착된 유기화합물을 탈착하는 데 가장 많이 사용하는 용매는?

① 톨루엔
② 이황화탄소
③ 클로로포름
④ 메틸클로로포름

풀이 용매 탈착
㉠ 탈착용매는 비극성 물질에는 이황화탄소(CS_2)를 사용하고, 극성 물질에는 이황화탄소와 다른 용매를 혼합하여 사용한다.
㉡ 활성탄에 흡착된 증기(유기용제-방향족 탄화수소)를 탈착시키는 데 일반적으로 사용되는 용매는 이황화탄소이다.
㉢ 용매로 사용되는 이황화탄소의 장점 : 탈착효율이 좋고 가스크로마토그래피의 불꽃이온화검출기에서 반응성이 낮아 피크의 크기가 작게 나오므로 분석 시 유리하다.
㉣ 용매로 사용되는 이황화탄소의 단점 : 독성 및 인화성이 크며 작업이 번잡하다. 특히 심혈관계와 신경계에 독성이 매우 크고 취급 시 주의를 요하며, 전처리 및 분석하는 장소의 환기에 유의하여야 한다.

정답 33.③ 34.③ 35.②

36 입경이 50μm이고 비중이 1.32인 입자의 침강속도(cm/s)는 얼마인가?

① 8.6
② 9.9
③ 11.9
④ 13.6

풀이 Lippmann 식
$V(cm/sec) = 0.003 \times \rho \times d^2$
$= 0.003 \times 1.32 \times 50^2$
$= 9.9 cm/sec$

37 작업자가 유해물질에 노출된 정도를 표준화하기 위한 계산식으로 옳은 것은? (단, 고용노동부 고시를 기준으로 하며, C는 유해물질의 농도, T는 노출시간을 의미한다.)

① $\dfrac{\sum_{n=1}^{m}(C_n \times T_n)}{8}$
② $\dfrac{8}{\sum_{n=1}^{m}(C_n) \times T_n}$
③ $\dfrac{\prod_{n=1}^{m}(C_n) \times T_n}{8}$
④ $\dfrac{\prod_{n=1}^{m}(C_n) + T_n}{8}$

풀이 $TWA = \dfrac{C_1 T_1 + C_2 T_2 + \cdots + C_n T_n}{8}$
여기서, C : 유해인자의 측정농도(ppm 또는 mg/m³)
T : 유해인자의 발생시간(hr)

38 다음 중 원자흡광분광법의 기본원리가 아닌 것은?

① 모든 원자들은 빛을 흡수한다.
② 빛을 흡수할 수 있는 곳에서 빛은 각 화학적 원소에 대한 특정 파장을 갖는다.
③ 흡수되는 빛의 양은 시료에 함유되어 있는 원자의 농도에 비례한다.
④ 칼럼 안에서 시료들은 충전제와 친화력에 의해서 상호 작용하게 된다.

풀이 ④번의 내용은 가스크로마토그래피와 관련이 있다.

39 다음 ( ) 안에 들어갈 수치는?

단시간 노출기준(STEL) : ( )분간의 시간가중평균노출값

① 10   ② 15
③ 20   ④ 40

풀이 단시간 노출농도(STEL ; Short Term Exposure Limits)
㉠ 근로자가 1회 15분간 유해인자에 노출되는 경우의 기준(허용농도)이다.
㉡ 이 기준 이하에서는 노출간격이 1시간 이상인 경우 1일 작업시간 동안 4회까지 노출이 허용될 수 있다.
㉢ 고농도에서 급성중독을 초래하는 물질에 적용한다.

40 흡수액 측정법에 주로 사용되는 주요 기구로 옳지 않은 것은?

① 테들러백(tedlar bag)
② 프리티드 버블러(fritted bubbler)
③ 간이 가스 세척병
   (simple gas washing bottle)
④ 유리구 충진분리관
   (packed glass bead column)

풀이 테들러백(tedlar bag, 테드라백)
악취 및 가스 포집을 위한 포집백이며 septum port가 장착되어 가스타이트 실린지로 미량의 샘플 채취가 가능하다.

제3과목 | 작업환경 관리대책

41 어떤 공장에서 접착공정이 유기용제 중독의 원인이 되었다. 직업병 예방을 위한 작업환경 관리대책이 아닌 것은?

① 신선한 공기에 의한 희석 및 환기 실시
② 공정의 밀폐 및 격리
③ 조업방법의 개선
④ 보건교육 미실시

풀이 ④ 보건교육 실시가 직업병 예방을 위한 작업환경 관리대책 중 하나이다.

42 여과제진장치의 설명 중 옳은 것은?

㉮ 여과속도가 클수록 미세입자 포집에 유리하다.
㉯ 연속식은 고농도 함진 배기가스 처리에 적합하다.
㉰ 습식 제진에 유리하다.
㉱ 조작 불량을 조기에 발견할 수 있다.

① ㉮, ㉰ ② ㉯, ㉱
③ ㉯, ㉰ ④ ㉮, ㉯

풀이 ㉮ 여과속도가 클수록 미세입자 포집에 불리하다.
㉰ 습식 제진에 불리하다.

43 호흡기 보호구의 밀착도 검사(fit test)에 대한 설명이 잘못된 것은?

① 정량적인 방법에는 냄새, 맛, 자극물질 등을 이용한다.
② 밀착도 검사란 얼굴 피부 접촉면과 보호구 안면부가 적합하게 밀착되는지를 측정하는 것이다.
③ 밀착도 검사를 하는 것은 작업자가 작업장에 들어가기 전 누설정도를 최소화시키기 위함이다.
④ 어떤 형태의 마스크가 작업자에게 적합한지 마스크를 선택하는 데 도움을 주어 작업자의 건강을 보호한다.

풀이 밀착도 검사(fit test)
(1) 정의 : 얼굴 피부 접촉면과 보호구 안면부가 적합하게 밀착되는지를 추정하는 검사이다.
(2) 측정방법
  ㉠ 정성적인 방법(QLFT) : 냄새, 맛, 자극물질을 이용
  ㉡ 정량적인 방법(QNFT) : 보호구 안과 밖의 농도와 압력 차이를 이용
(3) 밀착계수(FF)
  ㉠ QNFT를 이용하여 밀착정도를 나타내는 것을 의미한다.
  ㉡ 보호구 안에서의 농도(C_i)와 밖에서의 농도(C_o)를 측정한 비로 나타낸다.
  ㉢ 높을수록 밀착정도가 우수하여 착용자 얼굴에 적합하다.

44 무거운 분진(납분진, 주물사, 금속가루분진)의 일반적인 반송속도로 적절한 것은?

① 5m/s
② 10m/s
③ 15m/s
④ 25m/s

풀이 유해물질별 반송속도

유해물질	예	반송속도 (m/s)
가스, 증기, 흄 및 극히 가벼운 물질	각종 가스, 증기, 산화아연 및 산화알루미늄 등의 흄, 목재분진, 솜먼지, 고무분, 합성수지분	10
가벼운 건조먼지	원면, 곡물분, 고무, 플라스틱, 경금속분진	15
일반 공업분진	털, 나무 부스러기, 대패 부스러기, 샌드블라스트, 그라인더분진, 내화벽돌분진	20
무거운 분진	납분진, 주조 후 모래털기 작업 시 먼지, 선반 작업 시 먼지	25
무겁고 비교적 큰 입자의 젖은 먼지	젖은 납분진, 젖은 주조작업 발생 먼지	25 이상

45 후드의 개구(opening) 내부로 작업환경의 오염공기를 흡인시키는 데 필요한 압력차에 관한 설명 중 적합하지 않은 것은?

① 정지상태의 공기 가속에 필요한 것 이상의 에너지이어야 한다.
② 개구에서 발생되는 난류 손실을 보전할 수 있는 에너지이어야 한다.
③ 개구에서 발생되는 난류 손실은 형태나 재질에 무관하게 일정하다.
④ 공기의 가속에 필요한 에너지는 공기의 이동에 필요한 속도압과 같다.

풀이 ③ 개구에서 발생되는 난류 손실은 형태나 재질에 영향을 받는다.

46 90° 곡관의 반경비가 2.0일 때 압력손실계수는 0.27이다. 속도압이 14mmH₂O라면 곡관의 압력손실(mmH₂O)은?

① 7.6
② 5.5
③ 3.8
④ 2.7

[풀이] 곡관의 압력손실$(\Delta P) = \delta \times VP$
$= 0.27 \times 14$
$= 3.78 \text{mmH}_2\text{O}$

47 용기 충진이나 컨베이어 적재와 같이 발생기류가 높고 유해물질이 활발하게 발생하는 작업조건의 제어속도로 가장 알맞은 것은? (단, ACGIH 권고 기준)

① 2.0m/s
② 3.0m/s
③ 4.0m/s
④ 5.0m/s

[풀이] 작업조건에 따른 제어속도 기준(ACGIH)

작업조건	작업공정 사례	제어속도 (m/s)
• 움직이지 않는 공기 중에서 속도 없이 배출되는 작업조건 • 조용한 대기 중에 실제 거의 속도가 없는 상태로 발산하는 작업조건	• 액면에서 발생하는 가스나 증기, 흄 • 탱크에서 증발·탈지 시설	0.25~0.5
비교적 조용한(약간의 공기 움직임) 대기 중에서 저속도로 비산하는 작업조건	• 용접·도금 작업 • 스프레이 도장 • 주형을 부수고 모래를 터는 장소	0.5~1.0
발생기류가 높고 유해물질이 활발하게 발생하는 작업조건	• 스프레이 도장, 용기 충진 • 컨베이어 적재 • 분쇄기	1.0~2.5
초고속기류가 있는 작업장소에 초고속으로 비산하는 작업조건	• 회전연삭작업 • 연마작업 • 블라스트작업	2.5~10

48 귀덮개의 장점을 모두 짝지은 것으로 가장 옳은 것은?

㉮ 귀마개보다 쉽게 착용할 수 있다.
㉯ 귀마개보다 일관성 있는 차음효과를 얻을 수 있다.
㉰ 크기를 여러 가지로 할 필요가 없다.
㉱ 착용 여부를 쉽게 확인할 수 있다.

① ㉮, ㉯, ㉱
② ㉮, ㉯, ㉰
③ ㉮, ㉰, ㉱
④ ㉮, ㉯, ㉰, ㉱

[풀이] 귀덮개의 장단점
(1) 장점
  ㉠ 귀마개보다 일반적으로 높고(고음영역에서 탁월) 일관성 있는 차음효과를 얻을 수 있다(개인차가 적음).
  ㉡ 동일한 크기의 귀덮개를 대부분의 근로자가 사용 가능하다(크기를 여러 가지로 할 필요 없음).
  ㉢ 귀에 염증(질병)이 있어도 사용 가능하다.
  ㉣ 귀마개보다 쉽게 착용할 수 있고, 착용법을 틀리거나 잃어버리는 일이 적다.
(2) 단점
  ㉠ 부착된 밴드에 의해 차음효과가 감소될 수 있다.
  ㉡ 고온에서 사용 시 불편하다(보호구 접촉면에 땀이 남).
  ㉢ 머리카락이 길 때와 안경테가 굵거나 잘 부착되지 않을 때는 사용이 불편하다.
  ㉣ 장시간 사용 시 꼭 끼는 느낌이 있다.
  ㉤ 보안경과 함께 사용하는 경우 다소 불편하며, 차음효과가 감소된다.
  ㉥ 오래 사용하여 귀걸이의 탄력성이 줄었을 때나 귀걸이가 휘었을 때는 차음효과가 떨어진다.
  ㉦ 가격이 비싸고 운반과 보관이 쉽지 않다.

49 후드 흡인기류의 불량상태를 점검할 때 필요하지 않은 측정기기는?

① 열선풍속계
② Threaded thermometer
③ 연기발생기
④ Pitot tube

[풀이] ② Threaded thermometer는 온도를 측정하는 기기이다.

정답 46.③ 47.① 48.④ 49.②

50 원심력 송풍기 중 다익형 송풍기에 관한 설명으로 가장 거리가 먼 것은?

① 송풍기의 임펠러가 다람쥐 쳇바퀴 모양으로 생겼다.
② 큰 압력손실에서 송풍량이 급격하게 떨어지는 단점이 있다.
③ 고강도가 요구되기 때문에 제작비용이 비싸다는 단점이 있다.
④ 다른 송풍기와 비교하여 동일 송풍량을 발생시키기 위한 임펠러 회전속도가 상대적으로 낮기 때문에 소음이 작다.

[풀이] **다익형 송풍기(multi blade fan)**
㉠ 전향(전곡) 날개형(forward-curved blade fan)이라고 하며, 많은 날개(blade)를 갖고 있다.
㉡ 송풍기의 임펠러가 다람쥐 쳇바퀴 모양으로, 회전날개가 회전방향과 동일한 방향으로 설계되어 있다.
㉢ 동일 송풍량을 발생시키기 위한 임펠러 회전속도가 상대적으로 낮아 소음 문제가 거의 없다.
㉣ 강도 문제가 그리 중요하지 않기 때문에 저가로 제작이 가능하다.
㉤ 상승 구배 특성이다.
㉥ 높은 압력손실에서는 송풍량이 급격히 떨어지므로 이송시켜야 할 공기량이 많고 압력손실이 작게 걸리는 전체환기나 공기조화용으로 널리 사용된다.
㉦ 구조상 고속회전이 어렵고, 큰 동력의 용도에는 적합하지 않다.

51 덕트(duct)의 압력손실에 관한 설명으로 옳지 않은 것은?

① 직관에서의 마찰손실과 형태에 따른 압력손실로 구분할 수 있다.
② 압력손실은 유체의 속도압에 반비례한다.
③ 덕트 압력손실은 배관의 길이와 정비례한다.
④ 덕트 압력손실은 관 직경과 반비례한다.

[풀이] **원형 직선 덕트의 압력손실(ΔP)**
$$\Delta P = \lambda(4f) \times \frac{L}{D} \times \text{VP}\left(\frac{\gamma V^2}{2g}\right)$$
압력손실은 덕트의 길이, 공기밀도, 유속의 제곱, 유체의 속도압에 비례하고, 덕트의 직경에 반비례한다.

52 강제환기의 효과를 제고하기 위한 원칙으로 틀린 것은?

① 오염물질 배출구는 가능한 한 오염원으로부터 가까운 곳에 설치하여 점환기 현상을 방지한다.
② 공기 배출구와 근로자의 작업위치 사이에 오염원이 위치하여야 한다.
③ 공기가 배출되면서 오염장소를 통과하도록 공기 배출구와 유입구의 위치를 선정한다.
④ 오염원 주위에 다른 작업공정이 있으면 공기 배출량을 공급량보다 약간 크게 하여 음압을 형성하여 주위 근로자에게 오염물질이 확산되지 않도록 한다.

[풀이] **전체환기(강제환기)시설 설치의 기본원칙**
㉠ 오염물질 사용량을 조사하여 필요환기량을 계산한다.
㉡ 배출공기를 보충하기 위하여 청정공기를 공급한다.
㉢ 오염물질 배출구는 가능한 한 오염원으로부터 가까운 곳에 설치하여 '점환기'의 효과를 얻는다.
㉣ 공기 배출구와 근로자의 작업위치 사이에 오염원이 위치해야 한다.
㉤ 공기가 배출되면서 오염장소를 통과하도록 공기 배출구와 유입구의 위치를 선정한다.
㉥ 작업장 내 압력은 경우에 따라서 양압이나 음압으로 조정해야 한다(오염원 주위에 다른 작업공정이 있으면 공기 공급량을 배출량보다 적게 하여 음압을 형성시켜 주위 근로자에게 오염물질이 확산되지 않도록 한다).
㉦ 배출된 공기가 재유입되지 못하게 배출구 높이를 적절히 설계하고 창문이나 문 근처에 위치하지 않도록 한다.
㉧ 오염된 공기는 작업자가 호흡하기 전에 충분히 희석되어야 한다.
㉨ 오염물질 발생은 가능하면 비교적 일정한 속도로 유출되도록 조정해야 한다.

정답 50.③ 51.② 52.①

53 전기집진장치의 장점으로 옳지 않은 것은?
① 가연성 입자의 처리에 효율적이다.
② 넓은 범위의 입경과 분진농도에 집진효율이 높다.
③ 압력손실이 낮으므로 송풍기의 가동비용이 저렴하다.
④ 고온 가스를 처리할 수 있어 보일러와 철강로 등에 설치할 수 있다.

풀이 전기집진장치의 장단점
(1) 장점
  ㉠ 집진효율이 높다(0.01μm 정도 포집 용이, 99.9% 정도 고집진효율).
  ㉡ 광범위한 온도범위에서 적용이 가능하며, 폭발성 가스의 처리도 가능하다.
  ㉢ 고온의 입자성 물질(500℃ 전후) 처리가 가능하여 보일러와 철강로 등에 설치할 수 있다.
  ㉣ 압력손실이 낮고, 대용량의 가스 처리가 가능하며, 배출가스의 온도강하가 적다.
  ㉤ 운전 및 유지비가 저렴하다.
  ㉥ 회수가치가 있는 입자 포집에 유리하며, 습식 및 건식으로 집진할 수 있다.
  ㉦ 넓은 범위의 입경과 분진농도에 집진효율이 높다.
(2) 단점
  ㉠ 설치비용이 많이 든다.
  ㉡ 설치공간을 많이 차지한다.
  ㉢ 설치된 후에는 운전조건의 변화에 유연성이 적다.
  ㉣ 먼지성상에 따라 전처리시설이 요구된다.
  ㉤ 분진 포집에 적용되며, 기체상 물질 제거에는 곤란하다.
  ㉥ 전압변동과 같은 조건변동(부하변동)에 쉽게 적응이 곤란하다.
  ㉦ 가연성 입자의 처리가 곤란하다.

54 송풍기 깃이 회전방향 반대편으로 경사지게 설계되어 충분한 압력을 발생시킬 수 있고, 원심력송풍기 중 효율이 가장 좋은 송풍기는?
① 후향날개형 송풍기
② 방사날개형 송풍기
③ 전향날개형 송풍기
④ 안내깃이 붙은 축류 송풍기

풀이 터보형 송풍기(turbo fan)
  ㉠ 후향(후곡)날개형 송풍기(backward-curved blade fan)라고도 하며, 송풍량이 증가해도 동력이 증가하지 않는 장점을 가지고 있어 한계부하 송풍기라고도 한다.
  ㉡ 회전날개(깃)가 회전방향 반대편으로 경사지게 설계되어 있어 충분한 압력을 발생시킬 수 있다.
  ㉢ 소요정압이 떨어져도 동력은 크게 상승하지 않으므로 시설저항 및 운전상태가 변하여도 과부하가 걸리지 않는다.
  ㉣ 송풍기 성능곡선에서 동력곡선이 최대송풍량의 60~70%까지 증가하다가 감소하는 경향을 띠는 특성이 있다.
  ㉤ 고농도 분진 함유 공기를 이송시킬 경우 깃 뒷면에 분진이 퇴적하며 집진기 후단에 설치하여야 한다.
  ㉥ 깃의 모양은 두께가 균일한 것과 익형이 있다.
  ㉦ 원심력식 송풍기 중 가장 효율이 좋다.

55 어떤 원형 덕트에 유체가 흐르고 있다. 덕트의 직경을 1/2로 하면 직관 부분의 압력손실은 몇 배로 되는가? (단, 달시의 방정식을 적용한다.)
① 4배   ② 8배
③ 16배 ④ 32배

풀이 $\Delta P = 4 \times f \times \dfrac{L}{D} \times \dfrac{\gamma V^2}{2g}$ 에서

f, L, γ, g는 상수이므로, $\Delta P_1 = \dfrac{V^2}{D}$

$Q = A \times V = \dfrac{\pi D^2}{4} \times V$ 에서

Q는 일정하므로, D가 $\dfrac{1}{2}$로 줄면 $V = 4$배

$\left. \begin{array}{l} Q = \dfrac{\pi D^2}{4} \times V, \ V = \dfrac{4Q}{\pi D^2} \\ Q = \dfrac{\pi \left(\dfrac{D}{2}\right)^2}{4} \times V, \ V = \dfrac{16Q}{\pi D^2} \end{array} \right\} V = 4V$

$V = 4V, \ D = \dfrac{D}{2}$인 압력손실

$\Delta P_2 = \dfrac{(4V)^2}{\dfrac{D}{2}} = \dfrac{32 V^2}{D}$

∴ 증가된 압력손실(ΔP) $= \dfrac{\Delta P_2}{\Delta P_1} = \dfrac{\dfrac{32 V^2}{D}}{\dfrac{V^2}{D}} = 32$배

56 눈 보호구에 관한 설명으로 틀린 것은? (단, KS 표준 기준)

① 눈을 보호하는 보호구는 유해광선 차광보호구와 먼지나 이물을 막아주는 방진 안경이 있다.
② 400A 이상의 아크 용접 시 차광도 번호 14의 차광도 보호안경을 사용하여야 한다.
③ 눈, 지붕 등으로부터 반사광을 받는 작업에서는 차광도 번호 1.2-3 정도의 차광도 보호안경을 사용하는 것이 알맞다.
④ 단순히 눈의 외상을 막는 데 사용되는 보호안경은 열처리를 하거나 색깔을 넣은 렌즈를 사용할 필요가 없다.

풀이 ④ 단순히 눈의 외상을 막는 데 사용되는 보호안경도 열처리를 하거나 색깔을 넣은 렌즈를 사용해야 한다.

57 소음 작업장에 소음수준을 줄이기 위하여 흡음을 중심으로 하는 소음저감대책을 수립한 후, 그 효과를 측정하였다. 다음 중 소음 감소효과가 있었다고 보기 어려운 경우를 고르면?

① 음의 잔향시간을 측정하였더니 잔향시간이 약간이지만 증가한 것으로 나타났다.
② 대책 후의 총 흡음량이 약간 증가하였다.
③ 소음원으로부터 거리가 멀어질수록 소음수준이 낮아지는 정도가 대책 수립 전보다 커졌다.
④ 실내상수 R을 계산해보니 R값이 대책 수립 전보다 커졌다.

풀이 ① 음의 잔향시간이 증가하여도 실내작업장의 소음 감소효과는 거의 없다.

58 국소환기시설에 필요한 공기송풍량을 계산하는 공식 중 점흡인에 해당하는 것은?

① $Q = 4\pi \times x^2 \times V_c$
② $Q = 2\pi \times L \times x \times V_c$
③ $Q = 60 \times 0.75 \times V_c(10x^2 + A)$
④ $Q = 60 \times 0.5 \times V_c(10x^2 + A)$

풀이 점흡인 송풍량(Q)
$Q = 4\pi \times x^2 \times V_c$
여기서, x : 발생원과 후드 사이의 거리
V_c : 제어속도

59 확대각이 10°인 원형 확대관에서 입구 직관의 정압은 −15mmH$_2$O, 속도압은 35mmH$_2$O이고, 확대된 출구 직관의 속도압은 25mmH$_2$O이다. 확대 측의 정압(mmH$_2$O)은? (단, 확대각이 10°일 때 압력손실계수(ζ)는 0.28이다.)

① 7.8
② 15.6
③ −7.8
④ −15.6

풀이 확대 측 정압(SP$_2$)
$= SP_1 + R(VP_1 - VP_2)$
• R(정압회복계수) $= 1 - \xi = 1 - 0.28 = 0.72$
$= -15 + [0.72 \times (35 - 25)]$
$= -7.8\text{mmH}_2\text{O}$

60 목재분진을 측정하기 위한 시료채취장치로 가장 적합한 것은?

① 활성탄관(charcoal tube)
② 흡입성 분진 시료채취기(IOM sampler)
③ 호흡성 분진 시료채취기 (aluminum cyclone)
④ 실리카겔관(silica gel tube)

풀이 목재분진의 입경범위는 약 0~100μm이므로 흡입성 입자상 물질(1PM) 채취기 IOM sampler를 사용한다.

정답 56.④ 57.① 58.① 59.③ 60.②

제4과목 | 물리적 유해인자관리

61 질식 우려가 있는 지하 맨홀 작업에 앞서서 준비해야 할 장비나 보호구로 볼 수 없는 것은?
① 안전대
② 방독마스크
③ 송기마스크
④ 산소농도 측정기

> 풀이 산소결핍장소에서 방진마스크, 방독마스크의 사용은 적절하지 않다.

62 진동 발생원에 대한 대책으로 가장 적극적인 방법은?
① 발생원의 격리
② 보호구 착용
③ 발생원의 제거
④ 발생원의 재배치

> 풀이 진동 방지대책
> (1) 발생원 대책
> ㉠ 가진력(기진력, 외력) 감쇠
> ㉡ 불평형력의 평형 유지
> ㉢ 기초중량의 부가 및 경감
> ㉣ 탄성 지지(완충물 등 방진재 사용)
> ㉤ 진동원 제거(가장 적극적 대책)
> ㉥ 동적 흡진
> (2) 전파경로 대책
> ㉠ 진동의 전파경로 차단(방진구)
> ㉡ 거리 감쇠
> (3) 수진 측 대책
> ㉠ 작업시간 단축 및 교대제 실시
> ㉡ 보건교육 실시
> ㉢ 수진 측 탄성 지지 및 강성 변경

63 전리방사선에 의한 장해에 해당하지 않는 것은?
① 참호족
② 피부 장해
③ 유전적 장해
④ 조혈기능 장해

> 풀이 참호족과 침수족은 지속적인 한랭으로 모세혈관 벽이 손상되는 현상으로, 이는 국소부위의 산소결핍에 의해 발생한다.

64 고소음으로 인한 소음성 난청 질환자를 예방하기 위한 작업환경관리방법 중 공학적 개선에 해당되지 않는 것은?
① 소음원의 밀폐
② 보호구의 지급
③ 소음원을 벽으로 격리
④ 작업장 흡음시설의 설치

> 풀이 ② 보호구의 지급은 공학적 개선대책이 아니라, 일반적 개선대책이다.

65 비이온화 방사선의 파장별 건강에 미치는 영향으로 옳지 않은 것은?
① UV-A : 315~400nm - 피부노화 촉진
② IR-B : 780~1,400nm - 백내장, 각막 화상
③ UV-B : 280~315nm - 발진, 피부암, 광결막염
④ 가시광선 : 400~700nm - 광화학적이거나 열에 의한 각막 손상, 피부 화상

> 풀이 ② IR-B는 중적외선으로 파장 1.4~$10\mu m$ 범위이며, 백내장은 IR-C(원적외선)의 영향으로 나타난다.

66 WBGT에 대한 설명으로 옳지 않은 것은?
① 표시단위는 절대온도(K)이다.
② 기온, 기습, 기류 및 복사열을 고려하여 계산된다.
③ 태양광선이 있는 옥외 및 태양광선이 없는 옥내로 구분된다.
④ 고온에서의 작업휴식시간비를 결정하는 지표로 활용된다.

> 풀이 ① WBGT의 표시단위는 섭씨온도(℃)이다.

67 작업자 A의 4시간 작업 중 소음노출량이 76%일 때, 측정시간에 있어서의 평균치는 약 몇 dB(A)인가?

① 88
② 93
③ 98
④ 103

풀이
$$TWA = 16.61\log\left(\frac{D(\%)}{12.5 \times T}\right) + 90$$
$$= 16.61\log\left(\frac{76}{12.5 \times 4}\right) + 90 = 93.02 dB(A)$$

68 이온화 방사성과 비이온화 방사선을 구분하는 광자에너지는?

① 1eV
② 4eV
③ 12.4eV
④ 15.6eV

풀이 **전리방사선과 비전리방사선의 구분**
㉠ 전리방사선과 비전리방사선의 경계가 되는 광자에너지의 강도는 12eV이다.
㉡ 생체에서 이온화시키는 데 필요한 최소에너지는 대체로 12eV가 되고, 그 이하의 에너지를 갖는 방사선을 비이온화방사선, 그 이상 큰 에너지를 갖는 것을 이온화방사선이라 한다.
㉢ 방사선을 전리방사선과 비전리방사선으로 분류하는 인자는 이온화하는 성질, 주파수, 파장이다.

69 채광 계획에 관한 설명으로 옳지 않은 것은?

① 창의 면적은 방바닥 면적의 15~20%가 이상적이다.
② 조도의 평등을 요하는 작업실은 남향으로 하는 것이 좋다.
③ 실내 각점의 개각은 4~5°, 입사각은 28° 이상이 되어야 한다.
④ 유리창은 청결한 상태여도 10~15% 조도가 감소되는 점을 고려한다.

풀이 **자연채광**
㉠ 실내의 입사각은 28° 이상이 좋다.
㉡ 창의 방향은 많은 채광을 요구할 경우 남향이 좋다.
㉢ 균일한 평등을 요하는 조명을 요구하는 작업실은 북향(동북향)이 좋다.

70 이상기압에 의하여 발생하는 직업병에 영향을 미치는 유해인자가 아닌 것은?

① 산소(O_2)
② 이산화황(SO_2)
③ 질소(N_2)
④ 이산화탄소(CO_2)

풀이 **2차적 가압현상**
고압하의 대기가스 독성 때문에 나타나는 현상으로, 2차성 압력현상이다.
(1) 질소가스의 마취작용
㉠ 공기 중의 질소가스는 정상기압에서 비활성이지만, 4기압 이상에서는 마취작용을 일으키며 이를 다행증(euphoria)이라 한다(공기 중의 질소가스는 3기압 이하에서는 자극작용을 한다).
㉡ 질소가스 마취작용은 알코올중독의 증상과 유사하다.
㉢ 작업력의 저하, 기분의 변환 등 여러 종류의 다행증이 일어난다.
㉣ 수심 90~120m에서 환청, 환시, 조현증, 기억력 감퇴 등이 나타난다.
(2) 산소중독 작용
㉠ 산소의 분압이 2기압을 넘으면 산소중독 증상을 보인다. 즉, 3~4기압의 산소 혹은 이에 상당하는 공기 중 산소분압에 의하여 중추신경계의 장애에 기인하는 운동장애를 나타내는데, 이것을 산소중독이라 한다.
㉡ 수중의 잠수자는 폐압착증을 예방하기 위하여 수압과 같은 압력의 압축기체를 호흡하여야 하며, 이로 인한 산소분압 증가로 산소중독이 일어난다.
㉢ 고압산소에 대한 폭로가 중지되면 증상은 즉시 멈춘다. 즉, 가역적이다.
㉣ 1기압에서 순산소는 인후를 자극하나 비교적 짧은 시간의 폭로라면 중독증상은 나타나지 않는다.
㉤ 산소중독 작용은 운동이나 이산화탄소로 인해 악화된다.
㉥ 수지나 족지의 작열통, 시력장애, 정신혼란, 근육경련 등의 증상을 보이며, 나아가서는 간질 모양의 경련을 나타낸다.
(3) 이산화탄소의 작용
㉠ 이산화탄소 농도의 증가는 산소의 독성과 질소의 마취작용을 증가시키는 역할을 하고, 감압증의 발생을 촉진시킨다.
㉡ 이산화탄소 농도가 고압환경에서 대기압으로 환산하여 0.2%를 초과해서는 안 된다.
㉢ 동통성 관절장애(bends)도 이산화탄소의 분압 증가에 따라 보다 많이 발생한다.

71 빛에 관한 설명으로 옳지 않은 것은?

① 광원으로부터 나오는 빛의 세기를 조도라 한다.
② 단위 평면적에서 발산 또는 반사되는 광량을 휘도라 한다.
③ 루멘은 1촉광의 광원으로부터 단위 입체각으로 나가는 광속의 단위이다.
④ 조도는 어떤 면에 들어오는 광속의 양에 비례하고, 입사면의 단면적에 반비례한다.

[풀이] ① 광원으로부터 나오는 빛의 세기를 광도라 하며, 단위는 칸델라를 사용한다.

72 태양으로부터 방출되는 복사에너지의 52% 정도를 차지하고 피부조직 온도를 상승시켜 충혈, 혈관확장, 각막손상, 두부장해를 일으키는 유해광선은?

① 자외선
② 적외선
③ 가시광선
④ 마이크로파

[풀이] 적외선의 생체작용
㉠ 안장해 : 초자공백내장, 안검록염, 각막염, 홍채위축, 백내장, 안구건조증
㉡ 피부장해 : 급성 피부화상, 색소침착
㉢ 두부장해 : 뇌막 자극으로 인한 의식상실, 열사병

73 흑구온도는 32℃, 건구온도는 27℃, 자연습구온도는 30℃인 실내작업장의 습구·흑구온도지수는?

① 33.3℃
② 32.6℃
③ 31.3℃
④ 30.6℃

[풀이] 실내 WBGT(℃)
=(0.7×자연습구온도)+(0.3×흑구온도)
=(0.7×30℃)+(0.3×32℃)
=30.6℃

74 감압병의 예방 및 치료 방법으로 옳지 않은 것은?

① 감압이 끝날 무렵에 순수한 산소를 흡입시키면 예방적 효과와 함께 감압시간을 단축시킬 수 있다.
② 잠수 및 감압 방법은 특별히 잠수에 익숙한 사람을 제외하고는 1분에 10m 정도씩 잠수하는 것이 안전하다.
③ 고압환경에서 작업 시 질소를 헬륨으로 대치하면 성대에 손상을 입힐 수 있으므로 할로겐가스로 대치한다.
④ 감압병의 증상을 보일 경우 환자를 인공적 고압실에 넣어 혈관 및 조직 속에 발생한 질소의 기포를 다시 용해시킨 후 천천히 감압한다.

[풀이] ③ 고압환경에서는 수소 또는 질소를 대신하여 마취작용이 적은 헬륨 같은 불활성 기체들로 대치한 공기를 호흡시킨다.

75 저온환경에서 나타나는 일차적인 생리적 반응이 아닌 것은?

① 체표면적의 증가
② 피부혈관의 수축
③ 근육긴장의 증가와 떨림
④ 화학적 대사작용의 증가

[풀이] 저온에 의한 생리적 반응
(1) 1차 생리적 반응
 ㉠ 피부혈관의 수축
 ㉡ 근육긴장의 증가와 떨림
 ㉢ 화학적 대사작용의 증가
 ㉣ 체표면적의 감소
(2) 2차 생리적 반응
 ㉠ 말초혈관의 수축
 ㉡ 근육활동, 조직대사가 증진되어 식욕 항진
 ㉢ 혈압의 일시적 상승

정답 71.① 72.② 73.④ 74.③ 75.①

76 소음에 의하여 발생하는 노인성 난청의 청력손실에 대한 설명으로 옳은 것은?
① 고주파영역으로 갈수록 큰 청력손실이 예상된다.
② 2,000Hz에서 가장 큰 청력장애가 예상된다.
③ 1,000Hz 이하에서는 20~30dB의 청력손실이 예상된다.
④ 1,000~8,000Hz 영역에서는 0~20dB의 청력손실이 예상된다.

[풀이] 난청(청력장애)
(1) 일시적 청력손실(TTS)
  ㉠ 강력한 소음에 노출되어 생기는 난청으로 4,000~6,000Hz에서 가장 많이 발생한다.
  ㉡ 청신경세포의 피로현상으로, 회복되려면 12~24시간을 요하는 가역적인 청력저하이며, 영구적 소음성 난청의 예비신호로도 볼 수 있다.
(2) 영구적 청력손실(PTS) : 소음성 난청
  ㉠ 비가역적 청력저하이며, 강렬한 소음이나 지속적인 소음 노출에 의해 청신경 말단부의 내이 코르티(corti) 기관의 섬모세포 손상으로, 회복될 수 없는 영구적인 청력저하가 발생한다.
  ㉡ 3,000~6,000Hz의 범위에서 먼저 나타나고, 특히 4,000Hz에서 가장 심하게 발생한다.
(3) 노인성 난청
  ㉠ 노화에 의한 퇴행성 질환으로, 감각신경성 청력손실이 양측 귀에 대칭적·점진적으로 발생하는 질환이다.
  ㉡ 일반적으로 고음역에 대한 청력손실이 현저하며, 6,000Hz에서부터 난청이 시작된다.

77 고압환경에서 발생할 수 있는 생체증상으로 볼 수 없는 것은?
① 부종
② 압치통
③ 폐압박
④ 폐수종

[풀이] ④ 폐수종은 저압환경에서 발생한다.

78 음(sound)에 관한 설명으로 옳지 않은 것은?
① 음(음파)이란 대기압보다 높거나 낮은 압력의 파동이고, 매질을 타고 전달되는 진동에너지이다.
② 주파수란 1초 동안에 음파로 발생되는 고압력 부분과 저압력 부분을 포함한 압력변화의 완전한 주기를 말한다.
③ 음의 단위는 물리적 단위를 쓰는 것이 아니라 감각수준인 데시벨(dB)이라는 무차원의 비교단위를 사용한다.
④ 사람이 대기압에서 들을 수 있는 음압은 0.000002N/m²에서부터 20N/m²까지 광범위한 영역이다.

[풀이] ④ 사람이 대기압에서 들을 수 있는 음압은 0.000002N/m²에서부터 60N/m²까지 광범위한 영역이다.

79 흡음재의 종류 중 다공질 재료에 해당되지 않는 것은?
① 암면
② 펠트(felt)
③ 석고보드
④ 발포수지재료

[풀이] ③ 석고보드는 판(막)진동형 흡음재이다.

80 6N/m²의 음압은 약 몇 dB의 음압수준인가?
① 90
② 100
③ 110
④ 120

[풀이]
$$\text{음압수준(SPL)} = 20\log\frac{P}{P_o}$$
$$= 20\log\frac{6}{2\times10^{-5}}$$
$$= 109.54\text{dB}$$

정답 76.① 77.④ 78.④ 79.③ 80.③

제5과목 | 산업 독성학

81 Metallothionein에 대한 설명으로 옳지 않은 것은?
① 방향족 아미노산이 없다.
② 주로 간장과 신장에 많이 축적된다.
③ 카드뮴과 결합하면 독성이 강해진다.
④ 시스테인이 주성분인 아미노산으로 구성된다.

풀이 Metallothionein은 카드뮴과 관계가 있다. 즉, 카드뮴이 체내에 들어가면 간에서 metallothionein 생합성이 촉진되어 폭로된 중금속을 감소시키는 역할을 하나, 다량의 카드뮴일 경우 합성이 되지 않아 중독작용을 일으킨다.

82 투명한 휘발성 액체로 페인트, 시너, 잉크 등의 용제로 사용되며 장기간 노출될 경우 말초신경장해가 초래되어 사지의 지각상실과 신근마비 등 다발성 신경장해를 일으키는 파라핀계 탄화수소의 대표적인 유해물질은?
① 벤젠
② 노말헥산
③ 톨루엔
④ 클로로포름

풀이 노말헥산[n-헥산, $CH_3(CH_2)_4CH_3$]
㉠ 투명한 휘발성 액체로 파라핀계 탄화수소의 대표적 유해물질이며, 휘발성이 크고 극도로 인화하기 쉽다.
㉡ 페인트, 시너(thinner), 잉크 등의 용제로 사용되며, 정밀기계의 세척제 등으로 사용한다.
㉢ 장기간 폭로될 경우 독성 말초신경장해가 초래되어 사지의 지각상실과 신근마비 등 다발성 신경장해를 일으킨다.
㉣ 2000년대 외국인 근로자에게 다발성 말초신경증을 집단으로 유발한 물질이다.
㉤ 체내 대사과정을 거쳐 2,5-hexanedione 물질로 배설된다.

83 직업병의 유병률이란 발생률에서 어떠한 인자를 제거한 것인가?
① 기간
② 집단수
③ 장소
④ 질병 종류

풀이 유병률
㉠ 어떤 시점에서 이미 존재하는 질병의 비율을 의미한다(발생률에서 기간을 제거한 의미).
㉡ 일반적으로 기간 유병률보다 시점 유병률을 사용한다.
㉢ 인구집단 내에 존재하고 있는 환자 수를 표현한 것으로 시간단위가 없다.
㉣ 지역사회에서 질병의 이완정도를 평가하고, 의료의 수효를 판단하는 데 유용한 정보로 사용된다.
㉤ 어떤 시점에서 인구집단 내에 존재하는 환자의 비례적인 분율 개념이다.
㉥ 여러 가지 인자에 영향을 받을 수 있어 위험성을 실질적으로 나타내지 못한다.

84 급성 전신중독을 유발하는 데 있어 그 독성이 가장 강한 방향족 탄화수소는?
① 벤젠(Benzene)
② 크실렌(Xylene)
③ 톨루엔(Toluene)
④ 에틸렌(Ethylene)

풀이 방향족 탄화수소 중 저농도에 장기간 폭로(노출)되어 만성중독(조혈장애)을 일으키는 경우에는 벤젠의 위험도가 가장 크고, 급성 전신중독 시 독성이 강한 물질은 톨루엔이다.

85 사업장에서 노출되는 금속의 일반적인 독성기전이 아닌 것은?
① 효소 억제
② 금속평형의 파괴
③ 중추신경계 활성 억제
④ 필수금속성분의 대체

풀이 금속의 독성작용기전
㉠ 효소 억제
㉡ 간접영향
㉢ 필수금속성분의 대체
㉣ 필수금속성분의 평형 파괴

정답 81.③ 82.② 83.① 84.③ 85.③

86 무기성 분진에 의한 진폐증에 해당하는 것은?
① 면폐증 ② 농부폐증
③ 규폐증 ④ 목재분진폐증

> **풀이** 분진 종류에 따른 분류(임상적 분류)
> ㉠ 유기성 분진에 의한 진폐증
>   농부폐증, 면폐증, 연초폐증, 설탕폐증, 목재분진폐증, 모발분진폐증
> ㉡ 무기성(광물성) 분진에 의한 진폐증
>   규폐증, 탄소폐증, 활석폐증, 탄광부 진폐증, 철폐증, 베릴륨폐증, 흑연폐증, 규조토폐증, 주석폐증, 칼륨폐증, 바륨폐증, 용접공폐증, 석면폐증

87 생물학적 모니터링에 대한 설명으로 옳지 않은 것은?
① 화학물질의 종합적인 흡수정도를 평가할 수 있다.
② 노출기준을 가진 화학물질의 수보다 BEI를 가지는 화학물질의 수가 더 많다.
③ 생물학적 시료를 분석하는 것은 작업환경측정보다 훨씬 복잡하고 취급이 어렵다.
④ 근로자의 유해인자에 대한 노출정도를 소변, 호기, 혈액 중에서 그 물질이나 대사산물을 측정함으로써 노출정도를 추정하는 방법을 의미한다.

> **풀이** BEI는 건강상의 영향과 생물학적 변수와 상관성이 있는 물질이 많지 않아 작업환경측정에서 설정한 허용기준(TLV)보다 훨씬 적은 기준을 가지고 있다.

88 니트로벤젠의 화학물질의 영향에 대한 생물학적 모니터링 대상으로 옳은 것은?
① 요에서의 마뇨산
② 적혈구에서의 ZPP
③ 요에서의 저분자량 단백질
④ 혈액에서의 메트헤모글로빈

> **풀이** 화학물질의 영향에 대한 생물학적 모니터링 대상
> ㉠ 납 : 적혈구에서 ZPP
> ㉡ 카드뮴 : 요에서 저분자량 단백질
> ㉢ 일산화탄소 : 혈액에서 카르복시헤모글로빈
> ㉣ 니트로벤젠 : 혈액에서 메트헤모글로빈

89 직업성 천식을 유발하는 대표적인 물질로 나열된 것은?
① 알루미늄, 2-Bromopropane
② TDI(Toluene Diisocyanate), Asbestos
③ 실리카, DBCP(1,2-dibromo-3-chloropropane)
④ TDI(Toluene Diisocyanate), TMA(Trimellitic Anhydride)

> **풀이** 직업성 천식의 원인물질
>
> | 구분 | 원인물질 | 직업 및 작업 |
> |---|---|---|
> | 금속 | 백금 | 도금 |
> | | 니켈, 크롬, 알루미늄 | 도금, 시멘트 취급자, 금고 제작공 |
> | 화학물질 | Isocyanate (TDI, MDI) | 페인트, 접착제, 도장 작업 |
> | | 산화무수물 | 페인트, 플라스틱 제조업 |
> | | 송진 연무 | 전자업체 납땜 부서 |
> | | 반응성 및 아조 염료 | 염료 공장 |
> | | Trimellitic Anhydride (TMA) | 레진, 플라스틱, 계면활성제 제조업 |
> | | Persulphates | 미용사 |
> | | Ethylenediamine | 래커칠, 고무공장 |
> | | Formaldehyde | 의료 종사자 |
> | 약제 | 항생제, 소화제 | 제약회사, 의료인 |
> | 생물학적 물질 | 동물 분비물, 털 (말, 쥐, 사슴) | 실험실 근무자, 동물 사육사 |
> | | 목재분진 | 목수, 목공장 근로자 |
> | | 곡물가루, 쌀겨, 메밀가루, 카레 | 농부, 곡물 취급자, 식품업 종사자 |
> | | 밀가루 | 제빵공 |
> | | 커피가루 | 커피 제조공 |
> | | 라텍스 | 의료 종사자 |
> | | 응애, 진드기 | 농부, 과수원(귤, 사과) |

정답 86.③ 87.② 88.④ 89.④

90 기관지와 폐포 등 폐 내부의 공기 통로와 가스 교환 부위에 침착되는 먼지로서 공기역학적 지름이 30μm 이하의 크기를 가지는 것은?

① 흉곽성 먼지　② 호흡성 먼지
③ 흡입성 먼지　④ 침착성 먼지

풀이 ACGIH의 입자 크기별 기준(TLV)
(1) 흡입성 입자상 물질
　(IPM ; Inspirable Particulates Mass)
　㉠ 호흡기의 어느 부위(비강, 인후두, 기관 등 호흡기의 기도 부위)에 침착하더라도 독성을 유발하는 분진이다.
　㉡ 비암이나 비중격천공을 일으키는 입자상 물질이 여기에 속한다.
　㉢ 침전분진은 재채기, 침, 코 등의 벌크(bulk) 세척기전으로 제거된다.
　㉣ 입경범위 : 0~100μm
　㉤ 평균입경 : 100μm(폐 침착의 50%에 해당하는 입자의 크기)
(2) 흉곽성 입자상 물질
　(TPM ; Thoracic Particulates Mass)
　㉠ 기도나 하기도(가스교환 부위)에 침착하여 독성을 나타내는 물질이다.
　㉡ 평균입경 : 10μm
　㉢ 채취기구 : PM 10
(3) 호흡성 입자상 물질
　(RPM ; Respirable Particulates Mass)
　㉠ 가스교환 부위, 즉 폐포에 침착할 때 유해한 물질이다.
　㉡ 평균입경 : 4μm(공기역학적 직경이 10μm 미만의 먼지가 호흡성 입자상 물질)
　㉢ 채취기구 : 10mm nylon cyclone

91 크롬화합물 중독에 대한 설명으로 틀린 것은?

① 크롬중독은 요 중의 크롬 양을 검사하여 진단한다.
② 크롬 만성중독의 특징은 코, 폐 및 위장에 병변을 일으킨다.
③ 중독 치료는 배설촉진제인 Ca-EDTA를 투약하여야 한다.
④ 정상인보다 크롬 취급자는 폐암으로 인한 사망률이 약 13~31배나 높다고 보고된 바 있다.

풀이 크롬중독의 치료
㉠ 크롬 폭로 시 즉시 중단(만성 크롬중독의 특별한 치료법은 없음)하여야 하며, BAL, Ca-EDTA 복용은 효과가 없다.
㉡ 사고로 섭취하였을 경우 응급조치로 환원제인 우유와 비타민C를 섭취한다.
㉢ 피부궤양에는 5% 티오황산소다(sodium thiosulfate) 용액, 5~10% 구연산소다(sodium citrate) 용액, 10% Ca-EDTA 연고를 사용한다.

92 생리적으로 아무 작용도 하지 않으나 공기 중에 많이 존재하여 산소분압을 저하시켜 조직에 필요한 산소의 공급 부족을 초래하는 질식제는?

① 단순 질식제
② 화학적 질식제
③ 물리적 질식제
④ 생물학적 질식제

풀이 단순 질식제
환경 공기 중에 다량 존재하여 정상적 호흡에 필요한 혈중 산소량을 낮추는, 생리적으로는 아무 작용도 하지 않는 불활성 가스를 말한다. 즉 원래 그 자체는 독성작용이 없으나 공기 중에 많이 존재하면 산소분압의 저하로 산소공급 부족을 일으키는 물질이다.

93 자극적 접촉피부염에 대한 설명으로 옳지 않은 것은?

① 홍반과 부종을 동반하는 것이 특징이다.
② 작업장에서 발생빈도가 가장 높은 피부질환이다.
③ 진정한 의미의 알레르기 반응이 수반되는 것은 포함시키지 않는다.
④ 항원에 노출되고 일정 시간이 지난 후에 다시 노출되었을 때 세포매개성 과민반응에 의하여 나타나는 부작용의 결과이다.

풀이 ④항은 알레르기성 접촉피부염의 설명이다.

94 중금속과 중금속이 인체에 미치는 영향을 연결한 것으로 옳지 않은 것은?

① 크롬 - 폐암
② 수은 - 파킨슨병
③ 납 - 소아의 IQ 저하
④ 카드뮴 - 호흡기의 손상

풀이 ② 파킨슨병은 망간의 만성중독의 건강장애이다.

95 작업환경에서 발생될 수 있는 망간에 관한 설명으로 옳지 않은 것은?

① 주로 철 합금으로 사용되며, 화학공업에서는 건전지 제조업에 사용된다.
② 만성 노출 시 언어가 느려지고 무표정하게 되며, 파킨슨증후군 등의 증상이 나타나기도 한다.
③ 망간은 호흡기, 소화기 및 피부를 통하여 흡수되며, 이 중에서 호흡기를 통한 경로가 가장 많고 위험하다.
④ 급성중독 시 신장장애를 일으켜 요독증(uremia)으로 8~10일 이내에 사망하는 경우도 있다.

풀이 **망간에 의한 건강장애**
(1) 급성중독
 ㉠ MMT(Methylcyclopentadienyl Manganese Trialbonyls)에 의한 피부와 호흡기 노출로 인한 증상이다.
 ㉡ 이산화망간 흄에 급성 노출되면 열, 오한, 호흡곤란 등의 증상을 특징으로 하는 금속열을 일으킨다.
 ㉢ 급성 고농도에 노출 시 조증(들뜸병)의 정신병 양상을 나타낸다.
(2) 만성중독
 ㉠ 무력증, 식욕감퇴 등의 초기증세를 보이다 심해지면 중추신경계의 특정 부위를 손상(뇌기저핵에 축적되어 신경세포 파괴)시켜 노출이 지속되면 파킨슨증후군과 보행장애가 두드러진다.
 ㉡ 안면의 변화, 즉 무표정하게 되며 배근력의 저하를 가져온다(소자증 증상).
 ㉢ 언어가 느려지는 언어장애 및 균형감각 상실 증세가 나타난다.
 ㉣ 신경염, 신장염 등의 증세가 나타난다.
 ※ 조혈장기의 장애와는 관계가 없다.

96 다음 중 유해물질을 생리적 작용에 의하여 분류한 자극제에 관한 설명으로 옳지 않은 것은?

① 상기도의 점막에 작용하는 자극제는 크롬산, 산화에틸렌 등이 해당된다.
② 상기도 점막과 호흡기관지에 작용하는 자극제는 불소, 요오드 등이 해당된다.
③ 호흡기관의 종말기관지와 폐포 점막에 작용하는 자극제는 수용성이 높아 심각한 영향을 준다.
④ 피부와 점막에 작용하여 부식작용을 하거나 수포를 형성하는 물질을 자극제라고 하며 고농도로 눈에 들어가면 결막염과 각막염을 일으킨다.

풀이 ③ 호흡기관의 종말기관지와 폐포 점막에 작용하는 자극제는 상기도에 용해되지 않고 폐 속 깊이 침투하여 폐조직에 작용한다.

97 어떤 물질의 독성에 관한 인체실험 결과 안전흡수량이 체중 1kg당 0.15mg이었다. 체중이 70kg인 근로자가 1일 8시간 작업할 경우, 이 물질의 체내 흡수를 안전흡수량 이하로 유지하려면, 공기 중 농도를 약 얼마 이하로 하여야 하는가? (단, 작업 시 폐환기율(또는 호흡률)은 $1.3m^3/h$, 체내 잔류율은 1.0으로 한다.)

① $0.52mg/m^3$
② $1.01mg/m^3$
③ $1.57mg/m^3$
④ $2.02mg/m^3$

풀이 $SHD = C \times T \times V \times R$

$$C = \frac{SHD}{T \times V \times R}$$

$$= \frac{0.15mg/kg \times 70kg}{8h \times 1.3m^3/h \times 1.0}$$

$$= 1.01mg/m^3$$

정답 94.② 95.④ 96.③ 97.②

98 ACGIH에서 규정한 유해물질 허용기준에 관한 사항으로 옳지 않은 것은?

① TLV-C : 최고 노출기준
② TLV-STEL : 단기간 노출기준
③ TLV-TWA : 8시간 평균 노출기준
④ TLV-TLM : 시간가중 한계농도기준

풀이 ACGIH의 허용기준(노출기준)
(1) 시간가중 평균노출기준(TLV-TWA)
 ㉠ 하루 8시간, 주 40시간 동안에 노출되는 평균농도이다.
 ㉡ 작업장의 노출기준을 평가할 때 시간가중 평균농도를 기본으로 한다.
 ㉢ 이 농도에서는 오래 작업하여도 건강장애를 일으키지 않는 관리지표로 사용한다.
 ㉣ 안전과 위험의 한계로 해석해서는 안 된다.
 ㉤ 노출상한선과 노출시간 권고사항
  • TLV-TWA의 3배 : 30분 이하의 노출 권고
  • TLV-TWA의 5배 : 잠시라도 노출 금지
 ㉥ 오랜 시간 동안의 만성적인 노출을 평가하기 위한 기준으로 사용한다.
(2) 단시간 노출기준(TLV-STEL)
 ㉠ 근로자가 자극, 만성 또는 불가역적 조직장애, 사고유발, 응급 시 대처능력의 저하 및 작업능률 저하 등을 초래할 정도의 마취를 일으키지 않고 단시간(15분) 노출될 수 있는 기준을 말한다.
 ㉡ 시간가중 평균농도에 대한 보완적인 기준이다.
 ㉢ 만성중독이나 고농도에서 급성중독을 초래하는 유해물질에 적용한다.
 ㉣ 독성작용이 빨라 근로자에게 치명적인 영향을 예방하기 위한 기준이다.
(3) 천장값 노출기준(TLV-C)
 ㉠ 어떤 시점에서도 넘어서는 안 된다는 상한치를 의미한다.
 ㉡ 항상 표시된 농도 이하를 유지하여야 한다.
 ㉢ 노출기준에 초과되어 노출 시 즉각적으로 비가역적인 반응을 나타낸다.
 ㉣ 자극성 가스나 독작용이 빠른 물질 및 TLV-STEL이 설정되지 않는 물질에 적용한다.
 ㉤ 측정은 실제로 순간농도 측정이 불가능하며, 따라서 약 15분간 측정한다.

99 먼지가 호흡기계로 들어올 때 인체가 가지고 있는 방어기전으로 가장 적정하게 조합된 것은?

① 면역작용과 폐 내의 대사작용
② 폐포의 활발한 가스교환과 대사작용
③ 점액 섬모운동과 가스교환에 의한 정화
④ 점액 섬모운동과 폐포의 대식세포의 작용

풀이 인체 방어기전
(1) 점액 섬모운동
 ㉠ 가장 기초적인 방어기전(작용)이며, 점액 섬모운동에 의한 배출 시스템으로 폐포로 이동하는 과정에서 이물질을 제거하는 역할을 한다.
 ㉡ 기관지(벽)에서의 방어기전을 의미한다.
 ㉢ 정화작용을 방해하는 물질은 카드뮴, 니켈, 황화합물 등이다.
(2) 대식세포에 의한 작용(정화)
 ㉠ 대식세포가 방출하는 효소에 의해 용해되어 제거된다(용해작용).
 ㉡ 폐포의 방어기전을 의미한다.
 ㉢ 대식세포에 의해 용해되지 않는 대표적 독성물질은 유리규산, 석면 등이다.

100 공기 중 입자상 물질의 호흡기계 축적기전에 해당하지 않는 것은?

① 교환
② 충돌
③ 침전
④ 확산

풀이 입자의 호흡기계 축적기전
 ㉠ 충돌
 ㉡ 침강
 ㉢ 차단
 ㉣ 확산
 ㉤ 정전기

제3회 산업위생관리기사

과년도 출제문제 | 2020.08.22

제1과목 | 산업위생학 개론

01 주로 정적인 자세에서 인체의 특정 부위를 지속적·반복적으로 사용하거나 부적합한 자세로 장기간 작업할 때 나타나는 질환을 의미하는 것이 아닌 것은?
① 반복성 긴장장애
② 누적외상성 질환
③ 작업관련성 신경계 질환
④ 작업관련성 근골격계 질환

[풀이] 근골격계 질환 관련 용어
㉠ 근골격계 질환
　(MSDs ; Musculo Skeletal Disorders)
㉡ 누적외상성 질환
　(CTDs ; Cumulative Trauma Disorders)
㉢ 반복성 긴장장애
　(RSI ; Repetitive Strain Injuries)
㉣ 경견완 증후군
　(고용노동부, 1994, 업무상 재해 인정기준)

02 육체적 작업 시 혐기성 대사에 의해 생성되는 에너지원에 해당하지 않는 것은?
① 산소(oxygen)
② 포도당(glucose)
③ 크레아틴인산(CP)
④ 아데노신삼인산(ATP)

[풀이] 혐기성 대사(anaerobic metabolism)
㉠ 근육에 저장된 화학적 에너지를 의미한다.
㉡ 혐기성 대사의 순서(시간대별)
　ATP(아데노신삼인산) → CP(크레아틴인산)
　→ Glycogen(글리코겐) 또는 Glucose(포도당)
※ 근육운동에 동원되는 주요 에너지원 중 가장 먼저 소비되는 것은 ATP이다.

03 산업안전보건법령상 발암성 정보물질의 표기법 중 '사람에게 충분한 발암성 증거가 있는 물질'에 대한 표기방법으로 옳은 것은?
① 1
② 1A
③ 2A
④ 2B

[풀이] 발암성 정보물질의 표기(화학물질 및 물리적 인자의 노출기준)
㉠ 1A : 사람에게 충분한 발암성 증거가 있는 물질
㉡ 1B : 시험동물에서 발암성 증거가 충분히 있거나, 시험동물과 사람 모두에서 제한된 발암성 증거가 있는 물질
㉢ 2 : 사람이나 동물에서 제한된 증거가 있지만, 구분 1로 분류하기에는 증거가 충분하지 않은 물질

04 산업안전보건법령상 작업환경측정에 대한 설명으로 옳지 않은 것은?
① 작업환경측정의 방법, 횟수 등 필요사항은 사업주가 판단하여 정할 수 있다.
② 사업주는 작업환경의 측정 중 시료의 분석을 작업환경측정기관에 위탁할 수 있다.
③ 사업주는 작업환경측정 결과를 해당 작업장의 근로자에게 알려야 한다.
④ 사업주는 근로자대표가 요구할 경우 작업환경측정 시 근로자대표를 참석시켜야 한다.

[풀이] ① 작업환경측정의 방법 및 횟수 등 필요사항은 고용노동부령으로 정한다.

정답 01.③ 02.① 03.② 04.①

05 산업위생전문가의 윤리강령 중 "근로자에 대한 책임"에 해당하는 것은?
① 적절하고도 확실한 사실을 근거로 전문적인 견해를 발표한다.
② 기업주에 대하여는 실현 가능한 개선점으로 선별하여 보고한다.
③ 이해관계가 있는 상황에서는 고객의 입장에서 관련 자료를 제시한다.
④ 근로자의 건강보호가 산업위생전문가의 1차적인 책임이라는 것을 인식한다.

[풀이] 산업위생전문가의 윤리강령(미국산업위생학술원, AAIH)
: 윤리적 행위의 기준
(1) 산업위생전문가로서의 책임
  ㉠ 성실성과 학문적 실력 면에서 최고수준을 유지한다(전문적 능력 배양 및 성실한 자세로 행동).
  ㉡ 과학적 방법의 적용과 자료의 해석에서 경험을 통한 전문가의 객관성을 유지한다(공인된 과학적 방법 적용·해석).
  ㉢ 전문 분야로서의 산업위생을 학문적으로 발전시킨다.
  ㉣ 근로자, 사회 및 전문 직종의 이익을 위해 과학적 지식을 공개하고 발표한다.
  ㉤ 산업위생활동을 통해 얻은 개인 및 기업체의 기밀은 누설하지 않는다(정보는 비밀 유지).
  ㉥ 전문적 판단이 타협에 의하여 좌우될 수 있거나 이해관계가 있는 상황에는 개입하지 않는다.
(2) 근로자에 대한 책임
  ㉠ 근로자의 건강보호가 산업위생전문가의 일차적 책임임을 인지한다(주된 책임 인지).
  ㉡ 근로자와 기타 여러 사람의 건강과 안녕이 산업위생전문가의 판단에 좌우된다는 것을 깨달아야 한다.
  ㉢ 위험요인의 측정, 평가 및 관리에 있어서 외부의 영향력에 굴하지 않고 중립적(객관적)인 태도를 취한다.
  ㉣ 건강의 유해요인에 대한 정보(위험요소)와 필요한 예방조치에 대해 근로자와 상담(대화)한다.
(3) 기업주와 고객에 대한 책임
  ㉠ 결과 및 결론을 뒷받침할 수 있도록 정확한 기록을 유지하고, 산업위생 사업에서 전문가답게 전문 부서들을 운영·관리한다.
  ㉡ 기업주와 고객보다는 근로자의 건강보호에 궁극적 책임을 두어 행동한다.
  ㉢ 쾌적한 작업환경을 조성하기 위하여 산업위생의 이론을 적용하고 책임감 있게 행동한다.
  ㉣ 신뢰를 바탕으로 정직하게 권하고 성실한 자세로 충고하며, 결과와 개선점 및 권고사항을 정확히 보고한다.
(4) 일반대중에 대한 책임
  ㉠ 일반대중에 관한 사항은 학술지에 정직하게, 사실 그대로 발표한다.
  ㉡ 적정(정확)하고도 확실한 사실(확인된 지식)을 근거로 하여 전문적인 견해를 발표한다.

06 화학적 원인에 의한 직업성 질환으로 볼 수 없는 것은?
① 정맥류
② 수전증
③ 치아산식증
④ 시신경 장해

[풀이] ① 정맥류는 물리적 원인에 의한 직업성 질환이다.

07 다음 (　) 안에 들어갈 알맞은 것은?

> 산업안전보건법령상 화학물질 및 물리적 인자의 노출기준에서 "시간가중평균노출기준(TWA)"이란 1일 (㉮)시간 작업을 기준으로 하여 유해인자의 측정치에 발생시간을 곱하여 (㉯)시간으로 나눈 값을 말한다.

① ㉮ 6, ㉯ 6
② ㉮ 6, ㉯ 8
③ ㉮ 8, ㉯ 6
④ ㉮ 8, ㉯ 8

[풀이] "시간가중평균노출기준(TWA)"이라 함은 1일 8시간 작업을 기준으로 하여 유해인자의 측정치에 발생시간을 곱하여 8시간으로 나눈 값을 말한다.

$$\text{TWA 환산값} = \frac{C_1 T_1 + C_2 T_2 + \cdots + C_n T_n}{8}$$

여기서, C : 유해인자의 측정치(ppm 또는 mg/m³)
　　　　T : 유해인자의 발생시간(h)

정답 05.④ 06.① 07.④

08 온도 25℃, 1기압하에서 분당 100mL씩 60분 동안 채취한 공기 중에서 벤젠이 5mg 검출되었다면 검출된 벤젠은 약 몇 ppm인가? (단, 벤젠의 분자량은 78이다.)

① 15.7 ② 26.1
③ 157   ④ 261

[풀이]
$$\text{농도}(mg/m^3) = \frac{5mg}{100mL/min \times 60min \times m^3/10^6 mL}$$
$$= 833.33 mg/m^3$$
$$\therefore \text{농도}(ppm) = 833.33 mg/m^3 \times \frac{24.45}{78}$$
$$= 261.22 ppm$$

09 주요 실내오염물질의 발생원으로 보기 어려운 것은?

① 호흡   ② 흡연
③ 자외선 ④ 연소기기

[풀이] 주요 실내오염물질의 발생원
㉠ 호흡(이산화탄소)
㉡ 연소기기(일산화탄소)
㉢ 석면
㉣ 흡연
㉤ 포름알데히드
㉥ 라돈
㉦ 미생물성 물질

10 산업피로의 종류에 대한 설명으로 옳지 않은 것은?

① 근육의 일부 부위에만 발생하는 국소피로와 전신에 나타나는 전신피로가 있다.
② 신체피로는 육체적 노동에 의한 근육의 피로를 말하는 것으로 근육노동을 할 경우 주로 발생된다.
③ 피로는 그 정도에 따라 보통피로, 과로 및 곤비로 분류할 수 있으며 가장 경증의 피로단계는 곤비이다.
④ 정신피로는 중추신경계의 피로를 말하는 것으로 정밀작업 등과 같은 정신적 긴장을 요하는 작업 시에 발생된다.

[풀이] 피로의 3단계
피로도가 증가하는 순서에 따라 구분한 것이며, 피로의 정도는 객관적 판단이 용이하지 않다.
㉠ 1단계 : 보통피로
  하룻밤을 자고 나면 완전히 회복하는 상태이다.
㉡ 2단계 : 과로
  피로의 축적으로 다음 날까지도 피로상태가 지속되는 것으로 단기간 휴식으로 회복될 수 있으며, 발병단계는 아니다.
㉢ 3단계 : 곤비
  과로의 축적으로 단시간에 회복될 수 없는 단계를 말하며, 심한 노동 후의 피로현상으로 병적 상태를 의미한다.

11 산업안전보건법령상 사업주가 사업을 할 때 근로자의 건강장해를 예방하기 위하여 필요한 보건상의 조치를 하여야 할 항목이 아닌 것은?

① 사업장에서 배출되는 기체·액체 또는 찌꺼기 등에 의한 건강장해
② 폭발성, 발화성 및 인화성 물질 등에 의한 위험작업의 건강장해
③ 계측감시, 컴퓨터 단말기 조작, 정밀공작 등의 작업에 의한 건강장해
④ 단순반복작업 또는 인체에 과도한 부담을 주는 작업에 의한 건강장해

[풀이] 사업주가 사업을 할 때 근로자의 건강장애를 예방하기 위하여 필요한 보건상의 조치항목
㉠ 원재료·가스·증기·분진·흄(fume)·미스트(mist)·산소결핍·병원체 등에 의한 건강장해
㉡ 방사선·유해광선·고온·저온·초음파·소음·진동·이상기압 등에 의한 건강장해
㉢ 사업장에서 배출되는 기체·액체 또는 찌꺼기 등에 의한 건강장해
㉣ 계측감시·컴퓨터 단말기 조작·정밀공작 등의 작업에 의한 건강장해
㉤ 단순반복작업 또는 인체에 과도한 부담을 주는 작업에 의한 건강장해
㉥ 환기·채광·조명·보온·방습·청결 등의 적정기준을 유지하지 아니하여 발생하는 건강장해

정답 08.④ 09.③ 10.③ 11.②

12 육체적 작업능력(PWC)이 16kcal/min인 남성 근로자가 1일 8시간 동안 물체를 운반하는 작업을 하고 있다. 이때 작업대사율은 10kcal/min이고, 휴식 시 대사율은 2kcal/min이다. 매시간마다 적정한 휴식시간은 약 몇 분인가? (단, Hertig의 공식을 적용하여 계산한다.)

① 15분
② 25분
③ 35분
④ 45분

[풀이]
$$\text{휴식시간비}(\%) = \left[\frac{\text{PWC의 } \frac{1}{3} - \text{작업대사량}}{\text{휴식대사량} - \text{작업대사량}}\right] \times 100$$
$$= \left[\frac{(16 \times \frac{1}{3}) - 10}{2 - 10}\right] \times 100 = 58.33\%$$
∴ 휴식시간(분) = 60분 × 0.5833 = 35분

13 Diethyl ketone(TLV=200ppm)을 사용하는 근로자의 작업시간이 9시간일 때 허용기준을 보정하였다. OSHA 보정법과 Brief and Scala 보정법을 적용하였을 경우 보정된 허용기준치 간의 차이는 약 몇 ppm인가?

① 5.05
② 11.11
③ 22.22
④ 33.33

[풀이]
• OSHA 보정방법
보정된 노출기준 = 8시간 노출기준 × $\frac{8\text{시간}}{\text{노출시간/일}}$
$= 200 \times \frac{8}{9} = 177.78\text{ppm}$
• Brief and Scala 보정방법
$RF = \left(\frac{8}{H}\right) \times \frac{24-H}{16} = \left(\frac{8}{9}\right) \times \frac{24-9}{16} = 0.833$
보정된 노출기준 = TLV × RF
$= 200\text{ppm} \times 0.833 = 166.67\text{ppm}$
∴ 허용기준치 차이 = 177.78 − 166.67 = 11.11ppm

14 산업위생의 역사에서 직업과 질병의 관계가 있음을 알렸고, 광산에서의 납중독을 보고한 인물은?

① Larigo
② Paracelsus
③ Percival Pott
④ Hippocrates

[풀이] BC 4세기, Hippocrates에 의해 광산에서의 납중독이 보고되었다.
※ 납중독은 역사상 최초로 기록된 직업병이다.

15 피로의 예방대책으로 적절하지 않은 것은?

① 충분한 수면을 갖는다.
② 작업환경을 정리·정돈한다.
③ 정적인 자세를 유지하는 작업을 동적인 작업으로 전환하도록 한다.
④ 작업과정 사이에 여러 번 나누어 휴식하는 것보다 장시간의 휴식을 취한다.

[풀이] 산업피로 예방대책
㉠ 불필요한 동작을 피하고, 에너지 소모를 적게 한다.
㉡ 동적인 작업을 늘리고, 정적인 작업을 줄인다.
㉢ 개인의 숙련도에 따라 작업속도와 작업량을 조절한다.
㉣ 작업시간 중 또는 작업 전후에 간단한 체조나 오락시간을 갖는다.
㉤ 장시간 한 번 휴식하는 것보다 단시간씩 여러 번 나누어 휴식하는 것이 피로회복에 도움이 된다.

16 직업성 변이(occupational stigmata)의 정의로 옳은 것은?

① 직업에 따라 체온량의 변화가 일어나는 것이다.
② 직업에 따라 체지방량의 변화가 일어나는 것이다.
③ 직업에 따라 신체 활동량의 변화가 일어나는 것이다.
④ 직업에 따라 신체 형태와 기능에 국소적 변화가 일어나는 것이다.

정답 12.③ 13.② 14.④ 15.④ 16.④

> **[풀이] 직업성 변이(occupational stigmata)**
> 직업에 따라서 신체 형태와 기능에 국소적 변화가 일어나는 것을 말한다.

17 생체와 환경과의 열교환 방정식을 올바르게 나타낸 것은? (단, ΔS : 생체 내 열용량의 변화, M : 대사에 의한 열 생산, E : 수분 증발에 의한 열 방산, R : 복사에 의한 열 득실, C : 대류 및 전도에 의한 열 득실이다.)

① $\Delta S = M + E \pm R - C$
② $\Delta S = M - E \pm R \pm C$
③ $\Delta S = R + M + C + E$
④ $\Delta S = C - M - R - E$

> **[풀이] 열평형(열교환) 방정식(열역학적 관계식)**
> $\Delta S = M \pm C \pm R - E$
> 여기서, ΔS : 생체 열용량의 변화(인체의 열축적 또는 열손실)
> M : 작업대사량(체내 열생산량)
> $(M-W)$ W : 작업수행으로 인한 손실열량
> C : 대류에 의한 열교환
> R : 복사에 의한 열교환
> E : 증발(발한)에 의한 열손실
> (피부를 통한 증발)

18 작업적성에 대한 생리적 적성검사 항목에 해당하는 것은?

① 체력검사 ② 지능검사
③ 인성검사 ④ 지각동작검사

> **[풀이] 적성검사의 분류**
> (1) 생리학적 적성검사(생리적 기능검사)
>   ㉠ 감각기능검사
>   ㉡ 심폐기능검사
>   ㉢ 체력검사
> (2) 심리학적 적성검사
>   ㉠ 지능검사
>   ㉡ 지각동작검사
>   ㉢ 인성검사
>   ㉣ 기능검사

19 다음 ( ) 안에 들어갈 알맞은 용어는?

> ( )은/는 근로자나 일반 대중에게 질병, 건강장해와 능률저하 등을 초래하는 작업환경요인과 스트레스를 예측, 인식(측정), 평가, 관리하는 과학인 동시에 기술을 말한다.

① 유해인자
② 산업위생
③ 위생인식
④ 인간공학

> **[풀이] 산업위생의 정의(AIHA)**
> 근로자나 일반 대중(지역주민)에게 질병, 건강장해와 안녕방해, 심각한 불쾌감 및 능률저하 등을 초래하는 작업환경요인과 스트레스를 예측, 측정, 평가하고 관리하는 과학이자 기술이다(예측, 인지, 평가, 관리 의미와 동일함).

20 근로시간 1,000시간당 발생한 재해에 의하여 손실된 총근로손실일수로 재해자의 수나 발생빈도와 관계없이 재해의 내용(상해정도)을 측정하는 척도로 사용되는 것은?

① 건수율
② 연천인율
③ 재해 강도율
④ 재해 도수율

> **[풀이] 강도율(SR)**
> (1) 정의
>   연근로시간 1,000시간당 재해에 의해서 잃어버린 근로손실일수
> (2) 계산식
>   강도율 = $\dfrac{\text{일정 기간 중 근로손실일수}}{\text{일정 기간 중 연 근로시간수}} \times 1,000$
> (3) 특징
>   ㉠ 재해의 경중(정도), 즉 강도를 나타내는 척도이다.
>   ㉡ 재해자의 수나 발생빈도에 관계없이 재해의 내용(상해정도)을 측정하는 척도이다.

정답 17.② 18.① 19.② 20.③

제2과목 | 작업위생 측정 및 평가

21 다음 중 분석용어에 대한 설명으로 틀린 것은?
① 이동상이란 시료를 이동시키는 데 필요한 유동체로서 기체일 경우를 GC라고 한다.
② 크로마토그램이란 유해물질이 검출기에서 반응하여 띠 모양으로 나타난 것을 말한다.
③ 전처리는 분석물질 이외의 것들을 제거하거나 분석에 방해되지 않도록 하는 과정으로서 분석기기에 의한 정량을 포함한다.
④ AAS 분석원리는 원자가 갖고 있는 고유한 흡수파장을 이용한 것이다.

풀이 ③ 시료 전처리는 양질의 데이터를 얻기 위해 분석하고자 하는 대상 물질의 방해요인을 제거하고 최적의 상태를 만들기 위한 작업을 말한다.

22 벤젠으로 오염된 작업장에서 무작위로 15개 지점의 벤젠 농도를 측정하여 다음과 같은 결과를 얻었을 때, 이 작업장의 표준편차는?

(단위 : ppm)
8, 10, 15, 12, 9, 13, 16, 15,
11, 9, 12, 8, 13, 15, 14

① 4.7 ② 3.7
③ 2.7 ④ 0.7

풀이
$$산술평균 = \frac{8+10+15+12+9+13+16+15+11+9+12+8+13+15+14}{15} = 12$$

$$표준편차 = \left(\frac{(8-12)^2+(10-12)^2+(15-12)^2+(12-12)^2+(9-12)^2+(13-12)^2+(16-12)^2+(15-12)^2+(11-12)^2+(9-12)^2+(12-12)^2+(8-12)^2+(13-12)^2+(15-12)^2+(14-12)^2}{15-1}\right)^{0.5}$$
$$= 2.7$$

23 방사선이 물질과 상호작용한 결과 그 물질의 단위질량에 흡수된 에너지(gray ; Gy)의 명칭은?
① 조사선량 ② 등가선량
③ 유효선량 ④ 흡수선량

풀이 흡수선량
방사선에 피폭되는 물질의 단위질량당 흡수된 방사선의 에너지로, 단위는 Gy(Gray)이다.

24 두 개의 버블러를 연속적으로 연결하여 시료를 채취할 때, 첫 번째 버블러의 채취효율이 75%이고, 두 번째 버블러의 채취효율이 90%이면, 전체 채취효율(%)은?
① 91.5 ② 93.5
③ 95.5 ④ 97.5

풀이
$\eta_T = \eta_1 + \eta_2(1-\eta_1)$
$= 0.75 + [0.9(1-0.75)] = 0.975 \times 100 = 97.5\%$

25 시료채취 매체와 해당 매체로 포집할 수 있는 유해인자의 연결로 가장 거리가 먼 것은?
① 활성탄관 - 메탄올
② 유리섬유여과지 - 캡탄
③ PVC 여과지 - 석탄분진
④ MCE막 여과지 - 석면

풀이 ① 메탄올은 실리카겔관을 통해 채취한다.

26 18℃, 770mmHg인 작업장에서 methylethyl ketone의 농도가 26ppm일 때 mg/m³ 단위로 환산된 농도는? (단, Methylethyl ketone의 분자량은 72g/mol이다.)
① 64.5 ② 79.4
③ 87.3 ④ 93.2

풀이
$$농도(mg/m^3) = 26ppm \times \frac{72}{\left(22.4 \times \frac{273+18}{273} \times \frac{760}{770}\right)}$$
$$= 79.43 mg/m^3$$

정답 21.③ 22.③ 23.④ 24.④ 25.① 26.②

27 작업환경측정 및 정도관리 등에 관한 고시상 시료채취 근로자수에 대한 설명 중 옳은 것은?

① 단위작업장소에서 최고 노출근로자 2명 이상에 대하여 동시에 개인시료채취방법으로 측정하되, 단위작업장소에 근로자가 1명인 경우에는 그러하지 아니하며, 동일 작업 근로자수가 20명을 초과하는 경우에는 5명당 1명 이상 추가하여 측정하여야 한다.
② 단위작업장소에서 최고 노출근로자 2명 이상에 대하여 동시에 개인시료채취방법으로 측정하되, 동일 작업 근로자수가 100명을 초과하는 경우에는 최대 시료채취 근로자수를 20명으로 조정할 수 있다.
③ 지역시료채취방법으로 측정을 하는 경우 단위작업장소 내에서 3개 이상의 지점에 대하여 동시에 측정하여야 한다.
④ 지역시료채취방법으로 측정을 하는 경우 단위작업장소의 넓이가 60평방미터 이상인 경우에는 30평방미터마다 1개 지점 이상을 추가로 측정하여야 한다.

풀이 시료채취 근로자수
㉠ 단위작업장소에서 최고 노출근로자 2명 이상에 대하여 동시에 개인시료방법으로 측정하되, 단위작업장소에 근로자가 1명인 경우에는 그러하지 아니하며, 동일 작업 근로자수가 10명을 초과하는 경우에는 5명당 1명 이상 추가하여 측정하여야 한다.
다만, 동일 작업 근로자수가 100명을 초과하는 경우에는 최대 시료채취 근로자수를 20명으로 조정할 수 있다.
㉡ 지역시료채취방법으로 측정하는 경우 단위작업장소 내에서 2개 이상의 지점에 대하여 동시에 측정하여야 한다.
다만, 단위작업장소의 넓이가 50평방미터 이상인 경우에는 30평방미터마다 1개 지점 이상을 추가로 측정하여야 한다.

28 고성능 액체 크로마토그래피(HPLC)에 관한 설명으로 틀린 것은?

① 주 분석대상 화학물질은 PCB 등의 유기화학물질이다.
② 장점으로 빠른 분석속도, 해상도, 민감도를 들 수 있다.
③ 분석물질이 이동상에 녹아야 하는 제한점이 있다.
④ 이동상인 운반가스의 친화력에 따라 용리법, 치환법으로 구분된다.

풀이 고성능 액체 크로마토그래피
(HPLC ; High Performance Liquid Chromatography)
㉠ 개요
물질을 이동상과 충진제와의 분배에 따라 분리하므로 분리물질별로 적당한 이동상으로 액체를 사용하는 분석기이며, 이동상인 액체가 분리관에 흐르게 하기 위해 압력을 가할 수 있는 펌프가 필요하다.
㉡ 원리
고정상과 액체 이동상 사이의 물리화학적 반응성의 차이(주로, 분석시료의 용해성 차이)를 이용하여 분리한다.

29 어떤 작업장에 50% Acetone, 30% Benzene, 20% Xylene의 중량비로 조성된 용제가 증발하여 작업환경을 오염시키고 있을 때, 이 용제의 허용농도(TLV ; mg/m^3)는? (단, Actone, Benzene, Xylene의 TLV는 각각 1,600, 720, 670mg/m^3이고, 용제의 각 성분은 상가작용을 하며, 성분 간 비휘발도 차이는 고려하지 않는다.)

① 873 ② 973
③ 1,073 ④ 1,173

풀이 혼합물의 허용농도(mg/m^3)
$$= \frac{1}{\frac{0.5}{1,600}+\frac{0.3}{720}+\frac{0.2}{670}} = 973.07 mg/m^3$$

30 작업장에 작동되는 기계 두 대의 소음레벨이 각각 98dB(A), 96dB(A)로 측정되었을 때, 두 대의 기계가 동시에 작동되었을 경우의 소음레벨[dB(A)]은?

① 98
② 100
③ 102
④ 104

[풀이] $L_합 = 10\log(10^{9.8} + 10^{9.6}) = 100.12\text{dB(A)}$

31 검지관의 장·단점으로 틀린 것은?

① 측정대상물질의 동정이 미리 되어 있지 않아도 측정이 가능하다.
② 민감도가 낮으며 비교적 고농도에 적용이 가능하다.
③ 특이도가 낮다. 즉, 다른 방해물질의 영향을 받기 쉬워 오차가 크다.
④ 색이 시간에 따라 변화하므로 제조자가 정한 시간에 읽어야 한다.

[풀이] **검지관 측정법의 장단점**
(1) 장점
  ㉠ 사용이 간편하다.
  ㉡ 반응시간이 빨라 현장에서 바로 측정결과를 알 수 있다.
  ㉢ 비전문가도 어느 정도 숙지하면 사용할 수 있지만, 산업위생전문가의 지도 아래 사용되어야 한다.
  ㉣ 맨홀, 밀폐공간에서의 산소부족 또는 폭발성 가스로 인한 안전이 문제가 될 때 유용하게 사용된다.
  ㉤ 다른 측정방법이 복잡하거나 빠른 측정이 요구될 때 사용할 수 있다.
(2) 단점
  ㉠ 민감도가 낮아 비교적 고농도에만 적용이 가능하다.
  ㉡ 특이도가 낮아 다른 방해물질의 영향을 받기 쉽고 오차가 크다.
  ㉢ 대개 단시간 측정만 가능하다.
  ㉣ 한 검지관으로 단일물질만 측정 가능하여 각 오염물질에 맞는 검지관을 선정함에 따른 불편함이 있다.
  ㉤ 색변화에 따라 주관적으로 읽을 수 있어 판독자에 따라 변이가 심하며, 색변화가 시간에 따라 변하므로 제조자가 정한 시간에 읽어야 한다.
  ㉥ 미리 측정대상물질의 동정이 되어 있어야 측정이 가능하다.

32 시간당 약 150kcal의 열량이 소모되는 작업조건에서 WBGT 측정치가 30.6℃일 때 고온의 노출기준에 따른 작업휴식조건으로 적절한 것은?

① 매시간 75% 작업, 25% 휴식
② 매시간 50% 작업, 50% 휴식
③ 매시간 25% 작업, 75% 휴식
④ 계속 작업

[풀이] **고열작업장의 노출기준(고용노동부, ACGIH)**
[단위 : WBGT(℃)]

시간당 작업과 휴식 비율	작업강도		
	경작업	중등작업	중작업
연속 작업	30.0	26.7	25.0
75% 작업, 25% 휴식 (45분 작업, 15분 휴식)	30.6	28.0	25.9
50% 작업, 50% 휴식 (30분 작업, 30분 휴식)	31.4	29.4	27.9
25% 작업, 75% 휴식 (15분 작업, 45분 휴식)	32.2	31.1	30.0

㉠ 경작업 : 시간당 200kcal까지의 열량이 소요되는 작업을 말하며, 앉아서 또는 서서 기계의 조정을 하기 위하여 손 또는 팔을 가볍게 쓰는 일 등이 해당된다.
㉡ 중등작업 : 시간당 200~350kcal의 열량이 소요되는 작업을 말하며, 물체를 들거나 밀면서 걸어 다니는 일 등이 해당된다.
㉢ 중(격심)작업 : 시간당 350~500kcal의 열량이 소요되는 작업을 뜻하며, 곡괭이질 또는 삽질을 하는 일과 같이 육체적으로 힘든 일 등이 해당된다.

33 MCE 여과지를 사용하여 금속성분을 측정·분석한다. 샘플링이 끝난 시료를 전처리하기 위해 화학용액(ashing acid)을 사용하는데, 다음 중 NIOSH에서 제시한 금속별 전처리용액 중 적절하지 않은 것은?

① 납 : 질산
② 크롬 : 염산+인산
③ 카드뮴 : 질산, 염산
④ 다성분 금속 : 질산+과염소산

정답 30.② 31.① 32.① 33.②

[풀이] 금속의 전처리방법
- ㉠ 납과 화합물 : 질산(가열온도 : 140℃)
- ㉡ 크롬과 화합물 : 염산+질산(가열온도 : 140℃)
- ㉢ 카드뮴과 화합물 : 질산+염산(가열온도 : 140~400℃)
- ㉣ 다성분 금속과 화합물 : 질산+과염소산(가열온도 : 120℃)

34 Kata 온도계로 불감기류를 측정하는 방법에 대한 설명으로 틀린 것은?

① Kata 온도계의 구(球)부를 50~60℃의 온수에 넣어 구부의 알코올을 팽창시켜 관의 상부 눈금까지 올라가게 한다.
② 온도계를 온수에서 꺼내어 구(球)부를 완전히 닦아내고 스탠드에 고정한다.
③ 알코올의 눈금이 100°F에서 65°F까지 내려가는 데 소요되는 시간을 초시계로 4~5회 측정하여 평균을 낸다.
④ 눈금 하강에 소요되는 시간으로 kata 상수를 나눈 값 H는 온도계의 구부 $1cm^2$에서 1초 동안에 방산되는 열량을 나타낸다.

[풀이] 카타온도계
- ㉠ 카타의 냉각력을 이용하여 측정하는 것으로, 알코올 눈금이 100°F(37.8℃)에서 95°F(35℃)까지 내려가는 데 소요되는 시간을 4~5회 측정하고, 평균하여 카타 상수값을 이용하여 구하는 간접적 측정방법
- ㉡ 작업환경 내에 기류(옥내기류)의 방향이 일정치 않을 경우 기류속도 측정
- ㉢ 실내 0.2~0.5m/sec 정도의 불감기류 측정 시 기류속도를 측정

35 작업장에서 어떤 유해물질의 농도를 무작위로 측정한 결과가 아래와 같을 때, 측정값에 대한 기하평균(GM)은?

(단위 : ppm)
5, 10, 28, 46, 90, 200

① 11.4 ② 32.4
③ 63.2 ④ 104.5

[풀이]
$$\log(GM) = \frac{\log 5 + \log 10 + \log 28 + \log 46 + \log 90 + \log 200}{6} = 1.51$$
∴ GM(기하평균) = $10^{1.51}$ = 32.36ppm

36 다음 중 실리카겔 흡착에 대한 설명으로 틀린 것은?

① 실리카겔은 규산나트륨과 황산의 반응에서 유도된 무정형의 물질이다.
② 극성을 띠고 흡습성이 강하므로 습도가 높을수록 파과용량이 증가한다.
③ 추출액이 화학분석이나 기기분석에 방해물질로 작용하는 경우가 많지 않다.
④ 활성탄으로 채취가 어려운 아닐린, 오르토-톨루이딘 등의 아민류나 몇몇 무기물질의 채취도 가능하다.

[풀이] ② 극성을 띠고 흡습성이 강하므로 습도가 높을수록 파과용량(흡착제에 흡착된 오염물질량)이 감소한다.

37 접착공정에서 본드를 사용하는 작업장에서 톨루엔을 측정하고자 한다. 노출기준의 10%까지 측정하고자 할 때, 최소시료채취시간(min)은? (단, 작업장은 25℃, 1기압이며, 톨루엔의 분자량은 92.14, 기체크로마토그래피의 분석에서 톨루엔의 정량한계는 0.5mg, 노출기준은 100ppm, 채취유량은 0.15L/분이다.)

① 13.3 ② 39.6
③ 88.5 ④ 182.5

[풀이]
- 농도$(mg/m^3) = (100ppm \times 0.1) \times \frac{92.14}{24.45}$
  $= 37.69mg/m^3$
- 최소채취량 = $\frac{LOQ}{농도} = \frac{0.5mg}{37.69mg/m^3}$
  $= 0.01326m^3 \times 1,000L/m^3 = 13.26L$
- ∴ 채취 최소시간(min) = $\frac{13.26L}{0.15L/min} = 88.44min$

정답 34.③ 35.② 36.② 37.③

38 셀룰로오스 에스테르 막여과지에 관한 설명으로 옳지 않은 것은?

① 산에 쉽게 용해된다.
② 중금속 시료채취에 유리하다.
③ 유해물질이 표면에 주로 침착된다.
④ 흡습성이 적어 중량분석에 적당하다.

풀이 MCE막 여과지(Mixed Cellulose Ester membrane filter)
㉠ 산업위생에서는 거의 대부분이 직경 37mm, 구멍 크기 0.45~0.8μm의 MCE막 여과지를 사용하고 있어 작은 입자의 금속과 흄(fume) 채취가 가능하다.
㉡ 산에 쉽게 용해되고 가수분해되며, 습식 회화되기 때문에 공기 중 입자상 물질 중의 금속을 채취하여 원자흡광법으로 분석하는 데 적당하다.
㉢ 산에 의해 쉽게 회화되기 때문에 원소분석에 적합하고 NIOSH에서는 금속, 석면, 살충제, 불소화합물 및 기타 무기물질에 추천되고 있다.
㉣ 시료가 여과지의 표면 또는 가까운 곳에 침착되므로 석면, 유리섬유 등 현미경 분석을 위한 시료채취에도 이용된다.
㉤ 흡습성(원료인 셀룰로오스가 수분 흡수)이 높아 오차를 유발할 수 있어 중량분석에 적합하지 않다.

39 코크스 제조공정에서 발생되는 코크스오븐 배출물질을 채취할 때, 다음 중 가장 적합한 여과지는?

① 은막 여과지
② PVC 여과지
③ 유리섬유 여과지
④ PTFE 여과지

풀이 은막 여과지(silver membrane filter)
㉠ 균일한 금속은을 소결하여 만들며 열적·화학적 안정성이 있다.
㉡ 코크스 제조공정에서 발생되는 코크스오븐 배출물질, 콜타르피치 휘발물질, X선 회절분석법을 적용하는 석영 또는 다핵방향족 탄화수소 등을 채취하는 데 사용한다.
㉢ 결합제나 섬유가 포함되어 있지 않다.

40 작업장 소음에 대한 1일 8시간 노출 시 허용기준[dB(A)]은? (단, 미국 OSHA의 연속소음에 대한 노출기준으로 한다.)

① 45
② 60
③ 75
④ 90

풀이 소음에 대한 노출기준
㉠ 우리나라 노출기준(OSHA 기준)
8시간 노출에 대한 기준 : 90dB(5dB 변화율)

1일 노출시간(hr)	소음수준[dB(A)]
8	90
4	95
2	100
1	105
1/2	110
1/4	115

※ 115dB(A)을 초과하는 소음수준에 노출되어서는 안 된다.

㉡ ACGIH 노출기준
8시간 노출에 대한 기준 : 85dB(3dB 변화율)

1일 노출시간(hr)	소음수준[dB(A)]
8	85
4	88
2	91
1	94
1/2	97
1/4	100

제3과목 | 작업환경 관리대책

41 덕트에서 평균속도압이 25mmH₂O일 때, 반송속도(m/s)는?

① 101.1
② 50.5
③ 20.2
④ 10.1

풀이
$$V(\text{m/sec}) = 4.043\sqrt{VP}$$
$$= 4.043 \times \sqrt{25} = 20.22\,\text{m/sec}$$

42 덕트 합류 시 댐퍼를 이용한 균형유지방법의 장점이 아닌 것은?
① 시설 설치 후 변경에 유연하게 대처 가능
② 설치 후 부적당한 배기유량 조절 가능
③ 임의로 유량을 조절하기 어려움
④ 설계 계산이 상대적으로 간단함

풀이 저항조절평형법(댐퍼조절평형법, 덕트균형유지법)의 장단점
(1) 장점
㉠ 시설 설치 후 변경에 유연하게 대처가 가능하다.
㉡ 최소설계풍량으로 평형 유지가 가능하다.
㉢ 공장 내부의 작업공정에 따라 적절한 덕트 위치 변경이 가능하다.
㉣ 설계 계산이 간편하고, 고도의 지식을 요하지 않는다.
㉤ 설치 후 송풍량의 조절이 비교적 용이하다. 즉, 임의로 유량을 조절하기가 용이하다.
㉥ 덕트의 크기를 바꿀 필요가 없기 때문에 반송속도를 그대로 유지한다.
(2) 단점
㉠ 평형상태 시설에 댐퍼를 잘못 설치 시 또는 임의로 댐퍼 조정 시 평형상태가 파괴될 수 있다.
㉡ 부분적 폐쇄댐퍼는 침식, 분진퇴적의 원인이 된다.
㉢ 최대저항경로 선정이 잘못되어도 설계 시 쉽게 발견할 수 없다.
㉣ 댐퍼가 노출되어 있는 경우가 많아 누구나 쉽게 조절할 수 있어 정상기능을 저해할 수 있다.

43 송풍기의 송풍량과 회전수의 관계에 대한 설명 중 옳은 것은?
① 송풍량과 회전수는 비례한다.
② 송풍량은 회전수의 제곱에 비례한다.
③ 송풍량은 회전수의 세제곱에 비례한다.
④ 송풍량과 회전수는 역비례한다.

풀이 송풍기 상사법칙(회전수 비)
㉠ 풍량은 송풍기의 회전수에 비례한다.
㉡ 풍압은 송풍기 회전수의 제곱에 비례한다.
㉢ 동력은 송풍기 회전수의 세제곱에 비례한다.

44 동일한 두께로 벽체를 만들었을 경우에 차음효과가 가장 크게 나타나는 재질은? (단, 2,000Hz 소음을 기준으로 하며, 공극률 등 기타 조건은 동일하다고 가정한다.)
① 납
② 석고
③ 알루미늄
④ 콘크리트

풀이 재질의 밀도(비중)가 클수록 차음효과가 크며, 각 보기 물질의 비중은 다음과 같다.
① 납 : 11.29
② 석고 : 2.2
③ 알루미늄 : 2.7
④ 콘크리트 : 2.0~2.5

45 다음 보기 중 공기공급시스템(보충용 공기의 공급장치)이 필요한 이유가 모두 선택된 것은?

> ㉮ 연료를 절약하기 위해서
> ㉯ 작업장 내 안전사고를 예방하기 위해서
> ㉰ 국소배기장치를 적절하게 가동시키기 위해서
> ㉱ 작업장의 교차기류를 유지하기 위해서

① ㉮, ㉯
② ㉮, ㉯, ㉰
③ ㉯, ㉰, ㉱
④ ㉮, ㉯, ㉰, ㉱

풀이 공기공급시스템이 필요한 이유
㉠ 국소배기장치의 원활한 작동을 위하여
㉡ 국소배기장치의 효율 유지를 위하여
㉢ 안전사고를 예방하기 위하여
㉣ 에너지(연료)를 절약하기 위하여
㉤ 작업장 내에 방해기류(교차기류)가 생기는 것을 방지하기 위하여
㉥ 외부공기가 정화되지 않은 채 건물 내로 유입되는 것을 막기 위하여

정답 42.③ 43.① 44.① 45.②

46 동력과 회전수의 관계로 옳은 것은?

① 동력은 송풍기 회전속도에 비례한다.
② 동력은 송풍기 회전속도의 제곱에 비례한다.
③ 동력은 송풍기 회전속도의 세제곱에 비례한다.
④ 동력은 송풍기 회전속도에 반비례한다.

풀이 송풍기 상사법칙(회전수 비)
㉠ 풍량은 송풍기의 회전수에 비례한다.
㉡ 풍압은 송풍기 회전수의 제곱에 비례한다.
㉢ 동력은 송풍기 회전수의 세제곱에 비례한다.

47 강제환기를 실시할 때 환기효과를 제고하기 위해 따르는 원칙으로 옳지 않은 것은?

① 배출공기를 보충하기 위하여 청정공기를 공급할 수 있다.
② 공기배출구와 근로자의 작업위치 사이에 오염원이 위치하여야 한다.
③ 오염물질 배출구는 가능한 한 오염원으로부터 가까운 곳에 설치하여 점환기 현상을 방지한다.
④ 오염원 주위에 다른 작업공정이 있으면 공기 배출량을 공급량보다 약간 크게 하여 읍압을 형성하여 주위 근로자에게 오염물질이 확산되지 않도록 한다.

풀이 전체환기(강제환기)시설 설치의 기본원칙
㉠ 오염물질 사용량을 조사하여 필요환기량을 계산한다.
㉡ 배출공기를 보충하기 위하여 청정공기를 공급한다.
㉢ 오염물질 배출구는 가능한 한 오염원으로부터 가까운 곳에 설치하여 '점환기'의 효과를 얻는다.
㉣ 공기 배출구와 근로자의 작업위치 사이에 오염원이 위치해야 한다.
㉤ 공기가 배출되면서 오염장소를 통과하도록 공기 배출구와 유입구의 위치를 선정한다.
㉥ 작업장 내 압력은 경우에 따라서 양압이나 음압으로 조정해야 한다(오염원 주위에 다른 작업공정이 있으면 공기 공급량을 배출량보다 적게 하여 음압을 형성시켜 주위 근로자에게 오염물질이 확산되지 않도록 한다).

㉦ 배출된 공기가 재유입되지 못하게 배출구 높이를 적절히 설계하고 창문이나 문 근처에 위치하지 않도록 한다.
㉧ 오염된 공기는 작업자가 호흡하기 전에 충분히 희석되어야 한다.
㉨ 오염물질 발생은 가능하면 비교적 일정한 속도로 유출되도록 조정해야 한다.

48 점음원과 1m 거리에서 소음을 측정한 결과 95dB로 측정되었다. 소음수준을 90dB로 하는 제한구역을 설정할 때, 제한구역의 반경(m)은?

① 3.16 ② 2.20
③ 1.78 ④ 1.39

풀이
$$SPL_1 - SPL_2 = 20\log\frac{r_2}{r_1}$$
$$95 - 90 = 20\log\frac{r_2}{1}$$
$$0.25 = \log\frac{r_2}{1}$$
$$10^{0.25} = r_2$$
∴ r_2(제한구역 반경) = 1.78m

49 층류 영역에서 직경이 2μm이며 비중이 3인 입자상 물질의 침강속도(cm/s)는?

① 0.032 ② 0.036
③ 0.042 ④ 0.046

풀이
침강속도(cm/sec) = $0.003 \times \rho \times d^2$
= $0.003 \times 3 \times 2^2$
= 0.036 cm/sec

50 입자상 물질을 처리하기 위한 공기정화장치로 가장 거리가 먼 것은?

① 사이클론
② 중력집진장치
③ 여과집진장치
④ 촉매 산화에 의한 연속장치

정답 46.③ 47.③ 48.③ 49.② 50.④

[풀이] 입자상 물질 처리시설(집진장치)
㉠ 중력집진장치
㉡ 관성력집진장치
㉢ 원심력집진장치(cyclone)
㉣ 여과집진장치(B.F)
㉤ 전기집진장치(E.P)

51 공기가 흡인되는 덕트관 또는 공기가 배출되는 덕트관에서 음압이 될 수 없는 압력의 종류는?

① 속도압(VP) ② 정압(SP)
③ 확대압(EP) ④ 전압(TP)

[풀이] 동압(속도압)
㉠ 정지상태의 유체에 작용하여 일정한 속도 또는 가속을 일으키는 압력으로 공기를 이동시킨다.
㉡ 공기의 운동에너지에 비례하여 항상 0 또는 양압을 갖는다. 즉, 동압은 공기가 이동하는 힘으로, 항상 0 이상이다.
㉢ 동압은 송풍량과 덕트 직경이 일정하면 일정하다.
㉣ 정지상태의 유체에 작용하여 현재의 속도로 가속시키는 데 요구하는 압력이고, 반대로 어떤 속도로 흐르는 유체를 정지시키는 데 필요한 압력으로서 흐름에 대항하는 압력이다.

52 다음의 보호장구 재질 중 극성 용제에 가장 효과적인 것은?

① Viton
② Nitrile 고무
③ Neoprene 고무
④ Butyl 고무

[풀이] 보호장구 재질에 따른 적용물질
㉠ Neoprene 고무 : 비극성 용제, 극성 용제 중 알코올, 물, 케톤류 등에 효과적
㉡ 천연고무(latex) : 극성 용제 및 수용성 액에 효과적(절단 및 찰과상 예방)
㉢ Viton : 비극성 용제에 효과적
㉣ 면 : 고체상 물질에 효과적, 용제에는 사용 못함
㉤ 가죽 : 용제에는 사용 못함(기본적인 찰과상 예방)
㉥ Nitrile 고무 : 비극성 용제에 효과적
㉦ Butyl 고무 : 극성 용제에 효과적(알데히드, 지방족)
㉧ Ethylene vinyl alcohol : 대부분의 화학물질 취급할 경우 효과적

53 귀덮개 착용 시 일반적으로 요구되는 차음효과는?

① 저음에서 15dB 이상, 고음에서 30dB 이상
② 저음에서 20dB 이상, 고음에서 45dB 이상
③ 저음에서 25dB 이상, 고음에서 50dB 이상
④ 저음에서 30dB 이상, 고음에서 55dB 이상

[풀이] 귀덮개의 방음효과
㉠ 저음 영역에서 20dB 이상, 고음 영역에서 45dB 이상의 차음효과가 있다.
㉡ 귀마개를 착용하고서 귀덮개를 착용하면 훨씬 차음효과가 커지므로, 120dB 이상의 고음 작업장에서는 동시 착용할 필요가 있다.
㉢ 간헐적 소음에 노출되는 경우 귀덮개를 착용한다.
㉣ 차음성능기준상 중심주파수가 1,000Hz인 음원의 차음치는 25dB 이상이다.

54 움직이지 않는 공기 중으로 속도 없이 배출되는 작업조건(예시 : 탱크에서 증발)의 제어속도 범위(m/s)는? (단, ACGIH 권고 기준)

① 0.1~0.3
② 0.3~0.5
③ 0.5~1.0
④ 1.0~1.5

[풀이] 작업조건에 따른 제어속도 기준(ACGIH)

작업조건	작업공정 사례	제어속도 (m/s)
• 움직이지 않는 공기 중에서 속도 없이 배출되는 작업조건 • 조용한 대기 중에 실제 거의 속도가 없는 상태로 발산하는 작업조건	• 액면에서 발생하는 가스나 증기, 흄 • 탱크에서 증발, 탈지시설	0.25~0.5
비교적 조용한(약간의 공기 움직임) 대기 중에서 저속도로 비산하는 작업조건	• 용접, 도금 작업 • 스프레이 도장 • 주형을 부수고 모래를 터는 장소	0.5~1.0

정답 51.① 52.④ 53.② 54.②

55 호흡용 보호구 중 마스크의 올바른 사용법이 아닌 것은?
① 마스크를 착용할 때는 반드시 밀착성에 유의해야 한다.
② 공기정화식 가스마스크(방독마스크)는 방진마스크와는 달리 산소결핍 작업장에서도 사용이 가능하다.
③ 정화통 혹은 흡수통(canister)은 한번 개봉하면 재사용을 피하는 것이 좋다.
④ 유해물질의 농도가 극히 높으면 자기공급식 장치를 사용한다.

풀이 ② 공기정화식 방독마스크는 방진마스크와 동일하게 산소결핍 작업장에서의 사용을 금지한다.

56 기류를 고려하지 않고 감각온도(effective temperature)의 근사치로 널리 사용되는 지수는?
① WBGT
② Radiation
③ Evaporation
④ Glove Temperature

풀이 WBGT(습구흑구온도)
과거에 쓰이던 감각온도와 근사한 값으로, 감각온도와 다른 점은 기류를 전혀 고려하지 않았다는 점이다.

57 안전보건규칙상 국소배기장치의 덕트 설치 기준으로 틀린 것은?
① 가능하면 길이는 짧게 하고 굴곡부의 수는 적게 할 것
② 접속부의 안쪽은 돌출된 부분이 없도록 할 것
③ 덕트 내부에 오염물질이 쌓이지 않도록 이송속도를 유지할 것
④ 연결부위 등은 내부공기가 들어오지 않도록 할 것

풀이 덕트(duct)의 설치기준(설치 시 고려사항)
㉠ 가능한 한 길이는 짧게 하고, 굴곡부의 수는 적게 할 것
㉡ 접속부의 내면은 돌출된 부분이 없도록 할 것
㉢ 청소구를 설치하는 등 청소하기 쉬운 구조로 할 것
㉣ 덕트 내 오염물질이 쌓이지 않도록 이송속도를 유지할 것
㉤ 연결부위 등은 외부공기가 들어오지 않도록 할 것 (연결부위를 가능한 한 용접할 것)
㉥ 가능한 후드와 가까운 곳에 설치할 것
㉦ 송풍기를 연결할 때는 최소덕트직경의 6배 정도 직선구간을 확보할 것
㉧ 직관은 하향 구배로 하고 직경이 다른 덕트를 연결할 때에는 경사 30° 이내의 테이퍼를 부착할 것
㉨ 원형 덕트가 사각형 덕트보다 덕트 내 유속분포가 균일하므로 가급적 원형 덕트를 사용하며, 부득이 사각형 덕트를 사용할 경우에는 가능한 정방형을 사용하고 곡관의 수를 적게 할 것
㉩ 곡관의 곡률반경은 최소덕트직경의 1.5 이상(주로 2.0)을 사용할 것
㉪ 수분이 응축될 경우 덕트 내로 들어가지 않도록 경사나 배수구를 마련할 것
㉫ 덕트의 마찰계수는 작게 하고, 분지관을 가급적 적게 할 것

58 Stokes 침강법칙에서 침강속도에 대한 설명으로 옳지 않은 것은? (단, 자유공간에서 구형의 분진입자를 고려한다.)
① 기체와 분진입자의 밀도 차에 반비례한다.
② 중력가속도에 비례한다.
③ 기체의 점도에 반비례한다.
④ 분진입자 직경의 제곱에 비례한다.

풀이 Stokes 종말침강속도(분리속도)
$$V_g = \frac{d_p^{\,2}(\rho_p - \rho)g}{18\mu}$$
여기서, V_g : 종말침강속도(m/sec)
d_p : 입자의 직경(m)
ρ_p : 입자의 밀도(kg/m^3)
ρ : 가스(공기)의 밀도(kg/m^3)
g : 중력가속도(9.8m/sec^2)
μ : 가스의 점도(점성계수, kg/m·sec)

59 21℃, 1기압의 어느 작업장에서 톨루엔과 이소프로필알코올을 각각 100g/h씩 사용(증발)할 때, 필요환기량(m³/h)은? (단, 두 물질은 상가작용을 하며, 톨루엔의 분자량은 92, TLV는 50ppm, 이소프로필알코올의 분자량은 60, TLV는 200ppm이고, 각 물질의 여유계수는 10으로 동일하다.)

① 약 6,250 ② 약 7,250
③ 약 8,650 ④ 약 9,150

풀이
- 톨루엔
 사용량=100g/h
 92g : 24.1L = 100g/h : G(발생률)
 $G = \dfrac{24.1L \times 100g/h}{92g} = 26.19 L/h$
 $Q = \dfrac{26.19 L/h \times 1,000 mL/L}{50 mL/m^3} \times 10 = 5,238 m^3/h$
- 이소프로필알코올
 사용량=100g/h
 60g : 24.1L = 100g/h : G(발생률)
 $G = \dfrac{24.1L \times 100g/h}{60g} = 40.17 L/h$
 $Q = \dfrac{40.17 L/h \times 1,000 mL/L}{200 mL/m^3} \times 10 = 2008.5 m^3/h$
 ∴ 상가작용 = 5,238 + 2008.5 = 7246.5 m³/h

60 덕트에서 속도압 및 정압을 측정할 수 있는 표준기기는?

① 피토관 ② 풍차풍속계
③ 열선풍속계 ④ 임핀저관

풀이 **피토관(pitot tube)**
㉠ 피토관은 끝부분의 정면과 측면에 구멍을 뚫은 관을 말하며 이것을 유체의 흐름에 따라 놓으면 정면에 뚫은 구멍에는 유체의 정압과 동압을 더한 전압이, 측면 구멍에는 정압이 걸리므로 양쪽의 압력차를 측정함으로써 베르누이의 정압에 따라 흐름의 속도가 구해진다.
㉡ 유체흐름의 전압과 정압의 차이를 측정하고, 그것에서 유속을 구하는 장치이다.
 $V(m/sec) = 4.043\sqrt{VP}$
㉢ 산업안전보건법에서는 환기시설 덕트 내에 형성되는 기류의 속도를 측정하는 데 사용한다.

제4과목 | 물리적 유해인자관리

61 지적환경(optimum working environment)을 평가하는 방법이 아닌 것은?

① 생산적(productive) 방법
② 생리적(physiological) 방법
③ 정신적(psychological) 방법
④ 생물역학적(biomechanical) 방법

풀이 지적환경 평가방법
㉠ 생리적 방법
㉡ 정신적 방법
㉢ 생산적 방법

62 감압환경의 설명 및 인체에 미치는 영향으로 옳은 것은?

① 인체와 환경 사이의 기압 차이 때문으로 부종, 출혈, 동통 등을 동반한다.
② 화학적 장해로 작업력의 저하, 기분의 변환, 여러 종류의 다행증이 일어난다.
③ 대기가스의 독성 때문으로 시력장애, 정신혼란, 간질 모양의 경련을 나타낸다.
④ 용해질소의 기포 형성 때문으로 동통성 관절장애, 호흡곤란, 무균성 골괴사 등을 일으킨다.

풀이 감압환경에서 인체의 증상
㉠ 용해성 질소의 기포 형성으로 인해 동통성 관절장애, 호흡곤란, 무균성 골괴사 등을 일으킨다.
㉡ 동통성 관절장애(bends)는 감압증에서 흔히 나타나는 급성장애이며, 발증에 따른 감수성은 연령, 비만, 폐손상, 심장장애, 일시적 건강장애 소인(발증소질)에 따라 달라진다.
㉢ 질소의 기포가 뼈의 소동맥을 막아서 비감염성 골괴사(asceptic bone necrosis)를 일으키기도 하며, 대표적인 만성장애로 고압환경에 반복 노출 시 가장 일어나기 쉬운 속발증이다.
㉣ 마비는 감압증에서 주로 나타나는 중증 합병증이다.

정답 59.② 60.① 61.④ 62.④

63 진동의 강도를 표현하는 방법으로 옳지 않은 것은?

① 속도(velocity)
② 투과(transmission)
③ 변위(displacement)
④ 가속도(acceleration)

풀이 진동의 크기를 나타내는 단위(진동 크기의 3요소)
㉠ 변위(displacement)
  물체가 정상 정지위치에서 일정 시간 내에 도달하는 위치까지의 거리이다.
  ※ 단위 : mm(cm, m)
㉡ 속도(velocity)
  변위의 시간변화율이며, 진동체가 진동의 상한 또는 하한에 도달하면 속도는 0이고, 그 물체가 정상 위치인 중심을 지날 때 그 속도는 최대가 된다.
  ※ 단위 : cm/sec(m/sec)
㉢ 가속도(acceleration)
  속도의 시간변화율이며, 측정이 간편하고 변위와 속도로 산출할 수 있기 때문에 진동의 크기를 나타내는 데 주로 사용한다.
  ※ 단위 : $cm/sec^2(m/sec^2)$, gal(1cm/sec^2)

64 전리방사선의 흡수선량이 생체에 영향을 주는 정도를 표시하는 선당량(생체실효선량)의 단위는?

① R
② Ci
③ Sv
④ Gy

풀이 Sv(Sievert)
㉠ 흡수선량이 생체에 영향을 주는 정도로 표시하는 선당량(생체실효선량)의 단위
㉡ 등가선량의 단위
  ※ 등가선량 : 인체의 피폭선량을 나타낼 때 흡수선량에 해당 방사선의 방사선 가중치를 곱한 값
㉢ 생물학적 영향에 상당하는 단위
㉣ RBE를 기준으로 평균화하여 방사선에 대한 보호를 목적으로 사용하는 단위
㉤ 1Sv=100rem

65 실효음압이 $2 \times 10^{-3} N/m^2$인 음의 음압수준은 몇 dB인가?

① 40   ② 50
③ 60   ④ 70

풀이
$$SPL = 20\log\frac{P}{P_o}$$
$$= 20\log\frac{2\times 10^{-3}}{2\times 10^{-5}} = 40dB$$

66 다음 중 고압 작업환경만으로 나열된 것을 고르면?

① 고소작업, 등반작업
② 용접작업, 고소작업
③ 탈지작업, 샌드블라스트(sand blast)작업
④ 잠함(caisson)작업, 광산의 수직갱 내 작업

풀이 1기압 이상의 고압 작업환경으로는 잠함작업, 광산의 수직갱 내 작업, 하저의 터널작업 등이 있다.

67 다음 ( ) 안에 들어갈 내용으로 옳은 것은?

일반적으로 ( )의 마이크로파는 신체를 완전히 투과하며 흡수되어도 감지되지 않는다.

① 150MHz 이하
② 300MHz 이하
③ 500MHz 이하
④ 1,000MHz 이하

풀이 일반적으로 150MHz 이하의 마이크로파와 라디오파는 신체에 흡수되어도 감지되지 않는다. 즉, 신체를 완전히 투과하며, 신체조직에 따른 투과력은 파장에 따라서 다르다.
  ※ 3cm 이하 파장은 외부 피부에 흡수되고, 3~10cm 파장은 1mm~1cm 정도 피부 내로 투과하며, 25~200cm 파장은 세포조직과 신체기관까지 통과한다. 또한 200cm 이상은 거의 모든 인체조직을 투과한다.

68 저온에 의한 1차적인 생리적 영향에 해당하는 것은?

① 말초혈관의 수축
② 혈압의 일시적 상승
③ 근육긴장의 증가와 전율
④ 조직대사의 증진과 식욕 항진

풀이 **저온에 의한 생리적 반응**
(1) 1차 생리적 반응
  ㉠ 피부혈관의 수축
  ㉡ 근육긴장의 증가와 떨림
  ㉢ 화학적 대사작용의 증가
  ㉣ 체표면적의 감소
(2) 2차 생리적 반응
  ㉠ 말초혈관의 수축
  ㉡ 근육활동, 조직대사가 증진되어 식욕 항진
  ㉢ 혈압의 일시적 상승

69 실내 작업장에서 실내 온도조건이 다음과 같을 때 WBGT(℃)는?

- 흑구온도 32℃
- 건구온도 27℃
- 자연습구온도 30℃

① 30.1 ② 30.6
③ 30.8 ④ 31.6

풀이 (실내) WBGT(℃)
= (0.7×자연습구온도) + (0.3×흑구온도)
= (0.7×30℃) + (0.3×32℃)
= 30.6℃

70 다음 중 살균력이 가장 센 파장영역은?

① 1,800~2,100 Å ② 2,800~3,100 Å
③ 3,800~4,100 Å ④ 4,800~5,100 Å

풀이 **살균작용**
㉠ 살균작용은 254~280nm(254nm 파장 정도에서 가장 강함)에서 핵단백을 파괴하여 이루어진다.
㉡ 실내공기의 소독 목적으로 사용한다.
※ 문제상 보기에서 2,540~2,800 Å에 가장 근접한 2,800~3,100 Å을 정답으로 함.

71 고압환경의 인체작용에 있어 2차적 가압현상에 해당하지 않는 것은?

① 산소중독   ② 질소마취
③ 공기전색   ④ 이산화탄소중독

풀이 **2차적 가압현상**
고압하의 대기가스 독성 때문에 나타나는 현상으로, 2차성 압력현상이다.
(1) 질소가스의 마취작용
  ㉠ 공기 중의 질소가스는 정상기압에서 비활성이지만, 4기압 이상에서는 마취작용을 일으키며 이를 다행증(euphoria)이라 한다(공기 중의 질소가스는 3기압 이하에서는 자극작용을 한다).
  ㉡ 질소가스 마취작용은 알코올중독의 증상과 유사하다.
  ㉢ 작업력의 저하, 기분의 변환 등 여러 종류의 다행증이 일어난다.
  ㉣ 수심 90~120m에서 환청, 환시, 조협증, 기억력감퇴 등이 나타난다.
(2) 산소중독 작용
  ㉠ 산소의 분압이 2기압을 넘으면 산소중독 증상을 보인다. 즉, 3~4기압의 산소 혹은 이에 상당하는 공기 중 산소분압에 의하여 중추신경계의 장애에 기인하는 운동장애를 나타내는데, 이것을 산소중독이라 한다.
  ㉡ 수중의 잠수자는 폐압착증을 예방하기 위하여 수압과 같은 압력의 압축기체를 호흡하여야 하며, 이로 인한 산소분압 증가로 산소중독이 일어난다.
  ㉢ 고압산소에 대한 폭로가 중지되면 증상은 즉시 멈춘다. 즉, 가역적이다.
  ㉣ 1기압에서 순산소는 인후를 자극하나 비교적 짧은 시간의 폭로라면 중독증상은 나타나지 않는다.
  ㉤ 산소중독 작용은 운동이나 이산화탄소로 인해 악화된다.
  ㉥ 수지나 족지의 작열통, 시력장애, 정신혼란, 근육경련 등의 증상을 보이며, 나아가서는 간질 모양의 경련을 나타낸다.
(3) 이산화탄소의 작용
  ㉠ 이산화탄소 농도의 증가는 산소의 독성과 질소의 마취작용을 증가시키는 역할을 하고, 감압증의 발생을 촉진시킨다.
  ㉡ 이산화탄소 농도가 고압환경에서 대기압으로 환산하여 0.2%를 초과해서는 안 된다.
  ㉢ 동통성 관절장애(bends)도 이산화탄소의 분압 증가에 따라 보다 많이 발생한다.

정답 68.③ 69.② 70.② 71.③

72 다음 중 차음평가지수를 나타내는 것은?
① sone
② NRN
③ NRR
④ phon

풀이 차음효과(OSHA)
차음효과=(NRR-7)×0.5
여기서, NRR : 차음평가지수

73 소음성 난청에 대한 내용으로 옳지 않은 것은?
① 내이의 세포 변성이 원인이다.
② 음이 강해짐에 따라 정상인에 비해 음이 급격하게 크게 들린다.
③ 청력손실은 초기에 4,000Hz 부근에서 영향이 현저하다.
④ 소음 노출과 관계없이 연령이 증가함에 따라 발생하는 청력장애를 말한다.

풀이 ④ 소음 노출과 관계없이 연령이 증가함에 따라 발생하는 청력장애는 노인성 난청이다.

74 레이노 현상(Raynaud's phenomenon)과 관련이 없는 것은?
① 방사선
② 국소진동
③ 혈액순환장애
④ 저온환경

풀이 레이노 현상의 특징
㉠ 손가락에 있는 말초혈관운동의 장애로 인하여 수지가 창백해지고 손이 차며 저리거나 통증이 오는 현상이다.
㉡ 한랭 작업조건에서 특히 증상이 악화된다.
㉢ 압축공기를 이용한 진동공구, 즉 착암기 또는 해머와 같은 공구를 장기간 사용한 근로자들의 손가락에 유발되기 쉬운 직업병이다.
㉣ Dead finger 또는 White finger라고도 하며, 발증까지 약 5년 정도 걸린다.

75 전리방사선 방어의 궁극적 목적은 가능한 한 방사선에 불필요하게 노출되는 것을 최소화하는 데 있다. 국제방사선방호위원회(ICRP)가 노출을 최소화하기 위해 정한 원칙 3가지에 해당하지 않는 것은?
① 작업의 최적화
② 작업의 다양성
③ 작업의 정당성
④ 개개인의 노출량 한계

풀이 국제방사선방호위원회(ICRP)의 노출 최소화 원칙
㉠ 작업의 최적화
㉡ 작업의 정당성
㉢ 개개인의 노출량 한계

76 현재 총흡음량이 1,200sabins인 작업장의 천장에 흡음물질을 첨가하여 2,800sabins을 더할 경우 예측되는 소음감소량(dB)은 약 얼마인가?
① 3.5
② 4.2
③ 4.8
④ 5.2

풀이 소음감소량(dB) = $10\log\dfrac{\text{대책 후}}{\text{대책 전}}$
= $10\log\dfrac{1,200+2,800}{1,200}$ = 5.2dB

77 소음계(sound level meter)로 소음 측정 시 A 및 C 특성으로 측정하였다. 만약 C특성으로 측정한 값이 A특성으로 측정한 값보다 훨씬 크다면 소음의 주파수영역은 어떻게 추정이 되겠는가?
① 저주파수가 주성분이다.
② 중주파수가 주성분이다.
③ 고주파수가 주성분이다.
④ 중 및 고 주파수가 주성분이다.

풀이 어떤 소음을 소음계의 청감보정회로 A 및 C에 놓고 측정한 소음레벨이 dB(A) 및 dB(C)일 때 dB(A)≪dB(C)이면 저주파 성분이 많고, dB(A)≈dB(C)이면 고주파가 주성분이다.

78 작업장 내 조명방법에 관한 내용으로 옳지 않은 것은?

① 형광등은 백색에 가까운 빛을 얻을 수 있다.
② 나트륨등은 색을 식별하는 작업장에 가장 적합하다.
③ 수은등은 형광물질의 종류에 따라 임의의 광색을 얻을 수 있다.
④ 시계공장 등 작은 물건을 식별하는 작업을 하는 곳은 국소조명이 적합하다.

풀이 ② 나트륨등은 가로등과 차도의 조명용으로 사용하며, 등황색으로 색을 식별하는 작업장에는 좋지 않다.

79 다음 중 럭스(lux)의 정의를 설명한 것으로 옳은 것은?

① $1m^2$의 평면에 1루멘의 빛이 비칠 때의 밝기를 의미한다.
② 1촉광의 광원으로부터 한 단위 입체각으로 나가는 빛의 밝기 단위이다.
③ 지름이 1인치 되는 촛불이 수평방향으로 비칠 때의 빛의 광도를 나타내는 단위이다.
④ 1루멘의 빛이 $1ft^2$의 평면상에 수직방향으로 비칠 때 그 평면의 빛의 양을 의미한다.

풀이 럭스(lux) ; 조도
㉠ 1루멘(lumen)의 빛이 $1m^2$의 평면상에 수직으로 비칠 때의 밝기이다.
㉡ 1cd의 점광원으로부터 1m 떨어진 곳에 있는 광선의 수직인 면의 조명도이다.
㉢ 조도는 입사 면의 단면적에 대한 광속의 비를 의미하며, 어떤 면에 들어오는 광속의 양에 비례하고, 입사 면의 단면적에 반비례한다.
조도$(E) = \dfrac{lumen}{m^2}$

80 유해한 환경의 산소결핍장소에 출입 시 착용하여야 할 보호구와 가장 거리가 먼 것은?

① 방독마스크
② 송기마스크
③ 공기호흡기
④ 에어라인마스크

풀이 방독마스크의 사용 시 주의사항
방독마스크는 고농도 작업장(IDLH : 순간적으로 건강이나 생명에 위험을 줄 수 있는 유해물질의 고농도 상태)이나 산소결핍의 위험이 있는 작업장(산소농도 18% 이하)에서는 절대 사용해서는 안 되며, 대상 가스에 맞는 정화통을 사용하여야 한다.

제5과목 | 산업 독성학

81 다음 중 만성중독 시 코, 폐 및 위장의 점막에 병변을 일으키며, 장기간 흡입하는 경우 원발성 기관지암과 폐암이 발생하는 것으로 알려진 대표적인 중금속은?

① 납(Pb)
② 수은(Hg)
③ 크롬(Cr)
④ 베릴륨(Be)

풀이 크롬의 만성중독 건강장애
(1) 점막장애
점막이 충혈되어 화농성 비염이 되고, 차례로 깊이 들어가서 궤양이 되며, 코점막의 염증, 비중격 천공 증상을 일으킨다.
(2) 피부장애
㉠ 피부궤양(둥근 형태의 궤양)을 일으킨다.
㉡ 수용성 6가 크롬은 저농도에서도 피부염을 일으킨다.
㉢ 손톱 주위, 손 및 전박부에 잘 발생한다.
(3) 발암 작용
㉠ 장기간 흡입에 의한 기관지암, 폐암, 비강암(6가 크롬)이 발생한다.
㉡ 크롬 취급자의 폐암에 의한 사망률이 정상인보다 상당히 높다.
(4) 호흡기장애
크롬폐증이 발생한다.

정답 78.② 79.① 80.① 81.③

82 화학물질 및 물리적 인자의 노출기준에서 근로자가 1일 작업시간 동안 잠시라도 노출되어서는 아니 되는 기준을 나타내는 것은?

① TLV-C
② TLV-skin
③ TLV-TWA
④ TLV-STEL

풀이 천장값 노출기준(TLV-C : ACGIH)
㉠ 어떤 시점에서도 넘어서는 안 된다는 상한치를 말한다.
㉡ 항상 표시된 농도 이하를 유지하여야 한다.
㉢ 노출기준에 초과되어 노출 시 즉각적으로 비가역적인 반응을 나타낸다.
㉣ 자극성 가스나 독 작용이 빠른 물질 및 TLV-STEL이 설정되지 않는 물질에 적용한다.
㉤ 측정은 실제로 순간농도 측정이 불가능하므로, 약 15분간 측정한다.

83 생물학적 모니터링을 위한 시료가 아닌 것은?

① 공기 중 유해인자
② 요 중의 유해인자나 대사산물
③ 혈액 중의 유해인자나 대사산물
④ 호기(exhaled air) 중의 유해인자나 대사산물

풀이 생물학적 모니터링의 시료 및 BEI
㉠ 혈액, 소변, 호기, 모발 등 생체시료(인체조직이나 세포)로부터 유해물질 그 자체 또는 유해물질의 대사산물 및 생화학적 변화를 반영하는 지표물질을 말하며, 유해물질의 대사산물, 유해물질 자체 및 생화학적 변화 등을 총칭한다.
㉡ 근로자의 전반적인 노출량을 평가하는 기준으로 BEI를 사용한다.
㉢ BEI란 작업장의 공기 중 허용농도에 의존하는 것 이외에 근로자의 노출상태를 측정하는 방법으로, 근로자들의 조직과 체액 또는 호기를 검사해서 건강장애를 일으키는 일이 없이 노출될 수 있는 양을 의미한다.

84 흡인분진의 종류에 의한 진폐증의 분류 중 무기성 분진에 의한 진폐증이 아닌 것은?

① 규폐증
② 면폐증
③ 철폐증
④ 용접공폐증

풀이 분진 종류에 따른 분류(임상적 분류)
㉠ 유기성 분진에 의한 진폐증
농부폐증, 면폐증, 연초폐증, 설탕폐증, 목재분진폐증, 모발분진폐증
㉡ 무기성(광물성) 분진에 의한 진폐증
규폐증, 탄소폐증, 활석폐증, 탄광부 진폐증, 철폐증, 베릴륨폐증, 흑연폐증, 규조토폐증, 주석폐증, 칼륨폐증, 바륨폐증, 용접공폐증, 석면폐증

85 3가 및 6가 크롬의 인체 작용 및 독성에 관한 내용으로 옳지 않은 것은?

① 산업장의 노출의 관점에서 보면 3가 크롬이 6가 크롬보다 더 해롭다.
② 3가 크롬은 피부 흡수가 어려우나 6가 크롬은 쉽게 피부를 통과한다.
③ 세포막을 통과한 6가 크롬은 세포 내에서 수 분 내지 수 시간 만에 발암성을 가진 3가 형태로 환원된다.
④ 6가에서 3가로의 환원이 세포질에서 일어나면 독성이 적으나 DNA의 근위부에서 일어나면 강한 변이원성을 나타낸다.

풀이 ① 산업장의 노출의 관점에서 보면 6가 크롬이 3가 크롬보다 더 해롭다. 즉, 인체에 더 유해한 것은 6가 크롬이며, 부식과 산화 작용을 일으킨다.

86 유해물질의 생리적 작용에 의한 분류에서 질식제를 단순 질식제와 화학적 질식제로 구분할 때 화학적 질식제에 해당하는 것은?

① 수소(H_2)
② 메탄(CH_4)
③ 헬륨(He)
④ 일산화탄소(CO)

풀이 질식제의 구분에 따른 종류
(1) 단순 질식제
㉠ 이산화탄소(CO_2)
㉡ 메탄(CH_4)
㉢ 질소(N_2)
㉣ 수소(H_2)
㉤ 에탄, 프로판, 에틸렌, 아세틸렌, 헬륨
(2) 화학적 질식제
㉠ 일산화탄소(CO)
㉡ 황화수소(H_2S)
㉢ 시안화수소(HCN)
㉣ 아닐린($C_6H_5NH_2$)

정답 82.① 83.① 84.② 85.① 86.④

87 독성물질의 생체 내 변환에 관한 설명으로 옳지 않은 것은?

① 1상 반응은 산화, 환원, 가수분해 등의 과정을 통해 이루어진다.
② 2상 반응은 1상 반응이 불가능한 물질에 대한 추가적 축합반응이다.
③ 생체변환의 기전은 기존의 화합물보다 인체에서 제거하기 쉬운 대사물질로 변화시키는 것이다.
④ 생체 내 변환은 독성물질이나 약물의 제거에 대한 첫 번째 기전이며, 1상 반응과 2상 반응으로 구분된다.

[풀이] ② 2상 반응은 1상 반응을 거친 물질을 더욱 수용성으로 만드는 포합반응이다.

88 산업안전보건법령상 석면 및 내화성 세라믹 섬유의 노출기준 표시단위로 옳은 것은?

① %
② ppm
③ 개/cm³
④ mg/m³

[풀이] 석면(내화성 세라믹 섬유)의 노출기준 단위
개/cm³=개/mL=개/cc

89 다음 중 가스상 물질의 호흡기계 축적을 결정하는 가장 중요한 인자는?

① 물질의 농도차
② 물질의 입자 분포
③ 물질의 발생기전
④ 물질의 수용성 정도

[풀이] 가스상 물질의 호흡기계 축적 결정인자
유해물질의 흡수속도는 그 유해물질의 공기 중 농도와 용해도에 의해 결정되고, 폐까지 도달하는 양은 그 유해물질의 용해도에 의해서 결정된다. 따라서 가스상 물질의 호흡기계 축적을 결정하는 가장 중요한 인자는 물질의 수용성 정도이다.
※ 수용성 물질은 눈, 코, 상기도 점막의 수분에 의해 용해된다.

90 중금속에 중독되었을 경우에 치료제로 BAL이나 Ca-EDTA 등 금속 배설촉진제를 투여해서는 안 되는 중금속은?

① 납
② 비소
③ 망간
④ 카드뮴

[풀이] 카드뮴중독의 치료
㉠ BAL 및 Ca-EDTA를 투여하면 신장에 대한 독성 작용이 더욱 심해지므로 금한다.
㉡ 안정을 취하고 대중요법을 이용하는 동시에 산소를 흡입시키고, 스테로이드를 투여한다.
㉢ 치아에 황색 색소침착 유발 시 클루쿠론산칼슘 20mL를 정맥 주사한다.
㉣ 비타민 D를 피하 주사한다(1주 간격, 6회가 효과적).

91 다음 중금속 취급에 의한 대표적인 직업성 질환을 연결한 것으로 서로 관련이 가장 적은 것은?

① 니켈중독 – 백혈병, 재생불량성 빈혈
② 납중독 – 골수침입, 빈혈, 소화기장해
③ 수은중독 – 구내염, 수전증, 정신장해
④ 망간중독 – 신경염, 신장염, 중추신경장해

[풀이] 니켈(Ni)
㉠ 니켈은 모넬(monel), 인코넬(inconel), 인콜로이(incoloy)와 같은 합금과 스테인리스강에 포함되어 있고, 허용농도는 1mg/m³이다.
㉡ 도금, 합금, 제강 등의 생산과정에서 발생한다.
㉢ 정상작업에서 용접으로 인하여 유해한 농도까지 니켈 흄이 발생하지 않는다. 그러나 스테인리스강이나 합금을 용접할 때에는 고농도의 노출에 대해 주의가 필요하다.
㉣ 급성중독장해로는 폐부종, 폐렴이 발생하고, 만성중독장해로는 폐, 비강, 부비강에 암이 발생하며 간장에도 손상이 발생한다.

정답 87.② 88.③ 89.④ 90.④ 91.①

92 피부독성 반응의 설명으로 옳지 않은 것은?

① 가장 빈번한 피부반응은 접촉성 피부염이다.
② 알레르기성 접촉피부염은 면역반응과 관계가 없다.
③ 광독성 반응은 홍반·부종·착색을 동반하기도 한다.
④ 담마진 반응은 접촉 후 보통 30~60분 후에 발생한다.

풀이 ② 알레르기성 접촉피부염은 면역학적 기전이 관계되어 있다.

93 산업안전보건법령상 사람에게 충분한 발암성 증거가 있는 물질(1A)에 포함되지 않는 것은?

① 벤지딘(Benzidine)
② 베릴륨(Beryllium)
③ 에틸벤젠(Ethyl benzene)
④ 염화비닐(Vinyl chloride)

풀이 발암성 확인물질(1A)
석면, 우라늄, Cr^{+6}화합물, 아크릴로니트릴, 벤지딘, 염화비닐, β-나프틸아민, 베릴륨

94 단백질을 침전시키며 thiol(-SH)기를 가진 효소의 작용을 억제하여 독성을 나타내는 것은?

① 수은 ② 구리
③ 아연 ④ 코발트

풀이 수은의 인체 내 축적
㉠ 금속수은은 전리된 수소이온이 단백질을 침전시키고 -SH기 친화력을 가지고 있어 세포 내 효소반응을 억제함으로써 독성 작용을 일으킨다.
㉡ 신장 및 간에 고농도 축적현상이 일반적이다.
• 금속수은은 뇌, 혈액, 심근 등에 분포
• 무기수은은 신장, 간장, 비장, 갑상선 등에 분포
• 알킬수은은 간장, 신장, 뇌 등에 분포
㉢ 뇌에서 가장 강한 친화력을 가진 수은화합물은 메틸수은이다.
㉣ 혈액 내 수은 존재 시 약 90%는 적혈구 내에서 발견된다.

95 동물을 대상으로 약물을 투여했을 때 독성을 초래하지는 않지만 대상의 50%가 관찰 가능한 가역적인 반응이 나타나는 작용량을 무엇이라 하는가?

① LC_{50}
② ED_{50}
③ LD_{50}
④ TD_{50}

풀이 ED_{50}과 유효량의 의미
㉠ ED_{50}은 사망을 기준으로 하는 대신에 약물을 투여한 동물의 50%가 일정한 반응을 일으키는 양으로, 시험 유기체의 50%에 대하여 준치사적인 거동감응 및 생리감응을 일으키는 독성물질의 양을 뜻한다.
㉡ ED(유효량)는 실험동물을 대상으로 얼마간의 양을 투여했을 때 독성을 초래하지 않지만 실험군의 50%가 관찰 가능한 가역적인 반응이 나타나는 작용량, 즉 유효량을 의미한다.

96 이황화탄소(CS_2)에 중독될 가능성이 가장 높은 작업장은?

① 비료 제조 및 초자공 작업장
② 유리 제조 및 농약 제조 작업장
③ 타르, 도장 및 석유 정제 작업장
④ 인조견, 셀로판 및 사염화탄소 생산 작업장

풀이 이황화탄소(CS_2)
㉠ 상온에서 무색무취의 휘발성이 매우 높은(비점 46.3℃) 액체이며, 인화·폭발의 위험성이 있다.
㉡ 주로 인조견(비스코스레이온)과 셀로판 생산 및 농약 제조, 사염화탄소 제조 등과 고무제품의 용제로도 사용된다.
㉢ 지용성 용매로 피부로도 흡수되며, 독성 작용으로는 급성 혹은 아급성 뇌병증을 유발한다.
㉣ 말초신경장애 현상으로 파킨슨증후군을 유발하며 급성마비, 두통, 신경증상 등도 나타난다(감각 및 운동신경 모두 유발).
㉤ 급성으로 고농도 노출 시 사망할 수 있고 1,000ppm 수준에서 환상을 보는 정신이상을 유발(기질적 뇌손상, 말초신경병, 신경행동학적 이상)하며, 심한 경우 불안, 분노, 자살성향 등을 보이기도 한다.

97 벤젠을 취급하는 근로자를 대상으로 벤젠에 대한 노출량을 추정하기 위해 호흡기 주변에서 벤젠 농도를 측정함과 동시에 생물학적 모니터링을 실시하였다. 벤젠 노출로 인한 대사산물의 결정인자(determinant)로 옳은 것은?

① 호기 중의 벤젠
② 소변 중의 마뇨산
③ 소변 중의 총페놀
④ 혈액 중의 만델리산

풀이 벤젠의 대사산물(생물학적 노출지표)
㉠ 소변 중 총페놀
㉡ 소변 중 t,t-뮤코닉산(t,t-muconic acid)

98 유기용제의 중추신경 활성 억제 순위를 큰 것부터 작은 순으로 바르게 나타낸 것은?

① 알켄>알칸>알코올
② 에테르>알코올>에스테르
③ 할로겐화합물>에스테르>알켄
④ 할로겐화합물>유기산>에테르

풀이 중추신경계 억제작용 순서
알칸<알켄<알코올<유기산<에스테르<에테르<할로겐화합물(할로겐족)

99 다음 입자상 물질의 종류 중 액체나 고체의 2가지 상태로 존재할 수 있는 것은?

① 흄(fume)
② 증기(vapor)
③ 미스트(mist)
④ 스모크(smoke)

풀이 연기(smoke)의 정의 및 특성
㉠ 매연이라고도 하며, 유해물질이 불완전연소하여 만들어진 에어로졸의 혼합체로서 크기는 0.01~1.0μm 정도이다.
㉡ 기체와 같이 활발한 브라운 운동을 하며, 쉽게 침강하지 않고 대기 중에 부유하는 성질이 있다.
㉢ 액체나 고체의 2가지 상태로 존재할 수 있다.

100 다음 사례의 근로자에게서 의심되는 노출인자는?

> 41세 A씨는 1990년부터 1997년까지 기계공구 제조업에서 산소용접작업을 하다가 두통, 관절통, 전신근육통, 가슴 답답함, 이가 시리고 아픈 증상이 있어 건강검진을 받았다. 건강검진 결과 단백뇨와 혈뇨가 있어 신장질환 유소견자 진단을 받았다. 이 유해인자의 혈중·소변 중 농도가 직업병 예방을 위한 생물학적 노출기준을 초과하였다.

① 납   ② 망간
③ 수은   ④ 카드뮴

풀이 카드뮴의 만성중독 건강장애
(1) 신장기능 장애
  ㉠ 저분자 단백뇨의 다량 배설 및 신석증을 유발한다.
  ㉡ 칼슘대사에 장애를 주어 신결석을 동반한 신증후군이 나타난다.
(2) 골격계 장애
  ㉠ 다량의 칼슘 배설(칼슘 대사장애)이 일어나 뼈의 통증, 골연화증 및 골수공증을 유발한다.
  ㉡ 철분결핍성 빈혈증이 나타난다.
(3) 폐기능 장애
  ㉠ 폐활량 감소, 잔기량 증가 및 호흡곤란의 폐증세가 나타나며, 이 증세는 노출기간과 노출농도에 의해 좌우된다.
  ㉡ 폐기종, 만성 폐기능 장애를 일으킨다.
  ㉢ 기도 저항이 늘어나고 폐의 가스교환기능이 저하된다.
  ㉣ 고환의 기능이 쇠퇴(atrophy)한다.
(4) 자각증상
  ㉠ 기침, 가래 및 후각의 이상이 생긴다.
  ㉡ 식욕부진, 위장장애, 체중감소 등을 유발한다.
  ㉢ 치은부의 연한 황색 색소침착을 유발한다.

정답 97.③ 98.③ 99.④ 100.④

제4회 산업위생관리기사

과년도 출제문제 | 2020.09.26

제1과목 | 산업위생학 개론

01 다음 중 전신피로의 원인으로 볼 수 없는 것은?

① 산소공급의 부족
② 작업강도의 증가
③ 혈중 포도당 농도의 저하
④ 근육 내 글리코겐 양의 증가

풀이 전신피로의 원인
㉠ 산소공급의 부족
㉡ 혈중 포도당 농도의 저하(가장 큰 원인)
㉢ 혈중 젖산 농도의 증가
㉣ 근육 내 글리코겐 양의 감소
㉤ 작업강도의 증가

02 다음 산업위생의 정의 중 (   ) 안에 들어갈 내용으로 볼 수 없는 것은?

산업위생이란, 근로자나 일반 대중에게 질병, 건강장애 등을 초래하는 작업환경요인과 스트레스를 (   )하는 과학과 기술이다.

① 보상
② 예측
③ 평가
④ 관리

풀이 산업위생의 정의(AIHA)
근로자나 일반 대중(지역주민)에게 질병, 건강장애와 안녕방해, 심각한 불쾌감 및 능률저하 등을 초래하는 작업환경요인과 스트레스를 예측, 측정, 평가하고 관리하는 과학과 기술이다(예측, 인지, 평가, 관리 의미와 동일함).

03 A유해물질의 노출기준은 100ppm이다. 잔업으로 인하여 작업시간이 8시간에서 10시간으로 늘었다면 이 기준치는 몇 ppm으로 보정해 주어야 하는가? (단, Brief와 Scala의 보정방법으로 적용하며, 1일 노출시간을 기준으로 한다.)

① 60
② 70
③ 80
④ 90

풀이 보정된 허용기준
$= \text{TLV} \times \text{RF}$
$\text{RF} = \dfrac{8}{H} \times \dfrac{24-H}{16} = \dfrac{8}{10} \times \dfrac{24-10}{16} = 0.7$
$= 100\text{ppm} \times 0.7 = 70\text{ppm}$

04 다음 중 산업안전보건법령상 영상표시단말기(VDT) 취급 근로자의 작업자세로 옳지 않은 것은?

① 팔꿈치의 내각은 90° 이상이 되도록 한다.
② 근로자의 발바닥 전면이 바닥 면에 닿는 자세를 기본으로 한다.
③ 무릎의 내각(knee angle)은 90° 전후가 되도록 한다.
④ 근로자의 시선은 수평선상으로부터 10~15° 위로 가도록 한다.

풀이 화면을 향한 눈의 높이는 화면보다 약간 높은 곳이 좋고, 작업자의 시선은 수평선상으로부터 아래로 10~15° 이내이어야 한다.

정답 01.④ 02.① 03.② 04.④

05 유해물질의 생물학적 노출지수 평가를 위한 소변 시료채취방법 중 채취시간에 제한 없이 채취할 수 있는 유해물질은 무엇인가? (단, ACGIH 권장기준이다.)

① 벤젠
② 카드뮴
③ 일산화탄소
④ 트리클로로에틸렌

풀이 긴 반감기를 가진 화학물질(중금속)은 시료채취시간이 별로 중요하지 않고, 반대로 반감기가 짧은 물질인 경우에는 시료채취시간이 매우 중요하다.

06 직업성 질환에 관한 설명으로 옳지 않은 것은?

① 직업성 질환과 일반 질환은 경계가 뚜렷하다.
② 직업성 질환은 재해성 질환과 직업병으로 나눌 수 있다.
③ 직업성 질환이란 어떤 직업에 종사함으로써 발생하는 업무상 질병을 의미한다.
④ 직업병은 저농도 또는 저수준의 상태로 장시간에 걸쳐 반복 노출로 생긴 질병을 의미한다.

풀이 ① 직업성 질환은 임상적 또는 병리적 소견으로 일반 질병과 구별하기가 어렵다.

07 미국산업위생학술원(AAIH)에서 채택한 산업위생전문가의 윤리강령 중 기업주와 고객에 대한 책임과 관계된 윤리강령은?

① 기업체의 기밀은 누설하지 않는다.
② 전문적 판단이 타협에 의하여 좌우될 수 있는 상황에는 개입하지 않는다.
③ 근로자, 사회 및 전문 직종의 이익을 위해 과학적 지식을 공개하고 발표한다.
④ 결과와 결론을 뒷받침할 수 있도록 기록을 유지하고 산업위생 사업을 전문가답게 운영·관리한다.

풀이 기업주와 고객에 대한 책임
㉠ 결과와 결론을 뒷받침할 수 있도록 정확한 기록을 유지하고, 산업위생 사업을 전문가답게 전문 부서들로 운영·관리한다.
㉡ 기업주와 고객보다는 근로자의 건강보호에 궁극적 책임을 두고 행동한다.
㉢ 쾌적한 작업환경을 조성하기 위하여 산업위생의 이론을 적용하고 책임감 있게 행동한다.
㉣ 신뢰를 바탕으로 정직하게 권하고 성실한 자세로 충고하며, 결과와 개선점 및 권고사항을 정확히 보고한다.

08 다음의 직업성 질환과 그 원인이 되는 작업이 가장 적합하게 연결된 것은?

① 편평족 – VDT 작업
② 진폐증 – 고압·저압 작업
③ 중추신경 장해 – 광산 작업
④ 목위팔(경견완) 증후군 – 타이핑 작업

풀이 ① 편평족(평발) – 서서 하는 작업
② 진폐증 – 분진 취급작업
③ 중추신경 장해 – 화학물질 취급작업

09 다음 중 18세기 영국에서 최초로 보고하였으며, 어린이 굴뚝청소부에게 많이 발생하였고, 원인물질이 검댕(soot)이라고 규명된 직업성 암은?

① 폐암
② 후두암
③ 음낭암
④ 피부암

풀이 Percivall Pott
㉠ 영국의 외과의사로 직업성 암을 최초로 보고하였으며, 어린이 굴뚝청소부에게 많이 발생하는 음낭암(scrotal cancer)을 발견하였다.
㉡ 암의 원인물질이 검댕 속 여러 종류의 다환방향족 탄화수소(PAH)라는 것을 밝혔다.
㉢ 굴뚝청소부법을 제정하도록 하였다(1788년).

정답 05.② 06.① 07.④ 08.④ 09.③

10 산업안전보건법령상 제조 등이 금지되는 유해물질이 아닌 것은?

① 석면
② 염화비닐
③ β-나프틸아민
④ 4-니트로디페닐

[풀이] 산업안전보건법상 제조 등이 금지되는 유해물질
㉠ β-나프틸아민과 그 염
㉡ 4-니트로디페닐과 그 염
㉢ 백연을 포함한 페인트(포함된 중량의 비율이 2% 이하인 것은 제외)
㉣ 벤젠을 포함하는 고무풀(포함된 중량의 비율이 5% 이하인 것은 제외)
㉤ 석면
㉥ 폴리클로리네이티드 터페닐
㉦ 황린(黃燐) 성냥
㉧ ㉠, ㉡, ㉤ 또는 ㉥에 해당하는 물질을 포함한 화합물(포함된 중량의 비율이 1% 이하인 것은 제외)
㉨ "화학물질관리법"에 따른 금지물질
㉩ 그 밖에 보건상 해로운 물질로서 산업재해보상보험 및 예방심의위원회의 심의를 거쳐 고용노동부장관이 정하는 유해물질

11 산업안전보건법령상 보건관리자의 자격에 해당되지 않는 것은?

① 「의료법」에 따른 의사
② 「의료법」에 따른 간호사
③ 「국가기술자격법」에 따른 산업위생관리산업기사 이상의 자격을 취득한 사람
④ 「국가기술자격법」에 따른 대기환경기사 이상의 자격을 취득한 사람

[풀이] 보건관리자의 자격기준
㉠ "의료법"에 따른 의사
㉡ "의료법"에 따른 간호사
㉢ 산업보건지도사
㉣ "국가기술자격법"에 따른 산업위생관리산업기사 또는 대기환경산업기사 이상의 자격을 취득한 사람
㉤ "국가기술자격법"에 따른 인간공학기사 이상의 자격을 취득한 사람
㉥ "고등교육법"에 따른 전문대학 이상의 학교에서 산업보건 또는 산업위생 분야의 학위를 취득한 사람

12 공기 중의 혼합물로서 아세톤 400ppm(TLV=750ppm), 메틸에틸케톤 100ppm(TLV=200ppm)이 서로 상가작용을 할 때 이 혼합물의 노출지수(EI)는 약 얼마인가?

① 0.82
② 1.03
③ 1.10
④ 1.45

[풀이] 노출지수(EI) $= \dfrac{400}{750} + \dfrac{100}{200} = 1.03$

13 근육과 뼈를 연결하는 섬유조직을 무엇이라 하는가?

① 건(tendon)
② 관절(joint)
③ 뉴런(neuron)
④ 인대(ligament)

[풀이] 골격근 중 건(tendon)은 근육과 뼈를 연결하는 섬유조직으로 힘줄이라고도 하며, 근육을 부착시키는 역할을 한다.

14 사고예방대책 기본원리 5단계를 올바르게 나열한 것은?

① 사실의 발견 → 조직 → 분석·평가 → 시정방법의 선정 → 시정책의 적용
② 사실의 발견 → 조직 → 시정방법의 선정 → 시정책의 적용 → 분석·평가
③ 조직 → 사실의 발견 → 분석·평가 → 시정방법의 선정 → 시정책의 적용
④ 조직 → 분석·평가 → 사실의 발견 → 시정방법의 선정 → 시정책의 적용

[풀이] 하인리히의 사고예방대책의 기본원리 5단계
㉠ 제1단계 : 안전관리조직 구성(조직)
㉡ 제2단계 : 사실의 발견
㉢ 제3단계 : 분석·평가
㉣ 제4단계 : 시정방법(시정책)의 선정
㉤ 제5단계 : 시정책의 적용(대책 실시)

정답 10.② 11.④ 12.② 13.① 14.③

15 산업안전보건법령상 입자상 물질의 농도 평가에서 2회 이상 측정한 단시간 노출농도값이 단시간 노출기준과 시간가중평균기준값 사이일 때 노출기준 초과로 평가해야 하는 경우가 아닌 것은?

① 1일 4회를 초과하는 경우
② 15분 이상 연속 노출되는 경우
③ 노출과 노출 사이의 간격이 1시간 이내인 경우
④ 단위작업장소의 넓이가 30평방미터 이상인 경우

풀이 농도평가에서 노출농도(TWA, STEL)값이 단시간 노출기준과 시간가중평균기준값 사이일 때 노출기준 초과로 평가해야 하는 경우
㉠ 1회 노출지속시간이 15분 이상으로 연속 노출되는 경우
㉡ 1일 4회를 초과하는 경우
㉢ 노출과 노출 사이의 간격이 1시간 이내인 경우

16 젊은 근로자의 약한 손(오른손잡이인 경우 왼손)의 힘이 평균 45kp일 경우 이 근로자가 무게 10kg인 상자를 두 손으로 들어 올릴 경우의 작업강도(%MS)는 약 얼마인가?

① 1.1
② 8.5
③ 11.1
④ 21.1

풀이 작업강도(%MS) = $\dfrac{RF}{MS} \times 100$

$= \dfrac{10}{45+45} \times 100 = 11.11\%MS$

17 다음 중 최대작업역(maximum area)에 대한 설명으로 옳은 것은?

① 작업자가 작업할 때 팔과 다리를 모두 이용하여 닿는 영역
② 작업자가 작업을 할 때 아래팔을 뻗어 파악할 수 있는 영역
③ 작업자가 작업할 때 상체를 기울여 손이 닿는 영역
④ 작업자가 작업할 때 위팔과 아래팔을 곧게 펴서 파악할 수 있는 영역

풀이 수평작업영역의 구분
(1) 최대작업역(최대영역, maximum area)
㉠ 팔 전체가 수평상에 도달할 수 있는 작업영역
㉡ 어깨로부터 팔을 뻗어 도달할 수 있는 최대영역
㉢ 아래팔(전완)과 위팔(상완)을 곧게 펴서 파악할 수 있는 영역
㉣ 움직이지 않고 상지를 뻗어서 닿는 범위
(2) 정상작업역(표준영역, normal area)
㉠ 상박부를 자연스런 위치에서 몸통부에 접하고 있을 때에 전박부가 수평면 위에서 쉽게 도착할 수 있는 운동범위
㉡ 위팔(상완)을 자연스럽게 수직으로 늘어뜨린 채 아래팔(전완)만으로 편안하게 뻗어 파악할 수 있는 영역
㉢ 움직이지 않고 전박과 손으로 조작할 수 있는 범위
㉣ 앉은 자세에서 위팔은 몸에 붙이고, 아래팔만 곧게 뻗어 닿는 범위
㉤ 약 34~45cm의 범위

18 재해발생의 주요 원인에서 불안전한 행동에 해당하는 것은?

① 보호구 미착용
② 방호장치 미설치
③ 시끄러운 주위 환경
④ 경고 및 위험 표지 미설치

풀이 산업재해의 직접원인(1차 원인)
(1) 불안전한 행위(인적 요인)
㉠ 위험장소 접근
㉡ 안전장치기능 제거(안전장치를 고장 나게 함)
㉢ 기계·기구의 잘못 사용(기계설비의 결함)
㉣ 운전 중인 기계장치의 손실
㉤ 불안전한 속도 조작
㉥ 주변 환경에 대한 부주의(위험물 취급 부주의)
㉦ 불안전한 상태의 방치
㉧ 불안전한 자세
㉨ 안전확인 경고의 미비(감독 및 연락 불충분)
㉩ 복장, 보호구의 잘못 사용(보호구를 착용하지 않고 작업)
(2) 불안전한 상태(물적 요인)
㉠ 물 자체의 결함
㉡ 안전보호장치의 결함
㉢ 복장, 보호구의 결함
㉣ 물의 배치 및 작업장소의 결함(불량)
㉤ 작업환경의 결함(불량)
㉥ 생산공장의 결함
㉦ 경계표시, 설비의 결함

정답 15.④ 16.③ 17.④ 18.①

19 효과적인 교대근무제의 운용방법에 대한 내용으로 옳은 것은?
① 야간근무 종료 후 휴식은 24시간 전후로 한다.
② 야근은 가면(假眠)을 하더라도 10시간 이내가 좋다.
③ 신체적 적응을 위하여 야간근무의 연속일수는 대략 1주일로 한다.
④ 누적 피로를 회복하기 위해서는 정교대 방식보다는 역교대 방식이 좋다.

풀이 **교대근무제의 관리원칙(바람직한 교대제)**
㉠ 각 반의 근무시간은 8시간씩 교대로 하고, 야근은 가능한 짧게 한다.
㉡ 2교대의 경우 최저 3조의 정원을, 3교대의 경우 4조를 편성한다.
㉢ 채용 후 건강관리로서 정기적으로 체중, 위장증상 등을 기록해야 하며, 근로자의 체중이 3kg 이상 감소하면 정밀검사를 받아야 한다.
㉣ 평균작업시간은 주 40시간을 기준으로, 갑반→을반→병반으로 순환하게 한다.
㉤ 근무시간의 간격은 15~16시간 이상으로 하는 것이 좋다.
㉥ 야근의 주기는 4~5일로 한다.
㉦ 신체의 적응을 위하여 야간근무의 연속일수는 2~3일로 하며, 야간근무를 3일 이상 연속으로 하는 경우에는 피로축적현상이 나타나게 되므로 연속하여 3일을 넘기지 않도록 한다.
㉧ 야근 후 다음 반으로 가는 간격은 최저 48시간 이상의 휴식시간을 갖도록 하여야 한다.
㉨ 야근 교대시간은 상오 0시 이전에 하는 것이 좋다(심야시간을 피함).
㉩ 야근 시 가면은 반드시 필요하며, 보통 2~4시간(1시간 30분 이상)이 적합하다.
㉪ 야근 시 가면은 작업강도에 따라 30분~1시간 범위로 하는 것이 좋다.
㉫ 작업 시 가면시간은 적어도 1시간 30분 이상 주어야 수면효과가 있다고 볼 수 있다.
㉬ 상대적으로 가벼운 작업은 야간근무조에 배치하는 등 업무내용을 탄력적으로 조정해야 하며, 야간작업자는 주간작업자보다 연간 쉬는 날이 더 많아야 한다.
㉭ 근로자가 교대일정을 미리 알 수 있도록 해야 한다.
㉮ 일반적으로 오전근무의 개시시간은 오전 9시로 한다.
㉯ 교대방식(교대근무 순환주기)은 낮근무→저녁근무→밤근무 순으로 한다. 즉, 정교대가 좋다.

20 산업 스트레스의 반응에 따른 심리적 결과에 해당되지 않는 것은?
① 가정문제
② 수면 방해
③ 돌발적 사고
④ 성(性)적 역기능

풀이 **산업 스트레스 반응의 결과**
(1) 행동적 결과
  ㉠ 흡연
  ㉡ 알코올 및 약물 남용
  ㉢ 행동 격양에 따른 돌발적 사고
  ㉣ 식욕 감퇴
(2) 심리적 결과
  ㉠ 가정문제(가족 조직 구성인원 문제)
  ㉡ 불면증으로 인한 수면 부족
  ㉢ 성적 욕구 감퇴
(3) 생리적(의학적) 결과
  ㉠ 심혈관계 질환(심장)
  ㉡ 위장관계 질환
  ㉢ 기타 질환(두통, 피부질환, 암, 우울증 등)

제2과목 | 작업위생 측정 및 평가

21 호흡성 먼지에 관한 내용으로 옳은 것은? (단, ACGIH를 기준으로 한다.)
① 평균입경은 $1\mu m$이다.
② 평균입경은 $4\mu m$이다.
③ 평균입경은 $10\mu m$이다.
④ 평균입경은 $50\mu m$이다.

풀이 **평균입경(ACGIH)**
㉠ 흡입성 입자상 물질(IPM) : $100\mu m$
㉡ 흉곽성 입자상 물질(TPM) : $10\mu m$
㉢ 호흡성 입자상 물질(RPM) : $4\mu m$

22 5M 황산을 이용하여 0.004M 황산용액 3L를 만들기 위해 필요한 5M 황산의 부피(mL)는?
① 5.6
② 4.8
③ 3.1
④ 2.4

정답 19.② 20.③ 21.② 22.④

풀이
$NV = N'V'$
$\dfrac{0.004\text{mol}}{L} \times \dfrac{98g}{1\text{mol}} \times \dfrac{1\text{eq}}{(98/2)g} \times 3,000\text{mL} \times \dfrac{1L}{1,000\text{mL}}$
$= \dfrac{5\text{mol}}{L} \times \dfrac{98g}{1\text{mol}} \times \dfrac{1\text{eq}}{(98/2)} \times V'(\text{mL}) \times \dfrac{1L}{1,000\text{mL}}$
$\therefore V'(\text{mL}) = 2.4\text{mL}$

23 공기 중에 카본 테트라클로라이드(TLV=10ppm) 8ppm, 1,2-디클로로에탄(TLV=50ppm) 40ppm, 1,2-디브로모에탄(TLV=20ppm) 10ppm으로 오염되었을 때, 이 작업장 환경의 허용기준농도(ppm)는? (단, 상가작용을 기준으로 한다.)

① 24.5   ② 27.6
③ 29.6   ④ 58.0

풀이
$\text{EI} = \dfrac{8}{10} + \dfrac{40}{50} + \dfrac{10}{20} = 2.1$
혼합물 허용기준 $= \dfrac{\text{혼합물의 공기 중 농도}}{\text{EI}}$
$= \dfrac{8+40+10}{2.1} = 27.62\text{ppm}$

24 작업환경 공기 중의 물질 A(TLV=50ppm)가 55ppm이고, 물질 B(TLV=50ppm)가 47ppm이며, 물질 C(TLV=50ppm)가 52ppm이었다면, 공기의 노출농도 초과도는? (단, 상가작용을 기준으로 한다.)

① 3.62   ② 3.08
③ 2.73   ④ 2.33

풀이
노출지수(EI) $= \dfrac{55}{50} + \dfrac{47}{50} + \dfrac{52}{50} = 3.08$

25 입자상 물질을 채취하는 데 사용하는 여과지 중 막여과지(membrane filter)가 아닌 것은?

① MCE 여과지
② PVC 여과지
③ 유리섬유 여과지
④ PTFE 여과지

풀이
막여과지(membrane filter)의 종류
㉠ MCE막 여과지
㉡ PVC막 여과지
㉢ PTFE막 여과지
㉣ 은막 여과지
㉤ Nuleopore 여과지

26 어느 작업장의 소음측정 결과가 다음과 같을 때, 총음압레벨[dB(A)]은? (단, A, B, C 기계는 동시에 작동된다.)

- A기계 : 81dB(A)
- B기계 : 85dB(A)
- C기계 : 88dB(A)

① 84.7   ② 86.5
③ 88.0   ④ 90.3

풀이
$L_\text{합} = 10\log(10^{8.1} + 10^{8.5} + 10^{8.8}) = 90.31\text{dB(A)}$

27 직경이 5μm, 비중이 1.8인 원형 입자의 침강속도(cm/min)는? (단, 공기의 밀도는 0.0012g/cm³, 공기의 점도는 1.807×10⁻⁴ poise이다.)

① 6.1   ② 7.1
③ 8.1   ④ 9.1

풀이
$V_g(\text{cm/min}) = \dfrac{d_p^2(\rho_p - \rho)g}{18\mu}$
$= \dfrac{(5\mu m \times 10^{-4}\text{cm}/\mu m)^2 \times (1.8-0.0012)\text{g/cm}^3 \times 980\text{cm/sec}^2}{18 \times 1.807 \times 10^{-4}\text{g/cm}\cdot\text{sec}}$
$= 0.1355\text{cm/sec} \times 60\text{sec/min}$
$= 8.13\text{cm/min}$

28 분석기기에서 바탕선량(background)과 구별하여 분석될 수 있는 최소의 양은?

① 검출한계   ② 정량한계
③ 정성한계   ④ 정도한계

풀이
검출한계(LOD)
분석기기마다 바탕선량(background)과 구별하여 분석될 수 있는 가장 적은 분석물질의 양을 말한다.

정답 23.② 24.② 25.③ 26.④ 27.③ 28.①

29 금속제품을 탈지 세정하는 공정에서 사용하는 유기용제인 트리클로로에틸렌이 근로자에게 노출되는 농도를 측정하고자 한다. 과거의 노출농도를 조사해 본 결과, 평균 50ppm이었을 때, 활성탄관(100mg/50mg)을 이용하여 0.4L/min으로 채취하였다면 채취해야 할 시간(min)은? (단, 트리클로로에틸렌의 분자량은 131.39이고, 기체크로마토그래피의 정량한계는 시료당 0.5mg, 1기압, 25℃ 기준으로, 기타 조건은 고려하지 않는다.)

① 2.4 ② 3.2
③ 4.7 ④ 5.3

풀이

과거 노출농도$(mg/m^3) = 50ppm \times \dfrac{131.39}{24.45}$

$= 268.69 mg/m^3$

채취최소부피$(L) = \dfrac{LOQ}{농도}$

$= \dfrac{0.5mg}{268.69 mg/m^3 \times m^3/1,000L}$

$= 1.86L$

채취최소시간$(min) = \dfrac{1.86L}{0.4L/min} = 4.65 min$

30 레이저광의 폭로량을 평가하는 사항에 해당하지 않는 항목은?

① 각막 표면에서의 조사량(J/cm^2) 또는 폭로량을 측정한다.
② 조사량의 서한도는 1mm 구경에 대한 평균치이다.
③ 레이저광과 같은 직사광과 형광등 또는 백열등과 같은 확산광은 구별하여 사용해야 한다.
④ 레이저광에 대한 눈의 허용량은 폭로시간에 따라 수정되어야 한다.

풀이

레이저광의 폭로량 평가 시 주지사항
㉠ 각막 표면에서의 조사량(J/cm^2) 또는 폭로량(W/cm^2)을 측정한다.
㉡ 조사량의 서한도(노출기준)는 1mm 구경에 대한 평균치이다.
㉢ 레이저광은 직사광이고, 형광등·백열등은 확산광이다.
㉣ 레이저광에 대한 눈의 허용량은 그 파장에 따라 수정되어야 한다.

31 셀룰로오스 에스테르 막여과지에 대한 설명으로 틀린 것은?

① 산에 쉽게 용해된다.
② 유해물질이 표면에 주로 침착되어 현미경 분석에 유리하다.
③ 흡습성이 적어 중량분석에 주로 적용된다.
④ 중금속 시료채취에 유리하다.

풀이

MCE막 여과지(Mixed Cellulose Ester membrane filter)
㉠ 산업위생에서는 거의 대부분이 직경 37mm, 구멍 크기 0.45~0.8μm의 MCE막 여과지를 사용하고 있어 작은 입자의 금속과 흄(fume) 채취가 가능하다.
㉡ 산에 쉽게 용해되고 가수분해되며, 습식 회화되기 때문에 공기 중 입자상 물질 중의 금속을 채취하여 원자흡광법으로 분석하는 데 적당하다.
㉢ 산에 의해 쉽게 회화되기 때문에 원소분석에 적합하고 NIOSH에서는 금속, 석면, 살충제, 불소화합물 및 기타 무기물질에 추천되고 있다.
㉣ 시료가 여과지의 표면 또는 가까운 곳에 침착되므로 석면, 유리섬유 등 현미경 분석을 위한 시료채취에도 이용된다.
㉤ 흡습성(원료인 셀룰로오스가 수분 흡수)이 높아 오차를 유발할 수 있어 중량분석에 적합하지 않다.

32 작업장의 유해인자에 대한 위해도 평가에 영향을 미치는 것과 가장 거리가 먼 것은?

① 유해인자의 위해성
② 휴식시간의 배분정도
③ 유해인자에 노출되는 근로자수
④ 노출되는 시간 및 공간적인 특성과 빈도

풀이

작업장 유해인자에 대한 위해도 평가에 영향을 미치는 인자
㉠ 유해인자의 위해성
㉡ 유해인자에 노출되는 근로자수
㉢ 노출되는 시간 및 공간적인 특성과 빈도

33 다음 중 활성탄관과 비교한 실리카겔관의 장점으로 가장 거리가 먼 것은?

① 수분을 잘 흡수하여 습도에 대한 민감도가 높다.
② 매우 유독한 이황화탄소를 탈착용매로 사용하지 않는다.
③ 극성물질을 채취한 경우 물, 메탄올 등 다양한 용매로 쉽게 탈착된다.
④ 추출액이 화학분석이나 기기분석에 방해물질로 작용하는 경우가 많지 않다.

[풀이] 실리카겔의 장단점
(1) 장점
 ㉠ 극성이 강하여 극성 물질을 채취한 경우 물, 메탄올 등 다양한 용매로 쉽게 탈착한다.
 ㉡ 추출용액(탈착용매)이 화학분석이나 기기분석에 방해물질로 작용하는 경우는 많지 않다.
 ㉢ 활성탄으로 채취가 어려운 아닐린, 오르토-톨루이딘 등의 아민류나 몇몇 무기물질의 채취가 가능하다.
 ㉣ 매우 유독한 이황화탄소를 탈착용매로 사용하지 않는다.
(2) 단점
 ㉠ 친수성이기 때문에 우선적으로 물분자와 결합을 이루어 습도의 증가에 따른 흡착용량의 감소를 초래한다.
 ㉡ 습도가 높은 작업장에서는 다른 오염물질의 파과용량이 작아져 파과를 일으키기 쉽다.

34 시간당 200~350kcal의 열량이 소모되는 중등작업 조건에서 WBGT 측정치가 31.1℃일 때 고열작업 노출기준의 작업휴식조건으로 가장 적절한 것은?

① 계속 작업
② 매시간 25% 작업, 75% 휴식
③ 매시간 50% 작업, 50% 휴식
④ 매시간 75% 작업, 25% 휴식

[풀이] 고열작업장의 노출기준(고용노동부, ACGIH)

[단위 : WBGT(℃)]

시간당 작업과 휴식 비율	작업강도		
	경작업	중등작업	중작업
연속 작업	30.0	26.7	25.0
75% 작업, 25% 휴식 (45분 작업, 15분 휴식)	30.6	28.0	25.9
50% 작업, 50% 휴식 (30분 작업, 30분 휴식)	31.4	29.4	27.9
25% 작업, 75% 휴식 (15분 작업, 45분 휴식)	32.2	31.1	30.0

㉠ 경작업 : 시간당 200kcal까지의 열량이 소요되는 작업을 말하며, 앉아서 또는 서서 기계의 조정을 하기 위하여 손 또는 팔을 가볍게 쓰는 일 등이 해당된다.
㉡ 중등작업 : 시간당 200~350kcal의 열량이 소요되는 작업을 말하며, 물체를 들거나 밀면서 걸어다니는 일 등이 해당된다.
㉢ 중(격심)작업 : 시간당 350~500kcal의 열량이 소요되는 작업을 뜻하며, 곡괭이질 또는 삽질하는 일과 같이 육체적으로 힘든 일 등이 해당된다.

35 연속적으로 일정한 농도를 유지하면서 만드는 방법 중 Dynamic method에 관한 설명으로 틀린 것은?

① 농도변화를 줄 수 있다.
② 대개 운반용으로 제작된다.
③ 만들기가 복잡하고, 가격이 고가이다.
④ 소량의 누출이나 벽면에 의한 손실은 무시할 수 있다.

[풀이] Dynamic method
㉠ 희석공기와 오염물질을 연속적으로 흘려 주어 일정한 농도를 유지하면서 만드는 방법이다.
㉡ 알고 있는 공기 중 농도를 만드는 방법이다.
㉢ 농도변화를 줄 수 있고, 온도·습도 조절이 가능하다.
㉣ 제조가 어렵고, 비용도 많이 든다.
㉤ 다양한 농도범위에서 제조가 가능하다.
㉥ 가스, 증기, 에어로졸 실험도 가능하다.
㉦ 소량의 누출이나 벽면에 의한 손실은 무시할 수 있다.
㉧ 지속적인 모니터링이 필요하다.
㉨ 일정한 농도를 유지하기가 매우 곤란하다.

36 다음 중 정밀도를 나타내는 통계적 방법과 가장 거리가 먼 것은?

① 오차
② 산포도
③ 표준편차
④ 변이계수

풀이 측정결과의 통계처리를 위한 산포도 측정방법
㉠ 변량 상호간의 차이에 의하여 측정하는 방법(범위, 평균차)
㉡ 평균값에 대한 변량의 편차에 의한 측정방법(변이계수, 평균편차, 분산, 표준편차)

37 작업환경측정방법 중 소음 측정 시간 및 횟수에 관한 내용 중 ( ) 안에 들어갈 내용으로 옳은 것은? (단, 고용노동부고시를 기준으로 한다.)

> 단위작업장소에서의 소음발생시간이 6시간 이내인 경우나 소음발생원에서의 발생시간이 간헐적인 경우에는 발생시간 동안 연속 측정하거나 등간격으로 나누어 ( )회 이상 측정하여야 한다.

① 2
② 3
③ 4
④ 6

풀이 소음 측정시간
㉠ 단위작업장소에서 소음수준은 규정된 측정위치 및 지점에서 1일 작업시간 동안 6시간 이상 연속 측정하거나 작업시간을 1시간 간격으로 나누어 6회 이상 측정하여야 한다.
다만, 소음의 발생특성이 연속음으로서 측정치가 변동이 없다고 자격자 또는 지정측정기관이 판단한 경우에는 1시간 동안을 등간격으로 나누어 3회 이상 측정할 수 있다.
㉡ 단위작업장소에서의 소음발생시간이 6시간 이내인 경우나 소음발생원에서의 발생시간이 간헐적인 경우에는 발생시간 동안 연속 측정하거나 등간격으로 나누어 4회 이상 측정하여야 한다.

38 빛의 파장의 단위로 사용되는 Å(Ångström)을 국제표준단위계(SI)로 나타낸 것은?

① 10^{-6}m
② 10^{-8}m
③ 10^{-10}m
④ 10^{-12}m

풀이 1Å(angstrom) : SI 단위로 10^{-10}m을 말한다.

39 작업장의 온도 측정결과가 다음과 같을 때, 측정결과의 기하평균은?

> (단위 : ℃)
> 5, 7, 12, 18, 25, 13

① 11.6℃
② 12.4℃
③ 13.3℃
④ 15.7℃

풀이
$$\log GM = \frac{\log 5 + \log 7 + \log 12 + \log 18 + \log 25 + \log 13}{6}$$
$$= 1.065$$
$$GM = 10^{1.065} = 11.61℃$$

40 다음 중 직독식 기구로만 나열된 것은?

① AAS, ICP, 가스모니터
② AAS, 휴대용 GC, GC
③ 휴대용 GC, ICP, 가스검지관
④ 가스모니터, 가스검지관, 휴대용 GC

풀이 직독식 기구의 종류
㉠ 가스검지관
㉡ 입자상 물질 측정기
㉢ 가스모니터
㉣ 휴대용 GC
㉤ 적외선 분광광도계

제3과목 | 작업환경 관리대책

41 다음 중 귀덮개의 차음성능기준상 중심주파수가 1,000Hz인 음원의 차치음(dB)는?

① 10 이상
② 20 이상
③ 25 이상
④ 35 이상

풀이 귀덮개의 방음효과
㉠ 저음 영역에서 20dB 이상, 고음 영역에서 45dB 이상의 차음효과가 있다.
㉡ 귀마개를 착용하고서 귀덮개를 착용하면 훨씬 차음효과가 커지므로, 120dB 이상의 고음 작업장에서는 동시 착용할 필요가 있다.
㉢ 간헐적 소음에 노출되는 경우 귀덮개를 착용한다.
㉣ 차음성능기준상 중심주파수가 1,000Hz인 음원의 차음치는 25dB 이상이다.

42 송풍기 입구 전압이 280mmH₂O이고, 송풍기 출구 정압이 100mmH₂O이다. 송풍기 출구 속도압이 200mmH₂O일 때, 전압(mmH₂O)은?

① 20 ② 40
③ 80 ④ 180

[풀이]
$$FTP(mmH_2O) = TP_{out} - TP_{in}$$
$$= (SP_{out} + VP_{out}) - (SP_{in} + VP_{in})$$
$$= (100 + 200) - 280$$
$$= 20 \, mmH_2O$$

43 총흡음량이 900sabins인 소음발생작업장에 흡음재를 천장에 설치하여 2,000sabins 더 추가하였다. 이 작업장에서 기대되는 소음감소치[NR ; dB(A)]는?

① 약 3 ② 약 5
③ 약 7 ④ 약 9

[풀이]
$$소음감소치(NR) = 10\log\frac{대책\,후}{대책\,전}$$
$$= 10\log\frac{900 + 2,000}{900}$$
$$= 5.09 \, dB(A)$$

44 국소배기시설이 희석환기시설보다 오염물질을 제거하는 데 효과적이므로 선호도가 높다. 이에 대한 이유가 아닌 것은?

① 설계가 잘된 경우 오염물질의 제거가 거의 완벽하다.
② 오염물질의 발생 즉시 배기시키므로 필요공기량이 적다.
③ 오염 발생원의 이동성이 큰 경우에도 적용 가능하다.
④ 오염물질 독성이 클 때도 효과적 제거가 가능하다.

[풀이] ③ 오염 발생원의 이동성이 큰 경우에는 희석환기(전체환기)를 적용하는 것이 효과적이다.

45 외부식 후드(포집형 후드)의 단점이 아닌 것은?

① 포위식 후드보다 일반적으로 필요송풍량이 많다.
② 외부 난기류의 영향을 받아서 흡인효과가 떨어진다.
③ 근로자가 발생원과 환기시설 사이에서 작업하게 되는 경우가 많다.
④ 기류속도가 후드 주변에서 매우 빠르므로 쉽게 흡인되는 물질의 손실이 크다.

[풀이] 외부식 후드의 특징
㉠ 다른 형태의 후드에 비해 작업자가 방해를 받지 않고 작업을 할 수 있어 일반적으로 많이 사용한다.
㉡ 포위식에 비하여 필요송풍량이 많이 소요된다.
㉢ 방해기류(외부 난기류)의 영향이 작업장 내에 있을 경우 흡인효과가 저하된다.
㉣ 기류속도가 후드 주변에서 매우 빠르므로 쉽게 흡인되는 물질(유기용제, 미세분말 등)의 손실이 크다.

46 두 분지관이 동일 합류점에서 만나 합류관을 이루도록 설계되어 있다. 한쪽 분지관의 송풍량은 200m³/min, 합류점에서 이 관의 정압은 −34mmH₂O이며, 다른 쪽 분지관의 송풍량은 160m³/min, 합류점에서 이 관의 정압은 −30mmH₂O이다. 합류점에서 유량의 균형을 유지하기 위해서는 압력손실이 더 적은 관을 통해 흐르는 송풍량(m³/min)을 얼마로 해야 하는가?

① 165 ② 170
③ 175 ④ 180

[풀이]
$$정압비 = \left(\frac{SP_2}{SP_1}\right) = \left(\frac{-34}{-30}\right) = 1.13$$

정압비가 1.2 이하인 경우, 정압이 낮은 쪽의 유량을 증가시켜 압력을 조정한다.

$$송풍량 = Q \times \sqrt{\frac{SP_2}{SP_1}} = 160 \times \sqrt{\frac{-34}{-30}}$$
$$= 170.33 \, m^3/min$$

정답 42.① 43.② 44.③ 45.③ 46.②

47 전체환기시설을 설치하기 위한 기본원칙으로 가장 거리가 먼 것은?

① 오염물질 사용량을 조사하여 필요환기량을 계산한다.
② 공기 배출구와 근로자의 작업위치 사이에 오염원이 위치해야 한다.
③ 오염물질 배출구는 가능한 한 오염원으로부터 가까운 곳에 설치하여 점환기 효과를 얻는다.
④ 오염원 주위에 다른 작업공정이 있으면 공기 공급량을 배출량보다 크게 하여 양압을 형성시킨다.

풀이 전체환기(강제환기)시설 설치 기본원칙
㉠ 오염물질 사용량을 조사하여 필요환기량을 계산한다.
㉡ 배출공기를 보충하기 위하여 청정공기를 공급한다.
㉢ 오염물질 배출구는 가능한 한 오염원으로부터 가까운 곳에 설치하여 '점환기'의 효과를 얻는다.
㉣ 공기 배출구와 근로자의 작업위치 사이에 오염원이 위치해야 한다.
㉤ 공기가 배출되면서 오염장소를 통과하도록 공기 배출구와 유입구의 위치를 선정한다.
㉥ 작업장 내 압력은 경우에 따라서 양압이나 음압으로 조정해야 한다(오염원 주위에 다른 작업공정이 있으면 공기 공급량을 배출량보다 적게 하여 음압을 형성시켜 주위 근로자에게 오염물질이 확산되지 않도록 한다).
㉦ 배출된 공기가 재유입되지 못하게 배출구 높이를 적절히 설계하고 창문이나 문 근처에 위치하지 않도록 한다.
㉧ 오염된 공기는 작업자가 호흡하기 전에 충분히 희석되어야 한다.
㉨ 오염물질 발생은 가능하면 비교적 일정한 속도로 유출되도록 조정해야 한다.

48 레시버식 캐노피형 후드를 설치할 때, 적절한 H/E는? (단, E는 배출원의 크기이고, H는 후드 면과 배출원 간의 거리를 의미한다.)

① 0.7 이하　② 0.8 이하
③ 0.9 이하　④ 1.0 이하

풀이 레시버식 캐노피형 후드 설치
배출원의 크기(E)에 대한 후드면과 배출원 간의 거리(H)의 비(H/E)는 0.7 이하로 설계하는 것이 바람직하다.

49 다음 중 플레넘형 환기시설의 장점이 아닌 것은?

① 연마분진과 같이 끈적거리거나 보풀거리는 분진의 처리가 용이하다.
② 주관의 어느 위치에서도 분지관을 추가하거나 제거할 수 있다.
③ 주관은 입경이 큰 분진을 제거할 수 있는 침강식의 역할이 가능하다.
④ 분지관으로부터 송풍기까지 낮은 압력손실을 제공하여 운전동력을 최소화할 수 있다.

풀이 ① 플레넘형 환기시설은 연마분진과 같이 끈적거리거나 보풀거리는 분진의 처리는 곤란하다.

50 산업안전보건법령상 관리대상 유해물질 관련 국소배기장치 후드의 제어풍속(m/s)의 기준으로 옳은 것은?

① 가스상태(포위식 포위형) : 0.4
② 가스상태(외부식 상방흡인형) : 0.5
③ 입자상태(포위식 포위형) : 1.0
④ 입자상태(외부식 상방흡인형) : 1.5

풀이 관리대상 유해물질 관련 국소배기장치 후드의 제어풍속

물질의 상태	후드 형식	제어풍속(m/sec)
가스상태	포위식 포위형	0.4
	외부식 측방흡인형	0.5
	외부식 하방흡인형	0.5
	외부식 상방흡인형	1.0
입자상태	포위식 포위형	0.7
	외부식 측방흡인형	1.0
	외부식 하방흡인형	1.0
	외부식 상방흡인형	1.2

51 작업대 위에서 용접할 때 흄(fume)을 포집 제거하기 위해 작업 면에 고정된 플랜지가 붙은 외부식 사각형 후드를 설치하였다면, 소요송풍량(m³/min)은? (단, 개구면에서 작업지점까지의 거리는 0.25m, 제어속도는 0.5m/s, 후드 개구면적은 0.5m²이다.)

① 0.281　　② 8.430
③ 16.875　　④ 26.425

[풀이] 소요송풍량(m^3/min)
$= 0.5 \times V_c(10X^2 + A)$
$= 0.5 \times 0.5\,m/sec \times [(10 \times 0.25^2)m^2 + 0.5\,m^2]$
$\quad \times 60\,sec/min$
$= 16.875\,m^3/min$

52 다음 중 직관의 압력손실에 관한 설명으로 잘못된 것은?

① 직관의 마찰계수에 비례한다.
② 직관의 길이에 비례한다.
③ 직관의 직경에 비례한다.
④ 속도(관내유속)의 제곱에 비례한다.

[풀이] 원형 직선 덕트의 압력손실(ΔP)
$\Delta P = \lambda(4f) \times \dfrac{L}{D} \times VP\left(\dfrac{\gamma V^2}{2g}\right)$
압력손실은 덕트(duct)의 길이, 공기밀도, 유속의 제곱에 비례하고, 덕트의 직경에 반비례한다.

53 페인트 도장이나 농약 살포와 같이 공기 중에 가스 및 증기상 물질과 분진이 동시에 존재하는 경우 호흡 보호구에 이용되는 가장 적절한 공기정화기는?

① 필터
② 만능형 캐니스터
③ 요오드를 입힌 활성탄
④ 금속산화물을 도포한 활성탄

[풀이] ② 만능형 캐니스터는 방진마스크와 방독마스크의 기능을 합한 공기정화기이다.

54 다음 중 송풍기의 효율이 큰 순서대로 나열된 것은?

① 평판송풍기 > 다익송풍기 > 터보송풍기
② 다익송풍기 > 평판송풍기 > 터보송풍기
③ 터보송풍기 > 다익송풍기 > 평판송풍기
④ 터보송풍기 > 평판송풍기 > 다익송풍기

[풀이] 원심력식 송풍기를 효율이 큰 순서대로 나열하면 다음과 같다.
터보송풍기 > 평판송풍기 > 다익송풍기

55 다음 중 세정제진장치의 특징으로 틀린 것을 고르면?

① 배출수의 재가열이 필요 없다.
② 포집효율을 변화시킬 수 있다.
③ 유출수가 수질오염을 야기할 수 있다.
④ 가연성·폭발성 분진을 처리할 수 있다.

[풀이] 세정식 집진시설의 장단점
(1) 장점
　㉠ 습한 가스, 점착성 입자를 폐색 없이 처리가 가능하다.
　㉡ 인화성·가열성·폭발성 입자를 처리할 수 있다.
　㉢ 고온가스의 취급이 용이하다.
　㉣ 설치면적이 작아 초기비용이 적게 든다.
　㉤ 단일장치로 입자상 외에 가스상 오염물을 제거할 수 있다.
　㉥ Demister 사용으로 미스트 처리가 가능하다.
　㉦ 부식성 가스와 분진을 중화시킬 수 있다.
　㉧ 집진효율을 다양화할 수 있다.
(2) 단점
　㉠ 폐수가 발생하고, 폐슬러지 처리비용이 발생한다.
　㉡ 공업용수를 과잉 사용한다.
　㉢ 포집된 분진은 오염 가능성이 있고 회수가 어렵다.
　㉣ 연소가스가 포함된 경우에는 부식 잠재성이 있다.
　㉤ 추운 경우에 동결방지장치를 필요로 한다.
　㉥ 백연 발생으로 인한 재가열시설이 필요하다.
　㉦ 배기의 상승확산력을 저하한다.

정답 51.③ 52.③ 53.② 54.④ 55.①

56 다음 중 작업장에서 거리, 시간, 공정, 작업자 전체를 대상으로 실시하는 대책은?
① 대체   ② 격리
③ 환기   ④ 개인보호구

풀이 ② 격리는 물리적·거리적·시간적인 격리를 의미하며 쉽게 적용할 수 있고, 효과도 비교적 좋다.

57 산업위생보호구의 점검, 보수 및 관리방법에 관한 설명 중 틀린 것은?
① 보호구의 수는 사용하여야 할 근로자의 수 이상으로 준비한다.
② 호흡용 보호구는 사용 전, 사용 후 여재의 성능을 점검하여 성능이 저하된 것은 폐기, 보수, 교환 등의 조치를 취한다.
③ 보호구의 청결 유지에 노력하고, 보관할 때에는 건조한 장소와 분진이나 가스 등에 영향을 받지 않는 일정한 장소에 보관한다.
④ 호흡용 보호구나 귀마개 등은 특정 유해물질 취급이나 소음에 노출될 때 사용하는 것으로서 그 목적에 따라 반드시 공용으로 사용해야 한다.

풀이 ④ 호흡용 보호구나 귀마개 등은 특정 유해물질 취급이나 소음에 노출될 때 사용하는 것으로서, 그 목적에 따라 반드시 개별로 사용해야 한다.

58 작업장 용적이 10m×3m×40m이고 필요환기량이 120m³/min일 때 시간당 공기교환횟수는?
① 360회   ② 60회
③ 6회   ④ 0.6회

풀이
시간당 공기교환횟수 = $\dfrac{\text{필요환기량}}{\text{작업장 용적}}$
$= \dfrac{120\,\text{m}^3/\text{min} \times 60\,\text{min/hr}}{(10 \times 3 \times 40)\,\text{m}^3}$
$= 6$회(시간당)

59 덕트의 설치 원칙과 가장 거리가 먼 것은?
① 가능한 한 후드와 먼 곳에 설치한다.
② 덕트는 가능한 한 짧게 배치하도록 한다.
③ 밴드의 수는 가능한 한 적게 하도록 한다.
④ 공기가 아래로 흐르도록 하향 구배를 만든다.

풀이 덕트(duct)의 설치기준(설치 시 고려사항)
㉠ 가능한 한 길이는 짧게 하고, 굴곡부의 수는 적게 할 것
㉡ 접속부의 내면은 돌출된 부분이 없도록 할 것
㉢ 청소구를 설치하는 등 청소하기 쉬운 구조로 할 것
㉣ 덕트 내 오염물질이 쌓이지 않도록 이송속도를 유지할 것
㉤ 연결부위 등은 외부공기가 들어오지 않도록 할 것 (연결부위를 가능한 한 용접할 것)
㉥ 가능한 후드와 가까운 곳에 설치할 것
㉦ 송풍기를 연결할 때는 최소덕트직경의 6배 정도 직선구간을 확보할 것
㉧ 직관은 하향 구배로 하고 직경이 다른 덕트를 연결할 때에는 경사 30° 이내의 테이퍼를 부착할 것
㉨ 원형 덕트가 사각형 덕트보다 덕트 내 유속분포가 균일하므로 가급적 원형 덕트를 사용하며, 부득이 사각형 덕트를 사용할 경우에는 가능한 정방형을 사용하고 곡관의 수를 적게 할 것
㉩ 곡관의 곡률반경은 최소덕트직경의 1.5 이상(주로 2.0)을 사용할 것
㉪ 수분이 응축될 경우 덕트 내로 들어가지 않도록 경사나 배수구를 마련할 것
㉫ 덕트의 마찰계수는 작게 하고, 분지관을 가급적 적게 할 것

60 송풍관(duct) 내부에서 유속이 가장 빠른 곳은? (단, d는 송풍관의 직경을 의미한다.)
① 위에서 $\dfrac{1}{10}d$ 지점
② 위에서 $\dfrac{1}{5}d$ 지점
③ 위에서 $\dfrac{1}{3}d$ 지점
④ 위에서 $\dfrac{1}{2}d$ 지점

풀이 관 단면상에서 유체 유속이 가장 빠른 부분은 관 중심부이다.

정답 56.② 57.④ 58.③ 59.① 60.④

제4과목 | 물리적 유해인자관리

61 다음에서 설명하고 있는 측정기구는?

> 작업장의 환경에서 기류의 방향이 일정하지 않거나 실내 0.2~0.5m/s 정도의 불감기류를 측정할 때 사용되며 온도에 따른 알코올의 팽창·수축 원리를 이용하여 기류속도를 측정한다.

① 풍차풍속계
② 카타(kata)온도계
③ 가열온도풍속계
④ 습구흑구온도계(WBGT)

풀이 카타온도계(kata thermometer)
㉠ 실내 0.2~0.5m/sec 정도의 불감기류 측정 시 사용한다.
㉡ 작업환경 내에 기류의 방향이 일정치 않을 경우의 기류속도를 측정한다.
㉢ 카타의 냉각력을 이용하여 측정한다. 즉 알코올 눈금이 100°F(37.8℃)에서 95°F(35℃)까지 내려가는 데 소요되는 시간을 4~5회 측정·평균하여 카타상수값을 이용하여 구한다.

62 이상기압의 대책에 관한 내용으로 옳지 않은 것은?

① 고압실 내의 작업에서는 이산화탄소의 분압이 증가하지 않도록 신선한 공기를 송기한다.
② 고압환경에서 작업하는 근로자에게는 질소의 양을 증가시킨 공기를 호흡시킨다.
③ 귀 등의 장해를 예방하기 위하여 압력을 가하는 속도를 매분당 0.8kg/cm² 이하가 되도록 한다.
④ 감압병의 증상이 발생하였을 때에는 환자를 바로 원래의 고압환경 상태로 복귀시키거나, 인공고압실에서 천천히 감압한다.

풀이 ② 고압환경에서 작업하는 근로자에게는 수소 또는 질소를 대신하여 마취작용이 적은 헬륨 같은 불활성 기체로 대치한 공기를 호흡시킨다.

63 작업장 내의 직접조명에 관한 설명으로 옳은 것은?

① 장시간 작업에도 눈이 부시지 않는다.
② 조명기구가 간단하고, 조명기구의 효율이 좋다.
③ 벽이나 천장의 색조에 좌우되는 경향이 있다.
④ 작업장 내의 균일한 조도의 확보가 가능하다.

풀이 조명방법에 따른 조명 관리
(1) 직접조명
㉠ 작업 면의 빛 대부분이 광원 및 반사용 삿갓에서 직접 온다.
㉡ 기구의 구조에 따라 눈을 부시게 하거나 균일한 조도를 얻기 힘들다.
㉢ 반사갓을 이용하여 광속의 90~100%가 아래로 향하게 하는 방식이다.
㉣ 일정량의 전력으로 조명 시 가장 밝은 조명을 얻을 수 있다.
㉤ 장점 : 효율이 좋고, 천장 면의 색조에 영향을 받지 않으며, 설치비용이 저렴하다.
㉥ 단점 : 눈부심이 있고, 균일한 조도를 얻기 힘들며, 강한 음영을 만든다.
(2) 간접조명
㉠ 광속의 90~100%를 위로 향해 발산하여 천장, 벽에서 확산시켜 균일한 조명도를 얻을 수 있는 방식이다.
㉡ 천장과 벽에 반사하여 작업 면을 조명하는 방법이다.
㉢ 장점 : 눈부심이 없고, 균일한 조도를 얻을 수 있으며, 그림자가 없다.
㉣ 단점 : 효율이 나쁘고, 설치가 복잡하며, 실내의 입체감이 작아진다.

64 일반소음의 차음효과는 벽체의 단위표면적에 대하여 벽체의 무게를 2배로 할 때 또는 주파수가 2배로 증가될 때 차음은 몇 dB 증가하는가?

① 2dB
② 6dB
③ 10dB
④ 15dB

풀이 $TL = 20\log(m \cdot f) - 43dB = 20\log 2 = 6dB$

65 비전리방사선 중 유도방출에 의한 광선을 증폭시킴으로서 얻는 복사선으로, 쉽게 산란하지 않으며 강력하고 예리한 지향성을 지닌 것은?
① 적외선 ② 마이크로파
③ 가시광선 ④ 레이저광선

풀이 레이저의 물리적 특성
㉠ LASER는 Light Amplification by Stimulated Emission of Radiation의 약자이며, 자외선, 가시광선, 적외선 가운데 인위적으로 특정한 파장 부위를 강력하게 증폭시켜 얻은 복사선이다.
㉡ 레이저는 유도방출에 의한 광선증폭을 뜻하며, 단색성, 지향성, 집속성, 고출력성의 특징이 있어 집광성과 방향조절이 용이하다.
㉢ 레이저는 보통 광선과는 달리 단일파장으로 강력하고 예리한 지향성을 가졌다.
㉣ 레이저광은 출력이 강하고 좁은 파장을 가지며 쉽게 산란하지 않는 특성이 있다.
㉤ 레이저파 중 맥동파는 레이저광 중 에너지의 양을 지속적으로 축적하여 강력한 파동을 발생시키는 것을 말한다.
㉥ 단위면적당 빛에너지가 대단히 크다. 즉 에너지 밀도가 크다.
㉦ 위상이 고르고 간섭현상이 일어나기 쉽다.
㉧ 단색성이 뛰어나다.

66 1fc(foot candle)은 약 몇 럭스(lux)인가?
① 3.9   ② 8.9
③ 10.8 ④ 13.4

풀이 풋 캔들(foot candle)
(1) 정의
㉠ 1루멘의 빛이 1ft²의 평면상에 수직으로 비칠 때 그 평면의 빛 밝기이다.
㉡ 관계식 : 풋 캔들(ft cd) = $\frac{lumen}{ft^2}$

(2) 럭스와의 관계
㉠ 1ft cd=10.8lux
㉡ 1lux=0.093ft cd

(3) 빛의 밝기
㉠ 광원으로부터 거리의 제곱에 반비례한다.
㉡ 광원의 촉광에 정비례한다.
㉢ 조사평면과 광원에 대한 수직평면이 이루는 각(cosine)에 반비례한다.
㉣ 색깔과 감각, 평면상의 반사율에 따라 밝기가 달라진다.

67 음압이 20N/m²일 경우 음압수준(sound pressure level)은 얼마인가?
① 100dB ② 110dB
③ 120dB ④ 130dB

풀이 $SPL = 20\log\frac{20}{2\times 10^{-5}} = 120dB$

68 25℃일 때, 공기 중에서 1,000Hz인 음의 파장은 약 몇 m인가? (단, 0℃, 1기압에서의 음속은 331.5m/s이다.)
① 0.035 ② 0.35
③ 3.5   ④ 35

풀이 음의 파장(λ)
$\lambda = \frac{C}{f} = \frac{[331.42+(0.6\times 25)]\,m/sec}{1,000\ 1/sec} = 0.35m$

69 손가락 말초혈관운동의 장애로 인한 혈액순환장애로 손가락의 감각이 마비되고, 창백해지며, 추운 환경에서 더욱 심해지는 레이노(Raynaud) 현상의 주요 원인으로 옳은 것은?
① 진동 ② 소음
③ 조명 ④ 기압

풀이 레이노 현상(Raynaud's phenomenon)
㉠ 손가락에 있는 말초혈관운동의 장애로 인하여 수지가 창백해지고 손이 차며 저리거나 통증이 오는 현상이다.
㉡ 한랭 작업조건에서 특히 증상이 악화된다.
㉢ 압축공기를 이용한 진동공구, 즉 착암기 또는 해머와 같은 공구를 장기간 사용한 근로자들의 손가락에 유발되기 쉬운 직업병이다.
㉣ Dead finger 또는 White finger라고도 하며, 발증까지 약 5년 정도 걸린다.

70 산소농도가 6% 이하인 공기 중의 산소분압으로 옳은 것은? (단, 표준상태이며, 부피기준이다.)
① 45mmHg 이하 ② 55mmHg 이하
③ 65mmHg 이하 ④ 75mmHg 이하

풀이 산소분압(mmH₂O) = 760mmHg×0.06 = 45.6mmHg

정답 65.④ 66.③ 67.③ 68.② 69.① 70.①

71 감압에 따르는 조직 내 질소기포 형성량에 영향을 주는 요인인 조직에 용해된 가스량을 결정하는 인자로 가장 적절한 것은?
① 감압속도
② 혈류의 변화정도
③ 노출정도와 시간 및 체내 지방량
④ 폐 내의 이산화탄소 농도

> **풀이** 감압 시 조직 내 질소기포 형성량에 영향을 주는 요인
> ㉠ 조직에 용해된 가스량
>   체내 지방량, 고기압 폭로의 정도와 시간으로 결정한다.
> ㉡ 혈류변화 정도(혈류를 변화시키는 상태)
>   감압 시 또는 재감압 후에 생기기 쉽고, 연령, 기온, 운동, 공포감, 음주와 관계가 있다.
> ㉢ 감압속도

72 마이크로파가 인체에 미치는 영향으로 옳지 않은 것은?
① 1,000~10,000Hz의 마이크로파는 백내장을 일으킨다.
② 두통, 피로감, 기억력 감퇴 등의 증상을 유발시킨다.
③ 마이크로파의 열작용에 많은 영향을 받는 기관은 생식기와 눈이다.
④ 중추신경계는 1,400~2,800Hz 마이크로파 범위에서 가장 영향을 많이 받는다.

> **풀이** ④ 중추신경계는 300~1,200Hz 마이크로파 범위에서 가장 영향을 많이 받는다.

73 고압 환경의 생체작용과 가장 거리가 먼 것은?
① 고공성 폐수종
② 이산화탄소(CO_2) 중독
③ 귀, 부비강, 치아의 압통
④ 손가락과 발가락의 작열통과 같은 산소중독

> **풀이** ① 폐수종은 저압 환경에서 발생한다.

74 고열장해에 대한 내용으로 옳지 않은 것은?
① 열경련(heat cramps) : 고온 환경에서 고된 육체적인 작업을 하면서 땀을 많이 흘릴 때 많은 물을 마시지만 신체의 염분 손실을 충당하지 못할 경우 발생한다.
② 열허탈(heat collapse) : 고열 작업에 순화되지 못해 말초혈관이 확장되고, 신체 말단에 혈액이 과다하게 저류되어 뇌의 산소부족이 나타난다.
③ 열소모(heat exhaustion) : 과다발한으로 수분/염분 손실에 의하여 나타나며, 두통, 구역감, 현기증 등이 나타나지만 체온은 정상이거나 조금 높아진다.
④ 열사병(heat stroke) : 작업환경에서 가장 흔히 발생하는 피부장해로서 땀에 젖은 피부 각질층이 떨어져 땀구멍을 막아 염증성 반응을 일으켜 붉은 구진 형태로 나타난다.

> **풀이** 열사병(heat stroke)
> 열사병은 고온다습한 환경(육체적 노동 또는 태양의 복사선을 두부에 직접적으로 받는 경우)에 노출될 때 뇌 온도의 상승으로 신체 내부 체온조절중추의 기능장해를 일으켜서 생기는 위급한 상태(고열로 인해 발생하는 장해 중 가장 위험성이 큼)이다.
> ※ 태양광선에 의한 열사병 : 일사병(sun stroke)

75 난청에 관한 설명으로 옳지 않은 것은?
① 일시적 난청은 청력의 일시적인 피로현상이다.
② 영구적 난청은 노인성 난청과 같은 현상이다.
③ 일반적으로 초기 청력손실을 C_5-dip 현상이라 한다.
④ 소음성 난청은 내이의 세포변성을 원인으로 볼 수 있다.

정답 71.③ 72.④ 73.① 74.④ 75.②

[풀이] **난청(청력장애)**
(1) 일시적 청력손실(TTS)
   ㉠ 강력한 소음에 노출되어 생기는 난청으로 4,000~6,000Hz에서 가장 많이 발생한다.
   ㉡ 청신경세포의 피로현상으로, 회복되려면 12~24시간을 요하는 가역적인 청력저하이며, 영구적 소음성 난청의 예비신호로도 볼 수 있다.
(2) 영구적 청력손실(PTS) : 소음성 난청
   ㉠ 비가역적 청력저하이며, 강렬한 소음이나 지속적인 소음 노출에 의해 청신경 말단부의 내이 코르티(corti) 기관의 섬모세포 손상으로, 회복될 수 없는 영구적인 청력저하가 발생한다.
   ㉡ 3,000~6,000Hz의 범위에서 먼저 나타나고, 특히 4,000Hz에서 가장 심하게 발생한다.
(3) 노인성 난청
   ㉠ 노화에 의한 퇴행성 질환으로, 감각신경성 청력손실이 양측 귀에 대칭적·점진적으로 발생하는 질환이다.
   ㉡ 일반적으로 고음역에 대한 청력손실이 현저하며, 6,000Hz에서부터 난청이 시작된다.

76 진동에 의한 작업자의 건강장해를 예방하기 위한 대책으로 옳지 않은 것은?
① 공구의 손잡이를 세게 잡지 않는다.
② 가능한 한 무거운 공구를 사용하여 진동을 최소화한다.
③ 진동공구를 사용하는 작업시간을 단축시킨다.
④ 진동공구와 손 사이 공간에 방진재료를 채워 놓는다.

[풀이] **진동작업환경 관리대책**
㉠ 작업 시에는 따뜻하게 체온을 유지해 준다(14℃ 이하의 옥외 작업에서는 보온대책 필요).
㉡ 진동공구의 무게는 10kg 이상 초과하지 않도록 한다.
㉢ 진동공구는 가능한 한 공구를 기계적으로 지지하여 준다.
㉣ 작업자는 공구의 손잡이를 너무 세게 잡지 않는다.
㉤ 진동공구의 사용 시에는 장갑(두꺼운 장갑)을 착용한다.
㉥ 총 동일한 시간을 휴식한다면 여러 번 자주 휴식하는 것이 좋다.
㉦ 체인톱과 같이 발동기가 부착되어 있는 것을 전동기로 바꾼다.
㉧ 진동공구를 사용하는 작업은 1일 2시간을 초과하지 말아야 한다.

77 한랭환경에서 발생할 수 있는 건강장해에 관한 설명으로 옳지 않은 것은?
① 혈관의 이상은 저온 노출로 유발되거나 악화된다.
② 참호족과 침수족은 지속적인 국소의 산소결핍 때문이며, 모세혈관벽이 손상되는 것이다.
③ 전신체온강하는 단시간의 한랭폭로에 따른 일시적 체온상실에 따라 발생하는 중증장해에 속한다.
④ 동상에 대한 저항은 개인에 따라 차이가 있으나 중증환자의 경우 근육 및 신경조직 등 심부조직이 손상된다.

[풀이] **전신체온강하(저체온증, general hypothermia)**
(1) 정의
   심부온도가 37℃에서 26.7℃ 이하로 떨어지는 것을 말하며, 한랭환경에서 바람에 노출되거나 얇거나 습한 의복 착용 시 급격한 체온강하가 일어난다.
(2) 증상
   ㉠ 전신 저체온의 첫 증상으로는 억제하기 어려운 떨림과 냉감각이 생기고, 심박동이 불규칙하게 느껴지며 맥박은 약해지고 혈압이 낮아진다.
   ㉡ 32℃ 이상이면 경증, 32℃ 이하이면 중증, 21~24℃이면 사망에 이른다.
(3) 특징
   ㉠ 장시간의 한랭폭로에 따른 일시적 체열(체온) 상실에 따라 발생한다.
   ㉡ 급성 중증장해이다.
   ㉢ 피로가 극에 달하면 체열의 손실이 급속히 이루어져 전신의 냉각상태가 수반된다.

78 다음 전리방사선 중 투과력이 가장 약한 것은?
① 중성자
② γ선
③ β선
④ α선

[풀이] **전리방사선의 인체 투과력**
중성자 > X선 or γ선 > β선 > α선

79 다음 중 전리방사선에 대한 감수성이 가장 낮은 인체조직은?

① 골수
② 생식선
③ 신경조직
④ 임파조직

풀이 전리방사선에 대한 감수성 순서

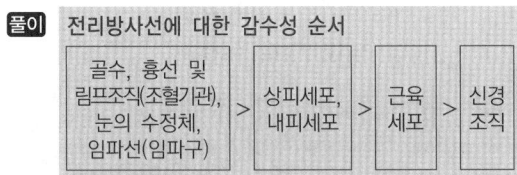

80 $3N/m^2$의 음압은 약 몇 dB의 음압수준인가?

① 95   ② 104
③ 110 ④ 1,115

풀이 $SPL = 20\log\dfrac{3}{2\times 10^{-5}} = 103.52 dB$

제5과목 | 산업 독성학

81 단시간 노출기준이 시간가중평균농도(TLV-TWA)와 단기간 노출기준(TLV-STEL) 사이일 경우 충족시켜야 하는 3가지 조건에 해당하지 않는 것은?

① 1일 4회를 초과해서는 안 된다.
② 15분 이상 지속 노출되어서는 안 된다.
③ 노출과 노출 사이에는 60분 이상의 간격이 있어야 한다.
④ TLV-TWA의 3배 농도에는 30분 이상 노출되어서는 안 된다.

풀이 농도평가에서 노출농도(TWA, STEL)값이 단시간 노출기준과 시간가중평균기준값 사이일 때 노출기준 초과로 평가해야 하는 경우
㉠ 1회 노출지속시간이 15분 이상으로 연속 노출되는 경우
㉡ 1일 4회를 초과하는 경우
㉢ 노출과 노출 사이의 간격이 1시간 이내인 경우

82 톨루엔(Toluene)의 노출에 대한 생물학적 모니터링 지표 중 소변에서 확인 가능한 대사산물은?

① Thiocyante   ② Glucuronate
③ o-Cresol   ④ Organic sulfate

풀이 톨루엔의 대사산물
㉠ 혈액·호기 : 톨루엔
㉡ 소변 : o-크레졸

83 생물학적 모니터링의 방법 중 생물학적 결정인자로 보기 어려운 것은?

① 체액의 화학물질 또는 그 대사산물
② 표적조직에 작용하는 활성 화학물질의 양
③ 건강상의 영향을 초래하지 않은 부위나 조직
④ 처음으로 접촉하는 부위에 직접 독성 영향을 야기하는 물질

풀이 생물학적 모니터링 방법 분류(생물학적 결정인자)
㉠ 체액(생체시료나 호기)에서 해당 화학물질이나 그것의 대사산물을 측정하는 방법 : 선택적 검사와 비선택적 검사로 분류된다.
㉡ 실제 악영향을 초래하고 있지 않은 부위나 조직에서 측정하는 방법 : 이 검사는 대부분 특이적으로 내재용량을 정량하는 방법이다.
㉢ 표적·비표적 조직과 작용하는 활성 화학물질의 양을 측정하는 방법 : 작용면에서 상호작용하는 화학물질의 양을 직접 또는 간접적으로 평가하는 방법이며, 표적조직을 알 수 있으면 다른 방법에 비해 더 정확하게 건강의 위험을 평가할 수 있다.

84 독성물질의 생체과정인 흡수, 분포, 생전환, 배설 등에 변화를 일으켜 독성이 낮아지는 길항작용(antagonism)은?

① 화학적 길항작용
② 기능적 길항작용
③ 배분적 길항작용
④ 수용체 길항작용

풀이 독성물질의 생체과정인 흡수, 분포, 생전환, 배설 등에 변화를 일으켜 독성이 낮아지는 경우를 배분적(분배적) 길항작용이라고 한다.

정답 79.③ 80.② 81.④ 82.③ 83.④ 84.③

85 중금속 노출에 의하여 나타나는 금속열은 흄 형태의 금속을 흡입하여 발생되는데, 감기증상과 매우 비슷하여 오한, 구토감, 기침, 전신위약감 등의 증상이 있으며 월요일 출근 후에 심해져서 월요일열(monday fever)이라고도 한다. 다음 중 금속열을 일으키는 물질이 아닌 것은?

① 납 ② 카드뮴
③ 안티몬 ④ 산화아연

[풀이] 금속열 발생 원인물질의 종류
㉠ 아연
㉡ 구리
㉢ 망간
㉣ 마그네슘
㉤ 니켈
㉥ 카드뮴
㉦ 안티몬

86 지방족 할로겐화 탄화수소물 중 인체 노출 시, 간의 장해인 중심소엽성 괴사를 일으키는 물질은?

① 톨루엔
② 노말헥산
③ 사염화탄소
④ 트리클로로에틸렌

[풀이] 사염화탄소(CCl_4)
㉠ 특이한 냄새가 나는 무색의 액체로, 소화제, 탈지세정제, 용제로 이용한다.
㉡ 신장장해 증상으로 감뇨, 혈뇨 등이 발생하며, 완전 무뇨증이 되면 사망할 수 있다.
㉢ 피부, 간장, 신장, 소화기, 신경계에 장해를 일으키는데, 특히 간에 대한 독성작용이 강하게 나타난다(즉, 간에 중요한 장해인 중심소엽성 괴사를 일으킨다).
㉣ 고온에서 금속과의 접촉으로 포스겐, 염화수소를 발생시키므로 주의를 요한다.
㉤ 고농도로 폭로되면 중추신경계 장해 외에 간장이나 신장에 장해가 일어나 황달, 단백뇨, 혈뇨의 증상을 보이는 할로겐 탄화수소이다.
㉥ 초기증상으로 지속적인 두통, 구역 및 구토, 간 부위에 압통 등의 증상을 일으킨다.

87 독성을 지속기간에 따라 분류할 때 만성독성(chronic toxicity)에 해당되는 독성물질 투여(노출)기간은? (단, 실험동물에 외인성 물질을 투여하는 경우로 한정한다.)

① 1일 이상 ~ 14일 정도
② 30일 이상 ~ 60일 정도
③ 3개월 이상 ~ 1년 정도
④ 1년 이상 ~ 3년 정도

[풀이] 유해화학물질의 노출기간에 따른 분류
(1) 급성독성 물질
단기간(1~14일)에 독성이 발생하는 물질
(2) 아급성독성 물질
장기간(1년 이상)에 걸쳐서 독성이 발생하는 물질
(3) 그 밖에 장애물질
㉠ 해당 물질에 반복적 또는 장기적으로 노출될 경우 사망 또는 심각한 손상을 가져오는 물질
㉡ 임상관찰 또는 기타 적절한 방법에 따른 평가에 의해 시각, 청각 및 후각을 포함한 중추 또는 말초 신경계에서의 주요 기능장애를 일으키는 물질
㉢ 혈액의 골수세포 생산 감소 등 임상학적으로 나타나는 일관된 변화를 일으키는 물질
㉣ 간, 신장, 신경계, 폐 등의 표적기관의 손상을 주는 물질
㉤ 헤모글로빈의 기능을 약화시키는 등 혈액이나 조혈계의 장애를 일으키는 물질
㉥ 그 밖에 해당 물질로 인한 신체기관의 기능장애 또는 비가역적 변화를 일으키는 물질
※ 실험동물에 외인성 물질을 투여하는 경우 만성독성에 해당하는 기간은 3개월~1년 정도이다.

88 직업성 폐암을 일으키는 물질과 가장 거리가 먼 것은?

① 니켈
② 석면
③ β-나프틸아민
④ 결정형 실리카

[풀이] ③ β-나프틸아민은 췌장암, 방광암 등을 일으키는 물질이다.

정답 85.① 86.③ 87.③ 88.③

89 물질 A의 독성에 관한 인체실험 결과, 안전흡수량이 체중 kg당 0.1mg이었다. 체중이 50kg인 근로자가 1일 8시간 작업할 경우 이 물질의 체내 흡수를 안전흡수량 이하로 유지하려면 공기 중 농도를 몇 mg/m³ 이하로 하여야 하는가? (단, 작업 시 폐환기율은 1.25m³/h, 체내 잔류율은 1.0으로 한다.)

① 0.5
② 1.0
③ 1.5
④ 2.0

[풀이]
안전흡수량(mg) = $C \times T \times V \times R$

$C(mg/m^3) = \dfrac{\text{안전흡수량}}{T \times V \times R}$

$= \dfrac{0.1mg/kg \times 50kg}{8hr \times 1.25m^3/hr \times 1.0} = 0.5mg/m^3$

90 합금, 도금 및 전지 등의 제조에 사용되며, 알레르기 반응, 폐암 및 비강암을 유발할 수 있는 중금속은?

① 비소
② 니켈
③ 베릴륨
④ 안티몬

[풀이] 니켈(Ni)
㉠ 니켈은 모넬(monel), 인코넬(inconel), 인콜로이(incoloy)와 같은 합금과 스테인리스강에 포함되어 있고, 허용농도는 1mg/m³이다.
㉡ 도금, 합금, 제강 등의 생산과정에서 발생한다.
㉢ 정상 작업에서 용접으로 인하여 유해한 농도까지 니켈흄이 발생하지 않는다. 그러나 스테인리스강이나 합금을 용접할 때에는 고농도의 노출에 대해 주의가 필요하다.
㉣ 급성중독 장애로는 폐부종, 폐렴이 발생하고, 만성중독 장애로는 폐, 비강, 부비강에 암이 발생하며, 간장에도 손상이 발생한다.

91 소변을 이용한 생물학적 모니터링의 특징으로 옳지 않은 것은?

① 비파괴적 시료채취방법이다.
② 많은 양의 시료 확보가 가능하다.
③ EDTA와 같은 항응고제를 첨가한다.
④ 크레아티닌 농도 및 비중으로 보정이 필요하다.

[풀이] 생체시료로 사용되는 소변의 특징
㉠ 비파괴적으로 시료채취가 가능하다.
㉡ 많은 양의 시료 확보가 가능하여 일반적으로 가장 많이 활용된다(유기용제 평가 시 주로 이용).
㉢ 불규칙한 소변 배설량으로 농도보정이 필요하다.
㉣ 시료채취과정에서 오염될 가능성이 높다.
㉤ 채취시료는 신속하게 검사한다.
㉥ 냉동상태(-10 ~ -20℃)로 보존하는 것이 원칙이다.
㉦ 채취조건 : 요 비중 1.030 이상 1.010 이하, 요 중 크레아티닌이 3g/L 이상 0.3g/L 이하인 경우 새로운 시료를 채취해야 한다.

92 근로자의 유해물질 노출 및 흡수정도를 종합적으로 평가하기 위하여 생물학적 측정이 필요하다. 또한 유해물질 배출 및 축적 속도에 따라 시료채취시기를 적절히 정해야 하는데, 시료채취시기에 제한을 가장 작게 받는 것은?

① 요중 납
② 호기 중 벤젠
③ 요중 총페놀
④ 혈중 총무기수은

[풀이] 긴 반감기를 가진 화학물질(중금속)은 시료채취시간이 별로 중요하지 않으며, 반대로 반감기가 짧은 물질인 경우에는 시료채취시간이 매우 중요하다.

93 작업환경 내의 유해물질과 그로 인한 대표적인 장애를 잘못 연결한 것은?

① 벤젠 - 시신경장애
② 염화비닐 - 간장애
③ 톨루엔 - 중추신경계 억제
④ 이황화탄소 - 생식기능장애

[풀이] 유기용제별 대표적 특이증상
㉠ 벤젠 : 조혈장애
㉡ 염화탄화수소, 염화비닐 : 간장애
㉢ 이황화탄소 : 중추신경 및 말초신경 장애, 생식기능장애
㉣ 메틸알코올(메탄올) : 시신경장애
㉤ 메틸부틸케톤 : 말초신경장애(중독성)
㉥ 노말헥산 : 다발성 신경장애
㉦ 에틸렌글리콜에테르 : 생식기장애
㉧ 알코올, 에테르류, 케톤류 : 마취작용
㉨ 톨루엔 : 중추신경장애

94 2000년대 외국인 근로자에게 다발성 말초 신경병증을 집단으로 유발한 노말헥산(n-hexane)은 체내 대사과정을 거쳐 어떤 물질로 배설되는가?

① 2-hexanone
② 2,5-hexanedione
③ hexachlorophene
④ hexachloroethane

[풀이] 노말헥산[n-헥산, $CH_3(CH_2)_4CH_3$]
㉠ 투명한 휘발성 액체로 파라핀계 탄화수소의 대표적 유해물질이며, 휘발성이 크고 극도로 인화하기 쉽다.
㉡ 페인트, 시너, 잉크 등의 용제로 사용되며, 정밀기계의 세척제 등으로 사용한다.
㉢ 장기간 폭로될 경우 독성 말초신경장애가 초래되어 사지의 지각상실과 신근마비 등 다발성 신경장애를 일으킨다.
㉣ 2000년대 외국인 근로자에게 다발성 말초신경증을 집단으로 유발한 물질이다.
㉤ 체내 대사과정을 거쳐 2,5-hexanedione 물질로 배설된다.

95 진폐증의 독성병리기전과 거리가 먼 것은?

① 천식
② 섬유증
③ 폐 탄력성 저하
④ 콜라겐섬유 증식

[풀이] 진폐증
㉠ 호흡성 분진(0.5~5μm) 흡입에 의해 폐에 조직반응을 일으킨 상태, 즉 폐포가 섬유화되어(굳게 되어) 수축과 팽창을 할 수 없고, 결국 산소교환이 정상적으로 이루어지지 않는 현상을 말한다.
㉡ 흡입된 분진이 폐조직에 축적되어 병적인 변화를 일으키는 질환을 총괄적으로 의미한다.
㉢ 호흡기를 통하여 폐에 침입하는 분진은 크게 무기성 분진과 유기성 분진으로 구분된다.
㉣ 진폐증의 대표적인 병리소견인 섬유증(fibrosis)은 폐포, 폐포관, 모세기관지 등을 이루고 있는 세포들 사이에 콜라겐섬유가 증식하는 병리적 현상이다.
㉤ 콜라겐섬유가 증식하면 폐의 탄력성이 떨어져 호흡곤란, 지속적인 기침, 폐기능 저하를 가져온다.
㉥ 일반적으로 진폐증의 유병률과 노출기간은 비례하는 것으로 알려져 있다.

96 암모니아(NH_3)가 인체에 미치는 영향으로 가장 적합한 것은?

① 전구증상이 없이 치사량에 이를 수 있으며, 심한 경우 호흡부전에 빠질 수 있다.
② 고농도일 때 기도의 염증, 폐수종, 치아산식증, 위장장해 등을 초래한다.
③ 용해도가 낮아 하기도까지 침투하며, 급성 증상으로는 기침, 천명, 흉부압박감 외에 두통, 오심 등이 온다.
④ 피부, 점막에 작용하며 눈의 결막, 각막을 자극하며 폐부종, 성대경련, 호흡장해 및 기관지경련 등을 초래한다.

[풀이] 암모니아(NH_3)
㉠ 알칼리성으로 자극적인 냄새가 강한 무색의 기체이다.
㉡ 주요 사용공정은 비료, 냉동제 등이다.
㉢ 물에 용해가 잘 된다. ⇨ 수용성
㉣ 폭발성이 있다. ⇨ 폭발범위 16~25%
㉤ 피부, 점막(코와 인후부)에 대한 자극성과 부식성이 강하여 고농도의 암모니아가 눈에 들어가면 시력장애를 일으킨다.
㉥ 중등도 이하의 농도에서 두통, 흉통, 오심, 구토 등을 일으킨다.
㉦ 고농도의 가스 흡입 시 폐수종을 일으키고 중추작용에 의해 호흡정지를 초래한다.
㉧ 암모니아 중독 시 비타민C가 해독에 효과적이다.

97 납중독을 확인하는 데 이용하는 시험으로 옳지 않은 것은?

① 혈중 납 농도
② EDTA 흡착능
③ 신경전달속도
④ 헴(heme)의 대사

[풀이] 납중독 확인 시험사항
㉠ 혈액 내의 납 농도
㉡ 헴(heme)의 대사
㉢ 말초신경의 신경전달속도
㉣ Ca-EDTA 이동시험
㉤ ALA(Amino Levulinic Acid) 축적

98 비중격천공을 유발시키는 물질은?

① 납
② 크롬
③ 수은
④ 카드뮴

풀이 크롬의 만성중독 건강장애
(1) 점막장애
　점막이 충혈되어 화농성 비염이 되고 차례로 깊이 들어가서 궤양이 되며, 코점막의 염증, 비중격천공 증상을 일으킨다.
(2) 피부장애
　㉠ 피부궤양(둥근 형태의 궤양)을 일으킨다.
　㉡ 수용성 6가 크롬은 저농도에서도 피부염을 일으킨다.
　㉢ 손톱 주위, 손 및 전박부에 잘 발생한다.
(3) 발암작용
　㉠ 장기간 흡입에 의한 기관지암, 폐암, 비강암(6가 크롬)이 발생한다.
　㉡ 크롬 취급자의 폐암에 의한 사망률이 정상인보다 상당히 높다.
(4) 호흡기장애
　크롬폐증이 발생한다.

99 유기용제 중 벤젠에 대한 설명으로 옳지 않은 것은?

① 벤젠은 백혈병을 일으키는 원인물질이다.
② 벤젠은 만성장해로 조혈장해를 유발하지 않는다.
③ 벤젠은 빈혈을 일으켜 혈액의 모든 세포성분이 감소한다.
④ 벤젠은 주로 페놀로 대사되며 페놀은 벤젠의 생물학적 노출지표로 이용된다.

풀이 ② 벤젠은 만성장해로 조혈장해를 유발한다.

100 독성실험 단계에 있어 제1단계(동물에 대한 급성노출시험)에 관한 내용과 가장 거리가 먼 것은?

① 생식독성과 최기형성 독성실험을 한다.
② 눈과 피부에 대한 자극성 실험을 한다.
③ 변이원성에 대하여 1차적인 스크리닝 실험을 한다.
④ 치사성과 기관장해에 대한 양-반응곡선을 작성한다.

풀이 독성실험 단계
(1) 제1단계(동물에 대한 급성폭로시험)
　㉠ 치사성과 기관장해(중독성장해)에 대한 반응곡선을 작성한다.
　㉡ 눈과 피부에 대한 자극성을 실험한다.
　㉢ 변이원성에 대하여 1차적인 스크리닝 실험을 한다.
(2) 제2단계(동물에 대한 만성폭로시험)
　㉠ 상승작용과 가승작용 및 상쇄작용에 대하여 실험한다.
　㉡ 생식영향(생식독성)과 산아장애(최기형성)를 실험한다.
　㉢ 거동(행동) 특성을 실험한다.
　㉣ 장기독성을 실험한다.
　㉤ 변이원성에 대하여 2차적인 스크리닝 실험을 한다.

꿈을 이루지 못하게 만드는 것은 오직하나
실패할지도 모른다는 두려움일세...
-파울로 코엘료(Paulo Coelho)-
☆

제1회 산업위생관리기사

과년도 출제문제 | 2021.03.07

제1과목 | 산업위생학 개론

01 산업재해의 원인을 직접 원인(1차 원인)과 간접 원인(2차 원인)으로 구분할 때, 직접 원인에 대한 설명으로 옳지 않은 것은 다음 중 어느 것인가?

① 불안전한 상태와 불안전한 행위로 나눌 수 있다.
② 근로자의 신체적 원인(두통, 현기증, 만취 상태 등)이 있다.
③ 근로자의 방심, 태만, 무모한 행위에서 비롯되는 인적 원인이 있다.
④ 작업장소의 결함, 보호장구의 결함 등의 물적 원인이 있다.

풀이 산업재해의 직접 원인(1차 원인)
(1) 불안전한 행위(인적 요인)
  ㉠ 위험장소 접근
  ㉡ 안전장치기능 제거(안전장치를 고장 나게 함)
  ㉢ 기계·기구의 잘못 사용(기계설비의 결함)
  ㉣ 운전 중인 기계장치의 손실
  ㉤ 불안전한 속도 조작
  ㉥ 주변 환경에 대한 부주의(위험물 취급 부주의)
  ㉦ 불안전한 상태의 방치
  ㉧ 불안전한 자세
  ㉨ 안전확인 경고의 미비(감독 및 연락 불충분)
  ㉩ 복장, 보호구의 잘못 사용(보호구를 착용하지 않고 작업)
(2) 불안전한 상태(물적 요인)
  ㉠ 물 자체의 결함
  ㉡ 안전보호장치의 결함
  ㉢ 복장, 보호구의 결함
  ㉣ 물의 배치 및 작업장소의 결함(불량)
  ㉤ 작업환경의 결함(불량)
  ㉥ 생산공장의 결함
  ㉦ 경계표시, 설비의 결함

02 작업장에서 누적된 스트레스를 개인차원에서 관리하는 방법에 대한 설명으로 옳지 않은 것은?

① 신체검사를 통하여 스트레스성 질환을 평가한다.
② 자신의 한계와 문제의 징후를 인식하여 해결방안을 도출한다.
③ 규칙적인 운동을 삼가고 흡연, 음주 등을 통해 스트레스를 관리한다.
④ 명상, 요가 등의 긴장이완 훈련을 통하여 생리적 휴식상태를 점검한다.

풀이 개인차원 일반적 스트레스 관리
㉠ 자신의 한계와 문제의 징후를 인식하여 해결방안 도출
㉡ 신체검사를 통하여 스트레스성 질환을 평가
㉢ 긴장이완 훈련(명상, 요가 등)을 통하여 생리적 휴식상태를 경험
㉣ 규칙적인 운동으로 스트레스를 줄이고, 직무 외적인 취미, 휴식 등에 참여하여 대처능력을 함양

03 어느 사업장에서 톨루엔($C_6H_5CH_3$)의 농도가 0℃일 때 100ppm이었다. 기압의 변화 없이 기온이 25℃로 올라갈 때 농도는 약 몇 mg/m³인가?

① 325mg/m³
② 346mg/m³
③ 365mg/m³
④ 376mg/m³

풀이
$$\text{농도}(mg/m^3) = 100\,ppm \times \frac{92.13}{22.4 \times \left(\frac{273+25}{273}\right)}$$
$$= 376.81\,mg/m^3$$

정답 01.② 02.③ 03.④

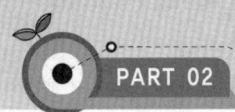

04 다음 중 인체의 항상성(homeostasis) 유지기전의 특성에 해당하지 않는 것은 어느 것인가?
① 확산성(diffusion)
② 보상성(compensatory)
③ 자가조절성(self-regulatory)
④ 되먹이기전(feedback mechanism)

풀이 인체의 항상성 유지기전의 특성
㉠ 보상성(compensatory)
㉡ 자가조절성(self-regulatory)
㉢ 되먹이기전(feedback mechanism)

05 산업안전보건법령상 밀폐공간작업으로 인한 건강장애의 예방에 있어 다음 각 용어의 정의로 옳지 않은 것은?
① "밀폐공간"이란 산소결핍, 유해가스로 인한 화재, 폭발 등의 위험이 있는 장소이다.
② "산소결핍"이란 공기 중의 산소농도가 16% 미만인 상태를 말한다.
③ "적정한 공기"란 산소농도의 범위가 18% 이상 23.5% 미만, 이산화탄소 농도가 1.5% 미만, 황화수소의 농도가 10ppm 미만인 수준의 공기를 말한다.
④ "유해가스"란 이산화탄소 · 일산화탄소 · 황화수소 등의 기체로서 인체에 유해한 영향을 미치는 물질을 말한다.

풀이 ② "산소결핍"이란 공기 중의 산소농도가 18% 미만인 상태를 말한다.

06 혈액을 이용한 생물학적 모니터링의 단점으로 옳지 않은 것은?
① 보관, 처치에 주의를 요한다.
② 시료채취 시 오염되는 경우가 많다.
③ 시료채취 시 근로자가 부담을 가질 수 있다.
④ 약물동력학적 변이요인들의 영향을 받는다.

풀이 혈액을 이용한 생물학적 모니터링
㉠ 시료채취 과정에서 오염될 가능성이 적다.
㉡ 휘발성 물질 시료의 손실 방지를 위하여 최대용량을 채취해야 한다.
㉢ 채취 시 고무마개의 혈액흡착을 고려해야 한다.
㉣ 생물학적 기준치는 정맥혈을 기준으로 하며, 동맥혈에는 적용할 수 없다.
㉤ 분석방법 선택 시 특정 물질의 단백질 결합을 고려해야 한다.
㉥ 보관, 처치에 주의를 요한다.
㉦ 시료채취 시 근로자가 부담을 가질 수 있다.
㉧ 약물동력학적 변이요인들의 영향을 받는다.

07 다음 중 AIHA(American Industrial Hygiene Association)에서 정의하고 있는 산업위생의 범위에 해당하지 않는 것은?
① 근로자의 작업 스트레스를 예측하여 관리하는 기술
② 작업장 내 기계의 품질향상을 위해 관리하는 기술
③ 근로자에게 비능률을 초래하는 작업환경요인을 예측하는 기술
④ 지역사회 주민들에게 건강장애를 초래하는 작업환경요인을 평가하는 기술

풀이 산업위생의 정의(AIHA)
근로자나 일반 대중(지역주민)에게 질병, 건강장애와 안녕방해, 심각한 불쾌감 및 능률저하 등을 초래하는 작업환경요인과 스트레스를 예측, 측정, 평가하고 관리하는 과학과 기술이다(예측, 인지, 평가, 관리 의미와 동일함).

08 하인리히의 사고예방대책의 기본원리 5단계를 순서대로 나타낸 것은?
① 조직 → 사실의 발견 → 분석 · 평가 → 시정책의 선정 → 시정책의 적용
② 조직 → 분석 · 평가 → 사실의 발견 → 시정책의 선정 → 시정책의 적용
③ 사실의 발견 → 조직 → 분석 · 평가 → 시정책의 선정 → 시정책의 적용
④ 사실의 발견 → 조직 → 시정책의 선정 → 시정책의 적용 → 분석 · 평가

정답 04.① 05.② 06.② 07.② 08.①

풀이 하인리히의 사고예방대책의 기본원리 5단계
㉠ 제1단계 : 안전관리조직 구성(조직)
㉡ 제2단계 : 사실의 발견
㉢ 제3단계 : 분석·평가
㉣ 제4단계 : 시정방법(시정책)의 선정
㉤ 제5단계 : 시정책의 적용(대책 실시)

09 산업안전보건법령상 위험성 평가를 실시하여야 하는 사업장의 사업주가 위험성 평가의 결과와 조치사항을 기록할 때 포함되어야 하는 사항으로 볼 수 없는 것은?
① 위험성 결정의 내용
② 위험성 평가 대상의 유해·위험 요인
③ 위험성 평가에 소요된 기간, 예산
④ 위험성 결정에 따른 조치의 내용

풀이 위험성 평가의 결과와 조치사항을 기록·보존 시 포함사항
㉠ 위험성 평가 대상의 유해·위험 요인
㉡ 위험성 결정의 내용
㉢ 위험성 결정에 따른 조치의 내용
㉣ 그 밖에 위험성 평가의 실시내용을 확인하기 위하여 필요한 사항

10 작업자의 최대작업역(maximum area)이란?
① 어깨에서부터 팔을 뻗쳐 도달하는 최대영역
② 위팔과 아래팔을 상, 하로 이동할 때 닿는 최대범위
③ 상체를 좌, 우로 이동하여 최대한 닿을 수 있는 범위
④ 위팔을 상체에 붙인 채 아래팔과 손으로 조작할 수 있는 범위

풀이 수평작업영역의 구분
(1) 최대작업역(최대영역, maximum area)
 ㉠ 팔 전체가 수평상에 도달할 수 있는 작업영역
 ㉡ 어깨로부터 팔을 뻗어 도달할 수 있는 최대영역
 ㉢ 아래팔(전완)과 위팔(상완)을 곧게 펴서 파악할 수 있는 영역
 ㉣ 움직이지 않고 상지를 뻗어서 닿는 범위

(2) 정상작업역(표준영역, normal area)
 ㉠ 상박부를 자연스런 위치에서 몸통부에 접하고 있을 때에 전박부가 수평면 위에서 쉽게 도착할 수 있는 운동범위
 ㉡ 위팔(상완)을 자연스럽게 수직으로 늘어뜨린 채 아래팔(전완)만으로 편안하게 뻗어 파악할 수 있는 영역
 ㉢ 움직이지 않고 전박과 손으로 조작할 수 있는 범위
 ㉣ 앉은 자세에서 위팔은 몸에 붙이고, 아래팔만 곧게 뻗어 닿는 범위
 ㉤ 약 34~45cm의 범위

11 단순반복동작 작업으로 손, 손가락 또는 손목의 부적절한 작업방법과 자세 등으로 주로 손목 부위에 주로 발생하는 근골격계 질환은 다음 중 어느 것인가?
① 테니스엘보
② 회전근개 손상
③ 수근관증후군
④ 흉곽출구증후군

풀이 근골격계 질환의 종류와 원인 및 증상

종류	원인	증상
근육통증후군 (기용터널증후군)	목이나 어깨를 과다 사용하거나 굽히는 자세	목이나 어깨 부위 근육의 통증 및 움직임 둔화
요통 (건초염)	• 중량물 인양 및 옮기는 자세 • 허리를 비틀거나 구부리는 자세	추간판 탈출로 인한 신경압박 및 허리부위에 염좌가 발생하여 통증 및 감각마비
손목뼈터널증후군 (수근관증후군)	반복적이고 지속적인 손목 압박 및 굽힘 자세	손가락의 저림 및 통증, 감각저하
내·외상과염	과다한 손목 및 손가락의 동작	팔꿈치 내·외측의 통증
수완진동증후군	진동공구 사용	손가락의 혈관수축, 감각마비, 하얗게 변함

12 미국산업위생학술원(AAIH)에서 정한 산업위생전문가들이 지켜야 할 윤리강령 중 전문가로서의 책임에 해당되지 않는 것은?

① 기업체의 기밀은 누설하지 않는다.
② 전문분야로서의 산업위생 발전에 기여한다.
③ 근로자, 사회 및 전문분야의 이익을 위해 과학적 지식을 공개하고 발표한다.
④ 위험요인의 측정, 평가 및 관리에 있어서 외부의 압력에 굴하지 않고 중립적 태도를 취한다.

풀이 산업위생전문가의 윤리강령(미국산업위생학술원, AAIH) : 윤리적 행위의 기준
(1) 산업위생전문가로서의 책임
  ㉠ 성실성과 학문적 실력 면에서 최고수준을 유지한다(전문적 능력 배양 및 성실한 자세로 행동).
  ㉡ 과학적 방법의 적용과 자료의 해석에서 경험을 통한 전문가의 객관성을 유지한다(공인된 과학적 방법 적용·해석).
  ㉢ 전문분야로서의 산업위생을 학문적으로 발전시킨다.
  ㉣ 근로자, 사회 및 전문직종의 이익을 위해 과학적 지식을 공개하고 발표한다.
  ㉤ 산업위생활동을 통해 얻은 개인 및 기업체의 기밀은 누설하지 않는다(정보는 비밀 유지).
  ㉥ 전문적 판단이 타협에 의하여 좌우될 수 있거나 이해관계가 있는 상황에는 개입하지 않는다.
(2) 근로자에 대한 책임
  ㉠ 근로자의 건강보호가 산업위생전문가의 일차적 책임임을 인지한다(주된 책임 인지).
  ㉡ 근로자와 기타 여러 사람의 건강과 안녕이 산업위생전문가의 판단에 좌우된다는 것을 깨달아야 한다.
  ㉢ 위험요인의 측정, 평가 및 관리에 있어서 외부의 영향력에 굴하지 않고 중립적(객관적)인 태도를 취한다.
  ㉣ 건강의 유해요인에 대한 정보(위험요소)와 필요한 예방조치에 대해 근로자와 상담(대화)한다.
(3) 기업주와 고객에 대한 책임
  ㉠ 결과 및 결론을 뒷받침할 수 있도록 정확한 기록을 유지하고, 산업위생 사업에서 전문가답게 전문부서들을 운영·관리한다.
  ㉡ 기업주와 고객보다는 근로자의 건강보호에 궁극적 책임을 두어 행동한다.
  ㉢ 쾌적한 작업환경을 조성하기 위하여 산업위생의 이론을 적용하고 책임감 있게 행동한다.
  ㉣ 신뢰를 바탕으로 정직하게 권하고 성실한 자세로 충고하며, 결과와 개선점 및 권고사항을 정확히 보고한다.
(4) 일반대중에 대한 책임
  ㉠ 일반대중에 관한 사항은 학술지에 정직하게, 사실 그대로 발표한다.
  ㉡ 적정(정확)하고도 확실한 사실(확인된 지식)을 근거로 하여 전문적인 견해를 발표한다.

13 턱뼈의 괴사를 유발하여 영국에서 사용금지된 최초의 물질은?

① 벤지딘(benzidine)
② 청석면(crocidolite)
③ 적린(red phosphorus)
④ 황린(yellow phosphorus)

풀이 황린은 인의 동소체의 일종으로 공기 중에서 피부에 접촉되면 심한 화상을 입고, 턱뼈의 인산칼슘과 반응하면 턱뼈가 괴사된다.

14 산업안전보건법령상 강렬한 소음작업에 대한 정의로 옳지 않은 것은?

① 90데시벨 이상의 소음이 1일 8시간 이상 발생하는 작업
② 105데시벨 이상의 소음이 1일 1시간 이상 발생하는 작업
③ 110데시벨 이상의 소음이 1일 30분 이상 발생하는 작업
④ 115데시벨 이상의 소음이 1일 10분 이상 발생하는 작업

풀이 강렬한 소음작업
  ㉠ 90dB 이상의 소음이 1일 8시간 이상 발생되는 작업
  ㉡ 95dB 이상의 소음이 1일 4시간 이상 발생되는 작업
  ㉢ 100dB 이상의 소음이 1일 2시간 이상 발생되는 작업
  ㉣ 105dB 이상의 소음이 1일 1시간 이상 발생되는 작업
  ㉤ 110dB 이상의 소음이 1일 30분 이상 발생되는 작업
  ㉥ 115dB 이상의 소음이 1일 15분 이상 발생되는 작업

15 38세 된 남성근로자의 육체적 작업능력(PWC)은 15kcal/min이다. 이 근로자가 1일 8시간 동안 물체를 운반하고 있으며 이때의 작업대사량이 7kcal/min이고 휴식 시 대사량이 1.2kcal/min일 경우, 이 사람이 쉬지 않고 계속하여 일을 할 수 있는 최대허용시간(T_{end})은? (단, $\log T_{end} = 3.720 - 0.1949E$이다.)

① 7분
② 98분
③ 227분
④ 3,063분

풀이
$\log T_{end} = 3.720 - 0.1949E$
작업대사량(E) = 7kcal/min
$= 3.720 - 0.1949 \times 7$
$= 2.356$
최대허용시간(T_{end}) = $10^{2.365}$ = 227min

16 다음 중 직업병의 발생원인으로 볼 수 없는 것은?

① 국소난방
② 과도한 작업량
③ 유해물질의 취급
④ 불규칙한 작업시간

풀이 ① 국소난방은 직업병의 발생원인과 관계가 적다.

17 온도 25℃, 1기압 하에서 분당 100mL씩 60분 동안 채취한 공기 중에서 벤젠이 3mg 검출되었다면 이때 검출된 벤젠은 약 몇 ppm인가? (단, 벤젠의 분자량은 78이다.)

① 11   ② 15.7
③ 111   ④ 157

풀이
벤젠 농도(mg/m³)
$= \dfrac{3mg}{100mL/min \times 60min \times m^3/10^6 mL} = 500mg/m^3$

벤젠 농도(ppm)
$= 500mg/m^3 \times \dfrac{24.45}{78} = 156.73ppm$

18 교대근무제의 효과적인 운영방법으로 옳지 않은 것은?

① 업무효율을 위해 연속근무를 실시한다.
② 근무 교대시간은 근로자의 수면을 방해하지 않도록 정해야 한다.
③ 근무시간은 8시간을 주기로 교대하며, 야간근무 시 충분한 휴식을 보장해 주어야 한다.
④ 교대작업은 피로회복을 위해 역교대근무 방식보다 전진근무 방식(주간근무 → 저녁근무 → 야간근무 → 주간근무)으로 하는 것이 좋다.

풀이 교대근무제의 관리원칙(바람직한 교대제)
㉠ 각 반의 근무시간은 8시간씩 교대로 하고, 야근은 가능한 짧게 한다.
㉡ 2교대의 경우 최저 3조의 정원을, 3교대의 경우 4조를 편성한다.
㉢ 채용 후 건강관리로서 정기적으로 체중, 위장증상 등을 기록해야 하며, 근로자의 체중이 3kg 이상 감소하면 정밀검사를 받아야 한다.
㉣ 평균작업시간은 주 40시간을 기준으로, 갑반 → 을반 → 병반으로 순환하게 한다.
㉤ 근무시간의 간격은 15~16시간 이상으로 하는 것이 좋다.
㉥ 야근의 주기는 4~5일로 한다.
㉦ 신체의 적응을 위하여 야간근무의 연속일수는 2~3일로 하며, 야간근무를 3일 이상 연속으로 하는 경우에는 피로축적현상이 나타나게 되므로 연속하여 3일을 넘기지 않도록 한다.
㉧ 야근 후 다음 반으로 가는 간격은 최저 48시간 이상의 휴식시간을 갖도록 하여야 한다.
㉨ 야근 교대시간은 상오 0시 이전에 하는 것이 좋다 (심야시간을 피함).
㉩ 야근 시 가면은 반드시 필요하며, 보통 2~4시간 (1시간 30분 이상)이 적합하다.
㉪ 야근 시 가면은 작업강도에 따라 30분~1시간 범위로 하는 것이 좋다.
㉫ 작업 시 가면시간은 적어도 1시간 30분 이상 주어야 수면효과가 있다고 볼 수 있다.
㉬ 상대적으로 가벼운 작업은 야간근무조에 배치하는 등 업무내용을 탄력적으로 조정해야 하며, 야간작업자는 주간작업자보다 연간 쉬는 날이 더 많아야 한다.
㉭ 근로자가 교대일정을 미리 알 수 있도록 해야 한다.
㉮ 일반적으로 오전근무의 개시시간은 오전 9시로 한다.
㉯ 교대방식(교대근무 순환주기)은 낮근무 → 저녁근무 → 밤근무 순으로 한다. 즉, 정교대가 좋다.

정답 15.③ 16.① 17.④ 18.①

19 다음 물질에 관한 생물학적 노출지수를 측정하려 할 때 시료의 채취시기가 다른 하나는?

① 크실렌
② 이황화탄소
③ 일산화탄소
④ 트리클로로에틸렌

[풀이] 각 보기 물질의 시료 채취시기는 다음과 같다.
① 크실렌 : 작업종료 시
② 이황화탄소 : 작업종료 시
③ 일산화탄소 : 작업종료 시
④ 트리클로로에틸렌 : 주말작업종료 시

20 심한 작업이나 운동 시 호흡조절에 영향을 주는 요인과 거리가 먼 것은?

① 산소
② 수소이온
③ 혈중 포도당
④ 이산화탄소

[풀이] 호흡조절에 영향을 주는 요인
㉠ 산소
㉡ 수소이온
㉢ 이산화탄소

제2과목 | 작업위생 측정 및 평가

21 어느 작업장에서 소음의 음압수준(dB)을 측정한 결과가 85, 87, 84, 86, 89, 81, 82, 84, 83, 88일 때, 측정결과의 중앙값(dB)은?

① 83.5
② 84.0
③ 84.5
④ 84.9

[풀이] 결과값을 순서대로 배열하면 다음과 같다.
81, 82, 83, 84, 84, 85, 86, 87, 88, 89
가운데 84dB, 85dB을 산술평균한다.
중앙값 $= \dfrac{84+85}{2} = 84.5\text{dB}$

22 직경 25mm 여과지(유효면적 385mm^2)를 사용하여 백석면을 채취하여 분석한 결과 단위시야당 시료는 3.15개, 공시료는 0.05개였을 때 석면의 농도(개/cc)는? (단, 측정시간은 100분, 펌프 유량은 2.0L/min, 단위시야의 면적은 0.00785mm^{2}이다.)

① 0.74
② 0.76
③ 0.78
④ 0.80

[풀이] 석면 농도(개/cc) $= \dfrac{(C_s - C_b) \times A_s}{A_f \times T \times R \times 1,000(\text{cc/L})}$
$= \dfrac{(3.15 - 0.05) \times 385}{0.00785 \times 100 \times 2.0 \times 1,000}$
$= 0.76\text{개/cc}$

23 측정기구와 측정하고자 하는 물리적 인자의 연결이 틀린 것은?

① 피토관 – 정압
② 흑구온도계 – 복사온도
③ 아스만통풍건습계 – 기류
④ 가이거뮬러카운터 – 방사능

[풀이] ③ 아스만통풍건습계 - 습구온도

24 양자역학을 응용하여 아주 짧은 파장의 전자기파를 증폭 또는 발진하여 발생시키며, 단일파장이고 위상이 고르며 간섭현상이 일어나기 쉬운 특성이 있는 비전리방사선은?

① X-ray
② Microwave
③ Laser
④ Gamma-ray

[풀이] 레이저
㉠ LASER는 Light Amplification by Stimulated Emission of Radiation의 약자이다.
㉡ 자외선, 가시광선, 적외선 가운데 인위적으로 특정한 파장부위를 강력하게 증폭시켜 얻은 복사선이다.
㉢ 레이저는 유도방출에 의한 광선증폭을 뜻하며, 단색성, 지향성, 접속성, 고출력성의 특징이 있어 집광성과 방향조절이 용이하다.
㉣ 위상이 고르고 간섭현상이 일어나기 쉽다.
㉤ 단색성이 뛰어나다.

25 태양광선이 내리쬐지 않는 옥외 장소의 습구흑구온도지수(WBGT)를 산출하는 식은?

① WBGT=0.7×자연습구온도+0.3×흑구온도
② WBGT=0.3×자연습구온도+0.7×흑구온도
③ WBGT=0.3×자연습구온도+0.7×건구온도
④ WBGT=0.7×자연습구온도+0.3×건구온도

풀이 고온의 노출기준 표시단위
㉠ 옥외(태양광선이 내리쬐는 장소)
 WBGT(℃)=0.7×자연습구온도+0.2×흑구온도
  +0.1×건구온도
㉡ 옥내 또는 옥외(태양광선이 내리쬐지 않는 장소)
 WBGT(℃)=0.7×자연습구온도+0.3×흑구온도

26 일정한 온도조건에서 가스의 부피와 압력이 반비례하는 것과 가장 관계가 있는 법칙은?

① 보일의 법칙
② 샤를의 법칙
③ 라울의 법칙
④ 게이뤼삭의 법칙

풀이 보일의 법칙
일정한 온도에서 기체의 부피는 그 압력에 반비례한다. 즉 압력이 2배 증가하면 부피는 처음의 1/2배로 감소한다.

27 소음의 단위 중 음원에서 발생하는 에너지를 의미하는 음력(sound power)의 단위는?

① dB
② Phon
③ W
④ Hz

풀이 음향출력(음향파워, 음력)
㉠ 음원으로부터 단위시간당 방출되는 총 음에너지(총 출력)를 말한다.
㉡ 단위는 watt(W)이다.

28 산업안전보건법령상 유해인자와 단위의 연결이 틀린 것은?

① 소음 — dB
② 흄 — mg/m^3
③ 석면 — 개/cm^3
④ 고열 — 습구·흑구온도지수, ℃

풀이 ① 소음 — dB(A)

29 작업장의 기본적인 특성을 파악하는 예비조사의 목적으로 가장 적절한 것은?

① 유사노출그룹 설정
② 노출기준 초과여부 판정
③ 작업장과 공정의 특성 파악
④ 발생되는 유해인자 특성 조사

풀이 예비조사 목적
㉠ 동일노출그룹(유사노출그룹, HEG)의 설정
㉡ 정확한 시료채취전략 수립

30 유기용제 취급 사업장의 메탄올 농도 측정 결과가 100ppm, 89ppm, 94ppm, 99ppm, 120ppm일 때, 이 사업장의 메탄올 농도 기하평균(ppm)은?

① 99.4 ② 99.9
③ 100.4 ④ 102.3

풀이
$$\log GM = \frac{\log 100 + \log 89 + \log 94 + \log 99 + \log 120}{5}$$
$$= 1.999$$
$$GM = 10^{1.999} = 99.77 ppm$$

31 0.04M HCl이 2% 해리되어 있는 수용액의 pH는?

① 3.1 ② 3.3
③ 3.5 ④ 3.7

풀이
$$pH = -\log[H^+] = \log\frac{1}{H^+}$$
$$HCl \rightleftarrows H^+ + Cl^-$$
$$H^+ = 0.04 \times 0.02 = 0.0008M$$
$$pH = -\log 0.0008 = 3.10$$

32 흡착제를 이용하여 시료채취를 할 때 영향을 주는 인자에 관한 설명으로 틀린 것은?

① 흡착제의 크기 : 입자의 크기가 작을수록 표면적이 증가하여 채취효율이 증가하나 압력강하가 심하다.
② 흡착관의 크기 : 흡착관의 크기가 커지면 전체 흡착제의 표면적이 증가하여 채취용량이 증가하므로 파과가 쉽게 발생되지 않는다.
③ 습도 : 극성 흡착제를 사용할 때 수증기가 흡착되기 때문에 파과가 일어나기 쉽다.
④ 온도 : 온도가 높을수록 기공활동이 활발하여 흡착능이 증가하나 흡착제의 변형이 일어날 수 있다.

풀이 흡착제를 이용한 시료채취 시 영향인자
㉠ 온도 : 온도가 낮을수록 흡착에 좋으나 고온일수록 흡착대상 오염물질과 흡착제의 표면 사이 또는 2종 이상의 흡착대상 물질간 반응속도가 증가하여 흡착성질이 감소하며 파과가 일어나기 쉽다(모든 흡착은 발열반응이다).
㉡ 습도 : 극성 흡착제를 사용할 때 수증기가 흡착되기 때문에 파과가 일어나기 쉬우며, 비교적 높은 습도는 활성탄의 흡착용량을 저하시킨다. 또한 습도가 높으면 파과공기량(파과가 일어날 때까지의 채취공기량)이 적어진다.
㉢ 시료채취속도(시료채취량) : 시료채취속도가 크고 코팅된 흡착제일수록 파과가 일어나기 쉽다.
㉣ 유해물질 농도(포집된 오염물질의 농도) : 농도가 높으면 파과용량(흡착제에 흡착된 오염물질량)이 증가하나 파과공기량은 감소한다.
㉤ 혼합물 : 혼합기체의 경우 각 기체의 흡착량은 단독성분이 있을 때보다 적어지게 된다(혼합물 중 흡착제와 강한 결합을 하는 물질에 의하여 치환반응이 일어나기 때문).
㉥ 흡착제의 크기(흡착제의 비표면적) : 입자 크기가 작을수록 표면적 및 채취효율이 증가하지만 압력강하가 심하다(활성탄은 다른 흡착제에 비하여 큰 비표면적을 갖고 있다).
㉦ 흡착관의 크기(튜브의 내경, 흡착제의 양) : 흡착제의 양이 많아지면 전체 흡착제의 표면적이 증가하여 채취용량이 증가하므로 파과가 쉽게 발생되지 않는다.

33 소음의 변동이 심하지 않은 작업장에서 1시간 간격으로 8회 측정한 산술평균의 소음수준이 93.5dB(A)이었을 때, 작업시간이 8시간인 근로자의 하루 소음노출량(noise dose, %)은? (단, 기준소음노출시간과 수준 및 exchange rate는 OHSA 기준을 준용한다.)

① 104 ② 135
③ 162 ④ 234

풀이
$$TWA = 16.61 \log \frac{D}{100} + 90$$
$$93.5 dB(A) = 16.61 \log \frac{D(\%)}{100} + 90$$
$$16.61 \log \frac{D(\%)}{100} = (93.5 - 90) dB(A)$$
$$\log \frac{D(\%)}{100} = \frac{3.5}{16.61}$$
$$D(\%) = 10^{\frac{3.5}{16.61}} \times 100 = 162.45\%$$

34 포집효율이 90%와 50%의 임핀저(impinger)를 직렬로 연결하여 작업장 내 가스를 포집할 경우 전체 포집효율(%)은?

① 93 ② 95
③ 97 ④ 99

풀이 전체 포집효율(η_T)
$$\eta_T = \eta_1 + \eta_2(1 - \eta_1)$$
$$= 0.9 + [0.5(1 - 0.9)] = 0.95 \times 100 = 95\%$$

35 벤젠이 배출되는 작업장에서 채취한 시료의 벤젠 농도 분석결과가 3시간 동안 4.5ppm, 2시간 동안 12.8ppm, 1시간 동안 6.8ppm일 때, 이 작업장의 벤젠 TWA(ppm)는?

① 4.5 ② 5.7
③ 7.4 ④ 9.8

풀이
$$TWA(ppm) = \frac{(3 \times 4.5) + (2 \times 12.8) + (1 \times 6.8) + (2 \times 0)}{8}$$
$$= 5.74 ppm$$

정답 32.④ 33.③ 34.② 35.②

36 복사기, 전기기구, 플라스마 이온방식의 공기청정기 등에서 공통적으로 발생할 수 있는 유해물질로 가장 적절한 것은?

① 오존
② 이산화질소
③ 일산화탄소
④ 포름알데히드

풀이 오존(O_3)
㉠ 매우 특이한 자극성 냄새를 갖는 무색의 기체로 액화하면 청색을 나타낸다.
㉡ 물에 잘 녹으며, 알칼리용액, 클로로포름에도 녹는다.
㉢ 강력한 산화제이므로 화재의 위험성이 높고, 약간의 유기물 존재 시 즉시 폭발을 일으킨다.
㉣ 복사기, 전기기구, 플라스마 이온방식의 공기청정기 등에서 공통적으로 발생한다.

37 먼지를 크기별 분포로 측정한 결과를 가지고 기하표준편차(GSD)를 계산하고자 할 때 필요한 자료가 아닌 것은?

① 15.9%의 분포를 가진 값
② 18.1%의 분포를 가진 값
③ 50.0%의 분포를 가진 값
④ 84.1%의 분포를 가진 값

풀이 기하표준편차(GSD)
84.1%에 해당하는 값을 50%에 해당하는 값으로 나누는 값

$$GSD = \frac{84.1\%에\ 해당하는\ 값}{50\%에\ 해당하는\ 값}$$
$$= \frac{50\%에\ 해당하는\ 값}{15.9\%에\ 해당하는\ 값}$$

38 산업안전보건법령상 고열 측정 시간과 간격으로 옳은 것은?

① 작업시간 중 노출되는 고열의 평균온도에 해당하는 1시간, 10분 간격
② 작업시간 중 노출되는 고열의 평균온도에 해당하는 1시간, 5분 간격
③ 작업시간 중 가장 높은 고열에 노출되는 1시간, 5분 간격
④ 작업시간 중 가장 높은 고열에 노출되는 1시간, 10분 간격

풀이 고열 측정방법
1일 작업시간 중 최대로 높은 고열에 노출되고 있는 1시간을 10분 간격으로 연속하여 측정한다.

39 입자상 물질의 여과원리와 가장 거리가 먼 것은?

① 차단
② 확산
③ 흡착
④ 관성충돌

풀이 여과채취기전
㉠ 직접 차단
㉡ 관성충돌
㉢ 확산
㉣ 중력침강
㉤ 정전기 침강
㉥ 체질

40 산화마그네슘, 망간, 구리 등의 금속분진을 분석하기 위한 장비로 가장 적절한 것은 어느 것인가?

① 자외선/가시광선 분광광도계
② 가스 크로마토그래피
③ 핵자기공명분광계
④ 원자흡광광도계

풀이 원자흡광광도계
시료를 적당한 방법으로 해리시켜 중성원자로 증기화하여 생긴 기저상태의 원자가 이 원자 증기층을 투과하는 특유 파장의 빛을 흡수하는 현상을 이용하여 광전 측광과 같은 개개의 특유 파장에 대한 흡광도를 측정하여 시료 중의 원소 농도를 정량하는 방법으로 대기 또는 배출가스 중의 유해중금속, 기타 원소의 분석에 적용한다.

제3과목 | 작업환경 관리대책

41 유해물질의 증기발생률에 영향을 미치는 요소로 가장 거리가 먼 것은?

① 물질의 비중
② 물질의 사용량
③ 물질의 증기압
④ 물질의 노출기준

풀이 유해물질의 증기발생률에 영향을 미치는 요소
㉠ 물질의 비중
㉡ 물질의 사용량
㉢ 물질의 증기압

42 회전차 외경이 600mm인 원심송풍기의 풍량은 200m³/min이다. 회전차 외경이 1,000mm인 동류(상사구조)의 송풍기가 동일한 회전수로 운전된다면 이 송풍기의 풍량(m³/min)은? (단, 두 경우 모두 표준공기를 취급한다.)

① 333
② 556
③ 926
④ 2,572

풀이
$$Q_2 = Q_1 \times \left(\frac{D_2}{D_1}\right)^3$$
$$= 200\text{m}^3/\text{min} \times \left(\frac{1,000}{600}\right)^3$$
$$= 925.93\text{m}^3/\text{min}$$

43 후드의 유입계수가 0.82, 속도압이 50mmH₂O일 때 후드의 유입손실(mmH₂O)은?

① 22.4
② 24.4
③ 26.4
④ 28.4

풀이 후드의 압력손실(ΔP)
$$\Delta P = F \times VP$$
$$F = \frac{1}{Ce^2} - 1 = \frac{1}{0.82^2} - 1 = 0.487$$
$$= 0.487 \times 50$$
$$= 24.35\text{mmH}_2\text{O}$$

44 길이, 폭, 높이가 각각 25m, 10m, 3m인 실내에 시간당 18회의 환기를 하고자 한다. 직경 50cm의 개구부를 통하여 공기를 공급하고자 하면 개구부를 통과하는 공기의 유속(m/s)은?

① 13.7
② 15.3
③ 17.2
④ 19.1

풀이
$$ACH = \frac{\text{필요환기량}}{\text{작업장 용적}}$$
필요환기량 = ACH × 용적
$$= 18\text{회}/\text{hr} \times (25 \times 10 \times 3)\text{m}^3$$
$$= 13,500\text{m}^3/\text{hr} \times 1\text{hr}/3,600\text{s}$$
$$= 3.75\text{m}^3/\text{s}$$
$$Q = A \times V$$
$$V = \frac{Q}{A} = \frac{3.75\text{m}^3/\text{sec}}{\left(\frac{3.14 \times 0.5^2}{4}\right)\text{m}^2} = 19.11\text{m/s}$$

45 다음은 입자상 물질 집진기의 집진원리를 설명한 것이다. 아래의 설명에 해당하는 집진원리는?

> 분진의 입경이 클 때 분진은 가스흐름의 궤도에서 벗어나게 된다. 즉 입자의 크기에 따라 비교적 큰 분진은 가스통과경로를 따라 발산하지 못하고, 작은 분진은 가스와 같이 발산한다.

① 직접차단
② 관성충돌
③ 원심력
④ 확산

풀이 관성충돌(inertial impaction)
입경이 비교적 크고 입자가 기체유선에서 벗어나 급격하게 진로를 바꾸면 방향의 변화를 따르지 못한 입자의 방향지향성, 즉 관성 때문에 섬유층에 직접 충돌하여 포집되는 원리로, 공기의 흐름방향이 바뀔 때 입자상 물질은 계속 같은 방향으로 유지하려는 원리를 이용한 것이다.

46 철재 연마공정에서 생기는 철가루의 비산을 방지하기 위해 가로 50cm, 높이 20cm인 직사각형 후드에 플랜지를 부착하여 바닥면에 설치하고자 할 때 필요환기량(m³/min)은? (단, 제어풍속은 ACGIH 권고치 기준의 하한으로 설정하며, 제어풍속이 미치는 최대거리는 개구면으로부터 30cm라 가정한다.)

① 112　　② 119
③ 253　　④ 238

풀이 플랜지 부착, 바닥면에 위치한 후드의 필요환기량(Q)
$Q(\text{m}^3/\text{min})$
$= 0.5 V_c (10X^2 + A)$
$A = 0.5\text{m} \times 0.2\text{m} = 0.1\text{m}^2$
철 연마공정에서 생기는 철가루 비산의 ACGIH 권고치 기준 하한값 : 3.7m/sec
$= 0.5 \times 3.7\text{m/sec} \times [(10 \times 0.3^2)\text{m}^2 + 0.1\text{m}^2]$
$\quad \times 60\text{sec/min}$
$= 111\text{m}^3/\text{min}$

47 다음 중 위생보호구에 대한 설명과 가장 거리가 먼 것은?

① 사용자는 손질방법 및 착용방법을 숙지해야 한다.
② 근로자 스스로 폭로대책으로 사용할 수 있다.
③ 규격에 적합한 것을 사용해야 한다.
④ 보호구 착용으로 유해물질로부터의 모든 신체적 장애를 막을 수 있다.

풀이 ④ 보호구 착용으로 유해물질로부터의 모든 신체적 장애를 막을 수는 없다.

48 곡관에서 곡률반경비(R/D)가 1.0일 때 압력손실계수값이 가장 작은 곡관의 종류는?

① 2조각 관　　② 3조각 관
③ 4조각 관　　④ 5조각 관

풀이 곡관에서 곡률반경비(R/D)가 동일할 경우 조각관의 수가 많을수록, 곡관의 곡률반경비를 크게 할수록 압력손실계수가 작아진다.

49 작업 중 발생하는 먼지에 대한 설명으로 옳지 않은 것은?

① 일반적으로 특별한 유해성이 없는 먼지는 불활성 먼지 또는 공해성 먼지라고 하며, 이러한 먼지에 노출될 경우 일반적으로 폐용량에 이상이 나타나지 않으며, 먼지에 대한 폐의 조직반응은 가역적이다.
② 결정형 유리규산(free silica)은 규산의 종류에 따라 Cristobalite, Quartz, Tridymite, Tripoli가 있다.
③ 용융규산(fused silica)은 비결정형 규산으로 노출기준은 총먼지로 10mg/m³이다.
④ 일반적으로 호흡성 먼지란 종말 모세기관지나 폐포 영역의 가스교환이 이루어지는 영역까지 도달하는 미세먼지를 말한다.

풀이 ③ 용융규산(fused silica)은 비결정형 규산으로 노출기준은 총먼지로 0.1mg/m³이다.

50 고열 배출원이 아닌 탱크 위에 한 변이 2m인 정방형 모양의 캐노피형 후드를 3측면이 개방되도록 설치하고자 한다. 제어속도가 0.25m/s, 개구면과 배출원 사이의 높이가 1.0m일 때 필요송풍량(m³/min)은?

① 2.44
② 146.46
③ 249.15
④ 435.81

풀이 3측면 개방 외부식 천개형 후드의 필요송풍량(Q)
$Q(\text{m}^3/\text{min}) = 8.5 \times H^{1.8} \times W^{0.2} \times V_c$
$= 8.5 \times 1^{1.8} \times 2^{0.2} \times 0.25\text{m/sec}$
$\quad \times 60\text{sec/min}$
$= 146.46\text{m}^3/\text{min}$

정답 46.①　47.④　48.④　49.③　50.②

51 그림과 같은 형태로 설치하는 후드는?

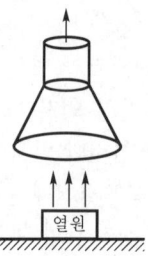

① 레시버식 캐노피형
 (receiving canopy hoods)
② 포위식 커버형
 (enclosures cover hoods)
③ 부스식 드래프트 체임버형
 (booth draft chnamber hoods)
④ 외부식 그리드형
 (exterior capturing grid hoods)

[풀이] **레시버식(수형) 천개형 캐노피형 후드**
작업공정에서 발생되는 오염물질이 운동량(관성력)이나 열상승력을 가지고 자체적으로 발생될 때, 발생되는 방향 쪽에 후드의 입구를 설치함으로써 보다 적은 풍량으로 오염물질을 포집할 수 있도록 설계한 후드이다.

52 에틸벤젠의 농도가 400ppm인 1,000m³ 체적의 작업장의 환기를 위해 90m³/min 속도로 외부공기를 유입한다고 할 때, 이 작업장의 에틸벤젠 농도가 노출기준(TLV) 이하로 감소되기 위한 최소소요시간(min)은? (단, 에틸벤젠의 TLV는 100ppm이고, 외부유입 공기 중 에틸벤젠의 농도는 0ppm이다.)

① 11.8
② 15.4
③ 19.2
④ 23.6

[풀이] $t = -\dfrac{V}{Q}\ln\left(\dfrac{C_2}{C_1}\right)$
$= -\dfrac{1,000}{90}\ln\left(\dfrac{100}{400}\right)$
$= 15.40\,\text{min}$

53 산업안전보건법령상 안전인증 방독마스크에 안전인증표시 외에 추가로 표시되어야 할 항목이 아닌 것은?

① 포집효율
② 파과곡선도
③ 사용시간 기록카드
④ 사용상의 주의사항

[풀이] **방독마스크에 안전인증표시 외에 추가로 표시해야 하는 항목**
㉠ 파과곡선도
㉡ 사용시간 기록카드
㉢ 정화통 외부 측면의 표시색
㉣ 사용상의 주의사항

54 덕트에서 공기 흐름의 평균속도압이 25mmH₂O였다면 덕트에서의 공기의 반송속도(m/s)는 얼마인가? (단, 공기 밀도는 1.21kg/m³로 동일하다.)

① 10
② 15
③ 20
④ 25

[풀이] $V(\text{m/s}) = 4.043\sqrt{\text{VP}}$
$= 4.043 \times \sqrt{25}$
$= 20.22\,\text{m/s}$

55 산업위생관리를 작업환경관리, 작업관리, 건강관리로 나눠서 구분할 때, 다음 중 작업환경관리와 가장 거리가 먼 것은?

① 유해공정의 격리
② 유해설비의 밀폐화
③ 전체환기에 의한 오염물질의 희석 배출
④ 보호구 사용에 의한 유해물질의 인체 침입 방지

[풀이] ④ 보호구 사용에 의한 유해물질의 인체 침입 방지는 건강관리의 내용이다.

정답 51.① 52.② 53.① 54.③ 55.④

56 강제환기를 실시할 때 환기효과를 제고시킬 수 있는 방법이 아닌 것은?
① 공기 배출구와 근로자의 작업위치 사이에 오염원이 위치하지 않도록 하여야 한다.
② 배출구가 창문이나 문 근처에 위치하지 않도록 한다.
③ 오염물질 배출구는 가능한 한 오염원으로부터 가까운 곳에 설치하여 점환기효과를 얻는다.
④ 공기가 배출되면서 오염장소를 통과하도록 공기 배출구와 유입구의 위치를 선정한다.

풀이 전체환기(강제환기)시설 설치 기본원칙
㉠ 오염물질 사용량을 조사하여 필요환기량을 계산한다.
㉡ 배출공기를 보충하기 위하여 청정공기를 공급한다.
㉢ 오염물질 배출구는 가능한 한 오염원으로부터 가까운 곳에 설치하여 '점환기'의 효과를 얻는다.
㉣ 공기 배출구와 근로자의 작업위치 사이에 오염원이 위치해야 한다.
㉤ 공기가 배출되면서 오염장소를 통과하도록 공기 배출구와 유입구의 위치를 선정한다.
㉥ 작업장 내 압력은 경우에 따라서 양압이나 음압으로 조정해야 한다(오염원 주위에 다른 작업공정이 있으면 공기 공급량을 배출량보다 적게 하여 음압을 형성시켜 주위 근로자에게 오염물질이 확산되지 않도록 한다).
㉦ 배출된 공기가 재유입되지 못하게 배출구 높이를 적절히 설계하고 창문이나 문 근처에 위치하지 않도록 한다.
㉧ 오염된 공기는 작업자가 호흡하기 전에 충분히 희석되어야 한다.
㉨ 오염물질 발생은 가능하면 비교적 일정한 속도로 유출되도록 조정해야 한다.

57 국소환기시스템의 슬롯(slot) 후드에 설치된 충만실(plenum chamber)에 관한 설명 중 옳지 않은 것은?
① 후드가 크게 되면 충만실의 공기속도 손실도 고려해야 한다.
② 제어속도는 슬롯속도와는 관계가 없어 슬롯속도가 높다고 흡인력을 증가시키지는 않는다.
③ 슬롯에서의 병목현상으로 인하여 유체의 에너지가 손실된다.
④ 충만실의 목적은 슬롯의 공기유속을 결과적으로 일정하게 상승시키는 것이다.

풀이 외부식 슬롯 후드
㉠ 슬롯 후드는 후드 개방부분의 길이가 길고, 높이(폭)가 좁은 형태로 [높이(폭)/길이]의 비가 0.2 이하인 것을 말한다.
㉡ 슬롯 후드에서도 플랜지를 부착하면 필요배기량을 줄일 수 있다(ACGIH : 환기량 30% 절약).
㉢ 슬롯 후드의 가장자리에서도 공기의 흐름을 균일하게 하기 위해 사용한다.
㉣ 슬롯 속도는 배기송풍량과는 관계가 없으며, 제어풍속은 슬롯 속도에 영향을 받지 않는다.
㉤ 플레넘 속도를 슬롯 속도의 1/2 이하로 하는 것이 좋다.

58 전기집진장치의 장·단점으로 틀린 것은?
① 운전 및 유지비가 많이 든다.
② 고온가스 처리가 가능하다.
③ 설치공간이 많이 든다.
④ 압력손실이 낮다.

풀이 전기집진장치의 장단점
(1) 장점
㉠ 집진효율이 높다($0.01\mu m$ 정도 포집 용이, 99.9% 정도 고집진효율).
㉡ 광범위한 온도범위에서 적용이 가능하며, 폭발성 가스의 처리도 가능하다.
㉢ 고온의 입자성 물질(500℃ 전후) 처리가 가능하여 보일러와 철강로 등에 설치할 수 있다.
㉣ 압력손실이 낮고, 대용량의 가스 처리가 가능하며, 배출가스의 온도강하가 적다.
㉤ 운전 및 유지비가 저렴하다.
㉥ 회수가치가 있는 입자 포집에 유리하며, 습식 및 건식으로 집진할 수 있다.
㉦ 넓은 범위의 입경과 분진 농도에 집진효율이 높다.
(2) 단점
㉠ 설치비용이 많이 든다.
㉡ 설치공간을 많이 차지한다.
㉢ 설치된 후에는 운전조건의 변화에 유연성이 적다.
㉣ 먼지 성상에 따라 전처리시설이 요구된다.
㉤ 분진 포집에 적용되며, 기체상 물질 제거는 곤란하다.
㉥ 전압변동과 같은 조건변동(부하변동)에 쉽게 적응하지 못한다.
㉦ 가연성 입자의 처리가 힘들다.

정답 56.③ 57.④ 58.①

59 다음 중 귀마개에 관한 설명으로 가장 거리가 먼 것은?

① 휴대가 편하다.
② 고온작업장에서도 불편 없이 사용할 수 있다.
③ 근로자들이 착용하였는지 쉽게 확인할 수 있다.
④ 제대로 착용하는 데 시간이 걸리고 요령을 습득해야 한다.

풀이 귀마개의 장단점
(1) 장점
 ㉠ 부피가 작아 휴대가 쉽다.
 ㉡ 안경과 안전모 등에 방해가 되지 않는다.
 ㉢ 고온작업에서도 사용 가능하다.
 ㉣ 좁은 장소에서도 사용 가능하다.
 ㉤ 귀덮개보다 가격이 저렴하다.
(2) 단점
 ㉠ 귀에 질병이 있는 사람은 착용 불가능하다.
 ㉡ 여름에 땀이 많이 날 때는 외이도에 염증 유발 가능성이 있다.
 ㉢ 제대로 착용하는 데 시간이 걸리며, 요령을 습득하여야 한다.
 ㉣ 귀덮개보다 차음효과가 일반적으로 떨어지며, 개인차가 크다.
 ㉤ 더러운 손으로 만짐으로써 외청도를 오염시킬 수 있다(귀마개에 묻어 있는 오염물질이 귀에 들어갈 수 있음).

60 덕트 설치 시 고려해야 할 사항으로 가장 거리가 먼 것은?

① 직경이 다른 덕트를 연결할 때는 경사 30° 이내의 테이퍼를 부착한다.
② 곡관의 곡률반경은 최대덕트직경의 3.0 이상으로 하며 주로 4.0을 사용한다.
③ 송풍기를 연결할 때에는 최소덕트직경의 6배 정도는 직선구간으로 한다.
④ 가급적 원형 덕트를 사용하며, 부득이 사각형 덕트를 사용할 경우에는 가능한 한 정방형을 사용한다.

풀이 덕트(duct)의 설치기준(설치 시 고려사항)
㉠ 가능한 한 길이는 짧게 하고, 굴곡부의 수는 적게 할 것
㉡ 접속부의 내면은 돌출된 부분이 없도록 할 것
㉢ 청소구를 설치하는 등 청소하기 쉬운 구조로 할 것
㉣ 덕트 내 오염물질이 쌓이지 않도록 이송속도를 유지할 것
㉤ 연결부위 등은 외부공기가 들어오지 않도록 할 것 (연결부위를 가능한 한 용접할 것)
㉥ 가능한 후드와 가까운 곳에 설치할 것
㉦ 송풍기를 연결할 때는 최소덕트직경의 6배 정도 직선구간을 확보할 것
㉧ 직관은 하향구배로 하고 직경이 다른 덕트를 연결할 때에는 경사 30° 이내의 테이퍼를 부착할 것
㉨ 원형 덕트가 사각형 덕트보다 덕트 내 유속분포가 균일하므로 가급적 원형 덕트를 사용하며, 부득이 사각형 덕트를 사용할 경우에는 가능한 정방형을 사용하고 곡관의 수를 적게 할 것
㉩ 곡관의 곡률반경은 최소덕트직경의 1.5 이상(주로 2.0)을 사용할 것
㉪ 수분이 응축될 경우 덕트 내로 들어가지 않도록 경사나 배수구를 마련할 것
㉫ 덕트의 마찰계수는 작게 하고, 분지관을 가급적 적게 할 것

제4과목 | 물리적 유해인자관리

61 귀마개의 차음평가수(NRR)가 27일 경우 이 귀마개의 차음효과는 얼마인가? (단, OSHA의 계산방법을 따른다.)

① 6dB   ② 8dB
③ 10dB ④ 12dB

풀이 차음효과 = (NRR − 7) × 0.5
          = (27 − 7) × 0.5
          = 10dB

62 다음 중 피부에 강한 특이적 홍반작용과 색소침착, 피부암 발생 등의 장애를 모두 일으키는 것은?

① 가시광선   ② 적외선
③ 마이크로파 ④ 자외선

정답 59.③ 60.② 61.③ 62.④

[풀이] **자외선의 피부에 대한 작용(장애)**
  ㉠ 자외선에 의하여 피부의 표피와 진피 두께가 증가하여 피부의 비후가 온다.
  ㉡ 280nm 이하의 자외선은 대부분 표피에서 흡수, 280~320nm 자외선은 진피에서 흡수, 320~380nm 자외선은 표피(상피 : 각화층, 말피기층)에서 흡수된다.
  ㉢ 각질층 표피세포(말피기층)의 histamine의 양이 많아져 모세혈관 수축, 홍반 형성에 이어 색소침착이 발생한다. 홍반 형성은 300nm 부근(2,000~2,900Å)의 폭로가 가장 강한 영향을 미치며, 멜라닌색소침착은 300~420nm에서 영향을 미친다.
  ㉣ 반복하여 자외선에 노출될 경우 피부가 건조해지고 갈색을 띠게 하며 주름살이 많이 생기게 한다. 즉 피부노화에 영향을 미친다.
  ㉤ 피부투과력은 체표에서 0.1~0.2mm 정도이고, 자외선 파장, 피부색, 피부 표피의 두께에 좌우된다.
  ㉥ 옥외작업을 하면서 콜타르의 유도체, 벤조피렌, 안트라센화합물과 상호작용하여 피부암을 유발하며, 관여하는 파장은 주로 280~320nm이다.
  ㉦ 피부색과의 관계는 피부가 흰색일 때 가장 투과가 잘되며, 흑색이 가장 투과가 안 된다. 따라서 백인과 흑인의 피부암 발생률 차이가 크다.
  ㉧ 자외선 노출에 가장 심각한 만성 영향은 피부암이며, 피부암의 90% 이상은 햇볕에 노출된 신체부위에서 발생한다. 특히 대부분의 피부암은 상피세포 부위에서 발생한다.

63 한랭환경에 의한 건강장애에 대한 설명으로 옳지 않은 것은?
① 레이노씨병과 같은 혈관 이상이 있을 경우에는 증상이 악화된다.
② 제2도 동상은 수포와 함께 광범위한 삼출성 염증이 일어나는 경우를 의미한다.
③ 참호족은 지속적인 국소의 영양결핍때문이며, 한랭에 의한 신경조직의 손상이 발생한다.
④ 전신 저체온의 첫 증상은 억제하기 어려운 떨림과 냉(冷)감각이 생기고 심박동이 불규칙하게 느껴지며 맥박은 약해지고 혈압이 낮아진다.

[풀이] 참호족과 침수족은 지속적인 한랭으로 모세혈관벽이 손상되는데, 이는 국소부위의 산소결핍 때문이다.

64 소음성 난청에 영향을 미치는 요소의 설명으로 옳지 않은 것은?
① 음압수준 : 높을수록 유해하다.
② 소음의 특성 : 저주파음이 고주파음보다 유해하다.
③ 노출시간 : 간헐적 노출이 계속적 노출보다 덜 유해하다.
④ 개인의 감수성 : 소음에 노출된 사람이 똑같이 반응하지는 않으며, 감수성이 매우 높은 사람이 극소수 존재한다.

[풀이] **소음성 난청에 영향을 미치는 요소**
  ㉠ 소음 크기 : 음압수준이 높을수록 영향이 크다.
  ㉡ 개인 감수성 : 소음에 노출된 모든 사람이 똑같이 반응하지 않으며, 감수성이 매우 높은 사람이 극소수 존재한다.
  ㉢ 소음의 주파수 구성 : 고주파음이 저주파음보다 영향이 크다.
  ㉣ 소음의 발생특성 : 지속적인 소음 노출이 단속적인(간헐적인) 소음 노출보다 더 큰 장애를 초래한다.

65 인체에 미치는 영향이 가장 큰 전신진동의 주파수 범위는?
① 2~100Hz
② 140~250Hz
③ 275~500Hz
④ 4,000Hz 이상

[풀이] ㉠ 전신진동(공해진동) 진동수 : 1~90Hz(2~100Hz)
  ㉡ 국소진동 진동수 : 8~1,500Hz

66 음력이 1.2W인 소음원으로부터 35m 되는 자유공간 지점에서의 음압수준(dB)은 약 얼마인가?
① 62
② 74
③ 79
④ 121

[풀이] 점음원, 자유공간의 SPL
$$SPL = PWL - 20\log r - 11$$
$$= \left(10\log\frac{1.2}{10^{-12}}\right) - 20\log 35 - 11 = 78.91 dB$$

정답 63.③ 64.② 65.① 66.③

67 진동작업장의 환경 관리대책이나 근로자의 건강보호를 위한 조치로 옳지 않은 것은?
① 발진원과 작업장의 거리를 가능한 멀리 한다.
② 작업자의 체온을 낮게 유지시키는 것이 바람직하다.
③ 절연패드의 재질로는 코르크, 펠트(felt), 유리섬유 등을 사용한다.
④ 진동공구의 무게는 10kg을 넘지 않게 하며, 방진장갑 사용을 권장한다.

[풀이] **진동작업환경 관리대책**
㉠ 작업 시에는 따뜻하게 체온을 유지해 준다(14℃ 이하의 옥외 작업에서는 보온대책 필요).
㉡ 진동공구의 무게는 10kg 이상 초과하지 않도록 한다.
㉢ 진동공구는 가능한 한 공구를 기계적으로 지지하여 준다.
㉣ 작업자는 공구의 손잡이를 너무 세게 잡지 않는다.
㉤ 진동공구의 사용 시에는 장갑(두꺼운 장갑)을 착용한다.
㉥ 총 동일한 시간을 휴식한다면 여러 번 자주 휴식하는 것이 좋다.
㉦ 체인톱과 같이 발동기가 부착되어 있는 것을 전동기로 바꾼다.
㉧ 진동공구를 사용하는 작업은 1일 2시간을 초과하지 말아야 한다.

68 극저주파 방사선(extremely low frequency fields)에 대한 설명으로 옳지 않은 것은?
① 강한 전기장의 발생원은 고전류장비와 같은 높은 전류와 관련이 있으며, 강한 자기장의 발생원은 고전압장비와 같은 높은 전하와 관련이 있다.
② 작업장에서 발전, 송전, 전기 사용에 의해 발생되며, 이들 경로에 있는 발전기에서 전력선, 전기설비, 기계, 기구 등도 잠재적인 노출원이다.
③ 주파수가 1~3,000Hz에 해당되는 것으로 정의되며, 이 범위 중 50~60Hz의 전력선과 관련한 주파수의 범위가 건강과 밀접한 연관이 있다.
④ 교류전기는 1초에 60번씩 극성이 바뀌는 60Hz의 저주파를 나타내므로 이에 대한 노출평가, 생물학적 및 인체 영향 연구가 많이 이루어져 왔다.

[풀이] ① 강한 자기장의 발생원은 고전류장비와 같은 높은 전류와 관련이 있으며, 강한 전기장의 발생원은 고전압장비와 같은 높은 전하와 관련이 있다.

69 다음 중 전리방사선의 영향에 대하여 감수성이 가장 큰 인체 내의 기관은?
① 폐
② 혈관
③ 근육
④ 골수

[풀이] **전리방사선에 대한 감수성 순서**

골수, 흉선 및 림프조직(조혈기관), 눈의 수정체, 임파선(임파구) > 상피세포, 내피세포 > 근육세포 > 신경조직

70 1루멘의 빛이 1ft²의 평면상에 수직방향으로 비칠 때 그 평면의 빛 밝기를 나타내는 것은?
① 1lux
② 1candela
③ 1촉광
④ 1foot candle

[풀이] **풋 캔들(foot candle)**
(1) 정의
㉠ 1루멘의 빛이 1ft²의 평면상에 수직으로 비칠 때 그 평면의 빛 밝기이다.
㉡ 관계식 : 풋 캔들(ft cd) = $\dfrac{lumen}{ft^2}$
(2) 럭스와의 관계
㉠ 1ft cd=10.8lux
㉡ 1lux=0.093ft cd
(3) 빛의 밝기
㉠ 광원으로부터 거리의 제곱에 반비례한다.
㉡ 광원의 촉광에 정비례한다.
㉢ 조사평면과 광원에 대한 수직평면이 이루는 각(cosine)에 반비례한다.
㉣ 색깔과 감각, 평면상의 반사율에 따라 밝기가 달라진다.

71 다음 중 인체와 환경 간의 열교환에 관여하는 온열조건 인자로 볼 수 없는 것은 어느 것인가?
① 대류
② 증발
③ 복사
④ 기압

풀이 인체와 환경 간의 열교환 관여 온열인자
㉠ 체내 열생산량(작업대사량)
㉡ 전도
㉢ 대류
㉣ 복사
㉤ 증발

72 감압병의 증상에 대한 설명으로 옳지 않은 것은?
① 관절, 심부 근육 및 뼈에 동통이 일어나는 것을 bends라 한다.
② 흉통 및 호흡곤란은 흔하지 않은 특수형 질식이다.
③ 산소의 기포가 뼈의 소동맥을 막아서 후유증으로 무균성 골괴사를 일으킨다.
④ 마비는 감압증에서 보는 중증 합병증이며 하지의 강직성 마비가 나타나는데 이는 척수나 그 혈관에 기포가 형성되어 일어난다.

풀이 감압환경의 인체 증상
㉠ 용해성 질소의 기포 형성으로 인해 동통성 관절장애, 호흡곤란, 무균성 골괴사 등을 일으킨다.
㉡ 동통성 관절장애(bends)는 감압증에서 흔히 나타나는 급성장애이며 발증에 따른 감수성은 연령, 비만, 폐손상, 심장장애, 일시적 건강장애 소인(발생소질)에 따라 달라진다.
㉢ 질소의 기포가 뼈의 소동맥을 막아서 비감염성 골괴사(ascptic bone necrosis)를 일으키기도 하며, 대표적인 만성장애로 고압환경에 반복노출 시 일어나기 가장 쉬운 속발증이다.
㉣ 마비는 감압증에서 주로 나타나는 중증 합병증이다.

73 작업환경조건을 측정하는 기기 중 기류를 측정하는 것이 아닌 것은?
① Kata 온도계
② 풍차 풍속계
③ 열선 풍속계
④ Assmann 통풍 건습계

풀이 기류의 속도 측정기기
㉠ 피토관
㉡ 회전날개형 풍속계
㉢ 그네날개형 풍속계
㉣ 열선 풍속계
㉤ 카타 온도계
㉥ 풍차 풍속계
㉦ 풍향 풍속계
㉧ 마노미터

74 음의 세기(I)와 음압(P) 사이의 관계로 옳은 것은?
① 음의 세기는 음압에 정비례
② 음의 세기는 음압에 반비례
③ 음의 세기는 음압의 제곱에 비례
④ 음의 세기는 음압의 세제곱에 비례

풀이 $I = \dfrac{P^2}{\rho c}$
음의 세기는 음압의 제곱에 비례한다.

75 다음 중 고압환경의 인체작용에 있어 2차적인 가압현상에 대한 내용이 아닌 것은 어느 것인가?
① 흉곽이 잔기량보다 적은 용량까지 압축되면 폐압박현상이 나타난다.
② 4기압 이상에서 공기 중의 질소가스는 마취작용을 한다.
③ 산소의 분압이 2기압을 넘으면 산소중독증세가 나타난다.
④ 이산화탄소는 산소의 독성과 질소의 마취작용을 증강시킨다.

정답 71.④ 72.③ 73.④ 74.③ 75.①

[풀이] **2차적 가압현상**
고압하의 대기가스 독성 때문에 나타나는 현상으로, 2차성 압력현상이다.
(1) 질소가스의 마취작용
  ㉠ 공기 중의 질소가스는 정상기압에서 비활성이지만, 4기압 이상에서는 마취작용을 일으키며 이를 다행증(euphoria)이라 한다(공기 중의 질소가스는 3기압 이하에서는 자극작용을 한다).
  ㉡ 질소가스의 마취작용은 알코올중독의 증상과 유사하다.
  ㉢ 작업력의 저하, 기분의 변환 등 여러 종류의 다행증이 일어난다.
  ㉣ 수심 90~120m에서 환청, 환시, 조현증, 기억력 감퇴 등이 나타난다.
(2) 산소중독 작용
  ㉠ 산소의 분압이 2기압을 넘으면 산소중독 증상을 보인다. 즉, 3~4기압의 산소 혹은 이에 상당하는 공기 중 산소분압에 의하여 중추신경계의 장애에 기인하는 운동장애를 나타내는데, 이것을 산소중독이라 한다.
  ㉡ 수중의 잠수자는 폐압착증을 예방하기 위하여 수압과 같은 압력의 압축기체를 호흡하여야 하며, 이로 인한 산소분압 증가로 산소중독이 일어난다.
  ㉢ 고압산소에 대한 폭로가 중지되면 증상은 즉시 멈춘다. 즉, 가역적이다.
  ㉣ 1기압에서 순산소는 인후를 자극하나 비교적 짧은 시간의 폭로라면 중독증상은 나타나지 않는다.
  ㉤ 산소중독 작용은 운동이나 이산화탄소로 인해 악화된다.
  ㉥ 수지나 족지의 작열통, 시력장애, 정신혼란, 근육경련 등의 증상을 보이며, 나아가서는 간 질모양의 경련을 나타낸다.
(3) 이산화탄소의 작용
  ㉠ 이산화탄소 농도의 증가는 산소의 독성과 질소의 마취작용을 증가시키는 역할을 하고, 감압증의 발생을 촉진시킨다.
  ㉡ 이산화탄소 농도가 고압환경에서 대기압으로 환산하여 0.2%를 초과해서는 안 된다.
  ㉢ 동통성 관절장애(bends)도 이산화탄소의 분압 증가에 따라 보다 많이 발생한다.

76 작업장에 흔히 발생하는 일반소음의 차음효과(transmission loss)를 위해서 장벽을 설치한다. 이때 장벽의 단위표면적당 무게를 2배씩 증가함에 따라 차음효과는 약 얼마씩 증가하는가?

① 2dB   ② 6dB
③ 10dB ④ 16dB

[풀이] 투과손실(TL) = $20\log(m \cdot f) - 43$(dB)에서 벽체의 무게와 관계는 m(면밀도)만 고려하면 된다.
TL = $20\log 2 = 6$dB
즉, 면밀도가 2배로 되면 약 6dB의 투과손실치가 증가한다(주파수도 동일).

77 산업안전보건법령상 상시 작업을 실시하는 장소에 대한 작업면의 조도기준으로 옳은 것은?

① 초정밀작업 : 1,000럭스 이상
② 정밀작업 : 500럭스 이상
③ 보통작업 : 150럭스 이상
④ 그 밖의 작업 : 50럭스 이상

[풀이] **근로자 상시 작업장 작업면의 조도기준**
  ㉠ 초정밀작업 : 750lux 이상
  ㉡ 정밀작업 : 300lux 이상
  ㉢ 보통작업 : 150lux 이상
  ㉣ 기타 작업 : 75lux 이상

78 인간 생체에서 이온화시키는 데 필요한 최소에너지를 기준으로 전리방사선과 비전리방사선을 구분한다. 전리방사선과 비전리방사선을 구분하는 에너지의 강도는 약 얼마인가?

① 7eV
② 12eV
③ 17eV
④ 22eV

[풀이] **전리방사선과 비전리방사선의 구분**
  ㉠ 전리방사선과 비전리방사선의 경계가 되는 광자에너지의 강도는 12eV이다.
  ㉡ 생체에서 이온화시키는 데 필요한 최소에너지는 대체로 12eV가 되고, 그 이하의 에너지를 갖는 방사선을 비이온화방사선, 그 이상 큰 에너지를 갖는 것을 이온화방사선이라 한다.
  ㉢ 방사선을 전리방사선과 비전리방사선으로 분류하는 인자는 이온화하는 성질, 주파수, 파장이다.

79 고온환경에서 심한 육체노동을 할 때 잘 발생하며, 그 기전은 지나친 발한에 의한 탈수와 염분 소실로 나타나는 건강장애는 다음 중 어느 것인가?

① 열경련(heat cramps)
② 열피로(heat fatigue)
③ 열실신(heat syncope)
④ 열발진(heat rashes)

풀이 열경련의 원인
㉠ 지나친 발한에 의한 수분 및 혈중 염분 손실(혈액의 현저한 농축 발생)
㉡ 땀을 많이 흘리고 동시에 염분이 없는 음료수를 많이 마셔서 염분 부족 시 발생
㉢ 전해질의 유실 시 발생

80 산업안전보건법령상 근로자가 밀폐공간에서 작업을 하는 경우, 사업주가 조치해야 할 사항으로 옳지 않은 것은?

① 사업주는 밀폐공간 작업 프로그램을 수립하여 시행하여야 한다.
② 사업주는 사업장 특성상 환기가 곤란한 경우 방독마스크를 지급하여 착용하도록 하고 환기를 하지 않을 수 있다.
③ 사업주는 근로자가 밀폐공간에서 작업을 하는 경우 그 장소에 근로자를 입장시킬 때와 퇴장시킬 때마다 인원을 점검하여야 한다.
④ 사업주는 밀폐공간에는 관계근로자가 아닌 사람의 출입을 금지하고, 출입금지표지를 밀폐공간 근처의 보기 쉬운 장소에 게시하여야 한다.

풀이 사업주는 근로자가 밀폐공간에서 작업을 하는 경우에 작업을 시작하기 전과 작업 중에 해당 작업장을 적정 공기상태가 유지되도록 환기하여야 한다. 다만, 폭발이나 산화 등의 위험으로 인하여 환기할 수 없거나 작업의 성질상 환기하기가 매우 곤란한 경우에는 공기호흡기 또는 송기마스크를 지급하여 착용하도록 하고 환기하지 아니할 수 있다.

제5과목 | 산업 독성학

81 호흡기에 대한 자극작용은 유해물질의 용해도에 따라 구분되는데 다음 중 상기도 점막 자극제에 해당하지 않는 것은?

① 염화수소
② 아황산가스
③ 암모니아
④ 이산화질소

풀이 호흡기에 대한 자극작용 구분에 따른 자극제의 종류
(1) 상기도 점막 자극제
㉠ 암모니아 ㉡ 염화수소
㉢ 아황산가스 ㉣ 포름알데히드
㉤ 아크롤레인 ㉥ 아세트알데히드
㉦ 크롬산 ㉧ 산화에틸렌
㉨ 염산 ㉩ 불산
(2) 상기도 점막 및 폐조직 자극제
㉠ 불소 ㉡ 요오드
㉢ 염소 ㉣ 오존
㉤ 브롬
(3) 종말세기관지 및 폐포점막 자극제
㉠ 이산화질소
㉡ 포스겐
㉢ 염화비소

82 납중독에 대한 치료방법의 일환으로 체내에 축적된 납을 배출하도록 하는 데 사용되는 것은?

① Ca-EDTA
② DMPS
③ 2-PAM
④ Atropin

풀이 납중독의 치료
(1) 급성중독
㉠ 섭취한 경우 즉시 3% 황산소다 용액으로 위세척을 한다.
㉡ Ca-EDTA를 하루에 1~4g 정도 정맥 내 투여하여 치료한다(5일 이상 투여 금지).
㉢ Ca-EDTA는 무기성 납으로 인한 중독 시 원활한 체내 배출을 위해 사용하는 배설촉진제이다(단, 배설촉진제는 신장이 나쁜 사람에게는 금지).
(2) 만성중독
㉠ 배설촉진제 Ca-EDTA 및 페니실라민(penicillamine)을 투여한다.
㉡ 대증요법으로 진정제, 안정제, 비타민 B_1, B_2를 사용한다.

정답 79.① 80.② 81.④ 82.①

83 다음에서 설명하고 있는 유해물질 관리기준은 어느 것인가?

> 이것은 유해물질에 폭로된 생체시료 중의 유해물질 또는 그 대사물질 등에 대한 생물학적 감시(monitoring)를 실시하여 생체 내에 침입한 유해물질의 총량 또는 유해물질에 의하여 일어난 생체변화의 강도를 지수로서 표현한 것이다.

① TLV(Threshold Limit Value)
② BEI(Biological Exposure Indices)
③ THP(Total Health Promotion Plan)
④ STEL(Short Term Exposure Limit)

풀이 생물학적 노출지수(BEI)
㉠ 혈액, 소변, 호기, 모발 등 생체시료(인체조직이나 세포)로부터 유해물질 그 자체 또는 유해물질의 대사산물 및 생화학적 변화를 반영하는 지표물질을 말하며, 유해물질의 대사산물, 유해물질 자체 및 생화학적 변화 등을 총칭한다.
㉡ 근로자의 전반적인 노출량을 평가하는 기준으로 BEI를 사용한다.
㉢ 작업장의 공기 중 허용농도에 의존하는 것 이외에 근로자의 노출상태를 측정하는 방법으로 근로자들의 조직과 체액 또는 호기를 검사해서 건강장애를 일으키는 일 없이 노출될 수 있는 양이 BEI이다.

84 수치로 나타낸 독성의 크기가 각각 2와 3인 두 물질이 화학적 상호작용에 의해 상대적 독성이 9로 상승하였다면 이러한 상호작용을 무엇이라 하는가?

① 상가작용
② 가승작용
③ 상승작용
④ 길항작용

풀이 상승작용(synergism effect)
㉠ 각각 단일물질에 노출되었을 때의 독성보다 훨씬 독성이 커짐을 말한다.
㉡ 상대적 독성 수치로 표현하면 2+3=20이다.
㉢ 예시 : 사염화탄소와 에탄올, 흡연자가 석면에 노출 시

85 화학물질 및 물리적 인자의 노출기준상 산화규소 종류와 노출기준이 올바르게 연결된 것은? (단, 노출기준은 TWA 기준이다.)

① 결정체 석영 – $0.1mg/m^3$
② 결정체 트리폴리 – $0.1mg/m^3$
③ 비결정체 규소 – $0.01mg/m^3$
④ 결정체 트리디마이트 – $0.01mg/m^3$

풀이 산화규소 형태에 따른 노출기준
㉠ 산화규소(결정체 석영) : $0.05mg/m^3$
㉡ 산화규소(결정체 크리스토발라이트) : $0.05mg/m^3$
㉢ 산화규소(결정체 트리디마이트) : $0.05mg/m^3$
㉣ 산화규소(결정체 트리폴리) : $0.1mg/m^3$
㉤ 산화규소(비결정체 규소, 용융된) : $0.1mg/m^3$
㉥ 산화규소(비결정체 규조토) : $10mg/m^3$
㉦ 산화규소(비결정체 침전된 규소) : $10mg/m^3$
㉧ 산화규소(비결정체 실리카겔) : $10mg/m^3$

86 노출에 대한 생물학적 모니터링의 단점이 아닌 것은?

① 시료채취의 어려움
② 근로자의 생물학적 차이
③ 유기시료의 특이성과 복잡성
④ 호흡기를 통한 노출만을 고려

풀이 생물학적 모니터링의 장단점
(1) 장점
㉠ 공기 중의 농도를 측정하는 것보다 건강상의 위험을 보다 직접적으로 평가할 수 있다.
㉡ 모든 노출경로(소화기, 호흡기, 피부 등)에 의한 종합적인 노출을 평가할 수 있다.
㉢ 개인시료보다 건강상의 악영향을 보다 직접적으로 평가할 수 있다.
㉣ 건강상의 위험에 대하여 보다 정확한 평가를 할 수 있다.
㉤ 인체 내 흡수된 내재용량이나 중요한 조직부위에 영향을 미치는 양을 모니터링할 수 있다.
(2) 단점
㉠ 시료채취가 어렵다.
㉡ 유기시료의 특이성이 존재하고 복잡하다.
㉢ 각 근로자의 생물학적 차이가 나타날 수 있다.
㉣ 분석이 어려우며, 분석 시 오염에 노출될 수 있다.

정답 83.② 84.③ 85.② 86.④

87 인체 내 주요 장기 중 화학물질 대사능력이 가장 높은 기관은?
① 폐　　　　　② 간장
③ 소화기관　　④ 신장

[풀이] 간(간장)
(1) 개요
생체변화에 있어 가장 중요한 조직으로 혈액흐름이 많고 대사효소가 많이 존재한다. 어떤 순환기에 도달하기 전에 독성물질을 해독하는 역할을 하며, 소화기로 흡수된 유해물질 또한 해독한다.
(2) 간의 일반적인 기능
㉠ 탄수화물의 저장과 대사작용
㉡ 호르몬의 내인성 폐기물 및 이물질의 대사작용
㉢ 혈액 단백질의 합성
㉣ 요소의 생성
㉤ 지방의 대사작용
㉥ 담즙의 생성

88 중추신경계에 억제작용이 가장 큰 것은?
① 알칸족　　　② 알켄족
③ 알코올족　　④ 할로겐족

[풀이] 중추신경계 억제작용 순서
알칸<알켄<알코올<유기산<에스테르<에테르<할로겐화합물(할로겐족)

89 망간중독에 대한 설명으로 옳지 않은 것은?
① 금속망간의 직업성 노출은 철강제조 분야에서 많다.
② 망간의 만성중독을 일으키는 것은 2가의 망간화합물이다.
③ 치료제는 Ca-EDTA가 있으며, 중독 시 신경이나 뇌세포 손상 회복에 효과가 크다.
④ 이산화망간 흄에 급성 폭로되면 열, 오한, 호흡곤란 등의 증상을 특징으로 하는 금속열을 일으킨다.

[풀이] 망간중독의 치료 및 예방법은 망간에 폭로되지 않도록 격리하는 것이고, 증상의 초기단계에서는 킬레이트 제재를 사용하여 어느 정도 효과를 볼 수 있으나 망간에 의한 신경 손상이 진행되어 일단 증상이 고정되면 회복이 어렵다.

90 다음 단순 에스테르 중 독성이 가장 높은 것은?
① 초산염
② 개미산염
③ 부틸산염
④ 프로피온산염

[풀이] 에스테르류
㉠ 물과 반응하여 알코올과 유기산 또는 무기산이 되는 유기화합물이다.
㉡ 염산이나 황산 존재하에서 카르복실산과 알코올과의 반응(에스테르반응)으로 생성된다.
㉢ 단순 에스테르 중에서 독성이 가장 높은 물질은 부틸산염이다.
㉣ 직접적인 마취작용은 없으나 체내에서 가수분해(유기산과 알코올 형성)하여 2차적으로 마취작용을 한다.

91 작업장에서 생물학적 모니터링의 결정인자를 선택하는 기준으로 옳지 않은 것은?
① 검체의 채취나 검사과정에서 대상자에게 불편을 주지 않아야 한다.
② 적절한 민감도(sensitivity)를 가진 결정인자이어야 한다.
③ 검사에 대한 분석적인 변이나 생물학적 변이가 타당해야 한다.
④ 결정인자는 노출된 화학물질로 인해 나타나는 결과가 특이하지 않고 평범해야 한다.

[풀이] 톨루엔에 대한 건강위험평가는 소변 중 o-크레졸, 혈액·호기에서는 톨루엔이 신뢰성 있는 결정인자이다.
생물학적 결정인자 선택기준 시 고려사항
결정인자는 공기 중에서 흡수된 화학물질에 의하여 생긴 가역적인 생화학적 변화이다.
㉠ 결정인자가 충분히 특이해야 한다.
㉡ 적절한 민감도를 지니고 있어야 한다.
㉢ 검사에 대한 분석과 생물학적 변이가 적어야 한다.
㉣ 검사 시 근로자에게 불편을 주지 않아야 한다.
㉤ 생물학적 검사 중 건강위험을 평가하기 위한 유용성 측면을 고려한다.

정답 87.② 88.④ 89.③ 90.③ 91.④

92 카드뮴의 만성중독 증상으로 볼 수 없는 것은 어느 것인가?
① 폐기능 장애 ② 골격계의 장애
③ 신장기능 장애 ④ 시각기능 장애

[풀이] **카드뮴의 만성중독 건강장애**
(1) 신장기능 장애
  ㉠ 저분자 단백뇨의 다량 배설 및 신석증을 유발한다.
  ㉡ 칼슘대사에 장애를 주어 신결석을 동반한 신증후군이 나타난다.
(2) 골격계 장애
  ㉠ 다량의 칼슘 배설(칼슘 대사장애)이 일어나 뼈의 통증, 골연화증 및 골수공증을 유발한다.
  ㉡ 철분결핍성 빈혈증이 나타난다.
(3) 폐기능 장애
  ㉠ 폐활량 감소, 잔기량 증가 및 호흡곤란의 폐 증세가 나타나며, 이 증세는 노출기간과 노출농도에 의해 좌우된다.
  ㉡ 폐기종, 만성 폐기능 장애를 일으킨다.
  ㉢ 기도 저항이 늘어나고, 폐의 가스교환기능이 저하된다.
  ㉣ 고환의 기능이 쇠퇴(atrophy)한다.
(4) 자각증상
  ㉠ 기침, 가래 및 후각의 이상이 생긴다.
  ㉡ 식욕부진, 위장장애, 체중감소 등을 유발한다.
  ㉢ 치은부의 연한 황색 색소침착을 유발한다.

93 인체에 흡수된 납(Pb) 성분이 주로 축적되는 곳은?
① 간 ② 뼈
③ 신장 ④ 근육

[풀이] **납의 인체 내 축적**
㉠ 납은 적혈구와 친화력이 강해 납의 95% 정도는 적혈구에 결합되어 있다.
㉡ 인체 내에 남아 있는 총 납량을 의미하며, 신체 장기 중 납의 90%는 뼈 조직에 축적된다.

94 작업자의 소변에서 o-크레졸이 검출되었다. 이 작업자는 어떤 물질을 취급하였다고 볼 수 있는가?
① 톨루엔 ② 에탄올
③ 클로로벤젠 ④ 트리클로로에틸렌

[풀이] **화학물질에 대한 대사산물 및 시료채취시기**

화학물질	대사산물(측정대상물질) : 생물학적 노출지표	시료채취시기
납	혈액 중 납	중요치 않음
	소변 중 납	
카드뮴	소변 중 카드뮴	중요치 않음
	혈액 중 카드뮴	
일산화탄소	호기에서 일산화탄소	작업 종료 시
	혈액 중 carboxyhemoglobin	
벤젠	소변 중 총 페놀	작업 종료 시
	소변 중 t,t-뮤코닉산 (t,t-muconic acid)	
에틸벤젠	소변 중 만델린산	작업 종료 시
니트로벤젠	소변 중 p-nitrophenol	작업 종료 시
아세톤	소변 중 아세톤	작업 종료 시
톨루엔	혈액, 호기에서 톨루엔	작업 종료 시
	소변 중 o-크레졸	
크실렌	소변 중 메틸마뇨산	작업 종료 시
스티렌	소변 중 만델린산	작업 종료 시
트리클로로에틸렌	소변 중 트리클로로초산 (삼염화초산)	주말작업 종료 시
테트라클로로에틸렌	소변 중 트리클로로초산 (삼염화초산)	주말작업 종료 시
트리클로로에탄	소변 중 트리클로로초산 (삼염화초산)	주말작업 종료 시
사염화에틸렌	소변 중 트리클로로초산 (삼염화초산)	주말작업 종료 시
	소변 중 삼염화에탄올	
이황화탄소	소변 중 TTCA	-
	소변 중 이황화탄소	
노말헥산 (n-헥산)	소변 중 2,5-hexanedione	작업 종료 시
	소변 중 n-헥산	
메탄올	소변 중 메탄올	-
클로로벤젠	소변 중 총 4-chlorocatechol	작업 종료 시
	소변 중 총 p-chlorophenol	
크롬 (수용성 흄)	소변 중 총 크롬	주말작업 종료 시, 주간작업 중
N,N-디메틸포름아미드	소변 중 N-메틸포름아미드	작업 종료 시
페놀	소변 중 메틸마뇨산	작업 종료 시

정답 92.④ 93.② 94.①

95 중금속의 노출 및 독성기전에 대한 설명으로 옳지 않은 것은?

① 작업환경 중 작업자가 흡입하는 금속형태는 흄과 먼지 형태이다.
② 대부분의 금속이 배설되는 가장 중요한 경로는 신장이다.
③ 크롬은 6가크롬보다 3가크롬이 체내 흡수가 많이 된다.
④ 납에 노출될 수 있는 업종은 축전지 제조, 합금업체, 전자산업 등이다.

> **풀이** 크롬(Cr)의 특성
> ㉠ 원자량 52.01, 비중 7.18, 비점 2,200℃의 은백색 금속이다.
> ㉡ 자연 중에는 주로 3가 형태로 존재하고 6가크롬은 적다.
> ㉢ 인체에 유해한 것은 6가크롬(중크롬산)이며, 부식작용과 산화작용이 있다.
> ㉣ 3가크롬보다 6가크롬이 체내 흡수가 많이 된다.
> ㉤ 3가크롬은 피부 흡수가 어려우나 6가크롬은 쉽게 피부를 통과한다.
> ㉥ 세포막을 통한 6가크롬은 세포 내에서 수 분 내지 수 시간 만에 체내에서 발암성을 가진 3가 형태로 환원된다.
> ㉦ 6가에서 3가로의 환원이 세포질에서 일어나면 독성이 적으나 DNA의 근위부에서 일어나면 강한 변이원성을 나타낸다.
> ㉧ 3가크롬은 세포 내에서 핵산, nuclear, enzyme, nucleotide와 같은 세포핵과 결합될 때만 발암성을 나타낸다.
> ㉨ 크롬은 생체에 필수적인 금속으로, 결핍 시에는 인슐린의 저하로 인한 대사장애를 일으킨다.

96 다음 중 악성중피종(mesothelioma)을 유발시키는 대표적인 인자는?

① 석면
② 주석
③ 아연
④ 크롬

> **풀이** ① 석면은 일반적으로 석면폐증, 폐암, 악성중피종을 발생시켜 1급 발암물질군에 포함된다.

97 약품 정제를 하기 위한 추출제 등에 이용되는 물질로 간장, 신장의 암 발생에 주로 영향을 미치는 것은?

① 크롬
② 벤젠
③ 유리규산
④ 클로로포름

> **풀이** 클로로포름($CHCl_3$)
> ㉠ 에테르와 비슷한 향이 나며, 마취제로 사용하고, 증기는 공기보다 약 4배 무겁다.
> ㉡ 페니실린을 비롯한 약품을 정제하기 위한 추출제 혹은 냉동제 및 합성수지에 이용된다.
> ㉢ 가연성이 매우 작지만 불꽃, 열 또는 산소에 노출되면 분해되어 독성물질이 된다.

98 유리규산(석영) 분진에 의한 규폐성 결정과 폐포벽 파괴 등 망상 내피계 반응은 분진입자의 크기가 얼마일 때 자주 일어나는가?

① $0.1 \sim 0.5 \mu m$
② $2 \sim 5 \mu m$
③ $10 \sim 15 \mu m$
④ $15 \sim 20 \mu m$

> **풀이** 유리규산(석영) 분진에 의한 규폐성 결정과 폐포벽 파괴 등 망상 내피계 반응은 분진입자의 크기가 $2 \sim 5 \mu m$일 때 자주 일어난다.

99 입자상 물질의 호흡기계 침착기전 중 길이가 긴 입자가 호흡기계로 들어오면 그 입자의 가장자리가 기도의 표면을 스치게 됨으로써 침착하는 현상은?

① 충돌   ② 침전
③ 차단   ④ 확산

> **풀이** 입자상 물질 호흡기계 침착기전 중 차단
> ㉠ 차단은 길이가 긴 입자가 호흡기계로 들어오면 그 입자의 가장자리가 기도의 표면을 스치게 됨으로써 일어나는 현상이다.
> ㉡ 섬유(석면)입자가 폐 내에 침착되는 데 중요한 역할을 담당한다.

정답 95.③ 96.① 97.④ 98.② 99.③

100 다음에서 설명하는 물질은?

> 이것은 소방제나 세척액 등으로 사용되었으나 현재는 강한 독성 때문에 이용되지 않으며, 고농도의 이 물질에 노출되면 중추신경계 장애 외에 간장과 신장 장애를 유발한다. 대표적인 초기증상으로는 두통, 구토, 설사 등이 있으며 그 후에 알부민뇨, 혈뇨 및 혈중 urea 수치의 상승 등의 증상이 있다.

① 납
② 수은
③ 황화수은
④ 사염화탄소

풀이 사염화탄소(CCl_4)
 ㉠ 특이한 냄새가 나는 무색의 액체로, 소화제, 탈지세정제, 용제로 이용한다.
 ㉡ 신장장애 증상으로 감뇨, 혈뇨 등이 발생하며, 완전 무뇨증이 되면 사망할 수 있다.
 ㉢ 피부, 간장, 신장, 소화기, 신경계에 장애를 일으키는데, 특히 간에 대한 독성작용이 강하게 나타난다(즉, 간에 중요한 장애인 중심소엽성 괴사를 일으킨다).
 ㉣ 고온에서 금속과의 접촉으로 포스겐, 염화수소를 발생시키므로 주의를 요한다.
 ㉤ 고농도로 폭로되면 중추신경계 장애 외에 간장이나 신장에 장애가 일어나 황달, 단백뇨, 혈뇨의 증상을 보이는 할로겐 탄화수소이다.
 ㉥ 초기증상으로 지속적인 두통, 구역 및 구토, 간 부위에 압통 등의 증상을 일으킨다.

정답 100.④

제1과목 | 산업위생학 개론

01 산업안전보건법령상 물질안전보건자료 대상물질을 제조·수입하려는 자가 물질안전보건자료에 기재해야 하는 사항에 해당되지 않는 것은? (단, 그 밖에 고용노동부장관이 정하는 사항은 제외한다.)

① 응급조치 요령
② 물리·화학적 특성
③ 안전관리자의 직무범위
④ 폭발·화재 시의 대처방법

[풀이] 물질안전보건자료(MSDS) 작성 시 포함되어야 할 항목
㉠ 화학제품과 회사에 관한 정보
㉡ 유해·위험성
㉢ 구성 성분의 명칭 및 함유량
㉣ 응급조치 요령
㉤ 폭발·화재 시 대처방법
㉥ 누출사고 시 대처방법
㉦ 취급 및 저장 방법
㉧ 노출방지 및 개인보호구
㉨ 물리·화학적 특성
㉩ 안정성 및 반응성
㉪ 독성에 관한 정보
㉫ 환경에 미치는 영향
㉬ 폐기 시 주의사항
㉭ 운송에 필요한 정보
㉮ 법적 규제현황
㉯ 그 밖의 참고사항

02 산업피로에 대한 대책으로 옳은 것은?

① 커피, 홍차, 엽차 및 비타민 B_1은 피로회복에 도움이 되므로 공급한다.
② 신체리듬의 적응을 위하여 야간 근무는 연속으로 7일 이상 실시하도록 한다.
③ 움직이는 작업은 피로를 가중시키므로 될 수록 정적인 작업으로 전환하도록 한다.
④ 피로한 후 장시간 휴식하는 것이 휴식시간을 여러 번으로 나누는 것보다 효과적이다.

[풀이]
② 신체리듬의 적응을 위하여 야간 근무의 연속일수는 2~3일로 하며, 야간 근무를 3일 이상 연속으로 하면 피로축적현상이 나타나게 되므로 연속하여 3일을 넘기지 않도록 한다.
③ 동적인 작업을 늘리고 정적인 작업을 줄인다.
④ 장시간 한 번 휴식하는 것보다 단시간씩 여러 번 나누어 휴식하는 것이 피로회복에 효과적이다.

03 산업안전보건법령에서 정하고 있는 제조 등이 금지되는 유해물질에 해당되지 않는 것은?

① 석면(asbestos)
② 크롬산 아연(zinc chromates)
③ 황린 성냥(yellow phosphorus match)
④ β-나프틸아민과 그 염(β-naphthylamine and its salts)

[풀이] 산업안전보건법상 제조 등이 금지되는 유해물질
㉠ β-나프틸아민과 그 염
㉡ 4-니트로디페닐과 그 염
㉢ 백연을 포함한 페인트
 (포함된 중량의 비율이 2% 이하인 것은 제외)
㉣ 벤젠을 포함하는 고무풀
 (포함된 중량의 비율이 5% 이하인 것은 제외)
㉤ 석면
㉥ 폴리클로리네이티드 터페닐
㉦ 황린(黃燐) 성냥
㉧ ㉠, ㉡, ㉤ 또는 ㉥에 해당하는 물질을 포함한 화합물
 (포함된 중량의 비율이 1% 이하인 것은 제외)
㉨ "화학물질관리법"에 따른 금지물질
㉩ 그 밖에 보건상 해로운 물질로서 산업재해보상보험 및 예방심의위원회의 심의를 거쳐 고용노동부장관이 정하는 유해물질

정답 01.③ 02.① 03.②

04 산업안전보건법령상 중대재해에 해당되지 않는 것은?
① 사망자가 2명이 발생한 재해
② 상해는 없으나 재산피해 정도가 심각한 재해
③ 4개월의 요양이 필요한 부상자가 동시에 2명이 발생한 재해
④ 부상자 또는 직업성 질병자가 동시에 12명이 발생한 재해

풀이 중대재해
㉠ 사망자가 1명 이상 발생한 재해
㉡ 3개월 이상의 요양을 요하는 부상자가 동시에 2명 이상 발생한 재해
㉢ 부상자 또는 직업성 질병자가 동시에 10명 이상 발생한 재해

05 근로자가 노동환경에 노출될 때 유해인자에 대한 해치(Hatch)의 양-반응관계곡선의 기관장애 3단계에 해당하지 않는 것은?
① 보상단계 ② 고장단계
③ 회복단계 ④ 항상성 유지단계

풀이 Hatch의 기관장애 3단계
㉠ 항상성(homeostasis) 유지단계(정상적인 상태)
㉡ 보상(compensation) 유지단계(노출기준 설정단계)
㉢ 고장(breakdown) 장애단계(비가역적 단계)

06 산업피로의 용어에 관한 설명으로 옳지 않은 것은?
① 곤비란 단시간의 휴식으로 회복될 수 있는 피로를 말한다.
② 다음 날까지도 피로상태가 계속되는 것을 과로라 한다.
③ 보통 피로는 하룻밤 잠을 자고 나면 다음 날 회복되는 정도이다.
④ 정신피로는 중추신경계의 피로를 말하는 것으로 정밀작업 등과 같은 정신적 긴장을 요하는 작업 시에 발생된다.

풀이 피로의 3단계
피로도가 증가하는 순서에 따라 구분한 것이며, 피로의 정도는 객관적 판단이 용이하지 않다.
㉠ 1단계 : 보통피로
하룻밤을 자고 나면 완전히 회복하는 상태이다.
㉡ 2단계 : 과로
피로의 축적으로 다음 날까지도 피로상태가 지속되는 것으로 단기간 휴식으로 회복될 수 있으며, 발병단계는 아니다.
㉢ 3단계 : 곤비
과로의 축적으로 단시간에 회복될 수 없는 단계를 말하며, 심한 노동 후의 피로현상으로 병적 상태를 의미한다.

07 사무실 공기관리지침에 관한 내용으로 옳지 않은 것은? (단, 고용노동부 고시를 기준으로 한다.)
① 오염물질인 미세먼지(PM 10)의 관리기준은 $100\mu g/m^3$이다.
② 사무실 공기의 관리기준은 8시간 시간가중평균농도를 기준으로 한다.
③ 총부유세균의 시료채취방법은 충돌법을 이용한 부유세균채취기(bioair sampler)로 채취한다.
④ 사무실 공기질의 모든 항목에 대한 측정결과는 측정치 전체에 대한 평균값을 이용하여 평가한다.

풀이 ④ 사무실 공기질의 측정결과는 측정치 전체에 대한 평균값을 오염물질별 관리기준과 비교하여 평가한다. 단, 이산화탄소는 각 지점에서 측정한 측정치 중 최고값을 기준으로 비교·평가한다.

08 산업안전보건법령상 근로자에 대해 실시하는 특수건강진단 대상 유해인자에 해당되지 않는 것은?
① 에탄올(ethanol)
② 가솔린(gasoline)
③ 니트로벤젠(nitrobenzene)
④ 디에틸에테르(diethyl ether)

정답 04.② 05.③ 06.① 07.④ 08.①

[풀이] **특수건강진단 대상 유해인자(화학적 인자)**
- ㉠ 유기화학물(109종) : 가솔린, 니트로벤젠, 디에틸에테르 등
- ㉡ 금속류(20종) : 구리, 납 및 그 무기화합물, 니켈 및 그 무기화합물 등
- ㉢ 산 및 알칼리류(8종) : 무수초산, 불화수소, 시안화나트륨 등
- ㉣ 가스상태물질류(14종) : 불소, 브롬, 산화에틸렌 등
- ㉤ 허가대상 유해물질(12종)
- ㉥ 금속 가공유

09 근육운동을 하는 동안 혐기성 대사에 동원되는 에너지원과 가장 거리가 먼 것은?
① 글리코겐
② 아세트알데히드
③ 크레아틴인산(CP)
④ 아데노신삼인산(ATP)

[풀이] **혐기성 대사(anaerobic metabolism)**
- ㉠ 근육에 저장된 화학적 에너지를 의미한다.
- ㉡ 혐기성 대사의 순서(시간대별)
  ATP(아데노신삼인산) → CP(크레아틴인산) → Glycogen(글리코겐) 또는 Glucose(포도당)
- ※ 근육운동에 동원되는 주요 에너지원 중 가장 먼저 소비되는 것은 ATP이다.

10 다음 중 재해예방의 4원칙에 해당되지 않는 것은?
① 손실우연의 원칙
② 예방가능의 원칙
③ 대책선정의 원칙
④ 원인조사의 원칙

[풀이] **산업재해예방(방지) 4원칙**
- ㉠ 예방가능의 원칙 : 재해는 원칙적으로 모두 방지가 가능하다.
- ㉡ 손실우연의 원칙 : 재해발생과 손실발생은 우연적이므로, 사고발생 자체의 방지가 이루어져야 한다.
- ㉢ 원인계기의 원칙 : 재해발생에는 반드시 원인이 있으며, 사고와 원인의 관계는 필연적이다.
- ㉣ 대책선정의 원칙 : 재해예방을 위한 가능한 안전대책은 반드시 존재한다.

11 미국산업위생학술원(American Academy of Industrial Hygiene)에서 산업위생 분야에 종사하는 사람들이 반드시 지켜야 할 윤리강령 중 전문가로서의 책임 부분에 해당하지 않는 것은?
① 기업체의 기밀은 누설하지 않는다.
② 근로자의 건강보호 책임을 최우선으로 한다.
③ 전문 분야로서의 산업위생을 학문적으로 발전시킨다.
④ 과학적 방법의 적용과 자료의 해석에서 객관성을 유지한다.

[풀이] **산업위생전문가의 윤리강령(미국산업위생학술원, AAIH) : 윤리적 행위의 기준**
(1) 산업위생전문가로서의 책임
  - ㉠ 성실성과 학문적 실력 면에서 최고수준을 유지한다(전문적 능력 배양 및 성실한 자세로 행동).
  - ㉡ 과학적 방법의 적용과 자료의 해석에서 경험을 통한 전문가의 객관성을 유지한다(공인된 과학적 방법 적용·해석).
  - ㉢ 전문 분야로서의 산업위생을 학문적으로 발전시킨다.
  - ㉣ 근로자, 사회 및 전문 직종의 이익을 위해 과학적 지식을 공개하고 발표한다.
  - ㉤ 산업위생활동을 통해 얻은 개인 및 기업체의 기밀은 누설하지 않는다(정보는 비밀 유지).
  - ㉥ 전문적 판단이 타협에 의하여 좌우될 수 있거나 이해관계가 있는 상황에는 개입하지 않는다.
(2) 근로자에 대한 책임
  - ㉠ 근로자의 건강보호가 산업위생전문가의 일차적 책임임을 인지한다(주된 책임 인지).
  - ㉡ 근로자와 기타 여러 사람의 건강과 안녕이 산업위생전문가의 판단에 좌우된다는 것을 깨달아야 한다.
  - ㉢ 위험요인의 측정, 평가 및 관리에 있어서 외부의 영향력에 굴하지 않고 중립적(객관적)인 태도를 취한다.
  - ㉣ 건강의 유해요인에 대한 정보(위험요소)와 필요한 예방조치에 대해 근로자와 상담(대화)한다.
(3) 기업주와 고객에 대한 책임
  - ㉠ 결과 및 결론을 뒷받침할 수 있도록 정확한 기록을 유지하고, 산업위생 사업에서 전문가답게 전문 부서들을 운영·관리한다.
  - ㉡ 기업주와 고객보다는 근로자의 건강보호에 궁극적 책임을 두어 행동한다.

12 근골격계질환에 관한 설명으로 옳지 않은 것은?
① 점액낭염(bursitis)은 관절 사이의 윤활액을 싸고 있는 윤활낭에 염증이 생기는 질병이다.
② 건초염(tendosynovitis)은 건막에 염증이 생긴 질환이며, 건염(tendonitis)은 건의 염증으로, 건염과 건초염을 정확히 구분하기 어렵다.
③ 수근관증후군(carpal tunnel syndrome)은 반복적이고 지속적인 손목의 압박, 무리한 힘 등으로 인해 수근관 내부에 정중신경이 손상되어 발생한다.
④ 요추염좌(lumbar sprain)는 근육이 잘못된 자세, 외부의 충격, 과도한 스트레스 등으로 수축되어 굳어지면 근섬유의 일부가 띠처럼 단단하게 변하여 근육의 특정 부위에 압통, 방사통, 목 부위 운동제한, 두통 등의 증상이 나타난다.

[풀이] 요추염좌는 인대, 근육, 건조직이 지나치게 신전되거나 파열될 때 혹은 추간관절의 활액조직에 자극성 염증이 있을 때 주로 발생되는 것으로, 근육 부분에 통증과 경련이 일어난다.

13 다음 중 토양이나 암석 등에 존재하는 우라늄의 자연적 붕괴로 생성되어 건물의 균열을 통해 실내공기로 유입되는 발암성 오염물질은?
① 라돈   ② 석면
③ 알레르겐   ④ 포름알데히드

[풀이] 라돈
㉠ 자연적으로 존재하는 암석이나 토양에서 발생하는 thorium, uranium의 붕괴로 인해 생성되는 자연방사성 가스로, 공기보다 9배 무거워 지표에 가깝게 존재한다.
㉡ 무색·무취·무미한 가스로 인간의 감각에 의해 감지할 수 없다.
㉢ 라듐의 α붕괴에서 발생하며, 호흡하기 쉬운 방사성 물질로 폐암을 유발한다.

14 다음 중 최초로 기록된 직업병은?
① 규폐증
② 폐질환
③ 음낭암
④ 납중독

[풀이] BC 4세기, Hippocrates에 의해 광산에서 납중독이 보고되었다.
※ 역사상 최초로 기록된 직업병 : 납중독

15 직업성 질환 중 직업상의 업무에 의하여 1차적으로 발생하는 질환은?
① 합병증
② 일반 질환
③ 원발성 질환
④ 속발성 질환

[풀이] 직업성 질환의 범위
㉠ 직업상 업무에 기인하여 1차적으로 발생하는 원발성 질환을 포함한다.
㉡ 원발성 질환과 합병 작용하여 제2의 질환을 유발하는 경우를 포함한다.
㉢ 합병증이 원발성 질환과 불가분의 관계를 가지는 경우를 포함한다.
㉣ 원발성 질환에서 떨어진 다른 부위에 같은 원인에 의한 제2의 질환을 일으키는 경우를 포함한다.

16 산업위생활동 중 평가(evaluation)의 주요 과정에 대한 설명으로 옳지 않은 것은?
① 시료를 채취하고 분석한다.
② 예비조사의 목적과 범위를 결정한다.
③ 현장조사로 정량적인 유해인자의 양을 측정한다.
④ 바람직한 작업환경을 만드는 최종적인 활동이다.

[풀이] ④항의 내용은 예측, 측정, 평가, 관리 중 관리이다.
– 평가에 포함되는 사항
㉠ 시료의 채취와 분석
㉡ 예비조사의 목적과 범위 결정
㉢ 노출정도를 노출기준과 통계적인 근거로 비교하여 판정

17 톨루엔(TLV=50ppm)을 사용하는 작업장의 작업시간이 10시간일 때 허용기준을 보정하여야 한다. OSHA 보정법과 Brief and Scala 보정법을 적용하였을 경우 보정된 허용기준치 간의 차이는?

① 1ppm   ② 2.5ppm
③ 5ppm   ④ 10ppm

풀이
- OSHA 보정방법

  보정된 노출기준 = 8시간 노출기준 × $\dfrac{8시간}{노출시간/일}$

  $= 50 \times \dfrac{8}{10} = 40\text{ppm}$

- Brief and Scala 보정방법

  $\text{RF} = \left(\dfrac{8}{H}\right) \times \dfrac{24-H}{16} = \left(\dfrac{8}{10}\right) \times \dfrac{24-10}{16} = 0.7$

  보정된 노출기준 = TLV × RF = 50 × 0.7 = 35ppm

  ∴ 허용기준치 차이 = 40 − 35 = 5ppm

18 마이스터(D.Meister)가 정의한 내용으로 시스템으로부터 요구된 작업결과(performance)와의 차이(deviation)가 의미하는 것은?

① 인간실수
② 무의식 행동
③ 주변적 동작
④ 지름길 반응

풀이 인간실수의 정의(Meister, 1971)
마이스터는 인간실수를 시스템으로부터 요구된 작업결과와의 차이라고 정의했다. 즉, 시스템의 안전, 성능, 효율을 저하시키거나 감소시킬 수 있는 잠재력을 갖고 있는 부적절하거나 원치 않는 인간의 결정 또는 행동으로 어떤 허용범위를 벗어난 일련의 동작이라고 하였다.

19 작업대사율이 3인 강한 작업을 하는 근로자의 실동률(%)은?

① 50   ② 60
③ 70   ④ 80

풀이 실동률(%) = 85 − (5 × RMR)
= 85 − (5 × 3) = 70%

20 NIOSH에서 제시한 권장무게한계가 6kg이고, 근로자가 실제 작업하는 중량물의 무게가 12kg일 경우 중량물 취급지수(LI)는?

① 0.5   ② 1.0
③ 2.0   ④ 6.0

풀이 중량물 취급지수(LI)
$\text{LI} = \dfrac{\text{물체 무게(kg)}}{\text{RWL(kg)}} = \dfrac{12\text{kg}}{6\text{kg}} = 2.0$

제2과목 | 작업위생 측정 및 평가

21 세 개의 소음원의 소음수준을 한 지점에서 각각 측정해보니, 첫 번째 소음원만 가동될 때 88dB, 두 번째 소음원만 가동될 때 86dB, 세 번째 소음원만 가동될 때 91dB이었다. 세 개의 소음원이 동시에 가동될 때 측정지점에서의 음압수준(dB)은?

① 91.6
② 93.6
③ 95.4
④ 100.2

풀이 $L_\text{합} = 10\log(10^{8.8} + 10^{8.6} + 10^{9.1}) = 93.6\text{dB}$

22 고열(heat stress) 환경의 온열 측정과 관련된 내용으로 틀린 것은?

① 흑구온도와 기온과의 차를 실효복사온도라 한다.
② 실제 환경의 복사온도를 평가할 때는 평균복사온도를 이용한다.
③ 고열로 인한 환경적인 요인은 기온, 기류, 습도 및 복사열이다.
④ 습구흑구온도지수(WBGT) 계산 시에는 반드시 기류를 고려하여야 한다.

풀이 ④ 습구흑구온도지수(WBGT) 계산 시에는 반드시 기류를 고려하지는 않는다.

23 고온의 노출기준을 구분하는 작업강도 중 중등작업에 해당하는 열량(kcal/h)은? (단, 고용노동부 고시를 기준으로 한다.)

① 130 ② 221
③ 365 ④ 445

풀이 고열작업장의 노출기준(고용노동부, ACGIH)

[단위 : WBGT(℃)]

시간당 작업과 휴식의 비율	작업강도		
	경작업	중등작업	중작업
연속작업	30.0	26.7	25.0
75% 작업, 25% 휴식 (45분 작업, 15분 휴식)	30.6	28.0	25.9
50% 작업, 50% 휴식 (30분 작업, 30분 휴식)	31.4	29.4	27.9
25% 작업, 75% 휴식 (15분 작업, 45분 휴식)	32.2	31.1	30.0

㉠ 경작업 : 시간당 200kcal까지의 열량이 소요되는 작업을 말하며, 앉아서 또는 서서 기계의 조정을 하기 위하여 손 또는 팔을 가볍게 쓰는 일 등이 해당된다.
㉡ 중등작업 : 시간당 200~350kcal의 열량이 소요되는 작업을 말하며, 물체를 들거나 밀면서 걸어다니는 일 등이 해당된다.
㉢ 중(격심)작업 : 시간당 350~500kcal의 열량이 소요되는 작업을 뜻하며, 곡괭이질 또는 삽질을 하는 일과 같이 육체적으로 힘든 일 등이 해당된다.

24 작업환경 내 105dB(A)의 소음이 30분, 110dB(A)의 소음이 15분, 115dB(A)의 소음이 5분 발생하였을 때, 작업환경의 소음정도는? (단, 105dB(A), 110dB(A), 115dB(A)의 1일 노출허용시간은 각각 1시간, 30분, 15분이고, 소음은 단속음이다.)

① 허용기준 초과
② 허용기준과 일치
③ 허용기준 미만
④ 평가할 수 없음(조건 부족)

풀이 소음허용기준 $= \dfrac{C_1}{T_1} + \cdots + \dfrac{C_n}{T_n}$
$= \dfrac{30}{60} + \dfrac{15}{30} + \dfrac{5}{15}$
$= 1.33$
∴ 1 이상이므로 허용기준 초과

25 고체흡착관의 뒤 층에서 분석된 양이 앞 층의 25%였다. 이에 대한 분석자의 결정으로 바람직하지 않은 것은?

① 파과가 일어났다고 판단하였다.
② 파과실험의 중요성을 인식하였다.
③ 시료채취과정에서 오차가 발생되었다고 판단하였다.
④ 분석된 앞 층과 뒤 층을 합하여 분석결과로 이용하였다.

풀이 고체흡착관의 뒤 층에서 분석된 양이 앞 층의 10% 이상이면 파괴가 일어났다고 판단하고, 측정결과로 사용할 수 없다.

26 입경범위가 0.1~0.5μm인 입자상 물질이 여과지에 포집될 경우에 관여하는 주된 메커니즘은?

① 충돌과 간섭
② 확산과 간섭
③ 확산과 충돌
④ 충돌

풀이 여과기전에 대한 입자 크기별 포집효율
㉠ 입경 0.1μm 미만 : 확산
㉡ 입경 0.1~0.5μm : 확산, 직접차단(간섭)
㉢ 입경 0.5μm 이상 : 관성충돌, 직접차단(간섭)

27 처음 측정한 측정치는 유량, 측정시간, 회수율, 분석에 의한 오차가 각각 15%, 3%, 10%, 7%였으나 유량에 의한 오차가 개선되어 10%로 감소되었다면 개선 전 측정치 누적오차와 개선 후 측정치 누적오차의 차이(%)는?

① 6.5 ② 5.5
③ 4.5 ④ 3.5

풀이
• 개선 전 누적오차 $= \sqrt{15^2 + 3^2 + 10^2 + 7^2} = 19.57\%$
• 개선 후 누적오차 $= \sqrt{10^2 + 3^2 + 10^2 + 7^2} = 16.06\%$
∴ 차이 $= (19.57 - 16.06)\% = 3.51\%$

28 정량한계에 관한 설명으로 옳은 것은?
① 표준편차의 3배 또는 검출한계의 5배 (또는 5.5배)로 정의
② 표준편차의 3배 또는 검출한계의 10배 (또는 10.3배)로 정의
③ 표준편차의 5배 또는 검출한계의 3배 (또는 3.3배)로 정의
④ 표준편차의 10배 또는 검출한계의 3배 (또는 3.3배)로 정의

풀이 정량한계(LOQ ; Limit Of Quantization)
㉠ 분석기마다 바탕선량과 구별하여 분석될 수 있는 최소의 양, 즉 분석결과가 어느 주어진 분석절차에 따라 합리적인 신뢰성을 가지고 정량분석할 수 있는 가장 작은 양이나 농도이다.
㉡ 도입 이유는 검출한계가 정량분석에서 만족스런 개념을 제공하지 못하기 때문에 검출한계의 개념을 보충하기 위해서이다.
㉢ 일반적으로 표준편차의 10배 또는 검출한계의 3배 또는 3.3배로 정의한다.
㉣ 정량한계를 기준으로 최소한으로 채취해야 하는 양이 결정된다.

29 접착공정에서 본드를 사용하는 작업장에서 톨루엔을 측정하고자 한다. 노출기준의 10%까지 측정하고자 할 때, 최소시료채취시간(min)은? (단, 작업장은 25℃, 1기압이며, 톨루엔의 분자량은 92.14, 기체 크로마토그래피의 분석에서 톨루엔의 정량한계는 0.5mg, 노출기준은 100ppm, 채취유량은 0.15L/분이다.)
① 13.3 ② 39.6
③ 88.5 ④ 182.5

풀이
• 농도(mg/m³) = (100ppm × 0.1) × $\frac{92.14}{24.45}$
  = 37.69mg/m³
• 최소채취량 = $\frac{LOQ}{농도}$ = $\frac{0.5mg}{37.69mg/m³}$
  = 0.01326m³ × 1,000L/m³ = 13.26L
∴ 채취 최소시간(min) = $\frac{13.26L}{0.15L/min}$ = 88.44min

30 두 집단의 어떤 유해물질 측정값이 아래 도표와 같을 때, 두 집단의 표준편차의 크기 비교에 대한 설명 중 옳은 것은?

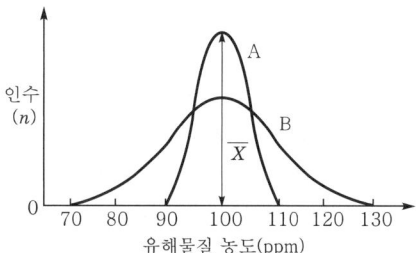

① A집단과 B집단은 서로 같다.
② A집단의 경우가 B집단의 경우보다 크다.
③ A집단의 경우가 B집단의 경우보다 작다.
④ 주어진 도표만으로 판단하기 어렵다.

풀이 표준편차
㉠ 표준편차는 관측값의 산포도(dispersion), 즉 평균 가까이에 분포하고 있는지의 여부를 측정하는 데 많이 쓰인다.
㉡ 표준편차가 0일 때는 관측값의 모두가 동일한 크기이고, 표준편차가 클수록 관측값 중에는 평균에서 떨어진 값이 많이 존재한다.

31 옥내의 습구흑구온도지수(WBGT)를 계산하는 식으로 옳은 것은?
① WBGT = 0.1 × 자연습구온도 + 0.9 × 흑구온도
② WBGT = 0.9 × 자연습구온도 + 0.1 × 흑구온도
③ WBGT = 0.3 × 자연습구온도 + 0.7 × 흑구온도
④ WBGT = 0.7 × 자연습구온도 + 0.3 × 흑구온도

풀이 고온의 노출기준 표시단위
㉠ 옥외(태양광선이 내리쬐는 장소)
  WBGT(℃) = 0.7 × 자연습구온도 + 0.2 × 흑구온도 + 0.1 × 건구온도
㉡ 옥내 또는 옥외(태양광선이 내리쬐지 않는 장소)
  WBGT(℃) = 0.7 × 자연습구온도 + 0.3 × 흑구온도

정답 28.④ 29.③ 30.③ 31.④

PART 02 과년도 출제문제

32 석면 농도를 측정하는 방법에 대한 설명 중 ( ) 안에 들어갈 적절한 기체는? (단, NIOSH 방법 기준)

> 공기 중 석면 농도를 측정하는 방법으로 충전식 휴대용 펌프를 이용하여 여과지를 통하여 공기를 통과시켜 시료를 채취한 다음, 이 여과지에 (㉮) 증기를 씌우고 (㉯) 시약을 가한 후 위상차 현미경으로 400~450배의 배율에서 섬유 수를 계수한다.

① 솔벤트, 메틸에틸케톤
② 아황산가스, 클로로포름
③ 아세톤, 트리아세틴
④ 트리클로로에탄, 트리클로로에틸렌

풀이 석면 농도 측정방법(NIOSH 측정방법)
충전식 휴대용 펌프(pump)를 이용하여 여과지를 통해 공기를 통과시켜 시료를 채취한 다음, 이 여과지에 아세톤 증기를 씌우고 트리아세틴 시약을 가한 후 위상차 현미경으로 400~450배의 배율에서 섬유 수를 계수한다. 이 측정방법은 길이가 $5\mu m$ 이상이고, 길이 : 직경의 비율이 3 : 1인 석면만을 측정한다. 장점은 간편하게 단시간에 분석할 수 있는 점이고, 단점은 석면과 다른 섬유를 구별할 수 없다는 점이다.

33 금속 가공유를 사용하는 절단작업 시 주로 발생할 수 있는 공기 중 부유물질의 형태로 가장 적합한 것은?

① 미스트(mist)
② 먼지(dust)
③ 가스(gas)
④ 흄(fume)

풀이 미스트(mist)
㉠ 상온에서 액체인 물질이 교반, 발포, 스프레이 작업 시 액체의 입자가 공기 중에서 발생·비산하여 부유·확산되어 있는 액체 미립자를 말하며, 금속 가공유를 사용하는 절단작업 시 주로 발생한다.
㉡ 입자의 크기는 보통 $100\mu m$ 이하이다.
㉢ 미스트를 포집하기 위한 장치로는 벤투리 스크러버(venturi scrubber) 등이 사용된다.

34 활성탄관에 대한 설명으로 틀린 것은?

① 흡착관은 길이 7cm, 외경 6mm인 것을 주로 사용한다.
② 흡입구 방향으로 가장 앞쪽에는 유리섬유가 장착되어 있다.
③ 활성탄 입자는 크기가 20~40mesh인 것을 선별하여 사용한다.
④ 앞 층과 뒤 층을 우레탄폼으로 구분하며 뒤 층이 100mg으로 앞 층보다 2배 정도 많다.

풀이 ④ 앞 층과 뒤 층을 우레탄폼으로 구분하며 앞 층이 100mg으로 뒤 층보다 2배 정도 많다.

35 채취시료 10mL를 채취하여 분석한 결과 납(Pb)의 양이 $8.5\mu g$이고, Blank 시료도 동일한 방법으로 분석한 결과 납의 양이 $0.7\mu g$이다. 총 흡인유량이 60L일 때 작업환경 중 납의 농도(mg/m^3)는? (단, 탈착효율은 0.95이다.)

① 0.14
② 0.21
③ 0.65
④ 0.70

풀이 납 농도(mg/m^3) = $\dfrac{분석량}{공기채취량 \times 탈착효율}$
$= \dfrac{(8.5-0.7)\mu g}{60L \times 0.95}$
$= 0.14 \mu g/L (mg/m^3)$

36 1% Sodium bisulfite의 흡수액 20mL를 취한 유리제품의 미드젯임핀저를 고속 시료포집펌프에 연결하여 공기시료 $0.480m^3$를 포집하였다. 가시광선 흡광광도계를 사용하여 시료를 실험실에서 분석한 값이 표준검량선의 외삽법에 의하여 $50\mu g/mL$가 지시되었다. 표준상태에서 시료 포집기간 동안의 공기 중 포름알데히드 증기의 농도(ppm)는? (단, 포름알데히드 분자량은 30g/mol이다.)

① 1.7
② 2.5
③ 3.4
④ 4.8

정답 32.③ 33.① 34.④ 35.① 36.①

| 풀이 | • 포름알데히드 농도(mg/m³)
$= \dfrac{50\mu g/mL \times 20mL \times mg/10^3 \mu g}{0.480 m^3} = 2.083 mg/m^3$
• 포름알데히드 농도(ppm)
$= 2.083 mg/m^3 \times \dfrac{24.45}{30} = 1.7 ppm$ |

37 가스상 물질의 분석 및 평가를 위한 열탈착에 관한 설명으로 틀린 것은?

① 이황화탄소를 활용한 용매 탈착은 독성 및 인화성이 크고 작업이 번잡하며 열탈착이 보다 간편한 방법이다.
② 활성탄관을 이용하여 시료를 채취한 경우, 열탈착에 300℃ 이상의 온도가 필요하므로 사용이 제한된다.
③ 열탈착은 용매 탈착에 비하여 흡착제에 채취된 일부 분석물질만 기기로 주입되어 감도가 떨어진다.
④ 열탈착은 대개 자동으로 수행되며 탈착된 분석물질이 가스 크로마토그래피로 직접 주입되도록 되어 있다.

| 풀이 | **열탈착**
㉠ 흡착관에 열을 가하여 탈착하는 방법으로, 탈착이 자동으로 수행되며 탈착된 분석물질이 가스 크로마토그래피로 직접 주입되는 방식이다.
㉡ 분자체 탄소, 다공중합체에서 주로 사용한다.
㉢ 용매 탈착보다 간편하나, 활성탄을 이용하여 시료를 채취한 경우 열탈착에 필요한 300℃ 이상에서는 많은 분석물질이 분해되어 사용이 제한된다.
㉣ 열탈착은 한 번에 모든 시료가 주입된다. |

38 방사성 물질의 단위에 대한 설명이 잘못된 것은?

① 방사능의 SI 단위는 Becquerel(Bq)이다.
② 1Bq는 3.7×10^{10} dps이다.
③ 물질에 조사되는 선량은 röntgen(R)으로 표시한다.
④ 방사선의 흡수선량은 Gray(Gy)로 표시한다.

| 풀이 | ㉠ 1Ci=3.7×10^{10}Bq
㉡ 1Bq=2.7×10^{-11}Ci |

39 누적소음노출량 측정기로 소음을 측정할 때의 기기 설정값으로 옳은 것은? (단, 고용노동부 고시를 기준으로 한다.)

① Threshold=80dB, Criteria=90dB, Exchange rate=5dB
② Threshold=80dB, Criteria=90dB, Exchange rate=10dB
③ Threshold=90dB, Criteria=80dB, Exchange rate=10dB
④ Threshold=90dB, Criteria=80dB, Exchange rate=5dB

| 풀이 | **누적소음노출량 측정기(noise dosemeter) 설정**
㉠ Threshold=80dB
㉡ Criteria=90dB
㉢ Exchange rate=5dB |

40 산업위생 통계에서 적용하는 변이계수에 대한 설명으로 틀린 것은?

① 표준오차에 대한 평균값의 크기를 나타낸 수치이다.
② 통계집단의 측정값들에 대한 균일성, 정밀성 정도를 표현하는 것이다.
③ 단위가 서로 다른 집단이나 특성값의 상호 산포도를 비교하는 데 이용될 수 있다.
④ 평균값의 크기가 0에 가까울수록 변이계수의 의의가 작아지는 단점이 있다.

| 풀이 | **변이계수(CV)**
㉠ 측정방법의 정밀도를 평가하는 계수이며, %로 표현되므로 측정단위와 무관하게 독립적으로 산출된다.
㉡ 통계집단의 측정값에 대한 균일성과 정밀성의 정도를 표현한 계수이다.
㉢ 단위가 서로 다른 집단이나 특성값의 상호 산포도를 비교하는 데 이용될 수 있다.
㉣ 변이계수가 작을수록 자료가 평균 주위에 가깝게 분포한다는 의미이다(평균값의 크기가 0에 가까울수록 변이계수의 의미는 작아진다).
㉤ 표준편차의 수치가 평균치에 비해 몇 %가 되느냐로 나타낸다. |

정답 37.③ 38.② 39.① 40.①

제3과목 | 작업환경 관리대책

41 후드의 선택에서 필요환기량을 최소화하기 위한 방법이 아닌 것은?

① 측면 조절판 또는 커텐 등으로 가능한 공정을 둘러쌀 것
② 후드를 오염원에 가능한 가깝게 설치할 것
③ 후드 개구부로 유입되는 기류속도 분포가 균일하게 되도록 할 것
④ 공정 중 발생되는 오염물질의 비산속도를 크게 할 것

풀이 후드가 갖추어야 할 사항(필요환기량을 감소시키는 방법)
㉠ 가능한 한 오염물질 발생원에 가까이 설치한다(포집형 및 레시버형 후드).
㉡ 제어속도는 작업조건을 고려하여 적정하게 선정한다.
㉢ 작업에 방해되지 않도록 설치하여야 한다.
㉣ 오염물질 발생특성을 충분히 고려하여 설계해야 한다.
㉤ 가급적이면 공정을 많이 포위한다.
㉥ 후드 개구면에서 기류가 균일하게 분포되도록 설계한다.
㉦ 공정에서 발생 또는 배출되는 오염물질의 절대량을 감소시킨다.

42 플랜지 없는 외부식 사각형 후드가 설치되어 있다. 성능을 높이기 위해 플랜지 있는 외부식 사각형 후드로 작업대에 부착했을 때, 필요환기량의 변화로 옳은 것은? (단, 포촉거리, 개구면적, 제어속도는 같다.)

① 기존 대비 10%로 줄어든다.
② 기존 대비 25%로 줄어든다.
③ 기존 대비 50%로 줄어든다.
④ 기존 대비 75%로 줄어든다.

풀이
- 자유공간, 미부착 플랜지(Q_1)
  $Q_1 = 60 \times V_c(10X^2 + A)$
- 바닥면, 부착 플랜지(Q_2)
  $Q_2 = 60 \times 0.5 \times V_c \times (10X^2 + A)$
  $(1 - 0.5) = 0.5 \times 100 = 50\%$

43 흡인풍량이 200m³/min, 송풍기 유효전압이 150mmH₂O, 송풍기 효율이 80%인 송풍기의 소요동력(kW)은?

① 4.1 ② 5.1
③ 6.1 ④ 7.1

풀이 소요동력(kW) $= \dfrac{Q \times \Delta P}{6,120 \times \eta} \times \alpha$
$= \dfrac{200 \times 150}{6,120 \times 0.8} \times 1.0 = 6.13\text{kW}$

44 50℃의 송풍관에 15m/s의 유속으로 흐르는 기체의 속도압(mmH₂O)은? (단, 기체의 밀도는 1.293kg/m³이다.)

① 32.4 ② 22.6
③ 14.8 ④ 7.2

풀이 $VP = \dfrac{\gamma V^2}{2g} = \dfrac{1.293 \times 15^2}{2 \times 9.8} = 14.84\text{mmH}_2\text{O}$

45 공기정화장치의 한 종류인 원심력 집진기에서 절단입경의 의미로 옳은 것은?

① 100% 분리 포집되는 입자의 최소크기
② 100% 처리효율로 제거되는 입자 크기
③ 90% 이상 처리효율로 제거되는 입자 크기
④ 50% 처리효율로 제거되는 입자 크기

풀이
㉠ 최소입경(임계입경) : 사이클론에서 100% 처리효율로 제거되는 입자의 크기
㉡ 절단입경(cut-size) : 사이클론에서 50% 처리효율로 제거되는 입자의 크기

46 덕트 내 공기 흐름에서의 레이놀즈수(Reynolds number)를 계산하기 위해 알아야 하는 모든 요소는?

① 공기속도, 공기점성계수, 공기밀도, 덕트의 직경
② 공기속도, 공기밀도, 중력가속도
③ 공기속도, 공기온도, 덕트의 길이
④ 공기속도, 공기점성계수, 덕트의 길이

정답 41.④ 42.③ 43.③ 44.③ 45.④ 46.①

[풀이] 레이놀즈수(Re)

$$Re = \frac{\rho Vd}{\mu} = \frac{Vd}{\nu} = \frac{관성력}{점성력}$$

여기서, Re : 레이놀즈수(무차원)
ρ : 유체의 밀도(kg/m³)
V : 유체의 평균유속(m/sec)
d : 유체가 흐르는 직경(m)
μ : 유체의 점성계수(kg/m·sec(poise))
ν : 유체의 동점성계수(m²/sec)

47 지름 100cm인 원형 후드 입구로부터 200cm 떨어진 지점에 오염물질이 있다. 제어풍속이 3m/sec일 때, 후드의 필요환기량(m³/sec)은? (단, 자유공간에 위치하며 플랜지는 없다.)

① 143 ② 122
③ 103 ④ 83

[풀이]
$$Q = V_c(10X^2 + A)$$
$$= 3\text{m/sec} \times \left[(10 \times 2^2)\text{m}^2 + \left(\frac{3.14 \times 1^2}{4}\right)\text{m}^2\right]$$
$$= 122.36 \text{m}^3/\text{sec}$$

48 유입계수가 0.82인 원형 후드가 있다. 원형 덕트의 면적이 0.0314m²이고, 필요환기량이 30m³/min이라고 할 때, 후드의 정압(mmH₂O)은? (단, 공기밀도는 1.2kg/m³이다.)

① 16 ② 23
③ 32 ④ 37

[풀이]
$$SP_h = VP(1+F)$$
$$F = \frac{1}{Ce^2} - 1 = \frac{1}{0.82^2} - 1 = 0.487$$
$$VP = \frac{\gamma V^2}{2g}$$
$$V = \frac{Q}{A} = \frac{30\text{m}^3/\text{min}}{0.0314\text{m}^2}$$
$$= 955.41\text{m/min} \times \text{min}/60\text{sec}$$
$$= 15.92\text{m/sec}$$
$$= \frac{1.2 \times 15.92^2}{2 \times 9.8} = 15.52\text{mmH}_2\text{O}$$
$$= 15.52(1+0.487)$$
$$= 23.07\text{mmH}_2\text{O}$$

49 보호구의 재질과 적용물질에 대한 내용으로 틀린 것은?

① 면 : 고체상 물질에 효과적이다.
② 부틸(butyl) 고무 : 극성 용제에 효과적이다.
③ 니트릴(nitrile) 고무 : 비극성 용제에 효과적이다.
④ 천연고무(latex) : 비극성 용제에 효과적이다.

[풀이] 보호장구 재질에 따른 적용물질
㉠ Neoprene 고무 : 비극성 용제, 극성 용제 중 알코올, 물, 케톤류 등에 효과적
㉡ 천연고무(latex) : 극성 용제 및 수용성 용액에 효과적(절단 및 찰과상 예방)
㉢ Viton : 비극성 용제에 효과적
㉣ 면 : 고체상 물질에 효과적, 용제에는 사용 못함
㉤ 가죽 : 용제에는 사용 못함(기본적인 찰과상 예방)
㉥ Nitrile 고무 : 비극성 용제에 효과적
㉦ Butyl 고무 : 극성 용제에 효과적(알데히드, 지방족)
㉧ Ethylene vinyl alcohol : 대부분의 화학물질을 취급할 경우 효과적

50 방진마스크에 대한 설명으로 가장 거리가 먼 것은?

① 방진마스크의 필터에는 활성탄과 실리카겔이 주로 사용된다.
② 방진마스크는 인체에 유해한 분진, 연무, 흄, 미스트, 스프레이 입자를 작업자가 흡입하지 않도록 하는 보호구이다.
③ 방진마스크의 종류에는 격리식과 직결식, 면체여과식이 있다.
④ 비휘발성 입자에 대한 보호만 가능하며, 가스 및 증기로부터의 보호는 안 된다.

[풀이] 방진마스크의 필터 재질
㉠ 면, 모
㉡ 유리섬유
㉢ 합성섬유
㉣ 금속섬유

정답 47.② 48.② 49.④ 50.①

51 방사형 송풍기에 관한 설명과 가장 거리가 먼 것은?
① 고농도 분진 함유 공기나 부식성이 강한 공기를 이송시키는 데 많이 이용된다.
② 깃이 평판으로 되어 있다.
③ 가격이 저렴하고 효율이 높다.
④ 깃의 구조가 분진을 자체 정화할 수 있도록 되어 있다.

[풀이] **평판형 송풍기(radial fan)**
㉠ 플레이트(plate) 송풍기, 방사날개형 송풍기라고도 한다.
㉡ 날개(blade)가 다익형보다 적고, 직선이며 평판 모양을 하고 있어 강도가 매우 높게 설계되어 있다.
㉢ 깃의 구조가 분진을 자체 정화할 수 있도록 되어 있다.
㉣ 시멘트, 미분탄, 곡물, 모래 등의 고농도 분진 함유 공기나 마모성이 강한 분진 이송용으로 사용된다.
㉤ 부식성이 강한 공기를 이송하는 데 많이 사용된다.
㉥ 압력은 다익팬보다 약간 높으며, 효율도 65%로 다익팬보다는 약간 높으나 터보팬보다는 낮다.
㉦ 습식 집진장치의 배치에 적합하며, 소음은 중간 정도이다.

52 1기압에서 혼합기체의 부피비가 질소 71%, 산소 14%, 이산화탄소 15%로 구성되어 있을 때, 질소의 분압(mmH₂O)은?
① 433.2   ② 539.6
③ 646.0   ④ 653.6

[풀이] 질소가스 분압(mmH_2O) = 760mmHg × 성분비
= 760mmHg × 0.71
= 539.6mmH₂O

53 송풍기의 회전수 변화에 따른 풍량, 풍압 및 동력에 대한 설명으로 옳은 것은?
① 풍량은 송풍기의 회전수에 비례한다.
② 풍압은 송풍기의 회전수에 반비례한다.
③ 동력은 송풍기의 회전수에 비례한다.
④ 동력은 송풍기의 회전수의 제곱에 비례한다.

[풀이] **송풍기 상사법칙(회전수 비)**
㉠ 풍량은 송풍기의 회전수에 비례한다.
㉡ 풍압은 송풍기 회전수의 제곱에 비례한다.
㉢ 동력은 송풍기 회전수의 세제곱에 비례한다.

54 원심력 송풍기 중 다익형 송풍기에 관한 설명과 가장 거리가 먼 것은?
① 큰 압력손실에서도 송풍량이 안정적이다.
② 송풍기의 임펠러가 다람쥐 쳇바퀴 모양으로 생겼다.
③ 강도가 크게 요구되지 않기 때문에 적은 비용으로 제작 가능하다.
④ 다른 송풍기와 비교하여 동일 송풍량을 발생시키기 위한 임펠러 회전속도가 상대적으로 낮기 때문에 소음이 작다.

[풀이] **다익형 송풍기(multi blade fan)**
㉠ 전향(전곡) 날개형(forward-curved blade fan)이라고 하며, 많은 날개(blade)를 갖고 있다.
㉡ 송풍기의 임펠러가 다람쥐 쳇바퀴 모양으로, 회전날개가 회전방향과 동일한 방향으로 설계되어 있다.
㉢ 동일 송풍량을 발생시키기 위한 임펠러 회전속도가 상대적으로 낮아 소음 문제가 거의 없다.
㉣ 강도 문제가 그리 중요하지 않기 때문에 저가로 제작이 가능하다.
㉤ 상승 구배 특성이다.
㉥ 높은 압력손실에서는 송풍량이 급격하게 떨어지므로 이송시켜야 할 공기량이 많고 압력손실이 작게 걸리는 전체환기나 공기조화용으로 널리 사용된다.
㉦ 구조상 고속회전이 어렵고, 큰 동력의 용도에는 적합하지 않다.

55 작업환경개선에서 공학적인 대책과 가장 거리가 먼 것은?
① 교육   ② 환기
③ 대체   ④ 격리

[풀이] **작업환경개선의 공학적 대책**
㉠ 환기
㉡ 대치(대체)
㉢ 격리
㉣ 교육
※ 문제 성격상 가장 관계가 적은 '교육'을 정답으로 선정합니다.

정답 51.③ 52.② 53.① 54.① 55.①

56 다음 중 특급분리식 방진마스크의 여과재 분진 등의 포집효율은? (단, 고용노동부 고시를 기준으로 한다.)
① 80% 이상   ② 94% 이상
③ 99.0% 이상 ④ 99.95% 이상

풀이 여과재의 분진포집능력에 따른 구분(분리식, 성능기준치)
방진마스크의 여과효율 결정 시 국제적으로 사용하는 먼지의 크기는 채취효율이 가장 낮은 입경인 0.3μm이다.
㉠ 특급 : 분진포집효율 99.95% 이상
㉡ 1급 : 분진포집효율 94.0% 이상
㉢ 2급 : 분진포집효율 80.0% 이상

57 국소환기장치 설계에서 제어속도에 대한 설명으로 옳은 것은?
① 작업장 내의 평균유속을 말한다.
② 발산되는 유해물질을 후드로 흡인하는 데 필요한 기류속도이다.
③ 덕트 내의 기류속도를 말한다.
④ 일명 반송속도라고도 한다.

풀이 제어속도
후드 근처에서 발생하는 오염물질을 주변의 방해기류를 극복하고 후드 쪽으로 흡인하기 위한 유체의 속도, 즉 유해물질을 후드 쪽으로 흡인하기 위하여 필요한 최소풍속을 말한다.

58 작업환경 관리대책 중 물질의 대체에 해당되지 않는 것은?
① 성냥을 만들 때 백린을 적린으로 교체한다.
② 보온재료인 유리섬유를 석면으로 교체한다.
③ 야광시계의 자판에 라듐 대신 인을 사용한다.
④ 분체 입자를 큰 입자로 대체한다.

풀이 ② 보온재료인 석면을 유리섬유나 암면 등으로 교체한다.

59 온도 50℃인 기체가 관을 통하여 20m³/min으로 흐르고 있을 때, 같은 조건의 0℃에서 유량(m³/min)은? (단, 관내 압력 및 기타 조건은 일정하다.)
① 14.7   ② 16.9
③ 20.0   ④ 23.7

풀이
$$Q(\text{m}^3/\text{min}) = 20\text{m}^3/\text{min} \times \frac{273}{273+50}$$
$$= 16.9\text{m}^3/\text{min}$$

60 7m×14m×3m의 체적을 가진 방에 톨루엔이 저장되어 있고 공기를 공급하기 전에 측정한 농도가 300ppm이었다. 이 방으로 10m³/min의 환기량을 공급한 후 노출기준인 100ppm으로 도달하는 데 걸리는 시간(min)은?
① 12   ② 16
③ 24   ④ 32

풀이
$$\text{감소시간}(\text{min}) = -\frac{V}{Q'} \ln\left(\frac{C_2}{C_1}\right)$$
$$= -\frac{(7 \times 14 \times 3)\text{m}^3}{10\text{m}^3/\text{min}} \times \ln\left(\frac{100\text{ppm}}{300\text{ppm}}\right)$$
$$= 32.30\text{min}$$

제4과목 | 물리적 유해인자관리

61 1촉광의 광원으로부터 한 단위입체각으로 나가는 광속의 단위를 무엇이라 하는가?
① 럭스(lux)   ② 램버트(lambert)
③ 캔들(candle) ④ 루멘(lumen)

풀이 루멘(lumen, lm)
㉠ 광속의 국제단위로, 기호는 lm으로 나타낸다.
 ※ 광속 : 광원으로부터 나오는 빛의 양
㉡ 1촉광의 광원으로부터 한 단위입체각으로 나가는 광속의 단위이다.
㉢ 1촉광과의 관계는 1촉광=4π(12.57)루멘으로 나타낸다.

정답 56.④ 57.② 58.② 59.② 60.④ 61.④

62 인체와 작업환경과의 사이에 열교환의 영향을 미치는 것으로 가장 거리가 먼 것은 어느 것인가?

① 대류(convection)
② 열복사(radiation)
③ 증발(evaporation)
④ 열순응(acclimatization to heat)

[풀이] **열평형방정식**
㉠ 생체(인체)와 작업환경 사이의 열교환(체열 생산 및 방산) 관계를 나타내는 식이다.
㉡ 인체와 작업환경 사이의 열교환은 주로 체내 열생산량(작업대사량), 전도, 대류, 열복사, 증발 등에 의해 이루어진다.
㉢ 열평형방정식은 열역학적 관계식에 따라 이루어진다.
$$\Delta S = M \pm C \pm R - E$$
여기서, ΔS : 생체 열용량의 변화(인체의 열축적 또는 열손실)
M : 작업대사량(체내 열생산량)
$(M-W)W$: 작업수행으로 인한 손실열량
C : 대류에 의한 열교환
R : 복사에 의한 열교환
E : 증발(발한)에 의한 열손실(피부를 통한 증발)

63 진동증후군(HAVS)에 대한 스톡홀름 워크숍의 분류로서 옳지 않은 것은?

① 진동증후군의 단계를 0부터 4까지 5단계로 구분하였다.
② 1단계는 가벼운 증상으로 1개 또는 그 이상의 손가락 끝부분이 하얗게 변하는 증상을 의미한다.
③ 3단계는 심각한 증상으로 1개 또는 그 이상의 손가락 가운데 마디 부분까지 하얗게 변하는 증상이 나타나는 단계이다.
④ 4단계는 매우 심각한 증상으로 대부분의 손가락이 하얗게 변하는 증상과 함께 손끝에서 땀의 분비가 제대로 일어나지 않는 등의 변화가 나타나는 단계이다.

[풀이] **진동증후군(HAVS) 구분**

단계	정도	증상 내용
0	없음	없음
1	미미	가벼운 증상으로, 하나 또는 하나 이상의 손가락 끝부분이 하얗게 변하는 증상이 이따금씩 나타남
2	보통	하나 또는 그 이상의 손가락 가운데 마디 부분까지 하얗게 변하는 증상이 나타남(손바닥 가까운 기저부에는 드물게 나타남)
3	심각	대부분의 손가락에 빈번하게 나타남
4	매우 심각	대부분의 손가락이 하얗게 변하는 증상과 함께 손끝에서 땀의 분비가 제대로 일어나지 않는 등의 변화가 나타남

64 다음에서 설명하는 고열장애는?

이것은 작업환경에서 가장 흔히 발생하는 피부장애로서 땀띠(prickly heat)라고도 말하며, 땀에 젖은 피부 각질층이 떨어져 땀구멍을 막아 한선 내에 땀의 압력으로 염증성 반응을 일으켜 붉은 구진(papules) 형태로 나타난다.

① 열사병(heat stroke)
② 열허탈(heat collapse)
③ 열경련(heat cramps)
④ 열발진(heat rashes)

[풀이] **열성발진(열발진, 열성혈압증)**
㉠ 작업환경에서 가장 흔히 발생하는 피부장애로 땀띠라고도 하며, 끊임없이 고온다습한 환경에 노출될 때 주로 문제가 된다.
㉡ 피부의 케라틴(keratin)층 때문에 땀구멍이 막혀 땀샘에 염증이 생기고 피부에 작은 수포가 형성되기도 한다.

65 전리방사선 중 전자기방사선에 속하는 것은?

① α선 ② β선
③ γ선 ④ 중성자

[풀이] **이온화방사선(전리방사선)의 구분**
㉠ 전자기방사선 : X-Ray, γ선
㉡ 입자방사선 : α입자, β입자, 중성자

정답 62.④ 63.③ 64.④ 65.③

66 감압에 따른 인체의 기포 형성량을 좌우하는 요인과 가장 거리가 먼 것은?
① 감압속도
② 산소공급량
③ 조직에 용해된 가스량
④ 혈류를 변화시키는 상태

풀이 감압 시 조직 내 질소기포 형성량에 영향을 주는 요인
㉠ 조직에 용해된 가스량 : 체내 지방량, 고기압 폭로의 정도와 시간으로 결정한다.
㉡ 혈류변화 정도(혈류를 변화시키는 상태) : 감압 시 또는 재감압 후에 생기기 쉽고, 연령, 기온, 운동, 공포감, 음주와 관계가 있다.
㉢ 감압속도

67 전신진동 노출에 따른 인체의 영향에 대한 설명으로 옳지 않은 것은?
① 평형감각에 영향을 미친다.
② 산소 소비량과 폐환기량이 증가한다.
③ 작업수행능력과 집중력이 저하된다.
④ 지속노출 시 레이노드 증후군(Raynaud's phenomenon)을 유발한다.

풀이 ④ 레이노드 증후군은 국소진동 노출에 따른 인체의 영향이다.

68 산업안전보건법령상 이상기압에 의한 건강 장애의 예방에 있어 사용되는 용어의 정의로 옳지 않은 것은?
① 압력이란 절대압과 게이지압의 합을 말한다.
② 고압작업이란 고기압에서 잠함공법이나 그 외의 압기공법으로 하는 작업을 말한다.
③ 기압조절실이란 고압작업을 하는 근로자가 가압 또는 감압을 받는 장소를 말한다.
④ 표면공급식 잠수작업이란 수면 위의 공기압축기 또는 호흡용 기체통에서 압축된 호흡용 기체를 공급받으면서 하는 작업을 말한다.

풀이 이상기압에 의한 건강장애의 예방에 관한 용어
사업주는 잠함 또는 잠수 작업 등 높은 기압에서 작업에 종사하는 근로자에 대하여 1일 6시간, 주 34시간을 초과하여 근로자에게 작업하게 하여서는 안 된다.
㉠ 고압작업 : 고기압($1kg/cm^2$ 이상)에서 잠함공법 또는 그 외의 압기공법으로 행하는 작업을 말한다.
㉡ 잠수작업
　ⓐ 표면공급식 잠수작업 : 수면 위의 공기압축기 또는 호흡용 기체통에서 압축된 호흡용 기체를 공급받으면서 하는 작업
　ⓑ 스쿠버 잠수작업 : 호흡용 기체통을 휴대하고 하는 작업
㉢ 기압조절실 : 고압작업에 종사하는 근로자가 작업실에의 출입 시 가압 또는 감압을 받는 장소를 말한다.
㉣ 압력 : 게이지압력을 말한다.

69 1sone이란 몇 Hz에서 몇 dB의 음압레벨을 갖는 소음의 크기를 말하는가?
① 1,000Hz, 40dB ② 1,200Hz, 45dB
③ 1,500Hz, 45dB ④ 2,000Hz, 48dB

풀이 sone
㉠ 감각적인 음의 크기(loudness)를 나타내는 양으로, 1,000Hz에서의 압력수준 dB을 기준으로 하여 등감곡선을 소리의 크기로 나타내는 단위이다.
㉡ 1,000Hz 순음의 음의 세기레벨 40dB의 음의 크기를 1sone으로 정의한다.

70 다음 중 밀폐공간에서 산소결핍의 원인을 소모(consumption), 치환(displacement), 흡수(absorption)로 구분할 때 소모에 해당하지 않는 것은?
① 용접, 절단, 불 등에 의한 연소
② 금속의 산화, 녹 등의 화학반응
③ 제한된 공간 내에서 사람의 호흡
④ 질소, 아르곤, 헬륨 등의 불활성 가스 사용

풀이 밀폐공간에서 산소결핍이 발생하는 원인
㉠ 화학반응(금속의 산화, 녹)
㉡ 연소(용접, 절단, 불)
㉢ 미생물 작용
㉣ 제한된 공간 내에서의 사람의 호흡

정답 66.② 67.④ 68.① 69.① 70.④

71 소독작용, 비타민 D 형성, 피부색소 침착 등 생물학적 작용이 강한 특성을 가진 자외선(Dorno선)의 파장범위는 약 얼마인가?

① 1,000~2,800 Å
② 2,800~3,150 Å
③ 3,150~4,000 Å
④ 4,000~4,700 Å

[풀이] 도르노선(Dorno-ray)
280(290)~315nm[2,800(2,900)~3,150Å, 1Å(angstrom); SI 단위로 10^{-10}m]의 파장을 갖는 자외선을 의미하며, 인체에 유익한 작용을 하여 건강선(생명선)이라고도 한다. 또한 소독작용, 비타민 D 형성, 피부의 색소 침착 등 생물학적 작용이 강하다.

72 다음 중 소음의 흡음평가 시 적용되는 반향시간(reverberation time)에 관한 설명으로 옳은 것은?

① 반향시간은 실내공간의 크기에 비례한다.
② 실내 흡음량을 증가시키면 반향시간도 증가한다.
③ 반향시간은 음압수준이 30dB 감소하는 데 소요되는 시간이다.
④ 반향시간을 측정하려면 실내 배경소음이 90dB 이상 되어야 한다.

[풀이]
② 실내 흡음량을 증가시키면 반향시간은 감소한다.
③ 반향시간은 음압수준이 60dB 감소하는 데 소요되는 시간이다.
④ 반향시간을 측정하려면 실내 배경소음이 60dB 이하가 되어야 한다.
※ 반향시간=잔향시간

73 소음에 의한 인체의 장애정도(소음성 난청)에 영향을 미치는 요인이 아닌 것은?

① 소음의 크기
② 개인의 감수성
③ 소음 발생 장소
④ 소음의 주파수 구성

[풀이] 소음성 난청에 영향을 미치는 요소
㉠ 소음 크기 : 음압수준이 높을수록 영향이 크다.
㉡ 개인 감수성 : 소음에 노출된 모든 사람이 똑같이 반응하지 않으며, 감수성이 매우 높은 사람이 극소수 존재한다.
㉢ 소음의 주파수 구성 : 고주파음이 저주파음보다 영향이 크다.
㉣ 소음의 발생 특성 : 지속적인 소음 노출이 단속적(간헐적)인 소음 노출보다 더 큰 장애를 초래한다.

74 비전리방사선의 종류 중 옥외작업을 하면서 콜타르의 유도체, 벤조피렌, 안트라센 화합물과 상호작용하여 피부암을 유발시키는 것으로 알려진 비전리방사선은?

① γ선
② 자외선
③ 적외선
④ 마이크로파

[풀이] 자외선의 피부에 대한 작용(장애)
㉠ 자외선에 의하여 피부의 표피와 진피 두께가 증가하여 피부의 비후가 온다.
㉡ 280nm 이하의 자외선은 대부분 표피에서, 280~320nm의 자외선은 진피에서, 320~380nm의 자외선은 표피(상피 : 각화층, 말피기층)에서 흡수된다.
㉢ 각질층 표피세포(말피기층)에 histamine의 양이 많아져 모세혈관 수축, 홍반 형성에 이어 색소 침착이 발생한다. 홍반 형성은 300nm 부근(2,000~2,900Å)의 폭로가 가장 강한 영향을 미치며, 멜라닌색소 침착은 300~420nm에서 영향을 미친다.
㉣ 반복하여 자외선에 노출될 경우 피부가 건조해지고 갈색을 띠며 주름살이 많이 생긴다. 즉, 피부노화에 영향을 미친다.
㉤ 피부투과력은 체표에서 0.1~0.2mm 정도이고 자외선 파장, 피부색, 피부 표피의 두께에 좌우된다.
㉥ 옥외작업을 하면서 콜타르의 유도체, 벤조피렌, 안트라센화합물과 상호작용하여 피부암을 유발하며, 관여하는 파장은 주로 280~320nm이다.
㉦ 피부색과의 관계는 피부가 흰색일 때 가장 투과가 잘 되며, 흑색이 가장 투과가 안 된다. 따라서 백인과 흑인의 피부암 발생률 차이가 크다.
㉧ 자외선 노출에 가장 심각한 만성 영향은 피부암이며, 피부암의 90% 이상은 햇볕에 노출된 신체 부위에서 발생한다. 특히 대부분의 피부암은 상피세포 부위에서 발생한다.

75 10시간 동안 측정한 누적 소음노출량이 300%일 때 측정시간 평균소음수준은 약 얼마인가?

① 94.2dB(A)
② 96.3dB(A)
③ 97.4dB(A)
④ 98.6dB(A)

풀이 시간가중 평균소음수준(TWA)
$$TWA = 16.61 \log\left(\frac{D(\%)}{100}\right) + 90$$
$$= 16.61 \log\left(\frac{300}{12.5 \times 10}\right) + 90$$
$$= 96.32 dB(A)$$

76 다음 중 자연조명에 관한 설명으로 옳지 않은 것은?

① 창의 면적은 바닥 면적의 15~20% 정도가 이상적이다.
② 개각은 4~5°가 좋으며, 개각이 작을수록 실내는 밝다.
③ 균일한 조명을 요구하는 작업실은 동북 또는 북창이 좋다.
④ 입사각은 28° 이상이 좋으며, 입사각이 클수록 실내는 밝다.

풀이 ② 개각은 4~5°가 좋으며, 개각이 클수록 실내는 밝다. 또한, 개각 1°의 감소를 입사각으로 보충하려면 2~5°의 증가가 필요하다.

77 출력이 10Watt인 작은 점음원으로부터 자유공간에서 10m 떨어져 있는 곳의 음압레벨(Sound Pressure Level)은 몇 dB 정도인가?

① 89 ② 99
③ 161 ④ 229

풀이 자유공간, 점음원
$$SPL = PWL - 20 \log r - 11$$
$$= \left(10 \log \frac{10}{10^{-12}}\right) - 20 \log 10 - 11$$
$$= 99 dB$$

78 한랭환경에서 인체의 일차적 생리적 반응으로 볼 수 없는 것은?

① 피부혈관의 팽창
② 체표면적의 감소
③ 화학적 대사작용의 증가
④ 근육긴장의 증가와 떨림

풀이 저온에 의한 생리적 반응
(1) 1차 생리적 반응
  ㉠ 피부혈관의 수축
  ㉡ 근육긴장의 증가와 떨림
  ㉢ 화학적 대사작용의 증가
  ㉣ 체표면적의 감소
(2) 2차 생리적 반응
  ㉠ 말초혈관의 수축
  ㉡ 근육활동, 조직대사가 증진되어 식욕 항진
  ㉢ 혈압의 일시적 상승

79 다음 중 전리방사선에 대한 감수성의 크기를 올바른 순서대로 나열한 것은?

㉮ 상피세포
㉯ 골수, 흉선 및 림프조직(조혈기관)
㉰ 근육세포
㉱ 신경조직

① ㉮ > ㉯ > ㉰ > ㉱
② ㉮ > ㉱ > ㉯ > ㉰
③ ㉯ > ㉮ > ㉰ > ㉱
④ ㉯ > ㉰ > ㉱ > ㉮

풀이 전리방사선에 대한 감수성 순서

골수, 흉선 및 림프조직(조혈기관), 눈의 수정체, 임파선(임파구)	>	상피세포, 내피세포	>	근육세포	>	신경조직

80 다음 중 이상기압의 인체작용으로 2차적인 가압현상과 가장 거리가 먼 것은? (단, 화학적 장애를 말한다.)

① 질소 마취 ② 이산화탄소의 중독
③ 산소 중독 ④ 일산화탄소의 작용

정답 75.② 76.② 77.② 78.① 79.③ 80.④

풀이 **2차적 가압현상**
고압하의 대기가스 독성 때문에 나타나는 현상으로, 2차성 압력현상이다.
(1) 질소가스의 마취작용
  ㉠ 공기 중의 질소가스는 정상기압에서 비활성이지만, 4기압 이상에서는 마취작용을 일으키며 이를 다행증(euphoria)이라 한다(공기 중의 질소가스는 3기압 이하에서 자극작용을 한다).
  ㉡ 질소가스 마취작용은 알코올 중독의 증상과 유사하다.
  ㉢ 작업력의 저하, 기분의 변환 등 여러 종류의 다행증이 일어난다.
  ㉣ 수심 90~120m에서 환청, 환시, 조현증, 기억력감퇴 등이 나타난다.
(2) 산소 중독작용
  ㉠ 산소의 분압이 2기압을 넘으면 산소 중독증상을 보인다. 즉, 3~4기압의 산소 혹은 이에 상당하는 공기 중 산소 분압에 의하여 중추신경계의 장애에 기인하는 운동장애를 나타내는데, 이것을 산소 중독이라 한다.
  ㉡ 수중의 잠수자는 폐압착증을 예방하기 위하여 수압과 같은 압력의 압축기체를 호흡하여야 하며, 이로 인한 산소 분압 증가로 산소 중독이 일어난다.
  ㉢ 고압산소에 대한 폭로가 중지되면 증상은 즉시 멈춘다. 즉, 가역적이다.
  ㉣ 1기압에서 순산소는 인후를 자극하나, 비교적 짧은 시간의 폭로라면 중독증상은 나타나지 않는다.
  ㉤ 산소 중독작용은 운동이나 이산화탄소로 인해 악화된다.
  ㉥ 수지나 족지의 작열통, 시력장애, 정신혼란, 근육경련 등의 증상을 보이며, 나아가서는 간질 모양의 경련을 나타낸다.
(3) 이산화탄소 중독작용
  ㉠ 이산화탄소 농도의 증가는 산소의 독성과 질소의 마취작용을 증가시키는 역할을 하고, 감압증의 발생을 촉진시킨다.
  ㉡ 이산화탄소 농도가 고압환경에서 대기압으로 환산하여 0.2%를 초과해서는 안 된다.
  ㉢ 동통성 관절장애(bends)도 이산화탄소의 분압 증가에 따라 보다 많이 발생한다.

제5과목 | 산업 독성학

81 건강영향에 따른 분진의 분류와 유발물질의 종류를 잘못 짝지은 것은?
① 유기성 분진 – 목분진, 면, 밀가루
② 알레르기성 분진 – 크롬산, 망간, 황
③ 진폐성 분진 – 규산, 석면, 활석, 흑연
④ 발암성 분진 – 석면, 니켈카보닐, 아민계 색소

풀이 **분진의 분류와 유발물질의 종류**
㉠ 진폐성 분진 : 규산, 석면, 활석, 흑연
㉡ 불활성 분진 : 석탄, 시멘트, 탄화수소
㉢ 알레르기성 분진 : 꽃가루, 털, 나뭇가루
㉣ 발암성 분진 : 석면, 니켈카보닐, 아민계 색소

82 적혈구의 산소운반 단백질을 무엇이라 하는가?
① 백혈구   ② 단구
③ 혈소판   ④ 헤모글로빈

풀이 **헤모글로빈**
적혈구에서 철을 포함하는 붉은색 단백질로, 산소를 운반하는 역할을 하며 정상수치보다 낮으면 빈혈이 일어난다.

83 흡입분진의 종류에 따른 진폐증의 분류 중 유기성 분진에 의한 진폐증에 해당하는 것은?
① 규폐증   ② 활석폐증
③ 연초폐증   ④ 석면폐증

풀이 **분진 종류에 따른 분류(임상적 분류)**
㉠ 유기성 분진에 의한 진폐증
 농부폐증, 면폐증, 연초폐증, 설탕폐증, 목재분진폐증, 모발분진폐증
㉡ 무기성(광물성) 분진에 의한 진폐증
 규폐증, 탄소폐증, 활석폐증, 탄광부 진폐증, 철폐증, 베릴륨폐증, 흑연폐증, 규조토폐증, 주석폐증, 칼륨폐증, 바륨폐증, 용접공폐증, 석면폐증

84 생물학적 모니터링(biological monitoring)에 관한 설명으로 옳지 않은 것은?

① 주목적은 근로자 채용시기를 조정하기 위하여 실시한다.
② 건강에 영향을 미치는 바람직하지 않은 노출상태를 파악하는 것이다.
③ 최근의 노출량이나 과거로부터 축적된 노출량을 파악한다.
④ 건강상의 위험은 생물학적 검체에서 물질별 결정인자를 생물학적 노출지수와 비교하여 평가된다.

풀이 생물학적 모니터링의 주목적은 유해물질에 노출된 근로자 개인에 대해 모든 인체침입경로, 근로시간에 따른 노출량 등의 정보를 제공하는 데 있다.

85 단순 질식제에 해당되는 물질은?
① 아닐린   ② 황화수소
③ 이산화탄소   ④ 니트로벤젠

풀이 질식제의 구분에 따른 종류
(1) 단순 질식제
  ㉠ 이산화탄소(CO_2)
  ㉡ 메탄(CH_4)
  ㉢ 질소(N_2)
  ㉣ 수소(H_2)
  ㉤ 에탄, 프로판, 에틸렌, 아세틸렌, 헬륨
(2) 화학적 질식제
  ㉠ 일산화탄소(CO)
  ㉡ 황화수소(H_2S)
  ㉢ 시안화수소(HCN)
  ㉣ 아닐린($C_6H_5NH_2$)

86 이황화탄소를 취급하는 근로자를 대상으로 생물학적 모니터링을 하는 데 이용될 수 있는 생체 내 대사산물은?
① 소변 중 마뇨산
② 소변 중 메탄올
③ 소변 중 메틸마뇨산
④ 소변 중 TTCA(2-thiothiazolidine-4-carboxylic acid)

풀이 이황화탄소(CS_2)의 대사산물
• 소변 중 TTCA
• 소변 중 이황화탄소

87 다음 중 중추신경의 자극작용이 가장 강한 유기용제는?
① 아민   ② 알코올
③ 알칸   ④ 알데히드

풀이 유기화합물질의 중추신경계 억제작용 및 자극작용
㉠ 중추신경계 억제작용의 순서
  알칸 < 알켄 < 알코올 < 유기산 < 에스테르 < 에테르 < 할로겐화합물
㉡ 중추신경계 자극작용의 순서
  알칸 < 알코올 < 알데히드 또는 케톤 < 유기산 < 아민류

88 다음 중 납중독에서 나타날 수 있는 증상을 모두 나열한 것은?

㉮ 빈혈
㉯ 신장장애
㉰ 중추 및 말초 신경장애
㉱ 소화기장애

① ㉮, ㉰   ② ㉯, ㉱
③ ㉮, ㉯, ㉰   ④ ㉮, ㉯, ㉰, ㉱

풀이 납중독의 주요 증상(임상증상)
(1) 위장 계통의 장애(소화기장애)
  ㉠ 복부팽만감, 급성 복부선통
  ㉡ 권태감, 불면증, 안면창백, 노이로제
  ㉢ 잇몸의 연선(lead line)
(2) 신경·근육 계통의 장애
  ㉠ 손 처짐, 팔과 손의 마비
  ㉡ 근육통, 관절통
  ㉢ 신장근의 쇠약
  ㉣ 근육의 피로로 인한 납경련
(3) 중추신경장애
  ㉠ 뇌 중독증상으로 나타난다.
  ㉡ 유기납에 폭로로 나타나는 경우가 많다.
  ㉢ 두통, 안면창백, 기억상실, 정신착란, 혼수상태, 발작

정답 84.① 85.③ 86.④ 87.① 88.④

89 화학물질의 상호작용인 길항작용 중 독성물질의 생체과정이 흡수, 대사 등에 변화를 일으켜 독성이 감소되는 것을 무엇이라 하는가?

① 화학적 길항작용
② 배분적 길항작용
③ 수용체 길항작용
④ 기능적 길항작용

풀이 독성물질의 생체과정인 흡수, 분포, 생전환, 배설 등에 변화를 일으켜 독성이 낮아지는 경우를 배분적(분배적) 길항작용이라고 한다.

90 직업성 천식에 관한 설명으로 잘못된 것은?

① 작업환경 중 천식을 유발하는 대표물질로 톨루엔디이소시안산염(TDI), 무수 트리멜리트산(TMA)이 있다.
② 일단 질환에 이환하게 되면 작업환경에서 추후 소량의 동일한 유발물질에 노출되더라도 지속적으로 증상이 발현된다.
③ 항원공여세포가 탐식되면 T림프구 중 I형 T림프구(type I killer T cell)가 특정 알레르기 항원을 인식한다.
④ 직업성 천식은 근무시간에 증상이 점점 심해지고, 휴일 같은 비근무시간에 증상이 완화되거나 없어지는 특징이 있다.

풀이 ③ 직업성 천식은 대식세포와 같은 항원공여세포가 탐식되면 T림프구 중 Ⅱ형 보조 T림프구가 특정 알레르기 항원을 인식한다.

91 사염화탄소에 관한 설명으로 옳지 않은 것은?

① 생식기에 대한 독성작용이 특히 심하다.
② 고농도에 노출되면 중추신경계 장애 외에 간장과 신장 장애를 유발한다.
③ 신장장애 증상으로 감뇨, 혈뇨 등이 발생하며, 완전 무뇨증이 되면 사망할 수도 있다.
④ 초기 증상으로는 지속적인 두통, 구역 또는 구토, 복부선통과 설사, 간압통 등이 나타난다.

풀이 사염화탄소(CCl_4)
㉠ 특이한 냄새가 나는 무색의 액체로, 소화제, 탈지세정제, 용제로 이용한다.
㉡ 신장장애 증상으로 감뇨, 혈뇨 등이 발생하며, 완전 무뇨증이 되면 사망할 수 있다.
㉢ 피부, 간장, 신장, 소화기, 신경계에 장애를 일으키는데, 특히 간에 대한 독성작용이 강하게 나타난다(즉, 간에 중요한 장애인 중심소엽성 괴사를 일으킨다).
㉣ 고온에서 금속과의 접촉으로 포스겐, 염화수소를 발생시키므로 주의를 요한다.
㉤ 고농도로 폭로되면 중추신경계 장애 외에 간장이나 신장에 장애가 일어나 황달, 단백뇨, 혈뇨의 증상을 보이는 할로겐탄화수소이다.
㉥ 초기 증상으로 지속적인 두통, 구역 및 구토, 간부위에 압통 등의 증상을 일으킨다.

92 산업안전보건법령상 다음의 설명에서 ㉮~㉰에 해당하는 내용으로 옳은 것은 어느 것인가?

> 단시간노출기준(STEL)이란 (㉮)분간의 시간가중평균노출값으로서 노출농도가 시간가중평균노출기준(TWA)을 초과하고 단시간노출기준(STEL) 이하인 경우에는 1회 노출지속시간이 (㉯)분 미만이어야 하고, 이러한 상태가 1일 (㉰)회 이하로 발생하여야 하며, 각 노출의 간격은 60분 이상이어야 한다.

① ㉮ 15, ㉯ 20, ㉰ 2
② ㉮ 20, ㉯ 15, ㉰ 2
③ ㉮ 15, ㉯ 15, ㉰ 4
④ ㉮ 20, ㉯ 20, ㉰ 4

풀이 단시간 노출농도
(STEL ; Short Term Exposure Limits)
㉠ 근로자가 1회 15분간 유해인자에 노출되는 경우의 기준(허용농도)이다.
㉡ 이 기준 이하에서는 노출간격이 1시간 이상인 경우 1일 작업시간 동안 4회까지 노출이 허용될 수 있다.
㉢ 고농도에서 급성중독을 초래하는 물질에 적용한다.

정답 89.② 90.③ 91.① 92.③

93 카드뮴이 체내에 흡수되었을 경우 주로 축적되는 곳은?
① 뼈, 근육   ② 뇌, 근육
③ 간, 신장   ④ 혈액, 모발

[풀이] 카드뮴의 독성 메커니즘
㉠ 호흡기, 경구로 흡수되어 체내에서 축적작용을 한다.
㉡ 간, 신장, 장관벽에 축적하여 효소의 기능유지에 필요한 −SH기와 반응하여(SH효소를 불활성화하여) 조직세포에 독성으로 작용한다.
㉢ 호흡기를 통한 독성이 경구독성보다 약 8배 정도 강하다.
㉣ 산화카드뮴에 의한 장애가 가장 심하며, 산화카드뮴 에어로졸 노출에 의해 화학적 폐렴을 발생시킨다.

94 다음 표는 A작업장의 백혈병과 벤젠에 대한 코호트 연구를 수행한 결과이다. 이때 벤젠의 백혈병에 대한 상대위험비는 약 얼마인가?

구 분	백혈병 발생	백혈병 비발생	합계(명)
벤젠 노출군	5	14	19
벤젠 비노출군	2	25	27
합 계	7	39	46

① 3.29   ② 3.55
③ 4.64   ④ 4.82

[풀이]
$$\text{상대위험비} = \frac{\text{노출군에서 질병발생률}}{\text{비노출군에서 질병발생률}} = \frac{5/19}{2/27} = 3.55$$

95 다음 중 중절모자를 만드는 사람들에게 처음으로 발견되어 hatter's shake라고 하며 근육경련을 유발하는 중금속은?
① 카드뮴   ② 수은
③ 망간   ④ 납

[풀이] 수은
㉠ 수은은 인간의 연금술, 의약품 분야에서 가장 오래 사용해 온 중금속의 하나이며, 로마시대에 수은 광산에서 수은중독으로 인한 사망이 발생하였다.
㉡ 우리나라에서는 형광등 제조업체에 근무하던 문송면 군에게 직업병을 야기시킨 원인인자가 수은이다.
㉢ 수은은 금속 중 증기를 발생시켜 산업중독을 일으킨다.
㉣ 17세기 유럽에서 신사용 중절모자를 제조하는 데 사용함으로써 근육경련(hatter's shake)을 일으킨 기록이 있다.

96 다음 중 칼슘대사에 장애를 주어 신결석을 동반한 신증후군이 나타나고 다량의 칼슘 배설이 일어나 뼈의 통증, 골연화증 및 골수공증과 같은 골격계 장애를 유발하는 중금속은?
① 망간   ② 수은
③ 비소   ④ 카드뮴

[풀이] 카드뮴의 만성중독 건강장애
(1) 신장기능 장애
  ㉠ 저분자 단백뇨의 다량 배설 및 신석증을 유발한다.
  ㉡ 칼슘대사에 장애를 주어 신결석을 동반한 신증후군이 나타난다.
(2) 골격계 장애
  ㉠ 다량의 칼슘 배설(칼슘 대사장애)이 일어나 뼈의 통증, 골연화증 및 골수공증을 유발한다.
  ㉡ 철분결핍성 빈혈증이 나타난다.
(3) 폐기능 장애
  ㉠ 폐활량 감소, 잔기량 증가 및 호흡곤란의 폐 증세가 나타나며, 이 증세는 노출기간과 노출농도에 의해 좌우된다.
  ㉡ 폐기종, 만성 폐기능 장애를 일으킨다.
  ㉢ 기도 저항이 늘어나고 폐의 가스교환기능이 저하된다.
  ㉣ 고환의 기능이 쇠퇴(atrophy)한다.
(4) 자각증상
  ㉠ 기침, 가래 및 후각의 이상이 생긴다.
  ㉡ 식욕부진, 위장장애, 체중감소 등을 유발한다.
  ㉢ 치은부에 연한 황색 색소 침착을 유발한다.

정답 93.③ 94.② 95.② 96.④

97 할로겐화탄화수소에 관한 설명으로 옳지 않은 것은?

① 대개 중추신경계의 억제에 의한 마취작용이 나타난다.
② 가연성과 폭발의 위험성이 높으므로 취급 시 주의하여야 한다.
③ 일반적으로 할로겐화탄화수소의 독성 정도는 화합물의 분자량이 커질수록 증가한다.
④ 일반적으로 할로겐화탄화수소의 독성 정도는 할로겐원소의 수가 커질수록 증가한다.

풀이 할로겐화탄화수소 독성의 일반적 특성
㉠ 냉각제, 금속세척, 플라스틱과 고무의 용제 등으로 사용되고 불연성이며, 화학반응성이 낮다.
㉡ 대표적·공통적인 독성작용은 중추신경계 억제작용이다.
㉢ 일반적으로 할로겐화탄화수소의 독성 정도는 화합물의 분자량이 클수록, 할로겐원소가 커질수록 증가한다.
㉣ 대개 중추신경계의 억제에 의한 마취작용이 나타난다.
㉤ 포화탄화수소는 탄소 수가 5개 정도까지는 길수록 중추신경계에 대한 억제작용이 증가한다.
㉥ 할로겐화된 기능기가 첨가되면 마취작용이 증가하여 중추신경계에 대한 억제작용이 증가하며, 기능기 중 할로겐족(F, Cl, Br 등)의 독성이 가장 크다.
㉦ 유기용제가 중추신경계를 억제하는 원리는 유기용제가 지용성이므로 중추신경계의 신경세포의 지질막에 흡수되어 영향을 미친다.
㉧ 알켄족이 알칸족보다 중추신경계에 대한 억제작용이 크다.

98 유기용제별 중독의 대표적인 증상으로 올바르게 연결된 것은?

① 벤젠 – 간장애
② 크실렌 – 조혈장애
③ 염화탄화수소 – 시신경장애
④ 에틸렌글리콜에테르 – 생식기능장애

풀이 유기용제별 대표적 특이증상
㉠ 벤젠 : 조혈장애
㉡ 염화탄화수소, 염화비닐 : 간장애
㉢ 이황화탄소 : 중추신경 및 말초신경 장애, 생식기능장애
㉣ 메틸알코올(메탄올) : 시신경장애
㉤ 메틸부틸케톤 : 말초신경장애(중독성)
㉥ 노말핵산 : 다발성 신경장애
㉦ 에틸렌글리콜에테르 : 생식기장애
㉧ 알코올, 에테르류, 케톤류 : 마취작용
㉨ 톨루엔 : 중추신경장애

99 폐에 침착된 먼지의 정화과정에 대한 설명으로 옳지 않은 것은?

① 어떤 먼지는 폐포벽을 통과하여 림프계나 다른 부위로 들어가기도 한다.
② 먼지는 세포가 방출하는 효소에 의해 용해되지 않으므로 점액층에 의한 방출 이외에는 체내에 축적된다.
③ 폐에 침착된 먼지는 식세포에 의하여 포위되어 포위된 먼지의 일부는 미세 기관지로 운반되고 점액 섬모운동에 의하여 정화된다.
④ 폐에서 먼지를 포위하는 식세포는 수명이 다한 후 사멸하고 다시 새로운 식세포가 먼지를 포위하는 과정이 계속적으로 일어난다.

풀이 인체 방어기전
(1) 점액 섬모운동
㉠ 가장 기초적인 방어기전(작용)이며, 점액 섬모운동에 의한 배출 시스템으로 폐포로 이동하는 과정에서 이물질을 제거하는 역할을 한다.
㉡ 기관지(벽)에서의 방어기전을 의미한다.
㉢ 정화작용을 방해하는 물질은 카드뮴, 니켈, 황화합물 등이다.
(2) 대식세포에 의한 작용(정화)
㉠ 대식세포가 방출하는 효소에 의해 용해되어 제거된다(용해작용).
㉡ 폐포의 방어기전을 의미한다.
㉢ 대식세포에 의해 용해되지 않는 대표적 독성 물질은 유리규산, 석면 등이다.

정답 97.② 98.④ 99.②

100 상기도 점막자극제로 볼 수 없는 것은?

① 포스겐 ② 크롬산
③ 암모니아 ④ 염화수소

[풀이] 상기도 점막자극제의 종류
㉠ 암모니아(NH_3)
㉡ 염화수소(HCl)
㉢ 아황산가스(SO_2)
㉣ 포름알데히드(HCHO)
㉤ 아크롤레인($CH_2=CHCHO$)
㉥ 아세트알데히드(CH_3CHO)
㉦ 크롬산
㉧ 산화에틸렌
㉨ 염산(HCl 수용액)
㉩ 불산(HF)

정답 100.①

제3회 산업위생관리기사

과년도 출제문제 | 2021.08.14

제1과목 | 산업위생학 개론

01 화학물질 및 물리적 인자의 노출기준상 사람에게 충분한 발암성 증거가 있는 물질의 표기는?

① 1A
② 1B
③ 2C
④ 1D

풀이 발암성 정보물질의 표기(화학물질 및 물리적 인자의 노출기준)
㉠ 1A : 사람에게 충분한 발암성 증거가 있는 물질
㉡ 1B : 실험동물에서 발암성 증거가 충분히 있거나, 실험동물과 사람 모두에서 제한된 발암성 증거가 있는 물질
㉢ 2 : 사람이나 동물에서 제한된 증거가 있지만, 구분 1로 분류하기에는 증거가 충분하지 않은 물질

02 산업안전보건법령상 작업환경측정에 관한 내용으로 옳지 않은 것은?

① 모든 측정은 지역시료 채취방법을 우선으로 실시하여야 한다.
② 작업환경측정을 실시하기 전에 예비조사를 실시하여야 한다.
③ 작업환경측정자는 그 사업장에 소속된 사람으로 산업위생관리산업기사 이상의 자격을 가진 사람이다.
④ 작업이 정상적으로 이루어져 작업시간과 유해인자에 대한 근로자의 노출정도를 정확히 평가할 수 있을 때 실시하여야 한다.

풀이 작업환경측정은 개인시료 채취를 원칙으로 하고 있으며, 개인시료 채취가 곤란한 경우에 한하여 지역시료를 채취할 수 있다.

03 미국산업안전보건연구원(NIOSH)에서 제시한 중량물의 들기작업에 관한 감시기준(Action Limit)과 최대허용기준(Maximum Permissible Limit)의 관계를 바르게 나타낸 것은?

① MPL=5AL
② MPL=3AL
③ MPL=10AL
④ MPL=$\sqrt{2}$ AL

풀이 최대허용기준(MPL) 관계식
MPL=AL(감시기준)×3

04 근골격계 질환 평가방법 중 JSI(Job Strain Index)에 대한 설명으로 옳지 않은 것은?

① 특히 허리와 팔을 중심으로 이루어지는 작업평가에 유용하게 사용된다.
② JSI 평가결과의 점수가 7점 이상은 위험한 작업이므로 즉시 작업개선이 필요한 작업으로 관리기준을 제시하게 된다.
③ 이 기법은 힘, 근육 사용기간, 작업자세, 하루 작업시간 등 6개의 위험요소로 구성되어, 이를 곱한 값으로 상지 질환의 위험성을 평가한다.
④ 이 평가방법은 손목의 특이적인 위험성만을 평가하고 있어 제한적인 작업에 대해서만 평가가 가능하고, 손, 손목 부위에서 중요한 진동에 대한 위험요인이 배제되었다는 단점이 있다.

풀이 근골격계 질환 평가방법 중 JSI는 주로 상지 말단의 직업관련성 근골격계 유해요인을 평가하기 위한 도구로 각각의 작업을 세분하여 평가하며, 작업을 정량적으로 평가함과 동시에 질적인 평가도 함께 고려한다.

정답 01.① 02.① 03.② 04.①

05 다음 중 휘발성 유기화합물의 특징으로 잘못된 것은?
① 물질에 따라 인체에 발암성을 보이기도 한다.
② 대기 중에 반응하여 광화학 스모그를 유발한다.
③ 증기압이 낮아 대기 중으로 쉽게 증발하지 않고 실내에 장기간 머무른다.
④ 지표면 부근 오존 생성에 관여하여 결과적으로 지구온난화에 간접적으로 기여한다.

풀이 휘발성 유기화합물(VOCs)은 증기압이 높아 대기 중으로 쉽게 증발한다.

06 체중이 60kg인 사람이 1일 8시간 작업 시 안전흡수량이 1mg/kg인 물질의 체내 흡수를 안전흡수량 이하로 유지하려면 공기 중 유해물질 농도를 몇 mg/m³ 이하로 하여야 하는가? (단, 작업 시 폐환기율은 1.25m³/hr, 체내 잔류율은 1로 가정한다.)
① 0.06 ② 0.6
③ 6   ④ 60

풀이
$SHD = C \times T \times V \times R$
$C(\text{mg/m}^3) = \dfrac{SHD}{T \times V \times R}$
$= \dfrac{60\text{kg} \times 1\text{mg/kg}}{8\text{hr} \times 1.25\text{m}^3/\text{hr} \times 1.0}$
$= 6\text{mg/m}^3$

07 업무상 사고나 업무상 질병을 유발할 수 있는 불안전한 행동의 직접원인에 해당되지 않는 것은?
① 지식의 부족
② 기능의 미숙
③ 태도의 불량
④ 의식의 우회

풀이 ④ 의식의 우회는 간접원인(정신적 원인)에 해당한다.

08 산업위생의 목적과 가장 거리가 먼 것은?
① 근로자의 건강을 유지시키고 작업능률을 향상시킴
② 근로자들의 육체적, 정신적, 사회적 건강을 증진시킴
③ 유해한 작업환경 및 조건으로 발생한 질병을 진단하고 치료함
④ 작업환경 및 작업조건이 최적화되도록 개선하여 질병을 예방함

풀이 산업위생관리 목적
㉠ 작업환경과 근로조건의 개선 및 직업병의 근원적 예방
㉡ 작업환경 및 작업조건의 인간공학적 개선(최적의 작업환경 및 작업조건으로 개선하여 질병을 예방)
㉢ 작업자의 건강보호 및 생산성 향상(근로자의 건강을 유지·증진시키고 작업능률을 향상)
㉣ 근로자들의 육체적, 정신적, 사회적 건강을 유지 및 증진
㉤ 산업재해의 예방 및 직업성 질환 유소견자의 작업 전환

09 교대근무에 있어 야간 작업의 생리적 현상으로 옳지 않은 것은?
① 체중의 감소가 발생한다.
② 체온이 주간보다 올라간다.
③ 주간 근무에 비하여 피로를 쉽게 느낀다.
④ 수면 부족 및 식사시간의 불규칙으로 위장장애를 유발한다.

풀이 야간 작업 시 체온상승은 주간 작업 시보다 낮다.

10 직업병 진단 시 유해요인 노출 내용과 정도에 대한 평가요소와 가장 거리가 먼 것은?
① 성별
② 노출의 추정
③ 작업환경측정
④ 생물학적 모니터링

풀이 ① 성별은 직업병 진단 시 유해요인 노출 내용과 정도에 대한 평가요소와는 관련이 없다.

정답 05.③ 06.③ 07.④ 08.③ 09.② 10.①

11 산업안전보건법령상 작업환경측정대상 유해인자(분진)에 해당하지 않는 것은? (단, 그 밖에 고용노동부장관이 정하여 고시하는 인체에 해로운 유해인자는 제외한다.)

① 면 분진(cotton dusts)
② 목재 분진(wood dusts)
③ 지류 분진(paper dusts)
④ 곡물 분진(grain dusts)

풀이 작업환경측정대상 중 분진의 종류(7종)
㉠ 광물성 분진
㉡ 곡물 분진
㉢ 면 분진
㉣ 목재 분진
㉤ 석면 분진
㉥ 용접흄
㉦ 유리섬유

12 미국에서 1910년 납(lead) 공장에 대한 조사를 시작으로 레이온 공장의 이황화탄소 중독, 구리 광산에서 규폐증, 수은 광산에서의 수은 중독 등을 조사하여 미국의 산업보건 분야에 크게 공헌한 선구자는?

① Leonard Hill
② Max Von Pettenkofer
③ Edward Chadwick
④ Alice Hamilton

풀이 Alice Hamilton(20세기)
㉠ 미국의 여의사이며 미국 최초의 산업위생학자, 산업의학자로 인정받음
㉡ 현대적 의미의 최초 산업위생전문가(최초 산업의학자)
㉢ 20세기 초 미국의 산업보건 분야에 크게 공헌 (1910년 납 공장에 대한 조사 시작)
㉣ 유해물질(납, 수은, 이황화탄소) 노출과 질병의 관계 규명
㉤ 1910년 납 공장에 대한 조사를 시작으로 40년간 각종 직업병 발견 및 작업환경 개선에 힘을 기울임
㉥ 미국의 산업재해보상법을 제정하는 데 크게 기여

13 RMR이 10인 격심한 작업을 하는 근로자의 실동률(㉮)과 계속작업의 한계시간(㉯)으로 옳은 것은? (단, 실동률은 사이또 오시마 식을 적용한다.)

① ㉮ 55%, ㉯ 약 7분
② ㉮ 45%, ㉯ 약 5분
③ ㉮ 35%, ㉯ 약 3분
④ ㉮ 25%, ㉯ 약 1분

풀이
㉮ 실동률 $= 85 - (5 \times RMR)$
$= 85 - (5 \times 10) = 35\%$
㉯ $\log(\text{계속작업 한계시간}) = 3.724 - 3.25\log(RMR)$
$= 3.724 - 3.25 \times \log 10$
$= 0.474$
∴ 계속작업 한계시간 $= 10^{0.474} = 2.98$(약 3분)

14 다음 중 산업안전보건법령상 제조 등이 허가되는 유해물질에 해당하는 것은 어느 것인가?

① 석면(Asbestos)
② 베릴륨(Beryllium)
③ 황린 성냥(Yellow phosphorus match)
④ β-나프틸아민과 그 염(β-Naphthylamine and its salts)

풀이 산업안전보건법상 제조 등이 금지되는 유해물질
㉠ β-나프틸아민과 그 염
㉡ 4-니트로디페닐과 그 염
㉢ 백연을 포함한 페인트(포함된 중량의 비율이 2% 이하인 것은 제외)
㉣ 벤젠을 포함하는 고무풀(포함된 중량의 비율이 5% 이하인 것은 제외)
㉤ 석면
㉥ 폴리클로리네이티드 터페닐
㉦ 황린(黃燐) 성냥
㉧ ㉠, ㉡, ㉤ 또는 ㉥에 해당하는 물질을 포함한 화합물(포함된 중량의 비율이 1% 이하인 것은 제외)
㉨ "화학물질관리법"에 따른 금지물질
㉩ 그 밖에 보건상 해로운 물질로서 산업재해보상보험 및 예방심의위원회의 심의를 거쳐 고용노동부장관이 정하는 유해물질

정답 11.③ 12.④ 13.③ 14.②

15 직업적성검사 중 생리적 기능검사에 해당하지 않는 것은?

① 체력검사
② 감각기능검사
③ 심폐기능검사
④ 지각동작검사

풀이 적성검사의 분류
(1) 생리학적 적성검사(생리적 기능검사)
  ㉠ 감각기능검사
  ㉡ 심폐기능검사
  ㉢ 체력검사
(2) 심리학적 적성검사
  ㉠ 지능검사
  ㉡ 지각동작검사
  ㉢ 인성검사
  ㉣ 기능검사

16 미국산업위생학술원(AAIH)이 채택한 윤리강령 중 사업주에 대한 책임에 해당되는 내용은?

① 일반 대중에 관한 사항은 정직하게 발표한다.
② 위험요소와 예방조치에 관하여 근로자와 상담한다.
③ 성실성과 학문적 실력 면에서 최고수준을 유지한다.
④ 근로자의 건강에 대한 궁극적인 책임은 사업주에게 있음을 인식시킨다.

풀이 기업주(사업주)와 고객에 대한 책임
㉠ 결과와 결론을 뒷받침할 수 있도록 정확한 기록을 유지하고, 산업위생 사업을 전문가답게 전문부서들로 운영·관리한다.
㉡ 기업주와 고객보다는 근로자의 건강보호에 궁극적 책임을 두고 행동한다.
㉢ 쾌적한 작업환경을 조성하기 위하여 산업위생의 이론을 적용하고 책임감 있게 행동한다.
㉣ 신뢰를 바탕으로 정직하게 권하고 성실한 자세로 충고하며, 결과와 개선점 및 권고사항을 정확히 보고한다.

17 산업재해 통계 중 재해발생 건수(100만 배)를 총 연인원의 근로시간수로 나누어 산정하는 것으로 재해발생의 정도를 표현하는 것은 어느 것인가?

① 강도율
② 도수율
③ 발생률
④ 연천인율

풀이 도수율(빈도율, FR)
㉠ 정의
재해의 발생빈도를 나타내는 것으로 연근로시간 합계 100만 시간당의 재해발생 건수
㉡ 계산식
도수율
$= \dfrac{\text{일정 기간 중 재해발생 건수(재해자수)}}{\text{일정 기간 중 연근로시간수}}$
$\times 1,000,000$

18 직업병 및 작업관련성 질환에 관한 설명으로 옳지 않은 것은?

① 작업관련성 질환은 작업에 의하여 악화되거나 작업과 관련하여 높은 발병률을 보이는 질병이다.
② 직업병은 일반적으로 단일요인에 의해, 작업관련성 질환은 다수의 원인 요인에 의해서 발병된다.
③ 직업병은 직업에 의해 발생된 질병으로서 직업환경 노출과 특정 질병 간에 인과관계는 불분명하다.
④ 작업관련성 질환은 작업환경과 업무수행상의 요인들이 다른 위험요인과 함께 질병 발생의 복합적 병인 중 한 요인으로서 기여한다.

풀이 ③ 직업성 질환은 직업에 의해 발생된 질병으로서 직업환경 노출과 특정 질병 간에 인과관계는 불분명하다.

정답 15.④ 16.④ 17.② 18.③

19 단기간의 휴식에 의하여 회복될 수 없는 병적 상태를 일컫는 용어는?

① 곤비
② 과로
③ 국소피로
④ 전신피로

풀이 피로의 3단계
피로도가 증가하는 순서에 따라 구분한 것이며, 피로의 정도는 객관적 판단이 용이하지 않다.
㉠ 1단계 : 보통피로
하룻밤을 자고 나면 완전히 회복하는 상태이다.
㉡ 2단계 : 과로
피로의 축적으로 다음 날까지도 피로상태가 지속되는 것으로, 단기간 휴식으로 회복될 수 있으며 발병단계는 아니다.
㉢ 3단계 : 곤비
과로의 축적으로 단시간에 회복될 수 없는 단계를 말하며, 심한 노동 후의 피로현상으로 병적상태를 의미한다.

20 사무실 공기관리지침상 오염물질과 관리기준이 잘못 연결된 것은? (단, 관리기준은 8시간 시간가중평균농도이며, 고용노동부고시를 따른다.)

① 총부유세균 − 800CFU/m³
② 일산화탄소(CO) − 10ppm
③ 초미세먼지(PM 2.5) − 50μg/m³
④ 포름알데히드(HCHO) − 150μg/m³

풀이 사무실 오염물질의 관리기준

오염물질	관리기준
미세먼지(PM 10)	100μg/m³ 이하
초미세먼지(PM 2.5)	50μg/m³ 이하
이산화탄소(CO_2)	1,000ppm 이하
일산화탄소(CO)	10ppm 이하
이산화질소(NO_2)	0.1ppm 이하
포름알데히드(HCHO)	100μg/m³ 이하
총휘발성 유기화합물(TVOC)	500μg/m³ 이하
라돈(radon)	148Bq/m³ 이하
총부유세균	800CFU/m³ 이하
곰팡이	500CFU/m³ 이하

제2과목 | 작업위생측정 및 평가

21 금속탈지공정에서 측정한 trichloroethylene의 농도(ppm)가 아래와 같을 때, 기하평균 농도(ppm)는?

> 101, 45, 51, 87, 36, 54, 40

① 49.7
② 54.7
③ 55.2
④ 57.2

풀이
$$\log GM = \frac{\log 101 + \log 45 + \log 51 + \log 87 + \log 36 + \log 54 + \log 40}{7} = 1.742$$
$$GM(기하평균) = 10^{1.742} = 55.21 \text{ppm}$$

22 공기 중 먼지를 채취하여 채취된 입자 크기의 중앙값(median)은 1.12μm이고 84.1%에 해당하는 크기가 2.68μm일 때, 기하표준편차값은? (단, 채취된 입경의 분포는 대수정규분포를 따른다.)

① 0.42
② 0.94
③ 2.25
④ 2.39

풀이
$$기하표준편차 = \frac{84.1\% \text{에 해당하는 값}}{50\% \text{에 해당하는 값}}$$
$$= \frac{2.68}{1.12} = 2.39$$

23 어느 작업장에서 시료채취기를 사용하여 분진 농도를 측정한 결과 시료채취 전/후 여과지의 무게가 각각 32.4mg/44.7mg일 때, 이 작업장의 분진 농도(mg/m³)는? (단, 시료채취를 위해 사용된 펌프의 유량은 20L/min이고, 2시간 동안 시료를 채취하였다.)

① 5.1
② 6.2
③ 10.6
④ 12.3

풀이
$$농도(mg/m^3) = \frac{(44.7 - 32.4) mg}{20 L/min \times 120 min \times m^3/1{,}000L}$$
$$= 5.13 mg/m^3$$

24 입경이 20μm이고 입자 비중이 1.5인 입자의 침강속도(cm/s)는?

① 1.8　② 2.4
③ 12.7　④ 36.2

풀이
$V(\text{cm/s}) = 0.003 \times \rho \times d^2$
$= 0.003 \times 1.5 \times 20^2 = 1.8 \text{ cm/s}$

25 근로자 개인의 청력손실 여부를 알기 위해 사용하는 청력 측정용 기기는?

① Audiometer
② Noise dosimeter
③ Sound level meter
④ Impact sound level meter

풀이 근로자 개인의 청력손실 여부를 판단하기 위해 사용하는 청력 측정용 기기는 audiometer이고, 근로자의 노출량을 측정하는 기기는 noise dosimeter이다.

26 Fick 법칙이 적용된 확산포집방법에 의하여 시료가 포집될 경우, 포집량에 영향을 주는 요인과 가장 거리가 먼 것은?

① 공기 중 포집대상물질 농도와 포집매체에 함유된 포집대상물질의 농도 차이
② 포집기의 표면이 공기에 노출된 시간
③ 대상물질과 확산매체와의 확산계수 차이
④ 포집기에서 오염물질이 포집되는 면적

풀이 Fick의 제1법칙(확산)

$W = D\left(\dfrac{A}{L}\right)(C_i - C_o)$ 또는 $\dfrac{M}{At} = D\dfrac{C_i - C_o}{L}$

여기서, W: 물질의 이동속도(ng/sec)
D: 확산계수(cm²/sec)
A: 포집기에서 오염물질이 포집되는 면적 (확산경로의 면적, cm²)
L: 확산경로의 길이(cm)
$C_i - C_o$: 공기 중 포집대상물질의 농도와 포집매질에 함유한 포집대상물질의 농도(ng/cm³)
M: 물질의 질량(ng)
t: 포집기의 표면이 공기에 노출된 시간 (채취시간, sec)

27 옥내의 습구흑구온도지수(WBGT, ℃)를 산출하는 식은?

① 0.7×자연습구온도+0.3×흑구온도
② 0.4×자연습구온도+0.6×흑구온도
③ 0.7×자연습구온도+0.1×흑구온도 +0.2×건구온도
④ 0.7×자연습구온도+0.2×흑구온도 +0.1×건구온도

풀이 고온의 노출기준 표시단위
㉠ 옥외(태양광선이 내리쬐는 장소)
　WBGT(℃)=0.7×자연습구온도+0.2×흑구온도 +0.1×건구온도
㉡ 옥내 또는 옥외(태양광선이 내리쬐지 않는 장소)
　WBGT(℃)=0.7×자연습구온도+0.3×흑구온도

28 입자상 물질을 채취하는 방법 중 직경분립충돌기의 장점으로 틀린 것은?

① 호흡기에 부분별로 침착된 입자 크기의 자료를 추정할 수 있다.
② 흡입성·흉곽성·호흡성 입자의 크기별 분포와 농도를 계산할 수 있다.
③ 시료채취 준비에 시간이 적게 걸리며 비교적 채취가 용이하다.
④ 입자의 질량 크기 분포를 얻을 수 있다.

풀이 직경분립충돌기(cascade impactor)의 장단점
(1) 장점
　㉠ 입자의 질량 크기 분포를 얻을 수 있다.
　㉡ 호흡기의 부분별로 침착된 입자 크기의 자료를 추정할 수 있고, 흡입성·흉곽성·호흡성 입자의 크기별로 분포와 농도를 계산할 수 있다.
(2) 단점
　㉠ 시료채취가 까다롭다. 즉 경험이 있는 전문가가 철저한 준비를 통해 이용해야 정확한 측정이 가능하다.
　㉡ 비용이 많이 든다.
　㉢ 채취 준비시간이 과다하다.
　㉣ 되튐으로 인한 시료의 손실이 일어나 과소분석 결과를 초래할 수 있어 유량을 2L/min 이하로 채취한다. 따라서 mylar substrate에 그리스를 뿌려 시료의 되튐을 방지한다.
　㉤ 공기가 옆에서 유입되지 않도록 각 충돌기의 조립과 장착을 철저히 해야 한다.

정답 24.① 25.① 26.③ 27.① 28.③

29 87°C와 동등한 온도는? (단, 정수로 반올림한다.)

① 351K ② 189°F
③ 700°R ④ 186K

풀이
$$°F = \left(\frac{9}{5} \times °C\right) + 32 = \left(\frac{9}{5} \times 87\right) + 32 = 188.6 ≒ 189°F$$

30 공기 중 유기용제 시료를 활성탄관으로 채취하였을 때 가장 적절한 탈착용매는?

① 황산 ② 사염화탄소
③ 중크롬산칼륨 ④ 이황화탄소

풀이 **용매 탈착**
㉠ 탈착용매는 비극성 물질에는 이황화탄소(CS_2)를 사용하고, 극성 물질에는 이황화탄소와 다른 용매를 혼합하여 사용한다.
㉡ 활성탄에 흡착된 증기(유기용제-방향족 탄화수소)를 탈착시키는 데 일반적으로 사용되는 용매는 이황화탄소이다.
㉢ 용매로 사용되는 이황화탄소의 장점 : 탈착효율이 좋고, 가스 크로마토그래피의 불꽃이온화검출기에서 반응성이 낮아 피크의 크기가 작게 나오므로 분석 시 유리하다.
㉣ 용매로 사용되는 이황화탄소의 단점 : 독성 및 인화성이 크며 작업이 번잡하다. 특히 심혈관계와 신경계에 독성이 매우 크고 취급 시 주의를 요하며, 전처리 및 분석하는 장소의 환기에 유의하여야 한다.

31 산업안전보건법령상 소음 측정방법에 관한 내용이다. ( ) 안에 맞는 내용은?

> 소음이 1초 이상의 간격을 유지하면서 최대음압수준이 ( )dB(A) 이상의 소음인 경우에는 소음수준에 따른 1분 동안의 발생횟수를 측정할 것

① 110 ② 120
③ 130 ④ 140

풀이 소음이 1초 이상의 간격을 유지하면서 최대음압수준이 120dB(A) 이상의 소음(충격소음)인 경우에는 소음수준에 따른 1분 동안의 발생횟수를 측정하여야 한다.

32 산업안전보건법령상 단위작업장소에서 작업 근로자수가 17명일 때, 측정해야 할 근로자수는? (단, 시료채취는 개인시료채취로 한다.)

① 1 ② 2
③ 3 ④ 4

풀이 **시료채취 근로자수**
㉠ 단위작업장소에서 최고 노출근로자 2명 이상에 대하여 동시에 개인시료방법으로 측정하되, 단위작업장소에 근로자가 1명인 경우에는 그러하지 아니하며, 동일 작업 근로자수가 10명을 초과하는 경우에는 5명당 1명 이상 추가하여 측정하여야 한다.
다만, 동일 작업 근로자수가 100명을 초과하는 경우에는 최대 시료채취 근로자수를 20명으로 조정할 수 있다.
㉡ 지역시료채취방법으로 측정하는 경우 단위작업장소 내에서 2개 이상의 지점에 대하여 동시에 측정하여야 한다.
다만, 단위작업장소의 넓이가 50평방미터 이상인 경우에는 30평방미터마다 1개 지점 이상을 추가로 측정하여야 한다.

33 다음 중 실리카겔과 친화력이 가장 큰 물질은 어느 것인가?

① 알데하이드류
② 올레핀류
③ 파라핀류
④ 에스테르류

풀이 **실리카겔의 친화력(극성이 강한 순서)**
물 > 알코올류 > 알데하이드류 > 케톤류 > 에스테르류 > 방향족 탄화수소류 > 올레핀류 > 파라핀류

34 시료채취방법 중 유해물질에 따른 흡착제의 연결이 적절하지 않은 것은?

① 방향족 유기용제류 − Charcoal tube
② 방향족 아민류 − Silicagel tube
③ 니트로벤젠 − Silicagel tube
④ 알코올류 − Amberlite(XAD-2)

풀이 ④ 알코올류는 활성탄관(charcoal tube)을 사용하여 채취한다.

정답 29.② 30.④ 31.② 32.④ 33.① 34.④

35 측정값이 1, 7, 5, 3, 9일 때, 변이계수(%)는?

① 183
② 133
③ 63
④ 13

풀이
변이계수(%) = $\frac{표준편차}{산술평균} = \frac{3.16}{5} \times 100 = 63.25\%$

여기서,
산술평균 = $\frac{1+7+5+3+9}{5} = 5$

표준편차 = $\left(\frac{(1-5)^2+(7-5)^2+(5-5)^2+(3-5)^2+(9-5)^2}{5-1}\right)^{0.5}$
= 3.16

36 어느 작업장에서 작동하는 기계 각각의 소음 측정결과가 아래와 같을 때, 총 음압수준(dB)은? (단, A, B, C 기계는 동시에 작동된다.)

- A기계 : 93dB
- B기계 : 89dB
- C기계 : 88dB

① 91.5
② 92.7
③ 95.3
④ 96.8

풀이 $L_{합} = 10\log(10^{9.3} + 10^{8.9} + 10^{8.8}) = 95.34\text{dB}$

37 직독식 기구에 대한 설명과 가장 거리가 먼 것은?

① 측정과 작동이 간편하여 인력과 분석비를 절감할 수 있다.
② 연속적인 시료채취 전략으로 작업시간 동안 하나의 완전한 시료채취에 해당된다.
③ 현장에서 실제 작업시간이나 어떤 순간에서 유해인자의 수준과 변화를 쉽게 알 수 있다.
④ 현장에서 즉각적인 자료가 요구될 때 민감성과 특이성이 있는 경우 매우 유용하게 사용될 수 있다.

풀이 직독식 기구는 적외선·자외선 불꽃 및 광이온화, 전기화학반응 등을 이용하여 현장에서 곧바로 유해물질의 농도를 측정하는 방법으로 채취와 분석이 짧은 시간에 이루어져 작업장의 순간농도를 측정할 수 있는 장점이 있으나, 각 물질에 대한 특이성이 낮은 단점이 있다.

38 검지관의 장단점에 대한 설명으로 잘못된 것은 어느 것인가?

① 사용이 간편하고, 복잡한 분석실 분석이 필요 없다.
② 산소결핍이나 폭발성 가스로 인한 위험이 있는 경우에도 사용이 가능하다.
③ 민감도 및 특이도가 낮고 색변화가 선명하지 않아 판독자에 따라 변이가 심하다.
④ 측정대상물질의 동정이 미리 되어 있지 않아도 측정을 용이하게 할 수 있다.

풀이 검지관 측정법의 장단점
(1) 장점
㉠ 사용이 간편하다.
㉡ 반응시간이 빨라 현장에서 바로 측정결과를 알 수 있다.
㉢ 비전문가도 어느 정도 숙지하면 사용할 수 있지만, 산업위생전문가의 지도 아래 사용되어야 한다.
㉣ 맨홀, 밀폐공간에서의 산소부족 또는 폭발성 가스로 인한 안전이 문제가 될 때 유용하게 사용된다.
㉤ 다른 측정방법이 복잡하거나 빠른 측정이 요구될 때 사용할 수 있다.

(2) 단점
㉠ 민감도가 낮아 비교적 고농도에만 적용이 가능하다.
㉡ 특이도가 낮아 다른 방해물질의 영향을 받기 쉽고 오차가 크다.
㉢ 대개 단시간 측정만 가능하다.
㉣ 한 검지관으로 단일물질만 측정 가능하여 각 오염물질에 맞는 검지관을 선정함에 따른 불편함이 있다.
㉤ 색변화에 따라 주관적으로 읽을 수 있어 판독자에 따라 변이가 심하며, 색변화가 시간에 따라 변하므로 제조자가 정한 시간에 읽어야 한다.
㉥ 미리 측정대상물질의 동정이 되어 있어야 측정이 가능하다.

정답 35.③ 36.③ 37.② 38.④

39 어떤 작업장의 8시간 작업 중 연속음 소음 100dB(A)가 1시간, 95dB(A)가 2시간 발생하고, 그 외 5시간은 기준 이하의 소음이 발생되었을 때, 이 작업장의 누적소음도에 대한 노출기준 평가로 옳은 것은?

① 0.75로 기준 이하였다.
② 1.0으로 기준과 같았다.
③ 1.25로 기준을 초과하였다.
④ 1.50으로 기준을 초과하였다.

[풀이] 노출기준 $= \frac{1}{2} + \frac{2}{4} = 1$

40 유해인자에 대한 노출평가방법인 위해도평가(Risk assessment)를 설명한 것으로 가장 거리가 먼 것은?

① 위험이 가장 큰 유해인자를 결정하는 것이다.
② 유해인자가 본래 가지고 있는 위해성과 노출요인에 의해 결정된다.
③ 모든 유해인자 및 작업자, 공정을 대상으로 동일한 비중을 두면서 관리하기 위한 방안이다.
④ 노출량이 높고 건강상의 영향이 큰 유해인자인 경우 관리해야 할 우선순위도 높게 된다.

[풀이] 화학물질이 유해인자인 경우 우선순위를 결정하는 요소는 화학물질의 위해성, 공기 중으로 확산 가능성, 노출 근로자수, 사용시간이다.

제3과목 | 작업환경관리대책

41 전기도금공정에 가장 적합한 후드 형태는?

① 캐노피 후드
② 슬롯 후드
③ 포위식 후드
④ 종형 후드

[풀이] 외부식 슬롯형 후드 적용작업
도금, 주조, 용해, 마무리작업, 분무도장

42 호흡기 보호구에 대한 설명으로 틀린 것은?

① 호흡기 보호구를 선정할 때는 기대되는 공기 중의 농도를 노출기준으로 나눈 값을 위해비(HR)라 하는데, 위해비보다 할당보호계수(APF)가 작은 것을 선택한다.
② 할당보호계수(APF)가 100인 보호구를 착용하고 작업장에 들어가면 외부 유해물질로부터 적어도 100배만큼의 보호를 받을 수 있다는 의미이다.
③ 보호구를 착용함으로써 유해물질로부터 얼마만큼 보호해주는지 나타내는 것은 보호계수(PF)이다.
④ 보호계수(PF)는 보호구 밖의 농도(C_o)와 안의 농도(C_i)의 비(C_o/C_i)로 표현할 수 있다.

[풀이] $APF \geq \frac{C_{air}}{PEL} (= HR)$

여기서, APF : 할당보호계수
PEL : 노출기준
C_{air} : 기대되는 공기 중 농도
HR : 위해비

위 식은 호흡용 보호구 선정 시 위해비(HR)보다 APF가 큰 것을 선택해야 한다는 의미를 갖는다.

43 흡입관의 정압 및 속도압은 −30.5mmH₂O, 7.2mmH₂O이고, 배출관의 정압 및 속도압은 20.0mmH₂O, 15mmH₂O일 때, 송풍기의 유효전압(mmH₂O)은?

① 58.3   ② 64.2
③ 72.3   ④ 81.1

[풀이] 송풍기 전압(FTP)
$FTP = (SP_{out} + VP_{out}) - (SP_{in} + VP_{in})$
$= (20 + 15) - (-30.5 + 7.2)$
$= 58.3 mmH_2O$

정답 39.② 40.③ 41.② 42.① 43.①

44 환기시설 내 기류가 기본적 유체역학적 원리에 의하여 지배되기 위한 전제조건에 관한 내용으로 틀린 것은?

① 환기시설 내외의 열교환은 무시한다.
② 공기의 압축이나 팽창을 무시한다.
③ 공기는 포화수증기 상태로 가정한다.
④ 대부분의 환기시설에서는 공기 중에 포함된 유해물질의 무게와 용량을 무시한다.

풀이 유체역학의 질량보전 원리를 환기시설에 적용하는 데 필요한 네 가지 공기 특성의 주요 가정(전제조건)
㉠ 환기시설 내외(덕트 내부와 외부)의 열전달(열교환) 효과 무시
㉡ 공기의 비압축성(압축성과 팽창성 무시)
㉢ 건조공기 가정
㉣ 환기시설에서 공기 속 오염물질의 질량(무게)과 부피(용량)를 무시

45 보호구의 재질에 따른 효과적 보호가 가능한 화학물질을 잘못 짝지은 것은?

① 가죽 – 알코올
② 천연고무 – 물
③ 면 – 고체상 물질
④ 부틸고무 – 알코올

풀이 보호장구 재질에 따른 적용물질
㉠ Neoprene 고무 : 비극성 용제, 극성 용제 중 알코올, 물, 케톤류 등에 효과적
㉡ 천연고무(latex) : 극성 용제 및 수용성 용액에 효과적(절단 및 찰과상 예방)
㉢ viton : 비극성 용제에 효과적
㉣ 면 : 고체상 물질에 효과적, 용제에는 사용 못함
㉤ 가죽 : 용제에는 사용 못함(기본적인 찰과상 예방)
㉥ Nitrile 고무 : 비극성 용제에 효과적
㉦ Butyl 고무 : 극성 용제에 효과적(알데히드, 지방족)
㉧ Ethylene vinyl alcohol : 대부분의 화학물질을 취급할 경우 효과적

46 슬롯(slot) 후드의 종류 중 전원주형의 배기량은 1/4원주형 대비 약 몇 배인가?

① 2배   ② 3배
③ 4배   ④ 5배

풀이 외부식 슬롯후드의 필요송풍량
$Q = 60 \cdot C \cdot L \cdot V_c \cdot X$
여기서, Q : 필요송풍량(m^3/min)
C : 형상계수
[(전원주 ⇒ 5.0(ACGIH : 3.7)
$\frac{3}{4}$원주 ⇒ 4.1
$\frac{1}{2}$원주(플랜지 부착 경우와 동일)
⇒ 2.8(ACGIH : 2.6)
$\frac{1}{4}$원주 ⇒ 1.6)]
V_c : 제어속도(m/sec)
L : slot 개구면의 길이(m)
X : 포집점까지의 거리(m)

47 밀도가 1.225kg/m^3인 공기가 20m/s의 속도로 덕트를 통과하고 있을 때 동압(mmH$_2$O)은 얼마인가?

① 15
② 20
③ 25
④ 30

풀이 $VP = \frac{\gamma V^2}{2g} = \frac{1.225 \times 20^2}{2 \times 9.8} = 25 mmH_2O$

48 정압회복계수 0.72, 정압회복량 7.2mmH$_2$O인 원형 확대관의 압력손실(mmH$_2$O)은?

① 4.2
② 3.6
③ 2.8
④ 1.3

풀이 $(SP_2 - SP_1) = (VP_1 - VP_2) - \Delta P$
$7.2 = \frac{\Delta P}{\xi} - \Delta P$
$\frac{\Delta P}{(1-0.72)} - \Delta P = 7.2$
$\frac{\Delta P - 0.28 \Delta P}{0.28} = 7.2$
$\Delta P(1 - 0.28) = 7.2 \times 0.28$
$\therefore \Delta P = \frac{7.2 \times 0.28}{0.72} = 2.8 mmH_2O$

정답 44.③ 45.① 46.② 47.③ 48.③

49 터보(turbo) 송풍기에 관한 설명으로 틀린 것은?
① 후향날개형 송풍기라고도 한다.
② 송풍기의 깃이 회전방향 반대편으로 경사지게 설계되어 있다.
③ 고농도 분진 함유 공기를 이송시킬 경우, 집진기 후단에 설치하여 사용해야 한다.
④ 방사날개형이나 전향날개형 송풍기에 비해 효율이 떨어진다.

풀이 터보형 송풍기(turbo fan)
㉠ 후향(후곡)날개형 송풍기(backward-curved blade fan)라고도 하며, 송풍량이 증가해도 동력이 증가하지 않는 장점을 가지고 있어 한계부하 송풍기라고도 한다.
㉡ 회전날개(깃)가 회전방향 반대편으로 경사지게 설계되어 있어 충분한 압력을 발생시킬 수 있다.
㉢ 소요정압이 떨어져도 동력은 크게 상승하지 않으므로 시설저항 및 운전상태가 변하여도 과부하가 걸리지 않는다.
㉣ 송풍기 성능곡선에서 동력곡선이 최대송풍량의 60~70%까지 증가하다가 감소하는 경향이 있다.
㉤ 고농도 분진 함유 공기를 이송시킬 경우 깃 뒷면에 분진이 퇴적하며 집진기 후단에 설치하여야 한다.
㉥ 깃의 모양은 두께가 균일한 것과 익형이 있다.
㉦ 원심력식 송풍기 중 가장 효율이 좋다.

50 회전차 외경이 600mm인 원심 송풍기의 풍량은 200m³/min이다. 이때 회전차 외경이 1,200mm인 동류(상사구조)의 송풍기가 동일한 회전수로 운전된다면 이 송풍기의 풍량(m³/min)은? (단, 두 경우 모두 표준공기를 취급한다.)
① 1,000 ② 1,200
③ 1,400 ④ 1,600

풀이
$$\frac{Q_2}{Q_1} = \left(\frac{D_2}{D_1}\right)^3$$
$$\therefore Q_2 = Q_1 \times \left(\frac{D_2}{D_1}\right)^3$$
$$= 200 \times \left(\frac{1,200}{600}\right)^3 = 1,600 \text{m}^3/\text{min}$$

51 유기용제 취급공정의 작업환경관리대책으로 가장 거리가 먼 것은?
① 근로자에 대한 정신건강관리 프로그램 운영
② 유기용제의 대체사용과 작업공정 배치
③ 유기용제 발산원의 밀폐 등 조치
④ 국소배기장치의 설치 및 관리

풀이 ① 근로자에 대한 정신건강관리 프로그램 운영은 작업환경관리, 작업관리, 건강관리 중 건강관리에 해당한다.

52 송풍기의 풍량조절기법 중에서 풍량(Q)을 가장 크게 조절할 수 있는 것은?
① 회전수 조절법
② 안내익 조절법
③ 댐퍼부착 조절법
④ 흡입압력 조절법

풀이 회전수 조절법(회전수 변환법)
㉠ 풍량을 크게 바꾸려고 할 때 가장 적절한 방법이다.
㉡ 구동용 풀리의 풀리비 조정에 의한 방법이 일반적으로 사용된다.
㉢ 비용은 고가이나, 효율은 좋다.

53 20℃, 1기압에서 공기유속은 5m/s, 원형 덕트의 단면적은 1.13m²일 때, Reynolds수는? (단, 공기의 점성계수는 1.8×10^{-5} kg/s·m 이고, 공기의 밀도는 1.2kg/m³이다.)
① 4.0×10^5
② 3.0×10^5
③ 2.0×10^5
④ 1.0×10^5

풀이
$$Re = \frac{\rho V D}{\mu}$$
$$D = \sqrt{\frac{A \times 4}{3.14}} = \sqrt{\frac{1.13\text{m}^2 \times 4}{3.14}} = 1.20\text{m}$$
$$= \frac{1.2\text{kg/m}^3 \times 5\text{m/s} \times 1.20\text{m}}{1.8 \times 10^{-5}\text{kg/m·s}}$$
$$= 400,000(4.0 \times 10^5)$$

54 유해물질별 송풍관의 적정 반송속도로 옳지 않은 것은?

① 가스상 물질 : 10m/s
② 무거운 물질 : 25m/s
③ 일반 공업물질 : 20m/s
④ 가벼운 건조물질 : 30m/s

[풀이] 유해물질별 반송속도

유해물질	예	반송속도 (m/s)
가스, 증기, 흄 및 극히 가벼운 물질	각종 가스, 증기, 산화아연 및 산화알루미늄 등의 흄, 목재분진, 솜먼지, 고무분, 합성수지분	10
가벼운 건조먼지	원면, 곡물분, 고무, 플라스틱, 경금속분진	15
일반 공업분진	털, 나무 부스러기, 대패 부스러기, 샌드블라스트, 그라인더분진, 내화벽돌분진	20
무거운 분진	납분진, 주조 후 모래털기 작업 시 먼지, 선반 작업 시 먼지	25
무겁고 비교적 큰 입자의 젖은 먼지	젖은 납분진, 젖은 주조작업 발생 먼지	25 이상

55 다음 중 신체 보호구에 대한 설명으로 틀린 것은?

① 정전복은 마찰에 의하여 발생되는 정전기의 대전을 방지하기 위하여 사용된다.
② 방열의에는 석면제나 섬유에 알루미늄 등을 증착한 알루미나이즈 방열의가 사용된다.
③ 위생복(보호의)에서 방한복, 방한화, 방한모는 −18℃ 이하인 급냉동창고 하역작업 등에 이용된다.
④ 안면 보호구에는 일반 보호면, 용접면, 안전모, 방진마스크 등이 있다.

[풀이] 눈 및 안면 보호구는 물체가 날아오거나, 자외선과 같은 유해광선 등의 위험으로부터 눈과 얼굴을 보호하기 위하여 착용하며, 종류로는 보안경과 보안면이 있다.

56 송풍기 축의 회전수를 측정하기 위한 측정기구는?

① 열선풍속계(Hot wire anemometer)
② 타코미터(Tachometer)
③ 마노미터(Manometer)
④ 피토관(Pitot tube)

[풀이] 타코미터(회전계, 회전속도계)
기계에 있어서 축의 회전수(회전속도)를 지시하는 계량·측정기이며, 회전계의 일종이다.

57 국소환기시설 설계에 있어 정압조절평형법의 장점으로 틀린 것은?

① 예기치 않은 침식 및 부식이나 퇴적 문제가 일어나지 않는다.
② 설치된 시설의 개조가 용이하여 장치변경이나 확장에 대한 유연성이 크다.
③ 설계가 정확할 때에는 가장 효율적인 시설이 된다.
④ 설계 시 잘못 설계된 분진관 또는 저항이 제일 큰 분진관을 쉽게 발견할 수 있다.

[풀이] 정압조절평형법(유속조절평형법, 정압균형유지법)의 장단점
(1) 장점
  ㉠ 예기치 않는 침식, 부식, 분진퇴적으로 인한 축적(퇴적)현상이 일어나지 않는다.
  ㉡ 잘못 설계된 분진관, 최대저항경로(저항이 큰 분지관) 선정이 잘못되어도 설계 시 쉽게 발견할 수 있다.
  ㉢ 설계가 정확할 때에는 가장 효율적인 시설이 된다.
  ㉣ 유속의 범위가 적절히 선택되면 덕트의 폐쇄가 일어나지 않는다.
(2) 단점
  ㉠ 설계 시 잘못된 유량을 고치기 어렵다(임의의 유량을 조절하기 어려움).
  ㉡ 설계가 복잡하고 시간이 걸린다.
  ㉢ 설계유량 산정이 잘못되었을 경우 수정은 덕트의 크기 변경을 필요로 한다.
  ㉣ 때에 따라 전체 필요한 최소유량보다 더 초과될 수 있다.
  ㉤ 설치 후 변경이나 확장에 대한 유연성이 낮다.
  ㉥ 효율 개선 시 전체를 수정해야 한다.

정답 54.④ 55.④ 56.② 57.②

58 전체환기의 목적에 해당되지 않는 것은?
① 발생된 유해물질을 완전히 제거하여 건강을 유지·증진한다.
② 유해물질의 농도를 희석시켜 건강을 유지·증진한다.
③ 실내의 온도와 습도를 조절한다.
④ 화재나 폭발을 예방한다.

풀이 전체환기의 목적
㉠ 유해물질의 농도를 희석, 감소시켜 근로자의 건강을 유지·증진한다.
㉡ 실내의 온도와 습도를 조절한다.
㉢ 화재나 폭발을 예방한다.

59 심한 난류상태의 덕트 내에서 마찰계수를 결정하는 데 가장 큰 영향을 미치는 요소는?
① 덕트의 직경 ② 공기점도와 밀도
③ 덕트의 표면조도 ④ 레이놀즈수

풀이 달시마찰계수(λ, Darcy friction factor)
(1) 달시마찰계수는 레이놀즈수(Re)와 상대조도(절대표면조도÷덕트 직경)의 함수이다.
(2) 각 유체영역에서의 함수
㉠ 층류영역 ⇨ λ는 Re만의 함수
㉡ 전이영역 ⇨ λ는 Re와 상대조도에 의한 함수
㉢ 난류영역 ⇨ λ는 상대조도에 의한 함수

60 호흡용 보호구 중 방독/방진 마스크에 대한 설명으로 옳지 않은 것은?
① 방진 마스크의 흡기저항과 배기저항은 모두 낮은 것이 좋다.
② 방진 마스크의 포집효율과 흡기저항 상승률은 모두 높은 것이 좋다.
③ 방독 마스크는 사용 중에 조금이라도 가스 냄새가 나는 경우 새로운 정화통으로 교체하여야 한다.
④ 방독 마스크의 흡수제는 활성탄, 실리카겔, sodalime 등이 사용된다.

풀이 ② 방진 마스크는 포집효율이 높고 흡기저항과 흡기저항 상승률은 낮아야 한다.

제4과목 | 물리적 유해인자관리

61 다음 파장 중 살균작용이 가장 강한 자외선의 파장범위는?
① 220~234nm
② 254~280nm
③ 290~315nm
④ 325~400nm

풀이 살균작용은 254~280nm(254nm 파장 정도에서 가장 강함)에서 핵단백을 파괴하여 이루어지며, 실내공기의 소독 목적으로 사용한다.

62 산업안전보건법령상 고온의 노출기준 중 중등작업의 계속작업 시 노출기준은 몇 °C(WBGT)인가?
① 26.7   ② 28.3
③ 29.7   ④ 31.4

풀이 고열작업장의 노출기준(고용노동부, ACGIH)
단위: WBGT(°C)

시간당 작업과 휴식의 비율	작업강도		
	경작업	중등작업	중(힘든)작업
연속작업	30.0	26.7	25.0
75% 작업, 25% 휴식 (45분 작업, 15분 휴식)	30.6	28.0	25.9
50% 작업, 50% 휴식 (30분 작업, 30분 휴식)	31.4	29.4	27.9
25% 작업, 75% 휴식 (15분 작업, 45분 휴식)	32.2	31.1	30.0

63 레이노 현상(Raynaud's phenomenon)의 주요 원인으로 옳은 것은?
① 국소진동   ② 전신진동
③ 고온환경   ④ 다습환경

풀이 레이노드 증후군은 손가락에 있는 말초혈관운동의 장애로 인하여 수지가 창백해지고 손이 차며 저리거나 통증이 오는 국소진동 현상이다.

64 일반소음에 대한 차음효과는 벽체의 단위 표면적에 대하여 벽체의 무게가 2배 될 때마다 약 몇 dB씩 증가하는가? (단, 벽체 무게 이외의 조건은 동일하다.)
① 4   ② 6
③ 8   ④ 10

풀이 $TL = 20\log(m \cdot f) - 43 dB = 20\log 2 = 6 dB$

65 전기성 안염(전광선 안염)과 가장 관련이 깊은 비전리 방사선은?
① 자외선   ② 적외선
③ 가시광선   ④ 마이크로파

풀이 자외선의 눈에 대한 작용(장애)
㉠ 전기용접, 자외선 살균 취급자 등에서 발생되는 자외선에 의해 전광성 안염인 급성 각막염이 유발될 수 있다(일반적으로 6~12시간에 증상이 최고도에 달함).
㉡ 나이가 많을수록 자외선 흡수량이 많아져 백내장을 일으킬 수 있다.
㉢ 자외선의 파장에 따른 흡수정도에 따라 'arc-eye(welder's flash)'라고 일컬어지는 광각막염 및 결막염 등의 급성 영향이 나타나며, 이는 270~280nm의 파장에서 주로 발생한다.

66 한랭 노출 시 발생하는 신체적 장해에 대한 설명으로 옳지 않은 것은?
① 동상은 조직의 동결을 말하며, 피부의 이론상 동결온도는 약 −1℃ 정도이다.
② 전신 체온강하는 장시간의 한랭 노출과 체열 상실에 따라 발생하는 급성 중증 장해이다.
③ 참호족은 동결온도 이하의 찬 공기에 단기간의 접촉으로 급격한 동결이 발생하는 장해이다.
④ 침수족은 부종, 저림, 작열감, 소양감 및 심한 동통을 수반하며, 수포, 궤양이 형성되기도 한다.

풀이 참호족
㉠ 지속적인 국소의 산소결핍 때문에 저온으로 모세혈관벽이 손상되는 것이다.
㉡ 근로자의 발이 한랭에 장기간 노출됨과 동시에 지속적으로 습기나 물에 잠기게 되면 발생한다.
㉢ 저온 작업에서 손가락, 발가락 등의 말초부위에서 피부온도 저하가 가장 심한 부위이다.
㉣ 조직 내부의 온도가 10℃에 도달하면 조직 표면은 얼게 되며, 이러한 현상을 참호족이라 한다.

67 다음 중 방진재료로 적절하지 않은 것은 어느 것인가?
① 방진고무   ② 코르크
③ 유리섬유   ④ 코일 용수철

풀이 방진재료
㉠ 금속 스프링(코일 용수철)
㉡ 방진고무
㉢ 공기스프링
㉣ 코르크

68 인체와 작업환경 사이의 열교환이 이루어지는 조건에 해당되지 않는 것은?
① 대류에 의한 열교환
② 복사에 의한 열교환
③ 증발에 의한 열교환
④ 기온에 의한 열교환

풀이 열평형방정식
생체(인체)와 작업환경 사이의 열교환(체열 생산 및 방산) 관계를 나타내는 식으로, 인체와 작업환경 사이의 열교환은 주로 체내 열생산량(작업대사량), 전도, 대류, 복사, 증발 등에 의해 이루어지며, 열평형방정식은 열역학적 관계식에 따른다.
$\Delta S = M \pm C \pm R - E$
여기서, ΔS : 생체 열용량의 변화(인체의 열축적 또는 열손실)
M : 작업대사량(체내 열생산량)
$(M-W)W$: 작업수행으로 인한 손실열량
C : 대류에 의한 열교환
R : 복사에 의한 열교환
E : 증발(발한)에 의한 열손실(피부를 통한 증발)

정답 64.② 65.① 66.③ 67.③ 68.④

69 산업안전보건법령상 "적정한 공기"에 해당하지 않는 것은? (단, 다른 성분의 조건은 적정한 것으로 가정한다.)

① 이산화탄소 농도 1.5% 미만
② 일산화탄소 농도 100ppm 미만
③ 황화수소 농도 10ppm 미만
④ 산소 농도 18% 이상 23.5% 미만

[풀이] 적정한 공기
- ㉠ 산소 농도 : 18% 이상 ~ 23.5% 미만
- ㉡ 이산화탄소 농도 : 1.5% 미만
- ㉢ 황화수소 농도 : 10ppm 미만
- ㉣ 일산화탄소 농도 : 30ppm 미만

70 심한 소음에 반복 노출되면, 일시적인 청력변화는 영구적 청력변화로 변하게 되는데, 이는 다음 중 어느 기관의 손상으로 인한 것인가?

① 원형창
② 삼반규반
③ 유스타키오관
④ 코르티 기관

[풀이] 소음성 난청은 비가역적 청력저하, 강력한 소음이나 지속적인 소음 노출에 의해 청신경 말단부의 내이 코르티(corti) 기관의 섬모세포 손상으로 회복될 수 없는 영구적인 청력저하를 말한다.

71 전리방사선이 인체에 미치는 영향에 관여하는 인자와 가장 거리가 먼 것은?

① 전리작용
② 피폭선량
③ 회절과 산란
④ 조직의 감수성

[풀이] 전리방사선이 인체에 미치는 영향인자
- ㉠ 전리작용
- ㉡ 피폭선량
- ㉢ 조직의 감수성
- ㉣ 피폭방법
- ㉤ 투과력

72 다음 중 산업안전보건법령상 소음작업의 기준은?

① 1일 8시간 작업을 기준으로 80데시벨 이상의 소음이 발생하는 작업
② 1일 8시간 작업을 기준으로 85데시벨 이상의 소음이 발생하는 작업
③ 1일 8시간 작업을 기준으로 90데시벨 이상의 소음이 발생하는 작업
④ 1일 8시간 작업을 기준으로 95데시벨 이상의 소음이 발생하는 작업

[풀이]
- ㉠ 소음작업 기준
  1일 8시간 기준 : 85dB 이상
- ㉡ 소음노출 기준
  1일 8시간 기준 : 90dB 이상

73 비전리방사선이 아닌 것은?

① 적외선
② 레이저
③ 라디오파
④ 알파(α)선

[풀이] 전리방사선과 비전리방사선의 종류
- ㉠ 전리방사선
  X-ray, γ선, α입자, β입자, 중성자
- ㉡ 비전리방사선
  자외선, 가시광선, 적외선, 라디오파, 마이크로파, 저주파, 극저주파, 레이저

74 음원으로부터 40m 되는 지점에서 음압수준이 75dB로 측정되었다면 10m 되는 지점에서의 음압수준(dB)은 약 얼마인가?

① 84　　② 87
③ 90　　④ 93

[풀이]
$$SPL_1 - SPL_2 = 20\log\frac{r_2}{r_1}$$
$$SPL_1 - 75dB = 20\log\frac{40}{10}$$
$$SPL_1 = 75dB + 20\log\frac{40}{10} = 87.04dB$$

75 산업안전보건법령상 정밀작업을 수행하는 작업장의 조도 기준은?
① 150럭스 이상 ② 300럭스 이상
③ 450럭스 이상 ④ 750럭스 이상

[풀이] **근로자 상시 작업장 작업면의 조도 기준**
⊙ 초정밀작업 : 750lux 이상
⊙ 정밀작업 : 300lux 이상
⊙ 보통작업 : 150lux 이상
⊙ 기타 작업 : 75lux 이상

76 고압환경의 2차적인 가압현상 중 산소중독에 관한 내용으로 옳지 않은 것은?
① 일반적으로 산소의 분압이 2기압이 넘으면 산소중독 증세가 나타난다.
② 산소중독에 따른 증상은 고압산소에 대한 노출이 중지되면 멈추게 된다.
③ 산소의 중독작용은 운동이나 중등량의 이산화탄소 공급으로 다소 완화될 수 있다.
④ 수지와 족지의 작열통, 시력장해, 정신혼란, 근육경련 등의 증상을 보이며 나아가서는 간질 모양의 경련을 나타낸다.

[풀이] **산소중독**
⊙ 산소의 분압이 2기압을 넘으면 산소중독 증상을 보인다. 즉, 3~4기압의 산소 혹은 이에 상당하는 공기 중 산소분압에 의하여 중추신경계의 장애에 기인하는 운동장애를 나타내는데, 이것을 산소중독이라 한다.
⊙ 수중의 잠수자는 폐압착증을 예방하기 위하여 수압과 같은 압력의 압축기체를 호흡하여야 하며, 이로 인한 산소분압 증가로 산소중독이 일어난다.
⊙ 고압산소에 대한 폭로가 중지되면 증상은 즉시 멈춘다. 즉, 가역적이다.
⊙ 1기압에서 순산소는 인후를 자극하나 비교적 짧은 시간의 폭로라면 중독 증상은 나타나지 않는다.
⊙ 산소중독작용은 운동이나 이산화탄소로 인해 악화된다.
⊙ 수지나 족지의 작열통, 시력장애, 정신혼란, 근육경련 등의 증상을 보이며 나아가서는 간질 모양의 경련을 나타낸다.

77 빛과 밝기에 관한 설명으로 옳지 않은 것은?
① 광도의 단위로는 칸델라(candela)를 사용한다.
② 광원으로부터 한 방향으로 나오는 빛의 세기를 광속이라 한다.
③ 루멘(Lumen)은 1촉광의 광원으로부터 단위입체각으로 나가는 광속의 단위이다.
④ 조도는 어떤 면에 들어오는 광속의 양에 비례하고, 입사면의 단면적에 반비례한다.

[풀이] ② 광원으로부터 나오는 빛의 세기를 광도라 한다.

78 이상기압의 영향으로 발생되는 고공성 폐수종에 관한 설명으로 옳지 않은 것은?
① 어른보다 아이들에게서 많이 발생된다.
② 고공 순화된 사람이 해면에 돌아올 때에도 흔히 일어난다.
③ 산소공급과 해면 귀환으로 급속히 소실되며, 증세가 반복되는 경향이 있다.
④ 진해성 기침과 과호흡이 나타나고 폐동맥 혈압이 급격히 낮아진다.

[풀이] **고공성 폐수종**
⊙ 어른보다 순화적응속도가 느린 어린이에게 많이 일어난다.
⊙ 고공 순화된 사람이 해면에 돌아올 때 자주 발생한다.
⊙ 산소공급과 해면 귀환으로 급속히 소실되며, 이 증세는 반복해서 발병하는 경향이 있다.
⊙ 진해성 기침, 호흡곤란, 폐동맥의 혈압상승 현상이 나타난다.

79 1,000Hz에서의 음압레벨을 기준으로 하여 등청감곡선을 나타내는 단위로 사용되는 것은?
① mel ② bell
③ sone ④ phon

정답 75.② 76.③ 77.② 78.④ 79.④

[풀이] phon
㉠ 감각적인 음의 크기(loudness)를 나타내는 양이다.
㉡ 1,000Hz 순음의 크기와 평균적으로 같은 크기로 느끼는 1,000Hz 순음의 음의 세기레벨로 나타낸 것이다.
㉢ 1,000Hz에서 압력수준 dB을 기준으로 하여 등감곡선을 소리의 크기로 나타낸 단위이다.

80 감압병의 예방대책으로 적절하지 않은 것은?
① 호흡용 혼합가스의 산소에 대한 질소의 비율을 증가시킨다.
② 호흡기 또는 순환기에 이상이 있는 사람은 작업에 투입하지 않는다.
③ 감압병 발생 시 원래의 고압환경으로 복귀시키거나 인공고압실에 넣는다.
④ 고압실 작업에서는 이산화탄소의 분압이 증가하지 않도록 신선한 공기를 송기한다.

[풀이] 감압병의 예방 및 치료
㉠ 고압환경에서의 작업시간을 제한하고 고압실 내의 작업에서는 이산화탄소의 분압이 증가하지 않도록 신선한 공기를 송기시킨다.
㉡ 감압이 끝날 무렵에 순수한 산소를 흡입시키면 예방적 효과가 있을 뿐 아니라 감압시간을 25%가량 단축시킬 수 있다.
㉢ 고압환경에서 작업하는 근로자에게 질소를 헬륨으로 대치한 공기를 호흡시킨다.
㉣ 헬륨-산소 혼합가스는 호흡저항이 적어 심해잠수에 사용한다.
㉤ 일반적으로 1분에 10m 정도씩 잠수하는 것이 안전하다.
㉥ 감압병의 증상 발생 시에는 환자를 곧장 원래의 고압환경상태로 복귀시키거나 인공고압실에 넣어 혈관 및 조직 속에 발생한 질소의 기포를 다시 용해시킨 다음 천천히 감압한다.
㉦ Haldene의 실험근거상 정상기압보다 1.25기압을 넘지 않는 고압환경에는 아무리 오랫동안 폭로되거나 아무리 빨리 감압하더라도 기포를 형성하지 않는다.
㉧ 비만자의 작업을 금지시키고, 순환기에 이상이 있는 사람은 취업 또는 작업을 제한한다.
㉨ 헬륨은 질소보다 확산속도가 크며, 체외로 배출되는 시간이 질소에 비하여 50% 정도밖에 걸리지 않는다.
㉩ 귀 등의 장애를 예방하기 위해서는 압력을 가하는 속도를 분당 $0.8kg/cm^2$ 이하가 되도록 한다.

제5과목 | 산업독성학

81 다음 중 무기연에 속하지 않는 것은?
① 금속연
② 일산화연
③ 사산화삼연
④ 4메틸연

[풀이] 납(Pb)의 구분
(1) 무기납
㉠ 금속납(Pb)과 납의 산화물[일산화납(PbO), 삼산화이납(Pb_2O_3), 사산화납(Pb_3O_4)] 등이다.
㉡ 납의 염류(아질산납, 질산납, 과염소산납, 황산납) 등이다.
㉢ 금속납을 가열하면 330℃에서 PbO, 450℃ 부근에서 Pb_3O_4, 600℃ 부근에서 납의 흄이 발생한다.
(2) 유기납
㉠ 4메틸납(TML)과 4에틸납(TEL)이며, 이들의 특성은 비슷하다.
㉡ 물에 잘 녹지 않고, 유기용제, 지방, 지방질에는 잘 녹는다.

82 피부는 표피와 진피로 구분하는데, 진피에만 있는 구조물이 아닌 것은?
① 혈관
② 모낭
③ 땀샘
④ 멜라닌세포

[풀이] 피부의 일반적 특징
㉠ 피부는 크게 표피층과 진피층으로 구성되며, 표피에는 색소침착이 가능한 표피층 내의 멜라닌세포와 랑거한스세포가 존재한다.
㉡ 표피는 대부분 각질세포로 구성되며, 각화세포를 결합하는 조직은 케라틴 단백질이다.
㉢ 진피 속의 모낭은 유해물질이 피부에 부착하여 체내로 침투되도록 확산측로의 역할을 한다.
㉣ 자외선(햇빛)에 노출되면 멜라닌세포가 증가하여 각질층이 비후되어 자외선으로부터 피부를 보호한다.
㉤ 랑거한스세포는 피부의 면역반응에 중요한 역할을 한다.
㉥ 피부에 접촉하는 화학물질의 통과속도는 일반적으로 각질층에서 가장 느리다.

83 접촉에 의한 알레르기성 피부감작을 증명하기 위한 시험으로 가장 적절한 것은?

① 첩포시험
② 진균시험
③ 조직시험
④ 유발시험

[풀이] 첩포시험(patch test)
㉠ 알레르기성 접촉피부염의 진단에 필수적이며, 가장 중요한 임상시험이다.
㉡ 피부염의 원인물질로 예상되는 화학물질을 피부에 도포하고, 48시간 동안 덮어둔 후 피부염의 발생 여부를 확인한다.
㉢ 첩포시험 결과 침윤, 부종이 지속된 경우를 알레르기성 접촉피부염으로 판독한다.

84 근로자의 소변 속에서 o-크레졸이 다량 검출되었다면, 이 근로자는 다음 중 어떤 유해물질에 폭로되었다고 판단되는가?

① 클로로포름
② 초산메틸
③ 벤젠
④ 톨루엔

[풀이] 톨루엔의 대사산물
㉠ 혈액·호기 : 톨루엔
㉡ 소변 : o-크레졸

85 카드뮴의 중독, 치료 및 예방대책에 관한 설명으로 옳지 않은 것은?

① 소변 속의 카드뮴 배설량은 카드뮴 흡수를 나타내는 지표가 된다.
② BAL 또는 Ca-EDTA 등을 투여하여 신장에 대한 독작용을 제거한다.
③ 칼슘대사에 장해를 주어 신결석을 동반한 증후군이 나타나고 다량의 칼슘 배설이 일어난다.
④ 폐활량 감소, 잔기량 증가 및 호흡곤란의 폐증세가 나타나며, 이 증세는 노출기간과 노출농도에 의해 좌우된다.

[풀이] 카드뮴 중독의 치료
㉠ BAL 및 Ca-EDTA를 투여하면 신장에 대한 독성작용이 더욱 심해지므로 금한다.
㉡ 안정을 취하고 대중요법을 이용하는 동시에 산소를 흡입시키고 스테로이드를 투여한다.
㉢ 치아에 황색 색소침착 유발 시 글루쿠론산칼슘 20mL를 정맥 주사한다.
㉣ 비타민 D를 피하 주사한다(1주 간격, 6회가 효과적).

86 접촉성 피부염의 특징으로 옳지 않은 것은?

① 작업장에서 발생빈도가 높은 피부질환이다.
② 증상은 다양하지만 홍반과 부종을 동반하는 것이 특징이다.
③ 원인물질은 크게 수분, 합성화학물질, 생물성 화학물질로 구분할 수 있다.
④ 면역학적 반응에 따라 과거 노출경험이 있어야만 반응이 나타난다.

[풀이] ④ 접촉성 피부염은 과거 노출경험이 없어도 반응이 나타난다.

87 호흡기계로 들어온 입자상 물질에 대한 제거기전의 조합으로 가장 적절한 것은?

① 면역작용과 대식세포의 작용
② 폐포의 활발한 가스교환과 대식세포의 작용
③ 점액 섬모운동과 대식세포에 의한 정화
④ 점액 섬모운동과 면역작용에 의한 정화

[풀이] 인체 방어기전
(1) 점액 섬모운동
㉠ 가장 기초적인 방어기전(작용)이며, 점액 섬모운동에 의한 배출 시스템으로 폐포로 이동하는 과정에서 이물질을 제거하는 역할을 한다.
㉡ 기관지(벽)에서의 방어기전을 의미한다.
㉢ 정화작용을 방해하는 물질은 카드뮴, 니켈, 황화합물 등이다.
(2) 대식세포에 의한 작용(정화)
㉠ 대식세포가 방출하는 효소에 의해 용해되어 제거된다(용해작용).
㉡ 폐포의 방어기전을 의미한다.
㉢ 대식세포에 의해 용해되지 않는 대표적 독성물질은 유리규산, 석면 등이다.

정답 83.① 84.④ 85.② 86.④ 87.③

88 대사과정에 의해서 변화된 후에만 발암성을 나타내는 간접 발암원으로만 나열된 것은?

① Benzo(a)pyrene, Ethylbromide
② PAH, Methyl nitrosourea
③ Benzo(a)pyrene, Dimethyl sulfate
④ Nitrosamine, Ethyl methanesulfonate

풀이
(1) 직접 발암물질
  신진대사되지 않은 본래의 형태로도 직접 암을 발생시킬 수 있는 알킬화 화합물, 방사선 등이다.
(2) 간접 발암물질
  대사과정에 의해서 변화된 후에만 발암성을 나타낼 수 있는 benzo(a)pyrene, ethylbromide 등이다.

89 작업성 피부질환에 영향을 주는 직접적인 요인에 해당되는 것은?

① 연령   ② 인종
③ 고온   ④ 피부의 종류

풀이 직업성 피부질환 유발 간접적 인자
㉠ 인종
㉡ 피부 종류
㉢ 연령 및 성별
㉣ 땀
㉤ 계절
㉥ 비직업성 피부질환의 공존
㉦ 온도 · 습도

90 근로자가 1일 작업시간 동안 잠시라도 노출되어서는 아니 되는 기준을 나타내는 것은?

① TLV-C   ② TLV-STEL
③ TLV-TWA   ④ TLV-skin

풀이 천장값 노출기준(TLV-C : ACGIH)
㉠ 어떤 시점에서도 넘어서는 안 된다는 상한치를 말한다.
㉡ 항상 표시된 농도 이하를 유지하여야 한다.
㉢ 노출기준에 초과되어 노출 시 즉각적으로 비가역적인 반응을 나타낸다.
㉣ 자극성 가스나 독 작용이 빠른 물질 및 TLV-STEL이 설정되지 않는 물질에 적용한다.
㉤ 측정은 실제로 순간농도 측정이 불가능하므로, 약 15분간 측정한다.

91 노말헥산이 체내 대사과정을 거쳐 변환되는 물질로 노말헥산에 폭로된 근로자의 생물학적 노출지표로 이용되는 물질로 옳은 것은?

① Hippuric acid
② 2,5-Hexanedione
③ Hydroquinone
④ 9-Hydroxyquinoline

풀이 노말헥산[n-헥산, $CH_3(CH_2)_4CH_3$]
㉠ 투명한 휘발성 액체로 파라핀계 탄화수소의 대표적 유해물질이며, 휘발성이 크고 극도로 인화하기 쉽다.
㉡ 페인트, 시너, 잉크 등의 용제로 사용되며, 정밀기계의 세척제 등으로 사용한다.
㉢ 장기간 폭로될 경우 독성 말초신경장애가 초래되어 사지의 지각상실과 신근마비 등 다발성 신경장애를 일으킨다.
㉣ 2000년대 외국인 근로자에게 다발성 말초신경증을 집단으로 유발한 물질이다.
㉤ 체내 대사과정을 거쳐 2,5-hexanedione 물질로 배설된다.

92 다음 중 규폐증(silicosis)을 일으키는 원인 물질과 가장 관계가 깊은 것은?

① 매연
② 암석분진
③ 일반부유분진
④ 목재분진

풀이 규폐증의 원인
㉠ 결정형 규소(암석 : 석영분진, 이산화규소, 유리규산)에 직업적으로 노출된 근로자에게 발생한다.
  ※ 유리규산(SiO_2) 함유 먼지 $0.5{\sim}5\mu m$의 크기에서 잘 발생한다.
㉡ 주요 원인물질은 혼합물질이며, 건축업, 도자기 작업장, 채석장, 석재공장 등의 작업장에서 근무하는 근로자에게 발생한다.
㉢ 석재공장, 주물공장, 내화벽돌 제조, 도자기 제조 등에서 발생하는 유리규산이 주 원인이다.
㉣ 유리규산(석영) 분진에 의한 규폐성 결정과 폐포벽 파괴 등 망상내피계 반응은 분진입자의 크기가 $2{\sim}5\mu m$일 때 자주 일어난다.

정답 88.① 89.③ 90.① 91.② 92.②

93 다음 중 대상 먼지와 침강속도가 같고, 밀도가 1이며 구형인 먼지의 직경으로 환산하여 표현하는 입자상 물질의 직경을 무엇이라 하는가?

① 입체적 직경
② 등면적 직경
③ 기하학적 직경
④ 공기역학적 직경

풀이 **공기역학적 직경(aerodynamic diameter)**
㉠ 대상 먼지와 침강속도가 같고 단위밀도가 $1g/cm^3$ 이며, 구형인 먼지의 직경으로 환산된 직경이다.
㉡ 입자의 크기를 입자의 역학적 특성, 즉 침강속도(setting velocity) 또는 종단속도(terminal velocity)에 의하여 측정되는 입자의 크기를 말한다.
㉢ 입자의 공기 중 운동이나 호흡기 내의 침착기전을 설명할 때 유용하게 사용한다.

94 금속열에 관한 설명으로 옳지 않은 것은?

① 금속열이 발생하는 작업장에서는 개인 보호용구를 착용해야 한다.
② 금속흄에 노출된 후 일정 시간의 잠복기를 지나 감기와 비슷한 증상이 나타난다.
③ 금속열은 일주일 정도가 지나면 증상은 회복되나 후유증으로 호흡기, 시신경 장애 등을 일으킨다.
④ 아연, 마그네슘 등 비교적 융점이 낮은 금속의 제련, 용해, 용접 시 발생하는 산화금속흄을 흡입할 경우 생기는 발열성 질병이다.

풀이 **금속열의 증상**
㉠ 금속증기에 폭로 후 몇 시간 후에 발병되며, 체온상승, 목의 건조, 오한, 기침, 땀이 많이 발생하고 호흡곤란이 생긴다.
㉡ 금속흄에 노출된 후 일정 시간의 잠복기를 지나 감기와 비슷한 증상이 나타난다.
㉢ 증상은 12~24시간(또는 24~48시간) 후에는 자연적으로 없어지게 된다.
㉣ 기폭로된 근로자는 일시적 면역이 생긴다.

95 방향족 탄화수소 중 만성 노출에 의한 조혈 장해를 유발시키는 것은?

① 벤젠
② 톨루엔
③ 클로로포름
④ 나프탈렌

풀이 방향족 탄화수소 중 저농도에 장기간 폭로(노출)되어 만성중독(조혈장애)을 일으키는 경우에는 벤젠의 위험도가 가장 크고, 급성 전신중독 시 독성이 강한 물질은 톨루엔이다.

96 납이 인체에 흡수됨으로 초래되는 결과로 옳지 않은 것은?

① δ-ALAD 활성치 저하
② 혈청 및 요 중 δ-ALA 증가
③ 망상적혈구수의 감소
④ 적혈구 내 프로토포르피린 증가

풀이 납이 인체에 흡수되면 망상적혈구와 친염기성 적혈구(적혈구 내 프로토포르피린)가 증가한다.

97 유해물질의 경구투여용량에 따른 반응범위를 결정하는 독성 검사에서 얻은 용량-반응 곡선(dose-response curve)에서 실험동물군의 50%가 일정 시간 동안 죽는 치사량을 나타내는 것은?

① LC_{50}
② LD_{50}
③ ED_{50}
④ TD_{50}

풀이 **LD_{50}**
㉠ 유해물질의 경구투여용량에 따른 반응범위를 결정하는 독성 검사에서 얻은 용량-반응 곡선에서 실험동물군의 50%가 일정 기간 동안에 죽는 치사량을 의미한다.
㉡ 독성물질의 노출은 흡입을 제외한 경로를 통한 조건이어야 한다.
㉢ 치사량 단위는 [물질의 무게(mg)/동물의 몸무게(kg)]로 표시한다.
㉣ 통상 30일간 50%의 동물이 죽는 치사량을 말한다.
㉤ LD_{50}에는 변역 또는 95% 신뢰한계를 명시하여야 한다.
㉥ 노출된 동물의 50%가 죽는 농도의 의미도 있다.

정답 93.④ 94.③ 95.① 96.③ 97.②

98 카드뮴에 노출되었을 때 체내의 주요 축적 기관으로만 나열한 것은?

① 간, 신장
② 심장, 뇌
③ 뼈, 근육
④ 혈액, 모발

풀이 **카드뮴의 인체 내 축적**
㉠ 체내에 흡수된 카드뮴은 혈액을 거쳐 2/3(50~75%)는 간과 신장으로 이동하여 축적되고, 일부는 장관 벽에 축적된다.
㉡ 반감기는 약 수년에서 30년까지이다.
㉢ 흡수된 카드뮴은 혈장단백질과 결합하여 최종적으로 신장에 축적된다.

99 인체 내에서 독성이 강한 화학물질과 무독한 화학물질이 상호작용하여 독성이 증가되는 현상을 무엇이라 하는가?

① 상가작용
② 상승작용
③ 가승작용
④ 길항작용

풀이 **잠재작용(potentiation effect, 가승작용)**
㉠ 인체의 어떤 기관이나 계통에 영향을 나타내지 않는 물질이 다른 독성 물질과 복합적으로 노출되었을 때 그 독성이 커지는 것을 말한다.
㉡ 상대적 독성 수치로 표현하면 2+0=10 이다.

100 무색의 휘발성 용액으로서 도금 사업장에서 금속 표면의 탈지 및 세정용, 드라이클리닝, 접착제 등으로 사용되며, 간 및 신장 장해를 유발시키는 유기용제는?

① 톨루엔
② 노말헥산
③ 클로르포름
④ 트리클로로에틸렌

풀이 **트리클로로에틸렌(삼염화에틸렌, $CHCl=CCl_2$)**
㉠ 클로로포름과 같은 냄새가 나는 무색투명한 휘발성 액체이며, 인화성·폭발성이 있다.
㉡ 도금 사업장 등에서 금속 표면의 탈지·세정제, 일반용제로 널리 사용된다.
㉢ 마취작용이 강하며, 피부·점막에 대한 자극은 비교적 약하다.
㉣ 고농도 노출에 의해 간 및 신장에 대한 장애를 유발한다.
㉤ 폐를 통하여 흡수되며, 삼염화에틸렌과 삼염화초산으로 대사된다.
㉥ 염화에틸렌은 화기 등에 접촉하면 유독성의 포스겐이 발생하여 폐수종을 일으킨다.

정답 98.① 99.③ 100.④

제1회 산업위생관리기사

과년도 출제문제 | 2022.03.05

제1과목 | 산업위생학 개론

01 중량물 취급으로 인한 요통 발생에 관여하는 요인으로 볼 수 없는 것은?

① 근로자의 육체적 조건
② 작업빈도와 대상의 무게
③ 습관성 약물의 사용 유무
④ 작업습관과 개인적인 생활태도

풀이 요통 발생에 관여하는 주된 요인
㉠ 작업습관과 개인적인 생활태도
㉡ 작업빈도, 물체의 위치와 무게 및 크기 등과 같은 물리적 환경요인
㉢ 근로자의 육체적 조건
㉣ 요통 및 기타 장애의 경력(교통사고, 넘어짐 등)
㉤ 올바르지 못한 작업 방법 및 자세(버스기사, 이용사, 미용사 등의 직업인)

02 산업위생의 기본적인 과제에 해당하지 않는 것은?

① 작업환경이 미치는 건강장애에 관한 연구
② 작업능률 저하에 따른 작업조건에 관한 연구
③ 작업환경의 유해물질이 대기오염에 미치는 영향에 관한 연구
④ 작업환경에 의한 신체적 영향과 최적 환경의 연구

풀이 산업위생의 영역 중 기본 과제
㉠ 작업능력의 향상과 저하에 따른 작업조건 및 정신적 조건의 연구
㉡ 최적 작업환경 조성에 관한 연구 및 유해 작업환경에 의한 신체적 영향 연구
㉢ 노동력의 재생산과 사회경제적 조건에 관한 연구
㉣ 작업환경이 미치는 건강장애에 관한 연구

03 산업위생의 역사에 있어 주요 인물과 업적의 연결이 올바른 것은?

① Percivall Pott – 구리광산의 산 증기 위험성 보고
② Hippocrates – 역사상 최초의 직업병(납 중독) 보고
③ G. Agricola – 검댕에 의한 직업성 암의 최초 보고
④ Bernardino Ramazzini – 금속 중독과 수은의 위험성 규명

풀이
① Percivall Pott(18세기)
㉠ 영국의 외과의사로 직업성 암을 최초로 보고하였으며, 어린이 굴뚝청소부에게 많이 발생하는 음낭암(scrotal cancer)을 발견하였다.
㉡ 암의 원인물질은 검댕 속 여러 종류의 다환방향족탄화수소(PAH)이다.
㉢ 굴뚝청소부법을 제정하도록 하였다(1788년).
③ Georgius Agricola(1494~1555년)
㉠ 저서 "광물에 대하여(De Re Metallica)"에서 광부들의 사고와 질병, 예방방법, 비소 독성 등을 포함한 광산업에 대한 상세한 내용을 설명하였다.
㉡ 광산에서의 환기와 마스크 착용을 권장하였다.
㉢ 먼지에 의한 규폐증을 기록하였다.
④ Benardino Ramazzini(1633~1714년)
㉠ 산업보건의 시조, 산업의학의 아버지로 불린다(이탈리아 의사).
㉡ 1700년에 저서 "직업인의 질병(De Morbis Artificum Diatriba)"을 출간하였다.
㉢ 직업병의 원인을 크게 두 가지로 구분하였다.
 • 작업장에서 사용하는 유해물질
 • 근로자들의 불완전한 작업이나 과격한 동작
㉣ 20세기 이전에 인간공학 분야에 관하여 원인과 대책 언급하였다.

정답 01.③ 02.③ 03.②

04 작업 시작 및 종료 시 호흡의 산소소비량에 대한 설명으로 옳지 않은 것은?

① 산소소비량은 작업부하가 계속 증가하면 일정한 비율로 계속 증가한다.
② 작업이 끝난 후에도 맥박과 호흡수가 작업개시 수준으로 즉시 돌아오지 않고 서서히 감소한다.
③ 작업부하수준이 최대 산소소비량 수준보다 높아지게 되면, 젖산의 제거속도가 생성속도에 못 미치게 된다.
④ 작업이 끝난 후에 남아 있는 젖산을 제거하기 위해서는 산소가 더 필요하며, 이때 동원되는 산소소비량을 산소부채(oxygen debt)라 한다.

[풀이] 작업대사량이 증가하면 산소소비량도 비례하여 계속 증가하나, 작업대사량이 일정 한계를 넘으면 산소소비량은 증가하지 않는다.

05 38세 남성 근로자의 육체적 작업능력(PWC)은 15kcal/min이다. 이 근로자가 1일 8시간 동안 물체를 운반하고 있으며 이때의 작업대사량은 7kcal/min이고, 휴식 시 대사량은 1.2kcal/min이다. 이 사람의 적정 휴식시간과 작업시간의 배분(매시간별)은 어떻게 하는 것이 이상적인가?

① 12분 휴식 48분 작업
② 17분 휴식 43분 작업
③ 21분 휴식 39분 작업
④ 27분 휴식 33분 작업

[풀이]
$$T_{rest}(\%) = \left[\frac{PWC의\ 1/3 - 작업대사량}{휴식대사량 - 작업대사량}\right] \times 100$$
$$= \left[\frac{(15 \times 1/3) - 7}{1.2 - 7}\right] \times 100 = 34.48\%$$

- 휴식시간 = 60min × 0.3448 = 20.7min
- 작업시간 = (60 - 20.7) = 39.3min

06 산업안전보건법령상 자격을 갖춘 보건관리자가 해당 사업장의 근로자를 보호하기 위한 조치에 해당하는 의료행위를 모두 고른 것은? (단, 보건관리자는 의료법에 따른 의사로 한정한다.)

㉮ 자주 발생하는 가벼운 부상에 대한 치료
㉯ 응급처치가 필요한 사람에 대한 처치
㉰ 부상·질병의 악화를 방지하기 위한 처치
㉱ 건강진단 결과 발견된 질병자의 요양지도 및 관리

① ㉮, ㉯
② ㉮, ㉰
③ ㉮, ㉰, ㉱
④ ㉮, ㉯, ㉰, ㉱

[풀이] **보건관리자의 업무**
㉠ 산업안전보건위원회 또는 노사협의체에서 심의·의결한 업무와 안전보건관리규정 및 취업규칙에서 정한 업무
㉡ 안전인증대상 기계 등과 자율안전확인대상 기계 등 중 보건과 관련된 보호구(保護具) 구입 시 적격품 선정에 관한 보좌 및 지도·조언
㉢ 위험성평가에 관한 보좌 및 지도·조언
㉣ 작성된 물질안전보건자료의 게시 또는 비치에 관한 보좌 및 지도·조언
㉤ 산업보건의의 직무
㉥ 해당 사업장 보건교육계획의 수립 및 보건교육 실시에 관한 보좌 및 지도·조언
㉦ 해당 사업장의 근로자를 보호하기 위한 다음의 조치에 해당하는 의료행위
　ⓐ 자주 발생하는 가벼운 부상에 대한 치료
　ⓑ 응급처치가 필요한 사람에 대한 처치
　ⓒ 부상·질병의 악화를 방지하기 위한 처치
　ⓓ 건강진단 결과 발견된 질병자의 요양 지도 및 관리
　ⓔ ⓐ부터 ⓓ까지의 의료행위에 따르는 의약품의 투여
㉧ 작업장 내에서 사용되는 전체 환기장치 및 국소배기장치 등에 관한 설비의 점검과 작업방법의 공학적 개선에 관한 보좌 및 지도·조언
㉨ 사업장 순회점검, 지도 및 조치 건의
㉩ 산업재해 발생의 원인 조사·분석 및 재발 방지를 위한 기술적 보좌 및 지도·조언
㉪ 산업재해에 관한 통계의 유지·관리·분석을 위한 보좌 및 지도·조언
㉫ 법 또는 법에 따른 명령으로 정한 보건에 관한 사항의 이행에 관한 보좌 및 지도·조언
㉬ 업무 수행 내용의 기록·유지.
㉭ 그 밖에 보건과 관련된 작업관리 및 작업환경관리에 관한 사항으로서 고용노동부장관이 정하는 사항

07 산업위생전문가들이 지켜야 할 윤리강령에 있어 전문가로서의 책임에 해당하는 것은?

① 일반 대중에 관한 사항은 정직하게 발표한다.
② 위험요소와 예방조치에 관하여 근로자와 상담한다.
③ 과학적 방법의 적용과 자료의 해석에서 객관성을 유지한다.
④ 위험요인의 측정, 평가 및 관리에 있어서 외부의 압력에 굴하지 않고 중립적 태도를 취한다.

풀이 산업위생전문가의 윤리강령(미국산업위생학술원, AAIH) : 윤리적 행위의 기준
(1) 산업위생전문가로서의 책임
  ㉠ 성실성과 학문적 실력 면에서 최고수준을 유지한다(전문적 능력 배양 및 성실한 자세로 행동).
  ㉡ 과학적 방법의 적용과 자료의 해석에서 경험을 통한 전문가의 객관성을 유지한다(공인된 과학적 방법 적용·해석).
  ㉢ 전문 분야로서의 산업위생을 학문적으로 발전시킨다.
  ㉣ 근로자, 사회 및 전문 직종의 이익을 위해 과학적 지식을 공개하고 발표한다.
  ㉤ 산업위생활동을 통해 얻은 개인 및 기업체의 기밀은 누설하지 않는다(정보는 비밀 유지).
  ㉥ 전문적 판단이 타협에 의하여 좌우될 수 있거나 이해관계가 있는 상황에는 개입하지 않는다.
(2) 근로자에 대한 책임
  ㉠ 근로자의 건강보호가 산업위생전문가의 일차적 책임임을 인지한다(주된 책임 인지).
  ㉡ 근로자와 기타 여러 사람의 건강과 안녕이 산업위생전문가의 판단에 좌우된다는 것을 깨달아야 한다.
  ㉢ 위험요인의 측정, 평가 및 관리에 있어서 외부의 영향력에 굴하지 않고 중립적(객관적)인 태도를 취한다.
  ㉣ 건강의 유해요인에 대한 정보(위험요소)와 필요한 예방조치에 대해 근로자와 상담(대화)한다.
(3) 기업주와 고객에 대한 책임
  ㉠ 결과 및 결론을 뒷받침할 수 있도록 정확한 기록을 유지하고, 산업위생 사업에서 전문가답게 전문 부서들을 운영·관리한다.
  ㉡ 기업주와 고객보다는 근로자의 건강보호에 궁극적 책임을 두어 행동한다.

08 온도 25℃, 1기압하에서 분당 100mL씩 60분 동안 채취한 공기 중에서 벤젠이 5mg 검출되었다면 검출된 벤젠은 약 몇 ppm인가? (단, 벤젠의 분자량은 78이다.)

① 15.7　② 26.1
③ 157　④ 261

풀이
$$농도(mg/m^3) = \frac{5mg}{100mL/min \times 60min \times m^3/10^6 mL}$$
$$= 833.33 mg/m^3$$
$$\therefore 농도(ppm) = 833.33 mg/m^3 \times \frac{24.45}{78} = 261.22 ppm$$

09 어떤 플라스틱 제조공장에 200명의 근로자가 근무하고 있다. 1년에 40건의 재해가 발생하였다면 이 공장의 도수율은 얼마인가? (단, 1일 8시간, 연간 290일 근무 기준이다.)

① 200　② 86.2
③ 17.3　④ 4.4

풀이
$$도수율 = \frac{재해발생건수}{연근로시간수} \times 10^6$$
$$= \frac{40}{200 \times 8 \times 290} \times 10^6 = 86.2$$

10 산업 스트레스에 대한 반응을 심리적 결과와 행동적 결과로 구분할 때 행동적 결과로 볼 수 없는 것은?

① 수면 방해　② 약물 남용
③ 식욕 부진　④ 돌발 행동

풀이 산업 스트레스 반응결과
(1) 행동적 결과
  ㉠ 흡연
  ㉡ 알코올 및 약물 남용
  ㉢ 행동 격양에 따른 돌발적 사고
  ㉣ 식욕 감퇴
(2) 심리적 결과
  ㉠ 가정 문제(가족 조직 구성인원 문제)
  ㉡ 불면증으로 인한 수면 부족
  ㉢ 성적 욕구 감퇴
(3) 생리적(의학적) 결과
  ㉠ 심혈관계 질환(심장)
  ㉡ 위장관계 질환
  ㉢ 기타 질환(두통, 피부질환, 암, 우울증 등)

정답 07.③　08.④　09.②　10.①

11 산업안전보건법령상 충격소음의 강도가 130dB(A)일 때 1일 노출횟수 기준으로 옳은 것은?

① 50   ② 100
③ 500   ④ 1,000

풀이 충격소음작업
소음이 1초 이상의 간격으로 발생하는 작업으로서 다음의 1에 해당하는 작업을 말한다.
㉠ 120dB을 초과하는 소음이 1일 1만 회 이상 발생되는 작업
㉡ 130dB을 초과하는 소음이 1일 1천 회 이상 발생되는 작업
㉢ 140dB을 초과하는 소음이 1일 1백 회 이상 발생되는 작업

12 다음 중 일반적인 실내공기질 오염과 가장 관련이 적은 질환은?

① 규폐증(silicosis)
② 가습기 열(humidifier fever)
③ 레지오넬라병(legionnaires disease)
④ 과민성 폐렴(hypersensitivity pneu-monitis)

풀이 실내환경 관련 질환
㉠ 빌딩증후군(SBS)
㉡ 복합화학물질과민증(MCS)
㉢ 새집증후군(SHS)
㉣ 빌딩 관련 질병현상(BRI ; 레지오넬라병)
㉤ 가습기 열
㉥ 과민성 폐렴

13 물체의 실제 무게를 미국 NIOSH의 권고 중량물 한계기준(RWL ; Recommended Weight Limit)으로 나누어준 값을 무엇이라 하는가?

① 중량상수(LC)
② 빈도승수(FM)
③ 비대칭승수(AM)
④ 중량물 취급지수(LI)

풀이 NIOSH 중량물 취급지수(들기지수, LI)
㉠ 특정 작업에 의한 스트레스를 비교·평가 시 사용
㉡ 중량물 취급지수(들기지수, LI) 관계식

$$LI = \frac{물체\ 무게(kg)}{RWL(kg)}$$

14 산업안전보건법령상 사업주가 위험성평가의 결과와 조치사항을 기록·보존할 때 포함되어야 할 사항이 아닌 것은? (단, 그 밖에 위험성평가의 실시내용을 확인하기 위하여 필요한 사항은 제외한다.)

① 위험성 결정의 내용
② 유해위험방지계획서 수립 유무
③ 위험성 결정에 따른 조치의 내용
④ 위험성평가 대상의 유해·위험요인

풀이 위험성평가의 결과와 조치사항을 기록·보존 시 포함사항
㉠ 위험성평가 대상의 유해·위험요인
㉡ 위험성 결정의 내용
㉢ 위험성 결정에 따른 조치의 내용
㉣ 그 밖에 위험성평가의 실시내용을 확인하기 위하여 필요한 사항으로서 고용노동부장관이 정하여 고시하는 사항

15 다음 중 규폐증을 일으키는 주요 물질은?

① 면분진   ② 석탄분진
③ 유리규산   ④ 납흄

풀이 규폐증의 원인
㉠ 결정형 규소(암석 : 석영분진, 이산화규소, 유리규산)에 직업적으로 노출된 근로자에게 발생한다.
※ 유리규산(SiO_2) 함유 먼지 0.5~5μm의 크기에서 잘 발생한다.
㉡ 주요 원인물질은 혼합물질이며, 건축업, 도자기 작업장, 채석장, 석재공장 등의 작업장에서 근무하는 근로자에게 발생한다.
㉢ 석재공장, 주물공장, 내화벽돌 제조, 도자기 제조 등에서 발생하는 유리규산이 주 원인이다.
㉣ 유리규산(석영) 분진에 의한 규폐성 결정과 폐포벽 파괴 등 망상내피계 반응은 분진입자의 크기가 2~5μm일 때 자주 일어난다.

정답 11.④ 12.① 13.④ 14.② 15.③

16 화학물질 및 물리적 인자의 노출기준 고시상 다음 (　)에 들어갈 유해물질들 간의 상호작용은?

> (노출기준 사용상의 유의사항) 각 유해인자의 노출기준은 해당 유해인자가 단독으로 존재하는 경우의 노출기준을 말하며, 2종 또는 그 이상의 유해인자가 혼재하는 경우에는 각 유해인자의 (　)으로 유해성이 증가할 수 있으므로 법에 따라 산출하는 노출기준을 사용하여야 한다.

① 상승작용　　② 강화작용
③ 상가작용　　④ 길항작용

풀이 상가작용(additive effect)
㉠ 작업환경 중 유해인자가 2종 이상 혼재하는 경우, 혼재하는 유해인자가 인체의 같은 부위에 작용함으로써 그 유해성이 가중되는 것을 말한다.
㉡ 화학물질 및 물리적 인자의 노출기준에 있어 2종 이상의 화학물질이 공기 중에 혼재하는 경우에는 유해성이 인체의 서로 다른 조직에 영향을 미치는 근거가 없는 한 유해물질들 간의 상호작용을 나타낸다.
㉢ 상대적 독성 수치로 표현하면 2+3=5, 여기서 수치는 독성의 크기를 의미한다.

17 A사업장에서 중대재해인 사망사고가 1년간 4건 발생하였다면 이 사업장의 1년간 4일 미만의 치료를 요하는 경미한 사고건수는 몇 건이 발생하는지 예측되는가? (단, Heinrich의 이론에 근거하여 추정한다.)

① 116　　② 120
③ 1,160　　④ 1,200

풀이
(1) 하인리히(Heinrich) 재해발생비율
　1(중상, 사망) : 29(경상해) : 300(무상해)
(2) 버드(Bird)의 재해발생비율
　1(중상, 폐질) : 10(경상) : 30(무상해) : 600(무상해, 무사고, 무손실고장)
경미한 사고건수(경상해)=4×29=116건

18 교대작업이 생기게 된 배경으로 옳지 않은 것은?

① 사회환경의 변화로 국민생활과 이용자들의 편의를 위한 공공사업의 증가
② 의학의 발달로 인한 생체주기 등의 건강상 문제 감소 및 의료기관의 증가
③ 석유화학 및 제철업 등과 같이 공정상 조업 중단이 불가능한 산업의 증가
④ 생산설비의 완전가동을 통해 시설투자비용을 조속히 회수하려는 기업의 증가

풀이 교대작업이 생기게 된 배경
㉠ 사회환경의 변화로 국민생활과 이용자들의 편의를 위한 공공사업의 증가
㉡ 석유화학 및 석유정제, 제철업 등과 같이 공정상 조업 중단이 불가능한 산업의 증가
㉢ 생산설비의 완전가동을 통해 시설투자비용을 조속히 회수하려는 기업의 증가

19 작업장에 존재하는 유해인자와 직업성 질환의 연결이 옳지 않은 것은?

① 망간 – 신경염
② 무기분진 – 진폐증
③ 6가크롬 – 비중격천공
④ 이상기압 – 레이노씨 병

풀이 유해인자별 발생 직업병
㉠ 크롬 : 폐암(크롬폐증, 비중격천공)
㉡ 이상기압 : 폐수종(잠함병)
㉢ 고열 : 열사병
㉣ 방사선 : 피부염 및 백혈병
㉤ 소음 : 소음성 난청
㉥ 수은 : 무뇨증
㉦ 망간 : 신장염 및 신경염(파킨슨 증후군)
㉧ 석면 : 악성중피종
㉨ 한랭 : 동상
㉩ 조명 부족 : 근시, 안구진탕증
㉪ 진동 : Raynaud's 현상
㉫ 분진 : 진폐증(규폐증)

정답 16.③ 17.① 18.② 19.④

20 심한 노동 후의 피로현상으로 단기간의 휴식에 의해 회복될 수 없는 병적 상태를 무엇이라 하는가?

① 곤비
② 과로
③ 전신피로
④ 국소피로

풀이 **피로의 3단계**
피로도가 증가하는 순서에 따라 구분한 것이며, 피로의 정도는 객관적 판단이 용이하지 않다.
㉠ 1단계 : 보통피로
 하룻밤을 자고 나면 완전히 회복하는 상태이다.
㉡ 2단계 : 과로
 피로의 축적으로 다음 날까지도 피로상태가 지속되는 것으로, 단기간 휴식으로 회복될 수 있으며 발병단계는 아니다.
㉢ 3단계 : 곤비
 과로의 축적으로 단시간에 회복될 수 없는 단계를 말하며, 심한 노동 후의 피로현상으로 병적 상태를 의미한다.

제2과목 | 작업위생 측정 및 평가

21 피토관(pitot tube)에 대한 설명 중 옳은 것은? (단, 측정기체는 공기이다.)

① Pitot tube의 정확성에는 한계가 있어 정밀한 측정에서는 경사마노미터를 사용한다.
② Pitot tube를 이용하여 곧바로 기류를 측정할 수 있다.
③ Pitot tube를 이용하여 총압과 속도압을 구하여 정압을 계산한다.
④ 속도압이 25mmH$_2$O일 때 기류속도는 28.58m/sec이다.

풀이
② Pitot tube를 이용하여 곧바로 기류를 측정할 수 없다.
③ Pitot tube를 이용하여 총압과 정압을 구하여 동압을 계산한다.
④ 기류속도 = $4.043\sqrt{VP}$
 $= 4.043 \times \sqrt{25} = 20.22$m/sec

22 고체 흡착제를 이용하여 시료채취를 할 때 영향을 주는 인자에 관한 설명으로 틀린 것은?

① 오염물질 농도 : 공기 중 오염물질의 농도가 높을수록 파과용량은 증가한다.
② 습도 : 습도가 높으면 극성 흡착제를 사용할 때 파과공기량이 적어진다.
③ 온도 : 일반적으로 흡착은 발열반응이므로 열역학적으로 온도가 낮을수록 흡착에 좋은 조건이다.
④ 시료채취유량 : 시료채취유량이 높으면 쉽게 파과가 일어나나 코팅된 흡착제인 경우는 그 경향이 약하다.

풀이 **흡착제를 이용한 시료채취 시 영향인자**
㉠ 온도 : 온도가 낮을수록 흡착에 좋으나 고온일수록 흡착대상 오염물질과 흡착제의 표면 사이 또는 2종 이상의 흡착대상 물질간 반응속도가 증가하여 흡착성질이 감소하며 파과가 일어나기 쉽다(모든 흡착은 발열반응이다).
㉡ 습도 : 극성 흡착제를 사용할 때 수증기가 흡착되기 때문에 파과가 일어나기 쉬우며, 비교적 높은 습도는 활성탄의 흡착용량을 저하시킨다. 또한 습도가 높으면 파과공기량(파과가 일어날 때까지의 채취공기량)이 적어진다.
㉢ 시료채취속도(시료채취유량) : 시료채취속도가 크고 코팅된 흡착제일수록 파과가 일어나기 쉽다.
㉣ 유해물질 농도(포집된 오염물질의 농도) : 농도가 높으면 파과용량(흡착제에 흡착된 오염물질량)이 증가하나 파과공기량은 감소한다.
㉤ 혼합물 : 혼합기체의 경우 각 기체의 흡착량은 단독성분이 있을 때보다 적어지게 된다(혼합물 중 흡착제와 강한 결합을 하는 물질에 의하여 치환반응이 일어나기 때문).
㉥ 흡착제의 크기(흡착제의 비표면적) : 입자 크기가 작을수록 표면적 및 채취효율이 증가하지만 압력강하가 심하다(활성탄은 다른 흡착제에 비하여 큰 비표면적을 갖고 있다).
㉦ 흡착관의 크기(튜브의 내경, 흡착제의 양) : 흡착제의 양이 많아지면 전체 흡착제의 표면적이 증가하여 채취용량이 증가하므로 파과가 쉽게 발생되지 않는다.

정답 20.① 21.① 22.④

23 산업안전보건법령상 소음의 측정시간에 관한 내용 중 A에 들어갈 숫자는?

> 단위작업장소에서 소음수준은 규정된 측정위치 및 지점에서 1일 작업시간 동안 A시간 이상 연속 측정하거나 작업시간을 1시간 간격으로 나누어 A회 이상 측정하여야 한다. 다만, …… (후략)

① 2 　　② 4
③ 6 　　④ 8

풀이 소음 측정시간
㉠ 단위작업장소에서 소음수준은 규정된 측정위치 및 지점에서 1일 작업시간 동안 6시간 이상 연속 측정하거나 작업시간을 1시간 간격으로 나누어 6회 이상 측정하여야 한다.
다만, 소음의 발생특성이 연속음으로서 측정치가 변동이 없다고 자격자 또는 지정측정기관이 판단한 경우에는 1시간 동안을 등간격으로 나누어 3회 이상 측정할 수 있다.
㉡ 단위작업장소에서의 소음발생시간이 6시간 이내인 경우나 소음발생원에서의 발생시간이 간헐적인 경우에는 발생시간 동안 연속 측정하거나 등간격으로 나누어 4회 이상 측정하여야 한다.

24 산업안전보건법령상 다음과 같이 정의되는 용어는?

> 작업환경 측정·분석 결과에 대한 정확성과 정밀도를 확보하기 위하여 작업환경측정기관의 측정·분석 능력을 확인하고, 그 결과에 따라 지도·교육 등 측정·분석 능력 향상을 위하여 행하는 모든 관리적 수단

① 정밀관리　　② 정확관리
③ 적정관리　　④ 정도관리

풀이 정도관리
작업환경 측정·분석치에 대한 정확성과 정밀도를 확보하기 위하여 통계적 처리를 통한 일정한 신뢰한계 내에서 측정·분석치를 평가하고, 그 결과에 따라 지도 및 교육, 기타 측정·분석 능력 향상을 위하여 행하는 모든 관리적 수단을 말한다.

25 한 근로자가 하루 동안 TCE에 노출되는 것을 측정한 결과가 아래와 같을 때, 8시간 시간가중평균치(TWA ; ppm)는?

측정시간	노출농도(ppm)
1시간	10.0
2시간	15.0
4시간	17.5
1시간	0.0

① 15.7 　　② 14.2
③ 13.8 　　④ 10.6

풀이
$$TWA(ppm) = \frac{(1\times10)+(2\times15)+(4\times17.5)+(1\times0)}{8}$$
$$= 13.75 ppm$$

26 불꽃 방식 원자흡광광도계의 특징으로 옳지 않은 것은?

① 조작이 쉽고 간편하다.
② 분석시간이 흑연로장치에 비하여 적게 소요된다.
③ 주입 시료액의 대부분이 불꽃 부분으로 보내지므로 감도가 높다.
④ 고체 시료의 경우 전처리에 의하여 매트릭스를 제거해야 한다.

풀이 불꽃 원자화장치의 장단점
(1) 장점
㉠ 조작이 쉽고 간편하다.
㉡ 가격이 흑연로장치나 유도결합플라스마-원자발광분석기보다 저렴하다.
㉢ 분석이 빠르고, 정밀도가 높다(분석시간이 흑연로장치에 비해 적게 소요됨).
㉣ 기질(매트릭스)의 영향이 적다.
(2) 단점
㉠ 많은 양의 시료(10mL)가 필요하며, 감도가 제한되어 있어 저농도에서 사용이 힘들다.
㉡ 용질이 고농도로 용해되어 있는 경우, 점성이 큰 용액은 분무구를 막을 수 있다.
㉢ 고체 시료의 경우 전처리에 의하여 기질(매트릭스)을 제거해야 한다.

정답 23.③ 24.④ 25.③ 26.③

27 산업안전보건법령상 작업환경측정대상이 되는 작업장 또는 공정에서 정상적인 작업을 수행하는 동일 노출집단의 근로자가 작업을 하는 장소를 지칭하는 용어는?

① 동일작업장소 ② 단위작업장소
③ 노출측정장소 ④ 측정작업장소

[풀이] 단위작업장소
작업환경측정대상이 되는 작업장 또는 공정에서 정상적인 작업을 수행하는 동일 노출집단의 근로자가 작업을 행하는 장소를 말한다.

28 근로자가 일정 시간 동안 일정 농도의 유해 물질에 노출될 때 체내에 흡수되는 유해물질의 양은 아래의 식을 적용하여 구한다. 각 인자에 대한 설명이 틀린 것은?

$$체내\ 흡수량(mg) = C \times T \times R \times V$$

① C : 공기 중 유해물질 농도
② T : 노출시간
③ R : 체내 잔류율
④ V : 작업공간 내 공기의 부피

[풀이] 체내 흡수량(SHD) = $C \times T \times R \times V$
여기서, 체내 흡수량(SHD) : 안전계수와 체중을 고려한 것
C : 공기 중 유해물질 농도(mg/m³)
T : 노출시간(hr)
R : 체내 잔류율(보통 1.0)
V : 호흡률(폐 환기율, m³/hr)

29 고열(heat stress)의 작업환경 평가와 관련된 내용으로 틀린 것은?

① 가장 일반적인 방법은 습구흑구온도(WBGT)를 측정하는 방법이다.
② 자연습구온도는 대기온도를 측정하긴 하지만 습도와 공기의 움직임에 영향을 받는다.
③ 흑구온도는 복사열에 의해 발생하는 온도이다.
④ 습도가 높고 대기흐름이 적을 때 낮은 습구온도가 발생한다.

[풀이] ④ 습도가 높고 대기흐름이 적을 때 높은 습구온도가 발생한다.

30 같은 작업장소에서 동시에 5개의 공기시료를 동일한 채취조건하에서 채취하여 벤젠에 대해 아래의 도표와 같은 분석결과를 얻었다. 이때 벤젠 농도 측정의 변이계수(CV, %)는?

공기시료 번호	벤젠 농도(ppm)
1	5.0
2	4.5
3	4.0
4	4.6
5	4.4

① 8% ② 14%
③ 56% ④ 96%

[풀이] 변이계수 $CV(\%) = \dfrac{표준편차}{산술평균} \times 100$

산술평균 $= \dfrac{5.0+4.5+4.0+4.6+4.4}{5} = 4.5\,ppm$

표준편차
$= \left(\dfrac{(5.0-4.5)^2 + (4.5-4.5)^2 + (4.0-4.5)^2 + (4.6-4.5)^2 + (4.4-4.5)^2}{5-1} \right)^{0.5}$
$= 0.36\,ppm$

∴ $CV = \dfrac{0.36}{4.5} \times 100 = 8\%$

31 작업장 내 다습한 공기에 포함된 비극성 유기증기를 채취하기 위해 이용할 수 있는 흡착제의 종류로 가장 적절한 것은?

① 활성탄(activated charcoal)
② 실리카겔(silica gel)
③ 분자체(molecular sieve)
④ 알루미나(alumina)

[풀이] 활성탄관을 사용하여 채취하기 용이한 시료
㉠ 비극성류의 유기용제
㉡ 각종 방향족 유기용제(방향족 탄화수소류)
㉢ 할로겐화 지방족 유기용제(할로겐화 탄화수소류)
㉣ 에스테르류, 알코올류, 에테르류, 케톤류

32 산업안전보건법령상 가스상 물질의 측정에 관한 내용 중 일부이다. ( )에 들어갈 내용으로 옳은 것은?

> 검지관 방식으로 측정하는 경우에는 1일 작업시간 동안 1시간 간격으로 ( )회 이상 측정하되 측정시간마다 2회 이상 반복 측정하여 평균값을 산출하여야 한다. 다만, … (후략)

① 2 ② 4
③ 6 ④ 8

풀이 검지관 방식으로 측정하는 경우에는 1일 작업시간 동안 1시간 간격으로 6회 이상 측정하되 측정시간마다 2회 이상 반복 측정하여 평균값을 산출하여야 한다. 다만, 가스상 물질의 발생시간이 6시간 이내일 때에는 작업시간 동안 1시간 간격으로 나누어 측정하여야 한다.

33 벤젠과 톨루엔이 혼합된 시료를 길이 30cm, 내경 3mm인 충진관이 장치된 기체 크로마토그래피로 분석한 결과가 아래와 같을 때, 혼합시료의 분리효율을 99.7%로 증가시키는 데 필요한 충진관의 길이(cm)는? (단, N, H, L, W, R_s, t_R은 각각 이론단수, 높이(HETP), 길이, 봉우리 너비, 분리계수, 머무름시간을 의미하고, 문자 위 "−"(bar)는 평균값을, 하첨자 A와 B는 각각의 물질을 의미하며, 분리효율이 99.7%가 되기 위한 R_s는 1.50이다.)

[크로마토그램 결과]

분석 물질	머무름시간 (retention time)	봉우리 너비 (peak width)
벤젠	16.4분	1.15분
톨루엔	17.6분	1.25분

[크로마토그램 관계식]

$N = 16\left(\dfrac{t_R}{W}\right)^2$, $H = \dfrac{L}{N}$

$R_s = \dfrac{2(t_{R,A} - t_{R,B})}{W_A + W_B}$, $\dfrac{\overline{N_1}}{\overline{N_2}} = \dfrac{R_{s,1}^2}{R_{s,2}^2}$

① 60 ② 62.5
③ 67.5 ④ 72.5

풀이
이론단수(N) : 벤젠 $= 16 \times \left(\dfrac{16.4}{1.15}\right)^2 = 3253.96$

톨루엔 $= 16 \times \left(\dfrac{17.6}{1.25}\right)^2 = 3171.94$

$\overline{N}$(평균이론단수) $= \dfrac{3253.96 + 3171.94}{2} = 3212.95(\overline{N_1})$

R_s(분리계수) $= \dfrac{2(17.6 - 16.4)^2}{1.15 + 1.25} = 1.0(R_{s,1})$

$\dfrac{\overline{N_1}}{\overline{N_2}} = \dfrac{R_{s,1}^2}{R_{s,2}^2}$

분리효율이 99.7%가 되기 위한 R_s는 1.5 적용

$\dfrac{3212.95}{\overline{N_2}} = \dfrac{1}{1.5}$

$\overline{N_2} = 7229.14$

$\overline{N_1}$일 때 H를 구하면

$H = \dfrac{L}{N} = \dfrac{30}{3212.95} = 9.34 \times 10^{-3}$cm

$\overline{N_1}$일 때와 $\overline{N_2}$일 때 H는 같음

$H = \dfrac{L}{\overline{N_2}}$

$\therefore L = 7229.14 \times 9.34 \times 10^{-3} = 67.5$cm

34 흡광광도법에 관한 설명으로 틀린 것은?

① 광원에서 나오는 빛을 단색화 장치를 통해 넓은 파장범위의 단색 빛으로 변화시킨다.
② 선택된 파장의 빛을 시료액 층으로 통과시킨 후 흡광도를 측정하여 농도를 구한다.
③ 분석의 기초가 되는 법칙은 램버트–비어의 법칙이다.
④ 표준액에 대한 흡광도와 농도의 관계를 구한 후, 시료의 흡광도를 측정하여 농도를 구한다.

풀이 ① 광원에서 나오는 빛을 단색화 장치 또는 필터를 이용해서 좁은 파장범위의 단색 빛으로 변화시킨다.

정답 32.③ 33.③ 34.①

35 공장에서 A용제 30%(노출기준 1,200mg/m³), B용제 30%(노출기준 1,400mg/m³) 및 C용제 40%(노출기준 1,600mg/m³)의 중량비로 조성된 액체 용제가 증발되어 작업환경을 오염시킬 때, 이 혼합물의 노출기준(mg/m³)은? (단, 혼합물의 성분은 상가작용을 한다.)

① 1,400   ② 1,450
③ 1,500   ④ 1,550

[풀이] 혼합물의 허용농도(mg/m³)
$$= \frac{1}{\frac{0.3}{1,200}+\frac{0.3}{1,400}+\frac{0.4}{1,600}} = 1,400\text{mg/m}^3$$

36 WBGT 측정기의 구성요소로 적절하지 않은 것은?

① 습구온도계   ② 건구온도계
③ 카타온도계   ④ 흑구온도계

[풀이] WBGT 측정기의 구성요소
㉠ 건구온도계(DB)
㉡ 습구온도계(WB)
㉢ 흑구온도계(GT)

37 유량, 측정시간, 회수율 및 분석에 의한 오차가 각각 18%, 3%, 9%, 5%일 때, 누적오차(%)는?

① 18   ② 21
③ 24   ④ 29

[풀이] 누적오차(%) $= \sqrt{18^2+3^2+9^2+5^2} = 20.95\%$

38 작업환경 중 분진의 측정농도가 대수정규분포를 할 때, 측정자료의 대표치에 해당되는 용어는?

① 기하평균치   ② 산술평균치
③ 최빈치   ④ 중앙치

[풀이] 산업위생 분야에서는 작업환경 측정결과가 대수정규분포를 하는 경우 대표값으로서 기하평균을, 산포도로서 기하표준편차를 널리 사용한다.

39 단위작업장소에서 소음의 강도가 불규칙적으로 변동하는 소음을 누적소음노출량 측정기로 측정하였다. 누적소음노출량이 300%인 경우, 시간가중 평균소음수준[dB(A)]은?

① 92   ② 98
③ 103   ④ 106

[풀이] 시간가중 평균소음수준(TWA [dB(A)])
$$TWA = 16.61\log\left(\frac{D}{100}\right)+90$$
$$= 16.61\log\left(\frac{300}{100}\right)+90$$
$$= 98\text{dB(A)}$$

40 진동을 측정하기 위한 기기는?

① 충격측정기(impulse meter)
② 레이저판독판(laser readout)
③ 가속측정기(accelerometer)
④ 소음측정기(sound level meter)

[풀이] 가속도계(accelerometer)
진동의 가속도를 측정·기록하는 진동계의 일종으로, 어떤 물체의 속도변화비율(가속도)을 측정하는 장치이다.

제3과목 | 작업환경 관리대책

41 국소배기시설에서 장치 배치 순서로 가장 적절한 것은?

① 송풍기 → 공기정화기 → 후드 → 덕트 → 배출구
② 공기정화기 → 후드 → 송풍기 → 덕트 → 배출구
③ 후드 → 덕트 → 공기정화기 → 송풍기 → 배출구
④ 후드 → 송풍기 → 공기정화기 → 덕트 → 배출구

[풀이] 국소배기시설 장치순서
후드 → 덕트 → 공기정화기 → 송풍기 → 배출구(배기덕트)

42 금속을 가공하는 음압수준이 98dB(A)인 공정에서 NRR이 17인 귀마개를 착용했을 때의 차음효과[dB(A)]는? (단, OSHA의 차음효과 예측방법을 적용한다.)

① 2　　② 3
③ 5　　④ 7

풀이 차음효과 = (NRR − 7) × 0.5
　　　　　　＝ (17 − 7) × 0.5
　　　　　　＝ 5dB(A)

43 테이블에 붙여서 설치한 사각형 후드의 필요환기량 $Q(m^3/min)$를 구하는 식으로 적절한 것은? (단, 플랜지는 부착되지 않았고, $A(m^2)$는 개구면적, $X(m)$는 개구부와 오염원 사이의 거리, $V_c(m/s)$는 제어속도를 의미한다.)

① $Q = V_c \times (5X^2 + A)$
② $Q = V_c \times (7X^2 + A)$
③ $Q = 60 \times V_c \times (5X^2 + A)$
④ $Q = 60 \times V_c \times (7X^2 + A)$

풀이 바닥면(작업테이블면)에 위치, 플랜지 미부착인 경우 필요환기량
$Q = 60 \cdot V_c (5X^2 + A)$
여기서, Q : 필요환기량(m^3/min)
　　　　V_c : 제어속도(m/sec)
　　　　X : 후드 중심선으로부터 발생원(오염원)까지의 거리(m)
　　　　A : 개구면적(m^2)

44 표준상태(STP ; 0℃, 1기압)에서 공기의 밀도가 1.293kg/m^3일 때, 40℃, 1기압에서 공기의 밀도(kg/m^3)는?

① 1.040　　② 1.128
③ 1.185　　④ 1.312

풀이 공기 밀도(kg/m^3) = 1.293kg/m^3 × $\dfrac{273+0}{273+40}$
　　　　　　　　　　　＝ 1.128kg/m^3

45 원심력 집진장치에 관한 설명 중 옳지 않은 것은?

① 비교적 적은 비용으로 집진이 가능하다.
② 분진의 농도가 낮을수록 집진효율이 증가한다.
③ 함진가스에 선회류를 일으키는 원심력을 이용한다.
④ 입자의 크기가 크고 모양이 구체에 가까울수록 집진효율이 증가한다.

풀이 ② 분진의 농도가 높을수록 집진효율이 증가한다.

46 직경 38cm, 유효높이 2.5m의 원통형 백필터를 사용하여 60m^3/min의 함진가스를 처리할 때 여과속도(cm/sec)는?

① 25
② 32
③ 50
④ 64

풀이 여과속도(cm/sec) = $\dfrac{\text{처리가스량}}{\text{여과면적}(3.14 \times D \times L)}$

$= \dfrac{60m^3/min \times min/60sec}{3.14 \times 0.38m \times 2.5m}$

$= 0.335m/sec \times 100cm/m$

$= 33.52cm/sec$

47 다음 중 중성자의 차폐(shielding) 효과가 가장 적은 물질은?

① 물
② 파라핀
③ 납
④ 흑연

풀이 중성자의 차폐물질
㉠ 물
㉡ 파라핀
㉢ 붕소 함유물질
㉣ 흑연
㉤ 콘크리트

48 국소배기장치로 외부식 측방형 후드를 설치할 때, 제어풍속을 고려하여야 할 위치는?
① 후드의 개구면
② 작업자의 호흡위치
③ 발산되는 오염공기 중의 중심위치
④ 후드의 개구면으로부터 가장 먼 작업위치

[풀이] 포위식 후드에서는 후드 개구면에서의 풍속을, 외부식 후드에서는 후드 개구면으로부터 가장 먼 작업위치에서의 풍속을 제어속도(제어풍속)로 측정한다.

49 작업장에서 작업공구와 재료 등에 적용할 수 있는 진동대책과 가장 거리가 먼 것은?
① 진동공구의 무게는 10kg 이상 초과하지 않도록 만들어야 한다.
② 강철로 코일용수철을 만들면 설계를 자유스럽게 할 수 있으나 oil damper 등의 저항요소가 필요할 수 있다.
③ 방진고무를 사용하면 공진 시 진폭이 지나치게 커지지 않지만 내구성, 내약품성이 문제가 될 수 있다.
④ 코르크는 정확하게 설계할 수 있고 고유진동수가 20Hz 이상이므로 진동 방지에 유용하게 사용할 수 있다.

[풀이] ④ 코르크는 재질이 일정하지 않으므로 정확한 설계가 곤란하고, 고유진동수가 10Hz 전후밖에 되지 않아 진동 방지라기보다는 강체 간 고체음의 전파 방지에 유익한 방진재료이다.

50 여과집진장치의 여과지에 대한 설명으로 틀린 것은?
① $0.1\mu m$ 이하의 입자는 주로 확산에 의해 채취된다.
② 압력강하가 적으면 여과지의 효율이 크다.
③ 여과지의 특성을 나타내는 항목으로 기공의 크기, 여과지의 두께 등이 있다.
④ 혼합섬유 여과지로 가장 많이 사용되는 것은 microsorban 여과지이다.

[풀이] ④ 혼합섬유 여과지로 가장 많이 사용되는 것은 유리섬유(glass fiber) 여과지이다.

51 일반적인 후드 설치의 유의사항으로 가장 거리가 먼 것은?
① 오염원 전체를 포위시킬 것
② 후드는 오염원에 가까이 설치할 것
③ 오염공기의 성질, 발생상태, 발생원인을 파악할 것
④ 후드의 흡인방향과 오염가스의 이동방향은 반대로 할 것

[풀이] 후드가 갖추어야 할 사항(필요환기량을 감소시키는 방법)
㉠ 가능한 한 오염물질 발생원에 가까이 설치한다(포집형 및 레시버형 후드).
㉡ 제어속도는 작업조건을 고려하여 적정하게 선정한다.
㉢ 작업에 방해되지 않도록 설치하여야 한다.
㉣ 오염물질 발생특성을 충분히 고려하여 설계하여야 한다.
㉤ 가급적이면 공정을 많이 포위한다.
㉥ 후드 개구면에서 기류가 균일하게 분포되도록 설계한다.
㉦ 공정에서 발생 또는 배출되는 오염물질의 절대량을 감소시킨다.

52 앞으로 구부리고 수행하는 작업공정에서 올바른 작업자세라고 볼 수 없는 것은?
① 작업점의 높이는 팔꿈치보다 낮게 한다.
② 바닥의 얼룩을 닦을 때에는 허리를 구부리지 말고 다리를 구부려서 작업한다.
③ 상체를 구부리고 작업을 하다가 일어설 때는 무릎을 굴절시켰다가 다리 힘으로 일어난다.
④ 신체의 중심이 물체의 중심보다 뒤쪽에 있도록 한다.

[풀이] ④ 신체의 중심이 물체의 중심보다 앞쪽에 있도록 한다.

정답 48.④ 49.④ 50.④ 51.④ 52.④

53 호흡기 보호구의 사용 시 주의사항과 가장 거리가 먼 것은?

① 보호구의 능력을 과대평가하지 말아야 한다.
② 보호구 내 유해물질 농도는 허용기준 이하로 유지해야 한다.
③ 보호구를 사용할 수 있는 최대 사용 가능 농도는 노출기준에 할당보호계수를 곱한 값이다.
④ 유해물질의 농도가 즉시 생명에 위태로울 정도인 경우는 공기정화식 보호구를 착용해야 한다.

> 풀이: 산소가 결핍된 환경 또는 유해물질의 농도가 높거나 독성이 강한 작업장에서 사용하는 호흡용 마스크는 송기마스크(호스마스크, 에어라인마스크)이다.

54 흡인구와 분사구의 등속선에서 노즐의 분사구 개구면 유속을 100%라고 할 때 유속이 10% 수준이 되는 지점은 분사구 내경(d)의 몇 배 거리인가?

① $5d$ ② $10d$
③ $30d$ ④ $40d$

> 풀이: 송풍기에 의한 기류의 흡기와 배기 시 흡기는 흡입면 직경의 1배인 위치에서는 입구 유속의 10%로 되고, 배기는 출구 면 직경의 30배인 위치에서 출구 유속의 10%로 된다. 따라서, 국소배기시스템의 후드는 오염발생원으로부터 최대한 가까운 곳에 설치해야 한다.

55 레시버식 캐노피형 후드 설치에 있어 열원 주위 상부의 퍼짐각도는? (단, 실내에는 다소의 난기류가 존재한다.)

① 20° ② 40°
③ 60° ④ 90°

> 풀이: 레시버식 캐노피형 열원 주위 상부 퍼짐각도는 난기류가 없으면 약 20°이고, 난기류가 있는 경우는 약 40°를 갖는다.

56 방진마스크의 성능기준 및 사용장소에 대한 설명 중 옳지 않은 것은?

① 방진마스크 등급 중 2급은 포집효율이 분리식과 안면부 여과식 모두 90% 이상이어야 한다.
② 방진마스크 등급 중 특급의 포집효율은 분리식의 경우 99.95% 이상, 안면부 여과식의 경우 99.0% 이상이어야 한다.
③ 베릴륨 등과 같이 독성이 강한 물질들을 함유한 분진이 발생하는 장소에서는 특급 방진마스크를 착용하여야 한다.
④ 금속흄 등과 같이 열적으로 생기는 분진이 발생하는 장소에서는 1급 방진마스크를 착용하여야 한다.

> 풀이: 방진마스크의 분진포집능력에 따른 구분(분리식)
> ㉠ 특급 : 분진포집효율 99.95% 이상
> (안면부 여과식 : 99.0% 이상)
> ㉡ 1급 : 분진포집효율 94% 이상
> ㉢ 2급 : 분진포집효율 80% 이상

57 국소배기시설의 투자비용과 운전비를 작게 하기 위한 조건으로 옳은 것은?

① 제어속도 증가
② 필요송풍량 감소
③ 후드 개구면적 증가
④ 발생원과의 원거리 유지

> 풀이: 국소배기에서 효율성 있는 운전을 하기 위해서 가장 먼저 고려할 사항은 필요송풍량 감소이다.

58 정상기류가 흐르고 있는 유체 유동에 관한 연속방정식을 설명하는 데 적용된 법칙은?

① 관성의 법칙 ② 운동량의 법칙
③ 질량보존의 법칙 ④ 점성의 법칙

> 풀이: 연속방정식
> 정상류(정상유동, 비압축성)가 흐르고 있는 유체 유동에 관한 연속방정식을 설명하는 데 적용된 법칙은 질량보존의 법칙이다. 즉, 정상류로 흐르고 있는 유체가 임의의 한 단면을 통과하는 질량은 다른 임의의 한 단면을 통과하는 단위시간당 질량과 같아야 한다.

정답 53.④ 54.③ 55.② 56.① 57.② 58.③

59 공기 중의 포화증기압이 1.52mmHg인 유기용제가 공기 중에 도달할 수 있는 포화농도(ppm)는?

① 2,000 ② 4,000
③ 6,000 ④ 8,000

풀이
포화농도(ppm)
$= \dfrac{증기압}{760} \times 10^6 = \dfrac{1.52}{760} \times 10^6 = 2,000\text{ppm}$

60 표준공기(21℃)에서 동압이 5mmHg일 때 유속(m/sec)은?

① 9 ② 15
③ 33 ④ 45

풀이
$5\text{mmHg} \times \dfrac{10,332\text{mmH}_2\text{O}}{760\text{mmHg}} = 67.97\text{mmH}_2\text{O}$

∴ $V(\text{m/sec}) = 4.043\sqrt{VP}$
$= 4.043 \times \sqrt{67.97} = 33.33\text{m/sec}$

제4과목 | 물리적 유해인자관리

61 일반적으로 전신진동에 의한 생체반응에 관여하는 인자와 가장 거리가 먼 것은?

① 온도 ② 진동강도
③ 진동방향 ④ 진동수

풀이
전신진동에 의한 생체반응에 관여하는 인자
㉠ 진동강도
㉡ 진동수
㉢ 진동방향
㉣ 진동폭로시간

62 전리방사선의 종류에 해당하지 않는 것은?

① γ선 ② 중성자
③ 레이저 ④ β선

풀이
전리방사선과 비전리방사선의 종류
㉠ 전리방사선
   X-ray, γ선, α입자, β입자, 중성자
㉡ 비전리방사선
   자외선, 가시광선, 적외선, 라디오파, 마이크로파, 저주파, 극저주파, 레이저

63 산업안전보건법령상 이상기압과 관련된 용어의 정의가 옳지 않은 것은?

① 압력이란 게이지압력을 말한다.
② 표면공급식 잠수작업은 호흡용 기체통을 휴대하고 하는 작업을 말한다.
③ 고압작업이란 고기압에서 잠함공법이나 그 외의 압기공법으로 하는 작업을 말한다.
④ 기압조절실이란 고압작업을 하는 근로자가 가압 또는 가압을 받는 장소를 말한다.

풀이
잠수작업
㉠ 표면공급식 잠수작업
   수면 위의 공기압축기 또는 호흡용 기체통에서 압축된 호흡용 기체를 공급받으면서 하는 작업
㉡ 스쿠버 잠수작업
   호흡용 기체통을 휴대하고 하는 작업

64 반향시간(reverberation time)에 관한 설명으로 옳은 것은?

① 반향시간과 작업장의 공간부피만 알면 흡음량을 추정할 수 있다.
② 소음원에서 소음발생이 중지한 후 소음의 감소는 시간의 제곱에 반비례하여 감소한다.
③ 반향시간은 소음이 닿는 면적을 계산하기 어려운 실외에서의 흡음량을 추정하기 위하여 주로 사용한다.
④ 소음원에서 발생하는 소음과 배경소음 간의 차이가 40dB인 경우에는 60dB만큼 소음이 감소하지 않기 때문에 반향시간을 측정할 수 없다.

풀이
잔향시간(반향시간)
$T = \dfrac{0.161V}{A} = \dfrac{0.161V}{S\bar{\alpha}}(\text{sec})$

$\bar{\alpha} = \dfrac{0.161V}{ST}$

여기서, T : 잔향시간(sec)
V : 실의 체적(부피)(m³)
A : 총 흡음력($\Sigma\alpha_i S_i$)(m², sabin)
S : 실내의 전 표면적(m²)

65 빛과 밝기의 단위에 관한 설명으로 옳지 않은 것은?

① 반사율은 조도에 대한 휘도의 비로 표시한다.
② 광원으로부터 나오는 빛의 양을 광속이라고 하며 단위는 루멘을 사용한다.
③ 입사면의 단면적에 대한 광도의 비를 조도라 하며 단위는 촉광을 사용한다.
④ 광원으로부터 나오는 빛의 세기를 광도라고 하며 단위는 칸델라를 사용한다.

풀이 럭스(lux) ; 조도
㉠ 1루멘(lumen)의 빛이 1m²의 평면상에 수직으로 비칠 때의 밝기이다.
㉡ 1cd의 점광원으로부터 1m 떨어진 곳에 있는 광선의 수직인 면의 조명도이다.
㉢ 조도는 입사 면의 단면적에 대한 광속의 비를 의미하며, 어떤 면에 들어오는 광속의 양에 비례하고, 입사 면의 단면적에 반비례한다.

$$조도(E) = \frac{\text{lumen}}{\text{m}^2}$$

66 다음 중 방사선에 감수성이 가장 큰 인체조직은?

① 눈의 수정체
② 뼈 및 근육조직
③ 신경조직
④ 결합조직과 지방조직

풀이 전리방사선에 대한 감수성 순서

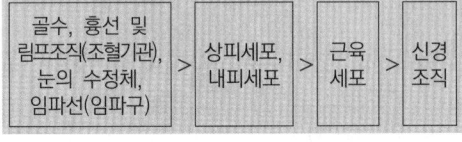

골수, 흉선 및 림프조직(조혈기관), 눈의 수정체, 임파선(임파구) > 상피세포, 내피세포 > 근육세포 > 신경조직

67 자외선으로부터 눈을 보호하기 위한 차광보호구를 선정하고자 하는데 차광도가 큰 것이 없어 두 개를 겹쳐서 사용하였다. 각 보호구의 차광도가 6과 3이었다면 두 개를 겹쳐서 사용한 경우의 차광도는?

① 6 ② 8
③ 9 ④ 18

풀이 차광도=(6+3)-1=8

68 산소결핍이 진행되면서 생체에 나타나는 영향을 순서대로 나열한 것은?

㉮ 가벼운 어지러움
㉯ 사망
㉰ 대뇌피질의 기능 저하
㉱ 중추성 기능장애

① ㉮ → ㉰ → ㉱ → ㉯
② ㉮ → ㉱ → ㉰ → ㉯
③ ㉰ → ㉮ → ㉱ → ㉯
④ ㉰ → ㉱ → ㉮ → ㉯

풀이 산소결핍 진행 시 생체 영향순서
가벼운 어지러움 → 대뇌피질의 기능 저하 → 중추성 기능 저하 → 사망

69 체온의 상승에 따라 체온조절중추인 시상하부에서 혈액온도를 감지하거나 신경망을 통하여 정보를 받아들여 체온방산작용이 활발해지는 작용은?

① 정신적 조절작용
   (spiritual thermo regulation)
② 화학적 조절작용
   (chemical thermo regulation)
③ 생물학적 조절작용
   (biological thermo regulation)
④ 물리적 조절작용
   (physical thermo regulation)

풀이 열평형(물리적 조절작용)
㉠ 인체와 환경 사이의 열평형에 의하여 인체는 적절한 체온을 유지하려고 노력한다.
㉡ 기본적인 열평형 방정식에 있어 신체 열용량의 변화가 0보다 크면 생산된 열이 축적하게 되고 체온조절중추인 시상하부에서 혈액온도를 감지하거나 신경망을 통하여 정보를 받아들여 체온방산작용이 활발히 시작되는데, 이것을 물리적 조절작용(physical thermo regulation)이라 한다.

정답 65.③ 66.① 67.② 68.① 69.④

70 다음 중 진동에 의한 장해를 최소화시키는 방법과 거리가 먼 것은?
① 진동의 발생원을 격리시킨다.
② 진동의 노출시간을 최소화시킨다.
③ 훈련을 통하여 신체의 적응력을 향상시킨다.
④ 진동을 최소화하기 위하여 공학적으로 설계 및 관리한다.

풀이 ③ 훈련을 통하여 신체의 적응력을 향상시킨다고 진동에 의한 장해를 최소화할 수는 없다.

71 저온 환경에 의한 장해의 내용으로 옳지 않은 것은?
① 근육 긴장이 증가하고 떨림이 발생한다.
② 혈압은 변화되지 않고 일정하게 유지된다.
③ 피부 표면의 혈관들과 피하조직이 수축된다.
④ 부종, 저림, 가려움, 심한 통증 등이 생긴다.

풀이 한랭(저온) 환경에서의 생리적 기전(반응)
한랭환경에서는 체열 방산을 제한하고 체열 생산을 증가시키기 위한 생리적 반응이 일어난다.
㉠ 피부혈관(말초혈관)이 수축한다.
  • 피부혈관 수축과 더불어 혈장량 감소로 혈압이 일시적으로 저하되며, 신체 내 열을 보호하는 기능을 한다.
  • 말초혈관의 수축으로 표면조직의 냉각이 오며, 1차적 생리적 영향이다.
  • 피부혈관의 수축으로 피부온도가 감소되고 순환능력이 감소되어 혈압은 일시적으로 상승된다.
㉡ 근육긴장의 증가와 떨림 및 수의적인 운동이 증가한다.
㉢ 갑상선을 자극하여 호르몬 분비가 증가(화학적 대사작용 증가)한다.
㉣ 부종, 저림, 가려움증, 심한 통증 등이 발생한다.
㉤ 피부 표면의 혈관·피하조직이 수축하고, 체표면적이 감소한다.
㉥ 피부의 급성 일과성 염증반응은 한랭에 대한 폭로를 중지하면 2~3시간 내에 없어진다.
㉦ 피부나 피하조직을 냉각시키는 환경온도 이하에서는 감염에 대한 저항력이 떨어지며, 회복과정에 장애가 온다.
㉧ 근육활동, 조직대사가 증가되어 식욕이 항진된다.

72 작업장의 조도를 균등하게 하기 위하여 국소조명과 전체조명이 병용될 때, 일반적으로 전체조명의 조도는 국부조명의 어느 정도가 적당한가?
① $\frac{1}{20} \sim \frac{1}{10}$
② $\frac{1}{10} \sim \frac{1}{5}$
③ $\frac{1}{5} \sim \frac{1}{3}$
④ $\frac{1}{3} \sim \frac{1}{2}$

풀이 조명도(조도)를 고르게 하는 방법
㉠ 국부조명에만 의존할 경우에는 작업장의 조도가 너무 균등하지 못해서 눈의 피로를 가져올 수 있으므로 전체조명과 병용하는 것이 보통이다.
㉡ 전체조명의 조도는 국부조명에 의한 조도의 1/10~1/5 정도가 되도록 조절한다.

73 다음 중 소음에 의한 청력장해가 가장 잘 일어나는 주파수 대역은?
① 1,000Hz
② 2,000Hz
③ 4,000Hz
④ 8,000Hz

풀이 C_5-dip 현상
㉠ 소음성 난청의 초기단계로 4,000Hz에서 청력장애가 현저히 커지는 현상이다.
㉡ 우리 귀는 고주파음에 대단히 민감하다. 특히 4,000Hz에서 소음성 난청이 가장 많이 발생한다.

74 다음 중 감압과정에서 감압속도가 너무 빨라서 나타나는 종격기종, 기흉의 원인이 되는 것은?
① 질소
② 이산화탄소
③ 산소
④ 일산화탄소

풀이 감압속도가 너무 빠르면 폐포가 파열되고 흉부조직 내로 유입된 질소가스 때문에 종격기종, 기흉, 공기전색 등의 증상이 나타난다.

75 음향출력이 1,000W인 음원이 반자유공간(반구면파)에 있을 때 20m 떨어진 지점에서의 음의 세기는 약 얼마인가?

① 0.2W/m² ② 0.4W/m²
③ 2.0W/m² ④ 4.0W/m²

풀이
$W = I \cdot S$
$I = \dfrac{W}{S(=2\pi r^2)} = \dfrac{1{,}000W}{(2 \times \pi \times 20^2)m^2} = 0.4 W/m^2$

76 마이크로파와 라디오파에 관한 설명으로 옳지 않은 것은?

① 마이크로파의 주파수 대역은 100~3,000MHz 정도이며, 국가(지역)에 따라 범위의 규정이 각각 다르다.
② 라디오파의 파장은 1MHz와 자외선 사이의 범위를 말한다.
③ 마이크로파와 라디오파의 생체작용 중 대표적인 것은 온감을 느끼는 열작용이다.
④ 마이크로파의 생물학적 작용은 파장뿐만 아니라 출력, 노출시간, 노출된 조직에 따라 다르다.

풀이 라디오파의 파장은 1m~100km이고, 주파수는 약 3kHz~300GHz 정도이다.

77 18℃ 공기 중에서 800Hz인 음의 파장은 약 몇 m인가?

① 0.35 ② 0.43
③ 3.5   ④ 4.3

풀이
$\lambda = \dfrac{C}{f} = \dfrac{331.42 + (0.6 \times 18℃)}{800} = 0.43 m$

78 음압이 2배로 증가하면 음압레벨(sound pressure level)은 몇 dB 증가하는가?

① 2   ② 3
③ 6   ④ 12

풀이
$SPL = 20\log\dfrac{P}{P_o} = 20\log 2 = 6 dB$

79 다음에서 설명하는 고열 건강장해는?

> 고온 환경에서 강한 육체적 노동을 할 때 잘 발생하고, 지나친 발한에 의한 탈수와 염분 손실이 발생하며 수의근의 유통성 경련 증상이 나타나는 것이 특징이다.

① 열성 발진(heat rashes)
② 열사병(heat stroke)
③ 열피로(heat fatigue)
④ 열경련(heat cramps)

풀이
열경련
(1) 발생원인
 ㉠ 지나친 발한에 의한 수분 및 혈중 염분 손실 시(혈액의 현저한 농축 발생)
 ㉡ 땀을 많이 흘리고 동시에 염분이 없는 음료수를 많이 마셔서 염분 부족 시
 ㉢ 전해질의 유실 시
(2) 증상
 ㉠ 체온이 정상이거나 약간 상승하고 혈중 Cl⁻ 농도가 현저히 감소한다.
 ㉡ 낮은 혈중 염분 농도와 팔·다리의 근육경련이 일어난다(수의근 유통성 경련).
 ㉢ 통증을 수반하는 경련은 주로 작업 시 사용한 근육에서 흔히 발생한다.
 ㉣ 일시적으로 단백뇨가 나온다.
 ㉤ 중추신경계통의 장애는 일어나지 않는다.
 ㉥ 복부와 사지 근육에 강직, 동통이 일어나고 과도한 발한이 발생된다.
 ㉦ 수의근의 유통성 경련(주로 작업 시 사용한 근육에서 발생)이 일어나기 전에 현기증, 이명, 두통, 구역, 구토 등의 전구증상이 일어난다.
(3) 치료
 ㉠ 수분 및 NaCl을 보충한다(생리식염수 0.1% 공급).
 ㉡ 바람이 잘 통하는 곳에 눕혀 안정시킨다.
 ㉢ 체열 방출을 촉진시킨다(작업복을 벗겨 전도와 복사에 의한 체열 방출).
 ㉣ 증상이 심하면 생리식염수 1,000~2,000mL를 정맥 주사한다.

정답 75.② 76.② 77.② 78.③ 79.④

80 고압환경의 영향 중 2차적인 가압현상(화학적 장해)에 관한 설명으로 옳지 않은 것은?

① 4기압 이상에서 공기 중의 질소가스는 마취작용을 나타낸다.
② 이산화탄소의 증가는 산소의 독성과 질소의 마취작용을 촉진시킨다.
③ 산소의 분압이 2기압을 넘으면 산소 중독증세가 나타난다.
④ 산소 중독은 고압산소에 대한 노출이 중지되어도 근육경련, 환청 등 후유증이 장기간 계속된다.

풀이 2차적 가압현상
고압하의 대기가스 독성 때문에 나타나는 현상으로, 2차성 압력현상이다.
(1) 질소가스의 마취작용
  ㉠ 공기 중의 질소가스는 정상기압에서 비활성이지만, 4기압 이상에서는 마취작용을 일으키며 이를 다행증(euphoria)이라 한다(공기 중의 질소가스는 3기압 이하에서 자극작용을 한다).
  ㉡ 질소가스 마취작용은 알코올 중독의 증상과 유사하다.
  ㉢ 작업력의 저하, 기분의 변환 등 여러 종류의 다행증이 일어난다.
  ㉣ 수심 90~120m에서 환청, 환시, 조현증, 기억력감퇴 등이 나타난다.
(2) 산소 중독작용
  ㉠ 산소의 분압이 2기압을 넘으면 산소 중독증상을 보인다. 즉, 3~4기압의 산소 혹은 이에 상당하는 공기 중 산소 분압에 의하여 중추신경계의 장애에 기인하는 운동장애를 나타내는데, 이것을 산소 중독이라 한다.
  ㉡ 수중의 잠수자는 폐압착증을 예방하기 위하여 수압과 같은 압력의 압축기체를 호흡하여야 하며, 이로 인한 산소 분압 증가로 산소 중독이 일어난다.
  ㉢ 고압산소에 대한 폭로가 중지되면 증상은 즉시 멈춘다. 즉, 가역적이다.
  ㉣ 1기압에서 순산소는 인후를 자극하나, 비교적 짧은 시간의 폭로라면 중독증상은 나타나지 않는다.
  ㉤ 산소 중독작용은 운동이나 이산화탄소로 인해 악화된다.
  ㉥ 수지나 족지의 작열통, 시력장애, 정신혼란, 근육경련 등의 증상을 보이며, 나아가서는 간질 모양의 경련을 나타낸다.

③ 이산화탄소 중독작용
  ㉠ 이산화탄소 농도의 증가는 산소의 독성과 질소의 마취작용을 증가시키는 역할을 하고, 감압증의 발생을 촉진시킨다.
  ㉡ 이산화탄소 농도가 고압환경에서 대기압으로 환산하여 0.2%를 초과해서는 안 된다.
  ㉢ 동통성 관절장애(bends)도 이산화탄소의 분압 증가에 따라 보다 많이 발생한다.

제5과목 | 산업 독성학

81 산업안전보건법령상 사람에게 충분한 발암성 증거가 있는 유해물질에 해당하지 않는 것은?

① 석면(모든 형태)
② 크롬광 가공(크롬산)
③ 알루미늄(용접 흄)
④ 황화니켈(흄 및 분진)

풀이 알루미늄(용접 흄)은 화학물질 및 물리적 인자의 노출기준상 호흡성 물질로 분류된다.

82 다음 설명에 해당하는 중금속은?

• 뇌홍의 제조에 사용
• 소화관으로는 2~7% 정도의 소량 흡수
• 금속 형태는 뇌, 혈액, 심근에 많이 분포
• 만성노출 시 식욕부진, 신기능부전, 구내염 발생

① 납(Pb)   ② 수은(Hg)
③ 카드뮴(Cd)   ④ 안티몬(Sb)

풀이 수은(Hg)
㉠ 무기수은은 뇌홍[Hg(ONC)$_2$] 제조에 사용된다.
㉡ 금속수은은 주로 증기가 기도를 통해서 흡수되고, 일부는 피부로 흡수되며, 소화관으로는 2~7% 정도 소량 흡수된다.
㉢ 금속수은은 뇌, 혈액, 심근 등에 분포한다.
㉣ 만성노출 시 식욕부진, 신기능부전, 구내염을 발생시킨다.

정답 80.④ 81.③ 82.②

83 골수장애로 재생불량성 빈혈을 일으키는 물질이 아닌 것은?

① 벤젠(benzene)
② 2-브로모프로판(2-bromopropane)
③ TNT(trinitrotoluene)
④ 2,4-TDI(Toluene-2,4-diisocyanate)

[풀이] 2,4-TDI는 직업성 천식을 유발하는 원인물질이다.

84 호흡성 먼지(respirable particulate mass)에 대한 미국 ACGIH의 정의로 옳은 것은?

① 크기가 10~100μm로 코와 인후두를 통하여 기관지나 폐에 침착한다.
② 폐포에 도달하는 먼지로 입경이 7.1μm 미만인 먼지를 말한다.
③ 평균입경이 4μm이고, 공기역학적 직경이 10μm 미만인 먼지를 말한다.
④ 평균입경이 10μm인 먼지로서, 흉곽성(thoracic) 먼지라고도 한다.

[풀이] ACGIH의 입자 크기별 기준(TLV)
(1) 흡입성 입자상 물질
 (IPM ; Inspirable Particulates Mass)
 ㉠ 호흡기의 어느 부위(비강, 인후두, 기관 등 호흡기의 기도 부위)에 침착하더라도 독성을 유발하는 분진이다.
 ㉡ 비암이나 비중격천공을 일으키는 입자상 물질이 여기에 속한다.
 ㉢ 침전분진은 재채기, 침, 코 등의 벌크(bulk) 세척기전으로 제거된다.
 ㉣ 입경범위 : 0~100μm
 ㉤ 평균입경 : 100μm(폐침착의 50%에 해당하는 입자의 크기)
(2) 흉곽성 입자상 물질
 (TPM ; Thoracic Particulates Mass)
 ㉠ 기도나 하기도(가스교환 부위)에 침착하여 독성을 나타내는 물질이다.
 ㉡ 평균입경 : 10μm
 ㉢ 채취기구 : PM 10
(3) 호흡성 입자상 물질
 (RPM ; Respirable Particulates Mass)
 ㉠ 가스교환 부위, 즉 폐포에 침착할 때 유해한 물질이다.
 ㉡ 평균입경 : 4μm(공기역학적 직경이 10μm 미만의 먼지가 호흡성 입자상 물질)
 ㉢ 채취기구 : 10mm nylon cyclone

85 무기성 분진에 의한 진폐증이 아닌 것은?

① 규폐증(silicosis)
② 연초폐증(tabacosis)
③ 흑연폐증(graphite lung)
④ 용접공폐증(welder's lung)

[풀이] 분진 종류에 따른 분류(임상적 분류)
㉠ 유기성 분진에 의한 진폐증
  농부폐증, 면폐증, 연초폐증, 설탕폐증, 목재분진폐증, 모발분진폐증
㉡ 무기성(광물성) 분진에 의한 진폐증
  규폐증, 탄소폐증, 활석폐증, 탄광부 진폐증, 철폐증, 베릴륨폐증, 흑연폐증, 규조토폐증, 주석폐증, 칼륨폐증, 바륨폐증, 용접공폐증, 석면폐증

86 생물학적 모니터링에 관한 설명으로 옳지 않은 것은?

㉮ 생물학적 검체인 호기, 소변, 혈액 등에서 결정인자를 측정하여 노출정도를 추정하는 방법이다.
㉯ 결정인자를 공기 중에서 흡수된 화학물질이나 그것의 대사산물 또는 화학물질에 의해 생긴 비가역적인 생화학적 변화이다.
㉰ 공기 중의 농도를 측정하는 것이 개인의 건강 위험을 보다 직접적으로 평가할 수 있다.
㉱ 목적은 화학물질에 대한 현재나 과거의 노출이 안전한 것인지를 확인하는 것이다.
㉲ 공기 중 노출기준이 설정된 화학물질의 수만큼 생물학적 노출기준(BEI)이 있다.

① ㉮, ㉯, ㉰ ② ㉮, ㉰, ㉱
③ ㉯, ㉰, ㉲ ④ ㉯, ㉱, ㉲

[풀이]
㉯ 결정인자는 공기 중에서 흡수된 화학물질에 의하여 생긴 가역적인 생화학적 변화이다.
㉰ 공기 중의 농도를 측정하는 것보다 생물학적 모니터링이 건강상의 위험을 보다 직접적으로 평가할 수 있다.
㉲ 건강상의 영향과 생물학적 변수와 상관성이 있는 물질이 많지 않아 작업환경 측정에서 설정한 TLV보다 훨씬 적은 기준을 가지고 있다.

정답 83.④ 84.③ 85.② 86.③

87 체내에 노출되면 metallothionein이라는 단백질을 합성하여 노출된 중금속의 독성을 감소시키는 경우가 있는데, 이에 해당되는 중금속은?
① 납
② 니켈
③ 비소
④ 카드뮴

풀이 Metallothionein은 카드뮴과 관계가 있다. 카드뮴이 체내에 들어가면 간에서 metallothionein 생합성이 촉진되어 폭로된 중금속을 감소시키는 역할을 하나, 다량의 카드뮴일 경우 합성이 되지 않아 중독작용을 일으킨다.

88 산업안전보건법령상 다음 유해물질 중 노출기준(ppm)이 가장 낮은 것은? (단, 노출기준은 TWA 기준이다.)
① 오존(O_3)
② 암모니아(NH_3)
③ 염소(Cl_2)
④ 일산화탄소(CO)

풀이 화학물질의 노출기준
① 오존(O_3)
 ㉠ TWA : 0.08ppm
 ㉡ STEL : 0.2ppm
② 암모니아(NH_3)
 ㉠ TWA : 25ppm
 ㉡ STEL : 35ppm
③ 염소(Cl_2)
 ㉠ TWA : 0.5ppm
 ㉡ STEL : 1ppm
④ 일산화탄소(CO)
 ㉠ TWA : 30ppm
 ㉡ STEL : 200ppm

89 유해인자에 노출된 집단에서의 질병발생률과 노출되지 않은 집단에서의 질병발생률과의 비를 무엇이라 하는가?
① 교차피
② 발병비
③ 기여위험도
④ 상대위험도

풀이 상대위험도(상대위험비, 비교위험도)
비율비 또는 위험비라고도 하며, 위험요인을 갖고 있는 군(노출군)이 위험요인을 갖고 있지 않은 군(비노출군)에 비하여 질병의 발생률이 몇 배인가, 즉 위험도가 얼마나 큰가를 나타내는 것이다.

$$\text{상대위험비} = \frac{\text{노출군에서의 질병발생률}}{\text{비노출군에서의 질병발생률}}$$

$$= \frac{\text{위험요인이 있는 해당 군의 질병발생률}}{\text{위험요인이 없는 해당 군의 질병발생률}}$$

㉠ 상대위험비=1 : 노출과 질병 사이의 연관성 없음
㉡ 상대위험비>1 : 위험의 증가를 의미
㉢ 상대위험비<1 : 질병에 대한 방어효과가 있음

90 수은중독의 예방대책이 아닌 것은?
① 수은 주입과정을 밀폐공간 안에서 자동화한다.
② 작업장 내에서 음식물 섭취와 흡연 등의 행동을 금지한다.
③ 수은 취급 근로자의 비점막 궤양 생성 여부를 면밀히 관찰한다.
④ 작업장에 흘린 수은은 신체가 닿지 않는 방법으로 즉시 제거한다.

풀이 ③ 크롬 취급 근로자의 비점막 궤양 생성 여부를 면밀히 관찰한다.
※ 수은은 비점막 궤양 생성과는 무관하다.

91 유해물질이 인체에 미치는 영향을 결정하는 인자와 가장 거리가 먼 것은?
① 개인의 감수성
② 유해물질의 독립성
③ 유해물질의 농도
④ 유해물질의 노출시간

풀이 유해물질이 인체에 미치는 건강영향을 결정하는 인자
㉠ 공기 중 농도
㉡ 폭로시간(폭로횟수)
㉢ 작업강도(호흡률)
㉣ 기상조건
㉤ 개인 감수성

92 일산화탄소 중독과 관련이 없는 것은?
① 고압산소실
② 카나리아새
③ 식염의 다량 투여
④ 카르복시헤모글로빈(carboxyhemoglobin)

[풀이] ③ 식염의 투여는 고열 환경과 관련이 있다.

93 다핵방향족 탄화수소(PAHs)에 대한 설명으로 옳지 않은 것은?
① 벤젠고리가 2개 이상이다.
② 대사가 활발한 다핵 고리화합물로 되어 있으며 수용성이다.
③ 시토크롬(cytochrome) P-450의 준개체단에 의하여 대사된다.
④ 철강 제조업에서 석탄을 건류할 때나 아스팔트를 콜타르피치로 포장할 때 발생된다.

[풀이] 다핵방향족 탄화수소류(PAHs)
⇨ 일반적으로 시토크롬 P-448이라 한다.
㉠ 벤젠고리가 2개 이상 연결된 것으로 20여 가지 이상이 있다.
㉡ 대사가 거의 되지 않아 방향족 고리로 구성되어 있다.
㉢ 철강 제조업의 코크스 제조공정, 흡연, 연소공정, 석탄건류, 아스팔트 포장, 굴뚝 청소 시 발생한다.
㉣ 비극성의 지용성 화합물이며, 소화관을 통하여 흡수된다.
㉤ 시토크롬 P-450의 준개체단에 의하여 대사되고, PAHs의 대사에 관여하는 효소는 P-448로 대사되는 중간산물이 발암성을 나타낸다.
㉥ 대사 중에 산화아렌(arene oxide)을 생성하고 잠재적 독성이 있다.
㉦ 연속적으로 폭로된다는 것은 불가피하게 발암성으로 진행됨을 의미한다.
㉧ 배설을 쉽게 하기 위하여 수용성으로 대사되는데 체내에서 먼저 PAHs가 hydroxylation(수산화)되어 수용성을 돕는다.
㉨ PAHs의 발암성 강도는 독성 강도와 연관성이 크다.
㉩ ACGIH의 TLV는 TWA로 10ppm이다.
㉪ 인체 발암 추정물질(A2)로 분류된다.

94 유기용제의 흡수 및 대사에 관한 설명으로 옳지 않은 것은?
① 유기용제가 인체로 들어오는 경로는 호흡기를 통한 경우가 가장 많다.
② 대부분의 유기용제는 물에 용해되어 지용성 대사산물로 전환되어 체외로 배설된다.
③ 유기용제는 휘발성이 강하기 때문에 호흡기를 통하여 들어간 경우에 다시 호흡기로 상당량이 배출된다.
④ 체내로 들어온 유기용제는 산화, 환원, 가수분해로 이루어지는 생전환과 포합체를 형성하는 포합반응인 두 단계의 대사과정을 거친다.

[풀이] 유해물질의 흡수 및 배설
㉠ 흡수된 유해물질은 원래의 형태든, 대사산물의 형태로든 배설되기 위하여 수용성으로 대사된다.
㉡ 유해물질은 조직에 분포되기 전에 먼저 몇 개의 막을 통과하여야 한다.
㉢ 흡수속도는 유해물질의 물리화학적 성상과 막의 특성에 따라 결정된다.
㉣ 흡수된 유해화학물질은 다양한 비특이적 효소에 의하여 이루어지는 유해물질의 대사로 수용성이 증가되어 체외배출이 용이하게 된다.
㉤ 간은 화학물질을 대사시키고 콩팥과 함께 배설시키는 기능을 가지고 있어 다른 장기보다 여러 유해물질의 농도가 높다.

95 다음 중 중추신경 활성억제 작용이 가장 큰 것은?
① 알칸   ② 알코올
③ 유기산 ④ 에테르

[풀이] 유기화학물질의 중추신경계 억제작용 및 자극작용
㉠ 중추신경계 억제작용의 순서
알칸 < 알켄 < 알코올 < 유기산 < 에스테르 < 에테르 < 할로겐화합물
㉡ 중추신경계 자극작용의 순서
알칸 < 알코올 < 알데히드 또는 케톤 < 유기산 < 아민류

정답 92.③ 93.② 94.② 95.④

96 증상으로는 무력증, 식욕감퇴, 보행장해 등의 증상을 나타내며, 계속적인 노출 시에는 파킨슨씨 증상을 초래하는 유해물질은?

① 망간
② 카드뮴
③ 산화칼륨
④ 산화마그네슘

풀이 망간에 의한 건강장애
(1) 급성중독
  ㉠ MMT(Methylcyclopentadienyl Manganese Trialbonyls)에 의한 피부와 호흡기 노출로 인한 증상이다.
  ㉡ 이산화망간 흄에 급성 노출되면 열, 오한, 호흡곤란 등의 증상을 특징으로 하는 금속열을 일으킨다.
  ㉢ 급성 고농도에 노출 시 조증(들뜸병)의 정신병 양상을 나타낸다.
(2) 만성중독
  ㉠ 무력증, 식욕감퇴 등의 초기증세를 보이다 심해지면 중추신경계의 특정 부위를 손상(뇌기저핵에 축적되어 신경세포 파괴)시켜 노출이 지속되면 파킨슨증후군과 보행장애가 두드러진다.
  ㉡ 안면의 변화, 즉 무표정하게 되며 배근력의 저하를 가져온다(소자증 증상).
  ㉢ 언어가 느려지는 언어장애 및 균형감각 상실 증세가 나타난다.
  ㉣ 신경염, 신장염 등의 증세가 나타난다.

97 산업안전보건법령상 기타 분진의 산화규소 결정체 함유율과 노출기준으로 옳은 것은?

① 함유율 : 0.1% 이상, 노출기준 : 5mg/m³
② 함유율 : 0.1% 이하, 노출기준 : 10mg/m³
③ 함유율 : 1% 이상, 노출기준 : 5mg/m³
④ 함유율 : 1% 이하, 노출기준 : 10mg/m³

풀이 기타 분진의 산화규소 결정체
㉠ 함유율 : 1% 이하
㉡ 노출기준 : 10mg/m³

98 벤젠의 생물학적 지표가 되는 대사물질은?

① Phenol
② Coproporphyrin
③ Hydroquinone
④ 1,2,4-Trihydroxybenzene

풀이 화학물질에 대한 대사산물 및 시료채취시기

화학물질	대사산물(측정대상물질) : 생물학적 노출지표	시료채취시기
납	혈액 중 납	중요치 않음
	소변 중 납	
카드뮴	소변 중 카드뮴	중요치 않음
	혈액 중 카드뮴	
일산화탄소	호기에서 일산화탄소	작업 종료 시
	혈액 중 carboxyhemoglobin	
벤젠	소변 중 총 페놀	작업 종료 시
	소변 중 t,t-뮤코닉산 (t,t-muconic acid)	
에틸벤젠	소변 중 만델린산	작업 종료 시
니트로벤젠	소변 중 p-nitrophenol	작업 종료 시
아세톤	소변 중 아세톤	작업 종료 시
톨루엔	혈액, 호기에서 톨루엔	작업 종료 시
	소변 중 o-크레졸	
크실렌	소변 중 메틸마뇨산	작업 종료 시
스티렌	소변 중 만델린산	작업 종료 시
트리클로로에틸렌	소변 중 트리클로로초산(삼염화초산)	주말작업 종료 시
테트라클로로에틸렌	소변 중 트리클로로초산(삼염화초산)	주말작업 종료 시
트리클로로에탄	소변 중 트리클로로초산(삼염화초산)	주말작업 종료 시
사염화에틸렌	소변 중 트리클로로초산(삼염화초산)	주말작업 종료 시
	소변 중 삼염화에탄올	
이황화탄소	소변 중 TTCA	-
	소변 중 이황화탄소	
노말헥산 (n-헥산)	소변 중 2,5-hexanedione	작업 종료 시
	소변 중 n-헥산	
메탄올	소변 중 메탄올	-
클로로벤젠	소변 중 총 4-chlorocatechol	작업 종료 시
	소변 중 총 p-chlorophenol	
크롬 (수용성 흄)	소변 중 총 크롬	주말작업 종료 시, 주간작업 중
N,N-디메틸포름아미드	소변 중 N-메틸포름아미드	작업 종료 시
페놀	소변 중 메틸마뇨산	작업 종료 시

정답 96.① 97.④ 98.①

99 단순 질식제로 볼 수 없는 것은?
① 오존　② 메탄
③ 질소　④ 헬륨

[풀이] 질식제의 구분에 따른 종류
(1) 단순 질식제
　㉠ 이산화탄소(CO_2)
　㉡ 메탄(CH_4)
　㉢ 질소(N_2)
　㉣ 수소(H_2)
　㉤ 에탄, 프로판, 에틸렌, 아세틸렌, 헬륨
(2) 화학적 질식제
　㉠ 일산화탄소(CO)
　㉡ 황화수소(H_2S)
　㉢ 시안화수소(HCN)
　㉣ 아닐린($C_6H_5NH_2$)

100 금속의 일반적인 독성작용기전으로 옳지 않은 것은?
① 효소의 억제
② 금속 평형의 파괴
③ DNA 염기의 대체
④ 필수 금속성분의 대체

[풀이] 금속의 독성작용기전
㉠ 효소 억제
㉡ 간접영향
㉢ 필수 금속성분의 대체
㉣ 필수 금속성분의 평형 파괴

제2회 산업위생관리기사

과년도 출제문제 | 2022.04.24

제1과목 | 산업위생학 개론

01 현재 총 흡음량이 1,200sabins인 작업장의 천장에 흡음물질을 첨가하여 2,400sabins를 추가할 경우 예측되는 소음감음량(NR)은 약 몇 dB인가?
① 2.6
② 3.5
③ 4.8
④ 5.2

[풀이]
$$\text{소음감음량(NR)} = 10\log\frac{\text{대책 후}}{\text{대책 전}}$$
$$= 10\log\frac{(1,200+2,400)\text{sabins}}{1,200\text{sabins}}$$
$$= 4.77\text{dB}$$

02 젊은 근로자에 있어서 약한 쪽 손의 힘은 평균 45kp라고 한다. 이러한 근로자가 무게 8kg인 상자를 양손으로 들어 올릴 경우 작업강도(%MS)는 약 얼마인가?
① 17.8%
② 8.9%
③ 4.4%
④ 2.3%

[풀이] 작업강도(%MS) $= \frac{\text{RF}}{\text{MS}} \times 100 = \frac{4}{45} \times 100 = 8.9\%\text{MS}$

03 누적외상성 질환(CTDs) 또는 근골격계 질환(MSDs)에 속하는 것으로 보기 어려운 것은?
① 건초염(Tendosynovitis)
② 스티븐스존슨증후군(Stevens Johnson syndrome)
③ 손목뼈터널증후군(Carpal tunnel syndrome)
④ 기용터널증후군(Guyon tunnel syndrome)

[풀이] 근골격계 질환의 종류와 원인 및 증상

종류	원인	증상
근육통 증후군 (기용터널 증후군)	목이나 어깨를 과다 사용하거나 굽히는 자세	목이나 어깨 부위 근육의 통증 및 움직임 둔화
요통 (건초염)	• 중량물 인양 및 옮기는 자세 • 허리를 비틀거나 구부리는 자세	추간판 탈출로 인한 신경압박 및 허리 부위에 염좌가 발생하여 통증 및 감각마비
손목뼈 터널증후군 (수근관 증후군)	반복적이고 지속적인 손목 압박 및 굽힘 자세	손가락의 저림 및 통증, 감각저하
내·외상 과염	과다한 손목 및 손가락의 동작	팔꿈치 내·외측의 통증
수완진동 증후군	진동공구 사용	손가락의 혈관수축, 감각마비, 하얗게 변함

04 심리학적 적성검사에 해당하는 것은?
① 지각동작검사
② 감각기능검사
③ 심폐기능검사
④ 체력검사

[풀이] 적성검사의 분류
(1) 생리학적 적성검사(생리적 기능검사)
  ㉠ 감각기능검사
  ㉡ 심폐기능검사
  ㉢ 체력검사
(2) 심리학적 적성검사
  ㉠ 지능검사
  ㉡ 지각동작검사
  ㉢ 인성검사
  ㉣ 기능검사

정답 01.③ 02.② 03.② 04.①

05 산업위생의 4가지 주요 활동에 해당하지 않는 것은?
① 예측 ② 평가
③ 관리 ④ 제거

[풀이] **산업위생의 정의(AIHA)**
근로자나 일반 대중(지역주민)에게 질병, 건강장애와 안녕방해, 심각한 불쾌감 및 능률저하 등을 초래하는 작업환경요인과 스트레스를 예측, 측정, 평가하고 관리하는 과학과 기술이다(예측, 인지, 평가, 관리 의미와 동일함).

06 산업안전보건법령상 보건관리자의 자격기준에 해당하지 않는 사람은?
① 「의료법」에 따른 의사
② 「의료법」에 따른 간호사
③ 「국가기술자격법」에 따른 환경기능사
④ 「산업안전보건법」에 따른 산업보건지도사

[풀이] **보건관리자의 자격기준**
㉠ "의료법"에 따른 의사
㉡ "의료법"에 따른 간호사
㉢ "산업안전보건법"에 따른 산업보건지도사
㉣ "국가기술자격법"에 따른 산업위생관리산업기사 또는 대기환경산업기사 이상의 자격을 취득한 사람
㉤ "국가기술자격법"에 따른 인간공학기사 이상의 자격을 취득한 사람
㉥ "고등교육법"에 따른 전문대학 이상의 학교에서 산업보건 또는 산업위생 분야의 학위를 취득한 사람

07 사고예방대책의 기본원리 5단계를 순서대로 나열한 것으로 옳은 것은?
① 사실의 발견 → 조직 → 분석 → 시정책(대책)의 선정 → 시정책(대책)의 적용
② 조직 → 분석 → 사실의 발견 → 시정책(대책)의 선정 → 시정책(대책)의 적용
③ 조직 → 사실의 발견 → 분석 → 시정책(대책)의 선정 → 시정책(대책)의 적용
④ 사실의 발견 → 분석 → 조직 → 시정책(대책)의 선정 → 시정책(대책)의 적용

[풀이] **하인리히의 사고예방대책의 기본원리 5단계**
㉠ 제1단계 : 안전관리조직 구성(조직)
㉡ 제2단계 : 사실의 발견
㉢ 제3단계 : 분석·평가
㉣ 제4단계 : 시정방법(시정책)의 선정
㉤ 제5단계 : 시정책의 적용(대책 실시)

08 근육운동의 에너지원 중 혐기성 대사의 에너지원에 해당되는 것은?
① 지방 ② 포도당
③ 단백질 ④ 글리코겐

[풀이] **혐기성 대사(anaerobic metabolism)**
㉠ 근육에 저장된 화학적 에너지를 의미한다.
㉡ 혐기성 대사의 순서(시간대별)
ATP(아데노신삼인산) → CP(크레아틴인산) → glycogen(글리코겐) or glucose(포도당)
※ 근육운동에 동원되는 주요 에너지원 중 가장 먼저 소비되는 것은 ATP이며, 포도당은 혐기성 대사 및 호기성 대사 모두에 에너지원으로 작용하는 물질이다.

09 산업재해의 기본원인을 4M(Management, Machine, Media, Man)이라고 할 때 다음 중 Man(사람)에 해당되는 것은?
① 안전교육과 훈련이 부족
② 인간관계·의사소통의 불량
③ 부하에 대한 지도·감독 부족
④ 작업자세·작업동작의 결함

[풀이] **산업재해의 기본원인(4M)**
㉠ Man(사람)
본인 이외의 사람으로 인간관계, 의사소통의 불량을 의미한다.
㉡ Machine(기계, 설비)
기계, 설비 자체의 결함을 의미한다.
㉢ Media(작업환경, 작업방법)
인간과 기계의 매개체를 말하며 작업자세, 작업동작의 결함을 의미한다.
㉣ Management(법규준수, 관리)
안전교육과 훈련의 부족, 부하에 대한 지도·감독의 부족을 의미한다.

정답 05.④ 06.③ 07.③ 08.④ 09.②

10 직업성 질환의 범위에 해당되지 않는 것은?
① 합병증
② 속발성 질환
③ 선천적 질환
④ 원발성 질환

풀이 **직업성 질환의 범위**
㉠ 직업상 업무에 기인하여 1차적으로 발생하는 원발성 질환을 포함한다.
㉡ 원발성 질환과 합병 작용하여 제2의 질환을 유발하는 경우를 포함한다(속발성 질환).
㉢ 합병증이 원발성 질환과 불가분의 관계를 가지는 경우를 포함한다.
㉣ 원발성 질환에서 떨어진 다른 부위에 같은 원인에 의한 제2의 질환을 일으키는 경우를 포함한다.

11 18세기에 Percivall Pott가 어린이 굴뚝청소부에게서 발견한 직업성 질병은?
① 백혈병
② 골육종
③ 진폐증
④ 음낭암

풀이 **Percivall Pott**
㉠ 영국의 외과의사로 직업성 암을 최초로 보고하였으며, 어린이 굴뚝청소부에게 많이 발생하는 음낭암(scrotal cancer)을 발견하였다.
㉡ 암의 원인물질이 검댕 속 여러 종류의 다환방향족 탄화수소(PAH)라는 것을 밝혔다.
㉢ 굴뚝청소부법을 제정하도록 하였다(1788년).

12 미국산업위생학술원(AAIH)에서 채택한 산업위생분야에 종사하는 사람들이 지켜야 할 윤리강령에 포함되지 않는 것은?
① 국가에 대한 책임
② 전문가로서의 책임
③ 일반대중에 대한 책임
④ 기업주와 고객에 대한 책임

풀이 **산업위생분야 종사자들의 윤리강령(AAIH)**
㉠ 산업위생전문가로서의 책임
㉡ 근로자에 대한 책임
㉢ 기업주와 고객에 대한 책임
㉣ 일반대중에 대한 책임

13 산업피로의 대책으로 적합하지 않은 것은?
① 불필요한 동작을 피하고 에너지 소모를 적게 한다.
② 작업과정에 따라 적절한 휴식시간을 가져야 한다.
③ 작업능력에는 개인별 차이가 있으므로 각 개인마다 작업량을 조정해야 한다.
④ 동적인 작업은 피로를 더하게 하므로 가능한 한 정적인 작업으로 전환한다.

풀이 **산업피로 예방대책**
㉠ 불필요한 동작을 피하고, 에너지 소모를 적게 한다.
㉡ 동적인 작업을 늘리고, 정적인 작업을 줄인다.
㉢ 개인의 숙련도에 따라 작업속도와 작업량을 조절한다.
㉣ 작업시간 중 또는 작업 전후에 간단한 체조나 오락시간을 갖는다.
㉤ 장시간 한 번 휴식하는 것보다 단시간씩 여러 번 나누어 휴식하는 것이 피로회복에 도움이 된다.

14 사무실 공기관리지침상 근로자가 건강장해를 호소하는 경우 사무실 공기관리상태를 평가하기 위해 사업주가 실시해야 하는 조사항목으로 옳지 않은 것은?
① 사무실 조명의 조도 조사
② 외부의 오염물질 유입경로 조사
③ 공기정화시설 환기량의 적정 여부 조사
④ 근로자가 호소하는 증상(호흡기, 눈, 피부자극 등)에 대한 조사

풀이 **사무실 공기관리상태 평가 시 조사항목**
㉠ 근로자가 호소하는 증상(호흡기, 눈, 피부자극 등) 조사
㉡ 공기정화설비의 환기량이 적정한지 여부 조사
㉢ 외부의 오염물질 유입경로 조사
㉣ 사무실 내 오염원 조사 등

15 다음 중 점멸–융합 테스트(flicker test)의 용도로 가장 적합한 것은?
① 진동 측정
② 소음 측정
③ 피로도 측정
④ 열중증 판정

정답 10.③ 11.④ 12.① 13.④ 14.① 15.③

[풀이] **플리커 테스트(flicker test)**
㉠ 플리커 테스트의 용도는 피로도 측정이다.
㉡ 산업피로 판정을 위한 생리학적 검사법으로서 인지역치를 검사하는 것이다.

16 ACGIH에서 제정한 TLVs(Threshold Limit Values)의 설정근거가 아닌 것은?
① 동물실험 자료 ② 인체실험 자료
③ 사업장 역학조사 ④ 선진국 허용기준

[풀이] **ACGIH의 허용기준 설정 이론적 배경**
㉠ 화학구조상의 유사성
㉡ 동물실험 자료
㉢ 인체실험 자료
㉣ 사업장 역학조사 자료

17 산업안전보건법령상 물질안전보건자료 작성 시 포함되어야 할 항목이 아닌 것은? (단, 그 밖의 참고사항은 제외한다.)
① 유해성·위험성
② 안정성 및 반응성
③ 사용빈도 및 타당성
④ 노출방지 및 개인보호구

[풀이] **물질안전보건자료(MSDS) 작성 시 포함되어야 할 항목**
㉠ 화학제품과 회사에 관한 정보
㉡ 유해·위험성
㉢ 구성 성분의 명칭 및 함유량
㉣ 응급조치 요령
㉤ 폭발·화재 시 대처방법
㉥ 누출사고 시 대처방법
㉦ 취급 및 저장 방법
㉧ 노출방지 및 개인보호구
㉨ 물리·화학적 특성
㉩ 안정성 및 반응성
㉪ 독성에 관한 정보
㉫ 환경에 미치는 영향
㉬ 폐기 시 주의사항
㉭ 운송에 필요한 정보
㉮ 법적 규제현황
㉯ 그 밖의 참고사항

18 직업병의 원인이 되는 유해요인, 대상 직종과 직업병 종류의 연결이 잘못된 것은?
① 면분진 – 방직공 – 면폐증
② 이상기압 – 항공기 조종 – 잠함병
③ 크롬 – 도금 – 피부점막 궤양, 폐암
④ 납 – 축전지 제조 – 빈혈, 소화기장애

[풀이] ② 이상기압 – 잠수사 – 잠함병

19 산업안전보건법령상 특수건강진단 대상자에 해당하지 않는 것은?
① 고온 환경하에서 작업하는 근로자
② 소음 환경하에서 작업하는 근로자
③ 자외선 및 적외선을 취급하는 근로자
④ 저기압하에서 작업하는 근로자

[풀이] **특수건강진단 대상 유해인자에 노출되는 업무에 종사하는 근로자**
㉠ 소음·진동 작업, 강렬한 소음 및 충격소음 작업
㉡ 분진 또는 특정 분진(면분진, 목분진, 용접흄, 유리섬유, 광물성 분진) 작업
㉢ 납과 무기화합물 및 4알킬납 작업
㉣ 방사선, 고기압 및 저기압 작용
㉤ 유기용제(2-브로모프로판 포함) 작업
㉥ 특정 화학물질 등 취급작업
㉦ 석면 및 미네랄 오일미스트 작업
㉧ 오존 및 포스겐 작업
㉨ 유해광선(자외선, 적외선, 마이크로파 및 라디오파) 작업

20 방직공장 면분진 발생공정에서 측정한 공기 중 면분진 농도가 2시간은 2.5mg/m³, 3시간은 1.8mg/m³, 3시간은 2.6mg/m³일 때, 해당 공정의 시간가중 평균노출기준 환산값은 약 얼마인가?
① 0.86mg/m³ ② 2.28mg/m³
③ 2.35mg/m³ ④ 2.60mg/m³

[풀이] 시간가중 평균노출기준(TWA)
$$= \frac{(2 \times 2.5\,\text{mg/m}^3) + (3 \times 1.8\,\text{mg/m}^3) + (3 \times 2.6\,\text{mg/m}^3)}{8}$$
$$= 2.28\,\text{mg/m}^3$$

정답 16.④ 17.③ 18.② 19.① 20.②

제2과목 | 작업위생 측정 및 평가

21 작업환경측정치의 통계처리에 활용되는 변이계수에 관한 설명과 가장 거리가 먼 것은?
① 평균값의 크기가 0에 가까울수록 변이계수의 의의는 작아진다.
② 측정단위와 무관하게 독립적으로 산출되며 백분율로 나타낸다.
③ 단위가 서로 다른 집단이나 특성값의 상호 산포도를 비교하는 데 이용될 수 있다.
④ 편차 제곱합들의 평균값으로 통계집단의 측정값들에 대한 균일성, 정밀성 정도를 표현한다.

[풀이] **변이계수(CV)**
㉠ 측정방법의 정밀도를 평가하는 계수이며, %로 표현되므로 측정단위와 무관하게 독립적으로 산출된다.
㉡ 통계집단의 측정값에 대한 균일성과 정밀성의 정도를 표현한 계수이다.
㉢ 단위가 서로 다른 집단이나 특성값의 상호 산포도를 비교하는 데 이용될 수 있다.
㉣ 변이계수가 작을수록 자료가 평균 주위에 가깝게 분포한다는 의미이다(평균값의 크기가 0에 가까울수록 변이계수의 의미는 작아진다).
㉤ 표준편차의 수치가 평균치에 비해 몇 %가 되느냐로 나타낸다.

22 산업안전보건법령상 1회라도 초과 노출되어서는 안 되는 충격소음의 음압수준(dB(A)) 기준은?
① 120 ② 130
③ 140 ④ 150

[풀이] **충격소음작업**
소음이 1초 이상의 간격으로 발생하는 작업으로서, 다음의 1에 해당하는 작업을 말한다.
㉠ 120dB을 초과하는 소음이 1일 1만 회 이상 발생되는 작업
㉡ 130dB을 초과하는 소음이 1일 1천 회 이상 발생되는 작업
㉢ 140dB을 초과하는 소음이 1일 1백 회 이상 발생되는 작업

23 예비조사 시 유해인자 특성 파악에 해당되지 않는 것은?
① 공정보고서 작성
② 유해인자의 목록 작성
③ 월별 유해물질 사용량 조사
④ 물질별 유해성 자료 조사

[풀이] **예비조사 시 유해인자 특성 파악 내용**
㉠ 유해인자의 목록 작성
㉡ 월별 유해물질 사용량 조사
㉢ 물질별 유해성 자료 조사
㉣ 유해인자의 발생시간(주기) 및 측정방법

24 분석에서 언급되는 용어에 대한 설명으로 옳은 것은?
① LOD는 LOQ의 10배로 정의하기도 한다.
② LOQ는 분석결과가 신뢰성을 가질 수 있는 양이다.
③ 회수율(%)은 $\dfrac{첨가량}{분석량} \times 100$으로 정의된다.
④ LOQ란 검출한계를 말한다.

[풀이] ① LOQ는 LOD의 3배로 정의하기도 한다.
③ 회수율(%)은 $\dfrac{분석량}{첨가량} \times 100$으로 정의한다.
④ LOQ란 정량한계를 말한다.

25 AIHA에서 정한 유사노출군(SEG)별로 노출농도 범위, 분포 등을 평가하며 역학조사에 가장 유용하게 활용되는 측정방법은?
① 진단모니터링
② 기초모니터링
③ 순응도(허용기준 초과 여부) 모니터링
④ 공정안전조사

[풀이] **노출 기초모니터링**
유사노출군(SEG)별로 노출농도 범위, 분포 등을 평가하며 역학조사에 가장 유용하게 활용되는 측정방법이다.

26 기체 크로마토그래피 검출기 중 PCBs나 할로겐원소가 포함된 유기계 농약 성분을 분석할 때 가장 적당한 것은?
① NPD(질소인 검출기)
② ECD(전자포획 검출기)
③ FID(불꽃이온화 검출기)
④ TCD(열전도 검출기)

풀이 **전자포획형 검출기(전자화학검출기 : ECD)**
㉠ 유기화합물의 분석에 많이 사용(운반가스 : 순도 99.8% 이상 헬륨)
㉡ 검출한계는 50pg
㉢ 주분석대상 가스는 헬로겐화 탄화수소화합물, 사염화탄소, 벤조피렌니트로화합물, 유기금속화합물, 염소를 함유한 농약의 검출에 널리 사용
㉣ 불순물 및 온도에 민감

27 알고 있는 공기 중 농도를 만드는 방법인 dynamic Method에 관한 내용으로 틀린 것은?
① 만들기가 복잡하고 가격이 고가이다.
② 온습도 조절이 가능하다.
③ 소량의 누출이나 벽면에 의한 손실은 무시할 수 있다.
④ 대게 운반용으로 제작하기가 용이하다.

풀이 **Dynamic method**
㉠ 희석공기와 오염물질을 연속적으로 흘려 주어 일정한 농도를 유지하면서 만드는 방법이다.
㉡ 알고 있는 공기 중 농도를 만드는 방법이다.
㉢ 농도변화를 줄 수 있고, 온도·습도 조절이 가능하다.
㉣ 제조가 어렵고, 비용도 많이 든다.
㉤ 다양한 농도범위에서 제조가 가능하다.
㉥ 가스, 증기, 에어로졸 실험도 가능하다.
㉦ 소량의 누출이나 벽면에 의한 손실은 무시할 수 있다.
㉧ 지속적인 모니터링이 필요하다.
㉨ 일정한 농도를 유지하기가 매우 곤란하다.

28 작업환경 내 유해물질 노출로 인한 위험성(위해도)의 결정요인은?
① 반응성과 사용량
② 위해성과 노출요인
③ 노출기준과 노출량
④ 반응성과 노출기준

풀이 **위해도 결정요인**
㉠ 위해성
㉡ 노출량(노출요인)

29 호흡성 먼지(RPM)의 입경(μm) 범위는? (단, 미국 ACGIH 정의 기준)
① 0~10
② 0~20
③ 0~25
④ 10~100

풀이 **ACGIH 입자크기별 기준(TLV)**
(1) 흡입성 입자상 물질
(IPM ; Inspirable Particulates Mass)
㉠ 호흡기 어느 부위에 침착(비강, 인후두, 기관 등 호흡기의 기도 부위)하더라도 독성을 유발하는 분진
㉡ 입경범위는 0~100μm
㉢ 평균입경(폐침착의 50%에 해당하는 입자의 크기)은 100μm
㉣ 침전분진은 재채기, 침, 코 등의 벌크(bulk) 세척기전으로 제거됨
㉤ 비암이나 비중격 천공을 일으키는 입자상 물질이 여기에 속함
(2) 흉곽성 입자상 물질
(TPM ; Thoracic Particulates Mass)
㉠ 기도나 하기도(가스교환부위)에 침착하여 독성을 나타내는 물질
㉡ 평균입경은 10μm
㉢ 채취기구는 PM10
(3) 호흡성 입자상 물질
(RPM ; Respirable Particulates Mass)
㉠ 가스교환부위, 즉 폐포에 침착할 때 유해한 물질
㉡ 평균입경은 4μm(공기역학적 직경이 10μm 미만인 먼지)
㉢ 채취기구는 10mm nylon cyclone

정답 26.② 27.④ 28.② 29.①

30 원자흡광광도계의 표준시약으로서 적당한 것은?
① 순도가 1급 이상인 것
② 풍화에 의한 농도변화가 있는 것
③ 조해에 의한 농도변화가 있는 것
④ 화학변화 등에 의한 농도변화가 있는 것

풀이 원자흡광광도계의 표준시약(표준용액)은 적어도 순도가 1급 이상의 것을 사용하여야 하며, 풍화, 조해, 화학변화 등에 의한 농도변화가 없는 것이어야 한다.

31 공기 중 acetone 500ppm, sec-butyl acetate 100ppm 및 methyl ethyl ketone 150ppm이 혼합물로서 존재할 때 복합노출지수(ppm)는? (단, acetone, sec-butyl acetate 및 methyl ethyl ketone의 TLV는 각각 750, 200, 200ppm이다.)
① 1.25　　② 1.56
③ 1.74　　④ 1.92

풀이 복합노출지수(EI) $= \dfrac{500}{750} + \dfrac{100}{200} + \dfrac{150}{200} = 1.92$

32 화학공장의 작업장 내에 toluene 농도를 측정하였더니 5, 6, 5, 6, 6, 6, 4, 8, 9, 20ppm일 때, 측정치의 기하표준편차(GSD)는?
① 1.6　　② 3.2
③ 4.8　　④ 6.4

풀이
$\log GM = \dfrac{\log 5 + \log 6 + \log 5 + \log 6 + \log 6 + \log 6 + \log 4 + \log 8 + \log 9 + \log 20}{10}$
$= 0.827$

$\log(GSD)$
$= \left(\dfrac{\begin{array}{l}(\log 5 - 0.827)^2 + (\log 6 - 0.827)^2 \\ + (\log 5 - 0.827)^2 + (\log 6 - 0.827)^2 \\ + (\log 6 - 0.827)^2 + (\log 6 - 0.827)^2 \\ + (\log 4 - 0.827)^2 + (\log 8 - 0.827)^2 \\ + (\log 9 - 0.827)^2 + (\log 20 - 0.827)^2\end{array}}{10 - 1} \right)^{0.5} = 0.194$

∴ 기하표준편차(GSD) $= 10^{0.194} = 1.56$ ppm

33 고열장해와 가장 거리가 먼 것은?
① 열사병　　② 열경련
③ 열호족　　④ 열발진

풀이 고열장해의 종류
㉠ 열사병
㉡ 열피로(열탈진)
㉢ 열경련
㉣ 열실신(열허탈)
㉤ 열발진(열성혈압증)
㉥ 열쇠약

34 산업안전보건법령상 누적소음노출량 측정기로 소음을 측정하는 경우의 기기설정값은?

• Criteria (㉮)dB
• Exchange rate (㉯)dB
• Threshold (㉰)dB

① ㉮ 80, ㉯ 10, ㉰ 90
② ㉮ 90, ㉯ 10, ㉰ 80
③ ㉮ 80, ㉯ 5, ㉰ 90
④ ㉮ 90, ㉯ 5, ㉰ 80

풀이 누적소음노출량 측정기(noise dosemeter)의 설정
㉠ Criteria=90dB
㉡ Exchange rate=5dB
㉢ Threshold=80dB

35 옥외(태양광선이 내리쬐지 않는 장소)의 온열조건이 아래와 같을 때, WBGT(℃)는?

[조건]
• 건구온도 : 30℃
• 흑구온도 : 40℃
• 자연습구온도 : 25℃

① 26.5　　② 29.5
③ 33　　　④ 55.5

풀이 옥내 또는 옥외(태양광선이 내리쬐지 않는 장소)
WBGT(℃)=(0.7×자연습구온도)+(0.3×흑구온도)
　　　　=(0.7×25℃)+(0.3×40℃)
　　　　=29.5℃

36 직경분립충돌기에 관한 설명으로 틀린 것은?

① 흡입성·흉곽성·호흡성 입자의 크기별 분포와 농도를 계산할 수 있다.
② 호흡기의 부분별로 침착된 입자 크기를 추정할 수 있다.
③ 입자의 질량크기분포를 얻을 수 있다.
④ 되튐 또는 과부하로 인한 시료 손실이 없어 비교적 정확한 측정이 가능하다.

풀이 직경분립충돌기(cascade impactor)의 장단점
(1) 장점
  ㉠ 입자의 질량크기분포를 얻을 수 있다.
  ㉡ 호흡기의 부분별로 침착된 입자 크기의 자료를 추정할 수 있고, 흡입성·흉곽성·호흡성 입자의 크기별로 분포와 농도를 계산할 수 있다.
(2) 단점
  ㉠ 시료채취가 까다롭다. 즉 경험이 있는 전문가가 철저한 준비를 통해 이용해야 정확한 측정이 가능하다.
  ㉡ 비용이 많이 든다.
  ㉢ 채취 준비시간이 과다하다.
  ㉣ 되튐으로 인한 시료의 손실이 일어나 과소분석 결과를 초래할 수 있어 유량을 2L/min 이하로 채취한다. 따라서 mylar substrate에 그리스를 뿌려 시료의 되튐을 방지한다.
  ㉤ 공기가 옆에서 유입되지 않도록 각 충돌기의 조립과 장착을 철저히 해야 한다.

37 여과지에 관한 설명으로 옳지 않은 것은?

① 막 여과지에서 유해물질은 여과지 표면이나 그 근처에서 채취된다.
② 막 여과지는 섬유상 여과지에 비해 공기저항이 심하다.
③ 막 여과지는 여과지 표면에 채취된 입자의 이탈이 없다.
④ 섬유상 여과지는 여과지 표면뿐 아니라 단면 깊게 입자상 물질이 들어가므로 더 많은 입자상 물질을 채취할 수 있다.

풀이 막 여과지는 여과지 표면에 채취된 입자들이 이탈되는 경향이 있으며, 섬유상 여과지에 비하여 채취할 수 있는 입자상 물질이 작다.

38 어느 작업장에서 A물질의 농도를 측정한 결과가 아래와 같을 때, 측정결과의 중앙값(median ; ppm)은?

(단위 : ppm)
23.9, 21.6, 22.4, 24.1, 22.7, 25.4

① 22.7
② 23.0
③ 23.3
④ 23.9

풀이 주어진 결과값을 순서대로 배열하면 다음과 같다.
21.6, 22.4, 22.7, 23.9, 24.1, 25.4
여기서 가운데 값인 22.7, 23.9의 산술평균값을 구한다.
∴ 중앙값 $= \dfrac{22.7 + 23.9}{2} = 23.3\,\text{ppm}$

39 산업안전보건법령에서 사용하는 용어의 정의로 틀린 것은?

① 신뢰도란 분석치가 참값에 얼마나 접근하였는가 하는 수치상의 표현을 말한다.
② 가스상 물질이란 화학적 인자가 공기 중으로 가스·증기의 형태로 발생되는 물질을 말한다.
③ 정도관리란 작업환경 측정·분석 결과에 대한 정확성과 정밀도를 확보하기 위하여 작업환경측정기관의 측정·분석 능력을 확인하고, 그 결과에 따라 지도·교육 등 측정·분석 능력 향상을 위하여 행하는 모든 관리적 수단을 말한다.
④ 정밀도란 일정한 물질에 대해 반복 측정·분석을 했을 때 나타나는 자료분석치의 변동 크기가 얼마나 작은가 하는 수치상의 표현을 말한다.

풀이 ① 정확도란 분석치가 참값에 얼마나 접근하였는가 하는 수치상의 표현을 말한다.

정답 36.④ 37.③ 38.③ 39.①

40 다음 중 복사선(radiation)에 관한 설명으로 틀린 것은?
① 복사선은 전리작용의 유무에 따라 전리복사선과 비전리복사선으로 구분한다.
② 비전리복사선에는 자외선, 가시광선, 적외선 등이 있고, 전리복사선에는 X선, γ선 등이 있다.
③ 비전리복사선은 에너지수준이 낮아 분자구조나 생물학적 세포조직에 영향을 미치지 않는다.
④ 전리복사선이 인체에 영향을 미치는 정도는 복사선의 형태, 조사량, 신체조직, 연령 등에 따라 다르다.

풀이
③ 비전리복사선의 에너지수준이 분자구조에 영향을 미치지 못하더라도, 세포조직 분자에서 에너지준위를 변화시키고 생물학적 세포조직에 영향을 미칠 수 있다.

제3과목 | 작업환경 관리대책

41 후드 제어속도에 대한 내용 중 틀린 것은?
① 제어속도는 오염물질의 증발속도와 후드 주위의 난기류 속도를 합한 것과 같아야 한다.
② 포위식 후드의 제어속도를 결정하는 지점은 후드의 개구면이 된다.
③ 외부식 후드의 제어속도를 결정하는 지점은 유해물질이 흡인되는 범위 안에서 후드의 개구면으로부터 가장 멀리 떨어진 지점이 된다.
④ 오염물질의 발생상황에 따라서 제어속도는 달라진다.

풀이 제어속도
후드 근처에서 발생하는 오염물질을 주변의 방해기류를 극복하고 후드 쪽으로 흡인하기 위한 유체의 속도, 즉 유해물질을 후드 쪽으로 흡인하기 위하여 필요한 최소풍속을 말한다.

42 전기 집진장치에 대한 설명 중 틀린 것은?
① 초기 설치비가 많이 든다.
② 운전 및 유지비가 비싸다.
③ 가연성 입자의 처리가 곤란하다.
④ 고온가스를 처리할 수 있어 보일러와 철강로 등에 설치할 수 있다.

풀이 전기 집진장치의 장단점
(1) 장점
　㉠ 집진효율이 높다(0.01μm 정도 포집 용이, 99.9% 정도 고집진효율).
　㉡ 광범위한 온도범위에서 적용이 가능하며, 폭발성 가스의 처리도 가능하다.
　㉢ 고온의 입자성 물질(500℃ 전후) 처리가 가능하여 보일러와 철강로 등에 설치할 수 있다.
　㉣ 압력손실이 낮고, 대용량의 가스 처리가 가능하며, 배출가스의 온도강하가 적다.
　㉤ 운전 및 유지비가 저렴하다.
　㉥ 회수가치가 있는 입자 포집에 유리하며, 습식 및 건식으로 집진할 수 있다.
　㉦ 넓은 범위의 입경과 분진 농도에 집진효율이 높다.
(2) 단점
　㉠ 설치비용이 많이 든다.
　㉡ 설치공간을 많이 차지한다.
　㉢ 설치된 후에는 운전조건의 변화에 유연성이 적다.
　㉣ 먼지 성상에 따라 전처리시설이 요구된다.
　㉤ 분진 포집에 적용되며, 기체상 물질 제거는 곤란하다.
　㉥ 전압변동과 같은 조건변동(부하변동)에 쉽게 적응하지 못한다.
　㉦ 가연성 입자의 처리가 힘들다.

43 후드의 유입계수 0.86, 속도압 25mmH₂O일 때 후드의 압력손실(mmH₂O)은?
① 8.8　　② 12.2
③ 15.4　　④ 17.2

풀이 후드 압력손실(ΔP)
$$\Delta P = F \times VP$$
$$F = \frac{1}{Ce^2} - 1 = \frac{1}{0.86^2} - 1 = 0.352$$
$$= 0.352 \times 25$$
$$= 8.8 \text{mmH}_2\text{O}$$

44 국소배기시스템 설계과정에서 두 덕트가 한 합류점에서 만났다. 정압(절대치)이 낮은 쪽 대 정압이 높은 쪽의 정압비가 1 : 1.1로 나타났을 때, 적절한 설계는?

① 정압이 낮은 쪽의 유량을 증가시킨다.
② 정압이 낮은 쪽의 덕트 직경을 줄여 압력 손실을 증가시킨다.
③ 정압이 높은 쪽의 덕트 직경을 늘려 압력 손실을 감소시킨다.
④ 정압의 차이를 무시하고 높은 정압을 지배정압으로 계속 계산해 나간다.

[풀이]
$$Q_c = Q_d \sqrt{\frac{SP_2}{SP_1}}$$

여기서, Q_c : 보정유량(m³/min)
  Q_d : 설계유량(m³/min)
  SP_2 : 압력손실이 큰 관의 정압(지배정압)(mmH₂O)
  SP_1 : 압력손실이 작은 관의 정압(mmH₂O)

계산 결과 높은 쪽 정압과 낮은 쪽 정압의 비(정압비)가 1.2 이하인 경우는 정압이 낮은 쪽의 유량을 증가시켜 압력을 조정하고, 정압비가 1.2보다 클 경우는 정압이 낮은 쪽을 재설계하여야 한다.

45 국소배기시설에서 필요환기량을 감소시키기 위한 방법으로 틀린 것은?

① 후드 개구면에서 기류가 균일하게 분포되도록 설계한다.
② 공정에서 발생 또는 배출되는 오염물질의 절대량을 감소시킨다.
③ 포집형이나 레시버형 후드를 사용할 때에는 가급적 후드를 배출 오염원에 가깝게 설치한다.
④ 공정 내 측면 부착 차폐막이나 커튼 사용을 줄여 오염물질의 희석을 유도한다.

[풀이] ④ 공정 내 측면 부착 차폐막이나 커튼 사용을 늘려 오염물질의 희석을 방지한다.

46 어떤 사업장의 산화규소 분진을 측정하기 위한 방법과 결과가 아래와 같을 때, 다음 설명 중 옳은 것은? (단, 산화규소(결정체 석영)의 호흡성 분진 노출기준은 0.045mg/m³이다.)

[시료채취 방법 및 결과]

사용장치	시료채취시간 (min)	무게측정결과 (μg)
10mm 나일론 사이클론 (1.7LPM)	480	38

① 8시간 시간가중 평균노출기준을 초과한다.
② 공기채취유량을 알 수가 없어 농도 계산이 불가능하므로 위의 자료로는 측정결과를 알 수가 없다.
③ 산화규소(결정체 석영)는 진폐증을 일으키는 분진이므로 흡입성 먼지를 측정하는 것이 바람직하므로 먼지시료를 채취하는 방법이 잘못됐다.
④ 38μg은 0.038mg이므로 단시간 노출기준을 초과하지 않는다.

[풀이]
① $$TWA = \frac{38\mu g \times mg/10^3 \mu g}{1.7L/min \times 480min \times m^3/1,000L}$$
$$= 0.046mg/m^3$$

즉, 노출기준이 0.045mg/m³이므로, 초과한다.
② 공기채취유량을 알 수 있다(pump 용량 1.7LPM, 채취시간 480min).
③ 산화규소(결정체 석영)는 호흡성 분진이다.
④ 단시간 노출기준의 평가가 곤란하다.

47 마스크 본체 자체가 필터 역할을 하는 방진마스크의 종류는?

① 격리식 방진마스크
② 직결식 방진마스크
③ 안면부 여과식 마스크
④ 전동식 마스크

[풀이] 안면부 여과식 방진마스크는 마스크 본체 자체가 필터 역할을 하여 면체 여과식이라고도 한다.

48 샌드블라스트(sand blast), 그라인더분진 등 보통 산업분진을 덕트로 운반할 때의 최소 설계속도(m/s)로 가장 적절한 것은?

① 10　② 15
③ 20　④ 25

풀이 유해물질별 반송속도

유해물질	예	반송속도(m/s)
가스, 증기, 흄 및 극히 가벼운 물질	각종 가스, 증기, 산화아연 및 산화알루미늄 등의 흄, 목재 분진, 솜먼지, 고무, 합성수지분	10
가벼운 건조먼지	원면, 곡물분, 고무, 플라스틱, 경금속분진	15
일반 공업분진	털, 나무 부스러기, 대패 부스러기, 샌드블라스트, 그라인더분진, 내화벽돌분진	20
무거운 분진	납분진, 주조 후 모래털기 작업 시 먼지, 선반 작업 시 먼지	25
무겁고 비교적 큰 입자의 젖은 먼지	젖은 납분진, 젖은 주조작업 발생 먼지	25 이상

49 입자의 침강속도에 대한 설명으로 틀린 것은? (단, 스토크스식을 기준으로 한다.)

① 입자 직경의 제곱에 비례한다.
② 공기와 입자 사이의 밀도차에 반비례한다.
③ 중력가속도에 비례한다.
④ 공기의 점성계수에 반비례한다.

풀이 스토크스(Stokes) 종말침강속도(분리속도)

$$V_g = \frac{d_p^2(\rho_p - \rho)g}{18\mu}$$

여기서, V_g : 종말침강속도(m/sec)
　　　　d_p : 입자의 직경(m)
　　　　ρ_p : 입자의 밀도(kg/m³)
　　　　ρ : 가스(공기)의 밀도(kg/m³)
　　　　g : 중력가속도(9.8m/sec²)
　　　　μ : 가스의 점도(점성계수, kg/m·sec)

50 어떤 공장에서 1시간에 0.2L의 벤젠이 증발되어 공기를 오염시키고 있다. 전체환기를 위해 필요한 환기량(m³/sec)은? (단, 벤젠의 안전계수, 밀도 및 노출기준은 각각 6, 0.879g/mL, 0.5ppm이며, 환기량은 21℃, 1기압을 기준으로 한다.)

① 82　② 91
③ 146　④ 181

풀이 사용량(g/hr) = 0.2L/hr × 0.879g/mL × 1,000mL/L
　　　　　　　 = 175.8g/hr

발생률(G ; L/hr)
78g : 24.1L = 175.8g/hr : G(L/hr)

$$G(L/hr) = \frac{24.1L \times 175.8g/hr}{78g} = 54.32 L/hr$$

∴ 필요환기량(Q)

$$= \frac{G}{TLV} \times K$$

$$= \frac{54.32 L/hr}{0.5ppm} \times 6$$

$$= \frac{54.32 L/hr \times 1,000 mL/L \times hr/3,600 sec}{0.5 mL/m^3} \times 6$$

$$= 181.06 m^3/sec$$

51 환기시스템에서 포착속도(capture velocity)에 대한 설명 중 틀린 것은?

① 먼지나 가스의 성상, 확산조건, 발생원 주변 기류 등에 따라서 크게 달라질 수 있다.
② 제어풍속이라고도 하며 후드 앞 오염원에서의 기류로서 오염공기를 후드로 흡인하는 데 필요하며, 방해기류를 극복해야 한다.
③ 유해물질의 발생기류가 높고 유해물질이 활발하게 발생할 때는 대략 15~20m/s이다.
④ 유해물질이 낮은 기류로 발생하는 도금 또는 용접 작업공정에서는 대략 0.5~1.0m/s이다.

정답 48.③　49.②　50.④　51.③

풀이) **작업조건에 따른 제어속도 기준(ACGIH)**

작업조건	작업공정 사례	제어속도 (m/s)
• 움직이지 않는 공기 중에서 속도 없이 배출되는 작업조건 • 조용한 대기 중에 실제 거의 속도가 없는 상태로 발산하는 작업조건	• 액면에서 발생하는 가스나 증기, 흄 • 탱크의 증발·탈지 시설	0.25~0.5
비교적 조용한(약간의 공기 움직임) 대기 중에서 저속도로 비산하는 작업조건	• 용접·도금 작업 • 스프레이 도장 • 주형을 부수고 모래를 터는 장소	0.5~1.0
발생기류가 높고 유해물질이 활발하게 발생하는 작업조건	• 스프레이 도장, 용기 충진 • 컨베이어 적재 • 분쇄기	1.0~2.5
초고속기류가 있는 작업장소에 초고속으로 비산하는 작업조건	• 회전연삭작업 • 연마작업 • 블라스트작업	2.5~10

52 다음 중 도금조와 사형 주조에 사용되는 후드 형식으로 가장 적절한 것은?

① 부스식
② 포위식
③ 외부식
④ 장갑부착상자식

풀이) 도금조 및 사형 주조 공정상 작업에 방해가 없는 외부식 후드를 선정한다.

53 760mmH₂O를 mmHg로 환산한 것으로 옳은 것은?

① 5.6
② 56
③ 560
④ 760

풀이) 압력(mmHg) = $760\text{mmH}_2\text{O} \times \dfrac{760\text{mmHg}}{10,332\text{mmH}_2\text{O}}$
= 55.90mmHg

54 차음보호구인 귀마개(ear plug)에 대한 설명으로 가장 거리가 먼 것은?

① 차음효과는 일반적으로 귀덮개보다 우수하다.
② 외청도에 이상이 없는 경우에 사용이 가능하다.
③ 더러운 손으로 만짐으로써 외청도를 오염시킬 수 있다.
④ 귀덮개와 비교하면 제대로 착용하는 데 시간은 걸리나 부피가 작아서 휴대하기가 편리하다.

풀이) **귀마개의 장단점**
(1) 장점
 ㉠ 부피가 작아 휴대가 쉽다.
 ㉡ 안경과 안전모 등에 방해가 되지 않는다.
 ㉢ 고온 작업에서도 사용 가능하다.
 ㉣ 좁은 장소에서도 사용 가능하다.
 ㉤ 귀덮개보다 가격이 저렴하다.
(2) 단점
 ㉠ 귀에 질병이 있는 사람은 착용 불가능하다.
 ㉡ 여름에 땀이 많이 날 때는 외이도에 염증 유발 가능성이 있다.
 ㉢ 제대로 착용하는 데 시간이 걸리며, 요령을 습득하여야 한다.
 ㉣ 귀덮개보다 차음효과가 일반적으로 떨어지며, 개인차가 크다.
 ㉤ 더러운 손으로 만짐으로써 외청도를 오염시킬 수 있다(귀마개에 묻어 있는 오염물질이 귀에 들어갈 수 있음).

55 길이가 2.4m, 폭이 0.4m인 플랜지 부착 슬롯형 후드가 바닥에 설치되어 있다. 포촉점까지의 거리가 0.5m, 제어속도가 0.4m/sec일 때 필요 송풍량(m³/min)은? (단, 1/4 원주 슬롯형, C=1.6 적용)

① 20.2　　② 46.1
③ 80.6　　④ 161.3

풀이) $Q = C \times L \times V_c \times X$
= 1.6 × 2.4m × 0.4m/sec × 0.5m × 60sec/min
= 46.08m³/min

정답 52.③ 53.② 54.① 55.②

56 사이클론 설계 시 블로다운 시스템에 적용되는 처리량으로 가장 적절한 것은?

① 처리 배기량의 1~2%
② 처리 배기량의 5~10%
③ 처리 배기량의 40~50%
④ 처리 배기량의 80~90%

풀이 블로다운(blow down)
(1) 정의
사이클론의 집진효율을 향상시키기 위한 하나의 방법으로서 더스트박스 또는 호퍼부에서 처리가스의 5~10%를 흡인하여 선회기류의 교란을 방지하는 운전방식
(2) 효과
㉠ 사이클론 내의 난류현상을 억제시킴으로써 집진된 먼지의 비산을 방지(유효원심력 증대)
㉡ 집진효율 증대
㉢ 장치 내부의 먼지 퇴적 억제(가교현상 방지)

57 레시버식 캐노피형 후드의 유량비법에 의한 필요송풍량(Q)을 구하는 식에서 "A"는? (단, q는 오염원에서 발생하는 오염기류의 양을 의미한다.)

$$Q = q + (1 + "A")$$

① 열상승 기류량
② 누입한계 유량비
③ 설계 유량비
④ 유도 기류량

풀이 $Q = q + (1 + A)$
여기서, Q : 필요송풍량
q : 오염기류의 양
A : 누입한계 유량비

58 정압이 $-1.6\text{cmH}_2\text{O}$, 전압이 $-0.7\text{cmH}_2\text{O}$로 측정되었을 때, 속도압(VP ; cmH₂O)과 유속(V ; m/sec)은?

① VP : 0.9, V : 3.8
② VP : 0.9, V : 12
③ VP : 2.3, V : 3.8
④ VP : 2.3, V : 12

풀이 속도압(VP) = 전압(TP) - 정압(SP)
$= -0.7 - (-1.6) = 0.9\text{cmH}_2\text{O}$
$\text{VP}(\text{mmH}_2\text{O}) = 0.9\text{cmH}_2\text{O} \times \dfrac{10,332\text{mmH}_2\text{O}}{1033.2\text{cmH}_2\text{O}}$
$= 9\text{mmH}_2\text{O}$
유속(V) $= 4.043\sqrt{\text{VP}}$
$\therefore V = 4.043 \times \sqrt{9} = 12.13\text{m/sec}$

59 방진마스크에 대한 설명 중 틀린 것은?

① 공기 중에 부유하는 미세입자물질을 흡입함으로써 인체에 장해의 우려가 있는 경우에 사용한다.
② 방진마스크의 종류에는 격리식과 직결식이 있고, 그 성능에 따라 특급, 1급 및 2급으로 나누어진다.
③ 장시간 사용 시 분진의 포집효율이 증가하고 압력강하는 감소한다.
④ 베릴륨, 석면 등에 대해서는 특급을 사용하여야 한다.

풀이 ③ 장시간 사용 시 분진의 포집효율이 감소하고 압력강하는 증가한다.

60 오염물질의 농도가 200ppm까지 도달하였다가 오염물질 발생이 중지되었을 때, 공기 중 농도가 200ppm에서 19ppm으로 감소하는 데 걸리는 시간(min)은? (단, 환기를 통한 오염물질의 농도는 시간에 대한 지수함수(1차 반응)로 근사된다고 가정하고, 환기가 필요한 공간의 부피는 3,000m³, 환기속도는 1.17m³/sec이다.)

① 89
② 101
③ 109
④ 115

풀이 감소하는 데 걸리는 시간(t)
$t = -\dfrac{V}{Q'}\ln\left(\dfrac{C_2}{C_1}\right)$
$= -\dfrac{3,000\text{m}^3}{1.17\text{m}^3/\text{sec}} \times \ln\left(\dfrac{19}{200}\right)$
$= 6035.59\text{sec} \times \text{min}/60\text{sec} = 100.59\text{min}$

정답 56.② 57.② 58.② 59.③ 60.②

제4과목 | 물리적 유해인자관리

61 전기성 안염(전광선 안염)과 가장 관련이 깊은 비전리방사선은?
① 자외선
② 적외선
③ 가시광선
④ 마이크로파

풀이 자외선의 눈에 대한 작용(장애)
㉠ 전기용접, 자외선 살균 취급자 등에서 발생되는 자외선에 의해 전광성 안염인 급성 각막염이 유발될 수 있다(일반적으로 6~12시간에 증상이 최고도에 달함).
㉡ 나이가 많을수록 자외선 흡수량이 많아져 백내장을 일으킬 수 있다.
㉢ 자외선의 파장에 따른 흡수정도에 따라 'arc-eye(welder's flash)'라고 일컬어지는 광각막염 및 결막염 등의 급성 영향이 나타나며, 이는 270~280nm의 파장에서 주로 발생한다.

62 일반적으로 눈을 부시게 하지 않고 조도가 균일하여 눈의 피로를 줄이는 데 가장 효과적인 조명 방법은?

① 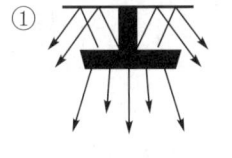 ②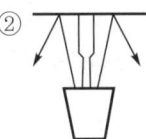
③ 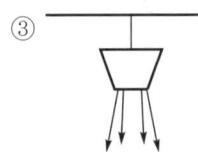 ④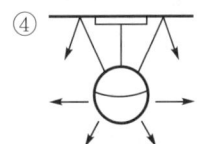

풀이 간접조명
㉠ 광속의 90~100%를 위로 향해 발산하여 천장, 벽에서 확산시켜 균일한 조명도를 얻을 수 있는 방식이다.
㉡ 천장과 벽에 반사하여 작업면을 조명하는 방법이다.
㉢ 장점 : 눈부심이 없고, 균일한 조도를 얻을 수 있으며, 그림자가 없다.
㉣ 단점 : 효율이 나쁘고, 설치가 복잡하며, 실내의 입체감이 작아진다.

63 소음에 의한 인체의 장해(소음성 난청)에 영향을 미치는 요인이 아닌 것은?
① 소음의 크기
② 개인의 감수성
③ 소음 발생장소
④ 소음의 주파수 구성

풀이 소음성 난청에 영향을 미치는 요소
㉠ 소음 크기 : 음압수준이 높을수록 영향이 크다.
㉡ 개인 감수성 : 소음에 노출된 모든 사람이 똑같이 반응하지 않으며, 감수성이 매우 높은 사람이 극소수 존재한다.
㉢ 소음의 주파수 구성 : 고주파음이 저주파음보다 영향이 크다.
㉣ 소음의 발생 특성 : 지속적인 소음 노출이 단속적(간헐적)인 소음 노출보다 더 큰 장애를 초래한다.

64 도르노선(Dorno-ray)에 대한 내용으로 옳은 것은?
① 가시광선의 일종이다.
② 280~315Å 파장의 자외선을 의미한다.
③ 소독작용, 비타민 D 형성 등 생물학적 작용이 강하다.
④ 절대온도 이상의 모든 물체는 온도에 비례하여 방출한다.

풀이 도르노선(Dorno-ray)
280(290)~315nm[2,800(2,900)~3,150Å, 1Å(angstrom); SI 단위로 10^{-10}m]의 파장을 갖는 자외선을 의미하며, 인체에 유익한 작용을 하여 건강선(생명선)이라고도 한다. 또한 소독작용, 비타민 D 형성, 피부의 색소 침착 등 생물학적 작용이 강하다.

65 방사선의 투과력이 큰 것에서부터 작은 순으로 올바르게 나열한 것은?
① $X > \beta > \gamma$
② $X > \beta > \alpha$
③ $\alpha > X > \gamma$
④ $\gamma > \alpha > \beta$

풀이 전리방사선의 인체 투과력
중성자 > X선 or γ선 > β선 > α선

66 산업안전보건법령상 충격소음의 노출기준과 관련된 내용으로 옳은 것은?

① 충격소음의 강도가 120dB(A)일 경우 1일 최대 노출횟수는 1,000회이다.
② 충격소음의 강도가 130dB(A)일 경우 1일 최대 노출횟수는 100회이다.
③ 최대 음압수준이 135dB(A)를 초과하는 충격소음에 노출되어서는 안 된다.
④ 충격소음이란 최대 음압수준에 120dB(A) 이상인 소음이 1초 이상의 간격으로 발생하는 것을 말한다.

풀이 | 충격소음작업
소음이 1초 이상의 간격으로 발생하는 작업으로서, 다음의 1에 해당하는 작업을 말한다.
㉠ 120dB을 초과하는 소음이 1일 1만회 이상 발생되는 작업
㉡ 130dB을 초과하는 소음이 1일 1천회 이상 발생되는 작업
㉢ 140dB을 초과하는 소음이 1일 1백회 이상 발생되는 작업

67 작업환경측정 및 정도관리에 관한 고시상 고열 측정방법으로 옳지 않은 것은?

① 예비조사가 목적인 경우 검지관방식으로 측정할 수 있다.
② 측정은 단위작업장소에서 측정대상이 되는 근로자의 주 작업위치에서 측정한다.
③ 측정기의 위치는 바닥면으로부터 50cm 이상 150cm 이하의 위치에서 측정한다.
④ 측정기를 설치한 후 충분히 안정화시킨 상태에서 1일 작업시간 중 가장 높은 고열에 노출되는 1시간을 10분 간격으로 연속하여 측정한다.

풀이 | 고열은 습구흑구온도지수(WBGT)를 측정할 수 있는 기기 또는 이와 동등 이상의 성능을 가진 기기를 사용한다.

68 감압에 따른 인체의 기포 형성량을 좌우하는 요인과 가장 거리가 먼 것은?

① 감압속도
② 산소공급량
③ 조직에 용해된 가스량
④ 혈류를 변화시키는 상태

풀이 | 감압 시 조직 내 질소기포 형성량에 영향을 주는 요인
㉠ 조직에 용해된 가스량 : 체내 지방량, 고기압 폭로의 정도와 시간으로 결정한다.
㉡ 혈류변화 정도(혈류를 변화시키는 상태) : 감압 시 또는 재감압 후에 생기기 쉽고, 연령, 기온, 운동, 공포감, 음주와 관계가 있다.
㉢ 감압속도

69 지적환경(optimum working environment)을 평가하는 방법이 아닌 것은?

① 생산적(productive) 방법
② 생리적(physiological) 방법
③ 정신적(psychological) 방법
④ 생물역학적(biomechanical) 방법

풀이 | 지적환경 평가방법
㉠ 생리적 방법
㉡ 정신적 방법
㉢ 생산적 방법

70 다음 방사선 중 입자방사선으로만 나열된 것은?

① α선, β선, γ선
② α선, β선, X선
③ α선, β선, 중성자
④ α선, β선, γ선, 중성자

풀이 | 이온화방사선(전리방사선)의 구분
㉠ 전자기방사선 : X-ray(X선), γ선
㉡ 입자방사선 : α입자, β입자, 중성자

정답 66.④ 67.① 68.② 69.④ 70.③

71 다음 중 한랭작업과 관련된 설명으로 옳지 않은 것은?

① 저체온증은 몸의 심부온도가 35℃ 이하로 내려간 것을 말한다.
② 손가락의 온도가 내려가면 손동작의 정밀도가 떨어지고 시간이 많이 걸려 작업능률이 저하된다.
③ 동상은 혹심한 한랭에 노출됨으로써 피부 및 피하조직 자체가 동결하여 조직이 손상되는 것을 말한다.
④ 근로자의 발이 한랭에 장기간 노출되고 동시에 지속적으로 습기나 물에 잠기게 되면 '선단자람증'의 원인이 된다.

풀이 참호족
㉠ 지속적인 국소의 산소결핍 때문에 저온으로 모세혈관벽이 손상되는 것이다.
㉡ 근로자의 발이 한랭에 장기간 노출됨과 동시에 지속적으로 습기나 물에 잠기게 되면 발생한다.
㉢ 손가락, 발가락 등의 말초부위가 피부온도 저하가 가장 심한 부위이다.
㉣ 조직 내부의 온도가 10℃에 도달하면 조직 표면은 얼게 되며, 이러한 현상을 참호족이라 한다.

72 다음 계측기기 중 기류 측정기가 아닌 것을 고르면?

① 흑구 온도계
② 카타 온도계
③ 풍차 풍속계
④ 열선 풍속계

풀이 기류의 속도 측정기기
㉠ 피토관
㉡ 회전날개형 풍속계
㉢ 그네날개형 풍속계
㉣ 열선 풍속계
㉤ 카타 온도계
㉥ 풍차 풍속계
㉦ 풍향 풍속계
㉧ 마노미터

73 다음은 빛과 밝기의 단위를 설명한 것으로, ㉮, ㉯에 해당하는 용어로 옳은 것은?

1루멘의 빛이 $1ft^2$의 평면상에 수직방향으로 비칠 때, 그 평면의 빛의 양, 즉 조도를 (㉮)(이)라 하고, $1m^2$의 평면에 1루멘의 빛이 비칠 때의 밝기를 1(㉯)(이)라고 한다.

① ㉮ 캔들(candle), ㉯ 럭스(lux)
② ㉮ 럭스(lux), ㉯ 캔들(candle)
③ ㉮ 럭스(lux), ㉯ 풋캔들(foot candle)
④ ㉮ 풋캔들(foot candle), ㉯ 럭스(lux)

풀이 (1) 풋캔들(foot candle)
㉮ 정의
　㉠ 1루멘의 빛이 $1ft^2$의 평면상에 수직으로 비칠 때 그 평면의 빛 밝기이다.
　㉡ 관계식 : 풋캔들(ft cd) = $\dfrac{lumen}{ft^2}$
㉯ 럭스와의 관계
　㉠ 1ft cd = 10.8lux
　㉡ 1lux = 0.093ft cd
㉰ 빛의 밝기
　㉠ 광원으로부터 거리의 제곱에 반비례한다.
　㉡ 광원의 촉광에 정비례한다.
　㉢ 조사평면과 광원에 대한 수직평면이 이루는 각(cosine)에 반비례한다.
　㉣ 색깔과 감각, 평면상의 반사율에 따라 밝기가 달라진다.

(2) 럭스(lux) ; 조도
㉠ 1루멘(lumen)의 빛이 $1m^2$의 평면상에 수직으로 비칠 때의 밝기이다.
㉡ 1cd의 점광원으로부터 1m 떨어진 곳에 있는 광선의 수직인 면의 조명도이다.
㉢ 조도는 어떤 면에 들어오는 광속의 양에 비례하고, 입사면의 단면적에 반비례한다.
　조도$(E) = \dfrac{lumen}{m^2}$
㉣ 조도는 입사면의 단면적에 대한 광속의 비를 의미한다.

74 고압 환경에서의 2차적 가압현상(화학적 장해)에 의한 생체영향과 거리가 먼 것은?
① 질소 마취
② 산소 중독
③ 질소기포 형성
④ 이산화탄소 중독

풀이 고압 환경의 인체작용
(1) 1차적 가압현상(기계적 장애)
  동통(근육통, 관절통), 출혈, 부종
(2) 2차적 가압현상
  ㉠ 질소 마취작용
  ㉡ 산소 중독작용
  ㉢ 이산화탄소 중독작용

75 다음 중 공장 내부에 기계 및 설비가 복잡하게 설치되어 있는 경우에 작업장 기계에 의한 흡음이 고려되지 않아 실제 흡음보다 과소평가되기 쉬운 흡음 측정방법은?
① Sabin method
② Reverberation time method
③ Sound power method
④ Loss due to distance method

풀이 Sabin method
㉠ 공장 내부에 기계 및 설비가 복잡하게 설치되어 있는 경우에 작업장 기계에 의한 흡음이 고려되지 않아 실제 흡음보다 과소평가되기 쉬운 흡음 측정방법이다.
㉡ 관련식
  평균흡음률$(\bar{\alpha}) = \dfrac{0.161 V}{ST}$
※ Eyring method
큰 실내에서 공기 흡음을 고려하고 $\bar{\alpha} > 0.3$ 이상의 큰 흡음률을 가질 경우의 흡음 측정방법이다.

76 작업자 A의 4시간 작업 중 소음노출량이 76%일 때, 측정시간에 있어서의 평균치는 약 몇 dB(A)인가?
① 88   ② 93
③ 98   ④ 103

풀이
$$TWA = 16.61 \log\left(\dfrac{D(\%)}{12.5 \times T}\right) + 90$$
$$= 16.61 \log\left(\dfrac{76}{12.5 \times 4}\right) + 90 = 93.02 \text{dB(A)}$$

77 진동이 인체에 미치는 영향에 관한 설명으로 옳지 않은 것은?
① 맥박수가 증가한다.
② 1~3Hz에서 호흡이 힘들고 산소 소비가 증가한다.
③ 13Hz에서 허리, 가슴 및 등 쪽에 감각적으로 가장 심한 통증을 느낀다.
④ 신체의 공진현상은 앉아 있을 때가 서 있을 때보다 심하게 나타난다.

풀이 공명(공진) 진동수
㉠ 두부와 견부는 20~30Hz 진동에 공명(공진)하며, 안구는 60~90Hz 진동에 공명
㉡ 3Hz 이하 : motion sickness 느낌(급성적 증상으로 상복부의 통증과 팽만감 및 구토)
㉢ 6Hz : 가슴, 등에 심한 통증
㉣ 13Hz : 머리, 안면, 볼, 눈꺼풀 진동
㉤ 4~14Hz : 복통, 압박감 및 동통감
㉥ 9~20Hz : 대소변 욕구, 무릎 탄력감
㉦ 20~30Hz : 시력 및 청력 장애

78 공장 내 각기 다른 3대의 기계에서 각각 90dB(A), 95dB(A), 88dB(A)의 소음이 발생된다면 동시에 기계를 가동시켰을 때의 합산소음(dB(A))은 약 얼마인가?
① 96   ② 97
③ 98   ④ 99

풀이 $L_\text{합} = 10\log(10^{9.0} + 10^{9.5} + 10^{8.8}) = 96.8 \text{dB(A)}$

79 사람이 느끼는 최소 진동역치로 옳은 것은?
① 35±5dB   ② 45±5dB
③ 55±5dB   ④ 65±5dB

풀이 최소 진동역치는 사람이 진동을 느낄 수 있는 최소값을 의미하며, 50~60dB 정도이다.

80 산업안전보건법령상 적정공기의 범위에 해당하는 것은?

① 산소 농도 18% 미만
② 일산화탄소 농도 50ppm 미만
③ 이산화탄소 농도 10% 미만
④ 황화수소 농도 10ppm 미만

풀이 적정한 공기
㉠ 산소 농도 : 18% 이상 ~ 23.5% 미만
㉡ 이산화탄소 농도 : 1.5% 미만
㉢ 황화수소 농도 : 10ppm 미만
㉣ 일산화탄소 농도 : 30ppm 미만

제5과목 | 산업 독성학

81 규폐증(silicosis)에 관한 설명으로 옳지 않은 것은?

① 직업적으로 석영 분진에 노출될 때 발생하는 진폐증의 일종이다.
② 석면의 고농도 분진을 단기적으로 흡입할 때 주로 발생되는 질병이다.
③ 채석장 및 모래분사 작업장에 종사하는 작업자들이 잘 걸리는 폐질환이다.
④ 역사적으로 보면 이집트의 미라에서도 발견되는 오래된 질병이다.

풀이 규폐증의 인체영향 및 특징
㉠ 폐조직에서 섬유상 결절이 발견된다.
㉡ 유리규산(SiO_2) 분진 흡입으로 폐에 만성 섬유증식이 나타난다.
㉢ 자각증상으로는 호흡곤란, 지속적인 기침, 다량의 담액 등이지만, 일반적으로는 자각증상 없이 서서히 진행된다(만성 규폐증의 경우 10년 이상 지나서 증상이 나타난다).
㉣ 고농도의 규소입자에 노출되면 급성 규폐증에 걸리며, 열, 기침, 체중감소, 청색증이 나타난다.
㉤ 폐결핵은 합병증으로 폐하엽 부위에 많이 생긴다.
㉥ 폐에 실리카가 쌓인 곳에서는 상처가 생기게 된다.
㉦ 석영분진이 직업적으로 노출 시 발생하는 진폐증의 일종이다.

82 입자상 물질의 하나인 흄(fume)의 발생기전 3단계에 해당하지 않는 것은?

① 산화
② 입자화
③ 응축
④ 증기화

풀이 흄의 생성기전 3단계
㉠ 1단계 : 금속의 증기화
㉡ 2단계 : 증기물의 산화
㉢ 3단계 : 산화물의 응축

83 다음 중 20년간 석면을 사용하여 자동차 브레이크 라이닝과 패드를 만들었던 근로자가 걸릴 수 있는 대표적인 질병과 거리가 가장 먼 것은?

① 폐암
② 석면폐증
③ 악성중피종
④ 급성골수성 백혈병

풀이 석면의 정의 및 영향
(1) 정의
㉠ 주성분으로 규산과 산화마그네슘 등을 함유하며, 백석면(크리소타일), 청석면(크로시돌라이트), 갈석면(아모사이트), 안토필라이트, 트레모라이트 또는 액티노라이트의 섬유상이라고 정의하고 있다.
㉡ 섬유를 위상차 현미경으로 관찰했을 때 길이가 $5\mu m$이고, 길이 대 너비의 비가 최소한 3 : 1 이상인 입자상 물질이라고 정의하고 있다.
(2) 영향
㉠ 석면 종류 중 청석면(crocidolite, 크로시돌라이트)이 직업성 질환(폐암, 중피종) 발생 위험률이 가장 높다.
㉡ 일반적으로 석면폐증, 폐암, 악성중피종을 발생시켜 1급 발암물질군에 포함된다.
㉢ 쉽게 소멸되지 않는 특성이 있어 인체 흡수 시 제거되지 않고 폐 및 폐포 등에 박혀 유해증이 증가된다.

84 유해물질의 생체 내 배설과 관련된 설명으로 옳지 않은 것은?

① 유해물질은 대부분 위(胃)에서 대사된다.
② 흡수된 유해물질은 수용성으로 대사된다.
③ 유해물질의 분포량은 혈중농도에 대한 투여량으로 산출한다.
④ 유해물질의 혈장농도가 50%로 감소하는 데 소요되는 시간을 반감기라고 한다.

풀이 **유해물질의 흡수 및 배설**
㉠ 흡수된 유해물질은 원래의 형태든, 대사산물의 형태로든 배설되기 위하여 수용성으로 대사된다.
㉡ 유해물질은 조직에 분포되기 전에 먼저 몇 개의 막을 통과하여야 한다.
㉢ 흡수속도는 유해물질의 물리화학적 성상과 막의 특성에 따라 결정된다.
㉣ 흡수된 유해화학물질은 다양한 비특이적 효소에 의하여 이루어지는 유해물질의 대사로 수용성이 증가되어 체외배출이 용이하게 된다.
㉤ 간은 화학물질을 대사시키고 콩팥과 함께 배설시키는 기능을 가지고 있어 다른 장기보다 여러 유해물질의 농도가 높다.

85 화학물질을 투여한 실험동물의 50%가 관찰 가능한 가역적인 반응을 나타내는 양을 의미하는 것은?

① ED_{50}
② LC_{50}
③ LE_{50}
④ TE_{50}

풀이 **ED_{50}과 유효량의 의미**
㉠ ED_{50}은 사망을 기준으로 하는 대신에 약물을 투여한 동물의 50%가 일정한 반응을 일으키는 양으로, 실험 유기체의 50%에 대하여 준치사적인 거동감응 및 생리감응을 일으키는 독성물질의 양을 뜻한다.
㉡ ED는 실험동물을 대상으로 얼마간의 양을 투여했을 때 독성을 초래하지 않지만 실험군의 50%가 관찰 가능한 가역적인 반응이 나타나는 작용량, 즉 유효량을 의미한다.

86 다음 중 조혈장기에 장해를 입히는 정도가 가장 낮은 것은?

① 망간
② 벤젠
③ 납
④ TNT

풀이 **망간에 의한 건강장애**
(1) 급성중독
㉠ MMT(Methylcyclopentadienyl Manganese Trialbonyls)에 의한 피부와 호흡기 노출로 인한 증상이다.
㉡ 이산화망간 흄에 급성 노출되면 열, 오한, 호흡곤란 등의 증상을 특징으로 하는 금속열을 일으킨다.
㉢ 급성 고농도에 노출 시 조증(들뜸병)의 정신병 양상을 나타낸다.
(2) 만성중독
㉠ 무력증, 식욕감퇴 등의 초기증세를 보이다 심해지면 중추신경계의 특정 부위를 손상(뇌기저핵에 축적되어 신경세포 파괴)시켜 노출이 지속되면 파킨슨증후군과 보행장애가 두드러진다.
㉡ 안면의 변화, 즉 무표정하게 되며 배근력의 저하를 가져온다(소자증 증상).
㉢ 언어가 느려지는 언어장애 및 균형감각 상실 증세가 나타난다.
㉣ 신경염, 신장염 등의 증세가 나타난다.
※ 망간은 조혈장기의 장애와는 관계가 없다.

87 금속의 독성에 관한 일반적인 특징을 설명한 것으로 옳지 않은 것은?

① 금속의 대부분은 이온상태로 작용한다.
② 생리과정에 이온상태의 금속이 활용되는 정도는 용해도에 달려있다.
③ 금속이온과 유기화합물 사이의 강한 결합력은 배설률에도 영향을 미치게 한다.
④ 용해성 금속염은 생체 내 여러 가지 물질과 작용하여 수용성 화합물로 전환된다.

풀이 ④ 용해성 금속염은 생체 내 여러 가지 물질과 작용하여 지용성(불용성) 화합물로 전환된다.

정답 84.① 85.① 86.① 87.④

88 작업자가 납흄에 장기간 노출되어 혈액 중 납의 농도가 높아졌을 때 일어나는 혈액 내 현상이 아닌 것은?

① K^+과 수분이 손실된다.
② 삼투압에 의하여 적혈구가 위축된다.
③ 적혈구 생존시간이 감소한다.
④ 적혈구 내 전해질이 급격히 증가한다.

풀이 적혈구에 미치는 작용
㉠ K^+과 수분이 손실된다.
㉡ 삼투압이 증가하여 적혈구가 위축된다.
㉢ 적혈구 생존시간이 감소한다.
㉣ 적혈구 내 전해질이 감소한다.
㉤ 미숙적혈구(망상적혈구, 친염기성 혈구)가 증가한다.
㉥ 혈색소량은 저하하고 혈청 내 철이 증가한다.
㉦ 적혈구 내 프로토포르피린이 증가한다.
㉧ 소변 중 코프로포르피린이 증가한다.

89 화학물질의 생리적 작용에 의한 분류에서 종말기관지 및 폐포점막 자극제에 해당되는 유해가스는?

① 불화수소
② 이산화질소
③ 염화수소
④ 아황산가스

풀이 호흡기에 대한 자극작용 구분에 따른 자극제의 종류
(1) 상기도점막 자극제
  ㉠ 암모니아   ㉡ 염화수소
  ㉢ 아황산가스   ㉣ 포름알데히드
  ㉤ 아크롤레인   ㉥ 아세트알데히드
  ㉦ 크롬산   ㉧ 산화에틸렌
  ㉨ 염산   ㉩ 불산
(2) 상기도점막 및 폐조직 자극제
  ㉠ 불소
  ㉡ 요오드
  ㉢ 염소
  ㉣ 오존
  ㉤ 브롬
(3) 종말세기관지 및 폐포점막 자극제
  ㉠ 이산화질소
  ㉡ 포스겐
  ㉢ 염화비소

90 단시간 노출기준(STEL)은 근로자가 1회 몇 분 동안 유해인자에 노출되는 경우의 기준을 말하는가?

① 5분
② 10분
③ 15분
④ 30분

풀이 단시간 노출농도
(STEL ; Short Term Exposure Limits)
㉠ 근로자가 1회 15분간 유해인자에 노출되는 경우의 기준(허용농도)이다.
㉡ 이 기준 이하에서는 노출간격이 1시간 이상인 경우 1일 작업시간 동안 4회까지 노출이 허용될 수 있다.
㉢ 고농도에서 급성중독을 초래하는 물질에 적용한다.

91 폴리비닐중합체를 생산하는 데 많이 쓰이며 간장해와 발암작용이 있다고 알려진 물질은?

① 납
② PCB
③ 염화비닐
④ 포름알데히드

풀이 포름알데히드(HCHO)
㉠ 매우 자극적인 냄새가 나는 무색의 액체로 인화되기 쉽고, 폭발 위험성이 있음
㉡ 주로 합성수지의 합성원료로 폴리비닐중합체를 생산하는 데 많이 이용되며, 물에 대한 용해도는 최대 550g/L
㉢ 건축물에 사용되는 단열재와 섬유옷감에서 주로 발생
㉣ 메틸알데히드라고도 하며, 메탄올을 산화시켜 얻은 기체로 환원성이 강함
㉤ 눈과 코를 자극하며, 동물실험 결과 발암성이 있음(간장해, 발암작용)
㉥ 피부, 점막에 대한 자극이 강하고, 고농도 흡입으로는 기관지염, 폐수종을 일으킴
㉦ 만성 노출 시 감작성 현상 발생(접촉성 피부염 및 알레르기 반응)

정답 88.④ 89.② 90.③ 91.④

92 알레르기성 접촉 피부염에 관한 설명으로 옳지 않은 것은?

① 알레르기성 반응은 극소량 노출에 의해서도 피부염이 발생할 수 있는 것이 특징이다.
② 알레르기 반응을 일으키는 관련 세포는 대식세포, 림프구, 랑거한스세포로 구분된다.
③ 항원에 노출되고 일정 시간이 지난 후에 다시 노출되었을 때 세포매개성 과민반응에 의하여 나타나는 부작용의 결과이다.
④ 알레르기원에 노출되고 이 물질이 알레르기원으로 작용하기 위해서는 일정 기간이 소요되며 그 기간을 휴지기라 한다.

[풀이] ④ 알레르기원에 노출되고 이 물질이 알레르기원으로 작용하기 위해서는 일정 기간이 소요되는데, 이 기간(2~3주)을 유도기라고 한다.

93 망간중독에 관한 설명으로 옳지 않은 것은?

① 호흡기 노출이 주경로이다.
② 언어장애, 균형감각상실 등의 증세를 보인다.
③ 전기용접봉 제조업, 도자기 제조업에서 빈번하게 발생된다.
④ 만성중독은 3가 이상의 망간화합물에 의해서 주로 발생한다.

[풀이] 망간은 산화제일망간, 이산화망간, 사산화망간 등 8가지의 산화형태로 존재하며, 산화상태가 +7인 과망가니즈산염은 산화력이 강하여 Mn^{2+} 화합물에 비하여 일반적으로 독성이 강하다.

94 연(납)의 인체 내 침입경로 중 피부를 통하여 침입하는 것은?

① 일산화연 ② 4메틸연
③ 아질산염 ④ 금속연

[풀이] 유기납(4메틸납, 4에틸납)은 피부를 통하여 체내에 흡수된다.

95 남성 근로자의 생식독성 유발요인이 아닌 것은?

① 풍진
② 흡연
③ 망간
④ 카드뮴

[풀이] 성별 생식독성 유발 유해인자
㉠ 남성 근로자
  고온, X선, 납, 카드뮴, 망간, 수은, 항암제, 마취제, 알킬화제, 이황화탄소, 염화비닐, 음주, 흡연, 마약, 호르몬제제, 마이크로파 등
㉡ 여성 근로자
  X선, 고열, 저산소증, 납, 수은, 카드뮴, 항암제, 이뇨제, 알킬화제, 유기인계 농약, 음주, 흡연, 마약, 비타민 A, 칼륨, 저혈압 등

96 산업역학에서 상대위험도의 값이 1인 경우가 의미하는 것은?

① 노출되면 위험하다.
② 노출되어서는 절대 안 된다.
③ 노출과 질병 발생 사이에는 연관이 없다.
④ 노출되면 질병에 대하여 방어효과가 있다.

[풀이] ㉠ 상대위험도=1
  노출과 질병 사이의 연관성 없음
㉡ 상대위험도 > 1
  위험의 증가
㉢ 상대위험도 < 1
  질병에 대한 방어효과 있음

97 유해물질과 생물학적 노출지표와의 연결이 잘못된 것은?

① 벤젠 – 소변 중 페놀
② 크실렌 – 소변 중 카테콜
③ 스티렌 – 소변 중 만델린산
④ 퍼클로로에틸렌 – 소변 중 삼연화초산

[풀이] ② 크실렌의 생물학적 노출지표는 소변 중 메틸마뇨산이다.

98 다음 설명에 해당하는 중금속의 종류는?

> 이 중금속 중독의 특징적인 증상은 구내염, 정신증상, 근육진전이다. 급성중독 시 우유나 계란의 흰자를 먹이며, 만성중독 시 취급을 즉시 중지하고 BAL을 투여한다.

① 납 ② 크롬
③ 수은 ④ 카드뮴

풀이 (1) 수은에 의한 건강장애
  ㉠ 수은중독의 특징적인 증상은 구내염, 근육진전, 정신증상으로 분류된다.
  ㉡ 수족신경마비, 시신경장애, 정신이상, 보행장애 등의 장애가 나타난다.
  ㉢ 만성 노출 시 식욕부진, 신기능부전, 구내염을 발생시킨다.
  ㉣ 치은부에는 황화수은의 청화색 침착물이 침착된다.
  ㉤ 혀나 손가락의 근육이 떨린다(수전증).
  ㉥ 정신증상으로는 중추신경계통, 특히 뇌조직에 심한 증상이 나타나 정신기능이 상실될 수 있다(정신장애).
  ㉦ 유기수은(알킬수은) 중 메틸수은은 미나마타(mina-mata)병을 발생시킨다.
(2) 수은중독의 치료
  ㉮ 급성중독
    ㉠ 우유와 계란의 흰자를 먹여 단백질과 해당 물질을 결합시켜 침전시킨다.
    ㉡ 마늘 계통의 식물을 섭취한다.
    ㉢ 위세척(5~10% S.F.S 용액)을 한다. 다만, 세척액은 200~300mL를 넘지 않도록 한다.
    ㉣ BAL(British Anti Lewisite)을 투여한다.
      ※ 체중 1kg당 5mg의 근육주사
  ㉯ 만성중독
    ㉠ 수은 취급을 즉시 중지시킨다.
    ㉡ BAL(British Anti Lewisite)을 투여한다.
    ㉢ 1일 10L의 등장식염수를 공급(이뇨작용 촉진)한다.
    ㉣ N-acetyl-D-penicillamine을 투여한다.
    ㉤ 땀을 흘려 수은 배설을 촉진한다.
    ㉥ 진전증세에 genascopalin을 투여한다.
    ㉦ Ca-EDTA의 투여는 금기사항이다.

99 납에 노출된 근로자가 납중독이 되었는지를 확인하기 위하여 소변을 시료로 채취하였을 경우 측정할 수 있는 항목이 아닌 것은?

① 델타-ALA
② 납 정량
③ Coproporphyrin
④ Protoporphyrin

풀이 납중독 진단검사
㉠ 뇨 중 코프로포르피린(coproporphyrin) 측정
㉡ 델타 아미노레블린산 측정(δ-ALA)
㉢ 혈중 징크-프로토포르피린(ZPP ; Zinc Protoporphyrin) 측정
㉣ 혈중 납량 측정
㉤ 뇨중 납량 측정
㉥ 빈혈 검사
㉦ 혈액 검사
㉨ 혈중 α-ALA 탈수효소 활성치 측정

100 다음 중 중추신경 억제작용이 가장 큰 것은?

① 알칸
② 에테르
③ 알코올
④ 에스테르

풀이 유기화학물질의 중추신경계 억제작용 및 자극작용
㉠ 중추신경계 억제작용의 순서
  알칸 < 알켄 < 알코올 < 유기산 < 에스테르 < 에테르 < 할로겐화합물
㉡ 중추신경계 자극작용의 순서
  알칸 < 알코올 < 알데히드 또는 케톤 < 유기산 < 아민류

정답 98.③ 99.④ 100.②

제1과목 | 산업위생학 개론

01 직업성 질환의 범위에 대한 설명으로 틀린 것은?
① 합병증이 원발성 질환과 불가분의 관계를 가지는 경우를 포함한다.
② 직업상 업무에 기인하여 1차적으로 발생하는 원발성 질환은 제외한다.
③ 원발성 질환과 합병작용하여 제2의 질환을 유발하는 경우를 포함한다.
④ 원발성 질환부위가 아닌 다른 부위에서도 동일한 원인에 의하여 제2의 질환을 일으키는 경우를 포함한다.

풀이 직업성 질환의 범위
㉠ 직업상 업무에 기인하여 1차적으로 발생하는 원발성 질환은 포함한다.
㉡ 원발성 질환과 합병작용하여 제2의 질환을 유발하는 경우를 포함한다.
㉢ 합병증이 원발성 질환과 불가분의 관계를 가지는 경우를 포함한다.
㉣ 원발성 질환에 떨어진 다른 부위에 같은 원인에 의한 제2의 질환을 일으키는 경우를 포함한다.
㉤ 합병증은 원발성 질환에서 떨어진 다른 부위에 같은 원인에 의해 제2의 질환을 일으키는 경우를 의미한다.

02 육체적 작업능력(PWC)이 15kcal/min인 근로자가 1일 8시간 물체를 운반하고 있다. 이 때의 작업대사율이 6.5kcal/min, 휴식 시의 대사량이 1.5kcal/min일 때 매시간 적정 휴식시간은 약 얼마인가? (단, Hertig의 식 적용)
① 18분   ② 25분
③ 30분   ④ 42분

풀이
$$T_{rest}(\%) = \left[\frac{PWC의 \frac{1}{3} - 작업대사량}{휴식대사량 - 작업대사량}\right] \times 100$$
$$= \left[\frac{15 \times 1/3 - 6.5}{1.5 - 6.5}\right] \times 100$$
$$= 30\%$$
휴식시간 = 60min × 0.3 = 18min
작업시간 = (60 - 18)min = 42min

03 최대작업영역(maximum working area)에 대한 설명으로 알맞은 것은?
① 양팔을 곧게 폈을 때 도달할 수 있는 최대 영역
② 팔을 위 방향으로만 움직이는 경우에 도달할 수 있는 작업영역
③ 팔을 아래 방향으로만 움직이는 경우에 도달할 수 있는 작업영역
④ 팔을 가볍게 몸체에 붙이고 팔꿈치를 구부린 상태에서 자유롭게 손이 닿는 영역

풀이 수평작업영역의 구분
(1) 최대작업영역(최대영역, maximum area)
㉠ 팔 전체가 수평상에 도달할 수 있는 작업영역
㉡ 어깨로부터 팔을 뻗어 도달할 수 있는 최대 영역
㉢ 아래팔(전완)과 위팔(상완)을 곧게 펴서 파악할 수 있는 영역
㉣ 움직이지 않고 상지를 뻗어서 닿는 범위
(2) 정상작업영역(표준영역, normal area)
㉠ 상박부를 자연스런 위치에서 몸통부에 접하고 있을 때 전박부가 수평면 위에서 쉽게 도착할 수 있는 운동범위
㉡ 위팔(상완)을 자연스럽게 수직으로 늘어뜨린 채 아래팔(전완)만으로 편안하게 뻗어 파악할 수 있는 영역
㉢ 움직이지 않고 전박과 손으로 조작할 수 있는 범위
㉣ 앉은 자세에서 위팔은 몸에 붙이고, 아래팔만 곧게 뻗어 닿는 범위
㉤ 약 34~45cm의 범위

정답 01.② 02.① 03.①

04 산업안전보건법상 최근 1년간 작업공정에서 공정설비의 변경, 작업방법의 변경, 설비의 이전, 사용 화학물질의 변경 등으로 작업환경측정 결과에 영향을 주는 변화가 없는 경우, 작업공정 내 소음 외의 다른 모든 인자의 작업환경측정 결과가 최근 2회 연속 노출기준 미만인 사업장은 몇 년에 1회 이상 작업환경을 측정할 수 있는가?

① 6월 ② 1년
③ 2년 ④ 3년

풀이 작업환경 측정횟수
㉠ 사업주는 작업장 또는 작업공정이 신규로 가동되거나 변경되는 등으로 작업환경 측정대상 작업장이 된 경우에는 그 날부터 30일 이내에 작업환경 측정을 실시하고, 그 후 반기에 1회 이상 정기적으로 작업환경을 측정하여야 한다. 다만, 작업환경 측정 결과가 다음의 어느 하나에 해당하는 작업장 또는 작업공정은 해당 유해인자에 대하여 그 측정일부터 3개월에 1회 이상 작업환경을 측정해야 한다.
• 화학적 인자(고용노동부장관이 정하여 고시하는 물질만 해당)의 측정치가 노출기준을 초과하는 경우
• 화학적 인자(고용노동부장관이 정하여 고시하는 물질은 제외)의 측정치가 노출기준을 2배 이상 초과하는 경우
㉡ ㉠항에도 불구하고 사업주는 최근 1년간 작업공정에서 공정 설비의 변경, 작업방법의 변경, 설비의 이전, 사용화학물질의 변경 등으로 작업환경 측정 결과에 영향을 주는 변화가 없는 경우 1년에 1회 이상 작업환경 측정을 할 수 있는 경우
• 작업공정 내 소음의 작업환경 측정결과가 최근 2회 연속 85dB 미만인 경우
• 작업공정 내 소음 외의 다른 모든 인자의 작업환경 측정결과가 최근 2회 연속 노출기준 미만인 경우

05 젊은 근로자의 약한 쪽 손의 힘은 평균 50kP이고, 이 근로자가 무게 10kg인 상자를 두 손으로 들어 올릴 경우에 한 손의 작업강도(%MS)는 얼마인가? (단, 1kP는 질량 1kg을 중력의 크기로 당기는 힘을 말한다.)

① 5   ② 10
③ 15 ④ 20

풀이
$$작업강도(\%MS) = \frac{RF}{MS} \times 100$$
$$= \frac{10}{50+50} \times 100$$
$$= 10\%MS$$

06 심리학적 적성검사와 가장 거리가 먼 것은?
① 감각기능검사 ② 지능검사
③ 지각동작검사 ④ 인성검사

풀이 심리학적 검사(적성검사)
㉠ 지능검사 : 언어, 기억, 추리, 귀납 등에 대한 검사
㉡ 지각동작검사 : 수족협조, 운동속도, 형태지각 등에 대한 검사
㉢ 인성검사 : 성격, 태도, 정신상태 등에 대한 검사
㉣ 기능검사 : 직무에 관련된 기본지식과 숙련도, 사고력 등에 대한 검사

07 300명의 근로자가 1주일에 40시간, 연간 50주를 근무하는 사업장에서 1년 동안 50건의 재해로 60명의 재해자가 발생하였다. 이 사업장의 도수율은 약 얼마인가? (단, 근로자들은 질병, 기타 사유로 인하여 총 근로시간의 5%를 결근하였다.)

① 93.33 ② 87.72
③ 83.33 ④ 77.72

풀이
$$도수율 = \frac{재해건수}{연근로시간수} \times 10^6$$
$$= \frac{50}{300 \times 40 \times 50 \times 0.95} \times 10^6 = 87.72$$

08 다음 중 피로에 관한 설명으로 틀린 것은?
① 일반적인 피로감은 근육 내 글리코겐의 고갈, 혈중 글루코스의 증가, 혈중 젖산의 감소와 일치하고 있다.
② 충분한 영양섭취와 휴식은 피로의 예방에 유효한 방법이다.
③ 피로의 주관적 측정방법으로는 CMI(Cornell Medical Index)를 이용한다.
④ 피로는 질병이 아니고 원래 가역적인 생체반응이며 건강장애에 대한 경고적 반응이다.

| 풀이 | 피로의 발생기전(본태)
① 활성 에너지 요소인 영양소, 산소 등 소모(에너지 소모)
② 물질대사에 의한 노폐물인 젖산 등의 축적(중간 대사물질의 축적)으로 인한 근육, 신장 등 기능 저하
③ 체내의 항상성 상실(체내에서의 물리화학적 변조)
④ 여러 가지 신체조절기능의 저하
⑤ 근육 내 글리코겐 양의 감소
⑥ 피로물질 : 크레아티닌, 젖산, 초성포도당, 시스테인

09 다음 중 영국에서 최초로 직업성 암을 보고하여, 1788년에 굴뚝청소부법이 통과되도록 노력한 사람은?
① Ramazzini ② Paracelsus
③ Percivall Pott ④ Robert Owen

| 풀이 | Percivall Pott
① 영국의 외과의사로 직업성 암을 최초로 보고하였으며, 어린이 굴뚝청소부에게 많이 발생하는 음낭암(scrotal cancer)을 발견하였다.
② 암의 원인물질은 검댕 속 여러 종류의 다환방향족 탄화수소(PAH)이다.
③ 굴뚝청소부법을 제정하도록 하였다(1788년).

10 다음 중 ACGIH에서 권고하는 TLV-TWA(시간가중 평균치)에 대한 근로자 노출의 상한치와 노출가능시간의 연결로 옳은 것은?
① TLV-TWA의 3배 : 30분 이하
② TLV-TWA의 3배 : 60분 이하
③ TLV-TWA의 5배 : 5분 이하
④ TLV-TWA의 5배 : 15분 이하

| 풀이 | 시간가중 평균노출기준(TLV-TWA) ⇨ ACGIH
① 하루 8시간, 주 40시간 동안에 노출되는 평균농도이다.
② 작업장의 노출기준을 평가할 때 시간가중 평균농도를 기본으로 한다.
③ 이 농도에서는 오래 작업하여도 건강장애를 일으키지 않는 관리지표로 사용한다.
④ 안전과 위험의 한계로 해석해서는 안 된다.
⑤ 노출상한선과 노출시간 권고사항
• TLV-TWA의 3배 : 30분 이하의 노출 권고
• TLV-TWA의 5배 : 잠시라도 노출 금지
⑥ 오랜 시간 동안의 만성적인 노출을 평가하기 위한 기준으로 사용한다.

11 산업안전보건법령상 물질안전보건자료(MSDS) 작성 시 포함되어야 할 항목이 아닌 것은? (단, 그 밖의 참고사항은 제외)
① 유해성, 위험성
② 안정성 및 반응성
③ 사용빈도 및 타당성
④ 노출방지 및 개인보호구

| 풀이 | 물질안전보건자료(MSDS) 작성 시 포함되어야 할 항목
① 화학제품과 회사에 관한 정보
② 유해·위험성
③ 구성 성분의 명칭 및 함유량
④ 응급조치 요령
⑤ 폭발·화재 시 대처방법
⑥ 누출사고 시 대처방법
⑦ 취급 및 저장 방법
⑧ 노출방지 및 개인보호구
⑨ 물리화학적 특성
⑩ 안정성 및 반응성
⑪ 독성에 관한 정보
⑫ 환경에 미치는 영향
⑬ 폐기 시 주의사항
⑭ 운송에 필요한 정보
⑮ 법적 규제 현황
⑯ 그 밖의 참고사항

12 다음 중 알레르기성 접촉피부염의 진단법은 무엇인가?
① 첩포시험
② X-ray검사
③ 세균검사
④ 자외선검사

| 풀이 | 첩포시험(patch test)
① 알레르기성 접촉피부염의 진단에 필수적이며 가장 중요한 임상시험이다.
② 피부염의 원인물질로 예상되는 화학물질을 피부에 도포하고 48시간 동안 덮어둔 후 피부염의 발생 여부를 확인한다.
③ 첩포시험 결과 침윤, 부종이 지속된 경우를 알레르기성 접촉피부염으로 판독한다.

13 산업안전보건법령상 보건관리자의 자격에 해당하지 않는 사람은?

① 「의료법」에 따른 의사
② 「의료법」에 따른 간호사
③ 「국가기술자격법」에 따른 산업안전기사
④ 「산업안전보건법」에 따른 산업보건지도사

[풀이] 보건관리자의 자격기준
㉠ "의료법"에 따른 의사
㉡ "의료법"에 따른 간호사
㉢ "산업안전보건법"에 따른 산업보건지도사
㉣ "국가기술자격법"에 따른 산업위생관리산업기사 또는 대기환경산업기사 이상의 자격을 취득한 사람
㉤ "국가기술자격법"에 따른 인간공학기사 이상의 자격을 취득한 사람
㉥ "고등교육법"에 따른 전문대학 이상의 학교에서 산업보건 또는 산업위생 분야의 학위를 취득한 사람

14 국소피로를 평가하기 위하여 근전도(EMG) 검사를 실시하였다. 피로한 근육에서 측정된 현상을 설명한 것으로 맞는 것은?

① 총 전압의 증가
② 평균 주파수 영역에서 힘(전압)의 증가
③ 저주파수(0~40Hz) 영역에서 힘(전압)의 감소
④ 고주파수(40~200Hz) 영역에서 힘(전압)의 증가

[풀이] 정상근육과 비교하여 피로한 근육에서 나타나는 EMG의 특징
㉠ 저주파(0~40Hz) 영역에서 힘(전압)의 증가
㉡ 고주파(40~200Hz) 영역에서 힘(전압)의 감소
㉢ 평균 주파수 영역에서 힘(전압)의 감소
㉣ 총 전압의 증가

15 여러 기관이나 단체 중에서 산업위생과 관계가 가장 먼 기관은?

① EPA   ② ACGIH
③ BOHS ④ KOSHA

[풀이]
① EPA : 미국환경보호청
② ACGIH : 미국정부산업위생전문가협의회
③ BOHS : 영국산업위생학회
④ KOSHA : 안전보건공단

16 작업대사량(RMR)을 계산하는 방법이 아닌 것은?

① $\dfrac{\text{작업대사량}}{\text{기초대사량}}$

② $\dfrac{\text{기초작업대사량}}{\text{작업대사량}}$

③ $\dfrac{\text{작업 시 열량소비량} - \text{안정 시 열량소비량}}{\text{기초대사량}}$

④ $\dfrac{\text{작업 시 산소소비량} - \text{안정 시 산소소비량}}{\text{기초대사 시 산소소비량}}$

[풀이] 작업대사량(RMR) 계산식

$$\text{RMR} = \dfrac{\text{작업대사량}}{\text{기초대사량}}$$

$$= \dfrac{\text{작업 시 소요량} - \text{안정 시 소요량}}{\text{기초대사량}}$$

$$= \dfrac{\text{작업 시 산소소비량} - \text{안정 시 산소소비량}}{\text{기초대사량}}$$

17 우리나라 산업위생 역사와 관련된 내용 중 맞는 것은?

① 문송면 – 납 중독 사건
② 원진레이온 – 이황화탄소 중독사건
③ 근로복지공단 – 작업환경측정기관에 대한 정도관리제도 도입
④ 보건복지부 – 산업안전보건법·시행령·시행규칙의 제정 및 공포

[풀이]
① 문송면 – 수은 중독 사건
③ 고용노동부 – 작업환경측정기관에 대한 정도관리 제도 제정
④ 고용노동부 – 산업안전보건법·시행령·시행규칙의 제정 및 공포

18 어떤 유해요인에 노출될 때 얼마만큼의 환자수가 증가되는지를 설명해 주는 위험도는?

① 상대위험도   ② 인자위험도
③ 기여위험도   ④ 노출위험도

정답 13.③ 14.① 15.① 16.② 17.② 18.③

[풀이] **기여위험도(귀속위험도)**
㉠ 위험요인을 갖고 있는 집단의 해당 질병발생률의 크기 중 위험요인이 기여하는 부분을 추정하기 위해 사용
㉡ 어떤 유해요인에 노출되어 얼마만큼의 환자수가 증가되어 있는지를 설명
㉢ 계산식
기여위험도 = 노출군에서의 질병발생률 − 비노출군에서의 질병발생률

19 작업자세는 피로 또는 작업능률과 밀접한 관계가 있는데, 바람직한 작업자세의 조건으로 보기 어려운 것은?

① 정적 작업을 도모한다.
② 작업에 주로 사용하는 팔은 심장높이에 두도록 한다.
③ 작업물체와 눈과의 거리는 명시거리로 30cm 정도를 유지토록 한다.
④ 근육을 지속적으로 수축시키기 때문에 불안정한 자세는 피하도록 한다.

[풀이] 동적인 작업을 늘리고, 정적인 작업을 줄이는 것이 바람직한 작업자세이다.

20 근로자가 노동환경에 노출될 때 유해인자에 대한 해치(Hatch)의 양−반응관계곡선의 기관장애 3단계에 해당하지 않는 것은?

① 보상단계　② 고장단계
③ 회복단계　④ 항상성 유지단계

[풀이] **Hatch의 기관장애 3단계**
㉠ 항상성(homeostasis) 유지단계(정상적인 상태)
㉡ 보상(compensation) 유지단계(노출기준 설정 단계)
㉢ 고장(breakdown) 장애단계(비가역적 단계)

제2과목 | 작업위생 측정 및 평가

21 다음 중 1차 표준기구가 아닌 것은?
① 오리피스미터　② 폐활량계
③ 가스치환병　④ 유리피스톤미터

[풀이] **공기채취기구 보정에 사용되는 1차 표준기구**

표준기구	일반 사용범위	정확도
비누거품미터 (soap bubble meter)	1mL/분~30L/분	±1% 이내
폐활량계 (spirometer)	100~600L	±1% 이내
가스치환병 (mariotte bottle)	10~500mL/분	±0.05 ~0.25%
유리피스톤미터 (glass piston meter)	10~200mL/분	±2% 이내
흑연피스톤미터 (frictionless piston meter)	1mL/분~50L/분	±1~2%
피토튜브 (pitot tube)	15mL/분 이하	±1% 이내

22 입자의 가장자리를 이등분한 직경으로 과대평가될 가능성이 있는 직경은?
① 마틴직경　② 페렛직경
③ 공기역학직경　④ 등면적직경

[풀이] **기하학적(물리적) 직경**
(1) 마틴직경(Martin diameter)
　㉠ 먼지의 면적을 2등분하는 선의 길이로 선의 방향은 항상 일정하여야 한다.
　㉡ 과소평가할 수 있는 단점이 있다.
　㉢ 입자의 2차원 투영상을 구하여 그 투영면적을 2등분한 선분 중 어떤 기준선과 평행인 것의 길이(입자의 무게중심을 통과하는 외부 경계면에 접하는 이론적인 길이)를 직경으로 사용하는 방법이다.
(2) 페렛직경(Feret diameter)
　㉠ 먼지의 한쪽 끝 가장자리와 다른 쪽 가장자리 사이의 거리이다.
　㉡ 과대평가될 가능성이 있는 입자상 물질의 직경이다.
(3) 등면적직경(projected area diameter)
　㉠ 먼지의 면적과 동일한 면적을 가진 원의 직경으로 가장 정확한 직경이다.
　㉡ 측정은 현미경 접안경에 porton reticle을 삽입하여 측정한다.
　즉, $D = \sqrt{2^n}$
　여기서, D : 입자 직경(μm)
　　　　　n : porton reticle에서 원의 번호

23 유량, 측정시간, 회수율 및 분석에 의한 오차가 각각 18%, 3%, 9%, 5%일 때, 누적오차는 약 몇 %인가?

① 18   ② 21
③ 24   ④ 29

풀이 누적오차(%) = $\sqrt{18^2 + 3^2 + 9^2 + 5^2} = 20.95\%$

24 입경이 20μm이고 입자비중이 1.5인 입자의 침강속도는 약 몇 cm/sec인가?

① 1.8   ② 2.4
③ 12.7   ④ 36.2

풀이 Lippmann 식
$V(\text{cm/sec}) = 0.003 \times \rho \times d^2$
$= 0.003 \times 1.5 \times 20^2$
$= 1.8 \text{cm/sec}$

25 입자의 크기에 따라 여과기전 및 채취효율이 다르다. 입자크기가 0.1~0.5μm일 때 주된 여과기전은?

① 충돌과 간섭   ② 확산과 간섭
③ 차단과 간섭   ④ 침강과 간섭

풀이 여과기전에 대한 입자 크기별 포집효율
㉠ 입경 0.1μm 미만 : 확산
㉡ 입경 0.1~0.5μm : 확산, 직접차단(간섭)
㉢ 입경 0.5μm 이상 : 관성충돌, 직접차단(간섭)

26 다음 중 수동식 채취기에 적용되는 이론으로 가장 적절한 것은?

① 침강원리, 분산원리
② 확산원리, 투과원리
③ 침투원리, 흡착원리
④ 충돌원리, 전달원리

풀이 수동식 시료채취기(passive sampler)
수동채취는 공기채취펌프가 필요하지 않고 공기층을 통한 확산 또는 투과, 흡착되는 현상을 이용하여 수동적으로 농도구배에 따라 가스나 증기를 포집하는 장치이며, 확산포집방법(확산포집기)이라고도 한다.

27 다음 중 고체 흡착제를 이용하여 시료채취를 할 때 영향을 주는 인자에 관한 설명이 아닌 것은?

① 온도 : 고온일수록 흡착성질이 감소하며 파과가 일어나기 쉽다.
② 오염물질농도 : 공기 중 오염물질의 농도가 높을수록 파과공기량이 증가한다.
③ 흡착제의 크기 : 입자의 크기가 작을수록 채취효율이 증가하나 압력강하가 심하다.
④ 시료채취유량 : 시료채취유량이 높으면 파과가 일어나기 쉬우며 코팅된 흡착제일수록 그 경향이 강하다.

풀이 흡착제를 이용한 시료채취 시 영향인자
㉠ 온도 : 온도가 낮을수록 흡착에 좋으나 고온일수록 흡착대상 오염물질과 흡착제의 표면 사이 또는 2종 이상의 흡착대상 물질간 반응속도가 증가하여 흡착성질이 감소하며 파과가 일어나기 쉽다(모든 흡착은 발열반응이다).
㉡ 습도 : 극성 흡착제를 사용할 때 수증기가 흡착되기 때문에 파과가 일어나기 쉬우며, 비교적 높은 습도는 활성탄의 흡착용량을 저하시킨다. 또한 습도가 높으면 파과공기량(파과가 일어날 때까지의 채취공기량)이 적어진다.
㉢ 시료채취속도(시료채취량) : 시료채취속도가 크고 코팅된 흡착제일수록 파과가 일어나기 쉽다.
㉣ 유해물질 농도(포집된 오염물질의 농도) : 농도가 높으면 파과용량(흡착제에 흡착된 오염물질량)이 증가하나 파과공기량은 감소한다.
㉤ 혼합물 : 혼합기체의 경우 각 기체의 흡착량은 단독성분이 있을 때보다 적어지게 된다(혼합물 중 흡착제와 강한 결합을 하는 물질에 의하여 치환반응이 일어나기 때문).
㉥ 흡착제의 크기(흡착제의 비표면적) : 입자 크기가 작을수록 표면적 및 채취효율이 증가하지만 압력강하가 심하다(활성탄은 다른 흡착제에 비하여 큰 비표면적을 갖고 있다).
㉦ 흡착관의 크기(튜브의 내경, 흡착제의 양) : 흡착제의 양이 많아지면 전체 흡착제의 표면적이 증가하여 채취용량이 증가하므로 파과가 쉽게 발생되지 않는다.

정답 23.② 24.① 25.② 26.② 27.②

28 옥내작업장에서 측정한 건구온도가 73℃이고, 자연습구온도가 65℃, 흑구온도가 81℃일 때, 습구흑구온도지수는?

① 64.4℃ ② 67.4℃
③ 69.8℃ ④ 71.0℃

[풀이] 옥내 WBGT(℃)
= (0.7×자연습구온도)+(0.3×흑구온도)
= (0.7×65℃)+(0.3×81℃)
= 69.8℃

29 소음의 측정방법으로 틀린 것은? (단, 고용노동부 고시 기준)

① 소음계의 청감보정회로는 A특성으로 한다.
② 소음계 지시침의 동작은 느린(slow) 상태로 한다.
③ 소음계의 지시치가 변동하지 않는 경우에는 해당 지시치를 그 측정점에서의 소음수준으로 한다.
④ 소음이 1초 이상의 간격을 유지하면서 최대음압수준이 120dB(A) 이상의 소음인 경우에는 소음수준에 따른 10분 동안의 발생횟수를 측정한다.

[풀이] 소음이 1초 이상의 간격을 유지하면서 최대음압수준이 120dB(A) 이상의 소음(충격소음)인 경우에는 소음수준에 따른 1분 동안의 발생횟수를 측정하여야 한다.

30 다음의 유기용제 중 실리카겔에 대한 친화력이 가장 강한 것은?

① 알코올류 ② 케톤류
③ 올레핀류 ④ 에스테르류

[풀이] 실리카겔의 친화력(극성이 강한 순서)
물 > 알코올류 > 알데히드류 > 케톤류 > 에스테르류 > 방향족탄화수소류 > 올레핀류 > 파라핀류

31 다음 중 석면을 포집하는 데 적합한 여과지는?

① 은막 여과지 ② 섬유상 막 여과지
③ PTFE막 여과지 ④ MCE막 여과지

[풀이] MCE막 여과지(Mixed Cellulose Ester membrane filter)
㉠ 산업위생에서는 거의 대부분이 직경 37mm, 구멍 크기 0.45~0.8μm의 MCE막 여과지를 사용하고 있어 작은 입자의 금속과 흄(fume) 채취가 가능하다.
㉡ 산에 쉽게 용해되고 가수분해되며, 습식 회화되기 때문에 공기 중 입자상 물질 중의 금속을 채취하여 원자흡광법으로 분석하는 데 적당하다.
㉢ 산에 의해 쉽게 회화되기 때문에 원소분석에 적합하고 NIOSH에서는 금속, 석면, 살충제, 불소 화합물 및 기타 무기물질에 추천되고 있다.
㉣ 시료가 여과지의 표면 또는 가까운 곳에 침착되므로 석면, 유리섬유 등 현미경 분석을 위한 시료채취에도 이용된다.
㉤ 흡습성(원료인 셀룰로오스가 수분 흡수)이 높아 오차를 유발할 수 있어 중량분석에 적합하지 않다.

32 작업환경공기 중 A물질(TLV 10ppm)이 5ppm, B물질(TLV 100ppm)이 50ppm, C물질(TLV 100ppm)이 60ppm일 때, 혼합물의 허용농도는 약 몇 ppm인가? (단, 상가작용 기준)

① 78 ② 72
③ 68 ④ 64

[풀이] EI(노출지수) $= \frac{5}{10} + \frac{50}{100} + \frac{60}{100} = 1.6$

∴ 혼합물의 허용농도(ppm)

$= \frac{\text{혼합물의 공기 중 농도}}{EI} = \frac{5+50+60}{1.6}$

$= 71.88\text{ppm}$

33 초기 무게가 1.260g인 깨끗한 PVC 여과지를 하이볼륨(high-volume) 시료채취기에 장착하여 작업장에서 오전 9시부터 오후 5시까지 2.5L/min의 유량으로 시료채취기를 작동시킨 후 여과지의 무게를 측정한 결과가 1.280g이었다면 채취한 입자상 물질의 작업장 내 평균농도(mg/m³)는?

① 7.8 ② 13.4
③ 16.7 ④ 19.2

[풀이] 농도(mg/m³) $= \frac{(1{,}280-1{,}260)\text{mg}}{2.5\text{L/min} \times 480\text{min} \times \text{m}^3/1{,}000\text{L}}$

$= 16.67\text{mg/m}^3$

정답 28.③ 29.④ 30.① 31.④ 32.② 33.③

34 작업장 소음에 대한 1일 8시간 노출 시 허용기준은 몇 dB(A)인가? (단, 미국 OSHA의 연속소음에 대한 노출기준으로 한다.)

① 45
② 60
③ 75
④ 90

풀이 소음에 대한 노출기준
㉠ 우리나라 노출기준(OSHA 기준)
8시간 노출에 대한 기준 90dB(5dB 변화율)

1일 노출시간(hr)	소음수준[dB(A)]
8	90
4	95
2	100
1	105
1/2	110
1/4	115

㊟ 115dB(A)을 초과하는 소음수준에 노출되어서는 안 된다.

㉡ ACGIH 노출기준
8시간 노출에 대한 기준 85dB(3dB 변화율)

1일 노출시간(hr)	소음수준[dB(A)]
8	85
4	88
2	91
1	94
1/2	97
1/4	100

35 다음 중 검지관법에 대한 설명과 가장 거리가 먼 것은?

① 반응시간이 빨라서 빠른 시간에 측정결과를 알 수 있다.
② 민감도가 낮기 때문에 비교적 고농도에만 적용이 가능하다.
③ 한 검지관으로 여러 물질을 동시에 측정할 수 있는 장점이 있다.
④ 오염물질의 농도에 비례한 검지관의 변색층 길이를 읽어 농도를 측정하는 방법과 검지관 안에서 색변화와 표준색표를 비교하여 농도를 결정하는 방법이 있다.

풀이 검지관 측정법의 장단점
(1) 장점
 ㉠ 사용이 간편하다.
 ㉡ 반응시간이 빨라 현장에서 바로 측정결과를 알 수 있다.
 ㉢ 비전문가도 어느 정도 숙지하면 사용할 수 있지만 산업위생전문가의 지도 아래 사용되어야 한다.
 ㉣ 맨홀, 밀폐공간에서의 산소부족 또는 폭발성 가스로 인한 안전이 문제가 될 때 유용하게 사용된다.
 ㉤ 다른 측정방법이 복잡하거나 빠른 측정이 요구될 때 사용할 수 있다.
(2) 단점
 ㉠ 민감도가 낮아 비교적 고농도에만 적용이 가능하다.
 ㉡ 특이도가 낮아 다른 방해물질의 영향을 받기 쉽고 오차가 크다.
 ㉢ 대개 단시간 측정만 가능하다.
 ㉣ 한 검지관으로 단일물질만 측정 가능하여 각 오염물질에 맞는 검지관을 선정함에 따른 불편함이 있다.
 ㉤ 색변화에 따라 주관적으로 읽을 수 있어 판독자에 따라 변이가 심하며, 색변화가 시간에 따라 변하므로 제조자가 정한 시간에 읽어야 한다.
 ㉥ 미리 측정대상 물질의 동정이 되어 있어야 측정이 가능하다.

36 수은의 노출기준이 0.05mg/m³이고 증기압이 0.0018mmHg인 경우, VHR(Vapor Hazard Ratio)는 약 얼마인가? (단, 25℃, 1기압 기준이며, 수은 원자량은 200.59이다.)

① 306
② 321
③ 354
④ 389

풀이
$$\text{VHR} = \frac{C}{\text{TLV}} = \frac{\left(\dfrac{0.0018\text{mmHg}}{760\text{mmHg}} \times 10^6\right)}{\left(0.05\text{mg/m}^3 \times \dfrac{24.45\text{L}}{200.59\text{g}}\right)} = 388.61$$

37 다음 중 유도결합 플라스마 원자발광분석기의 특징과 가장 거리가 먼 것은?

① 분광학적 방해 영향이 전혀 없다.
② 검량선의 직선성 범위가 넓다.
③ 동시에 여러 성분의 분석이 가능하다.
④ 아르곤가스를 소비하기 때문에 유지비용이 많이 든다.

[풀이] 유도결합 플라스마 원자발광분석기의 장단점
(1) 장점
  ㉠ 비금속을 포함한 대부분의 금속을 ppb 수준까지 측정할 수 있다.
  ㉡ 적은 양의 시료를 가지고 한 번에 많은 금속을 분석할 수 있는 것이 가장 큰 장점이다.
  ㉢ 한 번에 시료를 주입하여 10~20초 내에 30개 이상의 원소를 분석할 수 있다.
  ㉣ 화학물질에 의한 방해로부터 거의 영향을 받지 않는다.
  ㉤ 검량선의 직선성 범위가 넓다. 즉 직선성 확보가 유리하다.
  ㉥ 원자흡광도계보다 더 줄거나 적어도 같은 정밀도를 갖는다.
(2) 단점
  ㉠ 원자들은 높은 온도에서 많은 복사선을 방출하므로 분광학적 방해영향이 있다.
  ㉡ 시료분해 시 화합물 바탕방출이 있어 컴퓨터 처리과정에서 교정이 필요하다.
  ㉢ 유지관리 및 기기 구입가격이 높다.
  ㉣ 이온화에너지가 낮은 원소들은 검출한계가 높고, 다른 금속의 이온화에 방해를 준다.

38 흡광광도계에서 단색광이 어떤 시료용액을 통과할 때 그 빛의 60%가 흡수될 경우, 흡광도는 약 얼마인가?

① 0.22
② 0.37
③ 0.40
④ 1.60

[풀이] 흡광도(A) = $\log \dfrac{1}{투과도}$ = $\log \dfrac{1}{(1-0.6)}$ = 0.40

39 입자상 물질을 입자의 크기별로 측정하고자 할 때 사용할 수 있는 것은?

① 가스 크로마토그래피
② 사이클론
③ 원자발광분석기
④ 직경분립충돌기

[풀이] 직경분립충돌기(cascade impactor)의 장·단점
(1) 장점
  ㉠ 입자의 질량 크기 분포를 얻을 수 있다.
  ㉡ 호흡기의 부분별로 침착된 입자 크기의 자료를 추정할 수 있고, 흡입성, 흉곽성, 호흡성 입자의 크기별로 분포와 농도를 계산할 수 있다.
(2) 단점
  ㉠ 시료채취가 까다롭다. 즉 경험이 있는 전문가가 철저한 준비를 통해 이용해야 정확한 측정이 가능하다.
  ㉡ 비용이 많이 든다.
  ㉢ 채취준비시간이 과다하다.
  ㉣ 되튐으로 인한 시료의 손실이 일어나 과소분석 결과를 초래할 수 있어 유량을 2L/min 이하로 채취한다. 따라서 mylar substrate에 그리스를 뿌려 시료의 되튐을 방지한다.
  ㉤ 공기가 옆에서 유입되지 않도록 각 충돌기의 조립과 장착을 철저히 해야 한다.

40 다음 중 허용기준 대상 유해인자의 노출농도 측정 및 분석 방법에 관한 내용으로 틀린 것은 어느 것인가? (단, 고용노동부 고시 기준)

① 바탕시험(空試驗)을 하여 보정한다. : 시료에 대한 처리 및 측정을 할 때, 시료를 사용하지 않고 같은 방법으로 조작한 측정치를 빼는 것을 말한다.
② 감압 또는 진공 : 따로 규정이 없는 한 760mmHg 이하를 뜻한다.
③ 검출한계 : 분석기기가 검출할 수 있는 가장 적은 양을 말한다.
④ 정량한계 : 분석기기가 정량할 수 있는 가장 적은 양을 말한다.

[풀이] 감압 또는 진공
따로 규정이 없는 한 15mmHg 이하를 뜻한다.

제3과목 | 작업환경 관리대책

41 다음 중 강제환기의 설계에 관한 내용과 가장 거리가 먼 것은?

① 공기가 배출되면서 오염장소를 통과하도록 공기배출구와 유입구의 위치를 선정한다.
② 공기배출구와 근로자의 작업위치 사이에 오염원이 위치하지 않도록 주의하여야 한다.
③ 오염물질 배출구는 가능한 한 오염원으로부터 가까운 곳에 설치하여 '점환기'의 효과를 얻는다.
④ 오염원 주위에 다른 작업공정이 있으면 공기배출량을 공급량보다 약간 크게 하여 음압을 형성하여 주위 근로자에게 오염물질이 확산되지 않도록 한다.

풀이 전체환기(강제환기)시설 설치 기본원칙
㉠ 오염물질 사용량을 조사하여 필요환기량을 계산한다.
㉡ 배출공기를 보충하기 위하여 청정공기를 공급한다.
㉢ 오염물질 배출구는 가능한 한 오염원으로부터 가까운 곳에 설치하여 '점환기'의 효과를 얻는다.
㉣ 공기 배출구와 근로자의 작업위치 사이에 오염원이 위치해야 한다.
㉤ 공기가 배출되면서 오염장소를 통과하도록 공기배출구와 유입구의 위치를 선정한다.
㉥ 작업장 내 압력은 경우에 따라서 양압이나 음압으로 조정해야 한다(오염원 주위에 다른 작업공정이 있으면 공기 공급량을 배출량보다 적게 하여 음압을 형성시켜 주위 근로자에게 오염물질이 확산되지 않도록 한다).
㉦ 배출된 공기가 재유입되지 못하게 배출구 높이를 적절히 설계하고 창문이나 문 근처에 위치하지 않도록 한다.

42 다음 중 직경이 400mm인 환기시설을 통해서 50m³/min의 표준상태의 공기를 보낼 때, 이 덕트 내의 유속은 약 몇 m/sec인가?

① 3.3
② 4.4
③ 6.6
④ 8.8

풀이
$$V(\text{m/sec}) = \frac{Q}{A} = \frac{50\text{m}^3/\text{min} \times \text{min}/60\text{sec}}{\left(\frac{3.14 \times 0.4^2}{4}\right)\text{m}^2}$$
$$= 6.63 \text{m/sec}$$

43 다음 중 덕트의 설치원칙과 가장 거리가 먼 것은?

① 가능한 한 후드와 먼 곳에 설치한다.
② 덕트는 가능한 한 짧게 배치하도록 한다.
③ 밴드의 수는 가능한 한 적게 하도록 한다.
④ 공기가 아래로 흐르도록 하향구배를 만든다.

풀이 덕트 설치기준(설치 시 고려사항)
㉠ 가능한 한 길이는 짧게 하고 굴곡부의 수는 적게 한다.
㉡ 접속부의 내면은 돌출된 부분이 없도록 한다.
㉢ 청소구를 설치하는 등 청소하기 쉬운 구조로 한다.
㉣ 덕트 내 오염물질이 쌓이지 아니하도록 이송속도를 유지한다.
㉤ 연결부위 등은 외부공기가 들어오지 아니하도록 한다(연결방법을 가능한 한 용접할 것).
㉥ 가능한 후드의 가까운 곳에 설치한다.
㉦ 송풍기를 연결할 때는 최소 덕트 직경의 6배 정도 직선구간을 확보한다.
㉧ 직관은 하향구배로 하고, 직경이 다른 덕트를 연결할 때에는 경사 30° 이내의 테이퍼를 부착한다.
㉨ 원형 덕트가 사각형 덕트보다 덕트 내 유속분포가 균일하므로 가급적 원형 덕트를 사용하며, 부득이 사각형 덕트를 사용할 경우에는 가능한 정방형을 사용하고 곡관의 수를 적게 한다.
㉩ 곡관의 곡률반경은 최소 덕트 직경의 1.5 이상, 주로 2.0을 사용한다.
㉪ 수분이 응축될 경우 덕트 내로 들어가지 않도록 경사나 배수구를 마련한다.
㉫ 덕트의 마찰계수는 작게 하고, 분지관을 가급적 적게 한다.

정답 41.② 42.③ 43.①

44 다음의 ( )에 들어갈 내용이 알맞게 조합된 것은?

> 원형 직관에서 압력손실은 (㉮)에 비례하고 (㉯)에 반비례하며 속도의 (㉰)에 비례한다.

① ㉮ 송풍관의 길이, ㉯ 송풍관의 직경, ㉰ 제곱
② ㉮ 송풍관의 직경, ㉯ 송풍관의 길이, ㉰ 제곱
③ ㉮ 송풍관의 길이, ㉯ 속도압, ㉰ 세제곱
④ ㉮ 속도압, ㉯ 송풍관의 길이, ㉰ 세제곱

풀이 원형 직선 덕트의 압력손실(ΔP)
$$\Delta P = \lambda (=4f) \times \frac{L}{D} \times VP \left(=\frac{\gamma V^2}{2g}\right)$$
압력손실은 덕트의 길이, 공기밀도, 유속의 제곱에 비례하고, 덕트의 직경에 반비례한다.

45 방진마스크에 대한 설명으로 틀린 것은?
① 포집효율이 높은 것이 좋다.
② 흡기저항 상승률이 높은 것이 좋다.
③ 비휘발성 입자에 대한 보호가 가능하다.
④ 여과효율이 우수하려면 필터에 사용되는 섬유의 직경이 작고 조밀하게 압축되어야 한다.

풀이 방진마스크의 선정(구비) 조건
㉠ 흡기저항이 낮을 것
 일반적 흡기저항 범위 ⇨ 6~8mmH₂O
㉡ 배기저항이 낮을 것
 일반적 배기저항 기준 ⇨ 6mmH₂O 이하
㉢ 여과재 포집효율이 높을 것
㉣ 착용 시 시야 확보가 용이할 것
 ⇨ 하방 시야가 60° 이상이 되어야 함
㉤ 중량은 가벼울 것
㉥ 안면에서의 밀착성이 클 것
㉦ 침입률 1% 이하까지 정확히 평가 가능할 것
㉧ 피부접촉 부위가 부드러울 것
㉨ 사용 후 손질이 간단할 것

46 후드의 정압이 12.00mmH₂O이고, 덕트의 속도압이 0.80mmH₂O일 때, 유입계수는 얼마인가?
① 0.129   ② 0.194
③ 0.258   ④ 0.387

풀이
$$SP_h = VP(1+F)$$
$$F = \frac{SP_h}{VP} - 1 = \frac{12}{0.8} - 1 = 14$$
$$Ce = \sqrt{\frac{1}{1+F}} = \sqrt{\frac{1}{1+14}} = 0.258$$

47 송풍기의 전압이 300mmH₂O이고 풍량이 400m³/min, 효율이 0.6일 때 소요동력(kW)은?
① 약 33   ② 약 45
③ 약 53   ④ 약 65

풀이
$$송풍기\ 소요동력(kW) = \frac{Q \times \Delta P}{6{,}120 \times \eta} \times \alpha$$
$$= \frac{400 \times 300}{6{,}120 \times 0.6} \times 1.0$$
$$= 32.68\text{kW}$$

48 귀덮개 착용 시 일반적으로 요구되는 차음효과는?
① 저음에서 15dB 이상, 고음에서 30dB 이상
② 저음에서 20dB 이상, 고음에서 45dB 이상
③ 저음에서 25dB 이상, 고음에서 50dB 이상
④ 저음에서 30dB 이상, 고음에서 55dB 이상

풀이 귀덮개의 방음효과
㉠ 저음영역에서 20dB 이상, 고음영역에서 45dB 이상 차음효과가 있다.
㉡ 귀마개를 착용하고서 귀덮개를 착용하면 훨씬 차음효과가 커지게 되므로 120dB 이상의 고음작업장에서는 동시 착용할 필요가 있다.
㉢ 간헐적 소음에 노출되는 경우 귀덮개를 착용한다.
㉣ 차음성능기준상 중심주파수가 1,000Hz인 음원의 차음치는 25dB 이상이다.

정답 44.① 45.② 46.③ 47.① 48.②

49 방사날개형 송풍기의 설명으로 틀린 것은?

① 고농도 분진함유 공기나 부식성이 강한 공기를 이송시키는 데 많이 이용된다.
② 깃이 평판으로 되어 있다.
③ 가격이 저렴하고 효율이 높다.
④ 깃의 구조가 분진을 자체 정화할 수 있도록 되어 있다.

[풀이] **평판형(radial fan) 송풍기**
㉠ 플레이트(plate) 송풍기, 방사날개형 송풍기라고도 한다.
㉡ 날개(blade)가 다익형보다 적고, 직선이며 평판 모양을 하고 있어 강도가 매우 높게 설계되어 있다.
㉢ 깃의 구조가 분진을 자체 정화할 수 있도록 되어 있다.
㉣ 시멘트, 미분탄, 곡물, 모래 등의 고농도 분진 함유 공기나 마모성이 강한 분진 이송용으로 사용된다.
㉤ 부식성이 강한 공기를 이송하는 데 많이 사용된다.
㉥ 압력은 다익팬보다 약간 높으며, 효율도 65%로 다익팬보다는 약간 높으나 터보팬보다는 낮다.
㉦ 습식 집진장치의 배치에 적합하며, 소음은 중간 정도이다.

50 30,000ppm의 테트라클로로에틸렌(tetrachloroethylene)이 작업환경 중의 공기와 완전 혼합되어 있다. 이 혼합물의 유효비중은? (단, 테트라클로로에틸렌은 공기보다 5.7배 무겁다.)

① 약 1.124　　② 약 1.141
③ 약 1.164　　④ 약 1.186

[풀이] 유효비중 $= \dfrac{(30,000 \times 5.7) + (1.0 \times 970,000)}{1,000,000}$
$= 1.1410$

51 후드로부터 0.25m 떨어진 곳에 있는 공정에서 발생되는 먼지를, 제어속도가 5m/sec, 후드 직경이 0.4m인 원형 후드를 이용하여 제거하고자 한다. 이때 필요환기량(m³/min)은? (단, 플랜지 등 기타 조건은 고려하지 않음)

① 약 205　　② 약 215
③ 약 225　　④ 약 235

[풀이] 외부식 후드의 필요환기량(Q)
$Q = V_c \times (10X^2 + A)$
$= 5\text{m/sec} \times \left[(10 \times 0.25^2)\text{m}^2 + \left(\dfrac{3.14 \times 0.4^2}{4} \right)\text{m}^2 \right]$
$\quad \times 60\text{sec/min}$
$= 225.18\text{m}^3/\text{min}$

52 다음 중 전기집진기의 설명으로 틀린 것은?

① 설치공간을 많이 차지한다.
② 가연성 입자의 처리가 용이하다.
③ 넓은 범위의 입경과 분진농도에 집진효율이 높다.
④ 낮은 압력손실로 송풍기의 가동비용이 저렴하다.

[풀이] **전기집진장치의 장단점**
(1) 장점
㉠ 집진효율이 높다(0.01μm 정도 포집 용이, 99.9% 정도 고집진 효율).
㉡ 광범위한 온도범위에서 적용이 가능하며, 폭발성 가스의 처리도 가능하다.
㉢ 고온의 입자성 물질(500℃ 전후) 처리가 가능하여 보일러와 철강로 등에 설치할 수 있다.
㉣ 압력손실이 낮고 대용량의 가스처리가 가능하며 배출가스의 온도강하가 적다.
㉤ 운전 및 유지비가 저렴하다.
㉥ 회수가치 입자포집에 유리하며, 습식 및 건식으로 집진할 수 있다.
㉦ 넓은 범위의 입경과 분진농도에 집진효율이 높다.
(2) 단점
㉠ 설치비용이 많이 든다.
㉡ 설치공간을 많이 차지한다.
㉢ 설치된 후에는 운전조건의 변화에 유연성이 적다.
㉣ 먼지성상에 따라 전처리시설이 요구된다.
㉤ 분진포집에 적용되며, 기체상 물질 제거에는 곤란하다.
㉥ 전압변동과 같은 조건변동(부하변동)에 쉽게 적응이 곤란하다.
㉦ 가연성 입자의 처리가 곤란하다.

53 환기시설 내 기류가 기본적인 유체역학적 원리에 따르기 위한 전제조건과 가장 거리가 먼 것은?

① 환기시설 내외의 열교환은 무시한다.
② 공기의 압축이나 팽창은 무시한다.
③ 공기는 절대습도를 기준으로 한다.
④ 공기 중에 포함된 유해물질의 무게와 용량을 무시한다.

[풀이] 유체역학의 질량보전 원리를 환기시설에 적용하는 데 필요한 네 가지 공기 특성의 주요 가정(전제조건)
㉠ 환기시설 내외(덕트 내부와 외부)의 열전달(열교환) 효과 무시
㉡ 공기의 비압축성(압축성과 팽창성 무시)
㉢ 건조공기 가정
㉣ 환기시설에서 공기 속 오염물질의 질량(무게)과 부피(용량)를 무시

54 다음 중 보호구를 착용하는 데 있어서 착용자의 책임으로 가장 거리가 먼 것은?

① 지시대로 착용해야 한다.
② 보호구가 손상되지 않도록 잘 관리해야 한다.
③ 매번 착용할 때마다 밀착도 체크를 실시해야 한다.
④ 노출위험성의 평가 및 보호구에 대한 검사를 해야 한다.

[풀이] 노출위험성의 평가 및 보호구에 대한 검사는 사업주의 책임사항이다.

55 보호장구의 재질과 적용물질에 대한 설명으로 틀린 것은?

① 면 : 극성 용제에 효과적이다.
② 가죽 : 용제에는 사용하지 못한다.
③ Nitrile 고무 : 비극성 용제에 효과적이다.
④ 천연고무(latex) : 극성 용제에 효과적이다.

[풀이] 보호장구 재질에 따른 적용물질
㉠ Neoprene 고무 : 비극성 용제, 극성 용제 중 알코올, 물, 케톤류 등에 효과적
㉡ 천연고무(latex) : 극성 용제 및 수용성 용액에 효과적(절단 및 찰과상 예방)
㉢ Viton : 비극성 용제에 효과적
㉣ 면 : 고체상 물질에 효과적, 용제에는 사용 못함
㉤ 가죽 : 용제에는 사용 못함(기본적인 찰과상 예방)
㉥ Nitrile 고무 : 비극성 용제에 효과적
㉦ Butyl 고무 : 극성 용제에 효과적(알데히드, 지방족)
㉧ Ethylene vinyl alcohol : 대부분의 화학물질을 취급할 경우 효과적

56 국소배기 시스템의 유입계수(Ce)에 관한 설명으로 옳지 않은 것은?

① 후드에서의 압력손실이 유량의 저하로 나타나는 현상이다.
② 유입계수란 실제유량/이론유량의 비율이다.
③ 유입계수는 속도압/후드정압의 제곱근으로 구한다.
④ 손실이 일어나지 않는 이상적인 후드가 있다면 유입계수는 0이 된다.

[풀이] 유입계수(Ce)
㉠ 실제 후드 내로 유입되는 유량과 이론상 후드 내로 유입되는 유량의 비를 의미하며, 후드에서의 압력손실이 유량의 저하로 나타나는 현상이다.
㉡ 후드의 유입효율을 나타내며, Ce가 1에 가까울수록 압력손실이 작은 hood를 의미한다. 즉, 후드에서의 유입손실이 전혀 없는 이상적인 후드의 유입계수는 1.00이다.
㉢ 관계식

• 유입계수(Ce) = $\dfrac{\text{실제 유량}}{\text{이론적인 유량}}$
  = $\dfrac{\text{실제 흡인유량}}{\text{이상적인 흡인유량}}$

• 후드 유입손실계수(F) = $\dfrac{1}{Ce^2} - 1$

• 유입계수(Ce) = $\sqrt{\dfrac{1}{1+F}}$

57 다음 중 입자상 물질을 처리하기 위한 공기정화장치와 가장 거리가 먼 것은?

① 사이클론
② 중력집진장치
③ 여과집진장치
④ 촉매산화에 의한 연소장치

풀이 입자상 물질 처리시설(집진장치)
㉠ 중력집진장치
㉡ 관성력집진장치
㉢ 원심력집진장치(cyclone)
㉣ 여과집진장치(B.F)
㉤ 전기집진장치(E.P)

58 A물질의 증기압이 50mmHg라면 이때 포화증기농도(%)는? (단, 표준상태 기준)

① 6.6
② 8.8
③ 10.0
④ 12.2

풀이 포화증기농도(%) = $\frac{증기압(분압)}{760mmHg} \times 10^2$
$= \frac{50}{760} \times 10^2 = 6.6\%$

59 회전차 외경이 600mm인 레이디얼(방사날개형) 송풍기의 풍량은 300m³/min, 송풍기 전압은 60mmH₂O, 축동력은 0.70kW이다. 회전차 외경이 1,000mm로 상사인 레이디얼(방사날개형) 송풍기가 같은 회전수로 운전될 때 전압(mmH₂O)은 어느 것인가? (단, 공기비중은 같음)

① 167
② 182
③ 214
④ 246

풀이 $\frac{\Delta P_2}{\Delta P_1} = \left(\frac{D_2}{D_1}\right)^2$
$\Delta P_2 = \Delta P_1 \times \left(\frac{D_2}{D_1}\right)^2$
$= 60mmH_2O \times \left(\frac{1,000}{600}\right)^2$
$= 166.67mmH_2O$

60 사무실에서 일하는 근로자의 건강장애를 예방하기 위해 시간당 공기교환횟수는 6회 이상 되어야 한다. 사무실의 체적이 150m³일 때 최소 필요한 환기량(m³/min)은?

① 9
② 12
③ 15
④ 18

풀이 $ACH = \frac{작업장\ 필요환기량(m^3/hr)}{작업장\ 체적(m^3)}$
작업장 환기량(m³/hr) = 6회/hr × 150m³
$= 900m^3/hr \times hr/60min$
$= 15m^3/min$

제4과목 | 물리적 유해인자관리

61 청력손실치가 다음과 같을 때, 6분법에 의하여 판정하면 청력손실은 얼마인가?

- 500Hz에서 청력손실치 8
- 1,000Hz에서 청력손실치 12
- 2,000Hz에서 청력손실치 12
- 4,000Hz에서 청력손실치 22

① 12
② 13
③ 14
④ 15

풀이 6분법 평균 청력손실 = $\frac{a+2b+2c+d}{6}$
$= \frac{8+(2\times 12)+(2\times 12)+22}{6}$
$= 13dB(A)$

62 대상음의 음압이 1.0N/m²일 때 음압레벨(Sound Pressure Level)은 몇 dB인가?

① 91
② 94
③ 97
④ 100

풀이 음압레벨(SPL) = $20\log\frac{P}{P_o} = 20\log\frac{1.0}{2\times 10^{-5}} = 94dB$

63 고압환경의 영향에 있어 2차적인 가압현상에 해당하지 않는 것은?
① 질소마취 ② 산소중독
③ 조직의 통증 ④ 이산화탄소 중독

풀이 고압환경에서의 인체작용(2차적인 가압현상)
㉠ 질소가스의 마취작용
㉡ 산소중독
㉢ 이산화탄소 중독

64 열경련(heat cramp)을 일으키는 가장 큰 원인은?
① 체온상승
② 중추신경마비
③ 순환기계 부조화
④ 체내수분 및 염분 손실

풀이 열경련의 원인
㉠ 지나친 발한에 의한 수분 및 혈중 염분 손실(혈액의 현저한 농축 발생)
㉡ 땀을 많이 흘리고 동시에 염분이 없는 음료수를 많이 마셔서 염분 부족 시 발생
㉢ 전해질의 유실 시 발생

65 일반적으로 전신진동에 의한 생체반응에 관여하는 인자로 거리가 먼 것은?
① 강도 ② 방향
③ 온도 ④ 진동수

풀이 전신진동에 의한 생체반응에 관여하는 인자
㉠ 진동강도
㉡ 진동수
㉢ 진동방향
㉣ 진동폭로시간

66 저온에 의한 1차적 생리적 영향에 해당하는 것은?
① 말초혈관의 수축
② 혈압의 일시적 상승
③ 근육긴장의 증가와 전율
④ 조직대사의 증진과 식욕항진

풀이 저온에 대한 1차적인 생리적 반응
㉠ 피부혈관 수축
㉡ 체표면적 감소
㉢ 화학적 대사작용 증가
㉣ 근육긴장의 증가 및 떨림

67 다음 중 인체에 적당한 기류(온열요소)속도 범위로 맞는 것은?
① 2~3m/min
② 6~7m/min
③ 12~13m/min
④ 16~17m/min

풀이 인체에 적당한 기류속도 범위는 6~7m/min이며 기온이 10℃ 이하일 때는 1m/sec 이상의 기류에 직접 접촉을 금지하여야 한다.

68 감압병의 예방 및 치료의 방법으로 적절하지 않은 것은?
① 잠수 및 감압방법은 특별히 잠수에 익숙한 사람을 제외하고는 1분에 10m 정도씩 잠수하는 것이 안전하다.
② 감압이 끝날 무렵에 순수한 산소를 흡입시키면 예방적 효과와 함께 감압시간을 25% 가량 단축시킬 수 있다.
③ 고압환경에서 작업 시 질소를 헬륨으로 대치할 경우 목소리를 변화시켜 성대에 손상을 입힐 수 있으므로 할로겐가스로 대치한다.
④ 감압병의 증상을 보일 경우 환자를 원래의 고압환경에 복귀시키거나 인공적 고압실에 넣어 혈관 및 조직 속에 발생한 질소의 기포를 다시 용해시킨 후 천천히 감압한다.

풀이 고압환경에서 작업하는 근로자에서 질소를 헬륨으로 대치한 공기를 호흡시킨다. 또한 헬륨-산화혼합가스는 호흡저항이 적어 심해잠수에 사용한다.

정답 63.③ 64.④ 65.③ 66.③ 67.② 68.③

69 레이저(laser)에 관한 설명으로 틀린 것은?
① 레이저광에 가장 민감한 표적기관은 눈이다.
② 레이저광은 출력이 대단히 강력하고 극히 좁은 파장범위를 갖기 때문에 쉽게 산란하지 않는다.
③ 파장, 조사량 또는 시간 및 개인의 감수성에 따라 피부에 홍반, 수포형성, 색소침착 등이 생긴다.
④ 레이저광 중 에너지의 양을 지속적으로 축적하여 강력한 파동을 발생시키는 것을 지속파라 한다.

[풀이] 레이저의 물리적 특성
㉠ LASER는 Light Amplification by Stimulated Emission of Radiation의 약자이며 자외선, 가시광선, 적외선 가운데 인위적으로 특정한 파장부위를 강력하게 증폭시켜 얻은 복사선이다.
㉡ 레이저는 유도방출에 의한 광선증폭을 뜻하며 단색성, 지향성, 집속성, 고출력성의 특징이 있어 집광성과 방향조절이 용이하다.
㉢ 레이저는 보통 광선과는 달리 단일파장으로 강력하고 예리한 지향성을 가졌다.
㉣ 레이저광은 출력이 강하고 좁은 파장을 가지며 쉽게 산란하지 않는 특성이 있다.
㉤ 레이저파 중 맥동파는 레이저광 중 에너지의 양을 지속적으로 축적하여 강력한 파동을 발생시키는 것을 말한다.
㉥ 단위면적당 빛에너지가 대단히 크다. 즉 에너지 밀도가 크다.
㉦ 위상이 고르고 간섭현상이 일어나기 쉽다.
㉧ 단색성이 뛰어나다.

70 사무실 책상면(1.4m)의 수직으로 광원이 있으며 광도가 1,000cd(모든 방향으로 일정)이다. 이 광원에 대한 책상에서의 조도(intensity of illumination, lux)는 약 얼마인가?
① 410   ② 444
③ 510   ④ 544

[풀이] 조도(lux) = $\dfrac{candle}{(거리)^2} = \dfrac{1,000}{1.4^2} = 510.20\,lux$

71 자외선에 관한 설명으로 틀린 것은?
① 비전리방사선이다.
② 200nm 이하의 자외선은 망막까지 도달한다.
③ 생체반응으로는 적혈구, 백혈구에 영향을 미친다.
④ 280~315nm의 자외선을 도르노선(Dorno ray)이라고 한다.

[풀이] 눈에 대한 작용(장애)
㉠ 전기용접, 자외선 살균취급자 등에서 발생되는 자외선에 의해 전광성 안염인 급성각막염이 유발될 수 있다(일반적으로 6~12시간에 증상이 최고조에 달함).
㉡ 나이가 많을수록 자외선 흡수량이 많아져 백내장을 일으킬 수 있다.
㉢ 자외선의 파장에 따른 흡수정도에 따라 'arc-eye'라고 일컬어지는 광각막염 및 결막염 등의 급성영향이 나타나며, 이는 270~280nm의 파장에서 주로 발생한다.

72 전리방사선의 영향에 대하여 감수성이 가장 큰 인체 내의 기관은?
① 폐
② 혈관
③ 근육
④ 골수

[풀이] 전리방사선에 대한 감수성 순서

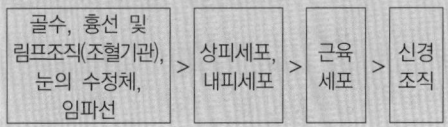

73 다음 중 열사병(heat stroke)에 관한 설명으로 옳은 것은?
① 피부는 차갑고, 습한 상태로 된다.
② 지나친 발한에 의한 탈수와 염분 소실이 원인이다.
③ 보온을 시키고, 더운 커피를 마시게 한다.
④ 뇌 온도의 상승으로 체온조절 중추의 기능이 장해를 받게 된다.

풀이 열사병(heat stroke)
㉠ 고온다습한 환경(육체적 노동 또는 태양의 복사선을 두부에 직접적으로 받는 경우)에 노출될 때 뇌 온도의 상승으로 신체 내부의 체온조절 중추에 기능장애를 일으켜서 생기는 위급한 상태이다.
㉡ 고열로 인해 발생하는 장애 중 가장 위험성이 크다.
㉢ 태양광선에 의한 열사병은 일사병(sunstroke)이라고 한다.
㉣ 발생
  • 체온조절 중추(특히 발한 중추)의 기능장애에 의한다(체내에 열이 축적되어 발생).
  • 혈액 중의 염분량과는 관계없다.
  • 대사열의 증가는 작업부하와 작업환경에서 발생하는 열부하가 원인이 되어 발생하며, 열사병을 일으키는 데 크게 관여하고 있다.

74 작업장의 환경에서 기류의 방향이 일정하지 않거나, 실내 0.2~0.5m/sec 정도의 불감기류를 측정할 때 사용하는 측정기구로 가장 적절한 것은?

① 풍차풍속계
② 카타(kata)온도계
③ 가열온도풍속계
④ 습구흑구온도계(WBGT)

풀이 카타온도계(kata thermometer)
㉠ 실내 0.2~0.5m/sec 정도의 불감기류 측정 시 사용한다.
㉡ 작업환경 내에 기류의 방향이 일정치 않을 경우의 기류속도를 측정한다.
㉢ 카타의 냉각력을 이용하여 측정한다. 즉 알코올 눈금이 100°F(37.8℃)에서 95°F(35℃)까지 내려가는 데 소요되는 시간을 4~5회 측정 평균하여 카타상수값을 이용하여 구한다.

75 시간당 150kcal의 열량이 소요되는 작업을 하는 실내 작업장이다. 다음 온도 조건에서 시간당 작업휴식시간비로 가장 적절한 것은?

• 흑구온도 : 32℃
• 건구온도 : 27℃
• 자연습구온도 : 30℃

작업휴식시간비	작업강도 경작업	중등작업	중작업
계속작업	30.0	26.7	25.0
매시간 75% 작업, 25% 휴식	30.6	28.0	25.9
매시간 50% 작업, 50% 휴식	31.4	29.4	27.9
매시간 25% 작업, 75% 휴식	32.2	31.1	30.0

① 계속작업
② 매시간 25% 작업, 75% 휴식
③ 매시간 50% 작업, 50% 휴식
④ 매시간 75% 작업, 25% 휴식

풀이 옥내 WBGT(℃)
= (0.7×자연습구온도)+(0.3×흑구온도)
= (0.7×30℃)+(0.3×32℃)
= 30.6℃
시간당 200kcal까지의 열량이 소요되는 작업이 경작업이므로 작업휴식시간비는 매시간 75% 작업, 25% 휴식이다.

76 다음 중 외부조사보다 체내 흡입 및 섭취로 인한 내부조사의 피해가 가장 큰 전리방사선의 종류는?

① α선
② β선
③ γ선
④ X선

풀이 α선(α입자)
㉠ 방사선 동위원소의 붕괴과정 중 원자핵에서 방출되는 입자로서 헬륨원자의 핵과 같이 2개의 양자와 2개의 중성자로 구성되어 있다. 즉, 선원(major source)은 방사선 원자핵이고 고속의 He 입자형태이다.
㉡ 질량과 하전 여부에 따라 그 위험성이 결정된다.
㉢ 투과력은 가장 약하나(매우 쉽게 흡수) 전리작용은 가장 강하다.
㉣ 투과력이 약해 외부조사로 건강상의 위해가 오는 일은 드물며, 피해부위는 내부노출이다.
㉤ 외부조사보다 동위원소를 체내 흡입·섭취할 때의 내부조사의 피해가 가장 큰 전리방사선이다.

정답 74.② 75.④ 76.①

77 다음 중 자연채광을 이용한 조명방법으로 가장 적절하지 않은 것은?
① 입사각은 25° 미만이 좋다.
② 실내 각점의 개각은 4~5°가 좋다.
③ 창의 면적은 바닥면적의 15~20%가 이상적이다.
④ 창의 방향은 많은 채광을 요구할 경우 남향이 좋으며 조명의 평등을 요하는 작업실의 경우 북창이 좋다.

[풀이] 채광의 입사각은 28° 이상이 좋으며 개각 1°의 감소를 입사각으로 보충하려면 2~5° 증가가 필요하다.

78 수심 40m에서 작업을 할 때 작업자가 받는 절대압은 어느 정도인가?
① 3기압
② 4기압
③ 5기압
④ 6기압

[풀이] 절대압=작용압+대기압
=(40m×1기압/10m)+1기압
=5기압

79 다음 중 산소결핍의 위험이 가장 적은 작업 장소는?
① 실내에서 전기 용접을 실시하는 작업 장소
② 장기간 사용하지 않은 우물 내부의 작업 장소
③ 장기간 밀폐된 보일러 탱크 내부의 작업 장소
④ 물품 저장을 위한 지하실 내부의 청소 작업 장소

[풀이] ②, ③, ④항의 내용은 밀폐공간 작업을 말한다.

80 다음 중 이상기압의 영향으로 발생되는 고공성 폐수종에 관한 설명으로 틀린 것은?
① 어른보다 아이들에게서 많이 발생된다.
② 고공 순화된 사람이 해면에 돌아올 때에도 흔히 일어난다.
③ 산소공급과 해면 귀환으로 급속히 소실되며, 증세는 반복해서 발병하는 경향이 있다.
④ 진해성 기침과 호흡곤란이 나타나고 폐동맥 혈압이 급격히 낮아져 구토, 실신 등이 발생한다.

[풀이] 고공성 폐수종
㉠ 어른보다 순화적응속도가 느린 어린이에게 많이 일어난다.
㉡ 고공 순화된 사람이 해면에 돌아올 때 자주 발생한다.
㉢ 산소공급과 해면 귀환으로 급속히 소실되며, 이 증세는 반복해서 발병하는 경향이 있다.
㉣ 진해성 기침, 호흡곤란, 폐동맥의 혈압 상승현상이 나타난다.

제5과목 | 산업 독성학

81 다음 중 화학물질의 노출기준에서 근로자가 1일 작업시간 동안 잠시라도 노출되어서는 안 되는 기준을 나타내는 것은?
① TLV-C   ② TLV-skin
③ TLV-TWA   ④ TLV-STEL

[풀이] 천장값 노출기준(TLV-C : ACGIH)
㉠ 어떤 시점에서도 넘어서는 안 된다는 상한치를 말한다.
㉡ 항상 표시된 농도 이하를 유지하여야 한다.
㉢ 노출기준에 초과되어 노출 시 즉각적으로 비가역적인 반응을 나타낸다.
㉣ 자극성 가스나 독작용이 빠른 물질 및 TLV-STEL이 설정되지 않는 물질에 적용한다.
㉤ 측정은 실제로 순간농도 측정이 불가능하며, 따라서 약 15분간 측정한다.

정답 77.① 78.③ 79.① 80.④ 81.①

82 다음 중 천연가스, 석유정제산업, 지하석탄광업 등을 통해서 노출되고 중추신경의 억제와 후각의 마비 증상을 유발하며, 치료로는 100% O_2를 투여하는 등의 조치가 필요한 물질은?

① 암모니아 ② 포스겐
③ 오존 ④ 황화수소

풀이 황화수소(H_2S)
㉠ 부패한 계란 냄새가 나는 무색의 기체로 폭발성 있음
㉡ 공업약품 제조에 이용되며 레이온공업, 셀로판 제조, 오수조 내의 작업 등에서 발생하며, 천연가스, 석유정제산업, 지하석탄광업 등을 통해서도 노출
㉢ 급성중독으로는 점막의 자극증상이 나타나며 경련, 구토, 현기증, 혼수, 뇌의 호흡 중추신경의 억제와 마비 증상
㉣ 만성작용으로는 두통, 위장장애 증상
㉤ 치료로는 100% 산소를 투여
㉥ 고용노동부 노출기준은 TWA로 10ppm이며, STEL은 15ppm임
㉦ 산업안전보건기준에 관한 규칙상 관리대상 유해물질의 가스상 물질류임

83 다음 중 단순 질식제에 해당하는 것은?

① 수소가스 ② 염소가스
③ 불소가스 ④ 암모니아가스

풀이 단순 질식제의 종류
㉠ 이산화탄소(CO_2)
㉡ 메탄(CH_4)
㉢ 질소(N_2)
㉣ 수소(H_2)
㉤ 에탄, 프로판, 에틸렌, 아세틸렌, 헬륨

84 다음 중 납중독의 주요 증상에 포함되지 않는 것은?

① 혈중의 metallothionein 증가
② 적혈구의 protoporphyrin 증가
③ 혈색소량 저하
④ 혈청 내 철 증가

풀이
(1) metallothionein(혈당단백질)은 카드뮴과 관계있다. 즉, 카드뮴이 체내에 들어가면 간에서 metallothionein 생합성이 촉진되어 폭로된 중금속의 독성을 감소시키는 역할을 하나 다량의 카드뮴일 경우 합성이 되지 않아 중독작용을 일으킨다.
(2) 적혈구에 미치는 작용
㉠ K^+과 수분이 손실된다.
㉡ 삼투압이 증가하여 적혈구가 위축된다.
㉢ 적혈구 생존기간이 감소한다.
㉣ 적혈구 내 전해질이 감소한다.
㉤ 미숙적혈구(망상적혈구, 친염기성 혈구)가 증가한다.
㉥ 혈색소량은 저하하고 혈청 내 철이 증가한다.
㉦ 적혈구 내 프로토포르피린이 증가한다.
㉧ 소변 중 코프로포르피린이 증가한다.

85 산업독성에서 LD_{50}의 정확한 의미는?

① 실험동물의 50%가 살아남을 확률이다.
② 실험동물의 50%가 죽게 되는 양이다.
③ 실험동물의 50%가 죽게 되는 농도이다.
④ 실험동물의 50%가 살아남을 비율이다.

풀이 LD_{50}
㉠ 유해물질의 경구투여용량에 따른 반응범위를 결정하는 독성검사에서 얻은 용량-반응 곡선에서 실험동물군의 50%가 일정기간 동안에 죽는 치사량을 의미한다.
㉡ 독성물질의 노출은 흡입을 제외한 경로를 통한 조건이어야 한다.
㉢ 치사량 단위는 [물질의 무게(mg)/동물의 몸무게(kg)]로 표시한다.
㉣ 통상 30일간 50%의 동물이 죽는 치사량을 말한다.
㉤ LD_{50}에는 변역 또는 95% 신뢰한계를 명시하여야 한다.
㉥ 노출된 동물의 50%가 죽는 농도의 의미도 있다.

86 다음 중 가스상 물질의 호흡기계 축적을 결정하는 가장 중요한 인자는?

① 물질의 수용성 정도
② 물질의 농도차
③ 물질의 입자분포
④ 물질의 발생기전

[풀이] 유해물질의 흡수속도는 그 유해물질의 공기 중 농도와 용해도, 폐까지 도달하는 양은 그 유해물질의 용해도에 의해서 결정된다. 따라서 가스상 물질의 호흡기계 축적을 결정하는 가장 중요한 인자는 물질의 수용성 정도이다.

87 다음 중 생물학적 모니터링에 대한 설명으로 틀린 것은?

① 근로자의 유해인자에 대한 노출정도를 소변, 호기, 혈액 중에서 그 물질이나 대사산물을 측정함으로써 노출정도를 추정하는 방법을 말한다.
② 건강상의 영향과 생물학적 변수와 상관성이 높아 공기 중의 노출기준(TLV)보다 훨씬 많은 생물학적 노출지수(BEI)가 있다.
③ 피부, 소화기계를 통한 유해인자의 종합적인 흡수정도를 평가할 수 있다.
④ 생물학적 시료를 분석하는 것은 작업환경 측정보다 훨씬 복잡하고 취급이 어렵다.

[풀이] 건강상의 영향과 생물학적 변수와 상관성이 있는 물질이 많지 않아 작업환경측정에서 설정한 허용기준(TLV)보다 훨씬 적은 기준을 가지고 있다.

88 대상 먼지와 침강속도가 같고, 밀도가 1이며 구형인 먼지의 직경으로 환산하여 표현하는 입자상 물질의 직경을 무엇이라 하는가?

① 입체적 직경 ② 등면적 직경
③ 기하학적 직경 ④ 공기역학적 직경

[풀이] **공기역학적 직경(aerodynamic diameter)**
㉠ 대상 먼지와 침강속도가 같고 단위밀도가 $1g/cm^3$이며, 구형인 먼지의 직경으로 환산된 직경이다.
㉡ 입자의 크기를 입자의 역학적 특성, 즉 침강속도(setting velocity) 또는 종단속도(terminal velocity)에 의하여 측정되는 입자의 크기를 말한다.
㉢ 입자의 공기 중 운동이나 호흡기 내의 침착기전을 설명할 때 유용하게 사용한다.

89 다음 중 생체 내에서 혈액과 화학작용을 일으켜서 질식을 일으키는 물질은?

① 수소
② 헬륨
③ 질소
④ 일산화탄소

[풀이] **일산화탄소(CO)**
㉠ 탄소 또는 탄소화합물이 불완전연소할 때 발생되는 무색무취의 기체이다.
㉡ 산소결핍장소에서 보건학적 의의가 가장 큰 물질이다.
㉢ 혈액 중 헤모글로빈과의 결합력이 매우 강하여 체내 산소공급능력을 방해하므로 대단히 유해하다.
㉣ 생체 내에서 혈액과 화학작용을 일으켜서 질식을 일으키는 물질이다.
㉤ 정상적인 작업환경 공기에서 CO 농도가 0.1%로 되면 사람의 헤모글로빈 50%가 불활성화된다.
㉥ CO 농도가 1%(10,000ppm)인 곳에서 1분 후에 사망에 이른다(COHb : 카복시헤모글로빈 20% 상태가 됨).
㉦ 물에 대한 용해도는 23mL/L이다.
㉧ 중추신경계에 강하게 작용하여 사망에 이르게 한다.

90 다음 중 농약에 의한 중독을 일으키는 것으로 인체에 대한 독성이 강한 유기인제 농약에 포함되지 않는 것은?

① 파라치온 ② 말라치온
③ TEPP ④ 클로로포름

[풀이] **클로로포름($CHCl_3$)**
㉠ 에테르와 비슷한 향이 나며 마취제로 사용하고 증기는 공기보다 약 4배 무겁다.
㉡ 페니실린을 비롯한 약품을 정제하기 위한 추출제 혹은 냉동제 및 합성수지에 이용된다.
㉢ 가연성이 매우 작지만 불꽃, 열 또는 산소에 노출되면 분해되어 독성물질이 된다.

[정답] 87.② 88.④ 89.④ 90.④

91 구리의 독성에 대한 인체실험 결과 안전 흡수량이 체중 kg당 0.008mg이었다. 1일 8시간 작업 시의 허용농도는 약 몇 mg/m³인가? (단, 근로자 평균체중은 70kg, 작업 시의 폐환기율은 1.45m³/hr, 체내 잔류율은 1.0으로 가정한다.)

① 0.035 ② 0.048
③ 0.056 ④ 0.064

풀이
안전흡수량(mg) = $C \times T \times V \times R$

$\therefore C(\text{mg/m}^3) = \dfrac{\text{안전흡수량}}{T \times V \times R}$

$= \dfrac{0.008 \text{mg/kg} \times 70 \text{kg}}{8 \times 1.45 \times 1.0}$

$= 0.048 \text{mg/m}^3$

92 다음 중 유기용제별 중독의 특이증상을 올바르게 짝지은 것은?

① 벤젠 – 간장애
② MBK – 조혈장애
③ 염화탄화수소 – 시신경장애
④ 에틸렌글리콜에테르 – 생식기능장애

풀이 유기용제별 중독의 특이증상
㉠ 벤젠 : 조혈장애
㉡ 염화탄화수소, 염화비닐 : 간장애
㉢ 이황화탄소 : 중추신경 및 말초신경 장애, 생식기능장애
㉣ 메틸알코올(메탄올) : 시신경장애
㉤ 메틸부틸케톤 : 말초신경장애(중독성)
㉥ 노말헥산 : 다발성 신경장애
㉦ 에틸렌글리콜에테르 : 생식기장애
㉧ 알코올, 에테르류, 케톤류 : 마취작용
㉨ 톨루엔 : 중추신경장애

93 여성근로자의 생식 독성 인자 중 연결이 잘못된 것은?

① 중금속 – 납
② 물리적 인자 – X선
③ 화학물질 – 알킬화제
④ 사회적 습관 – 루벨라바이러스

풀이 성별 생식 독성 유발 유해인자
㉠ 남성근로자
고온, X선, 납, 카드뮴, 망간, 수은, 항암제, 마취제, 알킬화제, 이황화탄소, 염화비닐, 음주, 흡연, 마약, 호르몬제제, 마이크로파 등
㉡ 여성근로자
X선, 고열, 저산소증, 납, 수은, 카드뮴, 항암제, 이뇨제, 알킬화제, 유기인계 농약, 음주, 흡연, 마약, 비타민 A, 칼륨, 저혈압 등

94 다음 중 직업성 천식을 유발하는 원인물질로만 나열된 것은?

① 알루미늄, 2-bromopropane
② TDI(Toluene Diisocyanate), asbestos
③ 실리카, DBCP(1,2-dibromo-3-chloropropane)
④ TDI(Toluene Diisocyanate), TMA(Trimellitic Anhydride)

풀이 직업성 천식의 원인 물질

구분	원인 물질	직업 및 작업
금속	백금	도금
	니켈, 크롬, 알루미늄	도금, 시멘트 취급자, 금고 제작공
화학물	Isocyanate(TDI, MDI)	페인트, 접착제, 도장작업
	산화무수물	페인트, 플라스틱 제조업
	송진 연무	전자업체 납땜 부서
	반응성 및 아조 염료	염료공장
	trimellitic anhydride(TMA)	레진, 플라스틱, 계면활성제 제조업
	persulphates	미용사
	ethylenediamine	래커칠, 고무공장
	formaldehyde	의료 종사자
약제	항생제, 소화제	제약회사, 의료인
생물학적 물질	동물 분비물, 털(말, 쥐, 사슴)	실험실 근무자, 동물 사육사
	목재분진	목수, 목재공장 근로자
	곡물가루, 쌀겨, 메밀가루, 카레	농부, 곡물 취급자, 식품업 종사자
	밀가루	제빵공
	커피가루	커피 제조공
	라텍스	의료 종사자
	응애, 진드기	농부, 과수원(귤, 사과)

정답 91.② 92.④ 93.④ 94.④

95 다음 중 유해물질의 독성 또는 건강영향을 결정하는 인자로 가장 거리가 먼 것은?
① 작업강도
② 인체 내 침입경로
③ 노출강도
④ 작업장 내 근로자수

> **풀이** 유해물질의 독성(건강영향)을 결정하는 인자
> ㉠ 공기 중 농도(노출농도)
> ㉡ 폭로시간(노출시간)
> ㉢ 작업강도
> ㉣ 기상조건
> ㉤ 개인의 감수성
> ㉥ 인체 침입경로
> ㉦ 유해물질의 물리화학적 성질

96 유해화학물질에 의한 간의 중요한 장애인 중심소엽성 괴사를 일으키는 물질로 대표적인 것은?
① 수은
② 사염화탄소
③ 이황화탄소
④ 에틸렌글리콜

> **풀이** 사염화탄소(CCl_4)
> ㉠ 특이한 냄새가 나는 무색의 액체로 소화제, 탈지세정제, 용제로 이용한다.
> ㉡ 신장장애 증상으로 감뇨, 혈뇨 등이 발생하며 완전 무뇨증이 되면 사망할 수 있다.
> ㉢ 피부, 간장, 신장, 소화기, 신경계에 장애를 일으키는데 특히 간에 대한 독성작용이 강하게 나타난다. 즉, 간에 중요한 장애인 중심소엽성 괴사를 일으킨다.
> ㉣ 고온에서 금속과의 접촉으로 포스겐, 염화수소를 발생시키므로 주의를 요한다.
> ㉤ 고농도로 폭로되면 중추신경계 장애 외에 간장이나 신장에 장애가 일어나 황달, 단백뇨, 혈뇨의 증상을 보이는 할로겐화 탄화수소이다.
> ㉥ 초기 증상으로 지속적인 두통, 구역 및 구토, 간 부위의 압통 등의 증상을 일으킨다.
> ㉦ 피부로부터 흡수되어 전신중독을 일으킨다.
> ㉧ 인간에 대한 발암성이 의심되는 물질군(A2)에 포함된다.
> ㉨ 산업안전보건기준에 관한 규칙상 관리대상 유해물질의 유기화합물이다.

97 미국정부산업위생전문가협의회(ACGIH)의 발암물질 구분으로 '동물 발암성 확인물질, 인체 발암성 모름'에 해당하는 Group은?
① A2
② A3
③ A4
④ A5

> **풀이** ACGIH의 발암물질 구분
> ㉠ A1 : 인체 발암 확인(확정)물질
> ㉡ A2 : 인체 발암이 의심되는 물질(발암 추정물질)
> ㉢ A3 : 동물 발암성 확인물질, 인체 발암성 모름
> ㉣ A4 : 인체 발암성 미분류물질, 인체 발암성이 확인되지 않은 물질
> ㉤ A5 : 인체 발암성 미의심물질

98 진폐증의 종류 중 무기성 분진에 의한 것은?
① 면폐증
② 석면폐증
③ 농부폐증
④ 목재분진폐증

> **풀이** 분진 종류에 따른 진폐증의 분류(임상적 분류)
> ㉠ 유기성 분진에 의한 진폐증
> 농부폐증, 면폐증, 연초폐증, 설탕폐증, 목재분진폐증, 모발분진폐증
> ㉡ 무기성(광물성) 분진에 의한 진폐증
> 규폐증, 탄소폐증, 활석폐증, 탄광부진폐증, 철폐증, 베릴륨폐증, 흑연폐증, 규조토폐증, 주석폐증, 칼륨폐증, 바륨폐증, 용접공폐증, 석면폐증

99 생물학적 모니터링은 노출에 대한 것과 영향에 대한 것으로 구분한다. 다음 중 노출에 대한 생물학적 모니터링에 해당하는 것은?
① 일산화탄소 – 호기 중 일산화탄소
② 카드뮴 – 소변 중 저분자량 단백질
③ 납 – 적혈구 ZPP(Zinc-Protoporphyrin)
④ 납 – FEP(Free Erythrocyte Protoporphyrin)

> **풀이** 화학물질의 영향에 대한 생물학적 모니터링 대상
> ㉠ 납 : 적혈구에서 ZPP
> ㉡ 카드뮴 : 소변에서 저분자량 단백질
> ㉢ 일산화탄소 : 혈액에서 카르복시헤모글로빈
> ㉣ 니트로벤젠 : 혈액에서 메트헤모글로빈

100 다음 중 알레르기성 접촉피부염에 관한 설명으로 틀린 것은?

① 항원에 노출되고 일정 시간이 지난 후에 다시 노출되었을 때 세포 매개성 과민반응에 의하여 나타나는 부작용의 결과이다.
② 알레르기성 반응은 극소량 노출에 의해서도 피부염이 발생할 수 있는 것이 특징이다.
③ 알레르기원에 노출되고 이 물질이 알레르기원으로 작용하기 위해서는 일정 기간이 소요되며 그 기간을 휴지기라 한다.
④ 알레르기 반응을 일으키는 관련 세포는 대식세포, 림프구, 랑거한스세포로 구분된다.

풀이 알레르기원에서 노출되고 이 물질이 알레르기원으로 작용하기 위해서는 일정 기간이 소요되는데 이 기간(2~3주)을 유도기라고 한다.

정답 100.③

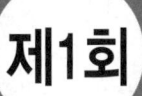

제1회 산업위생관리기사

CBT 기출복원문제 | 2023.03.05

제1과목 | 산업위생학 개론

01 다음 중 유해인자와 그로 인하여 발생되는 직업병이 올바르게 연결된 것은?
① 크롬 – 간암
② 이상기압 – 침수족
③ 석면 – 악성중피종
④ 망간 – 비중격천공

풀이 유해인자별 발생 직업병
㉠ 크롬 : 폐암(크롬폐증)
㉡ 이상기압 : 폐수종(잠함병)
㉢ 고열 : 열사병
㉣ 방사선 : 피부염 및 백혈병
㉤ 소음 : 소음성 난청
㉥ 수은 : 무뇨증
㉦ 망간 : 신장염(파킨슨 증후군)
㉧ 석면 : 악성중피종
㉨ 한랭 : 동상
㉩ 조명 부족 : 근시, 안구진탕증
㉪ 진동 : Raynaud's 현상
㉫ 분진 : 규폐증

02 미국산업위생학회 등에서 산업위생전문가들이 지켜야 할 윤리강령을 채택한 바 있는데, 다음 중 전문가로서의 책임에 해당되지 않는 것은 어느 것인가?
① 기업체의 기밀은 누설하지 않는다.
② 전문 분야로서의 산업위생 발전에 기여한다.
③ 근로자, 사회 및 전문 분야의 이익을 위해 과학적 지식을 공개한다.
④ 위험요인의 측정, 평가 및 관리에 있어서 외부의 압력에 굴하지 않고 중립적인 태도를 취한다.

풀이 산업위생전문가의 윤리강령(미국산업위생학술원, AAIH) : 윤리적 행위의 기준
(1) 산업위생전문가로서의 책임
㉠ 성실성과 학문적 실력 면에서 최고수준을 유지한다(전문적 능력 배양 및 성실한 자세로 행동).
㉡ 과학적 방법의 적용과 자료의 해석에서 경험을 통한 전문가의 객관성을 유지한다(공인된 과학적 방법 적용·해석).
㉢ 전문 분야로서의 산업위생을 학문적으로 발전시킨다.
㉣ 근로자, 사회 및 전문 직종의 이익을 위해 과학적 지식을 공개하고 발표한다.
㉤ 산업위생활동을 통해 얻은 개인 및 기업체의 기밀은 누설하지 않는다(정보는 비밀 유지).
㉥ 전문적 판단이 타협에 의하여 좌우될 수 있거나 이해관계가 있는 상황에는 개입하지 않는다.
(2) 근로자에 대한 책임
㉠ 근로자의 건강보호가 산업위생전문가의 일차적 책임임을 인지한다(주된 책임 인지).
㉡ 근로자와 기타 여러 사람의 건강과 안녕이 산업위생전문가의 판단에 좌우된다는 것을 깨달아야 한다.
㉢ 위험요인의 측정, 평가 및 관리에 있어서 외부의 영향력에 굴하지 않고 중립적(객관적)인 태도를 취한다.
㉣ 건강의 유해요인에 대한 정보(위험요소)와 필요한 예방조치에 대해 근로자와 상담(대화)한다.
(3) 기업주와 고객에 대한 책임
㉠ 결과 및 결론을 뒷받침할 수 있도록 정확한 기록을 유지하고, 산업위생 사업을 전문가답게 전문 부서들을 운영·관리한다.
㉡ 기업주와 고객보다는 근로자의 건강보호에 궁극적 책임을 두어 행동한다.
㉢ 쾌적한 작업환경을 조성하기 위하여 산업위생의 이론을 적용하고 책임감 있게 행동한다.
㉣ 신뢰를 바탕으로 정직하게 권하고 성실한 자세로 충고하며 결과와 개선점 및 권고사항을 정확히 보고한다.
(4) 일반대중에 대한 책임
㉠ 일반대중에 관한 사항은 학술지에 정직하게, 사실 그대로 발표한다.
㉡ 적정(정확)하고도 확실한 사실(확인된 지식)을 근거로 하여 전문적인 견해를 발표한다.

PART 02 과년도 출제문제

03 국소피로 평가는 근전도(EMG)를 많이 사용하는데, 피로한 근육에서 측정된 근전도가 정상근육에 비하여 나타내는 특성이 아닌 것은?
① 총 전압의 증가
② 평균주파수의 감소
③ 총 전류의 감소
④ 저주파수 힘의 증가

[풀이] 정상근육과 비교하여 피로한 근육에서 나타나는 EMG의 특징
㉠ 저주파(0~40Hz)에서 힘의 증가
㉡ 고주파(40~200Hz)에서 힘의 감소
㉢ 평균주파수 감소
㉣ 총 전압의 증가

04 작업대사율(RMR) 계산 시 직접적으로 필요한 항목과 가장 거리가 먼 것은?
① 작업시간
② 안정 시 열량
③ 기초대사량
④ 작업에 소모된 열량

[풀이]
$$RMR = \frac{작업대사량}{기초대사량}$$
$$= \frac{\begin{pmatrix}작업 시 소비된 에너지대사량 \\ - 같은 시간의 안정 시 소비된 에너지대사량\end{pmatrix}}{기초대사량}$$

05 다음 중 사무실 공기관리지침상 관리대상 오염물질의 종류에 해당하지 않는 것은?
① 포름알데히드
② 호흡성 분진(RSP)
③ 총 부유세균
④ 일산화탄소

[풀이] 사무실 공기관리지침의 관리대상 오염물질
㉠ 미세먼지(PM 10)
㉡ 초미세먼지(PM 2.5)
㉢ 일산화탄소(CO)
㉣ 이산화탄소(CO_2)
㉤ 이산화질소(NO_2)
㉥ 포름알데히드(HCHO)
㉦ 총 휘발성 유기화합물(TVOC)
㉧ 라돈(radon)
㉨ 총 부유세균
㉩ 곰팡이

06 Diethyl ketone(TLV=200ppm)을 사용하는 근로자의 작업시간이 9시간일 때 허용기준을 보정하였다. OSHA 보정법과 Brief and Scala 보정법을 적용하였을 경우 보정된 허용기준치 간의 차이는 약 몇 ppm인가?
① 5.05
② 11.11
③ 22.22
④ 33.33

[풀이]
• OSHA 보정법 적용 보정된 허용기준
$= TLV \times \frac{8}{H} = 200ppm \times \frac{8}{9} = 177.78ppm$
• Brief and Scala 보정법 적용 보정된 허용기준
$= TLV \times RF$
• $RF = \frac{8}{H} \times \frac{24-H}{16} = \frac{8}{9} \times \frac{24-9}{16} = 0.83$
$= 200ppm \times 0.83$
$= 166.67ppm$
∴ 차이 $= 177.78 - 166.67 = 11.11ppm$

07 다음 중 신체적 결함과 그 원인이 되는 작업이 가장 적합하게 연결된 것은?
① 평발 – VDT 작업
② 진폐증 – 고압, 저압 작업
③ 중추신경 장애 – 광산 작업
④ 경견완 증후군 – 타이핑 작업

[풀이] 신체적 결함에 따른 부적합 작업
㉠ 간기능장애 : 화학공업(유기용제 취급작업)
㉡ 편평족 : 서서 하는 작업
㉢ 심계항진 : 격심작업, 고소작업
㉣ 고혈압 : 이상기온, 이상기압에서의 작업
㉤ 경견완 증후군 : 타이핑 작업

08 육체적 작업능력(PWC)이 16kcal/min인 근로자가 1일 8시간 동안 물체를 운반하고 있고, 이때의 작업대사량은 9kcal/min, 휴식대사량은 1.5kcal/min이다. 다음 중 적정 휴식시간과 작업시간으로 가장 적합한 것은?
① 시간당 25분 휴식, 35분 작업
② 시간당 29분 휴식, 31분 작업
③ 시간당 35분 휴식, 25분 작업
④ 시간당 39분 휴식, 21분 작업

정답 03.③ 04.① 05.② 06.② 07.④ 08.②

[풀이] 먼저 Hertig식을 이용 휴식시간 비율(%)을 구하면

$$T_{rest}(\%) = \left[\frac{PWC의 \frac{1}{3} - 작업대사량}{휴식대사량 - 작업대사량}\right] \times 100$$

$$= \left[\frac{\left(16 \times \frac{1}{3}\right) - 9}{1.5 - 9}\right] \times 100 = 49\%$$

∴ 휴식시간 = 60min × 0.49 = 29.4min
작업시간 = (60 - 29.4)min = 30.6min

09 산업안전보건법령에서 정하는 중대재해라고 볼 수 없는 것은?

① 사망자가 1명 이상 발생한 재해
② 3개월 이상의 요양을 요하는 부상자가 동시에 2명 이상 발생한 재해
③ 6개월 이상의 요양을 요하는 부상자가 동시에 1명 이상 발생한 재해
④ 부상자 또는 직업성 질병자가 동시에 10명 이상 발생한 재해

[풀이] **중대재해**
㉠ 사망자가 1명 이상 발생한 재해
㉡ 3개월 이상의 요양을 요하는 부상자가 동시에 2명 이상 발생한 재해
㉢ 부상자 또는 직업성 질병자가 동시에 10명 이상 발생한 재해

10 다음 중 직업성 질환의 범위에 대한 설명으로 틀린 것은?

① 직업상 업무에 기인하여 1차적으로 발생하는 원발성 질환은 제외한다.
② 원발성 질환과 합병 작용하여 제2의 질환을 유발하는 경우를 포함한다.
③ 합병증이 원발성 질환과 불가분의 관계를 가지는 경우를 포함한다.
④ 원발성 질환에서 떨어진 다른 부위에 같은 원인에 의한 제2의 질환을 일으키는 경우를 포함한다.

[풀이] 직업성 질환의 범위는 직업상 업무에 기인하여 1차적으로 발생하는 원발성 질환을 포함한다.

11 18세기 영국의 외과의사 Pott에 의해 직업성 암(癌)으로 보고되었고, 오늘날 검댕 속에 다환방향족탄화수소가 원인인 것으로 밝혀진 질병은?

① 폐암 ② 음낭암
③ 방광암 ④ 중피종

[풀이] **Percivall Pott**
㉠ 영국의 외과의사로 직업성 암을 최초로 보고하였으며, 어린이 굴뚝청소부에게 많이 발생하는 음낭암(scrotal cancer)을 발견하였다.
㉡ 암의 원인물질은 검댕 속 여러 종류의 다환방향족탄화수소(PAH)이다.
㉢ 굴뚝청소부법을 제정하도록 하였다(1788년).

12 어떤 사업장에서 500명의 근로자가 1년 동안 작업하던 중 재해가 50건 발생하였으며 이로 인해 총 근로시간 중 5%의 손실이 발생하였다면 이 사업장의 도수율은 약 얼마인가? (단, 근로자는 1일 8시간씩 연간 300일을 근무하였다.)

① 14 ② 24
③ 34 ④ 44

[풀이] 도수율 = $\frac{재해발생건수}{연근로시간수} \times 10^6$

$= \frac{50}{500 \times 8 \times 300 \times 0.95} \times 10^6 = 43.86$

13 다음 중 '도수율'에 관한 설명으로 옳지 않은 것은?

① 산업재해의 발생빈도를 나타낸다.
② 연근로시간 합계 100만 시간당의 재해발생건수이다.
③ 사망과 경상에 따른 재해강도를 고려한 값이다.
④ 일반적으로 1인당 연간 근로시간수는 2,400시간으로 한다.

[풀이] 연천인율 및 도수율은 사망과 경상에 따른 재해강도를 고려하지 않은 값이다.

정답 09.③ 10.① 11.② 12.④ 13.③

14 산업피로의 증상에 대한 설명으로 틀린 것은?
① 혈당치가 높아지고 젖산, 탄산이 증가한다.
② 호흡이 빨라지고, 혈액 중 CO_2의 양이 증가한다.
③ 체온은 처음엔 높아지다가 피로가 심해지면 나중엔 떨어진다.
④ 혈압은 처음엔 높아지나 피로가 진행되면 나중엔 오히려 떨어진다.

풀이 산업피로의 증상
㉠ 체온은 처음에는 높아지나 피로정도가 심해지면 오히려 낮아진다.
㉡ 혈압은 초기에는 높아지나 피로가 진행되면 오히려 낮아진다.
㉢ 혈액 내 혈당치가 낮아지고 젖산과 탄산량이 증가하여 산혈증으로 된다.
㉣ 맥박 및 호흡이 빨라지며 에너지 소모량이 증가한다.
㉤ 체온상승과 호흡중추의 흥분이 온다(체온상승이 호흡중추를 자극하여 에너지 소모량을 증가시킴).
㉥ 권태감과 졸음이 오고 주의력이 산만해지며 식은땀이 나고 입이 자주 마른다.
㉦ 호흡이 얕고 빠른데 이는 혈액 중 이산화탄소량이 증가하여 호흡중추를 자극하기 때문이다.
㉧ 맛, 냄새, 시각, 촉각 등 지각기능이 둔해지고 반사기능이 낮아진다.
㉨ 체온조절기능이 저하되고 판단력이 흐려진다.
㉩ 소변의 양이 줄고 진한 갈색으로 변하며 심한 경우 단백뇨가 나타나며 뇨 내의 단백질 또는 교질물질의 배설량(농도)이 증가한다.

15 영상표시단말기(VDT)의 작업자료로 틀린 것은?
① 발의 위치는 앞꿈치만 닿을 수 있도록 한다.
② 눈과 화면의 중심 사이의 거리는 40cm 이상이 되도록 한다.
③ 위팔과 아래팔이 이루는 각도는 90° 이상이 되도록 한다.
④ 아래팔은 손등과 일직선을 유지하여 손목이 꺾이지 않도록 한다.

풀이 작업자의 발바닥 전면이 바닥면에 닿는 자세를 취하고 무릎의 내각은 90° 전후이어야 한다.

16 다음 내용이 설명하는 것은?

작업 시 소비되는 산소소비량은 초기에 서서히 증가하다가 작업강도에 따라 일정한 양에 도달하고, 작업이 종료된 후 서서히 감소되어 일정시간 동안 산소가 소비된다.

① 산소부채
② 산소섭취량
③ 산소부족량
④ 최대산소량

풀이 산소부채
운동이 격렬하게 진행될 때에 산소섭취량이 수요량에 미치지 못하여 일어나는 산소부족현상으로 산소부채량은 원래대로 보상되어야 하므로 운동이 끝난 뒤에도 일정 시간 산소를 소비(산소부채 보상)한다는 의미이다.

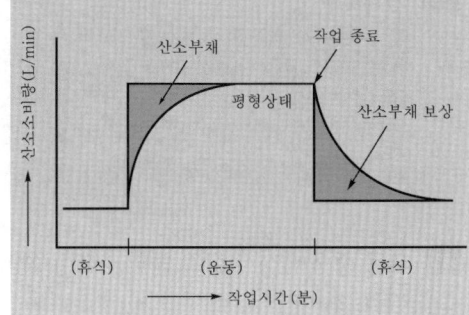

17 유리 제조, 용광로 작업, 세라믹 제조과정에서 발생 가능성이 가장 높은 직업성 질환은?
① 요통
② 근육경련
③ 백내장
④ 레이노드 현상

풀이 백내장 유발 작업
㉠ 유리제조
㉡ 용광로 작업
㉢ 세라믹 제조

18 직업성 질환의 예방에 관한 설명으로 틀린 것은?

① 직업성 질환의 3차 예방은 대개 치료와 재활과정으로, 근로자들이 더 이상 노출되지 않도록 해야 하며 필요시 적절한 의학적 치료를 받아야 한다.
② 직업성 질환의 1차 예방은 원인인자의 제거나 원인이 되는 손상을 막는 것으로, 새로운 유해인자의 통제, 알려진 유해인자의 통제, 노출관리를 통해 할 수 있다.
③ 직업성 질환의 2차 예방은 근로자가 진료를 받기 전 단계인 초기에 질병을 발견하는 것으로, 질병의 선별검사, 감시, 주기적 의학적 검사, 법적인 의학적 검사를 통해 할 수 있다.
④ 직업성 질환은 전체적인 질병이환율에 비해서는 비교적 높지만, 직업성 질환은 원인인자가 알려져 있고 유해인자에 대한 노출을 조절할 수 없으므로 안전농도로 유지할 수 있기 때문에 예방대책을 마련할 수 있다.

[풀이] 직업성 질환은 어떤 특정한 한 물질이나 작업환경에 노출되어 생기는 것보다는 여러 독성물질이나 유해작업환경에 노출되어 발생하는 경우가 많기 때문에 진단 시 복잡하다.

19 근로자의 작업에 대한 적성검사 방법 중 심리학적 적성검사에 해당하지 않는 것은?

① 지능검사
② 감각기능검사
③ 인성검사
④ 지각동작검사

[풀이] **심리학적 검사(적성검사)**
㉠ 지능검사 : 언어, 기억, 추리, 귀납 등에 대한 검사
㉡ 지각동작검사 : 수족협조, 운동속도, 형태지각 등에 대한 검사
㉢ 인성검사 : 성격, 태도, 정신상태에 대한 검사
㉣ 기능검사 : 직무에 관련된 기본지식과 숙련도, 사고력 등의 검사

20 산업안전보건법령상 사업주는 몇 kg 이상의 중량을 들어 올리는 작업에 근로자를 종사하도록 할 때 다음과 같은 조치를 취하여야 하는가?

- 주로 취급하는 물품에 대하여 근로자가 쉽게 알 수 있도록 물품의 중량과 무게중심에 대하여 작업장 주변에 안내표시를 할 것
- 취급하기 곤란한 물품은 손잡이를 붙이거나 갈고리, 진공빨판 등 적절한 보조도구를 활용할 것

① 3kg
② 5kg
③ 10kg
④ 15kg

[풀이] **산업안전보건기준에 관한 규칙상 중량물의 표시**
사업주는 5kg 이상의 중량물을 들어 올리는 작업에 근로자를 종사하도록 하는 때에는 다음의 조치를 하여야 한다.
㉠ 주로 취급하는 물품에 대하여 근로자가 쉽게 알 수 있도록 물품의 중량과 무게중심에 대하여 작업장 주변에 안내표시를 할 것
㉡ 취급하기 곤란한 물품에 대하여 손잡이를 붙이거나 갈고리, 진공빨판 등 적절한 보조도구를 활용할 것

제2과목 | 작업위생 측정 및 평가

21 임핀저(impinger)로 작업장 내 가스를 포집하는 경우, 첫 번째 임핀저의 포집효율이 90%이고, 두 번째 임핀저의 포집효율은 50%이었다. 두 개를 직렬로 연결하여 포집하면 전체 포집효율은?

① 93%
② 95%
③ 97%
④ 99%

[풀이] 전체 포집효율(η_T)
$\eta_T = \eta_1 + \eta_2(1-\eta_1)$
$= 0.9 + [0.5(1-0.9)]$
$= 0.95 \times 100 = 95\%$

22 다음 중 '변이계수'에 관한 설명으로 틀린 것은 어느 것인가?
① 평균값의 크기가 0에 가까울수록 변이계수의 의미는 커진다.
② 측정단위와 무관하게 독립적으로 산출된다.
③ 변이계수는 %로 표현된다.
④ 통계집단의 측정값들에 대한 균일성, 정밀성 정도를 표현하는 것이다.

[풀이] 변이계수(CV)
$$CV(\%) = \frac{표준편차}{평균} \times 100$$
⇨ 평균값의 크기가 0에 가까워질수록 변이계수의 의미는 작아진다.

23 유량, 측정시간, 회수율, 분석에 의한 오차가 각각 10%, 5%, 10%, 5%일 때의 누적오차와 회수율에 의한 오차를 10%에서 7%로 감소(유량, 측정시간, 분석에 의한 오차율은 변화없음)시켰을 때 누적오차와의 차이는?
① 약 1.2%
② 약 1.7%
③ 약 2.6%
④ 약 3.4%

[풀이]
• 변화 전 누적오차 $= \sqrt{10^2 + 5^2 + 10^2 + 5^2}$
  $= 15.81\%$
• 변화 후 누적오차 $= \sqrt{10^2 + 5^2 + 7^2 + 5^2}$
  $= 14.1\%$
누적오차의 차이 $= 15.81 - 14.1 = 1.71\%$

24 가스크로마토그래피(GC) 분석에서 분해능(분리도, R ; resolution)을 높이기 위한 방법이 아닌 것은?
① 시료의 양을 적게 한다.
② 고정상의 양을 적게 한다.
③ 고체 지지체의 입자 크기를 작게 한다.
④ 분리관(column)의 길이를 짧게 한다.

[풀이] 분해능을 높이기 위한 방법
㉠ 고정상의 양 및 시료의 양을 적게 한다.
㉡ 운반가스 유속을 최적화하고 온도를 낮춘다.
㉢ 분리관의 길이를 길게 한다.
㉣ 고체 지지체의 입자 크기를 작게 한다.

25 흡수용액을 이용하여 시료를 포집할 때 흡수효율을 높이는 방법과 거리가 먼 것은?
① 용액의 온도를 높여 오염물질을 휘발시킨다.
② 시료채취유량을 낮춘다.
③ 가는 구멍이 많은 fritted 버블러 등 채취효율이 좋은 기구를 사용한다.
④ 두 개 이상의 버블러를 연속적으로 연결하여 용액의 양을 늘린다.

[풀이] 흡수효율(채취효율)을 높이기 위한 방법
㉠ 포집액의 온도를 낮추어 오염물질의 휘발성을 제한한다.
㉡ 두 개 이상의 임핀저나 버블러를 연속적(직렬)으로 연결하여 사용하는 것이 좋다.
㉢ 시료채취속도(채취물질이 흡수액을 통과하는 속도)를 낮춘다.
㉣ 기포의 체류시간을 길게 한다.
㉤ 기포와 액체의 접촉면적을 크게 한다(가는 구멍이 많은 fritted 버블러 사용).
㉥ 액체의 교반을 강하게 한다.
㉦ 흡수액의 양을 늘려준다.

26 용접작업 중 발생되는 용접흄을 측정하기 위해 사용할 여과지를 화학천칭을 이용해 무게를 재었더니 70.1mg이었다. 이 여과지를 이용하여 2.5L/min의 시료채취 유량으로 120분간 측정을 실시한 후 잰 무게는 75.88mg이었다면 용접흄의 농도는?
① 약 13mg/m³
② 약 19mg/m³
③ 약 23mg/m³
④ 약 28mg/m³

[풀이]
$$농도(mg/m^3) = \frac{(75.88 - 70.1)mg}{2.5L/min \times 120min \times m^3/1,000L}$$
$$= 19.27 mg/m^3$$

27 작업장 내 기류 측정에 대한 설명으로 옳지 않은 것은?
① 풍차풍속계는 풍차의 회전속도로 풍속을 측정한다.
② 풍차풍속계는 보통 1~150m/sec 범위의 풍속을 측정하며 옥외용이다.
③ 기류속도가 아주 낮을 때에는 카타온도계와 복사풍속계를 사용하는 것이 정확하다.
④ 카타온도계는 기류의 방향이 일정하지 않거나, 실내 0.2~0.5m/sec 정도의 불감기류를 측정할 때 사용한다.

> **풀이** 기류속도가 낮을 때 정확한 측정이 가능한 것은 열선풍속계이다.

28 다음 중 냉동기에서 냉매체가 유출되고 있는지 검사하려고 할 때 가장 적합한 측정기구는?
① 스펙트로미터(spectrometer)
② 가스크로마토그래피(gas chromatography)
③ 할로겐화합물 측정기기(halide meter)
④ 연소가스지시계(combustible gas meter)

> **풀이** 냉매의 주성분이 할로겐원소(Cl, Br, I)로 구성되어 있으므로, 측정기구는 할로겐화합물 측정기기를 사용한다.

29 기체에 관한 다음 법칙 중 일정한 온도조건에서 부피와 압력은 반비례한다는 것은?
① 보일의 법칙
② 샤를의 법칙
③ 게이-뤼삭의 법칙
④ 라울트의 법칙

> **풀이** **보일의 법칙**
> 일정한 온도에서 기체의 부피는 그 압력에 반비례한다. 즉 압력이 2배 증가하면 부피는 처음의 1/2배로 감소한다.

30 계통오차의 종류에 대한 설명으로 틀린 것은?
① 한 가지 실험 측정을 반복할 때 측정값들의 변동으로 발생되는 오차
② 측정 및 분석 기기의 부정확성으로 발생된 오차
③ 측정하는 개인의 선입관으로 발생된 오차
④ 측정 및 분석 시 온도나 습도와 같이 알려진 외계의 영향으로 생기는 오차

> **풀이** **계통오차의 종류**
> (1) 외계오차(환경오차)
>   ㉠ 측정 및 분석 시 온도나 습도와 같은 외계의 환경으로 생기는 오차를 의미한다.
>   ㉡ 대책(오차의 세기) : 보정값을 구하여 수정함으로써 오차를 제거할 수 있다.
> (2) 기계오차(기기오차)
>   ㉠ 사용하는 측정 및 분석 기기의 부정확성으로 인한 오차를 말한다.
>   ㉡ 대책 : 기계의 교정에 의하여 오차를 제거할 수 있다.
> (3) 개인오차
>   ㉠ 측정자의 습관이나 선입관에 의한 오차이다.
>   ㉡ 대책 : 두 사람 이상 측정자의 측정을 비교하여 오차를 제거할 수 있다.

31 Hexane의 부분압이 100mmHg(OEL 500ppm)이었을 때 VHR_{Hexane}은?
① 212.5
② 226.3
③ 247.2
④ 263.2

> **풀이** $VHR = \dfrac{C}{TLV} = \dfrac{(100/760) \times 10^6}{500} = 263.16$

32 흡광광도법에서 사용되는 흡수셀의 재질 중 자외선 영역의 파장범위에 사용되는 재질은?
① 유리
② 석영
③ 플라스틱
④ 유리와 플라스틱

> **풀이** **흡수셀의 재질**
> ㉠ 유리 : 가시·근적외파장에 사용
> ㉡ 석영 : 자외파장에 사용
> ㉢ 플라스틱 : 근적외파장에 사용

정답 27.③ 28.③ 29.① 30.① 31.④ 32.②

PART 02 과년도 출제문제

33 펌프 유량 보정기구 중에서 1차 표준기구 (primary standards)로 사용하는 pitot tube에 대한 설명으로 맞는 것은?

① Pitot tube의 정확성에는 한계가 있으며, 기류가 12.7m/sec 이상일 때는 U자 튜브를 이용하고, 그 이하에서는 기울어진 튜브(inclined tube)를 이용한다.
② Pitot tube를 이용하여 곧바로 기류를 측정할 수 있다.
③ Pitot tube를 이용하여 총압과 속도압을 구하여 정압을 계산한다.
④ 속도압이 25mmH₂O일 때 기류속도는 28.58m/sec이다.

[풀이] 피토튜브를 이용한 보정방법
㉠ 공기흐름과 직접 마주치는 튜브
  → 총 압력 측정
㉡ 외곽튜브 → 정압측정
㉢ 총압력 – 정압 = 동압
㉣ 유속 = $4.043\sqrt{동압}$

34 검지관의 장단점으로 틀린 것은?

① 민감도가 낮으며 비교적 고농도에 적용이 가능하다.
② 측정대상물질의 동정이 미리 되어 있지 않아도 측정이 가능하다.
③ 시간에 따라 색이 변화하므로 제조자가 정한 시간에 읽어야 한다.
④ 특이도가 낮다. 즉, 다른 방해물질의 영향을 받기 쉬워 오차가 크다.

[풀이] 검지관 측정법의 장단점
(1) 장점
  ㉠ 사용이 간편하다.
  ㉡ 반응시간이 빨라 현장에서 바로 측정 결과를 알 수 있다.
  ㉢ 비전문가도 어느 정도 숙지하면 사용할 수 있지만 산업위생전문가의 지도 아래 사용되어야 한다.
  ㉣ 맨홀, 밀폐공간에서의 산소부족 또는 폭발성 가스로 인한 안전이 문제가 될 때 유용하게 사용된다.
  ㉤ 다른 측정방법이 복잡하거나 빠른 측정이 요구될 때 사용할 수 있다.

(2) 단점
  ㉠ 민감도가 낮아 비교적 고농도에만 적용이 가능하다.
  ㉡ 특이도가 낮아 다른 방해물질의 영향을 받기 쉽고 오차가 크다.
  ㉢ 대개 단시간 측정만 가능하다.
  ㉣ 한 검지관으로 단일물질만 측정 가능하여 각 오염물질에 맞는 검지관을 선정함에 따른 불편함이 있다.
  ㉤ 색변화에 따라 주관적으로 읽을 수 있어 판독자에 따라 변이가 심하며, 색변화가 시간에 따라 변하므로 제조자가 정한 시간에 읽어야 한다.
  ㉥ 미리 측정대상 물질의 동정이 되어 있어야 측정이 가능하다.

35 작업환경 공기 중 벤젠(TLV=10ppm)이 5ppm, 톨루엔(TLV=100ppm)이 50ppm 및 크실렌(TLV=100ppm)이 60ppm으로 공존하고 있다고 하면 혼합물의 허용농도는? (단, 상가작용 기준)

① 78ppm   ② 72ppm
③ 68ppm   ④ 64ppm

[풀이] 노출지수(EI) = $\frac{5}{10} + \frac{50}{100} + \frac{60}{100} = 1.6$

∴ 보정된 허용농도 = $\frac{혼합물의\ 공기\ 중\ 농도}{노출지수}$
= $\frac{(5+50+60)}{1.6}$ = 71.88ppm

36 다음은 작업환경 측정방법 중 소음측정 시간 및 횟수에 관한 내용이다. ( ) 안에 알맞은 것은?

> 단위작업장소에서의 소음발생시간이 6시간 이내인 경우나 소음발생원에서의 발생시간이 간헐적인 경우에는 발생시간 동안 연속 측정하거나 등간격으로 나누어 ( ) 측정하여야 한다.

① 2회 이상   ② 3회 이상
③ 4회 이상   ④ 6회 이상

정답 33.① 34.② 35.② 36.③

> 풀이 **소음측정 시간 및 횟수**
> ㉠ 단위작업장소에서 소음수준은 규정된 측정 위치 및 지점에서 1일 작업시간 동안 6시간 이상 연속 측정하거나 작업시간을 1시간 간격으로 나누어 6회 이상 측정하여야 한다.
> 다만, 소음의 발생특성이 연속음으로서 측정치가 변동이 없다고 자격자 또는 지정 측정기관이 판단한 경우에는 1시간 동안을 등간격으로 나누어 3회 이상 측정할 수 있다.
> ㉡ 단위작업장소에서의 소음발생시간이 6시간 이내인 경우나 소음발생원에서의 발생시간이 간헐적인 경우에는 발생시간 동안 연속 측정하거나 등간격으로 나누어 4회 이상 측정하여야 한다.

37 셀룰로오스 에스테르 막여과지에 관한 설명으로 틀린 것은?

① 산에 쉽게 용해된다.
② 유해물질이 주로 표면에 침착되어 현미경분석에 유리하다.
③ 흡습성이 적어 주로 중량분석에 적용된다.
④ 중금속 시료채취에 유리하다.

> 풀이 **MCE막 여과지(Mixed Cellulose Ester membrane filter)**
> ㉠ 산업위생에서는 거의 대부분이 직경 37mm, 구멍 크기 0.45~0.8μm의 MCE막 여과지를 사용하고 있어 작은 입자의 금속과 흄(fume) 채취가 가능하다.
> ㉡ 산에 쉽게 용해되고 가수분해되며, 습식 회화되기 때문에 공기 중 입자상 물질 중의 금속을 채취하여 원자흡광법으로 분석하는 데 적당하다.
> ㉢ 산에 의해 쉽게 회화되기 때문에 원소분석에 적합하고 NIOSH에서는 금속, 석면, 살충제, 불소화합물 및 기타 무기물질에 추천되고 있다.
> ㉣ 시료가 여과지의 표면 또는 가까운 곳에 침착되므로 석면, 유리섬유 등 현미경 분석을 위한 시료채취에도 이용된다.
> ㉤ 흡습성(원료인 셀룰로오스가 수분 흡수)이 높아 오차를 유발할 수 있어 중량분석에 적합하지 않다.

38 음압이 10배 증가하면 음압수준은 몇 dB이 증가하는가?

① 10dB ② 20dB
③ 50dB ④ 40dB

> 풀이 $SPL(음압수준) = 20\log\dfrac{P}{P_o} = 20\log 10 = 20dB$

39 소음의 변동이 심하지 않은 작업장에서 1시간 간격으로 8회 측정한 산술평균의 소음수준이 93.5dB(A)이었을 때 하루 소음노출량(dose, %)은? (단, 근로자의 작업시간은 8시간)

① 104% ② 135%
③ 162% ④ 234%

> 풀이
> $TWA = 16.61\log\dfrac{D}{100} + 90$
> $93.5dB(A) = 16.61\log\dfrac{D(\%)}{100} + 90$
> $16.61\log\dfrac{D(\%)}{100} = (93.5 - 90)dB(A)$
> $\log\dfrac{D(\%)}{100} = \dfrac{3.5}{16.61}$
> $D(\%) = 10^{\frac{3.5}{16.61}} \times 100 = 162.45\%$

40 유사노출그룹(HEG)에 관한 내용으로 틀린 것은?

① 시료채취수를 경제적으로 하는 데 목적이 있다.
② 유사노출그룹은 우선 유사한 유해인자별로 구분한 후 유해인자의 동질성을 보다 확보하기 위해 조직을 분석한다.
③ 역학조사를 수행할 때 사건이 발생된 근로자가 속한 유사노출그룹의 노출농도를 근거로 노출원인 및 농도를 추정할 수 있다.
④ 유사노출그룹은 노출되는 유해인자의 농도와 특성이 유사하거나 동일한 근로자 그룹을 말하며 유해인자의 특성이 동일하다는 것은 노출되는 유해인자가 동일하고 농도가 일정한 변이 내에서 통계적으로 유사하다는 의미이다.

> 풀이 **HEG(유사노출그룹)의 설정방법**
> 조직, 공정, 작업범주, 공정과 작업내용별로 구분하여 설정한다.

정답 37.③ 38.② 39.③ 40.②

제3과목 | 작업환경 관리대책

41 0℃, 1기압인 표준상태에서 공기의 밀도가 1.293kg/Sm³라고 할 때, 25℃, 1기압에서의 공기밀도는 몇 kg/m³인가?
① 0.903kg/m³ ② 1.085kg/m³
③ 1.185kg/m³ ④ 1.411kg/m³

풀이
공기밀도 $= 1.293\text{kg/Sm}^3 \times \dfrac{273}{273+25℃}$
$= 1.185\text{kg/m}^3$

42 다음 중 덕트 합류 시 균형유지방법 중 설계에 의한 정압균형유지법의 장단점이 아닌 것을 고르면?
① 설계 시 잘못된 유량을 고치기가 용이함
② 설계가 복잡하고 시간이 걸림
③ 최대저항경로 선정이 잘못되어도 설계 시 쉽게 발견할 수 있음
④ 때에 따라 전체 필요한 최소유량보다 더 초과될 수 있음

풀이
정압균형유지법(정압조절평형법, 유속조절평형법)의 장단점
(1) 장점
  ㉠ 예기치 않은 침식, 부식, 분진퇴적으로 인한 축적(퇴적)현상이 일어나지 않는다.
  ㉡ 잘못 설계된 분지관, 최대저항경로(저항이 큰 분지관) 선정이 잘못되어도 설계 시 쉽게 발견할 수 있다.
  ㉢ 설계가 정확할 때에는 가장 효율적인 시설이 된다.
  ㉣ 유속의 범위가 적절히 선택되면 덕트의 폐쇄가 일어나지 않는다.
(2) 단점
  ㉠ 설계 시 잘못된 유량을 고치기 어렵다(임의의 유량을 조절하기 어려움).
  ㉡ 설계가 복잡하고 시간이 걸린다.
  ㉢ 설계유량 산정이 잘못되었을 경우 수정은 덕트의 크기 변경을 필요로 한다.
  ㉣ 때에 따라 전체 필요한 최소유량보다 더 초과될 수 있다.
  ㉤ 설치 후 변경이나 확장에 대한 유연성이 낮다.
  ㉥ 효율 개선 시 전체를 수정해야 한다.

43 톨루엔을 취급하는 근로자의 보호구 밖에서 측정한 톨루엔 농도가 30ppm이었고 보호구 안의 농도가 2ppm으로 나왔다면 보호계수(PF ; Protection Factor)값은? (단, 표준상태 기준)
① 15   ② 30
③ 60   ④ 120

풀이
$\text{PF} = \dfrac{C_o}{C_i} = \dfrac{30\text{ppm}}{2\text{ppm}} = 15$

44 공기정화장치의 한 종류인 원심력 제진장치의 분리계수(separation factor)에 대한 설명으로 옳지 않은 것은?
① 분리계수는 중력가속도와 반비례한다.
② 사이클론에서 입자에 작용하는 원심력을 중력으로 나눈 값을 분리계수라 한다.
③ 분리계수는 입자의 접선방향속도에 반비례한다.
④ 분리계수는 사이클론의 원추하부반경에 반비례한다.

풀이
분리계수(separation factor)
사이클론의 잠재적인 효율(분리능력)을 나타내는 지표로, 이 값이 클수록 분리효율이 좋다.
$\text{분리계수} = \dfrac{\text{원심력(가속도)}}{\text{중력(가속도)}} = \dfrac{V^2}{R \cdot g}$
여기서, V : 입자의 접선방향속도(입자의 원주속도)
R : 입자의 회전반경(원추하부반경)
g : 중력가속도

45 외부식 후드(포집형 후드)의 단점으로 틀린 것은?
① 포위식 후드보다 일반적으로 필요송풍량이 많다.
② 외부 난기류의 영향을 받아서 흡인효과가 떨어진다.
③ 기류속도가 후드 주변에서 매우 빠르므로 유기용제나 미세 원료분말 등과 같은 물질의 손실이 크다.
④ 근로자가 발생원과 환기시설 사이에서 작업할 수 없어 여유계수가 커진다.

정답 41.③ 42.① 43.① 44.③ 45.④

[풀이] **외부식 후드의 특징**
㉠ 다른 형태의 후드에 비해 작업자가 방해를 받지 않고 작업을 할 수 있어 일반적으로 많이 사용한다.
㉡ 포위식에 비하여 필요송풍량이 많이 소요된다.
㉢ 방해기류(외부 난기류)의 영향이 작업장 내에 있을 경우 흡인효과가 저하된다.
㉣ 기류속도가 후드 주변에서 매우 빠르므로 쉽게 흡인 되는 물질(유기용제, 미세분말 등)의 손실이 크다.

46 원심력 제진장치인 사이클론에 관한 설명 중 옳지 않은 것은?
① 함진가스에 선회류를 일으키는 원심력을 이용한다.
② 비교적 적은 비용으로 제진이 가능하다.
③ 가동부분이 많은 것이 기계적인 특징이다.
④ 원심력과 중력을 동시에 이용하기 때문에 입경이 크면 효율적이다.

[풀이] **원심력식 집진시설의 특징**
㉠ 설치장소에 구애받지 않고 설치비가 낮으며 고온가스, 고농도에서 운전 가능하다.
㉡ 가동부분이 적은 것이 기계적인 특징이고, 구조가 간단하여 유지·보수 비용이 저렴하다.
㉢ 미세입자에 대한 집진효율이 낮고 먼지부하, 유량변동에 민감하다.
㉣ 점착성, 마모성, 조해성, 부식성 가스에 부적합하다.
㉤ 먼지 퇴적함에서 재유입, 재비산 가능성이 있다.
㉥ 단독 또는 전처리장치로 이용된다.
㉦ 배출가스로부터 분진회수 및 분리가 적은 비용으로 가능하다. 즉 비교적 적은 비용으로 큰 입자를 효과적으로 제거할 수 있다.
㉧ 미세한 입자를 원심분리하고자 할 때 가장 큰 영향인자는 사이클론의 직경이다.
㉨ 직렬 또는 병렬로 연결하여 사용이 가능하기 때문에 사용폭을 넓힐 수 있다.
㉩ 처리가스량이 많아질수록 내관경이 커져서 미립자의 분리가 잘 되지 않는다.
㉪ 사이클론 원통의 길이가 길어지면 선회기류가 증가하여 집진효율이 증가한다.
㉫ 입자 입경과 밀도가 클수록 집진효율이 증가한다.
㉬ 사이클론의 원통 직경이 클수록 집진효율이 감소한다.
㉭ 집진된 입자에 대한 블로다운 영향을 최대화하여야 한다.
㉮ 원심력과 중력을 동시에 이용하기 때문에 입경이 크면 효율적이다.

47 오염물질의 농도가 200ppm까지 도달하였다가 오염물질 발생이 중지되었을 때, 공기 중 농도가 200ppm에서 19ppm으로 감소하는 데 얼마나 걸리는가? (단, 1차 반응, 공간부피 $V=3,000m^3$, 환기량 $Q=1.17m^3/sec$이다.)
① 약 89분　② 약 100분
③ 약 109분　④ 약 115분

[풀이]
$$t = -\frac{V}{Q}\ln\left(\frac{C_2}{C_1}\right)$$
$$= -\frac{3,000m^3}{1.17m^3/sec \times 60sec/min} \times \ln\left(\frac{19}{200}\right)$$
$$= 100.59 min$$

48 80μm인 분진 입자를 중력 침강실에서 처리하려고 한다. 입자의 밀도는 $2g/cm^3$, 가스의 밀도는 $1.2kg/m^3$, 가스의 점성계수는 $2.0 \times 10^{-3} g/cm \cdot sec$일 때 침강속도는? (단, Stokes식 적용)
① 3.49×10^{-3} m/sec
② 3.49×10^{-2} m/sec
③ 4.49×10^{-3} m/sec
④ 4.49×10^{-2} m/sec

[풀이]
$$침강속도 = \frac{d_p^2(\rho_p - \rho)g}{18\mu}$$
$d_p = 80\mu m (80 \times 10^{-6} m)$
$\rho_p = 2g/cm^3 (2,000 kg/m^3)$
$\mu = 2.0 \times 10^{-3} g/cm \cdot sec$
$(0.0002 kg/m \cdot sec)$
$$= \frac{[(80 \times 10^{-6})^2 m^2 \times (2,000 - 1.2) kg/m^3 \times 9.8 m/sec^2]}{18 \times 0.0002 kg/m \cdot sec}$$
$= 0.0348 m/sec = 3.49 \times 10^{-2} m/sec$

49 고속기류 내로 높은 초기속도로 배출되는 작업조건에서 회전연삭, 블라스팅 작업공정 시 제어속도로 적절한 것은? (단, 미국산업위생전문가협의회 권고 기준)
① 1.8m/sec　② 2.1m/sec
③ 8.8m/sec　④ 12.8m/sec

[정답] 46.③　47.②　48.②　49.③

[풀이] 작업조건에 따른 제어속도 기준(ACGIH)

작업조건	작업공정 사례	제어속도 (m/sec)
• 움직이지 않는 공기 중에서 속도 없이 배출되는 작업조건 • 조용한 대기 중에 실제 거의 속도가 없는 상태로 발산하는 작업조건	• 액면에서 발생하는 가스나 증기, 흄 • 탱크에서 증발, 탈지시설	0.25~0.5
비교적 조용한(약간의 공기 움직임) 대기 중에서 저속도로 비산하는 작업조건	• 용접, 도금 작업 • 스프레이 도장 • 주형을 부수고 모래를 터는 장소	0.5~1.0
발생기류가 높고 유해물질이 활발하게 발생하는 작업조건	• 스프레이 도장, 용기 충전 • 컨베이어 적재 • 분쇄기	1.0~2.5
초고속기류가 있는 작업장소에 초고속으로 비산하는 작업조건	• 회전연삭작업 • 연마작업 • 블라스트 작업	2.5~10

50 다음 [보기]에서 여과집진장치의 장점만을 고른 것은?

[보기]
㉮ 다양한 용량(송풍량)을 처리할 수 있다.
㉯ 습한 가스처리에 효율적이다.
㉰ 미세입자에 대한 집진효율이 비교적 높은 편이다.
㉱ 여과재는 고온 및 부식성 물질에 손상되지 않는다.

① ㉮, ㉯ ② ㉮, ㉰
③ ㉰, ㉱ ④ ㉯, ㉱

[풀이] **여과집진장치의 장점**
㉠ 집진효율이 높으며, 집진효율은 처리가스의 양과 밀도변화에 영향이 적다.
㉡ 다양한 용량을 처리할 수 있다.
㉢ 연속집진방식일 경우 먼지부하의 변동이 있어도 운전효율에는 영향이 없다.
㉣ 건식 공정이므로 포집먼지의 처리가 쉽다. 즉 여러 가지 형태의 분진을 포집할 수 있다.
㉤ 여과재에 표면 처리하여 가스상 물질을 처리할 수도 있다.
㉥ 설치 적용범위가 광범위하다.
㉦ 탈진방법과 여과재의 사용에 따른 설계상의 융통성이 있다.

51 유해물의 발산을 제거·감소시킬 수 있는 생산공정 작업방법 개량과 거리가 먼 것은?
① 주물공정에서 셸 몰드법을 채용한다.
② 석면 함유 분체 원료를 건식 믹서로 혼합하고 용제를 가하던 것을 용제를 가한 후 혼합한다.
③ 광산에서는 습식 착암기를 사용하여 파쇄, 연마 작업을 한다.
④ 용제를 사용하는 분무도장을 에어스프레이 도장으로 바꾼다.

[풀이] 석면 함유 분체 원료를 습식 믹서로 혼합한다.

52 희석환기의 또 다른 목적은 화재나 폭발을 방지하기 위한 것이다. 이때 폭발 하한치인 LEL(Lower Explosive Limit)에 대한 설명 중 틀린 것은?
① 폭발성, 인화성이 있는 가스 및 증기 혹은 입자상의 물질을 대상으로 한다.
② LEL은 근로자의 건강을 위해 만들어 놓은 TLV보다 낮은 값이다.
③ LEL의 단위는 %이다.
④ 오븐이나 덕트처럼 밀폐되고 환기가 계속적으로 가동되고 있는 곳에서는 LEL의 1/4을 유지하는 것이 안전하다.

[풀이] 혼합가스의 연소가능범위를 폭발범위라 하며, 그 최저 농도를 폭발농도 하한치(LEL), 최고농도를 폭발농도 상한치(UEL)라 한다.
폭발농도 하한치(LEL)의 특징
㉠ LEL이 25%이면 화재나 폭발을 예방하기 위해서는 공기 중 농도가 250,000ppm 이하로 유지되어야 한다.
㉡ 폭발성, 인화성이 있는 가스 및 증기 혹은 입자상 물질을 대상으로 한다.
㉢ LEL은 근로자의 건강을 위해 만들어 놓은 TLV보다 높은 값이다.
㉣ 단위는 %이며, 오븐이나 덕트처럼 밀폐되고 환기가 계속적으로 가동되고 있는 곳에서는 LEL의 1/4를 유지하는 것이 안전하다.
㉤ 가연성 가스가 공기 중의 산소와 혼합되어 있는 경우 혼합가스 조성에 따라 점화원에 의해 착화된다.

정답 50.② 51.② 52.②

53 페인트 도장이나 농약 살포와 같이 공기 중에 가스 및 증기상 물질과 분진이 동시에 존재하는 경우 호흡 보호구에 이용되는 가장 적절한 공기정화기는?

① 필터
② 요오드를 입힌 활성탄
③ 금속산화물을 도포한 활성탄
④ 만능형 캐니스터

풀이 | 만능형 캐니스터는 방진마스크와 방독마스크의 기능을 합한 공기정화기이다.

54 공기 온도가 50℃인 덕트의 유속이 4m/sec 일 때, 이를 표준공기로 보정한 유속(V_c)은 얼마인가? (단, 밀도 1.2kg/m³)

① 3.19m/sec ② 4.19m/sec
③ 5.19m/sec ④ 6.19m/sec

풀이 |
$$VP = \frac{\gamma V^2}{2g} = \frac{1.2 \times 4^2}{2 \times 9.8} = 0.98 \text{mmH}_2\text{O}$$
온도보정
$$VP = 0.98 \text{mmH}_2\text{O} \times \frac{273+50}{273+21} = 1.077 \text{mmH}_2\text{O}$$
표준공기 유속(V)
$$V = 4.043\sqrt{VP}$$
$$= 4.043 \times \sqrt{1.077}$$
$$= 4.19 \text{m/sec}$$

55 작업환경의 관리원칙인 대치 개선방법으로 옳지 않은 것은?

① 성냥 제조 시 황린 대신 적린을 사용함
② 세탁 시 화재 예방을 위해 석유나프타 대신 퍼클로로에틸렌을 사용함
③ 땜질한 납을 oscillating-type sander 로 깎던 것을 고속회전 그라인더를 이용함
④ 분말로 출하되는 원료를 고형상태의 원료로 출하함

풀이 | 자동차산업에서 땜질한 납을 고속회전 그라인더로 깎던 것을 oscillating-type sander를 이용한다.

56 차광 보호크림의 적용 화학물질로 가장 알맞게 짝지어진 것은?

① 글리세린, 산화제이철
② 벤드나이드, 탄산 마그네슘
③ 밀랍 이산화티탄, 염화비닐수지
④ 탈수라노린, 스테아린산

풀이 | 차광성 물질 차단 피부보호제
㉠ 적용 화학물질은 글리세린, 산화제이철
㉡ 타르, 피치, 용접작업 시 예방
㉢ 주원료는 산화철, 아연화산화티탄

57 축류송풍기에 관한 설명으로 잘못된 것은?

① 전동기와 직결할 수 있고, 또 축방향 흐름이기 때문에 관로 도중에 설치할 수 있다.
② 가볍고 재료비 및 설치비용이 저렴하다.
③ 원통형으로 되어 있다.
④ 규정 풍량 범위가 넓어 가열공기 또는 오염공기의 취급에 유리하다.

풀이 | 규정 풍량 외에는 갑자기 효율이 떨어지기 때문에 가열공기 또는 오염공기의 취급에는 부적당하며 압력손실이 비교적 많이 걸리는 시스템에 사용했을 때 서징현상으로 진동과 소음이 심한 경우가 생긴다.

58 사무실 직원이 모두 퇴근한 6시 30분에 CO_2 농도는 1,700ppm이었다. 4시간이 지난 후 다시 CO_2 농도를 측정한 결과 CO_2 농도가 800ppm이었다면, 사무실의 시간당 공기교환횟수는? (단, 외부공기 중 CO_2 농도는 330ppm)

① 0.11 ② 0.19
③ 0.27 ④ 0.35

풀이 | 시간당 공기교환횟수
$$= \frac{\ln(\text{측정 초기농도} - \text{외부의 } CO_2 \text{ 농도}) - \ln(\text{시간 지난 후 } CO_2 \text{ 농도} - \text{외부의 } CO_2 \text{ 농도})}{\text{경과된 시간(hr)}}$$
$$= \frac{\ln(1,700-330) - \ln(800-330)}{4\text{hr}}$$
$$= 0.27\text{회(시간당)}$$

정답 | 53.④ 54.② 55.③ 56.① 57.④ 58.③

59 회전차 외경이 600mm인 레이디얼(방사날개형) 송풍기의 풍량은 300m³/min, 송풍기 전압은 60mmH₂O, 축동력은 0.70kW이다. 회전차 외경이 1,000mm로 상사인 레이디얼(방사날개형) 송풍기가 같은 회전수로 운전될 때 전압(mmH₂O)은 어느 것인가? (단, 공기비중은 같음)

① 167
② 182
③ 214
④ 246

풀이

$$\frac{\Delta P_2}{\Delta P_1} = \left(\frac{D_2}{D_1}\right)^2$$

$$\Delta P_2 = \Delta P_1 \times \left(\frac{D_2}{D_1}\right)^2$$

$$= 60\,\text{mmH}_2\text{O} \times \left(\frac{1,000}{600}\right)^2$$

$$= 166.67\,\text{mmH}_2\text{O}$$

60 지적온도(optimum temperature)에 미치는 영향인자들의 설명으로 가장 거리가 먼 것은 어느 것인가?

① 작업량이 클수록 체열 생산량이 많아 지적온도는 낮아진다.
② 여름철이 겨울철보다 지적온도가 높다.
③ 더운 음식물, 알코올, 기름진 음식 등을 섭취하면 지적온도는 낮아진다.
④ 노인들보다 젊은 사람의 지적온도가 높다.

풀이 지적온도의 종류 및 특징
(1) 종류
  ㉠ 쾌적감각온도
  ㉡ 최고생산온도
  ㉢ 기능지적온도
(2) 특징
  ㉠ 작업량이 클수록 체열방산이 많아 지적온도는 낮아진다.
  ㉡ 여름철이 겨울철보다 지적온도가 높다.
  ㉢ 더운 음식물, 알코올, 기름진 음식 등을 섭취하면 지적온도는 낮아진다.
  ㉣ 노인들보다 젊은 사람의 지적온도가 낮다.

제4과목 | 물리적 유해인자관리

61 1sone이란 몇 Hz에서, 몇 dB의 음압레벨을 갖는 소음의 크기를 말하는가?

① 2,000Hz, 48dB
② 1,000Hz, 40dB
③ 1,500Hz, 45dB
④ 1,200Hz, 45dB

풀이 sone
㉠ 감각적인 음의 크기(loudness)를 나타내는 양으로, 1,000Hz에서의 압력수준 dB을 기준으로 하여 등감곡선을 소리의 크기로 나타내는 단위이다.
㉡ 1,000Hz 순음의 음의 세기레벨 40dB의 음의 크기를 1sone으로 정의한다.

62 다음 중 감압병의 예방 및 치료에 관한 설명으로 틀린 것은?

① 고압환경에서의 작업시간을 제한한다.
② 특별히 잠수에 익숙한 사람을 제외하고는 10m/min 속도 정도로 잠수하는 것이 안전하다.
③ 헬륨은 질소보다 확산속도가 작고, 체내에서 불안정적이므로 질소를 헬륨으로 대치한 공기를 호흡시킨다.
④ 감압이 끝날 무렵에 순수한 산소를 흡입시키면 감압시간을 25% 가량 단축시킬 수 있다.

풀이 헬륨은 질소보다 확산속도가 크며, 체내에서 안정적이므로 질소를 헬륨으로 대치한 공기를 호흡시킨다.

63 다음 중 국소진동의 경우에 주로 문제가 되는 주파수 범위로 가장 알맞은 것은?

① 10~150Hz
② 10~300Hz
③ 8~500Hz
④ 8~1,500Hz

풀이 진동의 구분에 따른 진동수(주파수)
㉠ 국소진동 주파수 : 8~1,500Hz
㉡ 전신진동(공해진동) 주파수 : 1~90Hz

64 다음 중 빛과 밝기의 단위를 설명한 것으로 옳은 것은?

> 1루멘의 빛이 1ft²의 평면상에 수직방향으로 비칠 때, 그 평면의 빛의 양, 즉 조도를 (㉮)이라 하고, 1m²의 평면에 1루멘의 빛이 비칠 때의 밝기를 1(㉯)라고 한다.

① ㉮ 풋캔들(foot candle),
   ㉯ 럭스(lux)
② ㉮ 럭스(lux),
   ㉯ 풋캔들(foot candle)
③ ㉮ 캔들(candle),
   ㉯ 럭스(lux)
④ ㉮ 럭스(lux),
   ㉯ 캔들(candle)

풀이
㉮ 풋 캔들(foot candle)
(1) 정의
  ㉠ 1루멘의 빛이 1ft²의 평면상에 수직으로 비칠 때 그 평면의 빛 밝기이다.
  ㉡ 관계식 : 풋 캔들(ft cd)=$\frac{lumen}{ft^2}$
(2) 럭스와의 관계
  ㉠ 1ft cd=10.8lux
  ㉡ 1lux=0.093ft cd
(3) 빛의 밝기
  ㉠ 광원으로부터 거리의 제곱에 반비례한다.
  ㉡ 광원의 촉광에 정비례한다.
  ㉢ 조사평면과 광원에 대한 수직평면이 이루는 각(cosine)에 반비례한다.
  ㉣ 색깔과 감각, 평면상의 반사율에 따라 밝기가 달라진다.
㉯ 럭스(lux); 조도
  ㉠ 1루멘(lumen)의 빛이 1m²의 평면상에 수직으로 비칠 때의 밝기이다.
  ㉡ 1cd의 점광원으로부터 1m 떨어진 곳에 있는 광선의 수직인 면의 조명도이다.
  ㉢ 조도는 어떤 면에 들어오는 광속의 양에 비례하고 입사면의 단면적에 반비례한다.
  조도$(E)=\frac{lumen}{m^2}$
  ㉣ 조도는 입사면의 단면적에 대한 광속의 비를 의미한다.

65 작업장에서는 통상 근로자의 눈을 보호하기 위하여 인공광선에 의해 충분한 조도를 확보하여야 한다. 다음 중 조도를 증가하지 않아도 되는 것은?

① 피사체의 반사율이 증가할 때
② 시력이 나쁘거나 눈에 결함이 있을 때
③ 계속적으로 눈을 뜨고 정밀작업을 할 때
④ 취급물체가 주위와의 색깔 대조가 뚜렷하지 않을 때

풀이 ① 피사체의 반사율이 감소할 때 조도를 증가시킨다.

66 전리방사선 중 α 입자의 성질을 가장 잘 설명한 것은?

① 전리작용이 약하다.
② 투과력이 가장 강하다.
③ 전자핵에서 방출되며, 양자 1개를 가진다.
④ 외부조사로 건강상의 위해가 오는 일은 드물다.

풀이
① 전리작용이 가장 강하다.
② 투과력이 가장 약하다.
③ 방사성 동위원소의 붕괴과정 중에서 원자핵에서 방출되는 입자로서 헬륨 원자의 핵과 같이 2개의 양자와 2개의 중성자로 구성되어 있다.

67 다음 중 눈에 백내장을 일으키는 마이크로파의 파장범위로 가장 적절한 것은?

① 1,000~10,000MHz
② 40,000~100,000MHz
③ 500~7,000MHz
④ 100~1,400MHz

풀이 마이크로파에 의한 표적기관은 눈이며 1,000~10,000Hz에서 백내장이 생기고, ascorbic산의 감소증상이 나타나며, 백내장은 조직온도의 상승과 관계된다.

정답 64.① 65.① 66.④ 67.①

68 다음 중 진동에 대한 설명으로 틀린 것은?

① 전신진동에 대해 인체는 대략 0.01m/sec² 에서 10m/sec²까지의 가속도를 느낄 수 있다.
② 진동 시스템을 구성하는 3가지 요소는 질량(mass), 탄성(elasticity), 댐핑(damping)이다.
③ 심한 진동에 노출될 경우 일부 노출군에서 뼈, 관절 및 신경, 근육, 혈관 등 연부조직에서 병변이 나타난다.
④ 간헐적인 노출시간(주당 1일)에 대해 노출 기준치를 초과하는 주파수-보정, 실효치, 성분가속도에 대한 급성노출은 반드시 더 유해하다.

[풀이] 간헐적인 노출보다는 연속적인 노출이 더 유해하다.

69 시간당 150kcal의 열량이 소요되는 작업을 하는 실내 작업장이다. 다음 온도 조건에서 시간당 작업휴식시간비로 가장 적절한 것은?

- 흑구온도 : 32℃
- 건구온도 : 27℃
- 자연습구온도 : 30℃

작업휴식시간비\작업강도	경작업	중등작업	중작업
계속작업	30.0	26.7	25.0
매시간 75% 작업, 25% 휴식	30.6	28.0	25.9
매시간 50% 작업, 50% 휴식	31.4	29.4	27.9
매시간 25% 작업, 75% 휴식	32.2	31.1	30.0

① 계속작업
② 매시간 25% 작업, 75% 휴식
③ 매시간 50% 작업, 50% 휴식
④ 매시간 75% 작업, 25% 휴식

[풀이] 옥내 WBGT(℃)
=(0.7×자연습구온도)+(0.3×흑구온도)
=(0.7×30℃)+(0.3×32℃)
=30.6℃
시간당 200kcal까지의 열량이 소요되는 작업이 경작업이므로 작업휴식시간비는 매시간 75% 작업, 25% 휴식이다.

70 전신진동은 진동이 작용하는 축에 따라 인체에 영향을 미치는 주파수의 범위가 다르다. 각 축에 따른 주파수의 범위로 옳은 것은?

① 수직방향 : 4~8Hz, 수평방향 : 1~2Hz
② 수직방향 : 10~20Hz, 수평방향 : 4~8Hz
③ 수직방향 : 2~100Hz, 수평방향 : 8~1,500Hz
④ 수직방향 : 8~1,500Hz, 수평방향 : 50~100Hz

[풀이] 횡축을 진동수, 종축을 진동가속도 실효치로 진동의 등감각곡선을 나타내며, 수직진동은 4~8Hz 범위에서 수평진동은 1~2Hz 범위에서 가장 민감하다.

71 다음 중 산소 결핍이 진행되면서 생체에 나타나는 영향을 순서대로 나열한 것은?

㉮ 가벼운 어지러움
㉯ 사망
㉰ 대뇌피질의 기능 저하
㉱ 중추성 기능 장애

① ㉮ → ㉰ → ㉱ → ㉯
② ㉮ → ㉰ → ㉱ → ㉯
③ ㉰ → ㉮ → ㉱ → ㉯
④ ㉰ → ㉱ → ㉮ → ㉯

[풀이] 산소 농도에 따른 인체장애

산소 농도(%)	산소 분압(mmHg)	동맥혈의 산소포화도(%)	증상
12~16	90~120	85~89	호흡수 증가, 맥박 증가, 정신집중 곤란, 두통, 이명, 신체기능조절 손상 및 순환기 장애자 초기증상 유발
9~14	60~105	74~87	불완전한 정신상태에 이르고, 취한 것과 같으며, 당시의 기억상실, 전신탈진, 체온상승, 호흡장애, 청색증 유발, 판단력 저하
6~10	45~70	33~74	의식불명, 안면창백, 전신근육경련, 중추신경장애, 청색증 유발, 경련, 8분 내 100% 치명적, 6분 내 50% 치명적, 4~5분 내 치료로 회복 가능
4~6 및 이하	45 이하	33 이하	40초 내에 혼수상태, 호흡정지, 사망

정답 68.④ 69.④ 70.① 71.①

72 다음 중 외부조사보다 체내 흡입 및 섭취로 인한 내부조사의 피해가 가장 큰 전리방사선의 종류는?

① α선　　② β선
③ γ선　　④ X선

풀이 α선(α입자)
㉠ 방사선 동위원소의 붕괴과정 중 원자핵에서 방출되는 입자로서 헬륨원자의 핵과 같이 2개의 양자와 2개의 중성자로 구성되어 있다. 즉, 선원(major source)은 방사선 원자핵이고 고속의 He 입자형태이다.
㉡ 질량과 하전 여부에 따라 그 위험성이 결정된다.
㉢ 투과력은 가장 약하나(매우 쉽게 흡수) 전리작용은 가장 강하다.
㉣ 투과력이 약해 외부조사로 건강상의 위해가 오는 일은 드물며, 피해부위는 내부노출이다.
㉤ 외부조사보다 동위원소를 체내 흡입·섭취할 때의 내부조사의 피해가 가장 큰 전리방사선이다.

73 다음 중 소음의 크기를 나타내는 데 사용되는 단위로서 음향출력, 음의 세기 및 음압 등의 양을 비교하는 무차원의 단위인 dB을 나타낸 것은? (단, I_0 : 기준음향의 세기, I : 발생음의 세기를 나타낸다.)

① $dB = 10\log\dfrac{I}{I_0}$

② $dB = 20\log\dfrac{I}{I_0}$

③ $dB = 10\log\dfrac{I_0}{I}$

④ $dB = 20\log\dfrac{I_0}{I}$

풀이 (1) 음의 세기
㉠ 음의 진행방향에 수직하는 단위면적을 단위시간에 통과하는 음에너지를 음의 세기라 한다.
㉡ 단위는 watt/m²이다.
(2) 음의 세기레벨(SIL)

$SIL = 10\log\left(\dfrac{I}{I_0}\right)$ (dB)

여기서, SIL : 음의 세기레벨(dB)
　　　I : 대상 음의 세기(W/m²)
　　　I_0 : 최소가청음 세기(10^{-12}W/m²)

74 다음 설명에 해당하는 방진재료는?

- 형상의 선택이 비교적 자유롭다.
- 자체의 내부마찰에 의해 저항을 얻을 수 있어 고주파 진동의 차진(遮振)에 양호하다.
- 내후성, 내유성, 내약품성의 단점이 있다.

① 코일 용수철　　② 펠트
③ 공기 용수철　　④ 방진고무

풀이 방진고무의 장단점
(1) 장점
㉠ 고무 자체의 내부마찰로 적당한 저항을 얻을 수 있다.
㉡ 공진 시의 진폭도 지나치게 크지 않다.
㉢ 설계자료가 잘 되어 있어서 용수철정수(스프링상수)를 광범위하게 선택할 수 있다.
㉣ 형상의 선택이 비교적 자유로워 여러 가지 형태로 된 철물에 견고하게 부착할 수 있다.
㉤ 고주파 진동의 차진에 양호하다.
(2) 단점
㉠ 내후성, 내유성, 내열성, 내약품성이 약하다.
㉡ 공기 중의 오존(O_3)에 의해 산화된다.
㉢ 내부마찰에 의한 발열 때문에 열화되기 쉽다.

75 가로 10m, 세로 7m, 높이 4m인 작업장의 흡음률이 바닥은 0.1, 천장은 0.2, 벽은 0.15이다. 이 방의 평균 흡음률은 얼마인가?

① 0.10　　② 0.15
③ 0.20　　④ 0.25

풀이 평균 흡음률

$= \dfrac{\Sigma S_i \alpha_i}{\Sigma S_i}$

$S_\text{천} = 10 \times 7 = 70\text{m}^2$
$S_\text{벽} = (10 \times 4 \times 2) + (7 \times 4 \times 2) = 136\text{m}^2$
$S_\text{바} = 10 \times 7 = 70\text{m}^2$

$= \dfrac{(70 \times 0.2) + (136 \times 0.15) + (70 \times 0.1)}{70 + 136 + 70} = 0.15$

76 다음 중 피부 투과력이 가장 큰 것은?

① α선　　② β선
③ X선　　④ 레이저

풀이 전리방사선의 인체 투과력 순서
중성자 > X선 or γ선 > β선 > α선

정답 72.① 73.① 74.④ 75.② 76.③

77 다음 중 이상기압의 영향으로 발생되는 고공성 폐수종에 관한 설명으로 틀린 것은?

① 어른보다 아이들에게서 많이 발생된다.
② 고공 순화된 사람이 해면에 돌아올 때에도 흔히 일어난다.
③ 산소공급과 해면 귀환으로 급속히 소실되며, 증세는 반복해서 발병하는 경향이 있다.
④ 진해성 기침과 호흡곤란이 나타나고 폐동맥 혈압이 급격히 낮아져 구토, 실신 등이 발생한다.

풀이 고공성 폐수종
㉠ 어른보다 순화적응속도가 느린 어린이에게 많이 일어난다.
㉡ 고공 순화된 사람이 해면에 돌아올 때 자주 발생한다.
㉢ 산소공급과 해면 귀환으로 급속히 소실되며, 이 증세는 반복해서 발병하는 경향이 있다.
㉣ 진해성 기침, 호흡곤란, 폐동맥의 혈압 상승현상이 나타난다.

78 청력손실치가 다음과 같을 때, 6분법에 의하여 판정하면 청력손실은 얼마인가?

- 500Hz에서 청력손실치 8
- 1,000Hz에서 청력손실치 12
- 2,000Hz에서 청력손실치 12
- 4,000Hz에서 청력손실치 22

① 12   ② 13
③ 14   ④ 15

풀이 6분법 평균 청력손실 $= \dfrac{a+2b+2c+d}{6}$
$= \dfrac{8+(2\times12)+(2\times12)+22}{6}$
$= 13\text{dB(A)}$

79 화학적 질식제로 산소결핍장소에서 보건학적 의의가 가장 큰 것은?

① CO   ② CO_2
③ SO_2 ④ NO_2

풀이 일산화탄소(CO)
㉠ 탄소 또는 탄소화합물이 불완전연소할 때 발생되는 무색무취의 기체이다.
㉡ 산소결핍 장소에서 보건학적 의의가 가장 큰 물질이다.
㉢ 혈액 중 헤모글로빈과의 결합력이 매우 강하여 체내 산소공급능력을 방해하므로 대단히 유해하다.
㉣ 생체 내에서 혈액과 화학작용을 일으켜서 질식을 일으키는 물질이다.
㉤ 정상적인 작업환경 공기에서 CO 농도가 0.1%로 되면 사람의 헤모글로빈 50%가 불활성화된다.
㉥ CO 농도가 1%(10,000ppm)에서 1분 후에 사망에 이른다(COHb : 카복시헤모글로빈 20% 상태가 됨).

80 단위시간에 일어나는 방사선 붕괴율을 나타내며, 초당 3.7×10^{10}개의 원자붕괴가 일어나는 방사능 물질의 양으로 정의되는 것은?

① R   ② Ci
③ Gy   ④ Sv

풀이 큐리(Curie, Ci), Bq(Becquerel)
㉠ 방사성 물질의 양을 나타내는 단위이다.
㉡ 단위시간에 일어나는 방사선 붕괴율을 의미한다.
㉢ radium이 붕괴하는 원자의 수를 기초로 해서 정해졌으며, 1초간 3.7×10^{10}개의 원자붕괴가 일어나는 방사성 물질의 양(방사능의 강도)으로 정의한다.
㉣ $1Bq = 2.7\times10^{-11}Ci$

제5과목 | 산업 독성학

81 다음 중 유기용제와 그 특이증상을 짝지은 것으로 틀린 것은?

① 벤젠 – 조혈장애
② 염화탄화수소 – 시신경장애
③ 메틸부틸케톤 – 말초신경장애
④ 이황화탄소 – 중추신경 및 말초신경 장애

풀이 유기용제별 대표적 특이증상
㉠ 벤젠 : 조혈장애
㉡ 염화탄화수소, 염화비닐 : 간장애
㉢ 이황화탄소 : 중추신경 및 말초신경 장애, 생식기능장애

정답 77.④ 78.② 79.① 80.② 81.②

82 다음 중 호흡성 먼지(respirable dust)에 대한 미국 ACGIH의 정의로 옳은 것은?
① 크기가 10~100μm로 코와 인후두를 통하여 기관지나 폐에 침착한다.
② 폐포에 도달하는 먼지로, 입경이 7.1μm 미만인 먼지를 말한다.
③ 평균입경이 4μm이고, 공기역학적 직경이 10μm 미만인 먼지를 말한다.
④ 평균입경이 10μm인 먼지로, 흉곽성(thoracic) 먼지라고도 한다.

[풀이] ACGIH의 입자 크기별 기준(TLV)
(1) 흡입성 입자상 물질
 (IPM ; Inspirable Particulates Mass)
 ㉠ 호흡기의 어느 부위(비강, 인후두, 기관 등 호흡기의 기도 부위)에 침착하더라도 독성을 유발하는 분진이다.
 ㉡ 비암이나 비중격천공을 일으키는 입자상 물질이 여기에 속한다.
 ㉢ 침전분진은 재채기, 침, 코 등의 벌크(bulk) 세척기전으로 제거된다.
 ㉣ 입경범위 : 0~100μm
 ㉤ 평균입경 : 100μm(폐침착의 50%에 해당하는 입자의 크기)
(2) 흉곽성 입자상 물질
 (TPM ; Thoracic Particulates Mass)
 ㉠ 기도나 하기도(가스교환 부위)에 침착하여 독성을 나타내는 물질이다.
 ㉡ 평균입경 : 10μm
 ㉢ 채취기구 : PM 10
(3) 호흡성 입자상 물질
 (RPM ; Respirable Particulates Mass)
 ㉠ 가스교환 부위, 즉 폐포에 침착할 때 유해한 물질이다.
 ㉡ 평균입경 : 4μm(공기역학적 직경이 10μm 미만의 먼지가 호흡성 입자상 물질)
 ㉢ 채취기구 : 10mm nylon cyclone

83 다음 중 생물학적 모니터링을 할 수 없거나 어려운 물질은?
① 카드뮴 ② 유기용제
③ 톨루엔 ④ 자극성 물질

[풀이] 생물학적 모니터링 과정에서 건강상의 위험이 전혀 없어야 하나 자극성 물질은 그러하지 않다.

84 다음 중 유기용제에 대한 설명으로 잘못된 것은?
① 벤젠은 백혈병을 일으키는 원인물질이다.
② 벤젠은 만성장애로 조혈장애를 유발하지 않는다.
③ 벤젠은 주로 페놀로 대사되며, 페놀은 벤젠의 생물학적 노출지표로 이용된다.
④ 방향족탄화수소 중 저농도에 장기간 노출되어 만성중독을 일으키는 경우에는 벤젠의 위험도가 크다.

[풀이] 방향족탄화수소 중 저농도에 장기간 폭로(노출)되어 만성중독(조혈장애)을 일으키는 경우에는 벤젠의 위험도가 가장 크고, 급성 전신중독 시 독성이 강한 물질은 톨루엔이다.

85 급성중독 시 우유와 계란의 흰자를 먹여 단백질과 해당 물질을 결합시켜 침전시키거나, BAL(dimercaprol)을 근육주사로 투여하여야 하는 물질은?
① 납   ② 수은
③ 크롬   ④ 카드뮴

[풀이] 수은중독의 치료
(1) 급성중독
 ㉠ 우유와 계란의 흰자를 먹여 단백질과 해당 물질을 결합시켜 침전시킨다.
 ㉡ 마늘계통의 식물을 섭취한다.
 ㉢ 위세척(5~10% S.F.S 용액)을 한다. 다만, 세척액은 200~300mL를 넘지 않도록 한다.
 ㉣ BAL(British Anti Lewisite)을 투여한다(체중 1kg당 5mg의 근육주사).
(2) 만성중독
 ㉠ 수은 취급을 즉시 중지시킨다.
 ㉡ BAL(British Anti Lewisite)을 투여한다.
 ㉢ 1일 10L의 등장식염수를 공급(이뇨작용으로 촉진)한다.
 ㉣ N-acetyl-D-penicillamine을 투여한다.
 ㉤ 땀을 흘려 수은 배설을 촉진한다.
 ㉥ 진전증세에 genascopalin을 투여한다.
 ㉦ Ca-EDTA의 투여는 금기사항이다.

정답 82.③ 83.④ 84.② 85.②

86 다음 중 유해물질의 분류에 있어 질식제로 분류되지 않는 것은?

① H_2
② N_2
③ H_2S
④ O_3

풀이 **질식제의 구분에 따른 종류**
(1) 단순 질식제
  ㉠ 이산화탄소(CO_2)
  ㉡ 메탄(CH_4)
  ㉢ 질소(N_2)
  ㉣ 수소(H_2)
  ㉤ 에탄, 프로판, 에틸렌, 아세틸렌, 헬륨
(2) 화학적 질식제
  ㉠ 일산화탄소(CO)
  ㉡ 황화수소(H_2S)
  ㉢ 시안화수소(HCN)
  ㉣ 아닐린($C_6H_5NH_2$)

87 다음 설명에 해당하는 중금속은?

- 뇌홍의 제조에 사용
- 소화관으로는 2~7% 정도 소량으로 흡수
- 금속 형태는 뇌, 혈액, 심근에 많이 분포
- 만성노출 시 식욕부진, 신기능부전, 구내염 발생

① 납(Pb)
② 수은(Hg)
③ 카드뮴(Cd)
④ 안티몬(Sb)

풀이 **수은**
㉠ 무기수은은 뇌홍[$Hg(ONC)_2$] 제조에 사용된다.
㉡ 금속수은은 주로 증기가 기도를 통해서 흡수되고 일부는 피부로 흡수되며, 소화관으로는 2~7% 정도 소량 흡수된다.
㉢ 금속수은은 뇌, 혈액, 심근 등에 분포한다.
㉣ 만성노출 시 식욕부진, 신기능부전, 구내염을 발생시킨다.

88 다음 중 피부 독성에 있어 경피흡수에 영향을 주는 인자와 가장 거리가 먼 것은?

① 개인의 민감도
② 용매(vehicle)
③ 화학물질
④ 온도

풀이 **피부독성에 있어 피부흡수에 영향을 주는 인자(경피흡수에 영향을 주는 인자)**
㉠ 개인의 민감도
㉡ 용매
㉢ 화학물질

89 산업독성학 용어 중 무관찰영향수준(NOEL)에 관한 설명으로 틀린 것은?

① 주로 동물실험에서 유효량으로 이용된다.
② 아급성 또는 만성 독성 시험에서 구해지는 지표이다.
③ 양-반응 관계에서 안전하다고 여겨지는 양으로 간주된다.
④ NOEL의 투여에서는 투여하는 전 기간에 걸쳐 치사, 발병 및 병태생리학적 변화가 모든 실험대상에서 관찰되지 않는다.

풀이 **NOEL(No Observed Effect Level)**
㉠ 현재의 평가방법으로 독성 영향이 관찰되지 않은 수준을 말한다.
㉡ 무관찰영향수준, 즉 무관찰 작용 양을 의미하며, 악영향을 나타내는 반응이 없는 농도수준(SNAPL)과 같다.
㉢ NOEL 투여에서는 투여하는 전 기간에 걸쳐 치사, 발병 및 생리학적 변화가 모든 실험대상에서 관찰되지 않는다.
㉣ 양-반응 관계에서 안전하다고 여겨지는 양으로 간주된다.
㉤ 아급성 또는 만성 독성 시험에 구해지는 지표이다.
㉥ 밝혀지지 않은 독성이 있을 수 있다는 것과 다른 종류의 동물을 실험하였을 때는 독성이 있을 수 있음을 전제로 한다.

정답 86.④ 87.② 88.④ 89.①

90 다음 중 내재용량에 대한 개념으로 잘못된 것은?

① 개인시료 채취량과 동일하다.
② 최근에 흡수된 화학물질의 양을 나타낸다.
③ 과거 수개월 동안 흡수된 화학물질의 양을 의미한다.
④ 체내 주요 조직이나 부위의 작용과 결합한 화학물질의 양을 의미한다.

> **풀이** 체내 노출량(내재용량)의 여러 개념
> ㉠ 체내 노출량은 최근에 흡수된 화학물질의 양을 나타낸다.
> ㉡ 축적(저장)된 화학물질의 양을 의미한다.
> ㉢ 화학물질이 건강상 영향을 나타내는 체내 주요 조직이나 부위의 작용과 결합한 화학물질의 양을 의미한다.

91 다음 중 'cholinesterase' 효소를 억압하여 신경증상을 나타내는 것은?

① 중금속화합물
② 유기인제
③ 파라쿼트
④ 비소화합물

> **풀이** 사람의 신경세포에는 아세틸콜린의 생성과 파괴에 관여하는 콜린에스테라아제(cholinesterase)라는 효소가 아주 많이 존재하고 이는 신경계에 무척 중요하며, 이 효소는 유기인제제(살충제)에 의해서 파괴된다.

92 주요 원인물질은 혼합물질이며, 건축업, 도자기 작업장, 채석장, 석재공장 등의 작업장에서 근무하는 근로자에게 발생할 수 있는 진폐증은?

① 석면폐증
② 용접공폐증
③ 철폐증
④ 규폐증

> **풀이** 규폐증의 원인
> ㉠ 결정형 규소(암석 : 석영분진, 이산화규소, 유리규산)에 직업적으로 노출된 근로자에게 발생한다.
> ※ 유리규산(SiO_2) 함유 먼지 0.5~5μm의 크기에서 잘 발생한다.
> ㉡ 주요 원인물질은 혼합물질이며, 건축업, 도자기 작업장, 채석장, 석재공장 등의 작업장에서 근무하는 근로자에게 발생한다.
> ㉢ 석재공장, 주물공장, 내화벽돌 제조, 도자기 제조 등에서 발생하는 유리규산이 주 원인이다.
> ㉣ 유리규산(석영) 분진에 의한 규폐성 결정과 폐포벽 파괴 등 망상내피계 반응은 분진입자의 크기가 2~5μm일 때 자주 일어난다.

93 다음 중 폐에 침착된 먼지의 정화과정에 대한 설명으로 틀린 것은?

① 어떤 먼지는 폐포벽을 뚫고 림프계나 다른 부위로 들어가기도 한다.
② 먼지는 세포가 방출하는 효소에 의해 용해되지 않으므로 점액층에 의한 방출 이외에는 체내에 축적된다.
③ 폐에서 먼지를 포위하는 식세포는 수명이 다한 후 사멸하고 다시 새로운 식세포가 먼지를 포위하는 과정이 계속적으로 일어난다.
④ 폐에 침착된 먼지는 식세포에 의하여 포위되어, 포위된 먼지의 일부는 미세 기관지로 운반되고 점액 섬모운동에 의하여 정화된다.

> **풀이** 인체 방어기전
> (1) 점액 섬모운동
>   ㉠ 가장 기초적인 방어기전(작용)이며, 점액 섬모운동에 의한 배출 시스템으로 폐포로 이동하는 과정에서 이물질을 제거하는 역할을 한다.
>   ㉡ 기관지(벽)에서의 방어기전을 의미한다.
>   ㉢ 정화작용을 방해하는 물질은 카드뮴, 니켈, 황화합물 등이다.
> (2) 대식세포에 의한 작용(정화)
>   ㉠ 대식세포가 방출하는 효소에 의해 용해되어 제거된다(용해작용).
>   ㉡ 폐포의 방어기전을 의미한다.
>   ㉢ 대식세포에 의해 용해되지 않는 대표적 독성물질은 유리규산, 석면 등이다.

정답 90.① 91.② 92.④ 93.②

94 천연가스, 석유정제산업, 지하석탄광업 등을 통해서 노출되고 중추신경의 억제와 후각의 마비 증상을 유발하며, 치료로는 100% O_2를 투여하는 등의 조치가 필요한 물질은?
① 암모니아 ② 포스겐
③ 오존 ④ 황화수소

풀이 황화수소(H_2S)
㉠ 부패한 계란 냄새가 나는 무색 기체로 폭발성이 있음
㉡ 공업약품 제조에 이용되며 레이온공업, 셀로판제조, 오수조 내의 작업 등에서 발생하며, 천연가스, 석유정제산업, 지하석탄광업 등을 통해서도 노출
㉢ 급성중독으로는 점막의 자극증상이 나타나며 경련, 구토, 현기증, 혼수, 뇌의 호흡 중추신경의 억제와 마비 증상
㉣ 만성작용으로는 두통, 위장장애 증상
㉤ 치료로는 100% 산소를 투여
㉥ 고용노동부 노출기준은 TWA로 10ppm이며, STEL은 15ppm임
㉦ 산업안전보건기준에 관한 규칙상 관리대상 유해물질의 가스상 물질류임

95 유해화학물질에 노출되었을 때 간장이 표적장기가 되는 주요 이유가 아닌 것은?
① 간장은 각종 대사효소가 집중적으로 분포되어 있고, 이들 효소활동에 의해 다양한 대사물질이 만들어지기 때문에 다른 기관에 비해 독성물질의 노출가능성이 매우 높다.
② 간장은 대정맥을 통하여 소화기계로부터 혈액을 공급받기 때문에 소화기관을 통하여 흡수된 독성물질의 이차표적이 된다.
③ 간장은 정상적인 생활에서도 여러 가지 복잡한 생화학 반응 등 매우 복합적인 기능을 수행함에 따라 기능의 손상가능성이 매우 높다.
④ 혈액의 흐름이 매우 풍부하기 때문에 혈액을 통해서 쉽게 침투가 가능하다.

풀이 간장은 문점막을 통하여 소화기계로부터 혈액을 공급받기 때문에 소화기관을 통하여 흡수된 독성물질의 일차적인 표적이 된다.

96 건강영향에 따른 분진의 분류와 유발물질의 종류를 잘못 짝지은 것은?
① 유기성 분진 – 목분진, 면, 밀가루
② 알레르기성 분진 – 크롬산, 망간, 황
③ 진폐성 분진 – 규산, 석면, 활석, 흑연
④ 발암성 분진 – 석면, 니켈카보닐, 아민계 색소

풀이 분진의 분류와 유발물질의 종류
㉠ 진폐성 분진 : 규산, 석면, 활석, 흑연
㉡ 불활성 분진 : 석탄, 시멘트, 탄화수소
㉢ 알레르기성 분진 : 꽃가루, 털, 나뭇가루
㉣ 발암성 분진 : 석면, 니켈카보닐, 아민계 색소

97 유해화학물질의 노출경로에 관한 설명으로 틀린 것은?
① 위의 산도에 따라서 유해물질이 화학반응을 일으키기도 한다.
② 입으로 들어간 유해물질은 침이나 그 밖의 소화액에 의해 위장관에서 흡수된다.
③ 소화기 계통으로 노출되는 경우가 호흡기로 노출되는 경우보다 흡수가 잘 이루어진다.
④ 소화기 계통으로 침입하는 것은 위장관에서 산화, 환원, 분해 과정을 거치면서 해독되기도 한다.

풀이 소화기 계통으로 노출되는 경우가 호흡기로 노출되는 경우보다 흡수가 잘 이루어지지 않는다.

98 중금속 노출에 의하여 나타나는 금속열은 흄형태의 금속을 흡입하여 발생되는데, 감기증상과 매우 비슷하여 오한, 구토감, 기침, 전신위약감 등의 증상이 있으며, 월요일 출근 후에 심해져서 월요일열이라고도 한다. 다음 중 금속열을 일으키는 물질이 아닌 것은?
① 납 ② 카드뮴
③ 산화아연 ④ 안티몬

정답 94.④ 95.② 96.② 97.③ 98.①

풀이 금속열 발생원인 물질
㉠ 아연
㉡ 구리
㉢ 망간
㉣ 마그네슘
㉤ 니켈
㉥ 카드뮴
㉦ 안티몬

99 표와 같은 크롬중독을 스크린하는 검사법을 개발하였다면 이 검사법의 특이도는 얼마인가?

구 분		크롬중독 진단		합 계
		양 성	음 성	
검사법	양 성	15	9	24
	음 성	9	21	30
합 계		24	30	54

① 68%
② 69%
③ 70%
④ 71%

풀이 특이도(%) = $\frac{21}{30} \times 100 = 70\%$

특이도는 실제 노출되지 않은 사람이 이 측정방법에 의하여 "노출되지 않을 것"으로 나타날 확률을 의미한다.

100 메탄올이 독성을 나타내는 대사단계를 바르게 나타낸 것은?

① 메탄올 → 에탄올 → 포름산 → 포름알데히드
② 메탄올 → 아세트알데히드 → 아세테이트 → 물
③ 메탄올 → 포름알데히드 → 포름산 → 이산화탄소
④ 메탄올 → 아세트알데히드 → 포름알데히드 → 이산화탄소

풀이 메탄올의 시각장애 기전
메탄올 → 포름알데히드 → 포름산 → 이산화탄소, 즉 중간 대사체에 의하여 시신경에 독성을 나타낸다.

제2회 산업위생관리기사
CBT 기출복원문제 | 2023.04.24

제1과목 | 산업위생학 개론

01 다음 중 산업위생의 목적으로 가장 적합하지 않은 것은?
① 작업조건을 개선한다.
② 근로자의 작업능률을 향상시킨다.
③ 근로자의 건강을 유지 및 증진시킨다.
④ 유해한 작업환경으로 일어난 질병을 진단한다.

풀이 산업위생(관리)의 목적
㉠ 작업환경과 근로조건의 개선 및 직업병의 근원적 예방
㉡ 작업환경 및 작업조건의 인간공학적 개선(최적의 작업환경 및 작업조건으로 개선하여 질병 예방)
㉢ 작업자의 건강보호 및 생산성 향상(근로자의 건강을 유지·증진시키고, 작업능률을 향상)
㉣ 근로자들의 육체적, 정신적, 사회적 건강 유지 및 증진
㉤ 산업재해의 예방 및 직업성 질환 유소견자의 작업전환

02 다음 중 전신피로에 있어 생리학적 원인에 속하지 않는 것은?
① 젖산의 감소
② 산소공급의 부족
③ 글리코겐 양의 감소
④ 혈중 포도당 농도의 저하

풀이 전신피로의 원인
㉠ 산소공급의 부족
㉡ 혈중 포도당 농도의 저하(가장 큰 원인)
㉢ 혈중 젖산 농도의 증가
㉣ 근육 내 글리코겐 양의 감소
㉤ 작업강도의 증가

03 다음 중 작업강도에 영향을 미치는 요인으로 틀린 것은?
① 작업밀도가 적다.
② 대인 접촉이 많다.
③ 열량 소비량이 크다.
④ 작업대상의 종류가 많다.

풀이 작업강도에 영향을 미치는 요인(작업강도가 커지는 경우)
㉠ 정밀작업일 때
㉡ 작업의 종류가 많을 때
㉢ 열량 소비량이 많을 때
㉣ 작업속도가 빠를 때
㉤ 작업이 복잡할 때
㉥ 판단을 요할 때
㉦ 작업인원이 감소할 때
㉧ 위험부담을 느낄 때
㉨ 대인 접촉이나 제약조건이 빈번할 때

04 다음 중 노출기준에 피부(skin) 표시를 첨부하는 물질이 아닌 것은?
① 옥탄올-물 분배계수가 높은 물질
② 반복하여 피부에 도포했을 때 전신작용을 일으키는 물질
③ 손이나 팔에 의한 흡수가 몸 전체에서 많은 부분을 차지하는 물질
④ 동물을 이용한 급성중독실험결과 피부 흡수에 의한 치사량이 비교적 높은 물질

풀이 노출기준에 피부(skin) 표시를 하여야 하는 물질
㉠ 손이나 팔에 의한 흡수가 몸 전체 흡수에 지대한 영향을 주는 물질
㉡ 반복하여 피부에 도포했을 때 전신작용을 일으키는 물질
㉢ 급성동물실험결과 피부 흡수에 의한 치사량이 비교적 낮은 물질
㉣ 옥탄올-물 분배계수가 높아 피부 흡수가 용이한 물질
㉤ 피부 흡수가 전신작용에 중요한 역할을 하는 물질

정답 01.④ 02.① 03.① 04.④

05 인간공학에서 최대작업영역(maximum area)에 대한 설명으로 가장 적절한 것은?

① 허리의 불편 없이 적절히 조작할 수 있는 영역
② 팔과 다리를 이용하여 최대한 도달할 수 있는 영역
③ 어깨에서부터 팔을 뻗어 도달할 수 있는 최대 영역
④ 상완을 자연스럽게 몸에 붙인 채로 전완을 움직일 때 도달하는 영역

풀이 수평작업영역의 구분
(1) 최대작업영역(최대영역, maximum area)
  ㉠ 팔 전체가 수평상에 도달할 수 있는 작업영역
  ㉡ 어깨로부터 팔을 뻗어 도달할 수 있는 최대 영역
  ㉢ 아래팔(전완)과 위팔(상완)을 곧게 펴서 파악할 수 있는 영역
  ㉣ 움직이지 않고 상지를 뻗어서 닿는 범위
(2) 정상작업역(표준영역, normal area)
  ㉠ 상박부를 자연스런 위치에서 몸통부에 접하고 있을 때에 전박부가 수평면 위에서 쉽게 도착할 수 있는 운동범위
  ㉡ 위팔(상완)을 자연스럽게 수직으로 늘어뜨린 채 아래팔(전완)만으로 편안하게 뻗어 파악할 수 있는 영역
  ㉢ 움직이지 않고 전박과 손으로 조작할 수 있는 범위
  ㉣ 앉은 자세에서 위팔은 몸에 붙이고, 아래팔만 곧게 뻗어 닿는 범위
  ㉤ 약 34~45cm의 범위

06 다음 중 산업안전보건법상 '충격소음작업'에 해당하는 것은? (단, 작업은 소음이 1초 이상의 간격으로 발생한다.)

① 120데시벨을 초과하는 소음이 1일 1만 회 이상 발생되는 작업
② 125데시벨을 초과하는 소음이 1일 1천 회 이상 발생되는 작업
③ 130데시벨을 초과하는 소음이 1일 1백 회 이상 발생되는 작업
④ 140데시벨을 초과하는 소음이 1일 10회 이상 발생되는 작업

풀이 충격소음작업
소음이 1초 이상의 간격으로 발생하는 작업으로서 다음의 1에 해당하는 작업을 말한다.
㉠ 120dB을 초과하는 소음이 1일 1만 회 이상 발생되는 작업
㉡ 130dB을 초과하는 소음이 1일 1천 회 이상 발생되는 작업
㉢ 140dB을 초과하는 소음이 1일 1백 회 이상 발생되는 작업

07 산업안전보건법령상 석면에 대한 작업환경 측정 결과 측정치가 노출기준을 초과하는 경우 그 측정일로부터 몇 개월에 몇 회 이상의 작업환경 측정을 해야 하는가?

① 1개월에 1회 이상
② 3개월에 1회 이상
③ 6개월에 1회 이상
④ 12개월에 1회 이상

풀이 작업환경 측정횟수
㉠ 사업주는 작업장 또는 작업공정이 신규로 가동되거나 변경되는 등으로 작업환경 측정대상 작업장이 된 경우에는 그 날부터 30일 이내에 작업환경 측정을 실시하고, 그 후 반기에 1회 이상 정기적으로 작업환경을 측정하여야 한다. 다만, 작업환경 측정 결과가 다음의 어느 하나에 해당하는 작업장 또는 작업공정은 해당 유해인자에 대하여 그 측정일부터 3개월에 1회 이상 작업환경을 측정해야 한다.
• 화학적 인자(고용노동부장관이 정하여 고시하는 물질만 해당)의 측정치가 노출기준을 초과하는 경우
• 화학적 인자(고용노동부장관이 정하여 고시하는 물질은 제외)의 측정치가 노출기준을 2배 이상 초과하는 경우
㉡ ㉠항에도 불구하고 사업주는 최근 1년간 작업공정에서 공정 설비의 변경, 작업방법의 변경, 설비의 이전, 사용화학물질의 변경 등으로 작업환경 측정결과에 영향을 주는 변화가 없는 경우 1년에 1회 이상 작업환경 측정을 할 수 있는 경우
• 작업공정 내 소음의 작업환경 측정결과가 최근 2회 연속 85dB 미만인 경우
• 작업공정 내 소음 외의 다른 모든 인자의 작업환경 측정결과가 최근 2회 연속 노출기준 미만인 경우

정답 05.③ 06.① 07.②

08 NIOSH에서 제시한 권장무게한계가 6kg이고 근로자가 실제 작업하는 중량물의 무게가 12kg이라면 중량물 취급지수는 얼마인가?

① 0.5 ② 1.0
③ 2.0 ④ 6.0

> [풀이] 중량물 취급지수(LI)
> $$LI = \frac{물체무게(kg)}{RWL(kg)} = \frac{12kg}{6kg} = 2$$

09 다음 중 스트레스에 관한 설명으로 잘못된 것은?

① 위협적인 환경 특성에 대한 개인의 반응이다.
② 스트레스가 아주 없거나 너무 많을 때에는 역기능 스트레스로 작용한다.
③ 환경의 요구가 개인의 능력한계를 벗어날 때 발생하는 개인과 환경과의 불균형 상태이다.
④ 스트레스를 지속적으로 받게 되면 인체는 자기조절능력을 발휘하여 스트레스로부터 벗어난다.

> [풀이] 스트레스(stress)
> ㉠ 인체에 어떠한 자극이건 간에 체내의 호르몬계를 중심으로 한 특유의 반응이 일어나는 것을 적응증상군이라 하며, 이러한 상태를 스트레스라고 한다.
> ㉡ 외부 스트레서(stressor)에 의해 신체의 항상성이 파괴되면서 나타나는 반응이다.
> ㉢ 인간은 스트레스 상태가 되면 부신피질에서 코티솔(cortisol)이라는 호르몬이 과잉분비되어 뇌의 활동 등을 저하하게 된다.
> ㉣ 위협적인 환경 특성에 대한 개인의 반응이다.
> ㉤ 스트레스가 아주 없거나 너무 많을 때에는 역기능 스트레스로 작용한다.
> ㉥ 환경의 요구가 개인의 능력한계를 벗어날 때 발생하는 개인과 환경과의 불균형 상태이다.
> ㉦ 스트레스를 지속적으로 받게 되면 인체는 자기조절능력을 상실하여 스트레스로부터 벗어나지 못하고 심신장애 또는 다른 정신적 장애가 나타날 수 있다.

10 다음 중 일반적인 실내공기질 오염과 가장 관계가 적은 질환은?

① 규폐증(silicosis)
② 가습기 열(humidifier fever)
③ 레지오넬라병(legionnaire's disease)
④ 과민성 폐렴(hypersensitivity pneumonitis)

> [풀이] 규폐증은 유리규산(SiO_2) 분진 흡입으로 폐에 만성 섬유증식이 나타나는 진폐증이다.

11 60명의 근로자가 작업하는 사업장에서 1년 동안에 3건의 재해가 발생하여 5명의 재해자가 발생하였다. 이때 근로손실일수가 35일이었다면 이 사업장의 도수율은 약 얼마인가? (단, 근로자는 1일 8시간 연간 300일을 근무하였다.)

① 0.24 ② 20.83
③ 34.72 ④ 83.33

> [풀이] $$도수율 = \frac{재해발생건수}{연근로시간수} \times 10^6$$
> $$= \frac{3}{60 \times 8 \times 300} \times 10^6 = 20.83$$

12 중량물 취급과 관련하여 요통발생에 관여하는 요인으로 가장 관계가 적은 것은?

① 근로자의 심리상태 및 조건
② 작업습관과 개인적인 생활태도
③ 요통 및 기타 장애(자동차 사고, 넘어짐)의 경력
④ 물리적 환경요인(작업빈도, 물체 위치, 무게 및 크기)

> [풀이] 요통 발생에 관여하는 주된 요인
> ㉠ 작업습관과 개인적인 생활태도
> ㉡ 작업빈도, 물체의 위치와 무게 및 크기 등과 같은 물리적 환경요인
> ㉢ 근로자의 육체적 조건
> ㉣ 요통 및 기타 장애의 경력(교통사고, 넘어짐)
> ㉤ 올바르지 못한 작업 방법 및 자세(대표적 : 버스 운전기사, 이용사, 미용사 등의 직업인)

13 다음 중 인간공학에서 고려해야 할 인간의 특성과 가장 거리가 먼 것은?

① 감각과 지각
② 운동력과 근력
③ 감정과 생산능력
④ 기술, 집단에 대한 적응능력

풀이 인간공학에서 고려해야 할 인간의 특성
㉠ 인간의 습성
㉡ 기술·집단에 대한 적응능력
㉢ 신체의 크기와 작업환경
㉣ 감각과 지각
㉤ 운동력과 근력
㉥ 민족

14 미국산업안전보건연구원(NIOSH)에서 제시한 중량물의 들기작업에 관한 감시기준(Action Limit)과 최대허용기준(Maximum Permissible Limit)의 관계를 바르게 나타낸 것은?

① MPL=3AL
② MPL=5AL
③ MPL=10AL
④ MPL=$\sqrt{2}$ AL

풀이 최대허용기준(MPL) 관계식
MPL=AL(감시기준)×3

15 분진의 종류 중 산업안전보건법상 작업환경측정대상이 아닌 것은?

① 목분진(wood dust)
② 지분진(paper dust)
③ 면분진(cotton dust)
④ 곡물분진(grain dust)

풀이 작업환경측정대상 유해인자
(1) 화학적 인자
  ㉠ 유기화합물(114종)
  ㉡ 금속류(24종)
  ㉢ 산·알칼리류(17종)
  ㉣ 가스상태물질류(15종)
  ㉤ 허가대상 유해물질(14종)
  ㉥ 금속가공유(1종)
(2) 물리적 인자(2종)
  ㉠ 8시간 시간가중평균 80dB 이상의 소음
  ㉡ 고열
(3) 분진(7종)
  ㉠ 광물성 분진(mineral dust)
  ㉡ 곡물분진(grain dust)
  ㉢ 면분진(cotton dust)
  ㉣ 목재분진(wood dust)
  ㉤ 석면분진
  ㉥ 용접흄
  ㉦ 유리섬유

16 미국산업위생학술원에서 채택한 산업위생 전문가의 윤리강령 중 기업주와 고객에 대한 책임과 관계된 윤리강령은?

① 기업체의 기밀은 누설하지 않는다.
② 전문적 판단이 타협에 의하여 좌우될 수 있는 상황에는 개입하지 않는다.
③ 근로자, 사회 및 전문직종의 이익을 위해 과학적 지식을 공개하고 발표한다.
④ 결과와 결론을 뒷받침할 수 있도록 기록을 유지하고 산업위생사업을 전문가답게 운영, 관리한다.

풀이 기업주와 고객에 대한 책임
㉠ 결과 및 결론을 뒷받침할 수 있도록 정확한 기록을 유지하고 산업위생사업을 전문가답게 전문부서들을 운영, 관리한다.
㉡ 기업주와 고객보다는 근로자의 건강보호에 궁극적 책임을 두어 행동한다.
㉢ 쾌적한 작업환경을 조성하기 위하여 산업위생의 이론을 적용하고 책임있게 행동한다.
㉣ 신뢰를 바탕으로 정직하게 권고하고 성실한 자세로 충고하며 결과와 개선점 및 권고사항을 정확히 보고한다.

17 산업안전보건법령상 단위작업장소에서 동일작업 근로자수가 13명일 경우 시료채취 근로자수는 얼마가 되는가?

① 1명
② 2명
③ 3명
④ 4명

풀이 단위작업장소에서 동일작업 근로자수가 10명을 초과하는 경우에는 매 5명당 1명 이상 추가하여 측정하여야 하므로 시료채취 근로자수는 3명이다.

정답 13.③ 14.① 15.② 16.④ 17.③

18 사무실 공기관리 지침에서 정한 사무실 공기의 오염물질에 대한 시료채취시간이 바르게 연결된 것은?
① 미세먼지 : 업무시간 동안 4시간 이상 연속 측정
② 포름알데히드 : 업무시간 동안 2시간 단위로 10분간 3회 측정
③ 이산화탄소 : 업무시작 후 1시간 전후 및 종료 전 1시간 전후 각각 30분간 측정
④ 일산화탄소 : 업무시작 후 1시간 전후 및 종료 전 1시간 전후 각각 10분간 측정

풀이 사무실 오염물질의 측정횟수 및 시료채취시간

오염물질	측정횟수(측정시기)	시료채취시간
미세먼지 (PM 10)	연 1회 이상	업무시간 동안 – 6시간 이상 연속 측정
초미세먼지 (PM 2.5)	연 1회 이상	업무시간 동안 – 6시간 이상 연속 측정
이산화탄소 (CO₂)	연 1회 이상	업무시작 후 2시간 전후 및 종료 전 2시간 전후 – 각각 10분간 측정
일산화탄소 (CO)	연 1회 이상	업무시작 후 1시간 전후 및 종료 전 1시간 전후 – 각각 10분간 측정
이산화질소 (NO₂)	연 1회 이상	업무시작 후 1시간 ~ 종료 1시간 전 – 1시간 측정
포름알데히드 (HCHO)	연 1회 이상 및 신축(대수선 포함) 건물 입주 전	업무시작 후 1시간 ~ 종료 1시간 전 – 30분간 2회 측정
총휘발성유기화합물 (TVOC)	연 1회 이상 및 신축(대수선 포함) 건물 입주 전	업무시작 후 1시간 ~ 종료 1시간 전 – 30분간 2회 측정
라돈 (radon)	연 1회 이상	3일 이상 ~ 3개월 이내 연속 측정
총부유세균	연 1회 이상	업무시작 후 1시간 ~ 종료 1시간 전 – 최고 실내온도에서 1회 측정
곰팡이	연 1회 이상	업무시작 후 1시간 ~ 종료 1시간 전 – 최고 실내온도에서 1회 측정

19 근전도(electromyogram, EMG)를 이용하여 국소피로를 평가할 때 고려하는 사항으로 틀린 것은?
① 총 전압의 감소
② 평균 주파수의 감소
③ 저주파수(0~40Hz) 힘의 증가
④ 고주파수(40~200Hz) 힘의 감소

풀이 정상근육과 비교하여 피로한 근육에서 나타나는 EMG의 특징
㉠ 저주파(0~40Hz) 영역에서 힘(전압)의 증가
㉡ 고주파(40~200Hz) 영역에서 힘(전압)의 감소
㉢ 평균 주파수 영역에서 힘(전압)의 감소
㉣ 총 전압의 증가

20 어떤 물질에 대한 작업환경을 측정한 결과 다음과 같은 TWA 결과값을 얻었다. 환산된 TWA는 약 얼마인가?

농도(ppm)	100	150	250	300
발생시간(분)	120	240	60	60

① 169ppm ② 198ppm
③ 220ppm ④ 256ppm

풀이 $TWA = \dfrac{(100 \times 2) + (150 \times 4) + (250 \times 1) + (300 \times 1)}{8}$
$= 168.75 \text{ppm}$

제2과목 | 작업위생 측정 및 평가

21 직경분립충돌기(cascade impactor)의 특성을 설명한 것으로 옳지 않은 것은?
① 비용이 저렴하고, 채취준비가 간단하다.
② 공기가 옆에서 유입되지 않도록 각 충돌기의 철저한 조립과 장착이 필요하다.
③ 입자의 질량 크기 분포를 얻을 수 있다.
④ 흡입성, 흉곽성, 호흡성 입자의 크기별 분포와 농도를 얻을 수 있다.

정답 18.④ 19.① 20.① 21.①

풀이 직경분립충돌기(cascade impactor)의 장단점
(1) 장점
  ㉠ 입자의 질량 크기 분포를 얻을 수 있다(공기흐름속도를 조절하여 채취입자를 크기별로 구분 가능).
  ㉡ 호흡기의 부분별로 침착된 입자 크기의 자료를 추정할 수 있다.
  ㉢ 흡입성, 흉곽성, 호흡성 입자의 크기별로 분포와 농도를 계산할 수 있다.
(2) 단점
  ㉠ 시료채취가 까다롭다. 즉 경험이 있는 전문가가 철저한 준비를 통해 이용해야 정확한 측정이 가능하다(작은 입자는 공기흐름속도를 크게 하여 충돌판에 포집할 수 없음).
  ㉡ 비용이 많이 든다.
  ㉢ 채취준비시간이 과다하다.
  ㉣ 되튐으로 인한 시료의 손실이 일어나 과소분석결과를 초래할 수 있어 유량을 2L/min 이하로 채취한다.
  ㉤ 공기가 옆에서 유입되지 않도록 각 충돌기의 조립과 장착을 철저히 해야 한다.

22 수은(알킬수은 제외)의 노출기준은 0.05mg/m³이고 증기압은 0.0029mmHg라면 VHR(Vapor Hazard Ratio)은? (단, 25℃, 1기압 기준, 수은 원자량은 200.6이다.)
  ① 약 330
  ② 약 430
  ③ 약 530
  ④ 약 630

풀이
$$\text{VHR} = \frac{C}{\text{TLV}}$$
$$= \frac{\left(\frac{0.0029\text{mmHg}}{760\text{mmHg}} \times 10^6\right)}{\left(0.05\text{mg/m}^3 \times \frac{24.45}{200.6}\right)} = 626.10$$

23 검지관 사용 시의 장·단점으로 가장 거리가 먼 것은?
  ① 숙련된 산업위생전문가가 아니더라도 어느 정도만 숙지하면 사용할 수 있다.
  ② 민감도가 낮아 비교적 고농도에 적용이 가능하다.
  ③ 특이도가 낮아 다른 방해물질의 영향을 받기 쉽다.
  ④ 측정대상물질의 동정 없이 측정이 용이하다.

풀이 검지관 측정법의 장·단점
(1) 장점
  ㉠ 사용이 간편하다.
  ㉡ 반응시간이 빨라 현장에서 바로 측정결과를 알 수 있다.
  ㉢ 비전문가도 어느 정도 숙지하면 사용할 수 있지만, 산업위생전문가의 지도 아래 사용되어야 한다.
  ㉣ 맨홀, 밀폐공간에서의 산소부족 또는 폭발성 가스로 인한 안전이 문제가 될 때 유용하게 사용된다.
  ㉤ 다른 측정방법이 복잡하거나 빠른 측정이 요구될 때 사용할 수 있다.
(2) 단점
  ㉠ 민감도가 낮아 비교적 고농도에만 적용이 가능하다.
  ㉡ 특이도가 낮아 다른 방해물질의 영향을 받기 쉽고, 오차가 크다.
  ㉢ 대개 단시간 측정만 가능하다.
  ㉣ 한 검지관으로 단일물질만 측정 가능하여 각 오염물질에 맞는 검지관을 선정함에 따른 불편이 있다.
  ㉤ 색변화에 따라 주관적으로 읽을 수 있어 판독자에 따라 변이가 심하며 색변화가 시간에 따라 변하므로 제조자가 정한 시간에 읽어야 한다.
  ㉥ 미리 측정대상물질의 동정이 되어 있어야 측정이 가능하다.

24 제관공장에서 용접흄을 측정한 결과가 다음과 같다면 노출기준 초과 여부 평가로 알맞은 것은?

- 용접흄의 TWA : 5.27mg/m³
- 노출기준 : 5.0mg/m³
- SAE(시료채취 분석오차) : 0.012

  ① 초과
  ② 초과 가능
  ③ 초과하지 않음
  ④ 평가할 수 없음

풀이
- $Y(\text{표준화값}) = \dfrac{\text{TWA}}{\text{허용기준}} = \dfrac{5.27}{5.0} = 1.054$
- LCL(하한치) = $Y - \text{SAE}$
  $= 1.054 - 0.012 = 1.042$
- ∴ LCL(1.042) > 1이므로, 초과

25 공장 내부에 소음(대당 PWL=85dB)을 발생시키는 기계가 있다. 이 기계 2대가 동시에 가동될 때 발생하는 PWL의 합은?

① 86dB   ② 88dB
③ 90dB   ④ 92dB

풀이 $PWL_{합} = 10\log(10^{8.5} \times 2) = 88\text{dB}$

---

26 다음 중 알고 있는 공기 중 농도를 만드는 방법인 dynamic method의 설명으로 틀린 것은?

① 만들기가 복잡하고, 가격이 고가이다.
② 온습도 조절이 가능하다.
③ 소량의 누출이나 벽면에 의한 손실은 무시할 수 있다.
④ 대개 운반용으로 제작하기가 용이하다.

풀이 Dynamic method
㉠ 희석공기와 오염물질을 연속적으로 흘려주어 일정한 농도를 유지하면서 만드는 방법이다.
㉡ 알고 있는 공기 중 농도를 만드는 방법이다.
㉢ 농도변화를 줄 수 있고, 온도·습도 조절이 가능하다.
㉣ 제조가 어렵고, 비용도 많이 든다.
㉤ 다양한 농도 범위에서 제조가 가능하다.
㉥ 가스, 증기, 에어로졸 실험도 가능하다.
㉦ 소량의 누출이나 벽면에 의한 손실은 무시할 수 있다.
㉧ 지속적인 모니터링이 필요하다.
㉨ 일정한 농도를 유지하기가 매우 곤란하다.

---

27 근로자 개인의 청력 손실 여부를 알기 위하여 사용하는 청력 측정용 기기를 무엇이라고 하는가?

① audiometer
② sound level meter
③ noise dosimeter
④ impact sound level meter

풀이 근로자 개인의 청력손실 여부를 판단하기 위해 사용하는 청력 측정용 기기는 audiometer이고, 근로자 개인의 노출량을 측정하는 기기는 noise dosimeter이다.

---

28 다음 물질 중 실리카겔과 친화력이 가장 큰 것은?

① 알데히드류   ② 올레핀류
③ 파라핀류   ④ 에스테르류

풀이 실리카겔의 친화력(극성이 강한 순서)
물 > 알코올류 > 알데히드류 > 케톤류 > 에스테르류 > 방향족탄화수소류 > 올레핀류 > 파라핀류

---

29 어느 작업장의 온도가 18℃이고, 기압이 770mmHg, methyl ethyl ketone(분자량=72)의 농도가 26ppm일 때 mg/m³ 단위로 환산된 농도는?

① 64.5   ② 79.4
③ 87.3   ④ 93.2

풀이
$$\text{농도}(\text{mg/m}^3) = 26\text{ppm} \times \frac{72}{\left(22.4 \times \frac{273+18}{273} \times \frac{760}{770}\right)} = 79.43 \text{mg/m}^3$$

---

30 다음 중 2차 표준기구인 것은?

① 유리 피스톤미터
② 폐활량계
③ 열선기류계
④ 가스치환병

풀이 표준기구(보정기구)의 종류
(1) 1차 표준기구
  ㉠ 비누거품미터(soap bubble meter)
  ㉡ 폐활량계(spirometer)
  ㉢ 가스치환병(mariotte bottle)
  ㉣ 유리 피스톤미터(glass piston meter)
  ㉤ 흑연 피스톤미터(frictionless piston meter)
  ㉥ 피토튜브(pitot tube)
(2) 2차 표준기구
  ㉠ 로터미터(rotameter)
  ㉡ 습식 테스트미터(wet test meter)
  ㉢ 건식 가스미터(dry gas meter)
  ㉣ 오리피스미터(orifice meter)
  ㉤ 열선기류계(thermo anemometer)

정답 25.② 26.④ 27.① 28.① 29.② 30.③

31 다음은 작업장 소음측정에 관한 내용이다. ( ) 안의 내용으로 옳은 것은? (단, 고용노동부 고시 기준)

> 누적소음 노출량 측정기로 소음을 측정하는 경우에는 criteria 90dB, exchange rate 5dB, threshold ( )dB로 기기를 설정한다.

① 50　　② 60
③ 70　　④ 80

풀이 누적소음노출량 측정기의 설정
㉠ criteria=90dB
㉡ exchange rate=5dB
㉢ threshold=80dB

32 유리규산을 채취하여 X선 회절법으로 분석하는 데 적절하고 6가 크롬 그리고 아연산화물의 채취에 이용하며 수분에 영향이 크지 않아 공해성 먼지, 총 먼지 등의 중량분석을 위한 측정에 사용하는 막 여과지는?

① MCE막 여과지　② PVC막 여과지
③ PTFE막 여과지　④ 은막 여과지

풀이 PVC막 여과지(Polyvinyl chloride membrane filter)
㉠ 가볍고, 흡습성이 낮기 때문에 분진의 중량분석에 사용된다.
㉡ 유리규산을 채취하여 X선 회절법으로 분석하는 데 적절하고 6가 크롬 및 아연산화합물의 채취에 이용한다.
㉢ 수분에 영향이 크지 않아 공해성 먼지, 총 먼지 등의 중량분석을 위한 측정에 사용한다.
㉣ 석탄먼지, 결정형 유리규산, 무정형 유리규산, 별도로 분리하지 않은 먼지 등을 대상으로 무게농도를 구하고자 할 때 PVC막 여과지로 채취한다.
㉤ 습기에 영향을 적게 받기 위해 전기적인 전하를 가지고 있어 채취 시 입자를 반발하여 채취효율을 떨어뜨리는 단점이 있다. 따라서 채취 전에 필터를 세정용액으로 처리함으로써 이러한 오차를 줄일 수 있다.

33 입자상 물질인 흄(fume)에 관한 설명으로 옳지 않은 것은?

① 용접공정에서 흄이 발생한다.
② 흄의 입자 크기는 먼지보다 매우 커 폐포에 쉽게 도달되지 않는다.
③ 흄은 상온에서 고체상태의 물질이 고온으로 액체화된 다음 증기화되고, 증기물의 응축 및 산화로 생기는 고체상의 미립자이다.
④ 용접흄은 용접공폐의 원인이 된다.

풀이 용접흄
㉠ 입자상 물질의 한 종류인 고체이며 기체가 온도의 급격한 변화로 응축·산화된 형태이다.
㉡ 용접흄을 채취할 때에는 카세트를 헬멧 안쪽에 부착하고 glass fiber filter를 사용하여 포집한다.
㉢ 용접흄은 호흡기계에 가장 깊숙이 들어갈 수 있는 입자상 물질로 용접공폐의 원인이 된다.

34 파과현상(breakthrough)에 영향을 미치는 요인이라고 볼 수 없는 것은?

① 포집대상인 작업장의 온도
② 탈착에 사용하는 용매의 종류
③ 포집을 끝마친 후부터 분석까지의 시간
④ 포집된 오염물질의 종류

풀이 파과현상에 영향을 미치는 요인
㉠ 온도
㉡ 습도
㉢ 시료채취속도(시료채취량)
㉣ 유해물질 농도(포집된 오염물질의 농도)
㉤ 혼합물
㉥ 흡착제의 크기(흡착제의 비표면적)
㉦ 흡착관의 크기(튜브의 내경 : 흡착제의 양)
㉧ 유해물질의 휘발성 및 다른 가스와의 흡착경쟁력
㉨ 포집을 마친 후부터 분석까지의 시간

정답 31.④ 32.② 33.② 34.②

35 활성탄관을 연결한 저유량 공기 시료채취펌프를 이용하여 벤젠증기(M.W=78g/mol)를 0.038m³ 채취하였다. GC를 이용하여 분석한 결과 478μg의 벤젠이 검출되었다면 벤젠증기의 농도(ppm)는? (단, 온도 25℃, 1기압 기준, 기타 조건은 고려 안함)

① 1.87 ② 2.34
③ 3.94 ④ 4.78

[풀이]
농도(mg/m³) = $\dfrac{478\mu g \times mg/10^3 \mu g}{0.038 m^3}$ = 12.579mg/m³

∴ 농도(ppm) = 12.579mg/m³ × $\dfrac{24.45}{78}$ = 3.94ppm

36 누적소음노출량(D : %)을 적용하여 시간가중평균소음수준(TWA : dB(A))을 산출하는 공식은?

① $16.61\log\left(\dfrac{D}{100}\right)+80$

② $19.81\log\left(\dfrac{D}{100}\right)+80$

③ $16.61\log\left(\dfrac{D}{100}\right)+90$

④ $19.81\log\left(\dfrac{D}{100}\right)+90$

[풀이] 시간가중평균소음수준(TWA)

TWA = $16.61\log\left[\dfrac{D(\%)}{100}\right]+90[dB(A)]$

여기서, TWA : 시간가중평균소음수준[dB(A)]
　　　　D : 누적소음 폭로량(%)
　　　　100 : (12.5 × T, T : 폭로시간)

37 입자상 물질의 채취를 위한 섬유상 여과지인 유리섬유여과지에 관한 설명으로 틀린 것은?

① 흡습성이 적고 열에 강하다.
② 결합제 첨가형과 결합제 비첨가형이 있다.
③ 와트만(Whatman) 여과지가 대표적이다.
④ 유해물질이 여과지의 안층에도 채취된다.

[풀이] Whatman 여과지는 셀룰로오스여과지의 대표적 여과지이다.

38 흡착제를 이용하여 시료채취를 할 때 영향을 주는 인자에 관한 설명으로 틀린 것은?

① 온도 : 온도가 높을수록 입자의 활성도가 커져 흡착에 좋으며 저온일수록 흡착능이 감소한다.
② 오염물질 농도 : 공기 중 오염물질 농도가 높을수록 파과용량은 증가하나 파과공기량은 감소한다.
③ 흡착제의 크기 : 입자의 크기가 작을수록 표면적이 증가하여 채취효율이 증가하나 압력강하가 심하다.
④ 시료채취속도 : 시료채취속도가 높고 코팅된 흡착제일수록 파과가 일어나기 쉽다.

[풀이] 흡착제를 이용한 시료채취 시 영향인자
㉠ 온도 : 온도가 낮을수록 흡착에 좋으나 고온일수록 흡착대상 오염물질과 흡착제의 표면 사이 또는 2종 이상의 흡착대상 물질 간 반응속도가 증가하여 흡착성질이 감소하며 파과가 일어나기 쉽다(모든 흡착은 발열반응이다).
㉡ 습도 : 극성 흡착제를 사용할 때 수증기가 흡착되기 때문에 파과가 일어나기 쉬우며 비교적 높은 습도는 활성탄의 흡착용량을 저하시킨다. 또한 습도가 높으면 파과공기량(파과가 일어날 때까지의 채취공기량)이 적어진다.
㉢ 시료채취속도(시료채취량) : 시료채취속도가 크고 코팅된 흡착제일수록 파과가 일어나기 쉽다.
㉣ 유해물질 농도(포집된 오염물질의 농도) : 농도가 높으면 파과용량(흡착제에 흡착된 오염물질량)이 증가하나 파과공기량은 감소한다.
㉤ 혼합물 : 혼합기체의 경우 각 기체의 흡착량은 단독성분이 있을 때보다 적어지게 된다(혼합물 중 흡착제와 강한 결합을 하는 물질에 의하여 치환반응이 일어나기 때문).
㉥ 흡착제의 크기(흡착제의 비표면적) : 입자 크기가 작을수록 표면적 및 채취효율이 증가하지만 압력강하가 심하다(활성탄은 다른 흡착제에 비하여 큰 비표면적을 갖고 있다).
㉦ 흡착관의 크기(튜브의 내경, 흡착제의 양) : 흡착제의 양이 많아지면 전체 흡착제의 표면적이 증가하여 채취용량이 증가하므로 파과가 쉽게 발생되지 않는다.

정답　35.③　36.③　37.③　38.①

39 시간당 200~350kcal의 열량이 소모되는 중등작업 조건에서 WBGT 측정치가 31.2°C일 때 고열작업 노출기준의 작업휴식 조건은?

① 매시간 50% 작업, 50% 휴식 조건
② 매시간 75% 작업, 25% 휴식 조건
③ 매시간 25% 작업, 75% 휴식 조건
④ 계속 작업 조건

풀이 고열작업장의 노출기준(고용노동부, ACGIH)
(단위 : WBGT(°C))

시간당 작업과 휴식 비율	작업강도		
	경작업	중등작업	중(힘든)작업
연속작업	30.0	26.7	25.0
75% 작업, 25% 휴식 (45분 작업, 15분 휴식)	30.6	28.0	25.9
50% 작업, 50% 휴식 (30분 작업, 30분 휴식)	31.4	29.4	27.9
25% 작업, 75% 휴식 (15분 작업, 45분 휴식)	32.2	31.1	30.0

㉠ 경작업 : 시간당 200kcal까지의 열량이 소요되는 작업을 말하며, 앉아서 또는 서서 기계의 조정을 하기 위하여 손 또는 팔을 가볍게 쓰는 일 등이 해당된다.
㉡ 중등작업 : 시간당 200~350kcal의 열량이 소요되는 작업을 말하며, 물체를 들거나 밀면서 걸어다니는 일 등이 해당된다.
㉢ 중(격심)작업 : 시간당 350~500kcal의 열량이 소요되는 작업을 뜻하며, 곡괭이질 또는 삽질하는 일과 같이 육체적으로 힘든 일 등이 해당된다.

40 공기 중 석면을 막여과지에 채취한 후 전처리하여 분석하는 방법으로 다른 방법에 비하여 간편하나 석면의 감별에 어려움이 있는 측정 방법은?

① X선 회절법
② 편광 현미경법
③ 위상차 현미경법
④ 전자 현미경법

풀이 위상차 현미경법
㉠ 석면 측정에 이용되는 현미경으로 일반적으로 가장 많이 사용된다.
㉡ 막여과지에 시료를 채취한 후 전처리하여 위상차 현미경으로 분석한다.
㉢ 다른 방법에 비해 간편하나 석면의 감별이 어렵다.

제3과목 | 작업환경 관리대책

41 국소배기장치에 관한 주의사항으로 가장 거리가 먼 것은?

① 배기관은 유해물질이 발산하는 부위의 공기를 모두 빨아낼 수 있는 성능을 갖출 것
② 흡인되는 공기가 근로자의 호흡기를 거치지 않도록 할 것
③ 먼지를 제거할 때에는 공기속도를 조절하여 배기관 안에서 먼지가 일어나도록 할 것
④ 유독물질의 경우에는 굴뚝에 흡인장치를 보강할 것

풀이 국소배기장치에서 먼지를 제거할 때는 공기속도를 조절하여 배기관 안에서 먼지가 일어나지 않도록 해야 한다.

42 어느 실내의 길이, 폭, 높이가 각각 25m, 10m, 3m이며, 1시간당 18회의 실내 환기를 하고자 한다. 직경 50cm의 개구부를 통하여 공기를 공급하고자 하면 개구부를 통과하는 공기의 유속(m/sec)은?

① 13.7
② 15.3
③ 17.2
④ 19.1

풀이
$$ACH = \frac{필요환기량}{작업장 용적}$$

필요환기량 $= 18회/hr \times (25 \times 10 \times 3)m^3$
$= 13,500 m^3/hr \times hr/3,600 sec$
$= 3.75 m^3/sec$

$$\therefore V = \frac{Q}{A} = \frac{3.75 m^3/sec}{\left(\frac{3.14 \times 0.5^2}{4}\right)m^2} = 19.11 m/sec$$

정답 39.③ 40.③ 41.③ 42.④

43 작업장 내 열부하량이 10,000kcal/hr이며, 외기온도는 20℃, 작업장 내 온도는 35℃ 이다. 이때 전체환기를 위한 필요환기량(m³/min)은? (단, 정압비열은 0.3kcal/m³·℃ 이다.)

① 약 37
② 약 47
③ 약 57
④ 약 67

풀이
$$Q(\text{m}^3/\text{min}) = \frac{H_s}{0.3\Delta t}$$
$$= \frac{10,000\text{kcal/hr} \times \text{hr}/60\text{min}}{0.3 \times (35℃ - 20℃)}$$
$$= 37.04\text{m}^3/\text{min}$$

44 어떤 작업장의 음압수준이 100dB(A)이고 근로자가 NRR이 19인 귀마개를 착용하고 있다면 차음효과는? (단, OSHA 방법 기준)

① 2dB(A) ② 4dB(A)
③ 6dB(A) ④ 8dB(A)

풀이
차음효과 = (NRR-7) × 0.5
= (19-7) × 0.5
= 6dB

45 작업환경관리의 공학적 대책에서 기본적 원리인 대체(substitution)와 거리가 먼 것은?

① 자동차산업에서 납을 고속회전 그라인더로 깎아 내던 작업을 저속 오실레이팅(osillating type sander) 작업으로 바꾼다.
② 가연성 물질 저장 시 사용하던 유리병을 안전한 철제통으로 바꾼다.
③ 방사선 동위원소 취급장소를 밀폐하고, 원격장치를 설치한다.
④ 성냥 제조 시 황린 대신 적린을 사용하게 한다.

풀이 ③항의 내용은 공학적 대책 중 '격리'이다.

46 1기압 동점성계수(20℃)는 1.5×10^{-5}(m²/sec)이고, 유속은 10m/sec, 관 반경은 0.125m일 때 Reynolds수는?

① 1.67×10^5
② 1.87×10^5
③ 1.33×10^4
④ 1.37×10^5

풀이
$$Re = \frac{Vd}{\nu}$$
$$= \frac{10 \times (0.125 \times 2)}{1.5 \times 10^{-5}}$$
$$= 1.67 \times 10^5$$

47 산소가 결핍된 밀폐공간에서 작업할 경우 가장 적합한 호흡용 보호구는?

① 방진마스크
② 방독마스크
③ 송기마스크
④ 면체 여과식 마스크

풀이 송기마스크
㉠ 산소가 결핍된 환경 또는 유해물질의 농도가 높거나 독성이 강한 작업장에서 사용해야 한다.
㉡ 대표적인 보호구로는 에어라인(air-line)마스크와 자가공기공급장치(SCBA)가 있다.

48 송풍기의 송풍량이 200m³/min이고, 송풍기 전압이 150mmH₂O이다. 송풍기의 효율이 0.8이라면 소요동력(kW)은?

① 약 4kW
② 약 6kW
③ 약 8kW
④ 약 10kW

풀이
$$\text{소요동력}(kW) = \frac{Q \times \Delta P}{6,120 \times \eta} \times \alpha$$
$$= \frac{200\text{m}^3/\text{min} \times 150\text{mmH}_2\text{O}}{6,120 \times 0.8} \times 1.0$$
$$= 6.13\text{kW}$$

정답 43.① 44.③ 45.③ 46.① 47.③ 48.②

49 귀덮개의 착용 시 일반적으로 요구되는 차음효과를 가장 알맞게 나타낸 것은?

① 저음역 20dB 이상, 고음역 45dB 이상
② 저음역 20dB 이상, 고음역 55dB 이상
③ 저음역 30dB 이상, 고음역 40dB 이상
④ 저음역 30dB 이상, 고음역 50dB 이상

풀이 귀덮개의 방음효과
㉠ 저음영역에서 20dB 이상, 고음영역에서 45dB 이상의 차음효과가 있다.
㉡ 귀마개를 착용하고서 귀덮개를 착용하면 훨씬 차음효과가 커지게 되므로 120dB 이상의 고음 작업장에서는 동시 착용할 필요가 있다.
㉢ 간헐적 소음에 노출되는 경우 귀덮개를 착용한다.
㉣ 차음성능기준상 중심주파수가 1,000Hz인 음원의 차음치는 25dB 이상이다.

50 유해물질을 관리하기 위해 전체환기를 적용할 수 있는 일반적인 상황과 가장 거리가 먼 것은?

① 작업자가 근무하는 장소로부터 오염발생원이 멀리 떨어져 있는 경우
② 오염발생원의 이동성이 없는 경우
③ 동일작업장에 다수의 오염발생원이 분산되어 있는 경우
④ 소량의 오염물질이 일정속도로 작업장으로 배출되는 경우

풀이 전체환기(희석환기) 적용 시 조건
㉠ 유해물질의 독성이 비교적 낮은 경우, 즉 TLV가 높은 경우 ⇨ 가장 중요한 제한조건
㉡ 동일한 작업장에 다수의 오염원이 분산되어 있는 경우
㉢ 유해물질이 시간에 따라 균일하게 발생될 경우
㉣ 유해물질의 발생량이 적은 경우 및 희석공기량이 많지 않아도 되는 경우
㉤ 유해물질이 증기나 가스일 경우
㉥ 국소배기로 불가능한 경우
㉦ 배출원이 이동성인 경우
㉧ 가연성 가스의 농축으로 폭발의 위험이 있는 경우
㉨ 오염원이 근무자가 근무하는 장소로부터 멀리 떨어져 있는 경우

51 덕트 직경이 30cm이고 공기유속이 5m/sec일 때 레이놀즈수(Re)는? (단, 공기의 점성계수는 20℃에서 1.85×10^{-5}kg/sec·m, 공기의 밀도는 20℃에서 1.2kg/m³이다.)

① 97,300
② 117,500
③ 124,400
④ 135,200

풀이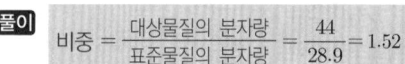
$$Re = \frac{\rho VD}{\mu} = \frac{1.2 \times 5 \times 0.3}{1.85 \times 10^{-5}} = 97,297$$

52 이산화탄소 가스의 비중은? (단, 0℃, 1기압 기준)

① 1.34
② 1.41
③ 1.52
④ 1.63

풀이
$$비중 = \frac{대상물질의\ 분자량}{표준물질의\ 분자량} = \frac{44}{28.9} = 1.52$$

53 90° 곡관의 반경비가 2.0일 때 압력손실계수는 0.27이다. 속도압이 14mmH₂O라면 곡관의 압력손실(mmH₂O)은?

① 7.6
② 5.5
③ 3.8
④ 2.7

풀이 곡관의 압력손실(ΔP) = $\delta \times VP$
= 0.27×14
= $3.78 \text{mmH}_2\text{O}$

54 다음은 직관의 압력손실에 관한 설명이다. 잘못된 것은?

① 직관의 마찰계수에 비례한다.
② 직관의 길이에 비례한다.
③ 직관의 직경에 비례한다.
④ 속도(관내유속)의 제곱에 비례한다.

풀이 직관의 압력손실은 직관의 직경에 반비례한다.
$$\Delta P = \lambda(f) \times \frac{L}{D} \times \frac{rv^2}{2g}$$

55 벤젠 2kg이 모두 증발하였다면 벤젠이 차지하는 부피는? (단, 벤젠 비중 0.88, 분자량 78, 21℃, 1기압)

① 약 521L
② 약 618L
③ 약 736L
④ 약 871L

풀이 부피(L) = $\dfrac{2,000g \times 24.1L}{78g}$ = 617.95L

56 송풍량(Q)이 300m³/min일 때 송풍기의 회전속도는 150rpm이었다. 송풍량을 500m³/min으로 확대시킬 경우 같은 송풍기의 회전속도는 대략 몇 rpm이 되는가? (단, 기타 조건은 같다고 가정함)

① 약 200rpm
② 약 250rpm
③ 약 300rpm
④ 약 350rpm

풀이 $\dfrac{Q_2}{Q_1} = \dfrac{\text{rpm}_2}{\text{rpm}_1}$

∴ $\text{rpm}_2 = \dfrac{Q_2 \times \text{rpm}_1}{Q_1} = \dfrac{500 \times 150}{300} = 250\text{rpm}$

57 작업환경개선대책 중 격리와 가장 거리가 먼 것은?

① 콘크리트 방호벽의 설치
② 원격조정
③ 자동화
④ 국소배기장치의 설치

풀이 국소배기장치의 설치는 작업환경개선의 공학적 대책 중 하나이다.
- 작업환경개선대책 중 격리의 종류
  ㉠ 저장물질의 격리
  ㉡ 시설의 격리
  ㉢ 공정의 격리
  ㉣ 작업자의 격리

58 직경이 10cm인 원형 후드가 있다. 관 내를 흐르는 유량이 0.2m³/sec라면 후드 입구에서 20cm 떨어진 곳에서의 제어속도(m/sec)는?

① 0.29
② 0.39
③ 0.49
④ 0.59

풀이 문제 내용 중 후드 위치 및 플랜지에 대한 언급이 없으므로 기본식 사용

$Q = V_c(10X^2 + A)$

$A = \left(\dfrac{3.14 \times 0.1^2}{4}\right)\text{m}^2 = 0.00785\text{m}^2$

$0.2\text{m}^3/\text{sec} = V_c[(10 \times 0.2^2)\text{m}^2 + 0.00785\text{m}^2]$

$V_c(\text{m}/\text{sec}) = \dfrac{0.2\text{m}^3/\text{sec}}{0.408\text{m}^2} = 0.49\text{m}/\text{sec}$

59 사무실에서 일하는 근로자의 건강장애를 예방하기 위해 시간당 공기교환횟수는 6회 이상 되어야 한다. 사무실의 체적이 150m³일 때 최소 필요한 환기량(m³/min)은?

① 9
② 12
③ 15
④ 18

풀이 ACH = $\dfrac{\text{작업장 필요환기량(m}^3/\text{hr})}{\text{작업장 체적(m}^3)}$

작업장 환기량(m³/hr) = 6회/hr × 150m³
= 900m³/hr × hr/60min
= 15m³/min

60 어떤 작업장의 음압수준이 86dB(A)이고, 근로자는 귀덮개를 착용하고 있다. 귀덮개의 차음평가수는 NRR=19이다. 근로자가 노출되는 음압(예측)수준(dB(A))은?

① 74
② 76
③ 78
④ 80

풀이 노출음압수준 = 86dB(A) - 차음효과
차음효과 = (NRR-7) × 0.5
= (19-7) × 0.5 = 6dB(A)
= 86dB(A) - 6dB(A) = 80dB(A)

제4과목 | 물리적 유해인자관리

61 물체가 작열(灼熱)되면 방출되므로 광물이나 금속의 용해작업, 노(furnace)작업, 특히 제강, 용접, 야금공정, 초자제조공정, 레이저, 가열램프 등에서 발생되는 방사선은?

① X선
② β선
③ 적외선
④ 자외선

풀이 적외선의 발생원
㉠ 인공적 발생원
  제철·제강업, 주물업, 용융유리취급업(용해로), 열처리작업(가열로), 용접작업, 야금공정, 레이저, 가열램프, 금속의 용해작업, 노작업
㉡ 자연적 발생원
  태양광(태양복사에너지≒52%)

62 다음 중 소음성 난청에 영향을 미치는 요소에 대한 설명으로 틀린 것은?

① 음압수준이 높을수록 유해하다.
② 저주파음이 고주파음보다 더 유해하다.
③ 계속적 노출이 간헐적 노출보다 더 유해하다.
④ 개인의 감수성에 따라 소음반응이 다양하다.

풀이 소음성 난청에 영향을 미치는 요소
㉠ 소음 크기
  음압수준이 높을수록 영향이 크다.
㉡ 개인감수성
  소음에 노출된 모든 사람이 똑같이 반응하지 않으며, 감수성이 매우 높은 사람이 극소수 존재한다.
㉢ 소음의 주파수 구성
  고주파음이 저주파음보다 영향이 크다.
㉣ 소음의 발생 특성
  지속적인 소음노출이 단속적인(간헐적인) 소음노출보다 더 큰 장애를 초래한다.

63 작업장의 환경에서 기류의 방향이 일정하지 않거나, 실내 0.2~0.5m/sec 정도의 불감기류를 측정할 때 사용하는 측정기구는?

① 풍차풍속계
② 카타(kata)온도계
③ 가열온도풍속계
④ 습구흑구온도계(WBGT)

풀이 카타온도계(kata thermometer)
㉠ 실내 0.2~0.5m/sec 정도의 불감기류 측정 시 사용한다.
㉡ 작업환경 내에 기류의 방향이 일치지 않을 경우의 기류속도를 측정한다.
㉢ 카타의 냉각력을 이용하여 측정한다. 즉 알코올 눈금이 100°F(37.8°C)에서 95°F(35°C)까지 내려가는 데 소요되는 시간을 4~5회 측정 평균하여 카타상수값을 이용하여 구한다.

64 다음 중 조명을 작업환경의 한 요인으로 볼 때 고려해야 할 중요한 사항이 아닌 것은?

① 빛의 색
② 눈부심과 휘도
③ 조명 시간
④ 조도와 조도의 분포

풀이 조명을 작업환경의 한 요인으로 볼 때 고려해야 할 중요한 사항은 조도와 조도의 분포, 눈부심과 휘도, 빛의 색이다.

65 1기압(atm)에 관한 설명으로 틀린 것은?

① 약 $1kg_f/cm^2$와 동일하다.
② torr로 0.76에 해당한다.
③ 수은주로 760mmHg와 동일하다.
④ 수주(水柱)로 $10,332mmH_2O$에 해당한다.

풀이
1기압 = 1atm = 760mmHg = $10,332mmH_2O$
= $1.0332kg_f/cm^2$ = $10,332kg_f/m^2$
= 14.7Psi = 760Torr = 10,332mmAq
= $10.332mH_2O$ = 1013.25hPa
= 1013.25mb = 1.01325bar
= $10,113×10^5 dyne/cm^2$ = $1.013×10^5 Pa$

정답 61.③ 62.② 63.② 64.③ 65.②

66 다음 중 소음대책에 대한 공학적 원리에 관한 설명으로 틀린 것은?

① 고주파음은 저주파음보다 격리 및 차폐로써의 소음감소효과가 크다.
② 넓은 드라이브 벨트는 가는 드라이브 벨트로 대치하여 벨트 사이에 공간을 두는 것이 소음발생을 줄일 수 있다.
③ 원형 톱날에는 고무 코팅재를 톱날 측면에 부착시키면 소음의 공명현상을 줄일 수 있다.
④ 덕트 내에 이음부를 많이 부착하면 흡음효과로 소음을 줄일 수 있다.

풀이 ▶ 덕트 내에 이음부를 많이 부착하면 마찰저항력에 의한 소음이 발생한다.

67 자유공간에 위치한 점음원의 음향파워레벨(PWL)이 110dB일 때, 이 점음원으로부터 100m 떨어진 곳의 음압레벨(SPL)은?

① 49dB ② 59dB
③ 69dB ④ 79dB

풀이 ▶ $SPL = PWL - 20\log r - 11$
$= 110dB - 20\log 100 - 11 = 59dB$

68 감압과정에서 감압속도가 너무 빨라서 나타나는 종격기종, 기흉의 원인이 되는 가스는?

① 산소   ② 이산화탄소
③ 질소   ④ 일산화탄소

풀이 ▶ 감압속도가 너무 빠르면 폐포가 파열되고 흉부조직 내로 유입된 질소가스 때문에 종격기종, 기흉, 공기전색 등의 증상이 나타난다.

69 고압환경의 영향 중 2차적인 가압현상에 관한 설명으로 틀린 것은?

① 4기압 이상에서 공기 중의 질소가스는 마취작용을 나타낸다.
② 이산화탄소의 증가는 산소의 독성과 질소의 마취작용을 촉진시킨다.
③ 산소의 분압이 2기압을 넘으면 산소중독 증세가 나타난다.
④ 산소중독은 고압산소에 대한 노출이 중지되어도 근육경련, 환청 등 후유증이 장기간 계속된다.

풀이 ▶ **2차적 가압현상**
고압하의 대기가스의 독성 때문에 나타나는 현상으로 2차성 압력현상이다.
(1) 질소가스의 마취작용
  ㉠ 공기 중의 질소가스는 정상기압에서 비활성이지만 4기압 이상에서는 마취작용을 일으키며, 이를 다행증이라 한다(공기 중의 질소가스는 3기압 이하에서는 자극작용을 한다).
  ㉡ 질소가스 마취작용은 알코올 중독의 증상과 유사하다.
  ㉢ 작업력의 저하, 기분의 변환, 여러 종류의 다행증(euphoria)이 일어난다.
  ㉣ 수심 90~120m에서 환청, 환시, 조현증, 기억력 감퇴 등이 나타난다.
(2) 산소중독
  ㉠ 산소의 분압이 2기압을 넘으면 산소중독 증상을 보인다. 즉, 3~4기압의 산소 혹은 이에 상당하는 공기 중 산소분압에 의하여 중추신경계의 장애에 기인하는 운동장애를 나타내는데 이것을 산소중독이라 한다.
  ㉡ 수중의 잠수자는 폐압착증을 예방하기 위하여 수압과 같은 압력의 압축기체를 호흡하여야 하며, 이로 인한 산소분압 증가로 산소중독이 일어난다.
  ㉢ 고압산소에 대한 폭로가 중지되면 증상은 즉시 멈춘다. 즉, 가역적이다.
  ㉣ 1기압에서 순산소는 인후를 자극하나 비교적 짧은 시간의 폭로라면 중독 증상은 나타나지 않는다.
  ㉤ 산소중독작용은 운동이나 이산화탄소로 인해 악화된다.
  ㉥ 수지나 족지의 작열통, 시력장애, 정신혼란, 근육경련 등의 증상을 보이며 나아가서는 간질 모양의 경련을 나타낸다.
(3) 이산화탄소의 작용
  ㉠ 이산화탄소 농도의 증가는 산소의 독성과 질소의 마취작용을 증가시키는 역할을 하고 감압증의 발생을 촉진시킨다.
  ㉡ 이산화탄소 농도가 고압환경에서 대기압으로 환산하여 0.2%를 초과해서는 안 된다.
  ㉢ 동통성 관절장애(bends)도 이산화탄소의 분압 증가에 따라 보다 많이 발생한다.

정답 66.④ 67.② 68.③ 69.④

70 심한 소음에 반복 노출되면 일시적인 청력변화는 영구적 청력변화로 변하게 되는데, 이는 다음 중 어느 기관의 손상으로 인한 것인가?
① 원형창 ② 코르티기관
③ 삼반규반 ④ 유스타키오관

풀이 소음성 난청은 비가역적 청력저하, 강력한 소음이나 지속적인 소음 노출에 의해 청신경 말단부의 내이코르티(corti)기관의 섬모세포 손상으로 회복될 수 없는 영구적인 청력저하를 말한다.

71 다음 중 고압환경에서 발생할 수 있는 화학적인 인체 작용이 아닌 것은?
① 질소 마취작용에 의한 작업력 저하
② 일산화탄소 중독에 의한 호흡곤란
③ 산소중독 증상으로 간질 형태의 경련
④ 이산화탄소 분압증가에 의한 동통성 관절장애

풀이 고압환경에서의 2차적 가압현상
㉠ 질소가스의 마취작용
㉡ 산소중독
㉢ 이산화탄소의 작용

72 산업안전보건법령(국내)에서 정하는 일일 8시간 기준의 소음노출기준과 ACGIH 노출기준의 비교 및 각각의 기준에 대한 노출시간 반감에 따른 소음변화율을 비교한 [표]의 내용 중 올바르게 구분한 것은?

구 분	소음노출기준		소음변화율	
	국 내	ACGIH	국 내	ACGIH
㉮	90dB	85dB	3dB	3dB
㉯	90dB	90dB	5dB	5dB
㉰	90dB	85dB	5dB	3dB
㉱	90dB	90dB	3dB	5dB

① ㉮ ② ㉯
③ ㉰ ④ ㉱

풀이 소음에 대한 노출기준
(1) 우리나라 노출기준
8시간 노출에 대한 기준 90dB(5dB 변화율)

1일 노출시간(hr)	소음수준[dB(A)]
8	90
4	95
2	100
1	105
1/2	110
1/4	115

㈜ 115dB(A)을 초과하는 소음수준에 노출되어서는 안 된다.

(2) ACGIH 노출기준
8시간 노출에 대한 기준 85dB(3dB 변화율)

1일 노출시간(hr)	소음수준[dB(A)]
8	85
4	88
2	91
1	94
1/2	97
1/4	100

73 수심 40m에서 작업을 할 때 작업자가 받는 절대압은 어느 정도인가?
① 3기압 ② 4기압
③ 5기압 ④ 6기압

풀이 절대압=작용압+대기압
=(40m×1기압/10m)+1기압
=5기압

74 다음 중 산소결핍의 위험이 가장 적은 작업장소는?
① 실내에서 전기 용접을 실시하는 작업장소
② 장기간 사용하지 않은 우물 내부의 작업 장소
③ 장기간 밀폐된 보일러 탱크 내부의 작업 장소
④ 물품 저장을 위한 지하실 내부의 청소 작업 장소

풀이 ②, ③, ④항의 내용은 밀폐공간 작업을 말한다.

75 지상에서 음력이 10W인 소음원으로부터 10m 떨어진 곳의 음압수준은 약 얼마인가? (단, 음속은 344.4m/sec이고 공기의 밀도는 1.18kg/m³이다.)

① 96dB ② 99dB
③ 102dB ④ 105dB

풀이
$SPL = PWL - 20\log r - 8$
$\therefore PWL = 10\log \dfrac{10}{10^{-12}} = 130 dB$
$= 130 - 20\log 10 - 8 = 102 dB$

76 전리방사선 방어의 궁극적 목적은 가능한 한 방사선에 불필요하게 노출되는 것을 최소화하는 데 있다. 국제방사선방호위원회(ICRP)가 노출을 최소화하기 위해 정한 원칙 3가지에 해당하지 않는 것은?

① 작업의 최적화
② 작업의 다양성
③ 작업의 정당성
④ 개개인의 노출량 한계

풀이 국제 방사선 방호위원회(ICRP)의 노출 최소화 3원칙
㉠ 작업의 최적화
㉡ 작업의 정당성
㉢ 개개인의 노출량 한계

77 다음 중 한랭환경으로 인하여 발생되거나 악화되는 질병과 가장 거리가 먼 것은?

① 동상(frostbite)
② 지단자람증(acrocyanosis)
③ 케이슨병(caisson disease)
④ 레이노병(Raynaud's disease)

풀이 감압병(decompression, 잠함병)
고압환경에서 Henry의 법칙에 따라 체내에 과다하게 용해되었던 불활성 기체(질소 등)는 압력이 낮아질 때 과포화상태로 되어 혈액과 조직에 기포를 형성하여 혈액순환을 방해하거나 주위 조직에 기계적 영향을 줌으로써 다양한 증상을 일으키는데, 이 질환을 감압병이라고 하며, 잠함병 또는 케이슨병이라고도 한다. 감압병의 직접적인 원인은 혈액과 조직에 질소기포의 증가이고, 감압병의 치료는 재가압 산소요법이 최상이다.

78 불활성가스 용접에서는 자외선량이 많아 오존이 발생한다. 염화계 탄화수소에 자외선이 조사되어 분해될 경우 발생하는 유해물질로 맞는 것은?

① $COCl_2$(포스겐)
② HCl(염화수소)
③ NO_3(삼산화질소)
④ $HCHO$(포름알데히드)

풀이 포스겐($COCl_2$)
㉠ 무색의 기체로서 시판되고 있는 포스겐은 담황록색이며 독특한 자극성 냄새가 나며 가수분해되고 일반적으로 비중이 1.38 정도로 크다.
㉡ 태양자외선과 산업장에서 발생하는 자외선은 공기 중의 NO_2와 올레핀계 탄화수소와 광학적 반응을 일으켜 트리클로로에틸렌을 독성이 강한 포스겐으로 전환시키는 광화학작용을 한다.
㉢ 공기 중에 트리클로로에틸렌이 고농도로 존재하는 작업장에서 아크용접을 실시하는 경우 트리클로로에틸렌이 포스겐으로 전환될 수 있다.
㉣ 독성은 염소보다 약 10배 정도 강하다.
㉤ 호흡기, 중추신경, 폐에 장애를 일으키고 폐수종을 유발하여 사망에 이른다.

79 다음 중 가청주파수의 최대범위로 맞는 것은 어느 것인가?

① 10~80,000Hz
② 20~2,000Hz
③ 20~20,000Hz
④ 100~8,000Hz

풀이 가청주파수의 범위
20~20,000Hz(20kHz)

80 다음의 ( )에 들어갈 가장 적당한 값은?

정상적인 공기 중의 산소함유량은 21vol%이며 그 절대량, 즉 산소분압은 해면에 있어서는 약 ( )mmHg이다.

① 160 ② 210
③ 230 ④ 380

풀이 산소분압 = 760mmHg × 0.21 = 159.6mmHg

제5과목 | 산업 독성학

81 다음 중 중추신경계에 억제작용이 가장 큰 것은?
① 알칸족
② 알켄족
③ 알코올족
④ 할로겐족

풀이 유기화학물질의 중추신경계 억제작용 순서
할로겐화합물 > 에테르 > 에스테르 > 유기산 > 알코올 > 알켄 > 알칸

82 다음 중 납중독을 확인하는 시험이 아닌 것은 어느 것인가?
① 소변 중 단백질
② 혈중의 납 농도
③ 말초신경의 신경 전달속도
④ ALA(Amino Levulinic Acid) 축적

풀이 납중독 확인 시험사항
㉠ 혈액 내의 납 농도
㉡ 헴(heme)의 대사
㉢ 말초신경의 신경 전달속도
㉣ Ca-EDTA 이동시험
㉤ β-ALA(Amino Levulinic Acid) 축적

83 다음 중 진폐증 발생에 관여하는 요인이 아닌 것은?
① 분진의 크기
② 분진의 농도
③ 분진의 노출기간
④ 분진의 각도

풀이 진폐증 발생에 관여하는 요인
㉠ 분진의 종류, 농도 및 크기
㉡ 폭로시간 및 작업강도
㉢ 보호시설이나 장비 착용 유무
㉣ 개인차

84 다음 중 유해물질의 생체 내 배설과 관련된 설명으로 틀린 것은?
① 유해물질은 대부분 위(胃)에서 대사된다.
② 흡수된 유해물질은 수용성으로 대사된다.
③ 유해물질의 분포량은 혈중 농도에 대한 투여량으로 산출한다.
④ 유해물질의 혈장농도가 50%로 감소하는 데 소요되는 시간을 반감기라고 한다.

풀이 유해물질의 배출에 있어서 중요한 기관은 신장, 폐, 간이며, 배출은 생체전환과 분배과정이 동시에 일어난다.

85 작업환경 중에서 부유분진이 호흡기계에 축적되는 주요 작용기전과 가장 거리가 먼 것은?
① 충돌
② 침강
③ 확산
④ 농축

풀이 입자의 호흡기계 축적기전
㉠ 충돌
㉡ 침강
㉢ 차단
㉣ 확산
㉤ 정전기

86 다음 중 벤젠에 의한 혈액조직의 특징적인 단계별 변화를 설명한 것으로 틀린 것은?
① 1단계 : 백혈구수의 감소로 인한 응고작용 결핍이 나타난다.
② 1단계 : 혈액성분 감소로 인한 범혈구 감소증이 나타난다.
③ 2단계 : 벤젠의 노출이 계속되면 골수의 성장부전이 나타난다.
④ 3단계 : 더욱 장시간 노출되어 심한 경우 빈혈과 출혈이 나타나고 재생불량성 빈혈이 된다.

정답 81.④ 82.① 83.④ 84.① 85.④ 86.③

[풀이] 혈액조직에서 벤젠이 유발하는 특징적 변화
(1) 1단계
  ㉠ 가장 일반적인 독성으로 백혈구수 감소로 인한 응고작용 결핍 및 혈액성분 감소로 인한 범혈구 감소증(pancytopenia), 재생불량성 빈혈을 유발한다.
  ㉡ 신속하고 적절하게 진단된다면 가역적일 수 있다.
(2) 2단계
  ㉠ 벤젠 노출이 계속되면, 골수가 과다증식(hyperplastic)하여 백혈구의 생성을 자극한다.
  ㉡ 초기에도 임상학적인 진단이 가능
(3) 3단계
  ㉠ 더욱 장시간 노출되면 성장부전증(hypoplasia)이 나타나며, 심한 경우 빈혈과 출혈도 나타난다.
  ㉡ 비록 만성적으로 노출되면 백혈병을 일으키는 것으로 알려져 있지만, 재생불량성 빈혈이 만성적인 건강문제일 경우가 많다.

87 체내에 노출되면 metallothionein이라는 단백질을 합성하여 노출된 중금속의 독성을 감소시키는 경우가 있는데 이에 해당되는 중금속은?
① 납   ② 니켈
③ 비소   ④ 카드뮴

[풀이] 카드뮴이 체내에 들어가면 간에서 metallothionein 생합성이 촉진되어 폭로된 중금속의 독성을 감소시키는 역할을 하나 다량의 카드뮴일 경우 합성이 되지 않아 중독작용을 일으킨다.

88 다음 중 유병률(P)은 10% 이하이고, 발생률(I)과 평균이환기간(D)이 시간경과에 따라 일정하다고 할 때, 다음 중 유병률과 발생률 사이의 관계로 옳은 것은?

① $P = \dfrac{I}{D^2}$

② $P = \dfrac{I}{D}$

③ $P = I \times D^2$

④ $P = I \times D$

[풀이] 유병률과 발생률의 관계
유병률(P) = 발생률(I) × 평균이환기간(D)
단, 유병률은 10% 이하이며, 발생률과 평균이환기간이 시간경과에 따라 일정하여야 한다.

89 금속열은 고농도의 금속산화물을 흡입함으로써 발병되는 질병이다. 다음 중 원인물질로 가장 대표적인 것은?
① 니켈
② 크롬
③ 아연
④ 비소

[풀이] 금속증기열
금속이 용융점 이상으로 가열될 때 형성되는 고농도의 금속산화물을 흄의 형태로 흡입함으로써 발생되는 일시적인 질병이며, 금속증기를 들이마심으로써 일어나는 열이다. 특히 아연에 의한 경우가 많아 이것을 아연열이라고 하는데 구리, 니켈 등의 금속증기에 의해서도 발생한다.

90 생물학적 모니터링(biological monitoring)에 대한 개념을 설명한 것으로 적절하지 않은 것은?
① 내재용량은 최근에 흡수된 화학물질의 양이다.
② 화학물질이 건강상 영향을 나타내는 조직이나 부위에 결합된 양을 말한다.
③ 여러 신체 부분이나 몸 전체에 저장된 화학물질 중 호흡기계로 흡수된 물질을 의미한다.
④ 생물학적 모니터링은 노출에 대한 모니터링과 건강상의 영향에 대한 모니터링으로 나눌 수 있다.

[풀이] 생물학적 모니터링은 근로자의 유해물질에 대한 노출정도를 소변, 호기, 혈액 중에서 그 물질이나 대사산물을 측정하는 방법을 말하며, 생물학적 검체의 측정을 통해서 노출의 정도나 건강위험을 평가하는 것이다.

91 공기 중 일산화탄소 농도가 10mg/m³인 작업장에서 1일 8시간 동안 작업하는 근로자가 흡입하는 일산화탄소의 양은 몇 mg인가? (단, 근로자의 시간당 평균 흡기량은 1,250L이다.)

① 10
② 50
③ 100
④ 500

풀이 흡입 일산화탄소(mg)
$= 10\text{mg/m}^3 \times 1{,}250\text{L/hr} \times 8\text{hr} \times \text{m}^3/1{,}000\text{L}$
$= 100\text{mg}$

92 다음 중 급성 중독자에게 활성탄과 하제를 투여하고 구토를 유발시키며, 확진되면 dimercaprol로 치료를 시작하는 유해물질은? (단, 쇼크의 치료는 강력한 정맥 수액제와 혈압상승제를 사용한다.)

① 납(Pb)
② 크롬(Cr)
③ 비소(As)
④ 카드뮴(Cd)

풀이 비소의 치료
㉠ 비소폭로가 심한 경우는 전체 수혈을 행한다.
㉡ 만성중독 시에는 작업을 중지시킨다.
㉢ 급성중독 시 활성탄과 하제를 투여하고 구토를 유발시킨 후 BAL을 투여한다.
㉣ 급성중독 시 확진되면 dimercaprol 약제로 처치한다(삼산화비소 중독 시 dimercaprol이 효과 없음).
㉤ 쇼크의 치료는 강력한 정맥 수액제와 혈압상승제를 사용한다.

93 다음 중 작업장에서 일반적으로 금속에 대한 노출 경로를 설명한 것으로 틀린 것은?

① 대부분 피부를 통해서 흡수되는 것이 일반적이다.
② 호흡기를 통해서 입자상 물질 중의 금속이 침투된다.
③ 작업장 내에서 휴식시간에 음료수, 음식 등에 오염된 채로 소화관을 통해서 흡수될 수 있다.
④ 4-에틸납은 피부로 흡수될 수 있다.

풀이 금속의 호흡기계에 의한 흡수
㉠ 호흡기를 통하여 흡입된 금속물의 물리화학적 특성에 따라 흡입된 금속의 침전, 분배, 흡수, 체류는 달라진다.
㉡ 공기 중 금속물질은 대부분 입자상 물질(흄, 먼지, 미스트)이며, 대부분 호흡기계를 통해 흡수된다.

94 다음 중 단순 질식제에 해당하는 것은?

① 수소가스
② 염소가스
③ 불소가스
④ 암모니아가스

풀이 단순 질식제의 종류
㉠ 이산화탄소(CO_2)
㉡ 메탄(CH_4)
㉢ 질소(N_2)
㉣ 수소(H_2)
㉤ 에탄, 프로판, 에틸렌, 아세틸렌, 헬륨

95 다음 중 납중독의 주요 증상에 포함되지 않는 것은?

① 혈중의 metallothionein 증가
② 적혈구의 protoporphyrin 증가
③ 혈색소량 저하
④ 혈청 내 철 증가

풀이 (1) metallothionein(혈당단백질)은 카드뮴과 관계있다. 즉, 카드뮴이 체내에 들어가면 간에서 metallothionein 생합성이 촉진되어 폭로된 중금속의 독성을 감소시키는 역할을 하나 다량의 카드뮴일 경우 합성이 되지 않아 중독작용을 일으킨다.
(2) 적혈구에 미치는 작용
㉠ K^+과 수분이 손실된다.
㉡ 삼투압이 증가하여 적혈구가 위축된다.
㉢ 적혈구 생존기간이 감소한다.
㉣ 적혈구 내 전해질이 감소한다.
㉤ 미숙적혈구(망상적혈구, 친염기성 혈구)가 증가한다.
㉥ 혈색소량은 저하하고 혈청 내 철이 증가한다.
㉦ 적혈구 내 프로토포르피린이 증가한다.
㉧ 소변 중 코프로포르피린이 증가한다.

정답 91.③ 92.③ 93.① 94.① 95.①

96 헤모글로빈의 철성분이 어떤 화학물질에 의하여 메트헤모글로빈으로 전환되기도 하는데 이러한 현상은 철성분이 어떠한 화학작용을 받기 때문인가?
① 산화작용
② 환원작용
③ 착화물작용
④ 가수분해작용

> **풀이** 헤모글로빈의 철성분이 어떤 화학물질에 의하여 메트헤모글로빈으로 전환, 즉 이 현상은 철성분이 산화작용을 받기 때문이다.

97 다음 중 납에 관한 설명으로 틀린 것은?
① 폐암을 야기하는 발암물질로 확인되었다.
② 축전지 제조업, 광명단 제조업 근로자가 노출될 수 있다.
③ 최근의 납의 노출정도는 혈액 중 납 농도로 확인할 수 있다.
④ 납중독을 확인하는 데는 혈액 중 ZPP 농도를 이용할 수 있다.

> **풀이** 납은 폐암과는 관계가 없으며 위장계통의 장애, 신경, 근육계통의 장애, 중추신경 장애 등을 유발한다.

98 생물학적 모니터링을 위한 시료채취시간에 제한이 없는 것은?
① 소변 중 아세톤
② 소변 중 카드뮴
③ 소변 중 일산화탄소
④ 소변 중 총 크롬(6가)

> **풀이** 중금속은 반감기가 길어서 시료채취시간이 중요하지 않다.

99 유해화학물질이 체내에서 해독되는 데 중요한 작용을 하는 것은?
① 효소
② 임파구
③ 체표온도
④ 적혈구

> **풀이** 효소
> 유해화학물질이 체내로 침투되어 해독되는 경우 해독반응에 가장 중요한 작용을 하는 것이 효소이다.

100 Haber의 법칙에서 유해물질지수는 노출시간(T)과 무엇의 곱으로 나타내는가?
① 상수(Constant)
② 용량(Capacity)
③ 천장치(Ceiling)
④ 농도(Concentration)

> **풀이** Haber의 법칙
> $C \times T = K$
> 여기서, C : 농도
> T : 노출지속시간(노출시간)
> K : 용량(유해물질지수)

정답 96.① 97.① 98.② 99.① 100.④

제1과목 | 산업위생학 개론

01 다음 중 flex-time제를 가장 올바르게 설명한 것은?
① 주휴 2일제로 주당 40시간 이상의 근무를 원칙으로 하는 제도
② 하루 중 자기가 편한 시간을 정하여 자유 출퇴근하는 제도
③ 작업상 전 근로자가 일하는 중추시간(core time)을 제외하고 주당 40시간 내외의 근로조건하에서 자유롭게 출퇴근하는 제도
④ 연중 4주간의 연차 휴가를 정하여 근로자가 원하는 시기에 휴가를 갖는 제도

풀이 Flex-time제
작업장의 기계화, 생산의 조직화, 기업의 경제성을 고려하여 모든 근로자가 근무를 하지 않으면 안 되는 중추시간(core time)을 설정하고, 지정된 주간 근무시간 내에서 자유 출퇴근을 인정하는 제도, 즉 작업상 전 근로자가 일하는 core time을 제외하고 주당 40시간 내외의 근로조건하에서 자유롭게 출퇴근하는 제도이다.

02 사고예방대책의 기본원리가 다음과 같을 때, 각 단계를 순서대로 올바르게 나열한 것은?

㉮ 분석·평가
㉯ 시정책의 적용
㉰ 안전관리 조직
㉱ 시정책의 선정
㉲ 사실의 발견

① ㉰ → ㉲ → ㉮ → ㉱ → ㉯
② ㉰ → ㉲ → ㉱ → ㉯ → ㉮
③ ㉲ → ㉰ → ㉮ → ㉯ → ㉱
④ ㉲ → ㉱ → ㉰ → ㉯ → ㉮

풀이 하인리히의 사고예방(방지)대책 기본원리 5단계
㉠ 제1단계 : 안전관리조직 구성(조직)
㉡ 제2단계 : 사실의 발견
㉢ 제3단계 : 분석·평가
㉣ 제4단계 : 시정방법의 선정(대책의 선정)
㉤ 제5단계 : 시정책의 적용(대책 실시)

03 어떤 사업장에서 1,000명의 근로자가 1년 동안 작업하던 중 재해가 40건 발생하였다면 도수율은 얼마인가? (단, 근로자는 1일 8시간씩 연간 평균 300일을 근무하였다.)
① 12.3
② 16.7
③ 24.4
④ 33.4

풀이
$$도수율 = \frac{재해발생건수}{연근로시간수} \times 10^6$$
$$= \frac{40}{1,000 \times 2,400} \times 10^6$$
$$= 16.67$$

04 다음 중 작업적성을 알아보기 위한 생리적 기능검사와 가장 거리가 먼 것은?
① 체력검사
② 감각기능검사
③ 심폐기능검사
④ 지각동작기능검사

정답 01.③ 02.① 03.② 04.④

[풀이] **적성검사의 분류**
(1) 생리학적 적성검사(생리적 기능검사)
 ㉠ 감각기능검사
 ㉡ 심폐기능검사
 ㉢ 체력검사
(2) 심리학적 적성검사
 ㉠ 지능검사
 ㉡ 지각동작검사
 ㉢ 인성검사
 ㉣ 기능검사

05 금속이 용해되어 액상 물질로 되고, 이것이 가스상 물질로 기화된 후 다시 응축되어 발생하는 고체 입자를 무엇이라 하는가?
① 에어로졸(aerosol)
② 흄(fume)
③ 미스트(mist)
④ 스모그(smog)

[풀이] **흄의 생성기전 3단계**
㉠ 1단계 : 금속의 증기화
㉡ 2단계 : 증기물의 산화
㉢ 3단계 : 산화물의 응축

06 다음 중 근육운동에 필요한 에너지를 생산하는 혐기성 대사의 반응이 아닌 것은?
① $ATP + H_2O \rightleftarrows ADP + P + Free\ energy$
② $Glycogen + ADP \rightleftarrows Citrate + ATP$
③ $Glucose + P + ADP \rightarrow Lactate + ATP$
④ $Creatine\ phosphate + ADP \rightleftarrows Creatine + ATP$

[풀이] **기타 혐기성 대사(근육운동)**
㉠ $ATP + H_2O \rightleftarrows ADP + P + Free\ energy$
㉡ $Creatine\ phosphate + ADP \rightleftarrows Creatine + ATP$
㉢ $Glucose + P + ADP \rightarrow Lactate + ATP$

07 다음 중 산업피로를 줄이기 위한 바람직한 교대근무에 관한 내용으로 틀린 것은?

① 근무시간의 간격은 15~16시간 이상으로 하여야 한다.
② 야간근무 교대시간은 상오 0시 이전에 하는 것이 좋다.
③ 야간근무는 4일 이상 연속해야 피로에 적응할 수 있다.
④ 야간근무 시 가면(假眠) 시간은 근무시간에 따라 2~4시간으로 하는 것이 좋다.

[풀이] **교대근무제 관리원칙(바람직한 교대제)**
㉠ 각 반의 근무시간은 8시간씩 교대로 하고, 야근은 가능한 짧게 한다.
㉡ 2교대면 최저 3조의 정원을, 3교대면 4조를 편성한다.
㉢ 채용 후 건강관리로서 정기적으로 체중, 위장증상 등을 기록해야 하며, 근로자의 체중이 3kg 이상 감소하면 정밀검사를 받아야 한다.
㉣ 평균 주 작업시간은 40시간을 기준으로, 갑반 → 을반 → 병반으로 순환하게 된다.
㉤ 근무시간의 간격은 15~16시간 이상으로 하는 것이 좋다.
㉥ 야근의 주기는 4~5일로 한다.
㉦ 신체의 적응을 위하여 야간근무의 연속일수는 2~3일로 하며, 야간근무를 3일 이상 연속으로 하는 경우에는 피로축적현상이 나타나게 되므로 연속하여 3일을 넘지 않도록 한다.
㉧ 야근 후 다음 반으로 가는 간격은 최저 48시간 이상의 휴식시간을 갖도록 하여야 한다.
㉨ 야근 교대시간은 상오 0시 이전에 하는 것이 좋다(심야시간을 피함).
㉩ 야근 시 가면은 반드시 필요하며, 보통 2~4시간 (1시간 30분 이상)이 적합하다.
㉪ 야근 시 가면은 작업강도에 따라 30분~1시간 범위로 하는 것이 좋다.
㉫ 작업 시 가면시간은 적어도 1시간 30분 이상 주어야 수면효과가 있다고 볼 수 있다.
㉬ 상대적으로 가벼운 작업은 야간근무조에 배치하는 등 업무내용을 탄력적으로 조정해야 하며, 야간작업자는 주간작업자보다 연간 쉬는 날이 더 많아야 한다.
㉭ 근로자가 교대일정을 미리 알 수 있도록 해야 한다.
㉮ 일반적으로 오전근무의 개시시간은 오전 9시로 한다.
㉯ 교대방식(교대근무 순환주기)은 낮근무, 저녁근무, 밤근무 순으로 한다. 즉, 정교대가 좋다.

08 우리나라 직업병에 관한 역사에 있어 원진레이온㈜에서 발생한 사건의 주요 원인 물질은?
① 이황화탄소(CS_2)   ② 수은(Hg)
③ 벤젠(C_6H_6)   ④ 납(Pb)

풀이 원진레이온㈜에서의 이황화탄소(CS_2) 중독 사건
㉠ 펄프를 이황화탄소와 적용시켜 비스코레이온을 만드는 공정에서 발생하였다.
㉡ 중고기계를 가동하여 많은 오염물질 누출이 주 원인이었으며, 직업병 발생이 사회문제가 되자 사용했던 기기나 장비는 중국으로 수출하였다.
㉢ 작업환경 측정 및 근로자 건강진단을 소홀히 하여 예방에 실패한 대표적인 예이다.
㉣ 급성 고농도 노출 시 사망할 수 있고 1,000ppm 수준에서는 환상을 보는 등 정신이상을 유발한다.
㉤ 만성중독으로는 뇌경색증, 다발성 신경염, 협심증, 신부전증 등을 유발한다.
㉥ 1991년 중독을 발견하고, 1998년 집단적으로 발생하였다. 즉 집단 직업병이 유발되었다.

09 산업안전보건법령에 따라 근로자가 근골격계 부담작업을 하는 경우 유해요인 조사의 주기는?
① 6개월   ② 2년
③ 3년   ④ 5년

풀이 근골격계 부담작업 종사 근로자의 유해요인 조사사항
다음의 유해요인 조사를 3년마다 실시한다.
㉠ 설비·작업공정·작업량·작업속도 등 작업장 상황
㉡ 작업시간·작업자세·작업방법 등 작업조건
㉢ 작업과 관련된 근골격계 질환 징후 및 증상 유무 등

10 다음 중 피로를 가장 적게 하고, 생산량을 최고로 올릴 수 있는 경제적인 작업속도를 무엇이라 하는가?
① 완속속도   ② 지적속도
③ 감각속도   ④ 민감속도

풀이 지적속도는 작업자의 체력과 숙련도, 작업환경에 따라 피로를 가장 적게 하고 생산량을 최고로 올릴 수 있는 경제적인 작업속도를 말한다.

11 다음 중 사무직 근로자가 건강장애를 호소하는 경우 사무실 공기관리상태를 평가하기 위해 사업주가 실시해야 하는 조사방법과 가장 거리가 먼 것은?
① 사무실 조명의 조도 조사
② 외부의 오염물질 유입경로의 조사
③ 공기정화시설의 환기량이 적정한가를 조사
④ 근로자가 호소하는 증상(호흡기, 눈, 피부자극 등)에 대한 조사

풀이 사무실 공기관리상태 평가방법
㉠ 근로자가 호소하는 증상(호흡기, 눈, 피부자극 등)에 대한 조사
㉡ 공기정화설비의 환기량이 적정한지 여부 조사
㉢ 외부의 오염물질 유입경로 조사
㉣ 사무실 내 오염원 조사 등

12 산업안전보건법령상 밀폐공간 작업으로 인한 건강장애 예방을 위하여 '적정한 공기'의 조성 조건으로 옳은 것은?
① 산소농도가 18% 이상 21% 미만, 이산화탄소 농도가 1.5% 미만, 황화수소 농도가 10ppm 미만 수준의 공기
② 산소농도가 16% 이상 23.5% 미만, 이산화탄소 농도가 3% 미만, 황화수소 농도가 5ppm 미만 수준의 공기
③ 산소농도가 18% 이상 21% 미만, 이산화탄소 농도가 1.5% 미만, 황화수소 농도가 5ppm 미만 수준의 공기
④ 산소농도가 18% 이상 23.5% 미만, 이산화탄소 농도가 1.5% 미만, 황화수소 농도가 10ppm 미만 수준의 공기

풀이 적정한 공기
㉠ 산소농도의 범위가 18% 이상 23.5% 미만인 수준의 공기
㉡ 이산화탄소의 농도가 1.5% 미만인 수준의 공기
㉢ 황화수소의 농도가 10ppm 미만인 수준의 공기
㉣ 일산화탄소 농도가 30ppm 미만인 수준의 공기

13 전신피로 정도를 평가하기 위한 측정수치가 아닌 것은? (단, 측정수치는 작업을 마친 직후 회복기의 심박수이다.)

① 작업종료 후 30~60초 사이의 평균 맥박수
② 작업종료 후 60~90초 사이의 평균 맥박수
③ 작업종료 후 120~150초 사이의 평균 맥박수
④ 작업종료 후 150~180초 사이의 평균 맥박수

풀이 심한 전신피로상태
HR_1이 110을 초과하고 HR_3와 HR_2의 차이가 10 미만인 경우
여기서, HR_1 : 작업종료 후 30~60초 사이의 평균 맥박수
HR_2 : 작업종료 후 60~90초 사이의 평균 맥박수
HR_3 : 작업종료 후 150~180초 사이의 평균 맥박수(회복기 심박수 의미)

14 사망에 관한 근로손실을 7,500일로 산출한 근거는 다음과 같다. ( )에 알맞은 내용으로만 나열한 것은?

⑦ 재해로 인한 사망자의 평균연령을 ( )세로 본다.
㉯ 노동이 가능한 연령을 ( )세로 본다.
㉰ 1년 동안의 노동일수를 ( )일로 본다.

① 30, 55, 300   ② 30, 60, 310
③ 35, 55, 300   ④ 35, 60, 310

풀이 강도율의 특징
㉠ 재해의 경중(정도), 즉 강도를 나타내는 척도이다.
㉡ 재해자의 수나 발생빈도에 관계없이 재해의 내용(상해 정도)을 측정하는 척도이다.
㉢ 사망 및 1, 2, 3급(신체장애등급)의 근로손실일수는 7,500일이며, 근거는 재해로 인한 사망자의 평균연령을 30세로 보고 노동이 가능한 연령을 55세로 보며 1년 동안의 노동일수를 300일로 본 것이다.

15 실내공기 오염물질 중 석면에 대한 일반적인 설명으로 거리가 먼 것은?

① 석면의 발암성 정보물질의 표기는 1A에 해당한다.
② 과거 내열성, 단열성, 절연성 및 견인력 등의 뛰어난 특성 때문에 여러 분야에서 사용되었다.
③ 석면의 여러 종류 중 건강에 가장 치명적인 영향을 미치는 것은 사문석 계열의 청석면이다.
④ 작업환경측정에서 석면은 길이가 $5\mu m$보다 크고, 길이 대 넓이의 비가 3 : 1 이상인 섬유만 개수한다.

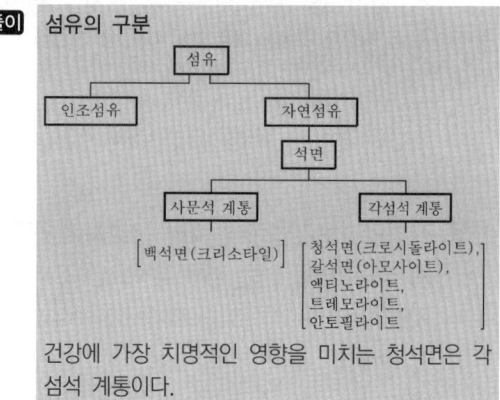

건강에 가장 치명적인 영향을 미치는 청석면은 각섬석 계통이다.

16 온도 25℃, 1기압하에서 분당 100mL씩 60분 동안 채취한 공기 중에서 벤젠이 5mg 검출되었다. 검출된 벤젠은 약 몇 ppm인가? (단, 벤젠의 분자량은 78이다.)

① 15.7
② 26.1
③ 157
④ 261

풀이 벤젠 농도(mg/m³)
$$= \frac{5mg}{0.1L/min \times 60min \times m^3/1,000L} = 833.33mg/m^3$$
벤젠 농도(ppm)
$$= 833.33mg/m^3 \times \frac{24.45}{78} = 261.22ppm$$

17 물질안전보건자료(MSDS)의 작성원칙에 관한 설명으로 틀린 것은?

① MSDS는 한글로 작성하는 것을 원칙으로 한다.
② 실험실에서 시험·연구 목적으로 사용하는 시약으로서 MSDS가 외국어로 작성된 경우에는 한국어로 번역하지 아니할 수 있다.
③ 외국어로 되어 있는 MSDS를 번역하는 경우에는 자료의 신뢰성이 확보될 수 있도록 최초 작성기관명과 시기를 함께 기재하여야 한다.
④ 각 작성항목은 빠짐없이 작성하여야 하지만 부득이 어느 항목에 대해 관련 정보를 얻을 수 없는 경우에는 작성란에 "해당 없음"이라고 기재한다.

> 풀이) 각 작성항목은 빠짐없이 작성하여야 한다. 다만, 부득이 어느 항목에 대해 관련 정보를 얻을 수 없는 경우에는 작성란에 "자료 없음"이라고 기재하고, 적용이 불가능하거나 대상이 되지 않는 경우에는 작성란에 "해당 없음"이라고 기재한다.

18 산업위생의 정의에 나타난 산업위생의 활동단계 4가지 중 평가(evaluation)에 포함되지 않는 것은?

① 시료의 채취와 분석
② 예비조사의 목적과 범위 결정
③ 노출정도를 노출기준과 통계적인 근거로 비교하여 판정
④ 물리적·화학적·생물학적·인간공학적 유해인자 목록 작성

> 풀이) 물리적·화학적·생물학적·인간공학적 유해인자 목록 작성은 산업위생 활동 4단계 중 예측(인지)에 해당된다.

19 재해예방의 4원칙에 대한 설명으로 틀린 것은?

① 재해발생에는 반드시 그 원인이 있다.
② 재해가 발생하면 반드시 손실도 발생한다.
③ 재해는 원칙적으로 원인만 제거되면 예방이 가능하다.
④ 재해예방을 위한 가능한 안전대책은 반드시 존재한다.

> 풀이) 산업재해예방(방지) 4원칙
> ㉠ 예방가능의 원칙
>   재해는 원칙적으로 모두 방지가 가능하다.
> ㉡ 손실우연의 원칙
>   재해발생과 손실발생은 우연적이므로 사고발생 자체의 방지가 이루어져야 한다.
> ㉢ 원인계기의 원칙
>   재해발생에는 반드시 원인이 있으며, 사고와 원인의 관계는 필연적이다.
> ㉣ 대책선정의 원칙
>   재해예방을 위한 가능한 안전대책은 반드시 존재한다.

20 우리나라의 화학물질 노출기준에 관한 설명으로 틀린 것은?

① Skin이라고 표시된 물질은 피부자극성을 뜻한다.
② 발암성 정보물질의 표기 중 1A는 사람에게 충분한 발암성 증거가 있는 물질을 의미한다.
③ Skin 표시 물질은 점막과 눈 그리고 경피로 흡수되어 전신영향을 일으킬 수 있는 물질을 말한다.
④ 화학물질이 IARC 등의 발암성 등급과 NTP의 R등급을 모두 갖는 경우에는 NTP의 R등급은 고려하지 아니한다.

> 풀이) Skin 표시 물질은 점막과 눈 그리고 경피로 흡수되어 전신영향을 일으킬 수 있는 물질을 말하며 피부자극성을 뜻하는 것은 아니다.

정답 17.④ 18.④ 19.② 20.①

제2과목 | 작업위생 측정 및 평가

21 실리카겔관이 활성탄관에 비하여 가지고 있는 장점과 가장 거리가 먼 것은?
① 극성물질을 채취한 경우 물, 메탄올 등 다양한 용매로 쉽게 탈착된다.
② 추출액이 화학분석이나 기기분석의 방해물질로 작용하는 경우가 많지 않다.
③ 매우 유독한 이황화탄소를 탈착용매로 사용하지 않는다.
④ 수분을 잘 흡수하여 습도에 대한 민감도가 높다.

풀이 실리카겔관은 친수성이기 때문에 우선적으로 물분자와 결합을 이루어 습도의 증가에 따른 흡착용량의 감소를 초래한다.

22 다음 어떤 음의 발생원의 Sound Power가 0.006W이면, 이때의 음향파워레벨은?
① 92dB ② 94dB
③ 96dB ④ 98dB

풀이 $PWL = 10\log\dfrac{W}{10^{-12}W} = 10\log\dfrac{0.006}{10^{-12}} = 97.78dB$

23 정량한계(LOQ)에 관한 설명으로 가장 옳은 것은?
① 검출한계의 2배로 정의
② 검출한계의 3배로 정의
③ 검출한계의 5배로 정의
④ 검출한계의 10배로 정의

풀이 정량한계(LOQ ; Limit Of Quantization)
㉠ 분석기마다 바탕선량과 구별하여 분석될 수 있는 최소의 양, 즉 분석결과가 어느 주어진 분석절차에 따라 합리적인 신뢰성을 가지고 정량분석할 수 있는 가장 작은 양이나 농도이다.
㉡ 도입 이유는 검출한계가 정량분석에서 만족스런 개념을 제공하지 못하기 때문에 검출한계의 개념을 보충하기 위해서이다.
㉢ 일반적으로 표준편차의 10배 또는 검출한계의 3배 또는 3.3배로 정의한다.
㉣ 정량한계를 기준으로 최소한으로 채취해야 하는 양이 결정된다.

24 로터미터(rotameter)에 관한 설명으로 알맞지 않은 것은?
① 유량을 측정하는 데 가장 흔히 사용되는 기기이다.
② 바닥으로 갈수록 점점 가늘어지는 수직관과 그 안에서 자유롭게 상하로 움직이는 부자(浮子)로 이루어진다.
③ 관은 유리나 투명 플라스틱으로 되어 있으며 눈금이 새겨져 있다.
④ 최대유량과 최소유량의 비율이 100 : 1 범위이고, 대부분 ±1.0% 이내의 정확성을 나타낸다.

풀이 로터미터는 최대유량과 최소유량의 비율이 10 : 1 범위이고, ±5% 이내의 정확성을 가진 보정선이 제공된다.

25 어느 옥내 작업장의 온도를 측정한 결과, 건구온도 30℃, 자연습구온도 26℃, 흑구온도 36℃를 얻었다. 이 작업장의 WBGT는?
① 28℃
② 29℃
③ 30℃
④ 31℃

풀이 WBGT(℃)
=(0.7×자연습구온도)+(0.3×흑구온도)
=(0.7×26℃)+(0.3×36℃)=29℃

26 측정치 1, 3, 5, 7, 9의 변이계수는?
① 약 0.13 ② 약 0.63
③ 약 1.33 ④ 약 1.83

풀이
• 변이계수$(CV, \%) = \dfrac{표준편차}{평균} \times 100$
• 평균$(M) = \dfrac{1+3+5+7+9}{5} = 5$
• 표준편차(SD)
$= \left[\dfrac{(1-5)^2+(3-5)^2+(5-5)^2+(7-5)^2+(9-5)^2}{5-1}\right]^{0.5} = 3.16$
∴ $CV(\%) = \dfrac{3.16}{5} \times 100 = 63.2\%(=0.632)$

정답 21.④ 22.④ 23.② 24.④ 25.② 26.②

27 작업환경의 감시(monitoring)에 관한 목적을 가장 적절하게 설명한 것은?

① 잠재적인 인체에 대한 유해성을 평가하고 적절한 보호대책을 결정하기 위함
② 유해물질에 의한 근로자의 폭로도를 평가하기 위함
③ 적절한 공학적 대책 수립에 필요한 정보를 제공하기 위함
④ 공정 변화로 인한 작업환경 변화의 파악을 위함

풀이 작업환경 감시(monitoring)의 목적
잠재적인 인체에 대한 유해성을 평가하고 적절한 보호대책을 결정하기 위함이다.

28 금속제품을 탈지·세정하는 공정에서 사용하는 유기용제인 trichloroethylene의 근로자 노출농도를 측정하고자 한다. 과거의 노출농도를 조사해 본 결과, 평균 40ppm이었다. 활성탄관(100mg/50mg)을 이용하여 0.14L/분으로 채취하였다면, 채취해야 할 최소한의 시간(분)은? (단, trichloroethylene의 분자량은 131.39, 25℃, 1기압, 가스 크로마토그래피의 정량한계(LOQ)는 0.4mg이다.)

① 10.3   ② 13.3
③ 16.3   ④ 19.3

풀이 우선 과거농도 40ppm을 mg/m³로 환산하면
$mg/m^3 = 40ppm \times \frac{131.39g}{24.45L} = 214.95 mg/m^3$

정량한계를 기준으로 최소한으로 채취해야 하는 양이 결정되므로

$\frac{LOQ}{\text{과거농도}} = \frac{0.4mg}{214.95mg/m^3}$

$= 0.00186m^3 \times \frac{1,000L}{m^3}$

$= 1.86L$

∴ 채취 최소시간은 최소채취량을 pump 용량으로 나누면

$\frac{1.86L}{0.14L/min} = 13.29min$

29 화학공장의 작업장 내의 먼지 농도를 측정하였더니 5, 6, 5, 6, 6, 6, 4, 8, 9, 8(ppm)이었다. 이러한 측정치의 기하평균(ppm)은?

① 5.13   ② 5.83
③ 6.13   ④ 6.83

풀이
$\log(GM) = \frac{\begin{pmatrix}\log5+\log6+\log5+\log6+\log6\\+\log6+\log4+\log8+\log9+\log8\end{pmatrix}}{10}$
$= 0.787$
∴ $GM = 10^{0.787} = 6.12$

30 직독식 측정기구가 전형적 방법에 비해 가지는 장점과 가장 거리가 먼 것은?

① 측정과 작동이 간편하여 인력과 분석비를 절감할 수 있다.
② 현장에서 실제 작업시간이나 어떤 순간에서 유해인자의 수준과 변화를 손쉽게 알 수 있다.
③ 직독식 기구로 유해물질을 측정하는 방법의 민감도와 특이성 외의 모든 특성은 전형적 방법과 유사하다.
④ 현장에서 즉각적인 자료가 요구될 때 매우 유용하게 이용될 수 있다.

풀이 직독식 측정기구는 민감도가 낮아 비교적 고농도에만 적용 가능하고 특이도가 낮아 다른 방해물질의 영향을 받기 쉽다.

31 세 개의 소음원의 소음수준을 한 지점에서 각각 측정해 보니 첫 번째 소음원만 가동될 때 88dB, 두 번째 소음원만 가동될 때 86dB, 세 번째 소음원만이 가동될 때 91dB이었다. 세 개의 소음원이 동시에 가동될 때 그 지점에서의 음압수준은?

① 91.6dB   ② 93.6dB
③ 95.4dB   ④ 100.2dB

풀이 $L_{\text{합}} = 10\log(10^{8.8}+10^{8.6}+10^{9.1}) = 93.6dB$

정답 27.① 28.② 29.③ 30.③ 31.②

32 다음 중 흡착제에 대한 설명으로 틀린 것은 어느 것인가?

① 실리카 및 알루미나계 흡착제는 그 표면에서 물과 같은 극성 분자를 선택적으로 흡착한다.
② 흡착제의 선정은 대개 극성 오염물질이면 극성 흡착제를, 비극성 오염물질이면 비극성 흡착제를 사용하나 반드시 그러하지는 않다.
③ 활성탄은 다른 흡착제에 비하여 큰 비표면적을 갖고 있다.
④ 활성탄은 탄소의 불포화결합을 가진 분자를 선택적으로 흡착한다.

풀이 실리카 및 알루미늄 흡착제는 탄소의 불포화결합을 가진 분자를 선택적으로 흡수한다.

33 작업장 기본특성 파악을 위한 예비조사 내용 중 유사노출그룹(HEG) 설정에 관한 설명으로 가장 거리가 먼 것은?

① 역학조사를 수행 시 사건이 발생된 근로자와 다른 노출그룹의 노출농도를 근거로 사건이 발생된 노출농도의 추정에 유용하며, 지역시료 채취만 인정된다.
② 조직, 공정, 작업범주 그리고 공정과 작업내용별로 구분하여 설정한다.
③ 모든 근로자를 유사한 노출그룹별로 구분하고 그룹별로 대표적인 근로자를 선택하여 측정하면 측정하지 않은 근로자의 노출농도까지도 추정할 수 있다.
④ 유사노출그룹 설정을 위한 목적 중 시료채취수를 경제적으로 하기 위함도 있다.

풀이 HEG(유사노출그룹)
어떤 동일한 유해인자에 대하여 통계적으로 비슷한 수준(농도, 강도)에 노출되는 근로자그룹이라는 의미이며 유해인자의 특성이 동일하다는 것은 노출되는 유해인자가 동일하고 농도가 일정한 변이 내에서 통계적으로 유사하다는 것이다.

34 먼지의 한쪽 끝 가장자리와 다른 쪽 끝 가장자리 사이의 거리로 과대평가될 가능성이 있는 입자성 물질의 직경은?

① 마틴 직경
② 페렛 직경
③ 공기역학 직경
④ 등면적 직경

풀이 기하학적(물리적) 직경
(1) 마틴 직경(Martin diameter)
㉠ 먼지의 면적을 2등분하는 선의 길이로 선의 방향은 항상 일정하여야 한다.
㉡ 과소평가할 수 있는 단점이 있다.
㉢ 입자의 2차원 투영상을 구하여 그 투영면적을 2등분한 선분 중 어떤 기준선과 평행인 것의 길이(입자의 무게중심을 통과하는 외부 경계면에 접하는 이론적인 길이)를 직경으로 사용하는 방법이다.
(2) 페렛 직경(Feret diameter)
㉠ 먼지의 한쪽 끝 가장자리와 다른 쪽 가장자리 사이의 거리이다.
㉡ 과대평가될 가능성이 있는 입자상 물질의 직경이다.
(3) 등면적 직경(projected area diameter)
㉠ 먼지의 면적과 동일한 면적을 가진 원의 직경으로 가장 정확한 직경이다.
㉡ 측정은 현미경 접안경에 porton reticle을 삽입하여 측정한다.
즉, $D=\sqrt{2^n}$
여기서, D : 입자 직경(μm)
n : porton reticle에서 원의 번호

35 일정한 온도조건에서 부피와 압력은 반비례한다는 표준가스 법칙은?

① 보일의 법칙
② 샤를의 법칙
③ 게이-뤼삭의 법칙
④ 라울트의 법칙

풀이 보일의 법칙
일정한 온도에서 기체의 부피는 그 압력에 반비례한다. 즉 압력이 2배 증가하면 부피는 처음의 1/2배로 감소한다.

36 수동식 시료채취기(passive sampler)로 8시간 동안 벤젠을 포집하였다. 포집된 시료를 GC를 이용하여 분석한 결과 20,000ng이었으며 공시료는 0ng이었다. 회사에서 제시한 벤젠의 시료채취량은 35.6mL/분이고 탈착효율은 0.96이라면 공기 중 농도는 몇 ppm인가? (단, 벤젠의 분자량은 78, 25℃, 1기압 기준)

① 0.38　　② 1.22
③ 5.87　　④ 10.57

[풀이] 농도(mg/m³)

$$= \frac{20{,}000\text{ng} \times \text{mg}/10^6\text{ng}}{35.6\text{mL/min} \times 480\text{min} \times \text{m}^3/10^6\text{mL} \times 0.96}$$

$$= 1.219\text{mg/m}^3$$

∴ 농도(ppm) $= 1.219\text{mg/m}^3 \times \frac{24.45}{78} = 0.38\text{ppm}$

37 활성탄관(charcoal tubes)을 사용하여 포집하기에 가장 부적합한 오염물질은?

① 할로겐화 탄화수소류
② 에스테르류
③ 방향족 탄화수소류
④ 니트로벤젠류

[풀이] 활성탄관을 사용하여 채취하기 용이한 시료
㉠ 비극성류의 유기용제
㉡ 각종 방향족 유기용제(방향족 탄화수소류)
㉢ 할로겐화 지방족 유기용제(할로겐화 탄화수소류)
㉣ 에스테르류, 알코올류, 에테르류, 케톤류

38 소음측정방법에 관한 내용으로 ( )에 알맞은 내용은? (단, 고용노동부 고시 기준)

1초 이상의 간격을 유지하면서 최대음압수준이 120dB(A) 이상의 소음인 경우에는 소음수준에 따른 ( ) 동안의 발생횟수를 측정할 것

① 1분　　② 2분
③ 3분　　④ 4분

[풀이] 소음이 1초 이상의 간격을 유지하면서 최대음압수준이 120dB(A) 이상의 소음(충격소음)인 경우에는 소음수준에 따른 1분 동안의 발생횟수를 측정하여야 한다.

39 시간가중평균기준(TWA)이 설정되어 있는 대상물질을 측정하는 경우에는 1일 작업시간 동안 6시간 이상 연속 측정하거나 작업시간을 등간격으로 나누어 6시간 이상 연속 분리하여 측정하여야 한다. 다음 중 대상물질의 발생시간 동안 측정할 수 있는 경우가 아닌 것은? (단, 고용노동부 고시 기준)

① 대상물질의 발생시간이 6시간 이하인 경우
② 불규칙작업으로 6시간 이하의 작업인 경우
③ 발생원에서의 발생시간이 간헐적인 경우
④ 공정 및 취급인자 변동이 없는 경우

[풀이] 대상물질의 발생시간 동안 측정할 수 있는 경우
㉠ 대상물질의 발생시간이 6시간 이하인 경우
㉡ 불규칙작업으로 6시간 이하의 작업
㉢ 발생원에서의 발생시간이 간헐적인 경우

40 다음은 가스상 물질의 측정횟수에 관한 내용이다. ( ) 안에 맞는 내용은?

가스상 물질을 검지관방식으로 측정하는 경우에는 1일 작업시간 동안 1시간 간격으로 ( ) 이상 측정하되 측정시간마다 2회 이상 반복 측정하여 평균값을 산출하여야 한다.

① 2회　　② 4회
③ 6회　　④ 8회

[풀이] 검지관방식으로 측정하는 경우에는 1일 작업시간 동안 1시간 간격으로 6회 이상 측정하되 측정시간마다 2회 이상 반복 측정하여 평균값을 산출하여야 한다. 다만, 가스상 물질의 발생시간이 6시간 이내일 때에는 작업시간 동안 1시간 간격으로 나누어 측정하여야 한다.

제3과목 | 작업환경 관리대책

41 어느 작업장에서 크실렌(xylene)을 시간당 2리터(2L/hr) 사용할 경우 작업장의 희석환기량(m³/min)은? (단, 크실렌의 비중은 0.88, 분자량은 106, TLV는 100ppm이고, 안전계수 K는 6, 실내온도는 20℃이다.)
① 약 200 ② 약 300
③ 약 400 ④ 약 500

[풀이]
- 사용량(g/hr)
  $= 2L/hr \times 0.88g/mL \times 1,000mL/L = 1,760g/hr$
- 발생률(G, L/hr)
  $106g : 24.1L = 1,760g/hr : G$
  $G(L/hr) = \dfrac{24.1L \times 1,760g/hr}{106g} = 400.15L/hr$
- ∴ 필요환기량 $= \dfrac{G}{TLV} \times K$
  $= \dfrac{400.15L/hr}{100ppm} \times 6$
  $= \dfrac{400.15L/hr \times 1,000mL/L}{100mL/m^3} \times 6$
  $= 24,009.05 m^3/hr \times hr/60min$
  $= 400.15 m^3/min$

42 송풍관(duct) 내부에서 유속이 가장 빠른 곳은? (단, d는 직경이다.)
① 위에서 $\dfrac{1}{10}d$ 지점   ② 위에서 $\dfrac{1}{5}d$ 지점
③ 위에서 $\dfrac{1}{3}d$ 지점   ④ 위에서 $\dfrac{1}{2}d$ 지점

[풀이] 관 단면상에서 유체 유속이 가장 빠른 부분은 관 중심부이다.

43 대치(substitution)방법으로 유해작업환경을 개선한 경우로 적절하지 않은 것은?
① 유연휘발유를 무연휘발유로 대치
② 블라스팅 재료로 모래를 철구슬로 대치
③ 야광시계의 자판을 라듐에서 인으로 대치
④ 페인트 희석제를 사염화탄소에서 석유나프타로 대치

[풀이] 페인트 희석제를 석유나프타에서 사염화탄소로 대치한다.

44 강제환기를 실시할 때 환기효과를 제고시킬 수 있는 방법으로 틀린 것은?
① 공기 배출구와 근로자의 작업위치 사이에 오염원이 위치하지 않도록 하여야 한다.
② 배출구가 창문이나 문 근처에 위치하지 않도록 한다.
③ 오염물질 배출구는 가능한 한 오염원으로부터 가까운 곳에 설치하여 '점환기' 효과를 얻는다.
④ 공기가 배출되면서 오염장소를 통과하도록 공기 배출구와 유입구의 위치를 선정한다.

[풀이] 전체환기(강제환기)시설 설치 기본원칙
㉠ 오염물질 사용량을 조사하여 필요환기량을 계산한다.
㉡ 배출공기를 보충하기 위하여 청정공기를 공급한다.
㉢ 오염물질 배출구는 가능한 한 오염원으로부터 가까운 곳에 설치하여 '점환기'의 효과를 얻는다.
㉣ 공기 배출구와 근로자의 작업위치 사이에 오염원이 위치해야 한다.
㉤ 공기가 배출되면서 오염장소를 통과하도록 공기 배출구와 유입구의 위치를 선정한다.
㉥ 작업장 내 압력은 경우에 따라서 양압이나 음압으로 조정해야 한다(오염원 주위에 다른 작업공정이 있으면 공기 공급량을 배출량보다 작게 하여 음압을 형성시켜 주위 근로자에게 오염물질이 확산되지 않도록 한다).
㉦ 배출된 공기가 재유입되지 못하게 배출구 높이를 적절히 설계하고 창문이나 문 근처에 위치하지 않도록 한다.
㉧ 오염된 공기는 작업자가 호흡하기 전에 충분히 희석되어야 한다.
㉨ 오염물질 발생은 가능하면 비교적 일정한 속도로 유출되도록 조정해야 한다.

45 귀마개의 장단점과 가장 거리가 먼 것은?
① 제대로 착용하는 데 시간이 걸린다.
② 착용 여부 파악이 곤란하다.
③ 보안경 사용 시 차음효과가 감소한다.
④ 귀마개 오염 시 감염될 가능성이 있다.

[풀이] 귀마개의 장단점
(1) 장점
  ㉠ 부피가 작아 휴대가 쉽다.
  ㉡ 안경과 안전모 등에 방해가 되지 않는다.
  ㉢ 고온작업에서도 사용 가능하다.
  ㉣ 좁은 장소에서도 사용 가능하다.
  ㉤ 귀덮개보다 가격이 저렴하다.
(2) 단점
  ㉠ 귀에 질병이 있는 사람은 착용 불가능하다.
  ㉡ 여름에 땀이 많이 날 때는 외이도에 염증 유발 가능성이 있다.
  ㉢ 제대로 착용하는 데 시간이 걸리며 요령을 습득하여야 한다.
  ㉣ 귀덮개보다 차음효과가 일반적으로 떨어지며, 개인차가 크다.
  ㉤ 더러운 손으로 만짐으로써 외청도를 오염시킬 수 있다(귀마개에 묻어 있는 오염물질이 귀에 들어갈 수 있음).

46 방진마스크의 적절한 구비조건만으로 짝지어진 것은?

> ㉮ 하방시야가 60도 이상 되어야 한다.
> ㉯ 여과효율이 높고, 흡배기저항이 커야 한다.
> ㉰ 여과재로서 면, 모, 합성섬유, 유리섬유, 금속섬유 등이 있다.

① ㉮, ㉯ ② ㉯, ㉰
③ ㉮, ㉰ ④ ㉮, ㉯, ㉰

[풀이] 방진마스크의 선정조건(구비조건)
  ㉠ 흡기저항 및 흡기저항 상승률이 낮을 것
    ※ 일반적 흡기저항 범위 : 6~8mmH₂O
  ㉡ 배기저항이 낮을 것
    ※ 일반적 배기저항 기준 : 6mmH₂O 이하
  ㉢ 여과재 포집효율이 높을 것
  ㉣ 착용 시 시야확보가 용이할 것
    ※ 하방시야가 60° 이상 되어야 함
  ㉤ 중량은 가벼울 것
  ㉥ 안면에서의 밀착성이 클 것
  ㉦ 침입률 1% 이하까지 정확히 평가 가능할 것
  ㉧ 피부접촉부위가 부드러울 것
  ㉨ 사용 후 손질이 간단할 것
  ㉩ 무게중심은 안면에 강한 압박감을 주지 않는 위치에 있을 것

47 유입계수 $Ce=0.82$인 원형 후드가 있다. 덕트의 원면적이 $0.0314m^2$이고, 필요환기량 $Q=30m^3/min$이라고 할 때 후드 정압은? (단, 공기밀도 $1.2kg/m^3$ 기준)

① $16mmH_2O$
② $23mmH_2O$
③ $32mmH_2O$
④ $37mmH_2O$

[풀이]
$SP_h = VP(1+F)$

- $F = \dfrac{1}{Ce^2} - 1 = \dfrac{1}{0.82^2} - 1 = 0.487$

- $VP = \dfrac{\gamma V^2}{2g}$

$V = \dfrac{Q}{A} = \dfrac{30m^3/min}{0.0314m^2}$
$= 955.41m/min \times min/60sec$
$= 15.92m/sec$

$= \dfrac{1.2 \times 15.92^2}{2 \times 9.8} = 15.52mmH_2O$

$= 15.52(1+0.487)$
$= 23.07mmH_2O$

48 원심력 송풍기 중 후향 날개형 송풍기에 관한 설명으로 옳지 않은 것은?

① 분진 농도가 낮은 공기나 고농도 분진 함유 공기를 이송시킬 경우, 집진기 후단에 설치한다.
② 송풍량이 증가하면 동력도 증가하므로 한계부하 송풍기라고도 한다.
③ 회전날개가 회전방향 반대편으로 경사지게 설계되어 있어 충분한 압력을 발생시킨다.
④ 고농도 분진 함유 공기를 이송시킬 경우 회전날개 뒷면에 퇴적되어 효율이 떨어진다.

[풀이] 후향 날개형 송풍기(터보 송풍기)는 송풍량이 증가해도 동력이 증가하지 않는 장점을 가지고 있어 한계부하 송풍기라고도 한다.

정답 46.③ 47.② 48.②

49 분진대책 중의 하나인 발진의 방지방법과 가장 거리가 먼 것은?

① 원재료 및 사용재료의 변경
② 생산기술의 변경 및 개량
③ 습식화에 의한 분진발생 억제
④ 밀폐 또는 포위

풀이
(1) 분진 발생 억제방법(발진의 방지)
  ㉠ 작업공정 습식화
   • 분진의 방진대책 중 가장 효과적인 개선대책이다.
   • 착암, 파쇄, 연마, 절단 등의 공정에 적용한다.
   • 취급물질로는 물, 기름, 계면활성제를 사용한다.
   • 물을 분사할 경우 국소배기시설과의 병행 사용 시 주의한다(작은 입자들이 부유 가능성이 있고, 이들이 덕트 등에 쌓여 굳게 됨으로써 국소배기시설의 효율성을 저하시킴).
   • 시간이 경과하여 바닥에 굳어 있던 건조되면 재비산되므로 주의한다.
  ㉡ 대치
   • 원재료 및 사용재료의 변경(연마재의 사암을 인공마석으로 교체)
   • 생산기술의 변경 및 개량
   • 작업공정의 변경
(2) 발생분진 비산 방지방법
  ㉠ 해당 장소를 밀폐 및 포위
  ㉡ 국소배기
   • 밀폐가 되지 못하는 경우에 사용한다.
   • 포위형 후드의 국소배기장치를 설치하며 해당 장소를 음압으로 유지시킨다.
  ㉢ 전체환기

50 청력보호구의 차음효과를 높이기 위해서 유의할 사항으로 볼 수 없는 것은?

① 청력보호구는 머리의 모양이나 귓구멍에 잘 맞는 것을 사용하여 차음효과를 높이도록 한다.
② 청력보호구는 기공이 많은 재료로 만들어 흡음효과를 높여야 한다.
③ 청력보호구를 잘 고정시켜 보호구 자체의 진동을 최소한도로 줄이도록 한다.
④ 귀덮개 형식의 보호구는 머리카락이 길 때와 안경테가 굵거나 잘 부착되지 않을 때에는 사용하지 않도록 한다.

풀이 청력보호구는 차음효과를 높이기 위하여 기공이 많은 재료를 선택하지 않아야 한다.

51 외부식 후드에서 플랜지가 붙고 공간에 설치된 후드와 플랜지가 붙고 면에 고정 설치된 후드의 필요공기량을 비교할 때 플랜지가 붙고 면에 고정 설치된 후드는 플랜지가 붙고 공간에 설치된 후드에 비하여 필요공기량을 약 몇 % 절감할 수 있는가? (단, 후드는 장방형 기준이다.)

① 12% ② 20%
③ 25% ④ 33%

풀이
• 플랜지 부착, 자유공간 위치 송풍량(Q_1)
  $Q_1 = 60 \times 0.75 \times V_c[(10X^2) + A]$
• 플랜지 부착, 작업면 위치 송풍량(Q_2)
  $Q_2 = 60 \times 0.5 \times V_c[(10X^2) + A]$
∴ 절감효율(%) $= \dfrac{0.75 - 0.5}{0.75} \times 100 = 33.33\%$

52 마스크 성능 및 시험방법에 관한 설명으로 틀린 것은?

① 배기변의 작동 기밀시험 : 내부 압력이 상압으로 돌아올 때까지 시간은 5초 이내여야 한다.
② 불연성 시험 : 버너 불꽃의 끝부분에서 20mm 위치의 불꽃온도를 800±50℃로 하여 마스크를 초당 6±0.5cm의 속도로 통과시킨다.
③ 분진포집효율시험 : 마스크에 석영분진 함유 공기를 매분 30L의 유량으로 통과시켜 통과 전후의 석영 농도를 측정한다.
④ 배기저항시험 : 마스크에 공기를 매분 30L의 유량으로 통과시켜 마스크 내외의 압력차를 측정한다.

정답 49.④ 50.② 51.④ 52.①

> **[풀이]** 배기변의 작동 기밀시험
> 내부 압력이 상압으로 돌아올 때까지 시간은 15초 이상이어야 한다.

53 어떤 작업장에서 메틸알코올(비중 0.792, 분자량 32.04)이 시간당 1.0L 증발되어 공기를 오염시키고 있다. 여유계수 K값은 3이고, 허용기준 TLV는 200ppm이라면 이 작업장을 전체환기시키는 데 요구되는 필요환기량은? (단, 1기압, 21℃ 기준)

① $120m^3/min$
② $150m^3/min$
③ $180m^3/min$
④ $210m^3/min$

> **[풀이]**
> • 사용량(g/hr)=1.0L/hr×0.792g/mL×1,000mL/L
>   =792g/hr
> • 발생률(L/hr)= $\frac{24.1L \times 792g/hr}{32.04g}$ = 595.73L/hr
> ∴ 필요환기량= $\frac{595.73L/hr \times 1,000mL/L}{200mL/m^3} \times 3$
>   = $8,935.96m^3/hr \times hr/60min$
>   = $148.93m^3/min$

54 작업환경관리에서 유해인자의 제거·저감을 위한 공학적 대책으로 옳지 않은 것은?

① 보온재로 석면 대신 유리섬유나 암면 등의 사용
② 소음 저감을 위해 너트/볼트 작업 대신 리베팅(rivetting) 사용
③ 광물을 채취할 때 건식 공정 대신 습식 공정의 사용
④ 주물공정에서 실리카 모래 대신 그린(green) 모래의 사용

> **[풀이]** 소음 저감을 위해 리베팅 작업을 볼트, 너트 작업으로 대치한다.

55 국소배기장치의 설계순서로 가장 알맞은 것은?

① 소요풍량 계산 → 반송속도 결정 → 후드형식 선정 → 제어속도 결정
② 제어속도 결정 → 소요풍량 계산 → 반송속도 결정 → 후드형식 선정
③ 후드형식 선정 → 제어속도 결정 → 소요풍량 계산 → 반송속도 결정
④ 반송속도 결정 → 후드형식 선정 → 제어속도 결정 → 소요풍량 계산

> **[풀이]** 국소배기장치의 설계 순서
> 후드형식 선정 → 제어속도 결정 → 소요풍량 계산 → 반송속도 결정 → 배관내경 산출 → 후드의 크기 결정 → 배관의 배치와 설치장소 선정 → 공기정화장치 선정 → 국소배기 계통도와 배치도 작성 → 총 압력손실량 계산 → 송풍기 선정

56 사이클론 집진장치에서 발생하는 블로다운(blow down) 효과에 관한 설명으로 적절한 것은?

① 유효원심력을 감소시켜 선회기류의 흐트러짐을 방지한다.
② 관내 분진 부착으로 인한 장치의 폐쇄현상을 방지한다.
③ 부분적 난류 증가로 집진된 입자가 재비산된다.
④ 처리배기량의 50% 정도가 재유입되는 현상이다.

> **[풀이]** 블로다운(blow down)
> ㉠ 정의
>   사이클론의 집진효율을 향상시키기 위한 하나의 방법으로서 더스트박스 또는 호퍼부에서 처리가스의 5~10%를 흡인하여 선회기류의 교란을 방지하는 운전방식
> ㉡ 효과
>   • 사이클론 내의 난류현상을 억제시킴으로써 집진된 먼지의 비산을 방지(유효원심력 증대)
>   • 집진효율 증대
>   • 장치 내부의 먼지 퇴적 억제(가교현상 방지)

정답 53.② 54.② 55.③ 56.②

57 덕트의 설치원칙으로 틀린 것은?
① 덕트는 가능한 한 짧게 배치하도록 한다.
② 밴드의 수는 가능한 한 적게 하도록 한다.
③ 가능한 한 후드의 가까운 곳에 설치한다.
④ 공기흐름이 원활하도록 상향구배로 만든다.

[풀이] 덕트 설치기준(설치 시 고려사항)
㉠ 가능한 한 길이는 짧게 하고 굴곡부의 수는 적게 한다.
㉡ 접속부의 내면은 돌출된 부분이 없도록 한다.
㉢ 청소구를 설치하는 등 청소하기 쉬운 구조로 한다.
㉣ 덕트 내 오염물질이 쌓이지 아니하도록 이송속도를 유지한다.
㉤ 연결부위 등은 외부공기가 들어오지 아니하도록 한다(연결방법을 가능한 한 용접할 것).
㉥ 가능한 후드의 가까운 곳에 설치한다.
㉦ 송풍기를 연결할 때는 최소 덕트 직경의 6배 정도 직선구간을 확보한다.
㉧ 직관은 하향구배로 하고 직경이 다른 덕트를 연결할 때에는 경사 30° 이내의 테이퍼를 부착한다.
㉨ 원형 덕트가 사각형 덕트보다 덕트 내 유속분포가 균일하므로 가급적 원형 덕트를 사용하며, 부득이 사각형 덕트를 사용할 경우에는 가능한 정방형을 사용하고 곡관의 수를 적게 한다.
㉩ 곡관의 곡률반경은 최소 덕트 직경의 1.5 이상, 주로 2.0을 사용한다.
㉪ 수분이 응축될 경우 덕트 내로 들어가지 않도록 경사나 배수구를 마련한다.
㉫ 덕트의 마찰계수는 작게 하고, 분지관을 가급적 적게 한다.

58 관(管)의 안지름이 200mm인 직관을 통하여 가스유량이 55m³/분인 표준공기를 송풍할 때 관 내 평균유속(m/sec)은?
① 약 21.8
② 약 24.5
③ 약 29.2
④ 약 32.2

[풀이]
$$V(m/sec) = \frac{Q}{A}$$
$$= \frac{55m^3/min \times min/60sec}{\left(\frac{3.14 \times 0.2^2}{4}\right)m^2}$$
$$= 29.19 m/sec$$

59 A물질의 증기압이 50mmHg라면 이때 포화증기농도(%)는? (단, 표준상태 기준)
① 6.6
② 8.8
③ 10.0
④ 12.2

[풀이]
$$포화증기농도(\%) = \frac{증기압(분압)}{760mmHg} \times 10^2$$
$$= \frac{50}{760} \times 10^2 = 6.6\%$$

60 공기정화장치의 한 종류인 원심력 집진기에서 절단입경(cut-size, Dc)은 무엇을 의미하는가?
① 100% 분리·포집되는 입자의 최소입경
② 100% 처리효율로 제거되는 입자크기
③ 90% 이상 처리효율로 제거되는 입자크기
④ 50% 처리효율로 제거되는 입자크기

[풀이] ㉠ 최소입경(임계입경) : 사이클론에서 100% 처리효율로 제거되는 입자의 크기 의미
㉡ 절단입경(cut-size) : 사이클론에서 50% 처리효율로 제거되는 입자의 크기 의미

제4과목 | 물리적 유해인자관리

61 다음 중 산업안전보건법상 '적정한 공기'에 해당하는 것은? (단, 다른 성분의 조건은 적정한 것으로 가정한다.)
① 산소 농도가 16%인 공기
② 산소 농도가 25%인 공기
③ 이산화탄소 농도가 1.0%인 공기
④ 황화수소 농도가 25ppm인 공기

[풀이] 적정한 공기
㉠ 산소 농도 : 18% 이상~23.5% 미만
㉡ 이산화탄소 농도 : 1.5% 미만
㉢ 황화수소 농도 : 10ppm 미만
㉣ 일산화탄소 농도 : 30ppm 미만

정답 57.④ 58.③ 59.① 60.④ 61.③

62 다음 중 동상의 종류와 증상이 잘못 연결된 것은?

① 1도 – 발적
② 2도 – 수포 형성과 염증
③ 3도 – 조직괴사로 괴저 발생
④ 4도 – 출혈

풀이 동상의 단계별 구분
(1) 제1도 동상 : 발적
 ㉠ 홍반성 동상이라고도 한다.
 ㉡ 처음에는 말단부로의 혈행이 정체되어서 국소성 빈혈이 생기고, 환부의 피부는 창백하게 되어서 다소의 동통 또는 지각 이상을 초래한다.
 ㉢ 한랭작용이 이 시기에 중단되면 반사적으로 충혈이 일어나서 피부에 염증성 조홍을 일으키고, 남보라색 부종성 조홍을 일으킨다.
(2) 제2도 동상 : 수포 형성과 염증
 ㉠ 수포성 동상이라고도 한다.
 ㉡ 물집이 생기거나 피부가 벗겨지는 결빙을 말한다.
 ㉢ 수포를 가진 광범위한 삼출성 염증이 생긴다.
 ㉣ 수포에는 혈액이 섞여 있는 경우가 많다.
 ㉤ 피부는 청남색으로 변하고 큰 수포를 형성하여 궤양, 화농으로 진행한다.
(3) 제3도 동상 : 조직괴사로 괴저 발생
 ㉠ 괴사성 동상이라고도 한다.
 ㉡ 한랭작용이 장시간 계속되었을 때 생기며 혈행은 완전히 정지된다. 동시에 조직성분도 붕괴되며, 그 부분의 조직괴사를 초래하여 괴상을 만든다.
 ㉢ 심하면 근육, 뼈까지 침해해서 이환부 전체가 괴사성이 되어 탈락되기도 한다.

63 다음 중 사람의 청각에 대한 반응에 가깝게 음을 측정하여 나타낼 때 사용하는 단위는?

① dB(A)
② PWL(Sound Power Level)
③ SPL(Sound Pressure Level)
④ SIL(Sound Intensity Level)

풀이 dB
 ㉠ 음압수준을 표시하는 한 방법으로 사용하는 단위로 dB(decibel)로 표시한다.
 ㉡ 사람이 들을 수 있는 음압은 $0.00002 \sim 60 \text{N/m}^2$의 범위이며, 이것을 dB로 표시하면 0~130dB이 된다.
 ㉢ 음압을 직접 사용하는 것보다 dB로 변환하여 사용하는 것이 편리하다.

64 다음 중 열사병(heat stroke)에 관한 설명으로 옳은 것은?

① 피부는 차갑고, 습한 상태로 된다.
② 지나친 발한에 의한 탈수와 염분 소실이 원인이다.
③ 보온을 시키고, 더운 커피를 마시게 한다.
④ 뇌 온도의 상승으로 체온조절 중추의 기능이 장해를 받게 된다.

풀이 열사병(heat stroke)
 ㉠ 고온다습한 환경(육체적 노동 또는 태양의 복사선을 두부에 직접적으로 받는 경우)에 노출될 때 뇌 온도의 상승으로 신체 내부의 체온조절 중추에 기능장애를 일으켜서 생기는 위급한 상태이다.
 ㉡ 고열로 인해 발생하는 장애 중 가장 위험성이 크다.
 ㉢ 태양광선에 의한 열사병은 일사병(sunstroke)이라고 한다.
 ㉣ 발생
  • 체온조절 중추(특히 발한 중추)의 기능장애에 의한다(체내에 열이 축적되어 발생).
  • 혈액 중의 염분량과는 관계없다.
  • 대사열의 증가는 작업부하와 작업환경에서 발생하는 열부하가 원인이 되어 발생하며, 열사병을 일으키는 데 크게 관여하고 있다.

65 다음 중 진동증후군(HAVS)에 대한 스톡홀름 워크숍의 분류로서 틀린 것은?

① 진동증후군의 단계를 0부터 4까지 5단계로 구분하였다.
② 1단계는 가벼운 증상으로 하나 또는 그 이상의 손가락 끝부분이 하얗게 변하는 증상을 의미한다.
③ 3단계는 심각한 증상으로 하나 또는 그 이상의 손가락 가운데 마디부분까지 하얗게 변하는 증상이 나타나는 단계이다.
④ 4단계는 매우 심각한 증상으로 대부분의 손가락이 하얗게 변하는 증상과 함께 손끝에서 땀의 분비가 제대로 일어나지 않는 등의 변화가 나타나는 단계이다.

풀이 3단계는 손가락 끝과 중간 부위에 이따금씩 나타나며, 손바닥에 가까운 기저부에는 드물게 나타난다.

정답 62.④ 63.① 64.④ 65.③

66 다음 중 유해광선과 거리와의 노출관계를 올바르게 표현한 것은?
① 노출량은 거리에 비례한다.
② 노출량은 거리에 반비례한다.
③ 노출량은 거리의 제곱에 비례한다.
④ 노출량은 거리의 제곱에 반비례한다.

[풀이] 유해광선의 노출량은 거리의 제곱에 반비례한다.

67 작업장의 습도를 측정한 결과 절대습도는 4.57mmHg, 포화습도는 18.25mmHg이었다. 이때 이 작업장의 습도 상태에 대하여 가장 올바르게 설명한 것은?
① 적당하다.
② 너무 건조하다.
③ 습도가 높은 편이다.
④ 습도가 포화상태이다.

[풀이]
$$\text{상대습도}(\%) = \frac{\text{절대습도}}{\text{포화습도}} \times 100$$
$$= \frac{4.57\text{mmHg}}{18.25\text{mmHg}} \times 100$$
$$= 25.04\%$$
인체에 바람직한 상대습도인 30~60%보다 크게 작은 수치이므로 너무 건조한 상태를 의미한다.

68 다음 중 일반적으로 소음계에서 A특성치는 몇 phon의 등청감곡선과 비슷하게 주파수에 따른 반응을 보정하여 측정한 음압수준을 말하는가?
① 40
② 70
③ 100
④ 140

[풀이] 음의 크기 레벨(phon)과 청감보정회로
㉠ 40phon : A청감보정회로(A특성)
㉡ 70phon : B청감보정회로(B특성)
㉢ 100phon : C청감보정회로(C특성)

69 현재 총 흡음량이 1,200sabins인 작업장의 천장에 흡음물질을 첨가하여 2,800sabins을 더할 경우 예측되는 소음감소량(dB)은 약 얼마인가?
① 3.5 ② 4.2
③ 4.8 ④ 5.2

[풀이] 소음감소량(dB) $= 10\log\frac{1,200+2,800}{1,200} = 5.23\text{dB}$

70 다음 중 자외선 노출로 인해 발생하는 인체의 건강에 끼치는 영향이 아닌 것은?
① 색소 침착
② 광독성 장애
③ 피부 비후
④ 피부암 발생

[풀이] 자외선의 피부에 대한 작용(장애)
㉠ 자외선에 의하여 피부의 표피와 진피 두께가 증가하여 피부의 비후가 온다.
㉡ 280nm 이하의 자외선은 대부분 표피에서 흡수, 280~320nm 자외선은 진피에서 흡수, 320~380nm 자외선은 표피(상피 : 각화층, 말피기층)에서 흡수된다.
㉢ 각질층 표피세포(말피기층)의 histamine의 양이 많아져 모세혈관 수축, 홍반 형성에 이어 색소 침착이 발생한다. 홍반 형성은 300nm 부근(2,000~2,900Å)의 폭로가 가장 강한 영향을 미치며, 멜라닌색소 침착은 300~420nm에서 영향을 미친다.
㉣ 반복하여 자외선에 노출될 경우 피부가 건조해지고 갈색을 띠게 하며 주름살이 많이 생기게 한다. 즉 피부노화에 영향을 미친다.
㉤ 피부투과력은 체표에서 0.1~0.2mm 정도이고 자외선 파장, 피부색, 피부 표피의 두께에 좌우된다.
㉥ 옥외 작업을 하면서 콜타르의 유도체, 벤조피렌, 안트라센화합물과 상호작용하여 피부암을 유발하며, 관여하는 파장은 주로 280~320nm이다.
㉦ 피부색과의 관계는 피부가 흰색일 때 가장 투과가 잘 되며, 흑색이 가장 투과가 안 된다. 따라서 백인과 흑인의 피부암 발생률 차이가 크다.
㉧ 자외선 노출에 가장 심각한 만성 영향은 피부암이며, 피부암의 90% 이상은 햇볕에 노출된 신체부위에서 발생한다. 특히 대부분의 피부암은 상피세포 부위에서 발생한다.

정답 66.④ 67.② 68.① 69.④ 70.②

71 다음 중 한랭환경에 의한 건강장애에 대한 설명으로 틀린 것은?

① 전신저체온의 첫 증상은 억제하기 어려운 떨림과 냉(冷)감각이 생기고 심박동이 불규칙하고 느려지며, 맥박은 약해지고 혈압이 낮아진다.
② 제2도 동상은 수포와 함께 광범위한 삼출성 염증이 일어나는 경우를 말한다.
③ 참호족은 지속적인 국소의 영양결핍 때문이며 한랭에 의한 신경조직의 손상이 발생한다.
④ 레이노병과 같은 혈관 이상이 있을 경우에는 증상이 악화된다.

[풀이] 참호족과 침수족은 지속적인 한랭으로 모세혈관벽이 손상되는데, 이는 국소부위의 산소결핍 때문이다.

72 다음 중 자연채광을 이용한 조명방법으로 가장 적절하지 않은 것은?

① 입사각은 25° 미만이 좋다.
② 실내 각점의 개각은 4~5°가 좋다.
③ 창의 면적은 바닥면적의 15~20%가 이상적이다.
④ 창의 방향은 많은 채광을 요구할 경우 남향이 좋으며 조명의 평등을 요하는 작업실의 경우 북창이 좋다.

[풀이] 채광의 입사각은 28° 이상이 좋으며 개각 1°의 감소를 입사각으로 보충하려면 2~5° 증가가 필요하다.

73 환경온도를 감각온도로 표시한 것을 지적온도라 하는데, 다음 중 3가지 관점에 따른 지적온도로 볼 수 없는 것은?

① 주관적 지적온도
② 생리적 지적온도
③ 생산적 지적온도
④ 개별적 지적온도

[풀이] 지적온도의 종류
(1) 지적온도의 일반적 종류
  ㉠ 쾌적감각온도
  ㉡ 최고생산온도
  ㉢ 기능지적온도
(2) 감각온도 관점에서의 지적온도 종류
  ㉠ 주관적 지적온도
  ㉡ 생리적 지적온도
  ㉢ 생산적 지적온도

74 작업을 하는 데 가장 적합한 환경을 지적환경(optimum working environment)이라고 하는데 이것을 평가하는 방법이 아닌 것은?

① 생물역학적(biomechanical) 방법
② 생리적(physiological) 방법
③ 정신적(psychological) 방법
④ 생산적(productive) 방법

[풀이] 지적환경 평가방법
㉠ 생리적 방법
㉡ 정신적 방법
㉢ 생산적 방법

75 한랭작업과 관련된 설명으로 틀린 것은 어느 것인가?

① 저체온증은 몸의 심부온도가 35℃ 이하로 내려간 것을 말한다.
② 저온작업에서 손가락, 발가락 등의 말초부위는 피부온도 저하가 가장 심한 부위이다.
③ 혹심한 한랭에 노출됨으로써 피부 및 피하조직 자체가 동결하여 조직이 손상되는 것을 말한다.
④ 근로자의 발이 한랭에 장기간 노출되고 동시에 지속적으로 습기나 물에 잠기게 되면 '선단자람증'의 원인이 된다.

[풀이] 근로자의 발이 한랭에 장기간 노출되고 지속적으로 습기나 물에 잠기게 되면 침수족이 발생한다.

정답 71.③ 72.① 73.④ 74.① 75.④

76 다음 중 소음성 난청에 관한 설명으로 틀린 것은?

① 소음성 난청의 초기 증상을 C_5-dip 현상이라 한다.
② 소음성 난청은 대체로 노인성 난청과 연령별 청력변화가 같다.
③ 소음성 난청은 대부분 양측성이며 감각신경성 난청에 속한다.
④ 소음성 난청은 주로 주파수 4,000Hz 영역에서 시작하여 전 영역으로 파급된다.

풀이 난청(청력장애)
(1) 일시적 청력손실(TTS)
  ㉠ 강력한 소음에 노출되어 생기는 난청으로 4,000~6,000Hz에서 가장 많이 발생한다.
  ㉡ 청신경세포의 피로현상으로, 회복되려면 12~24시간을 요하는 가역적인 청력저하이며, 영구적 소음성 난청의 예비신호로도 볼 수 있다.
(2) 영구적 청력손실(PTS) : 소음성 난청
  ㉠ 비가역적 청력저하, 강력한 소음이나 지속적인 소음 노출에 의해 청신경 말단부의 내이 코르티(corti)기관의 섬모세포 손상으로 회복될 수 없는 영구적인 청력저하가 발생한다.
  ㉡ 3,000~6,000Hz의 범위에서 먼저 나타나고, 특히 4,000Hz에서 가장 심하게 발생한다.
(3) 노인성 난청
  ㉠ 노화에 의한 퇴행성 질환으로, 감각신경성 청력손실이 양측 귀에 대칭적·점진적으로 발생하는 질환이다.
  ㉡ 일반적으로 고음역에 대한 청력손실이 현저하며 6,000Hz에서부터 난청이 시작된다.

77 소음계(sound level meter)로 소음측정 시 A 및 C 특성으로 측정하였다. 만약 C특성으로 측정한 값이 A특성으로 측정한 값보다 훨씬 크다면 소음의 주파수 영역은 어떻게 추정이 되겠는가?

① 저주파수가 주성분이다.
② 중주파수가 주성분이다.
③ 고주파수가 주성분이다.
④ 중 및 고주파수가 주성분이다.

풀이 어떤 소음을 소음계의 청감보정회로 A 및 C에 놓고 측정한 소음레벨이 dB(A) 및 dB(C)일 때 dB(A) ≪ dB(C)이면 저주파 성분이 많고, dB(A) ≈ dB(C)이면 고주파가 주성분이다.

78 다음 중 조명 시의 고려사항으로 광원으로부터의 직접적인 눈부심을 없애기 위한 방법으로 가장 적당하지 않은 것은?

① 광원 또는 전등의 휘도를 줄인다.
② 광원을 시선에서 멀리 위치시킨다.
③ 광원 주위를 어둡게 하여 광도비를 높인다.
④ 눈이 부신 물체와 시선과의 각을 크게 한다.

풀이 인공조명 시 고려사항
㉠ 작업에 충분한 조도를 낼 것
㉡ 조명도를 균등히 유지할 것(천장, 마루, 기계, 벽 등의 반사율을 크게 하면 조도를 일정하게 얻을 수 있다)
㉢ 폭발성 또는 발화성이 없고, 유해가스가 발생하지 않을 것
㉣ 경제적이며, 취급이 용이할 것
㉤ 주광색에 가까운 광색으로 조도를 높여줄 것(백열전구와 고압수은등을 적절히 혼합시켜 주광에 가까운 빛을 얻을 수 있다)
㉥ 장시간 작업 시 가급적 간접조명이 되도록 설치할 것(직접조명, 즉 광원의 광밀도가 크면 나쁘다)
㉦ 일반적인 작업 시 빛은 작업대 좌상방에서 비추게 할 것
㉧ 작은 물건의 식별과 같은 작업에는 음영이 생기지 않는 국소조명을 적용할 것
㉨ 광원 또는 전등의 휘도를 줄일 것
㉩ 광원을 시선에서 멀리 위치시킬 것
㉪ 눈이 부신 물체와 시선과의 각을 크게 할 것
㉫ 광원 주위를 밝게 하며, 조도비를 적정하게 할 것

79 레이저광선에 가장 민감한 인체기관은?

① 눈
② 소뇌
③ 갑상선
④ 척수

정답 76.② 77.① 78.③ 79.①

> **[풀이]** 레이저의 생물학적 작용
> ㉠ 레이저 장애는 광선의 파장과 특정 조직의 광선 흡수능력에 따라 장애 출현부위가 달라진다.
> ㉡ 레이저광 중 맥동파는 지속파보다 그 장애를 주는 정도가 크다.
> ㉢ 감수성이 가장 큰 신체부위, 즉 인체표적기관은 눈이다.
> ㉣ 피부에 대한 작용은 가역적이며 피부손상, 화상, 홍반, 수포 형성, 색소 침착 등이 생길 수 있다.
> ㉤ 레이저 장애는 파장, 조사량 또는 시간 및 개인의 감수성에 따라 피부에 여러 증상을 나타낸다.
> ㉥ 눈에 대한 작용은 각막염, 백내장, 망막염 등이 있다.

80 인체와 환경 사이의 열평형에 의하여 인체는 적절한 체온을 유지하려고 노력하는데 기본적인 열평형 방정식에 있어 신체열용량의 변화가 0보다 크면 생산된 열이 축적되게 되고 체온조절중추인 시상하부에서 혈액온도를 감지하거나 신경망을 통하여 정보를 받아들여 체온 방산작용이 활발하게 시작된다. 이러한 것을 무엇이라 하는가?

① 정신적 조절작용(spiritual thermo regulation)
② 물리적 조절작용(physical thermo regulation)
③ 화학적 조절작용(chemical thermo regulation)
④ 생물학적 조절작용(biological thermo regulation)

> **[풀이]** 열평형(물리적 조절작용)
> ㉠ 인체와 환경 사이의 열평형에 의하여 인체는 적절한 체온을 유지하려고 노력한다.
> ㉡ 기본적인 열평형 방정식에 있어 신체 열용량의 변화가 0보다 크면 생산된 열이 축적되게 되고 체온조절중추인 시상하부에서 혈액온도를 감지하거나 신경망을 통하여 정보를 받아들여 체온 방산작용이 활발히 시작되는데, 이것을 물리적 조절작용(physical thermo regulation)이라 한다.

제5과목 | 산업 독성학

81 근로자가 1일 작업시간 동안 잠시라도 노출되어서는 안 되는 기준을 나타내는 것은?

① TLV-C
② TLV-STEL
③ TLV-TWA
④ TLV-skin

> **[풀이]** 천장값 노출기준(TLV-C : ACGIH)
> ㉠ 어떤 시점에서도 넘어서는 안 된다는 상한치를 말한다.
> ㉡ 항상 표시된 농도 이하를 유지하여야 한다.
> ㉢ 노출기준에 초과되어 노출 시 즉각적으로 비가역적인 반응을 나타낸다.
> ㉣ 자극성 가스나 독작용이 빠른 물질 및 TLV-STEL이 설정되지 않는 물질에 적용한다.
> ㉤ 측정은 실제로 순간농도 측정이 불가능하며, 따라서 약 15분간 측정한다.

82 다음 중 납중독 진단을 위한 검사로 적합하지 않은 것은?

① 소변 중 코프로포르피린 배설량 측정
② 혈액 검사(적혈구 측정, 전혈비중 측정)
③ 혈액 중 징크-프로토포르피린(ZPP)의 측정
④ 소변 중 β_2-microglobulin과 같은 저분자 단백질 검사

> **[풀이]** 납중독 진단검사
> ㉠ 소변 중 코프로포르피린(coproporphyrin) 측정
> ㉡ 델타 아미노레블린산 측정(δ-ALA)
> ㉢ 혈중 징크-프로토포르피린(ZPP ; Zinc Protoporphyrin) 측정
> ㉣ 혈중 납량 측정
> ㉤ 소변 중 납량 측정
> ㉥ 빈혈 검사
> ㉦ 혈액 검사
> ㉧ 혈중 α-ALA 탈수효소 활성치 측정

83 급성중독으로 심한 신장장애로 과뇨증이 오며, 더 진전되면 무뇨증을 일으켜 요독증으로 10일 안에 사망에 이르게 하는 물질은?

① 비소
② 크롬
③ 벤젠
④ 베릴륨

정답 80.② 81.① 82.④ 83.②

[풀이] **크롬(Cr)에 의한 급성중독**
ⓐ 신장장애
  과뇨증(혈뇨증) 후 무뇨증을 일으키며, 요독증으로 10일 이내에 사망
ⓑ 위장장애
  심한 복통, 빈혈을 동반하는 심한 설사 및 구토
ⓒ 급성 폐렴
  크롬산 먼지, 미스트 대량 흡입 시

84 다음 중 독성물질의 생체 내 변환에 관한 설명으로 틀린 것은?
① 생체 내 변환은 독성물질이나 약물의 제거에 대한 첫 번째 기전이며, 1상 반응과 2상 반응으로 구분한다.
② 1상 반응은 산화, 환원, 가수분해 등의 과정을 통해 이루어진다.
③ 2상 반응은 1상 반응이 불가능한 물질에 대한 추가적 축합반응이다.
④ 생체변환의 기전은 기존의 화합물보다 인체에서 제거하기 쉬운 대사물질로 변화시키는 것이다.

[풀이] 2상 반응은 제1상 반응을 거친 물질을 더욱 수용성으로 만드는 포합반응이다.

85 다음 중 특정한 파장의 광선과 작용하여 광알레르기성 피부염을 일으킬 수 있는 물질은 어느 것인가?
① 아세톤(acetone)
② 아닐린(aniline)
③ 아크리딘(acridine)
④ 아세토니트릴(acetonitrile)

[풀이] **아크리딘($C_{13}H_9N$)**
ⓐ 화학적으로 안정한 물질로서 강산 또는 강염기와 고온에서 처리해도 변하지 않는다.
ⓑ 콜타르에서 얻은 안트라센 오일 중에 소량 함유되어 있다.
ⓒ 특정 파장의 광선과 작용하여 광알레르기성 피부염을 유발시킨다.

86 다음 중 직업성 천식이 유발될 수 있는 근로자와 거리가 가장 먼 것은?
① 채석장에서 돌을 가공하는 근로자
② 목분진에 과도하게 노출되는 근로자
③ 빵집에서 밀가루에 노출되는 근로자
④ 폴리우레탄 페인트 생산에 TDI를 사용하는 근로자

[풀이] 채석장에서 돌을 가공하는 근로자는 진폐증이 유발된다.

87 다음 중 중추신경계 억제작용이 큰 유기화학물질의 순서로 옳은 것은?
① 유기산 < 알칸 < 알켄 < 알코올 < 에스테르 < 에테르
② 유기산 < 에스테르 < 에테르 < 알칸 < 알켄 < 알코올
③ 알칸 < 알켄 < 알코올 < 유기산 < 에스테르 < 에테르
④ 알코올 < 유기산 < 에스테르 < 에테르 < 알칸 < 알켄

[풀이] **유기화학물질의 중추신경계 억제작용 및 자극작용**
ⓐ 중추신경계 억제작용의 순서
  알칸 < 알켄 < 알코올 < 유기산 < 에스테르 < 에테르 < 할로겐화합물
ⓑ 중추신경계 자극작용의 순서
  알칸 < 알코올 < 알데히드 또는 케톤 < 유기산 < 아민류

88 망간중독에 관한 설명으로 틀린 것은?
① 금속망간의 직업성 노출은 철강제조 분야에서 많다.
② 치료제는 Ca-EDTA가 있으며, 중독 시 신경이나 뇌세포 손상 회복에 효과가 있다.
③ 망간에 계속 노출되면 파킨슨증후군과 거의 비슷하게 될 수 있다.
④ 이산화망간 흄에 급성 폭로되면 열, 오한, 호흡곤란 등의 증상을 특징으로 하는 금속열을 일으킨다.

정답 84.③ 85.③ 86.① 87.③ 88.②

> [풀이] 망간중독의 치료 및 예방법은 망간에 폭로되지 않도록 격리하는 것이고, 증상의 초기단계에서는 킬레이트 제재를 사용하여 어느 정도 효과를 볼 수 있으나 망간에 의한 신경손상이 진행되어 일단 증상이 고정되면 회복이 어렵다.

89 다음 중 이황화탄소(CS_2)에 관한 설명으로 틀린 것은?

① 감각 및 운동 신경에 장애를 유발한다.
② 생물학적 노출지표는 소변 중의 삼염화에탄올 검사방법을 적용한다.
③ 휘발성이 강한 액체로서 인조견, 셀로판 및 사염화탄소의 생산, 수지와 고무제품의 용제에 이용된다.
④ 고혈압의 유병률과 콜레스테롤 수치의 상승빈도가 증가되어 뇌, 심장 및 신장에 동맥경화성 질환을 초래한다.

> [풀이] CS_2의 생물학적 노출지표(BEI)는 소변 중 TTCA(2-thiothiazolidine-4-carboxylic acid) 5mg/g-크레아틴이다.
> ⇒ azide 검사

90 다음 중 무기성 분진에 의한 진폐증이 아닌 것은?

① 규폐증 ② 용접공폐증
③ 철폐증 ④ 면폐증

> [풀이] **분진 종류에 따른 진폐증의 분류(임상적 분류)**
> ㉠ 유기성 분진에 의한 진폐증
>   농부폐증, 면폐증, 연초폐증, 설탕폐증, 목재분진폐증, 모발분진폐증
> ㉡ 무기성(광물성) 분진에 의한 진폐증
>   규폐증, 탄소폐증, 활석폐증, 탄광부진폐증, 철폐증, 베릴륨폐증, 흑연폐증, 규조토폐증, 주석폐증, 칼륨폐증, 바륨폐증, 용접공폐증, 석면폐증

91 다음 중 폐포에 가장 잘 침착하는 분진의 크기는?

① $0.01 \sim 0.05\mu m$ ② $0.5 \sim 5\mu m$
③ $5 \sim 10\mu m$ ④ $10 \sim 20\mu m$

> [풀이] 호흡성 분진 : 입자의 직경범위가 $0.5 \sim 5\mu m$이다.

92 다음 중 전향적 코호트 역학연구와 후향적 코호트 연구의 가장 큰 차이점은?

① 질병 종류
② 유해인자 종류
③ 질병 발생률
④ 연구 개시시점과 기간

> [풀이] **코호트 연구의 구분**
> 코호트 연구는 노출에 대한 정보를 수집하는 시점이 현재인지 과거인지에 따라서 나뉜다.
> ㉠ 전향적 코호트 연구 : 코호트가 정의된 시점에서 노출에 대한 자료를 새로이 수집하여 이용하는 경우
> ㉡ 후향적 코호트 연구 : 이미 작성되어 있는 자료를 이용하는 경우

93 다음 중 유해인자의 노출에 대한 생물학적 모니터링을 하는 방법이 아닌 것은?

① 유해인자의 공기 중 농도 측정
② 표적분자에 실제 활성인 화학물질에 대한 측정
③ 건강상 악영향을 초래하지 않은 내재용량의 측정
④ 근로자의 체액에서 화학물질이나 대사산물의 측정

> [풀이] 유해인자의 공기 중 농도 측정은 개인시료를 의미한다.
> **생물학적 모니터링 방법 분류**
> ㉠ 체액(생체시료나 호기)에서 해당 화학물질이나 그것의 대사산물을 측정하는 방법 : 선택적 검사와 비선택적 검사로 분류된다.
> ㉡ 실제 악영향을 초래하고 있지 않은 부위나 조직에서 측정하는 방법 : 이 방법 검사는 대부분 특이적으로 내재용량을 정량하는 방법이다.
> ㉢ 표적과 비표적 조직과 작용하는 활성화학물질의 양을 측정하는 방법 : 작용면에서 상호 작용하는 화학물질의 양을 직접 또는 간접적으로 평가하는 방법이며, 표적조직을 알 수 있으면 다른 방법에 비해 더 정확하게 건강의 위험을 평가할 수 있다.

정답 89.② 90.④ 91.② 92.④ 93.①

94 벤젠 노출 근로자에게 생물학적 모니터링을 하기 위하여 소변시료를 확보하였다. 다음 중 분석해야 하는 대사산물로 옳은 것은?

① 마뇨산(hippuric acid)
② t,t-뮤코닉산(t,t-muconic acid)
③ 메틸마뇨산(methylhippuric acid)
④ 트리클로로아세트산(trichloroacetic acid)

[풀이] 벤젠의 대사산물(생물학적 노출지표)
㉠ 소변 중 총 페놀
㉡ 소변 중 t,t-뮤코닉산(t,t-muconic acid)

95 작업장 유해인자의 위해도 평가를 위해 고려하여야 할 요인과 거리가 먼 것은?

① 공간적 분포
② 조직적 특성
③ 평가의 합리성
④ 시간적 빈도와 시간

[풀이] 유해성(위해도) 평가 시 고려요인
㉠ 시간적 빈도와 시간(간헐적 작업, 시간외 작업, 계절 및 기후조건 등)
㉡ 공간적 분포(유해인자 농도 및 강도, 생산공정 등)
㉢ 노출대상의 특성(민감도, 훈련기간, 개인적 특성 등)
㉣ 조직적 특성(회사조직정보, 보건제도, 관리 정책 등)
㉤ 유해인자가 가지고 있는 위해성(독성학적, 역학적, 의학적 내용 등)
㉥ 노출상태
㉦ 다른 물질과 복합노출

96 인체에 미치는 영향에 있어서 석면(asbestos)은 유리규산(free silica)과 거의 비슷하지만 구별되는 특징이 있다. 석면에 의한 특징적 질병 혹은 증상은?

① 폐기종
② 악성중피종
③ 호흡곤란
④ 가슴의 통증

[풀이] 석면은 일반적으로 석면폐증, 폐암, 악성중피종을 발생시켜 1급 발암물질군에 포함된다.

97 다음 중 수은중독의 예방대책이 아닌 것은?

① 수은 주입과정을 밀폐공간 안에서 자동화한다.
② 작업장 내에서 음식물을 먹거나 흡연을 금지한다.
③ 작업장에 흘린 수은은 신체가 닿지 않는 방법으로 즉시 제거한다.
④ 수은 취급 근로자의 비점막 궤양 생성 여부를 면밀히 관찰한다.

[풀이] 수은중독의 예방대책
(1) 작업환경관리대책
㉠ 수은 주입과정을 자동화
㉡ 수거한 수은은 물통에 보관
㉢ 바닥은 틈이나 구멍이 나지 않는 재료를 사용하여 수은이 외부로 노출되는 것을 막음
㉣ 실내온도를 가능한 한 낮고 일정하게 유지시킴
㉤ 공정은 수은을 사용하지 않는 공정으로 변경
㉥ 작업장 바닥에 흘린 수은은 즉시 제거, 청소
㉦ 수은증기 발생 상방에 국소배기장치 설치
(2) 개인위생관리대책
㉠ 술, 담배 금지
㉡ 고농도 작업 시 호흡 보호용 마스크 착용
㉢ 작업복 매일 새것으로 공급
㉣ 작업 후 반드시 목욕
㉤ 작업장 내 음식섭취 삼가
(3) 의학적 관리
㉠ 채용 시 건강진단 실시
㉡ 정기적 건강진단 실시 : 6개월마다 특수건강진단 실시
(4) 교육 실시

98 페노바비탈은 디란틴을 비활성화시키는 효소를 유도함으로써 급·만성의 독성이 감소될 수 있다. 이러한 상호작용은 무엇인가?

① 상가작용
② 부가작용
③ 단독작용
④ 길항작용

[풀이] 길항작용(antagonism effect, 상쇄작용)
㉠ 두 가지 화합물이 함께 있었을 때 서로의 작용을 방해하는 것
㉡ 상대적 독성 수치로 표현 : 2+3=1
㉢ 페노바비탈은 디란틴을 비활성화시키는 효소를 유도함으로써 급·만성의 독성이 감소

99 동물을 대상으로 양을 투여했을 때 독성을 초래하지는 않지만 대상의 50%가 관찰가능한 가역적인 반응을 나타내는 작용량은?

① ED_{50}
② LC_{50}
③ LD_{50}
④ TD_{50}

[풀이] 유효량(ED)
ED_{50}은 사망을 기준으로 하는 대신에 약물을 투여한 동물의 50%가 일정한 반응을 일으키는 양으로, 시험유기체의 50%에 대하여 준치사적인 거동감응 및 생리감응을 일으키는 독성물질의 양을 뜻한다. ED(유효량)는 실험동물을 대상으로 얼마간의 양을 투여했을 때 독성을 초래하지 않지만 실험군의 50%가 관찰 가능한 가역적인 반응이 나타나는 작용량, 즉 유효량을 의미한다.

100 자극성 접촉피부염에 관한 설명으로 틀린 것은?

① 작업장에서 발생빈도가 가장 높은 피부질환이다.
② 증상은 다양하지만 홍반과 부종을 동반하는 것이 특징이다.
③ 원인물질은 크게 수분, 합성 화학물질, 생물성 화학물질로 구분할 수 있다.
④ 면역학적 반응에 따라 과거 노출경험이 있을 때 심하게 반응이 나타난다.

[풀이] 자극성 접촉피부염은 면역학적 반응에 따라 과거 노출경험과는 관계가 없다.

정답 99.① 100.④

성공한 사람의 달력에는
"오늘(Today)"이라는 단어가
실패한 사람의 달력에는
"내일(Tomorrow)"이라는 단어가 적혀 있고,

성공한 사람의 시계에는
"지금(Now)"이라는 로고가
실패한 사람의 시계에는
"다음(Next)"이라는 로고가 찍혀 있다고 합니다.
☆
내일(Tomorrow)보다는 오늘(Today)을,
다음(Next)보다는 지금(Now)의 시간을 소중히 여기는
당신의 멋진 미래를 기대합니다. ^^

제1회 산업위생관리기사

CBT 기출복원문제 | 2024.02.15

제1과목 | 산업위생학 개론

01 우리나라의 규정상 하루에 25kg 이상의 물체를 몇 회 이상 드는 작업일 경우 근골격계 부담작업으로 분류하는가?
① 2회　　② 5회
③ 10회　　④ 25회

풀이 근골격계 부담작업
㉠ 하루에 4시간 이상 집중적으로 자료입력 등을 위해 키보드 또는 마우스를 조작하는 작업
㉡ 하루에 총 2시간 이상 목, 어깨, 팔꿈치, 손목 또는 손을 사용하여 같은 동작을 반복하는 작업
㉢ 하루에 총 2시간 이상 머리 위에 손이 있거나, 팔꿈치가 어깨 위에 있거나, 팔꿈치를 몸통으로부터 들거나, 팔꿈치를 몸통 뒤쪽에 위치하도록 하는 상태에서 이루어지는 작업
㉣ 지지되지 않은 상태이거나 임의로 자세를 바꿀 수 없는 조건에서 하루에 총 2시간 이상 목이나 허리를 구부리거나 비트는 상태에서 이루어지는 작업
㉤ 하루에 총 2시간 이상 쪼그리고 앉거나 무릎을 굽힌 자세에서 이루어지는 작업
㉥ 하루에 총 2시간 이상 지지되지 않은 상태에서 1kg 이상의 물건을 한 손의 손가락으로 집어 옮기거나, 2kg 이상에 상응하는 힘을 가하여 한 손의 손가락으로 물건을 쥐는 작업
㉦ 하루에 총 2시간 이상 지지되지 않은 상태에서 4.5kg 이상의 물건을 한손으로 들거나 동일한 힘으로 쥐는 작업
㉧ 하루에 10회 이상 25kg 이상의 물체를 드는 작업
㉨ 하루에 25회 이상 10kg 이상의 물체를 무릎 아래에서 들거나, 어깨 위에서 들거나, 팔을 뻗은 상태에서 하는 작업
㉩ 하루에 총 2시간 이상, 분당 2회 이상 4.5kg 이상의 물체를 드는 작업
㉪ 하루에 총 2시간 이상 시간당 10회 이상 손 또는 무릎을 사용하여 반복적으로 충격을 가하는 작업

02 다음 중 토양이나 암석 등에 존재하는 우라늄의 자연적 붕괴로 생성되어 건물의 균열을 통해 실내공기로 유입되는 발암성 오염물질은?
① 라돈
② 석면
③ 포름알데히드
④ 다환성 방향족탄화수소(PAHs)

풀이 라돈
㉠ 자연적으로 존재하는 암석이나 토양에서 발생하는 thorium, uranium의 붕괴로 인해 생성되는 자연방사성 가스로, 공기보다 9배가 무거워 지표에 가깝게 존재한다.
㉡ 무색, 무취, 무미한 가스로, 인간의 감각에 의해 감지할 수 없다.
㉢ 라듐의 α붕괴에서 발생하며, 호흡하기 쉬운 방사성 물질이다.
㉣ 라돈의 동위원소에는 Rn^{222}, Rn^{220}, Rn^{219}가 있고, 이 중 반감기가 긴 Rn^{222}가 실내공간의 인체 위해성 측면에서 주요 관심대상이며 지하공간에 더 높은 농도를 보인다.
㉤ 방사성 기체로서 지하수, 흙, 석고실드, 콘크리트, 시멘트나 벽돌, 건축자재 등에서 발생하여 폐암 등을 발생시킨다.

03 다음 직업성 질환 중 직업상의 업무에 의하여 1차적으로 발생하는 질환은?
① 속발성 질환　　② 합병증
③ 일반 질환　　④ 원발성 질환

풀이 직업성 질환이란 어떤 직업에 종사함으로써 발생하는 업무상 질병을 말하며, 직업상의 업무에 의하여 1차적으로 발생하는 질환을 원발성 질환이라 한다.

정답 01.③ 02.① 03.④

PART 02 과년도 출제문제

04 A유해물질의 노출기준은 100ppm이다. 잔업으로 인하여 작업시간이 8시간에서 10시간으로 늘었다면 이 기준치는 몇 ppm으로 보정해 주어야 하는가? (단, Brief와 Scala의 보정방법을 적용한다.)

① 60 ② 70
③ 80 ④ 90

[풀이] 보정된 허용농도 = TLV × RF

$$RF = \left(\frac{8}{H}\right) \times \frac{24-H}{16}$$
$$= \left(\frac{8}{10}\right) \times \frac{24-10}{16} = 0.7$$

∴ 보정된 허용농도 = 100ppm × 0.7 = 70ppm

05 젊은 근로자에 있어서 약한 쪽 손의 힘은 평균 45kP라고 한다. 이러한 근로자가 무게 8kg인 상자를 양손으로 들어 올릴 경우 작업강도(%MS)는 약 얼마인가?

① 17.8% ② 8.9%
③ 4.4%   ④ 2.3%

[풀이]
$$작업강도(\%MS) = \frac{RF}{MS} \times 100$$
$$= \frac{4}{45} \times 100$$
$$= 8.9\%MS$$

06 물체의 무게가 8kg이고, 권장무게한계가 10kg일 때 중량물 취급지수(LI ; Lifting Index)는 얼마인가?

① 0.4   ② 0.8
③ 1.25 ④ 1.5

[풀이]
$$중량물\ 취급지수(LI) = \frac{물체\ 무게(kg)}{RWL(kg)}$$
$$= \frac{8}{10}$$
$$= 0.8$$

07 다음 중 미국산업위생학회(AIHA)의 산업위생에 대한 정의에서 제시된 4가지 활동과 가장 거리가 먼 것은?

① 예측
② 평가
③ 관리
④ 보완

[풀이] 산업위생의 정의 : 4가지 주요 활동(AIHA)
㉠ 예측
㉡ 측정(인지)
㉢ 평가
㉣ 관리

08 산업위생전문가의 윤리강령 중 '전문가로서의 책임'과 가장 거리가 먼 것은?

① 기업체의 기밀은 누설하지 않는다.
② 과학적 방법의 적용과 자료의 해석으로 객관성을 유지한다.
③ 근로자, 사회 및 전문 직종의 이익을 위해 과학적 지식은 공개하거나 발표하지 않는다.
④ 전문적 판단이 타협에 의하여 좌우될 수 있는 상황에는 개입하지 않는다.

[풀이] 산업위생전문가로서의 책임
㉠ 성실성과 학문적 실력 면에서 최고수준을 유지한다(전문적 능력 배양 및 성실한 자세로 행동).
㉡ 과학적 방법의 적용과 자료의 해석에서 경험을 통한 전문가의 객관성을 유지한다(공인된 과학적 방법 적용·해석).
㉢ 전문 분야로서의 산업위생을 학문적으로 발전시킨다.
㉣ 근로자, 사회 및 전문 직종의 이익을 위해 과학적 지식을 공개하고 발표한다.
㉤ 산업위생활동을 통해 얻은 개인 및 기업체의 기밀은 누설하지 않는다(정보는 비밀 유지).
㉥ 전문적 판단이 타협에 의하여 좌우될 수 있거나 이해관계가 있는 상황에는 개입하지 않는다.

09 마이스터(D. Meister)가 정의한 시스템으로부터 요구된 작업결과(performance)로부터의 차이(deviation)는 무엇을 말하는가?
① 인간 실수
② 무의식 행동
③ 주변적 동작
④ 지름길 반응

> **풀이** 인간 실수의 정의(Meister, 1971)
> 마이스터(Meister)는 인간 실수를 시스템으로부터 요구된 작업결과(performance)로부터의 차이(deviation)라고 정의하였다. 즉 시스템의 안전, 성능, 효율을 저하시키거나 감소시킬 수 있는 잠재력을 갖고 있는 부적절하거나 원치 않는 인간의 결정 또는 행동으로 어떤 허용범위를 벗어난 일련의 동작이라고 하였다.

10 다음 중 작업적성에 대한 생리적 적성검사 항목으로 가장 적합한 것은?
① 체력검사
② 지능검사
③ 지각동작검사
④ 인성검사

> **풀이** 적성검사의 분류
> (1) 생리학적 적성검사(생리적 기능검사)
> ㉠ 감각기능검사
> ㉡ 심폐기능검사
> ㉢ 체력검사
> (2) 심리학적 적성검사
> ㉠ 지능검사
> ㉡ 지각동작검사
> ㉢ 인성검사
> ㉣ 기능검사

11 산업안전보건법에 따라 사업주는 잠함(潛艦) 또는 잠수 작업 등 높은 기압에서 하는 작업에 종사하는 근로자에 대하여 몇 시간을 초과하여 근로하게 해서는 안 되는가?
① 1일 6시간, 1주 34시간
② 1일 8시간, 1주 34시간
③ 1일 6시간, 1주 40시간
④ 1일 8시간, 1주 40시간

> **풀이** 사업주는 잠함 또는 잠수 작업 등 높은 기압에서 작업하는 직업에 종사하는 근로자에 대하여 1일 6시간, 주 34시간을 초과하여 작업하게 하여서는 안 된다.

12 다음 중 우리나라의 화학물질 노출기준에 관한 설명으로 틀린 것은?
① Skin 표시물질은 점막과 눈 그리고 경피로 흡수되어 전신영향을 일으킬 수 있는 물질을 말한다.
② Skin이라고 표시된 물질은 피부자극성을 뜻한다.
③ 발암성 정보물질의 표기 중 1A는 사람에게 충분한 발암성 증거가 있는 물질을 의미한다.
④ 화학물질이 IARC 등의 발암성 등급과 NTP의 R등급을 모두 갖는 경우에는 NTP의 R등급은 고려하지 않는다.

> **풀이** 우리나라 화학물질의 노출기준(고용노동부 고시)
> ㉠ Skin 표시물질은 점막과 눈 그리고 경피로 흡수되어 전신영향을 일으킬 수 있는 물질을 말한다(피부자극성을 뜻하는 것이 아님).
> ㉡ 발암성 정보물질의 표기는 「화학물질의 분류, 표시 및 물질안전보건자료에 관한 기준」에 따라 다음과 같이 표기한다.
> • 1A : 사람에게 충분한 발암성 증거가 있는 물질
> • 1B : 실험동물에서 발암성 증거가 충분히 있거나, 실험동물과 사람 모두에게 제한된 발암성 증거가 있는 물질
> • 2 : 사람이나 동물에서 제한된 증거가 있지만, 구분 1로 분류하기에는 증거가 충분하지 않은 물질
> ㉢ 화학물질이 IARC(국제암연구소) 등의 발암성 등급과 NTP(미국독성프로그램)의 R등급을 모두 갖는 경우에는 NTP의 R등급은 고려하지 아니한다.
> ㉣ 혼합용매추출은 에텔에테르, 톨루엔, 메탄올을 부피비 1:1:1로 혼합한 용매나 이외 동등 이상의 용매로 추출한 물질을 말한다.
> ㉤ 노출기준이 설정되지 않은 물질의 경우 이에 대한 노출이 가능한 한 낮은 수준이 되도록 관리하여야 한다.

정답 09.① 10.① 11.① 12.②

13 산업안전보건법상 근로자가 상시 작업하는 장소의 조도기준은 어느 곳을 기준으로 하는가?
① 눈높이의 공간 ② 작업장 바닥면
③ 작업면 ④ 천장

풀이 근로자 상시 작업장 작업면의 조도기준
㉠ 초정밀작업 : 750lux 이상
㉡ 정밀작업 : 300lux 이상
㉢ 보통작업 : 150lux 이상
㉣ 그 밖의 작업 : 75lux 이상

14 다음 중 하인리히의 사고연쇄반응 이론(도미노 이론)에서 사고가 발생하기 바로 직전의 단계에 해당하는 것은?
① 개인적 결함
② 불안전한 행동 및 상태
③ 사회적 환경
④ 선진 기술의 미적용

풀이 (1) 하인리히의 사고연쇄반응 이론(도미노 이론)
사회적 환경 및 유전적 요소 → 개인적인 결함 → 불안전한 행동 및 상태 → 사고 → 재해
(2) 버드의 수정 도미노 이론
통제의 부족 → 기본원인 → 직접원인 → 사고 → 상해, 손해

15 다음 중 작업환경 내 작업자의 작업강도와 유해물질의 인체영향에 대한 설명으로 적절하지 않은 것은?
① 인간은 동물에 비하여 호흡량이 크므로 유해물질에 대한 감수성이 동물보다 크다.
② 심한 노동을 할 때일수록 체내의 산소 요구가 많아지므로 호흡량이 증가한다.
③ 유해물질의 침입경로로서 가장 중요한 것은 호흡기이다.
④ 작업강도가 커지면 신진대사가 왕성하게 되고 피로가 증가되어 유해물질의 인체영향이 적어진다.

풀이 작업강도는 생리적으로 가능한 작업시간의 한계를 지배하는 가장 중요한 인자로, 작업강도가 커지면 열량소비량이 많아져 피로하므로 유해물질의 인체 영향이 커진다.

16 다음 중 재해예방의 4원칙에 대한 설명으로 틀린 것은?
① 재해발생에는 반드시 그 원인이 있다.
② 재해가 발생하면 반드시 손실도 발생한다.
③ 재해는 원칙적으로 원인만 제거되면 예방이 가능하다.
④ 재해예방을 위한 가능한 안전대책은 반드시 존재한다.

풀이 산업재해 예방(방지)의 4원칙
㉠ 예방가능의 원칙 : 재해는 원칙적으로 모두 방지가 가능하다.
㉡ 손실우연의 원칙 : 재해발생과 손실발생은 우연적이므로 사고발생 자체의 방지가 이루어져야 한다.
㉢ 원인계기의 원칙 : 재해발생에는 반드시 원인이 있으며, 사고와 원인의 관계는 필연적이다.
㉣ 대책선정의 원칙 : 재해예방을 위한 가능한 안전대책은 반드시 존재한다.

17 주로 여름과 초가을에 흔히 발생되고 강제기류 난방장치, 가습장치, 저수조 온수장치 등 공기를 순환시키는 장치들과 냉각탑 등에 기생하며 실내·외로 확산되어 호흡기 질환을 유발시키는 세균은?
① 푸른곰팡이
② 나이세리아균
③ 바실러스균
④ 레지오넬라균

풀이 레지오넬라균은 주요 호흡기 질병의 원인균 중 하나로, 1년까지도 물속에서 생존하는 균이다.

18 다음 중 근로자 건강진단 실시 결과 건강관리 구분에 따른 내용의 연결이 틀린 것은?

① R : 건강관리상 사후관리가 필요 없는 근로자
② C₁ : 직업성 질병으로 진전될 우려가 있어 추적검사 등 관찰이 필요한 근로자
③ D₁ : 직업성 질병의 소견을 보여 사후관리가 필요한 근로자
④ D₂ : 일반질병의 소견을 보여 사후관리가 필요한 근로자

[풀이] 건강관리 구분

건강관리 구분		건강관리 구분 내용
A		건강관리상 사후관리가 필요 없는 자(건강한 근로자)
C	C₁	직업성 질병으로 진전될 우려가 있어 추적검사 등 관찰이 필요한 자(직업병 요관찰자)
	C₂	일반질병으로 진전될 우려가 있어 추적관찰이 필요한 자(일반질병 요관찰자)
D₁		직업성 질병의 소견을 보여 사후관리가 필요한 자(직업병 유소견자)
D₂		일반질병의 소견을 보여 사후관리가 필요한 자(일반질병 유소견자)
R		건강진단 1차 검사결과 건강수준의 평가가 곤란하거나 질병이 의심되는 근로자(제2차 건강진단 대상자)

※ "U"는 2차 건강진단 대상임을 통보하고 30일을 경과하여 해당 검사가 이루어지지 않아 건강관리 구분을 판정할 수 없는 근로자

19 다음 중 피로물질이라 할 수 없는 것은?

① 크레아티닌
② 젖산
③ 글리코겐
④ 초성포도당

[풀이] 주요 피로물질
㉠ 크레아티닌
㉡ 젖산
㉢ 초성포도당
㉣ 시스테인

20 다음 중 산업안전보건법령상 보건관리자의 자격에 해당하지 않는 사람은?

①「의료법」에 따른 의사
②「의료법」에 따른 간호사
③「국가기술자격법」에 따른 산업안전기사
④「산업안전보건법」에 따른 산업보건지도사

[풀이] 보건관리자의 자격
㉠ "의료법"에 따른 의사
㉡ "의료법"에 따른 간호사
㉢ 산업보건지도사
㉣ "국가기술자격법"에 따른 산업위생관리산업기사 또는 대기환경산업기사 이상의 자격을 취득한 사람
㉤ "국가기술자격법"에 따른 인간공학기사 이상의 자격을 취득한 사람
㉥ "고등교육법"에 따른 전문대학 이상의 학교에서 산업보건 또는 산업위생 분야의 학위를 취득한 사람

제2과목 | 작업위생 측정 및 평가

21 공장 내 지면에 설치된 한 기계에서 10m 떨어진 지점의 소음이 70dB(A)이었다. 기계의 소음이 50dB(A)로 들리는 지점은 기계에서 몇 m 떨어진 곳인가? (단, 점음원 기준이며, 기타 조건은 고려하지 않는다.)

① 200
② 100
③ 50
④ 20

[풀이] 점음원의 거리 감쇄

$SPL_1 - SPL_2 = 20\log\left(\dfrac{r_2}{r_1}\right)$ 에서,

$70dB(A) - 50dB(A) = 20\log\left(\dfrac{r_2}{10}\right)$

$\therefore r_2 = 100m$

PART 02 과년도 출제문제

22 측정방법의 정밀도를 평가하는 변이계수(CV ; Coefficient of Variation)를 알맞게 나타낸 것은?

① 표준편차/산술평균
② 기하평균/표준편차
③ 표준오차/표준편차
④ 표준편차/표준오차

풀이 변이계수(CV)
㉠ 측정방법의 정밀도를 평가하는 계수이며, %로 표현되므로 측정단위와 무관하게 독립적으로 산출된다.
㉡ 통계집단의 측정값에 대한 균일성과 정밀성의 정도를 표현한 계수이다.
㉢ 단위가 서로 다른 집단이나 특성값의 상호산포도를 비교하는 데 이용될 수 있다.
㉣ 변이계수가 작을수록 자료가 평균 주위에 가깝게 분포한다는 의미이다(평균값의 크기가 0에 가까울수록 변이계수의 의미는 작아진다).
㉤ 표준편차의 수치가 평균치에 비해 몇 %가 되느냐로 나타낸다.

23 흡착제에 관한 설명으로 옳지 않은 것은?

① 다공성 중합체는 활성탄보다 비표면적이 작다.
② 다공성 중합체는 특별한 물질에 대한 선택성이 좋은 경우가 있다.
③ 탄소 분자체는 합성 다중체나 석유 타르 전구체의 무산소 열분해로 만들어지는 구형의 다공성 구조를 가진다.
④ 탄소 분자체는 수분의 영향이 적어 대기 중 휘발성이 적은 극성 화합물 채취에 사용된다.

풀이 탄소 분자체
㉠ 비극성(포화결합) 화합물 및 유기물질을 잘 흡착하는 성질이 있다.
㉡ 거대공극 및 무산소 열분해로 만들어지는 구형의 다공성 구조로 되어 있다.
㉢ 사용 시 가장 큰 제한요인은 습도이다.
㉣ 휘발성이 큰 비극성 유기화합물의 채취에 흑연체를 많이 사용한다.

24 유량, 측정시간, 회수율, 분석에 따른 오차가 각각 15%, 3%, 9%, 5%일 때 누적오차는?

① 16.8%
② 18.4%
③ 20.5%
④ 22.3%

풀이 누적오차(%) = $\sqrt{15^2 + 3^2 + 9^2 + 5^2}$
= 18.44%

25 2차 표준기구 중 일반적 사용범위가 10~150L/min이고 정확도는 ±1.0%이며 현장에서 사용하는 것은?

① 건식 가스미터
② 폐활량계
③ 열선기류계
④ 유리피스톤미터

풀이 공기채취기구의 보정에 사용되는 2차 표준기구

표준기구	일반 사용범위	정확도
로터미터(rotameter)	1mL/분 이하	±1~25%
습식 테스트미터(wet-test-meter)	0.5~230L/분	±0.5% 이내
건식 가스미터(dry-gas-meter)	10~150L/분	±1% 이내
오리피스미터(orifice meter)	–	±0.5% 이내
열선기류계(thermo anemometer)	0.05~40.6m/초	±0.1~0.2%

26 다음 중 검지관 사용 시 장단점으로 가장 거리가 먼 것은?

① 숙련된 산업위생전문가가 측정하여야 한다.
② 민감도가 낮아 비교적 고농도에 적용이 가능하다.
③ 특이도가 낮아 다른 방해물질의 영향을 받기 쉽다.
④ 미리 측정대상물질에 동정이 되어 있어야 측정이 가능하다.

> **풀이** 검지관 측정법의 장단점
> (1) 장점
>   ㉠ 사용이 간편하다.
>   ㉡ 반응시간이 빨라 현장에서 바로 측정 결과를 알 수 있다.
>   ㉢ 비전문가도 어느 정도 숙지하면 사용할 수 있지만 산업위생전문가의 지도 아래 사용되어야 한다.
>   ㉣ 맨홀, 밀폐공간에서의 산소부족 또는 폭발성 가스로 인한 안전이 문제가 될 때 유용하게 사용된다.
>   ㉤ 다른 측정방법이 복잡하거나 빠른 측정이 요구될 때 사용할 수 있다.
> (2) 단점
>   ㉠ 민감도가 낮아 비교적 고농도에만 적용이 가능하다.
>   ㉡ 특이도가 낮아 다른 방해물질의 영향을 받기 쉽고 오차가 크다.
>   ㉢ 대개 단시간 측정만 가능하다.
>   ㉣ 한 검지관으로 단일물질만 측정 가능하여 각 오염물질에 맞는 검지관을 선정함에 따른 불편함이 있다.
>   ㉤ 색변화에 따라 주관적으로 읽을 수 있어 판독자에 따라 변이가 심하며, 색변화가 시간에 따라 변하므로 제조자가 정한 시간에 읽어야 한다.
>   ㉥ 미리 측정대상 물질의 동정이 되어 있어야 측정이 가능하다.

27 세척제로 사용하는 트리클로로에틸렌의 근로자 노출농도 측정을 위해 과거의 노출농도를 조사해 본 결과, 평균 60ppm이었다. 활성탄관을 이용하여 0.17L/min으로 채취하고자 할 때 채취하여야 할 최소한의 시간(분)은? (단, 25℃, 1기압 기준, 트리클로로에틸렌의 분자량은 131.39, 가스 크로마토그래피의 정량한계는 시료당 0.4mg이다.)

① 4.9분
② 7.3분
③ 10.4분
④ 13.7분

> **풀이**
> • 과거 농도 60ppm을 mg/m³로 변환
> $mg/m^3 = 60ppm \times \dfrac{131.39}{24.45} = 322.43 mg/m^3$
> • 최소채취부피 $= \dfrac{LOQ}{\text{과거 농도}}$
> $= \dfrac{0.4mg}{322.43mg/m^3}$
> $= 0.00124m^3 \times (1,000L/m^3)$
> $= 1.24L$
> ∴ 채취 최소시간 $= \dfrac{1.24L}{0.17L/min} = 7.3min$

28 다음 중 가스상 물질의 측정을 위한 수동식 시료채취(기)에 관한 설명으로 옳지 않은 것은?

① 수동식 시료채취기는 능동식에 비해 시료채취속도가 매우 낮다.
② 오염물질이 확산, 투과를 이용하므로 농도구배에 영향을 받지 않는다.
③ 수동식 시료채취기의 원리는 Fick's의 확산 제1법칙으로 나타낼 수 있다.
④ 산업위생전문가의 입장에서는 펌프의 보정이나 충전에 드는 시간과 노동력을 절약할 수 있다.

> **풀이** 수동식 시료채취기는 오염물질의 확산, 투과를 이용하므로 농도구배에 영향을 받으며 확산포집기라고도 한다.

29 흡광광도 측정에서 최초광의 70%가 흡수될 경우 흡광도는?

① 0.28
② 0.35
③ 0.52
④ 0.73

> **풀이**
> 흡광도 $= \log \dfrac{1}{\text{투과율}}$
> $= \dfrac{1}{(1-0.7)} = 0.52$

정답 27.② 28.② 29.③

30 어느 작업장에서 저유량 공기채취기를 사용하여 분진 농도를 측정하였다. 시료채취 전·후의 여과지 무게는 각각 21.6mg, 130.4mg이었으며, 채취기의 유량은 4.24L/min이었고, 240분 동안 시료를 채취하였다면 분진의 농도는?

① 약 107mg/m^3
② 약 117mg/m^3
③ 약 127mg/m^3
④ 약 137mg/m^3

풀이
$$\text{농도(mg/m}^3) = \frac{(130.4-21.6)\text{mg}}{4.24\text{L/min} \times 240\text{min} \times \text{m}^3/1,000\text{L}}$$
$$= 106.91\text{mg/m}^3$$

31 원자흡광광도계에 관한 설명으로 옳지 않은 것은?

① 원자흡광광도계는 광원, 원자화장치, 단색화장치, 검출부의 주요 요소로 구성되어 있어야 한다.
② 작업환경 분야에서 가장 널리 사용되는 연료가스와 조연가스의 조합은 '아세틸렌-공기'와 '아세틸렌-아산화질소'로서, 분석대상 금속에 따라 적절히 선택해서 사용한다.
③ 검출부는 단색화장치에서 나오는 빛의 세기를 측정 가능한 전기적 신호로 증폭시킨 후 이 전기적 신호를 판독장치를 통해 흡광도나 흡광률 또는 투과율 등으로 표시한다.
④ 광원은 분석하고자 하는 금속의 흡수파장의 복사선을 흡수하여야 하며, 주로 속빈 양극램프가 사용된다.

풀이 주로 사용되는 것은 속빈 음극램프이며, 분석하고자 하는 원소가 잘 흡수될 수 있는 특정 파장의 빛을 방출하는 역할을 한다.

32 석면 측정방법에서 공기 중 석면시료를 가장 정확하게 분석할 수 있고 석면의 성분 분석이 가능하며 매우 가는 섬유도 관찰 가능하나 값이 비싸고 분석시간이 많이 소요되는 것은?

① 위상차 현미경법
② 전자 현미경법
③ X선 회절법
④ 편광 현미경법

풀이 전자 현미경법(석면 측정)
㉠ 석면분진 측정방법에서 공기 중 석면시료를 가장 정확하게 분석할 수 있다.
㉡ 석면의 성분 분석(감별 분석)이 가능하다.
㉢ 위상차 현미경으로 볼 수 없는 매우 가는 섬유도 관찰 가능하다.
㉣ 값이 비싸고 분석시간이 많이 소요된다.

33 흡착관을 이용하여 시료를 포집할 때 고려해야 할 사항으로 거리가 먼 것은?

① 파과현상이 발생할 경우 오염물질의 농도를 과소평가할 수 있으므로 주의해야 한다.
② 시료 저장 시 흡착물질의 이동현상(migration)이 일어날 수 있으며 파과현상과 구별하기 힘들다.
③ 작업환경측정 시 많이 사용하는 흡착관은 앞층이 100mg, 뒤층이 50mg으로 되어 있는데 오염물질에 따라 다른 크기의 흡착제를 사용하기도 한다.
④ 활성탄 흡착제는 탄소의 불포화결합을 가진 분자를 선택적으로 흡착하며 큰 비표면적을 가진다.

풀이 ④항은 실리카겔관의 설명이다.

정답 30.① 31.④ 32.② 33.④

34 다음 중 여과지에 관한 설명으로 옳지 않은 것은?

① 막 여과지에서 유해물질은 여과지 표면이나 그 근처에서 채취된다.
② 막 여과지는 섬유상 여과지에 비해 공기저항이 심하다.
③ 막 여과지는 여과지 표면에 채취된 입자의 이탈이 없다.
④ 섬유상 여과지는 여과지 표면뿐 아니라 단면 깊게 입자상 물질이 들어가므로 더 많은 입자상 물질을 채취할 수 있다.

> [풀이] 막 여과지는 여과지 표면에 채취된 입자들이 이탈되는 경향이 있으며, 섬유상 여과지에 비하여 채취할 수 있는 입자상 물질이 작다.

35 흡착을 위해 사용하는 활성탄관의 흡착 양상에 대한 설명으로 옳지 않은 것은?

① 끓는점이 낮은 암모니아 증기는 흡착속도가 높지 않다.
② 끓는점이 높은 에틸렌, 포름알데히드 증기는 흡착속도가 높다.
③ 메탄, 일산화탄소 같은 가스는 흡착되지 않는다.
④ 유기용제증기, 수은증기(이는 활성탄-요오드관에 흡착됨) 같이 상대적으로 무거운 증기는 잘 흡착된다.

> [풀이] 활성탄의 제한점
> ㉠ 표면의 산화력으로 인해 반응성이 큰 멜캅탄, 알데히드 포집에는 부적합하다.
> ㉡ 케톤의 경우 활성탄 표면에서 물을 포함하는 반응에 의하여 파과되어 탈착률과 안정성에 부적절하다.
> ㉢ 메탄, 일산화탄소 등은 흡착되지 않는다.
> ㉣ 휘발성이 큰 저분자량의 탄화수소화합물의 채취효율이 떨어진다.
> ㉤ 끓는점이 낮은 저비점 화합물인 암모니아, 에틸렌, 염화수소, 포름알데히드 증기는 흡착속도가 높지 않아 비효과적이다.

36 허용기준 대상 유해인자의 노출농도 측정 및 분석 방법에 관한 내용(용어)으로 틀린 것은? (단, 고용노동부 고시 기준)

① 바탕시험을 하여 보정한다 : 시료에 대한 처리 및 측정을 할 때 시료를 사용하지 않고 같은 방법으로 조작한 측정치를 빼는 것을 말한다.
② 회수율 : 흡착제에 흡착된 성분을 추출과정을 거쳐 분석 시 실제 검출되는 비율을 말한다.
③ 검출한계 : 분석기기가 검출할 수 있는 가장 작은 양을 말한다.
④ 약 : 그 무게 또는 부피에 대하여 ±10% 이상의 차가 있지 아니한 것을 말한다.

> [풀이] 회수율
> 여과지에 채취된 성분을 추출과정을 거쳐 분석 시 실제 검출되는 비율을 말한다.

37 입자상 물질의 측정에 관한 설명으로 옳지 않은 것은? (단, 고용노동부 고시 기준)

① 석면의 농도는 여과채취방법에 의한 계수방법 또는 이와 동등 이상의 분석방법으로 측정한다.
② 광물성 분진은 여과채취방법에 따라 석영, 크리스토바라이트, 트리디마이트를 분석할 수 있는 적합한 분석방법으로 측정한다.
③ 용접흄은 여과채취방법으로 하되 용접 보안면을 착용한 경우는 호흡기로부터 반경 30cm 이내에서 측정한다.
④ 호흡성 분진은 호흡성 분진용 분립장치 또는 호흡성 분진을 채취할 수 있는 기기를 이용한 여과채취방법으로 측정한다.

> [풀이] 용접흄은 여과채취방법으로 하되 용접 보안면을 착용한 경우에는 그 내부에서 채취하고 중량분석방법과 원자흡광분광기 또는 유도결합플라스마를 이용한 분석방법으로 측정한다.

[정답] 34.③ 35.② 36.② 37.③

38 코크스 제조공정에서 발생되는 코크스 오븐 배출물질을 채취하려고 한다. 다음 중 가장 적합한 여과지는?

① 은막 여과지
② PVC막 여과지
③ 유리섬유 여과지
④ PTFE막 여과지

풀이 은막 여과지(silver membrane filter)
㉠ 균일한 금속은을 소결하여 만들며 열적·화학적 안정성이 있다.
㉡ 코크스 제조공정에서 발생되는 코크스 오븐 배출물질, 콜타르피치 휘발물질, X선 회절분석법을 적용하는 석영 또는 다핵방향족 탄화수소 등을 채취하는 데 사용한다.
㉢ 결합제나 섬유가 포함되어 있지 않다.

39 분석기기인 가스 크로마토그래피의 검출기에 관한 설명으로 옳지 않은 것은? (단, 고용노동부 고시 기준)

① 검출기는 시료에 대하여 선형적으로 감응해야 한다.
② 검출기의 온도를 조절할 수 있는 가열기구 및 이를 측정할 수 있는 측정기구가 갖추어져야 한다.
③ 검출기는 감도가 좋고 안정성과 재현성이 있어야 한다.
④ 약 500~850℃까지 작동 가능해야 한다.

풀이 검출기(detector)
㉠ 복잡한 시료로부터 분석하고자 하는 성분을 선택적으로 반응, 즉 시료에 대하여 선형적으로 감응해야 하며, 약 400℃까지 작동해야 한다.
㉡ 검출기의 특성에 따라 전기적인 신호로 바뀌게 하여 시료를 검출하는 장치이다.
㉢ 시료의 화학종과 운반기체의 종류에 따라 각기 다르게 감도를 나타내므로 선택에 주의해야 한다.
㉣ 검출기의 온도를 조절할 수 있는 가열기구 및 이를 측정할 수 있는 측정기구가 갖추어져야 한다.
㉤ 감도가 좋고 안정성과 재현성이 있어야 한다.

40 측정치 1, 3, 5, 7, 9의 변이계수는?

① 약 0.13
② 약 0.63
③ 약 1.33
④ 약 1.83

풀이 변이계수$(CV) = \dfrac{표준편차}{평균}$

• 평균 $= \dfrac{1+3+5+7+9}{5} = 5$

• 표준편차
$= \left[\dfrac{(1-5)^2+(3-5)^2+(5-5)^2+(7-5)^2+(9-5)^2}{5-1}\right]^{0.5}$
$= 3.162$

$CV = \dfrac{3.162}{5} = 0.632$

제3과목 | 작업환경 관리대책

41 원심력 송풍기 중 전향 날개형 송풍기에 관한 설명으로 옳지 않은 것은?

① 송풍기의 임펠러가 다람쥐 쳇바퀴 모양으로 생겼다.
② 송풍기의 깃이 회전방향과 반대방향으로 설계되어 있다.
③ 큰 압력손실에서 송풍량이 급격하게 떨어지는 단점이 있다.
④ 다익형 송풍기라고도 한다.

풀이 다익형 송풍기(multi blade fan)
㉠ 전향(전곡) 날개형(forward-curved blade fan)이라고 하며, 많은 날개(blade)를 갖고 있다.
㉡ 송풍기의 임펠러가 다람쥐 쳇바퀴 모양으로, 회전날개가 회전방향과 동일한 방향으로 설계되어 있다.
㉢ 동일 송풍량을 발생시키기 위한 임펠러 회전속도가 상대적으로 낮아 소음 문제가 거의 없다.
㉣ 강도 문제가 그리 중요하지 않기 때문에 저가로 제작이 가능하다.
㉤ 상승구배 특성이다.
㉥ 높은 압력손실에서는 송풍량이 급격하게 떨어지므로 이송시켜야 할 공기량이 많고 압력손실이 작게 걸리는 전체환기나 공기조화용으로 널리 사용된다.
㉦ 구조상 고속회전이 어렵고, 큰 동력의 용도에는 적합하지 않다.

42 크롬산 미스트를 취급하는 공정에 가로 0.6m, 세로 2.5m로 개구되어 있는 포위식 후드를 설치하고자 한다. 개구면상의 기류 분포는 균일하고 제어속도가 0.6m/sec일 때, 필요송풍량은?

① $24m^3/min$ ② $35m^3/min$
③ $46m^3/min$ ④ $54m^3/min$

풀이 필요송풍량(Q)
$= A \times V$
$= (0.6 \times 2.5)m^2 \times 0.6 m/sec \times 60 sec/min$
$= 54 m^3/min$

43 장방형 송풍관의 단경 0.13m, 장경 0.26m, 길이 30m, 속도압 30mmH₂O, 관마찰계수(λ)가 0.004일 때 관내의 압력손실은? (단, 관의 내면은 매끈하다.)

① $10.6 mmH_2O$ ② $15.4 mmH_2O$
③ $20.8 mmH_2O$ ④ $25.2 mmH_2O$

풀이 압력손실(ΔP)
$\Delta P = \lambda \times \dfrac{L}{D} \times VP$
- D(상당직경) $= \dfrac{2(0.13 \times 0.26)}{0.13 + 0.26} = 0.173m$
$= 0.004 \times \dfrac{30}{0.173} \times 30 = 20.81 mmH_2O$

44 유입계수를 Ce라고 나타낼 때 유입손실계수 F를 바르게 나타낸 것은?

① $F = \dfrac{Ce^2}{1-Ce^2}$ ② $F = \dfrac{1-Ce^2}{Ce^2}$
③ $F = \sqrt{\dfrac{1}{1+Ce}}$ ④ $F = \sqrt{\dfrac{1}{1+Ce^2}}$

풀이 유입계수(Ce) $= \dfrac{실제\ 유량}{이론적인\ 유량}$
$= \dfrac{실제\ 흡인유량}{이상적인\ 흡인유량}$

후드 유입손실계수(F) $= \dfrac{1}{Ce^2} - 1$

45 다음 중 귀마개의 장점으로 맞는 것만을 짝지은 것은?

㉮ 외이도에 이상이 있어도 사용이 가능하다.
㉯ 좁은 장소에서도 사용이 가능하다.
㉰ 고온의 작업장소에서도 사용이 가능하다.

① ㉮, ㉯   ② ㉯, ㉰
③ ㉮, ㉰   ④ ㉮, ㉯, ㉰

풀이 귀마개의 장단점
(1) 장점
㉠ 부피가 작아 휴대가 쉽다.
㉡ 안경과 안전모 등에 방해가 되지 않는다.
㉢ 고온 작업에서도 사용 가능하다.
㉣ 좁은 장소에서도 사용 가능하다.
㉤ 귀덮개보다 가격이 저렴하다.
(2) 단점
㉠ 귀에 질병이 있는 사람은 착용 불가능하다.
㉡ 여름에 땀이 많이 날 때는 외이도에 염증 유발 가능성이 있다.
㉢ 제대로 착용하는 데 시간이 걸리며 요령을 습득하여야 한다.
㉣ 귀덮개보다 차음효과가 일반적으로 떨어지며, 개인차가 크다.
㉤ 더러운 손으로 만짐으로써 외청도를 오염시킬 수 있다(귀마개에 묻어 있는 오염물질이 귀에 들어갈 수 있음).

46 회전차 외경이 600mm인 레이디얼 송풍기의 풍량이 300m³/min, 전압은 60mmH₂O, 축동력이 0.40kW이다. 회전차 외경이 1,200mm로 상사인 레이디얼 송풍기가 같은 회전수로 운전된다면 이 송풍기의 축동력은? (단, 두 경우 모두 표준공기를 취급한다.)

① 10.2kW   ② 12.8kW
③ 14.4kW   ④ 16.6kW

풀이 $\dfrac{kW_2}{kW_1} = \left(\dfrac{D_2}{D_1}\right)^5$

$kW_2 = 0.4kW \times \left(\dfrac{1,200}{600}\right)^5 = 12.8kW$

정답 42.④ 43.③ 44.② 45.② 46.②

47 다음은 작업환경개선대책 중 대치의 방법을 열거한 것이다. 이 중 공정 변경의 대책과 가장 거리가 먼 것은?

① 금속을 두드려서 자르는 대신 톱으로 자른다.
② 흄 배출용 드래프트 창 대신에 안전유리로 교체한다.
③ 작은 날개로 고속회전시키는 송풍기를 큰 날개로 저속회전시킨다.
④ 자동차산업에서 땜질한 납 연마 시 고속회전 그라인더의 사용을 저속 oscillating-type sander로 변경한다.

풀이 공정 변경의 예
㉠ 알코올, 디젤, 전기력을 사용한 엔진 개발
㉡ 금속을 두드려 자르던 공정을 톱으로 절단
㉢ 페인트를 분사하는 방식에서 담그는 형태(함침, dipping)로 변경 또는 전기흡착식 페인트 분무 방식 사용
㉣ 제품의 표면 마감에 사용되는 고속회전식 그라인더 작업을 저속, 왕복형 연마작업으로 변경
㉤ 분진이 비산되는 작업에 습식 공법을 채택
㉥ 송풍기의 작은 날개로 고속회전시키던 것을 큰 날개로 저속회전하는 방식으로 대치
㉦ 자동차산업에서 땜질한 납을 고속회전 그라인더로 깎던 것을 oscillating-type sander로 대치
㉧ 자동차산업에서 리베팅 작업을 볼트, 너트 작업으로 대치
㉨ 도자기 제조공정에서 건조 후 실시하던 점토 배합을 건조 전에 실시
㉩ 유기용제 세척공정을 스팀세척이나 비눗물 사용 공정으로 대치
㉪ 압축공기식 임팩트 렌치 작업을 저소음 유압식 렌치로 대치

48 층류영역에서 직경이 $2\mu m$이며, 비중이 3인 입자상 물질의 침강속도(cm/sec)는?

① 0.032 ② 0.036
③ 0.042 ④ 0.046

풀이 침강속도(cm/sec) $= 0.003 \times \rho \times d^2$
$= 0.003 \times 3 \times 2^2$
$= 0.036 \, cm/sec$

49 자연환기와 강제환기에 관한 설명으로 옳지 않은 것은?

① 강제환기는 외부조건에 관계없이 작업환경을 일정하게 유지시킬 수 있다.
② 자연환기는 환기량 예측자료를 구하기가 용이하다.
③ 자연환기는 적당한 온도차와 바람이 있다면 비용 면에서 상당히 효과적이다.
④ 자연환기는 외부 기상조건과 내부 작업조건에 따라 환기량 변화가 심하다.

풀이 자연환기의 장단점
(1) 장점
㉠ 설치비 및 유지보수비가 적게 든다.
㉡ 적당한 온도차이와 바람이 있다면 운전비용이 거의 들지 않는다.
㉢ 효율적인 자연환기는 에너지비용을 최소화할 수 있어 냉방비 절감효과가 있다.
㉣ 소음발생이 적다.
(2) 단점
㉠ 외부 기상조건과 내부 조건에 따라 환기량이 일정하지 않아 작업환경 개선용으로 이용하는 데 제한적이다.
㉡ 계절변화에 불안정하다. 즉, 여름보다 겨울철이 환기효율이 높다.
㉢ 정확한 환기량 산정이 힘들다. 즉, 환기량 예측자료를 구하기 힘들다.

50 작업장 용적이 10m×3m×40m이고 필요환기량이 120m³/min일 때 시간당 공기교환횟수는 얼마인가?

① 360회
② 60회
③ 6회
④ 0.6회

풀이 시간당 공기교환횟수 $= \dfrac{필요환기량}{작업장\ 용적}$
$= \dfrac{120 m^3/min \times 60 min/hr}{(10 \times 3 \times 40) m^3}$
$= 6회(시간당)$

정답 47.② 48.② 49.② 50.③

51 덕트의 설치 원칙으로 옳지 않은 것은?

① 덕트는 가능한 한 짧게 배치하도록 한다.
② 밴드의 수는 가능한 한 적게 하도록 한다.
③ 가능한 한 후드의 가까운 곳에 설치한다.
④ 공기흐름이 원활하도록 상향구배로 만든다.

풀이 덕트 설치기준(설치 시 고려사항)
㉠ 가능한 한 길이는 짧게 하고 굴곡부의 수는 적게 한다.
㉡ 접속부의 내면은 돌출된 부분이 없도록 한다.
㉢ 청소구를 설치하는 등 청소하기 쉬운 구조로 한다.
㉣ 덕트 내 오염물질이 쌓이지 아니하도록 이송속도를 유지한다.
㉤ 연결부위 등은 외부공기가 들어오지 아니하도록 한다(연결방법을 가능한 한 용접할 것).
㉥ 가능한 후드의 가까운 곳에 설치한다.
㉦ 송풍기를 연결할 때는 최소 덕트 직경의 6배 정도 직선구간을 확보한다.
㉧ 직관은 하향구배로 하고 직경이 다른 덕트를 연결할 때에는 경사 30° 이내의 테이퍼를 부착한다.
㉨ 원형 덕트가 사각형 덕트보다 덕트 내 유속분포가 균일하므로 가급적 원형 덕트를 사용하며, 부득이 사각형 덕트를 사용할 경우에는 가능한 정방형을 사용하고 곡관의 수를 적게 한다.
㉩ 곡관의 곡률반경은 최소 덕트 직경의 1.5 이상, 주로 2.0을 사용한다.
㉠ 수분이 응축될 경우 덕트 내로 들어가지 않도록 경사나 배수구를 마련한다.
㉡ 덕트의 마찰계수는 작게 하고, 분지관을 가급적 적게 한다.

52 축류 송풍기에 관한 설명으로 가장 거리가 먼 것은?

① 전동기와 직결할 수 있고, 축방향 흐름이기 때문에 관로 도중에 설치할 수 있다.
② 무겁고, 재료비 및 설치비용이 비싸다.
③ 풍압이 낮으며, 원심송풍기보다 주속도가 커서 소음이 크다.
④ 규정 풍량 이외에서는 효율이 떨어지므로 가열공기 또는 오염공기의 취급에 부적당하다.

풀이 축류 송풍기(axial flow fan)
(1) 개요
㉠ 전향 날개형 송풍기와 유사한 특징을 갖는다.
㉡ 공기 이송 시 공기가 회전축(프로펠러)을 따라 직선방향으로 이송된다.
㉢ 공기는 날개의 앞부분에서 흡인되고 뒷부분에서 배출되므로 공기의 유입과 유출은 동일한 방향을 갖는다.
㉣ 국소배기용보다는 압력손실이 비교적 작은 전체 환기량으로 사용해야 한다.
(2) 장점
㉠ 축방향 흐름이기 때문에 덕트에 바로 삽입할 수 있어 설치비용 및 재료비가 저렴하며, 경량이다.
㉡ 전동기와 직결할 수 있다.
(3) 단점
㉠ 풍압이 낮기 때문에 압력손실이 비교적 많이 걸리는 시스템에 사용했을 때 서징현상으로 진동과 소음이 심한 경우가 생긴다.
㉡ 최대송풍량의 70% 이하가 되도록 압력손실이 걸릴 경우 서징현상을 피할 수 없다.
㉢ 원심력 송풍기보다 주속도가 커서 소음이 크다.

53 보호장구의 재질과 적용물질에 대한 내용으로 옳지 않은 것은?

① 면 – 극성 용제에 효과적이다.
② Nitrile 고무 – 비극성 용제에 효과적이다.
③ 가죽 – 용제에는 사용하지 못한다.
④ 천연고무(latex) – 극성 용제에 효과적이다.

풀이 보호장구 재질에 따른 적용물질
㉠ Neoprene 고무 : 비극성 용제, 극성 용제 중 알코올, 물, 케톤류 등에 효과적
㉡ 천연고무(latex) : 극성 용제 및 수용성 용액에 효과적(절단 및 찰과상 예방)
㉢ Viton : 비극성 용제에 효과적
㉣ 면 : 고체상 물질에 효과적, 용제에는 사용 못함
㉤ 가죽 : 용제에는 사용 못함(기본적인 찰과상 예방)
㉥ Nitrile 고무 : 비극성 용제에 효과적
㉦ Butyl 고무 : 극성 용제(알데히드, 지방족)에 효과적
㉧ Ethylene vinyl alcohol : 대부분의 화학물질을 취급할 경우 효과적

정답 51.④ 52.② 53.①

54 세정제진장치의 입자포집원리에 관한 설명으로 옳지 않은 것은?

① 입자를 함유한 가스를 선회운동시켜 입자에 원심력을 갖게 하여 부착된다.
② 액적에 입자가 충돌하여 부착된다.
③ 입자를 핵으로 한 증기의 응결에 따라서 응집성이 촉진된다.
④ 액막 및 기포에 입자가 접촉하여 부착된다.

[풀이] 세정집진장치의 원리
㉠ 액적과 입자의 충돌
㉡ 미립자 확산에 의한 액적과의 접촉
㉢ 배기의 증습에 의한 입자가 서로 응집
㉣ 입자를 핵으로 한 증기의 응결
㉤ 액적 · 기포와 입자의 접촉

55 어떤 작업장의 음압수준이 100dB(A)이고, 근로자가 NRR이 19인 귀마개를 착용하고 있다면 차음효과는? (단, OSHA 방법 기준)

① 2dB(A) ② 4dB(A)
③ 6dB(A) ④ 8dB(A)

[풀이] 차음효과 = (NRR−7)×0.5
= (19−7)×0.5
= 6dB(A)

56 한랭작업장에서 일하고 있는 근로자의 관리에 대한 내용으로 옳지 않은 것은?

① 한랭에 대한 순화는 고온순화보다 빠르다.
② 노출된 피부나 전신의 온도가 떨어지지 않도록 온도를 높이고 기류의 속도를 낮추어야 한다.
③ 필요하다면 작업을 자신이 조절하게 한다.
④ 외부 액체가 스며들지 않도록 방수처리된 의복을 입는다.

[풀이] 한랭에 대한 순화는 고온순화보다 느리다.

57 원심력 송풍기인 방사 날개형 송풍기에 관한 설명으로 틀린 것은?

① 깃이 평판으로 되어 있다.
② 깃의 구조가 분진을 자체 정화할 수 있도록 되어 있다.
③ 큰 압력손실에서 송풍량이 급격히 떨어지는 단점이 있다.
④ 플레이트(plate)형 송풍기라고도 한다.

[풀이] 평판형(radial fan) 송풍기
㉠ 플레이트(plate) 송풍기, 방사 날개형 송풍기라고도 한다.
㉡ 날개(blade)가 다익형보다 적고, 직선이며 평판 모양을 하고 있어 강도가 매우 높게 설계되어 있다.
㉢ 깃의 구조가 분진을 자체 정화할 수 있도록 되어 있다.
㉣ 시멘트, 미분탄, 곡물, 모래 등의 고농도 분진 함유 공기나 마모성이 강한 분진 이송용으로 사용된다.
㉤ 부식성이 강한 공기를 이송하는 데 많이 사용된다.
㉥ 압력은 다익팬보다 약간 높으며, 효율도 65%로 다익팬보다는 약간 높으나 터보팬보다는 낮다.
㉦ 습식 집진장치의 배치에 적합하며, 소음은 중간 정도이다.

58 온도 125℃, 800mmHg인 관내로 100m³/min의 유량의 기체가 흐르고 있다. 표준상태(21℃, 760mmHg)의 유량(m³/min)은 얼마인가?

① 약 52
② 약 69
③ 약 78
④ 약 83

[풀이] $\dfrac{P_1 V_1}{T_1} = \dfrac{P_2 V_2}{T_2}$

$\therefore V_2 = \dfrac{P_1}{P_2} \times \dfrac{T_2}{T_1} \times V_1$

$= \dfrac{800}{760} \times \dfrac{273+21}{273+125} \times 100$

$= 77.76 \text{m}^3/\text{min}$

59 화학공장에서 A물질(분자량 86.17, 노출기준 100ppm)과 B물질(분자량 98.96, 노출기준 50ppm)이 각각 100g/hr, 50g/hr씩 기화한다면 이때의 필요환기량(m³/min)은? (단, 두 물질 간의 화학작용은 없으며, 21℃ 기준, K값은 각각 6과 4이다.)

① 26.8 ② 39.6
③ 44.2 ④ 58.3

[풀이]
㉠ A물질
- 사용량 : 100g/hr
- 발생률(G, L/hr)
  86.17g : 24.1L = 100g/hr : G(L/hr)
  G = 27.97L/hr
- 필요환기량(Q_1)
  $Q_1 = \dfrac{27.97\text{L/hr} \times 1,000\text{mL/L}}{100\text{mL/m}^3} \times 6$
  $= 1,678.08\text{m}^3/\text{hr} \times \text{hr}/60\text{min}$
  $= 27.97\text{m}^3/\text{min}$

㉡ B물질
- 사용량 : 50g/hr
- 발생률(G, L/hr)
  98.96g : 24.1L = 50g/hr : G(L/hr)
  G = 12.17L/hr
- 필요환기량(Q_2)
  $Q_2 = \dfrac{12.17\text{L/hr} \times 1,000\text{mL/L}}{50\text{mL/m}^3} \times 4$
  $= 974.13\text{m}^3/\text{hr} \times \text{hr}/60\text{min}$
  $= 16.24\text{m}^3/\text{min}$

∴ 총 필요환기량 = 27.97 + 16.24 = 44.21m³/min

60 국소환기시스템의 덕트 설계에 있어서 덕트 합류 시 균형유지방법인 설계에 의한 정압균형유지법의 장단점으로 틀린 것은?

① 설계유량 산정이 잘못되었을 경우, 수정은 덕트 크기 변경을 필요로 한다.
② 설계 시 잘못된 유량의 조정이 용이하다.
③ 최대저항경로 선정이 잘못되어도 설계 시 쉽게 발견할 수 있다.
④ 설계가 복잡하고 시간이 걸린다.

[풀이] 정압조절평형법(유속조절평형법, 정압균형유지법)의 장단점
(1) 장점
  ㉠ 예기치 않는 침식, 부식, 분진퇴적으로 인한 축적(퇴적)현상이 일어나지 않는다.
  ㉡ 잘못 설계된 분지관, 최대저항경로(저항이 큰 분지관) 선정이 잘못되어도 설계 시 쉽게 발견할 수 있다.
  ㉢ 설계가 정확할 때에는 가장 효율적인 시설이 된다.
  ㉣ 유속의 범위가 적절히 선택되면 덕트의 폐쇄가 일어나지 않는다.
(2) 단점
  ㉠ 설계 시 잘못된 유량을 고치기 어렵다(임의의 유량을 조절하기 어려움).
  ㉡ 설계가 복잡하고 시간이 걸린다.
  ㉢ 설계유량 산정이 잘못되었을 경우 수정은 덕트의 크기 변경을 필요로 한다.
  ㉣ 때에 따라 전체 필요한 최소유량보다 더 초과될 수 있다.
  ㉤ 설치 후 변경이나 확장에 대한 유연성이 낮다.
  ㉥ 효율 개선 시 전체를 수정해야 한다.

제4과목 | 물리적 유해인자관리

61 다음 중 압력이 가장 높은 것은 어느 것인가?

① 14.7psi ② 101,325Pa
③ 760mmHg ④ 2atm

[풀이] 1기압 = 1atm = 76cmHg = 760mmHg = 760Torr
= 1013.25hPa = 33.96ftH₂O = 407.52inH₂O
= 10,332mmH₂O = 1,013mbar = 29.92inHg
= 14.7Psi = 1.0336kg/cm²

62 산소결핍이라 함은 공기 중의 산소농도가 몇 % 미만인 상태를 말하는가?

① 16 ② 18
③ 21 ④ 23.5

[풀이] 산소결핍
공기 중의 산소 농도가 18% 미만인 상태를 말한다.

정답 59.③ 60.② 61.④ 62.②

63 다음 중 전리방사선에 의한 장애에 해당하지 않는 것은?
① 참호족
② 유전적 장애
③ 조혈기능장애
④ 피부암 등 신체적 장애

> **풀이** 참호족
> ㉠ 직장온도가 35℃ 수준 이하로 저하되는 경우를 말한다.
> ㉡ 저온작업에서 손가락, 발가락 등의 말초부위가 피부온도 저하가 가장 심한 부위이다.
> ㉢ 조직 내부의 온도가 10℃에 도달하면 조직 표면은 얼게 되며, 이러한 현상을 말한다.

64 고열로 인하여 발생하는 건강장애 중 가장 위험성이 큰 중추신경계통의 장애로 신체 내부의 체온조절계통이 기능을 잃어 발생하며, 1차적으로 정신착란, 의식결여 등의 증상이 발생하는 고열장애는?
① 열사병(heat stroke)
② 열소진(heat exhaustion)
③ 열경련(heat cramps)
④ 열발진(heat rashes)

> **풀이** 열사병
> ㉠ 일차적인 증상은 정신착란, 의식결여, 경련, 혼수, 건조하고 높은 피부온도, 체온상승이다.
> ㉡ 뇌막혈관이 노출되어 뇌 온도의 상승으로 체온조절 중추의 기능에 장애를 일으켜서 생기는 위급한 상태이다.
> ㉢ 전신적인 발한 정지가 생긴다(땀을 흘리지 못하여 체열 방산을 하지 못해 건조할 때가 많음).
> ㉣ 직장온도 상승(40℃ 이상), 즉 체열 방산을 하지 못하여 체온이 41~43℃까지 급격하게 상승하여 사망에 이른다.
> ㉤ 초기에 조치가 취해지지 못하면 사망에 이를 수도 있다.
> ㉥ 40%의 높은 치명률을 보이는 응급성 질환이다.
> ㉦ 치료 후 4주 이내에는 다시 열에 노출되지 않도록 주의해야 한다.

65 다음 중 저온에 의한 1차 생리적 영향에 해당하는 것은?
① 말초혈관의 수축
② 근육긴장의 증가와 전율
③ 혈압의 일시적 상승
④ 조직대사의 증진과 식욕 항진

> **풀이** 저온에 의한 생리적 반응
> (1) 1차 생리적 반응
>   ㉠ 피부혈관의 수축
>   ㉡ 근육긴장의 증가와 떨림
>   ㉢ 화학적 대사작용의 증가
>   ㉣ 체표면적의 감소
> (2) 2차 생리적 반응
>   ㉠ 말초혈관의 수축
>   ㉡ 근육활동, 조직대사가 증진되어 식욕이 항진
>   ㉢ 혈압의 일시적 상승

66 1기압(atm)에 관한 설명으로 틀린 것은?
① 수은주로 760mmHg와 동일하다.
② 수주(水柱)로 10,332mmH$_2$O에 해당한다.
③ Torr로는 0.76에 해당한다.
④ 약 1kg$_f$/cm^{2}와 동일하다.

> **풀이** 1기압=1atm=76cmHg=760mmHg=760Torr
> =1013.25hPa=33.96ftH$_2$O=407.52inH$_2$O
> =10,332mmH$_2$O=1,013mbar=29.92inHg
> =14.7Psi=1.0336kg/cm^2

67 실효음압이 2×10^{-3}N/m^{2}인 음의 음압수준은 몇 dB인가?
① 40
② 50
③ 60
④ 70

> **풀이** 음압수준(SPL)
> $$SPL = 20\log\frac{P}{P_o} = 20\log\left(\frac{2\times 10^{-3}}{2\times 10^{-5}}\right) = 40dB$$

정답 63.① 64.① 65.② 66.③ 67.①

68 다음 중 소음에 대한 대책으로 적절하지 않은 것은?

① 차음효과는 밀도가 큰 재질일수록 좋다.
② 흡음효과를 높이기 위해서는 흡음재를 실내의 틈이나 가장자리에 부착시키는 것이 좋다.
③ 저주파성분이 큰 공장이나 기계실 내에서는 다공질 재료에 의한 흡음처리가 효과적이다.
④ 흡음효과에 방해를 주지 않기 위해서 다공질 재료 표면에 종이를 입혀서는 안 된다.

[풀이] 다공질 재료에 의한 흡음처리는 고주파성분에 효과적이다.

69 다음 중 인체와 환경 사이의 열교환에 영향을 미치는 요소와 관계가 가장 적은 것은?

① 기온
② 기압
③ 대류
④ 증발

[풀이] 열평형방정식
㉠ 생체(인체)와 작업환경 사이의 열교환(체열 생산 및 방산) 관계를 나타내는 식이다.
㉡ 인체와 작업환경 사이의 열교환은 주로 체내 열생산량(작업대사량), 전도, 대류, 복사, 증발 등에 의해 이루어진다.
㉢ 열평형방정식은 열역학적 관계식에 따라 이루어진다.
$\Delta S = M \pm C \pm R - E$
여기서, ΔS : 생체 열용량의 변화(인체의 열축적 또는 열손실)
M : 작업대사량(체내 열생산량)
・$(M-W) W$: 작업수행으로 인한 손실 열량
C : 대류에 의한 열교환
R : 복사에 의한 열교환
E : 증발(발한)에 의한 열손실(피부를 통한 증발)

70 고압환경에서의 2차적인 가압현상인 산소중독에 관한 설명으로 틀린 것은?

① 산소의 분압이 2기압을 넘으면 중독증세가 나타난다.
② 중독증세는 고압산소에 대한 노출이 중지된 후에도 상당기간 지속된다.
③ 1기압에서 순산소는 인후를 자극하나 비교적 짧은 시간의 노출이라면 중독 증상은 나타나지 않는다.
④ 산소의 중독작용은 운동이나 이산화탄소의 존재로 보다 악화된다.

[풀이] 산소중독
㉠ 산소의 분압이 2기압을 넘으면 산소중독 증상을 보인다. 즉, 3~4기압의 산소 혹은 이에 상당하는 공기 중 산소분압에 의하여 중추신경계의 장애에 기인하는 운동장애를 나타내는데 이것을 산소중독이라 한다.
㉡ 수중의 잠수자는 폐압착증을 예방하기 위하여 수압과 같은 압력의 압축기체를 호흡하여야 하며, 이로 인한 산소분압 증가로 산소중독이 일어난다.
㉢ 고압산소에 대한 폭로가 중지되면 증상은 즉시 멈춘다. 즉, 가역적이다.
㉣ 1기압에서 순산소는 인후를 자극하나 비교적 짧은 시간의 폭로라면 중독 증상은 나타나지 않는다.
㉤ 산소중독작용은 운동이나 이산화탄소로 인해 악화된다.
㉥ 수지나 족지의 작열통, 시력장애, 정신혼란, 근육경련 등의 증상을 보이며 나아가서는 간질 모양의 경련을 나타낸다.

71 다음 중 산소결핍 장소의 출입 시 착용하여야 할 보호구로 적절하지 않은 것은?

① 공기호흡기
② 송기마스크
③ 방독마스크
④ 에어라인마스크

[풀이] 산소결핍 장소에서 방진마스크, 방독마스크 사용은 적절하지 않다.

정답 68.③ 69.② 70.② 71.③

72 옥내의 작업장소에서 습구흑구온도를 측정한 결과 자연습구온도는 28℃, 흑구온도는 30℃, 건구온도는 25℃를 나타내었다. 이때 습구흑구온도지수(WBGT)는 약 얼마인가?

① 31.5℃
② 29.4℃
③ 28.6℃
④ 28.1℃

풀이 WBGT(℃)
=(0.7×자연습구온도)+(0.3×흑구온도)
=(0.7×28℃)+(0.3×30℃)
=28.6℃

73 전리방사선의 단위 중 조직(또는 물질)의 단위질량당 흡수된 에너지를 나타내는 것은?

① Gy(Gray)   ② R(Röntgen)
③ Sv(Sivert) ④ Bq(Becquerel)

풀이 Gy(Gray)
㉠ 흡수선량의 단위이다.
  ※ 흡수선량 : 방사선에 피폭되는 물질의 단위질량당 흡수된 방사선의 에너지
㉡ 1Gy=100rad=1J/kg

74 다음 중 저기압의 영향에 관한 설명으로 틀린 것은?

① 산소결핍을 보충하기 위하여 호흡수, 맥박수가 증가된다.
② 고도 10,000ft(3,048m)까지는 시력, 협조운동의 가벼운 장애 및 피로를 유발한다.
③ 고도 18,000ft(5,468m) 이상이 되면 21% 이상의 산소가 필요하게 된다.
④ 고도의 상승으로 기압이 저하되면 공기의 산소분압이 상승하여 폐포 내의 산소분압도 상승한다.

풀이 고도의 상승에 따라 기압이 저하되면 공기의 산소분압이 저하되고, 폐포 내의 산소분압도 저하한다.

75 다음 중 이상기압의 영향으로 발생되는 고공성 폐수종에 관한 설명으로 틀린 것은?

① 어른보다 아이들에게 많이 발생한다.
② 고공 순화된 사람이 해면에 돌아올 때에도 흔히 일어난다.
③ 진해성 기침과 호흡곤란이 나타나고 폐동맥 혈압이 급격히 낮아져 구토, 실신 등이 발생한다.
④ 산소공급과 해면 귀환으로 급속히 소실되며, 증세는 반복해서 발병하는 경향이 있다.

풀이 고공성 폐수종
㉠ 어른보다 순화적응속도가 느린 어린이에게 많이 일어난다.
㉡ 고공 순화된 사람이 해면에 돌아올 때 자주 발생한다.
㉢ 산소공급과 해면 귀환으로 급속히 소실되며, 이 증세는 반복해서 발병하는 경향이 있다.
㉣ 진해성 기침, 호흡곤란, 폐동맥의 혈압 상승현상이 나타난다.

76 국소진동이 사람에게 영향을 줄 수 있는 진동의 주파수 범위로 가장 적절한 것은?

① 1~80Hz   ② 5~100Hz
③ 8~1,500Hz   ④ 20~20,000Hz

풀이 진동의 구분에 따른 진동수(주파수)
㉠ 국소진동 진동수 : 8~1,500Hz
㉡ 전신진동(공해진동) 진동수 : 1~90Hz(1~80Hz)

77 소음이 발생하는 작업장에서 1일 8시간 근무하는 동안 100dB에 30분, 95dB에 1시간 30분, 90dB에 3시간이 노출되었다면 소음노출지수는 얼마인가?

① 1.0   ② 1.1
③ 1.2   ④ 1.3

풀이 소음노출지수 $= \dfrac{0.5}{2} + \dfrac{1.5}{4} + \dfrac{3}{8} = 1.0$

정답 72.③ 73.① 74.④ 75.③ 76.③ 77.①

78 다음 중 습구흑구온도지수(WBGT)에 관한 설명으로 옳은 것은?

① WBGT가 높을수록 휴식시간이 증가되어야 한다.
② WBGT는 건구온도와 습구온도에 비례하고, 흑구온도에 반비례한다.
③ WBGT는 고온환경을 나타내는 값이므로 실외작업에만 적용한다.
④ WBGT는 복사열을 제외한 고열의 측정단위로 사용되며, 화씨온도(°F)로 표현한다.

[풀이]
② WBGT는 건구온도, 습구온도, 흑구온도에 비례한다.
③ WBGT는 옥내, 옥외에 적용한다.
④ WBGT는 복사열도 포함한 측정단위이며, 단위는 섭씨온도(°C)이다.

79 1fc(foot candle)은 약 몇 럭스(lux)인가?

① 3.9
② 8.9
③ 10.8
④ 13.4

[풀이]
풋 캔들(foot candle)
(1) 정의
  ㉠ 1루멘의 빛이 1ft² 의 평면상에 수직으로 비칠 때 그 평면의 빛 밝기이다.
  ㉡ 관계식
  $$풋\ 캔들(ft\ cd) = \frac{lumen}{ft^2}$$
(2) 럭스와의 관계
  ㉠ 1ft cd = 10.8 lux
  ㉡ 1lux = 0.093 ft cd
(3) 빛의 밝기
  ㉠ 광원으로부터 거리의 제곱에 반비례한다.
  ㉡ 광원의 촉광에 정비례한다.
  ㉢ 조사평면과 광원에 대한 수직평면이 이루는 각(cosine)에 반비례한다.
  ㉣ 색깔과 감각, 평면상의 반사율에 따라 밝기가 달라진다.

80 다음 중 소음계에서 A특성치는 몇 phon의 등감곡선과 비슷하게 주파수에 따른 반응을 보정하여 측정한 음압수준을 말하는가?

① 40
② 70
③ 100
④ 140

[풀이]
㉠ A특성치 ⇨ 40phon
㉡ B특성치 ⇨ 70phon
㉢ C특성치 ⇨ 100phon

제5과목 | 산업 독성학

81 화학적 유해물질의 생리적 작용에 따른 분류에서 단순 질식제로 작용하는 물질은?

① 아닐린
② 일산화탄소
③ 메탄
④ 황화수소

[풀이]
단순 질식제의 종류
㉠ 이산화탄소(CO_2)
㉡ 메탄(CH_4)
㉢ 질소(N_2)
㉣ 수소(H_2)
㉤ 에탄, 프로판, 에틸렌, 아세틸렌, 헬륨

82 직업성 피부질환에 관한 설명으로 틀린 것은?

① 가장 빈번한 피부반응은 접촉성 피부염이다.
② 알레르기성 접촉피부염은 효과적인 보호기구를 사용하거나 자극이 적은 물질을 사용하면 효과가 좋다.
③ 첩포시험은 알레르기성 접촉피부염의 감작물질을 색출하는 기본수기이다.
④ 일부 화학물질과 식물은 광선에 의해서 활성화되어 피부반응을 보일 수 있다.

[풀이]
효과적인 보호기구를 사용하거나 자극이 적은 물질을 사용하면 효과가 좋은 피부염은 자극성 접촉피부염이다.

정답 78.① 79.③ 80.① 81.③ 82.②

83 할로겐화 탄화수소인 사염화탄소에 관한 설명으로 틀린 것은?

① 생식기에 대한 독성작용이 특히 심하다.
② 고농도에 노출되면 중추신경계 장애 외에 간장과 신장장애를 유발한다.
③ 신장장애 증상으로 감뇨, 혈뇨 등이 발생하며, 완전 무뇨증이 되면 사망할 수도 있다.
④ 초기 증상으로는 지속적인 두통, 구역 또는 구토, 복부선통과 설사, 간압통 등이 나타난다.

[풀이] **사염화탄소(CCl_4)**
㉠ 특이한 냄새가 나는 무색의 액체로 소화제, 탈지세정제, 용제로 이용한다.
㉡ 신장장애 증상으로 감뇨, 혈뇨 등이 발생하며 완전 무뇨증이 되면 사망할 수 있다.
㉢ 피부, 간장, 신장, 소화기, 신경계에 장애를 일으키는데 특히 간에 대한 독성작용이 강하게 나타난다. 즉, 간에 중요한 장애인 중심소엽성 괴사를 일으킨다.
㉣ 고온에서 금속과의 접촉으로 포스겐, 염화수소를 발생시키므로 주의를 요한다.
㉤ 고농도로 폭로되면 중추신경계 장애 외에 간장이나 신장에 장애가 일어나 황달, 단백뇨, 혈뇨의 증상을 보이는 할로겐화 탄화수소이다.
㉥ 초기 증상으로 지속적인 두통, 구역 및 구토, 간 부위의 압통 등의 증상을 일으킨다.
㉦ 피부로부터 흡수되어 전신중독을 일으킨다.
㉧ 인간에 대한 발암성이 의심되는 물질군(A_2)에 포함된다.
㉩ 산업안전보건기준에 관한 규칙상 관리대상 유해물질의 유기화합물이다.

84 다음 중 먼지가 호흡기계로 들어올 때 인체가 가지고 있는 방어기전이 조합된 것으로 가장 알맞은 것은?

① 점액 섬모운동과 폐포의 대식세포 작용
② 면역작용과 폐 내의 대사작용
③ 점액 섬모운동과 가스교환에 의한 정화
④ 폐포의 활발한 가스교환과 대사작용

[풀이] **인체 방어기전**
(1) 점액 섬모운동
  ㉠ 가장 기초적인 방어기전(작용)이며, 점액 섬모운동에 의한 배출 시스템으로 폐포로 이동하는 과정에서 이물질을 제거하는 역할을 한다.
  ㉡ 기관지(벽)에서의 방어기전을 의미한다.
  ㉢ 정화작용을 방해하는 물질은 카드뮴, 니켈, 황화합물 등이다.
(2) 대식세포에 의한 작용(정화)
  ㉠ 대식세포가 방출하는 효소에 의해 용해되어 제거된다(용해작용).
  ㉡ 폐포의 방어기전을 의미한다.
  ㉢ 대식세포에 의해 용해되지 않는 대표적 독성물질은 유리규산, 석면 등이다.

85 다음 중 인체에 침입한 납(Pb) 성분이 주로 축적되는 곳은?

① 간   ② 신장
③ 근육   ④ 뼈

[풀이] **납의 인체 내 축적**
㉠ 납은 적혈구와 친화력이 강해 납의 95% 정도는 적혈구에 결합되어 있다.
㉡ 인체 내에 남아 있는 총 납량을 의미하여 신체 장기 중 납의 90%는 뼈 조직에 축적된다.

86 다음 [표]는 A작업장의 백혈병과 벤젠에 대한 코호트 연구를 수행한 결과이다. 이때 벤젠의 백혈병에 대한 상대위험비는 약 얼마인가?

구 분	백혈병	백혈병 없음	합 계
벤젠 노출	5	14	19
벤젠 비노출	2	25	27
합 계	7	39	46

① 3.29   ② 3.55
③ 4.64   ④ 4.82

[풀이] 상대위험비 = $\dfrac{노출군에서\ 질병발생률}{비노출군에서\ 질병발생률}$
= $\dfrac{5/19}{2/27}$ = 3.55

정답 83.① 84.① 85.④ 86.②

87 다음 중 생물학적 모니터링을 할 수 없거나 어려운 물질은?
① 카드뮴   ② 유기용제
③ 톨루엔   ④ 자극성 물질

풀이 생물학적 모니터링의 특성
㉠ 작업자의 생물학적 시료에서 화학물질의 노출을 추정하는 것을 말한다.
㉡ 근로자 노출평가와 건강상의 영향평가 두 가지 목적으로 모두 사용될 수 있다.
㉢ 모든 노출경로에 의한 흡수정도를 나타낼 수 있다.
㉣ 개인시료 결과보다 측정결과를 해석하기가 복잡하고 어렵다.
㉤ 폭로 근로자의 호기, 뇨, 혈액, 기타 생체시료를 분석하게 된다.
㉥ 단지 생물학적 변수로만 추정을 하기 때문에 허용기준을 검증하거나 직업성 질환(직업병)을 진단하는 수단으로 이용할 수 없다.
㉦ 유해물질의 전반적인 폭로량을 추정할 수 있다.
㉧ 반감기가 짧은 물질일 경우 시료채취시기는 중요하나 긴 경우는 특별히 중요하지 않다.
㉨ 생체시료가 너무 복잡하고 쉽게 변질되기 때문에 시료의 분석과 취급이 보다 어렵다.
㉩ 건강상의 영향과 생물학적 변수와 상관성이 있는 물질이 많지 않아 작업환경측정에서 설정한 허용기준(TLV)보다 훨씬 적은 기준을 가지고 있다.
㉪ 개인의 작업특성, 습관 등에 따른 노출의 차이도 평가할 수 있다.
㉫ 생물학적 시료는 그 구성이 복잡하고 특이성이 없는 경우가 많아 BEI(생물학적 노출지수)와 건강상의 영향과의 상관이 없는 경우가 많다.
㉬ 자극성 물질은 생물학적 모니터링을 할 수 없거나 어렵다.

88 다음 중 수은에 관한 설명으로 틀린 것은?
① 무기수은화합물로는 질산수은, 승홍, 감홍 등이 있으며 철, 니켈, 알루미늄, 백금 이외의 대부분의 금속과 화합하여 아말감을 만든다.
② 유기수은화합물로서는 아릴수은화합물과 알킬수은화합물이 있다.
③ 수은은 상온에서 액체상태로 존재하는 금속이다.
④ 무기수은화합물의 독성은 알킬수은화합물의 독성보다 훨씬 강하다.

풀이 유기수은 중 알킬수은화합물의 독성은 무기수은화합물의 독성보다 매우 강하다.

89 다음 중 유해물질이 인체에 미치는 유해성(건강영향)을 좌우하는 인자로 그 영향이 가장 적은 것은?
① 유해물질의 밀도
② 유해물질의 노출시간
③ 개인의 감수성
④ 호흡량

풀이 유해성(건강영향)에 영향을 미치는 인자
㉠ 공기 중의 폭로농도
㉡ 노출시간(폭로횟수)
㉢ 작업강도(호흡량)
㉣ 개인 감수성
㉤ 기상조건

90 다음 중 규폐증(silicosis)을 잘 일으키는 먼지의 종류와 크기로 가장 적절한 것은?
① SiO_2 함유 먼지 $0.1\mu m$의 크기
② SiO_2 함유 먼지 $0.5 \sim 5\mu m$의 크기
③ 석면 함유 먼지 $0.1\mu m$의 크기
④ 석면 함유 먼지 $0.5 \sim 5\mu m$의 크기

풀이 규폐증의 원인
㉠ 결정형 규소(암석 : 석영분진, 이산화규소, 유리규산)에 직업적으로 노출된 근로자에게 발생한다.
 ※ 유리규산(SiO_2) 함유 먼지 $0.5\sim5\mu m$의 크기에서 잘 발생한다.
㉡ 주요 원인물질은 혼합물질이며, 건축업, 도자기 작업장, 채석장, 석재공장 등의 작업장에서 근무하는 근로자에게 발생한다.
㉢ 석재공장, 주물공장, 내화벽돌 제조, 도자기 제조 등에서 발생하는 유리규산이 주 원인이다.
㉣ 유리규산(석영) 분진에 의한 규폐성 결정과 폐포벽 파괴 등 망상내피계 반응은 분진입자의 크기가 $2\sim5\mu m$일 때 자주 일어난다.

91 석면분진 노출과 폐암과의 관계를 나타낸 다음 [표]를 참고하여 석면분진에 노출된 근로자가 노출이 되지 않은 근로자에 비해 폐암이 발생할 수 있는 비교위험도(relative risk)를 올바르게 나타낸 식은?

폐암 유무 석면 노출 유무	있음	없음	합계
노출됨	a	b	a+b
노출 안 됨	c	d	c+d
합계	a+c	b+d	a+b+c+d

① $\dfrac{a}{a+b} \div \dfrac{c}{c+d}$ ② $\dfrac{b}{a+b} \div \dfrac{d}{c+d}$

③ $\dfrac{a}{a+b} \times \dfrac{c}{c+d}$ ④ $\dfrac{b}{a+b} \times \dfrac{d}{c+d}$

풀이 상대위험도(상대위험비, 비교위험도)
비율비 또는 위험비라고도 하며, 위험요인을 갖고 있는 군(노출군)이 위험요인을 갖고 있지 않은 군(비노출군)에 비하여 질병의 발생률이 몇 배인가, 즉 위험도가 얼마나 큰가를 나타내는 것이다.

상대위험비 = $\dfrac{\text{노출군에서 질병발생률}}{\text{비노출군에서의 질병발생률}}$

= $\dfrac{\text{위험요인이 있는 해당 군의 질병발생률}}{\text{위험요인이 없는 해당 군의 질병발생률}}$

㉠ 상대위험비=1 : 노출과 질병 사이의 연관성 없음
㉡ 상대위험비>1 : 위험의 증가를 의미
㉢ 상대위험비<1 : 질병에 대한 방어효과가 있음

92 다음 유지용제 기능기 중 중추신경계에 억제작용이 가장 큰 것은?
① 알칸족 유기용제
② 알켄족 유기용제
③ 알코올족 유기용제
④ 할로겐족 유기용제

풀이 유기화학물질의 중추신경계 억제작용 순서
할로겐화합물 > 에테르 > 에스테르 > 유기산 > 알코올 > 알켄 > 알칸

93 다음 중 생물학적 모니터링의 장점으로 틀린 것은?
① 흡수경로와 상관없이 전체적인 노출을 평가할 수 있다.
② 노출된 유해인자에 대한 종합적 흡수정도를 평가할 수 있다.
③ 지방조직 등 인체에서 채취할 수 있는 모든 부분에 대하여 분석할 수 있다.
④ 인체에 흡수된 내재용량이나 중요한 조직부위에 영향을 미치는 양을 모니터링할 수 있다.

풀이 생물학적 모니터링의 장단점
(1) 장점
  ㉠ 공기 중의 농도를 측정하는 것보다 건강상의 위험을 보다 직접적으로 평가할 수 있다.
  ㉡ 모든 노출경로(소화기, 호흡기, 피부 등)에 의한 종합적인 노출을 평가할 수 있다.
  ㉢ 개인시료보다 건강상의 악영향을 보다 직접적으로 평가할 수 있다.
  ㉣ 건강상의 위험에 대하여 보다 정확한 평가를 할 수 있다.
  ㉤ 인체 내 흡수된 내재용량이나 중요한 조직부위에 영향을 미치는 양을 모니터링할 수 있다.
(2) 단점
  ㉠ 시료채취가 어렵다.
  ㉡ 유기시료의 특이성이 존재하고 복잡하다.
  ㉢ 각 근로자의 생물학적 차이가 나타날 수 있다.
  ㉣ 분석이 어려우며, 분석 시 오염에 노출될 수 있다.

94 톨루엔은 단지 자극증상과 중추신경계 억제의 일반증상만을 유발하며, 톨루엔의 대사산물은 생물학적 노출지표로 이용된다. 다음 중 톨루엔의 대사산물은?
① 메틸마뇨산
② 만델린산
③ o-크레졸
④ 페놀

풀이 톨루엔의 대사산물(생물학적 노출지표)
㉠ 혈액, 호기 : 톨루엔
㉡ 소변 : o-크레졸

95 다음 중 피부 독성에 있어 경피흡수에 영향을 주는 인자와 가장 거리가 먼 것은?

① 개인의 민감도 ② 용매(vehicle)
③ 화학물질   ④ 온도

풀이 피부 독성에 있어 피부(경피)흡수에 영향을 주는 인자
㉠ 개인의 민감도
㉡ 용매
㉢ 화학물질

96 화학적 질식제(chemical asphyxiant)에 심하게 노출되었을 경우 사망에 이르게 되는 이유로 가장 적절한 것은?

① 폐에서 산소를 제거하기 때문
② 심장의 기능을 저하시키기 때문
③ 폐 속으로 들어가는 산소의 활용을 방해하기 때문
④ 신진대사기능을 높여 가용한 산소가 부족해지기 때문

풀이 화학적 질식제
㉠ 직접적 작용에 의해 혈액 중의 혈색소와 결합하여 산소운반능력을 방해하는 물질을 말하며, 조직 중의 산화효소를 불활성화시켜 질식작용(세포의 산소수용능력 상실)을 일으킨다.
㉡ 화학적 질식제에 심하게 노출 시 폐 속으로 들어가는 산소의 활용을 방해하기 때문에 사망에 이르게 된다.

97 다음 중 급성독성시험에서 얻을 수 있는 일반적인 정보로 볼 수 있는 것은?

① 치사율
② 눈, 피부에 대한 자극성
③ 생식영향과 산아장애
④ 독성무관찰용량(NOEL)

풀이 급성독성시험에서 얻을 수 있는 정보
㉠ 치사성 및 기관장애
㉡ 눈과 피부에 대한 자극성
㉢ 변이원성

98 금속의 일반적인 독성기전으로 틀린 것은?

① DNA 염기의 대체
② 금속 평형의 파괴
③ 필수 금속성분의 대체
④ 술피드릴(sulfhydryl)기와의 친화성으로 단백질 기능 변화

풀이 금속의 독성작용기전
㉠ 효소억제 ⇒ 효소의 구조 및 기능을 변화시킨다.
㉡ 간접영향 ⇒ 세포성분의 역할을 변화시킨다.
㉢ 필수 금속성분의 대체 ⇒ 생물학적 과정들이 민감하게 변화된다.
㉣ 필수 금속 평형의 파괴 ⇒ 필수 금속성분의 농도를 변화시킨다.
㉤ 술피드릴(sulfhydryl)기와의 친화성 ⇒ 단백질 기능을 변화시킨다.

99 다음 중 유해화학물질이 체내에서 해독되는 데 가장 중요한 작용을 하는 것은?

① 효소   ② 임파구
③ 적혈구   ④ 체표온도

풀이 효소
유해화학물질이 체내로 침투되어 해독되는 경우 해독반응에 가장 중요한 작용을 하는 것이 효소이다.

100 다음 중 지방질을 지방산과 글리세린으로 가수분해하는 물질은?

① 리파아제(lipase)
② 말토오스(maltose)
③ 트립신(trypsin)
④ 판크레오지민(pancreozymin)

풀이 리파아제(lipase)
혈액, 위액, 췌장분비액, 장액에 들어있는 지방분해 효소로 지방을 가수분해하여 지방산과 글리세린을 만든다.

정답 95.④ 96.③ 97.② 98.① 99.① 100.①

제1과목 | 산업위생학 개론

01 다음 중 산업피로에 관한 설명으로 틀린 것은 어느 것인가?
① 피로는 비가역적 생체의 변화로 건강장애의 일종이다.
② 정신적 피로와 육체적 피로는 보통 구별하기 어렵다.
③ 국소피로와 전신피로는 피로현상이 나타난 부위가 어느 정도인가를 상대적으로 표현한 것이다.
④ 곤비는 피로의 축적상태로 단기간에 회복될 수 없다.

풀이 피로 자체는 질병이 아니라 가역적인 생체변화이며 건강장애에 대한 경고반응이다.

02 다음 중 물질안전보건자료(MSDS)의 작성원칙에 관한 설명으로 틀린 것은?
① MSDS의 작성단위는 「계량에 관한 법률」이 정하는 바에 의한다.
② MSDS는 한글로 작성하는 것을 원칙으로 하되 화학물질명, 외국기관명 등의 고유명사는 영어로 표기할 수 있다.
③ 각 작성항목은 빠짐없이 작성하여야 하며, 부득이 어느 항목에 대해 관련 정보를 얻을 수 없는 경우에는 공란으로 둔다.
④ 외국어로 되어 있는 MSDS를 번역하는 경우에는 자료의 신뢰성이 확보될 수 있도록 최초 작성기관명 및 시기를 함께 기재하여야 한다.

풀이 ③ 각 작성항목은 빠짐없이 작성하여야 한다. 다만 부득이하게 어느 항목에 대해 관련 정보를 얻을 수 없는 경우 작성란에 '자료 없음'이라고 기재하고, 적용이 불가능하거나 대상이 되지 않는 경우 작성란에 '해당 없음'이라고 기재한다.

03 스트레스에 관한 설명으로 잘못된 것은?
① 스트레스를 지속적으로 받게 되면 인체는 자기조절능력을 발휘하여 스트레스로부터 벗어난다.
② 환경의 요구가 개인의 능력한계를 벗어날 때 발생하는 개인과 환경의 불균형 상태이다.
③ 스트레스가 아주 없거나 너무 많을 때에는 역기능 스트레스로 작용한다.
④ 위협적인 환경 특성에 대한 개인의 반응을 말한다.

풀이 스트레스(stress)
㉠ 인체에 어떠한 자극이건 간에 체내의 호르몬계를 중심으로 한 특유의 반응이 일어나는 것을 적응증상군이라 하며, 이러한 상태를 스트레스라고 한다.
㉡ 외부 스트레서(stressor)에 의해 신체의 항상성이 파괴되면서 나타나는 반응이다.
㉢ 인간은 스트레스 상태가 되면 부신피질에서 코티솔(cortisol)이라는 호르몬이 과잉분비되어 뇌의 활동 등을 저하하게 된다.
㉣ 위협적인 환경 특성에 대한 개인의 반응이다.
㉤ 스트레스가 아주 없거나 너무 많을 때에는 역기능 스트레스로 작용한다.
㉥ 환경의 요구가 개인의 능력한계를 벗어날 때 발생하는 개인과 환경과의 불균형 상태이다.
㉦ 스트레스를 지속적으로 받게 되면 인체는 자기조절능력을 상실하여 스트레스로부터 벗어나지 못하고 심신장애 또는 다른 정신적 장애가 나타날 수 있다.

정답 01.① 02.③ 03.①

04 산업피로의 대책으로 적합하지 않은 것은?
① 작업과정에 따라 적절한 휴식시간을 삽입해야 한다.
② 불필요한 동작을 피하고 에너지 소모를 적게 한다.
③ 동적인 작업은 피로를 더하게 하므로 가능한 한 정적인 작업으로 전환한다.
④ 작업능력에는 개인별 차이가 있으므로 각 개인마다 작업량을 조정해야 한다.

[풀이] 산업피로 예방대책
㉠ 불필요한 동작을 피하고, 에너지 소모를 적게 한다.
㉡ 동적인 작업을 늘리고, 정적인 작업을 줄인다.
㉢ 개인의 숙련도에 따라 작업속도와 작업량을 조절한다.
㉣ 작업시간 중 또는 작업 전후에 간단한 체조나 오락시간을 갖는다.
㉤ 장시간 한 번 휴식하는 것보다 단시간씩 여러 번 나누어 휴식하는 것이 피로회복에 도움이 된다.

05 다음 중 사고예방대책의 기본원리가 다음과 같을 때 각 단계를 순서대로 올바르게 나열한 것은?

⑦ 분석·평가
④ 시정책의 적용
⑤ 안전관리조직
⑥ 시정책의 선정
⑦ 사실의 발견

① ⑤ → ⑦ → ⑦ → ⑥ → ④
② ⑤ → ⑦ → ⑥ → ④ → ⑦
③ ⑦ → ⑤ → ⑥ → ④ → ⑦
④ ⑦ → ⑥ → ⑤ → ④ → ⑦

[풀이] 하인리히의 사고예방(방지)대책 기본원리 5단계
㉠ 제1단계 : 안전관리조직 구성(조직)
㉡ 제2단계 : 사실의 발견
㉢ 제3단계 : 분석·평가
㉣ 제4단계 : 시정방법의 선정(대책의 선정)
㉤ 제5단계 : 시정책의 적용(대책 실시)

06 산업위생의 역사에 있어 가장 오래된 것은?
① Pott : 최초의 직업성 암 보고
② Agricola : 먼지에 의한 규폐증 기록
③ Galen : 구리광산에서의 산(酸)의 위험성 보고
④ Hamilton : 유해물질 노출과 질병과의 관계 규명

[풀이]
① Pott ⇨ 18세기
② Agricola ⇨ 1494~1555년
③ Galen ⇨ A.D. 2세기
④ Hamilton ⇨ 20세기

07 근골격계 질환에 관한 설명으로 틀린 것은?
① 점액낭염(bursitis)은 관절 사이의 윤활액을 싸고 있는 윤활낭에 염증이 생기는 질병이다.
② 근염(myositis)은 근육이 잘못된 자세, 외부의 충격, 과도한 스트레스 등으로 수축되어 굳어지면 근섬유의 일부가 띠처럼 단단하게 변하여 근육의 특정 부위에 압통, 방사통, 목부위 운동 제한, 두통 등의 증상이 나타난다.
③ 수근관 증후군(carpal tunnel syndrome)은 반복적이고 지속적인 손목의 압박, 무리한 힘 등으로 인해 수근관 내부에 정중신경이 손상되어 발생한다.
④ 건초염(tenosimovitis)은 건막에 염증이 생긴 질환이며, 건염(tendonitis)은 건의 염증으로, 건염과 건초염을 정확히 구분하기 어렵다.

[풀이] 근염이란 근육에 염증이 일어난 것을 말하며 근육섬유에 손상을 주게 되는데 이로 인해 근육의 수축능력이 저하되게 된다. 근육의 허약감, 근육통증, 유연함이 대표적 증상으로 나타나며 이 외에도 근염의 종류에 따라 추가적인 증상이 나타난다.

정답 04.③ 05.① 06.③ 07.②

08 다음 중 미국산업안전보건연구원(NIOSH)에서 제시한 중량물의 들기작업에 관한 감시기준(action limit)과 최대허용기준(maximum permissible limit)의 관계를 올바르게 나타낸 것은?

① MPL = $\sqrt{2}$ AL
② MPL = 3AL
③ MPL = AL
④ MPL = 10AL

> **풀이** 감시기준(AL)과 최대허용기준(MPL)의 관계
> MPL = 3AL

09 산업재해의 직접원인을 크게 인적 원인과 물적 원인으로 구분할 때, 다음 중 물적 원인에 해당하는 것은?

① 복장·보호구의 결함
② 위험물 취급 부주의
③ 안전장치의 기능 제거
④ 위험장소의 접근

> **풀이** 산업재해의 직접원인(1차 원인)
> (1) 불안전한 행위(인적 요인)
> ㉠ 위험장소 접근
> ㉡ 안전장치 기능 제거(안전장치를 고장나게 함)
> ㉢ 기계·기구의 잘못 사용(기계설비의 결함)
> ㉣ 운전 중인 기계장치의 손실
> ㉤ 불안전한 속도 조작
> ㉥ 주변 환경에 대한 부주의(위험물 취급 부주의)
> ㉦ 불안전한 상태의 방치
> ㉧ 불안전한 자세
> ㉨ 안전확인 경고의 미비(감독 및 연락 불충분)
> ㉩ 복장, 보호구의 잘못 사용(보호구를 착용하지 않고 작업)
> (2) 불안전한 상태(물적 요인)
> ㉠ 물 자체의 결함
> ㉡ 안전보호장치의 결함
> ㉢ 복장, 보호구의 결함
> ㉣ 물의 배치 및 작업장소의 결함(불량)
> ㉤ 작업환경의 결함(불량)
> ㉥ 생산공장의 결함
> ㉦ 경계표시, 설비의 결함

10 다음 중 교대작업에서 작업주기 및 작업순환에 대한 설명으로 틀린 것은?

① 교대근무시간 : 근로자의 수면을 방해하지 않아야 하며, 아침 교대시간은 아침 7시 이후에 하는 것이 바람직하다.
② 교대근무 순환주기 : 주간 근무조→저녁 근무조→야간 근무조로 순환하는 것이 좋다.
③ 근무조 변경 : 근무시간 종료 후 다음 근무 시작시간까지 최소 10시간 이상의 휴식시간이 있어야 하며, 특히 야간 근무조 후에는 12~24시간 정도의 휴식이 있어야 한다.
④ 작업배치 : 상대적으로 가벼운 작업을 야간 근무조에 배치하고, 업무내용을 탄력적으로 조정한다.

> **풀이** 근무시간의 간격은 15~16시간 이상으로 하는 것이 좋으며 특히 야간 근무조 후에는 최저 48시간 이상의 휴식시간이 있어야 한다.

11 다음 중 아세톤(TLV=500ppm) 200ppm과 톨루엔(TLV=50ppm) 35ppm이 각각 노출되어 있는 실내작업장에서 노출기준의 초과 여부를 평가한 결과로 올바른 것은? (단, 두 물질 간에 유해성이 인체의 서로 다른 부위에 작용한다는 증거가 없는 것으로 간주한다.)

① 노출지수가 약 0.72이므로 노출기준 미만이다.
② 노출지수가 약 1.1이므로 노출기준 미만이다.
③ 노출지수가 약 0.72이므로 노출기준을 초과하였다.
④ 노출지수가 약 1.1이므로 노출기준을 초과하였다.

> **풀이** 노출지수(EI) = $\dfrac{200}{500} + \dfrac{35}{50}$
> = 1.1 ⇒ 노출기준 초과

12 상시근로자수가 1,000명인 사업장에 1년 동안 6건의 재해로 8명의 재해자가 발생하였고, 이로 인한 근로손실일수는 80일이었다. 근로자가 1일 8시간씩 매월 25일씩 근무하였다면 이 사업장의 도수율은 얼마인가?

① 0.03
② 2.5
③ 4.0
④ 8.0

풀이
$$도수율 = \frac{재해 발생건수}{연근로시간수} \times 10^6$$
$$= \frac{6}{1,000 \times 8 \times 25 \times 12} \times 10^6 = 2.5$$

13 다음 중 혐기성 대사에 사용되는 에너지원이 아닌 것은?

① 아데노신삼인산
② 포도당
③ 단백질
④ 크레아틴인산

풀이 혐기성 대사(anaerobic metabolism)
㉠ 근육에 저장된 화학적 에너지를 의미한다.
㉡ 혐기성 대사의 순서(시간대별)
ATP(아데노신삼인산) → CP(크레아틴인산) → glycogen(글리코겐) or glucose(포도당)
※ 근육운동에 동원되는 주요 에너지원 중 가장 먼저 소비되는 것은 ATP이다.

14 다음 중 심한 작업이나 운동 시 호흡조절에 영향을 주는 요인과 거리가 먼 것은?

① 이산화탄소
② 산소
③ 혈중 포도당
④ 수소이온

풀이 혈중 포도당은 혐기성 및 호기성 대사 모두에 에너지원으로 작용하는 물질이다.

15 다음 중 18세기 영국에서 최초로 보고되었으며, 어린이 굴뚝청소부에게 많이 발생하였고, 원인물질이 검댕(soot)이라고 규명된 직업성 암은?

① 폐암
② 음낭암
③ 후두암
④ 피부암

풀이 Percivall Pott
㉠ 영국의 외과의사로 직업성 암을 최초로 보고하였으며, 어린이 굴뚝청소부에게 많이 발생하는 음낭암(scrotal cancer)을 발견하였다.
㉡ 암의 원인물질은 검댕 속 여러 종류의 다환방향족 탄화수소(PAH)이다.
㉢ 굴뚝청소부법을 제정하도록 하였다(1788년).

16 다음 중 충격소음의 강도가 130dB(A)일 때 1일 노출횟수의 기준으로 옳은 것은?

① 50
② 100
③ 500
④ 1,000

풀이 충격소음작업
소음이 1초 이상의 간격으로 발생하는 작업으로서 다음의 1에 해당하는 작업을 말한다.
㉠ 120dB을 초과하는 소음이 1일 1만 회 이상 발생되는 작업
㉡ 130dB을 초과하는 소음이 1일 1천 회 이상 발생되는 작업
㉢ 140dB을 초과하는 소음이 1일 1백 회 이상 발생되는 작업

17 미국산업안전보건연구원(NIOSH)의 중량물 취급작업기준에서 적용하고 있는 들어 올리는 물체의 폭은 얼마인가?

① 55cm 이하
② 65cm 이하
③ 75cm 이하
④ 85cm 이하

풀이 물체의 폭이 75cm 이하로서, 두 손을 적당히 벌리고 작업할 수 있는 공간이 있어야 한다.

18 근로자로부터 수평으로 40cm 떨어진 10kg의 물체를 바닥으로부터 150cm 높이로 들어 올리는 작업을 1분에 5회씩 1일 8시간 동안 하고 있다. 이때의 중량물 취급지수는 약 얼마인가? (단, 관련 조건 및 적용식은 다음을 따른다.)

[조건 및 적용식]
- 대상 물체의 수직거리는 0으로 한다.
- 물체는 신체의 정중앙에 있으며, 몸체의 회전은 없다.
- 작업빈도에 따른 승수는 0.35이다.
- 물체를 잡는 데 따른 승수는 1이다.
- $RWL = 23\left(\dfrac{25}{H}\right)(1-0.003|V-75|)$
  $\left(0.82+\dfrac{4.5}{D}\right)(AM)(FM)(CM)$

① 1.91 ② 2.71
③ 3.02 ④ 4.60

풀이 중량물 취급지수(LI)
$LI = \dfrac{물체\ 무게}{RWL}$

- $RWL = 23\left(\dfrac{25}{H}\right)(1-0.003|V-75|)$
  $\left(0.82+\dfrac{4.5}{D}\right)(AM)(FM)(CM)$
  $= 23\left(\dfrac{25}{40}\right)\times(1-0.003|0-75|)$
  $\times\left(0.82+\dfrac{4.5}{150}\right)\times(1)\times(0.35)\times(1)$
  $= 3.31$ kg

$= \dfrac{10\text{kg}}{3.31\text{kg}} = 3.02$

19 다음 중 실내공기 오염의 주요 원인으로 볼 수 없는 것은?

① 오염원
② 공조시스템
③ 이동경로
④ 체온

풀이 실내공기 오염의 주요 원인
실내공기 오염의 주요 원인은 이동경로, 오염원, 공조시스템, 호흡, 흡연, 연소기기 등이다.
㉠ 실내외 또는 건축물의 기계적 설비로부터 발생되는 오염물질
㉡ 점유자에 접촉하여 오염물질이 실내로 유입되는 경우
㉢ 오염물질 자체의 에너지로 실내에 유입되는 경우
㉣ 점유자 스스로 생활에 의한 오염물질 발생
㉤ 불완전한 HVAC(Heating, Ventilation and Air Conditioning, 공조시스템) system

20 영상단말기(visual display terminal) 증후군을 예방하기 위한 방안으로 틀린 것은?

① 팔꿈치의 내각은 90° 이상이 되도록 한다.
② 무릎의 내각(knee angle)은 120° 전후가 되도록 한다.
③ 화면상의 문자와 배경의 휘도비(contrast)를 낮춘다.
④ 디스플레이의 화면 상단이 눈높이보다 약간 낮은 상태(약 10° 이하)가 되도록 한다.

풀이 작업자의 발바닥 전면이 바닥면에 닿는 자세를 취하고 무릎의 내각은 90° 전후이어야 한다.

제2과목 | 작업위생 측정 및 평가

21 작업환경측정의 단위 표시로 옳지 않은 것은?

① 미스트, 흄의 농도는 ppm, mg/L로 표시한다.
② 소음수준의 측정단위는 dB(A)로 표시한다.
③ 석면의 농도 표시는 섬유개수(개/cm^3)로 표시한다.
④ 고온(복사열 포함)은 습구흑구온도지수를 구하여 섭씨온도(℃)로 표시한다.

풀이 미스트, 흄의 농도 단위 : mg/m^3

정답 18.③ 19.④ 20.② 21.①

22 작업장에서 입자상 물질은 대개 여과원리에 따라 시료를 채취한다. 여과지의 공극보다 작은 입자가 여과지에 채취되는 기전은 여과 이론으로 설명할 수 있는데, 다음 중 여과이론에 관여하는 기전과 가장 거리가 먼 것은?

① 차단
② 확산
③ 흡착
④ 관성충돌

풀이 여과채취기전
㉠ 직접차단
㉡ 관성충돌
㉢ 확산
㉣ 중력침강
㉤ 정전기침강
㉥ 체질

23 다음 용제 중 극성이 가장 강한 것은?

① 에스테르류
② 알코올류
③ 방향족 탄화수소류
④ 알데히드류

풀이 극성이 강한 순서
물 > 알코올류 > 알데히드류 > 케톤류 > 에스테르류 > 방향족 탄화수소류 > 올레핀류 > 파라핀류

24 한 소음원에서 발생되는 음에너지의 크기가 1watt인 경우 음향파워레벨(sound power level)은?

① 60dB   ② 80dB
③ 100dB ④ 120dB

풀이 음향파워레벨(PWL)
$$PWL = 10\log\frac{W}{W_0} = 10\log\frac{1}{10^{-12}} = 120dB$$

25 어느 실험실의 크기가 15m×10m×3m이며 실험 중 2kg의 염소(Cl_2, 분자량 70.9)를 부주의로 떨어뜨렸다. 이때 실험실에서의 이론적 염소 농도(ppm)는? (단, 기압 760mmHg, 온도 0℃ 기준, 염소는 모두 기화되고 실험실에는 환기장치가 없다.)

① 약 800   ② 약 1,000
③ 약 1,200 ④ 약 1,400

풀이
$$농도(mg/m^3) = \frac{질량}{부피}$$
$$= \frac{2kg \times (10^6 mg/kg)}{(15 \times 10 \times 3)m^3} = 4444.44 mg/m^3$$
$$\therefore 농도(ppm) = 4444.44 mg/m^3 \times \frac{22.4}{70.9}$$
$$= 1404.17 ppm$$

26 다음 어떤 작업장에서 50% acetone, 30% benzene, 20% xylene의 중량비로 조성된 용제가 증발하여 작업환경을 오염시키고 있다. 각각의 TLV는 1,600mg/m³, 720mg/m³, 670mg/m³일 때 이 작업장의 혼합물 허용농도는?

① 873mg/m³   ② 973mg/m³
③ 1,073mg/m³ ④ 1,173mg/m³

풀이 혼합물의 허용농도(mg/m³)
$$= \frac{1}{\frac{0.5}{1,600} + \frac{0.3}{720} + \frac{0.2}{670}} = 973.07 mg/m^3$$

27 일정한 온도조건에서 부피와 압력은 반비례한다는 표준가스에 대한 법칙은?

① 보일의 법칙
② 샤를의 법칙
③ 게이-뤼삭의 법칙
④ 라울트의 법칙

풀이 보일의 법칙
일정한 온도에서 기체의 부피는 그 압력에 반비례한다. 즉 압력이 2배 증가하면 부피는 처음의 1/2배로 감소한다.

정답 22.③ 23.② 24.④ 25.④ 26.② 27.①

28 흡착제를 이용하여 시료채취를 할 때 영향을 주는 인자에 관한 설명으로 옳지 않은 것은?
① 온도 : 고온일수록 흡착능이 감소하며 파과가 일어나기 쉽다.
② 시료채취속도 : 시료채취속도가 높고 코팅된 흡착제일수록 파과가 일어나기 쉽다.
③ 오염물질 농도 : 공기 중 오염물질의 농도가 높을수록 파과용량(흡착제에 흡착된 오염물질의 양)이 감소한다.
④ 습도 : 극성 흡착제를 사용할 때 수증기가 흡착되기 때문에 파과가 일어나기 쉽다.

풀이 흡착제를 이용한 시료채취 시 영향인자
㉠ 온도 : 온도가 낮을수록 흡착에 좋으나 고온일수록 흡착대상 오염물질과 흡착제의 표면 사이 또는 2종 이상의 흡착대상 물질 간 반응속도가 증가하여 흡착성질이 감소하며 파과가 일어나기 쉽다(모든 흡착은 발열반응이다).
㉡ 습도 : 극성 흡착제를 사용할 때 수증기가 흡착되기 때문에 파과가 일어나기 쉬우며 비교적 높은 습도는 활성탄의 흡착용량을 저하시킨다. 또한 습도가 높으면 파과공기량(파과가 일어날 때까지의 채취공기량)이 적어진다.
㉢ 시료채취속도(시료채취량) : 시료채취속도가 크고 코팅된 흡착제일수록 파과가 일어나기 쉽다.
㉣ 유해물질 농도(포집된 오염물질의 농도) : 농도가 높으면 파과용량(흡착제에 흡착된 오염물질량)이 증가하나 파과공기량은 감소한다.
㉤ 혼합물 : 혼합기체의 경우 각 기체의 흡착량은 단독성분이 있을 때보다 적어지게 된다(혼합물 중 흡착제와 강한 결합을 하는 물질에 의하여 치환반응이 일어나기 때문).
㉥ 흡착제의 크기(흡착제의 비표면적) : 입자 크기가 작을수록 표면적 및 채취효율이 증가하지만 압력강하가 심하다(활성탄은 다른 흡착제에 비하여 큰 비표면적을 갖고 있다).
㉦ 흡착관의 크기(튜브의 내경, 흡착제의 양) : 흡착제의 양이 많아지면 전체 흡착제의 표면적이 증가하여 채취용량이 증가하므로 파과가 쉽게 발생되지 않는다.

29 금속제품을 탈지, 세정하는 공정에서 사용하는 유기용제인 트리클로로에틸렌의 근로자 노출농도를 측정하고자 한다. 과거의 노출농도를 조사해 본 결과, 평균 50ppm이었다. 활성탄관(100mg/50mg)을 이용하여 0.4L/min으로 채취하였다면 채취해야 할 최소한의 시간(분)은? (단, 트리클로로에틸렌의 분자량은 131.39, 가스 크로마토그래피의 정량한계는 시료당 0.5mg, 1기압, 25℃ 기준으로 기타 조건은 고려하지 않는다.)
① 약 4.7분
② 약 6.2분
③ 약 8.6분
④ 약 9.3분

풀이
- $mg/m^3 = 50ppm \times \dfrac{131.39}{24.45} = 268.69 mg/m^3$
- 최소시료채취량 $= \dfrac{LOQ}{농도}$
  $= \dfrac{0.5mg}{268.69mg/m^3}$
  $= 0.00186 m^3 \times 1,000 L/m^3$
  $= 1.86L$
- ∴ 채취 최소시간(min) $= \dfrac{1.86L}{0.4L/min}$
  $= 4.65 min$

30 흡광광도법에서 사용되는 흡수셀의 재질 가운데 자외선 영역의 파장범위에 사용되는 재질은?
① 유리
② 석영
③ 플라스틱
④ 유리와 플라스틱

풀이 흡수셀의 재질
㉠ 유리 : 가시·근적외 파장에 사용
㉡ 석영 : 자외파장에 사용
㉢ 플라스틱 : 근적외파장에 사용

31 Hexane의 부분압이 100mmHg(OEL 500ppm)이었을 때 VHR_{Hexane}은?

① 212.5   ② 226.3
③ 247.2   ④ 263.2

[풀이] $VHR = \dfrac{C}{TLV} = \dfrac{(100/760) \times 10^6}{500} = 263.16$

32 셀룰로오스에스테르막 여과지에 관한 설명으로 옳지 않은 것은?

① 산에 쉽게 용해된다.
② 중금속 시료채취에 유리하다.
③ 유해물질이 표면에 주로 침착된다.
④ 흡습성이 적어 중량분석에 적당하다.

[풀이] MCE막 여과지(Mixed Cellulose Ester membrane filter)
㉠ 산업위생에서는 거의 대부분이 직경 37mm, 구멍 크기 0.45~0.8μm의 MCE막 여과지를 사용하고 있어 작은 입자의 금속과 흄(fume) 채취가 가능하다.
㉡ 산에 쉽게 용해되고 가수분해되며, 습식 회화되기 때문에 공기 중 입자상 물질 중의 금속을 채취하여 원자흡광법으로 분석하는 데 적당하다.
㉢ 산에 의해 쉽게 회화되기 때문에 원소분석에 적합하고 NIOSH에서는 금속, 석면, 살충제, 불소화합물 및 기타 무기물질에 추천되고 있다.
㉣ 시료가 여과지의 표면 또는 가까운 곳에 침착되므로 석면, 유리섬유 등 현미경 분석을 위한 시료채취에도 이용된다.
㉤ 흡습성(원료인 셀룰로오스가 수분 흡수)이 높아 오차를 유발할 수 있어 중량분석에 적합하지 않다.

33 입경이 50μm이고 입자 비중이 1.32인 입자의 침강속도는? (단, 입경이 1~50μm인 먼지의 침강속도를 구하기 위해 산업위생 분야에서 주로 사용하는 식을 적용한다.)

① 8.6cm/sec   ② 9.9cm/sec
③ 11.9cm/sec ④ 13.6cm/sec

[풀이] 침강속도 $= 0.003 \times \rho \times d^2 = 0.003 \times 1.32 \times 50^2$
$= 9.9 \text{cm/sec}$

34 다음 중 계통오차의 종류로 잘못된 것은?

① 한 가지 실험 측정을 반복할 때 측정값들의 변동으로 발생되는 오차
② 측정 및 분석 기기의 부정확성으로 발생된 오차
③ 측정하는 개인의 선입관으로 발생된 오차
④ 측정 및 분석 시 온도나 습도와 같이 알려진 외계의 영향으로 생기는 오차

[풀이] 계통오차의 종류
(1) 외계오차(환경오차)
 ㉠ 측정 및 분석 시 온도나 습도와 같은 외계의 환경으로 생기는 오차를 의미한다.
 ㉡ 대책(오차의 세기) : 보정값을 구하여 수정함으로써 오차를 제거할 수 있다.
(2) 기계오차(기기오차)
 ㉠ 사용하는 측정 및 분석 기기의 부정확성으로 인한 오차를 말한다.
 ㉡ 대책 : 기계의 교정에 의하여 오차를 제거할 수 있다.
(3) 개인오차
 ㉠ 측정자의 습관이나 선입관에 의한 오차이다.
 ㉡ 대책 : 두 사람 이상 측정자의 측정을 비교하여 오차를 제거할 수 있다.

35 작업장 내 기류측정에 대한 설명으로 옳지 않은 것은?

① 풍차풍속계는 풍차의 회전속도로 풍속을 측정한다.
② 풍차풍속계는 보통 1~150m/sec 범위의 풍속을 측정하며 옥외용이다.
③ 기류속도가 아주 낮을 때에는 카타온도계와 복사풍속계를 사용하는 것이 정확하다.
④ 카타온도계는 기류의 방향이 일정하지 않거나, 실내 0.2~0.5m/sec 정도의 불감기류를 측정할 때 사용한다.

[풀이] 기류속도가 아주 낮을 경우에는 열선풍속계를 사용한다.

정답 31.④ 32.④ 33.② 34.① 35.③

36 소음의 측정 시간 및 횟수에 관한 기준으로 옳지 않은 것은?

① 단위작업장소에서의 소음 발생시간이 6시간 이내인 경우나 소음 발생원에서의 발생시간이 간헐적인 경우에는 등간격으로 나누어 3회 이상 측정하여야 한다.
② 단위작업장소에서 소음수준은 규정된 측정 위치 및 지점에서 1일 작업시간을 1시간 간격으로 나누어 6회 이상 측정한다.
③ 소음 발생특성이 연속음으로서 측정치가 변동이 없다고 자격자 또는 지정 측정기관이 판단한 경우에는 1시간 동안을 등간격으로 나누어 3회 이상 측정할 수 있다.
④ 단위작업장소에서 소음수준은 규정된 측정 위치 및 지점에서 1일 작업시간 동안 6시간 이상 연속 측정한다.

[풀이] **소음 측정 시간 및 횟수**
㉠ 단위작업장소에서 소음수준은 규정된 측정 위치 및 지점에서 1일 작업시간 동안 6시간 이상 연속 측정하거나 작업시간을 1시간 간격으로 나누어 6회 이상 측정하여야 한다. 다만, 소음의 발생특성이 연속음으로서 측정치가 변동이 없다고 자격자 또는 지정 측정기관이 판단한 경우에는 1시간 동안을 등간격으로 나누어 3회 이상 측정할 수 있다.
㉡ 단위작업장소에서의 소음 발생시간이 6시간 이내인 경우나 소음 발생원에서의 발생시간이 간헐적인 경우에는 발생시간 동안 연속 측정하거나 등간격으로 나누어 4회 이상 측정하여야 한다.

37 불꽃방식의 원자흡광광도계의 장단점으로 옳지 않은 것은?

① 조작이 쉽고 간편하다.
② 분석시간이 흑연로장치에 비하여 적게 소요된다.
③ 주입 시료액의 대부분이 불꽃 부분으로 보내지므로 감도가 높다.
④ 고체 시료의 경우 전처리에 의하여 매트릭스를 제거해야 한다.

[풀이] **불꽃원자화장치의 장단점**
(1) 장점
㉠ 쉽고 간편하다.
㉡ 가격이 흑연로장치나 유도결합플라스마-원자발광분석기보다 저렴하다.
㉢ 분석이 빠르고, 정밀도가 높다(분석시간이 흑연로장치에 비해 적게 소요).
㉣ 기질의 영향이 적다.
(2) 단점
㉠ 많은 양의 시료(10mL)가 필요하며, 감도가 제한되어 있어 저농도에서 사용이 힘들다.
㉡ 용질이 고농도로 용해되어 있는 경우, 점성이 큰 용액은 분무구를 막을 수 있다.
㉢ 고체 시료의 경우 전처리에 의하여 기질(매트릭스)을 제거해야 한다.

38 다음은 작업장 소음 측정에 관한 내용이다. ( ) 안의 내용으로 옳은 것은? (단, 고용노동부 고시 기준)

> 누적소음노출량 측정기로 소음을 측정하는 경우에는 criteria 90dB, exchange rate 5dB, threshold ( )dB로 기기를 설정한다.

① 50 ② 60
③ 70 ④ 80

[풀이] **누적소음노출량 측정기의 설정**
㉠ criteria=90dB
㉡ exchange rate=5dB
㉢ threshold=80dB

39 표준가스에 대한 법칙 중 '일정한 부피조건에서 압력과 온도는 비례한다'는 내용은?

① 픽스의 법칙
② 보일의 법칙
③ 샤를의 법칙
④ 게이-뤼삭의 법칙

[풀이] **게이-뤼삭의 기체반응 법칙**
화학반응에서 그 반응물 및 생성물이 모두 기체일 때 등온·등압하에서 측정한 이들 기체의 부피 사이에는 간단한 정수비 관계가 성립한다는 법칙(일정한 부피에서 압력과 온도는 비례한다는 표준가스 법칙)이다.

정답 36.① 37.③ 38.④ 39.④

40 흡착제의 탈착을 위한 이황화탄소 용매에 관한 설명으로 틀린 것은?

① 활성탄으로 시료채취 시 많이 사용된다.
② 탈착효율이 좋다.
③ GC의 불꽃이온화검출기에서 반응성이 낮아 피크가 작게 나와 분석에 유리하다.
④ 인화성이 적어 화재의 염려가 적다.

[풀이] 이황화탄소의 단점으로는 독성 및 인화성이 크며, 작업이 번잡하다는 것이다.

제3과목 | 작업환경 관리대책

41 방진재료로 사용하는 방진고무의 장점으로 가장 거리가 먼 것은?

① 내후성, 내유성, 내약품성이 좋아 다양한 분야에 적용이 가능하다.
② 여러 가지 형태로 된 철물에 견고하게 부착할 수 있다.
③ 설계자료가 잘 되어 있어서 용수철 정수를 광범위하게 선택할 수 있다.
④ 고무의 내부마찰로 적당한 저항을 가지며 공진 시의 진폭도 지나치게 크지 않다.

[풀이] 방진고무의 장단점
(1) 장점
  ㉠ 고무 자체의 내부마찰로 적당한 저항을 얻을 수 있다.
  ㉡ 공진 시의 진폭도 지나치게 크지 않다.
  ㉢ 설계자료가 잘 되어 있어서 용수철 정수(스프링 상수)를 광범위하게 선택할 수 있다.
  ㉣ 형상의 선택이 비교적 자유로워 여러 가지 형태로 된 철물에 견고하게 부착할 수 있다.
  ㉤ 고주파 진동의 차진에 양호하다.
(2) 단점
  ㉠ 내후성, 내유성, 내열성, 내약품성이 약하다.
  ㉡ 공기 중의 오존(O_3)에 의해 산화된다.
  ㉢ 내부마찰에 의한 발열 때문에 열화되기 쉽다.

42 푸시풀(push-pull) 후드에 관한 설명으로 옳지 않은 것은?

① 도금조와 같이 폭이 넓은 경우에 사용하면 포집효율을 증가시키면서 필요유량을 대폭 감소시킬 수 있다.
② 제어속도는 푸시 제트기류에 의해 발생한다.
③ 가압노즐 송풍량은 흡인 후드 송풍량의 2.5~5배 정도이다.
④ 공정에서 작업물체를 처리조에 넣거나 꺼내는 중에 공기막이 파괴되어 오염물질이 발생한다.

[풀이] 흡인 후드의 송풍량은 근사적으로 가압노즐 송풍량의 1.5~2.0배의 표준기준이 사용된다.

43 다음 중 사이클론 집진장치에서 발생하는 블로다운(blow-down) 효과에 관한 설명으로 옳은 것은?

① 유효원심력을 감소시켜 선회기류의 흐트러짐을 방지한다.
② 관내 분진 부착으로 인한 장치의 폐쇄현상을 방지한다.
③ 부분적 난류 증가로 집진된 입자가 재비산된다.
④ 처리배기량의 50% 정도가 재유입되는 현상이다.

[풀이] 블로다운(blow-down)
(1) 정의
  사이클론의 집진효율을 향상시키기 위한 하나의 방법으로서 더스트박스 또는 호퍼부에서 처리가스의 5~10%를 흡인하여 선회기류의 교란을 방지하는 운전방식이다.
(2) 효과
  ㉠ 사이클론 내의 난류현상을 억제시킴으로써 집진된 먼지의 비산을 방지(유효원심력 증대)한다.
  ㉡ 집진효율을 증대시킨다.
  ㉢ 장치 내부의 먼지 퇴적을 억제하여 장치의 폐쇄현상을 방지(가교현상 방지)한다.

정답 40.④ 41.① 42.③ 43.②

44 개구면적이 0.6m²인 외부식 장방형 후드가 자유공간에 설치되어 있다. 개구면으로부터 포촉점까지의 거리는 0.5m이고, 제어속도가 0.80m/sec일 때 필요송풍량은? (단, 플랜지 미부착)

① 126m³/min   ② 149m³/min
③ 164m³/min   ④ 182m³/min

[풀이] 자유공간, 플랜지 미부착
$Q = 60 \cdot V_c (10X^2 + A)$
$= 60 \times 0.8 \text{m/sec}[(10 \times 0.5^2)\text{m}^2 + 0.6\text{m}^2]$
$= 148.8 \text{m}^3/\text{min}$

45 국소배기시스템을 설계 시 송풍기 전압이 136mmH₂O, 필요환기량은 184m³/min이었다. 송풍기의 효율이 60%일 때 필요한 최소한의 송풍기 소요동력은?

① 2.7kW   ② 4.8kW
③ 6.8kW   ④ 8.7kW

[풀이] 송풍기 소요동력(kW)
$= \dfrac{Q \times \Delta P}{6.120 \times \eta} \times \alpha$
$= \dfrac{184\text{m}^3/\text{min} \times 136\text{mmH}_2\text{O}}{6.120 \times 0.6} \times 1.0 = 6.8\text{kW}$

46 레이놀즈수(Re)를 산출하는 공식으로 옳은 것은? (단, d : 덕트 직경(m), V : 공기 유속(m/sec), μ : 공기의 점성계수(kg/sec·m), ρ : 공기 밀도(kg/m³))

① $Re = (\mu \times \rho \times d)/V$
② $Re = (\rho \times V \times \mu)/d$
③ $Re = (d \times V \times \mu)/\rho$
④ $Re = (\rho \times d \times V)/\mu$

[풀이] 레이놀즈수(Re)
$Re = \dfrac{\rho Vd}{\mu} = \dfrac{Vd}{\nu} = \dfrac{\text{관성력}}{\text{점성력}}$
여기서, Re : 레이놀즈수 ⇒ 무차원
ρ : 유체의 밀도(kg/m³)
d : 유체가 흐르는 직경(m)
V : 유체의 평균유속(m/sec)
μ : 유체의 점성계수(kg/m·sec(Poise))
ν : 유체의 동점성계수(m²/sec)

47 움직이지 않는 공기 중으로 속도 없이 배출되는 작업조건(작업공정 : 탱크에서 증발)의 제어속도 범위로 가장 적절한 것은? (단, ACGIH 권고 기준)

① 0.1~0.3m/sec
② 0.3~0.5m/sec
③ 0.5~1.0m/sec
④ 1.0~1.5m/sec

[풀이] 작업조건에 따른 제어속도 기준

작업조건	작업공정 사례	제어속도(m/sec)
• 움직이지 않는 공기 중에서 속도 없이 배출되는 작업조건 • 조용한 대기 중에 실제 거의 속도가 없는 상태로 발산하는 작업조건	• 액면에서 발생하는 가스나 증기, 흄 • 탱크에서 증발, 탈지시설	0.25~0.5
비교적 조용한(약간의 공기 움직임) 대기 중에서 저속도로 비산하는 작업조건	• 용접, 도금 작업 • 스프레이 도장 • 주형을 부수고 모래를 터는 장소	0.5~1.0
발생기류가 높고 유해물질이 활발하게 발생하는 작업조건	• 스프레이 도장, 용기 충전 • 컨베이어 적재 • 분쇄기	1.0~2.5
초고속기류가 있는 작업장소에 초고속으로 비산하는 작업조건	• 회전연삭작업 • 연마작업 • 블라스트 작업	2.5~10

48 산소가 결핍된 밀폐공간에서 작업하는 경우 가장 적합한 호흡용 보호구는?

① 방진마스크
② 방독마스크
③ 송기마스크
④ 면체여과식 마스크

[풀이] 송기마스크
㉠ 산소가 결핍된 환경 또는 유해물질의 농도가 높거나 독성이 강한 작업장에서 사용해야 한다.
㉡ 대표적인 보호구로는 에어라인(air-line) 마스크와 자기공기공급장치(SCBA)가 있다.

49 A용제가 800m³의 체적을 가진 방에 저장되어 있다. 공기를 공급하기 전에 측정한 농도는 400ppm이었다. 이 방으로 환기량 40m³/min을 공급한다면 노출기준인 100ppm으로 달성되는 데 걸리는 시간은? (단, 유해물질 발생은 정지, 환기만 고려한다.)

① 약 12분 ② 약 14분
③ 약 24분 ④ 약 28분

풀이

$$시간(t) = -\frac{V}{Q'}\ln\left(\frac{C_2}{C_1}\right)$$
$$= \left(-\frac{800}{40}\right) \times \ln\left(\frac{100}{400}\right)$$
$$= 27.73\text{min}$$

50 보호구에 관한 설명으로 옳지 않은 것은?

① 방진마스크의 흡기저항과 배기저항은 모두 낮은 것이 좋다.
② 방진마스크의 포집효율과 흡기저항 상승률은 모두 높은 것이 좋다.
③ 방독마스크는 사용 중에 조금이라도 가스냄새가 나는 경우 새로운 정화통으로 교체하여야 한다.
④ 방독마스크의 흡수제는 활성탄, 실리카겔, soda lime 등이 사용된다.

풀이 **방진마스크의 선정조건(구비조건)**
㉠ 흡기저항 및 흡기저항 상승률이 낮을 것
  ※ 일반적 흡기저항 범위 : 6~8mmH₂O
㉡ 배기저항이 낮을 것
  ※ 일반적 배기저항 기준 : 6mmH₂O 이하
㉢ 여과재 포집효율이 높을 것
㉣ 착용 시 시야확보가 용이할 것
  ※ 하방시야가 60° 이상 되어야 함
㉤ 중량은 가벼울 것
㉥ 안면에서의 밀착성이 클 것
㉦ 침입률 1% 이하까지 정확히 평가 가능할 것
㉧ 피부접촉부위가 부드러울 것
㉨ 사용 후 손질이 간단할 것
㉩ 무게중심은 안면에 강한 압박감을 주지 않는 위치에 있을 것

51 다음 중 덕트 합류 시 댐퍼를 이용한 균형유지법의 장단점으로 가장 거리가 먼 것은?

① 임의로 댐퍼 조정 시 평형상태가 깨짐
② 시설 설치 후 변경에 대한 대처가 어려움
③ 설계 계산이 상대적으로 간단함
④ 설치 후 부적당한 배기유량의 조절이 가능

풀이 **저항조절평형법(댐퍼조절평형법, 덕트균형유지법)의 장단점**
(1) 장점
  ㉠ 시설 설치 후 변경에 유연하게 대처가 가능하다.
  ㉡ 최소설계풍량으로 평형유지가 가능하다.
  ㉢ 공장 내부의 작업공정에 따라 적절한 덕트 위치 변경이 가능하다.
  ㉣ 설계 계산이 간편하고, 고도의 지식을 요하지 않는다.
  ㉤ 설치 후 송풍량의 조절이 비교적 용이하다. 즉, 임의의 유량을 조절하기가 용이하다.
  ㉥ 덕트의 크기를 바꿀 필요가 없기 때문에 반송속도를 그대로 유지한다.
(2) 단점
  ㉠ 평형상태 시설에 댐퍼를 잘못 설치 시 또는 임의의 댐퍼 조정 시 평형상태가 파괴될 수 있다.
  ㉡ 부분적 폐쇄댐퍼는 침식, 분진퇴적의 원인이 된다.
  ㉢ 최대저항경로로 선정이 잘못되어도 설계 시 쉽게 발견할 수 없다.
  ㉣ 댐퍼가 노출되어 있는 경우가 많아 누구나 쉽게 조절할 수 있어 정상기능을 저해할 수 있다.
  ㉤ 임의의 댐퍼 조정 시 평형상태가 파괴될 수 있다.

52 A유체관의 압력을 측정한 결과, 정압이 −18.56mmH₂O이고 전압이 20mmH₂O였다. 이 유체관의 유속(m/sec)은 약 얼마인가? (단, 공기밀도 1.21kg/m³ 기준)

① 10 ② 15
③ 20 ④ 25

풀이

$$유속(\text{m/sec}) = \sqrt{\frac{VP \times 2g}{\gamma}}$$
• $VP = TP - SP = 20 - (-18.56)$
$= 38.56\text{mmH}_2\text{O}$
$$= \sqrt{\frac{38.56 \times (2 \times 9.8)}{1.2}} = 25.1\text{m/sec}$$

53 국소배기장치에 관한 주의사항으로 가장 거리가 먼 것은?

① 배기관은 유해물질이 발산하는 부위의 공기를 모두 빨아낼 수 있는 성능을 갖출 것
② 흡인되는 공기가 근로자의 호흡기를 거치지 않도록 할 것
③ 먼지를 제거할 때에는 공기속도를 조절하여 배기관 안에서 먼지가 일어나도록 할 것
④ 유독물질의 경우에는 굴뚝에 흡인장치를 보강할 것

[풀이] 배기관 안에서 먼지가 재비산되지 않도록 해야 한다.

54 작업환경의 관리원칙인 대치 개선방법으로 옳지 않은 것은?

① 성냥 제조 시 : 황린 대신 적린을 사용함
② 세탁 시 : 화재예방을 위해 석유나프타 대신 4클로로에틸렌을 사용함
③ 땜질한 납을 oscillating-type sander로 깎던 것을 고속회전 그라인더를 이용함
④ 분말로 출하되는 원료를 고형상태의 원료로 출하함

[풀이] 고속회전 그라인더로 깎던 것을 oscillating-type sander로 대치하여 사용한다.

55 분압이 5mmHg인 물질이 표준상태의 공기 중에서 증발하여 도달할 수 있는 최고농도(포화농도, ppm)는?

① 약 4,520   ② 약 5,590
③ 약 6,580   ④ 약 7,530

[풀이] 최고농도(ppm) $= \dfrac{5}{760} \times 10^6$
$= 6578.95 \text{ppm}$

56 용접작업대에 [그림]과 같은 외부식 후드를 설치할 때 개구면적이 0.3m²이면 송풍량은? (단, V_c : 제어속도)

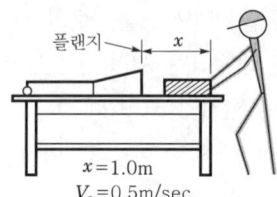

$x = 1.0\text{m}$
$V_c = 0.5\text{m/sec}$

① 약 150m³/min   ② 약 155m³/min
③ 약 160m³/min   ④ 약 165m³/min

[풀이] 바닥면에 위치, 플랜지 부착 시 송풍량(Q)
$Q = 60 \times 0.5 \times V_c(10X^2 + A)$
$= 60 \times 0.5 \times 0.5\text{m/sec}[(10 \times 1^2) + 0.3]$
$= 154.5 \text{m}^3/\text{min}$

57 다음 중 필요환기량을 감소시키는 방법으로 틀린 것은?

① 후드 개구면에서 기류가 균일하게 분포되도록 설계한다.
② 공정에서 발생 또는 배출되는 오염물질의 절대량을 감소시킨다.
③ 가급적이면 공정이 많이 포위되지 않도록 하여야 한다.
④ 포집형이나 레시버형 후드를 사용할 때는 가급적 후드를 배출오염원에 가깝게 설치한다.

[풀이] 후드가 갖추어야 할 사항(필요환기량을 감소시키는 방법)
㉠ 가능한 한 오염물질 발생원에 가까이 설치한다(포집형 및 레시버형 후드).
㉡ 제어속도는 작업조건을 고려하여 적정하게 선정한다.
㉢ 작업에 방해되지 않도록 설치하여야 한다.
㉣ 오염물질 발생특성을 충분히 고려하여 설계하여야 한다.
㉤ 가급적이면 공정을 많이 포위한다.
㉥ 후드 개구면에서 기류가 균일하게 분포되도록 설계한다.
㉦ 공정에서 발생 또는 배출되는 오염물질의 절대량을 감소시킨다.

[정답] 53.③ 54.③ 55.③ 56.② 57.③

58 중력침강속도에 대한 설명으로 틀린 것은? (단, Stokes 법칙 기준)

① 입자 직경의 제곱에 비례한다.
② 입자의 밀도차에 반비례한다.
③ 중력가속도에 비례한다.
④ 공기의 점성계수에 반비례한다.

풀이 침강속도$(V) = \dfrac{g \cdot d^2 (\rho_1 - \rho)}{18\mu}$ 이므로, 중력침강속도는 입자의 밀도차$(\rho_1 - \rho)$에 비례한다.

59 작업환경 개선의 기본원칙인 대치의 방법과 가장 거리가 먼 것은?

① 장소의 변경
② 시설의 변경
③ 공정의 변경
④ 물질의 변경

풀이 작업환경 개선(대치방법)
㉠ 공정의 변경
㉡ 시설의 변경
㉢ 유해물질의 변경

60 국소배기장치에서 공기공급시스템이 필요한 이유와 가장 거리가 먼 것은?

① 작업장의 교차기류 발생을 위해서
② 안전사고 예방을 위해서
③ 에너지 절감을 위해서
④ 국소배기장치의 효율 유지를 위해서

풀이 공기공급시스템이 필요한 이유
㉠ 국소배기장치의 원활한 작동을 위하여
㉡ 국소배기장치의 효율 유지를 위하여
㉢ 안전사고를 예방하기 위하여
㉣ 에너지(연료)를 절약하기 위하여
㉤ 작업장 내에 방해기류(교차기류)가 생기는 것을 방지하기 위하여
㉥ 외부공기가 정화되지 않은 채로 건물 내로 유입되는 것을 막기 위하여

제4과목 | 물리적 유해인자관리

61 기온이 0℃이고, 절대습도는 4.57mmHg일 때 0℃의 포화습도가 4.57mmHg라면 이때의 비교습도는 얼마인가?

① 30%
② 40%
③ 70%
④ 100%

풀이 비교습도(상대습도) $= \dfrac{\text{절대습도}}{\text{포화습도}} \times 100$
$= \dfrac{4.57}{4.57} \times 100$
$= 100\%$

62 질소 마취증상과 가장 연관이 많은 작업은?

① 잠수작업
② 용접작업
③ 냉동작업
④ 알루미늄작업

풀이 질소가스의 마취작용
㉠ 공기 중의 질소가스는 정상기압에서 비활성이지만 4기압 이상에서는 마취작용을 일으키며, 이를 다행증이라 한다(공기 중의 질소가스는 3기압 이하에서는 자극작용을 한다).
㉡ 질소가스 마취작용은 알코올 중독의 증상과 유사하다.
㉢ 작업력의 저하, 기분의 변환, 여러 종류의 다행증(euphoria)이 일어난다.
㉣ 수심 90~120m에서 환청, 환시, 조현증, 기억력 감퇴 등이 나타난다.

63 밀폐공간에서는 산소결핍이 발생할 수 있다. 산소결핍의 원인 중 소모(consumption)에 해당하지 않는 것은?

① 제한된 공간 내에서 사람의 호흡
② 용접, 절단, 불 등에 의한 연소
③ 금속의 산화, 녹 등의 화학반응
④ 질소, 아르곤, 헬륨 등의 불활성 가스 사용

풀이 ①, ②, ③항은 산소를 소모하는 반응을 한다.

정답 58.② 59.① 60.① 61.④ 62.① 63.④

64 다음 중 레이노(Raynaud) 증후군의 발생 가능성이 가장 큰 작업은?
① 공기 해머(hammer) 작업
② 보일러 수리 및 가동
③ 인쇄작업
④ 용접작업

풀이 레이노 현상(Raynaud's phenomenon)
㉠ 손가락에 있는 말초혈관 운동의 장애로 인하여 수지가 창백해지고 손이 차며 저리거나 통증이 오는 현상이다.
㉡ 한랭작업조건에서 특히 증상이 악화된다.
㉢ 압축공기를 이용한 진동공구, 즉 착암기 또는 해머와 같은 공구를 장기간 사용한 근로자들의 손가락에 유발되기 쉬운 직업병이다.
㉣ dead finger 또는 white finger라고도 하며, 발증까지 약 5년 정도 걸린다.

65 다음 중 적외선으로 인해 발생하는 생체작용과 가장 거리가 먼 것은?
① 색소침착
② 망막 손상
③ 초자공 백내장
④ 뇌막 자극에 의한 두부 손상

풀이 자외선으로 인해 각질층 표피세포(말피기층)의 histamine의 양이 많아져 모세혈관의 수축, 홍반 형성에 이어 색소침착이 발생한다.

66 전리방사선과 비전리방사선의 경계가 되는 광자에너지의 강도로 가장 적절한 것은?
① 12eV   ② 120eV
③ 1,200eV   ④ 12,000eV

풀이 전리방사선과 비전리방사선의 구분
㉠ 전리방사선과 비전리방사선의 경계가 되는 광자에너지의 강도는 12eV이다.
㉡ 생체에서 이온화시키는 데 필요한 최소에너지는 대체로 12eV가 되고, 그 이하의 에너지를 갖는 방사선을 비이온화방사선, 그 이상 큰 에너지를 갖는 것을 이온화방사선이라 한다.
㉢ 방사선을 전리방사선과 비전리방사선으로 분류하는 인자는 이온화하는 성질, 주파수, 파장이다.

67 다음 중 마이크로파의 에너지량과 거리와의 관계에 관한 설명으로 옳은 것은?
① 에너지량은 거리의 제곱에 비례한다.
② 에너지량은 거리에 비례한다.
③ 에너지량은 거리의 제곱에 반비례한다.
④ 에너지량은 거리에 반비례한다.

풀이 마이크로파의 물리적 특성
㉠ 마이크로파는 1mm~1m(10m)의 파장(또는 약 1~300cm)과 30MHz(10Hz)~300GHz(300MHz~300GHz)의 주파수를 가지며 라디오파의 일부이다. 단, 지역에 따라 주파수 범위의 규정이 각각 다르다.
※ 라디오파 : 파장이 1m~100km, 주파수가 약 3kHz~300GHz까지를 말한다.
㉡ 에너지량은 거리의 제곱에 반비례한다.

68 음압실효치가 0.2N/m²일 때 음압수준(SPL ; Sound Pressure Level)은 얼마인가? (단, 기준음압은 2×10^{-5}N/m²로 계산한다.)
① 100dB
② 80dB
③ 60dB
④ 40dB

풀이
$$SPL = 20\log\frac{P}{P_o}$$
$$= 20\log\frac{0.2}{2\times10^{-5}} = 80dB$$

69 다음 중 1,000Hz에서 40dB의 음압레벨을 갖는 순음의 크기를 1로 하는 소음의 단위는?
① NRN   ② dB(C)
③ phon   ④ sone

풀이 sone
㉠ 감각적인 음의 크기(loudness)를 나타내는 양으로, 1,000Hz에서의 압력수준 dB을 기준으로 하여 등감곡선을 소리의 크기로 나타내는 단위이다.
㉡ 1,000Hz 순음의 음의 세기레벨 40dB의 음의 크기를 1sone으로 정의한다.

70 소음성 난청(Noise Induced Hearing Loss, NIHL)에 관한 설명으로 틀린 것은?

① 소음성 난청은 4,000Hz 정도에서 가장 많이 발생한다.
② 일시적 청력변화 때의 각 주파수에 대한 청력손실 양상은 같은 소리에 의하여 생긴 영구적 청력변화 때의 청력손실 양상과는 다르다.
③ 심한 소음에 반복하여 노출되면 일시적 청력변화는 영구적 청력변화(permanent threshold shift)로 변하며 코르티기관에 손상이 온 것으로 회복이 불가능하다.
④ 심한 소음에 노출되면 처음에는 일시적 청력변화(temporary threshold shift)를 초래하는데, 이것은 소음노출을 그치면 다시 노출 전의 상태로 회복되는 변화이다.

풀이 난청(청력장애)
(1) 일시적 청력손실(TTS)
  ㉠ 강력한 소음에 노출되어 생기는 난청으로 4,000~6,000Hz에서 가장 많이 발생한다.
  ㉡ 청신경세포의 피로현상으로, 회복되려면 12~24시간을 요하는 가역적인 청력저하이며, 영구적 소음성 난청의 예비신호로도 볼 수 있다.
(2) 영구적 청력손실(PTS) : 소음성 난청
  ㉠ 비가역적 청력저하, 강렬한 소음이나 지속적인 소음 노출에 의해 청신경 말단부의 내이 코르티(corti)기관의 섬모세포 손상으로 회복될 수 없는 영구적인 청력저하가 발생한다.
  ㉡ 3,000~6,000Hz의 범위에서 먼저 나타나고, 특히 4,000Hz에서 가장 심하게 발생한다.
(3) 노인성 난청
  ㉠ 노화에 의한 퇴행성 질환으로, 감각신경성 청력손실이 양측 귀에 대칭적·점진적으로 발생하는 질환이다.
  ㉡ 일반적으로 고음역에 대한 청력손실이 현저하며 6,000Hz에서부터 난청이 시작된다.

71 다음 중 진동에 관한 설명으로 옳은 것은?

① 수평 및 수직 진동이 동시에 가해지면 2배의 자각현상이 나타난다.
② 신체의 공진현상은 서 있을 때가 앉아 있을 때보다 심하게 나타난다.
③ 국소진동은 골, 관절, 지각이상 이외의 중추신경이나 내분비계에는 영향을 미치지 않는다.
④ 말초혈관운동의 장애로 인한 혈액순환 장애로 손가락 등이 창백해지는 현상은 전신진동에서 주로 발생한다.

풀이
② 앉아 있을 때 더 심하게 나타난다.
③ 중추신경이나 내분비계에도 영향을 미친다.
④ 국소진동에서 주로 발생한다.

72 다음 설명에 해당하는 전리방사선의 종류는?

- 원자핵에서 방출되는 입자로서 헬륨원자의 핵과 같이 두 개의 양자와 두 개의 중성자로 구성되어 있다.
- 질량과 하전 여부에 따라서 그 위험성이 결정된다.
- 투과력은 가장 약하나 전리작용은 가장 강하다.

① X선 ② α선
③ β선 ④ γ선

풀이 α선(α입자)
㉠ 방사선 동위원소의 붕괴과정 중 원자핵에서 방출되는 입자로서 헬륨원자의 핵과 같이 2개의 양자와 2개의 중성자로 구성되어 있다. 즉, 선원(major source)은 방사선 원자핵이고 고속의 He 입자형태이다.
㉡ 질량과 하전 여부에 따라 그 위험성이 결정된다.
㉢ 투과력은 가장 약하나(매우 쉽게 흡수) 전리작용은 가장 강하다.
㉣ 투과력이 약해 외부조사로 건강상의 위해가 오는 일은 드물며, 피해부위는 내부노출이다.
㉤ 외부조사보다 동위원소를 체내 흡입·섭취할 때의 내부조사의 피해가 가장 큰 전리방사선이다.

73 고압환경의 2차적인 가압현상(화학적 장애) 중 산소중독에 관한 설명으로 틀린 것은?

① 산소의 중독작용은 운동이나 이산화탄소의 존재로 다소 완화될 수 있다.
② 산소의 분압이 2기압이 넘으면 산소중독 증세가 나타난다.
③ 수지와 족지의 작열통, 시력장애, 정신혼란, 근육경련 등의 증상을 보이며 나아가서는 간질 모양의 경련을 나타낸다.
④ 산소중독에 따른 증상은 고압산소에 대한 노출이 중지되면 멈추게 된다.

[풀이] **산소중독**
㉠ 산소의 분압이 2기압을 넘으면 산소중독 증상을 보인다. 즉, 3~4기압의 산소 혹은 이에 상당하는 공기 중 산소분압에 의하여 중추신경계의 장애에 기인하는 운동장애를 나타내는데 이것을 산소중독이라 한다.
㉡ 수중의 잠수자는 폐압착증을 예방하기 위하여 수압과 같은 압력의 압축기체를 호흡하여야 하며, 이로 인한 산소분압 증가로 산소중독이 일어난다.
㉢ 고압산소에 대한 폭로가 중지되면 증상은 즉시 멈춘다. 즉, 가역적이다.
㉣ 1기압에서 순산소는 인후를 자극하나 비교적 짧은 시간의 폭로라면 중독 증상은 나타나지 않는다.
㉤ 산소중독작용은 운동이나 이산화탄소로 인해 악화된다.
㉥ 수지나 족지의 작열통, 시력장애, 정신혼란, 근육경련 등의 증상을 보이며 나아가서는 간질 모양의 경련을 나타낸다.

74 다음 중 빛 또는 밝기와 관련된 단위가 아닌 것은?

① Wb   ② lux
③ lm   ④ cd

[풀이]
② lux : 조도의 단위
③ lm : 광속의 단위
④ cd : 광도의 단위

75 다음 중 소음에 대한 청감보정특성치에 관한 설명으로 틀린 것은?

① A특성치와 C특성치를 동시에 측정하면 그 소음의 주파수 구성을 대략 추정할 수 있다.
② A, B, C 특성 모두 4,000Hz에서 보정치가 0이다.
③ 소음에 대한 허용기준은 A특성치에 준하는 것이다.
④ A특성치란 대략 40phon의 등감곡선과 비슷하게 주파수에 따른 반응을 보정하여 측정한 음압수준이다.

[풀이] 소음의 특성치를 알아보기 위해서 A, B, C 특성치(청감보정회로)로 측정한 결과 세 가지의 값이 거의 일치되는 주파수는 1,000Hz이다. 즉 A, B, C 특성 모두 1,000Hz에서의 보정치는 0이다.

76 다음 중 한랭장애에 대한 예방법으로 적절하지 않은 것은?

① 의복이나 구두 등의 습기를 제거한다.
② 과도한 피로를 피하고, 충분한 식사를 한다.
③ 가능한 한 팔과 다리를 움직여 혈액순환을 돕는다.
④ 가능한 꼭 맞는 구두, 장갑을 착용하여 한기가 들어오지 않도록 한다.

[풀이] **한랭장애 예방법**
㉠ 팔다리 운동으로 혈액순환을 촉진한다.
㉡ 약간 큰 장갑과 방한화를 착용한다.
㉢ 건조한 양말을 착용한다.
㉣ 과도한 음주 및 흡연을 삼가한다.
㉤ 과도한 피로를 피하고 충분한 식사를 한다.
㉥ 더운물과 더운 음식을 자주 섭취한다.
㉦ 외피는 통기성이 적고 함기성이 큰 것을 착용한다.
㉧ 오랫동안 찬물, 눈, 얼음에서 작업하지 않는다.
㉨ 의복이나 구두 등의 습기를 제거한다.

정답 73.① 74.① 75.② 76.④

77 다음 중 소음의 대책에 있어 전파경로에 대한 대책과 가장 거리가 먼 것은?

① 거리감쇠 : 배치의 변경
② 차폐효과 : 방음벽 설치
③ 지향성 : 음원방향 유지
④ 흡음 : 건물 내부 소음 처리

풀이 전파경로 대책
㉠ 흡음(실내 흡음처리에 의한 음압레벨 저감)
㉡ 차음(벽체의 투과손실 증가)
㉢ 거리감쇠
㉣ 지향성 변환(음원방향의 변경)

78 다음 중 자외선의 인체 내 작용에 대한 설명과 가장 거리가 먼 것은?

① 홍반은 250nm 이하에서 노출 시 가장 강한 영향을 준다.
② 자외선 노출에 의한 가장 심각한 만성 영향은 피부암이다.
③ 280~320nm에서는 비타민 D의 생성이 활발해진다.
④ 254~280nm에서 강한 살균작용을 나타낸다.

풀이 각질층 표피세포(말피기층)의 histamine의 양이 많아져 모세혈관 수축, 홍반 형성에 이어 색소 침착이 발생하며, 홍반 형성은 300nm 부근(2,000~2,900 Å)의 폭로가 가장 강한 영향을 미치며 멜라닌색소 침착은 300~420nm에서 영향을 미친다.

79 다음 [보기] 중 온열요소를 결정하는 주요 인자들로만 나열된 것은?

[보기]
㉮ 기온 ㉯ 기습
㉰ 지형 ㉱ 위도
㉲ 기류

① ㉮, ㉯, ㉰
② ㉯, ㉰, ㉱
③ ㉰, ㉱, ㉲
④ ㉮, ㉯, ㉲

풀이 사람과 환경 사이에 일어나는 열교환에 영향을 미치는 것은 기온, 기류, 습도 및 복사열 4가지이다. 즉 기후인자 가운데서 기온, 기류, 습도(기습) 및 복사열 등 온열요소가 동시에 인체에 작용하여 관여할 때 인체는 온열감각을 느끼게 되며, 온열요소를 단일척도로 표현하는 것을 온열지수라 한다.

80 다음 설명 중 ( ) 안에 내용으로 가장 적절한 것은?

국부조명에만 의존할 경우에는 작업장의 조도가 균등하지 못해서 눈의 피로를 가져올 수 있으므로 전체조명과 병용하는 것이 보통이다. 이와 같은 경우 전체조명의 조도는 국부조명에 의한 조도의 ( ) 정도가 되도록 조절한다.

① $\dfrac{1}{10} \sim \dfrac{1}{5}$
② $\dfrac{1}{20} \sim \dfrac{1}{10}$
③ $\dfrac{1}{30} \sim \dfrac{1}{20}$
④ $\dfrac{1}{50} \sim \dfrac{1}{30}$

풀이 전체조명의 조도는 국부조명에 의한 조도의 $\dfrac{1}{10} \sim \dfrac{1}{5}$ 정도가 되도록 조절한다.

제5과목 | 산업 독성학

81 벤젠에 노출되는 근로자 10명이 6개월 동안 근무하였고, 5명이 2년 동안 근무하였을 경우 노출인년(person-years of exposure)은 얼마인가?

① 10
② 15
③ 20
④ 25

풀이 노출인년
$= \sum \left[조사\ 인원 \times \left(\dfrac{조사한\ 개월수}{12월} \right) \right]$
$= \left[10 \times \left(\dfrac{6}{12} \right) \right] + \left[5 \times \left(\dfrac{24}{12} \right) \right]$
$= 15$

82 유해화학물질의 생체막 투과방법에 대한 다음 설명이 가리키는 것은?

> 운반체의 확산성을 이용하여 생체막을 통과하는 방법으로, 운반체는 대부분 단백질로 되어 있다. 운반체의 수가 가장 많을 때 통과속도는 최대가 되지만 유사한 대상물질이 많이 존재하면 운반체의 결합에 경합하게 되어 투과속도가 선택적으로 억제된다. 일반적으로 필수영양소가 이 방법에 의하지만, 필수영양소와 유사한 화학물질이 통과하여 독성이 나타나게 된다.

① 촉진확산 ② 여과
③ 단순확산 ④ 능동투과

풀이 화학물질의 분자가 생체막을 투과하는 방법 중 촉진확산
㉠ 운반체의 확산성을 이용하여 생체막을 투과하는 방법이다.
㉡ 운반체는 대부분 단백질로 되어 있다.
㉢ 운반체의 수가 가장 많을 때 통과속도는 최대가 되지만 유사한 대상 물질이 많이 존재하면 운반체의 결합에 경합하게 되어 투과속도가 선택적으로 억제된다.
㉣ 필수영양소가 이 방법에 의하지만, 필수영양소와 유사한 화학물질이 통과하여 독성이 나타나게 된다.

83 입자성 물질의 호흡기계 침착기전 중 길이가 긴 입자가 호흡기계로 들어오면 그 입자의 가장자리가 기도의 표면을 스치게 됨으로써 침착하는 현상은?

① 충돌 ② 침전
③ 차단 ④ 확산

풀이 차단(interception)
㉠ 길이가 긴 입자가 호흡기계로 들어오면 그 입자의 가장자리가 기도의 표면을 스치게 됨으로써 일어나는 현상이다.
㉡ 섬유(석면)입자가 폐 내에 침착되는 데 중요한 역할을 담당한다.

84 칼슘대사에 장애를 주어 신결석을 동반한 신증후군이 나타나고 다량의 칼슘 배설이 일어나 뼈의 통증, 골연화증 및 골수공증과 같은 골격계 장애를 유발하는 중금속은?

① 망간(Mn) ② 카드뮴(Cd)
③ 비소(As) ④ 수은(Hg)

풀이 카드뮴의 만성중독 건강장애
(1) 신장기능 장애
 ㉠ 저분자 단백뇨의 다량 배설 및 신석증을 유발한다.
 ㉡ 칼슘대사에 장애를 주어 신결석을 동반한 신증후군이 나타난다.
(2) 골격계 장애
 ㉠ 다량의 칼슘 배설(칼슘 대사장애)이 일어나 뼈의 통증, 골연화증 및 골수공증을 유발한다.
 ㉡ 철분결핍성 빈혈증이 나타난다.
(3) 폐기능 장애
 ㉠ 폐활량 감소, 잔기량 증가 및 호흡곤란의 폐증세가 나타나며, 이 증세는 노출기간과 노출농도에 의해 좌우된다.
 ㉡ 폐기종, 만성 폐기능 장애를 일으킨다.
 ㉢ 기도 저항이 늘어나고 폐의 가스교환기능이 저하된다.
 ㉣ 고환의 기능이 쇠퇴(atrophy)한다.
(4) 자각 증상
 ㉠ 기침, 가래 및 후각의 이상이 생긴다.
 ㉡ 식욕부진, 위장 장애, 체중 감소 등을 유발한다.
 ㉢ 치은부에 연한 황색 색소침착을 유발한다.

85 다음 중 석유정제공장에서 다량의 벤젠을 분리하는 공정의 근로자가 해당 유해물질에 반복적으로 계속해서 노출될 경우 발생 가능성이 가장 높은 직업병은 무엇인가?

① 직업성 천식
② 급성 뇌척수성 백혈병
③ 신장 손상
④ 다발성 말초신경장애

풀이 벤젠은 장기간 폭로 시 혈액장애, 간장장애를 일으키고 재생불량성 빈혈, 백혈병(급성 뇌척수성)을 일으킨다.

86 다음 중 피부에 묻었을 경우 피부를 강하게 자극하고, 피부로부터 흡수되어 간장장애 등의 중독증상을 일으키는 유해화학물질은?

① 납(lead)
② 헵탄(heptane)
③ 아세톤(acetone)
④ DMF(Dimethylformamide)

풀이 디메틸포름아미드(DMF ; Dimethylformamide)
㉠ 분자식 : $HCON(CH_3)_2$
㉡ DMF는 다양한 유기물을 녹이며, 무기물과도 쉽게 결합하기 때문에 각종 용매로 사용된다.
㉢ 피부에 묻었을 경우 피부를 강하게 자극하고, 피부로 흡수되어 간장장애 등의 중독증상을 일으킨다.
㉣ 현기증, 질식, 숨가쁨, 기관지 수축을 유발시킨다.

87 작업장에서 발생하는 독성물질에 대한 생식독성평가에서 기형 발생의 원리에 중요한 요인으로 작용하는 것이 아닌 것은?

① 원인물질의 용량
② 사람의 감수성
③ 대사물질
④ 노출시기

풀이 최기형성 작용기전(기형 발생의 중요 요인)
㉠ 노출되는 화학물질의 양
㉡ 노출되는 사람의 감수성
㉢ 노출시기

88 다음 중 직업성 천식의 설명으로 틀린 것은?

① 직업성 천식은 근무시간에 증상이 점점 심해지고, 휴일 같은 비근무시간에 증상이 완화되거나 없어지는 특징이 있다.
② 작업환경 중 천식유발 대표물질은 톨루엔 디이소시안선염(TDI), 무수트리멜리트산(TMA)을 들 수 있다.
③ 항원공여세포가 탐식되면 T림프구 중 I형살T림프구(typ I killer Tcell)가 특정 알레르기 항원을 인식한다.
④ 일단 질환에 이환되면 작업환경에서 추후 소량의 동일한 유발물질에 노출되더라도 지속적으로 증상이 발현된다.

풀이 직업성 천식
(1) 정의
　직업상 취급하는 물질이나 작업과정 중 생산되는 중간물질 또는 최종생산품이 원인으로 발생하는 질환을 말한다.
(2) 원인물질

구분	원인물질	직업 및 작업
금속	백금	도금
	니켈, 크롬, 알루미늄	도금, 시멘트 취급자, 금고 제작공
화학물	Isocyanate(TDI, MDI)	페인트, 접착제, 도장작업
	산화무수물	페인트, 플라스틱 제조업
	송진 연무	전자업체 납땜 부서
	반응성 및 아조 염료	염료공장
	trimellitic anhydride(TMA)	레진, 플라스틱, 계면활성제 제조업
	persulphates	미용사
	ethylenediamine	래커칠, 고무공장
	formaldehyde	의료 종사자
약제	항생제, 소화제	제약회사, 의료인
생물학적물질	동물 분비물, 털(말, 쥐, 사슴)	실험실 근무자, 동물 사육사
	목재분진	목수, 목재공장 근로자
	곡물가루, 쌀겨, 메밀가루, 카레	농부, 곡물 취급자, 식품업 종사자
	밀가루	제빵공
	커피가루	커피 제조공
	라텍스	의료 종사자
	응애, 진드기	농부, 과수원(귤, 사과)

(3) 특징
㉠ 증상은 일반 기관지 천식의 증상과 동일한데 기침, 객담, 호흡곤란, 천명음 등과 같은 천식증상이 작업과 관련되어 나타나는 것이 특징적이다.
㉡ 작업을 중단하고 쉬면 천식증상이 호전되거나 소실되며, 다시 작업 시 원인물질에 노출되면 증상이 악화되거나 새로이 발생되는 과정을 반복하게 된다.
㉢ 직업성 천식으로 진단 시 부서를 바꾸거나 작업 전환을 통하여 원인이 되는 물질을 피하여야 한다.
㉣ 항원공여세포가 탐식되면 T림프구를 다양하게 활성화시켜 특정 알레르기 항원을 인식한다.

정답 86.④ 87.③ 88.③

89 다음 중 작업자의 호흡작용에 있어서 호흡공기와 혈액 사이에 기체교환이 가장 비활성적인 곳은?
① 기도(trachea)
② 폐포낭(alveolar sac)
③ 폐포(alveoli)
④ 폐포관(alveolar duct)

풀이 **호흡작용(호흡계)**
㉠ 호흡기계는 상기도, 하기도, 폐 조직으로 이루어지며 혈액과 외부 공기 사이의 가스교환을 담당하는 기관이다. 즉, 공기 중으로부터 산소를 취하여 이것을 혈액에 주고 혈액 중의 이산화탄소를 공기 중으로 보내는 역할을 한다.
㉡ 호흡계의 기본 단위는 가스교환 작용을 하는 폐포이고 비강, 기관, 기관지는 흡입되는 공기에 습기를 부가하여 정화시켜 폐포로 전달하는 역할을 한다.
㉢ 작업자의 호흡작용에 있어서 호흡공기와 혈액 사이에 기체교환이 가장 비활성적인 곳이 기도이다.

90 다음 중 ACGIH에서 발암등급 'A1'으로 정하고 있는 물질이 아닌 것은?
① 석면
② 6가 크롬 화합물
③ 우라늄
④ 텅스텐

풀이 **ACGIH의 인체 발암 확인물질(A1)의 대표 물질**
㉠ 아크릴로니트릴
㉡ 석면
㉢ 벤지딘
㉣ 6가 크롬 화합물
㉤ 니켈, 황화합물의 배출물, 흄, 먼지
㉥ 염화비닐
㉦ 우라늄

91 다음 중 소화기관에서 화학물질의 흡수율에 영향을 미치는 요인과 가장 거리가 먼 것은?
① 식도의 두께
② 위액의 산도(pH)
③ 음식물의 소화기관 통과속도
④ 화합물의 물리적 구조와 화학적 성질

풀이 **소화기관에서 화학물질의 흡수율에 영향을 미치는 요인**
㉠ 물리적 성질(지용성, 분자 크기)
㉡ 위액의 산도(pH)
㉢ 음식물의 소화기관 통과속도
㉣ 화합물의 물리적 구조와 화학적 성질
㉤ 소장과 대장에 생존하는 미생물
㉥ 소화기관 내에서 다른 물질과 상호작용
㉦ 촉진투과와 능동투과의 메커니즘

92 입자상 물질의 종류 중 액체나 고체의 2가지 상태로 존재할 수 있는 것은?
① 흄(fume)
② 미스트(mist)
③ 증기(vapor)
④ 스모크(smoke)

풀이 **연기(smoke)**
㉠ 매연이라고도 하며 유해물질이 불완전연소하여 만들어진 에어로졸의 혼합체로서, 크기는 0.01~1.0μm 정도이다.
㉡ 기체와 같이 활발한 브라운 운동을 하며 쉽게 침강하지 않고 대기 중에 부유하는 성질이 있다.
㉢ 액체나 고체의 2가지 상태로 존재할 수 있다.

93 다음 중 발암작용이 없는 물질은?
① 브롬 ② 벤젠
③ 벤지딘 ④ 석면

풀이
② 벤젠 : 백혈병(혈액암)
③ 벤지딘 : 방광암
④ 석면 : 폐암

정답 89.① 90.④ 91.① 92.④ 93.①

94 다음 중 작업자가 납흄에 장기간 노출되어 혈액 중 납의 농도가 높아졌을 때 일어나는 혈액 내 현상이 아닌 것은?

① K^+와 수분이 손실된다.
② 삼투압에 의하여 적혈구가 위축된다.
③ 적혈구 생존시간이 감소한다.
④ 적혈구 내 전해질이 급격히 증가한다.

풀이 적혈구에 미치는 작용
㉠ K^+과 수분이 손실된다.
㉡ 삼투압이 증가하여 적혈구가 위축된다.
㉢ 적혈구 생존기간이 감소한다.
㉣ 적혈구 내 전해질이 감소한다.
㉤ 미숙적혈구(망상적혈구, 친염기성 혈구)가 증가한다.
㉥ 혈색소량은 저하하고 혈청 내 철이 증가한다.
㉦ 적혈구 내 프로토포르피린이 증가한다.
㉧ 소변 중 코프로포르피린이 증가한다.

95 다음 중 상온 및 상압에서 흄(fume)의 상태를 가장 적절하게 나타낸 것은?

① 고체상태
② 기체상태
③ 액체상태
④ 기체와 액체의 공존상태

풀이 흄(fume)
㉠ 금속이 용해되어 액상 물질로 되고 이것이 가스상 물질로 기화된 후 다시 응축된 고체 미립자로, 보통 크기가 0.1 또는 1μm 이하이므로 호흡성 분진의 형태로 체내에 흡입되어 유해성도 커진다. 즉 흄(fume)은 금속이 용해되어 공기에 의해 산화되어 미립자가 분산되는 것이다.
㉡ 흄의 생성기전 3단계는 금속의 증기화, 증기물의 산화, 산화물의 응축이다.
㉢ 흄도 입자상 물질로서 육안으로 확인이 가능하며, 작업장에서 흔히 경험할 수 있는 대표적 작업은 용접작업이다.
㉣ 일반적으로 흄은 금속의 연소과정에서 생긴다.
㉤ 입자의 크기가 균일성을 갖는다.
㉥ 활발한 브라운(brown) 운동에 의해 상호 충돌해 응집하며 응집한 후 재분리는 쉽지 않다.

96 다음 중 벤젠에 관한 설명으로 틀린 것은?

① 벤젠은 백혈병을 유발하는 것으로 확인된 물질이다.
② 벤젠은 골수독성(myelotoxin) 물질이라는 점에서 다른 유기용제와 다르다.
③ 벤젠은 지방족 화합물로서 재생불량성 빈혈을 일으킨다.
④ 혈액조직에서 벤젠이 유발하는 가장 일반적인 독성은 백혈구 수의 감소로 인한 응고작용 결핍 등이다.

풀이 벤젠은 방향족 화합물로서 장기간 폭로 시 혈액장애, 간장장애를 일으키고 재생불량성 빈혈, 백혈병을 일으킨다.

97 다음 중 알데히드류에 관한 설명으로 틀린 것은?

① 호흡기에 대한 자극작용이 심한 것이 특징이다.
② 포름알데히드는 무취, 무미하며 발암성이 있다.
③ 지용성 알데히드는 기관지 및 폐를 자극한다.
④ 아크롤레인은 특별히 독성이 강하다고 할 수 있다.

풀이 포름알데히드
㉠ 페놀수지의 원료로서 각종 합판, 칩보드, 가구, 단열재 등으로 사용되어 눈과 상부기도를 자극하여 기침, 눈물을 야기시키며 어지러움, 구토, 피부질환, 정서불안정의 증상을 나타낸다.
㉡ 자극적인 냄새가 나고 인화·폭발의 위험성이 있고 메틸알데히드라고도 하며 일반주택 및 공공건물에 많이 사용하는 건축자재와 섬유옷감이 그 발생원이 되고 있다.
㉢ 산업안전보건법상 사람에 충분한 발암성 증거가 있는 물질(1A)로 분류되고 있다.

정답 94.④ 95.① 96.③ 97.②

98 접촉에 의한 알레르기성 피부감작을 증명하기 위한 시험으로 가장 적절한 것은?

① 첩포시험
② 진균시험
③ 조직시험
④ 유발시험

풀이 첩포시험(patch test)
㉠ 알레르기성 접촉피부염의 진단에 필수적이며 가장 중요한 임상시험이다.
㉡ 피부염의 원인물질로 예상되는 화학물질을 피부에 도포하고, 48시간 동안 덮어둔 후 피부염의 발생 여부를 확인한다.
㉢ 첩포시험 결과 침윤, 부종이 지속된 경우를 알레르기성 접촉피부염으로 판독한다.

99 화학물질을 투여한 실험동물의 50%가 관찰 가능한 가역적인 반응을 나타내는 양을 의미하는 것은?

① LC_{50}
② LE_{50}
③ TE_{50}
④ ED_{50}

풀이 유효량(ED)
ED_{50}은 사망을 기준으로 하는 대신에 약물을 투여한 동물의 50%가 일정한 반응을 일으키는 양으로, 시험 유기체의 50%에 대하여 준치사적인 거동감응 및 생리감응을 일으키는 독성물질의 양을 뜻한다. ED(유효량)는 실험동물을 대상으로 얼마간의 양을 투여했을 때 독성을 초래하지 않지만 실험군의 50%가 관찰 가능한 가역적인 반응이 나타나는 작용량, 즉 유효량을 의미한다.

100 다음 중 작업장 유해인자와 위해도 평가를 위해 고려하여야 할 요인과 가장 거리가 먼 것은?

① 시간적 빈도와 기간
② 공간적 분포
③ 평가의 합리성
④ 조직적 특성

풀이 유해성 평가 시 고려요인
㉠ 시간적 빈도와 기간(간헐적 작업, 시간 외 작업, 계절 및 기후조건 등)
㉡ 공간적 분포(유해인자 농도 및 강도, 생산공정 등)
㉢ 노출대상의 특성(민감도, 훈련기간, 개인적 특성 등)
㉣ 조직적 특성(회사조직정보, 보건제도, 관리정책 등)
㉤ 유해인자가 가지고 있는 위해성(독성학적, 역학적, 의학적 내용 등)
㉥ 노출상태
㉦ 다른 물질과 복합 노출

제3회 산업위생관리기사

CBT 기출복원문제 | 2024.07.05

제1과목 | 산업위생학 개론

01 산업안전보건법령상 단위작업장소에서 동일 작업 근로자수가 13명일 경우 시료채취 근로자수는 얼마가 되는가?

① 1명　　② 2명
③ 3명　　④ 4명

풀이 단위작업장소에서 동일 작업 근로자수가 10명을 초과하는 경우에는 매 5명당 1명 이상 추가하여 측정하여야 하므로, 시료채취 근로자수는 3명이다.

02 사망에 관한 근로손실을 7,500일로 산출한 근거는 다음과 같다. ( )에 알맞은 내용으로만 나열한 것은?

> ㉮ 재해로 인한 사망자의 평균연령을 ( )세로 본다.
> ㉯ 노동이 가능한 연령을 ( )세로 본다.
> ㉰ 1년 동안의 노동일수를 ( )일로 본다.

① 30, 55, 300　　② 30, 60, 310
③ 35, 55, 300　　④ 35, 60, 310

풀이 강도율의 특징
㉠ 재해의 경중(정도), 즉 강도를 나타내는 척도이다.
㉡ 재해자의 수나 발생빈도에 관계없이 재해의 내용(상해정도)을 측정하는 척도이다.
㉢ 사망 및 1, 2, 3급(신체장애등급)의 근로손실일수는 7,500일이며, 근거는 재해로 인한 사망자의 평균연령을 30세로 보고 노동이 가능한 연령을 55세로 보며 1년 동안의 노동일수를 300일로 본 것이다.

03 다음 중 직업성 질환에 관한 설명으로 틀린 것은?

① 직업성 질환과 일반 질환은 그 한계가 뚜렷하다.
② 직업성 질환이란 어떤 직업에 종사함으로써 발생하는 업무상 질병을 말한다.
③ 직업성 질환은 재해성 질환과 직업병으로 나눌 수 있다.
④ 직업병은 저농도 또는 저수준의 상태로 장시간에 걸친 반복 노출로 생긴 질병을 말한다.

풀이 ① 직업성 질환과 일반 질환의 구분은 명확하지 않다.

04 다음 중 산업안전보건법상 중대재해에 해당하지 않는 것은?

① 사망자가 1명 이상 발생한 재해
② 부상자가 동시에 5명 발생한 재해
③ 직업성 질병자가 동시에 12명 발생한 재해
④ 3개월 이상의 요양을 요하는 부상자가 동시에 3명 발생한 재해

풀이 중대재해
㉠ 사망자가 1명 이상 발생한 재해
㉡ 3개월 이상의 요양을 요하는 부상자가 동시에 2명 이상 발생한 재해
㉢ 부상자 또는 직업성 질병자가 동시에 10명 이상 발생한 재해

정답 01.③ 02.① 03.① 04.②

PART 02 과년도 출제문제

05 다음 중 역사상 최초로 기록된 직업병은?
① 납중독 ② 방광염
③ 음낭암 ④ 수은중독

풀이) BC 4세기 Hippocrates에 의해 광산에서 납중독이 보고되었다.
※ 역사상 최초로 기록된 직업병 : 납중독

06 다음 중 최근 실내공기질에서 문제가 되고 있는 방사성 물질인 라돈에 관한 설명으로 틀린 것은?
① 자연적으로 존재하는 암석이나 토양에서 발생하는 thorium, uranium의 붕괴로 인해 생성되는 방사성 가스이다.
② 무색, 무취, 무미한 가스로 인간의 감각에 의해 감지할 수 없다.
③ 라돈의 감마(γ) 붕괴에 의하여 라돈의 딸핵종이 생성되며 이것이 기관지에 부착되어 감마선을 방출하여 폐암을 유발한다.
④ 라돈의 동위원소에는 Rn^{222}, Rn^{220}, Rn^{219}가 있으며 이 중 반감기가 긴 Rn^{222}가 실내공간에서 인체의 위해성 측면에서 주요 관심대상이다.

풀이) 라돈
㉠ 자연적으로 존재하는 암석이나 토양에서 발생하는 thorium, uranium의 붕괴로 인해 생성되는 자연방사성 가스로, 공기보다 9배가 무거워 지표에 가깝게 존재한다.
㉡ 무색, 무취, 무미한 가스로, 인간의 감각에 의해 감지할 수 없다.
㉢ 라듐의 α붕괴에서 발생하며, 호흡하기 쉬운 방사성 물질이다.
㉣ 라돈의 동위원소에는 Rn^{222}, Rn^{220}, Rn^{219}가 있고, 이 중 반감기가 긴 Rn^{222}가 실내공간의 인체 위해성 측면에서 주요 관심대상이며 지하공간에 더 높은 농도를 보인다.
㉤ 방사성 기체로서 지하수, 흙, 석고실드, 콘크리트, 시멘트나 벽돌, 건축자재 등에서 발생하여 폐암 등을 발생시킨다.

07 다음 중 작업환경조건과 피로의 관계를 올바르게 설명한 것은?
① 소음은 정신적 피로의 원인이 된다.
② 온열조건은 피로의 원인으로 포함되지 않으며, 신체적 작업밀도와 관계가 없다.
③ 정밀작업 시의 조명은 광원의 성질에 관계없이 100럭스(lux) 정도가 적당하다.
④ 작업자의 심리적 요소는 작업능률과 관계되고, 피로의 직접요인이 되지는 않는다.

풀이) ② 온열조건은 피로의 원인에 포함되며, 신체적 작업밀도와 관계가 있다.
③ 정밀작업 시의 조명수준은 300lux 정도가 적당하다.
④ 작업자의 심리적 요소는 피로의 직접요인이다.

08 다음 중 산소부채(oxygen debt)에 관한 설명으로 틀린 것은?
① 작업대사량의 증가와 관계없이 산소소비량은 계속 증가한다.
② 산소부채현상은 작업이 시작되면서 발생한다.
③ 작업이 끝난 후에는 산소부채의 보상현상이 발생한다.
④ 작업강도에 따라 필요한 산소요구량과 산소공급량의 차이에 의하여 산소부채현상이 발생된다.

풀이) **작업시간 및 작업 종료 시의 산소소비량**
작업 시 소비되는 산소의 양은 초기에 서서히 증가하다가 작업강도에 따라 일정한 양에 도달하고, 작업이 종료된 후 서서히 감소되면서 일정 시간 동안 산소를 소비한다.

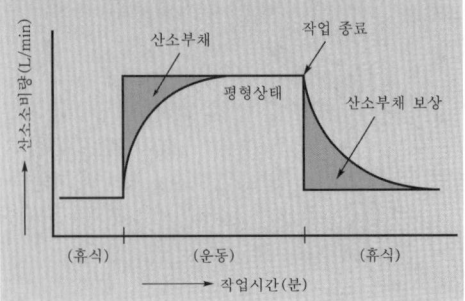

정답 05.① 06.③ 07.① 08.①

09 기초대사량이 1,500kcal/day이고, 작업대사량이 시간당 250kcal가 소비되는 작업을 8시간 동안 수행하고 있을 때 작업대사율(RMR)은 약 얼마인가?

① 0.17 ② 0.75
③ 1.33 ④ 6

풀이
$$RMR = \frac{작업대사량}{기초대사량}$$
$$= \frac{250\text{kcal/hr}}{1,500\text{kcal/day} \times \text{day}/8\text{hr}} = 1.33$$

10 어떤 물질에 대한 작업환경을 측정한 결과 다음 [표]와 같은 TWA 결과값을 얻었다. 환산된 TWA는 약 얼마인가?

농도(ppm)	100	150	250	300
발생시간(분)	120	240	60	60

① 169ppm ② 198ppm
③ 220ppm ④ 256ppm

풀이
$$TWA = \frac{(100 \times 2) + (150 \times 4) + (250 \times 1) + (300 \times 1)}{8}$$
$$= 168.75\text{ppm}$$

11 근로자의 작업에 대한 적성검사방법 중 심리학적 적성검사에 해당하지 않는 것은?

① 감각기능검사
② 지능검사
③ 지각동작검사
④ 인성검사

풀이 심리학적 검사(적성검사)
㉠ 지능검사 : 언어, 기억, 추리, 귀납 등에 대한 검사
㉡ 지각동작검사 : 수족협조, 운동속도, 형태지각 등에 대한 검사
㉢ 인성검사 : 성격, 태도, 정신상태에 대한 검사
㉣ 기능검사 : 직무에 관련된 기본지식과 숙련도, 사고력 등의 검사

12 다음 중 산업안전보건법상 '적정공기'의 정의로 옳은 것은?

① 산소농도의 범위가 18% 이상 23.5% 미만, 이산화탄소의 농도가 1.5% 미만, 황화수소의 농도가 10ppm 미만인 수준의 공기를 말한다.
② 산소농도의 범위가 16% 이상 21.5% 미만, 이산화탄소의 농도가 1.0% 미만, 황화수소의 농도가 15ppm 미만인 수준의 공기를 말한다.
③ 산소농도의 범위가 18% 이상 21.5% 미만, 이산화탄소의 농도가 15% 미만, 황화수소의 농도가 1.0ppm 미만인 수준의 공기를 말한다.
④ 산소농도의 범위가 16% 이상 23.5% 미만, 이산화탄소의 농도가 1.0% 미만, 황화수소의 농도가 1.5ppm 미만인 수준의 공기를 말한다.

풀이 적정공기
㉠ 산소농도의 범위가 18% 이상 23.5% 미만인 수준의 공기
㉡ 이산화탄소 농도가 1.5% 미만인 수준의 공기
㉢ 황화수소 농도가 10ppm 미만인 수준의 공기
㉣ 일산화탄소 농도가 30ppm 미만인 수준의 공기

13 산업위생학의 정의로 가장 적절한 것은?

① 근로자의 건강증진, 질병의 예방과 진료, 재활을 연구하는 학문
② 근로자의 건강과 쾌적한 작업환경을 위해 공학적으로 연구하는 학문
③ 인간과 직업, 기계, 환경, 노동 등의 관계를 과학적으로 연구하는 학문
④ 근로자의 건강과 간호를 연구하는 학문

풀이 산업위생학
근로자의 건강과 쾌적한 작업환경 조성을 공학적으로 연구하는 학문

정답 09.③ 10.① 11.① 12.① 13.②

14 육체적 작업능력(PWC)이 15kcal/min인 어느 근로자가 1일 8시간 동안 물체를 운반하고 있다. 작업대사량(E_{task})이 6.5kcal/min, 휴식 시 대사량(E_{rest})이 1.5kcal/min일 때 시간당 휴식시간과 작업시간의 배분으로 가장 적절한 것은 어느 것인가? (단, Hertig의 공식을 이용한다.)

① 12분 휴식, 48분 작업
② 18분 휴식, 42분 작업
③ 24분 휴식, 36분 작업
④ 30분 휴식, 30분 작업

[풀이]
$$T_{rest}(\%) = \left(\frac{PWC의\ 1/3 - 작업대사량}{휴식대사량 - 작업대사량}\right) \times 100$$
$$= \left(\frac{(15 \times 1/3) - 6.5}{1.5 - 6.5}\right) \times 100$$
$$= 30\%$$
∴ 휴식시간 : 60min × 0.3 = 18min
작업시간 : 60min − 18min = 42min

15 작업을 마친 직후 회복기의 심박수(HR)를 [보기]와 같이 표현할 때, 심박수 측정 결과 심한 전신피로상태로 볼 수 있는 것은?

[보기]
- $HR_{30\sim60}$: 작업 종료 후 30~60초 사이의 평균맥박수
- $HR_{60\sim90}$: 작업 종료 후 60~90초 사이의 평균맥박수
- $HR_{150\sim180}$: 작업 종료 후 150~180초 사이의 평균맥박수

① $HR_{30\sim60}$이 110을 초과하고, $HR_{150\sim180}$과 $HR_{60\sim90}$의 차이가 10 미만일 때
② $HR_{30\sim60}$이 100을 초과하고, $HR_{150\sim180}$과 $HR_{60\sim90}$의 차이가 20 미만일 때
③ $HR_{30\sim60}$이 80을 초과하고, $HR_{150\sim180}$과 $HR_{60\sim90}$의 차이가 30 미만일 때
④ $HR_{30\sim60}$이 70을 초과하고, $HR_{150\sim180}$과 $HR_{60\sim90}$의 차이가 40 미만일 때

[풀이] 심한 전신피로상태
HR_1이 110을 초과하고, HR_3와 HR_2의 차이가 10 미만인 경우
여기서,
HR_1 : 작업 종료 후 30~60초 사이의 평균맥박수
HR_2 : 작업 종료 후 60~90초 사이의 평균맥박수
HR_3 : 작업 종료 후 150~180초 사이의 평균맥박수
⇨ 회복기 심박수 의미

16 다음 중 사무실 공기관리지침의 관리대상 오염물질이 아닌 것은?

① 질소(N_2)
② 미세먼지(PM 10)
③ 총 부유세균
④ 곰팡이

[풀이] 사무실 공기관리지침의 관리대상 오염물질
㉠ 미세먼지(PM 10)
㉡ 초미세먼지(PM 2.5)
㉢ 일산화탄소(CO)
㉣ 이산화탄소(CO_2)
㉤ 이산화질소(NO_2)
㉥ 포름알데히드(HCHO)
㉦ 총 휘발성 유기화합물(TVOC)
㉧ 라돈(radon)
㉨ 총 부유세균
㉩ 곰팡이

17 다음 중 중량물 취급으로 인한 요통 발생에 관여하는 요인으로 볼 수 없는 것은?

① 근로자의 육체적 조건
② 작업빈도와 대상의 무게
③ 습관성 약물의 사용 유무
④ 작업습관과 개인적인 생활태도

[풀이] 요통 발생에 관여하는 주된 요인
㉠ 작업습관과 개인적인 생활태도
㉡ 작업빈도와 대상의 무게
㉢ 근로자의 육체적 조건
㉣ 요통 및 기타 장애의 경력
㉤ 올바르지 못한 작업 방법 및 자세

정답 14.② 15.① 16.① 17.③

18 유리 제조, 용광로 작업, 세라믹 제조과정에서 발생 가능성이 가장 높은 직업성 질환은?
① 요통   ② 근육경련
③ 백내장 ④ 레이노드 현상

> **풀이** 백내장 유발 작업
> ㉠ 유리 제조
> ㉡ 용광로 작업
> ㉢ 세라믹 제조

19 직업성 변이(occupational stigmata)를 가장 잘 설명한 것은?
① 직업에 따라서 체온의 변화가 일어나는 것
② 직업에 따라서 신체의 운동량에 변화가 일어나는 것
③ 직업에 따라서 신체활동의 영역에 변화가 일어나는 것
④ 직업에 따라서 신체형태와 기능에 국소적 변화가 일어나는 것

> **풀이** 직업성 변이(occupational stigmata)
> 직업에 따라서 신체형태와 기능에 국소적 변화가 일어나는 것을 말한다.

20 다음 설명에 해당하는 가스는?

> 이 가스는 실내의 공기질을 관리하는 근거로서 사용되고, 그 자체는 건강에 큰 영향을 주는 물질이 아니며 측정하기 어려운 다른 실내오염물질에 대한 지표물질로 사용된다.

① 일산화탄소 ② 황산화물
③ 이산화탄소 ④ 질소산화물

> **풀이** 이산화탄소(CO_2)
> ㉠ 환기의 지표물질 및 실내오염의 주요 지표로 사용된다.
> ㉡ 실내 CO_2 발생은 대부분 거주자의 호흡에 의한다. 즉 CO_2의 증가는 산소의 부족을 초래하기 때문에 주요 실내오염물질로 적용된다.
> ㉢ 측정방법으로는 직독식 또는 검지관 kit를 사용하는 방법이 있다.

제2과목 | 작업위생 측정 및 평가

21 누적소음노출량(D, %)을 적용하여 시간가중 평균소음수준(TWA, dB(A))을 산출하는 공식은?

① $16.61\log\left(\dfrac{D}{100}\right)+80$

② $19.81\log\left(\dfrac{D}{100}\right)+80$

③ $16.61\log\left(\dfrac{D}{100}\right)+90$

④ $19.81\log\left(\dfrac{D}{100}\right)+90$

> **풀이** 시간가중 평균소음수준(TWA)
> $TWA=16.61\log\left(\dfrac{D(\%)}{100}\right)+90\,[dB(A)]$
> 여기서, TWA : 시간가중 평균소음수준[dB(A)]
> D : 누적소음 폭로량(%)
> 100 : (12.5×T, T : 폭로시간)

22 고체 흡착관으로 활성탄을 연결한 저유량 펌프를 이용하여 벤젠증기를 용량 0.012m³로 포집하였다. 실험실에서 앞부분과 뒷부분을 분석한 결과 총 550μg이 검출되었다. 벤젠증기의 농도는? (단, 온도 25℃, 압력 760mmHg, 벤젠 분자량 78)

① 5.6ppm
② 7.2ppm
③ 11.2ppm
④ 14.4ppm

> **풀이**
> 농도(mg/m³) = $\dfrac{\text{분석량}}{\text{공기채취량}}$
> $= \dfrac{550\mu g}{0.012m^3 \times 1{,}000L/m^3}$
> $= 45.83\mu g/L\,(=mg/m^3)$
> ∴ 농도(ppm) = $45.83mg/m^3 \times \dfrac{24.45}{78}$
> $= 14.37ppm$

정답 18.③ 19.④ 20.③ 21.③ 22.④

23 알고 있는 공기 중 농도를 만드는 방법인 dynamic method에 관한 설명으로 옳지 않은 것은?

① 대개 운반용으로 제작됨
② 농도변화를 줄 수 있음
③ 만들기가 복잡하고 가격이 고가임
④ 지속적인 모니터링이 필요함

[풀이] Dynamic method
㉠ 희석공기와 오염물질을 연속적으로 흘려주어 일정한 농도를 유지하면서 만드는 방법이다.
㉡ 알고 있는 공기 중 농도를 만드는 방법이다.
㉢ 농도변화를 줄 수 있고 온도·습도 조절이 가능하다.
㉣ 제조가 어렵고 비용도 많이 든다.
㉤ 다양한 농도범위에서 제조가 가능하다.
㉥ 가스, 증기, 에어로졸 실험도 가능하다.
㉦ 소량의 누출이나 벽면에 의한 손실은 무시할 수 있다.
㉧ 지속적인 모니터링이 필요하다.
㉨ 매우 일정한 농도를 유지하기가 곤란하다.

24 입자상 물질인 흄(fume)에 관한 설명으로 옳지 않은 것은?

① 용접공정에서 흄이 발생한다.
② 흄의 입자 크기는 먼지보다 매우 커 폐포에 쉽게 도달되지 않는다.
③ 흄은 상온에서 고체상태의 물질이 고온으로 액체화된 다음 증기화되고, 증기물의 응축 및 산화로 생기는 고체상의 미립자이다.
④ 용접흄은 용접공폐의 원인이 된다.

[풀이] 용접흄
㉠ 입자상 물질의 한 종류인 고체이며 기체가 온도의 급격한 변화로 응축·산화된 형태이다.
㉡ 용접흄을 채취할 때에는 카세트를 헬멧 안쪽에 부착하고 glass fiber filter를 사용하여 포집한다.
㉢ 용접흄은 호흡기계에 가장 깊숙이 들어갈 수 있는 입자상 물질로 용접공폐의 원인이 된다.

25 어느 작업장에서 trichloroethylene의 농도를 측정한 결과 각각 23.9ppm, 21.6ppm, 22.4ppm, 24.1ppm, 22.7ppm, 25.4ppm을 얻었다. 이때 중앙치(median)는?

① 23.0ppm   ② 23.1ppm
③ 23.3ppm   ④ 23.5ppm

[풀이] 측정치 크기 순서 배열
21.6ppm, 22.4ppm, 22.7ppm, 23.9ppm, 24.1ppm, 25.4ppm

$$\therefore \text{중앙치(median)} = \frac{22.7 + 23.9}{2} = 23.3\text{ppm}$$

26 미국 ACGIH에 의하면 호흡성 먼지는 가스교환 부위, 즉 폐포에 침착할 때 유해한 물질이다. 평균입경을 얼마로 정하고 있는가?

① $1.5\mu m$ ② $2.5\mu m$
③ $4.0\mu m$ ④ $5.0\mu m$

[풀이] ACGIH의 입자 크기별 기준(TLV)
(1) 흡입성 입자상 물질
(IPM ; Inspirable Particulates Mass)
㉠ 호흡기의 어느 부위(비강, 인후두, 기관 등 호흡기의 기도 부위)에 침착하더라도 독성을 유발하는 분진이다.
㉡ 비암이나 비중격천공을 일으키는 입자상 물질이 여기에 속한다.
㉢ 침전분진은 재채기, 침, 코 등의 벌크(bulk) 세척기전으로 제거된다.
㉣ 입경범위 : 0~100μm
㉤ 평균입경 : 100μm(폐침착의 50%에 해당하는 입자의 크기)
(2) 흉곽성 입자상 물질
(TPM ; Thoracic Particulates Mass)
㉠ 기도나 하기도(가스교환 부위)에 침착하여 독성을 나타내는 물질이다.
㉡ 평균입경 : 10μm
㉢ 채취기구 : PM 10
(3) 호흡성 입자상 물질
(RPM ; Respirable Particulates Mass)
㉠ 가스교환 부위, 즉 폐포에 침착할 때 유해한 물질이다.
㉡ 평균입경 : 4μm(공기역학적 직경이 10μm 미만의 먼지가 호흡성 입자상 물질)
㉢ 채취기구 : 10mm nylon cyclone

정답 23.① 24.② 25.③ 26.③

27 입자상 물질 채취기기인 직경분립충돌기에 관한 설명으로 옳지 않은 것은?

① 시료채취가 까다롭고 비용이 많이 소요되며, 되튐으로 인한 시료의 손실이 일어날 수 있다.
② 호흡기의 부분별 침착된 입자 크기의 자료를 추정할 수 있다.
③ 흡입성, 흉곽성, 호흡성 입자의 크기별 분포와 농도는 계산할 수 없으나 질량 크기 분포는 얻을 수 있다.
④ 채취준비에 시간이 많이 걸리며, 경험이 있는 전문가가 철저한 준비를 통하여 측정하여야 한다.

풀이 직경분립충돌기(cascade impactor)의 장단점
(1) 장점
 ㉠ 입자의 질량 크기 분포를 얻을 수 있다(공기흐름속도를 조절하여 채취입자를 크기별로 구분 가능).
 ㉡ 호흡기의 부분별로 침착된 입자 크기의 자료를 추정할 수 있다.
 ㉢ 흡입성, 흉곽성, 호흡성 입자의 크기별로 분포와 농도를 계산할 수 있다.
(2) 단점
 ㉠ 시료채취가 까다롭다. 즉 경험이 있는 전문가가 철저한 준비를 통해 이용해야 정확한 측정이 가능하다(작은 입자는 공기흐름속도를 크게 하여 충돌판에 포집할 수 없음).
 ㉡ 비용이 많이 든다.
 ㉢ 채취준비시간이 과다하다.
 ㉣ 되튐으로 인한 시료의 손실이 일어나 과소분석결과를 초래할 수 있어 유량을 2L/min 이하로 채취한다.
 ㉤ 공기가 옆에서 유입되지 않도록 각 충돌기의 조립과 장착을 철저히 해야 한다.

28 메틸에틸케톤이 20℃, 1기압에서 증기압이 71.2mmHg이면 공기 중 포화농도(ppm)는?

① 63,700   ② 73,700
③ 83,700   ④ 93,700

풀이 포화농도(ppm) = $\dfrac{증기압}{760} \times 10^6$

$= \dfrac{71.2}{760} \times 10^6 = 93,684$ ppm

29 근로자에게 노출되는 호흡성 먼지를 측정한 결과 다음과 같았다. 이때 기하평균농도는? (단, 단위는 mg/m³이다.)

> 2.4, 1.9, 4.5, 3.5, 5.0

① 3.04   ② 3.24
③ 3.54   ④ 3.74

풀이 $\log(GM)$
$= \dfrac{\log 2.4 + \log 1.9 + \log 4.5 + \log 3.5 + \log 5.0}{5} = 0.51$

∴ $GM = 10^{0.51} = 3.24$

30 실리카겔이 활성탄에 비해 갖는 특징으로 옳지 않은 것은?

① 극성 물질을 채취한 경우 물, 메탄올 등 다양한 용매로 쉽게 탈착되고, 추출액이 화학분석이나 기기분석에 방해물질로 작용하는 경우가 많지 않다.
② 활성탄에 비해 수분을 잘 흡수하여 습도에 민감하다.
③ 유독한 이황화탄소를 탈착용매로 사용하지 않는다.
④ 활성탄으로 채취가 쉬운 아닐린, 오르토-톨루이딘 등의 아민류는 실리카겔 채취가 어렵다.

풀이 실리카겔의 장단점
(1) 장점
 ㉠ 극성이 강하여 극성 물질을 채취한 경우 물, 메탄올 등 다양한 용매로 쉽게 탈착한다.
 ㉡ 추출용액(탈착용매)이 화학분석이나 기기분석에 방해물질로 작용하는 경우는 많지 않다.
 ㉢ 활성탄으로 채취가 어려운 아닐린, 오르토-톨루이딘 등의 아민류나 몇몇 무기물질의 채취가 가능하다.
 ㉣ 매우 유독한 이황화탄소를 탈착용매로 사용하지 않는다.
(2) 단점
 ㉠ 친수성이기 때문에 우선적으로 물분자와 결합을 이루어 습도의 증가에 따른 흡착용량의 감소를 초래한다.
 ㉡ 습도가 높은 작업장에서는 다른 오염물질의 파과용량이 작아져 파과를 일으키기 쉽다.

정답 27.③ 28.④ 29.② 30.④

31 소음과 관련된 용어 중 둘 또는 그 이상의 음파의 구조적 간섭에 의해 시간적으로 일정하게 음압의 최고와 최저가 반복되는 패턴의 파를 의미하는 것은?
① 정재파　② 맥놀이파
③ 발산파　④ 평면파

풀이 정재파
둘 또는 그 이상 음파의 구조적 간섭에 의해 시간적으로 일정하게 음압의 최고와 최저가 반복되는 패턴의 파이다.

32 작업장 기본특성 파악을 위한 예비조사 내용 중 유사노출그룹(HEG) 설정에 관한 설명으로 가장 거리가 먼 것은?
① 역학조사 수행 시 사건이 발생된 근로자와 다른 노출그룹의 노출농도를 근거로 사건이 발생된 노출농도의 추정에 유용하며, 지역시료채취만 인정된다.
② 조직, 공정, 작업범주 그리고 공정과 작업내용별로 구분하여 설정한다.
③ 모든 근로자를 유사한 노출그룹별로 구분하고 그룹별로 대표적인 근로자를 선택하여 측정하면 측정하지 않은 근로자의 노출농도까지도 추정할 수 있다.
④ 유사노출그룹 설정을 위한 목적 중 시료채취수를 경제적으로 하기 위함도 있다.

풀이 유사노출그룹(HEG) 설정
작업환경측정 분야, 즉 개인시료만 인정된다.

33 분석기기가 검출할 수 있고 신뢰성을 가질 수 있는 양인 정량한계(LOQ)에 관한 설명으로 옳은 것은?
① 표준편차의 3배
② 표준편차의 3.3배
③ 표준편차의 5배
④ 표준편차의 10배

풀이 정량한계(LOQ)=표준편차×10
　　　　　　　　＝검출한계×3(or 3.3)

34 다음 중 공기시료채취 시 공기유량과 용량을 보정하는 표준기구 중 1차 표준기구는?
① 흑연 피스톤미터
② 로터미터
③ 습식 테스트미터
④ 건식 가스미터

풀이 표준기구(보정기구)의 종류
(1) 1차 표준기구
　㉠ 비누거품미터(soap bubble meter)
　㉡ 폐활량계(spirometer)
　㉢ 가스치환병(mariotte bottle)
　㉣ 유리 피스톤미터(glass piston meter)
　㉤ 흑연 피스톤미터(frictionless piston meter)
　㉥ 피토튜브(pitot tube)
(2) 2차 표준기구
　㉠ 로터미터(rotameter)
　㉡ 습식 테스트미터(wet test meter)
　㉢ 건식 가스미터(dry gas meter)
　㉣ 오리피스미터(orifice meter)
　㉤ 열선기류계(thermo anemometer)

35 가스상 물질 흡수액의 흡수효율을 높이기 위한 방법으로 옳지 않은 것은?
① 가는 구멍이 많은 프리티드 버블러 등 채취효율이 좋은 기구를 사용한다.
② 시료채취속도를 낮춘다.
③ 용액의 온도를 높여 증기압을 증가시킨다.
④ 두 개 이상의 버블러를 연속적으로 연결한다.

풀이 흡수효율(채취효율)을 높이기 위한 방법
㉠ 포집액의 온도를 낮추어 오염물질의 휘발성을 제한한다.
㉡ 두 개 이상의 임핀저나 버블러를 연속적(직렬)으로 연결하여 사용하는 것이 좋다.
㉢ 시료채취속도(채취물질이 흡수액을 통과하는 속도)를 낮춘다.
㉣ 기포의 체류시간을 길게 한다.
㉤ 기포와 액체의 접촉면적을 크게 한다(가는 구멍이 많은 fritted 버블러 사용).
㉥ 액체의 교반을 강하게 한다.
㉦ 흡수액의 양을 늘려준다.

정답 31.① 32.① 33.④ 34.① 35.③

36 작업장에서 현재 총 흡음량은 1,500sabins 이다. 이 작업장을 천장과 벽 부분에 흡음재를 이용하여 3,300sabins을 추가하였을 때 흡음대책에 따른 실내소음의 저감량은?

① 약 15dB
② 약 8dB
③ 약 5dB
④ 약 1dB

풀이 소음저감량(dB) $= 10\log\left(\dfrac{1,500+3,300}{1,500}\right) = 5.05\text{dB}$

37 시간당 200~350kcal의 열량이 소모되는 중등작업 조건에서 WBGT 측정치가 31.2℃일 때 고열작업 노출기준의 작업-휴식 조건은?

① 매시간 50% 작업, 50% 휴식 조건
② 매시간 75% 작업, 25% 휴식 조건
③ 매시간 25% 작업, 75% 휴식 조건
④ 계속 작업 조건

풀이 고열작업장의 노출기준(고용노동부, ACGIH)
(단위 : WBGT(℃))

시간당 작업과 휴식 비율	작업강도		
	경작업	중등작업	중(힘든)작업
연속작업	30.0	26.7	25.0
75% 작업, 25% 휴식 (45분 작업, 15분 휴식)	30.6	28.0	25.9
50% 작업, 50% 휴식 (30분 작업, 30분 휴식)	31.4	29.4	27.9
25% 작업, 75% 휴식 (15분 작업, 45분 휴식)	32.2	31.1	30.0

㉠ 경작업 : 시간당 200kcal까지의 열량이 소요되는 작업을 말하며, 앉아서 또는 서서 기계의 조정을 하기 위하여 손 또는 팔을 가볍게 쓰는 일 등이 해당된다.
㉡ 중등작업 : 시간당 200~350kcal의 열량이 소요되는 작업을 말하며, 물체를 들거나 밀면서 걸어 다니는 일 등이 해당된다.
㉢ 중(격심)작업 : 시간당 350~500kcal의 열량이 소요되는 작업을 뜻하며, 곡괭이질 또는 삽질하는 일과 같이 육체적으로 힘든 일 등이 해당된다.

38 작업환경측정 시 온도 표시에 관한 설명으로 옳지 않은 것은? (단, 고용노동부 고시 기준)

① 열수 : 약 100℃
② 상온 : 15~25℃
③ 온수 : 50~60℃
④ 미온 : 30~40℃

풀이 온도 표시
㉠ 상온 : 15~25℃
㉡ 실온 : 1~35℃
㉢ 미온 : 30~40℃
㉣ 찬 곳 : 0~15℃
㉤ 냉수 : 15℃ 이하
㉥ 온수 : 60~70℃
㉦ 열수 : 약 100℃

39 가스상 물질을 측정하기 위한 '순간시료채취방법을 사용할 수 없는 경우'와 가장 거리가 먼 것은?

① 유해물질의 농도가 시간에 따라 변할 때
② 작업장의 기류속도 변화가 없을 때
③ 시간가중평균치를 구하고자 할 때
④ 공기 중 유해물질의 농도가 낮을 때

풀이 순간시료채취방법을 적용할 수 없는 경우
㉠ 오염물질의 농도가 시간에 따라 변할 때
㉡ 공기 중 오염물질의 농도가 낮을 때(유해물질이 농축되는 효과가 없기 때문에 검출기의 검출한계보다 공기 중 농도가 높아야 한다)
㉢ 시간가중평균치를 구하고자 할 때

40 입자의 크기에 따라 여과기전 및 채취효율이 다르다. 입자 크기가 0.1~0.5μm일 때 주된 여과기전은?

① 충돌과 간섭
② 확산과 간섭
③ 차단과 간섭
④ 침강과 간섭

풀이 여과기전에 대한 입자 크기별 포집효율
㉠ 입경 0.1μm 미만 : 확산
㉡ 입경 0.1~0.5μm : 확산, 직접차단(간섭)
㉢ 입경 0.5μm 이상 : 관성충돌, 직접차단(간섭)

정답 36.③ 37.③ 38.③ 39.② 40.②

제3과목 | 작업환경 관리대책

41 내경이 15mm인 원형관에 비압축성 유체가 40m/min의 속도로 흐른다. 내경이 10mm가 되면 유속(m/min)은? (단, 유량은 같다고 가정한다.)

① 90   ② 120
③ 160   ④ 210

[풀이]
$Q = A \times V$
$= \left(\dfrac{3.14 \times 0.015^2}{4}\right) \text{m}^2 \times 40\text{m/min}$
$= 0.0070 \text{m}^3/\text{min}$

$\therefore V = \dfrac{Q}{A} = \dfrac{0.0070 \text{m}^3/\text{min}}{\left(\dfrac{3.14 \times 0.01^2}{4}\right)\text{m}^2} = 90\text{m/min}$

42 개인보호구 중 방독마스크의 카트리지 수명에 영향을 미치는 요소와 가장 거리가 먼 것은?

① 흡착제의 질과 양
② 상대습도
③ 온도
④ 오염물질의 입자 크기

[풀이] 방독마스크의 정화통(카트리지, cartridge) 수명에 영향을 주는 인자
㉠ 작업장의 습도(상대습도) 및 온도
㉡ 착용자의 호흡률(노출조건)
㉢ 작업장 오염물질의 농도
㉣ 흡착제의 질과 양
㉤ 포장의 균일성과 밀도
㉥ 다른 가스, 증기와 혼합 유무

43 1시간에 2L의 MEK가 증발되어 공기를 오염시키는 작업장이 있다. K값을 3, 분자량을 72.06, 비중을 0.805, TLV를 200ppm으로 할 때 이 작업장의 오염물질 전체를 환기시키기 위하여 필요한 환기량(m^3/min)은? (단, 21℃, 1기압 기준)

① 약 104   ② 약 118
③ 약 135   ④ 약 154

[풀이]
• 사용량(g/hr) = 2L/hr × 0.805g/mL × 1,000mL/L
  = 1,610g/hr
• 발생률(G, L/hr)
  72.06g : 24.1L = 1,610g/hr : G
  $G = \dfrac{24.1\text{L} \times 1,610\text{g/hr}}{72.06\text{g}} = 538.45\text{L/hr}$
∴ 필요환기량(Q) = $\dfrac{G}{\text{TLV}} \times K$
  $= \dfrac{538.45\text{L/hr} \times 1,000\text{mL/L}}{200\text{mL/m}^3} \times 3$
  $= 8076.75\text{m}^3/\text{hr} \times \text{hr}/60\text{min}$
  $= 134.61\text{m}^3/\text{min}$

44 전기집진장치의 장점으로 옳지 않은 것은?

① 미세입자의 처리가 가능하다.
② 전압변동과 같은 조건변동에 적응이 용이하다.
③ 압력손실이 적어 소요동력이 적다.
④ 고온가스의 처리가 가능하다.

[풀이] 전기집진장치의 장단점
(1) 장점
㉠ 집진효율이 높다(0.01μm 정도 포집 용이, 99.9% 정도 고집진효율).
㉡ 광범위한 온도범위에서 적용이 가능하며, 폭발성 가스의 처리도 가능하다.
㉢ 고온의 입자성 물질(500℃ 전후) 처리가 가능하여 보일러와 철강로 등에 설치할 수 있다.
㉣ 압력손실이 낮고 대용량의 가스 처리가 가능하며 배출가스의 온도강하가 적다.
㉤ 운전 및 유지비가 저렴하다.
㉥ 회수가치 입자 포집에 유리하며, 습식 및 건식으로 집진할 수 있다.
㉦ 넓은 범위의 입경과 분진 농도에 집진효율이 높다.
(2) 단점
㉠ 설치비용이 많이 든다.
㉡ 설치공간을 많이 차지한다.
㉢ 설치된 후에는 운전조건의 변화에 유연성이 적다.
㉣ 먼지성상에 따라 전처리시설이 요구된다.
㉤ 분진 포집에 적용되며, 기체상 물질 제거에는 곤란하다.
㉥ 전압변동과 같은 조건변동(부하변동)에 쉽게 적응이 곤란하다.
㉦ 가연성 입자의 처리가 곤란하다.

정답 41.① 42.④ 43.③ 44.②

45 벤젠 2kg이 모두 증발하였다면 벤젠이 차지하는 부피는? (단, 벤젠의 비중은 0.88이고, 분자량은 78, 21℃, 1기압)

① 약 521L ② 약 618L
③ 약 736L ④ 약 871L

풀이
78g : 24.1L = 2,000g : G(발생 부피)

$$\therefore G(\text{L}) = \frac{24.1\text{L} \times 2,000\text{g}}{78\text{g}} = 617.94\text{L}$$

46 환기시스템에서 공기 유량(Q)이 0.15m³/sec, 덕트 직경이 10.0cm, 후드 압력손실계수(F_h)가 0.4일 때 후드 정압(SP$_h$)은? (단, 공기 밀도 1.2kg/m³ 기준)

① 약 31mmH$_2$O ② 약 38mmH$_2$O
③ 약 43mmH$_2$O ④ 약 48mmH$_2$O

풀이
$\text{SP}_h = \text{VP}(1+F)$

$\cdot \text{VP} = \dfrac{\gamma V^2}{2g} = \dfrac{1.2 \times (19.1)^2}{2 \times 9.8}$
$\qquad = 22.35\text{mmH}_2\text{O}$

$\left(V = \dfrac{Q}{A} = \dfrac{0.15\text{m}^3/\text{sec}}{\left(\dfrac{3.14 \times 0.1^2}{4}\right)\text{m}^2} = 19.1\text{m/sec}\right)$

$= 22.35(1+0.4) = 31.3\text{mmH}_2\text{O}$

47 전체환기를 실시하고자 할 때 고려하여야 하는 원칙과 가장 거리가 먼 것은?

① 먼저 자료를 통해서 희석에 필요한 충분한 양의 환기량을 구해야 한다.
② 가능하면 오염물질이 발생하는 가장 가까운 위치에 배기구를 설치해야 한다.
③ 희석을 위한 공기가 급기구를 통하여 들어와서 오염물질이 있는 영역을 통과하여 배기구로 빠져나가도록 설계해야 한다.
④ 배기구는 창문이나 문 등 개구 근처에 위치하도록 설계하여 오염공기의 배출이 충분하게 한다.

풀이 전체환기(강제환기)시설 설치 기본원칙
㉠ 오염물질 사용량을 조사하여 필요환기량을 계산한다.
㉡ 배출공기를 보충하기 위하여 청정공기를 공급한다.
㉢ 오염물질 배출구는 가능한 한 오염원으로부터 가까운 곳에 설치하여 '점환기'의 효과를 얻는다.
㉣ 공기 배출구와 근로자의 작업위치 사이에 오염원이 위치해야 한다.
㉤ 공기가 배출되면서 오염장소를 통과하도록 공기 배출구와 유입구의 위치를 선정한다.
㉥ 작업장 내 압력은 경우에 따라서 양압이나 음압으로 조정해야 한다(오염원 주위에 다른 작업공정이 있으면 공기 공급량을 배출량보다 작게 하여 음압을 형성시켜 주위 근로자에게 오염물질이 확산되지 않도록 한다).
㉦ 배출된 공기가 재유입되지 못하게 배출구 높이를 적절히 설계하고 창문이나 문 근처에 위치하지 않도록 한다.
㉧ 오염된 공기는 작업자가 호흡하기 전에 충분히 희석되어야 한다.
㉨ 오염물질 발생은 가능하면 비교적 일정한 속도로 유출되도록 조정해야 한다.

48 폭 320mm, 높이 760mm의 곧은 각의 관내에 $Q=280$m³/min의 표준공기가 흐르고 있을 때 레이놀즈수(Re)의 값은? (단, 동점성계수는 1.5×10⁻⁵m²/sec이다.)

① 5.76×10^5
② 5.76×10^6
③ 8.76×10^5
④ 8.76×10^6

풀이 레이놀즈수(Re)
$= \dfrac{\text{유속} \times \text{관직경}}{\text{동점성계수}}$

$\cdot$ 유속(V) $= \dfrac{Q}{A} = \dfrac{280\text{m}^3/\text{min} \times \text{min}/60\text{sec}}{(0.32 \times 0.76)\text{m}^2}$
$\qquad = 19.19\text{m/sec}$

$\cdot$ 관직경(D) $= \dfrac{2ab}{a+b} = \dfrac{2(0.32 \times 0.76)}{0.32 + 0.76} = 0.45\text{m}$

$= \dfrac{19.19 \times 0.45}{1.5 \times 10^{-5}}$
$= 576,175 \fallingdotseq 5.76 \times 10^5$

정답 45.② 46.① 47.④ 48.①

49 입자상 물질을 처리하기 위한 장치 중 압력 손실은 비교적 크나 고효율 집진이 가능하며, 직접차단, 관성충돌, 확산, 중력침강 및 정전기력 등이 복합적으로 작용하는 것은?

① 관성력집진장치
② 원심력집진장치
③ 여과집진장치
④ 전기집진장치

풀이 여과집진장치(bag filter)
함진가스를 여과재(filter media)에 통과시켜 입자를 분리·포집하는 장치로서 $1\mu m$ 이상의 분진의 포집은 99%가 관성충돌과 직접차단에 의하여 이루어지고, $0.1\mu m$ 이하의 분진은 확산과 정전기력에 의하여 포집하는 집진장치이다.

50 원심력 송풍기인 방사 날개형 송풍기에 관한 설명으로 옳지 않은 것은?

① 플레이트 송풍기 또는 평판형 송풍기라고도 한다.
② 깃이 평판으로 되어 있고 강도가 매우 높게 설계되어 있다.
③ 깃의 구조가 분진을 자체 정화할 수 있도록 되어 있다.
④ 견고하고 가격이 저렴하며, 효율이 높은 장점이 있다.

풀이 평판형(radial fan) 송풍기
㉠ 플레이트(plate) 송풍기, 방사 날개형 송풍기라고도 한다.
㉡ 날개(blade)가 다익형보다 적고, 직선이며 평판 모양을 하고 있어 강도가 매우 높게 설계되어 있다.
㉢ 깃의 구조가 분진을 자체 정화할 수 있도록 되어 있다.
㉣ 시멘트, 미분탄, 곡물, 모래 등의 고농도 분진 함유 공기나 마모성이 강한 분진 이송용으로 사용된다.
㉤ 부식성이 강한 공기를 이송하는 데 많이 사용된다.
㉥ 압력은 다익팬보다 약간 높으며, 효율도 65%로 다익팬보다는 약간 높으나 터보팬보다는 낮다.
㉦ 습식 집진장치의 배치에 적합하며, 소음은 중간 정도이다.

51 다음 중 주물작업 시 발생되는 유해인자와 가장 거리가 먼 것은?

① 소음 발생
② 금속흄 발생
③ 분진 발생
④ 자외선 발생

풀이 주물작업 시 발생되는 유해인자
㉠ 분진
㉡ 금속흄
㉢ 유해가스(일산화탄소, 포름알데히드, 페놀류)
㉣ 소음
㉤ 고열

52 호흡용 보호구에 관한 설명으로 가장 거리가 먼 것은?

① 방독마스크는 면, 모, 합성섬유 등을 필터로 사용한다.
② 방독마스크는 공기 중의 산소가 부족하면 사용할 수 없다.
③ 방독마스크는 일시적인 작업 또는 긴급용으로 사용하여야 한다.
④ 방진마스크는 비휘발성 입자에 대한 보호가 가능하다.

풀이 방진마스크와 방독마스크의 구분
(1) 방진마스크
㉠ 공기 중의 유해한 분진, 미스트, 흄 등을 여과재를 통해 제거하여 유해물질이 근로자의 호흡기를 통하여 체내에 유입되는 것을 방지하기 위해 사용되는 보호구를 말하며, 분진 제거용 필터는 일반적으로 압축된 섬유상 물질을 사용한다.
㉡ 산소농도가 정상적(18% 이상)이고 유해물의 농도가 규정 이하인 먼지만 존재하는 작업장에서 사용한다.
㉢ 비휘발성 입자에 대한 보호가 가능하다.
(2) 방독마스크
공기 중의 유해가스, 증기 등을 흡수관을 통해 제거하여 근로자의 호흡기 내로 침입하는 것을 가능한 적게 하기 위해 착용하는 호흡보호구이다.

정답 49.③ 50.④ 51.④ 52.①

53 가지덕트를 주덕트에 연결하고자 할 때 다음 중 가장 적합한 각도는?

① 90°
② 70°
③ 50°
④ 30°

[풀이] 주관과 분지관(가지관)의 연결

15° 이내가 적합함 (양호) / (불량)

54 보호구의 보호정도와 한계를 나타나는 데 필요한 보호계수를 산정하는 공식으로 옳은 것은? (단, 보호계수 : PF, 보호구 밖의 농도 : C_o, 보호구 안의 농도 : C_i)

① $PF = C_o / C_i$
② $PF = (C_i / C_o) \times 100$
③ $PF = (C_o / C_i) \times 0.5$
④ $PF = (C_i / C_o) \times 0.5$

[풀이] 보호계수(PF ; Protection Factor)
보호구를 착용함으로써 유해물질로부터 보호구가 얼마만큼 보호해 주는가의 정도를 의미한다.

$$PF = \frac{C_o}{C_i}$$

여기서, PF : 보호계수(항상 1보다 크다)
C_i : 보호구 안의 농도
C_o : 보호구 밖의 농도

55 환기시설 내 기류가 기본적인 유체역학적 원리에 따르기 위한 전제조건과 가장 거리가 먼 것은?

① 환기시설 내외의 열교환은 무시한다.
② 공기의 압축이나 팽창은 무시한다.
③ 공기는 절대습도를 기준으로 한다.
④ 대부분의 환기시설에서 공기 중에 포함된 유해물질의 무게와 용량을 무시한다.

[풀이] 유체역학의 질량보존 원리를 환기시설에 적용하는 데 필요한 네 가지 공기 특성의 주요 가정(전제조건)
㉠ 환기시설 내외(덕트 내부·외부)의 열전달(열교환) 효과 무시
㉡ 공기의 비압축성(압축성과 팽창성 무시)
㉢ 건조공기 가정
㉣ 환기시설에서 공기 속 오염물질의 질량(무게)과 부피(용량) 무시

56 다음 중 전체환기를 하는 경우와 가장 거리가 먼 것은?

① 유해물질의 독성이 높은 경우
② 동일 사업장에 다수의 오염발생원이 분산되어 있는 경우
③ 오염발생원이 근로자가 근무하는 장소로부터 멀리 떨어져 있는 경우
④ 오염발생원이 이동성인 경우

[풀이] 전체환기(희석환기) 적용 시 조건
㉠ 유해물질의 독성이 비교적 낮은 경우, 즉 TLV가 높은 경우 ⇨ 가장 중요한 제한조건
㉡ 동일한 작업장에 다수의 오염원이 분산되어 있는 경우
㉢ 유해물질이 시간에 따라 균일하게 발생될 경우
㉣ 유해물질의 발생량이 적은 경우 및 희석공기량이 많지 않아도 되는 경우
㉤ 유해물질이 증기나 가스일 경우
㉥ 국소배기로 불가능한 경우
㉦ 배출원이 이동성인 경우
㉧ 가연성 가스의 농축으로 폭발의 위험이 있는 경우
㉨ 오염원이 근무자가 근무하는 장소로부터 멀리 떨어져 있는 경우

정답 53.④ 54.① 55.③ 56.①

57 재순환 공기의 CO_2 농도는 900ppm이고, 급기의 CO_2 농도는 700ppm이었다. 급기(재순환 공기와 외부 공기가 혼합된 후의 공기) 중 외부 공기의 함량은? (단, 외부 공기의 CO_2 농도는 330ppm이다.)

① 약 35.1%   ② 약 21.3%
③ 약 23.8%   ④ 약 17.5%

[풀이]
급기 중 재순환량(%)
$$= \frac{\text{급기 공기 중 } CO_2 \text{ 농도} - \text{외부 공기 중 } CO_2 \text{ 농도}}{\text{재순환 공기 중 } CO_2 \text{ 농도} - \text{외부 공기 중 } CO_2 \text{ 농도}} \times 100$$
$$= \frac{700-330}{900-330} \times 100$$
$$= 64.91\%$$
∴ 급기 중 외부 공기 포함량(%)
$$= 100 - 64.91 = 35.1\%$$

58 청력보호구의 차음효과를 높이기 위해 유의해야 할 내용으로 잘못된 것은?

① 청력보호구는 기공(氣孔)이 큰 재료로 만들어 흡음효율을 높이도록 한다.
② 청력보호구는 머리 모양이나 귓구멍에 잘 맞는 것을 사용하여 불쾌감을 주지 않도록 해야 한다.
③ 청력보호구를 잘 고정시켜 보호구 자체의 진동을 최소한도로 줄이도록 한다.
④ 귀덮개 형식의 보호구는 머리가 길 때와 안경테가 굵어 잘 부착되지 않을 때 사용하기 곤란하다.

[풀이]
청력보호구의 차음효과를 높이기 위한 유의사항
㉠ 사용자 머리의 모양이나 귓구멍에 잘 맞아야 할 것
㉡ 기공이 많은 재료를 선택하지 말 것
㉢ 청력보호구를 잘 고정시켜 보호구 자체의 진동을 최소화할 것
㉣ 귀덮개 형식의 보호구는 머리카락이 길 때와 안경테가 굵어서 잘 부착되지 않을 때에는 사용하지 말 것

59 2개의 집진장치를 직렬로 연결하였다. 집진효율 70%인 사이클론을 전처리장치로 사용하고 전기집진장치를 후처리장치로 사용하였을 때 총 집진효율이 95%라면, 전기집진장치의 집진효율은?

① 83.3%   ② 87.3%
③ 90.3%   ④ 92.3%

[풀이]
$\eta_T = \eta_1 + \eta_2(1-\eta_1)$
$0.95 = 0.7 + \eta_2(1-0.7)$
∴ η_2(후처리장치 효율) $= 0.833 \times 100 = 83.3\%$

60 주물사, 고온가스를 취급하는 공정에 환기시설을 설치하고자 할 때, 덕트의 재료로 가장 적당한 것은?

① 아연도금 강판
② 중질 콘크리트
③ 스테인리스 강판
④ 흑피 강판

[풀이]
덕트의 재질
㉠ 유기용제(부식이나 마모의 우려가 없는 곳) : 아연도금 강판
㉡ 강산, 염소계 용제 : 스테인리스스틸 강판
㉢ 알칼리 : 강판
㉣ 주물사, 고온가스 : 흑피 강판
㉤ 전리방사선 : 중질 콘크리트

제4과목 | 물리적 유해인자관리

61 현재 총 흡음량이 500sabins인 작업장의 천장에 흡음물질을 첨가하여 900sabins을 더할 경우 소음감소량은 약 얼마로 예측되는가?

① 2.5dB   ② 3.5dB
③ 4.5dB   ④ 5.5dB

[풀이]
소음감소량 $NR = 10\log\frac{500+900}{500} = 4.47dB$

62 충격소음의 노출기준에서 충격소음의 강도와 1일 노출횟수가 잘못 연결된 것은?

① 120dB(A) : 10,000회
② 130dB(A) : 1,000회
③ 140dB(A) : 100회
④ 150dB(A) : 10회

풀이 충격소음작업
소음이 1초 이상의 간격으로 발생하는 작업으로서 다음의 1에 해당하는 작업을 말한다.
㉠ 120dB을 초과하는 소음이 1일 1만회 이상 발생되는 작업
㉡ 130dB을 초과하는 소음이 1일 1천회 이상 발생되는 작업
㉢ 140dB을 초과하는 소음이 1일 1백회 이상 발생되는 작업

63 레이저(laser)에 관한 설명으로 틀린 것은?

① 레이저는 유도방출에 의한 광선증폭을 뜻한다.
② 레이저는 보통 광선과는 달리 단일파장으로 강력하고 예리한 지향성을 가졌다.
③ 레이저장애는 광선의 파장과 특정 조직의 광선흡수능력에 따라 장애 출현부위가 달라진다.
④ 레이저의 피부에 대한 작용은 비가역적이며, 수포, 색소침착 등이 생길 수 있다.

풀이 레이저의 피부에 대한 작용은 가역적이며 피부손상, 화상, 수포 형성, 색소침착 등이 생길 수 있고, 눈에 대한 작용으로는 각막염, 백내장, 망막염 등이 있다.

64 다음 중 소음에 의한 청력장애가 가장 잘 일어나는 주파수는?

① 1,000Hz   ② 2,000Hz
③ 4,000Hz   ④ 8,000Hz

풀이 C_5-dip 현상
소음성 난청의 초기단계로 4,000Hz에서 청력장애가 현저히 커지는 현상이다.
※ 우리 귀는 고주파음에 대단히 민감하며, 특히 4,000Hz에서 소음성 난청이 가장 많이 발생한다.

65 다음 중 인공조명에 가장 적당한 광색은?

① 노란색   ② 주광색
③ 청색   ④ 황색

풀이 인공조명 시 주광색에 가까운 광색으로 조도를 높여주며 백열전구와 고압수은등을 적절히 혼합시켜 주광에 가까운 빛을 얻을 수 있다.

66 빛의 단위 중 광도의 단위가 아닌 것은?

① $lumen/m^2$ ② lambert
③ nit   ④ cd/m^2

풀이 ① $lumen/m^2$는 조도의 단위이다.
램버트(lambert)
빛을 완전히 확산시키는 평면의 $1ft^2(1cm^2)$에서 1lumen의 빛을 발하거나 반사시킬 때의 밝기를 나타내는 단위이다.
1lambert=3.18candle/m^2
※ candle/m^2=nit : 단위면적에 대한 밝기

67 다음 중 진동의 크기를 나타내는 데 사용되지 않는 것은?

① 변위(displacement)
② 압력(pressure)
③ 속도(velocity)
④ 가속도(acceleration)

풀이 진동의 크기를 나타내는 단위(진동 크기 3요소)
㉠ 변위(displacement)
물체가 정상 정지위치에서 일정 시간 내에 도달하는 위치까지의 거리
※ 단위 : mm(cm, m)
㉡ 속도(velocity)
변위의 시간변화율이며, 진동체가 진동의 상한 또는 하한에 도달하면 속도는 0이고, 그 물체가 정상위치인 중심을 지날 때 그 속도의 최대가 된다.
※ 단위 : cm/sec(m/sec)
㉢ 가속도(acceleration)
속도의 시간변화율이며 측정이 간편하고 변위와 속도로 산출할 수 있기 때문에 진동의 크기를 나타내는 데 주로 사용한다.
※ 단위 : $cm/sec^2(m/sec^2)$, gal($1cm/sec^2$)

정답 62.④ 63.④ 64.③ 65.② 66.① 67.②

68 다음 중 이상기압의 대책에 관한 설명으로 적절하지 않은 것은?
① 고압실 내의 작업에서는 이산화탄소의 분압이 증가하지 않도록 신선한 공기를 송기한다.
② 고압환경에서 작업하는 근로자에게는 질소의 양을 증가시킨 공기를 호흡시킨다.
③ 귀 등의 장애를 예방하기 위하여 압력을 가하는 속도를 분당 $0.8kg/cm^2$ 이하가 되도록 한다.
④ 감압병의 증상이 발생하였을 때에는 환자를 바로 원래의 고압환경상태로 복귀시키거나, 인공고압실에서 천천히 감압한다.

> **풀이** 감압병의 예방 및 치료
> ㉠ 고압환경에서의 작업시간을 제한하고 고압실 내의 작업에서는 이산화탄소의 분압이 증가하지 않도록 신선한 공기를 송기시킨다.
> ㉡ 감압이 끝날 무렵에 순수한 산소를 흡입시키면 예방적 효과가 있을 뿐 아니라 감압시간을 25% 가량 단축시킬 수 있다.
> ㉢ 고압환경에서 작업하는 근로자에게 질소를 헬륨으로 대치한 공기를 호흡시킨다.
> ㉣ 헬륨-산소 혼합가스는 호흡저항이 적어 심해잠수에 사용한다.
> ㉤ 일반적으로 1분에 10m 정도씩 잠수하는 것이 안전하다.
> ㉥ 감압병의 증상 발생 시에는 환자를 곧장 원래의 고압환경상태로 복귀시키거나 인공고압실에 넣어 혈관 및 조직 속에 발생한 질소의 기포를 다시 용해시킨 다음 천천히 감압한다.
> ㉦ Haldene의 실험근거상 정상기압보다 1.25기압을 넘지 않는 고압환경에는 아무리 오랫동안 폭로되거나 아무리 빨리 감압하더라도 기포를 형성하지 않는다.
> ㉧ 비만자의 작업을 금지시키고, 순환기에 이상이 있는 사람은 취업 또는 작업을 제한한다.
> ㉨ 헬륨은 질소보다 확산속도가 크며, 체외로 배출되는 시간이 질소에 비하여 50% 정도밖에 걸리지 않는다.
> ㉩ 귀 등의 장애를 예방하기 위해서는 압력을 가하는 속도를 분당 $0.8kg/cm^2$ 이하가 되도록 한다.

69 적외선의 파장범위에 해당하는 것은?
① 280nm 이하
② 280~400nm
③ 400~750nm
④ 800~1,200nm

> **풀이** 적외선은 가시광선보다 파장이 길고, 약 760nm에서 1mm 범위이다.

70 다음 중 작업장 내의 직접조명에 관한 설명으로 옳은 것은?
① 장시간 작업 시에도 눈이 부시지 않는다.
② 작업장 내 균일한 조도의 확보가 가능하다.
③ 조명기구가 간단하고, 조명기구의 효율이 좋다.
④ 벽이나 천장의 색조에 좌우되는 경향이 있다.

> **풀이** 조명방법에 따른 조명관리
> (1) 직접조명
> ㉠ 작업면의 빛 대부분이 광원 및 반사용 삿갓에서 직접 온다.
> ㉡ 기구의 구조에 따라 눈을 부시게 하거나 균일한 조도를 얻기 힘들다.
> ㉢ 반사갓을 이용하여 광속의 90~100%가 아래로 향하게 하는 방식이다.
> ㉣ 일정량의 전력으로 조명 시 가장 밝은 조명을 얻을 수 있다.
> ㉤ 장점 : 효율이 좋고, 천장면의 색조에 영향을 받지 않으며, 설치비용이 저렴하다.
> ㉥ 단점 : 눈부심이 있고, 균일한 조도를 얻기 힘들며, 강한 음영을 만든다.
> (2) 간접조명
> ㉠ 광속의 90~100%를 위로 향해 발산하여 천장, 벽에서 확산시켜 균일한 조명도를 얻을 수 있는 방식이다.
> ㉡ 천장과 벽에 반사하여 작업면을 조명하는 방법이다.
> ㉢ 장점 : 눈부심이 없고, 균일한 조도를 얻을 수 있으며, 그림자가 없다.
> ㉣ 단점 : 효율이 나쁘고, 설치가 복잡하며, 실내의 입체감이 작아진다.

71 다음 중 방진재료로 적절하지 않은 것은?
① 코일용수철
② 방진고무
③ 코르크
④ 유리섬유

풀이 방진재료
㉠ 금속스프링(코일용수철)
㉡ 공기스프링
㉢ 방진고무
㉣ 코르크

72 다음 중 전리방사선의 외부노출에 대한 방어 3원칙에 해당하지 않는 것은?
① 차폐   ② 거리
③ 시간   ④ 흡수

풀이 방사선의 외부노출에 대한 방어대책
전리방사선 방어의 궁극적 목적은 가능한 한 방사선에 불필요하게 노출되는 것을 최소화하는 데 있다.
(1) 시간
 ㉠ 노출시간을 최대로 단축한다(조업시간 단축).
 ㉡ 충분한 시간 간격을 두고 방사능 취급작업을 하는 것은 반감기가 짧은 방사능 물질에 유용하다.
(2) 거리
 방사능은 거리의 제곱에 비례해서 감소하므로 먼 거리일수록 쉽게 방어가 가능하다.
(3) 차폐
 ㉠ 큰 투과력을 갖는 방사선 차폐물은 원자번호가 크고 밀도가 큰 물질이 효과적이다.
 ㉡ α선의 투과력은 약하여 얇은 알루미늄판으로도 방어가 가능하다.

73 다음 중 정상인이 들을 수 있는 가장 낮은 이론적 음압은 몇 dB인가?
① 0dB   ② 5dB
③ 10dB   ④ 20dB

풀이 사람이 들을 수 있는 음압은 0.00002~60N/m² 의 범위이며, 이것을 dB로 표시하면 0~130dB이 되므로 음압을 직접 사용하는 것보다 dB로 변환하여 사용하는 것이 편리하다.

74 18℃ 공기 중에서 800Hz인 음의 파장은 약 몇 m인가?
① 0.35   ② 0.43
③ 3.5   ④ 4.3

풀이 음속$(c) = \lambda \times f$
$\therefore$ 파장$(\lambda) = \dfrac{c}{f} = \dfrac{331.42 + (0.6 \times 18)}{800} = 0.43\text{m}$

75 다음과 같은 작업조건에서 1일 8시간 동안 작업하였다면, 1일 근무시간 동안 인체에 누적된 열량은 얼마인가? (단, 근로자의 체중은 60kg이다.)

- 작업대사량 : +1.5kcal/kg/hr
- 대류에 의한 열전달 : +1.2kcal/kg/hr
- 복사열 전달 : +0.8kcal/kg/hr
- 피부에서의 총 땀 증발량 : 300g/hr
- 수분 증발열 : 580cal/g

① 242kcal
② 288kcal
③ 1,152kcal
④ 3,072kcal

풀이 열평형방정식
$\Delta S = M \pm C \pm R - E$
- M(작업대사량)
 $= 1.5\text{kcal/kg} \cdot \text{hr} \times 60\text{kg} \times 8\text{hr/day}$
 $= 720\text{kcal/day}$
- C(대류)
 $= 1.2\text{kcal/kg} \cdot \text{hr} \times 60\text{kg} \times 8\text{hr/day}$
 $= 576\text{kcal/day}$
- R(복사)
 $= 0.8\text{kcal/kg} \cdot \text{hr} \times 60\text{kg} \times 8\text{hr/day}$
 $= 384\text{kcal/day}$
- E(증발)
 $= 300\text{g/hr} \times 580\text{cal/g} \times 8\text{hr/day}$
 $\times \text{kcal}/1,000\text{cal}$
 $= 1,392\text{kcal/day}$
$= 720 + 576 + 384 - 1,392$
$= 288\text{kcal/day}$

정답 71.④ 72.④ 73.① 74.② 75.②

76 다음 중 산소 농도 저하 시 농도에 따른 증상이 잘못 연결된 것은?

① 12~16% : 맥박과 호흡수 증가
② 9~14% : 판단력 저하와 기억상실
③ 6~10% : 의식상실, 근육경련
④ 6% 이하 : 중추신경장애, Cheyne-stoke 호흡

[풀이] 산소 농도에 따른 인체장애

산소 농도(%)	산소 분압(mmHg)	동맥혈의 산소 포화도(%)	증 상
12~16	90~120	85~89	호흡수 증가, 맥박 증가, 정신집중 곤란, 두통, 이명, 신체기능조절 손상 및 순환기 장애자 초기증상 유발
9~14	60~105	74~87	불완전한 정신상태에 이르고, 취한 것과 같으며, 당시의 기억상실, 전신 탈진, 체온상승, 호흡장애, 청색증 유발, 판단력 저하
6~10	45~70	33~74	의식불명, 안면창백, 전신근육경련, 중추신경 장애, 청색증 유발, 경련, 8분 내 100% 치명적, 6분 내 50% 치명적, 4~5분 내 치료로 회복 가능
4~6 및 이하	45 이하	33 이하	40초 내에 혼수상태, 호흡정지, 사망

77 다음 중 방사선에 감수성이 가장 큰 신체부위는?

① 위장   ② 조혈기관
③ 뇌   ④ 근육

[풀이] 전리방사선에 대한 감수성 순서

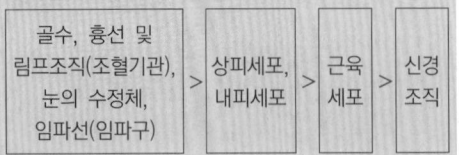

78 다음 중 직업성 난청에 관한 설명으로 틀린 것은?

① 일시적 난청은 청력의 일시적인 피로현상이다.
② 영구적 난청은 노인성 난청과 같은 현상이다.
③ 일반적으로 초기 청력손실을 C_5-dip 현상이라 한다.
④ 직업성 난청은 처음 중음부에서 시작되어 고음부 순서로 파급된다.

[풀이] 난청(청력장애)
(1) 일시적 청력손실(TTS)
   ㉠ 강력한 소음에 노출되어 생기는 난청으로 4,000~6,000Hz에서 가장 많이 발생한다.
   ㉡ 청신경세포의 피로현상으로, 회복되려면 12~24시간을 요하는 가역적인 청력저하이며, 영구적 소음성 난청의 예비신호로도 볼 수 있다.
(2) 영구적 청력손실(PTS) : 소음성 난청
   ㉠ 비가역적 청력저하, 강렬한 소음이나 지속적인 소음 노출에 의해 청신경 말단부의 내이 코르티(corti)기관의 섬모세포 손상으로 회복될 수 없는 영구적인 청력저하가 발생한다.
   ㉡ 3,000~6,000Hz의 범위에서 먼저 나타나고, 특히 4,000Hz에서 가장 심하게 발생한다.
(3) 노인성 난청
   ㉠ 노화에 의한 퇴행성 질환으로, 감각신경성 청력손실이 양측 귀에 대칭적·점진적으로 발생하는 질환이다.
   ㉡ 일반적으로 고음역에 대한 청력손실이 현저하며 6,000Hz에서부터 난청이 시작된다.

79 다음 중 소음의 흡음평가 시 적용되는 잔향시간(reverberation time)에 관한 설명으로 옳은 것은?

① 잔향시간은 실내공간의 크기에 비례한다.
② 실내 흡음량을 증가시키면 잔향시간도 증가한다.
③ 잔향시간은 음압수준이 30dB 감소하는 데 소요되는 시간이다.
④ 잔향시간을 측정하려면 실내 배경소음이 90dB 이상 되어야 한다.

정답 76.④ 77.② 78.② 79.①

풀이
② 실내 흡음량을 증가시키면 잔향시간은 감소한다.
③ 잔향시간은 음압수준이 60dB 감소하는 데 소요되는 시간이다.
④ 잔향시간을 측정하려면 실내 배경소음이 60dB 이하가 되어야 한다.

80 열경련(heat cramp)을 일으키는 가장 큰 원인은?

① 체온 상승
② 중추신경 마비
③ 순환기계 부조화
④ 체내 수분 및 염분 손실

풀이
열경련의 원인
㉠ 지나친 발한에 의한 수분 및 혈중 염분 손실(혈액의 현저한 농축 발생)
㉡ 땀을 많이 흘리고 동시에 염분이 없는 음료수를 많이 마셔서 염분 부족 시 발생
㉢ 전해질의 유실 시 발생

제5과목 | 산업 독성학

81 다음 중 기관지와 폐포 등 폐 내부의 공기통로와 가스교환 부위에 침착되는 먼지로서 공기역학적 지름이 30μm 이하의 크기인 것은?

① 흡입성 먼지
② 호흡성 먼지
③ 흉곽성 먼지
④ 침착성 먼지

풀이
흉곽성 입자상 물질(TPM ; Thoracic Particulates Mass)
㉠ 기도나 하기도(가스교환 부위)에 침착하여 독성을 나타내는 물질이다.
㉡ 평균입경 : 10μm
㉢ 채취기구 : PM 10

82 다음 중 만성중독 시 코, 폐 및 위장의 점막에 병변을 일으키며, 장기간 흡입하는 경우 원발성 기관지암과 폐암이 발생하는 것으로 알려진 중금속은?

① 납(Pb)   ② 수은(Hg)
③ 크롬(Cr) ④ 베릴륨(Be)

풀이
크롬에 의한 건강장애
(1) 급성중독
  ㉠ 신장장애 : 과뇨증(혈뇨증) 후 무뇨증을 일으키며, 요독증으로 10일 이내에 사망한다.
  ㉡ 위장장애 : 심한 복통, 빈혈을 동반하는 심한 설사 및 구토가 발생한다.
  ㉢ 급성폐렴 : 크롬산 먼지, 미스트 대량 흡입 시 발생한다.
(2) 만성중독
  ㉠ 점막장애 : 점막이 충혈되어 화농성 비염이 되고 차례로 깊이 들어가서 궤양이 되며, 코 점막의 염증, 비중격천공 증상을 일으킨다.
  ㉡ 피부장애
    • 피부궤양(둥근 형태의 궤양)을 일으킨다.
    • 수용성 6가 크롬은 저농도에서도 피부염을 일으킨다.
    • 손톱 주위, 손 및 전박부에 잘 발생한다.
  ㉢ 발암작용
    • 장기간 흡입에 의해 기관지암, 폐암, 비강암(6가 크롬)이 발생한다.
    • 크롬 취급자는 폐암에 의한 사망률이 정상인보다 상당히 높다.
  ㉣ 호흡기 장애 : 크롬폐증이 발생한다.

83 다음 중 진폐증 발생에 관여하는 인자와 가장 거리가 먼 것은?

① 분진의 노출기간
② 분진의 분자량
③ 분진의 농도
④ 분진의 크기

풀이
진폐증 발생에 관여하는 요인
㉠ 분진의 종류, 농도 및 크기
㉡ 폭로시간 및 작업강도
㉢ 보호시설이나 장비 착용 유무
㉣ 개인차

정답 80.④ 81.③ 82.③ 83.②

84 다음 중 단시간 노출기준이 시간가중평균 농도(TLV-TWA)와 단기간 노출기준(TLV-STEL) 사이일 경우 충족시켜야 하는 3가지 조건에 해당하지 않는 것은?

① 1일 4회를 초과해서는 안 된다.
② 15분 이상 지속하여 노출되어서는 안 된다.
③ 노출과 노출 사이에는 60분 이상의 간격이 있어야 한다.
④ TLV-TWA의 3배 농도에는 30분 이상 노출되어서는 안 된다.

풀이 ④항의 내용은 노출상한선과 노출시간의 권고사항이다.

85 다음 중 암모니아(NH_3)가 인체에 미치는 영향으로 가장 적절한 것은?

① 고농도일 때 기도의 염증, 폐수종, 치아산식증, 위장장애 등을 초래한다.
② 용해도가 낮아 하기도까지 침투하며, 급성 증상으로는 기침, 천명, 흉부 압박감 외에 두통, 오심 등이 발생한다.
③ 전구증상이 없이 치사량에 이를 수 있으며, 심한 경우 호흡부전에 빠질 수 있다.
④ 피부, 점막에 작용하고, 눈의 결막, 각막을 자극하며, 폐부종, 성대 경련, 호흡장애 및 기관지 경련 등을 초래한다.

풀이 암모니아(NH_3)
㉠ 알칼리성으로 자극적인 냄새가 강한 무색의 기체이다.
㉡ 주요 사용공정은 비료, 냉매제 등이다.
㉢ 물에 용해가 잘 된다. ⇨ 수용성
㉣ 폭발성이 있다. ⇨ 폭발범위 16~25%
㉤ 피부, 점막(코와 인후부)에 대한 자극성과 부식성이 강하여 고농도의 암모니아가 눈에 들어가면 시력장애를 일으킨다.
㉥ 중등도 이하의 농도에서 두통, 흉통, 오심, 구토 등을 일으킨다.
㉦ 고농도의 가스 흡입 시 폐수종을 일으키고 중추작용에 의해 호흡 정지를 초래한다.
㉧ 암모니아 중독 시 비타민 C가 해독에 효과적이다.

86 다음 중 악영향을 나타내는 반응이 없는 농도 수준(SNARL ; Suggested No-Adverse-Response Level)과 동일한 의미의 용어는?

① 독성량(TD ; Toxic Dose)
② 무관찰영향수준(NOEL ; No Observed Effect Level)
③ 유효량(ED ; Effective Dose)
④ 서한도(TLVs ; Threshold Limit Values)

풀이 NOEL(No Observed Effect Level)
㉠ 현재의 평가방법으로 독성 영향이 관찰되지 않은 수준을 말한다.
㉡ 무관찰영향수준, 즉 무관찰 작용 양을 의미하며, 악영향을 나타내는 반응이 없는 농도수준(SNAPL)과 같다.
㉢ NOEL 투여에서는 투여하는 전 기간에 걸쳐 치사, 발병 및 생리학적 변화가 모든 실험대상에서 관찰되지 않는다.
㉣ 양-반응 관계에서 안전하다고 여겨지는 양으로 간주된다.
㉤ 아급성 또는 만성 독성 시험에 구해지는 지표이다.
㉥ 밝혀지지 않은 독성이 있을 수 있다는 것과 다른 종류의 동물을 실험하였을 때는 독성이 있을 수 있음을 전제로 한다.

87 다음 설명에 해당하는 중금속은?

- 뇌홍의 제조에 사용
- 소화관으로는 2~7% 정도의 소량으로 흡수
- 금속 형태는 뇌, 혈액, 심근에 많이 분포
- 만성 노출 시 식욕부진, 신기능부전, 구내염 발생

① 납(Pb) ② 수은(Hg)
③ 카드뮴(Cd) ④ 안티몬(Sb)

풀이 수은(Hg)
㉠ 뇌홍[$Hg(ONC)_2$] 제조에 사용된다.
㉡ 금속수은은 주로 증기가 기도를 통해서 흡수되고, 일부는 피부로 흡수되며, 소화관으로는 2~7% 정도 소량 흡수된다.
㉢ 금속수은은 뇌, 혈액, 심근 등에 분포된다.
㉣ 만성 노출 시 식욕부진, 신기능부전, 구내염을 발생시킨다.

정답 84.④ 85.④ 86.② 87.②

88 다음 중 피부에 건강상의 영향을 일으키는 화학물질과 가장 거리가 먼 것은?

① PAH
② 망간흄
③ 크롬
④ 절삭유

풀이 피부질환의 화학적 요인
㉠ 물 : 피부손상, 피부자극
㉡ tar, pictch : 색소침착(색소변성)
㉢ 절삭유(기름) : 모낭염, 접촉성 피부염
㉣ 산, 알칼리, 용매 : 원발성 접촉피부염
㉤ 공업용 세제 : 피부 표면 지질막 제거
㉥ 산화제 : 피부손상, 피부자극(크롬, PAH)
㉦ 환원제 : 피부 각질에 부종

89 다음 중 산업위생관리에서 사용되는 용어의 설명으로 틀린 것은?

① TWA는 시간가중 평균노출기준을 의미한다.
② LEL은 생물학적 허용기준을 의미한다.
③ TLV는 유해물질의 허용농도를 의미한다.
④ STEL은 단시간 노출기준을 의미한다.

풀이 LEL(Lower Explosive Limit)은 폭발농도하한치를 의미한다.

90 뇨 중 화학물질 A의 농도는 28mg/mL, 단위시간당 배설되는 뇨의 부피는 1.5mL/min, 혈장 중 화학물질 A의 농도는 0.2mg/mL라면 단위시간당 화학물질 A의 제거율(mL/min)은 얼마인가?

① 120　　　② 180
③ 210　　　④ 250

풀이 제거율(mL/min) = $\dfrac{1.5\text{mL/min} \times 28\text{mg/mL}}{0.2\text{mg/mL}}$
= 210mL/min

91 유기용제류의 산업중독에 관한 설명으로 적절하지 않은 것은?

① 간장장애를 일으킨다.
② 중추신경계를 작용하여 마취, 환각현상을 일으킨다.
③ 장시간 노출되어도 만성중독이 발생하지 않는 특징이 있다.
④ 유기용제는 지방, 콜레스테롤 등 각종 유기물질을 녹이는 성질 때문에 여러 조직에 다양한 영향을 미친다.

풀이 유기용제는 장기간 노출 시 만성중독을 발생시킨다.

92 다음 중 위험도를 나타내는 지표가 아닌 것은 어느 것인가?

① 발생률
② 상대위험비
③ 기여위험도
④ 교차비

풀이 위험도의 종류
㉠ 상대위험도(상대위험비, 비교위험도)
㉡ 기여위험도(귀속위험도)
㉢ 교차비

93 다음 중 동물실험을 통하여 산출한 독물량의 한계치(NOED ; No-Observable Effect Dose)를 사람에게 적용하기 위하여 인간의 안전폭로량(SHD)을 계산할 때 안전계수와 함께 활용되는 항목은?

① 체중　　　② 축적도
③ 평균수명　④ 감응도

풀이 동물실험을 통하여 산출한 독물량의 한계치(NOEL ; No Observed Effect Level : 무관찰 작용량)를 사람에게 적용하기 위하여 인간의 안전폭로량(SHD)을 계산할 때 체중을 기준으로 외삽(extrapolation)한다.

정답 88.② 89.② 90.③ 91.③ 92.① 93.①

94 구리의 독성에 대한 인체실험 결과, 안전흡수량이 체중 kg당 0.008mg이었다. 1일 8시간 작업 시의 허용농도는 약 몇 mg/m³인가? (단, 근로자 평균체중은 70kg, 작업 시의 폐환기율은 1.45m³/hr로 가정한다.)

① 0.035　② 0.048
③ 0.056　④ 0.064

풀이
안전흡수량(mg) = $C \times T \times V \times R$

∴ 허용농도(mg/m³) = $\dfrac{\text{안전흡수량}}{T \times V \times R}$

$= \dfrac{0.008\text{mg/kg} \times 70\text{kg}}{8\text{hr} \times 1.45\text{m}^3/\text{hr} \times 1.0}$

$= 0.048\text{mg/m}^3$

95 산업역학에서 상대위험도의 값이 1인 경우가 의미하는 것으로 옳은 것은?

① 노출과 질병발생 사이에는 연관이 없다.
② 노출되면 위험하다.
③ 노출되면 질병에 대하여 방어효과가 있다.
④ 노출되어서는 절대 안 된다.

풀이 상대위험도(상대위험비, 비교위험도)
비율비 또는 위험비라고도 하며, 위험요인을 갖고 있는 군(노출군)이 위험요인을 갖고 있지 않은 군(비노출군)에 비하여 질병의 발생률이 몇 배인가를 나타내는 것이다.

상대위험비 = $\dfrac{\text{노출군에서 질병발생률}}{\text{비노출군에서의 질병발생률}}$

$= \dfrac{\text{위험요인이 있는 해당 군의 질병발생률}}{\text{위험요인이 없는 해당 군의 질병발생률}}$

㉠ 상대위험비=1 : 노출과 질병 사이의 연관성 없음
㉡ 상대위험비>1 : 위험의 증가
㉢ 상대위험비<1 : 질병에 대한 방어효과가 있음

96 작업환경 중에서 부유분진이 호흡기계에 축적되는 주요 작용기전이 아닌 것은?

① 충돌　② 침강
③ 농축　④ 확산

풀이 입자의 호흡기계 침적(축적)기전
㉠ 충돌(관성충돌, impaction)
㉡ 중력침강(sedimentation)
㉢ 차단(interception)
㉣ 확산(diffusion)
㉤ 정전기(static electricity)

97 화기 등에 접촉하면 유독성의 포스겐이 발생하여 폐수종을 일으킬 수 있는 유기용제는?

① 벤젠
② 크실렌
③ 노말헥산
④ 염화에틸렌

풀이 염화에틸렌
㉠ 에틸렌과 염소를 반응시켜 만들며, 물보다 밀도가 크고 불용해성이다.
㉡ 약 500℃에서 촉매 접촉 또는 알칼리와 반응하면 염화비닐로 전환된다.
㉢ 화기에 의해 분해되어 유독성 물질인 포스겐이 발생하며, 폐수종을 유발시킨다.

98 다음 중 작업환경 내의 유해물질과 그로 인한 대표적인 장애를 잘못 연결한 것은?

① 이황화탄소 - 생식기능장애
② 염화비닐 - 간장애
③ 벤젠 - 시신경장애
④ 톨루엔 - 중추신경계 억제

풀이 유기용제별 대표적 특이증상(가장 심각한 독성 영향)
㉠ 벤젠 : 조혈장애
㉡ 염화탄화수소, 염화비닐 : 간장애
㉢ 이황화탄소 : 중추신경 및 말초신경 장애, 생식기능장애
㉣ 메틸알코올(메탄올) : 시신경장애
㉤ 메틸부틸케톤 : 말초신경장애(중독성)
㉥ 노말헥산 : 다발성 신경장애
㉦ 에틸렌클리콜에테르 : 생식기장애
㉧ 알코올, 에테르류, 케톤류 : 마취작용
㉨ 톨루엔 : 중추신경장애

정답 94.② 95.① 96.③ 97.④ 98.③

99 다음 중 생물학적 노출지표에 관한 설명으로 틀린 것은?

① 노출 근로자의 호기, 뇨, 혈액, 기타 생체 시료로 분석하게 된다.
② 직업성 질환의 진단이나 중독정도를 평가하게 된다.
③ 유해물의 전반적인 노출량을 추정할 수 있다.
④ 현 환경이 잠재적으로 갖고 있는 건강장애 위험을 결정하는 데 지침으로 이용된다.

풀이 생물학적 노출지수(BEIs ; Biological Exposure Indices)
(1) BEI 이용상 주의점
  ㉠ 생물학적 감시기준으로 사용되는 노출기준이며 산업위생 분야에서 전반적인 건강장애 위험을 평가하는 지침으로 이용된다.
  ㉡ 노출에 대한 생물학적 모니터링 기준값이다.
  ㉢ 일주일에 5일, 1일 8시간 작업을 기준으로 특정 유해인자에 대하여 작업환경기준치(TLV)에 해당하는 농도에 노출되었을 때의 생물학적 지표물질의 농도를 말한다.
  ㉣ BEI는 위험하거나 그렇지 않은 노출 사이에 명확한 구별을 해주는 것은 아니다.
  ㉤ BEI는 환경오염(대기, 수질오염, 식품오염)에 대한 비직업적 노출에 대한 안전수준을 결정하는 데 이용해서는 안 된다.
  ㉥ BEI는 직업병(직업성 질환)이나 중독정도를 평가하는 데 이용해서는 안 된다.
  ㉦ BEI는 일주일에 5일, 하루에 8시간 노출기준으로 설정한다(적용한다). 즉 작업시간의 증가 시 노출지수를 그대로 적용하는 것은 불가하다.
(2) BEI의 특성
  ㉠ 생물학적 폭로지표는 작업의 강도, 기온과 습도, 개인의 생활태도에 따라 차이가 있을 수 있다.
  ㉡ 혈액, 뇨, 모발, 손톱, 생체조직, 호기 또는 체액 중 유해물질의 양을 측정·조사한다.
  ㉢ 산업위생 분야에서 현 환경이 잠재적으로 갖고 있는 건강장애 위험을 결정하는 데에 지침으로 이용된다.
  ㉣ 첫 번째 접촉하는 부위에 독성영향을 나타내는 물질이나 흡수가 잘되지 않는 물질에 대한 노출평가에는 바람직하지 못하다. 즉 흡수가 잘 되고 전신적 영향을 나타내는 화학물질에 적용하는 것이 바람직하다.
  ㉤ 혈액에서 휘발성 물질의 생물학적 노출지수는 정맥 중의 농도를 말한다.
  ㉥ 유해물의 전반적인 폭로량을 추정할 수 있다.

100 입자상 물질의 하나인 흄(fume)의 발생기전 3단계에 해당하지 않는 것은?

① 입자화
② 증기화
③ 산화
④ 응축

풀이 흄의 생성기전 3단계
  ㉠ 1단계 : 금속의 증기화
  ㉡ 2단계 : 증기물의 산화
  ㉢ 3단계 : 산화물의 응축

정답 99.② 100.①

인생에서 가장 멋진 일은
사람들이 당신이 해내지 못할 것이라 장담한 일을
해내는 것이다.
-월터 배젓(Walter Bagehot)-

제1회 산업위생관리기사

CBT 기출복원문제 | 2025.02.07

제1과목 | 산업위생학 개론

01 다음 중 산업위생의 활동에 포함되지 않은 내용은?
① 인지(recognition)
② 예측(anticipation)
③ 평가(evaluation)
④ 환기(ventilation)

풀이 산업위생의 활동에는 예측, 인지, 측정, 평가, 관리 등이 포함된다.

02 산업피로에 관한 설명으로 틀린 것은?
① 생체기능의 변화현상이므로 객관적 측정이 가능하고 과학적 개념을 명확하게 파악할 수 있다.
② 작업능률이 떨어지고 재해와 질병을 유인한다.
③ 피로 자체는 질병이 아니라 가역적인 생체변화이다.
④ 정신적, 육체적 그리고 신경적인 고용노동부하에 반응하는 생체의 태도이다.

풀이 산업피로는 주관적 측정이 가능하며, 개인차가 심하므로 과학적 개념으로 명확하게 파악할 수 없다.

03 산소소비량 1L를 에너지량, 즉 작업대사량으로 환산하면 약 몇 kcal인가?
① 5   ② 10
③ 15   ④ 20

풀이 산소소비량 1L ≒ 작업대사량(5kcal)

04 미국정부산업위생전문가협의회(ACGIH)에서 제시한 허용농도(TLV) 적용상의 주의사항으로 틀린 것은?
① 대기오염 평가 및 관리에 적용한다.
② 독성의 강도를 비교할 수 있는 지표로 사용하지 않아야 한다.
③ 24시간 노출 또는 정상작업시간을 초과한 노출에 대한 독성 평가에 적용하여서는 아니 된다.
④ 안전농도와 위험농도를 정확히 구분하는 경계선으로 사용하여서는 아니 된다.

풀이 ACGIH(미국정부산업위생전문가협의회)에서 권고하는 허용농도(TLV) 적용상 주의사항
㉠ 대기오염 평가 및 지표(관리)에 사용할 수 없다.
㉡ 24시간 노출 또는 정상작업시간을 초과한 노출에 대한 독성 평가에는 적용할 수 없다.
㉢ 기존의 질병이나 신체적 조건을 판단(증명 또는 반증 자료)하기 위한 척도로 사용할 수 없다.
㉣ 작업조건이 다른 나라에서 ACGIH-TLV를 그대로 사용할 수 없다.
㉤ 안전농도와 위험농도를 정확히 구분하는 경계선이 아니다.
㉥ 독성의 강도를 비교할 수 있는 지표는 아니다.
㉦ 반드시 산업보건(위생)전문가에 의해 설명(해석), 적용되어야 한다.
㉧ 피부로 흡수되는 양은 고려하지 않은 기준이다.
㉨ 산업장의 유해조건을 평가하기 위한 지침이며, 건강장애를 예방하기 위한 지침이다.

정답 01.④ 02.① 03.① 04.①

05 피로는 그 정도에 따라 보통 3단계로 나눌 수 있는데 피로도가 증가하는 순서가 올바르게 배열된 것은?

① 곤비상태 → 보통피로 → 과로
② 보통피로 → 과로 → 곤비상태
③ 보통피로 → 곤비상태 → 과로
④ 곤비상태 → 과로 → 보통피로

풀이 피로의 3단계
피로도가 증가하는 순서에 따라 구분한 것이며, 피로의 정도는 객관적 판단이 용이하지 않다.
㉠ 1단계 : 보통피로
하룻밤을 자고 나면 완전히 회복하는 상태이다.
㉡ 2단계 : 과로
피로의 축적으로 다음날까지도 피로상태가 지속되는 것으로 단기간 휴식으로 회복될 수 있으며, 발병단계는 아니다.
㉢ 3단계 : 곤비
과로의 축적으로 단시간에 회복될 수 없는 단계를 말하며, 심한 노동 후의 피로현상으로 병적 상태를 의미한다.

06 산업위생관리 측면에서 피로의 예방대책으로 적절하지 않은 것은?

① 작업과정에 적절한 간격으로 휴식시간을 둔다.
② 각 개인에 따라 작업량을 조절한다.
③ 개인의 숙련도 등에 따라 작업속도를 조절한다.
④ 동적인 작업을 모두 정적인 작업으로 전환한다.

풀이 산업피로 예방대책
㉠ 불필요한 동작을 피하고, 에너지 소모를 적게 한다.
㉡ 동적인 작업을 늘리고, 정적인 작업을 줄인다.
㉢ 개인의 숙련도에 따라 작업속도와 작업량을 조절한다.
㉣ 작업시간 중 또는 작업 전후에 간단한 체조나 오락시간을 갖는다.
㉤ 장시간 한 번 휴식하는 것보다 단시간씩 여러 번 나누어 휴식하는 것이 피로회복에 도움이 된다.

07 다음 중 피로를 느끼게 하는 물질대사에 의한 노폐물이 아닌 것은?

① 젖산
② 콜레스테롤
③ 크레아티닌
④ 시스테인

풀이 주요 피로물질
㉠ 크레아티닌
㉡ 젖산
㉢ 초성포도당
㉣ 시스테인

08 사이토와 오시마가 제시한 관계식을 기준으로 작업대사율이 7인 경우 계속작업의 한계시간은 약 얼마인가?

① 5분 ② 10분
③ 20분 ④ 30분

풀이 계속작업 한계시간(CMT)
$\log CMT = 3.724 - 3.25 \log RMR$
$= 3.724 - (3.25 \times \log 7)$
$= 0.977$
∴ $CMT = 10^{0.977} = 9.48분(약 10분)$

09 산업재해의 지표 중 도수율을 바르게 나타낸 것은?

① $\dfrac{재해발생건수}{연근로시간수} \times 1,000,000$

② $\dfrac{작업손실일수}{연근로시간수} \times 1,000$

③ $\dfrac{작업손실일수}{연평균근로자수} \times 1,000,000$

④ $\dfrac{재해발생건수}{연평균근로자수} \times 1,000$

풀이 도수율(빈도율, FR)
재해의 발생빈도를 나타내는 것으로 연근로시간 합계 100만 시간당의 재해발생건수를 의미한다.
도수율 = $\dfrac{일정\ 기간\ 중\ 재해발생건수(재해자수)}{일정\ 기간\ 중\ 연근로시간수}$
$\times 1,000,000$

정답 05.② 06.④ 07.② 08.② 09.①

10 근골격계 질환의 특징이 아닌 것은?

① 한 번 악화되면 완치가 쉽게 가능하다.
② 노동력 손실에 따른 경제적 피해가 크다.
③ 관리의 목표는 최소화에 있다.
④ 단편적인 작업환경 개선으로 좋아질 수 없다.

풀이 근골격계 질환의 특징
㉠ 노동력 손실에 따른 경제적 피해가 크다.
㉡ 근골격계 질환의 최우선 관리목표는 발생의 최소화이다.
㉢ 단편적인 작업환경 개선으로 좋아질 수 없다.
㉣ 한 번 악화되어도 회복은 가능하다(회복과 악화가 반복적).
㉤ 자각증상으로 시작되며, 환자 발생이 집단적이다.
㉥ 손상의 정도 측정이 용이하지 않다.

11 미국정부산업위생전문가협의회(ACGIH)에서 제정한 TLVs(Threshold Limit Values)의 설정 근거가 아닌 것은?

① 허용기준
② 동물실험자료
③ 인체실험자료
④ 사업장 역학조사

풀이 TLV 설정 및 개정 시 근거자료
㉠ 화학구조상의 유사성
㉡ 동물실험자료
㉢ 인체실험자료
㉣ 사업장 역학조사자료

12 산업재해통계를 구할 때 사망 및 영구 전노동 불능인 경우 근로손실일수는 얼마로 산정하는가? (단, ILO(국제노동기구)의 산정기준에 따른다.)

① 2,000일 ② 3,000일
③ 5,000일 ④ 7,500일

풀이 ILO(국제노동기구)의 상해 분류 중 사망 및 영구 전노동 불능 상해(신체장애등급 1~3급)의 근로손실일수는 7,500일이다.

13 바람직한 교대근무제가 아닌 것은?

① 야간근무는 2~3일 이상 연속으로 하지 않는다.
② 12시간 교대제는 적용하지 않는 것이 좋다.
③ 야근의 교대시간은 심야에 하는 것이 좋다.
④ 야간근무기간 종료 후 다음 야간근무 시작과의 간격은 최소 48시간 이상으로 한다.

풀이 교대근무제 관리원칙(바람직한 교대제)
㉠ 각 반의 근무시간은 8시간씩 교대로 하고, 야근은 가능한 짧게 한다.
㉡ 2교대인 경우 최소 3조의 정원을, 3교대인 경우 4조를 편성한다.
㉢ 채용 후 건강관리로 체중, 위장증상 등을 정기적으로 기록해야 하며, 근로자의 체중이 3kg 이상 감소하면 정밀검사를 받아야 한다.
㉣ 평균 주작업시간은 40시간을 기준으로, '갑반 → 을반 → 병반'으로 순환하게 된다.
㉤ 근무시간의 간격은 15~16시간 이상으로 하는 것이 좋다.
㉥ 야근의 주기는 4~5일로 한다.
㉦ 신체 적응을 위하여 야간근무의 연속일수는 2~3일로 하며, 야간근무를 3일 이상 연속으로 하는 경우에는 피로 축적현상이 나타나게 되므로 연속하여 3일을 넘기지 않도록 한다.
㉧ 야근 후 다음 반으로 가는 간격은 최저 48시간 이상의 휴식시간을 갖도록 하여야 한다.
㉨ 야근 교대시간은 상오 0시 이전에 하는 것이 좋다(심야시간을 피함).
㉩ 야근 시 가면은 반드시 필요하며, 보통 2~4시간(1시간 30분 이상)이 적합하다.
㉪ 야근 시 가면은 작업강도에 따라 30분~1시간 범위로 하는 것이 좋다.
㉫ 작업 시 가면시간은 적어도 1시간 30분 이상 주어야 수면효과가 있다고 볼 수 있다.
㉬ 상대적으로 가벼운 작업은 야간근무조에 배치하는 등 업무내용을 탄력적으로 조정해야 하며, 야간작업자는 주간작업자보다 연간 쉬는 날이 더 많아야 한다.
㉭ 근로자가 교대일정을 미리 알 수 있도록 해야 한다.
㉮ 일반적으로 오전근무의 개시시간은 오전 9시로 한다.
㉯ 교대방식(교대근무 순환주기)은 '낮근무 → 저녁근무 → 밤근무' 순으로 한다. 즉, 정교대가 좋다.

정답 10.① 11.① 12.④ 13.③

14 다음 중 산업위생 정의에 관한 내용으로 틀린 것은?
① 근로자와 일반대중에 대한 건간장애를 예방한다.
② 유해요인을 인지, 예측, 측정, 평가하는 학문이다.
③ 작업환경 측정과 산업환기 분야는 산업위생의 중요한 부분이다.
④ 직업병을 검진 및 판정하는 분야도 포함된다.

[풀이] 직업병을 검진 및 판정하는 분야는 산업의학으로, 산업위생의 정의에는 포함되지 않는다.

15 직업성 누적외상성 질환(CTDs)과 관련이 가장 적은 작업의 형태는?
① 전화 안내작업
② 컴퓨터 사무작업
③ Chain saw를 이용한 벌목작업
④ 금전등록기의 계산작업

[풀이] ①, ②, ④항은 부적절한 작업자세로 반복적인 동작을 하는 작업이다.

16 허용농도 상한치(excursion limits)에 대한 설명으로 틀린 것은?
① 단시간 허용노출기준(TLV-STEL)이 설정되어 있지 않은 물질에 대하여 적용한다.
② 시간가중 평균치(TLV-TWA)의 3배는 1시간 이상을 초과할 수 없다.
③ 시간가중 평균치(TLV-TWA)의 5배는 잠시라도 노출되어서는 안 된다.
④ 시간가중 평균치(TLV-TWA)가 초과되어서는 안 된다.

[풀이] ACGIH에서의 노출상한선과 노출시간 권고사항
㉠ TLV-TWA의 3배 : 30분 이하의 노출 권고
㉡ TLV-TWA의 5배 : 잠시라도 노출 금지

17 직업성 질환의 발생요인과 관련 직종이 잘못 연결된 것은?
① 한랭 – 제빙
② 크롬 – 도금
③ 조명부족 – 의사
④ 유기용제 – 인쇄

[풀이] 조명부족의 관련 직종은 정밀직업군이다.

18 아세톤(TLV=750ppm) 200ppm과 톨루엔(TLV=100ppm) 45ppm이 각각 노출되어 있는 실내 작업장에서 노출기준의 초과 여부를 평가한 결과로 올바른 것은?
① 복합노출지수가 약 0.72이므로 노출기준 미만이다.
② 복합노출지수가 약 5.97이므로 노출기준 미만이다.
③ 복합노출지수가 약 0.72이므로 노출기준을 초과하였다.
④ 복합노출지수가 약 5.97이므로 노출기준을 초과하였다.

[풀이]
$$노출지수(EI) = \frac{C_1}{TLV_1} + \frac{C_2}{TLV_2}$$
$$= \frac{200}{750} + \frac{45}{100}$$
$$= 0.716$$
∴ 1보다 작으므로, 노출기준 미만 평가

19 하인리히의 재해구성비율을 기준으로 하여 사망 또는 중상이 1회 발생했을 경우 무상해사고는 몇 건이 발생하겠는가?
① 10건 ② 29건
③ 300건 ④ 600건

[풀이] (1) 하인리히(Heinrich) 재해발생비율
1(중상, 사망) : 29(경상해) : 300(무상해)
(2) 버드(Bird) 재해발생비율
1(중상, 폐질) : 10(경상) : 30(무상해) : 600(무상해, 무사고, 무손실고장)

정답 14.④ 15.③ 16.② 17.③ 18.① 19.③

20 다음 중 영국에서 최초로 보고된 직업성 암의 종류는?
① 기관지암 ② 골수암
③ 폐암 ④ 음낭암

> **풀이** 영국의 외과의사인 Percivall Pott는 음낭암(scrotal cancer)을 발견하여 직업성 암을 최초로 보고하였다.

제2과목 | 작업위생 측정 및 평가

21 미국산업위생학회(AIHA)에 의한 작업환경 측정 목적이 아닌 것은?
① SEG를 설정하기 위한 측정
② 기초자료 확보로써 SEG별로 전체 근로자 노출농도를 측정
③ 진단을 위한 측정으로 위험을 초래하는 작업과 원인 판단
④ 노출기준의 초과 여부를 결정

> **풀이** 미국산업위생학회(AIHA) 작업환경 측정 목적
> ㉠ 근로자 노출에 대한 기초자료 확보를 위한 측정(유사노출그룹별로 유해물질의 농도범위 분포를 평가하기 위한 것)
> ㉡ 진단을 위한 측정(작업장에서 근로자에게 가장 큰 위험을 초래하는 작업과 그 원인이 무엇인지를 알아내기 위한 것)
> ㉢ 법적인 노출기준 초과 여부를 판단하기 위한 측정(유해물질의 노출정도가 법에서 정한 노출기준과 비교하여 적절한지를 판단하기 위한 것)

22 석면분진 측정방법에서 공기 중 석면시료를 가장 정확하게 분석할 수 있고 석면의 성분 분석이 가능하며 매우 가는 섬유도 관찰 가능하지만 값이 비싸고 분석시간이 많이 소요되는 것은?
① 위상차현미경법
② 편광현미경법
③ X선회절법
④ 전자현미경법

> **풀이** 전자현미경법(석면 측정)
> ㉠ 석면분진 측정방법에서 공기 중 석면시료를 가장 정확하게 분석할 수 있다.
> ㉡ 석면의 성분 분석(감별분석)이 가능하다.
> ㉢ 위상차현미경으로 볼 수 없는 매우 가는 섬유도 관찰 가능하다.
> ㉣ 값이 비싸고 분석시간이 많이 소요된다.

23 작업환경 공기 중의 유해물질에 대한 ACGIH 기관의 TLV가 아닌 것은?
① TLV-TWA
② TLV-STEL
③ TLV-C
④ TLV-PEL

> **풀이** ACGIH에 따른 TLV의 종류
> ㉠ TLV-TWA : 시간가중 평균노출기준
> ㉡ TLV-STEL : 단시간 노출기준
> ㉢ TLV-C : 천장값 노출기준

24 작업장의 기본특성 파악을 위한 예비조사 내용 중 유사노출그룹(HEG) 설정에 관한 설명으로 알맞지 않은 것은?
① 조직, 공정, 작업범주 그리고 공정과 작업내용별로 구분하여 설정한다.
② 역학조사를 수행할 때 사건이 발생된 근로자와 다른 노출그룹의 노출농도를 근거로 사건이 발생된 노출농도를 추정할 수 있다.
③ 모든 근로자의 노출농도를 평가하고자 하는 데 목적이 있다.
④ 모든 근로자를 유사한 노출그룹별로 구분하고 그룹별로 대표적인 근로자를 선택하여 측정하면 측정하지 않은 근로자의 노출농도까지도 추정할 수 있다.

> **풀이** 역학조사 시 해당 근로자가 속한 동일 노출그룹의 노출농도를 근거로 노출 원인 및 농도를 추정할 수 있다.

정답 20.④ 21.① 22.④ 23.④ 24.②

25 원자흡광광도법의 구성 순서로 맞는 것은?
① 시료원자화부 – 광원부 – 측광부 – 단색화부
② 시료원자화부 – 파장선택부 – 시료부 – 측광부
③ 광원부 – 파장선택부 – 시료부 – 측광부
④ 광원부 – 시료원자화부 – 단색화부 – 측광부

풀이 원자흡광광도법의 장치 구성
광원부 → 시료원자화부 → 단색화부 → 검출부(측광부)

26 실내공간이 200m³인 빈 실험실에서 MEK(Methyl Ethyl Ketone) 2mL가 기화되어 완전히 혼합되었다고 가정하면, 이때 실내의 MEK 농도는 몇 ppm인가? (단, MEK 비중=0.805, 분자량=72.1, 25℃, 1기압 기준이다.)
① 약 1.3   ② 약 2.7
③ 약 4.8   ④ 약 6.2

풀이 농도(mg/m³) = 2mL/200m³ × 0.805g/mL
= 0.00805g/m³ × 1,000mg/g
= 8.05mg/m³
∴ 농도(ppm) = 8.05mg/m³ × $\frac{24.45L}{72.1g}$ = 2.73ppm

27 어떤 작업장에 40% heptane(허용농도=1,600mg/m³), 50% methylene chloride(허용농도=720mg/m³), 10% perchloro ethylene(허용농도=670mg/m³)이 있다면, 이 작업장의 혼합물의 허용농도는 몇 mg/m³인가?
① 914   ② 1,014
③ 1,114 ④ 1,214

풀이 혼합물의 허용농도(mg/m³)
= $\frac{1}{\frac{f_a}{TLV_a} + \cdots + \frac{f_n}{TLV_n}}$ = $\frac{1}{\frac{0.4}{1,600} + \frac{0.5}{720} + \frac{0.1}{670}}$
= 914mg/m³

28 어느 작업장에서 n-hexane의 농도를 측정하여 결과값으로 각각 21.6ppm, 23.2ppm, 24.1ppm, 22.4ppm, 25.9ppm을 얻었다. 이때 기하평균치(ppm)는?
① 23.4   ② 23.9
③ 24.2   ④ 24.5

풀이
$\log(GM) = \frac{\log X_1 + \cdots + \log X_n}{N}$
$= \frac{\log 21.6 + \log 23.2 + \log 24.1 + \log 22.4 + \log 25.9}{5}$
$= 1.369$
∴ $GM = 10^{1.369} = 23.4$ppm

29 통계집단의 측정값들에 대한 균일성, 정밀성 정도를 표현하는 것으로 평균값에 대한 표준편차의 크기를 백분율로 나타낸 수치는?
① 신뢰한계도   ② 표준분산도
③ 변이계수   ④ 편차분산율

풀이 변이계수(CV) = $\frac{표준편차}{평균값}$

30 온열조건을 측정하는 방법으로 잘못 설명된 것은?
① 흑구온도계는 복사온도를 측정한다.
② 아스만통풍건습계의 습구온도는 자연기류에 의한 온도이다.
③ 사업장 환경에서 기류의 방향이 일정하지 않거나 실내 0.2~0.5m/sec 정도의 불감기류를 측정할 때는 카타온도계로 기류 속도를 측정한다.
④ 풍차풍속계는 보통 1~150m/sec 범위의 풍속을 측정하는 데 사용하며, 옥외용이다.

풀이 아스만통풍건습계의 습구온도는 건구온도와 습구온도의 차를 구하여 습도환산표를 이용하여 구한다.

정답 25.④ 26.② 27.① 28.① 29.③ 30.②

31 가스 크로마토그래피와 액체 크로마토그래피(고성능)에 대한 설명으로 맞는 것은?
① 가스 크로마토그래피와 액체 크로마토그래피의 고정상은 가스이다.
② 액체 크로마토그래피에 사용되는 시료는 휘발성인 것으로 분자량이 500 이하이다.
③ 가스 크로마토그래피는 시료의 회수가 용이하여 열안정성의 고려가 필요 없는 장점이 있다.
④ 가스 크로마토그래피의 분리기전은 흡착, 탈착, 분배이다.

[풀이]
① 가스 크로마토그래피(GC)와 고성능 액체 크로마토그래피(HPLC)의 고정상은 고체, 액체이다.
② GC에 사용되는 시료는 휘발성인 것으로 분자량이 500 이하이다.
③ HPLC는 시료의 회수가 용이하여 열안정성의 고려가 필요 없는 것이 장점이며, 고분자(분자량 500 이상)도 분석이 가능하다.

32 가스 크로마토그래피에 적용되는 크로마토그래피의 이론으로 틀린 것은?
① 두 물질의 분배계수값 차이가 클수록 분리가 잘 된다는 것을 의미한다.
② 분배계수가 크다는 것은 분리관에 머무르는 시간이 길다는 것이다.
③ 같은 분자라 할지라도 머무름시간은 실험조건에 따라 다르므로 절대값이 아닌 상대적 머무름시간으로 나타낼 수 있다.
④ 분리관에서 분해능을 높이려면 시료와 고정상의 양을 늘리고 온도를 높여야 한다.

[풀이] 분리관의 분해능을 높이기 위한 방법
㉠ 시료와 고정상의 양을 적게 한다.
㉡ 고체 지지체의 입자 크기를 작게 한다.
㉢ 온도를 낮춘다.
㉣ 분리관의 길이를 길게 한다(분해능은 길이의 제곱근에 비례).

33 흡착제에 대한 설명 중 옳지 않은 것은?
① 실리카 및 알루미나계 흡착제는 그 표면에서 물과 같은 극성 분자를 선택적으로 흡착한다.
② 흡착제의 선정은 대개 극성 오염물질이면 극성 흡착제를, 비극성 오염물질이면 비극성 흡착제를 사용하나 반드시 그러하지는 않다.
③ 활성탄은 다른 흡착제에 비하여 큰 비표면적을 갖고 있다.
④ 활성탄은 탄소의 불포화결합을 가진 분자를 선택적으로 흡착한다.

[풀이] 탄소의 불포화결합을 가진 분자를 선택적으로 흡착하는 흡착제는 실리카겔이다.

34 원자가 가장 낮은 에너지상태인 바닥에서 에너지를 흡수하면 들뜬상태가 되고 들뜬상태의 원자들이 낮은 에너지상태로 돌아올 때 에너지를 방출하게 된다. 금속마다 고유한 방출 스펙트럼을 갖고 있으며, 이를 측정하여 중금속을 분석하는 장비는?
① 불꽃 원자흡광광도계
② 비불꽃 원자흡광광도계
③ 이온 크로마토그래피
④ 유도결합플라스마 발광광도계

[풀이] 유도결합플라스마 분광(발광)광도계(원자발광분석기, ICP ; Inductively Coupled Plasma)
㉠ 모든 원자는 고유한 파장(에너지)을 흡수하면 바닥상태(안정된 상태)에서 여기상태(들뜬상태, 흥분된 상태)로 된다.
㉡ 여기상태의 원자는 다시 안정한 바닥상태로 되돌아올 때 에너지를 방출한다.
㉢ 금속원자마다 그들이 흡수하는 고유한 특정 파장과 고유한 파장이 있다. 전자의 원리를 이용한 분석이 원자흡광광도계이고, 후자의 원리(원자가 내놓는 고유한 발광에너지)를 이용한 것이 유도결합플라스마 분광광도계이다(발광에너지=방출스펙트럼).

35 다음에서 설명하는 막 여과지는?

> • 농약, 알칼리성 먼지, 콜타르피치 등을 채취한다.
> • 열, 화학물질, 압력 등에 강한 특성이 있다.
> • 석탄건류나 증류 등의 고열 공정에서 발생되는 다핵방향족 탄화수소를 채취하는 데 이용된다.

① 섬유상 막 여과지
② PVC막 여과지
③ 은막 여과지
④ PTFE막 여과지

풀이 PTFE막 여과지(Polytetrafluoroethylene membrane filter, 테프론)
㉠ 열, 화학물질, 압력 등에 강한 특성을 가지고 있어 석탄건류나 증류 등의 고열 공정에서 발생하는 다핵방향족 탄화수소를 채취하는 데 이용된다.
㉡ 농약, 알칼리성 먼지, 콜타르피치 등을 채취한다.
㉢ $1\mu m$, $2\mu m$, $3\mu m$의 여러 가지 구멍 크기를 가지고 있다.

36 산소결핍 위험장소에서의 산소농도나 가연성 물질 등의 농도 측정시기가 틀린 것은?

① 작업 당일 일을 시작하기 전
② 교대제 작업의 경우 마지막 교대조가 작업을 시작하기 전
③ 작업종사자의 전체가 작업장소를 떠났다가 들어와 다시 작업을 개시하기 전
④ 근로자의 신체나 환기장치 등에 이상이 있을 때

풀이 교대제 작업의 경우 매 교대조가 작업을 시작하기 전에 산소 농도나 가연성 물질 등의 농도를 측정한다.

37 시료분석을 하기 위하여 흡광광도법으로 분석원소의 농도를 정량할 때 광원부에 주로 사용하는 램프는? (단, 가시부와 근적외부의 광원 기준이다.)

① 중공음극 램프 ② 중수소 방전관
③ 텅스텐 램프   ④ 석영저압 램프

풀이 흡광광도법 광원부 사용 램프
㉠ 텅스텐 램프 : 가시부, 근적외부의 광원
㉡ 중수소 방전관 : 자외부의 광원

38 고체 흡착제를 이용하여 가스상 시료를 채취할 때 영향을 주는 인자에 대한 설명으로 잘못된 것은?

① 고온일수록 흡착성질이 감소하며 파과가 일어나기 쉽다.
② 습도가 높으면 파과공기량이 적어진다.
③ 오염물질의 농도가 높을수록 파과용량이 감소한다.
④ 흡착제 입자의 크기가 작을수록 채취효율이 증가한다.

풀이 흡착제를 이용한 시료채취 시 영향인자
㉠ 온도 : 온도가 낮을수록 흡착에 좋으나 고온일수록 흡착대상 오염물질과 흡착제의 표면 사이 또는 2종 이상의 흡착대상 물질 간 반응속도가 증가하여 흡착성질이 감소하며 파과가 일어나기 쉽다(모든 흡착은 발열반응이다).
㉡ 습도 : 극성 흡착제를 사용할 때 수증기가 흡착되기 때문에 파과가 일어나기 쉬우며 비교적 높은 습도는 활성탄의 흡착용량을 저하시킨다. 또한 습도가 높으면 파과공기량(파과 일어날 때까지의 채취공기량)이 적어진다.
㉢ 시료채취속도(시료채취량) : 시료채취속도가 크고 코팅된 흡착제일수록 파과가 일어나기 쉽다.
㉣ 유해물질 농도(포집된 오염물질의 농도) : 농도가 높으면 파과용량(흡착제에 흡착된 오염물질량)이 증가하나 파과공기량은 감소한다.
㉤ 혼합물 : 혼합기체의 경우 각 기체의 흡착량은 단독성분이 있을 때보다 적어진다(혼합물 중 흡착제와 강한 결합을 하는 물질에 의하여 치환반응이 일어나기 때문).
㉥ 흡착제의 크기(흡착제의 비표면적) : 입자 크기가 작을수록 표면적 및 채취효율이 증가하지만 압력강하가 심하다(활성탄은 다른 흡착제에 비하여 큰 비표면적을 갖고 있다).
㉦ 흡착관의 크기(튜브의 내경, 흡착제의 양) : 흡착제의 양이 많아지면 전체 흡착제의 표면적이 증가하여 채취용량이 증가하므로 파과가 쉽게 발생되지 않는다.

정답 35.④ 36.② 37.③ 38.③

39 납 취급 사업장에서 납의 농도를 측정하고자 한다. 총 공기채취량은 360L이였다. 시료와 공시료는 전처리 후에 각각 5% 질산 10mL로 추출하여 원자흡광분석기로 분석하였다. 분석결과가 납 채취시료에서 $7\mu g/mL$, 공시료에서 $0.5\mu g/mL$로 나타났으며 회수율은 99%였다. 공기 중 납 농도는?

① 약 $0.18 mg/m^3$
② 약 $0.28 mg/m^3$
③ 약 $0.38 mg/m^3$
④ 약 $0.48 mg/m^3$

[풀이]
$$농도(mg/m^3) = \frac{(시료\ 분석량 - 공시료\ 분석량) \times 용해부피}{공기채취량}$$
$$= \frac{(7-0.5)\mu g/mL \times 10mL}{360L \times m^3/1,000L \times 0.99}$$
$$= 182.38 \mu g/m^3 \times 10^{-3} mg/\mu g$$
$$= 0.18 mg/m^3$$

40 유사노출그룹(SEG)에 대한 설명으로 틀린 것은?

① 모든 근로자의 노출정도를 알 수 있어 매우 경제적이다.
② 모든 근로자를 SEG로 분류하므로 위험에 대한 우선순위를 결정할 수 없다.
③ 역학조사 수행 시 그룹의 노출정도를 활용할 수 있다.
④ 모든 근로자는 반드시 SEG에 소속되어야 한다.

[풀이] 유사노출그룹(SEG)의 설정 목적(활용)
㉠ 시료채취 수를 경제적으로 할 수 있다.
㉡ 모든 작업의 근로자에 대한 노출농도를 평가할 수 있다.
㉢ 역학조사 수행 시 해당 근로자가 속한 동일노출그룹의 노출농도를 근거로 노출 원인 및 농도를 추정할 수 있다.
㉣ 작업장에서 모니터링하고 관리해야 할 우선적인 그룹을 결정하기 위함이다.

제3과목 | 작업환경 관리대책

41 어떤 공장에서 메틸에틸케톤(허용기준 200ppm) 1,500mL/hr가 증발하여 작업장을 오염시키고 있다. 전체(희석)환기를 위한 필요환기량은? (단, $K=6$, 분자량=72, 메틸에틸케톤 비중=0.805, 21℃, 1기압 상태 기준)

① 약 $100 m^3/min$
② 약 $200 m^3/min$
③ 약 $300 m^3/min$
④ 약 $400 m^3/min$

[풀이]
• 사용량(g/hr)
$= 1.5L/hr \times 0.805 g/mL \times 1,000 mL/L$
$= 1207.5 g/hr$
• 발생률(G, L/hr)
$= \frac{24.1L \times 1207.5 g/hr}{72 g} = 404.2 L/hr$
∴ 필요환기량(Q)
$= \frac{G}{TLV} \times K$
$= \frac{404.2 L/hr \times 1,000 mL/L}{200 mL/m^3} \times 6$
$= 12,126 m^3/hr \times hr/60 min$
$= 202.1 m^3/min$

42 작업환경관리원칙 중 '대치'에 관한 설명으로 알맞지 않은 것은?

① 야광시계 자판에 radium을 인으로 대치한다.
② 건조 전에 실시하던 점토 배합을 건조 후 실시한다.
③ 금속 세척작업 시 TCE를 대신하여 계면활성제를 사용한다.
④ 분체입자를 큰 입자로 대치한다.

[풀이] 건조 후 실시하던 점토 배합을 건조 전에 실시한다.

정답 39.① 40.② 41.② 42.②

43 강제환기를 실시할 때 환기효과를 제고하기 위한 원칙으로 적절하지 않은 것은?
① 오염물질 배출구는 가능한 한 오염원으로부터 가까운 곳에 설치하여 '점환기'의 효과를 얻는다.
② 공기 배출구와 근로자의 작업위치 사이에 오염원이 위치하여야 한다.
③ 배출공기를 보충하기 위하여 청정공기를 공급한다.
④ 오염원 주위에 다른 작업공정이 있으면 공기 배출량을 공급량보다 적게 하여 양(+)압을 형성한다.

풀이) 전체환기(강제환기)시설 설치 기본원칙
㉠ 오염물질 사용량을 조사하여 필요환기량을 계산한다.
㉡ 배출공기를 보충하기 위하여 청정공기를 공급한다.
㉢ 오염물질 배출구는 가능한 한 오염원으로부터 가까운 곳에 설치하여 '점환기'의 효과를 얻는다.
㉣ 공기 배출구와 근로자의 작업위치 사이에 오염원이 위치해야 한다.
㉤ 공기가 배출되면서 오염장소를 통과하도록 공기 배출구와 유입구의 위치를 선정한다.
㉥ 작업장 내 압력은 경우에 따라서 양압이나 음압으로 조정해야 한다(오염원 주위에 다른 작업공정이 있으면 공기 공급량을 배출량보다 작게 하여 음압을 형성시켜 주위 근로자에게 오염물질이 확산되지 않도록 한다).
㉦ 배출된 공기가 재유입되지 못하게 배출구 높이를 적절히 설계하고 창문이나 문 근처에 위치하지 않도록 한다.
㉧ 오염된 공기는 작업자가 호흡하기 전에 충분히 희석되어야 한다.
㉨ 오염물질 발생은 가능하면 비교적 일정한 속도로 유출되도록 조정해야 한다.

44 확대각이 10°인 원형 확대관에서 입구 직관의 정압은 −20mmH₂O이고, 속도압은 33mmH₂O이며, 확대된 출구 직관의 속도압은 25mmH₂O이다. 압력손실은? (단, 확대각이 10°일 때 압력손실계수 ζ=0.28이다.)
① 1.28mmH₂O ② 2.24mmH₂O
③ 3.16mmH₂O ④ 4.24mmH₂O

풀이) 원형 확대관의 압력손실(ΔP)
$= \zeta \times (VP_1 - VP_2)$
$= 0.28 \times (33 - 25)$
$= 2.24 \text{mmH}_2\text{O}$

45 회전차 외경이 600mm인 레이디얼 송풍기의 풍량은 300m³/min, 전압은 60mmH₂O, 축동력은 0.80kW이다. 회전차 외경이 1,200mm로 상사인 레이디얼 송풍기가 같은 회전수로 운전된다면 이 송풍기의 축동력은? (단, 두 경우 모두 표준공기를 취급한다.)
① 20.2kW ② 21.4kW
③ 23.4kW ④ 25.6kW

풀이) $kW_2 = kW_1 \times \left(\dfrac{D_2}{D_1}\right)^5 = 0.8kW \times \left(\dfrac{1,200}{600}\right)^5 = 25.6kW$

46 작업대 위에서 용접을 할 때 흄을 제거하기 위해 작업면 위에 플랜지가 붙고 면에 고정된 외부식 후드를 설치하였다. 개구면에서 포착점까지의 거리는 0.25m, 제어속도는 0.5m/sec, 후드 개구면적이 0.5m²일 때 필요송풍량은?
① 약 11m³/min ② 약 17m³/min
③ 약 21m³/min ④ 약 28m³/min

풀이) 외부식 후드(플랜지 부착, 작업면 고정) 필요송풍량(Q)
$Q = 60 \times 0.5 \times V_c(10X^2 + A)$
$= 60 \times 0.5 \times 0.5[(10 \times 0.25^2) + 0.5]$
$= 16.87 \text{m}^3/\text{min}$

47 외부식 후드에서 플랜지가 붙고 공간에 설치된 후드와 플랜지가 붙고 면에 고정 설치된 후드의 필요공기량을 비교할 때 면에 고정 설치된 후드는 공간에 설치된 후드에 비하여 필요공기량을 약 몇 % 절감할 수 있는가?
① 13 ② 23
③ 33 ④ 43

정답 43.④ 44.② 45.④ 46.② 47.③

풀이
- 외부식 후드(플랜지 부착, 자유공간) 필요송풍량(Q_1)
  $Q_1 = 60 \times 0.75 \times V_c(10X^2 + A)$
- 외부식 후드(플랜지 부착, 작업면 고정) 필요송풍량(Q_2)
  $Q_2 = 60 \times 0.5 \times V_c(10X^2 + A)$
- ∴ 절감송풍량(%) = $\dfrac{Q_1 - Q_2}{Q_1} \times 100$
  $= \dfrac{0.75 - 0.5}{0.75} \times 100 = 33\%$

48 배기덕트로 흐르는 오염공기의 속도압이 4mmH$_2$O라면 덕트 내 오염공기의 유속은? (단, 오염공기 밀도는 1.2kg/m³이다.)
① 4.6m/sec ② 5.3m/sec
③ 6.7m/sec ④ 8.1m/sec

풀이
$VP = \dfrac{\gamma V^2}{2g}$
∴ $V = \sqrt{\dfrac{VP \times 2g}{\gamma}} = \sqrt{\dfrac{4 \times 2 \times 9.8}{1.2}} = 8.08 \text{m/sec}$

49 전체환기를 하기에 적절하지 못한 경우는?
① 오염 발생원에서 유해물질 발생량이 적어 국소배기 설치가 비효율적인 경우
② 동일 사업장에 소수의 오염 발생원이 분산되어 있는 경우
③ 오염 발생원이 근로자가 근무하는 장소로부터 멀리 떨어져 있거나 공기 중 유해물질 농도가 노출기준 이하인 경우
④ 오염 발생원이 이동성인 경우

풀이 전체환기(희석환기) 적용 시 조건
㉠ 유해물질의 독성이 비교적 낮은 경우, 즉 TLV가 높은 경우 ⇨ 가장 중요한 제한조건
㉡ 동일한 작업장에 다수의 오염원이 분산되어 있는 경우
㉢ 유해물질이 시간에 따라 균일하게 발생할 경우
㉣ 유해물질의 발생량이 적은 경우 및 희석공기량이 많지 않아도 되는 경우
㉤ 유해물질이 증기나 가스일 경우
㉥ 국소배기로 불가능한 경우
㉦ 배출원이 이동성인 경우
㉧ 가연성 가스의 농축으로 폭발의 위험이 있는 경우
㉨ 오염원이 근무자가 근무하는 장소로부터 멀리 떨어져 있는 경우

50 세정식 제진장치의 사용 시 문제점에 대한 설명 중 틀린 것은?
① 폐수의 처리
② 공업용수의 과잉 사용
③ 한랭기에 의한 동결
④ 배기의 상승확산력 증가

풀이 세정식 집진시설의 장단점
(1) 장점
㉠ 습한 가스, 점착성 입자를 폐색 없이 처리가 가능하다.
㉡ 인화성, 가열성, 폭발성 입자를 처리할 수 있다.
㉢ 고온가스의 취급이 용이하다.
㉣ 설치면적이 작아 초기비용이 적게 든다.
㉤ 단일장치로 입자상 외에 가스상 오염물을 제거할 수 있다.
㉥ Demister 사용으로 미스트 처리가 가능하다.
㉦ 부식성 가스와 분진을 중화시킬 수 있다.
㉧ 집진효율을 다양화할 수 있다.
(2) 단점
㉠ 폐수 발생 및 폐슬러지 처리비용이 발생한다.
㉡ 공업용수를 과잉 사용한다.
㉢ 포집된 분진은 오염 가능성이 있고 회수가 어렵다.
㉣ 연소가스가 포함된 경우에는 부식 잠재성이 있다.
㉤ 추운 경우에 동결방지장치를 필요로 한다.
㉥ 백연 발생으로 인한 재가열시설이 필요하다.
㉦ 배기의 상승확산력을 저하한다.

51 길이가 2.4m, 폭이 0.4m인 플랜지 부착 슬롯형 후드가 설치되어 있다. 포촉점까지의 거리가 0.5m, 제어속도가 0.8m/sec일 때 필요송풍량은? (단, 1/2 원주 슬롯형이며, $C = 2.8$을 적용한다.)
① 20.2m³/min ② 40.3m³/min
③ 80.6m³/min ④ 161.3m³/min

풀이 슬롯형 후드(플랜지 부착, 1/2 원주 슬롯형) 필요송풍량(Q)
$Q = 60 \times C \times L \times V_c \times X$
$= 60 \times 2.8 \times 2.4 \times 0.8 \times 0.5$
$= 161.3 \text{m}^3/\text{min}$

정답 48.④ 49.② 50.④ 51.④

52 폭 320mm, 높이 760mm의 곧은 각관 내를 $Q=280\text{m}^3/\text{min}$의 표준공기가 흐르고 있을 때 레이놀즈수($Re$)의 값은? (단, 동점성계수는 $1.5\times10^{-5}\text{m}^2/\text{sec}$이다.)

① 3.76×10^5 ② 3.76×10^6
③ 5.76×10^5 ④ 5.76×10^6

풀이 레이놀즈수$(Re) = \dfrac{VD}{\nu}$

- $V = \dfrac{Q}{A} = \dfrac{280\text{m}^3/\text{min}}{(0.32\times0.76)\text{m}^2}$
  $= 1,151.3\text{m/min} \times \text{min}/60\text{sec}$
  $= 19.18\text{m/sec}$
- $D = \dfrac{2ab}{a+b} = \dfrac{2(0.32\times0.76)}{0.32+0.76} = 0.45\text{m}$

$\therefore Re = \dfrac{19.18\times0.45}{1.5\times10^{-5}} = 575,400 (\fallingdotseq 5.76\times10^5)$

53 사무실 직원이 모두 퇴근한 직후인 오후 6시 20분에 측정한 공기 중 이산화탄소 농도는 1,200ppm, 사무실이 빈 상태로 1시간이 경과한 오후 7시 20분에 측정한 이산화탄소 농도는 400ppm이었다. 이 사무실의 시간당 공기교환횟수는? (단, 외부공기 중의 이산화탄소의 농도는 330ppm이다.)

① 0.56 ② 1.22
③ 2.52 ④ 4.26

풀이 시간당 공기교환횟수(ACH)

$= \dfrac{\begin{bmatrix}\ln(\text{측정초기 농도}-\text{외부 }CO_2\text{ 농도})\\-\ln(\text{시간이 지난 후 }CO_2\text{ 농도}-\text{외부 }CO_2\text{ 농도})\end{bmatrix}}{\text{경과된 시간(hr)}}$

$= \dfrac{\ln(1,200-330) - \ln(400-330)}{1}$

$= 2.52$회

54 분진대책 중 하나인 발진의 방지방법과 가장 거리가 먼 것은?

① 원재료 및 사용재료의 변경
② 생산기술의 변경 및 개량
③ 습식화에 의한 분진 발생 억제
④ 밀폐 또는 포위

풀이 분진 발생 억제(발진의 방지)
(1) 작업공정 습식화
  ㉠ 분진의 방진대책 중 가장 효과적인 개선대책이다.
  ㉡ 착암, 파쇄, 연마, 절단 등의 공정에 적용한다.
  ㉢ 취급물질로는 물, 기름, 계면활성제를 사용한다.
  ㉣ 물을 분사할 경우 국소배기시설과의 병행 사용 시 주의한다(작은 입자들이 부유 가능성이 있고, 이들이 덕트 등에 쌓여 굳게 됨으로써 국소배기시설의 효율성을 저하시킴).
  ㉤ 시간이 경과하여 바닥에 굳어 있다 건조되면 재비산되므로 주의한다.
(2) 대치
  ㉠ 원재료 및 사용재료의 변경(연마재의 사암을 인공마석으로 교체)
  ㉡ 생산기술의 변경 및 개량
  ㉢ 작업공정의 변경
- 발생분진 비산 방지방법
(1) 해당 장소를 밀폐 및 포위
(2) 국소배기
  ㉠ 밀폐가 되지 못하는 경우에 사용한다.
  ㉡ 포위형 후드의 국소배기장치를 설치하며 해당 장소를 음압으로 유지시킨다.
(3) 전체환기

55 선반 제조공정에서 선반을 에나멜에 담갔다가 건조시키는 작업이 있다. 이 공정의 온도는 177℃이고, 에나멜이 건조될 때 xylene 4L/hr가 증발한다. 폭발 방지를 위한 환기량은? (단, xylene의 LEL=1%, SG=0.88, MW=106, C=10, 21℃, 1기압 기준, 온도보정은 고려하지 않는다.)

① 약 $14\text{m}^3/\text{min}$
② 약 $19\text{m}^3/\text{min}$
③ 약 $27\text{m}^3/\text{min}$
④ 약 $32\text{m}^3/\text{min}$

풀이 폭발 방지 환기량(Q)

$= \dfrac{24.1\times S\times W\times C\times 10^2}{\text{MW}\times\text{LEL}\times B}$

$= \dfrac{24.1\times 0.88\times (4/60)\times 10\times 10^2}{106\times 1\times 0.7}$

$= 19.05\text{m}^3/\text{min}$

56 오염물질의 농도가 200ppm까지 도달하였다가 오염물질 발생이 중지되었을 때, 공기 중 농도가 200ppm에서 25ppm으로 감소하는 데 걸리는 시간은 얼마인가? (단, 1차 반응이며, 공간부피 $V=3,000m^3$, 환기량 $Q=1.17m^3/sec$이다.)

① 약 60분 ② 약 90분
③ 약 120분 ④ 약 150분

풀이 농도 감소시간(t)
$$t = -\frac{V}{Q'} \ln\left(\frac{C_2}{C_1}\right)$$
$$= -\frac{3,000}{1.17 \times 60} \times \ln\left(\frac{25}{200}\right)$$
$$= 88.9분$$

57 송풍량이 200m³/min이고 송풍기 전압이 100mmH₂O인 송풍기를 가동할 때 소요동력은? (단, 송풍기의 효율은 0.6이다.)

① 약 3.5kW ② 약 4.5kW
③ 약 5.5kW ④ 약 6.5kW

풀이 송풍기 소요동력(kW)
$$= \frac{Q \times \Delta P}{6,120 \times \eta} \times \alpha$$
$$= \frac{200 \times 100}{6,120 \times 0.6} \times 1.0$$
$$= 5.5kW$$

58 88dB(A)의 음압수준이 발생되는 작업장에서 근로자는 차음평가수가 19인 귀덮개를 착용하고 작업에 임하고 있다. 이때 근로자에 노출되는 음압[dB(A)]수준은? (단, 미국 OSHA 방법으로 계산한다.)

① 74 ② 78
③ 82 ④ 86

풀이 차음효과 = (NRR − 7) × 50%
= (19 − 7) × 0.5
= 6dB
∴ 노출되는 음압수준 = 88 − 6 = 82dB

59 분압이 2.5mmHg인 물질이 표준상태의 공기 중에서 증발하여 도달할 수 있는 최고농도(ppm)는?

① 약 2,580 ② 약 3,290
③ 약 4,350 ④ 약 5,530

풀이 최고농도(ppm) = $\frac{분압}{760} \times 10^6$
= $\frac{2.5}{760} \times 10^6 = 3,289.5ppm$

60 총 흡음량이 500sabins인 소음발생 작업장에 흡음재를 천장에 설치하여 2,000sabins를 더 추가하였다. 이 작업장에서 기대되는 소음감소량[NR, dB(A)]는?

① 약 3 ② 약 5
③ 약 7 ④ 약 9

풀이 소음감소량(dB) = $10\log\frac{대책\ 후}{대책\ 전}$
= $10\log\left(\frac{500 + 2,000}{500}\right) = 7dB$

제4과목 | 물리적 유해인자관리

61 적외선의 생체작용에 대한 설명으로 틀린 것은?

① 조직에 흡수된 적외선은 화학반응을 일으키는 것이 아니라 구성분자의 운동에너지를 증대시킨다.
② 만성폭로에 따라 눈 장애인 백내장을 일으킨다.
③ 700nm 이하의 적외선은 눈의 각막을 손상시킨다.
④ 적외선이 체외에서 조사되면 일부는 피부에서 반사되고 나머지만 흡수된다.

풀이 눈의 각막(망막) 손상 및 만성적인 노출로 인한 안구건조증을 유발할 수 있고, 1,400nm 이상의 적외선은 각막 손상을 일으킨다.

62 산업안전보건법에서 규정한 소음작업이라 함은 1일 8시간 작업을 기준으로 몇 dB 이상의 소음을 발생하는 작업을 말하는가?

① 80   ② 85
③ 90   ④ 100

[풀이]
㉠ 소음작업
 1일 8시간 기준 : 85dB 이상
㉡ 소음노출기준
 1일 8시간 기준 : 90dB

63 자외선에 대한 설명으로 틀린 것은?

① 가시광선과 전리복사선 사이의 파장을 가진 전자파이다.
② 280~315nm의 파장을 가진 자외선을 'Dorno선'이라 한다.
③ 전리 및 사진 감광작용은 현저하지만 형광, 광이온작용은 거의 나타나지 않는다.
④ 280~315nm의 파장을 가진 자외선은 피부의 색소침착, 소독작용, 비타민 D 형성 등 생물학적 작용이 강하다.

[풀이] 자외선의 경우 전리작용은 없고, 사진작용, 형광작용, 광이온작용을 가지고 있다.

64 실효음압이 2×10^{-3} N/m²인 음의 음압수준은 몇 dB인가?

① 40   ② 50
③ 60   ④ 70

[풀이]
음압수준(SPL) = $20 \log \dfrac{P}{P_o}$
 = $20 \log \dfrac{2 \times 10^{-3}}{2 \times 10^{-5}}$ = 40dB

65 0.1W의 음향출력을 발생하는 소형 사이렌의 음향파워레벨(L_w)은 몇 dB인가?

① 90   ② 100
③ 110   ④ 120

[풀이]
음향파워레벨(PWL) = $10 \log \dfrac{W}{W_o}$
 = $10 \log \dfrac{0.1}{10^{-12}}$ = 110dB

66 이상기압에서의 작업방법으로 틀린 것은?

① 감압병이 발생하였을 때는 환자를 바로 고압환경에 복귀시킨다.
② 특별히 잠수에 익숙한 사람을 제외하고는 1분에 10m 정도씩 잠수하는 것이 안전하다.
③ 감압이 끝날 무렵에 순수한 산소를 흡입시키면 감압시간을 단축시킬 수 있다.
④ 고압환경에서 작업할 때에는 질소를 불소로 대치한 공기를 호흡시킨다.

[풀이] 감압병의 예방 및 치료
㉠ 고압환경에서의 작업시간을 제한하고 고압실 내의 작업에서는 탄산가스의 분압이 증가하지 않도록 신선한 공기를 송기시킨다.
㉡ 감압이 끝날 무렵에 순수한 산소를 흡입시키면 예방적 효과가 있을 뿐 아니라 감압시간을 25% 가량 단축시킬 수 있다.
㉢ 고압환경에서 작업하는 근로자에게 질소를 헬륨으로 대치한 공기를 호흡시킨다.
㉣ 헬륨-산소 혼합가스는 호흡저항이 적어 심해잠수에 사용한다.
㉤ 일반적으로 1분에 10m 정도씩 잠수하는 것이 안전하다.
㉥ 감압병의 증상 발생 시에는 환자를 곧장 원래의 고압환경상태로 복귀시키거나 인공고압실에 넣어 혈관 및 조직 속에 발생한 질소의 기포를 다시 용해시킨 다음 천천히 감압한다.
㉦ Haldene의 실험근거상 정상기압보다 1.25기압을 넘지 않는 고압환경에는 아무리 오랫동안 폭로되거나 아무리 빨리 감압하더라도 기포를 형성하지 않는다.
㉧ 비만자의 작업을 금지시키고, 순환기에 이상이 있는 사람은 취업 또는 작업을 제한한다.
㉨ 헬륨은 질소보다 확산속도가 크며, 체외로 배출되는 시간이 질소에 비하여 50% 정도밖에 걸리지 않는다.
㉩ 귀 등의 장애를 예방하기 위해서는 압력을 가하는 속도를 분당 0.8kg/cm² 이하가 되도록 한다.

정답 62.② 63.③ 64.① 65.③ 66.④

67 소음성 난청인 C_5-dip 현상은 어느 주파수에서 잘 일어나는가?

① 2,000Hz ② 4,000Hz
③ 6,000Hz ④ 8,000Hz

풀이 C_5-dip 현상
소음성 난청의 초기단계로 4,000Hz에서 청력장애가 현저히 커지는 현상이다.
※ 우리 귀는 고주파음에 대단히 민감하며, 특히 4,000Hz에서 소음성 난청이 가장 많이 발생한다.

68 레이저(laser)에 대한 설명으로 틀린 것은?

① 레이저는 유도방출에 의한 광선증폭을 뜻한다.
② 레이저는 보통 광선과는 달리 단일파장으로 강력하고 예리한 지향성을 가졌다.
③ 레이저 장애는 광선의 파장과 특정 조직의 광선흡수능력에 따라 장애 출현 부위가 달라진다.
④ 레이저의 피부에 대한 작용은 비가역적이며 수포, 색소침착 등이 생길 수 있다.

풀이 레이저의 피부에 대한 작용은 가역적이며 피부손상, 화상, 홍반, 수포 형성, 색소침착 등이 생길 수 있다.

69 고압환경의 인체작용 중 2차적인 가압현상에 대한 내용으로 틀린 것은?

① 4기압 이상에서 공기 중의 질소가스는 마취작용을 나타낸다.
② 산소의 분압이 2기압을 넘으면 산소중독 증세가 나타난다.
③ 흉곽이 잔기량보다 적은 용량까지 압축되면 폐압박현상이 나타난다.
④ 이산화탄소는 산소의 독성과 질소의 마취작용을 증가시킨다.

풀이 2차적 가압현상
고압하의 대기가스 독성 때문에 나타나는 현상으로 2차성 압력현상이다.
(1) 질소가스의 마취작용
  ㉠ 공기 중의 질소가스는 정상기압에서 비활성이지만 4기압 이상에서는 마취작용을 일으키며, 이를 다행증이라 한다(공기 중의 질소가스는 3기압 이하에서는 자극작용을 한다).
  ㉡ 질소가스 마취작용은 알코올 중독의 증상과 유사하다.
  ㉢ 작업력의 저하, 기분의 변환, 여러 종류의 다행증(euphoria)이 일어난다.
  ㉣ 수심 90~120m에서 환청, 환시, 조현증, 기억력 감퇴 등이 나타난다.
(2) 산소중독
  ㉠ 산소의 분압이 2기압을 넘으면 산소중독 증상을 보인다. 즉, 3~4기압의 산소 혹은 이에 상당하는 공기 중 산소분압에 의하여 중추신경계의 장애에 기인하는 운동장애를 나타내는데, 이것을 산소중독이라 한다.
  ㉡ 수중의 잠수자는 폐압착증을 예방하기 위하여 수압과 같은 압력의 압축기체를 호흡하여야 하며, 이로 인한 산소분압 증가로 산소중독이 일어난다.
  ㉢ 고압산소에 대한 폭로가 중지되면 증상은 즉시 멈춘다. 즉, 가역적이다.
  ㉣ 1기압에서 순산소는 인후를 자극하나 비교적 짧은 시간의 폭로라면 중독증상은 나타나지 않는다.
  ㉤ 산소중독 작용은 운동이나 이산화탄소로 인해 악화된다.
  ㉥ 수지나 족지의 작열통, 시력장애, 정신혼란, 근육경련 등의 증상을 보이며 나아가서는 간질 모양의 경련을 나타낸다.
(3) 이산화탄소의 작용
  ㉠ 이산화탄소 농도의 증가는 산소의 독성과 질소의 마취작용을 증가시키는 역할을 하고 감압증의 발생을 촉진시킨다.
  ㉡ 이산화탄소 농도가 고압환경에서 대기압으로 환산하여 0.2%를 초과해서는 안 된다.
  ㉢ 동통성 관절장애(bends)도 이산화탄소의 분압 증가에 따라 보다 많이 발생한다.

70 1촉광의 광원으로부터 한 단위 입체각으로 나가는 광속의 단위를 무엇이라 하는가?
① 럭스(lux)   ② 램버트(lambert)
③ 캔들(candle)   ④ 루멘(lumen)

풀이 루멘(lumen, lm) ; 광속
㉠ 광속의 국제단위로, 기호는 lm으로 나타낸다.
 ※ 광속 : 광원으로부터 나오는 빛의 양
㉡ 1촉광의 광원으로부터 한 단위입체각으로 나가는 광속의 단위이다.
㉢ 1촉광과의 관계는 1촉광=4π(12.57)루멘으로 나타낸다.

71 마이크로파의 생체작용과 가장 거리가 먼 것은?
① 체표면은 조기에 온감을 느낀다.
② 중추신경에 대해서는 300~1,200Hz의 주파수 범위에서 가장 민감하다.
③ 500~1,000Hz의 마이크로파는 백내장을 일으킨다.
④ 백혈구의 증가, 혈소판의 감소 등을 나타낸다.

풀이 마이크로파에 의한 표적기관은 눈이며 1,000~10,000Hz에서 백내장이 생기고, ascorbic산의 감소증상이 나타난다. 백내장은 조직온도의 상승과 관계된다.

72 음의 크기 sone과 음의 크기레벨 phon의 관계를 올바르게 나타낸 것은? (단, sone은 S, phon은 L_L로 표현한다.)
① $S = 2^{(L_L - 40)/10}$
② $S = 3^{(L_L - 40)/10}$
③ $S = 4^{(L_L - 40)/10}$
④ $S = 5^{(L_L - 40)/10}$

풀이 음의 크기(sone)와 크기 레벨(phon)의 관계
$S = 2^{\frac{(L_L - 40)}{10}}$ (sone), $L_L = 33.3\log S + 40$(phon)
여기서, S : 음의 크기(sone)
  L_L : 음의 크기레벨(phon)

73 전리방사선의 흡수선량이 생체에 영향을 주는 정도로 표시하는 선당량(생체실효선량)의 단위는?
① R   ② Ci
③ Sv ④ Gy

풀이 Sv(Sievert)
㉠ 흡수선량이 생체에 영향을 주는 정도로 표시하는 선당량(생체실효선량)의 단위
㉡ 등가선량의 단위
 ※ 등가선량 : 인체의 피폭선량을 나타낼 때 흡수선량에 해당 방사선의 방사선 가중치를 곱한 값
㉢ 생물학적 영향에 상당하는 단위
㉣ RBE를 기준으로 평준화하여 방사선에 대한 보호를 목적으로 사용하는 단위
㉤ 1Sv=100rem

74 다음 중 피부투과력이 가장 큰 것은?
① 적외선
② α선
③ β선
④ X선

풀이 전리방사선의 인체투과력 및 전리작용 순서
㉠ 인체투과력 순서
 중성자 > X선 or γ선 > β선 > α선
㉡ 전리작용 순서
 α선 > β선 > X선 or γ선

75 저압환경에서의 생체작용에 관한 내용으로 틀린 것은?
① 고공증상으로 항공치통, 항공이염 등이 있다.
② 고공성 폐수종은 어른보다 아이들에게 많이 발생한다.
③ 급성 고산병의 가장 특징적인 것은 흥분성이다.
④ 급성 고산병은 비가역적이다.

풀이 급성 고산병은 48시간 내에 최고도에 도달하였다가 2~3일이면 소실된다. 즉, 가역적이다.

정답 70.④ 71.③ 72.① 73.③ 74.④ 75.④

76 고열로 인한 건강장애로, 발한에 의한 체열 방출이 장애됨으로써 체내에 열이 축적되어 발생하며 1차적인 증상으로 정신착란, 의식결여, 경련 또는 혼수, 건조하고 높은 피부온도, 체온상승(직장온도 41℃) 등이 나타나는 열중증의 명칭은?

① 열허탈(heat collapse)
② 열경련(heat cramps)
③ 열사병(heat stroke)
④ 열소모(heat exhaustion)

풀이 열사병(heat stroke)
(1) 개요
  ㉠ 열사병은 고온다습한 환경(육체적 노동 또는 태양의 복사선을 두부에 직접적으로 받는 경우)에 노출될 때 뇌 온도의 상승으로 신체 내부의 체온조절중추에 기능장애를 일으켜서 생기는 위급한 상태이다.
  ㉡ 고열로 인해 발생하는 장애 중 가장 위험성이 크다.
  ㉢ 태양광선에 의한 열사병은 일사병(sun stroke)이라고 한다.
(2) 발생
  ㉠ 체온조절중추(특히 발한중추)의 기능장애에 의한다(체내에 열이 축적되어 발생).
  ㉡ 혈액 중의 염분량과는 관계없다.
  ㉢ 대사열의 증가는 작업부하와 작업환경에서 발생하는 열부하가 원인이 되어 발생하며, 열사병을 일으키는 데 크게 관여하고 있다.

77 소음계(sound level meter)로 소음 측정 시 A 및 C 특성으로 측정하였다. 만약 C특성으로 측정한 값이 A특성으로 측정한 값보다 훨씬 크다면 소음의 주파수 영역은 어떻게 추정되겠는가?

① 저주파수가 주성분이다.
② 중주파수가 주성분이다.
③ 고주파수가 주성분이다.
④ 중주파수 및 고주파수가 주성분이다.

풀이
㉠ dB(A)≪dB(C) : 저주파 영역
㉡ dB(A)≈dB(C) : 고주파 영역

78 실효복사(effective radiation)온도의 의미로 가장 적절한 것은?

① 건구온도와 습구온도의 차
② 습구온도와 흑구온도의 차
③ 습구온도와 복사온도의 차
④ 흑구온도와 기온의 차

풀이 실효복사온도(effective radiation temperature)
복사온도(흑구온도)와 기온의 차이를 의미한다.

79 전신진동에 의한 건강장애의 설명으로 틀린 것은?

① 진동수 3Hz 이하이면 신체가 함께 움직여 motion sickness와 같은 동요감을 느낀다.
② 진동수 4~12Hz에서 압박감과 동통감을 받게 된다.
③ 진동수 80~100Hz에서는 시력 및 청력 장애가 나타나기 시작한다.
④ 진동수 60~90Hz에서는 두개골이 공명하기 시작하여 안구가 공명한다.

풀이 공명(공진) 진동수
㉠ 두부와 견부는 20~30Hz 진동에 공명(공진)하며, 안구는 60~90Hz 진동에 공명한다.
㉡ 3Hz 이하 : motion sickness 느낌(급만성적 증상으로 상복부의 통증과 팽만감 및 구토)
㉢ 6Hz : 가슴, 등에 심한 통증
㉣ 13Hz : 머리, 안면, 볼, 눈꺼풀 진동
㉤ 4~14Hz : 복통, 압박감 및 동통감
㉥ 9~20Hz : 대·소변 욕구, 무릎 탄력감
㉦ 20~30Hz : 시력 및 청력 장애

80 레이저(laser)에 감수성이 가장 큰 신체부위는?

① 대뇌 ② 눈
③ 갑상선 ④ 혈액

풀이 레이저의 인체 표적기관은 눈이며, 눈에 대한 작용으로는 각막염, 백내장, 망막염 등이 있다.

정답 76.③ 77.① 78.④ 79.③ 80.②

제5과목 | 산업 독성학

81 화학물질의 상호작용인 길항작용 중 배분적 길항작용에 대하여 가장 적절히 설명한 것은?
① 두 물질이 생체에서 서로 반대되는 생리적 기능을 갖는 관계로 동시에 투여할 경우 독성이 상쇄 또는 감소되는 경우
② 두 물질을 동시에 투여할 경우 상호반응에 의하여 독성이 감소되는 경우
③ 독성물질의 생체과정인 흡수, 분포, 생전환, 배설 등의 변화를 일으켜 독성이 낮아지는 경우
④ 두 물질이 생체 내에서 같은 수용체에 결합하는 관계로 인하여 동시 투여 시 경쟁관계로 인하여 독성이 감소되는 경우

[풀이] 배분적 길항작용=분배적 길항작용

82 방향족 탄화수소 중 저농도에 장기간 노출되어 만성중독을 일으키는 경우에 가장 위험하다고 할 수 있는 유기용제는?
① 벤젠 ② 톨루엔
③ 클로로포름 ④ 사염화탄소

[풀이] 방향족 탄화수소 중 저농도에 장기간 폭로(노출)되어 만성중독(조혈장애)을 일으키는 경우에는 벤젠의 위험도가 가장 크고, 급성 전신중독 시 독성이 강한 물질은 톨루엔이다.

83 유기분진에 의한 진폐증에 해당하는 것은?
① 석면폐증 ② 규폐증
③ 면폐증 ④ 활석폐증

[풀이] 분진 종류에 따른 진폐증의 분류(임상적 분류)
㉠ 유기성 분진에 의한 진폐증
  농부폐증, 면폐증, 연초폐증, 설탕폐증, 목재분진폐증, 모발분진폐증
㉡ 무기성(광물성) 분진에 의한 진폐증
  규폐증, 탄소폐증, 활석폐증, 탄광부진폐증, 철폐증, 베릴륨폐증, 흑연폐증, 규조토폐증, 주석폐증, 칼륨폐증, 바륨폐증, 용접공폐증, 석면폐증

84 다음 중 크롬에 의한 급성중독의 특징은?
① 혈액장애 ② 신장장애
③ 피부습진 ④ 중추신경장애

[풀이] 크롬에 의한 건강장애
(1) 급성중독
  ㉠ 신장장애
    과뇨증(혈뇨증) 후 무뇨증을 일으키며, 요독증으로 10일 이내에 사망한다.
  ㉡ 위장장애
    심한 복통, 빈혈을 동반하는 심한 설사 및 구토가 발생한다.
  ㉢ 급성폐렴
    크롬산 먼지, 미스트 대량 흡입 시 발생한다.
(2) 만성중독
  ㉠ 점막장애
    점막이 충혈되어 화농성 비염이 되고 차례로 깊이 들어가서 궤양이 되며, 코 점막의 염증, 비중격천공 증상을 일으킨다.
  ㉡ 피부장애
    • 피부궤양(둥근 형태의 궤양)을 일으킨다.
    • 수용성 6가 크롬은 저농도에서도 피부염을 일으킨다.
    • 손톱 주위, 손 및 전박부에 잘 발생한다.
  ㉢ 발암작용
    • 장기간 흡입에 의해 기관지암, 폐암, 비강암(6가 크롬)이 발생한다.
    • 크롬 취급자는 폐암에 의한 사망률이 정상인보다 상당히 높다.
  ㉣ 호흡기장애
    크롬폐증이 발생한다.

85 카드뮴에 노출 시 체내의 주된 축적 기관은?
① 간, 신장, 장관벽
② 심장, 뇌, 비장
③ 뼈, 피부, 근육
④ 혈액, 신경, 모발

[풀이] 카드뮴의 인체 내 축적
㉠ 체내에 흡수된 카드뮴은 혈액을 거쳐 2/3(50~75%)는 간과 신장으로 이동하여 축적되고, 일부는 장관벽에 축적된다.
㉡ 반감기는 수년에서 약 30년까지이다.
㉢ 흡수된 카드뮴은 혈장단백질과 결합하여 최종적으로 신장에 축적된다.

정답 81.③ 82.① 83.③ 84.② 85.①

86 국제암연구위원회(IARC)의 발암물질 구분 기준에서 인체 발암성 가능물질(Group 2B)의 종류에 해당되는 물질은?

① 벤젠
② 카드뮴
③ 카페인
④ 클로로포름

풀이 IARC의 발암물질 구분에 따른 대표적인 물질
㉠ 인체 발암성 확정물질(Group 1) : 벤젠, 알코올, 담배, 다이옥신, 석면
㉡ 인체 발암성 예측·추정 물질(Group 2A) : 자외선, 태양램프, 방부제
㉢ 인체 발암성 가능물질(Group 2B) : 클로로포름, 삼산화안티몬, 커피, 피클(pickle), 고사리
㉣ 인체 발암성 미분류물질(Group 3) : 카페인, 홍차, 콜레스테롤
㉤ 인체 비발암성 추정물질(Group 4) : -

87 비소에 대한 설명으로 틀린 것은?

① 5가보다 3가 비소화합물이 독성이 강하다.
② 장기간 노출 시 치아산식증을 일으킨다.
③ 급성중독은 용혈성 빈혈을 일으킨다.
④ 분말은 피부 또는 점막에 작용하여 염증 또는 궤양을 일으킨다.

풀이 비소에 대한 건강장애
(1) 급성중독
 ㉠ 용혈성 빈혈을 일으킨다. 특히 비화수소에 노출될 경우 혈관에서 용혈이 발생한다.
 ㉡ 심한 구토, 설사, 근육경직, 안면부종, 심장이상, 쇼크 등이 발생된다.
 ㉢ 혈뇨 및 무뇨증이 발생된다(신장기능 저하).
 ㉣ 급성 피부염 및 상기도 점막에 염증을 일으킨다.
(2) 만성중독
 ㉠ 피부의 색소침착(흑피증), 각질화가 심하면 피부암이 나타난다.
 ㉡ 다발성 신경염 등의 말초신경장애로 인한 질환, 빈혈, 심혈관계, 간장애 등이 나타난다. 특히 지각마비 및 근무력증이 생긴다.
 ㉢ 분말은 피부 또는 점막에 작용하여 염증 또는 궤양을 일으킨다.
※ 5가보다 3가 비소화합물이 독성이 강하다.

88 납중독의 임상증상과 가장 거리가 먼 것은?

① 위장장애
② 신경 및 근육 계통의 장애
③ 호흡기 계통의 장애
④ 중추신경장애

풀이 납중독의 주요 증상(임상증상)
(1) 위장 계통의 장애(소화기장애)
 ㉠ 복부팽만감, 급성 복부선통
 ㉡ 권태감, 불면증, 안면창백, 노이로제
 ㉢ 잇몸의 연선(lead line)
(2) 신경, 근육 계통의 장애
 ㉠ 손처짐, 팔과 손의 마비
 ㉡ 근육통, 관절통
 ㉢ 신장근의 쇠약
 ㉣ 근육의 피로로 인한 납경련
(3) 중추신경장애
 ㉠ 뇌중독증상으로 나타난다.
 ㉡ 유기납에 폭로로 나타나는 경우가 많다.
 ㉢ 두통, 안면창백, 기억상실, 정신착란, 혼수상태, 발작

89 직업성 피부염을 평가할 때 실시하는 가장 중요한 임상시험은?

① 생체시험(in vivo test)
② 실험생체시험(in vitro test)
③ 첩포시험(patch test)
④ 에임스시험(ames test)

풀이 첩포시험(patch test)
알레르기성 접촉 피부염의 진단에 필수적이며 가장 중요한 임상시험이다. 시험은 피부염의 원인물질로 예상되는 화학물질을 피부에 도포하고 48시간 동안 덮어둔 후 피부염의 발생 여부를 확인한다.

90 벤젠의 생물학적 노출지표로 이용되는 주 대사산물은?

① 마뇨산
② 메틸마뇨산
③ 페놀
④ 삼수산화벤젠

풀이 벤젠의 대사산물(생물학적 노출지표)
㉠ 소변 중 총 페놀
㉡ 소변 중 t,t-뮤코닉산(t,t-muconic acid)

정답 86.④ 87.② 88.③ 89.③ 90.③

91 다음 중 카드뮴의 만성중독증상에 해당하지 않는 것은?

① 신장기능장애
② 폐기능장애
③ 골격계장애
④ 중추신경장애

풀이 카드뮴의 만성중독 건강장애
(1) 신장기능장애
  ㉠ 저분자 단백뇨의 다량 배설 및 신석증을 유발한다.
  ㉡ 칼슘대사에 장애를 주어 신결석을 동반한 신증후군이 나타난다.
(2) 골격계장애
  ㉠ 다량의 칼슘 배설(칼슘 대사장애)이 일어나 뼈의 통증, 골연화증 및 골수공증을 유발한다.
  ㉡ 철분결핍성 빈혈증이 나타난다.
(3) 폐기능장애
  ㉠ 폐활량 감소, 잔기량 증가 및 호흡곤란의 폐증세가 나타나며, 이 증세는 노출기간과 노출농도에 의해 좌우된다.
  ㉡ 폐기종, 만성 폐기능장애를 일으킨다.
  ㉢ 기도 저항이 늘어나고 폐의 가스교환기능이 저하된다.
  ㉣ 고환의 기능이 쇠퇴(atrophy)한다.
(4) 자각증상
  ㉠ 기침, 가래 및 후각의 이상이 생긴다.
  ㉡ 식욕부진, 위장장애, 체중감소 등을 유발한다.
  ㉢ 치은부의 연한 황색 색소침착을 유발한다.

92 화학물질의 생리적 작용에 의한 분류에서 종말기관지 및 폐포점막 자극제에 해당되는 유해가스는?

① 불화수소
② 염화수소
③ 아황산가스
④ 이산화질소

풀이 종말기관지 및 폐포점막 자극제
  ㉠ 이산화질소
  ㉡ 포스겐
  ㉢ 염화비소

93 다음 중 상대적 독성(수치는 독성의 크기)이 '2+0 → 10'의 형태로 나타나는 화학적 상호작용은?

① 상가작용(additive)
② 가승작용(potentiation)
③ 상쇄작용(antagonism)
④ 상승작용(synergistic)

풀이 잠재작용(potentiation effect, 가승작용)
  ㉠ 인체의 어떤 기관이나 계통에 영향을 나타내지 않는 물질이 다른 독성 물질과 복합적으로 노출되었을 때 그 독성이 커지는 것을 말한다.
  ㉡ 상대적 독성 수치로 표현하면 2+0=10 이다.

94 다음 중 생물학적 모니터링을 위한 시료가 아닌 것은?

① 공기 중의 유해인자
② 혈액 중의 유해인자나 대사산물
③ 소변 중의 유해인자나 대사산물
④ 호기(exhales air) 중의 유해인자나 대사산물

풀이 공기 중 유해인자는 작업환경측정을 위한 개인시료이다.

95 구리의 독성에 대한 인체실험 결과, 안전흡수량이 체중 kg당 0.008mg이었다. 1일 8시간 작업 시의 허용농도는 약 몇 mg/m³인가? (단, 근로자 평균체중은 70kg, 작업 시의 폐환기율은 1.45m³/hr로 가정한다.)

① 0.035
② 0.048
③ 0.056
④ 0.064

풀이 안전흡수량(mg) $= C \times T \times V \times R$
$0.008\,mg/kg \times 70\,kg = C \times 8 \times 1.45 \times 1.0$
$\therefore C(허용농도) = 0.048\,mg/m^3$

정답 91.④ 92.④ 93.② 94.① 95.②

96 수은중독의 증상으로만 나열된 것은?
① 비중격천공, 인두염
② 구내염, 근육진전
③ 급성뇌증, 신근쇠약
④ 단백뇨, 칼슘대사장애

[풀이] 수은에 의한 건강장애
㉠ 수은중독의 특징적인 증상은 구내염, 근육진전, 정신증상으로 분류된다.
㉡ 수족신경마비, 시신경장애, 정신이상, 보행장애 등의 장애가 나타난다.
㉢ 만성 노출 시 식욕부진, 신기능부전, 구내염을 발생시킨다.
㉣ 치은부에는 황화수은의 청회색 침전물이 침착된다.
㉤ 혀나 손가락의 근육이 떨린다(수전증).
㉥ 정신증상으로는 중추신경 계통, 특히 뇌조직에 심한 증상이 나타나 정신기능이 상실될 수 있다(정신장애).
㉦ 유기수은(알킬수은) 중 메틸수은의 경우 미나마타(minamata)병을 발생시킨다.

97 유해물질의 경구투여용량에 따른 반응범위를 결정하는 독성검사에서 얻은 용량-반응곡선(dose-response curve)에서 실험동물군의 50%가 일정 시간 동안 죽는 치사량을 나타내는 것은?
① LC_{50}
② LD_{50}
③ ED_{50}
④ TD_{50}

[풀이] LD_{50}
㉠ 유해물질의 경구투여용량에 따른 반응범위를 결정하는 독성검사에서 얻은 용량-반응 곡선에서 실험동물군의 50%가 일정 기간 동안에 죽는 치사량을 의미한다.
㉡ 독성물질의 노출은 흡입을 제외한 경로를 통한 조건이어야 한다.
㉢ 치사량 단위는 [물질의 무게(mg)/동물의 몸무게(kg)]로 표시한다.
㉣ 통상 30일간 50%의 동물이 죽는 치사량을 말한다.
㉤ LD_{50}에는 변역 또는 95% 신뢰한계를 명시하여야 한다.
㉥ 노출된 동물의 50%가 죽는 농도의 의미도 있다.

98 '니트로벤젠'의 화학물질의 영향에 대한 생물학적 모니터링 대상으로 옳은 것은?
① 혈액에서의 메트헤모글로빈
② 소변에서의 마뇨산
③ 소변에서의 저분자량 단백질
④ 적혈구에서의 ZPP

[풀이] 화학물질의 영향에 대한 생물학적 모니터링 대상
㉠ 납 : 적혈구에서 ZPP
㉡ 카드뮴 : 소변에서 저분자량 단백질
㉢ 일산화탄소 : 혈액에서 카르복시헤모글로빈
㉣ 니트로벤젠 : 혈액에서 메트헤모글로빈

99 중추신경 억제작용이 가장 큰 것은?
① 알칸
② 알코올
③ 에테르
④ 에스테르

[풀이] 유기화학물질의 중추신경계 억제작용 및 자극작용
㉠ 중추신경계 억제작용 순서
알칸 < 알켄 < 알코올 < 유기산 < 에스테르 < 에테르 < 할로겐화합물
㉡ 중추신경계 자극작용 순서
알칸 < 알코올 < 알데히드 또는 케톤 < 유기산 < 아민

100 위험도를 나타내는 지표가 아닌 것은?
① 발생률
② 상대위험비
③ 기여위험도
④ 교차비

[풀이] 위험도의 종류
㉠ 상대위험도(상대위험비, 비교위험도)
㉡ 기여위험도(귀속위험도)
㉢ 교차비

정답 96.② 97.② 98.① 99.③ 100.①

제2회 산업위생관리기사

CBT 기출복원문제 | 2025.04.14

제1과목 | 산업위생학 개론

01 작업대사율(RMR)이 6인 작업에서의 실동률(實動率)은 얼마인가? (단, 사이토와 오시마의 식을 적용한다.)

① 45% ② 55%
③ 65% ④ 75%

풀이 사이토-오시마 공식
실동률(실노동률, %) = $85 - (5 \times RMR)$
$= 85 - (5 \times 6)$
$= 55\%$

02 육체적 작업능력(PWC)이 15kcal/min인 근로자가 1일 8시간 동안 물체를 운반하고 있다. 이때의 작업대사량은 8kcal/min이고, 휴식 시 대사량은 3kcal/min이라면, 시간당 휴식시간과 작업시간으로 가장 적절한 것은? (단, Hertig 식을 적용한다.)

① 휴식시간은 28분, 작업시간은 32분이다.
② 휴식시간은 30분, 작업시간은 30분이다.
③ 휴식시간은 32분, 작업시간은 28분이다.
④ 휴식시간은 36분, 작업시간은 24분이다.

풀이 Hertig 식을 적용하여 휴식시간(비율)을 구하면 다음과 같다.

$$T_{rest}(\%) = \left[\frac{PWC의 \frac{1}{3} - 작업대사량}{휴식대사량 - 작업대사량} \right] \times 100$$

$$= \left[\frac{\left(15 \times \frac{1}{3}\right) - 8}{3 - 8} \right] \times 100$$

$$= 60\%$$

• 휴식시간 = 60min × 0.6 = 36min
• 작업시간 = (60-36)min = 24min

03 작업대사량에 따른 작업강도의 구분에 있어서 중등도작업(moderate work)에 해당하는 것은?

① 150kcal/hr 소요되는 작업
② 300kcal/hr 소요되는 작업
③ 450kcal/hr 소요되는 작업
④ 500kcal/hr 이상 소요되는 작업

풀이 작업대사량에 따른 작업강도의 분류(ACGIH, 고용노동부)
㉠ 경작업 : 200kcal/hr까지의 열량이 소요되는 작업
㉡ 중등도작업 : 200~350kcal/hr까지의 열량이 소요되는 작업
㉢ 중작업(심한 작업) : 350~500kcal/hr까지의 열량이 소요되는 작업

04 다음 내용이 설명하는 것은?

> 작업 시 소비되는 산소소비량은 초기에 서서히 증가하다가 작업강도에 따라 일정한 양에 도달하고, 작업이 종료된 후 서서히 감소되어 일정 시간 동안 산소가 소비된다.

① 산소부채 ② 산소섭취량
③ 산소부족량 ④ 최대산소량

풀이 작업시간 및 작업 종료 시의 산소소비량

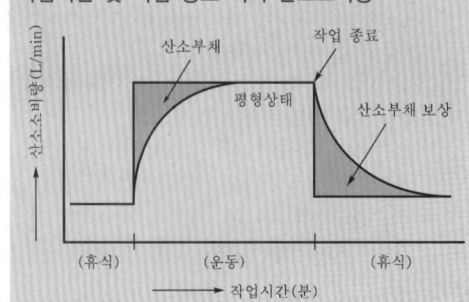

정답 01.② 02.④ 03.② 04.①

05 다음 중 비가역적인 건강상 영향에 포함되지 않는 것은?

① 진폐증(규폐증)
② 각종 암
③ 요통
④ 소음성 난청

풀이 비가역적인 건강상 영향은 다시 회복될 수 없는 상태로 인체의 조직이나 기관이 기능상의 장애가 일어난 경우로, 진폐증(규폐증), 석면폐증, 소음성 난청(영구성 난청)), 각종 암 등이 있다.

06 국소피로의 평가를 위하여 근전도(EMG)를 측정하였다. 피로한 근육이 정상 근육에 비하여 나타내는 근전도상의 차이를 설명한 것으로 틀린 것은?

① 총 전압이 감소한다.
② 평균주파수가 감소한다.
③ 저주파수(0~40Hz)에서 힘이 증가한다.
④ 고주파수(40~200Hz)에서 힘이 감소한다.

풀이 ① 총 전압이 증가한다.

07 근육 노동 시 특히 보급해 주어야 하는 비타민의 종류는?

① 비타민 A   ② 비타민 B_1
③ 비타민 C   ④ 비타민 D

풀이 비타민 B_1은 작업강도가 높은 근로자의 근육에 호기적 산화를 촉진시켜 근육의 열량공급을 원활히 해주는 영양소이다.

08 B.C 4세기경 광산에서의 납중독을 보고한 사람은?

① 플리니   ② 셀서스
③ 히포크라테스 ④ 갈렌

풀이 그리스의 히포크라테스(B.C 4세기)는 광부의 납중독을 처음으로 보고하여 직업과 질병이 관계가 있음을 밝혀냈다.

09 어떤 작업장에서 TCE의 농도를 측정하여 다음과 같은 [데이터]를 얻었다. 이들이 대수정규분포를 한다고 할 때 기하평균(GM)은 약 몇 ppm인가?

[데이터]   (단위 : ppm)
30, 33, 40, 80, 150

① 50.7   ② 54.4
③ 60.3   ④ 66.6

풀이
$$\log(GM) = \frac{\log X_1 + \log X_2 + \cdots + \log X_n}{N}$$
$$= \frac{\log 30 + \log 33 + \log 40 + \log 80 + \log 150}{5}$$
$$= 1.735$$
$$\therefore \ GM = 10^{1.735} = 54.4 \text{ppm}$$

10 허용농도(TLV) 적용상의 주의사항으로 거리가 먼 것은?

① 대기오염 평가 및 관리에 적용해야 한다.
② 산업위생전문가에 의하여 적용되어야 한다.
③ 안전농도와 위험농도를 정확히 구분하는 경계선은 아니다.
④ 24시간 노출 또는 정상작업시간을 초과한 노출에 대한 독성 평가에는 적용될 수 없다.

풀이 ACGIH(미국정부산업위생전문가협의회)에서 권고하는 허용농도(TLV) 적용상 주의사항
㉠ 대기오염 평가 및 지표(관리)에 사용할 수 없다.
㉡ 24시간 노출 또는 정상작업시간을 초과한 노출에 대한 독성 평가에는 적용할 수 없다.
㉢ 기존의 질병이나 신체적 조건을 판단(증명 또는 반증 자료)하기 위한 척도로 사용할 수 없다.
㉣ 작업조건이 다른 나라에서 ACGIH-TLV를 그대로 사용할 수 없다.
㉤ 안전농도와 위험농도를 정확히 구분하는 경계선이 아니다.
㉥ 독성의 강도를 비교할 수 있는 지표는 아니다.
㉦ 반드시 산업보건(위생)전문가에 의해 설명(해석), 적용되어야 한다.
㉧ 피부로 흡수되는 양은 고려하지 않은 기준이다.
㉨ 산업장의 유해조건을 평가하기 위한 지침이며, 건강장애를 예방하기 위한 지침이다.

11 근골격계 질환의 특징으로 볼 수 없는 것은?

① 자각증상으로 시작된다.
② 관리의 목표는 최소화에 있다.
③ 손상의 정도를 측정하기 어렵다.
④ 환자가 집단적으로 발생하지 않는다.

[풀이] 근골격계 질환의 특징
㉠ 노동력 손실에 따른 경제적 피해가 크다.
㉡ 근골격계 질환의 최우선 관리목표는 발생의 최소화이다.
㉢ 단편적인 작업환경 개선으로 좋아질 수 없다.
㉣ 한 번 악화되어도 회복은 가능하다(회복과 악화가 반복적).
㉤ 자각증상으로 시작되시, 환자 발생이 집단적이다.
㉥ 손상의 정도 측정이 용이하지 않다.

12 산업안전보건법에 따라 사업주가 허가대상 유해물질을 제조하거나 사용하는 작업장의 보기 쉬운 장소에 반드시 게시하여야 하는 내용이 아닌 것은?

① 제조날짜
② 취급상의 주의사항
③ 인체에 미치는 영향
④ 착용하여야 할 보호구

[풀이] 허가대상 유해물질 제조·사용 시 작업장의 게시사항
㉠ 허가대상 유해물질의 명칭
㉡ 인체에 미치는 영향
㉢ 취급상의 주의사항
㉣ 착용하여야 할 보호구
㉤ 응급처치와 긴급방재 요령

13 작업대사율(RMR ; Relative Metabolic Rate)에 관한 식으로 틀린 것은?

① $\dfrac{작업대사량}{기초대사량}$

② $\dfrac{안정\ 시\ 대사량 - 기초대사량}{기초대사량}$

③ $\dfrac{작업\ 시\ 소요열량 - 안정\ 시\ 소요열량}{기초대사량}$

④ $\dfrac{작업\ 시\ 산소소비량 - 안정\ 시\ 산소소비량}{기초대사\ 시\ 산소소비량}$

[풀이] 작업대사율(RMR)은 작업강도의 단위로서 산소흡입량을 측정하여 에너지의 소모량을 결정하는 방식으로, RMR이 클수록 작업강도가 높음을 의미한다.

14 온도 25℃, 1기압하에서 분당 100mL씩 60분 동안 채취한 공기 중에서 벤젠이 3mg 검출되었다. 검출된 벤젠은 약 몇 ppm인가? (단, 벤젠의 분자량은 78이다.)

① 11   ② 15.7
③ 111   ④ 157

[풀이] 농도(mg/m³)
$= \dfrac{3\text{mg}}{\left(\begin{array}{c}100\text{mL/min} \times 60\text{min} \\ \times 1\text{L}/1{,}000\text{mL} \times \text{m}^3/1{,}000\text{L}\end{array}\right)} = 500\text{mg/m}^3$

∴ 농도(ppm) $= 500\text{mg/m}^3 \times \dfrac{24.45}{78} = 156.73\text{ppm}$

15 다음 중 허용농도를 설정할 때 가장 중요한 자료는?

① 사업장에서 조사한 역학자료
② 인체실험을 통해 얻은 실험자료
③ 동물실험을 통해 얻은 실험자료
④ 유사한 사업장의 비용편익 분석자료

[풀이] 사업장의 역학조사자료는 근로자를 대상으로 하여 가장 신뢰성이 있으므로, 허용농도 설정에 있어서 가장 중요한 자료이다.

16 연간 근로시간수가 10,000시간인 사업장에서 1년 동안 50건의 재해가 발생하였고, 손실된 작업일수가 200일이었다. 이때의 강도율은?

① 4
② 20
③ 40
④ 80

[풀이] 강도율(SR) $= \dfrac{근로손실일수}{연근로시간수} \times 1{,}000$
$= \dfrac{200}{10{,}000} \times 1{,}000 = 20$

정답 11.④ 12.① 13.② 14.④ 15.① 16.②

17 최대작업영역(maximum working area)에 대한 설명으로 가장 적절한 것은?

① 팔을 위 방향으로만 움직이는 경우에 그려지는 작업영역
② 양팔을 곧게 폈을 때 도달할 수 있는 최대영역
③ 팔을 아래 방향으로만 움직이는 경우에 그려지는 작업영역
④ 팔을 가볍게 몸체에 붙이고 팔꿈치를 구부린 상태에서 자유롭게 손이 닿는 영역

풀이 수평작업영역의 구분
(1) 최대작업영역(최대영역, maximum area)
 ㉠ 팔 전체가 수평상에 도달할 수 있는 작업영역
 ㉡ 어깨로부터 팔을 뻗어 도달할 수 있는 최대영역
 ㉢ 아래팔(전완)과 위팔(상완)을 곧게 펴서 파악할 수 있는 영역
 ㉣ 움직이지 않고 상지를 뻗어서 닿는 범위
(2) 정상작업영역(표준영역, normal area)
 ㉠ 상박부를 자연스런 위치에서 몸통부에 접하고 있을 때 전박부가 수평면 위에서 쉽게 도착할 수 있는 운동범위
 ㉡ 위팔(상완)을 자연스럽게 수직으로 늘어뜨린 채 아래팔(전완)만으로 편안하게 뻗어 파악할 수 있는 영역
 ㉢ 움직이지 않고 전박과 손으로 조작할 수 있는 범위
 ㉣ 앉은 자세에서 위팔은 몸에 붙이고, 아래팔만 곧게 뻗어 닿는 범위
 ㉤ 약 34~45cm의 범위

18 현재 총 흡음량이 1,200sabins인 작업장의 천장에 흡음물질을 첨가하여 2,400sabins를 추가할 경우 예측되는 소음감음량(NR)은 약 몇 dB인가?

① 2.6 ② 3.5
③ 4.8 ④ 5.2

풀이 소음감음량(NR) = $10\log\left(\dfrac{\text{대책 후 총 흡음량}}{\text{대책 전 총 흡음량}}\right)$
$= 10\log\left(\dfrac{1,200+2,400}{1,200}\right) = 4.8\text{dB}$

19 메탄올(TLV=200ppm)이 존재하는 작업환경에서 1주일에 45시간을 작업할 경우 보정된 허용농도는 약 얼마인가? (단, Brief와 Scala의 보정방법을 적용한다.)

① 100ppm
② 123ppm
③ 156ppm
④ 171ppm

풀이 일주일 노출시간 기준 TLV(보정계수 : RF)
$RF = \dfrac{40}{H} \times \dfrac{168-H}{128}$
$= \dfrac{40}{45} \times \dfrac{168-45}{128} = 0.854$
∴ 보정된 허용농도 = TLV × RF
$= 200\text{ppm} \times 0.854$
$= 170.8\text{ppm}$

20 작업을 마친 직후 회복기의 심박수를 측정한 결과 심한 전신피로상태라 판단될 수 있는 경우는?

① HR_{30-60}이 100 미만이고, HR_{60-90}과 $HR_{150-180}$의 차이가 20 이상인 경우
② HR_{30-60}이 100 초과이고, HR_{60-90}과 $HR_{150-180}$의 차이가 20 미만인 경우
③ HR_{30-60}이 110 미만이고, HR_{60-90}과 $HR_{150-180}$의 차이가 10 이상인 경우
④ HR_{30-60}이 110 초과이고, HR_{60-90}과 $HR_{150-180}$의 차이가 10 미만인 경우

풀이 전신피로 정도의 평가
㉠ 전신피로의 정도를 평가하려면 작업 종료 후 심박수를 측정하여 이용한다.
㉡ 심한 전신피로상태 : HR_1이 110을 초과하고, HR_3와 HR_2의 차이가 10 미만인 경우
여기서,
HR_1 : 작업 종료 후 30~60초 사이의 평균맥박수
HR_2 : 작업 종료 후 60~90초 사이의 평균맥박수
HR_3 : 작업 종료 후 150~180초 사이의 평균맥박수
 ⇨ 회복기 심박수 의미

제2과목 | 작업위생 측정 및 평가

21 어떤 음 발생원의 sound power가 0.005W 이면 이때의 음력수준은?

① 95dB ② 96dB
③ 97dB ④ 98dB

[풀이] 음력수준(PWL) = $10\log\left(\dfrac{W}{W_o}\right)$
$= 10\log\left(\dfrac{0.005}{10^{-12}}\right) = 97\text{dB}$

22 유량, 측정시간, 회수율 및 분석에 의한 오차가 각각 15%, 3%, 9%, 5%일 때 누적오차는?

① 18.4% ② 21.6%
③ 24.2% ④ 27.8%

[풀이] 누적오차(%) = $\sqrt{15^2+3^2+9^2+5^2} = 18.4\%$

23 어느 작업장에서 sampler를 사용하여 분진 농도를 측정한 결과 sampling 전후의 filter 무게로 각각 20.3mg, 24.6mg을 얻었다. 이때 pump의 유량은 45L/min이었으며 480분 동안 시료를 채취하였다면 분진 농도는?

① 167 μg/m³ ② 199 μg/m³
③ 243 μg/m³ ④ 289 μg/m³

[풀이] 농도(μg/m³) = $\dfrac{\text{분석량}}{\text{시료채취량}}$
$= \dfrac{(24.6-20.3)\text{mg} \times 1\mu\text{g}/10^{-3}\text{mg}}{45\text{L/min} \times 480\text{min} \times 10^{-3}\text{m}^3/\text{L}}$
$= 199.07 \mu\text{g/m}^3$

24 분광광도계(흡광광도계)를 사용할 때 근적외부 영역에 주로 사용되는 광원은?

① 텅스텐램프 ② 중수소방전관
③ 중공음극램프 ④ 광전자증배관

[풀이] ㉠ 가시부와 근적외부 광원 : 텅스텐램프
㉡ 자외부의 광원 : 중수소방전관

25 흡착제에 관한 설명으로 틀린 것은?

① 활성탄 : 탄소 함유물질을 탄화 및 활성화하여 만든 흡착능력이 큰 무정형 탄소의 일종이다.
② 다공성 중합체 : 활성탄보다 반응할 수 있는 표면적이 넓어 선택적 분석이 가능하다.
③ 분자체 : 탄소 분자체는 합성 다중체나 석유 타르 전구체의 무산소 열분해로 만들어지는 구형의 다공성 구조를 가지고 있다.
④ 실리카겔 : 규산나트륨과 황산과의 반응에서 유도된 무정형의 결정체이다.

[풀이] 다공성 중합체(porous polymer)
(1) 개요
㉠ 활성탄에 비해 비표면적, 흡착용량, 반응성은 작지만, 특수한 물질 채취에 유용하다.
㉡ 대부분 스티렌, 에틸비닐벤젠, 디비닐벤젠 중 하나와 극성을 띤 비닐화합물과의 공중 중합체이다.
㉢ 특별한 물질에 대하여 선택성이 좋은 경우가 있다.
(2) 장점
㉠ 아주 적은 양도 흡착제로부터 효율적으로 탈착이 가능하다.
㉡ 고온에서 열안정성이 매우 뛰어나기 때문에 열탈착이 가능하다.
㉢ 저농도 측정이 가능하다.
(3) 단점
㉠ 비휘발성 물질(대표적 : 이산화탄소)에 의하여 치환반응이 일어난다.
㉡ 시료가 산화·가수·결합 반응이 일어날 수 있다.
㉢ 아민류 및 글리콜류는 비가역적 흡착이 발생한다.
㉣ 반응성이 강한 기체(무기산, 이산화황)가 존재 시 시료가 화학적으로 변한다.

26 예비조사의 목적을 달성하기 위해 조사해야 할 내용이 아닌 것은?

① 작업특성 ② 시료특성
③ 공정특성 ④ 유해인자의 특성

정답 21.③ 22.① 23.② 24.① 25.② 26.②

| 풀이 | 예비조사 내용(조사항목)
㉠ 근로자의 작업특성(작업 업무별 근로자 수, 작업 내용 설명, 업무분석 등 파악)
㉡ 작업장과 공정특성(공정도면과 공정보고서 활용)
㉢ 유해인자의 특성(유해인자의 목록 작성, 월별 사용량, 사용시기, 물질별 유해성 자료)

27 유기용제인 trichloroethylene의 근로자 노출농도를 측정하고자 한다. 과거의 노출농도를 조사한 결과 평균 30ppm이었으며 활성탄관(100mg/50mg)을 이용하여 0.15L/min으로 채취하였다. trichloroethylene의 분자량은 131.39이고 가스 크로마토그래피의 정량한계는 시료당 0.5mg이라면 채취해야 할 최소한의 시간은? (단, 1기압, 25℃ 기준이다.)

① 10분 ② 14분
③ 18분 ④ 21분

| 풀이 |
- $mg/m^3 = 30ppm \times \dfrac{131.39g}{24.45L} = 161.21 mg/m^3$
- 채취 최소량 = $\dfrac{LOQ}{과거\ 농도}$

$= \dfrac{0.5mg}{161.21mg/m^3}$

$= 0.0031m^3 (= 3.1L)$

∴ 채취 최소시간 = $\dfrac{3.1L}{0.15L/min} = 20.7min$

28 작업환경측정방법 중 소음측정 시간 및 횟수에 관한 다음 내용에서 ( ) 안에 알맞은 내용은?

단위작업장소에서의 소음발생시간이 6시간 이내인 경우나 소음발생원에서의 발생시간이 간헐적인 경우에는 발생시간 동안 연속 측정하거나 등간격으로 나누어 ( ) 측정하여야 한다.

① 2회 이상
② 3회 이상
③ 4회 이상
④ 6회 이상

| 풀이 | 소음측정 시간 및 횟수
㉠ 단위작업장소에서 소음수준은 규정된 측정 위치 및 지점에서 1일 작업시간 동안 6시간 이상 연속 측정하거나 작업시간을 1시간 간격으로 나누어 6회 이상 측정하여야 한다.
다만, 소음의 발생특성이 연속음으로서 측정치가 변동이 없다고 자격자 또는 지정측정기관이 판단한 경우에는 1시간 동안을 등간격으로 나누어 3회 이상 측정할 수 있다.
㉡ 단위작업장소에서의 소음발생시간이 6시간 이내인 경우나 소음발생원에서의 발생시간이 간헐적인 경우에는 발생시간 동안 연속 측정하거나 등간격으로 나누어 4회 이상 측정하여야 한다.

29 어느 자료로 대수정규누적분포도를 그렸을 때 누적퍼센트 84.1%에 해당되는 값이 3.75이고 기하표준편차가 1.5라면 기하평균은?

① 0.4 ② 5.3
③ 5.6 ④ 2.5

| 풀이 |
기하표준편차 = $\dfrac{84.1\%에\ 해당하는\ 값}{50\%에\ 해당하는\ 값(기하평균)}$

기하평균 = $\dfrac{84.1\%에\ 해당하는\ 값}{기하표준편차} = \dfrac{3.75}{1.5} = 2.5$

30 어떤 시료용액의 흡광도를 측정하였더니 흡광도가 검량선의 바깥영역이었다. 이를 정확히 측정하기 위해 시료용액을 3배로 희석하여 흡광도를 측정한 결과 흡광도가 0.4였다면 이 시료용액의 농도는?

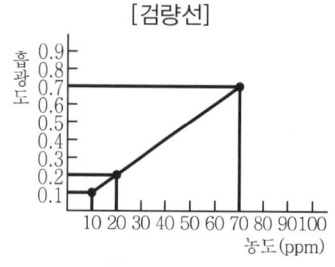

[검량선]

① 40ppm ② 80ppm
③ 100ppm ④ 120ppm

| 풀이 | 흡광도 0.4에 해당하는 농도 = 40ppm
∴ 시료용액 농도(ppm) = 40ppm × 3 = 120ppm

31 먼지채취 시 사이클론이 충돌기에 비해 갖는 장점이라 볼 수 없는 것은?

① 사용이 간편하고 경제적이다.
② 호흡성 먼지에 대한 자료를 쉽게 얻을 수 있다.
③ 입자의 질량크기분포를 얻을 수 있다.
④ 매체의 코팅과 같은 별도의 특별한 처리가 필요 없다.

[풀이] 사이클론(cyclone)은 호흡성 먼지에 대한 자료를 쉽게 얻을 수 있다.

32 활성탄관(charcoal tubes)을 사용하여 포집하기에 가장 부적합한 오염물질은?

① 할로겐화 탄화수소류
② 에스테르류
③ 방향족 탄화수소류
④ 니트로벤젠류

[풀이] 흡착관의 종류별 사용에 따라 채취하기 용이한 시료
(1) 실리카겔관 사용
  ㉠ 극성류의 유기용제, 산(무기산 : 불산, 염산)
  ㉡ 방향족 아민류, 지방족 아민류
  ㉢ 아미노에탄올, 아마이드류
  ㉣ 니트로벤젠류, 페놀류
(2) 활성탄관 사용
  ㉠ 비극성류의 유기용제
  ㉡ 각종 방향족 유기용제(방향족 탄화수소류)
  ㉢ 할로겐화 지방족 유기용제(할로겐화 탄화수소류)
  ㉣ 에스테르류, 알코올류, 에테르류, 케톤류

33 금속도장 작업장의 공기 중에 toluene(TLV=100ppm) 45ppm, MIBK(TLV=50ppm) 15ppm, acetone(TLV=750ppm) 280ppm, MEK(TLV=200ppm) 80ppm이 발생되었을 때 이 작업장 환경의 노출기준은? (단, 상가작용 기준이다.)

① 263ppm ② 276ppm
③ 289ppm ④ 291ppm

[풀이]
$$노출지수(EI) = \frac{C_1}{TLV_1} + \cdots + \frac{C_n}{TLV_n}$$
$$= \frac{45}{100} + \frac{15}{50} + \frac{280}{750} + \frac{80}{200}$$
$$= 1.523$$
$$\therefore 보정된\ 노출기준 = \frac{혼합물의\ 공기\ 중\ 농도}{노출지수}$$
$$= \frac{45+15+280+80}{1.523}$$
$$= 275.77ppm$$

34 PVC막 여과지에 관한 설명과 가장 거리가 먼 내용은?

① 유리규산을 채취하여 X선 회절법으로 분석하는 데 적절하다.
② 6가 크롬, 아연산화물의 채취에 이용한다.
③ 수분에 대한 영향이 크지 않다.
④ 중량분석에는 부정확하여 이용되지 않는다.

[풀이] PVC막 여과지(Polyvinyl chloride membrane filter)
㉠ 가볍고, 흡습성이 낮기 때문에 분진의 중량분석에 사용된다.
㉡ 유리규산을 채취하여 X선 회절법으로 분석하는 데 적절하고 6가 크롬 및 아연산화합물의 채취에 이용한다.
㉢ 수분에 영향이 크지 않아 공해성 먼지, 총 먼지 등의 중량분석을 위한 측정에 사용한다.
㉣ 석탄먼지, 결정형 유리규산, 무정형 유리규산, 별도로 분리하지 않은 먼지 등을 대상으로 무게 농도를 구하고자 할 때 PVC막 여과지로 채취한다.
㉤ 습기에 영향을 적게 받기 위해 전기적인 전하를 가지고 있어 채취 시 입자를 반발하여 채취효율을 떨어뜨리는 단점이 있다. 따라서 채취 전에 필터를 세정용액으로 처리함으로써 이러한 오차를 줄일 수 있다.

35 공기채취기구의 보정에 사용되는 1차 표준기구는?

① 열선기류계   ② 습식 테스트미터
③ 오리피스미터 ④ 흑연 피스톤미터

정답 31.③ 32.④ 33.② 34.④ 35.④

[풀이] 공기채취기구 보정에 사용되는 1차 표준기구

표준기구	일반 사용범위	정확도
비누거품미터 (soap bubble meter)	1mL/분 ~30L/분	±1% 이내
폐활량계 (spirometer)	100~600L	±1% 이내
가스치환병 (mariotte bottle)	10~500mL/분	±0.05 ~0.25%
유리 피스톤미터 (glass piston meter)	10~200mL/분	±2% 이내
흑연 피스톤미터 (frictionless piston meter)	1mL/분 ~50L/분	±1~2%
피토튜브 (pitot tube)	15mL/분 이하	±1% 이내

36 가스상 물질을 측정하기 위한 '순간시료채취방법을 사용할 수 없는 경우'와 가장 거리가 먼 것은?

① 유해물질의 농도가 시간에 따라 변할 때
② 작업장의 기류속도가 지적속도 이하일 때
③ 시간가중평균치를 구하고자 할 때
④ 공기 중 유해물질의 농도가 낮을 때

[풀이] 순간시료채취방법을 적용할 수 없는 경우
㉠ 오염물질의 농도가 시간에 따라 변할 때
㉡ 공기 중 오염물질의 농도가 낮을 때(유해물질이 농축되는 효과가 없기 때문에 검출기의 검출한계보다 공기 중 농도가 높아야 함)
㉢ 시간가중평균치를 구하고자 할 때

37 수은(알킬수은 제외)의 노출기준은 0.05mg/m³이고 증기압은 0.0018mmHg인 경우, VHR(Vapor Hazard Ratio)은? (단, 25℃, 1기압 기준이며, 수은의 원자량은 200.59이다.)

① 389   ② 432
③ 512   ④ 613

[풀이]
$$VHR = \frac{C}{TLV}$$
$$= \frac{\frac{0.0018mmHg}{760mmHg} \times 10^6}{0.05mg/m^3 \times \frac{24.45}{200.59}} = 388.6$$

38 직경이 $5\mu m$, 비중이 3.6인 A물질의 침강속도는?

① 0.42cm/sec   ② 0.35cm/sec
③ 0.27cm/sec   ④ 0.18cm/sec

[풀이] Lippmann 식에 의한 침강속도
$$V(cm/sec) = 0.003 \times \rho \times d^2$$
$$= 0.003 \times 3.6 \times 5^2$$
$$= 0.27 cm/sec$$

39 다음 중 셀룰로오스에스테르(MCE)막 여과지로 채취할 수 있는 것은?

① 석면   ② 메르캅탄
③ 석탄먼지   ④ 무정형 유리규산

[풀이]
② 메르캅탄 : 유리섬유 여과지로 채취
③ 석탄먼지 : PVC(polyvinyl chloride) 여과지로 채취
④ 무정형 유리규산 : PVC 여과지로 채취

40 측정방법의 정밀도를 평가하는 변이계수(CV ; Coefficient of Variation)를 알맞게 나타낸 것은?

① 표준편차/평균치
② 평균치/표준편차
③ 표준오차/표준편차
④ 표준편차/표준오차

[풀이] 변이계수(CV)
㉠ 측정방법의 정밀도를 평가하는 계수이며, %로 표현되므로 측정단위와 무관하게 독립적으로 산출된다.
㉡ 통계집단의 측정값에 대한 균일성과 정밀성의 정도를 표현한 계수이다.
㉢ 단위가 서로 다른 집단이나 특성값의 상호 산포도를 비교하는 데 이용될 수 있다.
㉣ 변이계수가 작을수록 자료가 평균 주위에 가깝게 분포한다는 의미이다(평균값의 크기가 0에 가까울수록 변이계수의 의미는 작아진다).
㉤ 표준편차의 수치가 평균치에 비해 몇 %가 되느냐로 나타낸다.

정답 36.② 37.① 38.③ 39.① 40.①

제3과목 | 작업환경 관리대책

41 최근 에너지 절약의 일환으로 난방이나 냉방을 실시할 때 외부공기를 100% 공급하지 않고 실내공기를 재순환시켜 외부공기와 혼합하여 공급한다. 재순환공기 중 CO_2 농도는 750ppm, 급기 중 CO_2 농도는 550ppm이었다. 급기 중 외부공기의 함량(%)은? (단, 외부공기의 CO_2 농도는 330ppm, 급기는 재순환공기와 외부공기가 혼합된 공기이다.)

① 23.8   ② 35.4
③ 47.6   ④ 52.3

[풀이]
급기 중 재순환량(%)
$$= \frac{\text{급기공기 중 } CO_2 \text{ 농도} - \text{외부공기 중 } CO_2 \text{ 농도}}{\text{재순환공기 중 } CO_2 \text{ 농도} - \text{외부공기 중 } CO_2 \text{ 농도}} \times 100$$
$$= \frac{550-330}{750-330} \times 100 = 52.38\%$$
∴ 급기 중 외부공기 함량(%) = 100 − 52.38 = 47.6%

42 푸시풀 후드에 관한 설명으로 틀린 것은?

① 도금조와 같이 폭이 좁은 경우에 사용하면 포집효율과 필요유량을 증가시킬 수 있다.
② 공정에서 작업물체를 처리조에 넣거나 꺼내는 중에 공기막이 파괴되어 오염물질이 발생하는 단점이 있다.
③ 제어속도는 푸시 제트기류에 의해 발생한다.
④ 노즐의 각도는 제트공기가 방해받지 않도록 하향 방향을 향하고 최대 20° 내를 유지하도록 한다.

[풀이] 도금조와 같이 오염물질 발생원의 개방면적이 큰 작업공정에 주로 많이 사용하고, 포집효율을 증가시키고 필요유량을 감소시킬 수 있는 장점이 있는 후드가 push-pull 형식이다.

43 일반적으로 다음의 양압·음압 호흡기 보호구 중 할당보호계수(APF)가 가장 큰 것은? (단, 기능별·형태별 분류 기준이다.)

① 양압 호흡기 보호구 – 전동 공기정화식[에어라인, 압력식(개방/폐쇄식)] – 반면형
② 양압 호흡기 보호구 – 공기공급식[SCBA, 압력식(개방/폐쇄식)] – 전면형
③ 음압 호흡기 보호구 – 전동 공기공급식[에어라인, 압력식(개방/폐쇄식)] – 전면형
④ 음압 호흡기 보호구 – 공기정화식[에어라인(폐쇄식)] – 헬멧형

[풀이] 할당보호계수(APF ; Assigned Protection Factor)
㉠ 작업장에서 보호구 착용 시 기대되는 최소 보호 정도치를 의미한다.
㉡ APF 50의 의미는 APF 50의 보호구를 착용하고 작업 시 착용자는 외부 유해물질로부터 적어도 50배만큼 보호를 받을 수 있다는 의미이다.
㉢ APF가 가장 큰 것은 양압 호흡기 보호구 중 공기공급식(SCBA, 압력식) 전면형이다.

44 방독마스크를 효과적으로 사용할 수 있는 작업으로 가장 적절한 것은?

① 오래 방치된 우물 속의 작업
② 맨홀 작업
③ 오래 방치된 정화조 내 작업
④ 유해물질 중독위험 작업

[풀이] ①, ②, ③항의 작업은 산소결핍상태이므로 송기마스크를 착용하여야 한다.

45 어떤 작업장의 음압수준이 90dB이고, 근로자는 귀덮개(NRR=21)를 착용하고 있다. 미국 OSHA 계산방법으로 계산된 차음효과와 근로자가 노출되는 음압수준은? (단, NRR(Noise Reduction Rating) : 차음평가수)

① 차음효과 5dB, 음압수준 85dB
② 차음효과 6dB, 음압수준 84dB
③ 차음효과 7dB, 음압수준 83dB
④ 차음효과 8dB, 음압수준 82dB

정답 41.③ 42.① 43.② 44.④ 45.③

> [풀이]
> - 차음효과 $= (NRR - 7) \times 50\%$
> $= (21-7) \times 0.5 = 7dB$
> - 노출되는 음압수준 $= 90 - 7 = 83dB$

46 송풍기의 풍량, 풍압, 동력과 회전수와의 관계를 바르게 설명한 것은?

① 풍량은 회전수에 비례한다.
② 풍압은 회전수의 제곱에 반비례한다.
③ 동력은 회전수의 제곱에 반비례한다.
④ 동력은 회전수의 제곱에 비례한다.

> [풀이]
> ㉠ 풍량은 회전수(비)에 비례한다.
> ㉡ 풍압은 회전수(비)의 제곱에 비례한다.
> ㉢ 동력은 회전수(비)의 세제곱에 비례한다.

47 풍량 $4m^3/sec$, 송풍기 유효전압 $100mmH_2O$, 송풍기의 효율이 75%인 송풍기의 소요동력은?

① 2.2kW
② 3.6kW
③ 4.4kW
④ 5.2kW

> [풀이] 소요동력(kW)
> $$= \frac{(4m^3/sec \times 60sec/min) \times 100mmH_2O}{6,120 \times 0.75} \times 1$$
> $= 5.2kW$

48 20℃의 송풍관 내부에 520m/min으로 공기가 흐르고 있을 때 속도압은? (단, 0℃, 공기밀도는 $1.296kg/m^3$이다.)

① $7.5mmH_2O$
② $6.8mmH_2O$
③ $5.2mmH_2O$
④ $4.6mmH_2O$

> [풀이] 속도압(VP)
> $$= \frac{\gamma V^2}{2g} = \frac{1.296 \times (520m/min \times min/60sec)^2}{2 \times 9.8}$$
> $= 4.966mmH_2O$
> ∴ 온도보정 $VP = 4.966 \times \frac{273}{273+20} = 4.63mmH_2O$

49 작업대 위에서 용접을 할 때 흄을 포집·제거하기 위해 작업면에 고정된 플랜지가 붙은 외부식 장방형 후드를 설치했다. 개구면에서 포촉점까지의 거리는 0.25m, 제어속도는 0.75m/sec, 후드 개구면적이 $0.5m^2$일 때 소요송풍량은?

① 약 $20m^3/min$
② 약 $25m^3/min$
③ 약 $30m^3/min$
④ 약 $35m^3/min$

> [풀이] 필요송풍량(m^3/min)
> $= 60 \times 0.5 \times V_c (10X^2 + A)$
> $= 60 \times 0.5 \times 0.75[(10 \times 0.25^2) + 0.5]$
> $= 25.3m^3/min$

50 원심력 송풍기 중 방사날개형 송풍기에 관한 설명으로 틀린 것은?

① 플레이트 송풍기 또는 평판형 송풍기라 한다.
② 견고하고 가격이 저렴하며 효율이 높다.
③ 깃의 구조가 분진을 자체 정화할 수 있도록 되어 있다.
④ 고농도 분진 함유 공기나 부식성이 강한 공기를 이송시키는 데 많이 이용된다.

> [풀이] 평판형 송풍기(radial fan)
> ㉠ 플레이트(plate) 송풍기, 방사날개형 송풍기라고도 한다.
> ㉡ 날개(blade)가 다익형보다 적고, 직선이며 평판 모양을 하고 있어 강도가 매우 높게 설계되어 있다.
> ㉢ 깃의 구조가 분진을 자체 정화할 수 있도록 되어 있다.
> ㉣ 시멘트, 미분탄, 곡물, 모래 등의 고농도 분진 함유 공기나 마모성이 강한 분진 이송용으로 사용된다.
> ㉤ 부식성이 강한 공기를 이송하는 데 많이 사용된다.
> ㉥ 압력은 다익팬보다 약간 높으며, 효율도 65%로 다익팬보다는 약간 높으나 터보팬보다는 낮다.
> ㉦ 습식 집진장치의 배치에 적합하며, 소음은 중간 정도이다.

[정답] 46.① 47.④ 48.④ 49.② 50.②

51 흡입관의 정압과 속도압이 각각 −40.5mmH₂O, 7.2mmH₂O이고, 배출관의 정압과 속도압이 각각 20.0mmH₂O, 15mmH₂O이면, 송풍기의 유효전압은?

① 45.6mmH₂O ② 54.2mmH₂O
③ 68.3mmH₂O ④ 72.1mmH₂O

풀이 송풍기 유효전압(FTP)
$= (SP_{out} + VP_{out}) - (SP_{in} + VP_{in})$
$= (20 + 15) - (-40.5 + 7.2) = 68.3 mmH_2O$

52 전체환기장치를 설치하기에 적당하지 않은 경우는?

① 독성이 낮을 때
② 발생원이 이동성일 때
③ 발생량이 많거나 일정할 때
④ 발생원이 분산되어 있을 때

풀이 전체환기(희석환기) 적용 시 조건
㉠ 유해물질의 독성이 비교적 낮은 경우, 즉 TLV가 높은 경우 ⇨ 가장 중요한 제한조건
㉡ 동일한 작업장에 다수의 오염원이 분산되어 있는 경우
㉢ 유해물질이 시간에 따라 균일하게 발생될 경우
㉣ 유해물질의 발생량이 적은 경우 및 희석공기량이 많지 않아도 되는 경우
㉤ 유해물질이 증기나 가스일 경우
㉥ 국소배기로 불가능한 경우
㉦ 배출원이 이동성인 경우
㉧ 가연성 가스의 농축으로 폭발의 위험이 있는 경우
㉨ 오염원이 근무자가 근무하는 장소로부터 멀리 떨어져 있는 경우

53 어떤 작업장에서 메틸알코올(비중 0.792, 분자량 32.04)이 시간당 1.0L 증발되어 공기를 오염시키고 있다. 여유계수 K 값은 6이고, 허용기준 TLV는 200ppm이라면 이 작업장을 전체환기시키는 데 요구되는 필요환기량은? (단, 1기압, 21℃ 기준이다.)

① 298m³/min ② 395m³/min
③ 428m³/min ④ 552m³/min

풀이
• 사용량(g/hr) = 1L/hr × 0.792g/mL × 1,000mL/L
 = 792g/hr
• 발생률(G, L/hr) = $\frac{24.1L \times 792g/hr}{32.04g}$ = 595.73L/hr

∴ 필요환기량(Q) = $\frac{G}{TLV} \times K$
= $\frac{595.73L/hr \times 1,000mL/L}{200mL/m^3} \times 6$
= 17871.9m³/hr × hr/60min
= 297.8m³/min

54 작업환경 관리대책의 원칙 중 대치(물질)에 의한 개선의 예로 틀린 것은?

① 분체입자 : 작은 입자로 대치
② 야광시계 : 자판을 라듐에서 인으로 대치
③ 샌드블라스트 : 모래를 대신하여 철가루 사용
④ 단열재 : 석면 대신 유리섬유나 암면을 사용

풀이 분체의 원료를 입자가 작은 것에서 큰 것으로 전환한다.

55 건조로에서 접착제를 건조할 때 톨루엔(비중 0.87, 분자량 92)이 1시간에 2g씩 증발한다. 이때 톨루엔의 LEL은 1.3%이며, LEL을 20% 이하의 농도로 유지하고자 한다. 화재 또는 폭발 방지를 위해서 필요한 환기량은? (단, 표준상태는 21℃, 1기압이며, 공정온도는 150℃이고 실제 온도보정에 따른 환기량을 구한다.)

① 약 329m³/hr ② 약 372m³/hr
③ 약 414m³/hr ④ 약 446m³/hr

풀이
$Q = \frac{24.1 \times S \times W \times C \times 10^2}{MW \times LEL \times B}$
$= \frac{24.1 \times 2 \times 5 \times 10^2}{92 \times 1.3 \times 0.7}$ (LEL의 20% : C = 5)
$= 287.9 m^3/hr$

∴ 온도보정 환기량(Q_a)
$= 287.9 m^3/hr \times \frac{273+150}{273+21} = 414.17 m^3/hr$

56 다음 중 덕트 직경이 15cm이고, 공기 유속이 10m/sec일 때 레이놀즈수는? (단, 공기 점성계수는 1.8×10^{-5}kg/sec·m이고, 공기 밀도는 1.2kg/m³이다.)

① 100,000 ② 200,000
③ 300,000 ④ 400,000

풀이 $Re = \dfrac{\rho Vd}{\mu} = \dfrac{1.2 \times 10 \times 0.15}{1.8 \times 10^{-5}} = 100,000$

57 직경 400mm인 환기시설을 통해 100m³/min의 표준상태의 공기를 보낼 때 이 덕트 내의 유속(m/sec)은?

① 13.3m/sec ② 15.5m/sec
③ 17.4m/sec ④ 19.2m/sec

풀이 $V = \dfrac{Q}{A}$
$= \dfrac{100\text{m}^3/\text{min} \times \text{min}/60\text{sec}}{\left(\dfrac{3.14 \times 0.4^2}{4}\right)\text{m}^2} = 13.3\text{m/sec}$

58 보호장구의 재질과 적용물질에 대한 내용으로 틀린 것은?

① Butyl 고무 – 극성 용제에 효과적이다.
② 면 – 용제에는 사용하지 못한다.
③ 천연고무 – 비극성 용제에 효과적이다.
④ 가죽 – 용제에는 사용하지 못한다.

풀이 보호장구 재질에 따른 적용물질
㉠ Neoprene 고무 : 비극성 용제, 극성 용제 중 알코올, 물, 케톤류 등에 효과적
㉡ 천연고무(latex) : 극성 용제 및 수용성 용액에 효과적(절단 및 찰과상 예방)
㉢ Viton : 비극성 용제에 효과적
㉣ 면 : 고체상 물질에 효과적, 용제에는 사용 못함
㉤ 가죽 : 용제에는 사용 못함(기본적인 찰과상 예방)
㉥ Nitrile 고무 : 비극성 용제에 효과적
㉦ Butyl 고무 : 극성 용제에 효과적(알데히드, 지방족)
㉧ Ethylene vinyl alcohol : 대부분의 화학물질을 취급할 경우 효과적

59 국소환기시설 설계(총 압력손실 계산)에 있어 '정압조절평형법'의 장점이 아닌 것은?

① 예기치 않은 침식 및 부식이나 퇴적 문제가 일어나지 않는다.
② 유속의 범위가 적절히 선택되면 덕트의 폐쇄가 일어나지 않는다.
③ 설계 시 잘못 설계된 분지관 또는 저항이 제일 큰 분지관을 쉽게 발견할 수 있다.
④ 설치된 시설의 개조가 용이하여 장치 변경이나 확장에 대한 유연성이 크다.

풀이 정압조절평형법(유속조절평형법, 정압균형유지법)
(1) 장점
㉠ 예기치 않은 침식, 부식, 분진퇴적으로 인한 축적(퇴적) 현상이 일어나지 않는다.
㉡ 잘못 설계된 분지관, 최대저항경로(저항이 큰 분지관) 선정이 잘못되어도 설계 시 쉽게 발견할 수 있다.
㉢ 설계가 정확할 때에는 가장 효율적인 시설이 된다.
㉣ 유속의 범위가 적절히 선택되면 덕트의 폐쇄가 일어나지 않는다.
(2) 단점
㉠ 설계 시 잘못된 유량을 고치기 어렵다(임의의 유량을 조절하기 어려움).
㉡ 설계가 복잡하고 시간이 걸린다.
㉢ 설계유량 산정이 잘못되었을 경우 수정은 덕트의 크기 변경을 필요로 한다.
㉣ 때에 따라 전체 필요한 최소유량보다 더 초과될 수 있다.
㉤ 설치 후 변경이나 확장에 대한 유연성이 낮다.
㉥ 효율 개선 시 전체를 수정해야 한다.

60 환기시스템에서 공기 유량(Q)이 0.15m³/sec, 덕트 직경이 10.0cm, 후드 유입손실계수(F_h)가 0.4일 때 후드 정압(SP_h)은? (단, 공기 밀도 1.2kg/m³ 기준이다.)

① 약 13mmH₂O ② 약 24mmH₂O
③ 약 31mmH₂O ④ 약 42mmH₂O

정답 56.① 57.① 58.③ 59.④ 60.③

[풀이] 후드 정압$(SP_h) = VP(1+F)$

- $V = \dfrac{Q}{A} = \dfrac{0.15 \text{m}^3/\text{sec}}{\left(\dfrac{3.14 \times 0.1^2}{4}\right)\text{m}^2} = 19.11 \text{m/sec}$

- $VP = \left(\dfrac{V}{4.043}\right)^2 = \left(\dfrac{19.11}{4.043}\right)^2 = 22.33 \text{mmH}_2\text{O}$

∴ $SP_h = 22.33(1+0.4) = 31.27 \text{mmH}_2\text{O}$

제4과목 | 물리적 유해인자관리

61 동상(frostbite)에 관한 설명으로 가장 거리가 먼 것은?

① 피부의 동결은 −2~0℃에서 발생한다.
② 제2도 동상은 수포를 가진 광범위한 삼출성 염증을 유발시킨다.
③ 동상에 대한 저항은 개인차가 있으며 일반적으로 발가락은 6℃에 도달하면 아픔을 느낀다.
④ 직접적인 동결 이외에 한랭과 습기 또는 물에 지속적으로 접촉함으로써 발생되며 국소산소결핍이 원인이다.

[풀이] ④항은 참호족(침수족)에 관한 내용이다.

62 ( ) 안에 알맞은 수치로 나열된 것은?

1sone은 (㉮)dB의 (㉯)Hz 순음의 크기를 말한다.

① ㉮ 70, ㉯ 1,000
② ㉮ 40, ㉯ 1,000
③ ㉮ 70, ㉯ 4,000
④ ㉮ 40, ㉯ 4,000

[풀이] sone
㉠ 감각적인 음의 크기(loudness)를 나타내는 양으로, 1,000Hz에서의 압력수준 dB을 기준으로 하여 등감곡선을 소리의 크기로 나타내는 단위이다.
㉡ 1,000Hz 순음의 음의 세기레벨 40dB의 음의 크기를 1sone으로 정의한다.

63 빛과 밝기의 단위에 관한 내용으로 옳은 것은?

① 촉광 : 지름이 10cm가 되는 촛불이 수평방향으로 비칠 때 빛의 광도
② lumen : 1촉광의 광원으로부터 1m 거리에 1m^2 면적에 투사되는 빛의 양
③ lux : 1cd의 점광원으로부터 1m 떨어진 곳에 있는 광선의 수직인 면의 조명도
④ foot-candle : 1촉광의 빛이 1in^{2}의 평면상에 수평방향으로 비칠 때의 그 평면의 빛의 밝기

[풀이]
① 촉광 : 지름이 1인치인 촛불이 수평방향으로 비칠 때 빛의 광강도를 나타내는 단위
② lumen(루멘) : 1촉광의 광원으로부터 한 단위입체각으로 나가는 광속의 단위
④ foot-candle(풋캔들) : 1루멘의 빛이 1ft^{2}의 평면상에 수직으로 비칠 때 그 평면의 빛 밝기

64 6N/m^{2}의 음압은 약 몇 dB의 음압수준인가?

① 90   ② 100
③ 110 ④ 120

[풀이] 음압수준$(SPL) = 20 \log \dfrac{P}{P_o}$
$= 20 \log \dfrac{6}{2 \times 10^{-5}} = 110 \text{dB}$

65 전리방사선의 단위 중 조직(또는 물질)의 단위질량당 흡수된 에너지를 나타내는 것은?

① Gy(Gray)
② R(Röntgen)
③ Sv(Sivert)
④ Bq(Becquerel)

[풀이] Gy(Gray)
㉠ 흡수선량의 단위이다.
※ 흡수선량 : 방사선에 피폭되는 물질의 단위질량당 흡수된 방사선의 에너지
㉡ 1Gy = 100rad = 1J/kg

66 전리방사선이 인체에 조사되면 [보기]와 같은 생체 구성성분의 손상을 일으키게 되는데, 이러한 손상이 일어나는 순서를 올바르게 나열한 것은?

[보기]
㉮ 발암 현상
㉯ 세포 수준의 손상
㉰ 조직 및 기관 수준의 손상
㉱ 분자 수준에서의 손상

① ㉱ → ㉯ → ㉰ → ㉮
② ㉱ → ㉰ → ㉯ → ㉮
③ ㉯ → ㉱ → ㉰ → ㉮
④ ㉯ → ㉰ → ㉱ → ㉮

풀이 생체 구성성분의 손상이 일어나는 순서(전리방사선)
분자 수준에서의 손상 > 세포 수준의 손상 > 조직, 기관의 손상 > 발암 현상

67 태양광선이 내리쬐지 않는 장소에서 습구흑구온도지수(WBGT)를 구하려고 할 때 적용되는 식은? (단, T_w : 자연습구온도, T_g : 흑구온도, T_a : 건구온도, V : 기류속도이다.)

① $0.7T_w + 0.3T_g$
② $0.7T_w + 0.2T_g + 0.1T_a$
③ $0.72(T_a + T_w) + 40.6℃$
④ $100\sqrt[4]{\left(\dfrac{T_g}{100}\right)^4 + 2.48V(T_g - T_a)}$

풀이 습구흑구온도지수(WBGT)의 산출식
㉠ 옥외(태양광선이 내리쬐는 장소)
  WBGT(℃)=0.7×자연습구온도+0.2×흑구온도
       +0.1×건구온도
㉡ 옥내 또는 옥외(태양광선이 내리쬐지 않는 장소)
  WBGT(℃)=0.7×자연습구온도+0.3×흑구온도

68 급격한 감압에 의하여 혈액 내에서 기포를 형성하여 신체적 이상을 초래하는 물질은?
① 산소   ② 수소
③ 질소   ④ 이산화탄소

풀이 감압환경의 인체작용
깊은 물에서 올라오거나 감압실 내에서 감압을 하는 도중에는 폐압박의 경우와 반대로 폐 속의 공기가 팽창한다. 이때 감압에 의한 가스 팽창과 질소 기포 형성의 두 가지 건강상 문제가 발생한다.

69 레이노 현상과 관련이 있는 것은?
① 진동
② 고온
③ 소음
④ 전리방사선

풀이 레이노 현상(Raynaud's phenomenon)
㉠ 손가락에 있는 말초혈관 운동의 장애로 인하여 수지가 창백해지고 손이 차며 저리거나 통증이 오는 현상이다.
㉡ 한랭 작업조건에서 특히 증상이 악화된다.
㉢ 압축공기를 이용한 진동공구, 즉 착암기 또는 해머와 같은 공구를 장기간 사용한 근로자들의 손가락에 유발되기 쉬운 직업병이다.
㉣ dead finger 또는 white finger라고도 하며, 발증까지 약 5년 정도 걸린다.

70 자외선에 관한 설명으로 틀린 것은?
① 비전리방사선이다.
② 생체반응으로는 적혈구, 백혈구에 영향을 미친다.
③ 290nm 이하의 자외선은 망막까지 도달한다.
④ 280~315nm의 자외선을 도르노선(Dorno ray)이라고 한다.

풀이 자외선의 생물학적 영향을 미치는 주요 부위는 눈과 피부이며 눈에 대해서는 270nm에서 가장 영향이 크고, 피부에서는 295nm에서 가장 민감한 영향을 준다.

71 진동에 의한 생체반응에 관계하는 4인자와 가장 거리가 먼 것은?
① 방향   ② 노출시간
③ 개인감응도 ④ 진동의 강도

정답 66.① 67.① 68.③ 69.① 70.③ 71.③

[풀이] 진동에 의한 생체반응에 관여하는 인자
㉠ 진동 강도
㉡ 진동 수
㉢ 진동 방향
㉣ 진동 폭로시간(노출시간)

72 소음성 난청 중 청력장애(C_5-dip)가 가장 심해지는 소음의 주파수는?
① 2,000Hz
② 4,000Hz
③ 6,000Hz
④ 8,000Hz

[풀이] C_5-dip
소음성 난청의 초기단계로서 4,000Hz에서 청력장애가 현저히 커지는 현상이다.
※ 우리 귀는 고주파음에 대단히 민감하며, 특히 4,000Hz에서 소음성 난청이 가장 많이 발생한다.

73 전리방사선의 영향에 대하여 감수성이 가장 큰 인체 내의 기관은?
① 폐
② 혈관
③ 근육
④ 골수

[풀이] 전리방사선에 대한 감수성 순서
골수, 흉선 및 림프조직(조혈기관), 눈의 수정체, 임파선(임파구) > 상피세포, 내피세포 > 근육세포 > 신경조직

74 전신진동에 대한 설명으로 틀린 것은?
① 전신진동의 경우 4~12Hz에서 가장 민감해진다.
② 산소소비량은 전신진동으로 증가되고, 폐환기도 촉진된다.
③ 전신진동의 영향이나 장애는 자율신경, 특히 순환기에 크게 나타난다.
④ 두부와 견부는 50~60Hz 진동에 공명하고, 안구는 10~20Hz 진동에 공명한다.

[풀이] 두부와 견부는 20~30Hz 진동에 공명하며, 안구는 60~90Hz 진동에 공명한다.

75 다음 중 적외선의 생체작용으로 가장 거리가 먼 것은?
① 초자공 백내장
② 눈의 각막 손상
③ 화학적 색소침착
④ 뇌막 자극으로 경련을 동반한 열사병

[풀이] 화학적 색소침착은 자외선과 관련된 생체작용이다.

76 다음 중 열경련의 치료방법으로 가장 적절한 것은?
① 5% 포도당 공급
② 수분 및 NaCl 보충
③ 체온의 급속한 냉각
④ 더운 커피 또는 강심제의 투여

[풀이] 열경련의 치료
㉠ 수분 및 NaCl을 보충한다(생리식염수 0.1% 공급).
㉡ 바람이 잘 통하는 곳에 눕혀 안정시킨다.
㉢ 체열 방출을 촉진시킨다(작업복을 벗겨 전도와 복사에 의한 체열 방출).
㉣ 증상이 심하면 생리식염수 1,000~2,000mL를 정맥 주사한다.

77 작업장에서 음원 A, B, C에 대하여 각각 100dB, 90dB, 80dB의 소음이 동시에 발생될 때 음압레벨의 평균값은 약 몇 dB인가?
① 86
② 91
③ 96
④ 101

[풀이] 평균소음도($\overline{L}$, dB)
$= 10\log\left[\dfrac{1}{n}(10^{\frac{L_1}{10}} + \cdots + 10^{\frac{L_n}{10}})\right]$
$= 10\log\left[\dfrac{1}{3}(10^{10} + 10^9 + 10^8)\right]$
$= 95.7\text{dB}$

정답 72.② 73.④ 74.④ 75.③ 76.② 77.③

78 비전리방사선이 아닌 것은?
① 적외선　　② 중성자
③ 라디오파　④ 레이저

[풀이] 전리방사선과 비전리방사선의 종류
㉠ 전리방사선
X-ray, γ선, α입자, β입자, 중성자
㉡ 비전리방사선
자외선, 가시광선, 적외선, 라디오파, 마이크로파, 저주파, 극저주파, 레이저

79 저온환경에서 나타나는 생리적 반응으로 틀린 것은?
① 호흡의 증가
② 화학적 대사작용의 증가
③ 피부혈관의 수축
④ 근육 긴장의 증가와 떨림

[풀이] 한랭(저온)환경에서의 생리적 기전(반응)
한랭환경에서는 체열 방산을 제한하고, 체열 생산을 증가시키기 위한 생리적 반응이 일어난다.
㉠ 피부혈관(말초혈관)이 수축한다.
- 피부혈관 수축과 더불어 혈장량 감소로 혈압이 일시적으로 저하되며 신체 내 열을 보호하는 기능을 한다.
- 말초혈관의 수축으로 표면조직의 냉각이 오며 1차적 생리적 영향이다.
- 피부혈관의 수축으로 피부온도가 감소되고 순환능력이 감소되어 혈압은 일시적으로 상승된다.

㉡ 근육 긴장의 증가와 떨림 및 수의적인 운동이 증가한다.
㉢ 갑상선을 자극하여 호르몬 분비가 증가(화학적 대사작용 증가)한다.
㉣ 부종, 저림, 가려움증, 심한 통증 등이 발생한다.
㉤ 피부 표면의 혈관·피하조직이 수축하고, 체표면적이 감소한다.
㉥ 피부의 급성 일과성 염증반응은 한랭에 대한 폭로를 중지하면 2~3시간 내에 없어진다.
㉦ 피부나 피하조직을 냉각시키는 환경온도 이하에서는 감염에 대한 저항력이 떨어지며 회복과정에 장애가 온다.
㉧ 저온환경에서는 근육활동, 조직대사가 증가되어 식욕이 항진된다.

80 마이크로파에 관한 설명으로 틀린 것은?
① 주파수의 범위는 10~30,000MHz 정도이다.
② 혈액의 변화로는 백혈구의 감소, 혈소판의 증가 등이 나타난다.
③ 백내장을 일으킬 수 있으며 이것은 조직온도의 상승과 관계가 있다.
④ 중추신경에 대하여는 300~1,200MHz의 주파수 범위에서 가장 민감하다.

[풀이] 마이크로파로 인한 혈액의 변화로는 백혈구 수의 증가, 망상적혈구의 출현, 혈소판의 감소 등이 있다.

제5과목 | 산업 독성학

81 만성장애로서 조혈장애를 가장 잘 유발시키는 것은?
① 벤젠　　② 톨루엔
③ 크실렌　④ 에틸벤젠

[풀이] 방향족 탄화수소 중 저농도에 장기간 폭로(노출)되어 만성중독(조혈장애)을 일으키는 경우에는 벤젠의 위험도가 가장 크고, 급성 전신중독 시 독성이 강한 물질은 톨루엔이다.

82 국제암연구위원회(IARC)의 발암물질에 대한 Group의 구분과 정의가 올바르게 연결된 것은?
① Group 1 - 인체 발암성 가능물질
② Group 2A - 인체 발암성 예측·추정 물질
③ Group 3 - 인체 비발암성 추정물질
④ Group 4 - 인체 발암성 미분류물질

[풀이] 국제암연구위원회(IARC)의 발암물질 구분
㉠ Group 1 : 인체 발암성 확정물질
㉡ Group 2A : 인체 발암성 예측·추정 물질
㉢ Group 2B : 인체 발암성 가능물질
㉣ Group 3 : 인체 발암성 미분류물질
㉤ Group 4 : 인체 비발암성 추정물질

[정답] 78.② 79.① 80.② 81.① 82.②

83 다음 중 독성실험에 관한 용어의 설명으로 틀린 것은?

① LD_{50} : 실험동물군의 50%가 일정 기간 동안에 죽는 치사량
② LC_{50} : 흡입시험인 경우 실험동물군의 50%를 죽게 하는 독성물질의 농도
③ TD_{50} : 실험동물군의 50%가 살아남을 수 있는 독성물질의 최대농도
④ ED_{50} : 실험동물군의 50%가 관찰 가능한 가역적인 반응을 나타내는 양

풀이 TD_{50}은 시험유기체의 50%에서 심각한 독성 반응을 나타내는 양, 즉 중독량을 의미한다.

84 진폐증 발생에 관여하는 인자와 가장 거리가 먼 것은?

① 분진의 노출기간
② 분진의 분자량
③ 분진의 농도
④ 분진의 크기

풀이 **진폐증 발생에 관여하는 요인**
㉠ 분진의 종류, 농도 및 크기
㉡ 폭로시간(노출기간) 및 작업강도
㉢ 보호시설이나 장비 착용 유무
㉣ 개인차

85 다음 중 유병률과 발생률에 관한 설명으로 틀린 것은?

① 유병률은 발생률과는 달리 시간개념이 적다.
② 발생률은 조사시점 이전에 이미 직업성 질병에 걸린 사람도 포함하여 산출한다.
③ 발생률은 위험에 노출된 인구 중 질병에 걸릴 확률의 개념이다.
④ 유병률은 어떤 시점에서 인구집단 내에 존재하던 환자의 비례적인 분율 개념이다.

풀이 (1) **유병률**
㉠ 어떤 시점에서 이미 존재하는 질병의 비율을 의미한다(발생률에서 기간을 제거한 의미).
㉡ 일반적으로 기간 유병률보다 시점 유병률을 사용한다.
㉢ 인구집단 내에 존재하고 있는 환자 수를 표현한 것으로 시간단위가 없다.
㉣ 지역사회에서 질병의 이완정도를 평가하고, 의료의 수효를 판단하는 데 유용한 정보로 사용된다.
㉤ 어떤 시점에서 인구집단 내에 존재하는 환자의 비례적인 분율 개념이다.
㉥ 여러 가지 인자에 영향을 받을 수 있어 위험성을 실질적으로 나타내지 못한다.

(2) **발생률**
㉠ 특정 기간 위험에 노출된 인구집단 중 새로 발생한 환자 수의 비례적인 분율 개념이다. 즉, 위험에 노출된 인구 중 질병에 걸릴 확률을 의미한다.
㉡ 시간차원이 있고 관찰기간 동안의 평균인구가 관찰대상이 된다.

(3) **유병률과 발생률의 관계**
유병률(P)=발생률(I)×평균이환기간(D)
단, 유병률은 10% 이하이며, 발생률과 평균이환기간이 시간경과에 따라 일정하여야 한다.

86 다음의 단순 에스테르 중에서 독성이 가장 높은 물질은?

① 초산염
② 개미산염
③ 부틸산염
④ 프로피온산염

풀이 **에스테르류**
㉠ 물과 반응하여 알코올과 유기산 또는 무기산이 되는 유기화합물이다.
㉡ 염산이나 황산 존재하에서 카르복실산과 알코올과의 반응(에스테르반응)으로 생성된다.
㉢ 단순 에스테르 중에서 독성이 가장 높은 물질은 부틸산염이다.
㉣ 직접적인 마취작용은 없으나 체내에서 가수분해(유기산과 알코올 형성)하여 2차적으로 마취작용을 나타낸다.

87 생물학적 모니터링의 방법에서 생물학적 결정인자로 보기 어려운 것은?
① 체액의 화학물질 또는 그 대사산물
② 표적조직에 작용하는 활성 화학물질의 양
③ 건강상의 영향을 초래하지 않는 부위나 조직
④ 처음으로 접촉하는 부위에 직접 독성 영향을 야기하는 물질

풀이 생물학적 모니터링 방법 분류(생물학적 결정인자)
㉠ 체액(생체시료나 호기)에서 해당 화학물질이나 그것의 대사산물을 측정하는 방법 : 선택적 검사와 비선택적 검사로 분류된다.
㉡ 표적과 비표적 조직과 작용하는 활성 화학물질의 양을 측정하는 방법 : 작용면에서 상호작용하는 화학물질의 양을 직접 또는 간접적으로 평가하는 방법이며, 표적조직을 알 수 있으면 다른 방법에 비해 더 정확하게 건강의 위험을 평가할 수 있다.
㉢ 실제 악영향을 초래하고 있지 않은 부위나 조직에서 측정하는 방법 : 이 방법 검사는 대부분 특이적으로 내재용량을 정량하는 방법이다.

88 장기간 노출될 경우 간 조직세포에 섬유화 증상이 나타나고, 특징적인 악성 변화로 간에 혈관육종(hemangiosarcoma)을 일으키는 물질은?
① 염화비닐
② 삼염화에틸렌
③ 사염화에틸렌
④ 메틸클로로포름

풀이 염화비닐(C_2H_3Cl)
㉠ 클로로포름과 비슷한 냄새가 나는 무색의 기체로 공기와 폭발성 혼합가스를 만든다.
㉡ 염화비닐수지 제조에 사용된다.
㉢ 장기간 폭로될 때 간 조직세포에서 여러 소기관이 증식하고 섬유화 증상이 나타나 간에 혈관육종(hemangiosarcoma)을 일으킨다.
㉣ 장기간 흡입한 근로자에게 레이노 현상이 나타난다.
㉤ 자체 독성보다 대사산물에 의하여 독성작용을 일으킨다.

89 급성중독 시 우유와 계란의 흰자를 먹여 단백질과 해당 물질을 결합시켜 침전시키거나, BAL(dimercaprol)을 근육주사로 투여하여야 하는 물질은?
① 납
② 크롬
③ 수은
④ 카드뮴

풀이 수은중독의 치료
(1) 급성중독
㉠ 우유와 계란의 흰자를 먹여 단백질과 해당 물질을 결합시켜 침전시킨다.
㉡ 마늘 계통의 식물을 섭취한다.
㉢ 위세척(5~10% S.F.S 용액)을 한다. 다만, 세척액은 200~300mL를 넘지 않도록 한다.
㉣ BAL(British Anti Lewisite)을 투여한다(체중 1kg당 5mg의 근육주사).
(2) 만성중독
㉠ 수은 취급을 즉시 중지시킨다.
㉡ BAL(British Anti Lewisite)을 투여한다.
㉢ 1일 10L의 등장식염수를 공급(이뇨작용으로 촉진)한다.
㉣ N-acetyl-D-penicillamine을 투여한다.
㉤ 땀을 흘려 수은 배설을 촉진한다.
㉥ 진전증세에 genascopalin을 투여한다.
㉦ Ca-EDTA의 투여는 금기사항이다.

90 대상 먼지와 침강속도가 같고, 밀도가 1이며 구형인 먼지의 직경으로 환산하여 표현하는 입자상 물질의 직경을 무엇이라 하는가?
① 입체적 직경
② 등면적 직경
③ 기하학적 직경
④ 공기역학적 직경

풀이 공기역학적 직경(aero-dynamic diameter)
㉠ 대상 먼지와 침강속도가 같고 단위밀도가 $1g/cm^3$이며, 구형인 먼지의 직경으로 환산된 직경이다.
㉡ 입자의 크기를 입자의 역학적 특성, 즉 침강속도(setting velocity) 또는 종단속도(terminal velocity)에 의하여 측정되는 입자의 크기를 말한다.
㉢ 입자의 공기 중 운동이나 호흡기 내의 침착기전을 설명할 때 유용하게 사용한다.

정답 87.④ 88.① 89.③ 90.④

91 크실렌의 생물학적 노출지표로 이용되는 대사산물은? (단, 소변에 의한 측정기준이다.)
① 페놀
② 마뇨산
③ 만델린산
④ 메틸마뇨산

풀이 화학물질에 대한 대사산물 및 시료채취시기

화학물질	대사산물(측정대상물질) : 생물학적 노출지표	시료채취시기
납	혈액 중 납	중요치 않음
	소변 중 납	
카드뮴	소변 중 카드뮴	중요치 않음
	혈액 중 카드뮴	
일산화탄소	호기에서 일산화탄소	작업 종료 시
	혈액 중 carboxyhemoglobin	
벤젠	소변 중 총 페놀	작업 종료 시
	소변 중 t,t-뮤코닉산 (t,t-muconic acid)	
에틸벤젠	소변 중 만델린산	작업 종료 시
니트로벤젠	소변 중 p-nitrophenol	작업 종료 시
아세톤	소변 중 아세톤	작업 종료 시
톨루엔	혈액, 호기에서 톨루엔	작업 종료 시
	소변 중 o-크레졸	
크실렌	소변 중 메틸마뇨산	작업 종료 시
스티렌	소변 중 만델린산	작업 종료 시
트리클로로 에틸렌	소변 중 트리클로로초산 (삼염화초산)	주말작업 종료 시
테트라클로로 에틸렌	소변 중 트리클로로초산 (삼염화초산)	주말작업 종료 시
트리클로로 에탄	소변 중 트리클로로초산 (삼염화초산)	주말작업 종료 시
사염화 에틸렌	소변 중 트리클로로초산 (삼염화초산)	주말작업 종료 시
	소변 중 삼염화에탄올	
이황화탄소	소변 중 TTCA	-
	소변 중 이황화탄소	
노말헥산 (n-헥산)	소변 중 2,5-hexanedione	작업 종료 시
	소변 중 n-헥산	
메탄올	소변 중 메탄올	-
클로로벤젠	소변 중 총 4-chlorocatechol	작업 종료 시
	소변 중 총 p-chlorophenol	
크롬 (수용성 흄)	소변 중 총 크롬	주말작업 종료 시, 주간작업 중
N,N-디메틸 포름아미드	소변 중 N-메틸포름아미드	작업 종료 시
페놀	소변 중 메틸마뇨산	작업 종료 시

92 염료나 플라스틱 산업 등에서 노출되어 강력한 방광암을 일으키는 발암물질은?
① 납
② 벤젠
③ 수은
④ 벤지딘

풀이 벤지딘
㉠ 염료, 직물, 제지, 화학공업, 합성고무경화제의 제조에 사용한다.
㉡ 급성중독으로 피부염, 급성방광염을 유발한다.
㉢ 만성중독으로 방광, 요로계 종양을 유발한다.

93 어떤 물질의 독성에 관한 인체실험 결과 안전흡수량이 체중 kg당 0.1mg이었다. 체중이 50kg인 근로자가 1일 8시간 작업할 경우 이 물질의 체내흡수를 안전흡수량 이하로 유지하려면 공기 중 농도를 몇 mg/m^3 이하로 하여야 하는가? (단, 작업 시 폐환기율은 1.25m^3/hr, 체내잔류율은 1.0으로 한다.)
① 0.5
② 1.0
③ 1.5
④ 2.0

풀이 체내흡수량(mg) $= C \times T \times V \times R$
$0.1\text{mg/kg} \times 50\text{kg} = C \times 8 \times 1.25 \times 1.0$
$\therefore C = 0.5\text{mg/m}^3$

94 질식제에 속하지 않는 것은?
① 황화수소
② 일산화탄소
③ 이산화탄소
④ 질소산화물

풀이 질식제의 구분에 따른 종류
(1) 단순 질식제
  ㉠ 이산화탄소
  ㉡ 메탄
  ㉢ 질소
  ㉣ 수소
  ㉤ 에탄, 프로판, 에틸렌, 아세틸렌, 헬륨
(2) 화학적 질식제
  ㉠ 일산화탄소
  ㉡ 황화수소
  ㉢ 시안화수소
  ㉣ 아닐린

정답 91.④ 92.④ 93.① 94.④

95 다음 진폐증의 종류 중 무기성 분진에 의한 것은?

① 면폐증
② 석면폐증
③ 농부폐증
④ 목재분진폐증

[풀이] **분진 종류에 따른 진폐증의 분류(임상적 분류)**
㉠ 유기성 분진에 의한 진폐증
  농부폐증, 면폐증, 연초폐증, 설탕폐증, 목재분진폐증, 모발분진폐증
㉡ 무기성(광물성) 분진에 의한 진폐증
  규폐증, 탄소폐증, 활석폐증, 탄광부진폐증, 철폐증, 베릴륨폐증, 흑연폐증, 규조토폐증, 주석폐증, 칼륨폐증, 바륨폐증, 용접공폐증, 석면폐증

96 다음 중 카드뮴의 만성중독 증상에 속하지 않는 것은?

① 폐기종
② 단백뇨
③ 칼슘 배설
④ 파킨슨 증후군

[풀이] **카드뮴의 만성중독 건강장애**
(1) 신장기능장애
  ㉠ 저분자 단백뇨의 다량 배설 및 신석증을 유발한다.
  ㉡ 칼슘대사에 장애를 주어 신결석을 동반한 신증후군이 나타난다.
(2) 골격계장애
  ㉠ 다량의 칼슘 배설(칼슘 대사장애)이 일어나 뼈의 통증, 골연화증 및 골수공증을 유발한다.
  ㉡ 철분결핍성 빈혈증이 나타난다.
(3) 폐기능장애
  ㉠ 폐활량 감소, 잔기량 증가 및 호흡곤란의 폐증세가 나타나며, 이 증세는 노출기간과 노출농도에 의해 좌우된다.
  ㉡ 폐기종, 만성 폐기능장애를 일으킨다.
  ㉢ 기도 저항이 늘어나고 폐의 가스교환기능이 저하된다.
  ㉣ 고환의 기능이 쇠퇴(atrophy)한다.
(4) 자각증상
  ㉠ 기침, 가래 및 후각의 이상이 생긴다.
  ㉡ 식욕부진, 위장장애, 체중감소 등을 유발한다.
  ㉢ 치은부의 연한 황색 색소침착을 유발한다.

97 급성중독의 특징으로 심한 신장장애를 일으켜 과뇨증이 오며, 더 진전되면 무뇨증을 일으켜 요독증으로 사망을 초래하게 되는 물질은?

① 크롬   ② 수은
③ 망간   ④ 카드뮴

[풀이] **크롬에 의한 건강장애**
(1) 급성중독
  ㉠ 신장장애
    과뇨증(혈뇨증) 후 무뇨증을 일으키며, 요독증으로 10일 이내에 사망한다.
  ㉡ 위장장애
    심한 복통, 빈혈을 동반하는 심한 설사 및 구토가 발생한다.
  ㉢ 급성폐렴
    크롬산 먼지, 미스트 대량 흡입 시 발생한다.
(2) 만성중독
  ㉠ 점막장애
    점막이 충혈되어 화농성 비염이 되고 차례로 깊이 들어가서 궤양이 되며, 코 점막의 염증, 비중격천공 증상을 일으킨다.
  ㉡ 피부장애
    • 피부궤양(둥근 형태의 궤양)을 일으킨다.
    • 수용성 6가 크롬은 저농도에서도 피부염을 일으킨다.
    • 손톱 주위, 손 및 전박부에 잘 발생한다.
  ㉢ 발암작용
    • 장기간 흡입에 의해 기관지암, 폐암, 비강암(6가 크롬)이 발생한다.
    • 크롬 취급자는 폐암에 의한 사망률이 정상인보다 상당히 높다.
  ㉣ 호흡기장애
    크롬폐증이 발생한다.

98 인체 내에서 독성물질 간의 상호작용 중 그 성격이 다른 것은?

① 상가작용(addition)
② 상승작용(synergism)
③ 길항작용(antagonism)
④ 가승작용(potentiation)

[풀이] 길항작용은 다른 작용과 비교 시 상대적 독성수치가 작아지는 특징이 있다.

정답 95.② 96.④ 97.① 98.③

99 납이 체내에 흡수됨으로써 초래되는 현상이 아닌 것은?

① 혈색소량 저하
② 망상적혈구 수 증가
③ 혈청 내 철 감소
④ 소변 중 코프로포르피린 증가

풀이 납의 체내 흡수 시 영향 ⇨ 적혈구에 미치는 작용
㉠ K^+과 수분이 손실된다.
㉡ 삼투압이 증가하여 적혈구가 위축된다.
㉢ 적혈구 생존기간이 감소한다.
㉣ 적혈구 내 전해질이 감소한다.
㉤ 미숙적혈구(망상적혈구, 친염기성 혈구)가 증가한다.
㉥ 혈색소량은 저하하고 혈청 내 철이 증가한다.
㉦ 적혈구 내 프로토포르피린이 증가한다.
㉧ 소변 중 코프로포르피린이 증가한다.

100 Haber의 법칙에서 유해물질지수는 노출시간과 무엇의 곱으로 나타내는가?

① 상수(constant)
② 용량(capacity)
③ 천장치(ceiling)
④ 농도(concentration)

풀이 Haber 법칙
$K = C \times T$
여기서, K : 유해물질지수
C : 농도
T : 노출시간

정답 99.③ 100.④

제3회 산업위생관리기사

CBT 기출복원문제 | 2025.07.21

제1과목 | 산업위생학 개론

01 우리나라의 규정상 하루에 25kg 이상의 물체를 몇 회 이상 드는 작업일 경우 근골격계 부담작업으로 분류하는가?

① 2회 ② 5회
③ 10회 ④ 25회

풀이 근골격계 부담작업
㉠ 하루에 4시간 이상 집중적으로 자료입력 등을 위해 키보드 또는 마우스를 조작하는 작업
㉡ 하루에 총 2시간 이상 목, 어깨, 팔꿈치, 손목 또는 손을 사용하여 같은 동작을 반복하는 작업
㉢ 하루에 총 2시간 이상 머리 위에 손이 있거나, 팔꿈치가 어깨 위에 있거나, 팔꿈치를 몸통으로부터 들거나, 팔꿈치를 몸통 뒤쪽에 위치하도록 하는 상태에서 이루어지는 작업
㉣ 지지되지 않은 상태이거나 임의로 자세를 바꿀 수 없는 조건에서, 하루에 총 2시간 이상 목이나 허리를 구부리거나 펴는 상태에서 이루어지는 작업
㉤ 하루에 총 2시간 이상 쪼그리고 앉거나 무릎을 굽힌 자세에서 이루어지는 작업
㉥ 하루에 총 2시간 이상 지지되지 않은 상태에서 1kg 이상의 물건을 한 손의 손가락으로 집어 옮기거나, 2kg 이상에 상응하는 힘을 가하여 한 손의 손가락으로 물건을 쥐는 작업
㉦ 하루에 총 2시간 이상 지지되지 않은 상태에서 4.5kg 이상의 물건을 한 손으로 들거나 동일한 힘으로 쥐는 작업
㉧ 하루에 10회 이상 25kg 이상의 물체를 드는 작업
㉨ 하루에 25회 이상 10kg 이상의 물체를 무릎 아래에서 들거나, 어깨 위에서 들거나, 팔을 뻗은 상태에서 드는 작업
㉩ 하루에 총 2시간 이상, 분당 2회 이상 4.5kg 이상의 물체를 드는 작업
㉪ 하루에 총 2시간 이상, 시간당 10회 이상 손 또는 무릎을 사용하여 반복적으로 충격을 가하는 작업

02 다음은 산업위생과 관련되는 조직의 약어이다. 잘못된 것은?

① ACGIH : 미국정부산업위생전문가협의회
② AAIH : 미국산업위생학회
③ OSHA : 미국환경청
④ NIOSH : 미국국립산업안전보건연구원

풀이 OSHA는 우리나라의 고용노동부에 해당하는 미국의 산업안전보건청을 말한다.

03 다음 중 분진의 노출기준 표시단위로 옳은 것은?

① ppm
② 개/cm³
③ mg/m³
④ CFU

풀이 노출기준 표시단위
㉠ 가스, 증기 : ppm 또는 mg/m³
㉡ 분진 : mg/m³
㉢ 석면 및 내화성 세라믹섬유 : 개/cm³
㉣ 고온 : 습구흑구온도지수 WBGT(℃)

04 에틸벤젠(TLV=100ppm)을 사용하는 작업장의 작업시간이 9시간일 때에는 허용기준을 보정하여야 한다. 이때 OSHA 보정방법과 Brief and Scala 보정방법을 적용하였을 때, 두 보정된 허용기준치 간의 차이는 약 얼마인가?

① 2.2ppm ② 3.3ppm
③ 4.2ppm ④ 5.6ppm

정답 01.③ 02.③ 03.③ 04.④

[풀이]
- OSHA 보정방법
  보정된 노출기준
  $= 8\text{시간 노출기준} \times \dfrac{8\text{시간}}{\text{노출시간/일}}$
  $= 100\text{ppm} \times \dfrac{8\text{시간}}{9\text{시간}} = 88.89\text{ppm}$
- Brief and Scala 보정방법
  $\text{RF} = \left(\dfrac{8}{H}\right) \times \dfrac{24-H}{16} = \left(\dfrac{8}{9}\right) \times \dfrac{24-9}{16} = 0.833$
  보정된 노출기준 $= \text{TLV} \times \text{RF}$
  $= 100\text{ppm} \times 0.833$
  $= 83.3\text{ppm}$
  $\therefore$ 보정된 허용기준 차이 $= 88.89 - 83.3 = 5.56\text{ppm}$

05 미국정부산업위생전문가협의회(ACGIH)에서 권고하고 있는 허용농도 적용상의 주의사항이 아닌 것은?

① 대기오염 평가 및 관리에 적용하지 않도록 한다.
② 독성의 강도를 비교할 수 있는 지표로 사용하지 않도록 한다.
③ 안전농도와 위험농도를 정확히 구분하는 경계선으로 이용하지 않도록 한다.
④ 산업장의 유해조건을 평가하기 위한 지침으로 사용하지 않도록 한다.

[풀이] ACGIH(미국정부산업위생전문가협의회)에서 권고하고 있는 허용농도(TLV) 적용상 주의사항
㉠ 대기오염 평가 및 지표(관리)에 사용할 수 없다.
㉡ 24시간 노출 또는 정상작업시간을 초과한 노출에 대한 독성 평가에는 적용할 수 없다.
㉢ 기존의 질병이나 신체적 조건을 판단(증명 또는 반증 자료)하기 위한 척도로 사용할 수 없다.
㉣ 작업조건이 다른 나라에서 ACGIH-TLV를 그대로 사용할 수 없다.
㉤ 안전농도와 위험농도를 정확히 구분하는 경계선이 아니다.
㉥ 독성의 강도를 비교할 수 있는 지표는 아니다.
㉦ 반드시 산업보건(위생)전문가에 의하여 설명(해석), 적용되어야 한다.
㉧ 피부로 흡수되는 양은 고려하지 않은 기준이다.
㉨ 산업장의 유해조건을 평가하기 위한 지침이며, 건강장애를 예방하기 위한 지침이다.

06 기초대사량이 80kcal/hr이고, 작업대사량이 240kcal/hr인 육체적 작업을 할 때, 이 작업의 실동률(%)은 약 얼마인가? (단, 사이토-오시마 식을 적용한다.)

① 60% ② 70%
③ 80% ④ 90%

[풀이]
$\text{RMR(작업대사율)} = \dfrac{\text{작업대사량}}{\text{기초대사량}}$
$= \dfrac{240\text{kcal/hr}}{80\text{kcal/hr}} = 3$
$\therefore$ 실동률(%) $= 85 - (5 \times \text{RMR})$
$= 85 - (5 \times 3) = 70\%$

07 영국의 외과의사 Pott에 의하여 최초로 발견된 직업성 암은?

① 음낭암 ② 비암
③ 폐암   ④ 간암

[풀이] Percivall Pott
㉠ 영국의 외과의사로 직업성 암을 최초로 보고하였으며, 어린이 굴뚝청소부에게 많이 발생하는 음낭암(scrotal cancer)을 발견하였다.
㉡ 암의 원인물질은 검댕 속 여러 종류의 다환방향족 탄화수소(PAH)이다.
㉢ 굴뚝청소부법을 제정하도록 하였다(1788년).

08 VDT 증후군의 예방을 위한 작업자세로 적절하지 않은 것은?

① 작업자의 시선은 수평선상으로부터 아래로 10~5° 이내일 것
② 눈으로부터 화면까지의 시거리는 40cm 이상을 유지할 것
③ 아래팔은 손등과 일직선을 유지하여 손목이 꺾이지 않도록 할 것
④ 위팔(upper arm)은 자연스럽게 늘어뜨리고, 팔꿈치의 내각은 90° 이내로 할 것

[풀이] 위쪽 팔과 아래쪽 팔이 이루는 각도(내각)는 90° 이상이 적당하고, 위팔은 자연스럽게 늘어뜨리고 아래팔은 손등과 일직선을 유지하여 손목이 꺾이지 않도록 한다.

정답 05.④ 06.② 07.① 08.④

09 미국정부산업위생전문가협의회(ACGIH)에서 유해물질의 허용기준을 설정하는 데 있어 이용되는 자료와 가장 거리가 먼 것은?

① 화학구조상의 유사성
② 산업장 역학조사 자료
③ 화학물질의 보관성
④ 동물실험 자료

풀이 ACGIH의 허용기준 설정 이론적 배경
㉠ 화학구조상의 유사성
㉡ 동물실험 자료
㉢ 인체실험 자료
㉣ 산업장 역학조사 자료

10 다음 중 단기간 휴식을 통해서는 회복될 수 없는 발병단계의 피로를 무엇이라 하는가?

① 정신피로   ② 곤비
③ 과로   ④ 전신피로

풀이 피로의 3단계
피로도가 증가하는 순서에 따라 구분한 것이며, 피로의 정도는 객관적 판단이 용이하지 않다.
㉠ 1단계 : 보통피로
  하룻밤을 자고 나면 완전히 회복하는 상태이다.
㉡ 2단계 : 과로
  피로의 축적으로 다음날까지도 피로상태가 지속되는 것으로 단기간 휴식으로 회복될 수 있으며, 발병단계는 아니다.
㉢ 3단계 : 곤비
  과로의 축적으로 단시간에 회복될 수 없는 단계를 말하며, 심한 노동 후의 피로현상으로 병적 상태를 의미한다.

11 인간공학에서 최대작업역(maximum area)에 대한 설명으로 가장 적절한 것은?

① 허리의 불편 없이 적절히 조작할 수 있는 영역
② 팔과 다리를 이용하여 최대한 도달할 수 있는 영역
③ 어깨에서부터 팔을 뻗어 도달할 수 있는 최대영역
④ 상완을 자연스럽게 몸에 붙인 채로 전완을 움직일 때 도달하는 영역

풀이 수평작업영역의 구분
(1) 최대작업역(최대영역, maximum area)
  ㉠ 팔 전체가 수평에 도달할 수 있는 작업영역
  ㉡ 어깨로부터 팔을 뻗어 도달할 수 있는 최대영역
  ㉢ 아래팔(전완)과 위팔(상완)을 곧게 펴서 파악할 수 있는 영역
  ㉣ 움직이지 않고 상지를 뻗어서 닿는 범위
(2) 정상작업역(표준영역, normal area)
  ㉠ 상박부를 자연스런 위치에서 몸통부에 접하고 있을 때 전박부가 수평면 위에서 쉽게 도착할 수 있는 운동범위
  ㉡ 위팔(상완)을 자연스럽게 수직으로 늘어뜨린 채 아래팔(전완)만으로 편안하게 뻗어 파악할 수 있는 영역
  ㉢ 움직이지 않고 전박과 손으로 조작할 수 있는 범위
  ㉣ 앉은 자세에서 위팔은 몸에 붙이고, 아래팔만 곧게 뻗어 닿는 범위
  ㉤ 약 34~45cm의 범위

12 300명이 근무하는 A작업장에서 연간 55건의 재해발생으로 60명의 사상자가 발생하였다. 이 사업장의 연간 근로시간수가 700,000시간이었다면 도수율은 약 얼마인가?

① 32.5   ② 71.4
③ 78.6   ④ 85.7

풀이 도수율
$$= \frac{\text{일정 기간 중 재해발생건수}}{\text{일정 기간 중 연근로시간수}} \times 1,000,000$$
$$= \frac{55}{700,000} \times 10^6 = 78.57$$

13 원진레이온에서 발생한 직업병 사건에 대한 설명으로 잘못된 것은?

① 직업병 발생 이후 기계는 중국으로 수출되었다.
② 많은 근로자가 직업병으로 사망하였다.
③ 원인 인자는 수은 포함 중금속이었다.
④ CS_2 중독만을 전문적으로 치료하는 병원이 설립되었다.

풀이 원진레이온 사건의 주원인물질은 CS_2(이황화탄소)이다.

정답 09.③ 10.② 11.③ 12.③ 13.③

14 미국산업위생학술원(AAIH)이 채택한 윤리강령 중 산업위생전문가로서 지켜야 할 책임과 가장 거리가 먼 것은?
① 기업체의 기밀은 외부에 누설하지 않는다.
② 과학적 방법의 적용과 자료의 해석에서 객관성을 유지한다.
③ 근로자, 사회 및 전문직종의 이익을 위해 과학적 지식을 공개하고 발표한다.
④ 전문적 판단이 타협에 의하여 좌우될 수 있는 상황에 개입하여 객관적 자료에 의해 판단한다.

풀이 산업위생전문가로서의 책임
㉠ 성실성과 학문적 실력 면에서 최고수준을 유지한다(전문적 능력 배양 및 성실한 자세로 행동).
㉡ 과학적 방법의 적용과 자료의 해석에서 경험을 통한 전문가의 객관성을 유지한다(공인된 과학적 방법 적용·해석).
㉢ 전문분야로서의 산업위생을 학문적으로 발전시킨다.
㉣ 근로자, 사회 및 전문직종의 이익을 위해 과학적 지식을 공개하고 발표한다.
㉤ 산업위생활동을 통해 얻은 개인 및 기업체의 기밀은 누설하지 않는다(정보는 비밀 유지).
㉥ 전문적 판단이 타협에 의하여 좌우될 수 있거나 이해관계가 있는 상황에는 개입하지 않는다.

15 다음 중 직업성 피부질환에 대한 설명으로 틀린 것은?
① 대부분은 화학물질에 의한 접촉피부염이다.
② 정확한 발생빈도와 원인물질의 추정은 거의 불가능하다.
③ 접촉피부염의 대부분은 알레르기에 의한 것이다.
④ 직업성 피부질환의 간접요인으로는 인종, 연령, 계절 등이 있다.

풀이 직업성 피부질환은 대부분 화학물질에 의한 접촉피부염이다.

16 육체적 작업능력(PWC)이 15kcal/min인 근로자가 1일 8시간 물체를 운반하고 있다. 이때의 작업대사율이 6.5kcal/min이고, 휴식 시의 대사량이 1.5kcal/min일 때 시간당 적정 휴식시간은 약 얼마인가? (단, Hertig의 식을 적용한다.)
① 18분 ② 25분
③ 30분 ④ 42분

풀이 Hertig 식 ⇨ 휴식시간 비율(%)
$$T_{rest}(\%) = \left[\frac{PWC의 \frac{1}{3} - 작업대사량}{휴식대사량 - 작업대사량}\right] \times 100$$
$$= \left[\frac{(15 \times \frac{1}{3}) - 6.5}{1.5 - 6.5}\right] \times 100 = 30\%$$
∴ 휴식시간=60min×0.3=18min
   작업시간=(60−18)min=42min

17 산업피로의 검사방법 중에서 CMI(Cornell Medical Index) 조사에 해당하는 것은?
① 생리적 기능검사
② 생화학적 검사
③ 피로자각증상
④ 동작분석

풀이 CMI는 피로의 주관적 측정방법으로, 피로의 자각증상을 측정한다.

18 다음 중 근골격계 질환의 원인과 가장 거리가 먼 것은?
① 부적절한 작업자세
② 짧은 주기의 반복작업
③ 고온다습한 환경
④ 과도한 힘의 사용

풀이 근골격계 질환의 원인
㉠ 반복적인 동작
㉡ 부적절한 작업자세
㉢ 무리한 힘의 사용
㉣ 날카로운 면과의 신체접촉
㉤ 진동 및 온도(저온)

정답 14.④ 15.③ 16.① 17.③ 18.③

19 산업안전보건법상 보건관리자의 업무에 해당하지 않는 것은?

① 산업안전보건위원회 또는 노사협의체에서 심의·의결한 업무와 안전보건관리규정 및 취업규칙에서 정한 업무
② 보건과 관련된 보호구 구입 시 적격품 선정에 관한 보좌 및 지도·조언
③ 산업재해 발생의 원인 조사 및 재발 방지를 위한 기술적 지도·조언
④ 물질안전보건자료의 게시 또는 비치에 관한 보좌 및 지도·조언

[풀이] ③항의 산업재해의 원인조사 및 재발방지를 위한 기술적 지도·조언은 안전보건관리책임자의 총괄관리 업무이다.

— 보건관리자의 업무
㉠ 산업안전보건위원회 또는 노사협의체에서 심의·의결한 업무와 안전보건관리규정 및 취업규칙에서 정한 업무
㉡ 안전인증대상 기계 등과 자율안전확인대상 기계 등 중 보건과 관련된 보호구(保護具) 구입 시 적격품 선정에 관한 보좌 및 지도·조언
㉢ 위험성평가에 관한 보좌 및 지도·조언
㉣ 작성된 물질안전보건자료의 게시 또는 비치에 관한 보좌 및 지도·조언
㉤ 산업보건의의 직무
㉥ 해당 사업장 보건교육계획의 수립 및 보건교육 실시에 관한 보좌 및 지도·조언
㉦ 해당 사업장의 근로자를 보호하기 위한 다음의 조치에 해당하는 의료행위
  ⓐ 자주 발생하는 가벼운 부상에 대한 치료
  ⓑ 응급처치가 필요한 사람에 대한 처치
  ⓒ 부상·질병의 악화를 방지하기 위한 처치
  ⓓ 건강진단 결과 발견된 질병자의 요양 지도 및 관리
  ⓔ ⓐ부터 ⓓ까지의 의료행위에 따르는 의약품의 투여
㉧ 작업장 내에서 사용되는 전체환기장치 및 국소배기장치 등에 관한 설비의 점검과 작업방법의 공학적 개선에 관한 보좌 및 지도·조언
㉨ 사업장 순회점검, 지도 및 조치 건의
㉩ 산업재해 발생의 원인 조사·분석 및 재발 방지를 위한 기술적 보좌 및 지도·조언
㉪ 산업재해에 관한 통계의 유지·관리·분석을 위한 보좌 및 지도·조언

㉫ 법 또는 법에 따른 명령으로 정한 보건에 관한 사항의 이행에 관한 보좌 및 지도·조언
㉬ 업무수행내용의 기록·유지
㉭ 그 밖에 보건과 관련된 작업관리 및 작업환경관리에 관한 사항으로서 고용노동부장관이 정하는 사항

20 공기 중의 혼합물로서 아세톤 400ppm(TLV=750ppm), 메틸에틸케톤 100ppm(TLV=200ppm)이 서로 상가작용을 할 때 이 혼합물의 노출지수는 약 얼마인가?

① 0.82
② 1.03
③ 1.10
④ 1.45

[풀이]
$$노출지수(EI) = \frac{C_1}{TLV_1} + \cdots + \frac{C_n}{TLV_n}$$
$$= \frac{400}{750} + \frac{100}{200}$$
$$= 1.03$$

제2과목 | 작업위생 측정 및 평가

21 산업위생 통계 시 적용하는 용어 정의에 관한 내용으로 틀린 것은?

① 유효숫자란 측정 및 분석값의 정밀도를 표시하는 데 필요한 숫자이다.
② 상대오차=[(근사값−참값)/참값]으로 표현된다.
③ 우발오차가 작을 때는 측정결과가 정확하다고 한다.
④ 조화평균이란 상이한 반응을 보이는 집단의 중심경향을 파악하고자 할 때 유용하게 이용된다.

[풀이] 우발오차는 참값의 변이가 기준값과 비교하여 불규칙하게 변하는 경우로 정밀도로 정의되기도 하며, 계통오차가 작을 때는 정확하다고 한다.

22 유해물질이 무기산류(전기전도도검출기 적용)인 경우 가장 적절한 분석기기는?

① 가스 크로마토그래피
② 액체 크로마토그래피
③ 고성능 액체 크로마토그래피
④ 이온 크로마토그래피

[풀이] 이온 크로마토그래피 분석기기는 전기전도도검출기를 사용하며 에탄올, 아민류, 무기산류(염산·불산·황산), 황화수소 등의 유해물질에 적용한다.

23 다음은 산업위생 분석 용어에 관한 내용이다. ( ) 안에 가장 적절한 내용은?

> ( )는(은) 검출한계가 정량분석에서 만족스런 개념을 제공하지 못하기 때문에 검출한계의 개념을 보충하기 위해 도입되었다. 이는 통계적인 개념보다는 일종의 약속이다.

① 선택성   ② 정량한계
③ 표준편차   ④ 표준오차

[풀이] **정량한계(LOQ ; Limit Of Quantization)**
㉠ 분석기마다 바탕선량과 구별하여 분석될 수 있는 최소의 양, 즉 분석결과가 어느 주어진 분석절차에 따라 합리적인 신뢰성을 가지고 정량분석할 수 있는 가장 작은 양이나 농도이다.
㉡ 도입 이유는 검출한계가 정량분석에서 만족스런 개념을 제공하지 못하기 때문에 검출한계의 개념을 보충하기 위해서이다.
㉢ 일반적으로 표준편차의 10배 또는 검출한계의 3배 또는 3.3배로 정의한다.
㉣ 정량한계를 기준으로 최소한으로 채취해야 하는 양이 결정된다.

24 어느 옥외작업장의 온도를 측정한 결과, 건구온도 32℃, 자연습구온도 25℃, 흑구온도 38℃를 얻었다. 이 작업장의 WBGT는? (단, 태양광선이 내리쬐지 않는 장소이다.)

① 28.3℃   ② 28.9℃
③ 29.3℃   ④ 29.7℃

[풀이] 태양광선이 내리쬐지 않는 장소의 WBGT(℃)
= (0.7×자연습구온도)+(0.3×흑구온도)
= (0.7×25℃)+(0.3×38℃)
= 28.9℃

25 작업장 내 기류 측정에 대한 설명으로 틀린 것은?

① 풍차풍속계는 풍차의 회전속도로 풍속을 측정한다.
② 풍차풍속계는 보통 1~150m/sec 범위의 풍속을 측정하며 옥외용이다.
③ 풍차풍속계 및 카타온도계는 기류속도가 아주 낮을 때에는 적합하지 않으며 이때에는 열선풍속계와 전리풍속계를 사용하는 것이 정확하다.
④ 카타온도계는 기류의 방향이 일정하고 실내 0.1m/sec 이하의 불감기류를 측정할 때 사용한다.

[풀이] **카타온도계(kata thermometer)**
㉠ 실내 0.2~0.5m/sec 정도의 불감기류 측정 시 사용한다.
㉡ 작업환경 내 기류의 방향이 일정하지 않을 경우의 기류속도를 측정한다.
㉢ 카타의 냉각력을 이용하여 측정한다. 즉 알코올 눈금이 100℉(37.8℃)에서 95℉(35℃)까지 내려가는 데 소요되는 시간을 4~5회 측정·평균하여 카타상수값을 이용하여 구한다.

26 어느 작업장에서 trichloroethylene의 농도를 측정한 결과 23.3ppm, 21.6ppm, 22.4ppm, 24.1ppm, 22.7ppm, 25.4ppm을 각각 얻었다. 중앙치(median)는?

① 23.0ppm   ② 23.2ppm
③ 23.5ppm   ④ 23.8ppm

[풀이] 중앙치란 N개의 측정치를 크기 순서로 배열 시 중앙에 오는 값을 의미한다.
문제의 농도를 크기 순서대로 나열하면 21.6ppm, 22.4ppm, 22.7ppm, 23.3ppm, 24.1ppm, 25.4ppm 이고, 이때 중앙값은 22.7ppm과 23.3ppm의 사이값인 23.0ppm이다.

정답 22.④ 23.② 24.② 25.④ 26.①

27 시료채취용 막 여과지에 관한 설명으로 틀린 것은?

① MCE막 여과지 : 유해물질이 표면에 주로 침착되어 현미경 분석에 유리함
② PVC막 여과지 : 유리규산을 채취하여 X선 회절법으로 분석하는 데 적절함
③ PTFE막 여과지 : 열, 화학물질, 압력에 강한 특성이 있음
④ 은막 여과지 : 결합제와 섬유를 포함한 금속은을 소결하여 만듦

풀이 은막 여과지(silver membrane filter)
㉠ 균일한 금속은을 소결하여 만들며 열적·화학적 안정성이 있다.
㉡ 코크스 제조공정에서 발생하는 코크스오븐 배출물질, 콜타르피치 휘발물질, X선 회절분석법을 적용하는 석영 또는 다핵방향족 탄화수소 등을 채취하는 데 사용한다.
㉢ 결합제나 섬유가 포함되어 있지 않다.

28 흡착관을 이용하여 시료를 포집할 때 고려해야 할 사항으로 거리가 먼 것은?

① 파과현상이 발생할 경우 오염물질의 농도를 과소평가할 수 있으므로 주의해야 한다.
② 시료 저장 시 흡착물질의 이동현상(migration)이 일어날 수 있으며 파과현상과 구별하기 힘들다.
③ 작업환경 측정 시 많이 사용하는 흡착관은 앞층이 100mg, 뒤층이 50mg으로 되어 있는데, 오염물질에 따라 다른 크기의 흡착제를 사용하기도 한다.
④ 활성탄 흡착제는 탄소의 불포화결합을 가진 분자를 선택적으로 흡착하여 큰 비표면적을 가진다.

풀이 실리카 및 알루미나 흡착제는 탄소의 불포화결합을 가진 분자를 선택적으로 흡수한다.

29 불꽃방식 원자흡광광도계가 갖는 장단점으로 틀린 것은?

① 분석시간이 흑연로장치에 비하여 적게 소요된다.
② 혈액이나 소변 등 생물학적 시료의 유해금속 분석에 주로 많이 사용된다.
③ 일반적으로 흑연로장치나 유도결합플라스마-원자발광분석기에 비하여 저렴하다.
④ 용질이 고농도로 용해되어 있는 경우 버너의 슬롯을 막을 수 있으며 점성이 큰 용액은 분무가 어려워 분무 구멍을 막아 버릴 수 있다.

풀이 ② 혈액이나 소변 등 생물학적 시료의 유해금속 분석에 이용하는 것은 흑연로방식(흑연로장치)이다.
- 불꽃원자화장치의 장단점
(1) 장점
㉠ 쉽고 간편하다.
㉡ 가격이 흑연로장치나 유도결합플라스마-원자발광분석기보다 저렴하다.
㉢ 분석이 빠르고, 정밀도가 높다(분석시간이 흑연로장치에 비해 적게 소요).
㉣ 기질의 영향이 적다.
(2) 단점
㉠ 많은 양의 시료(10mL)가 필요하며, 감도가 제한되어 있어 저농도에서 사용이 힘들다.
㉡ 용질이 고농도로 용해되어 있는 경우 점성이 큰 용액은 분무구를 막을 수 있다.
㉢ 고체 시료의 경우 전처리에 의하여 기질(매트릭스)을 제거해야 한다.

30 다음 중 펌프의 채취유량에 대한 내용으로 맞는 것은?

① 뷰렛 유량(L) × 채취시간(min)
② 뷰렛 유량(L) ÷ 채취시간(min)
③ 뷰렛 유량(L) + 채취시간(min)
④ 뷰렛 유량(L) - 채취시간(min)

풀이 공기채취기구(펌프)의 유량은 비누거품이 지나간 용량(mL)에 소요되는 시간(min)을 나누어 결과값을 펌프의 채취유량으로 한다.

정답 27.④ 28.④ 29.② 30.②

31 크로마토그램에서 피크의 모양은 선처럼 가늘지 않고 일정한 폭을 가진 형태로 나타나며 분리관에서 몇 가지 요소에 의해 피크의 폭이 넓어진다. 다음 중 그 요소와 가장 거리가 먼 것은?

① 평형 열확산
② 소용돌이확산
③ 세로확산
④ 비평형 물질전달

[풀이] 가스 크로마토그래피(gas chromatography)
기체 시료 또는 기화한 액체나 고체 시료를 운반가스(carrier gas)에 의해 분리관(칼럼) 내 충전물의 흡착성 또는 용해성 차이에 따라 전개(분석시료의 휘발성을 이용)시켜 분리관 내에서 이동속도가 달라지는 것을 이용, 각 성분의 크로마토그래피적(크로마토그램)을 이용하여 성분을 분석한다. 크로마토그램에서 피크의 모양은 선처럼 가늘지 않고 일정한 폭을 가진 형태로 나타나며, 소용돌이확산, 세로확산, 비평형 물질전달의 요소에 의해 폭이 넓어진다(이동상 : 가스(기체)).

— column(분리관) 폭(띠)넓힘의 3가지 요인

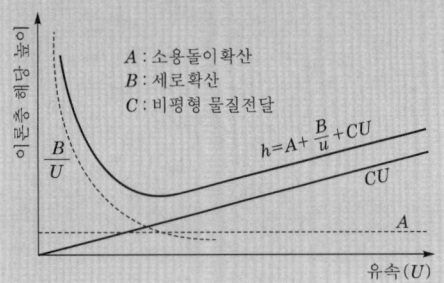

A : 소용돌이확산
B : 세로확산
C : 비평형 물질전달

$h = A + \dfrac{B}{U} + CU$

32 로터미터(rotameter)에 관한 설명으로 틀린 것은?

① 유량을 측정할 때 흔히 사용되는 2차 표준기구이다.
② 로터미터는 바닥으로 갈수록 점점 가늘어지는 수직관과 그 안에서 자유롭게 상·하로 움직이는 부자로 이루어져 있다.
③ 로터미터는 일반적으로 ±0.5% 이내의 정확성을 가진 검량선이 제공된다.
④ 대부분의 로터미터는 최대유량과 최소유량의 비율이 10 : 1의 범위이다.

[풀이] 로터미터
㉠ 2차 표준기구 중 대표적으로 사용되는 기구이다.
㉡ 밑쪽으로 갈수록 점점 가늘어지는 수직관과 그 안에서 자유롭게 상하로 움직이는 float(부자)로 구성되어 있다.
㉢ 관은 유리나 투명 플라스틱으로 되어 있으며 눈금이 새겨져 있다.
㉣ 유체가 위쪽으로 흐름에 따라 float도 위로 올라가며 float와 관벽 사이의 접촉면에서 발생되는 압력강하가 float을 충분히 지지해 줄 때까지 올라간 float(부자)로의 눈금을 읽는 원리이다.
㉤ 최대유량과 최소유량의 비율이 10 : 1 범위이고 ±5% 이내의 정확성을 가진 보정선이 제공된다.

33 입자상 물질의 채취를 위한 '직경분립충돌기'의 장점이 아닌 것은?

① 입자별 동시 채취로 시료채취준비 및 채취시간을 단축할 수 있다.
② 흡입성·흉곽성·호흡성 입자의 크기별로 분포와 농도를 계산할 수 있다.
③ 호흡기의 부분별로 침착된 입자 크기의 자료를 추정할 수 있다.
④ 입자의 질량 크기 분포를 얻을 수 있다.

[풀이] 직경분립충돌기(cascade impactor)의 장단점
(1) 장점
㉠ 입자의 질량 크기 분포를 얻을 수 있다(공기흐름속도를 조절하여 채취입자를 크기별로 구분 가능).
㉡ 호흡기의 부분별로 침착된 입자 크기의 자료를 추정할 수 있다.
㉢ 흡입성·흉곽성·호흡성 입자의 크기별로 분포와 농도를 계산할 수 있다.
(2) 단점
㉠ 시료채취가 까다롭다. 즉 경험이 있는 전문가가 철저한 준비를 통해 이용해야 정확한 측정이 가능하다(작은 입자는 공기흐름속도를 크게 하여 충돌판에 포집할 수 없음).
㉡ 비용이 많이 든다.
㉢ 채취준비시간이 과다하다.
㉣ 되튐으로 인한 시료의 손실이 일어나 과소분석결과를 초래할 수 있어 유량을 2L/min 이하로 채취한다.
㉤ 공기가 옆에서 유입되지 않도록 각 충돌기의 조립과 장착을 철저히 해야 한다.

34 화학공장의 작업장 내에 먼지 농도를 측정하였더니 5, 7, 5, 7, 6, 6, 4, 3, 9, 8(ppm)이었다. 이러한 측정치의 기하평균(ppm)은?

① 5.43
② 5.73
③ 6.43
④ 6.73

풀이
$\log(GM) = \dfrac{\log5+\log7+\log5+\log7+\log6+\log6+\log4+\log3+\log9+\log8}{10} = 0.758$

$\therefore GM = 10^{0.758} = 5.73\,ppm$

35 흡착관인 실리카겔관에 사용되는 실리카겔에 관한 설명으로 틀린 것은?

① 실리카겔은 극성을 띠고 흡습성이 강하므로 습도가 높을수록 파괴되기 쉽다.
② 실리카겔은 극성 물질을 강하게 흡착하므로 작업장에 여러 종류의 극성 물질이 공존할 때는 극성이 강한 물질이 극성이 약한 물질을 치환하게 된다.
③ 파라핀류보다 물의 극성이 강하며 따라서 실리카겔에 대한 친화력도 물이 강하다.
④ 실리카겔의 강한 극성으로 오염물질의 탈착이 어렵고 추출용액이 화학분석의 방해물질로 작용하는 경우가 많다.

풀이 실리카겔의 장단점
(1) 장점
 ㉠ 극성이 강하여 극성 물질을 채취한 경우 물, 메탄올 등 다양한 용매로 쉽게 탈착한다.
 ㉡ 추출용액(탈착용매)이 화학분석이나 기기분석에 방해물질로 작용하는 경우는 많지 않다.
 ㉢ 활성탄으로 채취가 어려운 아닐린, 오르토-톨루이딘 등의 아민류나 몇몇 무기물질의 채취가 가능하다.
 ㉣ 매우 유독한 이황화탄소를 탈착용매로 사용하지 않는다.
(2) 단점
 ㉠ 친수성이기 때문에 우선적으로 물분자와 결합을 이루어 습도의 증가에 따른 흡착용량의 감소를 초래한다.
 ㉡ 습도가 높은 작업장에서는 다른 오염물질의 파과용량이 작아져 파과를 일으키기 쉽다.

36 흉곽성 먼지(TPM : 가스교환지역인 폐포나 폐기도에 침착되었을 때 독성을 나타내는 입자상 물질)의 평균입자의 크기는? (단, ACGIH 기준이다.)

① $0.5\mu m$
② $2\mu m$
③ $4\mu m$
④ $10\mu m$

풀이 ACGIH의 입자 크기별 기준(TLV)
(1) 흡입성 입자상 물질
 (IPM ; Inspirable Particulates Mass)
 ㉠ 호흡기의 어느 부위(비강, 인후두, 기관 등 호흡기의 기도 부위)에 침착하더라도 독성을 유발하는 분진이다.
 ㉡ 비암이나 비중격천공을 일으키는 입자상 물질이 여기에 속한다.
 ㉢ 침전분진은 재채기, 침, 코 등의 벌크(bulk) 세척기전으로 제거된다.
 ㉣ 입경범위 : 0~100μm
 ㉤ 평균입경 : 100μm(폐침착의 50%에 해당하는 입자의 크기)
(2) 흉곽성 입자상 물질
 (TPM ; Thoracic Particulates Mass)
 ㉠ 기도나 하기도(가스교환 부위)에 침착하여 독성을 나타내는 물질이다.
 ㉡ 평균입경 : 10μm
 ㉢ 채취기구 : PM 10
(3) 호흡성 입자상 물질
 (RPM ; Respirable Particulates Mass)
 ㉠ 가스교환 부위, 즉 폐포에 침착할 때 유해한 물질이다.
 ㉡ 평균입경 : 4μm(공기역학적 직경이 10μm 미만의 먼지가 호흡성 입자상 물질)
 ㉢ 채취기구 : 10mm nylon cyclone

37 다음 중 여과지를 이용하여 채취한 금속을 분석하는 데 보정하는 실험을 의미하는 것은?

① 탈착효율 실험
② 회수율 시험
③ 특이성 실험
④ 선택성 실험

정답 34.② 35.④ 36.④ 37.②

[풀이] 회수율
㉠ 시료채취에 사용하지 않은 동일한 여과지에 첨가된 양과 분석량의 비로 나타내며, 여과지를 이용하여 채취한 금속을 분석하는 데 보정하기 위해 행하는 실험이다.
㉡ MCE막 여과지에 금속 농도 수준별로 일정량을 첨가한(spiked) 다음 분석하여 검출된(detected) 양의 비(%)를 구하는 실험은 회수율을 알기 위한 것이다.
㉢ 금속시료의 회화에 사용되는 왕수는 염산과 질산을 3 : 1의 몰비로 혼합한 용액이다.
㉣ 관련식
$$회수율(\%) = \frac{분석량}{주입량(첨가량)} \times 100$$

38 유량, 측정시간, 회수율, 분석에 의한 오차가 각각 10%, 5%, 10%, 5%일 때의 누적오차와 유량에 의한 오차를 5%로 감소(측정시간, 회수율, 분석에 의한 오차율은 변화 없음)시켰을 때 누적오차와의 차이는?

① 2.13% ② 2.26%
③ 2.58% ④ 2.77%

[풀이]
• 유량오차 10%일 경우 누적오차(E_c)
$$E_c = \sqrt{10^2 + 5^2 + 10^2 + 5^2} = 15.81\%$$
• 유량오차 5%일 경우 누적오차(E_c)
$$E_c = \sqrt{5^2 + 5^2 + 10^2 + 5^2} = 13.23\%$$
∴ 누적오차 차이 = 15.81 − 13.23 = 2.58%

39 톨루엔 취급 작업장에서 활성탄관을 사용하여 작업장 내 톨루엔 농도를 측정하고자 한다. 총 공기채취량은 72L였으며 활성탄관의 앞층에서 분석된 톨루엔의 양은 900μg, 뒤층에서 분석된 톨루엔의 양은 100μg이었고, 공시료에서는 앞층과 뒤층 모두 톨루엔이 검출되지 않았다. 탈착효율이 90%라면 작업장 내 톨루엔 농도는? (단, 작업장 온도는 25℃, 1기압이고, 톨루엔의 분자량은 92이다.)

① 약 4.1ppm ② 약 8.1ppm
③ 약 12.1ppm ④ 약 16.1ppm

[풀이]
$$농도(mg/m^3) = \frac{시료\ 분석량 - 공시료\ 분석량}{공기채취량 \times 탈착효율}$$
$$= \frac{(900+100)\mu g}{72L \times 0.9}$$
$$= \frac{1,000\mu g \times (10^{-3}mg/\mu g)}{72L \times (m^3/1,000L) \times 0.90}$$
$$= 15.43 mg/m^3$$
∴ 농도(ppm) = $15.43 mg/m^3 \times \frac{24.45}{92}$
= 4.1ppm

40 용접작업 중 발생되는 용접흄을 측정하기 위해 사용할 여과지를 화학천칭을 이용해 무게를 재었더니 70.11mg이었다. 이 여과지를 이용하여 1.5L/min의 시료채취유량으로 120분간 측정을 실시한 후 잰 무게가 75.88mg이었다면 용접흄의 농도는?

① 약 18mg/m³ ② 약 24mg/m³
③ 약 28mg/m³ ④ 약 32mg/m³

[풀이]
$$농도(mg/m^3) = \frac{\begin{pmatrix}시료채취\ 후\ 여과지\ 무게 \\ - 시료채취\ 전\ 여과지\ 무게\end{pmatrix}}{공기채취량}$$
$$= \frac{(75.88 - 70.11)mg}{1.5L/min \times 120min \times (m^3/1,000L)}$$
$$= 32.05 mg/m^3$$

제3과목 | 작업환경 관리대책

41 금속을 가공하는 음압수준이 98dB(A)인 공정에서 NRR이 27인 귀마개를 착용한다면 차음효과는? (단, OSHA에서 차음효과를 예측하는 방법을 적용한다.)

① 5dB(A) ② 10dB(A)
③ 15dB(A) ④ 20dB(A)

[풀이]
차음효과 = (NRR − 7) × 50%
= (27 − 7) × 0.5
= 10dB(A)

42 덕트의 재질은 사용물질에 따라 다르다. 다음 중 사용물질과 덕트 재질의 연결이 틀린 것은?

① 알칼리 – 강판
② 주물사, 고온가스 – 흑피 강판
③ 강산, 염소계 용제 – 아연도금 강판
④ 전리방사선 – 중질 콘크리트

[풀이] 강산, 염소계 용제의 덕트 재질은 스테인리스스틸 강판이다.
- 송풍관(덕트)의 재질
  ㉠ 유기용제(부식이나 마모의 우려가 없는 곳) ⇨ 아연도금 강판
  ㉡ 강산, 염소계 용제 ⇨ 스테인리스스틸 강판
  ㉢ 알칼리 ⇨ 강판
  ㉣ 주물사, 고온가스 ⇨ 흑피 강판
  ㉤ 전리방사선 ⇨ 중질 콘크리트

43 총압력손실 계산법 중에서 분지관의 수가 적고 고독성 물질이나 폭발성 및 방사성 먼지를 대상으로 하는 경우에 주로 사용하는 것은?

① 저항조절평형법
② 정압조절평형법
③ 유속조절평형법
④ 댐퍼조절평형법

[풀이] 총압력손실 계산방법의 적용
㉠ 정압조절평형법(유속조절평형법, 정압균형유지법)
  분지관의 수가 적고 고독성 물질이나 폭발성 및 방사성 분진
㉡ 저항조절평형법(댐퍼조절평형법, 덕트균형유지법)
  분지관의 수가 많고 덕트의 압력손실이 클 때

44 관경이 200mm인 직관 속을 공기가 흐르고 있다. 공기의 동점성계수가 $1.5 \times 10^{-5} m^2/sec$ 이고, 레이놀즈수가 40,000이라면, 직관의 풍량(m^3/hr)은?

① 약 340 ② 약 420
③ 약 530 ④ 약 650

[풀이] $Re = \dfrac{VD}{\nu}$ 에서,

평균속도$(V) = \dfrac{Re \cdot \nu}{D} = \dfrac{40,000 \times (1.5 \times 10^{-5})}{0.2}$
$= 3m/sec$

$\therefore Q = A \times V = \left(\dfrac{3.14 \times 0.2^2}{4}\right) \times 3$
$= 0.094 m^3/sec \times 3,600 sec/hr$
$= 338.4 m^3/hr$

45 장방형 송풍관의 단경 0.13m, 장경 0.26m, 길이 15m, 속도압 30mmH₂O, 관마찰계수(λ)가 0.004일 때 관내의 압력손실은? (단, 관의 내면은 매끈하다.)

① 6.0mmH₂O
② 10.4mmH₂O
③ 14.8mmH₂O
④ 18.2mmH₂O

[풀이] 압력손실$(\Delta P) = \lambda \times \dfrac{L}{de} \times VP$

- 상당직경$(de) = \dfrac{2ab}{a+b}$
$= \dfrac{2(0.13 \times 0.26)}{0.13 + 0.26}$
$= 0.173m$

$\therefore \Delta P = 0.004 \times \dfrac{15}{0.173} \times 30 = 10.4 mmH_2O$

46 어느 유체관의 압력을 측정한 결과, 정압이 −15mmH₂O이고 전압이 10mmH₂O였다. 이 유체관의 유속(m/sec)은? (단, 공기밀도 1.21kg/m³ 기준이다.)

① 10 ② 15
③ 20 ④ 25

[풀이] $TP = SP + VP$
$VP = TP - SP = 10 - (-15) = 25 mmH_2O$
$VP = \dfrac{\gamma V^2}{2g}$

$\therefore V = \sqrt{\dfrac{2g \cdot VP}{\gamma}} = \sqrt{\dfrac{2 \times 9.8 \times 25}{1.21}} = 20.12 m/sec$

정답 42.③ 43.③ 44.① 45.② 46.③

47 관마찰손실에 영향을 주는 상대조도를 적절히 나타낸 것은?

① 절대조도 ÷ 덕트 직경
② 절대조도 × 덕트 직경
③ 레이놀즈수 ÷ 절대조도
④ 레이놀즈수 × 절대조도

[풀이] 덕트 내면의 거칠기를 조도라 하며, 상대조도는 절대표면조도를 덕트의 직경으로 나눈 값을 말한다.

48 청력보호구의 차음효과를 높이기 위한 유의사항 중 틀린 것은?

① 청력보호구는 머리의 모양이나 귓구멍에 잘 맞는 것을 사용한다.
② 청력보호구는 잘 고정시켜서 보호구 자체의 진동을 최소한도로 줄여야 한다.
③ 청력보호구는 기공(氣孔)이 많은 재료를 사용하여 제조한다.
④ 귀덮개 형식의 보호구는 머리카락이 길 때와 안경테가 굵어서 잘 밀착되지 않을 때는 사용이 어렵다.

[풀이] 청력보호구의 차음효과를 높이기 위한 유의사항
㉠ 사용자 머리의 모양이나 귓구멍에 잘 맞아야 할 것
㉡ 기공이 많은 재료를 선택하지 않을 것
㉢ 청력보호구를 잘 고정시켜서 보호구 자체의 진동을 최소화할 것
㉣ 귀덮개 형식의 보호구는 머리카락이 길 때 안경테가 굵어서 잘 부착되지 않을 때는 사용하지 않을 것

49 고열 발생원에 후드를 설치할 때 주변환경의 난류 형성에 따른 누출안전계수는 소요송풍량 결정에 크게 작용한다. 열상승기류량이 15m³/min, 누입한계유량비가 3.0, 누출안전계수가 7이라면, 소요송풍량은?

① 220m³/min ② 330m³/min
③ 440m³/min ④ 550m³/min

[풀이] $Q = Q_1 \times [1 + (m \times K_L)]$
$= 15 \times [1 + (7 \times 3.0)] = 330 m^3/min$

50 외부식 후드(포집형 후드)의 단점으로 틀린 것은?

① 포위식 후드보다 일반적으로 필요송풍량이 많다.
② 외부 난기류의 영향을 받아서 흡인효과가 떨어진다.
③ 기류속도가 후드 주변에서 매우 빠르므로 유기용제나 미세 원료분말 등과 같은 물질의 손실이 크다.
④ 근로자가 발생원과 환기시설 사이에서 작업할 수 없어 여유계수가 커진다.

[풀이] 외부식 후드의 특징
㉠ 다른 형태의 후드에 비해 작업자가 방해받지 않고 작업을 할 수 있어 일반적으로 많이 사용한다.
㉡ 포위식에 비하여 필요송풍량이 많이 소요된다.
㉢ 방해기류(외부 난기류)의 영향이 작업장 내에 있을 경우 흡인효과가 저하된다.
㉣ 기류속도가 후드 주변에서 매우 빠르므로 쉽게 흡인되는 물질(유기용제, 미세분말 등)의 손실이 크다.

51 방진마스크의 필요조건으로 틀린 것은?

① 포집효율이 높은 것이 좋다.
② 흡기·배기 저항이 낮은 것이 좋다.
③ 흡기저항 상승률이 높은 것이 좋다.
④ 안면밀착성이 큰 것이 좋다.

[풀이] 방진마스크의 선정조건(구비조건)
㉠ 흡기저항 및 흡기저항 상승률이 낮을 것
※ 일반적 흡기저항 범위 : 6~8mmH₂O
㉡ 배기저항이 낮을 것
※ 일반적 배기저항 기준 : 6mmH₂O 이하
㉢ 여과재 포집효율이 높을 것
㉣ 착용 시 시야 확보가 용이할 것
※ 하방 시야가 60° 이상 되어야 함
㉤ 중량은 가벼울 것
㉥ 안면에서의 밀착성이 클 것
㉦ 침입률 1% 이하까지 정확히 평가 가능할 것
㉧ 피부접촉부위가 부드러울 것
㉨ 사용 후 손질이 간단할 것
㉩ 무게중심은 안면에 강한 압박감을 주지 않는 위치에 있을 것

정답 47.① 48.③ 49.② 50.④ 51.③

52 관(管)의 안지름이 200mm인 직관을 통하여 가스 유량 48m³/min의 표준공기를 송풍할 때 관내의 평균유속(m/sec)은?

① 약 21.8 ② 약 23.2
③ 약 25.5 ④ 약 28.4

[풀이]
$Q = A \times V$
$\therefore V = \dfrac{Q}{A} = \dfrac{48\text{m}^3/\text{min}}{\left(\dfrac{3.14 \times 0.2^2}{4}\right)\text{m}^2}$
$= 1528.66\text{m/min} \times \text{min}/60\text{sec}$
$= 25.48\text{m/sec}$

53 작업환경의 관리원칙인 대치 중 물질의 변경에 따른 개선 예로 가장 거리가 먼 것은?

① 페인트 도장공정 : 압축공기를 이용한 스프레이 도장을 대신하여 담금 도장으로 변경
② 금속 세척작업 : TCE를 대신하여 계면활성제로 변경
③ 세탁 시 화재예방 : 석유나프타를 대신하여 4클로로에틸렌으로 변경
④ 분체입자 : 큰 입자로 대치

[풀이] 압축공기를 이용한 스프레이 도장을 대신하여 담금 도장으로 변경은 대치 중 공정의 변경이다.

54 기적이 1,000m³이고 유효환기량이 50m³/min인 작업장이 메틸클로로포름 증기의 발생으로 100ppm의 상태로 오염되었다. 이 상태에서 증기 발생이 중지되었다면 25ppm까지 농도를 감소시키는 데 걸리는 시간은?

① 약 12분 ② 약 19분
③ 약 23분 ④ 약 28분

[풀이] 100ppm에서 25ppm으로 감소하는 데 걸리는 시간(t)
$t = -\dfrac{V}{Q'}\ln\left(\dfrac{C_2}{C_1}\right)$
$= -\dfrac{1,000}{50}\ln\left(\dfrac{25}{100}\right) = 27.73$분

55 작업장 내 열부하량이 20,000kcal/hr이며, 외기온도는 20℃, 작업장 내 온도는 35℃이다. 이때 전체환기를 위한 필요환기량(m³/min)은? (단, 정압비열은 0.3kcal/m³·℃)

① 약 64 ② 약 74
③ 약 84 ④ 약 94

[풀이]
$Q(\text{m}^3/\text{hr}) = \dfrac{H_s}{0.3\Delta t} = \dfrac{20,000\text{kcal/hr}}{0.3 \times (35℃ - 20℃)}$
$= 4,444.44\text{m}^3/\text{hr} \times \text{hr}/60\text{min}$
$= 74.1\text{m}^3/\text{min}$

56 다음은 작업환경 개선대책 중 대치의 방법을 열거한 것이다. 이 중 공정 변경의 대책과 가장 거리가 먼 것은?

① 금속을 두드려서 자르는 대신 톱으로 자름
② 흄 배출용 드래프트 창 대신에 안전유리로 교체함
③ 작은 날개로 고속회전하는 송풍기를 큰 날개로 저속회전시킴
④ 자동차산업에서 땜질한 납 연마 시 고속회전 그라인더의 사용을 저속 oscillating-type sander로 변경함

[풀이] 흄 배출용 드래프트 창 대신에 안전유리로 교체하는 것은 대치 중 시설의 변경이다.

57 공기 중의 사염화탄소 농도가 0.2%이며 사용하는 정화통의 정화능력이 사염화탄소 0.5%에서 100분간 사용 가능하다면 방독면의 유효시간은?

① 150분 ② 180분
③ 210분 ④ 250분

[풀이]
유효시간(min) = $\dfrac{\text{표준유효시간} \times \text{시험가스 농도}}{\text{공기 중 유해가스 농도}}$
$= \dfrac{100 \times 0.5}{0.2}$
$= 250\text{min}$

정답 52.③ 53.① 54.④ 55.② 56.② 57.④

58 플랜지가 붙은 외부식 후드가 공간에 있다. 만약 제어속도가 0.75m/sec, 단면적이 0.5m² 이고 대상 물질과 후드면 간의 거리가 1.0m라면 필요송풍량은 대략 얼마인가?

① 302m³/min
② 315m³/min
③ 336m³/min
④ 354m³/min

풀이 자유공간 위치, 플랜지 부착의 외부식 후드 필요송풍량(Q)

$$Q = 60 \times 0.75 \times V_c(10X^2 + A)$$
$$= 60 \times 0.75 \times 0.75 \times [(10 \times 1.0^2) + 0.5]$$
$$= 354.4 \text{m}^3/\text{min}$$

59 어떤 공장에서 1시간에 2L의 벤젠이 증발되어 공기를 오염시키고 있다. 전체환기를 위한 필요환기량(m³/sec)은? (단, 안전계수 = 6, 분자량 = 78, 벤젠 비중 = 0.879, 허용기준 = 10ppm이며, 21℃, 1기압 기준이다.)

① 약 82
② 약 91
③ 약 116
④ 약 127

풀이
- 사용량(g/hr) = 2L/hr × 0.879g/mL × 1,000mL/L
  = 1,758g/hr
- 발생률(G, L/hr)
  78g : 24.1L = 1,758g/hr : G
  $$G = \frac{24.1\text{L} \times 1,758\text{g/hr}}{78\text{g}} = 543.17\text{L/hr}$$
- ∴ 필요환기량(Q)
  $$Q = \frac{G}{\text{TLV}} \times K$$
  $$= \frac{543.17\text{L/hr}}{10\text{ppm}} \times 6$$
  $$= \frac{543.17\text{L/hr} \times 1,000\text{mL/L}}{10\text{mL/m}^3} \times 6$$
  $$= 325,906.15\text{m}^3/\text{hr} \times \text{hr}/3,600\text{sec}$$
  $$= 90.53\text{m}^3/\text{sec}$$

60 국소배기시스템에 설치된 송풍기의 풍량은 5m³/sec이고 유효전압은 180mmH₂O이다. 송풍기의 전압효율이 70%라면 소요동력은?

① 약 13kW
② 약 21kW
③ 약 34kW
④ 약 42kW

풀이
$$\text{kW} = \frac{Q \times \Delta P}{6,120 \times \eta} \times \alpha$$
$$= \frac{300 \times 180}{6,120 \times 0.7} \times 1 \, (5\text{m}^3/\text{sec} = 300\text{m}^3/\text{min})$$
$$= 12.6\text{kW}$$

제4과목 | 물리적 유해인자관리

61 레이노 현상(Raynaud's phenomenon)의 주된 원인이 되는 것은?

① 소음
② 진동
③ 고온
④ 기압

풀이 레이노 현상(Raynaud's phenomenon)
㉠ 손가락에 있는 말초혈관운동의 장애로 인하여 수지가 창백해지고 손이 차며 저리거나 통증이 오는 현상이다.
㉡ 한랭 작업조건에서 특히 증상이 악화된다.
㉢ 압축공기를 이용한 진동공구, 즉 착암기 또는 해머와 같은 공구를 장기간 사용한 근로자들의 손가락에 유발되기 쉬운 직업병이다.
㉣ dead finger 또는 white finger라고도 하며, 발증까지 약 5년 정도 걸린다.

62 현재 총흡음량이 1,000sabins인 작업장의 천장에 흡음물질을 첨가하여 4,000sabins을 더할 경우 소음감소는 얼마나 되겠는가?

① 5dB
② 6dB
③ 7dB
④ 8dB

풀이 소음감소량(NR) = $10\log\dfrac{\text{대책 후}}{\text{대책 전}}$
$$= 10\log\frac{1,000 + 4,000}{1,000} = 7.0\text{dB}$$

63 다음 중 잠함병에 대한 설명으로 옳은 것은?
① 케이슨병이라고도 한다.
② 혈액이 응고하여 생긴 혈전증이 주증상이다.
③ 예방방법으로는 가능한 빠르게 감압하여야 한다.
④ 해저작업을 할 때보다는 높은 산에 올라갈 때 생긴다.

[풀이] 감압병(decompression, 잠함병)
고압환경에서 Henry의 법칙에 따라 체내에 과다하게 용해되었던 불활성 기체(질소 등)는 압력이 낮아질 때 과포화상태로 되어 혈액과 조직에 기포를 형성하여 혈액순환을 방해하거나 주위 조직에 기계적 영향을 줌으로써 다양한 증상을 일으키는데, 이 질환을 감압병이라고 하며, 잠함병 또는 케이슨병이라고도 한다. 감압병의 직접적인 원인은 혈액과 조직에 질소기포의 증가이고, 감압병의 치료는 재가압 산소요법이 최상이다.

64 전리방사선을 인체투과력이 큰 것에서부터 작은 순서대로 나열한 것은?
① γ선 > β선 > α선
② β선 > γ선 > α선
③ β선 > α선 > γ선
④ α선 > β선 > γ선

[풀이] 전리방사선의 인체투과력 및 전리작용 순서
㉠ 인체투과력 순서
중성자 > X선 or γ선 > β선 > α선
㉡ 전리작용 순서
α선 > β선 > X선 or γ선

65 다음 중 WBGT(Wet Bulb Globe Temperature) index의 고려대상으로 볼 수 없는 것은?
① 기온   ② 기류
③ 상대습도   ④ 작업대사량

[풀이] WBGT의 고려대상
㉠ 기온
㉡ 기류
㉢ 상대습도
㉣ 복사열

66 1,000Hz, 60dB인 음은 몇 sone에 해당하는가?
① 1   ② 2
③ 3   ④ 4

[풀이] $sone = 2^{\frac{L_L - 40}{10}} = 2^{\frac{60-40}{10}} = 4\,sone$
(1,000Hz에서 60dB은 60phon과 동일)

67 다음 중 Dorno선의 파장범위로 옳은 것은?
① 100~150nm
② 200~250nm
③ 280~320nm
④ 350~400nm

[풀이] 도르노선(Dorno-ray)
280(290)~315nm[2,800(2,900)~3,150Å, 1Å(angstrom) ; SI 단위로 10^{-10}m]의 파장을 갖는 자외선을 의미하며 인체에 유익한 작용을 하여 건강선(생명선)이라고도 한다. 또한 소독작용, 비타민 D 형성, 피부의 색소침착 등 생물학적 작용이 강하다.

68 한랭 노출 시 발생하는 신체적 장애에 대한 설명으로 틀린 것은?
① 동상은 조직의 동결을 말하며, 피부의 동결온도는 약 -1℃ 정도이다.
② 참호족은 동결온도 이하의 찬 공기에 단기간의 접촉으로 급격한 동결이 발생하는 장애이다.
③ 침수족은 부종, 저림, 작열감, 소양감 및 심한 동통을 수반하며, 수포, 궤양이 형성되기도 한다.
④ 전신체온 강하는 장시간의 한랭 노출과 체열 상실에 따라 발생하는 급성 중증 장애이다.

[풀이] 참호족
㉠ 직장온도가 35℃ 수준 이하로 저하되는 경우를 말한다.
㉡ 저온 작업에서 손가락, 발가락 등의 말초부위가 피부온도 저하가 가장 심한 부위이다.
㉢ 조직 내부의 온도가 10℃에 도달하면 조직 표면이 얼게 되는 현상이다.

정답 63.① 64.① 65.④ 66.④ 67.③ 68.②

69 다음 중 자외선에 의한 전신의 생체작용을 올바르게 설명한 것은?
① 적혈구, 백혈구, 혈소판이 증가하고 두통, 흥분, 피로 등의 2차 증상이 있다.
② 과잉 조사되면 망막을 자극하여 잔상을 동반한 시력장애, 시야협착을 일으킨다.
③ 가장 영향을 받기 쉬운 조직은 골수 및 임파조직이다.
④ 국소의 혈액순환을 촉진하고, 진통작용도 있다.

풀이
②항은 가시광선에 관한 내용이다.
③ 자외선의 표적기관은 피부 및 눈 장애이다.
④항은 적외선에 관한 내용이다.

70 다음 중 소음계에서 A특성치는 몇 phon의 등감곡선과 비슷하게 주파수에 따른 반응을 보정하여 측정한 음압수준을 말하는가?
① 40
② 70
③ 100
④ 140

풀이
㉠ 40phon ⇨ A특성
㉡ 70phon ⇨ B특성
㉢ 1,000phon ⇨ C특성

71 다음 중 인체 각 부위별로 공명현상이 일어나는 진동의 크기를 올바르게 나타낸 것은?
① 안구 : 60~90Hz
② 구간과 상체 : 10~20Hz
③ 두부와 견부 : 80~90Hz
④ 둔부 : 2~4Hz

풀이
공명(공진) 진동수
㉠ 두부와 견부는 20~30Hz 진동에 공명(공진)하며, 안구는 60~90Hz 진동에 공명한다.
㉡ 3Hz 이하 : motion sickness 느낌(급성적 증상으로 상복부의 통증과 팽만감 및 구토)
㉢ 6Hz : 가슴, 등에 심한 통증
㉣ 13Hz : 머리, 안면, 볼, 눈꺼풀 진동
㉤ 4~14Hz : 복통, 압박감 및 동통감
㉥ 9~20Hz : 대·소변 욕구, 무릎 탄력감
㉦ 20~30Hz : 시력 및 청력 장애

72 다음 중 빛에 관한 설명으로 틀린 것은?
① 광원으로부터 나오는 빛의 세기를 조도라 한다.
② 단위평면적에서 발산 또는 반사되는 광량을 휘도로 한다.
③ 조도는 어떤 면에 들어오는 광속의 양에 비례하고, 입사면의 단면적에 반비례한다.
④ 루멘은 1촉광의 광원으로부터 단위입체각으로 나가는 광속의 단위이다.

풀이 광원으로부터 나오는 빛의 세기는 광도라 한다.

73 다음 중 ( ) 안에 들어갈 수치는?

( )기압 이상에서 공기 중의 질소가스는 마취작용을 나타내서 작업력의 저하, 기분의 변환, 여러 정도의 다행증(多幸症)이 일어난다.

① 2
② 4
③ 6
④ 8

풀이 질소가스의 마취작용
㉠ 공기 중 질소가스는 정상 기압에서 비활성이지만 4기압 이상에서는 마취작용을 일으키며, 이를 다행증이라 한다(공기 중의 질소가스는 3기압 이하에서는 자극작용을 한다).
㉡ 질소가스 마취작용은 알코올중독의 증상과 유사하다.
㉢ 작업력의 저하, 기분의 변환, 여러 종류의 다행증(euphoria)이 일어난다.
㉣ 수심 90~120m에서 환청, 환시, 조현증, 기억력 감퇴 등이 나타난다.

74 다음 중 마이크로파에 대한 생체작용으로 볼 수 없는 것은?
① 백내장을 유발시킨다.
② 유전 및 생식기능에 영향을 준다.
③ 광과민성 피부질환을 일으킨다.
④ 중추신경계의 증상을 유발한다.

풀이 마이크로파는 피부질환과는 관계가 적다.

정답 69.① 70.① 71.① 72.① 73.② 74.③

75 다음 중 고온환경에서 장시간 노출되어 말초혈관 운동신경의 조절장애와 심박출량의 부족으로 순환부전, 특히 대뇌피질의 혈류량 부족이 주원인이 되는 것은?

① 열성발진(heat rash)
② 열사병(heat stroke)
③ 열경련(heat cramp)
④ 열피로(heat exhaustion)

풀이 열피로(heat exhaustion), 열탈진(열소모)
(1) 개요
  ㉠ 고온 환경에서 장시간 힘든 노동을 할 때 주로 미숙련공(고열에 순화되지 않은 작업자)에 많이 나타난다.
  ㉡ 현기증, 두통, 구토 등의 약한 증상에서부터 심한 경우는 허탈(collapse)로 빠져 의식을 잃을 수도 있다.
  ㉢ 체온은 그다지 높지 않고(39℃ 정도까지) 맥박은 빨라지면서 약해지고, 혈압은 낮아진다.
(2) 발생
  ㉠ 땀을 많이 흘려(과다 발한) 수분과 염분 손실이 많을 때
  ㉡ 탈수로 인해 혈장량이 감소할 때
  ㉢ 말초혈관 확장에 따른 요구 증대만큼의 혈관 운동 조절이나 심박출력의 증대가 없을 때 발생(말초혈관 운동신경의 조절장애와 심박출력의 부족으로 순환 부전)
  ㉣ 대뇌피질의 혈류량이 부족할 때

76 전리방사선의 단위 중 rem에 대한 설명으로 가장 적절한 것은?

① X선과 γ선의 노출선량, 즉 전기량을 운반하는 선량을 나타낸다.
② 단위시간에 일어나는 방사선의 붕괴율을 의미한다.
③ 조직 또는 물질의 단위질량당 흡수된 에너지를 표시한다.
④ 흡수선량이 생체에 영향을 주는 정도를 표시하는 단위이다.

풀이 렘(rem)
㉠ 전리방사선의 흡수선량이 생체에 영향을 주는 정도로 표시하는 선당량(생체실효선량)의 단위
㉡ 생체에 대한 영향의 정도에 기초를 둔 단위
㉢ Röntgen equivalent man 의미
㉣ 관련식
  rem = rad × RBE
  여기서, rem : 생체실효선량
  rad : 흡수선량
  RBE : 상대적 생물학적 효과비(rad를 기준으로 방사선효과를 상대적으로 나타낸 것)
  • X선, γ선, β입자 ⇨ 1(기준)
  • 열중성자 ⇨ 2.5
  • 느린중성자 ⇨ 5
  • α입자, 양자, 고속중성자 ⇨ 10
㉤ 1rem=0.01SV

77 전리방사선에 관한 설명으로 틀린 것은?

① α선은 투과력은 약하나, 전리작용은 강하다.
② β입자는 핵에서 방출되는 양자의 흐름이다.
③ γ선은 X선과 동일한 특성을 가지는 전자파 전리방사선이다.
④ 양자는 조직 전리작용이 있으며 비정(飛程)거리는 같은 에너지의 α입자보다 길다.

풀이 β선(β입자)
㉠ 선원은 원자핵이며, 형태는 고속의 전자(입자)이다.
㉡ 원자핵에서 방출되며 음전기로 하전되어 있다.
㉢ 원자핵에서 방출되는 전자의 흐름으로 α입자보다 가볍고 속도는 10배 빠르므로 충돌할 때마다 튕겨져서 방향을 바꾼다.
㉣ 외부조사도 잠재적 위험이 되나, 내부조사가 더 큰 건강상 위해를 일으킨다.

78 공기 중의 산소 농도가 몇 % 미만인 상태를 산소결핍이라 하는가?

① 16   ② 18
③ 20   ④ 22

풀이 공기 중 산소 농도가 18% 미만인 상태를 산소결핍이라 한다.

79 지상에서 음력이 10W인 소음원으로부터 10m 떨어진 곳의 음압수준은 약 얼마인가? (단, 음속은 344.4m/sec, 공기의 밀도는 1.18kg/m³이다.)

① 96dB ② 99dB
③ 102dB ④ 105dB

[풀이]
- $W = I \cdot S$
- $I = \dfrac{W}{S} = \dfrac{10}{2 \times 3.14 \times 10^2} = 0.0159 \text{W/m}^2$
- $I = \dfrac{P^2}{\rho C}$

$P = \sqrt{I \cdot \rho C} = \sqrt{0.0159 \times (344.4 \times 1.18)} = 2.54 \text{N/m}^2$

∴ 음압수준(SPL) = $20 \log \dfrac{2.54}{(2 \times 10^{-5})} = 102.1 \text{dB}$

80 다음 중 일반적으로 전리방사선에 대한 감수성이 가장 둔감한 것은?

① 세포핵 분열이 계속적인 조직
② 증식력과 재생기전이 왕성한 조직
③ 신경조직, 근육 등 조밀한 조직
④ 형태와 기능이 미완성된 조직

[풀이] 전리방사선의 감수성이 큰 신체조직 특성
㉠ 세포핵 분열이 계속적인 조직
㉡ 증식과 재생기전이 큰 조직
㉢ 형태와 기능이 미완성된 조직
㉣ 유아나 어린이에게 가장 위험

제5과목 | 산업 독성학

81 다음 중 유해물질과 생물학적 노출지표와의 연결이 잘못된 것은?

① 벤젠 - 소변 중 페놀
② 톨루엔 - 소변 중 o-크레졸
③ 크실렌 - 소변 중 카테콜
④ 스티렌 - 소변 중 만델린산

[풀이] 화학물질에 대한 대사산물 및 시료채취시기

화학물질	대사산물(측정대상물질) : 생물학적 노출지표	시료채취시기
납	혈액 중 납	중요치 않음
	소변 중 납	
카드뮴	소변 중 카드뮴	중요치 않음
	혈액 중 카드뮴	
일산화탄소	호기에서 일산화탄소	작업 종료 시
	혈액 중 carboxyhemoglobin	
벤젠	소변 중 총 페놀	작업 종료 시
	소변 중 t,t-뮤코닉산 (t,t-muconic acid)	
에틸벤젠	소변 중 만델린산	작업 종료 시
니트로벤젠	소변 중 p-nitrophenol	작업 종료 시
아세톤	소변 중 아세톤	작업 종료 시
톨루엔	혈액, 호기에서 톨루엔	작업 종료 시
	소변 중 o-크레졸	
크실렌	소변 중 메틸마뇨산	작업 종료 시
스티렌	소변 중 만델린산	작업 종료 시
트리클로로에틸렌	소변 중 트리클로로초산 (삼염화초산)	주말작업 종료 시
테트라클로로에틸렌	소변 중 트리클로로초산 (삼염화초산)	주말작업 종료 시
트리클로로에탄	소변 중 트리클로로초산 (삼염화초산)	주말작업 종료 시
사염화에틸렌	소변 중 트리클로로초산 (삼염화초산)	주말작업 종료 시
	소변 중 삼염화에탄올	
이황화탄소	소변 중 TTCA	-
	소변 중 이황화탄소	
노말헥산 (n-헥산)	소변 중 2,5-hexanedione	작업 종료 시
	소변 중 n-헥산	
메탄올	소변 중 메탄올	-
클로로벤젠	소변 중 총 4-chlorocatechol	작업 종료 시
	소변 중 총 p-chlorophenol	
크롬 (수용성 흄)	소변 중 총 크롬	주말작업 종료 시, 주간작업 중
N,N-디메틸포름아미드	소변 중 N-메틸포름아미드	작업 종료 시
페놀	소변 중 메틸마뇨산	작업 종료 시

82 유기용제 중독을 스크린하는 다음 검사법의 민감도(sensitivity)는 얼마인가?

구 분		실제값(질병)		합 계
		양 성	음 성	
검사법	양 성	15	25	40
	음 성	5	15	20
합 계		20	40	60

① 25.0%   ② 37.5%
③ 62.5%   ④ 75.0%

풀이 민감도란 노출을 측정 시 실제로 노출된 사람이 이 측정방법에 의하여 노출된 것으로 나타날 확률이다.

$$민감도(\%) = \frac{검사법\ 양성과\ 실제값\ 양성}{\begin{pmatrix}검사법\ 양성과\ 실제값\ 양성\\+(검사법\ 음성과\ 실제값\ 양성)\end{pmatrix}}$$

$$= \frac{15}{15+5} = 0.75 \times 100 = 75\%$$

83 미국정부산업위생전문가협의회(ACGIH)에서 제안하는 발암물질의 구분과 정의가 틀린 것은?

① A1 : 인체 발암성 확인물질
② A2 : 인체 발암성 의심물질
③ A3 : 동물 발암성 확인물질, 인체 발암성 모름
④ A4 : 인체 발암성 미의심물질

풀이 ACGIH의 발암물질 구분
㉠ A1 : 인체 발암 확인(확정)물질
㉡ A2 : 인체 발암이 의심되는 물질(발암 추정물질)
㉢ A3 : 동물 발암성 확인물질, 인체 발암성 모름
㉣ A4 : 인체 발암성 미분류물질, 인체 발암성이 확인되지 않은 물질
㉤ A5 : 인체 발암성 미의심물질

84 상기도 점막 자극제로 볼 수 없는 것은?

① 포스겐
② 암모니아
③ 크롬산
④ 염화수소

풀이 호흡기에 대한 자극작용 구분에 따른 자극제의 종류
(1) 상기도 점막 자극제
 ㉠ 암모니아
 ㉡ 염화수소
 ㉢ 아황산가스
 ㉣ 포름알데히드
 ㉤ 아크롤레인
 ㉥ 아세트알데히드
 ㉦ 크롬산
 ㉧ 산화에틸렌
 ㉨ 염산
 ㉩ 불산
(2) 상기도 점막 및 폐조직 자극제
 ㉠ 불소
 ㉡ 요오드
 ㉢ 염소
 ㉣ 오존
 ㉤ 브롬
(3) 종말세기관지 및 폐포 점막 자극제
 ㉠ 이산화질소
 ㉡ 포스겐
 ㉢ 염화비소

85 유해물질의 생리적 작용에 의한 분류에서 질식제를 단순 질식제와 화학적 질식제로 구분할 때, 다음 중 화학적 질식제에 해당하는 것은?

① 헬륨(He)
② 일산화탄소(CO)
③ 수소(H_2)
④ 메탄(CH_4)

풀이 질식제의 구분에 따른 종류
(1) 단순 질식제
 ㉠ 이산화탄소
 ㉡ 메탄
 ㉢ 질소
 ㉣ 수소
 ㉤ 에탄, 프로판, 에틸렌, 아세틸렌, 헬륨
(2) 화학적 질식제
 ㉠ 일산화탄소
 ㉡ 황화수소
 ㉢ 시안화수소
 ㉣ 아닐린

86 다음 중 화학물질이 사람에게 흡수되어 초래되는 바람직하지 않은 영향의 범위, 정도, 특성을 무엇이라 하는가?
① 위해성(hazard)
② 유효량(effective dose)
③ 위험(risk)
④ 독성(toxicity)

풀이 독성
유해화학물질이 일정한 농도로 체내의 특정 부위에 체류할 때 악영향을 일으킬 수 있는 능력, 즉 사람에게 흡수되어 초래되는 바람직하지 않은 영향의 범위, 정도, 특성을 의미한다.

87 다음 중 가스상 물질의 호흡기계 축적을 결정하는 가장 중요한 인자는?
① 물질의 수용성 정도
② 물질의 농도차
③ 물질의 입자분포
④ 물질의 발생기전

풀이 호흡기에 대한 자극작용은 유해물질의 용해도(수용성)에 따라서 다르며, 이에 따라 자극제를 상기도 점막 자극제, 상기도 점막 및 폐조직 자극제, 종말기관지 및 폐포점막 자극제로 구분한다.

88 주로 호흡기나 피부를 통하여 체내에 흡수되며 만성중독이 되면 코, 폐 및 위장에 병변을 일으키는 특징을 가진 중금속은?
① 크롬
② 납
③ 수은
④ 니켈

풀이 크롬(Cr)
㉠ 호흡기, 소화기 및 피부를 통하여 체내에 흡수되며, 호흡기가 가장 중요하다.
㉡ 만성중독 시의 장애
 • 점막장애(코 점막의 염증, 비중격천공 증상)
 • 호흡기장애(크롬폐증 발생)
 • 위장장애(복통, 설사 및 구토)

89 수은중독에 관한 설명으로 옳은 것은?
① 전리된 이온은 thiol기(SH)를 가진 효소작용을 활성화시킨다.
② 혈액 중 적혈구 내의 전해질이 감소하여 적혈구의 수명이 짧아진다.
③ 만성중독 시에는 골격계의 장애로 다량의 칼슘 배설이 일어난다.
④ 급성중독 시에는 우유와 계란의 흰자를 먹이거나 BAL을 투여한다.

풀이
① 금속수은은 전리된 수소이온이 단백질을 침전시키고 -SH기 친화력을 가지고 있어 세포 내 효소반응을 억제함으로써 독성작용을 일으킨다.
② 혈액 내 수은 존재 시 약 90%는 적혈구 내에서 발견된다.
③ 만성노출 시 식욕부진, 신기능부전, 구내염을 발생시킨다.

90 화학물질의 상호작용인 길항작용 중 독성물질의 생체과정인 흡수, 대사 등에 변화를 일으켜 독성이 감소되는 것을 무엇이라 하는가?
① 화학적 길항작용
② 배분적 길항작용
③ 수용체 길항작용
④ 기능적 길항작용

풀이 배분적 길항작용=분배적 길항작용

91 다음 물질을 급성 전신중독 시 독성이 가장 강한 것부터 약한 순서대로 나열한 것은?

> 벤젠, 톨루엔, 크실렌

① 크실렌 > 톨루엔 > 벤젠
② 톨루엔 > 크실렌 > 벤젠
③ 톨루엔 > 벤젠 > 크실렌
④ 벤젠 > 톨루엔 > 크실렌

풀이 방향족 탄화수소 중 급성 전신중독 시 독성이 강한 순서
톨루엔 > 크실렌 > 벤젠

정답 86.④ 87.① 88.① 89.④ 90.② 91.②

92 다음 중 장시간 동안 고농도에 노출되면 기질적 뇌손상, 말초신경병, 신경행동학적 이상과 심장장애를 일으키는 물질은?

① 메탄
② 니트로벤젠
③ 메틸알코올
④ 이황화탄소

풀이 이황화탄소(CS_2)
㉠ 상온에서 무색무취의 휘발성이 매우 높은(비점 46.3℃) 액체이며, 인화·폭발의 위험성이 있다.
㉡ 주로 인조견(비스코스레이온)과 셀로판 생산 및 농약공장, 사염화탄소 제조, 고무제품의 용제 등에서 사용된다.
㉢ 지용성 용매로 피부로도 흡수되며 독성 작용으로는 급성 혹은 아급성 뇌병증을 유발한다.
㉣ 말초신경장애 현상으로 파킨슨 증후군을 유발하며 급성마비, 두통, 신경증상 등도 나타난다(감각 및 운동신경 모두 유발).
㉤ 급성으로 고농도 노출 시 사망할 수 있고 1,000ppm 수준에서 환상을 보는 정신이상을 유발(기질적 뇌손상, 말초신경병, 신경행동학적 이상)하며, 심한 경우 불안, 분노, 자살성향 등을 보이기도 한다.
㉥ 만성독성으로는 뇌경색증, 다발성 신경염, 협심증, 신부전증 등을 유발한다.
㉦ 고혈압의 유병률과 콜레스테롤 수치의 상승빈도가 증가되어 뇌, 심장 및 신장의 동맥경화성 질환을 초래한다.
㉧ 청각장애는 주로 고주파 영역에서 발생한다.

93 다음 중 무기성 분진에 의한 진폐증에 해당하는 것은?

① 면폐증   ② 규폐증
③ 농부폐증 ④ 목재분진폐증

풀이 분진 종류에 따른 진폐증의 분류(임상적 분류)
㉠ 유기성 분진에 의한 진폐증
농부폐증, 면폐증, 연초폐증, 설탕폐증, 목재분진폐증, 모발분진폐증
㉡ 무기성(광물성) 분진에 의한 진폐증
규폐증, 탄소폐증, 활석폐증, 탄광부진폐증, 철폐증, 베릴륨폐증, 흑연폐증, 규조토폐증, 주석폐증, 칼륨폐증, 바륨폐증, 용접공폐증, 석면폐증

94 다음 중 체내에서의 이동 및 분해 시 저분자 단백질인 metallothionein이 관여하는 중금속 물질은?

① 납   ② 수은
③ 크롬   ④ 카드뮴

풀이 카드뮴의 인체 내 흡수
㉠ 인체에 대한 노출경로는 주로 호흡기이며, 소화관에서는 별로 흡수되지 않는다.
㉡ 경구흡수율은 5~8%로 호흡기 흡수율보다 적으나, 단백질이 적은 식사를 할 경우 흡수율이 증가된다.
㉢ 칼슘 결핍 시 장 내에서 칼슘 결합 단백질의 생성이 촉진되어 카드뮴의 흡수가 증가한다.
㉣ 체내에서 이동 및 분해하는 데에는 분자량 10,500 정도의 저분자 단백질인 metallothionein(혈장단백질)이 관여한다.
㉤ 카드뮴이 체내에 들어가면 간에서 metallothionein 생합성이 촉진되어 폭로된 중금속의 독성을 감소시키는 역할을 하나, 다량의 카드뮴일 경우 합성이 되지 않아 중독작용을 일으킨다.

95 다음 중 탄화수소계 유기용제에 관한 설명으로 틀린 것은?

① 지방족 탄화수소 중 탄소수가 4개 이하인 것은 단순 질식제로서의 역할 외에는 인체에 거의 영향이 없다.
② 할로겐화 탄화수소의 독성의 정도는 할로겐원소의 수 및 화합물의 분자량이 작을수록 증가한다.
③ 방향족 탄화수소의 대표적인 것은 톨루엔, 크실렌 등이 있으며, 고농도에서는 주로 중추신경계에 영향을 미친다.
④ 방향족 탄화수소는 저농도에서 장기간 폭로되면 혈액의 조혈장애를 일으키며 가장 대표적인 것이 벤젠이다.

풀이 일반적으로 할로겐화 탄화수소의 독성 정도는 화합물의 분자량이 클수록, 할로겐원소가 커질수록 증가한다.

정답 92.④ 93.② 94.④ 95.②

96 다음 중 다핵방향족 탄화수소(PAHs)에 관한 설명으로 틀린 것은?

① 벤젠고리가 2개 이상이다.
② 일반적으로 시트크롬 P-448이라 부른다.
③ 대사가 잘 되는 고리화합물로 되어 있다.
④ 체내에서는 배설되기 쉬운 수용성 형태로 만들기 위하여 수산화가 되어야 한다.

[풀이] 다핵방향족 탄화수소류(PAHs)
⇨ 일반적으로 시토크롬 P-448이라 한다.
㉠ 벤젠고리가 2개 이상 연결된 것으로 20여 가지 이상이 있다.
㉡ 대사가 거의 되지 않는 방향족 고리로 구성되어 있다.
㉢ 철강 제조업의 코크스 제조공정, 흡연, 연소공정, 석탄건류, 아스팔트 포장, 굴뚝 청소 시 발생한다.
㉣ 비극성의 지용성 화합물이며 소화관을 통하여 흡수된다.
㉤ 시토크롬 P-450의 준개체단에 의하여 대사되고, 대사에 관여하는 효소는 P-448로, 대사되는 중간산물이 발암성을 나타낸다.
㉥ 대사 중에 산화아렌(arene oxide)을 생성하며 잠재적 독성이 있다.
㉦ 연속적으로 폭로된다는 것은 불가피하게 발암성으로 진행됨을 의미한다.
㉧ 배설을 쉽게 하기 위하여 수용성으로 대사되는데 체내에서 PAH가 먼저 hydroxylation(수산화)되어 수용성을 돕는다.
㉨ 발암성 강도는 독성 강도와 연관성이 크다.
㉩ ACGIH의 TLV는 TWA로 10ppm이다.
㉪ 인체 발암 추정물질(A2)로 분류한다.

97 다음 중 주로 비강, 인후두, 기관 등 호흡기 기도 부위에 축적됨으로써 호흡기계 독성을 유발하는 분진을 무엇이라 하는가?

① 호흡성 분진
② 흡입성 분진
③ 흉곽성 분진
④ 총부유 분진

[풀이] 흡입성 입자상 물질(IPM ; Inspirable Particulates Mass)
㉠ 호흡기의 어느 부위(비강, 인후두, 기관 등 호흡기의 기도 부위)에 침착하더라도 독성을 유발하는 분진이다.
㉡ 비암이나 비중격천공을 일으키는 입자상 물질이 여기에 속한다.
㉢ 침전분진은 재채기, 침, 코 등의 벌크(bulk) 세척기전으로 제거된다.
㉣ 입경범위 : 0~100μm
㉤ 평균입경 : 100μm(폐 침착의 50%에 해당하는 입자의 크기)

98 증상으로는 무력증, 식욕감퇴, 보행장애 등의 증상을 나타내며, 계속적인 노출 시에는 파킨슨 증상을 초래하는 유해물질은?

① 산화마그네슘
② 망간
③ 산화칼륨
④ 카드뮴

[풀이] 망간에 의한 건강장애
(1) 급성중독
㉠ MMT(Methylcyclopentadienyl Manganese Trialbonyls)에 의한 피부와 호흡기 노출로 인한 증상이다.
㉡ 이산화망간 흄에 급성 노출되면 열, 오한, 호흡곤란 등의 증상을 특징으로 하는 금속열을 일으킨다.
㉢ 급성 고농도에 노출 시 조증(들뜸병)의 정신병 양상을 나타낸다.
(2) 만성중독
㉠ 무력증, 식욕감퇴 등의 초기증세를 보이다 심해지면 중추신경계의 특정 부위를 손상(뇌기저핵에 축적되어 신경세포 파괴)시켜 노출이 지속되면 파킨슨 증후군과 보행장애가 두드러진다.
㉡ 안면의 변화, 즉 무표정하게 되며 배근력의 저하를 가져온다(소자증 증상).
㉢ 언어가 느려지는 언어장애 및 균형감각 상실 증세가 나타난다.
㉣ 신경염, 신장염 등의 증세가 나타난다.
㉤ 조혈장기의 장애와는 관계가 없다.

99 다음 [보기]는 노출에 대한 생물학적 모니터링에 관한 설명이다. [보기] 중 틀린 것으로만 조합된 것은?

[보기]
㉮ 생물학적 검체인 호기, 소변, 혈액 등에서 결정인자를 측정하여 노출정도를 추정하는 방법이다.
㉯ 결정인자는 공기 중에서 흡수된 화학물질이나 그것의 대사산물 또는 화학물질에 의해 생긴 비가역적인 생화학적 변화이다.
㉰ 공기 중의 농도를 측정하는 것이 개인의 건강위험을 보다 직접적으로 평가할 수 있다.
㉱ 목적은 화학물질에 대한 현재나 과거의 노출이 안전한 것인지를 확인하는 것이다.
㉲ 공기 중 노출기준이 설정된 화학물질의 수만큼 노출기준(BEI)이 있다.

① ㉮, ㉯, ㉰
② ㉮, ㉰, ㉱
③ ㉯, ㉰, ㉲
④ ㉯, ㉱, ㉲

풀이
㉯ 결정인자는 공기 중에서 흡수된 화학물질에 의하여 생긴 가역적인 생화학적 변화이다.
㉰ 공기 중의 농도를 측정하는 것보다 건강상의 위험을 보다 직접적으로 평가할 수 있다.
㉲ BEI는 특정 유해인자에 대하여 작업환경기준치(TLV)에 해당하는 농도에 노출되었을 때의 생물학적 지표물질의 농도를 말한다.

100 다음 중 포르피린과 헴(heme)의 합성에 관여하는 효소를 억제하며, 소화기계 및 조혈계에 영향을 주는 물질은?
① 납   ② 수은
③ 카드뮴   ④ 베릴륨

풀이 헴(heme)의 대사(납 중독)
㉠ 세포 내에서 SH-기와 결합하여 포르피린과 heme의 합성에 관여하는 효소를 포함한 여러 세포의 효소작용을 방해한다.
㉡ 헴 합성의 장애로 주요 증상은 빈혈증이며 혈색소량의 감소, 적혈구의 생존기간 단축 및 파괴가 촉진된다.

산업위생관리기사 기출문제집 필기

2017. 1. 17. 초 판 1쇄 발행
2026. 1. 7. 개정 9판 1쇄(통산 18쇄) 발행

지은이 | 서영민, 조만희
펴낸이 | 이종춘
펴낸곳 | BM (주)도서출판 성안당

주소 | 04032 서울시 마포구 양화로 127 첨단빌딩 3층(출판기획 R&D 센터)
     | 10881 경기도 파주시 문발로 112 파주 출판 문화도시(제작 및 물류)
전화 | 02) 3142-0036
     | 031) 950-6300
팩스 | 031) 955-0510
등록 | 1973. 2. 1. 제406-2005-000046호
출판사 홈페이지 | www.cyber.co.kr
ISBN | 978-89-315-8501-8 (13530)
정가 | 38,000원

이 책을 만든 사람들
책임 | 최옥현
진행 | 이용화, 곽민선
교정·교열 | 곽민선
전산편집 | 이다혜
표지 디자인 | 박원석
홍보 | 김계향, 임진성, 김주승, 최정민, 이해솜
국제부 | 이선민, 조혜란
마케팅 | 구본철, 차정욱, 오영일, 나진호, 강호묵
마케팅 지원 | 장상범
제작 | 김유석

이 책의 어느 부분도 저작권자나 BM (주)도서출판 성안당 발행인의 승인 문서 없이 일부 또는 전부를 사진 복사나 디스크 복사 및 기타 정보 재생 시스템을 비롯하여 현재 알려지거나 향후 발명될 어떤 전기적, 기계적 또는 다른 수단을 통해 복사하거나 재생하거나 이용할 수 없음.

※ 잘못된 책은 바꾸어 드립니다.